W0263038

HANDBUCH DER KATALYSE

HERAUSGEGEBEN VON

G.-M. SCHWAB

ATHEN

SIEBENTER BAND:

KATALYSE IN DER ORGANISCHEN CHEMIE

SCHRIFTLEITUNG:

R. CRIEGEE

KARLSRUHE

ERSTE HÄLFTE

SPRINGER-VERLAG WIEN GMBH 1943

KATALYSE IN DER ORGANISCHEN CHEMIE

BEARBEITET VON

F. ADICKES · E. BARONI · M. BÖGEMANN · J.W. BREITENBACH
R. CRIEGEE · K. HASSE · G. HESSE · H. HOPFF · H. G. HUMMEL
F. KLAGES · W. KRABBE · J. LINDNER · E. B. MAXTED
H. L. DU MONT · O. NEUNHOEFFER · A. PONGRATZ · A. RIECHE
H. SCHMID · A. SCHÖBERL · R. SEKA · W. THEILACKER
G. TRIEM · M. ULMANN · H. A. WEIDLICH · K. ZIEGLER

SCHRIFTLEITUNG:

R. CRIEGEE

KARLSRUHE

MIT 75 ABBILDUNGEN IM TEXT

ERSTE HÄLFTE

SPRINGER-VERLAG WIEN GMBH 1943

ISBN 978-3-7091-5889-0   ISBN 978-3-7091-5939-2 (eBook)
DOI 10.1007/978-3-7091-5939-2

Zur Einführung.

In vorliegendem Bande wird die Katalyse in der organischen Chemie als Sondergebiet herausgehoben und zusammengefaßt. Wenn dies eine Begründung erfordert, so kann es natürlich nicht die sein, daß die organische Katalyse etwas wesentlich anderes sei als die sonstige. Höchstens daß wir hier in zahlreicheren Fällen den molekularen Mechanismus durchschauen können, dank der gründlicheren Kenntnis der organischen Molekelstrukturen und Reaktionsweisen. Der eigentliche Grund ist aber mehr ein praktischer, der sich im Laufe der Vorarbeiten von selbst ergab: Der ausübende Organiker verlangt in einem Handbuch, seiner Arbeit entsprechend, nicht nur Gesetze und Grundlehren, sondern vor allem auch unmittelbar Beobachtungen und Methoden zu finden. Im Gegensatz zu dem übrigen Handbuch muß also hier, um Fruchtbares zu bieten, nicht der Zustand des Katalysators oder die Art seines Eingriffs oder derartiges den Leitstern bilden, sondern der Katalyseerfolg, die zu bewirkende Reaktion. So ergibt sich für diesen Band ein wesentlich abweichendes Gefüge, dessen Aufbau und Durchführung der Herausgeber natürlich in die Hand eines organischen Fachgenossen legen mußte.

Was die organische Katalyse als Sonderform des größeren Begriffs für die katalytische Erkenntnis selbst geliefert hat — und das ist nicht wenig — findet sich verstreut in allen Bänden des Handbuchs, aber füglich auch hier, ohne daß eine Wiederholung von neuem Standpunkt aus in diesem Fall ein Schaden wäre.

Athen, im Mai 1943.

G.-M. Schwab.
Herausgeber des Gesamtwerkes.

Vorwort.

Der Band VII des Handbuches wendet sich in erster Linie an den organischen Chemiker und ist daher auf dessen Bedürfnis und Verständnis zugeschnitten. Er stellt ein Informationswerk dar, das über ein bloßes Sammeln von Einzeltatsachen auf dem Gebiet der Katalyse in der organischen Chemie hinausgeht und auch ein Bild des heutigen Standes der Theorie der Katalysatorwirkung geben soll. Da der Band ein für sich geschlossenes Ganzes bilden soll, wurden gewisse Wiederholungen gegenüber den früheren Bänden mit in Kauf genommen.

Der Begriff der Katalyse wurde dem *praktischen* Bedürfnis entsprechend möglichst weit gefaßt, und unter einem Katalysator ein Stoff verstanden, der, ohne selbst in der Bruttogleichung einer Reaktion aufzutreten, diese bezüglich Richtung oder Geschwindigkeit beeinflußt oder gar erst auslöst. Die Rolle des Lösungsmittels konnte dabei freilich meist nur gestreift werden. Über die „negative Katalyse" und die Rolle von Inhibitoren findet sich einiges in den Abschnitten A. RIECHE und J. W. BREITENBACH; im übrigen sei auf den Artikel DUFRAISSE-CHOVIN in Band II verwiesen.

Der Band, der infolge seines großen Umfanges in zwei Hälften ausgegeben werden muß, zerfällt in 3 Hauptteile. Im „*Allgemeinen Teil*" werden gewisse, besonders wichtig erscheinende Gruppen von Katalysatoren herausgehoben und der Chemismus ihrer Wirkungsweise entwickelt. Daß hierbei im wesentlichen nur die *homogene* Katalyse berücksichtigt wurde, findet in der besonders ausführlichen Behandlung der heterogenen Katalyse in anderen Bänden des Handbuches und in dem weitgehenden Mangel *chemischer* Gesichtspunkte in diesem Teilgebiet seine Rechtfertigung. Dagegen wäre ein Artikel über die „Praxis der heterogenen Katalyse im Laboratorium" sehr erwünscht gewesen. Leider ließ sich hierfür kein geeigneter Autor gewinnen. Einiges darüber findet sich aber in den Abschnitten E. B. MAXTED und A. PONGRATZ. Auf die Bedeutung der *Säure-Basen-Katalysen* braucht nicht besonders hingewiesen zu werden. H. SCHMID behandelt sie in einer auch für den nicht angelsächsischen Leser geeigneten Form. Sehr wichtig erschien die Aufnahme eines Abschnittes über *Katalyse durch Komplexbildung*, da hierüber noch jede zusammenfassende Darstellung fehlte. G. HESSE hat diese Arbeit in dankenswerter Weise übernommen. Im nächsten Kapitel behandelt K. ZIEGLER die *Katalyse durch Alkalimetalle und metallorganische Verbindungen*. Auch ein Abschnitt über *Schwermetallionen als Katalysatoren* war zunächst vorgesehen; es zeigte sich aber, daß er inhaltlich mit demjenigen über *Autoxydation in homogener Phase* (A. SCHÖBERL) weitgehend übereingestimmt hätte, so daß darauf verzichtet werden konnte. Wichtiger erschien demgegenüber die Behandlung der *Peroxyde* und der *Organischen Katalysatoren* (aus der Feder von A. RIECHE bzw. G. TRIEM), da gerade auf diesen Gebieten die weitere Forschung sehr aussichtsreich erscheint. Die mit diesen beiden Gruppen im Zusammenhang stehende Rolle von *Radikalen* als Katalysatoren wird später in einem eigenen Abschnitt geschildert werden müssen; einstweilen ist das vorhandene Material noch zu spärlich.

Liegt im „*Allgemeinen Teil*“ der Schwerpunkt der Betrachtung auf dem Katalysator und seiner Wirkungsweise, so ist der „*Spezielle Teil*“ nach den einzelnen *Reaktionen* gegliedert. Er soll dem praktisch Arbeitenden zeigen, wie er eine bestimmte Reaktion beschleunigen oder lenken kann. Da es zwar eine Systematik der organischen Stoffe, aber noch keine allgemein anerkannte Systematik organischer *Reaktionen* gibt, wurde eine solche entwickelt, die ohne absolute Strenge dem praktischen Bedürfnis entspricht, d. h. ein leichtes Auffinden irgendeiner Reaktionsart ermöglicht. Zur Erläuterung der aus dem Inhaltsverzeichnis ersichtlichen Einteilung der Reaktionen sei noch folgendes bemerkt. Zur klaren Abgrenzung sind unter „Anlagerungsreaktionen“ nur solche verstanden, bei denen keine neue C—C-Bindung geknüpft wird. Das gleiche gilt für die „Substitution“. Alle das C-Gerüst aufbauenden Umsetzungen sind, soweit sie nicht unter die „*Polymerisation*“ fallen, in den Kapiteln VIII—X als „Kondensationen“ bezeichnet. Die Aldolkondensation und verwandte Reaktionen wurden, obwohl sie eigentlich Polymerisationen darstellen, dem allgemeinen Sprachgebrauch entsprechend in die Kondensationen eingereiht, umgekehrt die sogenannten „Mischpolymerisationen“ dem gleichen Prinzip entsprechend bei den Polymerisationen. Die „*Vulkanisation*“, die gleichzeitig Anlagerung und Polymerisation darstellt, wurde in einem eigenen Kapitel angefügt, ebenso wie die *Elementaranalyse*, die den speziellen Teil beschließt. Der Artikel von E. B. MAXTED über „*Katalytische Hydrierung*“ lag bereits 1939 druckfertig vor, da er erst für einen anderen Band bestimmt war. Nur eine Ergänzung bezüglich der stereochemischen Verhältnisse bei der Hydrierung (von H. A. WEIDLICH) erwies sich als notwendig.

Um der ständig wachsenden Bedeutung der Katalyse in der organischen Großtechnik gerecht zu werden, wurde von einem Fachmann der Industrie (H. G. HUMMEL) ein naturgemäß kurzer Überblick über dies Gebiet als *besonderer* Teil angegliedert.

Was die Behandlungsart des speziellen Teiles anbelangt, so ist es klar, daß von vornherein auf absolute Vollständigkeit (im Sinne des „Beilstein“) verzichtet werden mußte. Trotzdem wurde versucht, auch scheinbar ausgefallene Katalysen wenigstens zu erwähnen, weil diese unter Umständen Ausgangspunkte neuer wichtiger Forschungen werden können. Die Patentliteratur wurde — je nach dem Wesen des einzelnen Abschnittes und der Einstellung des Autors zu technischen Fragen — in verschiedenem Umfang berücksichtigt. Es ist natürlich anzunehmen, daß trotz eifrigen Suchens manche vielleicht auch bedeutsame katalytische Reaktion übersehen wurde; jeder Hinweis auf derartige Mängel wird von dem Herausgeber und den Autoren dankbar begrüßt werden.

An *Registern* wurden dem Band ein Sach- und ein Katalysatorenverzeichnis sowie ein Namenverzeichnis angegliedert. Den Bearbeitern der Register, vor allem E. BEHRLE, E. HACKENTHAL, H. HOMANN, R. KNOBLOCH, M. KOBEL und G. STÖGER gebührt für ihre mühevolle Arbeit besonderer Dank.

Die Planung und Fertigstellung des Bandes litt unter kriegsbedingten Schwierigkeiten verschiedenster Art. Vor allem war wegen der Arbeitsüberlastung der Mitarbeiter eine weitgehende Unterteilung des speziellen Teiles in mehr oder weniger kleine Abschnitte notwendig. Die dadurch entstandene Uneinheitlichkeit mußte mit in Kauf genommen werden. Auch durch zum Teil wiederholte Einberufungen des Schriftleiters und zahlreicher Autoren entstanden vielfach Störungen und Verzögerungen. Dank den Bemühungen des Verlages und seiner Mitarbeiter konnte das Werk trotzdem beendet werden. Möge sein Erfolg die aufgewandte Mühe und Arbeit rechtfertigen.

Im Mai 1943. **R. Criegee.**

Inhaltsverzeichnis.

Erste Hälfte.

Allgemeiner Teil.

Allgemeiner Teil.

Säure-Basen-Katalyse.

Von

HERMANN SCHMID, Wien.

Mit 4 Abbildungen.

Inhaltsverzeichnis.

I. Einleitung.

Was für eine außergewöhnliche Rolle Säuren und Basen als Katalysatoren spielen, erhellt aus dem Umfange, den die Säure-Basen-Katalyse in dem Band II des von G.-M. SCHWAB herausgegebenen Handbuches der Katalyse einnimmt, der von J. W. BAKER, R. P. BELL, P. CHOVIN, CH. DUFRAISSE, M. KILPATRICK, O. REITZ, E. ROTHSTEIN, H. SCHMID bearbeitet wurde[1]. Während die Säure-Basen-Katalyse in diesem Handbuche anderwärts in einer Anzahl von Beiträgen

---

[1] Handbuch der Katalyse, herausgegeben von G.-M. SCHWAB, Bd. II. Wien: Springer 1940.

eingehend behandelt wird, soll in dem der organischen Chemie gewidmeten Bande ein Überblick über das Gesamtgebiet der Säure-Basen-Katalyse geboten werden, der den Intentionen dieses Bandes besonders Rechnung trägt.

Daß die Zahl der Säure-Basen-Katalysen organischer Reaktionen unvergleichlich groß gegen die der anorganischen Reaktionen ist[1], ist auf die Fülle organischer Verbindungen zurückzuführen, die ihre Existenz nicht nur der ungewöhnlichen Verkettungsfähigkeit der Kohlenstoffatome, sondern auch der Stabilisierung kurzlebiger anorganischer Substanzen durch Einführung organischer Atomgruppen verdanken[2].

In der Bezeichnung „Säure-Basen-Katalyse" ist sowohl der Begriff der Säure und Base[3] als auch der der Katalyse[4] umstritten. Zum klaren Verständnis sei gleich zu Beginn der Darstellung eine Entscheidung getroffen, in welchem Sinne die Begriffe gebraucht werden. Vorliegender Abhandlung wird die Katalysatordefinition von A. Mittasch[5] und der Säure-Basen-Begriff von Brönsted[6] und Lowry[7] zugrunde gelegt[8]. Nach Mittasch wird als Katalysator ein Stoff bezeichnet, „der, obgleich an einer chemischen Reaktion anscheinend nicht unmittelbar beteiligt, diese hervorruft oder beschleunigt oder in bestimmte Bahnen lenkt". Brönsted und Lowry bezeichnen Stoffe, die das Bestreben haben, Protonen abzugeben, als Säuren und Stoffe, die die Tendenz haben, Protonen aufzunehmen, als Basen. Zwischen Säure und Base herrscht somit folgende Beziehung:

$$\text{Säure } S_1 + \text{Base } B_2 = \text{Base } B_1 + \text{Säure } S_2.$$

Beim Protonenübertritt zur Base wird demnach aus der Säure eine Base und aus der ursprünglichen Base eine Säure. Diese fundamentale Säure-Basen-Gleichung möge an einigen Beispielen näher erläutert werden.

$$CH_3COOH + H_2O = CH_3COO^- + H_3O^+$$
$$S_1 \quad + \quad B_2 = \quad B_1 \quad + \quad S_2 .$$

Das von der Essigsäure abgespaltene Proton ist für sich nur in verschwindender Konzentration existenzfähig, es wird durch Wasser nahezu vollständig in Hydroxoniumion H_3O^+ übergeführt; Wasser wirkt hier demnach als Base.

---

[1] In der anorganischen Chemie ist bisher nur die allgemeine Basenkatalyse des Nitramidzerfalles eingehend untersucht worden. J. N. Brönsted, K. Pedersen: Z. physik. Chem. **108**, 185 (1924). — J. N. Brönsted, H. C. Duus: Ebenda **117**, 299 (1925). — J. N. Brönsted, K. Volqvartz: Ebenda Abt. A **155**, 211 (1931). — J. N. Brönsted, J. E. Vance: Ebenda Abt. A **163**, 240 (1933). — J. N. Brönsted, A. L. Nicholson, A. Delbanco: Ebenda Abt. A **169**, 379 (1934). — K. Pedersen: J. physic. Chem. **38**, 581 (1934). — E. C. Baughan, R. P. Bell: Proc. Roy. Soc. [London], Ser. A **158**, 464 (1937).

[2] H. Schmid: Atti X Congr. int. Chim., Roma **2**, 484 (1938).

[3] J. N. Brönsted: Recueil Trav. chim. Pays-Bas **42**, 718 (1923); J. physic. Chem. **30**, 777 (1926); Chem. Reviews **5**, 288 (1928); Z. physik. Chem., Abt. A **169**, 52 (1934); J. chem. Educat. **16**, 535 (1939). — Th. M. Lowry: Trans. chem. Soc. [London] **123**, 828 (1923); Chem. Industries **42**, 43 (1923). — G. N. Lewis: Valence and the structure of atoms and molecules. New York: Chemical Catalog Co. 1923, übersetzt von G. Wagner, H. Wolff. Braunschweig: F. Vieweg 1927; J. Franklin Inst. **226**, 293 (1938). — N. V. Sidgwick: The electronic theory of valency. New York: Oxford University Press 1927. — N. Bjerrum: Chem. Reviews **16**, 287 (1935). — M. Usanovich: J. gen. Chem. (USSR.] **9**, 182 (1939). — G. Jander, K. Wickert: Z. physik. Chem., Abt. A **178**, 57 (1937). — K. Wickert: Ebenda Abt. A **178**, 361 (1937); Z. Elektrochem. angew. physik. Chem. **47**, 330 (1941). — K. Cruse: Z. Elektrochem. angew. physik. Chem. **46**, 571 (1940); **47**, 411 (1941).

[4] E. Schröer, H. J. Schumacher: Naturwiss. **29**, 411 (1941).

[5] Katalyse und Determinismus, S. 10. Berlin: Springer 1938; Handbuch der Katalyse, herausgegeben von G.-M. Schwab, Bd. I, S. 15. Wien: Springer 1941.

[6] a. a. O.   [7] a. a. O.

[8] Über den von J. W. Baker und E. Rothstein erweiterten Säure-Basen-Begriff Brönsteds siehe S. 5.

Bisulfation ist als Protongeber

$$HSO_4^- + H_2O = SO_4^{--} + H_3O^+$$

ebenfalls Säure.

Bei der Reaktion

$$H_2O + H_2O = H_3O^+ + OH^-$$

reagiert Wasser einerseits als Säure, andererseits als Base; Wasser ist demnach Ampholyt.

Bei der Säure-Basen-Gleichung:

$$NH_4^+ + H_2O = NH_3 + H_3O^+$$

ist Ammoniumion Protongeber, also Säure.

Aus vorstehenden Beispielen ist zu ersehen, daß neutrale Molekeln (CH_3COOH, H_2O), positive (NH_4^+, H_3O^+) und negative Ionen (HSO_4^-) als Säure fungieren können. Ebensowenig wie für Säuren ist die elektrische Ladung für Basen charakteristisch. Dank der allgemein gehaltenen Definition der Säure und Base von BRÖNSTED und LOWRY lassen sich viele Katalysen in die Säure-Basen-Katalysen einordnen und dadurch einer Klärung zuführen.

So wird nach den Untersuchungen von J. N. BRÖNSTED und E. A. GUGGEN-HEIM[1] die *Mutarotation der Glucose* in wässeriger Lösung durch zahlreiche Substanzen katalysiert, die im Sinne BRÖNSTEDS als Säuren und Basen zu bezeichnen sind. Die Geschwindigkeit der Mutarotation ist proportional der Glucosekonzentration und der Konzentration der entsprechenden Säure bzw. Base. Für eine wässerige Lösung mit der Säure HA und dem Anion A^- ist die Geschwindigkeitsgleichung der allgemeinen Säure-Basen-Katalyse[2]:

$$v = (k_{H_2O} + k_{H_3O^+}[H_3O^+] + k_{OH^-}[OH^-] + k_{HA}[HA] + k_{A^-}[A^-] \dots)[Glucose].$$

Nachfolgende Tabelle 1 gibt eine Übersicht über die katalytische Wirksamkeit einer Anzahl von Basen und Säuren auf die Mutarotation der Glucose. k_S ist der Katalysekoeffizient der in Spalte 1 angegebenen Säuren, k_B der Katalysekoeffizient der Basen in Spalte 2, die sich um ein Proton von der jeweiligen Säure in Spalte 1 unterscheiden. Es ist augenscheinlich, daß der Katalysekoeffizient

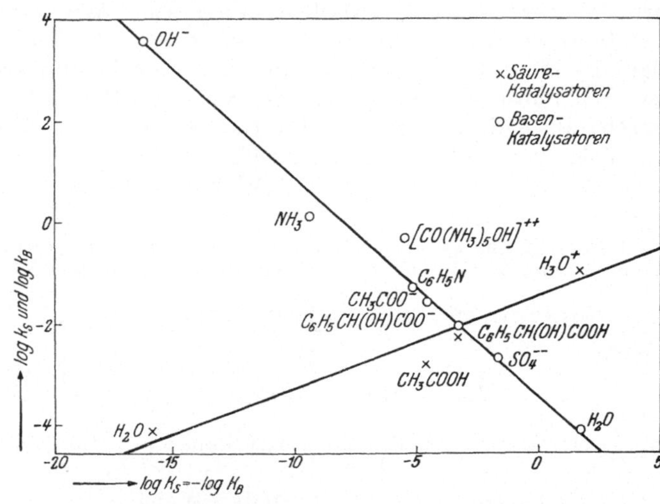

Abb. 1. Katalysekoeffizienten von Säuren und Basen in Abhängigkeit von den Ionisationskonstanten der Säuren für die Mutarotation der Glucose.

der Säure mit der Ionisationskonstante der Säure (K_S) symbat, der Katalysekoeffizient der Base mit K_S antibat geht. Abb. 1 zeigt, daß der Logarithmus des

---

[1] J. Amer. chem. Soc. **49**, 2554 (1927).

[2] v die Reaktionsgeschwindigkeit, k die Geschwindigkeitskoeffizienten (Katalysekoeffizienten), die eckig geklammerten Symbole Konzentrationen in Molen je Liter Lösung.

Katalysekoeffizienten der Säure mit dem Logarithmus der Ionisationskonstante linear ansteigt. Ebenso ist aus der Abbildung ersichtlich, daß der Logarithmus des Katalysekoeffizienten der Base mit dem Logarithmus des reziproken Wertes der Ionisationskonstante, die die zugehörige (konjugierte) Säure hat ($K_B = 1/K_S$), linear ansteigt.

Tabelle 1. Katalysekoeffizienten für 18° C.

Säure	Konjugierte Base	K_S	k_S	k_B
H_2O[1]	OH^-	$1,0 \cdot 10^{-16}$	$9,5 \cdot 10^{-5}$	$6 \cdot 10^3$
NH_4^+	NH_3	$3,2 \cdot 10^{-10}$	—	$3,2$
$[Co(NH_3)_5H_2O]^{+++}$	$[Co(NH_3)_5OH]^{++}$	$1,6 \cdot 10^{-6}$	—	$7,8 \cdot 10^{-1}$
$C_5H_5NH^+$	C_5H_5N	$3,6 \cdot 10^{-6}$	—	$8,3 \cdot 10^{-2}$
CH_3COOH	CH_3COO^-	$1,8 \cdot 10^{-5}$	$2 \cdot 10^{-3}$	$2,7 \cdot 10^{-2}$
$C_6H_5CH(OH)COOH$	$C_6H_5CH(OH)COO^-$	$4,3 \cdot 10^{-4}$	$6 \cdot 10^{-3}$	$1,1 \cdot 10^{-2}$
HSO_4^-	SO_4^{--}	$1,2 \cdot 10^{-2}$	—	$4 \cdot 10^{-3}$
H_3O^+[1]	H_2O	$5,6 \cdot 10$	$1,4 \cdot 10^{-1}$	$9,5 \cdot 10^{-5}$

II. Kinetik der Zwischenreaktionen.

Wie u. a. der Verfasser in seiner Abhandlung „Zwischenreaktionen"[2] an einer Anzahl von Beispielen zeigte, läßt sich eine unermeßliche Zahl von Katalysen aus den Teilvorgängen, über die sie verlaufen, verstehen. Die Katalyse kommt dabei in der Weise zustande, daß der Katalysator mit Reaktionspartnern intermediär labile Produkte bildet, die bei weiterer Reaktion die Endprodukte unter Rückbildung des Katalysators geben[3]. Durch den Katalysator werden also neue Reaktionsbahnen geschaffen, wodurch der Umsatz erst ermöglicht, bzw. das Reaktionsende rascher erreicht wird als bei unkatalysiertem Vorgang. Auch den zahlreichen Säure-Basen-Katalysen liegt ein derartiger Mechanismus zugrunde. Die Beziehung zwischen katalytischer Wirksamkeit und Stärke (Lage des Ionisationsgleichgewichtes) der Säure bzw. der Base gibt einen Fingerzeig, daß die Säure-Basen-Katalyse auf die Säure-Basen-Gleichung zurückzuführen ist. Das Substrat empfängt von der Säure ein Proton bzw. gibt an die Base ein Proton ab, dadurch wird das Substrat zu einem instabilen Zwischenion, das in der Folge von Teilvorgängen schließlich die Endprodukte unter Rückgabe bzw. Rücknahme des Protons liefert. J. W. BAKER und E. ROTHSTEIN[4] erweitern diese

---

[1] Für H_3O^+ ist es schwer, ein geeignetes Maß der Säurestärke anzugeben. Es wird formal analog zur Ionisationskonstante einer schwachen Säure, z. B.

$$CH_3COOH + H_2O = CH_3COO^- + H_3O^+ \qquad K_S = \frac{[CH_3COO^-][H_3O^+]}{[CH_3COOH]}$$

gesetzt:

$$H_3O^+ + H_2O = H_2O + H_3O^+ \qquad K_{S_{H_3O^+}} = \frac{[H_2O][H_3O^+]}{[H_3O^+]} = [H_2O].$$

Im Liter Wasser sind 55,5 Mole H_2O, daher wird für H_3O^+ K gleich 55,5 gesetzt. $K_{S_{H_2O}}$ ist nach Gleichung $H_2O + H_2O = OH^- + H_3O^+$

$$K_{S_{H_2O}} = \frac{[OH^-][H_3O^+]}{[H_2O]} = 10^{-16}.$$

[2] H. SCHMID: Handbuch der Katalyse, herausgegeben von G.-M. SCHWAB, Bd. II, S. 1. Wien: Springer 1940.

[3] Über Reaktionsbeschleunigung durch Wirkungen physikalischer Art (elektrische Kraftfelder der Ionen, Paramagnetismus der Substanzen) siehe zusammenfassende Berichte von R. P. BELL: „Salzeffekte" und „Lösungsmitteleffekte". Handbuch der Katalyse, herausgegeben von G.-M. SCHWAB, Bd. II, S. 191, 319. Wien: Springer 1940.

[4] Handbuch der Katalyse, herausgegeben von G.-M. SCHWAB, Bd. II, S. 51. Wien: Springer 1940.

BRÖNSTEDsche Theorie der Säure-Basen-Katalysen. Sie sehen die wesentliche Funktion des Säurekatalysators in der Einführung eines Protons *oder* einer positiven Ladung in das Substrat, die des Basenkatalysators in der Entfernung eines Protons vom Substrat *oder* in der Einführung eines Anions in das Substrat. Wie auf S. 52 des Näheren ausgeführt wird, besteht die Wirkungsweise einer Katalysatorbase auf die Esterhydrolyse in der Einführung des Hydroxylions in den Ester. Hier kann also von keiner Entfernung eines Protons vom Substrat im Sinne BRÖNSTEDS, sondern nur von der Einführung eines Anions in das Substrat entsprechend der Formulierung von BAKER und ROTHSTEIN gesprochen werden.

Es sei im Sinne K. J. PEDERSENS[1] beispielsweise folgendes Reaktionsschema für die Säurekatalyse gegeben:

$$
\begin{array}{llll}
R & + HA \rightleftharpoons RH^+ + A^- {}^2 & \text{Urreaktion 1}\,^3 \\
RH^+ & + H_2O \rightarrow R_1 + H_3O^+ & \text{Urreaktion 2} \\
H_3O^+ & + A^- \leftrightharpoons HA + H_2O\,^4 & \text{Urreaktion 3} \\
\hline
& R = R_1 & \text{Gesamtreaktion} \\
& & \text{(Summe der Urreaktionen)}.
\end{array}
$$

Da RH^+ ein kurzlebiges Zwischenprodukt ist, kann es nur in so geringer Konzentration auftreten, daß es in der Gesamtreaktion, „Bruttoreaktion", nicht aufscheint, es kann sich nur bis zu dem entsprechend niedrigen Gehalte des „stationären Zustands" anreichern, bei dem die Bildungsgeschwindigkeit der Zwischensubstanz ihrer Verbrauchsgeschwindigkeit gleich wird (Stationaritätsprinzip[5]).

Bildungsgeschwindigkeit von RH^+ .... $k_1 [R][HA]$ [6]
Verbrauchsgeschwindigkeit von RH^+ .... $k_1' [RH^+][A^-] + k_2 [RH^+]$ [7],

daher:
$$k_1 [R][HA] = k_1' [RH^+][A^-] + k_2 [RH^+],$$

daraus ergibt sich die Konzentration des kurzlebigen Zwischenprodukts:

$$[RH^+] = \frac{k_1 [R][HA]}{k_1' [A^-] + k_2}.$$

---

[1] Trans. Faraday Soc. **34**, 237 (1938).

[2] R Ausgangsprodukt, R_1 Endprodukt, HA Säure, $\rightleftharpoons$ bedeutet, daß sowohl die Geschwindigkeit der Links-Rechts-Reaktion als auch die der Rechts-Links-Reaktion in Betracht kommt.

[3] Unter Urreaktion versteht A. SKRABAL [Mh. Chem. **51**, 93 (1929)] einen chemischen Umsatz, der in keine weiteren Teilreaktionen mehr zerlegt werden kann. Die stöchiometrischen Gleichungen der Urreaktionen kennzeichnen also den tatsächlichen Verlauf des Umsatzes. Siehe A. SKRABAL: Homogenkinetik. Leipzig: Steinkopff 1941. — Siehe auch H. SCHMID: Handbuch der Katalyse, herausgegeben von G.-M. SCHWAB, Bd. II, S. 3. Wien: Springer 1940.

[4] $\leftrightharpoons$ Zeichen dafür, daß während der Reaktion praktisch ständig Gleichgewicht zwischen den Linksstoffen (H_3O^+ und A^-) und den Rechtsstoffen (HA und H_2O) herrscht (laufendes Gleichgewicht, Gleichgewicht von Zwischenreaktionen). Siehe H. SCHMID: Handbuch der Katalyse, herausgegeben von G.-M. SCHWAB, Bd. II, S. 6. Wien: Springer 1940.

[5] M. BODENSTEIN: Z. physik. Chem. **85**, 329 (1913). Letzte Veröffentlichungen: M. BODENSTEIN: IX. Congr. int. Quim. pura apl., Madrid **2**, 256 (1934). — J. A. CHRISTIANSEN: Z. physik. Chem., Abt. B **28**, 303 (1935). — A. SKRABAL: Z. Elektrochem. angew. physik. Chem. **42**, 228 (1936).

[6] Eckig geklammerte Symbole bedeuten wirkliche Konzentrationen in Molen pro Liter. Index der Geschwindigkeitskoeffizienten k bedeutet die Nummer der Urreaktion obigen Schemas, der gestrichene Koeffizient k_1' bezieht sich auf die Rechts-Links-Reaktion, also auf die Gegenreaktion 1.

[7] Bei großem Überschuß an Wasser ist dessen Gehalt praktisch konstant.

Die Geschwindigkeit der Bildung des Endprodukts, also die in der Zeiteinheit gebildeten Mole R_1 pro Liter:

$$\frac{d\,(\mathrm{R_1})}{d\,t} = k_2[\mathrm{RH^+}] = k_2\,\frac{k_1\,[\mathrm{R}][\mathrm{HA}]}{k_1{}'\,[\mathrm{A^-}] + k_2}\,.$$

Ist $k_2 \gg k_1{}'[\mathrm{A^-}]$, dann wird

$$\frac{d\,(\mathrm{R_1})}{d\,t} = k_1[\mathrm{R}][\mathrm{HA}]\,.$$

Die Bildungsgeschwindigkeit des Endprodukts ist bei diesem Reaktionsschema gleich der Geschwindigkeit des Protonenübergangs von der Säure HA zum Substrat R. Nach der Geschwindigkeitsgleichung sind unionisierte Säuren Katalysatoren; es liegt „allgemeine" Säurekatalyse vor.

Es ist vielfach dem Vorurteil zu begegnen, daß die Neutralisation der Säure mit der Base unter allen Umständen unmeßbar rasch vor sich geht; dies trifft für Reaktionen zwischen starken Säuren und starken Basen zu, wenn dabei keine molekularen Umlagerungen stattfinden. In solchen Fällen kann auch mit Hilfe der Strömungsmethode von H. Hartridge und F. J. Roughton[1] die Reaktionsgeschwindigkeit nicht gemessen werden. Wenn hingegen wenigstens einer der Reaktionspartner „schwach" ist, kann der Übertritt des Protons meßbar langsam erfolgen.

Ist in der obigen Geschwindigkeitsgleichung hingegen $k_2 \ll k_1{}'[\mathrm{A^-}]$, dann wird

$$\frac{d\,(\mathrm{R_1})}{d\,t} = k_2\,\frac{k_1\,[\mathrm{R}][\mathrm{HA}]}{k_1{}'\,[\mathrm{A^-}]}\,.\ {}_2$$

Nach

$$\mathrm{HA + H_2O \rightleftharpoons H_3O^+ + A^-}$$

ist die Ionisationskonstante der Säure

$$K_S = \frac{[\mathrm{H_3O^+}][\mathrm{A^-}]}{[\mathrm{HA}]}\,,$$

daher ist die Hydroxoniumionkonzentration:

$$[\mathrm{H_3O^+}] = K_S\,\frac{[\mathrm{HA}]}{[\mathrm{A^-}]}\,,$$

es wird also

$$\frac{d\,(\mathrm{R_1})}{d\,t} = \mathrm{prop.}\ [\mathrm{R}][\mathrm{H_3O^+}]\,.$$

---

[1] Proc. Roy. Soc. [London], Ser. A **104**, 376, 395 (1923). — Weitere Arbeiten mit Hilfe der Strömungsmethode von E. Briner, T. D. Stewart, W. A. Noyes, N. Sasaki, R. N. J. Saal, W. C. Bray, H. Schmid, V. K. La Mer, E. Ball, G. A. Millikan, R. Brinkman, A. Thiel, H. v. Halban, E. A. Šilov, K. G. Stern, B. Chance und ihren Mitarbeitern: siehe H. Schmid: Handbuch der Katalyse, herausgegeben von G.-M. Schwab, Bd. II, S. 42. Wien: Springer 1940 und B. Chance: J. Franklin Inst. **229**, 455, 613, 737 (1940).

[2] $k_1/k_1{}'$ ist die Gleichgewichtskonstante der Reaktion:

$$\mathrm{R + HA = RH^+ + A^-}\,,$$

$\dfrac{k_1[\mathrm{R}][\mathrm{HA}]}{k_1{}'[\mathrm{A^-}]}$ somit die Konzentration von RH$^+$, das mit R, HA und A$^-$ im Gleichgewichte steht. Da dieses Gleichgewicht der zeitbestimmenden Reaktion:

$$\mathrm{RH^+ + H_2O \rightarrow R_1 + H_3O^+}$$

vorgelagert ist, nennt man es vorgelagertes Gleichgewicht oder Vorgleichgewicht.

In diesem Falle liegt also spezifische Wasserstoffionenkatalyse vor[1]. Diese Überlegungen erweisen, daß zwischen der allgemeinen Säurekatalyse und der spezifischen Wasserstoffionenkatalyse kein wesentlicher Unterschied besteht. Ganz analoge Beziehungen können bei der allgemeinen Basenkatalyse und der spezifischen Hydroxylionenkatalyse aufgezeigt werden.

Beispiele für allgemeine Säurekatalysen sind Hydrolysen des Äthylorthoacetats, -orthopropionats und -orthocarbonats[2], des Diazoacetations[3], Diazoäthylacetations[4] und des Azodicarbonations[5].

Beispiele für allgemeine Basenkatalysen sind der Zerfall von Nitramid in Stickoxydul und Wasser[6], die Bromierung von Nitromethan[7], die Bromierung des Acetoessigesters und der Acetoessigsäure[8].

Beispiele für allgemeine Säure-Basen-Katalysen, also für Reaktionen, bei denen sowohl allgemeine Säurekatalyse als auch allgemeine Basenkatalyse fest-

---

[1] Wenn auch in vorliegendem Beispiele ein Reaktionsmechanismus mit Vorgleichgewicht (Anm. 2, S. 6):

$$R \quad + HA \;\rightleftharpoons\; RH^+ + A^- \qquad \text{Vorgleichgewicht}$$
$$RH^+ + H_2O \;\rightarrow\; R_1 \quad + H_3O^+ \quad \text{zeitbestimmende Reaktion}$$
$$H_3O^+ + A^- \;\rightleftharpoons\; HA \quad + H_2O$$

zur spezifischen Wasserstoffionkatalyse führt, so ist diese spezifische Katalyse keineswegs in jedem Falle auf ein vorgelagertes Gleichgewicht mit RH^+ zurückzuführen. Für ein Reaktionsschema nach K. F. BONHOEFFER und O. REITZ [Z. physik. Chem., Abt. A **179**, 138 (1937)]:

$$R \quad + H_3O^+ \;\underset{k_1'}{\overset{k_1}{\rightleftharpoons}}\; RH^+ + H_2O$$

$$RH^+ + H_2O \;\overset{k_2}{\rightarrow}\; R_1 \quad + H_3O^+$$

$$RH^+ + A^- \;\overset{k_3}{\rightarrow}\; R_1 \quad + HA$$

$$HA \quad + H_2O \;\rightleftharpoons\; H_3O^+ + A^-$$

ergibt sich unter Anwendung des Stationaritätsprinzips

$$\frac{d\,(R_1)}{dt} = (k_2 + k_3\,[A^-]) \,\frac{k_1\,[R][H_3O^+]}{k_1' + k_2 + k_3\,[A^-]}.$$

Ist
$$k_2 + k_3\,[A^-] \gg k_1', \quad \text{so ist} \quad \frac{d\,(R_1)}{dt} = k_1\,[R][H_3O^+].$$

Bei dieser spezifischen Wasserstoffionkatalyse tritt also kein Vorgleichgewicht mit RH^+ auf. Hier ist die zeitbestimmende Reaktion die Bildungsgeschwindigkeit des Zwischenprodukts RH^+ aus dem Substrat R und dem Hydroxoniumion.

Besteht hingegen ein vorgelagertes Gleichgewicht

$$R + H_3O^+ \;\rightleftharpoons\; RH^+ + H_2O, \quad \text{ist also} \quad k_1' \gg k_2 + k_3\,[A^-],$$

dann ergibt sich die Geschwindigkeitsgleichung:

$$\frac{d\,(R_1)}{dt} = \text{prop.}\ [R][H_3O^+] + \text{prop.}'\ [R][HA],$$

also die der allgemeinen Säurekatalyse.
[2] J. N. BRÖNSTED, W. F. K. WYNNE-JONES: Trans. Faraday Soc. **25**, 59 (1929).
[3] C. V. KING, E. D. BOLINGER: J. Amer. chem. Soc. **58**, 1533 (1936).
[4] M. DUBOUX, G. PIÈCE: Helv. chim. Acta **23**, 152 (1940).
[5] C. V. KING: J. Amer. chem. Soc. **62**, 379 (1940).
[6] J. N. BRÖNSTED und Mitarbeiter: Literatur S. 2.
[7] R. JUNELL: Z. physik. Chem., Abt. A **141**, 71 (1929). — K. PEDERSEN: Kgl. danske Vidensk. Selk., math.-fysiske Medd. **12**, 1 (1932).
[8] K. PEDERSEN: Den almindelige Syre-og Basekatalyse. Copenhagen 1932. — J. physic. Chem. **37**, 751 (1933); **38**, 601 (1934).

gestellt wurde, sind: Mutarotation der Glucose[1], Halogenierung des Acetons[2], Depolymerisation von dimerem Dihydroxyaceton[3] und von dimerem Glykolaldehyd[4].

Spezifische Wasserstoffionkatalysen sind: der Zerfall des Diazoessigesters[5], die Hydrolyse der Acetale[6], die Inversion des Rohrzuckers[7].

Eine spezifische Hydroxylionkatalyse ist der Zerfall des Nitrosotriacetonamins[8].

Die spezifischen Wasserstoffionkatalysen und Hydroxylionkatalysen sind für die Bestimmung der Konzentrationen des Wasserstoffions bzw. des Hydroxylions von besonderem praktischen Werte.

Die Hydrolyse der Ester wird durch Wasserstoffion und Hydroxylion katalysiert. Eine eingehende Besprechung erfolgt in einem späteren Kapitel (S. 50).

III. Die Brönstedsche Beziehung.

Die in Abb. 1 für die Mutarotation der Glucose graphisch dargestellte Beziehung zwischen Katalysekoeffizient und Ionisationskonstante der Säure, bzw. zwischen Katalysekoeffizient der Base und dem reziproken Wert der Ionisationskonstante der der Base konjugierten Säure $K_B = 1/K_S$ [9] läßt sich in die Gleichung[10] bringen:

$$k_S = G_S \cdot K_S^\alpha$$
$$k_B = G_B \cdot K_B^\beta,$$

wobei G_S bzw. G_B, α bzw. β Konstanten für die gegebene Reaktion in einem bestimmten Lösungsmittel bei festgelegter Temperatur und für Katalysatoren von gleichem Typus sind. Die Exponenten α und β sind kleiner als 1.[11]

---

[1] Th. M. Lowry, G. F. Smith: J. chem. Soc. [London] 1927, 2539. — J. N. Brönsted, E. A. Guggenheim: J. Amer. chem. Soc. 49, 2554 (1927). — F. H. Westheimer: J. org. Chemistry 2, 431 (1938). — Siehe weiter S. 11 und 41 und C. S. Hudson: J. Amer. chem. Soc. 29, 1571 (1907); 32, 889 (1910). — U. Pratolongo: Rend. Ist. Lombardo Sci. 45, 961 (1912). — C. N. Riiber: Ber. dtsch. chem. Ges. 55, 3132 (1922); 56, 2185 (1923); 57, 1599 (1924). — R. Kuhn, P. Jacob: Z. physik. Chem. 113, 389 (1924). — H. v. Euler, A. Ölander, E. Rudberg: Z. anorg. allg. Chem. 146, 45 (1925). — Th. M. Lowry, G. L. Wilson: Trans. Faraday Soc. 24, 681 (1928). — G. F. Smith: J. chem. Soc. [London] 1936, 1824.

[2] Siehe S. 45.

[3] R. P. Bell, E. C. Baughan: J. chem. Soc. [London] 1937, 1947.

[4] R. P. Bell, J. P. H. Hirst: J. chem. Soc. [London] 1939, 1777.

[5] G. Bredig, W. Fraenkel: Z. Elektrochem. angew. physik. Chem. 11, 525 (1905). — W. Fraenkel: Z. physik. Chem. 60, 202 (1907). — E. Spitalsky: Z. anorg. allg. Chem. 54, 278 (1907). — P. Gross, H. Steiner, F. Krauss: Trans. Faraday Soc. 32, 877 (1936); 34, 351 (1938).

[6] Siehe S. 64.

[7] Siehe S. 27.

[8] D. A. Clibbens, F. Francis: J. chem. Soc. [London] 1912, 2358. — F. Francis, F. H. Geake: Ebenda 1913, 1722. — F. Francis, F. H. Geake, J. W. Roche: Ebenda 1915, 1651. — J. N. Brönsted, C. V. King: J. Amer. chem. Soc. 47, 2523 (1925).

[9] Siehe J. N. Brönsted: Kem. Maanedsbl. nord. Handelsbl. kem. Ind. 22, 31 (1941).

[10] J. N. Brönsted, K. Pedersen: Z. physik. Chem. 108, 185 (1924).

[11] Nicht nur beim Studium der Mutarotation der Glucose, sondern auch bei der Erforschung des Nitramidzerfalls (Literatur S. 2), der Halogenierung des Acetons (Literatur S. 45) und der Isomerisierung des Nitromethans und -äthans zu den entsprechenden Aciformen [S. H. Maron, V. K. La Mer: J. Amer. chem. Soc. 61, 2018 (1939)] wurde reiches Untersuchungsmaterial gewonnen, das die Brönstedsche Beziehung bestätigt.

Diese BRÖNSTEDsche Beziehung läßt sich aus dem Reaktionsmechanismus ohne weiteres verstehen[1]. Es sei — wie dies bei der Mutarotation der Glucose der Fall ist —[2] die zeitbestimmende Reaktion die Säure-Basen-Gleichung:

$$S_1 + B_2 \rightleftharpoons B_1 + S_2.$$

Die Geschwindigkeit des Protonübergangs von S_1 zu B_2 ist:

$$v_{S_1, B_2} = \varkappa [S_1][B_2]$$

und die von S_2 zu B_1:

$$v_{S_2, B_1} = \varkappa' [S_2][B_1].$$

Im Gleichgewicht sind die beiden Geschwindigkeiten einander gleich:

$$\varkappa [S_1][B_2] = \varkappa' [S_2][B_1];$$
$$\frac{\varkappa}{\varkappa'} = \frac{[S_2][B_1]}{[S_1][B_2]} = K.$$

Wie im Folgenden gezeigt wird, ist die Gleichgewichtskonstante K außerdem das Verhältnis der Stärke der Säure S_1 zu der der Säure S_2. Um die Stärke der Säuren S_1 und S_2 miteinander vergleichen zu können, sind deren Gleichgewichte mit der gleichen Base (Standardbase) B_0 zu ermitteln.

$$S_1 + B_0 \rightleftharpoons B_1 + S_0 \qquad K_{S_1} = \frac{[B_1][S_0]}{[S_1][B_0]};$$
$$S_2 + B_0 \rightleftharpoons B_2 + S_0 \qquad K_{S_2} = \frac{[B_2][S_0]}{[S_2][B_0]}.$$

Das Verhältnis der Säurestärken K_{S_1} und K_{S_2} ist gegeben durch:

$$\frac{K_{S_1}}{K_{S_2}} = \frac{[B_1][S_2]}{[S_1][B_2]} = K = \frac{\varkappa}{\varkappa'}.$$

Wenn nun bei gleichem Säure-Basen-Paar S_2, B_2 das Säure-Basen-Paar S_1, B_1 mit steigender Stärke der Säure S_1 und dementsprechend mit fallender Stärke der Base B_1 geändert wird, dann steigt offenbar die Geschwindigkeit v_{S_1, B_2} und damit $\varkappa$ und fällt die Geschwindigkeit v_{S_2, B_1} und dementsprechend $\varkappa'$. Da bei gleichbleibendem S_2 der Quotient $\varkappa/\varkappa'$ proportional K_{S_1} ist, muß mit fallendem $\varkappa'$ $\varkappa$ langsamer als K_{S_1} ansteigen, also

$$\varkappa = G_{B_2} K_{S_1}^{\alpha},$$

wobei α ein echter Bruch und G_{B_2} für das gegebene Substrat (B_2), für das vorliegende Lösungsmittel und für die gegebene Temperatur eine Konstante ist.

Da $K_S = 1/K_B$ ist[3], kann die Gleichung

$$K_{S_1}/K_{S_2} = \varkappa/\varkappa'$$

auch in der Form:

$$K_{B_2}/K_{B_1} = \varkappa/\varkappa'$$

dargestellt werden. Daraus ergibt sich in analoger Weise

$$\varkappa' = G_{S_2}^- \cdot K_{B_1}^{\beta}.$$

Infolge der Proportionalität zwischen K_{S_1} und $\varkappa/\varkappa'$ bei gleichbleibendem S_2 läßt sich nach Einführung des gewonnenen Ausdrucks für $\varkappa$ und $\varkappa'$ in den Quotienten $\varkappa/\varkappa'$ die Beziehung:

$$\alpha + \beta = 1$$

gewinnen.

Auf Grund der gewonnenen Anschauung über den Mechanismus der Säure-Basen-Katalyse ist zu schließen, daß bei verschiedenen Reaktionen mit der

---

[1] K. J. PEDERSEN: J. physic. Chem. **38**, 581 (1934); Trans. Faraday Soc. **34**, 237 (1938).   [2] Siehe S. 45.   [3] Siehe S. 4.

gleichen Säure (bzw. Base) als Katalysator die Geschwindigkeit eine Funktion der Basen- (bzw. Säure-) Stärke des Substrats ist. Unter dieser Voraussetzung ist an Stelle der besprochenen Brönstedschen Beziehung deren verallgemeinerte Form[1] zu setzen:

$$k = G K_S^\alpha \cdot K_B^\beta,$$

wo K_S die Stärke des Säurekatalysators (bzw. des sauren Substrats) und K_B die Stärke des basischen Substrats (bzw. des basischen Katalysators) und G eine Funktion des Lösungsmittels und der Temperatur ist. Die direkte Bestimmung der Säure- bzw. Basenstärke des Substrats wäre von prinzipieller Bedeutung. Bei Gültigkeit der alsdann der Überprüfung zugänglichen Formel könnte nach Festlegung der Werte von G, α, β auf Grund der Kenntnis der „thermodynamischen" Säure-Basen-Stärke von Substrat und Katalysator der Katalysekoeffizient berechnet werden. Leider ist die Kenntnis der Säure-Basen-Stärke der für Säure-Basen-Katalysen in Betracht kommenden Substrate bisher eine sehr mangelhafte, in erster Linie aus dem Grunde, weil die Substrate gewöhnlich so schwache Säuren bzw. Basen sind, daß die üblichen Verfahren zur Messung ihrer Ionisationskonstanten versagen[2]. Ein Beispiel, wie sehr die katalytische Wirksamkeit eines basischen Katalysators von der Säurestärke des Substrats abhängt, ist die *Mutarotation der Glucose, Lactose und Tetramethylglucose*. Die Ionisationskonstanten der Glucose und Lactose in wässeriger Lösung sind bekannt, die der Glucose ist $6{,}6 \cdot 10^{-13}$, die der Lactose $6{,}0 \cdot 10^{-13}$.[3] Die Ionisationskonstante der Tetramethylglucose ist wegen der der Abdissoziation des Protons entgegenwirkenden Methylgruppen offenbar noch viel kleiner als die der Glucose und Lactose. Nach obiger Formel ist ein Abfall der Katalysekoeffizienten des basischen Katalysators in der Reihenfolge: Glucose, Lactose, Tetramethylglucose zu erwarten. Die Meßresultate von Th. M. Lowry und G. L. Wilson[4] bestätigen diese Folgerung. Glucose ... $k_{OH^-} = 8000$, Lactose ... $k_{OH^-} = 5000$, Tetramethylglucose... $k_{OH^-} = 1600$ (Temperatur: 20^0 C).

Für mehrbasische Säuren und für Basen, die mehr als ein Proton aufzunehmen vermögen, gilt die Brönstedsche Beziehung, die durch die *statistischen Faktoren* erweitert wurde. Vergleichen wir beispielsweise die einbasische Säure $CH_3(CH_2)_n COOH$ mit der zweibasischen $COOH(CH_2)_n COOH$, wobei n so groß sein möge, daß sich die beiden Carboxylgruppen praktisch nicht beeinflussen. Infolge des gleichen Bestrebens der beiden Carboxylgruppen, Wasserstoffionen abzuspalten, ist offenbar die Ionisationskonstante erster Stufe der zweibasischen Säure K_S' doppelt so groß wie die der einbasischen Säure. Die Häufigkeit, mit der das Substrat mit der Carboxylgruppe zusammentrifft, ist bei der zweibasischen Säure doppelt so groß wie bei der einbasischen Säure. Daher steht auch der Katalysekoeffizient der zweibasischen Säure zum Katalysekoeffizienten der einbasischen Säure im Verhältnis $2:1$.

Setzen wir in die Beziehung für die einbasische Säure $k_S = G_S \cdot K^\alpha$ die Werte für die zweibasische Säure ein, so erhalten wir also:

$$\frac{k_S'}{2} = G_S \left(\frac{K'}{2}\right)^\alpha.$$

---

[1] Siehe R. P. Bell: Handbuch der Katalyse, herausgegeben von G.-M. Schwab, Bd. II, S. 247. Wien: Springer 1940.

[2] Messungen an sehr schwachen Säuren siehe L. P. Hammett: Chem. Reviews 13, 61 (1933). — L. A. Flexser, L. P. Hammett, A. Dingwall: J. Amer. chem. Soc. 57, 2103 (1935).

[3] L. Michaelis, P. Rona: Biochem. Z. 49, 232 (1913).

[4] Trans. Faraday Soc. 24, 683 (1928).

Allgemein gilt für ein Säure-Basen-Paar, bei welchem die Säure p gleichstark gebundene Protonen[1] abzugeben vermag und die Base q unter sich gleiche Stellen[1] für die Aufnahme der Protonen hat, die BRÖNSTEDsche Beziehung[2]

$$\frac{k_S}{p} = G_A \left(\frac{q}{p} K_S \right)^{\alpha},$$
$$\frac{k_B}{q} = G_B \left(\frac{p}{q} K_B \right)^{\beta}.$$

Inwieweit sich beispielsweise die Wirkungsweise der verschiedensten Basenkatalysatoren auf die Mutarotation der Glucose durch die BRÖNSTEDsche Beziehung unter einen Hut bringen läßt, zeigt nachstehender Vergleich der von

Tabelle 2. *Katalysekoeffizienten der Mutarotation der Glucose.*

Katalysator	p	q	K_B	$10^3 \, k_B$ beobachtet	$10^3 \, k_B$ berechnet
Wasser	1	1	$1,8 \cdot 10^{-2}$ [3]	0,096	0,066
Betain	1	2	$6,66 \cdot 10$	2,7	2,7
Dimethylglycin	1	2	$7,14 \cdot 10$	3,5	2,8
Prolin	1	2	$7,69 \cdot 10$	3,2	2,8
SO_4^{--}	1	4	$7,69 \cdot 10$	4,0	3,9
Arginin-HCl	1	2	$8,33 \cdot 10$	5,5	3,0
Lysin-HCl	1	2	$1,20 \cdot 10^2$	6,2	3,5
Sarkosin	1	2	$1,35 \cdot 10^2$	5,5	3,6
p-Benzbetain	1	2	$2,56 \cdot 10^2$	6,0	4,6
Cyanacetation	1	2	$2,85 \cdot 10^2$	3,8	4,8
Chloracetation	1	2	$7,14 \cdot 10^2$	5,4	6,7
o-Chlorbenzoation	1	2	$7,69 \cdot 10^2$	6,4	7,1
Salicylation	1	2	10^3	4,6	8,0
Mandelsäureanion	1	2	$2,33 \cdot 10^3$	10,8	10,3
α-Alanin	1	2	$3,13 \cdot 10^3$	15,9	13,0
Formiation	1	2	$4,76 \cdot 10^3$	16,5	15
Hippursäureanion	1	2	$6,25 \cdot 10^3$	11,2	16
Asparaginsäureanion	2	2	$6,66 \cdot 10^3$	23,5	24
Glykolation	1	2	$6,66 \cdot 10^3$	13,7	17
o-Methylbenzoation	1	2	$7,69 \cdot 10^3$	12,2	18
$[Cr(H_2O)_5OH]^{++}$	6	1	$7,69 \cdot 10^3$	(410)[4]	(25)[4]
Benzoation	1	2	$1,54 \cdot 10^4$	15,2	23
Glutaminsäureanion	2	2	$1,67 \cdot 10^4$	25	32
Phenylacetation	1	2	$1,89 \cdot 10^4$	20,0	26
Acetation	1	2	$5,55 \cdot 10^4$	26,5	38
Chinolin	1	1	$7,14 \cdot 10^4$	30	18
Propionation	1	2	$7,70 \cdot 10^4$	28,1	44
Trimethylacetation	1	2	$1,06 \cdot 10^5$	31,4	50
Pyridin	1	1	$1,35 \cdot 10^5$	82	36
$[Co(NH_3)_5OH]^{++}$	1	1	$5,0 \cdot 10^5$	(780)[4]	(60)[4]
α-Picolin	1	1	$2,38 \cdot 10^6$	52	87
Histidin	1	2	$1,61 \cdot 10^6$	205	144

[1] Näheres über die Festsetzung von p und q siehe R. P. BELL: Handbuch der Katalyse, herausgegeben von G.-M. SCHWAB, Bd. II, S. 230. Wien: Springer 1940.

[2] J. N. BRÖNSTED: Chem. Reviews **5**, 322 (1928).

[3] $K_{H_2O} = 1/K_{H_3O^+} = 1/55,5$, siehe S. 4.

[4] Wie K. PEDERSEN [J. physic. Chem. **38**, 581 (1934)] zeigte, läßt sich die große Diskrepanz zwischen dem nach der Gleichung:

$$\frac{k_B}{q} = 3,3 \cdot 10^{-4} \left(\frac{p}{q \, K_S} \right)^{0.40}$$

berechneten und dem gemessenen Werte des Katalysekoeffizienten auf die hohe positive Ladung des Katalysators zurückführen.

J. N. Brönsted und E. A. Guggenheim[1] und von F. H. Westheimer[2] bei 18^0 C bestimmten Katalysekoeffzienten[3] mit den nach der Formel:

$$\frac{k_B}{q} = 3,3 \cdot 10^{-4} \left(\frac{p}{q} K_B \right)^{0,40}$$

berechneten Werten in Tabelle 2.

IV. Nichtwässerige Lösungsmittel.

Daß die Brönstedsche Beziehung auch für andere Lösungsmittel als Wasser gilt, zeigt beispielsweise die allgemeine Säurekatalyse der *Umlagerung von N-Bromacetanilid* in *p*-Bromacetanilid in Chlorbenzol[4].

$$C_6H_5 \cdot NBr \cdot COCH_3 = p\text{-}Br \cdot C_6H_4 \cdot NHCOCH_3.$$

Während Wasser ein Lösungsmittel ist, das als Protongeber (Säure) oder als Protonnehmer (Base) wirken kann, ist Chlorbenzol am „protolytischen" Gleichgewicht nicht beteiligt, es ist ein „aprotisches" Lösungsmittel. Da Säuren und Basen in derartigen Lösungsmitteln keine dem Hydroxoniumion und dem Hydroxylion entsprechenden Ionen liefern, tritt unter diesen Bedingungen ausschließlich die katalytische Wirksamkeit ihrer unionisierten Molekeln in Erscheinung. In dieser Hinsicht ist die kinetische Untersuchung wesentlich einfacher als bei Lösungsmitteln mit Säure- oder Basencharakter, sie wird aber durch beträchtliche Dipolwirkungen der Molekeln und durch erhebliche Assoziation der Molekeln infolge der niedrigen Dielektrizitätskonstante des Mediums wesentlich komplizierter. Es besteht daher in vielen Fällen keine lineare Beziehung zwischen Geschwindigkeit und Katalysatorkonzentration. So ist die Geschwindigkeit der Umlagerung von N-Bromacetanilid bei konstanter Substratkonzentration:

$$v = k \,[\text{Katalysator}] - k_1 \,[\text{Katalysator}]^2.$$

Erst bei hochverdünnter Lösung wird die Geschwindigkeit der Katalysatorkonzentration proportional:

$$v = k \,[\text{Katalysator}].$$

Zum Vergleich verschiedener Katalysatoren dienen die auf die Katalysatorkonzentration 0 extrapolierten Katalysekoeffizienten k.

Bei Lösungsmitteln mit Basen- bzw. Säurecharakter wird die Stärke der gelösten Säure (bzw. Base) im allgemeinen auf das Lösungsmittel bezogen, z. B. bei wässeriger Lösung der Essigsäure:

$$CH_3COOH + H_2O = CH_3COO^- + H_3O^+$$

---

[1] J. Amer. chem. Soc. **49**, 2554 (1927).

[2] J. org. Chemistry **2**, 431 (1938).

[3] Siehe auch R. P. Bell: Handbuch der Katalyse, herausgegeben von G.-M. Schwab, Bd. II, S. 234. Wien: Springer 1940.

[4] R. P. Bell: Proc. Roy. Soc. [London], Ser. A **143**, 377 (1934); J. chem. Soc. [London] **1936**, 1154. — R. P. Bell, S. R. V. H. Levinge: Proc. Roy. Soc. [London], Ser. A **151**, 211 (1935). — Andere Arbeiten von R. P. Bell und Mitarbeitern auf dem Gebiete nichtwässeriger Lösungsmittel: R. P. Bell, J. F. Brown: J. chem. Soc. [London] **1936**, 1520. — R. P. Bell, O. M. Lidwell, M. W. Vaughan-Jackson: Ebenda **1936**, 1792. — R. P. Bell, E. F. Caldin: Ebenda **1938**, 382. — R. P. Bell, O. M. Lidwell, J. Wright: Ebenda **1938**, 1861. — R. P. Bell, P. V. Danckwerts: Ebenda **1939**, 1774. — R. P. Bell: Handbuch der Katalyse, herausgegeben von G.-M. Schwab, Bd. II, S. 237. Wien: Springer 1940. — Siehe auch R. P. Bell: Trans. Faraday Soc. **34**, 229 (1938); Annu. Rep. Progr. Chem. **36**, 33 (1940). — Siehe auch L. L. Fellinger, L. F. Audrieth: J. Amer. chem. Soc. **60**, 579 (1938). — Ch. Slobutsky, L. F. Audrieth: Trans. Illinois State Acad. Sci. **29**, 105 (1936). — S. Liotta, V. K. La Mer: J. Amer. chem. Soc. **60**, 1967 (1938).

ist die Ionisationskonstante der Säure in wässeriger Lösung:

$$\frac{[CH_3COO^-][H_3O^+]}{[CH_3COOH]} = K.$$

Bei aprotischen Lösungsmitteln hingegen muß die Stärke der gelösten Säure und Base auf ein gewähltes Standard-Säure-Basen-Paar im betreffenden Medium bezogen werden.

$$S + B_0 = B + S_0$$
$$K_S = \frac{[S_0][B]}{[S][B_0]}.$$

Zahlreiche Untersuchungen[1] ergaben, daß für Säuren von gleichem Typus — auf das gleiche Standard-Säure-Basen-Paar bezogen — die Stärke nahezu unabhängig vom Lösungsmittel ist. Im Einklange mit dieser Gesetzmäßigkeit und der BRÖNSTED-schen Beziehung steigen die Logarithmen der Katalysekoeffizienten für die Umlagerung des N-Bromacetanilids in Chlorbenzol mit dem Logarithmus der Ionisationskonstante der Säure in wässeriger Lösung linear an (Abb 2).

Hat das nichtwässerige Lösungsmittel sauren oder basischen Charakter, so hat es bei den Säuren-Basen-Katalysen Anteil als Katalysator. Bei diesen Lösungsmitteln ist es so wie beim Lösungsmittel Wasser zweckmäßig, die Stärke der zugefügten Katalysatorsäuren bzw. -basen auf das Lösungsmittel zu beziehen. Die Stärke der Essigsäure in alkoholischer Lösung ist dementsprechend durch das Säure-Basen-Gleichgewicht gegeben:

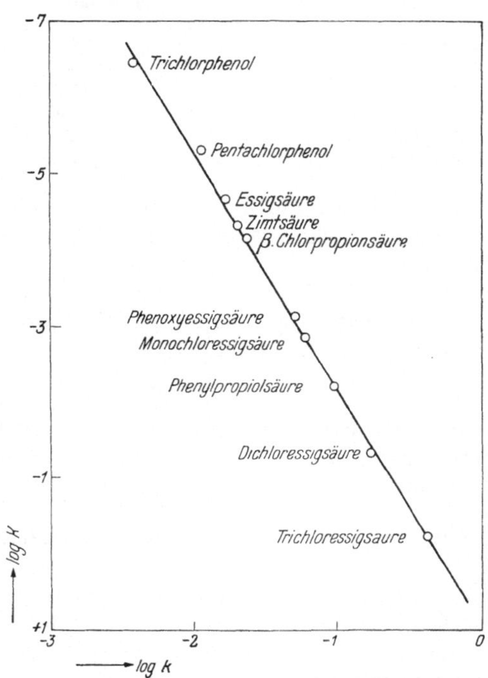

Abb. 2. Abhängigkeit der Katalysekoeffizienten der Säuren für die Umlagerung des N-Bromacetanilids in Chlorbenzol von den Ionisationskonstanten der Säuren in wässeriger Lösung.

$$CH_3COOH + C_2H_5OH \rightleftharpoons CH_3COO^- + C_2H_5OH_2^+.$$

Die Gesetzmäßigkeiten in diesen nichtwässerigen Lösungen sind ganz analog denen in wässeriger Lösung. Dies zeigen beispielsweise die Untersuchungen von BRÖNSTED und seinen Mitarbeitern[2] über die allgemeine Basenkatalyse des *Nitramidzerfalls* in Isoamylalkohol und *m*-Kresol. Nachstehende Tabelle 3 gibt

---

[1] H. GOLDSCHMIDT, C. GÖRBITZ, H. HOUGEN, K. PAHLE: Z. physik. Chem. **99**, 116 (1921). — N. BJERRUM, E. LARSSON: Ebenda **127**, 358 (1927). — J. N. BRÖNSTED: Ber. dtsch. chem. Ges. **61**, 2049 (1928). — A. HANTZSCH, W. VOIGT: Ebenda **62**, 970 (1929). — V. K. LA MER, H. C. DOWNES: J. Amer. chem. Soc. **53**, 888 (1931). — W. L. BRIGHT, H. T. BRISCOE: J. physic. Chem. **37**, 787 (1933). — J. O. HALFORD: J. Amer. chem. Soc. **55**, 2272 (1933). — M. KILPATRICK jr., M. L. KILPATRICK: Chem. Reviews **13**, 131 (1933). — J. N. BRÖNSTED, A. DELBANCO, A. TOVBORG-JENSEN: Z. physik. Chem., Abt. A **169**, 361 (1934). — F. H. VERHOEK: J. Amer. chem. Soc. **58**, 2577 (1936). — R. B. MASON, M. KILPATRICK: Ebenda **59**, 572 (1937). — D. C. GRIFFITHS: J. chem. Soc. [London] **1938**, 818.

[2] J. N. BRÖNSTED, J. E. VANCE: Z. physik. Chem., Abt. A **163**, 240 (1933). — J. N. BRÖNSTED, A. L. NICHOLSON, A. DELBANCO: Ebenda **169**, 379 (1934).

einen Überblick über die Katalysekoeffizienten dieser Reaktion in den Lösungsmitteln Wasser, m-Kresol und Isoamylalkohol.

Tabelle 3. *Katalysekoeffizienten des Nitramidzerfalls in verschiedenen Lösungsmitteln.*

Katalysator	Wasser (Dielektrizitätskonstante 80)	m-Kresol (Dielektrizitätskonstante 13)	Isoamylalkohol (Dielektrizitätskonstante 5,7)
p-Chloranilin	0,21	0,045	0,0092
Anilin	0,54	0,146	0,033
p-Toluidin	1,16	0,33	0,098
Dichloracetation	0,0007	0,0118	0,063
Salicylation	0,021	0,41	2,02
Benzoation	0,19	5,4	17,0

Es läßt sich ein Zusammenhang zwischen Wirksamkeit des Katalysators und Dielektrizitätskonstante des Lösungsmittels erkennen, und zwar steigt die Wirksamkeit ungeladener Katalysatoren mit steigender Dielektrizitätskonstante, während die der Anionenkatalysatoren absinkt. Die zwischenzeitliche Entstehung elektrischer Ladungen beim Protonenübergang vom ungeladenen Nitramid zum ungeladenen Katalysator

$$NH_2NO_2 + B = NHNO_2^- + BH^+$$

wird offenbar durch ein Medium hoher Dielektrizitätskonstante begünstigt. Dagegen wird die Neutralisierung der Ladung des Anions durch Anlagerung des Protons

$$NH_2NO_2 + A^- = HA + NHNO_2^-$$

durch ein derartiges Medium hintangehalten.

Bei der besprochenen Umlagerung des N-Bromacetanilids[1] zeigt sich hingegen *kein* Zusammenhang zwischen Geschwindigkeit und Dielektrizitätskonstante des Mediums. Bell führt diese undurchsichtigen Ergebnisse auf die bereits erwähnten Assoziationserscheinungen der Molekeln in derartigen Lösungsmitteln zurück.

Die Zwischenreaktionstheorie der Katalyse läßt erwarten, daß es auch Reaktionen gibt, bei welchen ganz bestimmte Katalysator-Säuren bzw. -Basen an den Zwischenreaktionen beteiligt sind, bei deren Katalysen also nicht der Säureoder Basencharakter, sondern der individuelle Charakter des Katalysators entscheidend ist. In diesen Fällen herrscht dementsprechend keine Beziehung zwischen Katalysekoeffizienten und Stärke der Säure bzw. Base. Diese Reaktionen können also nicht zu den Säure-Basen-Katalysen im eigentlichen Sinne gezählt werden. Ein Beispiel ist die Hydrolyse der Säureanhydride, die durch Wasserstoffion und besonders stark durch Basen, wie Hydroxylion und bestimmte Anionen organischer Säuren katalysiert wird, ohne daß ein Zusammenhang zwischen katalytischer Wirksamkeit und „Stärke" der Basen zu erkennen ist[2].

V. Elektronenmechanismus der Säure-Basen-Katalyse.

War bisher der Mechanismus der Säure-Basen-Katalysen nur in seinen äußeren Umrissen skizziert worden, so sollen nun detaillierte Reaktionsbilder über die intermediäre Abspaltung und Anlagerung der Protonen und Hydroxylionen bei organischen Molekeln zur Darstellung gebracht werden.

---

[1] R. P. Bell: Proc. Roy. Soc. [London], Ser. A **143**, 377 (1934).

[2] M. Kilpatrick: J. Amer. chem. Soc. **50**, 2891 (1928); **52**, 1410 (1930). — M. Kilpatrick, M. L. Kilpatrick: Ebenda **52**, 1418 (1930). — Weitere Literatur siehe S. 25.

1. Elektronenformeln.

Zu diesem Behufe bedienen wir uns der Elektronenformeln. In diesen stellt der „Valenzstrich" zwischen zwei Atomen (z. B. C—C) ein Elektronenpaar dar, das den beiden Atomen gemeinsam ist[1]. Diese beiden „anteiligen" Elektronen unterscheiden sich nach dem Atommodell von RUTHERFORD, BOHR, SOMMER-FELD dadurch voneinander, daß ihre Rotation um die eigene Achse, der Drall oder Spin entgegengesetzt gerichtet ist. Nach der Wellenmechanik[2] treten zwischen Elektronen entgegengesetzten Spins große Anziehungskräfte kurzer Reichweite, die sogenannten Austauschkräfte, auf. Diese Bindung durch Austauschkräfte eines Elektronenpaares mit „Spinkompensation" ist eine echte Atombindung[3]. Das Symbol der chemischen Bindung, der Valenzstrich, hat erst durch die Quantenmechanik „Substanz erhalten"[4]. Beim Zusammentritt der Atome zu einer chemischen Bindung sind die Atome bestrebt, ihre für chemische Umsätze maßgebliche äußerste Elektronenschale auf die Elektronenzahl des im periodischen System folgenden Edelgases zu bringen[5]. Das Wasserstoffatom hat demnach die Tendenz, die Elektronenzahl des Heliums 2, die anderen Atome haben das Bestreben, die Elektronenzahl 8, die den übrigen Edelgasen zukommt, zu erreichen. Nachstehende Beispiele mögen dieses „Oktett"-prinzip bei chemischen Bindungen veranschaulichen[6]. Dabei sind die Außenelektronen durch Punkte dargestellt.

Unter Anwendung des vorher vereinbarten Symbols für anteilige Elektronenpaare:

$$H\cdot + \cdot H \quad \rightarrow \quad H\!:\!H \qquad\qquad H\!-\!H$$

$$H\cdot + \cdot\ddot{\underset{\cdot\cdot}{C}}l\!: \quad \rightarrow \quad H\!:\!\ddot{\underset{\cdot\cdot}{C}}l\!: \qquad\qquad H\!-\!\ddot{\underset{\cdot\cdot}{C}}l\!:$$

$$H\cdot + \cdot\ddot{\underset{\cdot\cdot}{O}}\cdot + \cdot H \quad \rightarrow \quad H\!:\!\ddot{\underset{\cdot\cdot}{O}}\!:\!H \qquad\qquad H\!-\!\ddot{\underset{\cdot\cdot}{O}}\!-\!H$$

$$3\,H\cdot + \cdot\overset{\cdot}{N}\cdot \quad \rightarrow \quad \underset{H}{H\!:\!\overset{\cdot\cdot}{N}\!:\!H} \qquad\qquad \underset{H}{H\!-\!N\!-\!H}$$

$$4\,H\cdot + \cdot\overset{\cdot}{\underset{\cdot}{C}}\cdot \quad \rightarrow \quad \underset{H}{\overset{H}{H\!:\!C\!:\!H}} \qquad\qquad \underset{H}{\overset{H}{H\!-\!C\!-\!H}}$$

EISTERT[7] bezeichnet auch die nichtanteiligen Elektronenpaare, also die einsamen Elektronenpaare, mit einem Strich, und zwar mit einem Strich, der die

---

[1] Siehe B. EISTERT: Tautomerie und Mesomerie, S. 16. Stuttgart: F. Enke 1938.

[2] Siehe z. B. E. HÜCKEL: Z. Elektrochem. angew. physik. Chem. **43**, 752 (1937).

[3] Zum Unterschied von der echten Atombindung ist die zwischen Ionen wirkende Kraft keine chemische Bindungskraft, sondern die COULOMBsche Kraft. Man spricht daher nach EISTERT (a. a. O.) besser von einer Ionenbeziehung als von einer Ionenbindung.

[4] R. ROBINSON: Versuch einer Elektronentheorie organisch-chemischer Reaktionen. Übersetzt von M. WRESCHNER. Stuttgart: F. Enke 1932.

[5] W. KOSSEL: Ann. Physik **49**, 229 (1916). — G. N. LEWIS: Valence and the structure of Atoms and Molecules. Übersetzt von G. WAGNER und H. WOLFF. Braunschweig: Friedr. Vieweg 1927.

[6] In anderer Form tritt das Oktettprinzip bei der Ionenbeziehung in Erscheinung. Im Kochsalz beispielsweise gibt das Natriumatom sein einziges Valenzelektron an das Chloratom mit sieben äußeren Elektronen ab, das sich bildende Natriumkation hat die Elektronenkonfiguration des Edelgases Neon, das im periodischen System vor dem Natrium steht, und das Chloranion die des Edelgases Argon, das auf das Chlor folgt. [7] a. a. O. S. 16.

gleiche Lage wie die Punktpaare einnimmt; die Elektronenformeln in dieser Schreibweise sind also:

$$\text{H—H} \qquad \text{H—}\overline{\text{Cl}}\,| \qquad \text{H—}\overline{\text{O}}\text{—H} \qquad \text{H—}\overline{\text{N}}\text{—H} \qquad \underset{\text{H}}{\overset{\text{H}}{\text{H—C—H}}}$$

Der Einfachheit halber werden in der Regel die einsamen Elektronen in den Elektronenformeln nicht eigens zur Darstellung gebracht, so daß also bei dieser Schreibweise die üblichen Symbole für die Atome (H, O, C) die betreffenden Atome abzüglich der anteiligen Elektronen bedeuten.

2. Induktive Effekte.

Sind die beiden miteinander verbundenen Atome verschieden, so ist das anteilige Elektronenpaar demjenigen Atomkern mehr zugeordnet, der die größere Elektronenaffinität besitzt. Das Symbol dafür ist ein Bindestrich, der sich gegen das Atom verstärkt, dem das Elektronenpaar mehr zugehört, z. B. C◄Cl. Die Elektronenaffinität ist im allgemeinen um so größer, je größer die positive Ladung des Atomkerns ist. Die elektrischen Ladungen sind demnach auf die beiden Atome unsymmetrisch verteilt, das Atompaar ist ein Dipol[1]. Da in vorliegendem Beispiel das Chloratom die größere Kernladungszahl[2] besitzt, die bekanntlich mit der Ordnungszahl im periodischen System identisch ist, gehört das anteilige Elektronenpaar der Atombindung C◄Cl mehr dem Chlor als dem Kohlenstoff an; das Chloratom ist daher in dem Molekelverband negativ, das Kohlenstoffatom demgemäß positiv geladen, was durch folgende Bezeichnung zum Ausdruck gebracht wird: $\underset{\delta_+ \quad \delta_-}{\text{C◄Cl.}}$

Die Polarität kann noch durch Induktion anderer elektrisch geladener Teilchen, die in der nächsten Umgebung des Dipols sind, verstärkt werden. Die polarisierte Bindung nimmt eine Mittelstellung zwischen der Atombindung und der Ionenbeziehung ein. Diese „Quasi"-ionen der polarisierten Molekel nennt man nach H. Meerwein[3] Kryptoionen. Sie spielen bei chemischen Umsetzungen in Lösungen eine bedeutende Rolle[4]. Die elektrische Unsymmetrie macht sich nicht nur unmittelbar bei dem betreffenden Dipol geltend, sondern setzt sich mit Hilfe der elektrostatischen Induktion durch die Molekel fort[5]; wir können von einem Elektronenzug sprechen, den das „Schlüssel"-atom (hier Chlor) ausübt.

Zum Beispiel:

$$\text{Cl►}\overset{\text{H}}{\underset{\text{H}}{\text{C}}}\text{►}\overset{\text{H}}{\underset{\text{H}}{\text{C}}}\text{►}\overset{\text{H}}{\underset{\text{H}}{\text{C}}}\text{►H}$$

Außerdem kann die elektrische Unsymmetrie des Dipols den „alternierend induktiven" Effekt hervorrufen[6]: Die stärkere Bindung der Elektronen an das

---

[1] P. Debye: Polare Molekeln. Leipzig: S. Hirzel 1929.

[2] Kernladungszahl von Chlor 17, von Kohlenstoff 6.

[3] Liebigs Ann. Chem. **455**, 227 (1927).

[4] Siehe z. B. K. A. Cooper, E. D. Hughes: J. chem. Soc. [London] **1937**, 1183. — E. D. Hughes, Ch. K. Ingold, A. D. Scott: Ebenda **1937**, 1271. — J. Kenyon, S. M. Partridge, H. Phillips: Ebenda **1937**, 207. — C. L. Arcus, M. P. Balfe, J. Kenyon: Ebenda **1938**, 485.

[5] Siehe W. Kossel: Ann. Physik (4) **49**, 229 (1916). — Ch. K. Ingold: Chem. Reviews **15**, 225 (1934).

[6] W. O. Kermack, R. Robinson: J. chem. Soc. [London] **1922**, 431. — F. Arndt, B. Eistert: Ber. dtsch. chem. Ges. **68**, 193 (1935). — B. Eistert: Tautomerie und Mesomerie. a. a. O.

Schlüsselatom bewirkt eine Lockerung aller Elektronen des mit dem Schlüssel-atom verbundenen Atoms; diese verringerte Elektronenaffinität des Atoms hat wieder verstärkte Elektronenaffinität des nächsten Atoms im Molekelverband zur Folge usw.

Zum Beispiel:

$$\text{Cl} \blacktriangleright \overset{\overset{\text{H}}{\blacktriangledown}}{\underset{\underset{\text{H}}{\blacktriangle}}{\text{C}}} \blacktriangleleft \overset{\overset{\text{H}}{\blacktriangle}}{\underset{\underset{\text{H}}{\blacktriangledown}}{\text{C}}} \blacktriangleright \overset{\overset{\text{H}}{\blacktriangledown}}{\underset{\underset{\text{H}}{\blacktriangle}}{\text{C}}} \blacktriangleleft \text{H}$$

Die elektrostatische Induktion wirkt durch den Raum, der alternierend-induktive Effekt pflanzt sich hingegen durch das Elektronensystem selbst fort[1]. Außer diesen beiden Erscheinungsformen ist noch die räumliche Wirkung der Substituenten in Rechnung zu ziehen. Es ist also zu erwarten, daß der Sub-stituenteneinfluß nur dann durchsichtig ist, wenn einer der obengenannten Effekte vorherrschend ist.

3. Elektromerer Effekt.

Im Gegensatz zu der beschriebenen Elektronenverschiebung, bei der die Elektronen in ihrem Oktett verbleiben, treten bei der „elektromeren" Ver-schiebung Elektronen aus einem Oktett in ein anderes über, was eine weitere Elektronenwanderung zur Folge hat.

Wird beispielsweise bei dem Aldehyd

$$\text{H} : \overset{\cdot\cdot}{\text{N}} : \overset{}{\underset{}{\text{C}}} : \overset{}{\underset{}{\text{C}}} : \overset{}{\underset{}{\text{C}}} : \overset{\cdot\cdot}{\underset{\cdot\cdot}{\text{O}}} :$$
$$\qquad \text{H}\ \ \text{H}\ \ \text{H}\ \ \text{H}$$

bzw. in der anderen Schreibweise:

$$\text{H}\!-\!\overline{\text{N}}\!-\!\text{C}\!=\!\text{C}\!-\!\text{C}\!=\!\underline{\text{O}}\,|$$
$$\qquad\ \ |\ \ \ |\ \ \ |\ \ \ |$$
$$\qquad\ \ \text{H}\ \ \text{H}\ \ \text{H}\ \ \text{H}$$

das einsame Elektronenpaar des Stickstoffs anteilig, was durch einen Pfeil zum Ausdruck gebracht werden soll:

$$\text{H}\!-\!\underset{\underset{\text{H}}{|}}{\text{N}}\ \ \text{C}\,.$$

so geht unter Aufrechterhaltung der Oktetts folgende elektromere Verschiebung (Bindungsverschiebung) vor sich:

$$\text{H}\!-\!\overset{}{\underset{\underset{\text{H}}{|}}{\text{N}}}\ \text{C}\!-\!\overset{}{\underset{\underset{\text{H}}{|}}{\text{C}}}\ \ \text{C}\ \ \overset{}{\underset{}{\text{O}}}\,|$$
$$\qquad\quad \text{H}\ \ \ \text{H}\ \ \text{H}\ \ \text{H}$$

was zur Bildung des Dipols:

$$\text{H}\!-\!\overset{(+)}{\underset{\underset{\text{H}}{|}}{\text{N}}}\!=\!\overset{}{\underset{\underset{\text{H}}{|}}{\text{C}}}\!-\!\overset{}{\underset{\underset{\text{H}}{|}}{\text{C}}}\!=\!\overset{}{\underset{\underset{\text{H}}{|}}{\text{C}}}\!-\!\overset{(-)}{\underline{\text{O}}}\,|\ ^{2}$$

führt. Ausgangsprodukt und Endprodukt unterscheiden sich nur in der Elek-tronenverteilung, nicht in der Atomkonfiguration. Die beiden Strukturformeln

---

[1] Nach INGOLD ist die elektrostatische Induktion in den meisten Fällen aus-schlaggebend, da der durch die Bindungselektronen wirkende Effekt über mehr als 2 Bindungen sehr stark absinkt. R. GANE, CH. K. INGOLD: J. chem. Soc. [London] **1929**, 1692. Siehe dagegen die unter Anm. 6, S. 16 angegebene Literatur.

[2] Der elektromere Effekt wird als positiv ($+$E) bezeichnet, wenn im benach-barten System eine Elektronenanhäufung bewirkt wird, und im entgegengesetzten Falle als negativ; daher hat hier die Aminogruppe einen positiven und die Carbonyl-gruppe einen negativen elektromeren Effekt.

sind als Grenzformeln anzusehen; da es sich nur um Elektronenverschiebung handelt, sind alle Stadien zwischen den Grenzzuständen möglich. Die wirkliche Elektronenverteilung der Molekel liegt nach Pauling und seinen Mitarbeitern[1] und nach Ch. K. Ingold[2] zwischen den beiden durch die Formel dargestellten Extremen. Dieser Zwischenzustand wird nach Ch. K. Ingold *Mesomerie* genannt[3]. Zur Bezeichnung mesomerer Molekeln bedient sich Eistert der beiden Grenzformeln, zwischen denen er das Zeichen ←→ setzt. Bei vorliegendem Beispiele also:

$$H\!-\!\overline{N}\!-\!C\!=\!C\!-\!C\!=\!\underline{O}\,| \quad \longleftrightarrow \quad H\!-\!\overset{(+)}{N}\!=\!C\!-\!C\!=\!C\!-\!\overset{(-)}{\underline{\underline{O}}}\,|$$

$$\begin{array}{cccc} | & | & | & | \\ H & H & H & H \end{array} \qquad\qquad \begin{array}{cccc} | & | & | & | \\ H & H & H & H \end{array}$$

Ch. K. Ingold[4] bringt hingegen die mesomere Molekel in einer einzigen Formel zur Darstellung:

$$H\!-\!N\!\frown\!C\!\frown\!C\!\frown\!C\!\frown\!\underline{O}\,|$$

$$\begin{array}{cccc} | & | & | & | \\ H & H & H & H \end{array}$$

wobei die verteilten Elektronenpaare durch gebogene Bindungszeichen versinnbildlicht werden. Da bei jeder Doppelbindung ein Elektronendublett verschiebbar ist[5], tritt Mesomerie bei allen Molekeln mit Doppelbindung in Erscheinung.

Außer der Einfach- und der Doppelbindung weisen chemische Verbindungen häufig „semipolare" Bindung auf. So ist in der Nitrogruppe nur ein Sauerstoffatom mit dem Stickstoffatom durch Doppelbindung verknüpft[6], das andere wird semipolar festgehalten, indem es mit dem Stickstoffatom durch ein einziges Elektronenpaar verbunden ist, das ausschließlich vom Stickstoff geliefert wird:

$$R\!-\!N\!\!\begin{array}{c} \diagup \overline{O}\,| \\ \diagdown \overline{O}\,| \end{array}$$

Der Pfeil bringt zum Ausdruck, daß beide Bindungselektronen vom Stickstoffatom stammen.

VI. Die Kohlenstoff-Wasserstoff-Bindung und die Säure-Basen-Katalyse.

Wie bereits erläutert wurde, besteht der Primärprozeß der allgemeinen Basenkatalyse in dem Übergang des Protons vom Substrat zur Katalysatorbase. Dieser Vorgang erfolgt um so leichter, je leichter das Wasserstoffatom seine Anteiligkeit am Elektronenpaar der Kohlenstoff-Wasserstoff-Bindung zugunsten des Kohlenstoffatoms verliert und als Proton abionisiert. Während die Ionisierungstendenz aromatisch gebundener Wasserstoffatome für einen derartigen Mechanismus im allgemeinen zu gering ist, kann das Ionisierungsbestreben der Wasserstoffatome aliphatischer Kohlenwasserstoffe durch Einführung bestimmter Atomgruppen in ausreichendem Maße gesteigert werden. Diese Atomgruppen, wie RSO_2, RCO, NO_2, wirken — sei es durch elektrosta-

---

[1] Siehe z. B. L. Pauling, G. W. Wheland: J. chem. Physics **1933 I**, 362.
[2] Nature **133**, 946 (1934).
[3] Man begegnet oft auch der Bezeichnung „Resonanz". Für die Mesomerie von Ionen hat sich der Ausdruck „Synionie" eingebürgert. C. Prevost, A. Kirrmann: Bull. Soc. chim. France (4) **49**, 194 (1931).
[4] Chem. Reviews **15**, 250 (1934).
[5] Vgl. S. 31.
[6] Wären beide Sauerstoffatome an das Stickstoffatom doppelt gebunden, dann wäre die Bindungselektronenzahl beim Stickstoffatom nicht acht, entsprechend der Oktettregel, sondern zehn.

tische Induktion, sei es durch den alternierend-induktiven Effekt, sei es durch den elektromeren Effekt — lockernd auf das an dasselbe Kohlenstoffatom gebundene Wasserstoffatom. Werden mehrere Wasserstoffatome der Methanmolekel durch die oben angeführten Gruppen substituiert, so bilden die resultierenden Verbindungen mit Alkalien bereits beständige Salze. Bei der Nitrogruppe genügt schon die Substitution eines einzigen Wasserstoffatoms. A. HANTZSCH und A. VEIT[1] haben die langsame Neutralisation des Nitromethans mit Lauge durch Messung der elektrischen Leitfähigkeit kinetisch verfolgt. S. H. MARON und V. K. LA MER[2] haben die Neutralisation des Nitromethans mit OD^--Ionen in schwerem Wasser kinetisch untersucht. Die Reaktion ist etwa 1,4mal so rasch als die mit OH^--Ionen in Wasser, wofür in erster Linie die stärkere Alkalität der OD^--Ionen verantwortlich gemacht wird.

Im Zusammenhang mit diesen Neutralisationen steht die *Bromierung und Chlorierung von Nitromethan*. R. JUNELL[3] und K. J. PEDERSEN[4] fanden: Die Geschwindigkeit der Bromierung und Chlorierung von Nitromethan ist proportional der Nitromethankonzentration, aber unabhängig von der Chlor- und Bromkonzentration; die Geschwindigkeit der Chlorierung und Bromierung ist unter gleichen Bedingungen dieselbe. Die Halogenierung des Nitromethans ist eine typische allgemeine Basenkatalyse, die Anionen schwacher Säuren sind Katalysatoren, während Säuren keinen Einfluß auf die Reaktionsgeschwindigkeit haben. Aus diesen Ergebnissen läßt sich folgern, daß die zeitbestimmende Reaktion für die Halogenierung des Nitromethans die Primärreaktion

$$CH_3NO_2 + Anion \rightarrow CH_2NO_2^- + Säure,$$

also die Säure-Basen-Reaktion ist.

Ebenso groß wie die Geschwindigkeit der durch Acetation katalysierten Bromierung des *Nitromethans* ist die der durch Acetation beschleunigten *Substitution des Wasserstoffs durch Deuterium*[5]

$$CH_3NO_2 + D_2O = CH_2DNO_2 + DHO.$$

Es ist also auch bei dieser Wasserstoff-Deuterium-Austauschreaktion die zeitbestimmende Reaktion durch die Säure-Basen-Gleichung:

$$CH_3NO_2 + CH_3COO^- \rightarrow CH_2NO_2^- + CH_3COOH$$

gegeben.

Da — zum Unterschied von den Nitroparaffinen in alkalischer Lösung — die Ionisierung des Substrats in der Regel sehr gering ist, verläuft bei derartigen Austauschreaktionen die Loslösung des Protons vom Kohlenstoff viel langsamer als die Wiederanlagerung des Protons, bzw. Deuterons.

$$
\begin{array}{ll}
RH + B^- \rightarrow R^- + HB & \text{zeitbestimmende Reaktion} \\
R^- + DB \rightarrow RD + B^- & \text{rasche Folgereaktion} \\
\hline
RH + DB \rightarrow RD + HB. &
\end{array}
$$

In diesen Fällen ist die zeitbestimmende Reaktion des Deuteriumaustausches die Ionisierung des Substrats, also die Deuteriumaustauschgeschwindigkeit gleich der Ionisierungsgeschwindigkeit, weshalb derartige Austauschreaktionen häufig zur Bestimmung der Ionisierungsgeschwindigkeit herangezogen werden.

---

[1] Ber. dtsch. chem. Ges. **32**, 615 (1899).
[2] J. Amer. chem. Soc. **60**, 2588 (1938).
[3] Z. physik. Chem., Abt. A **141**, 71 (1929).
[4] Kgl. danske Vidensk. Selsk., math.-fysiske Medd. **12**, 1 (1932).
[5] O. REITZ: Z. physik. Chem., Abt. A **176**, 363 (1936); Handbuch der Katalyse, herausgegeben von G.-M. SCHWAB, Bd. II, S. 276. Wien: Springer 1940.

Ch. K. Ingold, E. de Salas und Ch. L. Wilson[1] studierten unter Anwendung dieser Methodik die *Umlagerung des Cyclohexenylacetonitrils* in Cyclohexylidenacetonitril.

$$\begin{array}{ccc} CH_2\!-\!CH\!=\!C\!-\!CH_2\!-\!CN & & CH_2\!-\!CH_2\!-\!C\!=\!CH\!-\!CN \\[2pt] || & \rightarrow & || \\[2pt] CH_2\!-\!CH_2\!-\!CH_2 & & CH_2\!-\!CH_2\!-\!CH_2 \end{array}$$

Es liegt hier eine tautomere Umwandlung vor, bei der sich das gebildete Isomere von der Ausgangssubstanz durch die Lage eines Wasserstoffatoms und durch das Bindungssystem unterscheidet. Wie W. Wislicenus[2] bereits erkannte, besteht der Mechanismus derartiger tautomerer Umlagerungen in der Abionisation eines Protons, Umwandlung des Bindungssystems des entstandenen Anions und Wiedereintritt des Protons in seine neue Position. Der Mechanismus kann also durch folgendes Schema charakterisiert werden:

$$X = Y\!-\!Z\!-\!H \; \rightleftharpoons \; X = Y\!-\!\overline{Z}^{(-)} + H^+,$$

$$X = Y\!-\!\overline{Z} \; \longleftrightarrow \; \overline{X}\!-\!Y = Z\,.$$

Infolge quantenmechanischer Resonanz entsteht ein mesomeres Ion, dessen Elektronenverteilung zwischen diesen beiden Strukturen liegt und das in der Schreibweise von Ingold durch die Formel charakterisiert wird:

$$\overset{\frown}{X}\!-\!Y\!-\!\overset{\frown}{Z}$$

$$\overset{\frown}{X}\!-\!Y\cdot\overset{\frown}{-}Z + H^+ \; \rightleftharpoons \; H\!-\!X\!-\!Y = Z\,.$$

Da die Umlagerungen reversibel sind (was durch die beiden Pfeile $\rightleftharpoons$ zum Ausdruck gebracht wird), sind beide tautomeren Formen Säuren mit ein und demselben Anion, nämlich dem mesomeren Ion.

Nach Th. M. Lowry[3] nennt man Isomerisierungen, bei denen Platzwechsel eines Protons erfolgt, *prototrope* Reaktionen. Die Prototropie ist ein Spezialfall der Ionotropie[4], bei der irgendein Ion, sei es ein Kation (Kationotropie[5]) oder ein Anion (Anionotropie[6]), abgespalten und an anderer Stelle wieder angelagert wird.

Wird Cyclohexenylacetonitril in schwerem Alkohol aufgelöst, so ionisiert ein Proton aus der der acidifizierenden Cyangruppe benachbarten CH_2-Gruppe ab und an seine Stelle tritt sehr rasch D^+ aus dem schweren Alkohol. Diese Austauschreaktion erfolgt viel rascher als die tautomere Umlagerung in das Cyclohexylidenacetonitril, so daß es auf diesem Wege möglich ist, die Ionisierung unabhängig von der prototropen Umlagerung zu bestimmen.

[1] J. chem. Soc. [London] **1936**, 1328. — Ein anderes Beispiel D. J. G. Ives: Ebenda **1938**, 91.

[2] Über Tautomerie. Ahrens-Sammlung Bd. 2, S. 187. Stuttgart 1898. — Siehe J. W. Baker: Tautomerism, S. 30. London 1934.

[3] J. chem. Soc. [London] **1923**, 822.

[4] Th. M. Lowry: Bericht über die zweite Solvay-Konferenz **1925**, 182.

[5] Ch. K. Ingold: Ann. Rep. chem. Soc. [London] **24**, 106 (1927). — Zu den kationotropen Reaktionen gehören die Benzidinumlagerung, die Friessche Verschiebung acylierter Phenole in Ortho-oxyacetophenone und die Claisensche Umlagerung von Phenolallyläthern in Allylphenole. Siehe z. B. E. Müller: Neuere Anschauungen der organischen Chemie, S. 355. Berlin: Springer 1940.

[6] Ch. K. Ingold: Ann. Rep. chem. Soc. [London] **24**, 106 (1927). — Zu den anionotropen Reaktionen zählen die Cannizzaroreaktion, Benzylsäure-, Pinacolin-, Wagner-Meerwein-, Beckmann-Umlagerung und die Abbaureaktionen von A. W. Hofmann, Curtius und Lossen. Siehe E. Müller: a. a. O.; B. Eistert: a. a. O.; J. W. Baker, E. Rothstein: a. a. O. und W. Hückel: Theoretische Grundlagen der organischen Chemie. Leipzig: Akademische Verlagsgesellschaft 1940 und 1941.

Mit Hilfe der Austauschreaktion mit schwerem Wasserstoff gelang es auch, den Substituenteneinfluß auf die Ionisierung der C—H-Bindung in der Methanmolekel zu ermitteln. K. F. BONHOEFFER, K. H. GEIB und O. REITZ[1] haben folgende Reihe für die protonenlockernde Wirkung der Substituenten aufgestellt:

$$NO_2 \geqslant CO \gg CN > CONH_2 \gg COO^- > SO_3^- \gg \text{Halogen} > C_6H_5 > H > OH > CH_3.$$

Die links vom Wasserstoff stehenden Atomgruppen erhöhen die Ionisierungstendenz, die rechts vom Wasserstoff angeführten Radikale verringern die Ionisierungstendenz. Diese fällt in der Reihe von links nach rechts. Die NO_2- und CO-Gruppe stehen wegen ihres großen elektromeren Effekts[2] an erster, die Alkylgruppen und die Hydroxylgruppen hingegen wegen ihres geringen induktiven Effekts an letzter Stelle. Dieser kann überhaupt erst beobachtet werden, wenn eine stärker acidifizierende Gruppe gleichzeitig zugegen ist.

Die Ionisierung der C—D-Bindung erfolgt mehrmals langsamer als die der C—H-Bindung. Da in vielen Fällen die Ionisierung der zeitbestimmende Vorgang ist, ist der Geschwindigkeitsunterschied derartiger Reaktionen direkt ein Maß für den Unterschied der beiden Ionisierungstendenzen. Ein derartiger Umsatz ist beispielsweise wieder die basenkatalysierte *Bromierung* von „leichtem" und „schwerem" *Nitromethan*[3]. Trideutero-Nitromethan reagiert mit den Katalysatorbasen vier- bis siebenmal langsamer als leichtes Nitromethan.

In kinetischer Hinsicht ist der *Halogenierung* des Nitromethans die *des Acetons*[4] sehr ähnlich, wo ein Wasserstoffatom des Methans statt durch die NO_2-Gruppe durch die acidifizierende CH_3CO-Gruppe ersetzt ist. Auch hier haben wir bei der Basenkatalyse als Primärreaktion den Umsatz anzusehen:

$$\begin{array}{c} CH_3 \\ | \\ C{=}O + Anion \end{array} = \begin{array}{c} \overline{CH_2} \\ | \\ C{=}O + Säure. \\ | \\ CH_3 \end{array}$$

Die Protonbeweglichkeit im Aceton wurde auch damit erklärt, daß das Aceton mit seinem tautomeren Enol

$$\begin{array}{c} CH_2 \\ \| \\ C{-}O{-}H \\ | \\ CH_3 \end{array}$$

im Gleichgewicht stehe und daß erst die Hydroxylgruppe der Enolform befähigt sei, das Proton abzuspalten. Für diese Anschauung wurden die Beobachtungen L. CLAISENS ins Treffen geführt, daß sich die rein gewonnene Enolform von Triacylmethanen im Gegensatz zu der gleichfalls isolierten Ketoform sofort in Alkali löst. Aus dem Ausbleiben der charakteristischen Enolreaktionen[5] beim Aceton wurde geschlossen, daß die Menge des Enols, das für die Acidität allein bestimmend sei, im Gleichgewichte wohl sehr klein sei, daß sich aber das Gleichgewicht zwischen Keto- und Enolform immer äußerst schnell einstelle. F. ARNDT und C. MARTIUS[6] konnten jedoch durch Nachweis von C-Methylderivat bei der Methylierung mit Diazomethan den direkten sauren Charakter der C—H-Bindung aufzeigen. Das Wesen der Methode besteht darin, daß das Methylen des Diazo-

[1] J. chem. Physics **7**, 664 (1939).   [2] S. 17.
[3] O. REITZ: Z. physik. Chem. **176**, 363 (1936).
[4] Auf S. 45 wird eine zusammenfassende Darstellung dieser Reaktion gebracht.
[5] Siehe z. B. H. P. KAUFMANN, G. WOLFF: Ber. dtsch. chem. Ges. **56**, 2521 (1923). — H. P. KAUFMANN, E. RICHTER: Ebenda **58**, 216 (1925).
[6] Liebigs Ann. Chem. **499**, 252 (1932).

methans mit dem beweglichen Proton Methyl gibt, das an derselben Stelle wie
das lockere Proton gebunden ist.

$$\begin{array}{ccc} \overset{H}{\underset{H}{|C\leftarrow N}} \quad N| & \rightarrow & \overset{H}{\underset{H}{|C}} + |N\equiv N|\,; \end{array} \qquad R{-}H + \overset{H}{\underset{H}{|C}} \rightarrow H\leftarrow \overset{H}{\underset{H}{C}}\leftarrow R\,.$$

Für die tautomere Umlagerung ist — wie wir bereits erläutert haben — die
Protonbeweglichkeit Voraussetzung; die Tautomerie ruft aber nicht erst die
Protonbeweglichkeit hervor. Für dieselbe ist nach dem vorher Gesagten der
induktive Effekt von Substituenten (hier CO) verantwortlich zu machen. Die
Untersuchungen von Arndt und Mitarbeitern[1] ergaben folgende Bedingungen
für die freiwillige Tautomerisierung:

Das Wasserstoffatom ist an das Kohlenstoffatom fester gebunden als an das
Sauerstoffatom, daher ist bei der Keto-Enol-Umlagerung der Übergang des
Protons vom Kohlenstoff zum Sauerstoff nach der chemischen Thermodynamik
mit einer Vermehrung der freien Energie verknüpft (prototroper Arbeitsaufwand). Die Isomerisierung kann nur von selbst verlaufen, wenn diese Vermehrung der freien Energie durch die Abnahme der freien Energie eines anderen
Prozesses überkompensiert wird. Dieser Prozeß ist im Sinne Thieles der Übergang des Bindungssystems durch elektromere Verschiebung in ein konjugiertes
System. Der prototrope Arbeitsaufwand wird durch protonlockernde Substituenten herabgesetzt. Zur Umwandlung in ein konjugiertes System durch Elektro-
merie sind mindestens zwei Gruppen nachstehender Reihe in β-Stellung erforderlich.

$$-\underset{R}{C}{=}O > -\underset{O{-}R}{C}{=}O > -C{=}N > -N\diagdown^{\textstyle O}_{\textstyle O}\,.$$

Die weiter links stehende Gruppe enolisiert dann vorwiegend, während die
andere als „Konjugationspartner" fungiert. Die Aldehydgruppe vermag ohne
Konjugationspartner zu enolisieren, vorausgesetzt, daß der prototrope Arbeits-
aufwand entsprechend herabgesetzt ist (z. B. durch zwei Sulfonylgruppen).
Konjugationspartner für die freiwillige Enolisierung sind außer der angeführten
Reihe und der Aldehydgruppe noch die olefinische Doppelbindung, aromatische
Systeme und Atome mit einsamen Elektronenpaaren (Äthersauerstoff, Sulfid-
schwefel, Aminstickstoff).

Ist der Kohlenstoff, an den das bewegliche Proton gebunden ist, Asymmetrie-

$$\text{zentrum} \left(R_1{-}\overset{\textstyle H}{\underset{\textstyle R_2}{C}}{-}X \right), \text{ so tritt bei der tautomeren Umlagerung } \textit{Racemisierung}$$

ein. Da die Racemisierung so wie der prototrope Vorgang durch die Abwanderung
des Protons vom asymmetrischen Kohlenstoffatom eingeleitet wird[2], wirken
Katalysatoren und Substituenten in gleicher Weise wie bei den prototropen Umlagerungen[3]. Das Hydroxylion und Äthoxylion haben dank ihrer großen Protonenaffinität besonders starken katalytischen Einfluß[4]. Die von Ch. K. Ingold,

[1] F. Arndt, H. Scholz, E. Frobel: Liebigs Ann. Chem. **521**, 111 (1936).
[2] Mechanismus der Racemisierung nach Lowry S. 43.
[3] Zusammenfassender Bericht: Ch. L. Wilson: J. chem. Soc. [London] **1934**, 98.
[4] Säurekatalyse der Racemisierung S. 40.

Ch. W. Shoppee und J. F. Thorpe[1] vorgenommene Reihung der Gruppen X in der Verbindung R_1R_2CHX nach ihrem Einfluß auf die Protonbeweglichkeit

$$CO_2^- < CONH_2 < COOH < COOR < COCl < COR < CN$$

hat auch im Hinblick auf die Racemisierungsgeschwindigkeit Geltung. Sind R_1 und R_2 elektronenabstoßende Substituenten, so bewirken sie Anhäufung negativer Elektrizität am asymmetrischen Kohlenstoffatom, erschweren daher die Abwanderung des Protons vom Kohlenstoffatom und die Annäherung des negativen Hydroxylions. Dementsprechend läßt sich der verzögernde Einfluß der Gruppen R auf die basenkatalysierte Racemisierung der Verbindungen vom Typus $SO_2(CHR \cdot COOH)_2$ nach R. Ahlberg[2] in folgender Weise reihen:

$$CH_3 < C_2H_5 < \beta\text{-}C_3H_7.$$

Elektronenanziehende Gruppen haben dementsprechend einen gegenteiligen Effekt, z. B. die Halogene (Chlor, Brom) bei der Racemisierung der Ester vom Typus: $C_6H_5 \cdot CHHlgCOOR$[3].

VII. Hydroxyl-, Alkoxyl- und Oxoniumgruppe und die Säure-Basen-Katalyse.

Der Sauerstoff der Hydroxyl- und Alkoxylgruppe besitzt zwei einsame Elektronenpaare, von denen eines anteilig werden kann[4]. So vermag der Sauerstoff der Alkoxylgruppe ein Proton zu binden.

$$R_1\text{—}\overline{O}\text{—}R_2 + H^+ \;\rightarrow\; \left[R_1\text{—}\overline{O}\diagdown{}^{R_2}_{H}\right]^+.$$

Der Sauerstoff ist bei der Protonanlagerung dreibindig geworden. Da die Elektronenaffinität des Sauerstoffs infolge seiner höheren Kernladung größer ist als die der Kohlenstoffatome in den Radikalen R_1 und R_2, beansprucht das Sauerstoffatom die zwei Elektronen von R_1 und R_2 überwiegend, die Wertigkeit des Sauerstoffs ist daher nach Arndt[5] minus 2, während die von R_1 bzw. R_2 plus 1 ist. Dies gilt sowohl für die Verbindung $R_1\text{—}\overline{O}\text{—}R_2$ als auch für $\left[R_1\text{—}\overline{O}\text{—}R_2\right]^+$. Somit ist der Sauerstoff in der Verbindung $\left[R_1\text{—}\overline{O}\text{—}R_2\right]^+$ mit dem H darunter

minus 2-wertig und 3-bindig. Man nennt Komplexe, bei denen die Bindung des Zentralatoms (hier Sauerstoff) um eins größer ist als seine Wertigkeit, „Onium-Komplexe". Sie sind für die Säurekatalyse alkoxylhaltiger Verbindungen von großer Bedeutung[6]. So wird bei der *Hydrolyse von Äthern, Acetalen und Orthoestern*, die von Wasserstoffionen katalysiert wird[7], als Primärvorgang die Bildung des Oxoniumkomplexes aus Substrat und Katalysator angesehen. Das weitere

---

[1] J. chem. Soc. [London] **1926**, 1477. — J. W. Baker: Tautomerism, a. a. O. S. 44f. — Vgl. Reihung von Bonhoeffer, Geib und Reitz S. 21.

[2] Ber. dtsch. chem. Ges. **61**, 817 (1928).

[3] A. Mc. Kenzie, I. A. Smith: Ber. dtsch. chem. Ges. **58**, 906 (1925); J. chem. Soc. [London] **123**, 1964 (1923).

[4] Ob auch das zweite einsame Elektronenpaar anteilig werden kann, ist noch nicht erwiesen.

[5] Siehe B. Eistert: Tautomerie und Mesomerie, a. a. O. S. 21.

[6] J. H. Kastle: Amer. chem. J. **19**, 894 (1898).

[7] Die umfangreiche Literatur von A. Skrabal und seinen Mitarbeitern siehe S. 64 und 65. — Übrige Literatur: J. N. Brönsted, W. F. K. Wynne-Jones: Trans. Faraday Soc. **25**, 59 (1929). — J. N. Brönsted, C. Grove: J. Amer. chem. Soc. **52**, 1394 (1930). — H. S. Harned, N. N. T. Samaras: Ebenda **54**, 1 (1932). — J. C. Hornel, J. A. V. Butler: J. chem. Soc. [London] **1936**, 1361. — J. Löbering,

Schicksal des Oxoniumkomplexes ist aus nachstehendem Reaktionsschema für die Hydrolyse eines Orthoesters ersichtlich:

$$R-C\underset{O-C_2H_5}{\overset{O-C_2H_5}{\underset{|}{O-C_2H_5}}} + H_3O^+ \rightleftharpoons \left[R\quad C\underset{\underset{H-O\ H}{O-C_2H_5}}{\overset{O-C_2H_5}{\overset{H}{O-C_2H_5}}}\right]^+ \xrightarrow[\text{sam}]{\text{lang-}} \left[R-C\underset{O-H}{\overset{O-C_2H_5}{\overset{H}{O-C_2H_5}}}\right]^+ + C_2H_5OH$$

$$\left[R-C\underset{O-H}{\overset{O-C_2H_5}{\overset{H}{O-C_2H_5}}}\right]^+ \rightarrow R-C\underset{O}{\overset{||}{}}-O-C_2H_5 + C_2H_5OH + H^+.$$

Der gleiche Primärvorgang wird bei der *Wasserstoffionkatalyse der Esterhydrolyse* angenommen[1, 2]:

$$R_1-\overset{O}{\overset{||}{C}}-O-R_2 + H_3O^+ \rightarrow \left[R_1-\overset{O}{\overset{||}{C}}-\underset{H}{\overset{|}{O}}-R_2\right]^+ + H_2O$$

A. FLEISCHMANN: Ber. dtsch. chem. Ges. **70**, 1713 (1937). — J. LÖBERING, V. RANK: Ebenda **70**, 2331 (1937). — W. J. C. ORR, J. A. V. BUTLER: J. chem. Soc. [London] **1937**, 330. — W. E. NELSON, J. A. V. BUTLER: Ebenda **1938**, 957. — F. BRESCIA, V. K. LA MER: J. Amer. chem. Soc. **60**, 1962 (1938). — P. M. LEININGER, M. KIL-PATRICK: Ebenda **60**, 1268, 2891 (1938); **61**, 2510 (1939). — L. C. RIESCH, M. KIL-PATRICK: Vortrag bei der Tagung der American Chemical Society in Boston, September 1939. — H. BÖHME: Ber. dtsch. chem. Ges. **74**, 248 (1941).

[1] Gesamter Mechanismus siehe S. 51.

[2] In ähnlicher Weise wird die Wasserstoffionkatalyse der *Säureamidhydrolyse* auf die intermediäre Bildung eines Ammoniumions zurückgeführt, indem das einsame Elektronenpaar des Stickstoffs zur Bindung des Wasserstoffions anteilig wird.

$$R-\overset{O}{\overset{||}{C}}-N\underset{H}{\overset{H}{\diagup}} + H_2O \rightleftharpoons R-\underset{\underset{N\diagdown H}{\overset{|}{H}}}{\overset{|\overline{O}-H}{C}}-\overline{O}-H\ (\text{schnell}); \quad R-\underset{\underset{N\diagup H^+}{\overset{|}{H}}}{\overset{|\overline{O}-H}{C}}-\overline{O}-H \rightarrow \left[R-\underset{\underset{N\diagdown H}{\overset{|}{H}}}{\overset{|\overline{O}-H}{C}}-\overline{O}-H\right]^+ \begin{matrix}(\text{lang-}\\\text{sam});\end{matrix}$$

$$\left[R-\underset{\underset{N\diagdown H}{\overset{H}{\overset{|}{H}}}}{\overset{|\overline{O}\ H}{C}}-\overline{O}-H\right]^+ \rightarrow RCOOH + NH_4^+\ (\text{schnell}).$$

— F. REID: Amer. chem. J. **21**, 284 (1899); **24**, 397 (1900). — S. F. ACREE, S. NIRD-LINGER: Ebenda **38**, 489 (1907). — J. C. CROCKER: J. chem. Soc. [London] **1907**, 593. — J. C. CROCKER, F. H. LOWE: Ebenda **1907**, 952. — S. KILPI: Z. physik. Chem. **80**, 165 (1912). — N. v. PESKOFF, J. MEYER: Ebenda **82**, 129 (1913). — H. v. EULER, A. ÖLANDER: Ebenda **131**, 107 (1928). — TH. W. J. TAYLOR: J. chem. Soc. [London] **1930**, 2741.

Der Primärvorgang bei der durch Säuren katalysierten *Hydrolyse von Säureanhydriden* läßt sich in analoger Weise darstellen[1]:

$$
\begin{array}{c}
\text{R} \\
| \\
\text{C}{=}\text{O} \\
| \\
|\text{O}| \quad +\ \text{HB} \\
| \\
\text{C}{=}\text{O} \\
| \\
\text{R}
\end{array}
\ \leftrightarrows\
\left[
\begin{array}{c}
\text{R} \\
| \\
\text{C}{=}\text{O} \\
| \\
|\text{O}{-}\text{H} \\
| \\
\text{C}{=}\text{O} \\
| \\
\text{R}
\end{array}
\right]^{+} +\ \text{B}^{-};
\qquad
\left[
\begin{array}{c}
\text{R} \\
| \\
\text{C}{=}\text{O} \\
| \\
|\text{O}{-}\text{H} \\
| \\
\text{C}{=}\text{O} \\
| \\
\text{R}
\end{array}
\right]^{+}
\ \rightarrow\
\begin{array}{c}
\text{R} \\
| \\
\text{C}{=}\text{O} \\
\scriptstyle(+) \\
|\text{O}{-}\text{H} \\
| \\
\text{C}{=}\text{O} \\
| \\
\text{R}
\end{array}
$$

$$
\begin{array}{c}
\text{R}{-}\text{C}^{(+)} +\ \text{H}{-}\overline{\text{O}}{-}\text{H} \\
\| \\
\text{O}
\end{array}
\ \rightarrow\
\begin{array}{c}
\text{R}{-}\text{C}{-}\overline{\text{O}}{-}\text{H} \\
\| \\
\text{O}
\end{array}
+\ \text{H}^{+}; \qquad \text{H}^{+} +\ \text{B}^{-} \leftrightarrows \text{HB}.
$$

Auch die Säurekatalysen verschiedener *Dehydratationen* werden auf zwischenzeitliche Bildung von Oxoniumkomplexen zurückgeführt. So ist nach E. D. Hughes und Ch. K. Ingold[2] der Mechanismus der *Olefinbildung aus Alkoholen*[3] durch folgende Reaktionsgleichungen im wesentlichen gekennzeichnet:

$$
\begin{array}{c}
\text{H}\ \text{H} \\
|\ \ | \\
\text{R}{-}\text{C}{-}\text{C}{-}\overline{\text{O}}{-}\text{H} +\ \text{HB} \\
|\ \ | \\
\text{H}\ \text{H}
\end{array}
\ \rightarrow\
\left[
\begin{array}{c}
\text{H}\ \text{H}\ \text{H} \\
|\ \ |\ \ | \\
\text{R}{-}\text{C}{-}\text{C}{-}\overline{\text{O}}{-}\text{H} \\
|\ \ | \\
\text{H}\ \text{H}
\end{array}
\right]^{+} +\ \text{B}^{-}
$$

$$
\left[
\begin{array}{c}
\text{H}\ \text{H}\quad \text{H} \\
|\ \ |\ \ \ | \\
\text{R}{-}\text{C}\ \text{C}{-}{-}{-}\text{O}{-}\text{H} \\
|\ \ | \\
\text{H}\ \text{H}
\end{array}
\right]^{+}
\ \rightarrow\
\begin{array}{c}
\text{H} \\
| \\
\text{R}{-}\text{C}{=}\text{C} +\ \text{H}_3\text{O}^{+}. \\
|\ \ | \\
\text{H}\ \text{H}
\end{array}
$$

Um gute Ausbeute an Olefinen zu erzielen, ist die Säure im Überschuß anzuwenden, da dadurch der Alkohol weitgehend in den Oxoniumkomplex übergeführt wird. Ist hingegen Alkohol im Überschuß, dann reagiert derselbe mit dem Oxoniumkomplex unter Bildung von Äther:

$$
\left[
\begin{array}{c}
\text{H}\ \text{H}\quad \text{H} \\
|\ \ |\ \ \ | \\
\text{R}{-}\text{C}{-}\text{C}{-}{-}\text{O}{-}\text{H} \\
|\ \ | \\
\text{H}\ \text{H}
\end{array}
\right]^{+} +\ \text{R}{-}\overline{\text{O}}{-}\text{H}
\ \rightarrow\
\begin{array}{c}
\text{H}\ \text{H} \\
|\ \ | \\
\text{R}{-}\text{C}{-}\text{C}{-}\overline{\text{O}}{-}\text{R} +\ \text{H}_3\text{O}^{+}. \\
|\ \ | \\
\text{H}\ \text{H}
\end{array}
$$

Der Chemismus der *Ätherbildung aus Alkohol* nach Williamson:

$$\text{ROH} +\ \text{HB}\ \rightarrow\ \text{RB} +\ \text{H}_2\text{O}$$
$$\text{RB} +\ \text{ROH}\ \rightarrow\ \text{R}{-}\text{O}{-}\text{R} +\ \text{HB}$$

hat sich als nicht stichhaltig erwiesen. Nach diesem Reaktionsschema tritt also bei Schwefelsäure als Katalysator (HB)[4] Äthylhydrosulfat (RB), bei Salzsäure

---

[1] K. J. P. Orton, M. Jones: J. chem. Soc. [London] **101**, 1708 (1912). — J. Böeseken, A. Schweizer, G. F. van der Want: Recueil Trav. chim. Pays-Bas **31**, 86 (1912). — B. H. Wilsdon, N. V. Sidgwick: J. chem. Soc. [London] **1913**, 1959; **1915**, 679. — P. E. Verkade: Recueil Trav. chim. Pays-Bas **35**, 79, 299 (1915); **40**, 192, 199 (1920). — A. Skrabal: Mh. Chem. **43**, 493 (1922); Z. Elektrochem. angew. physik. Chem. **33**, 322 (1927). — R. Szabó: Z. physik. Chem. **122**, 405 (1926). — M. Kilpatrick: a. a. O. S. 14, Anm. 2.　　[2] J. chem. Soc. [London] **1933**, 69.

[3] Zum Beispiel J. B. Senderens: Ann. Chimie (9) **18**, 115 (1922); C. R. hebd. Séances Acad. Sci. **177**, 15, 1183 (1923). — G. Vavon, M. Barbier: Bull. Soc. chim. France (4) **49**, 567 (1931).　　[4] Mitscherlich: Pogg. Ann. **31**, 273 (1834).

als Reaktionsbeschleuniger (HB)[1] Äthylchlorid (RB) als Zwischenprodukt auf.
Nun reagiert wohl Äthylhydrosulfat mit Alkohol zu Äther, dagegen nicht Äthylchlorid, obwohl Salzsäure bei 150° C ein weitaus besserer Katalysator als Schwefelsäure ist[2].

Der Ätherbildung aus Alkohol ist die *Acetalbildung aus Hemiacetal und
Alkohol* analog. Außer von den gewöhnlichen Säuren wird sie von Ansolvosäuren[3] katalysiert. Der Mechanismus ist nach Baker und Rothstein folgender[4]:

$$R_1\!-\!\underset{\underset{H}{|}}{\overset{\overset{O-R_2}{|}}{C}}\!-\!O\!-\!H + H_3O^+ \;\rightleftarrows\; \left[R_1\!-\!\underset{\underset{H}{|}\;\underset{H}{|}}{\overset{\overset{O-R_2}{|}}{C}}\!-\!O\!-\!H\right]^+ + H_2O$$

$$\left[R_1\!-\!\underset{\underset{R_3-O-H}{\overset{|}{H}\;H}}{\overset{\overset{O\cdots R_2}{|}}{C}}\;O\!-\!H\right]^+ \;\rightleftarrows\; R_1\!-\!\underset{\underset{H}{|}}{\overset{\overset{O-R_2}{|}}{C}}\!-\!O\!-\!R_3 + H_3O^+.$$

Bei der *Acetalbildung aus Aldehyd und Alkohol*[5] ist diesen Teilreaktionen die
Bildung des Halbacetals vorgelagert.

$$R\!-\!\underset{\underset{H}{|}}{C}\!=\!O + R_1\!-\!O\!-\!H \;\rightleftarrows\; R\!-\!\underset{\underset{H}{|}}{\overset{\overset{O-H}{|}}{C}}\!-\!O\!-\!R_1.$$

Der Mechanismus der *Umwandlung von γ-Hydroxysäuren* in *γ-Lactone*[6], die
durch Wasserstoffionen katalysiert wird, führt ebenfalls über einen Oxoniumkomplex:

$$\underset{\underset{H-O}{|}}{\overset{|}{R\!-\!C}}\cdots\underset{\underset{H-O-C=O}{|}}{\overset{|}{C}}\;\underset{}{\overset{|}{C}} + H^+ \;\longrightarrow\; \left[\underset{\underset{H-O\;H\;O-C=O}{|}\;\underset{H}{|}}{\overset{|}{R\!-\!C}}\cdots\overset{|}{C}\;\overset{|}{C}\right]^+ \;\longrightarrow\; \underset{\underset{O\qquad C=O}{}}{\overset{|\;\;|\;\;|}{R\!-\!C\!-\!C\!-\!C}} + H_3O^+.$$

---

[1] Reynoso: Ann. Chimie (3) 48, 385 (1856). — A. Villiers: Ebenda (7) 29, 561 (1903).

[2] Außer verschiedenen Säuren [F. Krafft, A. Roos: Ber. dtsch. chem. Ges. 26, 2823 (1893). — Ph. Barbier, V. Grignard: Bull. Soc. chim. France (4) 3, 139 (1908); 5, 512 (1909)] sind Salze wie Zinkchlorid, Eisenchlorid, Aluminiumchlorid [A. Masson: Liebigs Ann. Chem. 31, 63 (1839). — F. Kuhlmann: Ebenda 33, 97, 192 (1840)] als Katalysatoren wirksam. Am wirksamsten ist Eisenchlorid und Eisensulfat in 96proz. Alkohol: J. van Alphen: Recueil Trav. chim. Pays-Bas 49, 1040 (1930). Auch diese Katalysatoren sind Säurekatalysatoren, da die angeführten Salze mit dem Reaktionsmedium (Alkohol, Wasser usw.) zu Komplexen zusammentreten, die wegen ihrer starken Tendenz, Protonen abzugeben, typischen Säurecharakter haben. Diese Säuren werden nach H. Meerwein [Liebigs Ann. Chem. 455, 227 (1927)] Ansolvosäuren genannt. Siehe Abhandlung von G. Hesse im gleichen Band des Handbuchs der Katalyse.

[3] Siehe Anm. 2.

[4] Handbuch der Katalyse, herausgegeben von G.-M. Schwab, Bd. II, S. 171. Wien: Springer 1940.

[5] H. Adkins, A. E. Broderick: J. Amer. chem. Soc. 50, 499 (1928). — R. P. Bell, A. D. Norris: J. chem. Soc. [London] 1941, 118.

[6] H. S. Taylor, H. W. Close: J. Amer. chem. Soc. 39, 422 (1917); J. physic. Chem. 29, 1085 (1925).

Da die γ-OH-Gruppe basischer ist als die der Carboxylgruppe, lagert sich das Proton an die γ-OH-Gruppe an. Bei der gegenläufigen Reaktion wird der Brückensauerstoff vom Proton angegriffen[1]:

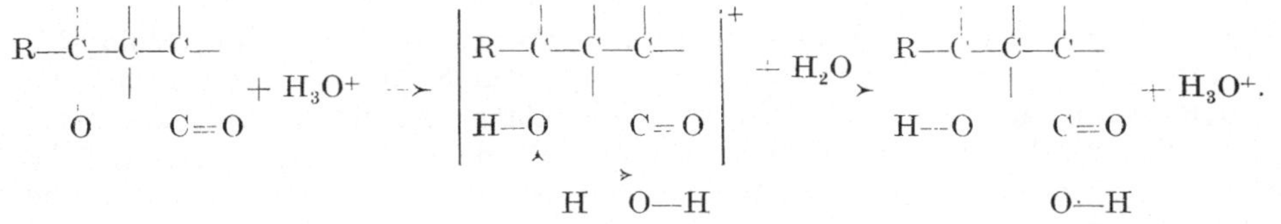

In analoger Weise entsteht bei der Mutarotation der α-Glucose der Oxoniumkomplex durch Anlagerung des Protons an den Brückensauerstoff[2].

Auch bei der *Rohrzuckerinversion* und den anderen *Glucosidhydrolysen*[3] wird angenommen, daß die Primärreaktion in der Anlagerung des Protons an den Ringsauerstoff besteht, entsprechend dem Reaktionsschema[4]:

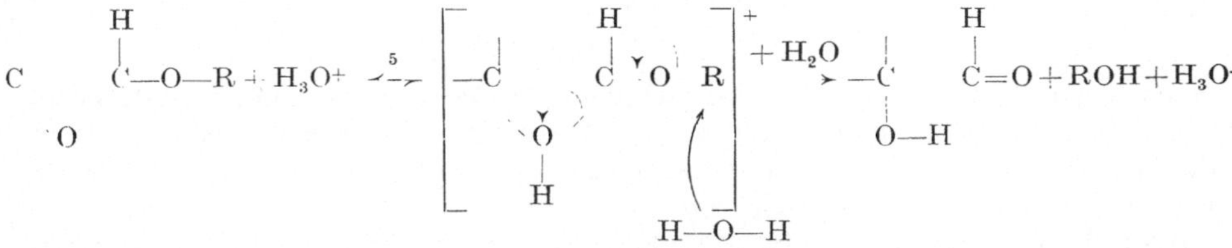

An diese Folgereaktionen schließt sich die Ringbildung der „offenen" Aldosekette an, die im Vergleich zur Hydrolyse des Polysaccharidprotonkomplexes unmeßbar rasch erfolgt.

Durch Einführung von Methylgruppen wird der basische Charakter des Ringsauerstoffs verstärkt, daher ist die katalytische Wirkung des Protons auf Methyltetramethylglucoside größer als auf die entsprechenden Methylglucoside.

Zu einem besonderen Typus im Hinblick auf den Elektronenmechanismus gehört die *Pinakon-Pinakolin-Umlagerung*:

---

[1] Vgl. H. Johansson, H. Sebelius: Ber. dtsch. chem. Ges. **51**, 480 (1918). — R. Wegscheider: Ebenda **52**, 235 (1919).   [2] Siehe S. 42.

[3] J. Löwenthal, E. Lenssen: J. prakt. Chem. **85**, 321, 401 (1862). — J. Spohr: Ebenda (2) **32**, 32 (1885). — W. Palmaer: Z. physik. Chem. **22**, 492 (1897). — S. Arrhenius: Ebenda **31**, 197 (1899). — H. v. Euler: Ebenda **32**, 348 (1900). — R. F. Jackson, C. L. Gillis: Bur. Standards J. Res. **16**, 125 (1920). — L. Bowe: J. physic. Chem. **31**, 290 (1927). — A. Hantzsch, A. Weissberger: Z. physik. Chem. **125**, 251 (1927). — E. A. Moelwyn-Hughes: Trans. Faraday Soc. **24**, 309 (1928); **25**, 81 (1929). — E. A. Moelwyn-Hughes, K. F. Bonhoeffer: Naturwiss. **22**, 174 (1934). — K. F. Bonhoeffer: Z. Elektrochem. angew. physik. Chem. **40**, 469 (1934).— E. A. Moelwyn-Hughes: Z. physik. Chem., Abt. B **26**, 272 (1934); Ber. dtsch. chem. Ges. **26**, 281 (1934). — L. P. Hammett, M. A. Paul: J. Amer. chem. Soc. **56**, 830 (1934). — Ph. Gross, H. Suess, H. Steiner: Naturwiss. **22**, 662 (1934); Trans. Faraday Soc. **32**, 883 (1936). — I. N. Pearce, M. E. Thomas: J. physic. Chem. **42**, 455 (1938). — M. Duboux: Helv. chim. Acta **21**, 236 (1938). — P. M. Leininger, M. Kilpatrick: J. Amer. chem. Soc. **60**, 1268, 2891 (1938); **61**, 2510 (1939).

[4] Vgl. J. W. Baker, E. Rothstein: Handbuch der Katalyse, herausgegeben von G.-M. Schwab, Bd. II, S. 134. Wien: Springer 1940. — Vgl. dagegen I. N. Pearce, M. E. Thomas: J. physic. Chem. **42**, 455 (1938).

[5] Vorgelagertes Gleichgewicht, erwiesen durch K. F. Bonhoeffer, E. A. Moelwyn-Hughes. — E. A. Moelwyn-Hughes, K. F. Bonhoeffer: Naturwiss. **22**, 174 (1934). — K. F. Bonhoeffer: Z. Elektrochem. angew. physik. Chem. **40**, 469 (1934). — Vgl. S. 47.

$$\begin{array}{ccc}
& R_1 \quad R_3 & \quad\quad\quad R_1 \\
& \mid \quad\ \mid & \quad\quad\quad \mid \\
H-O-C-C-O-\;H & \rightarrow & O=C-C-R_3 + H_2O\,. \\
& \mid \quad\ \mid & \quad\quad\quad \mid \ \ \mid \\
& R_2 \quad R_4 & \quad\quad\quad R_2 \ R_4
\end{array}$$

Die Reaktion wird durch Säuren katalysiert. Durch induktive Einwirkung des Protons löst sich das Hydroxylion von demjenigen Kohlenstoff ab, an den die Atomgruppen mit stärkerer Elektronenabstoßung gebunden sind, und vereinigt sich mit dem Wasserstoffion zu Wasser. Die dabei entstehende Oktettlücke des einen Kohlenstoffs wird durch ein Elektronenpaar des anderen Kohlenstoffs aufgefüllt, indem eine Atomgruppe (R_1 oder R_2) als Anion an Stelle des losgelösten Hydroxylions tritt. Die dadurch gebildete Oktettlücke am zweiten Kohlenstoff wird durch Abspaltung des Protons aus der zweiten Hydroxylgruppe eliminiert. Der Vorgang läßt sich durch folgendes Schema darstellen:

$$\begin{array}{ccc}
& R_1 \quad R_3 & \quad\quad\quad R_1 \\
H\ \ O\ C-C-O-H + H^+ & \rightarrow & O=C-C-R_3 + H_3O^+. \\
& R_2 \quad R_4 & \quad\quad\quad R_2 \ R_4
\end{array}$$

Nach vorliegender Reaktion wird für den Übergang eines Elektronendubletts von einem Oktett zu einem anderen von Ch. K. Ingold und Ch. W. Shoppee[1] die Bezeichnung Pinakonelektronenwanderung geprägt. Die Pinakonumlagerung gehört wegen des Platzwechsels von R_1^- zu den anionotropen Reaktionen. Die Umwandlung erfolgt um so leichter, je größer die Stabilität des primär sich loslösenden Anions (hier OH^-) ist und je stärker die Atomgruppen am Kohlenstoff, von welchem sich das Anion (OH^-) abspaltet, Elektronen abstoßen. Durch Oxoniumbildung wird besonders starke Anziehung der Bindungselektronen des Hydroxylions und infolge der dadurch erhöhten Stabilität des Anions dessen Abspaltung verursacht.

$$\begin{array}{ccccc}
R_1 \ R_3 & & \left[\begin{array}{c} R_1 \quad R_3 \end{array} \right]^+ & & R_1 \\
H-O-C-C-O-H + H^+ & \rightarrow & \left[\, H-O-C\ \ C-O-H \,\right] & \rightarrow & O=C-C-R_3 + H_3O^+. \\
R_2 \ R_4 & & R_2 \ \ R_4 \ \ H & & R_2 \ R_4
\end{array}$$

Auch durch die Esterbildung wird die Stabilität des primär abwandernden Anions vergrößert.

$$\begin{array}{ccc}
R_1 \quad R_3 & & R_1 \quad R_3 \\
H-O-C-C-C-H + H_2SO_4 & \rightarrow & H\ \ O\ C\ \ C\ \ O-SO_3H + H_2O\,. \\
R_2 \quad R_4 & & R_2 \quad R_4
\end{array}$$

Die Säurekatalysen der Pinakon-Pinakolin-Umlagerung lassen sich also auf den induzierenden Effekt der Wasserstoffionen, auf die Oxoniumbildung und auf die Esterbildung aus Pinakon und Säure zurückführen. Pinakonelektronenwanderung finden wir bei vielen anderen Reaktionen, so bei der *Isomerisierung der Äthylenoxyde* zu Ketonen, bei der *Benzyl-Benzylsäure-Umlagerung*, bei der Hofmannschen *Reaktion*, bei der Lossen-, Curtius-, bei der Wagner-Meerwein-*Umlagerung*[2].

---

[1] J. chem. Soc. [London] **1928**, 365. — Ch. W. Shoppee: Proc. Leeds philos. lit. Soc., sci. Sect. **1**, 301 (1928).

[2] Literatur bei J. W. Baker, E. Rothstein: Handbuch der Katalyse, herausgegeben von G. M. Schwab, Bd. 2, S. 86—91. Wien: Springer 1940. — Hinsichtlich der Wagner-Meerwein-Umlagerung siehe außerdem: P. D. Bartlett, J. D. Gill jr.: J. Amer. chem. Soc. **63**, 1273 (1941).

VIII. Kohlenstoff-Halogen-Bindung und die Säure-Basen-Katalyse.

Der Austausch der Halogene am Kohlenstoff durch andere Substituenten erfolgt nach der Theorie von CH. K. INGOLD und E. D. HUGHES[1], die hier speziell für die *Hydrolyse* und die *Halogenwasserstoffabspaltung der Alkylhalogenide* (Salzsäureester) dargestellt wird. Diese beiden Reaktionen erfolgen unter Einwirkung des Hydroxylions, nicht aber des Wasserstoffions[2]. Sie können auf zwei Reaktionsbahnen ablaufen, von denen die eine eine bimolekulare und die andere eine monomolekulare Reaktion ist[3].

Das Schema für den bimolekularen Vorgang der Hydrolyse ist nachfolgendes:

$$[\mathrm{H}\!-\!\overline{\underline{\mathrm{O}}}\,|]^- + \mathrm{R}\!\cdots\!\overset{\curvearrowright}{}\overline{\underline{\mathrm{Hlg}}}\,| \;\rightarrow\; \mathrm{H}\!-\!\overline{\underline{\mathrm{O}}}\!-\!\mathrm{R} + |\,\overset{(-)}{\overline{\underline{\mathrm{Hlg}}}}\,|$$

der monomolekulare Weg der Hydrolyse ist:

$$\mathrm{R}\!\cdots\!\overline{\underline{\mathrm{Hlg}}}\,| \;\rightarrow\; \mathrm{R}^+ + |\,\overset{(-)}{\overline{\underline{\mathrm{Hlg}}}}\,| \qquad \text{zeitbestimmende Reaktion,}$$

$$\mathrm{R}^+ + [\,\overline{\underline{\mathrm{O}}}\!-\!\mathrm{H}]^- \;\rightarrow\; \mathrm{R}\!-\!\overline{\underline{\mathrm{O}}}\!-\!\mathrm{H} \qquad \text{sehr schnelle Folgereaktion.}$$

---

[1] E. D. HUGHES, CH. K. INGOLD: J. chem. Soc. [London] **1935**, 244. — Siehe auch E. D. HUGHES: Trans. Faraday Soc. **34**, 185 (1938).

[2] Vgl. R. WEGSCHEIDER: Ber. dtsch. chem. Ges. **52**, 235 (1919); Z. physik. Chem. **41**, 52 (1902). — R. WEGSCHEIDER, M. FURCHT: Mh. Chem. **23**, 1097 (1902). — A. PRÄTORIUS: Mh. Chem. **26**, 1 (1905).

[3] Von der nachstehenden Literatur wendet sich ein Großteil gegen die Auffassung TAYLORS, daß der zeitbestimmende Vorgang in allen diesen Substitutionsreaktionen ausschließlich bimolekular ist und bringt ein umfangreiches Beweismaterial für den monomolekularen Mechanismus mancher Reaktionen. — J. L. GLEAVE, E. D. HUGHES, CH. K. INGOLD: J. chem. Soc. [London] **1935**, 236. — E. D. HUGHES, CH. K. INGOLD: Ebenda **1935**, 244. — L. C. BATEMAN, E. D. HUGHES: Ebenda **1937**, 1187. — E. D. HUGHES, U. G. SHAPIRO: Ebenda **1937**, 1192. — E. D. HUGHES, CH. K. INGOLD, S. MASTERMAN: Ebenda **1937**, 1196. — E. D. HUGHES, CH. K. INGOLD. A. D. SCOTT: Ebenda **1937**, 1201. — W. A. COWDREY, E. D. HUGHES, CH. K. INGOLD, Ebenda **1937**, 1208. — E. D. HUGHES, CH. K. INGOLD, S. MASTERMAN: Ebenda **1937**, 1236. — W. A. COWDREY, E. D. HUGHES, CH. K. INGOLD: Ebenda **1937**, 1243. — W. A. COWDREY, E. D. HUGHES, CH. K. INGOLD, S. MASTERMAN, A. D. SCOTT: Ebenda **1937**, 1252. — E. D. HUGHES, CH. K. INGOLD, A. D. SCOTT: Ebenda **1937**, 1271. — E. D. HUGHES, CH. K. INGOLD, U. G. SHAPIRO: Ebenda **1937**, 1277. — K. A. COOPER, E. D. HUGHES, CH. K. INGOLD: Ebenda **1937**, 1280. — E. D. HUGHES, B. J. MCNULTY: Ebenda **1937**, 1283. — A. R. OLSON, R. S. HALFORD: J. Amer. chem. Soc. **59**, 2644 (1937). — L. C. BATEMAN, E. D. HUGHES, CH. K. INGOLD: J. chem. Soc. [London] **1938**, 881; J. Amer. chem. Soc. **60**, 3080 (1938). — L. C. BATEMAN, K. A. COOPER, E. D. HUGHES: J. chem. Soc. [London] **1940**, 913. — M. G. CHURCH, E. D. HUGHES: Ebenda **1940**, 920. — L. C. BATEMAN, K. A. COOPER, E. D. HUGHES, CH. K. INGOLD: Ebenda **1940**, 925. — L. C. BATEMAN, E. D. HUGHES: Ebenda **1940**, 935, 940, 945. — E. D. HUGHES, CH. K. INGOLD, N. A. TAHER: Ebenda **1940**, 949. — E. D. HUGHES, N. A. TAHER: Ebenda **1940**, 956. — L. C. BATEMAN, E. D. HUGHES, CH. K. INGOLD: Ebenda **1940**, 960. — M. G. CHURCH, E. D. HUGHES, CH. K. INGOLD: Ebenda **1940**, 966. — M. G. CHURCH, E. D. HUGHES, CH. K. INGOLD, N. A. TAHER: Ebenda **1940**, 971. — L. C. BATEMAN, E. D. HUGHES, CH. K. INGOLD: Ebenda **1940**, 974. — L. C. BATEMAN, M. G. CHURCH, E. D. HUGHES, CH. K. INGOLD, N. A. TAHER: Ebenda **1940**, 979. — L. C. BATEMAN, E. D. HUGHES, CH. K. INGOLD: Ebenda **1940**, 1011, 1017. — E. D. HUGHES, CH. K. INGOLD, S. MASTERMAN, B. J. MCNULTY: Ebenda **1940**, 899. — Vgl. hierzu: W. TAYLOR: J. chem. Soc. [London] **1937**, 992, 1852, 1853, 1962; **1938**, 840; J. Amer. chem. Soc. **60**, 2094 (1938). — D. R. READ, W. TAYLOR: Ebenda **1939**, 478, 1872. — Siehe auch: J. STEIGMAN, L. P. HAMMETT: J. Amer. chem. Soc. **59**, 2536 (1937). — N. T. FARINACCI, L. P. HAMMETT: Ebenda **59**, 2542 (1937). — G. W. BESTE, L. P. HAMMETT: Ebenda **62**, 2481 (1940). — E. A. MOELWYN-HUGHES: Proc. Roy. Soc. [London], Ser. A **164**, 295 (1938). — R. A. OGG jr.: J. Amer. chem. Soc. **60**, 2000 (1938); **61**, 1946 (1939).

Das Reaktionsbild für den bimolekularen Ablauf der Halogenwasserstoffabspaltung wird in folgender Weise dargestellt:

$$[\text{H}-\overline{\text{O}}\,|\,]^{-} \;\rightarrow\; \text{H}-\underset{\underset{\text{R}_1\;\text{R}_2}{|}}{\text{C}}\;\overset{\text{H}}{\underset{\underset{\text{H}}{|}}{\text{C}}}-\overline{\text{Hlg}}\,| \;\rightarrow\; \text{H}_2\text{O} + \underset{\underset{\text{R}_2\;\text{H}}{||}}{\text{C}}\!=\!\underset{}{\text{C}}\;\overset{\text{R}_1\;\text{H}}{} + |\,\overline{\text{Hlg}}\,|^{(-)}.$$

Das Reaktionsschema für den monomolekularen Vorgang der Halogenwasserstoffabspaltung ist:

$$\text{R}_1\;\underset{\underset{\text{R}_2\;\text{H}}{|\;\;|}}{\text{C}-\text{C}}\cdots\overline{\text{Hlg}}\,| \;\rightarrow\; \text{R}_1-\underset{\underset{\text{R}_2\;\text{H}}{|\;\;|}}{\text{C}-\text{C}}^{(+)} + |\,\overline{\text{Hlg}}\,|^{(-)} \quad \text{zeitbestimmende Reaktion.}$$

$$\text{R}_1-\underset{\underset{\text{R}_2\;\text{H}}{|\;\;|}}{\text{C}}\;\text{C}^{(+)} \;\rightarrow\; \underset{\underset{\text{R}_2\;\text{H}}{||}}{\text{C}}\!=\!\text{C} + \text{H}^+ \quad \text{schnelle Folgereaktion,}$$

$$\text{H}^+ + \text{OH}^- \;\rightarrow\; \text{H}_2\text{O} \quad \text{schnelle Folgereaktion.}$$

Während bei den bimolekularen Umsätzen die Reaktionsgeschwindigkeit proportional der Hydroxylionkonzentration ist, ist sie bei den monomolekularen Reaktionen unabhängig davon. Bei hoher Hydroxylionkonzentration und bei Gruppen (R), die schwach elektronenabstoßend sind, überwiegt der bimolekulare Chemismus über den monomolekularen sowohl bei der Hydrolyse als auch bei der Halogenwasserstoffabspaltung. Bei stärkerer Elektronenabstoßung wird bei beiden Reaktionen die Annäherung des Hydroxylions an das Alkylhalogenid, bei der Halogenwasserstoffabspaltung obendrein die Abionisierung des β-Wasserstoffatoms erschwert, so daß die Geschwindigkeit der bimolekularen Reaktion

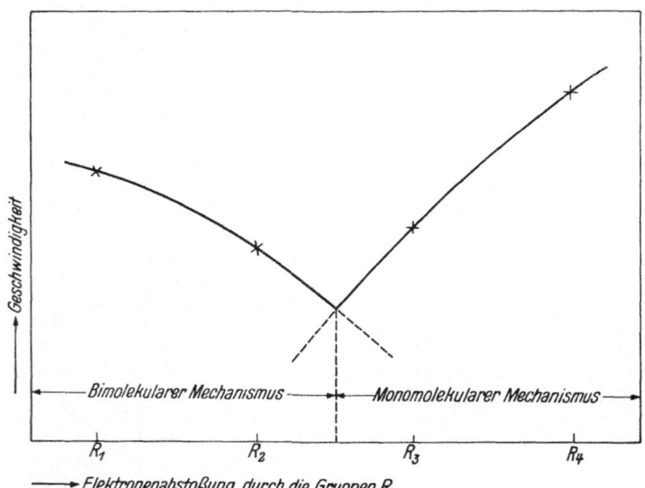

Abb. 3. Geschwindigkeit der Hydrolyse beziehungsweise Halogenwasserstoff-Abspaltung der Alkylhalogenide in Abhängigkeit von der Elektronenabstoßung der Substituenten, schematisch.

mit dem Bestreben der Gruppen, Elektronen abzugeben, absinkt. Da die Elektronenabstoßung aber die Loslösung des Halogens als Anion begünstigt, steigt mit der Tendenz, Elektronen abzuspalten, die Geschwindigkeit der monomolekularen Reaktion. Die Geschwindigkeit als Funktion der Elektronenabstoßung der Gruppen gibt das Schaubild der Abb. 3.

Der Einfluß der Alkylgruppen bei der Hydrolyse von Alkylhalogeniden läßt sich durch nachstehendes Schema veranschaulichen:

Elektronenabstoßung

$$CH_3 < CH_3{-}CH_2 < \underset{CH_3}{\overset{CH_3}{\diagup}}CH \quad < \quad \underset{CH_3}{\overset{CH_3}{\diagup}}CH_3{-}C \;\;^1$$

$$\underbrace{\hspace{3cm}}_{\text{bimolekular}} \quad \underbrace{\hspace{3cm}}_{\substack{\text{mono- und}\\\text{bimolekular}}} \quad \underbrace{\hspace{3cm}}_{\substack{\text{mono-}\\\text{molekular}}}$$

$$CH_3 \quad < \quad C_6H_5CH_2 < (C_6H_5)_2CH < (C_6H_5)_3C \;\;^2$$

Halogensubstituenten fördern gleichfalls den monomolekularen Ablauf der Hydrolyse, indem eines ihrer einsamen Elektronenpaare anteilig wird und dadurch die Abionisierung des anderen Halogensubstituenten erleichtert wird.

$$|\overline{Cl}{-}\!\!-\!\!-\overset{H}{\underset{H}{C}}\!-\!\!-\!\!-\overline{Cl}|.$$

Die *Hydrolyse von Benzylidenchlorid und Benzotrichlorid* erfolgt nach dem monomolekularen Mechanismus[3].

Die Halogenwasserstoffabspaltung der *Isopropylhalogenide* erfolgt im Gegensatz zur Hydrolyse noch nach dem bimolekularen Mechanismus. Das tertiäre *Butylhalogenid* reagiert hingegen ebenso wie bei der Hydrolyse nach dem monomolekularen Chemismus[4]. Aus der Feststellung[5], daß in 80% Alkohol bei 25° C 17% tertiäres Butylchlorid und 13% tertiäres Butylbromid bzw. -jodid Halogenwasserstoffabspaltung erleiden, ist die Aufteilung der beiden Reaktionen: Hydrolyse und Olefinbildung ersichtlich.

IX. Die Doppelbindung und die Säure-Basen-Katalyse.

Bei eben gebauten Molekeln unterscheidet die Quantentheorie von den beiden Elektronendubletts der Doppelbindung zwischen dem Elektronenpaar 1. Art oder σ-Elektronenpaar und dem Elektronenpaar 2. Art oder π-Elektronenpaar. Die π-Elektronen sind wesentlich leichter verschiebbar als das σ-Elektronenpaar, das dem Elektronendublett der einfachen Bindung entspricht. Die einsamen Elektronen von Atomen (wie Halogen, Sauerstoff, Stickstoff), die einer C—C-Doppelbindung konjugiert sind, kommen π-Elektronen gleich. Die leichte Verschiebbarkeit der π-Elektronen[6] führt zu folgenden Möglichkeiten:

1. Biradikalstruktur. Die π-Elektronen werden entkoppelt, der Spin ist parallel gerichtet:

$$A = B \to A \overset{\uparrow\,\uparrow}{-\!\!-} B.$$

Die entkoppelten Elektronen stoßen sich also ab.

[1] Mit Alkali in wässerigem Alkohol. C. A. L. DE BRUYN, A. STEGER: Recueil Trav. chim. Pays-Bas 18, 41, 311 (1899). — G. H. GRANT, C. N. HINSHELWOOD: J. chem. Soc. [London] 1933, 258. — E. D. HUGHES, CH. K. INGOLD, U. G. SHAPIRO: Ebenda 1936, 225. — E. D. HUGHES gemeinsam mit U. G. SHAPIRO, K. A. COOPER, L. C. BATEMAN: Ebenda 1935, 255; 1937, 1177, 1183, 1187.

[2] Hydrolyse in Wasser oder wässerigem Aceton. S. C. J. OLIVIER, A. P. WEBER: Recueil Trav. chim. Pays-Bas 53, 869, 891 (1934). — S. C. J. OLIVIER: Ebenda 56, 247 (1937). — A. M. WARD: J. chem. Soc. [London] 1927, 2285. — A. C. NIXON, G. E. K. BRANCH: J. Amer. chem. Soc. 58, 492 (1936).

[3] S. C. J. OLIVIER, A. P. WEBER: a. a. O.

[4] E. D. HUGHES, CH. K. INGOLD, A. D. SCOTT: J. chem. Soc. [London] 1937, 1271.

[5] K. A. COOPER, E. D. HUGHES, CH. K. INGOLD: J. chem. Soc. [London] 1937, 1280.

[6] Siehe z. B. E. HÜCKEL: Z. Elektrochem. angew. physik. Chem. 43, 766 (1937).

2. Gelockerte Struktur.

$$A = B \rightarrow A \overset{\uparrow\downarrow}{\cdots} B.$$

Die entkoppelten Elektronen haben antiparallelen Spin.

Da die π-Elektronen auch nach ihrer Entkopplung räumlich nahe bleiben, besteht noch immer „Spinkompensation". Die Struktur ist daher nur als gelockert zu bezeichnen.

3. Zwitterionische Strukturen:

$$A = B \rightarrow \overset{}{\underset{(-)}{A}} \overset{}{\underset{(+)}{B}},$$

$$A = B \rightarrow \underset{(+)}{A} \overset{}{\underset{(-)}{B}}.$$

Bei Lösungsreaktionen spielt insbesondere die polarisierte Doppelbindung $\widehat{A{-}}B$ bzw. $A{\frown}B$, die im Grenzfalle das Zwitterion $\underset{(-)}{A}{-}\underset{(+)}{B}$, $\underset{(+)}{A}{-}\underset{(-)}{B}$ gibt, eine hervorragende Rolle. Für die Säure-Basen-Katalyse ist das Verhalten der C—C-Doppelbindung und der C—O-Doppelbindung besonders aufschlußreich.

1. Aliphatische C-C-Doppelbindung.

Bei der Wechselwirkung des Wasserstoffions mit der ungesättigten Molekel wird die Doppelbindung polarisiert, und das Proton lagert sich an das negativ polarisierte Kohlenstoffatom an:

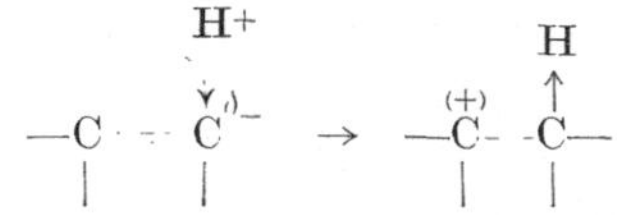

Bei der Hydratation zieht nun die positive Ladung des anderen Kohlenstoffatoms das Hydroxylion einer Wassermolekel an sich, wodurch der entsprechende Alkohol entsteht und das Wasserstoffion zurückgebildet wird.

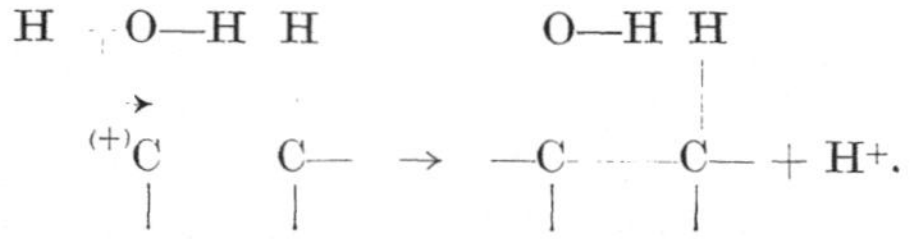

Stehen an dem einen Kohlenstoff elektronenabstoßende Gruppen, wie Alkylgruppen, so wird die Doppelbindung besonders stark polarisiert und dadurch die Hydratation erleichtert. H. J. Lucas und W. F. Eberz[1] studierten die Kinetik der *Hydratation des Isobutens* in salpetersaurer Lösung, wobei die ionale Konzentration durch Zugabe von Natriumnitrat konstant gehalten wurde. Sie fanden die Hydratationsgeschwindigkeit proportional der Kohlenwasserstoffkonzentration und der Säurekonzentration. Lucas und Yun-Pu-Liu[2] erhielten ähnliche Ergebnisse bei der *Hydratation von Trimethyläthylen*, katalysiert durch Schwefelsäure, Salzsäure, Bromwasserstoffsäure, Salpetersäure, p-Toluolsulfonsäure, Pikrinsäure, Oxalsäure, Essigsäure. Die katalytische Wirksamkeit der Säure geht mit ihrer Stärke symbat. Sie besteht nach obiger Darstellung in der Polarisierung der Doppelbindung. Die gleiche Funktion wird den Säurekatalysatoren bei der die Hydratation begleitenden Isomerisierung und Polymerisation[3] zugedacht, wenngleich der Mechanismus dieser Reaktionen[4] noch

[1] J. Amer. chem. Soc. **56**, 460 (1934).
[2] J. Amer. chem. Soc. **56**, 2138 (1934).
[3] Siehe B. Eistert: Tautomerie und Mesomerie, a. a. O. S. 107.
[4] Siehe W. Theilacker, W. Breitenbach im gleichen Bande des Handbuchs.

keineswegs als durchsichtig angesehen werden kann. Nachfolgendes Schema von J. W. BAKER und E. ROTHSTEIN[1] möge hier die Beziehung zwischen den drei Reaktionstypen veranschaulichen:

Hydratation *Isomerisation*

$$-\overset{|}{\underset{|}{C}}-\overset{|}{\underset{|}{C}}\qquad \overset{|}{\underset{|}{C}}- \;\xleftarrow{H_2O}\; -\overset{|}{\underset{|}{C}}-\overset{\delta+}{\underset{|}{C}}-\overset{|}{\underset{|}{C}}- \;\xrightarrow{}\; -\overset{|}{C}=\overset{|}{C}-\overset{|}{\underset{|}{C}}- \;+\;H^+$$

Polymerisation

Bei der *Lactonbildung aus ungesättigten Säuren* ist der Einfluß der Substituenten auf die Polarisierung der Äthylendoppelbindung besonders augenscheinlich[2]. So wirkt bei der Allylessigsäure

$$\overset{\delta-}{C}=\overset{\underset{\delta+}{|}}{C}-\overset{H}{\underset{H}{C}}-\overset{H}{\underset{H}{C}}-\overset{H}{\underset{O}{C}}-O-H$$

die Gruppe —CH_2CH_2COOH elektronenabstoßend, sodaß Polarisierung und γ-Lactonbildung in folgender Weise zustande kommt:

Bei der Δγ-Isoheptensäure hingegen ist die typisch elektronenabstoßende Gruppe H_3C—C—CH_3 [3] für die Polarisierung der Äthylenbindung entscheidend. Es tritt also hier Polarisierung in der umgekehrten Richtung und demzufolge δ-Lactonbildung ein.

---

[1] Handbuch der Katalyse, herausgegeben von G.-M. SCHWAB, Bd. II, S. 96. Wien: Springer 1940.

[2] J. W. BAKER, E. ROTHSTEIN: Handbuch der Katalyse, herausgegeben von G.-M. SCHWAB, Bd. II, S. 81. Wien: Springer 1940.

[3] CH. K. INGOLD, E. H. INGOLD: J. chem. Soc. [London] 1931, 2354.

Verdünnte Schwefelsäure ist für beide Reaktionen Katalysator. Das Wasserstoffion wirkt dabei verstärkend auf die durch die Substituenten bedingte Polarisiertheit.

Auch die Katalyse der *Umlagerung von Maleinsäure in Fumarsäure* wird nach den Untersuchungen von E. M. Terry und L. Eichelberger[1] auf die Polarisierung der Äthylendoppelbindung durch Katalysatoren zurückgeführt, wie Salzsäure, Bromwasserstoffsäure, Maleinsäure (selbst als Katalysator) und Rhodankalium, wodurch die Drehbarkeit der doppelt gebundenen Kohlenstoffatome frei und die Umlagerung ermöglicht wird[2].

2. Aromatische C-C-Doppelbindung.

Verfügt ein Kohlenstoffatom im Benzolkern über ein einsames Elektronenpaar, so ermöglicht es den Eintritt eines Kations als Substituenten. Solche kationische Substitutionsreaktionen sind die Deuterierung, Halogenierung, Nitrierung und Sulfurierung aromatischer Verbindungen sowie die Synthesen nach Friedel und Crafts. Bereits im Benzolkern vorhandene Substituenten mit einsamen Elektronenpaaren wie Halogen, die Hydroxyl- oder Aminogruppe liefern durch Mesomerie das einsame Elektronenpaar des Kohlenstoffatoms, das für die kationische Substitution notwendig ist[3]. Als Beispiel diene die *Deuterierung des Phenols*[4]. Die Grenzstrukturen des mesomeren Phenols sind:

In dieser mesomeren Grenzstruktur wird das Proton der OH-Gruppe leichter abgespalten. Phenol ist also wegen der Mesomerie saurer als Methanol:

Mit diesem Ketoion ist das Phenolation mesomer:

[1] J. Amer. chem. Soc. **47**, 1402 (1925).

[2] Vgl. R. Wegscheider: Z. physik. Chem. **34**, 290 (1900). — H. Meerwein, J. Weber: Ber. dtsch. chem. Ges. **58**, 1266 (1925). — T. W. J. Taylor, D. C. V. Roberts: J. chem. Soc. [London] **1933**, 1439.

[3] Literatur über diesen Substitutionsmechanismus: A. Lapworth: J. chem. Soc. [London] **1922**, 416. — W. O. Kermack, R. Robinson: Ebenda 427. — R. Robinson: Sammlung chemischer und chemisch-technischer Vorträge **14**. Stuttgart: F. Enke. — B. Eistert: Ebenda **40**, 88.

[4] Ch. K. Ingold, C. G. Raisin, C. L. Wilson: J. chem. Soc. [London] **1936**, 1637. — M. Koizumi, T. Titani: Bull. chem. Soc. Japan **13**, 681 (1938).

Der negativ geladene Kohlenstoff des Ketoions vermag ein Deuteron der Säure DB zu binden unter Bildung einer schweren Ketonmolekel, aus der sich bei weiterer Reaktion mit der Base B das schwere Ketoion ergibt, das mit dem schweren Phenolation mesomer ist.

$$O=C \begin{smallmatrix} H & H \\ | & | \\ C=C \\ C=C \\ | & | \\ H & H \end{smallmatrix} C \overset{(-)}{} H \; + \; DB \; \rightleftharpoons \; O=C \begin{smallmatrix} H & H \\ | & | \\ C=C \\ C=C \\ | & | \\ H & H \end{smallmatrix} C \overset{H}{\underset{D}{}} \; + \; B^{-}$$

$$O=C \begin{smallmatrix} H & H \\ | & | \\ C=C \\ C=C \\ | & | \\ H & H \end{smallmatrix} C \overset{H}{\underset{D}{}} \; + \; B^{-} \; \rightarrow \; O=C \begin{smallmatrix} H & H \\ | & | \\ C=C \\ C=C \\ | & | \\ H & H \end{smallmatrix} \overset{(-)}{C}-D \; + \; HB$$

$$O=C \begin{smallmatrix} H & H \\ | & | \\ C=C \\ C=C \\ | & | \\ H & H \end{smallmatrix} \overset{(-)}{C}-D \; \longleftrightarrow \; |O-C \begin{smallmatrix} H & H \\ | & | \\ C=C \\ C-C \\ | & | \\ H & H \end{smallmatrix} C-D \,.$$

Dieser Mechanismus wird allen Versuchsergebnissen gerecht. Phenol tauscht bei der Auflösung in schwerem Wasser seinen Hydroxylwasserstoff sehr rasch gegen Deuterium aus. Austausch der Kernwasserstoffe hingegen geht nur bei Zusatz von Alkali vonstatten. Die Geschwindigkeit dieser Austauschreaktion ist am größten, wenn die Konzentration des zugefügten Hydroxylions die Hälfte des Phenols ist, sie sinkt wieder auf einen geringen Betrag ab, wenn das Hydroxyd dem Phenol äquivalent ist. Demnach ist die für die Geschwindigkeit maßgebliche Reaktion in erster Linie der Umsatz von Phenolation und Phenol, wobei das Phenol als Säurekatalysator wirkt, indem es den Hydroxylwasserstoff gegen Deuterium rasch austauscht[1] und das Deuteron an das mesomere Phenolation unter Rückgewinnung des Protons abgibt.

Bei Phenol werden außer dem p-ständigen Wasserstoff noch die beiden o-ständigen Wasserstoffe leicht ausgetauscht, entsprechend den dem ortho-Kohlenstoffatom durch die Mesomerie:

$$H-O-C \begin{smallmatrix} H & H \\ | & | \\ C=C \\ C-C \\ | & | \\ H & H \end{smallmatrix} C-H \; \longleftrightarrow \; H-\overset{(+)}{O}=C \begin{smallmatrix} H & H \\ | & | \\ C=C \\ \overset{(-)}{C}-C \\ | & | \\ H & H \end{smallmatrix} C-H$$

zur Verfügung gestellten einsamen Elektronenpaar.

Der fördernde Einfluß der Substituenten im Benzolkern auf die Deuterierung wird durch folgende Reihenfolge dargestellt:

$$O^{-} > NR_2 > OCH_3\,[2].$$

---

[1] Der Austausch erfolgt wieder in Form des Protons und Deuterons; die bei steigendem Zusatz von Alkali schließlich erreichte Endgeschwindigkeit ist der Reaktion zwischen Phenolation und Wasser zuzuschreiben.

[2] O. REITZ: Handbuch der Katalyse, herausgegeben von G.-M. SCHWAB, Bd. II, S. 282. Wien: Springer 1940.

Beim Resorcin[1] erfolgt neben der Austauschreaktion in alkalischer Lösung auch eine solche in saurer Lösung. Die zeitbestimmende Reaktion ist der Umsatz zwischen der Resorcinmolekel und dem D_3O^+-Ion. In alkalischer Lösung ist die Deuterierung des Resorcins viel verwickelter. Einfach und zweifach geladene Resorcinationen werden substituiert, als Protongeber wirken Wasser und unionisiertes Resorcin. Zwei der Kernwasserstoffe werden gleich schnell, der dritte mehrfach langsamer, der vierte überhaupt nicht ausgetauscht. Offenbar werden die Wasserstoffe 4 und 6, die zu den beiden Hydroxylgruppen in o,p-Stellung stehen, gleich rasch substituiert, während der o,o-ständige Wasserstoff[1] 2 langsamer und der m,m-ständige Wasserstoff 5 nicht ausgetauscht wird.

$$
\begin{array}{c}
\text{OH} \\
\diagup 1 \\
6 \quad 2 \\
5 \quad 3 \;\text{OH} \\
4
\end{array}
$$

Die Carboxylgruppe wirkt auf den Austausch hemmend, so können bei der m-Oxybenzoesäure nur zwei Kernwasserstoffe substituiert werden. Wie aus nachstehender Elektronenformel ersichtlich ist, wird durch den alternierend induk-

$$
\begin{array}{c}
\text{H} \quad \text{H} \\
\text{C} \; \text{C} \\
\text{H—O—C—C} \qquad \text{C—H} \\
\text{O} \qquad \text{C} \; \text{C} \\
\text{H} \quad \text{H}
\end{array}
$$

tiven Effekt die Elektronendichte an den zum Kohlenstoff mit der Carboxylgruppe ortho- und paraständigen Kohlenstoffatomen herabgesetzt, das sind gerade die Stellen, welchen durch den elektromeren Effekt des OH-Sauerstoffs in der m-Oxybenzoesäure erhöhte Elektronendichte zukommt.

3. C-O-Doppelbindung.

Sauerstoff ist infolge der höheren Kernladungszahl elektronenaffiner als Kohlenstoff, daher weist die Carbonylgruppe bereits für sich Mesomerie mit der zwitterionischen Form auf:

$$
\begin{array}{ccc}
R_1 & & R_1 \\
| & & | \\
C=O & \longleftrightarrow & \overset{(+)}{C}\!-\!\overset{(-)}{O}| \\
| & & | \\
R_2 & & R_1
\end{array}
$$

Die Aufrichtung der Doppelbindung kann noch durch die Substituenten R_1 und R_2 mit ungesättigten Gruppen (π-Elektronen), die zur C-O-Doppelbindung konjugiert sind, erhöht werden. Dabei wird die Oktettlücke am Kohlenstoff durch die π-Elektronen derselben aufgefüllt. So besteht folgende Mesomerie bei den Estern:

$$
\begin{array}{ccc}
R_1 & & R_1 \\
| & & | \\
C=O & \longleftrightarrow & C\!-\!\overset{(-)}{O}| \\
| & & |\!\uparrow \\
|O\!-\!R_2 & & {}^{(+)}O\!-\!R_2
\end{array}
$$

---

[1] K. H. Geib: Z. physik. Chem., Abt. A **180**, 211 (1937).

Außer auf die Polarisiertheit im Ruhezustand haben die Substituenten auf die Polarisierbarkeit der Carbonylgruppe bei chemischen Umsätzen besonderen Einfluß. Dabei vermag sich der negativ polarisierte Sauerstoff der Carbonylgruppe mit Kationen zu verbinden, während die Oktettlücke des Carbonylkohlenstoffs durch Anionen aufgefüllt werden kann. So wird als Primärreaktion bei der Säurekatalyse der *Halogenierung von Ketonen* die Anlagerung des Protons an den polarisierten Carbonylsauerstoff angesehen[1]:

$$C \cdots O + H^+ \; \rightarrow \; \left[C\!-\!O\!-\!H \right]^+ .$$

Nach Watson[2] ist hingegen die Primärreaktion bei der Basenkatalyse der *Halogenierung der Ketone* der Eintritt der Base in die Oktettlücke des Carbonylkohlenstoffs[3]:

$$\left[C\!=\!O \right] \; \longleftrightarrow \; {}^{(+)}C\!-\!\overset{(-)}{O}| + B^- \; \rightarrow \; \left[B\!-\!C\!-\!\bar{O}| \right]^-$$

in anderer Darstellung:

$$C \cdots O + B^- \; \rightarrow \; \left[B\!-\!C\!-\!\bar{O}| \right]^- .$$

In ähnlicher Weise erfolgt die erste Teilreaktion bei der Basenkatalyse der *Esterverseifung*[4]:

$$\left[R_1\!-\!\overset{O}{\underset{}{C}}\!-\!O\!-\!R_2 \right] \; \longleftrightarrow \; \left[R_1\!-\!\overset{|\bar{O}|^{(-)}}{C}\!-\!O\!-\!R_2 \right]_{(+)} + \left[|\bar{O}\!-\!H \right]^- \; \rightarrow \; \left[R_1\!-\!\overset{|\bar{O}|}{\underset{|O\!-\!H}{C}}\!-\!O\!-\!R_2 \right],$$

bei der durch Hydroxylion katalysierten *Hydrolyse der Säurechloride*[5]:

$$R\!-\!\overset{|\overline{Cl}|}{C}\!=\!O + \left[|\bar{O}\!-\!H\right]^- \; \rightarrow \; \left[R\!-\!\overset{Cl|}{\underset{|O\!-\!H}{C}}\!-\!\bar{O}| \right]^- \; \rightarrow \; R\!-\!\overset{}{\underset{|O\!-\!H}{C}}\!=\!O + Cl^-$$

und bei der durch Hydroxylion katalysierten *Hydrolyse der Säureamide*[6]:

$$R\!-\!\overset{\overset{\textstyle H}{|N\!-\!H}}{C}\!-\!O + \left[|\bar{O}\!-\!H\right]^- \; \rightarrow \; \left[R\!-\!\overset{\overset{\textstyle H}{|N\!-\!H}}{\underset{|O\!-\!H}{C}}\!-\!\bar{O}| \right]^- \; \rightarrow \; R\!-\!\overset{}{\underset{|O\!-\!H}{C}}\!=\!O + NH_2^- ,$$

$$NH_2^- + H_2O \; \rightarrow \; NH_3 + OH^- .$$

---

[1] Der gesamte Reaktionsmechanismus ist auf S. 46 zu ersehen.
[2] Siehe S. 48. [3] Siehe dagegen S. 46. [4] Siehe S. 52.
[5] Die Säurechloridhydrolyse wird durch Wasserstoffion nicht katalysiert. G. Berger, S. C. J. Olivier: Recueil Trav. chim. Pays-Bas **46**, 516 (1927). — M. H. Palomaa, R. Leimu: Ber. dtsch. chem. Ges. **66**, 813 (1933). — R. Leimu: Ebenda **70**, 1040 (1937). — J. R. Velasco, A. Ollero: An. Soc. españ. Fisica Quim. **34**, 179 (1936); **35**, 76 (1937). — Alkoholyse von Säurechloriden siehe z. B. G. E. K. Branch, A. C. Nixon: J. Amer. chem. Soc. **58**, 2499 (1936).
[6] Siehe J. C. Crocker: J. chem. Soc. [London] **1907**, 593. — J. C. Crocker, F. H. Lowe: Ebenda **1907**, 952. — Über die durch Wasserstoffion katalysierte Hydrolyse siehe S. 24.

Auch die Anionenkatalyse der *Säureanhydrid-Hydrolysen* kommt nach den Untersuchungen von Kilpatrick[1] durch Anlagerung des Anions an den positiv polarisierten Carbonylkohlenstoff in Gang.

Der Substituenteneinfluß auf die Polarisierung der Carbonyldoppelbindung ist bei der durch Hydroxylion katalysierten *Hydrolyse der β-Ketonsäureester* besonders klar zu ersehen[2]. Wie oben dargelegt wurde, wird in der Carboxylgruppe die Oktettlücke des Carbonylkohlenstoffs durch π-Elektronen des Alkoxylsauerstoffs teilweise aufgefüllt:

$$\mbox{[Resonanzformeln]}$$

Daher lagert sich bei den β-Ketonsäureestern das Hydroxylion vorzugsweise an den Ketonkohlenstoff und nicht an den Carboxylkohlenstoff an:

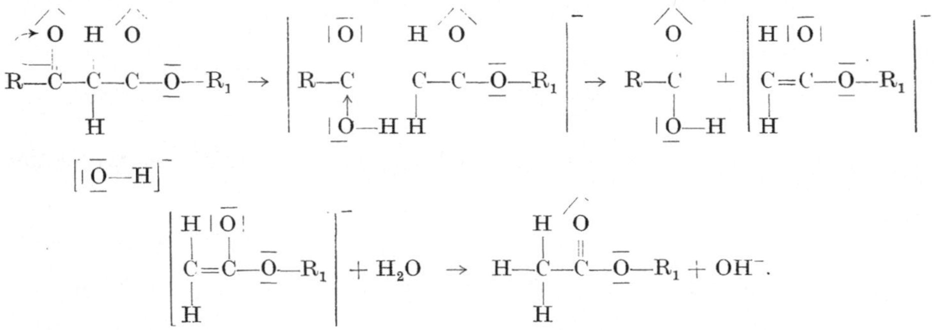

$$\mbox{[Reaktionsschema]}$$

Es geht die Reaktion also hauptsächlich in Richtung der Säuren RCOOH und Essigsäure vor sich.

Bei den β-Diketonen

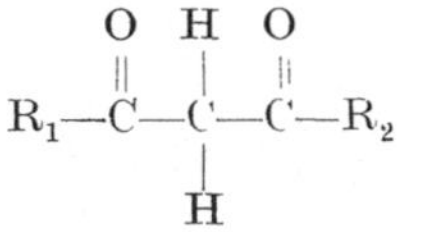

$$R_1{-}C({=}O){-}C(H){-}C({=}O){-}R_2$$

hingegen tritt das Hydroxylion vorzugsweise an denjenigen Carbonylkohlenstoff, dem der elektronenaffinere Substituent (R) positivere Ladung erteilt. Wirkt R_1 elektronenanziehender als R_2, so ist das Reaktionsschema:

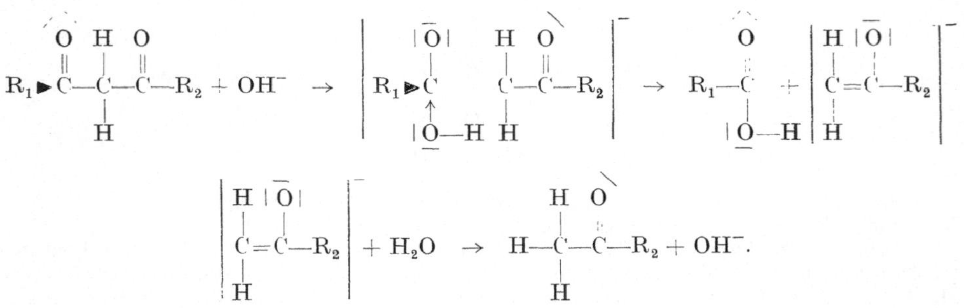

$$\mbox{[Reaktionsschema]}$$

---

[1] M. Kilpatrick jr.: J. Amer. chem. Soc. **50**, 2891 (1928); **52**, 1410 (1930).

[2] W. Bradley, R. Robinson: J. chem. Soc. [London] **1926**, 2356. — W. M. Kutz, H. Adkins: J. Amer. chem. Soc. **52**, 4036, 4391 (1930). — R. Connor, H. Adkins: Ebenda **54**, 3420 (1932). — R. N. Isbell, B. Wojcik, H. Adkins: Ebenda **54**, 3678 (1932). — L. J. Beckham, H. Adkins: Ebenda **56**, 1119 (1934).

Da die Stärke der Säure RCOOH mit der Elektronenaffinität des Substituenten R symbat geht, bildet sich bei der Hydroxylionkatalyse der *β-Ketonhydrolyse* vorwiegend die stärkere Säure.

LOWRYS[1] Mechanismus der durch Säuren katalysierten *Veresterungen* basiert gleichfalls auf der Polarisierung der Carbonylgruppe. Dabei erweist sich nach GOLDSCHMIDT[2] ROH_2^+ als besonders katalytisch wirksam.

Indem das Proton von diesem Alkohol-Proton-Komplex zum Carbonylsauerstoff übergeht, lagert sich der restliche Teil des Komplexes an den Carbeniumkohlenstoff[3] der Carbonylgruppe an:

$$R\!-\!\overset{\displaystyle |\bar{O}\!-\!H}{\underset{\displaystyle O}{C}} \;+\; R_1OH_2^+ \;\rightarrow\; \left[\; R\!-\!\overset{\displaystyle |\bar{O}\!-\!H\;\;R_1}{\underset{\displaystyle |O\!-\!H}{C\leftarrow\!O\!-\!H}} \;\right]^+$$

Durch Proton- und Hydroxylion-abspaltung entsteht dann der Ester:

$$\left[\; R\!-\!\overset{\displaystyle |\bar{O}\!-\!H\;\;R_1}{\underset{\displaystyle |O\;\;\cdot H}{C\;\;\;\;O\!-\!H}} \;\right]^+ \;\rightarrow\; R\!-\!\overset{\displaystyle}{\underset{\displaystyle \|}{C}}\!-\!\bar{O}\!-\!R_1 \;+\; H_3O^+.$$

Die katalytische Wirkung der Säure (des Protongebers) beruht sonach auf der Polarisierung der Carbonyldoppelbindung unter Bildung der anlagerungsfähigen Carbeniumstruktur[4, 5].

---

[1] J. chem. Soc. [London] **1923**, 827.

[2] H. GOLDSCHMIDT, O. UDBY: Z. physik. Chem. **60**, 728 (1907).

[3] B. EISTERT: Tautomerie und Mesomerie, S. 27. Stuttgart: F. Enke 1938.

[4] Vgl. P. PFEIFFER: Liebigs Ann. Chem. **376**, 295 (1910). — E. H., CH. K. INGOLD: J. chem. Soc. [London] **1932**, 756.

[5] S. C. DATTA, J. N. E. DAY und CH. K. INGOLD (J. chem. Soc. [London] **1939**, 838) nehmen dagegen an, daß das Proton sich an den Hydroxylsauerstoff der Carboxylgruppe anlagert und der Carbeniumkohlenstoff der Carbonylgruppe, mit dem sich der Alkohol verbindet, durch Wasserabspaltung entsteht.

$$R\!-\!C\overset{\displaystyle O}{\underset{\displaystyle O\!-\!H}{\big<}} + H^+ \;\leftrightarrows\; \left[R\!-\!C\overset{\displaystyle O}{\underset{\displaystyle OH_2}{\big<}}\right]^+ \;\rightarrow\; [R\!-\!C\!=\!O]^+ + H_2O \;\text{(langsam)},$$

$$[R\!-\!C\!=\!O]^+ + HOR_1 \;\rightarrow\; \left[R\!-\!C\overset{\displaystyle O}{\underset{\displaystyle OHR_1}{\big<}}\right]^+ \;\rightarrow\; R\!-\!C\overset{\displaystyle O}{\underset{\displaystyle OR_1}{\big<}} + H^+ \;\text{(rasch).}$$

(Siehe S. 52).

In untergeordnetem Maße kann nach E. D. HUGHES, CH. K. INGOLD und S. MASTERMAN (J. chem. Soc. [London] **1939**, 840) auch die Reaktionsfolge ablaufen:

$$\begin{array}{ll} & ROH_2^+ \;\rightarrow\; R^+ + OH_2 \\ \text{oder} & RSO_4H \;\rightarrow\; R^+ + HSO_4^- \end{array} \Big\} \;\text{langsam}$$

$$R_1COOH + R^+ \;\rightarrow\; R_1COOR + H^+ \quad\text{rasch.}$$

Trotz des zahlreichen Untersuchungsmaterials ist der Reaktionsmechanismus noch keineswegs geklärt. J. W. BAKER und E. ROTHSTEIN heben in ihrer Abhandlung im Handbuch der Katalyse, herausgegeben von G.-M. SCHWAB, Bd. II, S. 185, Wien: Springer 1940, den Befund K. C. BAILEYS (J. chem. Soc. [London] **1928**, 1204, 3256) besonders hervor, daß die Hälfte der unkatalysierten Esterbildung aus Essigsäure und Äthylalkohol durch eine heterogene Reaktion an der Glaswand zustande kommt, und weisen darauf hin, daß in allen bisherigen Untersuchungen unterlassen wurde, den heterogenen Anteil der katalytischen Esterbildung zu studieren.

Aus der umfangreichen Literatur seien noch folgende Arbeiten zitiert: R. WEGSCHEIDER: Mh. Chem. **18**, 629 (1897); **27**, 777 (1906); Österr. Chemiker-Ztg. **4**, 1

Die Säurekatalyse der *Racemisierung von Carbonylverbindungen* wird auch auf die Polarisierung der Doppelbindung durch das Wasserstoffion zurückgeführt[1]. Der induzierende Einfluß des Protons wird durch die Gleichung:

$$R_1-\underset{\underset{R_2 \mid \underline{O}-H}{|}}{\overset{\overset{H}{|}}{C}} \quad \underset{\underset{}{\|}}{C}=\underline{O}\mid \cdots H^+ \quad \rightarrow \quad R_1-\underset{\underset{R_2 \mid \underline{O}-H}{|}}{C} \quad \underset{\underset{}{|}}{C}-\overline{\underline{O}}-H +H^+$$

wiedergegeben. Eine derartige Polarisierung wird durch den „elektrostatischen Feldeffekt" elektronenabstoßender Gruppen R_1 und R_2 erleichtert. H. J. Backer und C. H. K. Mulder[2] reihen für die säurekatalysierte Racemisierung der Verbindungen $AsO_3H_2 \cdot CHR \cdot COOH$ die Gruppen nach ihrem beschleunigenden Einfluß auf die Racemisierung:

$$CH_3 < C_2H_5 < \alpha\text{-}C_3H_7 .$$

Das ist gerade die entgegengesetzte Folge wie bei den Basenkatalysen der Racemisierung[3].

Auch bei vielen anderen organischen Reaktionen wird der Polarisation der Carbonyldoppelbindung eine entscheidende Bedeutung im Reaktionsmechanismus beigelegt, so z. B. bei der *Cyanhydrinbildung* aus Carbonylverbindungen, bei der Cannizzaro-*Reaktion*, der *Benzil-Benzilsäure-Umlagerung*, der Michael-*Reaktion*, der *Aldolkondensation*, der Claisen-*Kondensation*, der Perkin*schen Reaktion* und der Knoevenagel-*Kondensation*[4].

Die in den vorliegenden Kapiteln beschriebenen Einzelreaktionen der Atomgruppen sollen nun speziell an Hand der Säure-Basen-Katalysen der Mutarotation, der Halogenierung der Ketone und der Esterverseifung in ihrer Wechselbeziehung und in ihrem Zusammenwirken zur Darstellung gebracht werden.

(1901). — R. Wegscheider, A. Kailan: Ber. dtsch. chem. Ges. **39**, 1054 (1906). — R. Wegscheider, F. Faltis: Mh. Chem. **33**, 185 (1912). — R. Wegscheider, W. v. Amann: Ebenda **36**, 633 (1915). — H. Goldschmidt, A. Thuesen: Z. physik. Chem. **81**, 30 (1913). — H. Goldschmidt, R. S. Melbye: Ebenda **143**, 139 (1929). — H. Goldschmidt, H. Haaland, R. S. Melbye: Ebenda **143**, 278 (1929). — R. Wegler: Liebigs Ann. Chem. **498**, 62 (1932). — J. Kenner: Nature **130**, 309 (1932). — Vgl. hierzu E. D. Hughes, Ch. K. Ingold, S. Masterman, J. chem. Soc. [London] **1939**, 840. — A. Kailan und Mitarbeiter: Mh. Chem. **60**, 386 (1932); **61**, 116 (1932); **62**, 284 (1933); **63**, 52, 155 (1933); **64**, 191, 213 (1934); **68**, 109 (1936); **69**, 377 (1936); Z. physik. Chem., Abt. A **182**, 397 (1938). — A. C. Rolfe, C. N. Hinshelwood: Trans. Faraday Soc. **30**, 935 (1934). — A. T. Williamson, C. N. Hinshelwood: Ebenda **30**, 1145 (1934). — C. N. Hinshelwood, A. R. Legard: J. chem. Soc. [London] **1935**, 587. — E. W. Timm, C. N. Hinshelwood: Ebenda **1938**, 862. — R. A. Fairclough, C. N. Hinshelwood: Ebenda **1939**, 593. — Shu-Lin P'eng, R. H. Sapiro, R. P. Linstead, D. M. Newitt: Ebenda **1938**, 784. — H. A. Smith: J. Amer. chem. Soc. **61**, 254, 1176 (1939). — H. A. Smith, C. H. Reichardt: Ebenda **63**, 605 (1941). — R. J. Hartmann gemeinsam mit L. B. Storms, A. G. Gassmann: Ebenda **61**, 2167 (1939); **62**, 1559 (1940).

[1] Basenkatalyse der Racemisierung, S. 22. Mechanismus der Racemisierung nach Lowry, S. 43.

[2] Proc. Kon. Akad. Wetensch. Amsterdam **31**, 301 (1928). [3] Siehe S. 23.

[4] Siehe J. W. Baker, E. Rothstein: Handbuch der Katalyse, herausgegeben von G.-M. Schwab, Bd. II. Wien: Springer 1940. — Außerdem siehe hinsichtlich der Aldolkondensation insbesondere K. F. Bonhoeffer, W. D. Walters: Z. physik. Chem., Abt. A **181**, 441 (1938) (vgl. hierzu R. P. Bell: J. chem. Soc. [London] **1937**, 1637) und hinsichtlich der Cannizzaro-Reaktion K. H. Geib: Z. physik. Chem., Abt. A **169**, 41 (1934); Ber. dtsch. chem. Ges. **71**, 2627 (1938). — H. Fredenhagen, K. F. Bonhoeffer: Z. physik. Chem., Abt. A **181**, 379 (1938). — A. Eitel, G. Lock: Mh. Chem. **72**, 392, 410 (1939).

X. Mutarotation der Glucose[1].

Die Umwandlung von α-Glucose in eine Gleichgewichtsmischung von α- und β-Glucose[2]

   OH OH   OH H
    C   C   C   C

α-Glucose $\;\rightleftharpoons\;$ β-Glucose

ist mit folgender Änderung der optischen Drehung verknüpft[3]:

$$\alpha\text{-Glucose } [+\,110{,}4^0] \rightarrow [52{,}2^0] \leftarrow \beta\text{-Glucose } [+\,20{,}2^0].$$

Nach TH. M. LOWRY[4] und E. F. ARMSTRONG[5] erfolgt die Umlagerung im Einklange mit allen bisherigen Erfahrungen[6] in der Weise, daß intermediär der „offene" Aldehyd entsteht, wodurch das durch Ringbildung mit Sauerstoff entstandene asymmetrische Zentrum zwischenzeitlich verschwindet.

Der Übergang der Glucose in den „offenen" Aldehyd ist eine prototrope Reaktion; das Bruttoergebnis dieses Umsatzes ist die Wanderung des Wasserstoffatoms von der Hydroxylgruppe des der Sauerstoffbrücke benachbarten Kohlenstoffatoms zum Brückensauerstoff, wobei die Ringbindung gelöst wird. Nach TH. M. LOWRY[7] erfolgt die prototrope Umlagerung nicht durch Überspringen des Wasserstoffatoms von einer Stelle zur anderen innerhalb der Molekel, sondern durch Loslösung eines Protons aus einem Teil der Molekel mit Hilfe einer im Medium enthaltenen Base, eines Protonnehmers, und durch Anlagerung eines Protons an einen anderen Teil der Molekel mit Hilfe einer Säure, eines Protongebers des betreffenden Systems. Ist das Medium amphoterer Natur, wie beispielsweise Wasser, so vereinigen sich in diesem Stoffe die für die Katalyse notwendigen sauren und basischen Eigenschaften. Amphotere Stoffe sind daher für diese Reaktion vollkommene Katalysatoren. Daß das Medium einen entscheidenden Einfluß auf die Mutarotation hat, erhellt insbesondere aus den experimentellen Ergebnissen von LOWRY und seinen Mitarbeitern RICHARDS[8] und FAULKNER[9]:

1. Pyridin, das sich in trockenem Zustand als inaktiv erweist, gibt mit der zweifachen Menge Wasser vermischt die Höchstgeschwindigkeit der Mutarotation von Tetramethylglucose. Sie ist etwa 20mal so groß wie die Geschwindigkeit in reinem Wasser.

---

[1] Über die Kinetik der Mutarotation siehe S. 3, weiter siehe S. 9.
[2] C. TANRET: Bull. Soc. chim. France (3) **13**, 733 (1895). — B. TOLLENS: Ber. dtsch. chem. Ges. **16**, 922 (1883).
[3] DUBRUNFAUT: C. R. hebd. Séances Acad. Sci. **23**, 38 (1846).
[4] J. chem. Soc. [London] **1903**, 1316.
[5] J. chem. Soc. [London] **1903**, 1305.
[6] N. A. SÖRENSEN: Kong. norske Vidensk. Selsk., Skr., Trondheim **1937**, Nr. 2. — R. KUHN, L. BIRKOFER: Ber. dtsch. chem. Ges. **71**, 1535 (1938). — E. MÜLLER: Neuere Anschauungen der organischen Chemie, S. 48. Berlin: Springer 1940.
[7] J. chem. Soc. [London] **1925**, 1371.
[8] TH. M. LOWRY, E. M. RICHARDS: Ebenda **1925**, 1385.
[9] TH. M. LOWRY, I. J. FAULKNER: Ebenda **1925**, 2883.

2. Kresol hat ebenso wie Pyridin in trockenem Zustand keine nennenswerte katalytische Wirkung.

3. Eine Mischung von etwa zwei Teilen Kresol und einem Teil Pyridin — beide so weit getrocknet, daß sie einzeln inaktiv sind — ist auf die Mutarotation der Tetramethylglucose ungefähr 20 mal wirksamer als Wasser.

Von diesen Erfahrungstatsachen ausgehend, entwirft Lowry[1] eine elektrolytische Theorie der Säure-Basen-Katalyse.

Die Loslösung eines Protons von einer Stelle der Molekel und die Anlagerung eines Protons an einer anderen Stelle der Molekel durch basische und saure Komponenten des Mediums haben die intermediäre Bildung eines Zwitterions zur Folge.

Die Lösung der Bindung zwischen Kohlenstoff und Brückensauerstoff liefert dann diejenigen elektrischen Ladungen, die für die Neutralisierung der Ladungen des Zwitterions und damit zur Bildung des „offenen" Aldehyds erforderlich sind. Ein Strom von Elektronen geht dabei durch die Molekel. Das Reaktionsbild ist demnach eine Elektrolyse der prototropen Molekel zwischen dem positiven und negativen Pol, die durch basische und saure Komponenten des Mediums erzeugt wurden. Nach Lowry[2] erfolgt der Angriff der Base und Säure des Mediums an einer einzelnen Molekel gleichzeitig. Die Säure-Basen-Katalyse wäre in diesem Sinne eine trimolekulare Reaktion. Eingehende kinetische Durchrechnungen — wie sie K. J. Pedersen[3] und A. Skrabal[4] vornahmen — zeigen jedoch, daß die Versuchsergebnisse mit einer auf eine einzelne Molekel hintereinander erfolgende Wirkung von Säure und Base völlig vereinbar sind, daß somit die Säure-Basen-Katalyse in eine Aufeinanderfolge von bimolekularen und monomolekularen Reaktionen aufzulösen ist[5].

Rein chemische Erwägungen über den Substituenteneinfluß auf die durch Säuren katalysierte Mutarotation von stickstoffhaltigen Zuckern führen J. W. Baker[6] in analoger Weise zu der Anschauung, daß ein gleichzeitiger Angriff von Säure und Base auf diese Zucker nicht in Frage kommt. Im Sinne Lowrys wäre der Primärprozeß dieser Säurekatalyse durch eine trimolekulare Reaktion zwischen Substrat, der Säure als Protongeber und dem Wasser als Protonnehmer darzustellen:

[1] J. chem. Soc. [London] **1927**, 2554.   [2] Th. M. Lowry: Ebenda **1927**, 2560.
[3] J. physic. Chem. **38**, 581 (1934).
[4] Z. Elektrochem. angew. physik. Chem. **46**, 146 (1940).
[5] Vgl. auch Ch. K. Ingold, Ch. W. Shoppee, J. F. Thorpe: J. chem. Soc. [London] **1926**, 1477. — Nach Ansicht von J. C. Kendrew und E. A. Moelwyn-Hughes liegt für die Mutarotation in rein wässeriger Lösung ein einfacher monomolekularer Mechanismus vor. J. C. Kendrew, E. A. Moelwyn-Hughes: Proc. Roy. Soc. [London], Ser. A **176**, 352 (1940).
[6] J. chem. Soc. [London] **1928**, 1583, 1979; **1929**, 1205. — J. W. Baker, E. Rothstein: Handbuch der Katalyse, herausgegeben von G.-M. Schwab, Bd. II, S. 58. Wien: Springer 1940.

$$\overline{O} \qquad\qquad H\ Cl^-$$
$$CH_2OH \cdot CH \cdot CHOH \cdot CHOH \cdot CHOH \cdot CH \xrightarrow[H_2O]{HCl} CH_2OH \cdot CH \cdot CHOH \cdot CHOH \cdot CHOH \cdot CH$$
$$H-\underline{N}-R \qquad \underline{N}-R$$
$$\longrightarrow CH_2OH(CHOH)_4 C \langle {}^{H}_{\underline{N}-R}. \qquad H_3O^+$$

Dementsprechend müßte die Mutarotationsgeschwindigkeit um so größer
sein, je leichter das Wasserstoffion aus der Atomgruppe NHR abionisieren kann.
Die Dissoziationskonstante von RCOOH bzw. ROH dient BAKER als Maß für
den Einfluß der Atomgruppe R auf die Abspaltung des Protons. Es ergibt sich
darnach für die Atomgruppen R nachstehende Reihenfolge (von links nach
rechts geordnet nach abnehmender Wirkung auf die Protonabgabe):

$$\cdot C_6H_4Br(Cl)\text{-}p > \cdot C_6H_5 > \cdot C_6H_4(CH_3)\text{-}p > \cdot C_6H_4(OCH_3)\text{-}p.$$

Die Geschwindigkeit der Mutarotation von Tetraacetyl- und Tetramethyl-
glucosidaniliden mit diesen Substituenten steigt hingegen in der Reihenfolge
von links nach rechts an, wird also mit abnehmender Säurestärke der NHR-
Gruppe größer. BAKER schließt daraus, daß für die Geschwindigkeit der Säurekatalyse dieser Mutarotation die basische Eigenschaft der NHR-Gruppe entscheidend ist und nimmt als prototropen Primärvorgang eine indirekte Wirkung
des Säurekatalysators auf die NHR-Gruppe an.

$$\overline{O} \qquad\qquad \overset{(-)}{|O|}$$
$$CH_2OH \cdot CH \cdot CHOH \cdot CHOH \cdot CHOH \cdot CH \to CH_2OH \cdot CH \cdot CHOH \cdot CHOH \cdot CHOH \cdot CH$$
$$H\ |N|^+ \cdots H^+ \qquad H^+ \quad \underset{R}{\underline{N}}=R$$
$$\to CH_2OH(CHOH)_4 CH$$
$$\underline{N}-R.$$

Je basischer die NHR-Gruppe ist, desto näher werden die Wasserstoffionen an
diese Atomgruppe herankommen, um so mehr werden die nichtanteiligen Stick-
stoffelektronen mit den Protonen des Säurekatalysators in Beziehung treten,
um so größer wird dadurch das induzierte positive Feld am Stickstoffatom, um
so leichter wird der an das Stickstoffatom gebundene leicht bewegliche Wasserstoff als Proton abionisieren. Dieses von BAKER entworfene Reaktionsbild zeigt,
daß die Säurekatalyse von Mutarotationen auch ohne Mitwirkung einer Base
als Katalysator denkbar ist, daß der Mechanismus also keineswegs an eine
ternäre Reaktion zwischen Substrat, Säure und Base gebunden sein muß.

Wie S. K. Hsü, CH. K. INGOLD und CH. L. WILSON[1] gezeigt haben, läßt sich
jedoch das kinetische Verhalten mancher Racemisierungsreaktionen nur nach der
LOWRYSCHEN Interpretation verstehen. Die Forscher studierten die prototrope
Umwandlung:

$$\overset{H}{\underset{R_2}{R_1-C-N}}=\overset{}{\underset{R_4}{C-R_3}} \rightleftharpoons \overset{H}{\underset{R_2}{R_1-C}}=N-\underset{R_4}{C-R_3},$$

<hr>

[1] J. chem. Soc. [London] **1935**, 1778. — Siehe auch CH. K. INGOLD, CH. L. WILSON:
Ebenda **1934**, 93.

wobei $\qquad$ $R_1 = R_4 = C_6H_5$, $R_2 = CH_3$, $R_3 = p\text{-}Cl \cdot C_6H_4$
$\qquad\qquad\qquad$ $R_1 = R_3 = R_4 = C_6H_5$, $R_2 = CH_3$
$\qquad\qquad\qquad$ $R_1 = p\text{-}C_6H_5 \cdot C_6H_4$, $R_2 = R_3 = C_6H_5$, $R_4 = H$

und die Racemisierung der optisch-aktiven Ausgangssubstanz

$$A \text{ (optisch aktiv)} \rightarrow A \text{ (Racemat)}.$$

Treten bei der Reaktion:

$$A \text{ (aktiv)} \rightleftharpoons B \text{ (inaktiv)}$$

keine optisch inaktiven Zwischensubstanzen intermediär auf, so ist die Geschwindigkeit der Racemisierung von A gleich der Geschwindigkeit der prototropen Umwandlung:

$$A \text{ (optisch aktiv)} \rightarrow B \text{ (inaktiv)} \rightarrow A \text{ (Racemat)}.$$

Bilden sich hingegen beim Umsatz von A zu B optisch inaktive Zwischensubstanzen (Z), so ist die Racemisierungsgeschwindigkeit von A größer als die der prototropen Umwandlung

$$A \text{ (optisch aktiv)} \rightarrow B \rightarrow A \text{ (Racemat)},$$

da auch Racemisierung durch die Reaktionsfolge

$$A \text{ (optisch aktiv)} \rightarrow Z \rightarrow A \text{ (Racemat)}$$

eintritt. Bei vorliegenden Reaktionen ist die Racemisierungsgeschwindigkeit gleich der Geschwindigkeit, die sich aus der prototropen Umwandlung ergibt, daher kann kein optisch inaktives Zwischenprodukt in Erscheinung treten.

Bei der bimolekularen Reaktion zwischen Substrat und dem Katalysator Natriumäthylat

$$
\underset{\substack{| \\ R_2}}{\overset{\substack{H \\ |}}{R_1{-}C}}{-}\overline{N}{=}\underset{\substack{| \\ R_4}}{C}{-}R_3 + (OC_2H_5)^- \;\longrightarrow\; \left[\; \underset{\substack{| \\ R_2}}{R_1{-}\overset{(-)}{\overline{C}}}{-}\overline{N}{=}\underset{\substack{| \\ R_4}}{C}{-}R_3 \;\longleftrightarrow\; \underset{\substack{| \\ R_2}}{R_1{-}C}{=}\overline{N}{-}\underset{\substack{| \\ R_4}}{\overset{(-)}{\overline{C}}}{-}R_3 \;\right] + C_2H_5OH .
$$

würde nach obiger Mesomerie das symmetrisch gebaute, optisch inaktive Ion

$$
\underset{\substack{\vdots \\ R_2}}{R_1{-}C}\overgroup{}\overline{N}\quad\underset{\substack{\vdots \\ R_4}}{C}{-}R_3
$$

zwischenzeitlich entstehen im Gegensatz zu den Versuchsergebnissen.

Bei der trimolekularen Säure-Basen-Katalyse nach LOWRY:

$$
\begin{array}{ccc}
|\,\overline{O}{-}C_2H_5 & |\,\overset{|}{\overline{O}}{-}C_2H_5 & \qquad H{-}\overline{O}{-}C_2H_5 \;\; |\,\overline{O}{-}C_2H_5 \\[4pt]
H & H & \qquad\qquad\qquad\qquad H \\[4pt]
\underset{\substack{\vdots \\ R_2}}{R_1{-}C}\;\overline{N} & \underset{\substack{\vdots \\ R_4}}{C}{-}R_3 & \rightarrow \quad \underset{\substack{\vdots \\ R_2}}{R_1{-}C}\;\;\overline{N} \quad \underset{\substack{| \\ R_4}}{C}{-}R_3
\end{array}
$$

tritt im Einklange mit den Versuchsresultaten kein optisch inaktives Zwischenion auf. Daher wird für diese Racemisierungsreaktionen der LOWRYsche Mechanismus als der zutreffende angesehen. Es zeigt sich also, daß sich LOWRYS Theorie der Säure-Basen-Katalyse, wenn auch in eingeschränkterem Geltungsbereiche, doch bewährt.

Vor Aufdeckung der allgemeinen Säure-Basen-Katalyse, bei der auch unionisierte Substrate in Reaktion treten, war die Mutarotation der Glucose Gegenstand vieler Untersuchungen EULERs[1] vom Gesichtspunkte seiner Theorie der „reaktionsvermittelnden Ionen"[2]. Dieser Hypothese liegt die Anschauung zugrunde, daß Ionen viel rascher als Neutralstoffe reagieren, eine Ansicht, die in vielen Fällen unzutreffend ist[3]. Nach EULER reagieren Nichtelektrolyte wie Glucose nur in Form ihrer Ionen — der reaktionsvermittelnden Ionen — die im Gleichgewicht mit der unionisierten Molekel stehen:

$$GH + H_2O \rightleftharpoons GH_2^+ + OH^-$$
$$GH + H_2O \rightleftharpoons G^- + H_3O^+.$$

Die katalytische Wirkung des Wasserstoffions wird auf die Vermehrung des „reaktionsvermittelnden" Ions GH_2^+ infolge der Gleichgewichtsverschiebung durch den Umsatz des Wasserstoffions mit dem Hydroxylion zu Wasser zurückgeführt. In analoger Weise wird die katalytische Wirkung des Hydroxylions mit der Erhöhung der Konzentration von G^- erklärt.

MOELWYN-HUGHES, BONHOEFFER und PACSU[4] haben nun gezeigt, daß die katalytische Wirkung des Deuteriumions D_3O^+ auf die Mutarotation der Glucose kleiner als die des Hydroxoniumions ist. Auf Grund dieses Befundes kommen BONHOEFFER und REITZ[5] zu dem Schlusse, daß die zeitbestimmende Reaktion bei der Säurekatalyse der Mutarotation die Anlagerung des Protons an die Glucose ist, daß also keine vorgelagerten Gleichgewichte entsprechend der EULERschen Hypothese bestehen[6]. Das Reaktionsschema EULERs ist eben „nur ein kleiner Ausschnitt aus der Mannigfaltigkeit der Simultanvorgänge" (A. SKRABAL)[7]; eine allgemeine Bedeutung für die Säure-Basen-Katalyse kommt diesem Reaktionsbilde nicht zu[7, 8].

XI. Halogenierung von Ketonen.

DAWSON und seine Mitarbeiter[9] untersuchten eingehend die Halogenierung des Acetons, die sich als eine allgemeine Säure-Basen-Katalyse entpuppte. Als besondere Eigentümlichkeit dieser Säure-Basen-Katalyse ist hervorzuheben, daß die Reaktionsgeschwindigkeit unabhängig von der Konzentration des Broms

---

[1] H. v. EULER, A. HEDELIUS: Biochem. Z. **107**, 150 (1920). — H. v. EULER, K. MYRBÄCK, E. RUDBERG: Ark. Kem., Mineral. Geol. **8**, 1 (1923). — H. v. EULER, A. ÖLANDER, E. RUDBERG: Z. anorg. allg. Chem. **146**, 45 (1925). — H. v. EULER, A. ÖLANDER: Ebenda **152**, 113 (1926); Z. Elektrochem. angew. physik. Chem. **33**, 527 (1927).

[2] Siehe z. B. H. v. EULER: Trans. Faraday Soc. **24**, 651 (1928). — H. v. EULER, A. ÖLANDER: Z. physik. Chem. **131**, 107 (1928); dort auch die übrige Literatur.

[3] Siehe z. B. H. SCHMID, G. MUHR: Ber. dtsch. chem. Ges. **70**, 421 (1937). — H. SCHMID: Z. Elektrochem. angew. physik. Chem. **43**, 626 (1937).

[4] E. A. MOELWYN-HUGHES: Z. physik. Chem., Abt. B **26**, 272 (1934). — E. A. MOELWYN-HUGHES, R. KLAR, K. F. BONHOEFFER: Ebenda Abt. A **169**, 113 (1934). — K. F. BONHOEFFER: Z. Elektrochem. angew. physik. Chem. **40**, 472 (1934). — E. PACSU: J. Amer. chem. Soc. **55**, 5056 (1933); **56**, 745 (1934). — Siehe auch W. F. K. WYNNE-JONES: J. chem. Physics **2**, 381 (1934); Chem. Reviews **17**, 115 (1935). — W. H. HAMILL, V. K. LA MER: J. chem. Physics **2**, 891 (1934); **4**, 144, 395 (1936).

[5] Z. physik. Chem., Abt. A **179**, 135 (1937).

[6] Vgl. S. 47 und 54.

[7] A. SKRABAL: Z. Elektrochem. angew. physik. Chem. **33**, 322 (1927).

[8] J. N. BRÖNSTED: Festskrift udg. af Københavns Univ. 1926.

[9] H. M. DAWSON und Mitarbeiter (F. POWIS, TH. W. CRANN, C. K. REIMAN, J. S. CARTER, N. C. DEAN, CH. R. HOSKINS, A. KEY, G. V. HALL, J. E. SMITH): J. chem. Soc. [London] **1913**, 2135; **1915**, 1426; **1916**, 1262; **1926**, 2282, 2872, 3166; **1927**, 213, 756, 1146; **1928**, 543, 1239, 1248, 2844; **1929**, 1884.

und Jods ist[1] und daß sie für Brom und Jod gleich ist. Daraus läßt sich die Folgerung ziehen, daß das Halogen an einer Zwischenreaktion beteiligt ist, die der zeitbestimmenden Reaktion nachgelagert ist. Dieser aus der Kinetik gewonnenen Erkenntnis muß jede Vorstellung über den Mechanismus dieser Reaktion Rechnung tragen. Zur Erklärung des Reaktionsverlaufes werden im wesentlichen zwei verschiedene Theorien herangezogen, die mit allen bisherigen Erfahrungen im Einklange stehen. Die eine Theorie geht auf A. Lapworth und A. C. O. Hann[2] zurück. In ihrem Sinne erfolgt die Katalyse durch Säuren und durch Basen über zwei ganz verschiedene Wege, während H. B. Watson[3] ein Reaktionsbild mit gemeinsamem Reaktionsweg für Säuren- und Basenkatalysen entwirft.

Nach der ersten Anschauung besteht die Katalyse durch Basen primär in dem Übertritt des beweglichen Protons von der Molekel zur Base, zum Protonnehmer.

$$\mathrm{B} + \mathrm{H}-\overset{|}{\underset{|}{\mathrm{C}}}-\overset{\|}{\underset{\mathrm{O}}{\mathrm{C}}}- \;\rightarrow\; \mathrm{BH^+} + \overset{(-)}{|}\,\overset{|}{\underset{|}{\mathrm{C}}}-\overset{\|}{\underset{\mathrm{O}}{\mathrm{C}}}-$$

Ketonion.

Auf diese zeitbestimmende Reaktion folgt dann der Umsatz mit dem Halogen:

$$\overset{(-)}{|}\,\overset{|}{\underset{|}{\mathrm{C}}}-\overset{\|}{\underset{\mathrm{O}}{\mathrm{C}}}- \;\rightarrow\; \mathrm{Br}\!\leftarrow\!\overset{|}{\underset{|}{\mathrm{C}}}-\overset{\|}{\underset{\mathrm{O}}{\mathrm{C}}}- + \mathrm{Br^-}\;[4]$$

Br—Br
δ+   δ−

Für die Säurekatalyse wird die Polarisiertheit der Carbonylgruppe als maßgeblicher Faktor angesehen.

$$\overset{|}{\underset{|}{\mathrm{C}}}\!=\!\mathrm{O} \;\leftrightarrow\; \overset{(+)}{\underset{|}{\mathrm{C}}}\!-\!\overline{\mathrm{O}}|^{(-)}$$

Die Wasserstoffionkatalyse der Bromierung von Ketonen kommt dementsprechend durch nachstehende Primärreaktion:

$$^{(+)}\mathrm{C}\!\!-\!\!\mathrm{O}^{(-)} + \mathrm{H_3O^+} \;\rightarrow\; \left[\overset{|}{\underset{|}{\mathrm{C}}}-\mathrm{O}-\mathrm{H}\right]^{+} + \mathrm{H_2O}$$

Carbeniumkation

---

[1] A. Lapworth: J. chem. Soc. [London] **1904**, 30. — Bei der Chlorierung herrscht hingegen ein anderes Zeitgesetz: P. D. Bartlett: J. Amer. chem. Soc. **56**, 967 (1934). — Auch für nichtwässerige Lösungsmittel: W. H. Cathcart, R. H. Treadway, H. T. Briscoe: Proc. Indiana Acad. Sci. **48**, 92 (1939).

[2] J. chem. Soc. [London] **81**, 1512 (1902).

[3] Modern Theories of Organic Chemistry, S. 110, 129. Oxford 1937. — H. B. Watson, W. S. Nathan, L. L. Laurie: J. chem. Physics **3**, 170 (1935).

[4] Beim Chemismus der Enolisierung tritt an die Stelle der Bromreaktion die Reaktionenfolge:

$$\overset{(-)}{\underset{\mathrm{O}}{\mathrm{C}}}\;\mathrm{C}- \;\rightarrow\; \overset{|}{\underset{\mathrm{O}}{\mathrm{C}}}\!=\!\mathrm{C}- \;\;\overset{+\,\mathrm{H^+}}{\longrightarrow}\; \overset{|}{\underset{\mathrm{O-H}}{\mathrm{C}}}\!=\!\mathrm{C}-$$

Enolidion.

zustande. Im Sinne BONHOEFFERS und REITZS[1] stehen das Keton, Hydroxoniumion und der Ketonprotonkomplex miteinander im Gleichgewicht:

$$\begin{array}{c} H \\ | \\ -C- \\ | \\ {}^{(\delta+)}C-O_{(\delta-)} \\ | \end{array} \;+\; H_3O^+ \;\leftrightharpoons\; \left[\begin{array}{c} H \\ | \\ -C- \\ | \\ C-O-H \\ | \end{array}\right]^{+} \;+\; H_2O\,.$$

Die zeitbestimmende Reaktion ist die Protonenabgabe dieses Komplexes an die
Base B^- unter Bildung eines Zwitterions:

$$\left[\begin{array}{c} H \\ | \\ -C- \\ | \\ C-O-H \\ | \end{array}\right]^{+} \;+\; B^- \;\rightarrow\; \begin{array}{c} {}^{(-)} \\ -C- \\ | \\ {}^{(+)}C-O-H \\ | \end{array} \;+\; HB\,.$$

Auf diese Reaktionsstufe folgt dann sehr rasch die Bromierung:

$$\begin{array}{c} {}^{(-)} \\ -C- \\ | \\ {}^{(+)}C-O-H \\ | \end{array} \;+\; \begin{array}{c} Br^{(\delta+)} \\ | \\ Br^{(\delta-)} \end{array} \;\rightarrow\; \begin{array}{c} Br \\ \uparrow \\ -C- \\ | \\ C=O \\ | \end{array} \;+\; H\leftarrow Br\,. \;^{2}$$

Unter Berücksichtigung der Gleichgewichte:

$$K_1 = \frac{[H_3O^+][B^-]}{[HB]}$$

und

$$K_2 = \frac{[\text{Ketonprotonkomplex}]}{[\text{Keton}]\,[H_3O^+]}$$

errechnet sich die Geschwindigkeit der Bromierung des Ketons:

$$v = k'\,[\text{Ketonprotonkomplex}]\,[B^-]$$

zu

$$v = k'\,K_2\,[\text{Keton}]\,[H_3O^+]\,[B^-]$$
$$= k'\,K_1\,K_2\,[\text{Keton}]\,[HB] = k\,[\text{Keton}]\,[HB]\,.$$

Die Geschwindigkeitsgleichung ist die der allgemeinen Säurekatalyse.

Die Bromierung erfolgt in D_2O mit D_3O^+-Ionen doppelt so rasch als in Wasser
mit H_3O^+-Ionen. Für diese Beschleunigung in schwerem Wasser wird die größere
Gleichgewichtskonzentration des Ketondeutonkomplexes verantwortlich gemacht. Der Befund erhöhter katalytischer Wirksamkeit der Deutonen ist es,
der zur obigen Annahme des vorgelagerten Gleichgewichts:

$$\text{Keton} + \text{Hydroxoniumion} \leftrightharpoons \text{Ketonprotonkomplex} + \text{Wasser}$$

führte.

---

[1] K. F. BONHOEFFER: Z. Elektrochem. angew. physik. Chem. **40**, 469 (1934). —
K. F. BONHOEFFER, O. REITZ: Z. physik. Chem., Abt. A **179**, 135 (1937). — O. REITZ:
Ebenda **179**, 119 (1937). — O. REITZ, J. KOPP: Ebenda **184**, 429 (1939).

[2] Im Mechanismus der Enolisierung tritt an Stelle der letzten Teilreaktion mit
Brom die elektromere Umlagerung:

$$\begin{array}{c} {}^{(-)} \\ -C- \\ | \\ {}^{(+)}C-O-H \\ | \end{array} \;\rightarrow\; \begin{array}{c} -C- \\ \| \\ C-O-H \\ | \end{array}\,.$$

Die übrigen Teilreaktionen sind mit denen der Halogenierung identisch.

Nach der aus dem Reaktionsmechanismus abgeleiteten Geschwindigkeitsgleichung

$$v = k' K_1 K_2 \,[\text{Keton}]\,[\text{HB}] = k\,[\text{Keton}]\,[\text{HB}]$$

ist der Katalysekoeffizient k das Produkt aus einem wirklichen Geschwindigkeitskoeffizienten k' und zwei Gleichgewichtskonstanten K_1 und K_2; der Geschwindigkeitskoeffizient ist demnach komplexer Natur. Nur für einen wirklichen Geschwindigkeitskoeffizienten kann aus dessen Abhängigkeit von der Temperatur nach der Arrheniusschen Beziehung:

$$\ln k = -\frac{A}{T} + B$$

die Aktivierungswärme der Reaktion:

$$q_a = R \cdot A \quad [1]$$

und die Aktionskonstante k_a

$$\ln k_a = B$$

berechnet werden[2]. Ist — wie bei vorliegendem Reaktionsmechanismus — der Geschwindigkeitskoeffizient komplex, dann kann aus der Arrheniusschen Beziehung keine direkte Aussage über Aktivierungsenergie und Aktionskonstante gemacht werden[3]. Es können dann lediglich die Konstanten der Arrheniusschen Gleichung ermittelt werden. Die mit der Gaskonstante multiplizierte Arrheniussche Konstante A ist in diesem Falle nur die „scheinbare" Aktivierungsenergie[4].

Nach H. B. Watson[5] ist auch die Basenkatalyse auf die Polarisiertheit der Carbonylgruppe zurückzuführen:

$$
\begin{array}{c}
\text{H} \\
| \\
-\text{C}- \\
| \\
(\delta+)\text{C}\!-\!\underline{\text{O}}\,|\,(\delta-)
\end{array}
\;+\; \text{B}^- \;\rightarrow\;
\left[
\begin{array}{c}
\text{H} \\
| \\
-\text{C}- \\
| \\
\text{B}\!-\!\text{C}\!-\!\overline{\text{O}}\,|
\end{array}
\right]^-
\;\rightarrow\;
\left[
\begin{array}{c}
-\text{C}- \\
\| \\
\text{C}\!-\!\overline{\text{O}}\,|
\end{array}
\right]^-
+\; \text{HB}
$$

Enolidion

$$
\left[
\begin{array}{c}
-\text{C}- \\
| \\
\text{C}\!-\!\overline{\text{O}}\,|
\end{array}
\right]^-
\;+\;
\begin{array}{c}
\text{Br}(\delta+) \\
| \\
\text{Br}(\delta-)
\end{array}
\;\rightarrow\;
\begin{array}{c}
-\text{C}\!\rightarrow\!\text{Br} \\[2pt]
\text{C}=\text{O}
\end{array}
\;+\; \text{Br}^-.
$$

Die katalytische Wirksamkeit der Basen bei der Halogenierung der Ketone ist im Einklange mit allen prototropen Umwandlungen erheblich stärker als die der entsprechenden Säuren. Der basische Katalysator beschleunigt die Reaktion um so mehr, je größer seine Protonenaffinität ist[6]. Die Katalysatorsäure wirkt um so energischer, je stärker sie ist. So fanden beispielsweise

---

[1] R Gaskonstante.

[2] Siehe A. Skrabal, R. Skrabal: Z. physik. Chem., Abt. A **181**, 449 (1938).

[3] Siehe H. Schmid: Handbuch der Katalyse, herausgegeben von G.-M. Schwab, Bd. II, S. 12. Wien: Springer 1940.

[4] W. S. Nathan, H. B. Watson: J. chem. Soc. [London] **1933**, 217. — G. F. Smith: Ebenda **1934**, 1744. — D. P. Evans, V. G. Morgan, H. B. Watson: Ebenda **1935**, 1167. — Ch. K. Ingold, W. S. Nathan: Ebenda **1936**, 222. — D. P. Evans: Ebenda **1936**, 785. — H. B. Watson: Trans. Faraday Soc. **34**, 165 (1938). — D. P. Evans, J. Gordon: J. chem. Soc. [London] **1938**, 1434. — R. P. Bell, J. K. Thomas: Ebenda **1939**, 1573.

[5] Modern Theories of Organic Chemistry, S. 110, 129f. Oxford 1937.

[6] R. P. Bell, O. M. Lidwell: Proc. Roy. Soc. [London], Ser. A **176**, 88 (1904).

H. M. Dawson und J. St. Carter[1] für die Jodierung des Acetons folgende Katalysekoeffizienten bei 25^0 C:

$$H_3O^+ \quad CH_3COOH \quad CH_3COO^- \quad OH^-$$
$$k \cdot 10^6 \ldots \ldots \ 442 \qquad 1{,}5 \qquad 4{,}5 \qquad 10^7$$

Wird an Stelle von Wasserstoff ein elektronenanziehender Substituent — beispielsweise Bromatom — in die Verbindung eingeführt, so wird zufolge der elektrostatischen Induktion ein Elektronenzug auf die benachbarten Atome ausgeübt[2].

$$Br \blacktriangleright \overset{\displaystyle H}{\underset{\displaystyle H}{C}} - C = O \, .$$

Der induktive Effekt wird positiv $(+I)$ bezeichnet, wenn die Elektronendichte in der Molekelgruppe ansteigt, negativ $(-I)$, wenn sie absinkt. Der induktive Effekt des Bromatoms auf die Gruppe

$$-\overset{\displaystyle H}{\underset{\displaystyle H}{C}} - C = O$$

ist daher negativ. Durch den negativen induktiven Effekt des Bromatoms ionisiert der Wasserstoff leichter ab und wird ein Anion näher an die Stelle des beweglichen Wasserstoffatoms herangebracht:

$$Br \blacktriangleright \overset{\displaystyle H \quad A^-}{\underset{\displaystyle H}{C}} - C = O \, .$$

Nach dem zuerst erläuterten Reaktionsbild der Basenkatalyse muß daher durch Einführung des Bromatoms die Geschwindigkeit der Basenkatalyse erhöht werden. Wie nachstehendes Reaktionsschema zeigt, führt auch der Chemismus nach Watson zu derselben Folgerung:

$$\begin{array}{c} Br \\ \blacktriangledown \\ -C \blacktriangleright H \\ \blacktriangledown \\ -C - \overline{O} \, | \\ \blacktriangle \\ A^- \end{array}$$

In der Tat ergeben die Untersuchungen V. G. Morgans und H. B. Watsons[3] über die Acetationkatalyse der Bromierung von p-substituierten Acetophenonen einen Anstieg der Reaktionsgeschwindigkeit in der Richtung:

unsubstituiertes Acetophenon $<$ p-Halogen— $<$ p-NO$_2$—.

Die von K. J. Pedersen[4] durchgeführte Kinetik der durch Anionen katalysierten *Bromierung von Äthylacetoacetat und Äthylmonobromacetoacetat* liefert weitere Belege für obige Schlußfolgerung.

Bei den Säurekatalysen hingegen ist die Wirkung der Substituenten auf die Reaktionsgeschwindigkeit nicht eindeutig. Je größer die Polarisation der Carbonylgruppe

$$C = O$$

---

[1] J. chem. Soc. [London] **1926**, 2282. [2] Siehe S. 16.
[3] J. chem. Soc. [London] **1935**, 1173. [4] J. physic. Chem. **37**, 751 (1933).

ist, um so schneller tritt das Wasserstoffion in Wechselwirkung mit der Carbonylgruppe. Elektronenabstoßende Substituenten erhöhen die Polarisiertheit der Carbonylgruppe und damit die Reaktionsfähigkeit des Carbonyls mit der Säure; andererseits erschweren sie die darauffolgende Loslösung des beweglichen Protons.

$$R-\overset{\displaystyle H}{\underset{|}{C}}-\underset{|}{C} = O \cdots H^+.$$

Ob die Gesamtreaktion der Säurekatalyse durch Einführung derartiger Substituenten beschleunigt oder verzögert wird, hängt davon ab, was für eine der Teilreaktionen ausschlaggebend ist. Bei parasubstituierten Acetophenonen[1] steigt die Geschwindigkeit der Bromierung in der Richtung:

$$NO_2 < Cl < Br < J < H < CH_3. \quad [2]$$

Bei diesen Reaktionen ist für die Geschwindigkeit die Polarisierung der Carbonylgruppe maßgeblich. Tritt dagegen die Methylgruppe direkt an das Kohlenstoffatom mit dem beweglichen Wasserstoffatom, so sinkt die Reaktionsgeschwindigkeit.

$$(CH_3)_2CO > (CH_3{\blacktriangleleft}CH_2)_2CO > (CH_3{\blacktriangleleft}CH_2{\blacktriangleleft}CH_2)_2CO.$$

In diesem Falle ist die Abspaltung des beweglichen Protons für die Reaktionsgeschwindigkeit maßgeblich.

Analog der Bromierung und Jodierung des Acetons verläuft die *Bromierung der Malonsäure*[3], die *Bromierung der Brenztraubensäure und Lävulinsäure* und *substituierter Acetone und Acetophenone*[4] und die *Bromierung des Acethylessigsäureäthylesters*[5].

XII. Esterhydrolyse.

Die Esterhydrolyse wird durch Hydroxoniumion und Hydroxylion katalysiert. Die Verseifung des Esters durch starke Laugen erfolgt zwar unter Verbrauch des Hydroxylions:

$$CH_3COOC_2H_5 + OH^- \rightarrow CH_3COO^- + C_2H_5OH;$$

da aber beispielsweise in Natriumacetatlösungen der Ester ohne Veränderung der Hydroxylionkonzentration verseift wird:

$$CH_3COOC_2H_5 + H_2O = CH_3COOH + C_2H_5OH$$

und die Geschwindigkeit der Hydroxylionkonzentration proportional ist, kann die Esterhydrolyse als eine durch Hydroxylion beschleunigte Reaktion angesehen werden. Die Verseifung durch Laugen geht unter Verbrauch des Katalysators vor sich, nachdem auf die durch OH^--Ion katalysierte Esterhydrolyse noch die Neutralisation der entstandenen Säure durch die Lauge folgt[6].

$$\begin{aligned} CH_3COOC_2H_5 + H_2O &= CH_3COOH + C_2H_5OH \\ CH_3COOH + OH^- &= CH_3COO^- + H_2O \\ \hline CH_3COOC_2H_5 + OH^- &= CH_3COO^- + C_2H_5OH. \end{aligned}$$

[1] W. S. Nathan, H. B. Watson: J. chem. Soc. [London] **1933**, 217.
[2] Entgegengesetzte Reihenfolge als bei der Basenkatalyse.
[3] R. W. West: J. chem. Soc. [London] **1924**, 1277.
[4] E. D. Hughes, H. B. Watson: J. chem. Soc. [London] **1929**, 1945.
[5] K. J. Pedersen: Den almindelige Syre-og-Basekatalyse. Copenhagen 1932; J. chem. Physics. **37**, 751 (1933); **38**, 601 (1934).
[6] A. Skrabal: Z. Elektrochem. angew. physik. Chem. **33**, 324 (1927).

1. Reaktionsmechanismus.

Die Estermolekel besitzt grundsätzlich zwei Bindungen, an welchen die Aufspaltung durch Hydrolyse erfolgen kann:

$$\text{I.} \quad \begin{matrix} R_1\text{---}C\text{---}O \ | \ R_2 \\ \| \\ O \quad H \ | \ O\text{---}H \end{matrix} \quad \rightarrow \quad \begin{matrix} R_1\text{---}C\text{---}O\text{---}H \\ \| \\ O \end{matrix} \ + \ R_2\text{---}O\text{---}H\,,$$

$$\text{II.} \quad \begin{matrix} R_1\text{---}C \ | \ O\text{---}R_2 \\ \\ O \\ \\ H\text{---}O \ | \ H \end{matrix} \quad \rightarrow \quad \begin{matrix} R_1\text{---}C\text{---}O\text{---}H \\ \| \\ O \end{matrix} \ + \ R_2\text{---}O\text{---}H\,.$$

Wie die Spaltung der Bindung jeweils erfolgt, kann durch verschiedene Methoden entschieden werden. B. Holmberg[1] bediente sich einer stereochemischen Methode. Er knüpft an die Erfahrungstatsache an, daß WALDENsche Umkehrung ohne Substitution am Asymmetriezentrum nie gefunden wurde. Unter der Voraussetzung, daß auch die Umkehrung des Erfahrungssatzes gilt, daß also jede Substitution am Asymmetriezentrum WALDENsche Umkehrung bedingt, schloß Holmberg[2] aus dem Ausbleiben der WALDENschen Umkehrung und der Racemisierung bei alkalischer und saurer Verseifung der l-Acetylapfelsäure auf Loslösung des Alkoxylradikals, also auf Reaktion im Sinne des Schemas II.

$$H_3C\text{---}C \underset{\underset{O}{\|}}{} \ O\text{---}\underset{\underset{\underset{\underset{COOH}{|}}{CH_2}}{|}}{\overset{\overset{COOH}{|}}{C}}\text{---}H \ + \ H_2O \ \rightarrow \ \underset{\underset{\underset{COOH}{|}}{CH_2}}{\overset{\overset{COOH}{|}}{CHOH}} \ + \ CH_3COOH\,.$$

Wie B. Holmberg[3] später hervorhob, läßt sich die Gültigkeit der dieser Methode zugrunde liegenden Voraussetzung anzweifeln. Wir verfügen aber noch über weitere voneinander unabhängige Methoden, die zu dem gleichen Ergebnisse führten. Nach C. Prévost[4] erfolgt Allylumlagerung

$$R\text{---}CH{=}CH\text{---}CH_2OH \ \rightarrow \ R\text{---}CHOH\text{---}CH{=}CH_2,$$

wenn Hydroxyl abgespalten wird. Bei der alkalischen[5] Verseifung der Ester dieser Alkohole ist eine derartige Umlagerung nicht zu beobachten, so daß wir auch durch dieses Verfahren zu dem Schlusse kommen, daß bei der katalytischen Esterverseifung die Alkyl-Sauerstoff-Bindung praktisch nicht gelöst wird.

Die Untersuchung der Esterverseifung mit an *schwerem Sauerstoff* angereichertem Wasser kann zur Auffindung der Spaltungsstelle ebenfalls herangezogen werden. M. Polanyi und A. L. Szabo[6] studierten die alkalische Ver-

---

[1] Ber. dtsch. chem. Ges. **45**, 2997 (1912). — Vgl. W. Hückel: Theoretische Grundlagen der organischen Chemie Bd. 1, S. 386. Leipzig: Akad. Verlagsges. 1940.

[2] J. prakt. Chem. (2) **87**, 456 (1913); (2) **88**, 553 (1913). — R. Kuhn, F. Ebel: Ber. dtsch. chem. Ges. **58**, 924 (1925).

[3] Ber. dtsch. chem. Ges. **60**, 2185 (1927).

[4] C. R. hebd. Séances Acad. Sci. **185**, 1283 (1927).

[5] Wie Ch. K. Ingold zeigte, trifft dies auch für die saure Verseifung zu. — Siehe F. Adickes: Chemiker-Ztg. **61**, 167 (1937).

[6] Trans. Faraday Soc. **30**, 508 (1934). — Vgl. J. Horiuti, M. Polanyi: Acta physicochim. USSR. **2**, 505 (1935). — Siehe auch I. Roberts, H. C. Urey: J. Amer. chem. Soc. **60**, 2391 (1938). — J. B. M. Herbert, E. Blumenthal: Nature [London] **144**, 248 (1939).

4*

seifung von Amylacetat in Sauerstoffisotop -O^{18}-haltigem Wasser. Nach Reaktion I:

$$R_1\!-\!C\!-\!O \mathbin{\vdots} R_2 \qquad R_1\!-\!C\!-\!O\!-\!H$$
$$\underset{O}{\overset{\|}{}} \quad H \mathbin{\vdots} O^{18}\!-\!H \;\to\; \underset{O}{\overset{\|}{}} + R_2\!-\!O^{18}\!-\!H$$

müßte der Amylalkohol den isotopen Sauerstoff enthalten. Nach Reaktion II:

$$R_1\!-\!C \mathbin{\vdots} O\!-\!R_2 \qquad R_1\!-\!C\!-\!O^{18}\!-\!H$$
$$\overset{\|}{O} \qquad\qquad \overset{\|}{O} + R_2\!-\!O\!-\!H$$
$$H\!-\!O^{18} \mathbin{\vdots} H$$

entsteht hingegen gewöhnlicher Amylalkohol, so wie es den Versuchsergebnissen entspricht.

Diese Methoden führen demnach zu dem gleichen Resultat, nämlich, daß bei den katalytischen Esterverseifungen die Acyl-Sauerstoff-Bindung und nicht die Alkyl-Sauerstoff-Bindung gelöst wird[1].

Auf Grund dieser Erfahrungen entwerfen S. C. Datta, J. N. E. Day und Ch. K. Ingold[2] folgenden Reaktionsmechanismus für die alkalische und saure Hydrolyse der Ester.

Alkalische Hydrolyse:

$$R\!-\!\underset{O}{\overset{\|}{C}}\!-\!OR_1 + OH^- \;\rightleftharpoons\; \left[\, R\!-\!\underset{OR_1}{\overset{\overline{O}}{C}}\!-\!OH \,\right]^-$$

$$\left[\, R\!-\!\underset{OR_1}{\overset{\overline{O}}{C}}\!-\!OH \,\right]^- \;\to\; R\!-\!\underset{O}{\overset{\|}{C}}\!-\!OH + OR_1^- \quad \text{langsam}$$

$$OR_1^- + H_2O \;\to\; HOR_1 + OH^- \qquad \text{rasch.}$$

Saure Hydrolyse:

$$R\!-\!\underset{O}{\overset{\|}{C}}\!-\!OR_1 + H^+ \;\rightleftharpoons\; \left[\, R\!-\!\underset{O}{\overset{\|}{C}}\!-\!OR_1H \,\right]^+$$

$$\left[\, R\!-\!\underset{O}{\overset{\|}{C}}\!-\!OR_1H \,\right]^+ \;\to\; [R\!-\!C\!=\!O]^+ + R_1OH \quad \text{langsam}$$

$$[R\!-\!C\!=\!O]^+ + H_2O \;\to\; \left[\, R\!-\!\underset{O}{\overset{\|}{C}}\!-\!OH_2 \,\right]^+ \;\rightleftharpoons\; R\!-\!\underset{O}{\overset{\|}{C}}\!-\!OH + H^+ \quad \text{rasch}[3].$$

Entsprechend den Ergebnissen der Esterhydrolyse in Wasser mit schwerem Sauerstoff kann der Mechanismus von E. D. Hughes, Ch. K. Ingold und

---

[1] Nach den Untersuchungen von Kenyon und Phillips wird bei der Spaltung der Sulfonsäureester hingegen die Alkyl-Sauerstoff-Bindung gelöst. J. Kenyon, H. Phillips, H. G. Turley: J. chem. Soc. [London] **1925**, 399. — H. Phillips: Ebenda **1925**, 2565. — G. A. C. Gough, H. Hunter, J. Kenyon: Ebenda **1926**, 2052.

[2] J. chem. Soc. [London] **1939**, 838.

[3] Die Umkehrung dieses Mechanismus' führt zu dem auf S. 39 dargestellten Reaktionsbild der säurekatalysierten Veresterung.

S. Masterman[1] in neutraler Lösung für gewöhnliche Ester[2] nur in untergeordnetem Maße auftreten.

$$RCOO | R_1 + OH_2 | \rightarrow RCOO^- + R_1OH_2^+,$$
$$R_1OH_2^+ \rightarrow R_1OH + H^+.$$

Ebenso wie der Chemismus von Datta, Day und Ingold steht auch der Lowrysche[3] Mechanismus mit den Untersuchungen über die Aufspaltung der Estermolekel im Einklange. Nach Lowry erfolgt der Chemismus der Säurekatalyse in der Weise, daß Wasserstoffion und Wasser die Estermolekel gleichzeitig angreifen:

der der Basenkatalyse dementsprechend nach folgendem Schema:

Bei der Säurekatalyse lagert sich das Wasserstoffion der Säure an den Sauerstoff der Alkoxylgruppe unter Bildung einer Oxoniumverbindung an und das aus dem Wasser gelieferte Hydroxylion vereinigt sich mit dem positiv polarisierten Kohlenstoff der Carbonylgruppe; bei der Basenkatalyse tritt in analoger Weise das Hydroxylion mit dem Carbonylkohlenstoff zusammen, und das vom Wasser abgegebene Wasserstoffion lagert sich an den Sauerstoff der Alkoxylgruppe an.

Diesen Mechanismus nehmen auch Hinshelwood und seine Mitarbeiter[4] an. Im Sinne W. Hückels[5] charakterisieren sie und die unten genannten Forscher[6]

---

[1] J. chem. Soc. [London] **1939**, 840.

[2] Nur bei verhältnismäßig labilen β-Lactonen tritt dieser Mechanismus in hervorragender Weise in Erscheinung. W. A. Cowdrey, E. D. Hughes, Ch. K. Ingold, S. Masterman, A. D. Scott: J. chem. Soc. [London] **1937**, 1263. — A. R. Olson, R. J. Miller: J. Amer. chem. Soc. **60**, 2687 (1938).

[3] J. chem. Soc. [London] **1925**, 1379.

[4] W. B. S. Newling, C. N. Hinshelwood: J. chem. Soc. [London] **1936**, 1357. — E. W. Timm, C. N. Hinshelwood: Ebenda **1938**, 862. — E. Tommila, C. N. Hinshelwood: Ebenda **1938**, 1801. — Nach Baker und Rothstein (Handbuch der Katalyse, herausgegeben von G.-M. Schwab, Bd. II, S. 122. Wien: Springer 1940) ist der Chemismus Lowrys in der Weise abzuändern, daß der Angriff der Wassermolekel und der Säure bzw. der Base nicht gleichzeitig zu erfolgen braucht.

[5] Ber. dtsch. chem. Ges. (A) **67**, 129 (1934).

[6] Anm. 4 und C. N. Hinshelwood, K. J. Laidler, E. W. Timm: J. chem. Soc. [London] **1938**, 848. — Ch. K. Ingold, W. S. Nathan: Ebenda **1936**, 222. — D. P. Evans, J. J. Gordon, H. B. Watson: Ebenda **1937**, 1430; **1938**, 1439. — H. A. Smith: J. Amer. chem. Soc. **61**, 254 (1939). — Gemeinsam mit H. S. Levenson: Ebenda **61**, 1172 (1939); **62**, 1556, 2324 (1940). — R. A. Harman: Trans. Faraday Soc. **35**, 1336 (1939). — D. P. Evans, H. O. Jenkins: Ebenda **36**, 818 (1940). — Als weiteres Charakteristikum bestimmen F. Brescia und V. K. La Mer die Aktivierungsentropie der Hydrolysen. F. Brescia, V. K. La Mer: J. Amer. chem. Soc. **62**, 612 (1940).

die Geschwindigkeit der Esterhydrolyse statt durch den Geschwindigkeits-koeffizienten (k) durch die Aktionskonstante (k_a) und die Aktivierungsenergie (q_a) entsprechend der Arrheniusschen Beziehung[1]:

$$k = k_a \cdot e^{-\frac{q_a}{R\,T}} \cdot$$

Wie auf S. 48 bereits betont wurde, haben die Begriffe Aktionskonstante und Aktivierungsenergie nur dann einen physikalischen Sinn, wenn k der Geschwindigkeitskoeffizient einer Urreaktion ist. Wenn der erste Teilvorgang geschwindigkeitsbestimmend ist, dann ist der gemessene Geschwindigkeitskoeffizient der dieser Urreaktion. Gibt aber ein anderer Teilvorgang das Reaktionstempo an, dann setzt sich die Geschwindigkeitskonstante aus mehreren Geschwindigkeitskoeffizienten von Urreaktionen zusammen, und die Arrheniusschen Größen haben unmittelbar keine physikalische Bedeutung mehr[2]. Für den Fall, daß der Lowrysche Mechanismus zu Recht besteht, kann demnach aus der gemessenen Reaktionsgeschwindigkeit die Aktionskonstante und Aktivierungsenergie des ersten Teilvorganges ermittelt werden. Es liegen aber Beobachtungen vor, die für ein Vorgleichgewicht sprechen. So fand K. Schwarz[3], daß D_3O^+ bei der Hydrolyse von Methyl- und Äthylacetat katalytisch erheblich wirksamer als H_3O^+ ist. Wie bereits auf S. 47 ausgeführt wurde, wird die stärkere Beschleunigung durch D_3O^+-Ionen darauf zurückgeführt, daß im Chemismus:

$$E + H_3O^+ \,\rightleftharpoons\, EH^+ + H_2O \quad [4] \qquad \text{vorgelagertes Gleichgewicht.}$$

$$EH^+ + 2\,H_2O \rightarrow S + A + H_3O^+ \qquad \text{zeitbestimmende Reaktion.}$$

die Konzentration des Esterdeutonkomplexes in dem sich rasch einstellenden Vorgleichgewicht größer als die des Esterprotonkomplexes ist. Der von Datta, Day und Ingold entworfene Mechanismus der Esterhydrolyse trägt der Annahme eines Vorgleichgewichts Rechnung.

2. Einfluß der Konstitution.

Der Einfluß der Substituenten auf die Geschwindigkeit der Esterhydrolyse ist ein sehr mannigfacher. Nur unter der Voraussetzung, daß ein oder der andere Einfluß außerordentlich vorherrscht, können Regelmäßigkeiten beobachtet werden. Die Daten der Tabelle 4 aus der Abhandlung: „Über den Zusammenhang zwischen der Geschwindigkeit der alkalischen Hydrolyse und der Zusammensetzung der Ester" von Olsson[5] zeigen, daß die Geschwindigkeit der alkalischen Esterverseifung mit der Stärke der dem Ester zugrunde liegenden Säure deutlich symbat geht, eine Erscheinung, auf die in der Literatur schon

---

[1] Siehe S. 48.

[2] Siehe H. Schmid: Handbuch der Katalyse, herausgegeben von G.-M. Schwab, Bd. II, S. 12. Wien: Springer 1940.

[3] Akad. Anz. [Wien] **1934**, 26. 4.; Z. Elektrochem. angew. physik. Chem. **40**, 474 (1934). — Siehe auch W. E. Nelson, J. A. V. Butler: J. chem. Soc. [London] **1938**, 957. — F. Brescia, V. K. La Mer: J. Amer. chem. Soc. **60**, 1962 (1938).

[4] E Ester, S Säure, A Alkohol. ⇄ Zeichen für laufende Gleichgewichte. — H. Schmid: Handbuch der Katalyse, herausgegeben von G.-M. Schwab, Bd. II, S. 6. Wien: Springer 1940. — Da nach vorliegendem Mechanismus mit dem Vorgleichgewicht eine allgemeine Säurekatalyse der Esterhydrolyse nicht zustande kommen kann, zweifeln Nelson und Butler (a. a. O.) die Beobachtungen von H. M. Dawson und W. Lowson (J. chem. Soc. [London] **1927**, 2107, 2444) über die Katalyse derartiger Esterhydrolysen durch unionisierte Säuren an.

[5] H. Olsson: Z. physik. Chem. **133**, 233 (1928).

früher zu wiederholten Malen hingewiesen wurde[1] und die durch viele weitere Meßergebnisse[2] bestätigt wurde.

Dieser Befund ist mit Hilfe der Elektronentheorie der chemischen Bindung zwanglos zu erklären[3]. Elektronenanziehende Atome und Atomgruppen des un-

Tabelle 4. *Alkalische Esterhydrolyse und Stärke der Ester-Säure.*

Äthylester der	Formel	k_B [4]	$K \cdot 10^5$
Ameisensäure	$HCOOC_2H_5$	$21\,300$ [5]	21,4
Essigsäure	$CH_3COOC_2H_5$	100 [4]	1,8
Propionsäure	$CH_3CH_2COOC_2H_5$	89,6 [6]	1,34
n-Buttersäure	$CH_3(CH_2)_2COOC_2H_5$	52,5 [7]	1,5
i-Buttersäure	$(CH_3)_2CHCOOC_2H_5$	49,2 [7]	1,4
i-Valeriansäure	$(CH_3)_2CHCH_2COOC_2H_5$	25,3 [8]	1,75
Pivalinsäure	$(CH_3)_3C \cdot COOC_2H_5$	23,2 [9]	0,98
Acrylsäure	$CH_2=CHCOOC_2H_5$	94,3 [10]	5,6
Crotonsäure	$CH_3CH=CHCOOC_2H_5$	13,7 [10]	2,1
Oxyessigsäure	$CH_2OHCOOC_2H_5$	992 [11]	15,2
Methoxyessigsäure ...	$CH_2(OCH_3)COOC_2H_5$	1945 [11]	29,4
Äthoxyessigsäure	$CH_2(OC_2H_5)COOC_2H_5$	985 [11]	25,0
n-Propoxyessigsäure ..	$CH_2(OC_3H_7)COOC_2H_5$	792 [11]	22,1
Brenztraubensäure ...	$CH_3COCOOC_2H_5$	$1,7 \cdot 10^6$ [12]	560
Acetessigsäure	$CH_3COCH_2COOC_2H_5$	436 [13]	31,6
Lävulinsäure	$CH_3CO(CH_2)_2COOC_2H_5$	117,4 [12]	2,6
Phenylessigsäure	$C_6H_5CH_2COOC_2H_5$	191 [14]	5,3
Hydrozimtsäure	$C_6H_5(CH_2)_2COOC_2H_5$	106,2 [14]	2,3
Oxalsäure ... 1. Stufe	$\begin{matrix} COOC_2H_5 \\ \vert \\ COOC_2H_5 \end{matrix}$	$5,8 \cdot 10^6$ [15]	3800
Oxalsäure ... 2. Stufe	$\begin{matrix} COOC_2H_5 \\ \vert \\ COOH \end{matrix}$	1130 [15]	4,9

[1] E. W. DEAN: Amer. chem. J. Sci. (4) **35**, 605 (1913). — A. SKRABAL, A. SPERK: Mh. Chem. **38**, 201 (1917). — A. SKRABAL, G. MUHRY: Ebenda **42**, 58 (1921). — A. SKRABAL, F. PFAFF, H. AIROLDI: Ebenda **45**, 147 (1924). — Siehe auch A. SKRABAL, A. M. HUGETZ: Ebenda **47**, 36 (1926).

[2] K. KINDLER: Liebigs Ann. Chem. **450**, 1 (1926). — C. N. HINSHELWOOD, H. A. SMITH: Literatur auf S. 53.

[3] Vgl. F. H. WESTHEIMER, M. W. SHOOKHOFF: J. Amer. chem. Soc. **62**, 269 (1940).

[4] k_B sind relative Geschwindigkeitskoeffizienten, bezogen auf den Geschwindigkeitskoeffizienten der Essigsäureäthylesterverseifung, der willkürlich 100 gesetzt wurde. Der absolute Wert des Geschwindigkeitskoeffizienten der Äthylacetatverseifung ist bei 25° C im Mittel 6,46.

[5] A. SKRABAL, A. SPERK: Mh. Chem. **38**, 191 (1917). — Vgl. A. EUCKEN: Z. physik. Chem. **71**, 550 (1910). — J. J. A. WIJS: Ebenda **11**, 492 (1893); **12**, 514 (1893). — A. B. MANNING: J. chem. Soc. [London] **1921**, 2079. — A. SKRABAL: Z. Elektrochem. angew. physik. Chem. **33**, 322 (1927).

[6] L. TH. REICHER: Liebigs Ann. Chem. **228**, 257 (1885). — B. VAN DIJKEN: Recueil Trav. chim. Pays-Bas **14**, 106 (1895). — E. W. DEAN: Amer. J. Sci. (4) **35**, 486, 605 (1913).

[7] L. TH. REICHER: a. a. O. — VAN DIJKEN: a. a. O.

[8] B. VAN DIJKEN: a. a. O.

[9] H. OLSSON: a. a. O.

[10] TH. WILLIAMS, J. J. SUDBOROUGH: J. chem. Soc. [London] **1912**, 412.

[11] E. W. DEAN: a. a. O.

[12] A. SKRABAL, F. PFAFF, H. AIROLDI: Mh. Chem. **45**, 141 (1924).

[13] H. GOLDSCHMIDT, L. OSLAN: Ber. dtsch. chem. Ges. **32**, 3390 (1899); **33**, 1140 (1900). — H. GOLDSCHMIDT, V. SCHOLZ: Ebenda **40**, 624 (1907). — Vgl. G. LJUNGGREN: Ebenda **56**, 2469 (1923).

[14] A. FINDLAY, W. E. S. TURNER, E. M. HICKMANS: J. chem. Soc. [London] **1905**, 747; **1909**, 1004.

[15] A. SKRABAL, A. MATIEVIC: Mh. Chem. **39**, 765 (1918).

Tabelle 4 (Fortsetzung).

Äthylester der		Formel	k_B	$K \cdot 10^5$
Malonsäure	1. Stufe	COOC$_2$H$_5$ $\mid$ CH$_2$ $\mid$ COOC$_2$H$_5$	2070 [1]	160
	2. Stufe	COOC$_2$H$_5$ $\mid$ CH$_2$ $\mid$ COOH	22,9 [1]	0,21
Bernsteinsäure	1. Stufe	COOC$_2$H$_5$ $\mid$ (CH$_2$)$_2$ $\mid$ COOC$_2$H$_5$	252 [1]	6,7
	2. Stufe	COOC$_2$H$_5$ $\mid$ (CH$_2$)$_2$ $\mid$ COOH	22,9 [1]	0,27

mittelbar an dem Kohlenstoff der Carbonylgruppe gebundenen Alkyls $R_1 \blacktriangleright \overset{\displaystyle \overset{O}{\|}}{C}-O-R_2$ begünstigen die Anlagerung des Hydroxylions an dieses Kohlenstoffatom

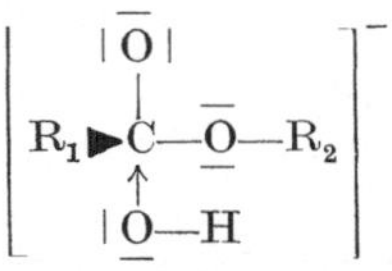

$$\left[\begin{array}{c} |\overline{O}| \\ | \\ R_1 \blacktriangleright C - \overline{O} - R_2 \\ \uparrow \\ |\underline{O} - H \end{array} \right]^-$$

und beschleunigen daher die alkalische Esterverseifung. Diese elektronenanziehenden Atome und Atomgruppen erleichtern bei der freien Säure die Abdissoziation des Wasserstoffions

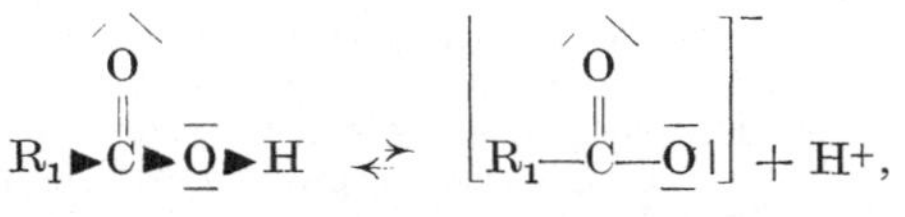

$$R_1 \blacktriangleright \overset{\overset{\displaystyle O}{\|}}{C} \blacktriangleright \overline{O} \blacktriangleright H \;\;\rightleftharpoons\;\; \left[R_1 - \overset{\overset{\displaystyle O}{\|}}{C} - \overline{O}\,| \right]^- + H^+,$$

vergrößern also die Ionisationskonstante der Säure. Verseifungsgeschwindigkeit des Esters und Stärke der entsprechenden Säure gehen daher parallel.

Elektronenabstoßende Atome und Atomgruppen haben natürlich auf die Geschwindigkeit der alkalischen Verseifung und auf die Ionisation der dem Ester zugrunde liegenden Säure die entgegengesetzte Wirkung.

Wie die in Tabelle 5 gegebene Zusammenstellung einiger Versuchsresultate von A. Skrabal und A. M. Hugetz[2], L. Smith und H. Olsson[3] zeigt, haben Atomgruppen im Alkyl der Alkoholkomponente (R_2) eine analoge Wirkung: Elektronenanziehende Gruppen beschleunigen die alkalische Verseifung, während elektronenabstoßende Gruppen die alkalische Verseifung verzögern.

Daß der Induktionseffekt für die Verseifungsgeschwindigkeit der Ester nicht immer der entscheidende Faktor ist, erhellt beispielsweise aus dem Vergleich

[1] J. Meyer: Z. physik. Chem. 66, 81 (1909); 67, 257 (1909).
[2] Mh. Chem. 47, 17 (1926).
[3] Z. physik. Chem. 118, 103 (1925). — H. Olsson: Ebenda 118, 107 (1925).

zwischen der Geschwindigkeit der alkalischen Verseifung der Fumarsäure- und der der Maleinsäure-ester, die von A. SKRABAL und E. RAITH[1] studiert wurde (Tabelle 6). Der Diester der Maleinsäure wird viel langsamer verseift als der Diester der Fumarsäure, obwohl die primäre Säurestärke der Maleinsäure viel größer als die der Fumarsäure ist. Diese Anomalie der Maleinsäure ist darauf zurückzuführen, daß die räumlich benachbarten Atomgruppen der *cis*-Konfiguration sich so stark beeinflussen, daß die sterische Hinderung über den induktiven Effekt weit überwiegt[2].

CH. K. INGOLD[3] zerlegt den Katalysekoeffizienten der Esterverseifung (k) in den Faktor des Induktionseffekts (I) und in den Faktor der sterischen Hinderung (S), der sich selbst wieder aus zwei Faktoren zusammensetzt, aus einem Faktor, der für den Ester (S_E) und einem Faktor, der für den Katalysator (S_K) charakteristisch ist. Also:

$$k = I \cdot S = I \cdot S_E \cdot S_K.$$

Tabelle 5. *Induktiver Effekt bei der Esterverseifung.*

Ester	k_{OH} (25° C)	k_{OH} (20° C)
$H_3C{-}CO{-}O{\blacktriangleright}CH_3$	10,74	7,84
$H_3C{-}CO{-}O{\blacktriangleright}CH_2{\blacktriangleright}CH_3$	6,46	4,57
$H_3C{-}CO{-}O{\blacktriangleright}CH(CH_3)_2$	1,57	1,26
$H_3C{-}CO{-}O{\blacktriangleright}C(CH_3)_3$	0,09	0,081
$H_3C{-}CO{-}O{\blacktriangleleft}C_6H_5$	82,0	—
$H_3C{-}CO{-}O{\blacktriangleright}CH_2{\blacktriangleleft}C_6H_5$	11,8	—

Tabelle 6. *Verseifungsgeschwindigkeit der Fumar- und Maleinsäureester und Stärke der Ester-Säuren (25°).*

Methylester der	Formel		k_{OH}	$10^5\ K$
Fumarsäure	ROOC—CH	1. Stufe	414	100
	HC—COOR	2. Stufe	19	3,2
Maleinsäure	ROOC—CH	1. Stufe	48	1400
	ROOC—CH	2. Stufe	0,72	0,026

Für das Wasserstoffion als Katalysator ergibt sich demnach:

$$k_H = I_H \cdot S_E \cdot S_H.$$

Für das Hydroxylion als Katalysator bei der Verseifung des gleichen Esters:

$$k_{OH} = I_{OH} \cdot S_E \cdot S_{OH}.$$

Daher ist der Quotient:

$$\frac{k_{OH}}{k_H} = \frac{I_{OH}}{I_H} \cdot \frac{S_{OH}}{S_H} = C\,\frac{I_{OH}}{I_H},$$

wobei $C = \dfrac{S_{OH}}{S_H}$ nach obiger Darstellung von der Natur des Esters unabhängig ist, für das gewählte Katalysatorpaar also eine konstante Größe ist. Der Quotient: Katalysekoeffizient des Hydroxylions durch Katalysekoeffizient des

[1] Mh. Chem. **42**, 245 (1921).
[2] H. OLSSON: Z. physik. Chem. **133**, 246 (1928). — Vgl. A. SKRABAL, E. RAITH: Mh. Chem. **42**, 245 (1921). [3] J. chem. Soc. [London] **1930**, 1035, 1381.

Wasserstoffions ist dementsprechend nur eine Funktion des Induktionseffekts. Die sterische Hinderung tritt in dem Quotienten der Geschwindigkeitskoeffizienten nicht in Erscheinung.

Wie im Nachfolgenden erläutert wird, kann der Quotient k_{OH}/k_H bei dem p_H-Wert, für welchen die Reaktionsgeschwindigkeit ein Minimum ist, leicht ermittelt werden. Wird — wie bei den Untersuchungen von C. M. Groocock, Ch. K. Ingold und A. Jackson[1] — eine Beeinflussung der Verseifungsgeschwindigkeit durch die Pufferlösung, die zur Erhaltung einer definierten Wasserstoffionkonzentration dient, durch Extrapolation der Geschwindigkeit auf die Salzkonzentration 0 eliminiert, so ergibt sich für die Geschwindigkeit der Esterverseifung die Gleichung:

$$-\frac{d(E)}{dt} = (k_H[H^+] + k_{OH}[OH^-] + k_W)[E] = k_0[E] \quad [2]$$

für

$$k_0 = k_H[H^+] + k_{OH}[OH^-] + k_W.$$

Bei Einführung der Dissoziationskonstante des Wassers

$$K_W = [H^+][OH^-]$$

wird die Beziehung erhalten:

$$k_0 = k_H[H^+] + k_{OH}\frac{K_W}{[H^+]} + k_W \quad [3].$$

Diese Gleichung für k_0, in der bei dem einen Summanden die Wasserstoffionkonzentration als Faktor, bei dem anderen als Divisor eingeht, zeigt augenfällig, daß die Reaktionsgeschwindigkeit in Abhängigkeit von der Wasserstoffionkonzentration durch ein Minimum geht[4]. Die Größen, die die Minimumsbeziehung:

$$\frac{dk_0}{d[H^+]} = 0$$

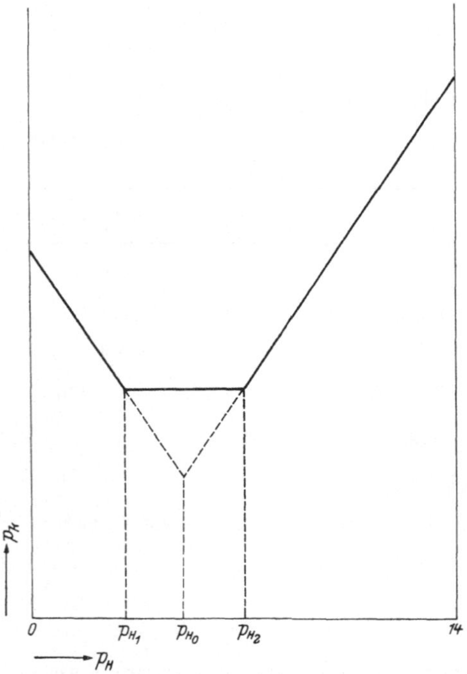

[1] J. chem. Soc. [London] **1930**, 1039.

[2] E Ester, k_W Geschwindigkeitskoeffizient der unkatalysierten Esterhydrolyse.

[3] Wird k_0 in Abhängigkeit von der Wasserstoffionkonzentration im logarithmischen Maßstabe dargestellt:

$$p_H = -\log[H^+], \qquad p_k = \log k_0,$$

so ergibt sich das Kurvenbild der Abb. 4 [A. Skrabal: Z. Elektrochem. angew. physik. Chem. **33**, 323 (1927)]. Da in der Gleichung für k_0 immer ein Term über die beiden anderen stark überwiegt, besteht diese sogenannte „Stabilitätskurve" aus drei nahezu geradlinigen Stücken. In dem zur Abszisse parallelen Stück ist k_W, im linken Ast der k_H-Term, im rechten Ast der k_{OH}-Term vorherrschend. Über die Symmetrie dieser Kurve vgl. S. 59.

[4] Dieses Charakteristikum für Reaktionen, die durch Wasserstoffion und Hydroxylion katalysiert werden, beobachtete Wijs als erster an der Hydrolyse von Methylacetat. J. J. A. Wijs: Z. physik. Chem. **11**, 492 (1893); **12**, 514 (1893). —

Abb. 4. Katalytische Kettenkurve (Stabilitätskurve) in doppeltlogarithmischer Darstellung nach A. Skrabal.

Eine eingehende Kurvendiskussion nahmen Dawson, Dean, Hoskins und A. Skrabal vor. H. M. Dawson, N. C. Dean: J. chem. Soc. [London] **1926**, 2872. — H. M. Dawson, Ch. R. Hoskins: Ebenda **1926**, 3166. — H. M. Dawson: Ebenda **1927**, 213, 1146, 1290. — A. Skrabal: Z. Elektrochem. angew. physik. Chem. **33**, 322 (1927).

charakterisieren, $k_{0_{min}} = u_0$ und $[H^+]_{min} = h_0$, sind gegeben durch:

und
$$u_0 = 2\sqrt{k_H\,k_{OH}\,K_W} + k_W$$

bzw.
$$h_0 = \sqrt{\frac{k_{OH}}{k_H}\,K_W}\,,$$

$$p_0 = -\log h_0 = -\frac{1}{2}\log\frac{k_{OH}}{k_H} - \frac{1}{2}\log K_W\,.$$

Die Ermittlung der Wasserstoffionkonzentration h_0, für welche die Reaktionsgeschwindigkeit am kleinsten ist, gibt unmittelbar den Quotienten k_{OH}/k_H. Aus den Symmetrieeigenschaften der k_0—p_H-Kurve ist die Wasserstoffionkonzentration h_0 besonders genau bestimmbar. Die Symmetrie der k_{OH}—p_H-Kurve wurde zuerst von H. v. EULER und A. HEDELIUS[1] bei der Mutarotation der Glucose aufgezeigt. Daß die k_0—p_H-Kurve symmetrisch zur Achse ist, die durch die Minimumswerte u_0, h_0 geht, läßt sich auf einfache Weise zeigen[2]. $[H^+]_1$ und $[H^+]_2$ seien Wasserstoffionkonzentrationen, denen der gleiche k_0-Wert zugeordnet ist. Dann herrscht die Beziehung:

$$k_H[H^+]_1 + \frac{k_{OH}\cdot K_W}{[H^+]_1} + k_W = k_H[H^+]_2 + \frac{k_{OH}\cdot K_W}{[H^+]_2} + k_W\,,$$

$$h_0 = \sqrt{\frac{k_{OH}}{k_H}\,K_W}\,,$$

$$[H^+]_1 + \frac{h_0^2}{[H^+]_1} = [H^+]_2 + \frac{h_0^2}{[H^+]_2}\,,$$

$$h_0^2 = [H^+]_1\,[H^+]_2\,,$$

$$-2\log h_0 = -\log[H^+]_1 - \log[H^+]_2\,,$$

$$2p_0 = p_{H_1} + p_{H_2}\,.$$

Der Wasserstoffexponent für das Geschwindigkeitsminimum p_0 ist gleich dem arithmetischen Mittel zweier Wasserstoffexponenten, denen der gleiche Geschwindigkeitswert zukommt. Diese Beziehung kann zur genauen Bestimmung von p_0 und damit von k_{OH}/k_H ausgewertet werden. INGOLD und seine Mitarbeiter[3] ermittelten auf dem geschilderten Wege den Quotienten von k_{OH}/k_H für eine Reihe von Glyceraten und für eine Anzahl von Dihydroxypropylestern (Tabelle 7). Aus dieser Tabelle ist ersichtlich, daß die Quotienten der Katalysekoeffizienten k_{OH}/k_H um so kleiner werden, je stärker die Substituenten (R) Elektronen abzu-

Tabelle 7. *Verhältnis von Wasserstoff- und Hydroxylion-Katalysekoeffizienten für Esterverseifungen nach* INGOLD.

R	$d\,l$ CH$_2$(OH)CH(OH)COOR				RCOOCH$_2$CH(OH)CH$_2$(OH)			
	70° C				55° C			
	$u_0\cdot 10^6$	$h_0\cdot 10^6$	p_0	$\dfrac{k_{OH}}{k_H}\cdot 10^{-3}$	$u_0\cdot 10^6$	$h_0\cdot 10^6$	p_0	$\dfrac{k_{OH}}{k_H}\cdot 10^{-2}$
▶CH$_3$	17,6	68,4	4,165	27,5	8,5	12,3	4,910	8,90
▶CH$_2$▶CH$_3$	12,3	47,9	4,320	13,5	8,5	11,0	4,960	7,10
▶CH$_2$▶CH$_2$▶CH$_3$	11,8	44,7	4,350	11,8	4,7	10,7	4,970	6,85
▶CH$_2$▶CH$_2$▶CH$_2$▶CH$_3$	11,5	44,2	4,355	11,5	30	10,7	4,970	6,85
▶CH$_2$▶CH$_2$▶CH$_2$▶CH$_2$▶CH$_3$	11,2	43,7	4,360	11,2				

[1] Biochem. Z. **107**, 150 (1920). — Vgl. H. v. EULER, O. SVANBERG: Z. physiol. Chem. **115**, 139 (1921). — H. v. EULER, J. LAURIN: Ark. Kem., Mineral. Geol. **7**, Nr. 30, 1 (1920).   [2] H. M. DAWSON, N. C. DEAN: J. chem. Soc. [London] **1926**, 2874.   [3] C. M. GROOCOCK, CH. K. INGOLD, A. JACKSON: a. a. O. — CH. K. INGOLD, A. JACKSON, M. I. KELLY: J. chem. Soc. [London] **1931**, 2035.

stoßen vermögen; das gilt sowohl für die Reihe R'COOR als auch für die Reihe RCOOR' (R variabel, R' konstant). Nach dem erläuterten Mechanismus der Esterhydrolyse sind die Ergebnisse durchaus verständlich. Die elektronenabstoßenden Gruppen erschweren die Heranbringung des Hydroxylions und erleichtern die Annäherung des Wasserstoffions an die Estermolekel.

Während der Quotient der Katalysekoeffizienten k_{OH}/k_H den induktiven Effekt der Substituenten richtig wiedergibt, zeigen die k_H-Werte in der nächstfolgenden Tabelle 8 einen abnormalen Gang. Die k_H-Werte (bei 25^0, 55^0 und 70^0 C) gehen beim Propionat durch ein Maximum.

Tabelle 8. *Saure Verseifung von $RCOOCH_2CHOHCH_2OH$.*

R	k_H		
	25^0 C	55^0 C	70^0 C
CH_3	$4{,}1 \cdot 10^{-4}$	$4{,}85 \cdot 10^{-2}$	$3{,}47 \cdot 10^{-1}$
C_2H_5	$4{,}79 \cdot 10^{-4}$	$5{,}45 \cdot 10^{-2}$	$3{,}89 \cdot 10^{-1}$
C_3H_7	$2{,}93 \cdot 10^{-4}$	$3{,}00 \cdot 10^{-2}$	$2{,}19 \cdot 10^{-1}$
C_4H_9	$2{,}24 \cdot 10^{-4}$	$2{,}09 \cdot 10^{-2}$	$1{,}38 \cdot 10^{-1}$

Im Sinne Ingolds lagert sich hier über den induktiven Effekt der sterische Effekt.

Aus der in Tabelle 9 gegebenen Zusammenstellung einiger Literaturdaten[1] ist ersichtlich, daß elektronenanziehende Substituenten auf den Quotienten der Katalysekoeffizienten $\frac{k_{OH}}{k_H}$, bzw. auf den Wasserstoffexponenten beim Katalyseminimum (Stabilitätsmaximum) natürlich die entgegengesetzte Wirkung wie elektronenabstoßende Substituenten haben; je größer die Elektronenaffinität der Substituenten ist, um so kleiner ist der Wasserstoffexponent p_0, um so größer der Quotient $\frac{k_{OH}}{k_H}$.

Tabelle 9.
Stabilitätsmaximum und Katalysenquotient bei der Verseifung von $XCH_2COOCH_2CH_2Y$.

X	Y	^{0} C	p_0	$\frac{k_{OH}}{k_H} \cdot 10^{-3}$
H	H	25	5,36	2
H	OH▶	25	5,0	10
Cl▶	H	20	4,8	32
CH_3CO▶	H	25	4,4	160
⊕ NH_3▶	H	20	3,5	12 000

Wie die Untersuchung von A. Skrabal und W. Stockmair[2] über die Verseifungsgeschwindigkeit der beiden stereoisomeren Crotonsäuremethylester zeigt, vermag unter Umständen die Kinetik der Esterverseifung auch Aufschluß über die Konfiguration der Estermolekel zu geben. Nachstehende Zusammenstellung gibt Meßergebnisse von Skrabal und Stockmair wieder.

	k_H (25^0 C)	k_H (45^0 C)	k_{OH} (25^0 C)
α-$CH_3CH{=}CHCOOCH_3$	0,000114	0,000907	1,46
β-$CH_3CH{=}CHCOOCH_3$	0,0000942	0,000668	0,877

Der β-Ester wird demnach durch Wasserstoffion und Hydroxylion langsamer als der α-Ester verseift; besonders beachtlich ist die langsamere Verseifung durch Hydroxylion, nachdem die dem β-Ester zugrunde liegende Carbonsäure die

---

[1] Ch. K. Ingold: J. chem. Soc. [London] 1930, 1038. — I. Bolin: Z. anorg. allg. Chem. 143, 201 (1925); 177, 227 (1928). — K. G. Karlsson: Ebenda 119, 69 (1921), 145, 1 (1925). — A. Skrabal, A. Matievic: Mh. Chem. 39, 771 (1918). — A. Skrabal; M. Rückert: Ebenda 50, 369 (1928). — A. Skrabal: Ebenda 67, 118 (1935). — R. Skrabal: Ebenda 71, 298 (1938).   [2] Mh. Chem. 63, 244 (1933).

stärkere ist (siehe die nächste Zusammenstellung). TH. WILLIAMS und J. J. SUD-
BOROUGH[1] haben die saure und alkalische Verseifung von Crotonsäureäthylester
bei 20° C untersucht. Der Vergleich mit der Verseifung des Akrylsäureesters
führt zu dem Ergebnis, daß die in die Akrylsäure eingeführte Methylgruppe die
saure und insbesondere die alkalische Verseifung verzögert.

	$10^3 k_H$	k_{OH}	$10^5 \delta$ [2]
α-$CH_3CH=CHCOOC_2H_5$	0,0863	0,842	2,2
β-$CH_3CH=CHCOOC_2H_5$	—	—	4,2
$CH_2=CHCOOC_2H_5$	0,160	5,78	5,6

Je kleiner die Entfernung zwischen Methylgruppe und Carboxylgruppe ist, um
so größer wird die Verzögerung sein. SKRABAL und STOCKMAIR schließen aus
dieser Tatsache und aus ihrem Befunde, daß der Methylester der β-Croton-
säure durch Wasserstoffion und Hydroxylion langsamer verseift wird, als der
Methlyester der schwächeren α-Crotonsäure, auf cis-Konfiguration des β-Esters
und trans-Konfiguration des α-Esters.

Als weiteres Beispiel für den Zusammenhang zwischen Reaktionsgeschwindigkeit und Konfiguration sei angeführt, daß das häufig beobachtete periodische
Schwanken der Geschwindigkeitskoeffizienten homologer Reihen (Sägezahn-
erscheinung) auf die Konfiguration der Zickzackform zurückgeführt wird (siehe
nachfolgende Zusammenstellung aus einer Arbeit von M. H. PALOMAA und
A. JUVALA[3]).

		$n=$ 0	1	2	3
$CH_3COO(CH_2)_nCH_3$	k_H (25° C)	0,00680	0,00658	0,00680	0,00660
$CH_3COO(CH_2)_nCH=CH_2$	k_H (25° C)	0,00813	0,00473	0,00553	0,00331
$H(CH_2)_nCOOCH_3$	k_H (25° C)	0,0145	0,00680	0,00724	0,00444

Die Geschwindigkeitskoeffizienten der alkalischen Verseifung homologer Reihen
zeigen nur ganz vereinzelt das Sägezahnphänomen, so die von PALOMAA[4] untersuchten Ätherester $H(CH_2)_nOCH_2COOR$:

R	$n=$	0	1	2	3	4
CH_3	k_{OH} (15° C)	—	55,0	50,5	52,3	51,7
C_2H_5	k_{OH} (15° C)	29,0	33,8	26,6	31,2	—

In der Regel zeigen sie mit der Zahl n einen monotonen Gang, der nach unseren
früheren Erläuterungen auf den vorherrschend induktiven Einfluß der Substituenten zurückzuführen ist. Auf Grund der Versuchsergebnisse über die Veränderlichkeit der Verseifungsgeschwindigkeit mit der Substitution kommt
SKRABAL[5] zu folgender wichtigen Aussage: „Die Reaktionsgeschwindigkeit ist
ein ausgezeichneter Indicator für konstitutive und konfigurative Einflüsse. Es
rührt dies davon her, daß die Reaktionsgeschwindigkeit wie kaum eine andere
chemische und physikalische Eigenschaft durch eine große Variationsbreite
ausgezeichnet ist, indem die Geschwindigkeiten vergleichbarer Reaktionen, wie
z. B. die saure Hydrolyse der verschiedenen Äther, um 16 und mehr Zehnerpotenzen auseinanderliegen können. Geringfügige konstitutive und konfigura-

[1] J. chem. Soc. [London] 1912, 412. — Vgl. auch E. R. THOMAS, J. J. SUD-
BOROUGH: Ebenda 1912, 317.   [2] δ Ionisationskonstante der entsprechenden Säure.
[3] Ber. dtsch. chem. Ges. 61, 1770 (1928). — Siehe auch M. H. PALOMAA, T. O.
HERNA: Ebenda 66, 305 (1933). — Über Maxima und Minima der Geschwindigkeitskoeffizienten in den homologen Reihen und deren Deutung aus der Konfiguration
siehe A. SKRABAL, W. STOCKMAIR: Mh. Chem. 63, 252 (1933).
[4] Ann. Acad. Sci. fennicae, Ser. A, 4, Nr. 2 (1913); 5, Nr. 4 (1914).
[5] A. SKRABAL, W. STOCKMAIR: Mh. Chem. 63, 253 (1933).

tive Änderungen in der reagierenden Molekel vermögen sich daher hinsichtlich der Reaktionsgeschwindigkeit merklich auszuwirken."

Besitzt die Molekel mehr als eine Estergruppe[1], so wird der Reaktionsverlauf besonders verwickelt, da in diesem Falle nicht nur die Induktion und der sterische Effekt der der Molekel angehörenden Atomgruppen in Rechnung zu setzen sind, sondern auch die statistische Betrachtungsweise herangezogen werden muß[2]. Einfachen Verhältnissen begegnet man nur bei der unabhängigen, unbeeinflußten Reaktion zweier identischer Estergruppen der betreffenden Molekel, beispielsweise bei der von M. H. PALOMAA[3] und von A. SKRABAL und Mitarbeitern[4] untersuchten sauren Verseifung der Methyl- und Äthylester der Oxalsäure und ihrer Homologen bis zur Sebacinsäure. Das Verhältnis der Geschwindigkeitskoeffizienten k_1/k_2

$$\begin{array}{c}\text{COOR}\\ |\\ (\text{CH}_2)n + \text{H}_2\text{O} \xrightarrow{k_1} \\ |\\ \text{COOR} \end{array} \quad \text{I} \quad \begin{array}{c}\text{COOH}\\ |\\ (\text{CH}_2)n + \text{ROH}\\ |\\ \text{COOR}\end{array} \qquad \begin{array}{c}\text{COOH}\\ |\\ (\text{CH}_2)n + \text{H}_2\text{O} \xrightarrow{k_2}\\ |\\ \text{COOR}\end{array} \quad \text{II} \quad \begin{array}{c}\text{COOH}\\ |\\ (\text{CH}_2)n + \text{ROH}\\ |\\ \text{COOH}\end{array}$$

ist bei der sauren Verseifung durchwegs 2. Unter der Annahme, daß sich die Atomgruppen COOR, COOH gegenseitig nicht beeinflussen, ist dieses Ergebnis ohne weiteres erklärlich, denn bei dem Umsatz I stehen doppelt so viel reaktionsfähige Gruppen COOR als bei dem Umsatz II zur Verfügung. Nach den Befunden von A. SKRABAL und E. SINGER[5] ist die alkalische Verseifung dieser Ester wesentlich verwickelter. Wie aus der Zusammenstellung in Tabelle 10 ersichtlich ist, ist das Konstantenverhältnis bei der Oxalsäure mit den unmittel-

Tabelle 10. *Geschwindigkeitsverhältnis der Verseifungsstufen von Dicarbonsäure-Estern.*

Methyl- bzw. Äthylester[6] der Säure	n	k_1/k_2 im Mittel	Methyl- bzw. Äthylester[6] der Säure	n	k_1/k_2 im Mittel
Oxalsäure[7]	0	17000	Suberinsäure[10]	6	3
Malonsäure[8]	1	80	Acelainsäure[10]	7	2,9
Bernsteinsäure[9]	2	7	Sebacinsäure[10]	8	2,8
Glutarsäure[10]	3	6			

[1] R. WEGSCHEIDER: Mh. Chem. **29**, 83, 233 (1908); **36**, 471; gemeinsam mit W. v. AMANN: Ebenda **36**, 549 (1915).

[2] CH. K. INGOLD: J. chem. Soc. [London] **1930**, 1375.

[3] Ann. Acad. Sci. fennicae, Ser. A **10**, Nr. 16 (1917).

[4] A. SKRABAL: Mh. Chem. **38**, 29 (1917). — A. SKRABAL, D. MRAZEK: Ebenda **39**, 495, 697 (1918). — A. SKRABAL, A. MATIEVIC: Ebenda **45**, 39 (1924).

[5] Mh. Chem. **41**, 339 (1920).

[6] Konstantenverhältnis der Stufenfolgen bei Methyl- und Äthylestern ähnlich

			Methylester der Oxalsäure	k_1/k_2	Äthylester der Oxalsäure	k_1/k_2
Alkalische Verseifung	I. Stufe k_1		1700000	19000	530000	15000
„	II. „ k_2		90		36	
Saure	I. „ k_1		0,0192	2	0,0106	2
„	II. „ k_2		0,0096		0,0053	

A. SKRABAL, G. MUHRY: Mh. Chem. **42**, 56 (1921). — Siehe A. SKRABAL, D. MRAZEK: Ebenda **39**, 697 (1918). — A. SKRABAL: Ebenda **39**, 741 (1918). — A. SKRABAL, G. MUHRY: Ebenda **42**, 47 (1921).

[7] A. SKRABAL: Mh. Chem. **38**, 29, 159 (1917). — A. SKRABAL, A. MATIEVIC: Ebenda **39**, 765 (1918). — A. SKRABAL, E. SINGER: Ebenda **41**, 339 (1920).

[8] A. SKRABAL, E. SINGER: a. a. O. — H. GOLDSCHMIDT, V. SCHOLZ: Ber. dtsch. chem. Ges. **36**, 1333 (1903). — J. MEYER: Z. physik. Chem. **67**, 257 (1909).

[9] A. SKRABAL, E. SINGER: a. a. O. — O. KNOBLAUCH: Z. physik. Chem. **26**, 96 (1898). — J. MEYER: Ebenda **67**, 257 (1909). [10] A. SKRABAL, E. SINGER: a. a. O.

bar benachbarten Carboxylgruppen am größten, mit der Zahl (n) der zwischen den beiden Carboxylen eingeschobenen Methylengruppen sinkt das Konstantenverhältnis anfangs rasch ab, um sich dem Grenzwert 2 allmählich zu nähern.

Nach den Untersuchungen von A. SKRABAL und E. SINGER[1] ist das Konstantenverhältnis auch von der Konzentration nicht unabhängig, es wird bei ein und derselben Dicarbonsäure mit wachsender Konzentration kleiner. Die folgende Tabelle gibt Aufschluß über das Beobachtungsmaterial. In der ersten Zeile sind die Esterkonzentrationen (0,1 bis 0,002) angeführt, unterhalb die diesen Konzentrationen zugehörigen Koeffizientenverhältnisse der einzelnen Dicarbonsäureester von $n = 0$ bis $n = 8$.

Tabelle 11. *Konzentrationsabhängigkeit des Geschwindigkeitsverhältnisses der Verseifungsstufen von Dicarbonsäure-Estern.*

n	0,1	0,04	0,03	0,02	0,01	0,005	0,002
0	17 000						
1	70					90	
2	4,7						9,4
3					6,1		6,8
6			3,1				
7	(2)		2,9				
8	(2)	2,3		2,8			

Wie aus der Übersicht ersichtlich ist, wird bei höheren Homologen (Acelainsäure- und Sebacinsäureester) der Grenzwert 2 so gut wie erreicht. Der Grenzwert entspricht der Vorstellung von der unabhängigen, unbeeinflußten Reaktion der zwei reaktionsfähigen identischen Gruppen[2].

Wie CH. K. INGOLD[3] zeigen konnte, ist die abstoßende Wirkung der COO^--Gruppe der Estersäure auf das an der reaktionsfähigen Stelle angreifende Hydroxylion für den großen Unterschied zwischen den Quotienten der Geschwindigkeitskoeffizienten k_1/k_2 bei der alkalischen Verseifung der Ester von Oxalsäure und ihren Homologen verantwortlich zu machen.

Nur von wenigen Estern ist außer den Katalysekoeffizienten k_H und k_{OH} auch der Geschwindigkeitskoeffizient der unkatalysierten Hydrolyse k_W gemessen worden. Nachstehende Tabelle 12 ist der Arbeit von A. SKRABAL und A. ZAHORKA[4] entnommen.

Tabelle 12. *Spontane und katalysierte Esterhydrolyse.*

Ester	k_W [5]	k_H [5]	k_{OH} [5]	$\dfrac{k_W}{2\sqrt{k_H \cdot k_{OH} \cdot K_W}}$
$CH_3COOCH_2CH_3$	$1,48 \cdot 10^{-8}$	$6,58 \cdot 10^{-3}$	$6,46$	0,36
$CH_3COOCH=CH_2$	$6,8 \cdot 10^{-6}$	$8,13 \cdot 10^{-3}$	$6,20 \cdot 10^2$	15,15
$[(CH_3COO)_2CH]_2$	$3,4 \cdot 10^{-5}$	$4,10 \cdot 10^{-3}$	$6,85 \cdot 10^2$	101,4
$CH_2ClCOOCH_3$	$1,23 \cdot 10^{-5}$	$5,07 \cdot 10^{-3}$	$8,17 \cdot 10^3$	9,53
$CHCl_2COOCH_3$	$9,2 \cdot 10^{-4}$	$1,4 \cdot 10^{-2}$	$17 \cdot 10^4$	94,3
$CH_3CHCOOCH(CH_3)COO$	$2,29 \cdot 10^{-3}$	$5,44 \cdot 10^{-2}$	$6 \cdot 10^5$	63,4

[1] a. a. O. S. 375.

[2] Über die Beziehung zwischen dem Quotienten der Geschwindigkeitskoeffizienten k_1/k_2 und der Massenwirkungskonstante des Estersäuregleichgewichts:

2 Estersäuren ⇌ Neutralester + Dicarbonsäure

siehe A. SKRABAL, D. MRAZEK: Mh. Chem. **39**, 697 (1918). — A. SKRABAL: Ebenda **39**, 741 (1918). — A. SKRABAL, G. MUHRY: Ebenda **42**, 47 (1921).

[3] J. chem. Soc. [London] **1930**, 1375.   [4] Mh. Chem. **53**, **54**, 571 (1929).

[5] Da verschiedenwertige Ester vorliegen, sind die Gruppenkonstanten angegeben, das sind die auf eine Estergruppe bezogenen Geschwindigkeitskoeffizienten.

Wie bereits auf S. 59 abgeleitet wurde, ist im Minimum der Hydrolysegeschwindigkeit, also im Stabilitätsmaximum des Esters, die Wasserstoffionkonzentration:

$$h_0 = \sqrt{\frac{k_{\mathrm{OH}}}{k_{\mathrm{H}}} \cdot K_{\mathrm{W}}}\,,$$

die entsprechende Hydroxylionkonzentration:

$$[\mathrm{OH^-}]_0 = \frac{K_{\mathrm{W}}}{h_0} = \sqrt{\frac{k_{\mathrm{H}}}{k_{\mathrm{OH}}} \cdot K_{\mathrm{W}}}\,.$$

Daher ist im Stabilitätsmaximum des Esters die Verseifung durch Wasserstoffion ebenso schnell wie die Verseifung durch Hydroxylion:

$$k_{\mathrm{H}}\,h_0 = k_{\mathrm{OH}}\,[\mathrm{OH^-}]_0 = \sqrt{k_{\mathrm{H}}\,k_{\mathrm{OH}}\,K_{\mathrm{W}}}\,.$$

Demzufolge läßt sich die Wasserkonstante k_{W} im Stabilitätsmaximum um so leichter herausschälen, je größer der Wert des Verhältnisses:

$$\nu = \frac{k_{\mathrm{W}}}{2\,\sqrt{k_{\mathrm{H}}\,k_{\mathrm{OH}}\,K_{\mathrm{W}}}}$$

ist[1]. Nach A. Skrabal sind die Ester außer durch den Quotienten $k_{\mathrm{OH}}/k_{\mathrm{H}}$ durch obiges Verhältnis (ν) der Wasserkonstante zu den beiden anderen Konstanten k_{H} und k_{OH} charakterisiert. ν wächst im Sinne der „Spannungstheorie" von Skrabal mit dem Spannungszustande der verseifenden Molekel, „wobei der Spannungszustand durch raumerfüllende Atome oder Gruppen, durch mehrfache Atombindungen ($\mathrm{C{=}C}$, $\mathrm{C{=}O}$, $\mathrm{C{\equiv}C}$) oder durch Ringspannung verursacht sein kann[2]. Das ν ist ein quantitatives Maß für den Spannungszustand des verseifenden Organooxydes[3]." So wird beispielsweise für den verhältnismäßig hohen ν-Wert des Glyoxaltetracetats die raumerfüllende Wirkung der an dasselbe Kohlenstoffatom gebundenen Acetatgruppen verantwortlich gemacht. An der Zusammenstellung ist noch beachtenswert, daß der „Gang" der Wasserkoeffizienten k_{W} mit dem „Gang" der Katalysekoeffizienten k_{OH} symbat geht.

Die vorliegenden Ausführungen geben wohl ein überzeugendes Bild von den komplizierten und mannigfachen Zusammenhängen zwischen Verseifungsgeschwindigkeit, Konstitution und Konfiguration, die nur unter besonderen Extrembedingungen einigermaßen zu entwirren sind[4]. Wir können daher mit Skrabal[5] sagen, „daß es den Anschein hat, als ob jede konstitutionelle Veränderung der reagierenden Molekel in der Regel von mehrfachen Wirkungen begleitet wäre, die in ihrer Gesamtheit durch Superposition die mit der Konstitutionsänderung verknüpfte Geschwindigkeitsänderung bestimmen".

Die Beziehung zwischen Konstitution und Verseifungsgeschwindigkeit aufzudecken, ist bei Organooxyden, die nur auf einer Reaktionsbahn merklich hydrolysieren, aussichtsreicher. Aus diesem Grunde wurden von A. Skrabal und seinen Mitarbeitern[6] ausgedehnte Untersuchungen an Äthern und Acetalen vor-

---

[1] A. Skrabal: Mh. Chem. **67**, 118 (1935).

[2] A. Skrabal, K. H. Mirtl: Z. physik. Chem. **111**, 107 (1924). — A. Skrabal, A. Zahorka: Mh. Chem. **46**, 571 (1925); **53**, 54, 573 (1929). — A. Skrabal: Z. Elektrochem. angew. physik. Chem. **33**, 322 (1927).

[3] Alle Verbindungen mit der Atomgruppe —C—O—C— wie Äther, Ester, Säureanhydride nennt Skrabal Organooxyde.

[4] Vgl. W. Hückel, H. Havekoss, K. Kumetat, D. Ullmann, W. Doll: Liebigs Ann. Chem. **533**, 128 (1938).   [5] A. Skrabal, A. M. Hugetz: Mh. Chem. **47**, 37 (1926).

[6] A. Skrabal, H. Airoldi: Mh. Chem. **45**, 13 (1924). — A. Skrabal: Z. Elektrochem. angew. physik. Chem. **33**, 322 (1927). — A. Skrabal, A. Zahorka: Mh. Chem. **63**, 1 (1933). — A. Zahorka, K. Weimann: Ebenda **71**, 229 (1938). — A. Skrabal, R. Skrabal: Z. physik. Chem., Abt. A **181**, 449 (1938). — A. Skrabal:

genommen. Wie bereits dargelegt wurde, treten gegenüber der Wasserstoffionkatalyse dieser Hydrolysen die übrigen Reaktionsbahnen in den Hintergrund.
Die Hydrolyse der ätherartigen Verbindung X—O—Y

$$XOY + H_2O = XOH + YOH$$

kann prinzipiell durch Aufspaltung entweder der Bindung X—O oder der Bindung O—Y erfolgen[1]. Beide Elementarakte führen zu den gleichen Hydrolyse-
produkten. Nach A. SKRABAL[1] setzt sich die Hydrolysegeschwindigkeit aus
zwei Eigengeschwindigkeiten, nämlich den beiden Loslösungsgeschwindigkeiten
von X und Y, zusammen. Dabei wird die Abtrennung von X durch den
Liganden Y und die Loslösung von Y durch den Liganden X beeinflußt. Werden
die Geschwindigkeitskoeffizienten der unbeeinflußten Abspaltung von X bzw. Y
mit k_1 und k_2, die Beeinflussungsfaktoren von X und Y mit λ_1 und λ_2 bezeichnet,
so steht der Geschwindigkeitskoeffizient (k_m) der Hydrolyse zu diesen Koeffizienten in der Beziehung:

$$k_m = k_1\lambda_2 + k_2\lambda_1 .$$

Für die Reinäther X—O—X und Y—O—Y ergeben sich in analoger Weise die
Geschwindigkeitskoeffizienten der Hydrolyse k_r und k_ϱ:

$$k_r = 2k_1\lambda_1 , \qquad k_\varrho = 2k_2\lambda_2 .$$

Aus diesen Gleichungen errechnet sich $k_1\lambda_2$ und $k_2\lambda_1$ zu:

$$2k_1\lambda_2 = k_m \pm \sqrt{k_m^2 - k_r k_\varrho} ,$$
$$2k_2\lambda_1 = k_m \mp \sqrt{k_m^2 - k_r k_\varrho} .$$

Die Spaltungsgeschwindigkeiten $k_1\lambda_2$ und $k_2\lambda_1$ sind nur dann reell, wenn

$$k_m \gg \sqrt{k_r k_\varrho} .$$

Die Hydrolysekonstante des Mischäthers ist also größer und im Grenzfalle gleich
dem geometrischen Mittel der Hydrolysekonstanten der Reinäther. In diesem
Grenzfalle sind die beiden Koeffizienten der Trennungsgeschwindigkeit einander gleich:

$$k_1\lambda_2 = k_2\lambda_1 .$$

Die Gruppen X und Y des Mischäthers werden also gleich schnell abgelöst. Ein
zweiter Grenzfall ist, daß die Gruppen X und Y einander gleich stark beeinflussen, also:

$$\lambda_1 = \lambda_2 .$$

Dann ergibt sich die Beziehung:

$$k_m = {}^1\!/_2 (k_r + k_\varrho) .$$

Ber. dtsch. chem. Ges. **72**, 446 (1939). — R. SKRABAL: Z. physik. Chem., Abt. A
185, 81 (1939). — A. SKRABAL, O. RINGER: Mh. Chem. **42**, 9 (1921). — A. SKRABAL,
M. BALTADSCHIEWA: Ebenda **45**, 19, 95 (1924). — A. SKRABAL, A. SCHIFFRER: Z.
physik. Chem. **99**, 290 (1921). — A. SKRABAL, M. BELAVIC: Ebenda **103**, 451 (1923). —
A. SKRABAL, K. H. MIRTL: Ebenda **111**, 98 (1924). — A. SKRABAL, E. BRUNNER,
H. AIROLDI: Ebenda **111**, 109 (1924). — A. SKRABAL, M. ZLATEWA: Ebenda **119**, 305
(1926). — A. SKRABAL, H. H. EGER: Ebenda **122**, 349 (1926). — A. SKRABAL,
I. SAWIUK: Ebenda **122**, 357 (1926). — A. SKRABAL, F. BILGER: Ebenda **130**, 29
(1927). — A. SKRABAL, W. STOCKMAIR, H. SCHREINER: Ebenda **169**, 177 (1934). —
R. LEUTNER: Mh. Chem. **60**, 317 (1932); **66**, 222 (1935).
[1] A. SKRABAL: Ber. dtsch. chem. Ges. **72**, 446 (1939). — R. SKRABAL: Z. physik.
Chem., Abt. A **185**, 81 (1939).

Die Hydrolysekonstante des Mischäthers ist dann das arithmetische Mittel der Geschwindigkeitskoeffizienten der Reinäther. Die Messungen an Äthyl- und Isopropyläthern[1] zeigen, daß die Werte für die Hydrolysekonstanten zwischen den beiden Grenzfällen liegen.

Wie aus den obigen Gleichungen ersichtlich ist, haben die Trennungsgeschwindigkeiten $k_1 \lambda_2$ und $k_2 \lambda_1$ zwei Lösungen. Die erste Lösung von $k_1 \lambda_2$ ist identisch mit der zweiten von $k_2 \lambda_1$ und die zweite Lösung von $k_1 \lambda_2$ ist gleich der ersten von $k_2 \lambda_1$. Da nur je ein Wert $k_1 \lambda_2$ und $k_2 \lambda_1$ einen physikalischen Sinn hat, sind zu dessen Festsetzung weitere Überlegungen heranzuziehen. Für die Hydrolyse des Äthylisopropyläthers wurden bei 25^0 C die Koeffizienten der Trennungsgeschwindigkeit pro Minute $1{,}83 \cdot 10^{-11}$ und $1{,}32 \cdot 10^{-10}$ gefunden. Aus der Erfahrungstatsache, daß die Hydrolysegeschwindigkeit der Äther mit der Carbierung des α-Kohlenstoffs zunimmt, läßt sich schließen, daß der Koeffizient der Trennungsgeschwindigkeit $1{,}32 \cdot 10^{-10}$ der Isopropylgruppe und der von $1{,}83 \cdot 10^{-11}$ der Äthylgruppe zuzuordnen ist[2].

Beim Methyläthylacetal

$$H_2C \Big\langle {\!\!\! \begin{array}{l} OCH_3 \\ OC_2H_5 \end{array}}$$

sind die Eigengeschwindigkeiten und Beeinflussungsfaktoren nachstehender Gruppen in Rechnung zu setzen:

$$
\begin{array}{cccc}
CH_3 & C_2H_5 & CH_2(OCH_3) & CH_2(OC_2H_5) \\
k_1 & k_2 & q_1 & q_2 \\
\lambda_1 & \lambda_2 & \mu_1 & \mu_2
\end{array}
$$

Die Geschwindigkeitskoeffizienten des Methyl-, Äthylformals und des Mischacetals sind:

$$
\begin{aligned}
k_r &= 2(k_1 \mu_1 + q_1 \lambda_1), \\
k_\varrho &= 2(k_2 \mu_2 + q_2 \lambda_2), \\
k_m &= k_1 \mu_2 + k_2 \mu_1 + q_1 \lambda_2 + q_2 \lambda_1 .
\end{aligned}
$$

Da die Acetale viel rascher hydrolysieren als die Äther, kann der Schluß gezogen werden, daß praktisch nur die acetalische Bindung gelöst wird. Die Gleichungen können dementsprechend in vereinfachter Form:

$$k_r = 2 q_1 \lambda_1, \qquad k_\varrho = 2 q_2 \lambda_2, \qquad k_m = q_1 \lambda_2 + q_2 \lambda_1$$

in Anwendung gebracht werden. Unter der Annahme, daß das Äthoxyl auch im Mischacetal rascher als das Methoxyl abgespalten wird, errechnet sich aus den Hydrolysekoeffizienten von M. H. Palomaa und A. Salonen[3] bei 25^0 C:

$$
\begin{array}{lll}
\text{Methylal} & k = 0{,}00187 \\
\text{Äthylal} & k = 0{,}00936 \\
\text{Mischacetal} & k = 0{,}00469
\end{array}
$$

für Methoxyl   im Reinacetal $q_1 \lambda_1 = 0{,}000935$
                  im Mischacetal $q_2 \lambda_1 = 0{,}00128$

für Äthoxyl   im Reinacetal $q_2 \lambda_2 = 0{,}00468$
                  im Mischacetal $q_1 \lambda_2 = 0{,}00341$.

---

[1] A. Skrabal, A. Zahorka: Mh. Chem. **63**, 1 (1933).

[2] Über weitere Berechnungen siehe R. Skrabal: Z. physik. Chem., Abt. A **185**, 81 (1939).

[3] Ber. dtsch. chem. Ges. **67**, 424 (1934). — Temperaturkoeffizient der Äthylalhydrolyse: P. M. Leininger, M. Kilpatrick: J. Amer. chem. Soc. **61**, 2510 (1939). — R. F. Jackson, C. L. Gillis: Bur. Standards J. Res. **16**, 125 (1920).

Es ist daraus ersichtlich, daß die Ablösungsgeschwindigkeiten der beiden Gruppen sich im Mischacetal bzw. Mischäther angleichen. In vielen Mischäthern geht die Angleichung nahezu bis zur Gleichheit der Geschwindigkeiten, so daß sich der Geschwindigkeitskoeffizient vieler Mischätherhydrolysen nach den vorhergehenden Darlegungen als Quadratwurzel aus dem Produkt der beiden Geschwindigkeitskoeffizienten der Reinätherhydrolysen errechnen läßt[1]. SKRABAL konnte zeigen, daß auch bei den Estern eine Angleichung von Alkyl und Acyl erfolgt, indem das Alkyl ,,acylartig" und das Acyl ,,alkylartig" wird[2].

---

[1] Siehe J. LÖBERING, V. RANK: Ber. dtsch. chem. Ges. **70**, 2331 (1937) im Zusammenhang mit A. SKRABAL: Ebenda **72**, 446 (1939).

[2] A. SKRABAL: a. a. O. S. 452. — Siehe auch A. SKRABAL, A. ZAHORKA, K. WEIMANN: Z. physik. Chem., Abt. A **183**, 345 (1939).

Katalyse durch Komplexbildung.

Von

GERHARD HESSE, Marburg a. d. L.

Mit 4 Abbildungen.

Inhaltsverzeichnis.

I. Die Beeinflussung funktioneller Gruppen durch benachbarte Substituenten.

Die Eigenschaften und Reaktionen organischer Verbindungen werden in erster Linie durch bestimmte Bezirke im Molekül, die „funktionellen Gruppen", bestimmt. In der Essigsäure und ihren α-Substitutionsprodukten ist es z. B. die Carboxylgruppe, deren Wasserstoffatom als Ion abgegeben oder gegen ein Metall ausgetauscht werden kann. Beides geschieht bei verschiedenen Derivaten aber mit sehr verschiedener Leichtigkeit, wie eine Zusammenstellung der Dissoziationskonstanten zeigt:

	$k \cdot 10^4$		$k \cdot 10^4$
$CH_3{-}COOH$	0,180	$CN{-}CH_2{-}COOH$	37
$HO{-}CH_2{-}COOH$	0,52	$C_6H_5{-}CH_2{-}COOH$	0,50
$Cl{-}CH_2{-}COOH$	15,5	$CH_3{-}CH_2{-}COOH$	0,134
$Cl_2CH{-}COOH$	514	$CH_3{-}CH{=}CH{-}COOH$	0,204
$Cl_3C{-}COOH$	1500	$CH_3{-}C{\equiv}C{-}COOH$	24,6

Die Säurestärke unterscheidet sich also um mehr als das Zehntausendfache, obwohl bei allen diesen Verbindungen ein und dieselbe Gruppe Träger der sauren Eigenschaft ist.

Umgekehrt wirkt auch die Carboxylgruppe auf die Bindung des Substituenten ein. Dies zeigt sich zum Beispiel in der eigentümlichen Reaktion der Chloressigsäure, beim Belichten in Fumarsäure überzugehen:

$$2\,CH_2ClCOOH \rightarrow 2\,[CHCOOH] \rightarrow HOOCCH=CHCOOH.$$

Dem Chlormethan ist die entsprechende Reaktion fremd.

Es unterliegt also keinem Zweifel, daß benachbarte funktionelle Gruppen sich gegenseitig beeinflussen, was zu einer Verstärkung oder Abschwächung ihres Reaktionsvermögens führen kann. Als Maßstab wird dabei das Verhalten zugrunde gelegt, das die betreffende Gruppe als einziger Substituent in einem Kohlenwasserstoff, am besten Methan, zeigt.

Die klassische Valenzlehre gibt für diese Erscheinungen keine Erklärung. Erst die von DEBYE[1] eingeführten Begriffe der permanenten und induzierten Dipole geben zusammen mit der Elektronentheorie der chemischen Bindung die Möglichkeit, diese Beeinflussungen zu verstehen und in ihrer Richtung — bis zu einem gewissen Grade auch der Größe nach — abzuschätzen.

Nach der Elektronentheorie kommt die homöopolare Bindung durch Elektronenpaare zustande, die beiden verbundenen Atomrümpfen gemeinsam zugehören. Nur in vollkommen symmetrischen Molekülen fallen die Schwerpunkte der positiven Kernladungen und der negativen Elektronenladungen genau zusammen. Nur solche Moleküle sind neutral, sie haben das Dipolmoment Null. Alle unsymmetrischen Atomgruppen haben dagegen ein positives und ein negatives Ende, sie sind *permanente Dipole*. Diese Vorstellungen werden durch die Messung des Dipolmoments bestätigt.

Tritt nun eine Atomgruppe mit Dipolmoment, eine „polare Gruppe“, in ein vorher elektrisch neutrales Molekül ein, so wird durch das ausstrahlende elektrostatische Feld eine Verschiebung der benachbarten Bindungselektronen aus ihrer symmetrischen Lage stattfinden. Das *„induzierte Moment“* ändert dann die Eigenschaften der betroffenen Bindungen. Auch funktionelle Gruppen, die selber schon Dipole sind, werden durch polare Substituenten in ihrer Nähe verändert; je nach der gegenseitigen Orientierung wird ihr Moment verstärkt oder abgeschwächt.

Besonders sichtbar wird dies bei solchen Verbindungen, die in Ionen zerfallen können, denn hierbei geht das Bindungselektronenpaar ganz auf den einen Partner über:

$$R-C{\overset{\displaystyle O}{\underset{\displaystyle O:H}{<}}} \;\rightarrow\; R-C{\overset{\displaystyle O}{\underset{\displaystyle O:}{<}}} \;+\;H^+.$$

Wurde es durch die Polarisation in Richtung auf diesen hin verschoben, so ist der Ionenzerfall erleichtert, im anderen Falle erschwert. Bei den substituierten Essigsäuren gibt es demnach folgende typischen Fälle:

$$\underset{\text{I}}{H_3C-CH_2-C{\overset{\displaystyle O}{\underset{\displaystyle O:H}{<}}}} \qquad\qquad \underset{\text{II}}{\overset{((-))\;((+))}{H-CH_2}-C{\overset{\displaystyle O}{\underset{\displaystyle O:H}{<}}}} \qquad\qquad \underset{\text{III}}{\overset{(-)\;\;(+)}{Cl-CH_2}-C{\overset{\displaystyle O}{\underset{\displaystyle O:H}{<}}}}.$$

Das Radikal der Propionsäure (I) ist ohne wesentliches Dipolmoment; die Stellung des Elektronenpaares zwischen O und H wird nur von der Carboxylgruppe selbst bestimmt, und zwar ist es durch den C=O-Dipol nach dem Sauerstoff hin verschoben. Bei der Dissoziation löst sich der Wasserstoffkern allein, ohne die Elektronen, als H^+ ab. In der Essigsäure (II) und noch mehr in der

---

[1] Siehe Leipziger Vorträge 1929. Leipzig 1929.

Chloressigsäure (III) wird durch die polaren Säurereste die Polarisation der O—H-Bindung noch verstärkt, was seinen zahlenmäßigen Ausdruck in den höheren Dissoziationskonstanten findet.

Undissoziierte Bindungen müssen ebenfalls der Dipolinduktion unterworfen sein und sollten sogar, wenn diese nur stark genug ist, zum Zerfall in Ionen gebracht werden können. Ionisation ist ja der Grenzfall der Polarisation. Dieser Gedanke wurde von MEERWEIN und HINZ[1] experimentell geprüft. Sie führten in den Äthylalkohol solche Substituenten ein, die bei den Essigsäuren starken Einfluß auf den Dissoziationsgrad der Carboxylgruppe gehabt hatten. In der Tat reagieren diese substituierten Alkohole mit Diazomethan, während der Grundkörper und seine unpolaren Derivate das nicht tun. Da nach allen Erfahrungen nur saure Hydroxyle mit Diazomethan reagieren, ist der Einfluß auch hier eine Aciditätssteigerung der Hydroxylgruppe.

Das Ausmaß der Beeinflussung hängt wesentlich vom Dipolmoment der induzierenden Gruppe ab. Dieses aber wird durch die Umgebung weitgehend verändert, und wir haben bisher keine Möglichkeit, das modifizierte Moment für sich allein zu messen. Quantitative Zusammenhänge lassen sich daher nicht aufstellen.

Ferner geben nicht alle Bindungen der Induktion durch ein- und denselben Dipol gleich stark nach. Die *Polarisierbarkeit* ist vielmehr um so größer, je weniger polarisiert eine Bindung noch ist. Sie ist außerdem eine individuelle Eigenschaft der Bindungen, die man durch sogenannte „Polarisierbarkeitsreihen" wiederzugeben sucht. Die wichtigsten für die C—X-Bindung sind folgende:

$$—O > OR > \overset{+}{O}R_2; \quad —NR_2 > \overset{+}{N}R_3; \quad —CR_3 > —\overset{+}{N}R_2 > —OR > —F;$$
$$—I > —Br > —Cl > —F; \quad —CR_3 > —CHR_2 > —CH_2R > —CH_3 > —H.$$

Schließlich kommt es sehr auf die Entfernung der beiden Gruppen voneinander an. Wie rasch die Wirkung in einer gesättigten Kette abklingt, sieht man aus den Dissoziationskonstanten der endständig gechlorten homologen Fettsäuren:

$$Cl—CH_2—COOH \dots\dots\dots\dots\dots 10^4\,k = 15,5$$
$$Cl—CH_2—CH_2—COOH \dots\dots\dots\dots 10^4\,k = 0,8$$
$$Cl—CH_2—CH_2—CH_2—COOH \dots\dots\dots 10^4\,k = 0,3$$
$$Cl—CH_2—CH_2—CH_2—CH_2—COOH \dots\dots 10^4\,k = 0,2$$

oder der α- und β-substituierten Propionsäuren:

$$CH_3—CHCl—COOH \dots\dots\dots\dots 10^4\,k = 14,65$$
$$CH_2Cl—CH_2—COOH \dots\dots\dots\dots 10^4\,k = 0,86$$
$$CH_3—CHOH—COOH \dots\dots\dots\dots 10^4\,k = 1,38$$
$$CH_2OH—CH_2—COOH \dots\dots\dots\dots 10^4\,k = 0,31$$

Der stärkste Abfall tritt ein, wenn die unmittelbare Nachbarschaft (α-Stellung) der beiden Gruppen aufhört.

In stark polarisierbaren Bindungssystemen, dem Benzolkern oder fortlaufend konjugierten Doppelbindungen tritt allerdings eine „Fortleitung" der Beeinflussung auch auf größere Entfernungen auf. So ist es bekannt, daß sich der Enoläther (I) fast wie ein Ester (II) verhält:

$$CH_3—CO—CH=CH—OR \qquad CH_3—CO—OR.$$
$$\text{I} \qquad\qquad\qquad\qquad \text{II}$$

---

[1] Liebigs Ann. Chem. **484**, 1 (1931).

II. Eigenschaftsänderungen chemischer Verbindungen durch Komplexbildung.

Es ist nicht notwendig, daß die funktionelle Gruppe und der beeinflussende Dipol durch Hauptvalenzen miteinander verbunden sind. Eine Polarisation muß immer dann zustande kommen, wenn ein elektrostatisches Feld auf eine polarisierbare Bindung einwirkt. Demnach ist zu erwarten, daß auch ein *komplex gebundenes* Molekül mit Dipolcharakter und selbst ein polares Lösungsmittel[1] ähnliche Veränderungen funktioneller Gruppen verursachen kann wie ein polarer Substituent.

Diese Vorstellung ist von H. MEERWEIN[2] in mehreren Arbeiten eingehend geprüft worden. Wir entnehmen daraus das besonders instruktive Beispiel der Borfluorid-essigsäure, die durch Einleiten von Borfluorid in Eisessig entsteht:

$$\left(\begin{array}{c} CH_3{-}CO \\ H \end{array}\!\!\!>\!O\right)_2 \cdots BF_3.$$

Sie ist eine stabile, im Vakuum destillierbare Molekülverbindung, die in der Säurestärke nach ihren Halochromieerscheinungen etwa der konzentrierten Schwefelsäure gleichkommt. Durch die Anlagerung des Borfluorids ist also eine Aciditätssteigerung der Essigsäure eingetreten, die der durch Substitution erreichbaren nicht nachsteht (vgl. S. 68).

Dabei ist es unerheblich, daß *freies* Borfluorid kein Dipolmoment hat[3]. Bei der Komplexbildung tritt nämlich, wie ULICH und NESPITAL[4] festgestellt haben, eine starke Deformation des Moleküls ein; das gebundene BF_3 gehört zu den stärksten bekannten Dipolen. Ähnliche Feststellungen wurden für BCl_3 und $BeCl_2$ gemacht.

In der gleichen Weise wie Borfluorid lagern sich auch BCl_3, B_2O_3, $BeCl_2$, $ZnCl_2$, $MgCl_2$ und noch viele andere Moleküle an organische Säuren an und erhöhen deren Stärke. Dies ist in allen Fällen durch die katalytische Beschleunigung der Menthoninversion[5], die auf die H-ionen zurückgeht, gezeigt worden.

Auch Wasser lagert sich in hinreichend konzentrierter Lösung mit den genannten Verbindungen zu sogenannten „*Aquosäuren*", zum Beispiel

$$[ZnCl_2OH]H,$$

zusammen, die auf S. 89 ausführlich besprochen werden. In diesen Komplexen ist die Dissoziation des Wassers so gesteigert, daß die Lösungen mit verdünnten Mineralsäuren verglichen werden können; eine 11,2 n $ZnCl_2$-lösung entspricht der 1 n Salzsäure. MEERWEIN[6] konnte weiter zeigen, daß auch andere Stoffklassen mit „beweglichem Wasserstoff" durch Anlagerung der obengenannten Salze zu Säuren werden; dazu zählen die Alkohole (Alkoxosäuren), Säureamide und Malonester. Als Sammelbezeichnung für die hierzu geeigneten Addenden schlägt er die Bezeichnung „*Ansolvosäuren*" vor.

Hier interessiert zunächst die Frage, wie die Stärke der entstehenden Aquosäuren (und Alkoxosäuren) von der chemischen Natur der Komplexbildner abhängt. Für eine große Anzahl von Metallhalogeniden hat F. REIFF[7] Unter-

[1] CHAPMAN: J. chem. Soc. [London] **1934**, 1550 und frühere Arbeiten.
[2] S.-B. Ges. Beförd. ges. Naturwiss. Marburg **64**, 119 (1930).
[3] LINKE, ROHRMANN: Z. physik. Chem., Abt. B **35**, 259 (1937).
[4] Z. Elektrochem. angew. physik. Chem. **37**, 559 (1931); Z. angew. Chem. **44**, 750 (1931).
[5] TUBANDT, Liebigs Ann. Chem. **354**, 291 (1907); **377**, 287 (1910).
[6] Liebigs Ann. Chem. **455**, 227 (1927).
[7] Z. anorg. allg. Chem. **208**, 321 (1932).

suchungen angestellt, die folgende Reihenfolge abnehmender Acidität der äqui-molaren wässerigen Lösungen ergeben haben: $CuCl_2$, ZnJ_2, $ZnBr_2$, $ZnCl_2$, $CdCl_2$, $MnCl_2$, $CoCl_2$, $NiCl_2$, $LiCl$, $MgCl_2$, $CaCl_2$, $SrCl_2$, $BaCl_2$. Die Fähigkeit der Metall-halogenide zur Bildung von Aquosäuren ist demnach um so größer, je höher die Ionisierungsspannung des Metallatoms und je geringer die Elektronen-affinität des Halogenatoms ist. Es sind vornehmlich die schwach dissoziierten und homöopolaren Halogenide, die stark saure Lösungen geben. Der Vergleich wird allerdings im einzelnen dadurch unsicher gemacht, daß die meisten Aquo-säuren bei stärkerer Verdünnung ihrer Lösung in nicht mehr saure Einlagerungs-verbindungen übergehen, z. B.:

$$[ZnCl_2(OH)_2]H_2 + 2\,H_2O \rightarrow [Zn(H_2O)_4]Cl_2\,.$$

Für andere Verdünnungen kann also eine andere Reihenfolge gelten. Die Umwandlung in Einlagerungsverbindungen tritt um so leichter ein, je stärker polar das Metallhalogenid gebaut ist.

Sogar Ammoniak und die Amine werden durch starke Ansolvosäuren in saure Komplexe verwandelt, so durch BF_3, $(C_6H_5)_3B$, $AlCl_3$[1] und Metallamide. Ge-schmolzenes Aluminiumchlorid-ammoniakat löst Aluminium unter Wasserstoff-entwicklung auf:

$$AlCl_3 \cdot NH_3 + Al = AlCl_3 \cdot NAl + 3/2\,H_2\,.$$

Die Einwirkung von Komplexbildnern auf vollkommen homöopolare Mole-küle wie die Ketone, Ester, Säureanhydride und Äther ist schwieriger nachzu-weisen, da das bequeme Kriterium der Dissoziation hier fehlt. Es bleibt — wie bei den substituierten Alkoholen — nur der indirekte Nachweis durch *neue chemische Reaktionen der Komplexe* übrig. Wie man dabei vorgehen kann, zeigen wieder die Arbeiten Meerweins[2]. Er sagte sich, daß die Verbindungen der Äther mit Ansolvosäuren den Charakter von Säureanhydriden haben müßten, da ja ihre Alkoholverbindungen starke Säuren sind. Eine typische Reaktion der Säureanhydride ist ihre Spaltung durch Äthylenoxyde. Tatsächlich reagiert die Ätherverbindung des Antimonpentachlorids schon bei —60° leicht mit Äthylenoxyd nach folgender Gleichung, die die erwartete Spaltung der Äther-bindung einschließt:

$$\begin{array}{c}CH_2\!\diagdown \\ \big| \quad\;\; O \\ CH_2\!\diagup\end{array} \quad \begin{array}{c}R\!\diagdown \\ \quad\;\; O \cdots SbCl_5 \rightarrow \\ R\!\diagup\end{array} \quad \begin{array}{c}CH_2\!-\!O\!-\!SbCl_4 \\ \big| \\ CH_2\!-\!O\!-\!R\end{array} \;+\; R\!-\!Cl\,.$$

Überraschenderweise addiert dann ein zweites Molekül Ätherat das „nascierende" Halogenalkyl zu einem tertiären Oxoniumsalz:

$$\begin{array}{c}R\!\diagdown \\ \quad\;\; O \cdots SbCl_5 + R\!-\!Cl \rightarrow R_3O \cdots SbCl_6\,. \\ R\!\diagup\end{array}$$

Die beiden neuen Reaktionen des Äthers sind an die Gegenwart einer Ansolvo-säure gebunden, sie treten mit den freien Äthern nicht ein. Wie man sich die Rolle des Komplexbildners dabei vorstellen kann, wird später bei den einzelnen Bindungen besprochen werden.

In den bisher besprochenen Komplexen haben wir in der Polarisation der funktionellen Gruppe durch den Komplexbildner die Ursache für die Veränderung des chemischen Verhaltens gesehen. Sie hatte gewöhnlich eine Erhöhung der Reaktionsfähigkeit zur Folge. Eine zweite Gruppe von Eigenschaftsänderungen geht auf die *Blockierung von Koordinationsstellen durch den Addenden* zurück.

[1] Plotnikow, Roitmann: Chem. Zbl. **1939 I**, 3699.
[2] Meerwein und Mitarbeiter: J. prakt. Chem. (2) **147**, 257 (1937); **154**, 83 (1939).

Für alle Reaktionen, die eine Komplexbildung mit dem Reaktionspartner zur Voraussetzung haben, tritt hierdurch eine Hemmung ein. Beispielsweise ist in den Bortrialkyl-ammoniaken $BR_3 \cdots NH_3$ die Sauerstoffempfindlichkeit der freien Boralkyle vollständig verschwunden, oder die Ammoniakverbindung des Borfluorids ist im Gegensatz zum unverbundenen BF_3 kaum mehr wasserempfindlich. Für Katalysen sind solche Komplexe insofern von Interesse, als sie den Katalysator unwirksam machen oder verändern können. Diese letztere Möglichkeit geht aus einer interessanten Arbeit von HÜCKEL und PIETRZOK[1] hervor. Es hatte sich herausgestellt, daß Phosphorpentachlorid bei Gegenwart von Eisenchlorid l-Menthol größtenteils ohne WALDENsche Umkehrung in l-Menthylchlorid verwandelt. Unter Zugabe von größeren Mengen Pyridin substituiert es jedoch unter vollständiger WALDENscher Umkehrung zum d-Neomenthylchlorid. Die beste Erklärung ist die, daß im ersten Fall ein Komplex von der Art $[PCl_4]^+[FeCl_4]^-$ mit seinem PCl_4-Kation, im zweiten ein Komplex $[C_5H_5N:PCl_4]^+Cl^-$ mit seinem Anion Cl^- chlorierend wirkt.

III. Grundzüge der Komplexchemie.

Durch die umfassenden Arbeiten von PFEIFFER und seinen Schülern steht es heute fest, daß an der Bildung organischer Molekülverbindungen nicht das ganze Molekül gleichmäßig Anteil hat, daß die *Verknüpfung* vielmehr *an bestimmten Atomen oder Bindungen lokalisiert* ist[2]. Recht eindringlich wird dies durch die Komplexisomerie belegt, die HERTEL[3] bei aromatischen Aminen aufgefunden hat; beispielsweise gibt o-Bromanilin mit Pikrinsäure folgende isomeren Verbindungen:

$$HO-C_6H_2(NO_2)_3 \cdots C_6H_4Br(NH_2) \quad \text{und} \quad (O_2N)_3C_6H_2-OH \cdots NH_2-C_6H_4Br.$$
orangerot   gelb

In der roten Verbindung besorgen die Doppelbindungen des aromatischen Kerns einerseits und die Nitrogruppen andererseits die Verknüpfung, denn gleichartige Addukte von tiefer Farbe geben viele aromatische Kohlenwasserstoffe mit reinen Nitrokörpern; das gelbe Isomere ist dagegen ein Ammoniumsalz, das durch Anlagerung des Pikrinsäure-Protons an die Aminogruppe gebildet wurde.

Die beiden Isomeren sind in diesem Falle Repräsentanten der beiden Hauptgruppen von Molekülverbindungen. Ersteres kommt dadurch zustande, daß die stark polare Pikrinsäure im leicht polarisierbaren Bromanilinkern einen Dipol induziert und die beiden „Stabmagnete" sich dann zusammenlagern. Solche Verbindungen werden „*Assoziationskomplexe*" oder „*Deformationskomplexe*" genannt. Die zweite Bezeichnung bringt die starke Verschiebung der Elektronen zum Ausdruck, die sich schon äußerlich in der Farbvertiefung zeigt. Als Verknüpfungsstelle ist in Assoziationskomplexen die polarisierbarste Bindung anzusehen.

Die Mehrzahl der isolierbaren und stöchiometrisch zusammengesetzten Molekülverbindungen entsteht aber wie das gelbe HERTELsche Addukt durch „*Elektronenanteiligkeit*". Bekanntlich haben viele Moleküle ($:NH_3$, $:OH_2$, $:OR_2$, $:FH$, $:ClH$), funktionelle Gruppen und Ionen ($:OH^-$) außer ihren Bindungselektronenpaaren noch „unverbundene" oder „einsame" Elektronenpaare. Andere haben die Fähigkeit, in ihre Außenschale noch Elektronenpaare einzubauen, z. B. BF_3, BCl_3, $BeCl_2$, $AlCl_3$, $FeCl_3$ und H^+[4]. Man nennt sie „*elektrophil*". Es

---

[1] Liebigs Ann. Chem. **540**, 250 (1939).
[2] Siehe z. B. Z. anorg. allg. Chem. **137**, 275 (1924).
[3] Liebigs Ann. Chem. **451**, 179 (1926); Ber. dtsch. chem. Ges. **57**, 1559 (1924).
[4] Die meisten *Säurekatalysen* lassen sich auch mit vorstehenden erreichen (S. 81, 86, 96), und es besteht kein prinzipieller Unterschied in der Wirkungsweise dieser Katalysatoren und der des H-ions.

handelt sich dabei nach KOSSEL um die Auffüllung zur besonders stabilen Edelgasschale mit 2 (He') oder 8 Elektronen (Oktett). Jede Einheit der ersten Gruppe kann sich an eine der zweiten anlagern, wobei das einsame Elektronenpaar zur Auffüllung der Oktettlücke dient:

$$\begin{array}{ccc} H & F & H\ F \\ H:\ddot{N}: + \ddot{B}:F \rightleftharpoons H:\ddot{N}:\ddot{B}:F \\ \ddot{H} & \ddot{F} & \ddot{H}\ \ddot{F} \end{array}$$

oder dem Proton eine Heliumschale gibt:

$$\begin{array}{c} H \\ H:\ddot{N}: + H^+ \rightleftharpoons \left[H:\ddot{N}:H \right]^+ \\ \ddot{H} \end{array} .$$

Der Elektronenspender, auch *nucleophile* Gruppe genannt, behält aber die Anteiligkeit an seinem Elektronenpaar; es entsteht somit eine neue homöopolare Bindung (siehe S. 69), die von den „Hauptvalenzbindungen" nicht prinzipiell verschieden ist. Das als Proton angelagerte Wasserstoffatom im Ammoniumion unterscheidet sich in keiner Weise von den drei ursprünglich vorhandenen. Man darf aber nicht übersehen, daß Molekülverbindungen aus neutralen Partnern stark polar gebaut sind. Das anteilig gewordene Elektronenpaar gehört nunmehr beiden Kernen an; das Ammoniak in unserem Beispiel hat also gewissermaßen ein Elektron abgegeben und ist dadurch positiv geworden, während das Bor mit diesem Elektron eine negative Ladung erhalten hat. Die genaue Formulierung ist also:

$$\overset{(+)}{H_3N} : \overset{(-)}{BF_3} .$$

Die Äthylendoppelbindung kann nach der LOWRYSCHEN Auffassung in einem *semipolaren* Grenzzustand auftreten, in dem das eine Bindungselektronenpaar vollkommen auf eines der flankierenden Kohlenstoffatome übergegangen, eine der beiden Bindungen also ionisiert ist:

$$> \overset{..}{C} : C < \rightleftharpoons > \overset{(-)}{C} : \overset{(+)}{C} < .$$

Sie ist dann sowohl elektrophiler wie nucleophiler Addend, was die Vielseitigkeit ihrer Reaktionen erklärt. In der Komplexbildung haben wir ein Mittel, diesen reaktionsfähigen Zustand zu begünstigen.

Das Oktett stellt nur in der ersten Periode des Systems wirklich die obere Grenze für das Elektroneneinbauvermögen der Valenzelektronenschale dar. Hier ist die maximale Koordinationszahl 4 nie überschritten worden, die den 4 Elektronenpaaren entspricht. Bei den Elementen der folgenden Perioden finden dagegen mehr als 4 Elektronenpaare in der äußeren Schale Raum; das Oktett ist zwar noch eine bevorzugte, aber nicht mehr die höchste Besetzung, wie z. B. die Existenz des vollkommen homöopolaren Siliciumhexafluorids beweist. In diesen Fällen gibt die maximale Koordinationszahl des Zentralatoms Auskunft, ob die weitere Anlagerung nucleophiler Gruppen noch möglich ist.

Eine Sonderstellung scheint dem sauren Wasserstoffatom insofern zuzukommen, als es entgegen den Erwartungen der Oktettlehre koordinativ zweiwertig auftreten kann. Über die Bedingungen, unter denen solche „Wasserstoffbindungen" (hydrogen-bond) zustande kommen, findet man bei EISTERT[1] das Wichtigste zusammengestellt. Jedenfalls kann auch diese Bindungsart Beziehungen zwischen funktionellen Gruppen herstellen und dadurch deren chemisches Erscheinungsbild verändern.

---

[1] Tautomerie und Mesomerie, S. 165.

Alle Komplexbildungen erfolgen unmeßbar schnell und sind umkehrbar. Komplexe, die in Lösung nur wenig zerfallen sind, heißen fest. Im allgemeinen geben homöopolare Stoffe festere Komplexe als heteropolare und die höheren Wertigkeitsstufen eines Elements festere als die niedrigen. Die festesten Molekülverbindungen geben Zentralatome mit kleinem Atomvolumen. Komplexbildung verringert die Polarisierbarkeit und erhöht dadurch die Ionisierungstendenz[1].

IV. Beeinflussung der Reaktionsgeschwindigkeit und Katalyse durch Komplexbildung.

Schon WILHELM OSTWALD hat die Überzeugung ausgesprochen, daß auch die organischen Reaktionen über zwischendurch gebildete Ionen verlaufen können. Sie ist seitdem mehrfach vertreten worden, aber erst MEERWEIN[2] hat sie in seiner Theorie der „Kryptoionenreaktionen" neu begründet und durch Versuche belegt. Er konnte nämlich zeigen, daß die Ester der drei stereoisomeren Alkohole Borneol, Isoborneol und Camphenhydrat sich um so rascher ineinander umlagern, je stärker die veresternde Säure[3] und je höher die Dielektrizitätskonstante des Lösungsmittels ist[4]. Alle Bedingungen, die eine Ionisation begünstigen, erhöhen also die Geschwindigkeit dieser Reaktion (siehe S. 85). Noch überzeugender konnte STRAUS denselben Zusammenhang an substituierten Allylchloriden zeigen, die in flüssigem Schwefeldioxyd den elektrischen Strom leiten. Die gemessenen molaren Leitfähigkeiten und die Halbwertszeiten der Hydrolyse verliefen symbat[5].

Der Grundgedanke bei der Auffassung organischer Reaktionen als Ionenreaktionen ist der, daß das Bindungselektronenpaar bei der Spaltung einer Bindung nicht auseinandergerissen wird, sondern als Ganzes entweder mit der verdrängten Gruppe austritt oder im Kern zurückbleibt. Im ersten Fall kann nur eine nucleophile, im zweiten nur eine elektrophile Gruppe an die Stelle treten, auch darf der Substituent nicht gleichnamig geladen sein:

$$R\,|:A + :B = R:B + :A,$$
nucleophil

$$R:|C + \ddot{D}: = R:\ddot{D}: + C.$$
elektrophil

Es sind also geladene Gruppen, nicht Radikale, die ausgetauscht werden. Hierdurch ergeben sich bestimmte Beschränkungen der Reaktionsmöglichkeiten, die sich experimentell prüfen lassen und vielfach auch bestätigt worden sind[6]. Gegenüber den Ionen der anorganischen Chemie besteht der charakteristische Unterschied, daß die positiven Radikalionen keine Edelgasschale haben und deshalb sehr unbeständig sind. Sie haben sich nur in wenigen Fällen direkt nachweisen lassen („Krypto"-ionen).

INGOLD hat eine allgemeine Systematik der Substitutionsreaktionen aufgestellt, die neuerdings mit Erfolg zu Vorhersagen über Eintritt oder Ausbleiben von WALDENschen Umkehrungen benutzt worden ist[6]. Sie umfaßt als erste Hauptgruppe die Kryptoionenreaktionen nach folgendem Schema:

$$R:X \rightleftharpoons R^+ + :X^- ; \qquad R^+ + :Y^- = R:Y.$$

---

[1] Vgl. hierzu die Arbeiten von KOSSEL. — Ferner K. FAJANS: Naturwiss. **11**, 165 (1923).   [2] Liebigs Ann. Chem. **455**, 227 (1927).

[3] Liebigs Ann. Chem. **453**, 16 (1927).

[4] Ber. dtsch. chem. Ges. **55**, 2507 (1922).

[5] STRAUS, DÜTZMANN: J. prakt. Chem. (2) **103**, 1 (1921).

[6] Siehe W. HÜCKEL: Über den Substitutionsvorgang. Österr. Chemiker-Ztg. **42**, 105, 128 (1939).

Die Verbindung RX zerfällt hiernach in positives Alkylion und :X-anion; das Alkylion fängt darauf ein negatives Ion mit einsamem Elektronenpaar ein.

Als zweite Hauptgruppe gibt es Reaktionen, bei denen eine freiwillige Ionisation der Verbindung R:X nicht eintritt. Der Vorgang läuft vielmehr folgendermaßen ab: Das negative Ion :Y⁻ nähert sich dem *polaren* Molekül R—X von seinem positiven Ende her und stößt das Bindungselektronenpaar vollends zum X hinüber, das mit ihm als negatives Ion austritt; in die dadurch entstandene Oktettlücke tritt dann Y mit seinem Dublett ein:

$$Y\colon^{-} + \overset{(+)\,(-)}{R\colon X} = Y\colon R + \colon X^{-}.$$

Beide Reaktionstypen kommen bei der Hydrolyse der Halogenalkyle vor $(Y\colon^{-} = OH^{-})$.

Die Ionisation oder die Polarisation ist aber, wie wir gesehen haben, durch Komplexbildung zu erhöhen, und damit steigt die Geschwindigkeit chemischer Umsetzungen der oben besprochenen Arten. Meerwein[1] hat zuerst gezeigt, daß ein solcher Mechanismus vielen *katalytischen Prozessen* zugrunde liegt. Denn bei der geringen Festigkeit der meisten Molekülverbindungen wird der Komplexbildner im Endprodukt der Reaktion gewöhnlich nicht endgültig festgelegt; er bleibt vielmehr, entsprechend dem sich einstellenden Gleichgewicht, teilweise unverbunden und kann daher auch in „katalytischen" Mengen die Reaktion beschleunigen.

Als Beispiel gibt Meerwein die Methylierung von Alkoholen mit Diazomethan bei Gegenwart von Alkoholaten[2] (siehe S. 91). Bekanntlich wird die alkoholische Hydroxylgruppe im Gegensatz zur sauren oder phenolischen nicht alkyliert. Ist aber etwas Aluminiumalkoholat zugegen, so bildet sich eine Alkoxosäure (S. 71); diese reagiert mit dem Diazomethan unter Bildung ihres Esters:

$$ROH + Al(OR)_3 \rightleftharpoons [Al(OR)_4]H \xrightarrow{\;CH_2N_2\;} [Al(OR)_4]CH_3 \rightleftharpoons Al(OR)_3 + ROCH_3.$$

Der Ester zerfällt in den Äther und Aluminiumalkoholat, das von neuem in Reaktion treten kann.

Den Beweis für die Beteiligung von Komplexverbindungen an einer katalytischen Reaktion hat man durch Isolierung der Komplexe in reiner Form zu erbringen versucht. Man muß dann weiterhin zeigen, daß diese Komplexe unter den üblichen Bedingungen die Reaktion eingehen können, bei der sie als Zwischenprodukte angenommen werden. Solche Untersuchungen sind insbesondere von Meerwein und seinen Mitarbeitern bei der Katalyse durch Metallalkoholate (S. 93), durch Metallhalogenide (S. 90) und durch BF_3 (S. 91) sowie von Perrier[3] und Böeseken[4] an der Friedel-Craftsschen Reaktion durchgeführt worden. Dabei hat sich herausgestellt, daß selbst innerhalb eines Reaktionstyps die besten Komplexbildner keineswegs immer am stärksten katalysiert werden.

Die weitere Entwicklung der Theorie knüpft sich vorwiegend an das Studium der Friedel-Craftsschen Reaktion. Es wird für sie folgender Verlauf in Betracht gezogen:

$$R—Cl\colon + AlCl_3 \rightleftharpoons R—Cl\colon AlCl_3 \rightleftharpoons R^+ + [AlCl_4]^-. \tag{I}$$

$$R^+ + C_6H_6 \rightleftharpoons R—C_6H_5 + H^+. \tag{II}$$

$$H^+ + AlCl_4^- \rightarrow HCl + AlCl_3. \tag{III}$$

[1] Liebigs Ann. Chem. **455**, 227 (1927); Ber. dtsch. chem. Ges. **61**, 1840 Anm. (1928).   [2] Liebigs Ann. Chem. **484**, 1 (1931).
[3] Chem. Zbl. **1893 II**, 199; **1904 II**, 655.
[4] Recueil Trav. chim. Pays-Bas **19**, 19 (1900); **22**, 315 (1903).

Voraussetzung ist danach ein dissoziationsfähiger Komplex aus dem Katalysator und dem Halogenid. Solche Komplexe konnten von einfachen Halogenalkylen nie isoliert werden. Nur das Triphenylchlormethan und einige ähnliche Verbindungen geben krystallisierte Addukte der Art $(C_6H_5)_3C$—Cl·$AlCl_3$[1], aber gerade diese setzen sich nur schwer weiter mit Benzol um. Ähnliche Erfahrungen machte PERRIER am Nitrobenzol, BÖESEKEN am Nitrobenzylchlorid[2]. Diese offenbaren Widersprüche haben BÖESEKEN[2] veranlaßt, die Mitwirkung der Molekülverbindungen bei der FRIEDEL-CRAFTSschen Reaktion überhaupt in Abrede zu stellen und eine neue Theorie derartiger Katalysen zu entwickeln, die nachher im Zusammenhang besprochen werden soll (S. 79).

Man darf aber nicht, wie BÖESEKEN das tat, die genannten Beobachtungen als Beweis *gegen* die Komplextheorie der Katalyse anführen. Sie finden eine höchst einfache Erklärung im Rahmen dieser Theorie, wenn man sich daran erinnert, daß die komplexe Bindung in einem organischen Molekül lokalisiert ist (S. 73). Enthält ein solches Molekül noch einen Substituenten, der auch zur Komplexbildung mit dem Katalysator neigt, so wird er ihn der funktionellen Gruppe streitig machen und dadurch die Reaktion erschweren. Das ist nun in dem Beispiel von BÖESEKEN (und es gibt noch viele derartige Beispiele) der Fall: die Nitrogruppe zeigt große Neigung, sich mit dem Aluminiumchlorid zu vereinigen, und die isolierten Molekülverbindungen enthalten den Katalysator eben nicht an der C—Cl- oder C—H-Bindung, die aktiviert werden soll, sondern an der Nitrogruppe. *Die komplexe Bindung des Katalysators muß an der funktionellen Gruppe oder wenigstens in ihrer unmittelbaren Nähe stattfinden.*

In neuerer Zeit ist es auch gelungen, die Komplextheorie gerade der FRIEDEL-CRAFTSschen Reaktion entscheidend zu stützen. WOHL und WERTYPOROCH[3] konnten für $AlCl_3$, WERTYPOROCH[4] für $FeCl_3$ in organischen Chloriden erhebliche Leitfähigkeiten und durch Überführungsversuche auch die Existenz dissoziierter Komplexe nachweisen, und ULICH und HEYNE[5] kommen bei kinetischen Untersuchungen über die FRIEDEL-CRAFTSsche Reaktion zum gleichen Ergebnis.

Wir kommen damit allgemein auf die Frage nach der *Isolierbarkeit* der katalytisch wirksamen Komplexe. Eine Durchsicht der einzelnen, später zu besprechenden Reaktionen zeigt, daß sie zu den Ausnahmen gehört. Manchmal läßt sich ihre Existenz — wie in unserem Beispiel — dadurch wahrscheinlich machen, daß homologe Verbindungen solche Komplexe geben, oder sie sind wenigstens in Lösung nachweisbar. Mitunter fehlt aber jedes Anzeichen dafür, so bei den katalysierten Umsetzungen gesättigter Kohlenwasserstoffe (S. 96), und die Einordnung solcher Reaktionen unter die Komplexkatalysen ist recht willkürlich. *Erfahrungsgemäß sind also nicht die festen, leicht isolierbaren Molekülverbindungen die besten Reaktionsvermittler, sondern die lockeren und gerade wegen ihrer Reaktionsfähigkeit nur schwer faßbaren.*

Recht häufig tritt der schon vorhin gestreifte Fall ein, daß außer der funktionellen Gruppe auch andere Stellen im Molekül den Katalysator binden können. Für den Reaktionsablauf ergeben sich dann je nach der relativen Festigkeit der möglichen Komplexe, also je nach ihren Bildungsenergien, drei unterschiedliche Fälle:

1. Bindet die konkurrierende Stelle viel schwächer als die funktionelle Gruppe, so spielt sie für den Reaktionsablauf keine Rolle, denn die funktionelle Gruppe

[1] PFEIFFER: Organische Molekülverbindungen, 2. Aufl. Stuttgart 1927.
[2] Recueil Trav. chim. Pays-Bas **23**, 98 (1904).
[3] Ber. dtsch. chem. Ges. **64**, 1357 (1931).
[4] Ber. dtsch. chem. Ges. **66**, 1232 (1933).
[5] Z. Elektrochem. angew. physik. Chem. **41**, 509 (1935).

verdrängt in diesem Falle den Konkurrenten praktisch vollständig vom Katalysator.

2. Sind die Bindungsfestigkeiten untereinander vergleichbar, dann tritt eine *Hemmung* der Reaktion ein, weil der Addend sich auf beide Bindungsstellen verteilt und doch nur an einer katalytisch wirksam ist.

3. Ist schließlich die störende Gruppierung der bessere Komplexbildner, dann wird der gesamte Katalysator an dieser Stelle festgelegt. Die Reaktion kann dann erst eintreten, wenn mehr „Katalysator" zugegen ist, als festgelegt werden kann, also jedenfalls mehr als ein Mol. Solche Reaktionen sind nach der üblichen Definition *keine Katalysen* mehr; sie sind es aber noch mit Bezug auf den unverbundenen Teil des Komplexbildners und sollen hier ebenfalls besprochen werden, zumal eine scharfe Grenze gegen die wahren Katalysen nicht zu ziehen ist.

Die Hemmung oder Verhinderung der Katalyse kommt natürlich auch dann zustande, wenn die konkurrierende Gruppe nicht dem reagierenden Molekül selbst angehört, sondern in irgendeiner anderen Form im Reaktionsmedium zugegen ist. Besonders stark wirkt in dieser Hinsicht das *Lösungsmittel*, denn es ist in großem Überschuß vorhanden. Starke Komplexbildner hemmen schon in geringem *Zusatz* zum Lösungsmittel. So verlangsamt Nitrobenzol den Umsatz zwischen Benzylchlorid und Benzol bei Gegenwart von Aluminiumchlorid; es erhöht aber die Ausbeute an Diphenylmethan[1], da die Selbstkondensation des Chlorids und die Weiterreaktion des Endprodukts noch stärker gehemmt werden. *Wir haben in solchen Zusätzen ein Mittel, den Katalysator zu mäßigen,* was mitunter auch präparativen Wert hat.

Auch das Endprodukt der Reaktion kann als Hemmungskörper wirken. Dies ist zum Beispiel bei der Ketonsynthese nach Friedel-Crafts der Fall, bei der das gesamte Metallhalogenid am entstehenden Keton gebunden bleibt und daher mehr als ein Mol „Katalysator" zum vollständigen Umsatz erfordert wird.

Die Energieverhältnisse der Komplexkatalysen hat Meerwein[2] in Anlehnung an Schwab[3] in folgendem Niveauschema dargestellt:

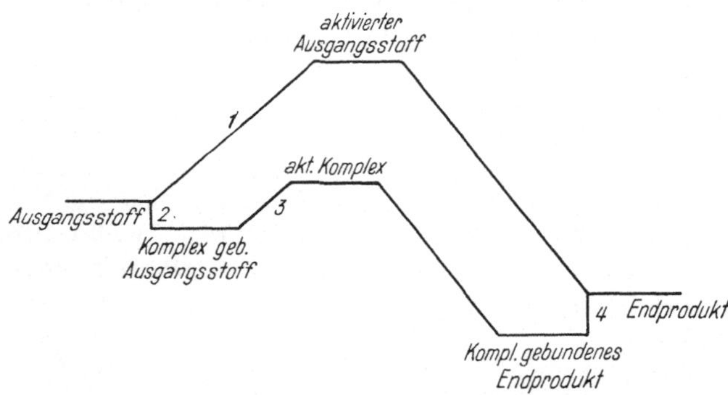

Abb. 1. Energieschema zur Katalyse durch Komplexbildung.

Bei der unkatalysierten Reaktion muß die hohe Energiemenge *1* als Aktivierungsenergie zugeführt werden, damit Umsetzung eintritt. Die Komplexbildung führt nun nicht etwa dem Ausgangsmaterial einen Teil dieser Energie zu — im Gegenteil, sie pflegt schwach exotherm zu sein (*2*), und das komplex gebundene Ausgangsmaterial ist energieärmer als das freie. Aber in ihm ist durch die Polarisation schon der Veränderung vorgearbeitet, die der Reaktion vorangehen muß; infolgedessen ist die Aktivierungsenergie des komplex gebundenen Moleküls (*3*) viel kleiner als die des unverbundenen, und die Umsetzung kann entsprechend häufiger stattfinden. Sie führt dann zu einer Molekülverbindung des Endprodukts, die spontan zerfallen kann oder unter Aufwendung der Energie *4* ge-

---

[1] Olivier: Recueil Trav. chim. Pays-Bas **45**, 817 (1926).
[2] Privatmitteilung.
[3] Katalyse vom Standpunkt der chemischen Kinetik. Berlin 1931.

spalten werden muß. Ist $4 \ll 2$, dann verdrängt der Ausgangsstoff den Katalysator vom Endprodukt, und es liegt eine wahre Katalyse vor. Ist $4 \gg 2$, so bleibt aller „Katalysator" am Endprodukt gebunden, und es sind molare Mengen erforderlich. Sind 2 und 4 von gleicher Größenordnung, dann haben wir eine Katalyse mit Hemmung durch das Reaktionsprodukt. Geschwindigkeitsbestimmend für den Gesamtumsatz scheint in allen Fällen die Reaktion des Komplexes mit dem anderen Reaktionsteilnehmer zu sein, da die Bildung und der Zerfall der Molekülverbindungen unmeßbar rasch erfolgt.

Unser Schema läßt erwarten, daß alle auf dem Wege 2—3—4 ablaufenden Reaktionen auch ohne Katalysator auf dem Weg 1 erreicht werden können, in Übereinstimmung mit OSTWALDS Definition der Katalyse. Entsprechend der hohen Aktivierungsenergie muß dann nur wesentlich stärker erhitzt werden. Dies ist in der Tat in sehr vielen Fällen nachgewiesen worden[1]. Ein wesentlicher Unterschied, auf den besonders eindringlich C. KRAUCH[2] hingewiesen hat, besteht aber in folgendem: bei der thermischen Reaktion werden wahllos *alle* Bindungen eines Moleküls gleichzeitig „aktiviert", und daher wird eine große Anzahl von Reaktionen eingeleitet und Energie verschwendet. Die katalytische Reaktion aktiviert *nur eine bestimmte Bindung*; also wird nur eine kleine Gruppe individueller Reaktionen ermöglicht, der Energieaufwand ist sparsam, und das Endprodukt unterliegt nicht so leicht weiteren Veränderungen wie im ersten Fall.

Die Katalysetheorie von BÖESEKEN und PRINS.

Umfassender in ihren Aussagen, aber weniger präzis in der Formulierung und weniger gut begründet als die Kryptoionentheorie ist die Auffassung, die BÖESEKEN an der Untersuchung der FRIEDEL-CRAFTSschen Reaktion entwickelt, PRINS modifiziert und verallgemeinert hat.

BÖESEKEN[3] geht von der Unstimmigkeit aus, die darin besteht, daß vielfach Komplexverbindungen isoliert worden sind, die keine Reaktion eingehen, während umgekehrt bei typischen und leicht verlaufenden Katalysen keine Molekülverbindungen isoliert werden konnten. Verallgemeinernd hält er die Bildung von Molekülverbindungen in *allen* Fällen für eine schädliche Nebenreaktion, die mit der Katalyse nichts zu tun hat. Er erklärt die Wirkung des Katalysators durch seine „action dislocante" auf die Moleküle des Substrats, was wir wohl am besten mit Polarisation übersetzen. Diese Polarisation soll durch Nachbarschaft im Reaktionsmedium, aber *ohne Bildung irgendwelcher Anlagerungsverbindungen* zustande kommen. Wir haben schon gesehen, daß BÖESEKENs Einwände gegen die Komplextheorie eine befriedigende Deutung finden, wenn man eine Festlegung der Katalysators an der „falschen" Stelle in Betracht zieht (S. 77). Hierauf weist auch PRINS[4] gelegentlich hin.

Zur Kritik der Theorie von BÖESEKEN muß man auf zwei Punkte besonders hinweisen. Zunächst ist die *spezifische* Aktivierung einzelner Bindungen nicht zu verstehen, wenn der Katalysator als induzierender Dipol nicht irgendwie an diese festgelegt ist. Zweitens ist ein Reaktionsablauf nach BÖESEKEN nur in Dreierstößen denkbar, da beide Reaktionspartner und das aktivierende Molekül gleichzeitig im „Reaktionsknäul" zugegen sein müssen. Ein solches Zusammentreffen ist aber statistisch so selten, daß es kaum jemals zur Beschleunigung der Reaktion führen wird.

---

[1] Siehe besonders NENITZESCU, ISACESCU, JONESCU: Liebigs Ann. Chem. **491**, 210 (1931).

[2] Auto-Technik **18**, Nr 13 (1929).

[3] Recueil Trav. chim. Pays-Bas **23**, 98 (1904); **29**, 85 (1910); modifiziert: Ebenda **39**, 623 (1920); **45**, 458 (1926).   [4] J. prakt. Chem. (2) **89**, 442 (1914).

Prins[1] übernimmt von Böeseken die Vorstellung der Aktivierung durch Polarisation; er ist aber wieder der Ansicht, daß ihr eine lockere Anlagerung des Katalysators an die aktivierte Bindung, eine Solvatbildung oder lockere Molekülverbindung, vorausgehen muß. Die Ausbildung fester Molekülverbindungen betrachtet auch er als eine Stabilisierungsreaktion, die die Reaktionsfähigkeit der beteiligten Stoffe herabsetzt.

Nach Prins sind die Fähigkeit zur Bildung von Molekülverbindungen und die katalytische Eigenschaft also nicht mehr unabhängige Erscheinungen, die gar nichts miteinander zu tun haben. Sie sind vielmehr zwei Äußerungen der gleichen Nebenvalenzkräfte. *Kennt man stabile Molekülverbindungen eines Stoffes, so darf man nach Prins erwarten, daß schwächere Komplexbildner ähnlicher Art Katalysatoren für die Umsetzungen dieses Stoffes sein werden.* Hierin liegt der praktische Wert der Prinsschen Theorie, den auch Böeseken[2] anerkennt.

Bis hierhin deckt sich die Anschauung von Prins mit den Vorstellungen von Meerwein, und ganz entsprechende Ansichten hat auch Bergmann[3] geäußert.

Prins geht indessen noch weiter. Auch die Möglichkeit irgendwelcher Hauptvalenzreaktionen zwischen zwei Stoffen ist ihm ein Hinweis, daß zwischen diesen Stoffen Kräfte existieren, die sich katalytisch benutzen lassen. Er sagt: „Die Wirkung des Katalysators beruht auf seiner *Neigung*, sich mit dem zu aktivierenden Stoffe zu verbinden, eine Neigung, deren Äußerung jedoch nicht weiterkommt als zu einer Beeinflussung, einer Aktivierung.“ Böeseken erläutert die erweiterte Prinssche Theorie am Beispiel der katalytischen Umwandlung des gelben Phosphors in roten durch Jod. Sie beginnt merkbar zu werden bei 75^0 und geht rasch bei 120^0. Bei Zimmertemperatur verbinden sich Phosphor und Jod zu P_2J_4; der meßbare Beginn des Zerfalls dieser Verbindung ist bei 80^0, also gerade da, wo die Katalyse beginnt. Eine rasche Katalyse findet erst statt, wenn die Verbindung nicht mehr existenzfähig ist. Eine obere Grenze für die katalytische Wirkung könnte man bei sehr hohen Temperaturen erwarten, bei denen P_2J_4 vollkommen dissoziiert ist, d. h. keine Einwirkung zwischen Jod und Phosphor mehr statthat. Dies ist an diesem Beispiel aber nicht verifiziert.

Das weite Gebiet der katalytischen Beeinflussung liegt also zwischen den Grenzen der stabilen Verbindung einerseits und der beziehungslosen Existenz der Partner nebeneinander auf der anderen Seite. Es ist der Bereich der teilweise dissoziierten Haupt- und Nebenvalenzverbindungen.

V. Spezieller Teil.

1. Die Aktivierung der Halogenbindung.

Die Halogenwasserstoffsäuren geben mit einer Reihe von Halogeniden komplexe Säuren, zum Beispiel:

$$HgCl_2 + 2\,HCl = H_2HgCl_4\ [4]$$
$$AlCl_3 + HCl = HAlCl_4$$
$$SbCl_3 + 3\,HCl = H_3SbCl_6$$
$$SnCl_4 + 2\,HCl = H_2SnCl_6$$
$$SbCl_5 + HCl = HSbCl_6.$$

[1] Siehe Anm. 4, S. 79.
[2] Recueil Trav. chim. Pays-Bas **33**, 195 (1914).
[3] Z. angew. Chem. **41**, 112 (1928).
[4] Hildebrand: Solubility, S. 115. New York 1936.

Von allen diesen Säuren sind krystallisierte Alkalisalze bekannt. In wässeriger Lösung hydrolysieren sie durchweg weniger als die einfachen Halogenide, die ihnen zugrunde liegen; hierdurch wird die Vermutung nahegelegt, daß die komplexen Säuren stärker sind als die einfachen. MEERWEIN[1] konnte dies auch direkt zeigen. Er benutzte dazu die Inaktivierung gegen Farbindicatoren, die auf Zusatz von Äther bei allen Säuren eintritt. Die erforderliche Äthermenge ist ein Maß für die Stärke der Säure; so gelingt es, Mineralsäuren in Eisessig mit alkoholischer Äthylatlösung zu titrieren, wenn man durch Zusatz der passenden Äthermenge nur den Eisessig inaktiviert. Im vorliegenden Fall diente als Indicator p-Dimethylamino-azobenzol; eine 0,02-normale ätherische Salzsäure ist damit gerade noch gelb gefärbt. Auch $SnCl_4$, $SbCl_3$ und $HgCl_2$ geben bei hinreichender Verdünnung mit Äther auf Zusatz von Dimethylamino-azobenzol gelb gefärbte Lösungen. Gibt man nun die gelben Lösungen der Metallsalze zur äquivalenten Menge gelbgefärbter ätherischer Salzsäure, so schlägt augenblicklich der Indicator in seine saure Farbe Rot um. Bei $SbCl_3$ und $HgCl_2$ ist dann eine Verdünnung mit Äther auf das 45fache, bei $SnCl_4$ sogar auf das 120fache nötig, um die starke Komplexsäure zu inaktivieren — den Umschlag nach Gelb wieder zu erreichen.

Auch bei einer typischen Säurekatalyse, der Zersetzung des Diazoessigesters, zeigt sich die überlegene Stärke der neuen Säuren. Sie erklärt vielleicht auch die technisch geübte Anlagerung von Chlorwasserstoff an Olefine mittels Aluminiumchlorid, denn es ist eine allgemeine Erfahrung[2], daß starke Säuren sich rascher an Doppelbindungen anlagern als schwache. Die Katalyse wird dann durch folgende Gleichungen wiedergegeben:

$$HCl + AlCl_3 \rightarrow H[AlCl_4]$$
$$H_2C{=}CH_2 + H[AlCl_4] \rightarrow H_3C{-}CH_2{-}Cl_4Al \rightarrow H_3C{-}CH_2Cl + AlCl_3.$$

Es ist jedoch möglich, daß die Aktivierung der Doppelbindung (S. 96) die wesentliche Rolle spielt oder daß beide Teile aktiviert sein müssen.

$SiCl_4$ und PCl_3, die keine Halogenosalze geben, wirken in diesen Fällen nicht katalytisch und erhöhen auch nicht die Acidität der Salzsäure.

Die Wirkung der Komplexbildung auf die Bindung zwischen Wasserstoff und Chlor läßt sich bildlich in einer Verschiebung des bindenden Elektronenpaares zum Chlor hin darstellen,

$$H : \overset{..}{\underset{..}{Cl}} : + AlCl_3 \rightarrow H \ : \overset{..}{\underset{..}{Cl}} : AlCl_3,$$

womit eine Polarisation

$$H^+[AlCl_4]^-$$

verbunden ist und die Ablösung des Protons ohne sein Elektron, also als H-Ion, begünstigt wird. *Einen gleichsinnigen Einfluß der Anlagerung können wir auch bei den homöopolaren Halogenverbindungen erwarten.* Auch bei ihnen wird der Zerfall in geladene Teilstücke vorbereitet, die dann als Ionen reagieren können, ohne daß sie als solche in Erscheinung zu treten brauchen. Es handelt sich also um eine Vergrößerung der Ionisations*fähigkeit*, nicht notwendig der Ionisation, und die späterhin gebrauchten Schreibweisen sind als Extremfälle zu betrachten.

Solche Betrachtungen sind geeignet, die Wirkungsweise der *Halogenüberträger* $FeCl_3$, $AlCl_3$, $SnCl_4$, $SbCl_5$, Jod und anderer bei Substitutionsreaktionen verständlich zu machen. Hierher gehören als wichtigste der Ersatz von Wasser-

---

[1] Liebigs Ann. Chem. **453**, 33 (1927).
[2] MEERWEIN: Liebigs Ann. Chem. **455**, 245 (1927).

stoff in aromatischen Kernen durch Chlor oder Brom; es schließen sich einige entsprechende Reaktionen an substituierten Äthylenen an, die für die theoretische Deutung des Reaktionsablaufs eine Rolle spielen.

Thiele[1] und besonders Wieland betrachten die Halogensubstitution des Benzolkerns als eine Folge von zwei Reaktionen, deren erste die Addition von einem Halogenmolekül an eine Doppelbindung ist:

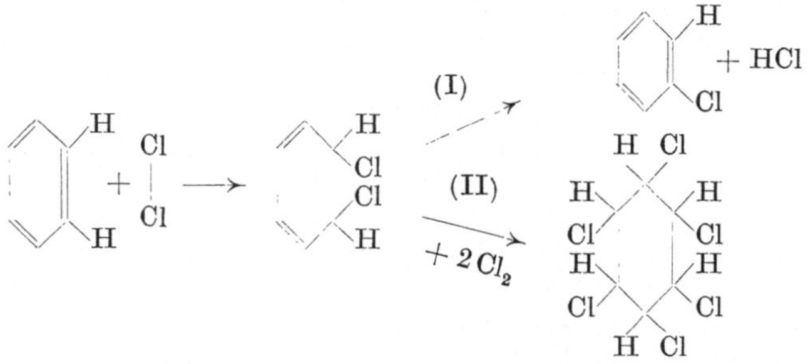

Das entstehende Derivat des Dihydrobenzols soll dann spontan Chlorwasserstoff abspalten, um das aromatische System zurückzubilden (I).

Nun tritt aber bei der *Addition* von $3\,Cl_2$ an Benzol unter der Einwirkung von Licht zweifellos das gleiche Zwischenprodukt auf, das in der Thieleschen Theorie gefordert wird, und dennoch wird hier keine Abspaltung von HCl beobachtet. Vielmehr addieren die verbliebenen, nunmehr olefinischen Doppelbindungen sehr rasch zwei weitere Moleküle Halogen zum gesättigten Hexachlorcyclohexan (II). Zur Erklärung der *Substitution* muß man also annehmen, daß der Katalysator nicht nur die Anlagerung von Chlor, sondern zugleich die Abspaltung von Chlorwasserstoff außerordentlich beschleunigt. Diese Annahme läßt sich durch eine ganze Reihe von Beispielen stützen (S. 86 ff.).

Die Schwierigkeit der Wielandschen Theorie liegt darin, daß eine Beschleunigung der *Halogenaddition* an doppelte Bindungen durch die genannten Katalysatoren bisher nicht bekannt ist. Sollte sie aber dennoch stattfinden, so müßte ja auch die zum Cyclohexanderivat führende Konkurrenzreaktion (II) beschleunigt werden, und es muß dann überraschen, daß man dieses bei der katalysierten Dunkelreaktion auch nicht in Spuren findet. Weiterhin ist es unbefriedigend, daß man sich nach dieser Auffassung keinerlei Vorstellung von der Wirkungsweise der Überträger machen kann.

Meerwein[2] so wie Pfeiffer und Wizinger[3] nehmen daher als Primärreaktion eine Anlagerung an, die von der Addition an Doppelbindungen prinzipiell verschieden ist und zu *salzartigen* Addukten an nur ein C-atom des Benzolkerns führt:

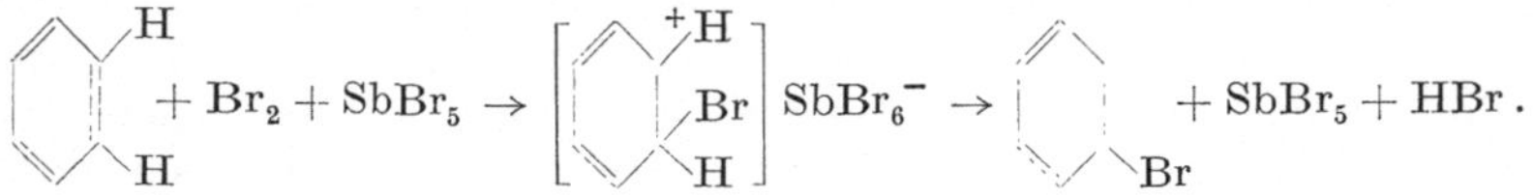

Hiernach bildet das Halogen durch die Zusammenlagerung mit dem Katalysator das Halogenid einer Halogenosäure,

$$SbBr_5 + Br\!\!-\!\!Br \rightarrow [SbBr_6]^-\,Br^+,$$

---

[1] Liebigs Ann. Chem. **306**, 128 (1899).
[2] Z. angew. Chem. **38**, 816 (1925).
[3] Liebigs Ann. Chem. **461**, 132 (1928). — Siehe auch Pfeiffer, Schneider: J. prakt. Chem. (2) **129**, 129 (1931).

in dem ein polarer Gegensatz zwischen den beiden Halogenatomen besteht. Das positiv induzierte lagert sich dann — gewissermaßen als Ion Br^+ — an das einsame Elektronenpaar der elektromeren Form der Doppelbindung an. Es entsteht das Carbeniumsalz einer Halogenosäure, das sekundär in Halogenbenzol und die freie Säure bzw. ihre Bruchstücke zerfällt. Man versteht, daß nur solche Verbindungen Halogenüberträger sind, die mit Halogenen komplexe Anionen bilden können.

Der Beweis für das Auftreten salzartiger Zwischenprodukte bei der Substitution ist PFEIFFER bei Äthylenderivaten gelungen. So gibt das 1,1-Dianisyläthylen mit Brom zunächst eine tiefviolette Färbung; diese verschwindet bald unter Entwicklung von Bromwasserstoff und Hinterlassung des farblosen Bromsubstitutionsproduktes:

$$(CH_3O—C_6H_4)_2C=CH_2 + Br_2 \rightarrow (CH_3O—C_6H_4)_2C=CHBr + HBr.$$

Im Falle des 1,1-Di-p-Dimethylamino-phenyläthylens gelang es, das dunkelblaue Zwischenprodukt zu isolieren und als salzartiges Perbromid aufzuklären, das das Br_3^- gegen das ClO_4^- auszutauschen erlaubt:

$$[(CH_3)_2N—C_6H_4]_2C=CH_2 + 2 Br_2 \rightarrow ([(CH_3)_2N—C_6H_4]_2C^+—CH_2Br)Br_3^-$$
$$\rightarrow ([(CH_3)_2N—C_6H_4]_2C^+—CH_2Br)ClO_4^-.$$

Schließlich konnte PFEIFFER noch zeigen, daß auch reine Kohlenwasserstoffe wie das 1,1-Di-biphenyl-äthylen vor der Substitution gefärbte Zwischenprodukte von Salzcharakter geben[1].

BOCKEMÜLLER und JANSZEN[2] bestreiten, daß die auch von ihnen beobachteten gefärbten Verbindungen Zwischenprodukte der Bromierungsreaktion darstellen. Sie konnten nämlich das Biphenyläthylen mit Brom substituieren, ohne daß zwischendurch die Farberscheinung auftrat. Auf Grund von Beobachtungen über Autoxydationen, die durch die Bromierungsreaktion induziert werden, schließen BOCKEMÜLLER und PFEUFFER[3] auf einen Kettenmechanismus der Substitutionsreaktion. Damit nähern sich diese Autoren der Ansicht von WIELAND, denn die Halogenaddition an Olefine läuft häufig als Kettenreaktion ab[4], und Kohlenstoffradikale als Kettenglieder könnten die Peroxydbildung erklären, nicht aber Carbeniumsalze.

Die erste *kinetische Untersuchung* der Bromierungsreaktion hat L. BRUNER[5] durchgeführt, und zwar mit Benzol als Lösungsmittel und Substrat und Jod als Katalysator. Er schließt aus der Messung der Reaktionskonstanten, daß der einfache Vorgang

$$C_6H_6 + Br_2 \rightarrow C_6H_5Br + HBr$$

nicht zutreffen kann, da er in Benzollösung monomolekular verlaufen müßte, was nicht der Fall ist. Er leitet einen komplizierten Mechanismus nach der Gleichung

$$C_6H_6 + 4 Br = C_6H_5Br + HBr_3 = C_6H_5Br + HBr + Br_2.$$

ab. Das Auftreten von HBr_3 erinnert sehr an die Formulierung von PFEIFFER.

PRICE[6] hat neuerdings den BRUNERschen Messungen eine andere Deutung gegeben, wonach die Reaktion nach der Gleichung:

$$\frac{d\,C_6H_5Br}{d\,t} = k\,[Br_2]^{\frac{3}{2}} \cdot [J_2]^{\frac{1}{2}}$$

---

[1] J. prakt. Chem. (2) **129**, 129 (1931).   [2] Liebigs Ann. Chem. **542**, 166 (1939).
[3] Liebigs Ann. Chem. **537**, 178 (1939).
[4] Vgl. SCHUMACHER: Z. angew. Chem. **49**, 613 (1936).
[5] Z. physik. Chem. **41**, 514 (1902).   [6] J. Amer. chem. Soc. **58**, 2101 (1936).

verläuft. Die Übereinstimmung zwischen den Daten von Bruner und der Berechnung nach dieser Gleichung ist in der Tat sehr gut. Hiernach ist vielleicht BrJ_5 als ein katalytisches Zwischenprodukt anzusehen. Die Katalyse verläuft beim Phenanthren ganz entsprechend; hier ist das allenfalls in Frage kommende Brom*additionsprodukt* (im Sinne von Wieland) isolierbar, und Price konnte daher zeigen, daß es sich den Forderungen der Kinetik nicht fügt; es kann also nicht Zwischenprodukt der Reaktion sein. So kommt auch Price zu der Annahme, daß die Reaktion mit der Anlagerung an *ein* C-atom des aromatischen Kerns beginnt[1]. Ob das Anlagerungsprodukt ein Carbeniumsalz oder ein Radikal ist — mit anderen Worten: ob Brom-Ion oder atomares Brom addiert wird —, geht aus den kinetischen Untersuchungen nicht hervor. Price und Arntzen[2] neigen neuerdings zu ersterer Ansicht und stützen damit die Ansichten von Meerwein und Pfeiffer. Seit dem Vorliegen der Arbeiten von Bockemüller ist man allerdings versucht, die ältere Auffassung von Price vorzuziehen, die er folgendermaßen formuliert (A ist der aktivierende Komplexbildner):

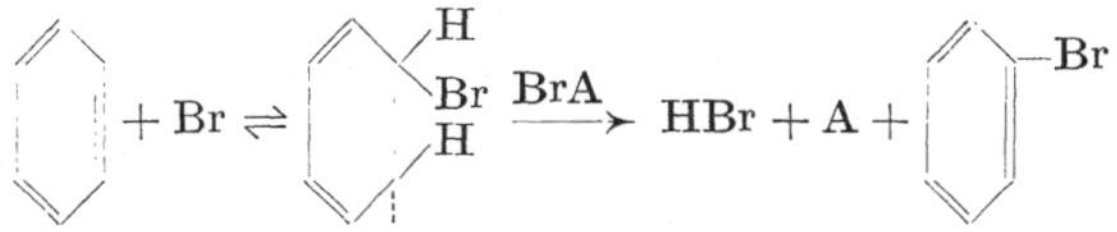

$$+ \text{Br} \rightleftharpoons \quad \xrightarrow{\;\text{BrA}\;} \quad \text{HBr} + \text{A} +$$

Danach wird die Abspaltung von H aus dem radikalischen Zwischenprodukt zum Angriffspunkt der Katalyse.

Bruner hat noch eine Reihe anderer Verbindungen als Bromüberträger untersucht und findet außer Jod Eisen-, Aluminium- und Thalliumsalze, Phosphor- und Antimonhalogenide wirksam. Nitrobenzol kann mit $AlBr_3$ oder $FeBr_3$ nicht bromiert werden; der Grund ist die Festlegung des Katalysators an der Nitrogruppe. Die Verbindung $AlBr_3 \cdot 2 C_6H_5NO_2$ wurde isoliert. In ähnlicher Weise scheint Brombenzol die Halogenide des Phosphors festzulegen, denn mit diesen Katalysatoren kommt die Reaktion nach anfänglich raschem Verlauf bald zum Stillstand.

Verwandt mit den besprochenen Reaktionen ist die Chlorierung des Benzols mit Sulfurylchlorid unter Katalyse durch Aluminiumchlorid. Dabei bildet sich eine violettbraune Zwischenstufe, der O. Silberrad[3] die chinoide Formel:

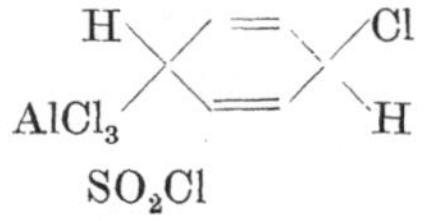

$$\underset{\substack{AlCl_3 \\ SO_2Cl}}{H} \diagdown = \diagup \overset{Cl}{\underset{H}{}}$$

erteilt; der Komplex soll in HCl, SO_2, Chlorbenzol und Aluminiumchlorid zerfallen. Die *katalytische* Wirkung des $AlCl_3$ tritt erst bei Temperaturen ein, bei denen nach Ruff[4] die Molekülverbindung $AlCl_3 \cdot SO_2$ in ihre Komponenten zerfällt. Schwefelverbindungen wie $SOCl_2$, S, S_2Cl_2 unterstützen die katalytische Wirkung des Aluminiumchlorids beträchtlich; zugleich ändert sich die Farbe der Zwischenverbindung. Man muß also annehmen, daß diese Stoffe neben den Reaktionsteilnehmern in den Komplex eingehen, daß ternäre oder höhere Molekülverbindungen hier Zwischenstufe sind.

Auch das an Kohlenstoff gebundene Halogen ist imstande, die vorhin erwähnten Verbindungen $AlCl_3$, $FeCl_3$, $SnCl_4$, $SbCl_5$ und ähnliche (siehe S. 81)

---

[1] Ebenso Prins: Recueil Trav. chim. Pays-Bas **43**, 685 (1924); **44**, 166 (1925).
[2] J. Amer. chem. Soc. **60**, 2835 (1938).
[3] J. chem. Soc. [London] **119**, 2029 (1921).
[4] Ber. dtsch. chem. Ges. **35**, 4453 (1902).

komplex anzulagern. Die Beweise für die Existenz von Addukten aus Aluminiumchlorid und Halogenalkylen wurden schon auf S. 77 besprochen. Durch die Anlagerung werden die Halogenalkyle zu Estern der weit stärkeren Halogenosäuren

$$R\text{---}Cl + AlCl_3 \rightleftharpoons R[AlCl_4]$$

mit einer latenten Ionisationsfähigkeit in R^+ und $AlCl_4^-$. Alle katalytischen Wirkungen von Komplexbildnern auf Halogenalkyle lassen sich unter diesem Gesichtspunkt verstehen.

Das älteste Beispiel, das auch am meisten zu der Entwicklung der besprochenen Anschauungen beigetragen hat, ist die Gleichgewichtsisomerie zwischen Bornylchlorid, Isobornylchlorid und Camphenhydrat[1]. Die Umlagerungsgeschwindigkeiten der drei reinen Verbindungen bis zum Gleichgewicht hängen vom Lösungsmittel ab und sind bis auf wenige Ausnahmen (die sich auf Solvatbildung zurückführen lassen) der Dielektrizitätskonstante symbat. Das gleiche gilt für andere Ester der zugrunde liegenden Alkohole. In einem bestimmten Lösungsmittel lagern sich verschiedene Ester um so rascher um, je stärker die Säure ist. So werden m-Nitrobenzoesäureester sehr langsam, Sulfosäureester äußerst rasch umgelagert, dazwischen liegen die Ester der Trichloressigsäure, Salzsäure, Bromwasserstoffsäure in der aufgeführten Reihenfolge. Alle Einflüsse also, die den Zerfall der Säure in Proton und Säureanion begünstigen würden, erleichtern auch die Umlagerung[2]. MEERWEIN schließt daraus, daß ein analoger Zerfall in organisches Kation und Säureanion der Umlagerung vorausgehen muß, und daß diese auf einer Umgruppierung im Kation beruht.

Die Umlagerung der Ester, insbesondere der Chloride und Bromide jener Verbindungen wird nun in ganz besonderem Maße durch Halogenobasen katalysiert. Aus den Halogenwasserstoffestern werden Ester der stärkeren Halogenosäuren, die sich entsprechend schneller umlagern. Da die komplexe Bindung reversibel ist, kann das gleiche Molekül $SnCl_4$ usw. nacheinander vielen Molekülen des Halogenids zur Umlagerung verhelfen: seine Wirkung ist eine katalytische. Daß HCl und HBr selbst Katalysatoren sind, erklärt sich aus ihrer Autokomplexbildung, die zu Derivaten der stärkeren Dichlorwasserstoffsäure führt:

$$R - Cl + HCl \rightleftharpoons R[HCl_2].$$

Für diese Zusammenlagerung, die bei der Flußsäure sogar die Norm ist, gibt es in den sauren und übersauren Carboniumchloriden Beispiele; tiefere Farbe und größere Beständigkeit gegenüber den „neutralen" Triarylchloriden weisen auf die überlegene Stärke der komplexen Isopolysäuren hin.

Auch der Halogenaustausch zwischen zwei verschiedenen Halogenalkylen wird durch Aluminiumchlorid katalysiert. DOUGHERTY[3], der diese Reaktion zuerst eingehend untersucht hat, formuliert sie als Ionenreaktion folgendermaßen:

$$RX + AlCl_3 \rightleftharpoons R[XAlCl_3] \rightleftharpoons R^+ + [XAlCl_3]^-$$
$$R'X' + AlCl_3 \rightleftharpoons R'[X'AlCl_3] \rightleftharpoons R'^+ + [X'AlCl_3]^-$$
$$R^+ + [X'AlCl_3]^- \rightleftharpoons R[X'AlCl_3] \rightleftharpoons RX' + AlCl_3.$$

Beispiele dafür sind der Umsatz von Äthyljodid mit Chloroform zu Äthylchlorid und Jodoform[4], der Austausch zwischen Methyljodid und Äthylbromid zu

---

[1] H. MEERWEIN und Mitarbeiter: besonders Liebigs Ann. Chem. **453**, 16 (1927); **435**, 174 (1924); Ber. dtsch. chem. Ges. **53**, 1815 (1920); **55**, 2500 (1922).
[2] Ganz entsprechende Abhängigkeiten stellte CHAPMAN bei der Umlagerung von Oxim-estern fest, vgl. J. chem. Soc. [London] **1933**, 806; **1934**, 1550; **1935**, 1223; **1936**, 448. [3] J. Amer. chem. Soc. **51**, 576 (1929).
[4] WALKERS: J. chem. Soc. [London] **85**, 1082 (1904).

Methylbromid und Äthyljodid, zwischen Äthylenbromid und Äthyljodid zu Äthylbromid und Dijodäthan.

Die katalysierte Jodwanderung zwischen aromatischen Kernen unterliegt einem anderen Mechanismus (siehe S. 99).

Die Verstärkung der Polarität organischer Halogenide erleichtert auch ihre hydrolytische Spaltung. So erklärt sich das elegante Verfahren von Schultze[1] zur Gewinnung von Benzylalkohol aus Benzylchlorid bzw. Benzaldehyd aus Benzalchlorid durch Erhitzen mit Wasser und Eisenchlorid auf 100°. Die Reaktion ist folgendermaßen zu formulieren:

$$C_6H_5 \cdot CH_2Cl + FeCl_3 \rightarrow [C_6H_5 \cdot CH_2]^+ + [FeCl_4]^-$$
$$[C_6H_5 \cdot CH_2]^+ + OH^- \rightarrow C_6H_5 \cdot CH_2OH$$
$$[FeCl_4]^- + H^+ \rightarrow HCl + FeCl_3 ,$$

wenn man sie als Kryptoionenreaktion auffaßt, oder sie muß nach dem zweiten Ingoldschen Schema (S. 76) vor sich gehen.

Daß bei solchen Reaktionen die Stufe des *freien* Ions nicht notwendig durchlaufen werden muß, zeigt die Alkoholyse des optisch aktiven Phenyl-äthylchlorids, die zu *aktivem* Äther führt[2]:

$$C_6H_5-\overset{\overset{\textstyle H}{|}}{\underset{\underset{\textstyle CH_3}{|}}{C}}-Cl + HO-C_2H_5 \xrightarrow{HgCl_2} C_6H_5-\overset{\overset{\textstyle H}{|}}{\underset{\underset{\textstyle CH_3}{|}}{C}}-OC_2H_5 .$$

Das Phenyl-methyl-carboniumion ist nicht mehr optisch aktiv; deshalb wird man hier (und in vielen anderen Fällen) den Umsatz besser folgendermaßen formulieren:

$$\begin{matrix} \overset{+}{R}-[ClMeCl]^- \\ \underset{(-)\ \ (+)}{C_2H_5O-H} \end{matrix} \rightleftharpoons \begin{matrix} R \\ | \\ OC_2H_5 \end{matrix} + H[MeCl_2] .$$

Das Halogenid wird durch die Komplexbildung stark polarisiert; es addiert und polarisiert ein Molekül Alkohol, und in diesem Deformationskomplex „springen die Bindungen um". Das Wesentliche einer Ionenreaktion liegt auch hier vor, da *geladene* Einheiten ausgetauscht werden.

Halogenide, die am α-Kohlenstoff Wasserstoff tragen, verlieren leicht unter dem Einfluß von wasserfreiem $AlCl_3$, $FeCl_3$, $ZnCl_2$ usw. Halogenwasserstoffsäure und geben Olefine; es ist dies die Umkehrung der auf S. 81 genannten Additionsreaktion. Es gilt also folgende Gleichung:

$$\underset{\underset{\textstyle Cl\ \ Cl}{|\ \ |}}{\overset{\overset{\textstyle Cl\ \ Cl}{|\ \ |}}{Cl-C-C-H}} \underset{\xrightarrow{AlCl_3}}{} \underset{\underset{\textstyle Cl\ \ Cl}{|\ \ |}}{\overset{\overset{\textstyle Cl\ \ Cl}{|\ \ |}}{C=C}} + HCl .$$

Das Tetrachloräthylen lagert nun unter dem Einfluß der gleichen Katalysatoren verschiedene Halogenalkyle an[3], zum Beispiel Chloroform zu Heptachlorpropan:

$$Cl_2C{=}CCl_2 + CHCl_3 = Cl_2HC-CCl_2-CCl_3 .$$

Als Olefine sind auch Trichloräthylen, Dichloräthylen, Dibromäthylen und Monochloräthylen, statt Chloroform auch Bromoform und Tetrachlorkohlenstoff

[1] DRP. 82927 und 85493. — Friedlaender **4**, 143, 145.
[2] Bodendorf, Böhme: Liebigs Ann. Chem. **516**, 1 (1935).
[3] Prins: J. prakt. Chem. (2) **89**, 415 (1914).

dieser Reaktion zugänglich[1]; halogenfreie Äthylene geben sie nicht. Offenbar müssen *beide* Partner dem Katalysator einen Angriffspunkt geben. Die Reaktion kann man in Anlehnung an Prins[2] unter Benutzung moderner Mesomerievorstellungen folgendermaßen darstellen:

$$\underset{Cl}{\overset{R}{>}}C{=}C\underset{R''}{\overset{R'}{<}} \quad \overset{AlCl_3}{\underset{AlCl_4}{\rightleftarrows}} \quad \underset{AlCl_4}{\overset{R}{>}}\overset{(+)}{C}{-}\overset{(-)}{C}\underset{R''}{\overset{R'}{<}}$$

$$R'''Cl + AlCl_3 \rightleftharpoons [AlCl_4]\ R'''{+}$$

$$\downarrow$$

$$RCCl_2{-}CR'R''R''' + 2\,AlCl_3 \leftarrow R\underset{AlCl_4}{\overset{AlCl_4}{>}}C{-}C\underset{R'''}{\overset{R'}{<}}R''$$

Durch die Anlagerung von Aluminiumchlorid wird die Äthylendoppelbindung stärker polar; sie lagert dann die entgegengesetzt geladenen Bruchstücke des Halogenosäureesters an, und das Addukt zerfällt unter Freisetzung der beiden Moleküle Aluminiumchlorid. Von der auf S. 81 besprochenen Salzsäureanlagerung an Äthylen unterscheidet sich diese Reaktion insbesondere dadurch, daß hier die Aktivierung des Olefins erforderlich und nachweisbar ist. Es ist auch eine krystallisierte Molekülverbindung des Hexachlorpropylens mit Aluminiumchlorid isoliert worden[3].

Das Spiel der beiden Reaktionen — Salzsäureabspaltung und Anlagerung von Halogenalkyl an die Doppelbindung — kann sich wiederholen und dadurch zur *Polymerisation* gechlorter Kohlenwasserstoffe mittels Aluminiumchlorid führen[4]. Abspaltung und Wiederanlagerung von HCl in umgekehrter Richtung könnte die vielfach beobachtete *Halogenwanderung* in aliphatischen Ketten bei der Einwirkung von Katalysatoren erklären; allerdings ist diese vielleicht einer direkten Umlagerung im Kation zuzuschreiben.

Auch *Zerfallsreaktionen* werden durch Halogenobasen katalysiert. So wird z. B. Chloral durch Aluminiumchlorid unter Verlust von Chlorwasserstoff und Kohlenoxyd gespalten[5], das Dichlormethylen dimerisiert sich zum Tetrachloräthylen:

$$Cl_3C{-}CHO \rightarrow Cl_2C + HCl + CO,$$
$$2\,Cl_2C = Cl_2C\ CCl_2.$$

Der Spaltung geht die Bildung einer Molekülverbindung voraus[6]. Bei Anwesenheit von etwas Feuchtigkeit verläuft die Reaktion anders unter Bildung von Metachloral; man wird annehmen dürfen, daß dies eine Säurekatalyse durch H[AlCl_3OH] ist.

Säurechloride geben wahrscheinlich durchweg mit $AlCl_3$, $AlBr_3$, $FeCl_3$ und ähnlichen Stoffen isolierbare Molekülverbindungen. Die Verbindung

$$C_6H_5COCl \cdot AlCl_3$$

ist von Perrier[7] und von Böeseken[8] dargestellt worden, eine analoge Molekülverbindung des Eisenchlorids hat Nencki[9] erhalten. Weiterhin sind krystalli-

---

[1] Böeseken: Recueil Trav. chim. Pays-Bas **30**, 148 (1911). — Prins: Ebenda **51**, 1065 (1932); **56**, 119, 779 (1937); **57**, 659 (1938).
[2] Chem. Weekbl. **24**, 615 (1927).
[3] Recueil Trav. chim. Pays-Bas **51**, 1068 (1932).
[4] Prins: Recueil Trav. chim. Pays-Bas **56**, 119 (1937); siehe auch Liebigs Ann. Chem. **491**, 189 (1931).   [5] Böeseken: Recueil Trav. chim. Pays-Bas **29**, 85 (1910).
[6] Böeseken: Recueil Trav. chim. Pays-Bas **29**, 104 (1910).
[7] C. R. hebd. Séances Acad. Sci. **1893**.
[8] Recueil Trav. chim. Pays-Bas **19**, 19 (1900).
[9] Ber. dtsch. chem. Ges. **32**, 2414 (1899).

sierte Addukte mit $MgBr_2$, $AlBr_3$, $TiCl_4$ und $SbCl_5$ bekannt[1]. Schließlich hat Bergmann eine Schwefelsäureverbindung des Benzoylchlorids

$$C_6H_5COCl \cdot H_2SO_4$$

isoliert, die nach seiner Meinung in der Katalyse der Benzoylierung durch Schwefelsäure eine Rolle spielen soll[2]. Komplexbildung von Benzoylchlorid und Acetylchlorid mit Eisenchlorid ist ferner von Wertyporoch[3] durch Leitfähigkeitsmessungen nachgewiesen worden. Daraus folgt, daß durch die Anlagerung die Ionisierungsfähigkeit erhöht wird, etwa nach der Formulierung:

$$CH_3COCl + FeCl_3 \rightleftharpoons [CH_3CO]^+[FeCl_4]^-.$$

Dasselbe belegt Fairbrother[4], indem er zeigt, daß Aluminiumchlorid mit radioaktivem Chlor dieses gegen das Chlor von Säurechloriden austauscht.

Bei diesen Molekülverbindungen steht es allerdings nicht fest, ob die C=O-bindung oder das Cl des Säurechlorids die Verknüpfung besorgt. Pfeiffer neigt zu ersterer, Prins[5] zu letzterer Annahme. Dilthey[6] lokalisiert das fest gebundene Halogenid am Sauerstoff, schreibt aber dem Chlor in diesem Komplex eine weitere Additionsfähigkeit zu, die erst zur Aktivierung führen soll.

Die Labilisierung des Moleküls durch die Komplexbildung zeigt sich in einer von Böeseken gefundenen, ziemlich allgemeinen Zerfallsreaktion, bei der unter Abspaltung von Kohlenoxyd Halogenalkyle entstehen. So gibt Dichloracetylchlorid mit $AlCl_3$ Chloroform, Trichloracetylchlorid gibt Tetrachlorkohlenstoff, Trimethylessigsäurechlorid Isobuten[7]:

$$Cl_2CH\!-\!COCl \;\rightarrow\; Cl_2CHCl + CO$$
$$Cl_3C\!-\!COCl \;\rightarrow\; CCl_4 + CO$$
$$(CH_3)_3C\!-\!COCl \rightarrow C_4H_8 + CO + HCl.$$

In entsprechender Weise zerfällt Oxalylchlorid in Phosgen und CO[8]:

$$ClCO\!-\!COCl \rightarrow COCl_2 + CO$$

und kann daher bei der Friedel-Craftsschen Reaktion das Phosgen ersetzen. An diese primäre Zerfallsreaktion schließen sich häufig noch sekundäre Reaktionen an, die als Friedel-Craftssche Umsetzungen der im Reaktionsmedium vorhandenen Stoffe zu deuten sind[9].

Bei manchen Säurechloriden tritt neben oder vor der Zersetzung eine Kondensation nach Combes[10] ein, die zum Beispiel beim einfachen Acetylchlorid zum Chlorid der Diacetessigsäure führt:

$$3\,H_3C\!-\!COCl \rightarrow \begin{array}{c} H_3C\!-\!CO \\ \diagdown \\ H_3C\!-\!CO \diagup \end{array}\!\!CH\!-\!COCl\,,$$

das bei der Aufarbeitung mit Wasser in Acetylaceton zerfällt. Säureanhydride geben bei Behandlung mit Borfluorid die entsprechende Reaktion[11].

Die wichtigsten Umsetzungen der Säurechloridkomplexe werden bei der Friedel-Craftsschen Reaktion (S. 100) besprochen.

---

[1] Pfeiffer: Organische Molekülverbindungen. Stuttgart 1927.
[2] Ber. dtsch. chem. Ges. **54**, 1652 (1921). — Vgl. K. Freudenberg, W. Jacob: Ebenda **74**, 1001 (1941).   [3] Ber. dtsch. chem. Ges. **66**, 1232 (1933).
[4] J. chem. Soc. [London] **1937**, 503.   [5] J. prakt. Chem. (2) **89**, 443 (1914).
[6] Ber. dtsch. chem. Ges. **71**, 1350 (1938).
[7] Recueil Trav. chim. Pays-Bas **29**, 85 (1910).
[8] Vgl. Böeseken: Recueil Trav. chim. Pays-Bas **30**, 381 (1911).
[9] Siehe z. B. Prins: J. prakt. Chem. (2) **89**, 425 (1914).
[10] Ann. Chimie (6) **12**, 204, 255 (1888).
[11] Meerwein: Ber. dtsch. chem. Ges. **66**, 411 (1933).

Die Ionisation der Halogen-Kohlenstoff-Bindung, die wir als die Ursache der meisten hier besprochenen Umsetzungen ansehen, muß bei optisch aktiven Halogeniden zur *Racemisation* führen, wenn das Halogen am Assymetriezentrum steht. Das Carboniumion hat ja nur drei Substituenten am assymetrischen Kohlenstoffatom. Aus dieser Überlegung heraus haben BODENDORF und BÖHME[1] in einer wichtigen Arbeit die Einwirkung von Katalysatoren auf aktives α-Phenäthylchlorid untersucht. Sie fanden in der Tat eine rasche Racemisierung durch $HgCl_2$, $ZnCl_2$, BCl_3, $SnCl_4$ und $SbCl_5$:

$$\underset{\underset{CH_3}{|}}{\overset{\overset{H}{|}}{C_6H_5-C-Cl}} + SbCl_5 \rightleftharpoons \underset{\underset{CH_3}{|}}{\overset{\overset{H}{|}}{C_6H_5-C}}[SbCl_6]^- \rightleftharpoons \underset{\underset{CH_3}{|}}{\overset{\overset{H}{|}}{C_6H_5-C}} + [SbCl_6]^-.$$

$SiCl_4$ und $AsCl_3$, die keine Halogenosäuren bilden, wirken nicht katalytisch. Das Lösungsmittel hat starken Einfluß, der einerseits von der Dielektrizitätskonstanten, andererseits von seiner Komplexaffinität zum Katalysator abhängt. Es wurde besonders gezeigt, daß nicht Chlorionen für den Effekt verantwortlich gemacht werden können: die äquivalenten Mengen Lithiumchlorid, Chlorwasserstoff und Tetramethylammoniumchlorid zeigen ihn so gut wie nicht. Ferner wurde gefunden, daß $HgCl_2$ und $ZnCl_2$ durch Lithiumchlorid, $SnCl_4$ durch die äquivalente Menge Salzsäure[2] fast vollkommen unwirksam werden. Diese Hemmungen erklären sich durch Komplexbildung mit dem Katalysator. Das letzte Beispiel belegt die Spezifität dieser Katalysen, denn in anderen Fällen (S. 81) ist gerade die Kombination Chlorwasserstoff plus Halogenid besonders wirksam.

2. Die Sauerstoffbindung.

Wasser lagert wie die Halogenwasserstoffsäuren viele Metallhalogenide an, und das Ergebnis ist wie dort eine Erhöhung der Dissoziationsfähigkeit, die aus dem neutralen Wasser beträchtlich starke Säuren macht, zum Beispiel:

$$H-OH + ZnCl_2 \rightleftharpoons H[OHZnCl_2] \quad \rightleftharpoons H^+ + [HOZnCl_2]^-$$

und $\quad 2H-OH + ZnCl_2 \rightleftharpoons H_2[(OH)_2ZnCl_2] \rightleftharpoons H^+ + H[(OH)_2ZnCl_2]^-$.

Man beobachtet daher, daß eine konzentrierte wässerige Zinkchloridlösung kongosauer reagiert; beim Verdünnen verschwindet die saure Reaktion, woraus man folgern muß, daß nicht etwa eine hydrolytische Spaltung in $Zn(OH)_2$ und HCl für die Acidität verantwortlich ist. Im vorliegenden Fall sind überdies krystallisierte Cineolsalze der formulierten Säuren isoliert worden[3]. A. WERNER hat solche an sich neutralen Stoffe, wie das Zinkchlorid, die in wässeriger Lösung komplexe Säuren bilden, *Anhydrosäuren* genannt; die wichtigsten sind $CdCl_2$, $ZnCl_2$, $ZnBr_2$, $AlCl_3$, $AuCl_3$, $PtCl_4$, $SbCl_5$. Es sind also vielfach die gleichen Stoffe, die auch mit Halogenverbindungen Komplexe geben.

Wässerige Lösungen der Anhydrosäuren verhalten sich bei allen untersuchten Säurekatalysen wie wahre Säuren, so bei der Jodausscheidung aus Jodid-Jodat-Mischung[4], der Inversion von Rohrzucker[4] und der Hydrolyse von Cellulose und Eiweißverbindungen[5]. $AlCl_3 \cdot 6H_2O$ katalysiert wie eine starke Säure die Veresterung von Alkoholen mit organischen Säuren[6]. Ebenso erklärt

[1] Liebigs Ann. Chem. **516**, 1 (1935).
[2] BÖHME: Ber. dtsch. chem. Ges. **71**, 2372 (1938).
[3] Liebigs Ann. Chem. **455**, 227 (1927).
[4] Vgl. REIFF: Z. anorg. allg. Chem. **208**, 321 (1932).
[5] v. WEIMARN: Kolloid-Z. **36**, 338 (1925); **46**, 40 (1928).
[6] AKOPJAN: Chem. Zbl. **1939 I**, 4923.

sich die Fähigkeit des Chlorzinks, die Anlagerung von Wasser an die Doppelbindung des Camphens zu katalysieren; das Wasser reagiert im Komplex $[ZnCl_2OH]H$ wie andere starke Säuren (H_2SO_4, Cl_3C—COOH), die sich rascher als schwache anlagern, und das Addukt zerfällt in Camphenhydrat und seine Umlagerungsprodukte sowie $ZnCl_2$.

Auch die Anionen *organischer Säuren* werden vom Chlorzink komplex gebunden, womit wieder eine exakt nachweisbare Verstärkung der Säure einhergeht:

$$ZnCl_2 + CH_3COOH \rightleftharpoons [ZnCl_2 \cdot OCOCH_3]H.$$

Krystallisierte Oxoniumsalze der Chlorzinkessigsäure mit Äther sind von Meerwein[1] isoliert worden. Auch LiCl, $MgCl_2$, $Zn(ClO_3)_2$, B_2O_3, SO_2 und besonders BF_3 lagern sich an organische Säuren unter starker Erhöhung der Acidität an. Diese Stoffe wirken auf die Addition organischer Säuren an Doppelbindungen (z. B. im Camphen) und auf die Umlagerung der organischen Ester des Camphenhydrats, Borneols und Isoborneols in der gleichen Weise katalytisch, wie wir es eben beim Wasser und auf S. 81 bei den Halogenwasserstoffsäuren kennengelernt haben[1].

Analog dem Wasser addieren die *Alkohole* die vorhin genannten Stoffe zu komplexen Verbindungen, die als Ester von Hydroxosäuren anzusehen sind:

$$[ZnCl_2OH]R.$$

Man darf daher erwarten, daß sich diese Komplexe wie die Ester anderer starker Säuren verhalten. In der Tat wird zum Beispiel das Isoborneol durch Chlorzink in Camphenhydrat umgelagert, dieses zerfällt teilweise in Camphen und die Hydroxosäure des Chlorzinks[1]. Die Abhängigkeit dieser Umwandlungen vom Lösungsmittel ist die gleiche wie bei den Komplexen des Isobornylchlorids (S. 85) und den Estern des Isoborneols. Man muß also annehmen, daß auch hier als Zwischenprodukt Alkylionen entstehen. Die Wasserabspaltung aus Alkoholen mit Chlorzink, die präparativ häufig durchgeführt wird, beruht auf der Stabilisierung des Alkylions durch Abgabe eines Protons, das mit dem komplex gebundenen Hydroxyl als Hydroxosäure austritt.

Benzolkohlenwasserstoffe werden durch Alkohole bei Gegenwart von Borfluorid alkyliert. Diese Reaktion wird von Price und Ciskowski[2] folgendermaßen formuliert:

$$ROH + BF_3 \rightleftharpoons R^+[OHBF_3]^-,$$

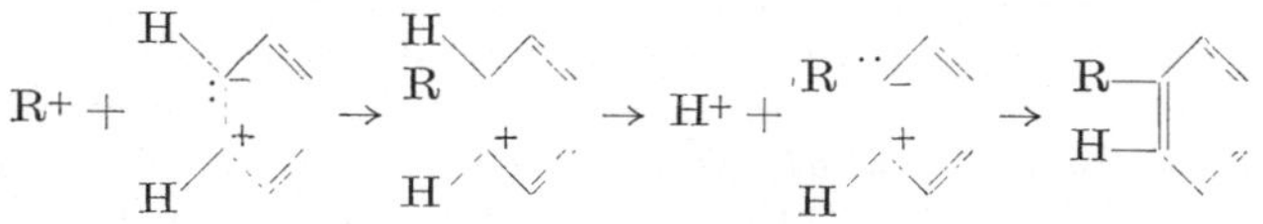

$$R^+ + \quad\longrightarrow\quad \rightarrow H^+ + \quad\longrightarrow$$

$$H^+ + [OHBF_3]^- \rightarrow H_2O + BF_3.$$

Die Mesomerisierung des Benzolkerns kann entweder durch Anlagerung von Borfluorid oder durch die induktive Wirkung des Dipols $R[OHBF_3]$ erfolgen. Gegen die ältere Auffassung, daß die Alkylierung mit Alkoholen über die Olefine führe, spricht überzeugend die gleichartige Reaktionsweise von Benzylalkohol. Die Alkylierung der Alkohole selbst, also die Ätherbildung mit starken Säuren, ist eine H·-Katalyse und führt nicht über die Mineralsäureester[3].

[1] Liebigs Ann. Chem. **455**, 244 (1927).
[2] J. Amer. chem. Soc. **60**, 2499 (1938).
[3] J. van Alphen: Recueil Trav. chim. Pays-Bas **49**, 754 (1930).

Da die Lösung des Chlorzinks in Alkoholen sauer reagiert, ist jedenfalls noch eine andere Zusammenlagerung zu einer Alkoxosäure I möglich, und ebenso gibt Borfluorid den stark sauren Komplex II[1]:

$$\text{I} \quad [ZnCl_2OR]H, \qquad \text{II} \quad [BF_3OR]H.$$

Es hängt von der Natur des Alkohols ab, ob das Addukt überwiegend als Hydroxosäureester oder als Alkoxosäure reagiert.

Die Bildung von Alkoxosäuren hat MEERWEIN[2] noch bei einer zweiten Körperklasse aufgefunden, nämlich den Alkoholaten des Aluminiums, Bors, Antimons, Zinns und Titans, die nach dem Schema:

$$Al(OR)_3 + ROH \rightleftharpoons [Al(OR)_4]H \rightleftharpoons [Al(RO)_4]^- + H^{\cdot}$$

reagieren. Alle Stoffe, die Wasserstoff in irgendeinem Lösungsmittel derart aktivieren, daß er als H-Ion abdissoziieren kann, nennt MEERWEIN *Ansolvosäuren*.

Ansolvosäuren katalysieren die Methylierung von Alkoholen durch Diazomethan, die schon auf S. 76 besprochen wurde[3].

Ketone und *Äther*, die im Gegensatz zu den zuletzt besprochenen Verbindungen keine nachweisbare Neigung zur Ionenbildung zeigen, können durch die Anlagerung von Komplexbildnern ebenfalls zu katalytischen Reaktionen veranlaßt werden. An die Stelle einer Dissoziationserhöhung tritt in diesem Fall die Polarisation des Moleküls[4].

Als Komplexbildner kommen bei *Carbonylverbindungen* Säuren, Wasser, Alkohole und Metallsalze in Frage[5], von denen wir auf Grund der Halochromieerscheinungen annehmen müssen, daß sie sich an das Sauerstoffatom anlagern können:

$$CO \cdots HX \quad \text{und} \quad CO \cdots MeX.$$

Tatsächlich setzt sich Aceton, das in trockenem Zustand nicht mit Diazomethan reagiert[6], nach Zusatz von 10 % Wasser rasch damit um und liefert der Hauptsache nach (40 % d. Th.) Dimethyl-äthylenoxyd neben Methyläthylketon und homologen Ketonen. Eine Methylierung des Wassers zu Methylalkohol tritt nicht ein, es wirkt lediglich katalytisch. Etwas schwächer katalysieren die Alkohole, von denen der Methylalkohol am wirksamsten ist. Die meisten der in Frage kommenden Metallsalze zerstören das Diazomethan, doch konnte im Lithiumchlorid ein Katalysator gefunden werden, der in 0,1-normaler Acetonlösung etwa ebensoviel leistet wie ein Wasserzusatz von 10 %. Säuren sind keine geeigneten Katalysatoren für diese Reaktion, denn sie werden selbst viel zu schnell durch das Diazomethan methyliert. Trotzdem ließ sich bei Salzsäure und Oxalsäure der katalytische Effekt im Prinzip nachweisen[5]. Bemerkenswert ist, daß der ganz schwach saure Trichloräthylalkohol wieder ein recht guter Katalysator ist und selber nur in untergeordnetem Maße methyliert wird[6]. Man kann diese Reaktion als eine Illustration zu der Theorie von PRINS (S. 79) ansehen. Als starker Dipol wurde noch das Formamid geprüft und ebenfalls wirksam gefunden. In diesem Zusammenhang weist MEERWEIN darauf hin, daß die katalytische Wirksamkeit von Wasser und den Alkoholen auf die Acetonmethylierung in der gleichen Reihenfolge abnimmt wie die Verschiebung der ultravioletten C=O-Bande durch Zusatz dieser Stoffe[7].

[1] NIEUWLAND und Mitarbeiter: J. Amer. chem. Soc. **52**, 1018 (1930).
[2] Liebigs Ann. Chem. **455**, 227 (1927); **476**, 113 (1929).
[3] MEERWEIN: Liebigs Ann. Chem. **484**, 1 (1931).
[4] MEERWEIN, BURNELEIT: Ber. dtsch. chem. Ges. **61**, 1840 Anm. (1928).
[5] MEERWEIN, BURNELEIT: Ber. dtsch. chem. Ges. **61**, 1840 (1928).
[6] MEERWEIN, BERSIN, BURNELEIT: Ber. dtsch. chem. Ges. **62**, 999 (1929).
[7] WOLF: Z. physik. Chem., Abt. B **2**, 30 (1929).

Eine *Umlagerung* als Folge der Aktivierung einer C—O-Bindung ist die Friessche Verschiebung[1], die unter der Einwirkung von $AlCl_3$, BF_3, $ZnCl_2$, $FeCl_3$, $SnCl_4$ und $POCl_3$ erfolgt. Läßt man auf Arylester organischer Säuren in der Wärme diese Stoffe einwirken, so entstehen je nach der Natur des zugrunde liegenden Phenols wechselnde Mengen von *o*- und *p*-Phenolketonen nebeneinander, z. B.:

$$CH_3 \cdot CO-O-\!\!\!\bigcirc \quad \xrightarrow{AlCl_3} \quad \begin{cases} HO-\!\!\!\bigcirc\text{—}COCH_3 \\ \\ HO-\!\!\!\bigcirc\text{—}COCH_3 \end{cases}$$

Die Reaktion verläuft jedoch nur mit $POCl_3$ katalytisch[2]; die Metallhalogenide und das Borfluorid geben mit den entstehenden Ketonen Molekülverbindungen, die fester sind als diejenigen des Ausgangsmaterials. Es sind deshalb mindestens molare Mengen davon nötig.

Über den Mechanismus dieser Reaktion stehen sich drei Anschauungen gegenüber:

1. Es findet ein direkter, monomolekularer Austausch zwischen der Acylgruppe und einem Wasserstoffatom des Kernes statt[1]. Diese Reaktion verläuft als kationische Umlagerung[3], d. h. der Acylrest löst sich ohne sein Bindungselektronenpaar vom Sauerstoff ab und findet einen neuen Platz an einem einsamen Elektronenpaar des mesomeren Benzolkerns; durch Wanderung eines Protons an den Sauerstoff wird der aromatische Zustand zurückgebildet. Der Katalysator hat die Aufgabe, diesen „Ionenzerfall" vorzubereiten[4].

2. Das Halogenid spaltet den Arylester unter Bildung von Säurechlorid, das nach einer Friedel-Craftsschen Reaktion substituierend wirkt[5]:

$$\underset{H}{\overset{O \cdot COCH_3}{\bigcirc}} + ZnCl_2 \;\rightarrow\; \underset{H}{\overset{O \cdot ZnCl}{\bigcirc}} + CH_3CO \cdot Cl \;\rightarrow\; \underset{COCH_3}{\overset{OH}{\bigcirc}} + ZnCl_2$$

3. Die Reaktion verläuft zwischen zwei Molekülen, von denen das eine wie ein Säureanhydrid bei der Friedel-Craftsschen Reaktion ein zweites acyliert, nach folgendem Schema[6]:

$$\underset{H}{\overset{O \cdot COCH_3}{\bigcirc}} + C_6H_5 \cdot O \cdot COCH_3 \;\xrightarrow{AlCl_3}\; \underset{COCH_3}{\overset{O \cdot COCH_3}{\bigcirc}} + C_6H_5OH$$

[1] K. Fries, Fink: Ber. dtsch. chem. Ges. **41**, 4272 (1908). — Eine eingehende Literaturzusammenstellung findet sich in der Dissertation von D. Kästner, Marburg 1937. [2] E. Ott: Ber. dtsch. chem. Ges. **59**, 1068 (1926).

[3] E. Müller: Neuere Anschauungen der organischen Chemie, S. 337. Berlin 1940.

[4] Analog verlaufen viele Umlagerungen von Benzolderivaten, die durch *Säuren* katalysiert werden, so die Claisensche Umlagerung, die Fischer-Heppsche Umlagerung u. a. Vgl. E. Müller: a. a. O. Sie sind im Abschnitt über Säurekatalyse behandelt.

[5] S. Skraup, K. Poller: Ber. dtsch. chem. Ges. **57**, 2033 (1924). — E. H. Cox: J. Amer. chem. Soc. **52**, 352 (1930). — K. v. Auwers, W. Mauss: Liebigs Ann. Chem. **464**, 293 (1928); Ber. dtsch. chem. Ges. **61**, 1495 (1928).

[6] K. W. Rosenmund, W. Schnurr: Liebigs Ann. Chem. **460**, 59 (1928).

Durch anschließende Umesterung soll dann freies Phenolketon entstehen und das ursprüngliche Acylphenol zurückgebildet werden.

Eine endgültige Entscheidung zwischen den verschiedenen Reaktionsmöglichkeiten steht noch aus. Der erste Weg hat die größte Wahrscheinlichkeit für sich.

Eine katalytische Reaktion, die wenigstens teilweise auf dem Komplexbildungsvermögen von Metallalkoholaten beruht, ist die Reduktion von Carbonylverbindungen nach MEERWEIN-PONNDORF (I). Sie wird vielfach von der Esterkondensation nach CLAISEN als Konkurrenzreaktion (II) begleitet:

$$R\text{---}CHO + R'\text{---}CH_2OH \rightleftharpoons RCH_2OH + R'CHO \qquad (I)$$

$$2\,R\text{---}CHO \rightarrow R\text{---}CO\text{---}O\text{---}CH_2R. \qquad (II)$$

Nach der Auffassung von MEERWEIN[1] bildet sich in jedem Fall die Molekülverbindung aus dem Aldehyd und dem Alkoholat. Diese kann nun unter Wanderung eines Wasserstoffs wieder zerfallen (I a):

$$R\text{---}CH{=}O \cdots \overset{I}{Me}\text{---}O\text{---}CH_2R' \rightleftharpoons R\text{---}CH_2\text{---}O\text{---}\overset{I}{Me} \cdots O{=}CHR'$$

$$\rightleftharpoons R\text{---}CH_2\text{---}O\text{---}\overset{I}{Me} + O{=}CHR' \qquad (I\,a)$$

oder sie stabilisiert sich zur Hauptvalenzverbindung dadurch, daß sich das Alkoholat an die Carbonylgruppe addiert:

$$R\text{---}CH{=}O \cdots \overset{I}{Me}\text{---}O\text{---}CH_2R' \rightarrow R\text{---}CH \underset{O\text{---}CH_2R'}{\overset{O\text{---}\overset{I}{Me}}{<}}$$

$$R\text{---}CH \underset{O\text{---}CH_2R,}{\overset{O\text{---}\overset{I}{Me}}{<}} + O{=}CHR \rightarrow R\text{---}C \underset{O\text{---}CH_2R'}{\overset{O\text{---}\overset{I}{Me}}{<}} \rightarrow R\text{---}C \underset{O\text{---}CH_2R}{\overset{O}{<}} + R'CH_2\text{---}O\text{---}\overset{I}{Me}.$$

Die zweite Reaktion, deren weiterer Ablauf durch die Formeln dargestellt ist, wird man bei den stark polaren Alkoholaten erwarten, denn sie erfordert die vollständige Trennung in die Bruchstücke $\overset{I}{Me}{}^+$ und $R'CH_2O^-$, die sich dann an die semipolare Carbonylgruppe anlagern. In der Tat ist sie bei elektropositiven Metallen begünstigt (Na, K). Bei den Alkoholaten des Aluminiums, Zinns und Zirkons überwiegt die Reduktionskatalyse. Die ausgesprochen homöopolaren Orthosäureester des Bors, Siliciums, Arsens und Phosphors sind zu keiner der beiden Reaktionen befähigt.

Die Beteiligung von Molekülverbindungen bei diesen Katalysen wird einerseits durch Farberscheinungen wahrscheinlich gemacht, die beim Vermischen der Reagenzien auftreten können; vor allem werden die Reaktionen durch solche Stoffe gehemmt bzw. vergiftet, die mit den Alkoholaten selbst feste Molekülverbindungen eingehen (l. c. S. 76).

Die *Äther* werden als Borfluoridkomplex durch organische Säuren gespalten, allerdings sind optimal 30 Mol.-% Katalysator nötig. HENNION, HINTON und NIEUWLAND[2] betrachten das (isolierbare) Borfluoridätherat als Ester einer Alkoxofluorborsäure, der sich mit der organischen Säure einfach umestern soll:

$$[BF_3OR]R + CH_3\text{---}COOH \rightleftharpoons [BF_3OR]H + CH_3\text{---}COOR.$$

Komplizierter verläuft die katalysierte Ätherspaltung durch Säurechloride und Säureanhydride, die in ihrem Mechanismus durch MEERWEIN und MAIER-

---

[1] J. prakt. Chem. (2) **147**, 211 (1936).
[2] J. Amer. chem. Soc. **55**, 2858 (1933).

Hüser[1] untersucht worden ist. Wirksam sind in erster Linie $ZnCl_2$, $SbCl_5$ und $SnCl_4$ bei Chloriden, $SbCl_5$, $FeCl_3$ und besonders BF_3 bei Anhydriden. Es sind also wieder die notorischen Komplexbildner, von denen sowohl mit den Äthern wie mit Acylverbindungen Molekülverbindungen bekannt sind (Zusammenstellung l. c.). Durch besondere Versuche bewies Meerwein, daß die Reaktion mit einer *Aktivierung der Acylverbindung* ihren Anfang nimmt. Diese wird durch die Anlagerung zum Derivat der sehr viel stärkeren Komplexsäure; damit wächst auch die Fähigkeit zur Anlagerung an das Sauerstoffatom des Äthers. Eine Umgruppierung in dem ternären Komplex führt schließlich zur Reaktion. Im Falle des 2,6-Dimethylpyrons gelang es, die durch diese Auffassung verlangten Zwischenstufen zu isolieren. Es vereinigt sich nicht mit Säurechloriden, nach Zusatz von $SbCl_5$ bzw. $SnCl_4$ gelang aber die Isolierung der krystallisierten Molekülverbindungen:

$$C_7H_8O_2, \ CH_3COCl, \ SbCl_5 \qquad 2\,C_7H_8O_2, \ 2\,CH_3COCl, \ SnCl_4,$$
$$C_7H_8O_2, \ C_6H_5COCl, \ SbCl_5 \qquad 2\,C_7H_8O_2, \ 2\,C_6H_5COCl, \ SnCl_4.$$

Die Komplexbildung ermöglicht in diesem Fall also das Zustandekommen einer für den Reaktionsablauf notwendigen Vorverbindung. Es hat den Anschein, daß die gleiche Ursache auch anderen katalytischen Reaktionen zugrunde liegt (S. 99, 103, 104), und daß gerade das Studium höherer Komplexverbindungen neue Aufschlüsse erwarten läßt. Die bei der Aufspaltung entstehenden Ester bilden selbst Additionsverbindungen mit dem Halogenid. Daher finden sich in dieser Gruppe — je nach den Beständigkeitsverhältnissen der möglichen Molekülverbindungen — neben katalytischen auch stöchiometrisch verlaufende Reaktionen.

Hierher gehört wahrscheinlich auch die *Acetalbildung* aus Äthylenoxyden und Aldehyden unter dem Einfluß von $SnCl_4$ [2].

3. Die Kohlenstoff-Stickstoff-Bindung.

Eine Aktivierung der Kohlenstoff-Stickstoff-Bindung durch Essigsäureanhydrid geht vielleicht aus der Racemisierung der optisch aktiven Acetyl-Glutaminsäure hervor, die M. Bergmann[3] beschreibt. In ähnlicher Weise werden manche α-Aminosäuren bei der Acetylierung mit Keten racemisiert[4]. Bergmann führt die Umwandlung auf eine Deformation der Bindung in einem hypothetischen Addukt des Anhydrids an den Stickstoff zurück, gibt aber keine detaillierte Vorstellung von dem Vorgang.

Gelöst wird die C—N-Bindung bei dem Zerfall von Diazoverbindungen, der teils durch Cupriionen[5], teils wie in der Sandmeyerschen Reaktion durch Cuproionen katalysiert wird. Die naheliegende Annahme, daß die Halogenosalze des Diazoniumions leichter zerfielen als die einfachen Salze, trifft jedenfalls nicht zu; sie sind im Gegenteil besonders stabil. Angriffspunkt des Katalysators ist daher auch nicht die N-Halogen-Bindung, sondern wahrscheinlich die Stickstoffdoppelbindung oder ein einzelnes Stickstoffatom.

4. Die Stickstoff-Stickstoff-Bindung.

Die Umlagerung des Hydrazobenzols zum Benzidin, eine typische H-Ionenkatalyse, wird auch durch Borfluorid[6] und wahrscheinlich noch durch andere

[1] J. prakt. Chem. (2) **134**, 51 (1932).
[2] Bersin, Willfang: Ber. dtsch. chem. Ges. **70**, 2167 (1937). — Willfang: Ebenda **74**, 145 (1941).   [3] Z. angew. Chem. **41**, 112 (1928).
[4] Jackson, Cahill: J. biol. Chemistry **126**, 37 (1938); Chem. Zbl. **1939 I**, 4951.
[5] Siehe Meerwein, Büchner, van Emster: J. prakt. Chem. (2) **152**, 237 (1939).
[6] Privatmitteilung von H. Meerwein.

elektrophile Addenden katalysiert. Der Mechanismus ist zweifellos in allen Fällen der gleiche.

5. Die Kohlenstoff-Wasserstoff-Bindung.

Einfache Molekülverbindungen von Kohlenwasserstoffen mit den Katalysatoren ihrer Umsetzungen, in erster Linie Aluminiumhalogeniden, sind bis heute nicht isoliert worden. Die Verbindungen von GUSTAVSON[1], $Al_2Br_6 \cdot 6\,C_6H_6$ und $Al_2Br_6 \cdot C_8H_{16}$, entstehen aus Aluminiumbromid und Benzol bzw. Äthylen nur bei Gegenwart von etwas Bromwasserstoff; da sie schlecht definiert sind[2], ist die angegebene Formel und überhaupt ihre Deutung als Molekülverbindungen zweifelhaft. Jedenfalls sind sie nicht merklich dissoziiert, denn die Lösung von 20% Aluminiumbromid in Benzol zeigt keine höhere Leitfähigkeit als Benzol allein[3]. Durch thermische Analyse des Systems Benzol-AlBr$_3$ konnten jedoch PLOTNIKOW und GRATZIANSKI[4] die Existenz einer lockeren Verbindung $C_6H_6 \cdot AlBr_3$ wahrscheinlich machen. Addukte von $SbCl_3$ an aromatische Kohlenwasserstoffe sind auf anderem Wege in großer Zahl nachgewiesen worden[5]. ULICH und Mitarbeiter[6] konnten durch Dipolmessungen von $AlCl_3$, $AlBr_3$ und $GaCl_3$ in Benzollösung die Bildung stark *polarer Addukte* feststellen.

Diese Polarisation geht so weit, daß Benzol bei Gegenwart von Aluminiumchlorid glatt mit Phenylcyanat reagiert, sich also wie eine Verbindung mit „beweglichem Wasserstoff" verhält[7]:

$$C_6H_5-N{=}C{=}O + C_6H_5-H \xrightarrow{\;AlCl_3\;} C_6H_5-NH-C\underset{C_6H_5}{\overset{O}{\lessgtr}}.$$

Unter diesem Gesichtspunkt stellt PRINS[8] eine große Anzahl von Additionsreaktionen des Benzols zusammen, die durch Aluminiumchlorid katalysiert werden. Auch die SCHOLLsche Reaktion wird man hierhin rechnen, die katalytische Verschmelzung zweier aromatischer Kerne unter Austritt von Wasserstoff[9]. Und schließlich spielt die Lockerung der C—H-Bindung wahrscheinlich bei der FRIEDEL-CRAFTsschen Reaktion eine Rolle.

Gerade bei der Untersuchung dieser Reaktion konnten HOPFF[10] und NENITZESCU[11] zeigen, daß auch gesättigte Kohlenwasserstoffe fast ebenso leicht reagieren wie ungesättigte. Weiter fand NENITZESCU, daß Cyclohexan von Aluminiumchlorid bei Gegenwart von Halogenverbindungen dehydriert wird. Dabei bilden sich neben Dimethyl-di-cyclopentyl aus Halogenalkylen Kohlenwasserstoffe, aus Säurechloriden Aldehyde, und Halogenwasserstoff entweicht. Die „aktivierten" Moleküle können also auf zweierlei Weise Austauschreaktionen eingehen:

$$\begin{array}{cccc} C_6H_{11}\cdots H & Cl & C_6H_{11} & HCl \\ \quad + & \vdots & \rightarrow \; | & + \\ C_6H_{11}\cdots H & CO{-}C_6H_5 & C_6H_{11} & O{=}CH{-}C_6H_5 \end{array}$$

[1] J. prakt. Chem. (2) **68**, 209 (1903); siehe auch NORRIS, RUBINSTEIN: J. Amer. chem. Soc. **61**, 1163 (1939).

[2] MENSCHUTKIN: Chem. Zbl. **1910 I**, 167.

[3] WOHL, WERTYPOROCH: Ber. dtsch. chem. Ges. **64**, 1357 (1931).

[4] Chem. Zbl. **1939 II**, 2900.

[5] PFEIFFER: Organische Molekülverbindungen.

[6] ULICH, HEYNE: Z. Elektrochem. angew. physik. Chem. **41**, 509 (1935). — NESPITAL: Z. physik. Chem., Abt. B **16**, 153 (1932).

[7] LEUCKART: Ber. dtsch. chem. Ges. **18**, 873 (1885).

[8] J. prakt. Chem. (2) **89**, 432 (1914).

[9] SCHOLL: Ber. dtsch. chem. Ges. **43**, 1737, 2202 (1910).

[10] Ber. dtsch. chem. Ges. **64**, 2742 (1931).

[11] Liebigs Ann. Chem. **491**, 189, 210 (1931).

und

$$C_6H_{11}\cdots H \quad\quad C_6H_{11} \quad\quad H$$
$$\rightarrow \quad | \quad\quad + \quad |$$
$$C_6H_5CO\cdots Cl \quad\quad CO\!-\!C_6H_5 \quad\quad Cl.$$

Erhitzt man Paraffinkohlenwasserstoffe der Grenzreihe mit Aluminiumchlorid allein, so tritt Zerfall in niedrigere gesättigte Kohlenwasserstoffe ein. Diese altbekannte Reaktion[1] ist bei der Crackung minderwertiger Erdölfraktionen heute zu technischer Bedeutung gelangt. Nenitzescu[2] deutet sie so, daß ein durch $AlCl_3$ aktiviertes Paraffinmolekül ein zweites „hydrierend spaltet" und selbst dabei eine Doppelbindung bekommt; die entstehenden Olefine werden dann vom Aluminiumchlorid polymerisiert und lassen sich in dieser Form nachweisen. Freier Wasserstoff tritt nicht auf.

Alle diese Reaktionen werden nur verständlich, wenn man dem Aluminiumchlorid die Fähigkeit zuspricht, die C—H-Bindung zu aktivieren. Dies kann nur durch räumlich nahe Einwirkung geschehen, und man muß sogar kurzlebige Verbindungen (Stoßkomplexe) annehmen, sonst müßten alle diese Umsetzungen als Acceptorreaktionen trimolekular verlaufen. Das verknüpfende Prinzip dürfte bei gesättigten Kohlenwasserstoffen eine Wasserstoffbindung sein; bei ungesättigten und aromatischen werden jedenfalls die Doppelbindungen die Zusammenlagerung ermöglichen, und die Lockerung der C—H-Bindung dürfte sekundär aus deren Deformation herrühren.

6. Die Kohlenstoff-Doppelbindung.

Die Aktivierung der C—C-Doppelbindung läßt sich zurückführen auf eine Begünstigung der semipolaren Zustände II und III:

$$> \overset{(+)}{C} \overset{(-)}{:} C < \;\rightleftharpoons\; > C \overset{.}{:} C < \;\rightleftharpoons\; > \overset{(-)}{C} \overset{(+)}{:} C <,$$
$$\text{II} \quad\quad\quad \text{I} \quad\quad\quad \text{III}$$

die sowohl durch Katalysatoren mit Elektronenlücke als auch durch solche mit einsamem Elektronenpaar bewirkt werden kann. Zu ersteren gehören außer dem H-ion (Säurekatalyse) besonders die Verbindungen BF_3, $AlCl_3$ und $ZnCl_2$, zu letzteren neben dem OH-ion Säureanionen und organische Basen, wie Piperidin und Pyridin. Isoliert worden sind Anlagerungsverbindungen dieser Stoffe allerdings selten, da sie sich gewöhnlich sehr rasch unter Polymerisation des Olefins weiter umsetzen. Genannt wird eine Additionsverbindung aus Äthylen und Aluminiumchlorid im DRP. 420441 (Friedlaender 15, 73), solche von Aluminiumchlorid und Zinkchlorid an Olefine auch bei Kondakow[3] und Henderson[4]. Wohlbekannt ist die Vertretbarkeit des NH_3 in Ammoniakkomplexen des Platins und Palladiums durch Äthylen, und Skita[5] betrachtet solche Molekülverbindungen, wie

$$\begin{array}{c} C_2H_4 \quad Cl \\ Pd \\ C_2H_4 \quad Cl \end{array}$$

als Zwischenprodukte der katalytischen Hydrierung nach dem Keimverfahren. Sie könnten durch Herausreduktion des Cl in Komplexe des Palladiumwasserstoffes übergehen, die Wieland hypothetisch als Zwischenstufe annimmt.

Für die Dauer einer Anlagerung an einen elektromeren Zustand ist die Doppelbindung aufgehoben. Dies muß bei cis-trans-isomeren Olefinen die Umlagerung

---

[1] Friedel, Gorgeu: 1898.
[2] Angew. Chem. 52, 231 (1939).
[3] J. prakt. Chem. (2) 48, 472 (1893); 54, 447 (1896).
[4] J. Amer. chem. Soc. 38, 1382 (1916); 39, 1420 (1917).
[5] Siehe Hückel: Katalyse mit kolloiden Metallen. Leipzig 1927.

des labilen Isomeren zur Folge haben. Tatsächlich wird cis-Stilben nach PRICE und MEISTER[1] durch Borfluorid rasch bis zum Gleichgewicht umgelagert, wofür folgende Formulierung gegeben wird:

$$
\begin{array}{c}
C_6H_5\!-\!C\!-\!H \\
\parallel \\
C_6H_5\!-\!C\!-\!H
\end{array}
+ BF_3 \rightleftharpoons
\begin{array}{c}
{}^{(+)}CH(C_6H_5) \\
| \\
\underset{\displaystyle {}^{(-)}\overset{\displaystyle ..}{B}F_3}{CH(C_6H_5)}
\end{array}
\rightleftharpoons BF_3 +
\begin{array}{c}
H\!-\!C\!-\!C_6H_5 \\
\parallel \\
C_6H_5\!-\!C\!-\!H
\end{array}.
$$

Der gleiche Katalysator versagt beim Maleinsäureester. Die Autoren führen das darauf zurück, daß er am Sauerstoff der Estergruppe festgelegt werde. Elektrophile Salze mit einer weniger ausgeprägten Affinität zum Sauerstoff, so das $ZnCl_2$, $AlCl_3$, $FeCl_3$, lagern auch den Maleinsäureester um[2]. Auch das Proton gehört in diese Gruppe von Beschleunigern. Es muß aber betont werden, daß es entsprechend der Auffassung von KUHN[3] noch eine zweite Klasse von Katalysatoren für diese Reaktion gibt: es sind Alkalimetalle[4], salpetrige Säure und Halogenatome, also paramagnetische Stoffe mit nur einem einsamen Elektron, und ihr Angriff dürfte auf die Biradikalform der Doppelbindung erfolgen:

$$
\begin{array}{c}
C_6H_5\!-\!C\!-\!H \\
\parallel \\
C_6H_5\!-\!C\!-\!H
\end{array}
+ Na. \rightleftharpoons
\begin{array}{c}
\dot{C}H(C_6H_5) \\
| \\
\underset{\displaystyle \overset{\displaystyle ..}{N}a}{CH(C_6H_5)}
\end{array}
\rightleftharpoons
\begin{array}{c}
H\!-\!C\!-\!C_6H_5 \\
| \\
C_6H_5\!-\!C\!-\!H
\end{array}
+ Na.
$$

Die Anlagerung von Wasser, Halogenwasserstoffsäuren und Carbonsäuren an die olefinische Doppelbindung wurde seinerzeit auf die Aktivierung dieser Stoffe zurückgeführt (S. 81). Es ist aber durchaus möglich, daß auch die „Zwangsmesomerisierung" der Doppelbindung eine Rolle dabei spielt[5], entsprechend:

$$
\begin{array}{c}
H \\
R\!-\!C\,{}^{(+)} \\
| \\
R'C:AlCl_3 \\
H \quad {}^{(-)}
\end{array}
+
\begin{array}{c}
\overset{\displaystyle ..}{:}\overset{\displaystyle ..}{X}:{}^{(-)} \\
{} \\
H\,{}^{(+)}
\end{array}
\rightleftharpoons
\begin{array}{c}
H \\
R\!-\!C\!-\!X \\
| \\
R'C: \\
H\,{}^{(-)}
\end{array}
+ AlCl_3 \rightleftharpoons
\begin{array}{c}
H \\
R\!-\!C\!-\!X \\
| \\
R'C\!-\!H \\
H
\end{array}
+ AlCl_3.
$$

Praktisch muß die Anlagerung von HCl oder HBr an Äthylen mit Aluminiumchlorid bei sehr tiefer Temperatur (-78°) erfolgen, um die Polymerisation des Äthylens zu vermeiden[6].

Diese Polymerisation der Olefine durch $AlCl_3$ oder BF_3 führt gewöhnlich rasch über die Anfangsstufen hinaus; trotz sehr zahlreicher Arbeiten[7] ist eine gut begründete Vorstellung vom Mechanismus der Reaktion deshalb nicht vorhanden. Die Anwesenheit von etwas Chlorwasserstoff hat großen Einfluß auf den Verlauf; vermutlich katalysiert dann nicht mehr $AlCl_3$, sondern $H[AlCl_4]$ bzw. $H[BF_4]$.

Dagegen ist die von BALSOHN[8] gefundene *Kondensation von Olefinen mit Benzolkohlenwasserstoffen*, die zu Alkylbenzolen führt, gut untersucht. Äthylen und Benzol geben zunächst Äthylbenzol:

$$C_6H_5\!-\!H + H_2C = CH_2 \rightarrow C_6H_5\!-\!CH_2\!-\!CH_3,$$

[1] J. Amer. chem. Soc. **61**, 1595 (1939).
[2] GILBERT, TURKEVICH, WALLIS: J. org. Chemistry **3**, 611 (1939).
[3] FREUDENBERG: Stereochemie, S. 917. 1933.
[4] MEERWEIN, WEBER: Ber. dtsch. chem. Ges. **58**, 1266 (1925).
[5] BROOKS, HUMPHREY: J. Amer. chem. Soc. **40**, 822 (1918).
[6] TULLENERS, TUYN, WATERMAN: Recueil Trav. chim. Pays-Bas **53**, 544 (1934).
[7] Literatur bei KRÄNZLEIN: Aluminiumchlorid, 3. Aufl. Berlin 1939.
[8] Bull. Soc. chim. (2) **31**, 539 (1879).

das auf die gleiche Weise bis zum Hexaäthylbenzol weiterreagiert. Die Eignung verschiedener Halogenide zur Beschleunigung dieser Reaktion — allerdings in Gegenwart von Halogenwasserstoffsäuren — haben Grosse und Ipatieff[1] untersucht. Sie finden diejenigen wirksam, die den Übergang zwischen den heteropolaren Salzen und den ganz homöopolaren Verbindungen bilden; es sind zugleich diejenigen, von denen Doppelsalze und Molekülverbindungen bekannt sind:

Verteilung der katalytisch aktiven Halogenide
über das Periodische System.

I	II	III	IV	V	VI
—	$BeCl_2$	BF_3	—	—	—
—	—	$AlCl_3$	—	—	—
—	—	—	$TiCl_4$	—	—
—	—	—	$ZrCl_4$	$NbCl_5$	—
—	—	—	$HfCl_4$	$TaCl_5$	—
—	—	—	$ThCl_4$	—	—

Da auch H_2F_2[2] und H_2SO_4 die Reaktion katalysieren und die Autoren die Notwendigkeit von Halogenwasserstoff als „Hilfskatalysator" betonen, handelt es sich wohl um eine H-Ionen-Katalyse durch die entsprechenden Halogenosäuren. Grosse und Ipatieff nehmen zwar primäre Anlagerung von Halogenwasserstoff und anschließend Friedel-Craftssche Reaktion zwischen Chloräthan und Benzol an; dem widerspricht aber die Bildung von *reinem* n-Propylbenzol bei Anwendung von Cyclopropan und H_2F_2, da dieses mit Flußsäure ein Gemisch von n-Propylfluorid und Isopropylfluorid gibt[3].

Die Balsohn-Reaktion *muß nicht* eine Säurekatalyse sein. Potts und Carpenter[4] haben sie mit sublimiertem Eisenchlorid ohne Chlorwasserstoff durchgeführt, und am Beispiel der Kondensation von Naphthalin mit Cyclohexen wurde gezeigt, daß reines BF_3 ebenfalls katalysiert, wenn auch schwächer als ein Gemisch aus BF_3 und H_2SO_4[5]. Die Funktion des Hilfskatalysators ist danach so zu verstehen, daß er das elektrophile Halogenid gegen das ebenso katalysierende Proton austauscht:

$$\overset{\displaystyle F}{\underset{\displaystyle F}{\overset{..}{\underset{..}{B}}}} : \; + \; H : X : \; \rightarrow \; H^+ + \left[\, : X : \overset{\displaystyle F}{\underset{\displaystyle F}{B}} : F \, \right]^- ,$$

das aus sterischen Gründen rascher reagieren dürfte.

Die reine Balsohn-Reaktion wird von Price und Ciskowski[5] folgendermaßen formuliert:

$$\underset{\displaystyle H_2C}{\overset{\displaystyle R}{HC}} + BF_3 \rightarrow \underset{\displaystyle \underset{(-)}{H_2C : BF_3}}{\overset{\displaystyle R}{HC^{(+)}}} + \underset{\displaystyle \overset{(+)}{H}}{\overset{\displaystyle {}^{(-)}H}{\bigcirc}} \rightarrow \underset{\displaystyle \underset{(-)\;(+)}{H_2C : H}}{\overset{\displaystyle R\;\;H}{HC}} + BF_3 \rightarrow \underset{\displaystyle CH_3}{\overset{\displaystyle R}{HC}} .$$

Das durch Komplexbildung semipolare Olefin lagert sich an eine (ebenfalls durch Komplexbildung polarisierte?) Doppelbindung des Benzols an, und das Addukt wird durch die Wanderung eines Protons gleichzeitig neutral und aromatisch.

[1] J. org. Chemistry 1, 559 (1937).
[2] Simons, Archer: J. Amer. chem. Soc. 60, 986 (1938); 61, 1010 (1939).
[3] Simons, Archer, Adams: J. Amer. chem. Soc. 60, 2955 (1938).
[4] J. Amer. chem. Soc. 61, 663 (1939).
[5] Price, Ciskowski: J. Amer. chem. Soc. 60, 2499 (1938).

Die gleichen Katalysatoren, nämlich $AlCl_3$, BF_3, $SnCl_4$, $TiCl_4$, P_2O_5, und starke Säuren katalysieren auch die *Wanderung von Jod* zwischen aromatischen Kernen[1]. Beispielsweise geht 4-Jodresorcin-dimethyläther bei der Einwirkung von Borfluorid rasch in ein Gemisch aus 4,6-Dijodresorcin-dimethyläther und Resorcindimethyläther über:

$$
2\ \text{(OCH}_3\text{-Kern mit J)} \rightarrow \text{(OCH}_3\text{-Kern mit 2 J)} + \text{(OCH}_3\text{-Kern)}
$$

Die naheliegende Annahme, daß es sich hierbei um eine Aktivierung der Halogenbindung durch Anlagerung des Halogenids an das Jod handele (siehe S. 85), kann nicht zutreffen. Es läßt sich nämlich wahrscheinlich machen, daß das Jod sich ohne sein Bindungsdublett, also gewissermaßen als *positives* Ion, vom Benzolkern loslöst und gegen ein Proton des zweiten Kerns austauscht:

$$
\overset{(-)}{-C} \cdots \overset{(+)}{H} \quad -C-H
$$
$$
+ \quad \rightleftharpoons \quad +
$$
$$
\overset{(+)}{J} \quad \overset{(-)}{-C} \quad J-C
$$

Aufgabe des Katalysators ist es, die Ausbildung der polaren Form der Benzoldoppelbindung zu begünstigen, von der aus dieser doppelte Umsatz eintreten kann.

Über eine spezielle Anlagerungsreaktion von Ammoniak an Fumarsäure, die durch Mercurisalze und durch Silbersalze katalytisch beschleunigt wird, berichtet neuerdings T. ENQVIST[2]. Maleinsäure gibt diese Reaktion nicht. Nun bildet gerade Maleinsäure mit Quecksilbersalzen isolierbare Anlagerungsverbindungen, Fumarsäure dagegen nicht[3]. ENQVIST nimmt an, daß aus Fumaration, Metallion und Ammoniak ein unbeständiger ternärer Komplex entsteht, der Zwischenprodukt der Katalyse ist. Der beständige Maleinsäurekomplex hingegen legt nur den Katalysator fest (vgl. S. 97).

7. Die dreifache Kohlenstoffbindung.

Acetylene werden durch die Katalysatoren der Äthylenbindung zwar auch angegriffen, typische Beschleuniger ihrer Additionsreaktionen sind aber doch Quecksilber- und Kupferverbindungen. Da gerade diese Metalle auch noch in wässeriger Lösung Acetylide geben, ist es wahrscheinlich, daß bei vielen dieser Reaktionen Hauptvalenzverbindungen Zwischenprodukte sind. Dies scheint auch aus den Arbeiten von K. A. HOFMANN für die Anlagerung von *Wasser* an Acetylen hervorzugehen, die zu Acetaldehyd führt und technisch mit Quecksilberoxyd in schwefelsaurer Lösung durchgeführt wird. Allerdings sind auch zwei Komplexverbindungen aus Acetylen und Sublimat bekannt, nämlich $C_2H_2 \cdot HgCl_2$ und $C_2H_2 \cdot 3\,HgCl_2 \cdot 3\,H_2O$ [4], und ihre Beteiligung an katalytischen Reaktionen ist nicht von der Hand zu weisen.

Auch *Alkohole, Glykole, Phenole, Amine, Carbonsäuren* und noch viele andere Verbindungen lassen sich an Acetylen anlagern[5]. Dabei hat sich als Katalysator

---

[1] MEERWEIN, HOFMANN, SCHILL: J. prakt. Chem. (2) **154**, 266 (1940).
[2] Ber. dtsch. chem. Ges. **72**, 1927 (1939).
[3] BILMAN: Ber. dtsch. chem. Ges. **35**, 2572 (1902); **43**, 574 (1910).
[4] KOSLOW, MITZKEWITSCH: Chem. Zbl. **1939** I, 619.
[5] NIEUWLAND und Mitarbeiter: Arbeiten im J. Amer. chem. Soc.

Quecksilberoxyd in methylalkoholischer Borfluorid- oder Siliciumfluoridlösung häufig besonders bewährt.

Zweifellos eine Komplexkatalyse ist die Polymerisation des Acetylens zu Vinylacetylen und Divinylacetylen in ammonsalzhaltiger saurer Cuprochloridlösung[1]:

$$HC\!=\!CH + HC\!\equiv\!CH \to H_2C = CH - C\!\equiv\!CH.$$

Das Ammonchlorid kann durch die Salze tertiärer organischer Amine oder durch Alkali- und Erdalkalisalze, das Cuprochlorid durch andere Salze des einwertigen Kupfers ersetzt sein. Zürich und Ginsburg[2] konnten einen gelben Komplex $3\,CuCl \cdot 3\,NH_4Cl \cdot C_2H_2$ isolieren, der beim Einleiten von Acetylen in die Salzlösung bei Zimmertemperatur ausfällt und beim Abpumpen des Gases wieder verschwindet. Schmitz und Schumacher schließen aus ihren Versuchen, daß mindestens zwei Katalysatoren, wahrscheinlich verschiedene $Cu - C_2H_2$-Komplexe, wirksam sein müssen.

8. Die FRIEDEL-CRAFTSsche Reaktion.

Die Friedel-Craftssche Reaktion besteht in der Kondensation organischer Halogenverbindungen mit Kohlenwasserstoffen unter der katalytischen Wirkung von Metallhalogeniden oder Säuren; auch die Umsetzung mit Säureanhydriden, Alkoholen (S. 90) und Olefinen (S. 97) verläuft ähnlich und wird oft dazu gerechnet.

Eine wahre Katalyse ist diese Reaktion nur dann, wenn sauerstofffreie Endprodukte entstehen, also mit Halogenalkylen als Ausgangsmaterial nach:

$$C_6H_6 + Cl - R \to C_6H_5 - R + HCl$$

oder mit Olefinen. Säurechloride geben nur so viel Endprodukt, als dem „Katalysator" äquivalent ist, da die entstehenden Ketone ihn irreversibel binden[3]. Dies geht sehr anschaulich aus einem Diagramm von Ridell und Noller[4] hervor.

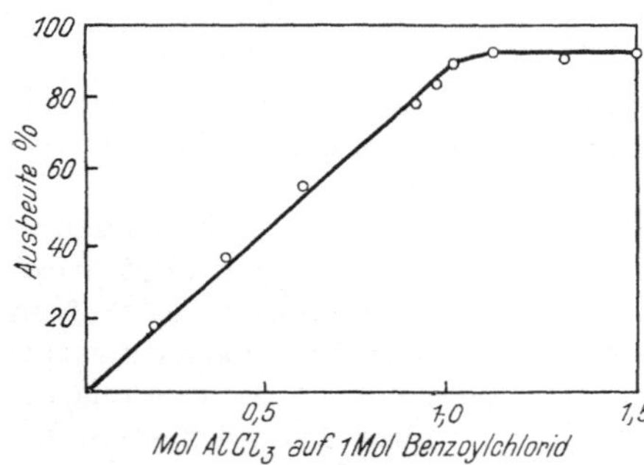

Abb. 2. Ausbeute an Benzophenon aus Benzol und Benzoylchlorid in Abhängigkeit von der Menge AlCl₃ (nach Ridell und Noller).

Auch die Synthesen von Benzophenondichlorid und Triphenylchlormethan benötigen ein ganzes Mol $AlCl_3$[4]. Die Ketonsynthese mit organischen Säureanhydriden verlangt sogar zwei Mol Aluminiumhalogenid[5]; eines wird durch das Endprodukt gebunden, ein zweites durch die entstehende Säure nach

$$AlCl_3 + CH_3COOH = AlCl_2OCOCH_3 + HCl$$

zerstört. Nach Böseken[6] entsteht *zunächst* Säurechlorid:

$$2\,(R \cdot CO)_2O + AlCl_3 = 2\,R - COCl + AlCl(OCOR)_2,$$

das normal weiterreagiert. Ein Überschuß von $AlCl_3$ über die notwendige Menge soll präparativ vermieden werden, da er auf das Reaktionsprodukt umlagernd oder kondensierend wirken kann und die Ausbeute daher leidet.

[1] Schmitz, Schumacher: Z. Elektrochem. angew. physik. Chem. 45, 503 (1939).
[2] Shurnal Obchtschej Chimii 5, 1468 (1937).
[3] Böseken: Recueil Trav. chim. Pays-Bas 24, 6 (1905).
[4] J. Amer. chem. Soc. 52, 4365 (1930).
[5] Heller: Angew. Chem. 19, 669 (1906).
[6] Recueil Trav. chim. Pays-Bas 31, 367 (1912).

Über den *Mechanismus* der eigentlichen *Kondensations*reaktion, der in allen drei Fällen der gleiche ist, gibt es auch heute noch keine einheitliche Ansicht. Die ursprüngliche Auffassung von BÖESEKEN[1] ging dahin, daß das Säurechlorid (bzw. Alkylchlorid) durch Komplexbildung mit dem Katalysator aktiviert werde und sich in dieser Form mit dem Kohlenwasserstoff umsetzen kann:

$$C_6H_5COCl \cdots AlCl_3 + C_6H_6 \rightarrow C_6H_5 \cdot CO \cdot C_6H_5 \cdots AlCl_3 + HCl.$$

Über das Wesen der „Aktivierung" war noch keine spezielle Vorstellung vorhanden. Wir haben schon gesehen (S. 79), daß BÖESEKEN selbst diese Ansicht später verlassen hat[2] zugunsten seiner sehr vagen „Dislokationstheorie", die immerhin den Kern der heutigen Polarisations- bzw. Ionisationsvorstellungen enthält. Eine Kombination dieser beiden Auffassungen liegt der wichtigsten neueren Theorie zugrunde, die von DOUGHERTY[3] und PRINS[4] etwa gleichzeitig aufgestellt worden ist. Sie formuliert die Umsetzung als Kryptoionenreaktion zwischen dem Halogenidkomplex und dem Kohlenwasserstoffkomplex des Katalysators, deren Existenz und Reaktionsweise wir schon in früheren Abschnitten (S. 76 und 90) begründet haben:

$$[C_6H_5 \cdot AlCl_3]^- H^+ + [AlCl_4]^- CH_3^+ \rightleftharpoons [C_6H_5 \cdot AlCl_3]CH_3 + H[AlCl_4]$$
$$\rightleftharpoons C_6H_5 \cdot CH_3 + HCl + 2\,AlCl_3.$$

Alle Reaktionen sind reversibel, und es läßt sich auch zeigen[5], daß die Umsetzung im HCl-Strom umgekehrt verläuft.

Bei der Ketonsynthese bleibt das Aluminiumchlorid am Endprodukt festgelegt und wird erst bei der Aufarbeitung durch Wasser entfernt:

$$[C_6H_5 \cdot AlCl_3]^- H^+ + [AlCl_4]^- COCH_3^+ \rightleftharpoons [C_6H_5 \cdot AlCl_3]COCH_3 + H[AlCl_4]$$
$$6 \downarrow H_2O \qquad\qquad \downarrow \text{spontan}$$
$$C_6H_5 \cdot COCH_3 + AlCl_3 \cdot 6\,H_2O \qquad HCl + AlCl_3.$$

Nach DILTHEY, der die Aktivierung des Säurechlorids im wesentlichen ebenso auffaßt, wird ein Mol Aluminiumchlorid vom Anfang der Reaktion an als Ballast mitgeschleppt, und nur der Überschuß wirkt katalytisch[6]:

$$R\!-\!C\!=\!O \cdots AlCl_3 \quad\Big|\; AlCl_4 + \;\; \rightarrow \;\; \overset{H}{\underset{H}{\diamondsuit}}\!-\!\overset{R}{\underset{|}{C}}\!=\!O \cdots AlCl_3 \;\Big|\; AlCl_4$$
$$\rightarrow \quad -\overset{R}{\underset{|}{C}}\!=\!O \cdots AlCl_3 + HCl + AlCl_3.$$

Zweifellos kann es Substrate geben, die ein Mol Katalysator an der „falschen" Stelle so fest binden, daß dieses Schema zu Recht besteht. Für die normalen Carbonsäurechloride trifft es aber bestimmt nicht zu, denn sonst würde mit weniger als einem Mol AlCl$_3$ überhaupt kein Umsatz stattfinden. Das widerspricht den Befunden von RIDELL und NOLLER (Abb. 2).

[1] Recueil Trav. chim. Pays-Bas **19**, 19 (1900).
[2] Recueil Trav. chim. Pays-Bas **29**, 85 (1910).
[3] KLIPSTEIN: Ind. Engng. Chem. **18**. 1328 (1926). — DOUGHERTY: J. Amer. chem Soc. **51**, 576 (1929).   [4] Chem. Weekbl. **24**, 615 (1927).
[5] J. Amer. chem. Soc. **51**, 576 (1929).
[6] Ber. dtsch. chem. Ges. **71**, 1350 (1938).

Wesentlicher ist die Auffassung Diltheys, daß eine besondere Aktivierung des Kohlenwasserstoffes nicht erforderlich sei. Diese Ansicht ist besonders von Wertyporoch[1] vertreten worden, da er durch Leitfähigkeitsmessungen keine Einwirkung von Aluminiumbromid auf Benzol — die ja nach obiger Theorie zu einer Dissoziation führen sollte — nachweisen kann. Dies scheint auch aus den kinetischen Messungen von Ulich und Heyne[2] hervorzugehen.

Indessen sprechen doch zwei Umstände dafür, daß auch der Kohlenwasserstoff aktiviert wird. Das sind einmal die Befunde von Hopff[3] und Nenitzescu[4], daß auch Paraffine die Friedel-Craftssche Reaktion eingehen und insbesondere, daß die C—H-Bindung durch die gleichen Katalysatoren aktiviert wird, die bei der Friedel-Craftsschen Reaktion anwesend sind. Zum anderen spricht dafür eine wenig beachtete Arbeit von Ridell und Noller[5]. Sie fanden, daß teilweiser Ersatz des notwendigen Aluminiumchlorids durch Eisenchlorid in allen Fällen die Ausbeute zunächst herabsetzt; oft tritt mit der Vermehrung des Eisenchloridgehaltes aber wieder eine Erhöhung der Ausbeute ein, und die Kurve durchläuft ein Maximum. Abb. 3 zeigt dies für eine Synthese mit Halogenalkyl (1,1 Mol $AlCl_3$ + $FeCl_3$), Abb. 4 für Säureanhydride (2,2 Mol Mischkatalysator):

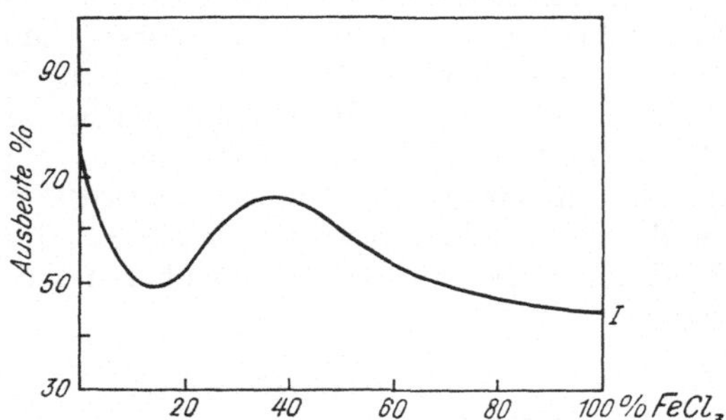

Abb. 3. Ausbeute an Triphenylchlormethan in Abhängigkeit von der Zusammensetzung des Mischkatalysators $AlCl_3$—$FeCl_3$ (nach Ridell und Noller).

$$CCl_4 \quad + 3\,C_6H_6 \rightarrow Cl—C(C_6H_5)_3 + 3\,HCl \qquad (Abb.\,3). \qquad (I)$$
$$(C_3H_7CO)_2O + C_6H_6 \rightarrow C_3H_7COC_6H_5 + C_3H_7COOH \quad (Abb.\,4). \qquad (II)$$
$$(C_6H_5CO)_2O + C_6H_6 \rightarrow C_6H_5COC_6H_5 + C_6H_5COOH \quad (Abb.\,4). \qquad (III)$$
$$(CH_3CO)_2O + C_6H_6 \rightarrow CH_3COC_6H_5 + CH_3COOH \quad (Abb.\,4). \qquad (IV)$$

Die Autoren geben hierfür keine Erklärung. Man kann aber vermuten, daß beide Komponenten aktiviert werden müssen und bei der einen $AlCl_3$, bei der anderen Eisenchlorid hierzu geeigneter ist. Die Kurvenform hängt auch vom Lösungsmittel ab; in Schwefelkohlenstofflösung werden die Maxima der Kurven IV, die für Benzollösung gelten, nicht beobachtet. In diesem Falle dürfte das Eisenchlorid vom Lösungsmittel durch Komplexbildung inaktiviert werden.

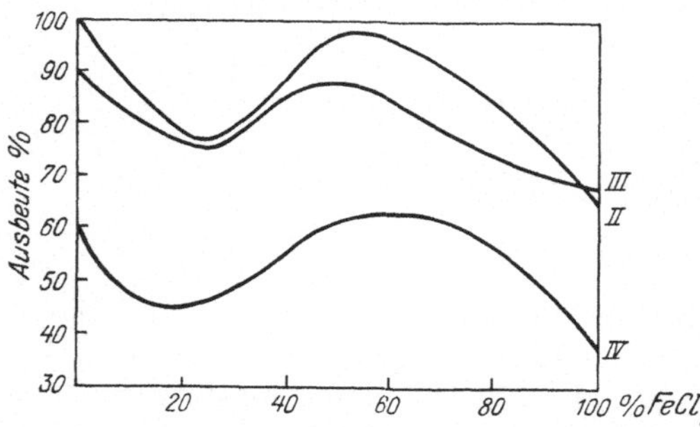

Abb. 4. Ketonausbeuten aus Säureanhydriden bei wechselnder Zusammensetzung des Mischkatalysators $AlCl_3$—$FeCl_3$ (nach Ridell und Noller).

Die Additionshypothese. Es kann kein Zweifel bestehen, daß die Friedel-Craftssche Reaktion

[1] Liebigs Ann. Chem. **500**, 287 (1933).
[2] Z. Elektrochem. angew. physik. Chem. **41**, 509 (1935).
[3] Ber. dtsch. chem. Ges. **64**, 2742 (1931).
[4] Liebigs Ann. Chem. **491**, 189, 210 (1931).
[5] J. Amer. chem. Soc. **52**, 4365 (1930); **54**, 290 (1932).

und die Halogenierung des Benzolkerns miteinander nahe verwandt sind. Die Additionshypothese der Halogensubstitution (S. 82) ist daher auch auf die vorliegende Reaktion übertragen worden.

Schon BÖESEKEN[1] hat die Anschauung vertreten, daß sich die aktivierte Halogenverbindung an eine aromatische oder olefinische Doppelbindung anlagert, worauf sich im ersten Fall das aromatische System durch die Abspaltung von Halogenwasserstoff zurückbildet:

$$\text{(Benzol)} + Cl \cdot C_2H_5 \rightarrow \text{(Addukt)} \rightarrow \text{(C}_6\text{H}_5\text{)}{-}C_2H_5 + HCl.$$

Von WIELAND und BETTAG[2] ist diese Auffassung experimentell geprüft worden. Sie konnten zeigen, daß das schon von DARZENS[3] aus Cyclohexen und Acetylchlorid erhaltene Chlorketon unter den Bedingungen der FRIEDEL-CRAFTSschen Reaktion tatsächlich in Tetrahydro-acetophenon übergeht:

$$\text{(Cyclohexen)} + Cl \cdot CO \cdot CH_3 \rightarrow \text{(Addukt)} \rightarrow \text{(Cyclohexen)}{-}CO \cdot CH_3 + HCl.$$

Auch beim Trimethyläthylen und bei manchen Enolen[4] lassen sich die Ergebnisse der Umsetzung mit Säurechloriden und Aluminiumchlorid durch primäre Addition an die Doppelbindung deuten und als Modellversuche für die Reaktionen der Benzolkohlenwasserstoffe und Phenole ansehen.

Der schwerwiegendste Einwand gegen die Theorie von WIELAND kam aus den Befunden von HOPFF und NENITZESCU, der FRIEDEL-CRAFTSschen Reaktion *gesättigter* Kohlenwasserstoffe. UNGER[5] weist aber darauf hin, daß sich die starken Umlagerungen, die hierbei auftreten, am besten über ungesättigte Zwischenprodukte verstehen lassen, die zugleich die Ausgangskörper der FRIEDEL-CRAFTSschen Reaktion sein könnten. Hiernach müßte bei Paraffinen stets eine Dehydrierung (S. 95) vorausgehen.

Eine Ansicht, die stark von allen bisherigen abweicht, haben sich WOHL und WERTYPOROCH[6] aus ihren elektrochemischen Messungen gebildet. Fußend auf Vorstellungen von MADELUNG[7] über das komplexchemische Verhalten sogenannter Pseudosalze in Lösungen sehen sie das Auftreten einer salzartigen *ternären* Verbindung aus den drei Reaktionsteilnehmern als die Grundlage der Umsetzung an. Für die Reaktion zwischen Äthylbromid und Benzol bei Gegenwart von $AlBr_3$ wird der Komplex I

$$[Al(C_2H_5Br)_n(C_6H_6)_4]^- [AlBr_4]_3^+ \tag{I}$$

dadurch wahrscheinlich gemacht, daß Hexaäthylbenzol, das nicht weiter veränderliche Endprodukt der Reaktion, nach Überführungsmessungen den analogen Komplex:

$$[Al(C_2H_5Br)_n(C_{18}H_{30})_4]^- [AlBr_4]_3^+ \tag{II}$$

bildet. *Im Kation des ersteren Komplexes soll sich die Reaktion abspielen.* Die Tendenz der alkylierten Benzole zur Einlagerung in den Solvatkomplex I ist

[1] Recueil Trav. chim. Pays-Bas **30**, 148 (1911).
[2] Ber. dtsch. chem. Ges. **55**, 2246 (1922).
[3] C. R. hebd. Séances Acad. Sci. **150**, 707.
[4] WIELAND, DORRER: Ber. dtsch. chem. Ges. **58**, 818 (1925).
[5] Ber. dtsch. chem. Ges. **65**, 467 (1932).
[6] Ber. dtsch. chem. Ges. **64**, 1357 (1931).
[7] Liebigs Ann. Chem. **427**, 35 (1922).

größer als die des Benzols selbst. Deshalb schreitet die FRIEDEL-CRAFTSsche Reaktion der Kohlenwasserstoffe leicht über die einfache Substitution hinaus fort, und die alkylierten Benzole hemmen ihren Fortgang.

BODENDORF und BÖHME[1] wenden gegen die Arbeit von WOHL ein, daß Leitfähigkeitsmessungen wegen der geringen Konzentration der maßgebenden Ionen zu so weitgehenden Aussagen nicht geeignet seien.

Als Katalysatoren der FRIEDEL-CRAFTSschen Reaktion sind bisher folgende Halogenide verwandt worden[2]:

I	II	III	IV	V	VI
—	$BeCl_2$	BF_3, BCl_3	—	—	—
—	—	$AlCl_3$, $AlBr_3$	—	—	—
—	$ZnCl_2$	$GaCl_3$	$TiCl_4$	—	—
—	—	$CeCl_3$	$SnCl_4$	$SbCl_5$	$MoCl_5$
—	—	$TlCl_3$	—	$BiCl_5$	WCl_6
—	—	—	—	—	UCl_4

außerdem Säuren, P_2O_5, H_3PO_4 und $FeCl_3$. Die Verteilung über das periodische System ähnelt sehr derjenigen, die GROSSE und IPATIEFF für die Beschleuniger der BALSOHN-Reaktion gefunden haben (S. 98). Es sind durchweg Komplexbildner, die sich an einsame Elektronenpaare anlagern können, wie das ebenfalls wirksame Proton. Im einzelnen ist ihre Eignung noch vom Substrat abhängig; beispielsweise sind die Borverbindungen für Halogenalkyle schlechte Katalysatoren, ausgezeichnete aber für Sauerstoffverbindungen, wie Säuren, Ester, Anhydride und Äther[3]. Dies steht in Übereinstimmung damit, daß sie mit den zuletzt genannten Stoffen Molekülverbindungen bilden[4], mit Halogenalkylen und Kohlenwasserstoffen aber nicht[5].

Die Reinheit der Katalysatoren ist von großer Bedeutung für den Ablauf der Reaktion. Vielfach ist festgestellt worden, daß feuchtes Aluminiumchlorid andere Reaktionsprodukte gibt als trockenes[6]. Den gleichen Einfluß wie Wasser hatten Aceton und $POCl_3$; wahrscheinlich katalysiert in diesen Fällen nicht mehr $AlCl_3$, sondern Komplexe wie $H[AlCl_3OH]$ u. a. Das Verhalten von Eisenchlorid-Aluminiumchlorid-Gemischen ist schon dargelegt worden (S. 102). Neuerdings berichten OTT und BRUGGER[7] über eine starke Aktivierung des Aluminiumchlorids durch 1 % $SnCl_4$, $SiCl_4$ oder $TiCl_4$[8], sogar durch CCl_4[9].

Ein *Einfluß des Lösungsmittels* auf die FRIEDEL-CRAFTSsche Reaktion ist nach zwei Richtungen hin zu erwarten. Erstens sollte nach den Theorien von DOUGHERTY und von WOHL eine hohe Dielektrizitätskonstante den Umsatz beschleunigen, der von der Ionisation abhängig ist. Solche Untersuchungen scheinen noch nicht gemacht zu sein. Zweitens tritt in vielen Fällen das Lösungsmittel als Konkurrent der Substrate auf; es verbindet sich selbst mit dem Katalysator und hemmt dadurch die Umsetzung. So wirken Ketone, Sulfosäuren, Nitrokörper, alkylierte Benzole und selbst Schwefelkohlenstoff, die alle mit

---

[1] Liebigs Ann. Chem. **516**, 1 (1935).

[2] Zusammengestellt nach KRÄNZLEIN: Aluminiumchlorid. Berlin 1939.

[3] MEERWEIN: Ber. dtsch. chem. Ges. **66**, 411 (1933); J. prakt. Chem. (2) **141**, 156 (1934). — A. J. KOLKA, VOGT: J. Amer. chem. Soc. **61**, 1463 (1939).

[4] MEERWEIN: J. prakt. Chem. (2) **141**, 123 (1934).

[5] WERTYPOROCH: Ber. dtsch. chem. Ges. **64**, 1369 (1931).

[6] Siehe z. B. R. R. BÖESEKEN: Recueil Trav. chim. Pays-Bas **32**, 112 (1913). — NENITZESCU: Angew. Chem. **52**, 235 (1939); Ber. dtsch. chem. Ges. **65**, 1449 (1932).

[7] Z. Elektrochem. angew. physik. Chem. **46**, 105 (1940).

[8] Siehe auch I. G. Farbenindustrie E. P. 334009.

[9] E. OTT: Angew. Chem. **54**, 142 (1941).

Aluminiumchlorid mehr oder weniger feste Molekülverbindungen geben. Oft ist dieser Einfluß präparativ nützlich, da er den Katalysator abzustimmen erlaubt. Beispielsweise bekam OLIVIER[1] aus Benzylchlorid in Benzol mehr Diphenylmethan, wenn er statt reinem Aluminiumchlorid dessen Nitrobenzolkomplex zusetzte[2]. Selbst umsatzfähige Stoffe können als Lösungsmittel dienen, wenn ein Substrat wesentlich leichter reagiert als sie selbst: Phthalsäureanhydrid und Aluminiumchlorid in Benzollösung reagieren leicht zu Benzoylbenzoesäure; ist aber in dem Benzol noch Naphthalin aufgelöst, so verdrängt dieses das Benzol vom Katalysator, und man erhält fast ausschließlich Naphthoylbenzoesäure[3].

Bei der Aldehydsynthese nach GATTERMANN-KOCH erhöht Nitrobenzol die Ausbeute, da es Kohlenoxyd verhältnismäßig gut löst. Der gleiche Effekt kann in anderen Lösungsmitteln durch Druckanwendung erzielt werden.

[1] Recueil Trav. chim. Pays-Bas **45**, 817 (1926).
[2] Vgl. DRP. 403489. — FRIEDLAENDER **14**, 435.
[3] HELLER, SCHÜLKE: Ber. dtsch. chem. Ges. **41**, 3627 (1908).

Katalyse durch Alkalimetalle und metallorganische Verbindungen.

Von

K. Ziegler, Halle.

I. Katalyse bei Umlagerungen.

1. Sterische Umlagerungen.

Alkalimetalle und deren Alkylverbindungen wirken häufig umlagernd auf labile Äthylenisomere ein. Die erste Beobachtung dieser Art stammt von Meerwein und Weber[1]. Sie fanden, daß Maleinsäureester beim kurzen Kochen mit Kaliumpulver in Äther, also unter ganz milden Bedingungen, in Fumarsäureester umgelagert wird. Dabei soll keinerlei bemerkbare chemische Veränderung, insbesondere keine Bildung irgendeiner Kaliumverbindung des Malein- bzw. Fumarsäureesters, nebenher stattfinden.

Diese Beobachtung ist später ergänzt worden durch die Feststellung von W. Schlenk und E. Bergmann[2], daß auch Isostilben durch Alkalimetalle — Natrium und Lithium kamen hier zur Anwendung — schon beim Schütteln in ätherischer Lösung bei Zimmertemperatur in das stabile Isomere umgelagert wird.

R. Kuhn[3] hat diesen Versuchen eine systematische Untersuchung darüber folgen lassen, welche Metalle umlagernd wirken. Er arbeitete mit Isostilben und Maleinsäureester beim Siedepunkt, also unter besonders energischen Versuchsbedingungen, und fand sämtliche Alkalimetalle vom Lithium bis Caesium stark wirksam, auch in Form ihrer Amalgame. Unwirksam oder höchstens sehr schwach wirksam waren Magnesium, Calcium und Barium, mit Sicherheit nicht wirksam Zink, Cadmium, Quecksilber, Aluminium, Gallium, Indium und Thallium. Dagegen konnte eine Umlagerung durch fein verteilte edle Metalle der 8. Gruppe — Platin, Palladium — erzielt werden. Die Wirkung ging parallel der Wirksam-

---

[1] Ber. dtsch. chem. Ges. **58**, 1266 (1928).
[2] Liebigs Ann. Chem. **463**, 111 (1928).
[3] Freudenberg: Stereochemie, S. 907.

keit der Präparate bei der Hydrierung. Hier dürfte es sich um einen von der Entwicklung der Edelmetalloberfläche abhängigen besonderen Effekt handeln, der mit der Umlagerungskatalyse durch Alkalimetalle nichts zu tun hat. Es bleibt hiernach auch bei Berücksichtigung eines umfangreicheren Versuchsmaterials für die Alkalimetalle eine ganz spezifische Katalysatorwirkung bestehen.

Für den Mechanismus dieser Umlagerungen sind verschiedene Anschauungen entwickelt worden. MEERWEIN und WEBER neigten bei Entdeckung der besprochenen Erscheinung der folgenden Erklärung zu:

Die Katalysatoren sind infolge ihrer Affinitätswirkung imstande, „ohne daß es zu einem definierten Anlagerungsprodukt kommt" — „die Doppelbindung der Äthylenverbindung in einen aktiven Zustand zu versetzen, der den Übergang in die isomere Form ermöglicht. Eine derartige Aktivierung der Doppelbindung betrachten wir als die Vorstufe jeglichen Additionsvorganges; sie erfolgt aber auch in solchen Fällen, wo es infolge ungünstiger Stabilitätsverhältnisse des Additionsprodukts nicht zur vollendeten Bildung desselben kommt". — „Auf Grund der entwickelten Anschauungen müssen alle Substanzen, welche überhaupt die Fähigkeit besitzen, sich an die Äthylendoppelbindung zu addieren, die Umlagerung stereoisomerer Äthylenderivate mehr oder weniger stark katalytisch beschleunigen." — Da nach SCHLENK Alkalimetalle sich an Doppelbindungen addieren können, die einfachen Olefine und ihre rein aliphatischen Derivate aber nur eine geringe Neigung zur Bildung „stabiler" Additionsprodukte zeigen, so sollen die Alkalimetalle den geforderten Bedingungen entsprechen.

Etwas grundsätzlich Ähnliches meint wohl R. KUHN[1], wenn er die umlagernde Wirkung der Alkalimetalle in Zusammenhang bringt mit ihrer magnetischen Susceptibilität. Ausgehend von der bekannten Umlagerung der labilen Äthylenkörper in stabile durch Halogen im Licht oder durch NO_2 sieht er als wesentlich den Paramagnetismus der einwertigen Alkalimetalle an. Unter dem Einfluß der magnetischen Momente dieser Atome soll sich eine Reaktionsform der Äthylene herausbilden, die Elektronen besitzt, deren Spin nicht kompensiert ist, so daß die im Normalzustand diamagnetischen Molekel des Äthylens paramagnetische Eigenschaften annehmen. Diese Reaktionsform braucht — nach R. KUHN — keineswegs für sich existenzfähig sein zu müssen. Es genügt die Annahme, daß sie sich bei Gegenwart anderer paramagnetischer Stoffe, eben der Umlagerungskatalysatoren, bildet.

R. KUHN hält hiernach als Primärvorgang der cis-trans-Umlagerung die Verschiebung bzw. Anregung nur *eines* Elektrons für wahrscheinlich und nicht die von zweien, d. h. die Umlagerung soll nicht über Produkte hinweg erfolgen, die man an Hand von Strukturformeln durch Lösung eines Valenzstriches darstellen könnte.

Man kann diese Auffassung etwa an Hand der folgenden Bilder beschreiben:

$$: \overset{\cdot\cdot}{C} : \overset{\cdot\cdot}{C} : \ \rightarrow \ : \overset{\cdot\cdot}{C} : \overset{\cdot\cdot}{C} :$$
$$\underset{\text{K}}{\cdot} \qquad\qquad \underset{\text{K}}{\cdot}$$

Die Bindung der beiden Kohlenstoffatome wird jetzt nur noch durch drei Elektronen bewirkt. Die Doppelbindung ist damit stark aufgelockert und die Umlagerung ermöglicht.

Diese Vorstellung soll hier, soweit sie sich auf Halogenatome, NO_2-Moleküle und dergleichen als Katalysatoren bezieht, nicht näher diskutiert werden. Gegen

---

[1] FREUDENBERG: Stereochemie, S. 919.

ihre Gültigkeit im Falle der Alkalimetalle sprechen gewisse Beobachtungen, die von K. ZIEGLER und Mitarbeitern gemacht worden sind.

Zunächst fanden ZIEGLER und BÄHR[1], daß Isostilben keineswegs nur von freien Alkalimetallen, sondern auch von geringsten Spuren der stabilen Alkaliaddukte des Stilbens vom Typ $C_6H_5 \cdot CH—CH \cdot C_6H_5$ umgelagert wird. Gibt
$$\overset{|}{Na} \quad \overset{|}{Na}$$
man z. B. in eine konzentrierte ätherische Lösung von Isostilben einige Tropfen einer verdünnten Lösung von Stilbendilithium oder -natrium, bis die Farbe des zugesetzten Katalysators gerade eben schwach bestehen bleibt (anfangs tritt wegen des Sauerstoff- und Feuchtigkeitsgehaltes eine bleibende Färbung noch nicht auf), so findet unter Aufsieden Umlagerung statt, und nach wenigen Augenblicken krystallisiert das feste, stabile trans-Stilben aus. Nach diesem Ergebnis ist die Frage berechtigt, ob nicht die umlagernde Wirkung der Alkalimetalle nur eine *scheinbare* ist und ob hier nicht ausschließlich die ersten Spuren der gebildeten Additionsprodukte als Katalysatoren fungieren.

Gegen diese Auffassung könnte man einwenden, daß 1. bei Isostilben die Umlagerung schon beendet ist, bevor — mit Alkalimetall in Äther — eine deutlich sichtbare Färbung des Dialkaliaddukts des Stilbens zu beobachten ist, und daß 2. MEERWEIN beim Maleinsäureester die Bildung von Metallverbindungen auch nicht in Form von Nebenprodukten hat nachweisen können.

Überdies wird Isostilben sicherlich auch bei Anwesenheit von Luftsauerstoff durch Alkalimetall umgelagert, also unter Bedingungen, die das Entstehen nachweisbarer Mengen der Dialkaliaddukte des Stilbens verhindern.

Derartige Einwände wären aber sicher nicht stichhaltig: Jedem, der einmal eine SCHLENKsche Addition von Alkalimetall an ein geeignetes Olefin beobachtet hat, ist die Erscheinung geläufig, daß sich zu Beginn der Reaktion gefärbte Zonen um das Metall herum bilden, die dann beim tieferen Vordringen in die Reaktionsflüssigkeit sich wieder entfärben. Erst wenn die in der Lösung enthaltenen Restspuren störender Substanzen — Sauerstoff, Feuchtigkeit — aufgebraucht sind, tritt dann die bleibende Färbung des SCHLENKschen Addukts im ganzen Reaktionsmedium auf. Es ist gut vorstellbar, daß die Umlagerung des Isostilbens im Bereich derartiger alkaliorganischer Hüllen der umlagernden Metalle erfolgt, die u. U. sogar unterhalb der Sichtbarkeitsgrenze bleiben.

Beim Maleinsäureester ist grundsätzlich die Bildung eines Addukts, etwa eines Dienolats des Bernsteinesters
$$\underset{C_2H_2O}{\overset{NaO}{\diagdown}} C \diagdown CH—CH \diagup \underset{OC_2H_5}{\overset{ONa}{\diagup}} C$$
, denkbar. Wenn MEERWEIN und WEBER eine solche Substanz nicht beobachtet haben, so kann dies daran liegen, daß die im Verlaufe des Versuchs (von 2—3 stündiger Dauer) gebildete nur geringe Menge des Addukts einen solchen Nachweis nicht gestattete. Die Umlagerung wird an sich, wie die Versuche am Isostilben ergeben haben, schon durch geringste Spuren der Addukte bewirkt. Additionsreaktionen der Alkalimetalle verlaufen ja häufig nur äußerst träge. An höheren Vinylenhomologen des Maleinsäureesters haben R. KUHN und WINTERSTEIN[2] Metalladditionen nachgewiesen. Sie finden tatsächlich nur sehr langsam statt. Nach unveröffentlichten Beobachtungen des Verfassers kann man aus gewissen alkylierten Maleinsäureestern mit Lithium ätherlösliche, lithiumhaltige Verbindungen erhalten, die allerdings anscheinend komplizierter gebaut und vermutlich durch Kon-

---

[1] Die Beobachtung ist in einer Arbeit von ZIEGLER, WOLLSCHITT: Liebigs Ann. Chem. **479**, 130 (1930) beschrieben.
[2] Helv. chim. Acta **12**, 495 (1929).

densationsreaktionen zwischen Maleinsäureester und primären Additionsprodukten entstanden sind[1]. Diese Komplikation dürfte aber hier ohne Belang sein.

Es liegt in der Natur der Sache, daß die Frage, ob es eine von der Wirkung der *Alkaliaddukte* verschiedene besondere Umlagerungskatalyse der freien Alkalimetalle selbst gibt, sich weder im einen noch im anderen Sinne eindeutig und klar wird entscheiden lassen. Eine Notwendigkeit, zwei verschiedene Phänomene mit verschiedenen Ablaufmechanismen anzunehmen, besteht jedenfalls nicht, man kann somit alles auf die Katalyse durch Alkaliverbindungen zurückführen.

Diese Auffassung hat den Vorzug, daß die Erklärung der Erscheinung ohne jede zusätzliche Hypothese allein an Hand anderer experimenteller Erfahrungen möglich ist. Es ist bekannt, daß SCHLENKsche Alkaliaddukte, mit geeigneten ungesättigten Kohlenwasserstoffen versetzt, ihr Metall praktisch momentan austauschen können:

$$(\text{Olefin}_1)\text{Na}_2 + \text{Olefin}_2 \rightleftharpoons \text{Olefin}_1 + (\text{Olefin})_2\text{Na}_2.$$

Der Prozeß erinnert, wie viele Reaktionen alkaliorganischer Verbindungen, in seiner Geschwindigkeit an Ionenreaktionen und *ist* vermutlich auch eine solche. Ist doch für eine ganze Reihe organischer Alkalimetallverbindungen Elektrolytcharakter nachgewiesen.

Beim Zustandekommen der Umlagerung des Isostilbens müssen derartige Austauschreaktionen mitsprechen, denn es hat sich zeigen lassen, daß keineswegs jedes an Kohlenstoff sitzende Alkalimetall umlagernd wirkt, sondern nur solche Alkaliverbindungen, deren Konstitution einen wechselseitigen Austausch der Alkaliatome mit dem Isostilben zuläßt. So wirken umlagernd außer Stilbendialkali die Verbindungen:

$$(C_6H_5)_2\overset{|}{\underset{Na}{C}}\text{—}\overset{|}{\underset{Na}{C}}(C_6H_5)_2, \qquad C_6H_5 \cdot \overset{|}{\underset{Na}{CH}}\text{—}CH{=}CH\text{—}\overset{|}{\underset{Na}{CH}} \cdot C_6H_5, \qquad C_6H_4 \underset{CHLi}{\overset{CHLi}{\diagup\diagdown}} C_6H_4 \; \text{u. ä.}$$

Dagegen kann man das genannte labile Äthylen stundenlang mit Triphenylmethylnatrium — $(C_6H_5)_3CNa$ — und ähnlichen *Mono*alkaliverbindungen — auch weniger hoch phenylierten — auf 100^0 erhitzen, ohne daß eine Umlagerung erfolgt.

Die Substanzen der ersten Gruppe werden zwanglos mit Isostilben (bzw. Stilben) die umkehrbaren Reaktionen:

$$(C_6H_5)_2\overset{|}{\underset{Na}{C}}\text{—}\overset{|}{\underset{Na}{C}}(C_6H_5)_2 + C_6H_5\text{—}CH{=}CH\text{—}C_6H_5 \rightleftharpoons (C_6H_5)_2C{=}C(C_6H_5)_2$$
$$+ \; C_6H_5\text{—}\overset{|}{\underset{Na}{CH}}\text{—}\overset{|}{\underset{Na}{CH}}\text{—}C_6H_5, \tag{1}$$

$$C_6H_5 \cdot \overset{|}{\underset{Na}{CH}}\text{—}CH{=}CH\text{—}\overset{|}{\underset{Na}{CH}} \cdot C_6H_5 + C_6H_5 \cdot CH{=}CH \cdot C_6H_5$$
$$\rightleftharpoons C_6H_5 \cdot CH{=}CH\text{—}CH{=}CH \cdot C_6H_5 + C_6H_5 \cdot \overset{|}{\underset{Na}{CH}}\text{—}\overset{|}{\underset{Na}{CH}} \cdot C_6H_5. \tag{2}$$

$$C_6H_4 \underset{CHLi}{\overset{CHLi}{\diagup\diagdown}} C_6H_4 + C_6H_5 \cdot CH{=}CH \cdot C_6H_5 \rightleftharpoons C_6H_4 \underset{CH}{\overset{CH}{\diagup\diagdown}} C_6H_4$$
$$+ \; C_6H_5 \cdot \overset{|}{\underset{Li}{CH}}\text{—}\overset{|}{\underset{Li}{CH}} \cdot C_6H_5, \tag{3}$$

---

[1] Ganz beständige echte Dinatrium-dienolate dialkylierter Bernsteinester hat der Verfasser neuerdings [Liebigs Ann. Chem. **551**, 6, 46 (1942)] durch geeignete Substitution der Bernsteinsäureester durch Metall erhalten.

geben können. Die Gleichgewichtslagen dürften zwar verschieden sein, und vor allem bei (1) darf man mit Sicherheit aus allen bekannten Erfahrungen schließen, daß die linke Seite stark bevorzugt ist. Gleichwohl muß im Verlaufe einer bestimmten — bei der Schnelligkeit des Austausches kurzen — Zeit jedes Isostilbenmolekül einmal durch die Form des Dialkaliaddukts hindurch. Bei der Wiederabspaltung des Alkalimetalls bildet sich dann das stabilste Isomere, hier das trans-Stilben. Dieses Spiel des Metallaustausches findet natürlich auch dann statt, wenn das labile Stilben mit Stilbendialkaliverbindungen in Kontakt kommt.

Andere Additionsprodukte des Stilbens, etwa das Dibromid, wirken selbstverständlich nicht umlagernd, da hier die ionogene Bindung des Halogens und damit die Vorbedingung für den wechselseitigen Austausch des Addenden fehlt.

Die *Mono*alkaliverbindungen der oben an zweiter Stelle genannten Gruppe würden bei Abgabe des Alkalimetalls zu Radikalen mit freien Einzelvalenzen werden. Eine solche Umsetzung geht offenbar viel schwerer als eine Reaktion, bei der sich nach der Alkaliabgabe eine Äthylendoppelbindung regeneriert, und deshalb tritt die Umlagerung mit den genannten Mono-alkaliverbindungen nicht ein.

Die eben gegebene Deutung des Umlagerungsmechanismus ist ohne weiteres verständlich, wenn die Alkaliverbindungen des Stilbens, die ja formal zwei gleichwertige asymmetrische Kohlenstoffatome enthalten, keine festliegende sterische Konfiguration besitzen. Formuliert man diese Substanzen als rein heteropolar gebaute Salze[1]:

$$[C_6H_5 \cdot \overline{CH}\!-\!\overline{CH} \cdot C_6H_5]Na_2^{++},$$

so müßte das zweiwertige negative organische Ion sterisch undefiniert sein. Dabei ist es offenbar ohne Belang, ob die Substanz *ausschließlich* oder nur in untergeordnetem Maße in dieser Form vorkommt.

Nun ist allerdings — und dies ist der einzige angreifbare Punkt dieser Überlegungen — die Frage der räumlichen Stabilität der Substituenten des negativ geladenen Kohlenstoffes der Koordinationszahl 3 noch nicht ganz zweifelsfrei geklärt. Hinsichtlich der Verteilung der Valenzelektronen entsprechen solche Ionen dem Ammoniak, aber auch den Sulfonium- und Selenoniumsalzen:

$$\left[\begin{array}{c} R \quad R_2 \\ C \\ R_1 \end{array}\right]^{-} Na^{+} \qquad H\!:\!\overset{\cdot\cdot}{\underset{H}{N}}\!:\overset{\displaystyle H}{} \qquad \left[\begin{array}{c} R \\ R_1 : \overset{\cdot\cdot}{\underset{\cdot\cdot}{S}} : \\ R_2 \end{array}\right]^{+} Ac^{-}$$

und es ist die Frage, ob sich ihr Verhalten in sterischer Hinsicht mehr dem räumlich instabilen Typ des Ammoniaks oder dem stabilen Typ der S- oder Se-Derivate annähert. Überzeugende Experimente, daß bei Alkaliverbindungen geeigneter Konstitution Stereoisomere auftreten könnten, sind bisher noch von keiner Seite geliefert worden[2].

---

[1] Die oben als wechselseitiger Austausch von Metall formulierten Reaktionen zwischen Stilben und Dialkaliverbindungen können natürlich auch als Austausch von *Elektronen* zwischen den Ionen derartiger Salze und neutralen Kohlenwasserstoffen gedeutet werden. Die Vorstellung, daß das Metall selbst sich austauscht, ist hier aus zwei Gründen bevorzugt worden: 1. Sollte damit die klare Beziehung zu den Ergebnissen anderer *Experimente* betont werden. 2. Erscheint es dem Verfasser nicht unbedingt sicher, ob sich das Verhalten der alkaliorganischen Verbindungen wirklich restlos auf das einfache Schema reiner Ionenreaktionen bringen läßt. Dabei ist auch zu beachten, daß es sich um Vorgänge in nicht dissoziierenden Lösungsmitteln (Äther, Kohlenwasserstoffe) handelt.

[2] In einer auf Veranlassung von K. Ziegler ausgeführten Dissertation von A. Wenz (Heidelberg 1934) wird ein — allerdings nur schwach — optisch aktives 9-Methyl-2-dimethylamido-fluoren

Gewisse Beobachtungen von SCHLENK und E. BERGMANN[1], daß Stilbennatrium und Stilbenlithium bestimmte und voneinander verschiedene Konfigurationen (ms. und rac.) hätten, halten der Kritik nicht stand[2]. Aber auch das entscheidende Experiment der Racemisation eines aktiven Methans, etwa vom Typ

$$\begin{array}{c} Ar_1 \\ Ar_2 \\ Ar_3 \end{array}\!\!>\!CH \quad \text{bei der Umwandlung in seine Alkaliverbindung} \quad \begin{array}{c} Ar_1 \\ Ar_2 \\ Ar_3 \end{array}\!\!>\!CNa$$

steht noch aus.

Sind aber Ionen der besprochenen Art räumlich *stabil*, so müßten den beiden stereomeren Stilbenen in Analogie zu den bekannten Reaktionen der Halogen- oder der Hydroxyladdition bestimmte Formen der Ionen zuzuordnen sein, und diese würden sich dann auch reversibel wieder zu den Ausgangsolefinen entladen. Die umlagernde Wirkung wäre nicht ohne weiteres gegeben.

Aber auch diese gedankliche Schwierigkeit läßt sich in Anlehnung an experimentell sichergestellte Erscheinungen beheben. Es ist bekannt, daß bei der *Halogenaddition* an labile Äthylenisomere selbst bei sorgfältiger Versuchsausführung sich häufig in kleinen Mengen auch die den stabilen Isomeren entsprechenden Dihalogenide bilden. Würde man in solchen Fällen dauernd Halogenentzug und -addition aufeinander folgen lassen, so würde man schließlich eine vollständige Umlagerung beobachten. Diesem nur aus äußeren Gründen nicht ausführbaren Experiment entspricht aber offenbar das Wechselspiel der Reaktionen, das oben zur Erklärung der Umlagerungskatalyse herangezogen worden ist. Man hat also auf *jeden* Fall mit der Umlagerung der labilen Äthylene in stabile in Berührung mit solchen Alkaliverbindungen zu rechnen, die zum Metallaustausch mit dem Äthylen befähigt sind, auch wenn die Frage nach dem räumlichen Bau der $>\!C^-$-Ionen als noch offen betrachtet wird.

Die große Rolle, die bei der Umlagerung von Äthylenen durch Alkalimetalle der Bildung stabiler Metalladdukte zukommt, ergibt sich nun weiter aus einer Untersuchung von ZIEGLER, HÄFFNER und GRIMM[3] über das Verhalten der beiden cis-trans-isomeren 1,2-Dimethyläthylene bei Versuchen zur wechselseitigen Umlagerung.

Diese Substanzen sind schon im Jahre 1900 durch eine sehr sorgfältige Arbeit von J. WISLICENUS[4] recht genau bekannt und charakerisiert worden. Sie unterscheiden sich um etwa 2,5—3° im Siedepunkt und zeigen stark verschiedene Schmelzpunkte ($-139,3°$ und $-105,5°$)[5]. Sie sind weiter in Form der aus ihnen leicht zu erhaltenen Dibromide (ms. und rac. 1,2-Dibrom-1,2-dimethyläthan) sowie der Monobromdimethyl-äthylene:

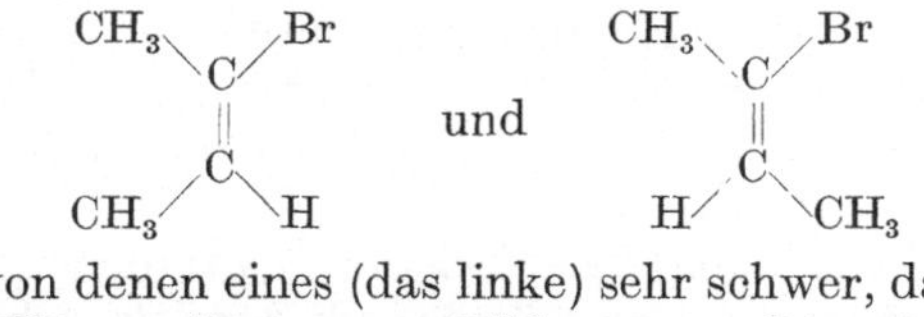

$$\begin{array}{ccc} \begin{array}{c} CH_3 \\ \diagdown C \diagup \!\!\!Br \\ \| \\ \diagup C \diagdown \\ CH_3 \quad H \end{array} & \text{und} & \begin{array}{c} CH_3 \\ \diagdown C \diagup \!\!\!Br \\ \| \\ \diagup C \diagdown \\ H \quad CH_3 \end{array} \end{array}$$

zu unterscheiden, von denen eines (das linke) sehr schwer, das andere (das rechte) sehr leicht weiter HBr verliert unter Bildung von Dimethylacetylen.

Auch bei den Dimethyläthylenen ist das trans-Derivat[6] das energiereichere[7], die Energiedifferenz beträgt aber nur rund eine große Calorie. Das reicht nicht

---

beschrieben, das nach Umwandlung in sein 9-Li-Derivat mit LiC_6H_5 und Regenerierung mit Wasser seine Aktivität gänzlich verloren hatte. Diese Beobachtung spricht eher gegen die sterische Stabilität von metallorganischen Verbindungen dieser Art.

[1] Liebigs Ann. Chem. **463**, 106 (1928).   [2] Liebigs Ann. Chem. **479**, 128 (1930).
[3] Liebigs Ann. Chem. **528**, 101 (1937).   [4] Liebigs Ann. Chem. **313**, 207 (1900).
[5] KISTIAKOWSKY: J. Amer. chem. Soc. **57**, 882 (1935).
[6] Zur Festlegung der Konf. vgl. Liebigs Ann. Chem. **528**, 106 (1937).
[7] KISTIAKOWSKY: a. a. O. S. 876.

aus, um das cis-Derivat absolut instabil werden zu lassen, im Gleichgewicht sind, wie HURD[1] sowie KISTIAKOWSKY und W. R. SMITH[2] gezeigt haben, Konzentrationen von *ähnlichen* Größenordnungen an beiden Isomeren vorhanden.

ZIEGLER, HÄFFNER und GRIMM fanden nun, daß keines der beiden reinen Isomeren durch Alkalimetalle oder Verbindungen wie Stilbendilithium und dergleichen in das Gleichgewichtsgemisch umgewandelt wird. Die zwei stereomeren Olefine sind vielmehr gegen konzentrierteste Kontakte dieser Art über viele Stunden hinweg völlig beständig, während Spuren derselben Katalysatoren genügen, um Isostilben momentan in Stilben umzulagern.

Bei einfachen aliphatischen Olefinen gelingt bekanntlich die Addition von Alkalimetall in gar keiner Weise. In Übereinstimmung mit der oben entwickelten Theorie der Katalysatorwirkung bleibt deshalb die Umlagerung vollständig aus.

Dies ist auch mit Hinblick auf die oben erwähnte Deutung der Kontaktwirkung durch MEERWEIN und WEBER bemerkenswert, nach der gerade in solchen Fällen Umlagerung eintreten soll, bei denen die Bildung *stabiler* Addukte nicht möglich ist, sofern nur der Kontakt überhaupt die Fähigkeit hat, sich an die Äthylendoppelbindung zu addieren.

Im Gegensatz hierzu hat, wie man sieht, die ausführlichere Untersuchung der *speziellen* hier in Rede stehenden Umlagerungskatalyse ergeben, daß es offenbar *doch* auf die primäre Bildung stabiler Additionsprodukte ankommt.

Die umlagernde Wirkung der Alkalimetalle auf labile Äthylenisomere ist also keine *allgemeine*. Sie bleibt auf bestimmte Typen beschränkt, und es läßt sich an Hand der dargelegten Vorstellungen über ihren Mechanismus recht gut voraussagen, in welchen Fällen sie beobachtbar sein wird und wann nicht.

2. Strukturänderungen.

Unter den spontanen Strukturänderungen, die durch Alkaliverbindungen katalysiert werden, sind vor allem Verschiebungen von Doppelbindungen häufig beobachtet worden. Dabei handelt es sich meist um eine Umgruppierung in dem Sinne, daß aus einer relativ energiereichen Atomkombination mit mehreren isolierten Doppelbindungen eine energieärmere Form mit konjugierten Doppelbindungen wird. Daß Konjugation von Doppelbindungen energetisch begünstigt ist, ist seit langem aus dem Studium der Verbrennungswärmen geeigneter Substanzen bekannt. Die Katalyse dieser Art ist nun keine besondere Eigentümlichkeit der freien Alkalimetalle oder gar der alkaliorganischen Verbindungen, sie kommt vielmehr vorzüglich auch einer Reihe solcher Alkaliverbindungen zu, die man keineswegs den metallorganischen Substanzen zurechnet: den Alkoholaten und den Alkalihydroxyden. Wenn trotzdem diese Reaktionen hier besprochen werden sollen, so deshalb, weil *vielleicht* echte alkaliorganische Verbindungen in ihren Ablauf eingreifen.

Eine vollzählige Aufzählung aller bekannt gewordenen Bindungsverschiebungen dieser Art ist hier nicht am Platze. Es handelt sich vornehmlich etwa um die Bildung von *Propenylbenzolen* aus Allylbenzolen beim Erhitzen mit gepulvertem Ätzalkali mit Natriumalkoholat, -amylat und dergleichen:

$$C_6H_5{-}CH_2 \cdot CH{=}CH_2 \;\rightarrow\; C_6H_5{-}CH{=}CH{-}CH_3 \,,$$

$$C_6H_4{<}{-}CH_2{-}CH{=}CH{-}CH_2{-} \;\rightarrow\; C_6H_4{<}{-}CH{=}CH{-}CH_2{-}CH_2{-} \,,$$

[1] J. Amer. chem. Soc. **56**, 181 (1934).
[2] J. Amer. chem. Soc. **57**, 766 (1935).

oder etwa um den Übergang von 1,4-Dihydronaphthalin in 1,2-Dihydronaphthalin

$$H_2 \qquad H_2 \quad H_2$$

$$\rightarrow$$

$$H_2$$

unter der Einwirkung der gleichen Mittel, der bei Versuchen zur Dihydrierung des Naphthalins mit Natrium und Alkoholen zu beachten ist: Nur unter milden Bedingungen kann man das durch Na + Alkohol nicht weiter hydrierbare 1,4-Produkt erhalten[1]. Mit höher siedenden Alkoholen wird nach vorheriger Umlagerung Tetralin gebildet.

Nach bisher nicht publizierten Versuchen des Verfassers kann die umlagernde Wirkung stark gesteigert werden, wenn man statt der Alkoholate organisch substituierte Natriumamide nimmt. So wird 1,4-Dihydronaphthalin durch Natriumalkylanilide[2] schon in kalter ätherischer Lösung rasch isomerisiert. Bemerkenswerterweise fehlt die umlagernde Wirkung dem *Lithium*äthylanilin unter den gleichen Bedingungen praktisch völlig.

Eine gewisse Beziehung zwischen diesen Umlagerungen und den Reaktionen alkaliorganischer Verbindungen ergibt sich nun aus Erfahrungen, die an Alkalialkylen vom Allyl-typ gemacht werden konnten[3]:

Behandelt man die beiden Kohlenwasserstoffe:

$$(C_6H_5)_2C{=}CH{-}CH_2{-}C_6H_5 \qquad und \qquad (C_6H_5)_2CH{-}CH{=}CH{-}C_6H_5$$

mit einer leicht Kalium abgebenden Verbindung, z. B. Phenyl-isopropyl-kalium — $C_6H_5(CH_3)_2C{-}K$ —, so wird, unter Bildung von Cumol, leicht in jeden ein Kaliumatom eingeführt. Man sollte die Bildung zweier verschiedener Metallverbindungen:

$$(C_6H_5)_2C{=}CH{-}\underset{\underset{K}{|}}{CH}{-}C_6H_5 \qquad und \qquad (C_6H_5)_2\underset{\underset{K}{|}}{C}{-}CH{=}CH{-}C_6H_5$$

erwarten, die mit Wasser die isomeren Ausgangskohlenwasserstoffe zurückgeben sollten. Tatsächlich erhält man aber in beiden Fällen dasselbe Produkt, das mit Wasser den links gezeichneten Kohlenwasserstoff liefert und dem deshalb wohl auch die linke der beiden Formeln der Alkaliderivate zukommt. Man kann somit auf dem Umwege über die Alkaliverbindung das 1,1,3-Triphenylpropylen-(2) (rechts) in das 1,1,3-Triphenylpropylen-(1) (links) umlagern. Das in den Kohlenwasserstoffen stabile System $>C{=}C{-}C<$ wird in den Alkaliverbindungen beweglich und klappt in die energieärmere Form um, die offenbar dann vorliegt, wenn die Doppelbindung zu 2 Phenylen gleichzeitig konjugiert ist. Wir haben es mit einer typischen *Allyltautomerie* der beiden möglichen Alkaliverbindungen zu tun, und zwar mit einem offenbar sehr einseitig liegenden Gleichgewicht, aber grundsätzlich nicht unähnlich der Allyltautomerie der beiden Crotylbromide[4].

$$CH_3{-}CH{=}CH{-}CH_2Br \rightleftharpoons CH_3{-}CH{-}\underset{\underset{Br}{|}}{CH}{=}CH_2.$$

[1] STRAUS, LEMMEL: Ber. dtsch. chem. Ges. **46**, 232 (1913); **54**, 25 (1921).

[2] Als besonders wirksam fanden neuerdings W. HÜCKEL und H. BRETSCHNEIDER: Liebigs Ann. Chem. **540**, 157, 165 (1939) Natriumamid in flüssigem Ammoniak bei —33 bis —60°.

[3] Liebigs Ann. Chem. **479**, 150, und zwar 154, 169, 170 (1930).

[4] W. G. YOUNG, S. WINSTEIN: J. Amer. chem. Soc. **57**, 2013 (1935); **58**, 104 (1936). — Chem. Zbl. **1936 I**, 1847; **1936 II**, 59.

Die Umlagerung des labilen Triphenylpropylens in das stabile geht rasch, aber nicht katalytisch, wenn man, wie beschrieben, mit Phenylisopropylkalium in mindestens äquivalenter Menge und dann mit Wasser behandelt. Sie wird aber ohne weiteres auch *katalytisch* durchführbar, wenn man das labile Produkt mit ein wenig Phenylisopropylkalium versetzt. Es bildet sich dann sofort eine kleine Quantität des Triphenylallylkaliums, und dieses vermittelt beim längeren Stehen der Mischung die Umlagerung infolge eines dauernden Metallaustausches:

$$(C_6H_5)_2CH\text{—}CH\text{=}CH \cdot C_6H_5 + (C_6H_5)_2C\text{=}CH\text{—}\underset{\underset{K}{|}}{CH}\text{—}C_6H_5 = (C_6H_5)_2C\text{=}CH\text{—}CH_2 \cdot C_6H_5$$

$$+ (C_6H_5)_2\underset{\underset{K}{|}}{C}\text{—}CH\text{=}CH \cdot C_6H_5 .$$

$$\text{Umlagerung}$$

Diese katalysierte Reaktion verläuft allerdings viel langsamer als die Umwandlung mit äquivalenten Mengen Phenylisopropylkalium, und zwar einfach deshalb, weil die Reaktionsgeschwindigkeit von Alkaliverbindungen der angedeuteten Art stets um so kleiner ist, je mehr Phenyle bzw. Phenyle und Doppelbindungen sich in Nachbarschaft des Metalls befinden. Deshalb erfolgt der Metallaustausch zwischen Triphenylpropylen und Triphenylallylkalium viel langsamer als der zwischen Triphenylpropylen und Phenylisopropylkalium.

Dieses Beispiel wäre sicherlich durch weitere ähnliche zu ergänzen, wenn man eigens nach solchen suchen würde. Es läßt den Gedanken möglich erscheinen, daß die analogen Bindungsverschiebungen unter dem Einfluß von Ätzalkalien und Alkoholaten auch auf die Bildung geringer Spuren echter metallorganischer Verbindungen innerhalb gewisser Gleichgewichte zurückgehen, etwa im Sinne der Gleichungen:

$$C_6H_5\text{—}CH_2\text{—}CH\text{=}CH_2 + RONa \; \rightleftharpoons \; ROH + C_6H_5\text{—}\underset{\underset{Na}{|}}{CH}\text{—}CH\text{=}CH_2$$

$$C_6H_5\text{—}CH\text{=}CH\text{—}CH_3 + RONa \; \longleftarrow \; ROH + C_6H_5\text{—}CH\text{=}CH\text{—}CH_2\text{—}Na .$$

Sicherlich sind derartige Umsetzungen zwischen Kohlenwasserstoffen und Alkoholaten oder Ätzalkalien unbekannt (wenn von den besonderen Fällen von Inden und Fluoren bei hoher Temperatur abgesehen wird), und regelmäßig werden fertige Alkalialkyle durch Wasser und Alkohole stürmisch und irreversibel zersetzt. Gleichwohl erscheint es nicht unmöglich, daß diese Reaktionen bei höheren Temperaturen zu einem winzigen Betrag umkehrbar werden können[1].

In die Richtung dieser hier entwickelten Auffassung deutet auch der oben erwähnte Unterschied in der umlagernden Wirkung von Lithium- und Natriumalkylaniliden. Denn es ist bekannt, daß sich Lithiumalkyle beim Metallaustausch mit Kohlenwasserstoffen wesentlich träger umsetzen als Verbindungen des Natriums. Daß im übrigen mit diesen stickstoffhaltigen Reagenzien die Umlagerung des labilen Dihydronaphthalins in das stabile viel leichter erzwungen werden kann als mit Alkoholat, entspricht der gegenüber den Alkoholaten gesteigerten Reaktivität des Natriumamids.

Mit dem Mechanismus der hier besprochenen Umlagerungen haben sich neuerdings auch W. Hückel und H. Bretschneider[2] beschäftigt. Im Ver-

---

[1] Vgl. auch G. Wittig: Ber. dtsch. chem. Ges. **73**, 1196 (1940).
[2] Liebigs Ann. Chem. **540**, 157 (1939). — Der vorliegende Artikel über die Umlagerungskatalyse war beim Erscheinen der Arbeit von Hückel und Bretschneider schon geschrieben. Ich hielt es für richtig, an meinen Ausführungen nichts zu ändern und dafür die Arbeit der beiden Autoren gesondert zu diskutieren. Ziegler.

laufe einer Untersuchung über die Einwirkung von Natrium und Calcium in flüssigem Ammoniak auf Naphthalin (und andere aromatische Substanzen) stießen die Autoren auch auf Umlagerungen, wie die von 1,4- in 1,2-Dihydronaphthalin. Diese Reaktion wird durch die bekannte blaue Lösung des Natriums in Ammoniak praktisch gar nicht, wohl aber durch Natriumamid stark beschleunigt. Die Deutung, die die Autoren der Erscheinung geben, ist im Grunde die gleiche, die soeben besprochen wurde, nur betonen HÜCKEL und BRETSCHNEIDER mehr den (vermutlichen) Ionencharakter der Reaktion. Die Umlagerungen kommen dann dadurch zustande, daß es nach allen neueren Erfahrungen isomere Ionen, wie die beiden folgenden:

$$(C_6H_5)_2\overset{-}{C}\!-\!CH\!=\!CH\!-\!C_6H_5 \quad \text{und} \quad (C_6H_5)_2C\!=\!CH\!-\!\overset{-}{C}H\!-\!C_6H_5,$$

die sich nur durch die Stellung der Ladung und der Doppelbindung unterscheiden, als getrennt nachweisbare Einzelindividuen (etwa wie bei der Keto-Enoltautomerie) nicht geben kann, da solche Ionen unmeßbar rasch ineinander übergehen. Man nennt solche Formen auch nach einem Vorschlag von B. EISTERT[1] „mesomer". Die Schlußfolgerung, die häufig gezogen wird, es *müsse* in solchen Ionen ein „Zwischenzustand" zwischen den beiden Formeln vorliegen, *weil* sich die zwei Ionensorten nie nebeneinander nachweisen ließen, ist in dieser Form viel zu weitgehend[2], denn es ist sehr gut vorstellbar, daß die eine Form die allein stabile ist, die Umwandlung aber unmeßbar rasch erfolgt[3].

In den Vorgängen, die oben als Metallaustausch formuliert worden sind, sehen HÜCKEL und BRETSCHNEIDER einen *Protonen*austausch zwischen Anion (NH$_2$', OC$_2$H$_5$' usw.) und Kohlenwasserstoff vom Typ:

Es käme hiernach auf das Vorhandensein eines genügend protonenaffinen Anions an, das dem Kohlenwasserstoff ein Proton entreißt. Die Alkaliverbindungen solcher Anionen sind es aber gerade, die im makroskopischen Bild gelegentlich Metallaustausch mit Kohlenwasserstoffen zeigen. Die beiden Auffassungen laufen danach auf dasselbe hinaus. Bei Vorgängen, die sich, wie die Umlagerungen der zwei Triphenylpropylene oder die Umlagerung des 1,4-Dihydronaphthalins durch Natriummethylanilid in nicht dissoziierenden Lösungsmitteln abspielen, ist es vielleicht doch besser, von Metallaustausch zu sprechen. Ob sich dann die Umlagerung an den Ionen selbst oder an stark polarisierten Molekülen der Alkaliverbindungen abspielt, ist eine exakt wohl kaum zu beantwortende Frage.

---

[1] B. EISTERT: Samml. Ahrens, N. F. Heft 40, S. 108.

[2] Auch HÜCKEL und BRETSCHNEIDER haben ähnliches betont: l. c. S. 169.

[3] Damit soll die Möglichkeit der Existenz solcher Zwischenzustände in anderen Fällen nicht grundsätzlich abgelehnt werden.

II. Katalyse bei Polymerisations- und Additionsreaktionen.

1. Polymerisationsprozesse.

Von erheblicher Bedeutung sind die dem ersten Augenschein nach offenbar durch Katalyse zustande kommenden Veränderungen, die gewisse ungesättigte Kohlenwasserstoffe in Berührung mit Alkalimetallen oder Alkalialkylen erleiden. Sie bestehen in einer Polymerisation zu in der Regel sehr hoch molekularen, dem Kautschuk ähnlichen Massen. Insbesondere entsteht aus Natrium und Butadien-(1,3) ein hochwertiger Butadien-natrium-Kautschuk, für den allein die Technik ursprünglich den Namen „Buna" geprägt hatte, der später als Gruppenbezeichnung auch auf ganz andersartige Polymerisate (z. B. in Emulsion gewonnene Mischpolymerisate) übertragen worden ist. Die notwendigen Metallmengen sind — reinste Kohlenwasserstoffe vorausgesetzt — sehr gering. Es genügen 0,001 bis 0,01 %[1].

Die ersten Beobachtungen über die polymerisierende Wirkung der freien Alkalimetalle sind wohl unabhängig voneinander, ungefähr zur gleichen Zeit, von Harries[2], Matthews und Strange[3] sowie in den *Elberfelder Farbwerken*[4] gemacht worden. Sie betreffen das Verhalten von Butadien, Isopren und 2,3-Dimethylbutadien. W. Schlenk stellte anschließend die Polymerisierbarkeit von Styrol[5] und 1-Phenylbutadien[6] durch Natrium fest. Aus der späteren Zeit existiert über die gleichen und ähnliche Vorgänge eine umfangreiche Patentliteratur, auf die im Rahmen dieses Werkes nur insoweit eingegangen werden kann, als sie für das tiefere Verständnis der Erscheinung bedeutungsvoll ist.

Die theoretisch wichtige Feststellung, daß auch Alkalialkyle polymerisieren, wurde 1912 in der *Badischen Anilin- und Sodafabrik*[7] gemacht. Sie berechtigte zu der Vermutung, daß auch im Falle der Polymerisation durch Alkalimetalle in Wahrheit organische Alkaliverbindungen Träger der Polymerisationswirkung sein könnten, da man aus den bekannten Untersuchungen von W. Schlenk wußte, daß gewisse ungesättigte Kohlenwasserstoffe Alkalimetalle addieren. Wenn sich aus Alkalimetallen und Diolefinen zunächst geringe Mengen von Additionsprodukten bilden, und diese eine starke polymerisierende Wirkung besitzen, so ist der Fall denkbar, daß der Hauptteil des Diolefins bereits zur Polymerisation gekommen ist, ehe sich erhebliche oder merkliche Mengen des metallorganischen Produktes gebildet haben können. Tatsächlich sprechen Matthews und Strange davon, daß in ihren Versuchen „etwas Natrium in Lösung ginge". Ähnliches hat auch Schlenk beobachtet.

Über den Mechanismus dieser Polymerisation hat K. Ziegler[8] mit einer Reihe von Mitarbeitern ausführliche Untersuchungen angestellt. Nach diesen würden die durch Alkalimetalle bzw. deren Alkylverbindungen angeregten Polymerisationen allerdings keine echt katalysierten Reaktionen sein, sie gehörten daher eigentlich gar nicht in den Rahmen dieses Werkes hinein. Da sie aber in Ablauf und äußeren Erscheinungen vieles mit katalytischen Prozessen gemeinsam haben, so sollen sie gleichwohl hier abgehandelt werden.

---

[1] Vgl. aus der neueren Literatur: Selmanow, Schalnikow: Chem. Zbl. **1934 II**, 10.

[2] Liebigs Ann. Chem. **383**, 157, und zwar besonders 188, 213, 217, 221 (1911); vgl. ferner ebenda **395**, 211, besonders 220ff. (1913).

[3] DRP. 249868; E.P. 24790; F.P. 437547; Friedlaender **10**, 1051.

[4] Vgl. Harries: Liebigs Ann. Chem. **383**, 188 (1911).

[5] Ber. dtsch. chem. Ges. **47**, 476 (1914).   [6] Houben-Weyl, 2. Aufl., Bd. 4, S. 971.

[7] DRP. 255768; F.P. 460600; Friedlaender **11**, 831.

[8] Ber. dtsch. chem. Ges. **61**, 253 (1928); Liebigs Ann. Chem. **473**, 57 (1929); **511**, 45, 64 (1934); vgl. auch Z. angew. Chem. **49**, 455, 499ff. (1936); Chemiker-Ztg. **62**, 125 (1938).

Die ZIEGLERsche Theorie sieht in der „Wachstumsreaktion" der Moleküle im Verlaufe dieser Polymerisationen nichts anderes als eine *metallorganische Synthese*. Sie knüpft an die von ZIEGLER und BÄHR[1] erstmals 1927 gemachte Beobachtung an, daß sich gewisse alkaliorganische Verbindungen an ungesättigte Kohlenwasserstoffe geeigneter Konstitution addieren können. So reagieren etwa (erstes aufgefundenes Beispiel) Stilben und Phenylisopropylkalium miteinander wie folgt:

$$C_6H_5 \cdot CH \qquad K$$
$$+ \qquad = \qquad C_6H_5—CH—K$$
$$C_6H_5 \cdot CH \quad C(CH_3)_2 \cdot C_6H_5 \quad C_6H_5—CH—C(CH_3)_2C_6H_5 \,.$$

Diese Reaktion bleibt, auch bei Überschuß an Stilben, bei der Bildung dieses Additionsproduktes stehen. Für gewisse hochaktive Äthylenkörper — eben jene, die durch Alkalimetalle polymerisiert werden — läßt sich zeigen, daß die Additionsprodukte, die ja wieder Alkalialkyle sind, sukzessive weitere ungesättigte Moleküle addieren können. Für Butadienmoleküle ergibt sich hieraus bei willkürlicher Annahme reiner 1,4-Addition[2] folgendes Schema:

$$R \cdot Na + CH_2 : CH \cdot CH : CH_2 = R \cdot CH_2 \cdot CH : CH \cdot CH_2 \cdot Na$$
$$R \cdot CH_2 \cdot CH : CH \cdot CH_2 \cdot Na + CH_2 : CH \cdot CH : CH_2$$
$$= R \cdot CH_2 \cdot CH : CH \cdot CH_2 \cdot CH_2 \cdot CH : CH \cdot CH_2 \cdot Na$$
$$\rightarrow R \cdot [CH_2 \cdot CH = CH \cdot CH_2]_n Na \,.$$

Wendet man — und darin besteht der besondere Kunstgriff von ZIEGLER[3] und Mitarbeitern in der Aufklärung der Reaktion — fertige Alkalialkyle geeigneter Konstitution in hoher Konzentration an und setzt diese in einer Reihe von Versuchen mit steigenden Mengen Diolefin um, so erhält man Reaktionsprodukte steigender Molekulargröße, die nachweislich noch alkaliorganische Verbindungen sind und die die Fähigkeit zum weiteren Molekülwachstum (mit mehr Butadien) besitzen, solange man nicht durch Zugabe geeigneter Reagenzien das metallorganische Molekülende zerstört. Dabei verschwinden selbstverständlich die ursprünglich angewandten Metallalkyle bereits mit den ersten addierten Butadienanteilen, und es kann somit, wenn man als wesentlich für die Katalyse das Vorhandensein eines *bestimmten Stoffes* als Katalysator fordert, von einer wahren Katalyse nicht die Rede sein. Man dürfte jedoch vielleicht von einer Katalysatorwirkung der metallorganischen C—Na-*Bindung* sprechen, denn diese Atomgruppierung bleibt — völlige Reinheit des Diolefins vorausgesetzt — während des gesamten Prozesses in der gleichen Menge bestehen. Die Natur der Reaktionsprodukte ändert sich dagegen kontinuierlich mit der Menge des angewandten Butadiens. Man bekommt nach der Zersetzung mit Wasser zunächst bewegliche, destillierbare Kohlenwasserstoffe, dann dicke Öle, schließlich kautschukartige Massen.

Das Studium derartiger Reaktionen hat gezeigt, daß die Additionen von Diolefinen und Natrium- oder Kaliumalkylen in der Regel ungeheuer rasch ablaufen. Deshalb muß die Polymerisation etwa von Butadien mit Natrium*metall* durchaus den Eindruck einer katalytischen Reaktion machen. Hier wäre der eigentlichen Polymerisationsphase die Bildung eines Metalladdukts, z. B. von der Formel:

$$Na \cdot CH_2 \cdot CH = CH \cdot CH_2 \cdot Na$$

---

[1] Siehe Anm. 8, S. 116.
[2] Die wirklichen Verhältnisse sind Liebigs Ann. Chem. **542**, 90 (1939) beschrieben. Bei hoher Temperatur bauen sich mehr Butadiene in 1,4-, bei tiefer Temperatur in 1,2-Stellung ein.   [3] Vgl. besonders Liebigs Ann. Chem. **473**, 66 (1929).

vorgelagert. Allein dieses Produkt kann sich ja ausschließlich an der Metalloberfläche und somit nur langsam bilden. Jede geringste Spur desselben reagiert sofort mit dem es umgebenden Butadien. Die Reaktion läuft mit großer Geschwindigkeit durch unzählige Butadienmoleküle weiter, und es ist das gesamte vorhandene Diolefin polymerisiert, ehe sich nennenswerte Mengen des Natriums gelöst haben. Das Metall bleibt scheinbar unverändert[1] und wirkt somit nach außen hin „katalytisch". Für die Richtigkeit dieser Vorstellung haben sich Beweise beibringen lassen.

Es gelingt z. B. bei geeigneter Versuchsausführung regelmäßig, die Bildung gewisser Anteile an organisch gebundenem Alkali aus Diolefinen und Alkalimetallen nachzuweisen. Dies gilt vor allem für das Arbeiten in ätherischer Lösung und entspricht den Beobachtungen SCHLENKs am Styrol und 1-Phenylbutadien. Der erreichbare Gehalt an (gelöstem) Organometall hängt offenbar vom Verhältnis der Geschwindigkeiten ab, mit denen sich die ersten SCHLENK-schen Addukte bilden und weiterreagieren. Dieses Verhältnis ist für verschiedene Diolefine und Metalle verschieden und außerdem natürlich von der Verteilung des Metalls abhängig. Schüttelt man Diolefine in 0,5-m ätherischer Lösung mit Natrium (in Form der üblichen kleinen Kügelchen), so enthält die Lösung am Ende beim Butadien eine gerade nachweisbare Spur Metall, beim 2,3-Dimethylbutadien wird sie 0,006 n, beim Piperylen 0,01 n an Alkali, und die Kohlenwasserstoffe werden polymerisiert. Im Falle des Piperylenversuchs bildet sich außerdem — infolge einer für viele Natriumalkyle typischen Reaktion — unter Zersetzung des Diäthyläthers Äthylen und Natriumalkoholat[2] (dieses bis 0,06 n).

Wählt man zu diesen Versuchen *Lithium*[3], so wird nach Erfahrungen SCHLENKs die erste Metalladdition an die Diolefine stark beschleunigt, die sich anschließenden metallorganischen Synthesen der Wachstumsprozesse müssen dagegen langsamer verlaufen als bei Verwendung von Natriummetall, da organische Verbindungen des Lithiums allgemein weniger reaktionsfähig sind als solche des Natriums. Dies muß sich so auswirken, daß die Endnormalitäten an gelöstem Lithium jetzt viel größer werden, was auch stimmt, da folgende Normalitäten gefunden werden:

Butadien 0,03 n, Isopren 0,24 n, Piperylen 0,27 n, 2,3-Dimethylbutadien 0,5 n.

Der höchste erreichbare Wert wäre bei Bildung von Addukten der Formel Diolefin (Metall)$_2$ 1 n.

Unter den vorliegenden Bedingungen läuft somit die Polymerisation des Butadiens bis zur *durchschnittlichen* Molgröße (Butadien)$_{66}$Li$_2$, die des Dimethylbutadiens bleibt aber bereits bei (Dimbu)$_2$Li$_2$ (Durchschnitt) stehen. Unter den Reaktionsprodukten des Dimethylbutadiens hat sich neben größeren Anteilen der Verbindung (Dimbu)$_2$Li$_2$ und kleineren Mengen höher molekularer Lithiumverbindungen ganz scharf das oben postulierte erste Addukt der Formel

$$\text{Li—CH}_2\text{—C} = \text{C—CH}_2\text{—Li}$$
$$\underset{\text{CH}_3}{|} \quad \underset{\text{CH}_3}{|}$$

nachweisen lassen. Die Mengenverhältnisse dieser Produkte führen zufällig gerade zum oben angegebenen *Durchschnittswert* der Molekulargröße.

Die geringe Geschwindigkeit der Wachstumsreaktion in diesem besonderen Falle gestattet es, am System Dimethylbutadien + Lithium alle einzelnen

---

[1] Abgesehen von dem Fall, daß man sehr kleine Metallmengen in feinster Verteilung mit großer Oberfläche nimmt.

[2] Liebigs Ann. Chem. **511**, 64 (1934).

[3] Liebigs Ann. Chem. **511**, 71 (1934).

Reaktionsstufen bequem nachzuweisen, die nach der ZIEGLERschen Theorie vorkommen sollen. Auch bei den wesentlich aktiveren Kohlenwasserstoffen Butadien und Isopren kann man ein Stück weiterkommen, wenn man ihr Verhalten gegen Alkalimetalle bei Gegenwart bestimmter dritter Stoffe[1], sogenannter „Abfangmittel", untersucht. Dies sind Verbindungen, die mit dem Metall selbst unter den gewählten Versuchsbedingungen sehr träge oder gar nicht reagieren, schnell aber mit den organischen Metallverbindungen. Besonders übersichtliche Verhältnisse liegen z. B. vor, wenn man *Amine*, wie Diäthylamin, Methylanilin u. ä., beimischt. Das Diolefin wird dann ganz glatt zum Olefin reduziert, und es gehen *genau* zwei Atome des Metalls in Form substituierter Metallamide in Lösung. Diese können sich nicht anders als aus metallorganischen Zwischenverbindungen gebildet haben, so daß insgesamt sich folgendes abspielt:

$$CH_2{=}CH{-}CH{=}CH_2 + 2\,Na \;=\; Na{-}CH_2{-}CH{=}CH{-}CH_2{-}Na\,.$$

$$Na{-}CH_2{-}CH{=}CH{-}CH_2{-}Na + 2\;\begin{matrix}CH_3\\ \\C_6H_5\end{matrix}NH \;=\; 2\;\begin{matrix}CH_3\\ \diagdown\\C_6H_5\end{matrix}N{-}Na + CH_3{-}CH{=}CH{-}CH_3\,.$$

Die zweite Umsetzung läuft — wie man an Modellreaktionen zeigen kann — so rasch, daß die Wachstumsreaktion unterdrückt wird. Damit kommt aber eine Reaktion heraus, die in ihrem stöchiometrischen Verlauf ein getreues Abbild der Primärreaktion zwischen Butadien und Metall ist.

Weiter läßt sich nach Belieben mit weniger aktiven Beimengungen erreichen, daß die Reaktion wieder ein gewisses Stück über diese erste Stufe hinausschießt: z. B. bilden Piperylen, Natrium und Triphenylmethan in Äther bei Zimmertemperatur sehr bald das rote Triphenylmethylnatrium in bis zu etwa $^1/_5$ der höchstmöglichen Menge. Das Piperylen geht dabei in ein Gemisch von Kohlenwasserstoffen der allgemeinen Formel $(C_5H_8)_n H_2$ über, wobei n zwischen 1 und etwa 6 variiert. Hier haben Wachstums- und Abfangreaktion zwar noch Geschwindigkeiten von ähnlicher Größenordnung, doch ist die erste deutlich schneller als die zweite.

Die Richtigkeit oder Allgemeingültigkeit der hiermit ausführlich diskutierten Vorstellungen von K. ZIEGLER über den Mechanismus der Bildung der eigentlichen Natrium-Butadien-Kautschuksorten ist von verschiedenen Seiten angezweifelt worden. Zunächst hat K. ZIEGLER selbst mit Nachdruck darauf hingewiesen, daß es eine Reihe von organischen Alkalimetallverbindungen gibt, die zwar gewisse Butadiene polymerisieren, bei denen sich aber eine stufenweise Addition des ungesättigten Kohlenwasserstoffes nicht nachweisen läßt. Vielmehr zeigt das Reaktionsbild in solchen Fällen den Charakter eines wahren katalytischen Vorgangs. Der Katalysator, das Alkalialkyl, wird nicht nachweisbar verändert, und es entstehen hochmolekulare Gebilde auch dann, wenn man Katalysator und Diolefin in Mengen ähnlicher Größenordnung zusammenbringt.

Ein solches Verhalten ist z. B. typisch für Mischungen von Butadien-(1,3) oder Styrol und Triphenylmethylnatrium.

Hier schien zunächst ein durch die Theorie von ZIEGLER nicht erfaßbarer neuer Polymerisationsmechanismus vorzuliegen. Die nähere Untersuchung ergab dann aber, daß auch diese Polymerisationserregung auf eine metallorganische Synthese zurückgeht und somit in den Rahmen des ZIEGLERschen Schemas paßt. Es ist in diesen Fällen einfach so, daß die Primärreaktionen vom Typ

$$R{-}Na + CH_2{=}CH{-}CH{=}CH_2 \;=\; R\cdot CH_2{-}CH{=}CH{-}CH_2{-}Na \qquad (A)$$

---

[1] Liebigs Ann. Chem. **511**, 66 (1934).

120   K. ZIEGLER: Katalyse durch Alkalimetalle und metallorganische Verbindungen.

viel langsamer verlaufen als die sich anschließenden „Wachstumsreaktionen"
vom Typ

$$\cdots CH_2—CH=CH—CH_2Na + Bu = \cdots CH_2—CH_2=CH—CH_2—(Bu)Na .$$

Daher läuft die Polymerisation mit den ersten gebildeten Spuren des Additionsprodukts (A) sofort mit großer Geschwindigkeit weiter, und das gesamte Diolefin
ist polymerisiert, bevor merkliche Mengen des Triphenylmethylnatriums verschwunden sind. Hierzu paßt die aus Versuchen anderer Art gewonnene Erfahrung, daß die Reaktionsfähigkeit der Alkalialkyle stark von deren Konstitution abhängig ist. Besonders wirkt eine Anhäufung von Phenylen am metall-
tragenden C-Atom reaktionshemmend. Daher ist es kein Zufall, daß gerade
Triphenylmethylnatrium—$(C_6H_5)_3CNa$—Butadien und Styrol „katalytisch" polymerisiert. Denn das Ende des wachsenden Moleküls hat stets die gleichbleibende
hochaktive Gruppierung $\cdots CH_2—CH=CH—CH_2 \cdot Na$, die Butadienmoleküle viel
schneller zu fixieren vermag als das stark phenylierte Triphenylmethylnatrium[1].

Der Beweis für diese Vorstellung ließ sich durch Beimischung von Abfangmitteln erbringen. Am klarsten sind in dieser Richtung die Ergebnisse, die mit
Dicyclohexylamin als drittem Stoff erhalten wurden. Mischungen dieses Amins
mit Triphenylmethylnatrium bleiben völlig unverändert. Ebenso verändert
Butadien diese Natriumverbindung nicht merklich, nur wird das Dien polymerisiert. Alle drei Substanzen, in äquivalenten Mengen zusammengebracht, erleiden jedoch im Verlaufe mehrerer Stunden eine glatte stöchiometrische Umsetzung, die lediglich als Ergebnis einer Aufeinanderfolge der beiden folgenden
Teilprozesse aufgefaßt werden kann:

$$(C_6H_5)_3CNa + CH_2=CH—CH=CH_2 = (C_6H_5)_3C—CH_2—CH=CH—CH_2—Na$$
$$(C_6H_5)_3C—CH_2—CH=CH—CH_2—Na + R_2NH$$
$$= (C_6H_5)_3C—CH_2—CH=CH—CH_3 + R_2N—Na .$$

Das hochaktive Organometall vom Typ $\ldots CH_2Na$ wird so rasch durch das
sekundäre Amin fixiert, daß es zur weiteren Addition von Butadienen nicht
mehr kommt. Damit wird die erste Reaktionsstufe, d. h. die Fixierung des Poly-
merisations-„Katalysators" an das Butadien auch in diesem Falle nachweisbar.
Weitere ähnlich zu deutende eindrucksvolle Abfangversuche sind weiter unten
auf S. 131, im Abschnitt 2, „Additionsprozesse", diskutiert.

Hiernach kann die Theorie von ZIEGLER, soweit Alkalimetallalkyle als Polymerisationserreger wirken, als umfassend und allgemeingültig angesehen werden.

Die oben S. 119 schon angedeuteten weiteren Zweifel richten sich auch nicht
gegen diesen Teil der Theorie, sondern allein gegen die Annahme des genannten
Autors, daß die durch Natrium und durch Natriumalkyle erregten Polymerisationen grundsätzlich auf dieselbe metallorganische Synthese hinausliefen. Es
wird der ersten Reaktion des freien Alkalimetalls mit dem Butadien eine besondere und selbständige Bedeutung für die Polymerisation außerhalb des Rahmens
der ZIEGLERschen Vorstellung zugewiesen. Sieht man nämlich im Primärprozeß
die *halbseitige* Addition von Natrium an Butadien zu einem radikalartigen[2] Gebilde
$Na—CH_2—CH=CH—CH_2—$, so könnte ein solches Radikal als *Keim* einer
sogenannten „Radikalkette" fungieren, bei der die Reaktion nach dem Schema

$$Na—(Bu)— + Bu \rightarrow Na—(Bu)—(Bu)— \rightarrow Na—(Bu)_n—$$

---

[1] Es sei hier darauf hingewiesen, daß keineswegs zwischen jedem Alkalialkyl
und jedem Dien eine Reaktion — sei es Addition, sei es Polymerisation — stattfindet. So werden sämtliche bekannten Diolefine und Styrol nicht verändert durch
Substanzen vom Typ des Fluoren-, Inden- und Cyclopentadiennatriums. Piperylen
und 2,3-Dimethylbutadien reagieren auch nicht mit Triphenylmethylnatrium.

[2] Es wäre auch — grundsätzlich ähnlich — an eine valenzmäßig nicht scharf
zu formulierende starke Polarisation des Butadiens durch das Na zu denken.

rasch durch sehr viele Butadienmoleküle hindurchliefe bis zum „Ketten"-abbruch, den man in einer gegenseitigen Absättigung zweier wachsender radikalartiger Ketten oder in einer schließlichen Fixierung eines zweiten Natriumatoms an der endständigen freien Valenz sehen könnte.

Nach dieser Vorstellung würden die Polymerisationen durch Alkalimetalle sich ähnlich abspielen, wie viele in Abwesenheit freien Alkalimetalls verlaufende Umwandlungen von Vinylkörpern in hochmolekulare Produkte, für die ein solcher „Radikalketten"-Mechanismus vielfach diskutiert und auch durch Experimente[1] belegt ist. Reaktionsabläufe dieser Art haben z. B. E. BERGMANN[2] sowie G. V. SCHULZ[3] vorgeschlagen.

Auf den ersten Blick erscheint allerdings ein Addukt zu zweien vom Typ Na(Bu)— statistisch mehr begünstigt zu sein, als ein Addukt zu dreien $Na_2(Bu)$. Es kann aber als höchst zweifelhaft betrachtet werden, ob hier die gewöhnliche Stoßstatistik überhaupt angewandt werden darf[4]. Man hat es ja nicht mit Reaktionen des homogen gelösten, sondern mit solchen des festen Alkalimetalls an dessen *Oberfläche* zu tun. In der Oberfläche liegen aber immer *viele* Alkaliatome sehr nahe ($2,7 \times 10^{-8}$ cm bei Li, $3,5 \times 10^{-8}$ und $4,2 \times 10^{-8}$ cm bei Na bzw. K) beieinander. Deshalb kann das Diolefin ebenso rasch zwei Alkaliatome wie deren eines addieren, wenn der Addition eine gewisse Ausrichtung und Adsorption des Kohlenwasserstoffes an die Metalloberfläche vorausgeht. Für eine solche Ausrichtung im Sinne des Schemas[5]

$$
\begin{array}{cccccc}
\text{H} & & \text{H} & & \text{H} & \text{H} \\
& \text{C——C} & & & \text{C——C} & \\
\text{CH}_2 & & \text{CH}_2 & \text{CH}_2 & & \text{CH}_2 \\
\text{Na} \cdots\cdots & \text{Na} & \cdots\cdots & \text{Na} & \cdots\cdots & \text{Na} \\
\end{array}
$$
$$\longleftarrow 3,5\ \text{Å} \longrightarrow$$

spricht die von ZIEGLER, HÄFFNER und GRIMM nachgewiesene quantitative Bildung von reinem cis-Dimethyläthylen aus Butadien, Natrium und sekundären Aminen (vgl. den oben S. 119 erwähnten Nachweis der primären Na-Addukte durch Abfangen mit Aminen). Auch liegen andere Erfahrungen vor, die die Ungültigkeit der an homogenen Systemen entwickelten Wahrscheinlichkeit des molekularen Geschehens für Reaktionen an Oberflächen fester Alkalimetalle beweisen. Es ist z. B. unmöglich, aus längeren ω, ω'-Dihalogenparaffinen ($J(CH_2)_nJ$) mit unterschüssigem Natrium merkliche Mengen der normalen WURTZschen Verkupplungsprodukte mit der doppelten Kettenlänge,

$$J(CH_2)_n \cdot (CH_2)_n J$$

herzustellen[6]. Es bilden sich stets hochmolekulare, nur noch schwach halogenhaltige Produkte von im wesentlichen paraffinischer Struktur $x—[(CH_2)_n]_m—x$ [7], und es bleibt ein entsprechender Anteil des Ausgangsmaterials unverändert.

---

[1] Vgl. z. B. die eindrucksvollen Versuche von G. V. SCHULTZ, G. WITTIG: Naturwiss. **27**, 387, 456 (1939). — G. V. SCHULZ: Z. Elektrochem. angew. physik. Chem. **47**, 265 (1941).		[2] Trans. Far. Soc. **32**, 295 (1936).

[3] Ergebn. exakt. Naturwiss. 17, 405, 406 (1938); Fortschritte der Chemie, Physik und Technik der makromolekularen Stoffe, S. 45—46. München und Berlin 1939.

[6] K. ZIEGLER, O. SCHÄFER: Liebigs Ann. Chem. **479**, 150 (1930).

[5] Die Entfernung der End-C-Schwerpunkte im ausgerichteten Butadien ist mit ~ 3,6 Å.E. ebenso groß wie der Abstand zweier Na-atome im festen Natrium.

[6] H. WEBER: Die Darstellung langkettiger Polymethylendihalogenide, S. 22. Dissertation, Halle a. d. S. 1938. — Vgl. auch CAROTHERS und Mitarbeiter: J. Amer. chem. Soc. **52**, 5279 (1930).

[7] x scheint im wesentlichen = H zu sein, daneben J. Der Ersatz von Halogen gegen H im Verlaufe WURTZscher Synthesen durch Nebenreaktionen ist bekannt.

Dies ist kaum anders zu erklären, als durch die Vorstellung, daß sich die Reaktion innerhalb einer parallel zur Natriumoberfläche orientierten und an dieser adsorbierten Schicht des Dihalogenids abspielt[1]. Auch nach der Verknüpfung zu zweien bleiben die Moleküle noch am Metall haften, so daß anschließend eine weitere Verkupplung zu vielen stattfinden kann. Erst nach weitgehendem Verlust des Halogens werden die Adsorptionskräfte geringer, und die Reaktionsprodukte können jetzt von Molekülen des Ausgangsmaterials verdrängt werden. Ist hiernach aber für ein Polymethylendihalogenid [z. B. $J(CH_2)_{10}J$] eine ausgerichtete Adsorption am Metall als Vorstufe der Reaktion wahrscheinlich gemacht, so kann die gleiche Annahme für das Diolefinsystem kaum als abwegig bezeichnet werden.

Im übrigen ist es ziemlich unwesentlich, ob man sich zwei Alkaliatome im selben Augenblick oder kurz nacheinander an das Butadien addiert denkt. Wichtig ist allein, ob das etwa gebildete Radikal $Na—CH_2—CH=CH—CH_2—$ schneller mit einem zweiten Natrium oder mit einem Butadien reagiert. Im ersten Falle würde die Polymerisation trotz der primären Bildung des Radikals als metallorganische Synthese aufzufassen sein, und man hätte allein das valenzmäßig abgesättigte Addukt $Na_2(Bu)$ als Polymerisationskeim anzusehen.

Es sind nun bisher keine sicheren Anzeichen dafür gefunden worden, daß bei den durch Alkalimetalle erregten Polymerisationen Radikale als Zwischenprodukte[2] eine Rolle spielen, wohl aber viele Beweise dafür, daß das Molekülwachstum auf dem Prinzip der metallorganischen Synthese beruht.

E. Bergmann[3] hält den Radikalmechanismus für wahrscheinlicher, weil durch Arbeiten von Schlenk[4] bewiesen worden sein soll, daß gewisse Äthylene mit Alkalimetall primär Radikale bilden. Er verweist hier z. B. auf die Umwandlung von as-Diphenyläthylen in Dinatriumtetraphenylbutan, für die Schlenk folgenden Mechanismus vorgeschlagen hat:

$$(C_6H_5)_2C=CH_2 \rightarrow (C_6H_5)_2\overset{|}{\underset{Na}{C}}—CH_2— \rightarrow (C_6H_5)_2\overset{|}{\underset{Na}{C}}—CH_2—CH_2—\overset{|}{\underset{Na}{C}}(C_6H_5)_2.$$

Aber gerade für diese Reaktion (und für Reaktionen ähnlichen Typs) haben K. Ziegler, Colonius und Schäfer[5] gezeigt, daß die Schlenksche Vorstellung nicht zwingend ist und daß vieles dafür spricht, sie durch die Reaktionsfolge:

$$(C_6H_5)_2C=CH_2 + 2Na = (C_6H_5)_2\overset{|}{\underset{Na}{C}}—\overset{|}{\underset{Na}{C}}H_2$$

$$(C_6H_5)_2\overset{|}{\underset{Na}{C}}—\overset{|}{\underset{Na}{C}}H_2 + CH_2=C(C_6H_5)_2 = (C_6H_5)_2\overset{|}{\underset{Na}{C}}—CH_2—CH_2—\overset{|}{\underset{Na}{C}}(C_6H_5)_2$$

---

[1] G. Wittig hat hiergegen eingewandt (Privatmitteilung), daß die Erscheinung auch verstanden werden kann, wenn man als erstes Reaktionsprodukt $J(CH_2)_nNa$ und für dieses infolge gegenseitiger Beeinflussung von J und Na eine erhöhte Reaktionsfähigkeit annimmt. Die Möglichkeit eines solchen Polarisationseffekts durch die Kette hindurch ist aber sicher nur bei kleinem n gegeben. Das oben geschilderte Resultat wurde jedoch z. B. noch mit Dekamethylendijodid ($n = 10$) erhalten. Auf diese Entfernung hin beeinflussen sich Na und J sicher nicht mehr.

[2] Ganz neuerdings verficht I. L. Bolland (Proc. Roy. Soc. [London], Ser. A **178**, 24 [1942]; Chem. Zbl. **1942 I**, 2633) wieder entschieden den Radikalmechanismus für die Polymerisation des Isoprens durch Natrium. Vgl. dazu weiter unten S. 125.   [3] l. c.

[4] Ber. dtsch. chem. Ges. **47**, 477 (1914). — Vgl. auch Schlenk, Bergmann: Liebigs Ann. Chem. **479**, 58, 150 (1930).

[5] Liebigs Ann. Chem. **473**, 36 (1929); **479**, 150 (1930).

zu ersetzen. Danach wäre die Annahme eines Radikals als erste Reaktionsstufe entbehrlich.

Weiter hat G. V. Schulz[1] die S. 117 ff. geschilderten Versuche von Ziegler und Mitarbeitern diskutiert und gegen die Zieglersche Interpretation dieser Versuche noch folgende Bedenken geäußert: „Ziegler arbeitet bei großem Überschuß der beschleunigenden Substanzen und geringen Mengen bzw. Konzentrationen des zu polymerisierenden Stoffes. Hierdurch sind die Bedingungen zwar extrem günstig für die Bildung der von ihm isolierten und nachgewiesenen Zwischenprodukte; jedoch kann man seinen Mechanismus nicht ohne weiteres auch für diejenigen Polymerisationen als bewiesen ansehen, bei denen nur geringe Mengen Beschleuniger im Verhältnis zur Substratmenge angewandt werden und demzufolge hochmolekulare Produkte entstehen.

Um zu entscheiden, ob in diesen Fällen die Polymerisation nach dem Prinzip der „metallorganischen Synthese" oder nach einem Kettenmechanismus vor sich geht, müßte die Untersuchung unter solchen Bedingungen durchgeführt werden, daß auch tatsächlich hochmolekulare Produkte entstehen, und ferner müßte hierbei der Polymerisationsgrad ebenso wie bei den bisher besprochenen Versuchen im Verlauf der Reaktion bestimmt werden."

Die Durchführung entsprechender Versuche ist wegen der Empfindlichkeit der alkaliorganischen Polymerisationserreger und aus anderen Gründen nicht ganz einfach. Versuche im heterogenen System — mit festem metallischem Natrium — dürften, wie immer sie auch ausfallen, wegen der Unbestimmtheit der Reaktionsbedingungen schwierig ausdeutbar sein. Im *homogenen* System würden sie unter Benutzung gelöster Alkalialkyle klarer verlaufen. Die Schwierigkeit liegt hier aber darin, daß für die Erzeugung hoher Molekulargewichte extrem wenig des Alkalialkyls angewendet werden müßte. Unter solchen Umständen ist jedoch eine exakte Einhaltung bestimmter Molverhältnisse des gelösten, organisch gebundenen Alkalis zum Butadien nicht einfach, sie setzt eine ganz besonders hohe Reinheit des Butadiens und ein hohes Maß an präparativer „Asepsis" in bezug auf alle mit Natriumalkylen reagierenden Stoffe voraus. Ohne eine genaue Kenntnis der für die Erzielung einer bestimmten durchschnittlichen Molekulargröße notwendigen Menge des *unzersetzten* Alkalialkyls ist aber jeder sichere Rückschluß von der Natur des Endprodukts auf seinen Bildungsmechanismus unmöglich. Zudem würden solche Versuche hinsichtlich eines etwaigen Radikalkettenmechanismus der Polymerisation durch Natrium*metall* nichts aussagen. Sie könnten höchstens gewisse Einzelfragen der Zieglerschen Theorie der Wirkung der Alkalialkyle klären.

Die Bedenken von G. V. Schulz wiegen (nach Ansicht des Verfassers) nicht allzu schwer, denn ihnen steht ein reichhaltiges, von Schultz offenbar nicht berücksichtigtes Material aus dem wissenschaftlichen und technischen Schrifttum gegenüber, das ohne Zweifel als Stütze der Zieglerschen Vorstellungen der metallorganischen Synthese gedeutet werden kann.

---

[1] Die hier zitierte Stelle stammt aus Fortschritte der Chemie, Physik und Technik der makromolekularen Stoffe, München und Berlin 1939, S. 46. Ähnlich hat sich der gleiche Autor an folgender Stelle geäußert: Ergebn. exakt. Naturwiss. **17**, 405—406 (1938). — Wenn G. V. Schulz an dieser letzten Stelle mit Bezug auf die hier S. 117 ff. beschriebenen Versuche von Ziegler und Mitarbeitern schreibt: „.... Dieses" [das Addukt Li · CH_2 · $C(CH_3)$: $C(CH_3)$ · CH_2 · Li] „konnte Ziegler auch in schöner Ausbeute erhalten. Dagegen beim Butadien bildeten sich mit großer Geschwindigkeit höhere Polymere. Nach Ziegler sind diese durch metallorganische Synthese entstanden, die *demnach* beim Butadien rascher verlaufen würde, als bei seinem Dimethylderivat ...", so muß dazu gesagt werden, daß die größere Geschwindigkeit der Butadien-Reaktion unabhängig hiervon und vorher durch ganz andere Versuche festgestellt war. Der Unterschied zwischen den zwei Kohlenwasserstoffen gegenüber Lithiummetall war daher vorauszusehen.

Zunächst geht aus der älteren[1] und neueren[2] Literatur klar hervor, daß die Polymerisation an der Natriumoberfläche auch im gasförmigen Butadien möglich ist. Es ist eine sehr eindrucksvolle Erscheinung, wenn um ein winziges Körnchen Natrium aus dem Dampf heraus eine vielfach gegliederte „Traube" von festem und elastischem Kautschuk heranwächst. Bei hoher Reinheit des Butadiens kann sich dieses Anpolymerisieren aus dem Gas unter starker Selbsterwärmung sehr rasch abspielen. Die spontan eintretenden oder durch andere Katalysatoren als Alkalimetalle bewirkten Polymerisationen von Vinylkörpern, für die G. V. Schulz seine Radikalkettentheorie doch in erster Linie entwickelt hat, spielen sich in der Regel in hochkonzentrierten Systemen ab. Es muß fraglich erscheinen, ob bei der Polymerisation an Natrium im Gas die Butadienkonzentration zum Zustande kommen langer Reaktionsketten bei Reaktionszentren von sehr geringer Lebensdauer (Radikalen) ausreicht, zumal da direkt am Natrium die Konzentration Schulzscher Radikalkeime relativ groß werden müßte, da keine Möglichkeit einer raschen Verteilung der Keime in der Umgebung besteht.

Damit würde aber selbst bei Annahme radikalartiger Reaktionskeime an der Metalloberfläche, deren gegenseitige Absättigung zu $Na(Bu)_2Na$ überwiegen, und die Reaktion müßte dann zwangsweise nach dem Schema der metallorganischen Synthese weitergehen.

Es ist für diese Betrachtung gleichgültig, ob man sich das Butadien direkt aus dem Gas chemisch an das Polymerisat fixiert denkt oder ob man annimmt, daß sich das Butadien zunächst in dem Polymerisat löst. Denn hohe Konzentrationen kann das Butadien nach Lage der Dinge auch in diesem Falle nicht erreichen.

Weiter ist hier eine sehr sorgfältige Arbeit von A. Abkin und S. Medvedew[2] zu erwähnen, die sich mit der Reaktionskinetik der Polymerisation von Butadien durch Natriummetall befaßt und für deren Resultate die Autoren die Zieglerschen Vorstellungen als die beste theoretische Grundlage ansehen. Auf folgendes sei besonders hingewiesen:

Die russischen Autoren haben festgestellt: Die Alkalipolymerisation durchläuft zu Beginn eine Inkubationsperiode, während der das Tempo der Polymerisation ansteigt bis zu einer — unter bestimmten Bedingungen konstanten — Endgeschwindigkeit. Kühlt man während der Endphase den Versuchsansatz stark ab, so friert damit die Reaktion ein. Beim Wiederauftauen geht die Polymerisation auch nach Stunden sofort in der gleichen (End-) Geschwindigkeit weiter, die sie unmittelbar vor dem Kühlen hatte. Die Zahl der Reaktionszentren ist somit gleich geblieben. Radikalartige Träger der Polymerisation würden allen vorliegenden Erfahrungen nach eine derartige Lebensdauer nicht besitzen, es müßte daher in der Wärme ein erneuter Anstieg der Polymerisationsgeschwindigkeit stattfinden. Für ein Alkalialkyl als Polymerisationserreger ist die lange Haltbarkeit bei Ausschluß von Sauerstoff selbstverständlich. Die Inkubation des Polymerisationsprozesses ist in diesem Falle eine Folge der zunächst stattfindenden „Selbstreinigung" des Diolefins, während der Sauerstoff und Feuchtigkeitsreste durch das gebildete Alkalialkyl beseitigt werden, sowie eine Folge des gerade

---

[1] DRP. 280959 (Bayer & Co.); Friedlaender 11, 832. — Hier wird darauf hingewiesen, daß die Polymerisation in der Gasphase sogar viel *schneller* verlaufe als in der Flüssigkeit. Das erscheint verständlich, da viele störende Verunreinigungen des Diolefins nicht in den Dampf übergehen werden oder im Dampf in viel geringerer Konzentration vorhanden sind als in der Flüssigkeit.
[2] Abkin, Medvedew: Trans. Faraday Soc. 32, 286 (1936). — J. physic. Chem. (russ.) 13, 705 (1939). — Zbl. 1940, I, 691.

zu Beginn der Reaktion starken Anstiegs der Konzentration an gelöstem, organisch gebundenem Alkali.

Zu anderen Schlüssen als ABKIN und MEDVEDEW gelangte allerdings in jüngster Zeit I. L. BOLLAND[1] nach dem Studium der Polymerisation von *Isopren* durch Natrium. Die Arbeit dieses Autors ist nach Ausführung und Ergebnissen der Untersuchung von ABKIN und MEDVEDEW weitgehend ähnlich. Es wird die Polymerisationsgeschwindigkeit von flüssigem, gasförmigem und in Toluol gelöstem Isopren an möglichst blanken, gut definierten Natriumoberflächen gemessen, ferner hat der Autor auch durchschnittliche Molekulargewichte seiner Polymerisate bestimmt (soweit die Produkte löslich waren), und deren Abhängigkeit von den Versuchsbedingungen studiert. Seine Ergebnisse lassen sich im Grunde unschwer mit der ZIEGLERschen Theorie in Einklang bringen (wie der Verfasser hiermit feststellt), und wenn sich I. L. BOLLAND gegen diese Vorstellungen entscheidet, so deshalb, weil es ihm in keinem Falle gelungen ist, auch nur Spuren gelösten Alkalimetalls in seinen Polymerisaten nachzuweisen. BOLLAND erwähnt in dem Zusammenhang vor allem 2 Experimente: Zunächst die Tatsache, daß die Veraschung von Isopren-Natrium-Polymerisaten rückstandslos erfolgen soll und weiter die Beobachtung, daß bei der Polymerisation von 12 g Isopren durch nur 1,12 mg Natrium bei 25° C keinerlei Abnahme der Größe des Natriumstückchens feststellbar gewesen wäre. Die genannte Natriummenge müßte bei *völliger* Auflösung gemäß der Theorie von ZIEGLER zu Polymerisaten vom durchschnittlichen Molekulargewicht von etwa 500000 führen. Die erhaltenen Produkte waren zu etwa $^2/_3$ völlig unlöslich, gestatteten somit keine Bestimmung ihres Molekulargewichts. Das lösliche Drittel hatte eine Molekulargröße von 210000. Über den wahren Durchschnittswert sind hiernach keine Angaben möglich. Aber bereits der lösliche Substanzanteil sollte gemäß der Formel $Na(Bu)_nNa$ etwa 0,9 mg Natrium verbraucht haben.

BOLLAND hält diese Beobachtungen für so entscheidend, daß er — neben radikalartigen Reaktionskeimen der Art Na-(Bu) — sogar die Möglichkeit diskutiert, es könnten im Spiel von reversiblen Adsorptions- und Desorptionsprozessen an der Metalloberfläche völlig natriumfreie Reaktionskeime in Form von aktivierten Butadienmolekülen auftreten.

In Anbetracht der vielfältigen Erfahrungen, daß echt gelöstes Organometall in hoher Konzentration immer dann auftritt, wenn Natrium und Butadien bei Gegenwart geeigneter gegen das Metall selbst indifferenter Abfangmittel zusammen kommen, wird man sich einer so weitgehenden Folgerung kaum anschließen wollen. Tatsächlich halten BOLLANDs Gedankengänge einer kritischen Prüfung nicht stand.

Das Ergebnis der Veraschungsversuche ist so lange nicht stichhaltig, als nicht vergleichsweise das Verhalten von schwach natriumhaltigen Polymerisaten bei der Veraschung geprüft wird. Es ist denkbar, daß bei Gegenwart eines großen Kohlenstoffüberschusses geringe Natriumanteile sich verflüchtigen. Auch die visuelle Abschätzung der Größe eines Natriumkügelchens dürfte keine einwandfreie Methode zum sicheren Entscheid der vorliegenden Frage sein. Schwerer wiegen die quantitativen Betrachtungen. Allein entscheidend sind auch sie nicht.

Eine Lösung der Schwierigkeit ergibt sich zwanglos, wenn man die Frage prüft, welches Schicksal die reaktionsfähigen metallorganischen Molekülenden im Verlaufe des Versuchs erleiden können. Es wurde bisher stets vorausgesetzt, die Reaktionsprodukte müßten auf jeden Fall hochmolekulare Alkaliverbin-

---

[1] Proc. Roy. Soc. [London], Ser. A **178**, 24—42 (1942); Chem. Zbl. **1942 I**, 2633. — Die Arbeit ist nach Fertigstellung des vorliegenden Kapitels erschienen. Sie konnte erst bei der Korrektur berücksichtigt werden.

dungen vom Typ $Na(Bu)_nNa$ sein, soweit nicht die aktiven Stellen etwa durch Reaktionen mit Resten gewisser Verunreinigungen der Diolefine verloren gingen. Das braucht aber nicht so zu sein, es würde sogar dem für Alkalialkyle charakteristischen Reaktionsbild widersprechen. Für die Substanzen ist besonders typisch die Fähigkeit, in Berührung auch mit Kohlenwasserstoffen Metallatome gegen Wasserstoff auszutauschen. Solche Austauschreaktionen sind oben schon besprochen worden, und sie werden weiter unten auf S. 131 f. noch ausführlicher behandelt werden. Als besonders reaktionsfähig haben sich Methyle bzw. Methylene, die an C=C-Bindungen haften, ferner auch Wasserstoffatome an aromatischen Kernen erwiesen. Das Studium der Geschwindigkeit derartiger Reaktionen hat ergeben, daß diese Prozesse um mehrere Größenordnungen langsamer verlaufen als die Additionsreaktionen der Alkalialkyle an Diolefine, die nach Ziegler das Molekülwachstum bei der Polymerisation vermitteln. Es wird daher — bei Abwesenheit besonderer reaktiver Fremdstoffe — der Polymerisationsprozeß zunächst eine große Zahl von Einzelschritten durchlaufen müssen, dann aber wird er nicht nur aus Mangel an Diolefin, sondern auch durch Übergang des organisch gebundenen Natriums vom wachsenden Molekül auf ein Nachbarmolekül zum Stillstand kommen können. Ist dieses Nachbarmolekül selbst polymerisiertes Diolefin, so wird irgendwo inmitten der langen Polymerisatkette ein neuer Reaktionskeim (*) entstehen:

$$+\cdots -CH_2-CH{=}CH-CH_2-CH_2-CH{=}CH-CH_2-\cdots$$
$$\overset{-(Bu)_nNa}{}$$

gibt

$$+\cdots -CH_2-CH{=}CH-CH_2-\underset{\underset{Na^*}{|}}{CH}-CH{=}CH-CH_2-\cdots$$
$$\overset{-(Bu)_nH}{}$$

Von diesem (*) aus wächst dann durch Angliederung von Butadienen eine große Verzweigung aus der Polymerisatkette heraus. Derartige größere[1] Verästelungen sollen nun in der Tat nach Staudinger[2] in technischem Natrium-Butadien-Polymerisat vorhanden sein. Auf die Höhe des Durchschnittsmolekulargewichts können solche Prozesse, wie man leicht einsieht, keinen erheblichen Einfluß haben.

Ist das Nachbarmolekül dagegen ein Diolefin, so würde der Polymerisationsprozeß abgebrochen unter Bildung eines neuen niedrigmolekularen metallorganischen Reaktionskeimes (*).

$$\cdots (Isopren)_nNa+H_3C\cdot\overset{\overset{CH_2}{\|}}{C}-CH{=}CH_2 = (Isopren)_nH+Na^*\cdot CH_2\cdot\overset{\overset{CH_2}{\|}}{C}-CH{=}CH_2$$

Die Reaktion wird am Isopren formuliert, da sie hier, wegen des Methyls, sicher eher möglich ist, als beim Butadien.

Bei einem Kettenabbruch dieses Typs wird keinerlei Zusammenhang zwischen der Menge des gelösten Natriums und dem Durchschnittsmolekulargewicht bestehen. Grundsätzlich (beim Fehlen einer jeden das Organometall zerstörenden Nebenreaktion) würde ein einziges organisch gebundenes Metallatom [bzw. ein Molekül vom Typ Na(Diolefin)Na] genügen, um beliebig viel Diolefin in Polymere von durchaus endlicher Kettenlänge umzuwandeln. Die Kettenlänge wäre

---

[1] Viele kleine Verzweigungen (Vinyle) infolge häufigen 1,2-Einbaues von Diolefinen im gewöhnlichen Kettenwachstum sind normal vorhanden. Vgl. Ziegler, Grimm, Willer: Liebigs Ann. Chem. **542**, 90 (1939).

[2] J. prakt. Chem. II **157**, 158, 173 (1941).

dabei lediglich bestimmt durch das Verhältnis der Häufigkeiten der beiden Prozesse.

$$\ldots (\text{Diolefin})_n\text{Na} + \text{Diolefin} = \ldots (\text{Diolefin})_{n+1}\text{Na}$$

und

$$\ldots (\text{Diolefin})_n\text{Na} + \text{Diolefin} = \ldots (\text{Diolefin})_n\text{H} + \text{Na}(\text{Diolefin minus H}).$$

Die Molekulargröße von 220000 für den löslichen Anteil der Isopren-Natrium-Polymerisate würde zum Häufigkeitsverhältnis von etwa 3000 : 1 führen, ein Wert, dessen Größenordnung nach Analogien[1] möglich erscheint, wenn es auch, der Natur der Sache nach, wohl nie gelingen wird, für das Isopren die Geschwindigkeiten der beiden in Frage kommenden Reaktionen getrennt zu messen[2].

Hiernach ist vorläufig kein Grund vorhanden, die Ergebnisse BOLLANDS als stichhaltige Beweise für einen Radikal-Ketten-Mechanismus der durch Alkalimetalle bewirkten Polymerisationen anzusehen. Mit der Annahme eines solchen Reaktionsablaufes würde auch die obenerwähnte Wirkung von Aminzusätzen auf den Reaktionsablauf schlecht in Einklang zu bringen sein. Ein Radikal $\text{Na}\!-\!\text{CH}_2\!-\!\text{CH}\!=\!\text{CH}\!-\!\text{CH}_2\!-$ sollte mit Amin wieder ein Radikal $\text{CH}_3\!-\!\text{CH}\!=\!\text{CH}\!-\!\text{CH}_2\!-$ liefern, und dieses müßte seine polymerisierende Wirkung noch besitzen[3].

Die ZIEGLERsche Theorie wird weiter durch gewisse technische Erfahrungen gestützt. Die technische Ausgestaltung der Polymerisation durch Alkalimetalle ist in den letzten 10 bis 15 Jahren sehr weit getrieben und in zahlreichen Patenten niedergelegt worden.

Die Fortschritte, die seit den ersten grundlegenden Erfindungen erzielt worden sind, bestehen vor allem darin, daß es gelungen ist, den Prozeß weitgehend in die Hand zu bekommen. Dies bezieht sich vor allem auf den geregelten Beginn der Polymerisation (Abkürzung von Inkubationszeiten), auf eine Regelung des Polymerisationsablaufs insbesondere nach der *wärmetechnischen* Seite hin (Vermeidung von Wärmestauungen)[4] und auf eine Beeinflussung der Eigenschaften der Polymerisate. Soweit derartige Effekte durch rein apparative, verfahrenstechnische Maßnahmen erreicht werden, brauchen sie hier nicht aus-

---

[1] Man vgl. z. B. die Geschwindigkeiten der Reaktionen

$$\text{C}_6\text{H}_5 \cdot \text{CH} : \text{CH} \cdot \text{CH}_3 + \text{C}_6\text{H}_5(\text{CH}_3)_2\text{CK} = \text{C}_6\text{H}_5 \cdot \underset{\overset{|}{\text{K}}}{\text{CH}} \cdot \underset{\overset{|}{\text{C(CH}_3)_2\text{C}_6\text{H}_5}}{\text{CH}} \cdot \text{CH}_3$$

und

$$\text{C}_6\text{H}_5, \text{CH} : \text{C} \overset{\diagup \text{CH}_3}{\underset{\text{CH}_3}{}} + \text{C}_6\text{H}_5(\text{CH}_3)_2\text{CK} = \text{C}_6\text{H}_5 \cdot \text{CH} : \text{C} \overset{-\text{CH}_2\text{K}}{\underset{\diagdown \text{CH}_3}{}} + \text{C}_6\text{H}_5(\text{CH}_3)_2\text{CH} .$$

Die Addition (im 1. Fall) geht momentan vor sich. Der Metallaustausch braucht (im 2. Fall) viele Stunden. Im Dimethylstyrol des 2. Falles wird durch das 2. Methyl die Additionsfähigkeit der $\text{C}\!=\!\text{C}$-Bindung völlig unterdrückt. Damit wird die Geschwindigkeit der Metallierung des Methyls meßbar. Es ist nicht unwahrscheinlich, daß das Methyl im Monomethylstyrol des 1. Falles mit ähnlicher Geschwindigkeit metalliert werden würde, nur ist dieser Prozeß hier eben wegen der praktisch vorherrschenden Addition nicht meßbar. ZIEGLER, CRÖSSMANN, KLEINER, SCHÄFER: Liebigs Ann. Chem. **473**, 5f., 23, 24 (1929).

[2] Die Überlegung ist grundsätzlich nachprüfbar durch das Studium der Abhängigkeit des Durchschnittsmolekulargewichts von der Katalysatormenge bei der Polymerisation von Isopren mit Alkalialkylen. Es müßte mit abnehmender Katalysatormenge der Polymerisationsgrad einem festen Grenzwert zustreben. Die exakte Durchführung solcher Versuche ist jedenfalls sehr schwierig.

[3] Man kommt um die Konsequenzen dieser Überlegung nur durch weitere komplizierende Annahmen herum, von denen keine bisher nachgeprüft ist.

[4] Die Polymerisationswärme ist beträchtlich und beträgt z. B. für Butadien rund 500 kg Cal pro kg.

128   K. Ziegler: Katalyse durch Alkalimetalle und metallorganische Verbindungen.

führlich erwähnt zu werden[1]. Von den übrigen Angaben des technischen Schrifttums sind einzelne theoretisch überhaupt nicht klar zu durchschauen, was bei dem vielfach rein empirischen Charakter der industriellen Entwicklungsarbeit nicht verwunderlich ist. Hierher gehören z. B. die Vorschläge, anoxydiertes Natrium[2] oder einen Mischkatalysator aus geschmolzenem Natrium und 10% Eisen- oder Magnesiumoxyd[3] zu verwenden.

Theoretisch bedeutungsvoller sind zahlreiche Vorschläge, die Polymerisation durch gewisse Zusätze zum Butadien in der einen oder anderen Weise zu regulieren. Von derartigen Beimengungen sollen die sogenannten *Aktivatoren* vornehmlich den Eintritt der Reaktion überhaupt erleichtern, die *Regulatoren* dagegen die Eigenschaften der Endprodukte, insbesondere ihren Polymerisationsgrad beeinflussen. Durch ein geeignetes Zusammenspiel solcher Zusätze dürfte auch die Polymerisations*geschwindigkeit* und damit das Tempo des Freiwerdens der Reaktionswärme willkürlich variierbar sein. Es kann hierbei auch vorkommen, daß ein und dieselbe Substanz Aktivator- und Regulatorwirkung besitzt.

Die *Aktivierung* wird man sich vornehmlich als eine Beeinflussung der *Metalloberfläche* vorzustellen haben. Als solche ist sie auch von anderen Metallreaktionen her bekannt (z. B. Jod bei der Grignard-Reaktion). Die Beeinflussung kann in einer Anätzung unter Freilegung des blanken Metalls oder etwa in der Umwandlung einer sehr dichten, undurchdringlichen Oberflächenschicht in einen mehr lockeren porösen Überzug bestehen. Wie immer man die entscheidende Startreaktion (Keimbildung) auffaßt, derartige Oberflächeneffekte sind in allen Fällen ähnlich deutbar.

Als Oberflächeneffekte sind auch gewisse *Reaktionshemmungen* aufzufassen, wie sie bei Gegenwart von z. B. CO_2, CO, Acetylen beobachtet worden sind. In Gegenwart von 0,09—0,1% CO_2 konnte Lasarewskaja[4] in Butadien (+ Natrium) auch nach 800 Stunden noch keinen Polymerisationsbeginn feststellen, 0,04% sind ohne Einfluß. CO und Acetylen verzögern bereits in Mengen von 0,01% merklich, bei 0,05—0,06% setzt der Reaktionsbeginn bis zu einem Monat aus. Diese Beobachtungen stehen in Einklang mit (unpublizierten) Erfahrungen des Verfassers, nach denen CO_2 für die sonst spielend leicht eintretende Addition von Natrium an asymmetrisches Diphenyläthylen in Äther (nach Schlenk) ein stark wirkendes Kontaktgift ist. Auch die Reaktion zwischen Natrium und Chlorbenzol[5] wird nach gleichen Erfahrungen durch CO_2 stark verzögert[6].

Eine typische *Aktivator*wirkung ist es dann, wenn nach Kobljanski, Lifschitz, Christianssen und Rokitjanski[7] geringe Wassermengen die Verzögerung

---

[1] Vgl. z. B. DRP. 280959; Friedlaender 11, 832 (Bayer & Co.). (Natrium im Dampfraum.) I. G. Farbenindustrie: F. P. 687808 (Natrium mit Kochsalz verrieben); E. P. 331265, F. P. 687721 (Polymerisation mit „Ausgleichsraum"); F. P. 688592 (Napol. in der Kugelmühle) Alle drei ref. Chem. Zbl. **1931 I**, 1373). — E. P. 338534 (Na-pol. mit Na in Form einheitlich großer Kügelchen); E. P. 337460 (Natrium in besonderem Einsatzgefäß, z. B. in gelochtem Eisenrohr). Beide ref. Chem. Zbl. **1931 I**, 1186. — Can. P. 305674 (Lösung von Butadien über Natrium geleitet), ref. Chem. Zbl. **1933 II**, 3478. — Ferner: Ebenda **1934 II**, 2299 (Orig. russ.) (Metalldampf in Butadien eingeleitet). — Ebenda **1934 II**, 1731 (Orig. russ.) (Pol mit hochdispersem Na). — General Motors: A. P. 1713236 (K-Na-Legierung als Polymerisationserreger), ref. Chem. Zbl. **1929 II**,940.

[2] A. P. 1073845, zit. Friedlaender 11, 832. — Vgl. auch DRP. 281966, Friedlaender **12**, 572 (B.A.S.F.).

[3] Krawetz: Chem. Zbl. **1936 I**, 905 (Orig. russ.).   [4] Chem. Zbl. **1936 II**, 383.

[5] F. P. 736428, Chem. Zbl. **1933 II**, 2193; E. P. 412049, ebenda **1935 I**, 2254.

[6] Weswegen es z. B. leichter ist, Benzoesäure auf dem Wege $C_6H_5 \cdot Cl + 2Na$ $= C_6H_5Na + NaCl \xrightarrow[(CO_2)]{} C_6H_5 \cdot COONa$ in *zwei* Reaktionsphasen als in einer darzustellen.

[7] Chem. Zbl. **1935 II**, 2138.

durch CO_2 aufheben: Ist Butadien mit Wasser gesättigt, so verhindern selbst 0,2 % CO_2 die Reaktion nicht. Es ist leicht vorstellbar, daß Wasser einen durch CO_2 allein bewirkten Oberflächenüberzug stark beeinflussen kann.

Auch die Anwesenheit von Sauerstoff wirkt stark verzögernd auf die Polymerisation durch Natrium[1]. Die Erscheinung beruht vermutlich auf einer Zerstörung der aktiven Zentren und nicht auf einer Inaktivierung der Natriumoberfläche, da SCHLENKsche Metalladditionen auch in sauerstoffhaltigem Äther eintreten, wobei die gebildeten Alkalialkyle aber erst nach Verbrauch des Sauerstoffs bestehen bleiben.

Im technischen Schrifttum sind als Aktivatoren z. B. gewisse Halogenverbindungen, wie Äthylenchlorid und Vinylchlorid, vorgeschlagen worden. Sie dürften zugleich aber auch als Regulatoren wirken.

Die Beeinflussung des Polymerisationsgrades durch kettenabbrechende Zusätze wird wohl bei allen technischen Polymerisationen angewandt. Grundsätzlich ist sie mit beiden Vorstellungen der Radikalketten und der metallorganischen Synthese theoretisch vereinbar. Man hat sie im übrigen gerade bei der Darstellung des eigentlichen „Buna" zu hoher Vollkommenheit entwickelt. Die verschieden hoch polymerisierten Bunasorten dieser Art werden durch ihre — in bestimmter Weise festgestellten — Viskositätszahlen charakterisiert. Sie sind als sogenannte „Zahlen"-Bunas bekannt geworden.

Die durchschnittliche Länge des polymeren Moleküls wird bestimmt durch das Verhältnis der Häufigkeiten des Wachstumsprozesses und der sogenannten Abbruchreaktion, durch die die aktiven Molekülenden zerstört werden. Dieses Verhältnis läßt sich beeinflussen durch die Menge und durch die *Art* des Regulators, und zwar regelmäßig in dem Sinn, daß das reinste Butadien — erwartungsgemäß — die höchstmolekularen Produkte liefert[2]. Das Grundsätzliche solcher Versuche ist bereits auf S. 119 an Hand des wissenschaftlichen Schrifttums erläutert worden. Technisch bedeutungsvoll ist es dabei vor allem, daß man die Reaktion durch Schaffung wohldefinierter Verhältnisse wirklich beherrscht. Dazu ist eine hohe Reinheit des Diolefins Voraussetzung. Wenn z. B. KOBLJANSKI und IWANOWA[3] feststellten, daß sich im Anfangsstadium der Divinylpolymerisation ein niedrigmolekulares Produkt von der Plastizität „0,8—0,6" und nach Umwandlung von 10—20 % Divinyl hauptsächlich hochmolekulares Polymerisat mit der Plastizität „0,4" bilden, so dürfte dies mit der Anwesenheit undefinierter Beimengungen im Butadien zusammenhängen, die sich im Anfangsstadium der Polymerisation verbrauchen.

Bei der Durchsicht der zahlreichen Literaturangaben wird ersichtlich, daß alle Substanzen mit Regulatorwirkung als reaktionsfähig gegenüber alkalimetallorganischen Verbindungen bekannt sind. Soweit sie, wie etwa Wasser[4] oder Ketone[5], mit Alkalimetallen reagieren, kann ihre Wirkung allerdings auch auf eine Absättigung von Radikalen durch nascenten Wasserstoff zurückgeführt werden. Insoweit ist also kein Entscheid zwischen den beiden Auffassungen möglich.

Entscheidend ist jedoch, daß als Regulatoren immer wieder *Äther*[6] erwähnt werden. Deren Wirkung ist aber bei der Annahme radikalartiger Reaktions-

---

[1] ABKIN, MEDVEDEW: l. c.

[2] Vgl. hierzu z. B. E.P. 340474, Chem. Zbl. **1931 I**, 2690.

[3] Chem. Zbl. **1935 I**, 3309.

[4] Vgl. besonders: I.G. Farbenindustrie A.G. E.P. 691662; Chem. Zbl. **1931 I**, 863 (Wasser in Form krystallwasserhaltiger Salze) sowie KRJUTSCHKOW, SCHATALOW: Ebenda **1936 II** 383.   [5] TSCHAGANOW, NEMZOWA: Chem. Zbl. **1937 I**, 3725.

[6] E.P. 339135, F.P. 686960, Chem. Zbl. **1930 II**, 3205; A.P. 1859686, ebenda **1932 II**, 1088; DRP. 520104, ebenda **1931 I**, 3301; E.P. 340474, F.P. 695299, ebenda **1931 I**, 1979. (Sämtlich I.G. Farbenindustrie.)

zentren schlechterdings unverständlich. Von den Äthern werden weiter die ungesättigten Vertreter, wie *Vinyl*äther, besonders genannt, also Substanzen, die unter anderen Bedingungen selbst zur Spontanpolymerisation neigen, und die deshalb bei einer *Radikalkette* ohne Störung des Reaktionsablaufes in das Makromolekül unter Bildung eines Mischpolymerisats müßten mit eingebaut werden können.

Für alkaliorganische Polymerisationszentren ist dagegen die Regulatorwirkung der Äther als selbstverständlich zu bezeichnen, gehört doch die Einwirkung auf Äther mit zu den für Alkalialkyle besonders spezifischen Reaktionen. Sie verläuft im Sinne der Gleichung:

$$R \cdot Na + CH_3 \cdot CH_2 \cdot O \cdot CH_2 \cdot CH_3 = R \cdot H + CH_3 \cdot CH_2 \cdot O \cdot Na + CH_2{=}CH_2 \,.$$

(Für andere Äther entsprechend.)

Dabei wird, unter Bildung von Äthylen und Alkoholat, das Alkalimetall gegen ein Wasserstoffatom ausgetauscht. Im Falle der Butadienpolymerisate verschwindet damit das reaktive Molekülende.

Die Technik hat sich diesen offensichtlichen Zusammenhang zwischen Regulatorwirkung und Reaktivität gegen alkalimetallorganische Verbindungen im folgenden Verfahren[1] zunutze gemacht: Eine besonders gleichmäßige Polymerisation wird erzielt durch Zusatz solcher Stoffe, die nicht (oder nur sehr langsam) mit Alkalimetall, dagegen mit Metallverbindungen der allgemeinen Formel Me(Diolefin)$_x$Me oder R · (Diolefin)$_x$Me unter Ersatz des Me gegen H oder organische Gruppen reagieren. Die Eignungsprüfung erfolgt dabei einerseits durch eine (tiefrote) ätherische Lösung von Triphenylmethylnatrium, die durch Substanzen mit Regulatorwirkung entfärbt wird, andererseits durch Einpressen von Natriumdraht, mit dem kein Wasserstoff entwickelt werden darf.

Dieses Verfahren kann allerdings nur eine beschränkte Zahl geeigneter Regulatoren abgrenzen, da von den verschiedenen bekannten Alkalialkylen das Triphenylmethylnatrium ein relativ reaktionsträger Typ ist und die aktiven Enden der Alkalipolymerisate (vom Typ ... CH = CH—CH$_2$—Na) noch mit einer ganzen Reihe[2] weiterer Substanzen reagieren, die auf die genannte Testsubstanz ohne Einwirkung sind.

Die ZIEGLERsche Theorie der Alkalimetallwirkung ist nach alledem als wohlfundiert zu bezeichnen. Nicht ausführlich bearbeitet und deshalb theoretisch ungeklärt bleibt einstweilen die Frage nach dem Bildungsmechanismus der sogenannten „Natriumkohlensäurekautschuke", einer Substanzklasse, die sich aus Diolefinen und Natrium in einer Kohlendioxydatmosphäre[3], vorzüglich in der Wärme und unter dauernder mechanischer Bewegung, bilden. Eine metallorganische Synthese dürfte hier nicht stattfinden, es sei denn, das Kohlendioxyd würde in der Anfangsphase des Prozesses völlig aufgezehrt, worüber Beobachtungen nicht vorliegen.

Als noch nicht geklärt ist auch die Frage anzusehen, ob Erdalkalimetalle und deren Alkylverbindungen Diolefine zu polymerisieren vermögen oder nicht. In Patentschriften wird die Frage mehrfach bejaht, genauere Angaben werden nie gemacht. GRIGNARDsche Magnesiumverbindungen vermögen sich an Diolefine nicht zu addieren. Sie sind auch keine Polymerisationserreger. Wie sich in diesem Zusammenhang Calcium und dessen Alkylverbindungen verhalten, ist

---

[1] E.P. 340474, Chem. Zbl. **1931 I**, 2690 (I.G. Farbenindustrie).

[2] Z.B. sekundären aliphatischen Aminen.

[3] DRP. 287787, Friedlaender **12**, 571 (B.A.S.F.). — (Hier wird gesagt, daß CO$_2$ die Polymerisation *beschleunige*. Der Widerspruch zu dem auf S. 128 Gesagten über Hemmung der Reaktion durch CO$_2$ bleibt aufzuklären.) — DRP. 294818, Chem. Zbl. **1917 II**, 441; DRP. 296787, ebenda **1918 I**, 502. (Sämtlich B.A.S.F.)

wissenschaftlich noch nicht durchforscht. Wie HÜCKEL und BRETSCHNEIDER[1] feststellten, addiert sich Calcium in flüssigem Ammoniak an viele ungesättigte Kohlenwasserstoffe. Danach dürfte Calcium auch als Polymerisationserreger fungieren können.

2. Additionsprozesse.

Auf S. 120 ist beschrieben, wie die Polymerisation von Butadien durch Triphenylmethylnatrium durch Zugabe von sekundärem aliphatischen Amin in eine *Addition* von *Triphenylmethan* an Butadien umgelenkt werden kann. Das Organometall wird hierbei unter Bildung eines substituierten Metallamids irreversibel zerstört. Denkt man sich in dieser Reaktion das sekundäre Amin durch Triphenylmethan ersetzt, so kann das Abfangmittel (der „Regulator") das Ausgangsalkalialkyl zurückbilden:

$$(C_6H_5)_3CNa + CH_2:CH \cdot CH:CH_2 = (C_6H_5)_3C \cdot CH_2 \cdot CH:CH \cdot CH_2Na$$

$$(C_5H_5)_3C \cdot CH_2 \cdot CH:CH \cdot CH_2Na + (C_6H_5)_3CH = (C_6H_5)_3C \cdot CH_2 \cdot CH:CH \cdot CH_3 + (C_6H_5)_3CNa.$$

Diese beiden Prozesse können sich als *Reaktionskette* vielfach wiederholen. Sie bedingen dann eine durch die Gegenwart von Triphenylmethylnatrium *echt* katalysierte Addition von Triphenylmethan an Butadien. Dabei ist Voraussetzung, daß die zweite Reaktion wesentlich rascher verläuft als die Fixierung weiterer Butadiene durch das Addukt $(C_6H_5)_3C{-}CH_2{-}CH{=}CH{-}CH_2Na$.

Die Reaktion ist von K. ZIEGLER und L. JAKOB[2] ausführlich studiert worden. Die Autoren fanden, daß diese Voraussetzung in der Regel nicht erfüllt ist. Triphenylmethan ist also kein sehr ideales Abfangmittel. Deshalb kommt es tatsächlich nicht zu dem formulierten stöchiometrisch glatten Prozeß. Aber auch die — tatsächlich beobachtete — Bildung größerer Molekülkomplexe vom Typ

$$(C_6H_5)_3C(Bu)_nH$$

aus den genannten Reaktionspartnern ist noch eine echte Katalyse von Additionsprozessen durch Triphenylmethylnatrium. Durch Temperaturerhöhung kann man die Beweglichkeit des Methan-Wasserstoff-Atoms und damit die Abfangwirkung des Triphenylmethans steigern. Setzt man außerdem das Butadien sehr langsam zu, vermindert damit die Butadienkonzentration und die Wahrscheinlichkeit der Fixierung der weiteren Butadiene, so wird auch das einfache Addukt $(C_6H_5)_3C \cdot CH_2 \cdot CH:CH \cdot CH_3$ in ziemlich glatter Reaktion erhalten.

Ähnliche Additionsprozesse sind in Patenten der *I.G.Farbenindustrie*[3] sowie neuerdings von ROKITJANSKI und LEKACH[4], ferner von W. N. LWOW[5] beschrieben worden. Die I.G.-Patente, die auf eine Erfindung von E. HOFMANN und MICHAEL zurückgehen, betreffen die Anlagerung aromatischer Kohlenwasserstoffe, wie Toluol oder Tetralin, an Butadiene beim gemeinsamen Erhitzen mit Natrium, z. B.:

$$CH_2{=}\underset{\underset{CH_3}{|}}{C}{-}\underset{\underset{CH_3}{|}}{C}{=}CH_2 + CH_3 \cdot C_6H_5 = CH_3{-}\underset{\underset{CH_3}{|}}{C}{=}\underset{\underset{CH_3}{|}}{C}{-}CH_2{-}CH_2{-}C_6H_5$$

$$CH_2{=}CH{-}CH{=}CH_2 + CH_2{\Big\langle}\text{(Tetralin)}{\Big\rangle}CH_2 \rightarrow CH_3{-}CH{=}CH{-}CH_2{-}CH{\Big\langle}\text{(Tetralin)}{\Big\rangle}CH_2.$$

---

[1] Liebigs Ann. Chem. **540**, 157 ff. (1939).
[2] Liebigs Ann. Chem. **511**, 45 (1934).
[3] DRP. 557514, E. P. 315312, 315512, Chem. Zbl. **1930 I**, 2161; **1931 I**, 852; Friedlaender **19**, 623.   [4] Chem. Zbl. **1937 I**, 1808 (Orig. russ.).
[5] Chem. Zbl. **1937 II**, 1356 (Orig. russ.).

Auch hier sind als eigentliche Katalysatoren Metallalkyle anzusehen, und insgesamt muß die Reaktion folgenden Weg nehmen:

$$CH_2{=}CH{-}CH{=}CH_2 \;\rightarrow\; NaCH_2{-}CH{=}CH{-}CH_2Na \xrightarrow{(2\,CH_3C_6H_5)} CH_3{-}CH{=}CH{-}CH_3$$
$$+\;2\,NaCH_2C_6H_5\,.$$

$$C_6H_5{-}CH_2{-}Na + Bu \;=\; C_6H_5{-}CH_2{-}(Bu)Na$$
$$C_6H_5{-}CH_2{-}(Bu)Na + C_6H_5{-}CH_3 \;=\; C_6H_5{-}CH_2{-}Na + C_6H_5{-}CH_2{-}(Bu){-}H\,.$$

Analog den oben beschriebenen Versuchen ist der aromatische Kohlenwasserstoff zweckmäßig im Überschuß anzuwenden zur Vermeidung von Polymerisation. Die Bedingungen sind teilweise so, daß sie vielleicht schon jenseits der Grenze dauernder Stabilität der metallorganischen Katalysatoren liegen, doch können sich diese Produkte ja dauernd nachbilden.

Die russischen Autoren studieren die Polymerisation von Butadien bei 60^0 bzw. 25^0 mit Natrium in Pseudobutylen und Pentan als Lösungsmittel. Während in Pentan höher molekulare Produkte entstehen im Gewicht des angewandten Butadiens, bilden sich im Pseudobutylen Produkte der allgemeinen Formel „$(C_4H_6)_nH_2$"(R.,L.) mit $n = 2,3,4$ und höher. Die Mengen sind $116\text{—}135\,^0/_0$ vom Butadiengewicht, ferner nimmt die Ausbeute an niedrigmolaren Kohlenwasserstoffen mit der Verdünnung des Butadiens zu. Es kann sich auch hier nur um eine durch geringe Mengen $CH_2{=}C(CH_3)CH_2Na$ katalysierte Reaktion des hier in Rede stehenden Typs handeln, bei der — wie die Gewichtszunahme beweist — Pseudobutylen mit in Reaktion tritt. Tatsächlich isolierte Lwow aus solchen Versuchen u. a. 2-Methylheptadien-(1,5) — $CH_2:C(CH_3)\cdot CH_2\cdot CH_2\cdot CH:CH\cdot CH_3$ —, ein Additionsprodukt von Isobutylen an Butadien. Ferner ließ sich hier die Bildung natriumorganischer Verbindungen auch unmittelbar beobachten. Die Reaktionsmischungen sind nämlich bei hoher Isobutylenkonzentration blutrot, sonst orange bis kirschrot, und die farbigen Substanzen sind äußerst empfindlich gegen Feuchtigkeit und Luft.

Diese Prozesse bilden Übergänge zwischen der regulierten Polymerisation durch Alkalimetalle und den stöchiometrischen Additionsvorgängen. Das Pseudobutylen wirkt als — infolge seiner hohen Konzentration und der hohen Temperatur besonders wirksamer — Regulator. Wegen des häufigen Kettenabbruchs steigt die Konzentration des gelösten Organometalls schließlich stark an. Dabei ist es ganz unvorstellbar, daß die metallorganischen Substanzen sich anders als über Butadien-Natrium-Additionsprodukte bilden, da Isobutylen ganz sicher nicht unmittelbar mit Natrium in Reaktion treten kann.

Dem gleichen Typ gehört offenbar auch eine Reaktion an, die in einem Patent der *I.G. Farbenindustrie*[1] beschrieben ist. Nach ihr können bei Gegenwart metallischen Natriums Ammoniak oder Amine an Diolefine angelagert werden. Es bilden sich aus flüssigem Ammoniak Butadien und Natrium, nach längerem Stehen Tricrotylamin: $(CH_3{-}CH{=}CH{-}CH_2)_3N$ aus Piperidin und Dimethylbutadien bei höherer Temperatur das Amin:

$$CH_3{-}\underset{\underset{CH_3}{|}}{C}{=}\underset{\underset{CH_3}{|}}{C}{-}CH_2{-}N\diagup\!\!\overset{CH_2\;CH_2}{\underset{CH_2\;CH_2}{}}\!\!\diagdown CH_2\,,$$

aus Äthylanilin und Butadien Crotyl-äthylanilin:

$$CH_3{-}CH{=}CH{-}CH_2{-}\underset{\underset{C_2H_5}{|}}{N}{-}C_6H_5\,.$$

---

[1] E. P. 331934, Chem. Zbl. **1929 II**, 2816.

Als *reaktionswesentlich* sind hier offenbar Alkaliamide oder substituierte Alkaliamide anzusehen, die sich nach der oben auf S. 119 beschriebenen Umsetzung:

$$CH_2{=}CH{-}CH{=}CH_2 \rightarrow Na \cdot CH_2{-}CH{=}CH{-}CH_2Na \xrightarrow[2\,NH_3]{} CH_3{-}CH{=}CH{-}CH_3 + 2\,NaNH_2$$

zunächst bilden müssen. Diese vermitteln dann erst die eigentliche Anlagerungsreaktion nach dem Schema:

$$\frac{R_1}{R_2}{>}N \cdot Na + CH_2{=}CH{-}CH{=}CH_2 \;=\; \frac{R_1}{R_2}{>}N{-}CH_2{-}CH{=}CH{-}CH_2 \cdot Na$$

$$\frac{R_1}{R_2}{>}N \cdot CH_2 \cdot CH{=}CH{-}CH_2Na + \frac{R_1}{R_2}{>}NH \;=\; \frac{R_1}{R_2}{>}N{-}CH_2{-}CH{=}CH{-}CH_3 + \frac{R_1}{R_2}{>}NNa\,.$$

Tatsächlich konnten ZIEGLER und WOLLTHAN[1] zeigen, daß diese Addition auch ohne metallisches Natrium, allein bei Gegenwart von Metallamid, eintritt, und zwar handelt es sich um eine echte Katalyse. Man muß hieraus auf die Existenz einer Fähigkeit zur Zusammenlagerung von Diolefinen und Alkaliamiden schließen, die allerdings außerhalb der eben beschriebenen Reaktionsfolge noch nicht hat nachgewiesen werden können. Diese Anlagerung scheint in der Regel sehr langsam zu verlaufen. So mußten ZIEGLER und WOLLTHAN 2,3-Dimethylbutadien mehrere Stunden lang mit Alkylanilin und Natriumalkylanilid auf 100⁰ erwärmen, um eine einigermaßen vollständige Umsetzung zu erzielen. Würde man unter ähnlich energischen Bedingungen die Zusammenlagerung stöchiometrischer Mengen Butadien und Alkaliamid versuchen, so wäre vermutlich die Stabilitätsgrenze des metallorganischen Anlagerungsproduktes schon überschritten.

Der hiermit ausführlich beschriebene Reaktionstyp spielt auch außerhalb der Chemie der eigentlichen alkaliorganischen Verbindungen eine Rolle. Bekanntlich lagern sich Malonester, Acetessigester und ähnliche Verbindungen im alkalischen Medium an α, β ungesättigte Ketone oder Ester α, β ungesättigter Säuren an, z. B.:

$$CH_3{-}CH{=}CH{-}COOC_2H_5 + \underset{\underset{\textstyle COOC_2H_5}{\diagdown}}{\overset{\overset{\textstyle COOC_2H_5}{\diagup}}{CH_2}} \rightarrow CH_3{-}\overset{\overset{\textstyle CH(COOC_2H_5)_2}{|}}{CH}{-}CH_2{-}COOC_2H_5\,.$$

Die in der Literatur zu findenden Vorschriften für diese Reaktion arbeiten fast sämtlich in Alkohol mit stöchiometrischen Mengen Alkoholat, sie erwecken somit den Eindruck, als ob es notwendig wäre, die Gesamtmenge des Malonesters und dergleichen in Form der Alkaliverbindungen anzuwenden. Tatsächlich genügt, wie der Verfasser fand[1], die Zugabe einer ganz kleinen Menge Alkoholat, um die Anlagerung *rein katalytisch* mit ausgezeichneter Ausbeute zu bewirken. Der Malonester (und dergleichen) wird dabei zweckmäßig in gelindem Überschuß angewendet. Der Mechanismus

$$CH_3{-}CH{=}CH{-}COOC_2H_5 + NaCH(COOC_2H_5)_2 \;=\; CH_3{-}CH{-}CH{=}\overset{\overset{\textstyle ONa}{|}}{\underset{\underset{\textstyle CH(COOC_2H_5)_2}{|}}{C}}{-}OC_2H_5$$

$$CH_3 \cdot CH{-}CH{=}\overset{\overset{\textstyle ONa}{|}}{\underset{\underset{\textstyle CH(COOC_2H_5)_2}{|}}{C}}{-}OC_2H_5 + CH_2(COOC_2H_5) \;=\; NaH\overset{\textstyle Y}{C}(COOC_2H_5)_2$$

$$+\; CH_3 \cdot CH{-}CH_2 \cdot COOC_2H_5$$
$$\underset{\underset{\textstyle CH(COOC_2H_5)_2}{|}}{}$$

---

[1] Unveröffentlicht.

entspricht offensichtlich weitgehend dem der oben ausführlich beschriebenen Prozesse[1].

Die durch organische Alkaliverbindungen (bzw. scheinbar durch Alkalimetall) katalysierten Additionsprozesse lassen sich hiernach sämtlich auf Additionsprozesse der Alkaliverbindungen an ungesättigte Substanzen zurückführen. Es handelt sich in allen bisher bekannt gewordenen Fällen um Zwischenreaktionskatalysen.

Zum Schluß sei darauf hingewiesen, daß noch bei manchen anderen katalytischen Prozessen echte alkalimetallorganische Verbindungen als Zwischenprodukte mitwirken mögen. Als sehr wahrscheinlich kann man dies z. B. für die Kondensationen des Cyclopentadiens, Indens und Fluorens mit Aldehyden und Ketonen durch Alkalihydroxyd oder Alkoholat ansehen, die wohl in folgender Weise verlaufen:

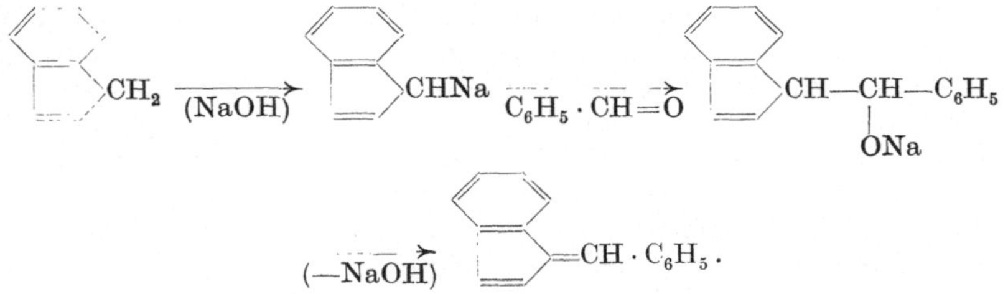

$$\text{(Inden)}\text{CH}_2 \xrightarrow[\text{(NaOH)}]{} \text{(Inden)}\text{CHNa} \xrightarrow[\text{C}_6\text{H}_5 \cdot \text{CH}=\text{O}]{} \text{(Inden)}\text{CH--CH--C}_6\text{H}_5 \; (\text{ONa})$$

$$\xrightarrow[\text{(--NaOH)}]{} \text{(Inden)}=\text{CH} \cdot \text{C}_6\text{H}_5 \,.$$

Die Bildung einheitlicher Alkaliverbindungen aus Inden und Fluoren und Ätzalkalien unter anderen Versuchsbedingungen ist hier bekannt. Zu den eigentlichen Katalysen durch alkaliorganische Verbindungen gehören diese Vorgänge aber nicht mehr.

III. Katalyse bei Austauschreaktionen.

Zu diesem Reaktionstyp gehören bisher nur wenige ganz neuerdings durch eine Arbeit von Gilman und Jones[2] bekannt gewordene Prozesse. Aromatische Halogenverbindungen nach Art des Jodbenzols sind neben organischen Abkömmlingen von Schwermetallen, etwa neben Quecksilberalkylen, beliebig lange haltbar. Bei Gegenwart geringer Mengen lithiumorganischer Substanzen findet dagegen sehr rasch doppelter Umsatz im Sinne der Gleichung

$$2\,\text{C}_6\text{H}_5 \cdot \text{J} + (\text{n-C}_4\text{H}_9)_2\text{Hg} = 2\,\text{n-C}_4\text{H}_9 \cdot \text{J} + (\text{C}_6\text{H}_5)_2\text{Hg}$$

statt.

Die katalytische Wirkung der Lithiumalkyle erklärt sich hier aus dem erst vor kurzem von G. Wittig[3] entdeckten Austausch von Alkalimetall und Halogen zwischen Alkalialkylen und organischen Halogeniden in Kombination mit dem — schon länger bekannten — Metallaustausch zwischen verschiedenen Organometallverbindungen[4]. Prozesse, wie der obige vom Typ III, laufen über die 2 Teilreaktionen I und II.

---

[1] Er ist in der ersten Phase analog der von Kohler [Amer. chem. Journ. **31**, 642 (1904); Chem. Zbl. **1904 II**, 444] studierten 1,4-Addition von Grignard-Verbindungen an α, β-ungesättigte Ketone formuliert.

[2] J. Amer. chem. Soc. **63**, 1443—1447 (1941); Chem. Zbl. **1942 I**, 479.

[3] Ber. dtsch. chem. Ges. **71**, 1903 (1938); **72**, 89, 884 (1939); **73**, 1193, 1197 (1940); **74**, 1474 (1941).

[4] Vgl. z. B. Schlenk, Holtz: Ber. dtsch. chem. Ges. **50**, 262, 273 (1917). — Ziegler, Crössmann, Kleiner, Schäfer: Liebigs Ann. Chem. **473**, 31 (1929).

$$\text{I.} \quad R_2Hg + 2R'Li \rightleftharpoons R_2'Hg + 2RLi$$
$$\text{II.} \quad 2R'J + 2RLi \rightleftharpoons 2RJ + 2R'Li$$
$$\overline{}$$
$$\text{III.} \quad R_2Hg + 2R'J \rightleftharpoons R_2'Hg + 2RJ.$$

Die Reaktionen I und II lassen sich beide isoliert untersuchen. Sie verlaufen mit hoher Geschwindigkeit, womit der beschriebene katalytische Effekt erklärt ist.

Das Verfahren ist nicht ohne weiteres auf beliebige andere Metallalkyle zu übertragen. So bildet sich aus Tetraäthylblei und Jodbenzol bei Gegenwart von etwas Äthyllithium kein Tetraphenylblei.

Gilman und Jones vermuten aber, daß analoge Reaktionen mit Alkylderivaten der Metalle Zink, Cadmium, Aluminium, Gallium, Indium, Thallium und Magnesium möglich sein werden, eventuell bei Ersatz der lithiumhaltigen Katalysatoren durch Natrium- oder Kaliumalkyle.

Peroxyde als Katalysatoren.

Von

A. RIECHE, Wolfen.

A. Einleitung.

Zahlreiche Reaktionen organischer Verbindungen werden durch organische Peroxyde beeinflußt. Es wird sich in Zukunft noch bei einer viel größeren Zahl von chemischen Vorgängen erweisen, daß organische Peroxyde als Katalysatoren eine Rolle spielen. Die Forschung befindet sich hier zweifellos erst in den Anfängen. Hinzu kommen noch die Fälle, bei denen die Gesamtreaktion über eine peroxydische Zwischenstufe verläuft oder bei denen Peroxyde die Endstufen der Reaktion darstellen. Sie werden hier weniger berücksichtigt werden, sondern sollen Gegenstand eines anderen Abschnitts dieses Handbuches sein. Hier sollen die Reaktionen in den Vordergrund gestellt werden, die durch geringe Mengen von Peroxyden in ihrer Geschwindigkeit und Richtung beeinflußt werden, bei denen also die Peroxyde die Rolle von Katalysatoren spielen. Allerdings muß hier von vornherein festgestellt werden, daß der Begriff „Katalysator" im strengen Sinne für organische Peroxyde nicht gelten kann, denn sie können zwar in geringsten Mengen Reaktionen in Gang bringen, sie können — in Spuren zugesetzt — den Ablauf einer Reaktion völlig verändern, aber sie gehen aus der Reaktion im Gegensatz zu echten Katalysatoren nicht wieder unverändert hervor. Infolge ihrer hohen Reaktionsfähigkeit greifen sie an irgendeiner Stelle des Reaktionsmechanismus entscheidend ein, erleiden dabei aber selbst eine Veränderung. Lediglich hierin besteht ihre „katalytische" Wirkung. Peroxyde können unter Umständen während der Reaktion immer wieder neu entstehen, z. B. durch Einwirkung von Luftsauerstoff, und dadurch bis zum Ende des Prozesses wirksam sein, ohne daß sie deshalb zu echten Katalysatoren werden, denn das ursprünglich zugesetzte Peroxyd existiert dann nicht mehr; es hat sich neuer Katalysator in der Reaktion selbst gebildet. Peroxyde können wohl Reaktionsbeschleuniger sein, Katalysatoren in klassischem Sinne wie die Oberflächenkatalysatoren oder die Enzyme sind sie aber nicht. Sie können auch mit echten Katalysatoren zusammenwirken und stellen dann eine Art Mischkatalysator dar; aber auch hier werden sie im Laufe der Reaktion verbraucht. Trotzdem kann eine Spur von Peroxyd oft die Veranlassung zur Umsetzung einer sehr großen Zahl von anderen Molekülen bilden, und selbst eine kleine Menge an zugefügtem Peroxyd kann auch am Ende der Reaktion noch zum großen Teil unzersetzt vorhanden sein. In diesen Fällen müssen immer Kettenreaktionen vorliegen, die durch eine kleine Zahl von Peroxydmolekülen zum Start gebracht werden. Peroxyde vermögen also infolge ihrer hohen Reaktionsenergie andere Moleküle, insbesondere Kohlenstoffverbindungen, zu aktivieren, so daß Kettenreaktionen eingeleitet werden. Es wird deshalb vorgeschlagen, die Peroxyde besser als *Aktivatoren* zu bezeichnen, sofern sie chemische Prozesse einleiten oder beschleunigen.

Nun vermögen Peroxyde aber auch gewisse Reaktionen zu hindern. Die Reaktionen können unter Umständen erst nach Zerstörung der Peroxyde in Gang kommen. Hier sind die Peroxyde durch nichts von anderen Reaktionsverhinderern zu unterscheiden und werden dann als *Inhibitoren* bezeichnet.

Es wird sich nicht immer streng unterscheiden lassen, wann sind die Peroxyde wirklich Aktivatoren oder Inhibitoren, und wann sind sie normale Zwischenstufen einer Reaktionsfolge. Das gilt besonders für verschiedene Oxydationsvorgänge. Hier werden sich die beiden Wirkungen häufig überlagern, denn die Peroxyde selbst und ihre Umwandlungsprodukte können sowohl bei der Startreaktion wirksam sein als auch in den Mechanismus einer Kettenreaktion eingreifen. Sie bilden dann Zwischenglieder einer Reaktionsfolge, die ohne die Mitwirkung des Peroxyds gar nicht oder anders verlaufen würde. Schließlich können sie auch Veranlassung für den Kettenabbruch sein. Sowohl für die Aktivierung als den Abbruch einer Kettenreaktion vermag bekanntlich eine verhältnismäßig geringe Zahl von Molekülen einen großen Einfluß auf die Gesamtreaktion auszuüben. Ebenso genügt zuweilen schon eine kleine Menge Peroxyd, wenn seine Umwandlungsprodukte in einer Zwischenphase der Kettenreaktion vorübergehend eingreifen und dann wieder in Freiheit gesetzt werden. Es sei in diesem Zusammenhang an die Beeinflussung der Polymerisation von Olefinen und der Chloraddition an die Doppelbindung durch Peroxyde erinnert. Hier handelt es sich eindeutig um Kettenreaktionen, bei denen Peroxyde durch aktivierende oder inaktivierende Wirkung auf die Startreaktion oder auf den Kettenträger wirken können. Auch hierbei wird das Peroxyd allmählich verbraucht, wenn es nicht in der Reaktion neu entstehen kann. Die Verhältnisse liegen bezüglich der Wirkung der Peroxyde als „negative" Katalysatoren ganz ähnlich wie bei der Wirkung der Oxydationsverhinderer. Schließlich können Inhibitoren, also auch Peroxyde, auch dadurch wirken, daß sie positive Katalysatoren, bei Oxydationsvorgängen z. B. das Eisen, inaktivieren. So ähnlich wie die Inhibitorwirkung bei Autoxydationen — Inhibitorwirkung ist bekanntlich nicht nur in der Gruppe der reduzierenden Substanzen zu finden — haben wir uns die desaktivierende Wirkung von Peroxyden auch vorzustellen. Die Länge der Induktionsperiode bei verschiedenen Reaktionen, z. B. Autoxydationen und auch Polymerisationen, hängt ab von der Wechselwirkung zwischen Katalysatoren (Aktivatoren) und Inhibitoren. Peroxyde können nach beiden Richtungen wirksam sein.

Im folgenden sollen die Reaktionen besprochen werden, bei denen Peroxyde als Aktivatoren und Inhibitoren wirksam sind. Es ist über eine große Zahl von Reaktionsbeeinflussungen durch Peroxyde in der Literatur berichtet worden. In den meisten Fällen ist eine Klärung des Wirkungsmechanismus der Peroxyde noch nicht erfolgt. Gerade wegen des Zusammenspiels von Aktivator- und Inhibitorwirkung liegen die Verhältnisse meist recht kompliziert, was bei vielen Arbeiten und Erklärungsversuchen verschiedener Vorgänge meist nicht genügend berücksichtigt wird.

Im Bereich der metallischen und anorganischen Katalysatoren ist eine exakte Versuchsdurchführung und Deutung der Ergebnisse deshalb viel einfacher, weil die An- oder Abwesenheit bestimmter wirksamer Elemente eindeutig analytisch erfaßbar ist. Bei organischen Katalysatoren, besonders vom Typ der Peroxyde, ist dies viel schwieriger, weil Nachweisreaktionen zuerst nur für eine bestimmte Verbindungsgruppe möglich sind, spezifische Nachweise ganz bestimmter Körper meist fehlen. Wenn man dann bedenkt, daß die sogenannten organischen Katalysatoren im Verlauf der Reaktion Umwandlungen unterliegen und der Reaktionsverlauf durch ursprünglich vorhandene und neu entstehende Verunreinigungen beeinflußt wird, daß wir also immer nur die Summe des Zusammenwirkens einer Gruppe von Stoffen, die von Versuch zu Versuch wechseln können, erfassen, so können wir die ganzen Schwierigkeiten und Unsicherheiten ermessen, mit der die Ausdeutung solcher Reaktionen behaftet ist. So ist es erklärlich, daß sich die verschiedenen Autoren in der Literatur so oft widersprechen, wie z. B. auf dem Gebiete der Lenkung von Additionsreaktionen durch Peroxyde, dem sogenannten „Peroxydeffekt". Hinzu kommt noch, daß nicht nur die Reaktionsteilnehmer selbst, sondern auch die häufig verwendeten Lösungsmittel und Hilfsstoffe je nach ihrem Ursprung die verschiedensten organischen und anorganischen Verunreinigungen enthalten können, die auch ihrerseits einen Einfluß auf die positiven und negativen Katalysatoren haben oder selbst im Sinne eines Katalysators einwirken.

Alle diese Möglichkeiten konnten bei den Arbeiten oft nicht genügend berücksichtigt werden, und so ist manche in der Literatur gegebene Deutung sicher falsch. Wenn hier trotzdem die in der Literatur gegebenen Deutungen erwähnt werden, so soll gleich im Anfang dieses Abschnittes darauf hingewiesen werden, daß sich damit der Verfasser nicht etwa in allen Fällen der gegebenen Auffassung anschließt. Auch die vom Verfasser selbst gegebenen Erklärungen sollen nicht immer vorbehaltlos hingenommen werden. Sie sollen häufig lediglich nur einen Versuch darstellen, verschiedene Beobachtungen unter einem einheitlichen

Gesichtspunkt zu betrachten und nicht mehr als eine Diskussionsgrundlage bilden.

Es mag nun vielleicht nach dem Vorstehenden erscheinen, als sei die Lage auf dem Forschungsgebiet der „Peroxyde als Katalysatoren" vorläufig noch völlig verworren und sogar hoffnungslos. Das hieße aber, die Ausführungen falsch verstehen. Das Forschungsgebiet ist noch sehr jung und geht zweifellos noch einer großen wissenschaftlichen und vor allem auch technischen Entwicklung entgegen. Die bisherigen Ergebnisse haben bereits zu wertvollen gesetzmäßigen Erkenntnissen geführt, die auch zum Teil praktische Auswirkungen gebracht haben. Die weitere Forschung wird zunächst einmal noch umfangreiches Versuchsmaterial beibringen müssen. Dabei sind exakte Experimentalarbeiten an einfachen Modellen von besonderem Wert, die zugleich die vorstehend aufgezeigten vielen Möglichkeiten der Reaktionsbeeinflussung ausschalten oder wenigstens berücksichtigen.

Der Begriff „organische Peroxyde".

Alle bisher bekannten beständigen organischen Peroxyde können als Abkömmlinge des Wasserstoffperoxyds aufgefaßt werden ohne Rücksicht darauf, ob sie aus diesem selbst oder durch Einwirkung von Luftsauerstoff oder Ozon auf organische Verbindungen entstanden sind[1]. Es ist aber wahrscheinlich, daß noch eine andere Form des an organische Moleküle gebundenen aktiven Sauerstoffs existiert. Zwar sind solche Verbindungen noch nicht isoliert und genau untersucht worden, weil sie sehr unbeständig sind. Dennoch spricht uns ihre, wenigstens vorübergehende Bildung bei verschiedenen Reaktionen deutlich an. In den meisten Fällen, da sich Luftsauerstoff an organische Moleküle anlagert, sei es bei der Assimilation der Pflanzen an den Chlorophyllkomplex oder der Autoxydation von Äthern, Alkoholen, Aldehyden und ungesättigten Verbindungen, schließlich wahrscheinlich auch bei der Einwirkung von Ozon auf organische Stoffe, überall können wir annehmen, daß zunächst lose Verbindungen entstehen, die den Sauerstoff in äußerst reaktionsfähiger Form angelagert enthalten. Zum Unterschied von den echten Peroxyden wollen wir sie vorsichtigerweise als „Verbindungen mit aktivem Sauerstoff" oder auch „Primäroxyde" oder „Moloxyde" bezeichnen, um damit zum Ausdruck zu bringen, daß hier ein Sauerstoffmolekül labil an den organischen Rest angelagert ist.

Diese beide Arten von Verbindungen mit aktivem Sauerstoff müssen sich in ihrer Wirkung auf chemische Reaktionen ganz verschieden verhalten. Die Reaktionsenergie der Primäroxyde muß wesentlich höher sein als die der normalen Peroxyde. Bei der Oxydation von Aldehyden mit Luftsauerstoff liegen beispielsweise eindeutige experimentelle Anhaltspunkte für das Auftreten solcher hochaktiver Primäroxyde vor, desgleichen bei gewissen Olefinen. Der Unterschied zwischen Peroxyden und Primäroxyden ist wichtig für die Verwendung als Aktivator für die Einleitung von Kettenreaktionen und auch für die Inhibitorwirkung. Leicht oxydable Stoffe in Gemeinschaft mit Luftsauerstoff vermögen darum oft wirksamer zu sein als Peroxyde. Man sollte erwarten, daß sich ähnlich wie die labilen Anlagerungsprodukte des Sauerstoffs an geeignete organische Moleküle auch die Ozonide verhalten. Das ist aber nicht der Fall. Ozonide entsprechen, wie auch nach ihrer Konstitution zu erwarten, in ihren Eigenschaften ganz den Alkylperoxyden. Höchstens in der allerersten Phase der Ozonanlagerung könnten „Primärozonide", ähnlich den Primäroxyden, entstehen.

---

[1] A. RIECHE: Alkylperoxyde und Ozonide, S. 93, 161. Dresden und Leipzig: Steinkopff 1931. — LEDERLE, RIECHE: Ber. dtsch. chem. Ges. **62**, 2573 (1929).

Die Peroxyde unterscheiden sich in ihrer Reaktionsfähigkeit und damit in ihrer Wirkungsintensität als Aktivatoren außerordentlich stark. Ihre aktivsten Formen liegen in den Persäuren vor. Diese zählen aber auch zugleich zu den unbeständigsten Typen organischer Peroxyde.

B. Peroxyde als Katalysatoren bei Oxydationsreaktionen.

I. Allgemeine Gesichtspunkte.

Bei der Oxydation organischer Stoffe durch Luftsauerstoff treten fast immer Peroxyde als erste Einwirkungsprodukte der Sauerstoffanlagerung auf. In vielen Fällen sind definierte Peroxyde gefaßt worden, bei anderen weiß man, daß Peroxyde wenigstens vorübergehend entstehen, wenn auch häufig ihre Natur noch nicht ermittelt worden ist.

Die Frage, ob Peroxyde einen Oxydationsprozeß „katalytisch" beschleunigen oder Zwischenstufen der Oxydation sind, die von allen der Oxydation anheimfallenden Molekülen durchlaufen werden, läßt sich nicht immer entscheiden, da die meisten Reaktionen noch nicht genau hierauf untersucht worden sind. Hinzu kommt noch, daß sich bei näherer Untersuchung immer mehr schon bekannte Oxydationsreaktionen als Kettenreaktionen erwiesen haben. Dabei sind dann die Peroxyde als Aktivator für die Startreaktion oder als Zwischenglieder der Reaktion, also als Kettenträger, wirksam. Das heißt also, im ersteren Falle genügt eine kleine Menge Peroxyd, um den Ablauf der Oxydation mittels Sauerstoff in Gang zu bringen, während im zweiten Falle die Reaktion über eine peroxydische Zwischenstufe erfolgt. Für die erste Reaktionsart seien als Beispiele die Anregung der Aldehydoxydation durch geringe Mengen von Peroxyden und die im allgemeinen rasche Überwindung der Induktionsperiode bei der Oxydation von Äthern oder Fetten und Ölen, wenn Peroxyde oder geringe Mengen bereits oxydiertes Material zugefügt werden, genannt. Hier wirkt das Peroxyd wie ein „Katalysator", denn es bringt eine Reaktion in Gang, die sonst zunächst nur sehr langsam verlaufen würde, allerdings, wenn sie einmal begonnen hat, infolge Bildung des Peroxydkatalysators in der Reaktion selbst, auch von allein als Autokatalyse schnell weiterläuft. In Wirklichkeit ist, wie eingangs erwähnt, hier das Peroxyd *Aktivator*; denn die in Reaktion getretenen Moleküle gehen nach Abgabe ihrer Energie nicht wieder in den ursprünglichen Zustand über.

Beispiele für den zweiten Fall, wo Peroxyde Zwischenprodukte der Oxydation und im allgemeinen auch als Kettenträger für die Fortpflanzung der Reaktion verantwortlich sind, bilden die meisten Oxydationsreaktionen, von denen als klassisches und am besten untersuchtes Beispiel die Aldehydoxydation sowie die Oxydation von Äthern, Alkoholen, Paraffinen, von Hexaphenyläthan und schließlich die Oxydation von Kohlenwasserstoffen in der kalten Flamme und bei der Explosion genannt sei. Unter besonders gewählten Bedingungen kann zuweilen die peroxydische Zwischenstufe abgefangen und ihre Natur erkannt werden. In anderen Fällen, wie bei den Äthern, wurde sie synthetisiert, und ihre weitere Umsetzung konnte verfolgt werden. Bei Kettenreaktionen gelingt die Isolierung der Peroxyde, wenn die Übertragung der Energie des Peroxyds für die Fortpflanzung der Reaktionskette verhindert wird, wenn also ein Kettenabbruch herbeigeführt werden kann unter Erhaltung der peroxydischen Zwischenstufe. So gelang es, bei der Verbrennung von Kohlenwasserstoffen in der sogenannten kalten Flamme Alkylperoxyde oder bei der Aldehydoxydation Persäuren zu isolieren.

Die Funktionen der Peroxyde als Aktivatoren und Zwischenglieder der Oxydationsreaktion überlagern sich in den meisten Fällen. Nur im ersten Stadium ist mit reiner Aktivatorwirkung zu rechnen, im späteren Verlaufe werden dann die in der Reaktion gebildeten Peroxyde sowohl für den Start neuer Reaktionsketten als auch für die Fortpflanzung der bereits laufenden verbraucht. Die Explosion von Brennstoff-Luft-Gemischen ist ein typisches Beispiel hierfür, worauf später noch eingegangen wird.

Daß Peroxyde als Aktivatoren für die Einleitung der Oxydation einer organischen Verbindung verantwortlich sind, kann zumeist einmal daran erkannt werden, daß, wenn die ersten Spuren Peroxyd nachweisbar sind, die Induktionsperiode zunächst überwunden ist, ferner kann die Reaktion durch Zusatz künstlicher Peroxyde oder „Impfung" mit einer kleinen Menge des bereits in Oxydation befindlichen Stoffes augenblicklich in Gang gebracht werden. Allerdings hat sich hier wiederholt gezeigt, daß nicht jedes Peroxyd jede Oxydation zu aktivieren vermag, vielmehr haben sich hier verschiedentlich geradezu spezifische Wirksamkeiten ergeben, die in gewissem Sinne an das Verhalten echter spezifisch wirkender Katalysatoren, etwa der Enzyme, erinnern. Dasselbe gilt übrigens auch für Polymerisationsvorgänge, bei denen häufig zur Erreichung eines bestimmten Ablaufs auch eine Abstimmung des peroxydischen Aktivators notwendig ist. Es scheint, daß dies nicht lediglich eine Frage der Aktivierungsenergie ist, die das Peroxyd zu übertragen vermag, sondern auch irgendwie strukturell bedingt ist.

Schließlich ist noch eine dritte Art von Oxydationsreaktionen zu besprechen, nämlich solche, bei denen Peroxyde faßbare Endstufen der Reaktion sind. Es mag zunächst so erscheinen, als würden sich diese Reaktionen in ihrem Mechanismus grundsätzlich von denen unterscheiden, bei denen Peroxyde als Zwischenstufen bzw. Kettenträger anzunehmen sind. Aber die Tatsache, daß bei geeigneter Auswahl der Stoffe und unter entsprechenden Bedingungen die sonst normalerweise zu nichtperoxydischen Oxydationsprodukten führende Reaktion bei der peroxydischen Stufe angehalten werden kann, läßt den Schluß zu, daß sich auch die dritte Art von Reaktionen, also unter Bildung von Peroxyden als Endstufen, nicht grundsätzlich von der vorgenannten unterscheidet.

Ob Peroxyde bei der Oxydation mit Sauerstoff erfaßt werden können, hängt lediglich von der Reaktionsfähigkeit der zu oxydierenden Verbindung und der Beständigkeit des Peroxyds ab, d. h. erfolgt die Sauerstoffanlagerung unter milden Bedingungen, erfolgt also beispielsweise die Aktivierung der CH-Bindung, an der der Sauerstoff angreift, sehr leicht und ist das Peroxyd so beständig, daß es unter den Bildungsbedingungen nicht weiter reagiert, so ist das Endprodukt ein Peroxyd. Das ist bei gewissen Olefinen der Fall, z. B. Cyclohexen und Tetralin. Unter dem Gesichtswinkel des Kettenmechanismus betrachtet, würde dies bedeuten, daß das intermediär anfallende Peroxydradikal dem Kohlenwasserstoff ein H-Atom entzieht unter Bildung eines Kohlenstoffradikals und sich damit zum Hydroperoxyd stabilisiert:

$$\text{ROO} \cdot + \text{RH} \rightarrow \text{ROOH} + \text{R} \cdot$$
$$\text{R} \cdot + \text{O}_2 \rightarrow \text{ROO} \cdot$$

Einen extremen Fall der genannten Reaktionen stellt die Einwirkung von Ozon auf organische Verbindungen dar. Hier liegt der Sauerstoff in so aktiver Form vor, daß die Einwirkung auf Kohlenstoffverbindungen schon unter den mildesten Bedingungen möglich ist. Es treten daher fast immer Ozonide, also Peroxyde als faßbare Reaktionsprodukte auf. Ozon und primäre Anlagerungsverbindungen von Ozon vermögen aber in stärkerem Maße noch wie Peroxyde als Aktivatoren für die Einleitung von Oxydationsreaktionen zu wirken. So können unter Mitwirkung von Ozon Kohlenstoffverbindungen mit Luftsauerstoff oxydiert werden bei Bedingungen, unter denen sonst kein Angriff stattfindet. Strenggenommen gehören in das Kapitel über Katalysatorwirkungen von Peroxyden bei Oxydationsreaktionen nur Reaktionen der ersten Art, also Vorgänge, bei denen Peroxyde als Aktivatoren wirken, und nicht solche, wo sie als Zwischenstufen oder Träger der Hauptreaktion wirken. Allerdings sind Fälle bekannt, wo ein aktiviertes Peroxydmolekül als Kettenträger hunderttausend und mehr Kohlenwasserstoffmoleküle zu oxydieren vermag.

Da wir aber fast immer bei den Oxydationsreaktionen beide Funktionen der Peroxyde vorfinden und sich diese in meist noch ungeklärter Weise überlagern, so soll im folgenden wenigstens ein kurzes Gesamtbild vom Ablauf der Oxydation gegeben werden unter besonderer Hervorhebung derjenigen Fälle, bei denen die Aktivatorwirkung der Peroxyde erwiesen ist. Die eingehende Behandlung der Oxydationsvorgänge wird Gegenstand eines anderen Abschnitts dieses Buches sein.

II. Oxydation organischer Verbindungen durch Zwischenschieben des Sauerstoffs in die CH-Bindung.

Der Sauerstoffangriff auf organische Verbindungen verläuft meistens so, daß sich das O_2-Molekül zwischen eine CH-Bindung einschiebt unter Bildung eines Hydroperoxyds. Dies trifft z. B. für die Oxydation von Paraffinkohlenwasserstoffen, vieler Olefine, von Alkoholen, Äthern, Aldehyden und Ketonen zu[1]. Die Reaktionsfähigkeit gegenüber Sauerstoff hängt von der Aktivierbarkeit der CH-Bindung ab, die durch die Natur der an dieser haftenden Substituenten gegeben ist. Negativierende Gruppen und Atome, wie aromatische oder olefinische Gruppen, aber auch Sauerstoff, besonders doppelt gebundener, und Halogen lockern die CH-Bindung auf und machen sie leicht aktivierbar. Die gesteigerte Reaktionsfähigkeit der CH-Bindung in diesen Verbindungen zeigt sich bekanntlich auch bei anderen Substitutionsreaktionen, z. B. bei der Halogenierung. Die Aktivierung der CH-Bindung ist wohl nach Untersuchungen von Wieland[2] durch katalytische Wirkung von Schwermetallsalzen zu erklären, insbesondere zweiwertiges Eisen, das mit dem Substrat einen Komplex bildet, in welchem der Wasserstoff aktiviert ist. Die Wirkung der Metallsalze kann durch Bildung „kombinierter Oxydationssysteme" durch Mitwirkung organischer Reste, die unter Umständen als Verunreinigungen vorhanden sein können oder im Laufe der Oxydation selbst entstehen, verstärkt und spezifisch gestaltet werden[3]. Auch Peroxyde und ihre Umwandlungsprodukte könnten mit Spuren von Schwermetallsalzen als kombiniertes System wirken. Dabei braucht die Wirkung der Metallsalze nicht nur in einer Aktivierung der CH-Bindung zu bestehen. Es ist anzunehmen, daß sie auch die weitere Umsetzung der peroxydischen Zwischenstufen beschleunigen (Peroxydaseeffekt), wie es bekannt ist, daß organische Peroxyde durch Fe``-Salze glatt gespalten werden, wobei intra- oder intermolekulare Disproportionierungen stattfinden[4].

---

[1] Vgl. die zusammenfassenden Darstellungen über Oxydationsvorgänge bei: Rieche: Die Bedeutung der organischen Peroxyde für die chemische Wissenschaft und Technik. Stuttgart: Enke 1936; Angew. Chem. **50**, 520 (1937); dortselbst Literaturübersicht. — Ferner Langenbeck: Die organischen Katalysatoren. Berlin: Springer 1935.

[2] Wieland, Franke: Liebigs Ann. Chem. **457**, 1 (1927); **464**, 101 (1928); **475**, 1 (1929). — Wieland, Bossert: Ebenda **509**, 1 (1934).

[3] Wieland, Franke: Liebigs Ann. Chem. **475**, 19 (1929).

[4] Zum Beispiel Wieland, Chrometzka: Ber. dtsch. chem. Ges. **63**, 1028 (1930). — Rieche: Ebenda **63**, 2642 (1930).

Folgende Übersicht zeigt den Reaktionsablauf und die auftretenden Zwischenstufen bei der Oxydation wichtiger organischer Verbindungen:

$$R-CH_2-OH + O_2 \rightarrow R-HC{\scriptstyle\begin{array}{l}OH\\OOH\end{array}} \rightarrow R-COOH + H_2O \quad [1]$$

$$R-CH_2-O-CH_2-R + O_2 \rightarrow R-\underset{\underset{\underset{H}{O}}{O}}{CH}-O-CH_2-R \rightarrow R-COOH + R-CH_2OH$$
$$\text{oder} \quad \searrow R-CHO + H_2O_2 + R-CH_2OH \quad [2]$$

$$R-\underset{\overset{\|}{O}}{C}-CH_2-R + O_2 \rightarrow R-\underset{\overset{\|}{O}}{C}-\underset{\underset{\underset{H}{O}}{O}}{CH}-R \rightarrow RCOOH + RCHO \quad [3]$$

$$R-CHO + O_2 \rightarrow R-\overset{\diagup\!\!\!\!\overset{O}{}}{C}-OOH + R-CHO \rightarrow 2R-COOH \quad [4]$$

$$R-CH_2-CH_2-CH_2-R + O_2 \rightarrow R-CH_2-\underset{\underset{\underset{H}{O}}{O}}{CH}-CH_2-R \rightarrow R-CH_2-\underset{\underset{H}{O}}{CH}-O-CH_2-R \quad [5]$$

$$R-CH_2-\underset{\underset{\underset{H}{O}}{}}{CH}-O-CH_2-R \begin{array}{l}\longrightarrow R-CH_2-CHO + HO-CH_2-R\\ \xrightarrow{\text{oder} + \frac{1}{2}O_2} R-CH_2-\underset{\overset{\|}{O}}{C}-O-CH_2-R + H_2O\end{array}$$

$$\begin{array}{ccc}&CH_2&\\H_2C&&CH_2\\H_2C&&CH_2\\&CH&\end{array} + O_2 \rightarrow \begin{array}{ccc}&CH_2&\\H_2C&&CHOOH\\H_2C&&CH\\&CH&\end{array} \quad [6]$$

Auch das Sauerwerden von Halogenkohlenwasserstoffen unter HCl-Abspaltung
besonders im Licht wird vermutlich eingeleitet durch einen Autoxydationsprozeß, welcher durch Schwermetallspuren katalytisch begünstigt wird. Entfernung dieser Katalysatoren steigert die Beständigkeit der Halogenkohlenwasser-
stoffe außerordentlich: DRP. 695316, I. G. Farbenindustrie AG., Erf. RIECHE und
POVENZ. Die Reaktionen verlaufen wahrscheinlich alle in ähnlicher Weise als
Kettenmechanismus.

---

[1] WIELAND: Z. angew. Chem. **44**, 580 (1931). — RIECHE: Ber. dtsch. chem. Ges.
64, 2328 (1931). — MILAS: J. Amer. chem. Soc. **53**, 223 (1931); Amer. P. 2115206,
2115207.

[2] RIECHE, MEISTER: Z. angew. Chem. **44**, 896 (1931); **49**, 101 (1936). — R. NEU:
Ebenda **45**, 519 (1932).

[3] DRP. 583704, 590365, 597973, I. G. Farbenindustrie, Erf. FLEMMING und
SPEER. — BAEYER, VILLIGER: Ber. dtsch. chem. Ges. **33**, 1569 (1900). — ENGLER,
WEISSBERG: Kritische Studien.

[4] STAUDINGER: Ber. dtsch. chem. Ges. **33**, 1569 (1900). — WIELAND: Ebenda
54, 2356 (1921). — KUHN, MEYER: Naturwiss. **16**, 1028 (1928). — JORISSEN,
VAN DER BEEK: Recueil Trav. chim. Pays-Bas **498**, 138 (1930).

[5] RIECHE: Angew. Chem. **50**, 520 (1937).

[6] CRIEGEE: Liebigs Ann. Chem. **522**, 84 (1936); Angew. Chem. **49**, 323 (1936). —
Beim Tetralin: HOCK, SUSEMIHL: Ber. dtsch. chem. Ges. **66**, 61 (1933).

Für die Aldehydoxydation ist das bereits einwandfrei nachgewiesen[1]. Es würde zu weit führen, die hier beim Vorliegen einer Kettenreaktion als Zwischenstufen in Frage kommenden Radikale aufzuführen. Im Prinzip ändert sich dadurch an den als Zwischen- oder Endstufen formulierten Peroxyden nichts. Das Vorliegen von Kettenreaktionen ist auch für die Oxydation von Kohlenwasserstoffen mit Sauerstoff bei hohen Temperaturen nachgewiesen. Auch hier erfolgt die Aktivierung einer CH-Bindung, die bis zur Radikalbildung führen kann, so daß zunächst Dialkylperoxyde, Alkylhydroperoxyde und Wasserstoffperoxyd entstehen. Selbstverständlich gilt das obige Reaktionsprinzip nicht allgemein. Es scheint uns in Frage zu kommen, wenn keine oxydationsfähigere Stelle des Moleküls vorhanden ist, also etwa eine reaktionsfähige Doppelbindung. Eine Ausnahme bildet z. B. die bekannte biologische β-Oxydation von Fettsäuren[2], die zu Methylketonen führt, und die auch bei Oxydationen an Fettsäuren in vitro, z. B. auch beim Trocknen von Ölen in der Anstrichtechnik, eine Rolle spielen dürfte. Bei der Einwirkung von Sauerstoff auf Linolensäure erfolgt der Angriff des Sauerstoffs an der Doppelbindung[3]. Ganz allgemein soll nach FRANKE bei ungesättigten Fettsäuren der Angriff des Sauerstoffs überhaupt nur an der Doppelbindung erfolgen[4].

III. Oxydation von Verbindungen, die keine aktivierbare CH-Bindung besitzen.

Verbindungen, die keine aktivierbare CH-Bindung besitzen, unterliegen natürlich nicht dem obigen Reaktionsschema. So lagern gewisse Olefine, die neben der Doppelbindung keine reaktionsfähige CH-Gruppe tragen, den Sauerstoff an die Doppelbindung an. Dabei entstehen meist polymere Alkylenperoxyde oder entsprechende Spaltprodukte. Polymere Peroxyde bilden Fulvene[5], Diphenyläthylen[6] und Ketone[7]. Rubren[8], Ergosterin[9] und Benzalphenylhydrazon[10] bilden monomere Peroxyde.

Schließlich ist hier noch die Oxydation des Äthylens selbst zu erwähnen. Eine Oxydation mit Luftsauerstoff ist hier nur unter Bedingungen möglich, unter denen Peroxyde nicht mehr beständig sind, trotzdem treten sie zweifellos als Zwischenstufe auf[11]. Die Bildung von Formaldehyd sowie von Äthylenoxyd als Oxydationsprodukte deuten auf die intermediäre Bildung eines Äthylenperoxyds hin[12].

Es hat sich nun bei den meisten der genannten Oxydationsreaktionen gezeigt, daß sie durch Peroxyde beschleunigt eingeleitet werden können. Hierbei

---

[1] BODENSTEIN: S.-B. preuß. Akad. Wiss. **1931**, III; Z. physik. Chem., Abt. B **12**, 151 (1931); Recueil Trav. chim. Pays-Bas **59**, 480 (1940). — HABER, WILLSTÄTTER [Ber. dtsch. chem. Ges. **64**, 2844 (1931)] und HABER, WEISS [Naturwiss. **20**, 948 (1932)] nehmen OH-Radikale als Kettenträger an. — Siehe dagegen WITTIG, LANGE: Liebigs Ann. Chem. **536**, 266 (1938).

[2] KNOOP: Oxydation im Tierkörper. Stuttgart: Enke 1931.

[3] GOLDSCHMIDT, FREUDENBERG: Ber. dtsch. chem. Ges. **67**, 1991 (1934).

[4] Liebigs Ann. Chem. **533**, 46—71 (1937). — Siehe auch TÄUFEL: Angew. Chem. **49**, 48 (1936). — Zusammenfassung ebenda **55**, 274 (1942). — Siehe auch WIELAND: Über den Verlauf der Oxydationsvorgänge. Stuttgart: Enke 1933.

[5] ENGLER, WEISSBERG: Kritische Studien über die Vorgänge der Autoxydation. Braunschweig 1904.   [6] STAUDINGER: Ber. dtsch. chem. Ges. **58**, 1075 (1925).

[7] STAUDINGER: Ber. dtsch. chem. Ges. **58**, 1079 (1925).

[8] MOUREU, DUFRAISSE: Bull. Soc. chim. France **53**, 790 (1933).

[9] WINDAUS, BRUNKEN: Liebigs Ann. Chem. **460**, 225 (1928).

[10] BUSCH, DIETZ: Ber. dtsch. chem. Ges. **47**, 3277 (1914); **49**, 2345 (1916).

[11] THOMPSON, HINSHELWOOD: Proc. Roy. Soc. [London], Ser. A **125**, 277 (1929).

[12] LENHER: J. Amer. chem. Soc. **53**, 3737 (1931). — RIECHE: Angew. Chem. **50**, 522 (1937).

sind synthetische Peroxyde oder auch in der Oxydationsreaktion selbst erzeugte wirksam. Werden die reinen organischen Verbindungen mit Sauerstoff behandelt, so ist im allgemeinen zunächst längere Zeit keine Sauerstoffaufnahme zu bemerken, besonders wenn sie frei von Schwermetallspuren sind (Induktionsperiode). Das ist bei Olefinen, Äthern, Aldehyden, Terpenen und vielfach bei natürlichen tierischen und pflanzlichen Ölen wiederholt festgestellt worden. Diese Induktionsperiode dürfte beim Vorliegen reiner Stoffe und reiner, indifferenter Gefäßwände im allgemeinen nicht durch kettenabbrechende und damit als Inhibitoren wirkende Verunreinigungen bedingt sein, sondern ist eine Folge des Fehlens einer aktivierenden Komponente. Durch eine kleine Menge Peroxyd oder Peroxyd bildende Verunreinigung wird die Reaktion rasch eingeleitet. Bei natürlichen Fetten und Ölen ist sie durch natürliche Prooxydantien und Inhibitoren mitbedingt.

Es ist anzunehmen, daß durch Einwirkung des Peroxyds Moleküle des oxydablen Stoffes in einen angeregten radikalartigen Zustand versetzt werden, in welchem sie leicht mit Sauerstoff reagieren. Hierdurch kommt eine Kettenreaktion in Gang, ähnlich wie sie für die Aldehydoxydation in der Gasphase von BODENSTEIN[1] beschrieben wurde:

$$CH_3 \cdot C \!\!\begin{array}{c} ^{OO\cdot} \\ _{O} \end{array} + CH_3 \cdot C \!\!\begin{array}{c} ^{H} \\ _{O} \end{array} = CH_3 \cdot C \!\!\begin{array}{c} ^{OOH} \\ _{O} \end{array} + CH_3 \cdot C \!\!\begin{array}{c} \\ _{O} \end{array}$$

$$CH_3 \cdot C \!\!\begin{array}{c} \\ _{O} \end{array} + O_2 = CH_3 \cdot C \!\!\begin{array}{c} ^{OO\cdot} \\ _{O} \end{array}$$

Unter den gewählten Reaktionsbedingungen blieb, abgesehen von kettenabbrechenden Nebenreaktionen, die Reaktion auf der Persäurestufe stehen. In der flüssigen Phase setzt sich die Persäure bekanntlich mit Aldehyd zu 2 Molekülen Säure um. Vorbedingung für die Einleitung der Reaktion ist also das Vorhandensein einer kleinen Menge Peroxyd[2]. Es zeigt sich, daß die Aldehydoxydation auch durch Zugabe von z. B. Benzoylperoxyd, das mit Sauerstoff behandelt wurde, beschleunigt werden kann. Das scheint überhaupt für die Bildung von Peroxyden aus Aldehyden und Olefinen zu gelten, die durch Anwesenheit anderer autoxydabler Stoffe begünstigt werden kann[3]. Selbst Ätherperoxyde können für die Oxydation von Kohlenwasserstoffen als Überträger wirken[4].

Einen sehr guten Einblick in den Wirkungsmechanismus eines peroxydischen Aktivators, der hier als Kettenträger wirkt, geben weiterhin die Untersuchungen von ZIEGLER über die Autoxydation von dissozierenden Äthanen[5]. Die Oxydation des Hexaphenyläthans verläuft zum geringsten Teil über das Radikal Tri-

---

[1] Siehe Anm. 1, S. 144.

[2] Über ein Aldehydperoxyd bei der Bildung der kalten Flamme siehe NEWITT, BAXT, KELKAR: J. chem. Soc. [London] **1939**, 1711; Chem. Zbl. **1940 II**, 1563 (die dort gegebene Konstitution erscheint unwahrscheinlich).

[3] F. P. 784016, Chem. Zbl. **1936 I**, 1502.

[4] Amer. P. 1978621, Chem. Zbl. **1935 II**, 436; Amer. P. 2018994, ebenda **1936 I**, 1502.

[5] ZIEGLER, EWALD: Liebigs Ann. Chem. **504**, 162 (1933). — ZIEGLER, EWALD, SEIB: Ebenda S. 182. — Einen ähnlichen Verlauf stellten WITTIG und KRÖHNE bei der Autoxydation des Tetraphenyl-p-xylylens fest: Liebigs Ann. Chem. **529**, 142 (1937). — Über die Autoxydation von Benzaldehyd in Gegenwart von Olefinen siehe WITTIG, PIEPER: Liebigs Ann. Chem. **546**, 142 (1941); von Äthern: ebenda S. 172.

phenylmethyl, vielmehr oxydiert eine peroxydische Zwischenstufe das Äthan in einer Kettenreaktion direkt:

$$R \cdot + O_2 \to R\!-\!OO \cdot$$
$$R\!-\!OO \cdot + R\!-\!R \to R\!-\!OO\!-\!R + R \cdot$$

In Gegenwart fremder Sauerstoffacceptoren kann das peroxydische Radikal seinen Sauerstoff auch auf diesen übertragen:

$$R \cdot + O_2 = R\!-\!OO \cdot + Acc = Acc \cdot O_2 + R \cdot$$

Das Radikal R · bzw. das Peroxyd R—OO · wirken hier als „Katalysator", wobei 1 Molekül 110000 Acceptormoleküle zu oxydieren vermag. Inhibitoren von reduzierendem Charakter wirken in der Weise, daß sie das Peroxyd durch Überführung in R—OOH inaktivieren und damit die Reaktionskette zum Abbruch bringen. Der Schluß erscheint berechtigt, daß dieses Kettenschema für die Oxydation von Kohlenwasserstoffen allgemeinere Gültigkeit hat, daß also die Oxydation organischer Verbindungen über Spuren von C-Radikalen verläuft, die dann hochaktive Peroxyde bilden, welche die Reaktion fortführen oder auch andere Folgereaktionen, z. B. Polymerisationen, einleiten können. Nur sind beim Hexaphenyläthan die Reaktionsbedingungen so milde, daß die peroxydische Endstufe erhalten bleibt, während in anderen Fällen, z. B. bei der Oxydation von aliphatischen Kohlenwasserstoffen, die Temperaturen so hoch gewählt werden müssen, daß die weitere Umsetzung des Peroxyds und damit die Einleitung neuer Reaktionsketten unausbleiblich ist (siehe später).

Es kann nun nicht etwa jede Oxydation durch jedes beliebige Peroxyd eingeleitet werden. Es kommt dabei offenbar auf die Leichtigkeit an, mit der ein Peroxyd in eine aktive, radikalartige Form übergeht. Oft scheinen synthetische Peroxyde in ihrer Aktivität nicht auszureichen, und es sind nur die ersten Anlagerungsprodukte des Sauerstoffs an oxydable Körper wirksam (Primäroxyde). Dann scheint aber auch in vielen Fällen eine Art Wirkungsspezifität zu bestehen. Das gilt eindeutig für die Autoxydation gewisser Terpene zu ihren wohldefinierten Peroxyden, die nicht durch fertige Peroxyde, sondern nur durch in Oxydation befindliches Terpen eingeleitet werden kann[1]. Dabei vermag nur der Aktivator, der aus dem zu oxydierenden System selbst entstanden ist, auf das betreffende Substrat beschleunigend zu wirken, z. B. der aus Terpinen auf die Oxydation des Terpinens. Die Spezifität erklärt sich hier vielleicht aus den schon erwähnten Beobachtungen von Ziegler[2], so daß bei den Terpenen ein Radikal R—OO— nur bei einem Kohlenwasserstoff R—H die Reaktionskette zu tragen vermag, nicht jedoch bei einer Verbindung R'—H. Es könnte aber auch die beobachtete „Spezifität" eine Frage der Höhe der Aktivierungsenergie sein, welche der Beschleuniger zu übertragen vermag.

IV. Verbrennung von Kohlenwasserstoffen.

Die Vorgänge bei der Autoxydation von Kohlenwasserstoffen, die Oxydation in der „kalten Flamme" und im Explosionsmotor und die hieran geknüpften Theorien können nur ganz kurz gestreift werden, soweit hier Peroxyde als Aktivatoren eine Rolle spielen[3]. Hier liegt ein ungeheures Versuchsmaterial vor. Auch

---

[1] Bodendorf: Arch. Pharmaz., Ber. dtsch. pharmaz. Ges. **1933**, 271.
[2] Siehe Anm. 5, S. 145.
[3] Über die Theorien der Kohlenwasserstoffverbrennung und die Rolle der Peroxyde siehe umfassende Literaturzusammenstellung bei Jost: Z. Elektrochem. angew.

hier handelt es sich um Kettenreaktionen, bei denen wahrscheinlich Peroxyde für den Start sowie als Träger der Kette verantwortlich zu machen sind. Vorbedingung für den Beginn der Oxydation und Verbrennung ist die Aktivierung einiger Kohlenwasserstoffmoleküle, die entweder durch Bildung von C- und H-Radikalen oder durch die Einwirkung von Spuren vorhandenen Peroxyds erfolgen kann, welches wahrscheinlich aus Aldehyd und O_2 entsteht. Durch Einwirkung von Sauerstoff entstehen nun —OH- oder —OR-Radikale, die auch als dissoziierte Peroxyde aufgefaßt werden können, oder auch Radikale vom Typ R—OO—, die als Kettenträger wirken. Durch die ständige Neubildung von Peroxyden und durch damit eintretende Kettenverzweigungen nimmt die Reaktion autokatalytischen Charakter an. Die Folge ist eine Explosion. Bei langsam durchgeführter Oxydation sind verschiedentlich Peroxyde abgeschieden worden, und zwar in Mengen von bis zu 30 % des oxydierten Kohlenwasserstoffs[1]. Die abscheidbaren Peroxyde sind sicher nicht identisch mit den als erste aktive Zwischenstufen aus den Kohlenwasserstoffen gebildeten. Sie stellen wahrscheinlich die assoziierten Formen der primär entstehenden Peroxydradikale dar. Ein wiederholt beobachteter Druckabfall nach der Induktionsperiode deutet auf die primäre Bildung von Peroxyden hin. Es entstehen, wie nach oben Gesagtem zu erwarten, als faßbare Produkte Alkylhydroperoxyde ROOH und Dialkylperoxyde ROOR. Erstere bilden mit Aldehyden, die ebenfalls aus Peroxyden entstanden sind, die gleichfalls gefaßten Oxydialkylperoxyde R—OO—CHOH—R. Daneben entsteht natürlich H_2O_2 und daraus mit Aldehyden Dioxyalkylperoxyde. Peroxyde sind auch die Ursache für die Explosion von Acetylen-Luft-Gemischen und das bei sehr langsamem Erhitzen dieser Mischungen auftretende Leuchten[2].

Auch das Brennstoffklopfen im Explosionsmotor, das eine teilweise Vorverbrennung während der Verdichtung darstellt, kommt unter Mitwirkung von Peroxyden zustande. Zusätze von Alkylperoxyden verursachen Klopfen (CALLENDAR l. c.). Aufnahmen des Spektrums bei der klopfenden Verbrennung zeigten, daß unmittelbar vor dem Eintritt des Klopfens Formaldehydbanden auftreten[3]. Bei normal laufendem Motor blieben diese Banden aus. Das Auftreten von Formaldehyd, der nicht selbst Klopfen hervorruft, aber der wohl als Umwandlungsprodukt eines Peroxyds gebildet wird, deutet darauf hin, daß ein Peroxyd

---

physik. Chem. **41**, 183, 232 (1935). — BERL, HEISE, WINNACKER: Z. physik. Chem., Abt. A **139**, 453 (1928). — BONE: Proc. Soc. Roy. [London] **137**, 243 (1932); Nature [London] **131**, 494 (1933). — SEMENOFF: Chemical Kinetics and Chain Reaktions. Oxford 1935. — CALLENDAR: Engineering **123**, 147, 182, 210 (1927). — NORRISH: Chem. Zbl. **1936** I, 981; Proc. Roy. Soc. [London], Ser. A **150**, 36 (1935). — UBBELOHDE: Chem. Zbl. **1936 II**, 3772; Proc. Roy. Soc. [London], Ser. A **152**, 354, 378 (1935). — UBBELOHDE, DRINKWATER, EGERTON: Chem. Zbl. **1936 II**, 3772. — PEASE: Ebenda **1936 I**, 3995; J. Amer. chem. Soc. **57**, 2296 (1935). — ELBE, LEWIS: Chem. Zbl. **1938 II**, 3227; J. Amer. chem. Soc. **59**, 976 (1937). — EGERTON, HARRIS: Congr. Chim. ind. Nancy **18 II**, 1123 (1938). — MEDWEDEW: Chem. Zbl. **1939 II**, 1031. — Siehe auch RIECHE: Die Bedeutung der organischen Peroxyde, S. 42.

[1] Literatur siehe JOST: l. c. — IVANOV: Chem. Zbl. **1936 II**, 1145. — PLISSOFF: Bull. Soc. chim. France **3**, 1274 (1936); Chem. Zbl. **1936 II**, 3035. — NEUMANN, AIWASOW: Chem. Zbl. **1938 II**, 607. — HARRIS, EGERTON: Ebenda **1938 I**, 2672; Chem. Reviews **21**, 287 (1937). — IVANOV: Chem. Zbl. **1939 II**, 1031. — Zur Frage der Peroxydtheorie siehe auch Jost: l. c. S. 247.

[2] MONDAIN-MONVAL, WEELARD: Chem. Zbl. **1933 II**, 7. — MONDAIN-MONVAL, WEELARD, QUANQUIN: Ebenda **1931 II**, 2681. — LENHER: J. Amer. chem. Soc. **53**, 2962, 3737, 3752 (1931).

[3] WITHROW, RASSWEILER: Ind. Engng. Chem. **24**, 528 (1932); **25**, 92? (1933).

mit der Gruppierung CH_3—OO— auftritt. Es wurde gezeigt, daß solche Peroxyde in folgender Weise zerfallen:

$$CH_3 \cdot OOH \rightarrow CH_2O + H_2O$$

bzw.

$$CH_3 \cdot OO \cdot CH_3 \rightarrow CH_2O + CH_3OH \ [1].$$

Eine Mitwirkung von Peroxyden könnte in der Weise erfolgen, daß an der Oberfläche der feinen Brennstoffnebel eine Anreicherung von —OR-Radikalen oder Peroxyden in aktivierter Form eintritt. Dadurch würden Reaktionszentren entstehen, von denen ein Impuls zu vorzeitiger Explosion ausgehen kann. Die Wirkung der Klopffeinde ist teils ähnlich der der Inhibitoren bei Oxydationsvorgängen, indem die Oxydationskette chemisch zum Abreißen kommt, oder sie bringen einen Teil der Energie der aktivierten Moleküle zur Ableitung z. B. auch durch einen „Wandeffekt", wenn sie durch Zersetzung im Gasraum feine, feste Partikel zu bilden vermögen. Es wurde nachgewiesen, daß derartige Antiklopfmittel erst nach ihrer Zersetzung wirksam sind.

Einen Beweis für die Aktivatorwirkung der Peroxyde beim Beginn einer Explosionskette bildet auch die Tatsache, daß durch Zusatz von Peroxyden die Zündwilligkeit von hochsiedenden Kohlenwasserstoffen verbessert werden kann[2]. Es kann also angenommen werden, daß für Einleitung der kalten Flamme oder einer Explosion von Brennstoff-Luft-Gemischen eine gewisse Peroxydkonzentration erreicht sein muß[3]. Bei der langsamen Verbrennung von Methan und Äthan kann die sonst sehr lange dauernde Induktionsperiode daher durch Zusatz von Aldehyden, die leicht Peroxyd bilden, sofort aufgehoben werden[4], während sie beim Propan durch die gleiche Maßnahme stark verkürzt wird[5]. Nach HOCK neigen vor allem cyclische Olefine zu leichter Peroxydbildung. Es wurden definierte Olefinperoxyde erhalten, die dem Alkylhydroperoxydtypus angehören. Der Peroxydbildung soll also erst eine Cyclisierung unter dem Einfluß des Sauerstoffs vorausgehen[6].

Die Oxydation von Kohlenwasserstoffen und auch von Aldehyden durch Luftsauerstoff kann auch mittels Ozon beschleunigt werden. Ozon wirkt auf diese Verbindungen schon bei Temperaturen ein, bei denen beispielsweise Kohlenwasserstoffe mit Sauerstoff noch nicht reagieren. Bei steigender Temperatur steigt die Oxydationsausbeute und überschreitet $100\,\%$. Sie beträgt beim Butan bei 310^0 berechnet auf Ozon $2470\,\%$[7]. Danach wirkt also Ozon katalytisch. Die Reaktion behält dann bei 300^0 ohne Ozonzusatz ihre Intensität bei. Man kann dies wohl so erklären, daß der peroxydische Aktivator für die Kettenreaktion dann in der Reaktion selbst gebildet wird, während er vorher durch die Einwirkung des Ozons entstand. Auch die Oxydation von Aldehyden und Olefinen wird durch Ozon beschleunigt[8].

---

[1] RIECHE, BRUMSHAGEN: Ber. dtsch. chem. Ges. **61**, 951 (1928). — RIECHE, HITZ: Ebenda **62**, 218, 2458 (1929).

[2] A. W. SCHMIDT: Braunkohle **35**, 535 (1936). — SCHMIDT, MOHRG: Öl, Kohle, Petrol. **36**, 112 (1940).

[3] UBBELOHDE: Proc. Roy. Soc. [London], Ser. A **152**, 354, 378 (1935); Chem. Zbl. **1936 II**, 3773. — Siehe auch DAVIES: Chem. Zbl. **1936 II**, 1328. — Zusammenfassung Chem. and Ind. **59**, 657 (1941); Chem. Zbl. **1941 I**, 3354.

[4] BONE, HILL: Chem. Zbl. **1931 I**, 1059. — BONE, GARDNER: Ebenda **1936 II**, 3288. — ELBE, LEWIS: J. Amer. chem. Soc. **59**, 976 (1937).

[5] PEASE: Chem. Zbl. **1938 I**, 2672; Chem. Reviews **21**, 279 (1937).

[6] HOCK, NEUWIRTH: Ber. dtsch. chem. Ges. **72**, 1562 (1939).

[7] BRINER, CARZELLER: Helv. chim. Acta **18**, 973 (1935).

[8] F. G. FISCHER: Liebigs Ann. Chem. **486**, 80 (1931). — BRINER, DEMOLIS, PAILLARD: Helv. chim. Acta **15**, 201 (1932). — BRINER: Ebenda **19**, 850 (1936).

V. Oxydation natürlicher Fette und Öle.

Während Kohlenwasserstoffe bei der Oxydation eine Induktionsperiode zeigen infolge Fehlens aktivierender Momente, die daher durch Peroxyde leicht aufgehoben werden kann, zeigen natürliche Fette und Öle eine ähnliche Hemmung, die aber zum Teil auf Mitwirkung von natürlichen Inhibitoren beruht.

Infolge ihres natürlichen Gehaltes an ungesättigten Bestandteilen unterliegen pflanzliche und tierische Fette und Öle verhältnismäßig leicht der Autoxydation, wenn einmal die erste Hemmung überwunden ist. Das Ranzigwerden beruht nur zum Teil auf der Verseifung der Glyceride; es treten vielmehr oxydative Abbaureaktionen ein, in welchen niedere Fettsäuren und Aldehyde entstehen, und die auch zu Methylketonen führen können. Zunächst besteht auch hier bei der Behandlung mit Sauerstoff eine Induktionsperiode, deren Dauer von der Reinheit der Fette und den häufig vorhandenen natürlichen Antioxydanzien abhängt. Die bekannten beschleunigenden Faktoren, Licht, Wärme, Metallsalze und autoxydable Verunreinigungen, beschleunigen die Autoxydation[1]. Auch hier wirken Peroxyde als Aktivatoren[2]. Sie können neben der Aktivierung der Oxydation auch eine Polymerisation einleiten (siehe später). Ist erst die erste Spur von Peroxyden nachweisbar, so geht die Oxydation rasch weiter. Durch Impfung mit bereits anoxydiertem Fett kann die Induktionsperiode ebenfalls rasch überwunden werden[2]. Die Menge an enthaltenem Peroxyd bildet höchstens im Anfang ein gewisses Maß für den Grad der Oxydation und die Ranzidität, bei weiterem Fortschreiten jedoch nicht mehr, da die Peroxyde sich nicht beliebig anreichern, sondern auch weiter umsetzen. Öle von hohem Peroxydgehalt wiesen, wenn sie vor Licht geschützt aufbewahrt wurden, keine Ranzidität auf[3]. Überhaupt ist das Licht einer der maßgeblichsten Faktoren für das Fettverderben[4]. Die Peroxydbildung wird durch Licht zwar angeregt, geht jedoch im Dunkeln weiter vor sich[5]. Das zuverlässigste Maß für den Ablauf der künstlich in einer Sauerstoffatmosphäre eingeleiteten Oxydation bildet die Messung der verbrauchten Sauerstoffmenge. Nach dieser Methode kann die Oxydationsgeschwindigkeit und auch die Wirksamkeit von Antioxydanzien („Inhibitolen", wie diese Oxydationsverhinderer für Fettstoffe genannt werden) genau geprüft werden[6]. Auch der sogenannte MACKEY-Test, der auf der Messung der Temperatursteigerung in der Zeiteinheit beruht, die durch die Oxydation unter bestimmten Bedingungen herbeigeführt wird, ist hierfür gut brauchbar[7]. Die Oxydation beispielsweise bei natürlichen Speisefetten kann durch Lagerung bei sehr tiefer Temperatur verhindert werden, sofern der Prozeß nicht schon begonnen hat. Sonst wird er nur vorübergehend abgestoppt. Aber auch bei tiefer Temperatur scheinen schon Reaktionen stattzufinden — vielleicht in einer spurenweise Aufnahme von Sauerstoff bestehend — die zwar zunächst nicht zur Ranzidität führen, die aber eine bei nachfolgender Wiedererwärmung und besonders

---

[1] Eine zusammenfassende Darstellung über Fettverderben und die Rolle der Peroxyde gibt TÄUFEL: Angew. Chem. **49**, 48 (1936); **55**, 274 (1942); Fettchem. Umschau **42**, 164 (1935); Forschungsdienst Sonderheft 8, 565 (1938). — W. FRANKE: Liebigs Ann. Chem. **498**, 129 (1931).

[2] Siehe z. B. RITTER, NUSSBAUER: Schweiz. Milchztg. **64**, 59, 525 (1938).

[3] COE, CLERC: Ind. Engng. Chem. **26**, 245 (1934).

[4] ERBACHER, SCHOPPMEYER: Chem. Zbl. **1939 II**, 1193.

[5] C. H. LEA: J. Soc. chem. Ind. **52**, 146 T (1933); **55**, 293 T (1936). — HORIO, YAMASHITA: Chem. Zbl. **1935 I**, 2748; Mem. Coll. Engng. Kyoto Imp. Univ. 8, 8 (1934).

[6] GREENBANK, HOLM: Ind. Engng. Chem. **16**, 598 (1924); **17**, 625 (1925); Ind. Engng. Chem., analyt. Edit. **2**, 9 (1930). — FRENCH, OLCOTT, MATTILL: Ind. Engng. Chem. **27**, 724 (1935). — JOHNSTON, FREY: Ind. Engng. Chem., analyt. Edit. **13**, 479 (1941).	[7] KAUFMANN, FIEDLER: Fette u. Seifen **46**, 210, 276 (1939).

bei Belichtung ziemlich rasch einsetzende Oxydation vorbereiten; denn bei Tiefkühlung länger gelagerte Fette verderben bei nachfolgender Aufbewahrung bei Zimmertemperatur rascher als frische. Welche Rolle Peroxyde als Aktivatoren hier spielen, ist noch nicht genau untersucht. Es findet wahrscheinlich auch schon im Dunkeln und bei tiefer Temperatur eine allerdings langsame Peroxydbildung statt, die ihre starke Auswirkung erst bei Belichtung und Normaltemperatur findet. Ist die Belichtung erst einmal erfolgt, so läuft der Prozeß weiter.

Bei ständiger Belichtung steigert sich die Geschwindigkeit der Reaktion durch dauernden Start neuer Reaktionsketten immer mehr und verläuft nach Art einer Autokatalyse. Das Zusammenwirken von Licht und Sauerstoff in einer Kettenreaktion formuliert TÄUFEL in folgender Weise:

$$F + h \rightarrow F^*$$
$$F^* + O_2 \rightarrow F^*O_2$$
$$F^*O_2 + F \rightarrow FO_2 + F^*.$$

Beachtet muß auch werden, daß biologische Vorgänge, durch Mikroorganismen hervorgerufen, neben den rein chemischen einherlaufen, die durch ihre Spaltprodukte den Oxydationsprozeß wiederum in noch nicht zu übersehender Weise beeinflussen.

Durch künstliche Antioxydation kann die Wirkung des Sauerstoffs und der aktivierenden Peroxyde auch bei natürlichen Fetten und Ölen stark hintangehalten werden. Hat der Oxydationsprozeß aber einmal begonnen, so wirken sie meistens nicht mehr[1]. Von großer Bedeutung sind die in den Fetten vorkommenden natürlichen Farbstoffe (Lipochrome), die als Prooxydanzien oder Antioxydanzien wirken können. Carotin, Lycopin und Quercetin verhalten sich ganz verschieden, je nachdem, ob Glyceride oder Säuren vorliegen[2].

Die über Peroxyde eingeleitete Oxydation der Fette und Öle ist nicht nur für die Haltbarkeit und praktische Verwendung dieser Substanzen selbst von großer Bedeutung, sondern auch für alle Stoffe, die Fette und Öle enthalten, also auch die meisten Nahrungsmittel auf Eiweiß- und Kohlehydratbasis. Völlig trockene eiweiß- und kohlehydrathaltige Nahrungs- und Futtermittel sollten eigentlich beliebig lange haltbar sein, und doch erleiden sie eine Beeinträchtigung ihres Geschmackes, die wahrscheinlich in der Hauptsache von der Autoxydation und dem Verderben darin enthaltener Fette ihren Ausgangspunkt nimmt. Auf die gleiche Ursache dürfte beispielsweise auch das Verderben von Hopfen zurückzuführen sein, das ebenfalls durch Peroxyde eingeleitet werden soll[3].

Die Natur selbst hat, wie erwähnt, dafür gesorgt, daß die andere Zersetzungsreaktionen einleitende Peroxydbildung bei den vielen natürlich vorkommenden, leicht oxydablen Verbindungen verhindert wird. Rohe pflanzliche Öle und Fette sind oft besser haltbar, weil sie natürliche Schutzstoffe enthalten, als gereinigte. Auch im Kautschuklatex kommen natürliche Antioxydanzien vor[4]. So ist die bessere Haltbarkeit des Rohkautschuks gegenüber dem hochgereinigten gegen Sauerstoff erklärlich. Auch der vulkanisierte Kautschuk unterliegt der zerstörenden Autoxydation, die durch Antioxydanzien, sogenannte Alterungsschutzmittel, hintangehalten werden kann. Auch Stoffe aus anderen Naturprodukten, z. B. aus Hafermehl, wirken als Schutzstoffe für Fette und Öle[5]. Der Wirkungsmechanismus der Schutzstoffe und Inhibitoren wird am Schluß der Abschnitts noch kurz behandelt werden.

---

[1] Eine ausführliche Literaturübersicht über Schutzstoffe und ihre Wirkung für Fette gibt WITTKA: Chemiker-Ztg. **1937**, 386. — Über natürliche Antioxydanzien siehe auch HILDITCH, PAUL: J. Soc. chem. Ind. **58**, 21 (1939). — TÄUFEL l. c.

[2] FRANKE: Hoppe-Seyler's Z. physiol. Chem. **212**, 234 (1932).

[3] KRUZIC: Chem. Zbl. **1939 II**, 2720.

[4] BONDY: Ber. dtsch. chem. Ges. **66**, 1611 (1933).

[5] PETERS, MUSHER: Ind. Engng. Chem. **29**, 146 (1937). — NAKAMURA: Chem. Zbl. **1938 I**, 1690.

VI. Peroxyde als Beschleuniger bei verschiedenen Oxydationsreaktionen, Photooxydationen.

Unter Mitwirkung verschiedener Katalysatoren, wie Pt, eisenhaltiger Tierkohle, können Oxydationen durch Luftsauerstoff herbeigeführt werden. Auch organische Katalysatoren (Oxydasen) sind wirksam, wie z. B. das Atmungsferment von WARBURG. Es wird allerdings nicht mehr angenommen, daß das Atmungsferment den Sauerstoff aktiviert, etwa unter Bildung von Peroxyden, vielmehr oxydiert das im Ferment enthaltene Fe^{III} das Substrat, wonach durch Sauerstoff aus Fe^{II} Rückbildung von Fe^{III} erfolgt[1]. Es sind aber auch natürliche Oxydasen bekannt, die den Sauerstoff aktivieren. Oxydationen, die bei Gegenwart von Ionen eines Metallsalzes, das in zwei Wertigkeitsstufen auftreten kann, verlaufen, werden häufig durch Licht eingeleitet, auch ohne daß Aktivierung des Sauerstoffs auftritt oder Peroxyde entstehen. Dabei wird das Metall in die niedrigere Wertigkeitsstufe versetzt, um dann wieder durch O_2 oxydiert zu werden. Alle diese Prozesse sollen unberücksichtigt bleiben, da organische Peroxyde bei ihnen anscheinend keine Rolle spielen.

Wohl aber sind hier die Photooxydationen von Bedeutung, bei denen Peroxyde als aktive Zwischenkörper oder auch als Aktivatoren von Kettenreaktionen eine Rolle spielen. Für die Frage der Entstehung des aktivierten Sauerstoffs und aktiver Peroxyde geben die Untersuchungen über photosensibilisierte Oxydationen wichtige Aufschlüsse. Deshalb sollen sie hier ganz kurz erwähnt werden.

Das Ausbleichen organischer Farbstoffe im Licht beruht auf einer oxydativen Zerstörung. Es fehlt hier noch an exakten Versuchen zur Klärung des Reaktionsablaufes. Aus der Tatsache, daß das Ausbleichen von Küpenfarbstoffen durch Inhibitoren verhindert wird, die auch bei anderen als Kettenmechanismus verlaufenden Oxydationen wirksam sind, ist zu schließen, daß auch hier die Reaktion durch aktivierte Moleküle, wahrscheinlich Peroxyde, eingeleitet wird. Neben der Farbstoffzerstörung geht auch eine oxydative Faserzerstörung vor sich, die wiederum durch gewisse Farbstoffe verstärkt werden kann. Aus Cellulose entsteht hierbei Oxycellulose, und man kann unter bestimmten Bedingungen an feuchter Baumwolle Wasserstoffperoxyd nachweisen[2]. Besonders rasch unterliegt rohe Alkalicellulose einem oxydativen Abbau, während Alkalicellulose aus umgefällter Cellulose ziemlich beständig ist[3]. Auf die verwickelten Vorgänge der Faserschädigung, für die auch verschiedene Erklärungsversuche vorliegen, kann hier nicht näher eingegangen werden[4]. Es ist jedenfalls kein Zweifel darüber, daß auch hier Peroxyde als Beschleuniger oder als Zwischenstufen mitspielen, die wahrscheinlich aus durch Licht angeregten Farbstoffmolekülen und Sauerstoff entstehen. Faserschädigungen durch Peroxyde sind auch bei der Imprägnierung mit autoxydablen Ölen beobachtet worden[5]. Diese Erscheinungen ähneln den Blattschädigungen, die durch in Sauerstoffatmosphäre belichtetes Chlorophyll eintreten, wenn die Einrichtungen des Blattes, die das entstandene Photoperoxyd rasch beseitigen (per-

---

[1] WIELAND: Z. angew. Chem. **44**, 579 (1931). — Siehe die zusammenfassende Darstellung von BERTHO: Ergebn. Enzymforsch. **2** (1933).

[2] LANDOLT: Melliand Textilber. **1929**, 533; **1930**, 937.

[3] STAUDINGER, JURISCH: Zellstoff u. Papier **18**, 690 (1938).

[4] Eine ausführliche Behandlung der Frage befindet sich bei RIECHE: Die Bedeutung der organischen Peroxyde, S. 44.

[5] BOGATIREW, LUBIMOWA, SOBOLEWA: Melliand Textilber. **1934**, 457.

oxydatische Komponente), etwa durch Vergiftung gehemmt sind. Auch bei der Assimilation tritt bekanntlich als Zwischenstufe auf dem Wege von der Kohlensäure zum Formaldehyd ein Peroxyd auf[1]. Ähnlich wie Chlorophyll[2] vermögen auch andere fluorescierende Farbstoffe im Licht den Sauerstoff unter Bildung von Peroxyden zu aktivieren, die dann stärker oxydierend wirken als Wasserstoffperoxyd[3]. Hierzu ist anscheinend immer die Gegenwart von Spuren von Eisen- oder Mangansalzen notwendig. Die am Beispiel der Benzidinblaubildung studierte Oxydationswirkung wird auch durch frische Mischungen von H_2O_2 und Formaldehyd erreicht[4], ist hier jedoch nicht eine Wirkung des Oxymethylhydroperoxyds $H_2C{OOH \atop OH}$ oder des Dioxydimethylperoxyds $H_2COH \cdot OO \cdot CH_2OH$, sondern einer unbekannten labilen Additionsverbindung von H_2O_2 an Formaldehyd, die ein sehr reaktionsfähiger Wasserstoffacceptor ist[5].

Die Frage, ob bei der sensibilisierten Photooxydation die Energie auf das Sauerstoffmolekül übertragen wird und dieses dann den Acceptor oxydiert, oder ob der Acceptor in einen angeregten Zustand übergeht und dann den Sauerstoff anlagert, ist noch nicht immer sicher geklärt. Kautsky neigt auf Grund seiner Versuche über die Fluorescenzauslöschung an durch Licht angeregten Farbstoffmolekülen durch Sauerstoff zu der ersteren Auffassung[6]. Der Sauerstoff geht dadurch in einen energiereicheren, metastabilen Zustand über. Dieser Befund ist von grundsätzlicher Bedeutung für Autoxydationsprozesse. Die Frage der Fluorescenzauslöschung durch Inhibitoren wird am Schluß noch einmal behandelt werden. Der Sauerstoff kann also wie ein Inhibitor wirken, indem er die Energie eines durch Licht angeregten Moleküls übernimmt und dadurch selbst in eine aktive Form übergeht. Bei Anwesenheit eines Acceptors mit abspaltbarem H-Atom tritt Abgabe von H, also Dehydrierung ein, oder der Sauerstoff lagert sich an ein organisches Molekül an und bildet ein Peroxyd. Das Peroxyd befindet sich zunächst in angeregtem Zustand, auch kann sich bei der Peroxydbildung ein anderes angeregtes Molekül oder Atom abspalten. Auf diese Weise kann die Entstehung der peroxydischen Aktivatoren durch Belichtung bei Gegenwart von Sensibilisatoren sehr gut erklärt werden.

C. Einfluß von Peroxyden auf Hydrierungsvorgänge.

Bei Platinkatalysatoren ist es seit langem bekannt, daß ihre Wirksamkeit durch geringe Mengen von Sauerstoff begünstigt wird[7]. Der Sauerstoffgehalt des Katalysators beeinflußt auch die Richtung der Hydrierung, z. B. beim

---

[1] Willstätter, Stoll: Untersuchung über die Assimilation der Kohlensäure. Berlin: Springer 1918. — Literatur und zusammenfassende Betrachtung bei Rieche: Die Bedeutung der organischen Peroxyde, S. 50 sowie Wohl: Z. physik. Chem., Abt. B. **37**, 105, 169 (1937).

[2] Gaffron: Ber. dtsch. chem. Ges. **60**, 755, 2229 (1927).

[3] Noack: Z. Bot. **17**, 481 (1925); Naturwiss. **14**, 383 (1926); Biochem. Z. **183**, 142, 153 (1927).

[4] Woker: Z. allg. Physik **16**, 340 (1914); Ber. dtsch. chem. Ges. **47**, 1024 (1914). — Wieland, Wingler: Liebigs Ann. Chem. **431**, 306 (1923).

[5] Rieche, Meister: Ber. dtsch. chem. Ges. **68**, 1471 (1935).

[6] Ber. dtsch. chem. Ges. **65**, 1762 (1932); **68**, 152 (1936). — Siehe dagegen Willstätter: Naturwiss. **21**, 252 (1933). — Stoll: Ebenda **20**, 955 (1932). — Gaffron: Biochem. Z. **264**, 251 (1933). — Über die Beeinflussung der Phosphoreszenz durch Sauerstoff siehe Kautsky, Merkel: Naturwiss. **27**, 195 (1939). — Kautsky, Müller: Ebenda **29**, 150 (1941).

[7] Willstätter, Waldschmidt-Leitz: Ber. dtsch. chem. Ges. **54**, 113 (1921). — Willstätter, Seitz: Ebenda **56**, 1397 (1923).

Naphthalin[1]. Ebenso ist auch eine kleine Menge Sauerstoff im Wasserstoff für dessen katalytische Aktivierung notwendig und beeinflußt den Ablauf der Hydrierung[2]. Diese Beobachtungen deuten zunächst noch nicht auf eine Mitwirkung von Peroxyden bei der Hydrierung hin.

Nun hat sich aber gezeigt, daß gewisse Olefine in reinem Zustand mittels eisenhaltigen PtO_2-Katalysators nur schwer, unreine dagegen leicht hydriert werden[3]. Diese Beobachtung wird von G. THOMSON auf einen Gehalt der unreinen Olefine an Peroxyden zurückgeführt[4]. Ganz reines Trimethyläthylen wird nur langsam hydriert. Beim Schütteln mit Luft bildet das Olefin Peroxyd und ist dann leicht hydrierbar. Zusatz synthetischer Peroxyde besitzt dieselbe Wirkung. Der Effekt scheint auf der Bildung von Carbonsäuren zu beruhen, die bei der Zersetzung von Peroxyden entstehen; denn auch zugesetzte Säuren beschleunigen die Hydrierung reinsten Trimethyläthylens.

Es ist also noch nicht sicher erwiesen, ob Peroxyde für die Einleitung und Lenkung der Hydrierungsreaktion eine Rolle spielen. Ihre Mitwirkung ist sehr wahrscheinlich, zumal sich gezeigt hat, daß auch in anderen Fällen Additionsreaktionen an die doppelte Bindung durch Peroxyde beeinflußt werden.

D. Peroxyde als Beschleuniger bei Polymerisationsvorgängen.

I. Das Öltrocknen.

Der am längsten bekannte und praktisch nutzbar gemachte Polymerisationsvorgang ist das Trocknen der pflanzlichen Öle in der Anstrichtechnik. Nicht nur das Trocknen der Öle unter Filmbildung an der Luft ist ein Polymerisationsvorgang, sondern auch die Viscositätserhöhung, die durch Erhitzen der Öle bei der Standölbildung erfolgt. Der Mechanismus der Standölbildung unterscheidet sich aber vom Trockenprozeß grundsätzlich. Es handelt sich bei dieser Molekülvergrößerung um eine Kondensation, die nach Art einer Diensynthese verläuft. Hier spielen also Peroxyde keine Rolle[5].

Die trocknenden Öle enthalten ungesättigte Fettsäuren, wie Linolsäure und Linolensäure, die allerdings in den Standölen bereits gewisse Kondensationen erfahren haben. Das Trocknen und die Bildung eines Films beruht auf einem Polymerisationsvorgang, der von einer Autoxydation und einem oxydativen Abbau des Fettsäurerestes begleitet ist[6]. Der Abbau der Fettsäuren ist schon besprochen worden. In trockener Atmosphäre und in hellem Licht erfolgt die Polymerisation, das „Trocknen" rasch, bei feuchter Witterung kann der Abbau überwiegen. Linolensäure lieferte beim Behandeln mit Sauerstoff in Gegenwart eines Cobaltkatalysators ein hochmolekulares Peroxyd, wobei pro O_2-Molekül eine Doppelbindung verschwunden war[7]. Es ist aber nicht anzunehmen, daß die

---

[1] WILLSTÄTTER, HATT, KING: Ber. dtsch. chem. Ges. **45**, 1438 (1912); **46**, 534 (1913). — WILLSTÄTTER, SEITZ: Ebenda **56**, 1388 (1923).

[2] BÖESEKEN, HOFSTEDE: Akad. van Wetensch. Amsterd. Proc. **29**, 424 (1917). — MITCHELL, MARSHALL: J. chem. Soc. [London] **123**, 2448 (1923).

[3] KERN, SHRINER, ADAMS: Chem. Zbl. **1925 II**, 170; J. Amer. chem. Soc. **47**, 1147 (1925). [4] Chem. Zbl. **1935 I**, 2344; J. Amer. chem. Soc. **56**, 2744 (1934).

[5] SCHEIBER: Lacke und ihre Rohstoffe, S. 160. Leipzig 1926. — KAPPELMEIER: Chemiker-Ztg. **1938**, 821, 843. — KAUFMANN, BALTES: Ber. dtsch. chem. Ges. **69**, 2679 (1936). — MORELL, DAVIS: J. chem. Soc. [London] **1936**, 1481.

[6] Siehe die zusammenfassende Darstellung: EIBNER: Das Öltrocknen ein kolloider Vorgang aus chemischen Ursachen. Berlin: Allgemeiner Industrieverlag. — SCHEIBER: Lacke und ihre Rohstoffe, S. 164. Leipzig 1926. — GEE, RIDEAL: Chem. Zbl. **1938 I**, 4603; J. chem. Physics **5**, 794, 801 (1937).

[7] GOLDSCHMIDT, FREUDENBERG: Ber. dtsch. chem. Ges. **67**, 1991 (1934).

beim Öltrocknen eintretende Filmbildung und Molekülvergrößerung durch Verknüpfung der Moleküle mittels Peroxydbrücken erfolgt. Vielmehr ist die Äthylenperoxydbildung nur die einleitende Reaktion. Unter dem Einfluß des Peroxyds setzt dann die Polymerisation erst ein. Deshalb beschleunigen auch Oxydationskatalysatoren (Sikkative) das Trocknen.

An künstlichen Modellen vom Typ trocknender Öle konnte gezeigt werden, daß nur die Konfigurationen Molekülvergrößerungen geben, die ein Peroxyd zu liefern vermögen[1]. Die Peroxyde bilden zunächst mit der ungesättigten Säure Molekülaggregate, die dann einer Umlagerung unterliegen sollen, wobei die Verknüpfung der Moleküle untereinander durch Ätherbrücken erfolgen soll. Mit dieser Annahme deckt sich die Beobachtung, daß bei sinkendem Peroxydgehalt die Viscosität steigt. Es ist nicht anzunehmen, daß die Verknüpfung der Moleküle wirklich nur durch Ätherbrücken erfolgt. Es ist immerhin nebenher in gewissem Umfang eine Polymerisation der Doppelbindungen, ähnlich wie bei anderen einfachen, polymerisationsfähigen Vinylverbindungen möglich. Die Verknüpfung durch Sauerstoffbrücken ähnelt der Vulkanisation des Kautschuks, die wenigstens zum Teil auf der Ausbildung von Schwefelbrücken beruht[2].

II. Verharzung von Treibstoffen (Gumbildung).

Als unerwünschter Polymerisationsvorgang, der auch durch Peroxyde eingeleitet wird und der auch unter Umständen von einem durch Autoxydationsvorgänge verursachten Abbau begleitet ist, sei hier noch die Verharzung von Schmier- und Treibstoffen erwähnt (Gumbildung). Besonders Mineralöle und Benzine mit Doppelbindungen, wie sie z. B. durch Krackung von gesättigten Kohlenwasserstoffen erhalten werden, unterliegen dieser „Alterung". Die Peroxydbildung erfolgt zunächst an solchen olefinischen Bestandteilen der Treibstoffe, die besonders leicht oxydabel sind[3]. Nach dem früher über die Oxydation organischer Verbindungen Gesagten könnte sich durch Zwischenschieben des Sauerstoffs zwischen eine CH-Bindung, die durch eine benachbarte Olefingruppe aufgelockert ist, ein Alkylhydroperoxyd bilden. Leicht Peroxyde bildende Substanzen wie Aldehyd können die Verharzung beschleunigen. Allerdings sollen die Harzbildner auch ohne Anwesenheit von Luft zur Polymerisation gelangen können[4]. Das würde bedeuten, daß außer den Peroxyden auch noch andere Kohlenwasserstoffe aktivierende Katalysatoren in Frage kommen.

Auch die Harzbildung in Treibstoffen ist wie andere Oxydationsreaktionen eine Kettenreaktion, die durch Peroxyde ausgelöst werden kann[5], und sie kann daher durch geringe Mengen von Oxydationsverhinderern inhibitiert werden. Die Frage der Verhinderung der Harzbildung ist vor allem in Amerika in sehr großem Umfang bearbeitet worden, da dort hauptsächlich Krackbenzine hergestellt werden. Unzählige Verbindungen der verschiedensten Körperklassen werden als mehr oder weniger wirksam befunden, wie aus der sehr umfangreichen Literatur, vor allem Patentliteratur, hervorgeht. Es handelt sich dabei meistens um Inhibitoren, die auch sonst Oxydationen zu verhindern vermögen[6].

---

[1] MORELL, DAVIS: Angew. Chem. **49**, 67 (1936); Trans. Faraday Soc. **1935**.

[2] MEYER, MARK: Ber. dtsch. chem. Ges. **61**, 1947 (1928).

[3] HOCK: Öl, Kohle, Erdöl, Teer **13**, 697 (1937). — ELLEY: Chem. Zbl. **1938 II**, 988; Trans. electrochem. Soc. **69**, 21 (1936).

[4] G. R. SCHULTZE: Öl Kohle Erdöl Teer **14**, 113 (1938).

[5] MIKHAILOWA, NEIMANN: Chem. Zbl. **1938 I**, 1508; Oil Gas J. **36**, 57 (1937).

[6] Über Mechanismus der Gumbildung und der Inhibitoren siehe Univ. Oil prod. Booklet Nr. 224; Chem. Zbl. **1938 II**, 3881; Zusammenstellung der USA-Patente: Byers Nat. Petrol. News **29**, Nr. 11, 157; Nr. 15, 58 (1937).

III. Polymerisation von Vinylverbindungen.

Die Polymerisation kann durch verschiedene aktivierende Momente eingeleitet werden: durch Licht, Wärme und durch Katalysatoren. Jeder der genannten Faktoren kann zur Bildung radikalartiger Aktivatoren führen, so daß also letzten Endes jede Polymerisation durch angeregte Moleküle von Radikalnatur eingeleitet wird. Neuerdings ist es auch gelungen, die Polymerisation durch Radikale mit dreiwertigem Kohlenstoff einzuleiten. Auch im Falle der Einleitung der Reaktion durch Aktivierung von Luftsauerstoff oder durch atomaren Sauerstoff beginnt die Polymerisation mit der Ausbildung eines C-Radikals. Der aktivierte oder atomare Sauerstoff bildet durch Anlagerung an einen organischen Rest ein angeregtes Peroxyd, wodurch ein Polymerisationskatalysator entsteht.

Die Polymerisation von Olefinen ist eine Kettenreaktion, die in drei Teilvorgänge zerfällt[1]:

1. Den *Primärakt* (Keimbildung), bestehend in dem Übergang eines Olefins in einen aktiven Zustand, der durch eine der genannten katalytischen Einflüsse herbeigeführt wird.

2. Das *Kettenwachstum* verläuft als Kettenreaktion, wobei Radikale als Kettenträger wirken in der Weise, daß sich an die wachsenden Molekülketten, die am Ende jeweils ein C-Atom mit freier Valenz tragen, jeweils ein Olefinmolekül anlagert unter Ausbildung eines neuen Radikals.

3. Der *Abbruch der Kettenreaktion* kann durch gegenseitige Absättigung der aktiven Stellen zweier wachsender Moleküle erfolgen. Das ist vor allem der Fall, wenn die Konzentration der im Wachsen befindlichen Moleküle hoch ist. Sonst kommt Absättigung der aktiven Stelle durch Verunreinigungen oder Ableitung als Wärme an der Wand des Reaktionsgefäßes oder an ungelösten festen Partikeln in Frage. Der Kettenabbruch kann auch durch Zusatz von bestimmten Verbindungen herbeigeführt werden.

Die Kinetik des Polymerisationsvorganges soll hier übergangen werden; sie wird an anderer Stelle dieses Handbuches behandelt[2]. Hier soll nur die Frage in den Vordergrund gestellt werden, in welcher Weise beeinflussen Peroxyde die einzelnen Reaktionsphasen[3].

Daß Peroxyde die Polymerisation von Olefinen sowohl bei der Polymerisation des reinen Olefins selbst (Blockpolymerisation) als auch im organischen Lösungsmittel gelöst sowie in wässeriger Emulsion (Emulsionspolymerisation) beschleunigen, ist schon lange bekannt und findet vielfältige technische Auswertung. Schon ENGLER und WEISSBERG[4] haben die katalytische Wirkung von Peroxyden vermutet. Später wurden Polymerisationen durch Vorbehandlung der Olefine mit Luft[5] oder mittels synthetischer Peroxyde durchgeführt[6].

Besonders bedeutungsvoll ist die Beobachtung von KLATTE und ROLLET[7], wonach Vinylester und Vinylchlorid durch Peroxyde in feste Polymerisate ver-

---

[1] STAUDINGER: Ber. dtsch. chem. Ges. **68**, 2351 (1935). — G. V. SCHULZ: Angew. Chem. **50**, 767 (1937). — ZIEGLER: Ebenda **49**, 455, 499 (1936). — Nach G. V. SCHULZ und BLASCHKE [Z. physik. Chem. **51**, 75 (1942)] zerfällt der Primärakt in zwei Teile: I. Bildung einer Additionsverbindung zwischen Peroxyd und Olefin, II. Reaktion zwischen Peroxyd und Olefin unter Bildung des angeregten Moleküls.

[2] Siehe dazu auch G. V. SCHULZ: Z. physik. Chem. **43**, 25, 47 (1939). — BREITENBACH: Mh. Chem. **71**, 275 (1938). — G. V. SCHULZ, BLASCHKE: l. c. — NORRISH, BROKMAN: Proc. Roy. Soc. [London], Ser. A **170**, 300 (1939).

[3] Siehe auch RIECHE: Die Bedeutung der organischen Peroxyde, S. 64.

[4] Kritische Studien, S. 179. Vieweg 1904.

[5] E. P. 14041 (1910), Erf. HEINEMANN.

[6] LAUTENSCHLÄGER: Dissertation, Karlsruhe 1913. — E. P. 22454 (1911), BASF, Erf. HOLT, STEIMMIG.   [7] DRP. 281688 (1914).

wandelt werden können. Allerdings hat diese Erfindung erst viele Jahre später ihre großtechnische Verwirklichung finden können. Es folgte danach eine große Zahl von Arbeiten und Patenten über Polymerisation von Olefinen durch Peroxyde, die aber hier nicht alle angeführt werden können[1].

Auch die Polymerisation von Aldehyden kann durch Peroxyde eingeleitet werden. Es ist bekannt, daß monomolekularer, gasförmiger Formaldehyd sich in Anwesenheit von Sauerstoff viel schneller polymerisiert als in Abwesenheit desselben, also etwa in Stickstoffatmosphäre. Die Polymerisation des Formaldehyds ist eine Kettenreaktion, die durch O_2 eingeleitet wird und die auch nach Aufhören der Oxydation weiterläuft[2]. Acetaldehyd verhält sich ähnlich.

Es liegen Anhaltspunkte dafür vor, daß zumindest in vielen Fällen auch die Wärme- und Lichtpolymerisation über peroxydische Zwischenstufen erfolgt. Die Wärmepolymerisation verläuft häufig schneller und bei tieferer Temperatur, wenn das Olefin mit Luft in Berührung gekommen war. Die Lichtpolymerisation kann dagegen auch durch molekularen Sauerstoff gehemmt werden. Legen wir uns die Frage vor, bei welcher der drei Teilvorgänge Peroxyde eingreifen können, so kommen wir zu dem Schluß, daß sie vor allem bei der Keimbildung und zuweilen auch beim Kettenabbruch eine Rolle spielen, nicht jedoch beim Kettenwachstum.

Die Bildung des Keims für die Startreaktion durch Peroxyde oder aktiven Sauerstoff kann man sich nach Staudinger[3] wie folgt vorstellen:

Aus Olefin und peroxydischem Sauerstoff bildet sich ein radikalartiges Additionsprodukt oder das Peroxyd, ein Spaltprodukt desselben bzw. durch Spaltung entstandener aktiver oder atomarer Sauerstoff lagert sich an das Olefin an:

$$\cdot\overset{|}{\underset{|}{C}}-\overset{|}{\underset{|}{C}}-OO\cdot\ ;\quad \cdot\overset{|}{\underset{|}{C}}-\overset{|}{\underset{|}{C}}-OO-\overset{\overset{O}{\|}}{C}-R\ ;\quad \cdot\overset{|}{\underset{|}{C}}-\overset{|}{\underset{|}{C}}-O-\overset{\overset{O}{\|}}{C}-R\ [4].$$

An die freien Valenzen der Keime lagert sich nun ein Olefinmolekül an, wobei erneut Radikale entstehen usw. (Kettenwachstum):

$$\cdot OO-\overset{|}{C}-\overset{|}{C}-\overset{|}{C}-\overset{|}{C}\cdot\cdot.$$

Einen schönen Beweis für die Richtigkeit dieser Annahme bildet die Beobachtung von G. V. Schulz und G. Wittig, daß Polymerisationen durch C-Radikale eingeleitet werden können[5]. Auch die Polymerisation von Äthylen und Propylen kann durch Radikale induziert werden[6]. Es ist nicht anzunehmen,

<hr>

[1] Zum Beispiel: DRP. 579048 (1928), I. G. Farbenindustrie, Erf. Voss, Dickhäuser; DRP. 511145 (1927), I. G. Farbenindustrie, Erf. Tschunkur, Bock; DRP. 655570 (1928), Röhm & Haas, Erf. Bauer, Gerlach; DRP. 654989 (1930), I. G. Farbenindustrie, Erf. Fikentscher, Heuck. — Ferner sei hier auf das Buch von Staudinger verwiesen: Die hochmolekularen organischen Verbindungen. Berlin: Springer 1932. — Ferner Literaturübersicht: Breitenbach: Österr. Chemiker-Ztg. **42**, 204 (1939).

[2] Carruthers, Norrish: N. Conseil de Chimie Solvay **1934**, 56; Nature [London] **135**, 582 (1935).   [3] Siehe Anm. 1, S. 155.

[4] G. V. Schulz, Husemann [Z. physik. Chem., Abt. B **39**, 259 (1938)] formulieren am Beispiel der Polymerisation des Styrols mit Benzoylperoxyd den Vorgang etwas anders. Danach soll Benzoylperoxyd mit Styrol unter Energieabgabe einen Zwischenkörper bilden, der sich in eine aktive Zwischenverbindung umlagern kann oder aktives Styrol abspaltet.

[5] Naturwiss. **27**, 387, 659 (1939). — G. V. Schulz: Z. physik. Chem., Abt. B **50**, 116 (1941); Z. Elektrochem. angew. physik. Chem. **47**, 265 (1941).

[6] Beek, Rust: J. chem. Physics **9**, 480 (1941); Chem. Zbl. **1942 I**, 1863.

daß die verhältnismäßig stabilen Peroxyde ohne weiteres mit dem Olefin unter Bildung einer aktiven Additionsverbindung reagieren. Vielmehr müssen aus ihnen erst aktive Formen entstehen. Das ist durch Zerfall, z. B. infolge Einwirkung von Katalysatoren oder von Wärme möglich. Dieser Zerfall kann in Gegenwart eines Olefins zu Radikalen führen oder zur Abspaltung von atomarem oder aktivem Sauerstoff, die die Polymerisation des Olefins einleiten. Hierbei ist nicht gesagt, daß echte Radikale mit einer nennenswerten Lebensdauer entstehen. Die abgespaltenen Reste können bereits im Augenblick ihrer Entstehung mit dem Olefin reagieren, das ja stets in hoher Konzentration vorhanden ist. Verschiedene Autoren zeigten, daß eine Anregung der Polymerisationsketten durch primären Zerfall von Peroxyden in Radikale unwahrscheinlich ist[1].

Die beschleunigende Wirkung des Benzoylperoxyds kann man sich schematisch wie folgt vorstellen, ohne daß damit zum Ausdruck gebracht werden soll, daß etwa Radikale mit nennenswerter Lebensdauer durch den Zerfall auftreten:

$$C_6H_5CO—OO—COC_6H_5 \rightarrow C_6H_5CO—O \cdot + CO_2 + C_6H_5 \cdot$$

$$C_6H_5CO—O \cdot + \overset{|}{\underset{|}{C}}=\overset{|}{\underset{|}{C}} \rightarrow C_6H_5CO—O—\overset{|}{\underset{|}{C}}—\overset{|}{\underset{|}{C}} \cdot \quad [2\,C_6H_5 \cdot \rightarrow C_6H_5—C_6H_5]$$

$$C_6H_5 \cdot + \overset{|}{\underset{|}{C}}=\overset{|}{\underset{|}{C}} \rightarrow C_6H_5—\overset{|}{\underset{|}{C}}—\overset{|}{\underset{|}{C}} \cdot \ usw.[2]$$

Die Zahl der Keime ist abhängig von verschiedenen Faktoren: Menge und Aktivität des Peroxyds, Temperatur (hohe Temperatur erleichtert die Anlagerung des Peroxyds und begünstigt die Keimbildung), zusätzliche aktivierende Momente, wie z. B. Licht oder Katalysatoren. Hierbei wird das Licht die olefinische Doppelbindung aktivieren und nicht den Sauerstoff direkt; denn es müßte sonst Licht so kurzer Wellenlänge angewendet werden, daß es auch vom Sauerstoff absorbiert wird. In diesem Bereich absorbieren die Olefine aber selbst sehr stark. Anders liegen die Verhältnisse aber bei Gegenwart von im langwelligen Gebiet absorbierenden Sensibilisatoren, dann kann auch mit Hilfe dieser der Sauerstoff durch Licht aktiviert werden (siehe dazu den Abschnitt über Photooxydationen).

Der Energieinhalt der verwendeten Peroxyde muß hoch genug sein, um die nötige Aktivierungsenergie für den Keim aufzubringen. Die Peroxyde verhalten sich hier je nach ihrer Konstitution als verschieden wirksam.

---

[1] G. V. Schulz, Blaschke: Z. physik. Chem., Abt. B **51**, 75 (1942). — Cuthbertson, Gee, Rideal: Proc. Roy. Soc. [London], Ser. A **170**, 300 (1939). — Kamenskaja, Medwedew: Acta physicochim. USSR **13**, 565 (1940).

[2] Nach Wieland, Schapiro, Metzger [Liebigs Ann. Chem. **513**, 93 (1934)] und Böeseken, Hermans [ebenda **519**, 133 (1935)] ist beim Zerfall von Diacylperoxyden das Auftreten freier Radikale nicht wahrscheinlich. Unter Zugrundelegung des Spaltschemas für Acylperoxyde könnte man sich die aktivierende Wirkung des Benzoylperoxyds auch wie folgt vorstellen: I würde den „normalen" Zerfall darstellen, II den Zerfall unter Einleitung einer Polymerisationskette:

$$C_6H_5 \cdot CO \cdot OO \cdot CO \cdot C_4H_5 + RHC=CH_2 \rightarrow C_6H_5 \cdot CO \cdot OO \cdot CO \cdot RC=CH_2 + C_6H_6$$

$$I \quad [H_2C=CR—C_6H_4 \cdot COOH + CO_2]$$
$$II \quad C_6H_5 \cdot COOH + CO_2 + R—\overset{\cdot}{C}=CH_2$$
$$RHC=CH_2 + R—\overset{\cdot}{C}=CH_2 \rightarrow RH\overset{\cdot}{C}—CH_2—R\overset{\cdot}{C}=CH \cdot$$

Es ist bei der Polymerisation des Styrols nachgewiesen, daß der Peroxydkatalysator eingebaut wird. H. Kämmerer: Dissertation, Freiburg 1941. — Siehe zur Frage der Radikalbildung auch Wieland, Meyer: Liebigs Ann. Chem. **551**, 249 (1942).

Danach entsteht bei hoher Aktivität der Peroxyde und beim Vorliegen sonstiger die Aktivierung begünstigender Momente eine große Zahl von Keimen, und es wächst gleichzeitig eine große Zahl von Molekülketten. Die Wahrscheinlichkeit des Zusammentreffens zweier Radikale ist damit groß. Es tritt Inaktivierung und Kettenabbruch ein. Die Folge ist ein niedrigmolekulares Polymerisat. Wenig Keime bedingen wenige, aber lange Reaktionsketten. Die Länge der Reaktionskette und damit die Molekülgröße des Polymerisats hängt also in erster Linie von der Zahl der startenden Ketten ab, daneben auch von den kettenabbrechenden Faktoren. Hier kommt nun der molekulare Sauerstoff selbst in Frage, der also zugleich auch als Inhibitor wirken kann, und zwar sowohl schon durch Inaktivierung des Keimes oder Inaktivierung des Kettenträgers. Die hemmende Wirkung des Luftsauerstoffs ist vor allem bei Lichtpolymerisationen beobachtet worden. Hierbei wird der Sauerstoff bereits den Keim inaktivieren. Es zeigte sich, daß Lichtpolymerisationen an Kautschuklösungen bei Abwesenheit jeder Spur von Luftsauerstoff viel rascher verlaufen[1]. Aber auch die Lichtpolymerisation von Vinylverbindungen, wie Vinylacetat[2], Acrylsäureester[3] und Vinylbromid[4], wird durch Luftsauerstoff gehemmt, während die Wärmepolymerisation gefördert werden kann[5].

Die kettenabbrechende Wirkung des Luftsauerstoffs bei der Lichtpolymerisation ist wohl so zu erklären, daß die durch die eingestrahlte Lichtenergie gebildeten, als Keime und auch als Kettenträger wirkenden C-Radikale durch Anlagerung an molekularen Sauerstoff inaktiviert werden. Zwar entstehen Peroxyde, die aber nicht genügend aktiv sind, um die Reaktion fortzuführen.

$$\text{I} \quad \cdot CH_2 - CH_2 \cdot + O_2 \rightarrow H_2C \underset{OO}{\overset{}{\diagdown \diagup}} CH_2 \quad \text{(polymer)}$$

$$\text{II} \quad 2\, X - CH_2 - CHR - CH_2 - CHR \cdot - O_2$$
$$X - CH_2 - CHR - CH_2 - CHR - OO - CHR - CH_2 - CHR - CH_2 - X.$$

Aus dem monomolekularen aktivierten Olefin müßten inaktive Äthylenperoxyde (I), aus der wachsenden Kette inaktive Dialkylperoxyde entstehen (II)[6]. Die entstehenden Peroxyde können natürlich selbst polymer sein. Bei höherer Temperatur können die aus Luftsauerstoff und Olefin gebildeten inaktiven Peroxyde infolge Zerfalls wieder in Aktion treten, daher erfolgt bei der Wärmepolymerisation in Gegenwart von Luftsauerstoff (gemischte Peroxyd-Wärme-Polymerisation) die Reaktion bei tieferer Temperatur als bei peinlichstem Ausschluß von Sauerstoff (reine Wärmepolymerisation).

Die unter Mitwirkung von Sauerstoff bedingte Polymerisation kann durch die üblichen Inhibitoren von reduktiver Wirkung weitgehend verhindert werden. Hier ist eine bemerkenswerte Beobachtung bei der Wärmepolymerisation des Styrols zu erwähnen, die durch Hydrochinon nur in Gegenwart von Sauerstoff

---

[1] Porrit: India Rubber J. 60, 116! (1920). — Pummerer, Kehlen: Ber. dtsch. chem. Ges. 66, 1110 (1933).

[2] Staudinger, Schwalbach: Liebigs Ann. Chem. 488, 33 (1931). — Taylor, Vernon: J. Amer. chem. Soc. 53, 2527 (1931).

[3] Staudinger, Kohlschütter: Ber. dtsch. chem. Ges. 64, 2091 (1931). — Melville: Proc. Roy. Soc. [London], Ser. A 163, 511 (1937); 167, 99 (1938).

[4] Staudinger, Brunner, Feist: Helv. chim. Acta 13, 823 (1930).

[5] Staudinger, Urech: Helv. chim. Acta 12, 1127 (1929).

[6] Staudinger unterscheidet zwei Formen von Peroxyden: aktive, die die Reaktion fortführen (I), und inaktive, die sie abbrechen (II).

$$\text{I} \quad \cdot \overset{|}{\underset{|}{C}} - \overset{|}{\underset{|}{C}} - OO \cdot \qquad\qquad \text{II} \quad - \overset{|}{\underset{|}{C}} - \overset{|}{\underset{|}{C}} - \atop{O - O}$$

gehemmt wird[1]. Das hemmende Agens ist Chinon, das sich hier also verhält wie Sauerstoff bei der Lichtpolymerisation. Der Schluß erscheint berechtigt, daß in den Fällen, bei denen die Polymerisation nur durch C-Radikale ohne Mitwirkung von Peroxyden eingeleitet wird, nur solche Stoffe als Inhibitoren wirken, die Radikale anlagern, also z. B. Sauerstoff und Chinon. Chinon lagert bekanntlich auch das Radikal Triphenylmethyl an[2]. Da beim Kettenwachstum C-Radikale auftreten, so wirken diese Substanzen auch als Kettenabbrecher. Wenn dagegen peroxydische Aktivatoren auftreten, wirken reduktive Inhibitoren hemmend, und zwar in der ersten Phase der Reaktion der Keimbildung. Nach J. W. Breitenbach[3] wird auch die durch Peroxyde angeregte Polymerisation durch Chinonkörper gehemmt und das mittlere Molekulargewicht der Polymerisate herabgesetzt, wobei Hydrochinone entstehen. Er schließt hieraus auf die Verantwortlichkeit eines aktivierten H-Atoms für die Polymerisation und erklärt dementsprechend die inhibierende Wirkung des Luftsauerstoffs als stabilisierende Dehydrierung.

Auch die Polymerisation zeigt wie die Autoxydation vor ihrem „Anspringen" eine Induktionszeit. Die Induktionszeit ist, wie dort gezeigt wurde, abhängig von den aktivierenden und inhibierenden Momenten. Die Sicherheit, mit der es gelingt, eine Polymerisation technisch durchzuführen, hängt im wesentlichen davon ab, mit welcher Genauigkeit und Reproduzierbarkeit es gelingt, dieses Wechselspiel der Aktivatoren, Inhibitoren und kettenabbrechenden Faktoren durch geeignete Reaktionsbedingungen zu beherrschen.

IV. Vulkanisation des Kautschuks mit Peroxyden.

Unter dem Einfluß von Peroxyden und Persäuren erleidet Kautschuk eine Umwandlung nach Art der Vulkanisation mit Schwefel[4]. Die Natur der chemischen Veränderungen, die der Kautschuk hierbei erfährt, ist noch nicht sicher geklärt. Die Zahl der Doppelbindungen soll sich bei dieser Vulkanisation nicht ändern[5]. Von anderer Seite wird sie als weitere Polymerisation aufgefaßt[6]. Zweifellos wirkt das Peroxyd ähnlich wie auch der Schwefel hier vernetzend und damit molekülvergrößernd[7]. Die Vernetzung kann durch Dehydrierung und Ausbildung von C—C-Bindungen, weitere Polymerisation der olefinischen Gruppen oder durch Einbau von Ätherbrücken erfolgen. Bei Verwendung von Benzoylperoxyd werden auch zu erheblichen Anteilen Benzoesäurereste eingebaut, wahrscheinlich in folgender Weise:

$$RH + C_6H_5 \cdot CO \cdot OO \cdot CO \cdot C_6H_5 \rightarrow R \cdot OCO \cdot C_6H_5 + C_6H_5 \cdot COOH \; [8].$$

Ein dieser Formulierung entsprechender Benzoesäureester eines Oxykautschuks ist auch bereits isoliert worden[9].

---

[1] J. W. Breitenbach, Springer, Horeischy: Ber. dtsch. chem. Ges. 71, 1438 (1938). — J. W. Breitenbach: Mh. Chem. 71, 275 (1938). — J. W. Breitenbach, Horeischy: Ber. dtsch. chem. Ges. 74, 1386 (1941).

[2] Ziegler, Orth: Ber. dtsch. chem. Ges. 65, 628 (1932).

[3] J. W. Breitenbach, H. L. Breitenbach: Ber. dtsch. chem. Ges. 75, 505 (1942).

[4] Ostromysslenski: J. russ. physik. chem. Ges. 47, 1453, 1962, 1467 (1915); India Rubber J. 52, 467 (1916); India Rubber Wld. 81 (3), 55 (1929).

[5] Fischer, Gray: Ind. Engng. Chem. 20, 294 (1928).

[6] Whitby: Colwyn Lecture, Trans. R. I 5, 184 (1929); 6, 40 (1930).

[7] van Rossem: Kautschuk 7, 202, 219 (1931).

[8] Pummerer: Kautschuk 7, 224 (1931).

[9] Bock: Kautschuk 7, 224 (1931). — In diesem Zusammenhang sei auf die zahlreichen Arbeiten über die Zersetzung von Diacylperoxyden in Gegenwart von Kohlenwasserstoffen verwiesen: Wieland, Böeseken, Hermans l. c.

Die technischen Eigenschaften der Peroxydvulkanisate befriedigen noch nicht[1]. Allerdings soll die Alterungsbeständigkeit bei Vulkanisation, die mit 0,5—1% Peroxyd hergestellt wurden, ebenso günstig sein wie bei Schwefelvulkanisation, bei denen durch Kaltvulkanisation das erste Studium nicht überschritten wurde[2].

E. Beeinflussung von Additionsreaktionen durch Peroxyde, „Peroxydeffekt".

I. Addition von HBr an Olefine[3].

Die Addition von Bromwasserstoff an Allylbromid führt bekanntlich zu einer Mischung von 1,2- und 1,3-Dibrompropan, die in ihrer Zusammensetzung aus früher noch nicht erklärlichen Gründen stark wechselte. Kharasch und Mayo[4] führen den Unterschied in der Reaktionsweise auf das Vorhandensein oder Fehlen von Sauerstoff oder Peroxyden zurück. Sie zeigten, daß bei Luftzutritt das Allylbromid jedesmal vorzugsweise in 1,3-Dibrompropan übergeht („anormale Addition"), und zwar je mehr Peroxyd das Allylbromid enthielt, um so einheitlicher verlief die Reaktion in Richtung der 1,3-Addition. Künstlich zugesetzte Peroxyde, wie Ascaridol, hatten dieselbe Wirkung.

Der dirigierende Einfluß der Peroxyde ließ sich durch Spuren von Antioxydanzien wie Hydrochinon ausschalten. Es wurde dann also nur 1,2-Dibrompropan erhalten („normale Addition"). Peroxyde zersetzende Stoffe wie $FeCl_3$ und $AlCl_3$ wirken wie Antioxydanzien.

Die beiden Additionsreaktionen haben einen verschiedenen Temperaturkoeffizienten. Der Koeffizient der durch Peroxyde begünstigten 1,3-Addition ist 1,5—2mal größer als der der 1,2-Addition. Bei sehr tiefer Temperatur kann daher der Peroxydeffekt aufgehoben werden. Ähnlich wie Peroxyde kann auch Licht wirken.

In zahlreichen weiteren Arbeiten wurde das Material über den Peroxydeffekt noch außerordentlich erweitert. Vinylbromid liefert ohne jede Spur Peroxyd bzw. bei Gegenwart von Antioxydans ausschließlich 1,1-Dibromäthan („normale Addition"), dagegen mit Peroxyd nur 1,2-Dibromäthan („anormale Addition")[5], reines Propylen ohne Peroxyde — auch in Gegenwart von Luft, da Propylen nicht autoxydabel ist — Isopropylbromid, mit Benzoylperoxyd oder Ascaridol nur n-Propylbromid[5]. Vinylchlorid liefert in Gegenwart von Peroxyd Äthylenchlorobromid $CH_2Br \cdot CH_2Cl$[6], 1-Butylen nur n-Butylbromid[7]. 1-Butylen liefert ohne oder mit Luftsauerstoff sekundäres Butylbromid, d. h. also hier genügt Luft nicht, um die anormale Addition einzuleiten.

---

[1] Siehe Anm. 7, S. 159.

[2] Minatoya, Andô: Chem. Zbl. **1939 II**, 2172; Rubber Chem. Technol. **12**, 292 bis 297 (1939); Chem. Zbl. **1940 I**, 2723; **1940 II**, 1372.

[3] Die erste Beobachtung, daß die Regel von Markownikoff [Liebigs Ann. Chem. **153**, 256 (1870)] nicht gilt, geht auf Bauer [Amer. P. 1 540 748 (1925); Brit. chem. Abstr., B **1925**, 692] zurück, der feststellte, daß $CH_2{=}CHBr + HBr$ unter dem Einfluß gewisser oxydierender Stoffe $CH_2Br \cdot CH_2Br$ bildet. Ferner sei noch die Beobachtung von Urushibara und Robinson erwähnt, wonach Undecylensäure mit oder ohne Luftzutritt eine verschiedenartige HBr-Addition zeigt [Chem. and Ind. **11**, 219 (1933)].   [4] J. Amer. chem. Soc. **55**, 2468 (1933); Chem. Zbl. **1933 II**, 850.

[5] Kharasch, Nab, Mayo: J. Amer. chem. Soc. **55**, 2521 (1933); Chem. Zbl. **1933 II**, 852.

[6] Kharasch, Hannum: J. Amer. chem. Soc. **56**, 712 (1934); Chem. Zbl. **1934 II**, 217. — Vgl. Wibaut, van Dalfsen: Chem. Zbl. **1932 II**, 2443.

[7] Kharasch, Hinckley: J. Amer. chem. Soc. **56**, 1212 (1934); Chem. Zbl. **1934 II**, 588.

Auch beim Isobutylen ist eine ziemlich starke Peroxydeinwirkung nötig, um bis 80 % anormale Addition hervorzurufen (Isobutylbromid)[1]. Hierbei ergab sich auch deutlich ein Einfluß des Lösungsmittels. Bei sehr peroxydempfindlichen Systemen ist der Einfluß des Lösungsmittels, des Lichtes und der Temperatur sehr stark, die peroxydunempfindlichen Reaktionen sind auch gegen sonstige Einflüsse viel unempfindlicher[2].

Der Peroxydeffekt beschränkt sich bei den Halogenwasserstoffsäuren auf die Addition der Bromwasserstoffsäure. Salzsäure läßt sich nur mit Hilfe von Metallsalzen an Olefine anlagern, diese zerstören aber die Peroxyde. Auch HJ zerstört alle Peroxyde. Darum treten hier auch stets die „normalen" Additionsprodukte auf[3].

Es hat nicht an Autoren gefehlt, die die Existenz des von KHARASCH gefundenen Peroxydeffekts bestritten. So sollte z. B. die Bildung von 1 Brompenten nicht dem Peroxydeffekt unterliegen[4], ebenso auch die Addition von HBr an 4,4-Dimethylpenten-1 nicht[5]. KHARASCH widerlegte diese Behauptungen durch erneute Versuche am Propylen und Penten[6]. Zweifellos hat der Lösungszustand und das Lösungsmittel selbst in vielen Fällen einen Einfluß auf die Richtung der Addition, was auch aus theoretischen Gründen zu erwarten ist. Der Lösungsmitteleinfluß erscheint zuweilen stärker als der Einfluß von Sauerstoff oder Peroxyden[7]. In vielen Fällen werden sich die Wirkungen der Faktoren Lösungsmittel und Peroxyd überlagern. Es kann aber durch die dirigierende Wirkung von bestimmten Gruppen so stark sein, z. B. bei Nachbarschaft einer COOH-Gruppe zur Doppelbindung, daß diese durch Peroxyde nicht aufgehoben werden kann[8]. Der Einfluß der COOH-Gruppe wird mit wachsender Entfernung der Olefingruppe immer geringer[9]. Diese Carbonsäuren reagieren mit Peroxyden dann hauptsächlich „anormal" unter Bildung der primären Bromide[10], wie z. B. die Undecylensäure.

Schließlich hat nicht nur das Lösungsmittel einen dirigierenden Einfluß, auch andere Katalysatoren, z. B. feinverteiltes Nickel und Eisen sollen wie Peroxyde wirken. URUSHIBARA und TAKEBAYASHI führen das auf die große magnetische Suspectibilität dieser Elemente zurück und behaupten zugleich, daß

---

[1] KHARASCH, HINCKLEY: J. Amer. chem. Soc. **56**, 1243 (1934); Chem. Zbl. **1934 II**, 588.

[2] Für alle diese Beobachtungen wird von MICHAEL eine recht anschauliche Erklärung gegeben; siehe am Schluß des Abschnitts.

[3] KHARASCH, HANNUM: J. Amer. chem. Soc. **56**, 1782 (1934); Chem. Zbl. **1939 II**, 2819. — KHARASCH, KLEIGER, MAYO: J. org. Chemistry **4**, 428 (1939); Chem. Zbl. **1940 II**, 471. — KHARASCH, NORTON, MAYO: J. Amer. chem. Soc. **62**, 81 (1940); Chem. Zbl. **1940 II**, 473.

[4] SHERILL, MAYER, WALTER: J. Amer. chem. Soc. **56**, 926, 1645 (1934); Chem. Zbl. **1934 II**, 38, 2205.

[5] WHITEMORE, HOMEYER: J. Amer. chem. Soc. **55**, 4555 (1933); Chem. Zbl. **1934 I**, 527.

[6] KHARASCH, NAB: J. Amer. chem. Soc. **56**, 1425 (1934); Chem. Zbl. **1934 II**, 1909.

[7] KHARASCH, POTTS [J. Amer. chem. Soc. **58**, 57 (1936); Chem. Zbl. **1936 II**, 450)] bestreiten allerdings den Einfluß des Lösungsmittels; dieses soll nur eine Wirkung auf die Reaktionsgeschwindigkeit haben, nicht auf die Lenkung der Addition, so daß also das Lösungsmittel nur scheinbar lenkend wirkt, indem es entweder die normale oder anormale Addition begünstigt. — Siehe dagegen die Arbeiten URUSHIBARAS: l. c.; ferner MICHAEL, WEINER: J. org. Chemistry **4**, 531 (1939); Chem. Zbl. **1940 I**, 2623. — J. C. SMITH: Chem. and Ind. **56**, 833 (1937); Chem. Zbl. **1938 I**, 3028.

[8] LINSTEAD, RYDON: Nature [London] **132**, 643 (1933); Chem. Zbl. **139 I**, 1472. — KHARASCH: J. org. Chemistry **2**, 289 (1937); Chem. Zbl. **1934 II**, 2819.

[9] ASHTON, SMITH: J. chem. Soc. [London] **1934**, 435; Chem. Zbl. **1934 II**, 927.

[10] SMITH: Chem. and Ind. **15**, 833 (1937); Nature [London] **132**, 447 (1933); Chem. Zbl. **1934 I**, 1471.

nicht Peroxyde, sondern nur der molekulare Sauerstoff, der durch Spaltung daraus entsteht, wirksam sei[1]. Für letztere Annahme fehlen aber noch die Beweise. Bezüglich der Wirkung von Fe$\cdots$-Salzen meint Kharasch, daß diese die normale Additionsreaktion beschleunigen, ohne sie zu lenken. Sie wirken in derselben Richtung wie Antioxydanzien, die die anormale hindern[2].

Auch die Addition von HBr an Verbindungen mit konjugierten Doppelbindungen wird durch Peroxyde eindeutig beeinflußt. In Abwesenheit von Sauerstoff entsteht aus Butadien bis zu 90% 2-Brom-2-buten (1,2-Addition), sonst in derselben Ausbeute 1-Brom-2-buten CH_2Br—CH=CH—CH_3[3]. Letzteres scheint allerdings durch Umlagerung aus CH_2—$CHBr$—CH=CH_2 durch HBr unter dem Einfluß von Peroxyd zu entstehen[4].

An zahlreichen anderen Olefinen wurden Studien über den Peroxydeffekt gemacht, und fast immer zeigte sich anormale Addition, abgesehen von ganz bestimmten Ausnahmen[5].

II. Mitwirkung von Peroxyden bei verschiedenen Additionsreaktionen.

Die reaktionsbeeinflussende Wirkung der Peroxyde erstreckt sich auch auf andere Addenden als HBr. Bekanntlich reagiert Br_2 mit gewissen Kohlenwasserstoffen, z. B. Phenanthren, im Dunkeln sehr langsam oder gar nicht. Bei Lichtzutritt erfolgt, besonders bei Gegenwart geringer Mengen von Sauerstoff, rasch Addition, die bei völligem Fehlen von O_2 unterbleibt. Durch Peroxyde, z. B. Benzoylperoxyd, kann die Addition im Dunkeln eingeleitet werden[6]. Peroxyde beschleunigen je nach ihrer Aktivität die Dunkelreaktion. Dies alles deutet darauf hin, daß Peroxyde häufig bei der Br_2-Addition als Beschleuniger mitwirken können. Es sind aber auch viele Fälle bekannt, wo sie die Addition hindern.

Auch die Addition von Thioglykolsäure an Styrol und Isobutylen wird durch Peroxyde katalysiert[7]. Hydrochinon verhindert die Addition. Desgleichen wird auch die Addition von Bisulfit an Olefine durch Peroxyde beschleunigt und durch Hydrochinon verhindert[8]. Schließlich sei auch noch erwähnt, daß Olefine mit SO_2 unter dem Einfluß von Peroxyden Polysulfone bilden können.

$$-CH-CH_2-SO_2-CH_2-CH-SO_2 \;^9$$
$$\quad\;\; |\qquad\qquad\qquad\quad\;\; |$$
$$\quad\;\; R\qquad\qquad\qquad\quad\;\; R$$

[1] Bull. chem. Soc. Japan 11, 692, 754, 798 (1936); 12, 51, 138, 173 (1937); Chem. Zbl. 1938 I, 3453, 3454, 3455; Bull. chem. Soc. Japan. 12, 507 (1937); Chem. Zbl. 1939 I, 3145.

[2] Kharasch, Kleiger, Mayo: J. org. Chemistry 4, 428 (1939); Chem. Zbl. 1940 II, 473.

[3] Kharasch, Margolis, Mayo: J. Soc. chem. Ind., Chem. & Ind. 55, 663 (1936); Chem. Zbl. 1937 I, 1123.

[4] Kharasch, Margolis, Mayo: J. org. Chemistry 1, 393 (1936); Chem. Zbl. 1937 I, 4921. — Young, Winstein: Chem. Zbl. 1936 I, 1848.

[5] Zum Beispiel Walling, Kharasch, Mayo: J. Amer. chem. Soc. 61, 2693 (1939); Chem. Zbl. 1940 II, 472; J. Amer. chem. Soc. 61, 1711 (1939); Chem. Zbl. 1939 II, 3047. — Kharasch, Norton, Mayo: J. org. Chemistry 3, 48 (1938); Chem. Zbl. 1939 I, 4451. — Kharasch, Mansfield, Mayo: Chem. Zbl. 1938 II, 3227. — Urushibara, Simamura: Ebenda 1939 I, 3145.

[6] Kharasch, White, Mayo: J. org. Chemistry 2, 574 (1938); Chem. Zbl. 1939 I, 3145. — Price: J. Amer. chem. Soc. 58, 1834, 2101 (1936); 60, 2837 (1938).

[7] Kharasch, Read, Mayo: Chem. and Ind. 57, 152 (1938); Chem. Zbl. 1939 I, 619.

[8] Kharasch, May, Mayo: Chem. and Ind. 57, 774 (1938); Chem. Zbl. 1939 I, 619, 4450.

[9] Marvel, Sharkey: J. Amer. chem. Soc. 61, 1603 (1939); Chem. Zbl. 1939 II, 3687.

Diese Reaktion erinnert an die Bildung der Polyäthylenperoxyde aus z. B. asymmetrischem Diphenyläthylen und O_2[1]. Vinylchlorid und Vinylbromid geben nur unter dem Einfluß der hochaktiven Benzopersäure Sulfone unbekannter Konstitution[2].

III. Theoretische Deutung des Peroxydeffekts.

Bei einem Vorgang, bei dem Spuren von Katalysatoren unter Auslösung von Kettenreaktionen wirksam sind, ist es verständlich, daß die Ergebnisse häufig widersprechend und nicht immer reproduzierbar sind, und daß manche ältere Beobachtung in neueren Untersuchungen ihre Bestätigung nicht findet. Es haben sich folgende Regelmäßigkeiten ergeben[3]: Die anormale Addition erfolgt im allgemeinen bei allen Äthylenverbindungen, nicht jedoch, wenn durch symmetrische Substitution nur eine sehr geringe Polarität der Doppelbindung erreicht ist[4], also z. B. bei Verbindungen des Typs $CH_3 \cdot CH{=}CH \cdot R$ [5], bei denen die Doppelbindung nicht endständig ist. Die anormale Addition tritt auch nicht ein, wenn Konjugation mit C=O-Gruppen oder Carboxylgruppen besteht[6]. Schließlich kann die anormale Addition auch durch eine sehr rasch verlaufende normale kaschiert sein.

Bei der Lenkung von Additionsreaktionen durch Sauerstoff und Peroxyde liegt ein Kettenmechanismus vor; denn ein Molekül Sauerstoff vermag beispielsweise die anormale Addition von 3000 HBr-Molekülen an Allylbromid einzuleiten. Die Annahme einer Kettenreaktion erklärt auch die große Geschwindigkeit der anormalen Reaktion auch bei niedrigen Konzentrationen sowie die Tatsache der Hemmung durch Spuren von Antioxydanzien[7]. Es ist ziemlich sichergestellt, daß bei dieser Kettenreaktion Bromatome auftreten, die durch Peroxyde oder Sauerstoff entstehen. Nach KHARASCH soll das Bromatom das Kohlenstoffatom angreifen, das die höhere Elektronendichte besitzt[8]. Bei Vinylbromid würde dadurch ein Dibromäthylradikal entstehen, welches mit HBr unter Abspaltung eines Br-Atoms zum „anormalen" Additionsprodukt Äthylenbromid reagiert. Folgendes Formelbild mag dies veranschaulichen:

$$HBr + O_2 \text{ (oder Peroxyd)} \rightarrow HOO \cdot + \dot{B}r$$
$$Br{-}CH{=}CH_2 + \dot{B}r \rightarrow Br{-}\dot{C}H{-}CH_2Br$$
$$Br{-}\dot{C}H{-}CH_2Br + HBr \rightarrow Br\dot{C}H_2{-}CH_2Br + \dot{B}r \text{ [9].}$$

Die Beobachtung, daß die abnormale Addition auch mit reduzierenden Substanzen wie Eisen und Nickel hervorgerufen werden kann, wird besonders gegen die Bromatomtheorie ins Feld geführt.

---

[1] STAUDINGER: Ber. dtsch. chem. Ges. **58**, 1075 (1925).

[2] MARVEL, GLAVIS: J. Amer. chem. Soc. **60**, 2622 (1938); Chem. Zbl. **1939 II**, 370.

[3] WALLING, KHARASCH, MAYO: J. Amer. chem. Soc. **61**, 1711 (1939); Chem. Zbl. **1939 II**, 3047.

[4] WALLING, KHARASCH, MAYO: J. Amer. chem. Soc. **61**, 1559, 2693 (1939); Chem. Zbl. **1939 II**, 2041; **1940 II**, 472.

[5] HARRIS, SMITH: J. chem. Soc. [London] **1935**, 1108; Chem. Zbl. **1936 I**, 44. — ABRAHAM, MOWAT, SMITH: J. chem. Soc. [London] **1937**, 948; Chem. Zbl. **1937 II**, 2339. — GRIMSHAW, GUY, SMITH: J. chem. Soc. [London] **1940**, 68; Chem. Zbl. **1940 II**, 1273.

[6] KHARASCH, WALLING, MAYO: J. Amer. chem. Soc. **61**, 2693 (1939); Chem. Zbl. **1940 II**, 472.

[7] URUSHIBARA, TAKEBAYASHI: Bull. chem. Soc. Japan **12**, 173 (1937).

[8] KHARASCH, ENGELMANN, MAYO: J. org. Chemistry **2**. 288 (1937); Chem. Zbl. **1938 I**, 2701.

[9] Zur Frage der Bromatomtheorie siehe auch URUSHIBARA, SIMAMURA: Bull. chem. Soc. Japan **14**, 323 (1939); Chem. Zbl. **1940 II**, 1851. — MICHAEL: J. org. Chemistry **4**, 519 (1939); Chem. Zbl. **1940 I**, 2623. — BOCKEMÜLLER, PFEUFFER: Liebigs Ann. Chem. **537**, 178 (1939).

Auch andere Theorien, die von der Annahme ausgehen, daß der Sauerstoff sich labil bevorzugt an ein C-Atom der Doppelbindung anlagert, sind entwickelt worden[1], aufbauend auf der Beobachtung, daß Olefine O_2 in loser Additionsverbindung aufnehmen können[2].

Eine anschauliche Erklärung für die Umkehr der Additionsreaktion gibt Michael[3]. Sie soll hier kurz wiedergegeben werden.

Die Energieabnahme, die bei der Addition eintritt, ist bei den verschiedenen Isomeren verschieden. Normalerweise bildet sich in der Hauptsache das Isomere, das den größten Energieabfall bedingt. Ist nun die Differenz der Energieabnahmen, die bei der Bildung der isomeren Anlagerungsprodukte auftreten, nicht groß, so vermögen geringe Mengen eines Katalysators die Affinitätsverhältnisse der doppelt gebundenen C-Atome so zu beeinflussen, daß das Isomere bevorzugt entsteht, welches normalerweise zum geringeren Energieabfall führen würde („anormale Addition"). Dies wird durch Bildung einer Doppelverbindung zwischen Sauerstoff und Olefin erreicht („Polymolekül"), wobei sich O_2 an das mittlere, relativ positive ungesättigte C-Atom anlagert, das dadurch relativ negativ wird[4]. Dadurch werden die Affinitäten der C-Atome zum Br- und H-Atom des HBr umgekehrt. Ist die Differenz groß, so genügt Sauerstoff nicht mehr, und es sind oft erhebliche Mengen von Peroxyden notwendig, um die anormale Addition herbeizuführen. Bei sehr großer Differenz tritt sie überhaupt nicht ein. Letzterer Fall liegt bei der Crotonsäure und Acrylsäure vor, die nicht etwa wegen Fehlens der endständigen Doppelbindung, sondern infolge Nachbarschaft der Carboxylgruppe und des damit bedingten großen Unterschiedes im elektrischen Charakter der α- und β-C-Atome dem Peroxydeffekt nicht unterliegen. So ist es auch zu erklären, daß 1-Buten leicht anormal reagiert, Isobutylen dagegen schwer; denn der Unterschied im Energiegefälle bei der Bildung von 2-Brombutan und 1-Brombutan ist klein, dagegen zwischen 1-Bromisobutan und 2-Bromisobutan (tertiär gebundenes Br-Atom) ist er groß. Daher genügt bei 1-Buten Sauerstoff, bei Isobutylen ist ein Peroxyd wie Ascaridol nötig. Aus denselben Gründen ist auch beim Styrol der Peroxydeinfluß nicht deutlich ausgeprägt[5]. Viele andere Beobachtungen finden durch die Theorie zwanglos ihre Erklärung, so z. B. die Addition von HBr an Vinylacetylen und an die als Zwischenstufen auftretenden Vinylbromide[6] und die sehr verwickelten Vorgänge bei der Addition von unterchloriger Säure, die gleichsam auf die eigene Addition ihren „Peroxydeffekt" ausübt[7].

Der Einfluß des Lösungsmittels wird so erklärt, daß Doppelmoleküle von Lösungsmittel und HBr entstehen, die sich je nach ihrem Ladungscharakter an das gegenüber dem Doppelmolekül positivere oder negativere C-Atom anlagern.

Hier ist auf eine bemerkenswerte Tatsache hinzuweisen: Wie bei der Polymerisation vermag der molekulare Sauerstoff auch bei den Additionsreaktionen als Aktivator eine Kettenreaktion einzuleiten. In vielen Fällen aber — und das gilt besonders für die Addition der Halogene Br_2 und Cl_2 — wirkt er ketten-

---

[1] Winstein, Lucas: J. Amer. chem. Soc. **60**, 843 (1938). — Conn, Kistiakowsky, Smith: Ebenda **60**, 2770 (1938). — Die Anschauung von Winstein und Lucas wird von Kharasch und auch von Michael (l. c.) nicht geteilt.

[2] Keffler, McLean: J. Soc. chem. Ind. **54**, 362 (1935).

[3] J. org. Chemistry **4**, 519 (1939).

[4] Siehe dazu auch Conn, Kistiakowsky, Smith: l. c.

[5] Über den dirigierenden Einfluß der Substituenten am Benzolring siehe J. C. Smith: Chem. and Ind. **57**, 461 (1938); Chem. Zbl. **1938 II**, 4205; daselbst auch Übersicht über die Ursachen der Additionslenkung.

[6] Kharasch, McNab, McNab: J. Amer. chem. Soc. **57**, 2463 (1935).

[7] Michael: l. c.

abbrechend und damit reaktionshindernd, offenbar indem er die kettentragenden C-Radikale abfängt. Dieser anscheinende Widerspruch ist noch nicht geklärt. Vielleicht ist es doch so, daß nur dann eine positive Katalyse mit O_2 eintritt, wenn eine Peroxydbildung (eventuell aus O_2 und Olefin) vorausgeht, so daß also nur der peroxydisch gebundene oder aus einem Peroxyd durch Zersetzung entbundene Sauerstoff zur Bildung von C-Radikalen und damit zum Start der Reaktion Veranlassung geben kann. Der molekulare Sauerstoff dagegen würde dann nur als Kettenabbrecher wirken. Damit wäre auch eine Übereinstimmung mit dem Verhalten von Peroxyden und Sauerstoff bei den Polymerisationsvorgängen hergestellt.

F. Beeinflussung von Substitutionsreaktionen durch Peroxyde.

Peroxyde vermögen auch die Substitution von aromatisch und aliphatisch gebundenen Wasserstoffatomen zu beeinflussen. So wird z. B. die Seitenkettenbromierung beim Toluol durch Peroxyde begünstigt[1]. Auch die Chlorierung des Toluols mittels SO_2Cl_2 wird durch Peroxyde begünstigt sowie die Chlorierung anderer gesättigter aliphatischer Kohlenwasserstoffe und Halogenalkyle[2]. Bei den Aliphaten werden dabei sekundäre Wasserstoffatome leichter ersetzt als primäre, und ein zweites Cl-Atom wandert vom ersten möglichst weit weg. Auch Bromierungen aromatischer Kerne können durch Peroxyde erleichtert werden[3]. Die Seitenkettenhalogenierung soll durch Peroxyde besser und eindeutiger begünstigt werden als durch andere bekannte Faktoren wie Licht und Wärme[4].

Ferner sei noch die Bromierung von Cyclopropan unter Ringsprengung erwähnt[5]. Die Reaktion mit Br_2 wird durch Sauerstoff oder Peroxyde mit Licht kombiniert stark beschleunigt, bei der Reaktion mit HBr wirken Sauerstoff und Peroxyde allein beschleunigend.

Schließlich werden auch Carbonsäuren und Säurechloride, mit denen SO_2Cl_2 sonst nicht leicht reagiert, unter dem Einfluß von Peroxyden glatt chloriert, ausgenommen Essigsäure und Acetylchlorid[6]. Das α-Kohlenstoffatom ist offenbar durch die benachbarte Carboxylgruppe inaktiviert.

Bei all diesen Reaktionen wird die Wirkung der Peroxyde darauf beruhen, daß unter ihrem Einfluß Halogenatome gebildet werden, die eine Kettenreaktion in Gang bringen:

$$R\text{—}CH_3 + Br \cdot \rightarrow R\text{—}CH_2 \cdot + HBr$$
$$R\text{—}CH_2\text{—} + Br_2 \rightarrow R \cdot CH_2Br + Br \cdot .$$

Damit wirken die Peroxyde ähnlich wie Licht.

Auch bei der KOLBESCHEN Synthese zur Herstellung von Oxycarbonsäuren sollen Peroxyde eine Rolle spielen[7].

---

[1] ANDRICH, LE BLANC: Z. wiss. Photogr., Photophysik, Photochem. **15**, 148 (1916). — HANNON, KENNER: J. chem. Soc. [London] **1934**, 138.

[2] KHARASCH. BROWN: J. Amer. chem. Soc. **61**, 2142 (1939); Chem. Zbl. **1939 II**, 3047.

[3] KHARASCH, MARGOLIS, WHITE, MAYO: J. Amer. chem. Soc. **59**, 1405 (1937); Chem. Zbl. **1937 II**, 1982. — KHARASCH, WHITE, MAYO: J. org. Chemistry **2**, 574 (1938); Chem. Zbl. **1939 I**, 3145.

[4] KHARASCH, MARGOLIS, WHITE, MAYO: J. Amer. chem. Soc. **59**, 1405 (1937); Chem. Zbl. **1937 II**, 1982.

[5] KHARASCH, FINEMANN, MAYO: J. Amer. chem. Soc. **61**, 2139 (1939); Chem. Zbl. **1939 II**, 3047.

[6] KHARASCH, BROWN: J. Amer. chem. Soc. **62**, 925 (1940); Chem. Zbl. **1940 II**, 329.

[7] FICHTER, ZUMBRUNN: Helv. chim. Acta **10**, 869 (1927); Chem. Zbl. **1928 I**, 1755. — HALLIE: Recueil Trav. chim. Pays-Bas **57**, 152 (1938); Chem. Zbl. **1938 I**, 3438.

G. Peroxyde als Beschleuniger bei verschiedenen Umlagerungen.

Die Umlagerung von α-Bromacetessigester in den γ-Bromacetessigester, die im Vakuum und im Dunkeln langsam verläuft, erfährt eine Beschleunigung durch Sauerstoff und Peroxyde[1]. Dasselbe gilt auch für die Disproportionierung von Aldehyden (CANNIZZAROsche Reaktion), die durch Peroxyde auch im Dunkeln sehr beschleunigt wird[2]. Dabei könnten Aldehydperoxyde wirksam sein. Danach müßte die CANNIZZAROsche Reaktion ebenfalls einem Kettenmechanismus unterliegen, was übrigens schon von HABER und WILLSTÄTTER vermutet wurde[3], die annahmen, daß sie durch Schwermetallionen katalysiert wird. Bei Abwesenheit von Sauerstoff und Peroxyden findet auch in Gegenwart von Fe··· keine Disproportionierung statt[4].

Schließlich können auch Umlagerungen ungesättigter Verbindungen durch Peroxyde eingeleitet werden, wie die Isomerisation von Isostilben zu Stilben[5] und die Umlagerung von allo-Zimtsäuremethylester zu Zimtsäuremethylester durch HBr und Sauerstoff[6]. Die Umlagerung kann unter diesen Bedingungen durch Antioxydanzien verhindert werden.

H. Sauerstoff und Peroxyde als Inhibitoren bei Additions- und Substitutionsreaktionen.

Die Substitution und Addition durch Halogene verläuft zumeist als eine Kettenreaktion[7]. Sauerstoff vermag hier als Kettenabbrecher zu wirken. Bei dieser Kettenabbruchreaktion treten Peroxyde auf, die erstmalig bei der Einwirkung von Chlor auf Chloroform in Gegenwart von Sauerstoff nachgewiesen wurden[8]. Aber auch bei Additionen, z. B. der von Cl_2 an Trichloräthylen und Tetrachloräthylen im Licht, die beim Tetrachloräthylen in Lösung wie im Gaszustand zur Bildung erheblicher Anteile von Trichloracetylchlorid führt[9], können Peroxyde als Zwischenstufen angenommen werden[7].

Beim Trichloräthylen ist es lange bekannt, daß es an der Luft „säuert"[10]. Dabei bildet sich auch Dichloracetylchlorid neben HCl. Im Licht mit Chlor und Sauerstoff in der Gasphase erleidet es glatt eine induzierte Oxydation zu Dichloracetylchlorid[11]. Solche durch belichtetes Chlor sensibilisierte Oxydationen treten bei vielen Verbindungen auf[7]. Die photochemisch durch Chlor sensibili-

[1] KHARASCH, STERNFELD, MAYO: J. Amer. chem. Soc. **59**, 1655 (1937); Chem. Zbl. **1938 I**, 2701.

[2] KHARASCH, FOY: J. Amer. chem. Soc. **57**, 1510 (1935); Chem. Zbl. **1936 I**, 40. — URUSHIBARA, TAKEBAYASHI: Bull. chem. Soc. Japan **12**, 328 (1937). — URUSHIBARA: Ebenda **12**, 328 (1937); Chem. Zbl. **1938 II**, 1754.

[3] Ber. dtsch. chem. Ges. **64**, 2844 (1931).

[4] KHARASCH, FOY: l. c.

[5] KHARASCH, MANSFIELD, MAYO: J. Amer. chem. Soc. **59**, 1155 (1937). — URUSHIBARA, SIMAMURA: Bull. chem. Soc. Japan **12**, 507 (1937); **13**, 566 (1938).

[6] SIMAMURA: Bull. chem. Soc. Japan **14**, 294 (1939).

[7] Zusammenfassung SCHUMACHER: Angew. Chem. **49**, 613 (1936); dortselbst weitere Literatur; ferner daselbst **53**, 50 (1940).

[8] CHAPMAN: J. Amer. chem. Soc. **56**, 818 (1934); **57**, 419 (1935). — Siehe dazu auch SCHUMACHER, WOLFF: Z. physik. Chem., Abt. B **26**, 453 (1934).

[9] DICKINSON, LEERMAKERS: J. Amer. chem. Soc. **54**, 3852, 4648 (1932). — DICKINSON, CARRICO: Ebenda **56**, 1473 (1934).

[10] ERDMANN: J. prakt. Chem. **85**, 78.

[11] SCHUMACHER: Z. physik. Chem., Abt. B **37**, 365 (1937). — Siehe auch E. P. 523555, JCJ.

sierten Oxydationen verlaufen über Peroxyde als Zwischenstufen. Ohne Licht wird übrigens aus Trichloräthylen Trichloräthylenoxyd und Dichloracetylchlorid erhalten[1].

SCHUMACHER und Mitarbeiter konnten in sehr genauen Untersuchungen zeigen, daß Substitution und Addition von Halogen im Licht durch geringe Spuren von Sauerstoff völlig inhibiert wird, z. B. die Addition von Cl_2 an Trichloräthylen. Die photochemische Addition von Halogen ist eine Kettenreaktion, bei der durch Einwirkung von Chloratomen auf das Olefin C-Radikale entstehen und die sich über Chloratome fortpflanzt, z. B.

$$Cl_2 + h_\nu = Cl \cdot + Cl \cdot$$

$$Cl \cdot + Cl_2C{=}CClH \rightarrow Cl_2\overset{\cdot}{C}{-}\underset{Cl}{C}ClH$$

$$Cl_2\overset{\cdot}{C}{-}CCl_2H + Cl_2 \rightarrow Cl_3C{-}CCl_2H + Cl \cdot$$

Ist nun Sauerstoff zugegen, so reagiert die radikalartige Zwischenstufe mit diesem unter Bildung eines Peroxyds, und die Reaktionskette kommt zum Abbruch[2]:

$$Cl_2\overset{\cdot}{C}{-}CHCl_2 + O_2 \rightarrow Cl_2C{-}CHCl_2 .$$
$$\underset{\underset{\overset{|}{O}}{\overset{|}{O} \cdot}}{}$$

Das Peroxyd könnte unter Abspaltung von ClO in Dichloracetylchlorid übergehen oder mit einem Molekül Trichloräthylen reagieren:

$$Cl_2C{-}CHCl_2 + Cl_2C{=}CHCl \rightarrow 2\,HCCl_2{-}COCl + Cl \cdot$$
$$\underset{\underset{\overset{|}{O} \cdot}{\overset{|}{O}}}{}$$

Bei Abspaltung von ClO sowohl als auch von Cl würde bei Gegenwart von O_2 eine neue Kettenreaktion in Gang gesetzt werden. Die Additionskette geht dann in eine „Oxydationskette" über. Zum Kettenabbruch kommt es aber, wenn beispielsweise ein peroxydisches Radikal ein C-Radikal anlagert:

$$Cl_2C{-}CHCl_2 + Cl_2\overset{\cdot}{C}{-}CHCl_2 \rightarrow Cl_2C{-}CHCl_2$$
$$\underset{\overset{\textstyle|}{O}}{} \qquad\qquad\qquad \underset{\overset{\textstyle|}{O}}{}$$

Die entstehenden Peroxyde sind aber bei oben beschriebener Reaktion nicht identifiziert worden. Dagegen gelang es BOCKEMÜLLER und PFEUFFER[3] bei der Br_2-Addition an Allylbromid in Gegenwart von Sauerstoff ein entsprechendes Peroxyd zu fassen. Hier wurde die Bromaddition durch O_2 nicht verhindert, aber die beiden Reaktionen Br_2- und O_2-Aufnahme traten in Konkurrenz miteinander. Die O_2-Aufnahme ist an die Bromierung gekoppelt. Sie trat nur ein, wenn die Br_2-Addition begonnen hatte, ein Beweis dafür, daß erst im Laufe des Bromierungsprozesses sauerstoffempfindliche C-Radikale gebildet sein mußten, ehe die Peroxydbildung beginnen konnte. Hierbei war eine starke Abhängigkeit

---

[1] F. P. 706320, Consortium f. elektrochem. Ind.

[2] Auch die Bromaddition an Cyclopentadien und Dicyclopentadien wird in ähnlicher Weise durch Peroxyde gestört, G. R. SCHULTZE: J. Amer. chem. Soc. 56, 1552 (1934); Chem. Zbl. 1934 II, 2067.

[3] Liebigs Ann. Chem. 537, 178 (1939).

der O_2-Aufnahme vom Lösungsmittel auffällig. Die Bromierungsreaktion und das Abfangen des Radikals durch O_2 ist folgendermaßen zu veranschaulichen:

$$Br\cdot + H_2C{=}CH{-}CH_2Br \rightarrow BrH_2C{-}\overset{\cdot}{C}H{-}CH_2Br$$

$$Br\overset{\cdot}{C}H_2{-}C{-}\overset{\cdot}{C}H_2Br + Br_2 \rightarrow BrCH_2{-}CHBr{-}CH_2Br + Br\cdot$$

$$2\,\overset{\cdot}{C}H_2Br{-}CH{-}CH_2\overset{\cdot}{C}r + O_2 \rightarrow \begin{matrix} CH_2Br & CH_2Br \\ | & | \\ HC{-}OO{-}CH \\ | & | \\ \overset{\cdot}{C}H_2Br & \overset{\cdot}{C}H_2Br \end{matrix}$$

Zwar ist nicht anzunehmen, daß dieses Reaktionsschema allgemein gültig ist, es bildet aber ein schönes Modell für viele Fälle.

Auch Substitutionen können, wie erwähnt, durch Sauerstoff und Peroxyde gehemmt werden. Spuren von Benzopersäure hindern z. B. die Br_2-Substitution beim Aceton und Acetessigester[1]. Die Hemmung kann auf der Beseitigung der für die Reaktion notwendigen geringen Mengen von HBr durch Oxydation beruhen, oder auch hier kommt eine Kettenreaktion zum Abreißen, bei der neben Br-Atomen freie C-Radikale als Kettenträger auftreten. Ganz anders ist der Verlauf bei der Chlorierung von Olefinen, z. B. Dichloräthylen mit SO_2Cl_2. Die Reaktion, die sonst einer langen Induktionsperiode unterliegt, kommt durch Peroxyde und Sauerstoff sofort energisch in Gang. Auch hier liegt ein Kettenmechanismus vor[2].

Es besteht wohl kein Zweifel darüber, daß die zugleich aktivierenden und inhibierenden Wirkungen des Sauerstoffs und der Peroxyde bei Polymerisationen, Additions- und Substitutionsreaktionen in einer noch nicht geklärten nahen Beziehung zueinander stehen. Der zukünftigen Forschung wird es sicher noch weiterhin gelingen, diese gemeinsamen Grundlagen aufzufinden und diesen Vorgängen eine einheitliche theoretische Deutung zu geben.

J. Oxydationsschutzstoffe, Polymerisationsverhinderer und Inhibitoren[3].

Aus der Tatsache, daß Verbindungen derselben Körperklasse sowohl die Oxydation als auch Verharzung und Polymerisation hintanhalten, sowie auch den Peroxydeffekt bei Additions- und Substitutionsreaktionen hindern, also Vorgänge inhibieren, die alle, wie gezeigt, als Folgereaktionen der Peroxydeinwirkung zu betrachten sind, geht die Ähnlichkeit des Mechanismus der Schutzwirkung hervor. Die Einwirkung dieser Inhibitoren kann bei so verschiedenen Reaktionen nur auf einen Reaktionspartner erfolgen, der ihnen allen gemeinsam ist, vielleicht auf den peroxydischen Aktivator. Rückschauend kann aus dem bisher vorliegenden Versuchsmaterial geschlossen werden, daß weniger die organischen Peroxyde selbst als vielmehr ihre angeregten aktiven, wahrscheinlich radikalartigen Formen die so hochwirksamen Reaktionsbeschleuniger darstellen. Nur eine kleine Anzahl der vorhandenen Peroxydmoleküle kann sich bei Verwendung synthetischer Peroxyde jeweils in diesem angeregten Zustand befinden. Soweit sich die aktiven Peroxydmoleküle im Reaktionsgemisch selbst

[1] Pummerer, Richtzehnhain: Liebigs Ann. Chem. **529**, 33 (1937).
[2] Kharasch, Brown: J. Amer. chem. Soc. **61**, 3432 (1939); Chem. Zbl. **1940 II**, 328.
[3] Siehe Moureu, Dufraisse: C. R. hebd. Séances Acad. Sci. **174**, 285 (1922). — Bäckström: J. Amer. chem. Soc. **49**, 1460 (1927). — Literaturzusammenstellung bei Wittka: Chemiker-Ztg. **1937**, 386. — Siehe auch Täufel: Angew. Chem. **55**, 273 (1942).

durch Sauerstoffeinwirkung auf aktivierte organische Stoffe bilden, kann ihre Zahl zunächst auch nur sehr klein sein, wenn nicht extreme Bedingungen, z. B. sehr hohe Temperaturen, zu verstärkter Bildung von aktivierten organischen Molekülen führen. Denn ihre Entstehung ist wieder von der Zahl der aktivierten Moleküle der Kohlenstoffverbindung abhängig. Dasselbe gilt nicht nur für die Oxydation, sondern auch für die Polymerisation. Es genügt also, daß die Aktivierungsenergie dieser wenigen aktiven Zentren abgeführt wird, um das Einsetzen einer Reaktion zu verhindern. Hierzu sind geringe Spuren von Inhibitoren völlig ausreichend. Es wurde einleitend festgestellt, daß wahrscheinlich fast die meisten Autoxydationen und Polymerisationen Kettenreaktionen sind. Das im großen und ganzen einheitliche Verhalten schon geringer Mengen von Inhibitoren bildet geradezu einen Beweis für den Kettenmechanismus dieser durch Peroxyde beschleunigten Reaktionen. Selbstverständlich sind für verschiedene Reaktionspartner auch nur bestimmte Inhibitoren optimal wirksam. Nicht jede Verbindung vom Inhibitortyp, die bekanntlich den verschiedensten Körperklassen entstammen, ist in der Lage, jede peroxydisch angeregte Reaktion zu inaktivieren. Mit Rücksicht auf den verschiedenen Energieinhalt der Aktivatoren muß auch eine Abstimmung der Inhibitoren erfolgen. Aus dem Eingriff der Inhibitoren in Start und Fortführung von Kettenreaktionen ist es erklärlich, wenn sie gar nicht oder nur langsam verbraucht werden, da sie nicht den gesamten, der Reaktion zugeführten Luftsauerstoff abfangen und nicht, wie früher fälschlich angenommen wurde, als „Oxydationspuffer" wirken. Die auch in einzelnen Fällen zutreffende Möglichkeit, daß die Inhibitorenwirksamkeit auf der Inaktivierung (etwa durch Vergiftung) positiver Katalysatoren, z. B. Fë̈-Ionen, beruht, soll hier nicht näher erörtert werden.

Da die meisten Inhibitoren reversibel oxydierbare und reduzierbare Verbindungen sind, beruht nach BAUR[1] ihre hemmende Wirkung auf dem Wechsel zwischen Oxydations- und Reduktionsprozeß in einem geschlossenen Reaktionszirkel, so daß also keine chemische Veränderung des Inhibitors eintritt. Dadurch wird dem Reaktionsträger sein Energieüberschuß entzogen und in Wärme umgewandelt. Es sind also Redoxreaktionen beteiligt, deren Geschwindigkeit für die Stärke der Hemmung maßgebend sein mußte. Eine einfache Beziehung zwischen Hemmungskonstante und Redoxpotential ist deshalb zu erwarten. WEBER konnte an der Fluorescenzauslöschung, der Hemmung des photochemischen Ausbleichens von Küpenfarbstoffen und der Desaktivierung der aktiven Form der Oxalsäure zeigen, daß diese lineare Beziehung tatsächlich besteht, wenn gewisse Voraussetzungen erzielt sind[2]. WIELAND und ZILG[3] wiesen übrigens nach, daß der aktivierte Zustand der Oxalsäure durch Aufnahme von Anregungsenergie aus einem Oxydationsvorgang herbeigeführt ist. Die Beziehung der Hemmung zum Redoxpotential besteht aber nur zwischen Inhibitoren, die chemisch sehr ähnlich sind, aber verschiedene Redoxpotentiale besitzen, also dynamischen Homologen im Sinne von O. DIMROTH[4]. Außerdem muß ein genügend großer Unterschied zwischen den Redoxpotentialen des Reaktionsträgers und des Inhibitors bestehen. So ist nach WEBER das unterschiedliche Verhalten des Cysteins bei der Autoxydation[5] und als Inhibitor[6] auf die verschiedene Wasserstoffionenkonzentration zurückzuführen, bei der gearbeitet wurde, welche erklärlicherweise das Potential des Cysteins zusätzlich beeinflußt.

[1] BAUR: Helv. chim. Acta **12**, 793 (1929); Z. physik. Chem., Abt. B **16**, 465 (1932).
[2] Z. Elektrochem. angew. physik. Chem. **43**, 633 (1937).
[3] Liebigs Ann. Chem. **530**, 257 (1937).   [4] Angew. Chem. **46**, 571 (1933).
[5] BAUR, PREIS: Z. physik. Chem., Abt. B **32**, 65 (1936).
[6] SCHÖBERL: Ber. dtsch. chem. Ges. **64**, 546 (1931).

Bei diesen Betrachtungen ist vorausgesetzt, daß es sich einmal um oxydationsreduktionsfähige Inhibitoren handelt, und daß sie nicht chemisch verändert werden. Es kommen aber doch auch Stoffe aus anderen Körperklassen in Frage[1], und ferner werden die Stoffe in vielen Fällen, besonders wenn Oxydationen verhindert werden sollen, allmählich verbraucht.

Ein Verbrauch des Inhibitors tritt bei der von Wittig untersuchten Autoxydation von Aldehyden in Gegenwart von Olefinen ein. Die Aldehydoxydation wird durch Polyene verzögert[2], wobei die Wirkung mit der Zahl der Doppelbindungen bis zu einem Maximum steigt, um dann wieder zu fallen, weil dann der Kohlenwasserstoff selbst in steigendem Maße O_2 aufnimmt. Der Kohlenwasserstoff verwandelt sich bei höherer Konzentration aus einem Inhibitor in einen „Autoxydator". Die Versuche, mit Benzaldehyd und Dibiphenyläthylenen ergaben, daß die Hemmung der Aldehydoxydation in dem Maße abnimmt, wie der Inhibitor verbraucht wird[3]. Der Vorgang beruht nicht auf der Übertragung von Sauerstoff durch Benzopersäure, da diese ebensowenig wie O_2 selbst den Kohlenwasserstoff angreift. Durch Hydrochinon tritt Hemmung auf, das aber dabei zu Chinhydron oxydiert wird. Bei Oxydationsversuchen an tierischen Fetten unter Zusatz von künstlichen Inhibitoren phenolischer Natur ergab sich, daß zwar zunächst die Schutzwirkung noch andauert, wenn auch schon viel mehr Sauerstoff aufgenommen ist, als der Inhibitor zu seiner Oxydation verbrauchen würde, schließlich aber doch vollständige Oxydation des Inhibitors eintritt[4].

Wir müssen also mit mindestens zwei Wirkungsmechanismen bei den Inhibitoren rechnen, die sich natürlich überlagern können und die nie frei von Nebenreaktionen verlaufen:

1. Mit der Ableitung der Überschußenergie des Reaktionsträgers ohne chemische Veränderung des Inhibitors, unter Umwandlung dieser Energie in Wärme. Der einfachste Fall dieser Art Inhibitorwirkung ist die von Eisenbrand[5] untersuchte Fluorescenzauslöschung.

2. Mit der gleichsam chemischen Abführung der Anregungsenergie der Reaktionsträger durch Übertragung auf den Inhibitor, verbunden mit dessen chemischer Veränderung. Diese Reaktionsweise dürfte besonders dann in Frage kommen, wenn aktivierte Peroxyde als Reaktionsträger vorliegen. Der Inhibitor würde dann den Peroxydsauerstoff übernehmen und selbst in ein Peroxyd oder in eine oxydierte Form übergehen. Dann könnte allerdings jeweils ein Inhibitormolekül nur das Laufen *einer* Reaktionskette verhindern, um danach unwirksam zu werden.

---

[1] Siehe z. B. Bodendorf: Ber. dtsch. chem. Ges. **66**, 1609 (1933). — Greenbach, Holm: Ind. Engng. Chem. **26**, 243 (1934).

[2] Wittig, Klein: Ber. dtsch. chem. Ges. **69**, 2087 (1936).

[3] Wittig, Lange: Liebigs Ann. Chem. **536**, 266 (1938).

[4] Rieche, Maier-Bode, noch nicht veröffentlicht.

[5] Eisenbrand: Z. physik. Chem., Abt. B **22**, 145 (1933). — Siehe auch Weber: l. c.

Organische Katalysatoren.

Von

GEORG TRIEM, Ludwigshafen a. Rh.[1]

Mit 2 Abbildungen.

Inhaltsverzeichnis.

I. Einleitung.

Die vorliegenden Ausführungen sind im wesentlichen dem Buche von
W. LANGENBECK[2] entnommen. Dort wird bei möglichst umfassender Angabe
des einschlägigen Schrifttums das gesamte Gebiet ausführlicher besprochen, als
es hier möglich ist; insonderheit kann man sich dort über die Arbeitsweise des
organischen Katalytikers genauer unterrichten[3].

---

[1] Für den Verfasser, der zur Zeit im Felde steht, habe ich die Korrekturen und
einige kleinere Ergänzungen übernommen. W. LANGENBECK, Dresden.

[2] Die organischen Katalysatoren und ihre Beziehungen zu den Fermenten.
Berlin: Springer-Verlag 1935.

[3] Vgl. auch W. LANGENBECK: Fermentmodelle, in F. F. NORD, R. WEIDEN-
HAGEN: Handbuch der Enzymologie, S. 325—349. Leipzig 1940. — W. LANGEN-
BECK: Fermentmodelle, in E. BAMANN, K. MYRBÄCK: Die Methoden der Ferment-
forschung Bd. 3, S. 2745—2751. Leipzig 1941.

Man grenzt die organischen Katalysatoren gegen die Fermente ab mit der Begründung, daß unter den organischen Katalysatoren Stoffe mit bekannter Konstitution verstanden werden. Wenn auch heute mit der Auffindung etwa des gelben Atmungsfermentes diese Abgrenzung nicht mehr ganz berechtigt ist, so rechtfertigt sich eine gesonderte Besprechung der Enzymchemie doch, schon wegen ihres großen Umfanges. Ebenso wird man die Vitamine und Hormone, die ja im wesentlichen nichts anderes sind als organische Katalysatoren, mit derselben Begründung nicht mit den organischen Katalysatoren zusammen besprechen.

So bleiben noch die organischen Schwermetallkatalysatoren vom Typus des Hämins oder des Eisens und Kupfers in Gegenwart von Komplexbildnern, die basischen Katalysatoren und die Hauptvalenzkatalysatoren. Die Besprechung der Schwermetallkatalysatoren reicht in das Gebiet der Schwermetallkatalyse überhaupt hinein und wird hier unterlassen. Ebenso wird das zwar sehr umfangreiche, aber theoretisch noch sehr wenig zugängliche Gebiet der basischen Katalysatoren hier nur kurz behandelt.

II. Über das Ziel der Untersuchungen an Hauptvalenzkatalysatoren.

Von einigen mehr zufällig gemachten Auffindungen organischer Hauptvalenzkatalysatoren abgesehen, lag bis vor nicht langer Zeit dieses Gebiet brach. W. Langenbeck stellte die ersten systematischen Untersuchungen hierüber an[1]. Das Ziel dieser Arbeiten war kurz folgendes: Wie es in der Hauptsache die Synthese war, die zu der Aufstellung der Häminformel führte, so sollte auch hier durch Synthese von *Fermentmodellen*, d. h. organischen Katalysatoren, die den Enzymen ähnliche Wirkungen zeigen, die Fragen nach dem Zusammenhang zwischen Bau, Aktivität und Reaktionsmechanismus der Enzyme beantwortet werden; in der Weise nämlich, daß man an den Modellen, die also bekannte Konstitution haben, zunächst einmal untersucht, welche Gruppen es sind, die die Spezifität und katalytische Wirkung der Modelle bedingen, und dann rückschließend es wahrscheinlich macht, daß es bei den Fermenten dieselben Gruppen sind, die bei der Katalyse die ausschlaggebende Rolle spielen. Es kann hier vorweggenommen werden, daß diese Methode in zwei Fällen ein Ergebnis hervorbrachte, nämlich einmal beim Nachweis, daß der Aminogruppe in den Carboxylasemodellen wie bei der Carboxylase selbst die Rolle der prosthetischen Gruppe zukommt und weiterhin die Entdeckung des Mechanismus der Dehydrierung[2], die durch die Auffindung des gelben Atmungsfermentes durch Warburg und Christian ihre Bestätigung gefunden hat.

III. Definition des Begriffes „Hauptvalenzkatalysator".

Von den Fermenten nehmen Michaelis und Menten[3] an, daß sie mit dem Substrat und einem Reaktionsprodukt eine lockere, dissoziierende Additionsverbindung eingehen. Das Ferment soll also durch Nebenvalenzbindung sich mit dem Substrat verbinden. Demgegenüber stellt W. Langenbeck die experimentell gestützte Behauptung auf, daß eine Gruppe im Molekül des Katalysators — die aktive Gruppe — den Katalysator mit dem Substrat in echter Hauptvalenzbindung zu einer neuen, nicht dissoziierenden organischen Ver-

---

[1] Erste Veröffentlichung hierüber, W. Langenbeck: Über organische Katalysatoren I, Ber. dtsch. chem. Ges. **60**, 930 (1927).

[2] Vgl. W. Langenbeck: Ber. dtsch. chem. Ges. **60**, 930 (1927); **61**, 942 (1928); Chemiker-Ztg. **60**, 953 (1936).

[3] Biochem. Z. **49**, 333 (1913).

bindung — dem *Zwischenstoff* — verknüpft. Diese Tatsache unterscheidet die organischen Hauptvalenzkatalysatoren wesentlich von allen anderen Katalysatoren.

Die durch die Hauptvalenzkatalysatoren vermittelten Reaktionen teilt man zweckmäßig ein in *Spaltungsreaktionen*, bei denen eine Verbindung unter Einwirkung des Katalysators in zwei oder mehrere Spaltungsprodukte zerfällt (z. B. α-Ketosäuren in Aldehyd und Kohlendioxyd, ferner die doppelten Umsetzungen, Esterspaltung usw.) und in *Additionsreaktionen*, bei denen zwei Stoffe sich zu einer neuen Verbindung addieren (z. B. Dicyan und Wasser zu Oxamid).

IV. Die Zwischenstoffregel. Kinetik.

Bei den Spaltungsreaktionen wird bei der Bildung des Zwischenstoffes, der durch *Substitution* entsteht, ein Reaktionsprodukt in Freiheit gesetzt.

Bei den Additionsreaktionen wird der Zwischenstoff durch *Addition* an einen der Reaktionspartner gebildet. Diese Regel — die *Zwischenstoffregel* — soll zunächst theoretisch abgeleitet und dann durch Versuchsergebnisse belegt werden.

HENRI[1], MICHAELIS und MENTEN[2] machen bei den Fermentreaktionen drei Annahmen: 1. Der Katalysator (X) soll sich mit dem Substrat (AB) zu einem lockeren, *dissoziierenden* Zwischenstoff verbinden. 2. Der Zwischenstoff soll dann in die Spaltprodukte und den Katalysator zerfallen. 3. Die Gleichgewichte sollen sich unmeßbar rasch einstellen.

$$A B + X \xrightleftharpoons{K_{AB}} A B X$$

$$A B X \xrightarrow{k} A + B + X$$

$$B + X \xrightleftharpoons[K_B]{} B X.$$

LANGENBECK[3] schlägt vor, die unwahrscheinliche Drillingsreaktion in zwei wahrscheinlichere bimolekulare zu zerlegen:

$$A B X \rightleftharpoons A X + B$$
$$A X \rightleftharpoons A + X$$

und die Hauptvalenzkatalyse durch folgendes Schema darzustellen:

$$A B + X \xrightleftharpoons[k_2]{k_1} A X + B$$

$$A X \xrightleftharpoons[k_4]{k_3} A + X$$

$(k_{(1-4)}$ sind Reaktionskonstanten).

Ist k_1 und k_3 gleich 0, so ergibt sich:

$$A + X \xrightarrow{k_4} A X$$
$$A X + B \xrightarrow{k_2} A B + X. \tag{I}$$

[1] C. R. hebd. Séances Acad. Sci. **115**, 916 (1902); Z. Elektrochem. angew. physik. Chem. **11**, 790 (1905).

[2] Biochem. Z. **49**, 333 (1913).

[3] W. LANGENBECK: Die organischen Katalysatoren, S. 63. — Siehe auch W. LANGENBECK in F. F. NORD, R. WEIDENHAGEN: Handbuch der Enzymologie, S. 333. Leipzig 1940.

174   G. Triem: Organische Katalysatoren.

Bei k_4 gleich 0 ergibt sich:

$$AB + X \overset{k_1}{\underset{k_2}{\rightleftarrows}} AX + B$$
$$AX \xrightarrow{k_3} A + X. \tag{II}$$

Durch (I) und (II) wird die Zwischenstoffregel schematisch dargestellt. (I) ist das Schema für die Additionsreaktion, (II) ist das Schema für die Spaltungsreaktion.

Aus dem Schema ergibt sich, daß die Geschwindigkeit der Katalyse gleich sein muß der Zersetzungsgeschwindigkeit des Zwischenstoffes (v_3). Nach dem Massenwirkungsgesetz ist v_3 proportional der Konzentration des Zwischenstoffes: $v_3 = k_3[AX]$.

Da sich bei der Katalyse rasch ein stationärer Zustand bilden muß, in dem die Bildung und der Zerfall von AX gleich schnell verlaufen, ist für jeden kurzen Zeitabschnitt der Reaktion:

$$v_1 = v_2 + v_3.$$

Nach dem Massenwirkungsgesetz ist dann

$$k_1 \cdot [AB] \cdot [X] = k_2[AX] \cdot [B] + k_3[AX].$$

Setzt man für die Gesamtkonzentration des Katalysators:

dann ist
$$[X'] = [X] + [AX]$$
$$[X] = [X'] - [AX]$$

und
$$k_1[AB]([X'] - [AX]) = k_2[AX] \cdot [B] + k_3[AX].$$

Für die Zersetzungsgeschwindigkeit des Zwischenstoffes (v_3) und somit für die Geschwindigkeit der Katalyse errechnet sich dann:

$$v_3 = \frac{k_3[X'][AB]}{\dfrac{k_3}{k_1} + \dfrac{k_2}{k_1}[B] + [AB]}.$$

Michaelis und Menten[1] formulierten unter ihren Voraussetzungen den Verlauf einer Fermentreaktion wie folgt:

$$AB + X \underset{}{\overset{K_{AB}}{\rightleftarrows}} ABX$$
$$ABX \overset{k}{\dashrightarrow} A + B + X$$
$$B + X \underset{K_B}{\overset{}{\rightleftarrows}} BX$$

und errechnen für die Geschwindigkeit der Fermentreaktion den formal analogen Ausdruck:

$$v = \frac{k[X'] \cdot [AB]}{K_{AB} + \dfrac{K_{AB}}{K_B}[B] + [AB]}$$

(K_{AB} und K_B sind Gleichgewichtskonstanten, k ist eine Geschwindigkeitskonstante.)

Es muß jedoch beachtet werden, daß die Konstante k_3/k_1 das Verhältnis der Geschwindigkeiten zweier Folgereaktionen ist, während die analoge Konstante K_{AB} eine Dissoziationskonstante ist. Da das Reaktionsprodukt B und das Substrat AB als Summanden im Nenner stehen, ergibt sich aus der Gleichung, daß B in Abhängigkeit von der Substratkonzentration die Reaktion hemmt. Die Berechnung des Hemmungskoeffizienten[2] ergibt:

$$h = \frac{v_0 - v_B}{v_0} = \frac{k_2[B]}{k_3 + k_2[B] + k_1[AB]}.$$

<hr>

[1] a. a. O.

[2] W. Langenbeck, R. Jüttemann, F. Hellrung: Liebigs Ann. Chem. **499**, 204 (1932).

V. Die systematische Aktivierung von Katalysatoren.

Nachdem es einmal gelungen war, Katalysatoren aufzufinden, war natürlich die nächste Aufgabe, deren katalytische Wirksamkeit zu erhöhen, d. h. die Katalysatoren zu aktivieren.

Daß eine gegenseitige Beeinflussung von Gruppen in organischen Molekülen besteht, ist allgemein bekannt. So sind z. B. die Wasserstoffatome einer Methylengruppe, die einer Carboxylgruppe benachbart steht, reaktionsfähig. Acetaldehyd ist gegen Luftsauerstoff recht beständig. Ersetzt man die Methylgruppe durch den Phenylrest, so erhält man Benzaldehyd, der sich an der Luft spontan oxydiert. Diese Beispiele der Aktivierung könnten beliebig vermehrt werden. Man darf wohl überhaupt die Mannigfaltigkeit der organischen Reaktionen auf die gegenseitige Beeinflussung von Gruppen zurückführen. Von Wichtigkeit für unsere Betrachtungen ist noch die Tatsache, daß in der aliphatischen Kohlenstoffkette die Aktivierung mit wachsender Entfernung der Gruppen voneinander rasch abnimmt, während in aromatischen Verbindungen sich auch solche Gruppen beeinflussen können, die nicht unmittelbar benachbart sind.

Es lag nahe, die Reaktionsfähigkeit der aktiven Gruppe durch Einführung von *aktivierenden* Gruppen in das Katalysatormolekül zu erhöhen. Man ist bei dieser Aktivierung zunächst darauf angewiesen, rein empirisch die verschiedensten Gruppen auszuprobieren, sowohl in bezug auf ihre chemische Natur wie auf ihre Stellung im Molekül, da man noch nicht voraussagen kann, *welche* Gruppe man einführen muß, um eine Aktivitätssteigerung zu erhalten und ebenfalls nicht, *wo* sie eingeführt werden soll.

Bei der umfangreichen synthetischen Arbeit, die hier geleistet werden muß, war es nötig, nach einem System vorzugehen, wenn man Aussicht auf Erfolg haben wollte. W. Langenbeck hat zum erstenmal (an Carboxylasemodellen) eine solche *systematische Aktivierung* durchgeführt[1].

Da es sich herausgestellt hatte, daß ein einmal aktivierter Katalysator durch nochmalige Einführung einer weiteren Gruppe weiter aktiviert werden kann, und dieser Vorgang offensichtlich beliebig oft wiederholt werden kann, war es einleuchtend, von solchen Katalysatoren auszugehen, die möglichst viele Stellen haben, an denen substituiert werden kann; das sind die aromatischen Verbindungen.

Man kann beim Versuch einer Aktivierung zwei Wege einschlagen. Einmal kann man *ein und dieselbe* Gruppe der Reihe nach in allen Stellen des zu aktivierenden Moleküls ausprobieren; oder man führt in einer Stelle des Moleküls nacheinander die verschiedensten Gruppen ein. Nach der ersten Methode werden die aktivierenden *Stellen*, nach der zweiten die aktivierenden *Gruppen* aufgefunden.

Schematisch dargestellt ergeben sich für die systematische Heranzüchtung von Katalysatoren folgende zwei Bilder:

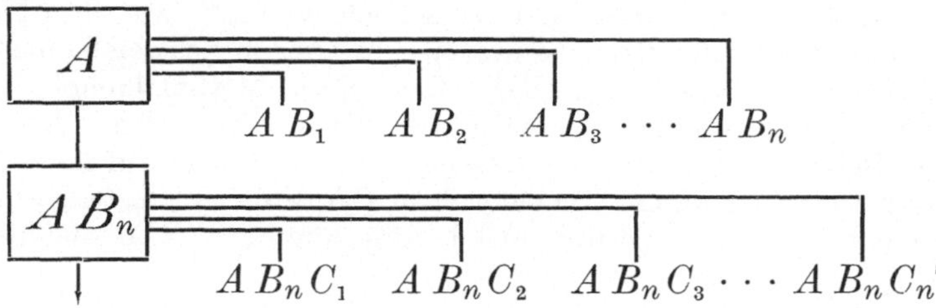

---

[1] W. Langenbeck, R. Hutschenreuter, R. Jüttemann: Liebigs Ann. Chem. **485**, 53 (1931). — W. Langenbeck: Z. Elektrochem. angew. physik. Chem. **40**, 485 (1934).

1. Dieselbe Gruppe wird der Reihe nach in alle Stellen des Moleküls eingeführt:

A sei der zu aktivierende Grundkörper, B bedeutet die aktivierende Gruppe, die Indices 1—n ihre Stellung im Molekül. Aus den dargestellten Verbindungen AB_1, AB_2 ... AB_n wird die Verbindung mit den besten katalytischen Eigenschaften herausgesucht (AB_n) und in den übrigen noch nicht substituierten Stellen, sowie in den von der aktivierenden Gruppe mitgebrachten Stellen, die Gruppe C ausprobiert.

2. In derselben Stelle des Moleküls werden verschiedene Gruppen ausprobiert:

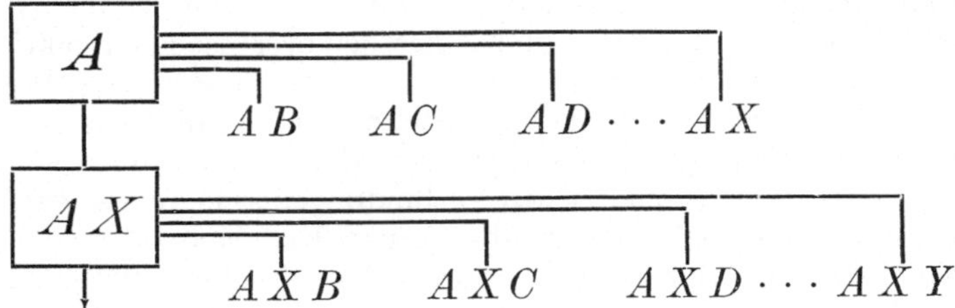

A bedeutet wieder den Grundkörper, B, C ... X sind die aktivierenden Gruppen. AX soll die besten katalytischen Eigenschaften haben. In einer nach der ersten Methode neu aufzusuchenden aktivierenden Stelle werden wieder die Substituenten B ... Y ausprobiert.

Man kann nicht nach der einen oder der anderen Methode allein verfahren. Im ersten Fall würde die Aktivierung dadurch bald zum Stillstand kommen, daß die aktivierenden Stellen alle besetzt sind. Im zweiten Falle müssen — wie schon gezeigt — neue aktivierende Stellen nach der ersten Methode aufgesucht werden. Die beiden Methoden müssen so miteinander verbunden werden, daß auf eine „Generation" von Katalysatoren, die nach der ersten Methode gefunden werden, eine „Generation" der zweiten folgt. Auf diese Weise muß es möglich sein, Katalysatoren von höchster Aktivität herzustellen[1].

VI. Die Lösungsmittelkatalyse.

Neben der Erhöhung der katalytischen Aktivität durch Einführung von Gruppen in das Katalysatormolekül ist nun noch die aktivierende Wirkung des Lösungsmittels gefunden worden.

Daß die Reaktionsgeschwindigkeit abhängig sein kann von dem Lösungsmittel, läßt sich an einigen Beispielen zeigen. So führt A. Mittasch[2] als Beispiel von „Mediumkatalyse" die Reaktion zwischen Benzaldehyd und Brom an, die in Tetrachlorkohlenstoff tausendmal so schnell verläuft wie in Chloroform, und ebenso den Zerfall der Benzylxantogensäure, der in Schwefelkohlenstoff als Lösungsmittel $1\tfrac{1}{2}$ millionmal schneller erfolgt als in Methylalkohol.

Die meisten katalytischen Versuche wurden in wässeriger Lösung vorgenommen. Bei Versuchen an Dehydrasemodellen stieß man auf Katalysatoren, die in Wasser unlöslich waren. Da sie sich in Pyridin leicht lösten, wurden mit ihnen Versuche in diesem Lösungsmittel vorgenommen[3]. Um die hierbei ge-

---

[1] Über einige weitere Regeln bei der Aktivierung vgl. W. Langenbeck: Z. Elektrochem. angew. physik. Chem. **46**, 106 (1940).

[2] Über Katalyse und Determinismus in Chemie und Biologie. Berlin: Springer 1936.

[3] W. Langenbeck, L. Weschky, O. Gödde: Ber. dtsch. chem. Ges. **70**, 672 (1937). — W. Langenbeck, L. Weschky: ebenda **70**, 1039 (1937).

fundenen Ergebnisse mit denen an wasserlöslichen Katalysatoren vergleichen zu können, wurden nun auch mit diesen in Pyridin Messungen vorgenommen, und es ergab sich, daß ihre Aktivität nun etwa 100mal größer war als in wässeriger Lösung. Noch bessere Ergebnisse wurden erzielt, wenn an Stelle von Pyridin α-Pikolin verwendet wurde. Hier war also zunächst einmal die Aktivierung der Hauptvalenzkatalyse durch das Lösungsmittel gefunden worden. Da das substituierte Pyridin — α-Pikolin — dem Pyridin deutlich überlegen ist und α,α-Lutidin die Wirkung des Pyridins um das Fünffache überstrifft[1], scheint es so, als ob man auch hier eine *systematische Aktivierung* des *Lösungsmittels* wie bei den Katalysatoren selbst vornehmen kann. Man wird das Lösungsmittel mit einem Coferment vergleichen können, in ähnlicher Weise, wie man den Katalysator als Fermentmodell betrachtet, und es wird zu erwarten sein, daß die hier gefundenen Ergebnisse für die Theorie der Cofermente von Bedeutung sind.

VII. Katalysatoren, die Spaltungsreaktionen beschleunigen.

1. Carboxylasemodelle.

Der von L. SIMON[2] beobachtete Zerfall des Anils der Phenylglyoxylsäure in Kohlendioxyd und Benzalanilin:

$$C_6H_5-\underset{\overset{||}{N-C_6H_5}}{C}-COOH \rightarrow C_6H_5-\underset{\overset{||}{N-C_6H_5}}{CH} + CO_2 \tag{1}$$

veranlaßte BOUVEAULT[3], diese Reaktion allgemein zur Gewinnung von Aldehyden aus den entsprechenden α-Ketosäuren zu benutzen. W. LANGENBECK[4] zeigte dann, daß man diese Reaktion zu einer katalytischen machen kann. Läßt man nämlich das Benzalanilin mit einem Überschuß von Phenylglyoxylsäure reagieren, so zeigt es sich, daß die Reaktion nach folgendem Schema verläuft:

$$C_6H_5-\underset{\overset{||}{N-C_6H_5}}{CH} + C_6H_5 \cdot CO \cdot COOH \rightarrow C_6H_5-\underset{\overset{||}{N-C_6H_5}}{C}-COOH + C_6H_5-C\diagdown_{O}^{H} \tag{2}$$

Das entstandene Anil der Phenylglyoxylsäure **zerfällt** nun wieder nach Formelbild (1) in CO_2 und Benzalanilin, das mit einem weiteren Molekül Phenylglyoxylsäure reagieren kann. Als Katalysator ist also das Benzalanilin anzusprechen, das durch Substitution (nach der Zwischenstoffregel) in das Phenylglyoxylsäureanil übergeht.

Da alle primären Amine mit Phenylglyoxylsäure die Iminosäure bilden, und da sich weiter gezeigt hat, daß man an Stelle der Phenylglyoxylsäure auch Brenztraubensäure[5] verwenden kann, ist für die katalytische Spaltung von α-Ketosäuren mit Aminen in die Aldehyde und CO_2 folgendes Schema aufzustellen:

Das Amin bildet mit der α-Ketosäure den eigentlichen Katalysator, die Iminoverbindung:

$$R-\underset{O}{C}-COOH + H_2N-R \rightarrow R-\underset{NR}{C}-H + H_2O + CO_2 .$$

<hr>

[1] L. WESCHKY: Dissertation, Greifswald 1938. — W. LANGENBECK: Z. Elektrochem. angew. physik. Chem. **46**, 106 (1940).

[2] Ann. Chimie (7) **9**, 517 (1898).

[3] C. R. hebd. Séances Acad. Sci. **122**, 1543 (1896). — F. MAUTHNER: Ber. dtsch. chem. Ges. **42**, 188 (1909).

[4] W. LANGENBECK, R. HUTSCHENREUTER: Z. anorg. allg. Chem. **188**, 1 (1930).

[5] Oder überhaupt α-Ketosäuren. Ausgenommen ist die Reaktion von aromatischen Aminen und Brenztraubensäure, die zu Methyl-chinolin-carbonsäuren führt.

Der Katalysator reagiert mit einem weiteren Molekül Ketosäure unter Bildung des Zwischenstoffes und Entstehung des einen Zerfallproduktes:

$$R{-}CH + R{-}C{-}COOH \;\rightarrow\; R{-}C{-}COOH + R{-}C\!\!\begin{smallmatrix}H\\O\end{smallmatrix} .$$
$$\quad\; | \qquad\quad \| \qquad\qquad\qquad \|$$
$$\quad NR \qquad O \qquad\qquad\quad NR$$

Das Zwischenprodukt zerfällt unter Rückbildung des Katalysators und Freiwerden des zweiten Zerfallsproduktes:

$$R{-}C{-}COOH \;\rightarrow\; R{-}CH + CO_2 .$$
$$\;\; \| \qquad\qquad\quad \|$$
$$\; NR \qquad\qquad\;\; NR$$

Die katalytische Aktivität des Benzalanilins ist noch recht gering. Ein Mol Benzalanilin führt zum Zerfall von etwa drei Molen Phenylglyoxylsäure. Der Katalysator wird unter Bildung eines Nebenproduktes verbraucht[1].

Durch systematische Aktivierung von primären Aminen ließen sich aber Carboxylasemodelle heranzüchten, die eine so große Beschleunigung der „Hauptvalenzreaktion" vermitteln, daß die Nebenreaktion zurückgedrängt wird.

Die Aktivierung von Carboxylasemodellen.

Als Maß für den „Aktivitätswert" ($A W_x$) eines Carboxylasemodells hat man die Zahl gewählt, die angibt, wieviel Mol Phenylglyoxylsäure von einem Mol Katalysator bei angegebener Temperatur (x) in den ersten 5 Minuten der Reaktion gespalten werden.

Hier wird eine Reihe von Katalysatoren wiedergegeben, die durch systematische Aktivierung des Carboxylasemodells Methylamin von geringem Aktivitätswert zu dem hochaktiven 6,7-Benzo-3-amino-α-naphthoxindol führt[2].

$CH_3{-}NH_2$	$CH_2{-}NH_2$ / $COOH$	$C_6H_5{-}CH{-}NH_2$ / $COOH$	3-Amino-oxindol-Struktur
I	II	III	IV
Methylamin	Glykokoll	Phenylaminoessigsäure	3-Amino-oxindol.
$A W_{137} = 0{,}25.$	$A W_{137} = 4{,}65.$	$A W_{137} = 7{,}4.$	$A W_{70} = 6{,}5.$

V	VI	VII
6,7-Benzo-3-amino-oxindol.	6-Methyl-3-amino-α-naphthoxindol.	6,7-Benzo-3-amino-α-naphthoxindol.
$A W_{70} = 12{,}2$	$A W_{37} = 1{,}59$	$A W_{37} = 1{,}98$

---

[1] Es ist wahrscheinlich gemacht, daß zwei Moleküle Benzalanilin zum Benzoinanilanilid zusammentreten, das mit einem Mol Benzaldehyd das Pentaphenyldihydroimidazol bildet.

$$C_6H_5{-}C{-}N{-}C_6H_5$$
$$\qquad\quad \| \qquad\; \diagdown CH{-}C_6H_5 .$$
$$C_6H_5{-}C{-}N{-}C_6H_5$$

Über diese Reaktion, die zu einer Erklärung der Carboligasewirkung führt, siehe Näheres bei W. Langenbeck: a. a. O.

[2] W. Langenbeck, R. Hutschenreuter: Z. anorg. allg. Chem. **188**, 1 (1930). — W. Langenbeck, R. Hutschenreuter, R. Jüttemann: Liebigs Ann. Chem. **485**, 53 (1931). — W. Langenbeck, R. Jüttemann, F. Hellrung: Ebenda **499**, 201 (1932); **512**, 276 (1934). — W. Langenbeck, O. Gödde: Ber. dtsch. chem. Ges. **70**, 699 (1937). — W. Langenbeck, K. Weissenborn: Ebenda **72**, 724 (1939). — Zusammenfassung W. Langenbeck: Handbuch der Enzymologie F. F. Nord, R. Weidenhagen, S. 325. Leipzig 1940.

Der Aktivitätswert des Methylamins wird durch Einführung einer Carboxylgruppe (II) erhöht. Durch weitere Substitution an der Methylengruppe stößt man auf die Phenylaminoessigsäure (III), die einen nochmals erhöhten Aktivitätswert aufweist. Eine zwanzigfache Steigerung der Aktivität der Phenylaminoessigsäure wird erreicht, wenn der Benzolkern in o-Stellung mit einer Aminogruppe substituiert wird. Hierbei entsteht unter Ringschluß das 3-Aminooxindol (IV). Einen weiteren Fortschritt bringt die Einführung eines Benzolringes in 6,7-Stellung (V). Über das 6-Methyl-3-amino-α-naphthoxindol (VI) gelangt man schließlich zu dem bisher wirksamsten Katalysator 6,7-Benzo-3-amino-α-naphthoxindol (VII).

Die genannten Katalysatoren sind die jeweils wirksamsten einer Generation. Gleichzeitig mit ihnen mußten nach dem Verfahren der systematischen Aktivierung bei jedem weiteren Schritt eine Reihe von Katalysatoren hergestellt werden. Aus dem angeführten Beispiel geht hervor, daß der Aktivierung theoretisch keine Grenze gesetzt ist.

Insgesamt ist bei dieser Aktivierung eine 4000fache Steigerung der Anfangsaktivität gelungen. Diese hochaktiven Fermentmodelle lassen sich mit einem natürlichen Ferment vergleichen, sowohl im Hinblick auf die Aktivität wie die Spezifität. So reagiert das 3-Amino-α-naphthoxindol bei 70° nicht mit Trimethylbrenztraubensäure, ebenso wie auch die natürliche Carboxylase diese unangegriffen läßt. Es scheint so, als ob die Spezifität sowohl der künstlichen als auch der natürlichen Fermente eine *Folge* der hohen Aktivität sei, „denn bei jedem Schritt der systematischen Aktivierung wird vorzugsweise eine bestimmte Reaktion beschleunigt, und je öfter man die Aktivierung wiederholt, desto ausschließlicher muß sich der Katalysator auf ein bestimmtes Substrat einstellen"[1].

2. Dehydrasemodelle.

A. Strecker[2] zeigte, daß α-Aminosäuren von Alloxan unter Freiwerden von CO_2 in die nächst niedrigen Aldehyde übergeführt werden, wobei das Alloxan mit dem ebenfalls entstehenden Ammoniak Murexid bildet. Nachdem W. Traube[3] fand, daß auch Isatin zu diesem α-Aminosäureabbau befähigt ist, machte W. Langenbeck[4] die wichtige Beobachtung, daß das Isatin hierbei in das Isatyd, ein Reduktionsprodukt des Isatins, übergeht. Da Isatyd sehr leicht vom Luftsauerstoff wieder zu Isatin oxydiert oder von Methylenblau dehydriert werden kann, ist es einleuchtend, daß man mit einem Molekül Isatin beliebig viele Moleküle α-Aminosäure abbauen kann. Der wesentlichste Befund dieser Untersuchungen scheint aber zu sein, daß man den Wasserstoff der Aminosäure zur Reduktion des Methylenblaus dadurch befähigen kann, daß er aktiviert wird, indem er in eine neue organische Bindung übergeführt wird. Die Wielandsche Dehydrierungstheorie war damit zum erstenmal an einem organischen Modell verwirklicht worden. Später wurde dieser Reaktionsmechanismus von O. Warburg durch die Entdeckung des gelben Atmungsfermentes auch für die natürlichen Dehydrasen wahrscheinlich gemacht.

Den Abbau der Aminosäuren mit Isatin kann man durch folgendes Formelbild veranschaulichen:

$$R{-}CH{-}COOH \atop |\ \ NH_2 \quad + 2 \begin{array}{c} {-}C{=}O \\ {-}C{=}O \end{array} \rightarrow \ \cdots \ + R{-}C{-}COOH.$$

---

[1] W. Langenbeck: Die organischen Katalysatoren, S. 75.
[2] Liebigs Ann. Chem. **123**, 363 (1862).
[3] Ber. dtsch. chem. Ges. **44**, 3145 (1911).   [4] Ber. dtsch. chem. Ges. **60**, 930 (1927).

Die Iminosäure wird dann mit Wasser in den Aldehyd, Ammoniak und Kohlendioxyd zerfallen:

$$R-\underset{\underset{NH}{|}}{C}-COOH + H_2O \;\rightarrow\; R-C\!\!\begin{array}{c}H\\O\end{array} + NH_3 + CO_2 .$$

Das Isatyd wird durch Luftsauerstoff oder Methylenblau zum Isatin dehydriert:

$$\cdots + {}^1/_2\,O_2 \underset{\substack{\text{oder}\\ \text{Methylen-}\\ \text{blau}}}{\rightarrow} 2\;\cdots + H_2O \underset{\substack{\text{oder Leuko-}\\ \text{methylen-}\\ \text{blau}}}{.}$$

Nach einer Hypothese von W. Franke[1] soll sich das Isatin mit der Aminosäure zu einem Zwischenprodukt, der Oxindoliminosäure, kondensieren:

$$\cdots + H_2N-\underset{\underset{C\backslash OH}{\overset{O}{|}}}{\underset{}{CH}} \rightarrow H_2O + \cdots \rightarrow \cdots$$

Von diesem Produkt hat W. Langenbeck[2] zeigen können, daß es leicht CO_2 abspaltet und durch Hydrolyse in 3-Aminooxindol übergeht:

$$\cdots \rightarrow \cdots + CO_2$$

$$\cdots + H_2O \rightarrow \cdots + CH_3\cdot C\!\!\begin{array}{c}H\\O\end{array} .$$

Aminooxindol bildet dann mit Isatin unter Freiwerden von NH_3 Isatyd, das wie oben zu Isatin dehydriert wird:

$$\cdots + \cdots \xrightarrow{H_2O} \cdots + NH_3 .$$

Aminooxindol kann aber auch von Luftsauerstoff zu Isatin dehydriert werden. Hierbei entsteht Wasserstoffsuperoxyd:

$$\cdots + O_2 \rightarrow \cdots + H_2O_2 ;$$

$$\cdots + H_2O \rightarrow \cdots + NH_3 .$$

<hr>

[1] Biochem. Z. **258**, 295 (1933).

[2] W. Langenbeck, R. Hutschenreuter, R. Jüttemann: Liebigs Ann. Chem. **485**, 53 (1931).

Die letzte Reaktion wurde von W. LANGENBECK und U. RUGE[1] aufgefunden. Sie ließen 3-Aminooxindol von Luftsauerstoff dehydrieren und beobachteten das Auftreten eines Peroxyds, das im Vakuum abdestilliert werden konnte und wohl nur Wasserstoffsuperoxyd sein kann. Der Nachweis gelang nach K. GLEU und K. PFANNSTIEL[2] durch Oxydation von 3-Amino-phthalsäure-hydrazid mit dem Destillat in Gegenwart von Hämin als Katalysator, wobei Chemilumineszenz beobachtet wurde. Da auch bei der Wirkung der natürlichen Dehydrasen als Reaktionsprodukt Wasserstoffsuperoxyd gefunden wird, ist mit dem Nachweis des Wasserstoffsuperoxyds bei der Autoxydation des 3-Amino-oxindols eine weitere wichtige Übereinstimmung zwischen den „natürlichen" und „künstlichen" Dehydrasen aufgefunden.

Das zweite Schema fügt sich zwanglos der Zwischenstoffregel und erklärt auch, warum die immerhin mögliche Entstehung von α-Ketosäure nicht beobachtet werden kann. Wenn nämlich bei der Hydrolyse der Iminosäure zuerst α-Ketosäure entsteht, dann wird sie durch das Aminooxindol, das ja Carboxylasewirkung hat, in Aldehyd und CO_2 gespalten.

Durch Einführung von aktivierenden Gruppen konnte die katalytische Eigenschaft des Isatins erhöht werden. So wurden u. a. das 5-Bromisatin, α- und β-Naphthisatin, verschiedene Methylnaphthisatine, die α-Naphthisatin-carbonsäuren hergestellt und auf ihre katalytische Eigenschaft geprüft. Die weitaus besten Ergebnisse fand man bei den Isatincarbonsäuren, und zwar bei Einführung der Carboxylgruppe in die 4- (I) oder 6-Stellung (II)[3].

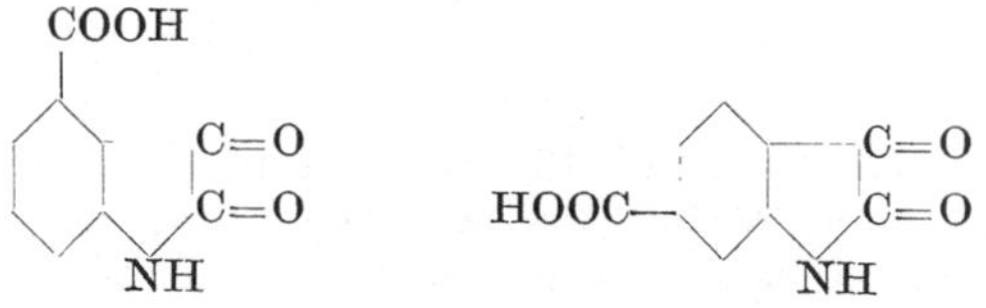

COOH — ... — C=O / C=O / NH   (I)   HOOC— ... — C=O / C=O / NH   (II)

Diese Carbonsäuren waren 20 mal so wirksam wie das Isatin. Wie schon oben gesagt wurde, stieß man bei diesen Versuchen auf die Lösungsmittelkatalyse, als man die Dehydrierung des Alanins in Pyridin und später in α-Pikolin vornahm. Durch Einführung der Carboxylgruppe und Verwendung des Picolins als Lösungsmittel wurde so die Aktivität des Isatins auf das 2000 fache, durch α,α-Lutidin auf das 4000 fache des Anfangswertes gesteigert. Die beiden Isatin-carbonsäuren sind in α-Picolin etwa 3 mal so aktiv wie das gelbe Atmungsferment (Lactoflavinphosphorsäure + Trägerprotein)[4]. Man kann daher die Isatincarbonsäure als künstliches Ferment bezeichnen.

3. Esterasemodelle.

Als Esterasemodelle dienen Alkohole, die leicht verseifbare Ester bilden. Der Reaktionsverlauf bei einer katalytischen Esterverseifung mit einem Esterasemodell ist folgender: Bei der Einwirkung des Alkohols auf den zu verseifenden Ester tritt — insonderheit bei alkalischer Reaktion — Umesterung ein, und es entsteht unter Freiwerden des an die Säure gebundenen Alkohols der Ester des Modells. Der neu entstandene Ester ist aber nun so leicht verseifbar, daß er

---

[1] Ber. dtsch. chem. Ges. **70**, 367 (1937).

[2] J. prakt. Chem. (2) **146**, 137 (1936).

[3] W. LANGENBECK, L. WESCHKY, O. GÖDDE: Ber. dtsch. chem. Ges. **70**, 672 (1937); W. LANGENBECK, L. WESCHKY: Ebenda **70**, 1039 (1937). — W. LANGENBECK: Z. Elektrochem. angew. physik. Chem. **46**, 106 (1940).

[4] Berechnet nach Angaben von R. KUHN, H. RUDY: Ber. dtsch. chem. Ges. **69**, 1974 (1936).

spontan zerfällt und der Esterasealkohol frei wird, so daß er mit einem weiteren Molekül Ester reagieren kann[1].

Ein solcher Alkohol ist z. B. das Benzoylcarbinol[2], dessen Acetat schon durch kochendes Wasser hydrolysiert wird. In der Tat wird die Verseifungsgeschwindigkeit von Buttersäure-methylester bei p_H 8,5 durch $5 \cdot 10^{-4}$ Mol Benzoylcarbinol in 2 ccm wässeriger Lösung um das 6—7fache erhöht[3].

Beim Aufsuchen von neuen Esterasemodellen oder bei der Aktivierung von Modellen muß man also Alkohole herstellen, deren Ester sich leicht verseifen lassen. Als Maß für die Verseifungsgeschwindigkeit nimmt man die Verseifungsgeschwindigkeit des Buttersäuremethylesters, den man als Substrat verwendet[4]. So zerfällt das Benzoylcarbinolacetat (I) etwa 270mal schneller als Methylbutyrat. Das Benzoylcarbinol konnte durch Einführung eines Benzolringes aktiviert werden. Naphthyl-2-carbinolacetat (II) zerfällt 360mal schneller und 6-Acetoxy-naphthoyl-2-carbinolacetat (III) — also das durch Einführung einer Acetoxygruppe aktivierte Naphthoxyl-6-carbinolacetat — sogar 1000mal schneller als Methylbutyrat[5].

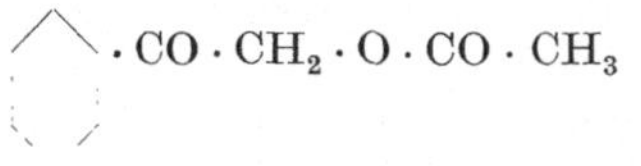

$$\cdot CO \cdot CH_2 \cdot O \cdot CO \cdot CH_3 \qquad\qquad \cdot CO \cdot CH_2 \cdot O \cdot CO \cdot CH_3$$

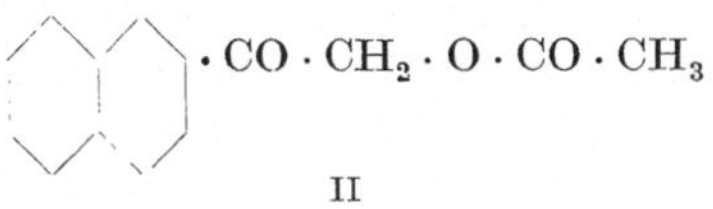

$$\text{I} \qquad\qquad\qquad\qquad \text{II}$$

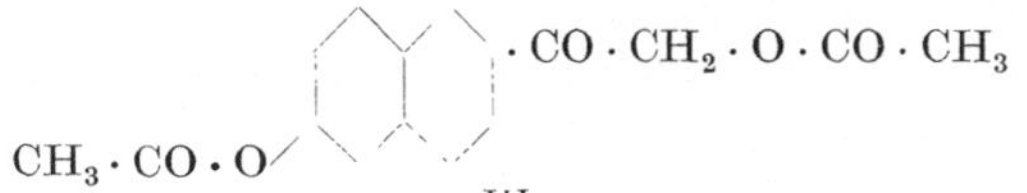

$$\cdot CO \cdot CH_2 \cdot O \cdot CO \cdot CH_3$$
$$CH_3 \cdot CO \cdot O$$
$$\text{III}$$

Es wurden weiter Methoxy- und Phenantroylcarbinolacetate hergestellt, die ebenfalls eine bedeutende Zerfallsgeschwindigkeit zeigen. Eine andere Reihe von Esterasemodellen stellen verschieden substitutierte Glykolsäurenaphthylamide dar[5, 6]:

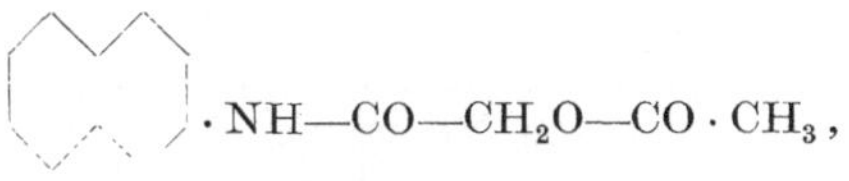

$$\cdot NH—CO—CH_2O—CO \cdot CH_3 \,,$$

deren Acetate ebenfalls rasch verseift werden.

Die Katalyse verläuft noch nicht besonders schnell. C. N. Jonescu und I. Cotani geben an[7], bei der Prüfung des Benzoylcarbinols überhaupt keine Beschleunigung der Verseifung gefunden zu haben. Doch ist dieser Einwurf gegenstandslos. Die Meßmethode ist von W. Langenbeck so weit verfeinert worden, daß ein Beobachtungsfehler bei strenger Innehaltung der angegebenen Versuchsbedingungen nicht möglich ist[8, 9].

[1] W. Langenbeck, J. Baltes: Ber. dtsch. chem. Ges. **67**, 387, 1204 (1934).

[2] H. Hunnius: Ber. dtsch. chem. Ges. **10**, 2010 (1877). — J. Plöchel, F. Blümlein: Ebenda **16**, 1292 (1883).

[3] W. Langenbeck, J. Baltes: a. a. O. — Vgl. auch S. C. Olivier: Recueil Trav. chim. Pays-Bas. **54**, 322 (1935). — W. Langenbeck: Ber. dtsch. chem. Ges. **68**, 776 (1935).

[4] E. Knaffl-Lenz: Naunyn-Schmiedebergs Arch. exp. Pathol. **97**, 242 (1923).

[5] W. Langenbeck: Die organischen Katalysatoren, S. 60. — W. Langenbeck, F. Baehren: Ber. dtsch. chem. Ges. **69**, 514 (1936).

[6] W. Langenbeck, K. Hölscher: Ber. dtsch. chem. Ges. **71**, 1465 (1938).

[7] Ber. dtsch. chem. Ges. **71**, 1367 (1938).

[8] W. Langenbeck, K. Hölscher: Ber. dtsch. chem. Ges. **71**, 1465 (1938).

[9] Anmerkung des Herausgebers: Dieser Beurteilung steht diejenige von G.-M. Schwab und F. Rost (dieses Handbuch, Bd. III, S. 582) gegenüber. Danach erscheint die Beibringung neuen Versuchsmaterials erwünscht. Wie Herr Langenbeck mitteilt, hat er jetzt die leichte Verseifbarkeit des Benzoylcarbinolacetats, nicht aber die katalytische Wirkung des Carbinols bestätigen können.

Die Geschwindigkeit der katalytischen Esterverseifung ist gleich der Zerfallsgeschwindigkeit des neugebildeten Esters (v_3!). Die Katalyse wird also weiter beschleunigt werden können, wenn man Alkohole ausfindig macht, die sich noch rascher umestern lassen.

4. Die KNOEVENAGELsche Aldehydkondensation.

In Gegenwart von organischen Aminen, wie Äthyl- oder Allylamin (A. HANTZSCH)[1] und, wie von E. KNOEVENAGEL[2] gezeigt, von sekundären Aminen — wie Diäthylamin oder Piperidin — werden Aldehyde mit reaktionsfähigen Methylenverbindungen kondensiert; so z. B. Benzaldehyd und 2 Mol. Acetessigester zu Benzylidenacetessigester:

$$CH_3{-}CO{-}CH_2 \quad \quad H_2C{-}CO{-}CH_3 \quad \quad H_2O + CH_3{-}CO{-}CH \quad HC{-}CO{-}CH_3$$

Einen Einblick in den Reaktionsverlauf verschafft die Beobachtung von KNOEVENAGEL[3], nach der auch das gesondert gewonnene Reaktionsprodukt von Benzaldehyd mit dem Amin (z. B. Piperidin) mit der Äthylenverbindung reagiert. Er schloß, daß die Reaktion in folgenden zwei Stufen verläuft:

$$C_6H_5{-}\overset{\displaystyle H}{C}{=}O + 2\,HNC_5H_{10} \rightarrow H_2O + C_6H_5{-}\overset{\displaystyle H}{C}{=}(NC_5H_{10})_2; \qquad (1)$$

$$C_6H_5{-}CH(NC_5H_{10})_2 + H_2C{-}COOC_2H_5 \rightarrow C_6H_5{-}CH{=}C{-}COOC_2H_5 + 2\,C_5H_{10}NH \qquad (2)$$

Zwar hat KNOEVENAGEL später gefunden, daß auch der Acetessigester in der Enolform mit Piperidin reagiert:

$$CH_3{-}C{=}CH{-}COOC_2H_5 + HNC_5H_{10} \rightarrow H_2O + CH_3{-}C{=}CH{-}COOC_2H_5$$

und dieses Reaktionsprodukt mit Benzaldehyd — wenn auch in schlechter Ausbeute — reagiert. Doch konnte W. DILTHEY[4] zeigen, daß die erste Formulierung den eigentlichen Reaktionsverlauf beschreibt, und daß im zweiten Fall durch Spuren von Wasser das an den Acetessigester gebundene Piperidin wieder abgespalten wird. DILTHEY fand nämlich bei der Kondensation von Dibenzylketon mit Benzaldehyd, daß das Dibenzylketon bei den Versuchsbedingungen nicht mit Piperidin reagiert. Während also das Benzylidendipiperidin notwendig als Zwischenstoff angesehen werden muß, scheidet das aus Acetessigester und Piperidin gebildete Produkt als Zwischenstoff aus. Weiter wurde gefunden, daß bei der Reaktion zwischen Benzylidendipiperidin und Dibenzylketon nicht sofort der Äthylenkörper, sondern zunächst dessen Piperidinverbindung gebildet wird. So ist die Kondensation von Benzaldehyd mit Dibenzyl-

---

[1] Ber. dtsch. chem. Ges. **18**, 2579, 2583 (1885).

[2] Liebigs Ann. Chem. **282**, 25, 29 (1894).

[3] Ber. dtsch. chem. Ges. **29**, 172 (1896); **31**, 738 (1898).

[4] W. DILTHEY, W. STALLMANN: Ber. dtsch. chem. Ges. **62**, 1603 (1929). — W. DILTHEY: Ebenda **62**, 1606 (1929). — W. DILTHEY, W. NAGEL: J. prakt. Chem. (2) **130**, 147 (1931).

keton unter der katalytischen Einwirkung von Piperidin durch folgendes Formelbild wiederzugeben:

$$C_6H_5-\overset{\overset{H}{\displaystyle\cdot}}{C}=O + 2\,HNC_5H_{10} \rightarrow H_2O + C_6H_5-\overset{\overset{H}{\displaystyle\cdot}}{C}=(NC_5H_{10})_2;$$

$$C_6H_5-\overset{\overset{H}{\displaystyle\cdot}}{C}=(NC_5H_{10})_2 + H_2\underset{\underset{C_6H_5}{|}}{C}-CO-CH_2-C_6H_5$$

$$\rightarrow C_6H_5-\underset{\underset{H_5C_6N}{|}}{\overset{\overset{H}{|}}{C}}-\underset{\underset{C_6H_5}{|}}{\overset{\overset{H}{|}}{C}}-CO-CH_2-C_6H_5 + HNC_5H_{10};$$

$$C_6H_5-\underset{\underset{H_5C_6N}{|}}{\overset{\overset{H}{\displaystyle\cdot}}{C}}{}^*-\underset{\underset{C_6H_5}{|}}{\overset{\overset{H}{\displaystyle\cdot}}{C}}{}^*-CO-CH_2-C_6H_5 \rightarrow C_6H_5-CH=\underset{\underset{C_6H_5}{|}}{C}-CO-CH_2-C_6H_5 + NHC_5H_{10}.$$

Die beiden mit * bezeichneten C-Atome sind asymmetrisch, und in der Tat konnten auch die beiden zu erwartenden Racemate isoliert werden.

Eine der interessantesten Anwendungen der KNOEVENAGELschen Aldehydkondensation ist die Kondensation des Krotonaldehyds mit Acetaldehyd oder mit sich selbst[1]. Sie führt zu Polyenaldehyden, die sich durch Hydrierung und Oxydation in natürliche Fettsäuren überführen lassen[2]. Vielleicht beschreitet auch die Natur bei der Synthese der Fettsäuren einen ähnlichen Weg. Als Katalysatoren der Krotonaldehyd-Kondensation dienen die Salze des Piperidins oder Morpholins mit schwachen Säuren[3]. Als Nebenprodukt tritt dabei stets der Dihydro-o-tolylaldehyd auf[4], dessen Bildung als Diensynthese erkannt wurde[5]. Die Dienkomponenten sind dabei Derivate des 1-Amino-butadiens-(1,3), die übrigens durch ein organisch-katalytisches Verfahren heute leicht zugänglich geworden sind[6].

VIII. Katalysatoren, die Additionsreaktionen beschleunigen.

1. Die Formaldehydkondensation zu Zuckern unter dem katalytischen Einfluß von Monosen.

H. SCHMALFUSS[7] hat als erster die Beobachtung gemacht, daß Formaldehyd unter dem katalytischen Einfluß von Magnesiumionen, besonders aber durch Monosen, rasch zu Zucker kondensiert wird. A. KUSIN[8] hat dann für diese Katalyse den Reaktionsmechanismus aufzuklären versucht. Die Kondensation verläuft im alkalischen Medium (MgO oder CaO). KUSIN glaubte zunächst, daß Calciumglucosat oder -fructosat mit Formaldehyd eine unbeständige Zwischenverbindung eingehe. Nachdem es sich aber herausstellte, daß Benzoin ebenfalls wie Monosen die Kondensation beschleunigt, lag es nahe, die Enolform des

---

[1] R. KUHN, M. HOFFER: Ber. dtsch. chem. Ges. **63**, 2164 (1930).

[2] R. KUHN, CHR. GRUNDMANN, H. TRISCHMANN: Hoppe-Seyler's Z. physiol. Chem. **248**, IV (1937).

[3] R. KUHN, W. BADSTÜBNER, C. GRUNDMANN: Ber. dtsch. chem. Ges. **69**, 98 (1936). — F. G. FISCHER, K. HULTZSCH, W. FLAIG: Ebenda **70**, 370 (1937). — I.G. Farbenindustrie AG.: E. P. 507204; Chem. Zbl. **39 II**, 4087.

[4] K. BERNHAUER, K. IRRGANG: Liebigs Ann. Chem. **525**, 43 (1936).

[5] W. LANGENBECK, O. GÖDDE, L. WESCHKY, R. SCHALLER: Ber. dtsch. chem. Ges. **75**, 232 (1942).   [6] W. LANGENBECK, L. WESCHKY: DRP. 715544.

[7] Biochem. Z. **185**, 70 (1927).

[8] Ber. dtsch. chem. Ges. **68**, 619, 1494, 2169 (1935).

Benzoins und darüber hinaus die Enolform der Zucker als die eigentlichen Katalysatoren anzusehen. Als Zwischenstoff wurde bei der Kondensation mit Benzoin die Verbindung $C_{15}H_{14}O_3$ aufgefunden, der auf Grund der OH-Bestimmung nach ZEREWITINOW folgende Formel zuerteilt wird:

$$\begin{array}{c} OH \\ | \\ C_6H_5{-}\overset{|}{\underset{|}{C}}{-}\overset{\parallel}{C}{-}C_6H_5\,. \\ HOH_2C \quad O \end{array}$$

Die Konstitution wurde von W. LANGENBECK und Mitarbeitern[1] z. B. durch Abbau mit Bleitetra-acetat endgültig bewiesen.

Diese Verbindung zerfällt leicht in Benzoin und Formaldehyd, der aber augenblicklich zu Zucker kondensiert wird. Dieser Befund führte KUSIN zur Aufstellung des folgenden Reaktionsschemas:

$$R{-}\underset{HO}{C}{=}\underset{OH}{C}{-}R + \underset{H}{\overset{H}{C}}{\Big\langle}{\overset{OH}{OH}} \rightarrow R{-}\underset{\overset{|}{HCOH}}{\overset{OH}{C}}{-\!-}\underset{OH}{\overset{OH}{C}}{-}R \rightarrow 2H_2O + R{-}\underset{HCOH}{\overset{\parallel}{C}}{-\!-}\underset{O}{\overset{\parallel}{C}}{-}R\,;$$

$$R{-}\underset{HCOH}{\overset{\parallel}{C}}{-\!-}\underset{O}{\overset{\parallel}{C}}{-}R + \underset{H}{\overset{H}{C}}{\Big\langle}{\overset{OH}{OH}} \rightarrow R{-}\underset{H_2C{-}CH}{\overset{OH}{C}}{-}\underset{O}{\overset{\parallel}{C}}{-}R \rightarrow R{-}\underset{H}{\overset{OH}{C}}{-}\underset{O}{\overset{\parallel}{C}}{-}R + \underset{HO}{\overset{H}{HC}}{-}\underset{OH}{\overset{OH}{CH}}$$
$$\underset{HO\ \ OH}{}$$

$$\rightarrow H_2O + HC(OH){=}CH(OH)\,;$$

$$HC(OH){=}CH(OH) + \underset{H}{\overset{H}{C}}{\Big\langle}{\overset{OH}{OH}} \rightarrow H_2C(OH){-}CH(OH){-}CH(OH)_2$$

$$\rightarrow H_2O + H_2C(OH){-}C(OH) = CH(OH)\,;$$

$$H_2C(OH){-}C(OH){=}CH(OH) + CH_2(OH){-}CH(OH){-}CH(OH)_2$$
$$\rightarrow H_2C(OH){-}C(OH){-}C(OH)_2{-}CH(OH){-}CH(OH){-}CH(OH){-}CH_2(OH)$$
$$\rightarrow CH_2(OH){-}CO{-}[CH(OH)]_3{-}CH_2(OH) + H_2O\,.$$

Die Enolform des Benzoins lagert also zunächst in Hauptvalenzbindung ein Molekül des hydratisierten Formaldehyds an. Unter Wasseraustritt entsteht eine neue (reaktionsfähige) Doppelbindung, so daß ein weiteres Molekül Formaldehyd angelagert werden kann. Diese zwei miteinander verknüpften Formaldehydmoleküle werden nun in reaktionsfähiger Form abgespalten und kondensieren sich mit weiterem Formaldehyd spontan zu Zucker. Daß es tatsächlich die Enolform der Zucker ist, welche die Katalysatoren darstellen, wird weiter dadurch erwiesen, daß die 3,5,6-Trimethylmonoacetonglucose sowie die Monoacetonglucose, beides Verbindungen, in welchen die Glucose keine Enolform bilden kann, auch nicht katalytisch wirksam sind, daß die Wirksamkeit aber wieder erscheint, wenn das Aceton abgespalten wird. Daß es auch nicht die Eigenschaft der Zucker als mehrwertige Alkohole oder die cyclische Form eines Halbacetals ist, welcher die Wirksamkeit zugeschrieben werden muß, wird dadurch gezeigt, daß Glycerin und Mannit unwirksam sind, wohl aber Glykolaldehyd und Glycerinaldehyd zur Katalyse befähigt sind.

Aus einer kinetischen Untersuchung von W. LANGENBECK und Mitarbeitern[1] ergibt sich eindeutig, daß die Formaldehyd-Kondensation eine Autokatalyse

---

[1] W. LANGENBECK, W. SANDER, F. KÜHN: Naturwiss. **30**, 30 (1942).

ist, wie es bereits von Schmalfuss vermutet wurde. Durch Zusatz von Katalysatoren, wie Benzoin oder Glucose wird nur die Induktionsperiode abgekürzt. Die Reaktionsgeschwindigkeit nimmt in allen Fällen bis zu der gleichen maximalen Geschwindigkeit zu. Der Mechanismus ist wahrscheinlich folgender: Der Formaldehyd addiert sich zunächst (gemäß der Zwischenstoffregel) an den Katalysator (z. B. Benzoin). Ein zweites Molekül Formaldehyd liefert in doppelter Umsetzung Glykolaldehyd und den freien Katalysator zurück. Glykolaldehyd lagert weiter Formaldehyd zu Glycerinaldehyd bzw. Dioxyaceton an, die sich zu einer Hexose vereinigen können[1]. Allmählich übernehmen die Reaktionsprodukte immer mehr die Rolle der Katalysatoren bei der primären Bildung von Glykolaldehyd.

Die Autokatalyse wird durch aromatische Nitroverbindungen sehr stark gehemmt, und zwar infolge oxydativer Zerstörung der Autokatalysatoren[2].

2. Hydratisierung von Dicyan.

Die Beobachtung von Liebig[3], daß in vollkommen neutralem Medium und bei Zimmertemperatur Dicyan unter der katalytischen Einwirkung von Acetaldehyd zu Oxamid hydratisiert wird:

$$(CN)_2 + 2\,H_2O \rightarrow \begin{array}{c} CONH_2 \\ | \\ CONH_2 \end{array}$$

wurde von Berthelot, Péan de Saint Gilles[4] sowie von H. Schiff[5] zu deuten versucht, die einen Zwischenstoff folgender Struktur gefaßt zu haben glaubten:

$$\begin{array}{ccc} CO-NH-CH-NH-CO \\ | \qquad | \qquad | \\ H_2NOC \qquad CH_3 \qquad CONH_2 \end{array}$$

W. Langenbeck[6] konnte zeigen, daß ein anderes Zwischenprodukt entsteht. Da die Hydratisierung des Dicyans nicht in saurer Lösung gelingt und Aldehyde, die keine Enolform zu bilden vermögen — wie Formaldehyd, Benzaldehyd, Chloralhydrat und Glucose — auch die Hydratisierung nicht bewirken können, liegt es nahe, die Enolform des Acetaldehyds, den Vinylalkohol, als eigentlichen Katalysator zu betrachten.

Als Zwischenstoff wurde von Langenbeck die leicht zersetzliche Substanz $C_4H_8O_3N_2$ gefunden, die beim Erhitzen in 1 Mol Oxamid und 1 Mol Acetaldehyd zerfällt. In alkalischer Lösung tritt dieser Zerfall fast augenblicklich ein, während die Verbindung durch starke Säuren nur langsam zersetzt wird. Dadurch wird die Verbindung von den Reaktionsprodukten zwischen Säureamiden und Aldehyden der Formulierung

$$\begin{array}{c} R-CONH \\ \diagdown \\ \quad CH-R_1 , \\ \diagup \\ R-CONH \end{array}$$

die sich gegen Säuren und Basen gerade umgekehrt verhalten, unterschieden. Man kann auf Grund dieser Überlegungen die Bildung des Zwischenstoffes und seinen Zerfall in Oxamid und Acetaldehyd wie folgt formulieren:

[1] L. Orthner, E. Gerisch: Biochem. Z. **259**, 30 (1933).
[2] S. Hünig: Biochem. Z. **1942** (im Druck).
[3] Liebigs Ann. Chem. **113**, 15 Anm. (1860).
[4] Liebigs Ann. Chem. **128**, 338 (1863); C. R. hebd. Séances Acad. Sci. **56**, 1172 (1863).   [5] Liebigs Ann. Chem. **151**, 211 (1869).
[6] Liebigs Ann. Chem **469**, 16 (1929). — W. Langenbeck: Die organischen Katalysatoren, S. 32.

$$\begin{array}{cc} N\!\equiv\!C & HOCH\!=\!CH_2 \\ \big|\ + & \\ N\!\equiv\!C & HOCH\!=\!CH_2 \end{array} \longrightarrow \begin{array}{c} HN\!=\!C\!-\!OCH\!=\!CH_2 \\ \big| \\ HN\!=\!C\!-\!OCH\!=\!CH_2 \end{array}$$

$$\xrightarrow{2\,H_2O} \quad \begin{array}{c} HN\!=\!C\!-\!OCH\!=\!CH_2 \\ \big| \\ H_2O\cdot H_2NC\!=\!O \end{array} + CH_3\!-\!C\!\!<^{H}_{O}\ ;$$

(isoliertes Zwischenprodukt $C_4H_8O_3N_2$)

$$\begin{array}{c} HN\!=\!C\!-\!OCH\!=\!CH_2 \\ \big| \\ H_2O\cdot H_2NC\!=\!O \end{array} \xrightarrow{H_2O} \begin{array}{c} CONH_2 \\ \big| \\ CONH_2 \end{array} + CH_3C\!\!<^{H}_{O}\ .$$

Es soll sich also zunächst Oxaliminodivinyläther bilden, der dann in den Monoäther und Acetaldehyd zerfällt. Dieses Reaktionsschema stimmt mit der
Zwischenstoffregel überein, nach der bei Additionsreaktionen der Zwischenstoff
durch Addition an einen der Reaktionspartner gebildet wird.

3. Hydratisierung des Crotonaldehyds zu Aldol.

Ein zweiter Fall von katalytischer Hydratisierung wurde von LANGENBECK[1]
aufgefunden bei der Einwirkung der sekundären Amine Piperidin oder Sarkosin
auf Crotonaldehyd.

Die Hydratisierung von Crotonaldehyd war bisher nur möglich durch Einwirkung starker Salzsäure auf Crotonaldehyd[2] oder durch lang anhaltendes
Erhitzen des Crotonaldehyds mit Wasser. In beiden Fällen war die Ausbeute
gering. LANGENBECK läßt bei 40° auf 20 g Crotonaldehyd 0,4 g Sarkosin oder
0,5 ccm Piperidin und 1 ccm Eisessig in 10 ccm Wasser einwirken. Nach
12 Stunden können aus dem Gemisch 3,5 g Aldol isoliert werden. Umgekehrt
wird bei 40° Aldol auch wiederum katalytisch in Crotonaldehyd und Wasser
gespalten. Es stellt sich also ein Gleichgewicht ein:

$$CH_3\!-\!CH\!=\!CH\!-\!C\!\!<^{H}_{O} + H_2O \;\rightleftharpoons\; CH_3\!-\!CH(OH)\!-\!CH_2\!-\!C\!\!<^{H}_{O}\ .$$

Der Reaktionsmechanismus dieser Hydratisierung ist noch nicht aufgeklärt.
C. MANNICH, K. HANDTKE und K. ROTH[3], die ebenfalls die Reaktion zwischen
Crotonaldehyd und Piperidin — allerdings in Abwesenheit von Wasser — studierten, fanden, daß bei der Umsetzung zwischen Crotonaldehyd und Piperidin
1,3-Piperidinobuten-(1) entsteht:

$$CH_3\!-\!CH\!=\!CH\!-\!C\!\!<^{H}_{O} + 2\,HNC_5H_{10} \;\rightarrow\; CH_3\!-\!CH(NC_5H_{10})\!-\!CH\!=\!CH(NC_5H_{10}).$$

Möglicherweise ist das 1,3-Piperidinobuten-(1) das Zwischenprodukt, das durch
Wasser in Aldol und 2 Moleküle Piperidin gespalten werden kann:

$$CH_2\!-\!CH(NC_5H_{10})\!-\!CH\!=\!CH(NC_5H_{10}) + 2\,H_2O$$

$$\rightarrow CH_2\!-\!CH(OH)\!-\!CH_2\!-\!C\!\!<^{H}_{O} + 2\,HNC_5H_{10}\ .$$

Sarkosin beschleunigt nicht nur die Hydratisierung des Krotonaldehyds zu
Aldol, sondern auch die Bildung von Aldol aus Acetaldehyd[4].

---

[1] W. LANGENBECK, R. SAUERBIER: Ber. dtsch. chem. Ges. **70**, 1540 (1937).
[2] A. WÜRTZ: Bull. Soc. chim. France (2) **42**, 286 (1884). — A. F. McLEOD: Amer.
chem. J. **37**, 31 (1907).   [3] Ber. dtsch. chem. Ges. **69**, 2112 (1936).
[4] W. LANGENBECK, G. BORTH: Ber. dtsch. chem. Ges. **75**, 951 (1942).

IX. Basische Katalysatoren.

Für organische Synthesen wie für biologische Reaktionen sind basische Katalysatoren gleich wichtig. Eine Besprechung des kaum zu übersehenden Gebietes, ihrer Anwendung in Laboratorium und Technik kann hier nicht vorgenommen werden. Sie würde sich auch in der Hauptsache mit der Angabe von präparativen Vorschriften begnügen müssen, da man über die Wirkungsweise basischer Katalysatoren kaum mehr aussagen kann, als daß es sich um eine reine Basenwirkung handelt. Dabei ist jedoch deutlich zu erkennen, daß mit dieser Aussage nicht der Reaktionsmechanismus beschrieben ist. Das zeigt auch z. B. der Befund, daß nicht alle organischen Basen dieselbe Reaktion beschleunigen können, und daß man sie auch nicht durch anorganische Basen gleicher OH-Ionenkonzentration ersetzen kann. Man muß die Ursache der katalytischen Aktivität von organischen Basen als ausgesprochen abhängig von ihrer chemischen Konstitution ansehen.

Besonders deutlich wird das durch die stereochemische Spezifität der basischen Katalysatoren. Darunter versteht man die Tatsache, daß optisch aktive Basen bei der Zersetzung einer racemischen Verbindung einen der beiden Antipoden bevorzugen, ebenso wie sie bei der Synthese eines asymmetrischen Körpers aus symmetrischen Ausgangsstoffen ein optisch aktives Produkt bilden.

Der erste Fall (Zersetzung einer racemischen Verbindung) wurde bei der Spaltung von Camphocarbonsäure sowie Bromcamphocarbonsäure mit Chinidin verwirklicht[1]. In beiden Fällen wurde die d-Säure zu Anfang der Reaktion rascher gespalten als ihr Antipode. Eine umgekehrte stereochemische Wirkung zeigt das Chinin, das Stereoisomere des Chinidins.

Eine optisch aktive Synthese durch verschiedene Chinaalkaloide wurde von Bredig und Fajans sowie Rabe, E. Schwanhäusser und H. Albers[2] durchgeführt bei der Bildung von Benzaldehydcyanhydrin aus Benzaldehyd und Blausäure. Das in Gegenwart eines Alkaloides entstandene Cyanhydrin war stets deutlich optisch aktiv. Ein Zusammenhang zwischen Sinn und Größe der gefundenen Drehung mit der Eigendrehung der Katalysatoren war nicht zu beobachten. Die gefundenen Drehungen betragen einige Zehntel Grad. Wesentlich höhere Drehungen wurden bei der heterogenen katalytischen Synthese des Mandelsäurenitrils mit Diäthylamincellulose gefunden[3]. Ein weiterer — von R. Wegler[4] beobachteter — Fall einer asymmetrischen Synthese ist die Veresterung von α-Phenyläthylalkohol mit Säurechloriden oder Säureanhydriden in Gegenwart von Brucin, Strychnin, Nicotin oder Chinin.

X. Zur Theorie der asymmetrischen Katalyse.

Bei der asymmetrischen Katalyse müssen zwei Fälle unterschieden werden:
a) Ein Racemat wird unter Einwirkung eines Katalysators zersetzt.

Der Stoff A soll unter der Einwirkung des Katalysators B in die Verbindung C übergehen. Wenn A ein racemisches Gemisch d-A + l-A und der Katalysator B

---

[1] G. Bredig, K. Fajans: Ber. dtsch. chem. Ges. **41**, 752 (1908). — K. Fajans: Z. physik. Chem. **73**, 25 (1910). — H. J. M. Creighton: Ebenda **81**, 543 (1913). — W. Pastanogoff: Ebenda **112**, 448 (1924).

[2] G. Bredig, P. S. Fiske: Biochem. Z. **46**, 7 (1912). — G. Bredig, M. Minaeff: Festschrift zur Jahrhundertfeier der Technischen Hochschule Karlsruhe 1925, 1. — E. Schwanhäusser: Dissertation, Hamburg 1926. — H. Albers: Dissertation, Hamburg 1928.

[3] G. Bredig, F. Gerstner: Biochem. Z. **250**, 414 (1932).

[4] Liebigs Ann. Chem. **498**, 62 (1932); **506**, 77 (1933).

optisch aktiv ist d(l)-B, kann man die Reaktion durch folgendes Schema darstellen:

$$d\text{-}A \xrightarrow{\ d\,(l)\text{-}B\ } d\text{-}C + d\,(l)\text{-}B\,,$$

$$l\text{-}A \xrightarrow{\ d\,(l)\text{-}B\ } l\text{-}C + d\,(l)\text{-}B\,.$$

Hierbei werden die stereoisomeren Formen von A und B mit einer anderen Geschwindigkeit miteinander reagieren als die sterisch-identischen Formen, d. h. d-C und l-C werden mit verschiedener Geschwindigkeit entstehen; das Reaktionsprodukt C wird *zu Anfang* der Reaktion optisch aktiv sein. Im weiteren Verlauf der Reaktion wird die optische Aktivität langsam zurückgehen, und wenn A vollkommen in C übergeführt ist, wird C als Racemat vorliegen.

b) Eine asymmetrische Verbindung wird aus symmetrischen Stoffen aufgebaut.

Die symmetrischen Stoffe A und B sollen unter der Einwirkung des optisch-aktiven Katalysators d(l)-C in die asymmetrische Verbindung D übergehen:

$$A + B \xrightarrow{\ d\,(l)\text{-}C\ } d\text{-}D\,,$$

$$A + B \xrightarrow{\ d\,(l)\text{-}C\ } l\text{-}D\,.$$

Hierbei ist zunächst nicht einzusehen, daß d-D und l-D mit verschiedener Reaktionsgeschwindigkeit entstehen können, da ja A und B symmetrisch sind und die eventuell entstehenden Zwischenstoffe AC oder BC nicht in stereoisomeren Modifikationen entstehen können. Man wird diesen Fall der asymmetrischen Katalyse unter Zurückführung auf Fall a) wie folgt darstellen müssen:

$$A + B \underset{\ }{\overset{\ d\,(l)\text{-}C\ }{\rightleftharpoons}} d, l\text{-}D\,.$$

Das Reaktionsprodukt d,l-D soll also mit $A + B$ im Gleichgewicht stehen. Nun ist es einleuchtend, daß der Zerfall von d-D und l-D von dem Katalysator d(l)-C verschieden stark beschleunigt wird. Zu Anfang der Reaktion wird also d-D oder l-D wegen seiner geringeren Zerfallsgeschwindigkeit im Überschuß vorhanden sein. Da wir es aber mit einer Gleichgewichtsreaktion zu tun haben, wird die Modifikation, die rascher zerfällt, auch wieder rascher gebildet werden, d. h. es wird langsames Racemisieren zu beobachten sein. In der Tat nimmt auch die bei der Mandelsäurenitrilsynthese zunächst beobachtete optische Aktivität im Verlauf der Reaktion ab[1].

XI. Über die Wirkungsweise der disulfidischen Vulkanisationsbeschleuniger.

Im Zusammenhang mit den Untersuchungen der organischen Hauptvalenzkatalysatoren, die insbesondere zur Klärung von biologisch-chemischen Problemen angestellt wurden, versuchte W. LANGENBECK[2] auch die Frage nach der Wirkungsweise von Vulkanisationsbeschleunigern — also von technisch wichtigen Katalysatoren — zu beantworten.

Daß Vulkanisationsbeschleuniger — wenigstens die Disulfide — echte Katalysatoren sind und nicht einfach als Vulkanisationsmittel anzusprechen sind,

---

[1] Über die hier nur kurz angedeutete Theorie der asymmetrischen Katalyse siehe W. LANGENBECK: Die organischen Katalysatoren, S. 93 und die dort angegebene Literatur. — W. LANGENBECK, G. TRIEM: Z. physik. Chem., Abt. A **177**, 401 (1936). — W. KUHN: Ergebn. Enzymforsch. **5** (1936).

[2] W. LANGENBECK, H. C. RHIEM: Ber. dtsch. chem. Ges. **68**, 2304 (1935). — W. LANGENBECK: Kautschuk **12**, 156 (1936).

zeigt schon die Tatsache, daß man mit kleinen Mengen verhältnismäßig große Umsätze erzielen kann.

Ein Versuch über die Löslichkeit des Ultrabeschleunigers Tetramethylthiuramdisulfid

$$CH_3 \diagdown N-C-S-S-C-N \diagup CH_3$$

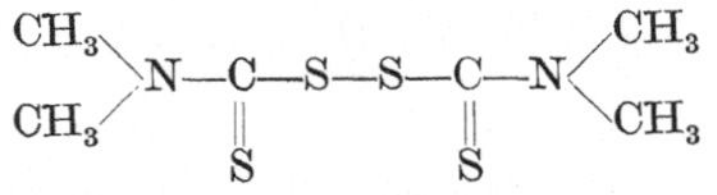

in Pyridin bei Gegenwart von Schwefel zeigte, daß beide Komponenten zusammen etwa doppelt so leicht gelöst werden, als der Summe der Einzellöslichkeiten entspricht. Man muß also annehmen, daß das Tetramethylthiuramdisulfid mit Schwefel eine Verbindung eingeht, die in Pyridin leichter löslich ist als der Beschleuniger selbst; und zwar muß diese Verbindung dissoziieren, denn beim Versuch, sie zu isolieren, findet man stets nur das reine Disulfid.

Durch das Verfahren von H. Rheinboldt[1], mit Hilfe des Auftauschmelzdiagrammes solche lockere Additionsverbindungen nachzuweisen, gelang es, mehrere Verbindungen zwischen Schwefel und Disulfiden nachzuweisen und auch etwas über ihre quantitative Zusammensetzung auszusagen. Zu diesen Untersuchungen wurden zunächst das Diphenyldisulfid und das β-Naphthyldisulfid

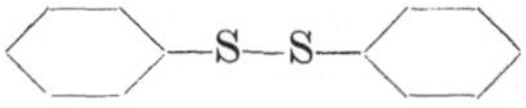

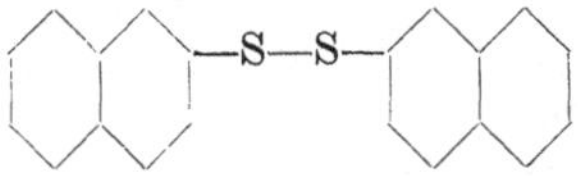

herangezogen, da diese Verbindungen sich beim Schmelzen nicht zersetzen. Die Diagramme zeigten nur schwache und wenig scharf ausgeprägte Maxima. Die beiden Disulfide sind auch als Beschleuniger völlig unwirksam.

Dagegen wurden ausgeprägte Maxima gefunden beim Auftauen bzw. Schmelzen von Schwefelgemischen mit den Halbultrabeschleunigern Dibenzothiazyldisulfid (Vulkazid DM):

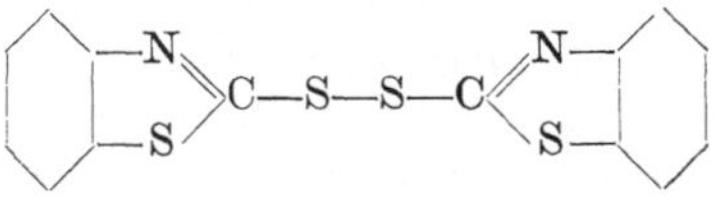

und Di-α-napthothiazyldisulfid:

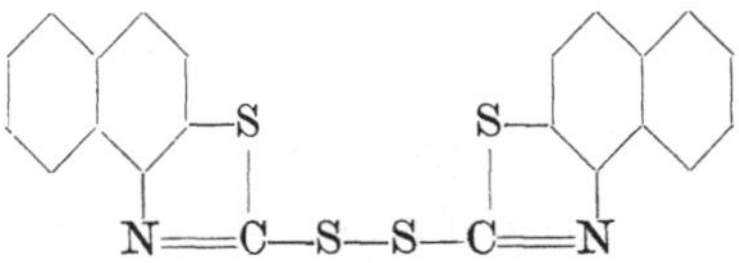

Die 3 Maxima in Abb. 1 zeigen Verbindungen an, in denen auf 1 Molekül Beschleuniger etwa 2, 20—25 und 80—100 Moleküle Schwefel entfallen.

In Abb. 2 ist die Verbindung mit 20 Molekülen Schwefel deutlich.

Um exaktere Aussagen über die Zusammensetzung der Verbindungen zu machen, reicht die Methode nicht aus. Jedenfalls ist aus diesen Versuchen und den Löslichkeitsversuchen zu schließen, daß der Beschleuniger mit Schwefel Verbindungen eingeht, die leicht dissoziieren. Man wird annehmen können,

---

[1] Das Verfahren besteht darin, daß man von den Komponenten, welche die Verbindung eingehen sollen, Gemische verschiedener prozentualer Zusammensetzung zusammenschmilzt und von den erstarrten Schmelzen die Auftau- bzw. Schmelzpunkte bestimmt. Beim Auftragen der Punkte in ein Diagramm findet man deutliche Maxima an den Stellen, wo eine Verbindung vorliegt. — J. prakt. Chem. (2) **111**, 242 (1925).

daß die Schwefelverbindungen Makromoleküle bilden, in denen der Schwefel koordinativ an das Disulfid gebunden ist. Der Schwefel wird aus diesen Verbindungen in aktivierter Form wieder abgegeben, und der Beschleuniger kann neue Schwefelmoleküle anlagern. Hiermit ist auch die Anschauung von BRUNI und ROMANI[1] widerlegt, die annahmen, daß das Thiuram beim Erhitzen den

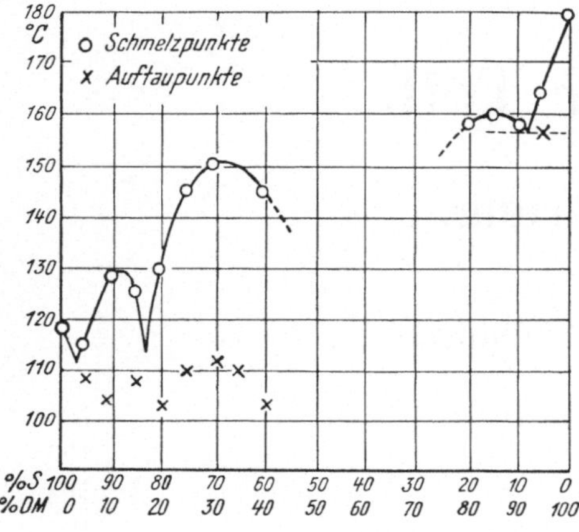

Abb. 1. Dibenzothiazyldisulfid + Schwefel.

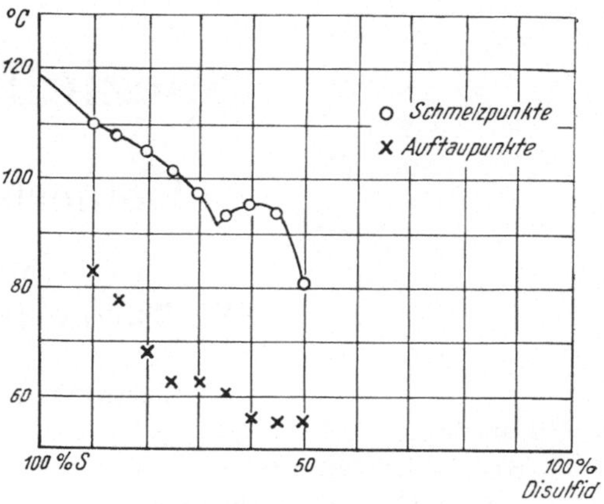

Abb. 2. Di-α-naphthothiazyldisulfid + Schwefel.

in *Hauptvalenz* gebundenen Schwefel in aktivierter Form abgebe und neuen Schwefel binde. Auch haben J. v. BRAUN und K. WEISSBACH[2] gezeigt, daß Thiuram bei Erhitzen irreversibel zerfällt unter Bildung von Tetramethylthioharnstoff:

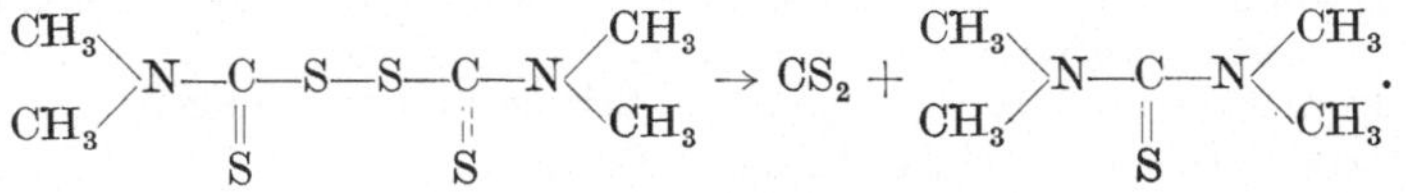

$$\mathrm{CH_3}\!\!>\!\!N\!\!-\!\!C\!\!-\!\!S\!\!-\!\!S\!\!-\!\!C\!\!-\!\!N\!<\!\!\mathrm{CH_3} \;\rightarrow\; CS_2 + \;\mathrm{CH_3}\!\!>\!\!N\!\!-\!\!C\!\!-\!\!N\!<\!\!\mathrm{CH_3}.$$

Die Wirkung des Zinkoxyds, ohne das die Sulfide nicht beschleunigen, wird man sich so vorzustellen haben, daß das Zinkoxyd mit dem Beschleuniger einen Komplex bildet, zumal SPACU und KURAS[3] gezeigt haben, daß das Mercaptobenzthiazol mit Zinkoxyd die Verbindung $(C_7H_4NS_2)_3 \cdot Zn_2OH$ bildet, der man die Formel

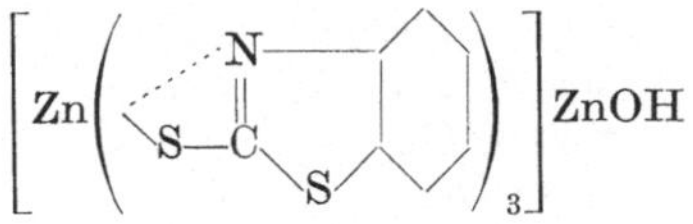

$$\left[Zn \left(\overset{N}{\underset{S-C-S}{\diagdown}} \right)_3 \right] ZnOH$$

zuerteilt hat. Auf die Richtigkeit dieser Hypothese deutet auch die Tatsache, daß die stickstofffreien Disulfide, die zu einer solchen Komplexbildung nicht befähigt sind, auch keine Wirksamkeit als Beschleuniger haben.

---

[1] Giorn. Chim. ind. appl. **3**, 197, 351 (1921).
[2] Ber. dtsch. chem. Ges. **63**, 2846 (1930).
[3] J. prakt. Chem. (2) **144**, 106 (1935).

Spezieller Teil.

Isomerisierung.

Von

W. THEILACKER, Tübingen.

Inhaltsverzeichnis.

Einleitung.

Katalytische Effekte sind in der Literatur bei Isomerisierungen häufig beschrieben, wobei in der Regel nur angeführt ist, daß eine bestimmte Substanz die Isomerisierung hervorzurufen vermag. Da in den meisten Fällen nicht untersucht wurde, ob wirkliche Katalyse vorliegt, läßt sich keine scharfe Abgrenzung durchführen, es sind deshalb im folgenden alle Beobachtungen, bei denen eine katalytische Wirkung vermutet werden kann, zusammengestellt und auch die Isomerisierungen durch Einwirkung von Licht in den Kreis der Betrachtungen gezogen.

A. Sterische Isomerisierungen.

I. Kohlenstoffverbindungen.

1. Racemisierung.

Im Gegensatz zu früheren Anschauungen[1] ist die tetraedrische Anordnung der vier Substituenten um das Kohlenstoffatom außerordentlich stabil, schon geringe Änderungen der Valenzwinkel erfordern einen verhältnismäßig großen Energieaufwand[2]. Derartige Deformationen sind aber für den Übergang einer optisch aktiven Verbindung in ihr Spiegelbild, die über eine ebene Anordnung verlaufen muß[3], erforderlich. Daraus folgt, daß Racemisierung bei optisch aktiven Verbindungen mit einem asymmetrischen Kohlenstoffatom nur dann stattfinden wird, wenn *ein* Substituent am Asymmetriezentrum vorübergehend abgelöst wird und dann wieder so eintritt, daß das Spiegelbild entsteht. In Übereinstimmung damit lassen sich optisch aktive Verbindungen unter Bedingungen, bei denen eine derartige Ablösung eines Substituenten nicht möglich ist, nicht inaktivieren[4]. So racemisieren sich (+)-*3-Methylhexan*[5], (+)-*2-Methylbutanol-1* (optisch aktiver Gärungsamylalkohol)[5, 6] und (—)-*Butanol-2*[7] selbst bei Temperaturen nicht, bei denen die Zersetzung dieser Ver-

---

[1] VAN 'T HOFF: Lagerung der Atome im Raume, 2. Aufl., S. 30, 48. — A. v. BAEYER: Liebigs Ann. Chem. **245**, 136 (1888). — A. WERNER: Neuere Anschauungen über anorganische Chemie, 4. Aufl, S. 76. 1920.

[2] H. A. STUART: Molekülstruktur, Struktur und Eigenschaften der Materie in Einzeldarstellungen Bd. 14, S. 86. Berlin 1934.

[3] A. WERNER: Lehrbuch der Stereochemie, S. 49. Jena 1904. — Siehe auch A. F. HOLLEMAN: Recueil Trav. chim. Pays-Bas **32**, 180 (1913).

[4] Näheres darüber z. B. W. HÜCKEL: Theoretische Grundlagen der organischen Chemie, 3. Aufl., Bd, 1, S. 348. Leipzig 1940.

[5] U. v. WEBER: Z. physik. Chem., Abt. A **179**, 295 (1937).

[6] P. FRANKLAND, TH. S. PRICE: J. chem. Soc. [London] **71**, 255 (1897).

[7] R. L. BURWELL jun.: J. Amer. chem. Soc. **59**, 1609 (1937). — Siehe auch R. A. OGG, M. POLANYI, L. WERNER: J. Soc. chem. Ind. **53**, 614 (1934).

bindungen beginnt. Ebenso wird der *Monoäthyläther* des optisch aktiven *Trimethyläthylenglykols* $CH_3 \cdot CH(OC_2H_5) \cdot C(OH)(CH_3)_2$ durch zehnstündiges Erhitzen mit Kalium auf 190° nicht racemisiert[1]. Auch optisch aktives *Coniin* und *Methylconiin* behalten beim Erhitzen mit Alkalien oder mit konzentrierter Salzsäure auf 200° ihre optische Drehung bei[2]; optisch aktives *Scopolin* ist kaum racemisierbar[2, 3].

Die vorübergehende Ablösung eines Substituenten kann erfolgen durch *Enolisierung* (Wanderung eines H-Atoms unter Ausbildung einer Doppelbindung und damit einer ebenen Anordnung am Asymmetriezentrum), durch *elektrolytische Dissoziation* oder durch *Substitution* mit einem gleichen Substituenten nach dem Vorgang der WALDENschen Umkehrung (Eintritt dieses Substituenten auf der anderen Seite in bezug auf die Ebene der drei übrigen Substituenten). Allerdings lassen sich die beobachteten Racemisierungserscheinungen nicht vollständig auf diese drei Möglichkeiten zurückführen, bei einer Reihe von cyclischen Verbindungen läßt sich die Racemisierung zwanglos durch Verschiebung von Doppelbindungen deuten, bei verschiedenen anderen Substanzen ist der Mechanismus der Racemisierung noch unbekannt.

a) Racemisierung durch Enolisierung

tritt bei den optisch aktiven Verbindungen ein, die in Nachbarschaft zum asymmetrischen Kohlenstoffatom eine $C{=}O$- oder $C{\equiv}N$-Gruppe enthalten:

$$\begin{array}{c}R_1 \\ {\Large\diagdown} \\ R_2\end{array}\!\!\!\!C\!-\!\!\!\underset{\underset{\displaystyle O}{\|}}{\underset{\displaystyle H}{C}}\!-\!R_3 \;\rightleftharpoons\; \begin{array}{c}R_1 \\ {\Large\diagdown} \\ R_2\end{array}\!\!\!\!C\!\!=\!\!\underset{\underset{\displaystyle OH}{|}}{C}\!-\!R_3 \quad\text{oder}\quad \begin{array}{c}R_1 \\ {\Large\diagdown} \\ R_2\end{array}\!\!\!\!\underset{\underset{\displaystyle H}{|}}{C}\!-\!C\!\!\equiv\!\!N \;\rightleftharpoons\; \begin{array}{c}R_1 \\ {\Large\diagdown} \\ R_2\end{array}\!\!\!\!C\!\!=\!\!C\!\!=\!\!NH\,.$$

Da die Racemisierung in diesem Fall durch dieselben Stoffe beschleunigt wird wie die Enolisierung, nämlich durch saure und basische Mittel, wobei den Basen auch hier die stärkere Wirkung zukommt, ist es sehr wahrscheinlich — jedoch nicht sicher[4] —, daß die Racemisierung über die Zwischenstufe des Enols verläuft[5]. Aus obigem Schema ist ohne weiteres ersichtlich, daß Racemisierung durch enolisierende Mittel nur dann eintreten kann, wenn am Asymmetriezentrum ein H-Atom zur Verfügung steht. Dies ist der Fall[6]. Als Katalysatoren für diese Art der Racemisierung werden am häufigsten angewandt: **Alkalihydroxyde, -carbonate, -alkoholate** und **-acetate, Amine,** besonders **Piperidin, Pyridin** und **Chinolin,** aber auch starke Säuren wie **konzentrierte Schwefelsäure, Salpetersäure, Überchlorsäure** und **konzentrierte Halogenwasserstoffsäuren** sind dazu geeignet. Alle konstitutionellen Faktoren, die die Enolisierung begünstigen, erleichtern die Racemisierung; so ist es verständlich, daß besonders die Verbindungen, bei

[1] P. G. STEVENS: J. Amer. chem. Soc. **54**, 3732 (1932).

[2] K. HESS, W. WELTZIEN: Ber. dtsch. chem. Ges. **53**, 124 (1920).

[3] H. KING: J. chem. Soc. [London] **115**, 497 (1919).

[4] Siehe dazu W. HÜCKEL: Theoretische Grundlagen der organischen Chemie, 3. Aufl., Bd. 1, S. 354ff. Leipzig 1940.

[5] E. BECKMANN: Liebigs Ann. Chem. **250**, 360, 366 (1889). — A. WERNER: Lehrbuch der Stereochemie, S. 52. Jena 1904. — H. WREN: J. chem. Soc. [London] **95**, 1593 (1909). — O. ASCHAN: Liebigs Ann. Chem. **387**, 16 (1912). — E. MOHR: J. prakt. Chem. (2) **85**, 334 (1912). — P. RABE: Liebigs Ann. Chem. **364**, 337 (1909). — O. ROTHE: Ber. dtsch. chem. Ges. **47**, 843 (1914). — Besonders A. McKENZIE und Mitarbeiter: Zusammenstellung dieser Arbeiten bei I. A. SMITH: Ebenda **64**, 430 (1931).

[6] O. ROTHE: Ber. dtsch. chem. Ges. **47**, 843 (1914). — A. McKENZIE, H. WREN: J. chem. Soc. [London] **117**, 680 (1920). — A. McKENZIE, I. A. SMITH: Ebenda **121**, 1356 (1922); Ber. dtsch. chem. Ges. **58**, 894 (1925). — H. J. BACKER, H. W. MOOK: Recueil Trav. chim. Pays-Bas **47**, 464 (1928). — TH. WAGNER-JAUREGG: Mh. Chem. **53/54**, 791 (1929).

denen das asymmetrische Kohlenstoffatom einen aromatischen Rest trägt und die Enolisierung durch Bildung einer zum aromatischen Ring konjugierten Doppelbindung erleichtert wird, der katalytischen Racemisierung leicht zugänglich sind[1].

Die Racemisierung von *Ketonen* ist am gründlichsten untersucht bei optisch aktiven Verbindungen vom Typ R_1—CO—CH$\langle^{R_2}_{R_3}$ mit R_1 und R_2 = Aryl, R_3 = Alkyl oder Aryl. Sie tritt hier mit geringen Mengen **alkoholischer Kalilauge** in Alkohol oder mit **konzentrierter Schwefelsäure** bei gewöhnlicher Temperatur ein[2]. Systematische Untersuchungen darüber wurden von J. B. CONANT und G. H. CARLSON[3] ausgeführt, die stärkste katalytische Wirksamkeit besitzen **Alkoholate** in alkoholischer Lösung, **Piperidin** in Alkoholen ist viel weniger wirksam, etwa in der gleichen Größenordnung wie **Schwefelsäure** in Methanol bzw. Eisessig oder **methylalkoholische Salzsäure**. Unter den Alkoholaten selbst besitzen die des Äthyl-, Propyl-, n-Butyl- und sek. Butylalkohols die gleiche, Na-methylat dagegen schwächere Wirksamkeit. Langsame Racemisierung tritt auch mit schwächeren Säuren wie **Mono-, Di-** und **Trichloressigsäure** sowie **o-Nitrobenzoesäure** in nichtwässerigen Lösungsmitteln ein[4]. Auch Verbindungen mit R_1 oder R_2 = Benzyl oder Alkyl werden durch geringe Mengen alkoholischer Kalilauge und konzentrierter Schwefelsäure racemisiert[3, 5], dasselbe ist der Fall bei Ketonen, die keinen Arylrest am Asymmetriezentrum tragen, so werden *sekundäre Butylketone* vom Typ $^{CH_3}_{C_2H_5}\rangle$CH · CO — R (mit R = CH_3, C_2H_5, Benzyl oder Cyclohexyl) durch Spuren von **Alkali**, wie sie von gewöhnlichem Glas abgegeben werden, oder durch **Salpetersäure** in Eisessig racemisiert[6]. Optisch aktives *Benzoin* und sein Methyläther verlieren beim Behandeln mit geringen Mengen **alkoholischer Kalilauge** in Alkohol[7, 8] oder mit **Alkoholaten** in Aceton[7] oder Alkohol[9] ihre optische Drehung, Schmelzen in **Glasgefäßen** oder Lösen in **Di-** und **Triäthylamin** oder **Piperidin** hat denselben Erfolg[10], dagegen wird die Racemisierung durch geringe Mengen Piperidin in alkoholischer Lösung verzögert. Optisch aktives *Benzoyl-benzyl-carbinol*, das dem Benzoin entspricht, aber am asymmetrischen Kohlenstoffatom keinen Phenylrest trägt, wird ebenfalls, wenn auch langsamer, durch geringe Mengen **Natriumäthylat** in Alkohol racemisiert[11]. Im Bereich der cyclischen Verbindungen ist Racemisierung bei optisch aktiven *α-Hydrindonderivaten* vom Typ $C_6H_4\langle^{CH_2}_{CO}\rangle$CHR beobachtet.

So verliert optisch aktives *β-Methyl-α-hydrindon* (R=CH_3) in alkoholischer Lösung bei gewöhnlicher Temperatur seine Drehung durch Zusatz von **Natriumhydroxyd**

---

[1] Zum Beispiel A. MCKENZIE, I. A. SMITH: Ber. dtsch. chem. Ges. **58**, 894 (1925).

[2] A. MCKENZIE, R. ROGER, G. O. WILLS: J. chem. Soc. [London] **1926**, 784. — R. ROGER, A. MCKENZIE: Ber. dtsch. chem. Ges. **62**, 272 (1929). — A. MCKENZIE, A. K. MILLS: Ebenda **62**, 1784 (1929),

[3] J Amer. chem. Soc. **54**, 4048 (1932).

[4] R. P. BELL, O. M. LIDWELL, J. WRIGHT: J. chem. Soc. [London] **1938**, 1861.

[5] A. MCKENZIE, W. S. DENNLER: Ber. dtsch. chem. Ges. **60**, 220 (1927). — R. ROGER, A. MCKENZIE: Ebenda **62**, 272 (1929). — CH. K. INGOLD, CH. L. WILSON: Z. Elektrochem. angew. physik. Chem. **44**, 65 (1937).

[6] P. D. BARTLETT, CH. H. STAUFFER: J. Amer. chem. Soc. **57**, 2580 (1935).

[7] H. WREN: J. chem. Soc. [London] **95**, 1593 (1909).

[8] A. MCKENZIE, R. ROGER, G. O. WILLS: J. chem. Soc. [London] **1926**, 784.

[9] A. WEISSBERGER, A. DÖRKEN, W. SCHWARZE: Ber. dtsch. chem. Ges. **64**, 1200 (1931).

[10] R. ROGER, A. MCGREGOR: J. chem. Soc. [London] **1934**, 1545.

[11] A. MCKENZIE, G. MARTIN, H. G. RULE: J. chem. Soc. [London] **105**, 1583 (1914).

oder **Natriummethylat**[1], *2-o-Carboxybenzyl-indanon-1* [R=CH$_2$·C$_6$H$_4$·COOH(-o)] wird in wässeriger Lösung durch überschüssiges **Alkali**[2], in verdünnter Essigsäure durch **Natriumacetat**[3] und in Chloroform oder Eisessig durch Spuren von **Bromwasserstoff**[4] racemisiert. Die katalytische Wirksamkeit wird im letzteren Fall durch Zusatz von Wasser vermindert. Auch in der Terpenreihe finden sich hierfür Beispiele, so wird die Racemisierung von *Piperiton*

$$\text{CH}_3\text{---}\text{C}\underset{\text{CH}_2\text{---}\text{CH}_2}{\overset{\text{CH}\text{---}\text{CO}}{<}}\text{CH}\text{---}\text{CH}\underset{\text{CH}_3}{\overset{\text{CH}_3}{<}}$$

durch **Alkalien** beschleunigt[5].

Viel schwieriger sind optisch aktive *Carbonsäuren* zu racemisieren, die die Carboxylgruppe in Nachbarschaft zum Asymmetriezentrum tragen, die Neigung zur Enolisierung ist bei diesen Substanzen sehr wenig ausgeprägt. Aromatische Gruppen am asymmetrischen C-Atom befördern auch hier die Racemisierung, so wird optisch aktive *Phenyl-p-tolylessigsäure* durch überschüssige **Alkalilauge,** besonders in der Siedehitze, racemisiert[6]. Aktive *Phenyl-bernsteinsäure* verliert ihre Drehung durch Erhitzen mit Alkali auf 150° [7], da dasselbe aber auch beim Erhitzen allein stattfindet, ist es unsicher, ob hier das Alkali katalytisch wirkt. Ersetzt man den aromatischen Rest durch einen aliphatischen, so ist die Racemisierung nur sehr schwer zu erzwingen, sie tritt z. B. bei der *Hexylbernsteinsäure*[8] beim Erhitzen mit **Alkali** auf 160° nur teilweise ein. Von *halogenierten Säuren* liegen Beobachtungen in dieser Richtung an den Säuren selbst nur bei den aktiven *Dihalogenessigsäuren* vor; die Chlorjodessigsäure wird in wässeriger Lösung durch **Ammoniak, Natronlauge** und **Salzsäure** inaktiviert[9], während die Chlorbromessigsäure sich so schnell racemisiert, daß die freie Säure überhaupt nicht in optisch aktiver Form erhalten werden kann[10]. In der Reihe der *α-Oxysäuren* wird die *Milchsäure* durch Erhitzen in wässeriger Lösung mit und ohne überschüssiges Alkali fast gleich schnell racemisiert[11], so daß Alkali hier nicht katalytisch zu wirken scheint. Optisch aktive *Mandelsäure* wird durch **alkoholische Kalilauge** bei 70—80°, wenn auch nicht schnell, racemisiert[12], **wässerige Kalilauge** wirkt träger, in diesem Falle sind höhere Temperaturen angebracht[13]. Eine substituierte Mandelsäure, die *4-Isopropyl-phenyl-glykolsäure* verliert ihre optische Aktivität beim Erhitzen mit Wasser auf 180—200° [14]. Die durch tagelanges Erhitzen mit Wasser auf 165—170° bewirkte Inaktivierung von

---

[1] F. S. Kipping: Proc. chem. Soc. [London] 18, 34 (1902). — Vgl. auch A. H. Salway, F. S. Kipping: J. chem. Soc. [London] 95, 166 (1909).

[2] H. Leuchs, J. Wutke: Ber. dtsch. chem. Ges. 46, 2434 (1913). Die in wässeriger Lösung beobachtete Autoracemisierung ist wohl auf die Wirkung der von der Verbindung selbst gelieferten Wasserstoffionen zurückzuführen.

[3] Shing Kong Hsü, Ch. L. Wilson: J. chem. Soc. [London] 1936, 623.

[4] Ch. K. Ingold, Ch. L. Wilson: J. chem. Soc. [London] 1934, 773.

[5] J. L. Simonsen: J. chem. Soc. [London] 119, 1646 (1921).

[6] A. McKenzie, S. T. Widdows: J. chem. Soc. [London] 107, 702 (1915). — D. J. G. Ives, G. C. Wilks: Ebenda 1938, 1455.

[7] H. Wren, H. Williams: J. chem. Soc. [London] 109, 572 (1916).

[8] H. Wren, H. Burns: J. chem. Soc. [London] 117, 266 (1920).

[9] A. M. McMath, J. Read: J. chem. Soc. [London] 1927, 537.

[10] J. Read, A. M. McMath: J. chem. Soc. [London] 1926, 2183.

[11] R. O. Herzog, P. Slansky: Hoppe-Seyler's Z. physiol. Chem. 73, 240 (1911).

[12] A. McKenzie, H. B. Thompson: J. chem. Soc. [London] 85, 385 (1904); 87, 1020 (1905). — A. McKenzie, H. Wren: Ebenda 115, 602 (1919).

[13] A. F. Holleman: Recueil Trav. chim. Pays-Bas 17, 323 (1898). — A. McKenzie, H. B. Thompson: J. chem. Soc. [London] 85, 385 (1904). — Ch. Winther: Z. physik. Chem. 56, 480 (1906). — O. Rothe: Ber. dtsch. chem. Ges. 47, 843 (1914).

[14] M. Fileti: J. prakt. Chem. (2) 46, 561 (1892); Gazz. chim. ital. 22 II, 395 (1892).

Äpfelsäure[1] kann in derselben Zeit durch **Kalilauge** bei niederer Temperatur (100°) erreicht werden[2]. Unter ähnlichen Bedingungen läßt sich auch die Racemisierung der Weinsäure erreichen (siehe Abschnitt 2). Die aktive *α-Phenyl-β-benzoylpropionsäure*, C_6H_5—CH—$CH_2 \cdot CO \cdot C_6H_5$ wird im Gegensatz zu ihren

$$\overset{|}{COOH}$$

Estern durch verdünnte wässerige oder alkoholische Alkalilauge in der Kälte nur sehr langsam racemisiert, dagegen erfolgt schnelle Inaktivierung beim Kochen mit **konzentrierterer Lauge, 40proz. Brom-** oder **57proz. Jodwasserstoffsäure**[3]. Durch starke Basen (**NaOH, KOH, Ba(OH)₂**) werden optisch aktive *α-Aminosäuren*, z. B. *Alanin*[4], *Leucin*[5], *Glutaminsäure*[6], *Prolin*[7], bei 150—200° racemisiert. *Asparaginsäure* verliert ihre optische Drehung beim Erhitzen mit wässerigem **Ammoniak,** aber auch mit Wasser allein auf 140—150°, allerdings tritt dabei beträchtliche Zersetzung ein[8]; ebenso wird *Asparagin* durch Kochen der wässerigen Lösung racemisiert[9]. Aktive *Phenyl-anilino-essigsäure* wird durch **alkoholische Natronlauge** in der Hitze inaktiviert[10]. Auch Säuren sind für die Racemisierung von α-Aminosäuren brauchbar, so werden Leucin[11] und Asparaginsäure[12] durch **Salzsäure** bei 170—200° inaktiviert.

Besonders zahlreich sind die Beobachtungen über die Racemisierung solcher Carbonsäuren, die außer der COOH-Gruppe noch einen schwefelhaltigen Rest (SH-, Sulfid-, Sulfon-, Sulfosäure-gruppe u. a.) enthalten. Aktive *Thioäpfelsäure* und *Äthylxanthogen-bernsteinsäure* racemisieren sich eigentümlicherweise in zur Hälfte mit Natronlauge neutralisierten wässerigen Lösungen weit schneller als in eigener saurer, mineralsaurer oder neutraler Lösung[13]. Die gleiche Erscheinung findet man bei einer Anzahl optisch aktiver *Sulfidcarbonsäuren*

$$\overset{\displaystyle R'}{\underset{\displaystyle H}{R-S-\overset{|}{\underset{|}{C}}-COOH}}$$

in wässeriger Lösung bei 90°, außerdem werden diese Säuren durch heiße **Natronlauge** racemisiert[14]. Eine aromatische Gruppe am Asymmetriezentrum wirkt auch hier fördernd auf die Racemisierung. **Salzsäure** hat einen geringen Einfluß auf die Inaktivierung solcher Säuren, lediglich bei der *Äthylsulfidphenylessigsäure* (R=C_2H_5, R′=C_6H_5) wirkt sie beschleunigend[13]. Eine Reihe von optisch aktiven

[1] D. I. JAMES, H. O. JONES: J. chem. Soc. [London] **101**, 1158 (1912).
[2] A. McKENZIE, H. B. THOMPSON: J. chem. Soc. [London] **87**, 1020 (1905).
[3] C. L. BICKEL: J. Amer. chem. Soc. **60**, 927 (1938).
[4] E. FISCHER, TH. DÖRPINGHAUS: Hoppe-Seyler's Z. physiol. Chem. **36**, 468 (1902).
[5] E. SCHULZE, E. BOSSHARD: Hoppe-Seyler's Z. physiol. Chem. **10**, 135 (1886). — E. FISCHER: Ber. dtsch. chem. Ges. **39**, 593 (1906).
[6] E. FISCHER, W. KROPP, A. STAHLSCHMIDT: Liebigs Ann. Chem. **365**, 183 (1876). — E. SCHULZE, E. BOSSHARD: Hoppe-Seyler's Z. physiol. Chem. **10**, 135 (1886). — MENOZZI, APPIANI: Gazz. chim. ital. **24 I**, 383 (1894). — Vgl. auch VL. STANÉK: Chem. Zbl. **1912 II**, 1769.
[7] E. FISCHER: Hoppe-Seyler's Z. physiol. Chem. **33**, 151, 412 (1901).
[8] R. ENGEL: C. R. hebd. Séances Acad. Sci. **104**, 1807 (1887); Bull. Soc. chim. France (2) **48**, 99 (1887).
[9] C. RAVENNA, G. BUSINELLI: Gazz. chim. ital. **49 II**, 303 (1920).
[10] A. McKENZIE, S. CH. BATE: J. chem. Soc. [London] **107**, 1681 (1915).
[11] F. RÖHRMANN: Ber. dtsch. chem. Ges. **30**, 1981 (1897).
[12] A. MICHAEL, J. F. WING: Ber. dtsch. chem. Ges. **17**, 2984 (1884).
[13] B. HOLMBERG: Ber. dtsch. chem. Ges. **47**, 167 (1914); Ark. Kem., Mineral. Geol. **6**, Nr. 1 (1915).
[14] P. FITGER: Racemisierungserscheinungen bei optisch-aktiven Sulfidsäuren, S. 32ff. Lund 1924.

198   W. Theilacker: Isomerisierung.

α-Alkyl- oder *α-Aryl-sulfonpropionsäuren* werden durch starke Säuren[1, 2] (HCl, HBr, HJ, HNO$_3$, HClO$_4$) und vor allem durch Alkali[3] rasch racemisiert. Von den aktiven *Halogensulfoessigsäuren* zeigt die Chlorsulfoessigsäure Autoracemisierung, die durch Basen beschleunigt wird[3], die Bromsulfoessigsäure ist beständiger, wird jedoch in alkalischer Lösung ebenfalls racemisiert[4].

Die Neigung zur Enolisierung ist bei den Derivaten der Carbonsäuren, vor allem den *Estern* und *Amiden*, viel ausgeprägter, die Racemisierung der optisch aktiven Substanzen ist daher auch gegen katalytische Einflüsse viel empfindlicher, es genügen hier in der Regel schon geringe Mengen von Alkalihydroxyd oder Alkalialkoholat, um vollständige Racemisierung hervorzurufen.

Es wird in der Literatur eine Reihe von Fällen beschrieben, bei denen aus optisch aktiven *Estern* bei der Verseifung inaktive Säuren entstehen, während die aktiven Säuren unter den gleichen Bedingungen nicht oder viel langsamer racemisiert werden. Diese Beispiele bleiben hier unberücksichtigt, da sie keineswegs einen sicheren Schluß auf die Racemisierung der Ester selbst erlauben.

Die optisch aktiven Ester *di-alkyl-* oder *-aryl-substituierter Essigsäuren* $\frac{R}{R'}$\CH · COOR'' werden durch Alkalialkoholat[5, 6] in Alkohol oder Kaliumpulver in Benzol[6] bei Zimmertemperatur racemisiert. Auch die *Phenylbernsteinsäureester* werden bei Zimmertemperatur durch Natriumalkoholat in Alkohol rasch inaktiviert, während die aktive Säure unter diesen Bedingungen selbst bei 70⁰ nicht verändert wird[7]. FeCl$_3$ in Alkohol bewirkt keine Veränderung in der optischen Drehung der Ester. Daß auch die Ester der optisch aktiven *α-Halogenphenylessigsäuren* durch Spuren von alkoholischer Kalilauge oder Chlorwasserstoff inaktiviert werden, geht aus der partiellen Racemisierung der Ester dieser Säuren mit optisch aktiven Alkoholen hervor[8]. Bei den *Oxysäuren* sind die Ester der *Mandelsäure* durch alkoholische Kalilauge[9] leicht racemisierbar, etwas schwieriger erfolgt die Inaktivierung bei den Estern einer β-Oxysäure, der *Tropasäure* (Äthylester, Hyoscyamin), die durch Spuren alkoholischer Kalilauge[10], aber auch durch andere basische Stoffe (NaOH, NH$_3$, Amine, Sodalösung)[11] bei gewöhnlicher Temperatur herbeigeführt wird. Die Ester der *α-Phenyl-β-benzoyl-propionsäure* werden durch verdünnte alkoholische Natronlauge bei gewöhnlicher Temperatur rasch und ohne nennenswerte Hydrolyse racemisiert[12]. Über die katalytische Racemisierung von *α-Aminosäureestern* ist wenig bekannt, beim optisch aktiven *α-Trimethylaminopropionsäure-äthylester-bromid* wird sie durch Trimethylamin in alkoholischer Lösung bei 20⁰ bewirkt[13]. Der aktive *Äthylsulfid-bernsteinsäure-*

---

[1] L. Ramberg, I. Hedlund: Ark. Kem., Mineral. Geol. 13, Nr. 1 (1938).

[2] A. Mellander: Ark. Kem., Mineral. Geol. 13, Nr. 3 (1938).

[3] H. J. Backer, W. G. Burgers: J. chem. Soc. [London] 127, 233 (1925).

[4] H. J. Backer, H. W. Mook: Recueil Trav. chim. Pays-Bas 47, 464 (1928).

[5] J. B. Conant, G. H. Carlson: J. Amer. chem. Soc. 54, 4048 (1932).

[6] J. Kenyon, D. P. Young: J. chem. Soc. [London] 1940, 216.

[7] H. Wren: J. chem. Soc. [London] 113, 210 (1918).

[8] A. McKenzie, I. A. Smith: J. chem. Soc. [London] 123, 1962 (1923); Ber. dtsch. chem. Ges. 58, 894 (1925).

[9] A. McKenzie, H. Wren: J. chem. Soc. [London] 115, 602 (1919). Hier ist der Nachweis geführt worden, daß der der Verseifung nicht anheimfallende Teil des Esters teilweise racemisiert ist. Partielle Racemisation von Estern der Mandelsäure mit optisch aktiven Alkoholen erfolgt durch Spuren alkoholischer Kalilauge, A. McKenzie, I. A. Smith: Ber. dtsch. chem. Ges. 58, 894 (1925).

[10] J. Gadamer: J. prakt. Chem. (2) 87, 317, 389 (1913).

[11] W. Will, G. Bredig: Ber. dtsch. chem. Ges. 21, 2777 (1888). — A. Ladenburg: Ebenda 21, 3065, 3070 (1888). — J. Gadamer: Arch. Pharmaz. Ber. dtsch. pharmaz. Ges. 239, 294 (1901).   [12] C. L. Bickel: J. Amer. chem. Soc. 60, 927 (1938).

[13] E. Fischer: Ber. dtsch. chem. Ges. 40, 5007 (1907).

diäthylester wird durch 0,1 n **Natriumäthylat**lösung bei gewöhnlicher Temperatur rasch racemisiert[1].

Von den optisch aktiven *Säureamiden* werden *Phenyl-p-tolylacetamid, Methoxy-bernsteinsäureamid, Mandelsäureamid* und Derivate mit substituierter OH- und NH_2-Gruppe durch **alkoholische Kalilauge** bei gewöhnlicher Temperatur leicht racemisiert[2]. Bei der aktiven *Isopropyl-malonamid-säure* ist die leichte Racemisierbarkeit durch Erhitzen mit Wasser auf 100°[3] wohl ebenfalls auf die Anwesenheit der Säureamidgruppe zurückzuführen. Weitere Beobachtungen in dieser Hinsicht sind bei einer Anzahl cyclischer Säureamide gemacht. So werden optisch aktive *Hydantoine* durch wässerige **Natronlauge, Barytwasser** oder **Ammoniak** bei gewöhnlicher Temperatur[4] oder durch Erhitzen mit wenig **Salzsäure** auf 100° leicht racemisiert[5]. Aktive *Hydro-carbostyril-β-carbonsäure* verliert ihre optische Drehung in **Eisessig** bei gewöhnlicher Temperatur[6]. *N-Methyl-diketothiazolidin-essigsäure* wird durch **Salzsäure** wie auch durch **Alkali** inaktiviert, im letzteren Falle tritt dabei gleichzeitig Aufspaltung des Ringsystems ein[7]. Optisch aktive *Dioxindole* werden durch **Pyridin** racemisiert[8], eine Inaktivierung tritt auch durch Spuren **alkoholischer Kalilauge** ein, doch bildet sich in diesem Fall gleichzeitig Isatyd.

Beobachtungen über Racemisierung optisch aktiver *Nitrile* sind spärlich, *Phenylchlor-acetonitril*[9], *Mandelsäurenitril*[10] und *Phenylmethoxy-acetonitril*[11] werden durch eine Spur **alkoholischer Kalilauge** in Alkohol inaktiviert.

Der Racemisierung durch Enolisierung nahe verwandt ist die Inaktivierung optisch aktiver SCHIFF*scher Basen* vom Typ:

$$\begin{array}{c}R_1\\ \\ R_2\end{array}\!\!>\overset{+}{C}H\!-\!N=C\!<\!\!\begin{array}{c}R_3\\ \\ R_4\end{array} \rightleftharpoons \begin{array}{c}R_1\\ \\ R_2\end{array}\!\!>C=N\!-\!HC\!<\!\!\begin{array}{c}R_3\\ \\ R_4\end{array}$$

Durch **Natriumäthylat** in Alkohol werden solche Basen unter Verschiebung der Doppelbindung und eines Wasserstoffatoms in Isomere umgewandelt, über das entstehende Gleichgewicht tritt eine Inaktivierung der Verbindungen ein[12].

b) Racemisierung durch Ionisierung (Komplexbildung).

Nimmt man an, daß bei der Bildung eines Enols das Wasserstoffatom zunächst als Ion abgelöst wird, dann gehören die bis jetzt erwähnten Beispiele der Racemisierung durch Enolisierung ebenfalls hierher. Bei den den Ketonen entsprechenden *Sulfonen* ist eine Enolbildung nicht mehr möglich, die Racemisierung solcher Verbindungen kann demnach lediglich mit dem Abdissoziieren

---

[1] P. FITGER: Racemisierungserscheinungen bei optisch aktiven Sulfidsäuren, S. 105. Lund 1924.

[2] A. McKENZIE, I. A. SMITH: J. chem. Soc. [London] **121**, 1348 (1922); dasselbe ist bei *Phenyl-chlor-acetamid* der Fall [I. A. SMITH: Ber. dtsch. chem. Ges. **71**, 634 (1938)].

[3] E. FISCHER, F. BRAUNS: S.-B. preuß. Akad. Wiss. Berlin **1914**, 714.

[4] H. D. DAKIN: Amer. chem. J. **44**, 48 (1910); J. chem. Soc. [London] **107**, 434 (1915).

[5] H. D. DAKIN, H. W. DUDLEY: J. biol. Chemistry **17**, 29 (1914); **18**, 48 (1914).

[6] H. LEUCHS: Ber. dtsch. chem. Ges. **54**, 830 (1921).

[7] S. KALLENBERG: Ber. dtsch. chem. Ges. **56**, 316 (1923).

[8] A. McKENZIE, P. A. STEWART: J. chem. Soc. [London] **1935**, 104.

[9] I. A. SMITH: Ber. dtsch. chem. Ges. **71**, 634 (1938).

[10] I. A. SMITH: Ber. dtsch. chem. Ges. **64**, 427 (1931).

[11] I. A. SMITH: J. chem. Soc. [London] **1935**, 194.

[12] CH. K. INGOLD, CH. L. WILSON: J. chem. Soc. [London] **1933**, 1493. — SHING KONG HSÜ, CH. K. INGOLD, CH. L. WILSON: Ebenda **1935**, 1778. — G. T. BORCHERDT, H. ADKINS: J. Amer. chem. Soc. **60**, 3 (1938).

eines Wasserstoffions und der Bildung eines Kohlenstoffanions erklärt werden. Beobachtungen in dieser Richtung liegen bei Sulfonen vom Typ

$$R\text{—}S\text{—}CH(CH_3)\text{—}SO_2\text{—}C_6H_4\text{—}COOH(\text{-}p) \quad (R=C_6H_5 \quad \text{und} \quad p\text{-}C_6H_4\cdot CH_3)$$

vor, die optisch aktiven Säuren sind stabil in Pyridinlösung und werden durch überschüssige wässerige **Natronlauge,** die Methylester durch geringe Mengen **Natriummethylat** leicht racemisiert[1]. Auf dieselbe Ursache ist wohl die Racemisierung der *Dihalogen-methan-sulfosäuren* zurückzuführen. Während die optisch aktive Chlorbrommethansulfosäure sich so schnell racemisiert, daß sie sich in freiem Zustand überhaupt nicht erhalten läßt[2], wird die aktive Chlorjodmethansulfosäure durch kochende überschüssige 0,1 n **Natronlauge** oder teilweise durch konzentriertes **Ammoniak** in der Kälte inaktiviert[3].

Während bei diesen Verbindungen die Racemisierung zweifellos auf die Bildung eines Kohlenstoffanions zurückzuführen ist, wird bei anderen die Inaktivierung durch Bildung eines Kohlenstoff*kations* hervorgerufen. Dazu gehören in erster Linie *Halogenverbindungen* und *Ester gewisser Alkohole* mit starken Säuren, hier wird die Ionisierung durch Lösungsmittel mit hoher Dielektrizitätskonstante oder durch Komplexbildung gefördert[4]. Eingehend untersucht ist die Racemisierung von optisch aktivem *α-Phenyläthylchlorid*[5], die durch Komplexbildung mit $HgCl_2$, $ZnCl_2$, BCl_3, $TiCl_4$, $SnCl_4$, $SbCl_5$ und $SbCl_3$ erreicht wird, wobei $SbCl_5$ die stärkste, $SbCl_3$ nur eine geringe Wirkung entfaltet. *Nicht* wirksam sind $SiCl_4$ und $AsCl_3$. Die Racemisierungsgeschwindigkeit wächst ungefähr mit steigender Dielektrizitätskonstante des Lösungsmittels. Die Wirkung der Katalysatoren wird durch Zusatz von LiCl, das mit den obengenannten Chloriden Komplexverbindungen liefert, aufgehoben, auch HCl wirkt in gleichem Sinne[6]. Bei anderen optisch aktiven Halogenderivaten wurde festgestellt[6], daß *Methyläthyl-chlormethan, Methyl-propyl-chlormethan, Methyl-benzyl-chlormethan, α-Chlorpropionsäureester, Chlorbernsteinsäure* und ihre Ester und *Phenyl-chloressigester* durch $SnCl_4$ in Benzol, oder durch $HgCl_2$ in Aceton nicht racemisiert werden, dagegen tritt eine Inaktivierung bei *Methyl-vinyl-* und *Methyl-propenyl-chlormethan* durch $SnCl_4$ in Benzol ein, $HgCl_2$ wirkt schwächer. Das *Methyl-cyclohexyl-chlormethan* wird durch $SnCl_4$ in Benzol nur langsam racemisiert. Auf Bildung eines Kohlenstoffkations dürfte auch die leichte Inaktivierung der *12-Phenyl-12-β-benzoxanthen-thio-glykolsäure*

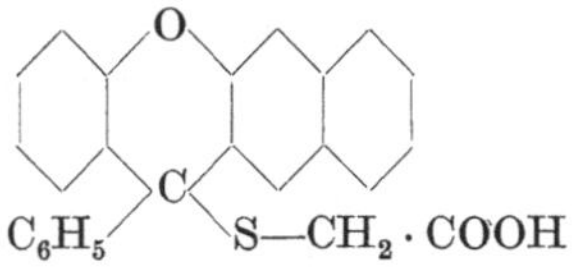

$$C_6H_5\text{—}\underset{|}{C}\text{—}S\text{—}CH_2\cdot COOH$$

die durch Licht oder etwas **Salzsäure** in Acetonlösung katalysiert wird, zurückzuführen sein[7].

c) Racemisierung durch Substitution

wird dann beobachtet, wenn ein Substituent als Anion austritt und gleichzeitig durch ein anderes Anion ersetzt wird. Ist der neu eintretende Substituent ver-

[1] F. B. KIPPING: J. chem. Soc. [London] **1933**, 1506; **1935**, 18.
[2] J. READ, A. M. McMATH: J. chem. Soc. [London] **127**, 1572 (1925).
[3] J. READ, A. M. McMATH: J. chem. Soc. [London] **1932**, 2723.
[4] H. MEERWEIN, F. MONTFORT: Liebigs Ann. Chem. **435**, 209 (1924). Über die von MEERWEIN untersuchte Racemisierung von Isobornylestern und Isobornylchlorid siehe Abschnitt 2.
[5] K. BODENDORF, H. BÖHME: Liebigs Ann. Chem. **516**, 1 (1935).
[6] H. BÖHME: Ber. dtsch. chem. Ges. **71**, 2372 (1938).
[7] E. S. WALLIS, F. H. ADAMS: J. Amer. chem. Soc. **55**, 3846 (1933).

schieden von dem austretenden, so entsteht bei diesem Vorgang unter WALDEN-scher Umkehrung eine neue optisch aktive Substanz, ist er gleich, dann entsteht das Spiegelbild des Ausgangsmaterials, es tritt Racemisierung ein[1]. Diesem Typ der Racemisierung sind vor allen Dingen die *Halogenverbindungen* unterworfen, katalytisch wirken hier naturgemäß **Halogenionen,** und da diese auch in Spuren noch wirksam sind, dürfte die bei solchen Verbindungen, wie *Brombernsteinsäure, α-Brompropionsäure, Bromphenylessigsäure* und deren Ester[2], *α-Bromisocapronsäure, α-Bromhydrozimtsäure*[3], beobachtete Autoracemisierung wohl in den meisten Fällen auf katalytische Inaktivierung durch Spuren von Halogenion zurückzuführen sein[4]. Die katalytische Racemisierung von optisch aktiven Halogenverbindungen durch Halogenionen **(Alkali-** und **Erdalkalihalogenide, Halogenwasserstoffsäuren)** ist in zahlreichen Fällen beobachtet, die Geschwindigkeit der Inaktivierung ist nicht nur von der Konzentration des Halogenids, sondern auch stark vom Lösungsmittel abhängig[5]. Näher untersucht sind: *Methyl-n-butyl-brommethan*[6], *Methyl-äthyl-jodmethan*[7], *Methyl-n-propyljodmethan*[8], *Methyl-n-butyl-jodmethan*[6, 8], *Methyl-n-hexyljodmethan*[9], *α-Phenyläthylbromid*[10], *α-Brompropionsäure*[11], *α-Jodpropionsäure*[12], *Phenylchloressigester*[13], *β-Brom-β-phenylpropionsäure*[14], *Chlorbernsteinsäureester*[6, 13], *Brombernsteinsäure*[15] und ihre Ester[6, 13] und *Jodbernsteinsäure*[16]. Die Inaktivierung des optisch aktiven *Phenylmethylcarbinols* in 60proz. Alkohol bei 72° durch **OH-Ionen** ($^1/_{100}$ n NaOH) wird ebenfalls als Substitutionsracemisierung gedeutet[17]. In neutraler Lösung tritt keine Veränderung ein, höhere Alkalikonzentrationen erhöhen die Racemisierungsgeschwindigkeit. Ob diese Deutung zutrifft, ist nicht sicher, da auch das optisch aktive *sekundäre Butanol*, ein rein aliphatischer Alkohol, bei dem die C—O-Bindung sicher sehr fest ist[18], schon durch Kochen mit wässeriger **Sodalösung** racemisiert werden soll[19].

[1] B. HOLMBERG: J. prakt. Chem. (2) **88,** 584 (1913).

[2] P. WALDEN: Ber. dtsch. chem. Ges. **31,** 1416 (1898). — Optische Umkehr-erscheinungen, S. 160ff. Braunschweig 1919. — L. RAMBERG: Liebigs Ann. Chem. **370, 237** (1909).

[3] E. FISCHER: Ber. dtsch. chem. Ges. **40,** 503 Anm. (1907).

[4] R. KUHN, TH. WAGNER-JAUREGG: Naturwiss. **17,** 103 (1929). — TH. WAGNER-JAUREGG: Mh. Chem. **53/54,** 791 (1929).

[5] P. WALDEN: Optische Umkehrerscheinungen, S. 180. Braunschweig 1919. — TH. WAGNER-JAUREGG: Mh. Chem. **53/54,** 795 (1929).

[6] E. BERGMANN: Helv. chim. Acta **20,** 590 (1937).

[7] R. A. OGG, M. POLANYI: Trans. Faraday Soc. **31,** 482 (1935). Racemisierung durch Jodatome im Gaszustand bei ungefähr 250°.

[8] E. BERGMANN, M. POLANYI, A. SZABO: Z. physik. Chem., Abt. B **20,** 161 (1933); Trans. Faraday Soc. **32,** 843 (1936).

[9] E. D. HUGHES, F. JULIUSBURGER, S. MASTERMAN, B. TOPLEY, J. WEISS: J. chem. Soc. [London] **1935,** 1525.

[10] E. D. HUGHES, F. JULIUSBURGER, A. D. SCOTT, B. TOPLEY, J. WEISS: J. chem. Soc. [London] **1936,** 1173.

[11] W. A. COWDREY, E. D. HUGHES, T. P. NEVELL, C. L. WILSON: J. chem. Soc. [London] **1938,** 209.

[12] E. HANNERZ: Ber. dtsch. chem. Ges. **59,** 1367 (1926).

[13] TH. WAGNER-JAUREGG: Mh. Chem. **53/54,** 797, 808 (1929). Dagegen racemisiert sich *Methyl-phenyl-chloressigester* durch Chlorionen nicht.

[14] G. SENTER, A. M. WARD: J. chem. Soc. [London] **125,** 2137 (1924).

[15] B. HOLMBERG: J. prakt. Chem. (2) **88,** 576 (1913).

[16] A. WESTERLUND: Ber. dtsch. chem. Ges. **48,** 1179 (1915). — B. HOLMBERG: Ark. Kem., Mineral. Geol. **6,** Nr. 23 (1917).

[17] R. A. OGG, M. POLANYI, L. WERNER: J. Soc. chem. Ind. **53,** 614 (1934).

[18] Bei der Verseifung der Carbonsäureester optisch aktiver aliphatischer Alkohole ist nie Racemisierung oder WALDENsche Umkehrung beobachtet.

[19] A. FRANKE, R. DWORZAK: Mh. Chem. **43,** 671 (1922). Dieser Befund konnte von H. ALBRECHT (Anm. 3, S. 202) nicht bestätigt werden.

d) Racemisierung von Alkoholaten.

Optisch aktiver *Amylalkohol* (sek. Butylcarbinol) wird durch Erhitzen allein nicht verändert[1], dagegen wird die Na-Verbindung durch Erhitzen auf 200—220° inaktiviert[2]. Dasselbe Schicksal erleiden die Alkaliverbindungen von optisch aktiven *sekundären Alkoholen*, die die Hydroxylgruppe am oder in Nachbarschaft zum Asymmetriezentrum tragen. So wird aktives *sekundäres Butanol* durch Erhitzen mit **Natrium**[3] oder auch aber mit wässeriger **Sodalösung**[4] racemisiert, *Methyl-isopropyl-carbinol* durch Erhitzen mit **Kalium** auf 190° inaktiviert[5].

Man kann diese Erscheinungen zwanglos deuten, wenn man annimmt[6], daß eine geringe Menge des Alkoholats zu einem Aldehyd- oder Ketonenolat dehydriert wird:

$$\begin{array}{c} R_1 \\ \diagdown \\ R_2 \end{array}\!\!CH\!-\!CH\!-\!R_3 \;\; \xrightarrow{\;-2H\;} \;\; \begin{array}{c} R_1 \\ \diagdown \\ R_2 \end{array}\!\!C\!=\!C\!-\!R_3 .$$
$$\qquad\qquad |\qquad\qquad\qquad\qquad |$$
$$\qquad\qquad ONa\qquad\qquad\qquad\quad ONa$$

Dadurch wird eine Asymmetrie sowohl am Carbinolkohlenstoffatom wie an dem benachbarten Kohlenstoffatom vernichtet und über ein Hydrierungs-Dehydrierungs-Gleichgewicht zwischen diesem Enolat und dem Alkoholat schließlich das gesamte Alkoholat in die inaktive Form übergeführt. In Übereinstimmung damit erleidet aktives *sekundäres Butanol*, das bei 612° sich, soweit es nicht der Zersetzung anheimfällt, nicht racemisiert, in Gegenwart von Dehydrierungskatalysatoren (**Zinkchromit, Kupfer** oder **Chromoxyd**) eine Drehungsabnahme[7]. Ebenso werden optisch aktive *tertiäre Alkohole* durch Erhitzen mit Alkalimetall nicht racemisiert[5].

e) Sonderfälle.

Die Racemisierungsfälle, die sich unter a—d nicht einordnen lassen, sind gering. Die optisch aktive *α-Amino-methyl-äthyl-essigsäure* CH_3—CH_2—$C(CH_3)(NH_2)$—$COOH$ enthält kein Wasserstoffatom am Asymmetriezentrum und wird trotzdem durch Kochen in **wässeriger** oder **alkoholischer** Lösung leicht racemisiert[8]. *Nicotin* läßt sich in Form seines Monochlorhydrats oder Sulfats durch Erhitzen mit **Wasser** auf 180 bis 250° inaktivieren[9]. *Campher* wird durch Erhitzen mit **Aluminiumchlorid** in Toluol auf 80—85° racemisiert, obwohl eine Enolisierung hier nicht möglich ist[10]. Eine Racemisierung von optisch aktiver *Milchsäure* findet anscheinend auch durch eine Lacticoracemase aus Bakterien statt[11].

2. Sterische Isomerisierungen bei Verbindungen mit mehreren asymmetrischen Kohlenstoffatomen
(einschließlich der Isomerisierung cis-, trans-isomerer Ringverbindungen).

Enthält eine Verbindung zwei asymmetrische Kohlenstoffatome, dann ist eine Racemisierung an einem oder an beiden asymmetrischen Zentren möglich. Im ersten Fall tritt nur *partielle Racemisierung* ein; bezeichnen wir die durch die beiden Asymmetrie-

[1] P. F. Frankland, Th. S. Price: J. chem. Soc. [London] 71, 255 (1897). — U v. Weber: Z. physik. Chem., Abt. A 179, 295 (1937).

[2] J. A. Le Bel: Bull. Soc. chim. France (2) 25, 547 (1875). — Ph. A. Guye, M Gautier: Ebenda (3) 11, 1173 (1894). — P. Walden: Z. physik. Chem. 17, 711 (1895). — P. F. Frankland, Th. S. Price: J. chem. Soc. [London] 71, 255 (1897). — Racemisierung durch Erhitzen mit festem Kaliumhydroxyd auf 160°, E. Erlenmeyer, C. Hell: Liebigs Ann. Chem. 160, 303 (1871).

[3] H. Albrecht: Dissertation, S. 31. München 1927.

[4] Siehe Anm. 19, S. 201, siehe jedoch Anm. 3.

[5] P. G. Stevens: J. Amer. chem. Soc. 54, 3732 (1932).

[6] W. Hückel, H. Naab: Ber. dtsch. chem. Ges. 64, 2137 (1931). — Siehe auch W. Hückel: Theoretische Grundlagen der organischen Chemie, 3. Aufl., Bd. 1, S. 360. Leipzig 1940.   [7] R. L. Burwell jr.: J. Amer. chem. Soc. 59, 1609 (1937).

[8] F. Ehrlich: Biochem. Z. 8, 459 (1908).

[9] A. Pictet, A. Rotschy: Ber. dtsch. chem. Ges. 33, 2353 (1900).

[10] A. Debierne: C. R. hebd. Séances Acad. Sci. 128, 1110 (1899).

[11] E. L. Tatum, W. H. Peterson, E. B. Fred: Biochemic. J. 30, 1892 (1936). — H. Katagiri, K. Kitahara: Ebenda 31, 909 (1937).

zentren hervorgerufene Drehung mit D und L bzw. d und l, dann sind folgende Übergänge möglich:

$$Dd \rightleftharpoons Dl \quad \text{und} \quad Ld \rightleftharpoons Ll.$$

Das durch die partielle Racemisierung hervorgerufene Gleichgewicht liegt, da die ineinander übergehenden Formen *nicht* spiegelbildisomer, sondern diastereomer sind, also verschiedenen Energiegehalt besitzen, nicht bei gleichen Teilen Dd und Dl bzw. Ld und Ll. Wenn wir deshalb von einem Gemisch gleicher Teile Dd und Dl bzw. Ld und Ll, wie es durch Verknüpfung einer optischen aktiven Verbindung D bzw. L mit einer Racemform d, l entsteht, ausgehen, so erleidet auch dieses Gemisch noch eine partielle Racemisierung. Ist endlich eine der beiden diastereomeren Verbindungen, die bei der partiellen Racemisierung im Gleichgewicht miteinander stehen, in einem Lösungsmittel schwer löslich und scheidet sich ab, dann kann es über das Gleichgewicht zu einer überwiegenden Bildung dieses einen Diastomeren kommen (*asymmetrische Umlagerung II. Art*)[1]. Im zweiten Falle bekommen wir *totale Racemisierung*, durch die Übergänge

$$\begin{array}{ccc} Dd & \rightleftharpoons & Dl \\ \Updownarrow & & \Updownarrow \\ Ld & \rightleftharpoons & Ll \end{array}$$

entstehen jeweils die Antipoden Dd und Ll bzw. Dl und Ld, die infolge ihres gleichen Energieinhalts in gleichen Mengen auftreten müssen, d. h. wir erhalten durch die totale Racemisierung in diesem Falle zwei Racemverbindungen (Dd, Ll und Dl, Ld). Diese Racemverbindungen stehen damit bei der totalen Racemisierung ebenfalls im Gleichgewicht miteinander, so daß also durch racemisierende Mittel gleichzeitig die Umlagerung der beiden Racemformen ineinander bewirkt wird. Bei zwei gleichen asymmetrischen Kohlenstoffatomen vereinfachen sich die Verhältnisse noch dadurch, daß eine der beiden Racemformen in eine nicht in optische Antipoden spaltbare *meso*-Verbindung übergeht, über die die Racemisierung der optischen Antipoden der Racemform verläuft:

$$d\text{-Form} \rightleftharpoons meso\text{-Form} \rightleftharpoons l\text{-Form}.$$

Bei mehr als zwei asymmetrischen Kohlenstoffatomen bekommen wir ähnliche, aber noch kompliziertere Verhältnisse. Da somit die Racemisierung solcher optisch aktiver Verbindungen eng verknüpft ist mit der Umlagerung der inaktiven Isomeren (Racem- bzw. Mesoformen) ineinander, ist es nicht empfehlenswert, beide Vorgänge zu trennen, auch dann nicht, wenn — wie bei den *cis-*, *trans*-isomeren Ringverbindungen — inaktive Isomere auftreten, von denen sich keines mehr in optische Antipoden zerlegen läßt. Dies ist hier um so mehr gerechtfertigt, als die katalytischen Einflüsse in allen Fällen dieselben sind.

a) Isomerisierung durch Enolisierung

tritt dann ein, wenn eines oder mehrere Asymmetriezentren die unter 1a genannten Bedingungen erfüllt. In der Reihe der *Ketone* werden die *cis-* (*meso-*) und *trans-* (*rac.-*) Formen der α,α'-*Dibenzyl- und* α,α'-*Diäthyl-cyclohexanone* (*-pentanone, -heptanone*) durch **Natriumhydroxyd, Natriumäthylat** oder **Chlorwasserstoff** sowie durch **Eisessig** bei gewöhnlicher Temperatur, schneller in der Hitze wechselseitig ineinander umgelagert (Gleichgewicht!)[2]. α-*Truxill-di-(phenylketon)* (*meso*-Form) wird durch Essigsäureanhydrid und **Natriumacetat** in die γ-Verbindung (*rac.* Form) umgewandelt[3]. Ebenso tritt eine Umlagerung der *cis* (*rac.*)-*o-*(*p-Brombenzoyl*)-*cyclohexancarbonsäure* in die *trans* (*rac.*)-Form beim Erhitzen mit **Säuren**, rascher noch mit **Basen** (z. B. **Sodalösung**)

---

[1] Über die *asymmetrische Umlagerung I. Art*, für die Katalyse nicht in Frage kommt, siehe R. KUHN, H. ALBRECHT: Liebigs Ann. Chem. **455**, 282 (1927). — P. PFEIFFER, K. QUEHL: Ber. dtsch. chem. Ges. **64**, 2667 (1931). — R. KUHN: Ebenda **65**, 49 (1932). — M. S. LESSLIE, E. E. TURNER: J. chem. Soc. [London] **1934**, 347. — M. M. JAMISON, E. E. TURNER: Ebenda **1938**, 1646. — Siehe jedoch A. McKENZIE, A. D. WOOD: Ebenda **1939**, 1536.

[2] R. CORNUBERT: Bull Soc. chim. France (5) **6**, 103, 116, 135 (1939).

[3] P. ADLER: Chem. Zbl. **1941 I**, 363.

ein[1]. Besonders gut untersucht ist die partielle Racemisierung des (—)-*Menthons* (*cis*-Form) zu (+)-Isomenthon (*trans*-Form), die zu einem Gleichgewicht führt und am besten durch 90proz. **Schwefelsäure** unter $0°$ [2], aber auch durch alkoholische **Salzsäure** (Wasserzusatz wirkt hemmend!)[3], **Salpetersäure** in Eisessig[4], **Alkalialkoholate** in Alkohol[3, 5] bei gewöhnlicher Temperatur erreicht wird. **Sulfoessigsäure** und **Pikrinsäure** in Alkohol[3] oder Pikrinsäure, **Mono-, Di-** und **Trichloressigsäure, o-Nitrobenzoesäure** und **Benzoesäure** in Chlorbenzol[6] zeigen viel schwächere Wirkung, die im letzteren Falle mit Ausnahme der Pikrinsäure ungefähr proportional der Dielektrizitätskonstante geht. Dieselbe Umwandlung wird erreicht, wenn man die Dämpfe des (—)-*Menthons* über **Kupfer** bei $200°$ leitet[7]. In der bicyclischen Reihe gehen die beiden diastereomeren Ketone (—)-α-*Thujon* und (+)-β-*Thujon* (*Tanaceton*) unter dem Einfluß von **alkoholischer Schwefelsäure** oder noch besser von **alkoholischer Kalilauge** in der Hitze wechselseitig ineinander über[8]. Ebenso lagern sich die beiden diastereomeren α-*Chlor*(*Brom*)-*d-campher* mit **Natriumäthylat** in Alkohol oder mit heißer alkoholischer **Alkalilauge** zu einem Gleichgewichtsgemisch um[9], und neuere Untersuchungen über die Mutarotation des α-*Nitrocamphers*[10] machen es wahrscheinlich, daß diese durch Säuren und Basen katalysierte Erscheinung[11] nicht auf eine Nitro-*aci*-Nitro-Tautomerie, sondern ebenfalls auf eine partielle Racemisierung zurückzuführen ist. Einen besonders interessanten Fall stellt die partielle Racemisierung des (—)-*Menthylesters* einer optisch aktiven β-Ketonsäure, der (+)-*Phenylacetessigsäure* dar, die durch Spuren von **Piperidin** in Cyclohexan bewirkt wird[12]. Die Enolform ist hier beständig und findet sich im Racemisierungsgleichgewicht zu 71 %, die kinetische Analyse ergibt jedoch, daß die Racemisierung rascher verläuft als die Enolisierung. Es ist danach nicht sicher, ob die Racemisierung über die Zwischenstufe des Enols stattfindet.

Von den der Racemisierung durch Enolisierung zugänglichen *Carbonsäuren* mit der Carboxylgruppe am Asymmetriezentrum lassen sich die beiden inaktiven Isomeren der *symmetrischen Dialkylbernsteinsäuren* durch Erhitzen mit **Salzsäure** auf 180—240° ineinander umlagern. Man erhält unter diesen Bedingungen aus der *meso-* und *rac.-Dimethylbernsteinsäure* ein Säuregemisch, in dem die *meso*-Form weit überwiegt[13]. Ähnliche Gleichgewichtsgemische entstehen auch bei anderen symmetrischen Dialkylbernsteinsäuren[14]; in analoger Weise geht die *rac. Diphenylbernsteinsäure* in die *meso*-Form über[15], während letztere mit **Barytwasser** bei 200° [15] oder mit siedender **alkoholischer Kalilauge**[16] zum größten Teil

[1] E. P. Kohler, J. E. Jansen: J. Amer. chem. Soc. **60**, 2142 (1938).
[2] E. Beckmann: Liebigs Ann. Chem. **250**, 334 (1889); **289**, 364 (1896); Ber. dtsch. chem. Ges. **42**, 846 (1909).
[3] C. Tubandt: Liebigs Ann. Chem. **339**, 41 (1905); **354**, 259 (1907); **377**, 284 (1910).
[4] P. D. Bartlett, J. R. Vincent: J. Amer. chem. Soc. **55**, 4992 (1933).
[5] W. A. Gruse, S. F. Acree: J. Amer. chem. Soc. **39**, 376 (1917).
[6] R. P. Bell, E. F. Cadin: J. chem. Soc. [London] **1938**, 382.
[7] S. Komatsu, M. Kurata: Chem. Zbl. **1926** I, 1403.
[8] O. Wallach: Liebigs Ann. Chem. **336**, 252, 264, 265 (1904).
[9] T. M. Lowry: J. chem. Soc. [London] **89**, 1033 (1906); **107**, 1382 (1915).
[10] R. P. Bell, J. A. Sherred: J. chem. Soc. [London] **1940**, 1202.
[11] T. M. Lowry: J. chem. Soc. [London] **75**, 211 (1899); **85**, 1541 (1904); **93**, 107, 119 (1908); **95**, 808 (1909).   [12] R. H. Kimball: J. Amer. chem. Soc. **58**, 1963 (1936).
[13] W. A. Bone, W. H. Perkin: J. chem. Soc. [London] **69**, 263 (1896).
[14] W. H. Bentley, W. H. Perkin, J. F. Thorpe: J. chem. Soc. [London] **69**, 279 (1896). — W. A. Bone, Ch. H. G. Sprankling: Ebenda **77**, 664, 666, 667 (1900). — C. A. Bischoff: Ber. dtsch. chem. Ges. **21**, 2103 (1888); **23**, 659, 1943 (1892). — K. Auwers: Liebigs Ann. Chem. **298**, 162 (1897).
[15] C. L. Reimer: Ber. dtsch. chem. Ges. **14**, 1805 (1881).
[16] H. Wren: J. chem. Soc. [London] **111**, 1019 (1917).

in erstere umgewandelt wird. Die *Dimethyl- und Diäthylester* beider Formen bilden mit **Natriumalkoholat** in Äther bei gewöhnlicher Temperatur oder in heißem Alkohol Gleichgewichtsgemische[1]. Von den drei inaktiven α, α'-*Dimethyltricarballylsäuren* (2 meso-Formen und 1 rac.-Form) lagert sich die Säure vom Smp. 143° beim Umkrystallisieren aus **Salzsäure** in die vom Smp. 174° um, beide Säuren liefern mit konzentrierter Salzsäure bei ungefähr 200° die isomere Säure vom Smp. 206—207°, die wieder mit **Essigsäureanhydrid** bei 180° in die Säure vom Smp. 174° übergeht[2]. Durch Einwirkung von **konzentrierter Salzsäure** bei 180—200° wandeln sich auch die *cis-Cycloparaffindicarbonsäuren* in die *trans*-Formen um[3], vermutlich wird sich in all diesen Fällen ein Gleichgewichtsgemisch bilden, wie es bei der partiellen Racemisierung der (+)- bzw. (—)-*Camphersäure* (*cis*-Form) zu (—)- bzw. (+)-Isocamphersäure (*trans*-Form) und umgekehrt mit **Eisessig-konzentrierter Salzsäure** (1 : 1) bei 180° gefunden wurde[4]. Da es für die *cis-*, *trans*-Umlagerung genügt, wenn die sterische Umwandlung an *einem* Asymmetriezentrum stattfindet, tritt sie auch bei solchen Cycloparaffindicarbonsäuren ein, die *eine* Carboxylgruppe in einer Seitenkette enthalten (*Cyclohexan-1-carbonsäure-2-essigsäure*[5], *Cyclohexan-1-carbonsäure-2-propionsäure*[5], *Cyclohexan-1-carbonsäure-2-buttersäure*[6]). Die Umlagerung der *Ester* solcher Säuren läßt sich unter viel milderen Bedingungen erreichen, so wird *cis-Hexahydrophthalsäureester* durch **Natriumäthylat** in siedendem Alkohol oder **Kaliumstaub** in siedendem Äther in die *trans*-Form übergeführt[7]. Mannigfache Übergänge dieser Art sind bei den

<table>
<tr><td>*Truxill-*
säuren</td><td>H₅C₆—CH—CH—COOH
HOOC—CH—CH—C₆H₅
(5 inaktive Isomere)</td><td>und</td><td>*Truxin-*
säuren</td><td>H₅C₆—CH—CH—COOH
H₅C₆—CH—CH—COOH
(6 inaktive Isomere)</td></tr>
</table>

bekannt. So gehen die α-, γ-, *peri*- und *epi*-Truxillsäure beim Schmelzen mit **Kaliumhydroxyd** in die ε-Säure über[8], die *peri*-Säure wird durch Kochen mit **Natronlauge** oder durch **Salzsäure** bei 180° in die *epi*-Säure umgewandelt[9]. Umgekehrt gehen γ- und ε-*Truxillsäure-dinitril* mit **Phenyllithium** in Äther teilweise in das α-Dinitril über[10]. Die β-Truxinsäure kann durch Erhitzen mit **Pyridin** oder **Dimethylanilin** auf 160—170° oder mit Wasser auf 215—220° in die *neo*-Säure umgelagert werden[11], während Erhitzen mit **konzentrierter Salzsäure** oder Schmelzen mit **Kaliumhydroxyd** die δ-Truxinsäure liefert, die auch aus der ζ-Säure durch Erhitzen mit **Pyridin** entsteht[11]. Auch in der bicyclischen Reihe sind solche Isomerisierungen bekannt, z. B. wird die *endo*-Form des *2,5-Endo-methylenhexahydrobenzoesäure-methylesters* durch **Natriummethylat** in siedendem Methanol in die *exo*-Form umgelagert[12], die *endo-cis*-Form des *Methylesters des 2,5-Endo-*

---

[1] Siehe Anm. 16, S. 204.

[2] N. ZELINSKY, N. TSCHERNOSWITOW: Ber. dtsch. chem. Ges. **29**, 333 (1896). — W. A. BONE, CH. H. G. SPRANKLING: J. chem. Soc. [London] **81**, 40 (1902).

[3] A. v. BAEYER: Ber. dtsch. chem. Ges. **1**, 119 (1868); Liebigs Ann. Chem., Suppl. **7**, 43 (1870); **245**, 173 (1888); **258**, 218 (1890). — W. H. PERKIN: J. chem. Soc. [London] **59**, 813 (1891); **65**, 585, 590 (1894). — K. TH. POSPISCHILL: Ber. dtsch. chem. Ges. **31**, 1954 (1898).

[4] O. ASCHAN: Ber. dtsch. chem. Ges. **27**, 2005 (1894); Liebigs Ann. Chem. **316**, 219, 221 (1901); siehe auch **387**, 1 (1912).

[5] A. WINDAUS, W. HÜCKEL, G. REVEREY: Ber. dtsch. chem. Ges. **56**, 91 (1923).

[6] W. HÜCKEL, E. GOTH: Liebigs Ann. Chem. **441**, 35 (1925).

[7] W. HÜCKEL, E. GOTH: Ber. dtsch. chem. Ges. **58**, 449 (1925).

[8] R. STOERMER und Mitarbeiter: Ber. dtsch. chem. Ges. **53**, 499 (1920); **58**, 2708, 2719 (1925).   [9] R. STOERMER, F. BACHÉR: Ber. dtsch. chem. Ges. **57**, 21 (1924).

[10] P. ADLER: Chem. Zbl. **1941 I**, 363.

[11] R. STOERMER und Mitarbeiter: Ber. dtsch. chem. Ges. **54**, 96 (1921); **55**, 1874 (1922).   [12] K. ALDER, G. STEIN: Liebigs Ann. Chem. **514**, 223 (1934).

methylen-3-oxy-hexahydrophthalsäurelactons erfährt unter denselben Bedingungen eine Umwandlung in die *endo-trans*-Form, der Übergang der *endo-cis*-Lacton-säure wird durch Erhitzen mit 50proz. **Schwefelsäure** bewirkt[1]. Das *rac. Croton-säuredichlorid* geht mit **konzentrierter Salzsäure** bei 100⁰ in das *rac.* Isocroton-säuredichlorid über[2]. Umlagerungen durch konzentrierte Halogenwasserstoff-säuren sind auch bei den *Dihalogenbernsteinsäuren* beobachtet, so wird die *rac.* Dibrombernsteinsäure bei 100⁰ durch konzentrierte **Bromwasserstoffsäure** in die *meso*-Form umgewandelt[3], ebenso die *rac.* Dichlorbernsteinsäure vom Smp. 165⁰ durch **konzentrierte Salzsäure** in die Racemform vom Smp. 235⁰[4]. Man könnte im Zweifel sein, ob in diesem Fall Isomerisierung durch Enolisierung oder durch Substitution mit Halogenionen vorliegt, die nicht gerade leichte Umwandlung spricht aber mehr für das erstere. Partielle Racemisierung tritt bei den (—)-*Menthyl*- und (+)- bzw. (—)-*Bornylestern* der (+)- bzw. (—)-*Phenyl-chlor*- und -*brom-essigsäure* durch Spuren von **Chlorwasserstoff** oder **alkoholischer Kalilauge** in Alkohol ein[5]. Die den letzteren Säuren entsprechende Oxysäure, die *Mandelsäure*, erleidet in Gestalt ihres (—)-Menthylesters partielle Racemisierung durch Spuren **alkoholischer Kalilauge** in alkoholischer Lösung[6]. Auch die Glucoside des *Mandelsäurenitrils* (Amygdalin, Sambunigrin) werden durch Basen **[Ba(OH)$_2$, KOH, LiOH,** wässeriges **Ammoniak]** in wässeriger[7, 8] oder methyl-alkoholischer[8] Lösung partiell racemisiert. Ausführlich untersucht ist die totale Racemisierung der *d-Weinsäure*, die über die *meso*-Weinsäure geht und zu einem Gemisch von meso-Weinsäure und Traubensäure führt, sie läßt sich durch Kochen mit **verdünnter Salzsäure** nur schlecht erreichen[9], schneller durch Erhitzen mit **Wasser** auf 160—175⁰[10], wobei **Aluminiumtartrat** katalytisch zu wirken scheint[11], am besten jedoch durch heiße Alkalilauge[12, 13, 14, 15, 16]. **Natronlauge** besitzt im letz-teren Fall eine stärkere Wirkung als **Kalilauge**[12, 15]. *d-Weinsäurediäthylester* wird durch **Natrium**- oder **Kaliumalkoholat** in alkoholischer Lösung inaktiviert[17], ebenso *Dimethoxybernsteinsäureamid* durch **alkoholische Kalilauge**[18].

Bei den *Mono*- und *Di-carbonsäuren der Zuckergruppe* tritt partielle Racemi-sierung durch Erhitzen mit wässerigem **Pyridin** oder **Chinolin** auf 130—150⁰ ein.

---

[1] K. Alder, G. Stein: Liebigs Ann. Chem. **514**, 6 (1934).

[2] A. Michael: Ber. dtsch. chem. Ges. **41**, 2911 (1908).

[3] A. Michael: J. prakt. Chem. (2) **52**, 324 (1895).

[4] P. Walden: Ber. dtsch. chem. Ges. **30**, 2887 (1897). — Siehe jedoch G. Wiest: Inauguraldissertation, S. 16. Tübingen 1930.

[5] A. McKenzie, I. A. Smith: J. chem. Soc. [London] **123**, 1962 (1923); **125**, 1582 (1924); Ber. dtsch. chem. Ges. **58**, 894 (1925).

[6] A. McKenzie, I. A. Smith: Ber. dtsch. chem. Ges. **58**, 908 (1925).

[7] J. W. Walker: J. chem. Soc. [London] **83**, 472 (1903). — H. D. Dakin: Ebenda **85**, 1512 (1904). — R. J. Caldwell, S. L. Courtauld: Ebenda **91**, 671 (1907). — F. Tutin: Ebenda **95**, 663 (1909). — J. W. Walker, V. K. Krieble: Ebenda **95**, 1437 (1909). — V. K. Krieble: J. Amer. chem. Soc. **34**, 716 (1912). — E. Fischer, M. Bergmann: Ber. dtsch. chem. Ges. **50**, 1050 (1917).

[8] I. A. Smith: Ber. dtsch. chem. Ges. **64**, 1115 (1931).

[9] V. Dessaignes: C. R. hebd. Séances Acad. Sci. **42**, 494, 524 (1856); Liebigs Ann. Chem., Suppl. **2**, 244 (1862/63); Bull. Soc. chim. France **3**, 34 (1865).

[10] E. Jungfleisch: Ber. dtsch. chem. Ges. **5**, 985 (1872); Bull. Soc. chim. France **18**, 201 (1872); **19**, 99 (1873); **21**, 146 (1874); **30**, 190 (1878).

[11] E. Jungfleisch: Bull. Soc. chim. France **30**, 190 (1878). — Siehe dazu jedoch Ch. Winther: Z. physik. Chem. **56**, 474 (1906).

[12] G. Meissner: Ber. dtsch. chem. Ges. **30**, 1574 (1897).

[13] A. F. Holleman: Recueil Trav. chim. Pays-Bas **17**, 66 (1898).

[14] J. Böeseken: Recueil Trav. chim. Pays-Bas **17**, 224 (1898).

[15] Ch. Winther: Z. physik. Chem. **56**, 486, 719 (1906).

[16] A. N. Campbell, A. J. R. Campbell: J. Amer. chem. Soc. **54**, 3834 (1932).

[17] B. H. J. ter Braake: Recueil Trav. chim. Pays-Bas **21**, 155 (1902).

[18] A. McKenzie, I. A. Smith: J. chem. Soc. [London] **121**, 1348 (1922).

Es erfolgt dabei Inversion nur an dem der Carboxylgruppe benachbarten asymmetrischen Kohlenstoffatom, und man erhält folgende Gleichgewichte: Gluconsäure $\rightleftharpoons$ Mannonsäure[1], Arabonsäure $\rightleftharpoons$ Ribonsäure[2], Lyxonsäure $\rightleftharpoons$ Xylonsäure[3], α-Rhamnohexonsäure $\rightleftharpoons$ β-Verbindung[4], Alloschleimsäure $\rightleftharpoons$ Schleimsäure[5]. Ähnlich verhalten sich Methylderivate[6]. Verwandt damit sind die partiellen Racemisierungserscheinungen, die bei den *Zuckern* unter dem Einfluß alkalischer Mittel (**Alkalihydroxyde, -carbonate, -acetate, Calcium-, Barium-, Zink-, Bleihydroxyd** und **Erdalkalicarbonate** in heißer wässeriger Lösung) beobachtet werden[7]. Es tritt hier analog den entsprechenden Carbonsäuren Inversion an dem der Aldehydgruppe benachbarten Asymmetriezentrum ein, so bildet sich aus Glucose, Mannose und umgekehrt. Gleichzeitig findet aber auch eine strukturelle Umlagerung statt, wie sie bei den α-Ketolen allgemein beobachtet wird, es bildet sich aus beiden Zuckern auch eine Ketose, die Fructose. Da auch dieser Vorgang eine Gleichgewichtsreaktion ist, so erhält man, ganz gleichgültig, ob man von Glucose, Mannose oder Fructose ausgeht, ein Gemisch dieser drei Zucker, wobei die Isomerisierung vermutlich über eine Enolform läuft[8]:

```
     CHO              CHOH                CHO
      |                ||                  |
  H—C—OH              COH             HO—C—H
      |                |                   |
 HO—C—H     ⇌     HO—C—H     ⇌     HO—C—H
      |                |                   |
  H—C—OH            H—C—OH             H—C—OH
      |                |                   |
  H—C—OH            H—C—OH             H—C—OH
      |                |                   |
    CH₂OH            CH₂OH              CH₂OH
   d-Glucose         Enol              d-Mannose
```

```
                      ⇅
                    CH₂OH
                      |
                    C=O
                      |
                 HO—C—H
                      |
                  H—C—OH
                      |
                  H—C—OH
                      |
                    CH₂OH
                  d-Fructose
```


[1] E. Fischer: Ber. dtsch. chem. Ges. **23**, 800, 2611 (1890).

[2] E. Fischer, O. Piloty: Ber. dtsch. chem. Ges. **24**, 4216 (1891).

[3] E. Fischer, O. Bromberg: Ber. dtsch. chem. Ges. **29**, 584 (1896).

[4] E. Fischer, R. S. Morrell: Ber. dtsch. chem. Ges. **27**, 387 (1894).

[5] E. Fischer: Ber. dtsch. chem. Ges. **24**, 2136 (1891).

[6] W. N. Haworth, Ch. W. Long: J. chem. Soc. [London] **1929**, 345.

[7] C. A. Lobry de Bruyn, W. A. van Ekenstein: Recueil Trav. chim. Pays-Bas **14**, 156, 203 (1895); **15**, 92 (1896); **16**, 257, 262, 274 (1897); Ber. dtsch. chem. Ges. **28**, 3078 (1895). — J. U. Nef: Liebigs Ann. Chem. **357**, 294 (1907); **403**, 362 (1914). — W. A. van Ekenstein, J. J. Blanksma: Recueil Trav. chim. Pays-Bas **27**, 1 (1908). — L. Michaelis, P. Rona: Biochem. Z. **23**, 364 (1910); **47**, 455 (1912). — A. Jolles: Ebenda **29**, 152 (1910); **32**, 100 (1911); Mh. Chem. **32**, 1 (1911). — H. Murschhauser: Biochem. Z. **97**, 97 (1919); **99**, 190 (1919); **101**, 74 (1920). — E. F. Armstrong, Th. Hilditch: J. chem. Soc. [London] **115**, 1410 (1919). — J. Groot: Biochem. Z. **146**, 72 (1924). — R. D. Greene, W. L. Lewis: J. Amer. chem. Soc. **50**, 2813 (1928). — D. J. Loder, W. L. Lewis: Ebenda **54**, 1040 (1932). — Siehe dazu auch H. Fredenhagen, K. F. Bonhoeffer: Z. physik. Chem. **181**, 392 (1938).

[8] Nebenbei bilden sich noch andere Ketosen, die wahrscheinlich durch Ketolumlagerung aus Fructose entstanden sind und demgemäß als 3-Ketohexosen formuliert werden.

Die gleichen Umlagerungen treten auch bei anderen Zuckern auf. In dieser Hinsicht merkwürdig ist das Verhalten der d-Glucose (und anderer Aldosen) beim Erhitzen in **Pyridin-** oder **Chinolin**-Lösung[1]; in wasserfreiem Lösungsmittel tritt hierbei nur d-Fructose auf, bei Zusatz von Wasser wird die Fructosemenge kleiner, während sich gleichzeitig d-Mannose bildet. Derartige Umlagerungen sind auch bei Derivaten der Zucker bekannt, so entsteht aus *2,3,4,6-Tetramethylglucose* mit **Kalkwasser** 2,3,4,6-Tetramethylmannose[2] und umgekehrt. Von weiteren sterischen Umlagerungen an Verbindungen mit mehreren asymmetrischen Kohlenstoffatomen, die sich auf Enolisierung zurückführen lassen, ist zu nennen die Umlagerung der *rac. Diaminobernsteinsäure* in die *meso*-Form durch Erhitzen mit **Säuren**[3], die Beschleunigung der totalen Racemisierung der optisch aktiven *α-Sulfon-dibuttersäure* und *-diisovaleriansäure* in wässeriger Lösung durch **Alkali**[4] und die gegenseitige Umwandlung der beiden Racemformen des *1,2-Diphenyl-1-nitro-2-methoxy-äthans* C_6H_5—$CH(OCH_3)$—$CH(NO_2)$—C_6H_5 durch wässerige **Alkalilauge** oder **Natriummethylat** in Methanol[5].

b) Racemisierung durch Ionisierung (Komplexbildung)

tritt ein bei optisch aktivem *Isobornylchlorid* und den *Estern* des optisch aktiven *Isoborneols mit starken Säuren*, wobei einerseits totale Racemisierung der Isoborneolderivate, andererseits partielle Racemisierung zu optisch aktiven Borneolderivaten beobachtet wird[6]. Der letztere Vorgang ist eine einfache Inversion am Carbinolkohlenstoffatom, die auch noch auf andere Weise bei den Alkoholen selbst erreicht werden kann (siehe nächster Abschnitt). Die totale Racemisierung ist dagegen ein komplizierterer Vorgang, da in diesem Fall auch noch die Konfiguration an den Brückenköpfen des bicyclischen Ringsystems umgekehrt werden muß, was auf einfache Weise nicht möglich ist. Primärvorgang dieser Racemisierungserscheinungen ist sehr wahrscheinlich eine Ionisierung, da die Umlagerungsgeschwindigkeit proportional der Dielektrizitätskonstante des Lösungsmittels ist und andererseits durch solche Stoffe vergrößert wird, die durch Komplexbildung eine Erhöhung der Stärke der betreffenden Säure bewirken (z. B. **Zinntetrachlorid, Antimonpentachlorid** und andere Chloride bei Isobornylchlorid)[7]. Die totale Racemisierung tritt in dem so entstandenen Ion durch Wanderung eines Wasserstoffatoms von 2- in 6-Stellung (I)[6] oder über die Stufe des Camphenchlorhydrats oder Camphenhydratesters[8] bzw. deren Ionen durch eine Nametkinsche Umlagerung (Wanderung

---

[1] S. Danilow, E. Venus-Danilowa, P. Schantarowitsch: Ber. dtsch. chem. Ges. **63**, 2269 (1930). — P. A. Levene, D. W. Hill: J. biol. Chemistry **102**, 563 (1933). — O. Th. Schmidt, R. Treiber: Ber. dtsch. chem. Ges. **66**, 1765 (1933).

[2] M. L. Wolfrom, W. L. Lewis: J. Amer. chem. Soc. **50**, 837 (1928). — R. D. Greene, W. L. Lewis: J. Amer. chem. Soc. **50**, 2813 (1928). — Die *6-Phosphorsäureester* der d-Glucose, d-Mannose und d-Fructose werden durch das Ferment Phospho-hexose-mutase in ein Gemisch dieser drei Verbindungen übergeführt. K. Lohmann: Biochem. Z. **262**, 137 (1933). — B. Tankó, R. Robison: Biochemic. J. **29**, 961 (1935). — B. Tankó: Ebenda **30**, 692 (1936). — S. Iri: J. Biochemistry **27**, 7 (1938).

[3] R. Kuhn, F. Zumstein: Ber. dtsch. chem. Ges. **59**, 479 (1926).

[4] R. Ahlberg: Ber. dtsch. chem. Ges. **55**, 1279 (1922).

[5] J. Meisenheimer, F. Heim: Liebigs Ann. Chem. **355**, 277 (1907). — F. Heim: Ber. dtsch. chem. Ges. **44**, 2015 (1911). — Siehe auch E. Mohr: J. prakt. Chem. (2) **85**, 334 (1912).

[6] H. Meerwein, F. Montfort: Liebigs Ann. Chem. **435**, 207 (1924).

[7] Siehe dazu noch H. Meerwein: Ber. dtsch. chem. Ges. **53**, 1815 (1920); **55**, 2500 (1922); Liebigs Ann. Chem. **453**, 16 (1927); **455**, 227 (1927).

[8] Die mit den entsprechenden Isoborneolderivaten bzw. ihren Ionen im Gleichgewicht stehen.

einer Methylgruppe) ein (II)[1]. In beiden Fällen entsteht so das Spiegelbild der ursprünglichen Verbindung:

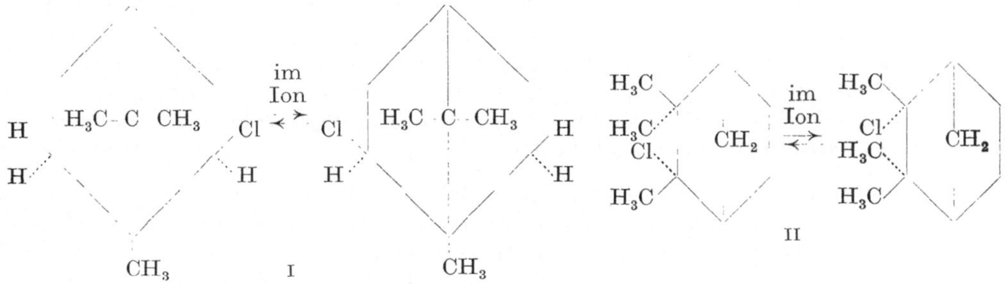

$$\text{I} \qquad\qquad \text{II}$$

(Strukturformeln: links Formel I mit H, H, $H_3C\cdot C\cdot CH_3$, CH_3 und „im Ion" $Cl \rightleftharpoons Cl$ zu $H_3C\cdot C\cdot CH_3$, H, H, CH_3; rechts Formel II mit H_3C, H_3C, Cl, H_3C, CH_2 und „im Ion" zu H_3C, Cl, H_3C, H_3C, CH_2.)

c) Racemisierung durch Substitution

muß man annehmen bei der partiellen Racemisierung des (—)-*Ephedrins*, $C_6H_5\cdot CHOH\cdot CH(NH\cdot CH_3)\cdot CH_3$, durch Erhitzen mit **Salzsäure**[2,3] oder **Bromwasserstoffsäure**[3,4] (am besten in beiden Fällen 25proz. Säure bei 100°), die zu einem Gleichgewicht zwischen (—)-Ephedrin und dem diastereomeren (+)-*Pseudoephedrin* führt. Es tritt unter diesen Bedingungen nur eine Inversion am Carbinolkohlenstoffatom ein, wahrscheinlich dadurch, daß sich unter der Einwirkung der Halogenwasserstoffsäure intermediär ein Halogenid bildet, das dann wieder zum Alkohol verseift wird.

d) Racemisierung von Alkoholaten.

Totale Racemisierung tritt bei den optisch aktiven Diastereomeren *Ephedrin* und *Pseudoephedrin* durch **Alkalialkoholat** im Schmelzfluß oder in hochsiedenden Lösungsmitteln (indifferente Kohlenwasserstoffe oder Alkohole) ein[5]. Es wird hier unter dem Einfluß einer geringen Menge von Ketonenolat, das durch Oxydation aus dem Alkoholat gebildet wird, die Asymmetrie am Carbinolkohlenstoffatom und dem benachbarten Asymmetriezentrum vernichtet. Racemisierungserscheinungen auf derselben Grundlage sind bei cyclischen sekundären Alkoholen häufig beobachtet. So werden von den beiden Racemformen der *o-substituierten Cyclopentanole* und *Cyclohexanole* die cis-Formen durch Erhitzen mit **Natrium** auf 160—220° in die trans-Formen umgewandelt[6]. Daß hierbei nicht nur eine Isomerisierung am Carbinolkohlenstoffatom stattfindet, sondern auch das benachbarte Asymmetriezentrum in Mitleidenschaft gezogen wird, geht aus den Umlagerungen der drei asymmetrische Kohlenstoffatome enthaltenden *Dekalole* durch Erhitzen mit **Natrium** in Xylol oder Dekalin hervor[7]. Während die *cis-β-Dekalole* vom Smp. 105° und 17° unter diesen Bedingungen ein Gemisch beider Verbindungen liefern, in dem die erstere überwiegt und das *trans-β-Dekalol* vom Smp. 53° in das vom Smp. 75° übergeht, findet bei dem *cis-α-Dekalol* vom Smp. 93°, in dem das Carbinolkohlenstoffatom der Ringver-

---

[1] J. HOUBEN, E. PFANKUCH: Liebigs Ann. Chem. **483**, 273 (1930); **489**, 193 (1931). — J. BREDT: J. prakt. Chem. (2) **131**, 142, 144 (1931).

[2] N. NAGAI: Chemiker-Ztg. **14**, 441 (1890). — F. FLAECHER: Arch. Pharmaz. Ber. dtsch. pharmaz. Ges. **242**, 380 (1904). — E. SCHMIDT: Ebenda **244**, 239 (1906); **252**, 98 (1914). — H. EMDE: Ebenda **244**, 241 (1906).

[3] H. EMDE: Helv. chim. Acta **12**, 377 (1929).

[4] E. SPÄTH, R. GÖHRING: Mh. Chem. **41**, 328 (1920).

[5] DRP. 673486; E. P. 490979, Chem. Zbl. **1939** I, 4843.

[6] G. VAVON: Bull. Soc. chim. France (4) **39**, 671, 1142 (1926); **41**, 681 (1927); **45**, 968 (1929).

[7] W. HÜCKEL, H. NAAB: Ber. dtsch. chem. Ges. **64**, 2137 (1931). Über die Umlagerung von cis- in trans-Dekalin siehe unter strukturelle Isomerisierungen.

knüpfung benachbart ist, ein Übergang in die *trans*-Reihe statt, es liefert unter den oben angeführten Bedingungen das *trans-α-Dekalol* vom Smp. 63°, das auch aus dem *trans*-α-Dekalol vom Smp. 49° auf diese Weise entsteht. Dieselben Verhältnisse herrschen beim *Isomenthol*, das durch Erhitzen mit **Menthol-natrium** oder **-kalium** auf 200—300° unter Isomerisierung am Kohlenstoffatom 3 und 4 in Menthol übergeht[1]. Bei den vier asymmetrische Kohlenstoffatome enthaltenden Chinaalkaloiden wird das *Cinchonin* durch siedende **amylalkoholische Kalilauge** in *Cinchonidin* umgelagert[2]. Die beiden Alkaloide unterscheiden sich durch die Anordnung am Asymmetriezentrum 3, $-\overset{3}{C}H-\overset{4}{C}HOH-$ [3], nach den bisherigen Erfahrungen ist zu erwarten, daß der Eingriff am Asymmetriezentrum 3 und 4 erfolgt. Isomerisierung am Carbinolkohlenstoffatom allein findet statt bei der Umlagerung von *Isoborneol* in *Borneol*, die durch **Natrium** in siedendem Xylol[4], durch Erhitzen mit **Alkali-** oder **Erdalkalimetallen** oder **-hydroxyden** auf 250 bis 300°[5] oder durch Erhitzen mit **Hydrierungskatalysatoren** und Wasserstoff in Cyclohexan unter Druck auf 200°[6] bewirkt wird, von *Tropin* in ψ-Tropin durch **Natriumamylat** in siedendem Amylalkohol[7] und von *β-Cholestanol* in *ε-Cholestanol*, bzw. von *Koprosterin* in δ-Cholestanol mit **Natrium** in siedendem Xylol oder Cymol oder mit **Natriumalkoholaten** in Alkohol bei 130—180°[8]. Ein analoges Beispiel zu der Racemisierung des optisch aktiven Amylalkohols ist die partielle Racemisierung des (—)-*Lupinins* zu (+)-*Isolupinin*[9], die durch **Natrium** in siedendem Benzol erfolgt und bei der ebenfalls die Isomerisierung an dem der primären Alkoholgruppe benachbarten Asymmetriezentrum eintritt.

e) Sonderfälle.

In der Reihe der Kohlenwasserstoffe werden die *cis*-Formen des *o*- und *p-Dimethylcyclohexans* bei 175° im Wasserstoffstrom durch **Nickelkatalysatoren** in die *trans*-Formen umgelagert[10].

Beim Erhitzen in wässeriger Lösung auf 115° findet eine gegenseitige Umlagerung von *Catechin* (*trans*-Form) und *Epicatechin* (*cis*-Form) ineinander statt[11], die durch geringe Mengen von **Kaliumbicarbonat** beschleunigt wird. Man könnte daran denken, einen ähnlichen Racemisierungsmechanismus wie bei den Alkoholaten anzunehmen, dagegen spricht jedoch, daß z. B. d-Catechin nicht nur d,l-Epicatechin, sondern auch d-Epicatechin liefert, es tritt also sowohl partielle wie auch totale Racemisierung ein. Auf welche Weise diese erfolgt, ist nicht geklärt. Weitere derartige Fälle, bei denen der Racemisierungsmechanismus nicht bekannt ist, sind die *cis*-, *trans*-Umlagerung *cyclischer Glykole* (*Hydrinden-1,2-diol, Tetralin-1,2-* und *-2,3-diol, 1-Phenyl-cyclohexan-1,2-diol*, nicht dagegen Cyclohexan- und Cyclopentan-1,2-diol) beim Kochen mit ganz verdünnter **Mineralsäure**[12] (Gleichgewicht), die Umwandlung des *α-Amarsäurelactons* in das *γ*-Isomere durch Erhitzen mit 25 proz. **alkoholischer Schwefelsäure** auf 100°[13]

---

[1] F. P. 558979, Chem. Zbl. **1923 IV**, 880.

[2] W. Königs, F. Wolff: Ber. dtsch. chem. Ges. **29**, 2185 (1896).

[3] Siehe dazu P. Rabe: Liebigs Ann. Chem. **373**, 91 (1910).

[4] V. O. Brykner, G. Wagner: J. russ. physik.-chem. Ges. **35**, 537 (1903).

[5] DRP. 212908, Chem. Zbl. **1909 II**, 1392.

[6] DRP. 408666, Chem. Zbl. **1925 I**, 1809.

[7] R. Willstätter: Ber. dtsch. chem. Ges. **29**, 944 (1896).

[8] A. Windaus: Ber. dtsch. chem. Ges. **47**, 2384 (1914); **48**, 857 (1915); **49**, 1724 (1916). — Ch. Dorée, J. A. Gardner: J. chem. Soc. [London] **93**, 1630 (1908).

[9] K. Winterfeld, F. W. Holschneider: Ber. dtsch. chem. Ges. **64**, 137 (1931).

[10] N. D. Zelinsky, E. I. Margolis: Ber. dtsch. chem. Ges. **65**, 1613 (1932).

[11] K. Freudenberg, L. Purrmann: Liebigs Ann. Chem. **437**, 274 (1924).

[12] J. Böeseken: Ber. dtsch. chem. Ges. **56**, 2411 (1923). — P. Hermans: Ebenda **57**, 824 (1924).   [13] H. Meerwein: J. prakt. Chem. (2) **97**, 244 (1918).

und der Übergang des *Amarins* in Isoamarin durch Erhitzen mit **Natriumäthylat** in Alkohol unter Druck auf 150—160° [1], bzw. des Chlorhydrats mit überschüs sigem **Chlorwasserstoff** auf 340° [2].

Viel untersucht ist die *Mutarotation der Zucker* [3], eine partielle Racemisierung an *dem* Kohlenstoffatom, das durch die Ringbildung aus der offenen Aldehyd- bzw. Ketoform der Zucker zu einem neuen Asymmetriezentrum wird und so zur Bildung zweier diastereomerer Formen, der α- und β-Zucker, Anlaß gibt. Die Mutarotation der Zucker führt zu einem Gleichgewicht zwischen α- und β-Form, das von beiden Seiten her erreicht wird, z. B.

$$\begin{array}{ccc} \text{H—C—OH} & & \text{HO—C—H} \\ | & \rightleftharpoons & | \\ \text{H—C--OH} \quad \text{O} & & \text{H—C—OH} \quad \text{O} \\ | & & | \end{array}$$

α-Zucker. β-Zucker.

Sie tritt in Wasser, Alkoholen, Pyridin u. a. ein und wird vor allem durch **H·- und OH′-Ionen** beschleunigt [4, 5]. So wirken katalytisch am stärksten **Alkalien** [6, 7, 8, 13, 15], **alkalisch reagierende Salze** [8, 9, 10, 11, 13, 15], **Ammoniak** [12, 13, 14] und **Amine,** die in Spuren eine augenblickliche Einstellung des Gleichgewichts bewirken, in geringerem Maße starke und schwache **Säuren** [4, 7, 9, 11, 13, 14, 16, 17] sowie **Harnstoff** [9, 17]. Halogenide, Sulfate und Nitrate der Alkalien und Erdalkalien wirken zum Teil verzögernd, zum Teil beschleunigend, auch ganz verschieden, je nachdem sie allein oder zusammen mit den entsprechenden Säuren angewandt werden [7, 9, 11, 13, 17]. Besonders eingehende Untersuchungen über die katalytische Wirksamkeit von Säuren, Basen und Neutralsalzen sind von J. N. BRÖNSTED und E. A. GUGGEN- HEIM [18] ausgeführt worden. Zusatz von Alkohol zu den wässerigen Lösungen wirkt verzögernd auf die Mutarotation [9, 17], umgekehrt tritt auch durch Spuren von Wasser in Methanol eine geringe Verzögerung der Reaktion ein [19]. Im Gegensatz dazu wird die Mutarotation der *Glucoside sekundärer Amine* in Pyridin

[1] O. FISCHER, G. PRAUSE: J. prakt. Chem. (2) **77**, 129 (1908).

[2] F. R. JAPP, J. MOIR: J. chem. Soc. [London] **77**, 637 (1900).

[3] Zusammenfassende Darstellungen hierüber siehe C. S. HUDSON: J. Amer. chem. **32**, 889 (1910). — R. KUHN: Z. physik. Chem. **113**, 389 (1924); Ber. dtsch. chem. Ges. **71**, 1535 (1938). — H. PRINGSHEIM: Zuckerchemie, S. 140. Leipzig 1925. — N. A. SÖRENSEN: Kong. norske Vidensk. Selsk., Skr. **1937**, Nr. 2.

[4] C. S. HUDSON: J. Amer. chem. Soc. **29**, 1571 (1907).

[5] J. M. NELSON, F. M. BEEGLE: J. Amer. chem. Soc. **41**, 559 (1919). — R. KUHN, P. JACOB: Z. physik. Chem. **113**, 415 (1924). — T. M. LOWRY, G. F. SMITH: J. chem. Soc. [London] **1927**, 2539.

[6] O. HESSE: Liebigs Ann. Chem. **176**, 101 (1875). — J. GROOT: Biochem. Z. **146**, 72 (1924).   [7] T. M. LOWRY: J. chem. Soc. [London] **83**, 1314 (1903).

[8] G. F. SMITH: J. chem. Soc. [London] **1936**, 1824.

[9] A. LEVY: Z. physik. Chem. **17**, 301 (1895).

[10] C. TANRET: C. R. hebd. Séances Acad. Sci. **120**, 1061 (1895). — C. S. HUDSON: J. Amer. chem. Soc. **30**, 1781 (1908).

[11] G. F. SMITH, M. C. SMITH: J. chem. Soc. [London] **1937**, 1413.

[12] C. SCHULZE, B. TOLLENS: Liebigs Ann. Chem. **271**, 49 (1892).

[13] Y. OSAKA: Z. physik. Chem. **35**, 661 (1900); Chem. Zbl. **1908 II**, 347.

[14] F. URECH: Ber. dtsch. chem. Ges. **15**, 2132 (1882).

[15] R. BEHREND: Liebigs Ann. Chem. **353**, 106 (1907).

[16] E. O. ERDMANN: Jber. Fortschr. Chem. **1855**, 672. — C. S. HUDSON: J. Amer. chem. Soc. **30**, 1577 (1908); **39**, 320 (1917).

[17] H. TREY: Z. physik. Chem. **18**, 193 (1895); **22**, 424 (1897).

[18] J. Amer. chem. Soc. **49**, 2554 (1927).

[19] J. W. BAKER, CH. K. INGOLD, J. F. THORPE: J. chem. Soc. [London] **125**, 268 (1924).

durch Zusatz von **Wasser** stark beschleunigt[1]. Man könnte daran denken, daß die Umwandlungen der α- und β-Zucker ineinander über die offene Ketoform geht. Dies ist jedoch keineswegs sicher, da auch solche Derivate der Zucker, bei denen eine Umwandlung in die Ketoform nicht mehr möglich ist, Mutarotation zeigen oder zum mindesten sich durch Katalysatoren in obigem Sinne umlagern lassen. So wird bei *β-Aceto-chlor-glucose, -galaktose* und *-xylose*[2] sowie bei *β-Aceto-chlor-α-glucoheptose*[3] Mutarotation beobachtet, die mit steigender Dielektrizitäts-konstante des Lösungsmittels wächst und durch **Silber-, Blei-** und **Quecksilber-chlorid** in Äther oder Chloroform katalysiert wird. Völlig *acetylierte α-Aldosen* und *α-Ketosen* lassen sich durch Erhitzen mit wenig **Zinkchlorid** in Essigsäure-anhydrid in die β-Formen umlagern[4], während andererseits *β-Acetylzucker* und *β-Glucoside* durch wasserfreies **Zinnchlorid** oder **Titanchlorid** in heißem Chloroform, durch konzentrierte **Schwefelsäure in Eisessig + Essigsäureanhydrid**[5] oder durch **Natriumhydroxyd** in wasserfreiem Äther oder Dioxan[6] in die α-Formen um-gewandelt werden[7]. Ein Gleichgewicht zwischen α- und *β-Alkylglucosiden* wird aus beiden Formen durch geringe Mengen **Chlorwasserstoff** in Alkohol, Äther, Aceton oder Benzol gebildet[8, 9], während das flüssige *2,4-Dimethyl-3,6-anhydro-α-methyl-d-galaktopyranosid* ohne Lösungsmittel durch eine Spur Chlorwasserstoff vollkommen in das feste β-Glucosid übergeht[9]. Die Umlagerungsbedingungen sind hier dieselben wie bei der Umacetalisierung cyclischer Acetale[10].

3. cis, trans-Umlagerung bei Äthylenen.

Die *cis-, trans*-Isomerie substituierter Äthylene des Typs:

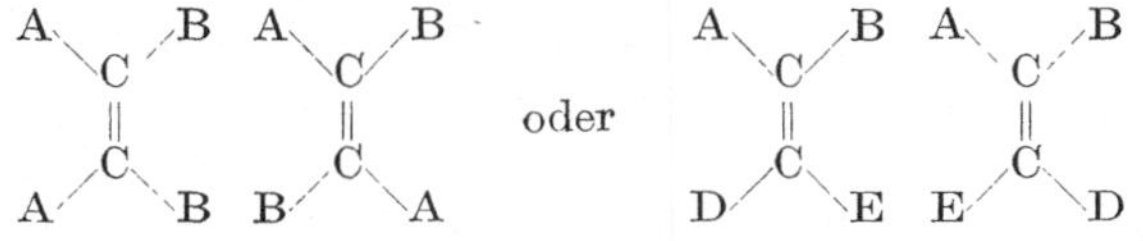

$$
\begin{array}{ccccccc}
A\diagdown\ \diagup B & A\diagdown\ \diagup B & & A\diagdown\ \diagup B & A\diagdown\ \diagup B \\
C & C & & C & C \\
\| & \| & \text{oder} & \| & \| \\
C & C & & C & C \\
A\diagup\ \diagdown B & B\diagup\ \diagdown A & & D\diagup\ \diagdown E & E\diagup\ \diagdown D
\end{array}
$$

beruht auf der sogenannten Starrheit der Doppelbindung, die beiden Molekülhälften sind im Normalzustand um die Achse der Doppelbindung nicht drehbar. Die Um-lagerung der *cis-, trans*-isomeren Formen ineinander wird in diesem Fall durch alle Faktoren, die eine Anregung der Doppelbindung und damit die Aufhebung der Starrheit bewirken, begünstigt. Dazu gehören Wärme, Licht und Katalysatoren der mannigfachsten Art. Man hat versucht[11], einen einheitlichen Gesichtspunkt für die Wirkungsweise dieser Katalysatoren zu finden und den Paramagnetismus solcher Substanzen dafür verantwortlich gemacht. Dies ist wohl in vielen Fällen richtig, in anderen jedoch wieder nicht[12]. Da die *cis-, trans*-Isomeren verschiedenen Energie-inhalt besitzen, bildet sich bei derartigen Umlagerungen ein Gleichgewicht zwischen

[1] R. Kuhn, L. Birkofer: Ber. dtsch. chem. Ges. **71**, 1535 (1938). — Über die Beschleunigung der Mutarotation von Aniliden der Tetramethyl- und Tetraacetyl-glucose durch Säuren und Basen siehe J. W. Baker: J. chem. Soc. [London] **1928**, 1583, 1979; **1929**, 1205.

[2] H. H. Schlubach: Ber. dtsch. chem. Ges. **61**, 287 (1928); **63**, 2292 (1930).

[3] W. N. Haworth, E. L. Hirst, M. Stacey: J. chem. Soc. [London] **1931**, 2869.

[4] C. S. Hudson: J. Amer. chem. Soc. **37**, 1264, 1270, 1276, 1280, 1589, 2736 (1915); **38**, 1223, 1867 (1916); **39**, 1272 (1917); **40**, 992 (1918).

[5] E. Montgomery, C. S. Hudson: J. Amer. chem. Soc. **56**, 2463 (1934).

[6] M. L. Wolfrom, D. R. Husted: J. Amer. chem. Soc. **59**, 364 (1937).

[7] E. Pascu: Ber. dtsch. chem. Ges. **61**, 137, 1508 (1928).

[8] C. L. Jungius: Z. physik. Chem. **52**, 97 (1905). — J. C. Irvine, A. Cameron: J. chem. Soc. [London] **87**, 905 (1905).

[9] W. N. Haworth, J. Jackson, F. Smith: Nature **142**, 1075 (1938).

[10] J. D. van Roon: Recueil Trav. chim. Pays-Bas **48**, 181, 190 (1929).

[11] R. Kuhn in K. Freudenberg: Stereochemie, S. 916ff. Leipzig und Wien 1933.

[12] Siehe dazu W. I. Gilbert, J. Turkevich, E. S. Wallis: J. org. Chemistry **3**, 611 (1939).

beiden Formen, dessen Lage durch den Unterschied im Energieinhalt und die Temperatur bestimmt wird und das in manchen Fällen auch praktisch vollkommen auf der Seite des einen Isomeren liegen kann.

Bei einfachen *aliphatischen cis, trans*-isomeren *Äthylenkohlenwasserstoffen* liegen Untersuchungen über die Umwandlung der Isomeren ineinander kaum[1] vor, dagegen ist in der Reihe der *aromatischen Äthylenkohlenwasserstoffe* das Isomerenpaar *cis-Stilben* (Isostilben)—*trans-Stilben* Gegenstand häufiger Untersuchungen gewesen. Die labile Form ist das *cis*-Stilben, es wird durch Spuren von **Brom**[2] oder **Jod**[3] in Substanz oder in Schwefelkohlenstofflösung, durch **nitrose Gase** (NO_2)[2,4] oder durch **Borfluorid**[5] in Äther, noch schneller in Tetrachlorkohlenstoff in die *trans*-Form umgelagert, wobei im letzteren Fall nachgewiesen ist, daß 92 % *trans*-Stilben entstehen. Daß nicht Halogenmoleküle, sondern Halogenatome die Umlagerung katalysieren, geht daraus hervor, daß Bromwasserstoff in Benzollösung im Dunkeln bei gewöhnlicher Temperatur erst dann isomerisierend wirkt, wenn Peroxyde[6] oder fein verteilte Metalle[7,8] (Ni, Fe, weniger wirksam sind Cu, Pt und Pd) zugegeben werden oder die Lösung mit Sauerstoff gesättigt wird[7], wobei allerdings zu beachten ist, daß auch **Sauerstoff** allein schon eine geringe katalytische Wirkung zu haben scheint[8,9]. Ebenso wirkt Bromwasserstoff + Brom im Dunkeln nicht umlagernd, dagegen Bromwasserstoff allein im Licht, die Wirkung wird jedoch bei Sauerstoffausschluß stark herabgemindert und durch Zusatz von Antioxydantien (Brenzcatechin, Hydrochinon, Mercaptan usw.) ganz unterdrückt[6,7]. Chlorwasserstoff ist unter diesen Bedingungen in keinem Fall wirksam[6], dagegen katalysieren bei 200° saure Substanzen (**Chlorwasserstoff, Benzoesäure**) die Isomerisierung[9]. Auch Metalle allein vermögen die Umlagerung herbeizuführen[10], besonders wirksam in dieser Hinsicht sind **Li, Na**[11], **K, Rb,** gar nicht Zn, Cd, Hg, schwach, wenn überhaupt wirksam, **Mg, Ca, Ba,** nicht mit Sicherheit nachweisbar ist der Effekt bei Ga, In, Tl, dagegen sind **Pt** und **Pd** um so bessere Katalysatoren für die Umlagerung, je größer ihre Wirkung bei der katalytischen Hydrierung ist. Durch *ultraviolettes Licht* wird ebenfalls ein Übergang des *cis*-Stilbens in die *trans*-Form und umgekehrt in indifferenten Lösungsmitteln (Benzol, Isooctan) bewirkt[12,13], die Verhältnisse werden allerdings dadurch kompliziert, daß die *cis*-Form durch die Bestrahlung teilweise in eine andere Substanz übergeht[13]. Bei einer Verbindung mit zwei Doppelbindungen, die in drei isomeren Formen auftreten kann, dem *1,4-Diphenylbutadien*, geht die *cis,cis*-Form und die *cis,trans*-Form im Sonnenlicht in die *trans,trans*-Form über[14]. Ähnlich wie Stilben verhalten sich α-*Chlor*- und α,α'-*Dichlorstilben*, die Isomerisierung der *cis*-Formen bei 200° wird durch

---

[1] Beim *Penten-(2)* scheint eine *cis, trans*-Isomerisierung durch Sonnenlicht oder UV-Licht einzutreten, M. L. SHERILL: J. Amer. chem. Soc. **51**, 3023, 3034 (1929); *cis, trans*-Isomerisierung neben Änderung des Kohlenstoffgerüsts siehe B, I, 2.

[2] R. STOERMER: Ber. dtsch. chem. Ges. **42**, 4871 (1909).

[3] C. KELBER, A. SCHWARZ: Ber. dtsch. chem. Ges. **45**, 1949 (1912).

[4] R. KUHN in K. FREUDENBERG: Stereochemie, S. 919. Leipzig und Wien 1933.

[5] CH. C. PRICE, M. MEISTER: J. Amer. chem. Soc. **61**, 1595 (1939).

[6] M. S. KHARASH, J. V. MANSFIELD, F. R. MAYO: J. Amer. chem. Soc. **59**, 1155 (1937).

[7] Y. URUSHIBARA, O. SIMAMURA: Bull. chem. Soc. Japan **13**, 566 (1938).

[8] Y. URUSHIBARA, O. SIMAMURA: Bull. chem. Soc. Japan **12**, 507 (1937).

[9] T. W. J. TAYLOR, A. R. MURRAY: J. chem. Soc. [London] **1938**, 2078.

[10] R. KUHN in K. FREUDENBERG: Stereochemie, S. 917. Leipzig und Wien 1933.

[11] W. SCHLENK, E. BERGMANN: Liebigs Ann. Chem. **463**, 110 (1928).

[12] R. STOERMER: Ber. dtsch. chem. Ges. **42**, 4871 (1909).

[13] G. N. LEWIS, TH. T. MAGEL, D. LIPKIN: J. Amer. chem. Soc. **62**, 2973 (1940). — Siehe auch A. SMAKULA: Z. physik. Chem., Abt. B **25**, 90 (1934).

[14] F. STRAUS: Liebigs Ann. Chem. **342**, 239, 241 (1905).

Sauerstoff beschleunigt, ebenso wird die *cis*-Form des letzteren durch Bromwasserstoff im Licht in Gegenwart von Sauerstoff in das *trans*-Isomere umgelagert[1]. Auch ein einfaches aliphatisches Dichlorid, das *Dichloräthylen*, ist eingehend untersucht; *cis*- und *trans*-Form lagern sich im Gaszustand bei 300° bis zu einem Gleichgewicht, das bei 63% *cis*-Form liegt, ineinander um[2]. Bei gewöhnlicher Temperatur wird die Umwandlung der flüssigen Isomeren durch geringe Mengen **Brom** besonders im Licht beschleunigt und führt hier zu einem Gleichgewicht mit 80% cis-Form[3]. Bei Temperaturen von 130—190° im Einschlußrohr wird die Isomerisierung sowohl der flüssigen Dichloräthylene wie auch ihrer Lösungen in Benzol, Cyclohexan und Dekalin durch **Jod** beschleunigt[4]. Die Wirkung ist auf Jodatome zurückzuführen, das Gleichgewicht liegt bei 71, 71, 68 bzw. 68% *cis*-Form. Die hochschmelzenden (*trans?*)-Formen des *1-[p-Bromphenyl]-1-phenyl-2-chlor-(brom-)äthylens*, des *1-[o-Oxyphenyl]-1-phenyl-2-brom-äthylens*, des *1-[o- bzw. p-Methoxyphenyl]-1-phenyl-2-chlor-(brom-)äthylens* und des *1-α-Naphthyl-1-phenyl-2-brom-äthylens* gehen durch Belichten in alkoholischer oder ätherischer Lösung mit Sonnenlicht oder UV-Licht in die niedrig schmelzenden (*cis?*)-Formen über[5].

Derartige Umlagerungen sind auch bei *cis,trans*-isomeren Enoläthern bekannt, so gehen die beiden stereoisomeren *β-Methoxy-benzalacetophenone* durch Belichten, Erhitzen oder mit 0,1 n **Salzsäure** in der Kälte ineinander über[6], während der *trans*-Enoläther des *ω-Cyanacetophenons* mit **Natriummethylat** in siedendem Methanol vollständig in die *cis*-Verbindung (neben Ketonacetal) umgewandelt wird[7]. Im letzteren Falle ist das Ketonacetal als Zwischenprodukt der Isomerisierung anzunehmen. *Geraniol* läßt sich teilweise in den *cis,trans*-isomeren Alkohol *Nerol* überführen durch Erhitzen mit **Alkoholaten** (am besten mit **Aluminiumbenzylat** auf 160—230°) oder **Natriumhydroxyd**[8]. Von den entsprechenden Aldehyden, dem *Geranial* (*Citral a*) und *Neral* (*Citral b*), geht das erstere in das letztere unter der Einwirkung von **Alkalien** über, während die umgekehrte Umwandlung durch starke **Mineralsäuren** hervorgebracht wird[9]. In der Reihe der *Ketone* wird das *cis-sym. Dibenzoyläthylen* durch geringe Mengen **Chlor-** oder **Bromwasserstoff** in Eisessiglösung in die *trans*-Form übergeführt, während sich die vollständige Umlagerung der *trans*-Form in das *cis*-Isomere durch Sonnenlicht in alkoholischer Lösung bewerkstelligen läßt[10]. *cis-Dibenzoylstyrol* wird in Benzol durch Sonnenlicht in die *trans*-Form umgewandelt[11]. Die *cis,trans*-isomeren *Benzaldesoxybenzoine*[12] sowie die entsprechenden o-, m-,

---

[1] Siehe Anm. 9, S. 213.

[2] R. Ebert, R. Büll: Z. physik. Chem., Abt. A **152**, 451 (1931).

[3] G. Chavanne: Bull. Soc. chim. Belgique **26**, 290 (1912); **28**, 234 (1914). — Über die thermische Umlagerung des *cis*- und *trans-Dijodäthylens* siehe G. Chavanne, J. Vos: C. R. hebd. Séances Acad. Sci. **158**, 1582 (1914); Bull. Soc. chim. Belgique **28**, 240 (1914). — G. Latiers: Bull. Soc. chim. Belgiques **31**, 73 (1922).

[4] R. E. Wood, R. G. Dickinson: J. Amer. chem. Soc. **61**, 3259 (1939). — Siehe auch R. E. Wood, D. P. Stevenson: Ebenda **63**, 1650 (1941).

[5] R. Stoermer, M. Simon: Ber. dtsch. chem. Ges. **37**, 4163 (1904); Liebigs Ann. Chem. **342**, 1 (1905). — Ebenso die *trans*-Formen des *4',5'-Dimethoxy-* und *4',5'-Methylendioxy-7-nitrostilbens* in Methanol durch UV-Licht in die *cis*-Formen [B. Reichert, W. Kuhn: Ber. dtsch. chem. Ges. **74**, 332 (1941)].

[6] Ch. Dufraisse, A. Gillet: Ann. Chimie (10) **6**, 306 (1926).

[7] F. Arndt, L. Loewe: Ber. dtsch. chem. Ges. **71**, 1631 (1938).

[8] DRP. 462895, Chem. Zbl. **1928 II**, 2596.

[9] L. Bouveault: Bull. Soc. chim. France (3) **21**, 423 (1899).

[10] C. Paal, H. Schulze: Ber. dtsch. chem. Ges. **35**, 168 (1902). — R. Stoermer, M. Simon: Liebigs Ann. Chem. **342**, 13 (1905).

[11] E. Oliveri-Mandalà: Gazz. chim. ital. **45 II**, 138 (1915).

[12] H. Stobbe, K. Niedenzu: Ber. dtsch. chem. Ges. **34**, 3904 (1901).

p-Nitro- und 3,4-Methylendioxy-benzalderivate[1] bilden in siedender Benzollösung mit Sonnenlicht in Gegenwart von **Jod** (Jodatome!) ein Gemisch beider Formen. Von den beiden *cis, trans*-isomeren *Phenyl-benzoyl-acetylendibromiden* geht die niedriger schmelzende Form durch Erhitzen mit einer Spur **Jod** oder durch Einwirkung von Sonnenlicht auf seine Lösungen teilweise in das höher schmelzende Isomere über[2].

Eingehendere Untersuchungen über die *cis, trans*-Isomerisierung sind bei *ungesättigten Carbonsäuren* durchgeführt worden. Bei der einfachsten Monocarbonsäure dieser Reihe, der *Crotonsäure*, geht die *trans*-Form in Toluollösung mit UV-Licht nur zu einem geringen Teil (ungefähr 4 %) in die *cis*-Form über, während das *trans-Amid* in Aceton unter denselben Bedingungen ungefähr 40 % *cis*-Amid liefert[3]. Die *cis*-Crotonsäure wird in wässeriger oder Schwefelkohlenstoff-Lösung durch Spuren von **Brom** im Sonnenlicht fast quantitativ in die *trans*-Form umgelagert[4], dieselbe Umwandlung wird durch geringe Mengen von **Jod**[5] oder **Chlorwasserstoff**[6] bei 100° herbeigeführt. Die homologe *Angelicasäure* (*cis*-Form) erleidet in Wasser oder Schwefelkohlenstoff mit **Brom** im Sonnenlicht ebenfalls Umlagerung zu Tiglinsäure (*trans*-Form)[4], ferner durch Erhitzen mit **konzentrierter Schwefelsäure** auf 100°[7] oder mit **Wasser** auf 120° oder durch Kochen mit 10—20proz. **Natronlauge**[8]. *cis-α-Chlor-(Brom-)crotonsäure* geht beim Erhitzen mit **Pyridinhydrochlorid** in Pyridin quantitativ in die *trans*-Form über[9]. Ein sehr gut untersuchtes Beispiel ist die Umlagerung der *Ölsäure* (*cis*-Form) in die Elaidinsäure (*trans*-Form), die vor allem durch **Stickoxyde**[10, 11, 12], welche auf verschiedene Weise hergestellt und zur Einwirkung gelangen können, und durch ungefähr 40proz. **Salpetersäure**[13] in der Kälte bewirkt wird. Denselben Erfolg erzielt man, wenn man Ölsäure mit **Natriumbisulfitlösung** auf 150 bis 180°[14, 15] oder mit wässeriger **schwefliger Säure** auf 200°[14] erhitzt. Da im letzteren Fall nebenbei Schwefel entsteht, ist anzunehmen, daß der entstehende **Schwefel** katalytisch wirkt[16], und tatsächlich läßt sich die Umwandlung auch durch Erhitzen mit 1 % Schwefel mit oder — weniger gut — ohne Wasser bei 180° erreichen[12, 15]. An Stelle von Schwefel läßt sich mit Vorteil **Selen** (0,03—0,10 %)

---

[1] H. STOBBE, F. J. WILSON: Liebigs Ann. Chem. **374**, 237 (1910).

[2] CH. DUFRAISSE: C. R. hebd. Séances Acad. Sci. **158**, 1691 (1914). — Die Dijodide verhalten sich ähnlich, CH. DUFRAISSE: Ebenda **170**, 1262 (1920).

[3] R. STOERMER: Ber. dtsch. chem. Ges. **47**, 1786 (1914); **55**, 1030 (1922). — Die beiden *Nitrile* geben mit **Natriumäthylat** in Alkohol ein Gleichgewichtsgemisch [P. BRUYLANTS: Bull. Soc. chim. Belgique **33**, 331 (1924)].

[4] J. WISLICENUS: Chem. Zbl. **1897 II**, 259.

[5] A. MICHAEL, O. SCHULTHESS: J. prakt. Chem. (2) **46**, 253 (1892).

[6] J. WISLICENUS: Liebigs Ann. Chem. **248**, 341 (1888).

[7] E. DEMARÇAY: Ber. dtsch. chem. Ges. **9**, 1933 (1876).

[8] R. FITTIG: Liebigs Ann. Chem. **283**, 107 (1894).

[9] P. PFEIFFER: Ber. dtsch. chem. Ges. **43**, 3039 (1910).

[10] H. MEYER: Liebigs Ann. Chem. **35**, 174 (1840); dort ist auch die noch ältere Literatur (BOUDET, LAURENT) angeführt. — Siehe auch S. H. BERTRAM: Chem. Weekbl. **33**, 3 (1936).

[11] J. GOTTLIEB: Liebigs Ann. Chem. **57**, 52 (1846). — L. ARCHBUTT: J. Soc. chem. Ind. **5**, 304 (1886). — A. P. LIDOW: Chem. Zbl. **1895 I**, 857. — K. FARNSTEINER: Z. Unters. Lebensmittel **2**, 1 (1899). — JEGOROW: Chem. Zbl. **1904 I**, 260. — J. KLIMONT, E. MEISL, K. MAYER: Mh. Chem. **35**, 1124 (1914). — D. HOLDE, K. RIETZ: Ber. dtsch. chem. Ges. **57**, 101 (1924).

[12] H. N. GRIFFITHS, T. P. HILDITCH: J. chem. Soc. [London] **1932**, 2315.

[13] F. G. EDMED: Chem. Zbl. **1899 II**, 1099.

[14] M., C., A. SAYTZEFF: J. prakt. Chem. (2) **50**, 73 (1894). — Umlagerung der Elaidinsäure in Ölsäure, A. ALBITZKY: Ebenda (2) **61**, 80 (1900).

[15] G. RANKOFF: Ber. dtsch. chem. Ges. **62**, 2712 (1929); **64**, 619 (1931).

[16] Siehe dazu S. H. BERTRAM: Recueil Trav. chim. Pays-Bas **59**, 650 (1940). Danach soll nicht S, sondern H_2S in statu nascendi der eigentliche Katalysator sein.

bei 150—220⁰ verwenden[1], auf diese Weise kann auch das empfindliche *Ricinusöl* isomerisiert werden. Wie die Ölsäure verhalten sich auch ihre Ester; der *Methyl-*[3] und *Glycerinester*[2, 3, 4] werden leicht durch **Stickoxyde** isomerisiert, bei dem *Äthylester* ist diese Umlagerung beim Erhitzen mit einem **Nickel-Kieselgur-** Katalysator auf 290⁰ beobachtet[5]. Bei all diesen Isomerisierungen wird, gleichgültig ob man von Ölsäure oder Elaidinsäure ausgeht, ein Gleichgewicht mit 60—70 % Elaidinsäure erreicht[1, 3]. Eine Umwandlung von Ölsäure in Elaidinsäure findet auch durch kurzes Kochen der wässerigen Suspension mit etwas **Kaliumpersulfat** in Gegenwart von **Sublimat** statt[6]. In analoger Weise läßt sich die Umlagerung von *Erucasäure* in Brassidinsäure durch verdünnte **Salpetersäure** bei 60—70⁰[7] durch **Stickoxyde** bei 30–40⁰[3, 8], durch **Natriumbisulfit** bei 150—180⁰[9, 10], wässeriger **schweflige Säure** bei 200⁰[9] oder 1 % **Schwefel** in Gegenwart von Wasser bei 180⁰[10] und die von *Hypogäasäure* in Gaidinsäure durch **Stickoxyde**[11] durchführen. Ähnliche Isomerisierungen sind bei *Petroselinsäure*[3] und *Linolsäure*[12] beobachtet. Ebenfalls gut untersucht ist die *cis, trans*-Isomerisierung einer aromatischen ungesättigten Säure, der Übergang der labilen *allo-* (*cis-*) *Zimtsäure* in die stabile gewöhnliche (*trans-*) Zimtsäure und umgekehrt. Einen breiten Raum nehmen hier die Lichtreaktionen ein. Während sich die Zimtsäuren im festen Zustand beim Belichten dimerisieren und in Truxill- bzw. Truxinsäuren übergehen, wird in flüssiger bzw. gelöster Form nur Isomerisierung beobachtet. So erhält man durch Bestrahlen von Benzollösungen beider Säuren mit der Quarzlampe ein Gleichgewicht mit ungefähr 30 % cis-Form[13, 14], diese Isomerisierung durch UV-Licht ist bei der *cis*-Säure auch in geschmolzenem Zustand[14] oder in wässeriger Lösung[15] nachgewiesen, im letzteren Fall wirkt etwas **Salzsäure** beschleunigend auf die Umlagerung. Bei den Alkalisalzen der Säuren tritt in wässeriger Lösung bereits durch Sonnenlicht Umwandlung ein[16]. Untersucht man die Isomerisierung der Zimtsäuren in wässeriger Lösung genauer[17], so findet man, daß die Lage des Gleichgewichts stark von der Wellenlänge des eingestrahlten Lichtes abhängig ist, so bilden sich bei gewöhnlicher Temperatur mit Licht von 3230 Å 77 % cis-Säure, mit solchem der Wellenlänge 2536 Å nur 46 %. Die Menge der gebildeten *cis*-Säure nimmt mit Erhöhung der Temperatur im ersteren Fall kaum, im letzteren dagegen stark zu. In Gegenwart von **Jod** wandelt sich die *cis*-Zimtsäure in Benzol im Sonnenlicht rasch in die *trans*-Form um[18],

[1] S. H. Bertram: Chem. Weekbl. **33**, 3 (1936).

[2] Siehe Anm. 10, S. 215.   [3] Siehe Anm. 12, S. 215.

[4] Finkener: Z. analyt. Chem. **27**, 534 (1888).

[5] H. I. Waterman, C. van Vlodrop: Recueil Trav. chim. Pays-Bas **57**, 629 (1938); dort auch weitere Literaturangaben über *cis, trans*-Isomerisierung bei Ölsäureestern im Verlaufe der katalytischen Hydrierung.

[6] H. Wieland, W. Zilg: Liebigs Ann. Chem. **530**, 272 (1937).

[7] O. Haussknecht: Liebigs Ann. Chem. **143**, 54 (1867).

[8] A. Fitz: Ber. dtsch. chem. Ges. 4, 444 (1871). — C. L. Reimer, W. Will: Ebenda **19**, 3321 (1886). — J. J. Sudborough, J. M. Gittins: J. chem. Soc. [London] **95**, 320 (1909).   [9] M., C., A. Saytzeff: J. prakt. Chem. (2) **50**, 78 (1894).

[10] G. Rankoff: Ber. dtsch. chem. Ges. **63**, 2139 (1930).

[11] G. C. Caldwell, A. Gössmann: Liebigs Ann. Chem. **99**, 307 (1856).

[12] J. P. Kass, G. O. Burr: J. Amer. chem. Soc. **61**, 1062 (1939).

[13] R. Stoermer: Ber. dtsch. chem. Ges. **42**, 4869 (1909); **44**, 666 (1911).

[14] H. Stobbe: Ber. dtsch. chem. Ges. **55**, 2227 (1922).

[15] H. Stobbe: Ber. dtsch. chem. Ges. **58**, 2415 (1925).

[16] H. Stobbe: Ber. dtsch. chem. Ges. **52**, 670 (1919).

[17] A. R. Olson, F. L. Hudson: J. Amer. chem. Soc. **55**, 1410 (1933). — Siehe auch B. K. Vaidya: Proc. Roy. Soc. [London], Ser. A **129**, 299 (1930).

[18] C. Liebermann: Ber. dtsch. chem. Ges. **28**, 1446 (1895). — A. Berthoud, Ch. Urech: J. Chim. physique **27**, 291 (1930).

ohne Sonnenlicht wird die Umlagerung durch Jod bei gewöhnlicher Temperatur in Schwefelkohlenstoff nur schwach[1], stärker dagegen in dem siedenden Lösungsmittel[1] oder in Benzol bei 100—130⁰[2] katalysiert. Außerdem wird die Umwandlung der *cis*- in die *trans*-Säure durch **konzentrierte Schwefelsäure** bewirkt[1, 3], sowie durch kurzes Kochen der wässerigen Lösung mit einer kleinen Menge **Kaliumpersulfat** in Gegenwart von **Sublimat**[4]. Der *cis*-Zimtsäuremethyl-*ester* wird durch einen Tropfen **Piperidin** oder durch **Bromwasserstoff** im Dunkeln in die *trans*-Verbindung übergeführt, Sauerstoff wirkt im letzteren Fall beschleunigend (Bromatome!), seine Wirkung kann aber durch Zusatz von Brenzcatechin ausgeschaltet werden[5]. Isomerisierungen durch dieselben Mittel (UV-Licht, **Brom** und **Jod** im Sonnenlicht) sind auch bei einer Anzahl in α- oder β-Stellung sowie im Benzolkern *substituierter Zimtsäuren* beobachtet worden[6]. Besonders eingehend ist die *o-Oxyzimtsäure* untersucht worden, deren *trans*-Form, die *Cumarsäure* bzw. deren Methylester beim Belichten mit UV-Licht in Methyl- oder Äthylalkohol oder in Benzol unter Wasser- bzw. Methanolabspaltung zu 75 % in Cumarin übergeht[7], während die Derivate mit substituierter phenolischer Hydroxylgruppe zu den entsprechenden *cis*-Verbindungen, den *Cumarin-säure*derivaten, isomerisiert werden. So wird der Cumarsäuremethyläther in Benzol oder besser in Methanol durch UV-Licht zu 75 % in Cumarinsäuremethyläther umgewandelt[7, 8, 9], während der entsprechende Äthyläther[7] sowie die Acetylcumarsäure[7, 8] sogar zu 100 % in die entsprechenden Cumarinsäurederivate umgelagert werden. Auch die *Ester* und *Amide* dieser und anderer O-Derivate der Cumar- bzw. Cumarinsäure erleiden durch UV-Licht Isomerisierung[8, 10]. Ähnlich verhält sich die β-*[o-Anisyl]*-β-*phenyl-acrylsäure* und ihre Ester und Amide, deren stabile Formen in Benzol oder Alkohol bzw. deren Alkalisalze in Wasser durch UV-Licht zu 35—50 % in die labilen Formen umgelagert werden[7, 8], während die labile Säure in Schwefelkohlenstoff durch geringe Mengen **Brom** im Sonnenlicht vollständig in die stabile Form umgewandelt wird[11]. Zum Unterschied davon wird die stabile β-*[o-Anisyl]*-β-*phenyl-methacrylsäure* und ihr Amid durch UV-Licht nur zu 5 % in die labile Form umgelagert[7, 8]. Die *Allo-furfuracrylsäure* geht in Benzol durch geringe Mengen **Jod** im Sonnenlicht in die gewöhnliche Furfuracrylsäure über[12], dasselbe ist auch bei den niedriger schmelzenden Formen der β-*Styryl-acrylsäure*[12] und der β-*Styryl-crotonsäure*[13] der Fall, die auf diese Weise in die höher schmelzenden Formen übergeführt werden können. Auch durch andere Mittel können solche Isomerisierungen hervorgerufen werden, so werden *cis-α-Chlor-(Brom-)zimtsäure* und *cis-α-Chlor-(Brom-)4-nitrozimtsäure*

---

[1] C. LIEBERMANN: Ber. dtsch. chem. Ges. **23**, 512 (1890).

[2] R. G. DICKINSON, H. LOTZKAR: J. Amer. chem. Soc. **59**, 472 (1937).

[3] C. LIEBERMANN: Ber. dtsch. chem. Ges. **23**, 2512 (1890). — E. ERLENMEYER: Liebigs Ann. Chem. **287**, 15 (1895).

[4] H. WIELAND, W. ZILG: Liebigs Ann. Chem. **530**, 272 (1937).

[5] O. SIMAMURA: Bull. chem. Soc. Japan **14**, 294 (1939).

[6] J. J. SUDBOROUGH: J. chem. Soc. [London] **83**, 666, 1153 (1903); **89**, 105 (1906). — TH. C. JAMES: Ebenda **99**, 1620 (1911); **103**, 1368 (1913). — R. STOERMER: Ber. dtsch. chem. Ges. **44**, 637 (1911); **45**, 3099 (1912); **46**, 1249 (1913); **50**, 959 (1917). — S. REICH: Ebenda **46**, 3727 (1913); Chem. Zbl. **1918 II**, 21. — F. WOLLRING: Ber. dtsch. chem. Ges. **47**, 111 (1914).

[7] R. STOERMER: Ber. dtsch. chem. Ges. **42**, 4867 (1909).

[8] R. STOERMER: Ber. dtsch. chem. Ges. **44**, 637 (1911).

[9] W. H. PERKIN: J. chem. Soc. [London] **39**, 409 (1881).

[10] R. STOERMER: Ber. dtsch. chem. Ges. **47**, 1795 (1914). — H. LUTZMANN: Ebenda **73**, 632 (1940).

[11] R. STOERMER, E. FRIEDERICI: Ber. dtsch. chem. Ges. **41**, 326 (1908).

[12] C. LIEBERMANN: Ber. dtsch. chem. Ges. **28**, 1443 (1895).

[13] R. KUHN, M. HOFFER: Ber. dtsch. chem. Ges. **65**, 651 (1932).

durch **Pyridinhydrochlorid** in Pyridin bei 100°[1], *Tetraacetyl-β-d-glucosido-cumarin-säure* durch **Pyridin-Essigsäureanhydrid** bei 0°[2] in die entsprechenden *trans*-Formen umgelagert. Daß solche Übergänge nicht auf α,β-ungesättigte Säuren beschränkt sind, zeigt das Beispiel der *Phenylisocrotonsäure*, die in Benzol durch UV-Licht zu 20 % in die Alloform umgelagert wird[3].

Das Schulbeispiel für die Isomerisierung *cis,trans*-isomerer Äthylene ist der Übergang der *Maleinsäure* (*cis*-Form) in die *Fumarsäure* (*trans*-Form) und umgekehrt, deshalb sind auch hier die Beobachtungen über katalytische Wirkungen sehr zahlreich. Wenn auch in der Regel nur die Umwandlung der Maleinsäure in die Fumarsäure untersucht wurde und nur in wenigen Fällen ausdrücklich hervorgehoben ist, daß die Umlagerung nicht vollständig verläuft, so besteht doch kein Zweifel darüber, daß wir es auch hier mit einer Gleichgewichtsreaktion zu tun haben. Der Übergang der Maleinsäure in die Fumarsäure erfolgt durch **konzentrierte Salzsäure** bei 100°[4, 6] oder in der Wärme[5, 6], durch **Chlorwasserstoff in Eisessig + Essigsäureanhydrid** in der Kälte[6] und durch konzentrierte **Brom- oder Jodwasserstoffsäure** in der Wärme[6, 7]. *Verdünnte* Halogenwasserstoffsäuren wirken ebenfalls bei 100°, nur langsamer[8]. Aber auch andere Säuren wie **Salpetersäure**[6, 9], **Phosphorsäure**[6] und **organische Säuren**[6] sind bei Temperaturen von 100° und darüber wirksam, während Schwefelsäure die Umlagerung anscheinend verzögert[6]. Auch durch basische Substanzen kann die Umwandlung bewerkstelligt werden, so geht Maleinsäure durch kurzes Erhitzen mit **Pyridin** auf 100° in Fumarsäure über[10]. Außerdem wird die Umlagerung der Maleinsäure in wässeriger Lösung noch bewirkt durch **Stickoxyde** bei gewöhnlicher Temperatur[11], durch **Platinschwarz**[12] langsam bei gewöhnlicher Temperatur, schneller bei 100°, durch konzentrierte **Kaliumrhodanidlösung** bei 100°[13], durch **kolloidalen Schwefel**[14] bei 60—100° (Einleiten von $H_2S + SO_2$ und nachträgliches Erhitzen[15], Natriumthiosulfat+Schwefelsäure in der Kälte[16]), durch **Mangandioxyd+Schwefeldioxyd**[17] oder durch kurzes Kochen mit einer kleinen Menge **Kaliumpersulfat** in Gegenwart von **Sublimat**[18]. Eine schnelle Umlagerung erfährt die Maleinsäure auch in Wasser oder Chloroform mit **Brom**, *nicht* dagegen mit Jod, Chlor, Jodmonochlorid oder Jodtrichlorid im Sonnenlicht[19], wobei die blauen und violetten Strahlen am wirksamsten sind. Auch Licht allein wirkt isomerisierend auf Maleinsäure in festem Zustand oder in wässeriger Lösung[20], am wirksamsten sind in

[1] P. Pfeiffer: Ber. dtsch. chem. Ges. **43**, 3039 (1910); **47**, 1755 (1914).
[2] H. Lutzmann: Ber. dtsch. chem. Ges. **73**, 632 (1940).
[3] R. Stoermer, H. Stockmann: Ber. dtsch. chem. Ges. **47**, 1793 (1914).
[4] R. Anschütz: Liebigs Ann. Chem. **254**, 175 (1889).
[5] A. Kékulé, O. Strecker: Liebigs Ann. Chem. **223**, 186 (1884).
[6] Zd. H. Skraup: Mh. Chem. **12**, 107 (1891).
[7] A. Kékulé: Liebigs Ann. Chem., Suppl. **1**, 133 (1881).
[8] E. M. Terry, L. Eichelberger: J. Amer. chem. Soc. **47**, 1402 (1925).
[9] A. Kékulé: Liebigs Ann. Chem., Suppl. **2**, 93 (1862).
[10] P. Pfeiffer: Ber. dtsch. chem. Ges. **47**, 1592 (1914).
[11] J. Schmidt: Ber. dtsch. chem. Ges. **33**, 3242 (1900).
[12] O. Loew, K. Asō: Chem. Zbl. **1906 II**, 492.
[13] A. Michael: J. prakt. Chem. (2) **52**, 323 (1895). — E. M. Terry, L. Eichelberger: J. Amer. chem. Soc. **47**, 1402 (1925).
[14] H. Freundlich, G. Schikorr: Kolloidchem. Beih. **22**, 1 (1926).
[15] Zd. H. Skraup: Mh. Chem. **12**, 139 (1891).
[16] S. Tanatar: Chem. Zbl. **1912 I**, 1701.
[17] P. Neogi: J. Indian chem. Soc. **5**, 279 (1928); **6**, 969 (1929); **16**, 239 (1939).
[18] H. Wieland, W. Zilg: Liebigs Ann. Chem. **530**, 272 (1937).
[19] J. Wislicenus: Ber. dtsch. chem. Ges. **29**, R. 1080 (1897). — L. Bruner, M. Krolikowski: Chem. Zbl. **1910 II**, 1881.
[20] G. Ciamician, P. Silber: Ber. dtsch. chem. Ges. **36**, 4267 (1903).

diesem Fall die ultravioletten Strahlen, mit denen man in alkoholischen[1] oder wässerigen[2, 3] Lösungen der Maleinsäure oder Fumarsäure ein Gleichgewichtsgemisch erhält, das ungefähr 70% der ersteren enthält und dessen Zusammensetzung sich mit der Temperatur kaum ändert[3]. Die *Ester* der Maleinsäure werden mit **Kaliumstaub** in siedendem Äther leicht in Fumarsäureester umgelagert[4], ebenso durch NO_2[5], durch kurzes Kochen mit **Jod**[6] oder durch **Bromwasserstoff** und (langsamer) durch **Chlorwasserstoff** in Substanz oder in Tetrachlorkohlenstofflösung bei gewöhnlicher Temperatur[7]. Die thermische Isomerisierung der Maleinsäureester scheint durch **Sauerstoff** und **Stickoxyd** katalysiert zu werden[8]. Wie die Maleinsäure, so werden auch ihre Ester in Tetrachlorkohlenstoff oder Wasser leicht durch geringe Mengen **Brom** im Licht umgelagert[9, 10], wobei auch hier die grünen, blauen und ultravioletten Strahlen die wirksamsten sind. Die Umlagerung wird in diesem Falle durch Bromatome verursacht, womit auch die umlagernde Wirkung von Brom, das mit Anthracen reagiert, im Dunkeln gut erklärt werden kann[11]. Auch **Mercuribromid, Mercuronitrat** und **Mercuroperchlorat** wirken im Licht umlagernd auf Maleinsäureester in wässeriger Lösung[10]. Für die Substitutionsprodukte der Maleinsäure bzw. Fumarsäure gilt ähnliches, so geht *Chlormaleinsäure* durch Erhitzen mit **konzentrierter Salzsäure** in *Chlorfumarsäure*[12], *Brommaleinsäure* durch Kochen mit **Salzsäure**[13] oder verdünnter **Bromwasserstoffsäure**[14] in Bromfumarsäure über, während die letztere Säure in Alkohol durch UV-Licht zu 50% in Brommaleinsäure übergeht[15]. Bei dem homologen Isomerenpaar *Citraconsäure* (*cis*-Form) — *Mesaconsäure* (*trans*-Form) läßt sich die Umwandlung der *cis*-Form auf dieselbe Art und Weise erreichen, als Umlagerungsmittel wurden angewandt: Heiße **konzentrierte Salzsäure**[16], konzentrierte **Brom-**[16] oder konzentrierte **Jodwasserstoffsäure**[17], heiße **verdünnte Salpetersäure**[18], konzentrierte **Natronlauge** bei 100°[19], **Mangandioxyd + Schwefeldioxyd** in wässeriger Lösung[20], **Kaliumpersulfat** in Gegenwart von

---

[1] R. STOERMER: Ber. dtsch. chem. Ges. **42**, 4870 (1909); **44**, 660 (1911).

[2] A. KAILAN: Z. physik. Chem. **87**, 333 (1914). — E. WARBURG: S.-B. preuß. Akad. Wiss. Berlin **1919**, 960. — B. K. VAIDYA: Proc. Roy. Soc. [London], Ser. A **129**, 299 (1930).

[3] A. R. OLSON, F. L. HUDSON: J. Amer. chem. Soc. **55**, 1410 (1933).

[4] H. MEERWEIN, J. WEBER: Ber. dtsch. chem. Ges. **58**, 1266 (1925).

[5] R. KUHN in K. FREUDENBERG: Stereochemie, S. 919. Leipzig und Wien 1933.

[6] R. ANSCHÜTZ: Ber. dtsch. chem. Ges. **12**, 2283 (1879).

[7] O. SIMAMURA: Bull. chem. Soc. Japan **14**, 22 (1939). Gegenwart von Licht oder Sauerstoff bzw. Peroxyden ist in diesem Fall nicht erforderlich.

[8] B. TAMAMUSHI, H. AKIYAMA: Z. Elektrochem. angew. physik. Chem. **43**, 156 (1937); **45**, 72 (1939).

[9] J. EGGERT, W. BORINSKI: Physik. Z. **24**, 504 (1923); **25**, 19 (1924). — J. EGGERT, F. WACHHOLTZ, R. SCHMIDT: Ebenda **26**, 865 (1925). — R. SCHMIDT: Z. physik. Chem., Abt. B **1**, 205 (1928).

[10] F. WACHHOLTZ: Z. physik. Chem. **125**, 1 (1927).

[11] CH. C. PRICE, R. S. THORPE: J. Amer. chem. Soc. **60**, 2839 (1938).

[12] W. H. PERKIN: J. chem. Soc. [London] **53**, 706 (1888). — Dagegen geht das *Chlorfumarsäurechlorid* durch **Aluminiumchlorid** bei 100° in Chlormaleinsäurechlorid über [E. OTT: Liebigs Ann. Chem. **392**, 256 (1912)].

[13] A. MICHAEL: J. prakt. Chem. (2) **52**, 301 (1895).

[14] R. FITTIG, C. PETRI: Liebigs Ann. Chem. **195**, 77 (1879).

[15] R. STOERMER: Ber. dtsch. chem. Ges. **44**, 661 (1911).

[16] R. FITTIG: Liebigs Ann. Chem. **188**, 77, 80 (1877).

[17] A. KÉKULÉ: Liebigs Ann. Chem., Suppl. **2**, 94 (1862).

[18] J. GOTTLIEB: Liebigs Ann. Chem. **77**, 268 (1857).

[19] A. DELISLE: Liebigs Ann. Chem. **269**, 77, 90 (1892), neben Itaconsäure, nach R. FITTIG [Ber. dtsch. chem. Ges. **26**, 48 (1893)] und R. P. LINSTEAD, J. TH. W. MANN [J. chem. Soc. [London] **1931**, 726) geht diese Umwandlung über die Itaconsäure.

[20] P. NEOGI: J. Indian chem. Soc. **6**, 969 (1929); **16**, 239 (1939).

Sublimat in heißer wässeriger Lösung[1], **Brom** im Sonnenlicht in Chloroformlösung[2]. Durch UV-Licht wird sowohl die Citraconsäure wie auch die Mesaconsäure in wässeriger Lösung zu einem Gleichgewichtsgemisch umgewandelt, die Menge der Citraconsäure darin beträgt bei 0^0 69% und nimmt mit steigender Temperatur ab[3].

Bei einer Reihe von *Polyenverbindungen* werden *cis-*, *trans-*Isomerisierungen durch **Jod** in Lösungsmitteln (Essigester, Chloroform, Petroläther) in der Wärme wie auch in der Kälte hervorgerufen, die labile Form geht dabei in die stabile über. Beobachtungen in dieser Richtung liegen vor bei *Bixin*[4] [5], *Bixin-methylester*[4], *Crocetin-dimethylester*[6] und *Apo-1-norbixinal-methylester*[7], auch die durch Jod hervorgerufenen Umwandlungen bei *Carotinoiden* dürften wohl auf die *cis,trans*-Isomerisierung beruhen[8].

II. Stickstoffverbindungen.

1. Racemisierung und diastereomere Umwandlungen bei Ammoniumverbindungen.

Optisch aktive *Ammoniumsalze* $[NR_1R_2R_3R_4]^+X^-$ mit einem asymmetrischen koordinativ vierwertigen Stickstoffatom sind viel leichter racemisierbar als Verbindungen mit einem asymmetrischen Kohlenstoffatom. Überträgt man die für die Racemisierung der Kohlenstoffverbindungen gültigen Voraussetzungen auf die Ammoniumsalze, so muß man auch hier annehmen, daß die Racemisierung durch vorübergehende Ablösung eines Substituenten am Stickstoffatom erfolgt. Dies ist in der Tat auch hier der Fall, die Racemisierung ist im wesentlichen auf einen Zerfall in tertiäres Amin und Alkylhalogenid zurückzuführen[9]:

$$[NR_1R_2R_3R_4]^+X^- \rightleftharpoons NR_1R_2R_3 + R_4X.$$

Da ein derartiger Zerfall nur bei Jodiden, Bromiden und Chloriden stattfindet, tritt Racemisierung nur bei diesen Salzen mit von den Jodiden zu den Chloriden abnehmender Schnelligkeit ein[10], Fluoride und Salze von Sauerstoffsäuren racemisieren sich nicht[11]. Der Vorgang wird durch Lösungsmittel mit kleiner Dielektrizitätskonstante (besonders Chloroform) beschleunigt, Wasser und Alkohol wirken hemmend[12]. Zusatz von Nitrat zur Lösung eines aktiven Halogenids ver-

---

[1] H. Wieland, W. Zilg: Liebigs Ann. Chem. **530**, 272 (1937).

[2] R. Fittig: Ber. dtsch. chem. Ges. **26**, 46 (1893); Liebigs Ann. Chem. **304**, 119 (1892).

[3] A. R. Olson, F. L. Hudson: J. Amer. chem. Soc. **55**, 1410 (1933). — Siehe auch B. K. Vaidya: Proc. Roy. Soc. [London], Ser. A **129**, 299 (1930). — Über die Umwandlung des Mesaconsäurenitrils in Aceton durch UV-Licht in Citraconsäurenitril siehe G. Duez: Chem. Zbl. **1941 II**, 603.

[4] P. Karrer, A. Helfenstein, R. Widmer, Th. B. van Itallie: Helv. chim. Acta **12**, 741 (1929).

[5] R. Kuhn, A. Winterstein: Ber. dtsch. chem. Ges. **65**, 646 (1932).

[6] R. Kuhn, A. Winterstein: Ber. dtsch. chem. Ges. **66**, 209 (1933). Auch durch blaues oder violettes Licht wird die Umlagerung bewirkt.

[7] P. Karrer, U. Solmsen: Helv. chim. Acta **20**, 1396 (1937).

[8] L. Zechmeister: Ber. dtsch. chem. Ges. **72**, 1340 (1939); Liebigs Ann. Chem. **543**, 248 (1940). — G. Ph. Carter, A. E. Gillam: Biochemic. J. **33**, 1325 (1939). — Siehe jedoch R. Kuhn, E. Lederer: Ber. dtsch. chem. Ges. **65**, 637 (1932).

[9] H. v. Halban: Z. Elektrochem. angew. physik. Chem. **13**, 57 (1907); Ber. dtsch. chem. Ges. **41**, 2417 (1908). — E. Wedekind, F. Paschke: Ber. dtsch. chem. Ges. **41**, 2659 (1908); **44**, 1413 (1911).

[10] E., O. Wedekind, F. Paschke: Ber. dtsch. chem. Ges. **41**, 1029 (1908).

[11] E. Wedekind: Ber. dtsch. chem. Ges. **39**, 478 (1906).

[12] E. Wedekind, F. Paschke: Ber. dtsch. chem. Ges. **41**, 2663 (1908). — Vgl. auch H. v. Halban: Z. physik. Chem. **77**, 719 (1911) und weitere Auseinandersetzungen in Z. physik. Chem. **82**, **83**.

langsamt den Zerfall und damit die Racemisierung[1], Zusatz von **Halogenid**[2] oder von **Amin**[1] beschleunigt sie. Licht wirkt ebenfalls beschleunigend auf die Racemisierung. Ein abweichendesVerhalten zeigt das *N-Methyl-N-allyl-tetrahydro-chinoliniumjodid*, das nur in hydroxylhaltigen Lösungsmitteln, besonders rasch in Wasser, gar nicht oder äußerst langsam dagegen in Aceton oder Chloroform racemisiert wird[3]. Ähnlich verhalten sich die *N-Alkyl-tetrahydroisochinolinium-essigsäure-betaine*, die sich in Alkohol und Aceton, *nicht* dagegen in Chloroform racemisieren[4], und die von diesen Verbindungen sich ableitenden (—)*Menthyl-ester der N-Alkyl-N-carboxymethyl-tetrahydroisochinoliniumjodide*[5] mit je einem asymmetrischen Stickstoff- und Kohlenstoffatom, von denen sich jeweils die labile Form in Alkohol, *nicht* dagegen in Chloroform und Aceton in das stabile Diastereomere umlagert. Die entsprechenden Nitrate erfahren unter diesen Bedingungen auch hier keine partielle Racemisierung. Der Mechanismus dieser Isomerisierungen ist noch unbekannt.

2. Isomerisierung cis, trans-isomerer Stickstoffverbindungen.

Von den *cis, trans*-isomeren Stickstoffverbindungen nehmen die *Oxime* den breitesten Raum ein, demgemäß sind auch hier die Beobachtungen über katalytische Einflüsse bei der Isomerisierung sehr zahlreich. Am einfachsten liegen die Verhältnisse bei den *Aldoximen*, von denen sowohl die *syn-* wie die *anti-*Formen ganz allgemein mit **Chlorwasserstoff** in indifferenten Lösungsmitteln (Äther, Chloroform, Benzol, Toluol, Xylol)[6] oder hochkonzentrierter (d. h. bei 0° gesättigter) **Salzsäure**[7] ein Gleichgewichtsgemisch der beiden Chlorhydrate[8] liefert, das in den meisten Fällen auf der Seite der *anti*-Form liegt und sich mit der Erhöhung der Temperatur zugunsten der *anti*-Form verschiebt[9]. Eine ähnliche Wirkung besitzt **konzentrierte Schwefelsäure**[10]. **Verdünnte Säuren** isomerisieren die *aromatischen anti*-Oxime zu den *syn*-Formen[11], während die *anti-Oxime* der *heterocyclischen Aldehyde* und des *Zimtaldehyds* dadurch nicht verändert werden. Eine Umwandlung des *anti-* in das *syn-Benzaldoxim* findet auch mit **Chlorwasserstoff** oder **Lithiumchlorid**, *nicht* aber durch Kaliumacetat in alkoholischer Lösung statt[12]. Auch Derivate der Aldoxime werden durch Säuren leicht umgelagert, so die *anti-O-Methyläther* in wässeriger[13, 15], alkoholischer[14], ätherischer[15]

[1] E. WEDEKIND, H. UTHE: Ber. dtsch. chem. Ges. **58**, 470, 1303 (1925). — E. WEDEKIND, F. FEISTEL: Ebenda **63**, 2743 (1930).

[2] E. WEDEKIND: Ber. dtsch. chem. Ges. **67**, 2007 (1934).

[3] E., O. WEDEKIND: Ber. dtsch. chem. Ges. **40**, 4450 (1907). — E. WEDEKIND, G. L. MAISER: Ebenda **61**, 1364 (1928).

[4] E. WEDEKIND, G. L. MAISER: Ber. dtsch. chem. Ges. **61**, 2471 (1928).

[5] E., O. WEDEKIND: Ber. dtsch. chem. Ges. **41**, 456 (1908). — E. WEDEKIND, F. NEY: Ebenda **42**, 2138 (1909); **45**, 1298 (1912).

[6] E. BECKMANN: Ber. dtsch. chem. Ges. **22**, 432 (1889).

[7] A. E. DUNSTAN, F. B. THOLE: Proc. chem. Soc. [London] **27**, 233 (1911). — Siehe auch O. L. BRADY, F. P. DUNN: J. chem. Soc. [London] **123**, 1785 (1923).

[8] W. SWIETOSLAWSKI, M. POPOW: Bull. Soc. chim. France (4) **35**, 137 (1924). — J. MEISENHEIMER, P. ZIMMERMANN, U. v. KUMMER: Liebigs Ann. Chem. **446**, 210 (1926). — W. THEILACKER, LIANG-HAN CHOU: Ebenda **523**, 143 (1936).

[9] O. L. BRADY, F. P. DUNN: J. chem. Soc. [London] **123**, 1783 (1923).

[10] E. BECKMANN: Ber. dtsch. chem. Ges. **20**, 2766 (1887). — CH. M. LUXMOORE: J. chem. Soc. [London] **69**, 180 (1896). — O. L. BRADY, A. D. WHITEHEAD: Ebenda **1927**, 2933.

[11] O. L. BRADY, F. P. DUNN: J. chem. Soc. [London] **109**, 650 (1926).

[12] TH. W. J. TAYLOR, D. C. V. ROBERTS: J. chem. Soc. [London] **1933**, 1439.

[13] H. GOLDSCHMIDT: Ber. dtsch. chem. Ges. **23**, 2168 (1890).

[14] H. LINDEMANN, KOU-TSCHI-TSCHANG: Ber. dtsch. chem. Ges. **60**, 1729 (1927).

[15] H. GOLDSCHMIDT, C. KJELLIN: Ber. dtsch. chem. Ges. **24**, 2555 (1891).

oder Chloroformlösung[1] durch **Chlorwasserstoff**, durch **Bisulfit**[2] oder **Jod**[2, 3]. *anti-Aldoxim-acetate* sind noch empfindlicher, schon durch **Spuren von Säuren** gehen sie in die *syn*-Formen über[4], und ähnlich verhalten sich andere Säurederivate, wie die *anti-Carbanilidoaldoxime*, bei denen **Chlorwasserstoff** in Äther oder Benzol Konfigurationswechsel hervorruft[5]. Die Umwandlung der aromatischen *anti*-Aldoxime in die *syn*-Formen wird auch durch manche Lösungsmittel bewerkstelligt[6, 7], wobei sich ein Gleichgewicht zwischen beiden Formen bildet[7]. In solchen Lösungsmitteln, in denen diese Umwandlung selbst in der Siedehitze nicht oder nur sehr langsam stattfindet, kann sie in manchen Fällen durch **Tierkohle** rasch erreicht werden[8]. Ähnlich wie bei den *cis,trans*-isomeren Äthylenderivaten lassen sich die *syn*-Aldoxime und in bescheidenerem Umfange auch ihre O-Äther[9] durch Sonnenlicht[10] oder besser durch ultraviolette Strahlen[11] in die *anti*-Isomeren überführen.

Bei den *Ketoximen* herrschen verwickeltere Verhältnisse, es gibt hier im Gegensatz zu den Aldoximen keine allgemein brauchbaren Katalysatoren für die Isomerisierung; in manchen Fällen läßt sich jedoch die Umlagerung in der einen Richtung durch Säure, in der anderen durch Lauge erreichen. Eine Übersicht über die angewandten Umlagerungsmittel gibt folgende Zusammenstellung:

Äthyl-heptadecyl-ketoxim: n → h[12] durch **Chlorwasserstoff** in Äther[13], *Mesityloxydoxim:* h → n durch **Chlorwasserstoff bei** 80°, n → h durch Kochen mit **Alkali**[14], *2-Nitrobenzyl-methyl-ketoxim:* n → h durch **Chlorwasserstoff** in Äther[15], *2-Brom-5-nitroacetophenonoxim:* h → n durch Kochen mit **Eisessig**[16], *2-Oxy-4,6-dimethyl-acetophenonoxim:* n → h durch **Natronlauge**[17], *ω-(4-Toluidino)-acetophenonoxim:* n → h durch **Phosphorpentachlorid**[18], *Benzoinoxim:* n → h durch **Chlorwasserstoff** in Äther, h → n durch Kochen mit wässerig-alkoholischer **Lauge**[19], *4-Methyl-benzophenon-oxim:* n → h durch **Phosphorpentachlorid** in der Kälte, h → n durch UV-Licht[20], *2,4-Dimethyl-*

---

[1] O. L. Brady, L. Klein: J. chem. Soc. [London] **1927**, 877.

[2] Siehe Anm. 13, S. 221.

[3] Siehe Anm. 15, S. 221.

[4] A. Hantzsch: Z. physik. Chem. **13**, 511 (1894). — O. L. Brady, G. P. McHugh: J. chem. Soc. [London] **127**, 2416 (1925).

[5] H. Goldschmidt: Ber. dtsch. chem. Ges. **23**, 2166, 2171 (1890).

[6] H. Goldschmidt, W. A. van Rietschoten: Ber. dtsch. chem. Ges. **26**, 2101 (1893). — M. O. Forster, F. P. Dunn: J. chem. Soc. [London] **95**, 426 (1909). — O. L. Brady, F. P. Dunn: Ebenda **103**, 1621 (1913). — Th. St. Patterson: Ber. dtsch. chem. Ges. **40**, 2564 (1907); J. chem. Soc. [London] **91**, 504 (1907); **101**, 26, 2100 (1912); **1929**, 1895.

[7] W. Theilacker, Liang-Han Chou: Liebigs Ann. Chem. **523**, 143 (1936).

[8] J. Meisenheimer, W. Theilacker, O. Beisswenger: Liebigs Ann. Chem. **495**, 257 (1932).

[9] O. L. Brady: J. chem. Soc. [London] **103**, 1620 (1913); **125**, 548 (1924); **1927**, 876.

[10] G. Ciamician, P. Silber: Ber. dtsch. chem. Ges. **36**, 4268 (1903). — R. Ciusa: Gazz. chim. ital. **37 I**, 463 (1907); Atti R. Accad. naz. Lincei, Rend. (5) **15 II**, 721 (1906). — O. L. Brady, F. P. Dunn: J. chem. Soc. [London] **103**, 1619 (1913).

[11] O. L. Brady, G. P. McHugh: J. chem. Soc. [London] **125**, 547 (1924).

[12] n = niedrigschmelzendes, h = hochschmelzendes Oxim.

[13] S. Fukukawa: Sci. Pap. Inst. physic. chem. Res. **20**, 71 (1933).

[14] C. Harries, L. Jablonski: Ber. dtsch. chem. Ges. **31**, 1381 (1898). — P. Dutoit, A. Fath: J. Chim. physique **1**, 358 (1903).

[15] P. W. Neber, K. Hartung, W. Ruopp: Ber. dtsch. chem. Ges. **58**, 1235 (1925).

[16] J. Meisenheimer, P. Zimmermann, U. v. Kummer: Liebigs Ann. Chem. **446**, 222 (1926).

[17] K. v. Auwers, O. Jordan: Ber. dtsch. chem. Ges. **58**, 27 (1925).

[18] M. Busch, P. Kämmerer: Ber. dtsch. chem. Ges. **63**, 650 (1930).

[19] A. Werner: Ber. dtsch. chem. Ges. **23**, 2335 (1890).

[20] A. Hantzsch: Ber. dtsch. chem. Ges. **24**, 51 (1891). — R. Stoermer: Ebenda **44**, 667 (1911).

benzophenonoxim: h → n durch **Essigsäure**[1], *4-Äthyl-benzophenonoxim:* h → n durch
Natronlauge und Hydroxylamin bei 120°[1], *4-n-Propyl-benzophenonoxim-acetat:* h → n
durch **Acetylchlorid** in der Wärme[1], *4-Isopropyl-benzophenon-oxim:* n → h durch
Chlorwasserstoff in Äther oder Eisessig[1], *2-Oxy-benzophenonoxim:* h → n durch Kochen
mit starker **Alkalilauge,** n → h durch **Ameisensäure**[2], *Benzoylderivat:* h → n (teilweise)
durch UV-Licht[3], *3-* und *4-Oxy-benzophenonoxim:* h → n durch **Chlorwasserstoff,** n → h
durch Kochen mit starker **Alkalilauge**[1], *4-Methoxy-benzophenonoxim:* h → n durch
Phosphorpentachlorid oder UV-Licht[3, 4], *Acetylderivat:* h → n durch **Acetylchlorid**[4],
2-Amino-benzophenonoxim: h → n durch Kochen mit **Ameisensäure,** n → h durch
Alkali[5], *4-Äthylthio-benzophenonoxim:* n → h durch Erhitzen mit Alkohol oder Essigester auf 100°, h → n durch Kochen mit **alkoholischer Lauge**[6], *1-Naphthyl-phenyl-
ketoxim:* n → h durch Kochen mit verdünnter **Salzsäure**[7].

Ähnlich verhalten sich die *Oximcarbonsäuren,* so geht das n-*Phenylglyoxyl-
säureoxim* durch **Chlorwasserstoff** in Äther und durch Erhitzen mit **konzentrierter
Schwefelsäure** in die h-Form über[8], eine Umwandlung in derselben Richtung
erleidet der *Phenylglyoxylsäureanilidoxim-O-methyläther* durch Kochen mit
Salzsäure[9]. Bei dem *Oxim der Oxalessigsäure* und ihres Äthylesters wird die Umlagerung h → n durch **konzentrierte Schwefelsäure** erreicht[10], und dasselbe gilt
von dem *β-Benzoylpropionsäureoxim*[11].

Von den *Oximen der Dioxoverbindungen* gehen die *anti-Monoxime der Benzilreihe* durch Erhitzen mit Alkohol auf 100°[12, 13] oder durch längere Einwirkung
von **konzentrierter Salzsäure** in der Kälte[13, 14, 15] in die *syn-*Formen über. Dieselbe
Umlagerung wird durch **alkoholische Salzsäure** bei 55°, aber auch durch **Lithiumchlorid, Tetramethylammoniumchlorid** oder **Kaliumchlorid,** *nicht* dagegen durch
Kaliumäthylsulfat oder Kaliumacetat in Alkohol bewirkt[16]; Wasserzusatz wirkt
hemmend. Ebenso wirkt **Tierkohle** in heißem Benzol oder Alkohol[17], dagegen
sind Silicagel, Kieselgur, Platinschwarz, Glaswolle usw. wirkungslos. Ausschlaggebend für die katalytische Wirkung der Kohle ist ihr **Eisen**gehalt, eisenfreie
Kohle wird durch **Ferrichlorid** aktiviert, eisenhaltige durch Kaliumcyanid vergiftet. Besonders labile *anti-*Monoxime werden schon durch Erwärmen in indifferenten Lösungsmitteln umgelagert[15]. Die *amphi-Dioxime der Benzilreihe* gehen
durch Erhitzen mit **Natronlauge**[18, 19, 20], verdünnter **Essigsäure**[21], Alkohol[18, 20, 22],

[1] A. W. Smith: Ber. dtsch. chem. Ges. **24**, 4025 (1891).
[2] E. P. Kohler, W. F. Bruce: J. Amer. chem. Soc. **53**, 1572 (1931).
[3] M. Martynoff: Ann. Chimie (11) **7**, 424 (1937).   [4] Siehe Anm. 20, S. 222.
[5] K. v. Auwers, O. Jordan: Ber. dtsch. chem. Ges. **57**, 800 (1924).
[6] K. v. Auwers, C. Beger: Ber. dtsch. chem. Ges. **27**, 1736 (1894).
[7] M. Betti, P. Poccianti: Gazz. chim. ital. **45** I, 376 (1915).
[8] A. Hantzsch: Ber. dtsch. chem. Ges. **24**, 45 (1891). Über die Wirkung von
Alkali gehen die Ansichten in der Literatur auseinander. Nach Hantzsch geht n- in
h-Oxim über, während nach A. Hantzsch und A. Miolati [Z. physik. Chem. **10**, 13
(1892)] das Umgekehrte der Fall ist.
[9] O. L. Brady, M. M. Muers: J. chem. Soc. [London] **1930**, 219, 226.
[10] C. Cramer: Ber. dtsch. chem. Ges. **24**, 1209 (1891).
[11] W. Dollfus: Ber. dtsch. chem. Ges. **25**, 1933, 1934 (1892).
[12] K. Auwers, V. Meyer: Ber. dtsch. chem. Ges. **22**, 545 (1889).
[13] J. Meisenheimer: Ber. dtsch. chem. Ges. **57**, 286 (1924); Liebigs Ann. Chem.
444, 101 (1925).
[14] J. Meisenheimer, F Heim: Liebigs Ann. Chem. **355**, 281 (1907).
[15] J. Meisenheimer: Liebigs Ann. Chem. **468**, 202 (1929).
[16] Th. W. J. Taylor, D. C. V. Roberts: J. chem. Soc. [London] **1933**, 1439.
[17] Th. W. J. Taylor: Nature **125**, 636 (1930); J. chem. Soc. [London] **1930**, 2305;
1934, 980.   [18] K. Auwers, V. Meyer: Ber. dtsch. chem. Ges. **22**, 547, 712, 713 (1889).
[19] J. Meisenheimer: Liebigs Ann. Chem. **468**, 202 (1929).
[20] J. Meisenheimer: Liebigs Ann. Chem. **444**, 105, 108 (1925).
[21] G. Ponzio: Gazz. chim. ital. **60**, 86 (1930).
[22] A. Werner, C. Bloch: Ber. dtsch. chem. Ges. **32**, 1984 (1899).

konzentrierter Salzsäure[1] oder Beckmannschem Gemisch[1] auf 100° in die *syn*-Dioxime[2] über, die Umlagerung erfolgt jedoch nicht vollständig, es bilden sich vielmehr nebenbei wechselnde Mengen von *anti*-Dioxim. Letzteres ist das Hauptprodukt, wenn man *amphi*- und *syn*-Dioxim in festem Zustand oder in alkoholischer Lösung mit UV-Licht bestrahlt[3] oder das *amphi*-Dioxim mit **Chlorwasserstoff** in Äther behandelt[4]. Beim Erhitzen auf Temperaturen von 150 bis 200° wandeln sich *syn*- und *anti*-Dioxime wechselseitig ineinander um, bei 100° kann diese Umlagerung durch **Natronlauge**[5], **verdünnte Essigsäure**[6] oder **Beckmannsches Gemisch**[7] herbeigeführt werden, bei dieser Temperatur ist aber das Gleichgewicht fast vollständig auf die Seite des *syn*-Dioxims verschoben. In der Reihe der *aromatisch-aliphatischen Dioxime* gehen die *amphi*-Verbindungen beim Kochen mit **verdünnter Essigsäure**[8] oder beim Bestrahlen mit UV-Licht in festem Zustand oder in alkoholischer Lösung[9] in die *anti*-Dioxime über, doch ist wahrscheinlich der Übergang auch hier kein vollständiger. Der umgekehrte Vorgang tritt ein, wenn man die *anti*-Dioxime mit **Chlorwasserstoff** in Äther behandelt[10], auch in diesem Fall tritt keine quantitative Bildung der *amphi*-Form ein. In der *aliphatischen* Reihe wird bei den *Campherchinondioximen* die *syn*-Form durch Erhitzen mit Alkohol auf 100° in die *amphi*-(δ-)Form umgewandelt[11]. Von den beiden *Chlorglyoximen* wird das *amphi*-Dioxim durch **Chlorwasserstoff** in Äther in die *anti*-Form umgelagert, der umgekehrte Vorgang wird durch verdünnte **Natronlauge** hervorgerufen[12]. Bei den *Glyoximcarbonsäuren* werden die α-Formen durch **Chlorwasserstoff** in Äther[13, 14] oder durch **konzentrierte Salzsäure**[15] in die β-Formen übergeführt, während **Alkali** in manchen Fällen die umgekehrte Isomerisierung bewerkstelligen kann[13].

Bei den *Derivaten der Dioxime* sind Isomerisierungen viel seltener beschrieben. Die *O-Äther* der *anti*-Benzil-mono- und -dioxime gehen durch Kochen mit **Anilin**[16], durch **konzentrierte Salzsäure** bei 100°[17, 18] oder durch **Chlorwasserstoff** in Äther[18] oder Eisessig[16] in die entsprechenden *syn*-Derivate über. Analog wird auch der *anti*-Benzil-dioxim-*N-methyläther* durch Kochen mit **Dimethylanilin** in die *syn*-Form umgewandelt[19]. Die *Diacetylverbindungen* des α-*Chlorglyoxims*[20] und des

---

[1] Siehe Anm. 18, S. 223.

[2] Mit Ausnahme der *amphi*-Dioxime des *2-Methylbenzils*, die in die *anti*-Form übergehen; in diesem Falle ist die *syn*-Form gar nicht bekannt, siehe Anm. 19, S. 223.

[3] M. Milone: Gazz. chim. ital. **63**, 744 (1933).

[4] E. Beckmann, A. Köster: Liebigs Ann. Chem. **274**, 23, 24 (1893).

[5] J. Meisenheimer: Liebigs Ann. Chem. **444**, 103 (1925); **468**, 202 (1929).

[6] J. Meisenheimer, W. Theilacker: Liebigs Ann. Chem. **469**, 131 (1929). — G. Ponzio: Gazz. chim. ital. **53**, 317 (1923); **60**, 84 (1930).

[7] E. Günther: Ber. dtsch. chem. Ges. **21**, 517 (1888).

[8] G. Ponzio, L. Avogadro: Gazz. chim. ital. **53**, 27, 29, 307, 701, 705 (1923). — L. Avogadro: Ebenda **53**, 828 (1923); **54**, 548, 549 (1924). — N. Baiardo: Ebenda **56**, 570 (1926).

[9] M. Milone: Gazz. chim. ital. **63**, 744 (1933).

[10] G. Ponzio: Gazz. chim. ital. **60**, 825 (1930).

[11] M. O. Forster: J. chem. Soc. [London] **83**, 515 (1903).

[12] A. Hantzsch: Ber. dtsch. chem. Ges. **25**, 709, 710 (1892).

[13] G. Nussberger: Ber. dtsch. chem. Ges. **25**, 2143 (1892).

[14] G. Ponzio, J. de Paolini: Gazz. chim. ital. **56**, 251 (1926).

[15] H. G. Söderbaum: Ber. dtsch. chem. Ges. **25**, 910 (1892).

[16] O. L. Brady, M. M. Muers: J. chem. Soc. [London] **1930**, 216, 224. Die Umlagerung der *anti*-Dioximderivate in die *syn*-Formen führt über die *amphi*-Isomeren.

[17] K. Auwers, V. Meyer: Ber. dtsch. chem. Ges. **21**, 3523 (1888). — M. Dittrich: Ebenda **23**, 3594, 3603 (1890).

[18] K. Auwers, M. Dittrich: Ber. dtsch. chem. Ges. **22**, 2001, 2004 (1889).

[19] O. L. Brady, M. M. Muers: J. chem. Soc. [London] **1930**, 218, 225.

[20] A. Hantzsch: Ber. dtsch. chem. Ges. **25**, 711 (1892).

α-Methyl-glyoxim-carbonsäureäthylesters[1] werden durch **Chlorwasserstoff** in Äther in die *β*-Derivate umgelagert.

Übergänge zwischen den stereoisomeren Formen sind bei *Hydroximsäuren* verhältnismäßig selten beobachtet, in wenigen Fällen wird die Umlagerung der *α*- in die *β*-Formen durch **Salzsäure** verschiedener Konzentration hervorgerufen[2]. In der Gruppe der *Chlorimine* wird bei dem *4-Chlor-benzophenon-chlorimin* aus der h- und n-Form durch UV-Licht in Benzol ein Gleichgewichtsgemisch erzeugt, in dem die h-Verbindung weit überwiegt[3], bei einer Reihe von substituierten *Chlorimino-benzoesäureestern* werden derartige Isomerisierungen durch **Chlor**[4, 5] und bei dem *Chlorimino-2-naphthoesäuremethylester* durch Kochen mit Wasser hervorgerufen[5]. In der Reihe der stereoisomeren *Hydrazone* lassen sich Isomerisierungen durch **Säuren**[6, 7, 8, 9, 10, 11] und **Alkalien**[9, 11, 12, 13], **Alkoholat**[14], **Ammoniak**[8, 10, 13, 14], **Amine**[7, 14], **Schwefeldioxyd**[13, 15] und **Jod**[15] erreichen; die Wirkung von Säuren und Alkalien kann hierbei eine entgegengesetzte sein[16]. Bestrahlung mit UV-Licht führt bei allen bisher untersuchten Isomerenpaaren zu einem Gleichgewichtsgemisch[17]. *n-Hydrazone von Phenacylaminen*, die sich nur sehr schwierig isomerisieren lassen, werden eigenartigerweise durch **Schwefelwasserstoff** in alkoholischer Lösung glatt in die h-Formen umgelagert[18].

In der Reihe der stereoisomeren *Diazoverbindungen* sind katalytische Effekte bei der Isomerisierung kaum bekannt. Zu erwähnen ist hier nur die Beschleunigung des Übergangs der stereoisomeren *Diazocyanide* ineinander durch Belichten, es bildet sich hierbei ein Gleichgewicht zwischen der *syn*- und *anti*-Form aus, das im festen Zustand[19] oder in Benzollösung[20] fast vollkommen auf der Seite der *anti*-Verbindung liegt, in Alkohol oder Aceton dagegen werden beträchtliche Mengen des *syn*-Diazocyanids aus der *anti*-Form gebildet[19].

[1] G. NUSSBERGER: Ber. dtsch. chem. Ges. **25**, 2143 (1892).

[2] A. WERNER: Ber. dtsch. chem. Ges. **25**, 47 (1892). — W. LOSSEN: Liebigs Ann. Chem. **281**, 276 (1894). — G. CUSMANO: Gazz. chim. ital. **39 II**, 344 (1909).

[3] W. THEILACKER, K. FAUSER: Liebigs Ann. Chem. **539**, 103 (1939).

[4] J. STIEGLITZ, R. B. EARLE: Amer. chem. J. **30**, 399 (1903).

[5] J. STIEGLITZ: Amer. chem. J. **40**, 36 (1908). — W. S. HILPERT: Ebenda **40**, 150 (1908).

[6] W. A. VAN EKENSTEIN, J. J. BLANKSMA: Recueil Trav. chim. Pays-Bas **22**, 434 (1903). — K. v. AUWERS, B. OTTENS: Ber. dtsch. chem. Ges. **58**, 2060 (1925). — M. BUSCH, L. WESELY, O. KÜSPERT: Ebenda **64**, 1589 (1931). — L. J. SIMON: C. R. hebd. Séances Acad. Sci. **131**, 682 (1900); **135**, 630 (1902). — H. BILTZ, A. WIENANDS: Liebigs Ann. Chem. **308**, 6, 9 (1899). — H. BREDERECK, E. FRITZSCHE: Ber. dtsch. chem. Ges. **70**, 802 (1937).

[7] J. M. HEILBRON, F. J. WILSON: J. chem. Soc. [London] **103**, 1504 (1913).

[8] B. OVERTON: Ber. dtsch. chem. Ges. **26**, 18 (1893).

[9] M. BUSCH, F. ACHTERFELDT, R. SEUFERT: J prakt. Chem. (2) **92**, 1 (1915).

[10] F. KRÜCKEBERG: J. prakt. Chem. (2) **49**, 321 (1894).

[11] M. BUSCH: J. prakt. Chem. (2) **93**, 67, 69 (1916). — A. LAPWORTH: J. chem. Soc. [London] **83**, 1121 (1903). — G. PONZIO: Gazz. chim. ital. **53**, 18 (1923).

[12] J. THIELE, R. H. PICKARD: Ber. dtsch. chem. Ges. **31**, 1249 (1898). — H. C. FEHRLIN: Ebenda **23**, 1574 (1890). — E. FROMM, J. FLASCHEN: Liebigs Ann. Chem. **394**, 313 (1912).

[13] G. LOCKEMANN, O. LIESCHE: Liebigs Ann. Chem. **342**, 14 (1905).

[14] A. LAPWORTH, A. C. O. HANN: J. chem. Soc. [London] **81**, 1517 (1902).

[15] R. ANSCHÜTZ, H. PAULY: Ber. dtsch. chem. Ges. **28**, 64 (1895).

[16] Zum Beispiel E. G. LAWS, N. V. SIDGWICK: J. chem. Soc. [London] **99**, 2085 (1911). — M. BUSCH: J. prakt. Chem. (2) **93**, 72 (1916).

[17] J. M. HEILBRON, F. J. WILSON: J. chem. Soc. [London] **101**, 1488 (1912); **103**, 380 (1913); **125**, 841 (1924).

[18] M. BUSCH, G. FRIEDENBERGER, W. TISCHBEIN: Ber. dtsch. chem. Ges. **57**, 1784 (1924).

[19] O. STEPHENSON, W. A. WATERS: J. chem. Soc. [London] **1939**, 1796.

[20] R. J. W. LE FÈVRE, H. VINE: J. chem. Soc. [London] **1938**, 431.

Durch Belichten von Lösungen des gewöhnlichen *trans-Azobenzols* und seiner Substitutionsprodukte in Eisessig, Alkohol, Benzol oder Petroläther bildet sich ein Gleichgewicht zwischen *cis-* und *trans*-Verbindung aus[1, 2], die thermische Isomerisierung des *cis*-Azobenzols zur *trans*-Form wird durch **starke Säuren** beschleunigt[1].

III. Schwefel- (Selen-, Tellur-) Verbindungen.

Die stereoisomeren *Sulfoxyde* und *Sulfimine* sind sehr stabil, deshalb sind Isomerisierungen bei ihnen selten beobachtet. Optisch aktive *Äthyl-phenyl-sulfoxyd-m-carbonsäure* wird durch **Bromwasserstoff** in Chloroform oder durch 3,3 n Bromwasserstoffsäure racemisiert[2], die Inaktivierung geht dabei über das Sulfiddibromid. Bei einer Verbindung mit zwei asymmetrischen Schwefelatomen, dem *Thianthrendisulfoxyd*, geht die niedriger schmelzende *cis*-Form durch **konzentrierte Schwefelsäure** in der Kälte in die höher schmelzende *trans*-Form über[3].

Bei den *Sulfonium-* (*Selenonium-*, *Telluronium-*) *Salzen* liegen die Verhältnisse bezüglich der Racemisierung ähnlich wie bei den optisch aktiven Ammoniumsalzen, auch hier besitzen die Halogenide, vor allem die Jodide, die Neigung, in Sulfid und Halogenalkyl zu dissoziieren:

$$\begin{bmatrix} R_1 \\ R_2 \end{bmatrix}\!\!\!>\!S\!-\!R_3 \Big]^+ J^- \; \rightleftharpoons \; \begin{matrix} R_1 \\ R_2 \end{matrix}\!\!\!>\!S + \cdot R_3 J \,.$$

Über dieses Gleichgewicht wird optisch inaktives Sulfoniumsalz zurückgebildet, so daß auch bei diesen Verbindungen die Halogenide Autoracemisierung zeigen bzw. die Racemisierung der Halogenide und der Salze mit anderen Säuren durch Zusatz von **Halogenionen** beschleunigt wird[4].

Die bei den (—)-*Menthyl-* und (—)-*β-Octylestern der optisch aktiven p-Toluolsulfinsäure* beobachtete partielle Autoracemisierung[5] ist auf die katalytische Wirkung von **Toluolsulfosäure** und Alkohol, die sich unter der Einwirkung von Feuchtigkeit und Luftsauerstoff bilden, zurückzuführen[6]. Gleichzeitige Zugabe von Toluolsulfosäure und Alkohol bewirkt in der Tat eine rasche partielle Racemisierung, die auf eine durch die Sulfosäure katalysierte Umesterung zurückzuführen ist[6].

IV. Verbindungen mit molekularer Asymmetrie.

Bei den *Allenen* sind Racemisierungen ohne gleichzeitige Veränderung des Moleküls bisher nicht beobachtet; ähnlich dürften die Verhältnisse bei den *Spiranen* liegen, so wird die bei dem *Benzophenon-2, 4, 2′, 4′-tetracarbonsäuredilacton* beobachtete Racemisierung in verdünnter **Bicarbonat**lösung[7] wahrscheinlich auf eine Öffnung eines oder beider Lactonringe zurückzuführen sein. Dagegen ist die Autoracemisierung des optisch aktiven *Oxims*[8] und *Semicarbazons*[9] der *Cyclohexanon-4-carbonsäure* bzw. ihrer Salze, die durch überschüssiges Alkali verzögert und durch Zusatz von

[1] G. S. Hartley: Nature **140**, 281 (1937); J. chem. Soc. [London] **1938**, 633.

[2] A. E. Cook: J. chem. Soc. [London] **1938**, 876; **1939**, 1309, 1315. — G. S. Hartley, R. J. W. Le Fèvre: Ebenda **1939**, 531.

[3] K. Fries, W. Vogt: Ber. dtsch. chem. Ges. **44**, 756 (1911).

[4] *Sulfoniumsalze*: W. J. Pope, A. Neville: J. chem. Soc. [London] **81**, 1552 (1902). — M. P. Balfe, J. Kenyon, H. Phillips: Ebenda **1930**, 2554. — *Telluroniumsalze*: Th. M. Lowry, F. L. Gilbert: Ebenda **1929**, 2867.

[5] H. Phillips: J. chem. Soc. [London] **127**, 2560 (1925).

[6] K. Ziegler, A. Wenz: Liebigs Ann. Chem. **511**, 109 (1934).

[7] W. H. Mills, C. R. Nodder: J. chem. Soc. [London] **117**, 1410 (1920); **119**, 2102 (1921).

[8] W. E. Mills, A. M. Bain: J. chem. Soc. [London] **97**, 1866 (1910).

[9] W. E. Mills, A. M. Bain: J. chem. Soc. [London] **105**, 64 (1914).

Säure beschleunigt wird, wahrscheinlich nur auf eine *cis, trans*-Isomerisierung an der Oximidogruppe zurückzuführen.

Die Isomeren, die ihre Ursache in einer *Behinderungsasymmetrie* haben, werden naturgemäß in erster Linie durch Temperaturerhöhung racemisiert. Aber auch hier sind katalytische Effekte, wenn auch nur spärlich, beobachtet. So wird die Racemisierung der optisch aktiven *6-Nitro-diphensäure* in Cyclohexan durch Spuren von **Alkali,** wie sie von gewöhnlichem Glas abgegeben werden, beschleunigt[1]. Auch gewisse Lösungsmittel scheinen in manchen Fällen katalysierend auf die Racemisierung zu wirken, allerdings liegen die Verhältnisse hier keineswegs klar, da z. B. eine derartige optisch aktive Säure in alkalischer Lösung weit schneller racemisiert werden kann, als in organischen Lösungsmitteln, während eine andere nahe verwandte Verbindung das umgekehrte Verhalten zeigt; auch unter den organischen Lösungsmitteln selbst können sehr große Unterschiede in der Racemisierungsgeschwindigkeit beobachtet werden[2].

V. Komplexverbindungen.

Da bei den Komplexverbindungen die Stärke der Bindung der einzelnen Liganden an das Zentralatom eine außerordentlich verschiedene sein kann, ist es ohne weiteres verständlich, daß in manchen Fällen solche Liganden sehr leicht abdissoziieren können und dadurch dann sterische Isomerisierungen eintreten.

1. Racemisierung.

Aus dem soeben erwähnten Grund tritt Autoracemisierung bei zahlreichen optisch aktiven Komplexverbindungen ein, Beobachtungen über katalytische Einflüsse sind dagegen selten. Die Mutarotation des *Beryllium-benzoylcamphers*[3] verläuft in Benzol langsam, in Aceton oder Chloroform sehr rasch und wird außerdem durch **Piperidin** und **Benzoesäure** beschleunigt, die des *Brucinsalzes der Beryllio-benzoylbrenztrauben-säure*[4] wird in akoholischer Lösung durch **Quarz**gefäße katalysiert und verläuft in Chloroform besonders schnell. Die Autoracemisierung des optisch-aktiven *Kalium-chromioxalats* ist in Aceton viel geringer als in Wasser[5]; die optisch aktiven *Acetyl-acetonato-* bzw. *Propionyl-acetonato-diäthylendiamin-kobalti-salze* werden beim Umkrystallisieren aus **Wasser,** nicht dagegen aus Alkohol, leicht racemisiert[6].

2. cis, trans-Isomerisierung.

Auch bei *cis, trans*-isomeren Komplexverbindungen werden Übergänge durch verschiedene Mittel hervorgerufen, so in der Reihe der *Platinverbindungen*:

$[Pt(P(C_2H_5)_3)_2Cl_2]$, die *cis*-Verbindung geht durch Erhitzen mit **Alkohol** auf 100^0 in die *trans*-Form über[7].

$[Pt\,py(NH_3)Cl_2]$, die *cis*-Form wird durch Erhitzen mit **Salzsäure** auf 100^0 in die *trans*-Verbindung umgewandelt[8].

$[Pt(S(C_2H_5)_2)_2Cl_2]$, durch Schütteln mit **Wasser** und **Diäthylsulfid** wandelt sich die *cis*- in die *trans*-Verbindung um[9].

---

[1] TH. WAGNER-JAUREGG: Mh. Chem. **53/54,** 796 (1929).

[2] Siehe dazu F. BELL, P. H. ROBINSON: J. chem. Soc. [London] **1927,** 2234. — J. MEISENHEIMER, O. BEISSWENGER: Ber. dtsch. chem. Ges. **65,** 32 (1932.) — W. H. MILLS, J. G. BRECKENRIDGE: J. chem. Soc. [London] **1932,** 2209. — R. ADAMS: J. Amer. chem. Soc. **54,** 2966, 4426, 4434 (1932); **55,** 1649, 4230 (1933); **57,** 1565 (1935).

[3] H. BURGESS, TH. M. LOWRY: J. chem. Soc. [London] **125,** 2081 (1924).

[4] W. H. MILLS, R. A. GOTTS: J. chem. Soc. [London] **1926,** 3121.

[5] A. WERNER: Ber. dtsch. chem. Ges. **45,** 3063 (1912). — E. K. RIDEAL, W. THOMAS: J. chem. Soc. [London] **121,** 196 (1922).

[6] A. WERNER, J. E. SCHWYZER, W. KARRER: Helv. chim. Acta **4,** 116 (1921).

[7] A. CAHOURS: J. prakt. Chem. (2) **2,** 460 (1870).

[8] P. KLASON: Ber. dtsch. chem. Ges. **37,** 1355 (1904).

[9] C. W. BLOMSTRAND: J. prakt. Chem. (2) **27,** 192 (1883); **38,** 352, 497 (1888).

In der Reihe der *Kobaltverbindungen*:

Dichloro-tetrammin-kobalt(III)-chlorid, durch **Salzsäure** wird das *cis*-Salz (Violeo-salz) in das *trans*-Salz (Praseosalz) umgelagert[1].

Dinitro-diäthylendiamin-kobalt(III)-nitrat, die *cis*-Verbindung geht durch Kochen mit **Wasser** oder durch Erhitzen mit wässerigem **Ammoniak** unter Druck in das *trans*-Salz über[2].

Chloronitro-diäthylendiamin-kobalt(III)-nitrat, der Übergang von der *cis*- zur *trans*-Verbindung findet beim Kochen mit **Wasser** statt[3].

Diaquo-diäthylendiamin-kobalt(III)-bromid, das *cis*-Salz wird durch kurzes Kochen mit **Kalilauge** in die *trans*-Verbindung umgewandelt[4].

Dichloro-diäthylendiamin-kobalt(III)-chlorid, Erhitzen in neutraler **wässeriger Lösung** liefert aus der *trans*- die *cis*-Verbindung, während der umgekehrte Vorgang beim Erhitzen in **salzsaurer Lösung** eintritt[5].

Bei dem *Tripikolato-kobalt (III)* wird die β-Form durch Erhitzen mit **Wasser** auf 160—180° teilweise in die α-Form umgelagert[6].

B. Strukturelle Isomerisierungen.

Unter den Begriff strukturelle Isomerisierungen fallen strenggenommen nur solche Reaktionen, bei denen die Zahl der verschiedenen Atomarten im Molekül vor und nach der Reaktion die gleiche ist. Nach diesem Grundsatz ist im folgenden verfahren, jedoch läßt es sich nicht vermeiden, daß in manchen Fällen auch andere Reaktionen in den Kreis der Betrachtungen gezogen werden, wenn der Zusammenhang es fordert. Die Einteilung erfolgt nach den Atomarten, zwischen denen Atome oder Atomgruppen wandern, die Unterteilung nach den wandernden Atomen bzw. Atomgruppen selbst. Erfolgt die Wanderung mehrerer Atome von einem Atom weg zu anderen Atomen verschiedener Art, so ist die betreffende Isomerisierung nur unter einem Wanderungsschema aufgeführt, wobei stets der Wanderung von Kohlenstoff zu einem Heteroatom vor der Wanderung von Kohlenstoff zu Kohlenstoff der Vorzug gegeben wurde.

I. Wanderungen zwischen Kohlenstoff und Kohlenstoff.

1. Verschiebung von Mehrfachbindungen

Bei der Verschiebung von mehrfachen Bindungen wandern zwangsläufig Atome, die an die von dem Bindungswechsel betroffenen Atome gebunden sind. Es sind in diesem Abschnitt nur solche Verschiebungen aufgenommen, bei denen lediglich Wasserstoff wandert, sämtliche anderen Fälle sind bei der Wanderung der betreffenden Atome oder Atomgruppen eingereiht.

Bei den *aliphatischen Äthylenen* ist das einfachste Beispiel einer Verschiebung der Doppelbindung das Buten. *Buten-1* läßt sich durch neutrale **Phosphate, Borate und Silicate**, besonders durch **Aluminiumphosphat** auf Bimsstein oder Calciumoxyd bei 400—500° zu rund 90 % in Buten-2 überführen[7]. Die Umwandlung tritt mit 100proz. **Orthophosphorsäure** langsam schon bei gewöhnlicher Temperatur, rascher bei höheren Temperaturen ein, mit 100proz. **Orthophosphorsäure** (1,6 Mol) + **Aluminiumhydroxyd** (1 Mol) bildet sich aus Buten-1 bei 427°

[1] A. Werner: Liebigs Ann. Chem. **386**, 103 (1912).
[2] A. Werner: Liebigs Ann. Chem. **386**, 249 (1912).
[3] A. Werner: Ber. dtsch. chem. Ges. **34**, 1734 (1901).
[4] A. Werner: Ber. dtsch. chem. Ges. **40**, 263 (1907).
[5] S. M. Jörgensen: J. prakt. Chem. (2) **41**, 448 (1890). — A. Werner: Liebigs Ann. Chem. **386**, 48, 107 (1912).
[6] H. Ley, K. Ficken: Ber. dtsch. chem. Ges. **50**, 1134 (1917).
[7] Amer. P. 1914674, Chem. Zbl. **1933 II**, 2053.

ein Butengemisch, das 70—80 % Buten-2 enthält[1]. Auch durch Phosphorsäure auf Kieselgur wird Buten-1 in Buten-2 unter Druck langsam bereits bei gewöhnlicher Temperatur, schneller bei höheren Temperaturen umgewandelt, bei 249⁰ und 7,8 Atm. werden 100 % des letzteren erhalten[1]. Auch andere Katalysatoren sind bei normalem Druck wirksam, so bilden sich aus Buten-1 unter gleichen Bedingungen mit 70—72 proz. **Überchlorsäure** bei 21⁰ 21 %, mit 75 proz. wässeriger **Benzolsulfonsäure**lösung bei 76⁰ 13 %, mit 75 proz. wässeriger **Zinkchlorid**lösung bei 100⁰ 5 % Buten-2[1]. Geht man von reinem trans-Buten-2 aus, so erhält man daraus mit **Orthophosphorsäure** bei 100⁰ neben 6,6 % Buten-1 auch 6 % cis-Buten-2[1]. Durch **Aluminiumsulfat** wird diese Isomerisierung bei 270—280⁰ herbeigeführt[2]. Bei den *Pentenen* mit unverzweigter Kette ist lediglich festgestellt, daß das Penten-2 mit Aluminiumsulfat bei 350—450⁰ und mit Phosphorsäure bei 525⁰ keine Isomeren bildet[3]. Von den Isokohlenwasserstoffen ist die Isomerisierung des Isopropyläthylens zu Trimethyläthylen eingehend untersucht. Unter gleichen Bedingungen tritt die Verschiebung der Doppelbindung mit **Aluminiumoxyd** bei 450⁰ zu 60 % und bei 525—535⁰ zu 80 %, mit **Kieselsäure** bei 500—505⁰ zu 45 % ein, während ohne Katalysator bei 400 bis 500⁰ die Umlagerung nur in Spuren erfolgt[4]. Unter anderen Bedindungen[5] erhält man mit **Aluminiumoxyd** bei 450⁰ 10 %, mit **Phosphorsäure** bei 500⁰ 29 % und mit **Aluminiumsulfat** bei 425⁰ 47 % Trimethyläthylen. Das Gleichgewicht dürfte praktisch vollständig auf der Seite des Trimethyläthylens liegen, da dieses unter den gleichen Bedingungen nicht in Isopropyläthylen umgewandelt wird[4, 5]. Mit steigender Kettenlänge tritt neben der Verschiebung der Doppelbindung auch Isomerisierung unter Veränderung des Kohlenstoffgerüstes ein, so daß die Verhältnisse kompliziert werden[6]. Aus Hexen-1 bilden sich mit **Aluminiumoxyd** bei 398⁰ 11 % Hexen-3, 6 % Hexen-1 werden zurückerhalten, der Rest besteht aus verzweigten Kohlenwasserstoffen. Aus *trans-3-Methylpenten-2* erhält man mit **Aluminiumoxyd** bei 398⁰ unter Verschiebung der Doppelbindung 5 %, bei 440⁰ 6 % 2-Äthyl-buten-1, 70 bzw. 52 % Ausgangsmaterial werden zurückerhalten, der Rest besteht jeweils aus anderen Isomerisierungsprodukten. Die entsprechenden Zahlen für **Thoriumoxyd** als Katalysator sind 19 bzw. 30 % 2-Äthyl-buten-1 neben 70 bzw. 40 % unverändertem Ausgangsmaterial. Ähnlich verhalten sich die entsprechenden *Heptene.* Andere Verhältnisse treten dagegen bei der Verwendung von MoS_3 als Katalysator auf. *Hexen-1* wird dadurch bei 350—400⁰ und 40 Atm. Wasserstoff in beträchtlichem Umfange zu Hexen-2, in geringem Maße zu Hexen-3 isomerisiert; Isokohlenwasserstoffe werden nicht beobachtet[7]. Durch **Palladiumasbest** im Kohlendioxydstrom wird *2,6-Dimethylocten-7* bei 200⁰ fast vollständig in 2,6-Dimethyl-octen-6 umgewandelt[8].

Bei *aromatischen Kohlenwasserstoffen* mit ungesättigter Seitenkette hat die Doppelbindung die Tendenz, in Konjugation zum aromatischen Kern zu wandern. So geht *Allylbenzol* durch **alkoholisches Kali** bei 130⁰[9] oder noch besser durch Kochen mit **Kalikalk** ohne Lösungsmittel[10] in Propenylbenzol über. Dieselbe

[1] V. N. IPATIEFF, H. PINES, R. E. SCHAAD: J. Amer. chem. Soc. **56**, 2696 (1934).
[2] A. GILLET: Bull. Soc. chim. Belgique **29**, 192 (1920).
[3] J. F. NORRIS, R. REUTER: J. Amer. chem. Soc. **49**, 2635 (1927).
[4] WL. IPATIEW: Ber. dtsch. chem. Ges. **36**, 2004 (1903).
[5] J. F. NORRIS, R. REUTER: J. Amer. chem. Soc. **49**, 2635 (1927).
[6] S. GOLDWASSER, H. S. TAYLOR: J. Amer. chem. Soc. **61**, 1762 (1939).
[7] A. D. PETROW, A. P. MESCHTSCHERJAKOW, D. N. ANDREJEW: Ber. dtsch. chem. Ges. **68**, 1 (1935).
[8] N. D. ZELINSKY, R. J. LEWINA: Ber. dtsch. chem. Ges. **62**, 1861 (1929).
[9] A. KLAGES: Ber. dtsch. chem. Ges. **39**, 2591 (1906).
[10] L. CLAISEN: J. prakt. Chem. (2) **105**, 83 (1922).

Umlagerung läßt sich auch mit **Palladium** bei 300°[1] oder mit **Aluminiumoxyd** bei 220—225°[2] quantitativ erreichen, während mit **Nickel** auf Asbest bei 360° nur 28% Propenylbenzol entstanden[2]. Unter gleichen Bedingungen tritt die Umwandlung durch **Chromoxyd** bei 220° zu 93%, mit **Eisen-3-oxyd** bei 220° zu 72%, mit **Ton** bei 220° zu 26—35%, mit **Silicagel** bei 250—300° zu 48—58% und mit **Aktivkohle** bei 300° zu 38—42% ein[3]. Glasscherben sind bei 220—300° ohne Wirkung[3].

In analoger Weise liefert α-*Allylnaphthalin*[4] mit **Aluminiumoxyd** bei 300° α-Propenylnaphthalin, während *p-Diallylbenzol*[4] unter denselben Bedingungen 80—85% p-Propenyl-allyl-benzol und 15—20% p-Di-propenylbenzol ergibt. Auch in der Seitenkette substituierte Allylbenzole zeigen die Wanderung der Doppelbindung, so geht das *1-Phenylbuten-2* durch Kochen mit 20proz. **äthylalkoholischer Kalilauge** in *1-Phenylbuten-1*[5], das γ,γ'-*Dimethylallylbenzol nach der* Claisenschen Methode in das Propenylderivat über[6]. Δ²-*Dihydrocinnamyliden-fluoren* $\begin{array}{c}C_6H_4\\ \\ C_6H_4\end{array}\Big\rangle CH—CH=CH—CH_2—C_6H_5$ wandelt sich durch Kochen mit **Piperidin** oder besser mit **Natriumäthylat** in alkoholischer Lösung unter Verschiebung der Doppelbindung in einen isomeren Kohlenwasserstoff um[7].

Analog dem Allylbenzol lassen sich auch *Allylphenol-alkyläther*, nicht dagegen freie Allylphenole, nach Claisen[6] durch Kochen mit **Kalikalk** ohne Lösungsmittel in die entsprechenden Propenylderivate rasch und vollständig umwandeln. *p-Methoxy-allylbenzol* (Methylchavicol) geht durch **äthylalkoholisches Kali** in der Siedehitze in das p-Methoxy-propenylbenzol (Anethol) über[8], genau so verhalten sich auch die Äther zweiwertiger Allylphenole wie *Safrol, Methyl-* und *Äthyleugenol* und *Äthyl-chavibetol*[8, 9]. Für die Umlagerung von freien *Allylphenolen* sind energischere Bedingungen notwendig, so erhält man aus *Eugenol* (3-Methoxy-4-oxy-allylbenzol) durch längeres Erhitzen mit **amylalkoholischem Kali** auf 140°[10], vollständiger durch kurzes Erhitzen mit **Kaliumhydroxyd**[11, 12] oder einem Gemisch von **Natrium-** und **Kaliumhydroxyd**[12] im Überschuß auf 220°, in Form des Kaliumsalzes in Glykol oder Glykoläthern in Gegenwart von Triäthanolamin auf 160°[13], sowie an einem **platinierten** Kohlekontakt bei 300°[14] Isoeugenol (3-Methoxy-4-oxy-propenylbenzol).

Bei Allylphenol-alkyläthern, die in der Seitenkette substituiert sind, scheint die Isomerisierung schwerer einzutreten, so wird das *1-(p-Methoxyphenyl)-buten-2* durch längeres Erhitzen mit alkoholischer Kalilauge nicht umgelagert[15], dagegen liefert das *1-(o-Methoxyphenyl)-buten-2* beim Kochen mit **Kalikalk** (220—230°) glatt das ent-

[1] R. J. Lewina, F. F. Zurikow: Chem. Zbl. **1936 I**, 4289.
[2] R. Ja. Lewina: Chem. Zbl. **1937 II**, 3596. Ebenso verhalten sich die drei Allyltoluole.   [3] R. Ja. Lewina: Chem. Zbl. **1940 I**, 2455.
[4] R. Ja. Lewina, L. Je. Karelowa, I. A. Eljaschberg: Chem. Zbl. **1940 II**, 3025.
[5] F. Fichter, E. Alber: J. prakt. Chem. (2) **74**, 333 (1906).
[6] Siehe Anm. 10, S. 229.
[7] J. Thiele, F. Henle: Liebigs Ann. Chem. **347**, 310 (1906).
[8] J. F. Eykman: Ber. dtsch. chem. Ges. **23**, 859 (1890).
[9] G. Ciamician, P. Silber: Ber. dtsch. chem. Ges. **23**, 1159 (1890). Umlagerung mit **Kaliumhydroxyd** in Glykolen oder Monoglykoläthern unter Zusatz von Äthanolaminen bei 160—180°, E. P. 525705, Chem. Zbl. **1941 I**, 3584. — Siehe dazu auch F. P. 863536, ebenda **1941 II**, 2998.
[10] F. Tiemann: Ber. dtsch. chem. Ges. **24**, 2871 (1891).
[11] A. Einkorn, C. Frey: Ber. dtsch. chem. Ges. **27**, 2455 (1894).
[12] S. K. Gokkale, J. J. Sudborough, H. E. Watson: Chem. Zbl. **1924 II**, 324. Natriumhydroxyd allein bewirkt keine oder nur geringe Umlagerung.
[13] T. F. West: J. Soc. chem. Ind. **59**, 275 (1940).
[14] R. J. Lewina: Chem. Zbl. **1937 I**, 586.
[15] J. v. Braun, W. Schirmacher: Ber. dtsch. chem. Ges. **56**, 543 (1923).

sprechende Buten-1-derivat[1]. Auf der Ausbildung eines stärker konjugierten Systems beruht auch die Umwandlung des *3,4-Di-(4-methoxyphenyl)-pentens-2* durch **Jod** in das entsprechende Penten-3-derivat (Dimethyläther des Diäthyl-stilböstrols)[2].

In der Reihe der *Ketone* tritt Wanderung der Doppelbindung sehr leicht ein bei den *Alkyl-allyl-ketonen* $R—CO—CH_2—CH=CH_2$, die durch **Halogenwasserstoffsäuren** in der Kälte, sowie durch 10proz. **Schwefelsäure** oder **Piperidin** in der Hitze in Alkyl-propenyl-ketone $R—CO—CH=CH—CH_3$ übergehen[3]. Umgekehrt erhält man aus dem *3-Äthyl-hexen-(3)-on-(5)* durch Kochen mit 25proz. Schwefelsäure das *3-Äthyl-hexen-(2)-on-(5)*[4]. Eingehendere Untersuchungen an ungesättigten Ketonen mit **Natriumäthylat** als Katalysator[4] in Alkohol bei gewöhnlicher Temperatur zeigen, daß hierbei Gleichgewichte gebildet werden, deren Lage außerordentlich stark von Substituenten in der Kette abhängig ist. Während bei unverzweigten Ketonen die β,γ-ungesättigten Verbindungen vollkommen in die α,β-ungesättigten überzugehen scheinen[5], wird durch eine Verzweigung der Kette in β-Stellung nur eine teilweise Umlagerung erreicht. Ist gleichzeitig noch ein Substituent in α-Stellung vorhanden, so wird das β,γ-ungesättigte Keton noch mehr begünstigt, wie folgende Zusammenstellung zeigt:

$$CH_3—CH_2—C(CH_3)=CH—CO—C_2H_5 \quad (67{,}5\%)$$
$$\rightleftharpoons CH_3—CH=C(CH_3)—CH_2—CO—C_2H_5 \qquad (32{,}5\%)[6]$$
$$CH_3—CH_2—C(CH_3)=C(CH_3)—CO—CH_3 \; (83\%)$$
$$\rightleftharpoons CH_3—CH=C(CH_3)—CH(CH_3)—CO—CH_3 \qquad (17\%)[6]$$
$$CH_3—CH_2—C(C_2H_5)=CH—CO—CH_3 \quad (44\%)$$
$$\rightleftharpoons CH_3—CH=C(C_2H_5)—CH_2—CO—CH_3 \qquad (56\%)[7]$$
$$CH_3—CH_2—C(C_2H_5)=C(CH_3)—CO—C_2H_5 \, (0\%)$$
$$\rightleftharpoons CH_3—CH=C(C_2H_5)—CH(CH_3)—CO—C_2H_5 \, (100\%)[7]$$
$$C_2H_5—CH_2—(CH_3)=CH—CO—C_3H_7 \, (n) \; (73\%)$$
$$\rightleftharpoons C_2H_5—CH=C(CH_3)—CH_2—CO—C_3H_7 \, (n) \qquad (27\%)[7]$$
$$C_2H_5—CH_2—C(CH_3)=C(C_2H_5)—CO—CH_3 \, (0\%)$$
$$\rightleftharpoons C_2H_5—CH=C(CH_3)—CH(C_2H_5)—CO—CH_3 \, (100\%)[7]$$

Wie das Gleichgewicht ist auch die Umlagerungs*geschwindigkeit* sehr stark abhängig von den Substituenten in der Kette. **Mineralsäuren**[8] (siedende 20proz. Schwefelsäure und Mineralsäuren in wässerigem Alkohol bei 100°) sind ebenfalls katalytisch wirksam, die Wirksamkeit nimmt in der Reihe $HCl > H_2SO_4 > H_3PO_4$ ab. Die Verhältnisse liegen ganz ähnlich wie bei der Isomerisierung mit Alkoholat, doch ist die Zusammensetzung der Gleichgewichtsgemische eine andere. Eine Phenylgruppe in β-Stellung hat eine ähnliche Wirkung wie Alkyl, so lagern sich *3-Phenyl-hexen-(2)-on-(5)* und *3-Phenyl-hexen-(3)-on-(5)*[9] mit **Natriumäthylat** in Alkohol oder **alkoholischer Kalilauge** in der Kälte, sowie mit kochender 50proz. **Schwefelsäure** ineinander um.

[1] R. STOERMER, C. W. CHYDENIUS, E. SCHIRM: Ber. dtsch. chem. Ges. **57**, 72, 77 (1924).   [2] F. v. WESSELY, A. KLEEDORFER: Naurwiss. **27**, 567 (1939).
[3] E. E. BLAISE: Bull. Soc. chim. France (3) **33**, 39 (1905).
[4] G. A. R. KON, R. P. LINSTEAD: J. chem. Soc. [London] **127**, 815 (1925).
[5] E. N. ECCOTT, R. P. LINSTEAD: J. chem. Soc. [London] **1930**, 905. Umlagerung mit **Schwefelsäure**, mit Natriumäthylat läßt sich dies hier nicht prüfen, da damit hochsiedende Produkte entstehen.
[6] A. E. ABBOTT, G. A. R. KON, R. D. SATCHELL: J. chem. Soc. [London] **1928**, 2514.
[7] G. A. R. KON, E. LETON: J. chem. Soc. [London] **1931**, 2496.
[8] E. N. ECCOTT, R. P. LINSTEAD: J. chem. Soc. [London] **1930**, 905. — G. A. R. KON K. S. NARGUND: Ebenda **1934**, 623.
[9] G. A. R. KON, R. P. LINSTEAD, G. W. G. MACLENNAN: J. chem. Soc. [London] **1932**, 2452.

Verschiebungen der Doppelbindung sind bei ungesättigten *Carbonsäuren* häufig beobachtet, es ist vor allem hier die Umwandlung von α,β-ungesättigten Säuren und ihren Derivaten in die β,γ-ungesättigten Verbindungen, die durch **Alkalihydroxyde**, **-carbonate**, **-acetate**, **Ammoniak**, aliphatische **Amine** und **Piperidin** erreicht werden kann[1,2]. Nicht wirksam sind Anilin, Pyridin, Chinolin und ähnliche Basen[2]. Bei den Säuren selbst wird die Doppelbindungsverschiebung nach Fittig am besten durch 10—20stündiges Kochen mit einem großen Überschuß von 10proz. **Natronlauge** erreicht, sie ist nachgewiesen bei *Pentensäure*[1], *Hexensäure*[1], *Isoheptensäure*[1], *Isooctensäure*[1], *Phenylcrotonsäure*[1], *γ-Benzylvinylessigsäure*[1], *Hydropiperinsäure*[3]; in einzelnen Fällen ist konzentriertere Lauge (*Hydromuconsäure*[4], *β,γ-Diphenylvinylessigsäure*[5]) oder sogar Schmelzen mit Alkalihydroxyd (*α-Benzylcrotonsäure* $\rightarrow$ *α-Benzalbuttersäure*[6]) erforderlich. Besonders leicht, schon in alkalischer Lösung bei gewöhnlicher Temperatur, wird die *Vinylessigsäure* in Crotonsäure umgewandelt[7], und ebenso verhält sich die *Vinylchloressigsäure*[8]. Schon Fittig[9] hat darauf hingewiesen, daß diese Umlagerungen nicht vollständig verlaufen, und neuere Untersuchungen haben bestätigt, daß es sich hier um Gleichgewichte handelt, die von beiden Seiten her erreicht werden und deren Lage stark von Verzweigungen in der Kohlenstoffkette abhängt, wie aus folgender Zusammenstellung hervorgeht:

$$CH_3\!-\!C(CH_3)\!=\!CH\!-\!COOH \qquad (100\,\%)$$
$$\rightleftharpoons CH_2\!=\!C(CH_3)\!-\!CH_2\!-\!COOH \qquad (0\,\%)^{10}$$

$$CH_3\!-\!CH_2\!-\!CH\!=\!CH\!-\!COOH \qquad (75\,\%)$$
$$\rightleftharpoons CH_3\!-\!CH\!=\!CH\!-\!CH_2\!-\!COOH \qquad (25\,\%)^{11}$$

$$CH_3\!-\!CH_2\!-\!CH\!=\!C(CH_3)\!-\!COOH \qquad (81\,\%)$$
$$\rightleftharpoons CH_3\!-\!CH\!=\!CH\!-\!CH(CH_3)\!-\!COOH \qquad (19\,\%)^{11}$$

$$CH_3\!-\!CH_2\!-\!C(CH_3)\!=\!CH\!-\!COOH \qquad (37{,}5\,\%)$$
$$\rightleftharpoons CH_3\!-\!CH\!=\!C(CH_3)\!-\!CH_2\!-\!COOH \qquad (62{,}5)^{10,\,12}$$

$$CH_3\!-\!CH(CH_3)\!-\!CH\!=\!CH\!-\!COOH \qquad (6\,\%)$$
$$\rightleftharpoons CH_3\!-\!C(CH_3)\!=\!CH\!-\!CH_2\!-\!COOH \qquad (94\,\%)^{11}$$

$$CH_3\!-\!CH_2\!-\!C(CH_3)\!=\!C(CH_3)\!-\!COOH \qquad (72\,\%)$$
$$\rightleftharpoons CH_3\!-\!CH\!=\!C(CH_3)\!-\!CH(CH_3)\!-\!COOH \qquad (28\,\%)^{13}$$

$$CH_3\!-\!CH_2\!-\!C(C_2H_5)\!=\!CH\!-\!COOH \qquad (78{,}5\,\%)$$
$$\rightleftharpoons CH_3\!-\!CH\!=\!C(C_2H_5)\!-\!CH_2\!-\!COOH \qquad (21{,}5\,\%)^{14}$$

$$CH_3\!-\!CH_2\!-\!C(C_2H_5)\!=\!C(CH_3)\!-\!COOH \qquad (50\,\%)$$
$$\rightleftharpoons CH_3\!-\!CH\!=\!C(C_2H_5)\!-\!CH(CH_3)\!-\!COOH \qquad (50\,\%)^{14}$$

[1] R. Fittig: Liebigs Ann. Chem. **283**, 47, 269 (1894). — J. Thiele: Ebenda **319**, 148 (1901).

[2] J. Thiele: Liebigs Ann. Chem. **319**, 148 (1901).

[3] R. Fittig: Liebigs Ann. Chem. **216**, 171 (1883); **227**, 31 (1885).

[4] A. Baeyer, H. Rupe: Liebigs Ann. Chem. **256**, 14 (1890).

[5] F. Fichter, W. Latzko: J. prakt. Chem. (2) **74**, 331 (1906).

[6] F. Fichter, E. Alber: J. prakt. Chem. (2) **74**, 333 (1906). Beide Säuren sind α,β-ungesättigt, die Doppelbindung wandert hier in Konjugation zum Phenylkern.

[7] P. Bruylants: Bull. Soc. chim. Belgique **33**, 331 (1924).

[8] R. Rambaud: Bull. Soc. chim. France (5) **1**, 1215 (1934).

[9] Liebigs Ann. Chem. **283**, 50 (1894).

[10] G. A. R. Kon, R. P. Linstead: J. chem. Soc. [London] **127**, 616 (1925).

[11] A. A. Goldberg, R. P. Linstead: J. chem. Soc. [London] **1928**, 2343. — Siehe auch D. J. G. Ives, R. H. Kerlogue: Ebenda **1940**, 1362.

[12] G. A. R. Kon, R. P. Linstead, J. M. Wright: J. chem. Soc. [London] **1934**, 599.

[13] G. A. R. Kon, R. P. Linstead, G. W. G. Maclennan: J. chem. Soc. [London] **1932**, 2452.

[14] G. A. R. Kon, E. Leton, R. P. Linstead, L. G. B. Parsons: J. chem. Soc. [London] **1931**, 1411.

$$C_2H_5-CH_2-CH=CH-COOH \qquad (70\%)$$
$$\rightleftharpoons C_2H_5-CH=CH-CH_2-COOH \qquad (30\%)[1]$$
$$C_2H_5-CH_2-CH=C(CH_3)-COOH \qquad (89\%)$$
$$\rightleftharpoons C_2H_5-CH=CH-CH(CH_3)-COOH \qquad (11\%)[2]$$
$$C_2H_5-CH_2-C(CH_3)=CH-COOH \qquad (33\%)$$
$$\rightleftharpoons C_2H_5-CH=C(CH_3)-CH_2-COOH \qquad (67\%)[3]$$
$$C_2H_5-CH(CH_3)-CH=CH-COOH \qquad (23\%)$$
$$\rightleftharpoons C_2H_5C(CH_3)=CH-CH_2-COOH \qquad (77\%)[4]$$
$$C_2H_5-CH_2-C(CH_3)=C(C_2H_5)-COOH \quad (57\%)$$
$$\rightleftharpoons C_2H_5-CH=C(CH_3)-CH(C_2H_5)-COOH \quad (43\%)[3].$$

Wie man sieht, beeinflußt eine in die Kette eintretende Alkylgruppe das Gleichgewicht sehr stark, α-Substituenten begünstigen die α,β-ungesättigte Säure, β- und vor allem γ-Substituenten die β,γ-ungesättigte[3]. Außerdem haben die Substituenten einen großen Einfluß auf die Isomerisierungsgeschwindigkeit; α-Alkylgruppen haben beim Eintritt in die unverzweigte Kette eine geringe Wirkung, ist aber gleichzeitig ein β-Substituent vorhanden, dann wird die Umlagerung verzögert[2]. Ein Phenylrest in β-Stellung wirkt wie Alkyl[5], in γ-Stellung scheint er jedoch die β,γ-ungesättigte Säure zu stabilisieren[6]. Die gegenseitige Umlagerung von α,β- und β,γ-ungesättigten Säuren findet auch ohne Katalysatoren bei höheren Temperaturen (200^0 und darüber) statt, sie wird durch Lösungsmittel nicht oder nur in geringem Maße beschleunigt, wenn diese keine Zersetzung hervorrufen[7]. Alkalien erhöhen die Isomerisierungsgeschwindigkeit außerordentlich, Neutralsalze wirken schwächer; gibt man zu einer wässerigen Lösung der Säure Alkalilauge, dann nimmt die Geschwindigkeit zunächst zu, bis die Hälfte der Säure neutralisiert ist, und dann wieder ab, bis zur völligen Neutralisation, um dann bei weiterem Zusatz von Alkali sehr stark anzusteigen[6]. Bei den in der Zusammenstellung aufgeführten Säuren ist die Isomerisierung in der Regel mit 25proz. **Kalilauge** bei 100^0 durchgeführt, in manchen Fällen ist stärkere Lauge (bis zu 60%) bzw. höhere Temperatur notwendig. Für präparative Zwecke empfiehlt sich[6] im Gegensatz zu Fittig ein kleiner Alkaliüberschuß in hoher Konzentration. Durch Erhitzen mit Alkalilauge tritt eine Wanderung der Doppelbindung auch bei ungesättigten *Dicarbonsäuren* ein, so bilden *Itaconsäure* einerseits und *Citraconsäure* (*cis*) bzw. *Mesaconsäure* (*trans*) andererseits unter diesen Bedingungen ein Gleichgewichtsgemisch[8, 9, 10], das bei Verwendung von 25proz. **Kalilauge** bei ungefähr 100^0 16% Itacon-, 15% Citracon- und 69% Mesaconsäure enthält[10]. Bei den höheren Homologen komplizieren sich die Verhältnisse noch dadurch, daß an dem Gleichgewicht auch die entsprechende *Aticonsäure* beteiligt ist[9, 10], z. B.:

$$CH_3-CH_2 \diagdown$$
$$\qquad\qquad C=C \diagup ^{COOH} \rightleftharpoons CH_3-HC \diagdown$$
$$CH_3 \diagup \qquad \diagdown CH_2-COOH \qquad\qquad C-HC \diagup ^{COOH}$$
$$\qquad\qquad\qquad\qquad\qquad\qquad H_3C \diagup \qquad \diagdown CH_2-COOH$$

γ-Methyl-γ-äthyl-itaconsäure.   *γ-Methyl-γ-äthyl-aticonsäure.*

Im Gegensatz zu den β,γ-ungesättigten Säuren scheinen die γ,δ-ungesättigten durch Alkalilauge keine Isomerisierung zu erleiden, jedenfalls wird die *Allyl-*

[1] E. N. Eccott, R. P. Linstead: J. chem. Soc. [London] **1929**, 2153.
[2] Siehe Anm. 13, S. 232.   [3] Siehe Anm. 14, S. 232.
[4] R. P. Linstead, J. Th. W. Mann: J. chem. Soc. [London] **1930**, 2064.
[5] J. D. A. Johnson, G. A. R. Kon: J. chem. Soc. [London] **1926**, 2748. — G. A. R. Kon, R. P. Linstead, J. M. Wright: Ebenda **1934**, 599.
[6] R. P. Linstead, L. Th. D. Williams: J. chem. Soc. [London] **1926**, 2735.
[7] R. P. Linstead, E. G. Noble: J. chem. Soc. [London] **1934**, 614.
[8] A. Delisle: Liebigs Ann. Chem. **269**, 74 (1892).
[9] R. Fittig: Liebigs Ann. Chem. **304**, 117, 128; **305**, 1 (1899).
[10] R. P. Linstead, J. Th. W. Mann: J. chem. Soc. [London] **1931**, 726.

essigsäure durch Kochen mit Natronlauge nicht verändert[1]. Eine Ausnahme bildet das Verhalten der α,β-ungesättigten *γ-Benzylcrotonsäure*[2] und der α,β-ungesättigten *γ-Benzylvinylessigsäure*[3], die mit heißer verdünnter **Natronlauge** in die γ,δ-ungesättigten Säuren übergehen. In diesem Falle ist wohl die Ausbildung einer Konjugation zum Phenylkern die Ursache für die Wanderung der Doppelbindung. Unter energischeren Bedingungen (Erhitzen mit **Kaliumhydroxyd** und wenig Wasser auf 210—230°) tritt auch bei ungesättigten Säuren, die die Doppelbindung weit entfernt von der Carboxylgruppe tragen, neben der Bildung anderer Reaktionsprodukte Isomerisierung ein, so geht die *Undecylen-10-säure* in die Undecylen-9-säure, die *Ölsäure* (Octadecen-9-säure) in Octadecen-5-säure über[4]. Die Verschiebung der doppelten Bindung in ungesättigten Carbonsäuren wird auch noch durch andere Mittel hervorgerufen, so tritt eine Isomerisierung von α,β- bzw. β,γ-ungesättigten Säuren auch durch Erhitzen mit konzentrierter **Schwefelsäure** ein[5], die allerdings dann häufig sekundäre Veränderungen hervorruft. *Vinylessigsäure* geht beim Kochen mit 5proz. Schwefelsäure oder mit konzentrierter **Bromwasserstoffsäure** bei 0° vollständig in Crotonsäure über[6], *Hexen-2-säure* bildet mit **Aluminiumchlorid** in Schwefelkohlenstoff ein Gemisch von viel Hexen-3-säure und wenig Hexen-4-säure[7], und aus *Ölsäure* entsteht beim Erhitzen mit **Nickel** auf Ton oder mit **Ton** allein auf 250° Octadecen-10-säure[8].

Analoge Isomerisierungen treten bei den *Derivaten* der ungesättigten Carbonsäuren auf. So bilden die *Ester* der α,β- bzw. β,γ-ungesättigten Carbonsäuren unter der Einwirkung von **Natriumalkoholat** bei gewöhnlicher Temperatur ein Gleichgewichtsgemisch[9, 10, 11], dessen Zusammensetzung wiederum stark von der Kettenverzweigung abhängig ist, Alkylreste in β-Stellung bewirken eine Verschiebung des Gleichgewichts zugunsten des β,γ-ungesättigten Esters, die durch einen Alkylrest in α-Stellung wieder rückgängig gemacht wird[10]. Die Geschwindigkeit der Isomerisierung ist ebenfalls weitgehend von den Substituenten in der Kette abhängig[10]. In manchen Fällen wird unter diesen Bedingungen die Anlagerung von Alkohol an die Doppelbindung als Nebenreaktion beobachtet, eine Reaktion, die auch bei der Isomerisierung von *Dicarbonsäureestern* (Itaconsäureester bzw. Citracon- und Mesaconsäureester) mit Hilfe von **alkoholischer Kalilauge**[12] stattfindet. Mit **Natriumäthylat** und anderen Basen bilden *Isopropyliden-* und *Isopropenylmalonester* ein Gleichgewicht, das fast vollständig auf der Seite der ersteren liegt[13]. Die Verschiebung der Doppelbindung läßt sich bei diesen Verbindungen wie bei den entsprechenden 1-Methylderivaten auch durch **Raney-Nickel** bei 180° erreichen[13]. Durch Kochen mit **Natriumacetat** in Essigsäure oder beim Behandeln mit **Diäthylamin** in absolutem Äther bei gewöhnlicher Temperatur endlich werden die *Vinylchloressigester* vollkommen in α-Chlorcrotonsäureester umgewandelt[14], und auch andere α,β- bzw. β,γ-ungesättigte

[1] R. Fittig: Liebigs Ann. Chem. **283**, 63 (1894).

[2] J. Bougault: C. R. hebd. Séances Acad. Sci. **152**, 197 (1911).

[3] C. N. Riiber: Ber. dtsch. chem. Ges. **38**, 2747 (1905).

[4] J. Jegerow: Chem. Zbl. **1915 I**, 934.

[5] E. E. Blaise, A. Luttringer: Bull. Soc. chim. France (3) **33**, 816 (1905). — F. Fichter, A. Kiefer, W. Bernoulli: Ber. dtsch. chem. Ges. **42**, 4710 (1909).

[6] F. Fichter, F. Sonneborn: Ber. dtsch. chem. Ges. **35**, 940 (1902).

[7] C. D. Nenitzescu, I. G. Gavat, D. Cocora: Ber. dtsch. chem. Ges. **73**, 233 (1940).

[8] K. H. Bauer, M. Krallis: Chem. Zbl. **1931 II**, 1999.

[9] R. E. Linstead: J. chem. Soc. [London] **1929**, 2498.

[10] G. A. R. Kon, R. P. Linstead, G. W. G. Maclennan: J. chem. Soc. [London] **1932**, 2454.   [11] R. P. Linstead, E. G. Noble: J. chem. Soc. [London] **1934**, 610.

[12] E. E. Coulson, G. A. R. Kon: J. chem. Soc. [London] **1932**, 2568.

[13] A. C. Cope, E. M. Hardy: J. Amer. chem. Soc. **62**, 3319 (1940).

[14] R. Fambaud: Bull. Soc. chim. France (5) **1**, 1215, 1353, 1354 (1934).

Ester werden in saurer Lösung (alkoholische **Salz-** oder **Schwefelsäure**) isomerisiert[1]. Leicht verschiebbar ist die Doppelbindung bei ungesättigten *Lactonen* speziell den *Crotonlactonen* (z. B. Angelicalacton, Phenylcrotonlacton), durch Kochen mit **Essigsäureanhydrid**[2] oder durch **Ammoniak** und stark basische Amine, besonders **Piperidin**, sowie durch **Alkalihydroxyde, -carbonate** und **-acetate** in heißer alkoholischer Lösung[3], wobei sich auch hier ein Gleichgewicht zwischen Δ^1- und Δ^2-Crotonlacton ausbildet. Ähnlich wie die Ester verhalten sich die α,β- bzw. β,γ-ungesättigten *Nitrile*, die mit **Natriumäthylat** in Alkohol bei gewöhnlicher Temperatur ein Gleichgewichtsgemisch liefern; der Einfluß γ-ständiger Alkylreste auf die Lage des Gleichgewichts ist hier fast ebenso groß wie bei den entsprechenden Säuren[4].

Eine Verschiebung der Kohlenstoff-Stickstoff-Doppelbindung tritt bei *Schiffschen Basen* vom Typ:

$$\begin{array}{c}R_1 \\ \diagdown \\ R_2 \diagup \end{array}\!\!C=N-HC\!\!\begin{array}{c}\diagup R_3 \\ \\ \diagdown R_4\end{array} \quad\rightleftharpoons\quad \begin{array}{c}R_1 \\ \diagdown \\ R_2 \diagup\end{array}\!\!CH-N=C\!\!\begin{array}{c}\diagup R_3 \\ \\ \diagdown R_4\end{array}$$

R_1 und R_2 aromatische Reste, R_3 und R_4 Wasserstoff, aliphatische und aromatische Reste

mit **Natriumäthylat** in Alkohol bei gewöhnlicher oder erhöhter Temperatur ein und führt zu einem Gleichgewicht zwischen den beiden isomeren Verbindungen[5]. Eine ähnliche Umlagerung ist bei *Oxim-N-äthern* der Zusammensetzung

$$R-CH=\overset{|}{\underset{O^-}{N^+}}-CH_2-R' \quad\rightleftharpoons\quad R-CH_2-\overset{|}{\underset{O^-}{N^+}}=CH-R'$$

unter dem Einfluß von Natriumäthylat in heißer alkoholischer Lösung beobachtet[6].

Besondere Verhältnisse herrschen bezüglich der Wanderung von Doppelbindungen bei den *cyclischen Verbindungen*, da z. B. bei den Terpenen derartige Verschiebungen außerordentlich leicht eintreten und ganz allgemein Doppelbindungen in der Seitenkette die Neigung besitzen, zum Ring oder in den Ring hinein zu wandern. In der Reihe der *Kohlenwasserstoffe* geht das *Methylencyclobutan* an einem **Aluminiumoxyd**kontakt bei 300° in 1-Methyl-cyclobuten-(1) über[7], das auch bei 400° an demselben Kontakt neben anderen Produkten entsteht[8]. Dieselbe Isomerisierung findet auch mit **Schwefelsäure, Bromwasserstoff** oder **Alkalien**[9] sowie beim Erwärmen mit **Natrium** auf 180—185°[10] statt. Durch Erwärmen mit alkoholischer **Schwefelsäure** bildet sich aus *Isopropylidencyclopentan* unter Wanderung der Doppelbindung in den Ring das 1-Isopropyl-cyclopenten-(1)[11], während eine Verschiebung im Fünfring selbst beim *1,2-Di-*

[1] G. A. R. Kon, K. S. Nargund: J. chem. Soc. [London] **1934**, 623.

[2] J. Thiele, E. Mayr: Liebigs Ann. Chem. **306**, 190, 196 (1899).

[3] J. Thiele: Liebigs Ann. Chem. **319**, 148 (1901).

[4] A. Kandiah, R. P. Linstead: J. chem. Soc. [London] **1929**, 2139. — R. A. Letch, R. P. Linstead: Ebenda **1932**, 443.

[5] Ch. K. Ingold, Ch. W. Shoppee: J. chem. Soc. [London] **1929**, 1199. — Ch. W. Shoppee: Ebenda **1931**, 1225. — Ch. K. Ingold, Ch. L. Wilson: Ebenda **1933**, 1493. — Shing Kong Hsü, Ch. K. Ingold, Ch. L. Wilson: Ebenda **1935**, 1778. — J. W. Baker, W. S. Nathan, Ch. W. Shoppee: Ebenda **1935**, 1847. — G. T. Borcherdt, H. Adkins: J. Amer. chem. Soc. **60**, 3 (1938).

[6] R. Behrend: Liebigs Ann. Chem. **265**, 238 (1891). — C. Neubauer: Ebenda **298**, 187 (1897). — F. Wegener: Ebenda **314**, 231 (1901).

[7] O. Filipow: J. russ. physik.-chem. Ges. **46**, 1197 (1914).

[8] M. Dojarenko: Ber. dtsch. chem. Ges. **59**, 2933 (1926).

[9] G. G. Gustavson, zitiert bei 8.

[10] N. Zelinsky, B. Stscherbak: J. russ. physik.-chem. Ges. **45**, 379 (1913).

[11] O. Wallach: Liebigs Ann. Chem. **353**, 308 (1907).

phenyl-3-p-tolyl-inden durch Kochen mit **alkoholischer Kalilauge** stattfindet, dabei entsteht zu 90% das 1-p-Tolyl-2,3-diphenylinden[1]. Viel zahlreicher sind die Beobachtungen bei den Derivaten des Cyclohexans, zu denen auch die einfachsten Terpene zu zählen sind. Verlagerungen von Doppelbindungen, vor allem von semicyclischen, treten hier unter der Einwirkung von starken Säuren oft schon in der Kälte ein. So geht das *Methylen-cyclohexan* durch Kochen mit alkoholischer **Schwefelsäure** in 1-Methyl-cyclohexen-(1) über[2], eine Umlagerung, die auch beim Erhitzen mit **Chinolinjodhydrat** auf 140° oder mit **Benzoesäure** auf 150—170° stattfindet[3]. Dasselbe Verhalten gegenüber siedender alkoholischer **Schwefelsäure** zeigen substituierte Methylencyclohexane (*Äthyliden-, Propyliden-, Isopropyliden-cyclohexan* und *Methylderivate* (*Menthene*)[4], und mit dem gleichen Reagens lassen sich *Dipenten* und *Phellandren* in *Terpinen* überführen[5]. Mit **Floridin** bei 210—240° entsteht aus *1-Äthylen-cyclohexen-(3)* das 1-Äthyliden-cyclohexen-(2)[6], und unter den gleichen Bedingungen bildet sich aus *Limonen* Isolimonen[6]. Auch die Umwandlung des *β-Carotins* in pseudo-α-Carotin durch Adsorption an **Aluminiumoxyd** beruht wahrscheinlich auf der Verschiebung einer Doppelbindung in einem der beiden hydroaromatischen Ringsysteme[7]. Mit der Wanderung einer semicyclischen Doppelbindung in das bicyclische Ringsystem ist die Isomerisierung des *β-Pinens* (Nopinens) in α-Pinen verbunden, die beim Erhitzen mit **Abietinsäure** auf 160—170°, mit **Stearinsäure** auf 145°, mit **Benzoesäure** auf 128—130° (neben monocyclischen Terpenen) oder mit **Trichlorphenol** auf 145° stattfindet[8] und auch mit **Palladium** und Wasserstoff in Äther bei gewöhnlicher Temperatur[9] oder mit **Tonscherben**, getrockneten **Permutiten, Bleich-** und **Fullererden,** die mit Säuren und Wasser vorbehandelt sind, bei 150° erreicht werden kann[10].

Bei den cyclischen *Alkoholen* wird das *Allocholesterin* in Äther durch Schütteln mit **Platin** in Stickstoffatmosphäre in Cholesterin umgewandelt[11].

In der Reihe der cyclischen *Ketone* sind Doppelbindungsverschiebungen sowohl bei solchen Verbindungen, die die Ketogruppe außerhalb, als auch bei solchen, die sie innerhalb des Ringsystems tragen, beobachtet. Bei den ersteren sind die Gleichgewichte, die aus α,β- bzw. β,γ-ungesättigten Ketonen mit **Natriumalkoholaten** in Alkoholen bei gewöhnlicher Temperatur entstehen, eingehend untersucht, es ergibt sich dabei folgendes Bild:

$$\begin{matrix} CH_2\!-\!CH_2 \\ | \qquad\quad \\ CH_2\!-\!CH_2 \end{matrix}\!\!>\!\!C\!=\!CH\!-\!CO\!-\!CH_3 \qquad (75\%)$$

$$\rightleftharpoons \begin{matrix} CH_2\!-\!CH_2 \\ | \qquad\quad \\ CH_2 \quad CH \end{matrix}\!\!>\!\!C\!-\!CH_2\!-\!CO\!-\!CH_3 \qquad (25\%)[12, 13, 14]$$

[1] C. F. Koelsch: J. Amer. chem. Soc. **56**, 1337 (1934).
[2] O. Wallach: Liebigs Ann. Chem. **359**, 292 (1908).
[3] A. Faworsky, I. Borgmann: Ber. dtsch. chem. Ges. **40**, 4863 (1907).
[4] O. Wallach: Liebigs Ann. Chem. **360**, 26 (1908); Ber. dtsch. chem. Ges. **39**, 2504 (1906).
[5] O. Wallach: Liebigs Ann. Chem. **239**, 15, 44 (1887); **252**, 102 (1889).
[6] J. M. Slobodin: Chem. Zbl. **1937 I**, 1933.
[7] A. E. Gillam, M. S. el Ridi: Biochemic. J. **30**, 1735 (1936).
[8] G. Austerweil: Bull. Soc. chim. France (4) **39**, 695, 1643 (1926). — Siehe auch M. Délépine: Ebenda (4) **35**, 1643 (1924) u. folg. Arb.
[9] F. Richter, W. Wolff: Ber. dtsch. chem. Ges. **59**, 1733 (1926).
[10] F. P. 704809, Chem. Zbl. **1931 II**, 1195.
[11] A. Windaus: Liebigs Ann. Chem. **453**, 105 (1927).
[12] A. H. Dickins, W. E. Hugh, G. A. R. Kon: J. chem. Soc. [London] **1929**, 572.
[13] G. A. R. Kon: J. chem. Soc. [London] **1930**, 1616.
[14] G. A. R. Kon, R. S. Thakur: J. chem. Soc. [London] **1930**, 2217.

$$\begin{array}{l} CH_2\!-\!CH_2 \\ \ \ \ \ \ \ \ \ \ \ \ \ \ \ \ \Big\rangle C\!=\!C(CH_3)\!-\!CO\!-\!CH_3 \quad (64\%) \\ CH_2\!-\!CH_2 \end{array}$$

$$\rightleftharpoons \begin{array}{l} CH_2\!-\!CH_2 \\ \ \ \ \ \ \ \ \ \ \ \ \ \ \ \Big\rangle C\!-\!CH(CH_3)\!-\!CO\!-\!CH_3 \quad (36\%)[1] \\ CH_2\!-\!CH \end{array}$$

$$\begin{array}{l} \ \ \ \ \ \ CH_2\!-\!CH_2 \\ CH_2 \Big\langle \ \ \ \ \ \ \ \ \ \ \ \Big\rangle C\!=\!CH\!-\!CO\!-\!CH_3 \quad (30\%) \\ \ \ \ \ \ \ CH_2\!-\!CH_2 \end{array}$$

$$\rightleftharpoons \ CH_2 \Big\langle \begin{array}{l} CH_2\!-\!CH_2 \\ \ \ \ \ \ \ \ \ \ \ \ \ \Big\rangle C\!-\!CH_2\!-\!CO\!-\!CH_3 \quad (70\%)[2,3,4] \\ CH_2 \ \ \ \ \ CH \end{array}$$

$$\begin{array}{l} CH_2\!-\!CH_2\!-\!CH_2 \\ \Big\rangle C\!=\!CH\!-\!CO\!-\!CH_3 \quad (60\%) \\ CH_2\!-\!CH_2\!-\!CH_2 \end{array}$$

$$\rightleftharpoons \begin{array}{l} CH_2\!-\!CH_2\!-\!CH_2 \\ \Big\rangle C\!-\!CH_2\!-\!CO\!-\!CH_3 \quad (40\%)[5,6] \\ CH_2\!-\!CH_2\!-\!CH \end{array}$$

Die Lage des Gleichgewichts ist abhängig von den Substituenten in α-Stellung zur Ketogruppe und vom Ringsystem, auch die Umlagerungsgeschwindigkeiten sind unter gleichen Bedingungen sehr verschieden. Über weitere Ketone dieser Art vgl.[2,7] Vergleicht man verschiedene Natriumalkoholate, so ergibt sich bezüglich der Umlagerungsgeschwindigkeit folgende Reihe: **Isopropylat** > **Propylat** > **Äthylat** > **Methylat**[3]. Wässerig-alkoholische n-**Salzsäure** und **Schwefelsäure** wirken bei 100° auf *Cyclohexylidenaceton* bzw. *Cyclohexen-(1)-ylaceton* ebenfalls umlagernd, wenn auch nicht so stark wie Alkoholate, 2 n-alkoholische **Oxalsäure** wirkt bedeutend schwächer[8]. Bei den Ketonen, die die Ketogruppe innerhalb des Rings tragen, sind folgende Beispiele zu erwähnen: *4,5-Diphenyl-1,3-dimethyl-cyclopenten-(5)-on-(2)* geht mit alkoholischer **Salzsäure** bei 100° unter Wanderung der Doppelbindung im Ring über in 4,5-Diphenyl-1,3-dimethyl-cyclopenten-(4)-on-(2)[9], bei *Dihydrocarvon* tritt mit konzentrierter **Schwefelsäure** in der Kälte[10] oder mit verdünnter Schwefelsäure[11] oder **Ameisensäure**[12] in der Hitze eine Verschiebung der Doppelbindung in den Ring ein unter Bildung von Carvenon, und dasselbe ist der Fall bei *Carvon*, das beim Erhitzen mit **Phosphorsäure**[13] oder **Kaliumhydroxyd**[13], bei gelindem Erwärmen mit **Phosphoroxychlorid**[14], beim Kochen mit **Ameisensäure**[12] oder durch Erhitzen mit **palladinierter Holzkohle** auf 230°[15] in Carvacrol umgewandelt wird. Besonders empfindlich gegen katalytische Einflüsse ist das *Isopulegon*, das durch geringe Mengen **Natriumalkoholat** in Alkohol bei gewöhnlicher Temperatur rasch in Pulegon umgelagert wird[16,17]; das Gleichgewicht liegt so gut wie quan-

[1] Siehe Anm. 14, S. 236.
[2] A. H. DICKINS, W. E. HUGH, G. A. R. KON: J. chem. Soc. [London] **1928**, 1630.
[3] G. A. R. KON, R. P. LINSTEAD: J. chem. Soc. [London] **1929**, 1269.
[4] R. P. LINSTEAD, E. G. NOBLE: J. chem. Soc. [London] **1934**, 610.
[5] Siehe Anm. 13, S. 236.
[6] W. E. HUGH, G. A. R. KON, TH. MITCHELL: J. chem. Soc. [London] **1929**, 1435.
[7] Siehe Anm. 12, S. 236.
[8] G. A. R. KON: J. chem. Soc. [London] **1931**, 248.
[9] F. R. JAPP, W. MAITLAND: J. chem. Soc. [London] **85**, 1487 (1904).
[10] A. v. BAEYER: Ber. dtsch. chem. Ges. **27**, 1921 (1894).
[11] O. WALLACH: Liebigs Ann. Chem. **286**, 130 (1895).
[12] F. KLAGES: Ber. dtsch. chem. Ges. **32**, 1516 (1899).
[13] SCHWEIZER: J. prakt. Chem. (1) **24**, 262 (1841). — C. VÖLCKEL: Liebigs Ann. Chem. **85**, 246 (1853). — A. KÉKULÉ, A. FLEISCHER: Ber. dtsch. chem. Ges. **6**, 1088 (1873). — A. REYCHLER: Bull. Soc. chim. France (3) **7**, 31 (1892).
[14] E. KREYSLER: Ber. dtsch. chem. Ges. **18**, 1704 (1885).
[15] R. P. LINSTEAD, K. O. A. MICHAELIS, S. L. S. THOMAS: J. chem. Soc. [London] **1940**, 1139.
[16] W. E. HUGH, G. A. R. KON, R. P. LINSTEAD: J. chem. Soc. [London] **1927**, 2585.
[17] R. P. LINSTEAD, E. G. NOBLE: J. chem. Soc. [London] **1934**, 610.

titativ auf der Seite des letzteren. Langsamer wirkt **Bariumhydroxyd** in Alkohol oder Wasser[1, 2], noch langsamer **Natriumcarbonat** und **Piperidin** in Alkohol[1]. Alkoholische **Schwefelsäure** hat in der Kälte nur einen geringen Einfluß, lagert jedoch in der Hitze rasch um[1, 3], und auch schwächere Säuren wie **Trichloressigsäure** isomerisieren in nichtwässerigen Lösungsmitteln bei gewöhnlicher Temperatur, wobei die Umwandlung in Chloroform rascher verläuft, als in Aceton und Acetonitril[4].

Von den cyclischen *Carbonsäuren* sind am besten untersucht die α,β- bzw. β,γ-ungesättigten *cyclischen Essigsäuren*, die analog den aliphatischen Säuren durch Erhitzen mit 25—60proz. **Alkalilauge** auf 100° und höher in ein Gleichgewichtsgemisch umgelagert werden, dessen Zusammensetzung vom Ringsystem und den Substituenten abhängig ist, z. B.:

$$
\begin{aligned}
&\underset{\text{CH}_2-\text{CH}_2}{\overset{\text{CH}_2-\text{CH}_2}{\Big\rangle}}\!\!\text{C}=\text{CH}-\text{COOH} \qquad (14\,\%) \\[4pt]
&\qquad\rightleftharpoons\ \underset{\text{CH}_2-\text{CH}}{\overset{\text{CH}_2-\text{CH}_2}{\Big\rangle}}\!\!\text{C}-\text{CH}_2-\text{COOH} \qquad (86\,\%)^{5,\,6,\,7}
\end{aligned}
$$

$$
\begin{aligned}
&\underset{\text{CH}_2-\text{CH}_2}{\overset{\text{CH}_2-\text{CH}_2}{\Big\rangle}}\!\!\text{C}=\text{C(CH}_3)-\text{COOH} \qquad (38\,\%) \\[4pt]
&\qquad\rightleftharpoons\ \underset{\text{CH}_2--\text{CH}}{\overset{\text{CH}_2-\text{CH}_2}{\Big\rangle}}\!\!\text{C}-\text{CH(CH}_3)-\text{COOH} \qquad (62\,\%)^{8}
\end{aligned}
$$

$$
\begin{aligned}
&\text{CH}_2\!\!\underset{\text{CH}_2-\text{CH}_2}{\overset{\text{CH}_2-\text{CH}_2}{\Big\langle\ \Big\rangle}}\!\!\text{C}=\text{CH}-\text{COOH} \qquad (12\,\%) \\[4pt]
&\qquad\rightleftharpoons\ \text{CH}_2\!\!\underset{\text{CH}_2-\text{CH}}{\overset{\text{CH}_2-\text{CH}_2}{\Big\langle\ \Big\rangle}}\!\!\text{C}-\text{CH}_2-\text{COOH} \qquad (88\,\%)^{6,\,9,\,10}
\end{aligned}
$$

$$
\begin{aligned}
&\text{CH}_2\!\!\underset{\text{CH}_2-\text{CH}_2}{\overset{\text{CH}_2-\text{CH}_2}{\Big\langle\ \Big\rangle}}\!\!\text{C}=\text{C(CH}_3)-\text{COOH} \qquad (32\,\%) \\[4pt]
&\qquad\rightleftharpoons\ \text{CH}_2\!\!\underset{\text{CH}_2-\text{CH}}{\overset{\text{CH}_2-\text{CH}_2}{\Big\langle\ \Big\rangle}}\!\!\text{C}-\text{CH(CH}_3)-\text{COOH} \qquad (68\,\%)^{8}
\end{aligned}
$$

$$
\begin{aligned}
&\underset{\text{CH}_2-\text{CH}_2-\text{CH}_2}{\overset{\text{CH}_2-\text{CH}_2-\text{CH}_2}{\Big\rangle}}\!\!\text{C}=\text{CH}-\text{COOH} \qquad (26\,\%) \\[4pt]
&\qquad\rightleftharpoons\ \underset{\text{CH}_2-\text{CH}_2-\text{CH}}{\overset{\text{CH}_2-\text{CH}_2-\text{CH}_2}{\Big\rangle}}\!\!\text{C}-\text{CH}_2-\text{COOH} \qquad (74\,\%)^{6,\,11}
\end{aligned}
$$

β-Thujyliden-essigsäure (25 %) ⇌ *β-Thujenyl-essigsäure* (75 %)[12].

Eine Methylgruppe in der α-Stellung bewirkt eine starke Verschiebung des Gleichgewichts auf die Seite der α,β-ungesättigten Verbindung und setzt die Isomerisierungsgeschwindigkeit herab, Methyl im Kern (o, m und p) hat dagegen nur einen geringfügigen Einfluß[8]. Ein ganz ähnliches Verhalten zeigen die *Ester* der cyclischen Essigsäuren, die viel leichter, schon durch **Natriumalkoholat** in

[1] Siehe Anm. 16, S. 237.

[2] F. Tiemann, R. Schmidt: Ber. dtsch. chem. Ges. **30**, 29 (1897). — C. Harries, G. Röder: Ber. dtsch. chem. Ges. **32**, 3371 (1899).

[3] G. A. R. Kon: J. chem. Soc. [London] **1931**, 248.

[4] G. A. R. Kon, K. S. Nargund: J. chem. Soc. [London] **1934**, 623.

[5] G. A. R. Kon, R. P. Linstead: J. chem. Soc. [London] **127**, 616 (1925).

[6] G. A. R. Kon, C. J. May: J. chem. Soc. [London] **1927**, 1549.

[7] A. A. Goldberg, R. P. Linstead: J. chem. Soc. [London] **1928**, 2343.

[8] G. A. R. Kon, R. S. Thakur: J. chem. Soc. [London] **1930**, 2217.

[9] R. M. Beesley, Ch. K. Ingold, J. F. Thorpe: J. chem. Soc. [London] **107**, 1080 (1915).

[10] R. P. Linstead: J. chem. Soc. [London] **1927**, 2579.

[11] W. E. Hugh, G. A. R. Kon, Th. Mitchell: J. chem. Soc. [London] **1929**, 1435.

[12] W. E. Hugh, G. A. R. Kon: J. chem. Soc. [London] **1927**, 2594.

Alkohol bei gewöhnlicher Temperatur isomerisiert werden. Die entsprechenden Zahlen für das Gleichgewicht α,β- $\rightleftharpoons$ β,γ-ungesättigter Äthylester der ersten vier Säurepaare aus obiger Zusammenstellung sind: $60\%:40\%$[1] (Methylester $65\%:35\%$[2]), $88\%:12\%$[1], $38\%:62\%$[3] und $5\%:95\%$[1]. Eine Methylgruppe in α-Stellung verschiebt beim Cyclopentanderivat das Gleichgewicht auf die Seite des α,β-ungesättigten Esters, während sie beim Cyclohexanderivat umgekehrt wirkt; die Isomerisierungsgeschwindigkeiten sind unter gleichen Bedingungen bei den einzelnen Estern sehr verschieden. Saure Katalysatoren, wie heiße alkoholische **Salzsäure** und **Schwefelsäure**[4] oder feuchtes **Kaliumbisulfat** in der Hitze[5], sind ebenfalls wirksam, die Gleichgewichtsgemische besitzen in diesem Falle eine etwas andere Zusammensetzung als mit Alkoholat[4]. Die gegenseitige Umwandlung von *Cyclopentyliden-* bzw. *Cyclopenten-(1)-yl-malonester* kann durch Erhitzen mit **Raney-Nickel** auf 180^0 erreicht werden[6]. Auch die von den cyclischen Essigsäuren sich ableitenden *Nitrile* lassen sich leicht, durch **Natriumäthylat** bei gewöhnlicher Temperatur isomerisieren[7], die Gleichgewichte liegen hier überwiegend auf der Seite des α,β-ungesättigten Nitrils. In der Reihe der cyclischen *Dicarbonsäuren* geht die $\mathit{\Delta}^1$-*Tetrahydro-o-phthalsäure* durch Erhitzen mit **Kaliumhydroxyd** und wenig Wasser in die $\mathit{\Delta}^2$-Verbindung über[8], durch Kochen mit Kalilauge wird die $\mathit{\Delta}^1$- und $\mathit{\Delta}^4$-*Tetrahydroisophthalsäure* in die $\mathit{\Delta}^3$-Verbindung umgewandelt[9], und durch Kochen mit **Natronlauge** oder durch Erhitzen mit konzentrierter **Salzsäure** auf 180^0 wird die $\mathit{\Delta}^2$-*Tetrahydroterephthalsäure* zur $\mathit{\Delta}^1$-Säure isomerisiert[10]. Die $\mathit{\Delta}^{2,4}$- und $\mathit{\Delta}^{3,5}$-*Dihydro-o-phthalsäure* gehen durch Kochen mit **Natronlauge** in die $\mathit{\Delta}^{2,6}$-Säure über[11], $\mathit{\Delta}^{2,6}$- und $\mathit{\Delta}^{2,4}$-Säure bilden unter diesen Bedingungen ein Gleichgewichtsgemisch, und unter den gleichen Bedingungen werden $\mathit{\Delta}^{1,3}$-, $\mathit{\Delta}^{1,5}$- und $\mathit{\Delta}^{2,5}$-*Dihydroterephthalsäure* in die $\mathit{\Delta}^{1,4}$-Säure umgewandelt[12]. Von den *heterocyclischen Verbindungen* ist noch die Umlagerung der *2,6-Epoxy-hepten-(3)-carbonsäure-(3)* beim Erhitzen des Natriumsalzes in Wasser mit **Raney-Nickel** auf 160^0 in die Hepten-(2)-verbindung zu erwähnen[13].

In den vorhergehenden Abschnitten sind gelegentlich schon Verbindungen abgehandelt worden, die mehrere Doppelbindungen im Molekül enthalten, soweit es der Zusammenhang erfordert. Die Mehrzahl dieser Verbindungen soll jedoch erst im folgenden besprochen werden, da die wichtigsten von ihnen, namentlich solche mit konjugierten oder gehäuften Doppelbindungen, in ihren Umlagerungen eng mit den Acetylenen zusammenhängen. *Kohlenwasserstoffe mit isolierten Doppelbindungen* haben die Neigung, unter Wanderung der Doppelbindungen in solche mit *konjugierten* Doppelbindungen überzugehen, so wird *Hexadien-(1,5)* (Diallyl) durch alkoholische **Kalilauge** bei 170—180^{0}[14], durch

---

[1] G. A. R. Kon, R. P. Linstead, G. W. G. Maclennan: J. chem. Soc. [London] **1932**, 2454.

[2] R. P. Linstead, E. G. Noble: J. chem. Soc. [London] **1934**, 610.

[3] G. A. R. Kon, R. P. Linstead: J. chem. Soc. [London] **1929**, 1269.

[4] G. A. R. Kon, K. S. Nargund: J. chem. Soc. [London] **1934**, 623.

[5] St. F. Birch, G. A. R. Kon, W. St. G. P. Norris: J. chem. Soc. [London] **123**, 1361 (1923).

[6] A. C. Cope, E. M. Hardy: J. Amer. chem. Soc. **62**, 3319 (1940).

[7] A. Kandiah, R. P. Linstead: J. chem. Soc. [London] **1929**, 2139. — R. P. Linstead, E. G. Noble: Ebenda **1934**, 610.

[8] A. Baeyer: Liebigs Ann. Chem. **258**, 209 (1890).

[9] W. H. Perkin, S. S. Pickles: J. chem. Soc. [London] **87**, 293 (1905).

[10] A. Baeyer: Liebigs Ann. Chem. **251**, 308, 309 (1889).

[11] A. Baeyer: Liebigs Ann. Chem. **269**, 194, 201 (1892).

[12] A. Baeyer: Liebigs Ann. Chem. **251**, 272 (1889).

[13] M. Délépine, A. Willemart: C. R. hebd. Séances Acad. Sci. **211**, 313 (1940).

[14] A. Faworsky: J. prakt. Chem. (2) **44**, 216, 227 (1891).

Floridin bei 325° [1], durch **platinierte Kohle** bei 300° [2], durch **Aluminiumoxyd** bei 300° [3] oder durch **Chromoxyd** bei 225—250° [4] in Hexadien-(2,4) (Dipropenyl) und unter denselben Bedingungen [1, 5] sowie durch **Calciumammoniakat** [6] *2,5-Dimethyl-hexadien-(1,5)* in 2,5-Dimethyl-hexadien-(2,4) umgelagert. *Kohlenwasserstoffe mit kumulierten Doppelbindungen (Allene)* werden zum Teil in solche mit *konjugierten Doppelbindungen*, zum Teil in Acetylene isomerisiert und umgekehrt. *Allen* und *Methylacetylen* bilden am **Floridin**kontakt bei höheren Temperaturen ein Gleichgewicht, das bei 325° bei 61,5% des letzteren und 38,5% des ersteren liegt [7], daneben treten Polymerisation und andere Nebenreaktionen ein. *Methylallen* wird durch Floridin bei 330° nur schwierig in Butadien-(1,3) (21%) und Äthylacetylen (4%) umgewandelt [8], während *Äthylacetylen* mit Floridin bei 275° ein Gemisch von viel Methylallen und wenig Butadien-(1,3) liefert und *Dimethylacetylen* bei 275—285° weit schwieriger zu Äthylacetylen (5—14%) und Methylallen (37%) isomerisiert wird [9]. *Asymmetrisches Dimethylallen* bildet dagegen mit demselben Katalysator schon bei 280° 20% Isopren neben wenig Isopropylacetylen, mit steigender Temperatur nimmt die Menge des letzteren zu, so daß man bei 334° 20% Isopren und 60% Isopropylacetylen erhält [10]. Isopren neben wenig Isopropylacetylen entsteht auch aus *asymmetrischem Dimethylallen* mit **Chinolinbromhydrat** in Chinolin bei 130—135° [11] oder an einem Kontakt aus erhitzter **Tonerde** bei vermindertem Druck [12]. Beim Erhitzen mit **Natrium** auf 100° erhält man dagegen ausschließlich Isopropylacetylen [13], allerdings in Gestalt seines Natriumderivats. Dieses geht andererseits wieder mit alkoholischer **Kalilauge** bei 150° in *asymmetrisches Dimethylallen* über [14], während am **Tonerde**kontakt bei 400° und 50 mm Druck Isopren entsteht [15]. Umgekehrt wirkt **Floridin** bei *2,4-Dimethyl-pentadien-(1,3)*, das bei 170—200° fast vollständig in Tetramethylallen verwandelt wird [16], *Cyclohexyliden-äthylen* (Allentyp) geht beim Erhitzen mit **Benzoesäure** auf 170° in 1-Vinyl-cyclohexen-(1), mit **Natrium** auf 100° in Cyclohexyl-acetylen über, während letzteres mit alkoholischer **Kalilauge** bei 140° wieder Cyclohexyliden-äthylen liefert [17]. Auch bei *halogenierten Kohlenwasserstoffen* sind ähnliche Umlagerungen beobachtet, so geht *1-Chlor-3-methyl-pentadien-(1,2)* mit **Kupferchlorür, Ammonchlorid** und **Salzsäure** in 1-Chlor-3-methyl-pentadien-(1,3) über [18]. Viel einfacher liegen die Verhältnisse bei *Acetylenen* mit unverzweigter Kette [19] bzw. solchen, die einen alicyclischen Rest nicht in Nachbarschaft zur Acetylenbindung oder einen aromatischen Rest enthalten. Hier gilt ganz allgemein, daß Acetylene mit endständiger Dreifachbindung *Butin-1, Pentin-1, Heptin-1, Octin-1, Dipropargyl* usw.) beim Erhitzen

[1] S. W. Lebedew, J. M. Slobodin: Chem. Zbl. **1934 II**, 3741.
[2] R. J Lewina: Chem. Zbl. **1937 I**, 586.
[3] R. J Lewina: Chem. Zbl. **1937 II**, 3596.
[4] R. J Lewina, P. J. Kirjuschow: Chem. Zbl. **1940 I**, 2454.
[5] Siehe Anm. 14, S. 239.
[6] B. A. Kasanski, N. F. Gluschnew: Chem. Zbl. **1940 I**, 2308.
[7] J. M Slobodin: Chem. Zbl. **1937 I**, 4491.
[8] J. M Slobodin: Chem. Zbl. **1936 II**, 3089.
[9] J. M Slobodin: Chem. Zbl. **1938 II**, 1559.
[10] J. M Slobodin: Chem. Zbl. **1935 II**, 1335.
[11] L. Kutscherow: Chem. Zbl. **1914 I**, 753.
[12] DRP. 251216, Chem. Zbl. **1912 II**, 1244.
[13] A. Faworsky: J. prakt. Chem. (2) **37**, 423 (1888).
[14] A. Faworsky: J. prakt. Chem. (2) **37**, 391 (1888).
[15] DRP. 268102, Chem. Zbl. **1914 I**, 308.
[16] J. M Slobodin: Chem. Zbl. **1937 I**, 4491.
[17] W. Jegorowa: Chem. Zbl. **1912 I**, 1010.
[18] T. A Faworskaja, A. I. Sacharowa: Chem. Zbl. **1940 II**, 1567.
[19] Abgesehen von Floridin als Katalysator, siehe oben bei Äthylacetylen.

mit alkoholischer **Kalilauge** auf 150—170[01], mit **Natronkalk** im Eisenrohr auf 360—420[02, 3] oder mit **Bimsstein** im Eisenrohr auf 350[03] ganz oder teilweise in Methyl-alkyl-acetylene (Butin-2, Pentin-2, Heptin-2, Octin-2, Dimethyl-diacetylen usw.) übergehen. Umgekehrt wandert die Dreifachbindung beim Erhitzen mit **Natrium** auf 100—160[04] oder besser mit **Natriumamid** auf 100—170[05] an das Ende der Kette, und man erhält aus *Butin-2, Pentin-2, Hexin-2, Octin-2, Nonin-2, 3-Phenyl-propin-2, 4-Cyclohexyl-butin-2, 5-Cyclohexyl-pentin-2, 6-Cyclohexyl-hexin-2* usw. in überwiegender Menge die *1*-Verbindungen in Gestalt der Natriumderivate, mit Natriumamid geht sogar *Octin-3* in Octin-1 über.

2. Wanderung von Alkyl- und Arylresten

(Änderung des Kohlenstoffgerüstes, Isomerisierung unter Bildung, Sprengung und Änderung eines Ringsystems).

Für die Isomerisierung der Kohlenwasserstoffe unter Änderung des Kohlenstoffgerüstes werden eine große Anzahl von Katalysatoren verwendet. In erster Linie kommt hierfür **Aluminiumchlorid** in Frage, das in Gegenwart geringer Mengen von Wasser oder Chlorwasserstoff seine größte Wirksamkeit entfaltet[6] und vorteilhaft bei niederen Temperaturen und normalem oder schwach erhöhtem Druck angewandt wird, da es gleichzeitig spaltend auf die Kohlenwasserstoffe wirkt und diese Wirkung vornehmlich bei höheren Temperaturen entfaltet. **Aluminiumbromid** wirkt in der Regel zu heftig, so daß die spaltende und polymerisierende Wirkung in den Vordergrund tritt. Auch andere Chloride wie **Eisenchlorid** und **Zinkchlorid** kommen in Frage. Von Katalysatoren, die bei höheren Temperaturen, vielfach in Verbindung mit Druck und Zusatz von Wasserstoff angewandt werden, sind zu nennen: **Aluminiumoxyd, Thoroxyd, Kieselsäure** und **Silicate, Phosphorsäure** auf Silicaten, **Kupferoxyd** und **Molybdänsulfide.**

Bei den *gesättigten aliphatischen Kohlenwasserstoffen* ist der einfachste Fall einer derartigen Isomerisierung beim *n-Butan* gegeben, das durch **Aluminiumchlorid + Chlorwasserstoff** bei 150—175[0] und 30—35 at[7, 8] zu einem beträchtlichen Anteil in Isobutan umgewandelt wird, nebenbei bilden sich als Spaltprodukte die niederen Paraffine. Die Isomerisierung führt zu einem Gleichgewicht, das mit $AlCl_3 + HCl$ unter Druck bei 60[0] (flüssige Phase) 63%, bei 100[0] (flüssige Phase) 66% und bei 140[0] (Gasphase) 59% Isobutan enthält[9]. Unter anderen Bedingungen ist der Isobutangehalt im Gleichgewicht mit $AlCl_3 + CuSO_4 + 2 HCl$ bei 70[0] (flüssige Phase) 79%, mit $AlCl_3 + HCl$ bei 110[0]

---

[1] A. FAWORSKY: J. prakt. Chem. (2) **37**, 382 (1888); **44**, 229 (1889). — A. BÉHAL: Bull. Soc. chim. France (2) **49**, 581 (1888); Ann. Chimie (6) **15**, 408 (1888). — F. KRAFFT Ber. dtsch. chem. Ges. **25**, 2243 (1892); **29**, 2232 (1896).

[2] A. J. HILL, F. TYSON: J. Amer. chem. Soc. **50**, 172 (1928).

[3] H. H. GUEST: J. Amer. chem. Soc. **50**, 1744 (1928).

[4] A. FAWORSKY: J. prakt. Chem. (2) **37**, 417 (1888). — F. KRAFFT, L. REUTER: Ber. dtsch. chem. Ges. **25**, 2243 (1892). — A. BÉHAL: Bull. Soc. chim. France (2) **50**, 629 (1888).

[5] M. BOURGUEL: C. R. hebd. Séances Acad. Sci. **178**, 1984 (1924); Ann. Chimie (10) **3**, 191, 325 (1925); Bull. Soc. chim. France (4) **41**, 192 (1927).

[6] C. D. NENITZESCU, I. P. CANTUNIARI: Ber. dtsch. chem. Ges. **66**, 1098 (1933). — A. L. GLASEBROOK, N. E. PHILLIPS, W. G. LOVELL: J. Amer. chem. Soc. **58**, 1944 (1936). Auch Zusatz von **Alkylchloriden** wirkt aktivierend.

[7] V. N. IPATIEFF, A. v. GROSSE: Ind. Engng. Chem. **28**, 461 (1936).

[8] F. P. 823595, Chem. Zbl. **1938** I, 3996. Auch **Chloride** des **Zn, Sn, Fe, Zr, Be, Nb, Ta** und **B** können angewandt werden.

[9] G. C. A. SCHUIT, H. HOOG, J. VERHEUS: Recueil Trav. chim. Pays-Bas **59**, 793 (1940), dort (S. 807) sind noch die Befunde anderer Autoren über die Gleichgewichte bei verschiedenen Temperaturen angegeben.

(Gasphase) 72%, 130° 67%, 150° 63% und 180° 58%[1]. Mit **Aluminiumbromid** bildet sich bei 27° und 3 at in über zwei Monaten ein Gleichgewicht aus, das rund 80% Isobutan enthält[2]. Die Umwandlung von *n-Pentan* in Isopentan läßt sich ebenfalls mit **Aluminiumbromid** bei Zimmertemperatur zu 56% erreichen. Zusätze von **Wasser** oder **Bromwasserstoff** erhöhen die Reaktionsgeschwindigkeit, nebenbei bilden sich Spalt- und Polymerisationsprodukte[3]. **Aluminiumchlorid** wirkt träger und nur bei Zusatz von **Wasser** oder **Alkylchloriden** auf siedendes Pentan oder bei 40° und höheren Temperaturen unter Druck ein, es entstehen dabei aber nur 13% Isopentan neben 34% Butan + Isobutan[3], mit Aluminiumchlorid auf Aktivkohle und Chlorwasserstoff bei 200° und 30 at können 27% Isopentan erhalten werden[4]. Die Nebenreaktionen können durch Hinzufügen von Wasserstoff weitgehend unterdrückt werden[5], das Gleichgewicht liegt so bei 80° und 20 at Wasserstoff mit $AlCl_3$ + HCl als Katalysator bei 82% Isopentan[6, 7].

Bei den höheren Kohlenwasserstoffen werden die Verhältnisse dadurch verwickelt, daß mehrere verzweigte Verbindungen entstehen können. *n-Hexan* wird durch **Aluminiumchlorid** bei 69° zum Teil gespalten, zum Teil isomerisiert[8], mit **wasserhaltigem Aluminiumchlorid** entsteht bei derselben Temperatur zum größten Teil Isohexan (2- oder 3-Methylpentan)[9]. Das Gleichgewicht liegt ausgehend von n-Hexan, *2-Methylpentan* und *2,3-Dimethylbutan* bei 80° unter Wasserstoffdruck mit $AlCl_3$ + HCl bei ungefähr 75% Methylpentan (2- oder 3-), 20% Dimethylbutan und 5% n-Hexan. *2,2-Dimethylbutan* wird unter diesen Bedingungen nicht isomerisiert, sondern nur gespalten[6]. Mit MoS_2 erhält man aus n-Hexan bei 400° und 90 at Wasserstoff ungefähr 30% Isohexane[10]. Beim *n-Heptan* sind folgende Ergebnisse erzielt worden:

Mit **wasserhaltigem Aluminiumchlorid** entstehen bei Siedetemperatur neben Spalt- und Cyclisierungsprodukten zu einem großen Teil Isoheptane[9], mit **Aluminiumchlorid** bei 220° und 50 at Wasserstoff 8%[11], mit **Zinkchlorid** bei 300—400° und 50—60 at Wasserstoff 27—18%[11], mit MoS_3 + **CuO** bei 400° und 60 at Stickstoff 15%[11], mit MoS_3 bei 420° und 70 at Wasserstoff in ungefähr demselben Umfang[11], mit MoS_2 bei 400° und 140 at Wasserstoff teilweise Isoheptane[12]. Die genauere Untersuchung der Einwirkung von Aluminiumchlorid auf siedendes n-Heptan zeigt jedoch[13], daß Isomerisierung nur in geringem Umfang eintritt, neben großen Mengen von Spalt- und Polymerisationsprodukten entstehen nur 1,5% 2,4-Dimethylpentan, 0,5% 2,2,3-Trimethylbutan, 0,4% 3,3-Dimethylpentan, 1,2% 2-Methylhexan und 1,6% 3-Methylhexan. Ähnliche Verhältnisse findet man beim *n-Octan*[11, 14].

[1] B. L. MOLDAWSKI, T. V. NISOWKINA: Chem. Zbl. **1940** I, 3767.

[2] C. W. MONTGOMERY, J. H. McATEER, N. W. FRANKE: J. Amer. chem. Soc. **59**, 1769 (1937).

[3] A. L. GLASEBROOK, N. E. PHILLIPS, W. G. LOVELL: J. Amer. chem. Soc. **58**, 1944 (1936). — Siehe auch B. L. MOLDAWSKI, M. W. KOBYLSKAJA, S. J. LIWSCHITZ: Chem. Zbl. **1937** I, 2578.   [4] Siehe Anm. 8, S. 241.

[5] Ital. P. 375753, zitiert nach Anm. 9, S. 241.

[6] Siehe Anm. 9, S. 241.

[7] Siehe auch B. MOLDAWSKI, T. NISOWKINA: Chem. Zbl. **1941** II, 324. Gleichgewicht mit $AlCl_3$ + $CuSO_4$ + 2 HCl, $AlCl_3$ + HCl und $AlBr_3$ zwischen 25 und 90°.

[8] Siehe Anm. 7, S. 241.

[9] C. D NENITZESCU, A. DRĂGAN: Ber. dtsch. chem. Ges. **66**, 1892 (1933).

[10] A. F. NIKOLAJEWA, P. W. PUTSCHKOW: Chem. Zbl. **1940** I, 464.

[11] A. D PETROW, A. P. MESCHTSCHERJAKOW, D. N. ANDREJEW: Ber. dtsch. chem. Ges. **68**, 1 (1935).

[12] A. F. NIKOLAJEWA, P. W. PUTSCHKOV: Chem. Zbl. **1940** I, 1273.

[13] G. CALINGAERT, D. T. FLOOD: J. Amer. chem. Soc. **57**, 956 (1935). — G. CALINGAERT, H. A. BEATTY: Ebenda **58**, 51 (1936).

[14] A. P. MESCHTSCHERJAKOW, J. P. KAPLAN: Chem. Zbl. **1940** I, 1333. — A. P. SSIWERZEW: Ebenda **1940** II, 3319. — Siehe auch B. L. MOLDAWSKI, M. W. KOBYLSKAJA, S. J. LIWSCHITZ: Ebenda **1937** I, 2578.

Da **Aluminiumchlorid,** namentlich bei höheren Temperaturen, auch in wesentlichem Umfange spaltend und polymerisierend wirkt, hat man einerseits versucht, durch aktivierende Zusätze von **Alkali-** oder **Erdalkalihalogeniden,** von **Borfluorid, Chlorwasserstoff** oder **Wasser**[1], bzw. von **Schwefelsäure, Fluor-** oder **Brom-sulfonsäure**[2], von alkylsubstituierten aromatischen **Kohlenwasserstoffen** oder von **Chlorwasserstoff** oder **Alkylchloriden** unter Zusatz von etwas Wasserstoff[3] die Reaktionstemperaturen möglichst niedrig zu halten, und andererseits andere Katalysatoren, wie **Zirkontetrachlorid + Chlorwasserstoff** bei 150⁰[4] oder **aktivierte Kohle, Ton, Silicagel, Silicate, Zinkoxyd** und **Sulfide der Schwermetalle** der 6. bis 8. Gruppe des periodischen Systems bei 350—500⁰ und 100—200 at Wasserstoff angewandt[5].

Derartige Isomerisierungen treten jedoch nicht nur bei gesättigten, sondern auch bei *ungesättigten aliphatischen Kohlenwasserstoffen* auf, unter gelinden Bedingungen finden hier zunächst Wanderungen der Doppelbindungen statt (siehe unter 1), unter energischeren dagegen auch Änderungen im Kohlenstoffgerüst. So geht *Buten-1* oder *-2* mit **Phosphorsäure** auf Kieselgur[6] und anderen Trägern[7, 8] bei Temperaturen von 300—600⁰ und gewöhnlichem Druck am besten unter Zusatz von Wasserdampf bis zu 33 % in Isobuten über, die gleiche Umlagerung erreicht man mit **Permutiten** oder **Zeolithen** bei 400—450⁰[9, 10], das Gleichgewicht liegt bei 400⁰ bei 36 % Isobuten. Analog erhält man aus *n-Pentenen* mit **Phosphorsäure**[8] auf Trägern bei 400⁰ 53 % Isopentene (Methylbutene), mit **Permutit**[10] liegt das Gleichgewicht ausgehend von n-Pentenen und *2-Methyl-buten-2* bei 80 % Isopentenen; mit **Aluminiumoxyd** entsteht aus n-Pentenen bei 450⁰ 2-Methyl-buten-2 (Trimethyläthylen)[11]. *Hexen-1* geht mit **Zinkchlorid** bei höheren Temperaturen unter Druck in erheblichem Umfang in Isohexene über[12], mit **Phosphorsäure** auf Bimsstein erhält man bei 325—350⁰ und 60 at Wasserstoff 2-Methyl-penten-2[13], während *3-Methyl-penten-2, 2,3-Dimethyl-buten-2* und *3,3-Dimethyl-buten-1* mit **Phosphorpentoxyd** auf Silicagel bei 300⁰ ein Gemisch dieser drei Kohlenwasserstoffe im Verhältnis 31 : 61 : 3 liefern[14]. Eine eingehende Untersuchung der Isomerisierung mit **Aluminium-** und **Thoriumoxyd** ergibt folgendes Bild[15]:

Hexen-1 gibt bei 398⁰ mit **Aluminiumoxyd** 38 % 2-Äthyl-buten-1, 28 % 2-Methyl-penten-2, 5 % cis- und 10 % trans-3-Methyl-penten-2 neben 11 % Hexen-3 (Doppelbindungsverschiebung) und 6 % Ausgangsmaterial, mit **Thoriumoxyd** dagegen 5 % 2-Äthyl-buten-1 und 90 % trans-3-Methyl-penten-2 neben 5 % Polymeren. Aus *2-Methyl-penten-2* entstehen bei 398⁰ mit **Aluminiumoxyd** 35 % trans-3-Methyl-penten-2 neben 3 % Polymeren und 62 % Ausgangsmaterial, mit **Thoriumoxyd** da-

---

[1] Amer. P. 2216221, Chem. Zbl. **1941 I,** 1093. — F. P. 866117, ebenda **1941 II,** 2997.

[2] Amer. P. 2223180, Chem. Zbl. **1941 I,** 3003.

[3] Ital. P. 371429, Chem. Zbl. **1940 I,** 3850; F. P. 858630, ebenda **1941 II,** 112; F. P. 862162, ebenda **1941 II,** 1327.

[4] Amer. P. 2225776, Chem. Zbl. **1941 II,** 406.

[5] F. P. 851336, Chem. Zbl. **1940 II,** 689.

[6] F. P. 823545, Chem. Zbl. **1938 I,** 4406.

[7] J. K. Sserebrjakowa, A. W. Frost: Chem. Zbl. **1937 I,** 4624.

[8] G. Egloff, J. C. Morrell, Ch. L. Thomas, H. S. Bloch: J. Amer. chem. Soc. **61,** 3571 (1939).

[9] E. P. 501896, Chem. Zbl. **1939 I,** 5042.

[10] G. C. A. Schuit, H. Hoog, J. Verheus: Recueil Trav. chim. Pays-Bas **59,** 793 (1940).   [11] DRP. 263017, Chem. Zbl. **1913 II,** 729.

[12] A. D. Petrow, M. A. Čelcova: Chem. Zbl. **1938 I,** 2700.

[13] A. D. Petrow, W. Schtschukin: Chem. Zbl. **1940 I,** 687.

[14] K. C. Laughlin, C. W. Nash, F. C. Withmore: J. Amer. chem. Soc. **56,** 1395 (1934).

[15] S. Goldwasser, H. S. Taylor: J. Amer. chem. Soc. **61,** 1762 (1939).

gegen 25% 2-Äthyl-buten-1 und 70% trans-3-Methyl-penten-2 neben 3% Polymeren und 2% Ausgangsmaterial. Bei *trans-3-Methyl-penten-2* sind die Ergebnisse je nach der Temperatur verschieden, bei 398⁰ bilden sich mit **Aluminiumoxyd** 22% 2-Methyl-penten-2 neben 5% 2-Äthyl-buten-1 (Doppelbindungsverschiebung), 3% Polymeren und 70% Ausgangsmaterial, mit **Thoriumoxyd** 7% 2-Methyl-penten-2 neben 19% 2-Äthyl-buten-1, 4% Polymeren und 70% Ausgangsmaterial; bei 440⁰ mit **Aluminium-oxyd** 8% 2-Methyl-penten-2 und 29% 2-Methyl-penten-1 neben 6% 2-Äthyl-buten-1, 3% Polymeren, 2% Isohexan und 52% Ausgangsmaterial, mit **Thoriumoxyd** 5% 2-Methyl-penten-2 und 16% 2-Methyl-penten-1 neben 30% 2-Äthyl-buten-1, 6% Polymeren, 3% Isohexan und 40% Ausgangsmaterial.

Thoriumoxyd beschleunigt stärker als Aluminiumoxyd, die Stabilitätsfolge bei 400⁰ ist: trans-3-Methyl-penten-2 > 2-Äthyl-buten-1 > cis-3-Methyl-penten-2 > 2-Methyl-penten-2 > 2-Methyl-penten-1 > Hexen-1. Ähnliche Verhältnisse herrschen bei der Umlagerung der *Heptene* mit **Aluminiumoxyd** bzw. **Thorium-oxyd**[1], die Stabilitätsfolge bei 400⁰ ist hier: trans-3-Methyl-hexen-2 > 2-Äthyl-penten-1 > cis-3-Methyl-hexen-2 > 2-Methyl-hexen-2 > 2-Methyl-hexen-1 > Hepten-1. Durch **Zinkchlorid** oder **Phosphorsäure** auf Trägern lassen sich auch höhere Olefine wie *n-Octene* und *Ceten* bei 300—450⁰ isomerisieren[2, 3].

Auch bei Kohlenwasserstoffen mit *mehreren Doppelbindungen* sind Isomerisierungen unter Änderung des Kohlenstoffgerüstes beobachtet, so geht *tertiäres Butyl-allen* mit **Floridin** bei 230—235⁰ in Tetramethylallen über[4], und *1,1,6,6-Tetraphenyl-3,4-di-tert.-butyl-hexatetraen-(1,2,4,5)* wird durch Erhitzen mit **Chlorwasserstoff-Eisessig** in 3,3′-Diphenyl-1,1′-di-tert.-butyl-diindenyl-(1,1′) umgewandelt[5].

Bei den Isomerisierungen der *cyclischen Kohlenwasserstoffe* sind von besonderem Interesse die Änderung, Sprengung oder Bildung des Ringsystems bei den *alicyclischen* Verbindungen, da sie außerordentlich mannigfaltig und auch gut untersucht sind. Kohlenwasserstoffe mit Drei- und Vierringen enthalten ein stark gespanntes Ringsystem und neigen zum Übergang in aliphatische Verbindungen. Während *Cyclopropan* erst über 400⁰ und bei 550⁰ quantitativ in Propylen über-geht[6], geht die Aufspaltung des Ringsystems mit Katalysatoren schon bei nied-rigeren Temperaturen vor sich, so wird trockenes Cyclopropan durch **Eisenspäne** bei 100⁰[7], durch **Aluminiumoxyd** bei 350—385⁰[8], durch **Platinmohr** bei 200—315⁰[8] oder **Platinasbest** bei 310—450⁰[9] teilweise in Propylen übergeführt, während bei feuchtem lufthaltigem Cyclopropan Platinschwarz schon bei 100⁰, ja sogar schon bei Zimmertemperatur wirksam ist[10]. Mit **Aluminiumoxyd** wandelt sich *Methyl-cyclopropan* bei 340—360⁰ in ein Gemisch von viel Buten-2 und wenig Isobuten[11], *Äthyl-cyclopropan* bei 300—310⁰ in Penten-2[12] und *1,1-Dimethyl-cyclopropan* bei 340—345⁰ in 2-Methyl-buten-2[8], *1-Methyl-cyclopropen-1* bei 325⁰ in Buta-dien-1,3[13] um.

---

[1] Siehe Anm. 15, S. 243.   [2] Siehe Anm. 12, S. 243.

[3] G. Egloff, J. C. Morrell, Ch. L. Thomas, H. S. Bloch: J. Amer. chem. Soc. **61**, 3571 (1939).

[4] J. M. Slobodin: Chem. Zbl. **1938 I**, 3758.

[5] C. S. Marvel: J. Amer. chem. Soc. **54**, 1174 (1932); **58**, 29 (1936).

[6] S. Tanatar: Ber. dtsch. chem. Ges. **29**, 1297 (1896); **32**, 702, 1965 (1899). — Berthelot: C. R. hebd. Séances Acad. Sci. **129**, 483 (1899); Ann. Chimie (7) **20**, 27 (1900). — Th. S. Chambers, G. B. Kistiakowsky: J. Amer. chem. Soc. **56**, 399 (1934).

[7] W. Ipatiew: Ber. dtsch. chem. Ges. **35**, 1063 (1902).

[8] W. Ipatiew, W. Huhn: Ber. dtsch. chem. Ges. **36**, 2014 (1903).

[9] S. Z. Roginski, F. H. Rathmann: J. Amer. chem. Soc. **55**, 2804 (1933).

[10] S. Tanatar: Z. physik. Chem. **41**, 735 (1902).

[11] M. Dojarenko: Ber. dtsch. chem. Ges. **59**, 2933 (1926).

[12] N. A. Rosanow: Chem. Zbl. **1923 I**, 1490.

[13] B. Mereshkowski: Chem. Zbl. **1914 I**, 2160.

Methyl-cyclobutan erleidet mit **Aluminiumoxyd** bei 300—350⁰ eine Spaltung in Penten-2, 2-Methyl-buten-1 und hauptsächlich in 3-Methyl-buten-1, **Thorium-oxyd** ist weniger wirksam[1]; *Methylen-cyclobutan* geht unter der Einwirkung von **Aluminiumoxyd** bei 410—430⁰ in Isopren und dessen Polymerisations-, Dehydrierungs- und Hydrierungsprodukte über[2].

Viel eingehender sind Kohlenwasserstoffe der *Cyclopentan-* und *Cyclohexanreihe* untersucht, die unter der Einwirkung verschiedener Katalysatoren eine Ringveränderung erfahren und wechselseitig ineinander übergehen. Völlig wasserfreies **Aluminiumchlorid** wirkt selbst bei 140⁰ auf *Cyclohexan* bzw. *Methylcyclopentan* nicht ein[3,4], bei Zusatz von **Wasser**[5,6] oder **Chlorwasserstoff**[7,8] tritt dagegen bei Temperaturen bis zu 150⁰ Isomerisierung zu Methyl-cyclopentan bzw. Cyclohexan ein, wobei höhere Temperaturen die Bildung von Dehydrierungs- und Polymerisationsprodukten begünstigen[7]. Die Reaktion führt zu einem Gleichgewicht[5,6,8], das von beiden Seiten her erreicht werden kann und bei 20⁰ 11%[8], bei 25⁰ 13%[6], bei 35⁰ 15%[6], bei 45⁰ 16%[6], bei 55⁰ 19%[6], bei 65⁰ 21%[6], bei 77,4⁰ (Siedepunkt) 26%[6] bzw. 23%[5], bei 80⁰ 23%[8], bei 110⁰ 35%[8] und bei 140⁰ 49%[8,9] Methyl-cyclopentan enthält. Bei längerem Kochen von Cyclohexan mit trockenem **Aluminiumchlorid** bzw. **-bromid** scheint sich neben anderen Produkten auch Dimethyl-cyclobutan zu bilden[10], während nach anderen Angaben[6] Aluminiumbromid Harzbildung und teilweise Spaltung zu Paraffinen hervorruft. Mit **Aluminiumoxyd** entsteht aus Cyclohexan bei 500—510⁰ (110—120 at) neben anderen Produkten Methyl-cyclopentan[11], mit MoS_2 bei 400—500⁰ und 140 at Wasserstoff derselbe Kohlenwasserstoff neben n-Hexan und Isohexanen[12].

Ähnliche Verhältnisse herrschen bei homologen Cyclopentanen bzw. Cyclohexanen, so wird *Methyl-cyclohexan* durch Aluminiumchlorid bis 150⁰[3] oder Aluminiumbromid in der Siedehitze[13] nicht verändert, ebensowenig wirkt Zink- und Zinnchlorid auf *Methyl-*, *Dimethyl-* und *Äthyl-cyclohexan* ein[14]. Durch **wasser-** oder **chlorwasserstoffhaltiges Aluminiumchlorid** wird dagegen Methyl-cyclohexan, wenn auch nur in geringem Umfange, isomerisiert, mit $AlCl_3 + H_2O$ entsteht in der Siedehitze 1% 1,2-Dimethyl-cyclopentan[15], bei 110—115⁰ 6,3% Äthyl-cyclopentan (?)[16], mit $AlCl_3 + HCl$ bei 80⁰ 3,5% eines Gemisches von 1,2- und 1,3-Dimethyl-cyclopentan[8]. *Äthyl-cyclopentan* wird durch $AlCl_3 + H_2O$ bei 50⁰ zu 80%[17], bei 110—115⁰ zu 97% in Methyl-cyclohexan übergeführt[16]. Bei der Einwirkung von MoS_2 bei 400⁰

---

[1] N. A. ROSANOW: Chem. Zbl. **1930** I, 234.	[2] Siehe Anm. 11, S. 244.
[3] V. GRIGNARD, R. STRATFORD: Bull. Soc. chim. France (4) **35**, 931 (1924). — R. STRATFORD: Chem. Zbl. **1929** II, 1285.
[4] C. D. NENITZESCU, C. N. IONESCU: Liebigs Ann. Chem. **491**, 193 (1931). — H. HOPFF: Ber. dtsch. chem. Ges. **65**, 482 (1932). — Ebenso mit Aluminiumbromid bis 180⁰, N. D. ZELINSKY, M. B. TUROWA-POLLAK: Ebenda **62**, 1658 (1929).
[5] C. D. NENITZESCU, I. P. CANTUNIARI: Ber. dtsch. chem. Ges. **66**, 1097 (1933). — Wasserhaltiges **AlCl₃** haben wohl auch.O. ASCHAN [Liebigs Ann. Chem. **324**, 12 (1902)] und M. B. TUROWA-POLJAK, N. B. BARANOWSKAJA [Zbl. Chem. **1940** I, 698] angewandt.
[6] A. L. GLASEBROOK, W. G. LOVELL: J. Amer. chem. Soc. **61**, 1717 (1939).
[7] V. N. IPATIEFF, V. I. KOMAREWSKY: J. Amer. chem. Soc. **56**, 1926 (1934).
[8] G. C. A. SCHUIT, H. HOOG, J. VERHEUS: Recueil Trav. chim. Pays-Bas **59**, 793 (1940).	[9] Unter Zusatz von Wasserstoff.
[10] N. D. ZELINSKY, M. B. TUROWA-POLLAK: Ber. dtsch. chem. Ges. **65**, 1171 (1932).
[11] W. IPATIEW, N. DOWGELEWITSCH: Ber. dtsch. chem. Ges. **44**, 2987 (1911).
[12] P. W. PUTSCHKOW, A. F. NIKOLAJEWA: Chem. Zbl. **1939** II, 3552.
[13] N. D. ZELINSKY, M. B. TUROWA-POLLAK: Ber. dtsch. chem. Ges. **62**, 1658 (1929).
[14] M. B. TUROWA-POLLAK: Ber. dtsch. chem. Ges. **68**, 1781 (1935).
[15] C. D. NENITZESCU, E. CIORÁNESCU, I. P. CANTUNIARI: Ber. dtsch. chem. Ges. **70**, 279 (1937).	[16] M. B. TUROWA-POLJAK, S. MAKAJEWA: Chem. Zbl. **1940** I, 1651.
[17] H. PINES, V. N. IPATIEFF: J. Amer. chem. Soc. **61**, 1076 (1939).

unter 350 at Wasserstoff bilden sich aus Methyl-cyclohexan neben Isoparaffinen in der Hauptsache Cyclopentankohlenwasserstoffe, und zwar viel 1,2- und 1,3-Dimethyl-cyclopentan und wenig Äthyl-cyclopentan[1]. Von weiteren Cyclohexanderivaten liefern: Äthyl-cyclohexan mit $AlCl_3$ bei 115—140⁰ 90—95% 1,3-Dimethylhexan[2, 3], *1,1-Dimethyl-cyclohexan* mit $AlCl_3$ + **HCl** bei 80⁰ hauptsächlich 1,3- und 1,4- und wenig 1 2-Dimethyl-cyclohexan[4], *1,2-* und *1,4-Dimethyl-cyclohexan* mit $AlCl_3$ bei 115—120⁰ 1,3-Dimethyl-cyclohexan[2] (das unter diesen Bedingungen unverändert bleibt, während es nach anderen Angaben[3] bei 120—130⁰ rund 15% Cyclopentan-kohlenwasserstoffe liefert), *n-Propyl-cyclohexan* und *Isopropyl-cyclohexan* mit $AlCl_3$ bei 135—145⁰ 80—90% 1,3,5-Trimethyl-cyclohexan[2], *n-Butyl-*, *sek. Butyl-* und *tert. Butyl-cyclohexan* mit $AlCl_3$ bei 150—160⁰ 85% Tetramethyl-cyclohexan[2], *m-Diäthyl-cyclohexan* 80% des letzteren[2] und *Isoamyl-cyclohexan* mit $AlCl_3$ bei 130—140⁰ 50—55% Pentamethylcyclohexan[2]. Cyclopentanderivate werden demnach aus alkylsubstituierten Cyclohexanen mit Aluminiumchlorid gar nicht oder nur in geringem Umfang gebildet, es gehen vielmehr umgekehrt erstere überwiegend in die letzteren über, so entstehen aus: *Propyl-* und *Isopropyl-cyclopentan* mit $AlCl_3$ bei 50⁰ 90% bzw. 80% 1,3-Dimethyl-cyclohexan[5], mit $AlCl_3$ bei 125—145⁰ 92% bzw. 88% 1,3- und 1,4-Dimethyl-cyclohexan[6], *n-Butyl-*, *sek. Butyl-* und *tert. Butyl-cyclopentan* mit $AlCl_3$ bei 50⁰ 78%, 75% bzw. 60% 1,3,5-Trimethyl-cyclohexan[5], *n-Butyl-cyclopentan* mit $AlCl_3$ bei 160—165⁰ 80% Cyclohexankohlenwasserstoffe, die hauptsächlich aus 1,2,4-Trimethyl-cyclohexan bestehen[7]. Als Nebenprodukte entstehen durch Ringspaltung in mehr oder weniger großem Umfang Paraffinkohlen-wasserstoffe.

Über die Isomerisierung höhergliedriger Ringsysteme ist wenig bekannt, *Cyclo-heptan* geht mit **Nickel** und Wasserstoff bei 235⁰ in Methyl-cyclohexan[8], *Cyclooctan* schon bei 210⁰ in Dimethyl-cyclohexan über[8]; dagegen bildet Cyclooctan mit **Platin-kohle** bei 300⁰ anscheinend teilweise Methyl-cycloheptan[9].

Auch bei *Cycloolefinen* sind derartige Isomerisierungen beobachtet, so bildet sich aus *Cyclohexen* am **Aluminiumoxyd-** oder **Silicagelkontakt** bei 450⁰ und gewöhnlichem Druck ein Methyl-cyclopenten und aus *1-Methyl-cyclohexen-(3)* ein Dimethyl-cyclopenten[10]; die erstere Umwandlung läßt sich auch mit **Phosphor-säure auf Kieselsäure** erreichen und führt zu einem Gleichgewichtsgemisch, das bei 350⁰ 75%, bei 400⁰ 78% Methyl-cyclopenten neben 2% Paraffinen enthält[11]. Isomerisierung unter Ringschluß tritt beim *2,6-Dimethyl-heptadien-(1,5)* (Geraniolen) durch Erwärmen mit 60proz. **Schwefelsäure** auf dem Wasserbad[12] oder besser durch längeres Schütteln mit 65proz. Schwefelsäure unter 15⁰[13] ein, es bildet sich dabei ein Gemisch von 1,1,3-Trimethyl-cyclohexen-(2) (β-Cyclo-geraniolen) und 1,1,3-Trimethyl-cyclohexen-(3) (α-Cyclogeraniolen). Analog geht *2,6-Dimethyl-octadien-(2,6)* (Dihydromyrcen) durch **Eisessig-Schwefelsäure** in 1,1,2,3-Tetramethyl-cyclohexen-(3) (Cyclodihydromyrcen) über[14].

Ebenso mannigfaltig sind die Isomerisierungen bei den *mehrkernigen*, vor allen Dingen den zweikernigen *alicyclischen Kohlenwasserstoffen*, sie können nur zu

[1] P. W. Putschkow, A. F. Nikolajewa: Chem. Zbl. **1939 II**, 3553.
[2] Siehe Anm. 3, S. 245.   [3] Siehe Anm. 14, S. 245.   [4] Siehe Anm. 8, S. 245.
[5] Siehe Anm. 17, S. 245.
[6] M. E. Turowa-Poljak, O. I. Poljakowa: Chem. Zbl. **1939 II**, 1044. --- M. B. Turowa-Poljak, T. A. Slowochotowa: Ebenda **1941 I**, 1537.
[7] M. E. Turowa-Poljak, A. F. Koschelew: Chem. Zbl. **1940 II**, 201.
[8] R. Willstätter, T. Kametaka: Ber. dtsch. chem. Ges. **41**, 1480 (1908).
[9] N. D. Zelinsky, M. G. Freimann: Ber. dtsch. chem. Ges. **63**, 1485 (1930).
[10] N. D. Zelinsky, J. A. Arbusow: Chem. Zbl. **1940 I**, 702. — Isomerisierung von *p-Menthen-3* [N. D. Zelinsky, J. A. Arbusow: Chem. Zbl. **1941 II**, 3074].
[11] G. C A. Schuit, H. Hoog, J. Verheus: Recueil Trav. chim. Pays-Bas **59**, 793 (1940).   [12] F. Tiemann, F. W. Semmler: Ber. dtsch. chem. Ges. **26**, 2727 (1893).
[13] F. Tiemann: Ber. dtsch. chem. Ges. **33**, 3711 (1900). — O. Wallach: Liebigs Ann. Chem. **324**, 101 (1902).
[14] F. W. Semmler: Ber. dtsch. chem. Ges. **34**, 3128 (1901).

einer *cis, trans*-Isomerisierung an den Brückenköpfen (bei der ein Ring vorübergehend geöffnet werden muß) oder zu einer Änderung des Ringsystems, schließlich auch zu der Sprengung eines oder zweier Ringe führen. *cis-Bicyclo-[0,3,3]-octan* (I) geht mit **Aluminiumchlorid** bei Zimmertemperatur zum größten Teil in Bicyclo-[1,2,3]-octan (II) über[1], die *trans*-Verbindung des ersteren Kohlenwasserstoffs wird durch Platinasbest bei 200° nicht in die stabilere *cis*-Form umgewandelt[1]. Das *cis-Hydrindan* (III) (Bicyclo-[0,3,4]-nonan) wird durch

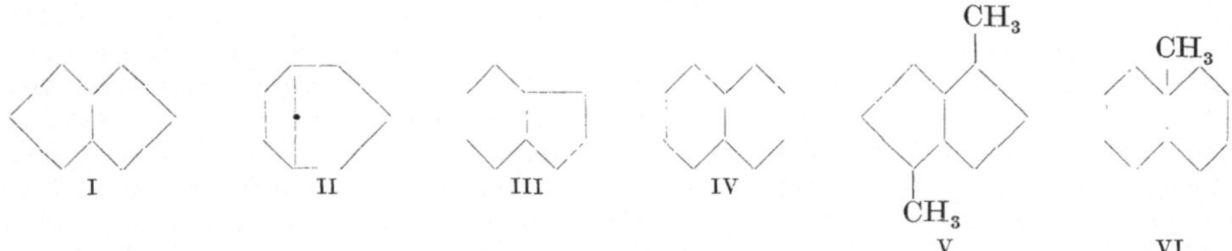

einer Reihe von Strukturformeln, bezeichnet mit I, II, III, IV, V, VI

Aluminiumbromid bei 100° teilweise in die *trans*-Form übergeführt, daneben bildet sich jedoch auch ein nicht näher untersuchtes Produkt einer tiefergreifenden Isomerisierung[2]. Daß neben der *cis, trans*-Isomerisierung in mehr oder weniger großem Ausmaße auch Ringänderungen eintreten können, zeigt das Beispiel des *Dekalins* (Bicyclo-[0,4,4]-decans) (IV). Durch **Aluminiumchlorid** bei gewöhnlicher Temperatur wird die *cis*-Form vollständig in die *trans*-Verbindung umgelagert[3], bei höherer Temperatur bilden sich Produkte einer weitergehenden Isomerisierung[3], so entstehen aus einem Gemisch von *cis*- und *trans*-Dekalin (1 : 3) neben 50—70% unverändertem *trans-Dekalin* 2—5% eines *Dimethyl-bicyclo-[0,3,3]-octans* (wahrscheinlich die 1,4-Dimethylverbindung [V]) und als Zersetzungsprodukte kleinere Mengen monocyclischer Kohlenwasserstoffe[4]. Ähnlich liegen die Verhältnisse mit **Aluminiumbromid** als Katalysator[5]. Ebenso geht *cis-9-Methyl-dekalin* (VI) durch **Aluminiumchlorid** bei gewöhnlicher Temperatur in die *trans*-Verbindung über[6]. Besonders eingehend ist die Isomerisierung eines *ungesättigten bicyclischen Kohlenwasserstoffs*, des *Pinens* (VII), untersucht, die

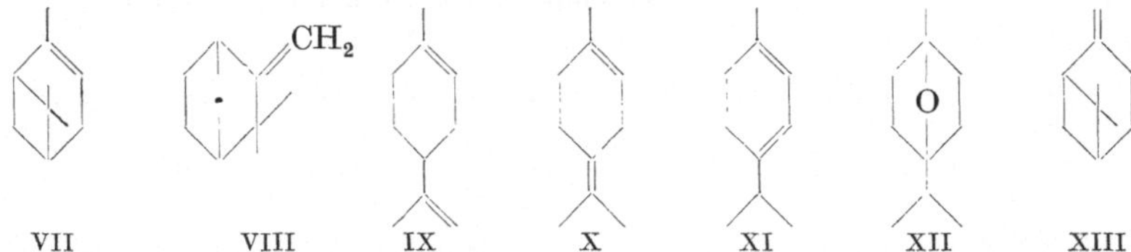

einer Reihe von Strukturformeln, bezeichnet mit VII, VIII, IX, X, XI, XII, XIII

einerseits unter Änderung des Ringsystems zu *Camphen* (VIII), andererseits unter Ringsprengung zu doppelt ungesättigten monocyclischen Terpenen (*Limonen* bzw. *Dipenten* (IX), *Terpinolen* (X), *Terpinen* (XI)) führen kann:

Mit 50proz. alkoholischer **Schwefelsäure** in der Kälte[7] oder bei 100°[8] oder mit wässeriger Schwefelsäure (1 : 1) bei 80°[9] sowie durch Schütteln mit konzentrierter

---

[1] J. W. Barrett, R. P. Linstead: J. chem. Soc. [London] **1936**, 611.

[2] N. D. Zelinsky, M. B. Turowa-Pollak: Ber. dtsch. chem. Ges. **62**, 1658 (1929).

[3] N. D. Zelinsky, M. B. Turowa-Pollak: Ber. dtsch. chem. Ges. **65**, 1299 (1932).

[4] R. L. Jones, R. P. Linstead: J. chem. Soc. [London] **1936**, 616. Bei noch höheren Temperaturen (175—210°) tritt umfangreichere Zersetzung ein, es bilden sich neben Dimethyl-bicyclo-[0,3,3]-octan Cyclohexan- und Cyclopentan- sowie geringe Mengen Paraffin-Kohlenwasserstoffe [N. D. Zelinsky, M. B. Turowa-Poljak: Chem. Zbl. **1935 II**, 2052].

[5] N. D. Zelinsky, M. B. Turowa-Pollak: Ber. dtsch. chem. Ges. **58**, 1292 (1925).

[6] D. C. Hibbit, R. P. Linstead: J. chem. Soc. [London] **1936**, 470.

[7] R. W. Charlton, A. D. Ray: Ind. Engng. Chem. **29**, 92 (1937).

[8] F. Flawitzky: Ber. dtsch. chem. Ges. **12**, 1022 (1879). — O. Wallach: Liebigs Ann. Chem. **227**, 283 (1885); **230**, 262 (1885); **239**, 11 (1887).

[9] H. E. Armstrong, W. A. Tilden: Ber. dtsch. chem. Ges. **12**, 1754 (1879).

Schwefelsäure bei gewöhnlicher Temperatur[1] erhält man aus α-Pinen Dipenten, Terpinolen und Terpinen, wobei je nach den Bedingungen das eine oder andere monocyclische Terpen mehr oder weniger zurücktreten kann. Eine eingehende Untersuchung der Isomerisierung durch Schütteln mit 50proz. wässeriger Schwefelsäure bei 80° zeigt[2], daß unter diesen Bedingungen Limonen, Terpinolen, α- und γ-Terpinen und Camphen neben Cymol und 1,4-Cineol (XII) entstehen. **Phosphorsäure** wirkt ähnlich, aber bereits viel schwächer als Schwefelsäure[3, 4]. Auch durch Erhitzen mit schwächeren Säuren, wie **Arsensäure**[5] oder **Oxalsäure**[6], läßt sich die Isomerisierung zu Terpinen durchführen, mit **Salicylsäure** bei 160° erhält man aus β-*Pinen* (XIII) Limonen und Terpinen, neben α-Pinen und Bornyläthern[7], mit **Abietinsäure** bzw. **Kolophonium** bei 163—165° aus α-Pinen Camphen[8]. Durch **Ameisensäure** bei gewöhnlicher Temperatur entstehen aus α-Pinen Limonen, Dipenten, Terpinolen, α-Terpinen und etwas Camphen[9], in der Hauptsache jedoch Ester des Borneols, Terpineos und Terpinenols; ähnlich liegen die Verhältnisse bei der Verwendung von **Essigsäure, Essigsäure + Zinkchlorid, Benzolsulfonsäure + Essigsäureanhydrid**[10]. Ausschließliche Bildung von Camphen aus α- oder β-Pinen findet statt beim Erhitzen mit Iso- und Heteropolysäuren wie **Antimon-, Zinn-, Titan-, Metavanadin-, Molybdän-, Wolfram-, Zinnphosphor-, Borphosphor-, Phosphormolybdän-** oder **Phosphorwolframsäure** auf 100°[11], bzw. deren neutralen oder sauren Salzen mit flüchtigen oder nichtflüchtigen Basen[12], mit **Borphosphorsäure** auf 325° unter Zusatz von Wasserdampf[13] oder mit $MgSO_4 \cdot H_2O$ oder $NiSO_4 \cdot H_2O$ auf 140° bzw. Siedetemperatur[14]. Beim Erhitzen des α-Pinens mit **Aluminium** in Gegenwart von **Quecksilberchlorid** und **Jod** tritt hauptsächlich Umwandlung in Dipenten ein[15]. Auch durch eine Reihe anderer Substanzen wird das α-Pinen umgelagert, so entstehen: Mit **Aktivkohle** in Gegenwart von Wasserdampf bei 200° Dipenten, bei 300° Camphen[16]; mit Aktivkohle bei 145 bis 150° 95—98% Monoterpene, die zu 75—80% aus monocyclischen Terpenen (Limonen, Dipenten, Terpinen usw.) und zu 20—25% aus Camphen bestehen[17]; mit **Fullererde** bei —20° bis Zimmertemperatur 7% Camphen neben Polymerisationsprodukten, der Anteil der letzteren ist um so größer, je niedriger die Temperatur und je höher der Wassergehalt des Katalysators ist[18], nach anderen Angaben[19] bildet sich mit Fullererde, die 6% Wasser enthält, bei —20° bis +158° *kein* Camphen, sondern Dipenten und Terpinen, und der Anteil an Polymeren nimmt mit steigender Temperatur zu. Weiter bilden sich: Mit trockener **japanischer saurer Erde** bei 10° 80%

[1] O. Wallach: Liebigs Ann. Chem. **239**, 11, 34 (1887). — Siehe auch Anm. 7 und 8, S. 247.

[2] G. Dupont, R. Gachard: Bull. Soc. chim. France (4) **51**, 1579 (1932); dort auch weitere Literatur über die Isomerisierung mit Schwefelsäure.

[3] Siehe Anm. 7, S. 247.

[4] W. M. Dehn, K. E. Jackson: J. Amer. chem. Soc. **55**, 4284 (1933). Isomerisierung mit 98—100proz. Phosphorsäure bei 200°.

[5] P. Genvresse: Ann. Chimie (7) **26**, 31 (1902).

[6] J. Murayama, K. Abe: Chem. Zbl. **1924 I**, 2876. — Siehe jedoch J. Schindelmeiser: Ebenda **1903 I**, 515.

[7] G. Austerweil: Bull. Soc. chim. France (4) **39**, 694 (1926).

[8] F. P. 563208, Chem. Zbl. **1927 II**, 2115.

[9] J. Reisman: Bull. Soc. chim. France (4) **41**, 94 (1927); dort auch ältere Literatur angeführt.

[10] Siehe darüber Beilsteins Handbuch der organischen Chemie, 4. Aufl., Bd. 6, S. 151.

[11] E. P. 375395, Chem. Zbl. **1932 II**, 2109; DRP. 584965, ebenda **1933 II**, 3760; DRP. 597258, ebenda **1935 I**, 158.

[12] DRP. 570957, Chem. Zbl. **1933 I**, 4038.

[13] DRP. 578569, Chem. Zbl. **1933 II**, 1431.

[14] E. P. 391073, Chem. Zbl. **1933 II**, 1431.

[15] T. K. Gaponenkow: Chem. Zbl. **1936 I**, 2948.

[16] Y. Fujita: J. chem. Soc. Japan **55**, 1 (1934).

[17] T. Mochida: Chem. Zbl. **1934 I**, 43.

[18] L. Gurwitsch: Z. physik. Chem. **107**, 235 (1923).

[19] Ch. S. Venable: J. Amer. chem. Soc. **45**, 728 (1923).

Monoterpene (Camphen und Limonen, wahrscheinlich auch wenig Terpinen)[1]; mit **Aluminiumoxyd** bei 200—410⁰ Limonen bzw. Dipenten, α-Terpinen und Terpinolen, dagegen *kein* Camphen[2]; mit **Thoriumoxyd** auf Bimsstein bei 380—425⁰ Dipenten und beachtliche Mengen Camphen[3]; mit **Silex, Kieselgur, Aktivkohle** oder **Magnesiumoxyd** bei 150—200⁰ Dipenten, *kein* Camphen[4]; mit **aktivem Ton** bei 120⁰ Camphen[5]. α- und β-Pinen werden durch Oberflächenkatalysatoren wie frisch gebrochene **Tonscherben,** getrocknete **Permutite, Bleich-** und **Fullererden,** die mit Säuren und dann mit Wasser vorbehandelt und bei hoher Temperatur getrocknet wurden, bei 90⁰ in Camphen umgewandelt[6], während mit einem **Kupferchromit**katalysator nach H. ADKINS[7] oder einem **Kobalt-Thorium**-Katalysator nach F. FISCHER und H. KOCH[8] bei 340—400⁰, mit reduziertem **Kupfer** oder lediglich mit Suprax-**Glasscherben** bei 340—350⁰ neben Dipenten auch ein aliphatisches Dien, das Allo-ocimen entsteht[9]. Mit **Eisen** bei ungefähr 300⁰ (?) und 110—120 at Wasserstoff bildet sich aus Pinen Dipenten neben Polymerisationsprodukten[10].

In analoger Weise wird *Sabinen* (I) durch Kochen mit verdünnter **Schwefelsäure** (1 : 7) in Terpinen[11], *α-Fenchen* (II) durch Kochen mit **Kaliumbisulfat** in β- (III) und γ-Fenchen[12] (IV) umgewandelt. Bei den *tricyclischen* Kohlenwasserstoffen ist zu erwähnen, daß Tricyclen (V) durch **Nickel** im Stickstoffstrom bei 180—200⁰ in Camphen[13], Cyclofenchen (VI) beim Kochen mit **Kaliumbisulfat** oder beim Erhitzen mit **Phthalsäureanhydrid** auf 190—200⁰ in β- und γ-Fenchen, beim Kochen mit **Phosphorsäure** dagegen in Methylsanten (VII) übergeht[14].

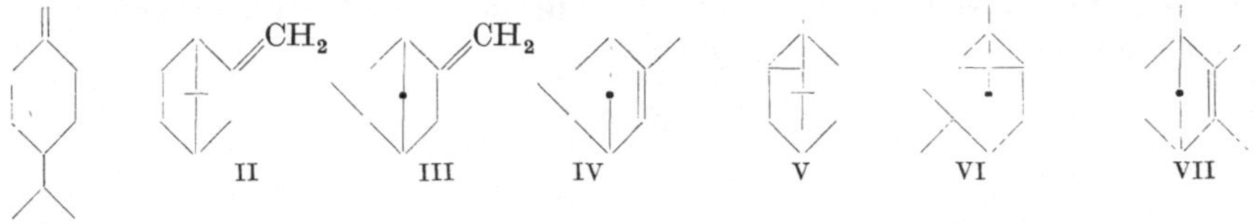

I   II   III   IV   V   VI   VII

Einen Übergang von der alicyclischen zur *aromatischen* Reihe stellt die Umlagerung der *Semibenzolderivate* vom Typ $R—CH=\langle \rangle \begin{smallmatrix}CH_3\\CH_3\end{smallmatrix}$ in Benzolderivate vom Typ $R—CH_2—\langle \rangle —CH_3$ (mit CH_3) dar, die unter dem Einfluß von Säuren, vor allem von **Halogenwasserstoffsäuren** in Eisessig stattfindet[15].

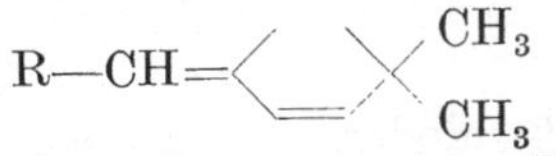

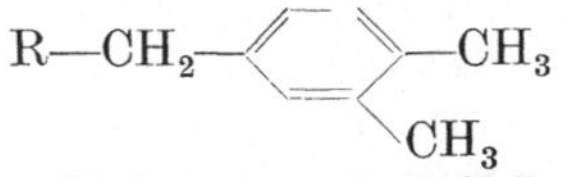

---

[1] T. KUWATA: Chem. Zbl. **1930 I**, 1300.

[2] P. A. MULCEY: Chem. Zbl. **1931 II**, 3102.

[3] R. W. CHARLTON, A. D. RAY: Ind. Engng. Chem. **29**, 92 (1937).

[4] G. GALLAS, J. M. MONTAÑÉS: An. Soc. españ. Física Quím. **28**, 1163 (1930); Chem. Zbl. **1931 II**, 430.

[5] M. J. LEWSCHUK, W. I. LJUBOMILOW, L. M. PESSIN, A. F. PLOTNIKOWA, B. N. RUTOWSKI: Chem. Zbl. **1941 II**, 112.

[6] F. P. 704461, Chem. Zbl. **1931 II**, 1756; siehe auch F. P. 704809, ebenda **1931 II**, 1195.

[7] J. Amer. chem. Soc. **53**, 1091 (1931).

[8] Brennstoff-Chem. **13**, 61 (1932).

[9] B. ARBUSOW: Ber. dtsch. chem. Ges. **67**, 563, 569 (1934); Chem. Zbl. **1936 I**, 4736.

[10] W. IPATIEW: Ber. dtsch. chem. Ges. **43**, 3549 (1910).

[11] O. WALLACH: Liebigs Ann. Chem. **350**, 165 (1906).

[12] G. KOMPPA, G. A. NYMAN: Liebigs Ann. Chem. **543**, 111 (1940). Durch Kochen mit alkoholischer Schwefelsäure oder mit Kaliumbisulfat in Alkohol werden die letzteren beiden in geringem Umfange in das erstere umgelagert.

[13] H. MEERWEIN, K. VAN EMSTER: Ber. dtsch. chem. Ges. **53**, 1820 (1920).

[14] G. KOMPPA, G. A. NYMAN: Liebigs Ann. Chem. **535**, 252 (1938).

[15] K. V. AUWERS, K. ZIEGLER: Liebigs Ann. Chem. **425**, 233 (1921).

Bei den *aromatischen Kohlenwasserstoffen* selbst sind infolge der großen Stabilität der aromatischen Ringsysteme Isomerisierungen unter Ringänderung oder -spaltung nicht beobachtet, dagegen tritt unter der Einwirkung gewisser Katalysatoren mitunter Wanderung von Substituenten ein. So liefern *o-*, *m-* und *p-Xylol* mit **Aluminiumchlorid** bei 50—100⁰ ein Gemisch der 3-Xylole, dessen Zusammensetzung von der Reaktionstemperatur abhängig ist[1]. *1,3-Di-methyl-1-n-propyl-* und *1,3-Dimethyl-4-isopropyl-benzol* gehen mit demselben Katalysator bei 55⁰ bzw. 100⁰ in 1,3-Dimethyl-5-isopropyl-benzol[2] und auf die gleiche Weise das *1,3-Dimethyl-4-tert.butyl-benzol* bei 100⁰ in 1,3-Dimethyl-5-tert.butyl-benzol über[3]. Am **Silicagel**kontakt bei 420—430⁰ werden *α-Methyl-* und *α-Äthyl-naphthalin* in die entsprechenden *β*-Derivate umgelagert, und dasselbe ist der Fall bei *α-Phenyl-naphthalin* unter der Einwirkung von **Silicagel, Kobalt-** oder **Kupfersilicat** bei 350⁰[4]. In ähnlicher Weise wird *α-Phenyl-inden* bei Dunkelrotglut an einem **Bimsstein**kontakt in die *β*-Verbindung übergeführt[5]. Durch **Aluminiumchlorid** in siedender Schwefelkohlenstofflösung läßt sich *1,1'-Dinaphthyl* in die *2,2'*-Verbindung umwandeln[6]. Eine außerordentlich leichte Umlagerung tritt beim *Hexaphenyläthan* (bzw. *Triphenylmethyl*) ein, das durch **Chlorwasserstoff** in Lösungsmitteln schon bei gewöhnlicher Temperatur zu p-Benzhydryl-tetraphenyl-methan isomerisiert wird[7]. Ähnlich leicht, durch starke Mineralsäuren, am besten durch konzentrierte **Schwefelsäure** oder gasförmigen **Jodwasserstoff**, weniger gut durch **Brom-** und **Chlorwasserstoff**, werden die gefärbten *Rubene* (Tetraarylnaphthacene)

Ar Ar

Ar Ar

in farblose Pseudoderivate umgelagert[8]. Wanderungen von Alkylresten sind auch bei *chlorierten Benzolkohlenwasserstoffen* bekannt, so bilden *o-*, *m-* und *p-Chlortoluol* mit **Aluminiumchlorid** + **Chlorwasserstoff** bei 50—100⁰ ein Gemisch der drei Verbindungen; da als Nebenprodukte Chlorbenzol und wahrscheinlich auch Chlorxylol auftreten, beweist dies, daß nicht das Halogen, sondern die Methylgruppe wandert[9].

Eine derartige Wanderung von Alkylgruppen im aromatischen Kern findet auch bei *Oxyverbindungen* statt, so geht *o-Kresol* beim Erhitzen mit **Aluminium-, Zink-, Eisen-** oder **Magnesiumchlorid** auf 440⁰ teilweise in m- bzw. p-Kresol über[10]. Die Verschiebung von sekundären Alkylresten geht viel leichter vor sich, die aus m-Kresol erhaltenen *Thymolisomeren* vom Smp. 69⁰ und 114⁰ werden bereits durch Erhitzen ohne Katalysator auf 350⁰ in Thymol umgelagert,

---

[1] J. F Norris, G. T. Vaala: J. Amer. chem. Soc. **6**, 2131 (1939).

[2] D. Nightingale, B. Carton jr.: J. Amer. chem. Soc. **62**, 280 (1940).

[3] L. I. Smith, H. O. Perry: J. Amer. chem. Soc. **61**, 1411 (1939).

[4] F. Mayer, R. Schiffner: Ber. dtsch. chem. Ges. **67**, 68 (1934).

[5] J. v. Braun, G. Manz: Ber. dtsch. chem. Ges. **62**, 1059 (1929). — Siehe auch F. Mayer A. Sieglitz: Ebenda **54**, 1397 (1921).

[6] R. Scholl, W. Tritsch: Mh. Chem. **32**, 998, Anm. 2 (1911).

[7] M. Gomberg: Ber. dtsch. chem. Ges. **35**, 3914 (1902). — A. E. Tschitschibabin: Ebenda **37**, 4709 (1904).

[8] Siehe die Zusammenfassung bei M. Enderlin: Ann. Chimie (11) **10**, 5 (1938).

[9] J. F. Norris, H. S. Turner: J. Amer. chem. Soc. **61**, 2128 (1939).

[10] DRP. 673380, Chem. Zbl. **1939 I**, 4843.

mit **Tonsil** geht die Umwandlung bei 180—350°, speziell bei 230° vor sich; auch über die **Phosphorsäure**ester oder **Aluminiumchlorid**verbindungen läßt sich die Isomerisierung leicht durchführen[1]. Eine Isomerisierung unter Ringbildung erleidet das *Geraniol* (I) [2,6-Dimethyl-octadien-(2,6)-ol-(8)] in Form seiner Ester (am besten des Acetates) unter der Einwirkung von **Phosphorsäure** in der Kälte[2], besonders mit 92proz. Säure[3], zu α-*Cyclogeraniol* (II) [1,1,3-Trimethyl-2-methylol-cyclohexen-(3)] und β-*Cyclogeraniol* (III) [1,1,3-Trimethyl-2-methylol-cyclo-hexen-(2)].

$$\text{I} \qquad\qquad \text{II} \qquad\qquad \text{III}$$

In der Reihe der *Oxoverbindungen* sind Wanderungen von Alkyl- bzw. Aryl-resten bei *substituierten Acetaldehyden* beobachtet. Trisubstituierte Acetaldehyde

$$R_1{>}\!\!{-}\!\!{<}R_2,R_3\ \text{C—CHO} \quad \text{gehen mit konzentrierter } \textbf{Schwefelsäure} \text{ in der Kälte in Ketone} \quad R_1R_2{>}\text{CH—CO—}R_3 \quad \text{über, so entsteht aus } Triphenyl\text{-}$$

acetaldehyd Benzhydryl-phenylketon[4], aus *Diphenyl-cyclohexyl-acetaldehyd* Benz-hydryl-cyclohexyl-keton[4], aus *Diphenyl-methyl-acetaldehyd* Methyldesoxybenzoin[5], aus *Diphenyl-äthyl-acetaldehyd* zu $^2/_3$ Äthyldesoxybenzoin und zu $^1/_3$ Benzhydryl-äthyl-keton[5], aus *Dimethyl(diäthyl)-phenyl-acetaldehyd* 2-Phenyl-butanon-(3) bzw. 3-Phenyl-hexanon-(4)[5] und aus *Trimethyl-acetaldehyd* Methyl-isopropyl-keton[4]. Diese Isomerisierung läßt sich auch auf disubstituierte Acetaldehyde, gemäß:

$$R_1R_2{>}\text{CH—CHO} \;\rightarrow\; R_1\text{—CH}_2\text{—CO—}R_2$$

übertragen, sie wird in diesem Falle wieder mit konzentrierter Schwefelsäure in der Kälte, aber auch durch Erhitzen mit verdünnter Schwefelsäure oder mit **Mercurisalzen** in Alkohol, eventuell unter Zusatz von Schwefelsäure erreicht. Man erhält so: Aus *Di-phenyl(p-tolyl)-acetaldehyd* Desoxy-benzoin(p-toluin)[6], aus *Phenyl-methyl-acetaldehyd* Benzyl-methyl-keton[7], aus *Dicyclohexyl-acetaldehyd* 1,2-Dicyclohexyl-äthanon-(2)[8] und aus *Phenyl-cyclohexyl-acetaldehyd* Benzyl-cyclohexyl-keton[9]. *Aryl-alkyl-acetaldehyde* lassen sich auch an einem **Kieselgur**-kontakt bei 500—600° und 15 mm Druck in 1-Aryl-2-alkyl-äthanone-(2) um-wandeln[10]. Auch α-*Oxyaldehyde* sind zu dieser Umlagerung fähig, z. B. gehen *Diphenyl-glycolaldehyd*[11] und *Dicyclohexyl-glycolaldehyd*[12] beim Erhitzen in alko-holischer Lösung mit etwas konzentrierter **Schwefelsäure** auf 130—140° in Ben-zoin bzw. Dodekahydrobenzoin über. Gegenseitiger Platzwechsel von Alkyl und

[1] E. P. 326215, Chem. Zbl. **1930 II**, 985; Schwz. P. 144206, 144207, ebenda **1931 II**, 1055. — Über Wanderung von Alkylresten bei Chinolen siehe S. 260.

[2] DRP. 138141, Chem. Zbl. **1903 I**, 266. — L. Ruzicka, W. Fischer: Helv. chim. Acta **17**, 636 (1934).

[3] W. I. Issaguljanz, G. A. Sserebrennikow: Chem. Zbl. **1940 I**, 857.

[4] S. Daniloff, E. Venus-Danilova: Ber. dtsch. chem. Ges. **59**, 377 (1926).

[5] Oréchow, Tiffeneau: C. R. hebd. Séances Acad. Sci. **182**, 67 (1926).

[6] S. Daniloff, E. Venus-Danilova: Ber. dtsch. chem. Ges. **59**, 1032 (1926).

[7] S. Danilow, E. Venus-Danilowa: Ber. dtsch. chem. Ges. **60**, 1065 (1927).

[8] E. Venus-Danilowa: Ber. dtsch. chem. Ges. **61**, 1954 (1928).

[9] E. D. Venus-Danilowa, A. I. Bolschuchin: Chem. Zbl. **1940 I**, 1190.

[10] Ramart-Lucaś, J. P. Guerlain: Bull. Soc. chim. France (4) **49**, 1860 (1931).

[11] S. Danilow: Ber. dtsch. chem. Ges. **60**, 2390 (1927).

[12] S. Danilow, E. Venus-Danilowa: Ber. dtsch. chem. Ges. **62**, 2653 (1929).

Aryl findet bei manchen *gemischt-aromatischen Ketonen* mit sekundärem oder tertiärem Alkylrest beim Erhitzen mit **Zinkchlorid** auf 320—330° statt, so geht *Phenyl-isopropyl-keton* in 3-Phenyl-butanon-(2)[1], *Phenyl-sek.butylketon* in 3-Phenyl-pentanon-(2)[2], *Phenyl-tert.butyl-keton* in 3-Phenyl-3-methyl-butanon-(2)[3] und *Phenyl-tert.amyl-keton* in 3-Phenyl-3-methyl-pentanon-(2)[3] über.

Bei den *cyclischen Ketonen* sind Isomerisierungen unter Wanderung von Alkyl- bzw. Arylresten sowie unter Sprengung oder Bildung von Ringsystemen bekannt. In der Reihe der *aromatischen* Ketone gehen das *Bz-1-Methylbenzanthron*[4], sowie das *Bz-1-Phenylbenzanthron*[5] und Substitutionsprodukte beim Erhitzen mit **Aluminiumchlorid + Natriumchlorid** auf 100—170° in die Bz-2-Derivate über. Ringsprengungen finden bei *alicyclischen* Ketonen in wässeriger bzw. wässerig-alkoholischer Lösung häufig beim Bestrahlen mit Sonnenlicht statt, *Cyclohexanon* geht dabei in Hexen-5-aldehyd über[6], daneben bildet sich als Produkt einer Hydrolyse Capronsäure. Ähnlich verhalten sich *methylierte* Cyclohexanone[6] und *Menthon*[7]; *Campher* geht unter diesen Bedingungen in α-Campholenaldehyd und ein ungesättigtes Keton von derselben Zusammensetzung über[8]. Anders verläuft die Isomerisierung des Camphers mit konzentrierter **Schwefelsäure** bei 105—110°, dabei entsteht Carvenon (I)[9]. Analog verhalten sich andere bicyclische Ketone, *Verbanon* (II) liefert beim Kochen mit 12 proz. **Salz-** oder 20 proz. **Schwefelsäure** o-Menthen-(4)-on-(3) (III)[10], *Nopinon* (IV) beim Kochen mit verdünnter Schwefelsäure 4-Isopropyl-cyclohexen-(2)-on-(1)[11](V), α- und *β-Thujon* (VI) beim Kochen mit verdünnter **Schwefelsäure** (1 : 2)[12] oder mit **Natrium**[13] Isothujon (VII) und *Sabinaketon* (VIII) beim Kochen mit wässeriger, rascher mit wässerig-alkoholischer **Schwefelsäure** als Hauptprodukt 4-Isopropyl-cyclohexen-(2)-on-(1) (V) und als Nebenprodukt 4-Isopropyl-cyclohexen-(3)-on-(1)[14].

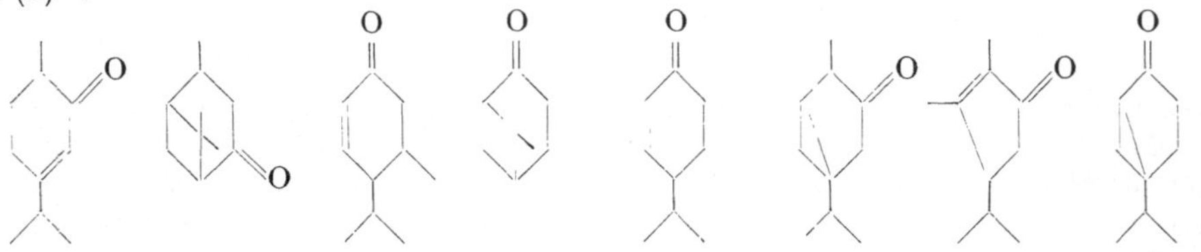

I   II   III   IV   V   VI   VII   VIII

Eine Isomerisierung unter Ringschluß erleiden in Analogie zum Geraniol alle solchen Derivate des *Citrals*, die nicht unter Wasserabspaltung in Cymol übergehen können, zu entsprechenden Derivaten des α- und β-Cyclocitrals:

[1] A. FAVORSKY: C. R. hebd. Séances Acad. Sci. **182**, 221 (1926).
[2] T. J. SALESSKAJA: Chem. Zbl. **1939 I**, 4937.
[3] A. FAVORSKY: Bull. Soc. chim. France (5) **3**, 239 (1936).
[4] H. VOLLMANN: Dissertation, S. 53. Frankfurt a. M. 1931.
[5] Amer. P. 1713591, Chem. Zbl. **1929 I**, 1074.
[6] G. CIAMICIAN, P. SILBER: Ber. dtsch. chem. Ges. **41**, 1071 (1908).
[7] G. CIAMICIAN, P. SILBER: Ber. dtsch. chem. Ges. **40**, 2419 (1907).
[8] G. CIAMICIAN, P. SILBER: Ber. dtsch. chem. Ges. **43**, 1341 (1910).
[9] J. BREDT, F. ROCHUSSEN, J. MONHEIM: Liebigs Ann. Chem. **314**, 376 (1901).
[10] H. WIENHAUS, P. SCHUMM: Liebigs Ann. Chem. **439**, 23, 40 (1924).
[11] O. WALLACH, A. BLUMANN: Liebigs Ann. Chem. **356**, 235 (1907).
[12] O. WALLACH, O. SCHARFENBERG: Liebigs Ann. Chem. **286**, 101 (1895). — Beim Erhitzen allein verläuft die Isomerisierung anders, es entsteht *Carvotanaceton*, F. W. SEMMLER: Ber. dtsch. chem. Ges. **27**, 895 (1894). — O. WALLACH: Ebenda **28**, 1959 (1895).
[13] H. SCHMIDT: Ber. dtsch. chem. Ges. **62**, 106 (1929).
[14] O. WALLACH: Liebigs Ann. Chem. **359**, 270 (1908).

Das bekannteste Beispiel hierfür ist die Umlagerung des *Citryliden-acetons* (*Pseudojonons*) (IX) in ein Gemisch von α- und β-Jonon (X und XI):

$$
\begin{array}{lll}
\text{H}_3\text{C}\quad\text{CH}_3 & \text{H}_3\text{C}\quad\text{CH}_3 & \text{H}_3\text{C}\quad\text{CH}_3 \\[2pt]
\quad\text{C} & \quad\text{C} & \quad\text{C} \\[2pt]
\text{HC}\quad\text{CH CH CH CO-CH}_3 & \text{H}_2\text{C}\quad\text{C CH CH-CO-CH}_3 & \text{H}_2\text{C}\quad\text{CH-CH CH CO-CH}_3 \\
\text{H}_2\text{C}\quad\text{C CH}_3 & \text{H}_2\text{C}\quad\text{C-CH}_3 & \text{H}_2\text{C}\quad\text{C-CH}_3 \\[2pt]
\quad\text{CH}_2 & \quad\text{CH}_2 & \quad\text{CH} \\[2pt]
\qquad\text{IX} & \qquad\text{X} & \qquad\text{XI}
\end{array}
$$

die beim Kochen mit verdünnten Säuren[1] wie **Salzsäure, Bromwasserstoffsäure, Jodwasserstoffsäure, Salpetersäure, Phosphorsäure, Arsensäure, Oxalsäure** und **Ameisensäure,** insbesondere mit verdünnter **Schwefelsäure** und **Glycerin**[2] oder mit einer wässerigen **Natriumbisulfat**lösung[3], mit verdünnter Salpetersäure oder **Chromsäure**[4], mit **konzentrierter Schwefelsäure** in der Kälte[1, 5, 6], mit **konzentrierter Phosphorsäure** bei gewöhnlicher Temperatur[1, 5, 7], mit **konzentrierter Ameisensäure**[1, 5] in der Wärme oder auch bei längerem Erhitzen mit schwächeren Säuren wie **Essigsäure, Propionsäure, Buttersäure, Benzoesäuren, Phenolen** oder **Phenolcarbonsäuren** auf 150—180°[8] eintritt. Auch Erhitzen mit Wasser oder Alkohol mit oder ohne Zusatz von Salzen auf 170 bis 190° ist wirksam[9]. Das Verhältnis α- : β-Jonon hängt sehr stark vom Katalysator ab, während sich beim Erhitzen mit verdünnten Säuren ein Gemisch von α- und β-Jonon bildet, entsteht mit konzentrierter Schwefelsäure fast ausschließlich β-Jonon[1, 5, 6], mit konzentrierter Phosphorsäure[1, 5, 7], Ameisensäure[5] oder anderen schwächeren organischen Säuren[8] dagegen fast nur α-Jonon. Überraschenderweise liefert aber das Pseudojonon-*semicarbazon* beim Behandeln mit konzentrierter Phosphorsäure überwiegend β-Jonon[10]. Ähnlich verhalten sich andere Derivate des Citrals, wie *Citrylidenanilin*[11], *-tert.-butylalkohol*[12], *-acetaldehyd-semicarbazon*[10], *-propionaldehyd*[13], *-acetylaceton*[14], *-essigsäure*[15], *-cyanessigsäure*[16] und *-acetessigester*[17] gegen heiße verdünnte Schwefelsäure oder gegen konzentrierte Schwefelsäure und Phosphorsäure. Einen doppelten Ringschluß erleidet das *Citryliden-crotonaldehyd-semicarbazon* unter der Einwirkung von konzentrierter Phosphorsäure, es bildet sich dabei wahrscheinlich der 5,5,9-Trimethyldecaladien-(1,3)-aldehyd-(1)[18].

Aus *Carvon* in alkoholisch-wässeriger Lösung bildet sich unter der Einwirkung des Sonnenlichts ein tricyclisches Keton, der Carvoncampher[19, 20], der durch alkoholische Schwefelsäure bei gewöhnlicher Temperatur in Isocarvoncampher umgelagert wird[20].

[1] DRP. 129027, Chem. Zbl. **1902 I**, 1137.
[2] F. TIEMANN, P. KRÜGER: Ber. dtsch. chem. Ges. **26**, 2693 (1893).
[3] O. DOEBNER: Ber. dtsch. chem. Ges. **31**, 1893 (1898). — F. TIEMANN: Ebenda **31**, 2323 (1898).   [4] DRP. 132222, Chem. Zbl. **1902 II**, 169.
[5] DRP. 133563, Chem. Zbl. **1902 II**, 490.
[6] DRP. 138100, Chem. Zbl. **1903 I**, 304. — F. TIEMANN: Ber. dtsch. chem. Ges. **31**, 869, 870 (1898).
[7] H. HIBBERT, L. T. CANNON: J. Amer. chem. Soc. **46**, 126 (1924). Am besten 85proz. Phosphorsäure.   [8] DRP. 288688, Chem. Zbl. **1915 II**, 1225.
[9] DRP. 157647, Chem. Zbl. **1905 I**, 310; Friedlaender 7, 735.
[10] I. M. HEILBRON, W. E. JONES, A. SPINKS: J. chem. Soc. [London] **1939**, 1554.
[11] DRP. 123747, Chem. Zbl. **1901 II**, 716. — C. NEUBERG, E. KERB: Biochem. Z. **92**, 120 (1918).   [12] DRP. 160834, Chem. Zbl. **1905 II**, 179.
[13] PH. BARBIER: C. R. hebd. Séances Acad. Sci. **144**, 1442 (1907).
[14] DRP. 126960, Chem. Zbl. **1902 I**, 77.
[15] DRP. 153575, Chem. Zbl. **1904 II**, 677.
[16] F. TIEMANN: Ber. dtsch. chem. Ges. **33**, 3720 (1900).
[17] DRP. 124228, Chem. Zbl. **1901 II**, 1102.
[18] J. W. BATTY, I. M. HEILBRON, W. E. JONES: J. chem. Soc. [London] **1939**, 1556.
[19] G. CIAMICIAN, P. SILBER: Ber. dtsch. chem. Ges. **41**, 1931 (1908).
[20] E. SERNAGIOTTO: Gazz. chim. ital. **47 I**, 154 (1917).

Eine ähnliche Isomerisierung wie das Hexaphenyläthan erleidet in der Reihe der *Carbonsäuren* das *Tetraphenyl-bernsteinsäure-dinitril*, das beim Erhitzen in basischen Lösungsmitteln (**Anilin, Dimethylanilin, p-Toluidin, Dimethyl-p-toluidin, Pyridin**) in p-[Phenyl-nitrilo-methyl]-triphenyl-acetonitril übergeht[1]. Bei der Umwandlung der γ, δ-ungesättigten *α-Campholytsäure* in die α, β-ungesättigte *β-Campholytsäure*, die bei längerem Stehenlassen mit **Schwefelsäure** (1 : 1) bei gewöhnlicher Temperatur[2] oder bei kurzem Erwärmen mit verdünnter Schwefelsäure[3] eintritt, findet entweder eine Wanderung der Carboxylgruppe oder einer Methylgruppe unter gleichzeitiger Verschiebung der Doppelbindung im Fünfring statt. Ein ähnlicher Fall liegt bei der Überführung des *α-Campholensäurenitrils* durch konzentrierte **Säuren** in die *β*-Verbindung[4], bzw. des *α-Amids* durch Erhitzen mit alkoholischer **Salzsäure** in das *β*-Amid[5] vor, es tritt hier entweder Wanderung des Essigsäurerestes oder einer Methylgruppe unter gleichzeitiger Verschiebung der Doppelbindung im Fünfring ein. Wanderung der Carboxylgruppe findet bei dem *Cyclopentanon-2-carbonsäure-2-essigsäure-diäthylester* statt, der mit **Natriumäthylat** in siedendem Alkohol in den Cyclopentanon-5-carbonsäure-2-essigsäure-diäthylester übergeht[6]. Eine Änderung des Ringsystems findet beim Kochen von *2,4-Dimethyl-norcaradien-(2,4)-carbonsäure-(7)-amid* mit 30 proz. **Schwefelsäure** statt, es entsteht dabei *2,4-Dimethyl-phenylessigsäure*, die sich auch aus *3,5-Dimethyl-cycloheptatrien-(2,5,7)-carbonsäure-(1)* mit **Eisessig-Bromwasserstoff** bei 100° bildet[7]. In analoger Weise entsteht aus *2,5-Dimethyl-norcaradien-(2,4)-carbonsäure-(7)-amid* und *3,6-Dimethyl-cycloheptatrien-(2,5,7)-carbonsäure(1)* beim Erhitzen mit 50 proz. **Schwefelsäure** *2,5-Dimethyl-phenylessigsäure*[8].

Von sonstigen Verbindungen ist noch zu erwähnen das *3-Phenyl-indol*, das mit **Zinkchlorid** bei 170° in das 2-Phenyl-indol übergeht[9], und das ungesättigte *Disulfid des Campher-enols*

$$C_8H_{14}\underset{\diagdown C-S-S-C\diagup}{\overset{\diagup CH \qquad HC\diagdown}{\Big|\Big|\qquad\Big|\Big|}}C_8H_{14},$$

das mit 20 proz. alkoholischer **Kalilauge** in der Kälte oder durch Erwärmen mit gesättigter **Natriumbicarbonat-** oder **-thiosulfat**-lösung in Bis-thiocampher

$$C_8H_{14}\underset{\diagdown C=S \quad S=C\diagup}{\overset{\diagup CH{-}{-}HC\diagdown}{\Big|\qquad\Big|}}C_8H_{14}$$

umgelagert wird[10].

3. Wanderung von Halogen

Die Wanderung von Halogen in *gesättigten Halogenalkylen* erfolgt erst bei höherer Temperatur, durch Anwendung von Katalysatoren (vor allem von Aluminiumhalogeniden) gelingt es aber, die Isomerisierung bei Temperaturen unter 100°, ja selbst schon bei Zimmertemperatur zu erreichen. *1-Brompropan* wandelt sich ohne Katalysator erst über 200° in nennenswertem Maße in 2-Brompropan um[11, 12], die Umlagerung des letzteren in das erstere findet bei diesen

[1] G. Wittig, W. Hopf: Ber. dtsch. chem. Ges. **65**, 760 (1932). — G. Wittig, H. Petri: Liebigs Ann. Chem. **513**, 26 (1934).

[2] W. A. Noyes: J. Amer. chem. Soc. **17**, 428 (1895).

[3] W. A. Noyes: Ber. dtsch. chem. Ges. **28**, 548 (1895). — W. H. Perkin: J. chem. Soc. [London] **83**, 854 (1903). — W. H. Perkin, J. F. Thorpe: Ebenda **85**, 147 (1904).

[4] F. Tiemann: Ber. dtsch. chem. Ges. **28**, 1085 (1895).

[5] A. Béhal: Bull. Soc. chim. France (3) **13**, 838 (1895).

[6] N. N. Chatterjee, B. K. Das, G. N. Barpujari: J. Indian chem. Sco. **17**, 161 (1940).   [7] E. Buchner, K. Delbrück: Liebigs Ann. Chem. **358**, 25, 28 (1908).

[8] E. Buchner, P. Schulze: Liebigs Ann. Chem. **377**, 281 (1910).

[9] E. Fischer, Th. Schmidt: Ber. dtsch. chem. Ges. **21**, 1811 (1888).

[10] D. Ch. Sen: Chem. Zbl. **1939 I**, 3552.

[11] L. Aronstein: Ber. dtsch. chem. Ges. **14**, 607 (1881).

[12] A. Michael, H. Leupold: Liebigs Ann. Chem. **379**, 263 (1911).

Temperaturen nur in unbedeutendem Umfange statt[1]. Da gleichzeitig Zersetzung eintritt, läßt sich die Lage des Gleichgewichts durch längeres Erhitzen nicht ermitteln. Leitet man die Dämpfe von 1-Brompropan über **Thorium-** oder **Bariumbromid** bei 250⁰ und dann über gekörnten **Bimsstein** bei 200⁰, so erhält man 25 % des Isomeren[2]. Rasch und vollständig verläuft die Umlagerung beim Kochen des 1-Brompropans mit **Aluminiumbromid**[3, 4], bei Zimmertemperatur verläuft die Reaktion langsamer und führt überdies bei langen Reaktionszeiten zu Zersetzungen unter Abspaltung von Bromwasserstoff[4]. Eine teilweise Umlagerung des 1-Brompropans in die 2-Verbindung findet auch durch UV-Licht statt[5].

1-Brombutan wandelt sich bei 248⁰ langsam, aber fast vollständig in 2-Brombutan um, der Einfluß von Katalysatoren ist hier nicht untersucht[6]. *1-Chlor-2-methyl-propan* wird ohne Katalysator erst bei 300⁰ langsam in 2-Chlor-2-methyl-propan umgewandelt[7], mit **Thorium-** oder **Bariumchlorid** bei 250⁰ und anschließend mit gekörntem **Bimsstein** bei 200⁰ erhält man 40 % des letzteren[2]. Mit **Bariumchlorid** bei 380—400⁰ sowie mit **Nickel** bei 270⁰ in Gegenwart von Wasserstoff entsteht die 2-Chlorverbindung neben Isobutylen[8]. **Aluminiumchlorid** spaltet schon über 0⁰ in Isobutylen und Chlorwasserstoff[9]. Eingehend untersucht ist die Isomerisierung des *1-Brom-2-methyl-propans* zur 2-Brom-verbindung, die ohne Katalysator bereits bei ungefähr 100⁰ einsetzt und bei Temperaturen von über 200⁰ sehr rasch verläuft[10]. Die Umwandlung führt zu einem Gleichgewicht, das sich von beiden Seiten her erreichen läßt[10, 11, 12] und dessen Lage temperaturabhängig ist[12], bei höheren Temperaturen liegt es überwiegend auf der Seite der 2-Verbindung. Die Verhältnisse werden dadurch kompliziert, daß namentlich bei höheren Temperaturen die Dissoziation in Butylen und Bromwasserstoff nicht zu vernachlässigen ist[11] und sich, wie neuere Untersuchungen[13] zeigen, beim Erhitzen von 1-Brom-2-methylpropan auch 2-Brom-butan bildet. Zusätze von Di-isobutylen, Iso- oder tertiärem Butylalkohol verzögern die Umlagerung[14], **Jenaer Geräteglas**, Spuren von **Zinkbromid, Quecksilberchlorid, Chlorwasserstoff** und **Luft** beschleunigen sie[15]. Da auch Chlorwasserstoff katalysierend auf die Isomerisierung wirkt, liegt der Verdacht nahe, daß die Wirkung der negativen Katalysatoren lediglich auf der Bindung von Spuren von Bromwasserstoff, die

[1] Siehe Anm. 12, S. 254.
[2] P. Sabatier, A. Mailhe: C. R. hebd. Séances Acad. Sci. **156**, 658 (1913).
[3] A. Kékulé, H. Schrötter: Ber. dtsch. chem. Ges. **12**, 2279 (1879).
[4] G. Gustavson: Ber. dtsch. chem. Ges. **16**, 958 (1883).
[5] Ramart-Lucas, F. Salmon-Legagneur: C. R. hebd. Séances Acad. Sci. **186**, 39 (1928).   [6] H. J. Lucas, A. Y. Jameson: J. Amer. chem. Soc. **46**, 2480 (1924).
[7] A. Michael, F. Zeidler: Liebigs Ann. Chem. **393**, 81 (1912).
[8] A. Mailhe: Chem. Zbl. **1921 III**, 467.
[9] A. Mouneyrat: Ann. Chimie (7) **20**, 530 (1900). — P. Sabatier, A. Mailhe: C. R. hebd. Séances Acad. Sci. **141**, 238 (1905).
[10] A. Michael, H. Leupold: Liebigs Ann. Chem. **279**, 263 (1911). — R. F. Brunel: Ber. dtsch. chem. Ges. **44**, 1000 (1911); Liebigs Ann. Chem. **384**, 245 (1911); J. Amer. chem. Soc. **39**, 1978 (1917). — A. Michael, F. Zeidler: Liebigs Ann. Chem. **393**, 81 (1912); dort ist auch die umfangreiche ältere Literatur über diese Isomerisierung erörtert, sowie die von früheren Autoren gefundene katalytische Wirksamkeit von **Asbest, Sand** oder **Glaspulver** untersucht und zum Teil bejaht, zum Teil verneint.
[11] Zum erstenmal nachgewiesen von A. Faworsky: Liebigs Ann. Chem. **354**, 325 (1907).
[12] G. Dinger: Z. physik. Chem. **136**, 93 (1928); dort auch ein geschichtlicher Überblick über das Problem.
[13] W. Hückel, P. Ackermann: J. prakt. Chem. (2) **136**, 15 (1933).
[14] A. Michael, F. Zeidler: Liebigs Ann. Chem. **393**, 87 (1912).
[15] Nur in flüssigem, nicht in gasförmigem Zustand, siehe A. Michael, E. Scharf, K. Voigt: J. Amer. chem. Soc. **38**, 653 (1916).

durch Zersetzung der 1-Verbindung entstanden sind, beruht. Leitet man dampf-
förmiges 1-Brom-2-methylpropan über **Thorium-** oder **Barium-bromid** bei 250⁰
und anschließend über gekörnten **Bimsstein** bei 200⁰, so erhält man 60 % 2-Brom-
2-methyl-propan[1]; eine Umlagerung in der gleichen Richtung erfolgt beim Bestrahlen mit UV-Licht[2]. Ähnliche Verhältnisse liegen bei den Pentylhalogeniden
vor: *4-Chlor(Brom)-2-methyl-butan* liefert beim Überleiten über Thorium- oder
Barium-chlorid(bromid) bei 250⁰ und anschließend über gekörnten Bimsstein
bei 200⁰ viel 3-Chlor(Brom)-2-methyl-butan und wenig 2-Chlor(Brom)-2-methyl-
butan, das Gemisch der Bromide gibt bei nochmaligem Überleiten nahezu reines
2-Brom-2-methyl-butan[1]. Beim Behandeln mit **Nickel** und Wasserstoff bei 270⁰
entsteht aus 4-Chlor-2-methyl-butan die 2-Chlorverbindung neben 2-Methyl-
buten-(2)[3]. Durch Erhitzen allein geht 1-Brom-2-methyl-butan bei 180—260⁰
teilweise in 2-Brom-2-methyl-butan[4] über, bei längerem Erhitzen entsteht aus
letzterem teilweise 3-Brom-2-methyl-butan[5]. Die 2-Bromverbindung geht beim
Erhitzen auf 160—220⁰ teilweise in die 3-Bromverbindung über, die Umlagerung
führt zu einem Gleichgewicht, das auch von der anderen Seite her erreicht werden
kann, aber auch, namentlich bei längerer Versuchsdauer, zur Bildung von
primärem Bromid (wahrscheinlich Gemisch von 1-Brom- und 4-Bromver-
bindung)[4, 5, 6]. Die 4-Bromverbindung zeigt dagegen selbst bei 262⁰ nur unbedeutende Umwandlung[4].

Bei *Dibromäthanen, -propanen, -butanen* und *-pentanen* bildet sich beim Erhitzen ebenfalls ein Gleichgewicht zwischen den möglichen isomeren Verbindungen
aus, das in einzelnen Fällen allerdings so gelagert sein kann, daß einzelne Isomere
im Gleichgewicht praktisch nicht nachgewiesen werden können[6]. Durch Katalysatoren können diese Isomerisierungen bei niedrigerer Temperatur erreicht
werden, so geht 1,3-Dibrom-propan mit **Aluminiumbromid** bei gewöhnlicher Temperatur in 1,2-Dibrom-propan über[7]; *1,1,2,2-Tetrachloräthan* liefert mit Aluminiumbromid bei 110⁰ teilweise die 1,1,1,2-Verbindung[8].

Viel leichter treten Isomerisierungen unter Wanderung von Halogen bei
alicyclischen Verbindungen ein, sie sind vor allem in der Campherreihe untersucht. Besonders leicht lagert sich das *Camphen-chlorhydrat* (I) in *Isobornylchlorid* (II) unter gleichzeitiger Änderung des Kohlenstoffgerüstes um[9], diese

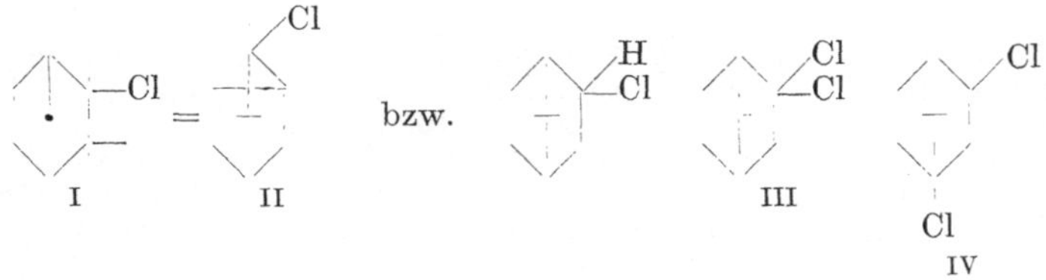

Wagner-Meerweinsche Umlagerung führt zu einem Gleichgewicht, das von
beiden Seiten her erreicht wird, und von der Temperatur, in geringem Grade

[1] Siehe Anm. 2, S. 255.
[2] Siehe Anm. 5, S. 255.
[3] A. Mailhe: Chem. Zbl. **1921 III**, 467.
[4] A. Michael, H. Leupold: Liebigs Ann. Chem. **379**, 275 (1911); dort auch ältere Literatur angeführt.
[5] A. Michael, F. Zeidler: Liebigs Ann. Chem. **385**, 285 (1911).
[6] A. Faworsky: Liebigs Ann. Chem. **354**, 325 (1907).
[7] G. Gustavson: J. prakt. Chem. (2) **36**, 303 (1887).
[8] A. Mouneyrat: Bull. Soc. chim. France (3) **19**, 499 (1898).
[9] Die weitere Umlagerung des Isobornylchlorids in Bornylchlorid ist eine sterische, siehe S. 208.

auch vom Lösungsmittel abhängig ist[1]. Bei der Isomerisierung bildet sich als Zwischenprodukt wahrscheinlich ein Ion[2], da die Umlagerungsgeschwindigkeit proportional der Dielektrizitätskonstante des Lösungsmittels ist (eine Ausnahme macht Äther) und andererseits durch solche Stoffe erhöht wird, die durch Komplexbildung eine elektrolytische Dissoziation begünstigen, wie **Chlorwasserstoff, Antimonpentachlorid, Zinntetrachlorid, Eisenchlorid, Quecksilberchlorid** und **Antimontrichlorid**[1]. Phosphortrichlorid und Siliciumtetrachlorid[1], sowie Lithiumchlorid in Aceton[2] sind dagegen wirkungslos. Dasselbe gilt für die entsprechenden *Bromide*[3], sowie für einen anderen Umlagerungsvorgang, die Isomerisierung des *α-Campherdichlorids* (2,2-Dichlorcamphans) (III) zu *β-Campher-dichlorid* (2,4-Dichlorcamphan) (IV), die als eine NAMETKINsche Umlagerung (gegenseitiger Austausch von CH_3 und Cl zwischen benachbarten Kohlenstoffatomen in den entsprechenden *Chlor-camphen-chlorhydraten*[4]) aufzufassen ist[5].

Da Halogen in *Arylhalogeniden* viel fester gebunden ist als in Alkylhalogeniden, sind Verschiebungen von Halogen im aromatischen Rest nur unter der Einwirkung energischer Katalysatoren zu erwarten. *p-Dibrombenzol* gibt mit **Aluminiumchlorid** bei 110° die m-Verbindung neben Brombenzol, 1,2,4- und 1,3,5-Tribrombenzol[6], *α-Bromnaphthalin* beim Erwärmen mit Aluminiumchlorid in Schwefelkohlenstofflösung 9% β-Verbindung neben Dibromnaphthalinen, etwas Naphthalin und teerartigen Produkten[7, 8]; die Ausbeute an β-Bromnaphthalin kann durch Zusatz fein verteilter Metalle erhöht werden, man erhält so mit **Sb** 23%, mit **Mo** 25%, mit **Se** 16%, mit **Ni** 26%, mit **W** 24%, mit **Cr** 14%[8]. In geringem Umfange bildet sich β-Bromnaphthalin, wenn man die α-Verbindung bei 420—430° über **Silicagel** leitet[9]. *1,4-* und *1,5-Dibromnaphthalin* werden durch **Aluminiumchlorid + Chlorwasserstoff** in siedendem Schwefelkohlenstoff in das 2,6-Derivat umgewandelt[10].

Besonders leicht verläuft die Isomerisierung solcher *ungesättigter Halogenalkyle*, die das Halogen an den der doppelten Bindung benachbarten Kohlenstoffatomen enthalten. Das Halogenatom wandert in diesem Fall unter Verschiebung der Doppelbindung an das übernächste Kohlenstoffatom, ein typischer Fall der Isomerisierung am Dreikohlenstoffsystem, der Allylumlagerung:

$$R_1—CHHal—CH=CH—R_2 \rightleftharpoons R_1—CH=CH—CHHal—R_2.$$

Derartige Umlagerungen werden in der Regel schon beim Erhitzen beobachtet, so gehen *3-Chlor-penten-(1)* und *1-Chlor-penten-(2)* ab 175° wechselseitig ineinander über; in dem entstehenden Gleichgewichtsgemisch überwiegt das letz-

---

[1] H. MEERWEIN, K. VAN EMSTER: Ber. dtsch. chem. Ges. **53**, 1815 (1920); **55**, 2500 (1922).

[2] Nach P. D. BARTLETT, I. PÖCKEL [J. Amer. chem. Soc. **60**, 1585 (1938)] soll die Gegenwart von Chlorwasserstoff für die Umlagerung erforderlich sein, die geringe Umwandlungsgeschwindigkeit in Äther oder Aceton wird darauf zurückgeführt, daß diese Lösungsmittel Chlorwasserstoff binden. **o-Kresol** ist ein starker, **Essigsäure** ein schwacher Katalysator. — Über die katalytische Wirkung von Phenolen siehe P. D. BARTLETT, J. D. GILL jr.: J. Amer. chem. Soc. **63**, 1273 (1941).

[3] H. MEERWEIN: Liebigs Ann. Chem. **453**, 18 (1927).

[4] Siehe dazu auch die Formeln auf S. 209.

[5] H. MEERWEIN, R. WORTMANN: Liebigs Ann. Chem. **435**, 195, 198 (1924). — J. HOUBEN, E. PFANKUCH: Ebenda **489**, 204 (1931).

[6] A. J. LEROY: Bull. Soc. chim. France **48**, 214 (1887).

[7] L. ROUX: Ann. Chimie (6) **12**, 351 (1887).

[8] H. E. FISHER, R. H. CLARK: Chem. Zbl. **1940 I**, 1654.

[9] F. MAYER, R. SCHIFFNER: Ber. dtsch. chem. Ges. **67**, 69 (1934).

[10] H. LOHFERT: Ber. dtsch. chem. Ges. **63**, 1939 (1930). — J. SALKIND, Z. STETZURO: Ebenda **64**, 953 (1931).

tere leicht[1]. Die gleiche Umwandlung erfolgt in siedendem **Eisessig,** der offenbar stark katalytisch wirkt[2]. Noch viel leichter, schon beim Destillieren, lagern sich die entsprechenden *Bromide* ineinander um[3]. Genauere Untersuchungen an Bromiden von der Zusammensetzung $R—CHBr—CH=CH_2$ bzw. $R—CH=CH—CH_2Br$ (mit $R=CH_3$[4], C_2H_5[5], C_3H_7[5] und C_4H_9[5]) zeigten, daß bei beiden Isomeren Umlagerung zu einem Gleichgewichtsgemisch bei 100° sehr rasch und bei gewöhnlicher Temperatur mit noch meßbarer Geschwindigkeit eintritt; die Umlagerungsgeschwindigkeit wird durch Spuren katalytisch wirkender Substanzen[6] stark beeinflußt. Die gegenseitige Umlagerung der *Butenylbromide* kann bei 15° in **Eisessig-Bromwasserstoff** unter Zusatz von etwas **Benzoylperoxyd** erreicht werden[7]. Auch die Umwandlung des *1,2-Dichlor-butens-(3)* durch **Aluminium-, Eisen-, Titan-** oder **Zinkchlorid** oder durch Gemische dieser Verbindungen bei —5° bis —10° in 1,4-Dichlor-buten-(2)[8] stellt eine Allylumlagerung dar. Isomerisierungen ähnlicher Art sind bei *Allen-* und *Acetylenderivaten* bekannt, so wird das *1-Chlor-butadien-(2,3)* durch **Kupferchlorür** und **Salzsäure** in 3-Chlorbutadien-(1,3) umgelagert, während sich das entsprechende *Jodid* schon beim Erhitzen allein spontan isomerisiert[9]. Das *3-Chlor-3-methyl-butin-(1)* geht unter der Einwirkung eines Gemisches von **Kupferchlorür, Ammonchlorid** und **Salzsäure** wahrscheinlich in 1-Chlor-3-methyl-butadien-(1,3) über[10], und ähnlich verhält sich das *3-Chlor-3-äthyl-pentin-(1)*[11].

Bei anderen Halogenderivaten sind die Beobachtungen über Halogenwanderung weniger zahlreich. Vom *α-Brom-acetessigester* ist bekannt, daß er durch **Bromwasserstoff** in die γ-Verbindung übergeführt wird, die Umlagerung wird durch geringe Mengen Wasser stark gehemmt[12]. In der Reihe der *Carbonsäuren* sind es vor allem die Säurechloride der Dicarbonsäuren, die zu Umlagerungen fähig sind. Das bekannteste Beispiel hierfür ist das *Phthalsäuredichlorid*, das in einer symmetrischen (I) und in einer asymmetrischen Form (II) auftritt. I wandelt sich durch Erwärmen mit **Aluminiumchlorid** auf 100° in II um, II geht durch Erhitzen auf höhere Temperaturen oder durch Spuren von **Chlorwasserstoff** bei gewöhnlicher Temperatur wieder in I über[13]. Die Um-

$$
\begin{array}{cccc}
\text{COCl} & \text{CCl}_2 & \text{CCl}_2 & \text{CCl}_3 \\
\text{COCl} & \text{CO} & \text{CCl}_2 & \text{COCl} \\
\text{I} & \text{II} & \text{III} & \text{IV}
\end{array}
$$

wandlung der symmetrischen in die asymmetrischen Formen bei *chlorierten Phthalsäuredichloriden* geht schon in Lösungsmitteln wie Petroläther bei gewöhnlicher Temperatur vor sich und wird durch **Tierkohle** stark beschleunigt[14].

[1] Ch. Prévost: C. R. hebd. Séances Acad. Sci. **187,** 1053 (1928).
[2] J. Meisenheimer, J. Link: Liebigs Ann. Chem. **479,** 221, 259 (1930).
[3] J. Meisenheimer, J. Link: Liebigs Ann. Chem. **479,** 225, 260 (1930).
[4] S. Winstein, W. G. Young: J. Amer. chem. Soc. **58,** 104 (1936).
[5] W. G. Young, L. Richards, J. Azorlosa: J. Amer. chem. Soc. **61,** 3070 (1939).
[6] Keine näheren Angaben darüber.
[7] W. G. Young, K. Nozaki: J. Amer. chem. Soc. **62,** 311 (1940).
[8] E. P. 505573, Chem. Zbl. **1939 II,** 1572.
[9] W. H. Carothers, G. J. Berchet: J. Amer. chem. Soc. **55,** 2807 (1933). — Siehe auch W. H. Carothers: Ebenda **53,** 4203 (1931); **54,** 4066 (1932).
[10] T. A. Faworskaja: Chem. Zbl. **1940 I,** 526.
[11] T. A. Faworskaja, I. A. Faworskaja: Chem. Zbl. **1940 II,** 1567.
[12] A. Hantzsch: Ber. dtsch. chem. Ges. **27,** 3168 (1894).
[13] E. Ott: Liebigs Ann. Chem. **392,** 255, 273 (1912).
[14] A. Kirpal: Ber. dtsch. chem. Ges. **62,** 2103, 2104 (1929); **68,** 1333 (1935).

Bei dem *Dichlormaleinsäuredichlorid* liegen die Verhältnisse umgekehrt, hier wird die asymmetrische Form durch **Aluminiumchlorid** bei 100^0 in die symmetrische umgelagert[1]. Ähnliche Beziehungen bestehen zwischen dem *Tetrachlor-phthalan* (III) und dem *Benzotrichlorid-o-carbonsäurechlorid* (IV)[2], die beim Schmelzen in ein Gleichgewichtsgemisch übergehen, dessen Zusammensetzung von der Temperatur abhängig ist. Höhere Temperatur begünstigt die Bildung von IV, **Chlorwasserstoff** scheint die Umwandlung zu katalysieren.

Von weiteren Halogenderivaten sind noch gewisse *Amino-halogen-anthrachinone* zu nennen, die schon beim Erhitzen allein auf 220^0 oder mit 78proz. **Schwefelsäure** auf 180—190^0 Halogenwanderung zeigen. So geht 1-Amino-4-brom- in 1-Amino-2-brom-, 2-Amino-1-brom- in 2-Amino-3-brom-, 2,6-Diamino-1,5-dibrom- in 2,6-Diamino-3,7-dibrom- und 2,7-Diamino-1,5-dibrom- in 2,7-Diamino-3,6-dibrom-anthrachinon über[3].

4. Wanderung von OH bzw. O.

Die Zahl der bei *gesättigten Verbindungen mit aliphatisch gebundenem Hydroxyl* beobachteten Isomerisierungen ist gering. Eigentümliche Umlagerungen erleiden die *Hexosen* (und die aus ihnen aufgebauten Disaccharide) unter der Einwirkung starker Alkalien, insbesonders von **Calciumhydroxyd.** Es entstehen dabei die *Saccharinsäuren*, die teils normale, teils verzweigte Kohlenstoffketten besitzen. Am einfachsten liegen die Verhältnisse bei der *Metasaccharinsäure* CH_2OH—$CHOH$—$CHOH$—CH_2—$CHOH$—$COOH$ bzw. verschiedenen Metasaccharinsäuren, die aus *d-Glucose* und aus *d-Galaktose* mit 8 n **Natronlauge** bei 100^0[4] oder aus d-Galaktose mit **Calciumhydroxyd** in wässeriger Lösung bei 100^0[5], bzw. mit n **Barytlauge** bei 60^0[6] entstehen; es ist hier lediglich eine Hydroxylgruppe gewandert. Bei der Bildung von *Glucosaccharinsäure* CH_2OH—$CHOH$—$CHOH$—$C_{\vert}(CH_3)(OH)$—$COOH$ aus *d-Glucose* und besonders aus *d-Fructose* mit Calciumhydroxyd in wässeriger Lösung[7], von *Isosaccharinsäuren* CH_2OH—$CHOH$—CH_2—$C(CH_2OH)(OH)$—$COOH$ unter denselben Bedingungen[8] oder aus *d-Galaktose* mit 8 n Natronlauge bei 100^0[4] oder mit n Barytlauge bei 60^0[6], von *Parasaccharinsäure* CH_2OH—CH_2—$C(OH)(COOH)$—$CHOH$—CH_2OH(?) aus *d-Galaktose* mit Calciumhydroxyd in wässeriger Lösung[5, 9] ist neben der Verschiebung von OH-Gruppen auch das Kohlenstoffgerüst geändert worden.

Ebenfalls unter Änderung des Kohlenstoffgerüstes verläuft die Umlagerung des *Benzoins* beim Erhitzen mit 1,5-molarer **Schwefelsäure** oder 6-molarer **Phosphorsäure** auf 230^0, wobei sich 8—9 % Diphenylessigsäure bilden[10]. Durch Erhitzen mit 60proz. Phosphorsäure bei Gegenwart von **Kieselsäuregel** oder aktivierter **Tonerde** auf 270^0 läßt sich die Ausbeute bis auf 54 % steigern, Aktivkohle und Bimsstein sind ohne Einfluß[11]. In 4,4'-Stellung durch Alkyl substituierte Benzoine werden schlechter umgelagert, 4-Dimethylamino- und 4-Methoxy-benzoin sowie Furoin erleiden unter diesen Bedingungen nur Zersetzung[11].

---

[1] L. LEDER: J. prakt. Chem. (2) **130**, 260, 277 (1931).

[2] E. OTT: Ber. dtsch. chem. Ges. **55**, 2116 (1922).

[3] DRP. 275299, Chem. Zbl. **1914** II, 98.

[4] J. U. NEF: Liebigs Ann. Chem. **376**, 52, 89 (1910).

[5] H. KILIANI, H. SANDA: Ber. dtsch. chem. Ges. **26**, 1649 (1893). — H. KILIANI, H. NAEGELL: Ebenda **35**, 3528 (1902).

[6] F. W. UPSON: J. Amer. chem. Soc. **45**, 458 (1911).

[7] E. PÉLIGOT: C. R. hebd. Séances Acad. Sci. **89**, 918 (1879); **90**, 1141 (1880); Ber. dtsch. chem. Ges. **13**, 196, 1364 (1880).

[8] H. KILIANI: Ber. dtsch. chem. Ges. **41**, 165, 469 (1908).

[9] Siehe dazu jedoch H. KILIANI: Ber. dtsch. chem. Ges. **44**, 113 (1911). — J. U. NEF: Liebigs Ann. Chem. **376**, 53 (1910).

[10] A. LACHMAN: J. Amer. chem. Soc. **45**, 1529 (1923).

[11] F. L. JAMES, R. E. LYONS: J. org. Chemistry **3**, 273 (1938).

Wanderung einer Äthoxygruppe ist bei dem *symmetrischen Diäthoxybernsteinsäure-diäthylester* beobachtet: mit **Natriumäthylat** in Alkohol bei gewöhnlicher Temperatur geht er vollständig in den asymmetrischen Diäthoxybernsteinsäure-diäthylester über[1].

Wanderung von *aromatisch gebundenem Hydroxyl* im aromatischen Kern ist nicht beobachtet, dagegen sind derartige Umlagerungen bei Verbindungen mit Chinonstruktur, den *Chinolen* (I), bekannt. Diese gehen beim Belichten[2] oder beim Erwärmen mit verdünnter **Natronlauge**[2, 3, 4] oder verdünnter **Schwefelsäure**[2, 3] auf 100° unter Wanderung des Alkylrestes in substituierte Hydrochinone (II) über, mit konzentrierter alkoholischer Schwefelsäure bei gewöhn-

$$O{=}\ \text{(Ring)}\ \underset{\text{Alkyl}}{\overset{\text{OH}}{\diagup}} \qquad HO{-}\text{(Ring)}{-}OH\ (\text{Alkyl}) \qquad HO{-}\text{(Ring)}{-}\text{Alkyl}\ (\text{OH})$$

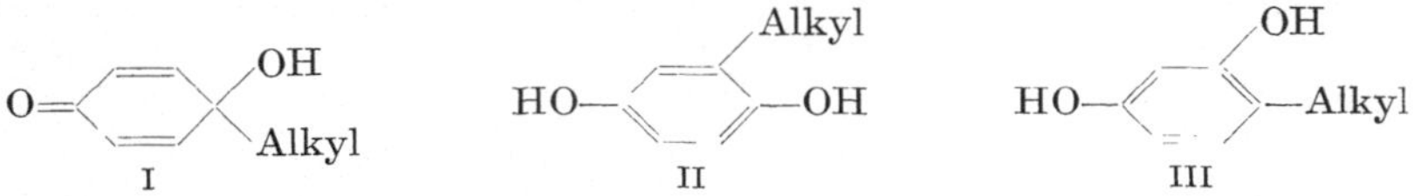

I II III

licher Temperatur bilden sich dieselben Hydrochinone in Form ihrer Monoäther[5], mit verdünnter alkoholischer Schwefelsäure dagegen ein Gemisch dieser Verbindungen mit den substituierten Resorcinen (III) in Form ihrer Di-äther[6], die unter Wanderung der Hydroxylgruppe entstanden sind. Im letzteren Fall überwiegt bei gewöhnlicher Temperatur III, bei 100° II.

Viel häufiger sind Wanderungen der Hydroxylgruppe in *ungesättigten Verbindungen.* Allylumlagerung unter Verschiebung der Doppelbindung und der Hydroxylgruppe tritt bei *Äthyl-vinyl-carbinol* beim Erhitzen auf 360° unter teilweiser Bildung von Penten-(2)-ol-(1) ein[7]. Dieselbe Umlagerung erfolgt beim *Dimethyl-vinyl-carbinol* mit 20proz. **Schwefelsäure** bereits bei gewöhnlicher Temperatur und führt zur Bildung von γ-Methyl-crotylalkohol neben anderen Produkten[8]; ganz allgemein gehen *Dialkyl-vinyl-carbinole* mit sauren Reagenzien (gasförmiger **Chlor-** oder **Bromwasserstoff, Essigsäureanhydrid** bei 120° oder am besten siedender **Eisessig**) in β,β-Dialkyl-allyl-alkohole über[9]. *Methyl-vinyl-carbinol* wird beim Kochen mit sehr verdünnter **Salzsäure** teilweise in Crotylalkohol umgelagert[10]. In Gegenwart von verdünnter Essigsäure bildet sich aus α-*Phenyl-γ-methyl-allylalkohol* bei gewöhnlicher Temperatur γ-Phenyl-α-methyl-allylalkohol[11]. Als Allylumlagerung ist auch die Umwandlung des *Linalools* bzw. seiner Ester unter der Einwirkung saurer Agenzien (Erhitzen mit Essigsäure oder besser mit Essigsäureanhydrid, **Ameisensäure** oder **Eisessig-Schwefelsäure** unter $+20°$, Schütteln mit verdünnter **Schwefelsäure** bei gewöhnlicher Temperatur) in *Geraniol* bzw. *Nerol* und umgekehrt aufzufassen[12]. Auch durch Erhitzen mit **japanischer saurer Erde** auf 60—160° kann diese Isomerisierung

[1] S. Fukunaga: Sci. Pap. Inst. physic. chem. Res. **37**, 137 (1940).
[2] E. Bamberger, F. Brady: Ber. dtsch. chem. Ges. **33**, 3652, 3653, 3654 (1900).
[3] E. Bamberger, A. Rising: Ber. dtsch. chem. Ges. **33**, 3641 (1900).
[4] E. Bamberger: Liebigs Ann. Chem. **390**, 166 (1912).
[5] E. Bamberger: Ber. dtsch. chem. Ges. **40**, 1895, 1949 (1907); Liebigs Ann. Chem. **390**, 168, Anm. 4 (1912).
[6] E. Bamberger: Ber. dtsch. chem. Ges. **40**, 1895, 1899, 1937 (1907).
[7] Ch. Prévost: C. R. hebd. Séances Acad. Sci. **187**, 1052 (1928).
[8] A. J. Faworski, A. I. Lebedewa: Chem. Zbl. **1939** I, 4330.
[9] R. Locquin, Sung Wouseng: C. R. hebd. Séances Acad. Sci. **174**, 1711 (1922). — Wouseng Sung: Ann. Chimie (10) **1**, 343 (1924).
[10] Ch. Prévost: Ann. Chimie (10) **10**, 155 (1928).
[11] J. Kenyon, S. M. Partridge, H. Phillips: J. chem. Soc. [London] **1937**, 207.
[12] K. Stephan: J. prakt. Chem. (2) **58**, 109 (1898); **60**, 244 (1899). — O. Zeitschel: Ber. dtsch. chem. Ges. **39**, 1780 (1906); in diesen Abhandlungen ist auch die ältere Literatur angeführt. — R. Horiuchi: Chem. Zbl. **1933** II, 1519. — T. Kuwata: Ebenda **1934** I, 854.

bewirkt werden[1]. Neben der Wanderung der Hydroxylgruppe wird jedoch noch eine weitere Isomerisierung zu α-Terpineol beobachtet, die unter Ringschluß und abermaliger Wanderung der Hydroxylgruppe verläuft und bei Linalool und Nerol leicht, bei Geraniol schwieriger eintritt. Eine andersartige Umlagerung findet bei der *Propenyl-* und *Styryl-glykolsäure* statt, beim Kochen mit verdünnter **Salzsäure** entsteht Lävulinsäure bzw. Benzoyl-propionsäure[2].

Auch *Acetylenalkohole*, die die Hydroxylgruppe in Nachbarschaft zur dreifachen Bindung tragen, sind zu mannigfachen Isomerisierungen fähig. [*Aryl-äthinyl*]-*di-aryl-carbinole* (I) werden durch Erwärmen mit **Acetylchlorid,** durch

$$\begin{array}{c} \text{Ar} \\ \diagdown \\ \text{Ar} \diagup \end{array} \hspace{-0.3em} \begin{array}{c} \text{C} \!-\! \text{C} \!\equiv\! \text{C} \!-\! \text{Ar} \\ | \\ \text{OH} \end{array} \quad\rightarrow\quad \begin{array}{c} \text{Ar} \\ \diagdown \\ \text{Ar} \diagup \end{array} \hspace{-0.3em} \text{C} \!=\! \text{CH} \!-\! \text{CO} \!-\! \text{Ar}$$

I   II

Kochen mit **Essigsäure-anhydrid** oder **Thionylchlorid,** durch **Chlorwasserstoff** in Äther oder am besten durch konzentrierte **Schwefelsäure** in Eisessig bei gewöhnlicher Temperatur vollständig in α,γ,γ-Triaryl-acroleine (II) umgelagert[3], wobei

$$\begin{array}{c} \text{R} \\ \diagdown \\ \text{R} \diagup \end{array} \hspace{-0.3em} \begin{array}{c} \text{C} \!-\! \text{C} \!\equiv\! \text{C} \!-\! \text{C} \\ | \hspace{2.2em} | \\ \text{OH} \hspace{1.3em} \text{OH} \end{array} \hspace{-0.3em} \begin{array}{c} \text{R} \\ \diagup \\ \diagdown \\ \text{R} \end{array} \quad \left(\begin{array}{l} \text{R} = \text{Alkyl oder} \\ \text{R, R} = \text{Pentamethylen} \end{array}\right) \quad \rightarrow \quad \begin{array}{c} \text{CO} \!-\! \text{CH}_2 \\ \text{R} \diagdown \;| \hspace{1.2em} | \; \diagup \text{R} \\ \hspace{0.3em} \text{C} \hspace{1.5em} \text{C} \\ \text{R} \diagup \hspace{0.6em} \diagdown \hspace{0.3em} \diagup \hspace{0.6em} \diagdown \text{R} \\ \hspace{2.2em} \text{O} \end{array}$$

III   IV

nachgewiesen ist, daß die OH-Gruppe wandert. Bei *Acetylen-glykolen* vom Typ III tritt beim Erwärmen mit verdünnter wässeriger **Quecksilbersulfat**lösung auf 100^0 rasche und vollständige Umwandlung in Keto-tetrahydrofuran-derivate (IV) ein[4]. Wieder anders verläuft die Isomerisierung des *Phenäthyl-methyl-äthinyl-carbinols,* das mit siedender 86proz. **Ameisensäure** 4-Methyl-5-phenyl-penten-(3)-on-(2) und 3-Methyl-5-phenyl-penten-(2)-al liefert[5].

Hierher gehören auch die zahlreichen Fälle der Aufspaltung des *Äthylenoxyd-rings* unter Bildung von *Aldehyden* bzw. *Ketonen,* die mit **Aluminiumoxyd, Kieselgur** oder **Zinkchlorid** bei höheren Temperaturen, mit **Schwefelsäure** verschiedener Konzentration in der Kälte oder in der Hitze, mit **Magnesiumbromidätherat** in der Wärme und ähnlichen Katalysatoren eintritt. Beim Überleiten der Dämpfe von Äthylenoxyden über Doppelsulfate der Alkalien mit dreiwertigen Metallen wie Aluminium, Chrom oder Eisen[6], z. B. **Alaun**[7], oder über **Aluminiumborat**[7] werden außer Aldehyden auch ungesättigte Alkohole beobachtet.

So geben beim Überleiten der Dämpfe über **Aluminiumoxyde** bei $200\text{---}300^0$[8]: *Äthylenoxyd* → Acetaldehyd, *Propylenoxyd* → viel Propionaldehyd und wenig Aceton, *Isobutylenoxyd* → Isobutyraldehyd, *Trimethyläthylenoxyd* → Methyl-isopropyl-keton, *asym. Methyl-äthyl-äthylenoxyd* → Methyl-äthyl-acetaldehyd. Beim Überleiten der Dämpfe über **Bleichlorid** bei $200\text{---}210^0$ entsteht aus *Isobutylenoxyd* Isobutyraldehyd und aus *Trimethylenoxyd* Methyl-isopropyl-keton[9], über **Kieselgur** bei $270\text{---}280^0$ aus *Amyl-* und *Isoamyläthylenoxyd* Heptanal und Isoheptanal[10]. *Asymmetrisches Methyl-*

---

[1] K. ONO, Z. TAKEDA: Bull. chem. Soc. Japan **2**, 16 (1927).

[2] R. FITTIG: Liebigs Ann. Chem. **299**, 23, 42 (1898).

[3] K. H. MEYER, K. SCHUSTER: Ber. dtsch. chem. Ges. **55**, 819 (1922).

[4] G. DUPONT: C. R. hebd. Séances Acad. Sci. **152**, 1486; **153**, 275 (1911).

[5] H. RUPE: Helv. chim. Acta **14**, 693 (1931); **18**, 542 (1935).

[6] Amer. P. 2159507, Chem. Zbl. **1939 II**, 4589.

[7] Can. P. 383403, Chem. Zbl. **1940 I**, 289.

[8] W. IPATJEW, W. LEONTOWITSCH: Ber. dtsch. chem. Ges. **36**, 2016 (1903).

[9] K. KRASSUSKI: J. russ. physik.-chem. Ges. **34**, 537 (1902); Chem. Zbl. **1902 II**, 1095.

[10] J. LÉVY, R. PERNOT: Bull. Soc. chim. France (4) **49**, 1838 (1931).

äthyl-äthylen-oxyd lagert sich in Gegenwart **metallischer** Katalysatoren bei 200⁰ vollständig in Methyl-äthyl-acetaldehyd um[1], dieselbe Substanz neben Isopren entsteht mit **Kaolin** bei 450⁰ und 1 mm Druck[2]. Durch **Zinkchlorid** bei 315—350⁰ werden *symmetrisches Methyl-äthyl-* und *Äthyl-n-propyl-äthylenoxyd* in Methyl-propyl- bzw. Äthyl-butyl-keton übergeführt[3], während *symmetrisches Methyl-äthyl-äthylenoxyd* durch **Magnesiumbromid-ätherat** in der Wärme viel Methyl-propyl- und wenig Diäthyl-keton liefert[4].

Bei vierfach substituierten Äthylenoxyden verläuft die Ringsprengung unter Wanderung eines Substituenten, so geht α,α-*Dimethyl-α'-tert.butyl-α'-oxy-äthylenoxyd* beim Erhitzen mit etwas konzentrierter **Schwefelsäure** in alkoholischer Lösung auf 120—130⁰ unter Wanderung einer Methylgruppe in Methyl-tert.butyl-acetyl-carbinol über[5].

Noch mannigfaltiger sind die Isomerisierungen *ungesättigter, aromatischer oder alicyclischer Äthylenoxyde*. α,α-*Dimethyl-α'-vinyl-äthylenoxyd* liefert mit **Kieselgur** bei 250⁰ oder mit **Magnesiumbromid-ätherat** in der Wärme unter Wanderung des Vinylrestes 2,2-Dimethyl-buten-(3)-al-(1)[6]. α-*Phenyl-α'-vinyl-*[7], α-*Phenyl-α'-propenyl-*[8] und α-*Phenyl-α'-vinyl-α'-methyl-äthylenoxyd*[9] lagern sich mit **Kieselgur** bei 250—300⁰ oder **Magnesiumbromid-ätherat** in der Wärme unter Wanderung des Phenylrestes in 2-Phenyl-buten-(2)-al-(1), 2-Phenyl-penten-(2)-al-(1) und 2-Phenyl-2-methyl-buten-(3)-al-(1) um, wobei in den beiden ersten Fällen gleichzeitig eine Verschiebung der Doppelbindung erfolgt. Ohne Wanderung eines Kohlenstoffrestes verläuft die Isomerisierung von *Styrol-oxyd* durch siedende verdünnte **Säuren**[10] oder besser durch **Magnesiumbromid-** oder **-jodid-ätherat**[4] in der Wärme zu Phenyl-acetaldehyd, von den Verbindungen C_6H_5—$(CH_2)_n$—CH—CH$_2$ durch **Zinkchlorid** oder durch **Aluminium-**
$$\diagdown O \diagup$$
oxyd bei 260⁰ zu C_6H_5—$(CH_2)_n$—CO—CH$_3$[11], von den Verbindungen Ar—CH—CH—Alk
$$\diagdown O \diagup$$

(Ar = Phenyl oder Anisyl, Alk = Methyl, Äthyl, Propyl, Isopropyl oder Benzyl) mit 50proz. **Schwefelsäure** oder **Zinkchlorid** zu Ar—CH$_2$—CO—Alk[12], von *asymmetrischem Methyl-phenyl-äthylenoxyd* durch 50proz. **Schwefelsäure** oder durch Destillieren mit ausgeglühtem **Ton** in Methyl-phenyl-acetaldehyd[13], von *Phenyl-glyzidäthern* durch Erhitzen mit **Zinkchlorid** in Phenacetyl-carbinol-äther[14] und schließlich von *symmetrischen Aroyl-aryl-äthylenoxyden* durch UV-Licht in Methanollösung in Di-aroyl-methane[15]. Ebenfalls ohne Änderung des Kohlenstoffgerüstes verläuft die Umwandlung des *symmetrischen Phenyl-cyclohexyl-äthylenoxyds* durch **Äthyl-magnesiumbromid** in Cyclohexyl-benzyl-keton[16], behandelt man dagegen das *symmetrische Phenyl-cyclohexenyl-*

---

[1] Fourneau, Tiffeneau: C. R. hebd. Séances Acad. Sci. **140**, 1596, Anm. 4 (1905).

[2] L. Kyriakides: J. Amer. chem. Soc. **36**, 665 (1914).

[3] M. Favorsky, M. Tchitchonkine, I. Iwanow: C. R. hebd. Séances Acad. Sci. **199**, 1229 (1934).

[4] Tiefeneau, B. Tchoubar: C. R. hebd. Séances Acad. Sci. **207**, 918 (1938).

[5] A. Faworski: Bull. Soc. chim. France (4) **39**, 216 (1926). — Siehe auch A. Oumnow: Ebenda (4) **43**, 571 (1928).

[6] Y. Deux: C. R. hebd. Séances Acad. Sci. **207**, 920 (1938).

[7] D. Abragam, Y. Deux: C. R. hebd. Séances Acad. Sci. **205**, 285 (1937). — Y. Deux: Ebenda **211**, 441 (1940).

[8] Y. Deux: C. R. hebd. Séances Acad. Sci. **208**, 2002 (1939).

[9] Y. Deux: C. R. hebd. Séances Acad. Sci. **206**, 1017 (1938); analog entsteht aus α-*Phenyl-α'-propenyl-α'-methyl-äthylenoxyd* 2-Phenyl-2-methyl-penten-(3)-al-(1).

[10] Tiffeneau, Fourneau: C. R. hebd. Séances Acad. Sci. **146**, 697 (1908).

[11] J. Lévy, J. Sfiras: Bull. Soc. chim. France (4) **49**, 1823 (1931).

[12] J. Lévy, Dvoleitzka-Gombinska: Bull. Soc. chim. France (4) **49**, 1765 (1931).

[13] S. Danilow, E. Venus-Danilowa: Ber. dtsch. chem. Ges. **60**, 1061 (1927). Die Bildung von Methyl-benzyl-keton mit konzentrierter **Schwefelsäure** in der Kälte dürfte wohl auf eine nachträgliche Isomerisierung des *Methyl-phenyl-acetaldehyds* zurückzuführen sein. [14] M. Darmon: C. R. hebd. Séances Acad. Sci. **197**, 1649 (1933).

[15] S. Bodforss: Ber. dtsch. chem. Ges. **51**, 214 (1918).

[16] M. Tiffeneau, P. K. Kuriaki: C. R. hebd. Séances Acad. Sci. **209**, 465 (1939).

äthylenoxyd mit demselben Reagens, so entsteht unter Wanderung eines Radikals Phenyl-cyclohexenyl-acetaldehyd[1], und dasselbe tritt ein bei der Umlagerung von *symmetrischen Diaryl-äthylenoxyden* beim Destillieren mit etwas **Zinkchlorid** zu Diaryl-acetaldehyden[2]. Bei der Isomerisierung von *α-Aryl-α',α'-dialkyl-äthylenoxyden* (Aryl = Phenyl, p-Tolyl und Anisyl; Alkyl = Methyl, Äthyl, Propyl, Isopropyl und Benzyl) durch Destillieren über **Kieselgur** oder **Zinkchlorid** oder durch konzentrierte **Schwefelsäure** in der Kälte entstehen zum Teil Aroyl-dialkyl-methane, zum Teil unter Wanderung eines Alkylrestes Phenyl-alkyl-acyl-methane oder unter Wanderung des Arylrestes Aryl-dialkyl-acetaldehyde[3]. Bei der Isomerisierung von *Tetraphenyl-äthylen-oxyd* (*α-Benzpinakolin*) durch Erwärmen mit **Acetyl-** oder **Benzoylchlorid**[4], durch konzentrierte **Salzsäure** oder **Jodwasserstoffsäure** bei 150—160°[4], durch wässerig-alkoholische **Schwefelsäure** bei 100°[5], durch längeres Kochen mit **Zink** und **Salzsäure**[4] oder **Zinkstaub** und **Eisessig**[6] wandert zwangsweise ein Phenylrest unter Bildung von Triphenylmethyl-phenyl-keton (*β-Benzpinakolin*).

Alicyclische Äthylenoxyde, bei denen der Äthylenoxydring mit dem alicyclischen Ringsystem kondensiert oder spiranartig verbunden ist, werden durch **Magnesiumbromid-** oder **-jodid-ätherat** in der Wärme oder durch Destillation mit **Zinkchlorid** oder **Bimsstein** in mannigfacher Weise umgelagert[7], je nach der Art des Ringsystems und der weiteren Substituenten bleibt das Kohlenstoffgerüst erhalten, wandern Substituenten oder verengert oder erweitert sich das Ringsystem unter Bildung von Aldehyden oder Ketonen. Spaltung und gleichzeitige Änderung des Ringsystems tritt beim Übergang des *α-Pinenoxyds* beim Erwärmen mit **Zinkbromid** in Benzollösung in α-Campholenaldehyd ein[8].

Wanderung von Sauerstoffatomen ist auch bei *cyclischen Peroxyden* beobachtet, so geht das *Oxy-tetraphenyl-ruben* mit starken Säuren in Benzollösung in ein Isoxy-tetraphenyl-ruben vom Smp. 205°, mit **Grignard-Verbindungen** oder **Magnesiumjodid** in Äther dagegen in ein Isoxyderivat vom Smp. 167—168° über[9].

5. Wanderung von Säureresten.

Hierbei ist grundsätzlich zu unterscheiden zwischen Säureresten, die aus der Säure durch Wegnahme eines Wasserstoffatoms, und solchen, die durch Wegnahme einer OH-Gruppe entstehen. Im ersteren Fall haben wir es mit *Estern* zu tun, im letzteren Falle mit *Ketonen, Sulfonsäuren* usw.

Das Verhalten der *Ester* schließt sich eng an das der zugehörigen Alkohole an. Für die Umlagerung der *Ester des Camphenhydrats* in die des *Isoborneols* und umgekehrt gilt dasselbe wie für die entsprechenden Halogenide[10]. Die Neigung zur Umlagerung geht parallel der Stärke der veresterten Säure, das Lösungsmittel hat denselben katalytischen Einfluß wie bei den Halogeniden. Während die Ester von Sulfosäuren sich schon von selbst umlagern, sind für die Isomerisierung von Estern schwächerer Säuren Katalysatoren erforderlich. Als solche dienen alle Substanzen, die durch Komplexbildung eine Erhöhung der Stärke der be-

---

[1] Siehe Anm. 16, S. 262.

[2] M. TIFFENEAU, J. LÉVY: Bull. Soc. chim. France (4) **49**, 1738 (1931).

[3] M. TIFFENEAU, J. LÉVY: Bull. Soc. chim. France (4) **39**, 763 (1926); (4) **49**, 1709, 1738 (1931). — J. LÉVY: Ebenda (4) **49**, 1721, 1776 (1931).

[4] W. THÖRNER, TH. ZINCKE: Ber. dtsch. chem. Ges. **11**, 68 (1878).

[5] W. THÖRNER, TH. ZINCKE: Ber. dtsch. chem. Ges. **11**, 1397 (1878).

[6] F. WERTHEIMER: Mh. Chem. **26**, 1541 (1906).

[7] M. TIFFENEAU, P. WEILL, J. GUTMANN, B. TCHOUBAR: C. R. hebd. Séances Acad. Sci. **201**, 277 (1925). — M. TIFFENEAU, B. TCHOUBAR: Ebenda **207**, 918 (1938). — J. LÉVY, J. SFIRAS: Bull. Soc. chim. France (4) **49**, 1830 (1931).

[8] B. ARBUSOW: Ber. dtsch. chem. Ges. **68**, 1430 (1935).

[9] CH. DUFRAISSE, M. BADOCHE: C. R. hebd. Séances Acad. Sci. **191**, 104 (1930). — L. ENDERLIN: Ebenda **197**, 691 (1933); **203**, 192 (1936). — Zusammenfassung bei L. ENDERLIN: Ann. Chimie (11) **10**, 5 (1938).   [10] Siehe S. 256.

treffenden Säure bewirken[1]. Ähnliches gilt für die Umwandlung der *Camphen-hydrat-trans-monocarbonsäure* bzw. ihres Acetats mit **Eisessig-Schwefelsäure** in die Acetate der Isoborneol-trans-o-carbonsäure (WAGNER-MEERWEINsche Umlagerung) und der Isoborneol-trans-p-carbonsäure (NAMETKINsche Umlagerung)[2]. Allylumlagerung erleidet das *Vinyl-phenyl-carbinol-acetat* mit siedendem Eisessig unter Übergang in Cinnamyl-acetat[3], ebenso wird das *α-Phenyl-γ-methyl-allyl-acetat* durch **Essigsäure** oder **Essigsäureanhydrid** bei 100° in das *γ-Phenyl-α-methyl-allylacetat* umgewandelt, während der saure Phthalsäureester des *α-Phenyl-γ-methyl-allylalkohols* sich schon bei gewöhnlicher Temperatur ohne Katalysator umlagert[4].

Die Wanderung von Säureresten in *aromatischen Ketonen* wird bei der Einwirkung von **Aluminiumchlorid** beobachtet. So gehen *p-Acyl-m-kresole* mit diesem Katalysator bei 170—190° in o-Acyl-m-kresole über[5], und in analoger Weise wird *9-Acetylanthracen* durch Aluminiumchlorid in das 1- und 2-Acetylderivat umgelagert[6]. Verschiebung von Sulfosäureresten in *aromatischen Sulfonsäuren* tritt bei der Einwirkung von konzentrierter **Schwefelsäure** bei höheren Temperaturen unter Bildung eines Gleichgewichts ein. So lagern sich *α-Naphthalinsulfosäure* mit 100proz. Schwefelsäure bei 129° ungefähr zur Hälfte in die *β-Säure*[7], *Naphthalin-1,5-* und *-1,6-disulfosäure* mit 93proz. Schwefelsäure bei 160° zu 20% in die *2,6-Disulfosäure* und umgekehrt[8] und die *2,7-Disulfosäure* mit 95proz. Schwefelsäure bei 160° zu 42% ebenfalls in die *2,6-Disulfosäure*[9] um. *Anilin-o-sulfonsäure* geht mit konzentrierter Schwefelsäure bei 180—190° in Anilin-p-sulfonsäure über[10].

II. Wanderungen zwischen Sauerstoff (Schwefel) und Kohlenstoff.

1. Wanderung von Wasserstoff.

Einer der häufigsten Fälle einer Wanderung des Wasserstoffs vom Sauerstoff zum Kohlenstoff und zurück ist die *Keto-Enol-Tautomerie*, die auf folgendes allgemeines **Schema**:

$$\begin{array}{ccc} -C-CH-C- & & -C=C-C- \\ \| \quad | \quad \| & \rightleftharpoons & | \quad | \quad \| \\ O \quad\quad O & & OH \quad O \end{array}$$

zurückzuführen ist und bei *1,3-Dialdehyden, -Ketoaldehyden* und *-Diketonen* sowie bei *β-Ketosäuren* und ihren Derivaten beobachtet wird. Bei einfachen Ketonen wird zwar häufig eine durch Säure katalysierte Enolisierung im Verlaufe von Reaktionen angenommen[11], doch lassen sich diese Enole nicht

---

[1] H. MEERWEIN: Liebigs Ann. Chem. **453**, 16 (1927).

[2] J. BREDT: J. prakt. Chem. (2) **104**, 6 (1922); **131**, 138 (1931).

[3] J. MEISENHEIMER, J. LINK: Liebigs Ann. Chem. **479**, 217, 250 (1930).

[4] J. KENYON, S. M. PARTRIDGE, H. PHILLIPS: J. chem. Soc. [London] **1937**, 207.

[5] K. W. ROSENMUND, W. SCHNURR: Liebigs Ann. Chem. **460**, 90 (1928). — Auch mit **Zinkchlorid + Chlorwasserstoff** bei gewöhnlicher Temperatur, besser bei 77°, läßt sich die Umlagerung in geringem Umfange erreichen [S. SKRAUP, K. POLLER: Ber. dtsch. chem. Ges. **57**, 2035 (1924)].

[6] G. KRÄNZLEIN: Aluminiumchlorid in der organischen Chemie, 2. Aufl., S. 71. Berlin 1932.

[7] P. C. J. EUWES: Recueil Trav. chim. Pays-Bas **28**, 323, 338 (1909). — Siehe auch O. N. WITT: Ber. dtsch. chem. Ges. **48**, 744 (1915).

[8] H. E. FIERZ-DAVID, A. W. HASLER: Helv. chim. Acta **6**, 1133 (1923).

[9] J. L. HEID: J. Amer. chem. Soc. **49**, 844 (1927).

[10] E. BAMBERGER, J. KUNZ: Ber. dtsch. chem. Ges. **30**, 2274 (1897).

[11] Zum Beispiel D. P. EVANS: J. chem. Soc. [London] **1936**, 785. — L. ZUCKER, L. P. HAMMETT: J. Amer. chem. Soc. **61**, 2785 (1939).

fassen[1]. Das am besten untersuchte Beispiel einer derartigen Keto-Enol-Tautomerie ist der *Acetessigester*, die Umlagerung führt hier zu einem Gleichgewicht und wird durch verschiedene Substanzen in ihrer Geschwindigkeit beeinflußt. Am stärksten beschleunigend wirken **Alkalien**[2, 3] **(Alkali-hydroxyde, -alkoholate, -carbonate, -acetate), Ammoniak**[3] **und stark basische Amine**[4], speziell **Piperidin**[2], auch **gewöhnliches Glas** besitzt infolge seines Alkaligehaltes im Gegensatz zu Jenaer Glas, Pyrexglas oder Quarz katalytische Wirksamkeit[3, 4, 5]. Eine ebenfalls sehr stark beschleunigende Wirkung haben Spuren von **Brom**, *nicht* dagegen von Jod[3], und geringe Mengen **starker Mineralsäuren**[3, 4], wenn sie auch nicht so stark wirksam sind wie Alkalien.

Schwächer basische Verbindungen wie **Borax**[3], **Pyridin**[2] oder **schwächere Säuren,** wie **Monochloressigsäure, Kohlensäure, Essigsäure**[3], besitzen einen geringeren Einfluß entsprechend ihrer geringeren Basen- bzw. Säurestärke. Überraschenderweise ist dagegen **Dehydracetsäure** wieder ein energischer Beschleuniger[3]. Von Schwermetallsalzen besitzt **Ferrichlorid** in Alkohol katalytische Wirksamkeit[3, 4, 6], dagegen sind Eisen-, Nickel-, Zink- und Mangansulfat ohne Einfluß auf die Umlagerungsgeschwindigkeit[3]. Weitere Substanzen sind entweder nur schwache Katalysatoren, wie **m-Kresol, Resorcin, Phloroglucin, Benzoesäure, p-Oxybenzoesäure, Anissäure, Zimtsäure,** oder indifferent, wie **o-Kresol, Thymol, Anisol, Hydrochinon, Veratrol, Acetaldehyd, Benzaldehyd, Campher, Phthalsäure**[3]. Von solchen Verbindungen, die die Umlagerung verzögern, also **Stabilisatoren** sind, besitzen sehr starke Wirkung **Oxalessigester,** starke Wirkung **p-Oxy-** und **-Methoxy-benzolsulfonsäureester, Chinon, Oxalsäure** und **Brenzcatechin,** während **Guajacol, Salicylsäuremethylester** und **Isophthalsäure** weniger wirksam sind[3]. Auch die **Lösungsmittel** selbst scheinen nicht ganz ohne Einfluß auf die Umlagerungsgeschwindigkeit zu sein[3], so wirken z. B. Petroläther und Schwefelkohlenstoff stabilisierend.

Sehr einfach läßt sich die katalytische Wirkung verschiedener Substanzen auch an optisch aktiven Estern durch Beobachtung der Mutarotation untersuchen, auf diese Weise läßt sich nachweisen, daß die Keto-Enol-Umwandlung von *Acetessigsäure-(—)-menthylester* durch Spuren von **Säure** und **Alkali**[7], die des *α-Phenyl-acetessigsäure-(—)-menthylesters* durch Spuren von **Piperidin** oder **Bariumhydroxyd**[8] beschleunigt wird. Ähnlich verhalten sich auch andere Verbindungen, so wird die Keto-enol-umlagerung des *Oxymethylen-d-camphers* in Benzol durch Spuren von **Wasser** beschleunigt[9], während in der Reihe der *Triketone* die Enolisierung des *Acetyl-dibenzoyl-methans* durch Spuren von **Alkali, gewöhnliches Glas** oder **Chlorwasserstoff** in Benzol, Chloroform oder Dichloräthylen katalysiert wird[10]. Hierher gehört auch die Umlagerung des *2,4,6,2′,4′, 6′-Hexamethyl(äthyl)stilbendiols* durch **Chlorwasserstoff** oder **Piperidin,** bzw.

---

[1] Die von V. GRIGNARD und J. SAVARD (Bull. Soc. chim. Belgique **36**, 97 (1927)] dargestellten Enolformen des Pulegons und Menthons sind nach W. HÜCKEL und BR. RADSZAT [J. prakt. Chem. (2) **140**, 247 (1934)] äußerst zweifelhaft.

[2] W. DIECKMANN: Ber. dtsch. chem. Ges. **44**, 976 (1911); **50**, 1377 (1917), Beobachtungen an andersartigen Beispielen.

[3] G. RUMEAU: Bull. Soc. chim. France (4) **35**, 762 (1924). — Nach J. DÉCOMBE [Ann. Chimie (10) **18**, 96 (1932)] sind die Resultate mit den von RUMEAU angewandten Substanzen starken Schwankungen unterworfen.

[4] L. KNORR, O. ROTHE, H. AVERBECK: Ber. dtsch. chem. Ges. **44**, 1138 (1911).

[5] K. H. MEYER, V. SCHOELLER: Ber. dtsch. chem. Ges. **53**, 1410 (1920). — K. H. MEYER, H. HOPFF: Ebenda **54**, 579 (1921). — J. DÉCOMBE: Ann. Chimie (10) **18**, 96 (1932).

[6] K. H. MEYER: Ber. dtsch. chem. Ges. **44**, 2725 (1911).

[7] A. LAPWORTH, A. C. O. HANN: J. chem. Soc. [London] **81**, 1500 (1902).

[8] R. H. KIMBALL: J. Amer. chem. Soc. **58**, 1963 (1936).

[9] B. K. SINGH, M. K. SRINIVASAN: Chem. Zbl. **1941 I**, 2925.

[10] L. CLAISEN: Liebigs Ann. Chem. **291**, 87 (1896). — A. MICHAEL: Ebenda **390**, 52 (1912).

siedende **methylalkoholische Salzsäure** in 2,4,6,2',4',6'-Hexamethyl(äthyl)-benzoin[1].

Ganz analog liegen die Verhältnisse bei der *Nitro-aci-Nitro-Tautomerie*:

$$\diagdown CH - \overset{+}{N}\diagup{}^{O}_{O^-} \;\rightleftharpoons\; \diagdown C = \overset{+}{N}\diagup{}^{OH}_{O^-}\,,$$

die Umlagerung der beiden Isomeren ineinander wird durch dieselben Katalysatoren, die die Keto-Enol-Umwandlung beeinflussen, beschleunigt, in erster Linie durch **starke Säuren,** in noch höherem Maße durch **Basen**[2, 3, 4]. Die Umlagerungsgeschwindigkeit ist abhängig von der Konzentration der Säure oder Base[4], das Gleichgewicht liegt in saurer Lösung auf der Seite der echten Nitroform, in alkalischer Lösung bildet sich um so mehr aci-Form, je alkalischer die Lösung ist, was aber auch damit zusammenhängt, daß in alkalischer Lösung Salzbildung eintritt[2, 4]. Auch das **Lösungsmittel** selbst scheint auf die Umlagerungsgeschwindigkeit von Einfluß zu sein, sie nimmt in der Reihe Wasser > Alkohol > Äther > Benzol > Chloroform ab[2].

Dort, wo eine Tautomerie zwischen *Nitroso-* und *Isonitrosoverbindung*:

$$>CH - N{=}O \;\rightleftharpoons\; >C{=}N - OH$$

möglich ist, liegt das Gleichgewicht in der Regel vollkommen auf der Seite der Isonitrosoform. Bei dem System p-Nitrosophenol ⇌ p-Chinon-monoxim ist dagegen eine derartige Tautomerie nachweisbar und es gelingt auch in besonderen Fällen, wie bei dem 3-Chlor- und 3-Brom-benzochinon-(1,4)-oxim-(4), die zugehörigen Nitrosophenole zu isolieren[5]. Die letzteren sind sehr labil und gehen unter dem Einfluß von **Säure, Alkali** und **Essigsäureanhydrid** in die Chinonoxime über[5].

In engem Zusammenhang mit der Keto-Enol-Tautomerie stehen die Isomerisierungen von unsymmetrischen *α-Ketolen*:

$$R - CO - CHOH - R' \;\rightleftharpoons\; R - CHOH - CO - R'\,,$$

die zweifellos über ein Dienol R—C(OH)=C(OH)—R' laufen, das auch bei hexaalkylierten Benzoinen isoliert werden konnte[6]. Die Umwandlung führt zu einem Gleichgewicht, das aber häufig praktisch vollkommen auf der Seite des einen Isomeren liegt, und wird durch **Säuren** und **Basen** beschleunigt.

Man erhält so mit etwas konzentrierter **Schwefelsäure** in alkoholischer Lösung bei 120—130°[7] aus Methyl-propionyl- das Äthyl-acetyl-carbinol[8], aus Äthyl-butyryl- das Propyl-propionyl-carbinol[9], aus Methyl-trimethylacetyl- das tert. Butyl-acetyl-carbinol[10]. Überraschenderweise liefert aber unter diesen Bedingungen auch das Dimethyl-isobutyryl-carbinol, das kein Dienol bilden kann, unter Wanderung einer Methylgruppe und eines Wasserstoffatoms das Methyl-isopropyl-acetyl-carbinol[11]. Auch bei aromatischen Verbindungen sind derartige Umlagerungen beobachtet. Das bei den gemischt aromatischen α-Ketolen am besten untersuchte Beispiel ist

---

[1] R. C. Fuson, J. Corse, C. H. McKeever: J. Amer. chem. Soc. **61**, 975, 2010 (1939).

[2] A. Hantzsch, O. W. Schultze: Ber. dtsch. chem. Ges. **29**, 2254 (1896).

[3] K. H. Meyer, P. Wertheimer: Ber. dtsch. chem. Ges. **47**, 2375 (1914).

[4] R. Junell: Svensk kem. Tidskr. **46**, 125 (1934).

[5] H. H. Hodgson, F. H. Moore: J. chem. Soc. [London] **123**, 2499 (1923); **127**, 2260 (1925). — H. H. Hodgson, A. Kershaw: Ebenda **1929**, 1555.

[6] Siehe S. 265.

[7] A. Favorsky: Bull. Soc. chim. France (4) **39**, 216 (1926).

[8] E. Venus-Danilowa: Bull. Soc. chim. France (4) **43**, 582 (1928).

[9] E. Venus-Danilowa: Bull. Soc. chim. France (4) **43**, S. 575 (1928).

[10] W. Wassiliew: Bull. Soc. chim. France (4) **43**, 563 (1928).

[11] A. Oumnow: Bull. Soc. chim. France (4) **43**, 568 (1928).

die Umwandlung des Methyl-benzoyl-carbinols in Phenyl-acetyl-carbinol, die durch konzentrierte **Schwefelsäure** in alkoholischer Lösung bei 120—130⁰[1], durch etwas **Bromwasserstoff** in Methanol bei 100⁰[2], durch frisch gefälltes **Bariumcarbonat** in Wasser bei 100⁰[2,3] und durch **Natriumäthylat** in alkoholischer Lösung bei gewöhnlicher Temperatur[3] katalysiert wird, aber auch durch gärende Hefe erreicht werden kann[4]. In analoger Weise wird die Umwandlung des Äthyl-benzoyl- in das Phenyl-propionyl-carbinol durch **OH-Ionen** beschleunigt[5]; Benzoyl-acetonyl-carbinol läßt sich durch **Natriumäthylat** in Alkohol glatt in Phenyl-acetoacetyl-carbinol umlagern[6], während p-Chlorphenyl-phenyl-acetyl-carbinol und Benzyl-p-chlorbenzoyl-carbinol mit **Natriumcarbonat** in siedender wässerig-alkoholischer Lösung ein Gleichgewischtsgemisch bilden[7]. In der Reihe der rein aromatischen α-Ketole werden 4′-Methoxy- und 4′-Dimethylamino-benzoin durch **alkoholische Kalilauge** in 4-Methoxy- bzw. 4-Dimethylamino-benzoin übergeführt[8], während die Umlagerung der Methoxyverbindungen durch Erhitzen über den Schmelzpunkt[9] zu einem Gleichgewicht führt. 4-Chlor-4′-dimethylamino-benzoin läßt sich durch kurzes Erhitzen mit **alkoholischer Kaliumcyanidlösung** in 4′-Chlor-4-dimethylamino-benzoin umwandeln[10], und 2,4,6-Trimethyl- und 2′,4′,6′-Trimethyl-benzoin gehen beim Erhitzen mit **Natriumacetat** in Alkohol wechselseitig ineinander über[11]. Auch bei den cyclischen α-Ketolen ist eine derartige Isomerisierung bekannt, der 2-Oxy-epicampher wird durch Erhitzen mit **konzentrierter Kalilauge** auf 100⁰ in 3-Oxy-campher umgelagert[12]. Hierher gehört auch die Isomerisierung der d-Glucose bzw. d-Mannose und ihrer Derivate in d-Fructose und deren Derivate, die bereits früher beschrieben ist[13]. Das einfachste Beispiel dieser Art ist die Umwandlung der Glycerin-aldehyd-phosphorsäure in Dioxy-aceton-phosphorsäure unter dem Einfluß des Fermentes Phospho-hexose-mutase[14].

Eine irreversible Isomerisierung unter Wanderung von Wasserstoff vom Sauerstoff zum Kohlenstoff erleiden *ungesättigte Alkohole,* sie gehen dabei in gesättigte Ketone oder cyclische Oxyde über. Aliphatische *α,β-ungesättigte Alkohole* erleiden diese Umlagerung ganz allgemein beim Überleiten der Dämpfe über **feinverteiltes Kupfer** oder **Nickel** bei 180—325⁰.

So geht Allylalkohol mit **Kupfer** bei 180—300⁰[15] oder bei 280—285⁰ und 14 mm Druck[16] zu 50% in Propionaldehyd über, daneben bilden sich durch Dehydrierung kleine Mengen Acrolein. Die nähere Untersuchung der Geschwindigkeit der Isomerisierungs- und Dehydrierungsreaktion ergibt, daß **gesintertes Kupfer** erstere Reaktion stärker beschleunigt[17]. Die gleichen Reaktionsprodukte (Propionaldehyd + wenig Acrolein) bilden sich auch mit **Aluminiumoxyd** oder **Zinkoxyd** bei 330⁰, das Mengenverhältnis der beiden Substanzen ist im letzteren Falle von der Darstellungsmethode des Katalysators abhängig[18]. Zusätze von 1% **Borsäure, Chromsäure, Natriumhydroxyd** oder **Schwefelsäure** zum Aluminiumoxydkatalysator vermindern, solche

[1] E. KOTSCHERGIN: Bull. Soc. chim. France (4) **43**, 573 (1928).

[2] T. I. TEMNIKOWA: Chem. Zbl. **1940 II**, 1860.

[3] K. v. AUWERS, H. LUDEWIG, A. MÜLLER: Liebigs Ann. Chem. **526**, 150, 166 (1936).   [4] Siehe Anm. 7, S. 266.

[5] E. URION, E. BAUM: Chem. Zbl. **1939 II**, 3041.

[6] M. HENZE: Hoppe-Seyler's Z. physiol. Chem. **232**, 117 (1935).

[7] PH. G. STEVENS: J. Amer. chem. Soc. **61**, 1714 (1939).

[8] E. M. LUIS: J. chem. Soc. [London] **1932**, 2547.

[9] P. L. JULIAN, W. PASSLER: J. Amer. chem. Soc. **54**, 4756 (1932). — J. S. BUCK, W. S. IDE: Ebenda **55**, 855 (1933).

[10] S. S. JENKINS: J. Amer. chem. Soc. **53**, 3117 (1931).

[11] H. H. WEINSTOCK jr., R. C. FUSON: J. Amer. chem. Soc. **58**, 1986 (1936).

[12] J. BREDT: J. prakt. Chem. (2) **131**, 57 (1931).   [13] Siehe S. 207.

[14] S. IRI: J. Biochemistry **27**, 7 (1938). — O. MEYERHOF: Bull. Soc. Chim. biol. **20**, 1033, 1345 (1938).

[15] P. SABATIER, J. B. SENDERENS: C. R. hebd. Séances Acad. Sci. **136**, 983 (1903); Ann. Chimie (8) 4, 463 (1905).

[16] R. DELABY, J. M. DUMOULIN: Bull. Soc. chim. France (4) **39**, 1580 (1926).

[17] F. H. CONSTABLE: Proc. Roy. Soc. [London], Ser. A **113**, 254 (1926).

[18] P. E. WESTON. H. ADKINS: J. Amer. chem. Soc. **51**, 2430 (1929).

von 1% **Borsäure, Chromsäure, Wolframsäure** oder **Natriumhydroxyd** zum Zinkoxyd-katalysator erhöhen, von 1% **Schwefelsäure** dagegen vermindern die Aktivität der Katalysatoren[1]. Analog wird Äthyl-vinyl-carbinol durch **Kupfer** bei 300° zu 51% oder durch **Nickel** bei 210° zu 73%[2], aber auch durch **Palladiumschwarz** bei gewöhnlicher Temperatur[3] in Diäthylketon, Propyl-vinyl-carbinol durch **Kupfer** bei 300° zu 57% in Äthyl-propyl-keton[2], Butyl-vinyl-carbinol durch **Kupfer** bei 320—325° zu 52% in Äthyl-butyl-keton[2] umgewandelt. Aus Isobutyl-vinyl-, Isoamyl-propenyl- und Cyclohexyl-propenyl-carbinol entsteht mit **reduziertem Nickel** und **Wasserstoff** bei 195—200° ein Gemisch von Isobutyl-äthyl-, Isoamyl-propyl- bzw. Cyclohexyl-propyl-keton und dem zugehörigen Kohlenwasserstoff[4]. Diese Isomerisierung scheint nicht auf α,β-ungesättigte Alkohole beschränkt zu sein, so geht *Undecen-(1)-ol-(11)* (Undecylenalkohol) durch **Kupfer** bei 200—250° in Undecanal über[5]. Auch *ungesättigte Glykole*, wie Vinyl-phenyl-glykol, werden durch **Kupfer** in Ketoalkohole (Phenyl-propionyl- + Benzoyl-äthyl-carbinol) umgelagert[6].

In der alicyclischen Reihe werden ungesättigte Alkohole mit semicyclischer Doppelbindung besonders leicht isomerisiert, *Pinocarveol* und *Sabinol* gehen beim Erhitzen mit geringen Mengen **Aluminium-isopropylat** auf 150—170° oder mit **Natrium** auf 160—170° in Pinocamphon bzw. Tanaceton über[7], im letzteren Falle bildet sich nebenbei in sekundärer Reaktion Isothujon[8].

Die analoge Umlagerung der *β,γ-ungesättigten α-Oxysäuren* in α-Ketosäuren verläuft unter ähnlichen Bedingungen wie die Isomerisierung der β,γ- in α,β-ungesättigte Säuren. Während die α-Oxy-vinylessigsäure durch längeres Kochen mit **verdünnter Salzsäure** oder **Natronlauge** nur sehr träge in Propionyl-ameisen-säure umgewandelt wird[9], geht die Umlagerung bei dem Nitril mit **Phosphor-tribromid** in Äther oder Tetrachlorkohlenstoff glatt vor sich[10]. Viel besser verläuft die Isomerisierung bei der γ-Phenyl-α-oxy-vinyl-essigsäure, die durch Kochen mit 5proz. **Natronlauge** glatt in Benzyl-brenztraubensäure über-geführt wird[11].

Weniger zahlreich sind die Isomerisierungen unter Bildung cyclischer Oxyde. *α-Fencholenalkohol* geht beim Erwärmen mit **verdünnter Schwefelsäure** (1 : 7) in Fenchenol über[12], und *Chinabasen* (z. B. Cinchonin) werden durch starke **Mineral-säuren** in α-Isobasen (z. B. α-Isocinchonin) verwandelt[13].

Eine Wanderung von Wasserstoff in der umgekehrten Richtung tritt ein bei der Isomerisierung von *aliphatischen Aldehyden* und *Ketonen* unter Bildung cyclischer Alkohole. Eines der am besten untersuchten Beispiele dieser Art ist der Übergang von *Citronellal* in Isopulegol, der in langen Zeiträumen schon bei gewöhnlicher Temperatur stattfindet[14] und durch Erhitzen mit **Essigsäure-anhydrid** auf 180—200°, mit **Essigsäureanhydrid und Natriumacetat** auf 150 bis

---

[1] Siehe Anm. 18, S. 267.

[2] Siehe Anm. 16, S. 267.

[3] R. Delaby: C. R. hebd. Séances Acad. Sci. **182**, 140 (1926).

[4] R. Douris: C. R. hebd. Séances Acad. Sci. **157**, 55 (1913).

[5] L. Bouveault: Bull. Soc. chim. France (4) **3**, 124 (1908).

[6] E. Urion, E. Baum: Chem. Zbl. **1939 II**, 3041. Die näheren Bedingungen der Isomerisierung sind nicht angegeben.

[7] H. Schmidt: Ber. dtsch. chem. Ges. **62**, 103 (1929); **63**, 1134 (1930).

[8] Siehe S. 252.

[9] G. van der Sleen: Recueil Trav. chim. Pays-Bas **21**, 209 (1902). — R. Rambaud: Bull. Soc. chim. France (5) **1**, 1216 (1934).

[10] R. Rambaud: Bull. Soc. chim. France (5) **1**, 1218, 1348 (1934).

[11] R. Fittig, N. Petkow: Liebigs Ann. Chem. **299**, 9, 28 (1898). Mit verdünnter Salzsäure entsteht Benzoylpropionsäure, siehe S. 261.

[12] O. Wallach: Liebigs Ann. Chem. **284**, 338 (1895).

[13] Zum Beispiel W. Koenigs: Liebigs Ann. Chem. **347**, 184 (1906). — P. Rabe, B. Böttcher: Ber. dtsch. chem. Ges. **50**, 127 (1917).

[14] H. Labbé: Bull. Soc. chim. France (3) **21**, 1023 (1899).

160^0 [1] oder mit **Eisessig** auf 150^0 [2], am besten durch Erhitzen mit Essigsäureanhydrid auf Siedetemperatur[3] oder auf 160—180^0 [4] erreicht wird. **85—90proz.
Ameisensäure** gibt bei 0^0 10% Isopulegol, 70% Isopulegolhydrat und 20% Kondensationsprodukte, bei 100^0 bildet sich Isopulegol und sein Formiat neben
Terpenen und hochsiedenden Substanzen[5]. Auch **verdünnte Schwefelsäure** ist
wirksam, bei 25—30^0 entstehen mit 5proz. Säure 7%, mit 20proz. Säure 9% Isopulegol neben anderen Produkten[2]. Isopulegol bildet sich auch teilweise neben
anderen Produkten aus Citronellal in alkoholischer Lösung mit getrockneter
japanischer saurer Erde[6], während es andererseits durch Leiten seiner Dämpfe
über **Glaswolle** bei 500^0 und 25 mm Druck wieder zu 72% in Citronellal gespalten wird[7]. Weniger leicht, durch **50proz. Schwefelsäure** in Gegenwart von
Essigester bei gewöhnlicher Temperatur, wird *Citral* in 3-Methyl-6-isopropyliden-
cyclohexen-(2)-ol-(1) übergeführt[8]. Ähnlich verläuft die Cyclisierung der *1,5-Di-
ketone* unter dem Einfluß von **Basen**, wie **Piperidin** oder **Natriumäthylat**[9], die
z. B. beim *Methylen-bis-acetessigester* zum 5-Oxy-5-methyl-2,4-dicarbäthoxy-
cyclohexanon-(1) führt. Ebenso sind *α-Ketoglutarsäuren* fähig, beim Kochen
mit **konzentrierter wässeriger** oder **alkoholischer Kalilauge** oder **Kaliumcarbonat-
lösung** bei 140—145^0 in cyclische Verbindungen, die Oxy-cyclo-propan-dicarbon-
säuren, überzugehen[10]:

$$
\begin{array}{ccc}
& \text{COOH} & \\
& | & \\
\mathrm{R} \diagdown \quad \diagup \mathrm{C}{=}\mathrm{O} & & \mathrm{R} \diagdown \quad \diagup \mathrm{C} \diagup^{\text{COOH}} \\
\quad \mathrm{C} & \rightleftharpoons & \quad \mathrm{C} \diagdown_{\text{OH}} \\
\mathrm{R}' \diagup \quad \diagdown \mathrm{CH_2}{-}\mathrm{COOH} & & \mathrm{R}' \diagup \quad \diagdown \mathrm{CH}{-}\mathrm{COOH}
\end{array}
$$

Die Reaktion führt hier zu einem Gleichgewicht, dessen Lage stark von den Substituenten R und R′ abhängig ist. So beträgt der Gehalt an cyclischer Verbindung für R und R′ $=$ H 0%, CH_3 0%, für R$=CH_3$ und R′$=C_2H_5$ 0%, für
R und R′ $= C_2H_5$ 62%, n-C_3H_7 71%; ist R und R′ in einem Cyclopentylrest
verankert, so enthält das Gleichgewicht 0%, sind sie in einem Cyclohexylrest
festgelegt, so enthält es 100% cyclische Verbindung.

Gewisse *ungesättigte Enole* und *Phenole* können durch saure oder basische
Katalysatoren unter Anlagerung des Hydroxylwasserstoff- und -sauerstoffatoms
an die doppelte Bindung in heterocyclische Fünf- und Sechsringe übergehen.
So wird *Mesityloxyd-oxalsäuremethylester* (Enolform) in ein γ-Pyronderivat umgewandelt:

$$
\begin{array}{ccc}
\text{CO} & & \text{CO} \\
\diagup \diagdown & & \diagup \diagdown \\
\text{HC} \quad \text{CH} & & \text{H}_2\text{C} \quad \text{CH} \\
\| \qquad \| & \rightleftharpoons & | \qquad \| \\
\mathrm{(H_3C)_2C} \quad \mathrm{C{-}COOCH_3} & & \mathrm{(H_3C)_2C} \quad \mathrm{C{-}COOCH_3} \\
\diagdown \quad \diagup & & \diagdown \quad \diagup \\
\text{HO} & & \text{O}
\end{array}
$$

Die Umlagerung führt zu einem Gleichgewicht, das fast ganz auf der Seite der
cyclischen Verbindung liegt, und wird vor allem durch geringe Mengen von

---

[1] F. Tiemann, R. Schmidt: Ber. dtsch. chem. Ges. **29**, 913 (1896).
[2] R. Horiuchi: Chem. Zbl. **1928 II**, 1326.
[3] J. Doeuvre: Bull. Soc. chim. France **53**, 592 (1933).
[4] F. Tiemann, R. Schmidt: Ber. dtsch. chem. Ges. **30**, 27 (1897).
[5] H. J. Prins: Chem. Zbl. **1917 II**, 289.
[6] T. Kuwata: J. Soc. chem. Ind. Japan, suppl. Bind., B **34**, 70 (1931).
[7] J. Doeuvre: C. R. hebd. Séances Acad. Sci. **190**, 1164 (1930).
[8] A. Verley: Bull. Soc. chim. France (4) **21**, 409 (1899).
[9] P. Rabe: Liebigs Ann. Chem. **323**, 83 (1902); **332**, 1 (1904); **360**, 265 (1908).
[10] J. F. Thorpe und Mitarbeiter: J. chem. Soc. [London] **121**, 650, 1430, 1765
(1922); **123**, 113, 1206, 1683, 2865 (1923).

Mineralsäuren, aber auch durch **Natriumalkoholat** und **Piperidin** in Alkohol beschleunigt[1]. Auch das **Lösungsmittel** selbst scheint einen katalytischen Einfluß auszuüben, da die Isomerisierung in Alkoholen relativ schnell, in Äther und Benzol viel langsamer, am langsamsten in Chlorofom verläuft[2]. *o-Allylphenole* werden durch saure Katalysatoren cyclisiert, so geht o-Allyl-phenol selbst durch Kochen mit **Pyridinchlorhydrat** in 2-Methyl-cumaran über[3]. In ähnlicher Weise verläuft der Ringschluß bei *ungesättigten aromatischen o-Oxyketonen: Isobutenyl-p-kresylketon* wird durch **verdünnte Natronlauge** in Aceton-Wasser, durch **Natriummethylat** in Methanol, langsamer durch **wässeriges Ammoniak** bei gewöhnlicher Temperatur sowie durch Kochen mit **Diäthylanilin,** *nicht* dagegen mit Pyridin in 2,2,6-Trimethylchromanon umgelagert[4]. **Säuren** besitzen in der Kälte nur eine geringe Wirkung, dagegen tritt die Isomerisierung in siedender **alkoholischer** Lösung durch geringe Mengen **Schwefel-** oder **Salzsäure** rasch ein[4]. *o-Oxychalkone* lassen sich durch längeres Kochen mit **verdünnten Mineralsäuren**[5], in manchen Fällen auch bereits durch 1proz. **Natronlauge** in der Kälte[6] in Flavanone umwandeln.

Eine ganz analoge Umlagerung findet bei den *ungesättigten Carbonsäuren* unter dem Einfluß saurer Katalysatoren statt, es bilden sich dabei γ- oder δ-Lactone: Die Bildung beider Ringsysteme ist bei den γ, δ-*ungesättigten Säuren* möglich, ob sich ein γ- oder δ-Lacton bildet, hängt von der Konstitution der Säure ab. So geht Allylessigsäure mit **kochender 50proz. Schwefelsäure** oder mit **60proz. Schwefelsäure bei gewöhnlicher Temperatur** in γ-Valerolacton, $\varDelta^\gamma$-Isoheptensäure dagegen mit 60proz. Schwefelsäure bei gewöhnlicher Temperatur in δ-Isoheptolacton über[7]. β,γ-*ungesättigte Säuren* können nur in γ-Lactone umgewandelt werden, diese bilden sich rasch mit kochender 50proz. Schwefelsäure[8], langsamer mit 60proz. Schwefelsäure bei gewöhnlicher Temperatur[9, 10]. Konzentrierte Säure ist weniger vorteilhaft, da sie anderweitige Reaktionen begünstigt[11]. Auf diese Weise wurden umgewandelt: $\varDelta^\beta$-Pentensäure in γ-Valerolacton[10], $\varDelta^\beta$-Hexensäure in γ-Caprolacton[9, 12], $\varDelta^\beta$-Isohexensäure in γ-Isocaprolacton[9], Isophenylcrotonsäure in Phenyl-butyrolacton[12], Teraconsäure in Terebinsäure[12]. Vinylessigsäure bildet unter diesen Bedingungen kein Lacton[10]. Auch mit **rauchender Bromwasserstoffsäure** bei gewöhnlicher Temperatur[12, 13] oder **siedender konzentrierter Salzsäure**[14] läßt sich die Isomerisierung durchführen. α,β-*ungesättigte Säuren* können als solche keine Lactone liefern, da bei ihnen aber durch Mineralsäuren eine Isomerisierung zu β,γ-ungesättigten Säuren möglich ist[15], kann auf diesem Wege trotzdem eine Lactonbildung erreicht werden. Während nach Fittig[16] durch kochende 50proz. Schwefelsäure α,β-ungesättigte Säuren

[1] W. Dieckmann: Ber. dtsch. chem. Ges. **53**, 1774, 1780 (1920).
[2] W. Federlin: Liebigs Ann. Chem. **356**, 259 (1907).
[3] L. Claisen, O. Eisleb: Liebigs Ann. Chem. **401**, 26 (1913).
[4] K. v. Auwers, E. Lämmerhirt: Liebigs Ann. Chem. **421**, 16 (1920).
[5] St. v. Kostanecki, V. Lampe, J. Tambor: Ber. dtsch. chem. Ges. **37**, 787 (1904).
[6] H. Simonis, C. Lear: Ber. dtsch. chem. Ges. **59**, 2912 (1926).
[7] R. P. Linstead, H. N. Rydon: J. chem. Soc. [London] **1933**, 580.
[8] R. Fittig: Ber. dtsch. chem. Ges. **16**, 373 (1883); **26**, 40 (1893); Liebigs Ann. Chem. **283**, 51 (1894).
[9] R. P. Linstead: J. chem. Soc. [London] **1932**, 115.
[10] E. J. Boorman, R. P. Linstead: J. chem. Soc. [London] **1933**, 577.
[11] E. E. Blaise, A. Luttringer: C. R. hebd. Séances Acad. Sci. **140**, 148 (1905).
[12] R. Fittig, C. Geisler: Liebigs Ann. Chem. **208**, 54 (1881).
[13] R. Fittig, J. Bredt: Liebigs Ann. Chem. **200**, 58, 259 (1880).
[14] R. Fittig, B. Forst: Liebigs Ann. Chem. **226**, 365 (1884).
[15] Siehe S. 234.
[16] Liebigs Ann. Chem. **283**, 51 (1894).

nicht verändert werden, führt Kochen mit 62proz. Säure zum Ziel[1]. Eine genauere Untersuchung zeigt jedoch, daß die Angaben FITTIGs nicht richtig sind, Δ^α-Penten-[2], Δ^α-Hexen-[3] und Δ^α-Isohexensäure[3] werden durch Kochen mit 50proz. Schwefelsäure rasch in die entsprechenden γ-Lactone umgelagert, während sie im Gegensatz zu den Δ^β-Säuren durch 60proz. Schwefelsäure bei gewöhnlicher Temperatur nicht verändert werden.

Ein ähnlicher Vorgang ist die Bildung von Isoxazolen aus den *Oximen von Acetylenaldehyden*, Phenyl-propargyl-aldoxim wird z. B. in wässeriger Suspension durch eine Spur **Alkali** in 5-Phenyl-isoxazol umgewandelt[4]. In ähnlicher Weise geht *Benzalacetophenon-oxim* durch Erhitzen mit **konzentrierter Schwefelsäure** in 3,5-Diphenyl-isoxazolin über[5]. Solche *Isoxazole*, auch Benzisoxazole, werden wiederum, wenn sie in 3-Stellung nicht oder durch die Hydroxyl- oder Acylamino-Gruppe substituiert sind, durch **Alkaliäthylat** oder **alkoholische Alkalilauge**[6], in manchen Fällen auch schon durch **Alkalihydroxyd** oder **-carbonat** in wässeriger Lösung[7] leicht aufgespalten zu β-Ketonitrilen, so liefert das Isoxazol selbst Cyanacetaldehyd:

$$N=CH-CH=CH-O \rightarrow N\equiv C-CH=CHOH \rightarrow N\equiv C-CH_2-CHO$$

und analog 5-Phenyl-isoxazol Benzoyl-acetonitril[6], während *Benzisoxazole* in Salicylsäurenitrile[7] übergehen.

Mit einer Wanderung von Wasserstoff vom Sauerstoff und Kohlenstoff zum Stickstoff und Kohlenstoff ist die Isomerisierung von *Chinaalkaloiden* (Cinchonin[8, 9, 10], Cinchonidin[9, 10], Hydrocinchonin[9, 11], Chinin[9, 10, 12], Chinidin[9, 10] und Hydrochinin[9, 11]) beim Kochen mit 50**proz. Essigsäure** zu Chinatoxinen verbunden. Hohe Wasserstoffionenkonzentration ist der Umlagerung nicht förderlich, deshalb tritt sie beim Erhitzen mit Salzsäure nicht ein[9, 13]. Eingehende Untersuchungen[9, 14] über diese Umwandlung zeigen, daß die Umlagerungsgeschwindigkeit mit steigender Dissoziationskonstante der angewandten Säure fällt und zudem auch stark abhängig ist von der Natur der Säure. Die Umlagerung erfolgt, wenn auch langsam, durch Erhitzen mit **verdünntem Alkohol** und noch weit langsamer in **Benzol**[9].

2. Wanderung von Halogen.

Wanderung von Halogen vom Sauerstoff zum Kohlenstoff ist nur in einem Fall beobachtet, *2,4,6-Tribromphenolbrom*[15] geht beim Erhitzen mit **konzentrierter Schwefel-**

---

[1] F. FICHTER, A. KIEFER, W. BERNOULLI: Ber. dtsch. chem. Ges. **42**, 4710 (1909). — Siehe dazu auch G. A. R. KON, R. P. LINSTEAD: J. chem. Soc. [London] **127**, 616 (1925).

[2] Siehe Anm. 10, S. 270.

[3] Siehe Anm. 9, S. 270.

[4] L. CLAISEN: Ber. dtsch. chem. Ges. **36**, 3671 (1903).

[5] F. HENRICH: Liebigs Annn. Chem. **351**, 183 (1907). — K. v. AUWERS, M. SEYFRIED: Ebenda **484**, 178 (1930).

[6] L. CLAISEN: Ber. dtsch. chem. Ges. **36**, 3665, 3672 (1903) und früher.

[7] H. LINDEMANN: Liebigs Ann. Chem. **446**, 6 (1926); J. prakt. Chem. (2) **122**, 232 (1929).

[8] W. v. MILLER, ROHDE: Ber. dtsch. chem. Ges. **27**, 1279 (1894); **28**, 1057 (1895).

[9] P. RABE: Ber. dtsch. chem. Ges. **45**, 2929 (1912).

[10] H. C. BIDDLE: J. Amer. chem. Soc. **38**, 901 (1916).

[11] A. KAUFMANN, M. HUBER: Ber. dtsch. chem. Ges. **46**, 2919 (1913).

[12] W. v. MILLER, ROHDE: Ber. dtsch. chem. Ges. **33**, 3228 (1900).

[13] A. KAUFMANN: Ber. dtsch. chem. Ges. **46**, 1828 (1913).

[14] P. RABE, A. McMILLAN: Ber. dtsch. chem. Ges. **43**, 3308 (1910). — H. C. BIDDLE: Ber. dtsch. chem. Ges. **45**, 527, 2832 (1912); J. Amer. chem. Soc. **34**, 503 (1912); **35**, 418 (1913); **37**, 2065, 2082, 2088 (1915); **38**, 906 (1916).

[15] Zur Konstitution dieser Verbindung vgl. J. SSUKNEWITSCH, S. BUDNITZKY: J. prakt. Chem. (2) **138**, 18 (1933).

säure zum Schmelzen[1] oder auch bei gewöhnlicher Temperatur[2] glatt in 2,3,4,6-Tetrabromphenol über.

3. Wanderung von OH und O.

Wanderungen dieser Art sind ebenfalls nicht häufig. *Thioxanthen-S-oxyd* geht beim Kochen mit **Eisessig** in 9-Oxy-thioxanthen über, da letzteres aber unter diesen Bedingungen unter Wasserabspaltung in den entsprechenden Äther übergeht, erhält man auch hier nicht die Oxyverbindung selbst, sondern ihren Äther[3]. Unter denselben Bedingungen liefert das *Phenthiazin-9-oxyd*[4] das 2-Oxy-phenthiazin, und analog verhält sich das 10-Methylderivat[4], ob es sich hier um eine wirkliche Isomerisierung handelt, ist nicht sicher, da das Reaktionsprodukt zunächst noch mit Zinkstaub und Essigsäure behandelt werden muß. Dagegen geht das 2,4,5,7-(?)-Tetrachlor-phenthiazin-9-oxyd beim Erhitzen mit **Essigsäure** in 2,4,5,7(?)-Tetrachlor-phenazthionium-hydroxyd über[4].

4. Wanderung von Alkyl- und Arylresten.

Der bekannteste Fall einer derartigen Isomerisierung ist die Umlagerung der *Phenol-allyl-äther* in Allyl-phenole, die beim Kochen der Äther in Kohlendioxyd oder beim Erhitzen in Lösungsmitteln wie Diäthylanilin oder Petroleum eintritt[5]. Der Allylrest wandert dabei in die o-Stellung und nur, wenn beide o-Stellungen besetzt sind, in die p-Stellung[6]. Bei o,o,p-trisubstituierten Phenol-allyl-äthern ist auch dann noch eine Wanderung des Allylrestes möglich, wenn einer der beiden o-Substituenten eine Doppelbindung in Konjugation zum Phenylkern enthält, die Allylgruppe kann unter diesen Umständen mit dem an dem β-ständigen Kohlenstoffatom befindlichen Wasserstoffatom seinen Platz tauschen[6]. Zwischen der Wanderung des Allylrestes in o- und p-Stellung scheint ein prinzipieller Unterschied zu bestehen, da bei der Umlagerung von α- oder γ-substituierten Allyläthern im ersteren Falle gleichzeitig Allylverschiebung eintritt, die im letzteren ausbleibt[7]. Außerdem sind auch noch anormale Umlagerungen unter Verschiebung einer Doppelbindung in dem wandernden Rest bekannt[8]. Durch **Katalysatoren** läßt sich diese Umlagerung nach den bisherigen Beobachtungen **nicht** beeinflussen[9]. Bei den analogen *Propargyläthern* mit dreifacher Kohlenstoffbindung tritt beim Erhitzen keine Isomerisierung ein[10].

---

[1] R. Benedikt: Liebigs Ann. Chem. 199, 127 (1879); Mh. Chem. 1, 361 (1892).

[2] J. H. Kastle, J. W. Gilbert: Amer. chem. J. 27, 43 (1902).

[3] Th. P. Hilditch, S. Smiles: J. chem. Soc. [London] 99, 149, 160 (1911).

[4] Th. P. Hilditch, S. Smiles: J. chem. Soc. [London] 101, 2294 (1912).

[5] Zum Beispiel L. Claisen: Ber. dtsch. chem. Ges. 45, 3157 (1912); Liebigs Ann. Chem. 401, 21 (1913); 418, 79 (1919); Ber. dtsch. chem. Ges. 58, 275 (1925); 59, 2344 (1926); Liebigs Ann. Chem. 442, 210 (1925); 449, 81 (1926). — K. v. Auwers, E. Borsche: Ber. dtsch. chem. Ges. 48, 1725 (1916); J. v. Braun, W. Schirmacher: Ebenda 56, 544 (1923). — W. M. Lauer: J. Amer. chem. Soc. 58, 1388, 1392 (1936). — F. Mauthner: J. prakt. Chem. (2) 148, 95 (1937). — O. Mumm: Ber. dtsch. chem. Ges. 70, 2215 (1937); 72, 100, 1523 (1939). — Ch. D. Hurd: J. org. Chemistry 3, 550 (1939) und früher.

[6] L. Claisen, E. Tietze: Liebigs Ann. Chem. 449, 81 (1926).

[7] L. Claisen, E. Tietze: Ber. dtsch. chem. Ges. 58, 275 (1925). — Ch. D. Hurd, L. Schmerling: J. Amer. chem. Soc. 59, 107 (1937). — O. Mumm, F. Möller: Ber. dtsch. chem. Ges. 70, 2219 (1937). — E. Späth, F. Kuffner: Ebenda 72, 1580 (1939). — In manchen Fällen wird jedoch auch bei der Wanderung in p-Stellung Allylverschiebung beobachtet, siehe O. Mumm, H. Hornhardt, J. Diederichsen: Ebenda 72, 100 (1939).

[8] W. M. Lauer, W. F. Filbert: J. Amer. chem. Soc. 58, 1388 (1936). — Ch. D. Hurd, M. P. Puterbaugh: J. org. Chemistry 2, 381 (1937). — Ch. D. Hurd, M. A. Pollack: Ebenda 3, 550 (1939).

[9] L. Claisen: Liebigs Ann. Chem. 418, 80 (1919). — J. F. Kincaid, D. S. Tarbell: J. Amer. chem. Soc. 61, 3085 (1939).

[10] Ch. D. Hurd, F. L. Cohen: J. Amer. chem. Soc. 53, 1068 (1931).

Analog den Phenol-allyl-äthern verhalten sich die *Enol-allyl-äther*, so geht Vinyl-allyl-äther bei 250⁰ in Allylacetaldehyd über[1], und ähnlich verläuft die Umlagerung bei substituierten Vinyl-allyl-äthern[1, 2]. O-Allyl-acet-essigester und -acetylaceton werden durch Destillieren über etwas **Ammonchlorid** in C-Allyl-acetessigester bzw. -acetylaceton umgewandelt[3].

Andere *ungesättigte Phenoläther*, die nicht die Allylgruppierung besitzen, lassen sich ohne Zuhilfenahme von Katalysatoren nicht isomerisieren. *Phenoläther vom Vinyltyp* werden durch Kochen mit einer 10proz. Lösung von **Schwefelsäure in Eisessig** umgelagert, Isopropenyl-phenyläther ergibt unter diesen Bedingungen in der Hauptsache o-, daneben p-Isopropenyl-phenol[4].

Bei den *gesättigten Phenol-alkyl-äthern* ist die Neigung zur Umlagerung sehr verschieden, je nachdem ein Äther mit primärer, sekundärer oder tertiärer Alkylgruppe vorliegt. *Tertiäre* Alkyl-phenyl-äther werden schon durch Erhitzen ohne Katalysator auf Siedetemperatur in p-tert. Alkyl-phenole umgelagert (Beispiele: tert. Butyl-phenyl-äther[5, 6], Diisobutyl-phenyl-äther[6]). Bei *sekundären* und *primären* Alkyl-phenyl-äthern ist zur Erreichung der Isomerisierung bei Temperaturen von ungefähr 300⁰ schon die Anwesenheit von Oberflächenkatalysatoren, wie **Tonsil**[7] (Propyl- und Isopropyl-m-tolyl-äther → Thymol bei 180—350⁰), **Silicagel** oder **Fullererde**[8] (Äthyl-phenyl-äther → p-Äthyl-phenol, Isopropyl-m-tolyl-äther → Thymol und Isomere, Cyclohexyl-phenyl-äther → p-Cyclohexyl-phenol bei 280—320⁰ unter Druck) notwendig, auch Heteropolysäuren, wie **Silico-molybdän-** und **-wolframsäure** oder **Phosphor-molybdän-** und **-wolframsäure**, werden als Katalysatoren vorgeschlagen[9]. Bei Zimmertemperatur läßt sich diese Isomerisierung durch **Aluminiumchlorid** erreichen, so entstehen aus n-Butyl-phenyl-äther o- und p-Butyl-phenol[10], aus sek. Butyl-phenyläther p-sek. Butyl-phenol[11], aus Isobutyl- und tert. Butyl-phenyläther p-tert. Butyl-phenol[11] und aus Isopropyl-m-tolyl-äther Thymol und p-Isopropyl-m-kresol[12]. Für die Umlagerung von sekundären Äthern hat sich eine siedende Lösung von 10—20% **Schwefelsäure in Eisessig** (Beispiele: Isopropyl-phenyl-äther → viel o- und wenig p-Isopropyl-phenol[13], Isopropyl-m-tolyl-äther → Thymol und p-Isopropyl-m-kresol[13], analog sek. Butyl- und sek. Amyl-m-tolyl-äther[13], Isopropyl-4-chlor-3-methyl-phenyl-äther[13] und sek. Butyl-mesityl-äther[14]) oder **Zinkchlorid in Eisessig** bei 110—120⁰ (sek. Butyl-phenyl- und -tolyl-äther[15]), besonders aber Einleiten von 3% **Borfluorid** und nachträgliches Erhitzen des warmen Reaktionsgemisches auf 85⁰[16] (Beispiele: Isopropyl-phenyl-äther → viel

[1] CH. D. HURD, M. A. POLLACK: J. Amer. chem. Soc. **60**, 1905 (1938).
[2] CH. D. HURD, M. A. POLLACK: J. org. Chemistry **3**, 550 (1939).
[3] L. CLAISEN: Ber. dtsch. chem. Ges. **45**, 3157 (1912); **58**, 278, Anm. (1925).
[4] J. B. NIEDERL, E. A. STORCH: J. Amer. chem. Soc. **55**, 284 (1933).
[5] R. A. SMITH: J. Amer. chem. Soc. **55**, 3718 (1933).
[6] S. NATELSON: J. Amer. chem. Soc. **56**, 1585 (1934).
[7] Schw. P. 144206, 144207, Chem. Zbl. **1931 II**, 1055; E. P. 308681, 309031, F. P. 661060, ebenda **1931 II**, 1492.
[8] E. P. 294238, F. P. 657293, Chem. Zbl. **1929 II**, 1470.
[9] E. P. 458236, Chem. Zbl. **1937 I**, 4863.
[10] R. A. SMITH: J. Amer. chem. Soc. **56**, 1419 (1934).
[11] R. A. SMITH: J. Amer. chem. Soc. **55**, 3718 (1933). — Siehe auch C. HARTMANN, L. GATTERMANN: Ber. dtsch. chem. Ges. **25**, 3531 (1892).
[12] R. A. SMITH: J. Amer. chem. Soc. **55**, 849 (1933).
[13] J. B. NIEDERL, S. NATELSON: J. Amer. chem. Soc. **53**, 1928 (1931); **54**, 1063 (1932).
[14] W. I. GILBERT, E. S. WALLIS: J. org. Chemistry **5**, 184 (1940).
[15] M. M. SPRUNG, E. S. WALLIS: J. Amer. chem. Soc. **56**, 1715 (1934).
[16] F. J. SOWA, H. D. HINTON, J. A. NIEUWLAND: J. Amer. chem. Soc. **54**, 2019 (1932); **55**, 3402 (1933).

o- und wenig p-Isopropylphenol, Isopropyl-o-tolyl-äther → 2-Methyl-4-isopropyl-phenol, Isopropyl-m-tolyläther → Thymol und 3-Methyl-4-isopropylphenol, Iso-propyl-p-tolyl-äther → 4-Methyl-2-isopropylphenol) als geeignet erwiesen. Der tertiäre Diisobutyl-o-tolyl-äther läßt sich durch **Zinkchlorid + Chlorwasserstoff** in der Siedehitze isomerisieren[1]. Bei der Einwirkung dieser Katalysatoren beobachtet man in mehr oder weniger umfangreichem Maße die Bildung von Disproportionierungsprodukten (z. B. bei Isopropyl-phenyl-äther die Bildung von Phenol, 2,4-Diisopropyl- und 2,4,6-Triisopropyl-phenol), so daß es sich in diesem Falle wahrscheinlich um keine wahre intramolekulare Umlagerung handelt.

Auch in der Alkylgruppe *durch aromatische Reste substituierte Phenol-alkyl-äther* lassen sich viel leichter isomerisieren. Benzyl-phenyl-äther wird schon durch Erhitzen auf 250⁰ in p-Benzylphenol umgelagert[2], Zusätze von etwas **Zink** oder **Kupfer** fördern die Reaktion, während sie bei der Umwandlung der Benzyl-naphthyl-äther nicht notwendig sind[2]. Mit **Zinkchlorid** bei 160⁰[3] bzw. mit **Zink-chlorid** allein bei 225⁰ oder **im Chlorwasserstoffstrom** bei 180⁰[4], sowie mit **konzen-trierter Salzsäure** bei 100⁰ im Einschlußrohr[5] entstehen aus Benzyl-phenyl-äther p- und o-Benzyl-phenol, die Bildung von Disproportionierungsprodukten spricht auch hier gegen eine echte intramolekulare Umlagerung[4]. In analoger Weise liefert der Triphenylmethyl-phenyl-äther mit **Zinkchlorid** bei 160⁰ p-Oxy-tetra-phenylmethan[6], der Triphenylmethyl-o-tolyl-äther unter denselben Bedingungen dagegen α-[o-Oxyphenyl]-β,β,β-triphenyl-äthan[6] (Wanderung des Triphenyl-methylrestes in die Seitenkette).

Ganz anders verlaufen die Isomerisierungen, die neben Spaltung beim Er-hitzen von *Äthern* mit **Natrium** auf 100⁰ eintreten. Dibenzyläther liefert Phenyl-benzyl-carbinol[7], Cyclohexyl-benzyl-äther Phenyl-cyclohexyl-carbinol[7], p-Tolyl-benzyl-äther Phenyl-p-tolyl-carbinol[7] und Phenyl-benzhydryl-äther Triphenyl-carbinol[8], während sich unter den gleichen Bedingungen aus dem o-Tolyl-benzyl-äther o-Oxy-dibenzyl[7] und aus dem bereits obenerwähnten Triphenyl-methyl-o-tolyl-äther in Toluol p-Oxy-m-methyl-tetra-phenyl-methan[9] bildet. Auch der rein aromatische Diphenyläther läßt sich durch geeignete Mittel, wie **Äthyl-magnesiumbromid,** bei 170—190⁰[10] oder besser durch **Natriumphenyl** in Benzol[11] zu o-Oxy-diphenyl isomerisieren.

5. Wanderung von Säureresten.

Derartige Isomerisierungen sind in großer Zahl bekannt und erstrecken sich hauptsächlich auf die Umlagerung von *Enol-* und *Phenolestern.*

In der Reihe der *Enolester* wird O-Acetyl-acet-essigester durch **Kalium-carbonat** unter Zusatz von etwas Acetessigester oder durch **Natrium-acetessig-**

[1] J. B. Niederl, S. Natelson: J. Amer. chem. Soc. **53**, 274 (1931). — S. Natelson, Ebenda **56**, 1583 (1934).

[2] O. Behaghl, H. Freiensehner: Ber. dtsch. chem. Ges. **67**, 1368 (1934).

[3] J. van Alphen: Recueil Trav. chim. Pays-Bas **46**, 804 (1927).

[4] W. F. Short: J. chem. Soc. [London] **1928**, 528; **1929**, 553.

[5] J. v. Braun, H. Reich: Liebigs Ann. Chem. **445**, 226 (1925).

[6] J. van Alphen: Recueil Trav. chim. Pays-Bas **46**, 287 (1927).

[7] P. Schorigin: Ber. dtsch. chem. Ges. **58**, 2028 (1925).

[8] P. Schorigin: Ber. dtsch. chem. Ges. **59**, 2510 (1926).

[9] P. Schorigin: Ber. dtsch. chem. Ges. **59**, 2502, 2510 (1926). — H. A. Iddles, H. O. Minckler: J. Amer. chem. Soc. **62**, 2757 (1940).

[10] E. Späth: Mh. Chem. **35**, 328 (1914).

[11] A. Lüttringhaus, G. v. Sääf: Liebigs Ann. Chem. **542**, 241 (1939).

ester in siedendem Essigester[1], sowie durch Erwärmen mit **Natriumacetat**[2] in C-Acetyl-acetessigester (Diacetessigester) umgewandelt. Da für die vollständige Umlagerung molekulare Mengen des Umlagerungsmittels erforderlich sind, scheint es sich hier um keine Kontaktwirkung zu handeln[3], doch ist dies keineswegs erwiesen, es kann vielmehr unter der katalytischen Wirkung des Umlagerungsmittels die Bildung eines Gleichgewichts eintreten; wird das Gleichgewicht dann durch Bildung eines Salzes des Diacetessigesters gestört, so läßt sich dadurch eine vollständige Isomerisierung erreichen. Dafür spricht auch, daß in anderen Fällen, bei der Umwandlung der O-Acetyl- in C-Acetyl-dihydroresorcine durch Erhitzen mit **Natriumacetat** auf 140° oder in siedendem Essigsäureanhydrid, sowie bei längerem Erwärmen mit **Kaliumcarbonat** oder **Natrium** in Äther oder Essigester, weit geringere Mengen des Umlagerungsmittels genügen[4]. Durch **Borfluorid** wird O-Acetyl-acetessigester schon in der Kälte rasch und vollständig in die C-Acetyl-verbindung, Cyclohexen-(1)-ol-(1)-acetat unter denselben Bedingungen weniger glatt in 2-Aceto-cyclohexanon-(1) übergeführt[5]. Als Isomerisierungen von Enolestern sind auch die Umlagerungen von *Phthalylessigsäure* in Indandion-(1,3)-carbonsäure-(2) durch **Natriummethylat** in Methanol bei gewöhnlicher Temperatur[6] und von *Benzal-4(bzw. 5)-bromphthalid* in 2-Phenyl-5-bromindandion-(1,3) durch **Natriummethylat** in siedendem Methanol[7] aufzufassen.

Während bei den Enolestern der Acylrest unter Verschiebung der Doppelbindung wandert, tritt bei der Umlagerung der *Phenolester* keine Verschiebung einer Doppelbindung ein, es entstehen vielmehr unter gleichzeitiger Wanderung eines Wasserstoffatoms Phenolketone. Diese unter dem Namen FRIESsche Verschiebung bekannte Isomerisierung wird am besten durch **Aluminiumchlorid** erreicht; da die entstehenden Phenolketone mit dem Katalysator unter Bildung stabiler Molekülverbindungen oder unter Entwicklung von Chlorwasserstoff und Salzbildung reagieren, ist die Anwendung molarer Mengen des Katalysators erforderlich. So lassen sich z. B. mit Aluminiumchlorid bei 120° Phenyl-acetat[8, 9] und Phenyl-chloracetat[8] in ein Gemisch von o- und p-Oxy-acetophenon bzw. Oxy-ω-chloracetophenon überführen, ist die p-Stellung wie beim p-Kresylchloracetat[10] besetzt, so entsteht ausschließlich o-Oxyketon. Das Verhältnis o- : p-Verbindung ist abhängig von der Isomerisierungstemperatur, hohe Temperatur begünstigt die o-, niedere die p-Verbindung[11, 12], außerdem ist das Verhältnis o- : p-Verbindung abhängig von den Substituenten[13], mit zunehmender Kettenlänge des Säurerestes tritt die Bildung der o-Verbindung auch bei niederer Temperatur in den Vordergrund[14]. Die Umlagerungsleichtigkeit wird durch Substituenten ebenfalls stark beeinflußt[12], sie wird erhöht durch Methyl in o-Stellung, verringert durch Methyl in m-Stellung und die Carboxylgruppe in

[1] L. CLAISEN, E. HAASE: Ber. dtsch. chem. Ges. **33**, 3778 (1900).
[2] W. WISLICENUS, H. KOERBER: Ber. dtsch. chem. Ges. **34**, 218, 3768 (1901). — W. DIECKMANN, R. STEIN: Ebenda **37**, 3370 (1904).
[3] W. DIECKMANN, R. STEIN: Ber. dtsch. chem. Ges. **37**, 3392 (1904).
[4] W. DIECKMANN, R. STEIN: Ber. dtsch. chem. Ges. **37**, 3370 (1904).
[5] D. KÄSTNER: Dissertation, S. 29, 66, Marburg 1937.
[6] S. GABRIEL, A. NEUMANN: Ber. dtsch. chem. Ges. **26**, 953 (1893).
[7] C. F. KOELSCH: J. Amer. chem. Soc. **58**, 1328 (1936).
[8] K. FRIES, W. PFAFFENDORF: Ber. dtsch. chem. Ges. **43**, 214 (1910).
[9] K. FREUDENBERG, L. ORTHNER: Ber. dtsch. chem. Ges. **55**, 1748 (1922).
[10] K. FRIES, G. FINCK: Ber. dtsch. chem. Ges. **41**, 4272 (1908).
[11] K. v. AUWERS, H. BUNDESMANN, F. WIENERS: Liebigs Ann. Chem. **447**, 162 (1926). — K. v. AUWERS, W. MAUSS: Ebenda **464**, 293 (1928).
[12] K. W. ROSENMUND, W. SCHNURR: Ebenda **460**, 56 (1928).
[13] H. WOJAHN: Arch. Pharmaz. Ber. dtsch. pharmaz. Ges. **271**, 417 (1933).
[14] R. BALTZLY, A. BASS: J. Amer. chem. Soc. **55**, 4292 (1933).

o-Stellung, während die Isomerisierung durch die Nitrogruppe und manche Acylreste (z. B. Benzoyl) in o-Stellung und durch die Carboxylgruppe in m- und p-Stellung ganz verhindert wird; doch lassen sich keine strengen Regeln angeben, da die Umlagerungsleichtigkeit auch noch von dem wandernden Acylrest abhängig ist. Aus den systematischen Untersuchungen verschiedener Autoren haben sich im Laufe der Zeit zwei hauptsächliche Verfahren herausgeschält: Geht man auf die Gewinnung von o-Phenolketonen aus, so erhitzt man nach dem *Friesschen Verfahren* den Phenolester mit 1,2 Mol. **Aluminiumchlorid** $^{1}/_{2}$—1 Stunde auf 120^{0}[1], in manchen Fällen ist längeres Erhitzen oder höhere Temperatur (bis zu 190^{0}) erforderlich; will man die p-Verbindung erhalten oder empfindliche Phenolester umlagern, so arbeitet man nach dem *Behnschen*[2] *Verfahren* und behandelt mit 1,2—1,3 Mol. **Aluminiumchlorid** in Nitrobenzol bei Temperaturen bis zu 75^{0} (in der Regel 60^{0})[3]. Auch andere Lösungsmittel wie Tetrachloräthan[4] oder Chlorbenzol[5] werden gelegentlich angewandt. Die Beschaffenheit des Aluminiumchlorids ist außerordentlich wichtig, es soll für die Friessche Verschiebung nur frisch sublimiertes Chlorid angewandt werden, die abweichenden Ergebnisse verschiedener Autoren sind sicher zum Teil auf die Qualität des Katalysators zurückzuführen. Bei Estern homologer Phenole ist in manchen Fällen eine gleichzeitige Wanderung von Alkylresten beobachtet worden[6]. Beispiele der Friesschen Verschiebung mit Aluminiumchlorid sind außerordentlich zahlreich, nicht nur Phenolester[7], auch Naphtholester[8], Phenanthrylester[9], Ester von Oxy-diphenylen[10], mehrwertigen Phenolen[11] und der Phthalsäure[12] lassen sich so umlagern.

---

[1] K. W. Rosenmund, W. Schnurr: Liebigs Ann. Chem. **460**, 59, 78, 79 (1928).

[2] DRP. 95901, Chem. Zbl. **1898 I**, 1223.

[3] K. W. Rosenmund, W. Schnurr: Liebigs Ann. Chem. **460**, 58, 77 (1928).

[4] F. F. Blicke, O. J. Weinkauff: J. Amer. chem. Soc. **54**, 330 (1932).

[5] G. Sandulesco, A. Girard: Bull. Soc. chim. France (4) **47**, 1300 (1930) und frühere dort angeführte Literaturstellen. — H. Wojahn: Arch. Pharmaz. Ber. dtsch. pharmaz. Ges. **271**, 417 (1933).

[6] K. v. Auwers: Liebigs Ann. Chem. **447**, 162 (1926); **460**, 240 (1928); **483**, 44 (1930). — J. Meisenheimer, R. Hanssen, A. Wächterowitz: J. prakt. Chem. (2) **119**, 323 (1928).

[7] Außer den schon angeführten Literaturstellen sind noch zu erwähnen: K. v. Auwers: Ber. dtsch. chem. Ges. **49**, 813 (1916); **54**, 1553 (1921); **58**, 34 (1925); **61**, 416, 1504 (1928); **64**, 2219 (1931); Liebigs Ann. Chem. **483**, 44 (1930). — G. Wittig: Ber. dtsch. chem. Ges. **57**, 89 (1924). — F. Krollpfeiffer, H. Schultze: Ebenda **57**, 601 (1924). — K. W. Rosenmund, H. Schulz: Arch. Pharmaz. Ber. dtsch. pharmaz. Ges. **265**, 308 (1927). — E. H. Cox: J. Amer. chem. Soc. **49**, 1029 (1927); **52**, 352 (1930). — Ch. E. Coulthard, J. Marshall, F. L. Pyman: J. chem. Soc. [London] **1930**, 280. — R. W. Stoughton, R. Baltzly, A. Bass: J. Amer. chem. Soc. **56**, 2007 (1934). — J. Meisenheimer, Liang-Han Chou: Liebigs Ann. Chem. **539**, 78 (1939). — E. P. 330333, Chem. Zbl. **1931 II**, 1194.

[8] Zum Beispiel K. Fries: Ber. dtsch. chem. Ges. **54**, 709 (1921); **58**, 2835 (1925). — H. Lederer: J. prakt. Chem. (2) **135**, 49 (1932). — K. Ch. Gulati, S. R. Seth, K. Venkataraman: Ebenda (2) **137**, 47 (1933). — R. W. Stoughton: J. Amer. chem. Soc. **57**, 202 (1935). — J. Meisenheimer, Liang-Han Chou: Liebigs Ann. Chem. **539**, 78 (1939). — E. P. 248791, Chem. Zbl. **1927 II**, 336.

[9] Zum Beispiel E. Mosettig, A. Burger: J. Amer. chem. Soc. **55**, 2981 (1933).

[10] F. F. Blicke, O. J. Weinkauff: J. Amer. chem. Soc. **54**, 332 (1932). — L. F. Fieser, Ch. K. Badsher: Ebenda **58**, 1741, 2337 (1936). — D. H. Hey, E. R. B. Jackson: J. chem. Soc. [London] **1936**, 802. — K. H. Cheetham, D. H. Hey: Ebenda **1937**, 770. Zum Teil voneinander abweichende Ergebnisse.

[11] Zum Beispiel G. Wittig: Liebigs Ann. Chem. **446**, 182 (1926); J. prakt. Chem. (2) **130**, 81 (1931). — K. W. Rosenmund: Ber. dtsch. chem. Ges. **61**, 2601 (1928); Arch. Pharmaz. Ber. dtsch. pharmaz. Ges. **271**, 342 (1933). — F. Mauthner: J. prakt. Chem. (2) **121**, 255 (1929); **136**, 205, 213 (1933); **139**, 293 (1934).

[12] W. Csányi: Ber. dtsch. chem. Ges. **52**, 1792 (1919). — F. F. Blicke, O. J. Weinkauff: J. Amer. chem. Soc. **54**, 332 (1932).

Mit dem gleichen Erfolg läßt sich die FRIESsche Verschiebung mit **Beryllium-chlorid** durchführen[1], dagegen wirken **Eisenchlorid**[2, 3], **Zinkchlorid**[3, 4], **Zinn-chlorid**[3, 5], **Phosphoroxychlorid**[6], **Magnesiumchlorid**[3], **Schwefelsäure**[3] und **Phos-phorsäure**[3] in der Regel schlechter, können jedoch in speziellen Fällen, wenn Aluminiumchlorid zu heftig einwirkt, gewisse Vorteile bieten. Auch **Borfluorid** vermag die FRIESsche Verschiebung herbeizuführen, die Borfluoridverbindungen der Phenolester gehen langsam bei gewöhnlicher Temperatur, schneller und glatt beim Erhitzen für sich auf Schmelztemperatur oder in Lösungsmitteln wie Borfluoridätherat oder Nitrobenzol, am besten in Borfluoridessigsäure auf 70° in die entsprechenden Verbindungen der Phenolketone über[7, 8], dabei entstehen bevorzugt p-Oxyketone[8], Alkylverschiebungen werden unter diesen Bedingungen nicht beobachtet[8]. Die Bildung von p-Oxyketonen tritt auch beim Erhitzen mit **Fluorwasserstoff** in Pentan auf 100° ein, doch sind die Ausbeuten in diesem Falle nicht beträchtlich[9]. Bei der Umlagerung von Estern mehrwertiger Phenole mit **Zinkchlorid**[10] oder **Borfluorid**[8] wird gelegentlich auch in geringerem Umfange eine Wanderung des Acylrestes in m-Stellung beobachtet. Außerdem werden für diese Isomerisierung noch **Phosphor-molybdän-** und **-wolframsäure,** sowie **Silico-molybdän-** und **-wolframsäure** vorgeschlagen[11].

Eine Isomerisierung in der umgekehrten Richtung läßt sich bei gewissen *p-Oxy-ketonen* (p-Aceto-m-kresol, Thymol- und Carvacrol-ketonen) durch Er-hitzen mit etwas **Schwefelsäure** oder noch besser mit etwas **Camphersulfosäure** auf 150° erreichen[12]. Über den Mechanismus der FRIESschen Verschiebung selbst besteht noch keine einheitliche Auffassung, gewisse Untersuchungen[8, 13] sprechen für, andere[14] gegen eine echte intramolekulare Umlagerung.

Die FRIESsche Verschiebung ist nicht auf Carbonsäureester beschränkt, auch *Phenol-sulfosäureester* lassen sich durch Erhitzen mit **Aluminiumchlorid** auf 140—150° oder mit **Zinkchlorid** auf 160—180° mit oder ohne Nitrobenzol als Lösungsmittel[15], in geringem Umfang auch durch Erhitzen mit **Fluorwasserstoff** in Ligroin auf 100°[9] in p-Oxy-sulfone[15] umlagern, ist die p-Stellung besetzt, so bilden sich o-Oxy-sulfone[9].

[1] H. BREDERECK, G. LEHMANN, CH. SCHÖNFELD, E. FRITZSCHE: Ber. dtsch. chem. Ges. **72**, 1414 (1939).

[2] M. BIALOBRZESKI, M. NENCKI: Ber. dtsch. chem. Ges. **30**, 1776 (1897). — H. HUBER, K. BRUNNER: Mh. Chem. **56**, 322 (1930). — W. BAKER: J. chem. Soc. (London) **1934**, 72.   [3] E. P. 287967, Chem. Zbl. **1929** I, 4394.

[4] J. F. EIJKMAN: Chem. Zbl. **1904** I, 1597; **1905** I, 814. — G. HELLER: Ber. dtsch. chem. Ges. **42**, 2736 (1909). — S. SKRAUP, K. POLLER: Ebenda **57**, 2033 (1924). — T. REICHSTEIN: Helv. chim. Acta **10**, 392 (1937). — F. MAUTHNER: J. prakt. Chem. (2) **118**, 314 (1928). — CH. E. COULTHARD, J. MARSHALL, F. L. PYMAN: J. chem. Soc. [London] **1930**, 280.

[5] W. STAEDEL: Liebigs Ann. Chem. **283**, 179 (1894). — W. CSÁNYI: Ber. dtsch. chem. Ges. **52**, 1792 (1919).

[6] E. OTT: Ber. dtsch. chem. Ges. **59**, 1071 (1926). Für die Umlagerung sind nur 5—10% des Katalysators erforderlich.

[7] H. MEERWEIN: Ber. dtsch. chem. Ges. **66**, 414 (1933).

[8] D. KÄSTNER: Dissertation, Marburg 1937.

[9] J. H. SIMONS, S. ARCHER, D. I. RANDALL: J. Amer. chem. Soc. **62**, 485 (1940).

[10] T. REICHSTEIN: Helv. chim. Acta **10**, 392 (1927). — F. MAUTHNER: J. prakt. Chem. (2) **118**, 314 (1928).   [11] E. P. 458236, Chem. Zbl. **1937** I, 4863.

[12] K. W. ROSENMUND, W. SCHNURR: Liebigs Ann. Chem. **460**, 68, 91 (1928).

[13] K. v. AUWERS: Liebigs Ann. Chem. **447**, 162 (1926); **464**, 293 (1928); Ber. dtsch. chem. Ges. **61**, 416 (1928).

[14] S. SKRAUP: Ber. dtsch. chem. Ges. **57**, 2033 (1924); **60**, 1075 (1927). — K. W. ROSENMUND, W. SCHNURR: Liebigs Ann. Chem. **460**, 56 (1928). — E. H. COX: J. Amer. chem. Soc. **52**, 352 (1930).

[15] DRP. 532403, Chem. Zbl. **1931** II, 3264.

Eine andersartige Umlagerung erleiden *o-Aroyloxy-acetophenone* unter der Einwirkung von **Natriumäthylat** in Alkohol bei gewöhnlicher Temperatur, sie gehen dabei schnell und vollkommen in o-Oxy-diaroyl-methane über[1]; weniger wirksam sind **Kaliumcarbonat** in siedendem Benzol oder Toluol, **Natriumamid** in trockenem Äther oder fein verteiltes **Natrium** in Äther oder siedendem Toluol. Mit einer Wanderung eines Säurerestes ist auch der Übergang des *3,6-Diphenyl-4,5-(o,o'-biphenylen)-phthalsäureanhydrids* in 2-Phenyl-3,4-(o,o'-biphenylen)-fluorenon-carbonsäure-(1), der durch **Aluminiumchlorid** in siedendem Benzol eintritt, verbunden[2].

III. Wanderungen zwischen Stickstoff und Kohlenstoff.

1. Wanderung von Wasserstoff.

Bei Verbindungen, die zu einer *Ketimid-Enamin-Tautomerie*:

$$\begin{array}{ccc} -\!C\!-\!CH\!-\!C\!- & & -\!C\!=\!C\!-\!C\!- \\ \parallel \quad \mid \quad \parallel & \rightleftharpoons & \mid \quad \parallel \\ NH \quad\ O & & NH_2 \quad O \end{array}$$

fähig sind, ist jeweils nur eine tautomere Form bekannt, der die Enaminformel zuzuschreiben ist[3], demgemäß ist auch nichts über katalytische Wirkungen bezüglich dieser tautomeren Umwandlung bekannt.

Ringschluß unter Wanderung von Wasserstoff vom Kohlenstoff zum Stickstoff erleiden *Dicarbonsäure-dinitrile* unter Bildung der Imide von cyclischen β-Ketocarbonsäure-nitrilen:

$$(CH_2)n\!\!\begin{array}{c} CH_2\!-\!C\!\equiv\!N \\ \\ C\!-\!N \end{array} \rightarrow (CH_2)n\!\!\begin{array}{c} CH\!-\!C\!\equiv\!N \\ \mid \\ C\!=\!NH \end{array}$$

Die Isomerisierung erfolgt unter der Einwirkung von etwas **Natriumäthylat** in siedendem Alkohol[4], besser mit der molekularen Menge der Lithiumverbindung eines sekundären Amins (am besten **Phenyl-äthyl-lithiumamid**) in siedender ätherischer Lösung[5]. In ähnlicher Weise erfolgt ein Ringschluß bei dem *1-Acetyl-1,2,2-trimethyl-3-cyan-cyclopentan* mit siedender **alkoholischer Kalilauge** unter Bildung von 1,8,8-Trimethyl-bicyclo-[1,2,3]-4-imino-octanon-(2)[6]. Mit konzentrierter **Schwefelsäure** bei —10° bis 0° gehen *γ-Phenyl-β-imino-butyronitril*[7] in 1,3-Diamino-naphthalin, *α,γ-Diphenyl-β-imino-butyronitril*[8] und *α-Phenyl-β-o-tolyl-β-imino-propionitril*[9] in 2-Phenyl-1,3-diaminonaphthalin und *γ-Phenyl-β-imino-α-cyan-buttersäure*[7] und ihre Ester[7, 8], sowie die in der Seitenkette[8] oder im Kern[10] alkylsubstituierten Verbindungen in die 1,3-Diamino-naphthalin-2-carbonsäure und ihre Derivate über. Eine Ringbildung erfolgt auch beim *Dimethylketazin* unter der Einwirkung von fester **Maleinsäure**[11], **Oxalsäure**[12], **Bernsteinsäure**[12], **Weinsäure**[12], **Borsäure**[12], **Meta-** und **Ortho-phosphorsäure**[12],

[1] V. V. Ullal, R. C. Shah, T. S. Wheeler: J. chem. Soc. [London] **1940**, 1499.

[2] W. Dilthey, I. ter Horst, A. Schaefer: J. prakt. Chem. (2) **148**, 70 (1937).

[3] Siehe dazu K. v. Auwers, W. Susemihl: Ber. dtsch. chem. Ges. **63**, 1072 (1930).
— K. v. Auwers, H. Wunderling: Ebenda **64**, 2748, 2758 (1931).

[4] J. F. Thorpe: J. chem. Soc. [London] **95**, 1903 (1909).

[5] K. Ziegler, H. Eberle, H. Ohlinger: Liebigs Ann. Chem. **504**, 94 (1933).

[6] J. Meisenheimer, W. Theilacker: Liebigs Ann. Chem. **493**, 39, 51 (1932).

[7] S. R. Best, J. F. Thorpe: J. chem. Soc. [London] **95**, 8 (1909).

[8] E. F. J. Atkinson, J. F. Thorpe: J. chem. Soc. [London] **89**, 1906 (1906).

[9] E. F. J. Atkinson, H. Ingham, J. F. Thorpe: J. chem. Soc. [London] **91**, 578 (1907).

[10] E. F. J. Atkinson, J. F. Thorpe: J. chem. Soc. [London] **91**, 1687 (1907).

[11] Th. Curtius, H. A. Försterling: Ber. dtsch. chem. Ges. **27**, 771 (1894); J. prakt. Chem. (2) **51**, 394 (1895).

[12] K. W. Frey, R. Hofmann: Mh. Chem. **22**, 760 (1902).

sowie von **Eisessig**[1] oder von **Chlorwasserstoff** in Toluol[1] bei gewöhnlicher Temperatur bzw. 100°, es entsteht hierbei das 3,5,5-Trimethyl-pyrazolin; *Hydrobenzamid* bildet sowohl bei mehrstündigem Erhitzen auf 120—130°[2] als auch bei längerem Kochen mit **Kalilauge**[3] Amarin.

Eine Isomerisierung unter Ringsprengung erleiden *[d-Campher]-imin*[4] und *[d-Fenchon]-imin*[5] bei 100° bzw. 105° unter Durchleiten von Luft, neben anderen Produkten entstehen hierbei Dihydro-α-campholensäurenitril bzw. Dihydro-fencholensäurenitril.

2. Wanderung von Halogen.

Zahlreich sind die Untersuchungen über die *N-Halogen-N-acylaniline*, die sich in o- und p-Halogen-N-acyl-aniline umlagern lassen. Das am besten untersuchte Beispiel ist das N-Chloracetanilid, das nicht nur beim Erhitzen allein, sondern auch im festen Zustand[6] und in Lösung durch Sonnen-[7, 8] oder UV-Licht[9] in p-Chloracetanilid übergeht. Die Untersuchung der Lichteinwirkung in Eisessig, Alkohol und Benzol ergibt[9], daß die Reaktion, wenn sie einmal durch Licht eingeleitet ist, auch im Dunkeln — wenn auch zum Teil mit verminderter Geschwindigkeit — weitergeht; Zusatz von Wasser setzt die Geschwindigkeit der Lichtreaktion stark herab und unterdrückt die Dunkelreaktion. Außerdem läßt sich die Isomerisierung durch längeres Erhitzen mit Wasser[10, 11] und durch Erwärmen mit Alkohol[10, 12] erreichen, der Katalysator ist hierbei **Chlorwasserstoff,** der durch Zersetzung entstanden ist, denn bei Zugabe von Natriumcarbonat[7, 12] oder Calciumcarbonat[12] zu der alkoholischen, von Natriumacetat[7] zu der essigsauren Lösung wird die Umlagerung verhindert bzw. verzögert, während sie durch Zugabe von **Salzsäure**[7, 12] beschleunigt wird. In der Tat ist **Chlorwasserstoff** in wässeriger[10, 12, 13] und noch stärker in nichtwässeriger Lösung[14] ein starker Katalysator. Umfangreiche Untersuchungen zeigen, daß die Wirkung des Chlorwasserstoffs eine spezifische ist[12, 15] und darauf beruht, daß über das Gleichgewicht:

$$C_6H_5\!-\!NCl\!-\!CO\!-\!CH_3 + HCl \rightleftharpoons C_6H_5\!-\!NH\!-\!CO\!-\!CH_3 + Cl_2$$

Chlor entsteht, das dann in sekundärer Reaktion auf das gebildete Acetanilid, unter Bildung von p- (und o-) Chloracetanilid einwirkt[16, 17]. Dementsprechend wird auch die Isomerisierung von N-Chloracetanilid in Ligroin durch geringe Mengen **Chlor** oder **Brom** in kurzer Zeit bewirkt[14], und auch die beschleunigende

[1] Siehe Anm. 12, S. 278.

[2] C. BERTAGNINI: Liebigs Ann. Chem. **88**, 127 (1853). — R. BAHRMANN: J. prakt. Chem. (2), **27**, 296 (1883).   [3] G. FOWNES: Liebigs Ann. Chem. **54**, 364 (1845).

[4] F. MAHLA, F. TIEMANN: Ber. dtsch. chem. Ges. **33**, 1930 (1900).

[5] F. MAHLA: Ber. dtsch. chem. Ges. **34**, 3778 (1901).

[6] C. W. PORTER, P. WILBUR: J. Amer. chem. Soc. **49**, 2145 (1927).

[7] J. J. BLANKSMA: Recueil Trav. chim. Pays-Bas **21**, 366 (1902); **22**, 290 (1903).

[8] N. R. DHAR: Chem. Zbl. **1922 I**, 114.

[9] J. H. MATHEWS, R. V. WILLIAMSON: J. Amer. chem. Soc. **45**, 2574 (1923).

[10] G. BENDER: Ber. dtsch. chem. Ges. **19**, 2272 (1886).

[11] F. D. CHATTAWAY, K. J. P. ORTON: J. chem. Soc. [London] **75**, 1051 (1899); **77**, 798 (1900). Es entstehen dabei 95—96% p- und 4—5% o-Chloracetanilid.

[12] H. E. ARMSTRONG: J. chem. Soc. [London] **77**, 1047 (1900).

[13] Kinetische Messungen siehe die folgenden Amerkungen und auch A. C. D. RIVETT: Z. physik. Chem. **82**, 201 (1913); **85**, 113 (1913). — H. S. HARNED, H. SELTZ: J. Amer. chem. Soc. **44**, 1475 (1922). — J. O. PERCIVAL, V. K. LaMER: Ebenda **58**, 2413 (1936).

[14] W. J. JONES, K. J. B. ORTON: J. chem. Soc. [London] **95**, 1058 (1909). In Eisessig entstehen mit einer Spur Salzsäure fast gleiche Teile o- und p-Chloracetanilid.

[15] S. F. ACREE, J. M. JOHNSON: Amer. chem. J. **37**, 410 (1907); **38**, 265, 275 (1907).

[16] K. J. P. ORTON, W. J. JONES: J. chem. Soc. [London] **95**, 1457 (1909). — A. R. OLSON, C. W. PORTER, F. A. LONG, R. S. HALFORD: J. Amer. chem. Soc. **58**, 2467 (1936). — A. R. OLSON, R. S. HALFORD, J. C. HORNEL: Ebenda **59**, 1613 (1927).

[17] A. R. OLSON, J. C. HORNEL: J. org. Chemistry **3**, 76 (1938).

Wirkung von **Acetanilid** oder **Acetnaphthalid**[1] läßt sich auf dieser Grundlage erklären[2], doch scheint über den Weg der sekundären Chlorierung nur ein — wenn auch der größere — Teil der Substanz umgelagert zu werden[2]. Die Wirkung von Neutralsalzen auf die Umlagerung durch Salzsäure ist noch umstritten[3]. Im Gegensatz dazu ist die Wirkung anderer Säuren wie **Essigsäure**[2, 4], **Trichloressigsäure**[5], **Oxalsäure**[5] oder **Schwefelsäure**[4, 5] in wässeriger Lösung, sowie von **Chloressigsäure**, **Dichloressigsäure**, **o-** und **m-Nitrobenzoesäure** und **Phenylessigsäure** in Chlorbenzol[6] auf allgemeine Säurekatalyse zurückzuführen[6]. Ganz analoge Verhältnisse herrschen bei anderen N-Chlor-N-acylanilinen, wie N-Chlor-formanilid[7, 8], N-Chlor-propionanilid[9], N-Chlor-benzanilid[7, 8] und N,N'-Dichlor-N,N'-diphenylharnstoff[10], bei N-Brom-N-acylanilinen, wie N-Brom-formanilid[8, 11], N-Brom-acetanilid[8, 11, 12, 13], N-Brom-propionanilid[14] und N-Brom-benzanilid[11, 15], und N-Jod-N-acylanilinen, wie N-Jod-formanilid[16], sowie bei den homologen Verbindungen[12, 17]. Ganz allgemein läßt sich dabei feststellen, daß Jodverbindungen leichter als Bromverbindungen, diese wieder leichter als Chlorverbindungen umzulagern sind[6, 16, 18]. Im Kern halogenierte Verbindungen[9, 10, 11, 14, 19] lassen sich um so schwerer umlagern, je mehr Halogenatome im Kern enthalten sind.

Noch viel leichter als N-Chlor-N-acyl-aniline lassen sich die *N,N-Dichloraniline* durch **Chlorwasserstoff** in ätherischer Lösung in die entsprechenden kernchlorierten Aniline überführen[20], auch *N, N, N', N'-Tetrachlor-benzidine* zeigen dasselbe Verhalten[21].

Eine Isomerisierung von ganz anderer Art erleiden N-Chlorverbindungen vom Typ der *Keton-chlorimine*, wie z. B. das *Benzophenon-chlorimin* mit **Antimonpentachlorid** in Chloroform bei 45°, es tritt in diesem Falle Beckmannsche Umlagerung unter Bildung von Benzanilid-imidchlorid ein[22].

3. Wanderung von OH bzw. O.

Von den Derivaten des Hydroxylamins, die für solche Umlagerungen in Frage kommen, vermögen die *β-Aryl-hydroxylamine* unter der Einwirkung von **Mineralsäuren** in p-Aminophenole überzugehen. Man verwendet hierbei am

---

[1] C. D. Barnes, C. W. Porter: J. Amer. chem. Soc. **52**, 2973 (1930).

[2] Siehe Anm. 17, S. 279.

[3] Siehe dazu A. C. D. Rivett: Z. physik. Chem. **85**, 113 (1913). — H. S. Harned, H. Seltz: J. Amer. chem. Soc. **44**, 1475 (1922). — F. G. Soper, D. R. Pryde: J. chem. Soc. [London] **1927**, 2761. — J. W. Belton: Ebenda **1930**, 116. — H. M. Dawson, H. Millet: Ebenda **1932**, 1920.   [4] Siehe Anm. 15, S. 279.

[5] A. C. D. Rivett: Z. physik. Chem. **82**, 201 (1913).

[6] R. P. Bell, P. V. Danckwerts: J. chem. Soc. [London] **1939**, 1774.

[7] F. D. Chattaway, K. J. P. Orton: J. chem. Soc. [London] **75**, 1046 (1899).

[8] E. E. Slosson: Ber. dtsch. chem. Ges. **28**, 3265 (1895); Amer. chem. J. **29**, 289 (1903).   [9] F. D. Chattaway: J. chem. Soc. [London] **81**, 637 (1902).

[10] F. D. Chattaway, K. J. P. Orton: Ber. dtsch. chem. Ges. **34**, 1073 (1901).

[11] F. D. Chattaway, K. J. P. Orton: Ber. dtsch. chem. Ges. **32**, 3573 (1899).

[12] Siehe Anm. 15, S. 279.

[13] J. J. Blanksma: Recueil Trav. chim. Pays-Bas **21**, 366 (1902). — R. P. Bell: Proc. Roy. Soc. [London], Ser. A **143**, 377 (1934); **151**, 211 (1935).

[14] F. D. Chattaway: J. chem. Soc. [London] **81**, 814 (1902).

[15] R. P. Bell, O. M. Lidwell: J. chem. Soc. [London] **1939**, 1096.

[16] W. J. Comstock, F. Kleeberg: Amer. chem. J. **12**, 499 (1890).

[17] F. D. Chattaway, K. J. P. Orton: J. chem. Soc. [London] **77**, 789 (1900).

[18] H. E. Armstrong: J. chem. Soc. [London] **77**, 1047 (1900).

[19] F. D. Chattaway, K. J. P. Orton: J. chem. Soc. [London] **75**, 1051 (1899); **77**, 797, 800 (1900).

[20] St. Goldschmidt, L. Strohmenger: Ber. dtsch. chem. Ges. **55**, 2457, 2461 (1922).   [21] W. Theilacker, unveröffentlicht.

[22] W. Theilacker: Angew. Chem. **51**, 834 (1938).

besten **Schwefelsäure** und verfährt so, daß man das Hydroxylamin in einem Gemisch von 1 Teil konzentrierter Schwefelsäure und 1—3 Teilen Eis unter guter Kühlung löst, dann stark mit Wasser verdünnt und nun zum Sieden erhitzt[1]. Bei gewöhnlicher Temperatur beansprucht die Umlagerung mit verdünnter Schwefelsäure mehrere Wochen[2]. Ist die p-Stellung zur Hydroxylaminogruppe durch Halogen besetzt, so wandert die Hydroxylgruppe in o-Stellung, die Methylgruppe wird dagegen aus der p-Stellung verdrängt[3]. Eine Isomerisierung, die eine gewisse Ähnlichkeit hiermit hat, ist die Umlagerung des *Carvoxims* durch **konzentrierte Schwefelsäure** bei gewöhnlicher bzw. schwach erhöhter Temperatur in p-Aminothymol[4].

Ein gegenseitiger Austausch der Hydroxylgruppe am Stickstoff gegen eine an Kohlenstoff gebundene Gruppe tritt bei der BECKMANN*schen Umlagerung*[5] der *Oxime* ein, die nach dem Schema:

$$R—C—R' \quad\rightarrow\quad HO—C—R' \quad bzw. \quad O{=}C—R'$$
$$N—OH \qquad\qquad N—R \qquad\qquad NHR$$

verläuft, wobei stets die *trans*-ständigen Gruppen ihren Platz tauschen[6], so daß bei stereoisomeren Oximen strukturisomere Umlagerungsprodukte erhalten werden[7]. Außer dieser BECKMANN*schen Umlagerung 1. Art* wird gelegentlich, bei Aldoximen und Monoximen von 1,2-Diketonen, auch noch ein Zerfall in 2 Spaltstücke beobachtet, z. B.:

$$C_6H_5—C—CO—C_6H_5 \quad\rightarrow\quad C_6H_5 \cdot C{\equiv}N + HOOC \cdot C_6H_5 .$$
$$HO—N$$

Diese BECKMANN*sche Umlagerung 2. Art* stellt nur dann eine Isomerisierung dar, wenn — wie bei den Monoximen cyclischer 1,2-Diketone — kein vollständiger Zerfall des Moleküls, sondern nur eine Ringöffnung eintritt[8]. Die BECKMANNsche Umlagerung läßt sich ganz allgemein bei Oximen, vor allem bei Ketoximen, Oximen von 1,2-Diketonen und Oximcarbonsäuren durch eine große Anzahl von Substanzen erreichen, so sind wirksam: **Phosphorpentachlorid**[5], **Phosphoroxychlorid**[5, 9]. **Thionylchlorid**[10], **Borfluorid**[11], **konzentrierte Schwefelsäure**[12], **Schwefelsäure in Eisessig**[13], **Fluorwasserstoff** in Äther oder Essigsäure[14], sogenanntes

---

[1] E. BAMBERGER: Ber. dtsch. chem. Ges. **27**, 1349, 1552 (1894). — A. WOHL: DRP. 83433, Friedlaender 4, 53 (1899).

[2] E. BAMBERGER, A. RISING: Ber. dtsch. chem. Ges. **34**, 229, Anm. (1901).

[3] Siehe die Zusammenfassung von E. BAMBERGER: Ber. dtsch. chem. Ges. **33**, 3600 (1900).

[4] O. WALLACH: Liebigs Ann. Chem. **279**, 369 (1894).

[5] E. BECKMANN: Ber. dtsch. chem. Ges. **19**, 988 (1886).

[6] J. MEISENHEIMER: Ber. dtsch. chem. Ges. **54**, 3206 (1921).

[7] A. HANTZSCH: Ber. dtsch. chem. Ges. **24**, 2251 (1891).

[8] So entsteht z. B. aus Phenanthrenchinon-monoxim mit Benzolsulfochlorid in Pyridin Diphensäure-mononitril [A. WERNER, A. PIGUET: Ber. dtsch. chem. Ges. **37**, 4295 (1904)], aus α-Isonitrosocampher mit Phosporpentachlorid α-Camphernitrilsäure [G. ODDO, G. LEONARDI: Gazz. chim. ital. **26 I**, 409 (1896). — H. RUPE, J. SPLITTGERBER: Ber. dtsch. chem. Ges. **40**, 4313 (1907)].

[9] E. BECKMANN: Ber. dtsch. chem. Ges. **27**, 300 (1894).

[10] H. STEPHEN, W. BLELOCH: J. chem. Soc. [London] **1931**, 886. — TSI YU KAO, R. C. FUSON: J. Amer. chem. Soc. **54**, 313 (1932).

[11] H. MEERWEIN: Ber. dtsch. chem. Ges. **66**, 414 (1933).

[12] E. BECKMANN: Ber. dtsch. chem. Ges. **20**, 1507 (1887); **27**, 300 (1894). — O. WALLACH: Liebigs Ann. Chem. **312**, 171 (1900). — Belg. P. 436765, Chem. Zbl. **1941 I**, 1476; Amer. P. 2221369, ebenda **1941 I**, 3582.

[13] S. FURUKAWA: Sci. Pap. Inst. physic. chem. Res. **20**, 71 (1933).

[14] J. H. SIMONS, S. ARCHER, D. I. RANDALL: J. Amer. chem. Soc. **62**, 485 (1940).

Beckmannsches Gemisch[1] (Eisessig $+ \frac{1}{5}$ Essigsäureanhydrid, mit Chlorwasserstoff gesättigt), **Acetylchlorid**[1], **Essigsäureanhydrid**[1], **Eisessig**[1, 2], auch **starke wässerige Salzsäure** allein[3], ferner **Antimonpentachlorid** in Chloroform[4], **Phosphorpentoxyd**[5] und **Phosphorpentasulfid**[6], ebenso **Arylsulfochloride** in alkalischer[7] oder Pyridin-Lösung[8]. Ohne Lösungsmittel bei höherer Temperatur wirkt weiterhin eine ganze Reihe anorganischer Chloride, wie $MgCl_2$, $CaCl_2$, $AlCl_3$, $ZnCl_2$, $FeCl_2$, $FeCl_3$, $HgCl_2$, $SbCl_3$, $SbCl_5$, $SnCl_2$, $SnCl_4$ und $AsCl_3$ umlagernd[9, 10]. Auch **Silicagel** isomerisiert bei höheren Temperaturen[11], ebenso bewirkt **japanische saure Erde** bei 145—180° teilweise BECKMANNsche Umlagerung[12]. Bei trockenem Erhitzen über 100° erleiden die *halogenwasserstoffsauren Salze* der Oxime, *nicht* dagegen die freien Oxime selbst, die Umwandlung in Säureamide[10, 13], selbst in Gegenwart von Wasser. Die eingehende Untersuchung der Wirkung von **Chlorwasserstoff** in Äthylenchlorid bei 100° im Falle des Benzophenonoxims zeigt[14], daß Chlorwasserstoff allein nur sehr langsam umlagert, die Umlagerungsgeschwindigkeit kann jedoch durch Zusatz von **Benzanilid-imidchlorid** außerordentlich stark erhöht werden, während letzteres ohne Chlorwasserstoff wiederum nur sehr wenig wirksam ist. Säurederivate von Oximen mit stark negativem Säurerest, wie *Arylsulfoderivate*, erleiden teils spontan bei Zimmertemperatur oder besser beim Erwärmen für sich oder in alkoholischer Lösung[15, 16], teils bei der Verseifung[16] BECKMANNsche Umlagerung, während *Säurederivate schwacher Säuren* sich nur unter der Einwirkung von **Chlorwasserstoff** isomerisieren[17]. Auch *Oxim-pikryläther* lagern sich spontan um, die Umlagerungsgeschwindigkeit in **Lösungsmitteln** ist dabei von der Dielektrizitätskonstante bzw. dem Dipolmoment des Lösungsmittels abhängig[18], bei Zugabe von **polaren Verbindungen** mit *einem* Hauptdipol zu einer Lösung eines Pikryläthers in Tetrachlorkohlenstoff ist die beschleunigende Wirkung abhängig vom Dipolmoment[19]. Es zeigt sich dabei[20], daß die spontane Umwandlung solcher Verbindungen *nicht*, wie gelegent-

---

[1] E. BECKMANN: Ber. dtsch. chem. Ges. **20**, 2580 (1887).

[2] R. SCHOLL, E. J. MÜLLER: Ber. dtsch. chem. Ges. **68**, 802, 810 (1935).

[3] K. v. AUWERS, M. LECHNER, H. BUNDESMANN: Ber. dtsch. chem. Ges. **58**, 36 (1925).

[4] E. BECKMANN, E. BECK: J. prakt. Chem. (2) **105**, 327 (1923).

[5] E. BECKMANN: Ber. dtsch. chem. Ges. **27**, 300 (1894).

[6] Unter Bildung von Thioamiden: M. KUHARA, K. KASHIMA: Mem. Coll. Sci., Kyoto Imp. Univ., Ser. A 4, 69 (1920). — Siehe auch F. D. DODGE: Liebigs Ann. Chem. **264**, 184 (1891). — R. CIUSA: Atti R. Accad. Lincei [Roma], Rend. (5) **15 II**, 379 (1906).

[7] H. WEGE: Ber. dtsch. chem. Ges. **24**, 3537 (1891). — A. WERNER, TH. DETSCHEFF: Ebenda **38**, 69 (1905).

[8] A. WERNER, A. PIGUET: Ber. dtsch. chem. Ges. **37**, 4295 (1904).

[9] E. BECKMANN, E. BECK: J. prakt. Chem. (2) **105**, 342 ff. (1923).

[10] F. LEHMANN: Z. angew. Chem. **36**, 360 (1923). — A. LACHMAN: J. Amer. chem. Soc. **46**, 1477 (1924); **47**, 260 (1925).

[11] F. P. 857714, Chem. Zbl. **1941 I**, 1883.

[12] H. INOUE: Bull. chem. Soc. Japan **1**, 177 (1926).

[13] M. KUHARA, N. AGATSUMA, K. ARAKI: Mem. Coll. Sci., Kyoto Imp. Univ., Ser. A 3, 1 (1917).   [14] A. W. CHAPMAN: J. chem. Soc. [London] **1935**, 1223.

[15] H. WEGE: Ber. dtsch. chem. Ges. **24**, 3537 (1891). — M. KUHARA und Mitarbeiter: Mem. Coll. Sci., Kyoto Imp. Univ., Ser. A 1, 1, 105, 355 (1914—16); 3, 1 (1917).

[16] P. W. NEBER und Mitarbeiter: Ber. dtsch. chem. Ges. **58**, 1236 (1925); Liebigs Ann. Chem. **449**, 112 (1926); **467**, 54 (1928). — G. SCHRÖTER: Ber. dtsch. chem. Ges. **63**, 1308 (1930).

[17] M. KUHARA und Mitarbeiter: Mem. Coll. Sci. Engng., Kyoto Imp. Univ. 1, 254 (1906—07); 2, 387 (1910).

[18] A. W. CHAPMAN, C. C. HOWIS: J. chem. Soc. [London] **1933**, 806.

[19] A. W. CHAPMAN: J. chem. Soc. [London] **1934**, 1550.

[20] A. W. CHAPMAN, F. A. FIDLER: J. chem. Soc. [London] **1936**, 448.

lich angenommen[1], durch Spuren von Säure oder Säurechlorid, sondern durch Hitze allein hervorgebracht wird.

Da die Neigung zur Umlagerung bei den einzelnen Oximen so sehr verschieden sein kann, daß manche Oxime sich überhaupt nicht isomerisieren lassen, ist die Wahl des Umlagerungsmittels und der Temperatur von Fall zu Fall verschieden. Am zweckmäßigsten lagert man mit Phosphorpentachlorid in absolut ätherischer Lösung bei 0^0 oder noch besser unterhalb 0^0 um[2]. Nur in Fällen, bei denen Phosphorpentachlorid versagt, wird man zu anderen Mitteln, wie konzentrierter Schwefelsäure oder BECKMANNscher Mischung, greifen. Sehr gute Erfolge erzielt man unter Umständen auch mit Arylsulfochlorid in Pyridin.

Ein etwas abweichendes Verhalten zeigen die *Aldoxime* insofern, als bei ihnen die Nitrilbildung unter Abspaltung von Wasser, also BECKMANNsche Umlagerung 2. Art, bevorzugt ist und beide Isomere in der Regel dasselbe Umlagerungsprodukt liefern[3]. BECKMANNsche Umlagerung 1. Art, also Bildung von Säureamiden, tritt mit **Phosphorpentachlorid** lediglich bei aliphatischen Aldoximen ein[4], bei aromatischen dagegen nur mit **BECKMANNschem Gemisch**[5] oder durch längeres Erhitzen mit **konzentrierter Schwefelsäure**[6], wobei aber im letzteren Falle das Säureamid auch sekundär aus dem Nitril entstanden sein könnte. In manchen Fällen bilden sich auch beim Erwärmen der **Kupferchlorür**-Additionsverbindungen der Aldoxime in Benzol oder Toluol Säureamide[7]. Überraschenderweise führt die Einwirkung von **Raney-Nickel** langsam schon bei gewöhnlicher Temperatur, rasch bei 100^0 ohne Lösungsmittel oder in Äther oder Alkohol ganz glatt zu Säureamiden[8], während beim Überleiten der Dämpfe der Aldoxime in Wasserstoffatmosphäre über reduziertes **Kupfer** bei 200^0 meist nur teilweise Umlagerung eintritt[9].

In der Reihe der Aldoxime lassen sich auch die *N-Äther* nach BECKMANN umlagern, wenn man sie in **Essigsäureanhydrid** kurz bis nahe an den Siedepunkt des letzteren erhitzt[10, 11] oder mit **Acetylchlorid** in Benzol oder Aceton kurze Zeit kocht[11, 12]; bei längerem Kochen oder bei Zugabe von Natriumacetat[12] entstehen acetylierte Säureamide. Schwaches Erwärmen mit **Benzoylchlorid**, **Phosphoroxychlorid** oder **Phosphorpentachlorid** in Benzol oder Erhitzen mit **Benzoesäureanhydrid** auf $120—140^0$ führt weniger glatt zum Ziel[11]. Bei dem *o-Nitrobenzaldoxim-N-phenyläther* tritt BECKMANNsche Umlagerung außerdem bei schwachem Erwärmen mit etwas **Kalilauge** in Alkohol ein[12], und in ähnlicher Weise erfolgt wohl die Umlagerung von *N-Phenyläthern* aromatischer Aldoxime durch **Kaliumcyanid** in Methanol bei gewöhnlicher Tem-

---

[1] G. SCHRÖTER: Ber. dtsch. chem. Ges. **63**, 1316 (1930). — Siehe auch J. STIEGLITZ, B. A. STAGNER: J. Amer. chem. Soc. **38**, 2056 (1916).

[2] A. HANTZSCH: Ber. dtsch. chem. Ges. **24**, 52 (1891).

[3] Lediglich die beiden *Mesityl-aldoxime* liefern mit **Phosphorpentachlorid** strukturisomere Säureamide. A. HANTZSCH: Ber. dtsch. chem. Ges. **28**, 749 (1895).

[4] W. R. DUNSTAN, T. S. DYMOND: J. chem. Soc. [London] **65**, 216ff. (1894).

[5] E. BECKMANN: Ber. dtsch. chem. Ges. **23**, 1691 (1890).

[6] E. BECKMANN: Ber. dtsch. chem. Ges. **20**, 1509 (1887). — O. L. BRADY, A. D. WHITEHEAD: J. chem. Soc. [London] **1927**, 2934.

[7] W. J. COMSTOCK: Amer. chem. J. **19**, 486 (1897).

[8] R. PAUL: Bull. Soc. chim. France (5) **4**, 1115 (1937).

[9] S. YAMAGUCHI: Mem. Coll. Sci., Kyoto Imp. Univ., Ser. A **9**, 33, 427 (1925—26); Bull. chem. Soc. Japan **1**, 35, 54 (1926).

[10] O. L. BRADY, F. P. DUNN: J. chem. Soc. [London] **1926**, 2411. — O. L. BRADY, L. KLEIN: Ebenda **1927**, 878.

[11] E. BECKMANN: Ber. dtsch. chem. Ges. **23**, 3331 (1890); **26**, 2272 (1893); **37**, 4136 (1904); Liebigs Ann. Chem. **365**, 208 (1909).

[12] I. TĂNĂSESCU, I. NANU: Ber. dtsch. chem. Ges. **72**, 1083 (1939).

peratur[1], die allerdings keine Säureamide, sondern die entsprechenden Iminomethylester liefert.

Während bei den bisher besprochenen Fällen der Beckmannschen Umlagerung stets die Hydroxylgruppe gegen Wasserstoff, Alkyl oder Aryl ausgetauscht wird, ist eine derartige Umlagerung in der *Hydroximsäurereihe* bei den *β-Alkyl-benzhydroximsäuren* nur unter Wanderung der Alkoxygruppe möglich, sie tritt deshalb in der Regel nicht ein und verläuft dort, wo sie stattfindet, reversibel, so geht *β-Menthyl-benzhydroximsäure* mit **Phosphorpentachlorid** in Benzhydroxamsäure-menthyläther über, während letzterer durch **konzentrierte Salzsäure** wieder in erstere umgewandelt wird[2].

Auch bei der sogenannten Lossenschen *Umlagerung*, die Acylderivate von Hydroxam- bzw. Hydroximsäuren beim Erwärmen mit **Alkali** erleiden[3] und die unter Abspaltung des Acylrestes erfolgt, also keine Isomerisierung darstellt, tritt wohl primär Beckmannsche Umlagerung ein:

$$R{-}C{-}OH \quad \xrightarrow{\text{Alkali}} \quad \left[\begin{array}{c} C{<}\genfrac{}{}{0pt}{}{O\,H}{O{-}CO{-}R'} \\ R{-}N \end{array} \right] \quad \rightarrow \quad R{-}N{=}C{=}O + R'{-}COOH.$$

Die Kaliumsalze dieser Acylderivate lagern sich spontan um[4].

In manchen Fällen verläuft die Beckmannsche Umlagerung auch *anormal,* doch sind diese Beispiele in der Regel keine Isomerisierungen. Hierher gehört nur die Umlagerung des *Benzal-diacetyl-monoxim-O-benzyläthers* durch Zersetzen des **Perchlorats** mit Wasser in ein Derivat des **2,3-Dihydropyrols**[5]:

$$C_6H_5{-}CH{=}CH{-}CO{-}C{-}CH_3 \qquad \rightarrow \qquad C_6H_5{-}C{=}CH{-}CO$$

$$N{-}O{-}CH_2{-}C_6H_5 \qquad\qquad NH \quad C{<}\genfrac{}{}{0pt}{}{CH_3}{O{-}CH_2{-}C_6H_5}.$$

Eine Wanderung von Sauerstoff vom Stickstoff in den aromatischen Kern wird bei manchen Verbindungen vom Typ der *Aminoxyde* beobachtet. *Dimethylanilinoxyd* gibt beim Einleiten von **Schwefeldioxyd** in die auf 0^0 abgekühlte Lösung neben Dimethylanilin und dessen o- und p-Sulfosäure eine geringe Menge o-Dimethylaminophenol[6], und der *N-Phenyläther des Piperonyl-aldoxims* liefert mit verdünnter heißer Schwefelsäure Piperonyliden-p-aminophenol[7]. *Azoxybenzol* endlich lagert sich im Sonnenlicht in 2-Oxyazobenzol um[8], beim Erhitzen auf 240—250⁰ bildet sich zum Teil 2- und 4-Oxyazobenzol[8], mit **Essigsäureanhydrid** im Einschlußrohr bei 170⁰ die 2-Verbindung[8]. Beim Erwärmen mit **konzentrierter Schwefelsäure** entsteht dagegen 4-Oxyazobenzol[9] neben geringen Mengen der o-Verbindung[10], die besten Ausbeuten an p-Verbindung erhält man bei der Umlagerung mit der 5—20fachen Menge **85proz.**

[1] V. Bellavita: Gazz. chim. ital. **65**, 755, 889, 897 (1935).

[2] G. Cusmano: Gazz. chim. ital. **39 II**, 336 (1909).

[3] W. Lossen: Liebigs Ann. Chem. **161**, 347 (1872); **186**, 1 (1877); **252**, 170 (1889); **281**, 169 (1894).— H. Rotermund: Ebenda **175**, 257 (1875). — E. Mohr: J. prakt. Chem. (2) **72**, 306 (1905).

[4] G. Dougherty, L. W. Jones: J. Amer. chem. Soc. **46**, 1535 (1924).

[5] O. Diels, O. Buddenberg, S. Wang: Liebigs Ann. Chem. **451**, 223 (1927).

[6] E. Bamberger, F. Tschirner: Ber. dtsch. chem. Ges. **32**, 1883, 1889 (1899).

[7] A. Angeli, L. Alessandri, R. Pegna: Atti R. Accad. Lincei naz., Rend. (5) **19 I**, 650 (1910).

[8] H. M. Knipscheer: Recueil Trav. chim. Pays-Bas **22**, 1 (1903).

[9] O. Wallach: Ber. dtsch. chem. Ges. **13**, 525 (1880); **14**, 2617 (1881).

[10] E. Bamberger: Ber. dtsch. chem. Ges. **33**, 3192 (1900).

Schwefelsäure bei möglichst tiefer Temperatur[1]. Analog verhält sich das α,α'-*Azoxynaphthalin*[2,3] und seine Derivate[3], die mit Sonnen- oder UV-Licht in Lösungsmitteln in 2-Oxy-α,α'-azonaphthaline übergehen.

Eine Isomerisierung durch Licht erleidet auch der *o-Nitrobenzaldehyd*, der in festem Zustand oder in Lösungsmitteln wie Äther, Benzol oder Aceton durch Sonnenlicht (wirksam sind die blauvioletten Strahlen) oder durch UV-Licht in o-Nitrosobenzoesäure übergeht[4]. Diese Lichtreaktion scheint durch Radiumstrahlen beschleunigt zu werden[5]. Auch andere aromatische Aldehyde mit einer Nitrogruppe in o-Stellung, sowie die Anile dieser Aldehyde zeigen dasselbe Verhalten[6], und ganz allgemein werden Verbindungen, die in o-Stellung zur Nitrogruppe eine CH-Gruppe enthalten, durch Licht verändert, wenn es auch in diesen Fällen nicht gelungen ist, eine Nitrosoverbindung zu isolieren[7].

Hierher gehört auch noch die Umwandlung der *Farbbasen der Triaminotriphenyl-carbinolreihe* in die Carbinolbasen, die durch **OH-Ionen** katalysiert wird[8].

4. Wanderung von Alkyl- und Arylresten.

Erhitzt man die **halogenwasserstoffsauren** Salze der *N-Alkylaniline* auf Temperaturen von 250—350⁰ im Einschlußrohr, so wandern die Alkylgruppen in den aromatischen Kern, es entstehen als Hauptprodukte die entsprechenden Salze der C-alkylierten primären Amine (Beispiele: N-Methyl-anilin-chlorhydrat oder -jodhydrat[9], N-Äthyl-anilin-chlorhydrat[10], N-Amyl-anilin-chlorhydrat[10], Trimethyl-phenyl-ammoniumjodid[11]); nebenbei werden auch höher alkylierte Produkte erhalten. Diese Umlagerung tritt auch bereits bei der Alkylierung der halogenwasserstoffsauren Salze der primären aromatischen Amine mit Alkoholen bei 250—350⁰ im Einschlußrohr ein[12]. Die Salze sekundärer Amine, wie N-Methyl-anilin-chlorhydrat, lagern sich unter 250⁰ nicht um[13], ebenso werden die sekundären Basen selbst, z. B. Methylanilin[13,14], Dimethylanilin[13] und n-Butylanilin[14], durch Hitze allein nicht isomerisiert, es ist dazu die Gegenwart von **Säure** erforderlich. Die Alkylgruppe wandert bei dieser Isomerisierung in p-Stellung und, wenn diese besetzt ist, in o-Stellung zur Aminogruppe[15]. Daß es sich in

---

[1] A. LACHMAN: J. Amer. chem. Soc. **24**, 1178 (1902).

[2] O. BAUDISCH, R. FÜRST: Ber. dtsch. chem. Ges. **45**, 3426 (1912).

[3] W. M. CUMMING, G. S. FERRIER: J. chem. Soc. [London] **127**, 2374 (1925). — Siehe auch W. M. CUMMING, G. HOWIE: Ebenda **1931**, 3182.

[4] G. CIAMICIAN, P. SILBER: Ber. dtsch. chem. Ges. **34**, 2040 (1901); Atti R. Accad. naz. Lincei, Rend. (5) **10 I**, 228 (1901); **11 I**, 277; **II**, 149 (1902); Gazz. chim. ital. **32 II**, 540 (1902); **33 I**, 361 (1903). — A. KAILAN: Mh. Chem. **33**, 1307 (1912); Ber. dtsch. chem. Ges. **46**, 1628 (1913). — F. WEIGERT, L. KUMMERER: Ber. dtsch. chem. Ges. **46**, 1207 (1913). [5] A. KAILAN: Mh. Chem. **33**, 1364 (1912).

[6] G. CIAMICIAN, P. SILBER: Ber. dtsch. chem. Ges. **35**, 1996 (1902); Atti R. Accad. naz. Lincei, Rend. (5) **11 I**, 277 (1902); Gazz. chim. ital. **33 I**, 361 (1903). — P. COHN, P. FRIEDLAENDER: Ber. dtsch. chem. Ges. **35**, 1267 (1902). — F. SACHS und Mitarbeiter: Ebenda **35**, 2707, 2715 (1902); **36**, 962, 3302 (1903); **37**, 1870 (1904). — H. SUIDA: J. prakt. Chem. (2) **84**, 827 (1911).

[7] F. SACHS, S. HILPERT: Ber. dtsch. chem. Ges. **37**, 3425 (1904).

[8] A. HANTZSCH: Ber. dtsch. chem. Ges. **37**, 3440 (1904).

[9] A. W. HOFMANN: Ber. dtsch. chem. Ges. **5**, 720 (1872).

[10] A. W. HOFMANN: Ber. dtsch. chem. Ges. **7**, 526 (1874).

[11] A. W. HOFMANN: Ber. dtsch. chem. Ges. **5**, 704 (1872). In diesem Falle findet die Umlagerung schon bei 220—230⁰ statt.

[12] A. W. HOFMANN, C. A. MARTIUS: Ber. dtsch. chem. Ges. **4**, 742 (1871). — E. NÖLTING: Ebenda **18**, 1149, 2680 (1885). — L. LIMPACH: Ebenda **21**, 640, 643 (1888); J. chem. Soc. [London] **61**, 420 (1892).

[13] J. C. HOWARD, C. G. DERICK: J. Amer. chem. Soc. **46**, 166 (1924).

[14] J. REILLY, W. J. HICKINBOTTOM: J. chem. Soc. [London] **117**, 103 (1920).

[15] Siehe z. B. L. LIMPACH: Ber. dtsch. chem. Ges. **21**, 640, 643 (1888).

diesem Falle sehr wahrscheinlich um keine echte intramolekulare Umlagerung handeln kann, geht daraus hervor, daß in manchen Fällen die intermediäre Bildung von Halogenalkyl[1, 2], bzw. von Olefin[3] nachgewiesen werden konnte, ein Hinweis darauf ist auch die mitunter beobachtete Isomerisierung des Alkylrestes bei der Wanderung (z. B. N-Isobutyl-anilin-bromhydrat $\xrightarrow{280-290^0}$ p-tert. Butyl-anilin-bromhydrat[4], N-Isoamyl-anilin-bromhydrat $\xrightarrow{220-280^0}$ p-tert. Amylanilin-bromhydrat[3]). Bei beträchtlich niedrigerer Temperatur ($200-250^0$) läßt sich die Alkylwanderung bei den N-Alkyl-anilinen mit Metallhalogeniden wie $CoCl_2$[3, 5, 6, 7, 8], $CoBr_2$[3, 4, 7, 8], $ZnCl_2$[5, 6], $ZnBr_2$[4, 7], $CdCl_2$[3, 5, 6, 7] und $MnCl_2$[6], schlechter mit anderen Salzen wie Ag_2SO_4[6] oder Cu-Phosphat[6] im Einschlußrohr[5] oder im offenen Gefäß[6, 8], am besten mit $CoCl_2$ oder $CoBr_2$ bei $210-250^0$[8] erreichen. Da sich kein Alkylhalogenid als Zwischenprodukt nachweisen läßt und auch keine Isomerisierung des wandernden Alkylrestes stattfindet[3, 7], ist anzunehmen, daß die Umlagerung in diesem Falle intramolekular erfolgt. Der Alkylrest wandert auch unter diesen Bedingungen in p-Stellung zur Aminogruppe[8], nur bei N-Cyclohexyl-[8, 9] und N-Benzylanilin[8] bildet sich in geringem Umfange die o-Verbindung. Auch durch Oberflächenkatalysatoren, wie **alaunhaltiges Tonsil** oder **Frankonit** bzw. **Floridin,** die gegebenenfalls mit **Phosphorwolframsäure** getränkt sind, lassen sich N-alkylierte sekundäre oder tertiäre aromatische Amine bei $220-230^0$ in diesem Sinne umlagern[10]. Führt man in die Methylgruppe des N-Methyl-anilins drei Phenylreste ein, so läßt sich das so erhaltene *N-Triphenylmethyl-anilin* durch **Zinkchlorid** schon bei 160^0 in p-Amino-tetraphenylmethan umwandeln[11]. Überraschenderweise wandert jedoch bei dem homologen *N-Triphenylmethyl-o-toluidin* mit **Zinkchlorid** bei 170^0 die Triphenylmethylgruppe *nicht* in den Kern, sondern in die Seitenkette, es entsteht β,β,β-Triphenyl-α-(o-aminophenyl)-äthan[11]; ist die p-Stellung besetzt, so tritt keine Umlagerung ein, *N-Triphenylmethyl-p-toluidin* wird durch Zinkchlorid selbst bei 190^0 nicht verändert[11].

Einen Spezialfall dieser Isomerisierung stellt die Umlagerung des *Methylendianilins*, seiner Homologen und seiner Substitutionsprodukte durch Erhitzen mit **Anilinchlorhydrat** in wässerig-alkoholischer Lösung auf 100^0[12], durch Erwärmen mit **konzentrierter Salzsäure**[13] oder durch **alkoholische Salzsäure** bei 0^0[12] in p,p'-Diamino-diphenylmethan bzw., wenn die p-Stellung zu der Aminogruppe besetzt ist, in o,o'-Diamino-diphenylmethan und deren Derivate dar; auch die *N,N'-Dialkylderivate* werden durch Kochen mit **Säuren** in derselben Weise verändert[14], ebenso wird die *Dianilino-essigsäure* durch Erwärmen mit Anilin + **Anilinchlorhydrat** auf $50-60^0$ in die p,p'-Diamino-diphenylessigsäure über-

---

[1] Siehe Anm. 13, S. 285.

[2] H. Meyer: Analyse und Konstitutionsermittlung organischer Verbindungen, S. 566. Berlin 1931.

[3] W. J. Hickinbottom: J. chem. Soc. [London] **1932**, 2396.

[4] W. J. Hickinbottom, G. H. Preston: J. chem. Soc. [London] **1930**, 1566.

[5] Siehe Anm. 14, S. 285.

[6] W. J. Hickinbottom: J. chem. Soc. [London] **1927**, 65.

[7] W. J. Hickinbottom: J. chem. Soc. [London] **1930**, 1558.

[8] W. J. Hickinbottom: J. chem. Soc. [London] **1937**, 1119.

[9] Es bildet sich in diesem Falle nebenbei Cyclohexen, eine Reaktion, die bei dem N-sek. Octylanilin noch stärker in den Vordergrund tritt.

[10] E. P. 421791, Chem. Zbl. **1935 II**, 1446.

[11] J. van Alphen: Recueil Trav. chim. Pays-Bas **46**, 501 (1927).

[12] C. Eberhardt, A. Welter: Ber. dtsch. chem. Ges. **27**, 1810 (1894).

[13] J. Meyer, M. Rohmer: Ber. dtsch. chem. Ges. **33**, 250 (1900).

[14] J. v. Braun: Ber. dtsch. chem. Ges. **41**, 2145 (1908).

geführt[1]. Zwischenprodukte dieser Umwandlung sind wahrscheinlich *p*- bzw. *o-Aminobenzylanilin* und deren Derivate, da solche Verbindungen beim Erwärmen mit den **Chlorhydraten aromatischer Basen** im Gemisch mit diesen Basen[2,3] bzw. in wässeriger Lösung[2] oder mit verdünnter **Salzsäure**[2] in diesem Sinne umgelagert werden.

Sehr gut untersucht ist die Umlagerung des *Hydrazobenzols* unter der Einwirkung von **Säuren**[4], die in verschiedener Weise verlaufen kann. In p-Stellung nicht oder durch abstoßbare Substituenten (z. B. COOH, SO_3H) substituierte Hydrazobenzole ergeben als Hauptprodukt p, p′-Diamino-diphenyle (*Benzidinumlagerung*), nebenbei bilden sich o, p′-Diamino-diphenyle (*Diphenylinumlagerung*), die zu den Hauptprodukten werden, wenn sich in einer p-Stellung Halogen, die Acetoxy- oder Dimethylaminogruppe befinden, während die Bildung von o, o′-Diamino-diphenylen nur in der Naphthalinreihe beobachtet ist. Halbseitige Umlagerung unter Bildung von p-Amino-diphenylaminen (*p-Semidinumlagerung*) tritt hauptsächlich bei einfacher Parasubstitution durch die Amino- oder Acetaminogruppe ein, bevorzugte Bildung von o-Amino-diphenylaminen (*o-Semidinumlagerung*) erfolgt bei einfacher Parasubstitution durch die Methyl- oder Alkoxylgruppe oder bei doppelter Parasubstitution[5], sofern keine Abstoßung von Substituenten stattfindet[6]. Diese Isomerisierungen sind echte intramolekulare Umlagerungen[7], sie erfolgen leicht beim Behandeln mit **verdünnten** oder **konzentrierten Mineralsäuren** bei gewöhnlicher Temperatur oder noch schneller in der Hitze, so mit **Salzsäure**[8,9], **Brom-**[9,10], oder **Jodwasserstoffsäure**[9,10], **Schwefelsäure**[9,11] und **Salpetersäure**[9], wobei die Umlagerungsgeschwindigkeit von der Konzentration der Säure abhängt. Auch durch Erhitzen mit **Schwefeldioxyd in Alkohol**[12], mit **Natriumbisulfitlösung**[13], mit **Eisessig**[14,15] oder **50 proz. Essigsäure**[14] wird Hydrazobenzol rasch in Benzidin umgelagert, während mit **Ameisensäure**[16], durch Erwärmen mit **Benzoylchlorid**[16] oder mit **Phthalsäure**[17,18] und **Bernsteinsäureanhydrid**[17] bei 120—200° Diacylderivate[19], beim Er-

---

[1] I. Ostromisslensky: Ber. dtsch. chem. Ges. **41**, 3031 (1908).

[2] DRP. 87934, Ber. dtsch. chem. Ges. **29**, Ref. 746 (1896); Chem. Zbl. **1896** II, 952.

[3] DRP. 107718, Chem. Zbl. **1900** I, 1110. — P. Cohn, A. Fischer: Ber. dtsch. chem. Ges. **33**, 2586 (1900).

[4] N. Zinin: J. prakt. Chem. (1) **36**, 93 (1845). — A. W. Hofmann: Proc. Roy. Soc. [London] **12**, 576 (1863); Jber. **1863**, 424.

[5] Mit Chlorwasserstoff in Benzol entstehen auch aus Hydrazobenzol selbst geringe Mengen o-Aminodiphenylamin [E. Nölting, A. Meyer: Chemiker-Ztg. **18**, 1095 (1894)].

[6] Einzelheiten über diese Gesetzmäßigkeiten siehe die Zusammenfassung bei P. Jacobson: Liebigs Ann. Chem. **428**, 76 (1922).

[7] H. Wieland: Liebigs Ann. Chem. **392**, 132 (1912); Ber. dtsch. chem. Ges. **48**, 1100 (1915). — P. Jacobson: Liebigs Ann. Chem. **428**, 108 (1922). — Ch. K. Ingold, H. V. Kidd: J. chem. Soc. [London] **1933**, 984.

[8] N. Zinin: Liebigs Ann. Chem. **137**, 376 (1866). — G. Schultz, H. Schmidt: Ber. dtsch. chem. Ges. **11**, 1754 (1878); Liebigs Ann. Chem. **207**, 330 (1881).

[9] J. P. van Loon: Recueil Trav. chim. Pays-Bas **23**, 62 (1904).

[10] A. Werigo: Liebigs Ann. Chem. **165**, 202 (1873).

[11] W. Löb: Ber. dtsch. chem. Ges. **33**, 2329 (1900). Bildung von Benzidin bei der elektrolytischen Reduktion von Azobenzol in alkoholischer Schwefelsäure an einer Quecksilberkathode.

[12] F. Melms: Ber. dtsch. chem. Ges. **3**, 554 (1870).

[13] H. Th. Bucherer, F. Seyde: J. prakt. Chem. (2) **77**, 412 (1908).

[14] B. Rassow, K. Rülke: J. prakt. Chem. (2) **65**, 103 (1902).

[15] F. Sachs, C. M. Whittacker: Ber. dtsch. chem. Ges. **35**, 1433 (1902).

[16] D. Stern: Ber. dtsch. chem. Ges. **17**, 379 (1884).

[17] E. Simonyi: Ber. dtsch. chem. Ges. **47**, 2657 (1914).

[18] E. Bandrowski: Ber. dtsch. chem. Ges. **17**, 1181 (1884).

[19] Dasselbe ist auch bei längerem Kochen mit Eisessig der Fall.

hitzen mit **Methyljodid** auf 100° Methylderivate[1] des Benzidins entstehen. Außerdem kann die Isomerisierung des Hydrazobenzols durch **Borfluorid**[2], durch Erhitzen mit **Zinkchlorid**[3] oder durch **Chlormonoxyd** in Äther[4], in manchen Fällen auch durch siedende wässerig-alkoholische **Alkalilauge**[5] hervorgebracht werden, bei p-substituierten Hydrazobenzolen kann die o-Semidinumlagerung sogar durch Erhitzen mit **Schwefelkohlenstoff** im Einschlußrohr auf 150° unter Bildung von cyclischen Thioharnstoffen erfolgen[6]. Für praktische Bedürfnisse ist es in der Regel nicht empfehlenswert, die fertigen Hydrazoverbindungen mit Säuren umzulagern, man geht vielmehr von den Azoverbindungen aus und behandelt diese (oder auch die Hydrazoverbindungen selbst) mit **salzsaurer Zinnchlorürlösung**. Man kann dabei so verfahren, daß man die in Alkohol gelöste oder suspendierte Azoverbindung allmählich in eine erwärmte salzsaure Zinnchlorürlösung einträgt[7] („Jacobsons normale Bedingungen"), die Azoverbindung in Alkohol zunächst mit Zinnchlorür bis zur Entfärbung erwärmt und dann Salzsäure hinzugefügt[8] („Witts Bedingungen") oder schließlich zu der in Alkohol gelösten oder suspendierten Hydrazoverbindung in der Kälte salzsaure Zinnchlorürlösung gibt und etwa 24 Stunden stehen läßt[9] („Täubers Bedingungen").

Eine Alkylwanderung tritt bei dem *3,4,4,5-Tetramethyl-pyrazolenin* ein, das mit **Methyljodid** in 1,3,4,5-Tetramethyl-pyrazol übergeht[10]. Die Umlagerung des *Methyl-* und *Äthylisonitrils* in die Nitrile bei 200° scheint durch geringe Mengen **Wasser** katalysiert zu werden[11].

5. Wanderung von Säureresten.

Die Wanderung der Säurereste vom Stickstoff zum Kohlenstoff erfolgt in der Regel schwerer als bei O-Acylderivaten. Bei *N-Monoacyl-anilinen* tritt die Wanderung des Säurerestes bei hohen Temperaturen ein, Acetanilid liefert z. B., wenn es in Dampfform über rotglühenden Platindraht geleitet wird, neben N,N'-Diphenyl-acetamidin in geringer Menge 2- und 4-Aminoacetophenon[12]. Leichter erfolgt die Umlagerung bei *N-Acyl-pyrrolen*, so geht N-Acetyl-pyrrol bei 250—280° im Einschlußrohr in 2-Acetyl-pyrrol[13], N-Benzoyl-pyrrol beim Durchleiten durch schwach glühende Röhren in 2-Benzoyl-pyrrol über[14]. Die Isomerisierung der *N-Acyl-carbazole* läßt sich bei niedrigeren Temperaturen durch Katalysatoren erreichen, aus 9-Acetyl-carbazol entsteht mit **Aluminiumchlorid** ohne Lösungsmittel bei 110°[15] oder besser in Nitrobenzol bei 120—125°[16, 17] 3-Acetylcarbazol und daneben auch die 1-Acetylverbindung[17], aus 9-Benzoylcarbazol mit Aluminiumchlorid bei 120° das 3-Benzoylderivat[18].

[1] A. Pongratz: Ber. dtsch. chem. Ges. **73**, 423 (1940); **75**, 138 (1942).

[2] H. Meerwein: Ber. dtsch. chem. Ges. **66**, 414 (1933), keine näheren Angaben.

[3] P. T. Cleve: Bull. Soc. chim. France (2) **45**, 188 (1886). Es entsteht bei gleichzeitiger Anwesenheit von Benzaldehyd das Dibenzal-benzidin.

[4] H. Petriew: Ber. dtsch. chem. Ges. **6**, 557 (1873).

[5] J. Meisenheimer, K. Witte: Ber. dtsch. chem. Ges. **36**, 4161 (1903).

[6] P. Jacobson, A. Hugershoff: Ber. dtsch. chem. Ges. **36**, 3843 (1903).

[7] P. Jacobson: Liebigs Ann. Chem. **287**, 105, 110, 128 (1895).

[8] O. N. Witt, H. v. Helmolt: Ber. dtsch. chem. Ges. **27**, 2352 (1894).

[9] E. Täuber: Ber. dtsch. chem. Ges. **25**, 1022 (1892).

[10] L. Knorr: Ber. dtsch. chem. Ges. **36**, 1274 (1903).

[11] J. Wade: J. chem. Soc. [London] **81**, 1603 (1902).

[12] H. Meyer, A. Hofmann: Mh. Chem. **37**, 707 (1916).

[13] G. Ciamician, P. Magnaghi: Ber. dtsch. chem. Ges. **18**, 1828 (1885).

[14] A. Pictet: Ber. dtsch. chem. Ges. **37**, 2797 (1904).

[15] S. G. P. Plant, S. B. C. Williams: J. chem. Soc. [London] **1934**, 1142.

[16] S. G. P. Plant, K. M. Rogers, S. B. C. Williams: J. chem. Soc. [London] **1935**, 743.   [17] E. Meitzner: J. Amer. chem. Soc. **57**, 2327 (1935).

[18] S. G. P. Plant, M. L. Tomlinson: J. chem. Soc. [London] **1932**, 2190.

Viel leichter geht die Wanderung *eines* Säurerestes bei den *N, N-Diacyl-anilinen* vonstatten. Diacetanilid liefert beim Einleiten von **Chlorwasserstoff** in die geschmolzene Substanz bei 140—150⁰ oder besser beim Erhitzen mit **Zink-chlorid** auf 150—160⁰ 4- und wahrscheinlich auch geringe Mengen 2-Acetamino-acetophenon[1], und unter ähnlichen Bedingungen entsteht aus Dipropionanilid 4-Propionylamino-propiophenon[1]; Dibenzanilid, das beim Erhitzen von Benzanilid mit Benzoylchlorid auf 220—230⁰ entsteht, wird unter diesen Bedingungen durch den sich bildenden **Chlorwasserstoff** in ein Gemisch von 2- und 4-Benzamino-benzophenon umgelagert[1]. Auf die Umlagerung eines N, N-Diacylanilins ist auch die Bildung von 4-Acetamino-acetophenon (4-Acetamino-3-methyl-aceto-phenon) beim Kochen von Anilin (o-Toluidin) mit Zinkchlorid und Essigsäure-anhydrid[2] und von geringen Mengen 2- und 4-Acetamino-keton aus Acetanilid und Acetylderivaten anderer aromatischer Amine mit **sirupöser Phosphorsäure** in siedendem Eisessig[3] zurückzuführen. Auch bei den *cyclischen Imiden aroma-tischer o-Dicarbonsäuren* ist diese Umlagerung beobachtet, so liefert *N-Phenyl-phthalimid* und seine Substitutionsprodukte mit **NaCl + AlCl₃** bei 200—285⁰ das Lactam der 2-(2'-Aminobenzoyl-)-benzoesäure bzw. die entsprechenden sub-stituierten Verbindungen[4], während der *Phthalyl-glykocoll-äthylester* mit **Natrium-äthylat** in Alkohol bei 100⁰ in den 1,4-Dioxo-tetrahydroisochinolin-3-carbon-säure-äthylester übergeht[5].

Die *N-Nitrosoderivate der Alkyl-aryl- oder Diaryl-amine* lassen sich durch **alkoholische Salzsäure**[6, 7, 8], durch konzentrierte **wässerige Salzsäure**[8] oder durch **Eisessig-Chlorwasserstoff**[8], weniger vorteilhaft durch **alkoholische**[7, 8] oder **wässerige Bromwasserstoffsäure**[8] leicht isomerisieren, die Nitrosogruppe wandert dabei in den aromatischen Kern unter Bildung von p-Nitroso-aryl-alkyl- oder p-Nitroso-diaryl-aminen. Es handelt sich jedoch in diesem Falle um **keine echte** intramolekulare Umlagerung, da als Zwischenprodukt Nitrosylchlorid entsteht[9].

Ähnlich verhalten sich die *N-Nitroderivate von primären und sekundären aroma-tischen Basen*, die durch **kochende verdünnte Mineralsäure,** durch **Chlorwasser-stoff** in Äther oder durch **Eisessig-konzentrierte Schwefelsäure** bei 0—10⁰[10] oder durch Belichten[11] in o- und p-Nitroamine umgelagert **werden**. So geht *Phenyl-nitramin* beim Belichten[12], bei vorsichtigem Erwärmen[13], mit **konzentrierter Salz-säure** bei 0⁰[13], mit Chlorwasserstoff in Äther bei 0⁰[12], mit 74 **proz. Schwefelsäure** bei — 20⁰[14] oder mit verdünnten Mineralsäuren in der Wärme[13] in ein Gemisch **von** viel o- und wenig p-Nitranilin über, während *nitrierte Phenylnitramine* durch

---

[1] F. D. CHATTAWAY: J. chem. Soc. [London] **85**, 386 (1904). — Nach A. W. CHAP-MAN [ebenda **127**, 2818 (1925)] geht der Umlagerung eine Spaltung in Säurechlorid und Monoacylanilid voraus, ganz reines Zinkchlorid ist bei 140—160⁰ nicht wirk-sam, wohl aber bei Gegenwart von Chlorwasserstoff.

[2] J. KLINGEL: Ber. dtsch. chem. Ges. **18**, 2687 (1885).

[3] DRP. 56971, Friedlaender **3**, 21 (1890—94).

[4] F. P. 670812, Chem. Zbl. **1930 I**, 1537.

[5] S. GABRIEL, J. COLMAN: Ber. dtsch. chem. Ges. **33**, 983 (1900). Analog verhält sich das Cinchomeronsäurederivat: Ebenda **35**, 1360 (1902).

[6] O. FISCHER, E. HEPP: Ber. dtsch. chem. Ges. **19**, 2991 (1886). — Siehe auch A. HANTZSCH, W. POHL: Ebenda **35**, 2975 (1902).

[7] O. FISCHER, E. HEPP: Ber. dtsch. chem. Ges. **20**, 1247 (1887).

[8] O. FISCHER: Ber. dtsch. chem. Ges. **45**, 1098 (1912).

[9] P. W. NEBER, H. RAUSCHER: Liebigs Ann. Chem. **550**, 182 (1942).

[10] E. BAMBERGER: Ber. dtsch. chem. Ges. **30**, 1253 (1897).

[11] A. E. BRADFIELD, K. J. P. ORTON: J. chem. Soc. [London] **1929**, 915.

[12] E. BAMBERGER: Ber. dtsch. chem. Ges. **27**, 364 (1894).

[13] E. BAMBERGER, K. LANDSTEINER: Ber. dtsch. chem. Ges. **26**, 488, 490 (1893).

[14] A. F. HOLLEMAN, J. C. HARTOGS, T. VAN DER LINDEN: Ber. dtsch. chem. Ges. **44**, 724 (1911).

96 proz. Schwefelsäure bei 0^0 isomerisiert werden[1]. *Methyl-phenyl-nitramin* wird durch Kochen mit **30 proz. Schwefelsäure** oder durch **Chlorwasserstoff** in einem Ligroin-Äther-Gemisch bei 0^0 umgelagert[2]. Kinetische Messungen der Isomerisierung von Nitraminen mit **Salzsäure, Schwefelsäure, Salpetersäure** und **Benzolsulfonsäure** in Essigsäure zeigen, daß auch in diesem Falle keine wahre intramolekulare Umlagerung vorliegt[3].

In den *Aryl-sulfamidsäuren* vermag die Sulfosäuregruppe vom Stickstoff weg in den aromatischen Kern zu wandern. Während die Natrium-[4] und Bariumsalze[5] der Phenyl-sulfamidsäure und ihrer Substitutionsprodukte beim Erhitzen auf 170—180^0 in die entsprechenden Salze der Anilin-p-sulfonsäuren übergehen, wird das Kaliumsalz der Phenyl-sulfamidsäure mit wenig **konzentrierter Schwefelsäure** in Eisessig bei 0^0 in die Anilin-o-sulfonsäure umgewandelt[6], die ihrerseits wieder mit konzentrierter Schwefelsäure bei 180—190^0 Anilin-p-sulfonsäure liefert[6]. Bei den *Arylsulfamiden* der N-Alkyl-p-toluidine ist unter dem Einfluß von **80 proz. Schwefelsäure** bei 135—140^0 oder besser von **konzentrierter Schwefelsäure** bei 0^0 bzw. bei 100^0 eine Umlagerung in die entsprechenden o-Aminosulfone beobachtet[7].

Hierher gehört letzten Endes auch die Isomerisierung der *Diamino-* und *Triamino-triphenyl-acetonitrile* unter dem Einfluß von UV-Licht in alkoholischer Lösung, die zu echten Farbstoffcyaniden führt und im Dunkeln in umgekehrter Richtung erfolgt[8].

Einen besonderen Fall stellen die Halogenwanderungen in *Diazoniumsalzen* dar, bei denen das Halogen-anion mit einem anderen Halogenatom in o- oder p-Stellung zur Diazoniumgruppe im aromatischen Kern seinen Platz tauscht. Derartige Isomerisierungen sind bei 2,4-, 2,6- oder 2,4,6-bromsubstituierten Diazoniumchloriden beobachtet, sie sind vom **Lösungsmittel** abhängig, da die Umlagerungsgeschwindigkeit in der Reihe Wasser $<$ Methanol $<$ Eisessig $<$ Äthylalkohol zunimmt, und werden durch **Wasserstoff-** und **Halogenionen** katalysiert[9]. Ein ähnlicher Fall ist die Umwandlung des p-Chlor-benzoldiazoniumrhodanids durch **wässerige** oder besser durch **alkoholische Salzsäure** in p-Rhodanbenzoldiazonium-chlorid[10].

6. Wanderung von stickstoffhaltigen Gruppen.

Wanderung einer NH_2-Gruppe in den aromatischen Kern erfolgt bei *Phenylhydrazin* unter Bildung von p-Phenylen-diamin, wenn man ersteres in Gestalt seines salzsauren Salzes mit rauchender **Salzsäure** im Einschlußrohr auf 200^0 erhitzt[11], analog verhält sich das *asymmetrische Methyl-phenyl-hydrazin*[11]. Unter Wanderung einer substituierten Aminogruppe und gleichzeitigem Ringschluß verläuft die Umlagerung, die das *Benzal-diacetyl-methylphenylhydrazon* beim Kochen mit **Methanol** erleidet und die zu einem Derivat des 2,3-Dihydropyrrols führt[12]:

[1] E. Macciotta: Gazz. chim. ital. **71**, 81 (1941).
[2] E. Bamberger: Ber. dtsch. chem. Ges. **27**, 368 (1894).
[3] Siehe Anm. 11, S. 289.
[4] A. Seyewetz, Bloch: Bull. Soc. chim. France (4) **1**, 326 (1907).
[5] E. Bamberger, E. Hindermann: Ber. dtsch. chem. Ges. **30**, 654 (1897).
[6] E. Bamberger, J. Kunz: Ber. dtsch. chem. Ges. **30**, 2274 (1897).
[7] O. N. Witt: Ber. dtsch. chem. Ges. **46**, 296 (1913); **47**, 2786 (1914).
[8] J. Lifschitz: Ber. dtsch. chem. Ges. **52**, 1919 (1919); Z. physik. Chem. **97**, 426 (1921).
[9] A. Hantzsch: Ber. dtsch. chem. Ges. **30**, 2334 (1897); **33**, 505 (1900).
[10] A. Hantzsch: Ber. dtsch. chem. Ges. **29**, 947 (1896).
[11] J. Thiele, L. H. Wheeler: Ber. dtsch. chem. Ges. **28**, 1538 (1895).
[12] O. Diels, O. Buddenberg, S. Wang: Liebigs Ann. Chem. **451**, 223 (1927).

$$C_6H_5\text{—}CH\text{=}CH\text{—}CO\text{—}C\text{—}CH_3 \longrightarrow \qquad C_6H_5\text{—}C\text{=}CH\text{—}CO$$

Häufig untersucht ist die Umlagerung des *Diazoaminobenzols* in p-Aminoazobenzol unter Wanderung des Benzolazorestes, die in wässeriger Lösung durch kalte **verdünnte Salzsäure** oder **Salpetersäure**[1], viel langsamer durch **Essigsäure**[1], kaum mit verdünnter Schwefelsäure oder Oxalsäure[1], gar nicht mit Zinkchlorid oder Ammoniumchlorid[1], in alkoholischer Lösung durch **Anilinchlorhydrat**[2] oder **Zinkchlorid**[1] in der Kälte, langsamer durch **Calciumchlorid**[1] in der Hitze erfolgt. Auch durch **Eisessig** bei gewöhnlicher Temperatur[3] und durch verdünnte **Essigsäure** oder verdünnte **Ameisensäure**[3] sowie durch **Borfluorid**[4] läßt sich die Umwandlung in befriedigender Weise erreichen. Am besten läßt sich jedoch die Umlagerung durch schwaches Erwärmen mit **Anilinchlorhydrat in Anilin** erzielen[5]; geht man mit der Temperatur nicht über 40°, so kann man neben 93 % p- auch 4 % o-Aminoazobenzol isolieren[6]. In Anilin wird die Reaktion ganz allgemein durch **starke** und **schwache Säuren** katalysiert, wobei Zusatz von Wasser im ersteren Fall eine verzögernde, im letzteren eine beschleunigende Wirkung hat[7]. Eine intramolekulare Umlagerung liegt hier nicht vor, da der Bildung des Aminoazobenzols eine Spaltung des Diazoaminobenzols in Diazoniumsalz und Anilin vorangeht[8].

Ringschluß unter Bildung einer N—N-Bindung und gleichzeitiger Lösung einer C—N-Bindung bzw. der umgekehrte Vorgang tritt ein bei der wechselseitigen Umlagerung der *Diazofettsäureamide* in *5-Oxy-1,2,3-triazole*:

Während das *Diazoacetamid* (R und R′ = H) irreversibel durch verdünnte **Kalilauge** bei gewöhnlicher Temperatur in 5-Oxy-1,2,3-triazol umgewandelt wird[9], gehen *Diazomalonsäure-anilid* (R = C_6H_5, R′ = COOH)[10, 11] und substituierte Anilide[12] mit überschüssiger **Alkalilauge** bei gewöhnlicher Temperatur bzw. bei

[1] R. J. Friswell, A. G. Green: J. chem. Soc. [London] **47**, 917 (1885).

[2] A. Kekulé: Z. Chem. **1866**, 691.

[3] E. Rosenhauer, H. Unger: Ber. dtsch. chem. Ges. **61**, 392 (1928).

[4] H. Meerwein: Ber. dtsch. chem. Ges. **66**, 414 (1933), keine näheren Angaben.

[5] O. N. Witt, E. G. P. Thomas: J. chem. Soc. [London] **43**, 113 (1883).

[6] F. H. Witt: Ber. dtsch. chem. Ges. **46**, 2557 (1913).

[7] H. Goldschmidt, S. Johnson, E. Overwien: Z. physik. Chem. **110**, 251 (1924).

[8] Siehe dazu A. Kekulé: Z. Chem. **1866**, 691. — R. J. Friswell, A. G. Green: J. chem. Soc. [London] **47**, 917 (1885); **49**, 746 (1886). — H. Goldschmidt: Ber. dtsch. chem. Ges. **24**, 2317 (1891); **25**, 1347 (1892); **29**, 1369, 1899 (1896); Liebigs Ann. Chem. **351**, 108 (1907); Z. physik. Chem. **29**, 89 (1899); **110**, 251 (1924). — K. H. Meyer: Ber. dtsch. chem. Ges. **54**, 2267 (1921). — N. Yokojima: Chem. Zbl. **1928** I, 2248. — E. Rosenhauer: Ber. dtsch. chem. Ges. **61**, 392 (1928); **63**, 1056 (1930); **64**, 1438 (1931). — J. C. Earl: Ebenda **63**, 1666 (1930). — H. V. Kidd: J. org. Chemistry **2**, 198 (1938).

[9] Th. Curtius, J. Thompson: Ber. dtsch. chem. Ges. **39**, 4140 (1906).

[10] O. Dimroth: Ber. dtsch. chem. Ges. **35**, 4041 (1902).

[11] O. Dimroth: Liebigs Ann. Chem. **335**, 1 (1904).

[12] O. Dimroth: Liebigs Ann. Chem **338**, 143 (1905).

100^0 in die Triazole, letztere in **Äther** in erstere über. *Diazomalonsäure-alkyl-ester-amide* (R = H^1, $CH_3{}^2$, $CH_2 \cdot C_6H_5{}^1$, $C_6H_5{}^{3,\,4}$, $C_6H_4 \cdot CH_3(p)^5$, $C_6H_4 \cdot Br(p)^5$, $C_6H_4 \cdot NO_2(p)^1$ und $C_6H_3(NO_2)_2(2,4)^1$, R' = $COOCH_3$ und $COOC_2H_5$) und *Diazo-malonsäure-diamid* (R = H, R' = $CONH_2$)[1] werden durch **Natriumalkoholat** in Alkohol in die entsprechenden Triazole, diese durch Schmelzen, Schmelzen unter Wasser oder Erhitzen mit **Wasser** auf 100^0 bzw. Kochen mit **Alkohol** in jene umgewandelt. Die letztere Reaktion wird durch die veresterte oder amidierte Carboxylgruppe in 4-Stellung und durch Phenyl, besonders aber durch negativ substituierte Phenylgruppen in 1-Stellung begünstigt[1], so daß im Falle des 1-(2,4-Dinitrophenyl)-5-oxy-1,2,3-triazol-carbonsäure-4-methylesters die Umlagerung in die Diazoverbindung spontan erfolgt. In **Lösungsmitteln** bildet sich ein Gleichgewicht zwischen Diazoverbindung und Triazol aus, die Umlagerungsgeschwindigkeit nimmt in der Reihe Wasser < Methanol < Äthylalkohol < Aceton < Chloroform[1,4,5] und mit steigender Negativität des Restes R[5] zu.

IV. Wanderung zwischen Sauerstoff und Sauerstoff (Schwefel).

1. Wanderung von Wasserstoff.

Derartige Verschiebungen finden bei der *Ring-Ketten-Tautomerie* statt, zu der γ- oder δ-Aldehyd- und Ketonalkohole (I), γ- oder δ-Aldehyd- und -Ketosäuren und Glykolmonoester (II) befähigt sind:

$$\underset{\underset{I}{\overset{|}{OH}}}{R-\overset{+}{C}H}-CH_2-CH_2-C\big\langle{}^{H}_{O} \rightleftharpoons R-\overset{+}{C}H-CH_2-CH_2-\overset{+}{C}\big\langle{}^{H}_{OH} \qquad R-C\big\langle{}^{O\ CH_2OH}_{O-CH_2} \rightleftharpoons \underset{II}{R-\overset{OH}{C}-O-CH_2}$$

In den allermeisten Fällen sind bei solchen Verbindungen isomere Formen nicht beobachtet, dort, wo sie bekannt sind, wie beim γ-Oxy-nonadecyl-aldehyd $(I, R = C_{15}H_{31})^6$, gehen sie beim Schmelzen oder Lösen ineinander über, die Umwandlung erfolgt so schnell, daß die Wirkung von Katalysatoren nicht untersucht werden kann. Allerdings ist es auch in diesem Falle nicht sicher, ob die Isomeren obiger Formulierung entsprechen oder ob sie nicht die auf Grund der Entstehung eines neuen Asymmetriezentrums beim Ringschluß zu erwartenden diastereomeren Formen der cyclischen Verbindung darstellen. Das letztere ist bei den Monosacchariden der Fall.

Hierher gehört auch die AMADORI-*Umlagerung*, die bei N-d-Glucosiden primärer aromatischer Amine beim Schmelzen oder Erhitzen in Methyl- oder Äthylalkohol eintritt[7], aus p-Toluidin-d-glucosid entsteht so p-Tolyl-d-iso-glucosamin:

$$H_3C-\langle\ \rangle-NH-\underset{\underset{H}{\overset{|}{}}}{C}-\underset{\underset{H}{\overset{|}{}}}{\overset{\overset{OH}{|}}{C}}\quad\underset{\underset{OH}{\overset{|}{}}}{\overset{\overset{H}{|}}{C}}\ \underset{\underset{H}{\overset{|}{}}}{\overset{\overset{OH}{|}}{C}}\ C-CH_2OH \rightarrow H_3C-\langle\ \rangle-NH-CH_2-CO-\underset{\underset{OH}{\overset{|}{}}}{\overset{\overset{H}{|}}{C}}-\underset{\underset{H}{\overset{|}{}}}{\overset{\overset{OH}{|}}{C}}-\underset{\underset{H}{\overset{|}{}}}{\overset{\overset{OH}{|}}{C}}-CH_2OH.$$

Die Isomerisierung ist wahrscheinlich auf die katalytische Wirkung von **Säure-spuren** zurückzuführen, da durch 0,002—0,02 Mol. **Salzsäure** auf 1 Mol. Base in wässeriger Lösung bei gewöhnlicher Temperatur bzw. bei 100^0 nicht nur d-Gluco-

<hr>

[1] O. Dimroth: Liebigs Ann. Chem. **373**, 336 (1910).

[2] O. Dimroth: Liebigs Ann. Chem. **364**, 183 (1909).

[3] Siehe Anm. 10, S. 291.   [4] Siehe Anm. 11, S. 291.   [5] Siehe Anm. 12, S. 291.

[6] B. Helferich, H. Köster: Ber. dtsch. chem. Ges. **56**, 2088 (1923).

[7] M. Amadori: Atti R. Accad. naz. Lincei, Rend. (6) **2**, 337 (1925); **9**, 68, 226 (1929); **13**, 72 (1931). — R. Kuhn, L. Birkofer: Ber. dtsch. chem. Ges. **71**, 621 (1938). — Siehe auch R. Kuhn, F. Weygand: Ebenda **70**, 769 (1937). — F. Weygand: Ebenda **73**, 1259 (1940).

side, sondern auch d-Xyloside, d- und l-Arabinoside, l-Rhamnoside, d-Mannoside
und d-Galactoside umgelagert werden[1].

2. Wanderung von Alkyl- und Arylresten.

Änderung des Ringsystems ist bei *Acetalen mehrwertiger Alkohole* beobachtet,
so gehen die α,α'- und α,β-Acetale des Glycerins mit Formaldehyd (R = H)
und Acetaldehyd (R = CH$_3$) durch geringe Mengen **Chlorwasserstoff** bei gewöhnlicher Temperatur wechselseitig ineinander über unter Bildung eines Gleich-

$$
\begin{array}{ccc}
\mathrm{CH_2-O} & & \\
| & \searrow & \mathrm{R} \\
\mathrm{CH-O} & \mathrm{C} & \\
| & \nearrow & \mathrm{H} \\
\mathrm{CH_2OH} & &
\end{array}
\rightleftharpoons
\begin{array}{ccc}
\mathrm{CH_2-O} & & \\
| & \searrow & \mathrm{R} \\
\mathrm{CHOH} & \mathrm{C} & \\
| & \nearrow & \mathrm{H} \\
\mathrm{CH_2-O} & &
\end{array}
$$

gewichtsgemisches[2]. Dieselbe Umwandlung erleiden die Glycerinacetale des
Benzaldehyds mit geringen Mengen **Chlorwasserstoff** langsam bei gewöhnlicher
Temperatur, schnell bei 100°[3].

Dialkylester der Phthalsäure und ihrer Substitutionsprodukte treten in zwei
isomeren Formen auf, von diesen werden die ψ-Ester (I) beim Erhitzen durch
alkoholische Salzsäure oder noch schneller durch geringe Mengen von **Alkali** in
Alkohol in die normalen Ester (II) umgelagert[4]. Ähnlich liegen die Verhältnisse

$$
\text{I} \quad\rightarrow\quad \text{II} \qquad\qquad \text{III} \quad\rightarrow\quad \text{IV}
$$

bei den aromatischen *Aldehyd-* oder *Keton-o-carbonsäuren*, so gehen die ψ-Ester
der Phthalaldehydsäure (III, R = H) durch längere Einwirkung von **alkoholischer Salzsäure** bei gewöhnlicher Temperatur[5], die ψ-Ester der o-Benzoyl-
benzoesäure (III, R = C$_6$H$_5$) und ihrer Substitutionsprodukte durch etwas
Thionylchlorid, Chlorwasserstoff oder **konzentrierte Schwefelsäure** in siedendem
Alkohol[6] in die normalen Ester (IV) über.

Wanderung eines Arylrestes findet bei dem *Salicylsäure-4-nitrophenylester*
durch Kochen mit **n Natronlauge** statt, es bildet sich dabei der Salicylsäure-
4-nitrophenyläther, und ähnlich verhalten sich auch andere Arylester von o-Oxy-
benzoesäuren[7]. In analoger Weise geht der *4-Oxy-toluol-3-sulfonsäure-o-nitro-
phenylester* beim Kochen mit **alkoholischer n/4 Natronlauge** in die 4-(o-Nitrophenoxy)-toluol-3-sulfonsäure über[7].

Die *Alkylester der aci-Formen des o-Nitro-* und *2,4,6-Trinitrophenols* gehen leicht
in die isomeren Nitrophenoläther über, die Umlagerung wird in diesem Falle durch
Chlorwasserstoff in indifferenten Lösungsmitteln stark beschleunigt[8].

[1] F. WEYGAND: Ber. dtsch. chem. Ges. **73**, 1259 (1940).
[2] J. D. VAN ROON: Recueil Trav. chim. Pays-Bas **48**, 181, 190 (1929).
[3] H. S. HILL, M. S. WHELEN, H. HIBBERT: J. Amer. chem. Soc. **50**, 2238, 2241
(1928).
[4] A. KIRPAL: Mh. Chem. **35**, 683 (1914); Ber. dtsch. chem. Ges. **62**, 2103, 2105
(1929); **68**, 1330 (1935).
[5] A. KIRPAL, K. ZIEGER: Ber. dtsch. chem. Ges. **62**, 2106 (1929).
[6] G. EGERER, H. MEYER: Mh. Chem. **34**, 69 (1913).
[7] B. T. TOZER, S. SMILES: J. chem. Soc. [London] **1938**, 1897.
[8] A. HANTZSCH, H. GORKE: Ber. dtsch. chem. Ges. **39**, 1075, 1079 (1906).

Bei den bisher beschriebenen Beispielen wandern Alkyl- und Arylreste stets vom Sauerstoff zum Sauerstoff, man kennt jedoch auch eine ganze Anzahl von Fällen, bei denen Wanderung vom Sauerstoff zum Schwefel und umgekehrt stattfindet. Eines der einfachsten Beispiele dieser Art ist die Umlagerung von *Sulfinsäureestern* in Sulfone, so wandelt sich der p-Toluolsulfinsäureester des Phenyl-methyl-carbinols von selbst langsam in p-Tolyl-α-phenyläthyl-sulfon um[1]. Da die Umlagerung bei verschiedenen Präparaten verschieden schnell erfolgt, ist anzunehmen, daß sie durch — bis jetzt unbekannte — Katalysatoren beschleunigt wird. In analoger Weise werden die Alkalisalze der *alkylschwefligen Säuren* durch **Alkalijodide** oder **-rhodanide** in Alkohol bei gewöhnlicher Temperatur in die entsprechenden Salze der Alkylsulfosäuren umgelagert[2].

Eine Wanderung von Alkylresten tritt auch bei den *Monothiocarbamidsäure-O-alkylestern* ein, die unter der Einwirkung der entsprechenden **Alkyljodide** bei Temperaturen von 15—130° in die Monothiocarbamidsäure-S-alkylester übergehen[3]. Wahrscheinlich addiert sich dabei zunächst das Alkyljodid, da bei Verwendung eines anderen Alkyljodids Umesterung während der Umlagerung eintritt[3] und solche Anlagerungsprodukte in einzelnen Fällen gefaßt werden konnten[4]. Der O-Äthylester läßt sich auch durch Erwärmen mit **Phosphorpentoxyd** umwandeln, doch wird der S-Ester unter diesen Bedingungen zum größten Teil weiter verändert[5]. Von den *N-Acyl-derivaten* der Monothiocarbamidsäure-O-alkylester lassen sich nur das N-Acetyl- bzw. N-Benzoylderivat des O-Methylesters durch längeres Erwärmen mit einem Mol. Methyljodid auf 40—45° bzw. 80—90° in die entsprechenden S-Verbindungen umlagern[6]. Auch die *N-Aryl-derivate* lassen sich in diesem Sinne isomerisieren, so geht der Thiocarbanilsäure-O-methyl- und -äthylester durch Erwärmen mit Methyl- bzw. Äthyljodid in den entsprechenden S-Ester über[7]. Eingehend ist die Isomerisierung des Thiocarbanilsäure-O-benzhydrylesters untersucht, der durch rasches Erhitzen auf 130—135°, schnell und quantitativ durch Kochen mit **Eisessig** und weniger glatt durch **Salzsäure** bei gewöhnlicher Temperatur, aber auch durch geringe Mengen **Äthylbromid** oder **Diphenylbrommethan** in siedendem Benzol oder **Benzhydrylacetat** in siedendem Toluol in den S-Benzhydrylester umgewandelt wird[8]. Ersetzt man in der Thiocarbanilsäure Phenyl durch o- oder p-Tolyl, sowie durch Allyl, so lassen sich die O-Benzhydrylester dieser Säuren ebenfalls durch siedenden Eisessig in die S-Verbindungen umlagern[8], indessen ist dieser Katalysator nicht allgemein anwendbar, da er z. B. bei dem Thiocarbanilsäure-O-benzylester versagt[8].

Wanderung von Arylresten tritt bei gewissen *o-Mercaptodiaryläthern* unter Bildung der strukturisomeren o-Oxy-diarylthioäther ein, so geht das Iso-β-naphtholsulfid (I) schnell mit **Alkalilauge,** langsam mit wässerigem **Ammoniak** oder **Sodalösung,** nicht dagegen mit Pyridin bei 100° (gegebenenfalls mit Propylalkohol als Lösungsmittel) in 1,1′-Di-(2-oxy-naphthyl)-sulfid (II) über[9]. Eine

---

[1] J. Kenyon, H. Phillips: J. chem. Soc. [London] **1930**, 1676, 1684.

[2] A. Rosenheim, W. Sarow: Ber. dtsch. chem. Ges. **38**, 1298 (1905).

[3] H. L. Wheeler, B. Barnes: Amer. chem. J. **22**, 141 (1899).

[4] A. Knorr: Ber. dtsch. chem. Ges. **50**, 767 (1917).

[5] E. Biilmann, J. Bjerrum: Ber. dtsch. chem. Ges. **50**, 509 (1917).

[6] H. L. Wheeler, T. B. Johnson: Amer. chem. J. **24**, 189 (1900).

[7] H. L. Wheeler, B. Barnes: Amer. chem. J. **24**, 60 (1900). Auch der *Phenylhydrazin-β-monothiocarbonsäure-O-äthylester* läßt sich durch Äthyljodid in den S-Äthylester umlagern.

[8] A. Bettschart, A. Bistrzycki: Helv. chim. Acta **2**, 122 (1919).

[9] R. Henriques: Ber. dtsch. chem. Ges. **27**, 3001 (1894). — L. A. Warren, S. Smiles: J. chem. Soc. [London] **1931**, 914. — Zur Konstitution des Isosulfids vgl. L. A. Warren, S. Smiles: Ebenda **1930**, 956.

Wanderung im umgekehrten Sinne findet bei *o-Oxy-diarylsulfonen* statt, so wird das 2′-Nitro-2-oxy-5-methyl-diphenylsulfon durch 1 Mol. **Alkalilauge** bereits

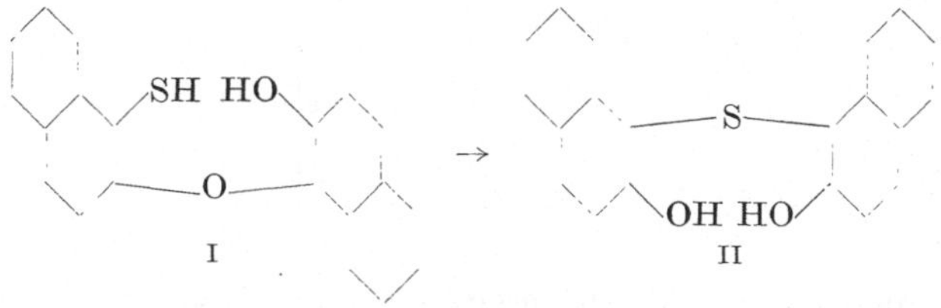

bei 15⁰ langsam, schnell bei 50—60⁰ in die 2-(o-Nitrophenoxy)-5-methyl-benzol-sulfinsäure-(1) umgelagert[1], analog verhält sich das 2-Nitrophenyl-1-(2-oxy-naphthyl)-sulfon[1], während für die Isomerisierung des 4′-Nitro-2-oxy-5-methyl-diphenylsulfons 2 n Natronlauge bei 90⁰ erforderlich ist[2]. An einem geeigneten Beispiel läßt sich mit diesen beiden Umlagerungstypen folgender Kreisprozeß durchführen[3]:

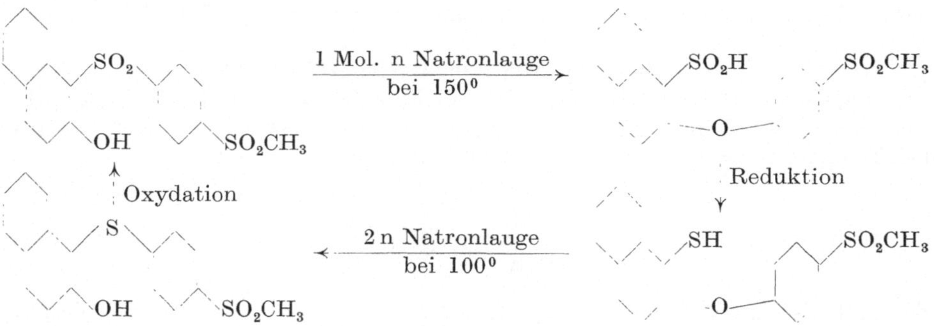

Eingehende Untersuchungen zeigen, daß die Umlagerung bei den o-Oxy-diaryl-sulfonen von den Substituenten in beiden aromatischen Kernen abhängig ist[4, 5], die Umlagerungsgeschwindigkeit ist mit **Natriumalkoholaten** in alkoholischer Lösung größer als mit Natronlauge und steigt in der Reihe $NaOCH_3 <$ $NaOC_2H_5 < NaOC_3H_7(n)$ an[4]. Die Umlagerung selbst ist umkehrbar, in **saurer** Lösung (p_H 2—6) lassen sich die Sulfinsäuren teilweise in die Sulfone umwandeln[6]. Die Isomerisierung ist nicht auf aromatische Derivate beschränkt, auch das β-Oxyäthyl-o-nitrophenyl-sulfon läßt sich durch 10proz. Natronlauge bei 50—90⁰ rasch in die β-(o-Nitrophenoxy)-äthylsulfinsäure überführen[4].

3. Wanderung von Säureresten.

Derartige Isomerisierungen sind bei den *Estern mehrwertiger Alkohole* be-obachtet, so gehen α- und β-*Glycerin-phosphorsäure* durch Erhitzen in **salz-** oder **schwefelsäure**haltiger wässeriger Lösung wechselseitig ineinander über[7, 8], bei

[1] A. A. Levy, H. C. Rains, S. Smiles: J. chem. Soc. [London] **1931**, 3264.
[2] A. A. Levi, S. Smiles: J. chem. Soc. [London] **1932**, 1488.
[3] L. A. Warren, S. Smiles: J. chem. Soc. [London] **1932**, 1040.
[4] B. A. Kent, S. Smiles: J. chem. Soc. [London] **1934**, 423.
[5] C. S. McClement, S. Smiles: J. chem. Soc. [London] **1937**, 1016.
[6] R. R. Coats, D. T. Gibson: J. chem. Soc. [London] **1940**, 442.
[7] M. C. Bailly: C. R. hebd. Séances Acad. Sci. **206**, 1902 (1938); **208**, 443 (1939).
[8] P. E. Verkade, J. C. Stoppelenburg, W. D. Cohen: Recueil Trav. chim. Pays-Bas **59**, 886 (1940).

$p_H = 0,9$ liegt das Gleichgewicht bei 87% α- und 13% β-Säure[1]. Ähnliche Umlagerungen werden durch Fermente hervorgebracht[2].

Auch bei *Säureanhydriden von δ-Aldehydcarbonsäuren* können Acylwanderungen eintreten, die Umwandlung:

$$C_6H_5—CH—CH_2—CO—O \cdot CO \cdot CH_3 \qquad\qquad C_6H_5—CH—CH_2—CO$$

wird durch geringe Mengen **Essigsäureanhydrid** katalysiert[3].

V. Wanderungen zwischen Sauerstoff (Schwefel) und Stickstoff.

1. Wanderung von Wasserstoff.

In den Lösungen der *o*- und *p-Oxyazoverbindungen* liegt ein Gleichgewicht zwischen diesen und den tautomeren Chinon-aryl-hydrazonen vor, die Einstellung des Gleichgewichts erfolgt jedoch mit so großer Geschwindigkeit, daß Katalysatoren nicht erforderlich sind und ihre Wirkung auch nicht untersucht werden kann[4].

2. Wanderung von Alkyl- und Arylresten.

Imidoester, die in der Imidogruppe nicht substituiert sind, zerfallen beim Erhitzen in Nitril und Alkohol, N-substituierte Imidoester lagern sich dagegen bei Temperaturen zwischen 200 und 300° in Säureamide um:

So gibt N-Phenyl-formimido-methyl-(äthyl-)ester bei 230—240° N-Methyl-(Äthyl)-formanilid[5], N-Phenyl-acetimido-methylester bei Siedetemperatur N-Methyl-acetanilid[6], N-Methyl-benzimido-methylester bei 250—270° N, N-Dimethyl-benzamid[6], N-Phenyl-benzimido-methylester bei 270—280° N-Methyl-benzanilid[5], der Phenylester bei 170—300° N, N-Diphenyl-benzamid[7, 8] und der Allylester bei 210—215° N-Allyl-benzanilid[9]. Die Umlagerung verläuft intramolekular[8] und ist in ihrer Leichtigkeit abhängig von den Gruppen A, B und R in dem obigen allgemeinen Schema, sie nimmt für A in demselben Maße zu, in dem die Dissoziationskonstante der den Rest A enthaltenden Carbonsäure ansteigt, während für B und R die umgekehrte Reihenfolge gilt[10]. Die Isomerisierung solcher Imidoester, auch der am Stickstoff nicht substituierten, läßt sich bei viel tieferer Tem-

---

[1] Siehe Anm. 8, S. 295.

[2] Wechselseitige Umwandlung von *Glycerinsäure-2-* und *-3-phosphorsäure* durch die Phosphoglyceromutase: O. Meyerhof, W. Kiessling: Biochem. Z. **276**, 239 (1935); **280**, 99 (1935). — Umlagerung des *Glucose-1-* in den *Glucose-6-phosphorsäure-ester* durch die Phosphoglucomutase: C. F. Cori, S. P. Colowick, G. T. Cori: J. biol. Chemistry **121**, 465 (1937); **123**, 375 (1938); **124**, 543 (1938). — W. Kiessling: Biochem. Z. **298**, 421 (1938).

[3] H. Meerwein: J. prakt. Chem. (2) **116**, 232, 257 (1927).

[4] R. Kuhn, F. Bär: Liebigs Ann. Chem. **516**, 143 (1925).

[5] W. Wislicenus, M. Goldschmidt: Ber. dtsch. chem. Ges. **33**, 1467 (1900).

[6] G. D. Lander: J. chem. Soc. [London] **83**, 406 (1903).

[7] O. Mumm, H. Hesse, H. Volquartz: Ber. dtsch. chem. Ges. **48**, 388 (1915).

[8] A. W. Chapman: J. chem. Soc. [London] **127**, 1992 (1925). Analog substituierte Phenylester.

[9] O. Mumm, F. Möller: Ber. dtsch. chem. Ges. **70**, 2214 (1937).

[10] A. W. Chapman: J. chem. Soc. [London] **1927**, 1743.

peratur mit **Alkyljodiden** durchführen, so wandeln sich beim Erhitzen mit Methyljodid auf 100—130⁰ bzw. mit Äthyljodid auf 100—160⁰ die Methyl- und Äthylester der Aryl- und Furyl-imido-carbonsäuren[1,2], der N-Aryl-acetimidosäuren[2,3]
und der N-Alkyl-, -Benzyl- und -Aryl-benzimidosäuren[3] um. Die Menge der angewandten Alkyljodide schwankt zwischen Spuren und molaren Mengen, Äthylchlorid ist bei 150—160⁰ gar nicht, Äthylbromid bei 200⁰ nur schwach wirksam[3].
Die Umlagerung verläuft wahrscheinlich über die Zwischenstufe eines Jodal-
kylats, da bei Verwendung eines anderen Alkyljodids eine Verdrängung des
Alkyls eintritt[4].

Auch bei ähnlich gebauten cyclischen Verbindungen sind derartige Umlagerungen
beobachtet, so geht *Methoxy-coffein* bei 200⁰ in Tetramethyl-harnsäure[5], *2-Methoxy-
chinolin* beim Kochen, bei längerem Erwärmen auf 100⁰, im Sonnenlicht und langsam
auch schon bei gewöhnlicher Temperatur zum Teil in N-Methyl-α-chinolon[6], *4-Meth-
oxychinolin* bei 300—310⁰ in N-Methyl-γ-chinolon über[7]. Mit **Methyljodid** entsteht
im letzteren Falle[8], wie bei dem *1-Phenyl-3-methyl-5-methoxy-pyrazol*[9], langsam in
der Kälte, rasch in der Wärme das Jodmethylat, das hier stabil ist und erst beim
Schmelzen oder beim Kochen mit Natronlauge in N-Methyl-γ-chinolon bzw. in
Antipyrin übergeht.

Wanderung eines Arylrestes tritt bei verschiedenen Derivaten des Diphenyl-
äthers ein. Der *2′, 4′-Dinitro-2-amino-4-methyl-diphenyläther* und sein N-Acetyl-
derivat gehen beim Erwärmen mit **Pyridin, Anilin, Alkoholen** oder **Glycerin** oder
bei gewöhnlicher Temperatur mit **wässerigen Lösungen von Pyridin, Alkohol,**
Essigsäure oder **Propionsäure** in 2′,4′-Dinitro-2-oxy-5-methyl-diphenylamin bzw.
dessen N-Acetylverbindung über[10]. Analog verhält sich das 2′,4′,6′-Trinitro-
derivat[10] sowie weitere Verbindungen, die andere Substituenten in 4-Stellung
tragen[11]. Das *2-(p-Nitrophenoxy)-benzamid* wird durch Erhitzen mit n/5 **Natron-**
lauge in wässerigem Aceton in das Salicylsäure-4-nitroanilid umgelagert[12], eine
Reaktion, die sich auch auf analog gebaute Aryläther übertragen läßt und bei
Sulfonamiden ebenfalls anwendbar ist, so läßt sich das *4-(o-Nitrophenoxy)-toluol-
3-sulfonamid* und sein N-Methylderivat durch Erhitzen mit n **Natronlauge** auf
100⁰ in 4-Oxy-toluol-3-sulfon-o-nitranilid bzw. dessen N-Methylverbindung
umwandeln[13].

Der einfachste Fall einer Alkylwanderung vom Schwefel zum Stickstoff ist
die Umlagerung des *Methyl-rhodanids* in Methylsenföl, die bei 180—185⁰ weit-

---

[1] H. L. WHEELER, T. B. JOHNSON: Ber. dtsch. chem. Ges. **32**, 41 (1899); Amer.
chem. J. **21**, 185 (1899).

[2] H. L. WHEELER: Amer. chem. J. **23**, 135 (1900).

[3] Siehe Anm. 6, S. 296.

[4] Auch die Umlagerung des *Benzimido-(β-chloräthyl-)-esters* durch Erhitzen auf
100⁰ [S. GABRIEL, A. NEUMANN: Ber. dtsch. chem. Ges. **25**, 2386 (1892)] gehört zu
diesem Typ, das als Zwischenprodukt auftretende Phenoxazolin-chlorhydrat konnte
bei der Isomerisierung isoliert werden [W. WISLICENUS, H. KÖRBER: Ber. dtsch.
chem. Ges. **35**, 164 (1902)].

[5] W. WISLICENUS, H. KÖRBER: Ber. dtsch. chem. Ges. **35**, 1991 (1902). *Äthoxy-
coffein* lagert sich bei 240⁰ um.

[6] H. MEYER, R. BEER: Mh. Chem. **34**, 1178 (1913).

[7] H. MEYER: Mh. Chem. **27**, 259, 265 (1906). Bei *4-Äthoxy-chinolin* tritt die
Umwandlung weniger glatt bei 360⁰ ein.

[8] L. KNORR: Ber. dtsch. chem. Ges. **30**, 922 (1897).

[9] L. KNORR: Liebigs Ann. Chem. **293**, 13 (1896); die Umlagerung in Antipyrin
tritt auch beim Erhitzen auf 250⁰ ein, ebenso verhält sich das Äthoxyderivat, DRP.
95 643, Chem. Zbl. **1898 I**, 812; Friedlaender **5**, 779 (1897—1900).

[10] K. C. ROBERTS, CH. G. M. DE WORMS: J. chem. Soc. [London] **1934**, 727.

[11] K. C. ROBERTS, CH. G. M. DE WORMS: J. chem. Soc. [London] **1935**, 196, 1309.

[12] B. T. TOZER, S. SMILES: J. chem. Soc. [London] **1938**, 2052.

[13] B. T. TOZER, S. SMILES: J. chem. Soc. [London] **1938**, 2052.

gehend erfolgt[1] und in Gegenwart von **Cadmiumjodid** schon bei gewöhnlicher Temperatur teilweise eintritt[2]. Bei den *S-Alkyl-2-mercapto-benzthioazolen* und deren Substitutionsprodukten bewirkt Erhitzen mit einer Spur **Jod** auf 200—220° (Brom ist weniger wirksam) eine Isomerisierung zu den 3-Alkyl-benzthiazol-thionen[3].

In Analogie zu den o-Oxy-diarylsulfonen wird die Verschiebung eines Aryl-restes auch bei *o-Amino-diarylsulfonen* beobachtet, so geht das *2'-Nitro-2-amino-diphenylsulfon* mit kochender **n Natronlauge** in die 2-(o-Nitrophenyl-amino)-benzolsulfinsäure-(1) über[4], und ähnlich verhalten sich substituierte Verbin-dungen[4, 5]. Noch leichter verläuft die Isomerisierung bei den N-Acetylderivaten, so lassen sich *2'-Nitro-2-acetamino-diphenylsulfon*[4], *-sulfoxyd*[6] und *-sulfid*[4] und deren Substitutionsprodukte[4, 5] mit 1 Mol. **n/2 Natronlauge** bei 100°, 1 Mol. **n Natronlauge** in alkoholischer Lösung bei 50° bzw. mit einer siedenden **n/2 Na-triumhydroxyd**lösung in Aceton-Alkohol in 2-(Acetyl-o-nitrophenyl-amino)-ben-zolsulfinsäure-(1), -benzolsulfensäure-(1) bzw. -phenylmercaptan-(1) umlagern. Analog verhalten sich entsprechende Carbonsäureamide, *o-(2-Nitrophenyl-mer-capto)-benzamid* und *o-(2-Nitrophenyl-sulfonyl)-benzamid*, sowie ihre N-Phenyl-derivate werden durch **n/2 Natronlauge** in siedendem Alkohol bzw. durch Kochen mit n Natronlauge in o-Mercapto-benz-2-nitranilid bzw. Benz-2-nitr-anilid-o-sulfinsäure umgewandelt[7], und auch das *Methan-carbonsäure-anilid-sulfonsäure-o-nitranilid* läßt sich durch **n Natronlauge** in siedendem Alkohol in die Methan-carbonsäure-o-nitrodiphenylamid-sulfonsäure überführen[7].

3. Wanderung von Säureresten.

Verschiebungen von Säureresten sind bei Aminooxyverbindungen sehr häufig beobachtet, in sehr vielen Fällen treten solche Wanderungen bei der Herstellung von Monoacylverbindungen (z. B. aus den entsprechenden Nitroverbindungen), von Diacyl- aus Monoacylverbindungen oder bei der Verseifung der Diacyl- zu Mono-acylverbindungen ein. Da es sich in diesem Falle um keine Isomerisierungen handelt, bleiben diese Beispiele unberücksichtigt.

In der Reihe der aliphatischen Amino-oxy-verbindungen geht das *β-Benzoyl-oxy-propylamin* beim Eindampfen mit konzentrierter **Kalilauge** teilweise in das β-Oxy-propyl-benzamid über[8]. Ähnlich verhalten sich die *α-Aryl-β-amino-propanol-ester*, die den Essigsäure-, Benzoesäure-, Anissäure- und Veratrum-säurerest enthalten, die Chlorhydrate dieser Verbindungen werden durch **Soda-lösung** in die α-Aryl-β-acylamino-propanole umgewandelt und aus diesen durch verdünnte **Salzsäure** wieder zurückgebildet[9]; die Umlagerungsleichtigkeit der Ester nimmt in der angeführten Reihenfolge der Säuren zu. Auch ein Beispiel aus der Reihe der mehrwertigen Alkohole ist bekannt, das *O, N-Dibenzoyl-γ-amino-propylenglykol* wird durch **Phosphorpentachlorid** und nachträgliche Be-handlung mit Wasser (allerdings über verschiedene Zwischenstufen hinweg) in das O, O'-Dibenzoyl-derivat umgelagert, während die umgekehrte Wanderung durch **Sodalösung** hervorgebracht wird[10].

[1] A. W. Hofmann: Ber. dtsch. chem. Ges. **13**, 1349 (1880); **18**, 2196 (1885).
[2] A. Smits, H. Vixseboxse: Chem. Zbl. **1914 II**, 820.
[3] F. P. Reed, A. Robertson, W. A. Sexton: J. chem. Soc. [London] **1939**, 473.
[4] W. J. Evans, S. Smiles: J. chem. Soc. [London] **1935**, 181; dort noch weitere Beispiele mit substituierten Verbindungen.
[5] A. Warren, S. Smiles: J. chem. Soc. [London] **1932**, 2774.
[6] A. Levi, L. A. Warren, S. Smiles: J. chem. Soc. [London] **1933**, 1490.
[7] W. J. Evans, S. Smiles: J. chem. Soc. [London] **1936**, 329.
[8] S. Gabriel, Th. Heymann: Ber. dtsch. chem. Ges. **23**, 2501 (1890).
[9] E. Vinkler, V. Bruckner: J. prakt. Chem. (2) **151**, 17 (1938).
[10] M. Bergmann, E. Brand, F. Dreyer: Ber. dtsch. chem. Ges. **54**, 938, 940 (1921).

Von den aromatischen Verbindungen neigen die *Säurederivate der o-Amino-phenole*, nicht dagegen die der m- und p-Verbindungen zu Acylwanderungen; die O-Acylverbindungen sind in der Regel gar nicht faßbar, sie lagern sich spontan in die N-Verbindungen um[1]. Dort, wo es gelingt, die ersteren zu isolieren, wie im Falle des *O-Acetyl-2-amino-4-chlorphenols*[2] oder einer Anzahl von *(o-Aminoaryl)-kohlensäure-alkylestern*[2, 3, 4], sind die O-Acylverbindungen in Gestalt ihrer salzsauren Salze relativ stabil, in wässeriger Lösung werden diese bei gewöhnlicher Temperatur langsam, in der Hitze schnell in die N-Verbindungen umgelagert. Da die Umlagerung bei den freien Basen eintritt — diese gehen bei gewöhnlicher Temperatur schon innerhalb kurzer Zeit von selbst in die N-Acylderivate über —, wird sie bei den salzsauren Salzen in wässeriger Lösung durch Zusatz von Mineralsäure verzögert[4]; die Umlagerungsgeschwindigkeit ist zudem abhängig von den Substituenten im Benzolkern[4]. Beständiger sind die *Carbanil-säureester des 2-Amino-4-methyl-phenols* und des *2-Methyl-2'-chlor-3-oxy-4,4'-di-amino-diphenyls*, die sich erst beim Kochen mit **Eisessig** in die entsprechenden Diaryl-harnstoffe umwandeln[5]. Das *O-Benzoyl-N-phenyl-1-amino-naphthol-(2)* geht bei längerem Aufbewahren, beim Schmelzen oder beim Erwärmen mit **alkoholischer Alkalilauge** in das N-Benzoyl-N-phenyl-1-amino-naphthol-(2) über[6]. Bei den Diacylderivaten der o-Aminophenole tritt in manchen Fällen Austausch der Säurereste ein, so entsteht aus *O-Acetyl-N-benzoyl-o-aminophenol* bei 150° O-Benzoyl-N-acetyl-o-aminophenol, während *O-Acetyl-N-α-naphthoyl-* und *O-α-Naphthoyl-N-acetyl-o-aminophenol* bei 150—160° wechselseitig ineinander übergehen[7].

Derartige Acylwanderungen finden auch bei einer Reihe ähnlich gebauter Verbindungen statt, so wird z. B. in der Reihe der *o-Oxy-hydrazobenzole* die Isomerisierung

$$\begin{array}{cccc} NH-N-C_6H_5 & & N & N-C_6H_5 \\ \quad\vert & & & \quad\vert \\ CO-CH_3 & \rightarrow & CO\cdot C_6H_5 & CO-CH_3 \\ O\cdot CO\cdot C_6H_5 & & & OH \end{array}$$

durch siedende **alkoholische Salzsäure** bewerkstelligt[8]. Der *O-Acetyl-o-amino-benzylalkohol* wandelt sich bei gewöhnlicher Temperatur langsam, schnell beim Erhitzen in das N-Derivat um, und dieses liefert mit verdünnter **Mineralsäure** bei gewöhnlicher Temperatur — allerdings über das Oxazin als Zwischenstufe — die O-Verbindung zurück[9]. Durch Erhitzen mit **Pyridin** oder **Chinolin** auf 100° oder 115—120° oder besser durch Kochen mit **Eisessig** wird das *O-Acetyl-* bzw. *O-Benzoyl-salicylaldehyd-phenylhydrazon* in das Salicylaldehyd-acetyl(benzoyl)-phenylhydrazon umgelagert[10, 11]. Die Wanderung des Säurerestes vom Sauerstoff zum Stickstoff tritt auch hier nur bei den o-Derivaten ein[10], Substituenten haben lediglich dann einen merklichen Einfluß auf die Umlagerung, wenn sie in dem Benzolkern des Phenylhydrazinrestes enthalten sind, und zwar üben negative

[1] Siehe darüber z. B. K. AUWERS: Liebigs Ann. Chem. **332**, 159 (1904).

[2] H. T. UPSON: J. Amer. chem. Soc. **32**, 13 (1904).

[3] J. H. RANSOM: Ber. dtsch. chem. Ges. **33**, 199 (1900); Amer. chem. J. **23**,1 (1900). — J. H. RANSOM, R. E. NELSON: J. Amer. chem. Soc. **36**, 390 (1914).

[4] J. STIEGLITZ, H. T. UPSON: J. Amer. chem. Soc. **31**, 458 (1904).

[5] K. AUWERS: Liebigs Ann. Chem. **364**, 159, 173 (1909).

[6] W. DILTHEY, H. PASSING: J. prakt. Chem. (2) **153**, 26 (1939).

[7] F. BELL: J. chem. Soc. [London] **1931**, 2962.

[8] K. AUWERS, M. ECKARDT: Liebigs Ann. Chem. **359**, 341, 365 (1908).

[9] K. AUWERS: Ber. dtsch. chem. Ges. **37**, 2249 (1904).

[10] K. AUWERS: Ber. dtsch. chem. Ges. **37**, 3905, 3915, 3929 (1904).

[11] K. AUWERS: Liebigs Ann. Chem. **365**, 284, 314, 343 (1909).

Substituenten in o- und p-Stellung zu der Imidogruppe einen hemmenden Einfluß aus[1]. Isomerisierung durch siedenden Eisessig läßt sich auch bei den *O-Acylderivaten des o-Oxy-acetophenon-phenylhydrazons, nicht* dagegen bei denen des *o-Oxy-benzophenon-phenylhydrazons* erreichen[1]. Die *Acylderivate des 4-Methyl-7-oxy-* und *2,4-Dimethyl-7-oxyhydrindon-(1)-phenylhydrazons* zeigen insofern ein unterschiedliches Verhalten, als die O-Acetylderivate durch Kochen mit **Eisessig** glatt in die N-Acetylverbindungen umgelagert werden, während bei den Benzoylderivaten eine Umlagerung nur in der umgekehrten Richtung durch Kochen mit einem Gemisch aus gleichen Teilen **Alkohol** und **Eisessig** möglich ist[2]. Bei den *Acylderivaten des Salicylsäureamids*[3] geht das O-Acetylderivat beim Schmelzen und durch **Pyridin** oder **wässeriges Ammoniak** in die N-Acetylverbindung über[4]. Bei den Derivaten aromatischer Carbonsäuren ist eine Umlagerung in beiden Richtungen möglich, so wird das O-Benzoylderivat langsam in Alkohol bei gewöhnlicher Temperatur[5], schnell durch Zusatz von **Natriumhydroxyd** oder **Natriumäthylat**[5], durch Schmelzen[5] oder durch kurzes Kochen mit Wasser[4] in die N-Verbindung, letztere durch Kochen mit **Eisessig** in ersteres umgewandelt[4]; ebenso entsteht aus dem O-Salicoylderivat durch Lösen in **Alkali,** durch **Pyridin** oder durch Kochen mit Wasser die N-Verbindung (das Disalicylamid), während durch Kochen mit **Eisessig** die Umlagerung wieder in der umgekehrten Richtung zu erreichen ist[6]. Auch bei den Diacylverbindungen sind Isomerisierungen möglich, das O-Acetyl-N-benzoyl- wird durch **Pyridin** in das O-Benzoyl-N-acetylderivat umgewandelt[4].

Die den Imidoestern entsprechenden Säureverbindungen $R-C\underset{\displaystyle NH}{\overset{\displaystyle O-CO-R'}{<}}$, die als Imidosäureanhydride anzusprechen sind, lassen sich in der Regel nicht darstellen, sie lagern sich spontan in die entsprechenden Säureamide $R-C\underset{\displaystyle NH \cdot CO-R'}{\overset{\displaystyle O}{<}}$ um. Nur eine einzige derartige Verbindung, die *O-Acetyl-benzimidosäure*, ist in der Literatur beschrieben[7], sie ist sehr unbeständig und geht durch überschüssigen **Chlorwasserstoff** in Chloroform in N-Acetylbenzanilid über. Beständiger sind cyclische Verbindungen von ähnlicher Konstitution, so wird das *3,5-Diacetoxy-1-phenyl-1,2,4-triazol* erst bei 110—120° in das 1-Phenyl-2,4-diacetyl-3,5-dioxo-1,2,4-triazolidin umgelagert[8].

Sehr leicht erfolgt die Wanderung des Säurerestes bei *N-Acyl-chinonhydrazonen,* so gehen das N-Acetyl-, N-Benzoyl- und N-Carboxyäthyl-derivat des p-Benzochinon-monophenylhydrazons mit festem **Alkalihydroxyd** in Äther bei gewöhnlicher Temperatur bzw. in der Siedehitze in die entsprechenden O-Acylverbindungen des p-Oxy-azobenzols über[9].

Als Wanderung eines Säurerestes vom Schwefel zum Stickstoff ist auch die Umlagerung der *3-Alkyl(Aryl)-5-oxo-2-alkyl(aryl)-imino-1,3,4-thiodiazolidine* in die 1-Alkyl(Aryl)-4-alkyl(aryl)-3-oxo-5-thion-1,2,4-triazolidine, die durch Er-

[1] Siehe Anm. 11, S. 299.

[2] K. v. Auwers, E. Hilliger, E. Wulf: Liebigs Ann. Chem. **429,** 190 (1922). Die *Benzoylderivate des 3,4-Dimethyl-7-oxy-hydrindon-(1)-phenyl-hydrazons* verhalten sich wieder normal.

[3] Zur Konstitution dieser Verbindungen vgl. K. Auwers: Ber. dtsch. chem. Ges. **38,** 3256 (1905); **40,** 3506 (1907). — A. Einhorn, G. Haas: Ebenda **38,** 3628 (1905).

[4] J. McConnan, A. W. Titherley: J. chem. Soc. [London] **89,** 1318 (1906).

[5] A. W. Titherley, W. L. Hicks: J. chem. Soc. [London] **87,** 1207 (1905).

[6] J. McConnan: J. chem. Soc. [London] **91,** 196 (1907).

[7] M. Kuhara, Y. Todo: Mem. Coll. Sci. Engng., Kyoto Imp. Univ. **2,** 387 (1910).

[8] H. L. Wheeler, T. B. Johnson: Amer. chem. J. **30,** 24 (1903).

[9] R. Willstätter, H. Veraguth: Ber. dtsch. chem. Ges. **40,** 1432 (1907).

hitzen auf 100—150⁰ bzw. Schmelzen oder Kochen mit Wasser oder Alkohol[1, 2], sowie in **Natronlauge**[3] erfolgt. Das *4-Methyl-3-phenyl-5-oxo-2-phenylimino-* bzw. *4-Methyl-3-phenyl-2-oxo-5-phenylimino-1,3,4-thiazolidin* geht durch **alkoholische Kalilauge** oder **alkoholisches Ammoniak** bzw. durch letzteres oder **Natriumbicarbonat** in Alkohol in das 2-Methyl-1,4-diphenyl-3-oxo-5-thion- bzw. 2-Methyl-1,4-diphenyl-5-oxo-3-thion-1,2,4-triazolidin über[2].

VI. Wanderungen zwischen Stickstoff und Stickstoff.

1. Wanderung von Wasserstoff.

Cyanacetyl-harnstoff wird durch 33proz., besser durch 40proz. **Natronlauge** bei gewöhnlicher Temperatur[4, 5], weniger glatt durch Erhitzen über den Schmelzpunkt oder durch Behandeln mit geringen Mengen **Säure**[5], teilweise auch durch Erhitzen mit Wasser auf 120⁰[6] in 2,6-Dioxy-4-amino-pyrimidin umgewandelt, in analoger Weise entsteht aus *Cyanacetyl-methyl-harnstoff* mit 20proz. **Natronlauge** bei gewöhnlicher Temperatur 3-Methyl-2,6-dioxy-4-amino-pyrimidin[4] und aus *Cyanacetyl-guanidin* mit siedender verdünnter **Natronlauge** 6-Oxy-2,4-diamino-pyrimidin[4].

Isomerisierung unter Ringschluß erleidet auch das *Rhodanacetamid*, das mit **alkoholischem Ammoniak** in Pseudothiohydantoin, mit kalter **Schwefelsäure** dagegen unter Verschiebung einer Iminogruppe in Isothiohydantoin übergeht[7]. Etwas verwickelter sind die Verhältnisse bei den *N-Aryl-rhodanacetamiden*, die bei kurzem Erhitzen auf 100—110⁰, durch Kochen mit Äther oder Wasser oder am besten durch Erhitzen mit **Eisessig** in 3-Aryl-pseudothiohydantoine umgewandelt werden[8, 9]; längeres Erhitzen auf 100—160⁰ bzw. Schmelzen oder längeres Kochen mit verdünntem Alkohol oder Benzol lagert die letzteren unter Wanderung des Arylrestes in die N²-Aryl-pseudothiohydantoine um[8, 10]. Auch das *N-Carbäthoxy-rhodanacetamid* läßt sich durch Kochen mit Wasser in das 3-Carbäthoxy-pseudothiohydantoin überführen[11].

Eine Ringverengerung unter Wanderung von Wasserstoff tritt bei dem *3,6-Diphenyl-1,2-dihydro-1,2,4,5-tetrazin* ein, das durch Kochen mit 25proz. **Salzsäure** in das 4-Amino-3,5-diphenyl-1,2,4-triazol umgelagert wird[12].

2. Wanderung von Arylresten.

Eine intramolekulare Umlagerung unter Wanderung eines Arylrestes ist bei *Triaryl-benzamidinen* beobachtet, bei 330—340⁰, speziell bei 330—331⁰ bildet sich ein Gleichgewicht:

[1] W. MARCKWALD, E. SEDLACZEK: Ber. dtsch. chem. Ges. **29**, 2924 (1896). — M. BUSCH, E. OPFERMANN: Ebenda **37**, 2333 (1904). — M. BUSCH: Ebenda **42**, 4763 (1909). — Zur Konstitution vgl. M. BUSCH: Ebenda **34**, 325 (1902); **35**, 975 (1902).

[2] M. BUSCH, O. LIMPACH: Ber. dtsch. chem. Ges. **44**, 560 (1911).

[3] S. NIRDLINGER, S. F. ACREE: Amer. chem. J. **44**, 219 (1910).

[4] W. TRAUBE: Ber. dtsch. chem. Ges. **33**, 1371, 3035 (1900).

[5] DRP. 117922, Chem. Zbl. **1901 II**, 547.

[6] J. K. WOOD, E. A. ANDERSON: J. chem. Soc. [London] **95**, 980 (1909).

[7] A. MIOLATI: Gazz. chim. ital. **23 I**, 90 (1893). — Siehe dazu auch G. FRERICHS, H. BECKURTS: Arch. Pharmaz. Ber. dtsch. pharmaz. Ges. **238**, 9 (1899).

[8] H. L. WHEELER, T. B. JOHNSON: Amer. chem. J. **28**, 121 (1902).

[9] H. BECKURTS, G. FRERICHS: Arch. Pharmaz. Ber. dtsch. pharmaz. Ges. **253**, 233 (1915).

[10] T. B. JOHNSON: J. Amer. chem. Soc. **25**, 483 (1903).

[11] G. FRERICHS: Arch. Pharmaz. Ber. dtsch. pharmaz. Ges. **237**, 307 (1899).

[12] A. PINNER: Ber. dtsch. chem. Ges. **27**, 1004 (1894); Liebigs Ann. Chem. **297**, 261 (1897). — Zur Konstitution vgl. C. BÜLOW: Ber. dtsch. chem. Ges. **39**, 2618, 4106 (1906); **42**, 1990 (1909). — R. STOLLÉ: J. prakt. Chem. (2) **75**, 416 (1907).

$$C_6H_5-C\begin{smallmatrix} \diagup N-Ar' \\ \quad Ar \\ \diagdown N \diagdown \\ \qquad Ar \end{smallmatrix} \rightleftharpoons C_6H_5-C\begin{smallmatrix} \diagup N-Ar \\ \quad Ar' \\ \diagdown N \diagdown \\ \qquad Ar \end{smallmatrix}$$

zwischen den beiden strukturisomeren Formen aus[1, 2]. Die Umlagerungsgeschwindigkeit ist von den Substituenten in den aromatischen Kernen abhängig[1].

Bei heterocyclischen Verbindungen tritt eine Verschiebung von Arylresten von einem Stickstoffatom im Ring zu einem Stickstoffatom in einer Amino- bzw. Iminogruppe am Ring häufig ein. So gehen *3-Aryl-pseudothiohydantoine* leicht in die N^2-Aryl-derivate über (siehe unter VI, 1), ebenso wird das *1-Phenyl-5-amino-1,2,3-triazol* durch Schmelzen oder Kochen mit **Pyridin** teilweise, durch **Natriumäthylat** in siedendem Alkohol vollständig in das 5-Anilino-1,2,3-triazol umgewandelt[3]. Durch Kochen mit **Pyridin** läßt sich auch das *1,4-Diphenyl-5-amino-1,2,3-triazol* in 4-Phenyl-5-anilino-1,2,3-triazol umlagern, während durch Schmelzen beide Isomere wechselseitig ineinander übergehen unter Bildung eines Gleichgewichtsgemisches[3]. Das letztere tritt auch bei dem *1-Phenyl-5-amino-* bzw. *5-Anilino-1,2,3-triazol-carbonsäure-(4)-äthylester* beim Schmelzen oder Erhitzen in Alkohol oder Benzol auf 150⁰ ein[3]. Das *1-Phenyl-2-imino-4,6-bis-phenylimino-hexahydro-1,3,5-triazin* (1, N^2, N^4-Triphenyl-isomelamin) endlich wird durch Erhitzen mit Alkohol und etwas **Ammoniak** auf 150⁰ in das 2,4,6-Tris-phenyl-imino-hexahydro-1,3,5-triazin (N^2, N^4, N^6-Triphenyl-melamin) umgelagert[4].

3. Wanderung von Säureresten.

N-Phenyl-N-benzoyl-benzamidin geht beim Erwärmen für sich oder in alkoholischer Lösung unter Wanderung des Benzoylrestes in das N-Phenyl-N'-benzoyl-derivat über[5]. Derartige Acylwanderungen treten auch bei *N-Aryl-N-acyl-thioharnstoffen* ein, die beim Erhitzen über dem Schmelzpunkt (140—150⁰)[6] oder durch **Salzsäure** in siedendem Alkohol[7] in die N-Aryl-N'-acylverbindungen umgelagert werden. Dieselbe Umwandlung erleiden *N-Aryl-N-acyl-isothioharnstoffe* beim Erhitzen auf 100⁰ bzw. durch Kochen mit Alkohol[8], und auch die *S-Alkyl-N,N-dibenzoyl-isothioharnstoffe* gehen beim Erhitzen über den Schmelzpunkt oder in siedender alkoholischer Lösung in die S-Alkyl-N,N'-dibenzoyl-derivate über[9].

Bei den Hydrazinabkömmlingen des Harnstoffs und Thioharnstoffs kann der Carbaminsäurerest von einem zum anderen Stickstoffatom im Hydrazinrest wandern. So gehen die *2-Aryl-* und *4-Alkyl(aryl)-2-aryl-semicarbazide* bei Temperaturen von 160—190⁰ in die entsprechenden 1-Aryl-derivate über[10], bei den analogen *Thiosemicarbaziden* läßt sich diese Umlagerung durch Erhitzen auf 130—160⁰[11, 12], in manchen Fällen durch siedenden Alkohol[12, 13], eventuell unter

[1] A. W. Chapman: J. chem. Soc. [London] **1929**, 2133; **1930**, 2458.

[2] A. W. Chapman, Ch. H. Perrott: J. chem. Soc. [London] **1930**, 2462; **1932**, 1770.

[3] O. Dimroth: Liebigs Ann. Chem. **364**, 183 (1909).

[4] B. Rathke: Ber. dtsch. chem. Ges. **21**, 870 (1888).

[5] H. L. Wheeler, T. B. Johnson, D. F. McFarland: J. Amer. chem. Soc. **25**, 793 (1903).

[6] A. Hugershoff: Ber. dtsch. chem. Ges. **32**, 3649 (1899); **33**, 3029 (1900). — Zur Konstitution vgl. H. L. Wheeler: Amer. chem. J. **27**, 270 (1902).

[7] A. E. Dixon, J. Taylor: J. chem. Soc. [London] **101**, 563 (1912).

[8] H. L. Wheeler: Amer. chem. J. **27**, 270 (1902).

[9] T. B. Johnson, G. S. Jamieson: Amer. chem. J. **35**, 297 (1906).

[10] M. Busch, A. Walter: Ber. dtsch. chem. Ges. **36**, 1357 (1903). — M. Busch, R. Frey: Ebenda **36**, 1362 (1903).

[11] W. Marckwald: Ber. dtsch. chem. Ges. **25**, 3098 (1892).

[12] M. Busch, J. Reinhardt: Ber. dtsch. chem. Ges. **42**, 4602 (1909).

[13] G. Pellizzari: Gazz. chim. ital. **41 I**, 34 (1911).

Zusatz von einem Tropfen **Salzsäure**[1,2], durch **Essigsäureanhydrid**[3], teilweise auch durch Kochen mit Benzol[4] erreichen.

N-(2-Amino-benzyl)-acetanilide werden durch verdünnte **Salzsäure** bei gewöhnlicher Temperatur langsam in die 2-Acetamino-benzyl-aniline umgelagert[5]. Auch in der heterocyclischen Reihe sind derartige Acylwanderungen bekannt, die *2-Acyl-indazole* gehen beim Erwärmen für sich oder in Lösungsmitteln auf Temperaturen bis zu 200⁰ in die 1-Verbindungen über[6], bei dem *2-Acetyl-7-nitro-indazol* wird die Umlagerung auch durch **Brom** in siedendem Eisessig (Bromwasserstoff?) hervorgerufen. Das 1-Acyl-indazol wirkt als Keim für die Umlagerung[6].

[1] Siehe Anm. 11, S. 302.
[2] Siehe dazu jedoch M. Busch, J. Reinhardt: Ber. dtsch. chem. Ges. **42**, 4604 (1909).
[3] M. Busch, H. Holzmann: Ber. dtsch. chem. Ges. **34**, 323 (1901).
[4] M. Busch, O. Limpach: Ber. dtsch. chem. Ges. **44**, 1579 (1911).
[5] O. Widman: J. prakt. Chem. (2) **47**, 343 (1893).
[6] K. v. Auwers, W. Demuth: Liebigs Ann. Chem. **451**, 282 (1927) und früher.

Polymerisation.

Allgemeiner Teil.

Von

JOHANN WOLFGANG BREITENBACH, Wien.

Mit 10 Abbildungen.

Inhaltsverzeichnis.

A. Einleitung.

Im folgenden wird versucht, einige allgemeine Gesichtspunkte klarzustellen, die sich aus kinetischen Versuchen an katalysierten Polymerisationsreaktionen ergeben, und zwar vorzüglich an solchen, die zu hochpolymeren Produkten führen, und die wir nach STAUDINGER als Makropolymerisationen bezeichnen. Die Sonderstellung dieser Reaktionen, durch die ein solcher Versuch gerechtfertigt wird, ist in ihrem Mechanismus begründet. Es handelt sich um *Kettenreaktionen*[1], bei denen im einfachsten Falle die Reaktionsprodukte mit den ab-

---

[1] Die Ähnlichkeit und zugleich auch die Unterschiede zu den in Gasphase verlaufenden Kettenreaktionen zeigt am besten eine Gegenüberstellung der für die beiden Fälle gültigen, möglichst vereinfachten Reaktionsschemen:

laufenden Reaktionsketten identisch sind[1]. Daß ein solch eigenartiger Vorgang von erheblichem Interesse ist, liegt auf der Hand; andererseits aber ergibt sich daraus eine gewisse Beschränkung; Dimerisationen und ähnliche Reaktionen, die man als einfache Additionen deuten kann, fallen aus dem vorgesteckten Rahmen[2].

Das für die Makropolymerisation aufgestellte Reaktionsschema hat natürlich nur dann eine wirkliche Bedeutung, wenn es gelingt, seine einzelnen Teile mit chemischem Leben zu erfüllen. Die Untersuchung der unkatalysierten, sei es thermisch oder photochemisch angeregten Polymerisation hat es nun bis heute noch nicht möglich gemacht, den Chemismus der einzelnen Teilreaktionen eindeutig zu klären. Die Polymerisationsbeeinflussung durch Beschleuniger und Verzögerer eröffnet hierzu neue Möglichkeiten und darin liegt ihre theoretische Bedeutung.

Auf eine grundsätzliche Schwierigkeit muß allerdings hingewiesen werden[3]: da der Elementarakt bei der Bildung von Makromolekeln überwiegend in der Reaktion einer sehr großen, praktisch unbeweglichen Molekel mit dem Monomeren besteht, erscheint es zweifelhaft, ob hier die üblichen Stoßzahlformeln angewandt werden können. So weit man an den bis jetzt vorliegenden Versuchen, vorwiegend in flüssiger Phase, sehen kann, scheint aber doch die Anwendung des kinetischen Massenwirkungsgesetzes auf die Reaktionen der wachsenden Kette (Wachstums- und Abbruchsreaktion) möglich zu sein.

Für fast alle hierhergehörigen Arbeiten ist darüber hinaus noch die Annahme wesentlich, daß die Größe der Geschwindigkeitskonstanten dieser Reaktionen von der Länge der wachsenden Kette unabhängig ist.

Die in Betracht kommenden Untersuchungen sind nicht sehr zahlreich; unter den polymerisierenden Substanzen nimmt das *Styrol* eine gewisse Sonderstellung ein, da bei dieser Substanz auch die rein thermische Polymerisation verhältnismäßig leicht beobachtet werden kann.

Die Bestimmung der Polymerisationsgeschwindigkeit ist meist verhältnismäßig einfach, da sich die polymeren Produkte von den monomeren Stoffen in vielen Eigenschaften (Dichte, Brechungsindex, Siedepunkt, Viscosität, Löslichkeit, Reaktionsfähigkeit) stark unterscheiden; damit ist aber noch nicht allzu viel gewonnen; um den Reaktionsmechanismus kennenzulernen, bedarf es einer möglichst eingehenden Untersuchung der hochpolymeren Produkte. Deshalb sei zunächst ein kurzer Überblick der hier angewandten Methoden gegeben.

	Kettenreaktion	Polymerisationsreaktion
Bruttovorgang	$A + B \to C$	$nA \to A_n$
Startreaktion	$A \to 2X$	$A \to X$
Kette	$X + B \to C + Y$	$X + A \to X_1$
	$Y + A \to C + X$	$X_1 + A \to X_2$
	usw.	$X_2 + A \to X_3$ usw.
Abbruchsreaktion	$X \to$ inaktiv	$X_n \to$ inaktiv
	$Y \to$ inaktiv	

[1] Vgl. J. W. Breitenbach: Mh. Chem. **71**, 275 (1938). Es sei auch hier darauf hingewiesen, daß diese Auffassung der Makropolymerisationen durch die im folgenden noch ausführlich zitierten Arbeiten H. Staudingers und seiner Mitarbeiter in die Wege geleitet und ausgebaut wurde.

[2] Damit soll nicht gesagt sein, daß Polymerisationen zu niedrig molekularen Produkten immer nach einem einfachen Additionsmechanismus verlaufen. Die Untersuchung der Wärmepolymerisation des Äthylens [H. H. Storch: J. Amer. chem. Soc. **57**, 2598 (1935)] und besonders die Induktion der Äthylenpolymerisation durch Methylradikale [O. K. Rice, D. V. Sickman: Ebenda **57**, 1384 (1935)] zeigt deutlich, daß auch in einem solchen Falle eine Kettenreaktion vorliegen kann.

[3] Vgl. L. Rubankowski: Chem. J. Ser. W, J. physik. Chem. (russ.) **5**, 3 (1934).

B. Charakterisierung der hochpolymeren Produkte.

Von grundlegender Wichtigkeit ist zunächst die Kenntnis des Molgewichts der Polymeren. Seine Ermittlung ist aus zwei Gründen schwierig; erstens ist es sehr hoch und zweitens sind die Polymerisate keine einheitlichen Stoffe.

1. Osmotische Messungen.

Als die theoretisch am wenigsten bedenkliche Methode erscheint die direkte Messung des osmotischen Druckes verdünnter Lösungen der Polymeren[1]. Praktisch ergibt sich zunächst die Schwierigkeit, daß nur fraktionierte, d. h. gegenüber den ursprünglichen Produkten stark vereinheitlichte Polymere gemessen werden können[2]. Weiter muß man beachten, daß die Lösungen der synthetischen Hochpolymeren schon bei hoher Verdünnung Abweichungen vom van't Hoffschen Gesetz zeigen.

Tabelle 1. *Osmotischer Druck eines fraktionierten Polystyrols vom Molgewicht 420000 bei 27° C in Toluollösung*[3].

| Konzentration | Osmotischer Druck in Atm. | | Konzentration | Osmotischer Druck in Atm. | |
| | gemessen | berechnet nach van't Hoff | | gemessen | berechnet nach van't Hoff |
Mol/l			Mol/l		
$1{,}19 \cdot 10^{-5}$	$0{,}52 \cdot 10^{-3}$	$0{,}29 \cdot 10^{-3}$	$4{,}67 \cdot 10^{-5}$	$5{,}6 \cdot 10^{-3}$	$1{,}15 \cdot 10^{-3}$
$2{,}36 \cdot 10^{-5}$	$1{,}4\ \cdot 10^{-3}$	$0{,}58 \cdot 10^{-3}$	$6{,}9\ \cdot 10^{-5}$	$12{,}0 \cdot 10^{-3}$	$1{,}7\ \cdot 10^{-3}$

Eine Extrapolation auf die Konzentration Null ist bei diesen hohen Molgewichten wegen der Kleinheit des osmotischen Druckes ungenau. Von G. V. Schulz wird zur Auswertung eine vereinfachte van der Waalsche Gleichung benutzt:

$$M = RTc/p \cdot (1 - cs),$$

wobei s, das spezifische Kovolumen, mit dem osmotischen Druck durch die Beziehung

$$p = k s^{-r}$$

zusammenhängt. k und r sind Konstante, identisch mit denen, die in der Gleichung von Freundlich und Posnjak für den Quellungsdruck gesetzt werden. Diese Beziehungen, die die experimentell gefundenen Konzentrationsabhängigkeit des osmotischen Druckes mit guter Annäherung wiedergeben, sind in ihrer theoretischen Begründung naturgemäß nicht ganz willkürfrei.

2. Viskositätsmessungen.

Die am meisten angewandte Methode ist wohl die auf der Staudingerschen Viscositätsregel beruhende Messung der Viscositätserhöhung einer Flüssigkeit durch einen gelösten hochpolymeren Stoff:

$$M = \frac{1}{K_M} \lim_{c=0} \frac{\eta_{sp}}{c}\ [4].$$

---

[1] G. V. Schulz: Z. physik. Chem., Abt. A **176**, 317 (1936).

[2] Neuerdings wurden auch osmotische Bestimmungen an *unfraktionierten* Produkten mit sehr hohem mittleren Molgewicht ausgeführt, vgl. G. V. Schulz, A. Dinglinger: J. prakt. Chem. **158**, 136 (1941).

[3] Nach G. V. Schulz: l. c., S. 324.

[4] $\lim\limits_{c=0} \frac{\eta_{sp}}{c}$ wird von Staudinger als Viscositätszahl bezeichnet; von A. Matthes [Angew. Chem. **54**, 517 (1941)] wird die Bezeichnung „Grundviscosität" vorgeschlagen, die auch in diesem Artikel angewandt wird. Siehe dort auch die Ausführungen über die gleichwertige „intrinsic viscosity" des amerikanischen Schrifttums.

Die Kenntnis des Proportionalitätsfaktors K_M erhält man allerdings nur aus osmotischen Eichbestimmungen. Weiter ist zu beachten, daß sein Wert vom Lösungsmittel abhängig ist[1]; die größten Viskositätserhöhungen rufen die Polymeren in „guten" Lösungsmitteln hervor; in diesen stimmen die K_M-Werte auch überein. Ohne auf die Frage, ob man aus der Gültigkeit dieser Regel auf eine bestimmte Gestalt der Makromolekel in der Lösung schließen dürfe, näher einzugehen, wollen wir sehen, wie weit die vorliegenden Messungen eine solche allgemeine Beziehung zwischen spezifischer Viscosität und Molgewicht bestätigen.

Betrachten wir zunächst die Verhältnisse beim Polystyrol, so zeigt sich, daß von einer bestimmten, für alle hochpolymeren Polystyrole gültigen Konstanten nicht die Rede sein kann. Bei Polymeren, die ohne katalytische Einwirkung auf rein thermischem Weg gebildet wurden, ergibt sich ihr Wert als abhängig von der Polymerisationstemperatur[3]. (Abb. 1.)

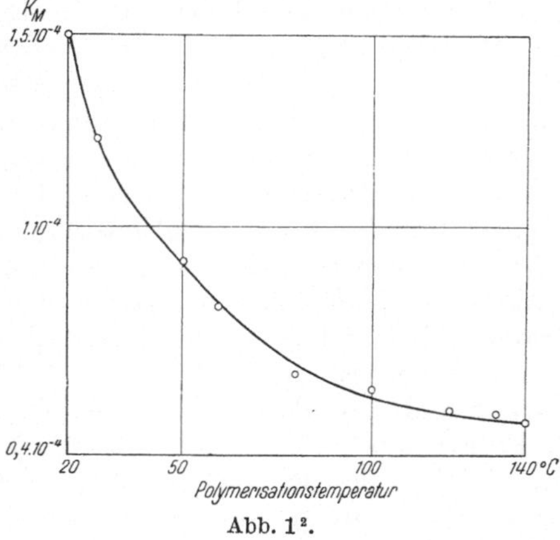

Abb. 1[2].

Aber auch die Anwendung von Katalysatoren zur Polymerisation kann hier Schwierigkeiten mit sich bringen. Während z. B. die niedrig molekularen durch Zinntetrachlorid erhaltenen Polymeren in ihrem K_M-Wert mit den bei gewöhnlicher Temperatur ohne Katalysator gebildeten, äußerst hochmolekularen übereinstimmen[4], beeinflußt die Benzoylperoxydkatalyse den K_M-Wert merklich[5].

Alle diese Angaben beziehen sich auf Polymerisate, die durch fraktionierte Fällung stark vereinheitlicht wurden. Soll nun aus der Viscositätsmessung an den unmittelbar bei der Polymerisation erhaltenen Produkten ein Schluß auf ihr mittleres Molgewicht gezogen werden, so muß man beachten, daß infolge der eigentümlichen Form der STAUDINGERschen Beziehung das viscosimetrische mittlere Molgewicht einer Mischung aus $n_1, n_2 \ldots n_r$ Molen mit den entsprechenden Molgewichten $M_1, M_2 \ldots M_r$ den Wert $\overline{M}_{\mathrm{visc}}$ hat:

Tabelle 2. *Einfluß des Benzoylperoxdys auf den K_M-Wert*[6].

Polymerisations-temperatur °C	K_M-Wert bei Polymerisation	
	ohne Katalysator	mit Benzoylperoxyd
27	$1,22 \cdot 10^{-4}$	$0,50 \cdot 10^{-4}$
50	$0,90 \cdot 10^{-4}$	$0,46 \cdot 10^{-4}$

$$\overline{M}_{\mathrm{visc}} = \frac{\sum\limits_1^r n\,M^2}{\sum\limits_1^r n\,M},$$

während von unmittelbarem Interesse nur das osmotische mittlere Molgewicht $\overline{M}_\pi$ ist:

$$\overline{M}_\pi = \frac{\sum\limits_1^r n\,M}{\sum\limits_1^r n},$$

[1] H. STAUDINGER, W. HEUER: Z. physik. Chem., Abt. A **171**, 129 (1934).
[2] Nach G. V. SCHULZ, E. HUSEMANN: Z. physik. Chem., Abt. B **34**, 194 (1936); **39**, 253 (1938).   [3] H. STAUDINGER, G. V. SCHULZ: Ber. dtsch. chem. Ges. **68**, 2320 (1935).
[4] H. STAUDINGER, G. V. SCHULZ: l. c.
[5] G. V. SCHULZ, E. HUSEMANN: Z. physik. Chem., Abt. B **39**, 246 (1938).
[6] Nach G. V. SCHULZ, E. HUSEMANN: Z. physik. Chem., Abt. B **39**, 253 (1938).

also diejenige Zahl, durch die eine gegebene Menge Polymeres dividiert werden muß, um die Anzahl der wirklich darin enthaltenen Mole zu erhalten. Man erkennt, daß bei gleichem $\overline{M}_\pi$ mit zunehmender Inhomogenität $\overline{M}_{\text{visc}}$ gegen $\overline{M}_\pi$ ansteigen wird. Um das $\overline{M}_\pi$ aus Viscositätsmessungen zu erhalten, muß man also einerseits die Uneinheitlichkeit der Fraktionen kennen, für welche die K_M-Werte osmotisch bestimmt wurden, und andererseits die Uneinheitlichkeit der Polymerisate selbst. In beiden Richtungen gibt es gewisse Ansätze. Nach einer ultrazentrifugalen Messung[1] verteilen sich die Mengen der einzelnen Polymerisationsgrade in den Fraktionen um einen mittleren Wert in der Art einer Gaussschen Fehlerkurve. Die Verteilung in den Polymerisaten wurde durch quantitative fraktionierte Fällung bestimmt[2]. Diese Verteilung soll bei Konstanthalten der Polymerisationstemperatur weitgehend unabhängig von dieser und auch von eventuell angewandten Katalysatoren und Lösungsmitteln und dem Ausmaß der Polymerisation sein. Dieses sicher etwas überraschende Ergebnis rührt vielleicht zum Teil doch daher, daß die Fraktionierung eine ziemlich rohe ist. Es wird z. B. ein bei 132° C in 20 proz. Benzollösung bei 11 % Umsatz erhaltenes Polymerisat mit dem mittleren Polymerisationsgrad 975 in 9 Fraktionen zerlegt. Der mittlere Polymerisationsgrad der niedrigsten Fraktion ist 155, der der höchsten 3050. Das ursprüngliche Polymerisat besteht also, wenn man auch von allen Isomeriemöglichkeiten absieht, zumindest aus rund 3000 chemischen Individuen. Der größenordnungsmäßige Unterschied zwischen der Zahl der Fraktionen und der zu fraktionierenden Stoffe läßt quantitative Schlüsse daraus etwas fragwürdig erscheinen. Andererseits bieten diese Fraktionierungen derzeit doch die einzige Möglichkeit, um Viscositätsmessungen an Polymerisaten zu Molgewichtsbestimmungen auszuwerten. Die Messungen sind nicht ganz widerspruchsfrei; aus den letzten Angaben von Schulz und Dinglinger ergibt sich zwischen dem Wert der Konstanten einer Fraktion K_M und dem eines unfraktionierten Polymerisats $\overline{K}_M$ der Zusammenhang:

$$\overline{K}_M = 1{,}43\,K_M.$$

Außerdem erhält man auch ein Bild über die Länge der bei einer Polymerisationsreaktion wirklich ablaufenden Reaktionsketten, während man in allen anderen Fällen nur die mittlere Kettenlänge kennt.

Tabelle 3. *Kettenlänge der bei der thermischen Styrolpolymerisation in 20 proz. Benzollösung bei 132° C ablaufenden Reaktionsketten. Mittlere Kettenlänge 975*[3].

Gliederzahl	Prozentueller Anteil	Gliederzahl	Prozentueller Anteil	Gliederzahl	Prozentueller Anteil
bis 300	1,5	1200—1500	16,5	2400—2700	4,5
300— 600	7,5	1500—1800	13,5	2700—3000	3,0
600— 900	13,5	1800—2100	10,5	über 3000	4,0
900—1200	18,0	2100—2400	7,5		

Während im Fall des Polystyrols die K_M-Konstante sehr von den Entstehungsbedingungen abhängt, aber für die durch Fraktionierung eines bestimmten Polymerisats erhaltenen Fraktionen von sehr verschiedenem Molgewicht den gleichen Wert hat, ergibt sich beim Polyvinylchlorid eine Abhängigkeit vom Molgewicht[4].

[1] R. Signer, H. Gross: Helv. chim. Acta **17**, 726 (1934).
[2] G. V. Schulz, E. Husemann: Z. physik. Chem., Abt. B **34**, 187 (1936). — G. V. Schulz, A. Dinglinger: Ebenda Abt. B **43**, 47 (1939).
[3] G. V. Schulz, A. Dinglinger: Z. physik. Chem., Abt. B **43**, 52 (1939).
[4] H. Staudinger, J. Schneiders: Liebigs Ann. Chem. **541**, 151 (1939).

Tabelle 4. K_M-*Konstanten von Polystyrolfraktionen von gleichem Durchschnittsmolekulargewicht, die bei verschiedenen Temperaturen gewonnen worden sind, und von Polyvinylchloriden verschiedenen Durchschnittsmolgewichts*[1].

Substanz	Polymerisations-temperatur $^{\circ}$ C	M	$\lim \dfrac{\eta_{sp}}{c}$	$K_M \cdot 10^4$
Polystyrolfraktionen	20	193 000	24	1,25
	132	195 000	10	0,51
	20	638 000	79	1,25
	60	600 000	50	0,83
	60	336 000	25	0,75
	80	364 000	20,3	0,56
	100,5	360 000	21	0,58
	132	335 000	17	0,51
Polyvinylchloride	—	1 550	0,098	0,64
	—	1 340	0,097	0,72
	—	1 040	0,091	0,87
	—	560	0,069	1,23

Untersuchungen an Polyvinylalkoholen, Polyvinylacetaten, Polymethylacrylaten und Polymethylmethacrylaten[2] zeigen, daß bei allen diesen hochpolymeren Stoffen ebenfalls keine Proportionalität zwischen dem osmotisch bestimmten Molgewicht und der Grundviskosität besteht. Diese nimmt bedeutend weniger zu als das Molgewicht. Bei einem Polymerisationsgrad von etwa 1000 entspricht einer Verdopplung des Molgewichts bei Polyvinylacetat, Polyvinylalkohol und Polymethylacrylat eine Zunahme der Grundviskosität um etwa 60%; bei Polymethylmethacrylat gar nur 30%. Eine Erklärung dafür wird von den Autoren noch offen gelassen.

Diese kurze Zusammenstellung dürfte wohl genügend zeigen, daß zwar die Anstrengungen STAUDINGERs und seiner Mitarbeiter, durch Viscositäts- und osmotische Messungen nähere Einblicke in Größe und Bau der synthetischen Hochpolymeren zu gewinnen, in vieler Beziehung sehr erfolgreich sind, daß aber doch bei quantitativen Auswertungen große Vorsicht am Platze ist. So wurde besonders aus der Abhängigkeit der Größe der K_M-Konstanten der Polystyrole von der Polymerisationstemperatur auf das Vorliegen einer mit steigender Temperatur zunehmenden Verzweigungsreaktion geschlossen. Ein solcher Schluß, dem wesentlich die Annahme der Abhängigkeit der Viscositätseigenschaften der Lösung von der starren Form der Polystyrolmolekel zugrunde liegt (die seitlichen Verzweigungen tragen nicht zur Viscositätserhöhung bei, je mehr verzweigt eine Molekel ist, ein um so höheres Molgewicht entspricht einer bestimmten Grundviscosität), erscheint bei den geschilderten verwickelten Verhältnissen wenig beweiskräftig[3]. Man könnte im Gegenteil meinen, daß die Abweichungen in den K_M-Konstanten wenigstens zum Teil durch die ungleichmäßige Zusammensetzung der Polymerisate aus den verschiedenen Polymerisationsgraden bedingt sind. Versuche an molekulareinheitlichen Stoffen mit Fadenmolekeln, nämlich an *Polyoxyäthylenglykolen* mit den Polymerisa-

---

[1] H. STAUDINGER, J. SCHNEIDERS: l. c. S. 158, 159.

[2] H. STAUDINGER, H. WARTH: J. prakt. Chem., N. F. **155**, 261 (1940).

[3] Neuere Messungen von STAUDINGER und JÖRDER [J. prakt. Chem., N. F. **160**, 166 (1942)] an einheitlichen, verhältnismäßig niedermolekularen Stoffen ergeben allerdings, daß bei diesen die Einführung einer Seitenkette entsprechend den STAUDINGERschen Vorstellungen keine Erhöhung der Grundviscosität zur Folge hat.

tionsgraden 18, 42, 90 und 186, zeigen, daß tatsächlich eine lineare Abhängigkeit der Grundviscosität vom Molgewichte besteht[1]. Der Wert der K_M-Konstanten für ein einheitliches *Polyoxyäthylenglykol* vom Polymerisationsgrad 186 ($M = 8000$) in Dioxanlösung ist $0{,}83 \cdot 10^{-4}$. Zum Vergleich dazu zwei Zahlen von ganz analog gebauten, molekular uneinheitlichen Polymerisaten: für ein Polyäthylenoxyd vom gleichen mittleren Molgewicht ist K_M gleich $1{,}5 \cdot 10^{-4}$ [2]; für ein solches mit $M = 39300$ ist K_M gleich $1{,}29 \cdot 10^{-4}$ (in wässeriger Lösung)[3]. Die K_M-Werte der uneinheitlichen Produkte sind also, wie zu erwarten, bedeutend höher. FORDICE und HIBBERT kommen zu der Ansicht, daß die *Polyoxyäthylenglykole* in Lösung eher in gewundener als in starrer, stabartiger Form vorhanden sind.

3. Chemischer Aufbau.

Ebenso wie die Größe der hochpolymeren Molekel ist auch die Art der Verknüpfung der Monomeren in den Polymeren in Hinblick auf den Polymerisationsmechanismus von Wichtigkeit. Neben den grundlegenden Untersuchungen STAUDINGERS[4] verdienen hier vor allem die Arbeiten MARVELS und seiner Mitarbeiter Beachtung. Sie zeigen, daß die Polymeren sehr verschiedener Äthylenderivate in regelmäßiger Weise aufgebaut sind.

Tabelle 5. *Struktur einiger Polymerisate.*

Substanz	Struktur	Bemerkung
Polymethylvinylketon	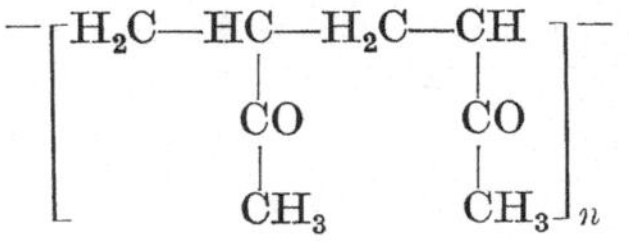 $-\left[\text{H}_2\text{C}-\text{HC}-\text{H}_2\text{C}-\text{CH}\right]_n-$ mit je CO—CH$_3$ Seitengruppen	Polymerisation durch Benzoylperoxyd[5]
Polyvinylalkohol	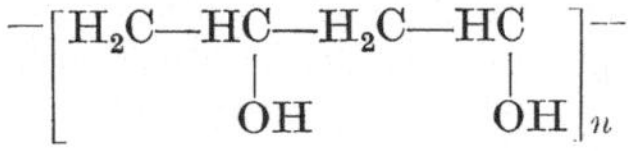 $-\left[\text{H}_2\text{C}-\text{HC}-\text{H}_2\text{C}-\text{HC}\right]_n-$ mit je OH Seitengruppen	aus Polyvinylacetat[6]
Polyangelicalacton	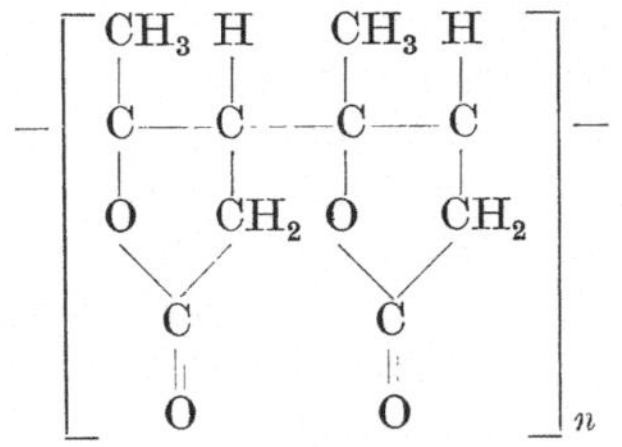 $-\left[\,\overset{\text{CH}_3}{\text{C}}-\overset{\text{H}}{\text{C}}-\overset{\text{CH}_3}{\text{C}}-\overset{\text{H}}{\text{C}}\,\right]_n-$ mit O, CH$_2$, O, CH$_2$ und zwei C=O Brücken	Polymerisation durch Borfluoridätherat[7]
Polyvinylchlorid	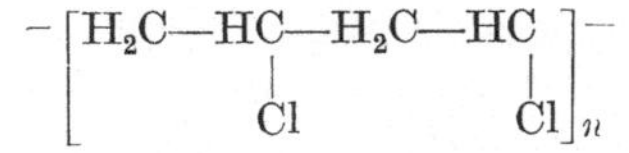 $-\left[\text{H}_2\text{C}-\text{HC}-\text{H}_2\text{C}-\text{HC}\right]_n-$ mit je Cl Seitengruppen	Polymerisation durch Peroxyde[8]

Es scheint naheliegend, aus der Tatsache, daß dieser regelmäßige Bau auch bei Peroxydkatalyse erhalten bleibt, zu schließen, daß der Katalysator nur den Kettenstart und nicht das Kettenwachstum beeinflußt. Es wären sonst infolge

[1] R. FORDICE, H. HIBBERT: J. Amer. chem. Soc. **61**, 1912 (1939).
[2] H. STAUDINGER: Die Hochmol. organischer Verbindungen, S. 309.
[3] H. STAUDINGER, G. V. SCHULZ: Ber. dtsch. chem. Ges. **68**, 2320 (1935).
[4] Die Hochmol. organischer Verbindungen. Berlin: Springer 1932.
[5] C. S. MARVEL, C. L. LEVESQUE: J. Amer. chem. Soc. **60**, 280 (1938).
[6] C. S. MARVEL, C. E. DENOON: J. Amer. chem. Soc. **60**, 1045 (1938).
[7] C. S. MARVEL, C. L. LEVESQUE: J. Amer. chem. Soc. **61**, 1682 (1939).
[8] C. S. MARVEL, J. H. SAMPLE, M. F. ROY: J. Amer. chem. Soc. **61**, 3241 (1939).

des bekannten Peroxydeffekts Unregelmäßigkeiten im Aufbau zu erwarten[1].
Ein anderes Aufbauprinzip zeigen Polymerisate von Acrylsäurederivaten.

Tabelle 6. *Struktur von Polyacrylsäurederivaten.*

Substanz	Struktur
Polymethylchloracrylat[2]	$-\left[\begin{array}{c} Cl \quad Cl \\ H_2C-C-C-CH_2 \\ CO \; CO \\ CH_3 \cdot O \quad O \cdot CH_3 \end{array}\right]_n-$
Polyacrylsäurechlorid[3]	$-\left[\begin{array}{c} H_2C-HC-HC-CH_2 \\ CO \quad CO \\ Cl \quad Cl \end{array}\right]_n-$

Für den Aufbau des Polystyrols wurden beide Bauprinzipien diskutiert[4].
Es erscheint wohl die STAUDINGERsche Formulierung

$$-\left[\begin{array}{c} H_2C-HC-H_2C-HC \\ C_6H_5 \qquad C_6H_5 \end{array}\right]-$$

als die wahrscheinlichere. Überdies wurde für zwei polymere Styrolderivate,
nämlich für Poly-o-bromstyrol und Poly-p-bromstyrol, aus dem chemischen Verhalten ebenfalls die 1,3-Struktur wahrscheinlich gemacht[5].

Von besonderem Interesse für die Kenntnis des Polymerisationsmechanismus wäre naturgemäß die Erforschung des chemischen Baues des Ketten-
endes. Trotz vieler darauf verwandter Mühe sind darüber aber noch keine
sicheren Angaben möglich. Es sei nur die Arbeit von L. MARION[6] erwähnt, der
aus Bromtitrationen an Polystyrolen zu der Ansicht kommt, daß diese Gemische von gesättigten und ungesättigten Individuen sind, wenn auch die
experimentellen Schwierigkeiten die Resultate als nicht sehr zuverlässig erscheinen lassen.

Solange man über Größe und Struktur der Hochpolymeren nicht besser
unterrichtet ist, kann naturgemäß auch die Untersuchung anderer physikochemischer Eigenschaften keine absolut eindeutigen Ergebnisse liefern. Immerhin waren diese in einigen Fällen doch recht aufschlußreich.

4. Dipolmoment.

Messungen des Dipolmoments von Mono- und Polystyrol wurden von zwei
Seiten vorgenommen[7]. Es wurde nach DEBYE aus der Differenz der dielektrischen
und optischen Polarisation berechnet. Die älteren Messungen sind wohl fehler-

---

[1] C. WALLING, M. S. KHARASCH, F. R. MAYO: J. Amer. chem. Soc. **61**, 2693 (1939).
[2] C. S. MARVEL, J. C. COWAN: J. Amer. chem. Soc. **61**, 3156 (1939).
[3] C. S. MARVEL, C. L. LEVESQUE: J. Amer. chem. Soc. **61**, 3244 (1939).
[4] H. STAUDINGER, A. STEINHOFER: Liebigs Ann. Chem. **517**, 35 (1935). —
T. MIDGLEY, A. L. HENNE, H. M. LEICESTER: J. Amer. chem. Soc. **58**, 1961 (1936).
[5] C. S. MARVEL, N. S. MOON: J. Amer. chem. Soc. **62**, 45 (1940).
[6] Canad. J. Res., Sect. B **18**, 309 (1940).
[7] W. GALLAY: Kolloid-Z. **57**, 1 (1931). — I. SAKURADA, S. LEE: Z. physik. Chem.,
Abt. B **43**, 245 (1939).

haft und halten einer eingehenderen Diskussion nicht stand[1]. Das wesentliche Ergebnis der neueren Arbeit ist, daß bei Polystyrolen, Polyvinylacetaten und Polychloroprenen das auf das Grundmol bezogene Dipolmoment unabhängig von der Kettenlänge und identisch mit dem des betreffenden Monomeren ist.

Tabelle 7. *Dipolmomente von Hochpolymeren*[2].

Substanz	Polymerisationsgrad	Dipolmoment, bezogen auf das Grundmol, $\times 10^{18}$	Substanz	Polymerisationsgrad	Dipolmoment, bezogen auf das Grundmol, $\cdot 10^{18}$
Styrol	1	0,1	Polyvinylacetat .	697	1,68
Polystyrol	124	0,08	Chloropren	1	1,42
Polystyrol	412	0,09	Polychloropren .	280	1,45
Vinylacetat	1	1,75	Polychloropren .	279	1,45
Polyvinylacetat .	281	1,71			

Daraus wird auf eine weitgehende freie Drehbarkeit um die einfache —C—C— Bindung und starke Verknäulung der Fadenmolekel in Lösung geschlossen. Es muß allerdings bemerkt werden, daß speziell beim Styrol bei der Kleinheit seines Moments die Reinheit der untersuchten Substanz in diesem Falle nicht genügend gewährleistet ist, um die gemessenen Effekte als völlig gesichert erscheinen zu lassen[3].

5. Absorptions- und Raman-Spektren.

Die hier behandelten polymerisierenden Substanzen sind durchwegs farblos, zeigen also im sichtbaren Gebiet keine Absorption. Die Änderung der Ultraviolettabsorption des Methylmetacrylats bei der Polymerisation wurde gemessen, ist aber wenig aufschlußreich[4]. Beim Styrol sind die Unterschiede zwischen dem Ultraviolett-Absorptionsspektrum des Mono- und Polymeren charakteristischer; es ist besonders die Ähnlichkeit der Absorption des Polymeren mit der des Äthylbenzols bemerkenswert[5].

Auch die Absorption im Infraroten zwischen 1 und 14 μ wurde für Mono- und Polystyrol und Mono- und Polyinden gemessen[6]; die zwischen 2,5 und 9 μ für Isopren, polymeres Butadien und Naturkautschuk[7].

Einige Messungen von Raman-Spektren an Mono- und Polystyrol, Mono- und Polymethylmethacrylat, Mono- und Polychloropren verdienen Beachtung[8].

---

[1] So wird für den Brechungsindex des Monostyrols der viel zu niedrige Wert $n_D^{20} = 1,4847$ angegeben; für die Polystyrole errechnen sich aus den Gallayschen Refraktionspolarisationen noch niedrigere Zahlen,

$\overline{P}$	n_D^{25}
27	1,416
75	1,449
220	1,478

während in Wirklichkeit die Brechungsindices der Polymeren durchwegs größer als die der Monomeren sind. Ähnlich sonderbare Ergebnisse werden auch für die dielektrischen Polarisationen erhalten.   [2] I. Sakurada, S. Lee: l. c. S. 254.

[3] So werden für das untersuchte Monostyrol die Werte $d_4^{20} = 0,90200$, $n_D^{20} = 1,54078$ angegeben, während für reines Monostyrol nach den sorgfältigen Untersuchungen von W. Patnode und W. J. Scheiber [J. Amer. chem. Soc. 61, 3449 (1939)] gilt: $d_4^{20} = 0,9056$, $n_D^{20} = 1,5471$. Nimmt man mit diesen Autoren an, daß die Verunreinigung hauptsächlich aus Äthylbenzol besteht, so ergibt sich nach der Mischungsregel für das Monostyrol von I. Sakurada ein Gehalt an Äthylbenzol von etwa 14 %.

[4] J. W. Goodeve: Trans. Faraday Soc. 34, 1239 (1938).

[5] M. Grumez: Ann. Chimie 10, 378 (1938).

[6] R. Stair, W. W. Coblentz: J. Res. nat. Bur. Standards 15, 295 (1935).

[7] D. Williams: Physics 7, 399 (1936).

[8] R. Signer, J. Weiler: Helv. chim. Acta 15, 649 (1932). — J. H. Hibben: J. chem. Physics 5, 706 (1937). — S. Mizushima, I. Morino, I. Inoue: Bull. chem.

Im allgemeinen wird das Verschwinden der Äthylendoppelbindung bei der Polymerisation bestätigt.

Mizushima, Morino und Inoue schließen allerdings für das Polystyrol aus ihren Intensitätsmessungen auf das Vorhandensein einer Doppelbindung pro polymerer Molekel. Sie verwenden aber ein Polymerisat mit dem Molgewicht 1150, und dieses wurde nach ihrer Angabe durch 10stündiges Erhitzen von Monostyrol auf 130° C erhalten. Unter diesen Bedingungen entstehen in Wirklichkeit etwa 100mal so große Molekel. Es ist wahrscheinlich, daß der beobachtete Wert des Molgewichtes und auch die für die Äthylenbindung charakteristische Raman-Frequenz durch Monostyrol verursacht wurde, das noch im Polymeren enthalten war[1].

Aus der Tatsache, daß bei der Polymerisation eine beträchtliche Viscositätsänderung auftritt, bevor sich die Intensitäten der betreffenden Raman-Frequenzen merklich ändern, wurde geschlossen, daß mindestens zu Anfang der Reaktion ein Zusammenschluß der Monomeren durch van der Waalsche Kräfte erfolge. Dieser Schluß ist aber offenbar falsch; der beobachtete Effekt ist auf den abnorm großen Einfluß der Hochpolymeren auf die Viscosität zurückzuführen.

6. Magnetische Suszeptibilität.

Auch die Änderung der magnetischen Suszeptibilität durch Polymerisation wurde gemessen[2]. Durch das Verschwinden der Doppelbindung nimmt im allgemeinen der Diamagnetismus während der Polymerisation zu. Die Polymerisation kann also durch Suszeptibilitätmessungen quantitativ verfolgt werden. Die Bedeutung der Methode liegt aber in der Möglichkeit, radikalartige Zwischenstufen bei der Polymerisation nachzuweisen. So schließen Farquharson und Ady aus der anfänglichen Abnahme des Diamagnetismus auf eine stationäre Konzentration von 0,10 Molprozent freier Radikale im Fall des Dimethylbutadiens. Nach Bhatnagar, Kapur und Kaur[3] nimmt bei der Polymerisation des Styrols unter Ausschluß von Sauerstoff der Diamagnetismus allerdings ständig zu. Nur bei Gegenwart von Sauerstoff tritt eine anfängliche Abnahme auf, die hier auf die Bildung von Peroxyden zurückgeführt wird.

7. Thermochemische Messungen.

Bei den Makropolymerisationen wird durch die kinetischen Faktoren nicht nur die Reaktionsgeschwindigkeit, sondern auch die Art der Reaktionsprodukte maßgeblich beeinflußt. Es tritt daher die Bedeutung thermodynamischer Untersuchungen etwas zurück.

Der Übergang vom Monomeren zum Polymeren ist allgemein mit einer Verminderung der inneren Energie (exotherme Reaktion) und der Entropie (Zunahme des Ordnungsgrades) verbunden. Die thermodynamische Beständigkeit wird sich also mit steigender Temperatur zugunsten des Monomeren verschieben. Bei gewöhnlicher Temperatur liegt das Gleichgewicht meist völlig auf der Seite des Polymeren. Die Temperaturen, bei denen die Gleichgewichtskonzentration des Monomeren beträchtliche Werte erreicht, liegen meist so hoch, daß dann auch schon andere Reaktionen mit merklicher Geschwindigkeit stattfinden. So wird beim Erhitzen des Polystyrols auf Temperaturen, bei welchen es in Mono-

---

Soc. Japan **12**, 132 (1937). — T. Kubota: Ebenda **13**, 678 (1938). — D. Monnier, B. Susz, E. Briner: Helv. chim. Acta **21**, 1349 (1938).

[1] Dieser Hinweis erscheint wichtig, da die offenbar fehlerhaften Ergebnisse der japanischen Autoren inzwischen auch in das deutsche Schrifttum übergegangen sind; vgl. A. Simon: Kolloid-Z. **96**, 169 (1941).

[2] J. Farquharson: Trans. Faraday Soc. **32**, 219 (1936). — J. Farquharson, P. Ady: Nature [London] **143**, 1067 (1939).

[3] J. Indian chem. Soc. **17**, 177 (1940).

meres, Dimeres, Trimeres und in andere niedrig molekulare Polymerisate zerfällt (über 300^0 C), auch 1,3-Diphenylpropan, 1,3,5-Triphenylpentan und 1,3,5-Triphenylbenzol gebildet[1]. Im Falle der Depolymerisation des Polyindens wird z. B. auch Truxen erhalten[2]. Die Ausbildung eines ungestörten Gleichgewichts zwischen den Monomeren und Polymeren ist also nicht möglich. Durch Zuführung von mechanischer Energie kann auch bei niedrigen Temperaturen Depolymerisation, wenn auch nicht bis zum Monomeren, erreicht werden[3]. Hierher gehören noch die durch Einwirkung von Ultraschall hervorgerufenen Depolymerisationserscheinungen[4].

Bemerkenswert ist der Fall des n-Butyraldehyds, bei dem bei 25^0 C und normalem Druck das Gleichgewicht auf seiten des Monomeren zu liegen scheint[5]. n-Butyraldehyd bildet nämlich bei gewöhnlicher Temperatur unter einem Druck von 12000 Atmosphären ein weißes, in Alkohol lösliches Polymeres, welches bei gewöhnlichem Druck wieder rasch zum Monomeren depolymerisiert. Die Depolymerisation wird durch Säuren beschleunigt, durch Pyridin verzögert. Die Verschiebung des Gleichgewichts durch Druckerhöhung ist durchaus verständlich, da die Polymerisation ja allgemein unter Volumkontraktion verläuft.

Um die Temperaturgrenze, innerhalb welcher das Gleichgewicht praktisch vollständig auf der Seite des Polymeren liegt, auf thermodynamischem Weg zu ermitteln, ist es notwendig, Verbrennungswärmen der Mono- und Polymeren zu messen und außerdem ihre Wärmekapazität bis zu möglichst niederen Temperaturen zu bestimmen.

Tabelle 8 gibt die thermischen Daten einiger Polymerisationsreaktionen. Die Kenntnis des Wärmebedarfs (Spalte 4) ist wichtig, da seine Größe zusammen mit der Polymerisationsgeschwindigkeit die Geschwindigkeit der Wärmeentwicklung während der Polymerisation bestimmt. Zum Vergleich sind auch, nach unveröffentlichten Messungen von W. A. Roth und E. Schumacher, die entsprechenden Zahlen für die Dimerisation des Styrols und Indens zum ungesättigten Dimeren angeführt. Es ist zu beachten, daß bei der Dimerisation eine Doppelbindung auf zwei Monomere, bei der Makropolymerisation aber praktisch eine Doppelbindung auf ein Monomeres abgesättigt wird; es bestehen hier also noch gewisse Widersprüche.

Tabelle 8. *Wärmebedarf von Polymerisationsreaktionen.*

Substanz	Verbrennungswärme des		Wärmebedarf der Polymerisation kcal/Mol
	Monomeren kcal/Mol	Polymeren kcal/Grundmol	
Styrol	1045,4[6]	1025[7]	—20
Isopren[8]	754,62 ± 0,38	736,7 ± 1,5	—17,9 ± 1,9
Äthylenoxyd[9]	302,5	279,8	—22,7
Methylglyoxal[10]	344,9	337,3	— 7,6
Dimerisation[11].			
Styrol	1046,5 ± 0,2	1026,7 ± 0,3	—19,8 ± 0,5
Inden	1152,1 ± 0,6	1135,2 ± 0,4	—16,9 ± 1

[1] H. Staudinger, A. Steinhofer: l. c.
[2] G. S. Whitby, M. Katz: Canad. J. Res. **4**, 344 (1931).
[3] H. Staudinger, W. Heuer: Ber. dtsch. chem. Ges. **67**, 1159 (1934).
[4] G. Schmid, O. Rommel: Z. physik. Chem., Abt. A **185**, 97 (1939).
[5] J. B. Conant, C. O. Tongberg: J. Amer. chem. Soc. **52**, 1659 (1930).
[6] W. v. Luschinsky: Z. physik. Chem., Abt. A **182**, 384 (1938).
[7] J. W. Breitenbach, A. Maschin, unveröffentlicht.
[8] N. Bekkedahl: Proc. Rubber Technol. Conf. [London] **1938**, 223.
[9] Schlaepfer, zit. bei H. Staudinger: Die Hochmol. organischer Verbindungen, S. 291. [10] L. de V. Moulds, H. L. Riley: J. chem. Soc. [London] **1938**, 624.
[11] W. A. Roth, E. Schumacher: Unveröffentlichte Versuche. Das ungesättigte Distyrol war aus dem Dibromid dargestellt und durch Fraktionierung unter vermin-

Eine eingehendere thermodynamische Arbeit liegt nur von der Isopren-Kautschukpolymerisation vor[8]. Die Entropie des Isoprens und Kautschuks bei 35⁰ C ist 54,8 ± 0,2 cal/Mol. Grad bzw. 30,6 ± 0,2 cal/Mol. Grad. Damit und aus den Verbrennungswärmen ergibt sich für das thermodynamische Potential der Reaktion:

$$C_5H_8 \,(\text{Liqu.}, 1\,\text{Atm.}) = 1/n\,(C_5H_8)_n\,(\text{Solid}, 1\,\text{Atm.}), \quad \Delta G = -10,7 \pm 1,6\,\text{kcal/Mol. Grad.}$$

Das entspricht einer Gleichgewichtskonstanten $7 \cdot 10^7$, d. h. das Gleichgewicht liegt völlig auf der Seite des Polymeren. Auch die Temperaturabhängigkeit des thermodynamischen Potentials wird bestimmt. (Abb. 2.)

Oberhalb etwa 520⁰ C ist also das Monomere thermodynamisch beständiger. Der Einfluß des äußeren Druckes auf die Gleichgewichtslage

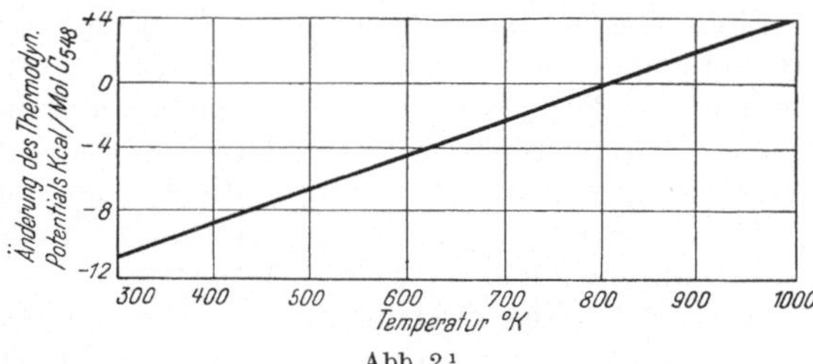

Abb. 2 [1].

wird unter Vernachlässigung der Verschiedenheit der Kompressibilität von Isopren und Kautschuk bei 25⁰ durch die Beziehung

$$\Delta G = -10,7 - 0,0006\,P \quad (P = \text{Druck in Atm.})$$

wiedergegeben.

C. Katalysatoren.

Wie schon eingangs erwähnt, ist gegenwärtig die Kenntnis des Polymerisationsvorganges noch nicht so weit fortgeschritten, daß man von vorne herein die verschiedenen Möglichkeiten für eine Katalysatorwirkung angeben könnte. Rein empirisch zeichnen sich drei größere Gruppen von Katalysatoren ab:

1. Sauerstoff; organische Peroxyde und Ozonide; organische Verbindungen, die in freie Radikale dissoziieren. Diese Gruppe interessiert hier besonders, da sie am besten untersucht ist und die Anwendung dieser Katalysatoren zu typisch hochmolekularen Produkten führt.

2. Anorganische Halogenverbindungen, Säuren, Floridin. Diese Gruppe liefert sehr viel kürzerkettige Polymerisate; die kinetische Untersuchung ist noch sehr unvollständig.

3. Alkalimetalle. Diese Katalysatoren werden an anderer Stelle dieses Bandes ausführlich behandelt und daher hier nur kurz besprochen.

Es sei bemerkt, daß hier unter Katalysatoren Stoffe verstanden sind, die in verhältnismäßig kleiner Menge eine Erhöhung der Polymerisationsgeschwindigkeit hervorrufen. Ob sie dabei verbraucht werden oder nach der Reaktion unverändert vorhanden sind, ist in den wenigsten Fällen noch eindeutig entschieden und kann daher auch nicht als Kriterium herangezogen werden.

1. Sauerstoff, organische Peroxyde und Ozonide.
(Vgl. dazu Abschnitt RIECHE, S. 136.)

Der *Sauerstoff*katalyse kommt besondere Bedeutung zu, da verschiedentlich angenommen wird, daß rein thermische Polymerisationen überhaupt nicht

dertem Druck gereinigt. Es ist möglich, daß es sich bei der Destillation zu einem geringen Teil in ein gesättigtes Isomeres umgelagert hat. Das Diinden ist eine feste Substanz F.P. = 57,3⁰ (nach mehrmaligem Umkrystallisieren als Methanol); die Polymerisationswärme enthält hier also noch die Schmelzwärme.

[1] N. BEKKEDAHL: l. c. S. 236.

möglich sind. In allen Fällen, wo man solche zu beobachten glaubte, soll Sauerstoffkatalyse wirksam sein. In den meisten Fällen ist eine Entscheidung mangels genügend sauberer Versuche nicht möglich. Bemerkenswerterweise wurde aber an der bestuntersuchten Substanz, dem *Styrol*, mit ziemlicher Sicherheit das Stattfinden unkatalysierter Polymerisation festgestellt, und zwar 1. durch die gute Reproduzierbarkeit der unter möglichstem Sauerstoffausschluß durchgeführten Versuche[1]; 2. durch das Ausbleiben der polymerisationsverzögernden Wirkung des Hydrochinons unter den gleichen Bedingungen[2].

Einer gegenteiligen Ansicht ist allerdings R. E. Burk[3], der sich besonders auf Versuche von Thompson und Burk stützt[4]. Nach diesen Versuchen ist nämlich die Polymerisation bei möglichstem Sauerstoffausschluß nicht reproduzierbar. Das Styrol wird in Capillarviscosimetern eingeschmolzen und die Polymerisationsgeschwindigkeit durch die Geschwindigkeit der Viscositätszunahme bei 44⁰ gemessen. Da diese aber von zwei Unbekannten, nämlich von der Konzentration und dem mittleren Molgewicht des Polymeren abhängt, erlauben die Versuche keine eindeutigen Schlüsse. Außerdem sind die bei dieser Temperatur entstehenden Produkte sehr hochmolekular ($P = 5800$)[5]. Es entspricht also einer sehr geringen Polymerisation schon eine große Viscositätszunahme. Bei 200facher Durchflußzeit ist z. B. nach Thompson und Burk nur ein Bruchteil eines Prozents polymerisiert; die beobachtete Geschwindigkeit der Viscositätszunahme des reinen Styrols schwankt um etwa $\pm 40\%$; bei diesen kleinen Umsätzen ist das wohl nichts Außergewöhnliches und erlaubt auch keine Schlüsse auf irgendwelche Besonderheiten des Reaktionsmechanismus.

Daß auch Polymerisationen, die in flüssiger Phase zu niedrig molekularen Produkten führen, insbesondere Dimerisationen, ohne katalytische Einwirkung stattfinden können, ist durch die Untersuchungen am *Cyclopentadien* sichergestellt[6]. Neuerdings wurde aber auch festgestellt, daß *Isobuten*, ein Körper, der üblicherweise durch Katalysatoren polymerisiert wird, in hochgereinigtem Zustand sich schon bei 0⁰ C dimerisiert[7].

Quantitative Angaben über die Geschwindigkeit der Sauerstoffaufnahme durch *Styrol* macht Milas[8]; die Versuche wurden bei einer Temperatur von 110⁰ und unter Rühren mit 700 U/min durchgeführt. Nach einer Induktionsperiode von 10 Minuten erreicht die Geschwindigkeit der Sauerstoffaufnahme sehr rasch (nach 67 Minuten) einen Maximalwert ($6{,}4 \cdot 10^{-5}$ Mol Sauerstoff/Mol Styrol/sec), um dann etwas langsamer abzusinken (nach 6 Stunden $3{,}7 \cdot 10^{-6}$ Mol Sauerstoff/Mol Styrol/sec, nach 11 Stunden $3{,}9 \cdot 10^{-7}$ Mol Sauerstoff/Mol Styrol/sec). Im ganzen werden in 6 Stunden 0,38 Mol Sauerstoff/Mol Styrol, in 11 Stunden 0,41 Mol Sauerstoff/Mol Styrol aufgenommen. Die Reaktionsprodukte nach 11 Stunden sind: Polymeres 61 %, Benzaldehyd 0,6 %, Ameisensäure 3 %, Formaldehyd in Spuren. Diese Ergebnisse sind in zweifacher Hinsicht wichtig. Einmal sieht man, daß der Sauerstoff durch das Styrol chemisch gebunden wird, und weiter, daß die aufgenommene Sauerstoffmenge keineswegs

---

[1] J. W. Breitenbach, H. Rudorfer: Mh. Chem. **70**, 37 (1937). — G. V. Schulz. E. Husemann: Z. physik. Chem., Abt. B **36**, 184 (1937). — H. Suess, K. Pilch, H. Rudorfer: Ebenda Abt. A **179**, 361 (1937).

[2] J. W. Breitenbach, A. Springer, K. Horeischy: Ber. dtsch. chem. Ges. **71**, 1438 (1938). Genaueres siehe S. 343.

[3] Polymerization, S. 137. New York 1937.

[4] J. Amer. chem. Soc. **57**, 711 (1935).

[5] Nach den Angaben von Schulz und Husemann interpoliert.

[6] H. Kaufmann, H. Wassermann: J. chem. Soc. [London] **1939**, 870.

[7] E. E. Roper: J. Amer. chem. Soc. **60**, 2699 (1938).

[8] Proc. nat. Acad. Sci. USA **14**, 844 (1929).

zur Gänze in den niedrig molekularen Oxydationsprodukten erscheint. Die primäre Sauerstoff-Styrol-Verbindung wird, soweit sie die Polymerisation beeinflußt, in den Polymeren chemisch gebunden.

Über den Mechanismus der Polymerisation sind, da weder Sauerstoffgehalt noch mittleres Molgewicht der Polymeren untersucht wird, keine Angaben möglich. Die merkwürdigen Geschwindigkeitsverhältnisse bei der Sauerstoffaufnahme werden dadurch erklärt, daß einerseits die gebildete Sauerstoff-Styrol-Verbindung autokatalytisch (Versuche mit Benzopersäure), andererseits das entstehende Polymere durch die Viscositätserhöhung hemmend wirkt. Die maximale Geschwindigkeit der Sauerstoffaufnahme ist um mehr als drei Größenordnungen höher als die des Primäraktes der thermischen Polymerisation bei derselben Temperatur.

Thompson und Burk[1] schütteln Styrol bei 118° mit Sauerstoff; unter Aufnahme von $^1/_3$ Mol Sauerstoff/Mol Styrol tritt in 52 Stunden im wesentlichen vollständige Polymerisation ein. Es wird eine Induktionsperiode von 30 Minuten beobachtet.

Eine etwas höhere Sauerstoffaufnahme ($^1/_2$ Mol Sauerstoff/Mol Styrol) erreichen Staudinger und Lautenschläger[2] bei 80° C. Ihre Versuche deuten auf eine Induktionsperiode von etwa 5 Stunden, doch erfolgt die Sauerstoffaufnahme dann mit einer gleichbleibenden Geschwindigkeit von $7 \cdot 10^{-6}$ Mol Sauerstoff/Mol Styrol/sec. Die Polymerisationsgeschwindigkeit wird gegenüber sauerstofffreiem Styrol auf das 3fache erhöht.

Mit wesentlich geringerer Gesamtsauerstoffmenge arbeiten Houtz und Adkins[3] (0,078 Mol Sauerstoff/Mol Styrol bei 80°) und Breitenbach, Springer und Horeischy[4] (10^{-2}—10^{-3} Mol Sauerstoff/Mol Styrol bei 100°). In beiden Fällen wird eine Induktionsperiode der Polymerisation beobachtet.

Infolge des heterogenen Charakters der Sauerstoffkatalyse bleibt die kinetische Bedeutung der Induktionsperiode hier unklar. Sehr wahrscheinlich ist sie darauf zurückzuführen, daß der eigentliche Polymerisationsbeschleuniger aus Sauerstoff und Styrol in verhältnismäßig langsamer Reaktion gebildet wird.

Im Falle des Chloroprens[5] tritt z. B. bei Gegenwart von Sauerstoff keine Induktionsperiode auf. Unter Sauerstoffausschluß beträgt die Anfangsgeschwindigkeit der Polymerisation bei 30° ungefähr 0,025 % pro Stunde, während bei einem Sauerstoffpartialdruck von 600 Torr der Umsatz von 0 bis 70 % 1,7 % pro Stunde beträgt. Bei kleineren Sauerstoffdrucken werden die Verhältnisse weniger übersichtlich.

Da die primäre Sauerstoff-Styrol-Verbindung mit großer Wahrscheinlichkeit eine Molekel Sauerstoff in lockerer Bindung enthält, kann man erwarten, durch Versuche mit Zusatz **organischer Peroxyde** und *Ozonide* weitere Aufschlüsse zu erhalten. Voraussetzung dafür ist allerdings, daß diese Verbindungen nicht etwa durch Sauerstoffabgabe wirksam sind. Wie Houtz und Adkins an Benzoylperoxyd und Diisobutenozonid zeigten, trifft diese Voraussetzung hier durchaus zu; die genannten Verbindungen übertreffen elementaren Sauerstoff in der Wirksamkeit auf die Polymerisation um ein Vielfaches. Wie sich weiterhin ergibt, besteht ihre Wirkung auf den Polymerisationsvorgang nicht nur in einer bloßen Beschleunigung der Startreaktion. Während nämlich bei der thermischen Polymerisation des reinen Styrols (und auch anderer Verbin-

---

[1] l. c.
[2] Liebigs Ann. Chem. **488**, 1 (1931).   [3] J. Amer. chem. Soc. **55**, 1609 (1933).
[4] l. c.
[5] S. Medwedew, E. Chilikina, V. Klimenkow: Acta physicochim. URSS. **11**, 751 (1939).

dungen) die Grundviskosität des Polymeren im Laufe der Polymerisation konstant bleibt, nimmt sie hier bei Gegenwart von $1,3 \cdot 10^{-2}$ Molen Diisobutenozonid auf ein Mol Styrol bei 15^0 C, nachdem sie bis ungefähr 30% Styrolumsatz annähernd konstant geblieben ist, bei höheren Umsätzen zu, d. h. die bei Gegenwart dieses Katalysators erhaltenen Polymerisate können zum Unterschied von den thermischen auch nach erfolgtem Kettenabbruch nochmals in den Polymerisationsvorgang eingreifen.

Über die Wirkung des **Benzoylperoxyds** liegt eine eingehende kinetische Arbeit vor[1]. Sie beschränkt sich allerdings im wesentlichen auf den Anfang der Polymerisation; die erst bei höheren Umsätzen auftretenden Erscheinungen entziehen sich daher der kinetischen Analyse. Die einfache kinetische Interpretation des mittleren Polymerisationsgrades als mittlere Anzahl von Wachstumsschritten, die auf einen Primärakt folgen, erfährt durch diese Arbeit eine große Stütze; die als Quotient aus Polymerisationsgeschwindigkeit und mittlerem Polymerisationsgrad erhaltene Aktivierungsgeschwindigkeit geht nämlich in dem untersuchten Bereich (0,0083—0,248 Mol Benzoylperoxyd/Liter) mit der Katalysatorkonzentration linear. (Abb. 4.) Die Tatsache, daß eine gleiche Linearität mit der Styrolkonzentration nicht vorhanden ist, führt Schulz und Husemann zu der Annahme eines der Polymerisation vorgelagerten Gleichgewichts, bei welchem es zur Bildung einer mit 4500 cal endothermen Hauptvalenzverbindung zwischen Styrol und Benzoylperoxyd kommt[2]. Messungen, die in Toluollösung zu höheren Umsätzen ausgeführt werden, zeigen, daß der mittlere Polymerisationsgrad unter diesen Bedingungen im Laufe der Polymerisation etwas abnimmt. Das Kettenwachstum soll über freie Radikale verlaufen; entsprechend wird der Kettenabbruch als Reaktion zwischen zwei wachsenden Ketten angenommen. Die naheliegendste Erklärung der Tatsache, daß die bei Gegenwart von Benzoylperoxyd gebildeten Polymeren kürzerkettig sind als die thermischen, scheint uns allerdings von vornherein die Annahme eines zusätzlichen Kettenabbruchs durch das Peroxyd zu sein. Die kinetischen Ergebnisse von Schulz und Husemann sind mit einer solchen Annahme durchaus vereinbar.

Eine grundlegende Frage bleibt unbeantwortet, ob es sich nämlich um eine echte Katalyse handelt, oder ob das Benzoylperoxyd durch die Polymerisation verbraucht wird. Nimmt man an, daß eine Polystyrolmolekel eine Molekel Benzoylperoxyd bindet, so wird bei dem Versuch mit dem größten Benzoylperoxydumsatz (3,5 Mol Styrol, 0,015 Mol Benzoylperoxyd/Liter, 79,4% Umsatz, $\overline{P} = 560$) nur $^1/_3$ des Benzoylperoxyds verbraucht, bei den übrigen Versuchen, die nur zu kleinen Polymerisationsumsätzen ausgeführt werden, noch sehr viel weniger. Hier kann man also nicht zwischen den beiden Möglichkeiten entscheiden; bei Versuchen mit höherem Benzoylperoxydumsatz wäre das aber sehr wohl der Fall.

Zu fast in allen Punkten den Schulzschen entgegengesetzten Anschauungen kommen Norrish und Brookman[3] bei der Untersuchung der Einwirkung des **Benzoylperoxyds** zwar und **Methylmethacrylatozonids.** Das Hauptgewicht liegt auf Versuchen über die Polymerisation des Methylmethacrylats und dessen Mischpolymerisation mit Styrol, doch werden auch einige Versuche an reinem Styrol

---

[1] G. V. Schulz, E. Husemann: Z. physik. Chem., Abt. B **39**, 246 (1938).
[2] Wie S. Kamenskaja und S. Medwedew [Acta physicochim. URSS. **13**, 565 (1940)] betonen, ist aber die Größe der aus den kinetischen Daten abgeleiteten Gleichgewichtskonstanten mit diesem Wärmebedarf thermodynamisch nicht vereinbar. Man kann bei den hohen angewandten Styrolkonzentrationen eine einfache Beziehung zur Styrolkonzentration wohl auch gar nicht erwarten.
[3] Proc. Roy. Soc. [London], Serie A **171**, 147 (1939).

ausgeführt. Das hervorstechendste Ergebnis ist hier wieder, daß bei Gegenwart von Benzoylperoxyd das mittlere Molgewicht des Polystyrols im Laufe der Reaktion zunimmt. Diese Erscheinung wird bei Methylmethacrylat noch ausgeprägter und führt NORRISH und BROOKMAN zur Annahme des folgenden Mechanismus für die Polymerisation. Durch den Katalysator werden eine Anzahl von Polymerisationskeimen geliefert, und diese Anzahl bleibt während der ganzen Reaktion konstant. Das Kettenwachstum ist im Vergleich zur Bildung der Keime langsam und daher geschwindigkeitsbestimmend. Der Kettenabbruch besteht in einer Hydrierung durch das Monomere; für jede abgebrochene Kette beginnt also wieder eine neue zu wachsen, die Zahl der aktiven Zentren bleibt konstant. Auch die „thermische" Polymerisation wird auf die Anwesenheit geringer Mengen Katalysator zurückgeführt. Danach handelt es sich um eine echte Katalyse. Es wäre wichtig festzustellen (und die Möglichkeit dazu besteht, wie schon ausgeführt wurde), ob das wirklich der Fall ist. Denn andererseits sind die von NORRISH und BROOKMAN verwendeten Benzoylperoxydkonzentrationen um zwei Größenordnungen geringer, ihre Polymerisationstemperaturen beträchtlich höher (90 und 100° gegen 27 und 50°) als bei SCHULZ und HUSEMANN. Dadurch ist z. B. die bei 90° und 0,0114 Mol% Benzoylperoxyd beobachtete Polymerisationsgeschwindigkeit nur ungefähr doppelt so groß als die der unkatalysierten Reaktion bei der gleichen Temperatur, d. h. man kann diese Geschwindigkeit hier nicht mehr außer acht lassen, wie das NORRISH und BROOKMAN tun. Wenn nun das Benzoylperoxyd durch die Polymerisation aufgebraucht wird, so könnte man das Anwachsen des Polymerisationsgrades auch auf die abnehmende Katalysatorkonzentration zurückführen. Bemerkenswerterweise steigt auch bei der Polymerisation des Methylmethacrylates nach NORRISH und BROOKMAN bei Gegenwart von Benzoylperoxyd (0,005 Mol% bei 90°, 0,0005 Mol% bei 130°) die Grundviskosität der Polymeren mit dem Umsatz linear an, während nach Versuchen von STRAIN[1] bei unkatalysierter Polymerisation in Benzollösung bei 65° das Molgewicht des Polymeren im Laufe der Reaktion abnimmt.

Neuere Versuche[2] zeigen, daß auch bei höherer Katalysatorkonzentration und niedrigeren Polymerisationstemperaturen eine Erhöhung der Grundviscosität der Polymerisate mit steigendem Umsatz stattfindet.

Hiermit wird auch bewiesen, daß die Zunahme der Grundviscosität nicht auf einen Verbrauch des Katalysators zurückgeführt werden kann. Die Versuche bei 50° lassen im Gegenteil erkennen, daß hier eine Erhöhung der Polymerisationsgeschwindigkeit im Laufe der Reaktion eintritt, was wahrscheinlich durch eine Verschiebung des Konzentrationsverhältnisses Styrol zu Benzoylperoxyd zugunsten des Peroxyds im Laufe der Polymerisation zu erklären ist. Allgemein muß man bei Polymerisationsreaktionen als stark exothermen Vorgängen auch eine Beschleunigung durch Selbsterwärmung in Betracht ziehen; bei den kleinen Reaktionsgeschwindigkeiten in den vorstehenden Versuchen kann man sie aber noch außer acht lassen.

Tabelle 9. *Polymerisation des Styrols mit $5 \cdot 10^{-4}$ Molen Benzoylperoxyd pro Mol Styrol.*

Polymerisationstemp. °C	Reaktionsdauer Stunden	Styrolumsatz %	Grundviscosität des Polymeren
30	80	2,7	$3,0 \cdot 10^{-1}$
50	9	3,7	$1,6 \cdot 10^{-1}$
	26	10,5	$1,6 \cdot 10^{-1}$
	71	37,1	$1,4 \cdot 10^{-1}$
	119	78,0	$2,4 \cdot 10^{-1}$
70	5	14,7	$0,88 \cdot 10^{-1}$
	24	69,2	$1,5 \cdot 10^{-1}$
	55	97	$2,0 \cdot 10^{-1}$
90	7,5	64,5	$0,91 \cdot 10^{-1}$

---

[1] Ind. Engng. Chem. **30**, 345 (1938).
[2] J. W. BREITENBACH: Unveröffentlichte Versuche.

Eine Beschleunigung mit fortschreitender Reaktion bei kleiner Geschwindigkeit wird auch bei der Polymerisation des Chloroprens durch Tetralinhydroperoxyd beobachtet[1].

Tabelle 10.

Polymerisation des Chloroprens bei Gegenwart von Tetralinhydroperoxyd bei 40° C[2].

Konzentration des Peroxyds Mole/Mol Styrol	Reaktionsdauer Stunden	Chloroprenumsatz %	Zusammensetzung des Polymeren	
			löslich %	unlöslich %
0	5	0,39	—	—
	10	0,99	—	—
	48	3,60	96	0,9
$1 \cdot 10^{-2}$	5	4,4	98,7	1,2
	9,75	8,1	96,8	3,5
	20	20,4	91,2	5,0
$2 \cdot 10^{-2}$	5	6,4	—	—
	8	9,7	96	2,5
	21	38,2	85	7,7

Als Polymerisate einer Divinylverbindung können die Chloroprenpolymeren sich zu unlöslichen Produkten vernetzen. Die letzten beiden Spalten zeigen, daß diese Vernetzung schon bei kleinen Umsätzen merklich wird; ob es sich dabei um eine Wirkung des Peroxyds handelt, bleibt hier fraglich.

Einige Aufschlüsse über den Mechanismus der Wirkung hoher äußerer Drucke auf die Polymerisation geben Versuche über die Sauerstoffkatalyse an *n-Butyraldehyd*[3]. Die Absorptionsgeschwindigkeit beträgt (unter nicht näher bezeichneten Umständen) 0,5 ccm Sauerstoff in der Stunde. Mit der aufgenommenen Sauerstoffmenge stimmt innerhalb eines Prozentes die Zunahme der Acidität der Probe überein; die Menge der gebildeten peroxydartigen Verbindung ist daher sehr gering. Die Polymerisationsgeschwindigkeit wird nach der Zähigkeitsänderung der Probe nach 24 Stunden bei 12000 Atmosphären äußerem Druck bei 28° geschätzt. Sie steigt mit zunehmender Sauerstoffaufnahme. Das Polymere ist bei normalem Druck unbeständig. Durch den spontanen Zerfall des primären Oxydes wird die Polymerisationskettenreaktion ausgelöst; der hohe Druck erzeugt eine geeignete Orientierung der Molekel in dem flüssigen Aldehyd, so daß die Reaktionsketten eine beträchtliche Länge erreichen können. Bei Versuchen, welche unter Sauerstoffausschluß ausgeführt wurden, bleibt die Polymerisation aus. Der gleiche Effekt tritt ein, wenn Proben, die mit Sauerstoff in Berührung waren, anschließend, vor der Druckbehandlung, durch längere Zeit unter Sauerstoffausschluß stehen. Die primäre Sauerstoffverbindung zersetzt sich hier, ohne daß Polymerisation erfolgt. Somit ergibt sich ein maßgeblicher Einfluß der Orientierung in der Flüssigkeit auf die Größe der entstehenden Polymeren. Dieser Gesichtspunkt ist vielleicht auch von Wert zur Erklärung der bei normalen Drucken auftretenden großen Unterschiede im mittleren Polymerisationsgrad der verschiedenen Stoffe. In der gleichen Richtung deuten auch Versuche an α-Methylstyrol[4]. Dieses polymerisiert bei 100° unter Atmosphärendruck nicht, liefert aber bei der gleichen Temperatur unter 5000 Atmosphären ein glasiges Polymeres vom mittleren Polymerisationsgrad 50.

Kinetische Messungen liegen noch über die Benzoylperoxydkatalyse der Polymerisation des *Vinylacetates* vor[5]. Die Umsatzmessung erfolgt dilato-

[1] S. Medwedew, E. Chilikina, V. Klimenkov: l. c.
[2] S. Medwedew, E. Chilikina, V. Klimenkov: l. c. S. 759.
[3] J. B. Conant, W. R. Peterson: J. Amer. chem. Soc. 54, 628 (1932).
[4] R. H. Sapiro, R. P. Linstead, D. M. Newitt: J. chem. Soc. [London] 1937, 1784.
[5] A. C. Cuthbertson, G. Gee, E. K. Rideal: l. c.

metrisch; nach STARKWEATHER und TAYLOR[1] geht nämlich die Volumskontraktion linear mit dem Umsatz (1 % Volumskontraktion entspricht 3,65 % Umsatz). Auch hier wird ein Anstieg der Geschwindigkeit im Lauf der Polymerisation beobachtet; zur Erklärung wird ein kinetisches Schema aufgestellt, das in allen wesentlichen Zügen mit dem von SCHULZ und HUSEMANN für die entsprechende Katalyse des Styrols entwickelten übereinstimmt, obwohl von diesen keine Induktionsperioden beobachtet werden.

Aus den Monomeren bildet sich reversibel eine Verbindung mit dem Benzoylperoxyd:

$$M + K \rightleftharpoons MK;$$

diese zerfällt in verhältnismäßig langsamer Reaktion in einen polymerisationsfähigen Keim und den Katalysator:

$$MK \rightarrow M^* + K.$$

In einer Kette von Wachstumsschritten erreicht der Keim eine gewisse Größe und verliert schließlich seine Wachstumsfähigkeit in einer Reaktion mit einer zweiten wachsenden Kette:

$$M_r^* + M_s^* \rightarrow M_r + M_s.$$

Der Grund für das unterschiedliche Verhalten des Styrols und Vinylacetates liegt auf dem Boden dieser Anschauungen in der verschiedenen Geschwindigkeit, mit der sich die stationäre Konzentration an MK einstellt. Als charakteristische Größen werden die maximale Polymerisationsgeschwindigkeit, die nach einem bestimmten Umsatz erreicht wird, und die dabei vorhandene Konzentration des Monomeren angegeben. Die Meßergebnisse müssen korrigiert werden, da weder die Temperatur noch die Konzentration des Katalysators während der Reaktion konstant gehalten werden können. Infolge der großen Polymerisationsgeschwindigkeit treten nämlich Temperaturüberhöhungen bis zu 17° auf; andererseits zerfällt das Benzoylperoxyd bei höherer Temperatur mit merklicher Geschwindigkeit in inaktive Produkte (Zerfall angenähert 1. Ordnung; Halbwertzeit bei 80° etwa 300 Minuten, bei 100° etwa 30 Minuten). Aus den kinetischen Ansätzen ergibt sich nach einigen Vereinfachungen, daß die maximale Polymerisationsgeschwindigkeit der 3/2-Potenz der Konzentration des Monomeren und der 1/2 der des Katalysators proportional sein soll; dies stimmt angenähert mit den korrigierten Versuchsergebnissen überein. Es erscheint aber fraglich, ob die unter so ungünstigen Bedingungen erhaltenen Resultate eindeutige Schlüsse auf den Reaktionsmechanismus zulassen. So erhalten NORRISH und BROOKMAN[2], die auch die durch Benzoylperoxyd und Methylmethacrylatozonid katalysierte Polymerisation des Methylmethacrylats messen, nach einer konstanten Anfangsgeschwindigkeit, von ungefähr 15 % Umsatz an ebenfalls eine Geschwindigkeitszunahme, führen diese aber zur Gänze auf die auch von ihnen beobachtete Temperaturerhöhung (bis 20°) zurück.

Die folgenden Figuren geben einige wichtige Ergebnisse der Versuche an Styrol, Vinylacetat und Methylmethacrylat wieder.

Aus Abb. 6 sieht man, daß der Einfluß des Benzoylperoxyds auf die Polymerisationsgeschwindigkeit von Vinylacetat und Methylmethacrylat in der gleichen Größenordnung liegt. Abb. 3 und 5 zeigen aber, daß Styrol bedeutend weniger empfindlich ist als Vinylacetat. Man versteht damit, daß es für Styrol experimentell wesentlich einfacher ist, die ungestörte thermische Polymerisation zu beobachten als für die beiden anderen Stoffe.

---

[1] J. Amer. chem. Soc. **52**, 4708 (1930).   [2] l. c.

Neuerdings wurde auch die benzoylperoxydkatalysierte Polymerisation des Vinylacetats in Benzollösung untersucht[1]. Durch jodometrische Bestimmung

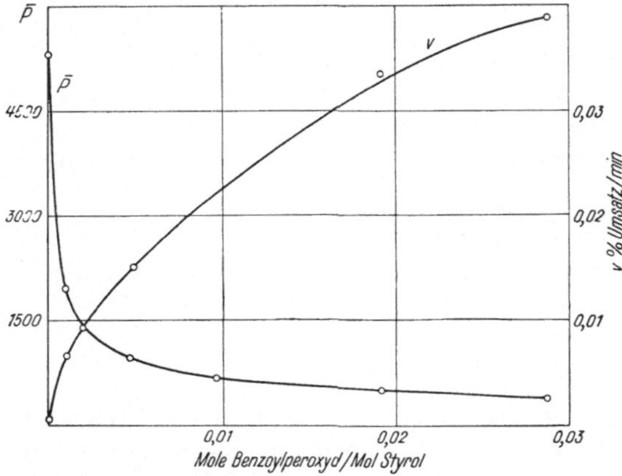

Abb. 3. Abhängigkeit der Polymerisationsgeschwindigkeit v und des mittleren Polymerisationsgrades der Polymeren P in einer Mischung aus 90 Teilen Styrol und 10 Teilen Toluol (8,65 Mol. Styrol/Liter) bei 50° von der Katalysatorkonzentration[2].

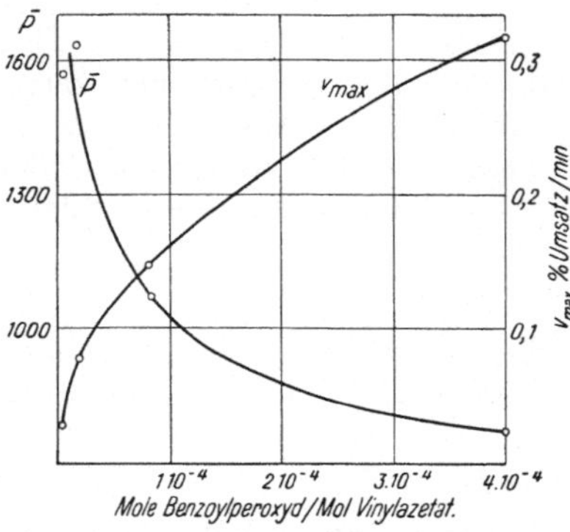

Abb. 5. Abhängigkeit der Maximalgeschwindigkeit und des mittleren Polymerisationsgrades der Polymeren von der Katalysatorkonzentration für reines Vinylacetat bei 60°[3].

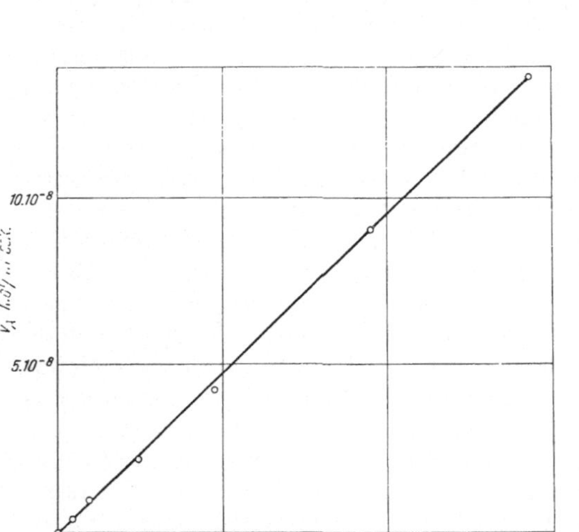

Abb. 4. Abhängigkeit der aus den Größen der Abb. 3 berechneten Geschwindigkeit der Aktivierungsreaktion v_A von der Katalysatorkonzentration.

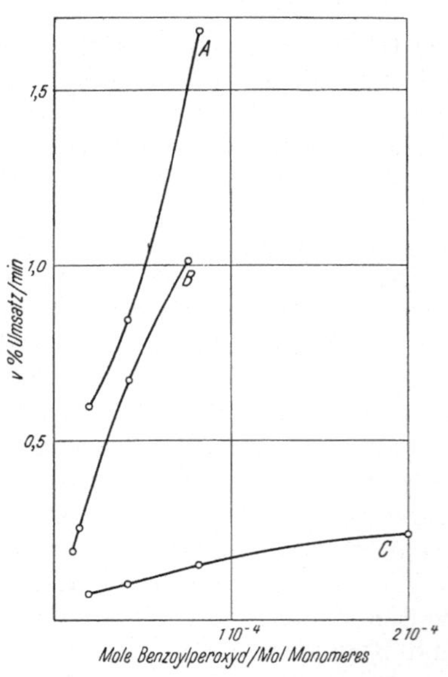

Abb. 6. Abhängigkeit der maximalen Polymerisationsgeschwindigkeit des reinen Vinylacetats und der Anfangs- und maximalen Polymerisationsgeschwindigkeit des reinen Methylmethacrylats von der Katalysatorkonzentration bei 80°[4].
A: Methylmethacrylat, Maximalgeschwindigkeit
B: Vinylacetat, Maximalgeschwindigkeit
C: Methylmethacrylat, Anfangsgeschwindigkeit

---

[1] S. KAMENSKAJA, S. MEDWEDEW: Acta physicochim. URSS. **13**, 565 (1940).

[2] Nach G. V. SCHULZ, E. HUSEMANN: l. c. S. 256. Die Polymerisationsgeschwindigkeit ist hier die Anfangsgeschwindigkeit, welche, da die Versuche ja keine Induktionsperiode zeigen, zugleich die maximale Geschwindigkeit ist.

[3] Nach CUTHBERTSON, GEE, RIDEAL: l. c. Der mittlere Polymerisationsgrad wurde hier nur am Ende eines jeden Versuches bestimmt; die angegebenen Zahlen haben wohl nur als Relativwerte Bedeutung, da nur viscosimetrische Messungen (unter Verwendung einer K_M-Konstanten $2{,}6 \cdot 10^{-4}$) ausgeführt wurden. Wie schon erwähnt wurde, kann aber das Benzoylperoxyd auch den K_M-Wert beeinflussen.

[4] Nach CUTHBERTSON, GEE, RIDEAL: l. c. Bemerkenswerterweise sind trotz der geringen Temperaturdifferenz gegen Abb. 5 die Verhältnisse bei der Abhängigkeit

des Benzoylperoxyds wird festgestellt, daß seine Konzentration im Laufe der Polymerisation abnimmt. Die Geschwindigkeit dieser Abnahme ist viel größer als die des thermischen Zerfalls des Peroxyds in Benzol- oder Toluollösung.

Beim Vergleich der Angaben über Polymerisationsgeschwindigkeit und spezifische Viscosität der Polymeren zeigt sich eine bemerkenswerte Ähnlichkeit mit den Verhältnissen beim Styrol[2]. Für Polymerisationstemperatur 50° C, Konzentration des Monomeren (Styrol in Toluol, Vinylacetat in Benzol) 2,73 Mol pro Liter, Konzentration des Benzoylperoxyds $4 \cdot 10^{-2}$ Mol pro Liter ergibt sich für Styrol ein

Tabelle 11. *Halbwertszeit des Benzoylperoxydzerfalls in Benzol- und Toluollösung mit und ohne Zusatz von Vinylacetat[1].*

Temperatur °C	Halbwertszeit, Minuten		Lösungsmittel
	ohne Zusatz	mit Vinylacetat	
60	—	2760	Benzol
75	600	400	Benzol
80	300	—	Toluol
85	190	90	Benzol
100	30	—	Toluol

Umsatz von 1,24% nach einer Stunde, für Vinylacetat 0,70%; die Grundviscosität des Polystyrols ist $2,5 \cdot 10^{-2}$, die des Polyvinylacetats $2,7 \cdot 10^{-2}$. Weiter stimmt die Abhängigkeit der Polymerisationsgeschwindigkeit von der Konzentration des Monomeren sehr nahe überein; es geht auch in beiden Fällen die Polymerisationsgeschwindigkeit angenähert direkt, die spezifische Viscosität der Polymeren umgekehrt proportional der Wurzel aus der Katalysatorkonzentration. Damit wird auch für das Vinylacetat die als Quotient aus Polymerisationsgeschwindigkeit und Grundviscosität erhaltene Größe (Aktivierungsgeschwindigkeit) der Katalysatorkonzentration proportional und man könnte darin eine Bestätigung der Auffassung des mittleren Polymerisationsgrades als Kettenlänge der Polymerisation erblicken. Das würde eine weitere Stütze dadurch erfahren, daß auch die Aktivierungsenergie dieses Primärvorganges sehr nahe mit der beim Styrol beobachteten übereinstimmt.

Wie die folgende Tabelle zeigt, findet in beiden Fällen im Gegensatz zu den Verhältnissen bei der Polymerisation der unverdünnten Monomeren eine Abnahme der Grundviscosität während der Polymerisation statt.

Tabelle 12. *Änderung der Grundviscosität der Polymeren während der Polymerisation.*
(*Die Grundviscosität der ersten Messung ist willkürlich gleich 1 gesetzt[3].*)
Polymerisationstemperatur 50° C.

	Umsatz %	Grundviscosität		Umsatz %	Grundviscosität
Vinylacetat	5,8	1,00	Styrol	3,7	1,00
2,73 Mol/Liter	7,4	1,02	3,5 Mol/Liter	11,9	1,00
	10,5	0,96		23,0	0,97
	14,8	0,92		31,8	0,95
Benzoylperoxyd	22,8	0,92	Benzoylperoxyd	48,3	0,97
$4 \cdot 10^{-2}$ Mol/Liter	33,5	0,85	$1,5 \cdot 10^{-2}$ Mol/Liter	59,4	0,95
				79,4	0,93

Es soll aber nicht verschwiegen werden, daß eine nähere Betrachtung gerade der unter verschiedenen Bedingungen erhaltenen Grundviscositäten Schwierig-

---

des mittleren Polymerisationsgrades von der Katalysatorkonzentration hier vollkommen undurchsichtig, da besonders bei längerer Reaktionsdauer zum Teil Produkte gebildet werden, die in Benzol unlöslich sind. Dieser Effekt wird auf das Auftreten von Verzweigungsreaktionen zurückgeführt. — R. G. W. NORRISH, E. F. BROOKMAN: l. c.

[1] Nach KAMENSKAJA, MEDWEDEW: l. c. S. 576. — CUTHBERTSON, GEE, RIDEAL: l. c.
[2] G. V. SCHULZ, E. HUSEMANN: l. c.
[3] Nach KAMENSKAJA, MEDWEDEW: l. c. S. 572. — SCHULZ, HUSEMANN: l. c. S. 271.

keiten ergeben. Um die beobachtete Konzentrationsabhängigkeit der Grundviscosität der Polymeren zu erklären, nehmen Kamenskaja und Medwedew einen etwas abweichenden Polymerisationsmechanismus an. In Anlehnung an Gelissen und Hermans[1], nach welchen Benzoylperoxyd beim Zerfall in Benzol- und Toluollösung mit diesen Kohlenwasserstoffen nach folgendem Schema reagiert

$$C_6H_5CO{-}O{-}O{-}COC_6H_5 + C_6H_5 \nearrow \begin{array}{l} CO_2 + C_6H_5COOH + C_6H_5 \cdot C_6H_5 \\ CO_2 + C_6H_6 + C_6H_5 \cdot COO \cdot C_6H_5 \end{array} ,$$

nehmen sie an, daß auch die radikalartigen Polymerisationszwischenstufen mit dem Lösungsmittel reagieren können. Die Länge der Reaktionskette ist also nicht identisch mit dem Polymerisationsgrad, da das Wachstum eines Radikals nicht nur durch Rekombination mit einem zweiten, sondern auch durch Addition eines Wasserstoffatoms, vor allem von einer Lösungsmittelmolekel, abgebrochen werden kann. Es wird so das Wachstum einer neuen Molekel des Polymeren verursacht.

Für die Startreaktion wird auf eine reversible Komplexbildung zwischen Benzoylperoxyd und Vinylacetat geschlossen. Durch Reaktion dieses Komplexes mit einer weiteren Molekel Vinylacetat entstehen zwei wachstumsfähige Radikale. Das vollständige kinetische Schema ist also folgendes:

1. Bildung von primären aktiven Zentren.

$$CH_3COOCH{=}CH_2 + (C_6H_5CO_2)_2 \rightleftharpoons [CH_3COOCH{=}CH_2 \cdot (C_6H_5CO_2)_2]$$

$$[CH_3COOCH \; CH_2 \cdot (C_6H_5CO_2)_2] + CH_3COOCH \; CH_2 \rightarrow CO_2 + CH_3COOCH \; CH_2 \cdot C_6H_5 +$$
$$+ CH_3COOCH{-}CH_2OOC \cdot C_6H_5$$

2. Kettenwachstum (die Bruchstücke des Benzoylperoxyds werden mit R, das Vinylacetat mit A bezeichnet).

$$RA_n{-} + A \rightarrow RA_{n+1}{-} .$$

3. Kettenabbruch.

$$RA_n{-} + RA_m{-} \rightarrow RA_{n+m}R .$$

4. Übertragung der Kette.

$$RA_n{-} + C_6H_6 \rightarrow RA_nH + C_6H_5{-} .$$

Angesichts des schon beim Styrol erwiesenen mehrfachen Einflusses des Peroxyds auf den Polymerisationsvorgang, der hier unberücksichtigt bleibt, sind diese Schlüsse aber nicht überzeugend. Von den Autoren wurde das Stattfinden einer Übertragungsreaktion auch zur kinetischen Deutung der Styrolpolymerisation in Lösung angenommen. Es konnte aber experimentell nachgewiesen werden, daß zumindest im Monochlorbenzol, Toluol und Benzol eine solche Reaktion nicht stattfindet[2].

Marvel, Dec und Cooke jr[3]. messen die Geschwindigkeit der durch Benzoylperoxyd beschleunigten Polymerisation zweier optisch aktiver Ester, des Vinyl-1-β-Phenylbutyrats und des d-sek.-Butyl-α-Chloracrylats. Die Messung erfolgt polarimetrisch, da sich Mono- und Polymeres in der spezifischen Drehung stark unterscheiden (Monomere $[\alpha]_D^{25} = -20,4^0$ und $+ 27,5^0$, Polymere $[\alpha]_D^{25} = -29,2^0$ und $+ 11,04^0$). Es ist so zwar eine Messung der Geschwindigkeit ohne Eingriff in

[1] Ber. dtsch. chem. Ges. **58**, 285 (1925).
[2] J. W. Breitenbach: Naturwiss. **29**, 708, 784 (1941).
[3] J. Amer. chem. Soc. **62**, 3499 (1940).

das reagierende System möglich, doch muß das Polarimeterrohr zur Messung immer wieder abgekühlt werden, da wegen der im Glase auftretenden Spannung eine Ablesung bei der Reaktionstemperatur nicht vorgenommen werden kann. Die Änderung der Polymerisationsgeschwindigkeit während eines Versuches gehorcht dem Zeitgesetz erster Ordnung.

Tabelle 13. *Polymerisation optisch aktiver Ester in Dioxanlösung bei 60^0* [1].
Konzentration des Benzoylperoxyd $8,25 \cdot 10^{-2}$ Mol/Liter.

	Konzentration Mol/Liter	Halbwertzeit Minuten		Konzentration Mol/Liter	Halbwertzeit Minuten
Vinyl-1-β-Phenylbutyrat	0,126	124	d-sek.-butyl-α-Chloracrylat	0,38	78
	0,314	153		0,41	90
	0,382	173			

Weitere Versuche an d-sek.-Butyl-α-Chloracrylat in Dioxanlösung nach derselben Methode werden von Ch. Price und R. W. Kell[2] ausgeführt. Die Polymerisationstemperaturen liegen zwischen 26 und 68^0, die Konzentration des Monomeren zwischen 0,15 und 0,7, die des Katalysators zwischen 0,07 und 0,46 Mol/Liter, also in der gleichen Größenordnung wie das Monomere. Die Polymerisationsgeschwindigkeit ist proportional der Konzentration des Monomeren und der Wurzel aus der Konzentration des Katalysators. Als Primärvorgang wird der Zerfall des Benzoylperoxyds in zwei freie Radikale angenommen; diese bilden die Träger der Wachstumsreaktion, der Abbruch besteht in einer Vereinigung oder Disproportionierung zweier freier Radikale.

Starke Temperaturerhöhung im Laufe der Polymerisation wird von Schulz und Blaschke[3] bei der Polymerisation des Methacrylsäuremethylesters durch Benzoylperoxyd und Sauerstoff beobachtet; sie erweist sich in hohem Maße abhängig vom Durchmesser der zylindrischen Reaktionsgefäße.

Unter diesen Bedingungen ist es natürlich schwierig, aus dem ebenfalls beobachteten Geschwindigkeitsanstieg, der von den Autoren als Explosion bezeichnet wird, eindeutige Schlüsse zu ziehen. Nach Schulz und Blaschke soll es sich um eine Explosion durch Kettenverzweigung und nicht um eine Wärmeexplosion handeln, doch ist ihre Argumentation wenig überzeugend. Insbesondere steht ihre Angabe, daß Styrol im Gegensatz zu Methacrylsäuremethylester keine Neigung zur Explosion zeigt, im Widerspruch zu den Erfahrungen der Technik[5].

Auch im Falle des Styrols tritt unter ähnlichen Bedingungen merkliche Temperaturerhöhung ein. In einem Rohr mit

Tabelle 14. *Maximale Temperaturerhöhung bei der Polymerisation des Methylmethacrylats unter Luft*[4].

Rohrdurchmesser mm	Maximale Temperaturerhöhung ^{0} C
39,1	71
31,7	66
26,3	56
21,8	32
17,5	9

20 mm innerem Durchmesser betrug der maximale Temperaturanstieg bei einer Polymerisationstemperatur von 100^0 mit 1 % Benzoylperoxyd 20^0 C[6]. Bei senkrecht stehendem Rohr und ohne Rührung war dabei der Temperaturverlauf in verschiedenen Teilen der Probe sehr verschieden, was nachdrücklich darauf hinweist, daß für kinetische Arbeiten solche Bedingungen vermieden werden müssen.

---

[1] Nach C. S. Marvel, J. Dec, H. G. Cooke jr.: l. c. S. 3503.
[2] J. Amer. chem. Soc. **63**, 2798 (1941).
[3] Z. Elektrochem. angew. physik. Chem. **47**, 749 (1941).
[4] Schulz, Blaschke: l. c. S. 759.
[5] Freundliche Privatmitteilung von H. Hopff, Ludwigshafen.
[6] J. W. Breitenbach: Unveröffentlichte Versuche.

Es erscheint möglich, daß das zweifellos unterschiedliche Verhalten des Styrols und des Methacrylsäuremethylesters auf eine verschiedene Geschwindigkeit der Wachstumsreaktion zurückzuführen ist, die ja in erster Linie das Tempo der Wärmeproduktion bestimmt. Dafür spricht auch die größere Kettenlänge der unter vergleichbaren Bedingungen entstandenen Methylmethacrylatpolymeren.

Von Schulz und Blaschke[1] wird der Anfangsteil der Reaktion bei dem nur eine schwache Temperaturerhöhung eintritt (Vorperiode) kinetisch ausgewertet. Der Reaktionsmechanismus entspricht dem von Schulz und Husemann für das Styrol entwickelten, nur wird, da der aus der Grundviscosität der Polymerisate berechnete mittlere Polymerisationsgrad nicht alle Beziehungen erfüllt, die sich aus diesem Schema für die mittlere Kettenlänge der Polymerisationskettenreaktion ergeben, noch das Stattfinden einer Übertragungsreaktion angenommen. Bei dieser soll eine monomere Molekel eine wachsende Kette durch Abgabe eines Wasserstoffatoms absättigen und hierbei in einen Radikalzustand übergehen, der Anlaß zu weiterer Kettenwachstum gibt.

Schließlich ist noch die Wirkung des Sauerstoffes bei *photochemischen* Polymerisationen von Interesse. Während die Photopolymerisation einiger Stoffe, z. B. die des Styrols[2] und Chloroprens[3], ebenso wie die thermische Polymerisation durch Sauerstoff beschleunigt wird, wirkt dieser in anderen Fällen als Inhibitor (vgl. Tabelle 20, Nr. 83).

Überblicken wir die Ergebnisse der in diesem Abschnitt besprochenen Arbeiten, so können wir zunächst feststellen, daß von jenen, die dem am Anfange aufgestellten, einfachen Polymerisationsschema widersprechen, keine einer ernsthaften Kritik standhält, daß es aber hingegen durch viele eine gute Bestätigung erfährt. Was die Beschleunigung durch elementaren Sauerstoff betrifft, so ist es sicher, daß dieser nicht als solcher wirkt, sondern zunächst mit dem Monomeren eine Anlagerungsverbindung, den eigentlichen Katalysator, bildet. Peroxyde scheinen zunächst wieder mit dem Monomeren eine Verbindung zu geben, über deren Natur nichts Näheres bekannt ist. Erst dieser Komplex liefert eine wachstumsfähige Verbindung von ebenfalls noch unbekannter chemischer Natur, die aber von vielen Seiten als freies Radikal angesprochen wird. Damit bleibt auch der chemische Charakter der Wachstumsreaktion noch dunkel. Der Kettenabbruch wird meist als eine Reaktion zwischen zwei wachsenden Ketten von Radikalcharakter gedeutet. Hierzu kommt aber sicher noch eine spezifische Abbruchswirkung der Peroxyde, die bei der Besprechung der Polymerisationsverzögerer noch näher diskutiert werden soll. Außerdem ergibt sich noch eine weitere Wirkung des Peroxyds: die Zunahme der mittleren Kettenlänge mit steigendem Umsatz, zumindest bei der Polymerisation unverdünnter Monomerer. Diese ist wahrscheinlich auf die Verknüpfung polymerer Molekel zurückzuführen.

2. Organische Substanzen, die in freie Radikale zerfallen.

Die Ansicht, daß die Zwischenstufen der Polymerisation freie Radikale sind, wurde von Schulz und Mitarbeitern besonders durch das Studium der Polymerisationsbeeinflussung durch Substanzen, deren Zerfall in freie Radikale bekannt ist, experimentell zu stützen gesucht. Versuche mit Zusatz von **Tetraphenylbernsteinsäuredinitril**[4] zeigen keine eindeutigen Ergebnisse, da die Temperatur

[1] Z. physik. Chem., Abt. B **51**, 75 (1942).
[2] H. S. Taylor, A. A. Vernon: J. Amer. chem. Soc. **53**, 2527 (1931).
[3] I. Williams, H. W. Walker: Ind. Engng. Chem. **25**, 199 (1933).
[4] G. V. Schulz, G. Wittig: Naturwiss. **27**, 387 (1939).

hier so hoch gewählt werden muß (100°), daß die thermische Polymerisationsgeschwindigkeit stark hervortritt. Außerdem wird die Hauptmenge des Dinitrils direkt an die Doppelbindung des Styrols addiert, und nur etwa 10 % wirken polymerisationsanregend. Immerhin liegt die Ähnlichkeit mit den Verhältnissen beim Benzoylperoxyd auf der Hand, wie am besten ein Vergleich mit den Angaben von Norrish und Brookman zeigt.

Tabelle 15. *Wirkung des Tetraphenylbernsteinsäuredinitrils und des Benzoylperoxyds auf die Polymerisation des reinen Styrols bei 100° [1].*

Beschleuniger	Reaktionsdauer Stunden	Umsatz %	Mittleres Molgewicht
Benzoylperoxyd $5 \cdot 10^{-5}$ Mol/Mol Styrol	—	1,78	140 000
	—	4,92	145 000
	—	10	148 000
	—	23	180 000
	—	37,4	200 000
	—	58,8	212 000
Tetraphenylbernsteinsäuredinitril $2,75 \cdot 10^{-4}$ Mol/Mol Styrol	0,5	4	90 000
	1,0	6	115 000
	2,0	9	140 000

Das Dinitril ist aber nach etwa einer Stunde mit Sicherheit zur Gänze verbraucht; die Aktivierungsgeschwindigkeit ist nämlich nach dieser Zeit identisch mit der der rein thermischen Polymerisation; das Ansteigen des Molgewichts ist also hier durch das Absinken der Dinitrilkonzentration bedingt.

Geeigneter als diese reversible Radikalquelle erweist sich der irreversible Zerfall des **Triphenylmethylazobenzols**[2], da dessen Halbwertszeit bei 50° schon 60, bei 60° 20 Minuten beträgt (Abb. 7). Die thermische Polymerisation kann hier vollständig vernachlässigt werden. Die Versuche liefern wieder einen schönen Beweis für die Identität des mittleren Polymerisationsgrades mit der Kettenlänge der Polymerisationskettenreaktion. Bei Konzentrationen von 0,35 bis $3,0 \cdot 10^{-5}$ Mole Azoverbindung/Mol Styrol wird nämlich auf 1 Mol Azoverbindung 1 Mol Polystyrol gebildet. Bei höheren Konzentrationen ($1 \cdot 10^{-4}$—$6,67 \cdot 10^{-4}$ Mol Azoverbindung/Mol Styrol) findet auch schon eine Reaktion zwischen den Radikalen statt, so daß die Ausbeuten absinken. Mit vollendetem Zerfall der Azoverbindung hört auch die Polymerisation auf; das Molgewicht nimmt auch hier mit steigendem Umsatz zu.

Tabelle 16. *Polymerisation des Styrols durch Triphenylmethylazobenzol ($3 \cdot 10^{-5}$ Mol Azoverbindung/Mol Styrol) bei 50° [3].*

Reaktionsdauer Minuten	Umsatz %	Mittlerer Polymerisationsgrad	Reaktionsdauer Minuten	Umsatz %	Mittlerer Polymerisationsgrad
31	0,155	171	160	0,575	238
60	0,263	179	240	0,765	292
110	0,435	204			

Die Analogie mit der Zunahme des mittleren Molgewichts bei der Benzoylperoxydkatalyse ist also doch nur eine äußerliche.

Es wurde auch die Einwirkung des Tetraphenylbernsteinsäuredinitrils auf die Polymerisation des *Methylmethacrylats* untersucht[4]. Die Ergebnisse sind noch

---

[1] G. V. Schulz, G. Wittig: l. c. — R. G. W. Norrish, E. F. Brookman: l. c.
[2] G. V. Schulz: Naturwiss. **27**, 659 (1939).   [3] G. V. Schulz: l. c.
[4] G. V. Schulz, E. Husemann: Z. Elektrochem. angew. physik. Chem. **47**, 265 (1941).

zu wenig klar, um ein abschließendes Urteil zu erlauben; es scheint aber, daß hier der bei der Benzoylperoxydkatalyse beobachtete größenordnungsmäßige Unterschied in der Polymerisationsgeschwindigkeit zwischen Styrol und Methylmethacrylat nicht vorhanden ist; es dürfte sich dabei also um einen für die Peroxydkatalyse spezifischen Effekt handeln.

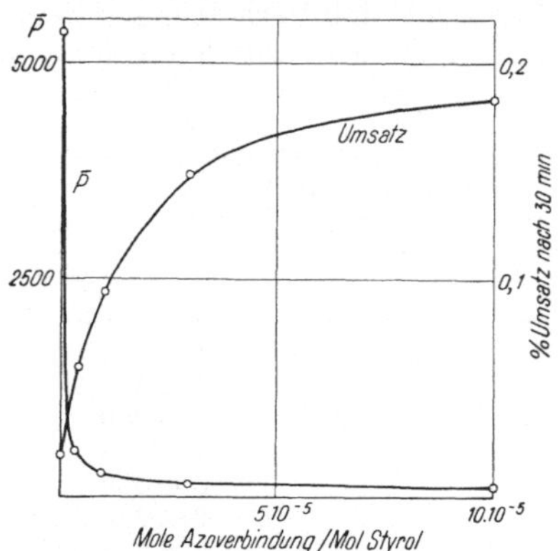

Abb. 7. Abhängigkeit der Polymerisationsgeschwindigkeit und des mittleren Polymerisationsgrades von der Konzentration der Azoverbindung[1].
Polymerisationstemperatur 50° C.

3. Anorganische Halogenverbindungen.
(Vgl. dazu Abschnitt Hesse, S. 68.)

Die Polymerisationskatalyse durch Haloidsalze ist nicht so allgemein wie die durch Sauerstoff. So werden z. B. eine Reihe von leicht polymerisierenden Verbindungen, wie Vinylacetat, Vinylchlorid, Vinylbromid, Allylchlorid, Acrylsäure und Acrylsäureester, durch **Zinn-4-chlorid**, einen der wirksamsten Vertreter dieser Verbindungsklasse, nicht polymerisiert. Es tritt zwar, wenn man Zinn-4-chlorid mit der freien Acrylsäure oder mit ihrem Methylester mischt, lebhafte Wärmeentwicklung ein. Nach Zersetzen der primären Komplexverbindungen durch Wasser oder Alkohol werden aber die monomeren Produkte zurückgebildet[2].

Einen Überblick über die Wirksamkeit der verschiedenen Halogenide geben Staudinger und Bruson[3]. Sie führen ihre Messungen zwar an Cyclopentadien durch, geben aber an, daß die Verhältnisse beim Styrol ganz ähnlich sind. Wirksame Katalysatoren sind danach: **Bortrichlorid, Aluminiumbromid** und **-jodid; Zinntetrachlorid; Titantetrachlorid; Arsentrifluorid** und **-trichlorid; Antimontrichlorid, -tribromid** und **pentachlorid; Eisentrichlorid** und **-tribromid.** Es wirken hauptsächlich solche Haloide, die mit organischen Körpern Molekülverbindungen geben. Salze, wie die Haloide der Alkali- und Erdalkalimetalle, und auch ausgesprochene Säurechloride wirken nicht ein. Von den erwähnten Katalysatoren liegt über das Zinntetrachlorid eine etwas eingehendere Untersuchung vor[4]. Bei der Einwirkung dieses Stoffes auf Styrol bildet sich ein tieforange gefärbtes, in reinem Zustand fast braunes Reaktionsprodukt; es handelt sich um eine Komplexverbindung zwischen Zinntetrachlorid und dem Polymeren, denn bei Alkoholzusatz fällt dieses reinweiß aus, während Zinntetrachlorid in Lösung geht.

Die kinetischen Messungen an der durch Zinntetrachlorid katalysierten Styrolpolymerisation in Tetrachlorkohlenstofflösung führen zu keinen eindeutigen Ergebnissen. Es wird eine Induktionsperiode beobachtet, deren kinetische Bedeutung nicht ganz klar ist, die aber vielleicht auf Spuren Chlorwasserstoff zurückzuführen ist, welche aus dem Zinntetrachlorid stammen. Wie Versuche mit Zusatz von Chlorwasserstoff zeigen, verhindert dieser nämlich die Zinntetrachloridkatalyse und verbindet sich dabei mit dem Styrol zu α-Chloräthylbenzol. Wenn der Chlorwasserstoff aufgebraucht ist, setzt die Polymerisation ein. Dieser Befund ist wichtig, da er den Mechanismus einer Inhibitorwirkung klarstellt. Die große Wirksamkeit des Katalysators zeigt am besten ein Vergleich mit der Benzoylperoxydkatalyse. Wegen der mit Zinntetrachlorid

[1] Nach G. V. Schulz: l. c. S. 660.
[2] H. Staudinger, E. Urech: Helv. chim. Acta **12**, 1107 (1929).
[3] Liebigs Ann. Chem. **447**, 110 (1926).
[4] G. Williams: J. chem. Soc. [London] **1938**, 246, 1046.

auftretenden Induktionsperiode sind in Tabelle 17 in diesem Fall nicht die Anfangs-, sondern die Maximalgeschwindigkeiten angeführt.

Tabelle 17. *Polymerisation des Styrols durch Zinntetrachlorid[1] in Tetrachlorkohlenstofflösung bei 25° und durch Benzoylperoxyd[2] in Toluollösung bei 27°.*

Katalyse	Konzentration des Styrols Mol/Liter	Konzentration des Katalysators Mol/l	Mol Katalysator/Mol Styrol	Umsatzgeschwindigkeit % Styrol/Min	Mittlerer Polymerisationsgrad
Zinntetrachlorid in Tetrachlorkohlenstoff bei 25°	0,433	0,0507	$1,17 \cdot 10^{-1}$	0,0231	12
	0,866	0,0507	$5,85 \cdot 10^{-2}$	0,22	16
	0,870	0,0560	$6,44 \cdot 10^{-2}$	0,184	20
	0,866	0,109	$1,26 \cdot 10^{-1}$	0,30	18
	0,860	0,150	$1,74 \cdot 10^{-1}$	0,558	16
	1,732	0,0422	$2,44 \cdot 10^{-2}$	1,56	24
	1,73	0,0507	$2,93 \cdot 10^{-2}$	1,82	22
	1,736	0,0644	$3,7 \cdot 10^{-2}$	2,42	26
Benzoylperoxyd in Toluol bei 27°	0,96	0,0412	$4,3 \cdot 10^{-2}$	$5,71 \cdot 10^{-4}$	300
	1,20	0,0412	$3,44 \cdot 10^{-2}$	$6,8 \cdot 10^{-4}$	350
	1,93	0,0412	$2,14 \cdot 10^{-2}$	$8,5 \cdot 10^{-4}$	530

Unter vergleichbaren Bedingungen ist also die Geschwindigkeit der durch Zinntetrachlorid bewirkten Polymerisationen 2000 mal so groß als bei Benzoylperoxyd, der mittlere Polymerisationsgrad etwa 20 mal kleiner. Schließt man ebenfalls auf die Geschwindigkeit des Primärvorganges, so unterscheiden sich diese um 5 Zehnerpotenzen. Während die Abhängigkeit der Polymerisationsgeschwindigkeit von der Katalysatorkonzentration annähernd linear, also durchaus normal ist, ist die von der Konzentration des Styrols ungewöhnlich groß. Doppelter Styrolkonzentration entspricht in gleichen Zeiten etwa 10facher Umsatz. Allerdings ist die Abnahme der Geschwindigkeit mit steigendem Umsatz sehr viel geringer, als nach diesem Befund zu erwarten wäre.

In einer weiteren Arbeit gibt WILLIAMS[3] eine mathematische Formulierung der Verhältnisse bei der Zinn-4-Chlorid-Katalyse. Für die Polymerisationsgeschwindigkeit gilt die Beziehung

$$-d(a-x)/dt = kca(a-x)^3,$$

wo a die Anfangskonzentration des Styrols, c die des Zinn-4-Chlorids und x die zur Zeit t umgesetzte Styrolmenge ist. Das mittlere Molgewicht der entstehenden Polymeren ist unabhängig von der Katalysatorkonzentration.

Tabelle 18. *Zinn-4-Chloridkonzentration und mittleres Molgewicht der Polymeren[4]. Polymerisation in Tetrachlorkohlenstofflösung bei 25° C.*

1,73 Mole Styrol im Liter.

Mole Zinn-4-Chlorid/Mol Styrol ...	0,137	0,116	0,0923	0,0894	0,0808	0,0773	0,0338
Mittleres Molgewicht[5]	2700	2500	2400	2700	2500	2400	2400
Mole Zinn-4-Chlorid/Mol Styrol ...	0,0317	0,0291	0,0272	0,0191	0,0165	0,0130	
Mittleres Molgewicht[5]	2300	2400	2600	2400	2600	2400	

3,5 Mole Styrol im Liter.

Mole Zinn-4-Chlorid/Mol Styrol ...	0,054	0,046	0,0145	0,012	0,0094	
Mittleres Molgewicht[5]	3300	3200	3200	3100	3200	

[1] G. WILLIAMS: l. c. S. 250. [2] G. V. SCHULZ, E. HUSEMANN: l. c. S. 256.
[3] J. chem. Soc. [London] **1940**, 775.
[4] Nach G. WILLIAMS: l. c. S. 777.
[5] Die Molgewichte sind aus Viscositätsmessungen nach der Beziehung $M = \dfrac{1}{2,4 \cdot 10^{-4}} \cdot \left(\dfrac{\eta}{c} - 0,2 \right)$ berechnet. — Vgl. H. STAUDINGER: Die hochmol. organischen Verbindungen, S. 181.

Weiter ist das mittlere Molgewicht der Quadratwurzel aus der Konzentration des Styrols proportional. Die Temperaturabhängigkeit der Polymerisationsgeschwindigkeit zwischen 0 und 38^0 C ist gering. Infolge der unvollkommenen Reproduzierbarkeit der Versuche ist eine genaue Bestimmung der Aktivierungsenergie nicht möglich. Aus den größten Änderungen erhält Williams den Wert 3200 cal. Die größte Änderung des mittleren Molgewichts der Polymeren im selben Temperaturbereich war unter vergleichbaren Bedingungen von 3000 auf 2500.

Eine befriedigende kinetische Deutung der Versuche ist noch nicht möglich. Williams schlägt folgenden Mechanismus vor. Es bildet sich zunächst ein Komplex zwischen einer Zinn-4-Chlorid und einer Styrolmolekel. Dieser stößt mit einer zweiten Styrolmolekel zusammen und hält sie lange genug fest, um einen Zusammenstoß mit einer dritten zu ermöglichen. Die Aktivierungsenergie der Bildung dieses trimeren Polymerisationskeimes muß als so klein angenommen werden, daß alle möglichen mono- und bimolekularen Startreaktionen dagegen zurücktreten. Williams macht außerdem wahrscheinlich, daß Zinn-4-Chlorid sich auch an der Wachstums- und Abbruchsreaktion beteiligt.

Einige Versuche werden auch mit Bor-3-Chlorid und Antimon-5-Chlorid angestellt. Antimon-5-Chlorid erweist sich als wirksamster Katalysator; die Polymerisationsgeschwindigkeit ist hier zumindest 10^4—10^5mal größer als bei Gegenwart von Bor-3-chlorid. Das Molgewicht der Polymeren ist ungefähr $^1/_3$ so groß als das der bei Gegenwart von Bor-3-chlorid gebildeten. Die katalytische Wirksamkeit des Zinn-4-chlorids liegt ungefähr in der Mitte zwischen beiden; die Polymerisation in Tetrachlorkohlenstofflösung verläuft bei Gegenwart von Zinn-4-chlorid ungefähr 10^3mal schneller als mit Bor-3-chlorid. Antimon-5-chlorid gibt keine vollständige Polymerisation; es wirkt außerdem chlorierend und wird rasch zerstört.

4. Alkalimetalle.

(Vgl. dazu Abschnitt Ziegler, S. 106.)

Einige Aufklärung über die durch **Alkalimetalle** bewirkte Polymerisation verdanken wir Ziegler und seinen Mitarbeitern. Sie ist von besonderer Bedeutung für Butadienderivate. Es sind zwei Vorgänge zu unterscheiden. Erstens die Bildung einer Verbindung zwischen zwei Natriumatomen und einer Molekel des Monomeren:

$$2\,Na + CH_2{=}CH{-}CH{=}CH_2 \rightarrow NaCH_2{-}CH{=}CH{-}CH_2Na \ (1,4\text{-Addition})$$

oder $2\,Na + CH_2{=}CH{-}CH{=}CH_2 \rightarrow NaCH_2{-}CHNa{-}CH{=}CH_2 \ (1,2\text{-Addition}).$

Zweitens stufenweise Addition weiterer Monomeren an die metallorganischer Verbindung, metallorganische Synthese. Wenn die Geschwindigkeit der zweiten

$$Na(C_4H_6)_n Na + C_4H_6 = Na(C_4H_6)_{n+1}Na$$

Reaktion viel größer als die der ersten ist, entstehen hochpolymere Produkte. Man sieht, daß hier große Möglichkeiten für kinetische Messungen vorhanden sind, besonders wenn man die erste heterogene Stufe vermeidet, indem man die Polymerisation durch lösliche organische Alkalimetallverbindungen hervorruft[1]. Weiter erwies sich auch metallisches **Lithium** als sehr brauchbar, da es das Geschwindigkeitsverhältnis stark zugunsten der Reaktion 1 verschiebt und daher die Bildung niedrig molekularer Produkte bewirkt[2]. Außerdem ließ sich

---

[1] K. Ziegler, K. Bähr: Ber. dtsch. chem. Ges. **61**, 253 (1928).

[2] K. Ziegler, L. Jakob, H. Wollthan, A. Wenz: Liebigs Ann. Chem. **511**, 64 (1934).

die Wachstumsreaktion durch Zusatz geeigneter Stoffe (besonders Amine),
die das Natrium der primären 1,4-Metallverbindung durch Wasserstoff ersetzen, unterbinden[1].

Nach ZIEGLER und BÄHR[2] vermögen sich Alkalimetallalkyle nur an konjugierte oder einem Benzolkern benachbarte Doppelbindungen zu addieren; dadurch ergibt sich die Beschränkung dieser Polymerisationskatalyse. Allerdings wird aber auch ein ganz andersartig gebauter Stoff, das *Äthylenoxyd*, durch Natrium polymerisiert[3]. Weiter ist auch der chemische Bau der entstehenden metallorganischen Verbindung selbst für ihre Additionsfähigkeit von ausschlaggebender Bedeutung[4].

Die Ansicht, daß die Alkalipolymerisation über Radikale verläuft[5]:

$$Na + CH_2=CH—CH=CH_2 \rightarrow NaCH_2—CH=CH—CH_2—$$

scheint nach kinetischen Versuchen nicht zuzutreffen[6]. Vielmehr bestätigen diese vollauf den ZIEGLERschen Polymerisationsmechanismus. An Hand der vorliegenden Angaben ist es allerdings nicht möglich zu entscheiden, ob es sich um eine echte Katalyse handelt. Bei Versuchen, die zu hohem Umsatz ausgeführt werden, entstehen nämlich unter verschiedenen Versuchsbedingungen auf 1 Mol Katalysator 1,65, 1,0, 0,92, 0,92 Mole Polymeres. Katalysatormenge und Umsatz liegen in der gleichen Größenordnung.

Schließlich ist noch die Feststellung von Interesse, daß sowohl durch **Lithiumbutyl** als auch durch **Phenylisopropylkalium** bei tiefen Temperaturen ($—50^0$ C) 1,2-Polymeres gebildet wird, bei hohen ($100—115^0$ C) 1,4 Polymeres. Damit ist in einem Falle nachgewiesen, daß die Polymerisationstemperatur nicht nur die Geschwindigkeit, sondern auch den chemischen Bau der Polymerisate maßgeblich beeinflußt[7].

5. Floridin.

Eine sehr wirksame heterogene Katalyse einiger Polymerisationsreaktionen liefert aktivierte Floridaerde, **Floridin**. Ausgedehnte Untersuchungen stammen von LEBEDEW und seinen Mitarbeitern[8]. Hier finden sich auch genaue Angaben über die chemische Zusammensetzung und Aktivierung des Floridins[9]. LEBEDEW und FILONENKO kommen zu dem Schluß, daß sich nur asymmetrisch zwei- und dreifach substituierte Äthylenderivate durch Floridin polymerisieren lassen, einfach sowie symmetrisch zwei- und vierfach substituierte hingegen nicht. Gegen die Allgemeingültigkeit dieses Befundes wendet sich VAN WINKLE[10], der Propylen unter Druck mit Floridin zur Polymerisation bringt.

Das Verhalten des Styrols steht ebenfalls mit diesen allgemeinen Schlüssen im Widerspruch. Nach TOIVONEN[11], der die Polymerisation des reinen und in

[1] K. ZIEGLER, L. JAKOB: Liebigs Ann. Chem. **511**, 45 (1934).

[2] Ber. dtsch. chem. Ges. **61**, 253 (1928).

[3] H. STAUDINGER, O. SCHWEIZER: Ber. dtsch. chem. Ges. **62**, 2395 (1929).

[4] K. ZIEGLER, H. KLEINER: Liebigs Ann. Chem. **473**, 57 (1929).

[5] E. BERGMANN: Trans. Faraday Soc. **32**, 295 (1936).

[6] A. ABKIN, S. MEDVEDEV: Trans. Faraday Soc. **32**, 286, 411 (1936).

[7] K. ZIEGLER, H. GRIMM, R. WILLER: Liebigs Ann. Chem. **542**, 90 (1939).

[8] S. W. LEBEDEW, J. ANDREWSKY, A. MATYUSCHKINA: Ber. dtsch. chem. Ges. **56**, 2349 (1923). — S. W. LEBEDEW, E. P. FILONENKO: Ebenda **58**, 163 (1925). — S. W. LEBEDEW, WINOGRODOW-WOLSHINKI: J. russ. physik.-chem. Ges. **60**, 441 (1928). — S. W. LEBEDEW, G. G. KOBLIANSKY: Ber. dtsch. chem. Ges. **63**, 103 1432 (1930). — S. W. LEBEDEW, I. A. LIWSCHITZ: Russ. chem. J. 4 (66), 13 (1934). — S. W. LEBEDEW, S. M. ORLOW: Chem. J. Ser. A, J. allg. Chem. (russ.) **5**, 1589 (1935). — S. W. LEBEDEW, A. BORGMAN: Ebenda 5, 1595 (1935).

[9] Vgl. auch S. M. SLOBODIN: Chem. J. Ser. B, J. appl. Chem. **8**, 35 (1935).

[10] J. Amer. pharmac. Assoc. **17**, 544 (1928).

[11] Zit. bei H. STAUDINGER: Die Hochmol. organischen Verbindungen, S. 160.

Benzol gelösten Styrols durch Floridin untersucht, ist der Polymerisationsgrad von der Verdünnung unabhängig; durch die Verdünnung sinkt lediglich die Ausbeute an Polymeren. Es entstehen sehr niedrig molekulare Produkte, vom Dimeren bis zum Durchschnittspolymerisationsgrad 10.

Am eingehendsten untersucht ist das Verhalten des Isobutens. Ein direkter Vergleich der Geschwindigkeit der katalysierten und nichtkatalysierten Reaktion ist wegen der großen Geschwindigkeitserhöhung nicht möglich. Während rein thermisch bei 200^0 C in 14 Tagen 6—8% Polymeres, und zwar Triisobuten, erhalten wird, erfolgt bei Anwesenheit von Floridin schon bei Zimmertemperatur heftige Polymerisation (vorübergehender Temperaturanstieg auf 110 bis 135^0). Über die Kettenlänge der dabei entstehenden Produkte orientiert die folgende Tabelle.

Tabelle 19. *Zusammensetzung eines Isobuten-Floridin-Polymerisats*[1].

Di-isobuten	17%	Hexa-isobuten	1%
Tri-isobuten	50%	Hepta-isobuten	0,5%
Tetra-isobuten	17%	Hochsiedender Rest (mittlerer	
Penta-isobuten	5%	Polymerisationsgrad 15)	9,5%

Bei tiefen Temperaturen und besonders mit mäßig aktivem Katalysator und Verlängerung der Berührungsdauer zwischen Polymeren und Katalysator können aber sehr viel höherpolymere Produkte entstehen.

6. Schwermetallsulfide.

Welch unübersichtliche Verhältnisse bei einer heterogenen Polymerisationskatalyse herrschen können, zeigt eine Untersuchung von Ingold und Wassermann[2]. Zunächst wird festgestellt, daß auf die Dimerisierung des Cyclopentadiens schwarze Sulfide (**Kupfer-2-, Kupfer-1-, Silber-, Quecksilber-2-, Thalium-1-, Zinn-2-, Blei-, Wismut-3-, Eisen-2- und Nickel-sulfid**) katalytisch wirksam sind, weiße und gelbe (Strontium-, Zink-, Cadmium-, Zinn-4- und Arsen-3-sulfid) dagegen nicht.

Einer der wirksamsten Katalysatoren ist Kupfer-2-sulfid, das dann in seinem polymerisierenden Verhalten gegen 2-Methylbuten-2 näher untersucht wird. Es zeigt sich, daß es in reinem Zustand unwirksam ist und daß verschieden hergestellte Präparate sehr unterschiedliche Wirksamkeit zeigen. Es erscheint wahrscheinlich, daß die verschiedene Wirksamkeit durch Kompensation eines Inhibitoreffektes zustande kommt.

7. Säuren.
(Vgl. dazu Abschnitt Schmid, S. 1.)

Bei der Säurekatalyse der Polymerisation wird man am ehesten eine *Polarisierung* der Doppelbindung als Primärakt annehmen können. Es ist aber unwahrscheinlich, daß es hierbei bis zur Aufnahme[3] oder Abgabe[4] eines Protons kommt. Eine ausführliche Diskussion der unter den gewöhnlichen Polymerisationsbedingungen noch bestehenden weiteren Reaktionsmöglichkeiten, durch die der reine Polymerisationsmechanismus verwischt werden kann, wird von Wachter[5] gegeben.

Styrol wird durch **konzentrierte Schwefelsäure** in heftiger Reaktion zu niedrig polymeren Produkten polymerisiert; ebenso Inden, bei dem der Polymerisations-

---

[1] S. W. Lebedew, G. G. Kobliansky: l. c. S. 107.
[2] Trans. Faraday Soc. **35**, 1022 (1939).
[3] F. C. Whitmore: Ind. Engng. Chem. **26**, 94 (1934).
[4] W. J. Sparks, R. Rosen, P. K. Frolich: Trans. Faraday Soc. **35**, 1040 (1939).
[5] Ind. Engng. Chem. **30**, 822 (1938).

grad 7—22 beträgt. Das erscheint bemerkenswert, weil sich die beiden Substanzen bei der thermischen Polymerisation auffällig unterscheiden. Reines Styrol polymerisiert bei gleichen Temperaturen um mehr als zwei Größenordnungen rascher als reines Inden; die entstehenden Styrolpolymeren sind ungefähr im gleichen Verhältnis größer als die Indenpolymeren[1].

Verdünnte Schwefelsäure wirkt in beiden Fällen dimerisierend.

Es sei hier darauf hingewiesen, daß auch der Reaktionsmechanismus der katalytischen Dimerisierung noch keineswegs völlig geklärt ist. FARMER[2] weist auf die Unwahrscheinlichkeit hin, daß auch nur für verschiedene Monoolefine der gleiche Reaktionsmechanismus besteht. Für viele Diene muß angenommen werden, daß die Dimerisation in zwei Schritten (Addition — Cycloisomerisation)[3] verläuft. Dagegen scheint das beim Cyclopentadien nicht der Fall zu sein[4]. Die Dimerisation der fünf isomeren Pentene[5] durch Schwefelsäure geht über die Amylalkohole, die entweder direkt oder durch Hydrolyse der Alkylschwefelsäure gebildet werden. Dagegen entstehen bei der **Phosphorsäure**katalyse der Äthylenpolymerisation[6] die Polymeren durch Zerfall des intermediär gebildeten Äthylphosphats.

D. Stabilisatoren.

Die Möglichkeit, Polymerisationsprozesse durch Zusatz kleiner Mengen anderer Stoffe stark verzögern zu können, gibt einen weiteren Hinweis auf den Kettencharakter der Polymerisationsreaktion. Um einen Überblick über den Umfang dieser Erscheinung zu geben, sei zunächst das Tatsachenmaterial tabellarisch zusammengestellt. Eingehendere Untersuchungen liegen auch hier vor allem an Styrol vor; von diesen verdient besonders die zusammenfassende Arbeit von FOORD[7] Erwähnung. FOORD kommt allerdings zu einer scharfen Unterscheidung zwischen Substanzen, die die Polymerisation hemmen (inhibitors), und solchen, die sie verzögern (retarders). Die ersteren sollen während einer gewissen Zeit die Polymerisation vollkommen verhindern (Induktionsperiode); danach verläuft sie mit ihrer normalen Geschwindigkeit. Die letzteren setzen, ohne vorangehende Induktionsperiode, die Polymerisationsgeschwindigkeit herab. Der Unterschied zwischen den beiden Gruppen ist aber, wie später gezeigt werden wird, nur ein quantitativer. Die Stoffe, die nach FOORD die Polymerisation *hemmen*, sind in Wirklichkeit nur *stark wirksame Verzögerer*.

Tabelle 20. Stabilisatoren.

Nr.	Stabilisator	Substanz, die stabilisiert wird	Polymerisationsbedingungen und Bemerkungen	Literatur

Organische Substanzen.

Alkohole.
Keine stabilisierende Wirkung auf Styrol[10].

Nr.	Stabilisator	Substanz, die stabilisiert wird	Polymerisationsbedingungen und Bemerkungen	Literatur
1	Äthylalkohol	Vinylacetat	photochemisch, siehe Tabelle 21	14
2	Allylalkohol	„	„ „ „ 21	14
3	Benzylalkohol	„	„ „ „ 21	14

[1] J. W. BREITENBACH: Z. Elektrochem. angew. physik. Chem. **43**, 323 (1937).
[2] Trans. Faraday Soc. **35**, 1034 (1939).
[3] E. BERGMANN: Trans. Faraday Soc. **35**, 1025 (1939).
[4] A. WASSERMANN: Trans. Faraday Soc. **35**, 1052 (1939).
[5] J. F. NORRIS, J. M. JOUBERT: J. Amer. chem. Soc. **49**, 873 (1927).
[6] V. N. IPATIEFF, H. PINES: Ind. Engng. Chem. **27**, 1364 (1935).
[7] J. chem. Soc. [London] **1940**, 48.

Tabelle 20 (Fortsetzung).

Nr.	Stabilisator	Substanz, die stabilisiert wird	Polymerisationsbedingungen und Bemerkungen	Literatur
			Amine.	

Wirken hemmend auf die Styrolpolymerisation, ohne darauffolgende Verzögerung. Aromatische Amine sind besonders wirksam; noch stärker, wenn der Benzolkern eine zweite aktive Gruppe trägt[10]. Verzögern die Chloroprenpolymerisation[8].

Nr.	Stabilisator	Substanz, die stabilisiert wird	Polymerisationsbedingungen und Bemerkungen	Literatur
4	Äthylamin	Vinylacetat	photochemisch, siehe Tabelle 21	[14]
5	Benzylamin	,,	,, ,, ,, 21	[14]
6	Anilin	Styrol	bei 60⁰ unter Sauerstoffausschluß	[10]
	,,	,,	,, 90⁰ ,, ,,	[2]
			keine Wirkung	
	,,	Chloropren		[8]
7	Methylanilin	Styrol	bei 60⁰ unter Sauerstoffausschluß	[10]
8	Dimethylanilin	,,	,, 60⁰ ,, ,,	[10]
9	p-Nitrosodimethyl-anilin	,,	,, 60⁰ ,, ,,	[10]
10	p-Phenylendiamin	,,	,, 60⁰ ,, ,,	[10]
11	Benzidin	,,	,, 60⁰ ,, ,,	[10]
	,,	Chloropren		[8]
12	2,4-Diaminoazoben-zol	Styrol	,, 60⁰ ,, ,,	[10]
13	α-Naphthylamin	,,	,, 60⁰ ,, ,,	[10]
	,,	Chloropren		[8]
14	β-Naphthylamin	,,		[8]
	,.	Styrol	,, 60⁰ ,, ,,	[10]
15	Phenyl-α-Naphthyl-amin	,,	,, 60⁰ ,, ,,	[10]
16	Phenyl-β-Naphthyl-amin	,,	,, 60⁰ ,, ,,	[10]
	Phenyl-β-Naphthyl-amin	Bromopren		[7]
17	1-Aminoanthra-chinon	Styrol	,, 60⁰ ,, ,,	[10]
18	Pyridin	,,	,, 60⁰ ,, ,,	[10]
			keine Wirkung	
	,,	Vinylacetat	photochemisch, siehe Tabelle 21	[14]
19	Thiodiphenylamin	Bromopren	bei 80⁰, 5 % Stabilisator	[7]
20	Diaminodianthryl	Styrol	Wärmepolymerisation	[32]
			Chinone.	

Hemmen im allgemeinen die Styrolpolymerisation sehr stark, ohne darauffolgende Verzögerung[10]. Stabilisieren Chloropren[8].

Nr.	Stabilisator	Substanz, die stabilisiert wird	Polymerisationsbedingungen und Bemerkungen	Literatur
21	p-Benzochinon	Styrol	bei 100⁰ unter Sauerstoffausschluß	[6]
	,,	,,	bei 90 und 120⁰ unter Sauerstoffausschluß, siehe Abb. 10	[10]
		,,	zwischen 60 und 150⁰ unter Sauerstoffausschluß, siehe Tabelle 24	[3]
22	Toluchinon	,,	bei 60⁰ unter Sauerstoffausschluß	[10]
	,,	,,	bei 90⁰ unter Sauerstoffausschluß, siehe Tabelle 24	[3]
23	p-Dimethylchinon	,,	bei 90⁰ unter Sauerstoffausschluß, siehe Tabelle 24	[3]
24	Trimethylchinon	,,	bei 90⁰ unter Sauerstoffausschluß, siehe Tabelle 24	[3]
25	Tetramethylchinon	,,	bei 90⁰ unter Sauerstoffausschluß, siehe Tabelle 24	[3]
26	Thymochinon	,,	bei 90⁰ unter Sauerstoffausschluß, siehe Tabelle 24	[2]
27	α-Naphthochinon	,,	bei 90⁰ unter Sauerstoffausschluß, siehe Tabelle 24	[2]

Tabelle 20 (Forsetzung).

Nr.	Stabilisator	Substanz, die stabilisiert wird	Polymerisationsbedingungen und Bemerkungen	Literatur
28	Anthrachinon	Styrol	bei 60⁰ unter Sauerstoffausschluß unwirksam	10
	,,		bei 90⁰ unter Sauerstoffausschluß unwirksam	2
29	Phenanthrenchinon	,,	bei 90⁰ unter Sauerstoffausschluß, siehe Tabelle 25	2
	,,	,,	bei 120⁰ unter Sauerstoffausschluß	10
30	Naphthanthrachinon	,,	Wärmepolymerisation	32
31	Acenaphthenchinon	,,	bei 60⁰ unter Sauerstoffausschluß nur schwach wirksam	10
32	Chloranil	,,	bei 60⁰ unter Sauerstoffausschluß Halogenverbindungen unterscheiden sich im allgemeinen nicht von den Muttersubstanzen	10
	,,	,,	zwischen 70 und 110⁰ unter Sauerstoffausschluß, siehe Tabelle 25	3
	,,	,,	Benzoylperoxydkatalyse	4
	,,	Methylacrylat	,,	4
	,,	Methylmethacrylat	,,	4
		Vinylacetat	,,	4

Kohlenwasserstoffe.

Nr.	Stabilisator	Substanz, die stabilisiert wird	Polymerisationsbedingungen und Bemerkungen	Literatur
33	Isobuten	1-Buten $+ SO_2$	bei Raumtemperatur; bei tieferer Temperatur reagiert Isobuten selbst mit SO_2; siehe Abb. 9. In gleicher Weise wirksam auf photochemische Polymerisation	20
34	2-Penten	,,	durch gesättigte alkoholische Silbernitratlösung katalysiert; siehe Abb. 9	20
35	2-Methylbuten-1	,,	durch gesättigte alkoholische Silbernitratlösung katalysiert; siehe Abb. 9	20
36	2-Methylbuten-2	,,	durch gesättigte alkoholische Silbernitratlösung katalysiert; siehe Abb. 9	20
37	Butadien	Methylacrylat	photochemisch im gasf. Zustand	16
38	Benzol	Vinylacetat	photochemisch, siehe Tabelle 14	14
39	Anthrazen	Styrol	bei 110⁰ in Gegenwart von Sauerstoff	18
40	Phenylacetylen	,,	zwischen 80 und 150⁰	21

Mercaptane.

Verzögern die Chloroprenpolymerisation[8].

Nr.	Stabilisator	Substanz, die stabilisiert wird	Polymerisationsbedingungen und Bemerkungen	Literatur
41	Methylmercaptan	1-Buten $+ SO_2$	photochemisch	20
42	Äthylmercaptan	Äthylen	bei 393⁰, weniger als 0,1 % Stabilisator; es wird nicht die Polymerisation selbst beeinflußt, sondern die Wirkung von Sauerstoffspuren aufgehoben	28

Nitroverbindungen.

Eine Nitrogruppe in einer aromatischen Verbindung gibt starke Verzögerung der Styrolpolymerisation ohne Verhinderung; Wirksamkeit steigt mit der Zahl der Nitrogruppen[10]. Verzögern die Chloroprenpolymerisation[8].

Nr.	Stabilisator	Substanz, die stabilisiert wird	Polymerisationsbedingungen und Bemerkungen	Literatur
43	o-Nitrophenol	Styrol	bei 60⁰ unter Sauerstoffausschluß	10
44	o-Nitro-p-Kresol	,,	zwischen 60 und 120⁰ C	31

Tabelle 20 (Fortsetzung).

Nr.	Stabilisator	Substanz, die stabilisiert wird	Polymerisationsbedingungen und Bemerkungen	Literatur
45	m-Dinitrobenzol	Styrol	bei 60⁰ unter Sauerstoffausschluß	[10]
46	2,4-Dinitroanilin	,,	,, 60⁰ ,, ,,	[10]
47	2,4-Dinitrophenol	,,	,, 60⁰ ,, ,,	[10]
48	2,4-Dinitrotoluol	,,	,, 60⁰ ,, ,,	[10]
49	Dinitro-o-Kresol	,,	,, 60⁰ ,, ,,	[10]
50	2,4-Dinitrodiphenyl-amin	,,	,, 60⁰ ,, ,,	[10]
51	2,4-Dinitrophenyl-hydrazin	,,	,, 60⁰ ,, ,,	[10]
52	Dinitroanthrachinon	,,	zwischen 60 und 120⁰ C	[31]
53	1,3,8-Trinitrona-phthalin	,,	bei 60⁰ unter Sauerstoffausschluß	[10]
54	Pikrinsäure	,,	,, 60⁰ ,, ,,	[10]
55	Naphthalinpikrat	,,	,, 60⁰ ,, ,,	[10]
56	Dipikrylamin	,,	zwischen 60 und 120⁰ C	[31]
57	Trinitrobenzol	Chloropren		[8]

Oxime.

Auf die Styrolpolymerisation einige schwach wirksam, einige überhaupt nicht[10].

Nr.	Stabilisator	Substanz, die stabilisiert wird	Polymerisationsbedingungen und Bemerkungen	Literatur
58	Acetaldoxim	Styrol	bei 60⁰ unter Sauerstoffausschluß verzögernd	[10]
59	Piperonaldoxim	,,	bei 60⁰ unter Sauerstoffausschluß verzögernd	[10]
60	Benzildioxim	,,	bei 60⁰ unter Sauerstoffausschluß verzögernd	[10]
61	Salicilaldoxim	,,	bei 60⁰ unter Sauerstoffausschluß hemmend	[10]
62	Acetophenonoxim	,,	bei 60⁰ unter Sauerstoffausschluß unwirksam	[10]

Phenole.

Verzögern im allgemeinen die Styrolpolymerisation mit schwacher vorhergehender Verhinderung[10]. Verzögern die Chloroprenpolymerisation[8].

Nr.	Stabilisator	Substanz, die stabilisiert wird	Polymerisationsbedingungen und Bemerkungen	Literatur
63	Phenol	Butadien+SO_2	bei 20⁰ bei Gegenwart von Sauerstoff, siehe Tabelle 22	[26]
		Vinylacetat	photochemisch, siehe Tabelle 21	[14]
		Styrol	bei 60⁰ unter Sauerstoffausschluß unwirksam	[10]
64	Kresol	,,	bei 60⁰ unter Sauerstoffausschluß sehr schwacher Stabilisator	[10]
65	Resorcin	Butadien+SO_2	siehe Tabelle 22	[26]
		Vinylacetat	photochemisch, siehe Tabelle 21	[14]
		Styrol	bei 60⁰ unter Sauerstoffausschluß nur kurze Induktion, keine Verzögerung	[10]
		,,	bei 90⁰ unter Sauerstoffausschluß unwirksam, siehe Tabelle 26	[2]
66	Brenzcatechin	Butadien+SO_2	siehe Tabelle 22	[26]
		Vinylacetat	photochemisch, siehe Tabelle 14	[11]
		Styrol	bei 60⁰ unter Sauerstoffausschluß	[10]
		,,	bei 90⁰ ,, ,, siehe Tabelle 26	[2]
		Chloropren	bei gewöhnlicher Temperatur, 0,1 % Stabilisator	[8]
67	Hydrochinon	Butadien+SO_2	siehe Tabelle 22	[26]
		Vinylacetat	photochemisch, siehe Tabelle 21	[14]
		,,	photochemisch, siehe Abb. 8	[29]
		Styrol	bei 60⁰ unter Sauerstoffausschluß	[10]
		,,	photochemisch, siehe Abb. 8	[29]

Tabelle 20 (Fortsetzung).

Nr.	Stabilisator	Substanz, die stabilisiert wird	Polymerisationsbedingungen und Bemerkungen	Literatur
67	Hydrochinon	Styrol	bei 90° unter Sauerstoffausschluß, siehe Tabelle 26	2
		,,	bei 100°, bei Gegenwart von Sauerstoff	6
		Isopren	bei 9000 Atm. Druck; 0,1% Stabilisator senkt die Geschwindigkeit auf weniger als $1/10$	9
		Vinylbromid	photochemisch; mit nur 0,1% Stabilisator im direkten Sonnenlicht nach einigen Monaten noch keine Polymerisation	11
68	Pyrogallol	Butadien $+SO_2$	siehe Tabelle 22	26
		Vinylacetat	photochemisch, siehe Tabelle 21	14
		Styrol	bei 60° unter Sauerstoffausschluß	10
		Chloropren	bei 62°, 0,2% Stabilisator	9
69	Phlorogluzin	Butadien $+SO_2$	siehe Tabelle 22	26

Verschiedene organische Substanzen.

Nr.	Stabilisator	Substanz, die stabilisiert wird	Polymerisationsbedingungen und Bemerkungen	Literatur
70	Benzoesäure	Vinylacetat	photochemisch, siehe Tabelle 21	14
71	Methyloxalat	,,	,, ,, ,, 21	14
72	Hydrazobenzol	Styrol	bei 60° unter Sauerstoffausschluß	10
73	Nitroso-β-Naphthol	,,	,, 60° ,, ,,	10
74	Paraldehyd	,,	verringert die Polymerisationsgeschwindigkeit und vergrößert das mittlere Molgewicht der Polymeren	21
75	Metol	,,	zwischen 60 und 120°	31
76	Acetaldehyd-Anilin-Kondensat	,,	beim Siedepunkt	33
77	Heptaldehyd-Anilin-Kondensat	,,	,, ,,	33
78	Celliton-echt-blaugrün B	Methylmethacrylat	bei 70°	34
79	Du Pont Anthraquinone green G base	,,	,, 70°	34
80	Oil yellow PHW	,,	,, 70°	34
81	Du Pont Oil red	,,	,, 70°	34

Ketone und Äther haben keine stabilisierende Wirkung.

Anorganische Substanzen.

Nichtmetalle.

Halogene verzögern die Chloroprenpolymerisation[8].

Nr.	Stabilisator	Substanz, die stabilisiert wird	Polymerisationsbedingungen und Bemerkungen	Literatur
82	Wasserstoff	Methylmethacrylat	photochemische Polymerisation in gasförmigem Zustand	17
83	Sauerstoff	Vinylacetat	photochemisch bei 100°	29
		,,	photochemisch	27
		Vinylbromid	photochemisch	24
		Acrylsäure	photochemisch; besonders rasche Polymerisation erfolgt aber, wenn in die bei Gegenwart von Luft oder Sauerstoff belichtete Acrylsäure nachträglich unter fortwährender Belichtung Kohlendioxyd eingeleitet wird	25
		Acrylsäureester	photochemisch	25

Tabelle 20 (Fortsetzung).

Nr.	Stabilisator	Substanz, die stabilisiert wird	Polymerisationsbedingungen und Bemerkungen	Literatur
83	Sauerstoff	Methylacrylat	photochemisch im gasförmigen Zustand	16
		Methylmethacrylat	photochemisch im gasförmigen Zustand	17
		Acrolein	bei gewöhnlicher Temperatur; großer Überschuß von Sauerstoff; kleine Sauerstoffmengen beschleunigen	19
		Butadien	Natriumkatalyse	1
		Formaldehyd	bei —80⁰	23
		Acetaldehyd	Phosphorsäurekatalyse	12
84	Schwefel	Vinylacetat	bei 100⁰; 1% Stabilisator	22
		Bromopren		7
		Styrol	bei 90⁰ unter Sauerstoffausschluß, siehe Tabelle 25	2
85	Selen	,,	Wärmepolymerisation	4
86	Jod	,,	,,	2
		Methylmethacrylat	photochemische Polymerisation in gasförmigem Zustand	17
		Vinylbromid	photochemisch	15
		,,	photochemisch, violette Jodfarbe verschwindet allmählich, und in entsprechendem Maße setzt Polymerisation ein	11

Metalle und Legierungen.

Nr.	Stabilisator	Substanz, die stabilisiert wird	Polymerisationsbedingungen und Bemerkungen	Literatur
87	Eisen	Vinylbromid	bei 60⁰ nach einigen Wochen nicht verändert	11
88	Kupfer	,,	bei 60⁰ nach 20 Tagen keine Polymerisation	11
89	Nickel	,,	bei 60⁰ nach 7 Tagen keine Polymerisation	11
		Vinylacetat	bei 100⁰ unter Luft weniger als 0,1% Polymeres	5
		Methylacrylat	bei 100⁰ unter Luft weniger als 0,1% Polymeres	5
90	Devarda Legierung	Vinylbromid	bei 60⁰ nach 14 Tagen keine Polymerisation	8
91	Bronze	,,	bei 60⁰ nach einigen Wochen keine Polymerisation	8

Verbindungen.

Nr.	Stabilisator	Substanz, die stabilisiert wird	Polymerisationsbedingungen und Bemerkungen	Literatur
92	Schwefelwasserstoff	1-Buten + SO_2	photochemisch, gibt dabei mit SO_2 Schwefel	20
93	Chlorwasserstoff	Styrol	Zinn-4-chloridkatalyse	30
94	Salpetersäure	Vinylbromid	bei 60⁰ nach 5 Tagen keine Polymerisation	11
95	Natriumsulfid	2-Methylbuten-2	$CuS—CuSO_4$ Katalyse	13
96	Natriumsulfat	2-Methylbuten-2	$CuS—CuSO_4$ Katalyse	13

Literatur.

[1] A. Abkin, S. Medwedev: Trans. Faraday Soc. **32**, 286 (1936).
[2] J. W. Breitenbach: Unveröffentlichte Versuche.
[3] J. W. Breitenbach, H. L. Breitenbach: Z. physik. Chem., Abt. A **190**, 361 (1942).

[4] J. W. Breitenbach, H. L. Breitenbach: Ber. dtsch. chem. Ges. **75**, 505 (1942).

[5] J. W. Breitenbach, R. Raff: Ber. dtsch. chem. Ges. **69**, 1107 (1936).

[6] J. W. Breitenbach, A. Springer, K. Horeischy: Ber. dtsch. chem. Ges. **71**, 1438 (1938).

[7] W. H. Carothers, J. E. Kirby, A. M. Collins: J. Amer. chem. Soc. **55**, 789 (1933).

[8] W. H. Carothers, I. Williams, A. M. Collins, J. E. Kirby: J. Amer. chem. Soc. **53**, 4203 (1931).

[9] J. B. Conant, C. O. Tongberg: J. Amer. chem. Soc. **52**, 1659 (1930).

[10] S. G. Foord: J. chem. Soc. [London] **1940**, 48.

[11] A. Guyer, H. Schütze: Helv. chim. Acta **17**, 1544 (1934).

[12] W. H. Hatcher, M. G. Kay: Canad. J. Res., Sect. B **7**, 337 (1932).

[13] E. H. Ingold, A. Wassermann: Trans. Faraday Soc. **35**, 1022 (1939).

[14] Kia-Khwe Jeu, H. N. Alyea: J. Amer. chem. Soc. **55**, 575 (1933).

[15] M. Kutscherow: Ber. dtsch. chem. Ges. **14**, 1533 (1881).

[16] H. W. Melville: Proc. Roy. Soc. [London], Serie A **167**, 99 (1938).

[17] H. W. Melville: Proc. Roy. Soc. [London], Serie A **163**, 511 (1937).

[18] N. A. Milas: Proc. nat. Acad. Sci. USA **14**, 844 (1929).

[19] C. Moureu, C. Dufraisse: Bull. Soc. chim. France (4) **31**, 1158 (1922).

[20] R. D. Snow, F. E. Frey: Ind. Engng. Chem. **30**, 176 (1938).

[21] H. M. Stanley: Chem. and Ind. **58**, 1080 (1939).

[22] H. W. Starkweather, G. B. Taylor: J. Amer. chem. Soc. **52**, 4708 (1930).

[23] H. Staudinger: Die Hochmol organischer Verbindungen. Berlin: Springer-Verlag 1932.

[24] H. Staudinger, M. Brunner, W. Feisst: Helv. chim. Acta **13**, 805 (1930).

[25] H. Staudinger, H. W. Kohlschütter: Ber. dtsch. chem. Ges. **64**, 2091 (1931).

[26] H. Staudinger, B. Ritzenthaler: Ber. dtsch. chem. Ges. **68**, 455 (1935).

[27] H. Staudinger, A. Schwalbach: Liebigs Ann. Chem. **488**, 8 (1931).

[28] H. H. Storch: J. Amer. chem. Soc. **57**, 2598 (1935).

[29] H. S. Taylor, A. A. Vernon: J. Amer. chem. Soc. **53**, 2527 (1931).

[30] G. Williams: J. chem. Soc. [London] **1938**, 1046.

[31] E. P. 504765, Standard Telephones and Cables Ltd., St. G. Foord.

[32] Amer. P. 1627195, I. Ostromislensky, Naugatuck Chem. Comp.

[33] Amer. P. 2064571, O. H. Smith, W. Englewood, United States Rubber Co.

[34] Amer. P. 2084399, G. M. Kuettel, E. I. du Pont de Nemours & Co.

Die quantitative Untersuchung der stabilisierenden Wirkung, besonders ein- und mehrwertige Phenole auf verschiedene polymerisierende Systeme, läßt zunächst einen gesetzmäßigen Zusammenhang zwischen diesem Effekt und der Autoxydierbarkeit der Stabilisatoren als wahrscheinlich erscheinen.

Kia-Khwe Jeu und Alyea[1] untersuchen den verzögernden Einfluß verschiedener Substanzen auf die photochemische Polymerisation des Vinylacetates und finden, daß die gleiche Reihenfolge in der hemmenden Wirkung auf die Autoxydation des Natriumsulfits besteht. Sie machen für die Polymerisationsgeschwindigkeit bei Anwesenheit einer stabilisierenden Substanz den Ansatz:

$$\frac{dx}{dt} = \frac{(1-x)\,k_1 k_3}{k_2 + kC} = \frac{(1-x)\,K}{k_2 + kC}$$

wo dx der in der Zeit dt reagierende Bruchteil, k_1 die Geschwindigkeitskonstante des Primäraktes, $k_3/k_2 + kC$ die wahrscheinliche Zahl der Glieder der auf einen Primärakt folgenden Reaktionskette ist. C ist die Zahl der Mole Stabilisator auf ein Mol Vinylacetat, k also ein Maß für die Wirksamkeit des Stabilisators. Diese k-Werte sind in Tabelle 21 angegeben; sie haben natürlich nur Bedeutung als Verhältniszahl; der des Pyrogallols ist willkürlich gleich 3200 gesetzt. Aus den

---

[1] J. Amer. chem. Soc. **55**, 575 (1933).

Tabelle 21. *Verzögernde Wirkung einiger Substanzen auf die photochemische Polymerisation des Vinylacetates bei 75° C unter Sauerstoffausschluß in 0,536 molarer Äthylacetatlösung.* $C = {}^1\!/_{10}{}^1$.

Stabilisator	k	Umsatz nach 3 Stunden in %	
		berechnet	beobachtet
Ohne Stabilisator	—	40,5	40,3
Phenol	16	21	
Resorcin	29	15	
Hydrochinon	1000 ± 20	0,65	0,8
Brenzcatechin	1400 ± 70	0,5	
Pyrogallol........................	3200 ± 175	0,2	1,5
Pyridin	12	24	
Äthylamin	45	11	
Benzylamin	130 ± 5	4,5	
Äthylalkohol	1,2	38	
Benzylalkohol	26	16	
Allylalkohol......................	58	9	
Methyloxalat	1,2	38	
Benzol	2,3	35	
Benzoesäure......................	5,8	30	

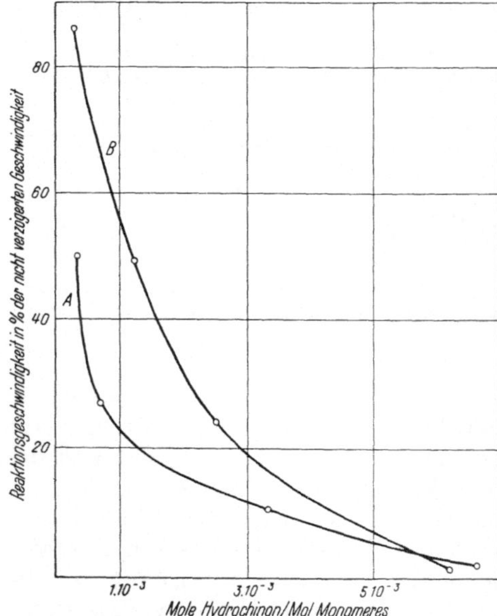

Abb. 8. Stabilisierende Wirkung des Hydrochinons auf die photochemische Polymerisation des Vinylacetats und des Styrols unter Ausschluß von Sauerstoff[4].

A: Vinylacetat, 30 proz. Lösung in Äthylacetat bei 70°.
B: Styrol, 40 proz. Lösung in Äthylbenzol bei 100°.

k-Werten wurde der Umsatz nach 3 Stunden Reaktionsdauer für $C = {}^1\!/_{10}$ berechnet.

Aus den Messungen von Taylor und Vernon[2] ergibt sich, daß die Wirkung des Hydrochinons auf die photochemische Polymerisation des Styrols der beim Vinylacetat beobachteten sehr ähnlich ist (Abb. 8).

Die Reihenfolge der Wirksamkeit der Phenole auf eine ganz andersartige Polymerisation, nämlich auf die Heteropolymerisation zwischen Butadien und Schwefeldioxyd, stimmt nach Messungen von Staudinger und Ritzenthaler[3] mit der in Tabelle 21 völlig überein. Es werden äquimolaren Mischungen von Butadien und Schwefeldioxyd die verschiedenen Phenole zugesetzt. Dadurch wird die Polymerisation zu hochmolekularen Heteropolymerisaten zurückgedrängt. An ihre Stelle tritt die Bildung eines monomeren Sulfons. Da die Umsetzung in jedem Fall vollständig ist, bildet die prozentuelle Ausbeute an Monobutadien-sulfon ein direktes Maß für die Wirksamkeit des Stabilisators.

Eine ähnliche Reaktion, die Heteropolymerisation von Buten-1 und Schwefeldioxyd, wird aber nach Snow und Frey[5] durch ganz andersartige Stoffe, näm-

[1] Kia-Khwe Jeu, H. N. Alyea: l. c. S. 582.
[2] J. Amer. chem. Soc. **53**, 2527 (1931).   [3] Ber. dtsch. chem. Ges. **68**, 455 (1935).
[4] H. S. Taylor, A. A. Vernon: l. c. S. 2533.
[5] Ind. Engng. Chem. **30**, 176 (1938).

Tabelle 22. *Wirksamkeit verschiedener Phenole auf das System Butadien und Schwefeldioxyd, gemessen an der Ausbeute an Monobutadien-sulfon in %*[1].

Menge des Katalysators Gewichts-Prozent	Phenol	Resorcin	Phloroglucin	Hydrochinon	Brenz-catechin	Pyrogallol
0,001	0	0	0	12	13	39
0,01	0	0	0	33	39	100
0,1	0	0	0	85	89	100
1,0	11	7,3	41,5	100	100	100

lich die Olefine Isobuten, 2-Penten, 2-Methylbuten-1 und 2-Methylbuten-2 verzögert (Abb. 9).

Einige Klarheit wurde durch die Feststellung geschaffen, daß Hydrochinon die Polymerisation des Styrols wohl bei Gegenwart von Sauerstoff hemmt, in Abwesenheit von Sauerstoff aber wirkungslos ist[2]. Die oft beobachtete Parallelität zwischen Autoxydierbarkeit und Polymerisationsverhinderung ist bei der Häufigkeit der Sauerstoffkatalyse der Polymerisationsvorgänge verständlich. Eine interessante Ergänzung bildet die Beobachtung, daß Anthracen bei der Hemmung der durch Sauerstoff katalysierten Styrolpolymerisation bei 110° zu Anthrachinon oxydiert wird, während Sauerstoff Anthracen allein unter den gleichen Reaktionsbedingungen nicht angreift[4].

Durch das eigentümliche Verhalten des Hydrochinons wurde das Augenmerk auf sein Oxydationsprodukt, das Benzochinon, gelenkt. Tatsächlich ist dieses, auch unter Sauerstoffausschluß, ein sehr wirksamer Stabilisator. Nach FOORD kommt diese Eigenschaft auch anderen Chinonen zu und noch einer großen Anzahl von Verbindungen, die keinerlei Tendenz zur Autoxydation zeigen. Benzochinon ist nach FOORD, wie schon erwähnt, der typische Vertreter der polymerisationshemmenden Substanzen.

Die scharfe Unterscheidung zwischen hemmenden und verzögernden Substanzen ist allerdings durch die von FOORD gewählte Meßmethode (Verfol-

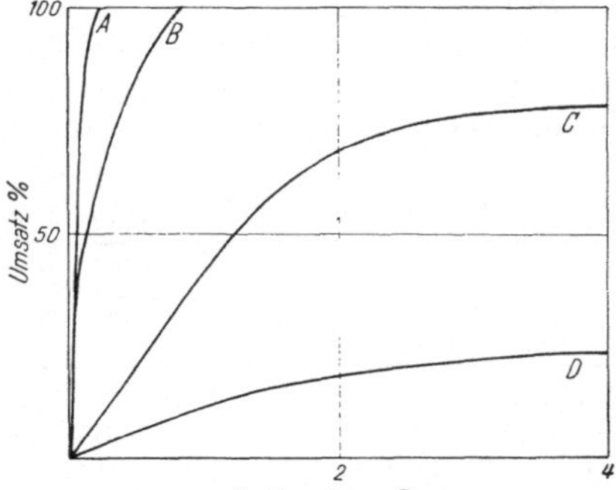

Abb. 9. Verzögernde Wirkung des Zusatzes von 10 % verschiedener Olefine auf die Heteropolymerisation von Buten-1 und Schwefeldioxyd[3]. *A*: 10% Penten-2; *B*: 10% 2-Methylbuten-2; *C*: 10% 2-Methylbuten-1; *D*: 10% Isobuten.

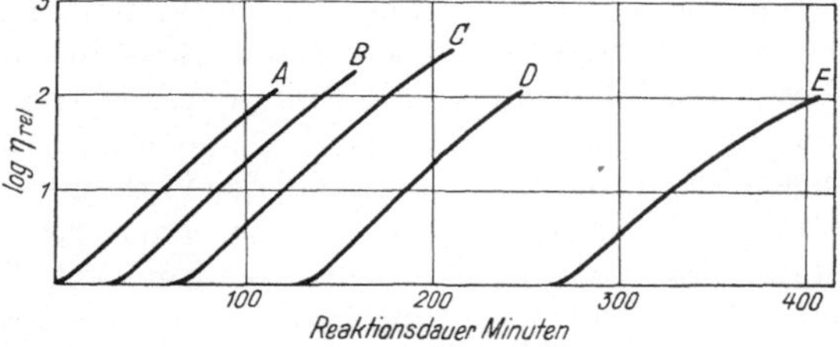

Abb. 10. Polymerisation des Styrols bei Gegenwart von Benzochinon unter Sauerstoffausschluß bei 120° C, gemessen an der Viscositätsänderung[5]. % Benzochinon: *A* 0; *B* 0,02: *C* 0,05; *D* 0,10; *E* 0,20.

Tabelle 23. *Polymerisation des Styrols bei Gegenwart von Benzochinon unter Sauerstoffausschluß bei 100°. 0,001 Mole Chinon im Liter*[6].

Reaktionsdauer Minuten	Umsatz %	Log η_{rel}
15	0,015	0,001
30	0,045	0,003
120	1,9	0,42

[1] H. STAUDINGER, B. RITZENTHALER: l. c. S. 463.
[2] J. W. BREITENBACH, A. SPRINGER, K. HOREISCHY: Ber. dtsch. chem. Ges. **71**, 1438 (1938).   [3] R. D. SNOW, F. E. FREY: l. c. S. 181.
[4] N. A. MILAS: Proc. nat. Acad. Sci. USA **14**, 844 (1929).   [5] S. G. FOORD: l. c. S. 53.
[6] J. W. BREITENBACH, A. SPRINGER, K. HOREISCHY: l. c. S. 1439.

gung der Polymerisation an der Viscositätsänderung) bedingt[1]. Die bei Anwesenheit des Benzochinons entstehenden Polymeren sind nämlich sehr niedrig molekular, und die durch sie verursachte Viscositätsänderung liegt offenbar unterhalb der Empfindlichkeit der FOORDschen Messungen (Tabelle 23).

Als bedeutungsvoll erwies sich die Beobachtung, daß Chinon bei der Stabilisierung, wenigstens zum Teil, in Hydrochinon umgewandelt wird[2]. Sie ließ es als möglich erscheinen, daß für den Primärakt nicht nur die Aktivierung einer Kohlenstoff-Kohlenstoff-Bindung, sondern auch einer Kohlenstoff-Wasserstoff Bindung in Betracht zu ziehen ist. Tatsächlich konnte gezeigt werden, daß bei den methylsubstituierten p-Benzochinonen ein gesetzmäßiger Zusammenhang zwischen dem Ausmaß des Einflusses auf den Polymerisationsvorgang und ihrem Oxydationspotential besteht[3].

Tabelle 24. *Polymerisation des Styrols bei Gegenwart methylierter p-Benzochinone bei 90°. 5 · 10⁻⁴ Mole Chinon pro Mol/Styrol, Reaktionsdauer 7,5 Stunden*[4].

Chinon	Potential in Eisessig nach O. DIMROTH mV	Polymerisationsumsatz %	Grundviscosität der Polymeren	Chinonumsatz %
Benzochinon	0	0,27	$0,71 \cdot 10^{-2}$	73
Methylchinon	—55	0,52	$0,97 \cdot 10^{-2}$	64
p-Dimethylchinon	—113	1,12	$1,40 \cdot 10^{-2}$	57
Trimethylchinon	—174	1,50	$2,78 \cdot 10^{-2}$	29
Tetramethylchinon ...	—239	5,4	$12,7 \cdot 10^{-2}$	—
Ohne Zusatz	—	7,5	$20,1 \cdot 10^{-2}$	—

Unter der Annahme, daß die Stabilisierung in einer Reaktion zwischen der wachsenden Kette und dem Chinon besteht, ergibt sich daraus unter gewissen Vernachlässigungen ein linearer Zusammenhang zwischen dem Logarithmus der Geschwindigkeitskonstanten dieser Reaktion und dem Potential der Chinone. Diese Beziehung entspricht völlig der, die von O. DIMROTH[5] für eine Reihe von Dehydrierungsreaktionen durch Chinone experimentell gefunden und theoretisch abgeleitet wurde. Damit erscheint das Vorhandensein einer aktivierten Kohlenstoff-Wasserstoff-Bindung in der wachsenden Kette als sehr wahrscheinlich. Die Auffassung der Polymerisationsverzögerer als Wasserstoffakzeptoren ist, wie die folgende Tabelle zeigt, zumindest eine sehr brauchbare Arbeitshypothese.

Tabelle 25. *Polymerisation des Styrols bei Gegenwart verschiedener Wasserstoffacceptoren bei 90°. 5 · 10⁻⁴ Mole Acceptor pro Mol/Styrol. Reaktionsdauer 7,5 Stunden*[6].

Wasserstoffacceptor	Styrolumsatz %	Grundviscosität des Polymeren	Wasserstoffacceptor	Styrolumsatz %	Grundviscosität des Polymeren
Ohne Zusatz	7,5	$2,0 \cdot 10^{-1}$	Phenanthrenchinon .	0,1	—
Chloranil	0,1	—	Nitrobenzol	6,4	$1,8 \cdot 10^{-1}$
Thymochinon	1,1	$0,15 \cdot 10^{-1}$	Schwefel	3,1	$0,4 \cdot 10^{-1}$
α-Naphthochinon ...	1,2	$0,25 \cdot 10^{-1}$			

Bemerkenswert ist hier der Fall des Thymochinons, dessen Potential sehr nahe gleich dem des Dimethylchinons ist und das auch quantitativ die gleiche Wirksamkeit hat. Weiter sieht man, daß Naphtho- und Phenanthrenchinon nicht zur dynamisch-homologen Reihe der Benzochinone gehören, sondern eine geringere Reaktionsträgheit besitzen.

[1] J. W. BREITENBACH, K. HOREISCHY: Ber. dtsch. chem. Ges. **74**, 1386 (1941).

[2] W. KERN, K. FEUERSTEIN: J. prakt. Chem., N. F. **158**, 186 (1941). — J. W. BREITENBACH, K. HOREISCHY: Ber. dtsch. chem. Ges. **74**, 1386 (1941).

[3] J. W. BREITENBACH, H. L. BREITENBACH: Z. physik. Chem., Abt. A **190**, 361 (1942).   [4] J. W. BREITENBACH, H. L. BREITENBACH: l. c. S. 367.

[5] Angew. Chem. **46**, 571 (1933); **51**, 404 (1938).

[6] J. W. BREITENBACH: Unveröffentlichte Versuche.

Das polymerisierende Styrol wirkt als Wasserstoffdonator; dem Monomeren kommt aber entsprechend seinem ungesättigten Charakter die Eigenschaft eines Wasserstoffacceptors zu. Diese Auffassung des Styrols als System mit zwei entgegengesetzten, irreversiblen Funktionen scheint uns für das Verständnis des Polymerisationsvorganges wichtig zu sein. In diesem Zusammenhang erscheint auch die Polymerisationsbeeinflussung durch Polyphenole in einem neuen Licht. Es wurden Phenol, Hydrochinon, Resorcin, Brenzcatechin und Pyrogallol untersucht[1]. Von diesen sind Phenol und Resorcin, die nicht zu einem Chinon dehydriert werden können, unwirksam. Hydrochinon hat in Übereinstimmung mit früheren Versuchen eine sehr geringe Wirksamkeit, dagegen sind Brenzcatechin und Pyrogallol, entsprechend der größeren Reaktionsfähigkeit der o-Chinone, etwas wirksamere Polymerisationsverzögerer.

Tabelle 26. *Polymerisation des Styrols bei Gegenwart der Dioxybenzole und des Pyrogallols bei 90° unter Sauerstoffausschluß. Reaktionsdauer 7,5 Stunden*[1].

Verzögerer	Konzentration des Verzögerers Mole/Mol Styrol	Styrolumsatz %	Grundviscosität der Polymeren
Ohne Zusatz	—	7,5	$2,0 \cdot 10^{-1}$
Resorcin	$5 \cdot 10^{-4}$	7,5	$2,0 \cdot 10^{-1}$
	$20 \cdot 10^{-4}$	7,5	$2,1 \cdot 10^{-1}$
Hydrochinon	$5 \cdot 10^{-4}$	6,6	$1,9 \cdot 10^{-1}$
Brenzcatechin	$5 \cdot 10^{-4}$	5,9	$1,7 \cdot 10^{-1}$
	$20 \cdot 10^{-4}$	4,3	$1,0 \cdot 10^{-1}$
	$80 \cdot 10^{-4}$	2,3	$0,5 \cdot 10^{-1}$.
Pyrogallol	etwa $100 \cdot 10^{-4}$	0,2	—

Die beiden letzteren sind infolge ihres unsymmetrischen Baues auch bedeutend leichter löslich als Hydrochinon und können daher über ein größeres Konzentrationsbereich gemessen werden.

Wir kommen also zu dem Ergebnis, daß auch bei Polymerisation unter Sauerstoffausschluß bei Polymerisationsverzögerung durch ein Reduktionsmittel dessen dehydrierte Form der eigentliche Polymerisationsverzögerer ist.

Von den Stoffen, die wir als Polymerisationsbeschleuniger kennengelernt haben, sind besonders die organischen Peroxyde typische Wasserstoffacceptoren, und unter diesem Gesichtspunkt erscheint die Tatsache, daß bei ihrer Gegenwart kürzerkettige Polymere entstehen als bei der thermischen Polymerisation, als eine Abbruchswirkung der Peroxyde verständlich.

Es wurde festgestellt, daß die Abbruchswirkung der Chinone auch bei der durch Benzoylperoxyd angeregten Polymerisation besteht[2]. Damit ergibt sich nun die Möglichkeit, die beschleunigende und abbrechende Funktion der Peroxyde zu trennen. Die wenigen Versuche, die bisher ausgeführt werden konnten, hatten das bemerkenswerte Ergebnis, daß Benzoylperoxyd keineswegs nur eine stöchiometrisch begrenzte Menge Chloranil umsetzt; der Chloranilumsatz ist im Gegenteil offenbar nur durch die vorhandene Styrolmenge begrenzt[3]. Das würde bedeuten, daß die beschleunigende Wirkung des Peroxyds eine echte Katalyse ist und daß der Peroxydverbrauch bei der Polymerisation[3] auf seine abbrechende Wirkung zurückzuführen ist.

Es ist noch zu früh, um aus diesen Tatsachen Schlüsse von allgemeinerer Bedeutung zu ziehen. Es ist aber klar, daß der ganze Fragenkomplex der negativen Katalyse von hier aus experimentell weitgehend gefördert werden kann.

---

[1] J. W. BREITENBACH: Unveröffentlichte Versuche.

[2] J. W. BREITENBACH, H. L. BREITENBACH: Ber. dtsch. chem. Ges. **75**, 505 (1942).

[3] J. W. BREITENBACH, V. TAGLIEBER: Unveröffentlichte Versuche. Bei der Abbruchsreaktion wird das Chinon zum Teil zum Hydrochinon reduziert, zum andern Teil, als Hydrochinonderivat, in das Polymere eingebaut. Bei Benzoylperoxydanregung scheint das gesamte Chinon vom Polymeren chemisch gebunden zu werden.

Polymerisation und Depolymerisation.

Praktischer Teil.

Von

E. Baroni, Wien.

Mit 4 Abbildungen.

Inhaltsverzeichnis.

Einleitung.

Wenn der Organiker sich mit dem Gebiete der Polymerisation und Polykondensation vom katalytischen Standpunkte aus befassen will, so steht eine Fülle von Material und Erfahrungstatsachen zur Verfügung. Jedoch wird ihn die Durchsicht der einschlägigen Literatur vor eine Aufgabe stellen, die viel Zeit erfordert und in ihm gleichzeitig den nicht geringen Vorwurf laut werden läßt, daß die physikalisch-chemische Forschungsrichtung das vorliegende Tatsachenmaterial zwar um vieles umfangreicher, aber auf keinen Fall klarer gestaltet hat. Vorhandene Meßergebnisse beschränken sich nur auf wenige Stoffe und unterliegen sehr oft divergierenden Ansichten einzelner Bearbeiter hinsichtlich ihrer theoretischen Unterbauung. In geringem Maße muß der dargelegte Fehler auch den Organikern vorgeworfen werden, die eingehende Untersuchungen über Strukturfragen polymerer Produkte meist unterlassen oder nur mangelhaft durchgeführt haben.

Neben den grundlegenden Fragen der physikalisch-chemischen Richtung wird auch weiterhin die organische Chemie für die Synthese und Strukturforschung hochmolekularer Produkte ihren nicht bescheidenen Anteil haben und demgemäß von Bedeutung bleiben, wenn auch die klassischen Betrachtungsweisen in vielfacher Hinsicht den heutigen Anforderungen nicht mehr gerecht werden.

Als Grundlage für die Betrachtung polymerer Produkte ist immer das bis ins kleinste Detail gehende Studium des polymerisations- oder kondensationsfähigen Stoffes ausschlaggebend. Dieses Studium war bisher für den technischen Chemiker bei der Herstellung und Verarbeitung synthetischer Polymerer eine unerläßliche Voraussetzung und gestattete auch dem im wissenschaftlichen Sinne tätigen organischen Chemiker eine ebenso eindeutige Beurteilung und Betrachtungsweise.

Die wissenschaftliche Forschung der organischen Chemie darf für sich wohl das Recht in Anspruch nehmen, in den letzten Jahren durch ihre Ergebnisse der industriellen Chemie hochmolekularer Produkte weitestgehend den Weg gewiesen und — soweit es eben möglich war — auch ein annähernd klares Licht in die mannigfach verwickelten Reaktionsmechanismen gebracht zu haben. Eine vollkommene Lösung ist jedoch in keinem Falle vorhanden, wo die physikalisch-chemische Forschungsrichtung nicht die notwendige und letzte Ergänzung dazu geliefert hat.

Es muß daher als erlaubt gelten, wenn aus der vorhandenen Literatur in diesem Abschnitt nur jene Arbeiten eine *gebührende* Beachtung finden, die eine halbwegs einwandfreie und vor allem nach jeder Richtung untersuchte Reaktion behandeln, wobei stets als Kernpunkt die Zusammenhänge zwischen Struktur der polymeren Produkte und den bei der Polymerisation als katalytisch wirksam bekannten Einflüssen angesehen werden.

Die anscheinend kritiklose Aneinanderreihung der einzelnen Arbeiten wurde mit Absicht gewählt, um damit dem Leser die Uneinheitlichkeit der Materie und ihrer Bearbeitung vor Augen zu führen. Es muß daher der Vorwurf einer vielleicht für dieses Wissensgebiet unsystematischen Behandlung der Probleme unter nicht völliger Ausscheidung subjektiver Begriffsbildung gerechtfertigt erscheinen, wodurch nur der Anlaß zu intensiverer Forschung auf diesem Wissensgebiete gegeben ist.

Polymerisation.

Eingangs sollen die verschiedenen Grundlagen und Verfahren sowie Methoden der Polymerisation einer kurzen Betrachtung unterzogen werden.

Die Polymerisation bedeutet eine Vereinigung mehrerer Molekel einer Verbindung zu einem Produkt von gleicher prozentueller Zusammensetzung, jedoch einem Mehr- bis Vielfachen des ursprünglichen Molekulargewichtes. Dabei erfolgt die Vereinigung der einzelnen Moleküle im Polymerisat durch chemische Bindungen nach Art der homöopolaren Bindung.

Die Natur des Ausgangsstoffes bestimmt, ob die Fähigkeit Polymerisationsreaktionen einzugehen, vorhanden ist oder nicht. Neigung zur Polymerisation besitzen im allgemeinen Stoffe mit Mehrfachbindungen oder instabile Ringsysteme. Im Gegensatz zu Polykondensation wird während dieser Reaktion keine Atomgruppe abgespalten.

Das Ausmaß einer Polymerisationsreaktion schwankt innerhalb beträchtlicher Grenzen: neben den einfachen dimeren, trimeren und tetrameren Produkten können niedermolekulare (Molekulargewichte bis 10000, Hemikolloide), mittelpolymere (Mesokolloide vom Molekulargewicht bis zu 70000) und hochpolymere (Eukolloide) Polymerisate gebildet werden. Nur in den seltensten Fällen erhält man Produkte von bestimmtem Molekulargewicht, meist entsteht ein Gemisch Polymerhomologer.

Der Polymerisationsvorgang, der zu hochmolekularen Produkten führt, wird meist nach Art einer Kettenreaktion ablaufen. Eine polymerisationsfähige Verbindung wird durch äußere Einflüsse in einen aktiven Zustand übergeführt, der die Fähigkeit besitzt, weitere Molekel anzulagern, so daß stets am Ende des neu entstehenden Molekels aktive Endgruppen vorhanden sind, welche erst durch eine Nebenreaktion oder Desaktivierung zum Verschwinden gebracht werden, womit auch jede weitere Polymerisationsreaktion aufhört. Auf diese Weise tritt eine *Kettenpolymerisation* ein, bei der keine Wanderung von Atomen aufscheint. Andererseits kann aber durch Atomwanderung, z. B. Wasserstoff, eine ungesättigte Verbindung mit einem zweiten Molekel desselben Charakters reagieren und Anlaß zur Bildung eines dimeren Produktes geben, welches gleichfalls durch weitere Wasserstoffwanderung polymerisationsfähig wird. Diese Art der Reaktion bezeichnet man als *kondensierende* oder *unechte* Polymerisation. Im Gegensatz zur Kettenpolymerisation erhält man im letzteren Falle nur niedermolekulare Polymere.

Entscheidend für den Verlauf der Polymerisation ist die Art der Ausführung. Neben der Temperatur, welche den bedeutendsten Faktor darstellt, spielen auch Konzentrationsverhältnisse, Zusätze positivierender und negativierender Natur und der Zustand des zu polymerisierenden Stoffes eine Rolle. Es soll hier nur an die Polymerisationen in Gasphase, Lösung, Emulsion usw. erinnert werden, die alle deutlich zeigen, welche Faktoren zu berücksichtigen sind, um einwandfreie Ergebnisse zu gewährleisten. Allein nicht nur der Polymerisationsverlauf, sondern auch die Eigenschaften des Endproduktes im physikalischen Sinne stehen in ursächlichem Zusammenhang mit den genannten Größen.

Der umkehrbare Vorgang der Polymerisation ist die *Depolymerisation*, bei der eine Lösung der Atombindungen des polymeren Molekels erfolgt. Die Fähigkeit, bei einem Eingriff in die Bausteine, aus denen das Polymerisat aufgebaut ist, zu zerfallen, hängt in erster Linie von der Art der Atome und ihrer Bindung ab. In groben Zügen gesprochen, können die polymerisationsbeschleunigenden Faktoren auch als depolymerisationsfördernd angesehen werden. Handelt es sich um die Depolymerisation hochmolekularer Verbindungen mit fadenförmigem Aufbau, so tritt die Umwandlung Polymer-Monomer viel eher ein als bei dreidimensional oder kugelig gebauten Produkten. Im letzteren Falle spielen Nebenreaktionen, Umlagerungen, chemische Reaktionen der Spaltprodukte eine Rolle und er lauben es nicht, die Depolymerisation als streng inverse Funktion zur Polymerisation in Anwendung zu bringen.

Manche Stoffe eignen sich sowohl zur Polymerisation als auch zur Polykondensation, z. B. kann Formaldehyd durch kondensierende oder Kettenpolymerisation in Polyoxymethylene übergehen, niedermolekulare Ringsysteme bilden oder schließlich unter Kondensation nach Art der Aldolkondensation (Zuckerbildung) reagieren.

Für die Polymerisation kommen entweder eine oder mehrere Verbindungen mit ungesättigtem oder instabilem Charakter in Frage oder auch Stoffe, die durch eine Sekundärreaktion Polymerisationsfähigkeit erlangen.

Die einfachste Form der Polymerisation, die sogenannte *Isopolymerisation*, benutzt die kettenförmige oder verzweigte Aneinanderreihung *gleichartiger* polymerisationsfähiger Grundmolekel.

Wird jedoch nicht eines, sondern zwei oder mehr Grundmolekel verschiedener Zusammensetzung der Polymerisation unterworfen, so spricht man von einer *Mischpolymerisation*. Der Bau derartiger Polymerisate ist meist kettenförmig und die Reihenfolge der in der Kette aufscheinenden Bausteine abwechselnd. Andererseits gelingt es auch durch den Einbau eines entsprechend gebauten Grundmolekels, Verzweigungen im Endprodukt zu erreichen, welches in seinen Eigenschaften und im Polymerisationsverlauf ein vollkommen anderes Verhalten aufweist.

Bei der *normalen Mischpolymerisation* tritt eine Verknüpfung zwischen zwei oder mehreren Grundmolekeln ein, wobei jedes einzelne polymerisationsfähig ist. Die Reihenfolge innerhalb des polymeren Produktes ist nicht immer regelmäßig, da unter Umständen Molekel der gleichen Stoffklasse teilweise mit sich selbst polymerisieren, was sehr wahrscheinlich ist, wenn man die verschiedenen Polymerisationsgeschwindigkeiten berücksichtigt: es tritt die Bildung gemischter Mischpolymerisate ein. Um jedoch die Einheitlichkeit innerhalb möglicher Grenzen zu halten, setzt man gewöhnlich während der Reaktion den am leichtesten polymerisierbaren Stoff im entsprechenden Maße zu.

Anders liegt der Fall, wenn man zwei strukturell ähnliche, aber sehr verschieden polymerisationsfähige Stoffe zu einem Mischpolymerisat verarbeitet. Dieser Vorgang, *anormale Mischpolymerisation* oder *Heteropolymerisation* genannt, trifft z. B. bei den Maleinsäureanhydridadducten ungesättigter Stoffe zu. Interessant ist die Feststellung, daß gerade jene Stoffe zur Heteropolymerisation neigen, die sich bei der Isopolymerisation als unbrauchbar erweisen.

Zu derartigen Mischpolymerisaten rechnet man auch die Verbindungen, die aus ungesättigten Kohlenwasserstoffen und z. B. Schwefeldioxyd entstehen. Diese Polysulfone weisen durchwegs einen hochmolekularen Charakter auf. Im vorliegenden Falle wird eine an sich nicht polymerisationsfähige Komponente mit einer anderen polymerisationsfähigen zu einem einheitlichen polymeren Produkt vereinigt.

Bei der Anwendung chemischer Agenzien im Verlaufe einer Polymerisation (Katalysatoren) treten an den polymerisationsfähigen und auch inerten Stoffen (z. B. Lösungsmitteln) eine Reihe von Reaktionen auf. Neben einer normalen Polymerisationsreaktion beobachtet man chemische Umsetzungen, die in einer Umwandlung der betreffenden monomeren Verbindung oder ihren niederen Polymeren durch Dehydrierung, Hydrierung, Alkylierung, Isomerisierung usw. besteht. Das Studium derartiger Reaktionen ist schwierig und durch die Komplexizität der Erscheinungen auch nicht einladend. Die bei diesen Prozessen aufscheinenden Polymerisate sind uneinheitlich und enthalten Produkte sekundärer Natur verschiedener Stoffklassen, man bezeichnet daher diesen Polymerisationsvorgang als *Verbund-* oder *konjunkte Polymerisation.*

In einigen Fällen wird eine Polymerisationsreaktion (Iso-, Misch- oder Verbundpolymerisation) mit einer hydrierenden Reaktion durch elementaren Wasserstoff in Anwesenheit von Katalysatoren verbunden; man spricht dann von *Hydropolymerisation.*

Es ist hier der richtige Platz, darauf hinzuweisen, daß bei den genannten Reaktionen, welche Grenzfälle darstellen, die zur Wirkung gelangenden katalytischen Einflüsse in vielen Fällen nicht beachtet oder eindeutig festgehalten wurden. Wie man an einzelnen Beispielen im Hauptteil erkennen kann, wurde und wird in den wenigsten Fällen — selbst bei einfach gebauten polymerisationsfähigen Stoffen, diesen Erscheinungen Rechnung getragen. Das auf diese Art und Weise erhaltene Beweismaterial genügt daher meist nicht zur vollständigen Erhärtung irgendwelcher theoretischer Grundlagen.

Struktur und Polymerisationsfähigkeit.

Eingehende Untersuchungen über die Struktur organischer Substanzen und wie und in welchem Ausmaße diese befähigt sind, Polymerisationsreaktionen einzugehen, liegen in großer Anzahl vor, und es erübrigt sich, an dieser Stelle näher darauf einzugehen[1].

Katalyse und Strukturfragen bei Polymerisationsprozessen.

Die älteren über die Polymerisation entwickelten Anschauungen benützen die Ausbildung „radikalartiger" Zwischenstufen, d. h. die Bildung eines aktivierten monomeren Moleküls (unpaares Elektron), das sich stets in der folgenden Reaktionskette unter Erhaltung seines Radikalcharakters nach Anlagerung weiterer Moleküle erhält, bis durch eine Nebenreaktion eine weitere Anlagerung unterbunden wird, somit der radikalartige Zustand aufgehoben wird[2].

Die neuesten Anschauungen sehen in der Ausbildung polarer Grenzanordnungen[3] eine Erklärung für den Reaktionsweg, um so mehr, als bei der mittels Katalysatoren ausgelösten Polymerisationsreaktion diese infolge ihres äußeren Atom- bzw. Molekülbaues polarisierend auf z. B. die einfache Doppelbindung

---

[1] Burk, Thompson, Weith, Williams: Polymerization. New York: Reinhold Publishing Corp. 1937. — Carothers: Chem. Reviews 8, 353 (1931). — Egloff und Mitarbeiter: J. physic. Chem. 35, 3489—3552; 36, 1457—1520; Chem. Reviews 14, 287—383 (1934). — Ellis: Chemistry of Synthetic Resins. New York 1935. — Fisher: Chem. Reviews 7, 51—138 (1930). — Houwink: Physikalische Eigenschaften und Feinbau von Natur- und Kunstharzen. Leipzig 1934. — Kränzlein: Aluminiumchlorid in der organischen Chemie, 3. Aufl. Berlin 1939. — Meerwein: Polymerisation und Depolymerisation in Houbens Methoden der organischen Chemie, 3. Aufl., Bd. 2, S. 593—639. Leipzig 1925. — Meyer, Mark: Der Aufbau der hochpolymeren organischen Naturstoffe. Leipzig 1930. — Moureu, Dufraisse: Chem. Reviews 3, 113—162 (1927). — Norton: Polymerization. New York 1935. — Scheiber, Sändig: Die künstlichen Harze. Stuttgart 1929. — Staudinger: Die hochmolekularen organischen Verbindungen. Berlin 1932. — Whitby und Mitarbeiter: Canad. J. Res. 6, 203—225, 280—291 (1932); Ind. Engng. Chem. 25, 1204—1211, 1338—1348 (1933).

[2] Vgl. Schulz: Z. Elektrochem. angew. physik. Chem. 47, 265 (1941). — Staudinger, Frost: Ber. dtsch. chem. Ges. 68, 2351 (1935).

[3] Vgl. Müller: Neuere Anschauungen der organischen Chemie, S. 115. Berlin 1940.

(Verschiebung der π-Elektronen) wirken und sich unter Umständen sogar einzubauen vermögen (Komplexbildung).

So wie fast jede chemische Reaktion, so sind auch die Polymerisationsprozesse sehr stark durch Zusätze oder Einflüsse der mannigfaltigsten Art nach verschiedener Richtung lenkbar.

Unter den Beschleunigern können auf Grund der chemischen bzw. physikalischen Natur folgende Gruppierungen vorgenommen werden:

a) Hauptvalenzmäßig abgesättigte Moleküle, z. B. Metallhalogenide, Säuren, Peroxyde, Alkalialkyle,

b) freie Atome oder Radikale[1] und

c) Licht, besonders kurzwelliger Natur.

Katalysatoren im eigentlichen Sinne kann man nur in der ersten Gruppe antreffen. Ihrer Wirkung nach lassen sich die Beschleuniger bzw. Verzögerer (Inhibitoren) in drei Klassen einteilen, je nachdem, welcher der drei folgenden Teilvorgänge der Polymerisationsreaktion, die durch reaktionskinetische Messungen unterschieden werden können, von ihnen beeinflußt wird.

Eine Polymerisation kann beschleunigt oder verzögert werden:

1. wenn der Primärvorgang (Aktivierungsreaktion, Startreaktion),

2. wenn die Kettenreaktion (Polymerisationsreaktion, Wachstumsprozeß) und

3. wenn die Abbruchreaktion

beeinflußt werden.

Bei der Untersuchung der positiv oder negativ wirksamen Katalyse muß man sich stets vor Verallgemeinerungen hüten, da die außerordentlich chemische Verschiedenheit der wirksamen Substanzen (ganz abgesehen von den in den seltensten Fällen berücksichtigten Reinheitsgraden) und die Mannigfaltigkeit ihrer möglichen Wirkungsweisen in Betracht zu ziehen sind. Es ist z. B. nicht unwahrscheinlich, daß der Beschleuniger oder Verzögerer nur in einen der drei genannten Teilvorgänge eingreift, andererseits aber unter Umständen sich die Wirkung auch über zwei oder drei Vorgänge in komplexer Form erstreckt[2]. Schließlich können auch — wie an Hand zahlreicher Beispiele in der Literatur gezeigt wird — verschiedene Nebenreaktionen, die sowohl mit oder aber auch ohne den Polymerisationskatalysator hervorgerufen werden, eine weitgehende Änderung vor allem in der Struktur der Endprodukte oder der niedermolekularen Zwischenstoffe zur Folge haben, so daß dadurch besonders bei erhöhter Temperatur das Bild des eigentlichen Polymerisationsprozesses in seiner ursprünglichen Erscheinung vollkommen verwischt wird (z. B. Isomerisierung, Hydrierung, Dehydrierung, Cyclisierung, Alkylierung usw.)

Von Interesse ist die Betrachtung der verschiedenen Ansichten über den Polymerisationsvorgang, der durch *Säuren* oder *sauer reagierende* Substanzen katalysiert wird, da an Hand zahlreicher Beispiele ein genaues Eingehen auf die erste Stufe der Reaktion, die *Dimerisierung*, und damit eine Aufklärung der Zusammenhänge zwischen Struktur und Katalysatorwirkung ermöglicht zu werden scheint (vgl. S. 310).

Eine kurze Zusammenstellung soll die bisher vorliegenden Grundlagen streifen. Die Behandlung der Katalysatoren anderer Stoffklassen (mit möglicher Ausnahme der Metallhalogenide) wurde absichtlich *nicht* durchgeführt[3], da der

---

[1] Vgl. die grundlegende Arbeit von Schulz: Z. Elektrochem. angew. physik. Chem. **47**, 265, 618 (1941) sowie Williams: J. chem. Soc. [London] **1938**, 246, 1096; **1940**, 775.

[2] Zum Beispiel wirkt **Alkalimetall** bei der Butadienpolymerisation auf Start und Kette ein, während **Sauerstoff** Start und Abbruch beeinflussen.

[3] Eine eingehendere Behandlung dieses Abschnittes findet sich bei Breitenbach, S. 315 ff.

organische Chemiker hier kaum irgendwelche Anhaltspunkte über ihre Wirkungsweise durch Isolierung niedermolekularer Produkte und ihre Konstitutionsermittlung in der Literatur finden wird.

Nimmt man für die Bildung des Dimeren eines Olefins, welche durch Säuren katalysiert wird, eine *Wasserstoffwanderung* an, so würde sich folgendes Bild formelmäßig wiedergeben lassen:

$$2 \quad \underset{R'}{\overset{R}{\diagdown}}C=C\underset{H}{\overset{R''}{\diagup}} \rightarrow \underset{R'}{\overset{R}{\diagdown}}C-CH_2\overset{R''}{\underset{R'}{\diagup}} \quad \underset{R''}{\overset{}{}}C=C\underset{R}{\overset{}{}}$$

Nach diesem Schema scheinen sich zu dimerisieren z. B.
Isobuten zu

$$CH_2=\overset{\overset{\displaystyle CH_3}{|}}{C}-CH_2-\overset{\overset{\displaystyle CH_3}{|}}{\underset{\underset{\displaystyle CH_3}{|}}{C}}-CH_3 \qquad CH_3-\overset{\overset{\displaystyle CH_3}{|}}{C}=CH-\overset{\overset{\displaystyle CH_3}{|}}{\underset{\underset{\displaystyle CH_3}{|}}{C}}-CH_3$$

2, 4, 4-Trimethylpenten-1   -Trimethylpenten-2.

Inden zu

2-(α-Hydrindyl-)inden.

Styrol zu

$$CH=CH-CH-CH_3 \qquad CH_2-CH=C-CH_3 \qquad CH_2-CH_2-C=CH_2$$

1, 3-Diphenylbuten-1.   1, 3-Diphenylbuten-2.   1, 3-Diphenylbuten-3.

Daß dabei Isomerisierungen möglich sind, ist nicht von der Hand zu weisen[1], ebenso das Eintreten von Ringschlüssen (z. B. gesättigtes Distyrol).

Bei der Einwirkung von Schwefelsäure und auch Phosphorsäure nehmen BUTLEROW[2] und IPATIEFF[3] die Bildung von bis zu bestimmten Temperaturen beständigen *Estern* der Säure mit den Olefinen und *keine* Wasserstoffwanderung an, was sie durch Versuche, z. B. am Isobuten[4], Propen[5] usw., bewiesen haben. Die Esterbildung würde auch das Auftreten von isomeren Formen der dimeren und höhermolekularen Produkte erklären (z. B. 3-Methylbuten-1 mit Schwefelsäure zu 3-Methylbuten-2[6]).

Im Gegensatz dazu steht MICHAEL[7] mit seiner Auffassung, wonach derartig zwangsläufig nach obigem Schema zu erwartende Austauschreaktionen *nicht* ablaufen sollen. Nach Meinung BUTLEROWS und MICHAELS müßten nämlich verschiedene Säuren trotz gleichem p_H einen verschiedenen Polymerisationsverlauf herbeiführen, was jedoch nach den praktischen Erfahrungen[8] *nicht* zutrifft.

Vielleicht kann man aus den neueren Arbeiten IPATIEFFS den Hinweis entnehmen, daß die eigentliche Katalysatorwirkung der Säure in der Ausbildung

---

[1] Vgl. z. B. Tabelle 2 und S. 366, 369.   [2] Liebigs Ann. Chem. **189**, 44 (1877).
[3] Vgl. S. 365.   [4] Vgl. S. 373ff.   [5] Vgl. S. 367.
[6] IPATIEFF: Oil Gas J. **37** (46), 86 (1939).
[7] J. prakt. Chem. (2) **60**, 439 (1899).
[8] SCHMITZ-DUMONT und Mitarbeiter: Ber. dtsch. chem. Ges. **71**, 207 (1938).

nur *eines* Produktes (Ester) besteht und erst bei weiterer Reaktion oder erhöhter Temperatur durch Zerfall des Esters als Zwischenprodukt die Möglichkeit zur Ausbildung verschiedener strukturisomerer Formen gegeben ist.

Die Einwirkung von Phosphorsäure bei 30^0 führt nämlich zur Ausbildung nur *eines* Dimeren und *eines* Trimeren, während bei 130^0 *drei* dimere und *vier* trimere Formen aus Propen entstehen.

Man könnte dafür folgendes Formelschema entwerfen:

$$2 \; \underset{R'}{\overset{CH_3}{\diagdown}}C=C\underset{H}{\overset{R''}{\diagup}} \xrightarrow{\;H_2SO_4\;} CH_3-\overset{R'}{\underset{.}{C}}=\overset{R''}{\underset{.}{C}}-\overset{R'}{\underset{.}{\underset{\overset{|}{CH_3}}{C}}}-CH_2-R''$$

einziges Dimeres

$H_2SO_4{}^{\;1}$ (nach links)	oder	H_2SO_4 (nach unten)

$$CH_3-\overset{R'}{\underset{\overset{|}{\underset{\overset{|}{SO_3H}}{O}}}{C}}-\overset{R''}{\underset{\overset{|}{H}}{C}}-\overset{R'}{\underset{\overset{|}{CH_3}}{C}}-CH_2-R''$$

$$\downarrow$$

$$CH_2=\overset{R'}{C}-\overset{R''}{CH}-\overset{R'}{\underset{\overset{|}{CH_3}}{C}}-CH_2-R''$$

u. s. f.

Weitere dimere Formen.

$$CH_3-\overset{R,}{\underset{\overset{|}{H}}{C}}-\overset{R''}{\underset{\overset{|}{\underset{\overset{|}{SO_3H}}{O}}}{C}}-\overset{R'}{\underset{\overset{|}{CH_3}}{C}}-CH_2-R''$$

$$\downarrow$$

$$CH_3-\overset{R''}{C}-\overset{R'}{C}-\overset{R'}{\underset{\overset{|}{CH_3}}{C}}-CH_2-R''$$

u. s. f.

$$\left(CH_3-\overset{H}{CH}-\overset{R''}{C}=\overset{}{\underset{\overset{|}{CH_3}}{C}}-CH_2-R'' \right)$$

kann nur gebildet werden, wenn R' = H.

Das Mengenverhältnis der entstehenden Produkte im Gemisch wird durch die verschiedene Reaktionsgeschwindigkeit der einzelnen Systeme, durch Säurekonzentration und Temperatur bestimmt.

Nach Whitmore[2] soll sich bei der Polymerisation der Äthylenbindung mit Säuren vorerst durch *Protonenanlagerung* (also keine Esterbildung) ein positives Carbeniumion bilden:

$$\left[\underset{R'}{\overset{CH_3}{\diagdown}}C-\overset{R''}{\overset{\diagup}{CH_2}} \right]^{\oplus}$$

das befähigt ist, ein weiteres Molekül ungesättigter Natur zu addieren, wodurch ein neues Carbeniumion gebildet wird:

$$A + H^+ \to AH^+$$
$$AH^+ + A \to (A)_2H^+ \to (A)_2 + H^+$$
$$(A)_2H^+ + A \to (A)_3H^+ \to (A)_3 + H^+$$

Es entsteht auf diese Weise das ungesättigte Dimere durch Protonenabspaltung, eine Wasserstoffwanderung findet somit *nicht* statt. Auch CH_3-Gruppen können unter entsprechenden Bedingungen Protonenlieferanten sein, wobei ein isomeres Dimerisationsprodukt gebildet wird[3].

---

[1] Die Konzentration der Säure bedingt, ob die Ionen H^+ und $(SO_4H)^-$ oder HO^- und SO_3H^+ sich addieren, wie Wieland [Ber. dtsch. chem. Ges. **53**, 20 (1926); **54**, 1770 (1927)] nachweisen konnte. In unserem Falle soll die Reaktion einer Säure hoher Konzentration angenommen werden.

[2] Ind. Engng. Chem. **26**, 94 (1934).

[3] Vgl. Brunner, Farmer: Mesomerie des Tetramethyläthylens. J. Chem. Soc. [London] **1937**, 1039. — Wooster, Ryan: J. Amer. chem. Soc. **54**, 2419 (1933).

Am Beispiel des Isobuten soll der Vorgang festgehalten werden:

$$CH_3\overset{(+)}{\underset{\underset{CH_3}{|}}{-C-}}\overset{(-)}{CH_2} + H^{\oplus} \rightarrow CH_3\overset{(+)}{\underset{\underset{CH_3}{|}}{-C-}}CH_3 \qquad CH_2{=}C\underset{\underset{CH_3}{|}}{-}CH_2\underset{\underset{CH_3}{|}}{-}\overset{\overset{CH_3}{|}}{C}{-}CH_3 + H^{\oplus}$$

$$\text{A} \qquad\qquad \text{B} \qquad\qquad \text{D} \qquad\qquad 2,4,4\text{,-Trimethylpenten-1.}$$

$$CH_3\overset{(+)}{\underset{CH_3}{-C-}}CH_3 + CH_3\overset{(+)}{-C-}\overset{(-)}{CH_2} \rightarrow CH_3\overset{(+)}{-C-}CH_2{-}C{-}CH_3 \;\Big\langle\; CH_3{-}C{=}CH{-}C{-}CH_3 + H^{\oplus}$$

$$\text{B} \qquad\qquad \text{A} \qquad\qquad\qquad \text{C} \qquad\qquad\qquad \text{E} \qquad 2,4,4\text{-Trimethylenpenten-2.}$$

Es entstehen aus dem Isobuten somit zwei Dimere, isomere Isooctene, und zwar im Verhältnis 4:1 (siehe beim Isobuten S. 373)[1].

Faßt man die einzelnen Phasen des Vorganges zusammen, so hat man stets ein Gemisch der Produkte A, B, C, D und E vorliegen, das selbstverständlich mit verschiedener Geschwindigkeit weitere Reaktionen unter den einzelnen Partnern ermöglicht. Z. B. reagieren B und D zu Produkt F:

$$\text{G} \quad CH_3{-}C{-}CH{=}C{-}CH_2{-}C{-}CH_3 + H^{\oplus}$$

$$\text{F} \qquad CH_3{-}C{-}CH_2{-}\overset{(+)}{C}{-}CH_2{-}C{-}CH_3 \;\Big\langle\; \text{H} \quad \begin{array}{c} CH_3 \\ CH_3 \end{array}{\bigg\rangle}C{-}CH_2{\bigg\rangle}C{=}CH_2 + H^{\oplus}$$

und man kommt dann zu den trimeren Formen des Isobutens, die nach WHIT-MORE 2,2,4,6,6-Pentamethylhepten-3 (G) und unsymmetrisches Dineopentyl-äthylen (H) sein müßten. Tatsächlich soll Triisobuten diese beiden Formen enthalten, was aber an keiner Stelle in der Literatur durch ausreichende Versuche belegt erscheint. Das Produkt aus der Reaktion von B und E wurde bisher nicht aufgefunden. Hingegen finden sich die trimeren Formen 2,4,4,6,6-Penta-methylhepten-1 (K) und 2,4,4,6,6-Pentamethylhepten-2 (L) als Reaktionsprodukt aus A und C im Polymerisat:

$$\text{K} \quad CH_2{=}C{-}CH_2{-}C{-}CH_2{-}C{-}CH_3$$

$$\text{J} \qquad CH_3\overset{(+)}{-C-}CH_2{-}C{-}CH_2{-}C{-}CH_3 \;\Big\langle$$

$$\text{L} \quad CH_3{-}C{=}CH{-}C{-}CH_2{-}C{-}CH_3$$

Leider sind nähere Angaben über die physikalische Kennzeichnung — abgesehen von kaum ausreichenden Strukturbeweisen auf chemischem Wege — in den einschlägigen Arbeiten nicht vorhanden, so daß die Theorie als solche allein bestehen bleiben muß; eine genaue experimentelle Unterbauung fehlt.

---

[1] WHITMORE und Mitarbeiter: J. Amer. chem. Soc. **54**, 3706, 3710 (1932); **53**, 3136 (1931).

Wie schon erwähnt, werden auch die verschiedenen Theorien von den tatsächlichen praktischen Ergebnissen in wenig einwandfreier Weise gestützt, da man mit mannigfaltigen Nebenreaktionen beim Polymerisationsprozeß rechnen muß, worauf Wachter[1] in einer zusammenfassenden Arbeit deutlich hingewiesen hat.

Eine Deutung des Reaktionsschemas von Whitmore, das von verschiedenen Seiten angezweifelt wurde, haben in veränderter, aber grundsätzlich gleicher Form Sparks, Rosen und Frolich[2] in neuerer Zeit vertreten.

Ein Punkt dürfte auch im Schema von Whitmore nicht stichhaltig sein, und zwar ist es die Metallhalogenidkatalyse, die in vielen Erscheinungsformen der Säurekatalyse gleichzustellen ist, aber notwendigerweise eine Wasserstoffwanderung und *keine* Protonenaddition zur Erklärung des Polymerisationsvorganges fordert.

Schmitz-Dumont und seine Schule[3] nehmen daher für die Dimerisierung der einfachen Äthylenbindung eine Prototropie an, d. h. es reagieren zwei *aktivierte* Äthylenmoleküle durch Anlagerung und abschließende Wasserstoffwanderung. Die Aktivierung erfolgt durch Anlagerung und Wiederabspaltung von katalytisch wirkenden Protonen bzw. bei den Metallhalogeniden durch Polarisation, und es entstehen Produkte AH als Vorstufe der aktiven Molekel, was nachstehendes Schema näher erläutern soll.

$$\text{Äthylenmolekül} \quad \begin{array}{c} A \;+\; H^+ \\ \uparrow \qquad \quad \searrow \\ A^* + H^+ \nearrow \end{array} AH^+$$

bzw. bei den Metallhalogeniden:

$$\text{Äthylenmolekül} \quad \begin{array}{c} A \;+\; Me\,X_n \\ \uparrow \qquad \qquad \searrow \\ A^* + Me\,X_n \nearrow \end{array} A\,Me\,X_n$$

Das Produkt $AMeX_n$ kann in manchen Fällen sogar als beständig isoliert werden, z. B. (2 Indol) · $SnCl_4$[4].

Die unter Umständen eintretende Ringbildung dimerer Produkte, die gleichfalls mit der H-Ionenkatalyse in Zusammenhang zu bringen ist, haben Farmer[5] und Taylor[6] eingehender diskutiert.   (Siehe S. 419, 423, 438, 444.)

A. Die einfache Doppelbindung.

I. Die Äthylenbindung.

1. Lineare Verbindungen.

a) Äthylen.

Als den einfachsten Vertreter der polymerisationsfähigen organischen Stoffe kennt man das Äthylen.

Als Begleitstoff oder Abfallprodukt der verschiedensten technischen Prozesse der organischen Großindustrie hat es große Bedeutung im wirtschaftlichen Sinne erlangt, zumal seine Polymerisationsprodukte außerordentlich wertvolle Motorentreibstoffe darstellen. Die in den letzten Jahren immer mehr in den

[1] Ind. Engng. Chem., ind. Edit. **30**, 822 (1938).
[2] Trans. Faraday Soc. **35**, 1045 (1939).
[3] Ber. dtsch. chem. Ges. **71**, 207 (1938).
[4] Mitunter bilden sich auch Komplexe, die eine weitere Polymerisation verhindern, z. B. Acrylester und Zinntetrachlorid. — Vgl. auch Hunter, Yohe: J. Amer. chem. Soc. **55**, 1248 (1933).   [5] Trans. Faraday Soc. **35**, 1034 (1939).
[6] Trans. Faraday Soc. **35**, 921 (1939).

Vordergrund getretene technische Verwertung der thermischen Zersetzungsprodukte von Erdölfraktionen minderen Wertes oder geringer Verwendungsfähigkeit brachte ein zunehmendes Interesse für die Polymerisation von Äthylen und seinen nächsten Homologen.

Die Polymerisationsfähigkeit des Äthylens *ohne* Verwendung von katalytisch wirksamen Zusätzen ist außerordentlich gering, und es bedarf höherer Temperaturen, um diese merkbar zu machen. Es hat daher nicht an Versuchen gefehlt, geeignete Polymerisationsbeschleuniger zu finden, die es gestatten, die Polymerisation zu einem brauchbaren Ergebnis zu führen und damit Kohlenwasserstoffe von verschieden hohem Molekulargewicht gewinnen zu können.

Während die *thermische* Polymerisation in *Abwesenheit* von Katalysatoren hauptsächlich zu gesättigten Kohlenwasserstoffen *cyclischer* Natur führt (siehe Acetylen), erreicht man unter Zuhilfenahme von Beschleunigern die Bildung meist ungesättigter Kohlenwasserstoffe (Olefine) und den dazugehörigen Isomeren, den Cycloparaffinen, die stets einer weiteren Reaktion unter dem Einfluß von Katalysatoren unterworfen sind, und daher es nicht erlauben, ein klares Bild von den Teilvorgängen zu gewinnen.

Die erste Erwähnung in der Literatur über die Polymerisation von reinem Äthylen finden wir bei DAY[1], der bei der thermischen Behandlung (350—450°) in Glasgefäßen die Bildung flüssiger, also höherer Olefine beobachtete. Da eine nähere Beschreibung der Glassorte nicht angegeben ist, so muß die katalytische Wirksamkeit der Glasoberfläche im gewissen Sinne als positiv angesprochen werden. Es ließen sich mehrere ähnliche Beispiele anführen, worauf aber im Rahmen dieses Abschnittes verzichtet wird.

Im Gegensatz zur genannten Arbeit steht die Feststellung von RUSSELL und HOTTEL, die bei der homogenen thermischen Polymerisation von Äthylen eine katalytische Wirksamkeit der Glasoberfläche verneinen[2].

Wenn man von der allgemeinen Beobachtung BUTLEROWS und GORIANOWS absieht, so findet man in der Literatur erst bei IPATIEFF und ROUTALA[3] eine eingehende Behandlung und Diskussion der Wirksamkeit von Zusätzen bei der Äthylenpolymerisation.

In Anwesenheit von **Aluminiumoxyd** bei einem Druck von 70 at und 240° konnten die genannten Autoren eine weitgehende *Verbundpolymerisation* herbeiführen und isolierten aus dem erhaltenen Reaktionsgemisch eine geringe Menge flüssiger Kohlenwasserstoffe, die aus Paraffinen und Naphthenen bestanden. Bei der Anwendung von wasserfreiem **Zinkchlorid** (70 at, 240 bzw. 275°, 50 bis 60 Stunden Reaktionsdauer) ließen sich aus 40 l Äthylen und 5—6 g Katalysator 22 g flüssiges Kohlenwasserstoffgemisch gewinnen. Die nähere Untersuchung des Endproduktes ergab das Vorliegen von Paraffin-Kohlenwasserstoffen, Olefinen und Naphthenen. Mithin war ebenfalls eine Verbundpolymerisation eingetreten. Bei der Verwendung von **Aluminiumchlorid** unter den gleichen Reaktionsbedingungen wurden bedeutend weniger Naphthene erhalten.

Ein bemerkenswerter Unterschied zwischen den Endprodukten und ihrer engeren Zusammensetzung bei der *thermischen* und *katalytisch* beeinflußten Polymerisation von Äthylen bei *höheren* Temperaturen scheint nicht zu bestehen[4].

---

[1] Amer. Chem. J. **8**, 153 (1886). — Siehe auch BUTLEROW, GORIANOW: Ber. dtsch. chem. Ges. **6**, 561 (1873).

[2] Ind. Engng. Chem. **30**, 183 (1938).

[3] Ber. dtsch. chem. Ges. **44**, 2978 (1911); **46**, 1748 (1913). — Vgl. auch ASCHAN: Liebigs Ann. Chem. **324**, 23 (1902), der $AlCl_3$ unwirksam fand.

[4] Ber. dtsch. chem. Ges. **44**, 2984 (1911).

Wird Äthylen im Stahlautoklaven bei 60 at und *Raumtemperatur* mittels **Aluminiumchlorid** (oder **Borfluorid**)[1] polymerisiert, so werden schließlich im Reaktionsprodukt *zwei* rein äußerlich unterscheidbare Fraktionen erhalten. Im oberen Teil des Gemisches, das ölige Konsistenz besitzt und dessen Menge mit der Versuchsdauer wesentlich zunimmt, finden sich praktisch nur gesättigte Kohlenwasserstoffe mit C_{10} bis C_{45} (Cycloparaffine). Die Dichte schwankt um den Wert von 0,8.

Im unteren Gemisch, welches pastenartigen Charakter aufweist, finden sich die Komplexverbindungen von Aluminiumchlorid und Kohlenwasserstoffen, deren Menge mit dem Zusatz an Katalysator zusammenhängt. Nach Zersetzung dieses Produktes mit Wasser und Abtrennung der anorganischen Stoffe hinterbleibt ein Kohlenwasserstoffgemisch, in dem Olefine und etwas cyclische Kohlenwasserstoffe nachgewiesen werden können. Die Dichte dieser Fraktion schwankt im Werte zwischen 0,845 und 0,866.

Die Reaktionsgeschwindigkeit dieses Polymerisationsvorganges läßt sich durch Temperaturerhöhung[1,4] weitgehend vergrößern, jedoch wird damit die Lebensdauer des Katalysators wesentlich verkürzt.

Die gleiche Reaktion läßt sich in Anwesenheit von *Verdünnungmitteln* durchführen[2]. Dabei ist aber zu beachten, daß *keine* aromatischen Stoffe Verwendung finden dürfen, da sonst Friedel-Craftssche Reaktionen eintreten. In diesem Zusammenhang muß darauf hingewiesen werden, daß die während des Prozesses entstehenden Aromaten natürlich durch das anwesende Äthylen unter der Wirkung von Aluminiumchlorid alkyliert werden. Es scheinen daher immer Äthylbenzole im Reaktionsprodukt in geringer Menge auf[3].

Nash, Stanley und Bowen[2] haben die in Anwesenheit von Verdünnungsmitteln (Petroläther, Benzin) durchgeführte Polymerisation von Äthylen mittels **Aluminiumchlorid** eingehend untersucht (100 g Katalysator, 100 g Petroläther [Kp. 60—80⁰, frei von Aromaten], 55 at, 46—550 Stunden, ständiger Ausgleich des Druckabfalls) und die Brom- und Jodzahlen der einzelnen Fraktionen bestimmt. Daraus läßt sich auch der Charakter der einzelnen Kohlenwasserstoffe bestimmen. Während für die obere Reaktionsschicht, die wie schon erwähnt, aus cyclischen Kohlenwasserstoffen der Formel C_nH_{2n} besteht, niedere Brom- und Jodzahlen zu erwarten sind — was auch mit der Praxis übereinstimmt —, geben die durch Zersetzung der Aluminiumchloridkomplexe erhältlichen Produkte folgerichtig höhere Werte in der Bromzahl.

Waterman und Leendertse[4] haben sich ebenfalls eingehend mit der Untersuchung der einzelnen Polymerisationsprodukte von Äthylen, in Pentan unter Druck mit **Aluminiumchlorid** gewonnen, beschäftigt. Als Kriterium für die Struktur der entstandenen Produkte wurde nach vorangegangener Hydrierung die refraktometrische Messung herangezogen.

Eine genaue Untersuchung der Reaktionsprodukte mit Hilfe einer Podbielniak-Kolonne[5] führten Ipatieff und Grosse[6] aus, nur war die Polymerisation im letzteren Falle ohne Verwendung eines Verdünnungsmittels vor sich

---

[1] Stanley: J. Soc. chem. Ind. **49**, 349 T (1930). — Nash, Stanley, Bowen: Petroleum Times **24**, 799 (1930); Chem. Zbl. **1931 I**, 877. — Vgl. Amer. P. 1 989 425, 1 934 896.   [2] Nash, Stanley, Bowen: l. c. — Vgl. auch Amer. P. 2 183 154.

[3] Siehe Ipatieff, v. Grosse: J. Amer. chem. Soc. **58**, 915 (1936) und auch Malishew: J. Amer. chem. Soc. **57**, 883 (1935).

[4] Trans. Faraday Soc. **32**, 251 (1936). — Waterman, Tulleners: Chim. et Ind. **29**, 496 (1933) und auch Nash, Stanley: J. Instn. Petrol. Technologists **16**, 830 (1930).

[5] Ind. Engng. Chem., analyt. Edit. **5**, 119, 135 (1933).

[6] J. Amer. chem. Soc. **58**, 915 (1936). — Vgl. auch Nash: J. Instn. Petrol. Technologists **16**, 313 (1930) und Anm. 3. S. 355.

gegangen. Gleichzeitig wird auch der Einfluß von freier **Salzsäure** in den Kreis der Betrachtungen gezogen. Während **reinstes Aluminiumchlorid** *keine* polymerisierende Wirkung selbst bei 50 at und 10—50⁰ ausübt, rufen Spuren von freiem **HCl** oder **Wasser** sofort Reaktion hervor. Über diese Erscheinung soll am Ende dieses Abschnittes gesprochen werden (vgl. S. 363).

Bei den angeführten Aluminiumchlorid-*Äthylen*polymerisationen verläuft die Reaktion bei *Raumtemperatur* in einem anderen Sinne als die rein thermische. Damit ist auch die Möglichkeit gegeben, die Reaktion innerhalb gewisser Grenzen zu lenken und Produkte von einheitlicher Form zu erhalten[1].

Neben Aluminiumchlorid wurden auch andere Katalysatoren, wie **Zinkchlorid, Zinntetrachlorid** und **Titantetrachlorid,** versucht. In allen Fällen werden viel *geringere* Mengen an flüssigem Polymerisat erhalten, wobei gleichzeitig gezeigt wird, daß mit derartigen Katalysatoren keineswegs höhermolekulare Produkte gebildet werden[2].

In der Gesamtheit des Polymerisationsvorganges von Äthylen mit **Metallhalogeniden** und insbesondere mit Aluminiumchlorid kann man folgende Stufen unterscheiden:

1. Echte Polymerisation unter Bildung von Olefinen.
2. Isomerisierung derselben zu Cycloparaffinen unter dem Einfluß der Katalyse.
3. Neben der Isomerisierung (Ringbildung) findet bei höherer Temperatur (ab 120⁰) auch Dehydrierung und Hydrierung (Wasserstoffdisproportionierung) statt (Cycloolefine, Aromaten, Paraffine), der sich
4. schließlich noch die Spaltung (Crackung) der Paraffine zu Olefinen und niederen Paraffinen anschließt[3].

Das Gesamtbild ist das einer *Verbundpolymerisation*, die wir stets bei **Metallhalogenid**katalysen antreffen. Eine gewisse Ähnlichkeit in der Wirkung zeigen auch **Säuren.**

Eine genaue Untersuchung der Wirksamkeit von *Komplexen* des *Aluminiumchlorids* bei Raumtemperatur wurde von HUNTER und YOHE[4] vorgenommen. Während reines Aluminiumchlorid mit Äthylen unter geringer Absorption zu einem roten Öl führt, liefern **Aluminiumchlorid-Äther-** und **Aluminiumchlorid-Dimethylanilin-Komplexe** zu *keiner* Polymerisation, selbst bei Temperaturen um 100⁰.

Damit wäre unter Umständen die in letzter Zeit vertretene Anschauung, wonach die *Metallhalogenide*, wie zum Beispiel Aluminiumchlorid, Borfluorid durch die in ihren Molekülen vorhandene Octettlücke eine Polarisierung der Äthylenbindung hervorrufen und damit das Molekül zur Polymerisation angeregt wird, bestätigt. Es muß aber darauf hingewiesen werden, daß diese Erklärungsweise in den wenigsten Fällen experimentell gestützt wurde und man daher derartige Behauptungen bzw. Annahmen nur teilweise als Grundlage für die Erklärung der Polymerisationstendenz, hervorgerufen durch Katalyse, verwenden kann.

Bei der Polymerisation von Äthylen unter Druck (53 at) bei *erhöhter* Temperatur (150⁰) im rotierenden Stahlautoklaven unter Anwendung von **Aluminiumchlorid** und **Aluminiumpulver** ergibt sich ein vollkommen anderes

---

[1] Vgl. SULLIVAN, VOORHEES, NEELEY, SHANKLAND: Ind. Engng. Chem. **23**, 604 (1931). — Eine genaue Untersuchung über die Struktur der bei der Hochdruckpolymerisation mittels **Aluminiumchlorid** entstehenden schmierölähnlichen Produkte wurde in letzter Zeit von HESSELS, VAN KREVELEN, WATERMAN [Recueil Trav. chim. Pays-Bas **59**, 697 (1940)] durchgeführt. — Vgl. auch KOCH: Brennst.-Chem. **18**, 121 (1937); **19**, 337 (1938).   [2] STANLEY: J. Soc. chem. Ind. **49**, 349 T (1930).
[3] Vgl. MC-AFEE-Verfahren.   [4] J. Amer. chem. Soc. **55**, 1250 (1933).

Bild[1]. Es wird eine homogene, klare, braun gefärbte Masse erhalten, die im wesentlichen aus *Aluminiumalkylen* besteht. An der Luft tritt Erwärmung ein und mit Wasser eine heftige Reaktion. Der Reaktionsverlauf ist durch den Zusatz von metallischem Aluminium in vollkommen andere Bahnen gelenkt, es unterbleibt die Bildung von mit reinem Aluminiumchlorid erhältlichen zwei flüssigen Phasen (siehe oben).

Wird statt Aluminiumchlorid und Aluminium **Aluminiumdiäthylchlorid** verwendet, so liefert Äthylen unter ähnlichen Bedingungen niedere Homologe[1].

Berylliumchlorid führt unter Druck bei *Raumtemperatur* bzw. beim Erhitzen auf 200⁰ zu einer *Verbundpolymerisation* (2 l Autoklav, 30 g Katalysator, Druck bei 200⁰ 110 at, Druckabfall nach 24 Stunden etwa 60 at). Die im Autoklaven befindlichen Reaktionsprodukte sind teils gasförmig, teils flüssig. Nach entsprechender Kondensation und Reinigung lassen sich folgende Ausbeuten an den einzelnen Produkten feststellen:

3,5 g vom Siedebereich —5⁰ bis 20⁰, Butene und Pentene.

21,5 g vom Siedebereich 22⁰ bis 70⁰, Isohexan, n-Hexan neben ungesättigten Kohlenwasserstoffen gleicher C-Anzahl, Pentene und Pentane,

29,5 g vom Siedebereich 71⁰ bis 170⁰,

39,0 g vom Siedebereich 170⁰ bis 300⁰,

26,0 g viscoses, braunes Öl als Rückstand.

Sämtliche Fraktionen sind *ungesättigter* Natur, die höhersiedenden stärker als die niedrigsiedenden.

In vorliegendem Falle wird bei *höherer* Temperatur gearbeitet als bei Aluminiumchlorid, dabei ist das sich ergebende Bild jedoch fast das gleiche. Wird die Reaktionstemperatur niedriger gewählt, so steigt die Ausbeute an höhersiedenden Anteilen und umgekehrt[2].

Die Verwendung von **Phosphorsäure** bei *höherer* Temperatur und erhöhtem Druck führt beim Äthylen zu einer *Verbundpolymerisation*[3]. Zum Beispiel gibt **90proz. Phosphorsäure** unter den verschiedenen Bedingungen folgendes Reaktionsbild:

Bei 250⁰: 60 at, 24 Stunden, nichtkondensierbare Gase enthalten 93,7 % Äthylen neben Äthan und Wasserstoff.

Fraktionierung der flüssigen Polymeren (162 g) ergibt, daß

37 %	zwischen	40—110⁰	27 %	zwischen	225—300⁰
26 %	,,	110—225⁰	7 %	,,	300—340⁰

übergehen. Nachgewiesen wurden Olefine, Naphthene, Paraffine und Aromaten.

Bei 280⁰: 60 at, 8 Stunden, dazwischen zweimal Äthylen aufgepreßt. Nichtkondensierbare Gase enthalten 93 % Äthylen. *Fraktionierung* der flüssigen Polymeren (433 g) ergibt, daß

31 %	zwischen	40—110⁰	25 %	zwischen	225—314⁰
33 %	,,	110—225⁰	6 %	,,	314—325⁰

übergehen. Fraktion 1 enthält 21 % Olefine, 79 % Paraffine, keine Naphthene, Fraktion 2 23 % Olefine, 77 % Paraffine und Naphthene[4], Fraktion 3 nur Naphthene und Aromaten, ebenso Fraktion 4.

---

[1] Hall, Nash: J. Instn. Petrol. Technologists **23**, 679 (1937); **24**, 471 (1938).

[2] Bredereck, Lehmann, Schönfeld, Fritzsche: Ber. dtsch. chem. Ges. **72**, 1414 (1939).

[3] Ipatieff, Pines: Ind. Engng. Chem. **27**, 1364 (1935). — Weiter Ipatieff, Corson: Über die Verbundpolymerisation (,,*conjunct polymerization*'') von Äthylen zu Gasolin. Ebenda **28**, 684, 860 (1936). — Sullivan, Voorhees, Neeley, Shankland: Zu Schmierölen. Ebenda **23**, 604 (1931). — Siehe S. 387, 388.

[4] Bei den Paraffinen und Olefinen überwiegt die Isostruktur.

Bei 300°: 60 at, zweimalige Beschickung, ergibt folgende Resultate:

Fraktion	Olefine	Paraffine	Naphthene	Aromaten
110—160°	33 %	10 %	57 %	—
160—225°	24 %	—	72 %	4 %
225—270°	27 %	—	37 %	36 %
270—310°	20 %	—	10 %	70 %
310—335°	28 %	—	10 %	62 %
335—360°	25 %	—	10 %	65 %

Bei 330° ist das Bild ähnlich, jedoch enthalten die Abgase weit mehr Wasserstoff (25 %) und Paraffine (26 %). In den höhersiedenden Anteilen des Polymerisats finden sich überwiegend Aromaten.

Interessant ist das Auftreten von Isobutan, das mit zunehmender Temperatur und Verlängerung der Reaktionszeit mengenmäßig sprunghaft steigt. Die Isobutanbildung erklärt sich durch die Hydrierung des intermediär gebildeten Dimeren. Unter bestimmten Bedingungen (Katalyse!) gehen die Dimeren, Buten-1 oder Buten-2 in Isobuten über, welches hierauf zu Isobutan hydriert wird[1] (siehe S. 363).

Für den *Reaktionsmechanismus* konnten folgende experimentell fundierte Grundlagen geschaffen werden:

1. Äthylen vereinigt sich mit der Phosphorsäure zum Äthylphosphat, welches über das Bariumsalz identifiziert werden konnte.

2. Bei höherer Temperatur zerfällt das Äthylphosphat, und es bilden sich Olefine und Naphthene.

3. Durch Dehydrierung werden die Naphthenkohlenwasserstoffe in Aromaten übergeführt.

4. Die entstehenden Olefine werden gleichzeitig (meist nach vorhergehender Isomerisierung) hydriert und geben Paraffine (siehe Isobutanbildung und das Auftreten von Wasserstoff im Restgas).

Nach PETERS und WINKLER[2] wirkt **Phosphorsäure auf Trägersubstanzen** in derselben Weise wie flüssige Phosphorsäure.

Für die Aufklärung des Reaktionsmechanismus der Verbundpolymerisation, hervorgerufen durch Phosphorsäure allein, war es notwendg, nachzuweisen, ob bei Zusatz eines *wasserstoffübertragenden Katalysators* die Bildung von Aromaten und Isoparaffinen zunimmt. Dieser Beweis wurde von KOMAREWSKY und BALAI[3] durch Verwendung von **Nickeloxyd** und **Nickel** bei der **Phosphorsäure**polymerisation experimentell erbracht. Bei 300° 50 at und 6 Stunden Reaktionsdauer, wobei der Phosphorsäure 10 % ihres Gewichtes an Nickeloxyd und Nickel zugesetzt wurden, ließ sich ein flüssiges Polymerisat in 52 proz. Ausbeute gewinnen. An Hand der nebenstehenden Tabelle 1, welche die Fraktionierung in den Grenzen zwischen 100 und 225°

Tabelle 1.

Fraktion	Gehalt an		
° C	Paraffinen %	Naphthenen %	Aromaten %
100—160	10	57	—
160—225	—	72	4
121—151	68,9	12,9	3,8
151—180	30,8	22,3	21,9
180—225	5,4	19,9	57,0

anzeigt, kann man die vermehrte Bildung von Aromaten erkennen. Man wird also im Gegensatz zur rein thermischen Polymerisation durch Zusatz eines *Dehydrierungskatalysators* die vermehrte Umwandlung der Paraffine und Na-

---

[1] IPATIEFF: Ber. dtsch. chem. Ges. **36**, 2008 (1903). — IPATIEFF, SDZITOWECKY: Ebenda **40**, 1827 (1907). — EGLOFF u. a.: Amer. Chem. Soc. Meeting Baltimore **1939**, Teil I.

[2] Brennstoff-Chem. **17**, 366 (1936).   [3] Ind. Engng. Chem. **30**, 1051 (1938).

phthene in Aromaten erreichen. Besonders in den höheren Fraktionen scheinen fast nur aromatische Kohlenwasserstoffe vorzuliegen, während der Anteil an höhersiedenden Paraffinen *(Isomerisierung!)* zurückgeht und der Prozentsatz an Naphthenen allmählich absinkt. Durch diese Arbeit ist ein Beweis für die *dritte* und *vierte* Reaktionsstufe der katalytischen Polymerisation der Olefine (siehe S. 359) sowohl durch Säuren als auch möglicherweise durch Metallhalogenide geliefert, wobei aber bemerkt werden muß, daß erst *erhöhte* Temperaturen zu einem solchen Bild führen. Die *thermische* Polymerisation mit **Nickelmetall** allein führt, abgesehen von Isomerisierung und anderen Erscheinungen, gleichfalls zur reichlichen Bildung von aromatischen Kohlenwasserstoffen (bei 300° 33% Ausbeute!) und ergänzt damit das theoretische Bild in ausgezeichneter Weise. In diesem Zusammenhang ist auch auf eine Arbeit von Böeseken[1] hinzuweisen, der bei Verwendung von 5% SO_3 enthaltender **Schwefelsäure** und **Kupfersulfat-Mercurosulfat**, also einem zusätzlichen Oxydationskatalysator zur Polymerisation von Äthylen, zu dem gleichen Ergebnis wie bei der Verbundpolymerisation mit Säuren oder Metallhalogeniden kam[2].

Eine außerordentlich technisch wichtige Polymerisation von *Äthylen* bei Raumtemperatur (20—25°) und erhöhtem Druck (50 at, 150 Stunden) mittels 4,5 Gewichtsteilen **Borfluorid** und 1,5 Gewichtsteilen **Nickelpulver** beschreiben Ipatieff und Grosse[3]. (Über die Bedeutung des Ni-Zusatzes wird im Abschnitt Polymerisation der Olefine zu Benzin und Treibstoffen [S. 387] und Alkylierungsreaktion [S. 384] gesprochen.) Unter den einzelnen Fraktionen scheint ein großer Prozentsatz von Butenen auf, die für die weitere Dimerisierung zu Isooctenen wertvoll sind[4]. In guter Ausbeute erhält man z. B. *Buten-2*, wenn flüssiges *Äthylen* mit **Borfluorid** bei 8—10° und 50 at Druck in möglichst kurzer Reaktionszeit über **Nickel** geleitet wird[4]. Auch andere Metalle besitzen diese dimerisierende Wirkung.

Weitere Arbeiten, die sich mit der Verwendung von feinverteiltem **Nickel** (neben **Borfluorid**) als Katalysator beschäftigen, sind jene von Hofmann[5] und Otto[6] (siehe S. 389).

Läßt man *Äthylen* bei etwa 110° auf **Phosphorpentoxyd**, welches auf Bimsstein niedergeschlagen ist, unter normalem Druck einwirken, so bemerkt man eine lebhafte Absorption, und es entstehen trimere, tetramere und pentamere Produkte, die man durch Extraktion aus dem Katalysator entfernen kann. Mit Phosphorpentoxyd läßt sich somit die Polymerisation in ihrer Geschwindigkeit wesentlich *erhöhen*, und es entstehen nur niedermolekulare Produkte, so daß man von einer Isopolymerisation sprechen darf[7].

Führt man die gleiche Polymerisation unter Druck aus und verwendet ein Gemisch von **Phosphorpentoxyd** und **Lampenruß**, so gewinnt man innerhalb zweier Stunden bei 260° und 65 at etwa 40% Polymere. Das flüssige Destillat enthält Olefine, gesättigte Kohlenwasserstoffe und Aromaten, letztere in einer

---

[1] Recueil Trav. chim. Pays-Bas **48**, 486 (1929).

[2] Vgl. in diesem Zusammenhang die Arbeit von Ipatieff, Corson: Über die *selektive* Hydrierung von Olefinen, z. B. Diisobuten, in Gegenwart von Aromaten durch *Nickel*. Ind. Engng. Chem. **30**, 1039 (1938).

[3] J. Amer. chem. Soc. **57**, 1617 (1935). — Vgl. auch Butlerow, Gorianow: Ber. dtsch. chem. Ges. **6**, 561 (1873); Liebigs Ann. Chem. **169**, 147 (1873). — Butlerow: Ber. dtsch. chem. Ges. **9**, 1605 (1876); Liebigs Ann. Chem. **189**, 44 (1877) und weiter DRP. 505265, 512959, 513862 und die Polymerisation zu Buten-2: E.P. 326322, Amer. P. 1989425.

[4] DRP. 545397; E. P. 326322; F. P. 682055, 855602; Amer. P. 1989425.

[5] Petrol. Times **23**, 508 (1930). — F. P. 632768.

[6] Brennstoff-Chem. **8**, 321 (1927). — Vgl. auch DRP. 505265; F. P. 632768; E. P. 293487: Polymerisation zu hochmolekularen Produkten.

[7] Desparmet: Bull. Soc. chim. France (5) **3**, 2047 (1936).

Menge von etwa 5 %[1]. Stellt man die Katalysatorwirkung von Phosphorpentoxyd und Phosphorsäure gegenüber, so läßt sich auf Grund der erhaltenen Reaktionsprodukte *kein* wesentlicher Unterschied feststellen. Nur insofern kann man eine Vermutung über verschiedene Wirkungsweise aussprechen, als die Phosphorsäure stets Wasser enthält, während Phosphorpentoxyd wasserfrei ist. Es ist in keiner Arbeit eine endgültige Feststellung getroffen, ob *Spuren von Wasser* die Aktivität des Phosphorpentoxyds bei der Polymerisation beeinflussen.

In diesem Zusammenhang muß auch auf die *alkylierende* Wirkung des Phosphorpentoxyds hingewiesen werden, die sich in gleicher Weise wie beim Aluminiumchlorid feststellen läßt[2].

Die *thermische* Polymerisation des Äthylens wird nach den Feststellungen von STORCH[3] durch Spuren von **Sauerstoff** wesentlich beschleunigt und führt neben anderen höheren Kohlenwasserstoffen gesättigter und ungesättigter Natur in guter Ausbeute zu Butenen. Die *Hochdruckpolymerisation* (500—3000 at, 100—400°) in Anwesenheit von **Sauerstoff** führt zu Produkten von fettartiger Konsistenz, wahrscheinlich einem Gemisch von hochmolekularen Paraffinen und Aromaten. Nähere Angaben über die Zusammensetzung werden nicht gemacht[4].

Mit der positiv katalytischen Wirkung von Sauerstoff steht auch die negative Wirkung von *Sulfhydrylverbindungen* in Einklang[5]. Ein Zusatz von z. B. 0,1 % *Äthylmercaptan* vermindert die Polymerisationsgeschwindigkeit um das 10 fache. Unter den erhaltenen Produkten überwiegen Butene und Hexene.

Eine genaue Untersuchung der Wirkung von *Nickelkatalysatoren* auf die Polymerisation in *Wasserstoffatmosphäre* wurde von SCHUSTER[6] vorgenommen. Durch Desorption nach vorangegangener Hydrierung wird die Polymerisationsgeschwindigkeit von Äthylen zu Buten-2 gemessen.

Für die technische Gewinnung von Octenen (Octanbenzine) ist die Verwendung von **Zinkchromit** als Polymerisationskatalysator bei 70 at und 450° wichtig[7].

Aluminiumoxyd, Silicagel, Kupfer und **Kobalt** wurden in einem Temperaturbereich von 200—300° auf ihre polymerisierende Wirkung untersucht. Besonders bei Verwendung von **Kobalt** tritt eine stark exotherme Reaktion ein, unter Bildung farbloser, ziemlich hoch siedender Polymerer und geringer Kohlenstoffabscheidung. **Thoriumoxyd, Uranoxyduloxyd, Zinkoxyd, Lithiumoxyd** in Spuren aktivieren den Kobaltkatalysator in besonderer Weise. **Nickel** läßt sich an Stelle des Kobalt verwenden und scheint auch geeigneter zu sein, da die Reaktion bei merklich niedrigerer Temperatur einsetzt. Wird Silicagel als Träger verwendet, so sinkt die Aktivität des Katalysators, wenn auch die Ausbeute an Polymerisationsprodukten befriedigend ist.

Mit einem **Kobalt-Silber-***Katalysator* lassen sich mehr flüssige Polymere erzeugen als mit einem **Kobalt-Kupfer-***Katalysator*, wobei aber in beiden Fällen die Ausbeute an flüssigen und niedermolekularen Polymeren im umgekehrten Verhältnis zur Menge an Kupfer oder Silberzusatz steht. Am besten erweist sich ein Kupfer- oder Silbergehalt von etwa 20 %.

Ein **Kobalt-Silber-Uranoxyduloxyd-Kieselgur-***Katalysator* (10:2:2:12) liefert z. B. bei 290° unter normalen Druck 235 ccm flüssige Polymere je cbm Äthylen.

---

[1] MALISHEW: Petroleum **32**, Nr. 19, 1 (1936); **28**, Nr 17, 7 (1932); Ind. Engng. Chem. **28**, 190 (1936).

[2] MALISHEW: J. Amer. chem. Soc. **57**, 883 (1935); Öl Kohle Erdöl Teer **14**, 479 (1938). — GIRAN: C. R. hebd. Séances Acad. Sci. **126**, 592 (1898); **129**, 964 (1899).

[3] J. Amer. chem. Soc. **56**, 374 (1934).   [4] Amer. P. 2 188 465.

[5] STORCH: J. Amer. chem. Soc. **57**, 2598 (1935).

[6] Z. Elektrochem. angew. physik. Chem. **38**, 614 (1932); Z. physik. Chem., Abt. B **14**, 249 (1931). — Vgl. auch hier die dimerisierende Wirkung von **Nickel.**

[7] MORGAN, INGLESON, TAYLOR: Petrol. Times **24**, 1024 (1930).

Durch einen Zusatz an **Thoriumoxyd** kann man die Ausbeute auf 290 ccm erhöhen. Es erübrigt sich darauf hinzuweisen, daß Gasgeschwindigkeit und Temperatur von wesentlichem Einfluß auf die Ausbeute sind[1].

Ein **Eisen***katalysator* (Röst- und Fällungskontakt) zeigt im Bereich von 300—400⁰ nur geringe polymerisierende Wirkung, und die vorhandene nimmt sehr rasch ab. Am besten eignet sich in dieser Reihe ein Kontakt aus **Eisen-Kupfer-Uranoxyd-***Gemischen,* mit dem man aus 16 l Äthylen in 4 Stunden bei 350⁰ 1,7 ccm flüssige Polymere erhält. Geringe Mengen *Alkali* scheinen die Aktivität herabzusetzen.

Ein **Nickel***katalysator* (Fällungskontakt) wird durch Spuren von **Kaliumcarbonat** in seiner Wirkung günstig beeinflußt und eine besondere Aktivität zwischen 240 und 270⁰ erreicht. Zusätze von *Blei-, Kupfer-* und *Silberoxyden* vernichten die Wirksamkeit, während reines **Kupfer** in Mengen unter 0,5 %, **Uranoxyduloxyd, Chromoxyd** und **Manganoxyd** günstig wirken. Aluminiumoxyd und Vanadinpentoxyd scheinen ohne Einfluß zu sein. Hingegen wirkt **Aluminiumoxyd** bei **Nickel-Mangan-***Kontakten* aktivitätserhöhend.

Die Polymerisationswirkung der einzelnen Kontakte hängt nicht allein von der Reduktionstemperatur, sondern auch von der *Krystallstruktur* derselben in hohem Maße ab.

Der Polymerisationsmechanismus soll mit diesen Katalysatoren nicht über Butadien, sondern über Acetylen als Zwischenprodukt laufen, womit auch die Bildung von Aromaten erklärt werden könnte. Leider sind in dieser Arbeit keinerlei genaue Angaben über die Zusammensetzung der erhaltenen Polymerisationsprodukte enthalten, nur eine genaue Beschreibung der Herstellungsverfahren der einzelnen Kontakte wird gegeben[1].

Erwähnenswert sind noch die durch *Aceton* und *Äthyljodid* photosensibilisierten Äthylenpolymerisationen, die in die Reihe von durch *freie Radikale* angeregten Polymerisationsprozesse zu stellen sind[2].

Rückblickend auf die bisher genannten Polymerisationsvorgänge des *Äthylens,* hervorgerufen durch Metallhalogenide und Säuren mit Bildung von aliphatischen und aromatischen (bei letzteren ist auch Phosphorpentoxyd wirksam) Kohlenwasserstoffen, läßt sich stets eine *alkylierende* Reaktion feststellen. Ausgenommen ist dabei nur das *Borfluorid,* das reine Isopolymerisationen bewirkt[3]. Während die Aromaten Äthylderivate liefern, scheinen die bei der Verbundpolymerisation entstehenden aliphatischen Kohlenwasserstoffe nach folgendem Schema noch weiter im Reaktionsgemisch Umsetzungen einzugehen:

Z. B.:

$$AlCl_3 + CH_2{=}CH_2 \rightarrow Cl \cdot CH_2 \cdot CH_2 \cdot AlCl_2$$

$$(CH_3)_3CH + Cl \cdot CH_2 \cdot CH_2 \cdot AlCl_2 \rightarrow (CH_3)_3C \cdot CH_2 \cdot CH_2 \cdot AlCl_2$$

Isobutan

$$(CH_3)_3C \cdot CH_2 \cdot CH_2 \cdot AlCl_2 + HCl \rightarrow (CH_3)_3C \cdot CH_2 \cdot CH_3 + AlCl_3.$$

---

[1] Yoshimi Konaka: J. Soc. chem. Ind. Japan, suppl. Bind. **39**, 447 B (1936); **40**, 236 B (1937); **41**, 22 B (1938). — Siehe auch Walker: J. physic. Chem. **31**, 961 (1927). — Über die Wirkung von Aluminiumoxyd bei höheren Temperaturen vgl. Mailhe, Renaudie: C. R. hebd. Séances Acad. Sci. **191**, 265 (1930). — Ipatieff, Kljukwin: Ber. dtsch. chem. Ges. **58**, 4 (1925).

[2] Taylor, Jungers: Trans. Faraday Soc. **33**, 1353 (1937). — Joris, Jungers: Chem. Zbl. **1938 II**, 678. — Jungers: Ebenda **1940 II**, 1701.

[3] Vgl. Oberfell, Frey: Oil Gas J. **38** (28), 50 (1939); Refiner natur. Gasoline Manufacturer **18**, 486 (1939). — Ipatieff, v. Grosse: J. Amer. chem. Soc. **57**, 1616 (1935). — **Borfluorid** alkyliert *nur* bei Anwesenheit bestimmter *Zusätze* Isoparaffine mit Olefinen, während **Aluminiumchlorid** allein sämtliche niederen Olefine mit allen Kohlenwasserstoffen zur Reaktion bringt [Ipatieff u. a.: J. Amer. chem. Soc. **58**, 913 (1936). — F. P. 823592, 851032; Amer. P. 2180374].

Nach der *Reaktionsgleichung* wirkt *HCl* als Promotor, und es müßte somit in Abwesenheit des letzteren nur Polymerisation und keine Alkylierung stattfinden (siehe S. 356). Es dürften aber, wie alle praktischen Versuche zeigen, **Säure-** bzw. **Wasser**spuren auch bei der Polymerisationsreaktion wirksam sein, denn *reinstes Aluminiumchlorid* regt Äthylen *nicht* zur Polymerisation an. Daraus ist ersichtlich, wie verwickelt die beim Polymerisationsprozeß auftretenden Nebenvorgänge sind und wie eine Reaktion mit einer ganz anders gearteten in innigem Zusammenhang steht.

Eine andere Art den Reaktionsgang formelmäßig festzulegen, wäre dann folgende:

$$CH_2\!=\!CH_2 + AlCl_3 + HCl \rightarrow CH_3 \cdot CH_2Cl$$

$$
\begin{array}{ccc}
AlCl_3 & & AlCl_3 \\
+ & & + \\
(CH_3)_3CH & & CH_2\!=\!CH_2 \\
\downarrow & & \downarrow \\
(CH_3)_3C \cdot CH_2 \cdot CH_3 & \quad & CH_3 \cdot CH_2 \cdot CH\!=\!CH_2 \\
\text{Alkylierung} & & \text{Polymerisation.}
\end{array}
$$

In beiden Fällen läßt sich die Entstehung von aliphatischen Kohlenwasserstoffen mit *Isostruktur* (Isopentan, Isohexan usw.) erklären[1], wobei aber stets im ursprünglichen Paraffinkohlenwasserstoff ein tertiäres C-Atom vorhanden sein muß. Die Entstehung derartiger mit tertiärem C-Atom ausgestatteter Paraffine, z. B. Isobutan im Polymerisationsverlauf (Verbundpolymerisation), kann durch folgenden Modellversuch wahrscheinlich gemacht werden:

n-Buten, das echte Dimere des Äthylens, läßt sich leicht bei der Einwirkung von **Säure** in Isobuten verwandeln (Alkylwanderung). Dieses wird bei 330^0 glatt in Anwesenheit von z. B. **Phosphorsäure** durch Wasserstoff in das *Isobutan* übergeführt. n-Butan selbst wird durch **AlCl$_3$** oder **AlBr$_3$** in das für Flugbenzin als wertvolles Ausgangsprodukt erwünschte Isobutan verwandelt[2].

Es sind somit die oben angeführten Polymerisationsreaktionen des Äthylens *keine* wahren Polymerisationsprozesse. Das Auftreten von cyclischen und intramolekularen Alkylierungen der entstandenen Olefine zu Naphthenen, die Bildung von Aromaten durch Dehydrierung und das Auftreten von Paraffinen und Isoparaffinen durch Isomerisierung und Hydrierung der Olefine (*Wasserstoffdisproportionierung*) lassen in keiner Weise den Reaktionsmechanismus einfach erscheinen. Die Erscheinung der „*Verbundpolymerisation*" beschränkt sich aber nicht nur auf die Wirkung von Metallhalogeniden, sondern auch von Säuren bzw. Phosphorpentoxyd, wobei besonders bei den Säuren die Konzentrationsverhältnisse neben den Temperaturen maßgebend sind[3], denn nur höhere Konzentrationen bewirken neben der Olefinbildung auch die Entstehung von Isoparaffin- und Naphthenkohlenwasserstoffen bzw. Aromaten und auch Cycloolefinen.

b) Monosubstituiertes Äthylen.

Für das Studium der Polymerisationsreaktionen ist vor allem die Kenntnis der Struktur der *dimeren* Produkte ausschlaggebend, d. h. man kann durch Aufklärung der Strukturverhältnisse ein klares Bild vom Reaktionsverlauf erhalten.

Beim niedersten Vertreter des einfach substituierten Äthylens, dem *Propen*, findet man durch die an der Doppelbindung vorhandene Methylgruppe mehrere

[1] Ipatieff: Atti X. Congr. int. Chim. Roma **3**, 747 (1938); J. Amer. chem. Soc. **57**, 1722 (1935); **58**, 919, 2339 (1936); Ind. Engng. Chem. **28**, 222 (1936). — Vgl. S. 384 ff.

[2] Wilson: Chem. and Ind. **58**, 1095 (1939). — Montgomery, McAteer, Franke: Amer. chem. Soc. Meeting, Baltimore **1939**, Teil I.

[3] Siehe z. B. Ipatieff, Pines: J. org. Chemistry **1**, 464 (1936). — Nametkin und Mitarbeiter: Chem. Zbl. **1937 I**, 819 usw.

Tabelle 2. *Die Struktur der Dimeren von Propen und Butenen*

Mögliches C-Gerüst beim dimeren Propen	C—C—C=C
	  | |
	  C C
		C—C=C—C
		  | |
		  C C
			C—C—C—C=C
			      |
			      C
				C—C—C=C—C
				      |
				      C

Dimere gefunden beim Propen		——→ Tetramethyl-äthylen S. 368	← ——→	2-Methyl-penten-2 S. 366—368
Buten-1	(3,4-Dimethyl-hexen-2)[1] S. 369	—	(3,4-Dimethyl-hexen-2)[1] S. 369	—
Buten-2	3,4-Dimethyl-hexen-2 S. 372	—	3,4-Dimethyl-hexen-2 S. 372	—
Isobuten	-2,4,4-Trimethyl-penten-1 S. 373	—	—	—

Anmerkung: Die Pfeile bedeuten mögliche und teilweise auch experimentell 822 (1938). — Ipatieff: Oil Gas J. **37** (46), 86 (1939).

Möglichkeiten zur Bildung dimerer Produkte und kann versuchen, auch für die weiteren homologen Äthylene (Butene) die Strukturverhältnisse festzulegen. An Hand der obigen Tabelle sollen die theoretisch möglichen Ergebnisse und die tatsächlich experimentell festgestellten Verhältnisse vergleichsweise angeführt werden.

Propen. Ipatieff hat sich eingehend mit der katalytischen Wirkung von **Phosphorsäuren** bei der Polymerisation von Propen und auch anderen Olefinen beschäftigt[2]. Die dabei aufgefundenen Zwischenstufen der Reaktion haben ein gutes Bild von den sich abspielenden Umlagerungen bzw. Anlagerungen gegeben und sind für das genaue Studium der Olefinpolymerisation grundlegend gewesen. Im Gegensatz zum Äthylen scheinen bei seinen Homologen, die eine steigende Polymerisationstendenz aufweisen, mehr *Isopolymerisationen* vor sich zu gehen, wodurch der Reaktionsmechanismus leichter übersehbar ist, wie schon Butlerow und Gorianow[3] bei der Säurepolymerisation des Propen erkannt haben.

Läßt man *Propen* mit bestimmter Geschwindigkeit (8,5 l je Stunde) durch 166 g 100proz. Phosphorsäure bei 51 at in 204° unter steter Entfernung der entstehenden flüssigen Reaktionsprodukte einströmen, so kann man nach 312 Stunden 5960 ccm flüssiges Polymerisat (55 % Ausbeute) isolieren. Nach Destillation bzw. Fraktionierung können genauere Analysen zur Identifizierung der einzelnen Kohlenwasserstoffe bzw. ihrer Gruppen vorgenommen werden. Die schwer kondensierbaren Gase enthalten 61 % Propen, 2 % Propan, 2,6 % Iso-

---

[1] 3,4-Dimethylhexen-2 ist, nach den physikalischen Daten zu schließen, wahrscheinlich vorhanden [Ipatieff u. a.: Ind. Engng. Chem. **27**, 1069 (1935)].

[2] Catalytic Reactions at High Pressures and Temperature, S. 507. New York: Mc-Millan Co. 1936. — Ipatieff, Corson, Egloff: Ind. Engng. Chem. **27**, 1067 (1935); Amer. P. 1 960 631. — Vgl. auch Marder: Motorkraftstoffe Bd. 1, S. 388. Berlin 1942.

[3] Ber. dtsch. chem. Ges. **6**, 196, 561 (1873).

unter besonderer Berücksichtigung von möglichen Isomerisierungen.

C—C—C—C=C (C)	C—C—C=C—C (C)	C—C—C—C·C=C	C—C—C—C=C—C	C—C—C=C—C—C	Sekundärprodukte
4-Methyl-penten-1 S. 367 ← ----→		—	—	—	3-Me-thyl-penten-2 S. 366
3,4-Dimethyl-hexen-1 S. 369		3,4-Dimethyl-hexen-1 S. 369			
5-Methyl-hepten-1 S. 369	5-Methyl-hepten-3 S. 369	5-Methyl-hepten-1 S. 369	5-Methyl-hepten-3 S. 369 ← ——→		5-Me-thyl-hepten-2 S. 369
(3,4-Dimethyl-hexen-1? S. 372 ——→	3,4Dimethyl-hexen-2 S. 372	(3,4-Dimethyl-hexen-1? S. 372 ——→	3,4-Dimethyl-hexen-2 S. 372	—	—
2,4,4-Tri-methyl-penten-1 S. 373	2,4,4-Tri-methyl-penten-2 S. 373	—	—	—	—

nachweisbare Isomerisierungen, vgl. WACHTER: Ind. Engng. Chem., ind. Edit. **30**,

butan und 2,8% n-Butan neben Wasserstoff und anderen Gasen. Es ist somit eine Verbundpolymerisation eingetreten. Arbeitet man bei 135—200° und 1—15 at Druck, so polymerisiert sich das Propen fast nur zu Olefinen mit Isostruktur, besonders groß ist die Menge von Nonenen neben Hexenen und Dodecenen. Naphthene und Aromaten *fehlen* fast gänzlich.

Interessanterweise ist der reine, *ungebrauchte* Phosphorsäurekatalysator bei der Propenpolymerisation viel weniger wirksam als einer der vorher zu Polymerisation von Butenen verwendet wurde[1].

Auch hier wird wieder für den Reaktionsmechanismus die Bildung eines bis 150° stabilen Phosphorsäureesters als erste Stufe angenommen.

$$O{=}P\raise.2ex\hbox{$\diagup$}\raise0ex\hbox{OH} \; \begin{matrix} {-}OH \\ OH \\ OH \end{matrix} + CH_2{=}CH \cdot CH_3 \rightarrow O{=}P \begin{matrix} O \cdot CH{<}\!\begin{smallmatrix}CH_3\\CH_3\end{smallmatrix} \\ OH \\ OH \end{matrix}$$

Phosphorsäureisopropylester.

$$2\,O{=}P\begin{matrix} O \cdot CH{<}\!\begin{smallmatrix}CH_3\\CH_3\end{smallmatrix} \\ OH \\ OH \end{matrix} \rightarrow \begin{smallmatrix}CH_2\\ \\ CH_3\end{smallmatrix}{>}C{-}CH{<}\!\begin{smallmatrix}CH_3\\ \\ CH_3\end{smallmatrix} + H_3PO_4 \;\text{oder}\; \begin{smallmatrix}CH_3\\ \\ CH_3\end{smallmatrix}{>}C{=}C{<}\!\begin{smallmatrix}CH_3\\ \\ CH_3\end{smallmatrix} + H_3PO_4 .$$

Durch Zersetzung dieses Esters könnte das Dimere gebildet werden, oder durch Einwirkung eines weiteren Moleküls Propen wird der Ester nach folgendem Schema zerlegt[2]:

$$O{=}P\begin{matrix} O \cdot CH{<}\!\begin{smallmatrix}CH_3\\CH_3\end{smallmatrix} \\ OH \\ OH \end{matrix} + CH_2{=}CH \cdot CH_3 \rightarrow \begin{smallmatrix}CH_2\\ \\ CH_3\end{smallmatrix}{>}C{-}CH{<}\!\begin{smallmatrix}CH_3\\ \\ CH_3\end{smallmatrix} + H_3PO_4 \;\text{usf.}$$

[1] IPATIEFF, CORSON, EGLOFF: Ind. Engng. Chem. **27**, 1067 (1935).

[2] IPATIEFF: Ind. Engng. Chem. **27**, 1067 (1935). — Vgl. auch IPATIEFF, CORSON, PINES: Ebenda **28**, 684, 860 (1936). — GAYER: Ebenda **25**, 1122 (1933). — SULLIVAN, RUTHRUFF, KUENTZEL, WAGNER: Ebenda **27**, 1072 (1935). — F.P. 812909.

Welchen Verlauf die Umsetzung nimmt, muß einer weiteren Untersuchung überlassen werden. Bisher sind die Meinungen noch geteilt. Vor allem müßten genaue Studien über den Einfluß von Katalysatoren auf die Isomerisierungen, d. h. auf die Verlagerung der Doppelbindung im Verlaufe der Reaktion vorliegen.

Wie schon erwähnt, zerfällt der nach Ipatieff[1] als Zwischenprodukt gebildete *Phosphorsäureester* ab 150°, und es findet normale Isopolymerisation statt. Werden höhere Temperaturen angewandt, dann tritt immer mehr die Verbundpolymerisation in Erscheinung.

Eine eingehende Diskussion und Wiederholung der Versuche mit einem *Propen*, welches 4,5% *Propan* enthält (damit wird auch der Alkylierungsvorgang Paraffin-Olefin in den Reaktionsverlauf hineingetragen), haben Ipatieff und Pines[2] vorgenommen, und in fast 90proz. Ausbeute konnten flüssige Polymere, die bis zu 85% ungesättigter Natur waren, isoliert werden. Gearbeitet wurde dabei mit einem Druck von 100 at und Temperaturen von 330° (Katalysator **90proz. Phosphorsäure,** Reaktionsdauer 8 Stunden). Eine genaue Beschreibung der niederen Polymeren wird *nicht* gegeben, bloß eine Analyse der nicht kondensierbaren Gase (Propen, Propan, Isobutan und Butan) liegt vor.

Sehr interessant ist der Vergleich der *thermischen* und der im Gegensatz dazu wesentlich rascher verlaufenden *katalytischen* Polymerisationsreaktion in ihren Endprodukten bzw. die Analyse derselben nach *Stoffklassen*, was an Hand der nebenstehenden Tabelle 3 gezeigt werden soll.

Die bei gleichen Temperaturen (330°, 100 at) vorgenommenen Prozesse zeigen deutlich den durch die Katalyse begünstigten Vorgang der Bildung von Olefinen und Aromaten (Dehydrierung der Cycloparaffine). Bei der rein thermischen Polymerisation unterbleibt scheinbar die Bildung aromatischer Kohlenwasserstoffe, und es findet eine bemerkenswerte Umwandlung der Olefine in Cycloparaffine statt[2].

Tabelle 3. *Vergleich der thermischen und katalytischen Polymerisation von Propen.*

Zusammensetzung in Prozenten	thermische	katalytische
	Polymerisation	
Paraffine	8	15
Olefine	26	63!
Cycloparaffine	44!	10
Cycloolefine	22	6
Aromaten	0!	6

Monroe und Gilliland[3] haben die Druckpolymerisation von *Propen* mit *verdünnter* **Phosphorsäure (25—30proz.)** vorgenommen. Bei Temperaturen um 250° und einem Druck von 170—400 at entstehen hauptsächlich Hexene und Nonene, somit Di- und Trimere. Ihr Mengenverhältnis und die Ausbeute ist sehr stark von der *Säurekonzentration* abhängig, eine Erscheinung, die bei der Katalyse durch Säure immer wieder beobachtet werden kann. Als interessantes Nebenprodukt bildet sich im vorliegenden Falle auch Isopropylalkohol. Diese Ergebnisse haben daher die Verfasser veranlaßt, das Reaktionsschema nach Ipatieff eingehender zu diskutieren.

Im Verlaufe der Arbeit wird u. a. die Struktur eines Dimeren beschrieben. Es handelt sich um das 3-Methylpenten-2, welches sich nach dem vorhin aufgestellten Reaktionsschema (Tabelle 2) nicht primär gebildet haben kann und daher nicht als echtes Dimeres, sondern als Umwandlungsprodukt angesehen werden muß.

Wachter[4], der gleichfalls die *Druckpolymerisation* mit **Phosphorsäure** als Katalysator am *Propen* durchgeführt hat, beschreibt als Dimere 2-Methylpenten-2 und das soeben erwähnte Sekundärprodukt 3-Methylpenten-2.

---

[1] Siehe Anm. 2, S. 365.
[2] Ind. Engng. Chem. **28**, 684 (1936).— Siehe weiter die Äthylenpolymerisation S. 358.
[3] Ind. Engng. Chem. **30**, 58 (1938).   [4] Ind. Engng. Chem. **30**, 822 (1938).

Leitet man hingegen *Propen* bei 25° durch **90 proz. Schwefelsäure,** so bildet sich als Hauptprodukt das Dimere, 4-Methylpenten-1, welches sich gleichfalls zwanglos in die vorgesehenen Strukturen eingliedert[1]. Bemerkenswert ist der Unterschied in der Wirkung von Phosphor- und Schwefelsäure bezüglich der Bildung der Dimeren.

Propen gibt jedoch mit **96 proz. Schwefelsäure** bei 0° und 25° *keine* Polymerisation, bloß Isopropylsulfat entsteht. Auch *Kupfersulfat* und *Mercurisulfat* begünstigen *nicht* die Polymerisation, wie ORMANDY und CRAVEN[2] behaupten. Eine Reaktion der *Olefine* unter dem Einfluß der **konz. Schwefelsäure** bei niederen Temperaturen tritt erst bei solchen ein, die *vier oder mehr* Kohlenstoffatome besitzen (vgl. Isobuten S. 376). In Gemischen mit anderen Olefinen, und zwar nur mit *Isostruktur*, kann das Propen unter dem Einfluß von Schwefelsäure reagieren, wie im Abschnitt Mischpolymerisation gezeigt wird.

Die Wirkungsweise von **Floridin** bzw. **Al-Silicat** läßt sich an Hand der nachstehenden Tabelle 4 erkennen.

Es werden verschiedene Katalysatoren in ihrer Wirkungsweise — gemessen an der Ausbeute — aufgezählt[3].

Tabelle 4.

Katalysator	Temperatur °C	Katalysator g	Zeit Stunden	C_3H_6 g je Stunde	Kontaktzeit Stunden	Ausbeute %
Floridin nach LEBEDEW[4]	350	150	2—3	8,3	80	6
Floridin mit HCl behandelt	350	150	32	9,7	69	24
Floridin mit HCl und NaOH behandelt ...	350	120	72	9,3	71	32
Al-Silicat, synth.	350	100	73	10,0	74	29
Al_2O_3 auf Silicagel	340	15	183	21,0	8	20
Al_2O_3 mit 0,3 % n-Amylchlorid	340	15	183	20,8	8	31

Durch die Behandlung mit HCl oder mit HCl und NaOH und HCl steigt die Aktivität des Floridins außerordentlich. Synthetisches **Al-Silicat** wirkt ähnlich wie Floridin, während Eisen- und Magnesiumsilicat sich als *inaktiv* erweisen. Al_2O_3 auf **Silicagel** niedergeschlagen übertrifft die Wirkung von Floridin erheblich, besonders auf Zusatz von **Alkylhalogenid.** Inwieweit dabei chemische Umsetzungsprodukte am Katalysator eine Rolle spielen, kann hier nur angedeutet werden (vgl. Reaktionsschema S. 363).

Unter diesen Bedingungen werden neben festen Reaktionsprodukten an der Kontaktoberfläche flüssige Olefine erhalten, die nach der Reinigung und Destillation als größten Anteil Hexene enthalten, daneben finden sich noch Kohlenwasserstoffe von C_5 bis C_9[3].

Mit Hilfe von **Floridin** konnte VAN WINKLE[5] bei Raumtemperatur unter Druck nach Monaten Dimerisierung des *Propen* erreichen. Dabei wurde festgestellt, daß die katalytische Wirkung des Floridins durch Entfernen des *Wassers* (etwa 12 %) erhöht werden kann.

HOOG, SMITTENBERG und VISSER[6], welche die Druckpolymerisation des *Propen* mit **Al-Silicat** (160°, 10 at) vornahmen, zeigten, daß die zu 50 % entstehenden Dimeren als Hauptmenge 2-Methylpenten-2 und 4-Menthylpenten-1 enthalten. WHITMORE und MARSHNER[7] hingegen beobachteten sowohl die

[1] BROOKS: J. Amer. chem. Soc. **56,** 1998 (1934).
[2] J. Instn. Petrol. Technologists **13,** 844 (1927); J. Soc. chem. Ind. **47,** 317 T (1928).
[3] GAYER: Ind. Engng. Chem. **25,** 1122 (1933).
[4] LEBEDEW, FILONENKO: Ber. dtsch. chem. Ges. **58,** 163 (1925).
[5] J. Amer. pharmac. Assoc. **17,** 544 (1928).
[6] Second World Petroleum Congress, Proc. **2,** 489, Paris 1937.
[7] Amer. chem. Soc. Meeting, Petrol. Division, Abstr. [New York] **1935,** 6.

Bildung von 2-Methylpenten-2 als auch Tetramethyläthylen (2,3-Dimethyl-buten-2). Alle die genannten Dimeren lassen sich in das in Tabelle 2 festgelegte Strukturschema einreihen. Die in früher aufgezählten Arbeiten aufscheinenden Dimeren fügen sich alle bis auf das als Sekundärprodukt zu denkende 3-Methyl-penten-2 diesem Schema ein. Man muß aber auch hier wieder etwaige *Isomeri-sierungen* in Betracht ziehen[1], um eine endgültige Aussage über den wirklich ablaufenden Dimerisierungsvorgang, der sich spezifisch auf einen bestimmten Katalysator bezieht, machen zu können.

Unter den Metallhalogeniden als Katalysatoren für die *Propen*polymerisation sind u. a. das BF_3 und $BeCl_2$ zu erwähnen.

Läßt man auf *Propylalkohol* reines **Borfluorid** einwirken, so kann man eine Isopolymerisation zu Di-, Tri- und Tetrameren beobachten[2]. Das gebildete Tetramere, welches in 20 proz. Ausbeute entsteht, zeigt einen Kp. 94—105°/30 mm; eine Strukturangabe wird jedoch nicht gemacht. In diesem Zusammenhang muß darauf hingewiesen werden, daß wahrscheinlich durch Umsetzung des Alkohols mit BF_3 Borfluorid-Dihydrat gebildet wird, daneben entsteht Propen. Es ist nun zu entscheiden, ob das während der Reaktion gebildete Borfluorid-Dialkoholat des sekundären Alkohols bei höherer Temperatur unter Bildung von Polymeren zerfällt.

Die *Druckpolymerisation* mittels Borfluoridkomplexverbindungen **(Bor-fluorid-Dihydrat, Borfluorid-Diessigsäure)** ist am Propen praktisch versucht worden. Der Verlauf der Reaktion gleicht der mit Phosphorsäure, nur zeigen die erhaltenen olefinischen Polymeren einen etwas *höheren* Siedepunkt.

Mit **Zinkchlorid** auf Bimsstein werden bei 260—270° und 227 at in 75 Minuten (Katalysatormenge 10%) bis über 80% Polymere erhalten, die flüssigen Charakter haben und in der Mehrzahl aus Kohlenwasserstoffen mit 5—14 Kohlen-stoffatomen bestehen. Die niederen Glieder besitzen Paraffinnatur, die höheren sind Olefine. Scheinbar liegen auch Cycloolefine vor, während Aromaten fehlen. Daß ein *Übergang* zwischen einer Iso- und Verbundpolymerisation besteht, ergibt sich aus dem überwiegenden Anteil von Olefinen mit 6, 9 und 12 C-Atomen[3].

Aus 100 g flüssigem *Propen* mit 10 g **Berylliumchlorid** werden im Auto-klaven bei 155—165° in 28 Stunden Kohlenwasserstoffe ungesättigter Natur erhalten. Neben Isobuten und n-Buten (3 g), Pentenen und Hexenen, auch Pentane und n-Hexan (6,8 g) werden benzinartige Kohlenwasserstoffe (C_8) (9,2 g) und Leicht-, Mittel- und Schmieröle erhalten. Der Siedebereich erstreckt sich einschließlich der Leichtöle von —6° bis 175°/13 mm, während die Mittel- und Schmieröle bei der Fraktionierung im Rückstand verbleiben[4]. Die Gesamt-ausbeute bei dieser *Verbundpolymerisation* beträgt etwa 50%.

Nach Ingold und Wassermann[5] wirkt ein Katalysator aus CuS und $CuSO_4$ bei 150° nur schwach anregend auf die *Propen*polymerisation.

Eisen soll bei Anwendung von höheren Drucken (50 at) und höheren Tem-peraturen (480—600°) eine starke katalytische Wirkung ausüben[6].

Auch das Propen zeigt so wie das Äthylen bei Aromaten in Gegenwart von Säuren, Metallhalogeniden und Phosphorpentoxyd eine *alkylierende* Reaktion[7].

---

[1] Vgl. z. B. Ind. Engng. Chem. **26**, 94 (1934) Fußnote (Nash), wo über die Um-wandlung von 3,3-Dimethylbuten-1 in 2,3-Dimethylbuten-1 und -buten-2 unter dem Einfluß von **Säure** berichtet wird.

[2] Whitmore, Laucius: J. Amer. chem. Soc. **61**, 973 (1939).

[3] Brandes, Gruse, Lowry: Ind. Engng. Chem. **28**, 554 (1936).

[4] Bredereck, Lehmann, Schönfeld, Fritzsche: Ber. dtsch. chem. Ges. **72**, 1414 (1939). — Siehe auch Chem. Zbl. **1936 II**, 3945; **1938 I**, 2297.

[5] Trans. Faraday Soc. **35**, 1024 (1939).

[6] Mützenhändler: Chem. Zbl. **1938 II**, 1206.

[7] Malishew: J. Amer. chem. Soc. **57**, 883 (1935). — Vgl. auch S. 384 ff.

Buten-1,n-Buten. Durch Einwirkung von reiner **Phosphorsäure** bei 130° läßt sich dieses Olefin einer Isopolymerisation unterwerfen. In den gereinigten Endprodukten können Di-, Tri- und Tetramere nachgewiesen werden, jedoch sind keine genauen Angaben über die Struktur der einzelnen Polymeren, mit Ausnahme der Dimeren, vorhanden[1]. Sie finden sich in den Fraktionen 102—110° und 110—112°.

Der Reaktionsmechanismus soll der gleiche wie beim Propen (S. 365) sein.

Wird unter *Druck* mit **Phosphorsäure** als Katalysator gearbeitet, so können schließlich folgende Octene nachgewiesen werden:

$$5\text{-Methylhepten-1} \quad CH_3 \cdot CH_2 \cdot \overset{|}{CH} \cdot CH_2 \cdot CH_2 \cdot CH=CH_2$$
$$CH_3$$
$$5\text{-Methylhepten-3} \quad CH_3 \cdot CH_2 \cdot \overset{|}{CH} \cdot CH=CH \cdot CH_2 \cdot CH_3$$
$$CH_3$$

5-Methylhepten-2 wird gleichfalls als gebildetes Dimeres erwähnt, kann aber nur als Sekundärprodukt aufgefaßt werden (Isomerisierung!) (siehe Tabelle 2).

Weiter wird die Bildung von

$$3,4\text{-Dimethylhexen-1} \quad CH_3 \cdot CH_2 \cdot \overset{|}{CH} \cdot \overset{|}{CH} \cdot CH=CH_2$$
$$CH_3 \ \ CH_3$$

und

$$3,4\text{-Dimethylhexen-2} \quad CH_3 \cdot CH_2 \cdot \overset{|}{CH} \cdot \overset{|}{C}=CH \cdot CH_3$$
$$CH_3 \ \ CH_3$$

erwähnt, wobei letzteres Produkt deutlich eine eingetretene Isomerisierung — gekennzeichnet an der Struktur — entweder im Ausgangsprodukt (Buten-1 zu Buten-2) oder im entstandenen Dimeren (3,4-Dimethylhexen-1 zu 3,4-Dimethylhexen-2) anzeigt. Eine weitere Möglichkeit wäre durch ein im Ausgangsprodukt vorhandenes Gemisch von Buten-1 und Buten-2 gegeben.

Die beiden Dimethylhexene werden auch als die Dimeren des Buten-2 (S. 372) beschrieben, wobei wieder das 3,4-Dimethylhexen-1 als Isomeres angesehen werden muß[2, 3].

Aus diesen Angaben geht deutlich hervor, daß eine *Verlagerung* der Doppelbindung im Verlaufe der Reaktion eintritt, die durch katalytische Einflüsse begünstigt wird.

Strukturelle Möglichkeiten der katalytisch durch Phosphorsäure bedingten Dimerisierung[3].

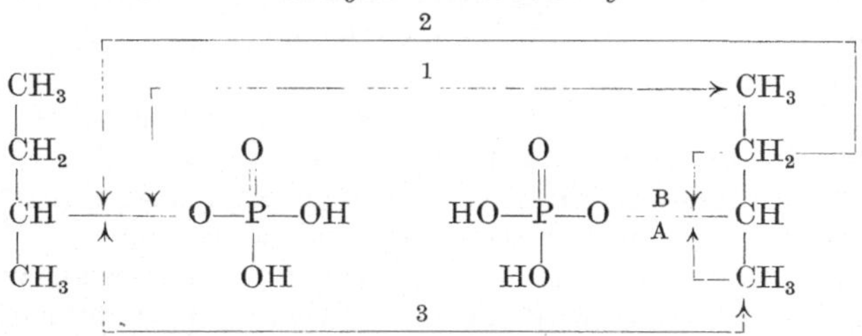

1A führt zu 5-Methylhepten-1   3B führt zu 5-Methylhepten-2   2A führt zu 3,4-Dimethylhexen-1
1B ,,   ,, 5-Methylhepten-2   3A führt zu 5-Methylhepten-3   2B ,,   ,, 3,4-Dimethylhexen-2.

---

[1] IPATIEFF u. a. Ind. Engng. Chem. **27**, 1069 (1935). — Über die Verbundpolymerisation mittels AlCl$_3$ von Buten-1 siehe EGLOFF und Mitarbeiter: Chem. Reviews **20**, 361 (1937); Chem. Zbl. **1938 I**, 296 sowie SULLIVAN u. a.: Ind. Engng. Chem. **23**, 604 (1931). — E.P. 165452; Amer. P. 1395620.

[2] EGLOFF, MORRELL: Atti X Congr. int. Chim., Roma **5**, 913 (1938).

[3] Vgl. MATIGNON, MOUREU, DODÉ: Bull. Soc. chim. France (5) **2**, 1169 (1935); Chem. Zbl. **1935 II**, 1169, 1173. — IPATIEFF, PINES, SCHAAD: J. Amer. chem. Soc. **56**, 2696 (1934). — Siehe auch LEBEDEW, SLOBODIN: Chem. Zbl. **1934 II**, 3741. — FAWORSKAJA: Ebenda **1940 I**, 1330; **II**, 1567. — FROST u. a.: Ebenda **1937 II**, 1346.

Nach den Angaben von Egloff und Morrell müssen — vorausgesetzt, daß die Reaktion im Sinne Ipatieffs über die Phosphorsäureester als Zwischenprodukt verläuft — aus Buten-2 und Buten-1[1] *identische* Dimere entstehen, da beide Olefine den gleichen sekundären Butylphosphorsäureester als Zwischenprodukt geben:

$$CH_3 \cdot CH_2 \cdot CH{=}CH_2 + H_3PO_4$$
$$CH_3 \cdot CH{=}CH \cdot CH_3 + H_3PO_4$$

$$\searrow\nearrow \quad CH_3 \cdot CH_2 \cdot CH \cdot CH_3$$
$$O{-}P{\cdots}OH,\ OH,\ O$$

Aus dem Erwähnten sowie aus den Tatsachen, daß in der zugänglichen Literatur keine oder nur ungenaue Angaben über die physikalischen Eigenschaften der bei der katalytischen Polymerisation gebildeten Dimeren aufscheinen, geht hervor, daß man in allen Fällen ein in den Arbeiten enthaltenes „endgültiges" Ergebnis stets mit Vorbehalt annehmen muß.

Wichtig ist noch die Feststellung, daß Buten-1 bei 330° unter Druck in Wasserstoffatmosphäre bis zu 50% in Isobutan verwandelt werden kann (siehe S. 363).

Läßt man *Buten-1* bei 650—670° über **Kieselgel** streichen, so findet eine *Verbundpolymerisation* statt, bei der auch Aromaten in größerer Menge (21%) entstehen[2]. Da bei der rein thermischen Polymerisation keine Aromaten gebildet werden, so kann man im vorliegenden Falle von einem katalytischen Einfluß des Kieselgels sprechen.

Isopropyläthylen, 3-Methylbuten-1. Bei 400° kann man in Anwesenheit von **Aluminiumoxyd** beträchtliche Mengen polymerer Produkte erhalten[3], während in *Benzol* bei 85—200° mit $AlCl_3$ als Katalysator die Polymeren zum Großteil cyclischen Charakter besitzen. Über eine mögliche *Alkylierungsreaktion*, hervorgerufen durch die Anwesenheit von $AlCl_3$ (Friedel-Crafts), wird nichts erwähnt, sie scheint jedoch vorzuliegen[3].

Läßt man *Isopropyläthylen* unter Rühren und guter Kühlung in das dreifache Volumen **konz. Schwefelsäure** einfließen, so gelingt es aus dem erhältlichen Polymerisat folgende Produkte zu isolieren[4]:

Hydrodimeres: $C_{10}H_{22}$ vom Kp. 150—151°, die Struktur soll die eines Trimethylisohexylmethans sein: $(CH_3)_3C \cdot CH_2 \cdot CH_2 \cdot CH_2 \cdot CH(CH_3)_2$[5].

Hydrotrimeres: $C_{15}H_{32}$ (mit 1,3% eines Kohlenwasserstoffes $C_{15}H_{30}$) vom Kp. 240—245°/733 mm.

Hydrotetrameres: $C_{20}H_{42}$ (mit 35,5% eines Kohlenwasserstoffes $C_{20}H_{40}$, der wahrscheinlich das echte Tetramere darstellt) vom Kp. 130—135°/2 mm.

Während mit **konz. Schwefelsäure** eine Verbundpolymerisation erreicht wird, führt **verd. Schwefelsäure** nur zu Dimeren und wenig höheren Polymeren[4].

Für den Reaktionsmechanismus bei der Verbundpolymerisation von z.B. Butenen mit **konz. Schwefelsäure** wird folgendes Schema angenommen:

---

[1] *Buten-1* setzt sich mit H_3PO_4 schwerer um als *Buten-2*.

[2] Mailhe, Renaudie: C. R. hebd. Séances Acad. Sci. **192**, 429 (1931).

[3] Waterman, Leendertse, Klazinga: Recueil Trav. chim. Pays-Bas **54**, 79 (1935). — Waterman, Leendertse, Tulleners: Ebenda **52**, 515 (1933); **53**, 715 (1934). — Waterman, Leendertse: Trans. Faraday Soc. **32**, 251 (1936).

[4] Nametkin, Abakumowskaja: Chem. J., Ser. A., J. allg. Chem. (russ.) **6**, (68), 1166 (1936); Chem. Zbl. **1937 I**, 819. — Siehe auch Ber. dtsch. chem. Ges. **66**, 358 (1933).

[5] Kishner: Chem. Zbl. **1923 III**, 669. Eine derartige Struktur müßte bei der Bildung des Dimeren eine gleichzeitige Alkylwanderung einschließen. (*autodestruktive Alkylierung* S. 386).

$$C_4H_8 + H_2SO_4 \rightarrow HO \cdot SO_2 \cdot OC_4H_9$$

(Esterbildung wie bei der Phosphorsäure, siehe dort)

$$HO \cdot SO_2 \cdot OC_4H_9 + C_4H_8 \rightarrow C_8H_{16} + H_2SO_4,$$

$$HO \cdot SO_2 \cdot OC_4H_9 + C_8H_{16} \rightarrow C_8H_{18} + HO \cdot SO_2 \cdot OC_4H_7,$$

$$n\,HO \cdot SO_2 \cdot OC_4H_7 + n\,H_2SO_4 \rightarrow (C_4H_6)_n + 2n\,H_2SO_4,$$

$$n\,HO \cdot SO_2 \cdot OC_4H_9 + n\,H_2O \rightarrow n\,C_4H_9OH + H_2SO_4$$

(die letzte Reaktionsstufe verläuft nur bei Einwirkung von verdünnter Säure).

Schwefelsäure *mittlerer* Konzentration wirkt *schwach* polymerisierend und führt zur Bildung echter Polymerer niederen Molekulargewichts[1].

Floridin übt auf den Polymerisationsvorgang des Isopropyläthylens *keinen* katalytischen Einfluß aus[2], denn nach LEBEDEW werden durch Floridin nur asymmetrisch di- und trisubstituierte Äthylene polymerisiert, während monosubstituierte und symmetrisch di- und tetrasubstituierte unverändert bleiben. Bisher hat sich diese Gesetzmäßigkeit in keiner Weise umstoßen lassen, wie die einzelnen Beispiele zeigen, wenn man von den niederen Gliedern absieht.

Am *Penten-1* wirkt **verd. Schwefelsäure** nur schwach polymerisierend[1], der genaue Polymerisationsvorgang wurde bisher nicht näher untersucht[3].

Die Wirkung von **Berylliumchlorid** wurde so wie beim Propen auch am *Isohexen-1* untersucht[4].

102 g (1 Mol) Isohexen-1 werden mit 9,5 g (0,1 Mol) $BeCl_2$ 4 Stunden lang auf 200^0 im Autoklaven erhitzt, wobei der Druck bis auf 20 Atm. ansteigt. Man erhält in 80proz. Ausbeute Polymere, die auf Grund ihres Charakters eine eingetretene Verbundpolymerisation anzeigen.

In den Fraktionen $57{-}74^0$ finden sich hauptsächlich Paraffinkohlenwasserstoffe, vor allem Isohexan und n-Hexan. Die Hauptfraktion von $74{-}188^0$ ist eine typische Benzinfraktion, die bis zu $54\,^0/_0$ der Gesamtausbeute an Polymeren betragen kann. Sie enthält in der Mehrzahl Kohlenwasserstoffe mit 8 und 12 C-Atomen, und ihre Menge nimmt mit der Katalysatorkonzentration proportional ab.

Neben $BeCl_2$ wurde auch die katalytische Wirksamkeit von **Berylliumfluorid** und **Berylliumoxyfluorid** untersucht[4]. Nur **Berylliumoxyd** zeigt eine mäßige Aktivität. Mit $1{-}2\,^0/_0$ dieses Katalysators gelingt es $25\,^0/_0$ Polymere zu erhalten, die im wesentlichen aus Di- und Trimeren bestehen.

n-Hepten wird bei der Einwirkung von $\mathbf{P_2O_5}$ bzw. **Phosphorsäure** dimerisiert[5]. In *Benzol*lösung tritt mit P_2O_5 *keine* Alkylierung ein. Die Ansicht von MALISHEW[6], wonach die Polymerisation der Olefine mit P_2O_5 über eine ähnliche Komplexverbindung bzw. über einen Ester nach IPATIEFF verlaufen soll, wird auf Grund von Modellversuchen am n-Hepten-1 bestritten. Desgleichen wird die Existenz einer angeblich katalytisch wirksamen *Benzolmetadiphosphorsäure* (Alkylierung) verneint[5].

Nach NEMZOW, NISOWKINA und SSOSSKINA[7] läßt sich *Octen-1* mittels $\mathbf{P_2O_5}$ leicht polymerisieren; es entstehen bis zu $50\,^0/_0$ Dimere und bis zu $10\,^0/_0$ höhermolekulare Produkte.

---

[1] NORRIS, JOUBERT: J. Amer. chem. Soc. **49**, 873 (1927). — Auch IPATIEFF, PINES: J. org. Chemistry **1**, 464 (1936).
[2] Ber. dtsch. chem. Ges. **58**, 163 (1925); vgl. S. 331.
[3] Die Dimerisierung der Pentene durch Schwefelsäure soll auch hier über die Amylalkohole bzw. deren Schwefelsäureester verlaufen.
[4] BREDERECK, LEHMANN, SCHÖNFELD, FRITZSCHE: Ber. dtsch. chem. Ges. **72**, 1414 (1939).   [5] JOSTES, CRONJÉ: Ber. dtsch. chem. Ges. **71**, 2335 (1938).
[6] Öl Kohle Erdöl Teer **14**, 479 (1938).   [7] Chem. Zbl. **1939 II**, 3551.

Mit der Wirkung von **Schwefelsäure** auf *Caprylen* (Octen-1, Octen-2?) haben sich Brooks und Humphrey[1] beschäftigt. Sie wollen eine dimerisierende Wirkung festgestellt haben. Mit der Verbundpolymerisation eines *Caprylen*, das aus n-Octylalkohol gewonnen worden war, unter der Einwirkung von **konz. Schwefelsäure** haben sich Nametkin und Abakumowskaja[2] in der Literatur eingeführt. Läßt man das genannte Caprylen unter Kühlung auf konz. Schwefelsäure 5—6 Stunden einwirken, so findet sich in dem erhaltenen Polymerisat ein Hydrodimeres $C_{16}H_{34}$ vom K. 130—140°/15 mm, ein Dimeres $C_{16}H_{32}$, und ein Gemisch, bestehend aus dem Hydrotrimeren $C_{24}H_{50}$ und dem echten Trimeren. Die beiden letzten fallen in 70proz. Ausbeute an.

Mit der Wirkung von **Aluminiumchlorid** beschäftigten sich gleichfalls die letztgenannten Autoren und erhielten ein ziemlich ähnliches Bild wie bei der Verwendung von konz. Schwefelsäure. Die Bildung von aromatischen Kohlenwasserstoffen konnte *nicht* beobachtet werden[3]. Unter anderen Versuchsbedingungen können aus *Octenen* mittels $AlCl_3$ in Naphthalösung schmierölähnliche Produkte erhalten werden[4].

Isoocten-1 $(CH_3)_2CH \cdot CH_2 \cdot CH_2 \cdot CH_2 \cdot CH{=}CH_2$ liefert mit **Schwefelsäure** ein Dimeres $C_{16}H_{32}$ vom Kp. 112—114°/16 mm neben geringen Mengen höhermolekularer Produkte. Auch die Bildung des entsprechenden Alkohols läßt sich feststellen[5].

c) Symmetrisch disubstituiertes Äthylen.

Buten-2. Läßt man auf Butanol-2 **75proz. Schwefelsäure** bei 80° und unter Druck einwirken, so findet eine Dimerisierung statt[6]. **90proz. Schwefelsäure** bewirkt nebenher die Bildung höhermolekularer Produkte, was nach den bisherigen Erfahrungen über den Zusammenhang zwischen Säurekonzentration und Ausmaß der Polymerisation zu erwarten ist. Die Struktur des Dimeren wurde als 3,4-Dimethylhexen-2

$$CH_3 \cdot CH_2 \cdot CH \cdot C{=}CH \cdot CH_3$$
$$CH_3 \quad CH_3$$

ermittelt[6]. Nach dem Whitmoreschen Schema der Olefindimerisierung[7] wäre noch die Bildung einer geringen Menge 3,4-Dimethylhexen-1 zu erwarten gewesen, was jedoch nicht gefunden wurde. Über eine mögliche Isomerisierung wird nichts erwähnt, wohl aber muß auf die Feststellung Ipatieffs[8] hingewiesen werden, wonach das aus Butanol-2 hergestellte Buten aus wechselnden Mengen Buten-1 und Buten-2 besteht (siehe S. 369).

Ähnliche Wirkung wie Schwefelsäure hat auch **Floridin**[9]. Die bei Raumtemperatur durchgeführte Polymerisationsreaktion führt in überwiegendem Maße zur Bildung des 3,4-Dimethylhexen-2 vom Kp. 115—116° und des Trimeren vom Kp. 78—79°/18 mm.

---

[1] J. Amer. chem. Soc. **40**, 838 (1918). — Vgl. auch Rossolimo: Ber. dtsch. chem. Ges. **27 A,** 626 (1894).

[2] Chem. J., Ser. A, J. allg. Chem. (russ.) **6** (68), 1166 (1936).

[3] Nametkin, Rudenko: Chem. J., Ser. A., J. allg. Chem. (russ.) **7** (69), 763 (1937).

[4] Sullivan, Voorhees, Neeley, Shankland: Ind. Engng. Chem. **23**, 604 (1931).

[5] Brooks, Humphrey: J. Amer. chem. Soc. **40**, 839 (1918).

[6] Drake, Veitch: J. Amer. chem. Soc. **57**, 2623 (1935). — Vgl. auch Drake, Kline, Rose: Ebenda **56**, 2076 (1934). — F.P. 737743; Amer. P. 1894661. — Über die Wirksamkeit von **Benzolsulfosäure** als Katalysator siehe Kostsova: Acta Univ. Voroegiensis **9**, 125 (1937).

[7] Ind. Engng. Chem. **26**, 94 (1934).

[8] Ipatieff, Corson: Ind. Engng. Chem. **27**, 1069 (1935).

[9] Lebedew, Orlow: Chem. J., Ser. A, J. allg. Chem. (russ.) **5**, (67), 1589 (1935); Chem. Zbl. **1936 II**, 2331; **1934 II**, 3741.

Von weiteren Katalysatoren wurden noch das Gemisch CuS—$CuSO_4$[1] und **Aluminiumchlorid**[2] untersucht. Von Interesse ist schließlich der Versuch, Buten-2 mittels **Radon** zur Polymerisation anzuregen[3].

Das neben dem Trimethyläthylen am leichtesten zur Polymerisation anzuregende Olefin ist das *n-Penten-2* oder *Methyläthyläthylen*.

Über die Wirkung von **Schwefelsäure** verschiedener Konzentration liegen nur Untersuchungen qualitativer Natur vor[4].

Genaues Studium wurde der Einwirkung von $AlCl_3$ zugewendet[5]. Bei Temperaturen von 0^0 kann man eine Polymerisation unter Ausbildung von tri-, tetra- und pentameren Formen bemerken, da das durchschnittliche Molekulargewicht zu 350 bestimmt werden konnte. In den einzelnen Fraktionen wurde auf refraktometrischem Wege die Ringbildung ermittelt und dabei gefunden, daß je Molekül mindestens *ein* Ringsystem gebildet worden ist[5]. Genaue Angaben über den Bau der einzelnen Polymeren liegen aber nicht vor.

Mit der katalytischen Wirkung von **Metallen** haben sich HURD und EILERS[6] beschäftigt. Ihre Ergebnisse sind jedoch nur qualitativer Natur und nicht auswertbar.

d) Asymmetrisch disubstituiertes Äthylen.

Der erste Kohlenwasserstoff dieser Gruppe, das *Isobuten*, wurde in seinem Verhalten gegenüber **Schwefelsäure** und **Borfluorid** schon von BUTLEROW[7] eingehend untersucht. Die Entstehung niedermolekularer Polymerer zeigte, daß eine Isopolymerisation vor sich zu gehen scheint, die durch wenig ausgeprägte Nebenreaktionen gestört wird.

Grundlegend wurden erst die Versuche von WHITMORE und Mitarbeitern, die bei der Einwirkung von **Schwefelsäure** auf aus tertiärem Butanol hergestellten *Isobuten* sowohl das 2,4,4-Trimethylpenten-1 (Kp. 101^0) als auch das 2,4,4-Trimethylpenten-2 (Kp. $104,5^0$) als Dimere gefunden haben[8]. Auf Grund der Struktur dieser Dimeren wurde für den Polymerisationsmechanismus die Protonenkatalyse als Grundlage angenommen und ein Schema für die durch Säure katalysierten Polymerisationsreaktionen von Olefinen und die entstehenden dimeren Produkte aufgestellt. Dieses WHITMOREsche Reaktionsschema[9] ist eingangs in einem gesonderten Kapitel näher behandelt (S. 353).

Einen wesentlichen Einfluß übt — wie schon bei den vorher besprochenen Olefinen erwähnt wurde — die *Säurekonzentration* aus. IPATIEFF und PINES[10]

---

[1] INGOLD, WASSERMANN: Trans. Faraday Soc. **35**, 1024 (1939).

[2] E. P. 165452; Amer. P. 1395620. — SULLIVAN u. a.: Ind. Engng. Chem. **23**, 604 (1931).

[3] HEISIG: J. Amer. chem. Soc. **53**, 3245 (1931).

[4] NORRIS, JOUBERT: J. Amer. chem. Soc. **49**, 873 (1927).

[5] Siehe die Zusammenstellung von WATERMAN, LEENDERTSE: Trans. Faraday Soc. **32**, 251 (1936), sowie Anm. 2.

[6] Ind. Engng. Chem. **26**, 776 (1934).

[7] Liebigs Ann. Chem. **189**, 45 (1876); Ber. dtsch. chem. Ges. **6**, 196, 561 (1873).

[8] WHITMORE, CHURCH: J. Amer. chem. Soc. **54**, 3710 (1932). — WHITMORE, WRENN: Ebenda **53**, 3136 (1931). — TONGBERG, PICKENS, FRENSKE, WHITMORE: Ebenda **54**, 3706 (1932). — Auch MacCUBBIN, ADKINS: Ebenda **52**, 2547 (1930). — Nach PRILESHAJEW (Chem. Zbl. **1907** II, 2023) besteht das BUTLEROWsche Diisobuten aus einem Gemisch gleicher Teile 2,4,4-Trimethylpenten-1 und 2,4,4-Trimethylpenten-2 (Kp. $102,5^0$/756 mm), während nach KONDAKOW [J. prakt. Chem. **54**, 442 (1896)] das Penten-2 im Gemisch (Kp. 101—$101,7^0$!) überwiegen soll.

[9] Ind. Engng. Chem. **26**, 94 (1934). — Vgl. auch SPARKS, ROSEN, FROLICH: Trans. Faraday Soc. **35**, 1040 (1939).

[10] J. org. Chemistry **1**, 464 (1936). — IPATIEFF: Atti X Congr. int. Chim., Roma **3**, 745 (1938). — Amer. P. 1894661; F. P. 803288. — Vgl. auch McALLISTER: Oil and Gas J. **36**, 139 (1937).

haben sich eingehend damit beschäftigt und unter anderem gefunden, daß ab einer gewissen Konzentration die überwiegende Isopolymerisation in eine Verbundpolymerisation übergeht. Auch der Temperatureinfluß wurde in den Kreis der Betrachtungen gezogen. Die nachstehend angeführte Tabelle soll an Hand einiger Beispiele die Tatsachen vor Augen führen:

Tabelle 5.

Temperatur °C	Konzentration der Schwefelsäure	Menge Isobuten	Di-	Tri-	Tetra-
				isobuten	
0	87 proz.	viel	wenig	viel	—
0	87 proz.	wenig	viel	wenig	—
0	77 proz.	viel		gleichmäßig	
0	67 proz.	viel	0	0	0
35	77 proz.			gleichmäßig	
35	67 proz.			gleichmäßig	wenig

Bei erhöhter Temperatur wirkt verd. Schwefelsäure stark *depolymerisierend*, ähnlich wie **Floridin** (siehe später), es hat somit den Anschein, als ob die durch Säure hervorgerufene Polymerisation eine Gleichgewichtsreaktion ist. Durch genaue Messungen, die von Ipatieff und Pines[1] übrigens in ihrer Arbeit auch vorgenommen wurden, wäre es ohne weiteres möglich, diese Gleichgewichte gesetzmäßig zu erfassen.

Mittels **Phosphorpentoxyd** kann man das *Isobuten* bei 110° in di-, tri- und tetramere Produkte überführen[2]. Durch Niederschlagen des Katalysators auf Bimsstein wird seine Wirksamkeit merkbar erhöht.

Eine *Hydropolymerisation* des Isobuten haben Ipatieff und Komareswki[3] durchgeführt.

Isobuten wird im Stahlautoklaven mit einem Katalysator, bestehend aus 1,5 Teilen eines **Phosphorsäurepräparates**[4], 1 Teil **Ferrum reductum** und 0,5 Teilen **Nickeloxyd** bei 80 Atm. in *Wasserstoff*atmosphäre 6—12 Stunden auf 250—300° erhitzt. Nach Aufarbeitung der Polymeren können Paraffine isoliert werden.

Bis zu 45 % des flüssigen Anteils der Polymeren bestehen aus Octanen, d. h. die durch den katalytischen Einfluß der Phosphorsäure entstehenden ungesättigten Dimeren werden wahrscheinlich auf dem Wege einer katalytischen Hydrierung einer weiteren Reaktion (Verbundpolymerisation) entzogen (siehe später). Ob die Metall- bzw. Metalloxydzusätze auch eine Isomerisierung *(„autodestruktive Alkylierung")* hervorrufen und damit die Entstehung von Isostrukturen begünstigen, ist nicht zu entscheiden, könnte aber möglich sein.

Aus diesem Beispiel erkennt man auch die technisch mögliche Gewinnung größerer Mengen von Octanbenzinen mit höheren Octanzahlen.

Nunmehr sollen auch die durch *Metallhalogenide* beeinflußten Polymerisationen des *Isobuten* besprochen werden.

Schon Kondakow[5] erhielt bei der Einwirkung von Buten auf **Zinkchlorid** neben flüssigen polymeren Produkten eine Olefin-Zinkchlorid-Doppelverbindung mit etwas tert. Butylchlorid.

In Weiterführung der Versuche Butlerows (siehe vorher) haben Thomas u. a.[6] die katalytische Polymerisation von *Isobuten* mittels **BF₃** bei niederen

---

[1] Siehe Anm. 10, S. 373.

[2] Desparmet: Bull. Soc. chim. France (5) **3**, 2047 (1936).

[3] Ind. Engng. Chem. **29**, 958 (1937). — Über die selektive Polymerisation mit Phosphorsäure siehe Schultze, Müller: Rév. petrolifière **1937**, 1191.

[4] Siehe Amer. P. 1 993 512; Chem. Zbl. **1935** II, 3338.

[5] J. prakt. Chem. **54**, 442 (1896).

[6] Thomas, Sparks, Frolich, Otto, Mueller-Cunradi: J. Amer. chem. Soc. **62**, 276 (1940); vgl. auch Ind. Engng. Chem., ind. Edit. **32**, 299 (1940).

Temperaturen eingehend untersucht und dabei erwartungsgemäß festgestellt, daß die Molekelgröße der gebildeten Polymeren mit sinkender Reaktionstemperatur wächst. Besonderes Augenmerk wurde den störenden Zusätzen zugewendet. Zum Beispiel reagiert beigemengtes *n-Buten* unter Erniedrigung des Molekulargewichtes des Reaktionsproduktes, ebenso *Diisobuten* und *Triisobuten.* Von weiteren „Reaktionsgiften" wären zu nennen: *Schwefelverbindungen* und *Halogenwasserstoffe,* wobei letztere vielleicht dadurch wirken, daß sie die *Dimerisierung* begünstigen. Die Wirksamkeit des BF_3 und auch $TiCl_4$ oder $AlCl_3$ ist am wirksamsten bei großen Verdünnungen, die es erlauben, Ausbeuten bis zu 90% zu erzielen. Auch die mögliche Struktur der Polymeren wurde untersucht und nach Abbauversuchen festgestellt, daß folgende Kohlenstoffgerüste in Frage kommen:

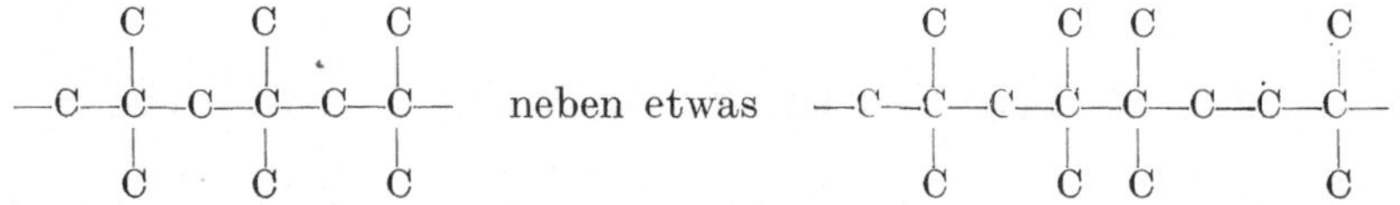

<pre>
      C   C   C   C   C C   C
      | | | | | | |
 —C—C—C—C—C—C—   neben etwas   —C—C—C—C—C—C—C—C—
      | | | | | | |
      C   C   C   C   C C   C
</pre>

Aluminiumchlorid wirkt sehr heftig auf Isobuten, besonders bei Temperaturen von —80°[1]. Es bilden sich zähe, klebrige Massen (Gemische von Doppelverbindungen) von wechselnder Zusammensetzung. Ob eine Verbundpolymerisation eintritt, kann nicht endgültig beantwortet werden, Angaben über das Vorhandensein cyclischer Kohlenwasserstoffe liegen vor[1].

Technisch wird die katalytische Wirkung des Aluminiumchlorids zur Herstellung von *schmierölähnlichen* Produkten aus Isobuten verwendet[2].

Berylliumchlorid zeigt keine nennenswerte Tendenz, die Entstehung cyclischer Kohlenwasserstoffe zu begünstigen. Durch mehrstündiges Erhitzen im Autoklaven mit 10% des Gewichtes an Katalysator wird in fast 50proz. Ausbeute ein Gemisch isomerer Octene neben wenig Octanen gewonnen (Siedebereich 75—190°). In den niedersiedenden Anteilen können Isopentan, Isohexan und Isohexen nachgewiesen werden. Bis zu 60% dieses Anteiles ist ungesättigter Natur und zeigt, daß eine weitgehende Isopolymerisation stattgefunden haben muß, die nur wenig von destruktiven Umsetzungen (*Alkylierung, Wasserstoffdisproportionierung*) gestört ist[3]. Ob die *Gefäßwandung* einen Einfluß auf den Verlauf der Reaktion ausübt, ist in Betracht zu ziehen, da in **Glasgefäßen** die Polymerisation mit dem gleichen Katalysator und unter ähnlichen Bedingungen vollkommen anders abläuft.

Die Einwirkung von **Metallhalogeniden,** besonders von BF_3, führt bei reinem Isobuten unter besonderer Berücksichtigung sämtlicher Bedingungen und bei Verwendung tiefer Temperaturen — wie schon vorhin erwähnt — zur Bildung von öligen bis festen wasserklaren Produkten, die technisch wertvolle Schmieröle, Kunststoffe oder Zusätze zu verschiedenen Kautschukarten darstellen[4].

Ein sehr schönes Beispiel zur *Lenkung* des Polymerisationsverlaufes von *Isobuten* ist die Arbeit von LEBEDEW und KOBLIANSKY[5].

---

[1] WATERMAN u. a.: Recueil Trav. chim. Pays-Bas **53**, 699, 1151 (1934); **54**, 79, 245 (1935); **56**, 59 (1937). — HUNTER, YOHE: J. Amer. chem. Soc. **55**, 1250 (1933).

[2] SULLIVAN u. a.: Ind. Engng. Chem. **23**, 604 (1931). — SZAYMA: Przemysl chem. **12**, 637 (1928). — E. P. 372321, 421118. — Vgl. auch KOCH: Brennstoff-Chem. **18**, 121 (1937).

[3] BREDERECK, LEHMANN, SCHÖNFELD, FRITZSCHE: Ber. dtsch. chem. Ges. **72**, 1414 (1939).

[4] J. Amer. chem. Soc. **62**, 276 (1940). — Amer. P. 2049062, 2084501, 2109772, 2203873; E. P. 401297; 432196.

[5] Ber. dtsch. chem. Ges. **63**, 103 (1930). — Vgl. auch BIRCH, PIN, TAIT: J. Soc. chem. Ind., Chem. & Ind. **55**, 335 T (1936).

Durch Einleiten von *Isobuten* in **Schwefelsäure (1:5)** erhält man ein Polymerisat, welches zu 1% aus Diisobuten, 90% Triisobuten und 9% höhermolekularen Produkten besteht.

Das Trimere kann in zwei isomere Formen getrennt werden, deren Mengenverhältnis 9:1 beträgt (Kp. 56° bzw. 75—77°/10 mm). Das erste Trimere soll die Struktur eines 1,1'-Diisobutyl-2-methylpropen-1 besitzen:

$$CH_3 \cdot \underset{\underset{CH_3}{|}}{C} = C \underset{C(CH_3)_3}{\overset{C(CH_3)_3}{<}}$$

während nach Whitmore (siehe S. 352) folgende trimere Formen zu erwarten wären:

2,2,4,6,6-Pentamethylhepten-3
$$CH_3 \cdot \underset{\underset{CH_3}{|}}{\overset{\overset{CH_3}{|}}{C}} \cdot CH_2 \cdot C = CH \cdot \underset{\underset{CH_3}{|}}{\overset{\overset{CH_3}{|}}{C}} \cdot CH_3$$

und

2,4,4,6,6-Pentamethylhepten-1
$$CH_3 \cdot \underset{\underset{CH_3}{|}}{\overset{\overset{CH_3}{|}}{C}} \cdot CH_2 \cdot \underset{\underset{CH_3}{|}}{\overset{\overset{CH_3}{|}}{C}} \cdot CH_2 \cdot C = CH_2$$

sowie 2,4,4,6,6-Pentamethylhepten-1 und unsymmetrisches Dineopentyläthylen:

$$CH_2 = C \underset{CH_2 \cdot C(CH_3)_3}{\overset{CH_2 \cdot C(CH_3)_3}{<}}$$

Aus diesen Angaben ersieht man, wie unklar noch die Verhältnisse sind, da in keinem Falle genaue Unterlagen durch Abbauversuche oder Vergleichsmöglichkeiten mit synthetisch hergestellten Produkten vorhanden sind.

Die Wirkung von **konz. Schwefelsäure** haben Nametkin und Abakumowskaja[1] untersucht.

Durch Eingießen des verflüssigten Kohlenwasserstoffes in das dreifache Volumen der konzentrierten Säure unter Rühren wird eine *Verbundpolymerisation* herbeigeführt. Aus dem Polymerisat können nach verschiedenen Reinigungsprozessen und Fraktionierungen folgende Produkte isoliert werden:

Hydrodimeres C_8H_{18}, Kp. 106,4—108,6°/770 mm, Hydrotrimeres $C_{12}H_{26}$, Kp. 177—179°/748 mm, Hydrotetrameres $C_{16}H_{34}$ (mit 15% des Tetrameren vermengt), Kp. 242—246°/746 mm, Hydropentameres $C_{20}H_{42}$ (mit 35% eines Kohlenwasserstoffes $C_{20}H_{40}$ vermengt), Kp. 150—153°/10 mm und ein Hydrohexameres mit einem Kohlenwasserstoff $C_{24}H_{48}$ zu gleichen Teilen, Kp. 153 bis 154,2°/2 mm.

Man erkennt an den Endprodukten, daß während der Reaktion eine „*innermolekulare Hydrierung*" stattfindet, die aber nur bei Olefinen mit *vier* oder *mehr* Kohlenstoffatomen stattfindet (Propen gibt mit konz. Schwefelsäure bei 0° und 25° *nur* Isopropylsulfat![2]).

Der Reaktionsmechanismus kann folgendermaßen formuliert werden:

---

[1] Chem. J., Ser. A., J. allg. Chem. (russ.) **6** (68), 1166 (1936); Chem. Zbl. **1937 II**, 31.

[2] Die Beobachtung von Ormandy, Craven: J. Instn. Petrol. Technologists **13**, 844 (1927); J. Soc. chem. Ind. **47**, 317 T (1928), wonach die gleichzeitige Anwesenheit von **Kupfer-** und **Merkurisulfat** in der *konz. Schwefelsäure* die *Propen*polymerisation begünstigen soll, ist unrichtig.

Isobuten:

$$C_4H_8 + H_2SO_4 \rightarrow C_4H_9O \cdot SO_3H \quad \text{Esterbildung}$$
$$C_4H_9O \cdot SO_3H + C_4H_8 \rightarrow H_2SO_4 + C_8H_{16} \quad \text{Isoocten}$$
$$C_4H_9O \cdot SO_3H + C_8H_{16} \rightarrow C_4H_7O \cdot SO_3H + C_8H_{18} \quad \text{Hydrodimeres} = \text{ein Isooctan}$$
$$2\,C_4H_7O \cdot SO_3H \rightarrow H_2SO_4 + C_4H_6 + C_4H_7O \cdot SO_3H$$
$$C_4H_7O \cdot SO_3H + C_4H_6 \rightarrow (C_8H_{12})n + H_2SO_4 \,.$$

Die in der letzten Reaktionsstufe entstehenden Cyclodiene C_nH_{2n-4} finden sich als harz- und asphaltartige Produkte im Rückstand und können aus dem Katalysator durch Wasserzusatz abgetrennt werden.

Eine solche stattfindende *Hydrierung* als innermolekulare Reaktion findet auf diese Weise ihre Erklärung. Es ist selbstverständlich, daß daneben auch andere Reaktionen (Isomerisierungen, Alkylierungen usw.) ablaufen[1].

Die öfters schon beobachtete Wirkung von **Floridin** ist der von verd. Schwefelsäure gleichzusetzen, nur ist diese Katalyse, da sie in *heterogener* Phase verläuft, sehr leicht zu lenken[2].

50 g trockenes *Isobuten* werden in eine Vorlage, welche 60 g Floridin enthält und auf —80⁰ gekühlt ist, destilliert, unter Kohlendioxyd 3 Tage bei —80⁰ und hierauf 1 Tag bei 5⁰ stehen gelassen. Der größte Teil des Olefins ist polymerisiert und kann durch mehrmalige Extraktion mit reinem Äther vom Katalysator getrennt werden. Durch Fraktionierung kann man eine Trennung in die einzelnen Produkte verschiedenen Polymerisationsgrades erreichen.

Die Polymerisation bei *Raumtemperatur* führt fast zu demselben Ergebnis. Interessant ist auch die Beobachtung, daß neben dem Polymerisations- auch ein Depolymerisationsprozeß stattfindet, somit ein Gleichgewicht besteht. Dieselbe Erscheinung trifft man — wie oft erwähnt — auch bei den Säurekatalysatoren[3].

Der Aktivierungsgrad des Floridins ist von entscheidendem Einfluß, ebenso der Wassergehalt, was auch bei anderen polymerisationsfähigen Stoffen immer wieder festgestellt und mehr oder weniger ausführlich untersucht worden ist[4].

Nach LEBEDEW[5] soll auch die Polymerisationsfähigkeit verschieden substituierter Olefine durch Floridin klassifiziert werden können (siehe S. 371).

IPATIEFF und KOMAREWSKY[6] haben eine weitere „*Hydropolymerisation*" von Isobuten aufgefunden und näher untersucht.

Wird *Isobuten* (aus Isobutanol mittels Aluminiumoxyd erhalten) in Anwesenheit von **Ferrum reductum, Magnesiumchlorid** und **Wasser** [vgl. die analoge Katalysatorzusammensetzung Nickel—Borfluorid — Spuren Wasser (S. 386)] bei 80 at und 250⁰ 8 Stunden lang mit *Wasserstoff* zur Reaktion gebracht, so gelingt es, in 50proz. Ausbeute flüssige Polymere zu erhalten. Der Siedebereich des Produktes liegt zwischen 50 und 210⁰ und enthält neben 10 % ungesättigten Kohlenwasserstoffen reichliche Mengen 2,4,4-Trimethylpentan (hydriertes Dimeres)[7] und Isododecan (hydriertes Trimeres) neben anderen Paraffinen. Der schwer kondensierbare Anteil des Reaktionsgemisches enthält fast nur Isobuten und Isobutan.

---

[1] IPATIEFF, PINES: J. org. Chemistry **1**, 477 (1936). — NAMETKIN und Mitarbeiter: l. c.

[2] STAUDINGER, BRUNNER: Helv. chim. Acta **13**, 1375 (1930). — LEBEDEW, KOBLIANSKY: Ber. dtsch. chem. Ges. **63**, 109 (1930). — Vgl. auch VAN WINKLE: J. Amer. pharmac. Assoc. **17**, 544 (1928).

[3] LEBEDEW, KOBLIANSKY: Ber. dtsch. chem. Ges. **63**, 1432 (1930); Chem. Zbl. **1934 II**, 3741. — IPATIEFF, PINES: J. org. Chemistry **1**, 464, 470 (1936). Siehe S. 331.

[4] LEBEDEW, KOBLIANSKY: Ber. dtsch. chem. Ges. **63**, 103 (1930). — LEBEDEW, BORGMANN: Chem. Zbl. **1936 II**, 2331. — SLOBODIN: Ebenda **1936 II**, 2331.

[5] LEBEDEW, FILONENKO: Ber. dtsch. chem. Ges. **58**, 163 (1925).

[6] J. Amer. chem. Soc. **59**, 720 (1937).

[7] *Neoisooctan*, in der Technik fälschlich Isooctan genannt.

Auch **Chloride** des **Zinks** und **Aluminiums** können an Stelle von Magnesiumchlorid verwendet werden, wodurch besonders beim $AlCl_3$ die Ausbeute an flüssigen Polymeren beträchtlich gesteigert werden kann. Neben dem 2,4,4-Trimethylpentan findet sich dann noch das andere Isooctan 2-Methylheptan (Möglichkeit einer *autodestruktiven Alkylierung*, siehe S. 386).

Bekanntlich sind **Eisen-** und **Eisen-Nickeloxyd-**Katalysatoren bei hohen Drucken gute *Wasserstoff*überträger. Läßt man daher den durch ein Gemisch von Magnesiumchlorid *(Promotor)*, Eisen und Wasser unter Druck in reichlichen Mengen entwickelten Wasserstoff mit Isobuten in Reaktion treten, so würde man erwarten, daß Isobutan entstehe. Dies ist jedoch nicht der Fall, es wird das unveränderte Ausgangsprodukt zurückerhalten. Verwendet man aber reine *Polymerisationskatalysatoren* ($AlCl_3$, $ZnCl_2$, $MgCl_2$, H_3PO_4) und *gleichzeitig Hydrierungskatalysatoren* der oben angeführten Beschaffenheit und Zusammensetzung, so findet durch den *zusätzlichen* freien Wasserstoff sowohl Polymerisation als auch Hydrierung statt.

Aus den Versuchen ergab sich aber auch weiter, daß durch $MgCl_2$ oder $AlCl_3$ allein unter diesen Bedingungen, also in Anwesenheit von freiem Wasserstoff, *keine* Polymerisation eintritt, wohl aber sofort bei Zusatz der die Hydrierung ermöglichenden Stoffe. Es ergibt sich somit die eigenartige Erscheinung, daß diese „Hydropolymerisation" eine simultane Reaktion ist, denn wenn man z. B. den Eisenkatalysator entfernt, tritt nicht nur keine Hydrierung, sondern auch keine Polymerisation ein.

Es steht somit zur Diskussion, ob in der ersten Reaktionsstufe aus Isobuten durch Hydrierung Isobutan (vgl. das Gasgemisch am Ende der Reaktion, das aus Isobuten und Isobutan besteht) gebildet wird, und diese beiden Stoffe nach Art einer Alkylierung (S. 385) zu den hydrierten Dimeren reagieren oder durch Hydrierung von in Spuren gebildetem echten Dimeren die nötige Energie zur weiteren Polymerisation geliefert wird und die Dimeren fortlaufend durch Wasserstoffaddition zum größten Teil weiterer Reaktion entzogen werden.

Scheinbar dieselbe Wirkung wie Floridin zeigt ein Katalysator mit auf Silicagel niedergeschlagenem **Aluminiumoxyd**[1]. Bei Raumtemperatur wird damit *Isobuten* zu niedermolekularen Produkten polymerisiert[2]. Unter anderen Produkten wird das Dimere (2,4,4-Trimethylpenten-1) sowie ein Trimeres (Kp. 71 bis 72°/20 mm) und ein Tetrameres (Kp. 71—72°/2 mm) beschrieben, jedoch keine Strukturangaben gemacht.

Mit der Wirkung von **Komplexverbindungen** des **Aluminiumchlorids** haben sich Hunter und Yohe[3] beschäftigt. Aus dieser Arbeit geht hervor, daß nach Verlust der ursprünglich im Aluminiumchlorid vorhandenen Oktettlücke durch Anlagerung eines aktiven organischen Moleküls die Polymerisationswirkung vollkommen verschwindet, da eine Polarisation der Äthylendoppelbindung nicht mehr erfolgen kann (vgl. S. 354).

Erwähnenswert sind noch die Versuche mittels **Phosphortrichlorid**[4] und **Eisenchlorid**[5] Polymerisationen des *Isobuten* katalytisch zu beeinflussen.

Die katalytische Wirksamkeit von **Sauerstoff** bei der Polymerisation von Isobuten bei 400—460° und niederen Drucken diskutieren Steacie und Shane[6].

---

[1] Gayer: Ind. Engng. Chem. **25**, 1122 (1933).

[2] Waterman, Leendertse, De Kok: Recueil Trav. chim. Pays-Bas **53**, 1151 (1934).

[3] J. Amer. chem. Soc. **55**, 1250 (1933).

[4] Milabededzki, Sachmowski: Chemik. polski **15**, 34 (1918).

[5] Oddo: Gazz. chim. ital. **31**, 326 (1901).

[6] Canad. J. Res., Sect. B, **16**, 210 (1938). — Vgl. auch Roper: J. Amer. chem. Soc. **60**, 2699 (1938).

Auch *Isobuten* wird in Anwesenheit von Aromaten durch **Phosphorpentoxyd** nebenbei zu *Alkylierungs*reaktionen verwendet[1].

2-Äthylpropen oder 2-Methylbuten-1. Kann mit Hilfe von **Floridin** nach einer Woche bei Raumtemperatur in höhermolekulare Produkte verwandelt werden, worunter das Dimere von nicht näher beschriebener Konstitution überwiegt[2].

Auch das *2,4,4-Trimethylpenten-1*, die eine Form des dimeren Isobuten, wird mit **Floridin** in das Dimere übergeführt[2]. Die gleiche Wirkung läßt sich auch mit **verd. Schwefelsäure** erreichen.

Auch eine technisch anwendbare Polymerisation dieses Olefins zu schmierölähnlichen Produkten mit Hilfe von **Aluminiumchlorid** wird in der Literatur beschrieben[3].

2-Äthylhexen-1. Durch Einwirkung von **80proz. Schwefelsäure** bei Raumtemperatur wird ein Dimeres (Kp. 245—250⁰) von nicht näher bezeichneter Konstitution erhalten[4].

$$CH_2 \qquad\qquad CH_2$$

Camphen[5] 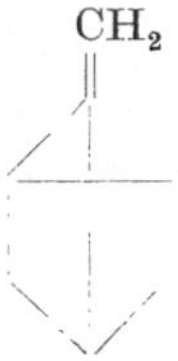 und *Fenchen*[6] CH_2—CH_3 können unter dem Einfluß von **sauren Erden** bzw. **Floridin** polymerisiert werden. Im ersten Falle erreicht man eine Dimerisierung, während Fenchen nach längerer Behandlung mit dem Katalysator vollständig polymerisiert.

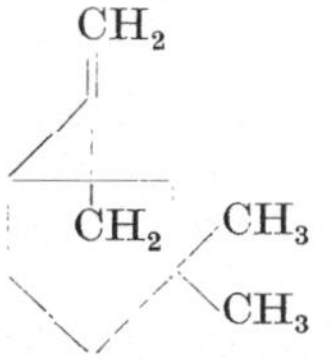

e) Mehrfach substituiertes Äthylen.

Trimethyläthylen oder 2-Methylbuten-2 läßt sich durch Einwirkung von **Aluminiumchlorid** während einiger Wochen bei Raumtemperatur einer *Verbundpolymerisation* unterwerfen, aus der ein Gemisch von Paraffinkohlenwasserstoffen mit *Isostruktur* (Isopentan, Hexane, Heptane, Octane, Nonane) neben etwas Naphthenen und reichlichen Mengen aromatischen Kohlenwasserstoffen (Schmierölbildung) hervorgeht[7]. Leider finden sich keine genauen Angaben über die Struktur der einzelnen Produkte.

Die gleiche Reaktion wie am Isobuten haben **IPATIEFF** und **KOMAREWSKY**[8] auch am *Amylen* ausgeführt. Beim Behandeln eines Gemisches von *Amylen*, **Ferrum reductum** und **Magnesiumchlorid (2 H₂O)** mit *Wasserstoff* bei 80 at und 300⁰ während 4 Stunden wird eine *Hydropolymerisation* erreicht, die in guter Ausbeute flüssige Polymere liefert. Neben nicht oder schwer kondensierbaren Gasen läßt sich ein flüssiges Gemisch mit dem Siedebereich 35—173⁰ isolieren, das nur geringe Anteile (5%) ungesättigter Kohlenwasserstoffe und unter anderem ein Isodecan (Kp. 170—173⁰) in fast 30proz. Ausbeute enthält. Für dieses Isodecan werden folgende Strukturen angenommen:

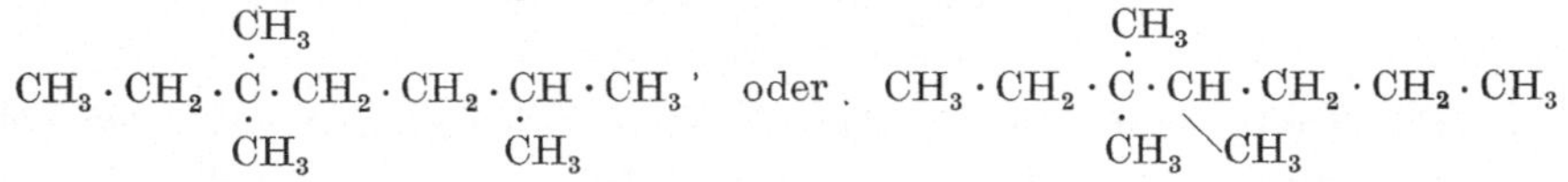

$$CH_3 \cdot CH_2 \cdot \underset{\underset{CH_3}{|}}{\overset{\overset{CH_3}{|}}{C}} \cdot CH_2 \cdot CH_2 \cdot CH \cdot CH_3 \qquad oder \qquad CH_3 \cdot CH_2 \cdot \underset{\underset{CH_3}{|}}{\overset{\overset{CH_3}{|}}{C}} \cdot CH \cdot CH_2 \cdot CH_2 \cdot CH_3$$

I   II

[1] MALISHEW: J. Amer. chem. Soc. **57**, 883 (1935).
[2] LEBEDEW, FILONENKO: Ber. dtsch. chem. Ges. **58**, 163 (1925).
[3] E. P. 472553; F. P. 818552. — Über die Dimerisierung siehe CRAMER, CAMPBELL: Ind. Engng. Chem. **29**, 234 (1937).
[4] WEIZMANN, GERARD: J. chem. Soc. [London] **117**, 324 (1920).
[5] KUWATA: J. Soc. chem. Ind. Japan, suppl. Bind. **36**, 256 (1933).
[6] TOIVONEN: Suomen Kemistilehti **9**, 73 (1936).
[7] ENGLER, ROUTALA: Ber. dtsch. chem. Ges. **42**, 4613 (1909).
[8] J. Amer. chem. Soc. **59**, 720 (1937).

Für das nicht hydrierte Dimere wäre folgende Struktur zu erwarten:

$$CH_3 \cdot CH_2 \cdot \overset{\displaystyle CH_3}{\underset{\displaystyle CH_3}{C}} \cdot CH_2 \cdot \underset{\displaystyle CH_3}{C}{=}CH \cdot CH_3$$

(Man beachte die Stellung der Methylgruppe in Produkt II.)

Die von Drake, Kline und Rose[1] durchgeführte Polymerisation mittels **75proz. Schwefelsäure** bei 80^0 führte in 55—60proz. Ausbeute zu einem Gemisch von Dimeren, aus denen durch Abbaureaktionen sichergestellte Formelbilder zweier Produkte hervorgehen:

$$CH_3 \cdot \overset{\displaystyle CH_3}{\underset{\displaystyle CH_3}{C}} \cdot \overset{\displaystyle CH_3}{CH} \cdot \overset{\displaystyle CH_3}{C}{=}CH \cdot CH_3 \qquad\qquad CH_3 \cdot CH_2 \cdot \overset{\displaystyle CH_3}{\underset{\displaystyle CH_3}{C}} \cdot CH_2 \cdot \overset{\displaystyle CH_3}{C}{=}CH \cdot CH_3$$

3, 4, 5, 5-Tetramethylhexen-2.   3, 5, 5-Trimethylhepten-2.

Das letzte Produkt zeigt eine vollkommen andere Stellung der Methylgruppe, als im Produkt II angegeben wird. Weiter steht dieses Ergebnis auch im Widerspruch zu den Annahmen Whitmores[2], da die Bildung eines 3,4,5,5-Tetramethylhexen-2 nicht vorgesehen ist *(autodestruktive Alkylierung)*.

Die von Norris und Joubert[3] mit **Schwefelsäure** verschiedener Konzentration bei Raumtemperatur vorgenommenen Polymerisationen am *Trimethyläthylen* lassen — abgesehen von fehlenden genauen Angaben über den Bau der Di- und Trimeren — auch manche widersprechende Auslegungen der Ergebnisse und Beobachtungen erkennen.

Versuche über die *Isopolymerisation* des *Trimethyläthylens* durch **Floridin** wurden von Lebedew und Filonenko[4] vorgenommen, jedoch keine genauen Angaben gemacht.

Das *Tetramethyläthylen oder 2,3-Dimethylbuten-2* haben durch **Schwefelsäure** Brooks und Humphrey[5] in das Dimere übergeführt und daneben die Bildung des entsprechenden Alkohols beobachtet.

Über eine Isopolymerisation mittels **BF$_3$** wird in der Literatur berichtet[6]:

150 g Tetramethyläthylen werden auf -10^0 abgekühlt und mit **Borfluorid** (aus 80 g CaF$_2$) über Nacht stehen gelassen. Nach Entfernen des Katalysators wird unter vermindertem Druck destilliert. Das reine Destillat wird in einer Vigreux-Kolonne fraktioniert. Man erhält 128 cm Kohlenwasserstoffe mit einem Siedebereich von $44^0/12$ mm bis $123^0/0,4$ mm, davon sieden 60 cm zwischen 45 und 55^0 bei 12 mm.

Als Hauptmenge bildet sich das Dimere, dem auf Grund von eingehenden Abbauversuchen folgende Konstitution zugeschrieben werden muß:

$$CH_3 \cdot \underset{\displaystyle CH_3}{CH} \cdot \underset{\displaystyle CH_3}{CH} \cdot CH{=}\underset{\displaystyle CH_3}{C} \cdot C\Big\langle{\overset{\displaystyle CH_3}{\underset{\displaystyle CH_3}{CH_3}}}$$

2, 2, 3, 5, 6-Pentamethylhepten-3.

Tetramethyläthylen läßt sich mit *Phosphorsäure, Silicagel* usw. *nicht* zur Polymerisation anregen, selbst bei Temperaturen von 300^0. Da im Molekül *kein* wanderungsfähiges Wasserstoffatom vorhanden ist, muß sich eine *Alkyl*gruppe

[1] J. Amer. chem. Soc. **56**, 2079 (1934). — Kline, Drake: J. Res. nat. Bur. Standards **13**, 705 (1934). — E. P. 322102.
[2] Ind. Engng. Chem. **26**, 94 (1934).
[3] J. Amer. chem. Soc. **49**, 877 (1927). — Vgl. auch Königs, Mai: Ber. dtsch. chem. Ges. **25**, 2649 (1892).   [4] Ber. dtsch. chem. Ges. **58**, 163 (1925).
[5] J. Amer. chem. Soc. **40**, 835, 836, 840 (1918).
[6] Brunner, Farmer: J. chem. Soc. [London] **1937**, 1039.

als aktiv erweisen, was mit den *Mesomerie*erscheinungen beim Tetramethyläthylen erklärt werden kann[1]. Die ausgeprägte Spezifität der als Polymerisationskatalysator wirksamen Substanz scheint mit diesen Mesomerieerscheinungen in Zusammenhang zu stehen (Polarisationseffekt), wurde bisher jedoch nicht näher untersucht.

Das *3-Äthylpenten-2* (*Methyldiäthyläthylen*) und *2-Methylundecen-2* können mittels **Schwefelsäure** in dimere Produkte verwandelt werden[2], die Ausbeuten sind jedoch sehr gering.

Das *2,4,4-Trimethylpenten-2*, die eine Form des dimeren Isobuten, läßt sich bei Raumtemperatur mittels **Floridin** innerhalb einiger Tage selbst in ein Dimeres, nicht näher beschriebener Konstitution überführen[3].

f) Mischpolymerisation von Olefinen
(*cross- or mixed-Polymerization*).

Propen und Isobuten bzw. Isopenten. Bei Anwesenheit von **Schwefelsäure** werden *Propen-* und *Isobuten*-Gemische sehr *leicht* polymerisiert, und es entstehen hauptsächlich Heptene. Die entsprechenden Octene werden bei Verwendung von Isopentenen erhalten.

Die erhältlichen Produkte zeigen nach genauer Analyse das Vorliegen von 2,2-Dimethylpenten-4 und etwas 2,2,3-Trimethylbuten-3. Weiter findet sich noch ein durch *autodestruktive Alkylierung* (siehe S. 386) gebildetes Polymeres, das 2,3-Dimethylpenten.

$$\underset{\underset{CH_3}{|}}{\overset{\overset{CH_2}{\|}}{CH_3\!-\!C}} + \underset{\underset{CH_3}{|}}{CH} = CH_2 \longrightarrow CH_3 \cdot \underset{CH_3}{\overset{CH_3}{C}} \cdot \underset{CH_3}{C} = CH_2$$

$$CH_3 \cdot \underset{CH_3}{\overset{CH_3}{C}} \cdot CH_2 \cdot CH = CH_2 .$$

Mit *n-Butenen* (Buten-1 oder Buten-2) im Gemisch reagiert *Propen nicht*, d. h. es findet keine Umsetzung zwischen den beiden Olefinen statt. Nur mit Olefinen von *Isostruktur* kann das *Propen* bei Anwesenheit von konz. Schwefelsäure zusammentreten und Olefine bilden, deren Zusammensetzung dem normalen Reaktionsverlauf einer Alkylierung entsprechen würde[4].

Die Polymerisation von *Propen-Buten*-Gemischen in Tetrachloräthan mittels AlCl$_3$ führt zu schmierölähnlichen Produkten[5].

Butene untereinander. Ein Gemisch von *n-Buten* und *Isobuten* läßt sich unter der Einwirkung von **63—72proz. Schwefelsäure** in ein Gemenge dimerer Produkte überführen, worunter sich 2,2,3-Trimethylpenten-3 befindet. Auch 2,3,4-Trimethylpenten-1 soll sich bilden, was aber im Gegensatz zu den nachstehenden Beobachtungen steht. Die nachgewiesene Bildung dieses Produktes ist mit einer *autodestruktiven Alkylierung* in Zusammenhang zu bringen (siehe oben 2,3-Dimethylpenten)[6].

---

[1] Laughlin, Nash, Whitmore: J. Amer. chem. Soc. **56**, 1395 (1934).

[2] Siehe Anm. 6, S. 380.

[3] Lebedew, Filonenko: Ber. dtsch. chem. Ges. **58**, 163 (1925).

[4] Ipatieff, Pines, Friedmann: J. Amer. chem. Soc. **61**, 1825 (1939). — Siehe auch Cramer, Glasebrook: Ebenda **61**, 230 (1939).

[5] F. P. 818552; E. P. 472553.

[6] Whitmore, Laughlin, Matuszeski, Crooks, Flemming: Amer. chem. Soc. Meeting, Org. Div., Abstracts, Pittsburgh **1936**, 10. — Vgl. auch Laughlin, Nash, Whitmore: J. Amer. chem. Soc. **56**, 1395 (1934); F. P. 823545.

Wird die Reaktion unter der Verwendung von **Phosphorsäure** ausgeführt, so reagiert das Gemisch aus n-Buten und Isobuten zu Produkten, die enthalten:

2,2,3-Trimethylpenten-3 ⎫
2-Äthyl-3,3-dimethylbuten-1 ⎭ durch Hydrierung 2,2,3-Trimethylpentan[1],

5,5-Dimethylhexen-1 ⎫
5,5-Dimethylhexen-3 ⎬ durch Hydrierung 2,2-Dimethylhexan[1].
2,2-Dimethylhexen-5 ⎭

Bei 120° und unter Druck können so bis zu 88% Octene erhalten werden.

Die Butene mit *normaler* Kette unterscheiden sich in der Reaktion nicht, da beide denselben Phosphorsäureester sekundärer Natur geben. Sonderbarerweise tritt bei der Mischpolymerisation beim *n-Buten* schon bei einer um 50° niedrigeren Temperatur eine Polymerisationsreaktion in nennenswertem Ausmaß auf (reines Buten polymerisiert merklich erst ab 175°), was auf die Anwesenheit von Isobuten, welches allein schon ab 90° Polymerisationen unter dem Einfluß von Katalysatoren eingeht, zurückzuführen ist[2].

Von weiteren in der Literatur untersuchten Mischpolymerisationen ist die von INGOLD und WASSERMANN[3] anzuführen. Mit Hilfe eines **CuS · CuSO$_4$**-*Katalysators* kann man ein Gemisch von *Buten-2* und *Isobuten* (3:1) in 64 Stunden bei 150° in einer Ausbeute von 37% zur Polymerisation bringen.

Auch Gemische von *Isobuten, Buten-2, Buten-1* mit *Isobutan* und *n-Butan* wurden auf ihre Polymerisationsfähigkeit unter dem Einfluß des gleichen Katalysators untersucht[3].

Für den Reaktionsmechanismus wird ein teilweiser Zerfall der Ausgangsstoffe in CO_2 und H_2O angenommen, wobei das $CuSO_4$ in SO_2 und Cu bzw. Cu O umgewandelt wird. Es hat den Anschein, als würde die Katalyse in einen wechselnden *Oxydations-* und *Reduktions*prozeß bestehen, wobei ein als Zwischenprodukt sich bildendes **Peroxyd** die Reaktion katalytisch einleiten soll.

Propen und Isopentene.

Darüber wurde schon im Abschnitt über die Mischpolymerisation von *Propen* und *Isobuten* gesprochen. Daß auch hier wieder nur eine Reaktion eintritt, wenn *Pentene* mit *Isostruktur* vorliegen, braucht weiter nicht erwähnt zu werden[4].

Butene und Pentene.

Zwar wurde die Reaktion von *Buten-2* und *3-Methylbuten-2* (3:1) bei 100° untersucht, wobei *CuS · CuSO$_4$* als Katalysator Verwendung fand, jedoch finden sich keine Angaben über die Natur der entstandenen Produkte[3].

Die gleichfalls durchgeführte *Misch*polymerisation von *Isobuten* und *Penten-2* und *Propen* läßt deutlich eine *selektive* Polymerisation des *Penten-2* erkennen[3].

Pentene untereinander. Eine merkbare Polymerisation zwischen *3-Methylbuten-2* und *Penten-2* (1:3) mit **CuS · CuSO$_4$** tritt selbst bei 160° nicht ein[3].

Technisches Amylen, das ein Gemisch von *3-Methylbuten-2* und *Penten-2* darstellt, kann unter dem Einfluß von **konz. Schwefelsäure** zu einer *Verbundpolymerisation*[5] angeregt werden. Es bilden sich die entsprechenden Dimeren, die aus je einem Molekel der beiden Olefine bestehen, jedoch teilweise die Doppelbindung hydriert enthalten[6]. Es entstehen:

---

[1] Wichtige Zusatzprodukte zur Erhöhung der Octanzahl von Treibstoffen.

[2] IPATIEFF: Atti X Congr. int. Chim., Roma **3**, 747 (1938). — EGLOFF: Ebenda **5**, 915. — Siehe auch IPATIEFF, SCHAAD: Petroleum **34**, Nr 24, 1 (1938); Ind. Engng. Chem. **30**, 569 (1938).

[3] Trans. Faraday Soc. **35**, 1024 (1939).

[4] J. Amer. chem. Soc. **61**, 1825 (1939).

[5] Vgl. den Reaktionsmechanismus S. 377.

[6] NAMETKIN, ABAKUMOWSKAJA: Chem. J. Ser. A, J. allg. Chem. (russ.) **6** (68), 1166 (1936); Chem. Zbl. **1937 I**, 818.

Hydrodimeres $C_{10}H_{22}$ (mit 10 % eines ungesättigten Kohlenwasserstoffes $C_{10}H_{20}$) vom Kp. 155—165°/755 mm,

Hydrotrimeres $C_{15}H_{32}$ (mit 20 % eines ungesättigten Kohlenwasserstoffes $C_{15}H_{30}$), vom Kp. 240—243°/750 mm,

Hydrotetrameres $C_{20}H_{42}$ (mit 51 % eines ungesättigten Kohlenwasserstoffes $C_{20}H_{40}$) vom Kp. 150—160°/10 mm und

Hydropentameres $C_{25}H_{52}$ (mit 57 % eines Kohlenwasserstoffes $C_{25}H_{50}$) vom Kp. 158—165°/2 mm.

Die beigemengten ungesättigten Kohlenwasserstoffe entsprechen den echten Dimeren, deren Konstitution jedoch nicht aufgeklärt wurde. Es kann sich je nach der Reaktionsfähigkeit der einzelnen Olefine das eine oder das andere echte Dimere oder aber das Mischdimere (Alkylenierung) bilden.

Der Reaktionsverlauf unter der Einwirkung von konz. Schwefelsäure wurde schon im Abschnitt über Isobuten besprochen.

Ein aus Methylisopropylcarbinol hergestelltes Gemisch aus 3 Teilen *3-Methylbuten-2* und 1 Teil *2-Methylbuten-1* kann durch Einwirkung von **Schwefelsäure** leicht in zwei isomere Decene

3,4,5,5-Tetramethylhexen-2 (Kp. 110,8°/215 mm) und
3,5,5-Trimethylhepten-2 (Kp. 116,8°/215 mm),

deren Konstitution durch Abbau sichergestellt erscheint, umgewandelt werden[1]. Im vorliegenden Falle würde das WHITMORESche Reaktionsschema volle Geltung besitzen, wenn man die Richtigkeit der Ergebnisse als bindend annimmt.

Durch **Floridin** wird ein aus Gärungsamylalkohol hergestelltes Gemisch aus *3-Methylbuten-2* und *2-Methylbuten-1* (siehe vorher) bei Raumtemperatur in ein Gemenge zweier isomerer Decene

2,3,4,4-Tetramethylhexen-2 und
3,5,5-Trimethylhepten-3

verwandelt. Da *keine* Strukturbeweise geführt werden, muß dieses im Gegensatz zu vorstehender Arbeit stehende Resultat mit Vorbehalt angenommen werden[2]. Die *Depolymerisation* des Dimerengemisches mit dem gleichen Katalysator führt bei 160° zur Entstehung von Buten-2, Isobuten, 3-Methylbuten-1, 3-Methylbuten-2, 3-Methylpenten-2 und etwas Hepten und Octenen unbekannter Konstitution[2].

Mit der Wirkung von **Aluminiumchlorid** auf ein aus Fuselölen gewonnenes Gemisch aus *3-Methylbuten-1, 3-Methylbuten-2, 2-Methylbuten-1* und *Penten-2* (Siedegrenze bis 42°) hat sich ASCHAN[3] beschäftigt. Auch die katalytische Wirkung der **Schwefelsäuren** wurde untersucht[4].

Eine Arbeit hat auch die Katalysatorwirkung des **Borfluorids** auf ein nicht näher bezeichnetes *Pentengemisch* zum Gegenstand[5].

Da die letztgenannten Arbeiten genaue Angaben über die Strukturen der erhaltenen Produkte vermissen lassen, besitzen sie kaum ein Interesse im Sinne der Gewinnung von Unterlagen zum Studium der katalytisch verlaufenden Polymerisationsprozesse.

Das gleiche gilt auch für die Mischpolymerisation der *Hexene untereinander*.

Ein aus Petroleum gewonnenes Hexengemisch, das als Hauptmenge *2-Methylpenten-2* enthalten soll und einen Siedebereich von 55—63° besitzt, kann man unter

[1] KLINE, DRAKE: J. Res. nat. Bur. Standards **13**, 705 (1935); Chem. Zbl. **1936 I**, 315.
[2] LEBEDEW, WINOGRADOW-WOLSHINSKI: J. russ. physik.-chem. Ges. **60**, 441 (1928).
[3] Liebigs Ann. Chem. **324**, 23 (1902).
[4] SCHNEIDER: Liebigs Ann. Chem. **157**, 207 (1871).
[5] OTTO: Brennstoff-Chem. **8**, 321 (1927).

dem Einfluß von **Schwefelsäure** dimerisieren[1]. In 35proz. Ausbeute gewinnt man Dimere vom Siedebereich 190—200°. *Hexen-1* soll sich unter den gegebenen Bedingungen *nicht* polymerisieren lassen.

Unter Eiskühlung kann ein Gemisch aus *2-Methylpenten-2* und *3-Methylpenten-2* bei der Einwirkung von **Schwefelsäure** in die Dimeren nicht näher beschriebener Konstitution verwandelt werden[2].

Octene. Diisobuten (ein Gemisch von *2,4,4-Trimethylpenten-1* und *-penten-2*, echte Dimere des Isobutens) wird mit P_2O_5 bei 50 at und 400° in *Wasserstoffatmosphäre* zu 35% in Aromaten übergeführt. Daneben bilden sich die bei *Verbundpolymerisation* bekannten Produkte der verschiedenen Stoffklassen[3].

Auch am *Diisobuten* konnte die bei den einzelnen Olefinen näher beschriebene Konzentrationswirkung und der Temperatureinfluß auf die Polymerisationsreaktion beobachtet werden[4]. Läßt man **87proz. Schwefelsäure** bei 0° einwirken, so tritt Isopolymerisation zum Tetraisobuten ein, während **96proz. Säure** eine im Reaktionsverlauf beim Isobuten näher erörterte Verbundpolymerisation herbeiführt. Daneben kann man die Bildung niedrig siedender Produkte feststellen, deren Menge im Vergleich zur Reaktion mit 87proz. Säure weitaus größer ist. **77proz. Schwefelsäure** bei 45° liefert zu gleichen Teilen unverändertes Diisobuten und Dimeres. Dieselbe Konzentration läßt bei 0° nur 22% Tetraisobuten entstehen. **67proz. Säure** besitzt selbst bei 65° keine Polymerisationswirkung (siehe beim Isobuten S. 376).

Von weiteren Olefinen bzw. deren Gemischen sind die *Hexadecene* nennenswert. **Schwefelsäure** wirkt auf ein aus *Spermaceti* gewonnenes Gemisch von Hexadecenen dimerisierend. In 52proz. Ausbeute wird ein Produkt vom Kp. 155 bis 320° neben 22% höhermolekularen Produkten erhalten[5].

Borfluorid wirkt gleichfalls auf *Hexadecene*, selbst bei 10—15° dimerisierend, während **Aluminiumchlorid** eine kräftigere Wirkung besitzt[6]. Die erhaltenen Produkte zeigen in beiden Fällen Molekulargewichte von 400—730 bzw. 1400, woran sich eine eingetretene Di- oder Trimerisierung ablesen läßt. Die Bildung von cyclischen Produkten unterbleibt in beiden Fällen, wie refraktometrische Messungen ergaben[6].

g) Alkylierungsprozesse bei der katalytischen Polymerisation von Olefinen
(vgl. auch Abschnitt Adickes und du Mont, 2. Bandhälfte, S. 344).

Die durch Säuren, Phosphorpentoxyd oder Metallhalogenide bewirkten *Isopolymerisationen* der Olefine werden in Anwesenheit von *Aromaten* in bemerkenswertem Ausmaß in eine *Alkylierungsreaktion* umgelenkt. Z. B. entstehen aus Äthylen und Benzol in Gegenwart von **Phosphorpentoxyd** Äthylbenzol, aus Isobuten und Benzol t-Butylbenzole, aus Propen und Benzol p-Cymol, aus Äthylen und Naphthalin Mono- und Diäthylnaphthaline[7]. Mit Säuren, wie **Schwefelsäure** und auch **Phosphorsäure**, und Metallhalogeniden, wie **Aluminiumchlorid (Borfluorid** nur unter *bestimmten* Bedingungen)[8], entstehen durch ähn-

[1] Brooks, Humphrey: J. Amer. chem. Soc. 40, 831 (1918).
[2] Jawein: Liebigs Ann. Chem. 195, 261 (1879).
[3] Malishew: Öl Kohle Erdöl Teer 14, 480 (1938).
[4] Ipatieff, Pines: J. org. Chemistry 1, 484 (1936); J. Amer. chem. Soc. 58, 1056 (1936). — Ipatieff, Pines, Komarewsky: Ind. Engng. Chem. 28, 222 (1936).
[5] Brooks, Humphrey: l. c. S. 841.
[6] Waterman, Leendertse: Trans. Faraday Soc. 32, 251 (1936).
[7] Malishew: J. Amer. chem. Soc. 57, 883 (1935); Amer. P. 2 141 611.
[8] Siehe Ipatieff, Grosse: J. Amer. chem. Soc. 58, 2339 (1936); 57, 1616 (1935); J. org. Chemistry 1, 559 (1937). — Siehe auch Slannia, Sowa, Nieuwland: J. Amer. chem. Soc. 57, 1547 (1935); Amer. P. 1 994 249; 2 081 357; 2 096 813.

liche Reaktion die gleichen Produkte. Bei den Säuren ist jedoch wieder das *Konzentrationsverhältnis* maßgebend, in welchem Ausmaß eine Alkylierung stattfinden kann[1, 3]. Z. B. tritt *Benzol* und *Propen* durch **96proz. Schwefelsäure** ausschließlich unter Alkylierungsreaktionen zusammen, während **80proz. Schwefelsäure** sowohl *Ester*bildung als auch *Alkylierung* herbeiführt. Beim Isobuten und Benzol wirkt **96proz. Schwefelsäure** fast nur alkylierend und **80proz. Säure** nur polymerisierend. Mit **70proz. Schwefelsäure** beobachtet man lediglich *Esterbildung*. Auch **Phosphorsäure** kann zur direkten Alkylierung verwendet werden.

Sehr oft zeigen echte Di- und Trimere der Olefine in Anwesenheit — besonders von **Metallhalogeniden** — Reaktion mit Aromaten, wobei eine Aufspaltung der Polymeren eintritt (*Depolyalkylierung*). Di- und Trimere des Isobuten und n-Buten geben so mit Benzol bei Gegenwart von **Schwefelsäure** bei 0° tertiäres Butylbenzol, p-Di-tertiäres-Butylbenzol und Tributylbenzole. Es ist daher verständlich, daß auch **Aluminiumchlorid**[2] und **Phosphorsäure**[3] ähnliche Wirkung besitzen.

Selbst die bei der Verbundpolymerisation entstehenden Cycloolefine, z. B. Cyclohexen[4], können die gleichen Reaktionen eingehen. Paraffine mit *Isostruktur*, die neben Cycloolefinen bei der Verbundpolymerisation gebildet werden,

$$2C_nH_{2n} = C_nH_{2n+2} + C_nH_{2n-2}{}^5,$$

Olefin   Paraffin   Cycloolefin

unterliegen gleichfalls unter den angegebenen Bedingungen einer weiteren Reaktion:

$$C_mH_{2m+2} + C_nH_{2n} \rightarrow C_{mn}H_{2(m+n)+2}.$$

Beispielsweise wirkt **AlCl₃** auf ein Gemisch von *Äthylen* und *Isobutan* nach folgendem Schema:

$$AlCl_3 + C_2H_4 \rightarrow Cl \cdot CH_2 \cdot CH_2 \cdot AlCl_2$$

$$(CH_3)_3CH + Cl \cdot CH_2 \cdot CH_2 \cdot AlCl_2 \rightarrow (CH_3)_3C \cdot CH_2 \cdot CH_2 \cdot AlCl_2 + HCl$$

$$(CH_3)_3C \cdot CH_2 \cdot CH_2 \cdot AlCl_2 + HCl \rightarrow (CH_3)_3C \cdot CH_2 \cdot CH_3 + AlCl_3.$$

So kann Isobutan und Äthylen mit **Borfluorid** oder **Aluminiumchlorid** und Spuren **Halogenwasserstoff** als Katalysator[6] sich zu nachstehenden Produkten umsetzen:

Isopentan	16 %
Hexane	41 % (Hauptmenge)
Heptane	9,4 %
Octane	12,3 %
Nonane	6,5 %
Höhere Paraffine	14,8 %

Unter den als Hauptmenge aufscheinenden Hexanen sind zu erwarten:

2,2-Dimethylbutan (Neohexan), daneben etwas 2-Methylpentan,

---

[1] Ipatieff: Atti X Congr. int. Chim., Roma **3**, 748 (1938). — Wunderly, Sowa, Nieuwland: J. Amer. chem. Soc. **58**, 1007 (1936).

[2] Ipatieff, Pines: J. Amer. chem. Soc. **58**, 1056 (1936); J. org. Chemistry **1**, 464 (1936). — Siehe auch Waterman, Leendertse, Hesselink: Recueil Trav. chim. Pays-Bas **58**, 1040 (1939). — Amer. P. 2187034.

[3] Ipatieff, Corson, Pines: J. Amer. chem. Soc. **58**, 919 (1936). — Ipatieff, Pines, Komarewsky: Ind. Engng. Chem. **28**, 222 (1936). — Amer. P. 2098045/6, 2187034.

[4] Ipatieff, Pines: J. Amer. chem. Soc. **58**, 1056 (1936). — Siehe auch Amer. P. 2199564.

[5] Ipatieff, Grosse: J. Amer. chem. Soc. **58**, 915 (1936); Ind. Engng. Chem. **28**, 461 (1936).

[6] Ipatieff, Pines, Grosse: l. c. — Ipatieff, Grosse, Pines, Komarewsky: J. Amer. chem. Soc. **58**, 913, 2339 (1936). — Amer. P. 2196831.

was jedoch keineswegs zutrifft, denn als überwiegendes Produkt wurde 2,3-Dimethylbutan (8% der Hexanfraktion) neben 2-Methylpentan und nur 2% 2,2-Dimethylbutan gefunden. Eine Erklärung findet man in einer *Wanderung der Methylgruppe* während des Reaktionsprozesses. Einen derartigen Vorgang, der technisch auch außerordentlich wichtig ist[1], bezeichnet Ipatieff als „*autodestruktive Alkylierung*“, während „*destruktive Alkylierung*“ die Umsetzung von aus höheren n-Paraffinen auf katalytischem Wege entstandenen Olefinen mit Aromaten genannt wird[2].

Bei den *intermolekularen Hydrierungsprozessen*, die während der Verbundpolymerisation durch *Wasserstoffdisproportionierung* eintreten, bilden sich — wie erwähnt — auch Naphthenkohlenwasserstoffe, deren Alkylierung jedoch nur durch *spezifische* Katalysatoren erfolgt[3]. Bedingung z. B. für die Wirksamkeit von Aluminiumchlorid als Alkylierungskatalysator ist das Vorliegen eines *tertiären* Kohlenstoffatoms, d. h. es geht eine *Isomerisierung* (z. B. Cyclohexan zu Methylcyclopentan) voraus. Oder aber es erfolgt eine Dehydrierung zu Aromaten, die sich ihrerseits leicht nach bekannter Art alkylieren lassen.

Ein genaues Studium der Wirksamkeit von **Aluminiumchlorid** ergab, daß die alkylierende Reaktion bis zu 150° in *Anwesenheit* von **HCl** (siehe obenstehendes Schema) stattfindet. **Borfluorid,** *allein* ein Katalysator für Isopolymerisationen, kann *auch* alkylierende Wirkung erlangen, wenn **Nickel** in fein verteilter Form und **Wasser** bzw. **Halogenwasserstoff** anwesend sind, jedoch findet im Gegensatz zum Aluminiumchlorid *nur* die Umsetzung von *Isoparaffinen* und auch Naphthenen mit Olefinen statt[4].

Auch *Naphthene* vermögen mit Aromaten zu reagieren, z. B. bei Einwirkung von **konz. Schwefelsäure** bei Raumtemperatur[5].

Man muß daher bei den katalytischen Polymerisationsprozessen eine Unterscheidung zwischen Stoffen mit überwiegend polymerisierenden und solchen mit überwiegend alkylierenden Eigenschaften treffen, wobei selbstverständlich die Temperatur- und Druckbedingungen und vor allem die Zusammensetzung und Struktur des Kohlenwasserstoffgemisches neben Konzentration und Beschaffenheit des Katalysators sowie etwaige Zusätze maßgeblichen Einfluß besitzen. Die nachstehende Einteilung soll (unter Ausschluß der letztgenannten Faktoren) einen ungefähren Überblick vermitteln:

Es wirken vorwiegend *polymerisierend:*

Zinkchlorid[6]**, Borfluorid**[7]**, Aluminiumchlorid**[7]**, Thoriumchlorid**[7]**, Ortho- und Pyrophosphorsäure, Phosphorpentoxyd, 70—100proz. Schwefelsäure, Perchlorsäure, Aluminiumchlorid** und **Salzsäure**[8]**, Alkalialuminiumchlorid**[9].

---

[1] Z. B. Ipatieff, Grosse: Ind. Engng. Chem. **28**, 461 (1936). — Amer. P. 2216221. — Siehe auch Wilson: Chem. and Ind. **58**, 1095 (1939).

[2] Ipatieff, Komarewsky, Pines: J. Amer. chem. Soc. **56**, 1926 (1934); **57**, 2415 (1935); **58**, 918 (1936).

[3] Ipatieff, Komarewsky, Grosse: J. Amer. chem. Soc. **57**, 1722 (1935). — Amer. P. 2202115.

[4] Ipatieff, Grosse: J. Amer. chem. Soc. **57**, 1617, 1722, 1916 (1935). — Ipatieff, Grosse, Pines, Komarewsky: Ebenda **58**, 913, 2339 (1936). — Oberfell, Frey: Oil Gas J. **38**, (28), 50 (1939); Refiner natur. Gasoline Manufacturer **18**, 486 (1939). — Amer. P. 2170306, 2180374, 2216274; F. P. 823592, 823594, 851032. — Vgl. S. 362ff.

[5] Amer. P. 2199564.

[6] Ipatieff: l. c. — Rudowskii u. a.: Petrol. Engr. **10** (7), 65 (1939).

[7] Ipatieff: Oil Gas J. **37** (46), 86 (1939). — Siehe auch F. P. 823270, 823373, 823592, 839874, 851032. — Amer. P. 2055875, 2159148, 2180374, 2211207. — E. P. 478601, 498526.

[8] Natta, Baccaredda: Chim. e Ind. **7**, 393 (1939).

[9] Blunck, Carmody: Ind. Engng. Chem. **32**, 328 (1940). — Amer. P. 2215062; F. P. 857145.

Es wirken vorwiegend *alkylierend*:

Halogenide von Bor, Beryllium, Aluminium, Titan, Zirkon, Hafnium, Thorium, Niob und Tantal[1], Phosphorsäure[2], 96—100proz. Schwefelsäure[3], Chlorsulfonsäure[3].

Nach INGOLD[4] wird die durch Säure, z. B. Schwefelsäure, bewirkte Alkylierung folgendermaßen erklärt: Ein Paraffin (Isobutan) tritt mit der Säure zu einem Komplex

$$\overset{+}{C}H_3\text{—}CH\text{—}\overset{+}{C}H_3 \;+\; \begin{matrix}OH\\OH\end{matrix}\!\!>\!\!\overset{++}{S}\!\!<\!\!\begin{matrix}O^-\\O^-\end{matrix} \;\to\; \begin{matrix}OH\\OH\end{matrix}\!\!>\!\!\overset{++}{S}\!\!<\!\!\begin{matrix}O^-\\O^-\end{matrix} \overline{C}H\!\!<\!\!\begin{matrix}\overset{+}{C}H_3\\\overset{+}{C}H_3\\\overset{+}{C}H_3\end{matrix}$$

zusammen. Bei Näherung eines Olefinmolekels (z. B. Isobuten)

$$\begin{matrix}OH\\OH\end{matrix}\!\!>\!\!\overset{++}{S}\!\!<\!\!\begin{matrix}O^-\\O^-\end{matrix} CH\!\!<\!\!\begin{matrix}CH_3\\CH_3\\CH_3\end{matrix} \;+\; CH_3\text{—}\underset{CH_2}{\overset{CH_3}{C}} \;\to\; CH_3\text{—}\overset{CH_3}{\underset{CH_3}{C\oplus}} \begin{matrix}O^\ominus\\OH\end{matrix}\!\!>\!\!\overset{++}{S}\!\!<\!\!\begin{matrix}O^-\\O^-\end{matrix} CH\!\!<\!\!\begin{matrix}CH_3\\CH_3\\CH_3\end{matrix}$$

wird ein Proton abgespalten. Die komplex gebundene Schwefelsäure versucht nun ihrerseits zum Ausgleich wieder ein Proton aufzunehmen, was aus dem assozierten Paraffinanteil von einer Methylgruppe abgegeben wird.

$$CH_3\text{—}\underset{CH_3}{\overset{CH_3}{C\oplus}} \begin{matrix}OH\\OH\end{matrix}\!\!>\!\!\overset{++}{S}\!\!<\!\!\begin{matrix}O^-\\O^-\end{matrix} CH\!\!<\!\!\begin{matrix}CH_3\\CH_2^\ominus\\CH_3\end{matrix} \;\to\; CH_3\text{—}\underset{CH_3}{\overset{CH_3}{C}}\text{—}CH_2\text{—}\overset{CH_3}{CH}\text{—}CH_3 \;+\; H_2SO_4$$

Die beiden Kohlenwasserstofffragmente streben nunmehr der Vereinigung zu. Die Aufspaltung der C—H-Bindung soll leichter erfolgen, da sie sich in einem komplexen Verband befindet. Die Reaktion ist umkehrbar.

Eine weitere Möglichkeit wäre die Protonenaddition an die Doppelbindung;

$$\begin{matrix}CH_3\\CH_3\end{matrix}\!\!>\!\!C{=}CH_2 \;+\; H_2SO_4 \;\to\; \begin{matrix}CH_3\\CH_3\end{matrix}\!\!>\!\!\overset{\oplus}{C}\text{—}CH_3 \;+\; HSO_4{}^\ominus$$

Ionisierung des Isoparaffins durch Protonenverlust;

$$\begin{matrix}CH_3\\CH_3\end{matrix}\!\!>\!\!CH\text{—}CH_3 \;+\; HSO_4{}^\ominus \;\to\; \begin{matrix}CH_3\\CH_3\end{matrix}\!\!>\!\!CH\text{—}CH_2{}^\ominus \;+\; H_2SO_4$$

und anschließende Vereinigung der beiden Reste:

$$\begin{matrix}CH_3\\CH_3\end{matrix}\!\!>\!\!\overset{\oplus}{C}\text{—}CH_3 \;+\; {}^\ominus CH_2\text{—}CH\!\!<\!\!\begin{matrix}CH_3\\CH_3\end{matrix} \;\to\; \begin{matrix}CH_3\\CH_3\end{matrix}\!\!>\!\!\underset{CH_3}{C}\text{—}CH_2\text{—}CH\!\!<\!\!\begin{matrix}CH_3\\CH_3\end{matrix}\;{}^5$$

h) Polymerisation von Olefinen und Olefingemischen bzw. Paraffinen zu Benzin und Treibstoffen.

Wie eingangs erwähnt, besitzen die Polymerisationsvorgänge in der organischen Großindustrie verbreitete Anwendung. Vor allem werden — besonders im Deutschen Reich und in den Vereinigten Staaten von Nordamerika — die Spaltgase und Abfallgase der Erdölveredelungsindustrie und Treibstoffsynthese durch über-

---

[1] IPATIEFF, GROSSE: J. Amer. chem. Soc. **57**, 1616 (1935). — Amer. P. 2170306.

[2] BERTHELOT: Chim. et Ind. **39**, 835 (1938). — Amer. P. 2186021, 2186022; F. P. 840717.

[3] Vgl. GARD, BLOUNT, KORPI: Oil Gas J. **38** (31), 42 (1939). — F. P. 866259.

[4] J. chem. Soc. [London] **1936**, 1643. — BIRCH, DUNSTAN: Trans. Faraday Soc. **35**, 1013 (1939).   [5] Vgl. WHITMORE: Ind. Engng. Chem. **26**, 94 (1934).

wiegend katalytisch beeinflußte Reaktionen in technisch wertvolle Kohlenwasserstoffe verwandelt[1].

Meist handelt es sich um *Alkylierungsvorgänge* oder *Verbundpolymerisation*, jedoch werden mitunter durch genaue Einhaltung *milder* Bedingungen die Reaktionen so geleitet, daß man in der Lage ist, durch *Isopolymerisation* wertvolle Stoffe, die sich zur Treibstoffgewinnung eignen, zu erhalten.

Die letzten Verfahren wenden **Schwefelsäure** verschiedener Konzentration als Katalysatoren an[2]. Für die Polymerisation besonders von *Propen-Buten*-Gemischen mit Schwefelsäure bei normalen Temperaturen unter normalem oder erhöhtem Druck sind einige Patentvorschriften maßgebend[3]. Besonders wertvolle Zwischenprodukte sind die *Butene*, welche bei der Dimerisierung und anschließenden Hydrierung die wichtigen Octanbenzine liefern[4]. Auch **Pyroschwefelsäure** findet dabei in Form ihrer Salze als Katalysator Verwendung[5].

Neuere Verfahren benutzen **Phosphorsäuren** als Katalysatoren bzw. Polymerisationsbeschleuniger[6], entweder begnügt man sich mit Phosphorsäure in *fester* oder *flüssiger* Form allein oder verwendet noch *spezifisch* wirksame Zusätze[7].

Wichtige Patentvorschriften für die Herstellung von Octanbenzinen bzw. *Heptan*- und *Octan*gemischen durch Reaktion von *Propen-Butan*- oder *Buten-Butan*-Gemischen haben in letzter Zeit das Interesse auf sich gelenkt[8]. Diese Reaktionen sind im eigentlichen Sinne keine Polymerisationsvorgänge, sondern verlaufen als die vorhin beschriebenen *Alkylierungs*vorgänge z. B. des Isobutans durch Butene, also Isoparaffinen mit Olefinen.

Durch Zugabe von *Buten* zu einer auf 20° gehaltenen Mischung von **96 proz.** **Schwefelsäure** mit *Isobutan* im Rührautoklaven kann man hochklopffeste Benzinkohlenwasserstoffe erhalten. Unter ähnlichen Bedingungen können auch höhere Isoparaffine aus *Isobutan* und *Propen, Isopentan* und *Diisobuten* und *Isopentan* und *Buten-2* hergestellt werden.

Die technisch brauchbarsten Ergebnisse erzielt man aus *Isobutan-Isobuten-*, *Isobutan-Propen-* und *Isopentan-Buten-2*-Gemischen mit Hilfe von **Schwefelsäure.** Hinderlich ist stets der hohe Katalysatorbedarf. Ein weiterer Nachteil ist die schlechte Siedecharakteristik der erhaltenen Produkte. Vorteilhaft erweisen sich jedoch die so gewonnenen Produkte als Zusätze zu Naturbenzinen, da sie die Klopffestigkeit besonders stark erhöhen (Octanzahl).

Die durch **Aluminiumchlorid** hervorgerufenen Reaktionen führen unter den gewöhnlichen Bedingungen nicht zu Isopolymeren, scheiden jedoch damit nicht als zur Herstellung von künstlichen Benzinen ungeeignet aus, wohl aber ist der meist nicht leicht zu lenkende Reaktionsvorgang hinderlich; unter sehr milden Reaktionsbedingungen kann man die für die Treibstoffgewinnung sehr

---

[1] Dunstan, Howes: J. Instn. Petrol. Technologists **22**, 347 (1936). — Berl, Lind: Petroleum **26**, 1027, 1057 (1930). — Nash, Mason: Ind. Engng. Chem. **26**, 45 (1934). — Kränzlein: Aluminiumchlorid in der organischen Chemie, 3. Aufl., S. 200ff. Berlin 1939. — Marder: Motorkraftstoffe Bd. 1, S. 376ff. Berlin 1942.

[2] Amer. P. 2001908; F. P. 808581. — Morrell: Ind. Engng. Chem. **19**, 794 (1927).

[3] Amer. P. 2090905, 2157220; E. P. 479497, 479827; F. P. 814360, 824329, 844149; Can. P. 367473.

[4] E. P. 360331, 479827; F. P. 737743, 798929, 824329; Can. P. 367473.

[5] Amer. P. 2172542.

[6] Amer. P. 1960631, 2163275, 2057433; F. P. 794397, 806286, 810846; E. P. 460659.

[7] Amer. P. 2060871; F. P. 820972, 839850; E. P. 327382, 340513, 502475, 521891.

[8] Amer. P. 2101857, 2102073, 2102074, 2171928. — Vgl. auch die Zusammenstellungen: Heinze: Chem. Fabrik **9**, 109 (1936). — Schultze, Müller: Rév. petrolifère **1937**, 1191. — Ipatieff, Corson, Egloff: Ind. Engng. Chem. **27**, 1077 (1935). — Fussteig: Petrol. Engr. **10**, Nr 12, 76, 78, 80 (1939). — Pinilla, Wld. Petrol. **12**, Nr 5, 55 (1941). — Marder, Motorkraftstoffe Bd 1, S. 396ff., 406—415. Berlin 1942.

wertvollen Isoolefine bzw. Isoparaffine niederen Molekulargewichts erhalten[1]. Technische Verwertung findet das im Gegensatz zum Aluminiumchlorid milder wirkende und in seiner katalytischen Kraft kaum erlahmende **Borfluorid,** das außerdem durch geeignete Beimengungen **(Halogenwasserstoff, Wasser und Nickel)** zu wichtigen Treibstoffzusätzen führt (Paraffine mit Isostruktur, hohe Octanzahl)[2]. Diese Beimengungen steigern die Polymerisationsgeschwindigkeit und ermöglichen damit die Gewinnung niedermolekularer Produkte. Gleichzeitig wird die erwünschte Alkylierung des Isoparaffins durch das begleitende Olefin in die Reaktion einbezogen und durch die Metalle **(Nickel,** auch **Eisen, Molybdän** und **Mangan)** die depolymerisierende oder aber auch dimerisierende und nebenbei isomerisierende katalytische Wirksamkeit erheblich verstärkt.

i) Polymerisation von Olefinen zu Schmierölen.

Von den Verfahren zur Herstellung hochviscoser Öle, die als Zusatz zu Schmierölen in der Mineralölindustrie Verwendung finden, besitzen diejenigen die größte Bedeutung, welche die Polymerisation von Olefinen als Grundlage haben. Als Polymerisationsbeschleuniger werden **Metallhalogenide** verwendet. Zweckmäßig wird bei tiefen Temperaturen und unter Druck gearbeitet, um hohe Molekulargewichte zu erreichen. Weiter versucht man auch durch polymerisationshemmende Zusätze die Geschwindigkeit der Reaktion herabzusetzen. Als *Hemmstoffe* finden Al_2O_3, H_2O, ZnO, *Mercaptane, Sulfide und Alkylhalogenide* Verwendung. Eine Tabelle soll über die wichtigsten technischen Verfahren Aufschluß geben:

Tabelle 6.

Ausgangsprodukt	Katalysator	Patente
Äthylen[3], Propen	$AlCl_3$ — Hemmstoff	F. P. 791950, E.P. 466996, 497541
Buten, Isobuten	$AlCl_3$	DRP. 653607, F. P. 758269
Isobuten	H_2SO_4, BF_3	E. P. 399527, Austr. P. 8861/1932
Crackgase[4] (Butane-Butene)	BF_3	DRP. 546082, F. P. 790666, E.P. 354441, 432196, 437934
Isobuten	BF_3	F. P. 819619 Amer. P. 2182512
Isobuten	H_2SO_4 — Hemmstoff	DRP. 659470
Nicht näher definierte Spaltprodukte von Hart- und Weichparaffin, Ceresin, Schweröl, Mittelöl, Paraffinöl	BE_3	Austr. P. 11439/1933
Dasselbe	Metallhalogenide	E. P. 401297
Dasselbe	$AlCl_3$, BF_3	E. P. 432310 DRP. 635468,
Dasselbe	BF_3	DRP. 550429, 556309

[1] Amer. P. 1934896, 2159148; F. P. 712912, 839874; E. P. 363846, 498526. — POLOLOWSKI, ATALJAN: Chem. Zbl. **1936 I**, 690; **II**, 3034.

[2] DRP. 507919, 513862; Amer. P. 1885060, 2183503; F. P. 632768, 793226, 812490; E. P. 313067, 453854. — Eine ausführliche Zusammenstellung über sämtliche technisch wichtigen Polymerisationsverfahren, insbesondere von Isobuten zu Treibstoffvorprodukten und Kunststoffen siehe NATTA, BACCAREDDA: Chim. e Ind. **21**, 393 (1939).

[3] HESSELS, v. KREVELEN, WATERMAN: Recueil Trav. chim. Pays-Bas **59**, 697 (1940).

[4] Standard Oil Development F. P. 771271. — Weitere zusammenstellende Berichte und Arbeiten siehe SULLIVAN, VOORHEES, NEELEY, SHANKLAND: Ind. Engng. Chem. **23**, 604 (1931). — KOCH: Z. Ver. dtsch. Ing. **80**, 49 (1936). — Über die Schmierölsynthese nach FISCHER-TROPSCH aus Kogasinmischungen: KRÄNZLEIN: Aluminiumchlorid in der organischen Chemie, 3. Aufl., S. 194ff. Berlin: Verlag Chemie 1939. — WATERMAN, LEENDERTSE, LIGTENBERG: Chem. Weekbl. **32**, 342 (1935).

k) Halogen- und Sauerstoffderivate des Äthylens.

Unter den halogenierten Derivaten des Äthylens ist das *Vinylchlorid* als erstes zu nennen. Auf Grund seiner einfachen Darstèllungsweise hat dieses Produkt in seinen polymeren Formen verbreitete Anwendung in der Kunststoffindustrie erlangt, und es beweisen die Unzahl von Patentanmeldungen, welches Interesse man ihm — allerdings mehr von technischer Seite — entgegenbringt.

Flory[1] und Staudinger[2] haben sich sehr eingehend mit dem Mechanismus der Polymerisation von Vinylverbindungen beschäftigt und vor allem die katalytische Beeinflussung der Reaktion studiert.

Besonders wirksam als Polymerisationskatalysatoren erweisen sich *kurzwelliges Licht* und **Peroxyde.** *Metallhalogenide* zeigen keine katalytische Wirksamkeit, was man mit der Bildung von stabilen Komplexverbindungen erklären kann (siehe S. 328).

Sonderbarerweise wirkt **Sauerstoff** bei der *Photopolymerisation* als *Verzögerer*, und es lassen sich nur Polymerisate mit geringem Polymerisationsgrad gewinnen[3]. Die negative Wirkung des Sauerstoffs bei Raumtemperatur ist eine Erscheinung, die auch bei anderen Derivaten des Äthylens, wie *Vinylacetat, Acrylsäure* und *Acrylsäureestern*, auftritt. Bei höheren Temperaturen kehrt sich die Wirkung im *positiven* Sinne um, d. h. dann wird Sauerstoff ein *Polymerisationsbeschleuniger*.

In einer weiteren Arbeit von Staudinger[4] wird ein Vergleich der Wärme- und Photopolymerisation des *Vinylchlorids* bei 60⁰ und 120⁰ vorgenommen und eingehende Bestimmungen des Molekulargewichts der einzelnen Fraktionen durchgeführt und dabei entschieden, ob lineare oder verzweigte Polymere gebildet werden. In beiden Fällen finden **Peroxyde** und **Persulfate** als Katalysatoren Anwendung.

Läßt man *Vinylchlorid* zwischen 0⁰ und 18⁰, in Pentan oder Dichloräthan gelöst, mit **Aluminiumchlorid** als Katalysator reagieren, so bilden sich braune Harze, die wahrscheinlich nicht Polymere, sondern *Additionsprodukte* des $AlCl_3$ mit Vinylchlorid und Umsetzungsprodukte mit Dichloräthan enthalten[5].

Am *Vinylbromid* wurde die *verzögernde* Wirkung des *Jods* schon sehr früh festgestellt[6, 7]. Es dürfte eine Additionsverbindung mit dem Halogen entstehen, die somit die Polymerisationsfähigkeit des sonst sehr aktiven Vinylbromids herabsetzt (vgl. im Gegensatz dazu die Vinyläther).

Weiter konnte die Wirkung einzelner Metallhalogenide als Polymerisationsbeschleuniger am *Vinylbromid* beobachtet werden, vor allem von $SnCl_4$, $TiCl_4$, $SbCl_5$, BCl_3, BF_3, eine Angabe, die nach den bisherigen Untersuchungen jedoch einer genauen Überprüfung bedarf. Auch **Schwefelsäure** und **Schwefelchlorür** sollen eine merkbare Aktivität[8] besitzen.

Auch am *Vinylbromid* bemerkt man die katalytische Wirksamkeit von **Sauerstoff** und **Peroxyden.** Mit Sauerstoff werden nur niedermolekulare Produkte erhalten[3], vorausgesetzt, daß die *Photopolymerisation* in einem Temperaturbereich ausgeführt wird, wo Sauerstoff seine negative Wirkung verliert.

---

[1] J. Amer. chem. Soc. **59**, 241 (1937).   [2] Siehe Buch, S. 281.

[3] Staudinger, Brunner, Feisst: Helv. chim. Acta **13**, 805, 822 (1930).

[4] Staudinger, Schneider: Liebigs Ann. Chem. **541**, 154 (1939). — Siehe auch Amer. P. 2011132.

[5] Waterman, Leendertse, Colthoff: Chem. Weekbl. **32**, 550 (1935).

[6] Baumann: Liebigs Ann. Chem. **163**, 321 (1872). — Kutscherow: Ber. dtsch. chem. Ges. **14**, 533 (1881).

[7] Guyer, Schütze: Helv. chim. Acta **17**, 1544 (1934). — Vgl. J. Amer. chem. Soc. **53**, 4203 (1931).

[8] Brunner: Dissertation, Zürich, Techn. Hochschule 1926. — Marvel, Riddle: J. Amer. chem. Soc. **62**, 2666 (1940).

Obwohl allgemein Oxydationsmittel bei erhöhter Temperatur beschleunigend wirken, hat Salpetersäure *keinen* Einfluß auf die Polymerisationsgeschwindigkeit, auch eine Säurewirkung tritt nicht auf (siehe Schwefelsäure). *Eisen, Kupfer, Nickel* auch *Bronze*, zeigen *stabilisierende* Wirkung[1], was nicht mit der Beobachtung übereinstimmen muß, daß die mit besonderer Reduktionswirkung ausgestatteten *Polyphenole* ausgezeichnete *Stabilisatoren* sind[2].

Symmetrisches Dichloräthylen kann unter Anwendung von *Druck* mittels **Peroxyden** polymerisiert werden[3]. *Asymmetrisches Dichloräthylen* besitzt gegenüber dem symmetrisch gebauten Derivat des Äthylens eine höhere Polymerisationstendenz. Auch hier wirken wieder **Peroxyde** als Beschleuniger[4], während *Jod, Schwefelsäure, Thionylchlorid* usw. *verzögernde* oder *verhindernde* Eigenschaften besitzen[5]. Weiter soll sich das *Trichloräthylen* nach Literaturangaben mit Hilfe von **Peroxyden** und **AlCl₃** zur Polymerisation anregen lassen[6].

Ob die durch **Alkali** bewirkte Umwandlung von *1-Nitropropen-1* zu gelbbraunen, festen Produkten unter den Begriff Polymerisation einzureihen ist, müssen weitere Versuche erweisen[7].

Allgemeine Untersuchungen über den mit hoher Polymerisationsfähigkeit ausgestatteten, jedoch sehr unbeständigen *Vinylalkohol* liegen von STAUDINGER[8] und MARVEL[9] vor.

Vinyläther. An dieser Körperklasse beobachtet man eine positive Wirkung des **Jods.** Selbst durch Zusatz von geringen Mengen tritt eine heftig verlaufende Polymerisationsreaktion ein[10]. Untersucht wurden (bei Raumtemperatur mit 1 ccm Jodlösung [2 g in 100 ccm Chloroform] für je 10 g Äther):

Vinyläthyläther wird nach 24 Stunden fast vollständig in das Polymere übergeführt. Das Molekulangewicht wurde zu etwa 5900 gefunden (kryoskopisch, Benzol),

Vinyl-n-butyläther zeigt dieselbe Erscheinung,

Vinyl-β-chloräthyläther ist nach 6 Tagen zu etwa 25% polymerisiert, während der *Vinylphenyläther* nach 6 Tagen nur 2,4% Polymere liefert.

Ähnlich wie **Jod** sollen auch **Zinntetrachlorid** und **Antimonpentachlorid** wirken. *Natrium* zeigt in keiner Weise eine Aktivität als Polymerisationskatalysator.

Für die katalytische Wirkung von **Jod** wird Aktivierung (Polarisierung) — hervorgerufen durch Anlagerung des Halogens an den Äthersauerstoff — angenommen, was mit den Beobachtungen über die Wirkung des gleichen Katalysators am Vinylbromid vereinbar wäre. Die Polymerisation von *Vinylacetat* $CH_2{=}CH \cdot O \cdot OC \cdot CH_3$ in Essigester[11] bzw. Toluol[12] wurde unter der Einwirkung von **Benzoylperoxyd** bei verschiedenen Temperaturen genau untersucht. Auch ein Einfluß des **Luftsauerstoffes** konnte dabei beobachtet werden.

Die umstehende Abb. 1 vermittelt anschaulich die Katalysatorwirkung. BLAIKIE und CROZIER haben mit Hilfe von Viscositätsmessungen die Poly-

---

[1] Siehe Anm. 7, S. 390. — Vgl. auch Amer. P. 2011132.

[2] MOUREU, DUFRAISSE: Bull. Soc. chim. France (4) **31**, 1158 (1932).

[3] F.P. 840867.   [4] E.P. 501169.

[5] Amer. P. 2136347; 2136348; 2136349. — Vgl. auch die Photopolymerisation dieses Produktes: STAUDINGER, FEISST: Helv. chim. Acta **13**, 832, 838 (1930). — FISHER, GRAY, McCOLM: J. Amer. chem. Soc. **48**, 1309 (1926).

[6] F.P. 841728; Amer. P. 1998309.

[7] SCHMIDT, RUTZ: Ber. dtsch. chem. Ges. **61**, 2142 (1928).

[8] STAUDINGER, FREY, STARCK: Ber. dtsch. chem. Ges. **60**, 1782 (1927).

[9] MARVEL, DENOON: J. Amer. chem. Soc. **60**, 1045 (1938).

[10] CHALMERS: Canad. J. Res. **7**, 476 (1932). — WISLICENUS: Liebig Ann. Chem. **192**, 113 (1878).

[11] STARKWEATHER, TAYLOR: J. Amer. chem. Soc. **52**, 4708 (1930).

[12] CUTHBERTSON, GEE, RIDEAL: Proc. Roy. Soc. [London], Ser. A. **170**, 300 (1939). — KAMENSKAJA, MEDWEDEW: Chem. Zbl. **1941 I**, 1803. — Vgl. auch S. 320 ff.

merisation in verschiedenen Lösungsmitteln verfolgt[1]. Die Bildung löslicher und unlöslicher Produkte, die bemerkt werden konnte, steht mit der Struktur derselben in engem Zusammenhang. Während das lösliche Polymere Kettenstruktur besitzt, weist das unlösliche Produkt vernetzte Struktur auf. Für die katalytische Beschleunigung der Reaktion wird die Bildung von **Acetylperoxyd** angenommen, da sich im Monomeren stets geringe Mengen von Acetaldehyd nachweisen lassen (Peroxydbildung der Aldehyde!).

Nach Cuthbertson, Gee und Rideal[2] findet sich in den zur spontanen Polymerisation neigenden Proben von *Vinylacetat* stets ein **organisches Peroxyd (Acetaldehydperoxyd).** Nur durch sorgfältigste Fraktionierung (*nicht* durch Vakuumdestillation) läßt sich ein *peroxyd-* bzw. *aldehydfreies* Vinylacetat gewinnen, was besonders für reaktionskinetische Arbeiten beachtenswert ist. *Aldehydfreies Vinylacetat* polymerisiert selbst bei 100° in Gegenwart von Sauerstoff *nicht.* In diesem Zusammenhang muß auf die durch *Spuren von Feuchtigkeit* zur Wirkung gelangende Aktivität des Glases **(Alkali)** hingewiesen werden, denn aus dem Vinylacetat entsteht auf diese Weise durch Verseifung freier *Vinylalkohol*, der sich in Acetaldehyd ($CH_2{=}CHOH \rightarrow CH_3 \cdot CHO$) umlagert und damit Anlaß zu Peroxydbildung gibt.

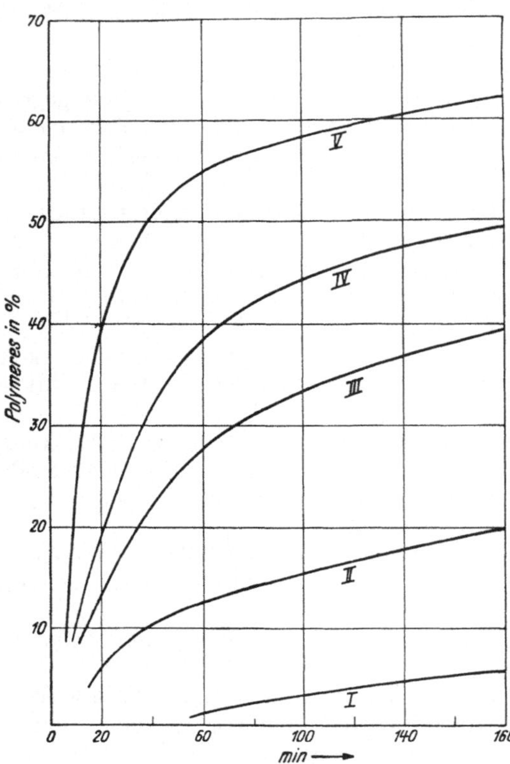

Abb. 1. Polymerisation einer 20proz. Lösung von Vinylacetat in Toluol bei 101°.

I: Ohne Katalysator.
II: 0,02 %
III: 0,2 %
IV: 0,4 % } Benzoylperoxyd.
V: 1,0 %

Vinylacetat absorbiert den **Sauerstoff** aus der Luft und polymerisiert bei Raumtemperatur *nicht*, ähnlich wie bei der Belichtung des Vinylchlorids in Anwesenheit von Sauerstoff keine Polymerisation eintritt. Wird jedoch anschließend auf 120° erhitzt, so tritt *Sauerstoffabspaltung* ein, und die Polymerisation setzt voll ein[3].

Diese Feststellung steht im Gegensatz zu dem Ergebnis von Rideal und Mitarbeitern[4]. Während dort die Bildung eines aktiven **Peroxydes** aus in Spuren anwesendem Aldehyd zur katalytischen Auslösung des Polymerisationsverlaufes angenommen wird (reversible Komplexbildung zwischen Peroxyd und Vinylacetat), soll sich hier primär ein Anlagerungsprodukt von *freiem* Sauerstoff an die Doppelbindung bilden.

[1] Ind. Engng. Chem. **28**, 1155 (1936).
[2] Nature [London] **140**, 889 (1937). — Vgl. auch E. P. 261406.
[3] Meunier, Vaissière: C. R. hebd. Séances Acad. Sci. **206**, 677 (1938).
[4] Cuthbertson, Gee, Rideal: Proc. Roy. Soc. [London], Ser. A **170**, 300 (1939) und S. 320.

$$R \cdot CH = CH_2 + O_2 \rightarrow R \cdot \underset{\underset{O}{|}}{CH} - \underset{\underset{O}{|}}{CH_2}$$

$$+$$

$$R \cdot CH = CH_2 \rightarrow R \cdot \underset{\underset{O}{|}}{CH} - CH_2$$

$$R \cdot \underset{\underset{O}{|}}{CH} - CH_2$$

Treten zwei der labilen Sauerstoffadducte zusammen, so wird Sauerstoff frei. Mit anderen Worten ausgedrückt setzt im ersten Falle nach Spaltung der Peroxyd-Vinylacetat-Verbindung die Kettenreaktion ein, während im zweiten Fall Sauerstoff mit der Doppelbindung eine aktive und labile Vinylderivat-Sauerstoff-Verbindung eingeht, die die Polymerisation auslöst.

Um den Reaktionsmechanismus bzw. die Wirksamkeit des Katalysators zu ermitteln, haben STAUDINGER und SCHWALBACH[1] Molekulargewichtsbestimmungen an den verschiedenen Polymeren ausgeführt. An Hand einer Tabelle (Tabelle 7) sollen die wichtigsten Ergebnisse mitgeteilt werden.

Tabelle 7.

	Durchschnittliches Molekulargewicht	Durchschnittlicher Polymerisationsgrad
Polymerisation bei 100°		
in Sauerstoffatmosphäre	13000	150
in Kohlendioxydatmosphäre	22000	250
im Vakuum	22000	250
Photopolymerisation		
in Sauerstoffatmosphäre	27000	310
in Kohlendioxydatmosphäre	30000	440
in Stickstoffatmosphäre	60000	700

Aus den Werten, die in der Tabelle aufscheinen, kann man entnehmen, daß eine merkbare Wirkung des *Sauerstoffs* sowohl bei der thermischen als auch bei der Photopolymerisation vorliegt.

Für den Reaktionsmechanismus wird gleichfalls die Bildung eines wirksamen Peroxydadduktes mit dem Vinylderivat angenommen[2].

Die damit in Zusammenhang stehende stabilisierende Wirkung mehrwertiger Phenole (auch auf andere Systeme ähnlichen Charakters) läßt eine Gesetzmäßigkeit zwischen diesem Effekt und der Autoxydierbarkeit der Inhibitoren (Stabilisatoren) vermuten[3].

Eine Überprüfung der *Inhibitorwirkung* wurde von ALYEA[4] vorgenommen. Er diskutiert die Möglichkeit, daß das die Keimreaktion bildende Peroxyd auf demselben Wege wie die Peroxydstufen bei der Sulfitoxydation in seiner Bildung verhindert werden könnte:

z. B. $A + AO_2 \rightarrow O_2 + A_2$ ohne Inhibitor,

$B + AO_2 \rightarrow BO_2 + A$ mit Inhibitor, Polymerisation tritt nicht ein.

Als die besten Inhibitoren erweisen sich *Polyphenole*, vor allem *Pyrogallol, Brenzcatechin*, weiter *Allylalkohol, Phenol, Äthylamin* usw.

Eine Angabe, wonach ein Zusatz von *Schwefel* zu einem an der Luft destil-

---

[1] Liebigs Ann. Chem. **488**, 33 (1931).

[2] Siehe CONANT, TONGBERG: J. Amer. chem. Soc. **52**, 1659 (1930). — TAYLOR, VERNON: Ebenda **53**, 2529 (1931).

[3] S. 339.

[4] KIA-KHWE JEU, ALYEA: J. Amer. chem. Soc. **55**, 575 (1933). — ALYEA, BÄCK-STRÖM: Ebenda **51**, 90 (1929). — S. 339 ff.

liertem *Vinylacetat* die thermische Polymerisation verhindere, findet sich in der Literatur[1].

Unter Bezug auf die Annahme von Cuthbertson, Gee und Rideal ist die Feststellung von Breitenbach und Raff[2] erwähnenswert. Nach den Angaben der Autoren wirkt das **Alkali** des Glases beschleunigend auf die Polymerisation von Vinylacetat.

Weitere Angaben über die Verwendung von **Zinkacetat** als Katalysator[3] und über eine *Hochdruckpolymerisation*[4] scheinen in der Literatur auf.

Es bestehen eine große Anzahl von Patentvorschriften, welche die Polymerisation von Vinylverbindungen — teils mit, teils ohne Katalysatoren — zum Gegenstand haben, wodurch die außerordentlich technische Bedeutung dieser Verbindungen zum Ausdruck kommt. Als *Beschleuniger* finden allgemein **anorganische** oder **organische Peroxyde,** als *Verzögerer* oder *Stabilisatoren* stets *Polyphenole* Verwendung[5].

2. Cyclische Verbindungen.

Cyclopenten. Durch Einwirkung von BF_3 wird eine Polymerisation zu di-, tri- und tetrameren Produkten herbeigeführt. Scheinbar begünstigen Spuren von *Feuchtigkeit* die Polymerisation durch Bildung freier *Fluorwasserstoffsäure.* Eine nähere Beschreibung der erhaltenen Produkte in struktureller Hinsicht wird nicht gegeben[6].

Cyclohexen. Eine vergleichende Untersuchung der Wirkung von Autoxydation und Polymerisation von Cyclohexen in **Sauerstoff**atmosphäre ergab, daß die Polymerisationsreaktion um ein geringes rascher verläuft[7]. In der nebenstehenden Tabelle 8 sind die Ausbeuten der einzelnen Reaktionen gegeben. Es ist daher nicht genau zu unterscheiden, ob das Oxyd des ungesättigten Grundstoffes einer

Tabelle 8.

	Tage			
	1	2	3	4
Autoxydation[8]*	0,5%	1%	3%	7%
Polymerisation in O_2[9]	3 %	4%	5%	7%
Polymerisation in CO_2	1 %	1%	1,5%	2%

* Die Berechnung hat als Grundlage die Aufnahme von 1 Mol $O_2 = 100\%$.

Polymerisation unterliegt oder ob der Sauerstoff als Katalysator Anlagerungsreaktionen und damit Anlaß zur Auslösung der Polymerisation gibt.

Durch Behandlung von *Cyclohexen* in Chloroformlösung mit **Ozon** werden zwei **Produkte** erhalten. Erstes (A) fällt sofort als unlösliches Produkt aus, während das zweite erst nach Beendigung der Ozonaufnahme und Zusatz von Petroläther gewonnen wird (B)[9].

Das Produkt A ist amorph, fast in allen gewöhnlichen organischen Lösungsmitteln kaum löslich und besitzt papierähnliches Aussehen. Das Produkt B ist körniger Natur und zeigt in Benzol das Molekulargewicht 2100—3650, in Dioxan jedoch 1120—1515.

[1] Canad. P. 282860. — Vgl. auch DRP. 615995; Amer. P. 2011132; F.P. 656049, 750348. — Starkweather, Taylor: J. Amer. chem. Soc. **52,** 4708 (1930).

[2] Ber. dtsch. chem. Ges. **69,** 1107 (1936). — Siehe S. 392.

[3] Uschakow, Fainstein: Chem. Zbl. **1939 II,** 2973.

[4] Starkweather: J. Amer. chem. Soc. **56,** 1870 (1934).

[5] Z. B. DRP. 281688, 373369, 431146, 578996, 604776; Amer. P. 1241738, 1893873, 1942531, 2011132, 2075575, 2188778, 2189810; E. P. 319587, 387335, 392924, 396186, 397314, 398173, 410132; F.P. 656049, 750348, 765272, 782836. — Siehe auch Tab. 21, S. 340.

[6] Hofmann: Chemiker-Ztg. **57,** 5 (1933). — Renaud: Ann. Chimie (4) **3,** 443 (1935).

[7] Staudinger, Lautenschläger: Liebigs Ann. Chem. **488,** 7 (1931).

[8] Siehe Stephens: J. Amer. chem. Soc. **50,** 568 (1928). — Zelinsky: Ber. dtsch. chem. Ges. **63,** 2362 (1930).

[9] Siehe auch die Polymerisation von Cyclohexenoxyd, S. 466.

Auch hier findet sich keine Angabe, ob es sich um echte *Cyclohexenpolymere* oder *polymere Cyclohexenoxyde, -peroxyde* oder *-ozonide* handelt. Die Behandlung von *Cyclohexen* mit Ozon in Eisessiglösung führt zur Bildung eines flüssigen Ozonids vom Molekulargewicht 450[1].

Läßt man *Cyclohexen* im Extraktionsapparat über **Phosphorpentoxyd** laufen und entfernt sofort nach Leerung des Extraktors das gebildete Produkt, so winnt man in guter Ausbeute das Dimere, welches als 1-Cyclohexylcyclohexen, Kp. 103—105⁰/12 mm erkannt wurde[2]. Das Phosphorpentoxyd braucht *nicht* erneuert zu werden; mit 25 g desselben können 500 g Dimeres hergestellt werden. **Schwefelsäure** wirkt unter Verharzung, HPO_3 zeigt *keine* Wirkung, während **sirupöse Phosphorsäure** in nur 10proz. Ausbeute das Dimere gewinnen läßt. Läßt man das Phosphorpentoxyd längere Zeit einwirken, so entstehen das Trimere und höhermolekulare Produkte[2].

Wie schon angedeutet, zeigt **Schwefelsäure** eine andere Wirkung. Es tritt, wie NAMETKIN und ABAKUMOWSKAJA[3] feststellen konnten, eine *Verbundpolymerisation* ein. Durch Eintropfen von konz. Schwefelsäure auf 2—5⁰ abgekühltes Cyclohexen unter Rühren wird ein Polymerisat erhalten, aus dem sich als Hauptmenge folgende Produkte isolieren lassen: Hydrodimeres $C_{12}H_{22}$, Hydrotrimeres $C_{18}H_{32}$ und echtes Tetrameres $C_{24}H_{40}$. Strukturangaben fehlen. Eine nähere Beschreibung der Polymeren nach physikalischen Daten ist angeführt. Für den *Reaktionsmechanismus* dürften die gleichen Stufen gelten, wie sie beim Isobuten (S. 377) angeführt wurden.

Mit 5—10⁰/₀ **Aluminiumchlorid** erreicht man bei Raumtemperatur am *Cyclohexen* eine nur unvollständige Umsetzung, erst bei 80⁰ und einigen Stunden Reaktionszeit wird eine fast *quantitativ* verlaufende Polymerisation erzielt. Unterwirft man das ölige Polymerisat einer Fraktionierung, so können bis 200⁰/6 mm flüssige Kohlenwasserstoffe, bis 250⁰/6 mm halbfeste Massen abgetrennt werden. Der Rückstand ist glasig und zeigt bernsteingelbe Farbe.

Die Fraktion bis 200⁰/10 mm zeigt nach der vorgenommenen *Hydrierung* das Vorliegen von Cyclohexylcyclohexan, Dicyclohexylcyclohexan, Tricyclohexylcyclohexan und pentameres Cyclohexen, das *nicht* hydriert wird. Aus dem zähflüssigen Rückstand kann nach langwieriger Reinigung ein *Tetracyclohexylbenzol* (F. 265⁰) abgetrennt werden, was anzeigt, das eine Bildung von Aromaten und *Alkylierung* derselben vor sich gegangen ist. Auf Grund der übrigen Produkte, die der Menge nach überwiegen, darf man aber den Schluß ziehen, daß vornehmlich *Isopolymerisation* eingetreten ist[4].

WATERMAN und Mitarbeiter[5] haben unter fast gleichen Bedingungen ähnliche Ergebnisse erhalten.

Nach SULLIVAN u. a. soll bei der Cyclohexenpolymerisation mittels Aluminiumchlorid als Katalysator unbedingt die Anwesenheit von **Salzsäure** in freier Form notwendig sein (vgl. S. 363)[6]. Bei tiefen Temperaturen entstehen aus in Pentan gelöstem Cyclohexen mit $AlCl_3$ und HCl chloriertes Cyclohexan und Polycyclohexan.

Von Cyclohexenderivaten und ihrer Polymerisationsfähigkeit ist — abgesehen

---

[1] HOUTZ, ADKINS: J. Amer. chem. Soc. **55**, 1615 (1933). — Vgl. HARRIES: Liebigs Ann. Chem. **410**, 21 (1915); HOCK, SCHRADER: Angew. Chem. **49**, 565 (1936).
[2] TRUFFAULT: C. R. hebd. Séances Acad. Sci. **200**, 406 (1935); Bull. Soc. chim. France (5) **3**, 442 (1936). — NEMZOW, NISOWKINA, SSOSSKINA: Chem. Zbl. **1939 II**, 3551.   [3] Ber. dtsch. chem. Ges. **66**, 358 (1933).
[4] NAMETKIN, RUDENKO: Chem. Zbl. **1937 II**, 31.
[5] Recueil Trav. chim. Pays-Bas **54**, 245 (1935); Trans. Faraday Soc. **32**, 251 (1936). — Siehe auch die Wirkung von **Borfluorid**, Ann. Chimie (11) **3**, 443 (1935).
[6] Ind. Engng. Chem. **23**, 604 (1931).

von den terpenartigen Kohlenwasserstoffen — nur das *1-Methyl-3,4-dibrom-Δ^3-cyclohexen*[1] und das *Methyl-Δ^3-cyclohexen* in der Literatur beschrieben. Mit **Schwefelsäure** mittlerer Konzentration läßt sich das *Methyl-Δ^3-cyclohexen* in ein Dimeres vom Kp. 255—260° umwandeln[2]. Daneben bildet sich der entsprechende Alkohol.

α-*Pinen.* Nach den Untersuchungen von STAUDINGER und LAUTENSCHLÄGER[3] verläuft der Autoxydationsprozeß langsamer als die Polymerisation in Sauerstoffatmosphäre.

$$CH_3-C\big\langle\!\!\!\!\!\!\begin{array}{c}CH-CH_2-CH\\CH-CH_2-CH\end{array}\!\!\!\!\!\!\big\rangle C(CH_3)_2$$

Rohes Pinen (Terpentinöl) polymerisiert bei der Einwirkung von **Aluminiumchlorid** zu gelben, harzartigen Massen. Bei der Depolymerisation dieses Produktes mit dem gleichen Agens entstehen *gesättigte* cyclische Kohlenwasserstoffe, Paraffine sowie Benzol und Homologe neben etwas Terpenen[4].

Wird hingegen *Pinen* (aus Terpentinöl, Kp. 156—159°) in einem Lösungsmittel (Hexan, Toluol, Xylol, Benzol) in bestimmten Mengen gelöst und unter Rühren bei Temperaturen unter 15° **Aluminiumchlorid** in kleinen Anteilen eingetragen, so findet eine andersgeartete Reaktion statt. Nach Versetzen mit Ammoniak wird vorsichtig fraktioniert (bis 210°) und nach Entfernen unveränderten Pinens und anderer Produkte durch Wasserdampfdestillation der Rückstand abzüglich der als Katalysator zugesetzten Menge $AlCl_3$ als Ausbeute angegeben. In der Tabelle 9 sind die erhaltenen Daten wiedergegeben[5].

Tabelle 9.

Pinen	Kohlenwasserstoff als Lösungsmittel	$AlCl_3$	Wiedergewonnene Kohlenwasserstoffe	Hartes	Öliges	Nicht umgesetztes Pinen
				Polymeres		
g	g	g	%	g		g
136	Toluol 184	10	98,5	81,3	19,0	33,4
136	Toluol 92	10	97,3	80,3	19,2	34,2
136	Benzol 187	10	98,8	80,0	19,4	34,0
136	Hexan 133	10	99,0	60,0	39,0	35,3
136	Xylol 106	10	99,6	91,2	8,4	34,3
136	Toluol 184	10	98,1	83,0	16,4	34,8
136 } Dipenten	Toluol 92	10	99,0	46,8	49,4	36,1

Nach den erhaltenen Ergebnissen findet *keine* Reaktion zwischen Pinen und den aromatischen Kohlenwasserstoffen als Lösungsmittel statt, die sonst bei der Verwendung von $AlCl_3$ zur Polymerisation von Olefinen in Anwesenheit

[1] DOMNIN: Chem. Zbl. **1940** I, 2308. — Wahrscheinlich handelt es sich bei der Einwirkung von **Natrium** um eine Reaktion im Sinne von FITTIG.

[2] BROOKS, HUMPHREY: J. Amer. chem. Soc. **40**, 843 (1918).

[3] Liebigs Ann. Chem. **488**, 8 (1931).

[4] STEINKOPFF, FREUND: Ber. dtsch. chem. Ges. **47**, 413 (1914). — FREUND: Petroleum **28**, Nr 37, 1 (1932).

[5] CARMODY, CARMODY: J. Amer. chem. Soc. **59**, 1312 (1937). — Siehe auch Amer. P. 1 939 932.

von Aromaten in Form einer *Alkylierungsreaktion* vor sich geht. Die Ausbeute an Polymerisat beträgt durchschnittlich 75%. In beiden Fällen wird über die Natur der entstandenen Produkte, außer ihrer Einteilung nach Stoffklassen, nichts Näheres mitgeteilt.

Wasserfreies **Floridin** wirkt auf gekühltes Pinen nur schwach polymerisierend. Ein Wassergehalt läßt die Reaktion mitunter sehr heftig werden. Weiter kann man auch eine *Isomerisierung* des Pinens unter dem Einfluß von Floridin feststellen[1]. Nach ERDHEIM[2] sollen sich *d-* und *l-Pinen* in ihrer Polymerisationsfähigkeit unterscheiden. **Fullererde** zeigt eine ähnliche Aktivität wie Floridin, nur in viel gemäßigterer Form[3].

Mit **Schwefelsäure** kann man sowohl am α- als auch β-*Pinen* eine Dimerisierung herbeiführen[4], ebenso mit **85proz. Phosphorsäure**[5]. Das Dipinen, $C_{20}H_{32}$, zeigt den Kp. 127—128°.

p-Menthen-3. Nach STAUDINGER[6] verläuft an dieser Substanz die Autoxy-

$$CH_3$$
$$|$$
$$CH$$
$$CH_2 \quad CH_2$$
$$CH \quad CH_2$$
$$C$$
$$CH(CH_3)_2$$

dation rascher als die Polymerisation in **Sauerstoffatmosphäre**.

Durch Einwirkung von **Schwefelsäure** kann man eine Dimerisierung erreichen, und man erhält in 50proz. Ausbeute den Kohlenwasserstoff $C_{20}H_{36}$ vom Kp. 310—315°[4].

α-Angelicalacton. Zu einer Lösung von 15 g Lacton in 40 ccm Schwefelkohlenstoff setzt man 0,4 ccm einer **Borfluorid-Äther-Komplexverbindung** und erhitzt

$$CH_3$$
$$|$$
$$C=CH$$
$$|\quad\ |$$
$$O \quad CH_2$$
$$CO$$

unter Rückfluß zum schwachen Sieden 5 Stunden lang. Die sich abscheidende farblose Schicht wird vom roten, viscosen Polymerisat abgetrennt und das Polymere durch Dekantieren mit Äther gewaschen und durch einstündiges Erhitzen auf 80° bei 2 mm von flüchtigen Anteilen befreit[7].

In fast quantitativer Ausbeute wird eine dunkelrote Masse erhalten, die in Alkohol und Aceton leicht löslich ist. Das Molekulargewicht wurde zu 845 (Benzophenon) bzw. 818 (Bromtitration) gefunden.

Mit *Ammoniak* in Dioxan im Einschlußrohr wird in 80proz. Ausbeute das entsprechende polymere Lactam erhalten.

---

[1] GURWITSCH: Z. physik. Chem., Abt. A **107**, 235 (1923). — KOBAYASHI, YAMAMOTO: J. Soc. chem. Ind. Japan **31**, 102 (1928).
[2] Öle, Fette, Wachse, Seifen, Kosmetik **1938**, Nr 6, 7.
[3] VENABLE: J. Amer. chem. Soc. **45**, 728 (1923).
[4] BROOKS, HUMPHREY: J. Amer. chem. Soc. **40**, 842 (1918).
[5] RITTER, SHAREFKIN: J. Amer. chem. Soc. **62**, 1508 (1940).
[6] Liebigs Ann. Chem. **488**, 7 (1931).
[7] MARVEL, LEVESQUE: J. Amer. chem. Soc. **61**, 1682 (1939).

Für die Struktur wird folgendes Formelbild angegeben:

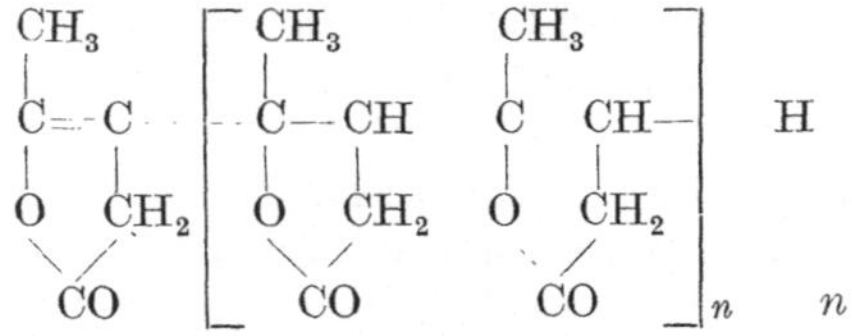

$n = 7$ bis 8

Eine Isomerisierung zur β-Verbindung findet *nicht* statt[1].

II. Die C=O-Bindung.

Die Polymerisation von Aldehyden kann auf verschiedene Art erfolgen. Bei der Aldolisierung bildet sich eine C—C-Bindung unter Verlust der aldehydischen Eigenschaften aus, während die Bildung von meta- und para-Aldehyden eine C—O-Bindung, gleichfalls unter Verlust der Aldehydeigenschaften, anstrebt. Letztere Bindung läßt sich jedoch leicht wieder spalten unter Bildung des ursprünglichen Produktes und seinen Eigenschaften.

Die Verhältnisse bei der Aldehydpolymerisation sind verwickelt, denn es können *Polykondensationsprozesse* (I) eintreten, wenn man die intermediäre Bildung von Hydratformen annimmt, oder es liegen Reaktionen nach Art *kondensierender Polymerisationen* (II) vor.

$$\mathrm{OH\cdot CH_2\cdot OH + HO\cdot CH_2\cdot OH + HO\cdot CH_2\cdot OH}$$
$$\downarrow$$
$$\underset{\mathrm{I}}{\mathrm{HO\cdot CH_2{-}O{-}CH_2{-}O{-}CH_2\cdot OH}}$$

$$\mathrm{HO\cdot CH_2\cdot OH + CH_2O \rightarrow HO\cdot CH_2\cdot O\cdot CH_2\cdot OH}$$
$$+$$
$$\mathrm{CH_2O}$$
$$\downarrow$$
$$\underset{\mathrm{II}}{\mathrm{HO\cdot CH_2\cdot O\cdot CH_2\cdot O\cdot CH_2\cdot OH}}$$

Schließlich besteht noch die Möglichkeit einer echten *Kettenpolymerisation*.

In allen Fällen — mit Ausnahme des Formaldehyds — sind die bisher erhaltenen Ergebnisse in keiner Weise durch theoretische Grundlagen hinreichend gestärkt worden.

Über die Polymerisierungsfähigkeit der Aldehyde unterrichtet unter besonderer Berücksichtigung katalytischer Einflüsse in ausführlicher Form die Arbeit von BAKER und ROTHSTEIN[2].

Formaldehyd, der einfachste Vertreter, zeichnet sich durch verschiedene polymere Formen aus, worüber ausführlich STAUDINGER[3] berichtet.

Bekannt sind bisher folgende Formen des polymeren Formaldehyds:

1. *α-Polyoxymethylen, Polyoxymethylendihydrate.* Auf 28proz. Formaldehydlösung läßt man *ein* Zehntel des Volumens **konz. Schwefelsäure** bei Temperaturen unter 30° einwirken. Das ausfallende Produkt wird rasch abgetrennt und mit ausreichenden Mengen reinen Wassers gewaschen. Man erhält ein weißes Pulver, dessen Polymerisationsgrad 50 bis 100 betragen soll[4, 5].

2. *β-Polyoxymethylen, Polyoxymethylendisulfosäureester.* Auf 28proz. Formaldehydlösung läßt man *vier* Zehntel des Volumens **konz. Schwefelsäure** bei

[1] Siehe Anm. 7, S. 397. [2] Dieses Handbuch Bd. II, S. 136ff.

[3] Die hochmolekularen organischen Verbindungen, S. 224ff. Berlin 1932.

[4] STAUDINGER: Liebigs Ann. Chem. **474**, 243ff. (1929).

[5] WALTERS: Z. physik. Chem., Abt. A **182**, 275 (1938) erhielt aus Lösungen von Formaldehyd in Deuteriumoxyd auf dem beschriebenen Wege ein deuteriumfreies Produkt.

Raumtemperatur einwirken und isoliert das ausfallende Produkt. Es ist stets schwefelsäurehaltig, scheint daher ein mit Schwefelsäure verestertes Polyoxymethylendihydrat zu sein[1]. Lockeres, weißes Pulver sintert in reinem Zustand bei 170⁰ und läßt sich bei 150—170⁰ sublimieren.

β-Polyoxymethylen zeigt im Vergleich zum α-Produkt eine *geringere* Löslichkeit und kann leicht abgebaut werden. Durch Sublimation erreicht man die Ausbildung faserartiger Formen[2] und eine teilweise Umwandlung in α-Polyoxymethylen. Unter bestimmten Bedingungen kann durch Sublimation die Entstehung von *Trioxymethylen* herbeigeführt werden.

3. *γ-Polyoxymethylen* ist der dem α-Polyoxymethylen entsprechende Dimethyläther und geht aus der β-Form durch langsame Umwandlung hervor (Abspaltung von Schwefelsäure, Depolymerisation, Disproportionierung). Er entsteht immer dann, wenn die Formaldehydlösung nicht frei von Methanol war (CANNIZZARO). Durch Einwirkung von starkem Alkali entstehen derartige Produkte aus Formaldehydlösungen nie[3], wohl aber durch Versetzen von methylalkoholhaltigen, wässerigen Formaldehydlösungen mit Schwefelsäure[4].

4. *Trioxymethylen.* Ist cyclischer Natur, krystallisiert leicht und ist wasserlöslich sowie unzersetzt flüchtig. F. 67—68⁰[5].

5. *Tetraoxymethylen.* Ist gleichfalls cyclischer Natur und unzersetzt flüchtig. F. 112⁰[6].

6. *Paraformaldehyd.* Stellt ein Gemisch von Polyoxymethylendihydraten vom Polymerisationsgrad 10—15 dar. Es ist in der Hitze in Dioxan unter Zersetzung löslich.

7. *ϑ-Polyoxymethylen.* Soll ein Gemisch hochmolekularer Polyoxymethylendimethyläther sein. Es ist fast unlöslich und gibt beim Verdampfen keinen monomeren Formaldehyd[7].

Durch Einwirkung von Essigsäureanhydrid werden die Polyoxymethylene von den Enden der Kette her abgebaut, und man gewinnt eine polymerhomologe Reihe von Polyoxymethylendiacetaten.

Die unter 1—6 genannten Produkte entstehen wahrscheinlich durch echte *Kettenpolymerisation*, während das unter 7 angeführte Produkt durch *kondensierende Polymerisation* gebildet werden soll[3, 7].

Reiner *gasförmiger Formaldehyd* zeigt nur geringe Neigung zu polymerisieren. Spuren von **Feuchtigkeit** hingegen beeinflussen die Reaktion katalytisch[8]. Weiter begünstigen die geringsten Spuren von **Säuren** oder **Alkalien** die Polymerisation in Gasphase[9], wobei folgender Verlauf der Reaktion durch z. B. **Ameisensäure** angenommen wird:

$$\text{HCOOH} + \text{HC}\underset{\text{O}}{\overset{\text{H}}{\diagdown}} \rightarrow \text{O=C}\overset{\diagup\text{OCH}_2\text{OH}}{\diagdown\text{H}} + \text{HCHO} \qquad \text{O=C}\diagdown\underset{\text{H}}{\overset{\text{OCH}_2\text{OCH}_2\text{OH}}{}} \qquad \text{usw.}$$

Auch **BCl₃** und **Trimethylamin** zeigen eine ähnliche Wirkung[10].

---

[1] Siehe Anm. 4, S. 398.

[2] Vgl. v. ARDENNE, BEISCHER: Z. physik. Chem., Abt. B **45**, 465 (1940).

[3] STAUDINGER: Liebigs Ann. Chem. **474**, 245 (1929). — AUERBACH, BARSCHALL: Arb. Kaiserl. Gesundheits-Amt **27**, 183 (1907). — STAUDINGER, SIGNER, SCHWEITZER: Ber. dtsch. chem. Ges. **64**, 398 (1931). [4] Helv. chim. Acta 8, 62 (1925).

[5] STAUDINGER: Liebigs Ann. Chem. **474**, 258 (1929). — STAUDINGER, LÜTHY: Helv. chim. Acta 8, 65 (1925). — PRATESI: Gazz. chim. ital. **14**, 139 (1884).

[6] STAUDINGER, LÜTHY: l. c.

[7] STAUDINGER: Liebigs Ann. Chem. **474**, 232 (1929).

[8] TRAUTZ, UFER: J. prakt. Chem. (2) **113**, 105 (1926).

[9] CARRUTHERS, NORRISH: Nature [London] **135**, 582 (1935); Trans. Faraday Soc. **32**, 195 (1936). — Siehe auch FARQUHARSON: Ebenda **33**, 824 (1937).

[10] STAUDINGER: Buch, l. c. S. 286.

Eingehend mit dem Reaktionsmechanismus der katalytischen Polymerisation *wässeriger Formaldehydlösungen* hat sich Löbering[1] befaßt. Er fand, daß in 10proz. Lösungen die Wirksamkeit des Katalysators zur Bildung längerer Ketten folgendermaßen zunimmt:

$$NaOH, \; Na_2CO_3, \; HCl, \; H_2SO_4,$$

d. h. mit **Schwefelsäure** erhält man die längsten Kettenpolymeren. Weiter wurde festgestellt, daß je höher die Anfangskonzentration gewählt wird, man um so kürzerkettige Produkte erzielt.

Die *Depolymerisation* war gleichfalls Gegenstand der Untersuchungen Löberings[2].

Weitere Versuche beschäftigten sich mit der *kondensierenden Polymerisation* („*Polyaldolkondensation*") von *Formaldehyd* zu zuckerartigen Stoffen unter dem Einfluß von *Licht*[3].

Ein schönes Beispiel einer heterogenen photokatalytischen Polymerisation stellt die Arbeit von Ram und Dhar[4] dar. Danach zeigt eine 4proz. Formaldehydlösung in Quarzschalen bei 30° nach Zusatz von frisch bereitetem, neutralem **Ferrichlorid** dem Sonnenlicht ausgesetzt, folgende Ergebnisse, die in der Tabelle 10 angeführt sind:

Tabelle 10.

15 ccm einer 4proz. Formaldehydlösung	Ausbeute an Zuckern (als Glucose) in mg in 100 ccm der Lösung nach		
	7	10	15
	Stunden		
Lösung + 2 ccm n/5 $FeCl_3$	0,0007	0,0010	0,0012
Lösung + 3 ccm n/5 $FeCl_3$	0,0010	0,0012	0,0011
Lösung + 0,5 g Kieselgur und $FeCl_3$ ..	0,0013	0,0017	0,0020

Aus der Tabelle ist die für die Entwicklung des Katalysators notwendige große Oberfläche ersichtlich (*Kieselgur*). Von Ausbeuten im normalen Sinne kann zwar nicht die Rede sein, jedoch liegt ein anschaulicher Modellversuch vor.

Unter den Katalysatoren **Ferrichlorid, Chlorophyll, Methylorange, Nickelcarbonat** und **Zinkoxyd** erweist sich der erste als der wirksamste (vgl. auch Abschnitt Adickes und du Mont, 2. Bandhälfte, S. 344).

Acetaldehyd oder Äthanal. Eine Polymerisation erreicht man durch geringe Zusätze von **Säuren** oder **Zinkchlorid**[5]. Hatcher[6] hat die Polymerisation von *Acetaldehyd* mittels **sirupöser Phosphorsäure** in Benzollösung einer eingehenden Untersuchung unterzogen. Dabei wurde gefunden, daß die Polymerisation direkt *proportional* der Menge verwendeter Phosphorsäure ist und eine Vorbehandlung des Aldehyds mit *Sauerstoff* diese verhindert.

Neben Phosphorsäure sind auch andere Mineralsäuren (**Salzsäure, Schwefelsäure**) im gleichen Sinne wirksam.

Die *Depolymerisation* wurde in organischen, nichtdissoziierten Lösungsmitteln vorgenommen (um eine irreversible Umlagerung zu Aldol, Croton-

---

[1] Löbering, Jung: Mh. Chem. **70**, 281 (1937).

[2] Z. Elektrochem. angew. physik. Chem. **43**, 638 (1937).

[3] Ram, Dhar: J. Indian chem. Soc. **14**, 151 (1937). — Dhar und Mitarbeiter: J. physik. Chem. **35**, 1418 (1931); **36**, 575 (1932). — Short: Biochem. J. **18**, 1330 (1924). — DRP. 590236.   [4] J. Indian chem. Soc. **14**, 151 (1937).

[5] Kekulé, Zincke: Liebigs Ann. Chem. **162**, 142 (1872). — Hantzsch, Oechslin: Ber. dtsch. chem. Ges. **40**, 4341 (1907). — Travers: Trans. Faraday Soc. **32**, 246 (1936). — Turbaba: Z. physik. Chem. **38**, 505 (1901). — Siehe auch Carruthers, Norrish: Trans. Faraday Soc. **32**, 195 (1936).

[6] Hatcher, Brodie: Canad. J. Res. **4**, 574 (1931). — Hatcher, Kay: Ebenda **7**, 195 (1936).

aldehyd usw. zu unterbinden) und dabei die Beobachtung gemacht, daß die **Natur** des Lösungsmittels einen *merklichen* Effekt ausübt[1]. Als Katalysatoren wurden sowohl beim festen als auch gasförmigen Paraldehyd **HCl, HBr, Mono-, Di-** und **Trichloressigsäure** angewandt. Ein Reaktionsmechanismus des Zerfalls wurde festgelegt; er soll formelmäßig angeführt werden:

$$CH_3 \cdot CH \quad CH \cdot CH_3 \ (\text{Paraldehyd}) \; + 2\,HA \; \rightarrow$$

$$\rightarrow \; 3\,CH_3 \cdot CHO + 2\,HA$$

Metaldehyd soll ein Dimeres mit ausgeprägtem Assoziationsvermögen sein[2].

Durch Einwirkung von **HCl** oder **Schwefelsäure** auf das Acetal des *Monochloracetaldehyds* gelangt man zu einem krystallisierten Produkt, das einen F. von 87—87,5° aufweist. Es dürfte sich um das Trimere handeln. Durch Destillation wird es in die monomere Form aufgespalten[3]. Unter besonderen Bedingungen läßt sich auch die Bildung eines amorphen Produktes erreichen.

Die Einwirkung von **Schwefelsäure** auf *Dichloracetaldehyd* führt zur Bildung einer amorphen Masse (F. 129—130°), die in Wasser unlöslich, in Alkohol, Äther, Essigsäure jedoch löslich ist[4]. Genaue Angaben fehlen.

Propionaldehyd oder Propanal kann nach den Angaben von ORNDORFF[5] mittels **HCl** in die *meta-* und *para-*Form übergeführt werden.

Tabelle 11.

Sauerstoffabsorption in ccm je 100 ccm Aldehyd	Reaktionsdauer in Stunden	Polymerisation in 24 Stunden bei 12000 at führt zu folgenden Polymeren:
0	0	0
12,6	50	sehr viscoses Produkt
73	145	dicke Paste
94	170	weiches, festes Produkt

n-Butyraldehyd oder n-Butanal. Am n-Butyraldehyd wurde die Sauerstoffabsorption und Polymerisationsfähigkeit bei *hohen* Drucken untersucht und dabei ein Zusammenhang festgestellt. Die Ergebnisse sind in der Tabelle 11 fest-

---

[1] BELL, LIDWELL, VAUGHAN-JACKSON: J. chem. Soc. [London] **1936,** 1792; Proc. Roy. Soc. [London], Ser. A **143,** 377 (1934). — BELL, BURNETT: Trans. Faraday Soc. **33,** 355 (1937).

[2] Vgl. z. B. HANTZSCH, OECHSLIN: Ber. dtsch. chem. Ges. **40,** 4341 (1907).

[3] NATTERER: Mh. Chem. **3,** 461 (1882).

[4] JACOBSEN: Ber. dtsch. chem. Ges. **8,** 87 (1875). — Vgl. auch PATERNO: Liebigs Ann. Chem. **149,** 371 (1869).

[5] Amer. Chem. J. **12,** 353 (1890). — Vgl. auch BUCKLER: J. chem. Soc. [London] **1937,** 1036.

gehalten. Die Polymerisationsfähigkeit geht somit mit der Sauerstoffabsorption *parallel*. Durch längeres Erhitzen des mit **Sauerstoff** behandelten Aldehyds *sinkt* die Polymerisationsfähigkeit, und man beobachtet das Entweichen von Sauerstoff. Das durch Polymerisation erhaltene jeweilige Produkt geht beim Stehen an der Luft allmählich in das Monomere über[1]. Die wahrscheinliche Struktur des Polymeren wird von den Verfassern folgendermaßen angenommen:

$$\begin{array}{ccc}
CH_3 & CH_3 & CH_3 \\
CH_2 & CH_2 & CH_2 \\
CH_2 & CH_2 & CH_2 \\
CH & CH & CH \\
\diagdown O \diagup & \diagdown O \diagup & \diagdown O \diagup
\end{array}$$

Durch Vorbehandlung mit **Ozon** erhält man bei der *Hochdruckpolymerisation* aus dem Monomeren in quantitativer Ausbeute eine harte, unelastische Masse. Ihre Struktur soll ähnlich der von Trioxymethylen sein. Redestillierter Aldehyd gibt *ohne* Ozonbehandlung unter gleichen Bedingungen (12000 at, 25 Stunden) eine alkohollösliche, käseartige Masse[2].

Die *Depolymerisation* des mit Sauerstoff oder Peroxyden behandelten und durch anschließende *Hochdruckpolymerisation* erhaltenen Stoffes scheint durch **Säuren** begünstigt zu werden, während *Pyridin* als Verzögerer wirkt[2].

Butylchloral, $CH_3 \cdot CHCl \cdot CCl_2 \cdot CH(OH)_2$, wird durch **Schwefelsäure**, *nicht* aber durch *HCl* in das Trimere verwandelt, das in zwei isomeren Formen auftritt[3]. Pyridin soll den gleichen Vorgang katalytisch beeinflussen[4].

So wie n-Butyraldehyd verhält sich auch der *n-Valeraldehyd* oder *n-Pentanal* bei der *Hochdruckpolymerisation* unter dem katalytischen Einfluß von **Sauerstoff**[5].

Isovaleraldehyd oder 2-Methylbutanal kann nach den vorliegenden Angaben mittels **HCl** zur Polymerisation angeregt werden[6]. Unter gleichen Bedingungen wird dieser Vorgang auch beim *Methyläthylacetaldehyd* oder *1-Methylbutanal* beobachtet[7]. In beiden Fällen dürfte es sich um trimere Produkte handeln.

Auf *n-Heptanal* wirken sowohl **Sauerstoff** als auch **Säuren** polymerisationsbeschleunigend[8]. Einen ähnlichen Effekt üben **Schwefelsäure** auf *n-Nonanal*[9] und *n-Undecanal*[10] aus. Nach BAGARD[11] soll neben **Halogenwasserstoff** auch **freies Halogen** die Polymerisation von *n-Decanal* katalytisch beeinflussen.

Glykolaldehyd dimerisiert *spontan*. Eine Aufspaltung des dimeren Produktes begünstigen sowohl **H-** als auch **OH-Ionen**, wie BELL und HIRST[12] nachweisen konnten.

Δ^3-*Tetrahydrobenzaldehyd* wird bei Zusatz von verdünnten **Mineralsäuren** und Schütteln nach einigen Stunden in das Trimere verwandelt[13]. In farblosen Krystallen vom F. 202—203 wird das Trimere des *Hexahydrobenzaldehyds* durch Einwirkung von **Schwefelsäure** erhalten[14].

Das mit **10proz. Kalilauge** erhältliche Dimere des *Phenylacetaldehyds* dürfte

[1] CONANT, PETERSON: J. Amer. chem. Soc. **54**, 628 (1932). — BRIDGMAN, CONANT: Proc. nat. Acad. Sci. USA. **15**, 680 (1929). — Siehe S. 320.
[2] CONANT, TONGBERG: J. Amer. chem. Soc. **52**, 1668 (1930).
[3] CHATTAWAY, KELLETT: J. chem. Soc. [London] **1928**, 2709. — Siehe Thioaldehyde, S. 403.
[4] BÖESEKEN, SCHIMMEL: Recueil Trav. chim. Pays-Bas **32**, 112 (1913).
[5] CONANT, PETERSON: l. c.
[6] FRANKE, WOZELKA: Mh. Chem. **33**, 351 (1912).
[7] NEUSTÄDTER: Mh. Chem. **27**, 897 (1906).
[8] WHITBY, CROZIER: Canad. J. Res. **6**, 203 (1932). — THOMPSON, BURK: J. Amer. chem. Soc. **57**, 711 (1935). — FRANKE, WOZELKA: Mh. Chem. **33**, 351 (1912).
[9] BAGARD: Bull. Soc. chim. France (4) **1**, 346 (1907).
[10] BLAISE, GUÉRIN: Bull. Soc. chim. France (3) **29**, 1203 (1903).
[11] Bull. Soc. chim. France (4) **1**, 346 (1907).
[12] J. Chem. Soc. [London] **1939**, 1777.
[13] BERLIN, SCHERLIN: Chem. Zbl. **1939 I**, 1970.
[14] WALLACH: Liebigs Ann. Chem. **347**, 336 (1906).

wahrscheinlich ein Kondensationsprodukt darstellen[1], während mit **Schwefelsäure** ein echtes Polymeres (Trimeres) gewonnen werden kann[2].

Die Depolymerisation des dimeren *Dioxyacetons*[3] erfolgt ebenso wie die des dimeren Glykolaldehyds unter dem Einfluß von **H-** und **OH-Ionen**[4], wie genaue kinetische Messungen bezeugen.

Als abschließendes Ergebnis kann man stets bei Aldehyden die katalytische Wirksamkeit von **H-Ionen** als Polymerisationsbeschleuniger erkennen.

III. Die C=N-Bindung.

Die für die Azomethingruppe charakteristische Atomverkettung C=N— zeigt ein ausgeprägtes Polymerisationsvermögen, wie aus dem Verhalten der durch Kondensation von Aldehyden oder Ketonen mit Aminen erhältlichen Produkten hervorgeht (siehe Polykondensation).

Der einfachste Vertreter in dieser Reihe von Verbindungen ist das Formaldoxim $CH_2=NOH$, welches schon bei gewöhnlicher Temperatur polymerisiert[5]. Formalhydrazin $CH_2=N \cdot NH_2$ existiert überhaupt nur als polymeres Produkt. Ein weiterer Vertreter in dieser Gruppe ist die *Knallsäure*, $C=N \cdot OH$. Es lassen sich bei der Einwirkung von **Säuren** (*ausgenommen HCl*, da chemische Umsetzung eintritt) folgende Produkte isolieren[6]:

a) Dimeres: Dicarbonyldioxim

$$\begin{array}{l} C{=}N \cdot OH \\ \parallel \\ C{=}N \cdot OH \end{array} \quad \text{(früher als Isonitrosoacetonitriloxyd} \quad \begin{array}{l} CH{=}N \cdot OH \\ \diagdown \\ C{\equiv}N \to O \end{array} \quad \text{angesehen).}$$

b) Trimeres: Metafulminsäure $(CNOH)_3$, wahrscheinliche Struktur:

$$\begin{array}{l} CH{-\!-\!-}C{-}C{\equiv}N \to O \\ \parallel \qquad \parallel \\ N \cdot OH \ \ N \cdot OH \end{array} \quad \text{oder} \quad \begin{array}{l} CH{-}C{=}N \cdot OH \\ \parallel \qquad \diagdown \\ N{-}\cdots O \diagup \end{array} C{=}N \cdot OH \ [7]$$

c) Tetrameres: Isocyanilsäure

$$HO \cdot N{=}CH \cdot \underset{\substack{\parallel \\ N}}{C}{-\!-}\underset{\substack{\parallel \\ N \to O}}{C}{-}CH{=}N \cdot OH \qquad \text{F. } 160^0.$$
$$\diagdown \diagup$$
$$O$$

Es wurden Messungen von 0,4-molaren Lösungen der *Knallsäure* bei 0^0 mit **Schwefelsäure** und **Salpetersäure** (0,025, 0,05, 0,15 und 2 n) vorgenommen und hierbei festgestellt, daß

a) die **Säuren** in ihrer Wirkung vollkommen *gleich* sind,

b) in *stark saurer* Lösung vorwiegend Dimeres bzw. Tetrameres und in *schwach mineralsaurer* oder neutraler Lösung nur Trimeres gebildet wird.

IV. Die C=S-Bindung.

1. Thioaldehyde.

Die monomeren Formen der Thioaldehyde sind frei *nicht* beständig und verwandeln sich sofort in die Trimeren cyclischer Natur, die ähnlich wie die Paraldehyde gebaut sind.

---

[1] STOBBE, LIPPOLD: J. prakt. Chem. (2) **90**, 284 (1914).

[2] MÜLLER: Helv. chim. Acta **17**, 1231 (1934).

[3] STRAIN, DORE: J. Amer. chem. Soc. **56**, 2649 (1934).

[4] BELL, BAUGHAN: J. chem. Soc. [London] **1937**, 1947.

[5] DUNSTAN, BOSSI: J. chem. Soc. [London] **73**, 353 (1898). — SCHOLL: Ber. dtsch. chem. Ges. **24**, 575 (1891).

[6] SENNEWALD, BIRKENBACH: Liebigs Ann. Chem. **520**, 201 (1935); **512**, 45 (1934). — Vgl. auch WIELAND: Liebigs Ann. Chem. **444**, 20 (1925); **475**, 42, 54 (1929).

[7] Siehe Ber. dtsch. chem. Ges. **42**, 1346 (1909).

$$
\begin{array}{c}
\text{R} \\
\cdot \\
\text{CH} \\
\diagup \quad \diagdown \\
\text{S} \qquad \text{S} \\
\mid \qquad \mid \\
\text{R} \cdot \text{CH} \qquad \text{CH} \cdot \text{R} \\
\diagdown \quad \diagup \\
\text{S}
\end{array}
$$

Allgemein erhält man die trimeren Produkte durch Kondensation des entsprechenden Aldehyds mit Schwefelwasserstoff und **HCl**-Gas.

Bekannt sind:

Trithioformaldehyd (Trithiomethylen)[1]; *Trithioacetaldehyd* (zwei Formen)[2]; *Trithiobenzaldehyd* (zwei Formen)[3]; *Trithioanisaldehyd* (zwei Formen)[3]; *Trithiomethylsalicylaldehyd* (zwei Formen)[3]; *Trithioisobutylsalicylaldehyd* (zwei Formen)[3]; *Trithio-2-thiophenaldehyd* (zwei Formen)[4] und *Trithiozimtaldehyd* (zwei Formen)[3].

Sämtliche Trithioaldehyde sind farblose und geruchlose Substanzen und kommen stets in *zwei* stereoisomeren Formen vor[5].

Obwohl der Zusammentritt nach dem Reaktionsbild nach Art einer Kondensation erfolgt, wurde aus Gründen der Einteilung nach den monomeren Formen der polymerisationsfähigen Stoffe dieser Abschnitt an dieser Stelle eingesetzt.

2. Thioketone.

Ebenso wie die Thioaldehyde sind die einfachen Formen nicht beständig, sondern erscheinen in der trimeren Form als farblose, geruchlose und gut krystallisierte Substanzen. Ihre Herstellung erfolgt gleichfalls durch Einwirkung von Schwefelwasserstoff und **HCl**-Gas auf das entsprechende Keton. Im Gegensatz zu den Trithioaldehyden liegen die Thioketone als trimere Form nur *einfach* vor.

Bekannt sind:

Trithioacetophenon[6]; *Trithiocyclopentanon*[7]; *Trithiocyclohexanon*[7], *Trithio-p-methylcyclohexanon*[7] und *Trithio-m-methylcyclohexanon*[7].

B. Die einfache Dreifachbindung.

I. Die Acetylenbindung.

Acetylen als besonders ungesättigte Verbindung vermag bei der Einwirkung von Wärme (600—700⁰) an Kontaktoberflächen in Benzol und dessen Homologen überzugehen („Pyrokondensation"); es kommt dabei als primäre Reaktion stets eine Trimerisierung zustande. Bei Anwendung von bestimmten Katalysatoren beobachtet man dagegen die Bildung von höhermolekularen Produkten („*Cupren*"), wobei Zersetzungserscheinungen den Reaktionsmechanismus sehr verwickelt gestalten. Bei *niederer* Temperatur und Verwendung von komplexen **Cuproionen** läßt sich Acetylen in kettenförmig gebaute, niedere Polymere umwandeln. Schematisch stellt sich also die Acetylenpolymerisation folgendermaßen dar:

---

[1] Existiert nur in einer Form. — WOHL: Ber. dtsch. chem. Ges. **19**, 2345 (1886). — BAUMANN, FROMM: Ebenda **24**, 1457 (1891).

[2] BAUMANN, FROMM: Ber. dtsch. chem. Ges. **22**, 2600 (1889); **24**, 1457 (1891). — KLINGER: Ebenda **32**, 2194 (1899).

[3] BAUMANN, FROMM: Ber. dtsch. chem. Ges. **24**, 1431 (1891).

[4] STEINKOPFF, JAKOB: Liebigs Ann. Chem. **501**, 190 (1933).

[5] Siehe Fußnote 3, und FROMM, SCHULTIS: Ber. dtsch. chem. Ges. **56**, 937 (1923).

[6] Existiert nur in einer Form. — BAUMANN, FROMM: Ber. dtsch. chem. Ges. **28**, 895, 901 (1895).

[7] FROMM: Ber. dtsch. chem. Ges. **60**, 2090 (1927).

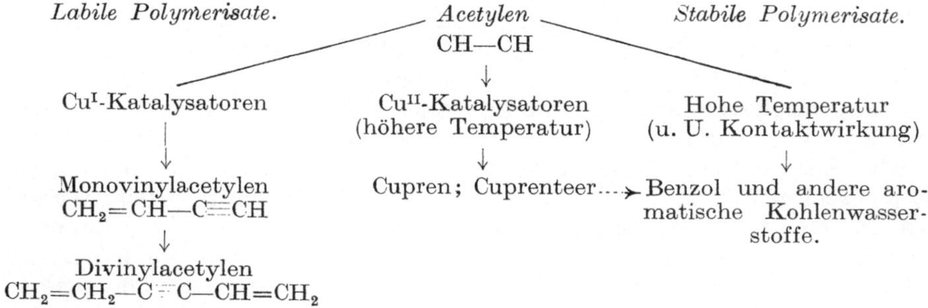

Die *Alkylderivate* des Acetylens unterliegen sonderbarerweise weniger leicht polymerisierenden Einflüssen, im Gegensatz zu den einfachen *Halogenderivaten*, die äußerst leicht polymerisieren. Völlig halogenierte Acetylene zeigen keine merkliche Polymerisationsneigung.

1. Lineare Polymerisation des Acetylens.

Die grundlegende Arbeit darüber stammt von NIEUWLAND und Mitarbeitern[1] aus dem Jahre 1931; sie führen die Polymerisation folgendermaßen aus:

In einem 2-Liter-Rundkolben werden 1000 g Cu_2Cl_2, 390 g NH_4Cl, 100 g Cu-Pulver und 30 g HCl (37 %) mit 425 g Wasser vermengt. Die Mischung, welche noch ungelöste Salze enthält, wird vor Luftzutritt geschützt und 24 Stunden auf dem Wasserbad erwärmt, bis die grüne Cu^{II}-salzfarbe verschwunden ist. Dann wird auf Raumtemperatur abgekühlt und durch Waschen mit H_2O, H_2SO_4 und Natrium-hyposulfit (oder Pyrogallol) gereinigtes *Acetylen* unter Schütteln und etwas Über-druck eingeleitet, bis die Absorption praktisch aufhört. Der Katalysator erwärmt sich (doch sorge man dafür, daß die Temperatur nicht über 50° steigt!) und nimmt mit der Zeit eine gelbe Farbe an. Insgesamt werden 100 g (etwa 85 Liter) Acetylen aufgenommen.

Man läßt 5—7 Tage stehen und destilliert durch direktes Erhitzen der Lösung auf 100—110° (Badtemperatur nicht höher als 180°!) so lange ab, bis nur noch Wasser übergeht. Die untere Schicht des Destilláts wird abgetrennt und zur nunmehr rotbraunen Katalysatorlösung, die wieder verwendungsfähig ist, zurückgegossen. Die obere, ölige Schicht — ein Gemisch von Divinylacetylen und Tetramerem mit Spuren chlorhaltiger Produkte — wird über Natriumsulfat getrocknet und am Wasserbad im Vakuum abdestilliert:

Divinyl-acetylen, Kp. 83,5° . . . . Ausbeute 70—80 % d. Th.
Tetrameres (1, 5, 7-Octatrien-3-in), Kp. 40°/20 mm . . . . . Ausbeute 10 % d. Th.

Das entstandene Divinylacetylen absorbiert aus der Luft sehr rasch Sauer-stoff unter Bildung *explosiver Peroxyde* und ist daher sehr gefährlich zu hand-haben! Beim Stehen bei Raumtemperatur oder beim Erhitzen erhält man ein explosives Gel oder Harz. Am besten wird Divinylacetylen daher erst kurz vor seiner Verwendung aus der Katalysatorlösung herausdestilliert. Beim Erhitzen in einer inerten Gasatmosphäre erhält man ein stabiles hartes Harz, das in allen bekannten Lösungsmitteln unlöslich ist[2].

Während auf die eben geschilderte Weise hauptsächlich *Di*vinylacetylen entsteht, erhält man etwa gleiche Mengen *Mono-* und *Di*-vinylacetylen, wenn man durch eine ähnlich zusammengesetzte Katalysatorlösung bei 65° Acetylen hindurchleitet[3]. Da Monovinylacetylen ein technisch wichtiges Zwischenprodukt

[1] NIEUWLAND, CALCOT, DOWNING, CARTER: J. Amer. chem. Soc. **53**, 4196 (1931).
[2] Amer. P. 1812541, 1812544, 1812849.
[3] SHAWORONKO: Chem. Zbl. **1937 I**, 1668. — ZÜRICH: Ebenda **1937 II**, 2755. — ZÜRICH, JEFREMOWA, BARTASCHEW, JAPPU: Ebenda **1936 II**, 3785; Caoutschouc and Rubber (russ.) **1937**, Nr. 3, 3.

zur Herstellung von Kautschuksorten (Neopren, Dupren, Sowpren, auch Buna)
ist, liegen über seine Herstellung eine große Anzahl von Patentvorschriften vor[1].
Ein Teil davon[2] befaßt sich mit Variationen des Katalysators.

So zeigt **Kupferchlorid** die größte Aktivität, während die Salze der anderen
Halogene weniger wirksam sind. Statt NH_4Cl können auch **andere Ammon-
salze** oder **Salze tertiärer Amine** verwandt werden, die jedoch mit Cuprosalzen
keine unlöslichen Additions- oder Komplexverbindungen bilden dürfen. Weiter
finden sich auch *feste* Katalysatoren, die eine Cuproverbindung und ein Ammon-
salz auf *Trägerstoffen* niedergeschlagen enthalten, Verwendung. Durch Zusätze
von Dispersionsstabilisatoren (Pectine) läßt sich die Ausbeute an Polymerisationsprodukten *erhöhen*.

Mit dem *Mechanismus* der Acetylenpolymerisation befassen sich Schmitz
und Schumacher[3]. Sie untersuchen vor allem den Einfluß von *Druck, Temperatur* und *Katalysatorkonzentration* auf das Mengenverhältnis der entstehenden
Reaktionsprodukte sowie auf die Gesamtausbeute. Sie schließen aus ihren Versuchen, daß in der Lösung mindestens zwei verschiedene Acetylenkomplexe mit
verschiedenem Cu_2Cl_2-Gehalt im Gleichgewicht vorhanden sind, von denen der
kupferreichere die Polymerisation bewirkt.

2. Sonstige Isopolymerisationen des Acetylens.

Ganz anders verläuft die Polymerisation des *Acetylens*, wenn **metallisches
Kupfer** oder **Kupferoxyde** als Katalysatoren Verwendung finden. So erhält
man beim Überleiten von Acetylen bei 250—300° über fein verteiltes Kupfer
Cupren neben dem sogenannten *Cuprenteer*[4]. Cupren stellt eine unschmelzbare,
braune, korkähnliche Masse dar, über deren Struktur nur wenig Anhaltspunkte
vorhanden sind. Kaufman und Schneider[5] konnten bei der Oxydation
Benzoesäure, Mellithsäure und Stoffe mit Naphthalingerüst nachweisen, wodurch der aromatische Charakter sichergestellt ist. Der Cuprenteer ist kompliziert zusammengesetzt; nachgewiesen wurden folgende Produkte: niedrig
siedende Paraffine, Hexene und Heptene; Benzol (11%), Toluol, Äthylbenzol
und Xylole (4%); Trimethylbenzole, Äthylmethylbenzole und Propylbenzole
(3%); Styrol (2%)[6] und Methylstyrole; Naphthalin und Homologe; Azulene[7];
Anthracen. Bei der Destillation des Cuprenteers treten oft plötzliche Polymeri-
sationserscheinungen auf[5].

Ähnliche Ergebnisse liefert die Polymerisation mit Cu_2O, CuO und $Cu_2Fe(CN)_6$[5].
Calhoun[8] untersuchte die Geschwindigkeit der Cuprenbildung unter dem Ein-
fluß von Kupferoxyd bei Temperaturen von 230—330°. Diese steigt nach einer
Induktionsperiode rasch bis zu einem Maximum an und fällt dann langsam ab.
Mit steigender Temperatur wird die Induktionsperiode länger und die Maximal-

[1] F.P. 792642, 792917, 823333, 829617; E.P. 445358, 479477; Amer.P. 2048838,
2191068, 2202919; Schwz.P. 206175. — Siehe auch Hurukawa: J. electrochem.
Assoc. Japan 7, Nr 11, 2 (1939).
[2] E.P. 438548; F.P. 792642, 798309, 797642; Amer.P. 2200057.
[3] Z. Elektrochem. angew. physik. Chem. 45, 503 (1939).
[4] Sabatier, Senderens: C. R. hebd. Séances Acad. Sci. 130, 250 (1900); Bull.
Soc. chim. France (3) 25, 678 (1901). — Mailhe: Chemiker-Ztg. 32, 244 (1908). —
Wohl: Z. angew. Chem. 35, 593 (1922). — Schläpfer, Stadler: Helv. chim. Acta
9, 185 (1924). — Schläpfer, Brunner: Ebenda 13, 1125, 1134 (1930). — Clemo,
McQuillen: J. chem. Soc. [London] 1935, 851.
[5] Ber. dtsch. chem. Ges. 55, 270 (1922) 56, 1625 (1923).
[6] Vgl. z. B. J. Amer. chem. Soc. 56, 1625 (1934).
[7] Beilstein: Handbuch der organischen Chemie, 4. Aufl., zweites Erg.-Werk
Bd. 1, S. 221. Berlin 1941.
[8] Canad. J. Res., Sect. B 15, 208 (1937).

geschwindigkeit größer; bei 330⁰ nimmt die Reaktion einen explosiven Charakter an. Die Polymerisationswärme beträgt 61—70 kcal je Mol C_2H_2.

Aktivkohle[1] wirkt auf Acetylen erst bei höherer Temperatur ein. Bei 600 bis 650⁰ entsteht ein Acetylenteer, der hauptsächlich aus aromatischen Kohlenwasserstoffen (Benzol, Toluol, Xylol, Styrol, Inden, Naphthalin, Fluoren, Anthracen usw.) besteht. Cuprenbildung tritt unter diesen Bedingungen nicht ein. **Platinasbest** soll eine Umwandlung des Acetylens in Aromaten mit bis zu 50proz. Ausbeute ermöglichen[2]. Werden **Platin-, Kobalt-** und **Nickel**kontakte verwendet, so beobachtet man schon bei Temperaturen ab 180⁰ eine merkliche Bildung von Benzolkohlenwasserstoffen[3]. Nach PETERS und NEUMANN[4] wirken mit **Eisen** und **Nickel** behaftete **Kieselgelkontakte** erst ab 250⁰ polymerisierend. Nach CHIKO und FUJIO[1] ist bei Verwendung von **Metallröhren** die Zersetzung stärker als die Polymerisation. **Wasserdampfzusatz** erhöht nach BERL[1] die Ausbeute wesentlich.

Leitet man ein *Gemisch von Acetylen und Wasserstoff* über **eisenhaltige Tierkohle** (2,5 % Fe), so findet sonderbarerweise *keine* Hydrierung statt, sondern man erhält ein hellbraun gefärbtes, aromatisches Produkt[5]. Ob die eigentliche Polymerisation erst nach der Entgasung des Adsorbens (400⁰) erfolgt, ist nicht genau feststellbar.

Unterwirft man ein *Gemisch von Acetylen und Wasserstoff* bei einem *Druck* von 20—25 Atm. und verschiedenen Temperaturen einer Polymerisation über einem **Nickelkatalysator**, so erhält man ein Kohlenwasserstoffgemisch, das hauptsächlich aus Olefinen (besonders Hexenen und Isohexenen) besteht[6]. Die *Hydropolymerisation* führt also hier zu stärker hydrierten Produkten als diejenige des Äthylens.

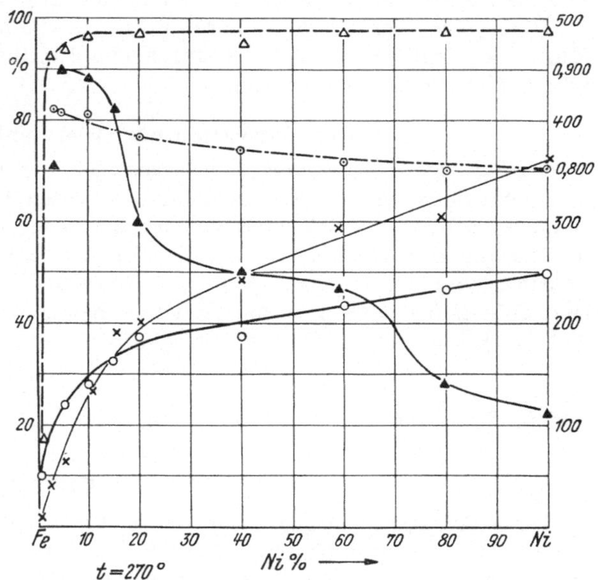

Abb. 2. Darstellung des Katalysators: Aus einer Nitratlösung (0,1 g Metall in 1 ccm Lösung) wird durch 0,1 bis 0,5 n K_2CO_3 die Fällung der Hydroxyde bei Zimmertemperatur vorgenommen und mit 100 ccm Wasser je 3 g Katalysator gewaschen. Die Reduktion erfolgt bei 400⁰ im Wasserstoffstrom.

—o— Wasserstoffverbrauch (%).

—△— Reagiertes Acetylen (%).

—×— Ausbeute an Äthan (%).

—⊙— Dichte des flüssigen Produktes d^{20}_4.

—▲— Ausbeute an flüssigem Produkt in ccm/m³ C_2H_2.

<hr>

[1] ZELINSKY, KASANSKY: Ber. dtsch. chem. Ges. **57**, 264 (1924). — CHIKO, FUJIO: Chem. Zbl. **1928 I**, 2244. — IKI, OGURA: J. Soc. chem. Ind. Japan **30**, 461 (1927). — BERL, KAUFMANN: Z. angew. Chem. **44**, 259 (1931).

[2] ZELINSKY, KASANSKY: Ber. dtsch. chem. Ges. **57**, 264 (1924).

[3] MOISSAN, MOUREU: Bull. Soc. chim. France (3) **15**, 1297 (1896). — SABATIER, SENDERENS: C. R. hebd. Séances Acad. Sci. **131**, 187 (1900).

[4] Gesammelte Abh. Kenntn. Kohle **11**, 423 (1934).

[5] CLAR: Z. Elektrochem. angew. physik. Chem. **43**, 379 (1937).

[6] PETROW, ANCUS: Chem. Zbl. **1936 I**, 1206.

Ein gleiches Gemisch im Verhältnis 1:4 ergibt bei der Behandlung mit einem **Eisen-Nickel-Kieselgur**-Katalysator (95:5:1000) bei 270⁰ maximal 455,6 ccm flüssige Polymere je cbm Acetylen. Aus vorstehender Abb. 2 können die Ausbeuten und reagierenden Stoffmengen in Abhängigkeit von der Zusammensetzung des Katalysators abgelesen werden[1].

Aluminiumchlorid[2] absorbiert Acetylen in merklichem Maße. Dabei entstehen dunkel bis schwarz gefärbte feste Produkte, die unter Umständen Polymere des Acetylens enthalten können. Bei Anwesenheit von Verdünnungsmitteln können flüssige Produkte erhalten werden. Weitere Versuche zur Polymerisation von Acetylen werden in der Literatur erwähnt[3].

Über eine besondere dimere Form des Acetylens (Chloren) berichten MIGNONAC und DITZ[4], wobei katalytische Einflüsse bei der Entstehung derselben nicht ausgeschlossen sind.

3. Polymerisation der Acetylenhomologen.

Methyl- und *Dimethyl-acetylen* lassen sich durch siebenstündige Behandlung mit **α-Strahlen** zu schwach gefärbten, viscosen Flüssigkeiten polymerisieren[5]. Beim Schütteln mit **Schwefelsäure** erfolgt dagegen beim *Dimethylacetylen* Trimerisierung zum Hexamethylbenzol[6]. Ebenso ließ sich *Valerylen* (Gemisch von Pentin-2 und Isopropylacetylen) zu Dimeren (Kp. 175—177⁰) und Trimeren (Kp. 265—275⁰), neben wenig höheren Kohlenwasserstoffen, polymerisieren[7]. Auf die Wärmepolymerisation von *Stearolsäuremethylester*

$$[CH_3 \cdot (CH_2)_7 \cdot C \; C \cdot (CH_2)_7 \cdot COOCH_3]$$

scheint **Sauerstoff** von Einfluß zu sein[8].

II. Die C≡N-Bindung.

Diese Atomgruppierung zeigt ein vielfach *schwächeres* Polymerisationsvermögen als die Acetylenbindung. Die Polymerisation beschränkt sich hauptsächlich auf Di- und Trimerisierung. In zahlreichen Fällen entstehen trimere Polymerisationsprodukte unter Bildung eines symmetrischen Triazinderivates (Aufrichten der Dreifachbindung).

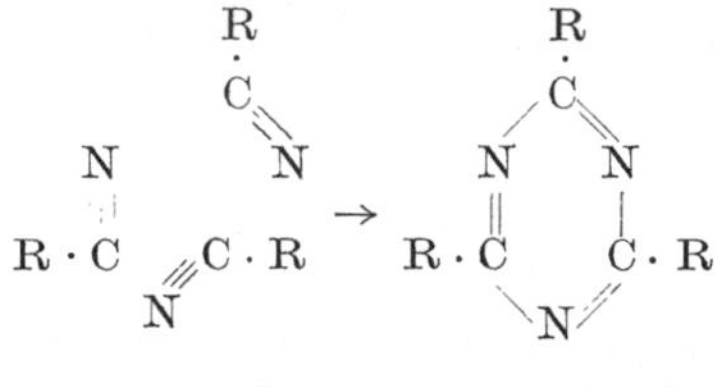

[1] AMEMIYA: J. Soc. chem. Ind., Japan, Suppl. Bind. **42**, 329 B (1939).

[2] BAUD: C. R. hebd. Séances Acad. Sci. **130**, 1319 (1900); Ann. Chimie (8) **1**, 8 (1904). — HUNTER, YOHE: J. Amer. chem. Soc. **55**, 1248 (1933). — Siehe auch F. P. 716 882.

[3] Photosensibilisierte Polymerisation durch *Aceton*: TAYLOR, JUNGERS: Trans. Faraday Soc. **33**, 1353 (1937); durch *Äthyljodid*: JORRIS, JUNGERS: Chem. Zbl. **1938 II**, 678. — Polymerisation durch α-*Strahlen* zu einem gelbweißen Pulver oder cuprenähnlichen Produkten: ROSENBLUM: J. physic. Chem. **38**, 683 (1934); **41**, 469. 651 (1937). — LIND, BARDWELL, PERRY: J. Amer. chem. Soc. **48**, 1556 (1926). — LIND, JUNGERS, SCHIFLETT (Deuteroacetylen): Ebenda **57**, 1032 (1935). — MUND. KOCH: Bull. Soc. chim. Belgique **34**, 241 (1925). — MUND, VELGHE, DEVOS, VANPEE: Ebenda **48**, 269 (1939).   [4] C. R. hebd. Séances Acad. Sci. **199**, 367 (1934).

[5] HEISIG: J. Amer. chem. Soc. **53**, 3245 (1931).

[6] ALMEDINGER: Ber. dtsch. chem. Ges. **14**, 2073 (1881); J. russ. physik.-chem. Ges. **13**, 392 (1881).

[7] REBOUL: Liebigs Ann. Chem. **143**, 372 (1867); **131**, 238 (1864). — Über die Wirkung von **20—30 proz. Schwefelsäure** auf verschiedene Acetylene siehe ferner FAVORSKY: J. prakt. Chem. **38**, 382 (1898).   [8] KINO: Chem. Zbl. **1936 I**, 2531; **1935 II**, 38.

Eine derartige Polymerisation verläuft jedoch nur, wenn wie bei den Halogencyanen, Cyanameisensäureestern, Benzonitril, Trichlor- und Tribromacetonitril und den Thiocyansäureestern an dem mit der Cyangruppe verbundenem C-Atom *kein* freies H-Atom aufscheint.

Blausäure. Die Einwirkung von **Alkali** auf *wässerige* Lösungen von Cyanwasserstoff führt zur Bildung amorpher, braun gefärbter Produkte neben dem trimeren Aminomalonitril[1]. Bemerkenswerterweise führt die Einwirkung von α-*Strahlen* zu schwarz gefärbten, festen Produkten[2].

Chlorcyan und *Bromcyan* lassen sich bei der Behandlung mit verdünnten Lösungen von **Mineralsäure** trimerisieren, es entsteht Cyanurchlorid[3] bzw. Cyanurbromid[4]. Die Einwirkung von $AlCl_3$ (in CS_2) begünstigt gleichfalls die Bildung des Trimeren aus Bromcyan[5]. Es dürfte sich im letzten Falle um die Bildung von Spuren freier Säure (durch Anwesenheit von Wasser) handeln.

Nitrile. *Acetonitril* wird unter dem Einfluß der **Li-Verbindungen sekundärer Amine** zu einem Iminonitril dimerisiert[6].

$$R \cdot CH_2 \cdot C \dot{=} N + R \cdot CHLi \cdot C\equiv N \rightarrow R \cdot CH_2 \cdot \overset{\overset{\textstyle R}{|}}{C}{-}CH \cdot \underset{\underset{\textstyle NLi \quad (H)}{|}}{C}{-}N \, .$$

Eine ähnliche Reaktion hat schon WEDDIGE[7] bei der Einwirkung von **Natrium** feststellen können. Mit **Natriumäthylat** in alkoholischer Lösung verwandelt sich das Acetonitril in ein Aminopyridin (Protonenablösung aus einer Methylgruppe[8]).

Die *Trihalogenacetonitrile* lassen sich durch Spuren von **HCl** bzw. **HBr** trimerisieren. Beim *Trichloracetonitril* zeigt **HBr** eine *stärkere* Wirkung als **HCl,** und man erhält in guter Ausbeute Perchlortrimethylcyanidin vom F. 96°[9], während beim *Tribromacetonitril* (Trimeres, F. 129°) sonderbarerweise HBr sich kaum als Aktivator bewährt[10]. Das α, α′-*Dichlorpropionitril* zeigt bei der Einwirkung von **HCl** die Tendenz sowohl ein Dimeres (F. 130°) als auch Trimeres (F. 73—74°) zu bilden[11], wobei aber in Frage gestellt werden muß, ob das erste Produkt dimeren Charakter besitzt. *n-Butyronitril* läßt sich ebenso wie Acetonitril durch **Lithiumaminverbindung** in ein Dimeres überführen[12] (siehe Kapitel ADICKES und DU MONT 2. Bandhälfte S. 344).

[1] WIPPERMANN: Ber. dtsch. chem. Ges. **7,** 768 (1874) und BEILSTEIN: Handbuch Bd. 2, S. 89.   [2] LIND, BARDWELL, PERRY: J. Amer. chem. Soc. **48,** 1556 (1926).
[3] DIELS: Ber. dtsch. chem. Ges. **32,** 693 (1899); J. prakt. Chem. (2) **79,** 128 (1909). — Die Polymerisation mittels **Chlor** beschreibt WURTZ: Liebigs Ann. Chem. **79,** 285 (1851).
[4] MEYER, NÄBE: J. prakt. Chem. (2) **82,** 531 (1909). — PONOMAREW: Ber. dtsch. chem. Ges. **18,** 3262 (1885). — HANTZSCH, MAI: Ebenda **28,** 2471 (1895).
[5] SCHOLL, NOERR: Ber. dtsch. chem. Ges. **33,** 1054 (1900).
[6] ZIEGLER und Mitarbeiter: Liebigs Ann. Chem. **504,** 94, 101 (1933).
[7] J. prakt. Chem. **33,** 76 (1886).   [8] MEYER: J. prakt. Chem. **39,** 156 (1889).
[9] Siehe Fußnote 7 und TSCHERWEN, IWANOFF: J. prakt. Chem. **44,** 160 (1891).
[10] BROCHE: J. prakt. Chem. **50,** 97 (1894).
[11] TRÖGER: J. prakt. Chem. **46,** 353 (1892).
[12] ZIEGLER und Mitarbeiter: Liebigs Ann. Chem. **504,** 94, 101 (1933).

Benzonitril wird durch kalte **rauchende Schwefelsäure** oder **Aluminiumchlorid** in das cyclische Trimere, Kyaphenin (F. 231°) umgewandelt[1].

Cyanameisensäureester lassen sich mit **Salzsäure** oder **Halogenen** in gewohnter Weise zu den Trimeren cyclischen Charakters polymerisieren[2].

Cyansäure. Die unbeständige Cyansäure zeigt neben der üblichen Polymerisation zur Cyansäure noch eine andere, die zum Cyamelid führt, dessen Konstitution einem offenkettigen, linearen Hochpolymeren entspricht.

$$\cdots -O-\overset{\overset{\textstyle NH}{\|}}{C}-O-\overset{\overset{\textstyle NH}{\|}}{C}-O-\overset{\overset{\textstyle NH}{\|}}{C}- \cdots$$

Cyansäure- und Thiocyansäurederivate. Durch die Einwirkung von **Triäthylphosphin** gelangt man zu den entsprechenden cyclischen Trimeren der Cyansäureester, während sich die Thiocyansäureester durch **Säure** leicht polymerisieren lassen[3].

Cyanamide. Durch **Basen** schwachen Charakters wird *Cyanamid* in *wässeriger* Lösung zum Dicyandiamid polymerisiert[4], während **Mineralsäuren** eine Trimerisierung zu Melamin (Cyanuramid) herbeiführen[5]. *Alkylcyanamide* unterscheiden sich in ihrer Polymerisationsfähigkeit. Die *Monoalkylderivate* polymerisieren sich sehr leicht, auch *ohne* Einwirkung von Katalysatoren und geben die Trialkylisomelamine. Die Dialkylderivate hingegen besitzen *keinerlei* Polymerisationsfähigkeit, was auf Grund ihrer Struktur erklärlich erscheint.

$$\begin{array}{ccc}
 & \overset{\overset{\textstyle NH}{\|}}{C} & \\
R\cdot N & & N\cdot R \\
HN\!=\!C & & C\!=\!NH \\
 & N & \\
 & | & \\
 & R &
\end{array}$$

Anilinocyanamid, $C_6H_5 \cdot NH \cdot NH \cdot C\!\equiv\!N$, wird unter der Einwirkung von **Mineralsäuren** sofort dimerisiert zu

$$\begin{array}{ccc}
C_6H_5\cdot N\!-\!\!-\!\!-NH & \\
HN\!=\!C & C\!=\!NH \\
 & N & \\
 & NH & \\
 & C_6H_5 &
\end{array}\;[6].$$

Rhodane. Freies Rhodan polymerisiert sich in Lösung zu Schwefeldirhodanid und Schwefeldicyanid $S(CN)_2$. Nach **Kaufmann**[7] soll folgende Reaktion dabei ablaufen:

$$\begin{array}{l}
S\cdot C\!\equiv\!N \\
S\cdot C\!\equiv\!N
\end{array}
+ S\!=\!S\!\!<\!\!\begin{array}{l}C\!\equiv\!N\\C\!\equiv\!N\end{array}
\;\rightarrow\;
\begin{array}{l}N\!\equiv\!C\!-\!S\\N\!\equiv\!C\!-\!S\end{array}\!\!>\!\!S\!=\!S\!\!<\!\!\begin{array}{l}C\!\equiv\!N\\C\!\equiv\!N\end{array}
\;\rightarrow\;
S\!\!<\!\!\begin{array}{l}S\cdot C\!\equiv\!N\\S\cdot C\!\equiv\!N\end{array}
+ S\!\!<\!\!\begin{array}{l}C\!\equiv\!N\\C\!\equiv\!N\end{array}.$$

---

[1] **Pinner, Klein**: Ber. dtsch. chem. Ges. **11**, 764 (1878). — **Scholl, Noerr**: Ebenda **33**, 1052 (1900).   [2] **Weddige**: J. prakt. Chem. **10**, 208 (1874).

[3] **Hofmann**: Ber. dtsch. chem. Ges. **3**, 269, 765 (1870); **4**, 246 (1871); **18**, 765, 2196 (1885); **25**, 876 (1892).

[4] **Haag**: Liebigs Ann. Chem. **122**, 23 (1862). — **Ulpiani**: Gazz. chim. ital. **38 II**, 381, 398, 406.   [5] **Werner**: J. chem. Soc. [London] **107**, 721 (1915).

[6] **Ponomarew**: Gazz. chim. ital. **37 I**, 617; **41 I**, 54.

[7] Arch. Pharmaz. **263**, 692, 698 (1925).

C. Die konjugierte Doppelbindung.

I. Die Gruppierung C=C—C=C.

1. Lineare Verbindungen.

a) Diene.

Stoffe mit dem Kohlenstoffgerüst C=C—C=C zeigen ein besonders hohes Polymerisationsvermögen. Die in Konjugation zur ersten tretende Doppelbindung wirkt wie ein negativer Substituent, z. B. Halogen, Carbonyl, Phenyl usw. Im gleichen Sinne ist auch die Reaktionsfähigkeit von Derivaten des oben genannten Grundsystems von der Art der hinzutretenden Substituenten im weitgehenden Maße beeinflußt.

Durch Alkylierung oder Arylierung tritt die Polymerisationsfähigkeit zwar *nicht wesentlich* zurück, jedoch zeigen die erhaltenen Endprodukte verschiedenen Charakter im Gegensatz zum Polymerisat des reinen Grundkohlenwasserstoffes. Wird durch entsprechende Substitution das Bestreben zur Bildung *stereoisomerer* Formen[1] (Beschränkung der Mesomerieerscheinungen) begünstigt, so sinkt einerseits die Polymerisationsfähigkeit, andererseits tritt eine weitgehende Änderung in Eigenschaft und Charakter der nunmehr aufscheinenden Endprodukte der Polymerisation auf. Liegt die konjugierte Kohlenstoffdoppelbindung in cyclischen Systemen vor, so läßt sich keine wesentliche Änderung im Polymerisationsvermögen gegenüber den linearen Verbindungen feststellen.

Butadien-1,3, der einfachste Vertreter der Gruppe der Diene, der besonderes technisches Interesse besitzt, war auch mehrfach Gegenstand eingehender Untersuchungen. Man verdankt besonders ZIEGLER und seiner Schule wertvolle Resultate über die *strukturellen* Zusammenhänge im *Reaktionsmechanismus* der katalytischen Polymerisation (vgl. Abschnitt ZIEGLER, S. 106).

Läßt man auf *Butadien* (1,5—2,5 Mole) **Phenylisopropylkalium** oder **Lithiumbutyl** (1 Mol) in ätherischer oder Benzollösung aufeinander einwirken, so erhält man nach der Zersetzung mit Wasser ein Gemisch von Kohlenwasserstoffen, worunter sich etwa 31 % Octatriene und 18—34 % Dodecadiene (Maximum an Dodecadienen bei 1,75 Mol Butadien je 1 Mol Alkalialkyl) befinden. Durch Ozonabbau können Produkte erhalten werden, welche auf eine Kettenpolymerisation unter Ausbildung von 1,2- und 1,4-Adducten schließen lassen. Werden die entstandenen teilweise hydrierten Tri- und Tetrameren (5-Vinyldecen-2, Kp. 79—81°/11 mm; 2,6-Dodecadien, Kp. 90—92°/12 mm) vollkommen hydriert und die entstandenen Paraffinkohlenwasserstoffe ($C_{16}H_{34}$; $C_{20}H_{42}$, $C_{24}H_{50}$, $C_{28}H_{58}$) durch eine sorgfältige Destillation getrennt, so läßt sich der Beweis erbringen, daß auf Grund von Verzweigungen im Gerüst der Paraffine teilweise neben der *1,4-Addition* auch eine *1,2-Addition* stattgefunden haben muß.

$$-CH_2 \cdot CH=CH \cdot CH_2 \underbrace{}_{4 \quad 1} \; -CH_2 \cdot CH \underset{\underset{CH_2}{\overset{\|}{}}}{\overset{|}{\underset{}{CH}}} _{2 \quad 1} \; -CH_2 \cdot CH=CH \cdot CH_2-$$

Es kommt bei den Additionsprodukten von **Alkalialkylen** an *Butadien* und seinen *Homologen* folgende Tautomerieerscheinung in Frage:

$$\underset{\underset{\text{1,2-Addukt.}}{Li}}{C_4H_9 \cdot CH_2 \cdot CH \cdot CH=CH_2} \; \rightleftharpoons \; \underset{\text{1,4-Addukt.}}{C_4H_9 \cdot CH_2 \cdot CH=CH \cdot CH_2 \cdot Li}$$

---

[1] Darüber liegen so gut wie gar keine Untersuchungen vor. — Vgl. z. B. PRICE, MEISTER: J. Amer. chem. Soc. **61**, 1595 (1939).

d. h. statt des angeregten polarisierten Zustandes

$$\overset{(+)}{CH_2}-CH=CH-\overset{(-)}{CH_2}$$

können noch folgende polare Grenzanordnungen

$$\overset{(-)}{CH_2}-\overset{(+)}{CH}-CH=CH_2 \quad \text{oder} \quad \overset{(+)}{CH_2}-\overset{(-)}{CH}-CH=CH_2$$

(Mesomerie) in Erscheinung treten.

Eine Verzweigung kann sich zum ersten Male nur bei der Addition des zweiten Butadienmolekels ausbilden, was man leicht einsieht, wenn nach ZIEGLER man eine *Allyltautomerie* annimmt und die Fixierung des zweiten Butadienmolekels mit dem 1,2-Adduct vornimmt. Bei Zugabe weiterer Mengen Butadien (Überschuß) tritt die Tautomerie stets durch überwiegende 1,2-Addition in Erscheinung, während angeblich Spuren von Wasser die Adducte mehr unter Ausbildung von 1,4-Formen zur Reaktion zwingen sollen (die Emulsionspolymerisation führt auch fast nur zu linear gebauten Polymeren).

$$R \cdot CH_2 \cdot CH \cdot CH=CH_2 \qquad \rightleftharpoons \qquad R \cdot CH_2 \cdot CH=CH \cdot CH_2 Met$$

$$\begin{array}{cc}
\text{Met} & \\
| & \\
+ \text{Butadien} & + \text{Butadien} \\
\downarrow & \downarrow \\
R \cdot CH_2 \cdot CH \cdot CH_2 \cdot CH \cdot CH=CH_2 \quad & R \cdot CH_2 \cdot CH=CH \cdot CH_2 \cdot CH_2 \cdot CH=CH \cdot CH_2 Met \\
| \quad \text{Met} & \\
CH & \\
\| & \\
CH_2 &
\end{array}$$

$$\begin{aligned}
R \; &= \text{Alkyl oder Aryl} \\
\text{Met} &= \text{Alkalimetall.}
\end{aligned}$$

Die Gleichgewichte sind sehr komplizierter Natur, da die beiden Additionsmöglichkeiten nach 1,2 oder 1,4 energetisch ziemlich gleich günstig sind. Die experimentellen Schwierigkeiten sind ohne weiteres zu erkennen.

Eine Temperaturerhöhung begünstigt allgemein die 1,4-Addition (Isolierung von unverzweigten Paraffinen nach der Hydrierung), während eine Temperaturerniedrigung mehr zu Produkten mit 1,2-Addition (nach Hydrierung der Polymeren kann man 5,7-Diäthyldodecan und 5,7,9-Triäthyltetradecan nachweisen) führt; ein bisher allein dastehender Fall, wo nachgewiesen ist, daß die Reaktionstemperatur nicht nur die Geschwindigkeit der Polymerisation, sondern auch den Bau der Polymerisate maßgeblich beeinflußt[1]. Keinen Einfluß auf den Bau der Polymeren zeigen nach den bisherigen Untersuchungen das Lösungsmittel, die Konzentration, die Geschwindigkeit des Zusatzes und die Art des Alkalimetalls, wohl aber die der Alkylverbindung. Aktiv erweisen sich nur Alkaliverbindungen gesättigter Kohlenwasserstoffe. Die Alkalimetalle besitzen andererseits einen Einfluß auf die Polymerisationsgeschwindigkeit. So bewirkt z. B. **Lithium** mehr die Bildung niedermolekularer Produkte[2]. Die eigentliche Polymerisation ist demnach eine rein *alkaliorganische Reaktion*[3].

Grundsätzlich scheint damit das Problem der Lenkung der Dienpolymerisation durch Alkalimetalle oder Alkalialkyle gelöst.

---

[1] ZIEGLER, GRIMM, WILLER: Liebigs Ann. Chem. **542**, 90 (1939). — ZIEGLER, DERSCH, WOLLTHAN: Liebigs Ann. Chem. **511**, 13, 29 (1934). — Siehe auch MAMONTOWA, ABKIN, MEDWEDEW: Einfluß der Metalloberfläche. Chem. Zbl. **1940 II**, 1124, **1940 I**, 691.

[2] ZIEGLER, JAKOB, WOLLTHAN, WENZ: Liebigs Ann. Chem. **511**, 64 (1934).

[3] Vgl. ZIEGLER: Chemiker-Ztg. **62**, 125 (1937) und die gegenteiligen Anschauungen (Radikalmechanismus) SCHULZ, WITTIG: Naturwiss. **22**, 387 (1939). — GEE: Trans. Faraday Soc. **34**, 712 (1938) und S. 106ff.

Über die Allyltautomerie und Reaktionen derartiger Systeme liegen ausreichende Untersuchungen vor[1]. Im Gegensatz zu den durch Säuren oder Metallsalzen bei Dienen, so wie bei den einfachen Doppelbindungen, hervorgerufenen Ausbildung polarer Grenzanordnungen als katalytische Auslösung der Polymerisationsreaktion, wird die **Alkalimetall**polymerisation durch Verschiebung der Mesomerie und Ausbildung entkoppelter Grenzanordnungen (gestörte oder angeregte Zustände polarer Natur) hervorgerufen[2].

Bei der Einwirkung von **Natrium**metall auf *Butadien* bildet sich die Dinatriumverbindung

$$Na_2{}^{(++)}[CH_2—CH=CH—CH_2]^{(--)};$$

an die Elektronenpaare der endständigen Kohlenstoffatome lagert sich das Butadien in einem angeregten Zustand an:

$$\overset{(-)}{\overline{C}H_2}—CH=CH—\overset{(+)}{C}H_2 \qquad\qquad \overset{(+)}{C}H_2—CH=CH—\overset{(-)}{\overline{C}}H_2$$

$$\overset{(-)}{\overline{C}}H_2—CH=CH—\overset{(+)}{C}H_2$$
$$Na^{(+)} \qquad \downarrow \qquad Na^{(+)}$$

$$Na^{(+)}\,\overset{(-)}{\overline{C}}H_2—CH=CH—CH_2—CH_2—CH=CH—CH_2—CH_2—CH=CH—\overset{(-)}{\overline{C}}H_2Na^{(+)}$$

Könnte man durch geeignete Zusätze das Natrium der 1,4-Verbindung durch Wasserstoff ersetzen, so ließe sich in leicht zu bestimmenden Zeiträumen die Wachstumsreaktion unterbrechen, was tatsächlich ZIEGLER und JAKOB[3] mit Hilfe von *Aminen* gelungen ist. Damit ist ein weiterer Beweis für das Wesen der Dienpolymerisation durch Alkalimetall als metallorganische Reaktion erbracht und gleichzeitig die Möglichkeit gegeben, die Reaktion im gewünschten Stadium zu unterbrechen.

Wird die Polymerisation in Petroleum vorgenommen und das **Natrium** in emulgierter Form (durch Zusatz von Fettsäure) verwendet, so lassen sich damit in 3 Tagen fast quantitativ homogene Polymerisationsprodukte gewinnen[4]. Ein **Kalium**gehalt des Natriumkatalysators soll die Polymerisation wesentlich beschleunigen, ebenso Spuren von Fe_2O_3 oder **MgO**[4].

Eine genaue Untersuchung des Polymerisationsverlaufes mit **Na** als Katalysator unter *Ausschluß* von *Sauerstoff*, der gleichfalls katalytische Wirkung ausübt, wurde von ABKIN und MEDWEDEW[5] vorgenommen. Sowohl in gasförmiger als auch in flüssiger Phase können dabei Spuren von *Sauerstoff* als *Inhibitor* wirken. Auf die Möglichkeit eines Einflusses der Ausbildung der *Oberfläche* des Natriumkatalysators auf die Polymerisationsgeschwindigkeit (Aktivierung) wird hingewiesen, da Natrium in verschiedener Form einen wesentlichen Unterschied in seiner Wirkung aufweist. In der Technik finden sich daher die verschiedensten Bemühungen, den Natriumkatalysator durch geeignete äußere Form besonders aktiv zu gestalten, bzw. das Natrium mit *großer Oberfläche* anzuwenden.

---

[1] ZIEGLER und Mitarbeiter: Liebigs Ann. Chem. **511**, 13 (1934); **542**, 90 (1939).

[2] Nach EISTERT (Tautomerie und Mesomerie, S. 109. Stuttgart 1938) soll sich die Alkalimetallpolymerisation der Diene nach dem Prinzip der „Milieuabhängigkeit" mesomeriebedingter Reaktionen abspielen. — Siehe weiter SCHLENK, BERGMANN: Liebigs Ann. Chem. **479**, 63 (1930). — BERGMANN, WEISS: Ber. dtsch. chem. Ges. **64**, 1485 (1931). — ZIEGLER und Mitarbeiter: Liebigs Ann. Chem. **479**, 154 (1930). — MÜLLER: Neuere Anschauungen der organischen Chemie, S. 127ff. Berlin 1940.

[3] Liebigs Ann. Chem. **511**, 45 (1934).

[4] TSCHAJANOW: Chem. Zbl. **1936 I**, 905. — KRAWETZ: Ebenda.

[5] Chem. Zbl. **1940 I**, 691; Trans. Faraday Soc. **32**, 286 (1936). — Vgl. auch MAMONTOWA, ABKIN, MEDWEDEW: Ebenda **1940 II**, 1124, sowie DANKOW, KRASNOBAJEWA: Chem. Zbl. **1934 II**, 10. — SELMANOW, SCHALNIKOW: Ebenda **1934 II**, 1731.

Mit der katalytischen Wirkung von **Sauerstoff,** der — wie eben erwähnt, in Gegenwart von *Natrium*metall — als *Inhibitor* wirkt, unter Anwendung von *hohen Drucken* beschäftigt sich die Arbeit von STARKWEATHER[1]. Läßt man bei 7000 at und 48° frisch destilliertes und einige Minuten an freier Luft gestandenes *Butadien* 46 Stunden lang reagieren, so erhält man in 95proz. Ausbeute ein kautschukähnliches Polymerisat mit plastischen Eigenschaften. Wahrscheinlich ist die katalytische Wirkung auf die Bildung eines **aktiven Peroxydes** durch *Autoxydation* zurückzuführen[2].

Auch **Wasserstoffsuperoxyd** zeigt eine schwache katalytische Wirkung[3].

Von weiteren Polymerisationskatalysatoren werden in der Literatur **Cu-Salze**[4] und **Floridin**[5] erwähnt, aber ihre Wirkung nicht näher beschrieben.

Von Interesse ist die Beobachtung des Reaktionsverlaufes der *thermischen* Polymerisation. Entweder erfolgt eine „*substituierende*" Addition unter Wasserstoffwanderung, ähnlich wie bei der Dimerisierung einfacher Äthylene, und es entstehen cyclisch gebaute Dimere, z. B.

$$
\begin{array}{ccc}
\text{CH}_2 & & \text{CH}_2 \\
\text{CH}_2 \quad \text{CH—CH=CH}_2 & \text{neben etwas} & \text{CH}_2 \quad \text{C—CH=CH}_2 \\
\text{CH} \quad \text{CH}_2 & & \text{CH}_2 \quad \text{CH} \\
\text{CH} & & \text{CH}_2 \\
\text{1-Vinylcyclohexen-3}^{6} & & \text{1-Vinylcyclohexen-1.}
\end{array}
$$

oder es tritt die erwartete kettenartige Polymerisation ein.

Die Struktur des zweiten Produktes ist durch *Isomerisierung* des echten durch Diensynthese entstandenen Adductes zu erklären. Daß eine echte *Diensynthese* stattgefunden hat, erklärt sich auch aus der weiteren Anlagerung von Butadien, wenn ein *Inhibitor* der Kettenpolymerisation (Acetylendicarbonsäure) zugesetzt wird. Dadurch gelingt es, aus dem 1-Vinylcyclohexen-3 durch die Anlagerung eines weiteren Moleküls Butadien das *Δ*-3,3'-Octahydrodiphenyl

Kp. 230—232°, herzustellen[7].

Man kann somit die Feststellung machen, daß bei *erhöhter* Temperatur eine *Diensynthese* in den Vordergrund tritt (vor allem bei Verwendung von Butadien allein) und rascher abläuft als die bei niederer Temperatur durch Katalysen eintretende Polymerisation. Daher sind bei allen Polymerisationsprozessen der Diene — wie schon auf S. 412 eingehend behandelt — die *Temperaturbedingungen* genauestens zu beachten. Aus der Kenntnis der Reaktionsgeschwindigkeiten wäre abzuleiten, welcher der beiden Prozesse bei bestimmten Bedingungen überwiegt oder praktisch allein abläuft.

---

[1] J. Amer. chem. Soc. **56,** 1870 (1934). — Vgl. auch KOBLJANSKI, PIOTROWSKI: Chem. Zbl. **1936 II,** 1072.

[2] Siehe Oxyde der Diene, S. 466.

[3] GEE, DAVIS, MELVILLE: Trans. Faraday Soc. **35,** 1298 (1939).

[4] INGOLD, WASSERMANN: Trans. Faraday Soc. **35,** 1024 (1939).

[5] LEBEDEW, FILONENKO: Ber. dtsch. chem. Ges. **58,** 163 (1925).

[6] Siehe HOFMANN, TANK: Z. angew. Chem. **25,** 465 (1912). — LEBEDEW, SKAVRONSKAJA: J. russ. physik.-chem. Ges. **43,** 1124 (1911). — MOOR, STRIGALEWA, SCHILJAJEWA: Chem. Zbl. **1936 I,** 2057. — F.P. 683 284.

[7] ALDER, RICKERT: Ber. dtsch. chem. Ges. **71,** 373 (1938). — Siehe auch ALDER, STEIN: Angew. Chem. **50,** 510, 516 (1937). — EISTERT: Mesomerie und Tautomerie, S. 109ff. Enke 1938.

Die soeben mitgeteilten Tatsachen erklären auch, warum bei der *Emulsionspolymerisation* in **saurer** Lösung und gemäßigter Temperatur die Bildung der Dimeren cyclischen Charakters vollkommen ausbleibt und eine echte Polymerisation unter *1,4-Verknüpfung* eintritt[1].

In diesem Zusammenhang ist es von besonderem Interesse, daß die Emulsions- und Alkalimetallpolymerisation mitunter *explosionsartig* ablaufen. Man erklärt diese Erscheinung durch das Auftreten freier Radikale (spontane Zersetzung von Produkten peroxydischen Charakters)[2].

b) Mischpolymerisate und technische Polymerisationen von Butadien-1,3.

Die technische Verwertung der *Butadienpolymerisate* hatte ein eingehendes Studium vor allem der *Mischpolymerisate* zur Folge. Die bei diesen Prozessen katalytisch wirksamen Einflüsse sind von ausschlaggebender Bedeutung für den Wert eines Verfahrens und für die Herstellung eines gebrauchsfähigen Endproduktes, wobei vor allem die Forderung nach einer genauen Kenntnis und Lenkung des Reaktionsvorganges — vor allem der Temperaturverhältnisse — erhoben wird. Das Interesse für das Studium derartiger Vorgänge lag immer auf der technischen Seite der Wissenschaft, und daher ist es auch erklärlich, warum die Patentliteratur in ihrem Umfang die wissenschaftlichen Veröffentlichungen weit übertrifft.

Im folgenden sollen nur kurz einige Arbeiten Erwähnung finden, die sich etwas eingehender mit den katalytischen Einflüssen auf die Polymerisation von *technischem Butadien* oder *Mischpolymerisaten* desselben mit anderen polymerisationsfähigen Produkten beschäftigen. Eine Tabelle soll anschließend einige wichtige *technische* Verfahren unter Einschluß aktivierender und regulierender Zusätze an Hand der Patentliteratur vor Augen führen.

Tabelle 12. *Die wichtigsten technischen Polymerisationsprozesse beim Butadien-1,3*[3].

Katalysator	Polymerisationsmethode
Alkalimetalle und deren Legierungen	Lösung oder Dampf . DRP. 249868, 280959, 281966, 520104 Amer. P. 1073845, 1713236, 1859686, 1885653, 1921867, 1953468, 2008491 F. P. 437547, 687808, 687721, 688592, 693920, 695299, 696149, 702784, 843845 E. P. 24790, 326869, 331265, 333872, 337019, 337460, 338534, 339135, 340008, 340474, 345939, 347802, Can. P. 305674
Alkalihydride	Lösung oder Dampf . DRP. 522090, F. P. 677416, E. P. 340474
Organometallverbindungen .	Lösung .... DRP. 255768, F. P. 460600, E. P. 339243

---

[1] HILL, LEWIS, SIMONSEN: Trans Faraday Soc. **35**, 1067 (1939). — Siehe auch FARMER: Die thermische Polymerisation der Diene. Ebenda **35**, 1039 (1939).

[2] Vgl. Anm. 3 S. 413 und SCHLENK, BERGMANN: Liebigs Ann. Chem. **479**, 58 (1930), wo die widerlegte Anschauung eines Radikalmechanismus der Polymerisation vorherrscht.   [3] Siehe S. 106 ff.

Tabelle 12 (Fortsetzung).

Katalysator	Polymerisationsmethode
Metallcarbonyle	Lösung .... E. P. 340004
O_2 und Peroxyde	Lösung .... E. P. 286272, 323721,
	F. P. 851303, 849984
	Emulsion .... E. P. 362845,
	Ital. P. 370481, 370482
Säuren	Lösung .... Amer.P. 1894661,
	F. P. 663995
	Emulsion .... DRP. 573568, F. P. 542646,
	E. P. 366550
BF_3	Lösung .... DRP. 264925
Schwermetalloxyde	Lösung .... Amer. P. 1896493,
	E. P. 317030
Organische Chloride	Lösung .... DRP. 532271
Seifenartige Produkte......	Emulsion .... DRP. 558890, 570980,
	Amer. P. 1898522
Amine, Harnstoff, substituierte Fettsäureamide.....	Lösung oder Emulsion DRP. 555585, F. P. 435076, 681896
	E. P. 328908, 330272

Anmerkung: *Lösung* bedeutet Butadien-1,3 im flüssigen Zustande oder in reaktionsträgen Lösungsmitteln.

Neben den in der Literatur vorhandenen Zusammenstellungen über die **Alkalimetall**polymerisation von *technischem* Butadien[1] finden sich auch einzelne Angaben, besonders in der russischen Literatur. Besondere Beachtung finden die polymerisationsverhindernden Beimengungen von technischem Butadien (hergestellt aus Alkohol nach Lebedew). Erwähnt werden CO_2[2], CO[3], *Acetylen*[3], *Alkohole* (Äthyl-, Allyl-, Octylalkohol), *Aldehyde* (Acetaldehyd, Benzaldehyd, Salicylaldehyd, Furfurol) und *Ketone* (Aceton, Homologe des Acetons, Menthon usw.)[4]. Weiter liegen Untersuchungen über verschiedene Einflüsse auf die durch **Peroxyde** katalysierte *Emulsionspolymerisation* von *Butadien* mit *Buten-2* vor[5].

Über die Struktur des in *saurer Emulsion* gewonnenen Mischpolymerisates aus *Butadien* und *Methacrylsäureester* berichten Hill u. a.[6]. Auf Grund von erhaltenen Abbauprodukten läßt sich eine *1,4-Addition* der einzelnen Bausteine feststellen.

Mit dem Einfluß von **Peroxyden** auf ein äquimolekulares Gemisch von *Butadien* und *Acrylsäurenitril* beschäftigt sich Alexejewa[7]. Auch hier läßt sich eine *Kettenpolymerisation* durch Abbau nachweisen, wobei aber — was auch für alle anderen erwähnten Mischpolymerisationen Gültigkeit besitzt — auf die verschiedene Polymerisationsgeschwindigkeit der einzelnen Partner Rücksicht genommen werden muß.

Die Mischpolymerisation von *Olefinen* mit *Butadien* und *Homologen* durch $AlCl_3$ besitzt hauptsächlich technisches Interesse[8].

[1] Pummerer: Z. angew. Chem. **40**, 1168 (1927). — Lwow: Chem. Zbl. **1937 II**, 1356. — Rokitjanski, Lekach: Ebenda **1937 I**, 1808.

[2] Lasarewskaja: Chem. Zbl. **1936 II**, 383. Mengen bis zu 0,1 % verhindern vollkommen, Spuren von Wasser heben diese Wirkung auf, siehe auch Anm. 3.

[3] Kobljanski, Lifschitz, Christiansen, Rokitjanski: Chem. Zbl. **1935 II**, 2138; **1936 II**, 3368.

[4] Tschajanow, Nemzowa: Chem. Zbl. **1937 I**, 3725.

[5] Balandina, Beresan, Dobromysslowa, Dogadkin, Lapuk: Chem. Zbl. **1937 I**, 3722, 3723, 3724.

[6] Hill, Lewis, Simonsen: Trans. Faraday Soc. **35**, 1073 (1939).

[7] Chem. Zbl. **1940 I**, 998.

[8] Kränzlein: Aluminiumchlorid in der organischen Chemie, 3. Aufl., S. 199, Fußnote 872. Berlin: Verlag Chemie 1939.

Lwow[1] hat in einer Arbeit sich mit der Mischpolymerisation zwischen *Butadienen* und *Homologen* des *Isobutens* eingehender beschäftigt. Werden *Divinyl* und *Trimethyläthylen* sowie *Isopren* und *Isobuten* in verschiedenen Mengenverhältnissen in *Stickstoffatmosphäre* mit **Natriummetall** bei Raumtemperatur polymerisiert, so ist nach einigen Tagen die Reaktion beendet. Die Polymerisationsdauer *wächst* mit dem Gehalt an Äthylenkohlenwasserstoffen im Gemisch. Die Fraktionen, wo sich die niedermolekularen Polymeren finden, wurden durch Abbaureaktionen und genaue Analyse identifiziert. Dabei konnte u. a. festgestellt werden, daß der Gehalt an konjugierten Doppelbindungen und die Menge der niedermolekularen Produkte in *direktem* Zusammenhang mit dem mengenmäßigen Zusatz an Äthylenkohlenwasserstoffen im Gemisch steht.

Aus dem Polymerisationsprodukt *Butadien-Trimethyläthylen* wurden beispielsweise folgende, durch Formeln ausgedrückte Stoffe als wahrscheinlich gebildet angesehen:

$$CH_3 \cdot CH{=}\overset{\overset{CH_3}{\bullet}}{C} \cdot CH_2 \cdot CH_2 \cdot CH_2 \cdot CH{=}CH_2 \qquad CH_3 \cdot CH{=}\overset{\overset{CH_3}{\bullet}}{C} \cdot CH_2 \cdot \overset{\overset{CH_3}{\bullet}}{CH} \cdot CH{=}CH_2 .$$

Die Polymerisation von *Isopren* und *Isobuten* wurde analog durchgeführt und untersucht.

c) Alkylhomologe des Butadiens.

Mit dem Einfluß von *Alkyl*gruppen auf die Polymerisationsfähigkeit von Dienen haben sich eingehender CAROTHERS und seine Schule[2] beschäftigt. Dabei konnte allgemein festgestellt werden, daß die Polymerisationsfähigkeit am größten bei 2- und 2,3-substituierten Butadienen ist, während 1,2-, 1,3- und 1,4-substituierte Diene im Sinne der Aufzählung diese Fähigkeit verlieren. Die Anwesenheit einer *endständigen CH₂-Gruppe* scheint somit für eine ausgeprägte Fähigkeit Polymerisationen einzugehen, unerläßlich zu sein. Eine zunehmende Substitution vermindert — wie schon erwähnt — diese Fähigkeit[3]. Nach den vorliegenden Ergebnissen dürfte die *1,4-Addition* bei der Polymerisation im überwiegenden Sinne zutreffen; es entstehen echte Polymerisate[3]. Das Auftreten dimerer Produkte bei alkylierten Butadienen ist eine oft zu beobachtende Erscheinung und steht mit den strukturellen Verhältnissen in innigem Zusammenhang, worüber bei den einzelnen Dienen Erwähnung getan wird.

Piperylen, 1-Methylbutadien-1,3. Durch Erwärmen dieses Diens mit **Na** im Einschlußrohr auf 60° erhält man nach einigen Tagen eine braune, zähflüssige Masse, die an der Luft sich verändert. Läßt man das Na bei *Raumtemperatur* einwirken, so bildet sich nach mehreren Monaten ein kautschukartiges Polymerisat. Im ersteren Falle dürfte ein wesentlicher Anteil des Endproduktes aus cyclischen Dimeren (*Diensynthese*) bestehen. Obzwar darüber keinerlei Angaben gemacht werden, darf aus Analogiegründen diese Feststellung gemacht werden, um so mehr als das Produkt niedermolekularen Charakter besitzt und in Äther löslich ist[4]. *Technisches Piperylen* (5—10% Amylengehalt) läßt sich bei *Anwesenheit* von mit Alkalimetallen reaktionsfähigen Kohlenwasserstoffen („Abfangmittel") durch **Na** zu niedermolekularen Produkten, wahrscheinlich Di-, Tri-, Tetra- und Hexameren, polymerisieren[5]. Auch **Lithium** zeigt in *Abwesenheit* von Abfangmitteln eine katalytische Wirksamkeit, die man an der Bildung von bis zu pentamerem Piperylen verfolgen kann[5].

[1] Chem. Zbl. **1940 II**, 2595.
[2] Ind. Engng. Chem. **26**, 32 (1934), zusammenfassende Arbeit.
[3] WHITBY, KATZ: Canad. J. Res. **6**, 280 (1932).
[4] HARRIES: Liebigs Ann. Chem. **395**, 253 (1912). — KRAUSE, TSCHARSKAJA, KORTSCHMAREK: Synthet. Kautschuk (russ.) **5**, Nr 7/8, 3 (1936).
[5] ZIEGLER, JAKOB, WOLLTHAN: Liebigs Ann. Chem. **511**, 78, 85 (1934).

Die mit $SnCl_4$ als Katalysator erhältlichen Polymeren sind in allen Lösungsmitteln löslich, während das mittels $AlCl_3$ gewonnene Produkt einen großen Anteil Unlösliches enthält. Vielleicht sind Additionsverbindungen, ähnlich wie bei den *Äthylenkohlenwasserstoffen-AlCl₃-Adducten* vorhanden, die eine Unlöslichkeit des Produktes vortäuschen[1].

Wird Piperylen an **aktives Aluminiumoxyd** adsorbiert und einige Tage bei Raumtemperatur sich selbst überlassen, so erhält man nach Extraktion mit Äther eine gelbe, viscose Flüssigkeit, die durch Behandlung mit Alkohol angeblich in höhermolekulare Produkte kautschukähnlicher Natur übergehen soll. Das Molekulargewicht des rohen Polymerisates beträgt etwa 1500. Das in merklicher Menge nebenbei entstehende Dimere wird durch keinerlei Strukturformel kenntlich gemacht[1]. In den mittleren Molekulargewichten der durch die verschiedenen Katalysatoren gewonnenen Polymerisate scheinen nur geringe Unterschiede auf.

In einer weiteren Arbeit beschäftigen sich die gleichen Autoren mit der katalytischen Wirkung von **Peroxyden** und **Diazoaminobenzol,** die angeblich die Polymerisation um das 4—5fache beschleunigen. Die gleichzeitige Anwesenheit von **Cu-Naphthenat** fördert die Bildung des Dimeren, so erhält man z. B. bei 100^0 mit 6% Cu-Naphthenatzusatz bis zu 30% Dimeres (Diensynthese). Wahrscheinlich verhindert das *Kupfersalz* die eigentliche Polymerisation und begünstigt dadurch die bei höherer Temperatur leicht eintretende *Diels-Aldersche Reaktion*[1] (vgl. die di- und isomerisierende Wirkung von Metallen S. 389).

Isopren, 2-Methylbutadien-1,3. Mit der durch katalytische Einflüsse und bei verschiedenen Temperaturen erreichbaren Dimerisierung dieses Diens hat sich eingehend Wagner-Jauregg[2] beschäftigt und Licht in die teilweise sehr widersprechenden Angaben früherer Untersuchungen gebracht. Vor allem ist der Nachweis gelungen, zu zeigen, daß die Polymerisation zu linearen und cyclischen Produkten *nicht gesondert* verläuft, sondern unter bestimmten Bedingungen Übergänge erreicht werden können, bzw. beide Vorgänge nebeneinander verlaufen, wobei auch Isomerisierungen in den Kreis der Betrachtungen zu ziehen sind, die allerdings in der genannten Arbeit nicht deutlich genug zum Ausdruck gelangen. Sehr interessant ist die Gegenüberstellung der linear und cyclisch gebauten Dimeren, die zwar den Eindruck erweckt, daß vorerst die lineare Verknüpfung stattfindet, der sich die Ringbildung anschließt, was aber keineswegs zutreffen muß. Der katalytische Einfluß ist *wenig* ausgeprägt, da — wie bekannt — die Diensynthese, welche gleichzeitig stattfinden kann, einer katalytischen Auslösung nicht bedarf; dadurch läßt sich eine genaue Angabe über den Reaktionsmechanismus kaum erbringen[3] (Erscheinungen der Mesomerie an Dienen).

An Hand der folgenden Tabelle 13, wo der *Reaktionsmechanismus* in seinen möglichen Formen (Strukturfragen) festgehalten ist, sollen die einzelnen Arbeiten und Ergebnisse besprochen werden.

Produkt I: Wurde selbst nicht isoliert, sondern es gelang durch Polymerisation von *Isopren* mit **Kalium** in *alkoholischer* Lösung das Dihydrodimere *(Hydropolymerisation)* zu erhalten. Die nachgewiesene Zusammensetzung ist die eines 2,6-Dimethyl-2,6-octadien. Die Lage der Doppelbindungen erlaubt zwar keine endgültige Aussage über die ursprüngliche Anordnung der dreifach vorhandenen Doppelbindung, wohl aber kann man auf Grund der Stellung der

---

[1] Krause, Tscharskaja, Kortschmarek: Synthet. Kautschuk (russ.) **5**, Nr 7/8, 3 (1936).   [2] Liebigs Ann. Chem. **496**, 52 (1932); **488**, 176 (1931).
[3] Vgl. Farmer: Trans. Faraday Soc. **35**, 1036 (1939). — Bergmann: Ebenda **35**, 1025 (1939). — Taylor: Ebenda **35**, 921 (1939).

Methylgruppen den Schluß ziehen, daß die Addition der beiden Isoprenmoleküle ursprünglich durch 1,4'-Anlagerung erfolgt sein muß[1].

1,4'-Addition.

Tabelle 13.

I
2,6-Dimethyloctatrien-1,5,7
(β-Myrcen).

II
p-Menthadien (Dipenten)
(Diels-Alder-Dimeres).

4,4'-Addition.

III
2,7-Dimethyloctatrien-1,5,7.

IV
m-Menthadien (Dipren)
(Diels-Alder-Dimeres).

1,1'-Addition.

V
3-6-Dimethyloctatrien-1,3,7.

VI
1,4-Dimethyl-1-vinylcyclo-
hexen-3 (Diels-Alder-Dimeres)[2].

Das Produkt I besitzt auch die Bezeichnung „β-Myrcen" und soll angeblich bei der Einwirkung von **Na-** und **Bariumsuperoxyd** und Temperaturen um 60^0 in ein kautschukähnliches Produkt weiter polymerisiert werden.

Reines β-Myrcen, welches nach den in der Literatur vorhandenen Angaben durch thermische Polymerisation erhalten werden kann, läßt sich im Gegensatz zu der soeben gemachten Angabe durch **Peroxydzusatz** *nicht* weiter polymerisieren (siehe jedoch Produkt II)[3].

---

[1] MIDGLEY, HENNE: J. Amer. chem. Soc. **51**, 1294 (1929).

[2] Die 4,1'-Addition führt zum 1,3-Dimethyl-1-vinylcyclohexen-3.

[3] OSTROMYSSLENSKI: (β-Myrcen, Darstellung) Chem. Zbl. **1916 I**, 973; (Polymerisation) J. russ. physik.-chem. Ges. **47**, 1928 (1915), Chem. Zbl. **1916 I**, 1068. — WHITBY, CROZIER: Canad. J. Res. **6**, 210, 218 (1932).

Produkt II: Kann man stets erhalten durch Einwirkung von Mineralsäure (**Schwefelsäure** und **Phosphorsäure** in verdünnter Form, *konz.* Schwefelsäure wirkt *verharzend*) neben Mono- und Sesquiterpenalkoholen. Am besten eignet sich nach Wagner-Jauregg[1] eine Lösung von Eisessig mit 0,4 % Schwefelsäure bei Raumtemperatur, wenn auch dadurch die Hydratation stärker in den Vordergrund tritt (Bildung von Geraniol, d,l-α-Terpineol, 1,4- und 1,8-Cineol wurde beobachtet). Auch **Peroxyde** führen bei 90° zur Bildung geringer Mengen Dipenten. Gapon will nicht das Produkt I, sondern das Dipenten aus Isopren durch bloße Wärmebehandlung erhalten haben[2] (siehe bei Produkt II, β-Myrcen).

Produkt III: Konnte selbst rein nicht isoliert werden, sondern wurde als Dihydroprodukt bei der Einwirkung von **Kalium** in Alkohol als 2,7-Dimethyloctadien-2,6 gefaßt (siehe Produkt I)[3]. Die Bildung eines cyclischen Produktes konnte unter diesen Bedingungen *nicht* beobachtet werden.

Produkt IV: Wurde durch Einwirkung von **Mineralsäure** oder **Eisessig** bei Raumtemperatur oder 100° innerhalb einiger Tage erhalten[4]. Sein Siedepunkt liegt bei 173—174°/752 mm. Daneben finden sich noch nicht näher bezeichnete *Isomere* sowie Terpenalkohole bzw. Acetate derselben (siehe Produkt II).

Wahrscheinlich haben auch Blaise[5], Tilden[6], Wallach[7] und Harries[8] dieses Produkt in Händen gehabt. Zumindest wurde es stets in Gemischen mit anderen Isomeren (z. B. Produkt II) bei der Einwirkung von **Säuren** erhalten.

Produkt V: Wurde ebenso wie Produkt I und III nur als Dihydroprodukt auf Grund der Stellung der Methylgruppen als wahrscheinliches Zwischenglied bei der Dimerisierung erhalten. Die Struktur eines 3,6-Dimethyloctadien-2,6 macht eine 1,1'-Addition wahrscheinlich[3].

Produkt VI: Die Struktur dieses Produktes steht noch nicht fest. Nach Wagner-Jauregg[1] und Gapon[9] soll es ein 1,3-Dimethyl-1-vinylcyclohexen-3 sein:

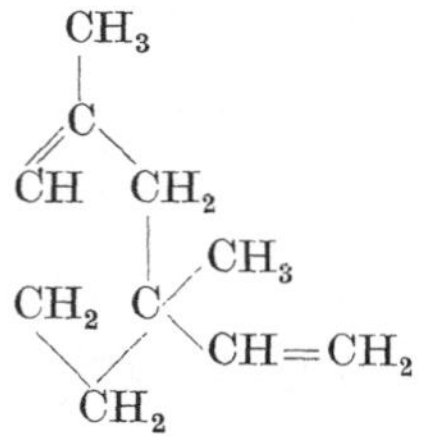

$$
\begin{array}{c}
CH_3 \\
| \\
C \\
\diagdown \\
CH \quad CH_2 \\
| \quad\quad CH_3 \\
CH_2 \quad C \diagup \\
\diagdown\ \diagup \diagdown CH{=}CH_2 \\
CH_2
\end{array}
$$

Eine 4,1'-Addition müßte folgerichtig zu einem derartigen Produkt führen[10].

Dieses cyclische Dimere wird ausschließlich durch thermische Polymerisation erhalten, während II und IV sowohl durch *thermische* als auch *katalytische*

---

[1] Liebigs Ann. Chem. **496**, 52 (1932); **488**, 176 (1931). — Vgl. auch Whitby, Crozier: Canad. J. Res. **6**, 218 (1932).

[2] J. russ. physik.-chem. Ges. **62**, 1385 (1930).

[3] Midgley, Henne: J. Amer. chem. Soc. **51**, 1294 (1929).

[4] Siehe Fußnote 1. Die tagelange Einwirkung von erhöhter Temperatur führt notwendig zu einer merkbaren Dimerisierung im Sinne einer Diensynthese. Angaben über die gleiche Reaktion und ihr Ergebnis *ohne* Verwendung von Katalysatoren werden nicht gemacht.

[5] C. R. hebd. Séances Acad. Sci. **89**, 1118 (1879).

[6] J. chem. Soc. [London] **45**, 415 (1884).

[7] Liebigs Ann. Chem. **227**, 143, 295 (1885). — Bouchardat, Wallach: Bull. Soc. chim. France (2) **24**, 112 (1875).

[8] Ber. dtsch. chem. Ges. **35**, 3260, 3265 (1902).

[9] J. russ. physik.-chem. Ges. **62**, 1385 (1930).

[10] Das durch 1,1-Addition entstandene Produkt müßte die Substituenten in p-Stellung besitzen (Analogie zu m- und p-Menthadien).

Prozesse gebildet werden. Dabei ist vorläufig *keine* Trennung zwischen Polymerisation und Diensynthese getroffen.

Es muß somit festgestellt werden, daß der bei der Dimerisierung von Isopren (mit **Eisessig**) nach HARRIES erhaltene Kohlenwasserstoff, der als 2,6-Dimethyl-octatrien-1,5,7 bezeichnet wurde, mit dem Dipren von ASCHAN[1] identisch ist, ebenso das von OSTROMYSSLENSKI als β-Myrcen bezeichnete Dimere. In allen Fällen ist das schließlich aufscheinende dimere Produkt in der Hauptsache m-Menthadien. Der Kohlenwasserstoff von LEBEDEW[2] dürfte hingegen mit dem 1,3-Dimethyl-1-vinylcyclohexen-3 (Produkt VI) identisch sein.

Faßt man alle Tatsachen zusammen, so ergibt sich, daß die cyclischen Dimeren Produkte der *Diensynthese* sind, welche durch die katalytischen Einflüsse möglicherweise ineinander umgewandelt werden können, bzw. die Addition in bestimmte Richtung gelenkt wird. Daß dabei in allen Fällen auch die *Temperatur* eine maßgebliche Rolle spielt, ist nicht von der Hand zu weisen. Die Bildung und Struktur der linear gebauten Dimeren ist zwar wahrscheinlich gemacht, jedoch keineswegs sichergestellt. Man muß daher bei allen Polymerisationsprozessen von Dienkohlenwasserstoffen streng zwischen der *nicht katalytisch* beeinflußten *Diensynthese*[3] und dem durch Katalysatoren hervorgerufenen Prozeß der eigentlichen Polymerisation und Isomerisierung unterscheiden. Selbst bei Verwendung von Katalysatoren ist stets eine mehr oder weniger merkbare *Diels-Aldersche Reaktion* der Diene in den Kreis der Betrachtungen zu ziehen.

Bei der Einwirkung von **TiCl₄** auf *Isopren* wird ein polymeres Produkt vom Molekulargewicht 2800 (kryoskopisch in Benzol) und vom Erweichungspunkt 130⁰ erhalten[4]. Mit **BF₃**, **BCl₃**, **SnCl₄** und **SbCl₅** gelangt man zu schwach gelb gefärbten amorphen Polymeren, die sämtliche in Alkohol unlöslich sind. Im Gegensatz zur Wärmepolymerisation weisen die Endprodukte keinerlei kautschukähnliche Eigenschaften auf. **Ferrihalogenide**, **Dichloressigsäure** und **Thoriumbromid** zeigen nur *geringe* katalytische Wirkung[4].

Mit reinem *Isopren* wirkt **Aluminiumchlorid** nur sehr träge, erst ein Zusatz von Spuren **HCl** führt zu einer Reaktion, die mitunter sehr heftig verläuft. Auch hier trifft man auf die Promotorwirkung der HCl, die bei den Polymerisations- und Alkylierungsprozessen der Olefine schon angeführt wurde. Das Polymerisat setzt sich aus löslichen und unlöslichen Anteilen zusammen (*Komplexverbindungen des AlCl₃*). Merkwürdigerweise ist der Anteil an unlöslichen Produkten eine Funktion des Lösungsmittels. Zum Beispiel gibt Penten-2, das selbst an der Reaktion nicht teilnimmt, als Lösungsmittel Anlaß zur Bildung nur löslicher, niedermolekularer Produkte (Molekulargewichte 845—1240). Wahrscheinlich ist die Entstehung eines *AlCl₃-Komplexes* mit dem Lösungsmittel (Olefin) Ursache für die milde katalytische Wirkung. In der Gasphase kann man unter den gleichen Bedingungen nur die Bildung löslicher Produkte beobachten[5].

Nachstehende Abb. 3 vermittelt einen Überblick über die Ausbeute an löslichen und unlöslichen Polymeren durch Änderung der Penten-2-Mengen, wobei die Isoprenkonzentration konstant gehalten wird (1 Mol).

[1] Ber. dtsch. chem. Ges. **57**, 1959 (1924); Liebigs Ann. Chem. **461**, 9 (1928); **439**, 221 (1924).

[2] Chem. Zbl. **1914 I**, 1406; **1910 II**, 1744.

[3] Vgl. WASSERMANN: J. chem. Soc. [London] **1935**, 832. Selbst bei Zusatz von Inhibitoren (*Amine, Phenole, Cu-Salze*) der normalen Polymerisation nach dem Kettenmechanismus wird die Bildung dimerer Diene (Diensynthese) *nicht* beeinflußt.

[4] WAGNER-JAUREGG: Liebigs Ann. Chem. **496**, 52 (1932). — WHITBY, CROZIER: Canad. J. Res. **6**, 210 (1932).

[5] THOMAS, CARMODY: Ind. Engng. Chem. **24**, 1125 (1932); J. Amer. chem. Soc. **54**, 2480 (1932); **55**, 3854 (1933). — CARMODY, CARMODY: Ebenda **59**, 2073 (1937).

Genaue Messungen über die *Polymerisation* und *Autoxydation* des *Isopren* haben ergeben, daß erstere wesentlich rascher verläuft[1]. Bei der Gegenüberstellung der Polymerisation bzw. ihres Ausmaßes an Isopren wurde festgestellt, daß einige Minuten mit **Ozon** behandeltes Isopren in 5 Stunden bei 12000 at 88% Polymerisat, während einige Stunden mit **Sauerstoff** geschütteltes Dien unter den gleichen Versuchsbedingungen nur 10—15% Polymeres liefert. Ähnlich wie Ozon oder auch Sauerstoff wirken mit Sauerstoff behandeltes Pinen **(Pinenperoxyd)** und **Benzoylperoxyd.** Die auf diese Weise erhaltenen Produkte der Polymerisation besitzen kautschukähnlichen Charakter, und ihre Plastizität und Elastizität erweist sich als eine *direkte* Funktion des Polymerisationsgrades. Es ist auch zu erwarten, daß *Hydrochinon* eine *negative* Wirkung besitzt, die jedoch bei *hohen* Drucken immer mehr abnimmt[2].

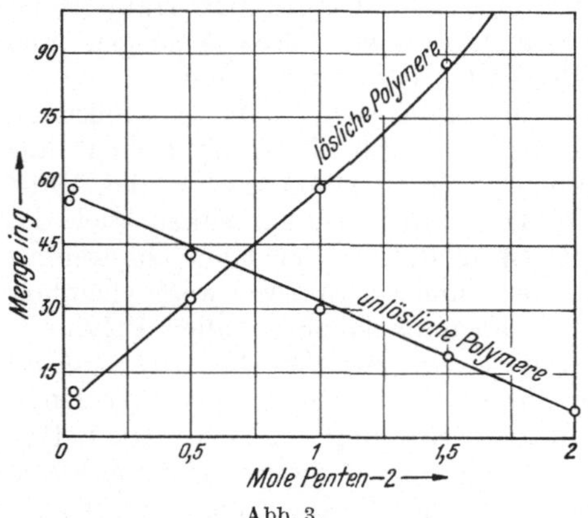

Abb. 3.

Mit der Polymerisationswirkung von **Floridin** hat sich Lebedew beschäftigt, jedoch keine genauen Untersuchungen des Reaktionsverlaufes angestellt. Bloß der vorhin erwähnte Lebedewsche Kohlenwasserstoff fällt in die Reihe der Betrachtungen[3].

Erwähnenswert ist der Versuch, durch Einwirkung von α-**Teilchen** Polymerisation herbeizuführen, was auch gelungen scheint, denn man erhält farblose, viscose, kautschukähnliche Massen[4].

1,1-Dimethylbutadien-1,3 kann in Chloroformlösung unter *exothermer* Reaktion mittels **SnCl₄** in ölige und halogenhaltige Produkte übergeführt werden[5], während **Na** in Kohlensäureatmosphäre bei Wasserbadtemperatur nach zwei Tagen in guter Ausbeute ein kautschukähnliches Produkt gibt[6].

1,2-Dimethylbutadien-1,3 reagiert unter lebhafter Reaktion mit **SnCl₄** und liefert ein *halogen*haltiges, rotgefärbtes, öliges Produkt, ähnlich wie beim 1,1-Dimethylbutadien-1,3[5].

Luftsauerstoff zeigt nur *geringe* katalytische Wirkung, selbst bei Temperaturen von 100⁰ und einigen Monaten Reaktionsdauer. **Benzoylperoxyd** oder **Diisobutenozonid** weisen eine um vieles stärkere Wirksamkeit auf, z. B. lassen sich mit 5% **Benzoylperoxyd** bei 100⁰ in einem Monat 30% Polymeres gewinnen[7].

1,3-Dimethylbutadien-1,3 reagiert mit **SnCl₄** gleichartig wie 1,1- und 1,2-Dimethylbutadien-1,3 und führt zu ähnlichen Produkten[5]. Es scheinen im Endprodukt größere Mengen von *SnCl₄-Dien*-Komplexen vorzuliegen.

2,3-Dimethylbutadien-1,3. Der *symmetrische* Bau des Moleküls veranlaßte eine eingehende Untersuchung des Baues der niederen Polymeren vorzunehmen,

---

[1] Staudinger, Lautenschläger: Liebigs Ann. Chem. **488**, 6 (1931). — Staudinger: Ber. dtsch. chem. Ges. **58**, 1076 (1925). — Vgl. auch Lebedew: Chem. Zbl. **1914 I**, 1404.

[2] Conant, Tongberg: J. Amer. chem. Soc. **52**, 1659 (1930). — Bridgman, Conant: Proc. nat. Acad. Sci. USA. **15**, 680 (1929). — Starkweather: J. Amer. chem. Soc. **56**, 1870 (1934).

[3] Lebedew, Filonenko: Ber. dtsch. chem. Ges. **58**, 163 (1925); Chem. Zbl. **1914 I**, 1406.   [4] Heisig: J. Amer. chem. Soc. **53**, 3245 (1931).

[5] Whitby, Gallay: Canad. J. Res. **6**, 280 (1932).

[6] Kyriakides: J. Amer. chem. Soc. **36**, 996 (1914).

[7] Fisher, Chittenden: Ind. Engng. Chem. **22**, 869 (1930). — Houtz, Adkins: J. Amer. chem. Soc. **53**, 1058 (1931).

um auf diese Weise — ähnlich wie beim Isopren — einen Einblick in den Verlauf des Polymerisationsprozesses zu erhalten[1].

Durch **Schwefelsäure** (in Eisessig) *verschiedener* Konzentration gelingt es verhältnismäßig leicht, den Polymerisationsprozeß innerhalb gewisser Grenzen zu halten. Aus der nachstehenden Tabelle ersieht man alle maßgeblichen Verhältnisse und die dadurch erzielbaren Ausbeuten.

Tabelle 14.

Konzentrierte Schwefelsäure	Volumen je g Dimethylbutadien	Zeit	Gesamtausbeute	Zusammensetzung		
				Dimeres	Trimeres	Höhere Polymere
%	ccm [2]	Tage	%	%	%	%
0,1	3,0	4	56	52 (terpenähnlich)	34	14
1,0	4,4	4	93	28 (terpen- und campherähnlich)	24	43
4,0	13,6	4	95	19	35	44

Aus dem Gemisch der dimeren Produkte, welche mit 1% Schwefelsäure gebildet werden, kann man in 1,6 proz. Ausbeute ein campherähnliches Produkt (F. 66^0) isolieren. Es stellt entweder

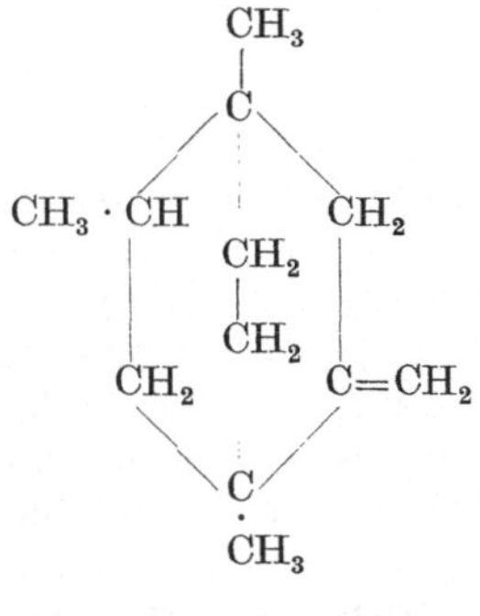

oder

Trimethylmethylenbicyclo-(2:2:2)-octan.   Tetramethylmethylenbicyclo-(1:2:2)-heptan.

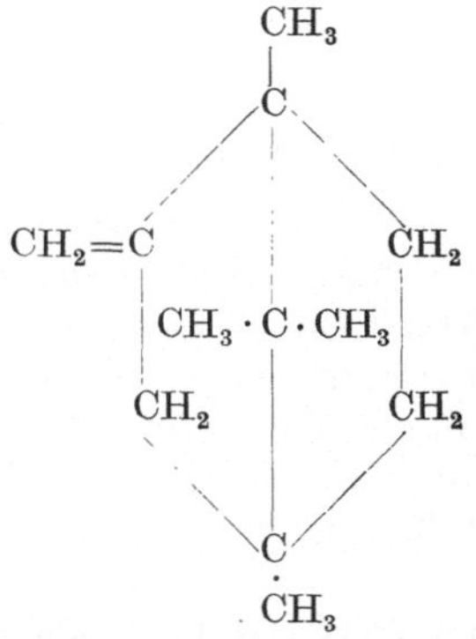

dar. Neben diesem festen Dimeren lassen sich noch ein monocyclisches Dimeres (nach DIELS-ALDER), dessen Konstitution durch Synthese sichergestellt ist,

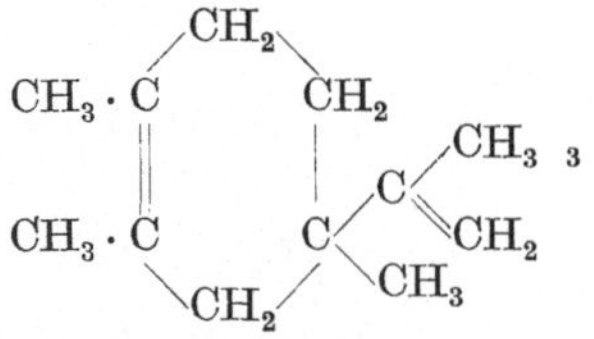

Kp. $85^0/15$ mm und vielleicht noch zwei bicyclische Dimere unbekannter Bauart isolieren (vgl. die Möglichkeit der Dimerenbildung beim Isopren, Produkt II, IV und VI). Die Aufarbeitung der Polymerisate bereitet ziemliche Schwierigkeit; man erhält die einzelnen Fraktionen in ziemlich reiner Form mit Hilfe einer VIGREUX-Kolonne. Das Gemisch der dimeren Formen geht hierbei bei $60—120^0/20$ mm und die Trimeren bei $120^0/20$ mm bis $120^0/1$ mm über.

---

[1] FARMER, PITKETHLY: J. chem. Soc. [London] **1938**, 11, 287.
[2] Reiner Eisessig mit der entsprechenden Menge Schwefelsäure.
[3] Siehe Isoprendimere, S. 419, Produkt VI und S. 424.

Für das flüssige Trimere wird auf Grund seiner diolefinischen und bicyclischen Natur folgende Struktur des Grundgerüstes vorgeschlagen[1]:

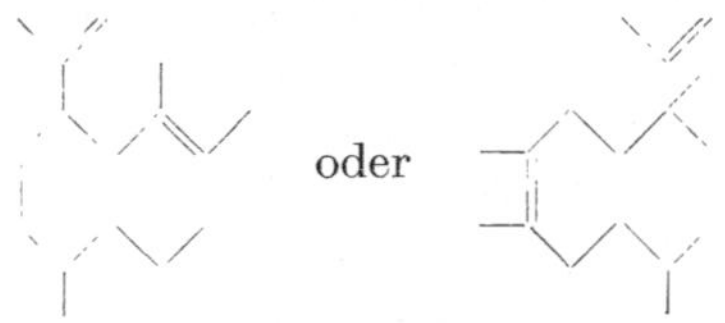

oder

Aus diesem kurzen Überblick geht hervor, daß die Polymerisation in ihren ersten Stufen nach Art einer *Diensynthese* verläuft (vgl. die thermische Polymerisation des 2,3-Dimethylbutadien-1,3)[2] und durch weitere *Wasserstoffwanderung* die Möglichkeit zur Bildung verschiedener Produkte gegeben ist[3]. Die dabei auftretenden *Isomerisierungen* stehen in enger Beziehung zu den *inneren* Umlagerungen (Wagnersche *Umlagerung*) bei bicyclischen Terpenen.

Die angebliche Wirkung von **Piperidin** auf die Polymerisation von *2,3-Dimethylbutadien-1,3* bei Temperaturen von 100—200° will Kogerman[4] festgestellt haben. Da das isolierte Dimere folgende Struktur besitzt:

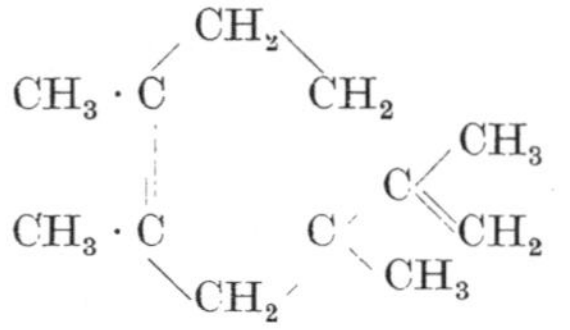

muß von einer Dimerisierung im Sinne einer *Diensynthese* gesprochen werden, was in der Arbeit jedoch nicht zum Ausdruck kommt. Die Erwähnung, daß auch das **Alkali** des Glases eine schwache katalytische Wirkung ausübe, kann daher nicht in den Begriff Katalyse der Polymerisation eingereiht werden.

Mit Kohlenwasserstoffen als Abfangmittel gelingt es durch **Na** Polymere aus 2 bzw. 3 Bausteinen zu erhalten, während **Li** *ohne* das Vorhandensein von Abfangmitteln nur eine Dimerisierung herbeiführt[5]. Wird mit **Na** in *alkoho-*

---

[1] Farmer, Pitkethly: J. chem. Soc. [London] **1938**, 11, 287.
[2] Ausführliche Literatur ist in der angeführten Arbeit angegeben.
[3] Es werden nach Farmer [Trans. Faraday Soc. **35**, 1037 (1939)] noch folgende dimere Formen als möglich angeführt:

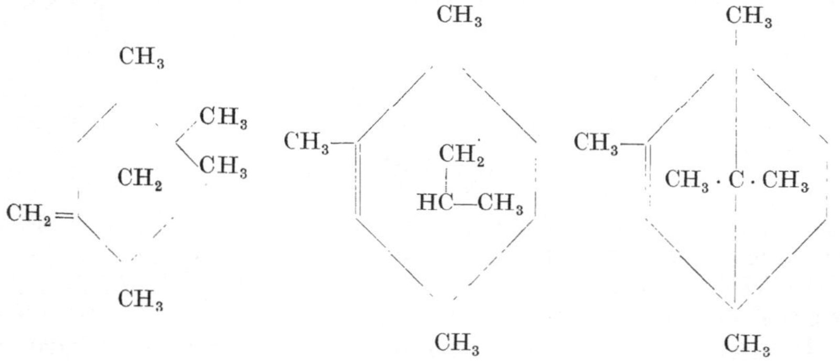

Ihre Entstehung soll sowohl durch thermische Behandlung als auch durch den Einfluß von **sauren** Katalysatoren bedingt sein.
[4] Chem. Zbl. **1935** I, 2964. — Vgl. auch Kondakow: J. prakt. Chem. **64**, 109 (1901).
[5] Ziegler, Jakob, Wollthan, Wenz: Liebigs Ann. Chem. **511**, 79, 86 (1934).

lischer Lösung gearbeitet, so erhält man neben kautschukähnlichen Polymerisationsprodukten ein Dihydrodimeres, das als 2,3,6,7-Tetramethyloctadien-2,6 erkannt wurde.

$$CH_3 \cdot C = C \cdot CH_2 \cdot CH_2 \cdot C = C \cdot CH_3$$

Damit ist der eindeutige Beweis für die Polymerisation in Kettenform geliefert[1].

Da die *Autoxydation* von *2,3-Dimethylbutadien-1,3* rascher verläuft als die Polymerisation in **Sauerstoff**atmosphäre, ist es auch erklärlich, warum **Ozonide (Diisobutenozonid)** nur eine mäßige katalytische Wirkung ausüben[2]. In diesem Zusammenhang muß auch darauf verwiesen werden, daß nur Diolefine mit konjugierten Doppelbindungen eine merkbare *Absorption von Sauerstoff* aufweisen.

Im *Gegensatz* zu anderen Alkylbutadienen zeigt das *2,3-Dimethylbutadien-1,3* bei der Einwirkung von Spuren von $SnCl_4$ bzw. $SbCl_5$ eine erhöhte Tendenz zur Bildung polymerer Produkte von festem Charakter[3]. Ob die beim 2,3-Dimethylbutadien-1,3 im Gegensatz zu anderen Alkylbutadienen *nicht* aufscheinende Möglichkeit zur Bildung cis-trans-isomerer Formen die ungleiche Erscheinung der Tendenz zur Polymerisation durch den katalytischen Einfluß von Metallhalogeniden erklären könnte, ist bisher nicht in den Bereich der Möglichkeit gezogen worden.

Mit Hilfe von **Floridin** kann *2,3-Dimethylbutadien-1,3* gleichfalls zur Polymerisation angeregt werden. Genaue Angaben über die Struktur der entstehenden niederen Polymeren fehlen[4].

1,4-Dimethylbutadien-1,3 gibt bei der Einwirkung von $SnCl_4$ oder $SbCl_5$ so wie 1,2-, 1,1- und 1,3-Dimethylbutadien-1,3 nur ölige, halogenhaltige Produkte, deren Charakter nicht genau studiert wurde[5].

1-Vinylbutadien-1,3, Hexatrien-1,3,5 wird durch **konzentrierte Schwefelsäure** zu festen Produkten hochmolekularen Charakters polymerisiert[6]. Hier erkennt man deutlich den durch die Vinylgruppe hervorgerufenen Effekt zu verstärkter Fähigkeit zur Polymerisation.

Auch das *1,1,3-Trimethylbutadien-1,3* weist gegenüber den anderen Alkylhomologen eine verstärkte Neigung zur Polymerisation unter dem Einfluß von Katalysatoren wie **Schwefelsäure** auf.

10 g des Kohlenwasserstoffes werden tropfenweise zu 90 g **80 proz. Schwefelsäure** unter Eiskühlung und starkem Rühren zufließen gelassen. Nach halbstündigem Stehen bei 0° (zeitweise schütteln) gießt man auf Eis und zieht die Lösung dreimal mit Äther aus. Nach Waschen der Ätherlösung mit Bicarbonat wird nach Entfernung des Lösungsmittels fraktioniert[7].

Man erhält 9,1 g eines farblosen Öles (81% Ausbeute). Aus dem Rohpolymerisat lassen sich ein Dimeres (Kp. 87—89°/8 mm, n_D^{20} = 1,4804, Molgew. gef. 185, ber. 192), ein Trimeres (Kp. 170—175°/4 mm, Molgew. gef. 282, ber. 288) isolieren, während das Pentamere im Rückstand der Destillation verbleibt (Molgew. gef. 471, ber. 480). Es besteht aber im vorliegenden Fall die Vermutung, daß das Dimere auf Grund seiner physikalischen Eigenschaften ein Dimeres nach der *Diensynthese* zu sein scheint, was jedoch in der Arbeit nicht ausgesprochen wird. Da auch keine Angaben über

---

[1] MIDGLEY, HENNE: J. Amer. chem. Soc. **52**, 2077 (1930).
[2] STAUDINGER, LAUTENSCHLÄGER: Liebigs Ann. Chem. **488**, 6 (1931). — HOUTZ, ADKINS: J. Amer. chem. Soc. **53**, 1061 (1931).
[3] WHITBY, GALLAY: Canad. J. Res. **6**, 280 (1932). — WHITBY, CROZIER: Ebenda **6**, 219 (1932).   [4] LEBEDEW, FILONENKO: Ber. dtsch. chem. Ges. **52**, 2077 (1930).
[5] WHITBY, GALLAY: Canad. J. Res. **6**, 280, 288 (1932).
[6] KHARASCH, STERNFELD: J. Amer. chem. Soc. **61**, 2318 (1939).
[7] WHITBY, GALLAY: Canad. J. Res. **6**, 288 (1932).

die Struktur der gebildeten niedermolekularen Produkte vorliegen, muß es einer
weiteren Bearbeitung verbleiben, in den Reaktionsverlauf Licht zu bringen.

Unter den gleichen Bedingungen wird *1,1,4-Trimethylbutadien-1,3 nicht* polymerisiert, was gleichzeitig die Regel, wonach eine merkbare Polymerisationsfähigkeit bei konjugierten Doppelbindungssystemen immer das Vorhandensein einer
freien = CH₂-Gruppe voraussetzt, bestätigt[1]. **SnCl₄** führt zu dem bei anderen Alkylbutadienen bekannten öligen Produkt[1].

Im Gegensatz zu der angeführten Brücke zwischen Struktur und Polymerisationsfähigkeit steht die Feststellung von Lebedew und Filonenko[2], die bei der Einwirkung von *Floridin* auf *1,1,4,4-Tetramethylbutadien-1,3* bzw. *2,5-Dimethylhexadien-
2,4* eine Polymerisation beobachtet haben wollen.

Das *1,2,3,4-Tetramethylbutadien-1,3* kann mittels **Ameisensäure** in ein dimeres
Produkt folgender Konstitution, die bewiesen wurde, verwandelt werden:

$$\begin{array}{ccc}
& CH_3 & CH_3 \\
& | & | \\
& CH & C{=}CH\cdot CH_3 \\
CH_3\cdot C & \diagdown\quad\diagup & C\cdot CH_3 \\
\| & & | \\
CH_3\cdot C & & CH\cdot CH_3 \\
& \diagdown CH \diagup & \\
& | & \\
& CH_3 &
\end{array}$$

Ob im vorliegenden Falle nicht gleichfalls eine *Diensynthese,* so wie beim Isopren
oder *2,3-Dimethylbutadien* vorliegt, bedarf noch einer genauen Überprüfung[3].

SnCl₅ und *SnCl₄* zeigen *keine* katalytische Wirkung[1].

d) Arylhomologe des Butadiens.

Ähnlich wie bei den Alkylhomologen des Butadiens kann man eine Beeinflussung der Polymerisationsfähigkeit durch die verschiedene Stellung der Substituenten erkennen. Während *1-arylierte* Butadiene *schwer* oder fast *gar nicht*
zur Polymerisation angeregt werden, lassen sich *2-arylierte* Derivate *leicht* in
polymere Produkte überführen[4]. Vielleicht ist die Stabilisierung einer der beiden
möglichen *Isomeren* bei 1-arylierten Butadienen die Ursache hierfür.

Wirkt auf *1-Phenylbutadien-1,3* **Natrium** ein, so läßt sich verhältnismäßig
einfach eine Dimerisierung herbeiführen. Nach Lebedew[5] sollen auch höhermolekulare Produkte gebildet werden, was nach der vorliegenden Arbeit aber
nicht zutreffend ist[6]. Das entstehende Dimere (nur *eines* läßt sich isolieren) hat
folgende Struktur, die auf Grund von Abbauversuchen sichergestellt ist.

$$C_6H_5\cdot CH{=}CH{-}CH{-\!-\!-}CH{-}CH_2\cdot C_6H_5$$
$$\qquad\quad | \qquad\qquad\quad | $$
$$\qquad\quad CH_2 \qquad\quad CH$$
$$\qquad\qquad \diagdown CH \diagup$$

2-Benzyl-1-styryl-Δ³-cyclopenten.

Isopolymerisationen von weiteren Arylbutadienen sind versucht worden,
u. a. am *2-Phenylbutadien-1,3.* Mit Hilfe von **Sauerstoff** als Katalysator gelingt

<hr>

[1] Whitby, Gallay: Canad. J. Res. **6**, 288 (1932).

[2] Ber. dtsch. chem. Ges. **58**, 163 (1925).

[3] van Romburgh, van Romburgh: Proc., Kon. Akad. Wetensch. Amsterdam
34, 224 (1931).

[4] Staudinger, Ritzenthaler: Ber. dtsch. chem. Ges. **67**, 1774 (1934). —
Carothers: Ind. Engng. Chem. **26**, 32 (1934). — Whitby, Gallay: Canad. J. Res.
6, 280 (1932).   [5] Chem. Zbl. **1923 I**, 1539; **1914 I**, 1407.

[6] Bergmann: J. chem. Soc. [London] **1935**, 1359.

es, eine *Hochdruckpolymerisation* (5500 at, 18 Stunden) auszuführen, die eine Ausbeute von 30% aufweist[1]. Aus diesem Versuch geht deutlich hervor, wie im Vergleich zu der an *gleicher* Stelle vorhandenen Methylgruppe wie im Isopren die Polymerisationsfähigkeit durch Austausch gegen den Phenylrest *absinkt*.

Das *trans-trans-1,4-Diphenylbutadien-1,3* wird durch $SbCl_5$ in Chloroform innerhalb einiger Tage in ein amorphes, graues Pulver verwandelt, das einen F. 243—250° aufweist, und dessen Molekulargewicht zu 962 gefunden wurde. Für das Pentamere berechnet sich 1020[2].

Angeblich soll auch das *1,2,3,4-Tetraphenylbutadien-1,3* durch $SbCl_5$ zur Polymerisation angeregt und dabei trimisiert werden[2]. Das *1,1,4,4-Tetraphenylbutadien-1,3* zeigt bei der Einwirkung von *Metallhalogenid*katalysatoren *keinerlei* Reaktion.

e) Halogen- und Sauerstoffderivate des Butadiens und seiner Homologen.

2-Chlorbutadien-1,3; *Chloropren*. $CH_2{=}CH{-}\underset{Cl}{C}{=}CH_2$. Die spontane Polymerisation von Isopren benötigt einige Jahre, während die von Chloropren in einigen Tagen vollendet ist. Der große Unterschied in der Polymerisationsgeschwindigkeit kann dem aktivierenden Einfluß des *Chloratoms* zugeschrieben werden. Die Methylgruppe besitzt zu geringen polaren Charakter und kann somit einen derartigen Effekt *nicht* hervorrufen. Ein ähnlicher Unterschied besteht auch zwischen Propen und Vinylchlorid bei der Polymerisation. Katalytische Einflüsse positiver und negativer Natur beeinflussen weitgehend die Polymerisation von Chloropren. Die in nachstehender Tabelle angeführten Polymeren bezeichnen nicht verschiedene Typen der Polychloroprene, sondern sind Grenzbeispiele, zwischen denen eine Mannigfaltigkeit an Eigenschaften liegen.

Tabelle 15.

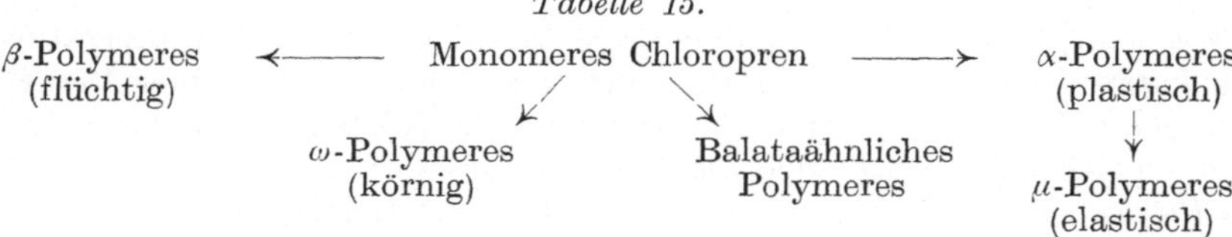

β-Polymeres: Ist wahrscheinlich ein Gemisch dimerer Formen cyclischer Natur, Kp. 92—97° und 114—118°/27 mm (vgl. Dimere des Isopren und 2,3-Dimethylbutadien-1,3).

Die Bildung dieses Polymeren wird im Gegensatz zum α-Polymeren nicht in bemerkenswertem Ausmaß durch *Sauerstoff* oder *Peroxyde* katalysiert. Bei normaler Temperatur ist die Bildung des β-Polymeren gering, erst bei höheren Temperaturen (über 50°) dürfte es in merklichen Mengen zu entstehen. Anwesenheit von *Antioxydantien* begünstigt die Bildung, z. B. kann man durch Erhitzen von monomerem Chloropren auf 60° in Anwesenheit von 0,2% *Pyrogallol* nach 40 Tagen 48% β-Polymeres erhalten.

α-Polymeres: Die Bildung des α- und μ-Polymeren sind zwei nebeneinander verlaufende Prozesse. Durch Kettenreaktion, die durch *Licht*, **Tetralinhydroperoxyd**[3], **Dinitrobenzole** und **p-Nitranilin** begünstigt, durch *aromatische Amine*[4]

---

[1] STARKWEATHER: J. Amer. chem. Soc. **56**, 1870 (1934).
[2] WHITBY, GALLAY: Canad. J. Res. **6**, 290 (1932).
[3] MEDWEDEW u. a.: Chem. Zbl. **1940 I**, 3507; **II**, 743.
[4] Siehe F. P. 710791.

(*Anilin, Benzidin, Naphthylamine*) und $FeCl_3$ verhindert wird, erhält man ein plastisches, farbloses und durchsichtiges Polymerisationsprodukt. Auch hoher Druck dürfte zu ähnlichen Produkten führen.

Will man α-Polymeres als solches isolieren, so muß die Polymerisationsreaktion abgebrochen werden, wenn 30—40% des monomeren Chloropren polymerisiert sind, da bei weiterer Reaktion reichliche Mengen von μ-Polymeren gebildet werden. Es kann das α-Polymere als Zwischenprodukt bei der Entstehung des μ-Polymeren angesehen werden.

μ-*Polymeres*: Für seine Entstehung ist die Anwesenheit von **Sauerstoff** notwendig, ebenso begünstigt *kurzwelliges Licht* die Bildung dieses Produktes. Als *Inhibitoren* bzw. *Stabilisatoren* eignen sich daher Stoffe mit teils oxydativer teils antioxydativer Wirkung, wie *Phenole, Chinone, Amine, Mercaptane, Thiophenole, aromatische Nitroverbindungen* (besonders *Trinitrobenzol*) und *Halogene*, somit organische Redoxsysteme (S. 333 ff., 436).

In seinen Eigenschaften erinnert das μ-Polymere an vulkanisierten Weichkautschuk. Es ist farblos, durchscheinend, elastisch, nicht plastisch, quillt nur wenig in Benzin, jedoch stark in CCl_4, CS_2, C_6H_6, Pyridin, Anilin, Essigester- usw. Lösung tritt nicht ein. Diese Eigenschaften sind stark von den Polymerisationsbedingungen, vor allem von den bei der Polymerisation anwesenden Sauerstoffmengen, abhängig. Bei erhöhter Temperatur wird das μ-Polymere weich und nimmt den Geruch des β-Polymeren an.

Während das α-Polymere *lineare* Struktur besitzt, zeigt das μ-Polymere *verzweigte* Kettenstruktur, wie aus den Röntgenuntersuchungen hervorgeht.

Übergang von α-Form in μ-Form: Wird α-Polymeres im isolierten Zustand mit **primären aromatischen Aminen (Anilin, Benzidin, Naphthylamine)**[1] versetzt, so kann man die Umwandlung ins μ-Polymere beschleunigen. *Phenyl-β-naphthylamin* zeigt sonderbarerweise bei normaler Temperatur *verzögernde* Wirkung. Beschleunigung der Umwandlung wird auch durch Anwendung erhöhter Temperaturen erreicht.

Es scheint, daß das Kettenpolymere (α-Form) bei erhöhter Temperatur oder durch katalytische Einflüsse *aktive* Zentren ausbildet, die zu einer Vernetzung Anlaß geben, bevor noch längere Kettengebilde entstehen können. Mit dem Gehalt an μ-Form wächst auch die Reaktionsgeschwindigkeit[2].

ω-*Polymeres*: Gelegentlich kann man die Entstehung glänzender, harter, kugelförmiger Aggregate beobachten, die nicht plastisch oder quellbar sind. Genaue Bedingungen für das Entstehen eines derartigen Produktes sind nicht bekannt. Nach Versuchen scheinen **Metalloberflächen (Na),** *Licht* (besonders 3130 Å) und lange Polymerisationszeit die Bildung zu begünstigen.

Wird ein Stück dieser Form von Polymeren in ein am Anfang der Polymerisation stehendes Chloroprenpräparat eingeführt, so beginnt nach einiger Zeit das gesamte Monomere die Gestalt dieses Polymeren anzunehmen.

Nach dem Röntgenbild läßt sich kein Urteil über die Struktur dieses Produktes bilden. Möglicherweise sind im ω-Polymeren *mehr* Kettenverzweigungen als im μ-Polymeren vorhanden, da in organischen Lösungsmitteln keine Quellung zu beobachten ist. Die Umwandlung des α-Polymeren in das ω-Polymere kann durch einen Zusatz von *Phenyl-β-naphthylamin* in allen Fällen verhindert werden.

Balataähnliches Polymeres: Wird die Polymerisation bei Gegenwart von Inhibitoren, wie **Jod** oder **Tetraalkylthiuramdisulfiden,** ausgeführt, so gelangt man zu einem Produkt, welches in seinen Eigenschaften an Balata erinnert.

---

[1] F. P. 710791.   [2] Siehe Anm. 3, S. 427.

Es ist eine harte, amorphe, nicht spröde Masse, welche durch Erwärmen, z. B. auf 60^{0} weich und plastisch wird und bei weiterer Temperaturerhöhung klebrige Eigenschaften annimmt.

Eine kurze Zusammenstellung soll die verschiedenen Übergangsmöglichkeiten zwischen den einzelnen Formen der Polymerisationsprodukte und den dabei herrschenden Bedingungen kurz vor Augen führen.

Tabelle 16[1].

Bedingung	Monomeres in β-Polymeres	Monomeres in α-Polymeres	α-Form in μ-Form	Chloropren zu ω-Produkt
Temperatur ..	+ + +	+	+	Autokatalytisch, eingeleitet
Druck	+	+ +	+ ?	durch UV-Licht und Metall-
Licht	0	+ +	0 ?	oberfläche
Sauerstoff	0	+ + +	+ + (?)	
Antioxydantien bzw. organische Redoxsysteme	0 (?)	— — —	±*	

* z. B. Inhibitor: *Phenyl-β-naphthylamin*, Beschleuniger: **Benzidin**,
   — = verhindert,   + = beschleunigt,   0 = kein Effekt.

Das *2-Brombutadien-1,3*, auch *Bromopren* genannt, zeigt eine erhöhte Tendenz, Polymerisationsreaktionen einzugehen. Ebenso wie beim Chloropren sind hier *dieselben* Katalysatoren wirksam, es erübrigt sich daher, näher darauf einzugehen[2]. *1-Alkyl-2-chlorbutadiene-1,3*, $CH_2{=}CH{-}C{=}CH$, R = Butyl, Heptyl, können durch

$$\underset{\text{Cl} \quad \text{R}}{}$$

Anwendung von *hohen* Drucken unter dem Einfluß von **Sauerstoff** leicht polymerisiert werden[3]. Auch auf die Polymerisation von *3-Methyl-2-chlorbutadien-1,3* wirkt **Sauerstoff** katalytisch[4].

Ausführlich hat sich DYKSTRA[5] mit dem Einfluß von verschiedenen Katalysatoren auf die Polymerisation der *2-Alkoxybutadiene-1,3* beschäftigt. Während bei der Einwirkung von **Jod** hauptsächlich dimere (65 % Ausbeute) und trimere Produkte erhalten werden, wirken **SnCl₄** und **Essigsäure** um vieles stärker, denn man erhält schwarz gefärbte Produkte von viscosem Charakter. Im Gegensatz zu dieser Feststellung steht die Mitteilung von ROTENBERG und FAWORSKAJA[6], welche an *2-Äthoxybutadien-1,3 keinerlei* Fähigkeit zur Polymerisation beobachtet haben wollen.

Nach PETROW[7] soll **Natrium** auf *2-Alkoxyprene* eine schwach beschleunigende Wirkung beim Polymerisationsprozeß ausüben.

1,3-Butadienol-2-acetat, $CH_2{=}CH{-}C{=}CH_2$ wird durch **Sauerstoff** oder **Benzoyl-**

$$\underset{\text{OCOCH}_3}{}$$

peroxyd bei Raumtemperatur nach einigen Tagen in kautschukähnliche Massen verwandelt[7]. Die gleichen Erscheinungen mit geringen Unterschieden kann man auch am *Ameisensäure-*, *Chloressigsäure-* und *Buttersäureester* beobachten. Mit Hilfe von *Uranylsalzen* und *Licht* gelingt es gleichfalls eine Polymerisation zu erzielen[8].

---

[1] CAROTHERS und Mitarbeiter: J. Amer. chem. Soc. **55**, 789 (1933); **53**, 4203, 4215 (1931). — MEDWEDEW, CHILIKINA, KLIMENKOW: Chem. Zbl. **1940** I, 3507; II, 743. — KLEBANSKI, WASSILJEWA: Ebenda **1936 II**, 1895. — STARKWEATHER: J. Amer. chem. Soc. **56**, 1870 (1934). — Vgl. auch BREITENBACH, S. 341 ff.

[2] CAROTHERS und Mitarbeiter: J. Amer. chem. Soc. **55**, 789 (1933). — STARKWEATHER: Ebenda **56**, 1872 (1934).

[3] STARKWEATHER: J. Amer. chem. Soc. **56**, 1872 (1934).

[4] CAROTHERS, COFFMANN: J. Amer. chem. Soc. **54**, 4072 (1932).

[5] J. Amer. chem. Soc. **57**, 2258 (1935).

[6] Chem. Zbl. **1936 II**, 1895.

[7] Chem. Zbl. **1937 I**, 1920.

[8] WERNTZ: J. Amer. chem. Soc. **57**, 206 (1935).

Das *5-Methoxy-3-chlorpentadien-1,3*, $CH_3O \cdot CH_2 \cdot CH = C—CH = CH_2$ wird beim

$\overset{\textstyle .}{Cl}$

Erhitzen in **Sauerstoff**atmosphäre auf 80° nach einigen Stunden fast vollständig
polymerisiert. Wird der gleiche Vorgang bei *niederer* Temperatur vorgenommen, so
gelingt es ohne weiteres, dem Weichkautschuk ähnliche Polymerisate zu gewinnen[1].
Die gleiche Wirkung wie Sauerstoff weisen auch **Peroxyde** auf. Die *5-Alkoxy-3-chlor-hexadiene-1,3*, $CH_3 \cdot CH—CH = C—CH = CH_2$, $R = C_2H_5$, C_4H_9, zeigen das gleiche
Verhalten[1]. OR Cl

Tabelle 17. *Die wichtigsten neueren technischen Polymerisationsprozesse bei Butadienen.*

Katalysatoren	Patente
Säuren	F. P. 542 646, 542 647
Alkalimetalle	DRP. 533 886, 537 455, 575 371, 575 439, F. P. 678 305, 682 277
Alkalimetallhydride	E. P. 340 474, F. P. 677 416
BF_3	DRP. 264 925
$SnCl_4$	Amer. P. 1 720 729
O_2 und Peroxyde	F. P. 686 934
Schwermetalloxyde	DRP. 515 143
Metallcarbonyle	Amer. P. 1 891 203
Organometallverbindungen	DRP. 255 786, 592 096
Leicht- und Schwermetalle	DRP. 264 959, E. P. 343 116, F. P. 683 284
Hydrazin, Stickstoffbasen und deren Salze	Amer. P. 1 924 227, DRP. 504 436,

2. Cyclische Verbindungen (Cyclodiene).

Die Polymerisationsfähigkeit cyclischer Diene ist im wesentlichen ähnlich
der von aliphatischen, konjugierten Doppelbindungssystemen. Ein vermindertes
Vermögen tritt jedoch beim Auftreten eines Sauerstoff- oder Stickstoffatomes
im Ring in Erscheinung. In welchem Ausmaße Diensynthesen nach Diels-
Alder an den Polymerisationsvorgängen teilhaben, kann nicht festgestellt
werden, da in den bisher vorliegenden Arbeiten keinerlei Erwähnung getan wird.

a) Cyclopentadien.

13,5 g (1,5 Mol) frisch destilliertes *Cyclopentadien* werden nach Verdünnen mit etwa 45 ccm Chloroform auf —5 bis —10° abgekühlt und
0,2 ccm **wasserfreies SnCl₄** in 5 ccm Chloroform tropfenweise innerhalb
von 5 Minuten zugesetzt. Bei rascher Zugabe tritt unter starker Erwärmung Dunkelfärbung und Verharzung ein. Unter den angegebenen Bedingungen jedoch erhält man eine vorerst gelbliche, später tieforangerote Lösung
(Bildung von *Komplexverbindung*). Nach weiteren 10 Minuten wird die ziemlich
viscose Lösung unter Rühren in etwa 100 ccm Alkohol gegossen, wobei unter Entfärbung die Abscheidung einer zähen, kautschukähnlichen Masse eintritt. Die Reinigung erfolgt durch Waschen mit Äther und Alkohol, Lösen in Benzol und Ausfällen mit Alkohol. Getrocknet wird im Vakuum bei 50°.

Die Ausbeute beträgt 12 g. Das Molekulargewicht wurde zu 1260 bis 6600 (kryoskopisch, Benzol) gefunden. Das Polymerisat nimmt an der Luft *Sauerstoff* auf und
ist vulkanisierbar[2].

In dieser Arbeit, die sich erstmalig mit der Wirkung von Metallhalogeniden
als Katalysatoren bei Polymerisationsprozessen eingehend beschäftigt, werden
noch folgende Halogenide als wirksam aufgezählt: die **Chloride** und **Bromide** des

---

[1] Dykstra: J. Amer. chem. Soc. **58**, 1747 (1936).
[2] Staudinger, Bruson: Liebigs Ann. Chem. **447**, 97, 110 (1926).

Zn, Al, Sn, Sb, Fe und **B** sowie P_2O_5. AlJ_3 wirkt sehr energisch, $AlBr_3$ mäßig, $AlCl_3$ nur schwach.

In der gleichen Arbeit finden sich auch Angaben über die Produkte der thermischen Polymerisation (wahrscheinlich Trimere, Tetramere und Pentamere), die nach der *Diensynthese* entstanden sind[1].

Nach den eingehenden Untersuchungen verschiedener Autoren[2] soll die Dimerisierung zum Dicyclopentadien von der Anwesenheit des **Sauerstoffs** abhängen, da bei Zusatz von *Acetonitril* oder in inerter Gasatmosphäre *keine* Polymerisation festzustellen ist. Damit steht aber die Tatsache, wonach die Dimerisierung als Diensynthese *unabhängig* vom Sauerstoff- oder Peroxydgehalt ist, im Widerspruch. Nach den bisher vorliegenden sicheren Ergebnissen dürfte auch in letzterem Falle ein katalytischer Effekt zu verneinen sein.

Auch die Feststellung, wonach **Säuren**[3] eine dimerisierende Wirkung ausüben sollen, bedarf einer genauen Überprüfung (siehe die Dimerisierung der Isopren).

INGOLD und WASSERMANN[4] haben die Wirkung von folgenden Katalysatoren bei 150^0 studiert: CuS, Cu_2S, Ag_2S, HgS, Tl_2S, SnS, PbS, Bi_2S_3, FeS, $FeCuS_2$ und NiS. Als besonders geeignet hat sich ein Gemisch von 70% CuS und 30% $CuSO_4$ erwiesen. Mit Hilfe dieser Katalysatoren läßt sich eine Dimerisierung erreichen, wobei für den Polymerisationsmechanismus ein Oxydations- und Reduktionsprozeß unter Ausbildung von **Peroxyden** als Zwischenprodukte angenommen wird.

Eingehende Untersuchungen über den Aufbau der niederen Polymeren wurden von ALDER und STEIN[5] vorgenommen. Es entstehen danach bei der Dimerisierung nicht — wie früher angenommen wurde — Cyclobutanderivate, sondern es treten unter *1,4-Addition*, wie bei der *Diensynthese* zu erwarten ist, die einzelnen Bausteine zusammen.

Dimeres.

Das Auftreten von jeweils *zwei* Formen bei den Dimeren, Trimeren usw. kann durch *räumliche* Isomerie einwandfrei erklärt werden.

b) Cyclohexadiene.

Läßt man auf reines Δ 1,3-*Cyclohexadien* (*Dihydrobenzol*) **Ferrichlorid** einwirken, so findet unter stark exothermer Reaktion Polymerisation zu einem dicken Öl, welches in Äther mit blauer Farbe löslich ist (*Komplexverbindung*), statt. Wird das Produkt in Chloroform gelöst und in Lösung in Aceton eingegossen, so scheidet sich eine Gallerte ab, die nach einiger Zeit oder durch Behandlung mit Alkohol in ein weißes, amorphes Pulver übergeht. Das Molekular-

<hr>

[1] STAUDINGER, BRUSON: Liebigs Ann. Chem. **447**, 97, 110 (1926).

[2] HAMMICK, LANGRISH: J. chem. Soc. [London] **1937**, 797. — Vgl. auch MOUREU, DUFRAISSE: C. R. hebd. Séances Acad. Sci. **174**, 258 (1922). — SCHULTZE: J. Amer. chem. Soc. **56**, 1555 (1934). — STAUDINGER, LAUTENSCHLÄGER: Liebigs Ann. Chem. **488**, 6 (1931).   [3] KRAEMER, SPILKER: Ber. dtsch. chem. Ges. **29**, 552 (1896).

[4] Trans. Faraday Soc. **35**, 1022 (1939). — Siehe auch S. 332.

[5] Angew. Chem. **47**, 837 (1934); Liebigs Ann. Chem. **504**, 216 (1933); **496**, 204 (1932). — Vgl. auch STAUDINGER, RHEINER: Helv. chim. Acta **7**, 23 (1924). — STAUDINGER: Liebigs Ann. Chem. **467**, 73 (1928).

gewicht des Produktes wurde nicht näher untersucht[1]. Eine ähnliche Reaktion beschreiben auch Kasanski und Wolfsson[2].

Die katalytische Wirkung von **Ozoniden** auf den Polymerisationsvorgang wurde gleichfalls festgestellt[3].

Ähnlich wie beim Cyclopentadien kann für das durch Wärmepolymerisation erhältliche Dimere folgende Struktur eines Bicyclo-(2:2:2)-octanderivates angenommen werden[4]:

$$
\begin{array}{ccc}
& CH & CH \\
CH\ CH_2 & CH & CH \\
CH\ CH_2 & CH & CH_2 \\
& CH & CH_2
\end{array}
$$

Das dimere Cyclohexadien (α- und β-Form) soll durch **Floridin** zur Polymerisation angeregt werden[5].

<h3 style="text-align:center">c) Furane.</h3>

Bei der Behandlung von *Furfurylalkohol* in Gegenwart von **Jod** im Autoklaven bei 100° erhält man in 90proz. Ausbeute ein hartes, harzähnliches Produkt. Erhitzt man das gleiche Ausgangsprodukt mit geringen Mengen von Jod einige Stunden auf 80°, so erhält man ein ähnliches Endprodukt wie oben beschrieben, aus dem sich durch Behandlung mit Aceton folgende Produkte isolieren lassen: Difurylmethan (?), Difurfuryläther und eine Verbindung $C_{25}H_{22}O_5$, F. 94°[6]. Von einer echten Polymerisation kann daher in diesem Falle nicht gesprochen werden. Über eine katalytische Wirkung von **Diisobutenozonid** bei der Polymerisation von Furfurylalkohol wird in der Literatur berichtet[7].

<h3 style="text-align:center">d) Pyrrole.</h3>

Die Polymerisation dieser Gruppe beschränkt sich auf die Ausbildung di- und trimerer Produkte. Als Katalysatoren finden ausschließlich **Säuren** Verwendung. Der Reaktionsmechanismus ist eingehend an den Benzopyrrolen (Indol, Skatol, siehe S. 450) studiert worden.

Läßt man auf eine ätherische Lösung von *Pyrrol* **HCl**-Gas einwirken, so bildet sich in guter Ausbeute ein hellgelb gefärbtes, pulverartiges Trimeres vom F. 86—90°[8].

Das α,β-*Dimethylpyrrol* läßt sich mit **Säure** in das Dimere umwandeln[9].

$$
\begin{array}{cc}
CH\!\!-\!\!\!-\!\!C\cdot CH_3 \\
\Vert\qquad\ \Vert \\
CH\quad\ C\cdot CH_3 \\
NH
\end{array}
$$

Kryptopyrrol oder *2,4-Dimethyl-3-äthylpyrrol* und *Phyllopyrrol* oder *2,4,5-Trimethyl-2-äthylpyrrol* werden sowohl als solche sowie in Form ihrer Pikrate durch **Säure** in die dimeren Formen übergeführt[10]. Strukturen werden keine angegeben.

[1] Hofmann, Damm: Mitt. Schles. Kohlenforsch.-Inst. **2**, 97 (1925).
[2] Chem. Zbl. **1939 II**, 4226.
[3] Houtz, Adkins: J. Amer. chem. Soc. **55**, 1614 (1933).
[4] Alder, Stein: Liebigs Ann. Chem. **496**, 197 (1932).
[5] Alexejewski: Chem. Zbl. **1940 II**, 753.
[6] Roberti, Dinelli: Ann. Chim. applicata **26**, 321, 324 (1936).
[7] Houtz, Adkins: J. Amer. chem. Soc. **53**, 1061 (1931).
[8] Tschelinzew, Tronow, Woskressenski: Chem. Zbl. **1916 I**, 1246. — Dennstedt, Zimmermann: Ber. dtsch. chem. Ges. **21**, 1478, 3429 (1888). — Dennstedt, Voigtländer: Ebenda **27**, 478 (1894).
[9] Piloty, Wilke: Ber. dtsch. chem. Ges. **45**, 2590 (1912).
[10] Fischer: Ber. dtsch. chem. Ges. **48**, 401 (1915).

II. Die Äthylenbindung in Konjugation zur aromatischen Bindung.

Als konjugiertes Äthylen-Doppelbindungssystem kann man auf Grund des unterschiedlichen Verhaltens von Allyl- und Propenylbenzolen bei der Polymerisation auch das in Nachbarstellung zum Äthylen befindliche Phenyl bzw. Aryl betrachten.

Der prägnanteste Vertreter dieser Körperklasse ist das Monophenyläthylen oder Styrol, welches sich im Gegensatz zum reinen Äthylen durch seine hervorragende Polymerisationsfähigkeit auszeichnet. Durch Alkylsubstitution an den beiden Äthylenkohlenstoffatomen sinkt mit zunehmender Größe des Alkylrestes sehr rasch das Polymerisationsvermögen.

Als Derivate des Monophenyläthylens kann man auch die Indene ansprechen, bei denen infolge des Ringschlusses eine gegenüber dem linear gebauten Propenylbenzol erhöhte Polymerisationstendenz festzustellen ist. Dem Inden gleichzusetzen ist das Cumaron, welches als cyclischer Äther des 1-Oxyvinyl-2-oxybenzols zu betrachten ist.

Eine merkbare Herabsetzung im Polymerisationsvermögen des Styrols erreicht man durch Arylsubstitution (Stilben). Oxyphenylgruppen hingegen sowie Methoxyderivate führen ihrerseits wieder zu einer Erhöhung des Vermögens, Polymerisationsreaktionen einzugehen. Unsymmetrisch durch Aryl substituiertes Äthylen — ausgenommen Diphenylenäthylen — besitzt nur mehr die Fähigkeit, dimere Produkte zu liefern, eine Eigenschaft, die auch bei den dreifach substituierten Derivaten in geringem Ausmaß vorhanden ist.

1. Monoarylderivate des Äthylens.

Styrol. Bei der Einwirkung von **23proz. Salzsäure** kann man sehr leicht eine Dimerisierung dieses Kohlenwasserstoffes herbeiführen[1], die auch mit einem Gemisch von **Schwefelsäure-Eisessig** (1:9) gelingt. **Konz. Schwefelsäure** führt selbst bei Temperaturen um 0^0 unter heftiger Reaktion zu harzigen Produkten[1]. Das Dimere ist flüssiger Natur (Kp. 310^0).

Säuren wirken aber auch *depolymerisierend.* Löst man Polystyrole in Cyclohexan und erhitzt sie mehrere Tage im Bombenrohr nach Zusatz von geringen Mengen **Säure** auf 250^0, so kann man die Bildung schwach gelb gefärbter hemikolloider Produkte beobachten[2]. Als Depolymerisationskatalysatoren werden **Jodwasserstoff, Eisessig, Essigsäureanhydrid,** aber auch alkalisch reagierende Stoffe, wie **Piperidin,** genannt.

Behandelt man mit *Hydrochinon* stabilisiertes Styrol[3] in Tetrachlorkohlenstofflösung bei Raumtemperatur mit $SnCl_4$, so kann man die Feststellung machen, daß der Katalysator mit dem Styrol eine *Komplexverbindung* eingeht, welche die Startreaktion auslöst[4]. Weiter läßt sich auch eine Konstantheit der Polymerisationsgröße während der Polymerisation feststellen. Die Bestimmung der Polymeren erfolgte im vorliegenden Falle durch die Bromzahl und durch Ermittlung des Molekulargewichtes. Nach den Werten der Bromzahl ist auf die

---

[1] RISI, GAUVIN: Canad. J. Res., Sect. B **14**, 255 (1936). — BROOKS, HUMPHREY: J. Amer. chem. Soc. **40**, 825 (1918). — KOENIGS, MAI: Ber. dtsch. chem. Ges. **25**, 2658 (1892). — TIFFENEAU: Ann. Chimie (8) **10**, 158 (1907). — STAUDINGER, STEINHOFER: Liebigs Ann. Chem. **517**, 35 (1935).

[2] STAUDINGER, STEINHOFER: Liebigs Ann. Chem. **517**, 35 (1935).

[3] TAYLOR, VERNON: J. Amer. chem. Soc. **53**, 2529 (1931). — BREITENBACH u. a.: Ber. dtsch. chem. Ges. **71**, 1438 (1938). — S. 341.

[4] WILLIAMS: J. chem. Soc. (London) **1938**, 246; **1940**, 775.

Bildung von Polymeren mit *ungesättigten* Endgruppen zu schließen. Nach neueren Untersuchungen zeigen die Polystyrole bei der Bromaufnahme sowohl ungesättigten als auch gesättigten Charakter[1]. Die Konstantheit der Polymerisationsgröße kann auch bei der *nicht* katalytisch beeinflußten Styrolpolymerisation beobachtet werden[2]. Dazu im Gegensatz steht aber die Feststellung von Schulz[3], wonach bei Anwesenheit eines Lösungsmittels die Polymerisationsgröße absinkt.

Die genaue Verfolgung der Polymerisation mit $SnCl_4$ wurde von Williams bei Temperaturen zwischen 20—24° durchgeführt und dabei der negative Einfluß von HCl festgestellt[4]. Williams nimmt an, daß sich in Anwesenheit von HCl aus dem Styrol α-Phenyläthylchlorid neben Distyrol und höhermolekularen Polymeren bildet. Wahrscheinlich wird durch diese Nebenreaktion die Startreaktion unterbrochen. Der Reaktionsmechanismus würde diesen Vorgang folgendermaßen erklären:

$$C_6H_5 \cdot CH=CH_2 + HCl \rightarrow C_6H_5 \cdot \underset{\underset{Cl}{\uparrow}}{CH}-\underset{\underset{H}{\downarrow}}{CH_2} \searrow \quad \rightarrow C_6H_5 \cdot CHCl \cdot CH_3 \;^5$$

$$C_6H_5 \cdot CH=CH$$
$$\mid$$
$$C_6H_5 \cdot CH \cdot CH_4 \;^6$$

HCl ist unter den sauren Katalysatoren einer der schwächsten hinsichtlich seiner Wirkung[7]. Ist nun HCl in geringer Menge anwesend, so daß es gerade mit einigen Anteilen des Styrols reagiert, so kann die Polymerisation auf kurze Zeit unterbrochen werden (Wirkung eines *Initialinhibitors*). Über die möglichen Wirkungen von HCl bzw. CCl_4 sei noch auf die Arbeiten über Styrolpolymerisation von Breitenbach und Mitarbeitern[8] verwiesen.

In einer weiteren Arbeit beschäftigen sich auch Staudinger und Mitarbeiter mit der Wirkung von $SnCl_4$ auf die Polymerisation des Styrols in Lösungen von Chloroform, Tetrachlorkohlenstoff und Benzol. Beschrieben werden Polymerisate, die aus dem Rohprodukt durch fraktionierende Operationen abgetrennt werden und einen Polymerisationsgrad von 11 bis 125 entsprechen[9]. Über eine Wirkung von Spuren HCl oder HCl-haltigen $SnCl_4$ finden sich keine Angaben.

Risi und Gauvin[10] haben die katalytische Wirksamkeit von **Antimonpentachlorid** auf benzolische Lösungen des Styrols bei Raumtemperatur untersucht und konnten durch Fraktionierung Polymere von niederem Molekulargewicht (630, 1330) isolieren. Daneben wurde chlorierende Wirkung beobachtet.

Die Abhängigkeit der Polymerisationsdauer von der Temperatur und Art des Katalysators **(Borfluorid)** war Gegenstand der Arbeiten von Schulz[11]. An Hand der nachstehenden Tabelle 18 sollen die Ergebnisse mitgeteilt werden.

---

[1] Marion: Canad. J. Res., Sect. B **18**, 309 (1940).

[2] Staudinger, Frost: Ber. dtsch. chem. Ges. **68**, 2351 (1935). — Vgl. auch Flory: J. Amer. chem. Soc. **59**, 241 (1937).

[3] Schulz, Husemann: Z. physik. Chem., Abt. B **34**, 187 (1936).

[4] J. chem. Soc. [London] **1938**, 1040; Nature [London] **140**, 363 (1937).

[5] Z. physik. Chem., Abt. A **187**, 175 (1940). — Österr. Chemiker-Ztg. **41**, 182 (1938).

[6] Für dieses Distyrol nach Fittig [Ber. dtsch. chem. Ges. **61**, 2330 (1928)] gibt Williams Kp. 178—181°/14 mm an.

[7] Distyrolbildung nach Risi, Gauvin: Canad. J. Res., Sect. B **14**, 255 (1936).

[8] Siehe Z. physik. Chem., Abt. A. **187**, 175 (1940). — S. 328 ff.

[9] Staudinger, Brunner, Frey, Garbsch, Signer, Wehrli: Ber. dtsch. chem. Ges. **62**, 241 (1929).

[10] Canad. J. Res., Sect. B **14**, 257 (1936).

[11] G. V. Schulz: Fortschritte in Chemie, Physik und Technik der makromolekularen Stoffe, S. 28. München 1939.

Tabelle 18.

Katalysator	Temperatur °C	Zeit bis zum Umsatz von 80 % Monostyrol
—	20	1 Jahr
—	60	5 Wochen
1 % Borfluorid in Essigsäure	27	4 Wochen
1 % Borfluorid in Essigsäure	60	5 Tage
Spuren von Borfluorid	60	5 Tage
(Benzoylperoxyd)	(60)	(4 Stunden)
Mit BF$_3$-Gas gesättigt	—10	30 Minuten

Aus der Gegenüberstellung der Wirkung von BF$_3$ — gemessen an der Polymerisationsgeschwindigkeit — zeigt sich, daß letzteres überaus aktiv ist.

In reinem Styrol läßt sich nach einigen Tagen Stehen an der Luft immer *Peroxyd* nachweisen[1], d. h. man beobachtet die Bildung eines die Startreaktion beschleunigenden Katalysators. Frisch destilliertes und längere Zeit an freier Luft gestandenes Styrol unterscheidet sich — wie schon STOBBE[2] feststellen konnte — wesentlich in seinem Polymerisationsverhalten. Nach neueren Untersuchungen soll **Sauerstoff** am Beginn der Polymerisationsreaktion beschleunigend, am Ende der Reaktion hemmend wirken, d. h. es beschleunigt den Abbruchvorgang und setzt damit den Polymerisationsgrad herab[5]. Der Verzweigungsgrad der Polystyrole steht jedoch mit der katalytischen Wirkung des Sauerstoffes in keinerlei Beziehung[3]. Die Messungen haben auch ergeben, daß die *Autoxydation* des Styrols wesentlich langsamer verläuft, als die Polymerisation. **Benzoylperoxyd** hat darauf keinen Einfluß[4].

TAYLOR und VERNON haben die *Photopolymerisation* einer 46proz. Lösung von des *Styrol* in Äthylbenzol bei 100° unter dem Einfluß der katalytischen Wirkung **Sauerstoffes** gemessen, was an Hand der nebenstehenden Tabelle gezeigt wird[5].

In Gegenwart von *Hydrochinon* läßt sich die durch **Sauerstoff** bewirkte Polymerisation des Styrols selbst bei Temperaturen von 100° verhindern[6]. Bei *Abwesenheit* von Sauerstoff geht die Wirkung des Hydrochinons verloren.

Tabelle 19.

Zeit in Stunden	In Wasserstoffatmosphäre Polymeres je Stunde %	In Sauerstoffatmosphäre Polymeres je Stunde %
0	6,39	6,39
48	6,50	9,14
96	6,20	9,15
144	5,85	10,25

Mit der *Druckpolymerisation* von Styrol unter Verwendung von organischen **Peroxyden** hat sich NATELSON[7] beschäftigt.

Leitet man in eine Äthylbenzol-Styrol-Lösung **Sauerstoff** ein, bis die Gewichtszunahme 0,6 g je 100 g Styrol beträgt[8] und erhitzt nach Zusatz von *Benzaldehyd* (2 g je 100 g) im Autoklaven 12—18 Stunden auf 150°, so erhält man nach Reinigung mit Wasserdampf und Entfernung des Lösungsmittels ein klares, weiches und beinahe farbloses Harz. Für die katalytische Wirkung wird die intermediäre Bildung eines aus Benzaldehyd und Sauerstoff gebildeten Pro-

---

[1] WILLIAMS: J. chem. Soc. [London] **1938**, 246. — Vgl. damit die stabilisierende Wirkung des *Hydrochinons*.

[2] Liebigs Ann. Chem. **409**, 11 (1916). — STOBBE, POSNJAK: Ebenda **371**, 273 (1910).

[3] SCHULZ, HUSEMANN: Z. physik. Chem., Abt. B **39**, 246 (1938); **36**, 184 (1937). — Vgl. auch MILAS: Proc. nat. Acad. Sci. USA. **14**, 844 (1928). — Vgl. S. 316.

[4] STAUDINGER, LAUTENSCHLÄGER: Liebigs Ann. Chem. **488**, 5 (1931). — Vgl. S. 317.

[5] J. Amer. chem. Soc. **53**, 2529 (1931). — Vgl. S. 343.

[6] BREITENBACH, SPRINGER, HOREISCHY: Ber. dtsch. chem. Ges. **71**, 1438 (1938) und S. 317 u. 343. — TAYLOR, VERNON: J. Amer. chem. Soc. **53**, 2527 (1931).

[7] Ind. Engng. Chem. **25**, 1391 (1933).

[8] Beachte den chemischen Umsatz.

duktes verantwortlich gemacht. Es dürfte sich unter Umständen nicht um Benzoepersäure, sondern um **Benzoylperoxyd** handeln.

Die Wirkung von **Benzoylperoxyd, Diphenyläthylenperoxyd, Diisobutenozonid, Pinenozonid** und **Cyclohexenozonid** wurde vergleichend untersucht und dabei ermittelt[1], daß im Gegensatz zu den Ergebnissen von Staudinger[2], wonach Sauerstoff um ein beträchtliches *aktiver* als Benzoyl- oder Diphenyläthylenperoxyd sein soll, unter gleichen Bedingungen mit Sauerstoff als Katalysator 48%, mit 0,1% Benzoylperoxyd 80% und mit 1% Benzoylperoxyd 94% Ausbeute an polymeren Produkten erhalten werden können. Für die Wirkung von freiem Sauerstoff spräche die Abspaltung von aktiven Sauerstoffatomen aus Benzoylperoxyd, während andererseits Diisobutenozonid zwar beim Erhitzen in viele Substanzen, worunter sich nur 1% Sauerstoff in freier Form vorfindet, zerfällt, jedoch in Lösung mit ungesättigten Kohlenwasserstoffen — selbst beim Erhitzen — *kein* Zerfall zu bemerken ist und die Aktivität als Polymerisationskatalysator

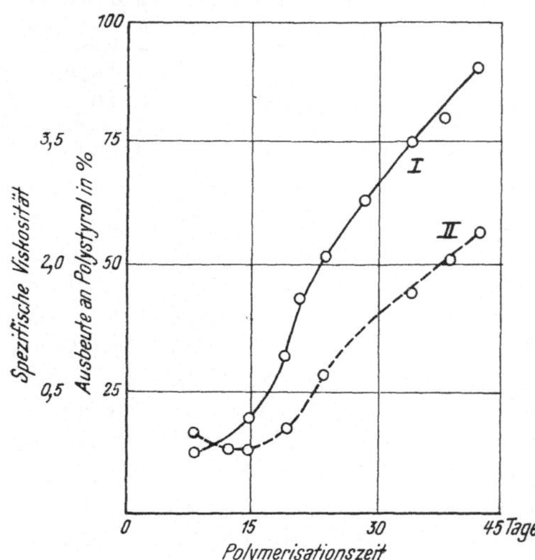

Abb. 4. Polymerisation von Styrol bei 15° mit 2%
Diisobutanozonid.
I: Ausbeute an Polystyrol.
II: Spezifische Viscosität des Polystyrols.

selbst bei 100° mehrere Tage *erhalten* bleibt. Versuche mit Cyclohexenozonid verliefen negativ, da es selbst polymerisiert.

Über die Wirkung von **Methylmetacrylatozonid** sei auf die Arbeit von Norrish und Brookman[3] verwiesen, wo über den *Reaktionsmechanismus* diskutiert wird.

In der Literatur finden sich auch Angaben, wonach **Natrium** in freier[4] und in gebundener Form[5] auf die Polymerisation des Styrols katalytische Wirkung ausübt. In einem Falle wird sogar die Bildung eines gesättigten Dimeren (siehe später) vermutet[4].

Eine Zusammenstellung über Polymerisationsverzögerer bzw. Stabilisatoren mit oder ohne Induktionswirkung wurde von Foord[6] gegeben. Als derartige Substanzen kommen — nach ihrer Wirksamkeit geordnet — in Frage:

Benzochinon[7], Toluchinon, Phenanthrenchinon, Chloranil, p-Nitrosodimethylanilin, 1-Aminoanthrachinon, Acenaphthenchinon, Benzidin, 2,4-Diaminoazobenzol, Methylanilin, p-Phenylendiamin, Phenyl-α- und Phenyl-β-naphthylamin, Hydrazobenzol, Nitroso-β-naphthol, o-Nitrophenol, 2,4-Dinitroanilin, m-Dinitrobenzol, Dinitro-o-kresol, 2,4-Dinitrodiphenylamin, 2,4-Dinitrophenol, 2,4-Di-

---

[1] Houtz, Adkins: J. Amer. chem. Soc. **55**, 1609 (1933); **53**, 1058 (1931).
[2] l. c.
[3] Proc. Roy. Soc. [London], Ser. A **171**, 147 (1939). — Vgl. S. 318.
[4] Krakau: Ber. dtsch. chem. Ges. **11**, 2161 (1878).
[5] Schlenk, Oppenrodt, Michael, Thal: Ber. dtsch. chem. Ges. **47**, 476 (1914).
[6] J. chem. Soc. [London] **1940**, 48. — S. 341.
[7] Benzochinon ist ein ausgezeichneter Stabilisator. Diese auch an anderen Chinonen beobachtete Erscheinung steht in Einklang zur Wirkungsweise des Hydrochinons und zeigt deutlich den Charakter organischer Redoxsysteme als polymerisationsverzögernde bzw. hemmende Faktoren.

nitrophenylhydrazin, 2,4-Dinitrotoluol, Pikrinsäure, Naphthalinpikrat, 1,3,8-Trinitronaphthalin. Diese Stabilisatoren enthalten chinoide, phenolische Hydroxyl-, Amino- und Nitrogruppen, wobei *additive* Eigenschaften in der Wirkung der einzelnen Gruppen festzustellen sind.

In diesem Zusammenhang interessiert das Strukturproblem an niederen Polymeren, und zwar an den *Dimeren*, um ein Bild von den möglichen Reaktionsvorgängen bei der Polymerisation zu erhalten.

Bisher wurden *vier* Distyrole isoliert bzw. beschrieben, von denen drei ungesättigter und eines gesättigter Natur sein sollen[1].

A. Distyrol nach FITTIG und ERDMANN[2], nach ERLENMEYER[3], nach STOBBE und POSNJAK[4] und nach STOERMER und KOOTZ[5]: Kp. 175—176⁰/14 mm (?). Es ist *ungesättigter* Natur, soll angeblich fluorescieren und hat auf Grund von Abbauversuchen die Struktur eines 1,3-Diphenylbuten-1:

$$CH{=}CH{-}CH{-}CH_3 .$$
$$\overset{.}{C_6H_5} \quad\quad \overset{.}{C_6H_5}$$

Es wird in 70proz. Ausbeute neben dem Dimeren (*D*) erhalten. Durch Behandlung mit **Schwefelsäure** oder **SnCl₄**[1] tritt eine Cyclisierung zum *gesättigten* Dimeren (*D*) ein. Die sterischen Verhältnisse des Dimeren (*A*) wurden eingehender erstmalig von STOERMER[5] in den Kreis der Betrachtungen gezogen (Dibromide!). Nach MARION[6] ist das flüssige Dimere (*A*) die *cis*-Form, während das von ihm auf synthetischem Wege dargestellte Produkt die krystallisierte *trans*-Form sein soll.

B. Distyrol nach STOERMER und KOOTZ[5]: Kp. 169—170⁰/12 mm. Ist *ungesättigter* Natur und wird angeblich durch Einwirkung von **Schwefelsäure** auf (*A*) erhalten, d. h. durch eine Verschiebung der Doppelbindung entsteht das 1,3-Diphenylbuten-2.

$$CH_2{-}CH{=}C{-}CH_3 .$$
$$\overset{.}{C_6H_5} \quad\quad \overset{.}{C_6H_5}$$

Letzteres Produkt entsteht auch aus dem Dimeren (*C*) durch Isomerisierung[7].

C. Distyrol nach STAUDINGER, STEINHOFER[8]. Konnte durch *thermischen* Abbau (330⁰, Hochvakuum) aus Polystyrol isoliert werden. Besitzt die Struktur eines 1,3-Diphenylbuten-3. Läßt sich mit **SnCl₄** im Gegensatz zum Dimeren (*B*),

$$CH_2{-}CH_2{-}C{=}CH_2$$

welches sich trotz seines normalen Charakters *nicht* polymerisationsfähig zeigt, zur Gänze polymerisieren[1]. Beim Stehen soll es sich in das Buten-2-derivat umlagern[6],

[1] RISI, GAUVIN: Canad. J. Res., Sect. B **14**, 257 (1936). — STANLEY: Chem. and Ind. **57**, 93 (1938).

[2] Liebigs Ann. Chem. **216**, 187 (1883).

[3] Liebigs Ann. Chem. **135**, 122 (1865).

[4] Liebigs Ann. Chem. **371**, 287 (1909).

[5] Ber. dtsch. chem. Ges. **61**, 2330 (1928).

[6] Canad. J. Res., Sect. B **16**, 213 (1938).

[7] Hier treten die im Abschnitt über Butene aufgezeigten Isomerisierungserscheinungen deutlich hervor. Bisher ist darauf in keiner Weise Rücksicht genommen worden.

[8] Liebigs Ann. Chem. **517**, 35, 41 (1935). — STAUDINGER: Buch, S. 112, 158.

eine Erscheinung, wie sie allgemein an Stoffen ähnlicher Struktur beobachtet werden konnte.

D. Distyrol nach Risi und Gauvin[1]. Ist gesättigter Natur und soll die Struktur eines 1-Phenyl-3-methylhydrindens besitzen:

$$\begin{array}{ccccc}
 & CH & & & \\
 & \diagup\diagdown & & & \\
CH & C & \text{---} & CH\cdot CH_3 & \\
| & \| & & | & \\
CH & C & & CH_2 & \\
 & \diagdown & \diagup & & \\
 & CH & CH & & \\
 & & | & & \\
 & & C_6H_5 & &
\end{array}$$

Es kann aus dem Fittigschen Distyrol (A) bei längerer Einwirkung von **Schwefelsäure** erhalten werden[2]. Im Fittigschen Rohprodukt ist es mit 30% vertreten, d. h. man beobachtet die Bildung von 70% (A) und 30% (D). Dieses Distyrol ist kaum die Ursache der Fluorescenz. Vielleicht handelt es sich um ein Naphthalinderivat, das in Spuren als Nebenprodukt gebildet werden könnte.

Die Strukturverhältnisse der Dimeren haben, wenn sie auch keineswegs nach den vorliegenden Untersuchungen als endgültig geklärt angesehen werden können, ein aufschlußreiches Bild auf den Polymerisationsvorgang beim Styrol geworfen. Durch die Arbeiten von Breitenbach und Mitarbeitern[3] wird der genaue Reaktionsverlauf zu dimeren Produkten unter dem Einfluß von Katalysatoren weitgehend aufgeklärt.

Risi und Gauvin[1] haben unter anderem die Möglichkeit eines Kettenabbruches durch Cyclisierung am Ende der Reaktionskette diskutiert. Durch den Abbau der hochpolymeren Styrole durch Wärme konnten Staudinger und Steinhofer neben dem 1,3-Diphenylbuten-3 noch 1,3-Diphenylpropen sowie 1,3,5-Triphenylhexen-5 und 1,3,5-Triphenylpentan nachweisen und haben dadurch für den Bau der Polystyrole (abgesehen von Verzweigungen der Ketten) grundlegende Beweise erhalten. Nach Staudinger[4] sollen die Polystyrole folgenden Bau besitzen:

$$\begin{array}{cccccc}
-CH-CH_2-CH-CH_2-CH-CH_2- \\
| \qquad\quad | \qquad\quad | \\
C_6H_5 \quad\;\; C_6H_5 \quad\;\; C_6H_5
\end{array}$$

Gegensätzlicher Ansicht sind Midgley, Henne und Leicester[5], die auf Grund der Behandlung von Styrol mit **Na** in *Alkohol* neben Äthylbenzol 1,4-Diphenylbutan als hydriertes Dimeres erhalten haben und daher für die Struktur folgendes annehmen:

$$\begin{array}{ccccccc}
-CH_2-CH-CH-CH_2-CH_2-CH-CH_2- \\
| \quad | \qquad\qquad\qquad | \\
C_5H_5 \; C_6H_5 \qquad\qquad\quad C_6H_5
\end{array}$$

Allgemein führt die Polymerisation in Gegenwart von Katalysatoren oder Anwendung höherer Temperatur zu hemikolloiden Produkten mit Molekular-

[1] Canad. J. Res., Sect. B 14, 257 (1936). — Vgl. auch Marion: Ebenda 18, 309 (1940).
[2] Vgl. die Bildung des gesättigten cyclischen Dimeren beim asymmetrischen Diphenyläthylen. Auch Polystyrole, die ungesättigten Charakter aufweisen, werden durch Katalysatoren in die gesättigten Isomeren gleichen Molekulargewichts verwandelt [Stanley: Chem. and Ind. 58, 1080 (1939)].
[3] Unveröffentlicht bzw. im Druck.
[4] Liebigs Ann. Chem. 517, 35, 41 (1935). — Staudinger: Buch S. 112, 158.
[5] J. Amer. chem. Soc. 58, 1961 (1936).

gewichten bis zu 10000. Durch **Schwefelsäure** und $SbCl_5$ erhält man bei Raumtemperatur Polymere mit gesättigtem Charakter, während $SnCl_4$ bei Raumtemperatur zu ungesättigten Produkten führt. In der Technik arbeitet man meist mit milden Katalysatoren, wie **Sauerstoff, Benzoylperoxyd**[1], in Emulsionen, um hohe Polymerisate zu erreichen. Bei höherer Temperatur scheinen Verzweigungen innerhalb der Kettenpolymeren aufzutreten, wie sich aus Anomalien der Viscositätsmessungen, osmotischen Druckmessungen und Versuchen mit der Ultrazentrifuge[2] sowie aus Mischpolymerisation (Divinylbenzol)[3] erkennen läßt. Bei Mischpolymerisation treten ähnlich wie bei den Dienen *1,2-* und *1,4-*Verknüpfungen auf.

Als Antikatalysatoren (Stabilisatoren, Polymerisationsverzögerer) finden hauptsächlich *Hydrochinon*[4], *Pyrogallol, Guajacol*[5], *Schwefel, Brom* und *Schwefelprodukte*[6] sowie *Nitroverbindungen*[7] technische Anwendung.

Von den (im Benzolkern substituierten) *Methoxystyrolen* finden sich in der Literatur einige Angaben. Nach PSCHORR und EINBECK[8] kann man *o-Methoxystyrol* durch **Säuren** zur Polymerisation anregen. *p-Methoxystyrol* wird durch Erhitzen mit **konz. Schwefelsäure** in ein Gemisch ätherlöslicher, benzollöslicher und unlöslicher Anteile zerlegt, was bezeigt, daß Produkte verschiedenen Polymerisationsgrades entstehen. Der Anteil an unlöslichen Polymeren soll mit der Steigerung der Reaktionstemperatur parallel gehen[9]. Je nach der zugesetzten Menge **Jod** als Katalysator lassen sich flüssige bzw. feste, glasartige Polymerisate gewinnen.

STAUDINGER und DREHER[10] erhielten bei der Einwirkung von $SnCl_4$ bei Raumtemperatur aus *p-Methoxystyrol* ein hemikolloides Produkt in praktisch quantitativer Ausbeute. Die *thermische* Polymerisation führt zu eukolloiden Produkten. Die erhaltenen Ergebnisse lassen die Autoren vermuten, daß die Polymerisate die gleichen sind wie bei reinem Styrol, daher alle Angaben für Styrol auf das p-Methoxystyrol übertragen werden können.

o-Chlorstyrol soll sich auf Grund von Versuchen weder durch Wärme, noch durch Licht, noch durch Katalysatoren, wie *Benzoylperoxyd, SnCl₄,* polymerisieren lassen[11].

Im Gegensatz dazu ist das Verhalten von *p-Methoxy-α-chlorstyrol*, das nach den Angaben von QUELET und ALLARD[12] schon durch den **Sauerstoff** der Luft bei Raumtemperatur in rot gefärbte polymere Produkte übergehen soll.

Es muß an dieser Stelle darauf hingewiesen werden, daß an der *Äthylenbindung* halogenierte Styrolderivate sehr leicht unter dem Einfluß verschiedener Agenzien Halogenwasserstoff abspalten und in die ziemlich beständigen, schwer zur Polymerisation anzuregenden Acetylenprodukte übergehen.

---

[1] O_2: Amer. P. 1855413; E. P. 355573; F. P. 709592. — Ozon, Ozonide: Amer. P. 1890060. Peroxyde: Amer. P. 1683404, 1881531, 1942531; E. P. 365217.— HF: DRP. 524220. — Alkalisalze: F. P. 695575. — Carbonyle: E. P. 340004. — $SnCl_4$: Amer. P. 1720729.— Alkalimetalle: E.P. 355790.—N-Basen: F.P. 695576.

[2] STAUDINGER, HUSEMANN: Ber. dtsch. chem. Ges. **68**, 2320 (1935).

[3] STAUDINGER, HEUER: Ber. dtsch. chem. Ges. **67**, 1164 (1934).

[4] Amer. P. 1550324.

[5] E.P. 181365. — FOORD: J. chem. Soc. [London] **1940**, 48.

[6] MOUREU: C. R. hebd. Séances Acad. Sci. **179**, 237 (1924). — KRAKAU: Ber. dtsch. chem. Ges. **11**, 2161 (1878).

[7] Amer. P. 1550323; E. P. 504765 und FOORD: l. c.

[8] Ber. dtsch. chem. Ges. **38**, 2077 (1905).

[9] STOBBE, TÖPFER: Ber. dtsch. chem. Ges. **57**, 484 (1924).

[10] Liebigs Ann. Chem. **517**, 95, 103 (1935).

[11] MARVEL, MOON: J. Amer. chem. Soc. **62**, 45 (1940).

[12] C. R. hebd. Séances Acad. Sci. **207**, 1109 (1938).

p-Divinylbenzol. **Peroxyde** und **Metallhalogenide,** z. B. $SnCl_4$, bringen diesen durch die zweite Vinylgruppe besonders leicht zur Polymerisation befähigten Kohlenwasserstoff zur Reaktion, wobei Produkte dreidimensionalen Charakters erhalten werden[1]. Das stets in gewöhnlichem Styrol in geringer Menge vorhandene *Divinylbenzol* ist nach den letzten Untersuchungen auch die Ursache für die Bildung eines unlöslichen Polystyrols; es findet eine Mischpolymerisation unter Ausbildung vernetzter Kettenmoleküle statt.

Die Einwirkung von **Metallhalogeniden** und **Floridin** auf *Propenylbenzol* oder *β-Methylstyrol* haben gleichfalls STAUDINGER und DREHER[2] untersucht. Man erhält fast in allen Fällen unter Anwendung der genannten Katalysatoren hemi-kolloide Produkte vom Molekulargewicht 1000—3000. Am wirksamsten erweist sich **Borfluorid** als Katalysator.

Die Anlagerung der einzelnen Bausteine des Polymeren soll *nicht* nach den bei den Äthylenen bekanntem Prinzip der *1,2-Addition,* sondern nach der *1,3-Addition* erfolgen, da in den *thermischen* Abbauprodukten das Vorkommen von 1,4-Diphenylbutadien nachgewiesen werden konnte. Die Wärmepolymerisation allein führt *nicht* zur Bildung polymerer Produkte, womit der negative Einfluß der endständigen Methylgruppe deutlich in Erscheinung tritt. Bekanntlich wird auch bei den Butadienen das Vorhandensein einer freien endständigen $=CH_2$-Gruppe als Bedingung zur Polymerisation durch Wärme vorausgesetzt.

Nach ERRERA[3] kann das *Propenylbenzol* auch durch **Na** zur Polymerisation veranlaßt werden, jedoch bildet sich nur ein Dimeres gesättigter Natur (siehe Distyrol *D*, S. 438).

Durch Erhitzen mit **konz. HCl** unter *Druck* oder bei der Behandlung mit **konz. Schwefelsäure** in einer Kältemischung gelangt man vom *Isopropenylbenzol* oder *α-Methylstyrol* zu einem Kohlenwasserstoff $C_{18}H_{20}$ vom F. 52°, der wahrscheinlich das *ungesättigte* Dimere darstellt[4]. **Phosphorsäure** zeigt in der Hitze eine ähnliche Wirkung wie die soeben angeführten Säuren[5], wenn man sie auf das entsprechende Carbinol einwirken läßt.

Mit **Floridin** entstehen aus dem *Isopropenylbenzol* bei *Raumtemperatur* di- und trimere Produkte (siehe Metallhalogenide als Katalysatoren)[6]. Nach STAN-LEY[7] sollen **aktive Bleicherden** unter denselben Reaktionsbedingungen Polymerisate *ungesättigter* Natur mit dem Molekulargewicht 3000—4000 geben. Wird die Polymerisationsreaktion bei *höherer* Temperatur vorgenommen, so bilden sich Kohlenwasserstoffe *gesättigter* Natur.

Löst man Isopropenylbenzol in Benzol und läßt $SnCl_4$ oder BCl_3 darauf einwirken, so entstehen unter heftiger Reaktion dimere Produkte gesättigter Natur[8]. Daneben können auch höhere Polymere (Trimeres, Kp. 172 bis 178°/0,1 mm; Tetrameres, Kp. 208—212°/0,1 mm, F. 127—129°) durch fraktionierte Fällungsprozesse abgetrennt werden. Alle erweisen sich gegen Brom als gesättigt. Mit BCl_3 allein erhält man nur *Dimeres* neben wenig Trimeren.

[1] STAUDINGER, HUSEMANN: Ber. dtsch. chem. Ges. **68**, 1619 (1935).
[2] Liebigs Ann. Chem. **517**, 95, 103 (1935).
[3] Gazz. chim. ital. **14**, 509 (1884).
[4] TIFFENEAU: Ann. chim. France (8) **10**, 158 (1907). — GRIGNARD: Chem. Zbl. **1901 II**, 624.
[5] KLAGES: Ber. dtsch. chem. Ges. **35**, 2639 (1902).
[6] STAUDINGER, BREUSCH: Ber. dtsch. chem. Ges. **62**, 455 (1929). — LEBEDEW, FILONENKO: Ebenda **58**, 166 (1925).
[7] Chem. and Ind. **58**, 1080 (1939).
[8] STAUDINGER, BREUSCH: Ber. dtsch. chem. Ges. **62**, 442, 450 (1929).

Das gesättigte Dimere stimmt in seiner Struktur mit dem Dimeren (D) des Styrols grundsätzlich überein. Das durch *Wärme-* oder *Photopolymerisation* in Abwesenheit von Katalysatoren erhältliche Dimere ungesättigter Natur

$$
\begin{array}{c}
CH \\
\diagup\diagdown \\
CH \quad C\!\!-\!\!-\!\!-\!\!C\diagup^{CH_3}_{\diagdown CH_3} \\
|\qquad\|\qquad| \\
CH \quad CH \quad CH \\
\diagdown\qquad\diagup \\
CH \diagup^{C}\diagdown CH_3 \\
C_6H_5
\end{array}
$$

kann durch die Einwirkung von **Natrium** weiteren Polymerisationen unterworfen werden[1]. Als Zwischenprodukt konnte dabei folgende Verbindung festgestellt werden:

$$
\begin{array}{ccc}
C_6H_5 & & C_6H_5 \\
| & & | \\
CH_3\!-\!C\!-\!CH_2\!-\!C\!-\!CH_3 \\
| & & | \\
Na & & CH_3
\end{array}
$$

Die *Hochdruckpolymerisation* von *Isopropenylbenzol* bei 2000—10000 at und 100—150° führt zu Polymeren vom Molekelgewicht bis zu 5800. Dabei zeigt sich, daß *Benzoylperoxyd* und *trockenes HCl-Gas* keine Beschleunigung der Polymerisation, sondern lediglich eine Erhöhung der Ausbeute an niederen Polymerisationsprodukten bewirken[2]. *Zinkchlorid* verhindert unter den genannten Bedingungen die Polymerisation vollständig. An Hand der Tabelle 20 sollen die Effekte der verschiedenen Katalysatoren auf die Ausbeute und Molekulargewichte der Polymeren gezeigt werden.

Tabelle 20. *Ausbeute und Molekulargewichte der Polymeren des α-Methylstyrols bei 120—125° und 4000 at in Gegenwart von Katalysatoren.*

Zeit in Stunden	Katalysator 0,25 % vom Gesamtgewicht	Monomeres %	Niedere	Höhere	Gefundene Molekulargewichte der höchsten Polymeren
			Polymere %		
96	—	46,4	27,7	26,0	970—1050
96	trockenes HCl-Gas	21,5	51,9	26,0	860— 940
96	trockenes HCl-Gas	16,5	57,5	26,0	860— 940
48	Benzoylperoxyd	55,0	26,0	19,0	1000—1070
96	ZnCl$_2$ wasserfrei	9,5	90,5	0,0	370— 380

Es hat den Anschein, als ob die Wirkung von ZnCl$_2$ der von SnCl$_4$ und anderen Halogeniden gleichkäme. Die durch Benzoylperoxydzusatz verminderte Ausbeute könnte mit der Bildung eines Oxydes, welches eine sehr geringe Polymerisationsfähigkeit aufweist, erklärt werden.

α-*Methoxystyrol* und β-*Acetoxystyrol* werden durch *Peroxydkatalysatoren* gleichfalls *nicht* zur Polymerisation angeregt[3]. Diese Erscheinung steht mit dem strukturellen Aufbau des Monomeren im Zusammenhang, wurde aber bisher in keiner Weise zu erklären versucht (siehe z. B. asymmetrisch substituierte Äthylene).

p-*Propenyltoluol* kann unter dem Einfluß von **HCl** in ein öliges Produkt vom Kp. 202—206°/18 mm übergeführt werden. Es dürfte sich um ein *ungesättigtes* Dimeres handeln[4].

[1] BERGMANN, TAUBADEL, WEISS: Ber. dtsch. chem. Ges. **64**, 1493 (1931).
[2] SAPIRO, LINSTEAD, NEWITT: J. chem. Soc. [London] **1937**, 1784.
[3] MARVEL, MOON: J. Amer. chem. Soc. **62**, 45 (1940).
[4] KLAGES: Ber. dtsch. chem. Ges. **35**, 2253 (1902).

Anethol oder *p-Propenylanisol*. Behandelt man Anethol, welches in der gleichen Gewichtsmenge Toluol gelöst ist, bei —60 bis —80⁰ mit 4 % des Gewichtes an $SnCl_4$ und läßt 6 Stunden bei —60⁰ und hierauf 30 Stunden bei 0⁰ stehen, so kann man schließlich durch Methanolzusatz in fast quantitativer Ausbeute ein Polymerisat vom Erweichungspunkt 284—288⁰ erhalten[1]. Das Polymere zerfällt beim Erhitzen auf 300⁰ sehr leicht in monomere und dimere Produkte und in etwas 1,4-p,p′-Dimethoxydiphenylbutadien-1,3, was man als Beweis für den grundsätzlichen Aufbau der Polymeren auszuwerten versuchte.

Die Polymerisation in 1proz. Lösung führt zu Polymeren mit einem Polymerisationsgrad 5—9, in 10proz. Lösung jedoch zu solchen mit den Werten 13—17. Bei Temperaturen über 100⁰ wird ausschließlich Dimeres (Kp. 180 bis 182⁰/3 mm) gebildet. Die allgemein bei tiefen Temperaturen erhaltenen Produkte besitzen hemikolloiden Charakter und weisen Molekulargewichte von 1000 bis 10000 auf[2].

Neben **Floridin** zeigen auch **Säuren** eine, wenn auch schwache, so immerhin merkbare polymerisierende Wirkung[2].

Die Polymerisation von *Anethol* — allerdings in unreiner Form oder in Gemischen anderer Stoffe — wurde schon früher durch Einwirkung von **Säure**[3], $SnCl_4$ oder $SbCl_5$[4] zu erreichen versucht.

Das gleiche Verhalten zeigt auch das *p-Äthoxypropenylbenzol*. Mit Hilfe von **Säuren** oder $SnCl_4$ kann man bei tiefen Temperaturen Polymerisate vom Molekulargewicht 1000—5000 gewinnen. Bloßes Erhitzen führt ebenso wie beim Anethol zu *keiner* Polymerisation[2].

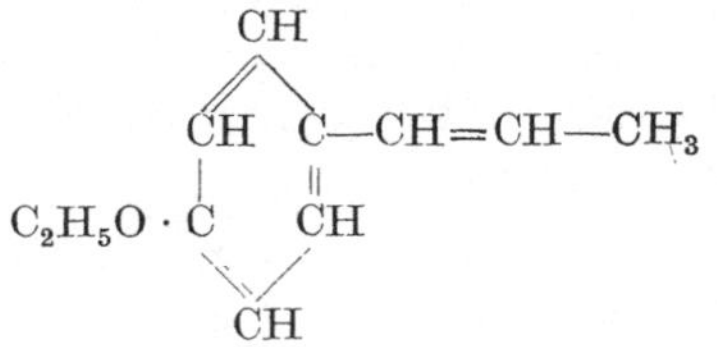

$$C_2H_5O \cdot C\!\!\begin{array}{c} CH \\ \diagup\ \diagdown \\ CH \quad\ C\text{—}CH=CH\text{—}CH_3 \\ | \qquad \| \\ \ \quad CH \\ \diagdown\ \diagup \\ CH \end{array}$$

Isoeugenol. In der Literatur wird die Reaktion von **85proz. Schwefelsäure** und $SnCl_4$ beschrieben[5]. Selbst bei 0⁰ tritt heftige Reaktion ein, und es entstehen harzige Produkte, deren Reinigung und Fraktionierung jedoch nicht vorgenommen worden ist.

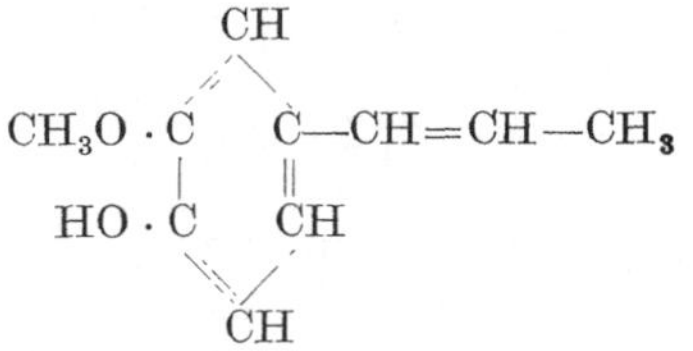

$$CH_3O \cdot C\!\!\begin{array}{c} CH \\ \diagup\ \diagdown \\ C\text{—}CH=CH\text{—}CH_3 \\ \| \\ CH \\ \diagdown\ \diagup \\ CH \end{array}\ HO \cdot C$$

Isosafrol. Die Zugabe von $SnCl_4$ oder alkoholischer **HCl** führen in der Kälte zur Ausbildung eines dimeren Produktes, über dessen Struktur keinerlei Angaben gemacht werden (vgl. Dimeres vom Methylisoeugenol)[6]. Läßt man Isosafrol ein Jahr lang in Anwesenheit von **Jod** am *Lichte* stehen, so soll sich ein dimeres Produkt vom

[1] Staudinger, Dreher: Liebigs Ann. Chem. **517**, 97 (1935).

[2] Staudinger, Dreher: Liebigs Ann. Chem. **517**, 97 (1935). — Staudinger, Brunner: Helv. chim. Acta **12**, 972 (1929). — Vgl. auch Puxxedu: Chem. Zbl. **1920 III**, 279. — Orndorf, Terrasse, Morton: Ebenda **1898 I**, 208.

[3] Cahours: Liebigs Ann. Chem. **41**, 63 (1842).

[4] Gerhardt: J. prakt. Chem. **36**, 274 (1845). — Will: Liebigs Ann. Chem. **65**, 230 (1848).

[5] Brooks, Humphrey: J. Amer. chem. Soc. **40**, 825 (1918). — Whitby, Katz: Canad. J. Res. **4**, 487 (1931).

[6] Ciamician, Silber: Ber. dtsch. chem. Ges. **42**, 1389 (1909).

F. 145—146° bilden. Daneben werden auch höhermolekulare Stoffe als Endprodukt angegeben. Über eine mögliche, durch Licht hervorgerufene Substitutionsreaktion innerhalb der langen Reaktionszeit wird nichts erwähnt.

$$CH_2\begin{array}{c} O \cdot C \\ O \cdot C \end{array}\begin{array}{c} CH \\ \diagdown \\ \diagup \\ CH \end{array}\begin{array}{c} C-CH=CH-CH_3 \\ \| \\ CH \end{array}$$

Isoeugenolmethyläther wird nach monatelanger Belichtung in Anwesenheit von **Jod** neben höher molekularen Produkten in ein Dimeres vom F. 96° verwandelt[1]. Eine ähnliche Wirkung zeigt auch **Mineralsäure.** Nach HAWORTH und MAVIN[2] soll sich ein durch Säure gebildetes Dimeres als 2, 3, 6, 7-Tetramethoxy-9, 10-diäthyl-anthracen erweisen:

$$CH_3O \cdot C\ \diagup CH \quad CH\ CH \quad C\ C \cdot OCH_3 \longrightarrow$$

was jedoch von HARASZTI und SZEKI[3] bestritten wird.

Zimtalkohol läßt sich durch **Schwefelsäure (85 proz.)** bei 0° nur in harzige Produkte überführen[4].

Eine Neigung zur Dimerisierung zeigt auch das *p-Isopropenylanilin* bei der Einwirkung von **Säure**spuren[5].

Faßt man die hier aufgezählten Ergebnisse zusammen, so zeigt es sich, daß alle Propenylbenzole und ihre Derivate bei der Einwirkung von **sauren** Agenzien sehr leicht dimerisiert werden können.

λ-*Vinylnaphthalin* dimerisiert sich nach SONISS[6] bei der Einwirkung von **Floridin** oder **Benzoylperoxyd** leicht. Auch das α-*Naphthylpropen* kann mit den genannten Katalysatoren in ein Dimeres $C_{26}H_{24}$ verwandelt werden[7]. Dasselbe gilt für das α-*Naphthyl-2-buten-2.*

Grundsätzlich kann man bei Verbindungen vom Typus R_1—CH=CH—R_2 (R_1 = Naphthyl, R_2 = Alkyl) mit Hilfe von **sauren** oder **peroxydischen** Katalysatoren Dimerisierung erreichen, weniger ausgeprägt ist dieses Verhalten bei Verbindungen von der Form:

$$\frac{R_1}{R_2}\!\!>\!\!C\!=\!CH_2 \quad \text{und} \quad \frac{R_1}{R_2}\!\!>\!\!C\!=\!CH \cdot R_3 \qquad \begin{array}{l}(R_1 = \text{Naphtyl,}\\ R_2, R_3 = \text{Alkyl}).\end{array}$$

2. Asymmetrisch diaryliertes Äthylen.

Bei diesen Produkten tritt die Herabsetzung der Polymerisationsfähigkeit besonders in Erscheinung. Lediglich die Fähigkeit zur Bildung von Dimeren ist vorhanden.

---

[1] CIAMICIAN, SILBER: l. c.   [2] J. chem. Soc. [London] **1931**, 1363.
[3] Liebigs Ann. Chem. **503**, 294 (1933). — Siehe auch MÜLLER, RALTSCHEWA, PAPP: Ber. dtsch. chem. Ges. **75**, 692 (1942).   [4] BROOKS, HUMPHREY: l. c.
[5] v. BRAUN: Liebigs Ann. Chem. **472**, 13, 40 (1929).
[6] Chem. Zbl. **1939 II**, 3276.
[7] SONISS: Chem. Zbl. **1939 II**, 3276. — SALKIND, SONISS: Ebenda **1937 I**, 1934.

444   E. BARONI: Polymerisation und Depolymerisation. Praktischer Teil.

Asymmetrisches Diphenyläthylen. 10 g α, α'-Diphenyläthylen werden in 75 ccm Benzol gelöst und 4 g $SnCl_4$ bei Raumtemperatur zugesetzt. Nach 7tägigem Stehen wird die Lösung mit Wasser gewaschen, getrocknet, eingedampft und der Rückstand mit Methanol behandelt. Aus der Methanollösung gewinnt man Krystalle vom F. 113° in 77proz. Ausbeute, die dem 1,1,3,3-Tetraphenyl-buten-1, somit dem ungesättigten Dimeren entsprechen.

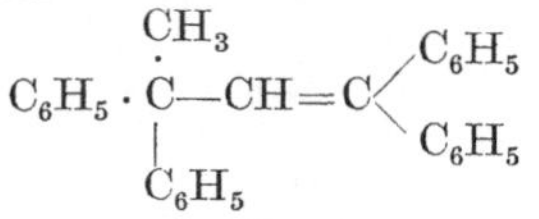

$$C_6H_5 \cdot \overset{\displaystyle CH_3}{\underset{\displaystyle C_6H_5}{C}} - CH = C \overset{\displaystyle C_6H_5}{\underset{\displaystyle C_6H_5}{}}$$

I
(Ungesättigtes Dimeres)

Läßt man unter den gleichen Bedingungen HCl und $SnCl_4$ gemeinsam einwirken, so erhält man das in Methanol unlösliche Dimere 1,1,3-Triphenyl-3-methylhydrinden vom F. 143° in 90proz. Ausbeute[1].

$$\begin{array}{c} CH_3 \\ C_6H_5 \cdot C - CH_2 \\ \cdots \end{array}$$

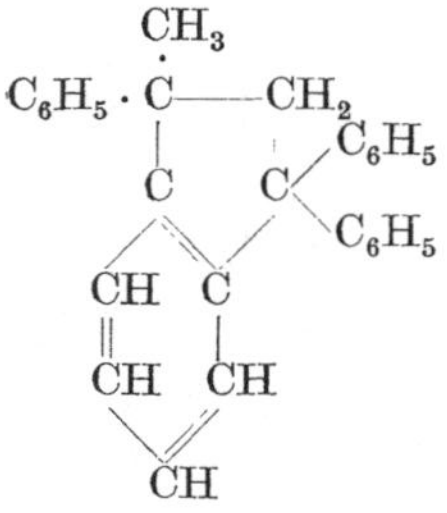

II
(Gesättigtes Dimeres)

Durch $SnCl_4$ kann das Dimere (I) bei Raumtemperatur wieder in den monomeren Kohlenwasserstoff zurückverwandelt werden. Weiter läßt sich das Dimere (I) durch mehrtägiges Erhitzen mit $SnCl_4$ oder durch Behandlung mit HCl bei Raumtemperatur in die gesättigte Verbindung (II) überführen, eine Erscheinung, die man stets bei entsprechend gebauten Verbindungen in ihrer Tendenz zur Ringbildung antreffen kann (siehe die Distyrole).

Vielleicht haben auch LEBEDEW und FILONENKO[2] (Polymerisation mit Hilfe von **Schwefelsäure** und **Floridin**) die beiden Formen des Dimeren in Händen gehabt, die sie wohl nach den äußeren Erscheinungen beschrieben, aber nicht näher untersucht haben.

Mit $AlCl_3$ und HCl wollen WIELAND und DORRER[3] nur das gesättigte Dimere in 30proz. Ausbeute erhalten haben. Allerdings geben die Autoren für dieses Produkt noch die Struktur eines 1,1,3,3-Tetraphenylcyclobutans an, was aber nach dem F. zu schließen nicht stimmen kann, denn sie finden ihn zu 143° (siehe Produkt II). Mit $BeCl_2$ als Katalysator wird gleichfalls das Dimere (II) in 90proz. Ausbeute erhalten[4].

Nach BERGMANN und WEISS[5] kann mittels **Aluminiumchlorid** oder **konz. Schwefelsäure** nach Wochen bei Raumtemperatur das gesättigte Dimere erhalten werden, während Erhitzen mit **Jod** am Wasserbad zum ungesättigten Dimeren (F. 113°) führt. Die Ausbeuten betragen 60 bzw. 80%.

Durch Einwirkung von metallischem **Natrium** bzw. der **Triphenyläthylennatriumverbindung** und darauffolgende Behandlung mit *Kohlendioxyd* gelangt

---

[1] SCHOEPFLE, RYAN: J. Amer. chem. Soc. **52**, 4021 (1930).
[2] Ber. dtsch. chem. Ges. **58**, 163 (1925). — Vgl. auch LEBEDEW, ANDREJEWSKY, MATYUSCHKIN: Ebenda **56**, 2349 (1923).   [3] Ber. dtsch. chem. Ges. **63**, 404 (1930).
[4] LEHMANN: Dissertation, Leipzig 1938. — Siehe auch BREDERECK, LEHMANN, SCHÖNFELD, FRITZSCHE: Ber. dtsch. chem. Ges. **72**, 1414 (1939).
[5] Liebigs Ann. Chem. **480**, 55 (1930).

man zur 1,1,4,4-Tetraphenylbutan-1,4-dicarbonsäure, d. h. es findet eine Dimerisierung im üblichen Sinne einer Alkalimetallpolymerisation statt[1].

Die *Autoxydation* des asymmetrischen Diphenyläthylens führt zur Bildung polymerer Diphenyläthylenperoxyde[2].

α-Phenyl-α-tolyläthylen. 10 g des monomeren Kohlenwasserstoffes werden in 200 ccm Eisessig gelöst und mit 20 ccm eines **Eisessig-Schwefelsäuregemisches** (4:1 Volumteile) versetzt. Nach 14 Tagen kann man Polymeres (7 g) vom F. etwa 80° isolieren. Nach Reinigung läßt sich ein kryst. Produkt gewinnen, das F. 113—114° zeigt und ein Molekulargewicht von 361 (Rast) (für Dimeres berechnet 388) besitzt[3].

In der Arbeit wird der Hinweis gemacht, daß das rohe Polymerisat möglicherweise ein Gemisch *zweier* Dimerer sei, was mit nach den beim asymmetrischen Diphenyläthylen gemachten Erfahrungen ohne weiteres in Einklang zu bringen wäre. Leider haben die Autoren im vorliegenden Versuch eine genaue Trennung nicht unternommen, so daß es einer weiteren Bearbeitung vorbehalten bleiben muß, das Resultat zu überprüfen.

Asymmetrisches Ditolyläthylen wird unter den soeben angeführten Reaktionsbedingungen in ein Dimeres vom F. 108° verwandelt[3]. Löst man das Dimere, dessen Struktur *nicht* aufgeklärt ist, in **konz. Schwefelsäure**, so beobachtet man nach einiger Zeit eine vollständige *Depolymerisation.* Das gleiche Verhalten weisen auch das *α-Anisyl-α-phenyläthylen* und das *α,α'-Di-(3-brom-4-methoxyphenyl-)-äthylen*[3] auf. Die beiden Dimeren zeigen F. 112—114° bzw. 179—179,5°.

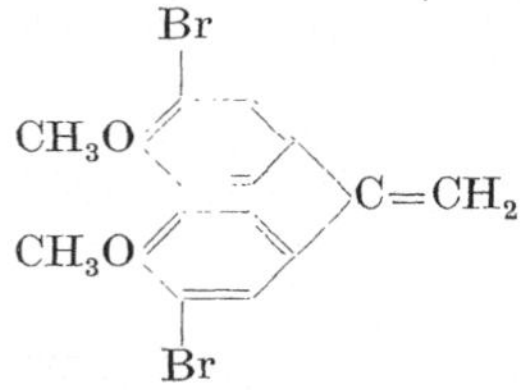

In den Arbeiten wird der polarisierende Einfluß der Substituenten im Benzolkern auf die Äthylenbindung und ihre Polymerisationsfähigkeit diskutiert und gezeigt, daß man durch Einführung entsprechender Gruppen oder Atome an den im Benzolkern möglichen Stellungen in der Lage ist, eine Zu- oder Abnahme der Polymerisationstendenz, gemessen an der Geschwindigkeit und Ausbeute der Reaktion herbeizuführen.

3. Symmetrisch diaryliertes Äthylen.

Stilben oder *α, β-Diphenyläthylen* kann mit Hilfe von $\mathbf{AlCl_3}$ und **HCl** dimerisiert werden, wobei ein Dimeres vom F. 118—119° entsteht. Die von den Autoren vorgeschlagene Formulierung als 1,2,3,4-Tetraphenylcyclobutan ist sehr unwahrscheinlich[4]. Vielleicht handelt es sich um ein 1,2,3-Triphenyl-1,2,3,4 tetrahydronaphthalin, das ja ebenfalls gesättigten Charakter besitzt. Auf mögliche Isomerisierung des Stilbens, wie sie z. B. bei der Einwirkung von BF_3 eintritt[5], wurde nicht Rücksicht genommen.

Das durch *Photopolymerisation* des Stilben in verschiedenen Lösungsmitteln erhältliche dimere Produkt besitzt einen F. 163°[6].

In den Arbeiten finden sich nirgends Angaben über die Bildung eines ungesättigten Dimeren, welches die Struktur eines 1,2,3,4-Tetraphenylbuten-1 haben müßte (vgl. dimeres Styrol).

[1] SCHLENK, BERGMANN: Liebigs Ann. Chem. **479**, 58 (1930).
[2] STAUDINGER: Ber. dtsch. chem. Ges. **58**, 1078 (1925).
[3] SCHMITZ-DUMONT, THÖMKE, DIEBOLD: Ber. dtsch. chem. Ges. **70**, 178 (1937).
[4] WIELAND, DORRER: Ber. dtsch. chem. Ges. **63**, 404 (1930).
[5] PRICE, MEISTER: J. Amer. chem. Soc. **61**, 1595 (1939).
[6] CIAMICIAN, SILBER: Ber. dtsch. chem. Ges. **35**, 4129 (1902). — STOBBE: Ebenda **47**, 2703 (1914).

4. Indene.

Bei der Einwirkung von **23—26 proz. Salzsäure** erreicht man in 10—14 Stunden, daß sich *Inden* weitgehend polymerisiert. Die Ausbeute bewegt sich in den Grenzen von 68 bis 89% und das Verhältnis der dimeren Form zu höhermolekularen Produkten beträgt 5:1 bis 7:1[1].

Die genaue Untersuchung des Dimeren ergab das Vorliegen eines *ungesättigten* Körpers von der Struktur eines 2-(α-Hydrindyl-)indens, Kp. 145—160°/1—2 mm, F. 56°.

STOBBE und FÄRBER[2] haben daneben noch ein *gesättigtes* Dimeres erhalten.

Das isolierbare „Triinden" stellt ein Gemisch Polymerhomologer dar, aus dem sich ein gesättigtes Produkt $(C_9H_8)_3$ vom F. 214° isolieren läßt. Auch die höheren Polyindene zeigen den Charakter einer gesättigten Substanz, da Brom nur sehr wenig und Nitrosylchlorid nicht angelagert werden[1].

Für die Struktur der Polymeren ist eine am Ende der Reaktionskette erfolgende *Ringbildung* zu Cyclobutanderivaten angenommen, was nach den bisherigen Ergebnissen der Umlagerung des ungesättigten in das gesättigte Dimere als wahrscheinlich zu betrachten ist[2].

Ein Strukturbeweis für das ungesättigte Dimere wurde von BERGMANN und TAUBADEL[3] erbracht.

bzw.

Mit **95 proz. Schwefelsäure** wird ein weißes, amorphes Polymerisat vom F. 220 bis 280° erhalten, aus dem nach verschiedenen Reinigungsprozessen (Lösen in Benzol, Fällen mit Alkohol) Fraktionen erhalten werden können, die auf Grund der Molekulargewichtsbestimmung Polymeren der Formel $(C_9H_8)_{16}$ bis $(C_9H_8)_{22}$ entsprechen würden[4].

Das nebenbei isolierbare Diinden ist *ungesättigter* Natur (siehe oben) und zeigt Kp. 235 bis 246°/16 mm und F. 57—58°. Daneben soll sich noch ein zweites Dimeres bilden, das *gesättigt* erscheint und den F. 51° aufweist.

Mit **23 proz. Salzsäure** erreicht man nach 10 stündigem Kochen fast quantitative Polymerisation, während **24 proz. Schwefelsäure** unter den gleichen Bedingungen nur 40% Dimeres neben unverändertem Ausgangsprodukt ergibt. **60 proz. Schwefelsäure** bewirkt nach 2,5 stündigem Erhitzen Polymerisation zu einem roten, dickflüssigen Öl (Kp. 230—231°) und Bildung von Dimeren in 60 proz. Ausbeute.

[1] RISI, GAUVIN: Canad. J. Res., Sect. B **13**, 228 (1935).
[2] Ber. dtsch. chem. Ges. **57**, 1838 (1924).
[3] Ber. dtsch. chem. Ges. **65**, 463 (1932).
[4] STOBBE, FÄRBER: Ber. dtsch. chem. Ges. **57**, 1838 (1924). — STAUDINGER, ASHDOWN, BRUNNER, BRUSON, WEHRLI: Helv. chim. Acta **12**, 934, 950 (1929). — Vgl. auch KRAEMER, SPILKER: Ber. dtsch. chem. Ges. **33**, 2257 (1900).

Konz. Schwefelsäure führt unter geeigneter Kühlung zu Polymeren mit dem Polymerisationsgrad 11—12 (Molekulargew. gef. 1290—1400)[1].

Mit der katalytischen Wirkung von **Phosphorsäure,** die im wesentlichen den soeben genannten Säuren gleichzustellen ist, hat sich WEISSGERBER[2] beschäftigt.

Läßt man auf *Inden* in Chloroformlösung unter guter Kühlung bis zu 2% **Zinntetrachlorid** oder **Antimonpentachlorid** einwirken, so tritt unter Erwärmen eine Rotfärbung auf (*Komplexverbindung*), und es bildet sich eine viscose Masse. Durch Eingießen der Lösung in Alkohol unter entsprechendem Rühren wird die Komplexverbindung zerstört, und das gebildete Polymerisat scheidet sich als weißer Niederschlag ab[3]. Durch Lösen in Benzol und Ausfällen mit Alkohol erreicht man eine weitgehende Reinigung. Die Molekulargewichtsbestimmung führt zu Werten von 2950 bis 3050 (kryoskopisch in Benzol), was einem Polymerisationsgrad von 25 bis 26 entsprechen würde.

Bei tiefen Temperaturen entstehen *höhermolekulare* (Molekulargewicht 3600), bei höheren hingegen erwartungsgemäß niedermolekulare Produkte (1500). Die Katalysatorkonzentration läßt sehr gut auch einen direkten Zusammenhang·mit dem Polymerisationsgrad erkennen, eine Erscheinung, die nach bisher vorliegenden Kenntnissen über katalytisch beeinflußte Polymerisationsprozesse stets anzutreffen ist.

Von weiteren Katalysatoren, die zur Polymerisation von Inden Verwendung finden können, wären zu nennen: die **Chlorverbindungen** von **Titan, Bor, Antimon, Arsen, Zink, Aluminium, Eisen** und schließlich **Phosphorpentoxyd**[3].

In der vorliegenden Arbeit wird für die Struktur der polymeren Produkte die kettenartige Verknüpfung nach RISI und GAUVIN[4] angenommen, jedoch das Endglied als ein *ungesättigtes* Indenmolekül beschrieben, was auch mit der geringen Bromaufnahme in Einklang zu bringen wäre. Für das Diinden gilt daher auch die ungesättigte Form, das 2-(α-Hydrindyl-)-inden.

SAPIRO[5] will im Gegensatz zu der eben angeführten Arbeit bei der Polymerisation mit **Zinntetrachlorid** oder **Schwefelsäure** die' Bildung sowohl eines *ungesättigten* als auch *gesättigten* dimeren Endgliedes in der Kette beobachtet haben und würde damit die Anschauung von RISI und GAUVIN[4] einerseits und STAUDINGER und Mitarbeiter[3] andererseits zu gleichen Teilen gelten lassen.

Faßt man die in den bisher aufscheinenden Arbeiten geäußerten Anschauungen zusammen, so bleibt zur weiteren Diskussion der Charakter des Endgliedes der polymeren Kette offen. Eine Überprüfung der Möglichkeit, das ungesättigte Di- oder Trimere durch Hitze und Druck oder durch Katalysatoren zu weiterer Polymerisation anzuregen, wurde zwar vorgenommen, jedoch das Resultat kann nicht als endgültig betrachtet werden, da grundlegende Einwände vorliegen[6].

Die *thermische* Zersetzung der Polyindene im Hochvakuum mit oder ohne **Zinntetrachlorid** führt eine vollständige *Depolymerisation* zum Monomeren und etwas Dimeren herbei[7] und könnte als Beweis für die Bautheorie nach RISI und GAUVIN[4] gelten.

---

[1] STAUDINGER u. a.: Helv. chim. Acta **12,** 936 (1929).

[2] Ber. dtsch. chem. Ges. **44,** 1438 (1911).

[3] STAUDINGER und Mitarbeiter: Helv. chim. Acta **12,** 936 (1929). — WHITBY, KATZ: J. Amer. chem. Soc. **50,** 1160 (1928); Canad. J. Res. **4,** 344 (1931). — STOBBE FÄRBER: Ber. dtsch. chem. Ges. **57,** 1838 (1924).

[4] Canad. J. Res., Sect. B **13,** 228 (1935).

[5] SAPIRO, LINSTEAD, NEWITT: J. chem. Soc. [London] **1937,** 1787.

[6] Vgl. z. B. die Bildung ungesättigten und gesättigten Distyrols.

[7] WHITBY, KATZ: J. Amer. chem. Soc. **50,** 1160 (1928); Canad. J. Res. **4,** 344 (1931). Beachte die Bildung von Truxen.

Bei der *Druckpolymerisation* von *Inden* kann ein katalytischer Einfluß von **Sauerstoff, Peroxyden** und **Ozoniden (Diisobutenozonid)** festgestellt werden[1]. Die Bildung eines *autokatalytisch* wirksamen *Peroxydes* beim Stehen von Inden an freier Luft beschreiben HAMMICK und LANGRISH[2]. Auf Zusatz von *Acetonitril* verschwindet diese katalytische Wirkung, d. h. die Bildung des Peroxydes wird verhindert.

Von weiteren Indenen, die auf ihre Polymerisationsfähigkeit unter dem Einfluß von Metallhalogenidkatalysatoren untersucht wurden, sind das *Benzalinden* und das *Cinnamalinden* zu nennen. Das erstgenannte Indenderivat wird in Chloroformlösung durch **Antimonpentachlorid** in ein gelbes Pulver vom F. 252—255⁰ verwandelt, das ein Molekulargewicht von 1174 aufweist und damit der hexameren Form entsprechen würde[3].

$$
\begin{array}{c}
CH \\
CH \quad C\text{——}CH \\
CH \quad C \quad CH \\
CH \quad C \\
CH \cdot R
\end{array}
$$

Benzalinden   R = C₆H₅—
Cinnamalinden   R = C₆H₅ · CH=CH—

Das *Cinnamalinden* wird durch **Zinntetrachlorid** in Chloroformlösung in fast quantitativer Ausbeute in ein Tetrameres verwandelt, da die Molekulargewichtsbestimmung den Wert 972 ergab. Der F. dieses Polymeren liegt bei 238—242⁰. **Antimonpentachlorid** an Stelle von Zinntetrachlorid wirkt überaus heftig[3].

$$
\begin{array}{c}
CH \\
CH \quad C\text{——}C \cdot C_6H_5 \\
CH \quad C \quad CH \\
CH \quad CH_2
\end{array}
$$

Mit der Wirkung von **Jodwasserstoff** und **Zinntetrachlorid** auf *3-Phenylinden* haben sich MARVEL und PACEVITZ[4] beschäftigt. In fast quantitativer Ausbeute wird eine krystallisierte Form, die wahrscheinlich dem Dimeren entspricht, erhalten. Der F. liegt bei 156—157⁰.

Durch *Phenyl*substitution wird die Polymerisationsfähigkeit des Indens weitgehend *vermindert*, denn man beobachtet bei Anwendung bestimmter Katalysatoren nur Dimerisierung zu nicht näher gekennzeichneten Produkten. **Säuren** (Phosphorsäure, Schwefelsäure, Eisessig) erweisen sich als *wirkungslos*.

5. Fluorene.

Benzalfluoren wird durch Alkalimetallverbindungen organischer Natur dimerisiert[5]. Bei der Einwirkung von **Triphenyläthylendinatrium** tritt Umwandlung in das Dihydrodimere, 1,4-Di-biphenylen-2,3-diphenylbutan ein. Als

[1] HOUTZ, ADKINS: J. Amer. chem. Soc. **53**, 1061 (1931). — BRIDGMAN, CONANT: Proc. nat. Acad. Sci. USA. **15**, 680 (1929).
[2] J. chem. Soc. [London] **1937**, 797. — Vgl. auch DOSTAL, RAFF: Z. physik. Chem., Abt. B **32**, 117 (1936).
[3] WHITBY, KATZ: J. Amer. chem. Soc. **50**, 1170 (1928).
[4] J. Amer. chem. Soc. **60**, 2816 (1938).
[5] SCHLENK, BERGMANN: Liebigs Ann. Chem. **479**, 55, 68 (1930).

Nebenprodukt (durch CO_2-Einwirkung auf die dimere Alkalimetallverbindung entstanden) kann die β,β'-Diphenyl-α,α'-dibiphenylenadipinsäure isoliert werden.

Ebenso wie beim Benzalfluoren wirkt die Natriumverbindung des Triphenyläthylens unter gleichzeitiger Hydrierung auf *Anisalfluoren* dimerisierend[1]. Man gewinnt das 1,4-Di-biphenylen-2,3-dianisylbutan durch Stehenlassen einer ätherischen Lösung der Ausgangssubstanz mit dem Katalysator in Form eines orangeroten Produktes, das nach Hydrolyse mit Alkohol die genannte dimere Form in weißen Krystallen ergibt.

Cinnamalfluoren wird in Chloroformlösung durch **Antimonpentachlorid** in ein dunkelgelbes Pulver verwandelt, das in etwa 80proz. Ausbeute anfällt. Der

$$CH-CH=CH \cdot C_6H_5$$

F. liegt bei 327—329⁰. Das Molekulargewicht wurde zu 2240 gefunden, was der Formel $(C_{22}H_{16})_8$ entsprechen würde. Eine Fraktionierung führt zu dem Ergebnis, daß ein Gemisch Polymerhomologer mit 4—12 Bausteinen vorliegt.

BCl_3 führt nur zu einem niedermolekularen Produkt (F. 195⁰). Weniger wirksam sind: **$TiCl_4$, $SnCl_4$, WCl_6, $MoCl_5$, $FeBr_3$, $AlCl_3$, $AlBr_3$, CrO_2Cl_2, NaCl, NaBr, NaJ, KCl, KBr, KJ, $SeOCl_2$.** Als sehr schwach in ihrer Wirkung erweisen sich: **P_2O_5** und **$FeCl_3$**, während H_2SO_4, $SbCl_3$, $AsCl_3$, $SiCl_4$, Na_2O_2, BaO_2, O_2, Benzoylperoxyd, BBr_3, $SnCl_2$, SnJ_4, Hg_2Cl_2, $HgCl_2$ und Halogenide von Cu, Cd, Pb, Bi, Zn, Ni und Co keinerlei Aktivität aufweisen[2].

6. Cumaron.

Reines Cumaron zeigt ein ausgeprägtes, wenn auch beschränktes Polymerisationsvermögen. Durch **Aluminiumchlorid, starke Alkalien** und **starke Säuren** vermag man eine Polymerisation herbeizuführen[3], die bis zum tetrameren Pro-

---

[1] SCHLENK, BERGMANN: Liebigs Ann. Chem. **479**, 55, 68 (1930).

[2] WHITBY, KATZ: J. Amer. chem. Soc. **50**, 1168 (1928).

[3] STOERMER: Liebigs Ann. Chem. **312**, 243 (1900). — KRÄMER, SPILKER: Ber. dtsch. chem. Ges. **23**, 78 (1890); **33**, 2257 (1900). — HILPERT, OSBORG: Brennstoff-Chem. **20**, 81 (1939). — ROUTSCHINSKY: Chim. et Ind. **34**, 766 (1935). — BOJANOWSKI, GIZINSKI, RABEK: Chem. Zbl. **1935 I**, 2447.

dukt führen kann. Eine genaue Untersuchung der Konstitution der niedermolekularen Polymeren wurde bisher nicht vorgenommen.

Technisch wird die Cumaronpolymerisation in großem Ausmaß durchgeführt, wobei meist **Schwefelsäure** als Katalysator Verwendung findet[1]. Als Hauptteil findet sich Cumaron bekanntlich in der Solventnaphthafraktion (Kp. 160—180°).

7. Indole.

Bei der Einwirkung von **Mineralsäuren** auf *Indol* in wässeriger oder wässerig-alkoholischer Lösung beobachtet man die Bildung von Di- und Triindol[2].

Wie aus den kinetischen Messungen hervorgeht, ist die *Säurekonzentration* von maßgebendem Einfluß. Bei gleichem p_H *verschiedener* Säuren ist die umgesetzte Indolmenge fast gleich.

Nach Oddo[3] soll das Dimere einen Cyclobutanring enthalten, während die erstgenannten Verfasser[2] für das Diindol folgende Konstitution bewiesen haben wollen:

Beim *Skatol* oder *α-Methylindol* läßt sich wie beim Indol mit **Säuren** durch kinetische Messungen der Polymerisationsverlauf verfolgen[4].

Das Whitmoresche Schema, wonach die Dimerisation mittels Säuren in der Bildung eines Carbeniumions durch *Protonenaddition* und Reaktion ohne nachfolgende Wasserstoffwanderung mit einem zweiten Molekül eines einfachen Äthylens besteht, dürfte nach den vorliegenden Versuchsergebnissen *nicht* zu Recht bestehen. Eine eingehendere Behandlung der einzelnen Anschauungen finden sich in einem eigenen Abschnitt (S. 352 ff.).

III. Die Gruppierung C=C—C=O.

Die Vereinigung von Carbonyl mit der Äthylenbindung in Nachbarstellung führt *nicht* zu der für konjugierte Doppelbindungssysteme zu erwartenden besonderen Reaktionsfähigkeit hinsichtlich der Polymerisation, sondern zu einer gleichsam durch negative Substituenten aktivierten Äthylenbindung (Einschränkung der Zahl der mesomeren Formen). Daher wird auch durch Eintritt weiterer negativer Reste (z. B. Phenyl) eine Erniedrigung der mäßigen Polymerisationsfähigkeit zu erwarten sein.

Im Falle einer Konjugation der C=O-Bindung zur aromatischen Bindung wird gleichfalls ein Absinken der Polymerisationstendenz aufscheinen, was in Analogie zu den zweifach symmetrisch arylierten Äthylenen zu setzen ist, denn man beobachtet nur die Fähigkeit, dimere Produkte zu bilden. Auf *Assoziationserscheinungen* in Systemen mit der C=C—C=O-Gruppierung muß besonderes Augenmerk gerichtet werden.

---

[1] Boye: Chemiker-Ztg. **64**, 357 (1940). — Rutmann: Chem. Zbl. **1938 II**, 1681. — Stepanenko, Glusman: Ebenda **1939 II**, 3639. — DRP. 270993, 420465; Amer. P. 1360665, 1416062; E.P. 160148. — Andere Polymerisationsmittel: **AlCl₃** DRP. 392090; **FeCl₃** DRP. 394217.

[2] Schmitz-Dumont, Hamann, Diebold: Ber. dtsch. chem. Ges. **71**, 205, 216 (1938). — Koizumi, Titani: Bull. chem. Soc. Japan **13**, 307 (1938). — Keller: Ber. dtsch. chem. Ges. **46**, 726 (1913). — Scholtz: Ebenda **46**, 1084 (1913).

[3] Gazz. chim. ital. **63**, 898 (1933).

[4] Schmitz-Dumont, Terhorst: Ber. dtsch. chem. Ges. **68**, 240 (1935). — Schmitz-Dumont: Liebigs Ann. Chem. **514**, 267 (1934).

1. Lineare Verbindungen.

a) Aldehyde.

Acrolein wird in Furanlösung durch Spuren von **Schwefeldioxyd** dimerisiert. Ohne nähere Angaben wird für das Dimere folgende Konstitution angenommen,

$$
\begin{array}{ccc}
& CH_2 & \\
CH & CH_2 & \\
\| & | & \\
CH & CH \cdot CHO & \\
& O &
\end{array}
\quad \text{oder} \quad
\begin{array}{ccc}
& CH_2 & \\
CH & CH \cdot CHO & \\
\| & | & \\
CH & CH_2 & \\
& O &
\end{array}
$$

was einer Addition im Sinne der DIELS-ALDERschen Reaktion entsprechen würde. Inwieweit daher von einem katalytischen Effekt gesprochen werden kann, muß einer weiteren Bearbeitung vorbehalten bleiben[1].

Wird das Acrolein durch Behandlung von Glycerin mit **Schwefelsäure** oder **Schwefeldioxyd** hergestellt, so kann man beim Erhitzen des Reaktionsgemisches stets nach einiger Zeit die Bildung dunkelbrauner, in Wasser und Alkohol löslicher Harzmassen beobachten[2].

Die durch Einwirkung von Alkali auf *α-Methylacrolein* hervorgerufene Reaktion ist keine reine Polymerisation, da auch ein Mol Wasser in das Polymerisat eingebaut wird[3]. Isoliert wurden folgende Produkte:

$$
\text{Trimeres} \quad
\begin{array}{l}
CH_3 \\
HO \cdot CH_2 \cdot \overset{|}{C} \cdot CHO \quad CH_3 \\
CH_2 \text{———} \overset{|}{C} \cdot CHO \quad CH_3 \\
CH_2 \text{———} CH \cdot CHO
\end{array}
$$

(Kp. 113—118°/12 mm), Tetrameres (Kp. 159—164°/12 mm) und ein Pentameres (Kp. 175—180°/9 mm).

Von anderen ungesättigten Aldehyden — mit Ausnahme von *Crotonaldehyd*[4] — sind in der Literatur keinerlei katalytisch beeinflußte Polymerisationsprozesse näher beschrieben.

Die Behandlung von *Zimtaldehyd* mit **85proz. Schwefelsäure** bei 0° führt unter *exothermer* Reaktion zu harzigen Produkten, aus denen keine näher definierten Substanzen isoliert wurden[5].

b) Ketone.

Wird frisch destilliertes *Methylvinylketon* nach Zusatz von 0,5% **Benzoylperoxyd** unter Rückfluß auf 60° erhitzt, so tritt Polymerisation ein[6]. Das erhaltene Polymerisat stellt nach der Reinigung eine schwachgelbe, klare, zähe Masse dar, die in Kohlenwasserstoffen und Alkohol unlöslich ist. Für die Struktur des polymeren Produktes wird folgende Formel als Ausdruck gewählt:

$$
-\left[\begin{array}{cccc}
CH_2\text{—}CH\text{—}CH_2\text{—}CH\text{-} \\
| \qquad\quad | \\
CO \qquad CO \\
| \qquad\quad | \\
CH_3 \qquad CH_3
\end{array} \right]_n-
$$

---

[1] SCHERLIN, BERLIN, SSEREBRENNIKOWA, RABINOWITSCH: Chem. Zbl. **1939 I**, 1971. — Vgl. ALDER: Liebigs Ann. Chem. **514**, 204 (1934). — Spuren von **Sauerstoff** beschleunigen die Polymerisation zu höheren Polymeren [Chem. Reviews **169**, 621 (1919)].

[2] USHAKOV, OBRIADINA: Ind. Engng. Chem. **25**, 997 (1933).

[3] GILBERT, DONLEAVY: J. Amer. chem. Soc. **60**, 1737 (1938).

[4] DUCHESNE, DELEPINE: Bull. Soc. chim. France **35**, 1311 (1924).

[5] BROOKS, HUMPHREY: J. Amer. chem. Soc. **40**, 825 (1918).

[6] MARVEL, LEVESQUE: J. Amer. chem. Soc. **61**, 3234 (1939); **60**, 280 (1938).

Das Dimere, Octen-1-dion-3,7 läßt sich *nicht* polymerisieren[1]. An und für sich zeigt das Methylvinylketon die ausgeprägte Fähigkeit, *spontan* zu polymerisieren, **Peroxyde** beschleunigen jedoch außerordentlich[2].

Wird das gewonnene Polymere mit *Hydroxylamin* behandelt, so erhält man ein Polydioxim, welches mit alkoholischer Salzsäure sich in ein Polypyridinderivat verwandeln läßt[3].

$$\left[\begin{array}{c} \text{CH} \\ -\text{CH}_2-\text{C} \quad \text{C}- \\ \text{CH}_3 \cdot \text{C} \quad \text{C} \cdot \text{CH}_3 \\ \text{N} \end{array} \right]_n$$

Damit ist der Beweis für die 1,5-Diketonnatur des einfachen Bausteines der Polymeren geliefert. Durch Einwirkung von Natriumhypochlorit in wässeriger Dioxanlösung gelangt man zu einer Polyacrylsäure[4].

Über die mögliche Katalyse von **Sauerstoff** (Luft) bei der *Hochdruckpolymerisation* (5500—6000 at) des Methylvinylketon wird in der Literatur berichtet[5].

Methylisopropenylketon, $CH_3 \cdot CO \cdot \overset{\overset{\textstyle CH_3}{|}}{C}{=}CH_2$. Durch Einwirkung von **Natrium** im *Sonnenlicht* bei 60⁰ erreicht man eine Polymerisation zu niedermolekularen Produkten. Die *Emulsionspolymerisation* führt zu dem gleichen Resultat. Das durch Wärmeeinwirkung erhältliche Dimere besitzt die Struktur eines 2,6-Dimethylocten-3,7-dion, wodurch der Polymerisationsmechanismus in den ersten Stadien im üblichen Sinne verlaufend erkennbar wird[6].

Als ausgezeichnete Polymerisationsverhinderer erweisen sich — wie vorauszusehen — die *Polyphenole* (*Hydrochinon, Pyrogallol* usw.). Da die Polymerisate des Methylisopropenylketons hauptsächlich *technische* Bedeutung besitzen, findet man nähere Angaben über Katalysatoren und entsprechende Verfahren in den aufscheinenden Patentschriften[7].

Mit 3% **Diisobutenozonid** versetztes *Crotonalaceton* oder *3,5-Heptadien-2-on* zeigt nach einer Woche bei 100⁰ ein Ansteigen der Viscosität, was auf eine eingetretene Polymerisationsreaktion schließen läßt[8]. *Crotonalaceton, Dicrotonylidenaceton, 3-Methyl-3,5-heptadien-2-on, Furylhexadienon* (aus Furylacrolein und Aceton), *Difurylcrotonylidenaceton* und *Furylheptadienon* (aus Furylacrolein und Methyläthylketon) lassen sich nach den in der Literatur gemachten Angaben mittels **Natriummetall** in zähe, harzartige Massen verwandeln[9].

Benzalaceton soll sich unter der Einwirkung von **Metallhalogeniden** oder **Sauerstoff** bzw. **Peroxyden** katalytisch in seiner Polymerisation beeinflussen lassen[10]. Nähere Angaben über irgendwelche isolierte und definierte Produkte werden nicht gemacht[11].

[1] Vgl. DRP. 227177.

[2] Morgan, Megson, Pepper: Chem. and Ind. **1938**, 885. — DRP. 555859; Amer. P. 1755099, 1896161, 2005295, 2088557.

[3] Marvel, Levesque: J. Amer. chem. Soc. **61**, 3234 (1939); **60**, 280 (1938).

[4] Kern: Fortschritte der Chemie, Physik und Technik der makromolekularen Stoffe, S. 57. Berlin 1939.

[5] Starkweather: J. Amer. chem. Soc. **56**, 1870 (1934).

[6] Morgan, Megson, Pepper: Chem. and Ind. **1938**, 885. — Pepper: Brit. plast. mould. Prod. Trader **10**, 609 (1939).

[7] Amer. P. 2088577; E.P. 450305, 451723, 451725, 454232, 456442, 460239, 474242.   [8] Houtz, Adkins: J. Amer. chem. Soc. **55**, 1614 (1933).

[9] Tschelinzew, Kusnetzowa: Chem. Zbl. **1940 I**, 2948.

[10] Courtot, Oupéroff: C. R. hebd. Séances Acad. Sci. **191**, 416 (1930). — Houtz, Adkins: l. c.

[11] Die beiden stereoisomeren Formen dieses Ketons verhalten sich bei der Polymerisation verschieden [Baroni: Unveröffentlicht].

Benzalacetophenon kann mit Hilfe von **Schwefelsäure** in Essigsäureanhydrid in ein krystallisiertes Dimeres (F. 134⁰) überführt werden, für das noch die alte Cyclobutanstruktur angenommen wird. Eine genaue Wiederholung dieses Vorganges wurde bisher nicht durchgeführt, so daß ein endgültiges Bild über die Konstitution des Dimeren nicht gegeben werden kann[1].

Dibenzalaceton oder Distyrylketon in Benzollösung zeigt ebenso wie das Crotonalaceton bei der Einwirkung von **Diisobutenozonid** (100⁰) nach einiger Zeit ein Ansteigen der Viscosität, das ohne Katalysatorzusatz ausbleibt[2]. Das schließlich zu isolierende Polymerisat ist gummiähnlicher Natur.

Durch *Licht* bei gleichzeitiger Anwesenheit von **Uranylchlorid** soll sich allmählich ein Dimeres mit Cyclobutanringstruktur bilden[3].

c) Säuren.

Die Carbonylgruppe (der Carboxylgruppe) übt auf die Äthylenbindung nur dann polymerisationserhöhend, wenn sie in Nachbarstellung sich befindet und die Äthylengruppe einen *freien* CH_2-Rest enthält. Die in Betracht kommenden Säuren zeigen in Form ihrer *Ester* eine erhöhte Tendenz zu polymerisieren. Die Erscheinung der Polymerisationsreaktion erinnert an die halogenierter Vinylderivate und Vinylester; besondere Analogie findet man im Verhalten der üblichen Metallhalogenidkatalysatoren, die sich hier gleichfalls infolge Bildung stabiler Komplexverbindungen als unwirksam erweisen.

Bei der *Acrylsäure* wirkt die Anwesenheit von **Sauerstoff** bei der *Photopolymerisation* verzögernd, gleichgültig, ob die Säure als solche oder in Lösung vorliegt[4]. Eine ähnliche Erscheinung wird auch am Vinylacetat beobachtet[5].

Für die Struktur der *polymeren* Acrylsäure wird folgendes Formelbild angegeben:

$$-CH-CH_2-CH-CH_2-CH-CH_2-$$
$$\quad\ |\qquad\qquad |\qquad\qquad |$$
$$\ \ COOH\quad\ COOH\quad\ COOH$$

Ganz reine Acrylsäure polymerisiert in wässeriger Lösung in Abwesenheit von *Sauerstoff*, selbst beim Erhitzen auf höhere Temperaturen *nicht*.

Metallhalogenide weisen *keine* katalytische Wirkung auf, da sie mit der Säure Komplexverbindungen eingehen, die sich als stabil erweisen. *Oxoniumverbindungen* von Metallhalogeniden zeigen dieselbe Eigenschaft[6].

Am *Acrylsäurechlorid* beobachtet man einen Unterschied im Verhalten, je nach der Art der Darstellung des Chlorids. Wurde das Chlorid mittels *Phosphoroxychlorid* gewonnen, so läßt es sich in Tetrachlorkohlenstofflösung beim Erhitzen mittels **Benzoylperoxyd** zu einer schwach gelb gefärbten Masse in 45proz. Ausbeute polymerisieren. Das mit Hilfe von *Thionylchlorid* gewonnene Säurechlorid polymerisiert unter diesen Bedingungen *nicht*[7]. Ob die negative Wirkung von *Schwefelverbindungen* dabei eine Rolle spielt, ist zwar nicht nachgewiesen, kann aber als wahrscheinlich angenommen werden (siehe S. 391, Wirkung von *Schwefelverbindungen* beim asymmetrischen Dichloräthylen).

Acrylsäureester, $CH_2{=}CH \cdot COOR$ ($R = CH_3$, C_2H_5, C_3H_7), werden durch **Peroxyd** enthaltenden Äther in zähe, kautschukähnliche Produkte vom Molekulargewicht 175000 verwandelt[8].

[1] WIELAND: Ber. dtsch. chem. Ges. **37**, 1147 (1904).
[2] HOUTZ, ADKINS: J. Amer. chem. Soc. **55**, 1614 (1933).
[3] PRAETORIUS, KORN: Ber. dtsch. chem. Ges. **43**, 2744 (1910).
[4] STAUDINGER, KOHLSCHÜTTER: Ber. dtsch. chem. Ges. **64**, 2091 (1931). — STAUDINGER, URECH: Helv. chim. Acta **12**, 1127 (1928). — STAUDINGER: Buch, S. 287, 333. — Vgl. auch KERN: Z. physik. Chem., Abt. A **181**, 249, 283 (1938).
[5] STAUDINGER, SCHWALBACH: Liebigs Ann. Chem. **488**, 32 (1931). S. 393 ff.
[6] E. P. 456 147.   [7] MARVEL, LEVESQUE: J. Amer. chem. Soc. **61**, 3244 (1939).
[8] STAUDINGER, TROMMSDORF: Liebigs Ann. Chem. **502**, 209 (1933). — F. P. 765 272.

Den beschleunigenden Einfluß von **Alkali** aus dem Glas der Reaktionsgefäße beschrieben BREITENBACH und RAFF[1]. Man kann hier so wie beim Vinylacetat eine Reaktion des Esters (Verseifung) annehmen.

α-Halogenacrylsäureester, $CH_2{=}C(Hal) \cdot COOCH_3$ (Hal = Cl, Br), werden in Toluollösung mittels **Benzoylperoxyd** in guter Ausbeute nach einigen Stunden in weiße, amorphe Produkte umgewandelt, die ein Molekulargewicht von etwa 11500 aufweisen[2]. Beim *α-Bromacrylester* eignet sich besser Dioxan als Lösungsmittel.

Für die Struktur wurde auf Grund von eingehenden Modellversuchen und Vergleich der Reaktionsfähigkeit mit α,α'-Dibrombernsteinsäure als Baustein der Polymeren folgende Formel festgelegt:

$$\begin{array}{ccc} & Br & Br \\ & | & | \\ -CH_2-C & \!\!\!\!\!\!-C-CH_2- \\ & | & | \\ & COOR & COOR \end{array}$$

was im Widerspruch zu der Annahme STAUDINGERS über den Bau der Polyacrylsäuren steht[3].

Durch Behandlung der beiden Polyhalogenacrylester mit Kaliumjodid (schlechter Zink) gewinnt man ein halogenfreies Produkt von wahrscheinlich folgendem Bau:

$$\begin{array}{ccc} -CH_2-C & \!\!\!\!\!\!=\!\!=\!\!=C-CH_2- \\ | & | \\ COOR & COOR \end{array}$$

das angeblich gleichfalls polymerisationsfähig sein soll.

An der *Methacrylsäure* konnte die polymerisierende Wirkung von **Mineralsäuren** beobachtet werden, doch fehlen nähere Angaben über besondere Reaktionsbedingungen und den Bau der polymeren Produkte[4]. *Methacrylsäureester*, $CH_2{=}C(CH_3) \cdot COOR$ (R=CH_3 und andere Alkyle) können durch **Benzoylperoxyd** oder **Sauerstoff** zur Polymerisation besonders angeregt werden. STRAIN[5] hat den Einfluß der Temperatur und der Katalysatorkonzentration auf die Größe bzw. den Polymerisationsgrad eingehend untersucht und die Ergebnisse tabellarisch (Tabelle 21) festgehalten.

Die Tabelle veranschaulicht die Abhängigkeit der Molekülgröße von der Temperatur und Katalysatorkonzentration (Benzoylperoxyd) bei der Polymerisation einer 10proz. methylalkoholisch-wässerigen Lösung von Methacrylsäuremethylester.

Tabelle 21.

Temperatur	Molekulargewicht in 1000 bei Katalysatorzusatz von			
	0 %	0,1 %	0,5 %	1,0 %
65⁰	166	140	130	112
80⁰	112	106	78	72
100⁰	110	94	74	54

Mit der Polymerisation durch *Licht* in Anwesenheit von **Sauerstoff** hat man sich gleichfalls beschäftigt und dabei einen katalytischen Effekt des Sauerstoffes feststellen können[5].

In allen Fällen besitzen die erhaltenen Polymeren hohe Erweichungspunkte und sind in aliphatischen Alkoholen und Kohlenwasserstoffen unlöslich.

Als negative Katalysatoren werden *Polyphenole* genannt. Nach MELVILLE[6] soll bei der *Photopolymerisation* des Methacrylsäureesters in Dampfform *Sauer-*

[1] Ber. dtsch. chem. Ges. **69**, 1107 (1936).

[2] MARVEL, COWAN: J. Amer. chem. Soc. **61**, 3156 (1939). — Über die angeblich gleichartige Wirkung von **BF₃** siehe MARVEL, RIDDLE: Ebenda **62**, 2666 (1940).

[3] Buch, S. 333 ff.

[4] MJÖEN: Ber. dtsch. chem. Ges. **30**, 1228 (1897). — BISCHOFF, WALDEN: Liebigs Ann. Chem. **279**, 110 (1893).

[5] Ind. Engng. Chem. **30**, 345 (1938); **28**, 1160 (1936).

[6] Proc. Roy. Soc. [London], Ser. A **163**, 511 (1937); **167**, 99 (1938).

stoff die Bildung der Wachstumzentren und somit den Reaktionsbeginn *hemmen*. Ähnliche Wirkung zeigen **Wasserstoff** und **Jod**. Man findet somit hier die gleiche Erscheinung wie bei der Photopolymerisation von Vinylhalogeniden.

Eine gleichartige Wirkung wie **Peroxyde** soll auch das **Ozonid des Methacrylsäuremethylesters** ausüben[1].

Die technische Bedeutung der *Acrylsäure-* und *Methacrylsäureester-Polymeren* spiegelt sich in den zahlreichen Patentschriften wider, wobei meist **Peroxyde** als Beschleuniger zur Anwendung gelangen[2].

In letzter Zeit konnte auch bei **Neutronen** eine polymerisierende Wirkung auf *Methacrylsäureprodukte* nachgewiesen werden[3].

Erhitzt man *Sorbinsäureäthylester*, $CH_3 \cdot CH=CH-CH=CH \cdot COOC_2H_5$, mit **Pinenozonid** einige Tage auf 100⁰, so beobachtet man ein Ansteigen der Viscosität, die ohne Katalysatorzusatz ausbleibt[4].

Cinnamalessigsäure, $C_6H_5 \cdot CH=CH \cdot CH=CH \cdot COOH$, kann durch **Sauerstoff** und **Salzsäure** in ein Dimeres

$$C_6H_5 \cdot CH=C-CH=CH \cdot COOH$$
$$HOOC \cdot CH=CH-CH_2-CH \cdot C_6H_5$$

übergeführt werden, das sich von dem Photodimeren mit der Cyclobutanstruktur wesentlich unterscheidet[5].

Die *Hochdruckpolymerisation* von *Fumarsäurediäthylester* (2000 at, 22 Stunden) führt mit **Benzoylperoxyd**zusatz in 95proz. Ausbeute zu Polymeren[6].

Ob die *Photopolymerisation* des *Itaconsäureäthylesters*, $CH_2=C\langle{}^{COOC_2H_5}_{CH_2COOC_2H_5}$, die zu glasartigen, farblosen Produkten führt, durch **Säure** katalytisch beeinflußt wird, bedarf einer näheren Prüfung[7].

Sowohl *Isaconitsäureäthylester* als auch *Dicarboxyglutaconsäureäthylester*

$$CH=CH \cdot COOC_2H_5 \qquad\qquad CH=C\langle{}^{COOC_2H_5}_{COOC_2H_5}$$
$$CH\langle{}^{COOC_2H_5}_{COOC_2H_5} \qquad\qquad CH\langle{}^{COOC_2H_5}_{COOC_2H_5}$$

sollen angeblich durch **Pyridin** oder **Piperidin** zu Dimeren mit Cyclobutanringsystemen polymerisieren. Es scheint eher ein *Kondensationsvorgang* durch **Alkali**wirkung vorzuliegen[8].

2. Cyclische Verbindungen.

Chinone enthalten die $C=C-C=O$-Gruppe in zweifacher Form cyclisch angeordnet und weisen daher im geringen Maße eine Polymerisationsfähigkeit auf.

Anlaß für die Polymerisation (Kondensation) von Chinonen besteht bei der in *saurer* Lösung vorhandenen Addition eines Protons am Carbonylsauerstoff. In *alkalischer* Lösung tritt an Stelle des Protons das Alkalikation. Dieser Addition folgt ein Zerfall der mit der $C=O$-Gruppe konjugierten Doppelbindung, so daß ein Elektronenmangel am α-C-Atom und damit eine Abstoßung des H-Atoms

[1] NORRISH, BROOKMAN: Proc. Roy. Soc. [London], Ser. A **171**, 147 (1939). — Siehe Seite **318**,
[2] Amer. P. 2129663, 2129664; E.P. 490007, 493615. — Vgl. auch die Zusammenstellung in Ind. Engng. Chem. **28**, 1160 (1936).
[3] HOPWOOD, PHILLIPS: Nature [London] **143**, 640 (1939).
[4] HOUTZ, ADKINS: J. Amer. chem. Soc. **55**, 1614 (1933).
[5] STOBBE, HENSEL, SIMON: J. prakt. Chem. (2) **110**, 132 (1925).
[6] STARKWEATHER: J. Amer. chem. Soc. **56**, 1870 (1934).
[7] STOBBE, LIPPOLD: J. prakt. Chem. **90**, 340 (1914).
[8] GUTHZEIT, WEISS, SCHAEFER: J. prakt. Chem. **80**, 439 (1909).

eintritt. In die vorhandenen Lücken treten die einzelnen Moleküle unter Ausgleich der Ladungsdifferenz ein[1].

p-Chinon bzw. *Benzochinon*. 20 g auf 0° gekühltes Chinon werden mit 70 ccm **Pyridin** von 0° übergossen und allmählich unter beständigem Schütteln der Raumtemperatur angeglichen. Nach 12 Stunden wird von den Resten ungelöst gebliebenen Chinons abfiltriert. Nach 24 Stunden beginnen sich aus der braun gefärbten Lösung Krystalle abzuscheiden. Nach einer Woche wird der Brei abgesaugt, mit etwas Pyridin gewaschen und einige Tage im Vakuum über Schwefelsäure getrocknet. Aus dem Filtrat lassen sich noch weitere Mengen unreinen Polymerisates abtrennen.

Man erhält 4 g (Mutterlauge 6 g) ockergelbe Täfelchen vom F. 217° (Zers.), Produkt I.

Durch scharfes Einengen des Pyridinfiltrates der zweiten Krystallisation am Wasserbade gewinnt man rotgelbe Krystalle vom F. 240—250°, Produkt II.

Produkt I = *Betain des trimeren Chinons.*
Produkt II = *trimeres Chinon.*

Wird das Produkt I mit Essigsäure oder wasserfreier Ameisensäure oder gar mit Nitrobenzol behandelt, so gewinnt man ein reines Produkt II vom F. 255—256°.

Für den Reaktionsmechanismus wurde folgende Formulierung vorgeschlagen:

2,5-Di-(p-oxyphenoxy-)hydrochinonpyridiniumbetain (Produkt I)

Das Produkt II, das reine Trimere, ist demnach 2,5-Di-(p-oxyphenoxy-)benzochinon-1,4. Ähnlich wie Pyridin wirken auch *α*-**Picolin** und **Chinolin**[2].

Das trimere Benzochinon geht mit Ameisensäure, Essigsäure und Nitrobenzol sehr leicht Molekülverbindungen ein.

Löst man *α-Naphthochinon* in Alkohol und behandelt bei 60° mit einem Gemisch von **Chinolin** und **Eisessig**, so gewinnt man nach einigen Stunden Reaktionszeit in 65—70proz. Ausbeute das um zwei Wasserstoffatome ärmere Dimere:

2,2′-Dinaphthyl-1,4,1′,4′-dichinon

[1] Siehe Erdtmann: Proc. Roy. Soc. [London], Ser. A **143**, 177, 193, 223, 228 (1933).
[2] Diels, Preiss: Liebigs Ann. Chem. **543**, 94 (1939). — Diels, Kassebart: Ebenda **530**, 51 (1937).

das beim Erhitzen leicht in das $4'$-Oxy-$2,2'$-dinaphtho-$3,1'$-furanchinon-$1,4$ übergeht[1].

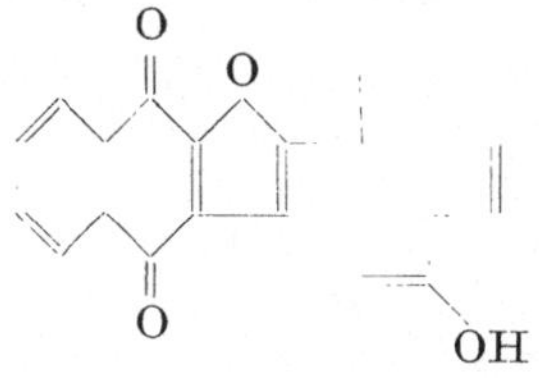

Wird mit **Pyridin** als Katalysator gearbeitet, so erhält man das Dimere in nur 30proz. Ausbeute und als Nebenprodukt bildet sich bis zu 15 % Triphthaloyl-benzol[1].

Bei der Trimerisierung der Chinone beobachtet man mitunter auch die Bildung hochkondensierter Ringsysteme unter *Wasserabspaltung*. Es tritt somit ein *Kondensationsprozeß* auf und wird als solcher im Abschnitt Kondensationsprozesse gesondert behandelt[2].

IV. Die Gruppierung C=C—C=N—.

Hierüber finden sich in der Literatur nur Patentangaben über die durch Katalysatoren hervorgerufene Polymerisation von α-*Vinylpyridinen*[3].

V. Die Gruppierung O=C—C=O.

Eine besondere Neigung zur Bildung polymerer Produkte weisen die α-Dialdehyde und diejenigen α-Diketone auf, welche befähigt sind, *Enolformen* zu bilden. Vielfach äußert sich die Reaktionsfähigkeit in einer spontanen Polymerisation, nur in den seltensten Fällen wurden katalytische Einflüsse als wirksam gefunden.

Methylglyoxal. Spuren von **Wasser** scheinen die Bildung niedermolekularer Produkte zu begünstigen, denn in der Literatur finden sich Angaben über die in wässeriger oder schwach **saurer** Lösung dargestellten Di-, Tri- und Tetrameren[4].

Das Dimere nach BERSIN[5] soll folgende Struktur besitzen:

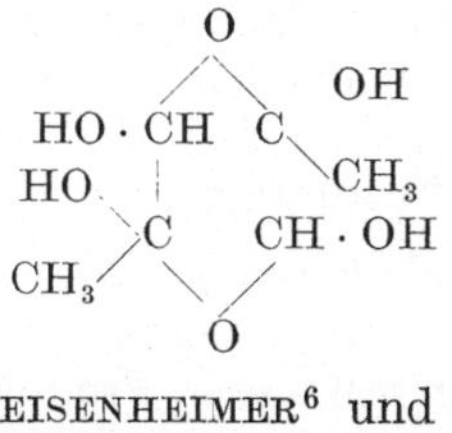

Die trimeren Formen nach MEISENHEIMER[6] und das Tetramere nach HARRIES und TÜRK[7] sind in ihrer Struktur noch nicht festgelegt.

Diacetyl oder Butandion-2,3 kann durch Behandlung mit **HCl** unter Eiskühlung in eine trimere Form umgewandelt werden[8]. Das Trimere stellt weiße Prismen vom F. 105° dar und wird beim Destillieren teilweise *depolymerisiert*. Durch Behandlung mit eisgekühlter **KOH** soll ein Dimeres entstehen. Wahrscheinlich handelt es sich im vorliegenden Fall um ein Aldol.

---

[1] PUMMERER, PFAFF, RIEGELBAUER, ROSENHAUER: Ber. dtsch. chem. Ges. **72**, 1626 (1939).   [2] Vgl. ERDTMANN: l. c.   [3] F.P. 849 126; Ital.P. 369 778.

[4] DE MOULDS, RILEY: J. chem. Soc. [London] **1938**, 621.

[5] Ber. dtsch. chem. Ges. **69**, 560 (1936).

[6] Ber. dtsch. chem. Ges. **45**, 2637 (1912).

[7] Ber. dtsch. chem. Ges. **38**, 1632 (1905). — Vgl. auch HAHN, SCHALES: Ebenda **67**, 1816 (1934).

[8] DIELS, JOST: Ber. dtsch. chem. Ges. **35**, 3290 (1902). — DIELS, BLANCHARD: Ebenda **47**, 2355 (1914).

D. Die kumulierte Doppelbindung.

Die kumulierte Doppelbindung oder Allengruppierung besitzt eine besonders ausgeprägte Polymerisationsfähigkeit, jedoch fehlt das Bestreben, *hochmolekulare* Produkte zu bilden.

An dieser Stelle muß auch auf die möglichen Übergänge zwischen Allenkohlenwasserstoffen und Acetylenhomologen hingewiesen werden[1], wodurch in manchen Fällen das Reaktionsbild verwischt erscheint.

I. Die Gruppierung C=C=C (Allene).

Allen selbst ist — abgesehen von der untersuchten Wirkung von α-**Teilchen**[2] — in der Literatur hinsichtlich der Beeinflussung seiner Polymerisation durch Zusätze an keiner Stelle erwähnt. Das *asymmetrische Dimethylallen*, $(CH_3)_2C=C=CH_2$, kann sowohl durch **Schwefelsäure**[3] als auch durch **Floridin**[4] in terpenähnliche Produkte verwandelt werden. Nähere Angaben über den möglichen Reaktionsmechanismus und den Bau der entstehenden Polymeren werden nicht gemacht.

Bei der Behandlung von Diphenylstyrylcarbinol mit **Säuren** sollte sich das monomere *Triphenylallen* bilden, was aber nicht zutrifft, denn man gewinnt ein dimeres Produkt von wahrscheinlich folgender Struktur:

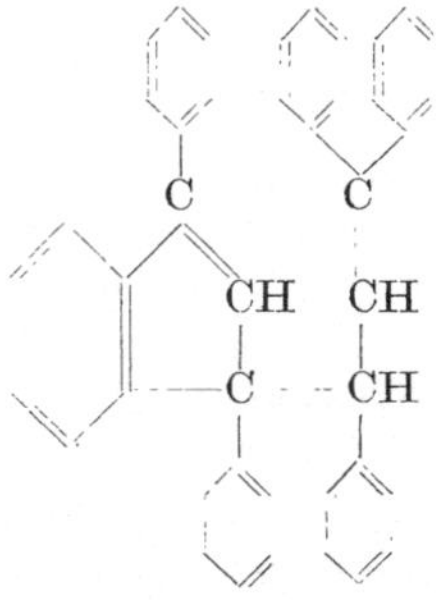

Ob die Säure das zu erwartende Monomere dimerisiert, kann nicht entschieden werden, da man das reine Triphenylallen nie in Händen hatte[5].

II. Die Gruppierung C=C=O (Ketene).

Die Ketengruppe, die man als einseitig negativ substituierte Äthylenbindung ansprechen kann, zeigt eine starke Neigung einerseits zur Bildung dimerer, andererseits zur Bildung hochmolekularer Produkte.

Nach den vorliegenden Untersuchungen dürfte *Sauerstoff keine* katalytische Wirkung auf den Polymerisationsvorgang des reinen Ketens ausüben[6]. Über die Struktur der Dimeren liegen ausreichende, aber manchmal widersprechende Angaben vor[7].

---

[1] Faworsky: J. prakt. Chem. (2) **44**, 208 (1891). — Slobodin: J. Chim. gen. (USSR) **5**, 48 (1935); **7**, 1664 (1937).

[2] Heisig: J. Amer. chem. Soc. **53**, 3245 (1931).

[3] Kondakow: J. russ. physik.-chem. Ges. **24**, 513 (1892)

[4] Lebedew, Filonenko: Ber. dtsch. chem. Ges. **58**, 163 (1925).

[5] Ziegler, Ochs: Ber. dtsch. chem. Ges. **55**, 2260 (1922). — Ziegler, Grabbe, Ulrich: Ebenda **57**, 1983 (1924).

[6] Rice, Greenberg: J. Amer. chem. Soc. **56**, 2132 (1934). — Johnson, Barnes, McElvain: Ebenda **62**, 964 (1940). — Vgl. auch Staudinger und Mitarbeiter: Ber. dtsch. chem. Ges. **58**, 1079 (1925).

[7] Hurd, Williams: J. Amer. chem. Soc. **58**, 964 (1936). — Angus, Leckie, Lefèvre, Wassermann: J. chem. Soc. [London] **1935**, 1751.

Das *Acetal des Ketens* läßt sich durch $CdCl_2$ innerhalb einiger Stunden bei Raumtemperatur zu wachsartigen Produkten (Ausbeute 50%) polymerisieren. Die Polymerisate erweisen sich gegenüber Alkali stabil, gegen Säuren jedoch unbeständig. Von einer Löslichkeit in den gebräuchlichen organischen Solventien kann nicht gesprochen werden. Wird der Katalysator in größeren Mengen (0,5%) unter sonst gleichen Reaktionsbedingungen angewandt, so bildet sich ein offenes Kettendimeres (Ausbeute 13%) von folgendem Bau:

$$CH_3 \cdot C \begin{cases} OC_2H_5 \\ OC_2H_5 \end{cases}$$
$$CH{=}C \begin{cases} OC_2H_5 \\ OC_2H_5 \end{cases}$$

Kp. 610/0,5 mm.

Die experimentell gefundenen Molekulargewichte stimmen mit den berechneten Werten gut überein[1].

Halogenierte Ketenacetale lassen sich *nicht* polymerisieren. Dagegen wird in Anwesenheit von **Trimethylamin** als Katalysator *Dimethylketen*, $(CH_3)C{=}C{=}O$, selbst bei —80° unter explosionsartigen Erscheinungen zu ungesättigten Polymeren, die harte, glasartige Massen darstellen, umgewandelt. Wird in Äther- oder Petrolätherlösung gearbeitet, so verläuft die Reaktion milder, und man erhält flockige, pulverartige Polymere vom Zersetzungspunkt 110—160°. Beim Erhitzen der Polymeren tritt *Depolymerisation* unter Bildung des monomeren Ausgangsproduktes auf[2]. Bei der Polymerisation muß auf die Abwesenheit von CO_2 Rücksicht genommen werden, da sonst *Mischpolymerisate* entstehen (siehe S. 473 ff.).

III. Die Gruppierung —N=C=O (Isocyanate).

Isocyanate werden durch Einwirkung von **Trimethylamin** oder **Triäthylphosphin** zu den cyclischen Trimeren, den Isocyanuraten polymerisiert, wie am Beispiel des Phenylisocyanates gezeigt werden konnte[3].

E. Weitere konjugierte Systeme.

I. Die Gruppierung C≡C—C≡C.

Bei den *Arylderivaten* des Acetylens ist die Polymerisationsfähigkeit *sehr gering*, während sie bei der mit in konjugierter Stellung befindlichen Äthylenbindung aliphatischer Natur ein beträchtliches Ausmaß erreicht, ähnlich wie bei den Monohalogenacetylenen.

1. Aliphatische Systeme.

Vinylacetylen. Läßt man Monovinylacetylen, das Dimere des Acetylens, mit 5% einer Säure (**Essigsäure, Monochloressigsäure, Benzoesäure, Malonsäure** usw.) einige Stunden bei 105° im Stahlautoklaven reagieren[4], so finden sich im Endprodukt neben unverändertem Ausgangsmaterial Produkte, die ähnlich denjenigen der thermischen Polymerisation *ohne* Katalysator sind:

$$CH{=}C{-}CH \quad\quad CH{-}C{\equiv}CH$$
$$\qquad\quad | \qquad\qquad | $$
$$\qquad CH_2{-}CH_2$$

Diäthinylcyclobutan.

---

[1] Johnson, Barnes, McElvain: J. Amer. chem. Soc. **62**, 964 (1940). *Peroxyde* erweisen sich als unwirksam.

[2] Staudinger, Felix, Meyer, Harder: Helv. chim. Acta **8**, 322 (1925).

[3] Staudinger, Felix, Geiger: Helv. chim. Acta **8**, 316 (1925).

[4] Dykstra: J. Amer. chem. Soc. **56**, 1625 (1934).

neben höheren Polymeren der allgemeinen Struktur:

$$\mathrm{CH-C-CH-CH-}\Big[\mathrm{C\!=\!=\!CH} \atop \Big]$$

$$\mathrm{CH_2-CH_2}\quad\Big[\mathrm{CH_2-CH-}\Big]_n\mathrm{-C-CH}\,[1]$$

Weiter wird die Bildung von *Styrol* beobachtet, die nichts anderes als eine Dimerisierung im Sinne der Diels-Alderschen Reaktion bedeutet:

$$\mathrm{CH_2\!\!\diagup CH \atop C\!\!\diagdown CH}\ +\ \mathrm{C-CH\!=\!CH_2 \atop CH}\ \rightarrow\ \mathrm{CH \atop CH\ \ C-CH\!=\!CH_2 \atop CH\ \ CH \atop CH}$$

Das entstehende Styrol wird *nicht* weiter polymerisiert, sondern verbleibt unverändert im Reaktionsprodukt[2].

Erhitzt man Vinylacetylen oder behandelt es unter *Druck* in Anwesenheit von **Peroxyden** (aber auch ohne diese), so entstehen viscose, trocknende Öle und schließlich harzartige Produkte, denen man folgenden Bau zuschreibt[3]:

$$\mathrm{-CH\!-\!\!-\!\!-CH\!-\!\!-\!\!-CH\!-\!\!-\!\!-CH-}$$
$$\mathrm{C\!\equiv\!CH\ \ C\!=\!CH\ \ C\!=\!CH\ \ C\!=\!CH}$$

Die Strukturfragen sind keineswegs als geklärt anzusehen, wie die Gegenüberstellung der Annahmen in den einzelnen Arbeiten anzeigt.

Auch **Natrium**metall soll Monovinylacetylen teilweise in Polymere überführen[4].

Bei der Einwirkung von $\mathbf{CuCl \cdot NH_4Cl}$ wird das Monovinylacetylen zu folgendem Produkt dimerisiert[5]:

$$\mathrm{CH_2\!=\!CH-C\!=\!C-CH\!=\!CH-CH\!=\!CH_2}.$$

Ähnlich wie bei der Dimerisierung von Butadienen und Monovinylacetylen wird *3-Methylpenten-3-in-1* in *Essigsäure* bei 120° im Bombenrohr nach Diels-Alder dimerisiert[6]; von einer katalytischen Wirkung der Säure kann daher *nicht* gesprochen werden. Das Dimere besitzt wahrscheinlich folgende Konstitution:

$$\mathrm{CH_3 \atop C}$$
$$\mathrm{CH_3\cdot C\quad CH \atop CH\quad C-C\!=\!CH-CH_3 \atop CH\quad\ \ CH_3}$$

1-Pseudobutenyl-3, 4-dimethylbenzol.

[1] Carothers, Cupery: J. Amer. chem. Soc. **56**, 1167 (1934). — Harkness, Kistiakowsky, Mears: J. chem. Physics **5**, 682 (1937).

[2] Dykstra: J. Amer. chem. Soc. **56**, 1625 (1934).

[3] Nieuwland, Calcott, Downing, Carter: J. Amer. chem. Soc. **53**, 4179 (1931). — Vgl. auch Starkweather: Ebenda **56**, 1870 (1934).

[4] Carothers, Jacobson: J. Amer. chem. Soc. **55**, 1097 (1933).

[5] Sacharowa: Chem. Zbl. **1938 II**, 4218. — Siehe Amer. P. 1 896 162, 1 930 971.

[6] Faworski, Sacharowa: Chem. Zbl. **1938 II**, 1206.

$$\text{Vinyläthinylmethyläthylcarbinol, } CH_3 \cdot \overset{\overset{\displaystyle C_2H_5}{|}}{\underset{\underset{\displaystyle OH}{|}}{C}}\!-\!C\!\equiv\!C\!-\!CH\!=\!CH_2, \text{ wird durch } Be\text{-}$$

lichten nach Zusatz von 1% **Benzoylperoxyd** innerhalb von 72 Stunden vollständig zu einem schwach gelben, glasähnlichen Harz polymerisiert[1]. Es ist in allen organischen Lösungsmitteln unlöslich und erweicht bei 125—150°.

Leitet man bei 100° durch das Carbinol einige Stunden einen lebhaften Luftstrom **(Sauerstoff),** so erhält man einen braunen Sirup, der sich bei Raumtemperatur verfestigt und ein in organischen Lösungsmitteln leicht lösliches Harz liefert[1].

Eine geringe katalytische Wirkung weist bei *Photopolymerisation* auch **Uranylnitrat** auf. *Hydrochinon* verzögert die spontane Polymerisation des reinen Carbinols außerordentlich.

Die Polymerisation des Carbinols vollzieht sich bei höheren Temperaturen sehr rasch, jedoch ist das Endprodukt in allen Fällen schmelzbar und in den gewöhnlichen Lösungsmitteln löslich, was den niedermolekularen Charakter der Produkte beweist.

Neben Vinyläthinylmethyläthylcarbinol werden noch folgende Produkte, die sich fast genau so bei der Polymerisation verhalten, erwähnt:

$$R \cdot CHOH \cdot C\!-\!C \cdot CH\!=\!CH_2 \qquad R = CH_3, \; n\!-\!C_3H_7$$
$$\underset{R_2}{\overset{R_1}{\diagdown}}\!\!C(OH) \cdot C\!-\!C \cdot CH\!=\!CH_2 \qquad \begin{matrix} R_1 = CH_3, \; C_2H_5, \; n\!-\!C_3H_7 \\ R_2 = CH_3, \; C_2H_5, \; n\!-\!C_3H_7 \end{matrix}$$
$$(CH_2)_5 C(OH) \cdot C\!\equiv\!C \cdot CH\!=\!CH_2$$
$$\underset{C_6H_5}{\overset{CH_3}{\diagdown}}\!\!C(OH) \cdot C\!=\!C \cdot CH\!=\!CH_2\,[1]$$

Das Verhalten dieser Stoffe bei der Photopolymerisation in Anwesenheit von Katalysatoren erinnert an die Vinylhalogenide (S. 389 ff.).

Läßt man reines *Divinylacetylen,* das Trimere des Acetylens, an freier **Luft** einige Zeit stehen, so beobachtet man die Bildung eines weichen, transparenten und explosiven Produktes, aus dem ein dimeres Produkt isoliert werden kann[2]. Erhitzt man Divinylacetylen 5 Stunden auf 80°, nachdem man 2,5% *Pyrogallol* zugesetzt hat, so gelingt es, gleichfalls das Dimere (trans-1,2-Divinyläthinylcyclobutan, Kp. 53—55°/1 mm) zu isolieren.

$$CH_2\!=\!CH\!-\!C\!\equiv\!C\!-\!\underset{\underset{\displaystyle CH_2}{|}}{CH}\quad\underset{\underset{\displaystyle CH_2}{|}}{CH}\!-\!C\!=\!C\!-\!CH\!=\!CH_2$$

In *Abwesenheit* von Sauerstoff soll sich aus dem Monomeren nach einiger Zeit ein chemisch sehr widerstandsfähiges Harz bilden[2].

Über eine mögliche Katalysatorwirkung von **Sauerstoff** bei der *Hochdruckpolymerisation* liegen ebenfalls Beobachtungen vor[3].

2. Gemischte Verbindungen.

Phenylacetylen. In eine schwach siedende Lösung von 75 g **Kupfer-I-chlorid,** 120 g **Ammonchlorid** und 2 ccm **Salzsäure** ($D = 1,19$) in 320 ccm Wasser wird im Kohlensäurestrom tropfenweise 15 g *Phenylacetylen* eingetragen und 5—6 Stunden zum Sieden erhitzt. Die sich bildende gelbe, feste Komplexverbindung von der Zu-

---

[1] CAROTHERS, JACOBSON: J. Amer. chem. Soc. **55,** 1097 (1933).
[2] Siehe NIEUWLAND u. a.: J. Amer. chem. Soc. **53,** 4197 (1931).
[3] STARKWEATHER: J. Amer. chem. Soc. **56,** 1870 (1934).

sammensetzung $C_{16}H_{10} \cdot CuCl$ wird mit Äther zerlegt und ergibt nach Entfernen unveränderten Ausgangsproduktes mit Wasserdampf das um 2 Wasserstoffatome ärmere Dimere, Diphenyldiacetylen, F. 86—87° in 50proz. Ausbeute.

Aus der Mutterlauge des Hauptproduktes kann ein gelbbrauner, amorpher Körper isoliert werden, der wahrscheinlich einem Kohlenwasserstoff der Formel $C_{16}H_{14}$ entspricht. Es scheint somit eine Disproportionierung des Wasserstoffs bei den dimeren Produkten stattgefunden zu haben[1].

$$4C_6H_5 \cdot C{\equiv}CH \rightarrow C_6H_5 \cdot C{\equiv}C{-}C{\equiv}C \cdot C_6H_5 + C_{16}H_{14} \,.$$

Tolan, Diphenylacetylen. Bei der Einwirkung von **Lithium** entsteht ein Dilithiumstilben, das unter Vereinigung zweier Moleküle und anschließende Zersetzung mit Wasser zu einem Dihydrodimeren, 1-Benzyliden-2,3-diphenylhydrinden (F. 183°) verwandelt wird. Daneben entstehen noch 1,2,3-Triphenylnaphthalin I (F. 151°) und 1,2,3,4-Dibenz-9-phenyl-9,10-dihydroanthracen II (F. 192°), die beide als echte Dimere anzusprechen sind[2].

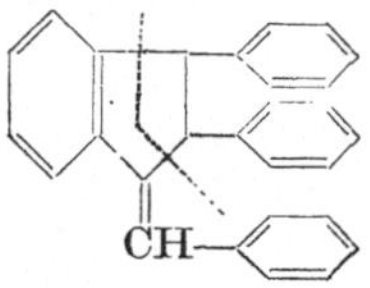

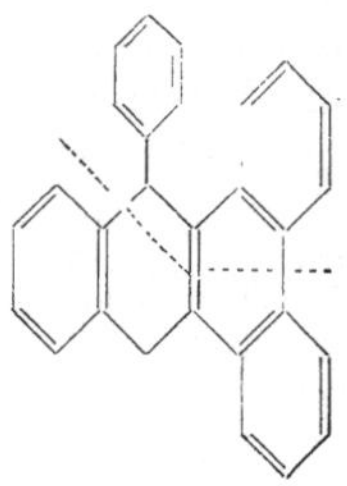

II. Die Gruppierung $C{\equiv}C{-}C{=}O$.

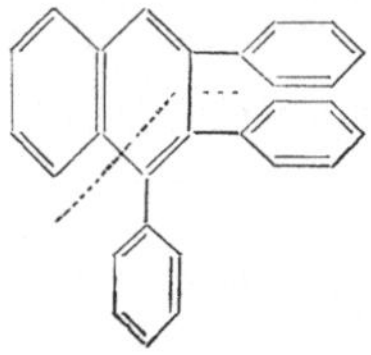

Im Gegensatz zur Wirkung einer $C{=}C$-Bindung in Konjugation zur dreifachen Bindung wird durch die CO-Gruppe die an und für sich ausgeprägte Polymerisationstendenz der Acetylenbildung wesentlich *vermindert*.

Acetylendicarbonsäureester, $ROOC \cdot C{\equiv}C \cdot COOR$ (R = CH_3, C_2H_5). 6 ccm des Methylesters löst man in 10 ccm Eisessig und versetzt in mehrfachen Anteilen mit **3 ccm Pyridin.** Es tritt sofort Gelbfärbung und nach einigen Minuten heftiges Aufsieden ein. Die sich nach einigen Tagen gebildeten Krystalle werden abgepreßt und zeigen nach dem Umkrystallisieren den F. 187—188°. Ausbeute 1,5 g.

Es hat sich das Trimere cyclischer Natur gebildet:

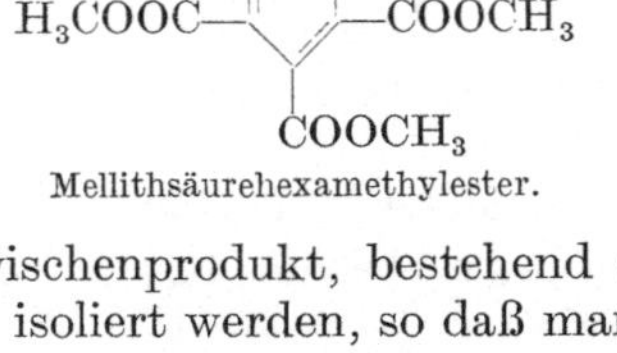

$$
\begin{array}{c}
COOCH_3 \\
| \\
H_3COOC{-}\overset{\displaystyle}{\diagup}\!\!{-}\!\!COOCH_3 \\
H_3COOC{-}\diagdown\!\!{-}\!\!COOCH_3 \\
| \\
COOCH_3
\end{array}
$$

Mellithsäurehexamethylester.

Weiter kann ein gelbes Zwischenprodukt, bestehend aus zwei Molekülen Ester und einem Molekül Pyridin, isoliert werden, so daß man auf folgenden Reaktionsmechanismus schließt[3]:

---

[1] Salkind, Fundyler: Chem. Zbl. **1937** I, 1933.

[2] Bergmann, Zwecker: Liebigs Ann. Chem. **487**, 155 (1931). — Bergmann, Schreiber: Ebenda **500**, 118 (1932).

[3] Diels, Alder: Liebigs Ann. Chem. **498**, 16 (1932).

$$\begin{array}{c} \text{COOR} \\ | \\ \text{C} \\ \parallel \\ \text{C} \cdot \text{COOR} \\ \text{C} \cdot \text{COOR} \\ \text{C} \\ \parallel \\ | \\ \text{COOR} \end{array} \quad + \text{ Pyridin} \rightarrow$$

$R = CH_3$

$\rightarrow$ **Mellithsäurehexamethylester.**

Propargylsäure, $CH\!\equiv\!C \cdot COOH$, läßt sich gleichfalls in die trimere Form, die Trimesinsäure (symmetrische Benzoltricarbonsäure), überführen. Ob außer *Licht* auch andere Faktoren diese Umwandlung beeinflussen, wird nicht angeführt[1].

Phenylpropiolsäure, $C_6H_5 \cdot C\!\equiv\!C \cdot COOH$, kann bei der Einwirkung von **Essigsäureanhydrid** oder **Phosphoroxychlorid** in die dimere Form, 1-Phenylnaphthalin-2,3-dicarbonsäure übergeführt werden[2].

III. Die Gruppierung $C\equiv C\!-\!C\equiv C$.

Die Häufung der Äthinbindung bewirkt eine außerordentliche Steigerung des Polymerisationsvermögens. Fast alle diese Produkte unterliegen im reinen Zustande spontanen Polymerisationsprozessen. Durch Alkylsubstitution wird diese Reaktionsfähigkeit nicht wesentlich vermindert, jedoch durch Arylsubstitution vollkommen aufgehoben. Nähere Untersuchungen an Produkten dieser Körperklasse liegen nicht vor. In der Literatur scheint eine einzige Arbeit über den möglichen Einfluß von **Kupfer** und **Hydrochinon** auf die Polymerisation von *Diacetylen* auf[3].

F. Die isolierte Mehrfachbindung.

Im wesentlichen zeigen Verbindungen mit isolierten Doppelbindungen das Verhalten einfacher Olefine, jedoch mit sehr geringer Polymerisationsfähigkeit. Diese tritt besonders bei Produkten, wo eine Doppelbindung aromatischer Natur ist, in Erscheinung. An der Gegenüberstellung von z. B. *Propenylbenzol*, welches verhältnismäßig leicht polymerisiert, und *Allylbenzol*, welches sehr schwer und nur durch katalytische Beeinflussung zur Reaktion zu bringen ist, erkennt man deutlich das unterschiedliche Verhalten von konjugierten und isolierten Doppelbindungen[4].

---

[1] BAEYER: Ber. dtsch. chem. Ges. **19**, 2185 (1886).
[2] PFEIFFER, MÖLLER: Ber. dtsch. chem. Ges. **40**, 3841 (1907).
[3] STRAUSS, KOLLEK, HAUPTMANN: Ber. dtsch. chem. Ges. **63**, 1893 (1930).
[4] STAUDINGER, DREHER: Liebigs Ann. Chem. **517**, 75 (1935).

Besondere Beachtung muß der Isomerisierung, die durch Katalysatoren leicht beeinflußt werden kann, geschenkt werden[1]. Bekanntlich zeigen isolierte Doppelbindungen, besonders in aliphatischen Systemen, die Tendenz zur Ausbildung konjugierter Anordnungen, die ihrerseits eine hohe Polymerisationsfähigkeit aufweisen. Es können sich daher Isomerisierung und Polymerisation überlagern, wodurch die Reaktion komplexer Natur wird, was eine genaue Untersuchung außerordentlich erschwert.

1. Lineare Verbindungen.

Diallyl, Hexadien-1,5, $CH_2=CH \cdot CH_2 \cdot CH_2 \cdot CH=CH_2$. Durch **Floridin** wird eine *Isomerisierung* (Mesomerieerscheinungen des Allylrestes!) bewirkt, und man erhält als Polymerisationsprodukt ein Dimeres des Diisopropenyl (2,3-Dimethylbutadien-1,3) vom Kp. 215 bis 220°[2].

Diisobutenyl, 2,5-Dimethylhexadien-1,5, $CH_2=C—CH_2—CH_2—C=CH_2$. Es
$\qquad\qquad\qquad\qquad\qquad\qquad\qquad\quad CH_3 \qquad\qquad\quad CH_3$
wird durch **Floridin** die Einstellung eines Gleichgewichtes von Diisobutenyl und Diisocrotyl (2,5-Dimethylhexadien-2,4 oder 1,1,4,4-Tetramethylbutadien-1,3) hervorgerufen. Es tritt somit gleichfalls eine *Isomerisierung* ein, der sich eine *Polymerisation* des Diisocrotyl zum Dimeren (Kp. 120—125°/15 mm) anschließt[2].

Eine ähnliche Wirkung wie Floridin zeigt auch **alkoholische Lauge** bei der Isomerisierung.

2. Cyclische Verbindungen.

Cyclooctadiene. Durch die Einwirkung von **Luftsauerstoff** werden polymere Produkte gebildet, die ebenso wie die durch Erhitzen erhaltenen Stoffe gallertigen Charakter aufweisen[3]. **Borfluorid** führt unter guter Kühlung zu glasklaren Polymeren neben ätherlöslichen Produkten[4]. **Salzsäure** und **Phosphorpentoxyd** zeigen eine ähnliche Wirkung[3].

Limonen kann sowohl durch **Sauerstoff** als auch durch **Eisessig** und **saure Tone** zur Polymerisation gebracht werden. Nähere Angaben über die entstehenden Produkte fehlen jedoch[5].

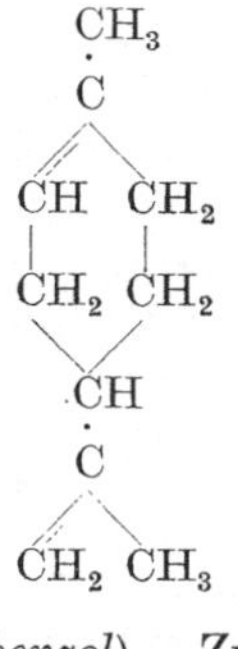

$$CH_3$$
$$|$$
$$C$$
$$CH \quad CH_2$$
$$|\qquad |$$
$$CH_2 \quad CH_2$$
$$CH$$
$$|$$
$$C$$
$$CH_2 \quad CH_3$$

Eugenol (4-Methoxy-3-oxy-allylbenzol). Zum Unterschied von Isoeugenol, welches sich durch Katalysatoren oder durch Erhitzen leicht polymerisieren läßt, wirken **SnCl₄** und andere **Metallhalogenide** nur sehr schwach[6]. **85proz. Schwefelsäure** hingegen ruft bei 0° eine heftige Reaktion unter Bildung

[1] Z. B. Lewina, Karelowa, Eljaschberg: Chem. Zbl. **1940 II**, 3025. — Slobodin: J. Chim. gen. (USSR) **7**, 1664 (1937).

[2] Lebedew, Slobodin: Chem. Zbl. **1934 II**, 3741.

[3] Willstätter, Veraguth: Ber. dtsch. chem. Ges. **38**, 1979 (1905); **40**, 957 (1907).

[4] Harries: Ber. dtsch. chem. Ges. **41**, 671 (1908).

[5] Staudinger, Lautenschläger: Liebigs Ann. Chem. **488**, 7 (1931). — Kuwata: J. Soc. chem. Ind. Japan, Suppl. Bind. **42**, 247 (1939). — Vgl. Dipenten S. 419.

[6] Whitby, Katz: Canad. J. Res. **4**, 487 (1931).

harzartiger Polymerer hervor[1]. Eine Isomerisierung durch die genannten Katalysatoren zur polymerisationsfreudigeren Isoverbindung tritt nicht ein[2].

Am *Safrol (3,4-Methylendioxyallylbenzol)* beobachtet man die gleichen Erscheinungen wie beim Eugenol. Die Polymerisationsgeschwindigkeit gegenüber der Isoverbindung ist wesentlich geringer und die Polymerisate zeigen ein viel niedrigeres Molekulargewicht[2].

G. Cyclische Oxyde und makrocyclische Verbindungen.

Die durch Katalysatoren hervorgerufene Polymerisationsfähigkeit ringgeschlossener oder innerer Anhydride beruht auf der in den Ringen vorhandenen Spannung. Obwohl diese Körper keinerlei ungesättigte Bindungen enthalten, zeigen sie starke Polymerisationstendenz, die sich in der Bildung hochmolekularer Produkte ausprägt.

1. Äthylenoxyd und Homologe.

Äthylenoxyd, CH_2—CH_2. Die Polymerisation des Äthylenoxyds wird *nur* durch Katalysa- $\diagdown O \diagup$ toren hervorgerufen. Als solche werden verwendet: **Alkalimetalle[3]**, **Alkalien[4]**, **Alkalioxyde**, **$ZnCl_2$**, **$SnCl_4$**[5] sowie **Amine** und **Phosphine** und auch **Natriumamid**.

Die Dauer der Polymerisation ist weitgehend durch die Menge des Katalysators beeinflußt. Der durchschnittliche Polymerisationsgrad bei Verwendung der verschiedenen Katalysatoren beträgt etwa 50.

Während beispielsweise **Trimethylamin** in verschiedener Menge zum gleichen Endprodukt führt, werden durch größere Mengen **KOH** kleinere Molekel im Polymerisat gebildet, was wahrscheinlich mit der Ausbildung von freien OH-Gruppen am Ende der Reaktionskette zusammenhängt. Sämtliche Polymerisate besitzen jeweils an den Enden die freien OH-Gruppen — auch wenn bei vollständiger Abwesenheit von Wasser gearbeitet wurde — und sind somit Dihydrate. Bei *höherer* Aminkonzentration entstehen hochmolekulare *Aminoalkohole*, d. h. ein Ende des Polymeren ist durch den Aminrest besetzt.

Es liegen daher in den Endprodukten echte Kettenpolymerisate und kondensierte Polymerisate (ähnlich wie bei den Polyoxymethylenen) vor. Die kondensierende Polymerisation tritt bei Anwesenheit größerer Mengen von Amin besonders stark in Erscheinung.

Auf Grund von viscosimetrischen Molekulargewichtsbestimmungen und Röntgendiagrammen kann für das Polymere folgender Bau angenommen werden:

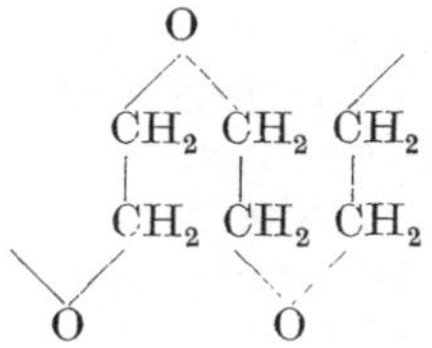

$$\begin{array}{ccc} & O & \diagup \\ \diagup \diagdown & \diagup \diagdown & \\ CH_2 & CH_2 & CH_2 \\ | & | & | \\ CH_2 & CH_2 & CH_2 \\ \diagdown \diagup & & \diagdown \diagup \\ O & & O \end{array}$$

---

[1] BROOKS, HUMPHREY: J. Amer. chem. Soc. **40**, 825 (1918).

[2] WHITBY, KATZ: Canad. J. Res. **4**, 487 (1931).

[3] Mit 1% **Kaliummetall** zu festem Polymerisat: STAUDINGER, SCHWEITZER: Ber. dtsch. chem. Ges. **62**, 2395 (1929).

[4] Mit **Alkali** oder **Na-Acetat** bei 110—130° zu wachsartigen Produkten: DRP. 616428.

[5] Vgl. die kondensierende Polymerisation: WURTZ: Ann. Chim. phys. **69**, 330 (1863). — LUORENCO: Ebenda **67**, 274 (1863).

Beispiele für Polymerisationen: Läßt man zu *Äthylenoxyd* einen Tropfen **Kalilauge** zufließen und erwärmt einige Stunden auf 50—60⁰ oder läßt einige Tage bei Raumtemperatur stehen, so erhält man ein festes Produkt vom F. 56⁰, welches in Alkohol und Wasser löslich, in Äther jedoch unlöslich ist. Die Molekulargewichtsbestimmung zeigt den Polymerisationsgrad von etwa 30 an[1].

30 ccm auf —80⁰ gekühltes *Äthylenoxyd* werden im Bombenrohr mit 0,2 ccm **Zinntetrachlorid** versetzt, gut durchgeschüttelt und 24 Stunden bei —20⁰ sich selbst überlassen. Nach mehrtägigem Stehen im Kühlschrank erstarrt der Inhalt des Bombenrohres vollständig. Durch Lösen in Benzol und Versetzen mit Äther gewinnt man ein flockiges weißes Pulver, welches unscharf zwischen 45 und 50⁰ schmilzt. Durch Eindunsten der Lösungen gelangt man zu wachsartigen Produkten, die sich durch Fraktionieren in Polymerisate vom Molekulargewicht 430—4900 zerlegen lassen.

Bei Raumtemperatur erfolgt die Polymerisation meist explosionsartig, besonders bei größeren Mengen[2].

Die nachstehende Tabelle vermittelt einen Überblick über die Wirksamkeit der Katalysatoren und die damit erhältlichen Polymeren.

Tabelle 22.

Katalysator	Ausbeute an Polymeren %	Molekulargewicht	Polymerisationsdauer
Methylamin, Kalium, Natrium, Zinntetrachlorid	5	2 000	1—2 Wochen
Natriumamid	1—2	10 000	2—3 Monate
Zinkoxyd	10—20	60 000	3—4 Monate
Strontiumoxyd	10—20	100 000	2—3 Monate
Calciumoxyd	50	120 000	etwa 2 Jahre

Keine katalytische Wirkung zeigen *Floridin*[3] und *Licht*. Durch trockene Destillation der Polymeren erhält man stets ein Gemisch, in dem sich Acetaldehyd und Acrolein in größeren Mengen nachweisen lassen[2].

In einer Anzahl von Patentvorschriften sind Angaben über die Polymerisation von verschiedenen *Alkylenoxyden* enthalten[4].

Butadienoxyd, $CH_2=CH—CH—CH_2$. In wässeriger Suspension bewirkt **verd.**

Schwefelsäure neben Umlagerung auch eine nicht näher untersuchte Polymerisation[5].

Am *Isoprenoxyd*, $CH_2=CH—C——CH_2$, beobachtet man die gleiche Erscheinung wie beim Butadienoxyd[5].

Bei der *Hochdruckpolymerisation* (12000 at) kann man aus *Cyclohexenoxyd* mit **Benzoylperoxyd** als Katalysator harte klare Harzmassen, deren Molekulargewicht nicht bestimmt wurde, erhalten[6].

Durch Erhitzen von *Menthenoxyd*, welches mit einer Spur **Essigsäure** versetzt wird, auf 100—120⁰ wird in wenigen Minuten eine Polymerisation

---

[1] ROITNER: Mh. Chem. **15**, 679 (1894).

[2] STAUDINGER, SCHWEITZER: Ber. dtsch. chem. Ges. **62**, 2395 (1929).

[3] Im Gegensatz dazu steht der Patentanspruch E.P. 487652, wonach durch **Fullererde** und ähnliche Produkte Polymerisation erzielt wird.

[4] F.P. 821915 und auch F.P. 706320. — Die Polymerisation zu *Dioxan* mittels **Alkalihydroxyden** bei 120⁰ siehe DRP. 597496.

[5] PUMMERER, REINDEL: Ber. dtsch. chem. Ges. **66**, 335 (1933).

[6] CONANT, PETERSON: J. Amer. chem. Soc. **54**, 628 (1932).

hervorgerufen. Man erhält in 25proz. Ausbeute ein braun gefärbtes viscoses Produkt[1].

$$
\begin{array}{c}
CH_3 \\
| \\
CH \\
\diagup \diagdown \\
CH_2 \quad CH_2 \\
| \qquad | \\
CH \quad CH_2 \\
\diagdown \diagup \\
O \diagup C \\
| \\
CH_3 \quad CH_3
\end{array}
$$

2. Polyester und Polylactone.

Lineare Ester oder Lactone hochmolekularer Natur werden unter dem Einfluß von Katalysatoren zu mono- und dimeren Produkten ringförmiger Natur („makrocyclischer Ester") abgebaut, wie am Beispiel des polymeren *Hexamethylensuccinates*[2] gezeigt werden soll:

50 g *polymeres Hexamethylensuccinat* werden mit 0,5 g $SnCl_2 \cdot 2H_2O$ auf 270^0 bei 1 mm Druck erhitzt. Das Polymere wird weich und beginnt nach einigen Minuten sich zu zersetzen bzw. zu destillieren. Nach einiger Zeit ist ein Großteil überdestilliert, und der Rückstand stellt eine poröse, zähe, unlösliche Harzmasse dar.

Das Destillat, insgesamt 40 g, scheidet sich in eine hellgelbe Flüssigkeit und in eine weiße Fällung.

Die Flüssigkeit wird in Äther gelöst und mit Wasser (zum Entfernen des Katalysators) gewaschen. Nach Eindampfen und Trocknen wird das cyclische Monomere vom Kp. $108—110^0/2$ mm in einer Ausbeute von 21 g erhalten.

$$
\underbrace{O \cdot (CH_2)_6 \cdot O \cdot CO \cdot (CH_2)_2 \cdot CO \cdot}
$$

Die weiße Fällung wird aus Äthylalkohol umkristallisiert und stellt dann das reine cyclische Dimere vom F. 110^0 (Ausbeute 8 g) dar:

$$
\begin{array}{l}
O \cdot (CH_2)_6 \cdot O \cdot CO \cdot (CH_2)_2 \cdot CO \\
| \qquad\qquad\qquad\qquad\qquad\qquad\quad | \\
OC \cdot (CH_2)_2 \cdot CO \cdot O \cdot (CH_2)_6 \cdot O
\end{array}
$$

Allgemein wird der ursprüngliche Polyester linearer Natur als α-Polymeres (Molekulargewicht 1000—5000) bezeichnet. Die cyclischen Mono- und Dimeren sind das β-Produkt, während der im Kolben nach der Destillation verbleibende Rückstand als ω-Polymeres (linearer Natur, Molgewicht 10000—20000) angesprochen wird. Ob das durch Erhitzen des β-Produktes erhältliche γ-Polymere identisch oder ähnlich mit dem α-Produkt ist, kann vorläufig nicht endgültig entschieden werden.

Als Katalysatoren wurden überprüft: $CoCl_2 \cdot 6H_2O$ (der wirksamste), $SnCl_2 \cdot 2H_2O$, $MnCl_2 \cdot 4H_2O$, $FeCl_2 \cdot 4H_2O$, $MgCl_2 \cdot 6H_2O$, $Co(NO_3)_2 \cdot 6H_2O$, $PbCl_2$, $FeCl_3$, Mg-Pulver, $MnCO_3$, MgO, $MgCO_3$, Tl_2CO_3, $SbCl_3$, $Th(NO_3)_4 \cdot 12H_2O$, erwiesen sich als gut brauchbar, von schlechter Wirkung waren: $NiCl_2 \cdot 6H_2O$, $FeSO_4$, $TiCl_4$, Sn-Staub, $Mg_3(PO_4)_2$, $CrCl_3$, $CaCO_3$, $CrCl_2$ und $ZnCl_2$[2].

Mit Hilfe dieser Katalysatoren betragen die Ausbeuten an rohem Destillat durchschnittlich 40—85%, wobei an Monomeren bis zu 70% vorhanden sind.

Bei 8—10 Gliedern im Grundmolekül ist die Ausbeute an Dimerem vorherrschend, mit *wachsender* Gliederzahl nimmt sie jedoch *ab*, so daß schließlich *nur* Monomeres gebildet wird.

---

[1] SHOZO TANAKA: Chem. Zbl. **1940 I**, 688.
[2] SPANAGEL, CAROTHERS: J. Amer. chem. Soc. **57**, 929, 935 und auch 1131 (1935).

Bezüglich der apparativen Anordnungen muß auf das Original verwiesen werden, wo außerdem noch eine weitere Anzahl von Polyestern zweibasischer Säuren mit Glykolen als auch *Resorcindiessigsäure* bzw. *Hydrochinondiessigsäure* mit Glykolen auf ihr Verhalten untersucht werden[1].

Das gleiche Verhalten trifft man bei *Polylactonen*, die nichts anderes als „innere" Ester darstellen, an. Auch hier werden katalytische Einflüsse von verschiedenen **anorganischen Salzen, Metalloxyden** und auch **Metallen** ausgeübt.

Bei den Polylactonen findet im Vakuum bei erhöhter Temperatur eine *Depolymerisation* zu cyclischen Mono- und Dimeren statt, wobei als geeignetster Katalysator $MgCl_2 \cdot 6H_2O$ fungiert.

An Hand der *11-Hydroxyundecansäure*, $HO \cdot (CH_2)_{10} \cdot COOH$ bzw. ihres Polymeren soll der Vorgang genauer beschrieben werden[2].

15 g Polylacton werden mit 0,2—0,3 g des Katalysators bei 270° und 1 mm 2 Stunden erhitzt und das rohe Destillat auf dem üblichen Wege in die beiden Formen zerlegt. Die monomere Form zeigt F. 3° und Kp. 126—127/15 mm, während das Dimere in krystallisierter Form (F. 74°) erhalten wird.

Tabelle 23.

Katalysator	Rohausbeute an Destillat %	Das Destillat enthält	
		Monomeres %	Dimeres %
$MgCl_2 \cdot 6H_2O$ ...	73	36	64
MgO	66	40	60
$MnCl_2 \cdot 4H_2O$ ...	63	47	53
$SnCl_2 \cdot 2H_2O$	40	75	25
$CoCl_2 \cdot 6H_2O$	27	62	38
Mg-Pulver	20	83	17

In der nebenstehenden Tabelle 23 wird eine vergleichende Übersicht der Wirksamkeit verschiedener Katalysatoren am Beispiel der genannten Lactonform der Säure gegeben. Durch die einzelnen katalytischen Zusätze wird eine sehr interessante Verschiebung der Mengenverhältnisse der Mono- und Dimeren herbeigeführt, über deren Ursache keinerlei genaue Untersuchungen oder Angaben vorliegen.

An Hand weiterer Beispiele (*13-Hydroxytridecansäure*, $SnCl_2 \cdot 2H_2O$; *14-Hydroxytetradecansäure*, *14-Hydroxy-12-oxatetradecansäure*, z. B.

$$\left.\begin{array}{l} HO \cdot (CH_2)_2 \cdot O \\ HOOC \cdot (CH_2)_{10} \end{array}\right]$$

15-Hydroxy-12-oxapentadecansäure und *16-Hydroxy-12-oxahexadecansäure*, mit $MgCl_2 \cdot 6H_2O$, alle in Form ihrer Polymeren) wird eine umfangreiche experimentelle Durcharbeitung dieser Stoffklasse ausgeführt[2].

Die Wirkungsweise aller Katalysatoren wird nicht näher diskutiert.

H. Mischpolymerisationen.

Zur *anormalen Mischpolymerisation* oder *Heteropolymerisation* rechnet man die Vereinigung zweier strukturell ähnlicher, aber in der Polymerisationsfähigkeit weitgehend verschiedener Molekel zu *einem* Polymerisationsprodukt. Dabei ist es grundsätzlich möglich, eine an sich *nicht* polymerisationsfähige Verbindung in Mischung mit einer anderen polymerisationsfähigen zu einem einheitlichen Produkt hochmolekularer Natur zu vereinigen. Meist zeigen Stoffe ungesättigter Natur, die selbst nicht zur Isopolymerisation neigen, das Vermögen, Heteropolymerisate zu liefern, wie es z. B. bei den Maleinsäureanhydridadducten der Fall

---

[1] Spanagel, Carothers: J. Amer. Chem. Soc. **57**, 929, 935 (1935).

[2] Spanagel, Carothers: J. Amer. chem. Soc. **58**, 654 (1936) und auch ebenda **57**, 929, 1131 (1935). — Sowie auch Van Natta, Hill, Carothers: Ebenda **56**, 455 (1936).

ist, wobei katalytische Einflüsse bisher nicht bekannt geworden sind. Zu den Heteropolymerisaten rechnet man auch die hochmolekularen Verbindungen von SO_2 und auch CO_2 mit Olefinen, Acetylenen und Dienen.

Einen Einblick in den Mechanismus der Mischpolymerisation von teilweise kaum polymerisationsfähigen Stoffen hat Schmitz-Dumont[1] ermöglicht. Am Beispiel der arylierten Äthylene und cyclisch gebauten Körpern mit Äthylenbindungen konnten gewisse Gesetzmäßigkeiten erkannt werden, die jedoch eines weiteren Ausbaues durch Versuchsmaterial bedürfen.

I. Mischpolymerisate zweier Stoffe, wobei beide eine mehr oder weniger ausgeprägte Polymerisationstendenz aufweisen.

Äthylene und Skatol[1]. 15 g (2 Mol) *asymmetrisches Diphenyläthylen* in 15 ccm Eisessig werden mit 5,4 g (1 Mol) *Skatol* in 30 ccm Eisessig und hierauf mit 6 ccm **Eisessig-Schwefelsäure** (7 g Schwefelsäure in 100 ccm Eisessig) versetzt. Nach 7 Tagen Stehen bei Raumtemperatur wird vom entstandenen Niederschlag abfiltriert (7 g roh)', dieser mit Eisessig gewaschen und durch Auskochen mit Alkohol vom entstandenen Diskatol befreit. Durch die verschiedene Löslichkeit können aus dem auf diese Weise erhaltenen Produkt 2 Fraktionen abgetrennt werden:

a) in Lösung 4,5 g α-Skatol-bis-(diphenyläthylen), farblose Tafeln, F. 172,5 bis 173⁰,

b) ungelöst 2,1 g β-Skatol-bis-(diphenyläthylen), F. 290—291⁰.

Wahrscheinliche Struktur:

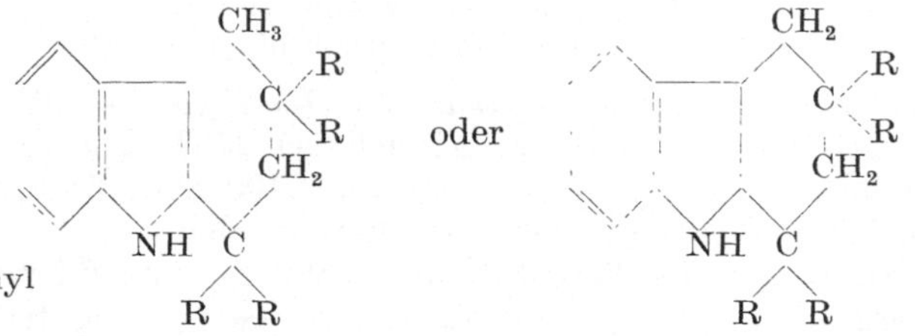

R = Phenyl

4,7 g (2 Mol) α-*Methylstyrol* werden gemeinsam mit 2,6 g (1 Mol) *Skatol* in 50 ccm Eisessig gelöst und mit 10 ccm einer **Eisessig-Schwefelsäure**-Mischung (7 g Schwefelsäure in 100 ccm Eisessig) versetzt. Nach 8 Wochen wird der entstandene Niederschlag abgesaugt und aus Alkohol und Eisessig umgelöst. Man erhält 2 g einer farblosen Substanz vom F. 154—155⁰ von der Zusammensetzung $C_{36}H_{39}N$. Im Filtrat des Rohproduktes findet sich ein wahrscheinlich pentameres α-Methylstyrol vom F. 114—116⁰.

Es werden in beiden angeführten Fällen *monomere* Heteropolymerisate erhalten, welche die einzelnen Komponenten in einem bestimmten molaren Verhältnis enthalten.

Durch Versuche an anderen arylierten Äthylenen konnte gezeigt werden, daß der *Substituent* an der Äthylenbindung durch seinen Charakter eine Änderung im Verhalten bei der Heteropolymerisation hervorruft. So gibt z. B. *asymmetrisches Ditolyläthylen* im Gegensatz zum asymmetrischen Diphenyläthylen mit *Skatol* nur *ein* Produkt (F. 192—194⁰), wobei das molare Verhältnis im Endprodukt gleichbleibt. *Dianisyläthylen*, welches allein durch Säure *nicht* polymerisiert werden kann, geht mit *Skatol* unter den oben angeführten Reaktionsbedingungen eine Verbindung ein, in der das molare Verhältnis 2:1 beträgt (F. 238⁰)[1].

---

[1] Schmitz-Dumont, Diebold, Thömke: Ber. dtsch. chem. Ges. **70**, 2189 (1937).

Weiteres Versuchsmaterial könnte zur Kenntnis der Heteropolymerisation und über die Zusammenhänge in struktureller Hinsicht noch Wesentliches beitragen.

Isocyanate und Dimethylketen[1]. Läßt man zu 8 g auf —80° gekühltes *Dimethylketen* in Stickstoffatmosphäre eine gekühlte Lösung von 25 g *Phenylisocyanat* in 30 ccm Äther und einigen Tropfen ätherischer **Trimethylamin**lösung zufließen, so bildet sich unter heftiger Reaktion ein farbloses, amorphes Produkt (17 g), das in Aceton und Chloroform leicht löslich ist und bei 210° in seine Komponenten zerfällt. Das Molekulargewicht (ebull.) wurde zu etwa 2700 gefunden.

Ein Gemisch von 1 Mol Keten und 4 Mol Isocyanat liefert ein weißes Pulver, welches sich bei 225° in seine Ausgangsprodukte spaltet.

In beiden Fällen bildet sich als Nebenprodukt etwas höherpolymeres Dimethylketen.

Nach Staudinger[1] besitzt das im ersten Falle erhältliche Produkt folgende Konstitution:

$$\text{—CO}\cdot\text{N}\cdot\text{CO}\cdot\underset{\underset{\text{CH}_3}{|}}{\overset{\overset{\text{CH}_3}{|}}{\text{C}}}\cdot\text{CO}\cdot\underset{\underset{\text{C}_6\text{H}_5}{|}}{\text{N}}\cdot\text{CO}\cdot\underset{\underset{\text{CH}_3}{|}}{\overset{\overset{\text{CH}_3}{|}}{\text{C}}}\cdot\text{CO}\cdot\underset{\underset{\text{C}_6\text{H}_5}{|}}{\text{N}}\text{—}$$

Die Reaktion von **3** Molen *Dimethylketen* und 2 Molen *p-Nitrophenylisocyanat* in Anwesenheit von **Trimethylamin** führt zu einem gelbgrünen, amorphen Produkt, dessen Molekelgewicht zu etwa 2500 gefunden wurde. Bei 155° tritt Zersetzung in die monomeren Komponenten ein[2]. *p-Methoxyphenylisocyanat* und *Methylisocyanat* reagieren unter ähnlichen Bedingungen *nicht*, woraus sich der negative Einfluß von Substituenten auf die Fähigkeit zur Polymerisation ableiten läßt.

Das Polymere aus *α-Naphthylisocyanat* und *Dimethylketen* enthält die Komponenten im Verhältnis 2:3 und zersetzt sich bei 250°. Die ebullioskopische Molekulargewichtsbestimmung ergab Werte von 2400 bzw. 2480, während auf kryoskopischem Wege Werte von 4600 erhalten wurden[2].

Abgesehen von den in der Patentliteratur zahlreich angeführten Fällen der katalytisch beeinflußten Mischpolymerisation zur Gewinnung technisch wertvoller Kunststoffe, interessieren einige Arbeiten, die sich etwas eingehender mit dem *Bau* von Mischpolymeren beschäftigen, weil dadurch dem Organiker wertvolle Grundlagen zur weiteren Erkenntnis des Polymerisationsprozesses und seiner strukturmäßigen Zusammenhänge in die Hand gegeben werden.

Die zur Herstellung von Treibstoffen, Schmierölen usw. wichtigen Mischpolymerisationen von Olefinen bzw. Dienen untereinander sind in besonderen Abschnitten erwähnt worden (siehe S. 381 ff., S. 415 ff.).

Untersuchungen über die verschiedenen Einflüsse auf die durch **Peroxyde** katalysierte *Emulsionspolymerisation* von *Butadien* und *Buten-2* wurden von russischen Forschern ausgeführt[3].

Über die Strukturverhältnisse eines in *saurer Emulsion* gewonnenes Mischpolymerisates aus *Butadien-1,3* und *Methacrylsäureester* berichten Hill u. a.[4]. Auf Grund von erhaltenen Abbauprodukten läßt sich eine *1,4-Addition* der einzelnen Bausteine feststellen.

Mit dem Einfluß von **Peroxyden** auf ein *äquimolekulares* Gemisch von *Butadien-1,3* und *Acrylsäurenitril* hat sich Alexejewa[5] beschäftigt. Das

---

[1] Staudinger, Felix, Geiger: Helv. chim. Acta **8**, 314, 319 (1925).
[2] Staudinger und Mitarbeiter: Helv. chim. Acta **8**, 318 (1925).
[3] Balandina, Beresan, Dobromysslowa, Dogadkin, Lapuk: Chem. Zbl. **1937 I**, 3722, 3723, 3724.
[4] Trans. Faraday Soc. **35**, 1073 (1939).　　　[5] Chem. Zbl. **1940 I**, 998.

innerhalb von 116 Stunden bei 60⁰ mittels **1proz. Benzoylperoxyd** erhaltene Polymerisat zeigt nach dem Abbau mit Ozon, daß mindestens *zwei* strukturell verschiedene Einheiten in *einem* Makromolekül vorhanden sein müssen. Etwa die Hälfte des Polymerisates besteht aus Makromolekülen, die Butadien und Acrylsäurenitril im Verhältnis 1 : 1 enthalten, während etwa ein Drittel Butadien und Acrylsäurenitril im Verhältnis 1 : 2 oder 1 : 3 im Molekül aufweisen, was auf die verschiedene Polymerisationsgeschwindigkeit zurückzuführen ist. Daneben findet sich selbstverständlich noch reines Butadienpolymerisat.

Die beiden Struktureinheiten lassen sich formelmäßig durch das nachfolgende Bild wiedergeben:

$$-CH_2-CH=CH-CH_2-(-CH_2-CH(CN)-)_n-CH_2-CH=CH-CH_2-$$

$$I \quad n=2$$
$$II \quad n=3$$

Die *Mischpolymerisationen* von *Olefinen* mit *Butadien-1,3* und seinen *Homologen* unter dem Einfluß von **Metallhalogeniden** zu kautschukartigen Massen und schmierölähnlichen Produkten findet weitgehende Beachtung von seiten der organischen Industrie[1].

In neuerer Zeit hat sich Lwow[2] in einer Arbeit mit der gemischten Polymerisation von *Butadienen* und *Isobuten* bzw. ähnlichen Olefinen eingehend beschäftigt. Werden *Divinyl* und *Trimethyläthylen* sowie *Isopren* und *Isobuten* in verschiedenen Mengenverhältnissen in *Stickstoff*atmosphäre mit **Natriummetall** bei Raumtemperatur polymerisiert, so läß sich nach einigen Tagen eine Beendigung des Prozesses erkennen. Die Polymerisationsdauer *wächst* mit dem Gehalt an Äthylenkohlenwasserstoffen im Gemisch. Die Fraktionen, welche die niedermolekularen Polymeren enthalten, wurden durch Abbaureaktionen und genaue Analyse identifiziert. Dabei konnte u. a. festgestellt werden, daß der Gehalt an konjugierten Doppelbindungen und die Menge der niedermolekularen Produkte in direktem Zusammenhang mit dem mengenmäßigen Zusatz an Äthylenkohlenwasserstoffen steht.

Aus dem Mischpolymerisat *Butadien-1,3-Trimethyläthylen* wurden beispielsweise folgende, durch Formeln ausgedrückte Stoffe als wahrscheinlich gebildet angesehen:

$$CH_3 \cdot CH=\overset{\overset{\textstyle CH_3}{|}}{C} \cdot CH_2 \cdot CH_2 \cdot CH_2 \cdot CH=CH_2 \qquad CH_3 \cdot CH=\overset{\overset{\textstyle CH_3}{|}}{C} \cdot CH_2 \cdot \overset{\overset{\textstyle CH_3}{|}}{CH} \cdot CH=CH_2$$

Die gemeinsame Polymerisation von *Isopren* und *Isobuten* wurde analog durchgeführt und die Ergebnisse der Untersuchung den vorhin angeführten gleichwertig gefunden.

Selbst die Mischpolymerisation von *Styrol, Alkylstyrolen, Vinyläthern, Mono-* und *Divinylacetylen* mit *Olefinen*, besonders *Isobuten* unter der Verwendung von **Metallhalogenid***katalysatoren* hat in allerletzter Zeit technische Bedeutung zur Herstellung von Schmierölen, bzw. die Eigenschaften derselben verbessernden Zusätzen erlangt. Leider liegen keine allgemein zugänglichen Untersuchungen über den Bau der Mischpolymerisate vor[3].

BACHMANN und TANNER[4] versuchten die gemischte, katalytisch durch **Benzoylperoxyd** angeregte Polymerisation der spontan polymerisierenden *Methylenmalonester* mit *Vinylacetat, Methacrylsäureester* und *Styrol*, doch lassen

---

[1] KRÄNZLEIN: Aluminiumchlorid in der organischen Chemie, 3. Aufl., S. 199, Fußnote 872. Berlin: Verlag Chemie 1939. — THOMAS, LIGHTBOWN, SPARKS, FROLICH, MURPHREE: Refiner natur. Gasoline Manufacturer **19**, Nr 10, 47 (1940).

[2] Chem. Zbl. **1940 II**, 2595.   [3] F. P. 840125; E. P. 502730.

[4] J. org. Chemistry **4**, 493 (1939).

die mitgeteilten Ergebnisse genaue Angaben über den Bau der Polymeren vermissen.

Die Zusammensetzung der fetten Öle als Gemische von Produkten wechselnder Polymerisationstendenz bedingt die Einreihung der Polymerisationsprozesse derselben in diesen Abschnitt.

Die technisch bedeutende Polymerisation von *Ölen* (Standölbildung) bedient sich in vielen Fällen der beschleunigenden Wirkung von Zusätzen. Die Kenntnis, in welcher Art diese Zusätze zur Wirkung gelangen, verdanken wir den eingehenden Untersuchungen von Waterman und van Vlodrop[1]. Besonders **Nickel** und **Schwefeldioxyd,** die beide in ihrer Wirksamkeit fast gleichzusetzen sind, wurden als Katalysatoren der Polymerisation fetter Öle, vor allem *Leinöl* und *Sojaöl,* eingehend studiert. Dabei hat es sich zeigen lassen, daß neben der Polymerisation auch noch folgende zwei Wirkungen, die den katalytischen Zusätzen zugeschrieben werden müssen, hervorgerufen werden: *Isomerisierung* unter Bildung konjugierter Doppelbindungssysteme und *cis-trans-Umlagerungen.* Beide Erscheinungen, die bei anderen polymerisationsfähigen Stoffklassen bisher kaum oder gar nicht Beachtung gefunden haben[2], lassen sich auch unter dem Einfluß von **Schwefel, Selen** oder **Tellur** herbeiführen und wurden von Griffiths und Hilditch[3], Bertram[4], Waterman und seiner Schule[5], sowie von Athavala und Jathar[6], vor allem auch an einfachen Modellsubstanzen (*Ölsäure-* und *Linolsäureester*) untersucht.

In einer ausführlichen Arbeit beschäftigen sich Waterman und seine Mitarbeiter mit der thermischen Polymerisation von *Soja-* und *Leinöl* unter dem Einfluß von **Nickel** auf **Kieselgur** bei verschiedenen Temperaturen im Vakuum und in Stickstoffatmosphäre[7]. Als Kriterien für den Verlauf der Polymerisation werden die Jodzahl, Refraktion und Dichte herangezogen, die sämtliche in klarer Weise die vor sich gehenden Veränderungen während des Prozesses erkennen lassen und es erlauben, neben dem reinen Polymerisationsvorgang (über dessen Verlauf man sich vorläufig noch kein genaues Bild machen kann) die sich abspielenden Isomerisierungen (Aktivierung durch Isomerisierung unter Bildung von konjugierten Doppelbindungen mit höherer Polymerisationsfähigkeit, Elaidierung) zu verfolgen. Zu diesem Zwecke wurde auch die Reaktion mit *Maleinsäureanhydrid* (Adduktbildung nach Diels-Alder) herangezogen, um den Verlauf der Bildung konjugierter Doppelbindungssysteme beweisen zu können.

Weitere Arbeiten beschäftigen sich ausführlich mit der Wirkung von **Schwefeldioxyd**[8], die interessanterweise fast analog der von Nickel zu sein scheint[9].

[1] The catalytic Polymerization of fatty Oils. J. Soc. chem. Ind., Trans. **55,** 333 (1936).

[2] Vgl. Waterman, van Vlodrop: J. Soc. chem. Ind., Trans. **55,** 320 (1936); Recueil Trav. chim. Pays-Bas **57,** 629 (1938). — Moore: J. Soc. chem. Ind., Trans. **38,** 320 (1919). — Hilditch, Vidyarthi: Proc. Roy. Soc. [London], Ser. A **122,** 552 (1929). — Athavala, Jathar: J. Indian Inst. Sci., Ser. A **21,** XXV, 295 (1939).

[3] J. chem. Soc. [London] **1932,** 2315.   [4] Chem. Weekbl. **33,** 3 (1936).

[5] C. R. 5e Congr. internat. technique et chimique de industries agricoles, Scheveningen **2,** 392 (1937); J. Soc. chem. Ind. **57,** 87 (1938).   [6] l. c. Anm. 2.

[7] Waterman, van Tussenbroek: Chem. Weekbl. **26,** 410, 566 (1929); **27,** 146 (1930). — Vgl. auch van Dijk: Allg. Öl- und Fett-Ztg. **28,** 277 (1931); Waterman, Oosterhof: Recueil Trav. chim. Pays-Bas **52,** 895 (1933).

[8] Waterman, van Vlodrop, Pfauth: Verfkroniek **13,** 15. Juli 1940. — Waterman, van Vlodrop: J. Soc. chem. Ind., Trans. **55,** 333 (1936).

[9] Vgl. Hannewijk, Over, van Vlodrop, Waterman: Verfkroniek **13,** 15. August 1940. — Waterman, van Vlodrop, Hannewijk: Ebenda **13,** 16. September 1940.

II. Mischpolymerisate zweier Stoffe, wovon einer keine Polymerisationstendenz aufweist (Heteropolymerisation).

Leitet man in eine konzentrierte ätherische *Dimethylketenlösung* bei -80^0 CO_2 ein und setzt einige Tropfen ätherischer **Trimethylaminlösung** zu, so findet starke Absorption statt. Nach 4 Stunden werden Äther und Trimethylamin entfernt und der Rückstand mit $CHCl_3$ behandelt:

Ungelöst bleibt:

I. wahrscheinlich eine Verbindung aus 4 Teilen Dimethylketen und 3 Teilen CO_2, F. 150⁰, in organischen Lösungsmitteln schwer löslich, Struktur dieser Verbindung noch fraglich.

Die $CHCl_3$-Lösung wird mit reinem Petroläther bis zur beginnenden Trübung versetzt. Es scheidet sich aus:

II. eine Verbindung von 3 Teilen Keten und 2 Teilen CO_2, Krystalle, F. 132⁰, wahrscheinlich ein Anhydrid aus Tetramethylacetondicarbonsäure und Dimethylmalonsäure:

$$\begin{array}{c}
CH_3\ \ CH_3 \\
\diagdown\ \diagup \\
C\!-\!CO\cdot O\cdot CO \diagdown \\
\diagdown \qquad\qquad\qquad CH_3 \\
CO \qquad\qquad C\diagup \\
\diagup \qquad\qquad\qquad CH_3 \\
C\!-\!CO\cdot O\cdot CO \diagup \\
\diagup\ \diagdown \\
CH_3\ \ CH_3
\end{array}$$

Beim Eindampfen des Lösungsmittels von II im Vakuum und Umkrystallisieren des Rückstandes aus Petroläther gewinnt man eine Verbindung aus 2 Molen Keten und 1 Mol CO_2:

III. F. 78⁰, in organischen Lösungsmitteln löslich, Diphenylhydrazon F. 206 bis 207⁰, wahrscheinlich das Anhydrid der Tetramethylacetondicarbonsäure:

$$\begin{array}{c}
CH_3\ \ CH \\
\diagdown\ \diagup \\
C\!-\!CO \diagdown \\
\diagup\qquad\qquad \diagdown \\
CO \qquad\qquad O \\
\diagdown\qquad\qquad \diagup \\
C\!-\!CO \diagup \\
\diagup\ \diagdown \\
CH_3\ \ CH_3
\end{array}$$

Die Verbindung III entsteht auch aus Produkt II durch Stehen im Exsiccator[1].

Dimethylketen und CS_2 im molaren Verhältnis 5:2 geben bei Anwesenheit von **Trimethylamin** ein orangerotes Pulver, das sich aus der viscosen Reaktionsmischung mittels Petroläther oder Alkohol ausfüllen läßt. Dieses liefert mit Benzolkohlenwasserstoffen, CS_2, $CHCl_3$ und Aceton hochviscose Lösungen.

Im freien Zustand tritt bei 160⁰ Zersetzung, jedoch nicht in die ursprünglichen Komponenten ein. Die Molekulargewichtsbestimmung (kryoskopisch) ergab Werte von 6950.

Ein ähnliches Produkt wurde aus *4* (Mol) *Dimethylketen, 2 CS₂ und 1 CO₂* erhalten[2].

Ein Gemisch von *Dimethylketen* und *COS* im molaren Verhältnis 5:2 reagiert auf Zusatz von **Trimethylamin** unter sehr heftigen Erscheinungen und bildet ein weißes, amorphes Produkt, welches in Alkohol und Petroläther unlöslich ist. Bei 110⁰ tritt Zersetzung ein. Das Molekulargewicht wurde zu 4600—4850 gefunden[3].

---

[1] STAUDINGER, FELIX, HARDER: Helv. chim. Acta 8, 306 (1925).
[2] STAUDINGER, FELIX, GEIGER: Helv. chim. Acta 8, 320 (1925).
[3] STAUDINGER, HARDER: Helv. chim. Acta 8, 321 (1925).

Über den Reaktionsmechanismus dieser Mischpolymerisation sowie über die Wirkungsweise des Katalysators liegen keine Untersuchungen vor.

Äthylenderivate und auch Acetylene liefern mit dem *nicht* polymerisationsfähigen Schwefeldioxyd bei Anwesenheit von Katalysatoren echte Heteropolymerisate, die eine ähnliche Struktur wie die hochmolekularen Ozonide und Peroxyde aufweisen sollen[1]. Zum Beispiel liefert *Allyläther* mit SO_2 ein Produkt von folgender Struktur:

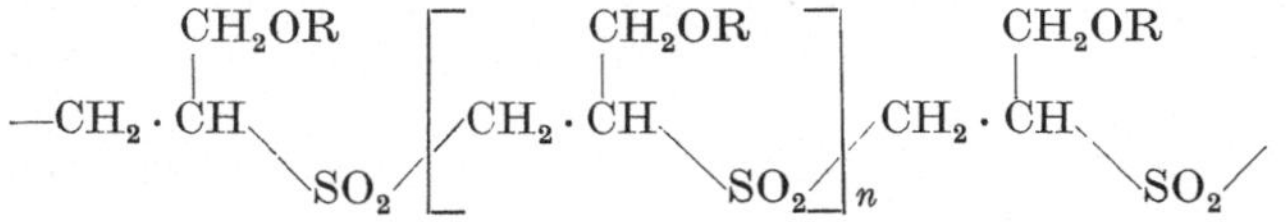

$$\mathrm{-CH_2\cdot CH\underset{SO_2}{\overset{CH_2OR}{<}}\left[CH_2\cdot CH\underset{SO_2}{\overset{CH_2OR}{<}}\right]_n CH_2\cdot CH\underset{SO_2}{\overset{CH_2OR}{<}}}$$

Nach Marvel[2] hingegen scheint eine andere Bauart in den Polymeren vorzuherrschen:

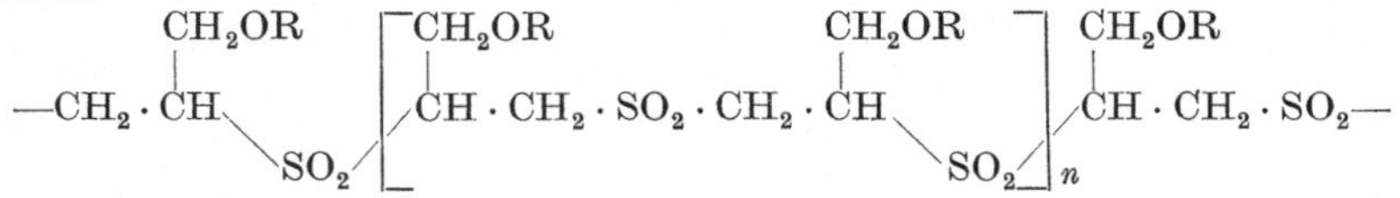

$$\mathrm{-CH_2\cdot CH\underset{SO_2}{\overset{CH_2OR}{<}}\left[CH\cdot CH_2\cdot SO_2\cdot CH_2\cdot CH\underset{SO_2}{\overset{CH_2OR}{<}}\right]_n CH\cdot CH_2\cdot SO_2-}$$

Durch die Einwirkung von NH_3 auf die verschiedenen Polysulfone entstehen cyclische Verbindungen von z. B. folgender Struktur:

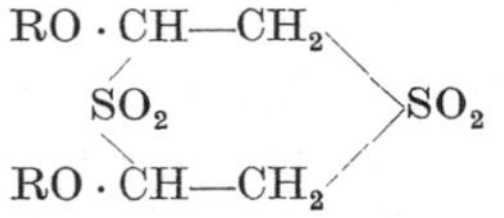

$$\mathrm{\underset{RO\cdot CH-CH_2}{\overset{RO\cdot CH-CH_2}{SO_2}}\,>\!SO_2}$$

(ausgenommen bei Cyclohexenpolysulfon und Isobutenpolysulfon), woraus die oben angeführte Bauart der Polymeren an Wahrscheinlichkeit gewinnt[3]. Die Struktur von *Sulfinsäureestern* ist auszuschließen, da die Polymeren sich gegenüber Oxydationsmitteln (Umkrystallisieren aus HNO_3!) außerordentlich beständig erweisen. **Alkali** wirkt sofort *depolymerisierend*.

Die polymeren Sulfone sind Fadenmoleküle[4], wobei die Gliederzahl der Bausteine 2000 und mehr betragen kann. Die Polymeren sind in den gebräuchlichen organischen Lösungsmitteln vollkommen unlöslich, einzelne lassen sich in konz. Mineralsäure umlösen. Im letzteren Falle scheinen die allenfalls in der Seitenkette vorhandenen Methylgruppen einen positiven Einfluß auszuüben.

Die Bildung von monomeren, leichtlöslichen und von polymeren, unlöslichen Produkten hängt nur von der SO_2-Konzentration und von der Art des Katalysators ab[5].

Die Addition von SO_2 bedarf — wie schon erwähnt — katalytischer Einwirkung, wobei nur **Peroxyde** wirksam scheinen. An erster Stelle in dieser Hinsicht steht **peroxydhaltiger Äther** oder **gealteter Paraldehyd**[6]

---

[1] Staudinger: Ber. dtsch. chem. Ges. **58**, 1088 (1925).

[2] J. Amer. chem. Soc. **59**, 707, 1014 (1937). Vgl. S. 310.

[3] Glavis, Rydén, Marvel: J. Amer. chem. Soc. **59**, 708 (1937).

[4] Ryden, Marvel: J. Amer. chem. Soc. **57**, 2311 (1935) geben durchschnittliche Molekulargewichte von 100000 bis 200000 an. — Vgl. Staudinger, Ritzenthaler: Ber. dtsch. chem. Ges. **68**, 455 (1935).

[5] Vgl. Harries: Liebigs Ann. Chem. **383**, 166 (1911). — Ostromysslenski: J. russ. physik.-chem. Ges. **47**, 1983 (1915). — Eigenberger: J. prakt. Chem. **127**, 325 (1930); **129**, 312 (1931); **131**, 289 (1931).

[6] Dieser sogenannte „gealterte" Paraldehyd enthält *Peressigsäure*. — Marvel, Glavis: J. Amer. chem. Soc. **60**, 2622 (1938).

bzw. **Ascaridol**[1]. Ihnen folgen **Ozon** in $CHCl_3$, **Benzoepersäure** und schließlich **Benzoylperoxyd**.

Einen Zusammenhang zwischen Struktur und Fähigkeit zur Heteropolymerisation kann man ebenfalls beobachten. Substanzen, welche eine $CH=CH \cdot CO$-Gruppe oder die Äthylenbindung *nicht* endständig aufweisen, zeigen selbst bei Anwendung stärkster Katalysatoren *keine* Fähigkeit, Heteropolymerisate mit SO_2 einzugehen, z. B. Oleylalkohol, Crotonaldehyd, Acrolein, Methylvinylketon, Acrylsäuremethylester, Crotonsäureester, Cyclohexylacetylen, Dimethylacetylen, tert. Butylacetylen, und allgemein Olefine, welche Cl, CN, phenolisches OH, CHO, CO und Carbäthoxygruppen in Nachbarstellung zur Äthylenbindung enthalten, zeigen keine oder nur sehr geringe Tendenz zur Heteropolymerisation.

Praktisch wird stets *ohne* Verdünnungsmittel gearbeitet, denn in Lösung beobachtet man eine ausgeprägte Bildung von *Sulfonen* monomerer Natur[2].

Äthylen und SO_2 gibt bei Zusatz von **peroxydhaltigem Äther** ein amorphes hochmolekulares Produkt, das in allen organischen Lösungsmitteln unlöslich ist. Das Produkt zeigt einen Zersetzungspunkt[3] von 300—310^0 [4]. Aus *Propen und SO_2* wird mit dem gleichen Katalysator oder mit **peroxydhaltigem Paraldehyd** ein Produkt von der Summenformel $(C_3H_6O_2S)_x$ erhalten, aus dem mit Ammoniak in guter Ausbeute ein Disulfon vom F. 334^0 erhalten werden kann[5].

Mit der Wirksamkeit verschiedener Katalysatoren bei der Heteropolymerisation von *Buten-2 und SO_2* beschäftigten sich SNOW und FREY[6]. Besonderes Augenmerk wurde auf die Wirksamkeit der **Nitrate** neben **Sauerstoff, Benzoylperoxyd** und **Diäthylperoxyd** gelegt. An Hand der nachstehenden Tabelle möge die Aktivität einzelner Nitrate gegenübergestellt werden:

Tabelle 24.

Äquimolekulare Mengen von	Polymerisation in Prozent nach Stunden									
	1,5	2	3	6	9	14	18	24	96	120
Silbernitrat ...	—	—	—	60	—	100	—	—	—	—
Lithiumnitrat .	—	—	10	—	—	90	100	—	—	—
Ammonnitrat .	10	25	—	90	100	—	—	—	—	—
(Salpetersäure)	—	—	3	—	—	—	—	25	75	100

Die Wirksamkeit der einzelnen Katalysatoren hängt selbstverständlich von der *Löslichkeit* derselben in der Reaktionsmischung ab. Untersucht wurde die

---

[1] Das einzige in der Natur vorkommende, bisher bekannte Peroxyd des α-Terpinen: Vgl. Chem. Zbl. **1933 I**, 1774.

$$\begin{array}{c} CH_3 \\ | \\ C \\ CH_2 \quad O \quad CH \\ | \quad\;\; | \quad\;\; \| \\ CH_2 \quad O \quad CH \\ C \\ | \\ CH \\ CH_3 \quad CH_3 \end{array}$$

[2] Vgl. PIPIK: Chem. Zbl. **1940 I**, 2146.

[3] Die Zersetzungspunkte sämtlicher Polysulfone sind von der Art des Erhitzens abhängig. [4] STAUDINGER, RITZENTHALER: Ber. dtsch. chem. Ges. **68**, 466 (1935).

[5] Siehe Anm. 4, und GLAVIS, RYDEN, MARVEL: J. Amer. chem. Soc. **59**, 707 (1937). — HUNT, MARVEL: J. Amer. chem. Soc. **57**, 1691 (1935). — Amer. P. 2 045 592.

[6] Ind. Engng. Chem. **30**, 176 (1938).

Wirksamkeit folgender Katalysatoren[1]: **Äthylnitrit, Berylliumnitrat, Thallium-nitrat, Magnesiumperchlorat, Perchlorsäure, Calciumnitrat, Nitroprussidnatrium, Phenylmercurinitrat, Mercurinitrat, Triphenylwismut, Tetraäthylblei, Diäthyl-quecksilber, Zirkonnitrat, Titannitrat, Natriumnitrat, Uranylacetat, Bariumnitrat, Strontiumnitrat, Bleinitrat, Kobaltnitrat, Isoamylnitrit, Natriumchlorat.**

Die Wirkung von **Metallalkylen** bzw. **Metallarylen** ist wahrscheinlich mit der Bildung von freien Radikalen, welche den Reaktionsprozeß durch Keimbildung auslösen, erklärlich. Die in obenstehender Tabelle besonders auffallende geringe Wirksamkeit der **Salpetersäure** scheint mit der Zerstörung bzw. Oxydation der polymerisationsfähigen Doppelbindung des Olefins oder mit der Oxydation des SO_2 (letzteres ist infolge der Abwesenheit von Wasser kaum wahrscheinlich) in Zusammenhang zu bringen. Bei der Polymerisation lassen sich am Ende der Reaktion stets Spuren von freier *Schwefelsäure* (Spuren von Wasser!) und polymeren Olefinen nachweisen.

Im Falle der Reaktion von *n-Buten mit SO_2* wirkt anwesendes *Isobuten* hindernd. An dieser Stelle muß an die Polymerisation der Butene für sich mit Phosphorsäure erinnert werden, wo gleichfalls eine Beeinflussung der Polymerisationsfähigkeit durch verschieden gebaute Butene aufeinander nachweisbar ist. Bei der Heteropolymerisation von normal gebauten Olefinen mit SO_2 können auch stets *asymmetrisch substituierte Äthylene* als *Verzögerer* wirken. Leider sind über die Zusammenhänge zwischen Struktur und Fähigkeit zur Heteropolymerisation keine ausreichenden Unterlagen zur endgültigen Erklärung dieser Erscheinungen vorhanden.

Neben den genannten Katalysatoren ist auch *Wärme* und *Licht* (im Bereich unter 3800 Å) wirksam.

Von weiteren untersuchten Heteropolymerisationen von Olefinen mit SO_2 möge die nachfolgende Aufstellung Aufschluß geben:

Tabelle 25.

Olefin	Summenformel des Endproduktes	Zersetzungs-punkt ⁰ C	Katalysator	Literatur
Isobuten ..	$(C_4H_8O_2S)_x$	340	Wasserstoffsuperoxyd und gealterter Paraldehyd	[2]
Penten-2 ..		290—300	Ascardiol, Wasserstoffsuperoxyd und gealterter Paraldehyd	[2, 3]
Penten-1 ..	$(C_5H_{10}O_2S)_x$	340	Ascaridol	[2, 3]
Octen-1 ...		175—200	Wasserstoffsuperoxyd und gealterter Paraldehyd	[2, 3]
Nonen-1 ..		300	Wasserstoffsuperoxyd und gealterter Paraldehyd	[2, 3]

In allen Fällen wird der verflüssigte Kohlenwasserstoff mit flüssigem SO_2 nach Zusatz des Katalysators bei tiefer Temperatur in einem Druckgefäß zusammengebracht und einige Tage bei Raumtemperatur sich selbst überlassen.

Cyclohexen und SO_2 geben nach Zusatz von **Ascaridol** oder **Wasserstoffsuperoxyd** nach einigen Stunden ein in Chloroform und Dioxan lösliches Polysulfon vom F. über 200⁰. Die Ausbeute ist gering[4]. *Ozonisiertes Cyclohexen* zeigt kein anderes Verhalten im Reaktionsverlauf. Das *Cyclohexadien* ist be-

---

[1] Die Wirksamkeit nimmt der Reihe nach ab.
[2] Ryden, Marvel: J. Amer. chem. Soc. **57**, 2312 (1935).
[3] Ryden, Glavis, Marvel: J. Amer. chem. Soc. **59**, 707 ,1014 (1937).
[4] Ryden, Glavis, Marvel: J. Amer. chem. Soc. **59**, 1014 (1937). — Frederick, Cogan, Marvel: J. Amer. chem. Soc. **56**, 1815 (1934). — Seyer, King: Ebenda **55**, 3140 (1933).

fähigt, auch *ohne* Katalysatoren mit SO_2 polymere Produkte zu liefern. Ob dabei Verunreinigungen *peroxydischer Natur*, die sich stets in geringen Mengen in mit der Luft in Berührung gestandenem Cyclohexadien nachweisen lassen, katalytisch wirksam sind, muß an dieser Stelle festgehalten werden.

3-Methylcyclohexen reagiert mit SO_2 nur wenig und liefert in geringer Ausbeute ein Polymerisat vom F. 270°, während *3-Cyclohexylpropen* in guter Ausbeute ein Polymeres vom F. 330° ergibt. In beiden Fällen wird ein Gemisch von **Wasserstoffsuperoxyd** und **Paraldehyd** als Aktivator verwendet[1].

Vinylchlorid und SO_2[2]. Gleiche Volumina von flüssigem *Vinylchlorid* und SO_2 sowie $^1/_2$ Vol. 95proz. Alkohol mit $^1/_5$ Vol. aktivem Paraldehyd (enthält **Peressigsäure**) werden unter guter Kühlung vereinigt und in der Druckflasche allmählich auf Raumtemperatur anwärmen gelassen. Nach einer Stunde oder mehr beginnt die Fällung eines unlöslichen Produktes, das durch Eingießen in Äther und wiederholtes Waschen mit Alkohol gereinigt wird. Die Ausbeuten betragen 5—30%. Das Polymere ist in Dioxan wenig löslich und besitzt folgende Zusammensetzung:

$$(C_4H_6Cl_2O_2S)_x \qquad F. 250—275° (Zers.),$$

enthält somit die doppelte Menge an Olefin als gewöhnlich.

Auf Grund von *alkalischen* Abbaureaktionen kann diesen Polymeren folgende Struktur zugeordnet werden:

$$-[-SO_2 \cdot CHCl \cdot CH_2 \cdot CHCl \cdot CH_2-]_{\overline{x}}$$

Durch flüssiges NH_3 oder verdünntes Alkali erhält man *kein* cyclisches Disulfon wie bei den anderen Olefinpolysulfonen.

Ascaridol oder *Benzoylperoxyd* sind interessanterweise als Katalysatoren beim Vinylchlorid unwirksam. Reine **Peressigsäure** erweist sich als sehr aktiv.

Vinylbromid[1] *und Allylchlorid*[3] werden durch **Peressigsäure** bzw. durch *peressigsäurehaltigen Paraldehyd* zur Heteropolymerisation mit *SO_2* angeregt. *Allylbromid* zeigt *keine* Fähigkeit Heteropolymerisation einzugehen[3].

Über die katalytische Wirkung von **Ascaridol** bei der Heteropolymerisation von *Allylcyanid, Allylessigsäure, p-Bromallylbenzol, o-Allylphenol, o-Allylanisol, Undecylenalkohol, Undecylensäure* und *Undecylensäuremethylester* mit *SO_2* berichten Ryden und Mitarbeiter[4]. Die Ausbeuten sind durchwegs gut und führen meist zu schwer löslichen kautschuk- oder glasähnlichen Produkten.

Bei den Acetylen-Schwefeldioxyd-Heteropolymerisaten werden die gleichen Verhältnisse wie bei den Äthylenkohlenwasserstoff-Heteropolymerisationen angetroffen. Auch hier gelten die gleichen katalytischen Einflüsse und strukturellen Abhängigkeiten für das Bestreben Polymerisationsreaktionen einzugehen.

Die Acetylenpolysulfone können verschiedene Struktur aufweisen, wie Marvel und Mitarbeiter feststellen konnten[5]:

$$\left[\begin{array}{c} C=CH \\ R \end{array} SO_2 \begin{array}{c} CH=C \\ R \end{array} SO_2\right]_n \quad oder \quad \left[\begin{array}{c} C=CH \\ R \end{array} SO_2 \begin{array}{c} C=CH \\ R \end{array} SO_2\right]_n$$

Acetylenpolysulfon selbst existiert im Gegensatz zum Äthylenpolysulfon *nicht*.

Methylacetylen. 10 ccm flüssiges SO_2 und 10 ccm *Methylacetylen* (bzw. anderer substituierter Acetylene) werden in der Druckflasche mit 5 ccm Alkohol versetzt und über Nacht unter Kühlung stehen gelassen. Hierauf werden 1—5 ccm längere Zeit gestandener **Paraldehyd** zugegeben und bei Raumtemperatur unter Verschluß

---

[1] Ryden, Marvel: J. Amer. chem. Soc. **57**, 2312 (1935).
[2] Marvel, Glavis: J. Amer. chem. Soc. **60**, 2622 (1938). — Marvel, Dunlap: Ebenda **61**, 2709 (1939).
[3] Marvel, Glavis: J. Amer. chem. Soc. **60**, 2625 (1938). — Amer.P. 2114292.
[4] Ryden, Glavis, Marvel: J. Amer. chem. Soc. **59**, 1014 (1937).
[5] Marvel, Williams: J. Amer. chem. Soc. **61**, 2710 (1939).

einige Tage aufbewahrt. Durch Eingießen der Reaktionsmischung in Wasser und Waschen der auftretenden Fällung mit Alkohol und Äther gewinnt man in 40proz. Ausbeute ein amorphes, weißes Produkt von der Zusammensetzung $(C_3H_4O_2S)_x$, welches sich bei 250—260⁰ zersetzt und in allen gewöhnlichen organischen Lösungsmitteln unlöslich ist[1].

Äthylacetylen, n-Butylacetylen und *n-Amylacetylen* werden unter den gleichen Bedingungen mit *Schwefeldioxyd* umgesetzt, wobei als Katalysator **gealterter Paraldehyd (Peressigsäure)** Verwendung findet[2].

Die Wirkung von **Ascaridol** als Katalysator wurde an folgenden Acetylenen festgestellt: *Pentin-1, Nonin-1, Pentadecin-1, Phenylacetylen* und *Cyclohexylpropin*[3]. Die erhaltenen Heteropolymerisate unterscheiden sich bloß durch die verschiedenen Zersetzungspunkte und ihre Löslichkeit.

Butadien-1,3. Zu 15 ccm verflüssigtem *Butadien* und 10 ccm flüssigem SO_2 werden 2—3 ccm **peroxydhaltiger Äther** zugesetzt, worauf eine explosionsartige Polymerisationsreaktion einsetzt. In 50—60proz. Ausbeute läßt sich eine leicht pulverisierbare Substanz der Zusammensetzung $(C_4H_6O_2S)_n$ vom Zersetzungspunkt 200—220⁰ gewinnen[4].

Setzt man wechselnde Mengen von *Phenolen* zu, so bleibt die Reaktion beim Monobutadiensulfon stehen. Phenole scheinen somit die Wirkung negativer Katalysatoren zu besitzen. In diesem Zusammenhang ist auf die Redoxreaktion Sauerstoff bzw. Peroxyd-Phenole hinzuweisen, die auch hier zutreffen würde.

Isopren reagiert unter den gleichen Bedingungen ebenfalls. Die negative Wirkung der Phenole wurde hier näher untersucht und die Abhängigkeit der Ausbeute an monomerem Isoprensulfon[5] und Polysulfon als Vergleichsgrundlage der Wirkung gewählt[4].

Tabelle 26.

Gewichts-prozente von	Pyrogallol	Brenzcatechin	Hydrochinon
0,5	16 g M	9 g M	10 g M
	3 g P	10 g P	9,3 g P
1,0	18,5 g M	17 g M	14 g M
	1,0 g P	2 g .P	4 g P

M = monomeres Sulfon.   P = Polysulfon.

Die vorstehende Tabelle 26 veranschaulicht das Ausbeuteverhältnis bei einem Ansatz von 15 ccm Isopren, 10 ccm SO_2 und einer Reaktionsdauer von 12 Stunden.

Das vorhin Gesagte gilt auch für die Heteropolymerisation von *2,3-Dimethylbutadien-1,3* mit SO_2[4].

Styrol reagiert mit flüssigem SO_2 nach Zusatz von **Wasserstoffsuperoxyd, Paraldehyd** (gealtert) oder **Ascaridol** in gewohnter Weise zu einem Polysulfon vom F. 185—190⁰ (Zers.) in wechselnder Ausbeute. Durch die Einwirkung von Ammoniak auf das Polymerisat wird eine *Depolymerisation* zum cyclischen Sulfon vom F. 280⁰ herbeigeführt[6].

Es werden in Literatur noch die Mischpolymerisationen von *Penten-1* und *Hendecaen-10-ol-1*, von *Penten-1* und *Undecen-10-säuremethylester*, von *Penten-1* und *Phenylacetylen*, von *Penten-1* und *Vinylchlorid* sowie *Phenylacetylen* und *Vinylchlorid* mit *Schwefeldioxyd* unter dem Einfluß von **Peroxyden** beschrieben[7]. In den einzelnen Beiträgen werden auch Strukturfragen erörtert.

---

[1] Ryden, Marvel: J. Amer. chem. Soc. **58**, 2047 (1936).

[2] Siehe Anm. 1. Auch *Phenylacetylen* wurde mit dem gleichen Katalysator zur Heteropolymerisation angeregt, dabei fand sich mit dem durch **Ascaridol** erhaltenen Produkt kein Unterschied.

[3] Ryden, Glavis, Marvel: J. Amer. chem. Soc. **59**, 1014 (1937).

[4] Staudinger, Ritzenthaler: Ber. dtsch. chem. Ges. **68**, 468 (1935) und S. 341.

[5] Eigenberger [J. prakt. Chem. **129**, 312 (1929)] hat festgestellt, daß das monomere Isoprensulfon in *zwei* Formen existiert.

[6] Glavis, Ryden, Marvel: J. Amer. chem. Soc. **59**, 707, 1014 (1937).

[7] Marvel, Davis, Glavis: J. Amer. chem. Soc. **60**, 1450, 2624, 2625 (1938).

Oxydation und Reduktion.

Oxydation mit molekularem Sauerstoff in flüssiger Phase.

Von

ALFONS SCHÖBERL, Würzburg.

Inhaltsverzeichnis.

I. Einleitung.

1. Bedeutung von Autoxydationsprozessen für Wissenschaft und Technik.

Der Sauerstoff beherrscht in der Atmung souverän das Leben auf unserer Erde. Chemiker und Physiologen waren von jeher von den erstaunlichen Leistungen dieses Oxydationsmittels bei den Verbrennungsvorgängen in der belebten Natur überrascht. Denn es ist eine alte Erfahrungstatsache, daß die bei den Atmungsprozessen so leicht abbaubaren organischen Verbindungen sich im Reagenzglas merkwürdig stabil gegenüber Sauerstoff verhalten. Der starken Oxydationsleistung des O_2 in der Zelle entspricht nur eine schwache und träge Leistung im Laboratorium. Um die Klärung dieses grundsätzlichen Verhaltens ging es in zahlreichen Arbeiten der letzten Jahrzehnte über Autoxydationsvorgänge an organischen Verbindungen. In wissenschaftlicher Hinsicht wollte man in erster Linie Verständnis für die so komplizierten *Atmungsvorgänge* gewinnen, und es ist nicht zu leugnen, daß in dieser Richtung sehr große Fortschritte erzielt wurden. Wir verstehen die *oxydativen Leistungen* des O_2 in der Zelle zu einem großen Teil und sehen dabei ein bestechendes Bild regster Tätigkeit von *Biokatalysatoren*. Zugleich beginnen sich mit einer solchen Zielsetzung die verschlungenen oxydativen *Abbauwege* für wichtige organische Substanzklassen zu klären.

Oxydationen mit molekularem Sauerstoff, für die man bekanntlich, so sie unter milden Reaktionsbedingungen verlaufen, den heute sehr weit gefaßten Begriff der *Autoxydation*[1] prägte, sind aber auch für einige wichtige technische Probleme nicht ohne Belang. Wir erinnern uns an das Erhärten der Öle in der Anstrichtechnik, an die großtechnische Herstellung einfacher Fettsäuren durch Luftoxydation der Aldehyde, an die Veränderlichkeit einer Reihe technisch verwerteter ungesättigter und gesättigter organischer Verbindungen bei Luftzutritt, an die Verarbeitung der Küpenfarbstoffe und manches andere mehr. Auch auf diesen Gebieten wurde das Beispiel der Natur in der Benutzung zahlreicher und wirksamer Katalysatoren nachgeahmt. In sehr vielen Untersuchungen ist man dieser katalytischen Beeinflussung der Autoxydationsvorgänge nachgegangen, wobei allerdings wie auf wenig anderen Gebieten der organischen Chemie die Anlehnung an Stoffwechselvorgänge im Vordergrund des Interesses stand. Eine Wertung der Versuchsergebnisse ist angesichts einer angestrebten umfassenden Theorie der Atmung in diesem Sinne mehrfach in einseitiger Ausrichtung nach

---

[1] M. Traube: Ber. dtsch. chem. Ges. **26**, 1471 (1893).

physiologisch-chemischen Gesichtspunkten in den letzten Jahren vorgenommen worden[1].

Die vorliegende Zusammenfassung hingegen verfolgt ein anderes Ziel. Hier handelt es sich um die scharfe Herausarbeitung der *katalytischen Einflüsse* bei der Einwirkung von molekularem O_2 auf organische Substanzen und die Schilderung der sich hieraus ergebenden *präparativen Möglichkeiten*. Es bedeutet dies eine Einschränkung nach der theoretischen Seite und in der Stoffauswahl. Überlegungen über den Reaktionsmechanismus und über die Wirkungsweise der Katalysatoren werden bei den einzelnen Kapiteln nur insoweit gepflogen, als dies zum Verständnis der katalytischen Prozesse notwendig erscheint und zu weiteren Versuchen anregt. So sollen also die Erörterungen bewußt das *experimentell Erreichbare* in den Vordergrund stellen.

2. Reaktionsträgheit des molekularen Sauerstoffes.

Der molekulare O_2 ist zwar kein ideales, aber ein billiges Oxydationsmittel. Obwohl er ein starkes Oxydationsmittel und im Sinne WIELANDS einen Wasserstoffacceptor mit hoher Hydrierungswärme darstellt, lehrt die Erfahrung, daß oxydierbare organische Verbindungen bei niedriger Temperatur von ihm entweder überhaupt nicht oder nur sehr langsam angegriffen werden. Auf der anderen Seite aber sehen wir, daß er in der tierischen Zelle bei 37^0 die Nahrungsstoffe und ihre Abbauprodukte glatt zu CO_2 und H_2O verbrennt. Es ist in diesem Zusammenhang auch zu bedenken, daß die primäre Hydrierung des O_2 zu *Hydroperoxyd* einen wesentlich geringeren Energiebetrag als die Hydrierung zu *Wasser* verfügbar macht, daß aber die *Acceptoreigenschaft von Hydroperoxyd* zu einer Erhöhung des Potentialgefälles und damit zu einer Ausweitung der oxydativen Leistung führen kann. Diese für alle Autoxydationsvorgänge grundlegenden Überlegungen können eine Überlagerung mehrerer Reaktionen und damit eine Erschwerung der Entwirrung von Reaktionsmechanismus und Kinetik bedingen. Jedenfalls bietet aber die fast stets zutage tretende *Reaktionsträgheit* des molekularen O_2 für Katalysatoren geradezu ideale Betätigungsmöglichkeiten. Bei den weitaus meisten Autoxydationen müssen zur Erzielung eines ausreichenden Stoffumsatzes diese Hilfsstoffe herangezogen werden. Hierbei wollen wir im Rahmen dieses Berichtes von einer unspezifischen Katalyse, wie etwa durch Licht, H- oder OH-Ionen und Lösungsmittel, absehen. Der ungesättigte Charakter organischer Verbindungen vermag die Grundlage für eine zumeist langsame, mitunter autokatalytisch verlaufende Autoxydation zu schaffen. Die *Radikale*, z. B. Triphenylmethyl, allerdings pflegen ihre freien Valenzen sehr rasch durch O_2 abzusättigen. Dies ist deswegen wichtig, weil man heute Radikalbildung bei vielen Autoxydationsprozessen diskutiert. Die Reaktionsträgheit ist also die Ursache dafür, daß der Sauerstoff trotz seiner Vorteile im Laboratorium verhältnismäßig selten zu Oxydationsleistungen herangezogen wird. Sie zu überwinden ist die nicht unwichtige Aufgabe der „*anorganischen Oxydasen*", wie man die anorganischen Katalysatoren für die O_2-Aktivierung im Vergleich zu den entsprechenden Hilfsstoffen der Atmung nennen könnte.

3. Stand der Forschung und offene Probleme.

Auf dem Gebiete der katalytischen Beeinflussung der Autoxydation organischer Verbindungen ist besonders in den letzten 15 bis 20 Jahren ein umfang-

---

[1] Vgl. die zusammenfassenden Darstellungen von W. FRANKE in H. v. EULER: Chemie der Enzyme, 2. Teil, 3. Abschnitt, München 1934, und in NORD-WEIDENHAGEN: Handbuch der Enzymologie Bd. 2, Leipzig 1940.

reiches Tatsachenmaterial zusammengetragen worden, das aber immer noch für einige Fragen der präparativen organischen Chemie Lücken aufweist. Letzteres ist bedingt durch die schon angedeutete Ausrichtung fast sämtlicher Versuche nach physiologisch-chemischen Gesichtspunkten. Immerhin verfügen wir heute bei fast allen in Frage kommenden Stoffklassen über gut wirksame Katalysatoren, die wenigstens den wichtigsten Anforderungen genügen und auch praktisch verwertbar sind. Man kann sich aber des Eindruckes nicht erwehren, daß noch nicht alle Möglichkeiten der Verwertung der Oxydationskraft des O_2 erschöpft sind. Freilich ist die *gelenkte* Oxydation auch hier vielfach eine schwer zu erfüllende Aufgabe, aber die Verbrennung der Kohlenstoffverbindungen zu CO_2 und H_2O gibt eben letzten Endes nur über die Stabilität der Verbindungen Auskunft. Mit dieser Feststellung wollen wir keinesfalls die Bedeutung von oxydativen Abbauversuchen herabmindern, wie sie etwa für das Verständnis der Atmungsvorgänge notwendig sind.

Unter den Bedingungen der O_2-Oxydationen fällt einem auf, daß man in den meisten Fällen bei *gewöhnlicher* bzw. *Körpertemperatur* oxydierte. Höhere Temperaturen sind eigentlich nur bei der Oxydation der Paraffine, gelegentlich auch bei der der Aldehyde, benutzt worden. Außerdem hat man sich fast ausschließlich auf das Arbeiten in *wässerigen* Lösungen beschränkt und Autoxydationen in organischen Lösungsmitteln stark vernachlässigt. In der Auswahl der metallischen Katalysatoren bedingt die durch die zellphysiologische Bedeutung nahegelegte Vorliebe für das *Eisen* eine starke Einseitigkeit, die präparativ nicht immer gerechtfertigt war. Schließlich herrscht über die *Wirkungsweise der Metallkatalysatoren* auch noch manche Unklarheit, was teilweise vielleicht darauf zurückzuführen ist, daß die stöchiometrische Umsetzung zwischen Metallverbindung und Substrat nicht immer genügend untersucht wurde. Ferner bedarf die Beschleunigung von Autoxydationen durch *organische Verbindungen* noch einer intensiven Bearbeitung und die *heterogene Katalyse* ist, was präparative Verwertbarkeit anlangt, nicht über die Anfänge hinausgekommen.

II. Reaktionsmöglichkeiten für den molekularen Sauerstoff.

Bekanntlich vermag der molekulare O_2 in zweifacher Weise mit organischen Verbindungen zu reagieren. Entweder lagert er sich an sie an oder bricht H-Atome aus den Molekülen heraus und dehydriert sie. Für den Chemismus einer Autoxydation und für die Formulierung der Katalyse ist es in gleicher Weise notwendig, beide Oxydationsvorgänge gut auseinanderzuhalten. Freilich kommen auch Überschneidungen vor und sorgen für eine Komplizierung der Verhältnisse, da Dehydrierungen unter gleichzeitigem Eintritt von O_2 ebenfalls möglich sind[1].

1. Sauerstoffaufnahme oxydabler Systeme.

Der durch die Anwesenheit von Kohlenstoffdoppelbindungen oder CO-Gruppen bedingte ungesättigte Charakter bietet die Veranlassung zu einer direkten O_2-Aufnahme. Dies ist bei Olefinen, Terpenen, ungesättigten Fettsäuren und Fetten und bei Aldehyden und anderen Verbindungen gut bekannt. Aber auch in gesättigte Verbindungen, wie etwa in Paraffine oder in Äther kann der O_2 direkt eintreten. Als Folge davon werden z. B. in den Substraten peroxydische Bindungen ausgebildet oder es entstehen OH-, CO- und COOH-Gruppen. In solchen Systemen führen Sekundärreaktionen oft zu verwickelt zusammengesetzten Substanzgemischen und zu erheblichen Schwierigkeiten bei der Aufarbeitung.

---

[1] Vgl. H. Wieland: Ergebn. Physiol. **20**, 477 (1922).

2. Wasserstoffabgabe oxydabler Systeme (Dehydrierung).

Im Gegensatz hierzu bietet eine Dehydrierung ein verhältnismäßig einfaches Bild. Die Ablösung der H-Atome kann entweder paarweise wie bei den Alkoholen, Polyphenolen, Leukofarbstoffen oder Ascorbinsäure geschehen, oder es wird nur ein H-Atom wie in den Thiolen wegoxydiert. Für Dehydrierungen charakteristisch ist, daß die H-Atome des Substrats den molekularen O_2 zu *Hydroperoxyd* hydrieren, dessen mitunter quantitative Bildung sich in allen Fällen nachweisen ließ. Bekanntlich hat diese Hydroperoxydentstehung bei solchen Autoxydationen wesentlich zu der Entwicklung des Begriffes der Wasserstoffaktivierung im Sinne von WIELAND[1] beigetragen. Jedoch wollen wir hier schon vermerken, daß bei den durch Cu- oder Fe-Salze katalysierten Dehydrierungen keine direkte Übertragung des Wasserstoffes auf den O_2 erfolgt.

3. Folgereaktionen bei den Oxydationsprozessen.

Bei Oxydationsprozessen der vorliegenden Art muß man neben der primären Oxydationsleistung des Sauerstoffes noch sekundäre, durch entstehende Reaktionsprodukte ausgelöste Oxydationen beachten. Solche Oxydationen können von instabilen Primärperoxyden einerseits und von Hydroperoxyd andererseits ausgehen. Es ist dies deshalb zu bedenken, weil auch die Folgereaktionen sich durch die Katalysatoren beeinflussen lassen[2]. So bedingt also die Verwendung des O_2 als Oxydationsmittel in manchen Fällen einen recht unübersichtlichen Reaktionsverlauf. Zugleich treten aber damit die charakteristischen Züge einer O_2-Oxydation deutlich in Erscheinung. Die vielen „induzierten" Autoxydationen, bei denen im Verlaufe von Sauerstoffoxydationen nicht oxydable Substanzen mitverbrannt werden, deren Behandlung aber in diesem Bericht nicht vertretbar erscheint, lassen die mit der O_2-Aufnahme des Induktors direkt verknüpften Sekundärreaktionen ja besonders klar erkennen. Man hat den „induzierten" Autoxydationen, in denen der die Oxydation vermittelnde Hilfsstoff in hoher Konzentration anwesend ist und daher keine echte Katalyse vorliegt, im Zusammenhang mit der Reaktionsweise des molekularen O_2 und deren katalytischen Beeinflussung durch Eisen viel Beachtung geschenkt.

A. Homogene Katalyse.

I. Reaktionsbedingungen und Stoffauswahl.

Bei Autoxydationsvorgängen kommt der homogenen Katalyse, bei der die wirksamen Substanzen entweder in Lösungen oder in den flüssigen Substraten selbst gelöst sind, die größte praktische Bedeutung zu. Die meisten Versuche erstreckten sich auf wässerige Systeme, in denen p_H und Anwesenheit von Neutralsalzen mitunter eine erhebliche Rolle spielen, während in organischen Lösungsmitteln eigentlich recht selten gearbeitet wurde. Es liegt auf der Hand, daß alle diese Gesichtspunkte den Zustand der Katalysatoren in den Lösungen und damit die Katalyse selbst beeinflussen. In flüssigen Substraten waren z. B. gut die Schwermetallsalze organischer Säuren als Hilfsstoffe brauchbar. Über die Verfolgung des Reaktionsablaufes ist zu sagen, daß dies in der Mehrzahl der Fälle durch quantitative Ermittlung des O_2-Verbrauches vorgenommen wurde, wogegen man auf Substratbestimmungen nur in wenig Beispielen zurückgriff. Zur

---

[1] Vgl. H. WIELAND: Über den Verlauf der Oxydationsvorgänge. Stuttgart 1933. — A. BERTHO: Ergebn. Enzymforsch. **2**, 204 (1933).

[2] Auf Sekundärvorgänge anderer Art, wie Polymerisationsreaktionen u. dgl., kann nicht eingegangen werden.

genauen Festlegung und Beschreibung einer Autoxydation waren Angaben über die Geschwindigkeit und Höhe des O_2-Verbrauches erforderlich. Daß mitunter für die Herausarbeitung klarer katalytischer Effekte auf die Reinheit von Reagenzien und Lösungen und auf den Einfluß von Licht und Gefäßwänden besonders geachtet werden mußte, versteht sich von selbst[1]. Jedoch wollen wir hier der bei einigen Verbindungen leidenschaftlich diskutierten Prinzipienfrage, ob es eine freiwillige Autoxydation gibt, nicht zuviel Beachtung beimessen.

Die Stoffauswahl war eine beschränkte, da im wesentlichen der ungesättigte Charakter oder labile H-Atome des Substrats die Autoxydierbarkeit unter gelinden Reaktionsbedingungen veranlassen. Es kam darauf an, nicht das Verhalten einzelner Verbindungen, sondern das ganzer Stoffklassen herauszustellen. In diesem Bestreben wurde daher auf die Erwähnung mancher Einzeltatsachen bewußt verzichtet. Nur in der physiologischen Bedeutung einiger Substanzen, wie etwa von Glutathion oder Vitamin C, erblickte man die Berechtigung für eine eingehende Beschreibung.

II. Theorien der Autoxydationsvorgänge.

Die Besonderheiten bei der Einwirkung von molekularem O_2 auf organische Verbindungen hat fast alle Bearbeiter immer wieder zu der Frage hingedrängt, wie es denn nun zu einer Reaktion zwischen O_2 und dem Substrat kommt. Bei den Atmungsvorgängen in der Zelle hielt man die Frage für grundlegend, ob der molekulare O_2 oder das organische Substrat reaktionsfähig gemacht wird, und dieser Dualismus fand auch in den Modellversuchen scharfen Ausdruck. Die Behandlung aller theoretischen Erörterungen auf diesem Gebiet, das seit den Tagen von Liebig und Schönbein bis in unsere Zeit mit besonderer Vorliebe gepflegt wurde, ist in diesem Bericht unmöglich. Wir wollen hier nur einige grundsätzliche und experimentell weitgehend gesicherte Ergebnisse erwähnen, dabei aber nicht vergessen, daß die notwendige Angleichung entgegengesetzter Meinungen zu einer intensiven experimentellen Durcharbeitung verschiedener Teilgebiete Veranlassung gab[2].

Auch bei den Autoxydationen ist es klar, daß die Angriffsweise von der Struktur der autoxydablen Stoffe abhängt. Wenn man dies und die schon besprochenen Reaktionsmöglichkeiten für den O_2 berücksichtigt, versteht man, daß eine einheitliche Auffassung für alle Autoxydationsvorgänge nicht gut möglich ist. In diesem Abschnitt soll daher nur eine allgemeine Behandlung durchgeführt werden, während Einzelangaben für bestimmte Substrate sich in den speziellen Kapiteln vorfinden. Bis zu einem gewissen Grade hatten auch, wenigstens in der Zeit der Entwicklung, die Unterschiede in den theoretischen Vorstellungen von Warburg und Wieland, die für die neuere Durchbildung der Lehre von der Atmung und damit für viele Modellversuche besonders wichtig wurden, ihre tiefere Ursache in strukturellen Voraussetzungen des Substrats.

---

[1] Vgl. Ch. Dufraisse, P. Chovin: Handbuch der Katalyse Bd. 2, S. 353. Wien 1940.

[2] Die älteren Ansichten sind ausführlich besprochen in C. Engler, J. Weissberg: Kritische Studien über die Vorgänge der Autoxydation. Braunschweig 1904. — Von neueren Zusammenfassungen seien genannt: A. Bach: Acta physicochim. UdSSR. 9, 381 (1938). — A. Bertho: Ergebn. Enzymforsch. 2, 204 (1933). — W. Franke: Handbuch der Enzymologie Bd. 2, S. 673. 1940; in H. v. Euler: Chemie der Enzyme, 2. Teil, 3. Abschnitt, S. 76. 1934. — N. A. Milas: Chem. Reviews 10, 295 (1932). — A. Rieche: Angew. Chem. 50, 520 (1937). — H. Wieland: Über den Verlauf von Oxydationsvorgängen. Stuttgart 1933. — K. Zeile: Handbuch der Biochemie des Menschen und der Tiere Bd. 1, S. 708. Jena 1933. — Auch in dem Beitrag von Dufraisse und Chovin in Bd. 2 dieses Handbuches über die negative Katalyse bei Autoxydationsprozessen finden sich einige allgemeine Fragen behandelt.

Jedoch kann die aus dieser Zeit stammende Streitfrage, ob es sich bei den katalysierten Autoxydationen um eine Wasserstoff- oder Sauerstoffübertragung bzw. -aktivierung handelt, als überholt angesehen werden. Im übrigen scheint es fast, daß man bei Dehydrierungsvorgängen die Schwermetallkatalyse in homogener Lösung zu Anfang in der theoretischen Auswertung zu lange unberücksichtigt ließ. Im Gegensatz hierzu baute die Theorie der Sauerstoffaktivierung konsequent auf einer Fe-Katalyse auf.

In den meisten Fällen läßt sich die Einwirkung des Sauerstoffes, den man hier als ungesättigtes Molekül zu betrachten hat, auf organische Stoffe (A, AH_2, AH) durch einen der drei folgenden Reaktionstypen beschreiben (1, 2 und 3):

$$A \quad + O_2 \quad \rightarrow AO_2, \tag{1}$$

$$AO_2 + A \quad \rightarrow 2\,AO, \tag{1a}$$

$$AH_2 + O{=}O \rightarrow A + HO{-}OH, \tag{2}$$

$$AH \ + O{=}O \rightarrow A{-}OOH. \tag{3}$$

Nach Gleichung (1), in der eine echte Oxydation vorliegt, lagert sich O_2 an ungesättigte Systeme unter Bildung eines sogenannten Moloxyds (ENGLER) an, während nach Gleichung (2) eine dehydrierende Autoxydation unter primärer Bildung von H_2O_2 vor sich geht. In Reaktion (3) endlich muß eine Ablösung eines H-Atoms z. B. von einem C-Atom unter Anlagerung von Wasserstoff und Molekülrest an den O_2 erfolgen, ein Vorgang, mit dem wir uns noch zu beschäftigen haben und der in gewisser Hinsicht die Umsetzung (1) ergänzt.

Schließen wir an Gleichung (1) noch die Folgereaktion (1a) an, so haben wir damit in einfachster Weise die bekannte *Peroxydtheorie* von ENGLER und BACH formuliert, deren Anwendungsbereich sich auf ungesättigte Verbindungen, z. B. auf Olefine, Terpene, ungesättigte Fettsäuren und Aldehyde erstreckt. Der wesentlichste Inhalt dieser Theorie läßt sich dahin zusammenfassen, daß durch die Anlagerung des O_2 sauerstoffreiche, labile Primärperoxyde AO_2 mit gesteigerter Oxydationskraft gebildet werden, die dann unter Abgabe eines Teiles des aufgenommenen Sauerstoffes an ein zweites Molekül Substrat mit diesem zusammen in das endgültige Oxydationsprodukt übergehen [Gleichung (1a)]. Die Bedeutung dieser Peroxydtheorie wurde dadurch noch besonders unterstrichen, daß man sie in weitem Umfang zur Deutung induzierter oder katalytischer Vorgänge heranzog. Man hatte dem Primärperoxyd nur die Rolle eines Induktors bzw. Katalysators, der mit einem Akzeptor B reagiert, zuzuerteilen [Gleichungen (1b) und (1c)]:

$$AO_2 + B \ \rightarrow AO + BO \ \text{(Induzierte Autoxydation)}, \tag{1b}$$

$$AO_2 + 2\,B \rightarrow A \ + 2\,BO \ \text{(Katalyse)}. \tag{1c}$$

Die Peroxydtheorie läßt sich keinesfalls für die Erklärung der Autoxydation von gesättigten Verbindungen mit labilen H-Atomen, wie Alkoholen, Phenolen, Thiolen, Hydrazoverbindungen, Aminosäuren und Leukofarbstoffen, verwenden. Hier setzen die Verdienste der WIELANDschen Dehydrierungstheorie ein, bei der dem O_2 in eindeutiger Weise eine Acceptorfunktion zugewiesen wird und die wir im einzelnen nicht mehr näher zu erörtern brauchen[1]. Zu betonen ist nur noch, daß es sich bei beiden Ansichten nicht um ein Entweder-Oder handeln kann. Übrigens entsteht Hydroperoxyd nicht ausschließlich auf dem Wege primärer O_2-Hydrierung, sondern auch durch sekundäre hydrolytische Spaltung von Peroxyden und Persäuren, wie etwa bei der Terpentinöl- oder Fettsäure-

---

[1] Die Vorstellungen von MILAS [Chem. Reviews **10**, 295 (1932)], der verfügbare Elektronen des Substrats als Ursache der O_2-Anlagerung ansieht, führen bei ungesättigten Stoffen nicht weiter und sind bei Dehydrierungen unwahrscheinlich.

autoxydation. Sein Nachweis bei katalytischen Umsetzungen wird mitunter durch katalytische Wirksamkeit von Metallen und Metallsalzen oder von aktiven Oberflächen und durch sekundäre Oxydationsleistungen gegenüber dem Substrat erheblich gestört.

Die von dem obenerwähnten Schema (3) verkörperte Reaktionsweise sucht vor allem Rieche[1] für verschiedene Stoffklassen zu verallgemeinern. Nach diesen Vorstellungen schiebt sich der O_2 in durch benachbarte Doppelbindungen, CO-Gruppen und O-Atome aufgelockerte und aktivierte CH-Bindungen ein, wobei zur Begründung darauf hingewiesen wird, daß entsprechende Peroxyde, in denen z. B. die Doppelbindungen noch vorhanden sind, aus Cyclohexen und Tetralin zu isolieren waren. In diesem Falle vollzieht sich dann die O_2-Aufnahme etwa in der folgenden Weise [Gleichung (4)]:

$$R-CH=CH-CH_2-R + O=O \rightarrow R-CH=CH-\underset{\underset{OOH}{|}}{CH}-R \qquad (4)$$

Franke[2] konnte jedoch zeigen, daß für die Autoxydation ungesättigter Fettsäuren ein solcher Vorgang schwerlich in Frage kommt, da mit dem Eintreten eines Sauerstoffmoleküls zugleich eine Doppelbindung des Substrats verschwindet.

Die Lockerung von H-Atomen in Aldehyden, Ketonen und Äthern kommt schließlich in den Gleichungen (5) mit (7) für die Autoxydation dieser Verbindungen zum Ausdruck:

$$R-CHO \quad + O_2 \rightarrow R-C\underset{OOH}{\overset{O}{\diagup\diagdown}} \qquad (5)$$

$$R-\underset{\underset{H}{|}}{\overset{\overset{H}{|}}{C}}-CO-R + O_2 \rightarrow R-\underset{\underset{OOH}{|}}{\overset{\overset{H}{|}}{C}}-CO-R \qquad (6)$$

$$R-\underset{\underset{H}{|}}{\overset{\overset{H}{|}}{C}}-O-R + O_2 \rightarrow R-\underset{\underset{OOH}{|}}{\overset{\overset{H}{|}}{C}}-O-R \qquad (7)$$

Man muß zugeben, daß diese Vorstellungen gerade im Falle der sauerstoffhaltigen Substanzen einleuchtend sind, daß sie jedoch nicht ohne weiteres den tieferen Grund für die Aktivierung der CH-Bindungen erkennen lassen. Dazu sind zusätzliche Annahmen notwendig. Bei Verbindungen mit olefinischen Doppelbindungen pflegt im allgemeinen der Reaktionsbeginn erst nach einer gewissen „Induktionszeit", die sich durch Zusatz von bereits autoxydiertem Material sofort überwinden läßt, einzusetzen. Hier werden labile Anlagerungsverbindungen der Olefine als wirksam angesehen[3].

Weniger um die Reaktionsweise des Sauerstoffs und die Formulierung der Endprodukte einer Autoxydation geht es, wenn man in den letzten Jahren mehr und mehr eine Erklärung der Vorgänge auf der Grundlage von Kettenreaktionen sucht. Es wird damit die kinetische Seite dieser Prozesse berührt und, wie wir noch sehen werden, bewußt die Brücke zu einer Deutung der Wirksamkeit der Katalysatoren geschlagen. Die Überlegungen von Christiansen[4] über

---

[1] Angew. Chem. **50**, 520 (1937).   [2] Liebigs Ann. Chem. **533**, 46 (1938).

[3] Dufraisse und Chovin (Handbuch der Katalyse Bd. 2, S. 360. Wien 1940) besprechen diese wichtige Erscheinung ausführlich. Man hat die Induktionsperiode auf die Gegenwart nichtidentifizierter, antioxygen wirkender Substanzen zurückgeführt, die langsam durch die sich bildenden Peroxyde zerstört werden.

[4] J. physic. Chem. **28**, 145 (1924).

das Auftreten von Energieketten in flüssigen Systemen sind von BÄCKSTRÖM[1] nach experimenteller Überprüfung in einer oft zitierten Untersuchung auf die Aldehydautoxydation übertragen worden. Entweder soll eine Energiezufuhr von außen her, wie etwa durch Einstrahlung von Licht, oder eine Übernahme von Energiebeträgen, die während der Reaktion verfügbar werden, zu einer Aktivierung der sich umsetzenden Moleküle führen. BÄCKSTRÖM konnte am Benzaldehyd nachweisen, daß die Absorption eines Lichtquants den Umsatz einer großen Zahl von Substratmolekülen zur Folge hat. Man muß jedoch zugeben, daß die Annahme von Energieketten in flüssigen Medien auf Schwierigkeiten stößt, da doch die Möglichkeit besteht, daß die Anregungsenergie auch auf die Lösungsmittelmoleküle überspringt und damit ein Kettenabbruch verbunden sein müßte. Aus diesem Grunde nahmen HABER und WILLSTÄTTER[2] Radikale als Träger von Kettenreaktionen an, deren Reaktionsfähigkeit eine gute theoretische Grundlage für das rasche Fortschreiten einer Autoxydation schafft.

Kettenreaktionen, die bekanntlich bei Gasreaktionen zur Deutung des Reaktionsablaufes schon manchen Dienst erwiesen, lassen der Phantasie noch weiten Spielraum. Jedoch hat man für einen solchen Ablauf von Autoxydationen in mehreren Fällen ziemlich sichere Beweise erbringen können, wobei die noch zu erwähnenden Untersuchungen von ZIEGLER über die Auslösung von Kettenreaktionen bei ungesättigten organischen Verbindungen durch Triphenylmethyl als besonders wichtig zu vermerken sind[3].

III. Die Katalysatoren der Autoxydationsprozesse und ihre Wirkungsweise unter besonderer Berücksichtigung der Schwermetallionenkatalyse.

1. Übersicht über die benutzten Schwermetallverbindungen.

In den weitaus meisten Fällen bedürfen die praktisch wichtigen O_2-Oxydationen, wie schon angedeutet, zur Erzielung eines hinreichend raschen Stoffumsatzes der katalytischen Beschleunigung. Es ist auf diesem Gebiet im Laufe der Jahre eine Fülle von Material zusammengetragen worden, dessen Sichtung die große Wirksamkeit und den Nutzen von Katalysatoren ganz klar hervortreten läßt. Nachdem in den vorhergehenden Abschnitten die zu einer O_2-Aufnahme fähigen Systeme genügend besprochen wurden, können wir in diesem Kapitel unser ganzes Interesse auf die Hilfsstoffe konzentrieren. Wenngleich auch in der katalytischen Beeinflussung der verschiedenen Stoffklassen große Unterschiede, die sich nicht immer verstehen lassen, vorhanden sind, kann doch noch bei der Auswahl der brauchbaren Verbindungen die große Linie erkannt werden. Denn die Beschleunigung von Autoxydationsvorgängen wird völlig von der überragenden Bedeutung von *Schwermetallkatalysatoren* beherrscht.

Mit dieser Erfahrungstatsache ist nun keineswegs das Bild einer einfachen und übersichtlichen Katalyse gegeben. Die Metallkatalysatoren werfen eine Reihe von noch ungeklärten Fragen auf, die Reaktionsverlauf, Wirkungsweise und Kinetik in gleicher Weise betreffen. Auch hier wollen wir Einzelheiten, deren es bei katalytischen Prozessen gerade genug gibt, auf die folgenden speziellen Teile verweisen und uns um eine Übersicht und allgemeingültige

---

[1] J. Amer. chem. Soc. **49**, 1460 (1927); **51**, 90 (1929).

[2] Ber. dtsch. chem. Ges. **64**, 2844 (1931).

[3] Den Kettenreaktionen kommt vor allem im Lehrgebäude der negativen Katalyse bei Autoxydationen Bedeutung zu. Sie werden daher auch in dem Übersichtsbericht von DUFRAISSE und CHOVIN (Handbuch der Katalyse Bd. 2, S. 376. Wien 1940) unter Berücksichtigung der umfangreichen Literatur ausführlich behandelt.

Grundvorstellungen bemühen. So erscheint es zweckmäßig, sich zunächst in einer *Zusammenstellung* jene Schwermetallkatalysatoren, die sich durch besondere Wirksamkeit auszeichnen, vor Augen zu führen (Tab. 1).

Tabelle 1. *Übersicht über die wirksamsten Schwermetallkatalysatoren bei der Oxydation organischer Verbindungen durch molekularen Sauerstoff.*

Substrat	Katalysator
Gesättigte Kohlenwasserstoffe	Manganverbindungen (Mn-stearat, $KMnO_4$)
Ungesättigte ,,	Kobaltsalze, Eisen-phthalocyanin
Terpene	Kobaltsalze (Co-resinat, Co-abietat)
Abietinsäure	Kobaltsalze (Co-abietat)
Ergosterin	Hämin
Äther	Eisensalze (?)
Alkohole	Kobaltsalze, Eisen(III)-salze (?)
Acetaldehyd	Mangansalze [Mn(III)-acetat, Mn-formiat] Eisen(II)-salze [Fe(II)-acetat]
Benzaldehyd	Mangansalze (Mn-benzoat) Kobaltsalze (Co-benzoat) Eisenverbindungen
Ketone	Mangansalze [Mn(II)-acetat] Kobaltsalze
Dioxy-maleinsäure	Eisensalze
Dioxy-weinsäure	Eisensalze
Brenztraubensäure	Hämin
Stearinsäure	Mangansalze [Mn(II)-stearat] Kobaltsalze [Co(II)-stearat]
Ungesättigte Öle und Fette	Kobaltsalze (Co-linolat, -linoleat, -eläostearat, -oleat, -resinat, -naphthenat) Bleisalze, Mangansalze
Ungesättigte Fettsäuren	Kobaltsalze (Co-elaidat, $CoCl_2$) Komplexe Eisen- und Manganverbindungen Hämin
Lecithin	Eisensalze, komplexe Eisenverbindungen
Carotinoide	Hämin
Thiolcarbonsäuren	Kupfersalze, Eisensalze
Disulfidcarbonsäuren	Kupfersalze
Cystein	Kupfersalze, Eisensalze, Hämatin
SH-Glutathion	Kupfersalze
Kohlehydrate, Kohlehydratderivate	Kupfersalze, Eisensalze Natrium-ferropyrophosphat
Vitamin C	Kupfersalze, Hämochromogene (Pyridin- oder Nicotin-hämochromogen)
Polyphenole	Kupfersalze, Mangansalze
Leukofarbstoffe	Kupfersalze
Hydantoine, Pyrimidinderivate	Eisensalze
α-Diphenyl-carbazon	Kupfersalze

Eine nähere Betrachtung der Übersicht läßt einige Gesichtspunkte erkennen, die, wie es scheint, für die theoretische Darstellung der Vorgänge nicht ohne Interesse sind. Das Gesamtmaterial läßt sich nämlich in zwei große Gruppen unterteilen. Die eine Gruppe umfaßt im wesentlichen Oxydationen, bei denen eine direkte O_2-Aufnahme erfolgt und für die *Kobalt-* und *Mangansalze* die weitaus besten Katalysatoren darstellen. Auf der anderen Seite steht die Gruppe der reinen Dehydrierungen, für die die Beschleunigung durch *Kupfersalze* als besonders charakteristisch angesehen werden muß. Diese bemerkenswerte Spezifität in der Metallauswahl ist doch immerhin, wenn auch gelegentlich Ausnahmen zu beobachten sind, auffällig und hat sicherlich eine tiefere Ursache. Wie steht es aber dann mit der bei vielen Autoxydationen recht gut brauchbaren Katalyse durch *Eisenverbindungen?* Die Wirksamkeit dieses Metalls scheint bis zu einem gewissen Grad unspezifisch zu sein, da es in beiden Gruppen benutzt werden kann. Im übrigen ist bei ihm auf die Brauchbarkeit seiner *Komplexverbindungen*, z. B. von Hämin, besonders hinzuweisen. Außerdem sei hier an die Möglichkeit der Bildung komplexer Eisensalze *in den Systemen selbst*, wie z. B. bei Dioxy-malein- oder Dioxy-weinsäure, erinnert. Vielleicht darf man auch hierin eine Äußerung der Sonderstellung des Eisens erblicken. So läßt sich mit Hämin etwa die Autoxydation von ungesättigten Fettsäuren oder von Carotinoiden gut katalysieren.

Das zweifellos schwierigste Kapitel bei der Behandlung von Autoxydationsvorgängen ist das der *Wirkungsweise* von Schwermetallkatalysatoren, wie schon die ausgedehnte Literatur hierüber erkennen läßt. Der so heterogene Verlauf der Oxydationen mit O_2 ist die Veranlassung dafür, daß es wohl keine einheitliche Theorie der Schwermetallkatalyse geben kann. Es machen sich bei den einzelnen Autoxydationen die verschiedenartigsten Einflüsse geltend, und wir sehen ein Bild, das in seiner Mannigfaltigkeit nicht immer einfach zu deuten ist. Man wird auch hier jedenfalls den Katalysatoren eine gewisse Substratspezifität nicht ganz absprechen können.

2. Übertragungskatalyse bei Schwermetallkatalysatoren.

Noch verhältnismäßig übersichtlich sind die reinen *Übertragungskatalysen* in wässerigen Lösungen mit Kupfer und Eisen, denen wir z. B. bei der Dehydrierung von Polyphenolen, Thiolen, Leukofarbstoffen, Vitamin C, Dioxy-maleinsäure, α-Diphenyl-carbazon und Dialursäure begegnen. In diesem Falle ist die Katalyse über die verschiedenen Wertigkeitsstufen des reaktionsfähigen Metalls zu formulieren. Der Katalysator stellt ein *reversibles Redoxsystem* dar, welches von dem Substrat spontan reduziert und von O_2 spontan oxydiert werden kann. So greift also der O_2 gar nicht direkt am Substrat an, sondern übernimmt Elektronen des Metallions unter Bildung von H_2O_2, während sich Cu(II)- und Fe(III)-ionen ihrerseits mit Elektronen des Substratswasserstoffs beladen, wobei, so dies möglich ist, eine paarweise Ablösung des Wasserstoffs erfolgt. H_2O_2 selbst vermag seine Oxydationskraft entweder dem Substrat oder dem Metallion gegenüber zu entfalten, und wir können dann in einfachster Weise das Schema dieser Art von Katalyse in den folgenden Gleichungen zum Ausdruck bringen (RH_2 = Substrat):

$$RH_2 + 2\,Cu^{++}\,(Fe^{+++}) \qquad \rightarrow R + 2\,Cu^{+}\,(Fe^{++}) + 2\,H^{+}, \tag{1}$$

$$2\,Cu^{+}\,(Fe^{++}) + O{=}O + 2\,H^{+} \qquad \rightarrow 2\,Cu^{++}\,(Fe^{+++}) + HO{-}OH, \tag{2}$$

$$2\,Cu^{+}\,(Fe^{++}) + HO{-}OH + 2\,H^{+} \rightarrow 2\,Cu^{++}\,(Fe^{+++}) + 2\,H_2O, \tag{2a}$$

$$4\,Cu^{+}\,(Fe^{++}) + O{=}O + 4\,H^{+} \qquad \rightarrow 4\,Cu^{++}\,(Fe^{+++}) + 2\,H_2O. \tag{2b = 2 + 2a}$$

Augenscheinlich gilt eine solche Übertragungskatalyse, die naturgemäß in hohem Maße vom Bindungszustand des Metalls und vom p_H abhängt, nur bei den reinen Dehydrierungen, die sich so spezifisch durch Cu und Fe beschleunigen lassen. Wohl verläuft auch bei der Acetaldehyd- und Benzaldehydautoxydation die Katalyse über Mangan(III)- bzw. Kobalt(III)-salz, aber diese Oxydation wird hier nicht vom molekularen O_2, sondern von den Persäuren besorgt, und eine Reduktion dieser Metallionen etwa durch ungesättigte Fettsäuren oder Olefine erscheint überhaupt ziemlich ausgeschlossen. Es läßt sich die Beobachtung machen, daß die Übertragungskatalyse mitunter merkwürdig zögernd zur Versuchsdeutung herangezogen wurde, was zur Folge hatte, daß nicht in allen Fällen sämtliche experimentellen Beweise für sie vorhanden sind. Eine allgemeine Gültigkeit kann und will sie nicht beanspruchen.

3. Schwermetallkomplexe als Katalysatoren.

Für das Gesamtgebiet der Schwermetallkatalyse ist der *Bindungszustand des Metalls* oft von ausschlaggebender Bedeutung. Dies zieht sich wie ein roter Faden durch fast alle Autoxydationen. Schließen wir das Metall in einen stabilen Komplex ein, so können wir seine katalytischen Fähigkeiten von Grund auf ändern. Die meisten Befunde in dieser Richtung liegen am Eisen vor, das man überhaupt bei den theoretischen Erörterungen wegen seiner Wichtigkeit für die Atmungsvorgänge wohl etwas zu stark in den Vordergrund schob. Der tiefere Grund für diese wichtigen Beobachtungen dürfte in der mehr oder weniger starken Änderung des Potentials der metallischen Redoxsysteme durch Komplexbildungen liegen[1]. Dabei wollen wir zunächst einmal den Beitrag des Substrats zur komplexen Bindung des Metalls beiseite lassen. Von undissoziierten oder komplexen Eisen(II)-salzen wissen wir es z. B. längst, daß sie spontan durch O_2 oxydierbar sind, während doch Eisen(II)-sulfat in schwach saurer Lösung gegen O_2 beständig ist[2].

So läßt sich etwa bei der Autoxydation von Fructose und anderen Kohlehydraten eine Fe-Katalyse durch Zusatz von Phosphat und Pyrophosphat auslösen, während die starke Cu-Katalyse nicht an die Anwesenheit von Phosphat gebunden ist. Pyrophosphat hemmt letztere sogar. Auf der anderen Seite unterdrückt Pyrophosphat beim Cystein die wirksame Fe-Katalyse völlig und steigert dafür die Cu-Katalyse. Diese Unterschiede dürften auf Einflüsse des Substrats zurückzuführen sein. Der Zusatz einer komplexbildenden Substanz, etwa von Dioxymaleinsäure, kann nach Wieland bei der Oxydation von Ameisensäure, ungesättigten Fettsäuren und Lecithin die katalytische Wirkung von Eisen(II)-salzen in Gang setzen bzw. verstärken. Wie schon erwähnt, sind stabile Eisenkomplexe oft besonders gute Katalysatoren. Während Eisen(II)-salze beim Vitamin C unwirksam sind, ist das Eisen in Hämochromogenen hoch aktiv. Eine besonders ausgeprägte Häminkatalyse finden wir schließlich noch bei der Autoxydation ungesättigter Fettsäuren, die sich durch ionogenes Eisen ebenfalls nicht wesentlich beeinflussen läßt. Übergang zu einem anderen Metall kann die Verhältnisse völlig ändern, was man daran erkennt, daß die hohe katalytische Kraft des *ionogenen* Kobalts bei der Autoxydation ungesättigter Fettsäuren sich durch Dioxy-maleinsäure stark verringern läßt. Schwermetallkomplexe des *Substrats* spielen schließlich noch bei der Thiol-dehydrierung eine wesentliche Rolle, wie später noch gezeigt werden wird. Bis zu einem gewissen Grad versteht man daher die aus all diesen Ergebnissen gezogene Folgerung, daß die Metalle ihre katalytische Wirkung in Lösung nicht als freie Ionen, sondern als schon präformierte oder im Reaktionsgemisch erst entstehende Komplexverbindungen entfalten.

Eine wohl etwas zu extreme Bedeutung legt Shibata[3] den Schwermetallkomplexverbindungen in seiner Theorie der Wasserspaltung bei, in der er unter Hinweis auf die Wirksamkeit von Metallen mit unveränderlicher Wertigkeit (Zn, Cd) jeden Wertigkeitswechsel bei den katalysierten Autoxydationen generell ablehnt. Nach diesen Vorstellungen soll es zu einer Aktivierung von in die Komplexe eingelagerten Wassermolekülen kommen, wobei OH-Radikale die Oxydation des Substrats übernehmen, während die H-Atome von molekularem O_2 aufgenommen werden. In den Überlegungen spielen auch Radikal- und

---

[1] W. Franke: Liebigs Ann. Chem. **480**, 1 (1930); **486**, 242 (1931).

[2] Vgl. L. Michaelis: Oxydations-Reductionspotentiale. Berlin 1933. — O. Baudisch, L. A. Welo: J. biol. Chemistry **61**, 261 (1924).

[3] K. Shibata, Y. Shibata: Katalytische Wirkungen der Metallkomplexverbindungen. Tokyo 1936.

Energieketten und Lockerung von Atomverkettungen von Substrat- und Acceptormolekülen durch Anlagerung an die Komplexe eine Rolle. Aber selbst SHIBATA muß zugeben, daß seine Ansichten über den Mechanismus der Aktivierung der Wassermoleküle noch hypothetisch sind.

In den umfangreichen Arbeiten, die anläßlich der Auseinandersetzung zwischen WIELAND und MANCHOT über die Formulierung induzierter Autoxydationen mit Eisen(II)-Ionen entstanden[1], ist von WIELAND ebenfalls im Rahmen seiner Dehydrierungstheorie zur Deutung gewisser katalytischer Erscheinungen die intermediäre Bildung von Komplexverbindungen des Eisens mit den Substratmolekülen diskutiert worden. Es soll dies zu einer Lockerung von H-Atomen des Substrats und zu einer Verzögerung der Oxydation des zweiwertigen zum dreiwertigen Eisen führen, während bekanntlich MANCHOT hier Eisen(II)-peroxyde (FeO_2, Fe_2O_5) als wirksam ansieht. Vor allem mußte man Unterschiede in der katalytischen Wirksamkeit von zwei- und dreiwertigen Eisen, wie etwa bei der Oxydation der Ameisensäure, erklären. Die Schwierigkeit für die Formulierung einer Katalyse liegt hier darin, daß Ameisensäure das dreiwertige Eisen nicht reduzieren kann. In diesen Überlegungen kommt der zweiten Phase der Autoxydationsvorgänge, nämlich der durch Eisen(II)-ion katalysierten Oxydationsleistungen von Hydroperoxyd, eine besondere Bedeutung zu. Da jedoch solche Erörterungen für die oben besprochenen Übertragungskatalysen wohl nicht herangezogen werden müssen und bei der Autoxydation ungesättigter Substrate Eisenverbindungen keineswegs als bevorzugte Katalysatoren zu gelten haben, brauchen die sehr komplizierten Verhältnisse in diesem Übersichtsbericht nicht ausführlich behandelt zu werden. Zudem finden sich in den meisten untersuchten Systemen so hohe Eisenmengen benutzt, daß von einer Katalyse nicht mehr die Rede sein kann, wenn auch zugegeben werden muß, daß gelegentlich dabei katalytische Effekte beobachtet wurden. Es sei hier nur noch erwähnt, daß FRANKE[2], ein Schüler WIELANDS, über die Zusammensetzung und Dissoziation von Eisen(II)-komplexen, die bei den Autoxydationen entstehen können, Versuche durchgeführt hat. Die Untersuchungen von WIELAND und seiner Schule bringen die Wichtigkeit der komplexen Bindung des Eisens deutlich zum Ausdruck, während auch die modernisierte Peroxydtheorie[3] diese mögliche Komplexbildung eigentlich nicht berücksichtigt. Freilich kann man über das Zustandekommen einer aktivierenden Wirkung des Eisens in den Komplexen gegenüber Substrat und O_2 nicht viel aussagen.

Auch bei den Autoxydationsvorgängen an ungesättigten Fettsäuren helfen diese Vorstellungen nicht weiter. FRANKE vertritt hier die Meinung, daß das Schwermetall nicht bereits seine Wirksamkeit bei der Anlagerung des O_2 an die Doppelbindung entfaltet, da einfache Eisen(II)-salze in ihrer katalytischen Kraft sehr stark von nicht autoxydablen Eisen(II)- und schwer reduzierbaren Eisen(III)-komplexen übertroffen werden. So erscheint die Ansicht vertretbar, daß die metallischen Katalysatoren bei der Fettsäureautoxydation und vielleicht auch bei der der Aldehyde im Zuge der Umbildung bzw. Weiterreaktion der Primärperoxyde irgendeine Aufgabe zu übernehmen haben. Mangan(III)-salz soll z. B. bei der Acetaldehydautoxydation die Umsetzung zwischen Persäure und Aldehyd zu Essigsäure katalysieren.

---

[1] Vgl. die eingehende Besprechung bei W. FRANKE in H. v. EULER: Chemie der Enzyme, 2. Teil, 3. Abschnitt, S. 182. München 1934.

[2] Liebigs Ann. Chem. **491**, 3 (1931).

[3] W. MANCHOT, LEHMANN: Liebigs Ann. Chem. **460**, 179 (1928). — W. MANCHOT, SCHMID: Ber. dtsch. chem. Ges. **65**, 98 (1932). — ST. GOLDSCHMIDT und Mitarbeiter: Ebenda **61**, 223 (1928).

Über die katalytische Tätigkeit von Kobalt- und Manganverbindungen hat man sich nur recht selten Gedanken gemacht, so daß von einer systematischen Bearbeitung des Reaktionsmechanismus hier nicht gesprochen werden kann. Eine Deutung auf rein chemischer Grundlage ist nicht einfach, noch dazu, da auch für diese Metalle das gilt, was eben für die Fe-Katalyse bei ungesättigten Systemen gesagt wurde. Überall fehlen in erster Linie Versuche über die Wechselwirkungen zwischen Metallverbindung und Peroxydstufe.

4. Kettenreaktionen bei der Katalyse durch Schwermetallsalze.

In den letzten Jahren wurde schließlich von verschiedenen Seiten eine allgemeine Erklärung der Katalyse durch Schwermetalle auf der Grundlage der Annahme von *Kettenreaktionen* versucht. Wie schon erwähnt, wird eine kettenförmige Auffassung der Autoxydationsvorgänge besonders durch einige Beobachtungen über die Auslösung von Reaktionsketten durch Belichtung oder nichtmetallische Katalysatoren und durch das Studium von Inhibitoren bei Autoxydationen nahegelegt, die man etwa bei der Oxydation von Aldehyden oder von Verbindungen mit Doppelbindungen machte. Die starken Bemühungen zur Übertragung solcher Fragestellungen auf Enzymvorgänge müssen freilich noch als recht wenig gestützt bezeichnet werden. Der Verbreiterung des experimentellen Materials in der Zukunft kommt gerade auf diesem Gebiet besondere Bedeutung zu. Wiederum kann es sich dabei um *Energie-* oder *Radikalketten* handeln.

Die Annahme von Energieketten[1] setzt voraus, daß die bei der Oxydation etwa des Eisen(II)- oder Kupfer(I)-ions frei werdende Energie auf die Moleküle der Reaktionsteilnehmer übertragen wird, wodurch diese aktiviert werden. Verläuft dann diese induzierte Autoxydation des Substrats ebenfalls unter Energiegewinn, so können nun Reaktionsketten ohne Beteiligung von Metall anlaufen. Ein Zusammenstoß zwischen zwei aktivierten Molekülen vermag wohl einen Kettenabbruch herbeizuführen.

Für die durch Metallkatalyse veranlaßte Radikalbildung in den reagierenden Systemen sind im wesentlichen zwei Möglichkeiten diskutiert worden. Nach der einen Ansicht entstehen primär Radikale, die sich vom Substrat ableiten, nach der anderen Ansicht O-Radikale, die sich aus der Reaktion zwischen Metallion und molekularem O_2 ergeben. Man hat zunächst an eine unpaarige Dehydrierung des Substrats als Primärprozeß gedacht, wobei das Substrat ($=$ RH) monovalent oxydiert, der Katalysator monovalent reduziert wird, einen Vorgang, den man in Gleichung (1) zum Ausdruck bringen kann[2]:

$$\text{RH} + \text{Fe}^{+++} (\text{Cu}^{++}) \rightarrow \text{R} \cdot (\text{Radikal}) + \text{Fe}^{++} (\text{Cu}^{+}) + \text{H}^{+}. \tag{1}$$

Das Dehydrierungsprodukt des Substrats besitzt also nach dieser Anschauung Radikalnatur und enthält eine Valenzlücke. Der weitere Verlauf der Reaktionskette kann dann vom Katalysator, dessen wirksame Stufe durch Oxydation mit O_2 rückgebildet wird, unabhängig sein. Der Zusammenstoß eines Radikals mit einem anderen oder mit einem hemmenden Molekül (Inhibitor) führt hier ebenfalls zu einem Abbruch der Kette, die im übrigen bei Abwesenheit von Störungen eine hohe Gliederzahl aufweisen kann. Man hat für manche Systeme eine Gliederzahl von etwa 10^5 diskutiert.

Zur Erläuterung des Gesagten sei für ein bestimmtes Substrat, und zwar für die aerobe Dehydrierung von Äthylalkohol die Formulierung mittels Radikal-

[1] Vgl. D. Richter: Ber. dtsch. chem. Ges. **64**, 1240 (1931).
[2] F. Haber, R. Willstätter: Ber. dtsch. chem. Ges. **64**, 2844 (1931).

ketten wenigstens im Prinzip nach HABER und WILLSTÄTTER angegeben [Gleichungen (2) mit (4)]:

$$CH_3\!-\!CH_2OH + Fe^{+++}\,(Cu^{++}) \quad\rightarrow CH_3\!-\!\overset{\text{\tiny Y}}{C}HOH + Fe^{++}\,(Cu^+) + H^+$$

$$\text{Primärreaktion,} \quad (2)$$

$$CH_3\!-\!\overset{\text{\tiny Y}}{C}HOH + CH_3\!-\!CH_2OH + O_2 \rightarrow 2\,CH_3\!-\!CHO + H_2O + \overset{\text{\tiny Y}}{O}H$$

$$\text{1. Folgereaktion,} \quad (3)$$

$$\overset{\text{\tiny Y}}{O}H + CH_3\!-\!CH_2OH \quad\rightarrow H_2O + CH_3\!-\!\overset{\text{\tiny Y}}{C}HOH$$

$$\text{2. Folgereaktion} \quad (4)$$

Wie man sieht, wird dabei auch eine charakteristische OH-Radikalbildung angenommen. Freilich läßt sich dieses Schema für Autoxydationen, bei denen Hydroperoxyd entsteht, nicht direkt heranziehen. In einem solchen Falle könnte dann z. B. bei der Dehydrierung von Acetaldehyd etwa folgende Kettenreaktion möglich sein [Gleichungen (5) mit (7)]:

$$CH_3\!-\!CHO + Fe^{+++}\,(Cu^{++}) \rightarrow CH_3\!-\!\overset{\text{\tiny Y}}{C}O + Fe^{++}\,(Cu^+) + H^+, \quad (5)$$

$$CH_3\!-\!\overset{\text{\tiny Y}}{C}O + O_2 + H_2O \quad\rightarrow CH_3\!-\!COOH + HO_2\!\cdot, \quad (6)$$

$$HO_2\!\cdot + CH_3\!-\!CHO \quad\rightarrow H_2O_2 + CH_3\!-\!\overset{\text{\tiny Y}}{C}O. \quad (7)$$

Die zweite Möglichkeit, Radikalketten anlaufen zu lassen, wurde bei Anwesenheit autoxydabler Metallionen in der Abgabe eines Elektrons des Metalls an den O_2 nach Gleichung (8) gesehen, was bei Anwesenheit von Wasser zur Bildung des Radikals $HOO\!\cdot$ (Hydroperoxyl) führt[1] (9):

$$Fe^{++}\,(Cu^+) + O_2 \rightarrow Fe^{+++}\,(Cu^{++}) + O_2^-, \quad (8)$$

$$O_2^- + H^+ \quad\rightarrow HO_2\!\cdot. \quad (9)$$

Auf theoretisch mögliche Folgereaktionen dieser einfachen Umladungen, wie etwa der zu Hydroperoxyd führenden Oxydation von Eisen(II)- oder Kupfer(I)-ion durch $HO_2\!\cdot$, wollen wir hier nicht näher eingehen. Es genügt die Vorstellung festzuhalten, daß Hydroperoxyl als O-Radikal energisch dehydrierend wirkt und Radikalketten auslöst.

Bei den Ausführungen über Kettenreaktionen ging es hier nur um die Andeutung des Prinzips dieses interessanten Erklärungsversuches. Wenn man nach Einzelheiten fragt, lassen diese Vorstellungen aber noch manche Wünsche offen, und man muß auch zugeben, daß sich gegen die Kettentheorie der Autoxydation im flüssigen Medium Einwände erheben lassen. Allerdings ist in unserem Falle das Problem insofern vereinfacht, als es sich ja zunächst nur um die Frage der *Beteiligung des Metalls* handelt. Der Gesamtverlauf der Reaktionsketten bei den einzelnen Substraten erscheint also in diesem Zusammenhang nur von sekundärer Bedeutung.

5. Organische Katalysatoren.

Was schließlich zum Schluß das noch in den Anfängen stehende Gebiet der *organischen Katalysatoren* für Autoxydationsprozesse angeht, so ist zu sagen, daß auf ihm bis jetzt wenigstens keine praktisch verwertbaren Ergebnisse vor-

---

[1] W. BOCKEMÜLLER, TH. GÖTZ: Liebigs Ann. Chem. **508**, 263 (1934). — Vgl. auch J. WEISS: Naturwiss. **23**, 64 (1935).

liegen. Für die nächste Zukunft werden bei Autoxydationen Schwermetalle die Katalysatoren der Wahl bleiben. Wie die Zusammenstellung der organischen Katalysatoren (Tab. 2) aber erkennen läßt, wurden einige theoretisch recht interessante Systeme untersucht. Auf Einzelheiten wird später eingegangen.

Tabelle 2. *Übersicht über organische Katalysatoren bei der O_2-Oxydation organischer Verbindungen.*

Substrat	Katalysator
Aldehyde	Triphenylmethyl
Ungesättigte Kohlenwasserstoffe	Triphenylmethyl
Aminosäuren, Dipeptide	Adrenalin, Brenzkatechin
	Oxyhydrochinon
	Isatin, Isatinderivate
	Dialursäure
Ungesättigte Fettsäuren	Organische Basen, Prolin, Hexonbasen
	Thioglykolsäure, Cystein, SH-Glutathion
	Carotinoide
Leinöl	Vitamin C
Triphenyl-phosphin	Diphenyl-disulfid

IV. Oxydable Systeme.

1. Gesättigte Kohlenwasserstoffe.

Trotz der bekanntlich hohen Widerstandsfähigkeit der *Paraffine* gegenüber chemischen Eingriffen können diese Verbindungen von molekularem O_2, wenn auch nicht gerade leicht, angegriffen werden. Die Darstellung von höheren Fettsäuren durch *Luftoxydation von Paraffinen* spielt heutzutage vor allem aus wirtschaftlichen Gründen eine große Rolle. Wenn dieses Arbeitsgebiet wissenschaftlich auch noch nicht systematisch untersucht wurde, so verfügt die Technik doch infolge eingehender Bearbeitung dieses Problems in der letzten Zeit über gut ausgearbeitete Verfahren[1]. Während diese Erfahrungen, die in zahlreichen Patenten niedergelegt sind, zumeist an *Gemischen* von Kohlenwasserstoffen ermittelt wurden, liegen Versuche an *reinen* Kohlenwasserstoffen nur in sehr beschränkter Zahl vor. Jedoch liefern auch einheitliche Kohlenwasserstoffe wie die natürlichen und technischen Paraffine Oxydationsprodukte von recht komplizierter Zusammensetzung. Dies wird verständlich, wenn man bedenkt, daß der O_2 an verschiedenen Stellen der Kohlenwasserstoffkette gleichzeitig angreift. Jedenfalls liegen keine Anzeichen dafür vor, daß die Oxydation an bevorzugten C—C-Bindungen oder an den endständigen CH_3-Gruppen einsetzt. So ist es also verständlich, daß die Zahl der Kohlenstoffatome in den Oxydationsprodukten recht verschieden ist. Die O_2-Aufnahme läßt sich durch *Schwermetallverbindungen* stark katalysieren und wahrscheinlich spezifisch lenken.

Der O_2 bricht die Moleküle an verschiedenen Stellen auseinander und läßt auch die Kohlenstoffketten der Oxydationsprodukte selbst nicht unberührt. Ebenso verständlich ist die Verschiedenartigkeit der entstehenden Verbindungen in bezug auf den Substanztyp. Die Oxydation der Paraffine führt neben *Fettsäuren* und *Oxyfettsäuren* zu Aldehyden, Ketonen, primären und sekundären Alkoholen, Dicarbonsäuren, Estern, Lactonen und vielleicht auch Anhydriden. Die Bildungsbedingungen für die einzelnen Substanzklassen sind noch nicht

---

[1] Eine eingehende Behandlung der Paraffinoxydation unter besonderer Betonung der technischen Seite erfolgt in dem Buch von F. Wittka: Gewinnung der höheren Fettsäuren durch Oxydation der Kohlenwasserstoffe. Leipzig: J. A. Barth 1940. Die gesamte Patentliteratur ist hier ausführlich berücksichtigt. — Vgl. auch Wietzel: Angew. Chem. **51**, 531 (1938).

genügend erforscht. Die meisten Beobachtungen liegen über die Bildung von Fettsäuren, Alkoholen, Estern und Lactonen vor. Da technisch zur Zeit in erster Linie die Darstellung *höherer* Fettsäuren mit unverzweigten Ketten interessiert, so hat man bislang fast nur die Oxydation der normalen Paraffine mit längeren Ketten unter Einhaltung der für ausschließliche Säurebildung günstigsten Reaktionsbedingungen untersucht. Diese Abgrenzung der Zielsetzung läßt die noch vorhandenen Lücken systematischer Durchforschung ohne weiteres erkennen. Die Entwicklung der technischen Paraffinoxydation wurde durch die heute in großem Umfang mögliche Synthese von höheren Paraffinen aus Wassergas nach dem Verfahren von FISCHER-TROPSCH wesentlich gefördert.

Nachdem diese Oxydation jahrzehntelang immer wieder versucht wurde[1], erhielt sie erst in den Jahren nach dem Weltkrieg durch die Bemühungen großer Industriefirmen ihre endgültige Durchbildung, und in die Großtechnik ist sie erst im Jahre 1934 übertragen worden. Bezüglich der Steigerung der Oxydationsgeschwindigkeit durch Katalysatoren ist besonders die Arbeit von KELBER[2] zu nennen. KELBER wies vor allem auf die günstige Wirkung von **Manganverbindungen** hin[3]. Unter den Entwicklungsarbeiten sind hinsichtlich der Methodik noch die Arbeiten von GRÜN[4] und Mitarbeitern erwähnenswert. Manganverbindungen sind die bevorzugten Katalysatoren der Paraffinoxydation geblieben. Die Metallkatalysatoren verkürzen die Inkubationszeit[3] und gestatten eine Erniedrigung der Oxydationstemperatur, die heute im allgemeinen bei 100 bis 110° liegt. Es führt dies zu einer Verbesserung von Ausbeute und Qualität der Fettsäuren. Ohne Katalysator vermag der O_2 erst bei 160—170° anzugreifen.

Als *Rohstoffe* für die Darstellung höherer Fettsäuren sind zwar auch die festen Paraffine oder schweren Schmierölfraktionen natürlichen Ursprungs, also aus Erdöl, Ölschiefer, Braunkohlen und Steinkohlen, brauchbar, jedoch stellen erst die hochschmelzenden, synthetischen Paraffine, was Menge und Zusammensetzung anlangt, die geeignete Grundlage für die technischen Prozesse dar. Letztere fallen entweder bei der Benzinsynthese nach FISCHER-TROPSCH als Nebenprodukte an, oder man erhält sie durch Auswahl geeigneter Versuchsbedingungen aus Wassergas als Hauptprodukte. Günstige Resultate liefert die Oxydation bei einem Gemisch von Kohlenwasserstoffen mit etwa 25 bis 30 Kohlenstoffatomen[5]. Verzweigte, cyclische und ungesättigte Kohlenwasserstoffe sind für die Gewinnung von Fettsäuren, die für die Seifenindustrie brauchbar sein sollen, nicht geeignet.

Bei den reaktionsträgen Paraffinen ist die Art des Angriffes des Sauerstoffs von besonderem Interesse, nicht zuletzt auch hinsichtlich der Beteiligung von Katalysatoren. Festzuhalten ist, daß *Peroxyde* die ersten faßbaren Produkte der Paraffinoxydation, an der Kettenreaktionen beteiligt sein sollen, darstellen. Jedoch kann die früher gemachte Annahme der primären Bildung ungesättigter Verbindungen heute nicht mehr aufrechterhalten werden. Vielmehr wird das Einschieben eines Sauerstoffmoleküls in eine der zahlreichen CH-Bindungen unter Ablösung eines Wasserstoffatoms wohl die Ursache der Peroxydbildung sein. Damit braucht zunächst noch keine Aufsprengung von C—C-Ketten verbunden zu sein. Freilich ist hier schon die Frage nach der Aktivierung des O_2 zu stellen. Der autokatalytische Verlauf der Paraffinoxydation und die Beobachtung, daß anoxydierte Paraffine die Autoxydation frischer Kohlenwasserstoffe beschleunigen,

---

[1] Vgl. z. B. FRANCK: Chemiker-Ztg. 44, 309, 742 (1920).
[2] KELBER: Ber. dtsch. chem. Ges. 53, 66 (1920).
[3] Vgl. ZERNER: Chemiker-Ztg. 54, 257, 279 (1930).
[4] GRÜN: Ber. dtsch. chem. Ges. 53, 987 (1920).
[5] JANTZEN, RHEINHEIMER, ASCHE: Fette u. Seifen 45, 388 (1938).

rechtfertigen die Annahme, daß die ziemlich beständigen **Peroxyde** ihrerseits Katalysatoren darstellen. Der entscheidende Schritt des oxydativen Abbaus vollzieht sich bei der Sprengung der C—C-Bindungen. Es läßt sich diskutieren, daß dies in den Peroxyden erfolgt. Wenn dabei Aldehydgruppen entstehen, so ist die Möglichkeit der Bildung von *Persäuren* ohne weiteres gegeben. Peroxydisch gebundener Sauerstoff spielt daher, wie man sieht, bei dieser Oxydation eine wesentliche Rolle.

Die Oxydation der Paraffine erfolgt im flüssigen Zustand ohne Lösungsmittel durch Durchblasen von Luft bei gewöhnlichem oder wenig erhöhtem Druck und verhältnismäßig niederer Temperatur. Wesentlich ist die feinste Verteilung der Luft, die am besten durch poröse Platten oder Filterkerzen in das Paraffin eingepreßt wird. Die Oxydation verläuft *exotherm*. Die Herabsetzung der Reaktionstemperatur auf etwa 100⁰ und damit die Vermeidung der Weiteroxydation der Fettsäuren zu Oxyfettsäuren wurde durch Benutzung von Metallkatalysatoren ermöglicht.

In den Patenten finden sich viele Oxyde und Salze von Schwermetallen untersucht, ohne daß in jedem einzelnen Falle die katalytische Leistung klar erkennbar ist. Sicher ist aber, daß **Manganverbindungen** als Katalysatoren besonders gut geeignet sind. In Paraffin lösliche Katalysatoren kann man erhalten, wenn man die Salze organischer Säuren benutzt. Folgende Manganverbindungen finden Verwendung: **Oxyde, Borat, Manganate, Oxalat, Resinat, Stearat, Palmitat, Acetonyl-acetonat.** Manganstearat und **Kaliumpermanganat** werden besonders häufig angewendet. Die Katalysatorkonzentration kann etwa 1% betragen. Unter den untersuchten Schwermetallen finden sich ferner noch **Fe, Cu, Co, Ni, Cr, V, Pb, Ag, Pt** und andere. Die Spezifität des Mn hier ist immerhin auffallend. Auch **Osmiumsäure** hat man gelegentlich mit Erfolg benutzt.

Obwohl über die vollständige Zerlegung der Reaktionsprodukte der Paraffin-Oxydation noch nicht viel bekannt wurde, scheint heute doch wohl eine Reihe von höheren Fettsäuren so darstellbar zu sein. Nach Schrauth[1] zeigen die in den Großbetrieben gewonnenen Fettsäuregemische z. B. die folgende Zusammensetzung: 0,2% Caprylsäure, 1,6% Pelargonsäure, 4,1% Caprinsäure, 8,0% Undekansäure, 11,9% Laurinsäure, 13,5% Tridekansäure, 14,3% Myristinsäure, 14,8% Pentadekansäure, 10,9% Palmitinsäure, 7,5% Heptadekansäure, 6,4% Oktadekansäure und 6,8% Säuren über C_{18}. Die rohen Fettsäuren fallen in Mengen von 50—80% des Paraffins an. Die gelenkte Paraffinoxydation stellt eine bedeutsame Leistung der Technik dar. Man darf erwarten, daß ihr weiterer Ausbau wissenschaftlich und technisch wichtige Verbindungen zugänglich macht. Den Katalysatoren wird hierbei eine besondere Rolle zufallen. Zudem handelt es sich bei dem Problem der oxydativen Angreifbarkeit gesättigter, aliphatischer Kohlenwasserstoffe um eine wissenschaftliche Fragestellung grundlegender Art.

Die Oxydation einzelner Kohlenwasserstoffe ist nur sehr spärlich studiert worden. So läßt sich *n-Hexadekan* $C_{16}H_{34}$ bei 120⁰ in Gegenwart von 2% **Manganstearat** als Katalysator in 24 Stunden durch Durchblasen von O_2 weitgehend oxydieren[2]. Neben geringen Mengen von CO_2, Ameisen-, Essig- und Buttersäure, die zusammen nur etwa 4% des Substrats ausmachen, entstehen in der Hauptsache höhere Fettsäuren, in denen erhebliche Mengen von Oxysäuren enthalten sein sollen. Diese letzten Produkte fallen in einer Ausbeute von 70% des Kohlenwasserstoffes an und weisen hohe Säure- bzw. Verseifungszahlen auf. Es zeigt sich also, daß auch aus einheitlichen Paraffinen komplizierte Reaktionsgemische gebildet werden. Auch die sehr langsame Sauerstoffaufnahme gesättigter,

---

[1] Schrauth: Chemiker-Ztg. **63**, 274, 303 (1939).
[2] Salway, Williams: J. chem. Soc. [London] **121**, 1343 (1922).

cyclischer Kohlenwasserstoffe läßt sich durch *Organometallkomplexe* beschleunigen. So katalysieren die **Acetyl-acetonate** von **Co, Cu** und **Mn** die Oxydation von *1,4-Dimethyl-cyclohexan* bei 77⁰. Jene von *Phenyl-cyclopentan*, das übrigens schon ohne Katalysator O_2 absorbiert, wird besonders von **Ce-acetyl-acetonat** beschleunigt. Das Ausmaß der Sauerstoffaufnahme ist aber bei diesen cyclischen Kohlenwasserstoffen auch mit Katalysator noch recht bescheiden[1].

2. Ungesättigte Kohlenwasserstoffe, Abietinsäure und Ergosterin.

Gegenüber den gesättigten Kohlenwasserstoffen können ungesättigte, vor allem *hydroaromatische* Kohlenwasserstoffe mitunter leicht molekularen Sauerstoff aufnehmen. Man hat von jeher die Additionsfähigkeit der Kohlenstoffdoppelbindung für dieses Verhalten verantwortlich gemacht und in einer Reihe von Fällen diese freiwillige Autoxydation studiert. Jedoch liegen über die Beteiligung von Katalysatoren dabei nur recht spärliche Beobachtungen vor, obwohl der Ausbau der Ergebnisse auf diesem Gebiet in mehrfacher Hinsicht von Interesse wäre. Es sei hier beispielsweise an die Anlagerung von Sauerstoff an *1,1-Diphenyl-äthylen*[2], an *Fulvene*[3] und an Verbindungen der *Terpenreihe* erinnert, wobei sich Peroxyde isolieren ließen.

Auch *Cyclohexen*[4] (I) und *Tetralin*[5] (IV) sind bekanntlich sehr leicht der Autoxydation zugänglich. Beim Cyclohexen ist die Feststellung wichtig, daß es sich nicht um eine Anlagerung des Sauerstoffmoleküls an die Doppelbindung handelt, da *Cyclo-hexenyl-hydroperoxyd* (II) gebildet wird[6]. Der Sauerstoff greift also gar nicht direkt an der Doppelbindung des Olefins an. In analoger Weise wird auch für die Konstitution des Tetralinperoxyds Formel V angenommen. Im Gegensatz zu früheren Annahmen scheint einem solchen Reaktionstyp eine größere Bedeutung zuzukommen. Es besagt dies natürlich nicht, daß die Doppelbindung den Autoxydationsvorgang gar nicht beeinflußt. Cook[7] zeigte, daß die Autoxydation solcher hydroaromatischer Verbindungen durch **Eisenphthalocyanin** (X) katalysiert wird. Er leitete z. B. durch 465 g Tetralin (IV) mit 100 mg Katalysator bei 70⁰ 6 Tage lang Sauerstoff und konnte α-*Tetralon* (VI) in einer Ausbeute von 31 % erhalten.

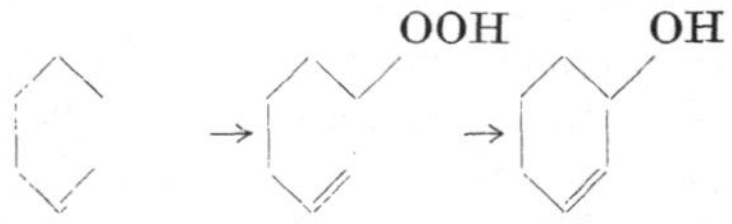

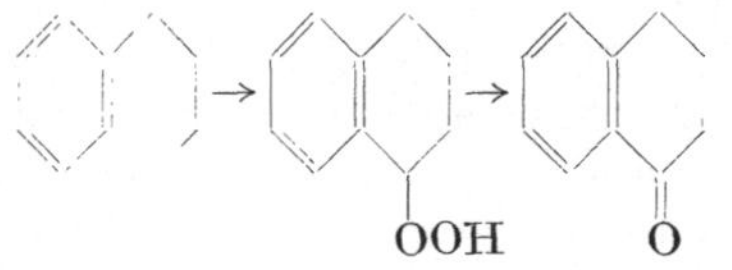

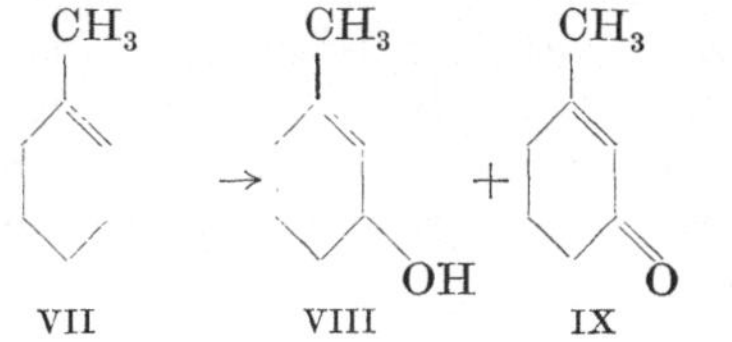

Während der Katalyse verschwand das blaugrüne Eisenpigment, wahrscheinlich infolge Oxydation durch primär entstehendes Peroxyd. In entsprechender Weise fiel aus $\Delta^{2,3}$-*Octalin* $\Delta^{2,3}$-α-Octalon an. Schließlich entstanden aus *Cyclohexen* (I) mit dem Eisenpigment $\Delta^{2,3}$-*Cyclohexenol* (III) und *Cyclopentenaldehyd*, während $\Delta^{1,2}$-*Methyl-cyclohexen* (VII) neben $\Delta^{1,2}$-*Methyl-cyclohexen-3-ol* (VIII) auch das Keton $\Delta^{1,2}$-*Methyl-cyclohexen-3-on* (IX) lieferte. Hock

[1] Dupont: Bull. Soc. chim. Belgique **45**, 113 (1936).
[2] Staudinger: Ber. dtsch. chem. Ges. **58**, 1075 (1925).
[3] Vgl. Engler, Frankenstein: Ber. dtsch. chem. Ges. **34**, 2933 (1901).
[4] Hock, Gänicke: Ber. dtsch. chem. Ges. **71**, 1430 (1938).
[5] Hock, Susemihl: Ber. dtsch. chem. Ges. **66**, 64 (1933).
[6] Criegee: Liebigs Ann. Chem. **522**, 84 (1936).
[7] Cook: J. chem. Soc. [London] **1938**, 1774.

und Gänicke[1] halten auch bei der schon bei 30—40° rasch verlaufenden Sauerstoffaufnahme von Cyclohexen eine Beschleunigung durch Spuren von Schwermetallen für möglich.

X Eisen-phthalocyanin.

Während also vor allem cyclische Olefine leicht mit Sauerstoff reagieren, ist dies bei offenkettigen Olefinen nicht der Fall. So wird *n-Hexen-(1)* CH_3—CH_2—CH_2—CH_2—CH=CH_2 nach 200stündigem Schütteln in Sauerstoff unter Belichtung nur zu 0,4 % autoxydiert. Ein Zusatz von etwa 0,1 % **Cu(I)-chlorid** bewirkte nur eine bescheidene Steigerung der Ausbeute an Oxydationsprodukt, das als *n-Hexen-(1)-hydroperoxyd-(3)* CH_3—CH_2—CH_2—CH—CH- CH_2

$$\overset{|}{OOH}$$

formuliert wurde[2]. Ferner soll **Kobaltoleat** die Autoxydation verschiedener Amylene, und zwar von *n-Propyl-äthylen, Isopropyl-äthylen*, unsymmetrischem und symmetrischem *Methyl-äthyl-äthylen* und *Trimethyl-äthylen* katalysieren[3]. Jedoch genügen die gemachten Angaben zu Erkennung des Ausmaßes dieser Katalyse nicht.

Die Empfindlichkeit der *Terpene* und ihrer Derivate gegenüber Luftsauerstoff ist schon lange bekannt. Das „Verharzen" dieser Verbindungen hängt damit zusammen. So ist über die Autoxydation des *Terpentinöls* eine umfangreiche Literatur vorhanden[4]. Nach Wallach[5] führt die Autoxydation von *β-Phellan-dren* (XI) unter Abspaltung der semicyclischen Doppelbindung zu dem ungesättigten Keton *4-Isopropyl-cyclohexen-(2)-on-(1)* (XII), und Blumann und Zeitschel[6] erhielten aus *Limonen Carveol* und *Carvon*.

Katalysatoren zog man bei der Oxydation von α- und *β-Pinen* (XIII und XVI) und von *Cedren* heran. So ließ sich die Autoxydation von α- und *β-Pinen*, den beiden Hauptbestandteilen des Terpentinöles, und von Cedren, einem tri-

$$CH_2 \qquad\qquad O$$

$$\rightarrow$$

$$H_3C—CH—CH_3 \qquad H_3C—CH—CH_3$$

XI *β*-Phellandren.   XII

---

[1] Hock, Gänicke: Ber. dtsch. chem. Ges. **71**, 1430 (1938).

[2] Hock, Neuwirth: Ber. dtsch. chem. Ges. **72**, 1562 (1939).

[3] Hyman, Wagner: J. Amer. chem. Soc. **52**, 4345 (1930).

[4] Vgl. Zusammenstellung in dem Handbuch von Semmler: Die ätherischen Öle Bd. 2, S. 216. 1906.

[5] Wallach: Liebigs Ann. Chem. **343**, 29 (1905).

[6] Blumann, Zeitschel: Ber. dtsch. chem. Ges. **47**, 2623 (1914).

XIII α-Pinen. XIV Verbenol. XV Verbenon.

XVI β-Pinen. XVII Pinocarveol. XVIII Pinocarvon.

cyclischen Sesquiterpen, vor allem durch **Kobaltresinat**[1] katalysieren[2], während
die Resinate von Fe, Pb, Ni und Cr weniger wirksam waren. Hierbei entstanden
aus α-Pinen (XIII) *Verbenol* (XIV) und *Verbenon* (XV), aus β-Pinen (XVI)
Pinocarveol (XVII) und *Pinocarvon* (XVIII). In beiden Fällen bleibt also die
Doppelbindung wie beim Cyclohexen erhalten. Auch **Eisen-phthalocyanin** (X)
beschleunigt die Sauerstoffaufnahme von α-Pinen[3]. Der Ort des Eintritts des
Sauerstoffs in die Terpenmoleküle bietet für die Katalyse interessante Gesichtspunkte.

Es erscheint zweckmäßig, hier gleich die Autoxydation von *Abietinsäure* (XIX),
eines Diterpenderivats, zu besprechen, die autokatalytisch verläuft und bei der
zwei Atome Sauerstoff aufgenommen werden.

XIX Abietinsäure.

DUPONT und Mitarbeiter[4] haben sie gründlich untersucht. Zur Erklärung
der Autokatalyse wurde die Bildung eines positiven Katalysators während der

[1] Resinate sind Salze der Harzsäuren.
[2] DUPONT, CRONZET: Chem. Abstr. **23**, 3455 (1929). — SCHMIDT: Ber. dtsch. chem.
Ges. **63**, 1129 (1930). — BAUMANN, HELLRIEGEL, SCHULZ: Ebenda **62**, 1697 (1929).
[3] COOK: J. chem. Soc. [London] **1938**, 1774.
[4] DUPONT und Mitarbeiter: C. R. hebd. Séances Acad. Sci. **189**, 763 (1929);
190, 1302 (1929); Bull. Soc. chim. France **47**, 60, 147, 942 (1930).

Reaktion angenommen. Es zeigte sich, daß diese Autoxydation in Xylollösung sehr stark durch **Kobaltabietat** zu beschleunigen war. Schwächer wirksam erwiesen sich die Abietate von Cu, Mn, Ni, Fe und Hg. Dabei änderte der Katalysator den Reaktionstyp nicht. Das Lösungsmittel beeinflußt diese Katalyse. Während das Kobaltsalz in Eisessiglösung die gleiche Beschleunigung wie in Xylollösung hervorrief, schwächten Alkohol und Tetrachlorkohlenstoff die Aktivität des Katalysators sehr stark. Die Kobaltabietatkonzentration darf nicht unter 0,01 % (berechnet als CoO) herabsinken. Die Metallabietate sind in Xylol löslich. Da Lösungen von Kobaltabietat sich nur äußerst langsam autoxydieren, soll nach Dupont ein Abietat-Abietinsäurekomplex als Sauerstoffüberträger dienen. Die bevorzugte Stellung des Kobalts interessiert in diesen Untersuchungen besonders. Im übrigen zeigte sich im Anschluß an diese Versuche, daß man auch die Autoxydation von α- und β-Pinen, Caren und Phellandren mit Kobaltabietat beschleunigen kann[1].

XX Ergosterin.

Auch in dem sekundären, hydroaromatischen Alkohol *Ergosterin* (XX), der bekanntlich durch UV-Bestrahlung in das antirachitische Vitamin D_2 übergeht, sind zwei Doppelbindungen in einem hydroaromatischen Sechsring und eine Doppelbindung in der aliphatischen Seitenkette die Ursache für die O_2-Aufnahme. Schon Windaus und Brunken[2] fanden, daß Ergosterin bei Gegenwart fluoreszierender Farbstoffe im Licht ein Mol O_2 unter Bildung eines Peroxyds absorbiert. Die Autoxydation des Sterins in organischen Lösungsmitteln (Cyclohexanol, Xylol) im Dunkeln erwies sich an Hand von Versuchen über die Wirksamkeit von Eisen als eine ausgesprochene Schwermetallkatalyse[3]. Hämin[4] konnte z. B. eine rasche O_2-Aufnahme bewirken, und zwar wurden in diesem Falle 3 Mole O_2 verbraucht, so daß hier ein ganz anderer Typ der Autoxydation wie der vorhin erwähnte vorliegt. Da diese Versuche so durchgeführt wurden, daß die Sterinlösungen mit wässerigen Pufferlösungen geschüttelt wurden, ist die p_H-Abhängigkeit der Katalyse mit einem Maximum zwischen p_H 7,5 und 8,0 noch zu betonen.

3. Äther.

Trotz ihrer großen chemischen Stabilität verändern sich die Äther in Berührung mit Luft langsam. Der auf Autoxydationsvorgänge zurückzuführende geringe *Peroxydgehalt* der Äther, besonders von *Äthyläther*, der zu folgenschweren Explosionen führen kann, ist wohlbekannt[5]. Obwohl der Chemismus dieser Oxydation infolge der Bearbeitung von Peroxyden und deren Beteiligung an auch technisch wichtigen Prozessen (Ranzigwerden der Fette, Öltrocknung,

---

[1] Dupont, Allard: Chim. et Ind. **1932**, 661.
[2] Liebigs Ann. Chem. **460**, 225 (1928).
[3] R. Kuhn, Meyer: Hoppe-Seyler's Z. physiol. Chem. **185**, 193 (1929). — K. Meyer: J. biol. Chemistry **103**, 607 (1933).   [4] Gelöst in Cyclohexanol.
[5] Vgl. Angew. Chem. **44**, 896 (1931); Chemiker-Ztg. **62**, 731, 912 (1938).

Polymerisation ungesättigter Verbindungen) häufig diskutiert wurde, liegen kaum eingehende Versuche über die Sauerstoffaufnahme von Äthern vor. Man nahm die Tatsache hin, ohne den Verlauf der Reaktion selbst eingehender zu studieren. Zudem handelt es sich auch bei dem in dieser Beziehung am häufigsten untersuchten Äthyläther um eine *sehr träge* Autoxydation.

Nach RIECHE und MEISTER[1] sind im autoxydierten Äthyläther H_2O_2 und *Acetaldehyd* bzw. deren Anlagerungsverbindungen *Oxyäthyl-hydroperoxyd* $CH_3—CH(OH)\cdot OOH$ oder *Dioxyäthyl-peroxyd* $CH_3—CH(OH)—OO—CH(OH)—$ $—CH_3$, ferner Äthylalkohol und etwas Essigsäure vorhanden. Überraschend ist es dabei, wie es unter den milden Bedingungen der Autoxydation zur Spaltung der so festen Ätherbindung kommt. Wahrscheinlich besteht der erste Angriff des Sauerstoffs in einem Einschieben des Sauerstoffmoleküls zwischen C und H in Nachbarstellung zum Äthersauerstoff:

$$C_2H_5—O—C_2H_5 + O_2 \rightarrow C_2H_5—O—\underset{\underset{OOH}{|}}{CH}—CH_3 .$$

Der so entstehende *Hydroperoxyd-diäthyläther*, der auch synthetisch zugänglich ist, wird als Zwischenprodukt angesehen, durch dessen Zerfall und aus dessen Zerfallsprodukten Acetaldehyd und H_2O_2 sich schließlich durch Erwärmen das hochexplosive *Polyäthyliden-peroxyd* $(CH_3—CHOO)_x$ bildet.

Systematische Untersuchungen über die Beteiligung von Katalysatoren bei der Autoxydation der Äther fehlen völlig. Nur einige kurze Hinweise sprechen dafür, daß vielleicht auch hier Schwermetalle wirksam sind. So führt NEU[2] die Unterschiede in der Geschwindigkeit der Peroxydbildung bei verschiedenen Sorten von Äthyläther auf die Anwesenheit wechselnder Mengen von **Eisenspuren** zurück. Nach Entfernung des Eisens enthielten die Ätherproben auch nach dreimonatigem Stehen an Luft und im Licht nur sehr geringe Peroxydmengen. Besonders autoxydabel ist auch der Dibenzyläther, während der Dimethyläther weniger dazu neigt.

4. Alkohole.

Mit der Anwesenheit der OH-Gruppe in *primären* und *sekundären Alkoholen* ist die Grundlage für die bekanntlich verhältnismäßig leicht durchzuführende Oxydation dieser Verbindungen zu Aldehyden und Ketonen gegeben. Prinzipiell wird für die Oxydation ein- und mehrwertiger Alkohole auch molekularer Sauerstoff geeignet sein, wenngleich dieser Methode, wenigstens in flüssigem Medium, in den meisten Fällen infolge der Reaktionsträgheit des Sauerstoffes keine präparative Bedeutung zukommt. Im allgemeinen dürfte bei Abwesenheit sonstiger, reaktionsfähiger Atomanordnungen die Oxydation stets an dem die OH-Gruppe tragenden Kohlenstoffatom einsetzen:

$$—CH_2(OH) \rightarrow —C\diagup^{H}_{\diagdown O} \qquad >CH(OH) \rightarrow >C=O .$$

Auf die leichte Angreifbarkeit der *Alkali-alkoholate* durch den Luftsauerstoff sei hier ebenfalls hingewiesen.

Wie bei den Äthern hat man jedoch auch die Autoxydation der Alkohole in Lösung nur recht spärlich untersucht. GLAESSNER[3] erhielt *Formaldehyd* in mäßiger Ausbeute beim Durchleiten von Luft durch *methanol*haltige wässerige

---

[1] Angew. Chem. **49**, 101 (1936); **50**, 520 (1937).
[2] Angew. Chem. **45**, 519 (1932).   [3] Chem. Zbl. **1902 II**, 731.

Lösungen von **kolloidalem Pt** oder besser **kolloidalem Cu**. Die Sauerstoffaufnahme von *Mannit* in alkalischer Lösung bei 20° ließ sich durch **Kobaltsulfat** beschleunigen[1] und aus den Untersuchungen von Traube und Kuhbier[2] über die Autoxydation komplexer Eisen(III)-Verbindungen von *Mannit, Sorbit* und *Erythrit* in alkalischer Lösung scheint hervorzugehen, daß auch **Eisen(III)-salze** bei mehrwertigen Alkoholen als Katalysatoren dienen können. Da zur Erzielung einer hinreichenden Geschwindigkeit bei der Mannitoxydation, die auch durch Belichtung erheblich beschleunigt wird, verhältnismäßig große Eisenmengen nötig sind, zog Salley[3] den Schluß, daß keine langen Reaktionsketten durch den Katalysator gestartet werden.

5. Aldehyde.

Die Sauerstoffaufnahme der Aldehyde ist als klassischer Vorgang einer Autoxydation vielfach untersucht worden. Überdies kommt dieser Reaktion präparative Bedeutung für die Darstellung organischer Säuren zu. Bei Anwesenheit von Katalysatoren können Aldehyde leicht Sauerstoff aufnehmen, und es mag gleich hier erwähnt werden, daß die Gegenwart eines Lösungsmittels, z. B. von Wasser, diese Oxydation beeinflussen kann. Im Vordergrund steht dabei eine primäre, *peroxydische Bindung des Sauerstoffes* an das ungesättigte Aldehydmolekül. Für die Autoxydation der Aldehyde scheint die gleichzeitig von Engler[4] und von Bach[5] für alle Autoxydationsvorgänge mit Nachdruck vertretene *Primärperoxydtheorie* in reiner Form zuzutreffen. Man kann leicht nachweisen, daß *Persäuren* als Zwischenprodukte auftreten. Dies legte die Annahme nahe, daß die Aldehydautoxydation nach dem folgenden Schema in zwei Stufen verläuft:

$$1. \quad R—C{\overset{O}{\underset{}{\diagup}}}H + O{=}O \rightarrow R—C{\overset{O}{\underset{}{\diagdown}}}O—OH,$$

$$2. \quad R—C{\overset{O}{\underset{}{\diagdown}}}O—OH + R—C{\overset{O}{\underset{}{\diagdown}}}H \rightarrow 2\,R—COOH.$$

Es geht jedoch aus einer Reihe von Beobachtungen hervor, daß diese beiden Gleichungen allein zur völligen Deutung der Reaktionsfolge nicht ausreichen. Vor allem sind damit sekundäre Oxydationserscheinungen bei der Autoxydation von Aldehyden nicht zu erklären, die z. B. beim Benzaldehyd zu einer Mitoxydation des Lösungsmittels (CCl_4) führten[6]. Diese Versuche sprechen dafür, daß die Persäuren in der gewöhnlichen Form *nicht* die reaktionsfähigen Zwischenprodukte darstellen. Es ist aber auch die Frage zu entscheiden, wie das Sauerstoffmolekül in das Aldehydmolekül eintritt. Hier vertritt Rieche[7] die Ansicht, daß sich auch bei den Aldehyden wie bei den Äthern in die durch die CO-Gruppe aufgelockerte CH-Bindung der Sauerstoff einschiebt.

Aus den wichtigen Untersuchungen von Bäckström[8] über die katalytische Wirksamkeit eingestrahlter Lichtenergie muß man auf das Vorliegen einer *Kettenreaktion* im Sinne von Christiansen[9] schließen. Als Träger solcher Reaktionsketten sah man entweder durch Energiezufuhr angeregte Moleküle oder

[1] Colin, Liévin: C. R. hebd. Séances Acad. Sci. **169**, 188 (1919).
[2] Ber. dtsch. chem. Ges. **65**, 190 (1937).   [3] J. physic. Chem. **38**, 449 (1934).
[4] Ber. dtsch. chem. Ges. **30**, 1669 (1897).
[5] C. R. hebd. Séances Acad. Sci. **124**, 951 (1897).
[6] Jorissen, van der Beck: Recueil Trav. chim. Pays-Bas **45**, 245 (1926). — Vgl. Staudinger: Ber. dtsch. chem. Ges. **46**, 3533 (1913).
[7] Angew. Chem. **51**, 707 (1938).
[8] J. Amer. chem. Soc. **49**, 1460 (1927).
[9] J. physic. Chem. **28**, 145 (1924).

Radikale an. HABER und WILLSTÄTTER[1] nahmen Sauerstoffradikale der Form

$$R-\overset{\overset{O}{\|}}{C}-OO\rightarrow,$$ die sekundäre Oxydationserscheinungen auslösen können, als Glieder der Kette an, während früher vor allem die primäre Bildung unbeständiger Peroxyde $R-\overset{\overset{O}{\diagdown}}{\underset{|}{C}}\overset{}{O}\overset{}{-}O$ diskutiert wurde, die man sich durch Anlagerung

H

der Sauerstoffmolekel an die CO-Doppelbindung entstanden dachte und die durch Umlagerung dann Persäuren liefern sollten. Letztere Ansicht findet man in etwas abgewandelter und modernisierter Form auch in der „*Moladdukt*-Theorie" von WITTIG[2] wieder, der die Radikalkettentheorie ablehnt. Nach WITTIG lagert sich Sauerstoff an ein aktiviertes Aldehydmolekül zu einem reaktionsfähigen peroxydischen Gebilde an:

$$\overset{H}{\underset{R}{\diagup}}C\cdot O + O_2 \rightarrow \overset{H}{\underset{R}{\diagup}}C{=}O\cdots O{=}O \rightarrow R-\overset{\overset{O}{\|}}{C}-OOH\,.$$

Dieses Moladdukt kann sich zur Persäure stabilisieren oder mit einem zweiten Molekül Aldehyd unter Bildung von zwei Molekülen Säure reagieren. Nur der zweite Vorgang soll für die Aldehydautoxydation wesentlich sein und die Energie zur Fortführung der Kettenreaktion liefern. Wie beim Acetaldehyd noch kurz erläutert wird, dürfte auch die Umsetzung zwischen dem Primärperoxyd irgendeiner Form oder der Persäure mit einem zweiten Molekül Aldehyd zu zwei Molen Säure *stufenweise* verlaufen. Auf Grund der Beteiligung von Wasser beim Zerfall der Persäure vertraten WIELAND und RICHTER[3] im Falle des Acetaldehyds die Ansicht, daß Acetopersäure das Aldehyd*hydrat* dehydriert.

Unter den Katalysatoren der Aldehydautoxydation kommt den *Schwermetallsalzen* die Hauptbedeutung zu. Technisch ist die Oxydation von *Acetaldehyd* durch den Luftsauerstoff zu Essigsäure besonders wichtig, die aber ohne Katalysator recht langsam verläuft. Im flüssigen Medium ist sie ohne und mit Lösungsmitteln vielfach untersucht worden. In der Hauptsache sind hier die katalytischen Erfahrungen in Patenten niedergelegt. Für die Oxydation von flüssigem Acetaldehyd mit Luft oder Sauerstoff, die exotherm verläuft und durch Druck begünstigt wird, hat man als Katalysatoren **Ceroxyd**, **Kupferacetat** und vor allem *Manganverbindungen* (**Mn-acetat, -formiat, -butyrat, -lactat**) empfohlen[4].

Die Anwesenheit der Mangansalze vermeidet auch die Ansammlung größerer Mengen von Acetopersäure, die infolge ihrer unter starker Wärmeentwicklung stürmisch verlaufenden Umsetzung mit Acetaldehyd durch Zersetzungserscheinungen zu Explosionen führen kann. Manganverbindungen lösen sich in Gegenwart von Sauerstoff in Acetaldehyd unter Bildung brauner Lösungen auf, die dann die aktive Form des sehr wirksamen Katalysators enthalten. So setzt man z. B. auf 1000 kg Acetaldehyd 1 kg Manganacetat zu, leitet unter Rühren Sauerstoff ein und führt die Reaktionswärme durch Kühlung ab. Die lebhafte Sauerstoffaufnahme ist nach 10—20 Stunden beendet. Es fällt unmittelbar hochprozentige Essigsäure an.

---

[1] Ber. dtsch. chem. Ges. **64**, 2844 (1931). — Vgl. BOCKEMÜLLER, GÖTZ: Liebigs Ann. Chem. **508**, 263 (1934).

[2] WITTIG, LANGE: Liebigs Ann. Chem. **536**, 266 (1938).

[3] Liebigs Ann. Chem. **459**, 284 (1932).   [4] DRP. 286400, 305550.

Auch bei der recht wirksamen Katalyse durch **Eisen(II)-acetat** besteht in hohem Maße die Gefahr der Acetopersäurebildung. Es wurde aber festgestellt, daß sich die Anhäufung der Persäure z. B. durch Zusatz der Alkali- und Erdalkalisalze organischer Säuren völlig vermeiden läßt. So erzielte man bei Anwesenheit von Natriumacetat ohne Verdünnung und in der Kälte eine rasche und gefahrlose Oxydation[1]. Hierbei trafen auf 100 Teile Acetaldehyd 0,3 Teile Eisen(II)-acetat und 7 Teile wasserfreies Natriumacetat, und es wurde in einer Rühr- oder Schüttelapparatur bei 15° Sauerstoff eingeleitet. Die Eisenverbindung ließ sich hier auch durch **Nickelacetat** (1 Teil auf 100 Teile Aldehyd) oder **Chrom-** und **Manganverbindungen** ersetzen[2].

Für die Autoxydation von Acetaldehyd in einem *Lösungsmittel* können Eisessig, chlorierte Essigsäuren, Essigsäureanhydrid oder Tetrachloräthan benutzt werden[3]. Hier sind **Vanadinpentoxyd, Uranoxyd** oder **Eisenoxyduloxyd** geeignete Katalysatoren. 10—20 kg Acetaldehyd löste man z. B. in 200 kg Eisessig, fügte 200 g Uranoxyd zu und leitete Sauerstoff ein. Die Oxydation verlief zwischen 30 und 80°.

Erwähnenswert ist, daß die Acetaldehydoxydation auch so geleitet werden kann, daß *Essigsäureanhydrid* als Reaktionsprodukt entsteht. Es erfolgt dies bei Anwesenheit eines Verdünnungsmittels, wie Äthylacetat, Methylacetat usw., und der **Acetate** von **Mangan, Kupfer, Nickel** und **Kobalt** als Katalysatoren. Oxydiert wurde unter Druck bei etwa 50°[4]. Nach diesem Verfahren sollen auch andere Säureanhydride zugänglich sein.

Die Kinetik der Acetaldehydoxydation in Eisessiglösung bei Anwesenheit von Mangansalzen ist in ihrem zweiten Stadium, also der Umsetzung zwischen Persäure und Aldehyd, eingehender von Kagan und Lubarsky[5] vor wenigen Jahren studiert worden. Auch diese Teilreaktion soll sich in zwei Stufen abspielen, und es wurde die Annahme gemacht, daß sich zunächst unter Addition der reagierenden Komponenten ein *Zwischenprodukt*, nämlich Oxyäthyl-acetyl-peroxyd: CH_3—CO—OO—CH(OH)—CH_3 bildet, das sich dann in einer Folgereaktion zu zwei Molekülen Essigsäure zersetzt. Der eigentliche Katalysator ist nicht das Salz des zweiwertigen Mangans, sondern das des *dreiwertigen*, welches bei der Einwirkung von Peressigsäure auf Mangan(II)-acetat entsteht. Bei Ausschluß von Wasser benötigt die Autoxydation in Gegenwart von Mangan(III)-acetat *keine* Induktionszeit. Kagan und Lubarsky glauben, daß das Mangansalz im wesentlichen die Zersetzung des intermediären Zwischenproduktes beschleunigt.

Von anderen Aldehyden sei zunächst erwähnt, daß auch die Oxydation von *Butyraldehyd* zu Buttersäure durch **Mangan-butyrat** beschleunigt werden konnte[6]. Ferner ließ sich die schon freiwillig rasch verlaufende Oxydation von *Crotonaldehyd* zu Crotonsäure in Eisessiglösung durch **Mangan(III)-acetat** katalysieren und lenken[7]. Es erwies sich als zweckmäßig, durch Zusatz von Kaliumpermanganat zu einer Lösung von Mangan(II)-acetat in Eisessig das Mangan(III)-acetat direkt zu erzeugen und nun dieser Lösung unter kräftigem Rühren und Einleiten von Sauerstoff nach und nach zwischen 20 und 40° den Crotonaldehyd zuzusetzen. Die Ausbeute betrug 98—99%.

Besonders ausführlich hat man sich mit der Autoxydation von *Benzaldehyd* beschäftigt, nachdem schon im Jahre 1832 Wöhler und Liebig[8] feststellten, daß der Aldehyd sich in feuchter oder trockener Luft zu Benzoesäure oxydiert, und daß Licht diesen Vorgang beschleunigt[9]. Von dieser Autoxydation weiß man

---

[1] DRP. 294724.   [2] DRP. 296282.   [3] DRP. 261589, 601223.
[4] Amer. P. 2170002.   [5] J. physic. Chem. **39**, 837, 847 (1935).
[6] E.P. 173004.   [7] DRP. 369636; F.P. 536424.
[8] Liebigs Ann. Chem. **3**, 253 (1832).
[9] Vgl. auch Schönbein: J. prakt. Chem. **74**, 328 (1858).

bereits seit Jahrzehnten, daß sie über die Stufe der *Benzoepersäure* verläuft[1], und JORISSEN und VAN DER BECK[2] haben als erste diese Persäure, die vor allem bei der Oxydation in organischen Lösungsmitteln (Aceton, Benzol, CCl_4) bei Belichtung in beträchtlicher Menge auftritt[3], direkt isoliert. Zumeist standen theoretische Gesichtspunkte im Vordergrund des Interesses. Vor allem ist immer wieder die Frage gestellt worden, ob völlig reiner Benzaldehyd im Dunkeln freiwillig überhaupt Sauerstoff aufnehmen kann. Es scheint heute, daß dies zu verneinen ist, wobei allerdings betont werden muß, daß für solche Untersuchungen an die Reinheit des Benzaldehyds besondere Anforderungen gestellt werden müssen[4]. Hierbei ist in gleicher Weise an eine negative Katalyse durch organische Verbindungen, die den Aldehyd hartnäckig begleiten, und an positive Katalysatoren aus der Gefäßwand zu denken[5]. Schon Spuren von Schwermetallverbindungen sind von außerordentlicher Wirksamkeit. Besonders deutlich kommt dies in den Untersuchungen von RAYMOND[5] zum Ausdruck, der die Autoxydation von unverdünntem Benzaldehyd eingehend studierte. **Mangan-, Kobalt-, Nickel-, Eisen-** und **Kupfersalze** katalysierten im Dunkeln sehr stark. Am aktivsten waren Mangan- und Kobaltsalze. Da es sich zeigte, daß auch das Anion nicht ohne Einfluß war, benutzte RAYMOND nur die *Benzoate*. **Mangan-** und **Kobaltbenzoat** besitzen eine genügende Löslichkeit in Benzaldehyd. So hatten z. B. 3 ccm Aldehyd mit 0,05 % Kobaltbenzoat in 1 Minute bereits 20 ccm Sauerstoff aufgenommen, und bei einer Manganbenzoat-Konzentration von nur $1,3 \cdot 10^{-6}$ betrug mit der gleichen Aldehydmenge die Sauerstoffaufnahme in 1 Minute ebenfalls schon 10 ccm. Nach diesen Ergebnissen müssen *Mangan-* und *Kobaltsalze* als die besten Katalysatoren für die Benzaldehydautoxydation bezeichnet werden. Interessant ist, daß **Kupferbenzoat** nur eine geringe Aktivität entfaltet.

Für den Chemismus der Katalyse ist die Feststellung wichtig, daß das Kobalt(II)-salz von der Benzoepersäure zum Kobalt(III)-salz oxydiert wird. Jedoch ist die nun naheliegende Annahme der Oxydation des Benzaldehyds durch das Kobalt(III)-salz nicht ganz befriedigend. In diesem Falle wäre dann zu fordern, daß der Aldehyd durch das Kobalt(III)-salz rascher als durch die Persäure oxydiert wird. Jedenfalls befähigt der Metallkatalysator die Aldehydmoleküle, ohne Zufuhr äußerer Energie sich zu oxydieren. Von RAYMOND wird auch die Möglichkeit erwogen, daß durch Vereinigung des Katalysator*kations* mit einem oder mehreren Aldehydmolekülen leichter oxydierbare komplexe Ionen entstehen.

In wässeriger oder benzolischer Lösung läßt sich die Sauerstoffaufnahme von Benzaldehyd durch Schwermetallsalze, vor allem **Eisensalze,** ebenfalls stark beschleunigen[6]. Die katalytische Wirksamkeit der Eisensalze zeigt einige Besonderheiten, von denen hier der Unterschied in der Aktivität von zwei- und dreiwertigem Eisen genannt sei, den WIELAND und RICHTER[6] gedeutet haben. Hier sei auch die Katalyse durch **komplexe Kobalt- und Nickelsalze,** und zwar durch $[Co(NH_3)_5Cl]Cl_2$, $Na_3[Co(NO_2)_6]$ und $[Ni(NH_3)_6]Cl_2$ in einem Phosphatpuffer vom $p_H = 7$ [7] und die Katalyse durch **Eisen-phthalocyanine und Eisen-**

[1] v. BAEYER, VILLIGER: Ber. dtsch. chem. Ges. **33,** 1569 (1900).

[2] Recueil Trav. chim. Pays-Bas **45,** 245 (1926); **49,** 138 (1930).

[3] Vgl. auch VAN DER BECK: Recueil Trav. chim. Pays-Bas **47,** 286 (1928).

[4] Mehrfache sorgfältige Destillation *und* fraktionierte Krystallisation sind notwendig.

[5] KUHN, MEYER: Naturwiss. **16,** 1028 (1928). — MEYER: J. biol. Chemistry **103,** 25 (1933). — RAYMOND: J. Chim. physique **28,** 316, 421 (1931).

[6] R. KUHN, MEYER: Naturwiss. **16,** 1028 (1928). — MEYER: J. biol. Chemistry **103,** 25 (1933). — WIELAND, RICHTER: Liebigs Ann. Chem. **486,** 226 (1931).

[7] K. SHIBATA, Y. SHIBATA: Katalytische Wirkungen der Metallkomplexverbindungen, S. 107. Tokyo 1936.

octatetrazo-porphyrin[1] kurz erwähnt. Präparative Bedeutung kommt allerdings der Beschleunigung durch diese Komplexsalze, wenn man von der die Wirksamkeit des Eisenions übersteigenden Katalyse durch **Pyridin-Hämochromogen** absieht, nicht zu.

Man darf erwarten, daß die vornehmlich an Acetaldehyd und Benzaldehyd gemachten Erfahrungen sich sinngemäß auch auf andere Aldehyde übertragen lassen. Jedenfalls ist die katalysierte Oxydation der Aldehyde durch molekularen Sauerstoff, die schon bei gewöhnlicher oder schwach erhöhter Temperatur verläuft, auch eine präparativ zweckmäßige Darstellungsmethode für Carbonsäuren. Die Untersuchungen an den einfachsten Substraten ließen die wesentlichsten Gesichtspunkte erkennen, die bei dieser Methode zu berücksichtigen sind.

6. Ketone.

Es ist bemerkenswert, daß nach Patentangaben der molekulare O_2 auch in *Ketonen* bei Mitwirkung von Schwermetallkatalysatoren C—C-Bindungen oxydativ aufbrechen kann. Da diese Autoxydation in zumeist glatter Reaktion zu *Carbonsäuren* führt, kann man sie vorteilhaft zur technischen Darstellung der niederen Fettsäuren oder zur Oxydation cyclischer Ketone, die Dicarbonsäuren liefern, heranziehen. Als Katalysatoren waren die **Acetate, Oxyde, Carbonate oder Acetyl-acetonate** von **Mn, Co, Cu** und **Fe** brauchbar. Vor allem wurden **Manganverbindungen** benutzt. Die Durchführung der Autoxydation gestaltet sich z. B. so, daß man in die mit dem Katalysator versetzte Lösung des Ketons in Eisessig bei höherer Temperatur O_2 einleitet. Man kann auch den Sauerstoff mit Ketondämpfen beladen und die Oxydation dann in flüssiger Phase, z. B. in Eisessig, sich abspielen lassen. So leitete man einen mit Aceton beladenen O_2-Strom in auf 90° erhitzten Eisessig, der Mn-acetat enthielt (5 g auf 1,5 kg Eisessig)[2]. Die stark exotherme Reaktion führte in einer Ausbeute von 90—95 % zu *Essigsäure* und *Ameisensäure*.

Methyl-äthyl-keton lieferte nur Essigsäure. Die Oxydation wurde hier so vollzogen, daß 15 Stunden lang zwischen 80 und 100° in 2 kg des Ketons, die mit einer Lösung von 5 g **Mn-acetat** in 100 g Eisessig versetzt waren, O_2 eingeleitet wurde[3]. Mit Mn-acetat als Katalysator und Eisessig als Lösungsmittel wurden ferner noch oxydiert: *Diäthyl-keton* zu Essig- und Propionsäure, *Cyclohexanon* zu Adipinsäure, *Methyl-cyclohexanon* zu Methyl-adipinsäure und *Acetophenon* zu Benzoesäure und Ameisensäure[4]. Die Ausbeuten waren dabei im allgemeinen überraschend gut.

7. Gesättigte Fettsäuren, Oxysäuren und Ketosäuren.

Die Autoxydation von *gesättigten Fettsäuren* und von *Oxy-* und *Ketosäuren* ist recht spärlich untersucht worden, da kein praktisches Bedürfnis dafür vorlag. Schon bei der Oxydation der Paraffine mußten wir uns die Frage der Oxydierbarkeit der Fettsäuren vorlegen. Selbstverständlich müssen auch in Fettsäuren C—C-Bindungen durch molekularen O_2, wenn auch unspezifisch und schwierig, oxydativ aufsprengbar sein, so daß Paraffin- und Fettsäureabbau miteinander verknüpft sind.

So haben Salway und Williams[5] *Stearinsäure*, die 2 % **Mn-stearat** enthielt, bei 120—130° durch Durchleiten von O_2 oxydiert. Neben sehr geringen Mengen von CO_2 und von Ameisen-, Essig-, Butter- und Dicarbonsäuren sollen dabei als Hauptprodukte *Oxysäuren* und ihre *Lactone* entstehen, deren Abtrennung

---

[1] Cook: J. chem. Soc. [London] **1938**, 1768.   [2] DRP. 590365.
[3] DRP. 583704.   [4] DRP. 597973.   [5] J. chem. Soc. [London] **121**, 1343 (1922).

und Identifizierung aber nicht gelang. Jedoch waren nach 24stündiger Oxydation noch 40% der Stearinsäure unverändert. Auch **Co-stearat** wurde als Katalysator herangezogen[1]. Ferner untersuchten WIELAND und FRANKE[2] im Verlaufe einer größeren Arbeit, die sich in erster Linie mit dem Chemismus der Eisenkatalyse beschäftigt, die Autoxydation von *Ameisensäure* bei Zusatz von Fe-salzen. Eisen(III)-salze waren dabei in schwach saurem Medium ganz ohne jede Wirkung, und auch bei Anwesenheit von **Eisen(II)-sulfat** lag keine Katalyse, sondern nur eine induzierte Oxydation vor, die mit dem Übergang des zweiwertigen Eisens in das dreiwertige ihr Ende fand. Die Versuche sind aber deshalb erwähnenswert, weil diese Autoxydation bei Gegenwart von Eisen(II)-salzen sich durch Zusatz geringer Mengen der sehr leicht autoxydablen *Dioxymaleinsäure* deutlich beschleunigen läßt. Die O_2-Aufnahme der Dioxy-maleinsäure selbst wird durch Eisensalze stark katalysiert[3], wobei hier kein Unterschied zwischen zwei- und dreiwertigem Eisen vorhanden ist, da das dreiwertige Eisen von der Säure sofort reduziert wird. Als die hauptsächlichsten Reaktionsprodukte wurden in wässeriger Lösung bei $p_H = 4{,}8$ neben einer geringen CO_2-Entwicklung Dioxy-weinsäure und Oxalsäure ermittelt. Wie bei der Ameisensäure wirkt sich auch bei der O_2-Aufnahme von *Weinsäure* ein Dioxymaleinsäurezusatz günstig aus. Interessanterweise sind hier Anzeichen dafür vorhanden, daß auch die allein wirkungslosen **Kupfer(II)-salze** die katalytische Kraft von Eisen(II)-salzen steigern können. MOHRsches Salz vermag die Oxydation der freien Weinsäure, aber nicht die ihrer Salze, zu Anfang der Reaktion erheblich zu beschleunigen. Jedoch kommt die Katalyse durch den Verbrauch des Katalysators, wobei das zweiwertige Eisen zum dreiwertigen oxydiert wird, sehr bald zum Erliegen[3]. Auch die *Dioxyweinsäure* wird von O_2, wenn auch viel langsamer als die Dioxymaleinsäure, über die sie sich bei der Ableitung von Weinsäure durch Dehydrierung bildet, bei Anwesenheit von Eisen(II)- oder Eisen(III)-salzen angegriffen [vgl. Gleichung (1)]:

$$
\begin{array}{ccccc}
\text{COOH} & & \text{COOH} & & \text{COOH} \\
| & & | & & | \\
\text{CHOH} & \xrightarrow{-2\,\mathrm{H}} & \text{C{-}OH} & \xrightarrow{-2\,\mathrm{H}} & \text{C}{=}\text{O} \quad \nearrow \text{HOOC{-}CO{-}COOH} + CO_2 \\
| & & | & & | \qquad\quad\diagdown \\
\text{CHOH} & & \text{C{-}OH} & & \text{C}{=}\text{O} \quad \searrow \text{HOOC{-}COOH} \\
| & & | & & | \\
\text{COOH} & & \text{COOH} & & \text{COOH} \\
\text{Dioxymaleinsäure.} & & \text{Dioxyweinsäure.} & &
\end{array}
\tag{1}
$$

Sie liefert dabei Mesoxalsäure und Oxalsäure. Man sieht aus diesen Beispielen, wie stark die Kohlenstoffkette mit Sauerstoff beladen sein muß, bevor eine Aufsprengung der C—C-Bindung erfolgt.

Schließlich ist noch zu erwähnen, daß die Autoxydation von *Brenztraubensäure* in alkalischer Lösung, aber nicht in saurer oder neutraler Lösung, bei Gegenwart von **Hämin** nach folgender Umsetzung [Gleichung (2)], bei der wahrscheinlich die Enolform reagiert, sich vollzieht:

$$
\text{CH}_2{=}\ \underset{\underset{\text{OH}}{|}}{\text{C}}{-}\text{COOH} + 2\,O_2 \rightarrow CO_2 + \text{HOOC{-}COOH} + H_2O\,.
\tag{2}
$$

Hämin wird in seiner katalytischen Wirksamkeit noch von gewissen fluoreszierenden Farbstoffen, wie *Eosin* und *Isochlorophyllin*, übertroffen. Jedoch muß in diesem Falle *Licht* in das Reaktionssystem eingestrahlt werden[4].

[1] G. W. ELLIS: Biochemic. J. **26**, 791 (1932).
[2] Liebigs Ann. Chem. **464**, 101 (1928).
[3] Vgl. auch O. WARBURG: Hoppe-Seyler's Z. physiol. Chem. **92**, 249 (1914).
[4] K. MEYER: J. biol. Chemistry **103**, 39 (1933).

8. Ungesättigte Fette und Fettsäuren, Lecithin und Carotinoide.

Während, wie wir sahen, die gesättigten Fettsäuren der Autoxydation nur recht schwierig zugänglich sind, sind *Doppelbindungen* in den Fettsäuremolekülen wie bei den Kohlenwasserstoffen die Veranlassung zu einer wesentlich stärkeren Reaktionsbereitschaft, die sich zumeist schon durch eine freiwillige O_2-Aufnahme bei gewöhnlicher Temperatur bemerkbar macht und in ihrer Auswirkung auf wissenschaftliche und technische Probleme von erheblicher Bedeutung ist. Hierbei ist es zweckmäßig, wie aus den nachfolgenden Ausführungen noch hervorgehen wird, gemeinsam mit den ungesättigten Fettsäuren auch die Autoxydation ungesättigter Öle und Fette zu behandeln. Denn in den Ölen und Fetten sind es die als *Glyceride* vorliegenden ungesättigten Fettsäurereste der *Öl-*, *Linol-*, *Linolen-* und *Eläosterinsäure*, welche die Instabilität gegenüber O_2 bedingen. Bekanntlich hängen die technisch und wirtschaftlich so wichtigen Vorgänge des *Trocknens* der Öle in der Anstrichtechnik und des Verderbens der Speisefette bei ihrer Lagerung (Ranzigwerden) mit den Veränderungen zusammen, welche diese Stoffe an der Luft erleiden. Es ist deshalb nur zu verständlich, daß auf diesem Gebiet eine umfangreiche Literatur vorhanden ist und man auch in vielen Modellversuchen der Einwirkung von O_2 auf ungesättigte Fettsäuren und auf Öle und Fette nachging. Was katalytische Erscheinungen bei diesen Vorgängen anlangt, so ist zu betonen, daß für das Trocknen der Öle zwar Beschleuniger sehr erwünscht und daher sehr wichtig sind, daß es aber bei der Lagerung der Öle und Fette gerade auf eine Hintanhaltung der Autoxydation[1] und daher auf eine möglichst weitgehende Ausschaltung der Katalysatoren ankommt. Jedoch hat es sich gezeigt, daß eine gute Kenntnis der Elementarprozesse beim Angriff des O_2 auf die Doppelbindungen beiden Bedürfnissen zugute kommt. Dem allgemeinen Leitgedanken dieser Zusammenfassung entsprechend, kann es sich auch hier nicht um eine eingehende Schilderung aller technisch wichtigen Gesichtspunkte auf diesem umfassenden Arbeitsgebiet handeln[2], es sollen vielmehr in der Hauptsache nur solche unter übersehbaren Bedingungen angestellte Untersuchungen behandelt werden, die zu einer Klärung der Autoxydationsvorgänge beitrugen und vor allem katalytische Effekte klar hervortreten lassen.

Was die *strukturellen Voraussetzungen* für die Angreifbarkeit durch den molekularen O_2 anbetrifft, so ist nicht nur die Anwesenheit, sondern auch die *Lage* der Doppelbindung von Wichtigkeit. Die *endständigen* Doppelbindungen in der Decen-(1)-säure-(10) $CH_2{=}CH{-}(CH_2)_7{-}COOH$ und *Undecen-(1)-säure-(11)* $CH_2{=}CH{-}(CH_2)_8{-}COOH$ zeigten überraschenderweise keine besondere Reaktionsfähigkeit[3]. Mit der Zunahme der *Zahl der Doppelbindungen* in den Substraten ist, wie das auch zu erwarten war, eine starke Erhöhung der Reaktionsgeschwindigkeit verbunden. Interessant ist, daß auch der *stereochemische Bau* von Einfluß ist. So wird die Ölsäure viel rascher von O_2 angegriffen als die raumisomere Elaidinsäure[3]. Schließlich sprechen viele Versuche dafür, daß auch eine Veresterung der COOH-Gruppe in den Fettsäuren die Autoxydationsgeschwindigkeit herabsetzt, was wegen des Verhaltens der natürlichen Glyceride beachtenswert erscheint und systematisch untersucht werden sollte[4]. Diskutiert man den

---

[1] K. Täufel: Angew. Chem. **49**, 48 (1936).

[2] Es sei hier auf folgende Zusammenfassungen verwiesen: K. H. Bauer: Die trocknenden Öle. Stuttgart 1928. — A. Eibner: Das Öltrocknen, ein kolloider Vorgang aus chemischen Ursachen. Berlin 1930. — G. Hefter, Schönfeld: Chemie und Gewinnung der Fette. Wien 1936. — L. Ubbelohde: Handbuch der Öle und Fette. Leipzig 1926—1929.

[3] R. Kuhn, K. Meyer: Hoppe-Seyler's Z. physiol. Chem. **185**, 193 (1929).

[4] Vgl. Fußnote 3 und W. Franke: Liebigs Ann. Chem. **498**, 129 (1932). — W. Fahrion: Angew. Chem. **23**, 722 (1910).

ungesättigten Zustand der Moleküle als Ursache der O_2-Aufnahme, so muß auffallen, daß z. B. die Acetylenbindung in der *Stearolsäure* gegen O_2 beständig ist[1] und sogar die Doppelbindung in der *Crotonsäure* nicht ohne weiteres reagiert. Eine erschöpfende Behandlung der Beziehungen zwischen chemischer Konstitution und Reaktionsfähigkeit kann auf diesem Gebiet wegen des zu geringen Versuchsmaterials nicht gegeben werden, aber es fällt auf, daß viele in der Natur vorkommende ungesättigte Substanzen die strukturellen Voraussetzungen für eine leichte Autoxydierbarkeit mitbringen.

Für die Beschleunigung der Autoxydation ungesättigter Fettsäuren und der trocknenden Öle, wie *Leinöl*, *Mohnöl* oder chinesisches *Holzöl*, sind zahlreiche Katalysatoren aufgefunden worden, die auch eine hohe praktische Bedeutung besitzen und denen man deswegen umfangreiche Untersuchungen widmete. Es sind *Verbindungen von Schwermetallen*, denen auch bei diesen Substanzen die Hauptbedeutung zukommt. Bekanntlich enthalten die in der Anstrichtechnik wichtigen *Firnisse*, die sich durch ihr schnelles Trocknen an der Luft auszeichnen, Verbindungen von **Pb, Mn** und **Co** und die **Sikkative,** die man z. B. dem Leinöl zur Beschleunigung seiner O_2-Aufnahme und damit Erhärtung zusetzt, stellen Salze des Pb, Mn und Co mit höheren, zumeist ungesättigten Fett- oder Harzsäuren vielfach gelöst in Leinöl dar[2]. Die in den Sikkativen wirksamen Katalysatoren, deren Auswahl sich nach dem praktischen Bedürfnis richtet, sind also im wesentlichen *Linolate, Linoleate, Eläostearate, Oleate, Resinate und Naphthenate von Schwermetallen*, wobei sich die **Co-salze** durch besondere Wirksamkeit auszeichnen[3]. Die Konzentration des Beschleunigers richtet sich nach der Art des Metalls und hat auch etwas auf den Verwendungszweck Rücksicht zu nehmen, wie denn überhaupt die Handhabung der Sikkative mancherlei Erfahrung erfordert. Im allgemeinen dürfte in der Praxis die Metallkonzentration in den Ölen größenordnungsmäßig um 0,1—0,5 % liegen. Vielfach löste man, wenigstens früher, auch *Metalloxyde* in den Ölen direkt auf und stellte auf diese Weise die sogenannten „gekochten Firnisse" dar. Aber nicht nur die oben erwähnten, sondern fast alle wichtigen Metalle sind auf ihre katalytische Wirksamkeit hin untersucht worden. EIBNER und PALLAUF[4] ordneten die Metalle allerdings auf Grund einfacher Versuche mit den Resinaten und Leinöl als Substrat zu der folgenden Reihe mit abnehmender katalytischer Kraft: **Co, Mn, Pb, Fe, Cu, Ni, Cr** (Ca, Al, Cd, Zn, Sn). Von Ca ab sind die Metalle als Trockner ohne Bedeutung und es fällt auf, daß die wirksamsten Metalle in mehreren Wertigkeitsstufen auftreten können. Zur Herstellung der Metallseifen, die den trocknenden Ölen fest oder in Lösung zugesetzt werden können, werden die Alkalisalze der Fett- bzw. Harzsäuren mit Metallsalzen wie $CoSO_4$, $CoCl_2$, $MnCl_2$ oder Pb-acetat gefällt.

Die geschilderten katalytischen Effekte hat man in den meisten Fällen einfach in der Weise bestimmt, daß Ölfilme an der Luft eingetrocknet und die Gewichtszunahmen ermittelt wurden. Bei Leinöl z. B. beträgt die Gewichtszunahme, die allerdings von einer Reihe von Umständen, wie Temperatur, Belichtung, Katalysatorkonzentration und Art des Metalls abhängt, im Mittel 18 %. Diese fast ausschließlich nach technischen Gesichtspunkten angestellten Untersuchungen

---

[1] Siehe Anm. 3, S. 508.

[2] Vgl. M. HESSENLAND: Praktikum der gewerblichen Chemie. Berlin und München 1938.

[3] Vgl. A. EIBNER, F. PALLAUF: Chem. Umschau Gebiete Fette, Öle, Wachse, Harze **32**, 81, 97 (1925). — L. E. WISE, R. A. DUNCAN: J. Ind. Engng. Chem. **7**, 202 (1915). — S. FOKIN: Chem. Zbl. **1908 II**, 1995; Z. angew. Chem. **22**, 1451, 1492 (1909). — W. FAHRION: Ebenda **23**, 722 (1910). — W. ROGERS jr., H. A. ST. TAYLOR: J. physic. Chem. **30**, 1334 (1926).

[4] Chem. Umschau Gebiete Fette, Öle, Wachse, Harze **32**, 81, 97 (1925).

ließen jedoch nicht immer den feineren Chemismus der O_2-Aufnahme klar hervortreten, so daß auch hinsichtlich der Beschleunigung der Autoxydation noch nicht alle Fragen als geklärt angesehen werden konnten.

In einigen Fällen hat man in neuerer Zeit durch Messung der unter bestimmten Bedingungen aufgenommenen O_2-Mengen Fortschritte erzielt. Hierbei zeigte es sich mitunter als vorteilhaft, zur Erzielung günstigerer Versuchsbedingungen die *freien*, ungesättigten Fettsäuren an Stelle der Ester zu oxydieren. Die obenerwähnten Metallseifen erwiesen sich auch bei der Autoxydation der freien Säuren als vorteilhaft. So fand Ellis[1], daß bei der recht reaktionsträgen *Elaidinsäure* (I) und der Ölsäure das in Alkohol leicht lösliche **Co-elaidat**[2] ein guter Katalysator ist. Schon eine Metallkonzentration von 0,05 % war gut wirksam und bei feiner Verteilung der Elaidinsäure auf einer großen Oberfläche und einer Temperatur oberhalb ihres Schmelzpunktes (44,5⁰) betrug die O_2-Aufnahme in etwa 36 Stunden rund 20 % des Säuregewichtes. Diese O_2-Menge entspricht etwa 3,5 Atomen O_2 pro Säuremolekül. Ellis arbeitete ferner die Autoxydationsprodukte aus Elaidin- und Ölsäure auf und unterzog sich damit einer allerdings schwierigen Aufgabe, die man bisher nur recht selten anging. Infolge der langen Reaktionszeiten war der Peroxydgehalt der Oxydationsprodukte nur mehr sehr gering. Neben 6,5 % CO_2 waren vor allem 16—20 % *Oxydo-elaidinsäure* (II) entstanden. Es wurden aber auch durch Aufsprengung des Moleküls ein- und zweibasische, gesättigte Säuren, und zwar *Capryl-* (III) und *Pelargonsäure* (IV) und *Oxal-*, *Acelain-* (V) und *Korksäure* (VI) in einer Menge von zusammen 16—20 % der Reaktionsprodukte gebildet. Jedoch machten diese isolierten Verbindungen zusammen noch nicht einmal ganz die Hälfte der Gesamtausbeute aus.

$$CH_3-(CH_2)_7-CH-CH-(CH_2)_7-COOH (II)$$
$$\underline{\quad} O \underline{\quad}$$

$$
\begin{aligned}
&CH_3-(CH_2)_7-\overset{\displaystyle \|}{C}-H \\
&H-C-(CH_2)_7-COOH \\
&\qquad (I)
\end{aligned}
\quad \xrightarrow[\text{elaidat}]{\substack{+ O_2 \\ \text{(Co-}}}
\quad
\begin{aligned}
&+ CH_3-(CH_2)_6-COOH \;(III) \\
&+ CH_3-(CH_2)_7-COOH \;(IV) \\
&+ HOOC-(CH_2)_7-COOH \;(V) \\
&+ HOOC-(CH_2)_6-COOH \;(VI) \\
&+ HOOC-COOH + CO_2 .
\end{aligned}
$$

Interessant ist, daß bei Abwesenheit des Katalysators die Äthylenoxydverbindung (II) nur in sehr geringer Menge anfiel. Bei der Ölsäureautoxydation war das Bild der Zusammensetzung der Reaktionsprodukte etwa das gleiche. Es entstand hier ebenfalls neben einer kleinen Menge einer Oxydo-ölsäure vom Schmelzpunkt 59,5⁰ die Oxydo-elaidinsäure (II).

Es war notwendig, auch die Katalyse durch *einfache Schwermetallsalze* genauer zu untersuchen, wie dies z. B. von Franke[3] mit **$FeCl_2$**, **$FeCl_3$**, **$NiCl_2$**, **$CoCl_2$**, **$MnCl_2$** und **$CuCl_2$** und Leinölsäure, einem Gemisch aus viel *Linolsäure* (VII) und wenig *Linolensäure* (VIII) durchgeführt wurde.

$$CH_3-(CH_2)_4-CH=CH-CH_2-CH=CH-(CH_2)_7-COOH . \qquad (VII)$$
$$CH_3-CH_2-CH=CH-CH_2-CH=CH-CH_2-CH=CH-(CH_2)_7COOH . \;(VIII)$$

Die biologisch wichtigen Schwermetalle *Eisen* und *Kupfer* entfalten nur eine verhältnismäßig schwache, das *Mangan* (ebenso wie das Ni) gar überhaupt keine Wirksamkeit. Nur das *Kobalt war ein ganz ausgezeichneter Katalysator*, wie das schon bei den Sikkativen erwähnt wurde. Überdies zeigten sich Eisen(III)-salze den Eisen(II)-salzen gegenüber in ihrer katalytischen Kraft deutlich unterlegen,

[1] Biochemic. J. **26**, 791 (1932); **30**, 753 (1936).
[2] Dargestellt aus Natrium-elaidat $+ CoCl_2$.   [3] Liebigs Ann. Chem. **498**, 129 (1932).

was auch WIELAND und FRANKE[1] schon bei der Linolensäureoxydation beobachteten[2]. Nach den vorliegenden Ergebnissen kann die Autoxydation der reinen, ungesättigten Fettsäuren *nicht* als Schwermetallkatalyse angesehen werden. Für praktische Bedürfnisse ist noch der Hinweis von Interesse, daß kleinere Metallkonzentrationen im Verhältnis wirksamer sind als große.

Die Versuche mit den einfachen Schwermetallsalzen sind besonders deshalb bemerkenswert, weil sich die katalytischen Effekte durch Zusatz von *Komplexbildnern* grundlegend ändern lassen. So vermag z. B. **Dioxymaleinsäure** die O_2-Aufnahme der Fettsäuren bei einem Verhältnis von Metall zu Hilfsstoff von 1:2 zusätzlich stark zu steigern (WIELAND-FRANKE[1] und FRANKE[3]) und mit Eisen(II)-salzen, an denen die stärkste Beeinflussung gefunden wurde, läßt sich die Komplexbildung durch Braunviolettfärbung der Lösung direkt beobachten. Während bei Nickelsalzen Dioxymaleinsäure die katalytische Aktivität erst auslöst, bewirkt der Komplexbildner beim Kobalt das *Gegenteil.* Durch den Eintritt des Kobalts in den Komplex sinkt die hohe Wirksamkeit des *ionogen* gebundenen Metalls auf einen bescheidenen Bruchteil herab.

Schließlich hat FRANKE[4] in den α,α'-**Dipyridyl-metallkomplexen** von BLAU[5], und zwar von zweiwertigem Fe und von Mn wirksame Katalysatoren der Leinölsäureautoxydation aufgefunden, wobei diesmal der Dipyridylkomplex des Mn die Eisenverbindung an Aktivität weit übertraf. Auch die Oxydation des Linolsäuremethylesters ließ sich durch *Organo-eisen-pyridinkomplexe* [**Fe(II)-Salicylaldehyd-pyridin** und **Fe(II)-Acetonyl-aceton-pyridin**][6] beschleunigen, während einfache Eisensalze ohne Einfluß waren[7]. Man erkennt aus all diesen Versuchen den überragenden Einfluß des Bindungszustandes des Metalls.

Die O_2-Aufnahme von Leinöl und von Linolsäure-methylester konnte auch durch einen **Eisenkomplex** des **Phthalocyanins** erheblich katalysiert werden, während Cu-Phthalocyanin viel weniger wirksam war[8].

Von ganz besonderem Interesse ist, daß CHOW und KAMERLING[9] in Versuchen über die Autoxydation von Ölsäure und Leinöl bei Anwesenheit von *komplexen Cyaniden* ($K_3[Fe(CN)_6]$, $K_3[W(CN)_8]$, $K_3[Mo(CN)_8]$) und von **Cu-Komplexen** des **Glykokolls** und des **Pyridins** einen Zusammenhang zwischen dem Redoxpotential des Katalysators und der Reaktionsgeschwindigkeit auffanden. Wurde z. B. die Geschwindigkeit der durch Ferricyankalium katalysierten Autoxydation $= 1$ gesetzt, so ergab sich zwischen den maßgebenden Größen folgende Beziehung (Tabelle 3).

Die Geschwindigkeit der O_2-Aufnahme fällt also mit der Abnahme des Normalpotentials (E_0). Solche Untersuchungen sind deshalb wünschenswert, weil sich aus ihnen übergeordnete Gesichtspunkte für eine zweckmäßige Katalysatorauswahl ergeben.

Tabelle 3.

Katalysator	Geschwindigkeit der O_2-Aufnahme	E_0 (Volt)
$K_4[Fe(CN)_6]$	1	0,45
$K_4[W(CN)_8]$	2,8	0,53
$K_4[Mo(CN)_8]$	11,4	0,72

ROBINSON[10] hat schon im Jahre 1924 an Leinöl die bemerkenswerte, besonders für Stoffwechselvorgänge wichtige Feststellung gemacht, daß die katalytische

---

[1] Liebigs Ann. Chem. **464**, 111 (1928).
[2] Vgl. O. WARBURG: Hoppe-Seyler's Z. physiol. Chem. **92**, 231 (1914).
[3] Siehe Anm. 3, S. 510.
[4] Liebigs Ann. Chem. **498**, 129 (1932).   [5] Mh. Chem. **19**, 647 (1898).
[6] B. EMMERT, R. JARCZYNSKI: Ber. dtsch. chem. Ges. **64**, 1072 (1931).
[7] P. RONA und Mitarbeiter: Biochem. Z. **250**, 149 (1932).
[8] TAMAMUSHI, TOHMATSU: Bull. chem. Soc. Japan **15**, 233 (1940).
[9] J. biol. Chemistry **104**, 69 (1934); J. Amer. chem. Soc. **56**, 894 (1934).
[10] Biochemic. J. **18**, 255 (1924).

512   A. Schöberl: Oxydation mit molekularem Sauerstoff in flüssiger Phase.

Kraft des Eisens vor allem durch Einbau in *Porphyrinkomplexe* außerordentlich gesteigert werden kann. Seine Beobachtungen mit *Hämoglobin* und *Hämin* wurden in der Folgezeit mehrfach bestätigt und erweitert[1]. Bei der zumeist studierten **Hämin**katalyse, die vor allem Kuhn und Meyer[1] auf eine Reihe von ungesättigten Verbindungen von Lipoidcharakter ausgedehnt haben, ist wegen der Schwerlöslichkeit des Komplexes ein Zusatz von **Pyridin** vorteilhaft. Daneben übt in solchen Systemen das Pyridin selbst aber eine stark beschleunigende Wirkung aus, deren Ursache jedoch noch nicht klar zu deuten ist. Franke[1] beschäftigte sich, wie später noch erörtert werden soll, mit dieser interessanten katalytischen Wirksamkeit von *organischen Basen*[2]. Besonders aus den ausführlichen Untersuchungen von Franke[1] an ungesättigten Fettsäuren geht hervor, daß die *Häminkatalyse eine der empfindlichsten oxydativen Schwermetallkatalysen* darstellt. Die enorme Überlegenheit des Hämins über einfache Eisensalze steht hier außer allem Zweifel. $^1/_{2\,000\,000}$ mg Hämineisen im Kubikzentimeter war noch eindeutig katalytisch wirksam. Wie schon der erwähnte Einfluß eines Pyridinzusatzes vermuten läßt, ist die Häminkatalyse durch das Lösungsmittel beeinflußbar. In auffälliger Weise wurde bei der Leinölsäureautoxydation in *tertiären Basen*, vor allem in **Dimethylanilin**lösung, eine besonders hohe Autoxydationsgeschwindigkeit beobachtet. Feinere Unterschiede im Bau der Porphyrinkomplexe sind ohne nennenswerten Einfluß auf die Aktivität, wie aus vergleichenden Versuchen mit **Hämin, Mesohämin** und **Deuterohäminester** hervorgeht. Es ist noch zu betonen, daß den Eisen-Porphyrin-Verbindungen als *zellmöglichen* Katalysatoren zweifellos Bedeutung bei der Verbrennung von Fetten und Fettsäuren im lebenden Organismus zukommt. Jedoch kann im Rahmen dieses Berichtes hierauf nicht näher eingegangen werden[3].

Die hohe technische und wirtschaftliche Bedeutung der Fettsäureautoxydation ist die Ursache dafür, daß man in zahlreichen Untersuchungen die Art des Angriffs des molekularen O_2 studierte. In dem vorliegenden Fall erscheint die Frage der *Primärreaktion* von besonderer Bedeutung, da leicht eintretende Folgereaktionen hier die Übersicht erschweren können. Man nimmt wohl heute allgemein an, daß primär eine *peroxydische* Bindung des Sauerstoffs erfolgt, wobei entweder eine *Anlagerung an die Doppelbindung*[4] nach Gleichung (I) oder nach Rieche[5] eine schon bei ungesättigten Kohlenwasserstoffen besprochene „Einschiebung" von O_2 in etwa durch Doppelbindungen *aktivierte* CH_2-Gruppen [Gleichung (2)] stattfinden könnte:

$$\text{—CH=CH— + O}_2 \rightarrow \underset{\underset{\text{O——O}}{|\qquad|}}{\text{—CH—CH—}}, \tag{1}$$

$$\text{—CH=CH—CH}_2\text{—CH=CH— + O}_2 \rightarrow \underset{\underset{\text{OOH}}{|}}{\text{—CH=CH—CH—CH=CH—}}. \tag{2}$$

Diese Primärperoxyde unterliegen nun verwickelten sekundären Umwandlungen, die heute noch nicht völlig übersehbar sind. Unter anderem hat man die Bildung von *Mono-oxyden* durch Einwirkung der Peroxyde auf unangegriffene

---

[1] R. Kuhn, K. Meyer: Hoppe-Seyler's Z. physiol. Chem. **185**, 193 (1929). — W. Franke: Liebigs Ann. Chem. **498**, 129 (1932).

[2] P. Rona und Mitarbeiter: Biochem. Z. **250**, 149 (1932).

[3] Auch bei N-Dialkyl-α-aminosäuren (Dimethyl-leucin, Diäthyl-alanin) ließen sich bei 40° mit Hämin katalytische Effekte erzielen. F. Bergel, K. Bolz: Hoppe-Seyler's Z. physiol. Chem. **215**, 25 (1933).

[4] Vgl. St. Goldschmidt, K. Freudenberg: Ber. dtsch. chem. Ges. **67**, 1589 (1934).

[5] Angew. Chem. **50**, 520 (1937).

Fettsäure[1] angenommen oder an *Polymerisationsvorgänge* bei den Primärperoxyden im Sinne von STAUDINGER gedacht[2]. Besonders aber ist auf die Vorstellung von ELLIS[3] hinzuweisen, der eine sekundäre Umwandlung des Peroxyds in ein tautomeres *Dienol-Oxyketon-Gemisch* in folgender Weise formuliert (3):

$$\begin{array}{ccccc}
-CH-CH- & & C=C & & -CH-C- \\
| \quad\ | & \rightarrow & | \quad\ | & \rightleftharpoons & | \quad\ \| \\
O\!-\!\!-O & & OH\ \ OH & & OH\ \ O
\end{array} \qquad (3)$$

Infolge der noch vorhandenen Widersprüche nahmen jüngst FRANKE und JERCHEL[4] eine nochmalige eingehende Untersuchung der wichtigen Problemstellung an Öl-, Ricinol-, Linol- und Linolensäure vor. Sie konnten den aufgenommenen O_2 in den *ersten* Reaktionsphasen *quantitativ* als *Peroxyd* erfassen, wobei auf *ein* Molekül O_2 *eine* Doppelbindung verschwand, was für eine Peroxydbildung im Sinne von Gleichung (1) spricht. Nach FRANKE und JERCHEL wird bei den mehrfach ungesättigten Fettsäuren zunächst *eine* Doppelbindung rasch unter Bildung eines verhältnismäßig beständigen Peroxyds abgesättigt und anschließend erst eine zweite Doppelbindung unter Ausbildung eines sehr unbeständigen Peroxydsystems durch den O_2 angegriffen. Letzteres soll sich dann rasch vielleicht nach dem Schema von ELLIS [Gleichung (3)] in das Oxy-keton umlagern. Auch aus den Arbeiten von MORRELL und Mitarbeitern[5] über die Autoxydation von Eläosterinsäure

$$CH_3-(CH_2)_3-CH\!=\!CH-CH\!=\!CH-CH\!=\!CH-(CH_2)_7-COOH \qquad (IX)$$

und ihres im chinesischen Holzöl vorkommenden Triglycerids geht hervor, daß sich die drei konjugierten Doppelbindungen O_2 gegenüber ungleichwertig verhalten. Nur die vom Carboxyl am weitesten entfernte Doppelbindung bildet ein wahres Peroxyd, während die der COOH-Gruppe nächststehende über ein labiles Peroxyd tautomere Umwandlungsprodukte entstehen läßt.

Man kann heute wohl sagen, daß das von FAHRION[6] stammende Schema 1 der Peroxydbildung an der Doppelbindung als prinzipiell bewiesen angesehen werden kann. Jedoch muß vor allem auf Grund der Untersuchungen von FRANKE und JERCHEL[7] angenommen werden, daß im gleichen Molekül nebeneinander bzw. nacheinander *stabile* und *labile* Peroxydsysteme, die im Verlauf der O_2-Aufnahme mitunter eine rasche Zersetzung erfahren können, ausgebildet werden. MORRELL[5] isolierte Oxydationsprodukte, die neben einer noch unangegriffenen Doppelbindung eine Peroxydgruppe und OH- und CO-Gruppen enthielten. Unter den Autoxydationsprodukten ungesättigter Fette hat man eine Reihe von *niederen* und *höheren Aldehyden* und *Säuren* nachgewiesen[8].

Auch die Oxydation von *Lecithin*, das als Glycerid ungesättigte Fettsäurereste enthält, gehorcht ähnlichen Gesetzen, wie wir sie bei den einfachen Systemen antrafen. THUNBERG[9] wies zuerst auf die Oxydationsbeschleunigung durch Eisensalze hin und WARBURG[10] hat diese Angaben bestätigt. Die O_2-Aufnahme wässeriger Lecithinemulsionen läßt sich, wie auch WIELAND und FRANKE[11] feststellen, durch Fe(II)- und Fe(III)-salze erheblich aktivieren, jedoch sind die Fe(III)-salze an Wirksamkeit deutlich unterlegen. WIELAND und FRANKE[11]

[1] W. FAHRION: Angew. Chem. **38**, 148 (1925).
[2] Liebigs Ann. Chem. **488**, 1 (1931).
[3] J. Soc. chem. Ind. **45**, 193 T (1926). [4] Liebigs Ann. Chem. **533**, 46 (1938).
[5] J. Soc. chem. Ind. **50**, 27 T (1931); **55**, 237, 261, 265 T (1936).
[6] Vgl. Angew. Chem. **23**, 722 (1910). [7] Liebigs Ann. Chem. **533**, 46 (1938).
[8] K. TÄUFEL: Angew. Chem. **49**, 48 (1936).
[9] Skand. Arch. Physiol. **24**, 90 (1910).
[10] Hoppe-Seyler's Z. physiol. Chem. **92**, 231 (1914).
[11] Liebigs Ann. Chem. **464**, 111 (1928).

fanden ferner, daß sich wie bei der Leinöl- und Linolensäure diese Fe(II)-Katalyse durch Zusatz kleiner Mengen von **Dioxy-malein-, Dioxy-wein-** oder **Thioglykolsäure** in Acetatpufferlösung vom $p_H = 4{,}6$ nochmals zusätzlich wesentlich verstärken läßt[1].

Es ist schließlich zweckmäßig, an dieser Stelle auch gleich die von Kuhn und Meyer[2] studierte O_2-Aufnahme hoch ungesättigter Dicarbonsäuren aus der Klasse der *Carotinoide* zu besprechen. *α-Crocetin* (X), *Norbixin* (XI), *Bixin* (Monomethylester von Norbixin) und *Bixinmethylester* absorbieren in geeigneten Lösungsmitteln schon bei 20° O_2 und bei richtiger Auswahl des Lösungsmittels lassen sich diese Autoxydationen durch **Hämin** stark katalysieren.

$$
\begin{array}{c}
(\text{HOOC—C=CH—CH=CH—C=CH—CH=})_2, \\
\quad\quad | \quad\quad\quad\quad\quad\quad\quad | \\
\quad\quad CH_3 \quad\quad\quad\quad\quad\quad CH_3
\end{array}
\tag{X}
$$

$$
\begin{array}{c}
(\text{HOOC—CH=CH—C=CH—CH=CH—C=CH—CH=})_2. \\
\quad\quad\quad\quad\quad | \quad\quad\quad\quad\quad\quad\quad | \\
\quad\quad\quad\quad\quad CH_3 \quad\quad\quad\quad\quad\quad CH_3
\end{array}
\tag{XI}
$$

Besonders wirksam ist Hämin bei Lösungen von Norbixin und α-Crocetin in verdünnter Natronlauge. Dabei trafen auf 6 mg Substrat 0,1 mg Hämin. Auch Bixin und Bixinmethylester können in einem zweiphasigen System katalytisch mit Hämin oxydiert werden, wenn man die Polyenfarbstoffe in einem Gemisch von Laurinester und Acetessigester löst und mit wässerigem Pyridinhämin schüttelt.

Das Ausmaß der Autoxydation dieser ungesättigten Verbindungen ist jedoch nicht so groß, wie man auf Grund der Zahl der Doppelbindungen eigentlich erwarten müßte. Diese Reaktionsträgheit wird auf eine durch die Konjugation der Doppelbindungen bedingte Stabilisierung der Moleküle zurückgeführt.

9. Thiole, Thiolcarbonsäuren, Cystein, SH-Glutathion und Disulfidcarbonsäuren.

Bei der für Autoxydationsprozesse so wichtigen Schwermetallkatalyse stand die Dehydrierung von Thiolen, also von Verbindungen mit der SH-Gruppe, im Brennpunkt wichtiger und entscheidender Fragen. Es hing dies einerseits mit dem Chemismus zellmöglicher Oxydationsvorgänge und andererseits mit der weiten Verbreitung von SH-Gruppen in Tier- und Pflanzenreich zusammen. Das Thioldisulfid-System stellt ein Redoxsystem bemerkenswerter Art dar, und es ist sicher, daß ihm für eine Reihe von Enzymprozessen eine direkte Bedeutung zukommt[3]. Thiole als Substrate spielten vor allem bei dem Problem der Aktivierung des molekularen O_2 im Sinne Warburgs eine große Rolle. Wenn all diese Arbeiten zumeist auch unter dem Gesichtswinkel biochemischer Fragestellungen angestellt wurden und gewertet werden müssen, so förderten sie doch ein reiches, allgemeingültiges experimentelles Material zutage. Die Autoxydation wasserlöslicher Thiole, und zwar von Thiolcarbonsäuren, gehört zu den bestuntersuchten Vorgängen dieser Art. Vor allem beschäftigte man sich mit der Autoxydation der *Aminosäure Cystein* (I) und des Tripeptids *SH-Glutathion* (II), und wir wollen im nachfolgenden diese Beispiele etwas ausführlicher behandeln, da sie die wesentlichsten Merkmale der Thiolautoxydation besonders gut hervortreten lassen. Dabei ist es klar, daß hier die Anwesenheit von NH_2- und COOH-Gruppen

---

[1] Auf 1 cm³ einer 0,01-m. Fe-salzlösung wurde 1 mg des Hilfsstoffes angewandt.
[2] Hoppe-Seyler's Z. physiol. Chem. **185**, 193 (1929).
[3] Vgl. A. Schöberl: Angew. Chem. **53**, 227 (1940). — Th. Bersin: Ergebn. Enzymforsch. **4**, 68 (1935).

hinsichtlich der Metallkatalyse im Zusammenhang mit Schwermetallkomplexen und der p_H-Abhängigkeit besondere Verhältnisse schafft.

$$HS-CH_2-CH-COOH \qquad\qquad\qquad (I)$$
$$|$$
$$NH_2$$

$$HOOC-CH-CH_2-CH_2-CO-NH-CH-CO-NH-CH_2-COOH \qquad (II)$$
$$| \qquad\qquad\qquad\qquad\qquad\qquad |$$
$$NH_2 \qquad\qquad\qquad\qquad\qquad\qquad CH_2-SH$$

Daß Mercaptane ganz allgemein leicht, besonders in alkalischer Lösung, durch den Luft-O_2 zu Disulfiden oxydiert werden können, ist längst bekannt[1]. Die übersichtliche Dehydrierung verläuft sicher in zwei Stufen, und die Thiole geben zunächst nach Gleichung (1) ihren Wasserstoff an O_2 unter *Bildung von Hydroperoxyd* ab. An diese erste Reaktion schließt sich dann die Folgereaktion (2) an, da H_2O_2 sehr rasch noch vorhandenes Mercaptan, wie vor allem aus Untersuchungen von SCHÖBERL und Mitarbeitern[2] und PIRIE[3] hervorgeht, zum Disulfid oxydiert:

$$2\,R\cdot SH + O_2 \quad\rightarrow R\cdot SS\cdot R + H_2O_2, \qquad\qquad (1)$$
$$2\,R\cdot SH + H_2O_2 \rightarrow R\cdot SS\cdot R + 2H_2O, \qquad\qquad (2)$$
$$\overline{4\,R\cdot SH + O_2 \quad\rightarrow 2\,R\cdot SS\cdot R + 2H_2O.} \qquad\qquad (3)$$

Infolge einer vor allem bei Anwesenheit von Schwermetallen und günstigem p_H ungemein hohen Geschwindigkeit des Teilvorganges (2) läßt sich der Nachweis größerer Mengen an entstehendem H_2O_2 experimentell direkt nicht führen. Jedoch ließ sich das intermediäre Auftreten von Hydroperoxyd in wenn auch sehr kleiner Konzentration mehrfach zeigen. Schon ENGLER und BRONIATOWSKI[4] wiesen H_2O_2 bei der Thiophenolautoxydation mit Titanschwefelsäure nach[5], und HOLTZ und TRIEM[6] und SCHALES[7] benutzten dazu die starke *Chemilumineszenz*, die H_2O_2 in Lösungen von Luminol (3-Amino-phthalsäure-hydrazid) bei Gegenwart von Spuren von Hämin hervorruft. Auch die Oxydation von Phenolphthalin zu Phenolphthalein bei Anwesenheit eines peroxydatisch wirkenden Überträgers (Hämin, Cu^{++}) kann bei der Thiolautoxydation nach SCHALES H_2O_2-Bildung anzeigen.

Es sei hier ausdrücklich betont, daß die katalysierte Autoxydation der Thiole, besonders leicht in alkalischer Lösung, über die Disulfidstufe hinaus zu Oxydationsprodukten des vier- bzw. sechswertigen Schwefels führen kann, was zumeist viel zu wenig berücksichtigt wird. Dies soll später noch an einem charakteristischen Beispiel gezeigt werden.

Wie schon erwähnt, stellen Schwermetalle, besonders **Kupfer** und **Eisen,** ausgezeichnete Katalysatoren der Thiolautoxydation dar. Thiolcarbonsäuren zeigen ohne Katalysatoren keine praktisch verwertbare Oxydationsgeschwindigkeit. Für praktische Bedürfnisse hat die vor allem beim Cystein leidenschaftlich diskutierte Frage, ob es eine *freiwillige, nicht* auf Schwermetallspuren zurückzuführende Autoxydation überhaupt gibt, keine Bedeutung. Dies ist in unserem Fall auch bezüglich der Literaturverwertung zu berücksichtigen. Überdies ist

---

[1] Vgl den Übersichtsbericht über die Mercaptanchemie von MALISOFF, MARKS, HESS: Chem. Reviews **7**, 493 (1931). — Schon MÄRCKER [Liebigs Ann. Chem. **136**, 75 (1865)] und FLESCH [Ber. dtsch. chem. Ges. **6**, 478 (1873)] oxydierten Thiophenole in ammoniakalischer Lösung mit Luft-O_2.

[2] Ber. dtsch. chem. Ges. **64**, 546 (1931); Hoppe-Seyler's Z. physiol. Chem. **201**, 167 (1931); **209**, 231 (1932); Ber. dtsch. chem. Ges. **65**, 1224 (1933); **71**, 2361 (1938).

[3] Biochemic. J. **25**, 1565 (1931).   [4] Ber. dtsch. chem. Ges. **37**, 3274 (1904).

[5] Vgl. auch BERSIN, LOGEMANN: Liebigs Ann. Chem. **505**, 1 (1933).

[6] Hoppe-Seyler's Z. physiol. Chem. **248**, 1 (1937).

[7] Ber. dtsch. chem. Ges. **71**, 447 (1938).

die an hoch gereinigten Präparaten, in denen Cu und Fe nicht mehr nachweisbar waren, ermittelte „Restoxydation" von ganz geringem Ausmaß[1]. Die überragende Bedeutung von Kupfer und Eisen als Katalysatoren wird durch solche Betrachtungen in keinerlei Weise beeinträchtigt. Neben den Schwermetallen wurden nur noch gelegentlich Verbindungen des **Selens** und **Tellurs** benutzt.

a) Autoxydation einfacher Thiolcarbonsäuren.

Schon Andreasch[2], von dem die bemerkenswerte Farbreaktion auf Thiole mittels **Eisensalzen** bei Anwesenheit von O_2 stammt, und Klason (Claisson)[3] kannten die Eisenkatalyse bei der Thioglykolsäureautoxydation, die dann auch von Lovén[4] bei der Thiomilchsäureoxydation und von Billmann[5] bei der Oxydation von Sulfhydryl-isobuttersäure und Thioäpfelsäure in ammoniakalischer Lösung benutzt wurde. Die Katalyse durch **Kupfersalze** tauchte hier ebenfalls schon frühzeitig auf (Lovén). Elliott[6] ging dann ausführlicher dem Einfluß der Metallsalzkonzentration bei der Thioglykolsäuredehydrierung nach. Es zeigte sich, daß zu Beginn der Reaktion keine Proportionalität zwischen der Eisensalzkonzentration und der Geschwindigkeit der O_2-Aufnahme bestand und erst bei einem Zusatz von 22 γ Fe auf 3,5 mg Thioglykolsäure bei einem p_H von 7,3 (Phosphatpuffer) eine gute Beschleunigung erfolgte. Die sehr wirksame Kupferkatalyse, die auch von Schöberl und Wiesner[7] benutzt wurde, entspricht ganz den Verhältnissen bei der Cysteinautoxydation, so daß auf diese verwiesen werden kann (vgl. den nächsten Abschnitt). Sie ist bei $p_H = 3$ nach Untersuchungen von Kharasch und Mitarbeitern[8] noch zu vernachlässigen, erreicht aber bei $p_H = 6$ und auf der alkalischen Seite bei $p_H = 9$ ein Maximum, während sie zwischen p_H 7 und 8 abfällt. Die katalytische Wirkung der Eisensalze läßt sich durch *Pyrophosphat* sehr stark hemmen, die der Kupfersalze jedoch dadurch steigern.

In *stark alkalischen* Lösungen führte die Autoxydation von Thioglykolsäure bei Gegenwart von Kupfersalzen ($CuSO_4$, $CuCl_2$) auf Grund einer eingehenden Untersuchung von Schöberl und Wiesner[9] zu einem weitgehenden Abbau, bei dem der gesamte Schwefel in der Hauptsache als thioschweflige Säure bzw. schweflige Säure abgespalten wurde. Die Thioglykolsäure wurde dabei zu Oxalsäure oxydiert. Eine Erhöhung der Alkalikonzentration war mit einer wesentlichen Steigerung der Oxydationsgeschwindigkeit verbunden. Die *Dithiodiglykolsäure*, das entsprechende Disulfid, verhielt sich in genau gleicher Weise, so daß die Autoxydation auch in alkalischer Lösung über die Disulfidstufe verläuft. Die Ursache der enormen Instabilität der Dithio-diglykolsäure gegenüber O_2 in alkalischer Lösung ist nach Schöberl und Mitarbeitern[10] in der *hydrolytischen Aufspaltung der Disulfidbindung* im Sinne von Gleichung (4) zu suchen[11]:

$$R \cdot SS \cdot R + HOH = R \cdot SH + HOS \cdot R. \tag{4}$$

---

[1] Vgl. z. B. die von Gerwe [J. biol. Chemistry **92**, 525 (1931); Science [New York] **76**, 100 (1932)] eingehend studierte Restoxydation beim Cystein.

[2] Ber. dtsch. chem. Ges. **12**, 1390 (1879).   [3] Ber. dtsch. chem. Ges. **14**, 409 (1881).

[4] J. prakt. Chem. **29**, 366 (1884); **78**, 65 (1908).

[5] Liebigs Ann. Chem. **348**, 120 (1906).

[6] Biochemic. J. **22**, 1902 (1928).   [7] Liebigs Ann. Chem. **507**, 111 (1933).

[8] J. biol. Chemistry **113**, 537 (1936). — Vgl. auch H. Wieland, W. Franke: Liebigs Ann. Chem. **464**, 101 (1928).

[9] Liebigs Ann. Chem **507**, 111 (1933); Ber. dtsch. chem. Ges. **69**, 1955 (1936). — Vgl. auch H. Wieland, W. Franke: Liebigs Ann. Chem. **464**, 101 (1928).

[10] Vgl. Liebigs Ann. Chem. **538**, 84 (1939); **542**, 274 (1939).

[11] Es gilt dies auch für andere Disulfide, wenngleich bisher nur wenige Systeme untersucht wurden . Mathews und Walker [J. biol. Chemistry **6**, 289 (1909)] zeigten schon im Jahre 1909, daß Cystin in stark alkalischer Lösung O_2 aufnimmt.

Es ist dies die einleitende Reaktion, die zu einer sekundären Abspaltung von H_2S führt. Der hohe O_2-Verbrauch läuft also, wie man in übersichtlicher Weise erkennen kann, auf eine Sulfidautoxydation in alkalischer Lösung hinaus. Die zur Disulfidoxydation nötige O_2-Menge stellt nur einen bescheidenen Anteil der gesamten O_2-Aufnahme dar. Die Thiol- bzw. Disulfidoxydation in alkalischer Lösung eröffnet eine Reihe von noch nicht untersuchten experimentellen Möglichkeiten. Sie sollte mehr als bisher bei der Diskussion der Autoxydation dieser schwefelhaltigen Systeme berücksichtigt werden. Die mit $CuCl_2$ katalysierte Autoxydation von *Diphenyl-dithio-diglykolsäure* liefert in natronalkalischer Lösung *Phenylglyoxylsäure* und *Benzoesäure*[1].

Neben **Mangansalzen,** die gelegentlich auch geprüft wurden (KHARASCH), können vor allem noch Verbindungen des **Kobalts** die Oxydation von thioglykolsaurem Natrium stark beschleunigen[2]. Folgende Substanzen wurden benutzt: **Chloro-pentammin-kobaltichlorid** $[Co(NH_3)_5Cl]Cl_2$, **Natrium-hexanitrokobaltiat** $Na_3[Co(NO_2)_6]$, **Urotropinkobalto-chlorid** $CoCl_2 \cdot 2C_6H_{12}N_4 \cdot 9H_2O$ und $CoCl_2 \cdot 6H_2O$. Die beiden zuletzt genannten Verbindungen waren besonders wirksam.

Schließlich fanden BERSIN und LOGEMANN[3] im Anschluß an Versuche mit metallischem Selen und Tellur, daß **Selenit** und **Tellurit** die Autoxydation von Thiomilchsäure und Thioglykolsäure-anilid katalysieren. Bei dieser Katalyse sollen sich durch Reduktionswirkung der Thiole Selen- und Tellurmercaptide bilden. Auffällig ist, daß die Selenitkatalyse sich durch kleine Mengen von **Monojodacetat** zusätzlich stark steigern läßt. Es liegt hier eine ausgeprägte Zweistoffkatalyse in einem homogenen System vor, die noch nicht gedeutet werden kann[4].

b) Autoxydation von Cystein (I).

Wie bereits kurz angedeutet, ist die Dehydrierung von Cystein zum Cystin in vielen sorgfältigen Untersuchungen behandelt worden. Die zu beobachtenden Gesichtspunkte erstrecken sich in gleicher Weise auf die katalytisch wirksame Metallart, auf die Wasserstoffionenkonzentration und den Einfluß der Puffersubstanz (Phosphat, Pyrophosphat, Borat). Die Empfindlichkeit dieser Autoxydation gegenüber Schwermetallen ist schon lange bekannt[5], aber erst MATHEWS und WALKER[6] haben die große Wirksamkeit von **Kupfer-** und **Eisensalzen** genauer untersucht und darauf hingewiesen, daß nur in dem p_H-Bereich von 7—9 eine genügend rasche Autoxydation erfolgt. Die überragende Bedeutung der Schwermetallkatalysatoren kam jedoch erst in den unter besonders sorgfältigen Bedingungen (Metallfreiheit von Substanzen und Lösungsmittel, Quarzgefäße) angestellten Versuchen von WARBURG und SAKUMA[7], die HARRISON[8] bestätigte, richtig zum Ausdruck. Nach WARBURG, der ganz unter dem Eindruck der in der Tat erstaunlichen Wirksamkeit von Fe und Cu stand, *gibt es keine freiwillige Cysteinautoxydation.*

Die O_2-Aufnahme, die man an in üblicher Weise dargestellten Cysteinchlorhydratpräparaten etwa bei einem $p_H = 7,7$ beobachtet, ist, wie einwandfrei fest-

---

[1] Ber. dtsch. chem. Ges. **67,** 1545 (1934).

[2] K. SHIBATA, Y. SHIBATA: Katalytische Wirkungen der Metallkomplexverbindungen, S. 110. Tokyo 1936.   [3] Liebigs Ann. Chem. **501,** 1 (1931).

[4] Die von BERSIN mitgeteilte Beschleunigung einer Thiolautoxydation durch Halogen- und Cyanessigsäuren [Biochem. Z. **248,** 3 (1932)] ist ebenfalls auf einen Se-Gehalt des Substrats zurückzuführen (vgl. BERSIN und LOGEMANN, l. c.).

[5] Vgl. E. BAUMANN: Hoppe-Seyler's Z. physiol. Chem. 8, 299 (1883/84). — E. ERLENMEYER: Ber. dtsch. chem. Ges. **36,** 2720 (1903).

[6] J. biol. Chemistry **6,** 21, 29, 299 (1909).

[7] Pflügers Arch. ges. Physiol. Menschen Tiere **200,** 203 (1923); Biochem. Z. **142,** 68 (1923); **187,** 255 (1927).   [8] Biochemic. J. **18,** 1009 (1924).

steht, auf Spuren von Eisensalzen zurückzuführen. Zur Festlegung des Ausmaßes dieser Eisenkatalyse war es nötig, das Substrat sehr sorgfältig zu reinigen[1]. Sakuma[2] konnte noch einige $^1/_{100\,000}$ mg Eisen in 10 ccm (zugesetzt als $FeCl_3$) mittels der Cysteinkatalyse nachweisen und durch einen Eisenzusatz von $3{,}6 \cdot 10^{-7}$ Mol/Liter ließ sich die Oxydationsgeschwindigkeit auf das *Siebenfache* steigern. Wenn man sich dies vor Augen hält, ist es nicht verwunderlich, daß gereinigte Präparate 100—250mal langsamer O_2aufnahmen als früher in der Literatur beschriebene. Interessant und für spätere Erörterungen wichtig ist, daß sich die Wirksamkeit der Eisensalze durch einen *Pyrophosphat*zusatz, wobei ein katalytisch unwirksamer Komplex entsteht, völlig unterdrücken läßt. Im übrigen liegt eine Reihe von Beobachtungen dafür vor, daß die Eisenkatalyse eine direkte Proportionalität zwischen Oxydationsgeschwindigkeit und zugesetzter Eisenmenge zeigt[3]. Neben einfachen Eisensalzen [$FeCl_3$, $FeCl_2$, $FeSO_4$, $FeSO_4 \cdot (NH_4)_2SO_4$] hat man auch ein komplexes Salz, nämlich **Hämatin** herangezogen (Harrison). Krebs[4] fand, daß diese an sich schwache Hämatinkatalyse durch Zugabe von **Pyridin** und **Nicotin** eine außerordentliche Steigerung erfährt und, was besonders wichtig ist, an die Anwesenheit von *ionogenem* Eisen geknüpft ist. Setzt man also Spuren z. B. von Eisen(II)-sulfat Pyridinhämatinlösungen zu, so erfolgt keineswegs nur eine Addition, sondern eine viel stärkere Erhöhung der Wirksamkeit, beim Hämatin allein jedoch nicht[5]. Wie groß die Wirkungssteigerung beim Hämatin durch den Zusatz organischer Basen ist, geht aus der nebenstehenden Tabelle 4 hervor, die die Wirksamkeit verschiedener Häminderivate gegenüber der Cystein-autoxydation enthält.

Tabelle 4.

Häminverbindung	cmm übertragener O_2 / mg Hämineisen und Stunde
Hämoglobin	0
Hämatin	8 300
Pyridin-Hämatin	92 000
Nicotin-Hämatin	232 000

Das Eisen wird in seiner katalytischen Kraft von **Kupfer** übertroffen[6]. Man hat errechnet, daß Kupfer noch mindestens 16mal aktiver ist[7], und Warburg[8] hat die Cysteinautoxydation für eine exakte Mikromethode zur Bestimmung von Spuren von Kupfersalzen (z. B. im Blutserum) herangezogen. Bei Gegenwart von Pyrophosphat stört Eisen nicht, und unter den Bedingungen von Warburg ($p_H = 7{,}63$, $t = 20^0$) lassen sich noch 10^{-5} mg Cu nachweisen. Es ist sogar die gleichzeitige Bestimmung von Cu und Fe möglich, wenn in einem Boratpuffer vom $p_H = 9{,}5$ die Beschleunigung durch beide Metalle gemeinsam ermittelt und dann die nach der Pyrophosphatmethode errechnete Cu-Katalyse in Abzug gebracht wird. Eine Katalyse durch **Mangansalze** läßt sich daneben ebenfalls noch feststellen[9]. Bei der Cu-Katalyse ist die Autoxydationsgeschwindigkeit nur bis zu einer bestimmten ziemlich kleinen Metallkonzentration dieser proportional, so daß sich für eine maximale Wirkung eine bestimmte minimale Cu-Menge als notwendig erweist[10]. Die größere Wirksamkeit kleiner Metallkonzentrationen ist bekanntlich auch bei anderen Schwermetallkatalysen zu beobachten. In dem vorliegenden Fall ist dies besonders ausgeprägt. Elliott fand, daß $0{,}64\,\gamma$ Cu an 8 mg Cysteinchlorhydrat noch deut-

[1] Vgl. auch A. Schöberl: Hoppe-Seyler's Z. physiol. Chem. **209**, 231 (1932).
[2] Biochem. Z. **142**, 68 (1923).
[3] Harrison: l. c. — K. A. C. Elliott: Biochemic. J. **22**, 902 (1928). — E. G. Gerwe: J. biol. Chemistry **92**, 525 (1931).   [4] Biochem. Z. **204**, 322 (1929).
[5] Bei Krebs (l. c.) trafen z. B. bei $p_H = 10{,}3$ auf eine $0{,}77 \cdot 10^{-5}$ mol. Häminlösung $2 \cdot 10^{-4}$ mg Fe (als $FeSO_4$).   [6] M. Dixon: Biochemic. J. **22**, 902 (1928).
[7] C. A. Elvehjem: Science [New Yock] **74**, 568 (1931).
[8] Biochem. Z. **187**, 255 (1927).   [9] O. Warburg: Biochem. Z. **233**, 245 (1931).
[10] K. A. C. Elliott: Biochemic. J. **24**, 310 (1930).

lich wirksam waren und die maximale Geschwindigkeit sich bei 17 γ Cu einstellte. ELVEHJEM[1] wies vor allem auf die Steigerung der katalytischen Wirksamkeit von $CuSO_4$ durch *Pyrophosphat* hin und arbeitete zur Cu-Bestimmung in einem Phosphat oder Boratpuffer vom $p_H = 8$ und einem geringen Pyrophosphatzusatz.

Es muß schließlich noch erwähnt werden, daß nach ROSENTHAL und VOEGTLIN[2] die Cu-Katalyse mit **Cu(II)-tetramminsulfat** im Gegensatz zu der Fe-Katalyse bei $37,6^0$ und einem p_H von 7,3 über die Disulfidstufe hinaus zu CO_2, NH_3 und H_2SO_4 führen kann und dabei besonders nach der alkalischen Seite eine erhöhte O_2-Aufnahme erfolgt. Auch für diese Weiteroxydation wird wohl eine Deutung gelten, wie sie schon für die Autoxydation von Thioglykolsäure in alkalischer Lösung herangezogen wurde.

c) Autoxydation von SH-Glutathion (II).

Schon HOPKINS, der Entdecker dieses interessanten Thiols, hat dessen Oxydierbarkeit zum Disulfid durch O_2 beobachtet[3]. Seit dieser Zeit ist SS-Glutathion vielfach durch Autoxydation des kristallisierten SH-Glutathions dargestellt worden[4]. Besonders eingehend haben VOEGTLIN und Mitarbeiter[5] diese Schwermetallkatalyse bearbeitet. Stellt man SH-Glutathion in üblicher Weise nach HOPKINS[6] oder KENDALL und Mitarbeitern[7] dar, wobei eine Reinigung über das Cupromercaptid erfolgt, so wird das Thiol mit Kupferspuren verunreinigt, die für die Autoxydierbarkeit verantwortlich zu machen sind. VOEGTLIN und Mitarbeiter führten ihre Versuche unter besonderen Vorsichtsmaßregeln durch, um Katalysatoren auszuschalten. Sie stellten eine *ganz spezifische* **Kupferkatalyse** mit außerordentlicher Wirksamkeit des Metalls fest. Noch 0,000032 Mole Cu auf 1 Mol SH-Glutathion bewirkten eine Verdoppelung der Geschwindigkeit (0,0001 mg Cu auf 15 mg SH-Glutathion!). Kupfer wurde als **Tetramminsulfat** bzw. als **Citrat** zugesetzt. Dabei wurde in einem Phosphatpuffer vom $p_H = 7,27$ gearbeitet. Besonders interessant ist die Feststellung, daß Fe(III)-sulfat, Mn- und Ni-sulfat überhaupt nicht wirksam waren. Im Hinblick auf die große katalytische Kraft des Eisens beim Cystein überrascht hier seine Wirkungslosigkeit ganz besonders. Eine geringe Wirksamkeit zeigte nur noch **CoCl$_2$**. Wurden die SH-Glutathionpräparate über das Cd- oder Ag-salz gereinigt, so nahmen sie bei $p_H = 7,6$ und $37,6^0$ fast überhaupt keinen O_2 mehr auf, aber schon bei einem molaren Verhältnis von Thiol zu Cu $= 1:0,0000322$ erfolgte lebhafte O_2-Aufnahme. *Organisch* gebundenes Kupfer besaß die gleiche Wirksamkeit, wie Versuche mit **Alaninkupfer** und **Kupferthioglucose** zeigten.

Auch beim völlig metallfreien SH-Glutathion war *Eisen* katalytisch unwirksam[8]. Dieser Unterschied gegenüber Cystein bzw. Cysteinderivaten kommt z. B. gut darin zum Ausdruck, daß Eisensalze katalytisch dann wirksam werden, wenn SH-Glutathion in Wasser längere Zeit im Vakuum auf 37^0 erwärmt wird, wobei *Cysteinyl-glycin* als autoxydables Thiol entsteht. Es ist schon bekannt, daß bei der Einwirkung von warmem Wasser auf SH-Glutathion Peptidbindungen hydrolytisch gesprengt werden und der Glutaminsäurerest als Pyrrolidoncarbon-

[1] Biochemic. J. **24**, 415 (1930).   [2] Publ. Health Rep. **48**, 347 (1933).

[3] J. biol. Chemistry **84**, 269 (1929). — MELDRUM, DIXON: Biochemic. J. **24**, 472 (1930).

[4] Vgl. A. SCHÖBERL: Hoppe-Seyler's Z. physiol. Chem. **201**, 167 (1931); hier auch weitere Literatur.

[5] J. biol. Chemistry **93**, 435 (1931).

[6] J. biol. Chemistry **84**, 269 (1929). — Vgl. N. W. PIRIE: Biochemic. J. **24**, 51 (1930).

[7] J. biol. Chemistry **84**, 657 (1929).

[8] Vgl. auch N. U. MELDRUM, M. DIXON: Biochemic. J. **24**, 472 (1930).

säure abgespalten wird[1]. Neben Kupfer wiesen auch noch **Selenite, Selenate,** und **Tellurate** eine beachtliche Aktivität auf. Infolge der spezifischen Wirksamkeit des Kupfers wurde vorgeschlagen, die Autoxydation von SH-Glutathion an Stelle der von Cystein zur quantitativen Bestimmung dieses Metalls zu benutzen, da hier andere Metalle von physiologischem Interesse (Fe und Mn) nicht stören.

d) Zur Theorie der Schwermetallkatalyse bei der Thiolautoxydation.

Die auffällige Wirkungsweise der Schwermetallkatalysatoren war die Veranlassung, daß fast alle Bearbeiter der Thiolautoxydation den Chemismus dieser Übertragungskatalyse diskutierten. Besonders ausführlich geschah dies immer und immer wieder mit der Fe-Katalyse, die man dabei mit den erheblichen Oxydationsleistungen des molekularen O_2 im Zellgeschehen in Verbindung brachte. Jedoch sind die wesentlichsten Gesichtspunkte dieser Metallkatalyse schon seit langem bekannt, da bereits Andreasch[2] und später auch Mathews und Walker[3] ganz klar die Ursache in dem *reversiblen Wertigkeitswechsel* des katalysierenden Metalls sahen. Die Katalyse läßt sich daher in übersichtlicher Weise so darstellen, daß dreiwertiges Eisen bzw. zweiwertiges Kupfer die Thiole zu Disulfiden dehydriert und der molekulare O_2 dann anschließend das zwei- bzw. einwertige Metall wiederum oxydiert. Damit ist die Grundlage eines Kreisprozesses gegeben. In den Gleichungen (5) mit (8) ist diese Übertragungskatalyse in einfachster Weise formuliert.

$$2\,Fe^{+++} + 2\,R\cdot SH \qquad \rightarrow 2\,Fe^{++} + R\cdot SS\cdot R + 2\,H^+ \qquad\qquad (5)$$

$$2\,Fe^{++} + O{=}O + 2\,H^+ \rightarrow 2\,Fe^{+++} + HO{-}OH \qquad\qquad (6)$$

$$2\,Cu^{++} + 2\,R\cdot SH \qquad \rightarrow 2\,Cu^+ + R\cdot SS\cdot R + 2\,H^+ \qquad\qquad (7)$$

$$2\,Cu^+ + O{=}O + 2\,H^+ \rightarrow 2\,Cu^{++} + HO{-}OH. \qquad\qquad (8)$$

Es ist jedoch zu sagen, daß diese Formulierung der Katalyse einige weitere Betrachtungen und Überlegungen nötig macht. Zunächst sei auf die angenommene Bildung von Hydroperoxyd bei der Oxydation von Fe^{++} und Cu^+ hingewiesen[4]. H_2O_2 kann bei Anwesenheit von Schwermetallen und in einem für die Autoxydation günstigen p_H-Bereich rasch, wie schon früher erwähnt, nach Gleichung (2) zu den Disulfiden oxydieren[5] oder unter Umständen auch seinerseits zu einer Aufoxydation von z. B. zweiwertigem Eisen führen. Es ist aber bei Anwesenheit von Fe wohl in erster Linie an eine *peroxydatische* Leistung des Metalls zu denken. Wenn die Reduktion der Schwermetallionen durch Thiole ein sehr rasch verlaufender Vorgang ist, und Lyons[6] hat das für die Einwirkung von Thioglykolsäure auf Fe^{+++} gezeigt, so stellt die beobachtete Autoxydationsgeschwindigkeit die Geschwindigkeit der Oxydation von Cupro- bzw. Ferroionen dar. Baur und Preis[7] ermittelten durch solche Geschwindigkeitsmessungen eine Reaktion nullter Ordnung.

Bei einer Betrachtung über die näheren Umstände, unter denen sich die Metallkatalyse vollzieht, kommt aber gewissen *Schwermetallkomplexen*, die an der Autoxydation von Thiolcarbonsäuren sicher beteiligt sind, die Hauptbedeutung zu. Hier muß man sich daran erinnern, daß SH- und COOH-Gruppen

---

[1] F. G. Hopkins: J. biol. Chemistry **84**, 269 (1929). — H. L. Mason: Ebenda **90**, 25 (1931).

[2] Ber. dtsch. chem. Ges. **12**, 1390 (1879).   [3] J. biol. Chemistry **6**, 299 (1909).

[4] Vgl. H. Wieland, W. Franke: Liebigs Ann. Chem. **473**, 289 (1929) und die Zusammenfassung von W. Franke in H. v. Euler: Chemie der Enzyme. München 1934.

[5] D. C. Harrison: Biochemic. J. **21**, 339 (1927). — Th. Bersin: Biochem. Z. **245**, 466 (1932).   [6] J. Amer. chem. Soc. **49**, 1916 (1927).

[7] Z. physik. Chem., Abt. B **32**, 65 (1936).

wohl in gleicher Weise die Bindung des Schwermetalls übernehmen können, daß aber eine *Mercaptidbildung* in solchen Systemen als besonders charakteristisch anzusehen ist. Auf die Bildung solcher Schwermetallkomplexe ist schon aus auffälligen Farberscheinungen zu schließen, die z. B. in sich autoxydierenden Thiolcarbonsäurelösungen bei Anwesenheit von Eisensalzen beobachtet werden können. Fügt man nämlich eine Spur Eisensalz zu einer Lösung von Thioglykolsäure oder Cystein bei einem p_H von 8—9, so entsteht bei Anwesenheit von O_2 eine rote bzw. violette Farbe. Ist der gelöste O_2 verbraucht, so verschwindet die Farbe wieder, kehrt jedoch beim Schütteln mit Luft wiederum zurück und bleibt bis zur völligen Oxydation des Thiols zum Disulfid bestehen. Hieraus geht wohl mit Sicherheit hervor, daß sich die Übertragungskatalyse an einer komplexen Eisenverbindung abspielt. Die Zusammensetzung der an der Autoxydation beteiligten Schwermetallkomplexe haben neben anderen MICHAELIS[1], CANNAN und RICHARDSON[2], SCHUBERT[3], MAYR und GEBAUER[4] und DUBSKÝ und SINDELÁŘ[5] diskutiert. Es ist wohl so, daß sich zunächst der farblose Fe(II)-Komplex eines Thioles bildet, der von O_2 zu einem intensiv gefärbten Fe(III)-Komplex oxydiert wird. MAYR und GEBAUER geben bei der Thioglykolsäure diesem Komplex mit dreiwertigem Fe die Zusammensetzung eines Ferri-ferrothioglykolates der Formel $[Fe(II)(S \cdot CH_2 \cdot COO)_2]_2Fe(III)Me(I)$. Das dreiwertige Eisen einer solchen Komplexverbindung vermag dann das Thiol unter Übergang in die zweiwertige Oxydationsstufe zu dehydrieren, und nun kann sich der Kreisprozeß wiederholen, da Fe^{++} erneut der Oxydation durch O_2 unterliegt. Wesentlich an dieser Ansicht erscheint, daß nur das zweiwertige Eisen zur Mercaptidbildung herangezogen wird. In saurer Lösung allerdings wird z. B. die Bildung einer sehr unbeständigen blauen Ferri-thioglykolsäure $Fe(S \cdot CH_2 \cdot COOH)_3$ angenommen.

Zusätzliche Annahmen erfordert die Deutung der bereits besprochenen *Hämatinkatalyse* bei der Cysteinautoxydation. Diese Katalyse ist dadurch ausgezeichnet, daß an ihr verschiedenartig gebundenes Eisen beteiligt ist. Das dreiwertige Eisen im Hämatinkomplex kann seine erhebliche katalytische Kraft nur entfalten, wenn gleichzeitig ionogen gebundenes Fe zugegen ist. Nach KREBS erfolgt dabei Reduktion des dreiwertigen Fe zum zweiwertigen im Pyridin-*hämochromogen*, das dann vom molekularen O_2 reoxydiert wird. Jedoch soll das dreiwertige Hämatin-Fe nur bei Anwesenheit von Ferroionen genügend rasch mit der SH-Gruppe im Cystein reagieren, damit eine Katalyse zustande kommt. Nach den Anschauungen von KREBS muß man für die Hämatinkatalyse das folgende Reaktionsschema aufstellen [Gleichungen (9) bis (11)], wobei über die komplexe Bindung des als $FeSO_4$ zugesetzten ionogenen Eisens sinngemäß das gelten kann, was weiter oben allgemein über die Fe-Katalyse gesagt wurde:

$$Fe^{+++}_{(\text{Hämatin})} + Fe^{++}_{(\text{Cystein})} \rightarrow Fe^{++}_{(\text{Hämochromogen})} + Fe^{+++}_{(\text{Cystein})}, \qquad (9)$$

$$Fe^{+++}_{(\text{Cystein})} + \text{Cystein} \rightarrow Fe^{++}_{(\text{Cystein})} + \text{Cystin}, \qquad (10a)$$

$$2\,Fe^{+++} + 2\,R\cdot SH \rightarrow 2\,Fe^{++} + R\cdot SS\cdot R + 2\,H^+, \qquad (10b)$$

$$4\,Fe^{++}_{(\text{Hämochromogen})} + O_2 + 4\,H^+ \rightarrow 4\,Fe^{+++}_{(\text{Hämatin})} + 2\,H_2O. \qquad (11)$$

Es wäre sehr wünschenswert, noch mehr Beispiele der Hintereinanderschaltung von Metallkatalysatoren kennenzulernen, da hier ein bisher wenig beachtetes Prinzip starker Katalysatorwirkung vorliegt.

---

[1] J. biol. Chemistry **83**, 191 (1929); **84**, 777 (1929).
[2] Biochemic. J. **23**, 1242 (1929). [3] J. Amer. chem. Soc. **54**, 4077 (1932).
[4] Z. analyt. Chem. **116**, 225 (1939). [5] Mikrochim. Acta [Wien] **3**, 258 (1938).

10. Kohlehydrate und Kohlehydratderivate.

Auch bei den Kohlehydraten und ihren Umwandlungsprodukten hat die Tatsache der leichten Verbrennbarkeit im Stoffwechsel immer wieder Modellversuche über ihre Autoxydierbarkeit veranlaßt. Da es sich dabei in erster Linie um eine vollständige Durchoxydation zu CO_2 und H_2O handelte, standen keine präparativen Gesichtspunkte zur Diskussion. Überdies ist eine gelenkte Oxydation der Zucker, die bekanntlich von den üblichen Oxydationsmitteln sehr leicht angegriffen werden, eine schwierige Aufgabe. Im allgemeinen wächst die Instabilität der Zucker gegenüber O_2 in alkalischen Lösungen stark an. Es liegt hier aber eine typische **OH-Ionen**katalyse vor, bei der Umwandlungen an den Substratmolekülen, wie Enolisierung und dergleichen, eine Rolle spielen[1]. Dies muß bei der Betrachtung katalytischer Prozesse in stark alkalischen Lösungen beachtet werden.

Über die Katalyse der Glucoseautoxydation durch **Cero-** und **Ceriverbindungen** liegen einige interessante ältere Angaben von Job[2], die allerdings nur qualitativer Natur sind, vor. Job fand, daß konzentrierte Lösungen von Glucose in Pottaschelösungen, die sich für sich allein nicht autoxydieren, bei Anwesenheit von Cersalzen O_2 aufnehmen. Aus einer dabei auftretenden Rotfärbung wurde geschlossen, daß sich aus dem Cerosalz die *Perverbindung* bildet, die unter Rückbildung des Cerosalzes ihren Sauerstoff vollständig an Glucose weitergibt. Es ist bekannt, daß bei der Luftoxydation von Cerokaliumcarbonat zunächst Cerisalz und Hydroperoxyd entstehen, die sich weiterhin zur rotbraunen Perceriverbindung umsetzen[3]. Das Persalz bzw. H_2O_2 oxydieren den Traubenzucker und da der Zucker auch die Ceriverbindung unter den gewählten Versuchsbedingungen zu reduzieren vermag, ist die Grundlage der Katalyse gegeben. So wirkt bei stärkeren Reduktionsmitteln das **Cerokaliumcarbonat** als Sauerstoffüberträger. Später schlossen dann Goard und Rideal[4] aus Potentialmessungen, daß die Autoxydation von anderen Hexosen ebenfalls durch Cerosalze zu beschleunigen sei, jedoch fehlen auch hierüber nähere Angaben.

Wesentliche Fortschritte auf dem Gebiet der Kohlehydratautoxydation wurden erst durch die Untersuchungen von Warburg und Yabusoe[5] ausgelöst, aus denen hervorgeht, daß *Fructose*lösungen bei Gegenwart von **Phosphat** und einem p_H von etwa 6,2 an O_2 aufnehmen. Die Oxydationsgeschwindigkeit stieg, wie zu erwarten war, mit zunehmender Alkalität und auch mit der Phosphatkonzentration an, wobei es sich um eine spezifische Auslösung der Autoxydation durch das Phosphat handelte, da andere Salze die O_2-Aufnahme nicht in Gang brachten. Im Anschluß an diese Versuche wiesen Meyerhof und Matsuoka[6] nach, daß bei der Fructoseautoxydation eine ausgesprochene *Schwermetallkatalyse* vorliegt. Es wurde mit 5proz. Fructoselösung und einer Phosphatkonzentration zwischen m/4 und m/2 bei 37^0 gearbeitet. Die Annahme einer derartigen Katalyse war durch die Hemmbarkeit der Oxydation durch HCN oder Pyrophosphat nahegelegt worden. Das Ausmaß der Katalyse ist sehr stark vom p_H abhängig. Am aktivsten war **Kupfer,** und zwar betrug bei $p_H = 9,3$ die Geschwindigkeitssteigerung mit einer Kupferkonzentration von 10^{-5} bis 10^{-3}-molar um 8—500% (Cu als $CuSO_4$ zugesetzt). Bei $p_H = 7$ jedoch zeigte Cu (m/1000) merkwürdigerweise überhaupt keine Wirksamkeit. **Eisen-** und **Mangansalze** verhielten sich wie die Kupferverbindungen, nur war die Beschleunigung etwas geringer. Bei $p_H = 9,1$ beschleunigte z. B. eine Eisenkon-

---

[1] Vgl. H. v. Euler, C. Martius: Liebigs Ann. Chem. **505**, 73 (1933).
[2] C. R. hebd. Séances Acad. Sci. **134**, 1052 (1902).
[3] Vgl. K. A. Hofmann, U. R. Hofmann: Anorganische Chemie, S. 493. Braunschweig 1938.   [4] Proc. Roy. Soc. [London], Serie A **105**, 135 (1924).
[5] Biochem. Z. **146**, 380 (1924).   [6] Biochem. Z. **150**, 1 (1924).

zentration von 10^{-3}-molar erst um 180%. Jedoch fällt besonders auf, daß die Fe-Katalyse durch einen *Pyrophosphatzusatz* ($Na_4P_2O_7$) erheblich gesteigert werden konnte, während doch die Cu-Katalyse dadurch gehemmt wurde. Das Phosphat ließ sich in den Systemen durch *Arseniat* ersetzen. Die von WARBURG und YABUSOE entdeckte *Oxydation von Fruchtzucker in konzentrierten Phosphatlösungen ist mithin als eine Metallkatalyse anzusprechen.* Für stärker alkalische Lösungen allerdings trifft diese Feststellung in ihrer Allgemeinheit nicht zu.

WIND[1] fand ferner, daß sich die Triosen *Dioxyaceton* HO—CH_2—CO—CH_2—OH und *Glycerinaldehyd* HO—CH_2—CHOH—CHO genau wie Fructose verhalten. Auch ihre Autoxydation in Phosphatlösungen, die allerdings 20—30 mal schneller als bei Fructose verlief und zu einer vollständigen Verbrennung zu CO_2 führte, wurde durch Schwermetalle katalysiert. Die Wirkung der Metalle war hier auch in etwa neutraler Lösung zwischen p_H 7,4 und 7,7 noch beträchtlich. In Konzentrationen von $1 \cdot 10^{-3}$-molar erhöhte Cu^{++} die Geschwindigkeit um 125%, Fe^{++} um 61% und Mn^{++} um 63%. Kupfer beschleunigte also auch hier am stärksten. Auf die recht bescheidene Katalyse der Autoxydation von Dioxyaceton und Methylglyoxal[2] durch **Hämin** braucht hier nur hingewiesen zu werden[3]. Sie besitzt keine praktische Bedeutung.

Eine wesentliche Erweiterung der Befunde über die Autoxydation der Hexosen bedeuten die Untersuchungen von KREBS[4], in denen festgestellt wurde, daß vor allem *Fructose*, dann aber auch *Glucose, Galactose, Mannose* und *Maltose* in *ammoniakalischer*[5] und bicarbonathaltiger Lösung von molekularem O_2 oxydiert werden können. Der p_H-Bereich lag zwischen 7 und 9, und auch hier stieg die Oxydationsgeschwindigkeit mit zunehmender Alkalität an. Bei der Katalyse dieser Autoxydationen durch Schwermetallsalze (**$CuSO_4$, $MnSO_4$, $FeCl_3$**) zeigte sich ein außerordentlich hoher Einfluß der Anwesenheit von Neutralsalzen (Ca-, Sr- und Ba-salze). Erst in **calciumchlorid***haltigen Lösungen* äußerte sich die enorme katalytische Wirksamkeit der Schwermetalle, die damit sogar der Aktivität der Metalle in der belebten Zelle vergleichbar wird.

SPOEHR und Mitarbeiter[6] haben das komplexe **Natriumferropyrophosphat**[7] als Katalysator bei der Oxydation von Zuckern und Zuckerderivaten herangezogen[8]. Wässerige Lösungen von d-Glucose, Lävulose, d-Mannose, d-Galactose, Trehalose, Glycerin und Mannit nahmen bei Gegenwart des Ferropyrophosphats und von **Dinatriumphosphat** bei 38° langsam O_2 auf und bildeten CO_2, jedoch war die benutzte Eisensalzmenge (0,5—1 g $FeSO_4$ auf 3 g Substrat) so hoch, daß von einer eigentlichen Katalyse nicht mehr recht gesprochen werden kann. Unter den gleichen Bedingungen wurde auch die Autoxydation von d-Gluconsäure, l-Arabonsäure und Weinsäure und von Glycerinaldehyd, Dioxyaceton, Methylglyoxal, Oxyaceton und Glycerin katalysiert. Natrium-ferropyrophosphat wird

---

[1] Biochem. Z. **159**, 58 (1925).

[2] Die *Bisulfitverbindung* des Methylglyoxals wird bei Gegenwart von Phosphat und zwischen p_H 5,8 und 8,1 von O_2 sehr leicht und vollständig zu Brenztraubensäure oxydiert, wobei vielleicht auch Schwermetalle mitwirken [NEUBERG, KOBEL: Biochem. Z. **252**, 215 (1932)].

[3] L. AHLSTRÖM, H. v. EULER: Hoppe-Seyler's Z. physiol. Chem. **200**, 233 (1931).

[4] Biochem. Z. **180**, 377 (1927).

[5] Bei gleichem p_H ist in NH_3 die Oxydationsgeschwindigkeit um ein Vielfaches größer als in anderen Alkalien.

[6] J. Amer. chem. Soc. **46**, 1494 (1924); **48**, 236 (1926); **58**, 2068 (1934); J. biol. Chemistry **94**, 423 (1931).

[7] Zusammensetzung nach PASCAL [Ann. Chimie (8) **16**, 386 (1909)] $Na_8Fe_2(P_2O_7)_3$, nach SPOEHR, SMITH $Na_2Fe(P_2O_7)$.

[8] Den Komplex stellt man durch Auflösen von Fe(II)-sulfat in Na-pyrophosphat dar (starkes Reduktionsmittel).

von O_2 sehr rasch zum Eisen(III)-Komplex oxydiert, und für den Chemismus der Katalyse ist die Bemerkung wichtig, daß nur solche Substanzen oxydierbar waren, die den Eisen(III)-Komplex reduzierten. Die Katalyse dürfte also wohl deswegen zustande kommen, weil das komplex gebundene zweiwertige Eisen sehr rasch von molekularem O_2 oxydiert und das dreiwertige Eisen im Komplex sehr rasch vom Substrat reduziert wird. Degering und Upson[1] haben die unter den Spoehrschen Bedingungen verbrannten Verbindungen in folgende Reihe abnehmender Autoxydierbarkeit eingeordnet: Fructose, Mannose, Glucose, Arabinose, Arabonsäure, Gluconsäure, α-Methylmannosid, α-Methyl-glucosid, Mannit, Glycerin, Glycerinsäure, Glykolsäure, α-Methyl-arabinosid, Tetramethyl-glucose, Tetramethyl-α-methyl-glukosid. Es sei aber betont, daß zur Erzielung größerer Effekte eine tagelange Behandlung mit O_2, am besten bei erhöhter Temperatur, nötig war. Es verdient hier ferner festgehalten zu werden, daß die Fe-Katalyse bei der Cysteinautoxydation durch Pyrophosphat stark gehemmt, die der Kohlehydratoxydation dagegen durch einen Pyrophosphatkomplex stark beschleunigt wird.

Stark alkalische Lösungen von *Gluconsäure* $HOOC—(CHOH)_4—CH_2OH$ erlangen nach Traube, Kuhbier und Schröder[2] die Fähigkeit zur O_2-Aufnahme, wenn man durch Zusatz von **Co-, Cu-, Ni-** und **Mn-salzen** zur Bildung von Schwermetallkomplexen der Polyoxyverbindungen, die im übrigen als Erdalkalisalze isolierbar sind, in diesen Lösungen Veranlassung gibt. Die Schwermetallkomplexe der Gluconsäure sind also autoxydabel. Im Verlauf der Untersuchungen zeigte es sich nun, daß die Kupfer- bzw. Kobaltsalzkonzentration so weitgehend herabgesetzt werden konnte, daß eine deutliche, wenn auch keine sehr ausgeprägte Katalyse zustande kam. So nahmen z. B. 2 g Gluconsäure in 150 ccm 6 proz. Natronlauge bei 38—40⁰ in 20 Stunden mit 4,5 mg $CuCl_2$ 140 ccm und mit 30 mg $Co(NO_3)_2$ 180 ccm O_2 auf. An Oxydationsprodukten wurden CO_2 und Ameisensäure nachgewiesen. Nach Traube soll die Katalyse entweder durch Anlagerung von O_2 an das komplexgebundene Metall oder durch Aktivierung von H-Atomen oder OH-Gruppen im Substratmolekül durch die Komplexbildung zu deuten sein.

So kann also der reaktionsträge O_2 unter gewissen Bedingungen auch zu einer Umsetzung mit den Zuckern und ihren Derivaten veranlaßt werden. Bei den zu beobachtenden katalytischen Erscheinungen fällt besonders die Wirksamkeit von Schwermetallkomplexen und die Wichtigkeit der Anwesenheit von Neutralsalzen oder Puffersubstanzen auf. In *präparativer* Hinsicht bleibt bei dieser Autoxydation noch fast alles zu tun übrig, da die meisten Untersuchungen sich nur mit der Erfassung des gebildeten CO_2 begnügten.

11. Ascorbinsäure (Vitamin C).

Wie bei den Thiolen tritt uns auch in der *Ascorbinsäure* (I) eine Substanz entgegen, deren katalytisch leicht beeinflußbare Oxydation zu *Dehydro-ascorbinsäure* (II) als ihre hervorstechendste Eigenschaft für das Zellgeschehen von hoher Bedeutung ist. Das durch Gleichung (1) gegebene Redoxsystem:

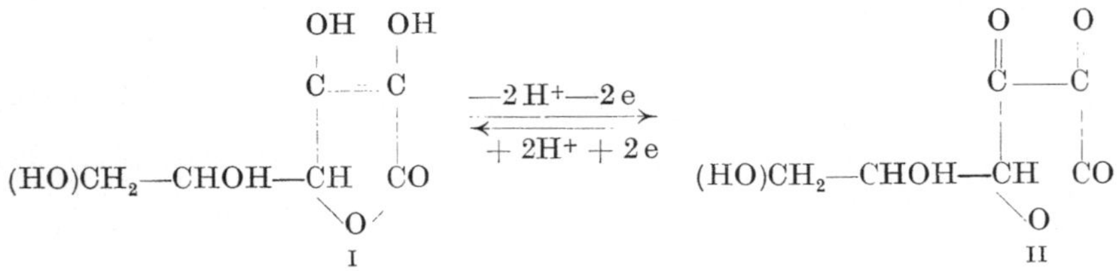

$$
\begin{array}{ccc}
\underset{\textstyle |}{\overset{OH}{}}\;\;\underset{\textstyle |}{\overset{OH}{}} & & \overset{O}{\|}\;\;\overset{O}{\|} \\
\underset{|}{C}\!=\!\!\underset{|}{C} & \xrightleftharpoons[+\,2H^+ + 2\,e]{-2\,H^+ - 2\,e} & \underset{|}{C}\!-\!\underset{|}{C} \\
(HO)CH_2—CHOH—\underset{\diagdown}{CH}\;\;\underset{\diagup}{CO} & & (HO)CH_2—CHOH—\underset{\diagdown}{CH}\;\;\underset{\diagup}{CO} \\
O & & O \\
I & & II
\end{array}
$$

---

[1] J. biol. Chemistry **94**, 423 (1931).

[2] Ber. dtsch. chem. Ges. **69**, 2694 (1936).

wird für Stoffwechselvorgänge oft diskutiert und bildet die Grundlage für die Ansicht, daß das Vitamin C als Sauerstoffüberträger wirksam sei. Die leichte Autoxydierbarkeit von Ascorbinsäure in wässeriger Lösung, die oft besondere Schutzmaßnahmen erfordert und mitunter viel zu wenig berücksichtigt wird, ist jedem bekannt, der mit dieser Substanz zu tun hat. Die Wichtigkeit dieser Verbindung und die übersichtlichen Verhältnisse laden zu einer eingehenderen Betrachtung ein. Schon SZENT-GYÖRGYI[1], der verdienstvolle Entdecker der Ascorbinsäure, hat an seiner *Hexuronsäure* die Empfindlichkeit gegenüber O_2 untersucht und gefunden, daß es sich dabei um eine *spezifische Schwermetall-katalyse* handelt. Während die Hexuronsäure für sich allein oder bei Zusatz von $FeCl_3$ oder Mn-Acetat keine meßbare O_2-Aufnahme zeigte, erfolgte mit $CuCl_2$ (0,005-mol) eine lebhafte Oxydation. In der Folgezeit ist dann die Vitamin-autoxydation unter Bestätigung und Erweiterung dieser Ergebnisse mehrfach von verschiedenen Seiten[2], besonders gründlich von BARRON und Mitarbeitern[3], bearbeitet worden.

Bei völligem Ausschluß von Kupferspuren in Reagenzien und Lösungsmitteln nimmt Ascorbinsäure in *saurer* oder *neutraler* Lösung etwa bis $p_H = 7,6$, also auch im *physiologischen p_H-Bereich*, überhaupt keinen O_2 auf. Da im Vitamin ein *Dienol* vorliegt, das mit Alkalien ein Dienolat zu bilden vermag und schon KARRER und Mitarbeiter[4] tiefgreifende und irreversible Veränderungen an Ascorbinsäure durch Alkalien beobachteten, erscheint es verständlich, daß andererseits das Vitamin C in *alkalischen* Lösungen etwa von $p_H = 9$ ab eine außerordentlich leichte, durch **OH-Ionen** katalysierbare Autoxydierbarkeit zeigt. Die Oxydation geht hier auch nach der Aufnahme von einem Atom Sauerstoff pro Mol Substrat weiter und endet mit der Bildung von *Oxalsäure* und *l-Threon-säure*; das interessiert uns im einzelnen nicht.

Wie schon erwähnt, läßt sich die Autoxydation von Ascorbinsäure in schwach saurer oder etwa neutraler Lösung in ausgezeichneter Weise durch *Kupfer-spuren* ($CuSO_4$, $CuCl_2$) katalysieren, während Mn-, Co-, Ni- und sogar *Fe-salze* unwirksam sind. Noch 0,000727 *Millimole $CuCl_2$ im Liter* beschleunigen (Versuche bei $p_H = 3,17$), und das Kupfer übertrug bis $p_H = 6,6$ ein Atom Sauerstoff auf das Substratmolekül. Bei nicht zu hoher Katalysatorkonzentration besteht Proportionalität zwischen Oxydationsgeschwindigkeit und Kupferkonzentration. Außerdem steigt die Wirksamkeit des Metalls mit dem p_H sehr stark an und erreicht bei $p_H = 6,95$ ihr Maximum.

Auch im **Hämin** kann die katalytische Aktivität des komplex gebundenen Eisens erst durch Zusatz von **Nicotin, Pyridin** oder **Pilocarpin** (ein Alkaloid), die bekanntlich mit dem reduzierten Hämin die sogenannten *Hämochromogene* bilden[5], ausgelöst werden. Für das Verständnis der Katalyse wesentlich erscheint die Feststellung, daß die Wirksamkeit dieser Hämochromogene in dem Maße zunimmt, in welchem das *Redoxpotential positiveren Werten zustrebt*. Von den in Frage kommenden Verbindungen wurden bei $p_H = 9,16$ folgende Redoxpotentiale E_0' gemessen:

	E_0' in Volt		E_0' in Volt
Nicotin-Hämochromogen	—0,005	Pilocarpin-Hämochromogen	—0,156
Pyridin-Hämochromogen	—0,050	Hämin	—0,240

---

[1] Biochemic. J. **22**, 1387 (1928).

[2] H. v. EULER und Mitarbeiter: Hoppe-Seyler's Z. physiol. Chem. **217**, 1 (1933). — A. E. KELLIE, S. S. ZILVA: Biochemic. J. **29**, 1028 (1935). — C. A. MAWSON: Ebenda **29**, 569 (1935). — C. M. LYMAN, M. O. SCHULTZE, C. G. KING: J. biol. Chemistry **118**, 757 (1937). [3] J. biol. Chemistry **112**, 625 (1936); vgl. auch ebenda **116**, 563 (1936).

[4] Biochem. Z. **258**, 4 (1933).

[5] Vgl. W. LANGENBECK: Die organischen Katalysatoren und ihre Beziehungen zu Fermenten, S. 29. Berlin 1935

Mit Nicotinhämochromogen läßt sich die Wirkungsweise dieser Katalysatoren sogar *spektroskopisch* verfolgen. Wenn das oxydierte Nicotin-Hämochromogen mit der gepufferten Ascorbinsäurelösung zusammenkommt, kann an der Farbänderung und dem Auftreten zweier charakteristischer Banden die *Reduktion* des Komplexes erkannt werden. Nach kurzem Schütteln in O_2 erscheint das oxydierte Hämochromogen mit seiner typischen olivgrünen Farbe wieder. Die katalytische Kraft des Nicotin-Hämochromogens ist immerhin halb so groß wie die von Kupfer.

Nach Barron und Mitarbeitern[1] soll sich der Mechanismus der von Kupfer oder Hämochromogen katalysierten Ascorbinsäureautoxydation so abspielen, daß der Katalysator das Substrat zur Dehydro-ascorbinsäure (II) dehydriert und dabei selbst reduziert wird. Daß Vitamin C auch Kupfer(II)-salze sofort reduziert, zeigten bereits Karrer und Mitarbeiter[2]. Der reduzierte Katalysator wird nun seinerseits durch O_2 reoxydiert, wobei *Hydroperoxyd* entsteht. In diesem Sinn vollzieht sich dann die Beschleunigung durch Cu-salze nach den folgenden Gleichungen (2) und (3):

$$\begin{array}{cc} -\mathrm{C-OH} & -\mathrm{C=O} \\ \Big| \qquad\quad + 2\,\mathrm{Cu^{++}} \rightarrow & \Big| \qquad\quad + 2\,\mathrm{Cu^+} + 2\,\mathrm{H^+}\,. \\ -\mathrm{C-OH} & -\mathrm{C=O} \end{array} \tag{2}$$

$$2\,\mathrm{Cu^+} + 2\,\mathrm{H^+} + \mathrm{O{=}O} \rightarrow 2\,\mathrm{Cu^{++}} + \mathrm{HO-OH}\,. \tag{3}$$

H_2O_2 kann katalytisch zersetzt werden oder peroxydatisch wirksam sein. Seine intermediäre Entstehung ist nachzuweisen, so z. B. durch die Chemilumineszenzprobe mit Luminol und Hämin[3]. In diesem Zusammenhang ist zu erwähnen, daß nach Lyman und Mitarbeiter[4] sich die H_2O_2-Entstehung unterhalb $p_H = 4{,}5$ durch einen zu hohen O_2-Verbrauch anzeigt. Denn wenn H_2O_2 nicht selbst an der Oxydation teilnimmt oder zersetzt wird, verbraucht ja 1 Mol Vitamin C 1 *Mol* O_2. Es ist jedoch einwandfrei nachgewiesen, daß in etwa neutraler Lösung nur 1 *Atom* Sauerstoff pro Substratmolekül absorbiert wird, woraus man folgern kann, daß auch die Geschwindigkeit der Oxydation von Ascorbinsäure durch H_2O_2 mit dem p_H ansteigt. Die leider nicht durch einwandfreie Versuche exakt erwiesene Feststellung von Mawson[5], daß die katalytische Wirksamkeit von Cu und Fe *zusammen* größer ist als die Summe der Einzelwirkungen, muß wohl ebenfalls mit der H_2O_2-Bildung in Verbindung gebracht werden. Hier sei auf die erstmals von Schöberl[6] aufgefundene und gedeutete Katalyse einer Leukofarbstoffoxydation durch gemeinsame Beteiligung beider Metalle hingewiesen.

Unter milden Reaktionsbedingungen führt die Autoxydation von Vitamin C glatt zu seiner Dehydroform, die sich z. B. mit Thiolen oder H_2S wiederum quantitativ hydrieren läßt. Jedoch handelt es sich bei der Dehydroascorbinsäure um eine verhältnismäßig labile Substanz, an der auch bei der O_2-Einwirkung irreversible, durch Kupfer katalysierbare Oxydationsprozesse angreifen können.

12. Polyphenole.

In der Autoxydation von *Hydrochinon* und seinen Derivaten liegt uns eine typische *Dehydrierungsreaktion* vor, bei der zunächst unter *Chinon*bildung 2 H-Atome aus dem Substrat herausgespalten und auf den molekularen O_2 über-

[1] J. biol. Chemistry **112**, 625 (1936); vgl. auch ebenda **116**, 563 (1936).
[2] Biochem. Z. **258**, 4 (1933).
[3] O Schales: Ber. dtsch. chem. Ges. **71**, 477 (1938).
[4] J. biol. Chemistry **118**, 757 (1937).
[5] C. A. Mawson: Biochem. J. **29**, 569 (1935).
[6] Hoppe-Seyler's Z. physiol. Chem. **201**, 167 (1931).

tragen werden. Die für Hydrochinon gültige Gleichung (1) ist sinngemäß als *Primärvorgang* auf die Oxydation aller mehrwertigen Phenole anwendbar:

$$HO-\langle\!\!\!\bigcirc\!\!\!\rangle-OH + O{=}O \rightarrow O{=}\langle\!\!\!\bigcirc\!\!\!\rangle{=}O + HO{-}OH. \tag{1}$$

Der Nachweis der primären Reaktionsprodukte kann vor allem durch den wesentlichen Einfluß der H-Ionenkonzentration und durch Schwermetallkatalysatoren erheblich gestört sein. Die Entstehung der *Chinone* war jedoch in fast allen Fällen direkt zu zeigen[1]; es ist aber zu bemerken, daß Chinone unter Umständen, besonders leicht in alkalischer Lösung, mit dem O_2 bzw. H_2O_2 unter Bildung brauner *Huminsubstanzen* weiterreagieren, wie das z. B. beim Benzochinon bevorzugt der Fall ist. Ebenso einwandfrei gelang der Nachweis von *Hydroperoxyd*, das naturgemäß auch hier zu Oxydationsleistungen herangezogen werden kann. Vollkommen übersichtlich ließ sich die Primärreaktion bei der Autoxydation von *Toluhydrochinon, der 3 Xylo-hydrochinone, von Trimethyl-hydrochinon* und von *Durohydrochinon* in schwach alkalischer Lösung (p_H 7,2—8,2) herausarbeiten[2]. Die entsprechenden Chinone wurden direkt isoliert.

Wie bei den Zuckern beeinflußt die H-Ionenkonzentration auch bei den Polyphenolen die Autoxydation sehr stark. Die Geschwindigkeit der O_2-Aufnahme in wässeriger Lösung steigt mit der Zunahme der Alkalität bedeutend an und ist der **OH-Ionen**konzentration unabhängig von der Art der benutzten Base proportional[3]. Daß Polyphenole in alkalischer Lösung starke Reduktionsmittel sind, ist ja längst bekannt, und auch in alkalischen Pufferlösungen hat man das Ansteigen der Autoxydierbarkeit mehrfach verfolgt[3]. Für das Arbeiten mit Pufferlösungen mit und ohne Katalysator ist zu beachten, daß die Reaktionsgeschwindigkeit auch von der *Art* des Puffers abhängt. So verlief z. B. die Oxydation von Hydrochinon bei $p_H = 8$ in einem *Borat*puffer 13mal so rasch wie in einem *Phosphat*puffer. Nach LA MER und RIDEAL[4] beginnt beim Hydrochinon die freiwillige, nur durch OH-Ionen katalysierte Autoxydation bei gewöhnlicher Temperatur bei etwa $p_H = 7,3$, und schon von $p_H = 7,56$ an wird die nach Gleichung (1) nötige Menge O_2 infolge von Sekundärreaktionen überschritten. Jedoch findet man auch in schwach saurer Lösung eine geringe O_2-Aufnahme, die wohl kaum auf metallische Verunreinigungen zurückzuführen ist[5]. Es sei hier ausdrücklich betont, daß die O_2-Aufnahme von mehrwertigen Phenolen in alkalischer Lösung sich wohl von Schwermetallen beschleunigen läßt, jedoch nicht generell als Schwermetallkatalyse aufgefaßt werden kann. Katalytisch wirksam sind hier vor allem **Mn-, Cu-** und **Fe-Verbindungen.** Ihr Leistungsvermögen tritt besonders in schwach saurer oder neutraler Lösung zutage.

Den Anreiz zur eingehenden Untersuchungen der **Mn-***Katalyse* bot die Oxydation vieler Phenole im Pflanzenreich, und die Diskussion über die physiologische Bedeutung dieses Metalls im Sinne von BERTRAND[6]. v. EULER und BOLIN[7] haben mittels Mn(II)-acetat beim Hydrochinon ermittelt, daß die bereits bekannte Beschleunigung in schwach saurer und neutraler, besonders aber in alkalischer Lösung ein erhebliches Maß annimmt[8], und nach LA MER und

---

[1] Natürlich ist in solchen Systemen dann auch *Chinhydron*bildung möglich.

[2] T. H. JAMES, J. M. SNELL, A. WEISSBERGER: J. Amer. chem. Soc. **60**, 2084 (1938).   [3] A. SAINT-MAXEN: J. Chim. physique **32**, 161, 273, 410 (1935).

[4] J. Amer. chem. Soc. **46**, 223 (1924).

[5] H. WIELAND, W. FRANKE: Liebigs Ann. Chem. **464**, 101 (1928).

[6] Vgl. C. R. hebd. Séances Acad. Sci. **124**, 1355 (1897) und H. WIELAND, F. G. FISCHER: Ber. dtsch. chem. Ges. **59**, 1186 (1926).

[7] Hoppe-Seyler's Z. physiol. Chem. **57**, 80 (1908).

[8] Salze von organischen Säuren (Weinsäure, Citronensäure, Gluconsäure, Schleimsäure) können eine zusätzliche Steigerung bewirken.

Temple[1] ist die Oxydationsgeschwindigkeit zwischen p_H 5,3 und 6,3 und bei einer Mn-Konzentration von 0,0002—0,001-mol. dieser proportional. Sym[2], der bei $p_H = 7$ (Phosphatpuffer) $MnSO_4$ in einer Konzentration von etwa $1 \cdot 10^{-4}$-mol. sehr wirksam fand, konnte unter gleichen Bedingungen mit $FeSO_4$ und $FeCl_3$ bei wesentlich höherer Konzentration ($4 \cdot 10^{-4}$ und $8 \cdot 10^{-4}$-mol.) keine merkliche Beschleunigung feststellen[3].

Es ist immerhin überraschend, daß die wesentlich wirksamere Katalyse durch **Cu-salze** bei der Hydrochinon-autoxydation erst im Jahre 1934 von Reinders und Dingemans[4] aufgefunden wurde. In einem *Boratpuffer* vom $p_H = 6,86$ erhöhten 0,2 mg Kupfervitriol auf 220 mg Hydrochinon die Geschwindigkeit um das 11fache, eine 25mal größere $MnSO_4$-Konzentration nur um das 1,5fache. Jedoch ist ausschlaggebend, daß für die Wirksamkeit des Cu ein Phosphatpuffer ungeeignet ist, da auch große Cu-salzmengen dann vermutlich wegen Ausfällung des Cu überhaupt nicht katalysieren. Verglichen mit der großen katalytischen Kraft des Cu besaßen Ni-, Co- und sogar Fe-salze keinen oder nur einen sehr geringen Einfluß. Im übrigen war hier ebenfalls wie bei der Mn-Katalyse die Oxydationsgeschwindigkeit der Cu-salzkonzentration proportional. In gleicher Weise ließ sich die *Durohydrochinon*-autoxydation in schwach alkalischer Lösung, die zu Durochinon und H_2O_2 führt, durch $CuSO_4$ beschleunigen[5].

Schließlich war im p_H-Bereich von 3 bis 6 die O_2-Aufnahme von Hydrochinon, *Brenzkatechin* und *Pyrogallol* nach Wieland und Franke[6] in Acetatpufferlösungen durch **Fe(II)- und Fe(III)-salze** zu beschleunigen. Die p_H-abhängige Katalyse, bei der 3 mg Fe auf 275 mg Substrat für eine maximale Wirksamkeit nötig waren und die zu *Huminsäuren* als Oxydationsprodukten führt, scheint aber wenigstens beim Hydrochinon nicht sehr ausgeprägt zu sein. Für den Chemismus der Fe-Katalyse wichtig ist die Beobachtung, daß dreiwertiges Fe schwächer katalysiert als zweiwertiges. Zweifellos erschwert dies die Deutung. Dabei muß noch bemerkt werden, daß Fe(III)-salz die Polypenole dehydriert. Nach Wieland und Franke soll das Gleichgewicht der umkehrbaren Reaktion: Hydrochinon $+ 2\,Fe^{+++} \rightleftharpoons$ Chinon $+ 2\,Fe^{++} + 2\,H^+$, mit der sich vor allem auch Franke[7] beschäftigte, die bei der Fe-Katalyse auftretenden Erscheinungen weitgehend klären können. In diesem Zusammenhang wurde diskutiert, daß ein *komplex* gebundenes Fe eine Aktivierung des O_2 herbeiführt. Bach[6] deutete die Katalyse als Beschleunigung der Substratoxydation durch primär entstehendes Hydroperoxyd.

Der Vollständigkeit halber soll noch erwähnt werden, daß die *Pyrogallol*-autoxydation auch noch durch **kolloidale Pt-Lösungen**[8] und **komplexe Co-salze** der Purpureo-Reihe, wie z. B. durch $[Co(NH_3)_5Cl]Cl_2$[9], katalysiert werden konnte. Der außerdem gelegentlich noch beschriebenen Wirksamkeit von Vanadin und Uran und von Yttrium- und Lanthanhydroxyd kommt nach den bisherigen Versuchen keine Bedeutung zu. Die präparative Wichtigkeit der Polyphenol-

---

[1] Proc. nat. Acad. Sci. **15**, 191 (1929).

[2] Liebigs Ann. Chem. **487**, 174 (1931).

[3] Sym verfolgte den Fortgang der Autoxydation durch *Chinon*bestimmungen.

[4] Recueil Trav. chim. Pays-Bas **53**, 209, 239 (1934).

[5] T. H. James, A. Weissberger: J. Amer. chem. Soc. **60**, 98 (1938); auf 0,25 Millimole Substrat trafen 0,2, 0,5 und 3 mg $CuSO_4$.

[6] Liebig Ann. Chem. **464**, 101 (1928). — Vgl. A. Bach: Ber. dtsch. chem. Ges. **65**, 1788 (1932).   [7] Liebigs Ann. Chem. **480**, 1 (1930).

[8] Y. Shibata, K. Yamasaki: Bull. chem. Soc. Japan **10**, 139 (1935).

[9] Y. Shibata, H. Kaneko: Katalytische Wirkungen der Metallkomplexverbindungen, S. 10. Tokyo 1936.

autoxydation in nichtalkalischen Lösungen, die der Beschleunigung bedarf, wird auf Sonderfälle beschränkt bleiben. Dabei dürfte wohl die Heranziehung der bisher wenig benutzten Cu-Katalyse am zweckmäßigsten sein.

Außerdem sei hier noch die interessante, merkwürdig wenig beachtete Schwermetallkatalyse bei der Zusammenoxydation von *β-Naphthol* mit *p-Phenylendiamin* zu einem *Indoanilin*farbstoff durch molekularen O_2 angefügt[1]. Die Farbstoffbildung, die im p_H-Bereich zwischen 8 und 9 maximal verläuft und wahrscheinlich über die Stufe des Leukofarbstoffes führt (Boratpuffer), wird von $CuSO_4$ sehr stark beschleunigt. Eine Cu-salzkonzentration von 0,0001-mol. steigerte die Geschwindigkeit um 300%, und noch $0,5\,\gamma$ Cu sollen sich mittels dieser Katalyse, die sich wegen der Farbstoffentstehung übrigens auch gut zur Demonstration der katalytischen Kraft eines Schwermetalls eignet, nachweisen lassen.

13. Leukofarbstoffe.

Es erscheint zweckmäßig, der Besprechung der Phenole jene der *Leuko-farbstoffe* anzuschließen, handelt es sich doch auch bei diesen in den meisten Fällen um zum Teil phenolartige Systeme, die durch Dehydrierung in chinoide Verbindungen übergehen. Schon die Handhabung der technisch so wichtigen Klasse der *Küpenfarbstoffe* lehrt uns ja, daß die Leukobasen bei Gegenwart von Alkali durch den Luft-O_2 leicht in die Farbstoffe zurückverwandelt werden. Es ist gut, wenn man sich auch bei der Autoxydation der Leukofarbstoffe die Bedingungen vor Augen hält, welche die Angreifbarkeit der Polyphenole durch O_2 begünstigen. Dies ist um so notwendiger, da bei dieser so typischen und in verschiedener Hinsicht wichtigen Autoxydation systematische Untersuchungen nur ganz spärlich durchgeführt wurden. Auch hier bedurfte es erst des Anstoßes von seiten der physiologischen Chemie her, der von dem bei Enzymstudien vielfach als H-Acceptor benutzten *Methylenblau* seinen Ausgang nahm. Daß im allgemeinen der Katalysatorfrage, vor allem auch bei den Färbevorgängen, keine Bedeutung geschenkt wurde, hängt mit der schon gestreiften starken Beschleunigung der Autoxydierbarkeit durch OH-Ionen zusammen. Es lag eben für eine katalytische Beeinflussung kein direktes Bedürfnis vor.

Die Geschwindigkeit der O_2-Aufnahme von Leukobasen hängt naturgemäß mit in erster Linie von der Höhe des Redoxpotentials des Farbstoffes ab. Barron[2] hat sich an einer Reihe von Farbstoffen der Indophenol-, Indamin- und Oxazinklasse bemüht, durch Potentialmessungen an sich autoxydierenden Lösungen (bei $p_H = 5,86$) die Beziehungen zwischen diesen beiden bestimmenden Größen zu erfassen.

Erst in den Jahren 1930-31 wurde gleichzeitig und unabhängig voneinander von Reid[3], einem Schüler von Warburg, und von Schöberl[4], an zwei nahe verwandten Vertretern der *Thiazinfarbstoffe*, nämlich *Leukothionin* (Lauthsches Violett; I) und *Leukomethylenblau* (II)

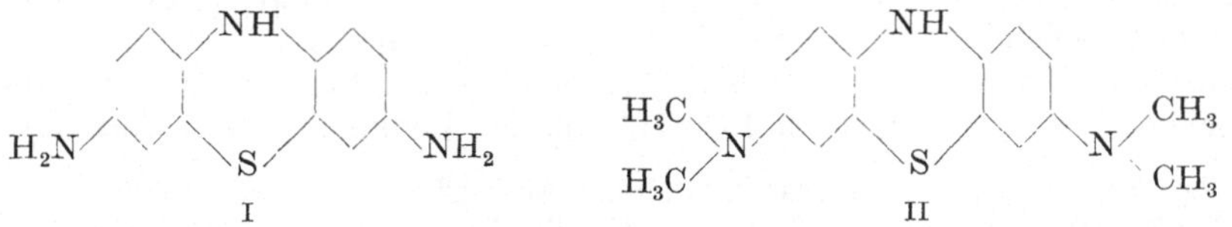

---

[1] E. Wertheimer: Fermentforsch. 8, 497 (1926).
[2] J. biol. Chemistry 97, 287 (1932).
[3] Ber. dtsch. chem. Ges. 63, 1920 (1930); Biochem. Z. 228, 487 (1930).
[4] Ber. dtsch. chem. Ges. 64, 546 (1931); Hoppe-Seyler's Z. physiol. Chem. 201, 167 (1931).

eine besonders charakteristische und stark wirksame **Cu-Katalyse** aufgefunden, deren Bedeutung aus verschiedenen Gründen über den Rahmen dieses Einzelfalles hinausreicht. Nicht zuletzt ist dies auf die einfache und übersichtliche Deutung der Übertragungskatalyse zurückzuführen.

Selbstverständlich war die p_H-abhängige O_2-Aufnahme von Leukomethylenblaulösungen schon lange bekannt[1], aber man hatte auf die Möglichkeit der Anwesenheit von Cu-Spuren dabei nicht geachtet[2]. Auch Harrison[3], der reine Leukomethylenblaupräparate in Händen hatte, zog nur eine Katalyse durch Fe-salze in Betracht. Wie wir aber sehen werden, kommt gerade hier diesem Metall wahrscheinlich keine Bedeutung zu.

Die Autoxydation der Leukofarbstoffe ließ sich in einem Ammoniumacetatpuffer von z. B. $p_H = 4{,}5$ (Reid) oder in stark essigsaurer Lösung (Schöberl) durch **Cu-salze** [Cu(II)-sulfat, Cu(II)-acetat] außerordentlich stark beschleunigen. So brachten 0,1 γ Cu auf 2 mg Leukothionin bereits eine Verdopplung der Reaktionsgeschwindigkeit und 32 γ Cu übertrugen bei 25° auf 142,6 mg Leukomethylenblau in etwa 23 Minuten 5600 cmm O_2. Schöberl stellte fest, daß zwischen Cu-Konzentration und Reaktionsgeschwindigkeit Proportionalität herrscht. Die Autoxydation von *Leukobindschedlers Grün* bei $p_H = 4{,}5$ ließ sich ebenfalls von Cu katalysieren[4], aber der O_2-Angriff erfolgte hier, besonders in stark essigsaurer Lösung, wesentlich langsamer. Angesichts der erstaunlichen katalytischen Leistung von Cu erscheint vor allem für praktische Zwecke die Folgerung zulässig, daß die in saurer Lösung zu beobachtende Autoxydation der Leukothiazine und wohl auch anderer Leukofarbstoffe *im wesentlichen eine Cu-Katalyse darstellt*. Demgegenüber muß es auffallen, daß unter den gleichen Bedingungen Fe-salze, auch in viel höherer Konzentration, keine wesentliche Beschleunigung hervorrufen. Selbst bei $p_H = 8{,}0$ fand Macrae[5] mit recht viel $FeCl_2$ als Katalysator nur eine 5fache Steigerung der Autoxydationsgeschwindigkeit von Leukomethylenblau. Nach den bisherigen Ergebnissen wenigstens können Fe-salze nicht als brauchbare Katalysatoren für die Leukobasenoxydation angesehen werden, vielmehr ist auch hier wie bei den Thiolen, Zuckern, Ascorbinsäure und Polyphenolen die Bevorzugung der Cu-Katalyse eine sehr ausgeprägte. Freilich sollte das experimentelle Material noch vermehrt werden.

Die Cu-Katalyse der Leukomethylenblauoxydation ist noch dadurch besonders ausgezeichnet, daß bei ihr *Hydroperoxyd* entsteht und glatt nachweisbar ist (Reid, Schöberl, Macrae). Der bei Metallkatalysen nicht immer mögliche H_2O_2-Nachweis gelingt hier deshalb ohne weiteres, weil der Leukofarbstoff seinerseits von H_2O_2 viel langsamer als durch molekularen O_2 dehydriert wird. So kommt es, daß schon die Höhe des O_2-Verbrauches über die Bildung des Hydroperoxyds Auskunft gibt. Allerdings ist zu erwähnen, daß die Oxydationsleistung des H_2O_2 sich ebenfalls durch Schwermetalle, vor allem Fe, katalysieren läßt (Schöberl). Es ist also verständlich, daß bei Leukofarbstoffen der direkte Nachweis von H_2O_2 ohne weiteres gelingt, während das, wie früher besprochen, z. B. bei den Thiolen, nicht möglich ist.

Für den Chemismus der Cu-Katalyse ist der grundlegende, von Schöberl[6] angegebene Versuch wichtig, daß Cu(II)-salz den Leukofarbstoff sofort oxydiert.

---

[1] Vgl. H. Wieland, A. Bertho: Liebigs Ann. Chem. **467**, 95 (1928).

[2] Wieland und Bertho stellten z. B. die Leukomethylenblaulösungen durch katalytische Hydrierung der Lösungen des Chlorzinkdoppelsalzes des Farbstoffes her, und Macrae [Ber. dtsch. chem. Ges. **64**, 133 (1933)] reduzierte enzymatisch.

[3] Biochemic. J. **21**, 335 (1927).

[4] Nach unveröffentlichten Versuchen des Verfassers.

[5] Ber. dtsch. chem. Ges. **64**, 133 (1931).

[6] Ber. dtsch. chem. Ges. **64**, 546 (1931).

Nach Schöberl spielt sich daher die Katalyse nach den folgenden Gleichungen (1) und (2) ab (Leukomethylenblau $= MH_2$):

$$MH_2 + 2\,Cu^{++} \qquad\qquad = M + 2\,Cu^+ + 2\,H^+ \qquad\qquad (1)$$
$$\underline{2\,Cu^+ + O{=}O + 2\,H^+ = 2\,Cu^{++} + HO{-}OH} \qquad (2)$$
$$MH_2 + O{=}O \qquad\qquad = M + HO{-}OH. \qquad\qquad (1+2)$$

Wie schon in anderen Fällen diskutiert, muß also die zu Hydroperoxyd führende Autoxydation des Cu(I)-salzes der geschwindigkeitsbestimmende Vorgang sein. Nicht bei allen Autoxydationsprozessen findet sich die Deutung der katalytischen Vorgänge in so guter Übereinstimmung mit den experimentellen Ergebnissen wie in diesem Fall.

14. Hydantoine und Pyrimidinderivate.

Es scheint, daß sich auch die Autoxydation von Hydantoinen und Pyrimidinderivaten, vornehmlich in alkalischer Lösung, katalytisch beschleunigen läßt. Allerdings steckt bei diesen Substanzen die Herausarbeitung katalytischer Effekte noch sehr in den Anfängen.

Bei der *Dialursäure* (I), die in *neutraler* Lösung schon bei Zimmertemperatur von O_2 rasch dehydriert wird, hat Hill[1] die *Fe-Katalyse* etwas ausführlicher untersucht.

$$
\begin{array}{cc}
NH{-}CO \\
\;|\qquad\; | \\
CO\;\;\; CHOH \\
\;|\qquad\; | \\
NH{-}CO \\
\quad I
\end{array}
\qquad
\begin{array}{cc}
NH{-}CO \\
\;|\qquad\; | \\
CO\;\;\; CO \\
\;|\qquad\; | \\
NH{-}CO \\
\quad II
\end{array}
\qquad
\begin{array}{cc}
NH{-}CO \\
\;|\qquad\; | \\
CO\;\;\; C{-}CH_3 \\
\;|\qquad\; | \\
NH{-}CH \\
\quad III
\end{array}
\qquad
\begin{array}{cc}
NH{-}CO \\
\;|\qquad\quad\quad CH_3 \\
CO\;\;\; C\!\!<\!\!\\
\;|\qquad\quad\quad OH \\
NH{-}CH_2OH \\
\quad IV
\end{array}
$$

$$
\begin{array}{cc}
NH{-}CO \\
\;|\qquad\; | \\
CO\;\;\; C{-}OH \\
\;|\qquad\; \| \\
NH{-}CH \\
\quad V
\end{array}
\qquad
\begin{array}{cc}
NH{-}CO \\
\;|\qquad\; | \\
CO\;\;\; C{-}NH_2 \\
\;|\qquad\; | \\
NO{-}CH \\
\quad VI
\end{array}
\qquad
\begin{array}{cc}
NH{-}CO \\
\;|\qquad\; | \\
CO\qquad\; | \\
\;|\qquad\; | \\
NH{-}CH_2 \\
\quad VII
\end{array}
$$

Bei dieser spontanen Autoxydation, die zu *Alloxan* (II) bzw. *Alloxanthin* (Molekülverbindung aus Dialursäure und Alloxan) führt, ist die Feststellung bemerkenswert, daß zu beiden Seiten des Neutralpunktes zunächst ein Absinken der Reaktionsgeschwindigkeit bis zu einem Minimum bei $p_H = 6{,}8$ bzw. 7,5 zu beobachten war. Zwischen p_H 3 und 6 erfolgt aber ebenfalls noch hinreichend rasche Autoxydation, die sich auch nach der alkalischen Seite hin über den Tiefpunkt bei $p_H = 7{,}5$ hinweg wiederum verstärkte. Hill zeigte, daß kleine Mengen von **Fe(III)-chlorid** (0,1—5 γ Fe auf 10 mg Substrat) katalytisch stark wirksam waren und auch noch bei ungünstigem p_H eine rasche Dehydrierung hervorriefen. Die Wirkungsweise des Katalysators wird wiederum darin gesehen, daß Dialursäure die Fe(III)-Ionen reduziert und der O_2 dann das zweiwertige Fe zum dreiwertigen oxydiert.

Baudisch und Mitarbeiter[2] zogen schließlich zwei komplexe Fe-salze, und zwar **Na-pentacyano-aquo-ferroat** $Na_3[Fe(CN)_5 \cdot H_2O]$ und **Na-pentacyano-amminferroat** $Na_3[Fe(CN)_5 \cdot NH_3]$ als Katalysatoren heran und übertrugen damit O_2 auf Thymin (III), einem Spaltprodukt der Nucleinsäuren, und auf *Thymin-*

---

[1] J. biol. Chemistry **85**, 713 (1930); **92**, 471 (1931).
[2] J. Amer. chem. Soc. **46**, 184 (1924); Ber. dtsch. chem. Ges. **55**, 18 (1924); **62**, 2699 (1929); J. biol. Chemistry **64**, 233 (1927); **71**, 501 (1927); **75**, 247 (1927).

glykol (IV), *Isobarbitursäure* (V) und einige *Hydantoine* (VII). Hinsichtlich der Brauchbarkeit der Verbindungen wurde dabei auf die rasche O_2-Absorption des Pentacyan-aquo-ferroates, das leicht chemisch rein dargestellt werden konnte[1], in neutraler oder schwach saurer Lösung hingewiesen. Da jedoch in diesen Versuchen *sehr hohe* Fe-Mengen Verwendung fanden, tritt die katalytische Wirksamkeit der komplexen Salze nicht klar zutage. Die Versuchsansätze glichen hier vielmehr *induzierten* Autoxydationen. So traf etwa bei Thymin, Thyminglykol oder den Hydantoinen die gleiche Gewichtsmenge des Katalysators auf das Substrat, und auch bei der etwas eingehender studierten Autoxydation von *Isobarbitursäure* (V) und *Aminouracil* (VI) und des unsubstituierten Hydantoins (VII) kam auf 5 bzw. 10 Mole Substrat immerhin noch 1 Mol Fe-salz ($Na_3[Fe(CN)_5 \cdot NH_3]$). Mit Thymin erfolgte der gleiche oxydative Abbau zu Harnstoff, Acetol und Brenztraubensäure, dem als Primärreaktion eine hydrolytische Aufspaltung des Pyrimidinringes vorgeschaltet sein soll, auch bei Gegenwart von Fe(II)-sulfat und Na-bicarbonat. Die Geschwindigkeit der als Übertragungskatalyse formulierten Autoxydationsprozesse hängt nicht nur von der Geschwindigkeit der Oxydation des komplexen Eisen(II)-Ions durch den molekularen O_2, sondern auch von der Geschwindigkeit der Reduktion des komplexen Fe(III)-Ions durch das Substrat ab. Beide Vorgänge sollen allerdings durch das p_H in *entgegengesetzter* Weise beeinflußt werden. Auch der Fe(III)-Komplex war katalytisch wirksam.

Man hat die hydrolytisch-oxydative Aufspaltung des Pyrimidinringes gleich mit dem Abbau von Pyrimidinderivaten im Stoffwechsel in Verbindung gebracht. In diesem Zusammenhang muß es auf Grund der Erfahrungen an anderen Stoffklassen bei den hier vorliegenden Autoxydationsprozessen um so merkwürdiger erscheinen, daß dabei der katalytischen Wirksamkeit des Kupfers bis jetzt noch nicht nachgegangen wurde[2].

15. Sonstige Verbindungen.

Eine schöne Cu-Katalyse von bemerkenswerter Spezifität wurde von Krumholz und Watzek[3] bei der Autoxydation des orangeroten α-*Diphenyl-carbazon* (I) zu dem farblosen *Diphenyl-oxy-tetrazolium-betain* (II) aufgefunden, wobei pro Mol Substrat 1 Sauerstoffatom verbraucht wird.

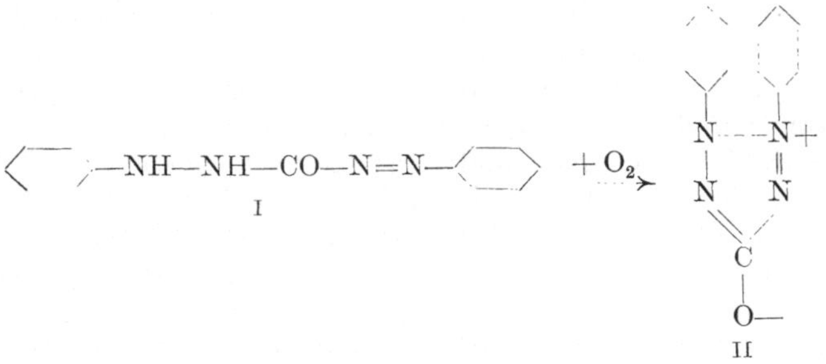

Infolge der Entfärbung des Carbazons bei seiner Dehydrierung war hier eine Verfolgung der Autoxydation durch *photometrische* Bestimmungen möglich. Eine zusätzliche Beschleunigung wurde hierbei durch Anwesenheit von **NH₃** oder organischen Basen (**Mono-, Di-** und **Trimethylamin, Pyridin**) erreicht. Die

---

[1] Vgl. K. A. Hofmann: Liebigs Ann. Chem. **312**, 1 (1900).
[2] Die alte Angabe von Loew [J. prakt. Chem. **18**, 298 (1878)] über die Autoxydation von *Harnsäure* in alkalischer Lösung bei Anwesenheit von Kupferoxydammoniak läßt sich hier nicht verwerten.
[3] Mh. Chem. **70**, 437 (1937).

bei einer Substratkonzentration von $3,5 \cdot 10^{-5}$-mol. untersuchte Katalysator-konzentration $(CuSO_4)$ bewegte sich zwischen $1,75 \cdot 10^{-7}$ und $3 \cdot 10^{-6}$ Mol pro Liter. Aus der hohen und spezifischen Wirksamkeit des Kupfers[1] und aus Hemmungsversuchen mit KCN scheint hervorzugehen, daß eine freiwillige Autoxydation von Diphenyl-carbazon *nicht* existiert.

Die Kupferkatalyse spielt sich auch hier über die ein- und zweiwertige Stufe des Metalls hinweg ab, da ammoniakalische Cu(II)-salzlösungen das Diphenyl-carbazon zum Betain dehydrierten, wobei 2 Mole Cu-salz verbraucht wurden.

Noch von einer Reihe anderer organischer Verbindungen ist die Oxydierbar-keit durch molekularen Sauerstoff bekannt und, was die Oxydationsprodukte an-langt, genauer untersucht worden. So kann man z. B. *Furoin* zu *Furil*[2], *Phenol-phthalin* zu *Phenolphthalein*[3], *Amido-indazol* zu *Azoindazol*[4], *α-Anthrachinon-sulfensäure* zu *α-Anthrachinon-sulfinsäure*[5] und *3-Amino-oxindol* zu *Isatin*[6] oxy-dieren. Besonders sei hier noch auf die von BAMBERGER[7] eingehender studierte Autoxydation von *Aryl-hydroxylaminen* in wässeriger Lösung, die zu *Azoxy-* bzw. *Nitroso*verbindungen führt und bei der H_2O_2 entsteht, hingewiesen. Aus diesen Versuchen geht die leichte Angreifbarkeit der Hydroxylamine durch den O_2 hervor, und die Substanzklasse würde wahrscheinlich gute Beispiele zum Studium gewisser Fragen bei Autoxydationsvorgängen abgeben. Schließlich muß man noch die interessanten Versuche von BUSCH und DIETZ[8] über die freiwillige Anlagerung von O_2 an *Aldehydphenyl-hydrazone* zu *Hydrazonperoxyden* erwähnen[9]. In all diesen Fällen wurde weder auf die Mitwirkung von Schwer-metallspuren in den nicht besonders gereinigten Reagenzien noch auf die kata-lytische Beeinflußbarkeit der Prozesse überhaupt geachtet[10]. Nach den jetzt vorliegenden Erfahrungen über Schwermetallkatalysen erscheint es ziemlich sicher, daß auch bei diesen Autoxydationen beachtliche und in präparativer Hinsicht wichtige Effekte zu erzielen wären.

V. Radikale als Katalysatoren für Autoxydationsprozesse.

In den letzten Jahren spielt bei Betrachtungen über den Reaktionsmechanis-mus der Autoxydationsvorgänge die Diskussion über das Eingreifen von Radikal-ketten eine besondere Rolle. In diesem Zusammenhang sind theoretisch und praktisch gleich wichtige Ergebnisse zu besprechen, die ZIEGLER und Mitarbeiter bei der Behandlung der Peroxydbildung von Radikalen in bezug auf eine bedeut-same *Katalysatorwirkung der Radikale* erzielten. Daß beständige Radikale z. B. der Triarylmethanreihe ihre freien Valenzen leicht unter Anlagerung des molekularen O_2 zu stabilen Peroxyden $(Ar)_3C—O—O—C(Ar)_3$ absättigen können, ist seit Jahrzehnten bekannt. Aber erst ZIEGLER und ORTH[11] wiesen darauf hin, daß dabei labile, *primäre* **Radikalperoxyde** von geringer Lebensdauer und hoher Oxydationskraft, die sie als R—O—O⤚ formulierten, entstehen und folgerten hieraus, daß sich die Bildung der stabilen Radikalperoxyde R—O—O—R nicht über einen recht unwahrscheinlichen *Dreierstoß* $(2R⤚ + O_2 \rightarrow R—O—O—R)$,

---

[1] Auch Fe und Mn z. B. katalysierten nicht.
[2] E. FISCHER: Liebigs Ann. Chem. **211**, 221 (1882).
[3] A. v. BAEYER: Liebigs Ann. Chem. **202**, 80 (1880).
[4] E. BAMBERGER, S. WILDI: Ber. dtsch. chem. Ges. **39**, 4276 (1906).
[5] K. FRIES: Ber. dtsch. chem. Ges. **45**, 2965 (1912).
[6] W. LANGENBECK, RUGE: Ber. dtsch. chem. Ges. **70**, 367 (1937).
[7] Ber. dtsch. chem. Ges. **33**, 113 (1900).
[8] Ber. dtsch. chem. Ges. **47**, 2377 (1914).
[9] Vgl. auch H. BILTZ, A. WIENANDS: Ber. dtsch. chem. Ges. **33**, 2295 (1900); Liebigs Ann. Chem. **308**, 1 (1899).   [10] Abgesehen von der OH-Ionenkatalyse.
[11] Ber. dtsch. chem. Ges. **65**, 628 (1932).

sondern nach den beiden zeitlich aufeinanderfolgenden *bimolekularen* Reaktionen (1) und (2) vollzieht:

$$R\cdot + O_2 = R{-}O{-}O\cdot . \qquad (1)$$

$$R{-}O{-}O\cdot + R\cdot = R{-}O{-}O{-}R. \qquad (2)$$

Ziegler und Ewald[1] schlossen dann aus der Höhe der O_2-Aufnahme von Triphenylmethyl bei Anwesenheit von Pyrogallol, daß die labilen Primärperoxyde unter Umständen zu *Trägern von Kettenreaktionen* werden können. Damit war die grundlegende Erkenntnis gewonnen, daß Triarylmethyle bei Gegenwart fremder O-Acceptoren als wirksame Sauerstoffüberträger und damit Katalysatoren zu reagieren vermögen. Freilich mußten für solche Reaktionsketten im Sinne der Formulierungen (3) und (4), nach denen das labile Peroxyd den Acceptor oxydiert (A = O-Acceptor):

$$R\cdot + O_2 = R{-}O{-}O\cdot . \qquad (3)$$

$$R{-}O{-}O\cdot + A = AO_2 + R\cdot . \qquad (4)$$

einige Voraussetzungen erfüllt sein, damit die Katalysatorwirkung des Radikals klar zutage trat. Wenn auch für eine solche Reaktionsfolge nur ganz wenige gute Beispiele bekannt sind, so liegt doch hier ein neuartiger Katalysatortyp vor, der vor allem der Radikalkettentheorie bei Autoxydationsprozessen eine experimentelle Grundlage zu geben scheint. Jedenfalls konnten Ziegler und Ewald mit **Triphenylmethyl** die O_2-Aufnahme einer Reihe oxydabler Substanzen beschleunigen. In besonderem Maße traf dies bei hoher Acceptorkonzentration für die Autoxydation von *Aldehyden* und *ungesättigten Kohlenwasserstoffen* zu, wie aus Tabelle 5, die auch die wesentlichsten Versuchsbedingungen enthält, hervorgeht:

Tabelle 5.

O-Acceptor	Normalität des Acceptors	Radikalkonzentration in n/1000	Kettenlänge[2]	ccm O_2, übertragen durch 1 mg Triphenylmethyl
Crotonaldehyd	12-n.	0,92	35	3,5
Anisaldehyd	7,4-n.	0,2—0,4	49—43	4,9—4,3
1,4-Dihydronaphthalin	5-n.	0,9	7,5	0,75
Styrol	10-n.	0,3—0,4	20—16	2,0—1,6
Inden	8,6-n.	0,184	51	5,1
Diphenyl-fulven	1,2-n.	0,53	17	1,7
		0,27	25	2,5
Dimethyl-fulven	8,5-n.	12,8	14	1,45
		0,4	65	6,5

Wenn man als Kettenabbruch die Reaktion $R{-}O{-}O\cdot + R\cdot = R{-}O{-}O{-}R$ annimmt, so erscheint es verständlich, daß die Länge der Kette stark von der Radikalkonzentration abhängt. Bei den Versuchen wurden Lösungen von Triphenylmethyl in Toluol[3] entweder den Lösungen der Acceptoren oder den flüssigen Substanzen direkt zugesetzt und die O_2-Absorption ermittelt.

$$\text{I}$$

---

[1] Liebigs Ann. Chem. **504**, 162 (1933).
[2] Mole O_2 übertragen durch 1 Mol Radikal.
[3] Eingeschmolzen in Glaskügelchen oder Glasröhrchen. Die Radikalherstellung erfolgte in üblicher Weise aus Triphenylchlormethan mit Hg.

Besonders stark katalytisch wirksam war Triphenylmethyl bei der Autoxydation von *Dimethyl-benzo-fulven* (I), das selbst nur eine geringe Eigenoxydation besitzt. Bei diesem ungesättigten Kohlenwasserstoff betrug in Toluol die Kettenlänge 11000 Glieder, in Hexahydrotoluol 12000 bis 19000 und in CCl_4 gar 48000 bis 55000 Glieder. Diesen Einfluß des Lösungsmittels auf die Kettenlänge kann man so verstehen, daß auch ein Abbruch der Reaktionsketten durch Zusammenstoß der Radikale R—O—O≻ mit den Lösungsmittelmolekülen erfolgt. Beim Dimethyl-benzo-fulven ist die katalytische Leistung des Triphenylmethyls schon als recht beträchtlich anzusehen, da sich z. B. aus einer Kettenlänge von 50000 Gliedern ergibt, daß 1 mg Radikal nicht weniger als 5 l O_2 übertragen kann. Wenn man annimmt, daß bei der vorliegenden Autoxydation 1 Sauerstoffmolekül an das Substrat angelagert wird, so würde dies heißen, daß mit 1 mg Triphenylmethyl 40 g Kohlenwasserstoff zu oxydieren sind. Wichtig für die Katalyse ist noch, daß die Zerfallsgeschwindigkeit des Hexaphenyläthans, das die Hauptmenge der eingebrachten Substanz darstellt, für den zeitlichen Ablauf der Reaktion bestimmend ist[1]. Nur in dem Maße, in dem die Radikaldissoziation des Äthans eintritt, wird der Oxydationskatalysator geliefert, und es ist daher verständlich, daß die Dauer der Autoxydation zwischen 30 und 60 Minuten betrug. In hoher Verdünnung kann die Kettenreaktion grundsätzlich wenigstens den Zerfall des Äthans rein widerspiegeln, wobei angenommen werden muß, daß sich die labilen Peroxyde nicht anreichern und die sehr lange Kettenreaktion praktisch momentan verläuft. Für den Kettenabbruch soll in erster Linie eine Abgabe von Wasserstoff an das Primärperoxyd zu R—OOH in Frage kommen. Vielleicht übernimmt das Radikal aber auch nur die erste „Zündung" der Reaktionskette, während später andere Träger, etwa labile Peroxyde der Substrate, die Fortleitung der Kette vollziehen.

Die Bedeutung der Befunde über die katalytische Funktion von Triphenylmethyl liegt darin, daß sie experimentelle Beweise für die Radikalkettentheorie herbeibringen. Damit reichen die Ergebnisse über den engen Rahmen eines Einzelfalles hinaus, und man darf erwarten, daß sie zu neuen Versuchen noch Anlaß geben werden.

VI. Organische Katalysatoren bei Autoxydationsprozessen.

Die bisherigen Ausführungen zeigen die überragende Bedeutung von Schwermetallen in organischer oder anorganischer Bindung als Katalysatoren für den reaktionsträgen O_2. Nun zeigte uns aber die Enzymforschung der letzten Jahre, daß sich die Natur auch *schwermetallfreier, organischer* Katalysatoren zur Beschleunigung von Autoxydationen in der Zelle bedient. Hier klafft nun, was Modellversuche anlangt, eine empfindliche Lücke, obwohl man von eingehenden Untersuchungen organischer Katalysatoren in theoretischer und sicher auch praktischer Hinsicht neue Erkenntnisse erwarten darf. Das Problem bietet sich im wesentlichen einerseits so dar, geeignete organische Redoxsysteme aufzusuchen, die zwischen Substrat und O_2 zu schalten sind, während andererseits vielleicht auch von molekularem O_2 leicht angreifbare ungesättigte Systeme etwa über Energie- oder Radikalketten hinweg Verbrennungen beschleunigen könnten. Die wissenschaftliche Bearbeitung der organischen Katalyse steht auf allen Gebieten erst noch in den Anfängen[2], und die nachfolgende Berichterstattung kann sich nur auf ein bescheidenes experimentelles Material stützen.

---

[1] K. ZIEGLER, L. EWALD, A. SEIB: Liebigs Ann. Chem. **504**, 182 (1933).

[2] Vgl. W. LANGENBECK: Die organischen Katalysatoren und ihre Beziehung zu den Fermenten. Berlin 1935.

Im übrigen merkt man bei allen Versuchen die Beeinflussung von seiten der Enzymchemie her.

Für die oxydative Desaminierung von *Glykokoll* und *Glycylglycin* mit O_2 in wässeriger Lösung bei einer Temperatur von 38° und dem optimalen p_H von 7,7 (Phosphatpuffer) fanden Edlbacher und Kraus[1] in **Adrenalin** und **Brenzkatechin** Verbindungen mit einer gewissen katalytischen Wirksamkeit. Aus Glycin, das unter den Aminosäuren eine Sonderstellung einnimmt, entstanden 1 Mol. NH_3 und 1 Mol. CO_2, und mit einem Molekül Adrenalin konnten immerhin mehr als 30 Moleküle Glycin oxydiert werden. Da für die Katalyse *orthoständige phenolische* OH-Gruppen notwendig sind — Hydrochinon und Resorcin waren nicht geeignet —, erscheint der Schluß berechtigt, daß Adrenalin und Brenzcatechin durch Übergang in *o-chinoide Systeme* in spezifischer Weise zur O_2-Übertragung befähigt werden. Den Abbau, der lange Zeit dauerte, nahm man durch Durchleiten von Luft durch die Lösungen vor.

Über die gleiche Problemstellung hat dann Kisch weitere umfangreiche Arbeiten veröffentlicht[2], ohne jedoch wesentlich neue Gesichtspunkte beisteuern zu können. Auch die Art der Versuchsdurchführung läßt noch manche Fragen offen. Kisch bezeichnet die mit Adrenalin erzielbare Beschleunigung als *Omega*-katalyse, um zum Ausdruck zu bringen, daß ein *Omega* genanntes, aber nicht näher charakterisiertes Oxydationsprodukt des Hormons den eigentlichen Katalysator darstellt. Auch *Serin, Phenyl-aminoessigsäure, Glycyl-tyrosin* und *Glycylleucin* ließen sich desaminieren. Hierbei betrug etwa die Katalysatorkonzentration bei einer Substratkonzentration von 0,025-mol. 0,001-molar. Die Versuchsdauer schwankte zwischen 15 und 43 Stunden. Es überrascht nicht, daß **Oxyhydrochinon** katalytisch ebenfalls wirksam war. Die Brauchbarkeit von *Methyl-glyoxal* und *Resorcin* erscheint mehr als fragwürdig. Schwer verständlich ist auch die zusätzliche Steigerung der Diphenolkatalyse durch $HgCl_2$[3]. Aus den beobachteten geringen katalytischen Effekten läßt sich nur schwer verstehen, daß man o-Chinone, die die eigentlichen Katalysatoren sein sollen, als Fermentmodelle bezeichnete[4].

Von Langenbeck[5] stammt ferner die Angabe, daß **Isatin** und Isatinderivate **(N-Methyl-isatin, isatin-5-sulfonsaures Kalium)** allerdings erst bei 70—100° eine gewisse katalytische Wirksamkeit gegenüber der Verbrennung von *Alanin* entfalten. So konnten z. B. mit 1 Mol. Isatin bis zu 11,5 Mole Alanin, das über die Iminosäure Aldehyd, NH_3 und CO_2 lieferte, oxydiert werden, und bei den anderen Katalysatoren liegen die Umsetzungen in der gleichen Höhe. Wir sehen also, daß auch hier die katalytische Leistung gering ist, wobei außerdem die erforderliche hohe Temperatur beachtet werden muß. Franke[6] hat über die Wirkungsweise dieser Hilfsstoffe eine Vorstellung entwickelt, die den Übergang von Isatin in das autoxydable *Isatyd* vorsieht[7].

Im Anschluß an die schon besprochenen Untersuchungen über die Dehydrierung von Dialursäure zu Alloxan durch O_2 hat man dann versucht, eine

---

[1] Hoppe-Seyler's Z. physiol. Chem. **178**, 239 (1928).

[2] Vgl. C. Oppenheimer: Handbuch der Biochemie, Erg.-Werk 1 A, S. 563. Jena 1933.

[3] B. Kisch: Biochem. Z. **242**, 21 (1931).

[4] Roest [Biochem. Z. **176**, 17 (1926)] hat im Jahre 1926 wohl als erster eine Adrenalinkatalyse entdeckt. Er fand, ohne dies zwar näher zu untersuchen, daß das Hormon bei 37° O_2 auf *p-Phenylendiamin* übertragen kann.

[5] Ber. dtsch. chem. Ges. **60**, 981 (1927).

[6] Biochem. Z. **258**, 295 (1933).

[7] Vgl. W. Langenbeck: Die organischen Katalysatoren und ihre Beziehung zu den Fermenten. Berlin 1935.

Aminosäureautoxydation durch Zusatz von *Dialursäure* in Gang zu bringen[1]. Da Alloxan Aminosäuren oxydieren kann, schien die Grundlage für die Katalyse durch ein organisches Redoxsystem, dessen hydrierte Form autoxydabel ist, gegeben. So wurden wässerige Lösungen von verschiedenen Aminosäuren (Glycin, Alanin, Valin, Glutaminsäure, Phenylalanin), deren p_H zwischen 7,0 und 7,6 lag, bei 25° unter Zusatz von Dialursäure (0,002—0,1 g auf 0,5 g Substrat) durchlüftet. Dabei spalteten sich NH_3 und CO_2 ab, aber die Oxydation betrug im Höchstfalle einige Prozente. Auch die nach dem üblichen Schema für den oxydativen Abbau von Aminosäuren zu erwartenden Aldehyde ließen sich in den einzelnen Lösungen nachweisen.

Neben der Autoxydation der Aminosäuren suchte man vor allem jene der ungesättigten Fette und ungesättigten Fettsäuren durch organische Hilfsstoffe zu beschleunigen. Wir erwähnen hier zunächst die bei der Leinölsäureautoxydation beobachteten katalytischen Effekte von *organischen Basen* und von *Prolin*, die sich aus dem genaueren Studium des Lösungsmitteleinflusses ergaben[2]. So erhöhten 0,01 mg **Anilin** die Autoxydationsgeschwindigkeit von 1 ccm Leinölsäure immerhin schon auf das Doppelte und 0,1 mg bereits auf das Zehnfache. Auch heterocyclische Basen, wie **Pyrazin** und α,α'-**Dipyridyl** und aliphatische Basen, besonders das **Äthylendiamin,** waren wirksam. Es ist möglich, daß durch die Salzbildung mit diesen Basen eine Labilisierung des Säuremoleküls eintritt[3]. Das wesentlich aktivere **Prolin** wirft die wichtige Frage auf, ob Aminosäuren die Fettsäureautoxydation katalysieren. Bemerkenswert ist, daß schon 0,001 mg Prolin auf 1 ccm Leinölsäure eine deutliche Beschleunigung hervorriefen. Man ist daher wohl berechtigt, in diesem Fall wenigstens von einer echten Katalyse zu sprechen. Von anderen Aminosäuren zeigten in zweiphasigen Systemen (0,5 ccm Leinölsäure + 0,5 ccm einer 0,2-mol. wässerigen Aminosäurelösung) vor allem noch die *Hexonbasen* (**Lysin, Arginin, Histidin**) eine gewisse Wirksamkeit, wenn auch gegenüber Prolin die Konzentration erheblich gesteigert werden mußte.

Eine im Zusammenhang mit der Wirkungsweise von SH-Gruppen im Zellgeschehen stehende Fragen grundsätzlicher Art wurde von MEYERHOF bei der Autoxydation ungesättigter Systeme in Gegenwart von *Thiolcarbonsäuren* aufgeworfen[4]. Dabei wollen wir hier die Frage beantworten, ob es eine *schwermetallfreie* Katalyse durch Thiole, die aus verschiedenen Gründen Interesse beansprucht, überhaupt gibt. Leider läßt sich eine endgültige Entscheidung darüber auf Grund der bisherigen Ergebnisse noch nicht treffen. Nur einige Gesichtspunkte, die weiterführen können, heben sich ab. Man sollte übrigens einesteils dabei die bei der Autoxydation von Thiolcarbonsäuren (nur solche wurden bisher benutzt) gemachten Erfahrungen stärker heranziehen und andererseits die zuerst von SCHÖBERL[5] beobachteten starken Hemmungen einer Schwermetallkatalyse durch Thiole berücksichtigen. Es läßt sich nicht leugnen, daß man mit Thiolcarbonsäuren katalytische Effekte erzielen kann, aber bis heute ist noch nicht endgültig entschieden, ob solche Katalysen nicht doch nur im Sinne von WIELAND und FRANKE[6] bei *Anwesenheit von Schwermetallen* möglich sind.

---

[1] E. S. HILL: J. biol. Chemistry **95**, 197 (1932).

[2] W. FRANKE: Liebigs Ann. Chem. **498**, 129 (1932).

[3] Für das Verständnis dieser keineswegs erschöpfend untersuchten Basenkatalyse ist die Feststellung erschwerend, daß Anilin, Methyl- und Dimethyl-anilin die O_2-Aufnahme von Ölsäure *hemmen*. Andererseits können auch hier α,α'-Dipyridyl, Äthylendiamin und, wenn auch schwächer, Prolin aktivieren.

[4] Pflügers Arch. ges. Physiol. Menschen Tiere **199**, 531 (1923).

[5] Ber. dtsch. chem. Ges. **64**, 546 (1931); Hoppe-Seyler's Z. physiol. Chem. **201**, 167 (1931). [6] Liebigs Ann. Chem. **464**, 111 (1928).

Meyerhof konnte mit **Cystein** und vor allem mit **Thioglykolsäure** auf Lecithin oder Linolensäure 5—10 Äquivalente O_2 mehr übertragen, als zur Überführung der Thiole in die Disulfide nötig war, wobei sich das p_H als ausschlaggebend erwies. Das Optimum der Reaktion lag bei $p_H = 3$, während gegen den Neutralpunkt zu eine starke Abnahme der Oxydationsgeschwindigkeit erfolgte und in neutraler oder schwach alkalischer Lösung überhaupt keine Katalyse mehr beobachtet wurde. Diese p_H-Abhängigkeit läßt sich gut verstehen, da nach den Erörterungen bei den Thiolen das Absinken der Oxydationsgeschwindigkeit mit der Zunahme der Autoxydierbarkeit der SH-Verbindungen zusammenfällt. Man könnte sich denken, daß durch Oxydation zu den Disulfiden die katalytische Kraft vernichtet wird, da für eine Übertragungskatalyse im einfachsten Sinn hier die Grundlage fehlt. Denn die Disulfide vermögen unter keinen Umständen von den ungesättigten Verbindungen hydriert zu werden. Schon Meyerhof machte in seinen Systemen auf die Steigerung der O_2-Aufnahme durch Cu-Spuren aufmerksam.

Unter anderen Versuchsbedingungen hat dann auch Franke[1] die Brauchbarkeit von Cystein, Thioglykolsäure und SH-Glutathion gezeigt. Auch er konnte in heterogenen und homogenen Systemen damit die Autoxydation von Leinölsäure katalysieren, wobei die Versuche in homogener Leinölsäurephase besonderes Interesse beanspruchen dürfen. Hier trafen z. B. auf 1 ccm Fettsäure 0,00145—1,45 mg Cystein. Sogar die träge Ölsäureautoxydation ließ sich von Thioglykolsäure beschleunigen. Auf die umfangreichen Untersuchungen von Wieland und Franke[2] über kombinierte Autoxydationssysteme, in denen Thioglykolsäure ebenfalls eine wesentliche Rolle spielt, braucht hier nur hingewiesen zu werden, da in ihnen einwandfreie Schwermetallkatalysen vorliegen.

Das letzte Wort über die metallfreie Thiolkatalyse ist noch nicht gesprochen. Aus diesem Grunde ist es auch verfrüht, sich in der Frage nach dem Chemismus dieser Katalyse auf eine bestimmte Ansicht heute schon festzulegen. Sicher liegt aber, wie schon angedeutet, keine einfache Übertragungskatalyse über das Thiol-disulfid-system hinweg vor, und auch die Meyerhofsche Formulierung eines labilen Peroxydes der Sulfhydrylverbindung als O_2-Überträger entbehrt jeder chemischen Grundlage. Vielmehr wird es sich wohl auch hier um Kettenreaktionen handeln, die man entweder über durch Energiezufuhr angeregte Moleküle oder Radikale formulieren kann.

Die Autoxydation ungesättigter Fettsäuren ließ sich schließlich auch durch Carotinoide, und zwar durch **Carotin, Lycopin, Xanthophyll, Zeaxanthin, Dihydro-carotin** und **Vitamin A** beschleunigen, nicht dagegen merkwürdigerweise die der neutralen Öle (Olivenöl, Leinöl[3]). Bereits 0,1 mg Carotin auf 1 ccm Substrat konnten die O_2-Aufnahme von *Leinölsäure* kräftig katalysieren, und die übrigen Carotinoide zeigten etwa die gleiche Wirksamkeit, so daß also feinere Unterschiede im Bau der Lipochrome für die Größe des Effektes nur eine unbedeutende Rolle spielen[4]. Die Autoxydierbarkeit des Carotinoids selbst scheint Voraussetzung der katalytischen Wirksamkeit zu sein. Hierdurch können angeregte Carotinoidperoxydmoleküle entstehen, die ihre Energie auf die Fettsäuremoleküle übertragen und so zur Auslösung von Reaktionsketten Anlaß geben.

---

[1] Liebigs Ann. Chem. **498**, 129 (1932).
[2] Liebigs Ann. Chem. **464**, 101 (1928).
[3] Vgl. dagegen R. B. French, H. S. Olcott, H. A. Mattill: Ind. Engng. Chem. **27**, 724 (1935).
[4] W. Franke: Hoppe-Seyler's Z. physiol. Chem. **212**, 234 (1932).

Schließlich soll **Vitamin C** noch die Leinölautoxydation bei 37^0 in einem Phosphatpuffer vom $p_H = 7,4$ katalysieren[1]. Es wurde dabei in einer Leinölemulsion gearbeitet, und zwar ließen sich bei Gegenwart von 0,5 mg Vitamin C auf 25 mg Leinöl in 4 Stunden 25mal mehr O_2 übertragen, als zur Oxydation zu Dehydro-Ascorbinsäure notwendig war. **Methylenblau** äußerte ferner gegenüber *Glucose* bei Anwesenheit von Dinatriumphosphat gewisse, wenn auch recht bescheidene katalytische Eigenschaften[2], und von SCHÖNBERG[3] stammt die Angabe, daß **Diphenyl-disulfid** $C_6H_5 \cdot S{-}S \cdot C_6H_5$, das Radikaldissoziation zeigen soll, schon bei 20^0, rascher aber bei 90^0 Sauerstoff auf *Triphenyl-phosphin* $(C_6H_5)_3P$, das dabei zum Triphenyl-phosphin-oxyd oxydiert wird, überträgt. Jedoch sind alle diese letzten Beispiele für eine Diskussion noch nicht reif. Die Übersicht über organische Katalysatoren der Autoxydation zeigt jedenfalls, daß der Wunsch nach einer eingehenden Beschäftigung mit dieser Problemstellung durchaus berechtigt ist.

B. Heterogene Katalyse.

I. Über den Verlauf von Oxydationsvorgängen durch den molekularen Sauerstoff an aktiven Grenzflächen.

Wie aus den nachfolgenden Darlegungen im einzelnen noch zu ersehen sein wird, spielt die heterogene Katalyse bei der Oxydation organischer Verbindungen durch den molekularen O_2 nur eine untergeordnete Rolle. Man muß dies im Rahmen der Zielsetzung des vorliegenden Berichtes betonen, wenngleich auch bei den Verbrennungsprozessen im Organismus *aktiven Grenzschichten* eine hohe Bedeutung zukommt und man sich in Modellversuchen in vitro oft die Wichtigkeit solcher Gedankengänge zu eigen gemacht hat. Aber diese an sich bedeutungsvollen Fragen stehen hier nicht zur Diskussion. Da im Bereich der homogenen Katalyse sich bei den meisten Substanzklassen die wichtigsten Forderungen in präparativer und kinetischer Hinsicht erfüllen ließen, lag zudem zumeist auch gar kein Bedürfnis vor, sich mit Verbrennungsvorgängen an oberflächenaktiven Stoffen zu beschäftigen. Und alle Bemühungen, den O_2 an Kontakten *auf breiter Basis* zu gelenkten Oxydationsleistungen heranzuziehen, etwa so, wie man das mit dem Wasserstoff in so ausgezeichneter Weise bei den katalytischen Hydrierungen tun kann, schlugen bisher wenigstens fehl.

Fein verteilte *Metalle* (z. B. Pd, Pt, Os) und *Metalloxyde*, ferner *Kohle* und andere Verbindungen, deren gute adsorbierende Eigenschaften man seit langem kannte, wie etwa *Kieselgur* und *Sand*, waren es, an denen man den O_2 mit organischem Material zur Reaktion brachte. Aber nur den Vorgängen an *Palladium, Osmiumdioxyd* und *Kohle*, von denen die Autoxydation auf der Kohleoberfläche am gründlichsten im Zusammenhang mit zellmöglichen Umsetzungen studiert wurde, scheint größeres Gewicht im Rahmen des Gesamtproblems zuzukommen. Die Reaktionen, die sich zwischen einem festen Katalysator und einer flüssigen und einer gasförmigen Phase abspielen, gehören, wie ohne weiteres klar ist, dem umfangreichen und überaus wichtigen Gebiet der heterogenen Katalyse an Kontaktsubstanzen an, dessen Bedeutung in viele Zweige der anorganischen und organischen Chemie weit hineinreicht. Es gelten daher auch für sie all die zahlreichen Überlegungen, die man über den Reaktionsablauf

---

[1] P. HOLTZ: Naunyn-Schmiedebergs Arch. exp. Pathol. Pharmakol. **182**, 103 (1936).   [2] H. A. SPOEHR: J. Amer. chem. Soc. **46**, 1494 (1924). [3] Ber. dtsch. chem. Ges. **68**, 163 (1935).

540   A. Schöberl: Oxydation mit molekularem Sauerstoff in flüssiger Phase.

an Grenzflächen im Laufe der Zeit anstellte und weiter entwickelte. Jedoch kann unter den gegebenen Umständen auf diese komplizierten Zusammenhänge nicht näher eingegangen werden[1].

Die bei den zu schildernden Autoxydationen benutzten Kontaktsubstanzen bedingen aber im Zusammenhang mit der Reaktionsweise des O_2 einige besondere Betrachtungen, auf die hier einzugehen ist. Selbstverständlich sind auch in unseren Beispielen die Zusammenhänge zwischen dem Feinbau der Oberfläche der festen Körper und den sich auf diesen Oberflächen abspielenden Adsorptionsvorgängen für das katalytische Geschehen von fundamentaler Bedeutung, aber wir wollen uns sofort daran erinnern, daß nach den heutigen Auffassungen die Adsorption der reagierenden Molekülarten am Kontaktstoff zwar eine *notwendige*, aber keineswegs *hinreichende* Voraussetzung darstellt. Die Oberfläche des Katalysators muß ja stets einen Ort *erhöhter Reaktionsbereitschaft* abgeben. Wenn wir uns zunächst den bei der heterogenen Katalyse über das Zustandekommen der Reaktionen allgemein angenommenen Anschauungen anschließen, müssen wir auch für die Verbrennungen an den Kontakten eine *Reaktionsbeschleunigung in den Grenzflächen* diskutieren, die durch irgendeine Kraftwirkung physikalischer oder chemischer Art auf die adsorbierten Moleküle der Reaktionsteilnehmer zustande kommt und zu einer Auflockerung der Bindungsverhältnisse führt. Ferner ist noch die allgemeine Erfahrung ausdrücklich zu betonen, daß vielfach die chemische „Aktivierung“ der Substratmoleküle nur an einzelnen diskreten, durch ihre Zusammensetzung und Struktur besonders geeigneten Bezirken der Kontaktoberfläche, den sogenannten „aktiven Stellen“, erfolgt. Während sich also die adsorptive Anlagerung des Reaktionsgutes über die ganze Oberfläche erstrecken kann, braucht die Katalyse mitunter nur an ausgewählten Stellen vor sich zu gehen. Wir werden gleich sehen, daß uns diese Ergebnisse zum Verständnis nützlich sind.

Bei den an *Pd-schwarz* aufgefundenen Dehydrierungen dürften in der Tat die zur Deutung der Vorgänge gepflogenen allgemeinen Überlegungen hinreichend sein. Wieland[2] formuliert diese Katalyse ausschließlich im Sinne einer H-Aktivierung des Substrats und der durch eine verminderte Haftfestigkeit bedingten H-Abspaltung durch das Pd als Folge der Adsorption des Substrates auf der Katalysatoroberfläche. Der O_2 hat hier dann leichtes Spiel. Aber schon bei der Katalyse mit *Os oder OsO$_2$* ist wahrscheinlich neben den auf der Oberfläche der Kontakte sich abspielenden Vorgängen auf Grund einer Untersuchung von Criegee[3] eine *direkte Beteiligung des Metalls* an der Katalyse anzunehmen. So soll z. B. die Os-Katalyse beim Cyclohexen so verlaufen, daß Cyclohexenperoxyd (II), welches primär durch freiwillige Anlagerung von O_2 an den ungesättigten Kohlenwasserstoff entstehen kann, niedere Os-oxyde zu OsO_4 oxydiert, das dann durch Anlagerung an die Doppelbindung im Cyclohexen zur Bildung von *Monoestern* (I) aus Diolen mit der zweibasischen Osmiumsäure H_2OsO_4 nach Gleichung (1) Veranlassung gibt:

$$\begin{array}{c}-CH \\ \\ -CH\end{array} \quad \begin{array}{c}O \\ + \\ O\end{array}\!\!\!\!> OsO_2 \;\rightarrow\; \begin{array}{c}-CH-O \\ | \\ -CH-O\end{array}\!\!\!\!> OsO_2. \qquad (1)$$

I

---

[1] Über die Ergebnisse der Forschungen über die heterogene Katalyse mag man sich in folgenden Werken orientieren: G. M. Schwab: Katalyse vom Standpunkt der chemischen Kinetik. Berlin 1931. — E. Sauter: Heterogene Katalyse. Dresden und Leipzig 1930. — Ferner Bd. 4 des Handbuches der Katalyse.

[2] Über den Verlauf der Autoxydationsvorgänge. Stuttgart 1933.

[3] Liebigs Ann. Chem. **522**, 83 (1936).

Dieser Monoester soll nun seinerseits durch noch vorhandenes Peroxyd zu Adipinaldehyd oxydiert werden, wobei eine Reduktion des Peroxydes zu *Cyclohexenol* (III), dem Hauptprodukt der Cyclohexen-autoxydation, eintritt [Gleichung (2)]:

$$\begin{array}{ccc}
-CH-O & O-OH & -CH=O \quad OH \\
\quad \diagdown OsO_2 + & \rightarrow & + \diagup + OsO_3 . \qquad (2) \\
-CH-O & & -CH=O \\
\text{I} & \text{II} & \text{III}
\end{array}$$

Wie man sieht, verwischen sich in diesem Fall die Grenzen zwischen heterogener und homogener Katalyse. Die spezifische Wirksamkeit des Os erhellt schon daraus, daß man es nicht durch Pt, Pd oder Rh zu ersetzen vermochte.

Was schließlich die Katalyse an *fein verteiltem Cu* anlangt, so wurde sie nur aus formalen Gründen der Vollständigkeit halber mit aufgenommen. Denn die Gesetze der heterogenen Katalyse besitzen bei ihr sicher nur in einem ganz untergeordneten Maß Bedeutung. Es liegt vielmehr der Typ einer induzierten Autoxydation vor, bei der die O_2-Übertragung auf das Substrat mit dem Übergang des metallischen Cu in den Ionenzustand (Cu^{++}) ihr Ende findet. Nach WIELAND[1] geht das Metall in saurer Lösung bei Anwesenheit von O_2 unter Bildung von Cu(I)-salz und Hydroperoxyd in Lösung[2], und diese Kombination übt dann vielleicht über ein instabiles Cuproperoxyd als Zwischenprodukt die kräftigen Oxydationsleistungen aus, die man z. B. gegenüber organischen Säuren beobachtet. Schon TRAUBE[3] erkannte die Situation klar bei der Autoxydation aliphatischer Amino- und Polyhydroxylverbindungen mit metallischem Cu, und auch BERSIN[4] führte die bei Anwesenheit von fein verteilten Metallen (As, Cu, Sb, Sn usw.) aufgefundene Thiolautoxydation auf Ionenwirkung zurück. Aus dem letzten Beispiel kann man ebenfalls im Zusammenhang mit früheren Erörterungen ersehen, wie eine heterogene Katalyse in eine homogene schließlich einmündet.

Die meisten Gedanken machte man sich, wie bereits erwähnt, über die an *Kohleoberflächen* stattfindenden Verbrennungsvorgänge. Hier ist in erster Linie auf die Untersuchungen von WARBURG und seiner Schule hinzuweisen. Freilich darf man nicht vergessen, daß die umfangreichen Erörterungen keine präparativen Ziele verfolgten. Selbstverständlich waren wiederum zunächst die grundlegenden Fragen der Adsorption der organischen Moleküle an den Kohlekontakten und der Lockerung der H-Atome des Substrates im Sinne WIELANDS zu diskutieren, und man sah sofort, daß das Adsorptionsvermögen verschiedener Kohlesorten irgendwie mit der Oxydationsgeschwindigkeit im Zusammenhang stand. Die starke Wirkung der Oberflächenkräfte läßt sich gut daran erkennen, daß z. B. die Unterschiede in der Verbrennungsgeschwindigkeit der einzelnen Aminosäuren im wesentlichen auf den Unterschieden der Adsorptionskonstanten beruhen[5]. Aber WARBURG[6] machte schon bald darauf aufmerksam, daß die Adsorption an der Kohleoberfläche allein nicht genügt, um etwa bei den α-Aminosäuren die Reaktionsfähigkeit mit O_2 zu erklären. Vielmehr ist für die Oberflächenkatalyse der geringe *Fe-Gehalt* der gut wirksamen *Blutkohle* von ausschlaggebender Bedeutung. Zwischen dem Fe-Gehalt der Kohle und ihrer Wirk-

---

[1] Liebigs Ann. Chem. **434**, 185 (1923).
[2] M. TRAUBE: Ber. dtsch. chem. Ges. **18**, 1887 (1885).
[3] Ber. dtsch. chem. Ges. **39**, 178 (1906); **43**, 763 (1910).
[4] Biochem. Z. **245**, 466 (1932).
[5] E. NEGELEIN: Biochem. Z. **142**, 493 (1923).
[6] Biochem. Z. **119**, 134 (1921); **145**, 461 (1924).

samkeit besteht ein direkter Zusammenhang. Jedoch kommt es nicht nur auf die Menge, sondern auch auf den Zustand des Fe, wie er beispielsweise beim Glühen der Kohle erzeugt wird, an. Vor allem aus Hemmungsversuchen bei der Leucinverbrennung mit HCN zog Warburg den Schluß, daß die Oberfläche der Blutkohle aus einer adsorbierenden Grundsubstanz, die katalytisch unwirksam ist, und aus einer *in sie eingelagerten, katalytisch wirksamen Substanz besteht*. Es kann daher eine Kohle wohl gut adsorbieren und trotzdem keine Verbrennung der organischen Substanz unterhalten. Andererseits zeigte eine hochaktive Kohle aus Hämin eine schlechte Adsorption für Leucin. So spielt sich also nach Warburg die Autoxydation an den Fe-haltigen Stellen der Kohleoberfläche ab, und zwar sollen *Fe-C-N-Komplexe* wirksam sein. Mittels der Methode der selektiven Vergiftung suchten Rideal und Wright[1] die Gesamtoberfläche der Kohle in Bezirke verschiedener Wirksamkeit einzuteilen und machten dafür ebenfalls den Fe- und N-Gehalt der aktiven Kohlen verantwortlich. Vielleicht begünstigt die Gegenwart von zwei benachbarten polaren Gruppen die Verbrennungen am Kohlekontakt[2].

Die *Substratkonzentration* beeinflußt übrigens ebenfalls die Oxydationsgeschwindigkeit. Rideal und Wright fanden, daß bei der Oxalsäureautoxydation unter einer Substratkonzentration von 0,0075-molar die Oxydationsgeschwindigkeit mit der Konzentration ansteigt bis zu einem Maximum bei einer 0,0075-molaren Lösung. Dann erfolgt nach Warburg eine Abnahme der Geschwindigkeit. Wir können diese Befunde etwa zu deuten versuchen, wenn wir im Sinne von Langmuir annehmen, daß die Kohleoberfläche aus verschiedenen Oberflächen*teilchen* zusammengesetzt ist, von denen die einen durch O_2-Moleküle, die anderen durch Oxalsäuremoleküle, die sich *gegenseitig verdrängen*, besetzt sind, während eine geschlossene Adsorptionsschicht im Sinne Freundlichs den Tatsachen wohl nicht gerecht werden kann. Die freilich nicht allgemein erwiesene Notwendigkeit der Gegenwart von Wasserspuren hat man mit der Adsorption polarer Wasserschichten an den Kontakten in Zusammenhang gebracht.

In den nun folgenden Abschnitten sind die wichtigsten, an aktiven Oberflächen sich abspielenden Verbrennungen organischer Substanzen zusammengefaßt, wobei hier die Art des Kontaktes als Einteilungsprinzip zugrunde gelegt wurde.

II. Oxydationen an fein verteilten Metallen und Metallverbindungen.

1. Oxydationen an Palladiumschwarz, Platinschwarz und Platinasbest.

Autoxydationen an *Pd-schwarz* spielten bei der Entwicklung der Wielandschen Dehydrierungstheorie eine Rolle. Wieland fand schon im Jahre 1912[3], daß die Autoxydation von *Acetaldehyd* und *Benzaldehyd* durch **Pd-schwarz** beschleunigt werden kann, wobei auch bei dieser heterogenen Katalyse primär die Anlagerung eines Sauerstoffmoleküls unter Bildung einer Persäure erfolgt. Anwesenheit von Wasser ist bei der zweiten Phase dieser Autoxydation, der Umsetzung zwischen Persäure und Aldehyd zu Säure, wenigstens beim Benzaldehyd ebenfalls nicht notwendig. In den Versuchen wurden z. B. 20—30 g Acetaldehyd bei 0° mit 0,3 g Pd-schwarz in O_2 geschüttelt und hierdurch die Reaktionsgeschwindigkeit etwa verdoppelt. Wässerige Lösungen von *Phenyl-*

---

[1] J. chem. Soc. [London] **128**, 1813 (1926).
[2] E. K. Rideal, W. M. Wright: J. chem. Soc. [London] **1925**, 1347.
[3] Ber. dtsch. chem. Ges. **45**, 2606 (1912); **54**, 2356 (1921).

glyoxal, die gegen Fe-Katalyse unempfindlich sind, nahmen mit Pd-schwarz bei 25^0 gleichfalls O_2 auf[1].

Auch *Alkohole* hat man an Palladium verbrannt. Wir haben bei diesen Reaktionen typische Dehydrierungen im Sinne WIELANDS vor uns, für die folgende Gleichung (1) gilt:

$$R—CH_2OH + O_2 \rightarrow R—CHO + HO—OH. \tag{1}$$

Solche Autoxydationen wurden in wässerigen Lösungen an *Methanol* und *Äthanol* durchgeführt[2]. Es gelang dabei auch der infolge der Anwesenheit des Pd nicht leichte Nachweis der intermediären Bildung von H_2O_2 mittels Cerihydroperoxyd $Ce(OH)_2OOH$ (MACRAE). Eine präparative Bedeutung kommt selbstverständlich diesen Alkoholautoxydationen nicht zu.

Schöne Beispiele für eine wirksame Katalyse durch Pd-schwarz bietet die Oxydation von *α-Ketosäuren*[3]. Hier finden wir vor allem an der *Brenztraubensäure* schon bei 40^0 einen sehr raschen Abbau zu Essigsäure und CO_2 (0,25 g Pd-schwarz auf 0,1168 g Säure), und *Äpfelsäure* wird an Palladium ebenfalls wahrscheinlich über Oxalessigsäure und Brenztraubensäure hinweg zu CO_2 und Essigsäure verbrannt. Glatt und übersichtlich verlief auch die Autoxydation von 150 mg *Phenylbrenztraubensäure* an 100 mg Pd-schwarz, die bei 18^0 in 9 Stunden beendigt war. Es wurden die berechnete O_2-Aufnahme und CO_2-Abspaltung neben der Bildung von *Phenylessigsäure, Benzaldehyd und Oxalsäure* ermittelt. Sauerstoff ließ sich an Pd-schwarz schließlich noch auf *Milchsäure*, *Gluconsäure* und *Glucose* übertragen. Die Milchsäure wurde dabei zunächst zu Brenztraubensäure dehydriert und Traubenzucker bei 40^0 in 80 Stunden zu über 20% völlig verbrannt[4].

Von **Platinschwarz** ist bekannt, daß es in ätherischer Lösung die Autoxydation von *Buccocampher* (= Diosphenol) (I) katalysiert (0,5 g Pt-schwarz auf 5 g Substrat)[5]. Buccocampher lieferte dabei Oxy-buccocampher (II) und dessen Hydrat, ferner Oxy-thymochinon und eine Säure der wahrscheinlichen Formel III.

$$
\begin{array}{ccc}
\mathrm{I} & \mathrm{II} & \mathrm{III}
\end{array}
$$

Auf die alte Angabe von STRECKER[6], daß Zimtalkohol beim Stehen an Luft bei Anwesenheit von Platinmohr in Zimtaldehyd übergeht, braucht hier nur verwiesen zu werden.

Autoxydable, am Stickstoff alkylierte *Dihydro-chinoline* haben KAUFMANN und ALBERTINI[7] an **Platinasbest** mit Luftsauerstoff oxydiert. So gingen *1-Methyl-*

[1] H. WIELAND, D. RICHTER: Liebigs Ann. Chem. **486**, 226 (1931).
[2] K. TANAKA: Biochem. Z. **157**, 425 (1925). — TH. F. MACRAE: Biochemic. J. **27**, 1248 (1933).
[3] H. WIELAND, A. WINGLER: Liebigs Ann. Chem. **436**, 232 (1924).
[4] H. WIELAND: Ber. dtsch. chem. Ges. **46**, 3327 (1913).
[5] G. CUSMANO, E. CATTINI: Gazz. chim. ital. **54**, 377 (1924).
[6] Liebigs Ann. Chem. **93**, 370 (1855).
[7] Ber. dtsch. chem. Ges. **42**, 3784 (1909).

bzw. *Äthyl-4-cyan-1,4-dihydrochinolin* (IV) beim Durchleiten von Luft oder O_2 durch ihre alkoholische Suspensionen bei Anwesenheit von *Pt-Asbest in 1-Methyl-* bzw. *Äthyl-4-cyan-chinolon* (2) (V) über:

$$\text{IV} \quad + O_2 \longrightarrow \quad \text{V}$$

Jedoch fehlt in diesen Versuchen der exakte Nachweis dafür, daß Pt-asbest wirklich katalytische Funktionen ausübt. Jedenfalls nehmen die Dihydrochinoline, auch in mineralsauren Lösungen, den O_2 sehr leicht auf. Die Chinolone ließen sich in einer Ausbeute von 50—60 % der Theorie isolieren.

2. Oxydationen an Osmium und Osmiumdioxyd.

Die heterogene Katalyse, die sich an der Oberfläche von metallischem Os oder OsO_2 abspielt, kann bei gewissen ungesättigten Verbindungen eine bislang noch nicht voll ausgenutzte Bedeutung erlangen. Mit metallischem **Os** ließ sich die Autoxydation von *Cyclohexen, Menthen, Limonen* und *Ölsäure* erheblich beschleunigen, aber Willstätter und Sonnenfeld[1] gaben nur für die Cyclohexenoxydation die genaue Durcharbeitung an[2]. So nahmen 5 g Cyclohexen, mit 5 g Aceton verdünnt, mit 0,3 g Os bei Zimmertemperatur in $4^1/_2$ Stunden 1070 ccm O_2 auf und bildeten beträchtliche Mengen von $\varDelta_2$-*Cyclohexenol* neben Verbindungen, die als Umwandlungsprodukte des unbeständigen *Adipindialdehyd* aufzufassen sind (Cyclo-pentenaldehyd, Adipinsäure). Sekundäre Oxydationsprodukte, namentlich solche saurer Natur, können den Reaktionsverlauf stören und vorzeitig lahmlegen. Viel wirksamer als das zu diesen Versuchen benutzte Os-Pulver erwies sich ein Os-Präparat, das durch Reduktion einer Lösung von OsO_4 in Aceton durch Einpressen von Acetylen nach Makowka[3] gewonnen war und das nach K. A. Hofmann[4] **Osmiumdioxyd** enthält. Von diesem OsO_2 genügten für die Autoxydation von 10 g Cyclohexen bereits 2 mg[5]. Auch bei der glatten oxydativen Ringspaltung von *1,4-Dimethyl-cumaranon* (I), die zu *Acetyl-p-kresotinsäure* (II) nach Gleichung (1) führt:

$$\text{I} \quad + O_2 \longrightarrow \quad \text{II}$$

soll eine Os-Katalyse zu beobachten sein[6]. Jedoch fehlt hierüber noch eine systematische Untersuchung.

[1] Ber. dtsch. chem. Ges. **46**, 2953 (1913).
[2] Darstellung von metallischem Os durch Erhitzen von Os-ammoniumchlorid oder Os-chlorür im H_2-Strom.
[3] Ber. dtsch. chem. Ges. **41**, 943 (1908).
[4] Ber. dtsch. chem. Ges. **45**, 3335 (1912).
[5] R. Willstätter, E. Sonnenfeld: Ber. dtsch. chem. Ges. **47**, 2814 (1914).
[6] K. v. Auwers: Ber. dtsch. chem. Ges. **49**, 824 (1916).

WIENHAUS und SCHUMM[1] haben schließlich noch eingehender die Autoxydation von *Pinen* bei Gegenwart von OsO_2 bearbeitet. 26 g l-α-Pinen wurden mit 6 g der schwarzen Suspension des Katalysators bei Zimmertemperatur geschüttelt, wobei eine rasche O_2-Aufnahme erfolgte, die ihr Ende erreichte, als etwas mehr als 1 Mol O_2 auf 1 Mol Pinen absorbiert war. Neben harzartigen Stoffen entstanden dabei *Verbenon* und *Verbenol.* Auch H_2O_2 ließ sich nachweisen. Man hat OsO_2 auch auf *Trägersubstanzen*, wie Asbest, Al_2O_3, Fe_2O_3, Mn_2O_3 und CuO, niedergeschlagen und besonders mit der Asbestunterlage bei der O_2-Übertragung auf Cyclohexen gute Erfolge erzielt[2].

3. Oxydationen an Schwermetallen.

Wenn auch, wie bereits angeführt wurde, bei den Autoxydationen organischer Verbindungen in Gegenwart von *metallischem Cu* keine eigentlich katalytischen Reaktionen vorliegen, so wollen wir sie doch hier kurz besprechen, da die Reaktionssysteme wenigstens einleitend die gleichen Voraussetzungen wie die übrigen behandelten Systeme der heterogenen Katalyse mitbringen und die Oxydationsleistungen beträchtlich sind. Schüttelt man 1—10proz. wässerige Lösungen *organischer Säuren* mit **Cu-Pulver** (Kupferbronze C)[3] in O_2, so geht das Metall in Lösung, und es bilden sich erhebliche Mengen von CO_2. Auf diese Weise wurden Essigsäure, Oxalsäure, Malonsäure, Bernsteinsäure, Fumarsäure, Äpfelsäure, Citronensäure, Brenztraubensäure, Milchsäure und sogar Benzoesäure verbrannt[4]. Dem Reaktionsmechanismus entspricht es, daß solche Säuren auch bei Anwesenheit von Cu(I)-chlorid mit O_2 zu CO_2 oxydiert werden konnten. Ferner nahm Äthylamin mit Cu-Pulver in wässeriger Lösung rasch O_2 auf und ging in Acetaldehyd über, während sich die Flüssigkeit tiefblau färbte und sich $Cu(OH)_2$ ausschied[5]. Schließlich gab SMIRNOW noch an[6], daß bei der Autoxydation von *Cyclohexylamin* in Wasser mit Cu *Cyclohexanon* in guter Ausbeute (rd. 60%) entsteht.

Bei den von ZETSCHE[7] bei höherer Temperatur und Gegenwart von Chinolin und Nitrobenzol mit O_2 durchgeführten Oxydationen *primärer* und *sekundärer Alkohole* zu Aldehyden und Ketonen tritt die Katalyse am Cu-Kontakt ebenfalls nicht klar zutage. Vor allem vermochte in diesen Versuchen, die übrigens die Oxydationsprodukte in recht guter Ausbeute lieferten, das Nitrobenzol selbst oxydierend zu wirken.

Die Dehydrierung eines *Thiols* durch O_2 gelang BERSIN[8] an einer Reihe von Metallkontakten. Zu diesem Zweck wurde die O_2-Aufnahme wässerig-alkoholischer Lösungen des Natriumsalzes von *Thioglykolsäure-anilid* bei 21° unter Zusatz der fein verteilten Metalle studiert. Die ermittelte Aktivität der Metalle ergab folgende Reihe fallender Wirksamkeit: **As Cu Au Sb Sn Ag Fe Ni.** Besonders wirksam waren die ersten Glieder, nämlich As Cu Au und Sb. Mit As (3 g Pulver auf 0,3340 g Substrat) war bereits nach 10 Minuten der größte Teil der berechneten O_2-Menge absorbiert.

[1] Liebigs Ann. Chem. **439**, 20 (1924).
[2] S. MEDWEDEW, E. ALEXEJEWA: Chem. Zbl. **1927 II**, 1012.
[3] Etwa 15—20 ccm der Säurelösungen mit 0,1—1 g Cu.
[4] H. WIELAND, A. WINGLER, H. RAU: Liebigs Ann. Chem. **434**, 185 (1923).
[5] M. TRAUBE, A. SCHÖNEWALD: Ber. dtsch. chem. Ges. **39**, 178 (1906).
[6] Chem. Zbl. **1939 II**, 4211.
[7] Ber. dtsch. chem. Ges. **54**, 1092, 2033 (1921).
[8] Biochem. Z. **245**, 466 (1932).

III. Oxydationen an aktiven Oberflächen.

1. Oxydationen an Kohle.

Suspendiert man **Kohle** in wässerigen Lösungen organischer Substanzen und schüttelt mit Luft, so läßt sich in vielen Fällen schon bei Zimmertemperatur eine Oxydation der organischen Verbindungen beobachten. Es sei hier außerdem an den alten Versuch von A. W. Hofmann[1] aus dem Jahre 1874 erinnert, in welchem zur Demonstration dieser Erscheinung eine alkoholische Lösung von *Leukanilin* mit Kohle aufgekocht wird und das Auftreten der roten Farbe des Rosanilins die Autoxydation anzeigt.

Wenn man Blutkohle geeigneter Qualität mit *Oxalsäure* belädt und dann mit O_2 schüttelt, so wird die Säure bei 38^0 nach der üblichen Verbrennungsgleichung (1) verbrannt:

$$2\,HOCC\!-\!COOH + O_2 \rightarrow 4\,CO_2 + 2\,H_2O\; {}^2. \tag{1}$$

1 g Blutkohle hatte im Gleichgewicht mit einer 0,071 proz. Oxalsäurelösung etwa 50 mg Oxalsäure aufgenommen. Es wurden 6 proz. Kohlesuspensionen benutzt. Auch *Phenyl-thioharnstoff* wurde an Blutkohle adsorbiert und verbrannt, wobei freier Schwefel entstand[3], ebenso *Malonsäure*, und zwar zu Glyoxylsäure, CO_2 und Wasser[4]. Wieland[5] konnte ferner mittels Kohle die Autoxydation von *Acetaldehyd* (0,3 g Kohle auf 12 g Aldehyd), von *Benzaldehyd* und von *Phenyl-brenztraubensäure*[6] beschleunigen.

Sehr leicht lassen sich, wie zuerst Warburg gezeigt hat, α-*Aminosäuren* an Kohle autoxydieren. Diese zeichnen sich hier gegenüber den übrigen Bestandteilen der Nahrungsstoffe durch eine besondere Unbeständigkeit aus. So wurde vor allem *Cystin* (1,97 mg) an Blutkohle (40 mg) bei 40^0 in wässeriger Lösung lebhaft zu CO_2, NH_3 und H_2SO_4 oxydiert. Nach 6 Stunden waren hier z. B. 32% des zur völligen Verbrennung nötigen Sauerstoffs verbraucht und 20% CO_2, 29% NH_3 und 11% H_2SO_4 entstanden. *Cysteinchlorhydrat* reagierte in gleicher Weise[7], ebenso *Tyrosin* und *Leucin*, aus dem zunächst *Valeraldehyd* entstand. Jedoch kommen in der Oxydationsgeschwindigkeit der einzelnen Aminosäuren große Unterschiede vor (Versuche an Glykokoll, Alanin, α-Aminobuttersäure, Valin, Leucin, Norleucin[8]). Befand sich die NH_2-Gruppe an einem tertiären C-Atom, wie z. B. in Dimethyl-aminoessigsäure, so erfolgte der Angriff viel schwerer. Das p_H beeinflußte die Tyrosinverbrennung stark, so daß wahrscheinlich allgemein bei α-Aminosäuren die günstigsten Ergebnisse in schwach alkalischer Lösung zu erwarten sind[9]. Bei dieser zumeist unvollständigen Oxydation der Aminosäuren an Blutkohle kommt es sehr auf die Qualität der Kohle an. Warburg baute eine „künstliche Blutkohle" durch Verkohlung von Rohrzucker bei Gegenwart von Natriumsilicat und Hämin auf, da die als Hämin zugefügten Fe-Spuren eine besondere Aktivitätssteigerung bewirkte. Die aktivsten Kohlen waren solche aus reinem Hämin. Sie erwiesen sich 7—10 mal wirksamer als technische Blutkohlen. Ebenso gut brauchbar waren aber auch stickstoff-

---

[1] Ber. dtsch. chem. Ges. **7**, 530 (1874).

[2] O. Warburg: Pflügers Arch. ges. Physiol. Menschen Tiere **155**, 547 (1914). — Vgl. H. Freundlich, A. Bjerke: Z. physik. Chem. **91**, 1 (1916).

[3] H. Freundlich, A. Bjerke: Z. physik. Chem. **91**, 1 (1916).

[4] E. K. Rideal, W. M. Wright: J. chem. Soc. [London] **1925**, 1347.

[5] Ber. dtsch. chem. Ges. **54**, 2356 (1921).

[6] Liebigs Ann. Chem. **436**, 232 (1924).

[7] O. Warburg, E. Negelein: Biochem. Z. **113**, 257 (1921).

[8] E. Negelein: Biochem. Z. **142**, 493 (1923).

[9] Ph. Ellinger, M. Landsberger: Hoppe-Seyler's Z. physiol. Chem. **123**, 264 (1922).

reiche Kohlen aus Anilinfarbstoffen technischer Qualität, die 0,1—0,2% Fe enthielten[1].

Mit dem Chemismus der Verbrennung von α-Aminosäuren an Kohle haben sich dann vor allem noch WIELAND und BERGEL[2] beschäftigt. Sie fanden, daß *Glykokoll, Alanin*[3], *Phenlyalanin* und *Asparaginsäure* an *Adsorptionskohle*[4] bei 38° von O_2 je nach Reaktionsdauer, Katalysatormenge und Konzentration zu 6—40% abgebaut wurden, und zwar zu äquivalenten Mengen CO_2 und NH_3 und zu einem um 1 C-Atom ärmeren *Aldehyd*. Auch die zugehörigen Säuren entstanden in kleineren Mengen. So wurden z. B. 0,5 g Glykokoll in 3,3 proz. wässeriger Lösung mit 5 g Kohle 15 Stunden lang in O_2 geschüttelt und dabei 18,9% CO_2 und 18,6% NH_3 gebildet. An Aldehyden fiel aus Alanin und Asparaginsäure *Acetaldehyd*, aus Phenyl-alanin *Phenyl-acetaldehyd* und aus Glykokoll *Formaldehyd* an. Für den Abbau wurde das folgende, bekannte Reaktionsschema (2), das über die Iminosäure verläuft und die CO_2-Abspaltung vor der Desaminierung vorsieht, aufgestellt:

$$R\text{—}\underset{\underset{NH_2}{|}}{CH}\text{—}COOH \rightarrow R\text{—}\underset{NH}{C}\text{—}COOH \rightarrow R\text{—}\underset{NH}{CH} + CO_2 \rightarrow R\text{—}\underset{O}{CH} + NH_3. \qquad (2)$$

Nach WIELAND und Mitarbeitern ist eine hydrolytische Spaltung von Aminosäuren an Kohle zu NH_3 und Oxysäure unmöglich[5]. Diese Versuche wiesen außerdem auf die außerordentliche Festigkeit hin, mit der Tierkohle auf ihrer Oberfläche Sauerstoff zu binden vermag.

Das Prinzip der primären Dehydrierung ist nicht gut auf die von BERGEL und BOLZ[6] aufgefundene, überraschend leicht verlaufende Autoxydation von *N-Dialkyl-α-aminosäuren* anwendbar. *N-Dimethyl-glykokoll, N-Dimethyl-leucin und N-Dimethyl-amino-isobuttersäure* erlitten bereits bei Zimmertemperatur an Tierkohle mit O_2 einen vollständigen Abbau zu *Dimethyl-amin, CO_2* und *Formaldehyd* bzw. *Aceton*. Auch *N-Monomethyl-alanin* wurde 2—3 mal so rasch als Alanin zu Methylamin, CO_2 und Acetaldehyd abgebaut und sekundäre und tertiäre *Amine* verbrannten ebenfalls an Tierkohle. *Trimethylamin* lieferte z. B. in reichlicher Ausbeute Formaldehyd und Dimethylamin. Während α-Amino-isobuttersäure nicht merklich autoxydiert werden konnte, gelang dies wohl bei der *α-N-Monomethyl-amino-isobuttersäure*, woraus deutlich der wesentliche Einfluß einer Alkylierung am N-Atom hervorgeht. Der Reaktionsverlauf dieses merkwürdigen oxydativen Abbaues alkylierter Aminosäuren ist noch ungeklärt. BERGEL und BOLZ diskutierten die Bildung eines *peroxydischen* Zwischenproduktes durch Anlagerung von O_2 an das N-Atom.

Den Kreis der an Kohle verbrennenden Substanzen haben MAYER und WURMSER noch erweitert[7]. Beim Schütteln von 0,01-molaren wässerigen Lösungen mit Kohle (2 g pflanzliche, besonders aktivierte Kohle auf 50 ccm) in Luft bei etwa 39° nahmen auch *Brenztrauben-, Essig-, Milch-, Propion-, Bernstein-, Ameisen-* und *Citronensäure*, als Natriumsalze gelöst, langsam O_2 auf. Ebenso wurde *Glucose* in neutraler Lösung oxydiert. In präparativer Hin-

---

[1] Zur Herstellung der Kohlen wurden die Anilinfarbstoffe mit Pottasche einfach im Tiegel verglüht.

[2] Liebige Ann. Chem. **439**, 196 (1924).

[3] Vgl. S. HENNICHS: Ber. dtsch. chem. Ges. **59**, 218 (1926); hier werden auch Angaben über den Einfluß der Kohlenmenge gemacht.

[4] Präparate „Sorboid" und „Sanasorben" (Waldhof).

[5] Liebigs Ann. Chem. **513**, 203 (1934).

[6] Hoppe-Seyler's Z. physiol. Chem. **215**, 25 (1933); **220**, 20 (1933); **223**, 66 (1934).

[7] Ann. Physiol. Physicochim. biol. **2**, 329 (1926).

sicht ist noch zu beachten, daß die Wirksamkeit der Katalyse auf der Kohle-oberfläche von der *Substratkonzentration* beeinflußt wird. Aus Gründen, die schon behandelt wurden, sind zu hohe Konzentrationen zu vermeiden.

2. Oxydationen an Kieselgur, Sand, Bimsstein, Fullererde und Hopkalit.

Nach einem Patent aus dem Jahre 1921[1] nimmt unverdünnter oder mit Eisessig verdünnter *Acetaldehyd* bei Anwesenheit von **Kieselgur** (50 g auf 500 g Aldehyd) sehr rasch unter Wärmeentwicklung und Bildung von Essigsäure O_2 auf. Das Verfahren ist durch die leichte Abtrennbarkeit des Kieselgurs, das immer wieder benutzt werden kann, von der entstandenen Essigsäure aus-gezeichnet. Raymond[2] fand ferner, daß pulverisierte Substanzen mit großer Oberfläche, wie z. B. **Sand, Quarzsand, Glaspulver** und **Bimsstein,** die Autoxyda-tion von *Benzaldehyd* energisch katalysieren. Diese Untersuchungen wurden im Zusammenhang mit der Frage des Einflusses der Gefäßwände auf die metall-freie Aldehydoxydation durchgeführt. An eisenhaltiger **Fullererde** sollen ferner Fructose, Hexosephosphorsäuren, Glucosamin, Dicarbonsäuren (diese besonders rasch!), Brenztraubensäure, Dioxy-aceton und β-Oxybuttersäure verbrennen. Jedoch genügen hier die experimentellen Angaben zur Erkennung des Aus-maßes der Katalyse nicht[3]. Schließlich hat Scheller[4] die Oxydation eines durch Chlorierung und HCl-Abspaltung aus technischem Hartparaffin erhaltenen *Olefin*gemisches mit Sauerstoff zu höheren Fettsäuren mit **Hopkalit,** einer Gas-maskenaktivmasse, beschleunigen können.

---

[1] DRP. 299782.

[2] J. Chim. physique **28**, 318 (1931). — O. M. Reiff: J. Amer. chem. Soc. **48**, 2893 (1926).

[3] M. M. Kuen: Chem. Zbl. **1933 II**, 496.

[4] Ber. dtsch. chem. Ges. **72**, 1917 (1939).

Oxydation in der Gasphase.

Von

A. Pongratz, Berlin-Dahlem.

A. Einleitung.

Unter katalytischen Oxydationen in der Gasphase versteht man die teilweise Oxydation von Kohlenwasserstoffen oder deren Abkömmlingen in Gegenwart eines Katalysators bei erhöhter Temperatur und unter Zuhilfenahme eines sauerstoffhaltigen Gases wie Luft. Je nach dem Aggregatzustand des Katalysators unterscheidet man weiter katalytische Oxydationen in *heterogener* Phase (wenn der Katalysator festen Zustand aufweist) und (falls er gasförmig ist) in *homogener* Phase. Die homogene Katalyse ist verhältnismäßig selten, auch diejenigen Verfahren der heterogenen Katalyse, die sich als sauerstofflieferndes Agens nicht der Luft, sondern des Kohlendioxyds oder des Wasserdampfes bedienen, kommen nur in besonderen Fällen zur Anwendung. Schließlich sind die Verfahren anzuführen, die durch Gemeinsamoxydation zweier verschiedener Stoffe zu wertvollen Produkten führen. So z. B. wird durch Zusammenoxydation von Methan und Ammoniak oder von Methan und Stickoxyd Blausäure erhalten.

Als erster hat wohl J. Walter[1] brauchbare Versuche mit Metalloxydkontakten angestellt, um in der Gasphase partielle Oxydationen organischer Ver-

---

[1] J. prakt. Chem., N. F. **51**, 107—111 (1895).

bindungen zu verwirklichen. Das Verdienst jedoch, überhaupt erstmalig eine katalytische Oxydation in heterogener Phase eines Kohlenwasserstoffes in Mischung mit Sauerstoff durchgeführt zu haben, kommt W. Döbereiner, seiner Zeit Professor der Chemie an der Universität Jena, zu (siehe Mittasch, Theis: Von Davy und Döbereiner bis Deacon; Ein halbes Jahrhundert Grenzflächenkatalyse, S. 88—89. Verlag Chemie 1932). Schon im Jahre 1832, also vor mehr als 100 Jahren, gelang es Döbereiner, eine Mischung von Äthylen und Sauerstoff in Gegenwart von trockenem **Platinmohr** bei Zimmertemperatur zu *Essigsäure* zu oxydieren. J. Walter hingegen gewann vor knapp einem halben Jahrhundert beim Überleiten eines Toluoldampf-Luft-Gemisches bei Temperaturen unterhalb Rotglut über **Vanadinpentoxyd** Benzaldehyd. Merkwürdigerweise hat aber diese grundlegende Arbeit Walters nicht die Entwicklung eingeleitet, die man erwarten konnte, sondern erst in den letzten 25 Jahren ist das Gebiet der katalytischen Oxydationen in der Gasphase namentlich von der Technik eingehend gepflegt worden.

Der Beginn dieses industriellen Entwicklungsabschnittes fällt in die Zeit nach Bekanntwerden der Wohlschen[1] Entdeckung der katalytischen Naphthalinoxydation zu Phthalsäureanhydrid.

Das Gebiet der Naphthalinoxydation hat ja auch später noch, als alle technisch grundsätzlich wichtigen Fragen geklärt schienen, insbesondere von amerikanischer Seite große Aufmerksamkeit gefunden. Im Anschluß an diese Arbeiten galt das Interesse einer großen Zahl von aromatischen Kohlenwasserstoffen, die in der Regel einer katalytischen Oxydation in der Gasphase am leichtesten zugänglich sind; es folgen dann die Olefine und erst in jüngster Zeit hat man gelernt, auch die Paraffine erfolgreich der Oxydation zu unterwerfen.

Die Vorteile dieser Verfahren liegen auf der Hand; neben der Billigkeit der Luft als Sauerstoffgeber gestatten die Verfahren in der Regel ein ununterbrochenes Arbeiten. Nachteilig jedoch wird der relativ geringe Gehalt der Gase an Reaktionsprodukt empfunden. Bei der hohen Lebensdauer der Kontakte (bis zu mehreren Jahren) spielen die Kosten und der Verschleiß des Katalysatormaterials, selbst wenn es sich um Sparstoffe handelt, nur eine untergeordnete Rolle, zumal es in vielen Fällen gelingt, ermüdete Kontakte durch Behandeln mit korrodierenden Gasen wie Stickoxyden, Phosgen, Chlor oder Schwefeldioxyd bei erhöhter Temperatur wieder arbeitsfähig zu machen[2]. In besonderen Fällen kann an Stelle der Luft ein sauerstoffreicheres Gas bzw. Kohlendioxyd verwendet werden. So z. B. kann aus α-Naphthol in Kohlendioxydatmosphäre und in Gegenwart von Vanadinpentoxyd als Katalysator bei einer Temperatur von 350—380°, o-Oxyphthalsäureanhydrid gewonnen werden, wobei das Kohlendioxyd selbst zu Kohlenoxyd reduziert wird (W. Schreiber[3]). Je nach der Natur des Ausgangsstoffes und der beabsichtigten oxydativen Verformung verwendet man verschieden zusammengesetzte Kontakte und benutzt deren spezifische Wirksamkeit. Die durch die Kontakte erzielten Reaktionslenkungen können aber in vereinzelten Fällen recht komplexer Natur sein, wie das Beispiel der katalytischen Oxydation von n-Hexan, n-Heptan, n-Octan u. a. zeigt, wobei als Hauptprodukt Maleinsäureanhydrid erhalten wird[4]. Es hat den Anschein, daß der eigentlichen Oxydation dieser Paraffine eine Aromatisierung vorausgeht, wenn man berücksichtigt, daß es gelingt, aliphatische Kohlenwasserstoffe mit

---

[1] E. P. 156244.

[2] The Selden Co., USA.: E.P. 280712, Chem. Zbl. **1928 I**. 1708.

[3] Martin Kröger: Grenzflächenkatalyse, S. 324. Leipzig: S. Hirzel 1933. — I.G. Farbenidustrie AG.: DRP. 408184.

[4] Rinta Shimose: Sci. Pap. Inst. physic. chem. Res. **15** 251 (1931); Chem. Zbl. **1931 II**. 1400.

wenigstens 6 Kohlenstoffatomen bei erhöhter Temperatur und in Gegenwart von **Molybdänoxyden** in Benzol oder seine Homologen umzuwandeln[1]. Die dehydrierende Eigenschaft teilt das Molybdänoxyd mit dem **Vanadinpentoxyd,** mit dessen Hilfe Butan in Butylen und Äthylbenzol in Styrol verwandelt werden kann[2].

Im allgemeinen aber ist man über Einzelheiten des Verlaufes von katalytischen Oxydationsreaktionen nur spärlich unterrichtet. Soweit überhaupt Untersuchungen in dieser Richtung vorliegen, lassen sie folgendes erkennen: die Sauerstoffaufnahme des zu oxydierenden Stoffes erfolgt über den Kontakt, der sich hierbei reduziert und bei Gegenwart von Sauerstoff im Anschluß daran wieder reoxydiert. Bei Abwesenheit von Sauerstoff erlahmt die Oxydationswirkung sehr bald; C. B. Byrnes[3] konnte zeigen, daß beim Überleiten von Naphthalindampf über Molybdänoxyd bei erhöhter Temperatur und in *sauerstofffreier* Atmosphäre anteilweise Phthalsäureanhydrid erhalten wird. Hierbei treten weitgehende Reduktionen auf, die zur Bildung von mehr oder weniger definierten sauerstoffärmeren Oxyden führen. Auf Grund der Versuche von A. Pongratz[4], K. Schober und K. Scholtis handelt es sich wahrscheinlich um die Oxyde V_3O_7 und V_4O_9, während W. Schreber[5] unter Verwendung von Naphthalin als Testsubstanz, sogar Bildung von V_2O_4 annimmt. Bei gleichzeitiger *Anwesenheit* von Luft wird sich aber das Ausmaß der intermediären Reduktion in viel engeren Grenzen halten, als in *Abwesenheit* von Luftsauerstoff.

Auf Grund der bisher vorliegenden Erfahrungen wird man annehmen dürfen, daß Sauerstoffabgabe und Sauerstoffaufnahme im Arbeitsgang nur in einem solchen Umfang erfolgt, soweit dies in *homogener* Phase möglich ist. G. Brauer[6] hat am Niobpentoxyd zu zeigen vermocht, daß diese Voraussetzung noch erfüllt ist, wenn z. B. die Sauerstoffentnahme je Atom Niob, 0,1 Atome Sauerstoff ausmacht; bleibt man innerhalb dieser Grenze, so erfolgt die Sauerstoffentnahme unter *stetiger* Änderung der Gitterkonstanten des Niobpentoxydes. Leider liegen zur Zeit ähnliche Messungen am Vanadinpentoxyd nicht vor, doch wird man auch da analoge Annahmen machen dürfen.

Als Primärreaktion bei der katalytischen Oxydation in der Gasphase wird vorzugsweise Hydroxylierung angenommen.

So fanden C. H. Bibb und H. J. Lucas[7] bei der partiellen Oxydation von Naturgas (im wesentlichen aus Methan bestehend), indem sie es mit Salpetersäuredampf beluden und kurzzeitig (max. 5 Sekunden) einer Temperatur von 700—750° aussetzten, in den Reaktionsprodukten neben Formaldehyd auch *Methylalkohol.*

W. A. Bone und R. E. Allum[8] studierten sehr eingehend die langsame Verbrennung von Methan; auch hier sprechen die gewonnenen Ergebnisse für die Gültigkeit der sogenannten Hydroxyltheorie und geben keine Anhaltspunkte für die Peroxydtheorie. Die Autoren formulieren die Oxydation des Methans in der folgenden Weise:

$$CH_4 \rightarrow CH_3 \cdot OH \rightarrow CH_2(OH)_2 \rightarrow H_2O$$
$$\searrow H_2 \cdot C{=}O \rightarrow H \cdot COOH \rightarrow (HO)_2 \cdot C{=}O$$
$$\swarrow \searrow \qquad\qquad \swarrow \searrow$$
$$H_2O \quad C{=}O \qquad\qquad H_2O \quad CO_2$$

---

[1] Universal Oil Products Co. Chicago: Amer. P. 2212026, Chem. Zbl. **1941 I,** 1227.

[2] A. v. Grosse, J. C. Morell, W. Mallox: Ind. Engng. Chem. **32,** 528; Chem. Zbl. **1941 II,** 824.

[3] Amer. P. 1836325, Chem. Zbl. **1932 II,** 1689.

[4] Erscheint demnächst in: Die Naturwissenschaften.

[5] Martin Kröger: Grenzflächenkatalyse, S. 304ff. Leipzig: S. Hirzel 1933.

[6] Z. anorg. allg. Chem. **248,** 30 (1941).

[7] Ind. Engng. Chem. **21,** 633, Chem. Zbl. **1929 II,** 1497.

[8] Proc. Roy. Soc. [London], Ser. A **134,** 578; Chem. Zbl. **1932 I,** 2538.

D. M. Newitt und A. E. Haffner[1] haben nun, von der Überlegung ausgehend, daß bei der primären Umsetzung des Methans zu Methylalkohol das Gasgemisch eine beträchtliche Volumskontraktion erleidet, hohe Drucke und relativ niedrige Temperaturen angewandt und überdies für eine rasche Abführung der Reaktionswärme Sorge getragen, so daß es ihnen unter Einhaltung eines Druckes von etwa 100 at und einer Temperatur von 350⁰ gelang, den erwarteten Methylalkohol sowohl qualitativ als Methylsalicylat (oder Methylnitrobenzoat) und quantitativ nach der Methode von Fischer und Schmidt zu bestimmen. Peroxyde waren mit Titansulfat *nicht* nachzuweisen. Bei steigendem Druck wächst das Verhältnis Alkohol : Formaldehyd, und es konnten maximal bis zu 22 % des umgesetzten Methans als Formaldehyd nachgewiesen werden.

Eine von der Hydroxyltheorie etwas abweichende Überlegung vertritt R. G. W. Norrish[2], der zwar die Hydroxyltheorie für die analytischen Befunde als ausreichend bezeichnet, nicht reiche sie jedoch hin, die kinetischen Beobachtungen aufzuklären. Als völlig abwegig wird die Peroxytheorie von Callendar[3] bezeichnet, die nicht einmal die analytischen Ergebnisse richtig wiedergäbe. Norrish vertritt Kettenfortpflanzung als ausschlaggebendes Prinzip des Oxydationsverlaufes. Bei tiefer Temperatur gehen die Ketten von den Sauerstoff*atomen* aus, die aus den während der Induktionsperiode dort entstandenen Spuren von Aldehyden stammen. Die Kette wird durch abwechselnd stattfindende Reaktionsfolgen wiedergegeben:

$$CH_4 + O = (CH_2) + H_2O; \quad (CH_2) + O_2 = HCHO + O.$$

Die Ketten enden entweder an der Gefäßwand oder durch Dreierstoß, z. B.

$$X + CH_4 + O = X' + CH_3OH.$$

Norrish interpretiert somit das Auftreten von Methylalkohol gemäß der letzteren Reaktion.

Im übrigen wird man aber, namentlich in Abwesenheit von festen Katalysatoren, auch Peroxyde als integrierende Zwischenprodukte von Oxydationsvorgängen in der Gasphase anzunehmen haben (siehe den Abschnitt Rieche über „Peroxyde als Katalysatoren", 1 Bandhälfte S. 136).

Bei der katalytischen Oxydation des Naphthalins schließen A. Pongratz und Mitarbeiter[4] auf ein primäres Zwischenprodukt der Form

das zwar nicht präparativ nachgewiesen, aber indirekt auf Grund der Kohlendioxyd- und Wasserbilanz bei der Zerlegung des Oxydationsvorganges in zwei Teilakte (inerte Gasphase und Reoxydationsphase) sehr wahrscheinlich gemacht wurde. Die Verhinderung der Weiteroxydation primärer Oxydationsprodukte des Naphthalins wird einer lackartigen Bindung dieser mit Reduktionsstufen des fünfwertigen Vanadins[5] zugeschrieben, während anderseits für den gleichen

---

[1] Proc. Roy. Soc. [London], Ser. A **134**, 591 (1932); Chem. Zbl. **1932 I**, 2539.
[2] Proc. Roy. Soc. [London], Ser. A **150**, 36; Chem. Zbl. **1936 I**, 981.
[3] Engineering **123**, 147, 182, 210 (1927).
[4] Angew. Chem. **54**, 22 (1941).
[5] A. Pongratz: Vortrag im Bez.-Verein des VDCh Groß-Berlin und Mark vom 23. April 1941.

Effekt Chemosorption[1] der entstandenen Phthalsäure als Vanadylsalz an der Grenzfläche angesehen wird.

Für die Oxydation von Methylalkohol zu Formaldehyd nimmt G. CANNERI[2] und D. COZZI an, daß als intermediäre Verbindung orthovanadinsaures Methyl gebildet wird, das dann mit Wasser in Vanadintetroxyd, Formaldehyd und Methylalkohol gemäß der Schemata weiter zerfällt:

$$6\,CH_3 \cdot OH + V_2O_5 = 2\,(CH_3)_3 \cdot VO_4 + H_2O$$
$$\text{und} \quad 6\,(CH_3)_3 \cdot VO_4 + 2\,H_2O = V_2O_4 + 5\,CH_3 \cdot OH + CH_2{=}O.$$

Unter den zur Verfügung stehenden Katalysatoren trifft man je nach dem angestrebten Zweck die Wahl; Reaktionen z. B. die von Haus aus nur bei extrem hohen Temperaturen verwirklicht werden können, wie die bereits erwähnte Zusammenoxydation von Methan und Ammoniak zu Blausäure bei Temperaturen zwischen 1000 und 1500°, machen den Einsatz absolut hitzebeständiger Katalysatoren notwendig, wie dies die **Metalle der Platingruppe** sind[3]. Es scheiden also alle Stoffe aus, deren Gittergefüge bei diesen Temperaturen nicht mehr hinreichend beständig wäre.

Universell verwendbar für katalytische Oxydationen ist das in der fünften Gruppe des periodischen Systems der Elemente stehende **Vanadin,** das in Form seines **Pentoxydes** schon frühzeitig als Katalysator benutzt wurde. Als vorteilhaft erwiesen sich Mischungen dieses Oxydes mit **Oxyden** des **Mo, W, Ce, Cr, U** usw., die als „*Promotoren*" wirken und die sogenannte *Entartung* des Vanadinpentoxydes zu niederen Oxyden verhüten, welche infolge ihrer ausgesprochen basischen Eigenschaften die sauren Oxydationsprodukte der Kohlenwasserstoffe zu lange festhalten und deren weitergehende Oxydation zu Kohlendioxyd und Wasser verursachen[4]. Für diese „Entartung" des Vanadinpentoxydes und des damit verbundenen Verlustes der katalytischen Wirksamkeit haben sich neuerdings physikalisch und chemisch definierte Zusammenhänge erkennen lassen. A. PONGRATZ[5] und K. SCHOBER fanden, daß mit Naphthalindampf oder anderen Kohlenwasserstoffen im indifferenten Gasstrom behandeltes Vanadinpentoxyd, wie schon an anderer Stelle erwähnt, zu sauerstoffärmeren Oxyden reduziert wird[6]. Die Untersuchung im Elektronenmikroskop ergab einen weitgehenden Verlust der Oberfläche gegenüber dem Ausgangszustand, während eine andere Katalysatortype wie Titanylvanadat nach der Reduktion keinen merkbaren Oberflächenverlust zeigte. Hand in Hand damit gelingt die Reoxydation im letzteren Falle viel schneller wie bei den Oxyden, die aus dem Vanadinpentoxyd gebildet wurden. Dieser Befund wird in Zusammenhang gebracht mit Beobachtungen R. BRILLS[7] an Eisenoxydkatalysatoren für die Ammoniaksynthese (Vergröberung und gleichzeitiges Unwirksamwerden von nicht mit Aluminiumoxyd stabilisiertem Eisenoxyd). Außer diesen oben genannten Oxydmischungen sind auch definierte Systeme des Vanadins oder der oben aufgezählten Elemente der sechsten Gruppe, wie normale Salze, basische Salze, *Zeolithe,* mit Vorteil anwendbar, wobei im Zeolith das Metall in austauschbarer oder nichtaustauschbarer Form eingebaut sein kann, ein Umstand, der ganz spezifische Abstufungen der katalytischen Wirksamkeit des Kontaktes mit sich bringt. Aus der Erfahrung

---

[1] W. SCHREIBER in MARTIN KRÖGER: Grenzflächenkatalyse, S. 331. Leipzig: S. Hirzel 1933.   [2] Chem. Zbl. **1940 I**, 1175.

[3] I. G. Farbenindustrie AG.: E. P. 361004, Chem. Zbl. **1932 I**, 870.

[4] TOKISHIGE KUSAMA: Bull. Inst. physic. chem. Res. [Abstr.] 1, 105 (1928); Chem. Zbl. **1929 I**, 752.

[5] Erscheint demnächst in: Die Naturwissenschaften.

[6] Siehe auch W. SCHREIBER in MARTIN KRÖGER: Grenzflächenkatalyse, S. 304ff. Leipzig: S. Hirzel 1933.   [7] Chemie **55**, 76 (1942).

läßt sich die Regel ableiten, daß Katalysatorsysteme, die zusammengesetzt sind und deren krystallographischer Ordnungszustand geringer ist als der der Komponenten, katalytisch wirksamer sind, als die Komponenten für sich.

Was nun die Funktion des *Trägermaterials* betrifft, so ist diese eine mehrfache: neben der Bereitstellung einer entsprechend großen Oberfläche wird es namentlich dann, wenn es metallischer Natur ist und somit gutes Wärmeleitvermögen besitzt, Reaktionswärmen rasch nach außen ableiten. Es kommt dazu, daß bei Katalysatoren, die zur Rekrystallisation neigen, diese Neigung durch bestimmte Träger unschädlich gemacht wird.

Als wichtige funktionelle Größe des katalytischen Oxydationsprozesses erscheint noch die *Verweilzeit* des Reaktionsgemisches im Reaktionsraum; sie entscheidet in ganz außerordentlichem Maße Verlauf und Ausbeute der Reaktion. Zu lange Berührungszeiten setzen in der Regel die Ausbeuten stark herab.

Schließlich ist das Ausmaß des *Luftsauerstoffüberschusses* von Bedeutung; durch entsprechende Abstimmung der Reaktionstemperatur zum Substanz-Luft-Mischungsverhältnis, der Verweilzeit und des gewählten Katalysators, werden sich meist optimale Bedingungen finden lassen, um den Abbrand in erträglichen Grenzen zu halten, zumal sich der Prozeß auch in der Richtung der Reaktionstemperatur beeinflussen läßt. Einzelne Kontakte sind enorm temperaturempfindlich, wie E. B. Maxted[1] dies beim **Zinnvanadat** zeigen konnte.

Als Sonderfall von Oxydationen in der Gasphase wurde schon die Zusammenoxydation von Methan und Ammoniak erwähnt; diese Verfahren sind erstmalig von der *I.G. Farbenindustrie AG.*[2] entwickelt und zum Patente angemeldet worden. Die Reaktion zwischen Methan und Ammoniak deutet L. Andrussow[3] summarisch in der folgenden Weise:

$$2\,NH_3 + 3\,O_2 + CH_4 = 2\,HCN + 6\,H_2O + 29\,800 \text{ cal.}$$

Besonders günstige Ausbeuten an Blausäure sollen bei Verwendung von Äthylen an Stelle von Methan erzielt werden, wenn man Ammoniak-Äthylen-Luft-Gemische im Temperaturbereich zwischen 600 und 1100° in Gegenwart von **Ceroxyd** auf Quarzgut als Katalysator leitet[4]. Über den Verlauf dieser Reaktion liegen bestimmte Vorstellungen vor; nach diesen setzt sich nur *der* Teil des Äthylens zu Blausäure um, der über Acetylen dehydriert wird.

Was nun die *Reaktionsapparate* betrifft, so gliedern sich diese in der Regel in drei Teile.

1. Der Verdampfungsapparat dient der Aufnahme der zu oxydierenden flüssigen oder schmelzbaren Substanz; er belädt, auf eine bestimmte Temperatur aufgeheizt, einen darüberstreichenden Luftstrom mit einer dem Dampfdruck bei dieser Temperatur entsprechenden Substanzmenge. Die Herstellung konstant zusammengesetzter Gasmischungen war ein schwieriges Problem. Die für die Oxydation zusätzlich notwendige Luft („Sekundärluft") wird dem Dampf-Luft-Gemisch vor Eintritt in den Reaktionsraum zugeführt; wenn nötig wird für entsprechende Durchmischung Sorge getragen.

2. Der Reaktionsraum besteht in der Mehrzahl der Fälle in einer Zusammenfassung einer großen Anzahl zylindrischer oder vierkantiger Röhren mit etwa 1,5—2 cm lichter Weite und entsprechender Länge zu einem Aggregat. Die Abführung der oft beträchtlichen Reaktionswärme kann z. B. so erfolgen, daß die mit dem Katalysator beschickten Röhren in einem eutektischen Salzbad ($NaNO_3$ + KNO_3 oder

[1] J. Soc. chem. Ind. **47 I**, 101 (1928); Chem. Zbl. **1928 I**, 3029.
[2] Siehe Anm. 3, S. 553.
[3] Angew. Chem. **48**, 593 (1935); Chem. Zbl. **1935 II**, 3299.
[4] G. Bredig, E. Elöd: Z. Elektrochem. angew. physik. Chem. **36**, 991 (1930); Chem. Zbl. **1931 I**, 1714.

$NaNO_2 + NaNO_3)^1$ oder einem Metallbad eingebettet sind. Das Bad, das seinerseits von Röhren durchzogen ist, durch die ein mehr oder weniger stark gekühlter Luftstrom geblasen werden kann, nimmt die sich entwickelnde Reaktionswärme auf. Auch die latente Verdampfungswärme hochsiedender Flüssigkeiten[2] (Hg, Pb, S) kann der Abführung der oft beträchtlichen Reaktionswärmen dienen. Durch Anlegen mehr oder weniger hoher Drucke an das Siedegefäß kann der Siedepunkt der Flüssigkeit und damit die erwünschte Reaktionstemperatur innerhalb gewisser Grenzen verändert werden[3].

3. Die Kondensationsanlage dient der Aufnahme und Niederschlagung der gasförmig anfallenden Reaktionsprodukte, wobei durch entsprechende Anordnung eine fraktionierte Kondensation möglich ist. Zusätzliche Hilfseinrichtungen wie selbsttätige Meßgeräte zur laufenden Aufzeichnung von Temperaturen, Mischungsverhältnissen und dergleichen werden noch ergänzt durch betriebliche Stichproben, wie etwa die Ermittlung des Luftüberschusses durch colorimetrische Messung desselben (Zusatz von Stickoxyd zur Probe).

Versuche, die beträchtlichen Reaktionswärmen nutzbringend zu verwerten, haben indessen bis jetzt noch zu keiner befriedigenden Lösung geführt[4].

B. Oxydation organischer Verbindungen.
(In Gegenwart von Luft.)

I. Gewinnung von Alkoholen und Phenolen.

Die Gewinnung von Alkoholen durch direkte Oxydation von Kohlenwasserstoffen beschränkt sich eigentlich auf die Gewinnung von Methylalkohol aus Methan und die Herstellung von Phenol aus Benzol durch katalytische Oxydation in homogener Phase.

1. Methylalkohol.

K. KAISER[5] hat bei der katalytischen Oxydation eines Methan-Luft-Gemisches unter Benutzung von **Bimsstein,** der mit den **Oxyden** des **Kupfers, Eisens, Mangans und Chroms** getränkt sein kann, neben dem als Hauptprodukt anfallenden Formaldehyd auch Methylalkohol nachzuweisen vermocht. Nach diesem Verfahren wird der Träger vorerst mit einem Fällungsmittel durchtränkt (Carbonate oder Hydroxyde der Alkalimetalle) und dann in das betreffende Metallsalzbad eingeführt. Die Fällungsmittel werden zweckmäßig nicht ausgewaschen, da ein schwacher Gehalt an Alkali der Reaktion förderlich ist. Die Verwendung eines Quarzrohres hat sich als vorteilhaft erwiesen.

Es ist dies einer der ganz seltenen Fälle, daß durch katalytische Oxydation eines Kohlenwasserstoffes die dazugehörige Monohydroxylverbindung isoliert werden kann.

2. Phenol.

C. H. BIBB und H. J. LUCAS[6] erhalten Phenol bei der katalytischen Oxydation von Benzol in homogener Gasphase; als Katalysator dienen **Salpetersäure-**

---

[1] American Cyanamid Co. und Heyden Chemical Co.: Amer. P. 2042632, Chem. Zbl. **1937 I,** 948.

[2] Selden Research & Engineering Co.: Amer. P. 1834679, Chem. Zbl. **1932 II,** 3930. — C. R. DOWNS: J. Soc. Chem. Ind. **45,** T 188; Chem. Zbl. **1926 II,** 1902.

[3] Selden Res. & Engineering Co.: Amer. P. 1834679, Chem. Zbl. **1932 II,** 3930. — C. R. DOWNS: J. Soc. chem. Ind. **45,** T 188, Chem. Zbl. **1926 II,** 1902.

[4] E. P. 154579, Chem. Zbl. **1921 II,** 557.

[5] F. P. 588099, Chem. Zbl. **1925 II,** 1225. — Siehe auch Cities Service Oil Co., USA.: Amer. P. 2186688, Chem. Zbl. **1940 II,** 821. Hierbei werden Natur- oder Spaltgase unter Druck im Temperaturbereich von 400—1000° F und in Gegenwart von **Aluminiumphosphat** und **Kupferoxyd** auf Bimsstein oxydiert, wobei neben anderen Produkten auch Methylalkohol erhalten wird.

[6] Ind. Engng. Chem. **21,** 633; Chem. Zbl. **1929 II,** 1497.

dampf oder **Stickoxyde.** Bei einer Temperatur von 600—750⁰ konnte ein 5- bis 5,5proz. Umsatz zu Phenol erzielt werden, der sich aber unter nicht näher bezeichneten Voraussetzungen bis auf 52 % angeblich erhöhen ließ. Inwieweit das Verfahren auch technische Bedeutung erlangt hat, ist nicht bekannt geworden.

II. Gewinnung von Olefinoxyden.

Für die Darstellung der Olefinoxyde sind besondere Katalysatoren entwickelt worden. Temperaturen bis 400⁰ und meist erhöhte Drucke begünstigen die Umformung z. B. des Äthylens zum Äthylenoxyd. Als Katalysatoren werden in der Mehrzahl der Fälle **Silber**kontakte verwendet, die durch **Kupfer** oder **Gold** aktiviert werden. Das Problem der Olefinoxydherstellung ist durchaus nicht einfach, wenn man nur bedenkt, daß Äthylen bei erhöhter Temperatur in Mischung mit Luft und in Gegenwart anderer Kontakte zu Formaldehyd oxydiert wird.

Carbide and Carbon Chemicals Co., USA.[1], gewinnt Äthylenoxyd beim Durchleiten einer Mischung von Äthylen und Luft bei Temperaturen von 150—400⁰ und Drucken von 1,4—210 at über **Silber**katalysatoren; zweckmäßig wird im Kreislauf gearbeitet.

Die *I.G. Farbenindustrie AG.*[2] ließ sich ein Verfahren schützen, nach welchem aus Olefinen und Sauerstoff gegebenenfalls in Gegenwart von Wasserdampf bei normalem oder erhöhtem Druck unter Benutzung eines mit **Kupfer** oder **Gold** aktivierten **Silber**katalysators und bei Temperaturen zwischen 200 und 500⁰ Äthylenoxyd gewonnen werden kann. Das anfallende Äthylenoxyd wird entweder mit Hilfe von Aktivkohle absorbiert oder durch Einleiten in angesäuertes Wasser gleich in Glykol übergeführt.

Ein weiteres Verfahren der *I.G. Farbenindustrie AG.*[3] beschreibt die Herstellung besonderer Katalysatoren für die Gewinnung von Äthylenoxyd. Danach werden gelöste oder suspendierte Silberverbindungen mit Reduktionsmitteln wie Hydrazin oder Hydroxylamin und in Gegenwart von Verteilungsmitteln (kapillaraktive Dispergiermittel der Art Fettalkoholsulfonate, Gelatine, kolloide Lösungen von Metalloxyden und Hydroxyden) behandelt. Als optimale Arbeitsdrucke werden 5 bis 20 at angegeben.

Schließlich haben *Distillers Co. Ltd.*, England[4] ,die Gewinnung von Äthylenoxyd vorgeschlagen unter Verwendung eines Katalysators, der aus fein verteiltem, mit **Aluminiumoxyd** vermischtem **Silber** besteht; die Mischung wird auf metallischem Aluminium als Träger aufgetragen.

Die Darstellung des Äthylenoxydes nach diesen Verfahren gipfelt sonach in der Anlagerung eines Sauerstoffatoms an die Äthylenbindung:

$$CH_2{=}CH_2 + O = \overset{\displaystyle O}{\overset{\displaystyle \diagup\diagdown}{CH_2{-}CH_2}}.$$

Neben dieser Reaktion verlaufen naturgemäß noch andere, in erster Linie wohl die der Totaloxydation zu Kohlendioxyd und Wasser.

III. Gewinnung von Aldehyden.

Die Verfahren, die aus Kohlenwasserstoffen auf katalytischem Wege in der Gasphase Aldehyde darzustellen gestatten, sind dadurch gekennzeichnet, daß relativ hohe Reaktionstemperaturen notwendig sind (untere Grenze etwa 300⁰

---

[1] F. P. 849 632, Chem. Zbl. **1940 I**, 3025.
[2] F. P. 853 644, Chem. Zbl. **1940 II**, 823.
[3] F. P. 855 135, Chem. Zbl. **1940 II**, 1509.
[4] E. P. 522 234; Chem. Zbl. **1941 I**, 1882.

im Mittel). Als Katalysatoren werden vorzugsweise **Oxyde, Phosphate** und **Manganite** der **Schwermetalle** neben anderen benutzt; darüber hinaus werden zweckmäßig gasförmige Oxydationskatalysatoren wie HNO_3, **Stickoxyde** oder **Halogene** dem zu oxydierenden Gasgemisch zugefügt. Die Aufgabe, aus aliphatischen Kohlenwasserstoffen, wie Methan, Formaldehyd auf katalytischem Wege zu gewinnen, muß als schwierig bezeichnet werden.

1. Formaldehyd.

Von den etwa drei Dutzend Verfahren, die Formaldehyd darzustellen gestatten, wird der Teil in diesem Abschnitt nicht behandelt, der von Methylalkohol als Rohstoff ausgeht und die Umformung zum Formaldehyd nachweislich über den Weg einer Dehydrierung nimmt (siehe Abschnitt „Dehydrierung", S. 617). Bedeutungsvoll sind die Verfahren geworden, die von Naturgas (Methan im wesentlichen) oder von Spaltgasen ausgehen. Methan steht auch bei uns in Deutschland in ausreichender Menge zur Verfügung. Die ersten theoretischen Versuche, aus Methan-Luft-Gemischen auf katalytischem Wege Formaldehyd zu gewinnen, gehen auf BONE und WHEELER[1] bzw. SABATIER und MAILHE[2] zurück. Aber nicht nur Methan vermag nach diesen Verfahren zu Formaldehyd oxydiert zu werden, sondern auch Äthan, Äthylen, Allylalkohol, Dimethyläther, Aceton u. a. können als Ausgangsstoffe verwendet werden.

K. KAISER[3] macht in seiner Patenschrift nähere Angaben über die katalytische Oxydation des Methans zu Formaldehyd. Als Katalysatoren werden alkalisierte, auf Tonscherben niedergeschlagene **Metalloxydgemische** des **Kupfers, Eisens, Mangans** und **Chroms** verwendet. Über einen aus **Eisenoxyd-Chromoxyd** bestehenden Kontakt, der in einer Schichtlänge von 80 cm in einem Quarzrohr auf Dunkelrotglut erhitzt wird, wird ein Methan-Luft-Gemisch mit einem Gehalt von 5,8 % Methan und einer Geschwindigkeit von 150 l in der Stunde geleitet. Im Kreislauf können so bis zu 40 % des Methans zu Formaldehyd umgesetzt werden. Das Reaktionsgas wird zwecks Vermeidung eines Zerfalles des gebildeten Formaldehyds rasch und gründlich mit kaltem Wasser abgeschreckt.

Die *I.G. Farbenindustrie AG.*[4] hat sich ein Verfahren schützen lassen, wonach eine Mischung von 90 Teilen Methan und 10 Teilen Sauerstoff, dem etwa 0,1 bis 0,5 Vol.% **Chlor** beigefügt sind, bei einer Temperatur von 600—700⁰ unter gewöhnlichem Druck über einen hochporösen Kontakt geleitet wird; hierbei entstehen 5 Teile Formaldehyd. Der Katalysator wird in der Weise hergestellt, daß eine schwach saure Lösung von **Cer-, Cadmium-** und **Aluminiumnitrat** in äquimolaren Mengen mit der Lösung eines sekundären **Alkaliphosphats** in der dreifachen berechneten Menge, die mit 100 ccm einer n-Alkalilauge pro Mol des Phosphats versetzt ist, gefällt wird. Der Niederschlag wird gewaschen und bei etwa 110⁰ getrocknet.

In ähnlicher Weise benutzt die *Gutehoffnungshütte Oberhausen AG.*[5] an Stelle von Chlor **Ozon,** in Verein mit **Stickoxyden** in einer Menge bis zu 1 Vol.% der gesamten Gasmenge.

AKIO MATSUI und M. JASUDA[6] haben ein Naturgas auf Formosa, das aus 96 % Methan, 2 % Äthan, 1 % Kohlendioxyd und 1 % Rest bestand, der Oxyda-

[1] J. chem. Soc. [London] **83**, 1074 (1903).

[2] C. R. hebd. Séances Acad. Sci. **142**, 1394 (1906).

[3] F. P. 588099. — H. BRÜCKNER: Katalytische Reaktionen, S. 66. Verlag Th. Steinkopff 1930.　　[4] Amer. P. 1813478, Chem. Zbl. **1931 II**, 2513.

[5] F. P. 709823, Chem. Zbl. **1931 II**, 2513.

[6] J. Soc. chem. Ind. Japan, suppl. Bind. **43**, 117 B (1940); Chem. Zbl. **1940 II**, 1705.

tion unterworfen. Sie erhielten maximale Ausbeuten an Formaldehyd bei einem Mischungsverhältnis Methan : Luft = 7 : 3, bei 600° unter Verwendung von Pyrex-, Quarz-, Porzellan- oder Kupferröhren. Die Ausbeuten ließen sich noch erhöhen, wenn der Gasmischung **Stickoxyde** oder **Brom** zugesetzt und überdies die Rohrwandung mit **Uranoxyd** oder **Berylliumoxyd** ausgekleidet war.

Eine Reihe weiterer Verfahren wird, da sie nichts grundsätzlich Neues bieten, bloß in der folgenden Übersicht zusammengestellt und die verwendeten Katalysatoren verzeichnet.

Selden Co., USA.[1]: Zeolithe auf der Basis **Aluminiumoxyd** und **Kieselsäure.**

C. H. Bibb und *H. J. Lucas*[2]: Gasförmige Katalysatoren wie **Salpetersäure.**

Consortium für elektrochemische Industrie[3]: Gasförmige Katalysatoren.

Selden Co., USA.[4]: **Oxyde** des **Eisens, Kobalts, Nickels, Kupfers, Aluminiums** und nicht basenaustauschende Silicate mit **Vanadinoxyden.**

I.G. Farbenindustrie AG.[5]: **Oxyde, Hydroxyde** oder **Phosphate** der Elemente **Cer, Thorium, Wismut, Uran, Aluminium, Cadmium.** Als Aktivatoren werden Verbindungen des **Antimons, Chroms, Kobalts, Kupfers, Magnesiums, Nickels, Silbers, Wolframs, Zinks** und **Zinns** beigefügt.

I.G. Farbenindustrie AG.[6]: **Manganite** des **Chroms, Eisens, Urans** und **Cers.**

Gutehoffnungshütte Oberhausen AG.[7]: **Stickoxyde** und feste Kontakte.

Cities Service Oil Co.[8]: **Aluminiumphosphat, Kupferoxyd** und Bimsstein als Träger (erhöhte Drucke).

Gutehoffnungshütte Oberhausen AG.[9]: **Stickoxyde** und feste Katalysatoren; **Magnesiumoxyd, Kieselsäure, Lithiumoxyd, Natriumhydroxyd, Calciumoxyd.**

Ellis Foster Co.[10]: **Kupfer, Chromoxyd, Eisenvanadat, Silberchromat** (Ausgangsstoff Petroleum).

2. Acetaldehyd.

Die ersten Versuche durch katalytische Oxydation in der Gasphase aus Äthylalkohol Acetaldehyd zu gewinnen, gehen auf M. Dennstedt und F. Hassler[11] zurück. Als Katalysatoren verwendeten die Autoren zerkleinerte **Braun-** oder **Steinkohle**; sie schreiben dem natürlichen **Eisenoxyd**gehalt der Kohlen einen beträchtlichen Anteil an der katalytischen Gesamtwirkung zu. Bis auf ein Verfahren arbeiten alle auf der Basis Äthylalkohol; das Verfahren der *I.G. Farbenindustrie AG.*[12] gestattet die Gewinnung von Acetaldehyd neben Formaldehyd durch Oxydation von Äthylen und bei Gegenwart spezieller Kontakte; z. B. werden 2 Teile **Uranoxyd** und 1 Teil **Wismutchlorid** in 10 Teilen 89proz. **Phosphorsäure** bei 160° gelöst. Nach dem Abkühlen wird in 75 Teile Wasser gegossen, der Niederschlag dekantiert, abgesaugt, gewaschen und bei 120° getrocknet. Die große Aktivität, Porosität und Temperaturbeständigkeit dieser Kontaktmassen wird besonders hervorgehoben. Über sie wird bei erhöhter Temperatur ein Äthylen-Luft-Gemisch geleitet.

---

[1] E. P. 296071, Chem. Zbl. **1929 I**, 1723.
[2] Siehe Anm. 7, S. 551.
[3] DRP. 518391, Chem. Zbl. **1931 I**, 2534.
[4] Amer. P. 1811363, Chem. Zbl. **1932 II**, 750.
[5] Amer. P. 1882712, Chem. Zbl. **1933 II**, 936.
[6] Amer. P. 1977978, Chem. Zbl. **1935 I**, 1769.
[7] F. P. 844596, Chem. Zbl. **1940 I**, 289.
[8] Amer. P. 2186688, Chem. Zbl. **1940 II**, 821.
[9] Chem. Zbl. **1940 II**, 822.
[10] Amer. P. 1697267, Chem. Zbl. **1929 I**, 2379.
[11] DRP. 203848, Chem. Zbl. **1908 II**, 1750.
[12] Amer. P. 1882712, Chem. Zbl. **1933 II**, 936.

Nach dem Verfahren der *Holzverkohlungsindustrie*[1] wird ein Alkohol-Luft-Gemisch, bestehend aus 8 kg Alkoholdampf und 10 cbm Luft in Quarz- oder Porzellanröhren durch **Silberdrahtnetze** als Katalysator geleitet. Zu Beginn wird der Kontakt durch kurzes Erwärmen auf Rotglut gebracht und somit die Reaktion eingeleitet, worauf diese ohne weitere Wärmezufuhr von selbst verläuft, da der Kontakt weiter im Glühen bleibt. Die Ausbeute an Acetaldehyd beträgt 90—93% der theoretischen Ausbeute, die Abscheidung des Aldehyds erfolgt durch Kondensation oder Auswaschen der Abgase mit Wasser. Die Verwendung von Silberdrahtnetz besitzt gegenüber versilbertem Asbest den Vorteil, daß lokale Überhitzungen vermieden werden und damit die Durchgangsgeschwindigkeit gesteigert werden kann. Im Quarzrohr von 18 mm lichter Weite, das auf eine Länge von 60 mm mit Silberdrahtnetzgewebe gefüllt ist, können stündlich 20 g Alkohol und 25 l Luft mit 93 proz. Ausbeute zu Aldehyd umgesetzt werden.

Zahlreiche Verfahren sind im Laufe der Zeit noch hinzugekommen, die anschließend verzeichnet sind.

G. FESTER und G. BERRAZ[2]: Katalysatoren **Vanadinpentoxyd, Silbervanadat, Kupfervanadat, Zinkoxyd** (aus Äthylalkohol).

ALLAN R. DAY[3]: Auf Bimssteinpulver niedergeschlagenes **Silber** mit geringen Gehalten an **Samariumoxyd** (aus Äthylalkohol).

MARTINEAU[4]: Auf Kohle niedergeschlagenes metallisches **Kupfer** (aus Äthylalkohol).

M. S. NIKOLSKI[5]: **Kupfer**drahtnetz (aus Äthylalkohol).

J. A. PATTERSON und A. R. DAY[6] studierten sehr eingehend die Einflüsse, die Druck und Alkohol-Luft-Mischungsverhältnis auf die Aldehydausbeute ausüben. Sie fanden, daß die Aldehydausbeute mit steigendem Druck abnimmt. Als Katalysator verwendeten sie metallisches **Silber** mit einigen Zehntel Prozent **Samariumoxyd.**

N. D. COSTEANU und AL. ST. COCOSINCHI[7]: Als Katalysatoren **Legierungen** von **Silber** und **Kupfer** in wechselnde Mengenverhältnis.

Cities Service Oil Co.[8]: Als Katalysator Bimsstein mit **Aluminiumphosphat** und **Kupferoxyd.** Erhöhte Drucke. Acetaldehyd neben anderen Produkten. (Aus Natur- oder Spaltgasen.)

3. Butyraldehyd.

Butyraldehyd stellten bereits P. SABATIER und J. B. SENDERENS[9] her, indem sie ein Butylalkohol-Luft-Gemisch bei 260—300° über feinverteiltes **Kupferoxyd** leiteten.

Ein neueres Verfahren stammt von D. A. LEGG und M. A. ADAM[10]; als Katalysator benutzten sie geschmolzenes Kupferoxyd, indem dieses zunächst fein gemahlen und mit Wasserstoff bei 200° teilweise oder ganz zu aktivem

---

[1] H. BRÜCKNER: Katalytische Reaktionen, S. 87. Verlag Th. Steinkopff 1930. — DRP. 422 729.

[2] An. Asoc. quím. argent. **15**, 210 (1927); Chem. Zbl. **1928 I**, 1458.

[3] J. physic. Chem. **35**, 3272 (1931); Chem. Zbl. **1932 I**, 908.

[4] C. R. hebd. Séances Acad. Sci. **193**, 1189 (1931); Chem. Zbl. **1932 I**, 2420.

[5] Chem. Zbl. **1932 II**, 1688.

[6] Ind. Engng. Chem. **26**, 1276 (1934); Chem. Zbl. **1935 II**, 1161.

[7] Bul. Fac. Ştiinţe Cernăuti **10**, 392; Chem. Zbl. **1937 II**, 2977.

[8] Amer. P. 2 186 688; Chem. Zbl. **1940 II**, 821.

[9] C. R. hebd. Séances Acad. Sci. **136**, 923 (1903). — H. BRÜCKNER: Katalytische Reaktionen, S. 89. Verlag Th. Steinkopff 1930.

[10] E. P. 173 004. — H. BRÜCKNER: Katalytische Reaktionen, S. 89. Verlag Th. Steinkopff 1930.

Kupfer reduziert wird. n-Butylalkohol wird mit Luft gemischt in Dampfform bei 280—300⁰ über diesen Kontakt geleitet und die austretenden Dämpfe von neben entstandenem Wasserstoff in einem Kondensator getrennt. Die Ausbeute an reinem Aldehyd soll nach einmaligem Überleiten über den Kontakt etwa 75% betragen. Als Nebenprodukte entstehen in geringer Menge Butyraldehydbutylacetal und Buttersäurebutylester. Durch Zugabe von Wasserdampf soll die Ausbeute bis 90% erhöht werden[1].

4. Acrolein.

Nach den Angaben der *Ellis Foster Co.*[2] wird dieser ungesättigte Aldehyd beim katalytischen Oxydieren von Petroleumcrackgasen neben anderen Produkten erhalten. Als Katalysator wird **Vanadinpentoxyd** benutzt, als Reaktionstemperaturen werden 450—538⁰ angegeben.

Durch katalytische Oxydation von Allylalkohol erhielt A. Trillat[3] unter Verwendung einer **Platin**spirale neben Formaldehyd auch Acrolein.

5. Benzaldehyd

stellte J. Walter[4] durch katalytische Oxydation eines Toluoldampf-Luft-Gemisches in Gegenwart von **Vanadinpentoxyd** als Katalysator dar.

A. Trillat[5] hat im Jahre 1902 Benzaldehyd aus Benzylalkohol nach der bekannten Methode (Überleiten mit Luft über eine glühende **Platin**spirale) hergestellt.

Die *Selden Co.*[6] hat schon sehr frühzeitig versucht, für die Toluoloxydation zu Benzaldehyd, als Katalysator **Vanadinpentoxyd** anzuwenden, doch scheinen die Ausbeuten nicht befriedigt zu haben.

Die *BASF*[7] hatte seinerzeit für die Oxydation von Benzylalkohol zu Benzaldehyd die Verwendung von phosphorsäurehaltigen Kontakten vorgeschlagen; später hat die *I.G. Farbenindustrie AG.*[8] ein tragfähiges Verfahren zur Toluoloxydation ausgearbeitet, wonach ein Toluol-Luft-Gemisch im Verhältnis 1 : 5 bis 1 : 10 bei Temperaturen zwischen 300 und 400⁰ über einen aus **Kupfer-** und **Uranmolybdat** bestehenden Zweistoffkatalysator im Kreislauf geleitet wird. Der bei der Oxydation verbrauchte Sauerstoff wird fortlaufend durch frischen ersetzt und die gebildete Kohlensäure gleichzeitig entfernt. — Die Reaktionsgase kühlt man in einem Wärmeaustauscher durch die neu eintretenden Gase vor und darauf in einem Wasserkühler weiter auf 60—70⁰. In der an den Kühler sich anschließenden Vorlage sammelt sich ein Gemisch von Benzaldehyd und Benzoesäure an, während die aus Toluol und nur noch wenig Benzaldehyddämpfen und Luft bestehenden Abgase nach dem Gegenstromprinzip durch mit frischem Toluol beschickte und auf 60—70⁰ erwärmte Rieseltürme streichen und sich von neuem mit Toluoldämpfen beladen.

Je nach der Art des verwendeten Katalysators tritt vorzugsweise Bildung von Benzaldehyd oder Benzoesäure ein, da die Reaktionsauslese weitgehend von der Natur des verwendeten Kontaktes abhängig ist.

---

[1] Amer. P. 1418448; F. P. 543569. — H. Brückner: Katalytische Reaktionen, S. 89. Verlag Th. Steinkopff 1930.

[2] Amer. P. 1697267, Chem. Zbl. **1929 I**, 2379.

[3] Bull. Soc. chim. France (3) **29**, 35; Chem. Zbl. **1903 I**, 438.

[4] Siehe Anm. 1, S. 549.

[5] C. R. hebd. Séances Acad. Sci. **133**, 822 (1901); Chem. Zbl. **1902 I**, 21.

[6] Schw. P. 89552, Chem. Zbl. **1922 II**, 311.

[7] DRP. 397212, Chem. Zbl. **1924 II**, 1023.

[8] DRP. 446912. — H. Brückner: Katalytische Reaktionen, S. 105. Verlag Th. Steinkopff 1930.

P. Schorigin, J. Kisber und E. Smoljankowa[1] fanden unter Benutzung eines Bimsstein-**Vanadinpentoxyd**-Katalysators beim Überleiten eines Toluol-Luft-Gemisches bei 400° im Reaktionsprodukt neben viel Benzoesäure und einigen Prozenten Anthrachinon nur 4—5% Benzaldehyd. Die Ausbeuten an Benzaldehyd ließen sich aber bis 74% steigern, wenn sie an Stelle von Toluol, Benzylalkohol oder Benzylchlorid verwendeten. Diese Ergebnisse weisen wohl darauf hin, daß die Oxydation den Weg über die Hydroxylverbindung nimmt, und sie zeigen auch den günstigen Einfluß des im Molekül verankerten Halogens (als korr. Agens).

Stanley Joseph Green[2] will einen Zusammenhang zwischen der Temperatur und dem Verhältnis des gebildeten Benzaldehydes zur entstandenen Benzoesäure gefunden haben derart, daß ab 300° die Menge des gebildeten Benzaldehyds zunimmt und mit steigender Temperatur (innerhalb gewisser Grenzen) überwiegt.

In jüngster Zeit haben W. G. Parks und J. Katz[3] bei Benutzung eines aus **Uranylmolybdat** und **Borcarbid** bestehenden Katalysators bei 575° und einmaligem Durchgang der Toluol-Luft-Mischung optimal 20% des Toluols zu Benzaldehyd umgesetzt. W. G. Parks[4] und R. W. Yula stellen Benzaldehyd aus Toluol her; als besten Katalysator fanden sie Vanadinpentoxyd, das aus Ammoniumvanadat hergestellt und auf Alfrax (Tonerde) aufgetragen war. Optimale Temperaturen zwischen 380 und 460°, Kontaktdauer 5 Sekunden, Mischungsverhältnis 1 : 25. Ausbeute an Benzaldehyd: 12% vom verbrauchten Toluol, neben Benzoesäure und Maleinsäure. Der Gehalt an Vanadinpentoxyd soll nicht unter 6,2% betragen, ist also relativ hoch.

6. p-Nitrobenzaldehyd

entsteht in geringer Menge bei der Oxydation von p-Nitrotoluol zu Benzoesäure[5] (E. B. Maxted und A. N. Dunsby).

7. Salicylaldehyd

erhielt die *Selden Co.*[6] als Nebenprodukt bei der katalytischen Oxydation von o-Kresol; als Hauptprodukt entsteht Salicylsäure. Als Katalysatoren finden **Phosphate, Sulfate, Chlorate, Wismutate, Borate** u. a. der **Alkali-** und **Erdalkalimetalle** Verwendung.

8. Tolylaldehyde.

Die *I.G. Farbenindustrie AG.*[7] gewinnt Tolylaldehyde, indem sie ein Xyloldampf-Luft-Gemisch im Temperaturintervall von 400—500° über einen Mischkatalysator, bestehend auf **Kupfer-** und **Uranmolybdat** leitet.

Nach einem Patent der *Barrett Co.*[8] können Tolylaldehyde dargestellt werden, wenn Xyloldampf-Luft-Gemische bei etwa 500° über ein Oxyd eines Metalls der 5. oder 6. Gruppe des periodischen Systems (mit Ausnahme des Vanadins) geleitet werden. Auf diese Weise lassen sich auch andere Benzolhomologe zu den zugehörigen Aldehyden oxydieren (Pseudocumol, Mesitylen, p-Cymol)[9].

---

[1] Chem. Zbl. **1929 II**, 730.
[2] J. Soc. chem. Ind. Trans. **51**, 123 (1932); Chem. Zbl. **1932 II**, 48.
[3] Ind. Engng. Chem. **28**, 319 (1936); Chem. Zbl. **1936 I**, 4988.
[4] Ind. Engng. Chem., ind. Edit. **33**, 891—897 (1941); Chem. Zbl. **1942 I**, 928—929.
[5] J. chem. Soc. [London] **1928**, 1439; Chem. Zbl. **1928 II**, 647.
[6] E. P. 291419, Chem. Zbl. **1929 I**, 574.
[7] DRP. 446912, Chem. Zbl. **1927 II**, 1306.
[8] Amer. P. 1636855, Chem. Zbl. **1928 I**, 1232.
[9] Ellis Foster Co., USA.: Amer. P. 1560297, Chem. Zbl. **1926 I**, 1713.

9. Zimtaldehyd

hat A. Trillat[1] beim Überleiten von Zimtalkohol über eine glühende **Platinspirale** erhalten.

10. Vanillin

erhält man nach den Angaben der *Selden Co.*[2] durch katalytische Oxydation von Eugenol oder Isoeugenol unter Benutzung milde wirkender Kontakte wie **Phosphate, Chlorate** oder **Borate** der **Erdalkalien.**

$$CH_2 \cdot CH=CH_2 \qquad C{<}^{H}_{O} \qquad CH=CH \cdot CH_3$$

Eugenol. $\rightarrow$ Vanillin. $\leftarrow$ Isoeugenol.

(Formeln: Eugenol mit OCH_3 und OH; Vanillin mit OCH_3 und OH; Isoeugenol mit OCH_3 und OH.)

Die Oxydation von Alkoholen bzw. Kohlenwasserstoffen zu den Aldehyden erfolgt gemäß der Schemata:

$$R \cdot CH_2 \cdot OH + O = R \cdot CHO + H_2O; \qquad R \cdot CH_3 + O_2 = R \cdot CHO + H_2O.$$

IV. Gewinnung von Ketonen und Chinonen.

Die vorzugsweise Gewinnung von Ketonen durch katalytische Oxydation von Kohlenwasserstoffen gelingt nur in seltenen Fällen; stets wird das Reaktionsprodukt zum größeren Teil aus anderen Sauerstoffverbindungen wie Aldehyden und Säuren bestehen. Offenbar sind die primär gebildeten Ketone bei der angewandten Temperatur in Gegenwart der Katalysatoren wenig widerstandsfähig, zumal z. B. Aceton in Mischung mit Luft und in Gegenwart von mit **Borsäure** getränktem **Ton** bei 540—560° reichliche Mengen Formaldehyd liefert[3]. Es hat also den Anschein, daß entgegen der Erfahrung in flüssiger Phase die Ketone bei Gegenwart von Kontakten und in der Gasphase zumindest gegen weiteren oxydativen Angriff nicht widerstandsfähiger sind als die Aldehyde.

Das Verfahren von A. R. Day[4] gründet sich auf die Verwendung von niedermolekularen einwertigen Alkoholen, wobei in Gegenwart von Katalysatoren, wie 95—99,75% **Kupferoxyd** und 0,25—5% **Samariumoxyd,** ein Gemisch von Aldehyden, Ketonen und Säuren erhalten wird. An Stelle des Kupfers kann in gleicher Menge **Silber** angewendet werden.

Die *Ellis Foster Co.*, USA.[5], gewinnt das für die Oxydation nötige Ausgangsmaterial durch Cracken von schweren Petroleumölen, wobei die anfallenden Produkte wie Propylen, Butylen und höheren Olefine mit Luft gemischt und bei Temperaturen von 500—525° über Kontakte geleitet werden, die aus den **Oxyden** des **Eisens** oder **Kupfers** oder auch aus **Eisenvanadat** bzw. **Silberchromat** bestehen. In dem abziehenden Reaktionsgemisch finden sich neben Alkoholen, Aldehyden, Säuren und Säureestern auch Ketone.

Cities Service Oil Co., USA.[6], benutzen ebenfalls Spaltgase und arbeiten bei Temperaturen zwischen 400—1000° F (= 190—523° C) und Drucken von

[1] C. R. hebd. Séances Acad. Sci. **133**, 822; Chem. Zbl. **1902** I, 21.
[2] E. P. 291419, Chem. Zbl. **1929** I, 574.
[3] BASF: DRP. 397212, Chem. Zbl. **1924** II, 1023.
[4] Amer. P. 1871117, Chem. Zbl. **1932** II, 3302.
[5] Amer. P. 1697266, Chem. Zbl. **1929** I, 2379.
[6] Amer. P. 2186688, Chem. Zbl. **1940** II, 821.

100 Pfund je Quadratzoll; als Katalysator wird auf Bimsstein niedergeschlagenes **Aluminiumoxyd** neben **Kupferoxyd** angewendet. Bei höheren Drucken (750 Pfund je Quadratzoll) entstehen vorzugsweise Alkohole.

1. Campher.

M. Dennstedt und F. Hassler[1] oxydierten unter Benutzung von **Kohle** als Katalysator Borneol und Isoborneol bei Temperaturen zwischen 150 und 300° zu Campher; es handelt sich bei dieser Oxydation nur um einen relativ geringfügigen Eingriff (Oxydation der OH-Gruppe zur Ketogruppe).

$$
\begin{array}{ccc}
\text{Borneol.} & \rightarrow & \text{Campher.}
\end{array}
$$

2. p-Benzochinon.

Besonders selektiv wirkende Kontakte, die vorzugsweise den vorgegebenen Kohlenwasserstoff nur bis zum Chinon oxydieren, konnten bis jetzt noch nicht entwickelt werden. Stets erhält man mehr oder weniger große Mengen an zugehöriger Dicarbonsäure, wie beispielsweise bei der Oxydation von Benzol, Maleinsäure neben Chinon erhalten wird.

Ein Verfahren der *I.G. Farbenindustrie AG.*[2] zur Chinondarstellung beruht auf der Verwendung von **Kupfer-** und **Uranmolybdat,** wobei ein Gemisch von Benzol und Luft bei einer Temperatur von 400—500° über den Kontakt geleitet wird.

3. Fluorenon.

Die *Selden Co.*[3] oxydiert Fluoren zu Fluorenon; als Kontakte, die sich für die Oxydation als geeignet erwiesen haben, gibt die Anmelderin an, basenaustauschende Stoffe, die siliciumhaltig oder siliciumfrei sein können und mit katalytisch wirkenden Stoffen wie den Oxyden der Elemente der 5. Gruppe des periodischen Systems kombiniert sind.

$$
\text{Fluoren.} \quad \xrightarrow{\;O_2\;} \quad \text{Fluorenon.} \;+\; H_2O
$$

4. 1,4-Naphthochinon.

Größere Bedeutung kommt dem Naphthochinon zu, das sich in geringer Menge bei der katalytischen Oxydation des Naphthalins als unerwünschtes Nebenprodukt bilden kann und die anfallende Phthalsäure gelb bis braun färbt, wodurch deren Weiterverwendung als Kunstharzkomponente (Glyptalharze auf der Basis Phthalsäure-Glycerin) erschwert ist.

[1] DRP. 203848, Chem. Zbl. **1908 II**, 1750.
[2] DRP. 446912, Chem. Zbl. **1927 II**, 1306.
[3] E. P. 315854, Chem. Zbl. **1929 II**, 3184.

Schon M. Dennstedt und F. Hassler[1] haben α-Naphthochinon durch Oxydation von Naphthalin in der Gasphase hergestellt; als Katalysatoren benutzten die Autoren stark **eisenhaltige** und vorerhitzte **Kohlen.** Neben dem Chinon bildet sich auch Phthalsäureanhydrid.

Die *Selden Co.*[2] erhält angeblich je nach der Zusammensetzung der Katalysatoren und je nach der Reaktionstemperatur vorwiegend Chinon oder Phthalsäureanhydrid; als Kontakte gibt die Anmelderin Zeolithe an, in welchen **Vanadinpentoxyd** in nicht austauschbarer Form enthalten ist. An Stelle dieser vanadinhaltigen Katalysatoren könne auch solche verwendet werden, die neben dem Vanadin noch die **Oxyde** des **Wolframs, Molybdäns, Tantals,** gegebenenfalls auch **Kupfer** und **Wismutoxyd** enthalten[3].

5. Acenaphthenchinon.

In ganz analoger Weise wie α-Naphthochinon stellt die *Selden Co.*[4] aus Acenaphthylen Acenaphthenchinon her; als Katalysatoren dienen die beim Naphthochinon Erwähnten. Es hat sich als zweckmäßig gezeigt, die Oxydation des Acenaphthens vorerst bis zum Acenaphthylen vorzutreiben und das erhaltene Acenaphthylen dann zum Acenaphthenchinon zu oxydieren.

6. Anthrachinon

stellten schon M. Dennstedt und F. Hassler[5] aus einer Mischung von Anthracendampf und Luft dar, indem sie diese bei erhöhter Temperatur über eine bei 300° vorgeröstete **Kohle** leiteten.

Die *BASF*[6] gibt als brauchbare Katalysatoren solche an, die neben einem Metalloxyd **Borsäure** enthalten; Arbeitstemperatur 400—430°.

E. B. Maxted[7] leitet Anthracendampf mit Luft gemischt bei 300—450° über einen **Wismutvanadat**katalysator.

Eine weitere technische Neuerung ließ sich die *Selden Co.*[8] schützen, indem sie bei der Anthrachinonherstellung aus Anthracen und Luft die Einhaltung der optimalen Arbeitstemperatur unter Verwendung einer besonderen Kühlflüssigkeit sicherte. Die Kühlflüssigkeit mit einem Siedepunkt von 492° bestand aus einer Cadmium-Quecksilber-Legierung im Verhältnis 60 : 40%.

In einem weiteren Patent schlägt die *Selden Co.*[9] für die Anthrachinongewinnung als Katalysatoren Zeolithe mit mehreren Komponenten vor; von natürlichen Zeolithen werden **Nephelit, Leucit** und **Feldspat** als geeignet bezeichnet.

Durch das Überhandnehmen der Anthrachinondarstellung aus Phthalsäureanhydrid und Benzol nach Friedel-Craffts dürften jedoch die katalytischen Anthrachinonherstellungsverfahren, namentlich in USA., etwas an Bedeutung verloren haben.

7. Phenanthrenchinon.

Die *Selden Co.*[10] oxydiert Phenanthrendampf mit mehr als der theoretisch notwendigen Menge Luft bei 400° und unter Verwendung von **Vanadinpentoxyd**

---

[1] DRP. 203848, Chem. Zbl. **1908** II, 1750.

[2] Amer. P. 1 692 126, Chem. Zbl. **1929** I, 697.

[3] E. P. 296 071, Chem. Zbl. **1929** I, 1723.

[4] Amer. P. 1 694 122, Chem. Zbl. **1929** I, 2354.

[5] DRP. 203848, Chem. Zbl. **1908** II, 1750.

[6] DRP. 397 212, Chem. Zbl. **1924** II, 1023.

[7] E. P. 228 771, Chem. Zbl. **1927** I, 809.

[8] F. P. 620 253, Chem. Zbl. **1927** II, 2108.

[9] Amer. P. 1 694 122, Chem. Zbl. **1929** I, 2354.

[10] Schw. P. P. 88 190, 90 866. — H. Brückner: Katalytische Reaktionen, S. 116. Verlag Th. Steinkopff 1930.

als Katalysator. In einem weiteren Patent[1] beschreibt dieselbe Firma die Gewinnung von Phenanthrenchinon unter Benutzung von basenaustauschenden und katalytisch wirksame Stoffe enthaltenden Katalysatoren.

Selden Research & Engng. Co.[2] bearbeiten in einem besonderen Verfahren die Frage der Abführung der beträchtlichen Reaktionswärmen.

Einem weiteren Vordringen mit Hilfe katalytischer Oxydationen in den Bereich höher kondensierter Systeme sind Grenzen gesetzt infolge der Schwierigkeiten, die durch die stark ansteigenden Siede- und Sublimationspunkte entstehen.

V. Gewinnung von Carbonsäuren.

1. Aliphatische Säuren.

Für die katalytische Oxydation in der Gasphase von Kohlenstoffverbindungen zu Carbonsäuren kommen sowohl Alkohole wie Aldehyde als auch Kohlenwasserstoffe selbst in Frage. Es kann gleich vorweggenommen werden, daß die größte Bedeutung jene Verfahren erlangt haben, die sich auf die Verwendung von Kohlenwasserstoffen aufbauen. Bemerkenswert ist weiter, daß die Reinheit der gewonnenen Säuren namentlich in der aromatischen Reihe eine sehr hohe ist. Bei der großen Mehrzahl der Verfahren werden als Katalysatoren **Oxyde des Vanadins** allein oder in Mischung mit anderen Oxyden von Elementen der 5. oder 6. Gruppe des periodischen Systems wie **Molybdän-** oder **Wolframoxyd** oder **Metallsalze** der **Vanadinsäuren** verwendet. Auch der Einsatz von **vanadin-** oder **molybdänhaltigen Zeolithen** soll sich bewährt haben.

a) Ameisensäure.

Als Nebenprodukt entsteht Ameisensäure nach den Angaben der *Ellis Foster Co.*[3] bei der katalytischen Oxydation von Petroleum bei 500⁰ und in Gegenwart von **Vanadinpentoxyd** als Katalysator.

b) Essigsäure

haben M. DENNSTEDT und F. HASSLER[4] durch Oxydation von Äthylalkohol in Mischung mit Luft und bei Gegenwart von **Kohle** als Katalysator gewonnen.

Gemäß einem Patent von E. B. MAXTED[5] wird Äthylalkohol gemeinsam mit sauerstoffhaltigen Gasen bei 280—300⁰ über **Wismutvanadat** geleitet. An Stelle von Wismutvanadat kann auch **Zinn-, Blei-** oder **Kobaltvanadat** verwendet werden.

A. WOHL[6] oxydierte *Acetylen* in der Gasphase in einem Arbeitsgang zu Essigsäure; die gleichzeitige Hydratisierung des Acetylens zu Acetaldehyd wird durch Zugabe von Wasserdampf zum Acetylen-Luft-Gemisch erreicht. Als Reaktionstemperatur wird ein Intervall von 300—400⁰ angegeben und als brauchbare Katalysatoren werden **Metallsalze** der **Vanadin-Molybdän- und Chromsäure** genannt.

c) Chloressigsäure.

Die *Selden Co*[7] gewinnt bei der katalytischen Oxydation in der Gasphase unter Verwendung von Zeolithen, die aus mehreren Komponenten bestehen

---

[1] E. P. 315854, Chem. Zbl. **1929 II**, 3184.

[2] Amer. P. 1850797, Chem. Zbl. **1932 II**, 2368.

[3] Amer. P. 1697263, Chem. Zbl. **1929 I**, 2379.

[4] DRP. 203848, Chem. Zbl. **1908 II**, 1750.

[5] E. P. 238033, Chem. Zbl. **1928 I**, 1712.

[6] E. P. 154579. — H. BRÜCKNER: Katalytische Reaktionen, S. 75. Verlag Th. Steinkopff 1930.   [7] E. P. 296071, Chem. Zbl. **1929 I**, 1723.

und **Vanadinoxyde** in austauschbarer oder nichtaustauschbarer Form enthalten, aus Äthylenchlorhydrin Chloressigsäure. Die Zeolithgrundlage besteht aus Aluminiumoxyd und Kieselsäure.

d) Propionsäure

erhalten die *Ellis Foster Co.*[1] neben anderen Produkten bei der Oxydation von Petroleumcrackgasen unter Benutzung eines **Vanadinpentoxyd**kontaktes und im Temperaturbereich von 450—540°.

e) Oxalsäure.

Die *Dr. A. Wacker Gesellschaft für elektrochemische Industrie*[2] hat ein Verfahren entwickelt, das gestattet, aus Acetylen Oxalsäure zu gewinnen. Nach diesem Verfahren wird im Gegenstrom ein Acetylen-Luft-Gemisch, dem etwas **Stickoxyd** zugesetzt ist, mit 70—75proz. **Schwefelsäure** mit 1% **Quecksilbersulfat**gehalt berieselt. Auf diese Weise soll Oxalsäure in einer Ausbeute von 82—85% entstehen. Größere praktische Bedeutung dürfte aber dieses Verfahren nicht besitzen, da Acetylen ein wertvoller Ausgangsstoff geworden ist und für die Oxalsäuregewinnung andere Quellen zur Verfügung stehen.

f) Fumarsäure[3]

wurde ebenfalls als Nebenprodukt bei der katalytischen Oxydation von Benzol Toluol, Phenol, Furfurol zu Maleinsäure beobachtet.

g) Maleinsäure

hat große technische Bedeutung; durch Reduktion wird sie in Bernsteinsäure und durch Anlagerung von Wasser in Äpfelsäure umgewandelt. Abspaltung von 1 Mol Kohlendioxyd führt zu Acrylsäure. Ihre Bedeutung für Diensynthesen und z. B. in Form des Glycerinesters für die Gewinnung von Kunstharzen ist bekannt.

Sie wird nach einer Reihe neuerer Verfahren durch katalytische Oxydation von Benzol, Toluol, Phenol oder Furfurol u. a. gewonnen. Daneben hat sich aber die technische Darstellung aus Crotonsäure durch Oxydation letzterer durchaus behauptet, da Benzol als Ausgangsmaterial für ihre Darstellung nicht überall verfügbar ist.

Die katalytische Oxydation des Benzols zu Maleinsäure in der Gasphase ist zunächst äußerlich dadurch gekennzeichnet, daß die Aufsprengung des Benzolringes in der Regel erst bei höheren Temperaturen möglich ist, als z. B. etwa die Aufsprengung der einen Ringhälfte im Naphthalin zu Phthalsäure. Schematisch läßt sich der Verlauf der Oxydation des Benzols zu Maleinsäure durch die folgende Formelreihe veranschaulichen:

$$\mathrm{C_6H_6} + 9\,O = \begin{matrix} HC-CO \\ \| \quad\quad O \\ HC-CO \end{matrix} + 2\,CO_2 + 2\,H_2O.$$

N. A. Milas und W. L. Walsh[4] untersuchten Cyclohexan, Cyclohexen, Cyclohexanon, Cyclohexanol, Cyclopentan, Cyclopentanon, Cyclopentadien und

---

[1] Amer. P. 1967267, Chem. Zbl. **1929 I**, 2379.
[2] H. Brückner: Katalytische Reaktionen, S. 74. Verlag Th. Steinkopff 1930.
[3] E. P. 295270, Chem. Zbl. **1929 II**, 1587.
[4] J. Amer. chem. Soc. **61**, 633 (1939); Chem. Zbl. **1939 I**, 4455.

Adipinsäure auf ihre Eignung, durch katalytische Oxydation in der Gasphase Maleinsäure zu liefern. Als Katalysator benutzten sie **Vanadinpentoxyd** und hielten sich im Temperaturbereich von 350—410⁰. Da sowohl Cyclohexan wie Cyclohexen bei der Oxydation als Zwischenprodukt Benzol und Benzochinon geben, Benzol aber unter den Versuchsbedingungen auch zu Maleinsäure oxydiert wird, schließen die Autoren, daß die Oxydation von Cyclohexan zu Maleinsäureanhydrid folgenden Weg nimmt:

Nachdem aber auch die Adipinsäure unter den gewählten Versuchsbedingungen Maleinsäure gibt, stellen die Verfasser auch noch das folgende Schema, das die Oxydation des Cyclohexans veranschaulicht, zur Diskussion:

zumal durch dieses Schema das gleichzeitige Auftreten von Formaldehyd besser erklärt werden soll.

G. I. Kiprianow und F. T. Schosstak[1] studierten den Einfluß, den Zusammensetzung des Katalysators, Berührungsdauer und Konzentration des Reaktionsgemisches Benzol-Luft ausüben. Als brauchbarsten Katalysator fanden sie ein Gemisch von 70% **Vanadinpentoxyd** und 25% **Molybdäntrioxyd** mit einem Zusatz von 5% **Ceroxyd** und als optimale Reaktionstemperatur 450⁰; bei einem Dampf-Luft-Gemisch im Verhältnis 1:50 erzielten die Verfasser bei einmaligem Überleiten eine Ausbeute von 57%, bei zweimaligem Überleiten bis zu 84,5% Maleinsäureanhydrid.

Eingehende Untersuchungen der Benzoloxydation wurden seinerzeit von der *Barrett Co.*, USA.[2], angestellt. Diesem Verfahren entsprechend wird ein Benzol-Luft-Gemisch bei 400—450⁰ über **Vanadinpentoxyd** als Katalysator geleitet; die im Rohbenzol enthaltenen Schwefelverbindungen entfernt die *Barrett· Co.* in der Weise, daß das Benzoldampf-Luft-Gemisch zunächst über einen Vorkontakt bei 280—320⁰ geleitet wird, wobei nur die Schwefelverbindungen wie Thiophen oxydiert werden, Benzol selbst aber unangegriffen bleibt. Als Katalysator benutzen sie hierfür **Thoriumoxyd.**

Nach einem Verfahren der *Monsanto Chemical Works*[3] wird für die Benzoloxydation ein spezieller Vanadinkontakt verwendet, der in der folgenden Weise hergestellt wird. Man reduziert eine heiße Lösung von Kaliumvanadat (64 g in 1 l Wasser) mit Schwefeldioxyd, macht alkalisch und setzt eine Lösung von 1500 g Kaliwasserglas von 30⁰ Bé und 40 g Kaliumborat in 8 l Wasser zu. Nach dem Erwärmen wird das Gemisch mit verdünnter Schwefelsäure neutralisiert und so der Niederschlag eines **Borvanadiumsilicates** vom Zeolithtypus erhalten,

---

[1] Chem. Zbl. **1938 II**, 3675.

[2] DRP. 365894. — H. Brückner: Katalytische Reaktionen, S. 102. Verlag Th. Steinkopff 1930.

[3] E. P. 266007; F. P. 635717. — H. Brückner: Katalytische Reaktionen, S. 103. Verlag Th. Steinkopff 1930. — Chem. Zbl. **1928 I**, 2740.

der nach dem Trocknen mit Wasserstoffsuperoxyd behandelt wird, um das Vanadium zur fünfwertigen Stufe zu oxydieren.

Die *I.G. Farbenindustrie AG.*[1] ließ sich ein Verfahren schützen, nach welchem eine Mischung von **Kupfer-** und **Uranmolybdat** als Katalysator verwendet wird.

E. B. Maxted[2] hat vorgeschlagen, ein Benzoldampf-Luft-Gemisch bei 290⁰ mit Hilfe von **Zinnvanadat** zu Maleinsäure zu oxydieren. Der von Maxted angegebene Katalysator ist wohl der einzige, mit dessen Hilfe es möglich sein soll, bei so tiefen Temperaturen wie 290⁰ die Oxydation von Benzol durchzuführen.

Die *Selden Co.*[3] hat dann für die Maleinsäuregewinnung noch Toluol und Furfurol neben Benzol herangezogen, wobei besondere Katalysatoren benutzt wurden. Poröse Massen, wie Koks, Tuff oder Kieselgur, wurden mit einer Lösung von Aluminiumsulfat und anschließend daran mit Natriumhydroxyd behandelt, so daß sich auf den Massen **Natriumaluminat** fixiert findet (Na_3AlO_3). Das in austauschbarer Form vorhandene Alkali wird nunmehr durch **Silber** oder **Vanadin** ersetzt. Mit diesem Kontakt ließ sich eine Mischung der zur Oxydation gelangenden Substanz mit Luft (1 : 35) bei Temperaturen zwischen 380—420⁰ mit Vorteil zu Maleinsäure oxydieren.

Im weiteren Ausbau dieser Verfahren hat sich die *Selden Co.*[4] die Verwendung von Benzol-Methylalkohol- oder Furfurol-Methylalkohol-Luft-Mischungen schützen lassen, wobei z. B. 5 Teile Benzol oder Furfurol mit 5 Teilen Methylalkohol in Mischung mit 50 Teilen Luft bei Temperaturen zwischen 300—400⁰ oxydiert werden und Maleinsäure neben Formaldehyd gleichzeitig erhalten wird. Als Katalysator wird in Aluminiumkörner (Durchmesser 2—3 mm) eingebettetes **Vanadinpentoxyd** angegeben.

Schließlich hat die *Selden Co.*[5] ein Verfahren zum Patent angemeldet, worin als Katalysatoren ein nicht basenaustauschendes Silicat mit einem Gehalt an katalytisch wirksamen Stoffen wie **Oxyden** des **Eisens, Kobalts, Nickels, Kupfers** u. a. zur Verwendung gelangt, mit dessen Hilfe Benzol, Phenol oder Furfurol zu Maleinsäure oxydiert werden kann.

Das *Consortium für elektrochemische Industrie*[6] hat insofern eine neue Variante bekanntgegeben, als z. B. die Benzol-Luft-Mischungen gegen eine erhitzte Prallfläche strömen, wobei dem Reaktionsgemisch gegebenenfalls gasförmige Katalysatoren beigemischt sein können und die Prallfläche überdies ganz oder zum Teil aus katalytisch wirksamem Material bestehen kann.

Die *Ellis Foster Co.*, USA.[7], hat die für die Maleinsäuredarstellung nutzbare Rohstoffbasis erweitert; nach diesem Verfahren wird Maleinsäure gewonnen durch Oxydation der beim Cracken von Petroleum erhältlichen Crackgase und Leiten derselben in Mischung mit Luft bei Temperatur von 450—538⁰ über Kontakte, die **Oxyde** des **Kupfers,** des **Cers** oder **Eisenvanadat** enthalten. Neben einer Reihe anderer Produkte entsteht auch Maleinsäure.

Hierher gehören auch die Versuche von C. K. Clark[8] und J. E. Hawkens aus jüngster Zeit, Maleinsäure aus α-Pinen, Dipenten und p-Cymol durch katalytische Oxydation zu gewinnen.

---

[1] DRP. 446912, Chem. Zbl. **1927 II**, 1306.
[2] E. P. 228771, Chem. Zbl. **1927 I**, 809.
[3] E. P. 295270, Chem. Zbl. **1929 II**, 1587.
[4] F. P. 689610, Chem. Zbl. **1931 I**, 1822.
[5] Amer. P. 1811363, Chem. Zbl. **1932 II**, 750.
[6] DRP. 518391, Chem. Zbl. **1931 I**, 2534.
[7] Amer. P. 1697265, Chem. Zbl. **1929 I**, 2379.
[8] Ind. Engng. Chem., ind. Edit. **33**, 1177 (1941); Chem. Zbl. **1942 I**, 3099.

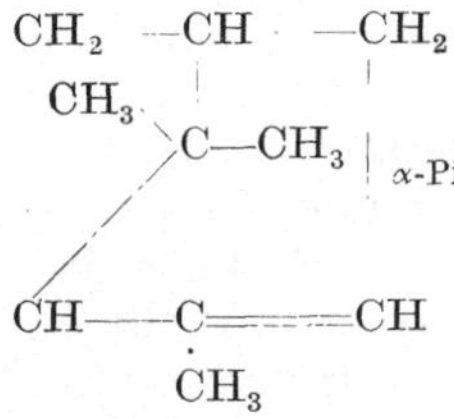

CH_2 —CH —CH_2

CH_3 \\C—CH_3 | α-Pinen. CH_3—C ... CH—C ... CH_3— ... —CH ... CH_3 / CH_3

α-Pinen. 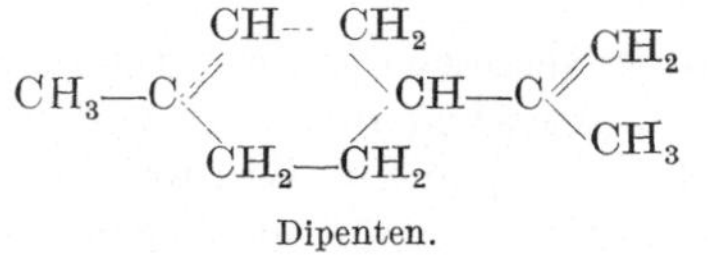   Dipenten. 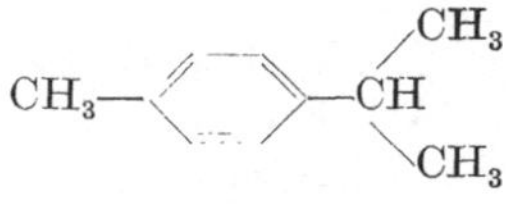   p-Cymol.

Als optimale Arbeitstemperatur wird 425^0 angegeben unter Verwendung von
Vanadinpentoxyd und Bimsstein als Katalysator. Bei einem Rohrquerschnitt
von 1,3 cm, einer Katalysatorschichtlänge von 12,5 cm, einer Strömungsgeschwindigkeit von 650 l je Stunde und einem Mischungsverhältnis 1:100 molar
werden maximal 29 % Maleinsäure bei einer Gesamtoxydationsausbeute von
55—60 % erzielt. Daneben bilden sich reichliche Mengen Formaldehyd. Es
hat den Anschein, daß bei der katalytischen Oxydation so vielgestaltiger Ringsysteme wie Benzol, Toluol, Phenol, Furfurol, Cyclohexan, Cyclopentan, Cyclohexanon u. a. m. zu Maleinsäure, diese gewissermaßen den ersten „Haltepunkt"
im oxydativen Verlauf verkörpert. Wir begegnen ganz ähnlichen Verhältnissen
bei der Gewinnung der Phthalsäure.

Zum Unterschied des vorgenannten Verfahrens hat RINTA SHIMOSE[1] einheitliche aliphatische Ausgangsstoffe verwendet. So konnte er bei 460—520^0
unter Benutzung von **molybdän-** und **vanadin**haltigen Katalysatoren n-Hexan,
n-Heptan, n-Octan u. a. in der Hauptsache zu Maleinsäure oxydieren. Dieses
Ergebnis spricht zweifellos dafür, daß primär eine Cyclisierung und Aromatisierung des Paraffins erfolgt etwa der Art:

$$\text{z. B.} \quad CH_3 \cdot (CH_2)_4 \cdot CH_3 \;\rightarrow\; \bigcirc \;\rightarrow\; \bigcirc \;\rightarrow\; \begin{matrix} HC & CO \\ \| & O \\ HC & CO \end{matrix}$$

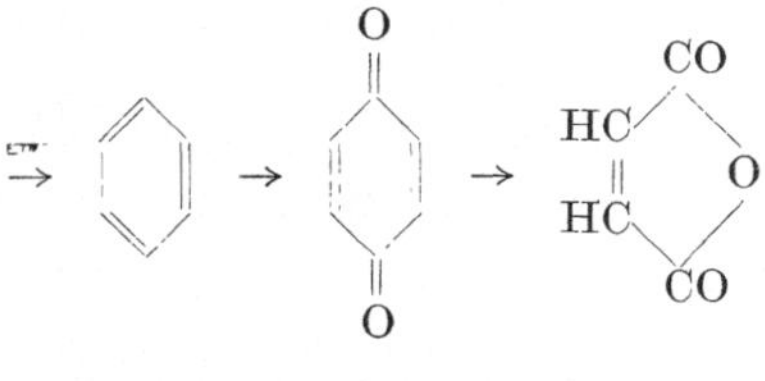

In einem etwas ungewöhnlichen Arbeitsvorgang gewinnt C. P. BYRNES[2] aus
Benzol Maleinsäure. Unter Benutzung von **Molybdäntrioxyd** als Katalysator wird
Benzoldampf im wesentlichen in sauerstofffreier Atmosphäre bei höherer Temperatur über diesen geleitet; nachdem der disponible Sauerstoff des Kontaktes
aufgezehrt ist, wird dieser bei erhöhter Temperatur mit Luft wieder regeneriert.

Weitere Verfahren stammen von der *Hercules Powder Co.*, USA.[3], die ihre
V_2O_5-Kontakte für die Benzoloxydation durch Tränken von Bimsstein oder
Silicagel mit Estern der meta-Vanadinsäure (Äthyl-, Isopropyl- oder Butylvanadate) und anschließender Hydrolyse am Träger herstellt; ferner von der
Standard Oil Development Co., USA.[4], ein Verfahren, das Butadien, Butylen,
Penten-2, Hexen, Cyclohexen oder Benzol bzw. Mischungen dieser Stoffe oder
auch Verbindungen, die in diese Stoffe überführbar sind, in der Gasphase in
Gegenwart von Katalysatoren beispielsweise der Zusammensetzung **Wismut-
Molybdän-Eisen** oder **Vanadin-Molybdän-Eisen** im Temperaturbereich zwischen
200 und 400^0 zu Maleinsäure zu oxydieren gestattet. Gegebenenfalls wird der
Oxydationsluft Wasserdampf in einer Menge von 10—20 % zugemischt. Das

---

[1] Sci. Pap. Inst. physic. chem. Res. **15**, 251 (1931); Chem. Zbl. **1931 II**, 1400.
[2] Amer. P. 1 836 325, Chem. Zbl. **1932 II**, 1689.
[3] Amer. P. 2 214 930, Chem. Zbl. **1941 I**, 1853; Amer. P. 2 215 070, ebenda **1941 I**,
2035.   [4] F. P. 857 643, Chem. Zbl. **1941 I**, 2034.

Verfahren gibt z. B. aus Butadien bei 350⁰ Maleinsäure in einer Ausbeute von 40,6 %.

Der Vollständigkeit halber sei noch das Patent der *General-Aniline- & Film Co.*, USA.[1], erwähnt; nach den Angaben dieses Patentes werden unter Benutzung von Oxyden der Elemente der 5. und 6. Gruppe des periodischen Systems, bei Temperaturen zwischen 250 und 650⁰ in Gegenwart von sauerstoffhaltigen Gasen und Kohlendioxyd oder Wasserdampf, aus 100 Teilen Tetrahydrofuran 80—90 Teile Maleinsäure und aus 100 Teilen Dihydrofuran 120—130 Teile Maleinsäure erhalten. Das Verfahren von W. G. Parks[2] und R. W. Yula wurde schon bei der Beschreibung der Benzaldehyddarstellungen erwähnt. Unter den dort angegebenen Bedingungen wurde Maleinsäure in einer Menge von 21 % des verbrauchten Toluols gewonnen.

Überblickt man die bisher aufgezählten Verfahren der Maleinsäuredarstellung im Hinblick auf das Ausgangsmaterial und der erzielten Ausbeute, so gewinnt man den Eindruck, daß als am besten präformiertes Molekül für die oxydative Umformung zu Maleinsäure das Dihydrofuran erscheint. Das ist auch einleuchtend; dieses Ringsystem besitzt bereits das Kohlenstoffskelet des Maleinsäureanhydrids und hat darüber hinaus eine C—C-Doppelbindung im Molekül, ein Umstand, der erfahrungsgemäß den Verlauf der katalytischen Oxydation im günstigen Sinne beeinflußt. Es bleibt ungewiß, ob bei der katalytischen Oxydation dieser Ringsysteme die Maleinsäure*anhydrid*bildung primär erfolgt oder sekundär, durch Wasserabspaltung aus freier Maleinsäure. Es ist aber anzunehmen, daß das anfallende Maleinsäureanhydrid primär zustande gekommen ist, zumal es ja gegenüber der freien Maleinsäure mengenmäßig überwiegt.

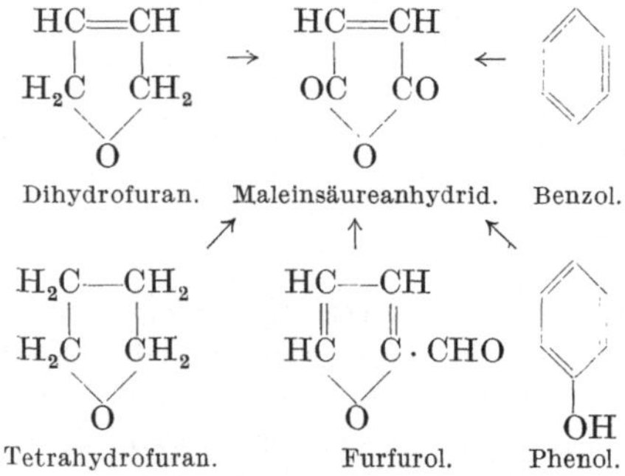

$$
\begin{array}{ccccc}
HC=CH & & HC=CH & & \\
H_2C\ \ CH_2 & \rightarrow & OC\ \ CO & \leftarrow & \\
O & & O & & \\
\text{Dihydrofuran.} & & \text{Maleinsäureanhydrid.} & & \text{Benzol.} \\
& \nearrow & \uparrow & \nwarrow & \\
H_2C-CH_2 & & HC-CH & & \\
H_2C\ \ CH_2 & & HC\ \ C\cdot CHO & & \\
O & & O & & OH \\
\text{Tetrahydrofuran.} & & \text{Furfurol.} & & \text{Phenol.}
\end{array}
$$

h) Mesoweinsäure.

Sowohl die *Selden Co.*[3] als auch die *Selden Research & Engineering Co.*[4] erwähnen das Auftreten von Mesoweinsäure im Reaktionsgemisch, wie es bei der katalytischen Oxydation von Benzol, Toluol, Phenol oder Furfurol zu Maleinsäure anfällt.

i) Citronensäure.

Ellis Foster Co., USA.[5]: Unter Verwendung von feinverteiltem **Kupfer-Chrom-Oxyd** oder **Eisenvanadat** als Katalysator wird aus den beim Cracken von Petroleum entstehenden Spaltgasen bei Temperaturen zwischen 450—538⁰ neben anderen Produkten auch Citronensäure gebildet.

---

[1] Amer. P. 2215095, Chem. Zbl. **1941 I**, 2035.
[2] Ind. Engng. Chem., ind. Edit. **33**, 891—897 (1941); Chem. Zbl. **1942 I**. 928—929.
[3] E. P. 295270, Chem. Zbl. **1929 II**, 1587.
[4] Amer. P. 1850797, Chem. Zbl. **1932 II**, 2368.
[5] Amer. P. 1697267, Chem. Zbl. **1929 I**, 2379.

2. Aromatische Säuren.

a) Benzoesäure.

Im allgemeinen können die Verfahren, die bei der Herstellung des Benzaldehyds besprochen wurden, auch zur Gewinnung der Benzoesäure dienen. Wie schon bei der Besprechung des Benzaldehyds hervorgehoben wurde, hängt es vor allen Dingen von der Art des Kontaktes und der Arbeitstemperatur ab, ob Benzoesäure oder Benzaldehyd als Hauptprodukt anfällt. St. J. Green[1] hat gezeigt, daß bei Einhaltung niederer Temperaturen und **Vanadinpentoxyd** auf Asbest als Katalysator vorzugsweise Benzoesäure erhalten wird.

In geringfügigen Anteilen entsteht Benzoesäure stets bei der katalytischen Oxydation von Naphthalin zu Phthalsäureanhydrid, offenbar durch Decarboxylierung primär gebildeter Phthalsäure.

Eine ausführliche Vorschrift der Toluoloxydation zu Benzoesäure hat E. B. Maxted[2] gegeben. Der zur Mitnahme von Toluoldampf bestimmte Luftstrom streicht über entsprechend erwärmtes Toluol und belädt sich hierbei mit Toluoldampf. Vor dem Eintritt in den Reaktionsraum wird zusätzliche Verbrennungsluft (Sekundärluft) beigemischt und die Mischung über **Zinnvanadat,** das auf 290⁰ erhitzt war, geleitet; hierbei erhält man optimal 50—57 % reine Benzoesäure. Bei zu hoher Durchgangsgeschwindigkeit bleibt ein Teil des Toluols unverändert, bei zu niedriger geht ein großer Teil der Benzoesäure durch Weiteroxydation zu Kohlendioxyd und Wasser verloren. Benzoesäure entsteht als Hauptprodukt bei der Oxydation von Toluol nach den Angaben von W. G. Parks[3] und R. W. Yula in einer Menge von 34 % auf verbrauchtes Toluol bezogen.

b) o-Chlorbenzoesäure

erhielt E. B. Maxted[4] bei der katalytischen Oxydation von o-Chlortoluol in einer Ausbeute von 13,8 %. Als Katalysator verwendet Maxted granuliertes **Zinnvanadat** bei einer Arbeitstemperatur von 290⁰.

c) o-Brombenzoesäure

gewann E. B. Maxted[4] bei der katalytischen Oxydation von o-Bromtoluol unter Benützung von granuliertem **Zinnvanadat** als Katalysator in einer Menge von 24,3 %; ein Teil des kerngebundenen Broms wird als Bromwasserstoff abgespalten.

d) p-Nitrobenzoesäure.

p-Nitrotoluol, das auf 93⁰ vorerhitzt ist, wird je Stunde von 10 l Luft durchstrichen; bei einer Katalysatortemperatur (granuliertes **Zinnvanadat**) von 270 bis 300⁰ erhält man 14—16 % an p-Nitrobenzoesäure, deren Menge durch Titration bestimmt wurde, da bei dem Prozeß keine Stickoxyde entstehen. p-Nitrobenzaldehyd entsteht nur in untergeordneten Mengen (E. B. Maxted[4]).

Das p-Nitrotoluol verhält sich somit bei der katalytischen Oxydation in der Gasphase analog dem β-Nitronaphthalin, das hierbei neben Phthalsäureanhydrid auch das zugehörige Nitrophthalsäureanhydrid gibt, zum Unterschied von α-Nitronaphthalin, das in guter Ausbeute Phthalimid, aber keine Nitrophthalsäure liefert (Anm. des Verfassers).

---

[1] Siehe Anm. 2, S. 561.
[2] J. Soc. chem. Ind. **47**, T 101; Chem. Zbl. **1928 I**, 3029. Nach diesem Verfahren kann Benzoesäure auch durch Oxydation von Benzylalkohol gewonnen werden.
[3] Ind. Engng. Chem., ind. Edit. **33**, 891—897 (1941); Chem. Zbl. **1942 I**, 928—929.
[4] J. chem. Soc. [London] **1928**, 1439; Chem. Zbl. **1928 II**, 647.

e) Salicylsäure.

Die *Selden Co.*, USA.[1], beschreibt die Herstellung von Salicylsäure durch katalytische Oxydation von Kresolen, wobei neben der Säure auch Salicylaldehyd anfällt. Als Katalysatoren werden Salze der **Erdalkalimetalle,** wie **Sulfate, Phosphate, Chlorate, Wismutate, Borate** usw., benutzt.

In einem weiteren umfangreichen Patent, ebenfalls von der *Selden Co.*, USA.[2], wird die Gewinnung der Salicylsäure aus Kresolen in Gegenwart geeigneter **Zeolithe** als Kontakte beschrieben.

f) Diphensäure

erhält man nach den Angaben der *Selden Co.*, USA.[2], bei der katalytischen Oxydation des Phenanthrens; als Katalysatoren werden basenaustauschende Stoffe verwendet, die mit verdünnten Säuren vorbehandelt waren, um die austauschbaren Stoffe ganz oder teilweise zu entfernen; die auf diese Weise erhaltenen Produkte werden mit katalytisch wirksamen Verbindungen versetzt.

g) Phthalsäure.

Von den katalytischen Oxydationen in der Gasphase hat die des Naphthalins wohl die eingehendste Bearbeitung erfahren, und zwar sowohl in technischer als auch in wissenschaftlicher Hinsicht. Auf die Möglichkeit, Naphthalin in der Gasphase katalytisch zu oxydieren, hat zuerst J. Walter[3] hingewiesen. Phthalsäureanhydrid wurde auf diesem Wege erstmalig von M. Dennstedt und F. Hassler[4] erhalten, indem sie bei Temperaturen um 300° Naphthalindampf mit Luft gemischt über **eisenhaltige Kohle** leiteten.

A. Wohl[5] hatte gemäß dem Vorschlage von J. Walter als Katalysator **Vanadinpentoxyd** auf Bimsstein benutzt und für damalige Verhältnisse befriedigende Ausbeuten an Phthalsäureanhydrid erhalten. Bis auf den heutigen Tag sind die verschiedensten Katalysatortypen erprobt worden, aber erst in jüngster Zeit ist es gelungen, das Verfahren wirtschaftlich befriedigend zu gestalten.

Die *Selden Co.*, USA.[6], hat in einer Reihe von Verfahren zahlreiche Abänderungsvorschläge der ursprünglichen Arbeitsweise gemacht; das vorerst in Anwendung gekommene Vanadinpentoxyd wurde durch Kontakte mehr oder weniger verwickelter Herstellungsweise verdrängt. Danach soll Phthalsäureanhydrid in nahezu theoretischer Ausbeute gebildet werden, wenn man ein Gemisch Naphthalindampf : Luft = 1 : 15 bei 380—450° unter Benutzung eines in der folgenden Weise hergestellten Katalysators oxydiert.

1. 42 Teile Kaliumsilicatlösung (K_2SiO_3) von 33° Bé werden in 200 ccm Wasser gelöst und darin 70 Teile Cellit (Sec. Acetylcellulose) verrührt;

2. 18,2 Teile Vanadinpentoxyd werden in konzentrierter Kalilauge gelöst und zu einer 10proz. Kaliumvanadatlösung verdünnt;

3. 3 Teile Aluminiumoxyd werden in $^1/_5$ n Kalilauge gelöst; die Lösungen 1, 2 und 3 werden nun vereinigt und auf 60—70° erwärmt. Dann wird so viel 10proz.

---

[1] E. P. 291419, Chem. Zbl. **1929 I**, 574.
[2] E. P. 315854, Chem. Zbl. **1929 II**, 3184.
[3] J. prakt. Chem. **51**, 107—111 (1895).
[4] DRP. 203848, Chem. Zbl. **1908 II**, 1750.
[5] E. P. 156244, Chem. Zbl. **1921 II**, 1065.
[6] Schw. P. 89552, Chem. Zbl. **1922 II**, 311.

Schwefelsäure zugesetzt, bis die Masse dicklich geworden ist, aber noch schwach alkalisch bleibt. Nach dem Filtrieren wird der Rückstand unterhalb 100^0 getrocknet, zerkleinert und mit 20proz. Schwefelsäure behandelt. In dem schwefelsauren **Zeolith** sind **Vanadin-** und **Aluminiumoxyd** in nicht austauschbarer Form vorhanden.

Ein weiteres Verfahren der *Selden Co.*, USA.[1], besteht darin, daß als Katalysatoren Zeolithe mit mehreren Komponenten verwendet werden. In Abänderung der bisherigen Verfahren oxydiert die *Selden Co.*, USA.[2] bei einem Naphthalindampf-Luft-Mischungsverhältnis 1 : 20 bei $360—420^0$ und in Gegenwart eines **Kupfervanadat**kontaktes, der in der folgenden Weise herstellbar ist.

108 g Ammoniumvanadat werden unter Zusatz von 5—10 ccm Ammoniak in 1600 ccm destilliertem Wasser gelöst. Zur heißen Lösung fügt man eine heiße Lösung von 14 g Kupfernitrat in etwa 100 ccm Wasser, ebenfalls unter Zugabe von wässerigem Ammoniak. Das Aufbringen auf Carborundum als Träger geschieht durch Besprühen in der Hitze. Mit Hilfe dieses Katalysators soll eine Ausbeute von 80 % an Phthalsäureanhydrid erzielt werden.

Schließlich hat sich die *Selden Co.*, USA.[3], noch die Verwendung von Katalysatoren, die aus Vanadinpentoxyd, Wasserglas und Zusätzen hergestellt waren und ferner die Verwendung von Wärmeaustauschflüssigkeiten wie eutektische Gemische aus Natriumnitrit und Natriumnitrat schützen lassen[4].

Die *I.G. Farbenindustrie AG.*[5] beschreibt in ihrem Patente die Verwendung eines Stufenkontaktes, wobei zufolge der Voroxydation durch einen milder wirkenden Katalysator in der nachfolgenden Oxydation zum Phthalsäureanhydrid sehr gute Ergebnisse erzielt werden sollen. Zum Beispiel wird ein Gemisch von Naphthalindampf und Luft bei 320^0 zunächst über Metallkörner geleitet, die mit **o-Vanadinsäure** (H_3VO_4) überzogen sind; anschließend wird bei $350—410^0$ über einen in stückiger Form gebrochenen Kontakt geleitet, der aus einer innigen Mischung von **o-Vanadinsäure** und **Kieselgur** besteht.

In einem Patent jüngeren Datums schlägt die *I.G. Farbenindustrie AG.*[6] vor, an Stelle der obengenannten Katalysatoren **Cermanganit** zu verwenden.

E. B. Maxted[7] und B. E. Coke verwenden eine durch Umsetzung von Zinntetrachlorid mit Ammoniumvanadat in wässeriger Lösung erhältliche Fällung von **Zinnvanadat** als Katalysator, der ein Naphthalindampf-Luft-Gemisch bei $260—310^0$ in guter Ausbeute zu Phthalsäureanhydrid oxydiert. Die Autoren bemerken noch besonders, daß Wismutvanadat Zinnvanadat keinesfalls zu ersetzen vermag.

(Bemerkenswert erscheinen die relativ niedrigen Reaktionstemperaturen, außerdem hat es den Anschein, daß die Autoren nicht Zinnvanadat schlechthin, sondern *basisches* Zinnvanadat in Händen hatten, wenn man berücksichtigt, daß Zinntetrachlorid in wässeriger Lösung zum Teil hydrolytisch gespalten ist. Anm. des Verf.)

Die *Barrett Co.*, USA.[8], arbeiten z. B. bei 450^0 unter Benutzung eines Katalysators, der aus einem Gemisch der **Oxyde** des **Vanadins** und **Molybdäns** (65 : 35) besteht.

Die *Compagnie Nationale de Matières Colorantes et Manufactures de Produits Chimiques du Nord Réunies*[9] hat sich Katalysatoren schützen lassen, die durch

[1] E. P. 296071, Chem. Zbl. **1929 I**, 1723.
[2] Amer. P. 1930716, Chem. Zbl. **1934 I**, 3521.
[3] Amer. P. 1811363, Chem. Zbl. **1932 II**, 750.
[4] Amer. P. 1945812, Chem. Zbl. **1934 I**, 3896.
[5] DRP. 441163, Chem. Zbl. **1927 I**, 2136.
[6] Amer. P. 1977978, Chem. Zbl. **1935 I**, 1769.
[7] E. P. 228771, Chem. Zbl. **1927 I**, 809.
[8] Amer. P. 1489741, Chem. Zbl. **1928 I**, 1713.
[9] F. P. 646263, Chem. Zbl. **1929 I**, 697.

Erhitzen von mit Vanadyloxalat getränkten Bimssteinstückchen erhältlich sind; auf diese Weise wird das **Vanadinpentoxyd** in sehr feiner Verteilung auf dem Bimsstein niedergeschlagen.

E. J. du Pont de Nemours & Co., USA.[1], tränkt inertes Trägermaterial, z. B. Tonerde oder Kieselerde, mit einer Lösung eines Vanadinsalzes, wie z. B. Vanadintrichlorid (VCl$_3$), das schließlich getrocknet und bis auf 425^0 erhitzt wird. Mit Hilfe dieses Kontaktes, der mindestens 15 % Vanadinpentoxyd enthalten soll, läßt sich Naphthalin mit Vorteil zu Phthalsäureanhydrid abbauen.

Solvay Prozess Co., New York[2], oxydiert Naphthalin in der Dampfphase zu Phthalsäureanhydrid unter Drucken von etwa 2—5 at.

Nicht von Naphthalin gehen eine Reihe weiterer Verfahren aus; so z. B. gewinnen die *Ellis Foster Co.*, USA.[3], aus naphthenhaltigem Petroleum in der Gasphase unter Zugabe von Verdünnungsmitteln, wie Wasserdampf, Stickstoff oder Kohlendioxyd, bei Dunkelrotglut Phthalsäureanhydrid neben anderen Produkten.

St. J. Green[4] oxydiert unter Benutzung von **Vanadinpentoxyd** Tetralin in der Gasphase bei 370^0, wobei er optimal 66,2 % an Phthalsäureanhydrid erhält.

Nach Rinta Shimose[5] ist das Auftreten von Phthalsäureanhydrid bei der Oxydation polynaphthenhaltiger Mineralöle in der folgenden Weise zu interpretieren:

Phthalsäureanhydrid entsteht aber auch nach St. J. Green[6] bei der katalytischen Oxydation von 1-Nitronaphthalin als Nebenprodukt; dieser Befund konnte von A. Pongratz[7] und Mitarbeitern in jüngster Zeit bestätigt werden; darüber hinaus wurde festgestellt, daß fast alle substituierten Naphthalinderivate in wechselnder Menge Phthalsäure geben.

Phthalsäureanhydrid entsteht aber auch weiter durch katalytische Oxydation von Phenanthren in Gegenwart von **Vanadinpentoxyd** oder anderer geeigneter Kontakte bei etwa 370^0, wie J. S. Salkind und W. W. Kessarew[8] feststellen konnten. Die Oxydation nimmt offenbar den Weg über Phenanthrenchinon und o, o′-Diphensäure:

W. G. Parks und C. E. Allard[9] oxydieren Petroleumxylol, das vorwiegend aus m- und o-Xylol besteht. In Gegenwart von Vanadinpentoxyd auf „Alfrax"

[1] Amer. P. 2 068 542, Chem. Zbl. **1938 I**, 390.
[2] Amer. P. 2 219 333, Chem. Zbl. **1941 I**, 2035.
[3] Amer. P. 1 697 262, Chem. Zbl. **1929 I**, 2379.
[4] J. Soc. chem. Ind. Trans. **51**, 147; Chem. Zbl. **1932 II**, 1171.
[5] Sci. Pap. Inst. physic. chem. Res. **15**, 251; Chem. Zbl. **1931 II**, 1400.
[6] J. Soc. chem. Ind. Trans. **51**, 147; Chem. Zbl. **1932 II**, 1171.
[7] Angew. Chem. **54**, 24 (1941).   [8] Chem. Zbl. **1938 I**, 3334.
[9] Ind. Engng. Chem., ind. Edit. **31**, 1162; Chem. Zbl. **1940 I**, 1650.

wird unter günstigsten Bedingungen bis 85% des umgesetzten Xylols Phthalsäureanhydrid erhalten. Je nach dem Verhältnis des Dampf-Luft-Gemisches entsteht als Hauptprodukt Phthalsäureanhydrid oder Tolylaldehyd (Luft:Dampf = 20:1 bis 35:1; für Tolylaldehyd sind die Verhältnisse 1,5:1 bis 5:1). **Zinnmetavanadat** [$Sn(VO_3)_4$], **Vanadinpentoxyd** und **Uranmolybdat** oder **-vanadat** können je nach den Bedingungen Phthalsäure oder Tolylaldehyd geben; **Zirkondioxyd** (ZrO_2), **Molybdänoxyd** (MoO_3) und **Wolframoxyd** (WO_3) geben auch bei Luftüberschuß nur Tolylaldehyd.

C. P. BYRNES[1] oxydiert auch Naphthalin zu Phthalsäureanhydrid in sauerstofffreier Atmosphäre unter Benutzung von **Molybdäntrioxyd** als Katalysator (siehe Anm. 2, S. 569, die Gewinnung von Maleinsäure nach diesem Verf.).

TOKISHIGE KUSAMA[2] bespricht in einer längeren Arbeit die Probleme der Naphthalinoxydation, insbesondere die Aussichten über die Möglichkeit, Zwischenprodukte der Oxydation zu fassen. Daß solche Zwischenprodukte (außer dem α-Naphthochinon, und dessen Zwischenproduktcharakter ist umstritten, Anm. des Verf.) bisher noch nicht substantiell sichergestellt werden konnten, führt der Autor einmal auf die große, bei der Naphthalinoxydation frei werdende Reaktionswärme zurück; zum andern glaubt der Autor das negative Ergebnis in dieser Hinsicht auf die „Entartung" des Vanadinpentoxydes zurückführen zu müssen. Diese Entartung bestehe im Übergang des Vanadinpentoxydes in niedere Oxyde bis zum Vanadinsuboxyd (V_2O), welche basische Eigenschaften besäßen, sich aus diesem Grunde mehr oder weniger fest mit der gebildeten Phthalsäure verbänden und deren völlige Verbrennung verursachten. Durch Zufügen von *Promotoren*, wie z. B. der **sauren Oxyde** des **Molybdäns, Wolframs, Cers, Chroms, Urans** u. a. oder auch von Schwefeldioxyd, welches den Reaktionsgasen beigemischt wird, ließen sich diese niederen Oxyde unschädlich machen. Die Gegenwart großer Mengen Wasserdampf im Reaktionsgemisch verursache aber die Bildung von viel Benzoesäure.

Die Theorie der Naphthalinoxydation ist nun neuerdings von A. PONGRATZ und Mitarbeitern[3] eingehend untersucht worden. Auf Grund der Versuchsergebnisse werden folgende Schlüsse gezogen.

1. Da unter Benutzung von **Titanylvanadat** als Katalysator in inerter Gasphase (Stickstoff, Temperaturen um 300°) reichlich Kohlendioxyd und Wasser entstehen, aber kein Phthalsäureanhydrid, wird gefolgert, daß in dieser Phase hauptsächlich die Reaktion des Totalabbaues zu Kohlendioxyd und Wasser stattfindet, zumal das durchschnittliche Verhältnis der beiden Gase mengenmäßig dem theoretisch ermittelten Werte nahekommt (Ber. nach Gl. (1): 6,1; gef. 5,3).

$$C_{10}H_8 + 24\,O = 10\,CO_2 + 4\,H_2O. \tag{1}$$

In der zweiten Versuchsphase wird nur unter Einleiten von Luftsauerstoff der Katalysator reoxydiert und hierbei, ohne neuerliche Naphthalindampfbeimischung Phthalsäureanhydrid erhalten. Gleichzeitig wurden die Mengen Kohlendioxyd und Wasser dieser Versuchsphase ebenfalls mikroanalytisch ermittelt und das Zahlenverhältnis zu 2,5 gefunden, während die berechnete Zahl gemäß Gl. (2) ebenfalls 2,5 ergibt.

$$C_{10}H_8 + 9\,O = 2\,CO_2 + 2\,H_2O + C_8H_4O_3 \text{ (Phthalsäureanhydrid)}. \tag{2}$$

Da aber Naphthalin selbst nicht vom Kontakt zurückgehalten wird, haben PONGRATZ und Mitarbeiter als integrierendes Zwischenprodukt der Oxydation

---

[1] Amer. P. 1836325, Chem. Zbl. **1932 II**, 1689.
[2] Bull. Inst. physic. chem. Res. [Abstr.] **1**, 105 (1928); Chem. Zbl. **1929 I**, 752.
[3] Siehe Anm. 7, S. 574.

2,3-Dioxy-1,4-Naphthochinon angenommen, das sehr wohl mit der reduzierten Katalysatorstufe lackartige Komplexe zu bilden vermöchte[1].

Der Verlauf der Naphthalinoxydation zu Phthalsäureanhydrid wird unter Berücksichtigung aller bisherigen Ergebnisse in der· folgenden Weise gedeutet:

$$\text{Naphthalin} \xrightarrow{O_2} \xrightarrow{O_2} \xrightarrow{O} \;;\; H_2O + 2\,CO_2 + \text{(Anhydrid)} \;;\; 4\,O \to \;;\; 19\,O \to 10\,CO_2 + 3\,H_2O$$

Die Reaktionsabzweigung zum Naphthochinon tritt erfahrungsgemäß stets dann ein, wenn bei konstant gehaltener Temperatur die Berührungszeit zu kurz oder wenn die Temperatur zu niedrig gehalten wird, oder wenn der Luftüberschuß unter das zulässige Maß sinkt.

Die Reinigung des rohen Phthalsäureanhydrides kann z. B. in der Weise erfolgen, daß die Reaktionsmasse unter Zusatz von 3—5 % Schwefelsäure von 66° Bé eine Stunde lang auf 180° erhitzt wird; hierbei wird Wasser und Naphthalin abgeschieden. Man steigert die Temperatur innerhalb einer weiteren Stunde auf 250° und erhöht sie schließlich bis auf 285°, wobei Kondensation, Carbonisation und Oxydation der Verunreinigungen (Maleinsäure und deren Anhydrid, Benzoesäure, Chinone, Phthaleine, Teere) erfolgt. Das gebildete Schwefeltrioxyd wird durch Aktivkohle entfernt[2].

Speziell für die als Nebenprodukt sehr unerwünschte Maleinsäure sind Vorschläge zu deren Beseitigung von der *Monsanto Chemical Co.*[3], USA., erstattet worden. Durch fraktionierte Kühlung wird aus dem Reaktionsgemisch Phthalsäureanhydrid zur Abscheidung gebracht, während die Maleinsäure mit den Abgasen (restliche Luft, Wasserdampf, Kohlendioxyd) weiterzieht.

h) 3-Chlorphthalsäure.

3-Chlorphthalsäureanhydrid läßt sich in etwa 80proz. Reinheit (neben Phthalsäureanhydrid) durch katalytische Oxydation von 1,5-Dichlornaphthalin gewinnen (A. PONGRATZ und Mitarbeiter[4]). Bei einer Katalysatortemperatur von 345° und **Titanylvanadat** auf Bimsstein als Katalysator liefert wohl 1,5-Dichlornaphthalin die Säure in zufriedenstellender Ausbeute, nicht aber 1-Chlornaphthalin, wo sie bei der anfallenden Phthalsäure nur als Nebenprodukt in einigen Prozenten auftritt. Der in 1-Stellung durch Chlor substituierte Naphthalinkern ist gegenüber dem oxydativen Angriff wenig widerstandsfähig, er wird vor dem nicht substituierten Kern bevorzugt angegriffen.

i) 4-Chlorphthalsäure

wird bei der katalytischen Oxydation von 2-Chlornaphthalin neben Phthalsäureanhydrid erhalten, wobei es etwa die Hälfte des Gesamtsublimates ausmacht. Hin-

[1] Siehe H. D. K. DREW, F. G. DUNTON: J. chem. Soc. **1940**, 1064—1070.
[2] Ann. Chim. appl. **30**, 170; Chem. Zbl. **1940 II**, 1709.
[3] Amer. P. 2 215 968, Chem. Zbl. **1941 I**, 826.   [4] Siehe Anm. 7, S. 574.

sichtlich der Widerstandskraft gegenüber des oxydativen Angriffes steht der in 2-Stellung durch Chlor substituierte Kern mit dem nichtsubstituierten auf gleicher Stufe (A. Pongratz und Mitarbeiter[1]).

k) Nitrophthalsäure.

Die Gewinnung von Nitrophthalsäure wurde zuerst bei E. B. Maxted und B. E. Coke[2] erwähnt. Da aber erfahrungsgemäß 1-Nitronaphthalin bei der katalytischen Oxydation in der Gasphase keine Nitrophthalsäure, sondern im wesentlichen nur Phthalimid gibt, muß wohl auch Maxted 2-Nitronaphthalin der Oxydation unterworfen haben. A. Pongratz[3] und Mitarbeiter erhielten aus 2-Nitronaphthalin ein Reaktionsprodukt, das rund zur Hälfte aus 4-Nitrophthalsäureanhydrid bestand; die zweite Hälfte bestand aus Phthalsäureanhydrid, das sich infolge der größeren Flüchtigkeit in größerer Entfernung vom Reaktionsraum absetzt und daher leicht von dem Nitrophthalsäureanhydrid getrennt werden kann.

l) Phthalimid.

Die Möglichkeit, Phthalimid in einem Arbeitsgang durch Gemeinsamoxydation von Naphthalin und Ammoniak in Gegenwart von Luftsauerstoff und eines Vanadinkontaktes zu gewinnen, wurde schon vor ziemlich langer Zeit erörtert[4] (*E. I. du Pont de Nemours & Co.*).

Phthalimid entsteht aber, wie die *British Dyestuffs Corp. Lim.*[5] gefunden haben, bei der katalytischen Oxydation des 1-Nitronaphthalins bei einer Temperatur von etwa 330—370⁰ und unter Verwendung von mit **Vanadinpentoxyd** überzogenem Bimsstein als Katalysator. Bei dieser Arbeitsweise soll Phthalimid in 90 proz. Ausbeute erhalten werden.

Wie A. Pongratz und Mitarbeiter[6] festgestellt haben, liefern alle in 1-Stellung substituierten Stickstoffderivate des Naphthalins (Nitro-, Amino-, Cyannaphthalin) bei der katalytischen Oxydation in der Gasphase als Hauptprodukt Phthalimid. Die Bildung des Phthalimids erfolgt vermutlich über den Weg: Phthalsäureanhydrid + Ammoniak = Phthalimid + Wasser.

Der Ammoniakstickstoff entstammt jeweils der Nitro-, Amino- oder Cyangruppe. Von den zugehörigen in 2-Stellung substituierten Naphthalinen lieferte nur 2-Aminonaphthalin in geringfügiger Menge Phthalimid, während 2-Nitronaphthalin und 2-Cyannaphthalin die zugehörigen substituierten Phthalsäuren gaben.

Die Bildung des Phthalimides aus 1-Nitronaphthalin erfolgt nach dem Schema:

$$\text{(Schema)} \xrightarrow{5\,O} \quad + 2\,CO_2 + H_2O\,.$$

m) Naphthalsäure (1,8-Naphthalindicarbonsäure)

läßt sich durch Oxydation von Acenaphthen gewinnen. Die *I. G. Farbenindustrie AG.*[7] oxydiert in zwei Stufen, indem zuerst die Acenaphthendampf-Luft-Mischung

[1] Siehe Anm. 7, S. 574.
[2] E. P. 237 688, Chem. Zbl. **1928 I**, 1712.
[3] Siehe Anm. 7, S. 574.
[4] Amer. P. 1 450 678, Chem. Zbl. **1925 II**, 1804.
[5] F. P. 554 178. — H. Brückner: Katalytische Reaktionen, S. 111. Verlag Th. Steinkopff 1930. — Chem. Zbl. **1923 IV**, 879.
[6] Siehe Anm. 7, S. 574.　　[7] DRP. 441 163, Chem. Zbl. **1927 I**, 2136.

bei 340° über einen Kontakt geleitet wird, der den Kohlenwasserstoff nur bis zum Acenaphthylen oxydiert; man entzieht hierauf dem Reaktionsgemisch Wärme und oxydiert unter Zuhilfenahme eines zweiten Kontaktes (z. B. eine bewährte **Vanadin**kombination) zur Naphthalsäure weiter.

Solche Kontakte, die das Acenaphthen nur bis zur Acenaphthylenstufe oxydieren, sind nach den Angaben der *Selden Co.*, USA.[1], Katalysatoren, die aus **Zeolithen,** die Aluminium gegen Blei tauschen und durch weitere Einwirkung von Kaliumvanadatlösung **Bleivanadat** bilden, hergestellt sind.

Wird aber in einem Arbeitsgang oxydiert (*I.G. Farbenindustrie AG.*[2]; *Selden Co.*, USA.[3], H. Brückner[4]), so gewinnt man unter Verwendung eines **Vanadinpentoxyd**katalysators neben geringen Mengen von Maleinsäure und Phthalsäureanhydrid, Acenaphthenchinon, Naphthalsäureanhydrid, Naphthaldehydsäure und Acenaphthylen im Verhältnis 0,41 : 11,1 : 6,33 : 23,48, die zunächst einmal durch fraktionierte Kondensation getrennt werden. Die weitere Aufarbeitung geschieht durch Extraktion der Säuren mit Natriumcarbonatlösung und des Chinons mit Bisulfitlösung.

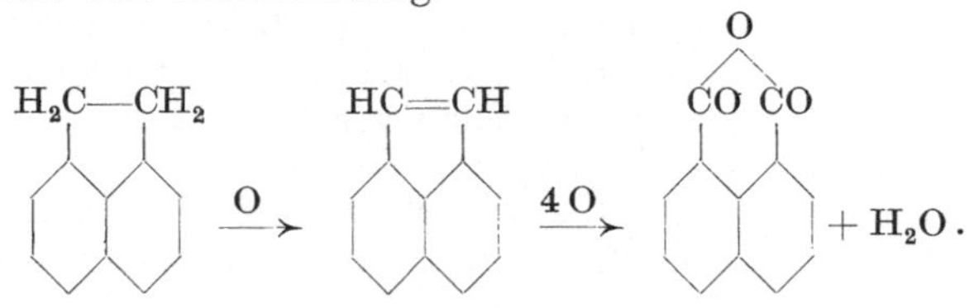

VI. Gewinnung von Blausäure.

Blausäure wird heute technisch **dur**ch Zusammenoxydation von Methan (Äthan, Äthylen usw.) und Ammoniak in Gegenwart von Luftsauerstoff und **Platin-Rhodium**-Katalysatoren erhalten. An Stelle von Ammoniak kann auch Stickoxyd verwendet werden. Schließlich ist es auch möglich, aus Kohlenwasserstoff, Ammoniak und Wasserstoff in Abwesenheit oxydierender Gase, in Gegenwart von **Platin-Iridium**-Katalysatoren bei 850—1100°, Blausäure zu gewinnen (*I.G. Farbenindustrie AG.*[5]). Dieses Verfahren zeigt, daß Blausäure auch durch bloße Neuordnung gegebener Atomgruppierungen entstehen kann.

Mit der Theorie der Blausäurebildung bei der katalytischen Zusammenoxydation von Methan und Ammoniak hat sich A. Andrussow[6] eingehend beschäftigt. Die Bruttoreaktion:

$$NH_3 + CH_4 + O_3 = HCN + 3\,H_2O + 114 \cdot 900 \text{ cal}$$

zerlegt Andrussow gemäß seiner „Nitroxyltheorie" in folgende Teilreaktionen:

1. $NH_3 + O_2 \rightarrow HNO + H_2O$;
2. $HNO + CH_4 \rightarrow CH_2{=}NH + H_2O$;
3. $CH_2{=}NH \rightarrow HCN + H_2$; $\quad H_2 + O \rightarrow H_2O$.

Andrussow weist weiter darauf hin, das Nitroxyl als erstes Zwischenprodukt bei der katalytischen *Reduktion* des Stickoxyds zum Ammoniak zwangläufig angenommen werden muß, zumal Hydroxylamin tatsächlich aufgefunden wurde.

---

[1] F. P. 649292, Chem. Zbl. **1929 II**, 1220.
[2] DRP. 428088, 441163, Chem. Zbl. **1926 II**, 1101; **1927 I**, 2136.
[3] Schwz. P. P. 88190, 90866, Chem. Zbl. **1922 II**, 574.
[4] Katalytische Reaktionen, S. 116. Verlag Th. Steinkopff 1930.
[5] DRP. 555056, Chem. Zbl. **1933 I**, 3366.
[6] Siehe Anm. **3**, S. 554.

In ganz analoger Weise müßte die Reduktion der Blausäure, die in ihrem Endergebnis zur Bildung von Methan und Ammoniak führt, den Weg über Methylenimin nehmen:

$$\text{a)}\quad NO + H \longrightarrow HNO \xrightarrow{H_2} NH_2 \cdot OH \xrightarrow{H_2} NH_3 + H_2O$$
$$\text{b)}\quad HCN + H_2 \longrightarrow CH_2{=}NH \xrightarrow[H_2]{} CH_3 \cdot NH_2 \xrightarrow[H_2]{} CH_4 + NH_3$$

da auch für die Reaktion b Methylamin als Zwischenprodukt nachgewiesen werden konnte. ANDRUSSOW verknüpft mit diesen Reaktionen die Ammoniakoxydation zu Salpetersäure, wobei er darauf hinweist, daß M. BODENSTEIN[1] bei kleinen Drucken hierbei der Nachweis des Hydroxylamins als Zwischenstufe gelungen ist. Wichtig scheinen die Versuche zu sein, die ANDRUSSOW zu Vergleichszwecken angestellt hat; so konnte er zeigen, daß Ammoniak bei 832^0 erst in 10^{-2} Sekunden zu 60% und bei 684^0 zu 15% in die Elemente zerfallen ist. Bei diesen Temperaturen verläuft die Ammoniakoxydation schon in 10^{-4} Sekunden *vollständig*, und sie kann auch schon bei 350^0 und kurzer Verweilzeit durchgeführt werden.

Den in jüngster Zeit bekanntgewordenen Untersuchungen von A. PONGRATZ und Mitarbeitern[2] über die katalytische Oxydation von stickstoffsubstituierten Naphthalinen ist zu entnehmen, daß Blausäure in wechselnden Mengen hierbei *stets* gebildet wird, gleichgültig, ob es sich um Nitro-, Cyan- oder Aminonaphthaline handelt, doch liefern die zugehörigen β-Derivate regelmäßig größere Mengen an Blausäure gegenüber den α-Derivaten. Sie erreicht beim β-Naphthylamin den maximalen Wert von $16,8\%$, bezogen auf die Einwaage. Da aber bei den Versuchen eine Temperatur von 325^0 nicht überschritten wurde, Ammoniakoxydation überdies an ihrem Katalysator (**Titanylvanadat**) nicht beobachtet wurde, folgern A. PONGRATZ und Mitarbeiter, daß die Bildung der Blausäure bei der Oxydation der stickstoffsubstituierten Naphthaline auf den Umsatz von *CO-Radikalen* mit dem abgespaltenen Ammoniak zurückzuführen ist, zumal die Umsetzung von Kohlenoxyd selbst mit Ammoniak erst bei Temperaturen über 500^0 meßbar zu verfolgen ist (G. BREDIG und E. ELÖD[3]):
$$CO + NH_3 = HCN + H_2O.$$

Die von ANDRUSSOW entwickelte Hypothese der Blausäurebildung über Nitroxyl und Methylenimin hat vielleicht eine Lücke; denn die Bildung des Methylenimins als integrierende Zwischenstufe ist nach den Erfahrungen, die bei der Methanoxydation zu Formaldehyd gemacht wurden, zwanglos auch in der Weise zu deuten, daß primär gebildeter Formaldehyd sich mit Ammoniak zu Methylenimin kondensiert:
$$CH_4 + O_2 = CH_2O + H_2O; \qquad CH_2O + NH_3 = CH_2{=}NH + H_2O.$$
Für diese Deutung lassen sich indessen im Augenblick experimentelle Beweise nicht anführen.

Formamid jedoch, das sich hypothetisch bilden und im Anschluß daran in Wasser und Blausäure zerfallen könnte, ist mit Sicherheit auszuschließen[4].

Was nun die zweite Gruppe der Verfahren zur Gewinnung der Blausäure betrifft, so beruhen diese auf der Verwendung von Stickoxyd an Stelle von Ammoniak. E. ELÖD und H. NEDELMANN[5] haben die Einwirkung von Stickoxyd auf Methan, Äthylen und Acetylen in Abwesenheit von Luftsauerstoff untersucht und folgern aus ihren Versuchen, daß die erste Stufe der Reaktion

---

[1] Z. Elektrochem. angew. physik. Chem. **41**, 466 (1935).   [2] Siehe Anm. 7, S. 574.
[3] Z. Elektrochem. angew. physik. Chem. **36**, 991 (1930); Chem. Zbl. **1931 I**, 1714.
[4] G. KORTÜM: Z. Elektrochem. angew. physik. Chem. **36**, 1021 ff. (1930); Chem. Zbl. **1931 I**, 1714.
[5] Z. Elektrochem. angew. physik. Chem. **33**, 217—236 (1930); Chem. Zbl. **1927 II**, 1232.

in der Reduktion des Stickoxyds zu Ammoniak bestehe. G. Bredig, E. Elöd und E. Demme[1] haben die durch Katalysatoren erwirkte Reaktion zwischen Ammoniak und Kohlenwasserstoffen wie Methan, Äthylen und Acetylen studiert und je nach dem verwendeten Katalysator, der Reaktionstemperatur, Verweilzeit und Art des Kohlenwasserstoffs unterschiedliche Ausbeuten an Blausäure erzielt. Die Bildung von Blausäure ist also nicht an oxydative Prozesse, wie sie z. B. in der Gemeinsamoxydation von Ammoniak mit Kohlenwasserstoffen vorliegen, gebunden.

Aus diesem Grunde ist auch die Interpretation der Blausäurebildung bei diesen oxydativen Prozessen durchaus nicht eindeutig.

1. Verfahren auf der Basis Stickoxyd-Kohlenwasserstoff.

Nach einem Patent der *E. J. du Pont de Nemours & Co.*, USA.[2], werden Gase oder Dämpfe eines oder mehrerer Kohlenwasserstoffe bzw. Industriegase, wie Kokereigas, in Mischung mit Stickoxyd und in Gegenwart von Katalysatoren im Temperaturbereich von 800—1400⁰ aufeinander einwirken gelassen. Zwecks Vermeidung von Kohlenstoffabscheidung werden der Reaktionsmischung Hilfsgase, wie Stickstoff, Sauerstoff, Kohlendioxyd oder Wasserdampf, zugesetzt. Als Katalysatoren dienen Metalle der Platingruppe; zweckmäßig ist die Verwendung von **Platin-Rhodium-** oder **Platin-Palladium**-Legierungen, die auf Trägern niedergeschlagen werden. Statt des Stickoxydes können Produkte der katalytischen Verbrennung von Ammoniak, mit oder ohne vorherige Abscheidung des Wasserdampfes, dienen. Wasserdampf in einer Menge des 1- bis 2fachen des Stickoxydes setzt die Ausbeute an Blausäure nicht herab.

Die *E. J. du Pont de Nemours & Co.*, USA.[3], hat in einem weiteren Patent Verbesserungen des ersten Verfahrens vorgeschlagen. So z. B. werden spezielle Trägermaterialien benutzt, vorzugsweise möglichst porenfreie Stoffe wie geschmolzenes Siliciumdioxyd, die mit einem fest anhaftenden Überzug von Platin-Rhodium oder Platin-Palladium versehen sind. Man arbeitet bei verhältnismäßig sehr hohen Temperaturen (1000—1100⁰); zur Herstellung der Katalysatoren wird die Lösung der Metallverbindungen, wie z. B. der Chloride, auf die Oberfläche des Trägers gebracht und in einem Strom nichtreduzierender Gase (Luft oder andere sauerstoffhaltige Gase) vorzugsweise bei Temperaturen zwischen 1200 und 1400⁰ zersetzt.

Von der *Canadian Industries Ltd*[4] wurde ein Patent genommen, das inhaltlich mit den Patenten der *E. J. du Pont de Nemours & Co.*, USA., übereinstimmt, weshalb das Verfahren nicht näher besprochen wird. In einem besonderen Patent hat sich dieselbe Anmelderin[5] die zusätzliche Verwendung von Wasserdampf neben Sauerstoff und Stickstoff als Fremdgase schützen lassen; als Verfahrensgrundlage wird Stickoxyd und Methan und der Rhodiumgehalt des Platinrhodiumkatalysators mit 10⁰/₀ angegeben.

Besonderes Interesse darf ein Verfahren der *E. I. du Pont de Nemours & Co.*, USA.[6], beanspruchen, nach welchem Stickoxyde mit Kohlenwasserstoffen im Mischungsverhältnis von wenigstens 2 Atomen Kohlenstoff je Mol Stickoxyd in *Abwesenheit* eines festen Katalysators bei Temperaturen zwischen 800 und 1400⁰ miteinander reagieren, wobei Blausäure gebildet wird. Die Gasmischung

---

[1] Z. Elektrochem. angew. physik. Chem. **36**, 991—1003, Chem. Zbl. **1931 I**, 1714.
[2] F. P. 781 239, Chem. Zbl. **1935 II**, 2581.
[3] F. P. 795 092, Chem. Zbl. **1936 I**, 4989.
[4] Can. P. 377 143, Chem. Zbl. **1939 I**, 1254.
[5] Can. P. 373 662, Chem. Zbl. **1939 I**, 250.
[6] E. P. 460 598, Chem. Zbl. **1937 I**, 3549.

wird zweckmäßig mit 2—10 Volumina eines inerten Gases verdünnt. Bei der bekannten Eignung der Stickoxyde als homogene Oxydationskatalysatoren darf dieses Verfahren zu den in homogener Phase katalysierten gezählt werden.

2. Verfahren auf der Basis Ammoniak-Kohlenwasserstoff.

Nach einem Verfahren der *I.G. Farbenindustrie AG.*[1] wird ein gasförmiges Gemisch von Ammoniak und wenigstens einem Kohlenwasserstoff, vorzugsweise ein niederes Glied der aliphatischen Reihe bei Temperaturen von 500—1300° über einen oxydierend wirkenden Katalysator geleitet. Dem äquimolaren Gemisch Ammoniak-Kohlenwasserstoff kann je C-Atom ein Mol Sauerstoff zugesetzt sein. Zum Beispiel leitet man ein Gemisch von 13 Teilen Ammoniak, 70 Teilen Luft und 20 Teile eines hauptsächlich aus Methan bestehenden Gases bei 900° durch einen Reaktionsraum, der mit einem feinmaschigen **Platin**netz beschickt ist. Die den Reaktionsraum verlassenden Gase werden unmittelbar in einem auf 600° gehaltenen Behälter geleitet, der mit gebranntem Kalk beschickt ist. Man erhält Calciumcyanid in guter Ausbeute.

I.G. Farbenindustrie AG.[2] verwendet in einem weiteren Patent Mischungen von gasförmigem Ammoniak mit einem oder mehreren aliphatischen, cycloaliphatischen oder aromatischen Kohlenwasserstoffen und sauerstoffhaltigen Gasen, vorzugsweise Luft; die Mischungen werden im Temperaturbereich von 500—1300° über Katalysatoren geleitet, welche die katalytische Oxydation des Ammoniaks begünstigen. Die Menge des angewandten Sauerstoffes soll geringer sein, als zur völligen Verwandlung des Ammoniaks in Stickoxyd und der Kohlenwasserstoffe in Kohlendioxyd erforderlich ist. Als geeignete Katalysatoren werden die **Metalle** der **Platinreihe**, die **Edelmetalle** und die **Oxyde** oder **Phosphate** der **seltenen Erden** u. a. genannt. Die entstandene Blausäure wird entweder durch Abkühlen abgeschieden oder in Form ihrer Alkali- oder Erdalkalisalze isoliert.

In Abänderung des vorherigen Patentes hat die *I.G. Farbenindustrie AG.*[3] an Stelle der Kohlenwasserstoffe, Aldehyde, Phenole, Carbonsäuren, Dichloräthylen u. a. Stoffe als Ausgangsmaterial benutzt. Zum Beispiel wird Luft bei 27° mit Methylalkohol gesättigt und mit 10 Volumina Ammoniak mit einer Geschwindigkeit von 25 cm je Sekunde bei 820—850° über einen **Platin-Rhodium**-Katalysator geleitet, wobei über die Hälfte vom eingesetzten Ammoniak zu Blausäure umgesetzt wird. An Stelle von Methylalkohol kann auch Äthylalkohol verwendet werden; die Reaktionen mit Äthylalkohol oder z. B. mit Dichloräthylen verlaufen nach den folgenden summarischen Gleichungen:

$$C_2H_5 \cdot OH + 2NH_3 + 2O_2 = 2HCN + 5H_2O;$$
$$CHCl{=}CHCl + 2NH_3 + O = 2HCN + 2HCl + H_2O.$$

E. I. du Pont de Nemours & Co., USA.[4], schlagen für die Gemeinsamoxydation von Ammoniak, Methan, Sauerstoff oder die entsprechende Menge Luft im Temperaturbereich von 1100—1500° als Katalysator fein verteilte **Holzkohle** vor. Und schließlich hat die gleiche Firma ein Verfahren[5] zum Patent angemeldet, das in analoger Weise wie das Verfahren gemäß E. P. 460598 (siehe Anm. 6, S. 580) in *Abwesenheit* von festen Katalysatoren arbeitet. Danach wird eine Mischung von Ammoniakgas mit einer größeren als stöchiometrisch notwendigen Menge gasförmigen Kohlenwasserstoffes und Luftsauerstoff im Temperatur-

[1] E. P. 361004, Chem. Zbl. **1932 I**, 870.
[2] F. P. 715052, Chem. Zbl. **1932 I**, 1439.
[3] DRP. 577339, Chem. Zbl. **1933 II**, 781.
[4] Amer. P. 2000134, Chem. Zbl. **1935 II**, 1445.
[5] E. P. 442737, Chem. Zbl. **1936 I**, 4622.

bereich von 1000—1500⁰ reagieren gelassen. Die Sauerstoffmenge wird geringer gehalten, als zur vollständigen Oxydation des Kohlenwasserstoffüberschusses erforderlich ist. Der Wärmebedarf der Reaktion kann zum Teil durch Wärmezufuhr von außen gedeckt, und die reagierenden Gase selbst können auf wenigstens 400⁰ vorgewärmt werden. Offenbar erleidet der eingesetzte Kohlenwasserstoff jene oxydativen Veränderungen, wie sie z. B. bei der langsamen Oxydation des Methans oder Äthans von W. A. Bone und R. E. Allum[1] bzw. von D. M. Newitt und A. E. Haffner[2] beobachtet wurden.

Schließlich gibt es noch eine Reihe von Verfahren, die auf der katalytisch erzwungenen Kondensation von Ammoniak und Kohlenoxyd unter Wasserabspaltung beruhen, die aber in diesem Zusammenhang erwähnt werden, da Blausäurebildung, bei der Zusammenoxydation von Kohlenwasserstoffen und Ammoniak etwa, zum Teil auch auf derartigen Sekundärreaktionen aufgebaut sein kann:

$$NH_3 + CO = HCN + H_2O$$

(siehe auch Abschnitt Krabbe, S. 546).

VII. Darstellung von Kohlenwasserstoff (durch oxydierenden Wasserstoffentzug).

Hierfür ist im wesentlichen nur ein Beispiel bekannt geworden, und zwar die Umwandlung von *Acenaphthen* in *Acenaphthylen*.

Acenaphthylen erhält man nach den Angaben der *Selden Co.*, USA.[3], beim Überleiten eines Acenaphthendampf-Luft-Gemisches zwischen 300 und 400⁰ über einen Kontakt, der etwa in der folgenden Weise bereitet wird.

100 Teile eines Natrium und Aluminium enthaltenden Zeoliths oder auch die entsprechende Menge natürlichen Zeoliths werden mit einer Bleinitratlösung digeriert, wobei das Blei im Zuge des Basenaustausches in den Zeolith wandert. Nach gründlichem Auswaschen wird der so vorbehandelte Zeolith mit einer 10proz. Kaliumvanadatlösung versetzt, wobei sich im Zeolith **Bleivanadat** bildet.

Man erkennt besonders an diesem Beispiel, welch reiche Möglichkeiten beim katalytischen Arbeiten in heterogener Phase gegeben sind.

Das alt geübte Verfahren, aus Rohanthracen durch Oxydation mit Chromschwefelsäure die Begleitstoffe wie Phenanthren und Carbazol abzubauen, findet in der modernen katalytischen Oxydationstechnik ein Analogon. Die *Selden Co.*, USA.[4], hat ein Verfahren entwickelt, mit dessen Hilfe Rohanthracen in zweckmäßiger Weise von seinen Begleitstoffen befreit werden kann; auch bei diesem Verfahren werden die Begleitstoffe zu Kohlendioxyd und Wasser abgebaut, während Anthracen von einem ursprünglichen Gehalt von 25—50% auf 70—80% angereichert wird. Als Katalysator hat sich das folgende **Alkalikupferaluminat** besonders geeignet gezeigt:

10,2 Teile frisch gefälltes Aluminiumhydroxyd werden in 2 n Natron- oder Kalilauge gelöst und zu dieser Lösung eine Lösung von 22 Teilen basischen Kupfercarbonats in Form der Kupfer-Ammoniak-Verbindung zugesetzt. Dann werden 150 Teile Kieselgur eingerührt und überdies eine Lösung von 24 Teilen Kupfernitrat [Cu(NO₃)₂ · 3 aq] in 100 Teilen Wasser zugegeben. Es entsteht eine blaue gelatinöse Masse, die unterhalb 100⁰ getrocknet wird. Zur Verfestigung des Katalysators wird gegebenenfalls eine 5—10proz. Lösung von Kaliumsilicat zugegeben. Als Arbeitstemperatur wird das Intervall von 380—430⁰ angegeben.

---

[1] Siehe Anm. 8, S. 551. [2] Siehe Anm. 1, S. 552.
[3] F. P. 649292, Chem. Zbl. **1929 II**, 1220.
[4] E. P. 295270, Chem. Zbl. **1929 II**, 1587.

C. Kohlendioxyd und Wasserdampf als Oxydationsmittel.

I. Kohlendioxyd.

Kohlendioxyd als Oxydationsmittel wird verhältnismäßig selten angewendet. In einem Verfahren der *BASF*[1] wird Toluoldampf in Mischung mit überschüssigem und feuchtem Kohlendioxyd bei 450—500° über einen Katalysator geleitet, der aus auf Bimsstein niedergeschlagenem **Vanadinpentoxyd** besteht. Die Reaktionsgase werden gekühlt, und es scheidet sich reiner Benzaldehyd ab, der höchstens Spuren von nichtoxydiertem Toluol enthält. Als Vorteile dieser Verfahrensweise gegenüber der Verwendung von Luft als Sauerstoffgeber kann das Fehlen explosiver Gasgemische und von Benzoesäure im Reaktionsprodukt gelten.

In ähnlicher Weise wird bei 480—500° *Anthracen* in *Anthrachinon* übergeführt. Die Oxydation des Toluols zu Benzaldehyd erfolgt nach dem Schema:

$$C_6H_5 \cdot CH_3 + 2CO_2 = C_6H_5 \cdot CHO + 2CO + H_2O.$$

Die Gewinnung von Oxyphthalsäure wurde schon kurz erwähnt (siehe S. 550). Ausgeführt wird das Verfahren[2] bei 350—380° in Gegenwart von Vanadinpentoxyd als Katalysator, wobei die Naphtholdämpfe mit Kohlendioxyd entsprechend gemischt werden. W. SCHREIBER[3] meint, daß durch einzelne Prozesse der Oxydation eine Aktivierung des Kohlendioxydmoleküls in dem Sinne erfolge, daß es befähigt werde, Reduktionsstufen des Vanadinpentoxydes wieder zu reoxydieren, wozu es unter sonst gleichen Bedingungen für sich allein nicht befähigt ist. Die Gewinnung von aromatischen Oxysäuren auf diesem Wege ist offenbar problematisch geblieben, da die Oxyphthalsäure in der Dampfphase sehr leicht in Kohlendioxyd und Phenol zerfällt, das sich dann seinerseits mit unverändert gebliebener Oxyphthalsäure zu Oxyphthalein umsetzt.

Technische Bedeutung hat die katalytische Umformung des Methans mit Hilfe von Kohlendioxyd und bei Gegenwart von Katalysatoren zu Kohlenoxyd und Wasserstoff gemäß der Gleichung:

$$CH_4 + CO_2 = 2CO + 2H_2.$$

Die Reaktion wurde erstmalig von J. LANG[4] beobachtet und beginnt nach den Angaben des Autors bei 700—800°, ohne selbst bei Erhöhung der Temperatur auf 1000° quantitativ zu verlaufen. Der *BASF*[5] gelang es dann unter Benutzung von **Nickel** oder **Nickeloxyd** als Katalysatoren bei Temperaturen zwischen 900 und 1100° ein 90proz. Methan mit dem drei- oder mehrfachen Überschuß Kohlendioxyd gemischt, bei rascher Strömungsgeschwindigkeit annähernd quantitativ in Wasserstoff und Kohlenoxyd zu zerlegen. Zunächst verläuft die Reaktion vorwiegend nach der Gleichung:

$$CH_4 + 3CO_2 = 4CO + 2H_2O,$$

jedoch gelingt es durch nachträgliche Behandlung des Reaktionsgemisches bei niedrigeren Temperaturen und in Gegenwart geeigneter Katalysatoren, die

---

[1] DRP. 408184. — H. BRÜCKNER: Katalytische Reaktionen, S. 106. Verlag Th. Steinkopff 1930. — Chem. Zbl. **1925 I**, 1811.

[2] I. G. Farbenindustrie AG.: DRP. 408184.

[3] MARTIN KRÖGER: Grenzflächenkatalyse, S. 324. Leipzig: S. Hirzel 1933.

[4] Z. physik. Chem. **2**, 161 (1888). — H. BRÜCKNER: Katalytische Reaktionen, S. 66. Verlag Th. Steinkopff 1930.

[5] DRP. 306301. — H. BRÜCKNER: Katalytische Reaktionen. S. 67. Verlag Th. Steinkopff 1930. — Chem. Zbl. **1920 II**, 73.

Umsetzung zwischen Kohlenoxyd und Wasser zu Kohlendioxyd und Wasserstoff zu erzwingen gemäß dem Schema:

$$CO + H_2O = CO_2 + H_2.$$

F. Fischer und H. Tropsch[1] haben dann Versuche mit reinem Methan angestellt und gefunden, daß die bei den Versuchen auftretende Expansion des Gasgemisches als Maß für den erreichten Umsatz gelten kann und darüber hinaus festgestellt, daß als fast gleichwertige Katalysatoren **Kobalt** und **Nickel** mit einem geringen Zusatz an **Aluminiumoxyd** gelten können. Das Verfahren ließ sich auch auf Kokereigas übertragen, wobei unter Benutzung derselben Katalysatoren bei Temperaturen von 900—1000⁰ selbst bei raschen Strömungen ein annähernd quantitativer Umsatz erzielt wurde und ein Gasgemisch erhalten werden konnte, das Kohlenoxyd und Wasserstoff im Verhältnis von etwa 3 : 5 enthält.

II. Wasserdampf.

Abgesehen davon, daß Wasserdampf viele Oxydationen in der Gasphase, die katalytisch verlaufen, begünstigt, tritt er in dem folgenden Beispiel selbst als Sauerstoffgeber auf. Bei hoher Temperatur reagiert Methan mit Wasserdampf und in Abwesenheit von Katalysatoren nach der Gleichung:

a) $CH_4 + H_2O = CO + 3H_2 - 51$ cal. Diese Reaktion bedeutet eine Umkehrung der Reduktion von Kohlenoxyd zu Methan. Bei Wasserdampfüberschuß und tieferen Temperaturen überwiegt die Reaktion:

b) $CH_4 + 2H_2O = CO_2 + 4H_2$. Durch die Möglichkeit der weiteren Zerlegung des Kohlenoxyds mit Wasserdampf kann die eine oder die andere Variante zur Wasserstoffgewinnung für die Kohlenhydrierung oder die Ammoniaksynthese dienen, wenngleich in neuerer Zeit die Herstellung von Generatorwasserstoff weitgehend vervollkommnet worden ist.

In Abwesenheit von Katalysatoren verläuft die Oxydation des Methans quantitativ bei 1300⁰. Die ersten Angaben hierüber stammen ebenfalls von J. Lang[2]; danach wird die Umsetzung zwischen Methan und Wasserdampf bei 1000⁰ gut meßbar. Katalysatoren wurden erstmalig von Dieffenbach und Moldenhauer[3] benutzt, wobei sie Drahtnetze aus **Nickel, Kobalt** oder **Platin** verwendeten; die Autoren erhielten aber stets nur Wasserstoff und Kohlendioxyd, jedoch kein Kohlenoxyd (Gleichung b).

Brauchbare Verfahren auf katalytischer Basis stammen von der *BASF*[4], als Katalysator dient **Nickel,** das auf feuerfesten Massen wie Bimsstein, keramische Massen oder Magnesia aufgetragen ist. Bei einer auf 800—900⁰ erniedrigten Arbeitstemperatur und selbst unter Verwendung von nur methanhaltigen Gasen wie Leuchtgas oder Kokereigas ließen sich gute Ergebnisse erzielen. Zusätze von **Vanadin-, Chrom-, Aluminium-** und anderen **Oxyden** zum Nickel sind vorteilhaft. Will man aber nicht eine für die Methanolsynthese geeignete Gasmischung gewinnen, sondern Wasserstoff in erster Linie, so kann dies auf die Weise geschehen, daß bei einer Temperatur von etwa 650⁰ gearbeitet wird; hierbei kann das Nickel auch durch **Kobalt** vertreten sein, und die Reaktion verläuft dann im wesentlichen nach Gleichung b.

---

[1] Brennstoff-Chem. **9,** 39 (1928). — H. Brückner: Katalytische Reaktionen, S. 67. Verlag Th. Steinkopff 1930.

[2] Siehe Anm. 4, S. 583.

[3] DRP. 229406. — H. Brückner: Katalytische Reaktionen, S. 69. Verlag Th. Steinkopff 1930. — Chem. Zbl. **1911 I,** 272.

[4] DRP. 296866. — H. Brückner: Katalytische Reaktionen, S. 69. Verlag Steinkopff 1930. — Chem. Zbl. **1919 IV,** 566.

F. Fischer und H. Tropsch[1] haben aber gezeigt, daß Kobaltkatalysatoren ebenso wirksam sind wie Nickelkatalysatoren. Wesentlich ist die richtige Verweilzeit der Methan-Wasserdampf-Gemische im Reaktionsraum. So z. B. erhält man bei einem Katalysatorvolumen von 7,9 ccm, einer Reaktionstemperatur von 860° und einer Strömungsgeschwindigkeit von 4 l je Stunde nahezu vollständigen Umsatz; bei einer Erhöhung der Strömungsgeschwindigkeit auf etwa das Vierfache (15 l/Stunde) muß, um dieselbe Ausbeute zu erzielen, die Reaktionstemperatur auf 920° gesteigert werden. Man erhält bei völligem Umsatz des Methans des Kokereigases ein Gasgemisch, das Kohlenoxyd und Wasserstoff im Verhältnis 1 : 3,5 bis 1 : 4 enthält und das für die Benzinsynthese oder Methanolsynthese sehr gut verwendbar ist.

D. Oxydation von Kohlenoxyd.

I. Mit Wasserdampf.

Auch diese Reaktion dient der Herstellung möglichst wasserstoffreicher Gase, vornehmlich der Weiterverarbeitung von Generatorgas.

$$CO + H_2O = CO_2 + H_2.$$

Die ältesten Vorschläge zur Ausführung dieser Reaktion gehen auf Hembert und Henry[2] zurück; nach diesen Vorschlägen soll das Gasgemisch durch Kammern geleitet werden, die mit feuerfesten Materialien ausgekleidet sind. Reag[3] entdeckte später die katalytische Wirkung von Metallkatalysatoren, und in jüngerer Zeit wird das Verfahren im großtechnischen Maßstabe im Rahmen der *I.G. Farbenindustrie AG.*[4] ausgeführt. Das Rohgas wird nach grober Befreiung mechanischer Teilchen über Aktivkohle geleitet, wobei der Schwefelwasserstoff zurückgehalten wird. Dann wird es in Kontaktöfen, die in mehreren Schichten den Katalysator enthalten, verarbeitet. Bei Benutzung von **aktiviertem Eisenoxyd** als Katalysator beträgt die optimale Reaktionstemperatur 500°. Durch Hintereinanderschalten von zwei und mehr Apparaten und durch anschließende Behandlung unter Druck und in Gegenwart von Katalysatoren wird der Endgehalt des Gases an Kohlenoxyd auf 0,02—0,04 % herabgedrückt.

Das für die Umsetzung nötige Eisenoxyd wird in der Weise hergestellt, daß frisch gefälltes Eisenhydroxyd nach gründlichem Auswaschen mit gelöschtem Kalk zu einer Paste angerührt wird, die in Formstücke geeigneter Größe gebracht werden und bei 200—300° getrocknet werden. Zu hohe Temperaturen sind hierbei zu vermeiden, um Sinterung des feinporigen Materials zu verhüten. Als wirksame Aktivatoren haben sich geringe Zusätze der **Oxyde** des **Silbers, Urans, Molybdäns, Thoriums** u. a. erwiesen.

II. Mit Luft (Sauerstoff).

Die katalytische Oxydation des Kohlenoxyds in der Gasphase besitzt erhebliches Interesse; namentlich ist es die Oxydation bei gewöhnlicher Temperatur,

---

[1] Brennstoff-Chem. **9**, 39 (1928). — H. Brückner: Katalytische Reaktionen, S. 70. Verlag Th. Steinkopff 1930.

[2] C. R. hebd. Séances Acad. Sci. **101**, 797 (1885). — H. Brückner: Katalytische Reaktionen, S. 98. Verlag Th. Steinkopff 1930.

[3] H. Brückner: Katalytische Reaktionen, S. 98. Verlag Th. Steinkopff 1930.

[4] DRP. 268929, 271516, 279582, 282849, 284176, 293585, 300032, 303952, 306303. — H. Brückner: Katalytische Reaktionen, S. 98. Verlag Th. Steinkopff 1930.

die eingehende Bearbeitung erfahren hat und deren Bedeutung für die Kohlenoxydmaske ja hinlänglich bekannt ist. Die Ansprüche, die man an eine solche Maske stellt, sind sehr hohe, denn Kohlenoxydkonzentrationen bis zu 6% in der Atemluft sollen verläßlich unschädlich gemacht werden. Als Katalysatoren für diese Zwecke eignen sich besonders **Mangandioxyd** und Schwermetalloxyde wie **Kobalt-, Kupfer-** und **Silberoxyd** allein oder in bestimmter Mischung. Insbesondere haben sich die Kombinationen „Hopcalite" I, bestehend aus 60% Mangandioxyd und 40% Kupferoxyd, und „Hopcalite II", der aus 50% Mangandioxyd, 30% Kupferoxyd, 15% Kobaltoxyd und 5% Silberoxyd besteht, bewährt. Entscheidend für die Wirksamkeit dieser Katalysatoren ist die Art der Herstellung und der absolute Reinheitsgrad. Verunreinigungen wie absorbiertes Alkali oder höherer Feuchtigkeitsgehalt vermindern die Wirksamkeit beträchtlich. Das zu reinigende Gas ist daher vor der Berührung mit der Katalysatorschicht entsprechend von Feuchtigkeit zu befreien.

Der Mechanismus der katalytischen Kohlenoxydoxydation ist von A. F. Benton[1] und W. A. Whitesell und J. C. W. Frazer[2] bzw. J. C. W. Frazer[3] sehr eingehend studiert worden.

Die von A. F. Benton gegebene Interpretation der Kohlenoxydoxydation an Metalloxydkatalysatoren ist nicht sehr wahrscheinlich. Benton deutet den Vorgang in der folgenden Weise:

$$>MO + CO \rightleftharpoons \; >MO \cdot CO \rightleftharpoons \; >M \cdot OCO \rightleftharpoons \; >M + CO_2.$$

$>MO$ und M bedeuten Teile der Oxyd- bzw. Metalloberfläche. Es ist nicht wahrscheinlich, daß durch die Kohlenoxydeinwirkung Reduktion bis zum Metall erfolgt, sondern vielmehr wird der Komplex $>M \cdot OCO$ durch Hinzutritt von Sauerstoffatomen gestört und in Kohlendioxyd und Metalloxyd wieder zerlegt werden; eine Annahme, die auch für die Deutung anderer katalytischer Oxydationsreaktionen brauchbar ist.

$$>M \cdot OCO + O = \; >MO + CO_2.$$

R. Ladisch[4] und A. Simon erprobten einen neuen Katalysatortyp für die Kohlenoxydoxydation; er wurde durch thermische Zersetzung von Ammoniumkupferchromit der folgenden Formel

$$(NH_4)_2 \left[Cu \begin{matrix} (CrO_4)_2 \\ (NH_3)_2 \end{matrix} \right]$$

erhalten. Bezüglich seiner Eigenschaften wird erwähnt, daß er im Temperaturgebiet zwischen 20 und 130° stabile Aktivität besitzt, und daß er überdies nicht wasserdampfempfindlich sei.

Bei 150° komme es zu einem allmählichen Nachlassen der katalytischen Wirksamkeit infolge festhaftender Adsorption von Kohlenoxymolekülen an der Oberfläche. Diese Störung könne aber durch Erhitzen auf 200° wieder rückgängig gemacht werden. Die katalytische Kohlenoxydverbrennung beruhe in diesem Falle auf dem Pendeln des Katalysators zwischen Kupferchromit und Kupferdichromat.

[1] J. Amer. chem. Soc. **45**, 887, 900 (1923). — H. Brückner: Katalytische Reaktionen, S. 97. Verlag Th. Steinkopff 1930.
[2] J. Amer. chem. Soc. **45**, 2841 (1923). — H. Brückner: Katalytische Reaktionen, S. 97. Verlag Th. Steinkopff 1930.
[3] J. physic. Chem. **35**, 405 (1931); Chem. Zbl. **1931 I**, 2017.
[4] Z. anorg. allg. Chem. **248**, 137 (1941).

Als Vorsausetzung für die Aufrechterhaltung der katalytischen Wirksamkeit von Katalysatoren der Hopcalitegruppe sieht W. SCHREIBER[1] eine nur geringfügige Entnahme von Sauerstoff aus dem Kontakt vor, da Entziehung in großen Bezirken zu einem Zusammenbruch der instabilen Gebilde führe. Diese Auffassung steht nicht im Widerspruch mit anderen Erfahrungen; es wird in diesem Zusammenhang auf die bereits zitierten Befunde von G. BRAUER[2] am Niobpentoxyd verwiesen, aus denen die grundsätzliche Möglichkeit, Sauerstoff in nichtstöchiometrischer Menge zu entnehmen, hervorgeht.

Herrn Dr. K. SCHOLTIS, Berlin-Dahlem, bin ich für die Unterstützung dieser Arbeit zu Dank verpflichtet.

[1] MARTIN KRÖGER: Grenzflächenkatalyse, S. 324. Leipzig: S. Hirzel 1933.
[2] Z. anorg. allg. Chem. **248**, 30 (1941).

Oxydation mit gebundenem Sauerstoff.

Von

R. Criegee, Karlsruhe.

Inhaltsverzeichnis.

I. Einleitung.

In diesem Abschnitt wird die Oxydation und Dehydrierung organischer Moleküle durch Oxydationsmittel mit Ausnahme von molekularem Sauerstoff behandelt, soweit dabei Katalysatoren eine Rolle spielen. Ausgenommen sind ferner die wenigen Oxydationen mit CO_2 oder H_2O-Dampf (siehe Abschnitt „Oxydation mit molekularem Sauerstoff in der Gasphase") sowie die Oxydationen mit *organischen* Oxydationsmitteln (Nitroverbindungen, Chinone usw.), die im Abschnitt „Oxydoreduktion" abgehandelt werden. Lediglich die organischen *Persäuren* fanden wegen ihrer großen Ähnlichkeit mit dem Wasserstoffperoxyd und den Persulfaten im vorliegenden Abschnitt Aufnahme. Die *Total*oxydation organischer Stoffe findet sich im Abschnitt „Elementaranalyse". Nicht berücksichtigt wurde die anodische Oxydation.

Der Stoff ist aus Zweckmäßigkeitsgründen in erster Linie nach dem Oxydationsmittel, dann nach dem Katalysator und schließlich nach der Reaktionsart eingeteilt. Die Oxydationsmittel zerfallen in zwei große Gruppen:

I. Negative Elemente und Wasserstoffperoxyd mit seinen Derivaten.

II. Oxydierende Säuren, Salze und Oxyde.

Als Katalysatoren spielen die hervorragendste Rolle die Oxyde und Salze solcher Schwermetalle, die in verschiedenen Oxydationsstufen auftreten können.

II. Oxydationen mit negativen Elementen und Wasserstoffperoxyd nebst seinen Derivaten.

1. Halogene, Ozon, Schwefel und Selen.

Die allein in Frage kommenden Elemente der 6. und 7. Periode sind, soweit sie überhaupt oxydierend wirken, meist so aktiv, daß eine katalytische Beeinflussung kaum in Frage kommt. Das gilt vor allem für die *Halogene*[1], bei denen höchstens das Lösungsmittel und das p_H eine geschwindigkeitsbestimmende Rolle spielt (über die katalytische Beeinflussung der Halogen*addition* und *-substitution* siehe in den betreffenden Abschnitten).

Über die oxydierende Wirkung von *Ozon* findet sich nur die eine Angabe, daß sein Einwirkungsgrad auf Phenol durch Zusatz von **Mangansulfat** erhöht wurde[2].

Überraschend ist der Befund von PISCHTSCHIMUKA[3], daß die zu Azokörpern, Azinen usw. führende Dehydrierung von aromatischen Aminen mittels *Schwefel* oder *Selen* durch **Qecksilberverbindungen,** die das Hg direkt an Stickstoff gebunden enthalten (z. B. Quecksilberacetamid), stark begünstigt wird. Ohne Katalysator tritt mit Se keine, mit S erst bei hoher Temperatur Reaktion ein, mit Katalysator reagieren beide bei Zimmertemperatur. Als Grund wird eine depolymerisierende Wirkung auf das Se_8-Molekül zu Se_2-Molekülen oder Se-Atomen vermutet.

2. Wasserstoffperoxyd.

Das Wasserstoffperoxyd überragt alle anderen Oxydationsmittel (außer dem elementaren Sauerstoff) in seiner Fähigkeit, katalytisch aktiviert zu werden. Ohne Katalysator oxydiert es die meisten organischen Verbindungen entweder überhaupt nicht oder nur sehr träge. Die weitaus größte Bedeutung als Aktivator besitzen die **Eisensalze,** deren Mitwirkung bei der oxydativen Entfärbung von Indigo schon SCHÖNBEIN[4] beobachtete. Für präparative Zwecke machte FENTON[5] ein Gemisch von Wasserstoffperoxyd und **Ferrosulfat** nutzbar. Die damit ausgeführten Oxydationen bezeichnet man als „*Fentonsche Reaktion*“. RUFF[6] nahm als Katalysator basisches **Ferriacetat.** Tabelle 1 gibt eine Übersicht über zahlreiche derartige Oxydationen. Es geht aus ihr hervor, daß das Oxydationsgemisch in den meisten Fällen eine Überführung einer $>$CHOH- in eine $>$C=O-Gruppe bewirkt, verhältnismäßig glatt dann, wenn diese Gruppe einem Carboxyl benachbart ist. Gleichzeitig tritt dabei häufig eine Decarboxylierung ein, so daß man aus α-Oxysäuren (und α-Aminosäuren) die nächstniederen Aldehyde gewinnen kann. Die Ausbeuten sind wechselnd, liegen aber wegen der Empfindlichkeit der Reaktionsprodukte selten über 20%. Auch die direkte Einführung einer OH-Gruppe in den Benzolkern, vor allem in den Kern des Phenols, ist möglich.

Zur *Theorie* der FENTONschen Reaktion liegen zahlreiche Arbeiten vor (Lit. z. Tabelle 1: [12, 45, 19, 10, 20, 15, 46]). Es besteht im allgemeinen Übereinstimmung darin, daß der eigentliche Katalysator das *zwei*wertige Eisen und daß *drei*wertiges Eisen nur in solchen Fällen wirksam ist, wo es durch das Substrat

---

[1] Zu erwähnen wäre höchstens die Dehydrierung von Butylen mit Chlor bei 500° zu Butadien, bei der Silicagel oder andere chlorwasserstoffabspaltende Katalysatoren beschleunigend wirken [*I.G. Farbenindustrie AG.*: F. P. 840300 (Chem. Zbl. **1939 II**, 227)]. Vermutlich handelt es sich hier aber lediglich um eine HCl-Abspaltung aus Dichlorbutan.

[2] KASCHTANOW, OLESCHTSCHUK: Chem. Zbl. **1938 I**, 4436.

[3] Chem. Zbl. **1940 II**, 750.

[4] J. prakt. Chem. **75**, 79 (1858); **78**, 90 (1859); Z. analyt. Chem. **1**, 12 (1862).

[5] J. chem. Soc. [London] **65**, 899 (1894).

[6] Ber. dtsch. chem. Ges. **31**, 1573 (1898).

oder eines der Reaktionsprodukte zum zweiwertigen reduziert wird. Die Annahme, daß Wasserstoffperoxyd das Fe^{II} zu einem Fe_2O_5 oder FeO_3 oxydiert, das dann unter Abgabe von 2 oder 3 Äquivalenten Sauerstoff in Fe^{III} übergeht, kann nicht zutreffen, da ein Fe-Atom wesentlich mehr als 2—3 Äquivalente Sauerstoff übertragen kann. Bemerkenswert ist ein zu Beginn der Oxydation erfolgender ,,Oxydationsstoß''. Ob die aktivierende Wirkung des Eisens auf einer Komplexbildung beruht oder ob es sich um einen Kettenmechanismus handelt, ist nach den bisherigen Arbeiten noch nicht eindeutig entschieden.

Tabelle 1. *Oxydation verschiedener organischer Verbindungen mit H_2O_2 bei Gegenwart von Eisensalzen.*

Oxydierte Verbindung	Reaktionsprodukte	Reaktions-bedingungen	Ausbeute %	Literatur
Acetylen	Essigsäure	Fe··		1
Äthylalkohol	Essigsäure	Fe·· oder Fe···, schwach sauer		2
Glykol	Glykolaldehyd			
Glycerin	Glycerinaldehyd			3, 16
Erythrit	Tetrose	Fe··		
Arabit	Ketopentose			4
Mannit	Mannose			3
Dulcit	Galactose	$FeSO_4$, 38°	30	3, 5
Inosit, Cocosit	Rhodizonsäure			6, 7
Glucose	Oson → 2,3-Diketoglucon-säure → niedere Säuren oder Oson → 2-Ketogluconsäure → Arabinose	$FeSO_4$, 15—30°		8, 9, 10, 7
Andere Mono-saccharide	Osone			8
Ameisensäure	Kohlendioxyd			11, 12, 7
Crotonsäure	Acetaldehyd			13
Oxalsäure	Kohlendioxyd			14, 15, 16
Bernsteinsäure	Acetaldehyd		20	13, 16
Fumar- und Ma-leinsäure	Acetaldehyd		4—10	17
Glykolsäure	Glyoxylsäure → Oxalsäure → Ameisensäure → Kohlendioxyd			18, 12, 19, 20
Milchsäure	Brenztraubensäure			18
Tartronsäure	Mesoxalsäure			18
Äpfelsäure	Oxalessigsäure			21
Weinsäure	Dioxymaleinsäure		20	22, 23, 12, 7
Arabonsäure	Erythrose			24
Gluconsäure	d-Arabinose	bas. Ferriacetat	20	25
Chitarsäure (An-hydroglucon-säure)	d-Arabinose	$FeSO_4$		26
Galactonsäure	d-Lyxose	bas. Ferriacetat		27
Gulonsäure	d-Xylose	bas. Ferriacetat	24	28
Rhamnonsäure	Methyltetrose	bas. Ferriacetat		29
Schleimsäure	2,5-Dioxyschleimsäure			30
Schleimsäure-halbamid	Lyxuronsäure	$FeSO_4$ + Eisen-acetat		31
Brenztrauben-säure		Fe·· und Fe···		12
Aminosäuren	Aldehyd + NH_3 + CO_2			11, 32, 12
SH-Verbin-dungen	S—S-Verbindungen	$FeSO_4$		33, 34
Benzol	Phenol Brenzcatechin Hydrochinon	$FeSO_4$, 45°	18,5	1, 35

Oxydierte Verbindung	Reaktionsprodukte	Reaktions-bedingungen	Ausbeute %[1]	Literatur
Phenol	Brenzcatechin	p_H 3,6, 0°	36	36, 37
	Hydrochinon	verd. Lösung	36	
Anisol	Guajacol			36
Aromat. Oxy-aldehyde	Dioxyaldehyde			38
Anilin	Anilinschwarz			39
p-Aminodi-phenylamin	Emeraldin			40
Furfurol	Oxyfurfurol			41
Pyridin	Pentosen			42
Indigo	Entfärbung			43
Sonstige Farb-stoffe	Entfärbung			44

Literatur.

[1] CROSS, BEVAN, HEIBERG: Ber. dtsch. chem. Ges. **33**, 2015 (1900).
[2] WALTON, CHRISTENSEN: J. Amer. chem. Soc. **48**, 2083 (1920).
[3] FENTON, JACKSON: Chem. News **78**, 187 (1898); J. chem. Soc. [London] **75**, 1 (1899).
[4] NEUBEAG: Ber. dtsch. chem. Ges. **35**, 962 (1902).
[5] NEUBERG, WOHLGEMUTH: Hoppe-Seyler's Z. physiol. Chem. **36**, 219 (1902).
[6] H. MÜLLER: J. chem. Soc. [London] **91**, 1707, 1780 (1907).
[7] STIRLING: Biochemic. J. **28**, 1048 (1934).
[8] MORREL, CROFTS: J. chem. Soc. [London] **75**, 786 (1899); **77**, 1219 (1900).
[9] KÜCHLIN, BÖESEKEN: Recueil Trav. chim. Pays-Bas **47**, 1011 (1928).
[10] KÜCHLIN: Ebenda **51**, 887 (1932).
[11] DAKIN: J. biol. Chemistry **1**, 171 (1906).
[12] WIELAND, FRANKE: Liebigs Ann. Chem. **457**, 1 (1927).
[13] NEUBERG: Biochem. Z. **67**, 71 (1914).
[14] WIELAND, ZILG: Liebigs Ann. Chem. **530**, 261 (1937).
[15] SIMON, REETZ: Z. anorg. Chem. **231**, 217 (1937).
[16] WALTON, GRAHAM: J. amer. chem. Soc. **50**, 1641 (1928).
[17] NEUBERG, RUBIN: Biochem. Z. **67**, 77 (1914).
[18] FENTON, JONES: J. chem. Soc. [London] **77**, 69 (1900).
[19] ST. GOLDSCHMIDT, ASKENASY, PIRROS: Ber. dtsch. chem. Ges. **61**, 224 (1928).
[20] ST. GOLDSCHMIDT, PAUNCZ: Liebigs Ann. Chem. **502**, 1 (1933).
[21] FENTON, JONES: J. chem. Soc. [London] **77**, 77 (1900).
[22] FENTON: Ebenda **65**, 899 (1894).
[23] NEUBERG, SCHWENK: Biochem. Z. **71**, 104 (1915).
[24] RUFF: Ber. dtsch. chem. Ges. **32**, 3672 (1899).
[25] RUFF: Ebenda **31**, 1573 (1898).
[26] NEUBERG: Ebenda **35**, 4016 (1902).
[27] RUFF, OLLENDORF: Ebenda **33**, 1798 (1900).
[28] E. FISCHER, RUFF: Ebenda **33**, 2142 (1900).
[29] RUFF: Ebenda **35**, 2360 (1902).
[30] FERRABOSCHI: J. chem. Soc. [London] **95**, 1248 (1909).
[31] M. BERGMANN: Ber. dtsch. chem. Ges. **54**, 1362 (1921).
[32] NEUBERG: Biochem. Z. **20**, 531 (1909).
[33] PIRIE: Biochemic. J. **25**, 1565 (1931).
[34] SCHÖBERL, HORNUNG: Liebigs Ann. Chem. **534**, 210 (1938).
[35] ONO, OYAMADA KATURAGI: J. Soc. chem. Ind. Japan **41**. 209 (1938).
[36] MAGIDSON, PREOBRASHENSKI: Chem. Zbl. **1928** I, 35.
[37] CHWALA, PAILER: J. prakt. Chem. (2) **152**, 45 (1939).
[38] SOMMER: DRP. 155731 (1904). Friedlaender **7**, 789.
[39] GREEN, WOODHEAD: J. chem. Soc. [London] **97**, 2392 (1910).
[40] WILLSTÄTTER, MOORE: Ber. dtsch. chem. Ges. **40**, 2665 (1907).
[41] CROSS, BEVAN, HEIBERG: J. chem. Soc. [London] **75**, 747 (1899).
[42] NEUBERG: Biochem. Z. **20**, 526 (1909).
[43] SCHÖNBEIN: J. prakt. Chem. **75**, 79 (1858); **78**, 90 (1859); Z. analyt. Chem. **1**, 12 (1862).
[44] KARCZAG: Biochem. Z. **119**, 16 (1921).
[45] MANCHOT, LEHMANN: Liebigs Ann. Chem. **460**, 179 (1928).
[46] WIELAND, STEIN: Z. anorg. allgem. Chem. **236**, 361 (1938).

Auch durch festes **Orthoferrihydroxyd**[1] wird die Oxydation mancher organischer Verbindungen (Ameisensäure, Oxalsäure, Milchsäure, Farbstoffe) beschleunigt. Die Wirkung ist schwächer als die von Fe^{II}-salz, hält aber dafür beliebig lange an. Durch Zusatz von **Magnesiumhydroxyd**[2] oder **Kupferhydroxyd,** besonders aber durch gleichzeitige Anwesenheit von beiden[3], wird die Aktivität noch ungemein gesteigert. Als Zwischenstoffe werden Eisenperoxyde angenommen.

Bei der unter Chemiluminescenz verlaufenden Oxydation von *Luminol* (Amino-phthalsäurehydrazid) mit Wasserstoffperoxyd spielen *komplexe* Eisenverbindungen eine wichtige katalytische Rolle. Besonders wirksam erwiesen sich **Hämoglobin**[4] (Blut), **Hämin**[5], **Mesohämin, Chlorhämin**[6], **Eisenphthalocyanin**[7] (insbesondere ein Präparat mit Kristallanilin) und **Salicylaldehydäthylendiaminferrichlorid**[8]. Aber auch **Braunstein** und **Platin**[4] zeigen gute Wirkung.

Bei Oxydationen von SH-Verbindungen sind oft **Kupfersalze** an Stelle der Eisensalze als Katalysatoren brauchbar[9]. Bei der Benzidinoxydation wirkt ein Gemisch von Kupfer(I)- und Eisen(II)-salzen stärker, als der Summe der Einzelwirkungen entspricht[10]. Ferner wurden Kupfersalze zum katalytischen Abbau von höheren gesättigten und ungesättigten sowie aromatischen Säuren benutzt[11]. Der primäre Angriff scheint in einer Hydroxylierung der Säuren zu bestehen; dann erfolgt Spaltung zu niederen Fettsäuren und Bernsteinsäure; bei 90^0 schließlich ist das Hauptprodukt CO_2. Unter ähnlichen Bedingungen, aber in der Kälte, gibt Chinin und Chitenin Chiteninon[12], während die Oxydation von Morphin zu Pseudomorphin mit **Kaliumkupfercyanid** katalysiert wurde[13].

Ein Vergleich verschiedener Schwermetallionen bei der durch Wasserstoffperoxyd bewirkten Entfärbung von Farbstoffen[14] ergab, daß man zwei Gruppen von Katalysatoren unterscheiden muß. Die erste Gruppe besitzt katalatische und peroxydatische Eigenschaften und oxydiert alle Farbstoffe in der Hitze unter stürmischer O_2-Entwicklung. Hierhin gehören **Eisen-, Kupfer-, Kobalt-** und **Mangansalze**; die beiden zuletzt genannten werden durch Säuren gehemmt. Demgegenüber besitzen **Platin-** und **Nickelsalze** nur peroxydatische Eigenschaften; sie sind nicht säureempfindlich und wirken nur selektiv oxydierend.

Gegenwart von **Silbersulfat** soll die Aboxydation der Seitenkette in Steroiden erleichtern, wenn diese mit Wasserstoffperoxyd in Eisessig behandelt werden[15].

[1] A. Krause, Gawrychowa: Ber. dtsch. chem. Ges. 70, 439 (1937). — A. Krause, Jankowski: Ebenda 70, 1744 (1937). — A. Krause, Polanski: Ebenda 71, 1763 (1938).

[2] A. Krause, Sobota: Ber. dtsch. chem. Ges. 71, 1296 (1938). — Zur Wirkung von Kupferhydroxyd allein vgl.: A. Krause: Ebenda 71, 1229 (1938).

[3] A. Krause: Ber. dtsch. chem. Ges. 72, 161, 637 (1939); die Hydroxyde müssen gemeinsam gefällt werden.

[4] Albrecht: Z. physik. Chem. 136, 324 (1928).

[5] Gleu, Pfannenstiel: J. prakt. Chem. (2) 146, 137 (1936).

[6] Schales: Ber. dtsch. chem. Ges. 72, 167 (1939). — Ferner **Eisenkomplexsalze** von **Chlorophyllderivaten:** E. Schneider: J. Amer. chem. Soc. 63, 1477 (1941); Chem. Zbl. 1941 II, 2191.

[7] A. H. Cook: J. chem. Soc. [London] 1938, 1845.

[8] Thielert, Pfeiffer: Ber. dtsch. chem. Ges. 71, 1399 (1938).

[9] Pirie: Biochemic. J. 25, 1565 (1931). — Schöberl: Hoppe-Seyler's Z. physiol. Chem. 209, 231 (1932). — Toennies, Callan: Chem. Zbl. 1940 I, 1490.

[10] Kuhlberg, Matenko: Chem. Zbl. 1940 I, 2430.

[11] Smedley-Maclean, Pearce: Biochemic. J 25, 1252 (1931); 28, 486 (1934) — Jones, Smedley-Maclean: Ebenda 29, 1877 (1935).

[12] Fränkel und Mitarbeiter: Ber. dtsch. chem. Ges. 55, 3931 (1922).

[13] Deniges: Bull. Soc. chim. France (4) 9, 264 (1911).

[14] Karczag: Biochem. Z. 117, 69 (1921).

[15] Schering Kahlbaum A.G.: E. P. 496799. Chem. Zbl. 1939 II, 686.

Mit Hilfe von **Kobaltoxyd** (weniger gut von Mangan-, Cer- und Eisenverbindungen) gelang O. Dimroth[1] der Abbau von Anthrachinon- zu Naphthochinonderivaten.

Die Oxydation von SH- und S—S-Verbindungen sowie von Methionin (Thioäther) zu Sulfonsäuren bzw. Sulfoxyden und Sulfonen kann durch **Molybdate**[2] und **Wolframate**[3] erzielt werden. Besonders gut wirken die *Sole* der Anhydride von **Vanadin-, Wolfram-** und **Molybdänsäure**, zumal bei dem jeweiligen p_H-Optimum. Spuren von Kupfer-, Eisen-, Mangan-, Chrom- und Cersalzen steigern die Aktivität der Sole. Ähnlich verläuft die Oxydation von Hydrochinon über Chinon zu Maleinsäure und von Pyrogallol zu Purpurogallin; auch zur Darstellung von Indophenolen lassen sich die gleichen Katalysatoren benutzen[4].

Vanadinpentoxyd, aber auch **Chromtrioxyd** erwiesen sich ferner nach Milas[5] brauchbar bei der Oxydation von *ungesättigten* Verbindungen einschließlich Benzol. Als Lösungsmittel wurde tertiärer Butylalkohol verwendet. Auf Zusatz von Wasserstoffperoxyd gehen die Katalysatoren als Persäuren in Lösung. *Tabelle 2* gibt die erzielten Ergebnisse wieder.

Tabelle 2.

Oxydierte Verbindung	Reaktionsprodukt	Ausbeute in Prozent bei Verwendung von	
		V_2O_5	CrO_3
Trimethyläthylen	Pentandiol	37	17
Fumarsäureester	Traubensäureester	57	—
Anethol	Anisaldehyd	55	14
Isoeugenol	Vanillin	66	58
Isosafrol	Piperonal	67	14
Benzol	Phenol	30	12
Cyclohexen	wenig Diol, etwas Aldehyd und Säure	—	—

Es werden also — ähnlich wie mit OsO_4 (siehe unten) — 2 OH-Gruppen an die Doppelbindung angelagert; steht dieser ein aromatischer Kern benachbart, so erfolgt darüber hinaus oxydative Spaltung. Beim Fumarsäureester erfolgt die Addition der OH-Gruppen *cis*-ständig, während sonst mit Persäuren ausschließlich oder überwiegend *trans*-Addition eintritt; das läßt darauf schließen, daß die Pervanadin- und Perchromsäure *nicht* ein O-Atom an die Doppelbindung anlagern, sondern vermutlich wie das OsO_4 (siehe unten) wirken.

Im Gegensatz zu diesem letzten Schluß stehen allerdings die Befunde von W. Treibs[6] bei der Wasserstoffperoxydoxydation in Acetonlösung bei Gegenwart von **Pervanadinsäure.** Nach ihm entstehen aus den Olefinen unter Anlagerung von einem / Sauerstoffatom die entsprechenden Epoxyde[7], daneben besonders bei den Cycloolefinen die α, β-ungesättigten Alkohole. Überraschend waren die Ergebnisse bei der Oxydation von *Ketonen*[8]. So liefert Cyclohexanon das 1,4-Cyclohexandion, was insofern fast einzig dastehend ist, als sonst regelmäßig das Oxydationsmittel in α-Stellung (in ganz seltenen Fällen

---

[1] O. Dimroth, St. Goldschmidt: Liebigs Ann. Chem. **399**, 62 (1913). — O. Dimroth, Schultze: Ebenda **411**, 339 (1916).

[2] Toennies, Callan: Chem. Zbl. **1940 I**, 1490.

[3] Gorch, Kar: J. Indian chem. Soc. **14**, 249 (1937) (Chem. Zbl. **1938 II**, 285); **11**, 485 (1934) (Chem. Zbl. **1935 I**, 2524).

[4] Kar: J. Indian chem. Soc. **14**, 291 (1937) (Chem. Zbl. **1938 II**, 285).

[5] J. Amer. chem. Soc. **59**, 2342 (1937).

[6] Ber. dtsch. chem. Ges. **72**, 7 (1939).

[7] Nach einer neueren Arbeit von W. Treibs [Z. angew. Chem. **52**, 698 (1939)] sind die Epoxyde keine primären Reaktionsprodukte, vielmehr entstehen sie in manchen Fällen durch Wasserabspaltung aus den zunächst gebildeten trans-α-Diolen.

[8] W. Treibs: Ber. dtsch. chem. Ges. **72**, 1194 (1939).

in β-Stellung [„β“-Oxydation!]) zur aktivierenden Gruppe angreift. 1,4-Cyclohexanonol kann dabei *kein* Zwischenprodukt sein. Daneben entsteht als Hauptprodukt der Halbaldehyd der Adipinsäure:

Ähnliche Ringsprengungen erleiden andere Ketone. Benzoin gibt ein Gemisch von Benzaldehyd und Benzoesäure. Stabile Ketonperoxyde spielen bei den Reaktionen als Zwischenprodukte jedenfalls keine Rolle. Als Lösungsmittel dienen auch Wasser und Methanol.

Aliphatische Olefine liefern in der Hauptsache α-Diole und α,β-ungesättigte Alkohole; beide Reaktionsprodukte unterliegen zum Teil weiterer Oxydation[1].

Als Katalysator der *Olefin*oxydation eignet sich besonders gut **Osmiumtetroxyd**[2]. Je nach Konstitution und Reaktionsbedingungen werden entweder 2 OH-Gruppen angelagert, oder es erfolgt eine der Ozonisierung entsprechende Molekülspaltung. Wasser als Lösungsmittel ist unbrauchbar, da in ihm Osmiumverbindungen den *Zerfall* des H_2O_2 stark katalysieren. Dagegen verläuft in *ätherischer* Lösung bei Gegenwart von wasserfreiem Natriumsulfat die Oxydation von Anethol, Isoeugenolmethyläther, Isoeugenolacetat und Isosafrol zu Anisaldehyd, Veratrumaldehyd, Acetylvanillin und Piperonal mit Ausbeuten von 75, 47, 66 und 61 %. Daneben entstehen 2—9 % der entsprechenden Säuren. Als Mechanismus kommt folgende Reaktionsfolge in Frage:

$$> \!\!\begin{array}{c} C \\ \| \\ C \end{array}\!\! \to \; > \!\!\begin{array}{c} C{-}O \\ \\ C{-}O \end{array}\!\!\! > \!\! OsO_2 \; \to \; > \!\!\begin{array}{c} C{-}O \\ \\ C{-}O \end{array}\!\!\! > \!\! OsO_3 \; \to \; > \!\!\begin{array}{c} C{=}O \\ \\ C{=}O \end{array} + \; OsO_3$$

Auch Cyclobutendicarbonsäureester läßt sich auf diesem Wege mit 50—60 % Ausbeute zum Diketoadipinsäureester aufspalten[3]:

$$\begin{array}{l} CH_2{-}C{-}COOR \\ | \quad\quad \| \\ CH_2{-}C{-}COOR \end{array} \to \begin{array}{l} CH_2{-}CO{-}COOR \\ | \\ CH_2{-}CO{-}COOR \end{array}$$

In anderen Fällen, vor allem bei solchen Olefinen, bei denen die Addition von OsO_4 an die Doppelbindung langsam erfolgt, wird neben oder statt des Olefins das Lösungsmittel oxydiert[4]. Ein Ersatz von Äther durch Essigester scheint nach eigenen Erfahrungen in solchen Fällen günstig zu sein.

Oxydiert man in tertiärem *Butylalkohol*[5] als Lösungsmittel, dann erhält man überwiegend die Glykole als Reaktionsprodukte. Hier wird das oben angenommene erste Zwischenprodukt durch den anwesenden Alkohol (oder das darin enthaltene Wasser) wohl folgendermaßen hydrolysiert:

$$> \!\!\begin{array}{c} C{-}O \\ \\ C{-}O \end{array}\!\!\! > \!\! OsO_2 + H_2O \; \to \; > \!\!\begin{array}{c} C{-}OH \\ \\ C{-}OH \end{array} + \; OsO_3$$

[1] **W. Treibs**: Brennstoff-Chem. **20**, 358 (1939).
[2] Criegee: Liebigs Ann. Chem. **522**, 75 (1936).
[3] Wille: Liebigs Ann. Chem. **538**, 237 (1939). — Weitere Anwendung: siehe Wieland, Joost: Ebenda **546**, 103 (1941).
[4] G. Dupont, Dulou: C. R. hebd. Séances Acad. Sci. **203**, 92 (1936). — Murahashi: Sci. Pap. Inst. physic. chem. Res. **34**, 163 (1938) (Chem. Zbl. **1938 II**, 1249).
[5] Milas, Sussman: J. Amer. chem. Soc. **58**, 1302 (1936); **59**, 2345 (1937).

Tabelle 3 enthält die Ergebnisse[1].

Tabelle 3. *Oxydation organischer Verbindungen mit* H_2O_2 *in tertiärem Butanol bei Gegenwart von* OsO_4.

Oxydierte Verbindung	Reaktionsprodukte	Ausbeute %	Oxydierte Verbindung	Reaktionsprodukte	Ausbeute %
Äthylen	Ätylenglykol	88—97	Limonen	Tetrol	35
Propylen	Propylenglykol	68	Styrol	Diol	50
Isobutylen	Isobutylenglykol	38	Stilben	Diol und Benz-	
Penten-2	Pentandiol	30		aldehyd	
Trimethyl-äthylen	Trimethyläthylen-glykol	38	Benzol	Phenol	25
2-Methyl-buten	Diol	50	Allylalko-hol	Glycerin	60
			Crotonsäure	Dioxybuttersäure	54
Hexen-3	Hexandiol	36	Zimtsäure	Phenylglycerin-säure	56
Ceten	Cetenglykol	77—82			
Cyclohexen	cis-Cyclohexandiol	58	Maleinsäure	Mesoweinsäure	30
Diallyl	Tetrol	45	Fumarsäure	Traubensäure	48

Im allgemeinen wurde das Oxydationsgemisch 24 Stunden bei 0^0 stehen gelassen; nur bei Benzol erwies sich 10 tägiges Stehen bei Zimmertemperatur erforderlich.

Auch Oxydationen bei Gegenwart von **Selendioxyd** sollen Olefine in Glykole und deren Dehydrierungsprodukte verwandeln[2]; ebenso soll **Selenoxychlorid** die Oxydation von Acetaldehyd und Benzaldehyd ziemlich stark beschleunigen[3].

Die katalytische Wirkung von Natriumphosphat, Ammoniak, Aminosäuren, Alkaliglykolaten oder -lactaten sowie von Gelatine[4] auf die Oxydation der Buttersäure dürfte nicht spezifisch sein, sondern kann als Pufferwirkung gedeutet werden.

Dagegen beeinflußt freies **Alkalihydroxyd** die Richtung des Wasserstoffperoxydangriffs. Im Lutidylmercaptan wird die SH-Gruppe in neutraler Lösung zum Disulfid, in alkalischer zur Sulfonsäure oxydiert[5]. Nach WEITZ und SCHEFFER[6] werden *α, β-ungesättigte Ketone* und *Aldehyde* durch neutrales H_2O_2 nicht angegriffen, während in alkalischer Lösung ziemlich glatt die Oxidoverbindungen entstehen. *α-Diketone* werden unter gleichen Bedingungen zu Säuren gespalten. Die Verfasser sehen die Wirkung des Oxydationsmittels in einer Addition des Peroxyds an das Substrat, wobei das Alkali die Rolle des „Kondensationsmittels" spielen soll[7]. Auch die Oxydation des Triphenylstibins zum Triphenylstibinoxyd wird durch Alkali beschleunigt[8].

Bei den häufig ausgeführten Oxydationen mit Wasserstoffperoxyd in **Eisessig** dürfte dieser nicht nur die Rolle eines Lösungsmittels spielen. Vielmehr bildet sich allmählich ein Gleichgewicht mit *Acetopersäure*, die zum Teil andersartige Oxydationswirkungen zeigt. Die Geschwindigkeit der Persäurebildung und damit der Oxydation, z. B. von Olefinen zu Diolen, wird durch starke Säuren **(Schwefelsäure, Perchlorsäure)** erhöht[9].

---

[1] Weitere Oxydationen von ungesättigten Alkoholen, Ketonen und Estern: MILAS, SUSSMAN, MASON: J. Amer. chem. Soc. **61**, 1844 (1939).

[2] GUILLEMONAT: Ann. Chimie (11) **11**, 148 (1939).

[3] FIRTH, GETHING: J. chem. Soc. [London] **1936**, 633.

[4] WITZEMANN: J. Amer. chem. Soc. **48**, 202 (1926); **49**, 987 (1927).

[5] MARCKWALD, KLEMM, TRABERT: Ber. dtsch. chem. Ges. **33**, 1566 (1900).

[6] Ber. dtsch. chem. Ges. **54**, 2327 (1921). — Vgl. auch A. A. KAUFMANN: F. P. 682471 (Chem. Zbl. **1930 II**, 1441); DRP. 509938 (ebenda **1931 I**, 1170).

[7] Vgl. dazu auch BÖESEKEN, KREMER: Recueil Trav. chim. Pays-Bas **50**, 827 (1931). — WEITZ, SCHOBBERT, SEIBERT: Ber. dtsch. chem. Ges. **68**, 1163 (1935). — BARNES, LEWIS: J. Amer. chem. Soc. **58**, 947 (1936).

[8] L. KAUFMANN: DRP. 360973 (1922). Friedlaender **14**, 1353.

[9] Schering Kahlbaum AG.: DRP. 574838. Chem. Zbl. **1933 I**, 4038.

3. Persäuren und deren Salze.

Persulfate, die auf organische Verbindungen ebenfalls häufig gar nicht oder nur sehr träge oxydierend wirken, können durch **Silbersalze** zu starken Oxydationsmitteln werden. So läßt sich nach KEMPF auf diese Weise Benzol zu Chinon und weiter zu Maleinsäure und CO_2 (neben CO und HCOOH) oxydieren[1]. Die Wirkung von Ag˙-Ionen auf ein Gemisch von Persulfat und Oxalsäure läßt sich schön als Vorlesungsexperiment vorführen. Auf gleichem Wege kann man p-Nitranilin in p,p′-Dinitro-azobenzol verwandeln[2]. Reaktionsträger dürften in allen Fällen die Oxyde des 2- oder 3-wertigen[3] Silbers sein.

In anderen Fällen wurden **Eisen(II)- oder -(III)-salze** als Katalysatoren verwandt. Nach ELBS und LERCH[4] wird auf diese Weise Vanillin zu Dehydrodivanillin, nach BARGHELLINI und MONTI[5] Cumarin zu 5-Oxycumarin oxydiert. Bei der Reaktion Persulfat-Acetaldehyd wirken auch **Cu˙˙-Ionen** stark beschleunigend[6].

Sehr stark katalytisch beeinflußbar ist auch die Reaktion von *Perbenzoesäure* mit ungesättigten Kohlenwasserstoffen. Dabei spielen unbekannte Katalysatoren (vielleicht Schwermetallionen?) eine Rolle. Man bekommt daher bei kinetischen Messungen nur reproduzierbare Werte, wenn man mit der gleichen Stammlösung arbeitet[7]. Gelegentlich erhält man eine Perbenzoesäurelösung, die auf Olefine überhaupt nicht einwirkt, obwohl sie aus KJ momentan Jod in Freiheit setzt[8]. Spuren von **Jod,** zumal bei gleichzeitiger Belichtung, beschleunigen die Reaktion. Auch das Lösungsmittel ist von starkem Einfluß; die Oxydation verläuft in Tetrachlorkohlenstoff siebenmal langsamer als in Äther.

Bei der Oxydation von Aldehyden mit Perbenzoesäure wirkt Gegenwart von **Wasser** mehr oder weniger stark beschleunigend. WIELAND und RICHTER[6] sehen den Grund dafür in der Bildung von leicht dehydrierbaren Aldehydhydraten. In saurer Lösung verläuft die Oxydation schneller als in neutraler. Auch **Kobaltsalze** zeigen nach RAYMOND[9] stark katalytische Wirkung auf die Oxydation von Benzaldehyd. Ferner wirken **Erdalkaliacetate** und vor allem **Zinkchlorid**[10]. Auch das Lösungsmittel ist von Einfluß, wenn auch nicht immer gleichartig wie bei den Olefinen[10].

Zahlreiche Oxydationen wurden in den letzten 15 Jahren mit der bequemer herzustellenden *Peressigsäure* ausgeführt. Geschwindigkeitsmessungen sind besser reproduzierbar, weil etwaige Katalysatoren bei der im Verlaufe der Herstellung erfolgenden Vakuumdestillation zurückbleiben. Die Oxydation von Acetaldehyd wird besonders durch **Mangansalze** beschleunigt, was bei der Gewinnung von Essigsäure technisch verwertet wird. Gleichzeitig begünstigen die Mn-Salze allerdings auch den Zerfall der Peressigsäure, der in Eisessiglösung hauptsächlich zu CO_2 und CO, bei Gegenwart von Wasser aber zu Essigsäure und Sauerstoff führt[11]. Aromatische Aldehyde, die im Kern noch Methoxy-gruppen

---

[1] Ber. dtsch. chem. Ges. **38**, 3963 (1905); **39**, 3715 (1906).

[2] WITT, KOPETSCHNI: Ber. dtsch. chem. Ges. **45**, 1134 (1912).

[3] Zur Existenz des dreiwertigen Silbers vgl. CARMAN: Trans. Faraday Soc. **30**, 566 (1934) (Chem. Zbl. **1934 II**, 2648). — LIMANOWSKI: Roczniki Chem. **18**, 228 (1938) (Chem. Zbl. **1939 II**, 2626).

[4] J. prakt. Chem. (2) **93**, 1 (1916).   [5] Gazz. chim. ital. **45 I**, 90 (1915).

[6] WIELAND, RICHTER: Liebigs Ann. Chem. **495**, 284 (1932).

[7] BÖESEKEN, BLUMBERGER: Recueil Trav. chim. Pays-Bas **44**, 90 (1925). — MEERWEIN: J. prakt. Chem. (2) **113**, 9 (1926).

[8] Privatmitteilung MEERWEIN; eigene Beobachtungen.

[9] J. Chim. physique **28**, 421 (1931) (Chem. Zbl. **1931 II**, 3466).

[10] MEERWEIN, BODENDORF: Dissertation Bodendorf, Königsberg 1928.

[11] KAGAN, LUBARSKY: J. physic. Chem. **39**, 827 (1935).

tragen, werden nicht zu den entsprechenden Säuren oxydiert, sondern in Ameisensäure und Phenolacetate gespalten. Hierbei wirken Spuren von **Schwefelsäure** oder besser von **p-Toluolsulfonsäure** beschleunigend[1]. Beide Katalysatoren setzen aber auch die Beständigkeit der Peressigsäure herab.

III. Oxydation mit Säuren, Salzen und Oxyden.

1. Unterchlorige Säure.

Über die Beeinflussung der Oxydation organischer Verbindungen durch Hypochlorit liegen nur einige verstreute Beobachtungen vor. So wird *Phenanthridin* durch *Chlorkalk*lösung unter Zutropfen von **Kobaltnitrat** zu Phenanthridon oxydiert[2]; der Katalysator soll dabei die Entwicklung von „nascierendem" Sauerstoff hervorrufen[3]. Ebenso, aber auch mit **Nickelsalzen,** gelingt die Oxydation von *Toluol* zu Benzaldehyd und Benzoesäure[4]. Als eigentliche Oxydationsmittel werden Co_2O_3 und Ni_2O_3 angesehen. Auch *ungesättigte Säuren* werden durch Hypochlorit bei Gegenwart von Nickelsalzen (auch von Co- und Mn-Salzen) oxydiert[5]. Die dabei entstehenden Dioxysäuren bilden sich allerdings nach eigenen Erfahrungen nur mit schlechter Ausbeute. Viel besser eignet sich **Osmiumtetroxyd** als Katalysator, doch bietet die Methode keine wesentlichen Vorteile gegenüber der entsprechenden *Chlorat*oxydation. Die oben erwähnte Oxydation von Toluol zu Benzoesäure und von Naphthalin zu Phthalsäure kann auch bei Gegenwart von **Kaliummanganat** oder **-permanganat** ausgeführt werden[6]. Die Indophenolbildung aus p-Phenylendiamin und Phenol vollzieht sich am besten bei Anwesenheit von **Kupfersalzen**[7].

2. Chlorsäure.

Die Chloratoxydation ist ein schönes Beispiel für die mitunter verblüffende Wirksamkeit von Katalysatoren. Reine wässerige Chloratlösungen wirken auf organische Verbindungen überhaupt nicht ein. Erst durch Zusatz von Spuren gewisser Schwermetallverbindungen wird eine Oxydation ausgelöst. Am wirksamsten erweist sich dabei nach K. A. Hofmann[8] **Osmiumtetroxyd.** Folgende Reaktionen ließen sich ausführen: Entfärbung von Indigolösung, Oxydation von Hydrochinon zu Chinhydron, von Anilin zu Anilinschwarz, von Leukofarbstoffen zu Farbstoffen, von Ameisensäure zu CO_2; Anthracen gibt (in Eisessig bei 100°) Anthrachinon. Alkohole werden erst bei 130—140° angegriffen; reines Benzol ist weitgehend beständig. Sehr glatt und in sehr spezifischer Weise werden *ungesättigte Verbindungen* zu α-Glykolen oxydiert[9]. Die Addition der OH-Gruppen an die Doppelbindung verläuft — wie mit verdünnter $KMnO_4$-Lösung — stets cis-ständig. In manchen Fällen geht die Oxydation über die Stufe der Dioxyverbindung hinaus. Zimtsäure liefert außer Phenylglycerinsäure Benzaldehyd, Isoeugenol Vanillin, Milchsäure und Alanin Acetaldehyd. Acetylen wird in Essigsäure und Glyoxylsäure verwandelt.

[1] Böseken, Greup: Recueil Trav. chim. Pays-Bas **58**, 528 (1939).
[2] Pictet, Patry: Ber. dtsch. chem. Ges. **26**, 1962 (1893). — Ferner DRP. 127 388.
[3] Vgl. dagegen K. A. Hofmann, Ritter: Ber. dtsch. chem. Ges. **47**, 2233 (1914), die auch die Wirkung verschiedener Katalysatoren auf die Oxydation von Anthracen zu Anthrachinon untersuchten.
[4] Bad. Anilin- u. Sodafabr., DRP. 127 388 [Friedlaender **6**, 122 (1900)].
[5] Amer. P. 2 033 538.
[6] Chemische Werke, Grenzach, DRP. 377 990 (1923) (Friedlaender **14**, 441).
[7] Agfa, DRP. 204 596 [Friedlaender **9**, 134 (1908)].
[8] Ber. dtsch. chem. Ges. **45**, 3329 (1912).
[9] K. A. Hofmann, Ehrhart, Schneider: Ber. dtsch. chem. Ges. **46**, 1657 (1913).

Die K. A. Hofmannsche Methode hat im Verlauf der letzten zwei Jahrzehnte weitgehende Anwendung gefunden. Sie ist besonders geeignet, *wasserlösliche* ungesättigte Verbindungen in die entsprechenden Dioxyverbindungen zu überführen, während sie auf wasserunlösliche Olefine nur schlecht zu übertragen ist. Tabelle 4 gibt einen Überblick über die erhaltenen Ergebnisse.

Das Chlorat geht entgegen der ursprünglichen Annahme von K. A. Hofmann nicht sogleich in Chlorid über. Vielmehr bilden sich Chlorit und Hypochlorit als Zwischenprodukte. Diese können aber Veranlassung zur Bildung von halogenhaltigen Nebenprodukten geben. Besser ist daher häufig die Anwendung von *Silberchlorat* als Oxydationsmittel[1], da Silberchlorit schwer löslich und Silberhypochlorit nicht existenzfähig ist. Am besten ist eine neutrale oder ganz schwach saure Reaktion der Oxydationsmischung. In alkalischer Lösung tritt kaum Oxydation ein, saure Lösung gibt chlorhaltige Reaktionsprodukte.

K. A. Hofmann nahm einen Mechanismus an, nach dem sich ein Komplex Chlorat $\rightarrow OsO_4 \rightarrow$ Substrat bilden soll, in dem sich der Sauerstoff im Sinne der Pfeile verschiebt. Als Zwischenprodukt wurde ein Os_2O_5 angenommen, das von einem Chloratmolekül 3 O-Atome auf einmal unter Bildung von $2 OsO_4$ aufnehmen sollte. Viel plausibler ist der von Böeseken[2] angenommene Verlauf. Danach lagert sich OsO_4 an die Doppelbindung des Substrats an; durch Hydrolyse entsteht Diol $+ H_2OsO_4$, die durch $KClO_3$ wieder zu OsO_4 zurückoxydiert wird:

$$\begin{matrix} >C \\ \| \\ >C \end{matrix} + OsO_4 \longrightarrow \begin{matrix} >C-O \\ | \quad \; >OsO_2 \\ >C-O \end{matrix} \xrightarrow{H_2O} \begin{matrix} >C-OH \\ | \\ >C-OH \end{matrix} + H_2OsO_4 \xrightarrow{KClO_3} OsO_4$$

Diese Hypothese konnte später von Criegee[3] durch Isolierung des angenommenen Zwischenproduktes und seine Hydrolyse zum Diol bewiesen werden. Die Tatsache der *cis*-Addition der Hydroxylgruppen steht damit in bestem Einklang.

Die älteste Anwendung von Katalysatoren bei Chloratoxydationen fand in der *Anilinschwarz*-Färberei statt. Lightfoot[4] benutzte 1863 bei der Oxydation des Anilins **Kupfersalze,** Cordillot[4] im gleichen Jahre **Kaliumferro-** oder **-ferricyanid** und Lauth[4] 1864 **Kupfersulfid.** Eine wesentliche Verbesserung bedeutete aber die Einführung von **Vanadinpentoxyd** (und seinen Salzen) durch Guyard[5] 1876. Es wirkt ungefähr 1000mal besser als Cu-Salze; seine Wirkung wird in einem dauernden Valenzwechsel zwischen dem 5- und dem niederwertigen Vanadium gesehen.

Tabelle 4. *Oxydation organischer Verbindungen mit Chloraten bei Gegenwart von OsO_4.*

Ungesättigte Verbindung	Reaktionsprodukte	Reaktionsbedingungen	Ausbeute %	Literatur
Alkohole:				
Allylalkohol	Glycerin	$NaClO_3$	80	1
Methylbutenol	Dimethylglycerin	$KClO_3$	60—70	2
Äthylenglycerin	rac. Arabit	$AgClO_3$		3
rac. Divinylglykol	rac. Mannit	$AgClO_3$		4
ms. Divinylglykol	rac. Allodulcit	$AgClO_3$		4
Vinylpropenyl-glykol	Methylhexite	$AgClO_3$, 3—5 Monate		5
Dipropenylglykol	Dimethylhexite	$AgClO_3$ 3—5 Monate		5

[1] G. Braun: J. Amer. chem. Soc. **51**, 228 (1929).
[2] Recueil Trav. chim. Pays-Bas **41**, 199 (1922).
[3] Liebigs Ann. Chem. **522**, 75 (1936).
[4] Ullmann: Enzyklopädie der technischen Chemie, 2. Aufl., Bd. 1, S. 477. 1928. — Siehe ferner Willstätter: Ber. dtsch. chem. Ges. **42**, 4126 (1909).
[5] Bull. Soc. chim. France (2) **25**, 58 (1876); Chem. News **33**, 70 (1876). — Vgl. auch Willstätter: a. a. O. — Ferner Green, Woodhead: J. chem. Soc. [London] **97**, 2392 (1910); Ber. dtsch. chem. Ges. **45**, 1955 (1912).

Ungesättigte Verbindung	Reaktionsprodukte	Reaktionsbedingungen	Ausbeute %	Literatur
Aldehyde u. Ketone:				
Acrolein	Glycerinaldehyd		fast quantitativ	6
Vinylmethylketon	Methylketotriose	$NaClO_3$, 2 Tage -20^0 bis $+20^0$	50	7
Furfurol	ms. Weinsäure	$KClO_3$, 50^0, 0,1 % HCl	50	8
Säuren:				
Crotonsäure	Dioxybuttersäure F. 74^0	$KClO_3, 50^0, 8$ Stunden / $AgClO_3$, 0^0 / $AgClO_3$, 20^0	17 / 80	9, 10, 11 / 12
Vinylessigsäure	β-Oxybutyrolacton	$Ba(ClO_3)_2$		13
Vinylglykolsäure	Threon- und Erythronsäure	$AgClO_3$	90	14
Zimtsäure	Phenylglycerinsäure	$NaClO_3 + NaHCO_3$, 80^0, 15 Stunden	50	1, 9
Ölsäure	Dioxystearinsäure F. 131^0	$NaClO_3 + NaHCO_3$, 50 Stunden 100^0		9
Elaidinsäure	Dioxystearinsäure F. 95^0	$NaClO_3 + NaHCO_3$, 50 Stunden 100^0		9
Maleinsäure	ms. Weinsäure	$KClO_3$, freie Säure, 50^0	95—99	1
Fumarsäure	Traubensäure		95—99	15, 16
Muconsäure	Schleimsäure, Idozuckersäure	$NaClO_3 +$ etwas Eisessig, 40—50^0, 20 Stunden	32 / 2	17
Verschiedenes:				
Dimethylbutadiensulfon	Dioxyverbindung			18
Chinon	$C_6H_6O_4$			19

Literatur.

[1] K. A. HOFMANN, EHRHART, SCHNEIDER: Ber. dtsch. chem. Ges. **46**, 1657 (1913).

[2] Farbenfabr. vorm. Bayer & Co., Leverkusen, DRP. 309111 (1921) (Friedlaender **13**, 76).

[3] LESPIEAU: C. R. hebd. Séances Acad. Sci. **203**, 145 (1936).

[4] LESPIEAU, WIEMANN: C. R. hebd. Séances Acad. Sci. **194**,1946; **195**, 886 (1932); Bull. Soc. chim. France (4) **53**, 1107 (1933).

[5] WIEMANN: C. R. hebd. Séances Acad. Sci. **200**, 840, 2021; **201**, 1398 (1935); Ann. Chimie (11) **5**, 267 (1936).

[6] J. ST. NEUBERG: Biochem. Z. **221**, 492 (1930).

[7] H. O. L. FISCHER, BAER, POLLOCK, NIDECKER: Helv. chim. Acta **20**, 1213 (1937).

[8] MILAS: J. Amer. chem. Soc. **49**, 2005 (1927).

[9] MEDWEDEW, ALEXEJEWA: Papers pure appl. Chem. Moskau **1927**, Festschrift BACH (Chem. Zbl. **1927 II**, 1012).

[10] GLATTFELD, WOODREFF: J. Amer. chem. Soc. **55**, 3663 (1933).

[11] G. BRAUN: Ebenda **51**, 228 (1929).

[12] GLATTFELD, CHITTUM: Ebenda **55**, 3663 (1933).

[13] GLATTFELD, RIETZ: Ebenda **62**, 974 (1940).

[14] GLATTFELD, HOEN: Ebenda **57**, 1405 (1935).

[15] Standard Brands Inc., F. P. 759225 (Chem. Zbl. **1934 I**, 3521).

[16] MILAS, TERRY: J. Amer. chem. Soc. **47**, 1412 (1925).

[17] BEHREND, HEYER: Liebigs Ann. Chem. **418**, 294 (1919).

[18] BÖESEKEN, ZUYDEWIJN: Proc. Kon. Akad. Wetensch. Amsterdam **40**, 23 (1937) (Chem. Zbl. **1937 II**, 4029).

[19] TERRY, MILAS: J. Amer. chem. Soc. **48**, 2647 (1926). — Vgl. ferner CHANDRASENA, INGOLD, THORPE: J. chem. Soc. [London] **121**, 1542 (1922).

Auch in anderen Fällen bewährt sich der *Vanadium*-Katalysator. Milas[1] konnte mit 70% Ausbeute *Furfurol* zu *Fumarsäure* oxydieren. Die in der Hitze verlaufende Reaktion geht über die Stufe der Maleinsäure hinweg, die unter den Reaktionsbedingungen umgelagert wird. Oxydiert man mit V_2O_5 allein, so geht dieses in V_2O_4, dann in V_2O_3 über, die beide durch Chlorat sofort wieder zu V_2O_5 oxydiert werden. $KClO_3$ allein ist auf Furfurol völlig ohne Wirkung.

Primäre *Alkohole* $R \cdot CH_2OH$ gehen unter den gleichen Bedingungen, aber bei Gegenwart von etwas Schwefelsäure, mit 50—60% Ausbeute in die Ester $R \cdot COO \cdot CH_2R$ über[2]. Das Ende der Reaktion wird durch die durch V_2O_3 hervorgerufene Blaufärbung angezeigt. Ebenfalls bei Anwesenheit von Schwefelsäure erfolgt die Oxydation von *Anthracen* zu Anthrachinon und von *Hydrochinon* zu Chinon[3]. Als Lösungsmittel dient 80proz. Essigsäure, die Ausbeuten sind sehr gut. Zur Oxydation von *Phenanthren* zum Phenanthrenchinon wurde **Kaliumruthenat** oder **Ruthenchlorid** als Katalysator verwandt[4]. Ein Gemisch von Chlorat und Bromid vermag bei Gegenwart von **Kobaltnitrat** Glucose in Gluconsäure zu verwandeln[5]. Hier scheint elementares Brom das eigentliche Oxydationsmittel zu sein. Bemerkenswert ist schließlich der Befund von K. A. Hofmann[6], daß Chlorate durch starke **Magnesiumchlorid-** und **Lithiumchlorid-**Lösungen aktiviert werden und so nicht nur Anilin zu Anilinschwarz, sondern auch Anthracen zu Anthrachinon oxydieren können.

3. Sonstige Halogensauerstoffsäuren.

Ein Gemisch von *Bromat* und Bromid vermag *Thioharnstoff* zu Sulfat und Harnstoff zu oxydieren[7]. Setzt man eine kleine Menge **Kaliumjodid** dazu, dann wird die Oxydation auf der Stufe des Disulfids aufgehalten[8], denn das freie Jod vermag keine darüber hinausgehende Oxydationswirkung zu entfalten. Die „katalytische" Wirkung des Jodids besteht hier nicht in einer Beschleunigung einer Reaktion, sondern darin, daß es diese in eine ganz bestimmte Richtung lenkt. Auch zur präparativen und quantitativen Oxydation anderer SH-Verbindungen dürfte die Methode geeignet sein.

Die Oxydation von Ameisensäure und Oxalsäure durch *Jodsäure* wird durch Spuren von **Jod** katalysiert. Da bei der Reaktion Jod gebildet wird, handelt es sich um eine typische Autokatalyse. Blausäure und metallisches Silber hemmen, weil sie mit dem Katalysator in Reaktion treten. Das eigentliche Oxydationsmittel ist unterjodige Säure, die durch Hydrolyse des Jods entsteht[9]. Eingehende kinetische Studien dieser sehr interessanten Reaktionen stammen von Abel[10].

Die Glykolspaltung durch *Perjodsäure* ist durch eigentliche Katalysatoren anscheinend nicht zu beeinflussen. Dagegen spielt das p_H eine große Rolle[11].

[1] J. Amer. chem. Soc. **49**, 2005 (1927); Org. Syntheses **11**, 46 (1931).

[2] Milas: J. Amer. chem. Soc. **50**, 493 (1928).

[3] Underwood, Walsh: J. Amer. chem. Soc. **58**, 646 (1936); Org. Syntheses **16**, 73 (1936).

[4] Bad. Anilin- u. Sodafabr., DRP. 275518 (1914) (Friedlaender **12**, 37).

[5] F. P. 803780 (1936) (Chem. Zbl. **1937 I**, 1792).

[6] K. A. Hofmann, Quoos, Schneider: Ber. dtsch. chem. Ges. **47**, 1991 (1914).

[7] Szebellédy, Madis: Z. analyt. Chem. **114**, 253 (1938).

[8] C. Mahr: Z. analyt. Chem. **117**, 92 (1939).

[9] F. G. Fischer, Wagner: Ber. dtsch. chem. Ges. **59**, 2384 (1926). — O. Warburg: Biochem. Z. **174**, 215 (1926).

[10] Z. physik. Chem., Abt. A **154**, 167 (1931). — Ferner Abel, Bildermann: Mh. Chem. **68**, 215 (1936). — Abel, Hilferding, Smetana: Z. physik. Chem., Abt. B **32**, 85 (1936); daselbst auch die gesamte ältere Literatur.

[11] Price, Kroll: J. Amer. chem. Soc. **60**, 2726 (1938).

Bei der Oxydation von *Pinakon* liegt das Hauptmaximum der Reaktionsgeschwindigkeit unterhalb von p_H 3, ein Nebenmaximum bei p_H 7,5, das Hauptminimum oberhalb p_H 10, ein Nebenminimum bei p_H 5. *Äthylenglykol* wird bei p_H 4 viel schneller oxydiert als bei p_H 9.

4. Schwefelsäure.

Daß die oxydierende Wirkung der konzentrierten oder rauchenden Schwefelsäure durch Zusätze stark beeinflußt werden kann, ist von der KJELDAHL-Bestimmung[1] her allgemein bekannt. Der klassische Fall für präparative Oxydationen ist die Entdeckung von E. SAPPER[2], daß **Qecksilbersalze** die Oxydation des Naphthalins zu Phthalsäure katalysieren; erst durch diese Entdeckung wurde die technische Herstellung dieser Säure ermöglicht. Auch **Kupfersalze**[3] und die **Oxyde der seltenen Erden**[4] wirken katalytisch, wenn auch in weniger starkem Maße.

Einen ganz anderen Zweck verfolgt der bei der Oxydation von Anthrachinon zu Oxyanthrachinonen vielfach verwendete Zusatz von **Borsäure**[5]. Diese soll die eingeführten OH-Gruppen durch Innerkomplexsalzbildung vor weiterem Angriff schützen[6] und damit einen geregelten Ablauf der Oxydation gewährleisten[7]. Auch gleichzeitiger Zusatz von Borsäure und **Quecksilberoxyd** oder Borsäure und **Selen** wurde vorgeschlagen[8].

5. Salpetersäure und Stickoxyde.

Die *reine* Salpetersäure wirkt kaum oxydierend auf organische Verbindungen ein. Erst der Zerfall unter Bildung von Stickoxyden leitet eine Reaktion ein. Das eigentliche Oxydationsmittel scheint NO_2 zu sein. Durch dessen Reduktion entsteht NO, das neue Salpetersäure zu NO_2 reduziert. Aus diesem Grunde wirken **Stickoxyde,** wie schon lange bekannt, stark katalytisch auf Oxydationen mit Salpetersäure. Um Paraldehyd zu Glyoxal zu oxydieren, setzte DE FORCRAND[9] der Salpetersäure etwas rauchende (d. h. stickoxydhaltige) Säure zu. BEHREND[10] sah die Rolle der Stickoxyde in der Bildung von Isonitroacetaldehyd als erstem Oxydationsprodukt. Auch KILIANI[11] gab bei der bei Zimmertemperatur durchgeführten Oxydation von Zuckern mit HNO_3 (d. 1,2) etwas salpetrige Säure zu. Will man bei der Darstellung von Salpetersäureestern eine unerwünschte Oxydation vermeiden, so muß die Salpetersäure zur Zerstörung etwaiger vorhandener oder sich bildender Stickoxyde bekanntlich einen Zusatz an Harnstoff enthalten.

---

[1] Siehe Kapitel LINDNER über „Elementaranalyse".

[2] Bad. Anilin- und Sodafabr., DRP. 91202 (1897) (Friedlaender **4**, 164).

[3] BREDIG, BROWN: Z. physik. Chem. **46**, 502 (1903).

[4] DITZ: Chemiker-Ztg. **29**, 581 (1905).

[5] Farbenfabr. vorm. Fr. Bayer & Co., DRP. 79768, 81481, 81959, 81960, 81961, 81962, 86968 (1895) (Friedlaender **4**, 272—276, 293). — DEICHSLER, WEIZMANN: Ber. dtsch. chem. Ges. **36**, 3020 (1903).

[6] O. DIMROTH, FAUST: Ber. dtsch. chem. Ges. **54**, 3020 (1921).

[7] Auch gegenüber Weiteroxydation durch MnO_2, HNO_3 oder Persulfaten gewährt die Borsäure Schutz: Farbenfabr. vorm. Fr. Bayer & Co., DRP. 102638 (1899) (Friedlaender **5**, 264).

[8] Farbenfabr. vorm. Bayer & Co., DRP. 162035, 172688 (1906) (Friedlaender **8**, 258—259).

[9] Bull. Soc. chim. France **41**, 240 (1884).

[10] BEHREND, SCHMITZ: Liebigs Ann. Chem. **277**, 313 (1893). — BEHREND, TRYLLER: Ebenda **283**, 209 (1894).

[11] Ber. dtsch. chem. Ges. **54**, 456 (1921).

In vielen Fällen bewährt sich **Vanadiumpentoxyd** oder **Ammoniumvanadat** als Katalysator. Das 5-wertige Vanadin ist das eigentliche Oxydationsmittel; es wird durch die organischen Verbindungen zu 4-wertigem reduziert und durch Salpetersäure immer wieder reoxydiert. Besonders die je nach den Bedingungen zu Oxalsäure, Weinsäure oder Zuckersäuren führende Oxydation von *Kohlehydraten* gelingt auf diese Weise gut[1]. 5-Ketogluconsäure[2] gibt unter gleichen Bedingungen Trioxyglutarsäure, Weinsäure, Oxalsäure und CO_2. Auch die ohne Katalysator in der Hitze oft sehr plötzlich und stürmisch einsetzende Oxydation von *Cyclohexanol* zu Adipinsäure verläuft schon bei tieferen Temperaturen und viel glatter und mit besseren Ausbeuten, wenn kleine Mengen eines Vanadats zugegen sind[3]. Ebenfalls beschleunigend wirkt Vanadinsäure auf die Oxydation der Holzkohle zu Mellithsäure[4].

In allen Fällen sind aber auch andere Metallsalze brauchbar. Besonders scheinen sich **Molybdänoxyde**[5] als Katalysatoren zu bewähren, denen eine besonders milde Wirkung zugeschrieben wird. So ist Molybdänsäure der einzige Katalysator, der bei der Oxydation von Zuckern die Ausbeute an Zuckersäure gegenüber den anderen Oxydationsprodukten erhöht[6]. Weitere Vorschläge betreffen Zusätze an **Ce-, Cu-, Mn-, Fe-, Co-, Ni-** und **Pt-Salzen** oder **Oxyden**[7].

Besonders sind noch **Quecksilbersalze** hervorzuheben. *Acetylen* wird unter ihrer Einwirkung zu Oxalsäure[8] und Nitroform[9] oxydiert. *Benzol*[10] gibt unter gleichzeitiger Nitrierung Pikrinsäure und Benzoesäure Trinitrooxybenzoesäure[11]. *Anthracen* läßt sich auf gleichem Wege zu Anthrachinon oxydieren[12]. *Toluol* läßt sich durch Salpetersäure zu Benzoesäure oxydieren, wenn **Braunstein** als Katalysator zugegen ist[13].

In ganz ähnlicher Weise lassen sich auch die seltener ausgeführten Oxydationen mit *Stickoxyden* oder *salpetriger Säure* beschleunigen; auch hier sind **Quecksilbersalze** in manchen Fällen brauchbar[14]. **Ferrosalz** begünstigt die Oxydation von Mannit zu einem Gemisch von Fructose und Mannose[15], **Orthoferrihydroxyd** die Reaktion zwischen $NaNO_2$ und Ameisensäure[16]. **Borsäure** wurde zur Herstellung von Oxyanthrachinonen angewandt[17].

---

[1] Naumann, Moeser, Lindenbaum: J. prakt. Chem. (2) **75**, 148 (1907). — Valentiner, Schwarz: DRP. 329591 (Chem. Zbl. **1921 II**, 601). — Allan F. Odell: Amer. P. 1425605 (Chem. Zbl. **1924 I**, 2010) — Whittier: Ind Engng. Chem. **16**, 744 (Chem. Zbl. **1925 II**, 17).

[2] Barch: J. Amer. chem. Soc. **55**, 3653 (1933).

[3] Deutsche Hydrierwerke, DRP. 473960 (Chem. Zbl. **1929 II**, 1071). — Riedel AG., E. P. 265959 (Chem. Zbl. **1928 I**, 2455). — Vgl. Asmus: Organische Synthesen, S. 17.

[4] H. Meyer: Mh. Chem. **35**, 475 (1913).

[5] Siehe Anm. 1 und 3. — Ferner Kinzelberger & Co., DRP. 228664 (Friedlaender 10, 77). — Diamalt AG.: Chem. Zbl. **1924 I**, 2204.

[6] Allan F. Odell: a. a. O.

[7] Siehe Anm. 5. — Ferner *Dow Chemical Co.*, Amer. P. 1960211 (Chem. Zbl. **1934 II**, 2286). — Bad. Anilin- u. Sodafabr., E. P. 184627 (Chem. Zbl. **1923 II** 743).

[8] Degussa: DRP. 377119 (1923) (Friedlaender **14**, 286). — Kearns, Heiser, Nieuwland: J. Amer. chem. Soc. **45**, 795 (1923).

[9] Oston, McKie: J. chem. Soc. [London] **117**, 283 (1920).

[10] Wolffenstein, Böters: Ber. dtsch. chem. Ges. **46**, 586 (1913). — Vignon: Bull. Soc. chim. France (4) **27**, 547 (1920).

[11] Wolffenstein, Pear: Ber. dtsch. chem. Ges. **46**, 589 (1913).

[12] Chem. Fabr. Griesheim Elektron, DRP. 284083 (Chem. Zbl. **1915 I**, 1289).

[13] Seydel & Seydel Chem. Co.: Amer. P. 1576999 (Chem. Zbl. **1926 I**, 3631).

[14] Chem. Fabr. Griesheim Elektron, DRP. 284179 (Chem. Zbl. **1915 I**, 1289). — Bad. Anilin- u. Sodafabr., DRP. 153129 (1903) (Friedlaender **7**, 182).

[15] Votoček, Kranz: Chem. Zbl. **1919 III**, 813.

[16] A. Krause: Ber. dtsch. chem. Ges. **72**, 634 (1939).

[17] O. Dimroth, Fick: Liebigs Ann. Chem. **411**, 327 (1915).

6. Metalloxydische Oxydationsmitttel.

Kupferoxyd wird als Oxydationsmittel gewöhnlich in Form der FEHLINGschen Lösung angewandt. Mit Vorteil benutzt man statt dessen zu präparativen Zwecken eine Lösung von $CuSO_4$ in **Pyridin**[1]. Der Sinn des Lösungsmittels ist wohl weniger eine spezifisch katalytische Wirksamkeit. Vielmehr verhindert es das Ausfallen des als Reduktionsprodukt entstehenden Cu_2O. Die reduzierte Lösung kann daher durch Einleiten von Luft beliebig oft regeneriert werden. *α-Ketole* lassen sich so mit ausgezeichneter Ausbeute zu α-Diketonen oxydieren.

Frisch gefälltes Kupferoxyd ist gegenüber *Aldehyden* wirkungslos. Enthält es aber eine kleine Menge **Silberoxyd**, dann erfolgt glatt Oxydation zur Säure[2]. Der Mechanismus wird so gedeutet, daß das Ag_2O die Aldehyde oxydiert und daß das entstehende Silber durch $2CuO$ zu $Ag_2O + Cu_2O$ regeneriert wird. Als Beispiel wird die Überführung von Benzaldehyd in Benzoesäure, von Furfurol in Brenzschleimsäure und von Furfuracrolein in Furfuracrylsäure angeführt.

Ammoniakalisches *Silberoxyd* wirkt am besten oxydierend bei Anwesenheit geringer Mengen an freiem **Alkalihydroxyd**. Für analytische Zwecke wurde diese Tatsache von TOLLENS[3], für präparative von EINHORN[4] benutzt.

Thallisulfat vermag Cystein zu Cysteinsäure zu oxydieren; die Reaktion wird durch kleine Mengen von **Jodionen** beschleunigt[5]; größere Zusätze wirken hemmend, ebenso solche von Chlor- und Bromionen.

Die Glykolspaltung mit *Bleitetracetat* ist zwar in ihrer Geschwindigkeit außerordentlich abhängig vom Bau des verwendeten Glykols, aber sonst nur wenig zu beeinflussen. Nur ein **Wasser-** und **Methanol**gehalt des als Lösungsmittel verwendeten Eisessigs übt eine stark beschleunigende Wirkung aus[6]; ähnlich, wenn auch schwächer, wirkt ein Zusatz von **Alkaliacetat.** Daß die Reaktion in indifferenten Lösungsmitteln über tausendmal schneller verläuft als in Eisessig[7], hat seinen Grund nicht in einer spezifischen Wirkung dieser Lösungsmittel, sondern hängt mit dem Mechanismus der Reaktion zusammen.

Nach H. FISCHER lassen sich sekundäre Alkohole, die sich vom Chlorophyll[8] und vom Hämin[9] ableiten, besonders glatt zu Ketonen oxydieren, wenn man in der Kälte mit *Natriumbichromat* in **Pyridin**lösung schüttelt. Die Aboxydation der Seitenkette im Cholesterylacetat-dibromid mit *Chromtrioxyd* verläuft am besten bei Anwesenheit von etwas **Ammoniumvanadat** und Schwefelsäure[10]. Bei der Oxydation von Camphen mit Bichromat-Schwefelsäure soll ein Zusatz von **salpetriger Säure**[11] nützlich sein; eine „Salpetersäure in statu nascendi" soll dabei das wirksame Oxydationsmittel sein.

Oxydationen mit *Kaliumpermanganat* werden manchmal (z. B. bei Oxalsäure und Ameisensäure) bekanntlich durch **Mangan(II)-Salze** beschleunigt. Diese haben die Aufgabe, 3- oder 4wertiges Mangan zu bilden, das dann mit

---

[1] CLARK, DREGER: Org. Syntheses 1 (Sammelbd.), 80 (1932) (ASMUS: Organische Synthesen, S. 80). — FUSON, McBURNEY, HOLLAND: J. Amer. chem. Soc. 61, 2346 (1939).

[2] DINELLI: Ann. Chim. applicata 29, 448 (1939) (Chem. Zbl. 1940 I, 1794).

[3] Ber. dtsch. chem. Ges. 14, 1950 (1881); 15, 1635 (1882).

[4] Ber. dtsch. chem. Ges. 26, 451 (1893).

[5] P. und D. PREISLER: J. physic. Chem. 38, 1099, 1109 (1935) (Chem. Zbl. 1936 I, 311).

[6] CRIEGEE, BÜCHNER: Ber. dtsch. chem. Ges. 73, 563 (1940).

[7] CRIEGEE, KRAFT, RANK: Liebigs Ann. Chem. 507, 159 (1933).

[8] H. FISCHER, ÖSTREICHER, ALBERT: Liebigs Ann. Chem. 538, 128 (1939).

[9] H. FISCHER, DEILMANN: Liebigs Ann. Chem. 545, 22 (1940).

[10] KIPRIANOW, FRENKEL: Chem. Zbl. 1940 I, 2802.

[11] DAWANKOW, BERLIN: Chem. Zbl. 1940 I, 3522.

der organischen Substanz in Reaktion tritt. Die Kinetik der Reaktionen ist in vielen Arbeiten sehr eingehend untersucht worden[1].

Auch in **Pyridin**lösung fand Permanganat als Oxydationsmittel Verwendung[2], teilweise um eine $>$ CHOH- zur $>$ CO-Gruppe, teils um eine $—CH=CH_2—$- zur Carboxylgruppe zu oxydieren. Nach HEIN wirken **Silberionen** auf die Oxydation, z. B. von Stilben, ein[3]. Von BAMBERGER[4] stammt die merkwürdige Beobachtung, daß ein Gemisch von Permanganat und **Formaldehyd** Anilin in Nitrosobenzol verwandeln kann.

---

[1] Zum Beispiel HARCOURT, ESSON: Philos. Trans. Roy. Soc. London 156, 193 (1866). — SKRABAL: Z. anorg. Chem. 42, 1 (1904). — HOLLUTA: Z. physik. Chem. 101, 34, 489 (1922). — LAUNER, YOST: J. Amer. chem. Soc. 56, 2571 (1934). — LIDWELL, BELL: J. chem. Soc. [London] 1935, 1303. — FRESSENDEN, REDMON: J. Amer. chem. Soc. 57, 2246 (1935).

[2] H. FISCHER, OESTREICHER, ALBERT; H. FISCHER, DEILMANN: a. a. O.

[3] HEIN, DANIEL, SCHWEDNER: Z. anorg. Chem. 233, 161 (1937).

[4] BAMBERGER, TSCHIRMER: Ber. dtsch. chem. Ges. 31, 1524 (1898).

Dehydrierung unter Abspaltung von Wasserstoff[1].

Von

O. NEUNHOEFFER, Breslau.

Inhaltsverzeichnis.

I. Dehydrierung hydroaromatischer und hydrierter heterocyclischer Ringe.

Dem Entdecker der katalytischen Hydrierung, SABATIER, selbst, verdankt man die Beobachtung, daß bei erhöhter Temperatur sich die Hydrierung umkehren und zur Dehydrierung werden kann. Gemeinschaftlich mit SENDERENS[2] beschreibt er seine Beobachtungen bei der Hydrierung von Benzol folgendermaßen: „Wenn man aber die Temperatur bis gegen 300^0 erhöht, wird das gebildete Cyclohexan zersetzt unter Rückbildung von Benzol und Methan nach der Gleichung:

$$3\,C_6H_{12} = 2\,C_6H_6 + 6\,CH_4.\text{``}$$

Und in derselben Arbeit an anderer Stelle: „Man beobachtet einen regelrechten Zerfall in Benzol und Wasserstoff, welche bei dieser Temperatur (270^0) sich zum mindesten zum Teil unter Methanbildung umsetzen.'' Es gelang SABATIER also nicht, die bei der Dehydrierung als Nebenreaktion auftretende destruktive Hydrierung völlig zu unterdrücken.

Durch geeignete Auswahl sowohl des Katalysators wie der Substrate konnten E. KNOEVENAGEL und W. HECKEL[3] Dehydrierungen ohne Nebenreaktionen vornehmen. Als Katalysator diente **Palladiummohr.** Die untersuchten Substanzen waren so hochsiedend, daß die Dehydrierung in flüssiger Phase vorgenommen werden konnte. *Dihydrolutidindicarbonsäureester* (I) beginnt in Gegenwart von Palladiummohr schon bei 90^0 Wasserstoff zu entwickeln unter Übergang in Lutidindicarbonsäureester (II). Bei dieser Temperatur ist die Dehydrierung jedoch von einer teilweisen Hydrierung des Dihydroesters durch den abgespaltenen Wasserstoff begleitet, die zum Hexahydroester (III) führt. Man kann daher den Gesamtvorgang auch als eine Disproportionierung des Dihydroesters ansehen. Bei höheren Temperaturen wird diese Nebenreaktion weitgehend unterdrückt. Es wurde festgestellt, daß die Dehydrierung den Gesetzen einer

---

[1] Vgl. dazu den Beitrag MAXTED über „Hydrierung'', besonders die S. 691 ff.
[2] Ann. Chimie (8), 4, 336, 363 (1905).
[3] Ber. dtsch. chem. Ges. **36**, 2848, 2857 (1903).

monomolekularen Reaktion folgt. Beim ebenfalls untersuchten *Dihydroterephthalester* tritt die Disproportionierung mehr in den Vordergrund.

$$\underset{\text{I}}{\underset{\text{NH}}{\overset{\text{CH}_2}{\underset{\text{H}_3\text{C}-\text{C}\quad\text{C}-\text{CH}_3}{\text{H}_5\text{C}_2\text{OOC}-\text{C}\quad\text{C}-\text{COOC}_2\text{H}_5}}}} \qquad \underset{\text{II}}{\underset{\text{N}}{\overset{\text{CH}}{\underset{\text{H}_3\text{C}-\text{C}\quad\text{C}-\text{CH}_3}{\text{H}_5\text{C}_2\text{OOC}-\text{C}\quad\text{C}-\text{COOC}_2\text{H}_5}}}} \qquad \underset{\text{III}}{\underset{\text{NH}}{\overset{\text{CH}_2}{\underset{\text{H}_3\text{C}-\text{C}\quad\text{C}-\text{CH}_3}{\text{H}_5\text{C}_2\text{OOC}-\text{C}\quad\text{C}-\text{COOC}_2\text{H}_5}}}}$$

In der Folgezeit wurde die Dehydrierung mit Metallkatalysatoren insbesondere von N. Zelinsky und seiner Schule eingehend bearbeitet. Dabei kamen meist Edelmetallkatalysatoren zur Anwendung, da sich die Beobachtung Sabatiers, daß Dehydrierungen mit Nickel häufig von einer destruktiven Hydrierung begleitet sind, bestätigte. Die erste Arbeit[1] zeigte schon die wesentlichen Problemstellungen dieses Verfahrens. Cyclohexan und Methylcyclohexan wurden dampfförmig bei verschiedenen Temperaturen über **Palladiumschwarz** geleitet. Die Dehydrierung begann bei ungefähr 170°; als optimale Temperatur wurden etwa 300° ermittelt. Als einziges Dehydrierungsprodukt wurden die aromatischen Verbindungen gefunden; in keinem Fall gelang es, eine der ungesättigten Verbindungen nachzuweisen, die als Zwischenprodukte der Reaktion hätten erwartet werden können. Unter den angewandten Versuchsbedingungen gelang es nicht, aus Hexan oder Methyl-cyclopentan Wasserstoff abzuspalten. In einer weiteren Arbeit[2] wurde die Feststellung vertieft, daß das verwendete Dehydrierungsverfahren selektiv ist, d. h. daß nur diejenigen Substanzen dehydriert werden, die ohne Änderung ihres Kohlenstoffgerüstes in aromatische Verbindungen übergehen können; Cycloheptan erwies sich als nicht dehydrierbar. Gleichzeitig wurde die Dehydrierung zum analytischen Nachweis hydroaromatischer Substanzen in einzelnen Erdölfraktionen angewendet. Von dieser Möglichkeit wurde auch in der Folgezeit Gebrauch gemacht; z. B. wies H. Kaffer[3] auf diese Weise in einer Fraktion des Steinkohlen-Urteers Dekahydronaphthalin nach.

Eine weitere Arbeit von N. Zelinsky und N. Pawlow[4] beschäftigt sich mit vergleichenden Untersuchungen der drei Katalysatormetalle **Platin, Palladium** und **Nickel.** Zwar wurde hierbei der Gedanke, daß Hydrierung und Dehydrierung zu einem für jede Temperatur charakteristischen Gleichgewicht führen, klar herausgearbeitet, jedoch wurde bei der Durchführung der Versuche die Einstellung des Gleichgewichts nicht abgewartet. Am wirksamsten war bei der Einwirkung auf *Cyclohexan* Platin, etwas weniger wirksam Palladium. Beim Palladiumkatalysator zeigte es sich, daß er oberhalb 350° an Wirksamkeit einbüßt, ohne dieselbe bei tieferen Temperaturen wieder zu erlangen. Bis 400° konnte weder am Platin- noch am Palladiumkatalysator eine Kohlenstoffabscheidung wahrgenommen werden. Nickel war bei der Dehydrierung wesentlich weniger wirksam; dagegen setzte schon bei 270° die Methanbildung ein. Eine weitere Untersuchung[5] diente der Bestätigung der Selektivität des in Frage stehenden Dehydrierungsverfahrens: 1,1-Dimethyl-cyclohexan läßt sich nicht dehydrieren, da die Ausbildung eines aromatischen Systems unmöglich ist.

---

[1] Ber. dtsch. chem. Ges. **44**, 3121 (1911).
[2] Ber. dtsch. chem. Ges. **45**, 3678 (1912).
[3] Ber. dtsch. chem. Ges. **57**, 1261 (1924).
[4] Ber. dtsch. chem. Ges. **56**, 1249 (1923).
[5] Ber. dtsch. chem. Ges. **56**, 1718 (1923).

Dekahydronaphthalin[1] konnte in glatter Reaktion zum Naphthalin dehydriert werden, ohne daß es gelang, das als Zwischenprodukt zu formulierende Tetrahydronaphthalin zu isolieren. Weiter gelang es, einen **Nickel**katalysator herzustellen, der bei 180⁰ zu Hydrierungen verwendet werden kann und bei 300⁰ dehydrierend wirkt, ohne daß Methanbildung als störende Nebenreaktion auftritt[2]. Es handelt sich hierbei um einen Mischkatalysator mit **Aluminiumoxydhydrat.** Auch **Osmium** ist hier als Dehydrierungskatalysator geeignet, während es bei anderen Dehydrierungen häufig schnell seine Wirksamkeit einbüßt[3].

Piperidin[4] läßt sich noch leichter zu Pyridin dehydrieren als Cyclohexan zu Benzol. Dabei erwies sich **Palladium** wirksamer als **Platin.** Die Dehydrierungsgeschwindigkeit zeigt mit steigender Temperatur ein Maximum, bei dessen Überschreitung wieder ein Abfall stattfindet. Bei Palladium wird dasselbe schon bei 250⁰ erreicht.

Partiell hydrierte aromatische Verbindungen zeigen bei der Dehydrierung ein etwas abweichendes Verhalten insofern, als bei ihnen schon bei verhältnismäßig niedrigen Temperaturen eine Disproportionierung einsetzt unter Bildung eines Gemisches von aromatischer und gesättigter hydroaromatischer Verbindung. Untersucht[5] wurden die drei isomeren *Methylcyclohexene* (I, II, III), die schon bei 116—118⁰ nach der Gleichung:

$$C_7H_8 \leftarrow 3\,C_7H_{12} \rightarrow 2\,C_7H_{14}$$

reagieren. Auch das Methylencyclohexan (IV) reagiert in derselben Weise unter Wanderung der Doppelbindung in den Ring. Selbstverständlich lassen sich diese Verbindungen bei höheren Temperaturen auch vollständig dehydrieren. *Limonen* (V) wurde bei 180—185⁰ oder unter Anwendung eines mäßigen Unterdrucks bei 130⁰ zu p-Cymol und Menthan disproportioniert. Die Reaktion ist auch, wie schon beim Dekahydronaphthalin gezeigt wurde, auf polycyclische Verbindungen ausdehnbar. *Dicyclohexyl*[6] wird zum Diphenyl dehydriert, während Dicyclopentyl und Dimethyl-dicyclopentyl nicht dehydriert werden. Etwas komplizierter ist der Reaktionsmechanismus der Dehydrierung bei denjenigen Verbindungen, bei denen zwei Sechsringe unter Zwischenschaltung von einem oder zwei Kohlenstoffatomen verknüpft sind. Aus *Dicyclohexylmethan* (II)[7] entsteht Fluoren. Aus dem als Zwischenprodukt zu formulierenden Diphenylmethan (III) werden also zwei weitere Wasserstoffatome abgepalten. Dement-

sprechend wird auch *Diphenylmethan* als solches am Platinkatalysator bei 300⁰ zu Fluoren dehydriert. Entsprechend verhalten sich *Dicyclohexylamin* (IV) und

[1] N. Zelinsky: Ber. dtsch. chem. Ges. **56**, 1723 (1923).
[2] N. Zelinsky, W. Komarewsky: Ber. dtsch. chem. Ges. **57**, 667 (1924).
[3] Balandin: Z. physik. Chem., Abt. B **9**, 49 (1930).
[4] N. Zelinsky, N. Pawlow: Ber. dtsch. chem. Ges. **57**, 669 (1924).
[5] N. Zelinsky: Ber. dtsch. chem. Ges. **57**, 2055, 2058 (1924).
[6] N. Zelinsky, I. Titz, L. Fatjew: Ber. dtsch. chem. Ges. **59**, 2580 (1926).
[7] N. Zelinsky, I. Titz, M. Gawerdowskaja: Ber. dtsch. chem. Ges. **59**, 2590 (1926).

Diphenylamin (V), die bei der Dehydrierung Carbazol (VI) geben. *Diphenyl-äthan* (VII) bildet bei der Dehydrierung Phenantren (VIII). *Dicyclohexylketon* (IX) und *Benzophenon* (X) erleidet am Platinkatalysator eine gleichzeitige Hydrierung und Dehydrierung unter Bildung von Fluoren.

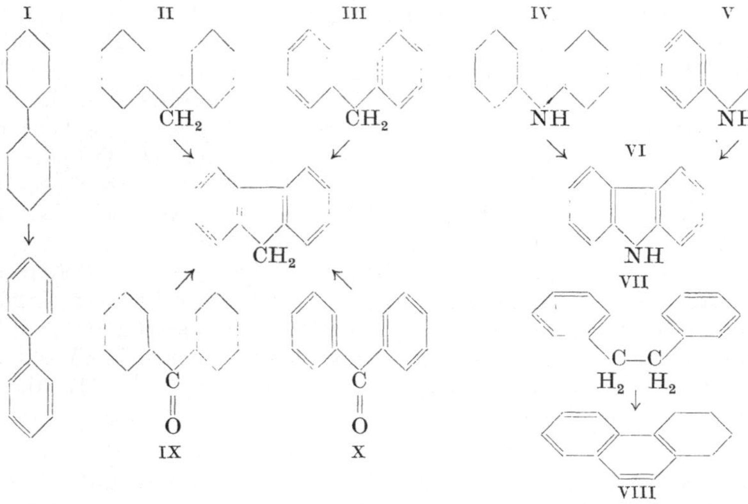

Untersuchungen über die Abhängigkeit der Dehydrierung von feineren strukturellen Unterschieden wurden am *cis-* und *trans-Dimethylcyclohexan*, und zwar sowohl an der o- wie an der p-Verbindung durchgeführt[1]. Ein wesentlicher Unterschied der Dehydrierungsgeschwindigkeit konnte nicht festgestellt werden.

Vergleichende Untersuchungen über die Dehydrierungsgeschwindigkeit von *Cyclohexan* und *Methylcyclohexan* stammen von A. Balandin und A. M. Rubinstein[2]. Sie fanden, daß das Methylcyclohexan etwas schneller dehydriert wird als Cyclohexan.

Dehydrierungen an hydroaromatischen *Alkoholen* und *Ketonen* führten Treibs und Schmidt[3] durch. Als Endprodukt der Dehydrierung wurden die entsprechenden Phenole isoliert. Bei den Alkoholen ließ sich als Zwischenprodukt der Dehydrierung in manchen Fällen das Keton isolieren. Es kamen **Kupfer-** oder **Nickelkatalysatoren** zur Anwendung.

Eingehende Untersuchungen widmeten Zelinsky und seine Schüler der Untersuchung der Dehydrierung derjenigen Verbindungen, bei denen ohne Änderung des Kohlenstoffgerüstes die Bildung eines aromatischen Systems nicht möglich wäre, bei denen aber dennoch Dehydrierung beobachtet wird. Es gelang, für die dabei auftretenden Änderungen des Kohlenstoffgerüstes Gesetzmäßigkeiten aufzufinden. In der Reihe der Terpene und Campher erleiden diejenigen Brückenringsysteme eine Aufsprengung, die einen Drei- oder Vierring enthalten[4]. *Caran* (I) und *Pinan* (II) geben p-Cymol; im Gegensatz hierzu wird im *Thujan* (III) der Dreiring in einer Weise aufgesprengt, daß es nicht zur Ausbildung eines dehydrierbaren Sechsrings kommt. Brückenringsysteme, an deren Aufbau außer dem Sechsring nur Fünfringe beteiligt sind, werden durch den Katalysator nicht verändert, z. B. *Fenchan* (IV). Dagegen fanden B. A. Kasansky und A. F. Plate[5], daß das *2-Methyl-2,2,2-bicyclo-octan* (V) bei der Dehydrierung am Platinkataly-

---

[1] N. Zelinsky, E. J. Margolis: Ber. dtsch. chem. Ges. **65**, 1616 (1932).; Z. physik. Chem., Abt. A **167**, 431 (1934).   [2] Ber. dtsch. chem. Ges. **67**, 1715 (1934).
[3] Ber. dtsch. chem. Ges. **60**, 2335 (1927).   [4] Liebigs Ann. Chem. **476**, 60 (1929).
[5] Ber. dtsch. chem. Ges. **68**, 1259 (1935).

sator ein Gemisch aromatischer Kohlenwasserstoffe gibt, obwohl diese Substanz nach strukturchemischen Erwägungen stabiler sein sollte als etwa das

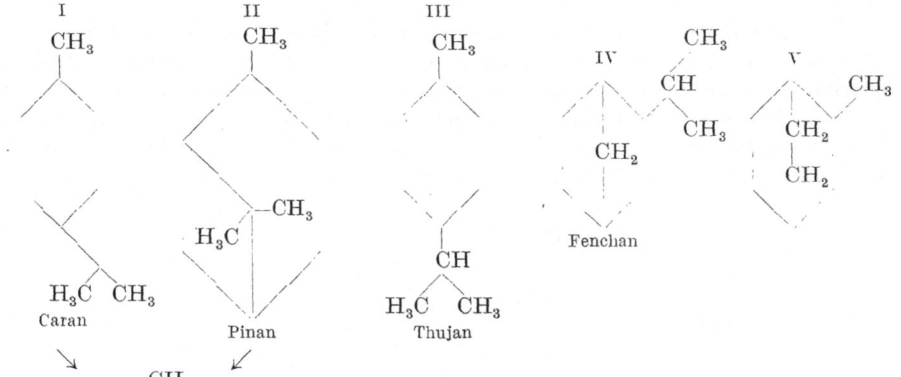

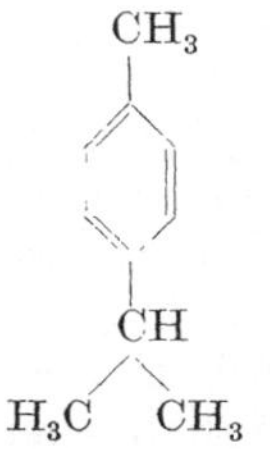

Fenchan. Eine Wiederholung der Untersuchung betreffend des 1,1-Dimethyl-cyclohexans[1] ergab, daß dasselbe auch unter energischen Bedingungen nicht dehydriert wird.

Beim angulär-*Methyldekalin* (I) tritt bis 200° ebenfalls keine Dehydrierung ein. Dagegen wird bei 300° die anguläre Methylgruppe entweder ganz abgespalten oder nach einem α-ständigen Kohlenstoffatom hin verschoben, worauf Dehydrierung eintritt[2].

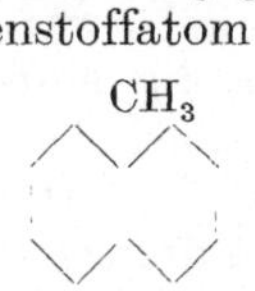

Interessante Zusammenhänge ergaben sich bei der Untersuchung der Dehydrierbarkeit von *Cyclopentan*derivaten mit verschiedener Länge der Seitenkette[3]. Es wurde nämlich festgestellt, daß zwar Methyl-, Äthyl- und -Propylcyclopentan sich gegenüber der Dehydrierung stabil erwiesen, Butyl- (I) und Amyl-cyclopentan (II) dagegen unter Bildung aromatischer Verbindungen dehydriert werden. Butylcyclopentan ergab hierbei o-Methyl-äthyl-benzol (III). Daraus war der Schluß zu ziehen, daß die Seitenkette sich am Aufbau eines neuen Sechsrings beteiligt, der aromatisiert wird, während der Fünfring hydrierend aufgesprengt wird. Diese Tatsache legte den Gedanken nahe, daß auch geeignete aliphatische Kohlenwasserstoffe unter den Bedingungen der Dehydrierung „cyclisiert" und danach aromatisiert werden könnten. Tatsächlich ließ sich das *2,5-Dimethyl-hexan* (IV) (Di-isobutyl) auch in p-Xylol überführen. Mit dieser

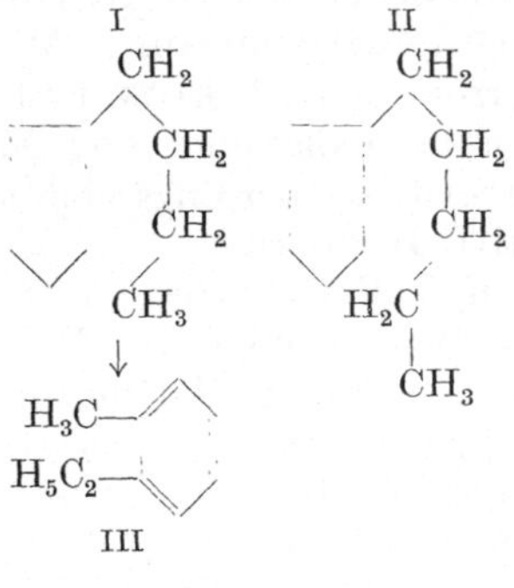

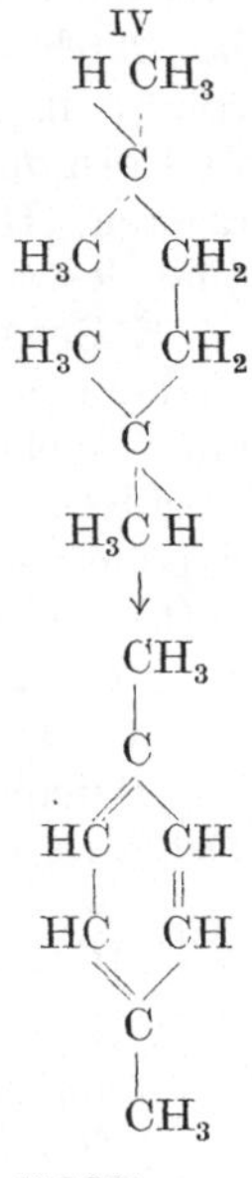

[1] N. ZELINSKY, K. PACKENDORFF, E. G. CHOCHOLWA: Ber. dtsch. chem. Ges. **68**, 98 (1935).

[2] R. P. LINSTEAD, A. F. MILLIDGE, S. L. S. THOMAS, A. L. WALPOLE: J. chem. Soc. [London] **1937**, 1146.

[3] B. A. K. KASANSKY, A. F. PLATE: Ber. dtsch. chem. Ges. **69**, 1862 (1936).

Feststellung ist allerdings das Gesetz einer strengen Selektivität durchbrochen, so daß bei der analytischen Anwendung des Verfahrens einige Vorsicht geboten erscheint.

Die Dehydrierung kondensierter 5- und 7-Ringsysteme zu Azulenen beschreiben ST. PFAU und P. L. PLATTNER[1] in mehreren Arbeiten. Diese Dehydrierungen verdienen besonders Interesse, da es sich um die Bildung eines Systems konjugierter Doppelbindungen handelt, das nicht im entferntesten dieselbe Stabilität aufweist wie aromatische Verbindungen. Die Ausbeute an Azulenen übersteigt dementsprechend auch selten 5 %.

$$\text{(Schema der Dehydrierung)}$$

Eingehende Untersuchungen wurden der Dehydrierung von Verbindungen gewidmet, die hydrierte *heterocyclische* Ringsysteme enthalten. M. EHRENSTEIN und W. BUNGE[2] untersuchten die Dehydrierung von cis- und trans-*Dekahydrochinolin*. Sie machten dabei die überraschende Feststellung, daß von **Palladium**katalysatoren nur die cis-Form, nicht aber die trans-Verbindung dehydriert wird. **Platin** dehydriert auch die trans-Verbindung, jedoch langsamer als die cis-Verbindung. Bei diesen Dehydrierungen gelingt es verhältnismäßig leicht, eine Zwischenstufe festzuhalten, und zwar nach Dehydrierung des Pyridinringes. Man kann so verhältnismäßig einfach das sonst schwer zugängliche Bz-Tetrahydrochinolin herstellen. Auch bei der Dehydrierung des *Dekahydronaphthalins* zeigte es sich, daß die cis-Verbindung leichter dehydriert wird als die trans-Form, wenn hierbei die Unterschiede auch nicht sehr groß sind.

In der Reihe der heterocyclischen Verbindungen lassen sich nicht nur Verbindungen mit sechs, sondern auch solche mit fünf Ringgliedern leicht dehydrieren. N. ZELINSKY und J. K. JURJEW[3] konnten am **Palladium**katalysator bei 250° N-Methylpyrrolidin in N-Methylpyrrol überführen und bei 300° Pyrrolidin in Pyrrol. J. K. JURJEW und A. E. BORISSOW[4] gelang es sogar, Tetrahydrothiophen an Palladium- und **Nickel**katalysatoren zu Thiophen zu dehydrieren. Hierbei tritt allerdings eine teilweise Zersetzung ein, vermutlich durch eine destruktive Hydrierung.

E. SPÄTH und F. GALINOWSKY widmeten im Zusammenhang mit Untersuchungen an Naturstoffen der Dehydrierung heterocyclischer Verbindungen ein eingehendes Studium. An dieser Stelle kann nur auf die grundsätzlichen Resultate eingegangen werden; wegen der an einzelnen Naturstoffen gewonnenen Ergebnisse sei das Studium der Originalliteratur empfohlen; die zitierten Arbeiten enthalten eine diesbezügliche Literaturzusammenstellung. α-Pyridon (I) wird zu α-Oxypyridin (II) dehydriert, Dihydrocarbostyril (III) zu Carbostyril (IV), Tetrahydroisochinolon (V) zu Oxyisochinolin (VI[5]). Die Umsetzungen erfolgten am **Palladium**katalysator bei 260—270°. In einer weiteren Arbeit[6] wird die Dehydrierung des Dihydrocumarins (VII) zum Cumarin (VIII) beschrieben;

---

[1] Helv. chim. Acta **19**, 866 (1936); **20**, 224 (1937); **22**, 202 (1939).
[2] Ber. dtsch. chem. Ges. **67**, 1715 (1934).
[3] Ber. dtsch. chem. Ges. **62**, 2589 (1929); **64**, 101 (1931).
[4] Ber. dtsch. chem. Ges. **69**, 1395 (1936).
[5] Ber. dtsch. chem. Ges. **69**, 2059 (1936).
[6] Ber. dtsch. chem. Ges. **70**, 235 (1937).

die hierbei neu gebildete C=C-Doppelbindung gehört keinem aromatischen System an, steht jedoch in Konjugation zu einer Doppelbindung des Benzolkerns und einer C=C-Doppelbindung.

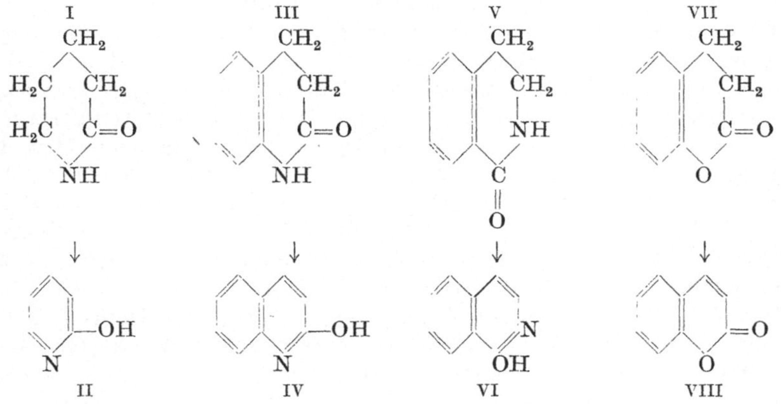

Bei den bisher besprochenen Dehydrierungen wurden neben reinen Metallkatalysatoren auch *Trägerkatalysatoren* mit verschiedenen Trägersubstanzen verwendet. Diese beeinflußten zwar die Reaktionsgeschwindigkeit unter Umständen erheblich, führten jedoch zu keiner grundsätzlichen Änderung des Reaktionsmechanismusses, so daß auf ihre Angabe im einzelnen verzichtet werden konnte. Es sind jedoch auch Fälle bekannt, in denen die Trägersubstanz den Reaktionsmechanismus beeinflußt. J. K. PFAFF und R. BRUCK[1] beschreiben einen **Ni-Aluminiumoxydhydrat**-Mischkatalysator, der bei tiefen Temperaturen zwar energisch hydrierend, bei höheren jedoch nicht dehydrierend wirkt. Dagegen beschreiben W. I. KARSHEW und S. A. WASSILJEWA[2] einen **Chromoxydkatalysator**, der bei Temperaturen von 350—400° zwar dehydrierend wirkt, bei tieferen Temperaturen jedoch nicht hydrierend. Es dürfte sich in beiden Fällen um eine außerordentlich starke Temperaturabhängigkeit der Katalysatoraktivität handeln. A. JULIARD[3] untersuchte systematisch den Einfluß von Zusätzen zu reinen **Nickel-** und **Kobalt**katalysatoren auf die dehydrierende Wirkung. Er kommt zu zwei Gruppen von Zusätzen, hemmenden und aktivierenden, und stellt dabei folgende einfache Beziehung fest: Zusätze von Metallen, deren Oxyde leicht reduzierbar sind, wie beispielsweise Fe, Cu, Cd, Pb, hemmen, diejenigen, deren Oxyde schwer reduzierbar sind, wie beispielsweise Mn, Zn, Cr, Ce, Th, Al, Be, können zur Aktivierung dienen.

In neuerer Zeit ist die Dehydrierung hydroaromatischer Substanzen auch an Oxyd- und Sulfidkatalysatoren durchgeführt worden. Mit diesen wird eine genügende Reaktionsgeschwindigkeit erst bei wesentlich höheren Temperaturen erreicht als mit den Metallkatalysatoren. Andererseits ist die Anwendung dieser Temperaturen möglich, ohne daß Nebenreaktionen in erheblichem Maße auftreten; auch eine merkliche Schädigung der Aktivität und Lebensdauer des Katalysators tritt hierdurch nicht ein. B. MOLDAWSKI, G. KANUSCHER und S. LISCHWITZ[4] beschreiben die Dehydrierung von Cyclohexan mit **Molybdänsulfiden** bei 440—465°. Während MoS_2 in glatter Reaktion Benzol liefert, tritt am MoS_3-Kontakt als Nebenreaktion Methanbildung auf. S. GOLDWASSER und

---

[1] Ber. dtsch. chem. Ges. **56**, 2463 (1923).   [2] Chem. Zbl. **1938 II**, 4207.
[3] Chem. Zbl. **1938 I**, 3323.   [4] Chem. Zbl. **1938 I**, 4604.

H. S. Taylor[1] untersuchten die Dehydrierung von Cyclohexen an einem **Chromoxydkatalysator**. Ähnlich wie bei Metallkatalysatoren überwiegt bei tieferen Temperaturen die Disproportionierung in Cyclohexan und Benzol, während von etwa 395° ab quantitative Dehydrierung erfolgt.

In Übereinstimmung mit dem Befund Zelinskys, daß Metallkatalysatoren auf geeignete aliphatische Kohlenwasserstoffe cyclisierend wirken, lassen sich auch an Oxyd- und Sulfidkatalysatoren derartige Reaktionen verwirklichen. Sie erscheinen sogar hierzu noch geeigneter, da die hohen Temperaturen bei ihrer Anwendung die Cyclisierung begünstigen. Untersuchungen über die Zusammenhänge zwischen der Konstitution von Paraffin- bzw. Olefinkohlenwasserstoffen und der Geschwindigkeit der Cyclisierung stammen von B. L. Moldawsky, G. D. Kanuscher und M. W. Kobyskaja[2] und S. Goldwasser und H. S. Taylor[3]. Es wurde gefunden, daß am **Chromoxyd**katalysator mit steigender Kettenlänge die Cyclisierungsgeschwindigkeit zunimmt. Unter übereinstimmenden Bedingungen wurden aus Hexan 17%, aus Heptan 26%, aus Octan 60% Aromaten erhalten. Kettenverzweigung setzt die Cyclisierungsgeschwindigkeit herab, wenn man von der Gesamtzahl der Kohlenstoffatome ausgeht; 2,5-Dimethylhexan lieferte z. B. 36% Aromaten. Auch die Doppelbindungen der Olefinkohlenwasserstoffe vermindern die Cyclisierungsgeschwindigkeit; außerdem wird die Spaltung in Produkte niedrigeren Molekulargewichts begünstigt.

II. Dehydrierung aliphatischer Kohlenwasserstoffe.

Zum erstenmal dürfte die Beobachtung, daß Dehydrierungen auch zu olefinischen Verbindungen führen können, von J. Tausz und N. v. Putnoky[4] genau beschrieben sein. Sie fanden, daß Pentan, Hexan, Heptan und Octan nach dem Überleiten über einen besonders aktiven **Palladium**katalysator bei 300° geringe Mengen ungesättigter Kohlenwasserstoffe enthalten. Der Katalysator wird hierbei sehr rasch erschöpft. Bei der mehrfachen Verwendung frischen Katalysators läßt sich die Dehydrierung weitertreiben, kommt jedoch nach der fünften Erneuerung desselben endgültig zum Stillstand, wobei insgesamt nur ein sehr mäßiger Bruchteil des vorhandenen Paraffins dehydriert wurde. Hexen konnte unter denselben Versuchsbedingungen nicht quantitativ hydriert werden. Es wurde angenommen, daß ein Gleichgewicht zwischen Hydrierung und Dehydrierung besteht, jedoch konnte die Einstellung desselben wegen Nebenreaktionen nicht erreicht werden.

Erst die Verwendung von **Sulfid-** und **Oxykatalysatoren** gab mit der Anwendung höherer Temperaturen die Möglichkeit, die Dehydrierung aliphatischer Kohlenwasserstoffe in verwertbarem Maßstab durchzuführen. Untersuchungen hierüber waren die notwendige Folge der Herstellung synthetischen Benzins durch die I. G. Farbenindustrie. In Patentschriften[5] wird die Verwendung von **Sulfiden, Phosphiden, Seleniden, Telluriden, Arsen-Antimon** und **Wismutverbindungen** der **Schwermetalle** zur Durchführung katalytischer Hydrierungen beschrieben. Diese Katalysatoren dürften sich durch eine erhebliche Giftfestigkeit auszeichnen. Zweifellos handelte es sich bei den ersten in technischem Maßstab durchgeführten derartigen Reaktionen um sehr komplexe Vorgänge, wie man aus einer weiteren Patentschrift entnehmen kann[6]. Hierin wird die Dehydrierung und die gleichzeitige Hydrierung und Dehydrierung von Paraffin-

---

[1] J. Amer. chem. Soc. **61**, 1766 (1939).   [2] Chem. Zbl. **1937 II**, 1546.
[3] J. Amer. chem. Soc. **61**, 1766 (1939).
[4] Ber. dtsch. chem. Ges. **52**, 1573 (1919).
[5] E. P. 262120, 263877, 624980.   [6] E. P. 629838.

kohlenwasserstoffen zur Herstellung klopffester Treibstoffe beschrieben. Vermutlich wurde dabei hauptsächlich auf eine mehr oder weniger weitgehende *Cyclisierung* und nachfolgende *Aromatisierung* hingearbeitet, da ja gerade bei Olefinen, wie später gefunden wurde, eine vorangehende Hydrierung die Cyclisierung begünstigt. Trotzdem hat unter den angegebenen Temperaturbedingungen 400—800° sicher auch eine Dehydrierung unter Olefinbildung stattgefunden. Wichtig ist noch die Einbeziehung der Oxyde der Metalle der sechsten Gruppe des periodischen Systems in den Patentanspruch. Man wird mit der Annahme, daß hierbei insbesondere das in späteren Arbeiten so häufig angewandte **Chromoxyd** geschützt werden sollte, nicht fehlgehen.

B. A. Kasansky, N. P. Zelinsky[1] untersuchten die Kontaktcyclisierungen und Aromatisierung aliphatischer Kohlenwasserstoffe an Mischkatalysatoren von Vanadin, Molybdän, Uran und Thorium mit Aluminiumoxyd als Träger der Substanz. Alle untersuchten Katalysatoren waren weniger wirksam als Chromoxyd.

Bei Dehydrierungen im technischen Maßstab scheinen die Sulfidkatalysatoren in manchen Fällen Vorteile zu bieten, da durch die Gegenwart von Schwefelwasserstoff unerwünschte Reaktionen an den eisernen Gefäßwänden sicher ausgeschlossen werden, so daß sogar ein absichtlicher Zusatz von Schwefelwasserstoff empfohlen wird[2]. Jedoch können auch durch Anwendung gewisser legierter Stahlsorten Wandreaktionen vermieden werden. Derartiges Gefäßmaterial in Verbindung mit reinen Oxydkatalysatoren wird man insbesondere dann verwenden, wenn die Reaktionsprodukte nachträglich noch mit schwefelempfindlichen Katalysatoren in Berührung kommen.

Untersuchungen über die Aktivität von **Chromoxyd**katalysatoren, die nach verschiedenen Verfahren dargestellt wurden, stellten W. A. Lazier und J. V. Vaughen[3] an. Als besonders wirksam erwiesen sich Katalysatoren, bei denen das Chromoxyd weitgehend amorph war. Sie wurden entweder durch vorsichtige thermische Zersetzung von Ammoniumbichromat oder durch Entwässerung gefällten Chromoxydhydrats dargestellt.

Das Dehydrierungsgleichgewicht von Äthan, Propan und Butan am Chromoxydkatalysator bei 400° untersuchten F. E. Frey und F. W. Hupke[4]. Sie fanden, daß das Gleichgewicht bei dieser Temperatur für Äthan bei 1,2% Dehydrierungsprodukt, bei Propan bei 4,5% und für n-Butan bei 8,5% liegt. Während bei den beiden ersten Kohlenwasserstoffen neben Wasserstoff ein einheitliches Olefin als Dehydrierungsprodukt auftritt, bildet sich bei der Dehydrierung von n-Butan ein Gemisch von Buten-1 und cis-trans-Buten-2. Nebenreaktionen treten bei der Dehydrierung von n-Butan kaum auf, während sich beim Isobutan Methan in den Reaktionsprodukten findet. Auf die in dieser Arbeit eingehend und in ausgezeichneter Weise dargestellten theoretischen Zusammenhänge wird weiter unten eingegangen.

Aristid v. Grosse und V. N. Ipatieff[5] geben Einzelheiten über die technische Durchführung der katalytischen Dehydrierung von Äthan, Propan und Butan. Sie beschreiben ein Verfahren und die Herstellung eines Katalysators, bei deren Anwendung die Olefinausbeuten 90—95% des eingesetzten Paraffins entsprechen. Die Wirksamkeit des Katalysators bleibt hierbei mehr als 1000 Stunden erhalten.

[1] Chem. Zbl. **1941 I**, 759, 760.
[2] E. P. 498859; Chem. Zbl. **1939 I**, 3071.
[3] J. Amer. chem. Soc. **54**, 3080 (1932).
[4] Ind. Engng. Chem. **25**, 54 (1933).
[5] Ind. Engng. Chem., ind. Edit. **32**, 268 (1940).

Die Verfasser weisen an dieser Stelle besonders darauf hin, daß der Dehydrierungskatalysator ganz ausgesprochen selektiv wirken muß, da die Energie, die für die Spaltung einer C—C-Bindung aufgewendet werden muß, nur 58,6 Kal. pro Mol beträgt, für eine CH-Bindung 87,3 Kal. pro Mol.

M. Kurokawa und Y. Takenaka[1] beschreiben die Dehydrierung von Propan, wobei besonders günstige Wirkungen mit einem UO_3-Katalysator erzielt wurden.

Die technisch wichtige Dehydrierung von Äthylbenzol zu Styrol ist nur unter Reaktionsbedingungen zu erreichen, die wesentlich energischer sind, als sie sonst für Dehydrierungen angewendet werden. Die meist in Patentschriften beschriebenen Verfahren arbeiten im allgemeinen bei Temperaturen zwischen 600 bis 700⁰. Als Katalysatoren werden meist Trägerkatalysatoren beschrieben, die als Trägermaterial Magnesiumoxyd und insbesondere Zinkoxyd enthalten, die mit Ceroxyd und den Oxyden des Molybdäns, Wolframs und Urans kombiniert werden. Daß die technische Durchführung dieses Verfahrens noch gewisse Schwierigkeiten macht, muß man daraus schließen, daß in neueren Arbeiten auf Katalysatoren verzichtet wird[2].

Von verschiedener Seite ist versucht worden, Einblick in das Wesen der Dehydrierungskatalyse zu gewinnen und zu theoretischen Vorstellungen zu kommen. A. A. Balandin[3] stellte fest, daß ultraviolettes Licht die Dehydrierung nicht beschleunigt. Hieraus ist zu schließen, daß die „Aktivierung" der Reaktionsteilnehmer in spezifischer Weise am Katalysator erfolgt, ohne daß es gelänge, mit Hilfe durch Licht angeregter Moleküle in die Reaktion einzugreifen. St. Cocosinschi[4] fand, daß sich bei der katalytischen Dehydrierung mit gleichzeitiger Oxydation des gebildeten Wasserstoffs durch Luft der Katalysator negativ auflädt. Diese Beobachtung läßt sich jedoch schlecht verwerten, da sich nicht entscheiden läßt, von welchem der beiden Vorgänge die Aufladung herrührt.

Eingehende Untersuchungen physikochemischer Größen bei der Dehydrierung stammen von Zelinsky und seiner Schule. Gemeinschaftlich mit Balandin[5] untersuchte er die Temperaturabhängigkeit der Reaktionsgeschwindigkeit der Dehydrierung von Dekahydronaphthalin an **Platin, Palladium-** und **Nickelkatalysatoren.** Solange der Katalysator nicht durch Nebenreaktionen geschädigt wird, bleibt die Temperaturabhängigkeit innerhalb eines ziemlich großen Temperaturgebietes für ein bestimmtes Katalysatormetall konstant, auch wenn die absolute Reaktionsgeschwindigkeit infolge der Anwendung verschiedener Trägersubstanzen nicht übereinstimmt. Aus der Temperaturabhängigkeit läßt sich nun nach bekannten Formeln die Aktivierungsenergie berechnen. Diese Berechnung führt bei homogenen Gasreaktionen zu einer klar definierten Größe; bei heterogenen Reaktionen beruht die Ableitung dieser errechneten Größe nicht auf einer völlig gesicherten Grundlage; man darf daher die Möglichkeiten ihrer Auswertung nicht überschätzen. Da sie jedoch offensichtlich im Falle der Dehydrierung innerhalb gewisser Fehlergrenzen reproduzierbar ist, läßt sie in geeigneten Fällen Zusammenhänge erkennen, die sonst nicht ohne weiteres gefunden werden könnten; an dieser Stelle des Handbuches muß jedoch auf eine eingehende Behandlung dieser Gesichtspunkte verzichtet werden. Die niedrigste Aktivierungswärme zeigt Platin, eine etwas höhere Palladium und eine wesentlich höhere wiederum Nickel. Es ist daraus immer-

---

[1] Chem. Zbl. **1941 II**, 265.

[2] Chem. Zbl. **1931 I**, 3171; **1931 II**, 1928; **1932 II**, 1970, 2109; **1936 I**, 147; **1936 II**, 1796; **1939 I**, 1063.   [3] Z. physik. Chem., Abt. B **9**, 319 (1930).

[4] Z. Elektrochem. angew. physik. Chem. **42**, 876 (1936).

[5] Z. physik. Chem. **126**, 267 (1927).

hin ersichtlich, daß bei der Dehydrierung an Nickelkatalysatoren Nebenreaktionen besonders stark in Erscheinung treten können, da mit steigender Temperatur die Steigerung der Reaktionsgeschwindigkeit der Dehydrierung nur mäßig ist. Da die Werte der „Aktivierungsenergie" der Dehydrierung von Cyclohexan mit denen von Dekahydronaphthalin übereinstimmen, dürfte auch im Reaktionsmechanismus eine weitgehende Übereinstimmung herrschen. Von den Verfassern ist weiter noch die Möglichkeit einer Korrektur der erhaltenen Größen gezeigt worden. Durch Messung unter gleichzeitigem Zusatz eines der Reaktionsprodukte kann die Selektivität der Adsorption bestimmt werden, die bei der Berechnung der Aktivierungsenergie berücksichtigt werden muß.

Weiter wurden von den Autoren einige Gesichtspunkte über den Aufbau der Katalysatoren herausgestellt. Sie zeigten nämlich, daß die Atome aller Katalysatormetalle einen Gitterabstand haben, der größenordnungsmäßig innerhalb ziemlich enger Grenzen liegt. Außerhalb der Grenzen dieses Atomabstandes werden keine zu Katalysatoren geeignete Substanzen gefunden.

BALANDIN[1] entwickelte diese Vorstellung noch wesentlich weiter. Für diejenigen Dehydrierungen, bei denen aromatische Verbindungen gebildet werden, sollen noch bestimmte Symmetrieverhältnisse des Krystallgitters des Katalysators nötwendig sein. Wenn diese Bedingungen erfüllt sind, so kann man an Hand von Modellbetrachtungen zeigen, daß sich ein hydroaromatisches Molekül so an den Katalysator anlagern kann, daß die Katalysatoratome auf sämtliche Kohlenstoffatome des Sechsrings und die in einer Ebene liegenden Wasserstoffatome desselben den gleichen Einfluß ausüben. Derartige Atomkonstellationen nennt der Verfasser „Multiplett", die Zusammenfassung seiner diesbezüglichen Vorstellungen „Multipletthypothese". Hierdurch soll sich die Tatsache erklären lassen, daß immer sechs Wasserstoffatome gleichzeitig abgelöst werden. Andererseits dürfte eine Dehydrierung nicht stattfinden, wenn aus konstitutiven Gründen eine derartige Anlagerung des Substrats an den Katalysator nicht möglich ist. Dieser Fall ist beispielsweise gegeben, wenn im Cyclohexanring zwei Substituenten in trans-Stellung stehen. Da hierbei indessen Dehydrierung stattfindet, wird zur Erklärung angeführt, daß sich cis- und trans-Verbindungen am Katalysator ineinander umlagern lassen. Tatsächlich wird ja auch bei trans-Verbindungen häufig eine geringere Dehydrierungsgeschwindigkeit beobachtet. Im weiteren Ausbau dieser Hypothese stellten A. BALANDIN und J. BRUSSOW[2] fest, daß eine derartige Sextettorientierung sich in besonders günstiger Weise beim Platin und Palladium ausbilden kann, noch möglich, aber weniger günstig beim Nickel und Rhodium ist. Hierauf soll die Tatsache beruhen, daß bei diesen Metallen Nebenreaktionen bei besonders niedrigen Temperaturen beobachtet werden. An Chromoxyd kann sich nun, wie Modellbetrachtungen lehren, eine Sextettorientierung nicht ausbilden, sondern es können nur zwei Kohlenstoffatome gleichzeitig in den Einflußbereich des Katalysators kommen. Daher müßte der Wirkungsmechanismus des Chromoxydes ein völlig anderer sein derart, daß z. B. Cyclohexan primär zu Cyclohexen dehydriert wird. Tatsächlich fanden die Autoren bei der Dehydrierung von Cyclohexan an Chromoxyd im Reaktionsprodukt auch Verbindungen von ungesättigtem Charakter, jedoch ist nicht völlig ausgeschlossen, daß diese von einer Krackung herrührten.

So überzeugend an sich die Hypothese von BALANDIN in der Darstellung ihres Schöpfers aussieht, so darf doch nicht vergessen werden, daß sie unter Außerachtlassung mancher recht wesentlicher Faktoren entstanden ist. Berücksichtigt man dieselben, so ergibt sich, daß die Hypothese BALANDINS zwar nicht als zwingende

[1] Z. physik. Chem., Abt. B **2**, 289 (1929).
[2] Z. physik. Chem., Abt. B **34**, 96 (1936).

Schlußfolgerung aus den experimentellen Tatsachen folgt, daß diese ihr jedoch nicht direkt widersprechen. Als Hypothese wird sie auch weiterhin ihre Berechtigung haben, als Theorie kann sie nicht gewertet werden.

Hugh S. Taylor[1] weist darauf hin, daß die Anwendung thermochemischer Überlegungen ohne weiteres zeigt, daß bei 300⁰ nur solche Verbindungen dehydriert werden könnten, die hierbei in aromatische Systeme übergehen. Zwar war ihm eine genaue Berechnung der Lage des Gleichgewichts an Hand der von Kistiakowsky[2] bestimmten Hydrierungswärmen nicht möglich, da die spezifischen Wärmen der in Frage stehenden Verbindungen bei tiefen Temperaturen unbekannt waren, jedoch unterscheiden sich die zu vergleichenden Reaktionswärmen um derartig große Beträge, daß die hierauf aufgebauten Überlegungen auf alle Fälle Beweiskraft haben.

Für die stufenweise Hydrierung des Benzols wurden bei 82⁰ folgende Werte gefunden:

$$C_6H_6 + H_2 = \Delta^{1,3}\!-\!C_6H_8 - 5{,}6 \text{ Cal,}$$
$$\Delta^{1,3}\!-\!C_6H_8 + H_2 = C_6H_{10} \quad + 26{,}8 \text{ Cal,}$$
$$C_6H_{10} + H_2 = C_6H_{12} \quad + 28{,}6 \text{ Cal,}$$
$$C_6H_6 + 3H_2 = C_6H_{12} \quad + 49{,}8 \text{ Cal.}$$

Es ist ohne weiteres ersichtlich, daß bei 82⁰ der Energieaufwand für die Dehydrierung von Cyclohexan zu Benzol für eine Doppelbindung so viel geringer ist, als der für die Dehydrierung zu Cyclohexen, daß auch bei 300⁰ noch eine erhebliche Differenz mit dem gleichen Vorzeichen vorhanden sein muß. Es ist also bei 300⁰ noch gar nicht zu erwarten, daß Cyclohexen entsteht. Die gleichen Überlegungen gelten für das 1,1-Dimethylcyclohexan, da dessen Dehydrierung ja nur zu einer zweifach ungesättigten Verbindung führen könnte, so daß gerade der energieliefernde Vorgang der Bildung der dritten Doppelbindung in Wegfall kommt. Sinngemäß angewendet lassen diese Werte auch erkennen, daß die Disproportionierung von Cyclohexen und insbesondere Cyclohexadien ein besonders begünstigter Prozeß sein muß.

Die völlige rechnerische Erfassung der Lage des Gleichgewichts gelang bei der von F. E. Frey und W. F. Hupke[3] durchgeführten Dehydrierung des Äthans, Propans und n-Butans, wobei insbesondere das Beispiel des n-Butans interessiert. Es wird bei 400⁰ zu rund 8,5% zu n-Buten dehydriert; dieses Buten ist ein Gemisch von Buten-1 und cis- und trans-Buten-2, die sich wiederum untereinander in ein ebenfalls von der Temperatur abhängiges Gleichgewicht setzen. Für die Lage des Gleichgewichts ist der Unterschied der freien Energie maßgebend, der bei organischen Verbindungen aus der Bildungswärme und den spezifischen Wärmen berechnet werden kann[4]. Für die isomeren n-Butene hat sich hierbei ergeben, daß das Buten-1 thermodynamisch das instabilste ist, während sich cis- und trans-Buten-2 weniger unterscheiden; das trans-Buten ist etwas stabiler.

Die Analysen des experimentell gefundenen Butengemisches ergaben bei

	Buten-1 %	cis-Buten-2 %	trans-Buten-2 %
400⁰	25	29	49
350⁰	24	28	48

[1] J. Amer. chem. Soc. **60**, 627 (1938).
[2] J. Amer. chem. Soc. **58**, 146 (1936).
[3] Ind. Engng. Chem. **25**, 54 (1933).
[4] Über die Ableitung speziell für organische Verbindungen siehe W. Hückel: Theoretische Grundlagen der organischen Chemie. 3. Aufl., Bd. 2, Kap. 11, S. 12. 1940.

Aus der Temperaturabhängigkeit der prozentischen Zusammensetzung ist ohne weiteres ersichtlich, daß sie mit den errechneten Werten parallel geht; die genaue Auswertung hat überdies eine durchaus befriedigende Übereinstimmung ergeben.

III. Dehydrierung der Alkohole mit Metall- und Oxydkatalysatoren.

Die katalytische Dehydrierung primärer und sekundärer Alkohole führt zu Aldehyden und Ketonen:

$$R \cdot CH_2OH \rightarrow R \cdot CHO + H_2; \qquad {R \atop R}\!\!\diagdown CHOH \rightarrow {R \atop R}\!\!\diagdown C{=}O + H_2 \,.$$

IPATIEW hat sich eingehend mit dem Studium dieser Reaktion befaßt. Er untersuchte zuerst die pyrogenetische Zersetzung des Äthylalkohols ohne Katalysator[1] bei etwa 800°. Dabei stellte er fest, daß grundsätzlich zwei Reaktionen auftreten, nämlich Wasserabspaltung unter Olefinbildung und Dehydrierung, die zum Aldehyd führt. Ungefähr $^1/_5$ des umgesetzten Alkohols bildet Äthylen, $^4/_5$ Acetaldehyd, der jedoch unter den gewählten Versuchsbedingungen zu einem erheblichen Prozentsatz in Methan und Kohlenoxyd zerfällt. Die Einwirkung von Katalysatoren kann nun je nach dessen Eigenschaften eine der beiden grundsätzlichen Reaktionen so weitgehend beschleunigen, daß die andere praktisch nicht mehr ins Gewicht fällt. Für beide Möglichkeiten haben sich Katalysatoren finden lassen. Die Folgereaktion der Aldehydbildung, der Aldehydzerfall in Kohlenoxyd und Paraffinkohlenwasserstoff oder im Fall des Formaldehyds in Kohlenoxyd und Wasserstoff, lassen sich nur in günstigen Fällen in befriedigender Weise unterdrücken.

IPATIEW fand, daß die Aldehydbildung insbesondere von **Zink** bei 620—650° katalytisch beschleunigt wird. Auch **Messing** erwies sich als geeignet[2]. Er stellte ein Reaktionsschema auf, nach dem Zinkoxyd auf den Alkohol oxydierend wirkt, wobei metallisches Zink und Wasser gebildet wird, die wiederum unter Bildung von Wasserstoff und Zinkoxyd miteinander reagieren; jedoch zog er auch noch andere Möglichkeiten für den Reaktionsablauf in Betracht. Bei der Übertragung der Reaktion auf andere Alkohole zeigt es sich, daß die Aldehydausbeute mit steigendem Molekulargewicht besser wird. E. KNOEVENAGEL und W. HECKEL[3] konnten Benzhydrol im flüssigen Zustand mit **Palladiummohr** als Katalysator zu Benzophenon dehydrieren. Die Umsetzung beginnt schon bei 200° und gehorcht den Gesetzen einer monomolekularen Reaktion.

Den typischen Katalysator für die Alkoholdehydrierung fanden P. SABATIER und J. B. SENDERENS[4]. Sie stellten nämlich fest, daß fein verteiltes **Kupfer** schon von 200° ab aus Äthylalkohol Wasserstoff abspaltet und daß bis 330° kaum Nebenreaktionen auftreten. Oberhalb dieser Temperatur nimmt der Zerfall in Methan und Kohlenoxyd einen merklichen Umfang an. Bei anderen primären Alkoholen wurden übereinstimmende Resultate erhalten. Nur der bei der Dehydrierung des Äthylalkohols gebildete Acetaldehyd zerfällt etwas leichter unter Abspaltung von Kohlenoxyd als die anderen Aldehyde. Benzylalkohol dagegen wird erst bei etwas höheren Temperaturen dehydriert. Sekundäre Alkohole sind leichter dehydrierbar als die entsprechenden primären, die gebildeten Ketone werden erst bei höheren Temperaturen weiter verändert als die Aldehyde.

[1] Ber. dtsch. chem. Ges. **34**, 596, 3579 (1901).
[2] Ber. dtsch. chem. Ges. **35**, 1047 (1902); **36**, 1990 (1903).
[3] Ber. dtsch. chem. Ges. **36**, 2816 (1903).
[4] C. R. hebd. Séances Acad. Sci. **136**, 738, 921, 983 (1903).

Nickel als Katalysatormetall wirkt auf primäre Alkohole zwar schon bei etwas tieferen Temperaturen dehydrierend als Kupfer, jedoch beschleunigt es die Zersetzung der Aldehyde unter Abspaltung von Kohlenoxyd in so viel stärkerem Maßstab, daß diese nur noch in untergeordneter Menge isoliert werden können. **Platin** wirkt erst ab 270° dehydrierend, wobei sich eine Zersetzung unter Kohlenoxydabspaltung nicht vermeiden läßt.

Eine umfangreiche Untersuchung widmeten P. Sabatier und A. Mailhe[1] der Einwirkung von Oxydkatalysatoren auf Alkohole. Während geeignet bereitetes Aluminiumoxyd ausschließlich wasserabspaltend wirkt, tritt unter dem Einfluß von ZnO, SnO_2, V_2O_3, Mo_2O_5 vorwiegend Dehydrierung ein. Für eine große Anzahl von Oxyden wurden die Mengenverhältnisse von Dehydrierungs- und Wasserabspaltungsprodukt bestimmt.

Später wurde noch im **Silber** ein sehr geeignetes Katalysatormetall für die Alkoholdehydrierung gefunden[2]. In neuerer Zeit ist auch die günstige Verwendbarkeit eines **Rhenium**katalysators bei der Butylalkoholdehydrierung festgestellt worden[3].

Die technische Bedeutung der Alkoholdehydrierung beruht hauptsächlich auf der Darstellung von Formaldehyd aus Methylalkohol. Hierbei wird allerdings nicht nach einem reinen Dehydrierungsverfahren gearbeitet, sondern man setzt den Methanoldämpfen von vorneherein so viel Luft zu, wie für die Oxydation zu Formaldehyd notwendig ist. Jedoch konnten Le Blanc und E. Plaschke[4] zeigen, daß der Vorgang dennoch als katalytische Dehydrierung und nicht als Oxydation zu betrachten ist. Denn in den gasförmigen Reaktionsprodukten wurde, auch wenn sie überschüssigen Sauerstoff enthielten, mehr Wasserstoff gefunden, als aus der Zersetzung des primär gebildeten Formaldehyds in Kohlenoxyd und Wasserstoff stammen konnte. Der Sauerstoffzusatz bewirkt außer der Verschiebung des Dehydrierungsgleichgewichts durch Verbrennung des Wasserstoffs eine ständige Regenerierung des Katalysators. Gleichzeitig wird der Prozeß so weit exotherm, daß eine äußere Wärmezufuhr nicht mehr notwendig ist. Auch hier haben sich **Kupfer** und **Silber** als Katalysatormetalle mit einer gewissen Ausschließlichkeit bewährt. Die Metalle der Eisengruppe sind in jedem Fall fernzuhalten, da sie die Zersetzung des Formaldehyds katalysieren. Es kann hier jedoch auf den technischen Prozeß der Formaldehyddarstellung nicht weiter eingegangen werden.

Eine besondere gleichzeitig mit der Alkoholdehydrierung verlaufende katalytische Umwandlung des gebildeten Aldehyds fanden C. Mannich und W. Geilmann[5]. Sie konnten zeigen, daß bei der Dehydrierung des Methanols am Kupferkatalysator bei 240—260° ein erheblicher Teil des gebildeten Formaldehyds zu Ameisensäuremethylester disproportioniert wird. Es ist wahrscheinlich, daß dieser Vorgang auf einer Verunreinigung des Katalysators beruht hat. Denn B. N. Dolgow und M. M. Koton[6] konnten zeigen, daß sich bei der Alkoholdehydrierung an geeigneten Mischkatalysatoren die Ester in bis zu 50proz. Ausbeute erhalten lassen. Als Beimischung zu Kupferkatalysatoren haben sich hierfür 0,2% **Cer** oder 0,9% **Zink** bewährt. Die Esterbildung läuft nicht als gesonderte Reaktion neben der Dehydrierung her, denn aus dem aldehydhaltigen Reaktionsprodukt bildet sich bei erneutem Überleiten kein weiterer Ester.

---

[1] C. R. hebd. Séances Acad. Sci. **147**, 106 (1908); Ann. Chimie (8) **20**, 289 (1910).
[2] O. Blank: DRP. 228 697 (Friedlaender **10**, 29).
[3] Chem. Zbl. **1938** I, 4414.
[4] Z. Elektrochem. angew. physik. Chem. **17**, 45 (1911).
[5] Ber. dtsch. chem. Ges. **49**, 585 (1916).
[6] Chem. Zbl **1936** II, 1898; **1937** I, 4086.

Die Dehydrierung von Alkoholen mit gleichzeitiger Disproportionierung der Aldehyde zu den Estern beschreiben T. IWANNIKOW[1], und N. M. ABRAMOWA und B. N. DOLGOW[2]. Bei der Verwendung von Kupfer-Uran-Katalysatoren schwanken die Ausbeuten je nach dem eingesetzten Alkohol zwischen 51 und 75%.

Die Anwendung der katalytischen Dehydrierung auf Zuckeralkohole beschreiben J. W. E. GLATTFELD und S. GERSHON[3].

Patentschriften der DU PONT DE NEMOURS[4] befassen sich mit der Beeinflussung dehydrierender und dehydratisierender Katalysatoren durch Zusätze. Es ergibt sich hierbei folgende einfache Regelmäßigkeit: Zusatz basischer Substanzen begünstigt bei Alkoholen die Dehydrierung, Zusatz von sauren Substanzen die Wasserabspaltung. Beispielsweise bildet ein **Zinkoxyd**katalysator aus Isopropylalkohol bei Zusatz von Soda hauptsächlich Aceton, bei Zusatz von **Zinksulfat** reichlich Propylen. Bei dem letzteren Zusatz dürfte es sich um wasserhaltiges Zinksulfat gehandelt haben, denn G. BRUS[5] stellte fest, daß **wasserfreies Zinksulfat** vorwiegend dehydrierend wirkt.

Im Zusammenhang mit der Alkoholdehydrierung weist H. WIELAND[6] auf einen bemerkenswerten Vorgang hin: Methyl- und Äthylalkohol werden von **Palladiumschwarz** unter beträchtlicher Erwärmung aufgenommen, jedoch findet man erst nach längerem Schütteln im überschüssigen Alkohol Aldehyd. Es besteht somit eine besondere Affinität zwischen dem Palladiumschwarz und dem Alkohol.

Mehrere Autoren untersuchten die Frage des Gleichgewichts der Alkoholdehydrierung und der Hydrierung von Aldehyden. C. J. ENGELDER[7] arbeitete mit einem **Titandioxyd**katalysator und stellte fest, daß die Alkoholdehydrierung durch Wasserstoffzusatz beeinflußbar ist. W. D. BANCROFT und A. B. GEORGE[8] arbeiteten mit einem **Nickel**katalysator bei 140—145° und stellten fest, daß unter diesen Bedingungen die Äthylalkoholdehydrierung zu einem echten Gleichgewicht führt, das sowohl ausgehend vom Äthylalkohol wie auch von Acetaldehyd und Wasserstoff erreicht werden kann. Bei der angegebenen Temperatur bilden sich etwa 3% Aldehyd; bei höheren Temperaturen treten Nebenreaktionen auf. J. G. GOSH und J. N. CHAKRAVARTY[9] erhitzten Methanoldampf in Gegenwart eines **Kupfer**katalysators bis zur Gleichgewichtseinstellung. Alkodehydrierung und Aldehydzerfall laufen nebeneinander her. Für die Alkoholdehydrierung stimmten die gefundenen Werte des Gleichgewichts nicht mit den nach der NERNSTschen Formel berechneten überein, wohl aber für den Zerfall des Formaldehyds. J. C. GOSH und J. B. BAKSHI[10] stellten fest, daß bei der Einwirkung eines Kupferkatalysators auf Methanol Dehydrierung und Aldehydzerfall durch Kontaktgifte in verschiedener Weise beeinflußt werden. Die Autoren schließen daraus, daß die beiden Reaktionen an verschiedenen aktiven Zentren stattfinden.

F. H. CONSTABLE[11] nimmt an, daß sich bei der Alkoholdehydrierung eine monomolekulare Schicht auf der Oberfläche des Katalysators bildet, in der die

[1] Chem. Zbl. **1940 II**, 2001.
[2] Chem. Zbl. **1940 I**, 2455.
[3] J. Amer. chem. Soc. **60**, 2015 (1938).
[4] E. P. 323 713 (Chem. Zbl. **1930 I**, 3829); Amer. P. 1 895 528 (Chem. Zbl. **1933 I**, 3004).
[5] Bull. Soc. chim. France (4) **33**, 1433 (1923).
[6] Ber. dtsch. chem. Ges. **45**, 484 (1912).
[7] J. physik. Chem. **21**, 689 (1917).
[8] J. physik. Chem. **35**, 2194 (1931).
[9] Chem. Zbl. **1926 I**, 1360.
[10] Chem. Zbl. **1930 I**, 1265.   [11] Chem. Zbl. **1925 II**, 881.

Alkoholmoleküle so ausgerichtet sind, daß die OH-Gruppen sich am Katalysator befinden, während die Ketten senkrecht zum Katalysator stehen. Hierdurch soll es zur Vergrößerung des Abstands des Wasserstoff- und Sauerstoffatoms der OH-Gruppe kommen. A. Balandin, M. Maruschin und B. Ikonnikow[1] kommen zur selben Vorstellung über die Ausrichtung der Alkoholmoleküle am Katalysator. Sie glauben in der Tatsache, daß Isopropylalkohol und Cyclohexanol mit derselben Geschwindigkeit dehydriert werden, einen Beweis hierfür gefunden zu haben.

IV. Dehydrierung der Alkohole mit Alkalihydroxyden und Alkoholaten.

Wöhler und Liebig[2] berichten in ihrer klassischen Arbeit über das Bittermandelöl: „Bittermandelöl mit festem Kalihydrat **(Kaliumhydroxyd)**, ohne Zutritt der Luft, zusammen erhitzt, bildet benzoesaures Kali, und es entwickelt sich reines Wasserstoffgas." Cannizzaro[3] erkannte später, daß der eigentlichen Dehydrierung eine Disproportionierung des Benzaldehyds vorangeht, so daß der entwickelte Wasserstoff aus Benzylalkohol abgespalten wird. Die Dehydrierung führt offensichtlich nur bis zum Benzaldehyd, so daß bei der eigentlichen Dehydrierungsreaktion kein Verbrauch des Alkalis stattfindet, diese mithin als echte katalytische Reaktion aufzufassen ist. Cannizzaro stellte weiter fest, daß in einer Nebenreaktion ein Teil des entwickelten Wasserstoffs hydrierend auf den Benzylalkohol wirkt, wobei sich Toluol bildet.

Auf breiterer Basis wurde diese Art der Alkoholdehydrierung von Dumas und Stas[4] untersucht. Sie verwendeten als Katalysator einen erheblichen Überschuß des festen Gemisches von Kaliumhydroxyd und Calciumoxyd, durch welches sie den betreffenden Alkohol aufsaugen ließen. Dieses Produkt wurde erhitzt. Äthylalkohol gab unter Entwicklung fast reinen Wasserstoffs Kaliumacetat nach der Formel:

$$C_2H_5OH + KOH \rightarrow H_3C-C\overset{\diagup O}{\diagdown OK} + 2\,H_2\,.$$

In einer Folgreaktion fand teilweise Decarboxylierung der Essigsäure unter Bildung von Methan statt. Methylalkohol gab unter gleichen Bedingungen Ameisensäure. Hier führt die Folgereaktion unter weiterer Entwicklung von Wasserstoff zur Oxalsäure, die nach dem bekannten Reaktionsschema weiter zersetzt werden kann. Beim Amylalkohol ließen sich die Temperaturbedingungen genauer studieren als bei den leichter flüchtigen niedrigen Alkoholen. Wenn man denselben mit der zehnfachen Menge Kali-Kalk erhitzt, so beginnt die Wasserstoffentwicklung schon bei 170°. Erst oberhalb 230° beginnt die Dekarboxylierung der gebildeten Valeriansäure einen merklichen Umfang anzunehmen. Diese Art der Überführung von Alkoholen in Säuren verläuft so einheitlich und mit so guter Ausbeute, daß sie mit gutem Erfolg bei der Konstitutionsermittlung der Wachsalkohole herangezogen werden konnte. Erhitzt man Äthylalkohol mit **Bariumoxyd,** so erhält man an gasförmigen Reaktionsprodukten ein Gemisch von Äthylen, Wasserstoff und eventuell Methan. Es findet also neben der Dehydrierung eine Wasserabspaltung statt, so daß wir hier die Überleitung zu den eigentlichen Oxydkatalysatoren haben.

---

[1] Chem. Zbl. **1935 II**, 1528.
[2] Liebigs Ann. Chem. **3**, 253 (1832).
[3] Liebigs Ann. Chem. **90**, 252 (1854).
[4] Liebigs Ann. Chem. **35**, 129 (1840).

M. GUERBET[1] machte die wertvolle Beobachtung, daß wasserfreies Alkalihydroxyd in Gegenwart von Alkoholen Glas bei 240—250° nur sehr wenig angreift. Es gelang ihm hierdurch, die Versuche von DUMAS und STAS unter wesentlich übersichtlicheren Bedingungen zu wiederholen. Er erhitzte die Alkohole mit einem Äquivalent **Kaliumhydroxyd** in zugeschmolzenen Röhren auf 240 bis 250°. Die Untersuchung der gasförmigen und festen Reaktionsprodukte ergab, daß bei den niederen Alkoholen neben der Dehydrierung in meßbaren Mengen Wasserabspaltung eintritt, während bei den Alkoholen mit sieben und mehr Kohlenstoffatomen als gasförmiges Reaktionsprodukt reiner Wasserstoff gefunden wurde und die Ausbeute an der entsprechenden Säure nahezu quantitativ war.

In etwas anderer Anordnung wiederholten H. SHIPLEY, FRY und E. SCHULZE[2] diese Versuche. Sie brachten ein geschmolzenes Gemisch äquimolekularer Mengen von **Natrium-** und **Kaliumhydroxyd** in eisernen Waschflaschen unter und leiteten Alkoholdämpfe bei etwa 300° ein. Bei diesen Temperaturen konnten die primär gebildeten Carbonsäuren nicht mehr gefaßt werden, sondern wurden durch Folgereaktionen weiter zerlegt. Methanol und Formaldehyd reagierten quantitativ nach den Gleichungen:

$$H_3COH + 2\,NaOH = Na_2CO_3 + 3\,H_2,$$
$$H_2CO\ \ \ + 2\,NaOH = Na_2CO_3 + 2\,H_2,$$

Äthylalkohol und Acetaldehyd entsprechend unter Bildung von Natriumcarbonat, Wasserstoff und Methan. Jedoch ist der Wasserstoffgehalt der gasförmigen Reaktionsprodukte hierbei größer, als es der Umsetzungsgleichung entspricht, so daß die Dehydrierung in irgendeinem Stadium der Reaktion auch an der Methylgruppe angreift. Wegen theoretischer Vorstellungen der Autoren über den Reaktionsmechanismus der Dehydrierung mit Alkalihydroxyd muß auf die Originalliteratur verwiesen werden.

Die Frage, ob das Alkalihydroxyd oder Alkoholat, das bis zu einem gewissen Prozentsatz während der Reaktion gebildet wird, der eigentliche Dehydrierungskatalysator ist, ist öfters aufgeworfen worden, ohne daß eine eindeutige Entscheidung hierüber geglückt wäre. Sicher scheint zu sein, daß das Alkoholat nicht als Zwischenprodukt bei der Dehydrierung in Frage kommt, da die thermische Zersetzung der Alkoholate nicht zu einer einheitlichen Dehydrierung führen kann. Dagegen sind die **Alkoholate** wirksame Dehydrierungskatalysatoren. M. GUERBET[3] fand, daß bei der Umsetzung von siedendem Amylalkohol mit metallischem Natrium auch nach vollständiger Auflösung des Natriums noch Wasserstoff entwickelt wird. Unter denselben Bedingungen tritt bei Äthyl- und Isobutylalkohol keine Wasserstoffentwicklung auf. Sie wird jedoch auch bei diesen Alkoholen sehr erheblich, wenn man im Einschlußrohr auf 210° erhitzt.

G. LOCK[4] hat die Dehydrierung des Benzylalkohols und Benzaldehyds von neuem bearbeitet und seine Untersuchungen auf eine Anzahl anderer aromatischer Alkohole und Aldehyde ausgedehnt. Die Besprechung der interessanten Resultate dieser Arbeiten würde jedoch über den Rahmen dieses Kapitels hinausgehen; es muß daher der Hinweis auf die Originalliteratur genügen.

---

[1] C. R. hebd. Séances Acad. Sci. **153**, 1487 (1911); Bull. Soc. chim. France (4) **11**, 164 (1912).

[2] J. Amer. chem. Soc. **46**, 2268 (1924); **48**, 958 (1926).

[3] C. R. hebd. Séances Acad. Sci. **128**, 511, 1002 (1899).

[4] Ber. dtsch. chem. Ges. **61**, 2334 (1928); **63**, 551 (1930).

Hydrierung mit molekularem Wasserstoff.

Von

E. B. Maxted, Bristol.

With 22 figures.

Inhaltsverzeichnis.

A. General Introduction.

1. Historical.

Although the systematic investigation of catalytic hydrogenation may be regarded as beginning with the discovery of the hydrogenating properties of the metals of the nickel group by Sabatier and Senderens during the years immediately preceding 1900, a number of isolated examples of catalytic hydrogenation, principally with platinum or palladium, occur in the literature at considerably earlier dates. Thus, Debus[1], in 1863, studied the catalytic reduction of hydrocyanic acid to methylamine in the presence of platinum, de Wilde[2] hydrogenated both acetylene and ethylene to ethane, and Saytzeff and Kolbe[3] reduced a large number of organic substances, including nitrobenzene, nitromethane, nitrophenol and benzoyl chloride, by passage, in vapour form, over platinum or palladium. Early work on the reduction of inorganic salts, in solution, by means of palladium containing occluded hydrogen also exists[4]; and the activity of platinum in bringing about the union of hydrogen and oxygen had been known even in the early years of the nineteenth century.

Sabatier and Senderens confined themselves almost exclusively to a hydrogenation technique involving the passage of bodies in vapour or gas form, together with hydrogen, over nickel, copper, cobalt, iron or, in some cases, platinum; and the development of hydrogenation in the liquid phase, including the treatment of bodies in solution, is to a large degree due to the work of Paal, Skita, Willstätter and, especially in the case of hydrogenation under pressure, Ipatiev.

2. The Catalytic Activation of Hydrogen.

Catalytic hydrogenation is based on the activation of hydrogen at metallic and other surfaces, the activation process leading to the acquisition by the hydrogen of reactive properties similar to—but in many cases exceeding in intensity—those of the gas in a nascent state. Thus, while both nascent and catalytically activated hydrogen readily saturate a number of simpler ethylenic compounds, the nascent method fails completely with bodies of high molecular weight, such as long-chain olefinic acids and, above all, with benzenoid rings, all of which are easily saturated catalytically; indeed, the general hydrogenation of unsaturated bonds of all types only became possible with the introduction of catalytic methods, the most important immediate outcome of Sabatier and Senderens' original work being probably, as already mentioned, the direct hydrogenation of benzene. It may be noted, however, in connection with this preliminary comparison of hydrogenation by nascent and by catalytically activated hydrogen, that—while the latter method is of universal application—there is no strict parallelism between the ease of reduction by the two methods. Thus, as a contrast to the examples already given, the hydrogenation of a ketonic or an aldehydic group to an alcohol, in spite of the ease and rapidity with which this particular reaction occurs with nascent hydrogen, often takes place curiously slowly when carried out in the presence of ordinary metallic catalysts. In modern practice, however, while reduction by nascent hydrogen has not completely disappeared, it has at any rate been relegated to a subordinate position not only by the universality of the catalytic method but also

---

[1] Liebigs Ann. Chem. **128**, 200 (1863).

[2] Bull. Soc. chim. France **5**, 175 (1866); **21**, 446 (1874); Ber. dtsch. chem. Ges. **7**, 353 (1874).   [3] J. prakt. Chem. **4**, 418 (1871); **6**, 128 (1872).

[4] e.g. Graham: Liebigs Ann. Chem., Suppl. **5**, 57 (1866).

by the quantitative yields and freedom from side reactions which are usually associated with the latter method.

The general scope of catalytic hydrogenation may be illustrated by the following reaction classes, the list being, however, not exhaustive:

1. Saturation of Various Unsaturated Linkages:

$$R \cdot CH : CH \cdot R' + H_2 = R \cdot CH_2 \cdot CH_2 \cdot R'.$$
a

$$R \cdot C \vdots C \cdot R' \rightarrow R \cdot CH : CH \cdot R' \rightarrow R \cdot CH_2 \cdot CH_2 \cdot R'.$$
b

c   d   e

$$\begin{matrix} R \\ R' \end{matrix}\!\!>\!CO \rightarrow \begin{matrix} R \\ R' \end{matrix}\!\!>\!CHOH.$$
f

$$CO \rightarrow CH_3OH \text{ etc.}$$
g

$$R \cdot C \vdots N \rightarrow R \cdot CH_2 \cdot NH_2.$$
h

$$Ph \cdot N : N \cdot Ph \rightarrow Ph \cdot NH \cdot NH \cdot Ph.$$
i

2. Reduction with Elimination of Oxygen etc.

$$CO_2 \rightarrow CO \rightarrow CH_4.$$
a

$$R \cdot CH_2OH \rightarrow R \cdot CH_3.$$
b

c

(In which the ring is either benzenoid, hydro-aromatic or heterocylic.)

$$\begin{matrix} R \\ R' \end{matrix}\!\!>\!CO \rightarrow \begin{matrix} R \\ R' \end{matrix}\!\!>\!CH_2$$
d

$$R \cdot COOH \rightarrow R \cdot CH_2OH \rightarrow R \cdot CH_3.$$
e

$$R \cdot NO_2 \rightarrow R \cdot NH_2.$$
f

$$R \cdot CH_2Cl \rightarrow R \cdot CH_3.$$
g

The ordinary hydrogenation catalysts—nickel, cobalt, copper, iron and the platinum metals generally—occur, with the exception of copper, in Group VIII of the periodic system. All these metals adsorb hydrogen specifically; indeed, their activity is obviously bound up with this common property.

In addition to these more usual catalysts, certain other elements, for instance, zinc, have been used for catalytic hydrogenation generally, although to a limited degree; and a number of other metals, including silver, gold, lead, tin and thallium, possess slight hydrogen-activating properties, which permit their employment for relatively easy reactions such as the reduction of nitrobenzene to aniline, but which are insufficient in intensity for their general use. Moreover, in place of using catalysts which merely form an adsorption complex with hydrogen, it is also possible to induce hydrogenation by employing elements whose union with hydrogen is usually associated with the formation of definite chemical hydrides. Thus, calcium will catalyse ordinary hydrogenation, for instance the reduction of ethylene to ethane; and special hydrogenation reactions may even be catalysed by the alkali metals. These less common catalysts will be dealt with later in the present section.

Another class, which is of greater importance from the standpoint of practical hydrogenation than those mentioned in the preceding paragraph, contains oxides such as those of chromium, manganese or zinc. These, apparently even in the unreduced oxide form, enter into chemisorptive union with hydrogen and induce its activation; but, under the normal conditions of their use, it is· difficult to say whether incipient reduction to metal also occurs and to what extent their activity at high temperatures is due to this metal content. This difficulty is enhanced by the fact that they are far more frequently employed in conjunction with other components in such a way that they also act as carriers. Thus, catalysts such as nickel chromite or copper chromite may be regarded as consisting, under the conditions of use, of metallic nickel or copper supported on a possibly also partly reduced chromium oxide, which, in addition to exerting some inherent activity, derives its high efficacy as a carrier from the intimate degree of the mutual dispersion of the nickel and of the chromium oxide, the use of a body such as a metallic chromite as a starting material being merely a very convenient and effective method of securing the initial lattice penetration which is conducive to intimate contact between the components even after reduction: indeed, it has been shown, for such two-component catalysts, that abnormal activation usually only occurs in cases in which X-ray examination gives evidence of such lattice penetration. This view of these catalysts is supported by the fact that few, if any, reactions which can be carried out with nickel chromite or copper chromite cannot also be effected with nickel or copper alone. Thus, the reduction of carboxylic acids to alcohols or to hydrocarbons, which was for some time regarded as being specific to catalysts of the above complex type, can also be induced by copper or nickel on an external, in itself inactive, carrier, such as kieselguhr, in place of on an internal and active carrier such as chromium oxide. Zinc chromite, which is, in general, a mild hydrogenating catalyst, which easily hydrogenates a carboxyl group to give an alcohol but does not readily induce the saturation of an ethylenic or of a benzenoid bond between carbon atoms, can also be viewed from the same standpoint. Finally, there exists an increasingly important class of high-temperature hydrogenation catalysts containing the oxides and sulphides of metals such as molybdenum or tungsten. These are tolerant to sulphur and to catalyst poisons generally, and can consequently be used for impure materials. They are of special use for the elimination of hydroxyl from phenols and for hydrogenation generally in the case of bodies, such as naphthalene, which are sufficiently stable thermally to permit the use of the very high temperatures ($400—500^0$) which these catalysts require. They also find extensive commercial application for the hydrogenation-cracking of fuel products such as tars or creosote, or hydrocarbon oils generally, in such a way as to produce lower-boiling degradation products.

3. Mechanism of the Activation of Hydrogen.

The nature and probable sequence of the processes involved in hydrogenation, particularly in the presence of metals, are more fully discussed in other sections in connection with the mechanism of catalysis generally; and, for this reason, the subject will here only be treated briefly and in outline.

In the first place, the action of ordinary catalysts in hydrogenation is obviously bound up with their power of activating hydrogen itself, quite apart from any adsorptive or other reaction between the body hydrogenated, on the one hand, and either the catalyst itself or its adsorption complex with hydrogen, on the other. Thus, hydrogenating catalysts, as a class, are also active for reactions involving hydrogen alone, such as the ortho-para hydrogen conversion.

This emphasis on the activation of hydrogen, as distinct from any activation of the second component, has led to the postulation by many authors of a modification in the molecular form of hydrogen adsorbed by catalytically active metals. POLANYI[1] regards the dissociation of hydrogen into atoms on the catalyst surface as the essential factor in the activation of the reacting molecules, the activity of the catalyst being due to its dissociating power and to its preferential adsorption of free atoms. It is pointed out that the dissociation of hydrogen by a catalyst should, in spite of the high dissociation heat (100,000 cals.), be facilitated by the high heat of adsorption of atomic hydrogen.

This hypothesis of atomic hydrogen as the active agent in catalytic hydrogenation by metals has been taken a stage further by O. SCHMIDT[2], who has put forward the view that the activation of hydrogen by metals such as those of the nickel or platinum groups takes place in the metal by the formation of positive hydrogen ions and that catalytic hydrogenation occurs in the micro-pores of the catalyst which, for high activity, must be porous. The hydrogenation of, for instance, ethylene, is thus regarded as a process which may be written:

$$C_2H_4{}^{2\bar{e}} + 2\,H^+ = C_2H_6 \,.$$

SCHMIDT makes a sharp distinction between such micro-pores and the rather indefinite term internal surface, since, in the former, the adsorbed species may be regarded as being completely surrounded by the catalysing metal. If the rate-controlling factor in a hydrogenation reaction is, in accordance with SCHMIDT's views, the diffusion of the substrate into the micro-pores, the reaction velocity should be influenced above all by the diffusive mobility of the substance hydrogenated. This was, in general, found by SCHMIDT, on the basis of changes in the unsaturated body and in the solvent, to be the case; but it should be pointed out that diffusion rates also play an important part—especially in liquid systems—in determining the rate of supply, both of the molecular species hydrogenated and of the hydrogen itself, to a catalytic surface in the ordinary sense, in addition to any possible further diffusion into micro-pores. It may be noted further that SCHMIDT[3] considers that, in the hydrogenation of ethylene by catalysts such as calcium, the activation of hydrogen also occurs ionically, but through negatively charged hydrogen in place of through protons, and on the surface in place of in the interior, as with nickel or platinum.

The possibility of the influence of a further factor, namely that of molecular distortion, on the stability, and consequently on the reactivity, of bodies adsorbed on catalysts has been advanced by A. BALANDIN[4], who postulates, for instance in dehydrogenation, a state of strain in the molecules of the body to be dehydrogenated, due to their adsorption on more than one surface element of the catalyst, this strain being sufficient in some cases to induce actual cleavage. BALANDIN has developed this strain or multiplet hypothesis in such a way as to involve an actual connection between the geometrical structure and dimensions of the catalysing surface and of the molecule catalysed. Some difficulties in the rigid application of the theory have recently been discussed by H. S. TAYLOR[5] on the basis of the observed hydrogenation of cyclopentene and cycloheptenes by catalysts configurationally unsuitable from the standpoint of the multiplet hypothesis.

A fundamentally different method of approaching the action of catalysts in hydrogenation consists in considering the energetics of the hydrogenation process as a whole, especially by taking into consideration the possible contri-

---

[1] Z. Elektrochem. angew. physik. Chem. **35**, 361 (1929).
[2] Z. physik. Chem. **118**, 193 (1925); Abt. A **165**, 209 (1933); Abt. A **176**, 237 (1936).
[3] Ber. dtsch. chem. Ges. **68**, 1098 (1935).
[4] Z. physik. Chem., Abt. B **2**, 289 (1929); **3**, 167.
[5] J. Amer. chem. Soc. **60**, 630 (1938).

bution of the heat of adsorption—or of a heat of association generally—to the energy of activation of the process.

On grounds of its heat of adsorption, hydrogen, or, in general, any other adsorbed species such as ethylene, will, on adsorption, acquire additional free heat energy liberated as the result of the adsorption process and corresponding in magnitude with the adsorption heat, Q. This heat, which is initially resident in the adsorption complex, will, in the absence of the reaction of this complex with another adsorbed or free molecular species, gradually become dissipated by radiation or by energy redistribution through the adsorbing lattice: consequently, this additional energy in the adsorption complex may, according to the time which elapses between the actual formation of the complex and its participation in a reaction, have any value between zero and Q; and, by virtue of this contribution of adsorption heat towards the energy of activation, only the balance, namely, $E - \Sigma Q$, in which ΣQ is the sum of the contributions from the adsorption heats, will be required to raise the energy to the value necessary for reaction. This leads to an expression for the reaction velocity of the type[1]

$$k = a e^{-(E - \Sigma Q)/RT},$$

in place of the Arrhenius relationship,

$$k = a e^{-E/RT},$$

in which E is the normal energy of activation, the probability of reaction, and with it the reaction velocity, being thus increased by the reduction—by the ΣQ term—of the energy hill to be surmounted. This view is borne out by experimental evidence based firstly on the reversal of the temperature coefficient of hydrogenation reactions as soon as a certain critical temperature, dependent on the system, has been passed, and, secondly, on the change of kinetic form of the reaction, with the temperature; and it would seem that, under the conditions which obtain in catalysis, the effective contribution may approximate in value to the normal adsorption heat of either one or both reactants (hydrogen and unsaturated body) according to the conditions.

4. The Kinetics of Hydrogenation.

It is found in practice that the general kinetics of liquid-phase hydrogenation at a constant hydrogen pressure correspond, according to the conditions, with the two alternative types of reaction path shown diagrammatically in Fig. 1. In the first place, the reaction may be approximately of zero order, the rate of absorption of hydrogen remaining approximately constant until a stage in the neighbourhood of saturation is reached, when the velocity decreases relatively rapidly and suddenly owing to a deficiency in the available supply of the unsaturated body. It should be noted that a linear reaction path may be masked by the presence of impurities in the substance hydrogenated, in that impure organic liquids frequently give a curved reaction path which, after purification of the liquid, becomes linear[2]; and it is probable in such cases that the curvature observed is due not to the inherent kinetics of the process but to the presence of clogging poisons or reaction residues which are deposited on the catalyst as the reaction proceeds.

---

[1] zur Strassen: Z. physik. Chem., Abt. A **169**, 81 (1934). — Schwab: Ebenda **171**, 421 (1934). — Maxted, Moon: J. chem. Soc. [London] **1935**, 393, 1190.
[2] Armstrong, Hilditch: Proc. Roy. Soc. [London], Ser. A **96**, 137 (1919); **98**, 27 (1920); **99**, 490 (1921). — Maxted: J. chem. Soc. [London] **119**, 225 (1921).

A zero order reaction with respect to the unsaturated body involves a concentration of this body in the free—and consequently also in the adsorbed—state in excess of the value required by the reaction velocity imposed by the other factors, in such a way that this velocity remains relatively unaffected by the disappearance of the unsaturated substance. As soon, however, as the concentration falls below the critical value at which the supply of unsaturated body begins to be an effective factor in controlling the reaction velocity, namely as saturation is approached, the velocity will diminish more or less rapidly with the falling off of the supply of this body.

On the other hand, the conditions under which the hydrogenation is carried out may be such that the concentration of the unsaturated substance—and the disappearance of this by reaction—exercises an effective influence on the velocity from the start, or even from an intermediate stage. This will give, respectively, continuously curved or initially linear reaction graphs of the types shown diagrammatically by curves II and III of Fig. 1. Curves of Type III are not common, but were observed by ARMSTRONG and HILDITCH in some cases. Further, since the distribution of the unsaturated body between the free and the adsorbed phase is adversely affected, from the adsorption side, by increasing the temperature, it should be possible, by increasing the reaction temperature, to produce conditions such that a hydrogenation which is linear at a low temperature becomes curved as the temperature is raised. Examples of this will be given later.

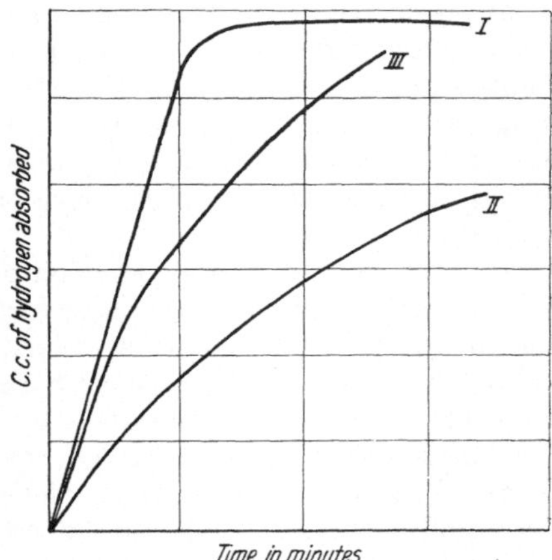

Fig. 1. Types of reaction curves.

Under conditions in which the velocity is controlled by the concentration of the unsaturated body, SCHWAB and his collaborators[1] have rightly laid emphasis on the importance of the adsorbed rather than on the free concentration. Thus, in a case such as the liquid-phase hydrogenation of ethyl cinnamate by nickel, it was found that the rate of disappearance of the unsaturated substance could be based on a LANGMUIR adsorption isotherm[2] of the type:

$$\sigma = \frac{bc}{1 + bc},$$

in which σ is the fraction of the surface covered, b is the adsorption coefficient and c is the concentration of the ester. The close agreement of the observed and of the calculated change in velocity at various stages during the reaction is shown in Table 1, the calculated values being derived from the relationship:

$$\frac{-dc}{dt} = \frac{kc}{1 + bc},$$

The hydrogenation was carried out at 50° in alcoholic solution. By the hydrogen equivalent of the ester is understood the volume of hydrogen, in c.c., required for saturation.

[1] SCHWAB, BRENNECKE: Z. physik. Chem., Abt. B **24**, 393 (1933).
[2] SCHWAB: Z. physik. Chem., Abt. A **171**, 421 (1934).

Table 1.

Concentration of ester expressed as its hydrogen value	$-\dfrac{dc}{dt}$ (observed)	$-\dfrac{dc}{dt}$ (calculated)	Concentration of ester expressed as its hydrogen value	$-\dfrac{dc}{dt}$ (observed)	$-\dfrac{dc}{dt}$ (calculated)
123	23	20.2	41.5	8.9	9.5
100	18.4	17.9	33	7.9	7.9
82	14.9	15.7	18	5.2	4.6
66	13.6	13.5	10	2.7	2.7
52	11.1	11.3	5	1.4	1.4

Similar considerations apply to gas-phase hydrogenation. Thus, the kinetics of the hydrogenation of ethylene itself, as the simplest unsaturated hydrocarbon, have been widely studied[1], it being found that the reaction velocity is, at atmospheric pressure, in general proportional to the hydrogen partial pressure and independent of the partial pressure of the ethylene. As has been pointed out by SCHWAB and ZORN[2], this independence on the ethylene pressure is, as in the liquid systems dealt with above, obviously due to observations of the kinetics under conditions which include an effective saturation range in the adsorption isotherm of ethylene on the catalysts employed (platinum, nickel, copper etc.).

If, however, the ethylene reaction is carried out under conditions outside the saturation range for this gas, for instance, at low pressures or at high temperatures, the hydrogenation velocity may, in addition to varying with the hydrogen pressure, also vary with the partial pressure of the ethylene. Conditions of this type were obtained by ZUR STRASSEN[3], and SCHWAB[4] has treated the kinetics of ethylene hydrogenation under these conditions from the standpoint of the adsorbed concentrations in a similar manner to that given above for liquid systems. It should be noted that the possibility of calculating the change in the reaction velocity, as the reaction proceeds, on the basis of simple LANGMUIR adsorption isotherms may be regarded[5] as additional evidence of the catalytic action, in such cases, of a range of energetically homogeneous catalysing points.

The temperature coefficient of hydrogenation processes is of considerable interest since, by virtue of the dependence of the reaction velocity on adsorbed concentrations, a reversal in the sign of the coefficient, namely, a decrease in velocity as the temperature is increased, may occur at high temperatures. This reversal, with production of a negative temperature coefficient, has been noticed, for instance, in ethylene hydrogenation, by a number of workers[6], and has been studied in detail by KLAR[7] and SCHWAB[8]. KLAR, who observed a temperature of maximum velocity at 130° in the hydrogenation of ethylene on nickel, regards the increase in the adsorption rate of ethylene with increasing temperature as a responsible factor in the positive temperature coefficient under the conditions in which the kinetics are controlled by the ethylene adsorption, this influence of the adsorption rate being—if the temperature is

[1] RIDEAL: J. chem. Soc. [London] **121**, 309 (1922) — PEASE, HARRIS: J. Amer. chem. Soc. **49**, 2503 (1927). — PEASE: Ebenda **54**, 1876 (1932). — DOHSE, KÄLBERER, SCHUSTER: Z. Elektrochem. angew. physik. Chem. **36**, 677 (1930).

[2] Z. physik. Chem., Abt. B **32**, 169 (1936).

[3] Z. physik. Chem., Abt. A **169**, 81 (1934).

[4] Z. physik. Chem., Abt. A **171**, 421 (1934).

[5] SCHWAB, BRENNECKE: loc. cit. — SCHWAB, STAEGER, V. BAUMBACH: Z. physik. Chem., Abt. B **21**, 65 (1933); **25**, 418 (1934).

[6] RIDEAL: J. chem. Soc. [London] **121**, 309 (1922). — GRASSI: Nuovo Cimento (6) **11**, 147 (1916).　　　[7] Z. physik. Chem., Abt. A **168**, 215 (1933).

[8] Z. physik. Chem., Abt. A **171**, 421 (1934).

increased sufficiently—ultimately dominated by the influence of quantity adsorbed, which decreases with temperature; and, on studying the velocity of the adsorption of ethylene on nickel at low pressures and at various tem-

peratures, maxima both in the effective rate and in the quantity absorbed were found at 130°, namely, at the reversal point.

·According to the views of zur Strassen and Schwab, the reversal in the sign of the temperature coefficient in the hydrogenation of gaseous ethylene is regarded as being due to the falling—as the temperature range corresponding with reversal is reached—of the ad-

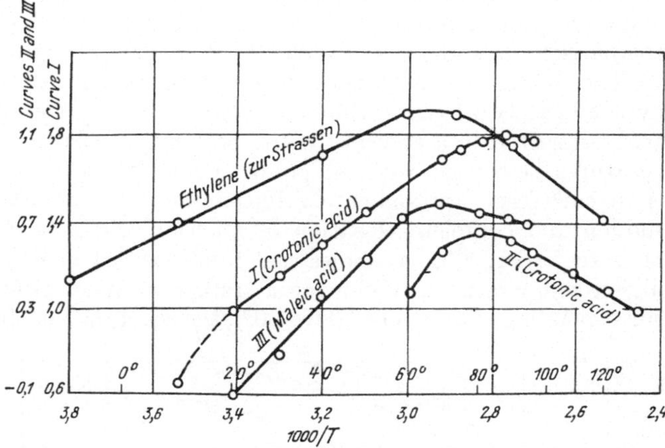

Fig. 2. Temperatur-velocity curves.

sorbed concentration of ethylene to a value which is insufficient to render the progress of the reaction independent of the adsorbed concentration of this gas, in the manner already discussed, the ratecontrolling factor being thus hydrogen adsorption at low temperatures and ethylene adsorption plus hydrogen adsorption at higher temperatures. This is apparently supported by the change in the form

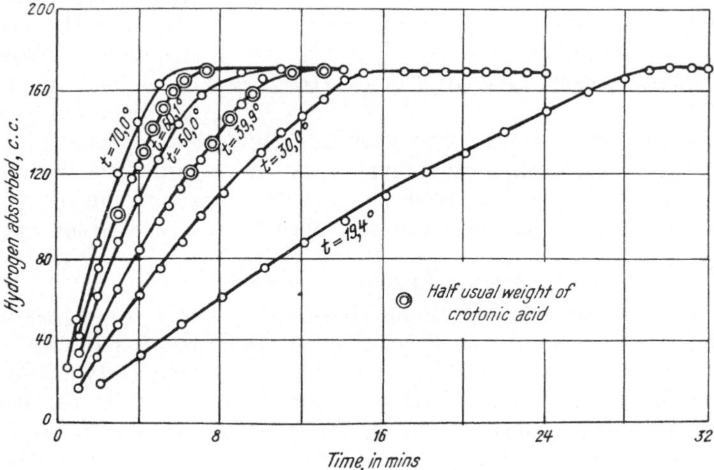

Fig. 3. Hydrogenation of crotonic acid (t: 19,4—70,0°).

of the reaction kinetics as the temperature is raised. Thus, zur Strassen, who investigated the hydrogenation of ethylene on a nickel ribbon catalyst at low pressures and at various temperatures, found that, while the reaction velocity was, at all the temperatures studied (—10° to +130°), proportional to the hydrogen pressure, its independence, at low temperatures, on the ethylene pressure disappeared as the temperature was raised, until, at high temperatures, it was also approximately linearly proportional to the ethylene pressure.

Similar maxima in the temperature-velocity curves and a similar change in the kinetic form with increasing temperature have also been observed[1] in the liquid-phase hydrogenation of ethylenic derivatives. The variation with temperature in the velocity of hydrogenation of crotonic acid and maleic acid under varying conditions is shown in Fig. 2, in which are also included, for comparison, zur Strassen's results with gaseous ethylene.

The change in the kinetic form as the temperature is raised is illustrated by the next two figures which, as before, refer to the hydrogenation of crotonic acid, dissolved in a solvent, in the presence of platinum. Fig. 3 relates to temperatures below the reversal point. Under these conditions, the reaction path is in each case approximately linear; and all the graphs show the relatively sudden and complete cessation of reaction which is characteristic of processes of zero order. Fig. 4 shows the fundamental change in the kinetic form at higher temperatures. Following a transition type during the temperature range corresponding with reversal (80—90°), the reaction path became evenly curved, lost

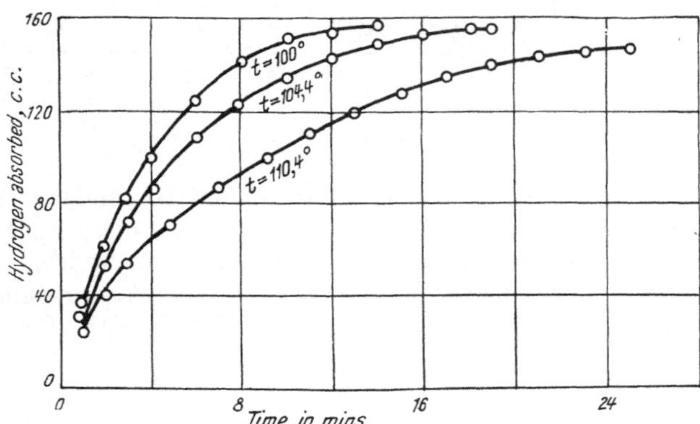

Fig. 4.   Hydrogenation of crotonic acid (t: 100—110,4°).

its characteristic phase of sudden cessation and, at these higher temperatures, was found to be very nearly of the first order with regard to the crotonic acid, i. e., under these conditions the rate was approximately proportional to the concentration of the unsaturated body. This corresponds with results in gasphase hydrogenation in which the velocity has, as already stated, been found under some conditions to vary directly with the partial pressure of the ethylene: moreover, a first order curve may be regarded as derived from the simplest form of adsorption isotherm, namely, from a region in which the adsorbed concentration varies approximately linearly with the free concentration.

a) *Influence of Pressure.*

In the above treatment of liquid-phase—as distinct from gas-phase—hydrogenation, some account has been given of the variation of the velocity of hydrogenation with the concentration of the unsaturated body without considering variations in the concentration of the hydrogen, since the hydrogen pressure is usually kept constant during the hydrogenation of a liquid. The general effect of hydrogen pressure on the velocity is, however, of considerable importance from the standpoint of practical hydrogenation, particularly since a number of hydrogenations only take place at a reasonable rate at a high pressure.

Under many conditions, the rate of hydrogenation of liquids is approximately directly proportional to the hydrogen pressure[2]; but deviations from this

[1] Maxted, Moon: J. chem. Soc. [London] **1935**, 1190; **1936**, 635.
[2] Moore, Richter, van Arsdel: Ind. Engng. Chem. **9**, 541 (1917). — Maxted: J. Soc. chem. Ind., **40**, 169 T (1921). — Armstrong, Hilditch: Proc. Roy. Soc. [London], Ser. A **100**, 240 (1921).

simple relationship also occur. According to the experimental results of ARM-
STRONG and HILDITCH, normal (i. e. direct) variation with the pressure occurs
provided, firstly, that the concentration of the catalyst is not too low (in general,
not below 0.1 per cent with nickel) and, secondly, that the body hydrogenated
does not contain certain substituent groups. Thus,
Table 2 shows the variation for pinene, at 160⁰, in
the presence of 0.2 per cent of nickel; and a similar
relationship was observed for ethyl cinnamate and
for ethyl linoleate.

If, however, the percentage of the nickel was
reduced substantially below 0.1 per cent, subnormal
variation with pressure occured, i. e. the hydrogenation
rate increased less rapidly than the pressure. This is illustrated by Table 3,
which refers to the hydrogenation of ethyl cinnamate at 140⁰.

Table 2.

Partial pressure of hydrogen (Atm.)	Relative rates of hydrogenation
1	1.00
2	2.08
3	3.05

Table 3.

Hydrogen pressure (Atm.)	Relative rates of hydrogenation with			Hydrogen pressure (Atm.)	Relative rates of hydrogenation with		
	0.085 % Ni	0.017 % Ni	0.008 % Ni		0.085 % Ni	0.017 % Ni	0.008 % Ni
1	1.00	1.00	1.00	3	3.00	2.26	1.35
2	2.08	1.93	1.32	4	3.95	2.53	1.43

It will be seen that, with these low catalyst concentrations, the rate of supply
of molecular hydrogen in the gaseous—and consequently, in the liquid—phase
is no longer the directing factor in the determination of rate.

With a number of unsaturated alcohols or free acids, on the other hand,
ARMSTRONG and HILDITCH observed a greater increase in the hydrogenation rate
than that corresponding with the direct increase in the pressure. Thus, with
geraniol, an increase in the hydrogen pressure from 1 to 4 atmospheres raised
the hydrogenation velocity to almost six times its original value. A variation
of the same type was given by oleic
acid, and is summarised in Table 4. This
behaviour should be contrasted with
the normal variation given by an ester
such as ethyl oleate or by a glyceride of
oleic acid, the abnormal variation being
apparently dependent—at any rate with
nickel, which cannot be regarded as a
good hydrogenation catalyst for a free
acid on account of the possibility of chemical attack—on the presence of a
free carboxyl group.

Table 4.

Hydrogen pressure (Atm.)	Relative rates of hydrogenation with	
	0.375 % Ni	0.15 % Ni
1	1.00	1.00
2	2.26	2.83
3	3.74	4.88
4	5.23	6.53

On the whole, these results of ARMSTRONG and HILDITCH, especially those
on normal and subnormal variation, are in agreement with the experience of
other workers. Thus, the author found a close linear variation of velocity with
presure during the hydrogenation of olein, and a similar variation was observed
by MOORE, RICHTER and VAN ARSDEL for the hydrogenation of cotton oil; but
subnormal variation, which in some cases may approach the dependence of the
rate on the square root of the pressure, has been reported by THOMAS[1] and
may apparently also occur during the hydrogenation of liquid films which are
caused to flow over a stationary catalyst.

Under modern conditions, there is a tendency, with bodies which can be
hydrogenated only with difficulty, to employ far higher pressures, for instance,

---

[1] J. Soc. chem. Ind. **39**, ·120 T. (1920).

of the order of 100—300 atm. While many data exist for the time required at these high pressures, little systematic work has been done on the quantitative comparison of these rates with those at lower pressures.

b) Influence of the Solvent.

In many cases, especially where small quantities of a substance are hydrogenated, it is convenient to treat a solution of this in a suitable solvent rather than to hydrogenate the substance alone. Accordingly, the use of organic solvents such as acetic acid, alcohol, or ether is common in hydrogenation practice. Water can also in some case be used, although, on grounds of the limited solubility of the organic substances ordinarily hydrogenated, this is not common.

The hydrogenation velocity varies considerably with the solvent taken. Thus, Willstätter and Hatt[1] found that the hydrogenation of naphthalene with platinum took place far more rapidly in acetic acid than in ether, and this effect was confirmed by Kelber and Schwarz[2], who went to the length of making colloidal palladium containing a protective colloid stable in acetic acid in order to allow the use of this solvent.

Some observations by the author and Stone[3] of the relative rates of hydrogenation of a standard unsaturated body (crotonic acid) in various solvents are given in Table 5. The system hydrogenated consisted in each case of 1 g. of crotonic acid, 9 c.c. of the solvent and 0.1 g. of a standard preparation of non-colloidal platinum containing 0.0085 g. of metal. Hydrogenation was carried out at 20°, in a mechanically driven shaker. The rate of reaction, k, is expressed in c.c. of hydrogen absorbed per minute, the reaction course being approximately of zero order. Specially purified poison-free solvents were employed.

Table 5.

Solvent	k	k, corrected for vapour pressure of solvent	Solubility of hydrogen α_{20}	Viscosity of solvent η_{20}
Acetic acid	18.7	19.0	0.0563	1.24
Ethyl acetate ...	17.7	19.6	0.0758	0.45
Chloroform	15.2	19.3	0.0596	0.56
Ethyl alcohol ...	14.1	15.0	0.0766	1.72
Cyclo-hexane	11.6	12.9	—	0.96
Ethyl ether	11.2	26.8	0.118	0.23

The concentration of the dissolved hydrogen in the solvent will be a function of the partial pressure of hydrogen in the gas phase and of the solubility coefficient; and, in addition, the rate of transport of the gas from the gas phase, through the solvent, to the catalytic surface will vary with the viscosity and with other—for instance mechanical—factors which determine the rate of diffusion or mixing: accordingly, the respective values for α, the Bunsen solubility coefficient for hydrogen, at 20°, in the solvents in question, and for the viscosity of the solvent, η, in poises, have also been inserted in the table. It will be seen that, after correction of the hydrogen pressure for the partial pressure of solvent vapour in the gas phase, there is little difference in the rate in acetic acid, ethyl acetate or chloroform. The somewhat lower rate in ethyl alcohol may to some degree be due to the high value of the viscosity, and the higher corrected velocity in ether to the higher hydrogen solubility and lower viscosity. The quantitative influence of the viscosity and of the solubility is

[1] Ber. dtsch. chem. Ges. 45, 1471 (1912).
[2] Ber. dtsch. chem. Ges. 45, 1946 (1912).
[3] J. chem. Soc. [London] 1938, 454.

not known sufficiently to justify the insertion of the appropriate corrections for these; but it seems justifiable to assume a saturated hydrogen-solvent layer at the gas-liquid interface, the hydrogen concentration in which is proportional to the solubility at the partial pressure in question and from which the transport of dissolved gas to the catalyst—both by diffusion and by mechanical mixing—is facilitated by a decrease in the viscosity.

In connection with the solubility of hydrogen in the solvent, it may be noted that this increases (not decreases) with increasing temperature throughout the temperature range ordinarily used in hydrogenation[1]. The variation in the BUNSEN solubility coefficient, α, for a number of solvents, based on measurements of the author and MOON, is shown in Fig. 5.

The influence of viscosity in liquid-phase hydrogenation has been examined by O. SCHMIDT[2], who has emphasised the importance of diffusive mobility as a factor in hydrogenation velocity. SCHMIDT found that the velocity of hydrogenation of a given substance in various solvents varied, in general, parallel to the variation in the viscosity of the solvent; but the velocity was apparently also influenced by the value of the heat of adsorption of the solvent on the catalyst, which is a measure of the strength of the attachment (Haftfestigkeit) of the solvent to the catalyst. This effect is shown in Table 6, which contains, in place

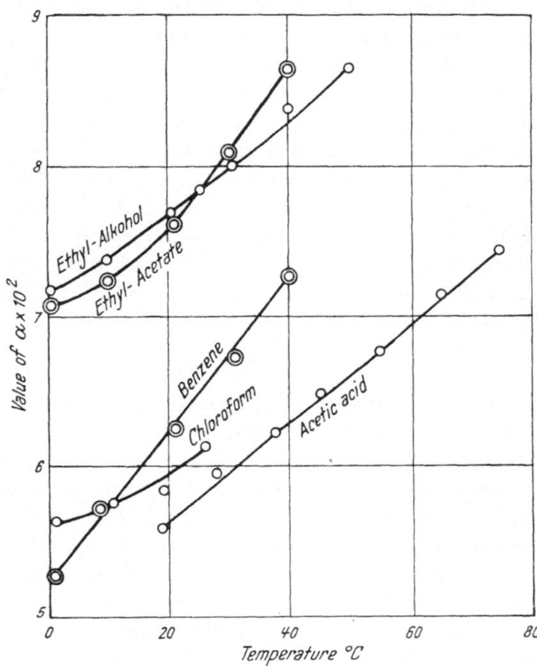

Fig. 5. The BUNSEN solubility coefficient α for a number of solvents.

Table 6.

Solvent	λ	η	Time of half reaction, in mins.		
			Ni	Pt	Co
Methyl alcohol	9,300	0.0061	7.3	11.4	55
Ethyl alcohol	9,580	0.0121	10.2	11.8	342
Iso-Propyl alcohol . .	9,860	0.0223	18.2	12.2	342
n-Butyl alcohol	10,610	0.028	11.8	14.8	720
Tert.-Butyl alcohol . .	9,430	—	18	20	—
Iso-Amyl alcohol . . .	10,690	0.045	63	20	1,530
o-Methylcyclohexanol	10,800	0.217	73	400	—
Cyclohexane	7,340	0.009	25	10	—

of the heat of adsorption, the values of the heat of vaporisation, λ, of the solvent. According to A. EUCKEN[3], the heat of adsorption is equal to $a\sqrt{\lambda}$. The figures

[1] W. TIMOJEW: Z. physik. Chem. **6**, 141 (1890). — G. JUST: Ebenda **37**, 342 (1901). — A. CHRISTOFF: Ebenda **79**, 456 (1917). — J. HORIUTI: Inst. chem. Phys. Res., Tokyo **17**, 125 (1931). — E. B. MAXTED, C. H. MOON: Trans. Faraday Soc. **32**, 769 (1936). [2] Z. physik. Chem., Abt. A **176**, 254 (1936). [3] Ber. physik. Ges. **16**, 348 (1914).

given in the table refer to the hydrogenation of the methyl ester of undecylenic acid at 20^0.

It will be seen that, in the homologous alcohol series, the reaction velocity decreases with increasing molecular weight. A similar variation, from solvent to solvent, to that given above for methyl undecylenate was also observed for the hydrogenation of methyl acrylate.

While, as already mentioned, the use of water as a solvent is, if only for reasons of general solubility, not very common, special cases exist in which this is preferable to an organic solvent. Thus, J. Houben and A. Pfau[1] have shown that acetic acid may advantageously be replaced by water in cases in which the by no means negligible dehydrating action of this acid tends to cause a change in the body hydrogenated. For instance, oxy-acids, such as salicylic acid, or amino-acids, such as sulphanilic acid or p-aminobenzoic acid, are far more satisfactorily hydrogenated in water; and hydrogenation in the presence of water may also be applied—with, for instance, a non-colloidal platinum catalyst—to aqueous suspensions of bodies which are only slightly water-soluble.

c) Influence of the Degree of Agitation.

In liquid-phase hydrogenation, in which gaseous hydrogen is brought into intimate contact with the solution either by shaking this in hydrogen in a mechanically agitated reaction vessel or—with non-volatile liquids—by the passage of a rapid current of hydrogen through the liquid, the reaction rate will in general increase more or less rapidly with any increase in the degree of agitation, in that a more intensive agitation tends both to increase the gas-liquid interface which is the means of entry of the hydrogen into the solution and also to facilitate the mixing of this probably saturated surface layer with the bulk of the solution, thus bringing the supply of dissolved hydrogen into contact with the catalyst.

Some typical figures for the influence of shaker speed on the reaction rate[2] are given in Table 7 in order to illustrate the great dependence of the rate actually observed in practice on the degree of agitation employed; but the exact variation will, of course, differ from apparatus to apparatus. The figures given in Table 7 were obtained in an apparatus of the type illustrated in Fig. 16, with a charge consisting of 1 g. of crotonic acid, dissolved in 9 c.c. of acetic acid, and 0.085 g. of platinum, hydrogenation being carried out at 20^0.

Table 7. *Variation of Hydrogenation Rate with. Shaker Speed.*

Speed of shaker (Double strokes per min.)	Rate of absorption of hydrogen c.cs. per min.	Relative reaction rate
240	1.3	1.0
325	11.2	8.6
385	14.5	11.2
580	18.7	14.4
770	20.5	15.8

It will be seen that the curve rises very steeply at first but subsequently flattens as the shaking speed is increased: consequently, in quantitative measurements of rate, in general, the shaker employed should be run at a relatively high speed in order to reduce to a minimum the effect of any unavoidable variations in the shaking factor due, for instance, to variations in belt slip; or, better still, some form of direct coupling to a constant-speed motor should be employed.

d) Influence of Structure on the Velocity of Hydrogenation.

While the influence of the chemical structure of the substance hydrogenated varies considerably with the conditions of hydrogenation, certain regularities

[1] Ber. dtsch. chem. Ges. **49**, 2294 (1916).
[2] Maxted, Stone: Unpublished results.

exist which to some degree connect the structure of a body with its ease of hydrogenation. In general, ethylenic and, above all, acetylenic linkages hydrogenate
far more rapidly, especially at low temperatures, than either benzenoid bonds
or —CO groups attached to a ring or a chain. This last point is to be noted
in view of the general ease of reduction of a carbonyl group by nascent hydrogen,
the use of which for the reduction of an ethylenic bond is very limited. Further,
as is also found with nascent hydrogen, the velocity of hydrogenation of an
ethylenic linkage decreases with the chain length of the body treated. These
points, namely the lower rate of hydro-
genation of a long-chain compared with
a short-chain ethylenic body and the
relatively low rate of hydrogenation of
benzenoid bonds and carbonyl groups,
are illustrated by the typical results
summarised in Table 8, which refers to
some observed relative rates of hydrogenation under similar conditions, in
the presence of a platinum catalyst in acetic acid solution at 40^0[1]. The substances were in each case carefully purified from catalyst poisons, by adsorption
of these with platinum.

Table 8.

Substance hydrogenated	Relative reaction velocity
Crotonic acid.	100
Oleic acid	70
Benzoic acid	5
Benzene	17.5
Acetophenone	15.5

The preferential reduction of a short ethylenic chain compared with that
of a relatively long one is also exercised if both chains are contained in the same
molecule. Thus, GOLENDEE[2] found that if allyl oleate or allyl elaidate is hydrogenated with, for instance, palladium, the allyl double linkage is saturated
before that in the longchain fatty acid.

The influence of constitution on the ease of hydrogenation has been examined
more systematically by O. SCHMIDT[3]. With corresponding compounds of the
type, $CH_2 : CHR$, namely, in ethylenic compounds containing a terminal double
bond, an increase in the chain length of the group, R, led only to a slight
increase in the time required for half reduction. This is shown by, for instance,
the following figures:

Table 9.

Substance hydrogenated	Time, in mins., for 50 per cent reduction in presence of		
	Ni	Pt	Co
Methyl acrylate, $CH_2=CH \cdot COOCH_3$	5.5	9.0	68.0
Methyl undecylenate, $CH_2=CH \cdot (CH_2)_8 \cdot COOCH_3$.	7.3	11.4	55.0

Further, the acids, in general, hydrogenate more slowly than their esters, as may
be seen from the following results with nickel (Table 10).

The presence of phenyl groups was
shown to depress, in some cases very
considerably, the rate of hydrogenation
of an ethylenic linkage in an attached
chain, the effect being greater if additional phenyl groups are introduced.
This effect of additional substitution
is also caused if alkyl groups are substituted for hydrogen in the ethylene

Table 10.

Substance hydrogenated	Time, in mins., for 50 per cent hydro-genation
Acrylic acid	8.0
Methyl acrylate	5.0
Crotonic acid	11.2
Ethyl crotonate	5.0
Cinnamic acid	17.8
Ethyl cinnamate	7.5

[1] MAXTED, STONE: J. chem. Soc. [London] **26**, 672 (1934).
[2] J. Chim. gen. (russ.) **7**, 317 (1937).
[3] Z. physik. Chem., Abt. A **176**, 237 (1936).

molecule. Thus, compounds of the type $R_1R_2C=CHR_3$, such as isoamylene, $(CH_3)_2C=CHCH_3$, hydrogenate especially slowly. It will be noticed that, as already mentioned, the general tendency is for complicated molecules to hydrogenate more slowly than simple ones. The effect of phenyl substitution is shown in Table 11.

Table 11.

Body hydrogenated	Time, in mins., for 50 per cent hydrogenation in presence of		
	Pt	Ni	Co
Ethyl crotonate, $CH_3 \cdot CH=CH \cdot COOEt$	31.6	5.0	110
Ethyl cinnamate, $C_6H_5 \cdot CH=CH \cdot COOEt$.........	307	7.5	240
Styrene, $C_6H_5 \cdot CH=CH_2$	—	7.1	—
Stilbene, $C_6H_5 \cdot CH=CH \cdot C_6H_5$	—	340	—

With cis-trans isomers, the cis form, in general, hydrogenates more rapidly than the trans form: thus, with maleic and fumaric acid in the presence of nickel, the times for fifty per cent hydrogenation were, in a typical experiment, found to be in the ratio of about 1 : 2.5.

G. DUPONT[1] has investigated a number of further regularities, using alloy-skeleton nickel at room temperature and at the ordinary pressure. Substances containing a terminal—$CH : CH_2$ group—such as styrene, $C_6H_5 \cdot CH : CH_2$, the corresponding phenyl propylene, $C_6H_5 \cdot CH \cdot CH : CH_2$, or undecylenic acid, $CH_2 : CH \cdot (CH_2)_8 \cdot COOH$—hydrogenated quickly and with linear reaction paths. The hydrogenation of a secondary double bond, —$CH : CH$—, took place in general more slowly than that of the primary grouping, $CH_2 : CH$—. This was shown, for instance, with maleic acid, $HOOC \cdot CH : CH \cdot COOH$, and cinnamyl alcohol, $C_6H_5 \cdot CH : CH \cdot CH_2 \cdot OH$. Further substitution of the ethylene residue, i. e. the presence of groupings of the type, $R_1R_2 \cdot C : CR_3H$, or even of $R_1R_2 \cdot C : CH_2$, usually decreased the hydrogenation rate to a low value and may even prevent effective hydrogenation under the above conditions.

Special interest is attached to cases where the molecule to be hydrogenated contains two or more double bonds, in that the presence of a second unsaturated linking in general raises the reactivity of the other bond. Thus, even if both unsaturated groups are tertiary, DUPONT found that one was usually reduced while the other remained unattacked. This also applies to bodies containing one tertiary and one other linking, in which case the unsaturated tertiary linkage remained unhydrogenated. For further regularities, reference should be made to the original paper.

The speed of reduction of nitro groups is of particular interest in view of the ease with which these are reduced both by relatively inactive catalysts and by nascent hydrogen. The slowness of hydrogenation of ordinary nitrobenzene in the liquid phase has, for instance, been commented on by GREEN[2]. Since, however, ordinary specimens of nitrobenzene contain many of the sulphur compounds which are present in the benzene from which they are made—possibly partly as nitro-derivatives—and may, in addition, contain traces of sulphonic acids, this slowness is probably due to poisons: indeed, it was found by MAXTED and STONE (loc. cit.) that the purification of nitrobenzene from catalyst poisons gave a product which absorbed hydrogen, in the presence of a platinum catalyst, at about 150 times the rate of absorption by the purest nitrobenzene which could be purchased and about 2.5 times the rate of absorption by carefully purified oleic acid.

---

[1] Bull. Soc. chim. France (5) **3**, 1021 (1936).
[2] J. Soc. chem. Ind. **55**, 52 T (1933).

e) *Competitive Hydrogenation.*

The distribution of hydrogen between two competing reactants may, in some circumstances, bear little relationship to the relative rates of hydrogenation of each reactant when hydrogenated alone. This effect has been studied by ADKINS, DIWOKY and BRODERICK[1] with a platinum catalyst, using pinene as a standard reference body. Pinene, when alone, is hydrogenated much more rapidly than cinnamic acid: however, when a mixture of these is treated, the cinnamic acid is reduced before the pinene. Again, pinene and octene are reduced at very similar rates: yet, in a mixture, about three-quarters of the reduction takes place in the octene. As yet another example, allyl alcohol is hydrogenated at about one seventh the rate of pinene; but, in competitive hydrogenation in a mixture, allyl alcohol was found to take up about 92 per cent of the hydrogen adsorbed. A change in the solvent was also observed to influence the degree of relative attack. In addition, a case of anomalous distribution of hydrogenation between methyl oleate and nitrobenzene in the presence of nickel has been observed by GREEN[2], who obtained, however, only a slow liquid-phase reduction of nitrobenzene alone, in opposition to its usual ease of hydrogenation.

f) *The Influence of Foreign Bodies.*

In certain cases, apart from the question of catalyst poisoning, small quantities of foreign constituents in the system hydrogenated have been found to exercise a farreaching effect on the speed and continuity of the hydrogenation.

Probably the most important effect of this class is the influence of traces of oxygen. WILLSTÄTTER and JACQUET[3] found that the smooth hydrogenation of bodies such as the anhydrides of phthalic, naphthalic or maleic acids in the liquid phase with platinum was dependent on the continued presence of small quantities of oxygen in the system, since the reaction, after taking place normally for a short time, comes to a halt but can be re-started by admitting a trace of oxygen. The number of re-activations necessary for complete hydrogenation varied with the circumstances, usually about four or five being required; but, as an example of a case in which complete hydrogenation could only be effected after a large number of reactivations, about 20 g. of phthalic anhydride—dissolved in 75 c.c. of acetic acid and containing 5 g. of platinum black—absorbed 400 c.c. of hydrogen in the first instance and required about twenty reactivations with oxygen before the completion of the hydrogenation. In the final stages, more hydrogen could be introduced between the reactivations: thus, the next to the last activation allowed the absorption of over 1200 c.c., and the last activation 5600 c.c. of hydrogen.

While this phenomenon is shown actively only during the hydrogenation of certain types of compound, the hydrogenation of which. leads especially intensively to the elimination of oxygen, it seems probable that this necessity for oxygen is not confined to bodies which show this effect, since the hydrogenation of, for instance, benzene comes to a similar stop if poison-free phthalic anhydride is added: further, WILLSTÄTTER and WALDSCHMIDT-LEITZ[4] prepared, with great care, oxygen-free platinum and palladium by several methods and showed that these were inactive for hydrogenation in general. Thus, benzene, cyclohexene or limonene remained unhydrogenated provided that no oxygen was present; but if the hydrogen was removed from the shaking apparatus and

---

[1] J. Amer. chem. Soc. **51**, 3418 (1929).   [2] J. Soc. chem. Ind. **55**, 52 T (1933).
[3] Ber. dtsch. chem. Ges. **51**, 761 (1918).
[4] Ber. dtsch. chem. Ges. **54**, 113 (1920).

the catalyst treated with air, which was, finally, replaced by hydrogen, the hydrogenation then took place in the normal way.

A similar series of halts, which could, as before, be suppressed by periodical treatment with oxygen, was observed by Carothers and Adams[1] and by Kaufman and Adams[2] in the hydrogenation of various aldehydes, including benzaldehyde, heptaldehyde and furfural, with platinum prepared from the oxide; and these workers made, further, the remarkable observation that the necessity for re-activation with air or oxygen could be avoided by adding to the system a trace of an *iron salt*, such as ferrous chloride. The addition of iron in this way not only, according to the quantity added, either eliminated the halts altogether or greatly increased the volume of hydrogen absorbable between subsequent activations, but also increased the velocity of hydrogenation generally; and, in most cases, smooth and rapid reduction to the corresponding alcohol took place. The use of relatively large concentrations of catalyst for the liquid-phase hydrogenation of aldehydes or ketones recommended by earlier authors[3] can accordingly be avoided by working in this way. The amount of iron salt required is very small; indeed, larger quantities than the optimum amount tend to reduce the reaction rate. As an example of the effect, 21 g. of benzaldehyde, dissolved in 50 c.c. of alcohol and containing 0.23 g. of platinum, required 22 hours treatment, with four reactivations of the catalyst with air, if no iron salt was present. If, however, about half a milligram of ferric chloride was added, the reaction proceeded in 7 hours without the necessity for reactivation with air.

5. The Poisoning of Hydrogenation Catalysts.

In view of the detailed treatment of catalyst poisoning in another section, the subject will here only be dealt with briefly and with special reference to its incidence in hydrogenation.

The common metallic hydrogenation catalysts—nickel, copper, cobalt, iron and the platinum metals generally—are all readily poisoned by the presence in the reacting system of traces of *sulphur, arsenic, phosphorus*, or certain of their compounds, which, even if present in small amounts, are preferentially adsorbed on the surface of the catalyst, in such a way that the surface elements in the catalyst lattice, by virtue of their obstructive occupation by the poison, are no longer free for normal adsorption or catalysis. In addition to these commoner toxic elements, many others, such as *mercury, lead, zinc* and *thallium*, may, if in a suitable form, act as hydrogenation poisons: further, the activity of these catalysts is also suppressed by a number of other toxic compounds, including the *cyanides* and *carbon monoxide*, in which the toxicity is inherent in the chemical grouping rather than in the presence of a poisonous element proper, the common property of all these poisons being their preferential and obstructive adsorption. The suppression of the activity of a catalyst may also take place mechanically, by the deposition of a cloaking film of, for instance, a colloidal or insoluble by-product or residue or, especially at high temperatures, by carbon deposition.

While the classical work of Bredig and his collaborators on the action of poisons in the decomposition of hydrogen peroxide laid the foundation for the quantitative study of poisoning generally, the systematic quantitative investigation of this effect in catalytic hydrogenation may be regarded as beginning with the measurements of Kelber who, in 1916[4], studied in considerable detail the toxic

---

[1] J. Amer. chem. Soc. **45**, 1071 (1923); **46**, 1675 (1924).
[2] J. Amer. chem. Soc. **45**, 3029 (1923).
[3] e.g. Vavon: C. R. hebd. Séances Acad. Sci. **154**, 359 (1912).
[4] Ber. dtsch. chem. Ges. **49**, 1868 (1916).

effect of a number of poisons, including hydrogen sulphide, carbon disulphide and potassium cyanide, on the activity of various forms of nickel in the hydrogenation of cinnamic acid. KELBER showed, among other results, that the sensitivity of the metal to poisoning depended on its surface-to-mass ratio: thus, a finely-divided nickel was, by reason of its greater relative surface, less sensitive than a relatively coarse nickel prepared by reduction from its oxide at a higher temperature; and the sensitivity could be still further decreased by employing a support, such as kieselguhr, which, by preventing sintering, maintained the finely-divided nature of the nickel even if this is exposed to a high temperature.

The quantitative variation of the activity of the catalyst with the poison content of the system was investigated by the author[1] in 1921. In general, the activity was found to vary linearly with the poison content until the greater part of the activity had been suppressed, when a region of inflexion occurred, accompanied by a more or less abrupt departure of the poisoning graph from its initial linear slope. This is shown, for the typical cases of the poisoning of platinum by sulphur and mercury, in the liquid-phase hydrogenation of oleic acid, in Fig. 6. Other poisons, for instance arsenic or zinc, behaved similarly; and the same type of variation was also observed for other catalytic reactions[2], including gas reactions. It was also found that the general kinetic form of the reaction remained undisturbed by partial poisoning, e. g. a zero-order reaction remained of

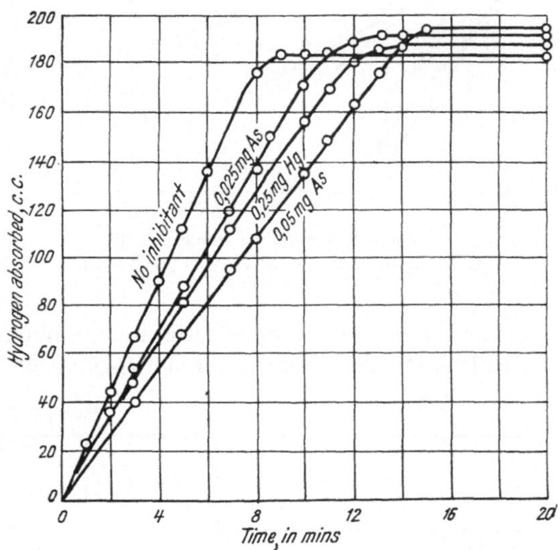

Fig. 6. Hydrogenation of oleic acid; poisoning graphs.

zero order: accordingly, both from this standpoint and from that of rate of catalysis, the unobstructed fraction of the catalytic surface continues to work normally.

For the main portion of the poisoning graph, in which the activity falls linearly with the poison content, the influence of the poison on the activity may be represented[3] by an equation of the type:

$$k_c = k_0\,(1 - \alpha c)$$

in which k_c is the activity of the catalyst in the presence of a concentration, c, of the poison, k_0 is the original, unpoisoned activity and α is the poisoning coefficient. The value of α, under comparable conditions, constitutes a very convenient means of expressing the relative toxicity of individual poisons towards a given catalyst on a numerical toxicity scale.

The effective toxicity of a poison per g. mol. will, in general, be determined by factors of two types involving, firstly, the length of the adsorbed life on the catalytic surface and, secondly, the surface covered by each molecule adsorbed. Accordingly, for the general treatment of toxicity, we may write:

$$\text{Toxicity} = f(\tau),\ (s),$$

[1] MAXTED: J. chem. Soc. [London] **119**, 225 (1921).
[2] J. chem. Soc. [London] **121**, 1760 (1922). — MAXTED, DUNSBY: Ebenda **1928**, 1600. [3] MAXTED, STONE: J. chem. Soc. [London] **26**, 672 (1934).

in which τ is the mean adsorbed life of the poison and s is a size factor corresponding with the area of catalyst obstructed by each molecule of poison.

If, as is the case with strong poisons, the adsorbed life is relatively long, the effective toxicity should be determined principally by the molecular size of the inhibitant. That this is so is shown in Fig. 7 and 8 and in Table 12, which contains figures for the observed relative

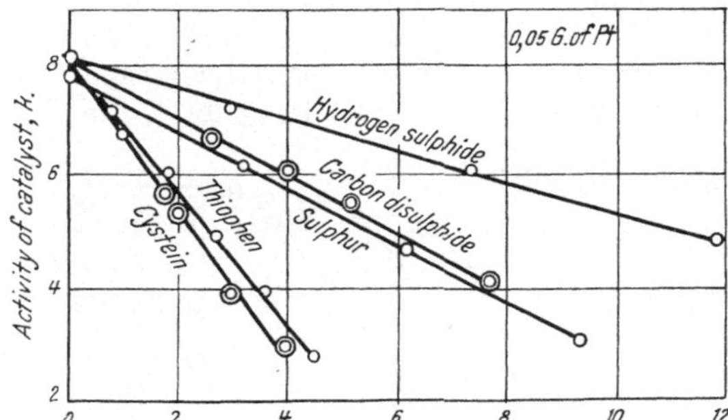

Fig. 7. Hydrogenation of crotonic acid with a platin catalyst.

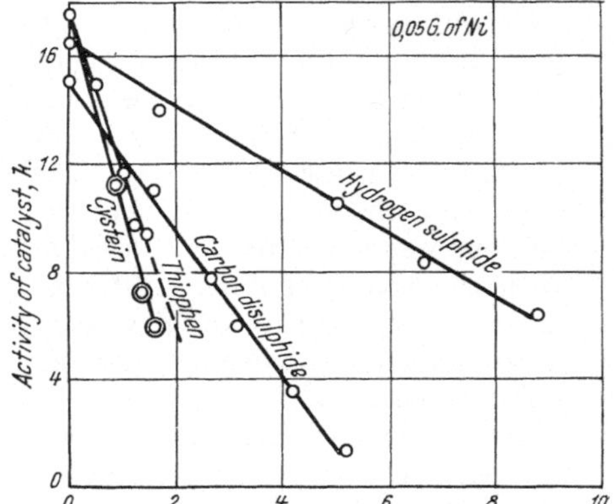

Fig. 8. Hydrogenation of crotonic acid with a nickel catalyst.

toxicities of a number of sulphur compounds towards a platinum and a nickel catalyst for the liquid-phase hydrogenation of crotonic acid[1].

Table 12.

Inhibitant	Mol. wt.	With Pt catalyst		With Ni catalyst	
		$\alpha \times 10^{-5}$	Relative toxicity per g. atom S	$\alpha \times 10^{-3}$	Relative toxicity per g. atom S
Hydrogen sulphide	34	3.4	1	7.5	1
Sulphur	$(32)_n$	6.4	1.9	—	—
Carbon disulphide	76	6.4	1.9	18.2	2.4
Thiophen	84	14.8	4.4	33.3	4.5
Cystein	121	16.7	5.0	40.0	5.4

The platinum catalyst employed was a relatively coarse-grained unsupported preparation, whereas the nickel was far more finely divided and supported on kieselguhr, the ratio of the sensitivities of the catalysts towards a given poison—as shown by the difference in the order of α, the poisoning coefficient, which can also be used as a measure of the sensitivity of a catalyst to poisoning—being of the order of fifty to one; but it is of interest to note that, in spite of the above wide difference in sensitivity, the relative toxicities of the various poisons, namely, the ratio of the toxicity of a given sulphur compound to that of another, was very similar for both metals. This similarity might be expected on grounds of the similarity in magnitude of the lattice constants of nickel and platinum (3.5 and 3.9 Å, respectively), each lattice being of the face-centred cubic type.

The effect of molecular size on the toxicity is seen more systematically by measurements within a homologous series of strong poisons such as the alkyl sulphides or thiols. Some relative toxicities in these two series of compounds —from methyl sulphide or thiol to cetyl sulphide or the corresponding thiol—

---

[1] Maxted, Evans: J. chem. Soc. [London] 1937, 603.

towards a platinum catalyst for the hydrogenation of crotonic acid[1] are summarised in Table 13.

Table 13.

Inhibitant	Mol. wt.	Chain Length. Å	Relative molecular toxicity
Hydrogen sulphide	34	—	1
Methyl sulphide	62	2.58	7.1
Ethyl sulphide	90	3.50	10.0
Butyl sulphide	146	6.08	15.1
Octyl sulphide	258	11.12	25.8
Cetyl sulphide	482	21.20	34.1
Ethyl mercaptan	62	3.50	3.9
Butyl mercaptan	90	6.08	6.0
Octyl mercaptan	146	11.12	10.1
Cetyl mercaptan	258	21.20	13.1

It will be seen that the molecular toxicity both in the thiol and in the sulphide series increases progressively with the chain length; further, that the sulphides, which contain two alkyl chains to each sulphur bead, are, as would be expected, more toxic for a given chain length than the corresponding single-chained thiol.

The increased toxicity per unit of sulphur brought about by the attachment of a normally non-toxic hydrocarbon chain or other structure to the sulphur atom is of considerable interest since long-chained molecules of the above types may be regarded as consisting of an anchor (i. e. the sulphur atom) attached more or less permanently to the surface and of a residual mobile chain, which—although of such a structure that, in the absence of the poisonous element, it would normally be freely alternatively adsorbed and evaporated—remains constrained in a preferential position for further attachment to the surface, compared with free molecules in the gas or liquid phase surrounding the catalyst. The effect of the permanent linkage at one point in causing a remaining, normally non-toxic, portion of the molecule to become effectively toxic has been called the anchor effect. Such molecules accordingly consist of two distinct portions, the hydrocarbon chain being probably mobile and comparable to a free gas or liquid molecule save for its constraint to the surface by the terminal anchor.

If the above view is correct, the effect of a second terminal sulphur atom—at the opposite end of the chain—should be to decrease the mobility and thus to restrict the surface potentially covered by an otherwise mobile chain of given length, with a consequent decrease in the molecular toxicity, an analogy being the restriction imposed over the area of drift of a boat if this is provided with two anchors in place of one; and it is a remarkable confirmation of the above conception that propylene dithiol, in spite of its possessing twice the sulphur content of the corresponding monothiol, has been found experimentally to be considerably less toxic than either this latter compound or than n-butyl thiol, which more nearly resembles propylene dithiol in chain length owing to the inclusion of the extra sulphur atom.

$$HS \cdot CH_2 \cdot CH_2 \cdot CH_2 \cdot SH \text{ (Propylene dithiol).} \tag{1}$$

$$CH_3 \cdot CH_2 \cdot CH_2 \cdot SH \text{ (n-Propyl thiol).} \tag{2}$$

$$CH_3 \cdot CH_2 \cdot CH_2 \cdot CH_2 \cdot SH \text{ (n-Butyl thiol).} \tag{3}$$

On the other hand, if the two sulphur anchors are adjacent to one another, in place of being at opposite ends of the hydrocarbon chain, little effect on the

---

[1] MAXTED, EVANS: J. chem. Soc. [London] **1937**, 1004.

toxicity is exerted by the second sulphur atom, an analogy being the ineffectiveness in a boat of two anchors at the same place—instead of at opposite ends—in restricting the area of circular drift.

The second factor in determining the toxicity of an inhibitant is, as already mentioned, the adsorbed life; for, irrespective of the molecular size, a body only acts as a poison by virtue of its possessing an abnormally long adsorbed life compared with that of normal reactants, the immediate consequence of this long adsorbed life being the obstructive occupation by the poison of catalytic surface which would otherwise be free for the adsorption and catalysis of the normal reacting species of the system catalysed. It should be noted that the partition of a poison between the adsorbed and the free gas or liquid phase is intimately connected with the length of the adsorbed life and can be used as a means of measuring this: further, a relatively long adsorbed life implies the substantially complete adsorption by the catalyst of all the poison present in the system—provided that this amount does not exceed the saturation limit for the catalyst present. For some poisons under certain conditions—particularly in gas-phase hydrogenation at low temperatures—this is approximately true; but, in most cases, a small but measurable residual concentration of the poison remains in the free phase; and, by studying the conditions of the distribution it is possible to introduce a correction for the non-adsorbed poison and thus to plot the activity of a catalyst against the concentration of poison actually adsorbed on its surface, in place of merely against the total poison present in the system. Graphs of this type are called true poisoning graphs, in contrast to effective poisoning graphs based on total, in place of on adsorbed, poison. The necessary correction for converting effective to true toxicity is usually not great for strong poisons with the catalyst concentrations usually used in practice: thus, Fig. 9 shows the effective and the true poisoning graphs for arsine in the liquid-phase hydrogenation of crotonic acid with a platinum catalyst in a system consisting of 10 c.c. of a N-solution of crotonic acid in acetic acid and 0.05 g. of platinum[1].

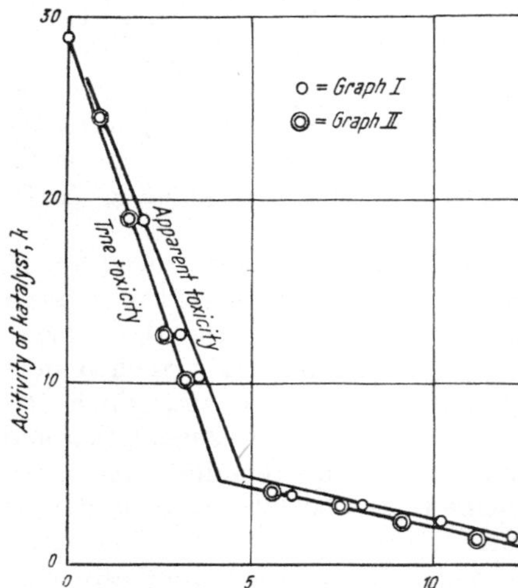

Fig. 9. Hydrogenation of crotonic acid with a platin catalyst. Effective and true poisoning graphs.
Total AsH$_3$ present, g.-mols × 10^{-6} (graph I).
AsH$_3$ absorbed, g.-mols × 10^{-6} (graph II).

In order to determine true toxicities, it is accordingly necessary not only to measure the effective toxicity but also to determine the partition of the poison between the adsorbed and the free liquid or gas phase.

Table 14.

Total KCN content (g. mols. × 10^{-6}) in 10 c.c.	KCN adsorbed (g. mols. × 10^{-6}) on 0.05 g. of catalyst	Distribution Ratio	
		a KCN adsorbed to total KCN present	b KCN adsorbed to KCN free in 10 c.c. of solution
1.20	0.75	0.62	1.67
2.40	1.52	0.63	1.72
4.02	2.55	0.63	1.73
6.04	3.85	0.64	1.76
8.05	5.10	0.63	1.73
12.10	7.72	0.64	1.76
16.14	9.42	0.58	1.40

[1] Maxted, Evans: J. chem. Soc. [London] 1938, 2071.

In general—provided that the amount of poison present is not too great—the poison adsorbed on the catalyst varies linearly with the total amount of poison present and consequently, by a wellknown rule in proportion, also with the final concentration of poison in the free phase. This is shown in Table 14, which refers to the adsorption of cyanide ions (from potassium cyanide) by 0.05 g. of platinum black of average activity, the volume of the system being 10 c.c.

It will be seen that the cyanide, which is a poison of only medium toxicity in catalytic hydrogenation, is by no means completely adsorbed on this concentration of catalyst: further, the partition between the free and the adsorbed phase follows a linear course, as is shown by the constancy of the ratio in the last two columns of the table, provided that the total poison present is not ni excess of a concentration which falls slightly below 16×10^{-6} g.mol.

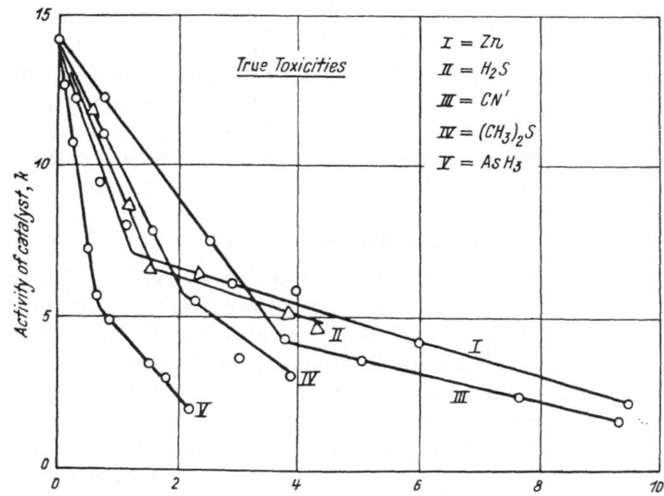

Absorbed poison. g.-mols $\times 10^{-6}$ (H_2S, AsH_3, CN'); g.-mols $\times 10^{-7}$ (Zn, $(CH_3)_2S$).
Fig. 10. Hydrogenation of crotonic acid with a platin catalyst. True toxicities of some poisons.

A course of similar form, namely, an initial linear portion followed by a more or less abrupt break from the initial slope as the poison content passes a critical concentration was given by a number of other molecularly simple poisons, the general form of the relationship being shown in Fig. 10.

Given a knowledge of the partition of the poison between the catalyst and the free gas or liquid phase, it becomes possible to draw true toxicity graphs in which the activity of the catalyst is plotted against the poison actually adsorbed on its surface. Some typical graphs of this nature, again for the hydrogenation of crotonic acid in the presence of 0.05 g. of platinum, are shown in Fig. 11[1].

It should be noted especially that the general form of the true poisoning graphs is of the flexed linear type also observed for the effective poisoning graphs. The most probable general significance of a linear relationship between the adsorbed poison content and the catalytic activity is the mutual equivalence of the catalysing surface elements concerned. While this point cannot, for reasons of space, be further discussed here, it should be pointed out that, by using poisons of known size as molecular measuring scales, it can be shown that the distance from active point to active point in the surface of catalysts such

----

[1] Maxted, Marsden: J. chem. Soc. [London] 1938, 839.

as platinum or nickel is probably the ordinary lattice distance. Accordingly, all surface elements are potentially active both for adsorption and for catalysis: further, true poisoning graphs of the type of Fig. 10 may be interpreted as evidence for the existence of at least two types or ranges of potential catalysing or adsorbing lattice-elements, all elements of a given type being apparently mutually equivalent. This is by no means incompatible with the adlineation theory of SCHWAB and PIETSCH[1]; but it may, alternatively, be caused by the participation, in adsorption or catalysis, of a second or even of more deeply seated lattice layers in the catalyst—or catalysis or adsorption on an already adsorbed layer—both of which cases would give a secondary range of, within themselves mutually equivalent, catalysing or adsorbing points.

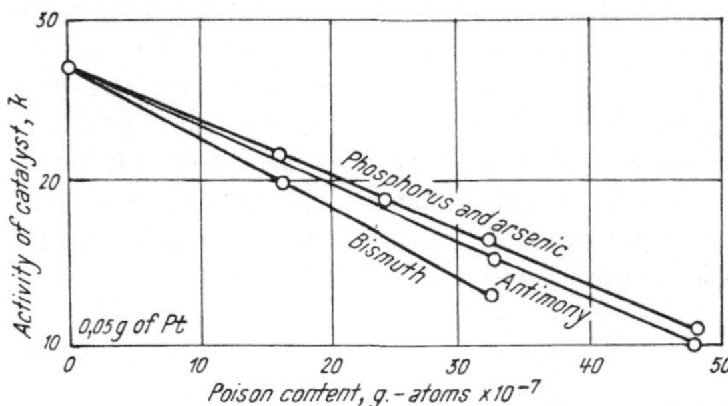

Fig. 11. Hydrogenation of crotonic acid with a platin catalyst. Activity of the catalyst plotted against the poison, actually absorbed on its surface.

6. Heat of Hydrogenation.

Hydrogenation is usually accompanied by a considerable evolution of heat, which, during the hydrogenation of substances on a large scale, may cause a very considerable rise in temperature if no provision for cooling is made.

In general, however, this heat of hydrogenation cannot be calculated with accuracy from combustion data, since it depends on differences in heats of combustion. Thus, H. v. WARTENBERG and G. KRAUSE[2] have pointed out that calculated heats of hydrogenation based on published values for the heats of combustion may, in some cases, vary by as much as 100 per cent, depending on the value accepted for the combustion heats. These workers determined the heat of hydrogenation of ethylene directly, by causing ethylene and hydrogen to react in a calorimeter in the presence of colloidal palladium. The results gave a value, for the reaction heat at constant pressure, of 30.6 kg. cals. per g. mol. of ethylene hydrogenated. In later work, however, a somewhat higher

Table 15.

Substance hydrogenated	Q, in cals. per g.-mol. ($\pm$ 10—100 cals.) at 82°	Substance hydrogenated	Q, in cals. per g.-mol. ($\pm$ 10—100 cals.) at 82°
Ethylene	32,824	Tetramethyl-ethylene	26,633
Propylene	30,115	Allene ($+2H_2$)	71,280
n-Butylene	30,341	1,3-Butadiene ($+2H_2$)	57,067
n-Heptene	30,137	1,4-Pentadiene ($+2H_2$)	60,790
uns.-Methyl ethyl ethylene	28,491	1,5-Hexadiene ($+2H_2$)	60,525
uns.-Methyl isopropyl ethylene	27,997	1,3-Cyclohexadiene ($+2H_2$)	55,367
Cyclohexene	28,592	Cyclopentadiene ($+2H_2$)	50,865
Trimethyl-ethylene	26,920	Benzene ($+3H_2$)	49,802

[1] PIETSCH, KOTOWSKI, BEREND: Z. physik. Chem., Abt. B 5, 1 (1929). — SCHWAB, PIETSCH: Z. Elektrochem. angew. physik. Chem. 35, 135 (1929). — SCHWAB, RUDOLPH: Z. physik. Chem., Abt. B 12, 247 (1931).
[2] Z. physik. Chem, Abt. A 151, 105 (1930).

figure has been obtained; and F. D. ROSSINI[1], as a result of examination of available data, comes to the conclusion that the most trustworthy value is 32.64 $\pm$ 0.06 kg.-cals. per g. mol., based on hydrogenation data or 32.78 kg. cals. based on heats of combustion. Thus, in the case of ethylene, for which the combustion heats are known accurately, the indirect method gives a figure which is confirmed by the direct calorimetric determination of the reaction heat.

Probably the most systematic series of direct measurements of heats of hydrogenation are those of KISTIAKOWSKY and his co-workers[2], whose results are summarised in Table 15.

For a discussion of the regularities, reference should be made to the original papers.

7. Hydrogenation with some Unusual Catalysts.

While, in the large majority of cases, hydrogenation is carried out in practice with catalysts either of the nickel group, including copper or with platinum metals, or, in certain cases, with catalysts of oxide or sulphide type, (e. g. chromium oxide, copper chromite or molybdenum oxide or sulphide) various other bodies have also been used, although their use is rare and, in some instances, restricted to reactions of special types.

In connection with catalytic hydrogenation with metals, it is of special interest that, in addition to metals which form chemisorptive adsorption complexes with hydrogen, a number of elements, the association of which with hydrogen may involve the formation of a hydride, also act catalytically. Thus, in the first periodic group, hydrogenation may be carried out by means of definitely hydride-forming elements such as *caesium*, which is able to bring about the union of ethylene and hydrogen, or the interaction of carbon monoxide and hydrogen, in each case even at room temperature[3]. It should be noted, however, that the presence of hydride on the caesium inhibited the reaction, the best results being obtained with freshly distilled caesium. On substituting sodium for caesium, hydride formation was again found to obstruct the catalytic activity completely (see, however, later).

The alkaline earth metals act somewhat similarly[4] and may be employed in the form of turnings, which are washed with ether to remove a film of grease and sealed into the glass reaction bulb. The reaction of ethylene with hydrogen takes place on *calcium* at room temperature and was also examined by PEASE and STEWART at 100° and at 200°. From the standpoint of the possible intermediate formation of calcium hydride, it may be noted that while a calcium catalyst was found to be considerably more active after previous saturation with hydrogen, the interaction of ethylene with calcium hydride was relatively very slow. The formation of a surface hydride in which the hydrogen molecules are converted into negative hydrogen ions—which is the form in which hydrogen is present in calcium hydride—would thus appear not to be confirmed by this work; and, in the opinion of PEASE and STEWART, it seems probable that even with catalysts such as calcium an action of the contact type is involved, in that these authors consider that no evidence is forthcoming that the hydride-forming property of the catalyst is responsible for its catalytic activity.

---

[1] J. Res. nat. Bur. Standards **17**, 629 (1936).

[2] G. B. KISTIAKOWSKY, H. ROMEYN, J. R. RUHOFF, H. A. SMITH, W. E. VAUGHAN: J. Amer. chem. Soc. **57**, 65, 876 (1935); **58**, 137, 146 (1936).

[3] D. G. HILL, G. B. KISTIAKOWSKY: J. Amer. chem. Soc. **52**, 892 (1930). — O. SCHMIDT: Ber. dtsch. chem. Ges. **68**, 1098 (1935).

[4] R. N. PEASE, L. STEWART: J. Amer. chem. Soc. **47**, 2763 (1925). — O. SCHMIDT: Z. physik. Chem. **165**, 209 (1933); Ber. dtsch. chem. Ges. **68**, 1098 (1935).

Sodium hydride may, however, be used as a hydrogenation catalyst at high hydrogen pressures (> 25 atm.) for the special case of the conversion of polycyclic hydrocarbons, such as naphthalene, anthracene, phenanthrene and stilbene, into reduced derivates. Thus, naphthalene gives practically pure tetralin and stilbene passes into dibenzyl. Sodium hydride cannot, on the other hand, be used for the reduction of olefines or of benzene or toluene, or for hydrocarbons such as diphenyl ethane[1].

According to Hugel and Gidaly[2] the necessary condition for rendering a hydrocarbon susceptible to hydrogenation in this way is the power of forming addition compounds with sodium. Thus, with stilbene, it is known that a sodium addition product of the composition:

$$C_6H_5 \cdot CH\!-\!CH \cdot C_5H_6$$
$$\mid \qquad \mid$$
$$Na \quad\ Na$$

may be formed, which does not hydrogenate further than $C_6H_5 \cdot CH_2 \cdot CH_2 \cdot C_6H_5$, since this product no longer combines with sodium. Naphthalene, however, forms a tetra-sodium derivate:

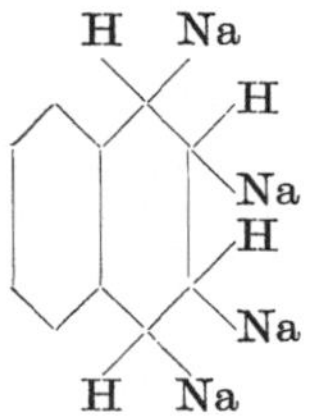

which then undergoes hydrogenation. Other bodies which form sodium addition compounds and can accordingly be hydrogenated, in addition to those already given, are benzalfluorene, anisal-fluorene and diphenyl-butadiene.

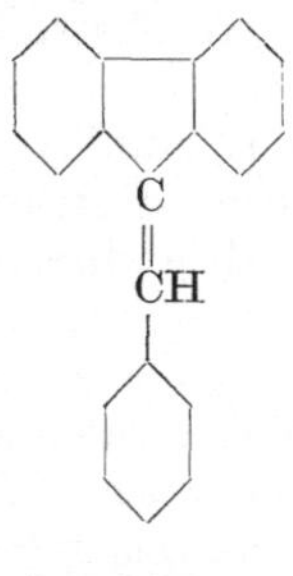

Benzal-fluorene. 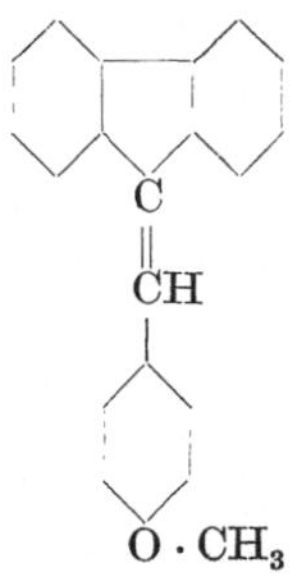   Anisal-fluorene.

$$C_6H_5 \cdot CH\!=\!CH \cdot CH\!=\!CH \cdot C_6H_5$$
Diphenyl-butadiene.

The catalytic action of sodium is perhaps reflected in the combined hydrogenation and dehydrogenation observed by G. Cusmano[3] with sodium derivatives of thymol, this taking place in a similar manner to the simultaneous dehydrogenation and hydrogenation frequently obtained with nickel or platinum.

Of other uncommon hydrogenating elements, *zinc* is a catalyst of fair activity and instances of its use will be found in connection with the hydrogenation of ethylene. *Lead and thallium* have been used for the catalytic reduction of nitrobenzene, under which further details are given: further, *manganese* and *chromium* apparently possess activity for general hydrogenation, including the reduction of ethylene[4].

The use of *rhenium* has been investigated by H. Tropsch and R. Kassler[5], who found that ethylene was to some extent hydrogenated to ethane in the presence of rhenium at 200—300⁰, and carbon monoxide could, in a similar

[1] G. Hugel, Friess: Bull. Soc. chim. France (4) **49**, 1042 (1931).
[2] Bull. Soc. chim. France **51**, 639 (1933).
[3] Gazz. chim. ital. **60**, 105 (1930).
[4] O. Schmidt: Ber. dtsch. chem. Ges. **68**, 1098 (1935).
[5] Ber. dtsch. chem. Ges. **63**, 2149 (1930).

way, be reduced at 350—400⁰ to methane; but decomposition also occurred in each case. The activity of rhenium was confirmed by O. SCHMIDT[1].

In the work of M. S. PLATONOW, S. B. ANISSIMOW and W. M. KRASCHENIN-NIKOWA[2], metallic rhenium was found to possess only a very low activity at room temperature for the hydrogenation of maleic acid in aqueous solution and for cyclohexene in alcoholic solution. The results at higher temperatures in the gas phase were complicated by decomposition. Nitrobenzene, at 250—300⁰, gave some aniline, cyclohexene underwent partial hydrogenation to cyclohexane, but benzene decomposed without sensible hydrogenation.

Somewhat more satisfactory results were obtained on using rhenium supported on a carrier as a *dehydrogenation* catalyst for ethyl alcohol, an 11 to 12 per cent yield of acetaldehyde being given by one passage over the catalyst at 300⁰, and 14 per cent at 600⁰. With isopropyl alcohol[3] yields of acetone up to 85 per cent were obtained, the optimum temperature being 400⁰.

B. General Hydrogenation technique.

The present chapter is designed to deal with laboratory pratice in connection with catalytic hydrogenation. The first essential for successful hydrogenation, with ordinary metallic catalysts, is the availability of the substance to be hydrogenated in a state reasonably free from catalyst poisons, otherwise either the reaction will fail to take place or an inordinately large proportion of catalyst will be necessary, the greater part of which will be acting as an adsorbent for the poison rather than as a catalyst proper. However, by far the greater number of substances are, in their ordinary pure commercial form, sufficiently free from inhibitants to be hydrogenated without difficulty; and the necessity for special purification—save for the ordinary methods of re-distillation, re-crystallisation, or treatment with adsorbent carbon or fuller's earth—is relatively rare and, in practice, almost exclusively confined to substances, such as benzene or naphthalene, which contain sulphur compounds (e. g. thiophene or thionaphthenes) not removable by distillation. In such cases, a general method of purification consists in pre-treatment with a preliminary charge of the catalyst, or with a related catalyst; or it is in many instances possible to break up the poison and to transform it into a more easily absorbable form in which it can then be removed by adsorption. Elaborate purification in this way is, however, as already stated, in most cases unnecessary, unless specially purified standard substances, for instance, for kinetic studies or for comparison of hydrogenation speeds, are required.

Commercial electrolytic hydrogen, which contains as impurity only a trace of oxygen, constitutes the most satisfactory practical source of this gas. It is usually sufficiently pure to be used directly from the cylinders in which it is supplied; but if it is desired to remove the trace of oxygen this can be done by passing the gas through a gently heated tube containing palladium or platinum or—at a higher temperature—copper; or the removal of oxygen may be effected very conveniently by passage through a bulb containing an electrically heated platinum coil, the temperature of which is adjusted to a dull red, the gas being in each case subsequently dried, for instance with soda-lime or calcium chloride, to remove the water formed. Again, however, this purification

---

[1] Ber. dtsch. chem. Ges. **68**, 1098 (1935).
[2] Ber. dtsch. chem. Ges. **68**, 761 (1935).
[3] Ber. dtsch. chem. Ges. **69**, 1050 (1936).

of commercial electrolytic hydrogen is seldom necessary. Hydrogen made from zinc, for instance in a generator of Kipp type, is by no means so suitable as electrolytic hydrogen on account of its arsenic content and requires purification. Probably the most satisfactory method of purification consists in sorption of the hydrogen by palladium maintained at room temperature, the gas being subsequently pumped off at a higher temperature; but the method is, in practice, only suitable for the preparation of small quantities of the gas, even when a fair amount of palladium is available. Hydrogen containing a trace of carbon monoxide, such as is obtained from most of the processes starting with fuel, is also less suitable than electrolytic hydrogen. The small quantity of carbon monoxide may be removed by passage of the hydrogen through a heated tube containing active nickel, preferably on a granular support such as bauxite or pumice, or as nickel chromite or in the form of nickel turnings previously activated by anodic oxidation in sodium carbonate solution; but, for effective removal, pressure treatment with these catalysts is preferable and, in any case, the methane formed remains in the hydrogen as a diluent. Accordingly, from every aspect, electrolytic cylinder hydrogen constitutes the most practical source of the gas for general laboratory use in hydrogenation.

The most suitable apparatus will obviously depend on the form of the body to be hydrogenated and especially on whether the reaction is to be carried out in the liquid or in the gas or vapour phase. It will, accordingly, be convenient to consider gas-phase and liquid-phase apparatus separately.

1. Gas-phase Hydrogenation.

A convenient type of apparatus which is very suitable for general use either for the hydrogenation of gases or of liquids in the vapour state is illustrated in Fig. 12.

It consists of a pair of concentric tubes, A and B, of Pyrex or similar glass of the shape shown in the diagram, the catalyst, C, being contained in the upper portion of the inner tube. These tubes are inserted into a metal (e.g. iron or copper) furnace tube, D, of somewhat larger diameter, which is wound on a mica foundation with resistance wire or tape, the whole being covered with magnesia-asbestos sectional lagging. The measurement of temperature is carried out by a thermocouple inserted at E. It will be seen that the mixture of hydrogen and of the gas to be hydrogenated enters the larger of the glass tubes by way of the side piece, passes upwards through the annulus between the two tubes—which acts to some extent as a heat exchanger—the gas returning downwards through the catalyst to the exit at B. The catalyst, which should be of granular form (i.e. supported on a granular carrier such as bauxite, pumice or silica gel, or prepared in granules or in another compact form without such support) can, in this type of apparatus, be changed very easily by taking out the inner tube, B, on its supporting cork.

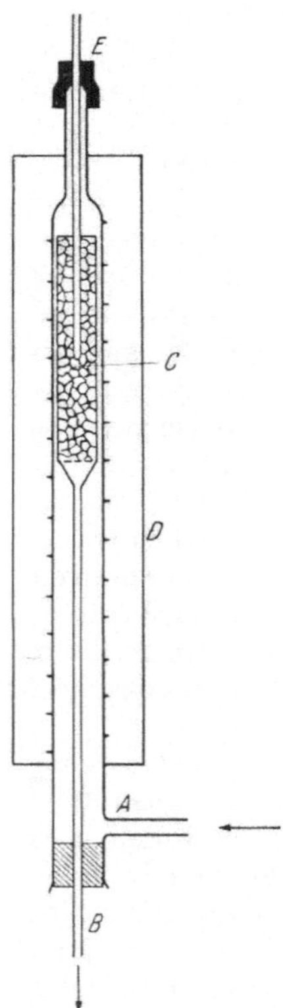

Fig. 12. Apparatus for the hydrogenation in the vapour state.

For the hydrogenation of liquids in a vapour form, a small washbottle, maintained at a suitable temperature by immersion in a bath, is fused on to A, condensation being prevented, if necessary, by a few turns of electrical winding on the connection (which should be made as short as possible) between the bubbling vessel and the tube A. Alternatively, the liquid may be dropped from a burette or dropping funnel into a small silica or pyrex vapourising chamber attached to A in place of the washbottle, hydrogen being passed through this heated vapourising chamber; but, for small-scale working, a bubbling carburettor in which the vapour content of the hydrogen is maintained by suitable temperature adjustment, usually constitutes a more easily regulated method of addition. With either method of adding the vapour, a condenser, with appropriate cooling, should be attached to the exit tube, *B*, for the condensation and recovery of the product.

Where it is not desired to set up a special apparatus, hydrogenation may be carried out in apparatus of simpler type, without electrical heating, by employing a large U-tube, immersed in an oil-bath, as the catalyst chamber; or even two pyrex distilling flasks, as in Fig. 13, may be used. In this latter arrangement, the smaller flask acts as the carburettor while the larger flask contains the catalyst, the temperature of these being adjusted by suitable baths. It should be noted that rubber stoppers cannot be used in places in which these become hot, on account of the danger of poisoning from the sulphur contained in these.

In most cases, whatever may be the type of apparatus used, the rate of flow of the mixture through the catalyst is adjusted to a value such that substantially complete hydrogenation occurs in one passage through the catalyst; but, should the reaction—for instance, by virtue of an abnormally low temperature or for any other reason—be abnormally slow, it may be necessary, as

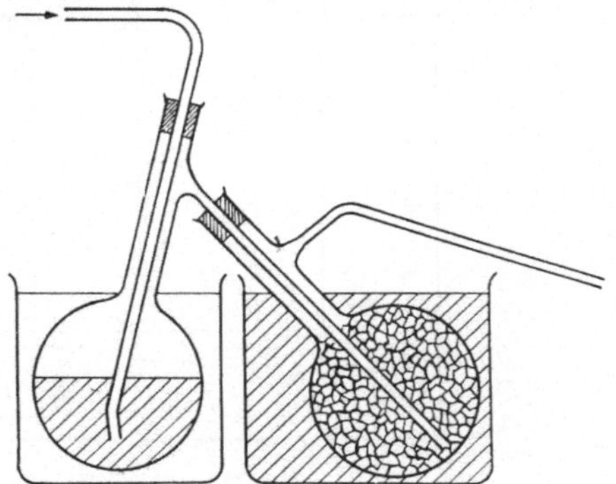

Fig. 13. Simple apparatus for the hydrogenation in the vapour state.

an alternative to using a larger catalyst chamber or more than one chamber in series, to circulate the gas or vapour mixture through the catalyst; and in any case, if the excess of hydrogen is to be recovered and re-used, some form of circulation is necessary. While circulation on a large scale, in which mechanical pumps can be used, is relatively easy, it is not common in laboratory practice to recover the excess of hydrogen, which is conveniently burnt at the exit of the apparatus. In cases, however, in which for any reason circulation of a gas mixture on a laboratory scale is desirable, this may be carried out very simply, without the use of a special pump, by means of an arrangement which has been successfully used by Schwab and his co-workers[1] for gaseous reactions such as the hydrogenation of ethylene and which might probably also be used for mixtures of hydrogen with a vapour of a liquid body. In this apparatus, which is illustrated diagrammatically in Fig. 14, the circulation depends on the convection caused by a temperature difference between the reaction vessel and a circuit connecting the upper with the lower end of this vessel. In the diagram, *RI* is the reaction vessel, containing the catalyst, and *B* is the cooled portion of the circuit. For further details reference should be made to Schwab and Zorn's paper. It is obvious that, with such an arrangement, the rate of circulation is not known; but the principle has much to recommend it, from the standpoint of simplicity, in avoiding the necessity for a positively acting circulation pump.

In Sabatier and Senderens' early work on gas-phase hydrogenation, finely-divided metallic powders, prepared by the reduction of nickel or other oxides,

---

[1] G. M. Schwab, H. H. v. Baumbach: Z. physik. Chem., Abt. B **21**, 65 (1933). — Schwab, Staeger: Ebenda **25**, 418 (1934). — G. M. Schwab, H. Zorn: Ebenda **32**, 175 (1936).

were employed. These were distributed in a more or less even layer along a horizontal tube through which the mixture of hydrogen and the vapour of the substance to be hydrogenated was passed, the liquid being usually vapourised from a drop feed in the tube itself. An apparatus of this type is shown in Fig. 15;

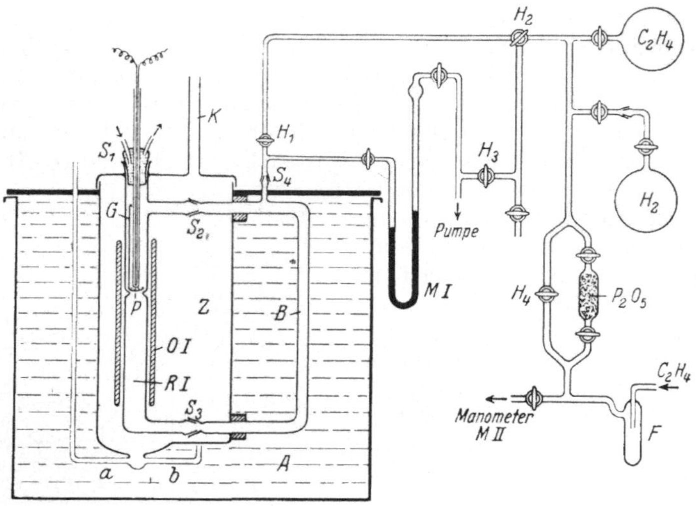

Fig. 14.   Apparatus of Schwab and Zorn for gas-phase hydrogenation.

and, as is evident from the large amount of work which was carried out with this simple arrangement, it forms quite an effective method of hydrogenation.

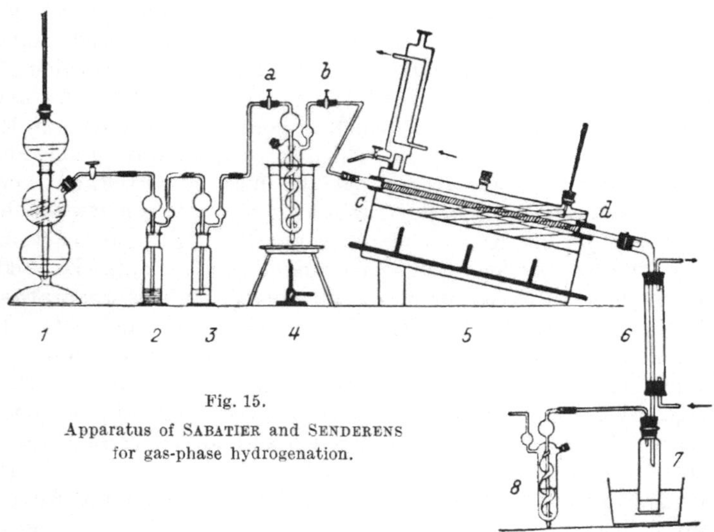

Fig. 15.

Apparatus of Sabatier and Senderens
for gas-phase hydrogenation.

In all the methods of gas-phase hydrogenation, the reduction of the catalyst is best effected in the apparatus itself, preferably immediately before the catalyst is required for hydrogenation, the temperature being changed from that required for reduction to that used for the reaction. It is usual to employ a considerable excess of hydrogen, the rate of flow of the gas being measured either by passage through a meter or by means of a flow gauge of the orifice type.

2. Liquid-phase Hydrogenation.

By far the greater number of hydrogenations are, in practice, carried out in the liquid phase, using finely divided catalysts in suspension in the liquid. The method allows the use of low and easily controllable temperatures, and thus avoids to a large degree the formation of decomposition products due to excessive or irregular temperatures, smooth and complete conversion to a single product being a common feature of liquid-phase working.

With catalysts of the platinum group, the reaction is often carried out at room temperature. The body to be hydrogenated is usually dissolved in a solvent, e. g. in water, acetic acid, alcohol, ether or cyclohexane, although in the case of substances which are liquid at room temperature the use of a solvent is not necessary. The proportion of catalyst varies with the conditions and with the body hydrogenated; but, as a guide, 0.05 to 0.1 g. of platinum black to 10 c.c. of solution is usually sufficient if the linkage to be hydrogenated is not too difficult, and far less catalyst is often used. Catalysts of the nickel class, although they possess slight activity even at room temperature[1] are usually used at higher temperatures, for instance, at 120—180°, without a solvent, the body hydrogenated being in a liquid state in any case by virtue of the high temperature. It may, however, be noted that nickel and other catalysts which are specially suitable for low-temperature working may be made by leaching suitable nickel alloys according to the method developed by RANEY, details of which are given elsewhere. Apart from this special form, finely-divided nickel or other similar catalysts are usually supported on a kieselguhr or other carrier; and a larger ratio of catalyst to unsaturated substance than that given above for platinum is usually employed. For laboratory working, one per cent of nickel in the body hydrogenated may be taken as an average figure for this; but far smaller proportions are used in technical work in which economy of nickel is important.

In most cases of laboratory hydrogenation, both in the liquid and in the gas phase, the use of an increased pressure is not necessary, above all for ethylenic linkages: accordingly, a description of pressure apparatus, which is of special use for the rapid liquid-phase hydrogenation of aromatic or heterocyclic rings or of ketonic groups, with a low concentration of catalyst, will be deferred until a later section.

Reaction velocity in liquid-phase hydrogenation is very largely dependent on an intimate degree of contact between the gaseous hydrogen, on the one hand, and the liquid system on the other. While the hydrogenation, particularly of a non-volatile liquid, may be carried out merely by passing a rapid current of hydrogen through the liquid containing the catalyst in suspension, for instance, in a distilling flask, this bubbling method, in which the hydrogen also acts as the means of agitation, is wasteful from the standpoint of gas consumption, since, for rapid reaction, a very rapid stream of hydrogen has to be used. It does, however, constitute a rather primitive means of hydrogenating a substance such as a glyceride, the excess of hydrogen being usually burnt as it leaves the side arm of the distilling flask.

In practice, the simplest method of inducing intimate contact between the liquid and the hydrogen consists in using some form of mechanical shaker by means of which the liquid is shaken with the gas. In an apparatus of this type, the hydrogen absorbed can readily be measured by connection with a gas burette and the progress of the hydrogenation followed.

---

[1] KELBER: Ber. dtsch. chem. Ges. **49**. 55, 1868 (1916); **50**, 305 (1917); **54**, 1701 (1921).

654 E. B. Maxted: Hydrierung mit molekularem Wasserstoff.

An apparatus of this type, which has been used by the author continuously for over 20 years[1] with only minor modifications is shown diagrammatically in Fig. 16.

The charge to be hydrogenated is introduced, by means of the stoppered side tube, into the shaking pipette, A, which is immersed in a bath provided with an electric heater controlled by a thermostat, the reaction pipette being mounted in a light detachable metal block which is shaken vertically by means of an eccentric drive actuated by a constant speed motor. For smooth running, the vertical driving rod, on which the connecting rod is clamped, must be properly guided to give an accurately vertical motion; and, to avoid splashing, the length of the vertical stroke should be such that the bulb of the glass pipette does not emerge from the water in the thermostat at the highest part of the stroke; nor, similarly, should the metal connecting block break the surface of the water at its lowest position. A suitable shaking speed is 400—500 double strokes per minute.

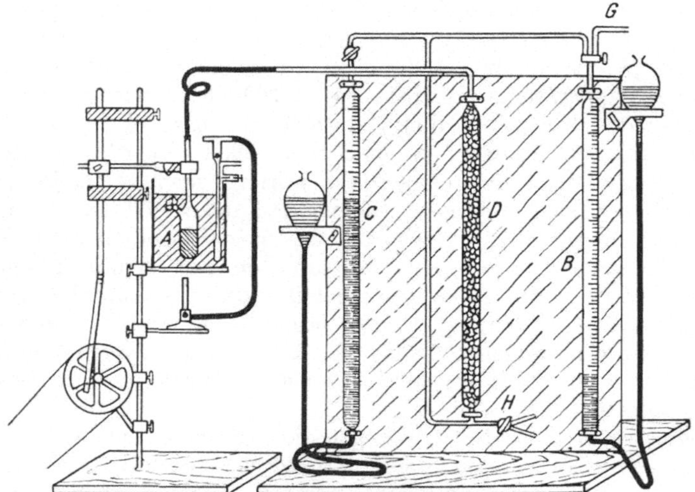

Fig. 16. Apparatus for hydrogenation in the liquid state.

The reaction pipette is connected, by means of a short piece of rubber pressure tubing, to the gas measuring system, which consists of a main burette, B, a reserve burette, C, and a drying tube, D, containing granular soda-lime or calcium chloride. The main hydrogen supply enters the apparatus at G, H being a 3-way stopcock with alternative connection to vacuum and to the hydrogen supply.

To use the apparatus, A is detached from its rubber connection, also, by loosening the thumbscrews, from the vertical driving rod. It is usually convenient to keep the connecting block permanently on the thick-walled, small-bored stem of the pipette, this stem being shielded from breakage from the points of the thumbscrews on the right of the block by packing the hole in the block with rubber faced with metal next to the screw points. The charge to be hydrogenated, together with the catalyst, is next introduced into the pipette by way of the side tube, the stopper of which is lubricated, after charging, by a trace of pure olive oil and fastened in its place by a rubber band attached to glass thorns. The burettes, B and C, are the completely filled with water by raising the attached cups and the taps at their upper ends closed, following which the pipette is re-inserted in its rubber connection and the whole apparatus, including the pipette, is several times alternately evacuated and filled with hydrogen by slowly rotating the three-way stopcock, H. During this evacuation and subsequent filling with gas, it is advisable to keep the pipette cool and not

---

[1] Trans. Faraday Soc. **13**, 36 (1917).

to immerse it in the bath (by re-clamping the metal block on the vertical rod of the shaker) until the final filling with hydrogen. Finally, hydrogen is introduced into the burettes by opening the stopcocks at the top, that at C, also the stopcock at B, being then closed. The volume in B is then read off, the shaker is started, and the course of the hydrogenation followed by the disappearance of the gas in B. It will be seen that, when this volume is exhausted, a reserve volume can be obtained from C and that there is also provision for refilling C as required, the connecting tube between C and the hydrogen supply having been previously swept out with hydrogen. For hydrogenation on a small scale, A may have a capacity of 25 c.c., and contain an actual charge of about 10 c.c., C and B being ordinary 100 c.c. Hempel burettes; but the size can, of course, be increased proportionately as required.

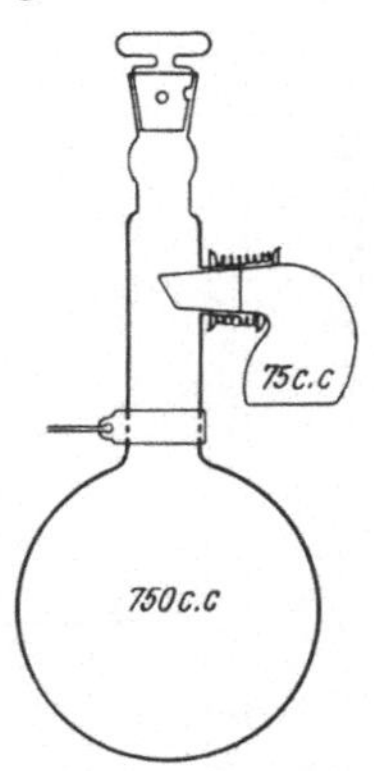

Fig. 17. Shaking flask of H. O. L. FISCHER and E. BAER.

While, in an apparatus of the above type, the hydrogenation does not usually begin with any substantial speed before the shaker is started, it may be necessary, in some circumstances, not to add the catalyst until the phase of preliminary evacuation and filling has been completed. A design of shaking flask which permits this, in which the catalyst is contained in a side-piece (see Fig. 17), attached by a ground-in joint and capable of rotation, has been described by H. O. L. FISCHER and E. BAER[1]. After evacuation of air and replacement by hydrogen in the usual way, the catalyst is added to the main charge by turning the side-piece.

For the hydrogenation of larger volumes of liquids, the shaking apparatus together with the gas-measuring system will need modification in order to be adapted to the greater weight of liquid to be shaken. Particularly for reactions at room temperature, a horizontally moving shaker carriage is very suitable, the shaking vessel itself being mounted at a suitable inclination on the moving carriage and connected to a gasholder of hydrogen. It is simpler, in such cases, not to immerse the shaking vessel in a liquid bath, but to employ electrical heating, together with an internal thermometer or thermocouple if a temperature higher than that of the room is required. It is obviously also possible, by employing a hydrogen reservoir in place of an ordinary gas-holder, to work at an increased pressure without special apparatus provided that this pressure is not too high; but for pressures above about 2 atmospheres, particularly if the volume to be hydrogenated is appreciable, properly constructed steel apparatus should, on grounds of safety, be used.

Many alternative forms of apparatus for liquid-phase hydrogenation other than those of shaker type have been described in the literature. Thus, especially for the hydrogenation of small volumes, a magnetically operated internal agitator may be used. A small apparatus embodying this form of agitation has been described by A. CASTILLE[2] and is illustrated diagrammatically in Fig. 18.

The agitator A, is constructed of platinum or platinum-iridium and consists of a series of perforated discs, the bottom plate being bellshaped and without perforations. The axial wire bearing this agitator terminates at its upper end in a small softiron cylinder, B. M is an electromagnet of adjustable height, provided with a mechanical current interruptor; and, on making and breaking the current, the agitator rises and falls. The remainder of the apparatus is conveniently made of pyrex or similar glass. It consists of a reaction vessel, C, of the shape shown, connected with a gas burette, D, which can also be used as a manometer, and with a

[1] Ber. dtsch. chem. Ges. **65**, 343 (1932).
[2] Bull. Soc. chim. Belgique **46**, 5 (1937).

stopcock, *E*, for evacuation and filling with hydrogen. It will be seen that, by working in this way, the necessity for a rubber or tubular metal spring connection to a shaking vessel is eliminated. In CASTILLE's work with this apparatus, the current was interrupted about once a second, by means of a pendulum, and mercury was employed in the gas burette.

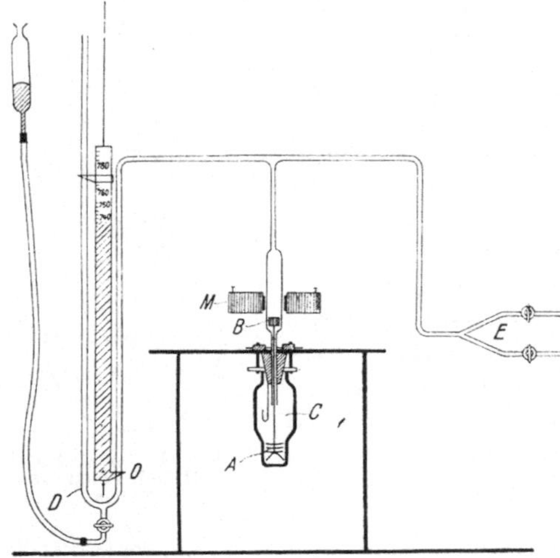

Fig. 18. Apparatus of CASTILLE for liquid phase hydrogenation.

For working at pressures higher than atmospheric, the reaction vessel could be fastened in its place by means of screws. A further and somewhat similar magnetically operated apparatus has also been employed by B. FORESTI[1].

3. Hydrogenation under Pressure.

While it is unnecessary in most cases of catalytic hydrogenation to use a high pressure, this may be necessary in special circumstances, particularly, as already mentioned, in the liquid-phase hydrogenation of ring compounds with nickel or the liquid-phase hydrogenation of ketonic groups with this catalyst or with copper, including related catalysts such as copper chromite.

The use of pressure in gas-phase hydrogenation is rare: thus, benzene, naphthalene, heterocyclic rings and ketones all hydrogenate well in vapour form with, for instance, nickel; although, under these conditions, more decomposition usually takes place than if the hydrogenation were carried out on the liquid substance. On account of the rarity of high-pressure gas-phase hydrogenation, no account of apparatus for this will be given; but, if this is required, reference should be made to high-pressure apparatus of the type used for the synthesis of ammonia. Such apparatus has, for instance, been successfully used for the hydrogenation of carbon monoxide to methyl alcohol, in which the high pressure is required for the displacement of the reaction equilibrium in the direction of methyl alcohol.

For liquid-phase high-pressure hydrogenation an autoclave provided with externally operated agitating gear may be used—and has been successfully employed, for instance, by SCHROETER[2] for reactions such as the hydrogenation of naphthalene at moderate pressures—but, for really high-pressure work, it is simpler to avoid the glands which are necessary with externally driven agitators by moving the reaction vessel as a whole, this vessel being usually given an oscillating or rocking motion, in view of the weight of high-pressure apparatus, rather than the vertical motion which is employed with small and light glass vessels. On the whole, on account of the greater solubility of hydrogen at high pressures, a far less intensive agitation is necessary than at low pressures. The connection with the high-pressure hydrogen supply is made by means of capillary metal tubing; and the progress of the hydrogenation is usually followed by the drop in pressure.

Rocking autoclaves of this type have been described by a number of workers[3].

[1] Ann. Chim. applicata **26**, 207 (1936).
[2] Liebigs Ann. Chem. **426**, 1 (1922).
[3] F. N. PETERS, O. C. STANGER: Ind. Engng. Chem. **20**, 74 (1928). — L. PALFRAY: Bull. Soc. chim. France (5) **3**, 508 (1936).

In Peters and Stanger's apparatus (Fig. 19), the liquid to be hydrogenated is placed in a horizontal glass reaction tube, A, which is closed at both ends but has

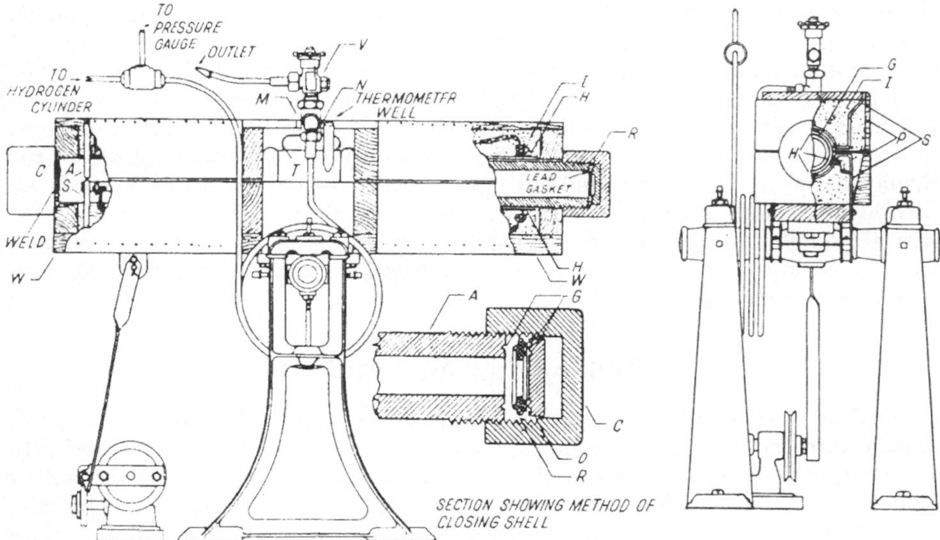

Fig. 19. Apparatus of Peters and Stanger for hydrogenation under pressure.

a small hole at the top side. This reaction tube is contained in the electrically heated high-pressure tube, W, which can be rocked about its central point by a rod and excenter. The capillary metallic connection for highpressure hydrogen is wound around the oxis. The permissible degree of agitation is not great; but, at pressures of the order of 100 to 300 atm., only moderate agitation is, as already mentioned, required.

An alternative type of apparatus, which can be rocked or shaken according to its size or weight, is shown in Fig. 20[1]. This is most suitably attached to the high-pressure hydrogen supply, as before, by a small-bore coiled metal tube.

In the figure, A is the connection for this supply, which terminates within the vessel in a bent tube, of the form shown, in order to prevent the splashing of the hydrogenation liquid into the gas line, and B is a thermocouple pocket drilled in the wall. The outside and inside diameters in Adkins' apparatus, which was relatively small, were 5.4 and 1.9 cm. respectively, the external and internal lengths being 16.3 and 14.9 cm.; and the apparatus could be used for up to 80 c.c. of liquid, with pressures up to 300 atm. The bomb was provided with shaking gear in the usual way: a suitable temperature was obtained by electrical winding; and a pressure gauge and needle valve were fitted either immediately on the bomb or at the other end of the flexible tubing. An apparatus of this type can obviously be used either with or without a glass liner—or an internal glass reaction vessel of any suitable form—and it possesses the advantage of having only one closure. A larger vessel would preferably be mounted at a small angle to the horizontal, in place of being used vertically, and rocked in place of being shaken.

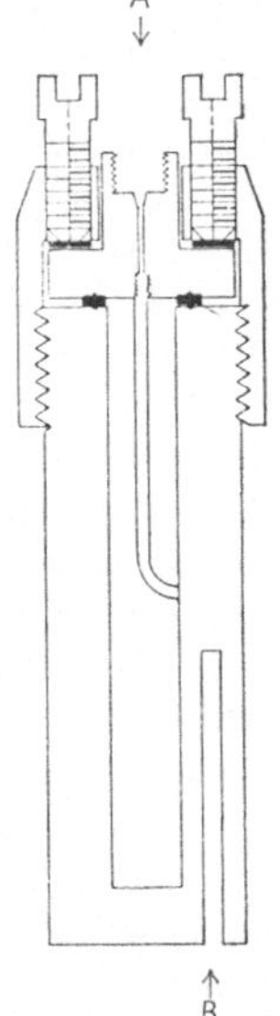

Fig. 20. Apparatus of Adkins for high-pressure hydrogenation.

In the above descriptions, engineering details have purposely been omitted, for reasons of space; and, for further information as to suitable material, wall

---

[1] H. Adkins: J. Amer. chem. Soc. **55**, 4272 (1933).

thickness and the various types of high-pressure closure, reference should be made to any standard textbook dealing with the subject (e.g. to that of Tongue[1]). Details relative to some of these points are also contained in Adkins' paper[2], and in a paper by the author[3]. In making closures, it should be borne in mind that jointing material containing sulphur (such as vulcanised fibre) cannot be used in hydrogenation apparatus with ordinary catalysts, at any rate in parts which come into contact with liquid or which are exposed to a high temperature: further, for the sake of safety, it is absolutely essential that all apparatus should be properly constructed and periodically tested in strict accordance with high-pressure practice. For hydrogenation on a larger scale, internal agitators are employed in place of moving the apparatus as a whole; or agitation may be obtained very effectively by a circulation pump in conjunction with baffles in the reaction vessel.

C. Hydrogenation Catalysts.

Hydrogenation catalysts may for convenience be divided into two types, namely into the classical metallic catalysts such as platinum or nickel and into a second, more recently introduced, class containing various catalytically active oxides or sulphides such as chromium oxide, or molybdenum oxide or sulphide, or composite catalysts related to these. This second class is usually of more limited application, but its members are in many cases tolerant towards sulphur and other normal poisons.

The present section deals mainly with special methods of preparation of some of the more important hydrogenation catalysts of these types, principally from the standpoint of standard laboratory technique. Accordingly, no attempt has been made to deal with catalysts which are not in common use.

I. Metallic Catalysts.

Into this class fall the elements of the transition groups—nickel, cobalt, iron and the platinum metals—and, outside the group, copper. Other metals, in addition, possess sufficient activity for specially easy reductions, such as the conversion of nitrobenzene to aniline, but are not sufficiently active for general hydrogenation, although in some cases, e. g. with zinc, an activity comparable with that of the normal hydrogenating metals may be shown.

With catalysts of this group, activity is dependent on the strict observance of definite preparative technique, including the absence of catalyst poisons and the avoidance of temperatures high enough to cause sintering. The form in which the catalyst is used will depend on whether it is to be suitable for liquid phase hydrogenation or for the treatment of gases or vapours: further, the effective area of the metal is often raised to a high value either by methods of preparation which lead to relatively finely divided or—especially with the platinum metals—even to colloidal forms, or by the use of porous supports, which also prevent the reduction of catalytic surface at high temperatures by sintering. It is usual to regard the platinum metals as being especially suitable for hydrogenation in liquid media at low temperatures, while catalysts of the nickel group are used at relatively high temperatures; but this generalisation is perhaps hardly justified, since even ordinary nickel catalysts—apart from special catalysts of the so-called alloy-skeleton type—may, if suitably prepared, show appreciable

[1] The Design and Construction of High-Pressure Chemical Plant. London: Chapman and Hall, 1934.   [2] Loc. cit.   [3] Chim. et Ind. 45, 366 (1926).

activity at room temperature, while metals of the platinum group are used both for hydrogenation and for dehydrogenation, in some circumstances, in the temperature range usually reserved for the nickel group. Within each group, moreover, there is a definite gradation of properties in that, for instance, copper is, in general, a milder hydrogenating catalyst than nickel and is less likely to cause decomposition; but earlier statements that a given metal is incapable of acting in a given reaction have, with increasing knowledge of their preparation and use, in many cases, had to be revised. Thus copper, which was at one time thought to be incapable of hydrogenating a benzenoid bond, has, in later work, been shown to be active both for benzene and for aromatic bodies generally.

It will be convenient to consider, firstly, the preparation of catalysts of the platinum group, which are usually easily reduced from their compounds, in solution or in liquid suspension and, secondly, the preparation of base metal catalysts which require higher reduction temperatures.

1. Metals of the Platinum Group. Pt, Pd, (Rh, Ru, Os, Ir).

a) *Ordinary Platinum Catalysts.*

From the standpoint of practical hydrogenation, only platinum and palladium are of importance, although the remaining metals all possess catalytic activity and have in rarer instances been used for hydrogenation. The same general method of preparation may be employed for each of these metals, save in the few cases where the relatively small difference in chemical properties within the group renders a particular preparative method unsuitable for metals other than the one for which it is described. The platinum metals are, in general, employed for liquidphase hydrogenation, in the form of finely divided suspensions: in some cases they have been used in a colloidal state. They have, to a lesser degree, been applied to hydrogenation in the gas or vapour phase, and they are good vapour-phase dehydrogenation catalysts, with which frequently less by-product formation is obtained than, for instance, with nickel.

For the preparation of platinum catalysts in a finely-divided, non-colloidal form, an aqueous solution of chloroplatinic acid (technical platinum chloride) may be reduced with an alkaline formate or with alkaline formaldehyde. MOND, RAMSAY and SHIELDS[1] recommend the following procedure for reduction with an *alkaline formate.*

25 g. of chloroplatinic acid are dissolved in about 500 c.c. of water and boiled. After neutralising with sodium carbonate, the boiling solution is slowly poured into a boiling solution of about 25 g. of sodium formate in 500—600 c.c. of water. Violent effervescence, accompanied by the precipitation of the platinum, takes place; and, in order to avoid the possibility of loss, it is, in practice, found advisable to have ready a large clean basin (the author uses a large circular pneumatic trough) in which the beaker can be placed if excessive frothing occurs. The reduction is rather capricious and, in some cases, the mixture needs to be maintained for some time at the boiling point before the precipitation—which may occur suddenly and violently—takes place. It is, however, a reliable and convenient way of obtaining active platinum in good yield. After precipitation, the platinum is washed with distilled water many (for instance, twenty) times by decantation. It usually settles reasonably quickly at first, so long as traces of electrolytes are present; but, during later stages of washing, it may be necessary to allow it to remain for several hours, or even overnight, before once more decanting, and it may even be advantageous to centrifuge, in order to reduce the time of settling, although this latter course has, in the author's experience, only been required in one or two instances spread

---

[1] Philos. Trans. Roy. Soc. London, Ser. A **186**, 661 (1895).

over many years' working with the method. Finally, the washed platinum is dried at 100—110⁰ in air, and ground in an agate mortar to break up any lumps and to obtain a homogeneous preparation.

Reduction with *formaldehyde* yields an equally good product.

According to the directions given by O. Loew[1], 50 g. of platinum chloride are dissolved in a small quantity (up to 50—60 c.c.) of distilled water, then mixed with 70 c.c. of 40—45 per cent formaldehyde. 50 g. of sodium hydroxide, dissolved in an equal weight of water, are added, with good cooling. The greater part of the metal is precipitated at once. R. Willstätter and D. Hatt[2] recommend that the alkaline mixture should, after this initial precipitation, be raised to 50⁰ for about a quarter of an hour. The washing is usually carried out by decantation, and there is some tendency to the formation of a yellow solution still containing a little platinum (some of which is precipitated on boiling); further, the platinum may in later stages of washing become highly dispersed, and settle only with difficulty, as before. R. Feulgen[3] has stated that this tendency may be overcome by shaking the platinum with distilled water containing a little acetic acid. It is stated that vigorous shaking, coupled with the presence of the acetic acid as an electrolyte, prevents the platinum from going over into a colloidal condition.

The direct reduction of platinum or palladium from their chlorides or oxides may also be carried out with hydrogen. Dry reduction does not, in general, lead to an active catalyst, on account of sintering effects: further, in the case of the chlorides, platinum chloride is less easy to handle, on account of its deliquescent character, than palladium chloride. Probably the quickest method of all for the preparation of a palladium catalyst of reasonably high activity consists in suspending finely ground palladium chloride in an organic solvent, such as cyclohexane or decalin, through which a stream of hydrogen is passed. The hydrogen chloride produced during the reduction is partly removed with the gas stream; but sodium carbonate may be added to neutralise this. As a still simpler alternative, palladium chloride may be added as such to the solution of the substance to be hydrogenated, in almost any solvent and with or without the addition of sodium carbonate, reduction being effected, for instance, by shaking with hydrogen. The reduction, as suspensions in liquids, of platinum or palladium *oxides* is still more satisfactory, and may even, if required, be carried out in water. Platinum oxide is, however, not easy to prepare in good yield by the action of sodium carbonate or hydroxide on platinum salts, on account of the formation of soluble alkaline platinum compounds; but precipitated platinum oxide (e. g. PtO_2) or palladium oxide, by whatever method they are made, reduces easily and gives a very active catalyst. The temperature of reduction of platinum oxide depends on the method of preparation and on its previous history. It usually reduces, with hydrogen and in a liquid suspension, well below 100⁰; but it is sometimes capricious and for this reason care should be taken in employing low-boiling liquids such as cyclohexane or water as the suspending medium. In practice, the temperature is gradually raised, with passage of hydrogen through the suspension, until reduction, which is accompanied by blackening, occurs.

Probably the most effective way of making platinum oxide or palladium oxide consists in the fusion method, which has been developed by Adams and his co-workers, the platinum or palladium chloride being fused with an alkali nitrate. As a result of the treatment, easily reducible oxides are obtained,

---

[1] Ber. dtsch. chem. Ges. **23**, 289 (1890).
[2] Ber. dtsch. chem. Ges. **45**, 1472 (1912).
[3] Ber. dtsch. chem. Ges. **54**, 360 (1921).

which can be added directly to the system to be hydrogenated, in that they readily pass into metals in the presence of hydrogen.

For the preparation of *platinum oxide*, V. Voorhees and R. Adams[1] give the following directions.

20 g. of sodium nitrate are mixed, in a 150 c.c. porcelain casserole, with platinum chloride, corresponding with 1 g. of platinum, previously dissolved in 5 c.c. of water. The mixture is heated gently and stirred with a glass rod until water has been expelled, when the temperature is raised to fusion. After the brown oxides of nitrogen cease to be evolved, the mass is allowed to cool and treated with 50 c.c. of water. The brown precipitate is washed by decantation and finally on a filter until the filtrate no longer shows the nitrate reaction. It is, however, difficult to obtain a completely alkali-free product, the usual alkali content of the washed product being about 2 per cent for a fusion temperature of 400—500⁰, and rising for higher fusion temperatures.

The most suitable fusion temperature[2] is 400—500⁰, the variation with temperature of fusion in the activity of the resulting catalyst for the reduction, under standard conditions, of maleic acid being summarised in Table 16.

Table 16.

Maximum temperature of fusion $^{\circ}$C.	Time, in mins., required for reduction of maleic acid
390—400	10
490—500	11
590—600	19
650	17
700	16

The same temperature (400—500⁰) is also conducive to the production of an oxide which is most easily reduced by hydrogen.

Fusion may, if desired, be carried out in other nitrates, but the resulting catalyst is apparently not so active as when sodium nitrate is employed. Adams and Shriner's results with other fusion media are summarised in Table 17. It will be noted that the temperature

Table 17.

Fusion medium	M. P. $^{\circ}$C.	Temperature of fusion $^{\circ}$C.	Time, in mins., required for reduction of benzaldehyde by resulting platinum
$LiNO_3$	253	490—500	12
$NaNO_3$	312	490—500	10
KNO_3	337	490—500	25
$Ca(NO_3)_2$	561	500—530	80
$Ba(NO_3)_2$	575	600—630	135
$Sr(NO_3)_2$	645	630—640	No reduction

given by Adams and Shriner (500—530⁰) for the fusion of the platinum chloride with calcium nitrate is lower than the normal melting point of the latter salt, but probably this was depressed by the platinum salt—possibly by some water still present.

The above fusion method is a general one which can be applied also to other metals of the platinum group. Thus R. L. Shriner and R. Adams[3] give the following directions for preparing *palladium oxide*.

50 g. of sodium nitrate and a solution of palladous chloride corresponding with 2 g. of Pd are thoroughly mixed in a 150 c.c. casserole, then evaporated to dryness and further heated until fused. At 350⁰—370⁰, a vigorous evolution of nitrogen oxides occurs, with some foaming. After this evolution, the temperature is raised rapidly and maintained between 575⁰ and 600⁰ for five minutes. It is then cooled, dissolved in 200 c.c. of distilled water, and the palladous oxide filtered off. This cannot be washed with pure water, since it tends to become colloidal; a dilute (1 %) solution of sodium nitrate was used for washing. It is finally dried in a vacuum over sulphuric acid.

Before considering the methods of preparation of colloidal catalysts, a few words may be said with reference to the use of *supports* in liquid-phase hydro-

[1] J. Amer. chem. Soc. **44**, 1397 (1922).
[2] R. Adams, R. L. Shriner: J. Amer. chem. Soc. **45**, 2173 (1923).
[3] J. Amer. chem. Soc. **46**, 1683 (1924).

genation with catalysts of the platinum group. The employment of a support (kieselguhr, magnesia, calcium carbonate, active carbon, barium sulphate, etc.) in general increases considerably the catalytic effectiveness per unit weight of platinum, although a support is not necessary in liquid media to prevent surface reduction by sintering on account of the low hydrogenation temperatures employed: further, a support may to some degree render more difficult the subsequent recovery of platinum for re-use, by simple solution of the spent catalyst in aqua regia. If a supported catalyst is desired, the reduction of platinum chloride solutions, especially by the alkali formate or formaldehyde method, can readily be carried out in the presence of the carrier; or platinum or palladium oxide may be precipitated on to kieselguhr, carbon, or barium sulphate etc. A quick method, which has been used by the author, for the production of supported platinum consists in evaporating a solution of the chloride on to kieselguhr, which after thorough drying in an oven at 100—150⁰ is quickly (to avoid deliquescence) ground under decalin. The suspension is reduced, at the lowest temperature at which reduction occurs, by passage of hydrogen through the suspension, after which it is washed on a filter with alcohol to remove the decalin and subsequently, very thoroughly, with water. It must not, during the washing, be allowed to dry, otherwise it may glow and lose activity. This tendency is also observed, in general, with all methods of preparation in which platinum is prepared in the presence of organic solvents or in which it is liable to contain adsorbed hydrogen or carbon monoxide. It is particularly dangerous with all such preparations of platinum to employ a vacuum desiccator for drying or storage, in that, on sudden admission of air, a rise of temperature and loss of activity may occur. This applies very widely both to supported and to unsupported platinum, and should be noted as a general caution in dealing with all forms of platinum or related metals. A properly prepared platinum stock, whether on a support or not, may, however, be stored in stoppered bottles for many months without appreciable change in activity.

In a systematic study of the variation of the activity of a supported palladium catalyst with the particular support used, T. Sabalitschka and W. Moses[1] found that the effectiveness in the series of carriers: blood charcoal, bone charcoal, sugar charcoal, barium sulphate, kieselguhr, diminished in the order given, save that barium sulphate and kieselguhr were approximately equal. The catalysts were prepared, for instance, by immersing the support in a palladium chloride solution in air, which was replaced by hydrogen for reduction after adsorption had taken place. Supports such as calcium carbonate are very suitable where the platinum or palladium is present, before reduction, as a chloride, since they also neutralise the hydrochloric acid produced on passing hydrogen.

b) *Colloidal Platinum Metals.*

The preparation and use, for hydrogenation, of platinum metals in a stable colloidal form is largely due to the work of Paal, Skita, Kelber, and their collaborators, who developed precipitation methods in the presence of suitable protective colloids, since colloidal metals, prepared for instance by Bredig's immersed arc technique, are not by themselves very suitable for hydrogenation work. The colloidal condition is, however, by no means essential in ordinary hydrogenation.

Protective colloids for stabilising colloidal platinum were made by Paal[2] by treating egg albumen with aqueous sodium hydroxide under conditions for

---

[1] Ber. dtsch. chem. Ges. **60**, 786 (1927). — T. Sabalitschka, K. Zimmermann: Ebenda **63**, 375 (1930).   [2] Ber. dtsch. chem. Ges. **35**, 2195 (1902).

details of which reference should be made to the original paper. The degradation products are, after addition, for instance, of acetic acid, divided into two groups, namely into so-called protalbic acid, which is thrown down as a precipitate, and into so-called lysalbic acid, which remains in solution. Both classes of colloid are purified by dialysis before use.

In order to prepare *colloidal platinum* protected by *sodium lysalbate*, C. PAAL and C. AMBERGER[1] add 2 g. of chloroplatinic acid, dissolved in a little water, to a solution of 1 g. of sodium lysalbate in about 30 c.c. of water containing additional sodium hydroxide in quantity sufficient to combine with the chlorine contained in the platinum salt. Hydrazine hydrate is added in slight excess, whereupon the clear dark-brown solution darkens, the process being accompanied by foaming and by the evolution of gas. After reduction has taken place, the solution is dialysed against water, filtered, cautiously concentrated on a water bath, and finally brought to dryness in a vacuum desiccator. It is obtained in the form of black, very lustrous, brittle lamellae, which are easily and completely dispersed in water.

Sodium protalbate may be employed similarly. Thus, PAAL and AMBERGER took 2 g. of sodium protalbate in 30 c.c. of water, and in the presence of soda, as before, added 3.6 g. of platinum chloride. After completion of the reduction with hydrazine, which took 5 hours, the colloidal platinum was dialysed as before.

For the preparation of *colloidal palladium*, 1.6 g. of palladium chloride ($=$ 1 g. Pd) was dissolved in 25 c.c. of water and added to 2 g. of sodium protalbate containing soda in slight excess. The reddish-brown solution was then treated with hydrazine hydrate, as for platinum, and the colloidal palladium was purified by dialysis, concentrated at 60—70° and dried in vacuo. Colloidal iridium could be obtained similarly.

As an alternative method of reduction, *hydrogen* may be used. In an example given by PAAL and AMBERGER[2] a solution of 2.5 g. of palladium chloride ($=$ 1.5 g. Pd) in water acidified with a very little hydrochloric acid was added to 50 c.c. of water containing 1.5 g. of sodium protalbate and slightly more soda than was necessary for reaction with the chlorine of the palladium chloride. The clear, dark-brown solution was heated to 60° on a water bath and hydrogen was passed through for two hours. The solution became black and, as far as could be seen, no separation of non-colloidal palladium took place: however, if, for instance in a partially filled flask, the gas current splashes some of the liquid on to the heated glass, the metal produced in these splashes is non-colloidal. Purification by dialysis was carried out as before.

Gum arabic was introduced as a protective colloid for platinum metal catalysts by A. SKITA[3], who observed that palladium was precipitated in a stable colloidal form on treating with hydrogen an aqueous-alcoholic solution of palladium chloride, containing gum arabic as a protective colloid, provided that a body such as an unsaturated aldehyde or ketone is present. The colloidal state can also be induced, even in the absence of an unsaturated ketone, by inoculating the solution with a little colloidal palladium prior to the passage of hydrogen; or a colloidal preparation may occur spontaneously in the presence of gum arabic without special precautions being taken at all. The above remarks apply also to the preparation of colloidal platinum[4]. The colloidal preparations are purified by dialysis and are dried with the usual precautions.

For the production of colloidal platinum metals which remain *effective in acetic acid solution*, C. KELBER and A. SCHWARZ[5] recommend degraded gluten as the protective colloid.

---

[1] Ber. dtsch. chem. Ges. **37**, 124 (1904).
[2] Ber. dtsch. chem. Ges. **38**, 1398 (1905).
[3] Ber. dtsch. chem. Ges. **42**, 1627 (1909).
[4] A. SKITA, W. A. MEYER: Ber. dtsch. chem. Ges. **45**, 3579 (1912).
[5] Ber. dtsch. chem. Ges. **45**, 1950 (1912).

Thus, 4 g. of palladium chloride, dissolved in a little water, are added to 16 g. of a solution prepared by heating gluten with acetic acid and containing 50 per cent of the degraded gluten. The clear, dark brown solution is made slightly ammoniacal, and hydrazine hydrate is added drop by drop. After the completion of the reduction, which is accompanied by foaming and by the evolution of gas, the solution is dialysed against water and carefully evaporated, as in the other methods. The black scales are easily dispersed both in water and in acetic acid, and are also not readily coagulated even by mineral acids. The above proportion of protective colloid to palladium leads to a preparation containing 20 per cent of palladium.

c) Platinum Metal Catalysts for Gas-Phase Use.

A few remarks may, finally, be made with regard to platinum and other catalysts for gas phase working. Finely divided preparations are, in general, not suitable for use in this way, since the mixture of hydrogen with the gas or vapour to be hydrogenated can only be passed over the surface of such catalysts; and, although metallic powders have in some cases been used both for gaseous hydrogenation and dehydrogenation, it is preferable to use a granular support, or to make up a mixture of finely divided platinum with a finely divided support into granules by means of a pelleting machine, and thus to produce a catalyst which permits, without undue obstruction, the passage of a gas mixture through its mass. Probably the simplest method of making a catalyst of this nature consists in impregnating asbestos, pumice, silica gel, bauxite, or other fibrous or granular carriers with platinum or palladium chloride, or, in the case of osmium, with osmic acid; but the activity of the resulting catalyst will depend largely on the conditions of the reduction. If dry reduction is employed, some checking of the sintering effect which leads to an inactive catalyst and which is due largely to rapid uncontrolled reduction, can be obtained by using hydrogen in conjunction with a large excess of an inert gas, such as nitrogen, the percentage of hydrogen being increased as the reduction proceeds; but a more satisfactory way is to reduce the palladised or platinised granules in a liquid medium, which controls the temperature and from which the granules can afterwards be removed. An especially suitable method consists in reduction by hydrogen in a liquid in which the platinum or palladium compound is insoluble, e. g. in decalin. As an alternative to the use of granular supports, pelleted catalysts which are stable at reasonably high temperatures, can be made by passing finely divided platinum on a finely divided support (for instance, a catalyst consisting of 80 per cent of kieselguhr and 20 per cent of platinum) through a pelleting machine, the lubricant and binder depending on the substance to be hydrogenated.

2. Metals of the Nickel Group: Ni, Co, Fe, Cu.

The metals of this group are reduced from their compounds with greater difficulty than the platinum metals and, consequently, require other methods of preparation, the most usual method being the reduction of the oxide with hydrogen at a temperature which is, in general, maintained as low as possible in order to avoid loss of activity by sintering. In view of the relatively high reduction temperature which these metals require, the use of a refractory support is in almost all cases of considerable advantage, in that the reduction can, in this way, be carried out at temperatures which would not be permissible in the absence of the carrier; and the resulting catalysts are more stable towards temperature in use, and are also, by virtue of their greater effective surface, more resistant to poisoning. A further method of producing nickel and other catalysts possessing a relatively large surface and consequently a high activity, consists in leaching certain alloys, such as aluminium- or siliconnickel, with aqueous alkalies, whereby the metal is left in a highly porous, almost sponge-like state. Such catalysts are of high activity at low temperatures, but collapse on being heated beyond a certain temperature range.

a) *Preparation by the Reduction of Oxides etc.*

The reduction of oxides or of various salts such as the basic carbonate, the formate, or others, which in many cases pass through the oxide as an intermediate stage, constitutes the commonest method of making catalysts of this group. The activity of the resulting catalyst depends, as is usual, both on the reducibility of the oxide from which the metal is produced and on the temperature of the reduction. For general liquid-phase hydrogenation, in which a catalyst of high activity is required, this activity is obtained by the careful following of the methods of preparation which have been shown by experience to give the most active catalysts, above all avoiding the exposure of the materials both to high temperatures and to conditions which give a less reducible oxide.

Nickel may be made very conveniently, and in a highly active form, by the reduction of the basic carbonate either as such or after conversion of this to the black oxide, Ni_2O_3.

In order to prepare the carbonate, 112 g. of purest nickel sulphate and a slight excess (120—130 g.) of the calculated weight of sodium carbonate crystals are dissolved separately in water and poured simultaneously, at room temperature and with vigorous stirring, into a third beaker containing the support (e. g. 71 g. of kieselguhr, made into a thin paste) if one is used. The above proportion of support gives a catalyst which, after reduction, contains about 25 per cent of nickel. The ratio of the support to the nickel can of course be increased: in some commercial catalysts the ratio is as high as 10 to 1. After precipitation, the nickel carbonate is filtered on a Büchner funnel and thoroughly washed with cold water. Since a basic carbonate of not very constant composition is produced, the amount of soda required for the precipitation of a given weight of nickel sulphate varies somewhat with the conditions, but it is essential that the soda should have been in excess, as will be shown by the absence of green colour in the first filtrate. There appears to be little advantage in substituting nickel nitrate for the sulphate, the catalyst made from either salt possessing about the same activity. Similarly, sodium hydroxide may, if desired, be substituted for sodium carbonate, with precipitation of nickel hydroxide; but, again, no advantage is obtained. Indeed, nickel hydroxide is usually more difficult to filter and wash and, in practice, the carbonate is almost always used.

During the drying of the washed filter cake, this should not be exposed to temperatures higher than about 50°, otherwise a bright-green, less easily reducible oxide may be formed. In small quantities it is most easily dried either on a porous plate in a current of warm air or in a vacuum desiccator; or, on a larger scale, it may be broken up and stacked in a shallow layer on wooden slats in a drying box through which warm air is passed. Drying is best carried out slowly and may take from a few hours to several days, according to the amount to be treated. Above all, it must not be dried by heat alone.

The thoroughly dried nickel carbonate, after being ground to a fine powder in a mortar or mill, is reduced directly; or it may be previously converted into the black oxide, Ni_2O_3. This intermediate step is not essential, but it certainly gives a highly active catalyst. If this is done, a not too large quantity of the powdered carbonate is placed in a porcelain dish and heated, with constant stirring, until it has been converted into a velvety-black, very finely divided powder, the conversion being accompanied by the evolution of carbon dioxide from small conical craters which form in the mass and by the absorption of oxygen from the air, whereby the degree of oxidation of the nickel is raised. It is advisable, in order to avoid overheating, not to heat the basin with a flame directly, but to place it on a shallow circular air-bath, for instance on a shallow tin box, which is heated in turn by a Bunsen flame. General hydrogenation experience has shown that this black oxide of nickel gives a more active catalyst than most specimens of the green oxide; but it is doubtful whether it has any real advantage over a carefully prepared basic carbonate reduced as such.

Nickel oxide may also be made by the ignition of the nitrate, which, either alone or mixed with a support such as kieselguhr, is placed in a porcelain dish and heated, with stirring, on an air-bath, as described above, until the evolution of oxides of nitrogen has ceased. The method avoids the rather long washing and drying operations which are necessarily associated with precipitated oxides or carbonates, but it does not, in general, lead to catalysts of such high activity. A lower activity—especially in certain gas-phase hydrogenations or dehydrogenations, in which a too vigorous catalyst may lead to excessive decomposition at high temperatures or to a product more highly hydrogenated than is desired—is, in some cases, actually advantageous. Further, in place of using an oxide, good nickel catalysts may also be made by the direct reduction with hydrogen of a number of organic nickel salts, for instance, nickel formate, solutions of these being used, as before, to impregnate a porous carrier.

The general effectiveness of individual *supports* varies somewhat with the particular specimen taken, but A. Kailan and O. Stüber[1] obtained the following results for the various carriers given in Table 18.

Table 18.

Carrier	Relative activity per unit of nickel	Carrier	Relative activity per unit of nickel
Animal charcoal	1.0	Ceria	2.6
Lime charcoal	1.4	Alumina	5.6
Talc	1.7	Kieselguhr	7.7

It will be seen that kieselguhr was the most efficient of the carriers examined; but the lesser efficiency of supports of the carbon type is not in conformity with the results of other workers and may be due to the use by Kailan and Stüber of relatively low-surfaced specimens. As a further and very effective method of incorporating a carrier, co-precipitation may be employed. Thus, hydroxides or carbonates of metals such as nickel or copper may be co-precipitated with, for instance, magnesium hydroxide[2].

The *reduction of nickel oxide*, or its equivalent, to metal is the final stage in all the above methods of preparation; and the temperature at which this reduction is effected, in addition to its speed and duration, are of paramount importance in determining the activity of the nickel produced. With unsupported nickel catalysts, the influence of this temperature is especially marked and optimum activity may be induced by not pushing the reduction to completeness, namely to such a stage that sintering begins or that the reduced nickel is no longer supported on some unreduced nickel oxide. A suitable reduction temperature is about 300°; but supported nickel catalysts may be reduced at far higher temperatures (e. g. even up to 450°) without excessive loss of activity.

The *reduction operation*, on a laboratory scale, is most conveniently carried out in a pyrex distilling flask, which is immersed in a bath containing a fused mixture of sodium and potassium nitrates, from which it can be removed periodically in order to follow the progress of the reduction. The flask is provided with a leading-in tube, which passes through a cork in its neck and reaches to its bottom; and the

---

[1] Mh. Chem. **62**, 90 (1933).

[2] H. S. Taylor, G. G. Joris: Bull. Soc. chim. Belgique **46**, 241 (1937).

hydrogen, after passage through the flask, may be burnt at the sidearm or at a jet attached to the side-arm by rubber tubing. The contents of the flask may, if desired, be shaken periodically to assist the uniformity of the reduction. In general, no advantage is obtained by previously drying the hydrogen. Reduction may, of course, also be carried out in an electrically heated furnace; but the use of a fused-salt bath constitutes a very effective method of temperature control and enables the change in colour (blackening) on reduction to be readily seen. A mixture of about equal parts of sodium and potassium nitrates melts at about 220^0 and may be readily melted by a simple Bunsen burner in a small metal saucepan, or even in a large enamelled iron mug. It is advisable, when re-melting the bath from the cold, to allow the bunsen flame to play on its side, rather than on the bottom alone, in order to avoid what may be dangerous spurting of the molten salt during early stages in its melting, due to the development of pressure by the expansion of an enclosed liquid layer at the bottom without free access to the surface.

Precipitated nickel oxide begins to reduce in hydrogen at a temperature which may vary between 210^0 and $230^{0\,1}$. The optimum reduction temperature has been the subject of considerable work. Thus, G.-M. SCHWAB and L. RUDOLPH[2] give the following relative figures for an unsupported nickel catalyst (Table 19).

From these, the optimum temperature would seem to be about 350^0. This is somewhat higher than that obtained by earlier workers: thus, SABATIER and SENDERENS recommended 300—350^0, the lower limit of these temperatures giving the higher activity; but the best reduction temperature varies, as has already been stated, widely with the history of the nickel oxide (in that ignited oxides reduce at higher temperatures and give less active catalysts than those prepared at low temperatures), as well as with the size of the batch reduced, and with the time and rate of passage of the hydrogen. The reduction time also varies but, in a flask reduction, for instance with not more than 50 c.c. of catalyst contained in a 200 c.c. distilling flask, 1—$1^1/_2$ hours should be sufficient, provided that the hydrogen current is reasonably rapid.

Table 19.

Reduction temperature ^{0}C.	Relative activity of reduced nickel
306	1.00
356	1.15
406	0.35
456	0.20
556	0.17

With *supported* nickel catalysts, higher reduction temperatures still may be employed. Thus, C. KELBER[3] found that a support such as kieselguhr prevented diminution of effective surface by sintering even at 450^0, and A. KAILAN and F. HARTEL[4] observed that a kieselguhr-supported nickel catalyst increased continuously in activity as the reduction temperature was raised from 345^0 to 550^0. This is supported by the previous results of A. KAILAN and H. C. HARDT[5] which are summarised in Table 20. The use of such high reduction temperatures would, from the standpoint of practical technique, make necessary reduction in an electrically heated vessel in place of a flask heated in a molten nitre bath.

Table 20.

Reduction temperature ^{0}C.	Relative activity of resulting nickel
250	1.0
320	2.9
460	4.2
500	4.45
550	4.55

The resulting metal is, of course, *pyrophoric*, and cannot be exposed to air. It is best preserved by covering either with the liquid to be hydrogenated or with a suitable hydrogenation solvent; or, especially in the case of supported

---

[1] MÜLLER: Pogg. Ann. **136**, 51 (1869). — J. B. SENDERENS, J. ABOULENC: Bull. Soc. chim. France (4) **11**, 641 (1912).

[2] Z. physik. Chem., Abt. B **12**, 427 (1931).

[3] Ber. dtsch. chem. Ges. **49**, 55 (1916).

[4] Mh. Chem. **70**, 347 (1937).   [5] Mh. Chem. **58**, 307 (1931).

nickel, it may be handled in air for a short time without losing activity or becoming hot provided that it is quite cold and that the hydrogen has previously been removed as far as possible by passage of nitrogen or carbon dioxide through the reduction vessel. The inert gas apparently forms a temporary protective covering, which is sufficiently persistent to permit the transfer of the catalyst from a reduction flask to the reaction vessel in which it is to be used; but it may in certain cases be advantageous to reduce in the reaction vessel itself, especially immediately before the nickel is actually required, and thus to avoid the necessity for transference, with the attendant possibility of loss of activity; although the risk of this is not great if proper precautions are taken.

In the foregoing directions, attention has been paid principally to nickel catalysts. *Copper, cobalt,* and *iron catalysts* are made in similar ways, the principal preparative difference lying in the temperature required for the reduction with hydrogen of the oxide to metal. The reducibility of copper oxide varies greatly with its method of preparation; but, in general, a reduction temperature of just below 200⁰ gives a satisfactory catalyst if the copper hydroxide or carbonate is unsupported[1]; but supported copper catalysts may, as with nickel, be reduced at higher temperatures. Similarly, a temperature of about 400⁰ has been recommended for cobalt oxide and about 450⁰ for iron oxide.

The course of the reduction by hydrogen of all the above oxides is autocatalytic, in that it is catalysed, at the oxide-metal interface, by metallic nuclei. The velocity thus begins slowly, then rises to a maximum and subsequently decreases. The autocatalytic reduction of nickel oxide has been investigated by A. Benton and P. H. Emmett[2] and the corresponding reduction of copper oxide by C. R. A. Wright, A. P. Luff and E. H. Rennie[3] and by R. N. Pease and H. S. Taylor[4].

b) Reduction in Liquids.

Before leaving catalysts made by the reduction of oxides, a few remarks may be made with regard to wet reduction. If the oxide or other compound reduces below 300⁰, reduction may also be carried out by leading a current of hydrogen through a suspension of the oxide in a suitable organic liquid. Overheating during reduction is very effectively prevented and under suitable conditions very active catalysts are obtained. The method was used at one time in the hydrogenation of glyceride oils, the nickel catalyst being produced in situ merely by suspending nickel oxide or carbonate in the oil and passing hydrogen at 250—260⁰; but, on account of the water produced, its use for substances which are easily hydrolysed, such as a glyceride, is not entirely satisfactory, owing to the possibility of forming decomposition products. Better results are obtained by reducing nickel carbonate or copper carbonate in a high-boiling hydrocarbon. Liquid reduction of oxides of this class is, however, not very usual, in view of the simplicity of the dry reduction method.

c) Nickel and related catalysts for gas-phase hydrogenation.

Sabatier and Senderens, in their original work on hydrogenation in the gas phase, used finely divided metal powders which were employed as a layer along a heated horizontal tube through which the mixture to be hydrogenated was passed. It is probably preferable to employ granular catalysts in, for in-

[1] P. Sabatier, J. B. Senderens: C. R. hebd. Séances Acad. Sci. **130,** 1760 (1900); **133,** 321 (1901).   [2] J. Amer. chem. Soc. **46,** 2728 (1924).
[3] J. chem. Soc. [London] **33,** 1 (1878); **35,** 475 (1879).
[4] J. Amer. chem. Soc. **43,** 2179 (1921).

stance, a vertical reaction tube of the type illustrated in Fig. 12. The catalysts may be made by impregnating granules of pumice, bauxite or other porous materials with suitable soluble nickel, copper, cobalt, or iron salts such as the nitrate or formate, the granules being subsequently reduced with hydrogen in the ordinary way; but better results are usually obtained with pelleted catalysts made by passing finely divided supported catalysts through a pelleting machine. Thus, nickel carbonate or oxide on the usual kieselguhr base may be thoroughly dried in air, then finely ground and incorporated with a small percentage of a suitable lubricant and binder (e. g. a metallic soap). It is then rubbed through a fine sieve and fed into the hopper of the pelleting machine, the dies of which are set to give pellets of suitable size. This machine automatically delivers an approximately constant charge into the die, compresses it by means of a steel punch and ejects the pellet, the operation being repeated continuously.

An entirely different type of catalyst which is also very suitable for gasphase hydrogenation is made by anodically oxidising nickel turnings in an electrolyte consisting of aqueous sodium carbonate[1]. A black nickel oxide is produced, and the turnings, which are usually contained in nickel cages, are, after thorough washing with water, placed in a cylindrical reaction vessel and reduced with hydrogen immediately before the passage of the mixture to be hydrogenated. This catalyst may also, if required, be used for liquid-phase hydrogenation by allowing a film of the liquid to flow over the nickel in a hydrogen atmosphere.

d) Alloy-skeleton hydrogenation catalysts[2].

Highly active nickel and other catalysts, which are especially suitable for hydrogenation at temperatures lower than those usually employed with metals of the nickel group, may be prepared by dissolving out the aluminium component of a nickel-aluminium alloy by means of aqueous sodium hydroxide[3]. Nickel-silicon alloys may also be used and the method may also be applied to copper and to other metals.

The alloys themselves, in the case of nickel-aluminium, may be made by aluminothermic methods or by dissolving nickel in molten aluminium[4]. The nickel should in the fusion method be used in the form of compact ingots since the finely-divided metal oxidises superficially and does not readily alloy with the aluminium. The activity of the resulting nickel does not vary greatly with the composition of the initial alloy, a suitable composition corresponding to 40—50 per cent of nickel. Since the alloy has subsequently to be broken up and powdered for the soda treatment, friability is of some importance. A friable alloy of the approximate composition $NiAl_3$ (containing 42 per cent of nickel) is especially easy to prepare, the calculated quantity of nickel being added to molten aluminium at 1200°, when the temperature rises to about 1500°. After being cooled, the alloy is powdered in a steel mortar and passed through a fine sieve.

The interaction of the alloy with soda occurs with considerable violence. L. W. Covert and H. Adkins[5] give the following directions for this stage of the preparation:

---

[1] E. J. Lush: E. P. 203218.

[2] Compare: Schröter: Z. angew. Chem. **54**, 229 (1941).

[3] M. Raney: Amer. P. 1628190.

[4] G. Dupont: Bull. Soc. chim. France (5) **3**, 1022 (1936). — R. Paul: Ebenda 1506. — G.-M. Schwab, H. Zorn: Z. physik. Chem., Abt. B **32**, 172 (1936).

[5] J. Amer. chem. Soc. **54**, 4116 (1932).

300 g. of the finely ground alloy are added slowly (in two to three hours) to a solution of 300 g. of sodium hydroxide in 1200 c. c. of distilled water contained in a 4-litre beaker and surrounded by ice. The mixture is then heated on a hot plate for four hours, with occasional stirring, at 115—120⁰. A further 400 c.c. of an approximately 20 per cent solution of sodium hydroxide is then added, and the mixture kept at 115—120⁰ for about three hours, or until hydrogen is no longer evolved, after which it is diluted to a volume of 3 litres. The nickel is washed six times by decantation, and then alternatively on a Büchner funnel and by decantation until the filtrate is neutral to litmus. The nickel is then washed three times with 95 per cent alcohol and kept under alcohol. It may also be stored under water; but it is strongly pyrophoric when dry. As a slight modification of the above procedure, it is convenient, in order to avoid undue violence during the first stage of the leaching, to cover the alloy with water and to add to this the sodium hydroxide solution in small quantities[1], the reaction vessel being, as before, cooled in ice. As soon as the first violent action is over, the vessel can be placed on a water-bath and the leaching continued, with about three changes of 20—30 per cent soda in the ordinary way. Throughout the preparation, it is necessary to bear in mind the easily oxidisable and pyrophoric nature of the nickel, which is produced in a heavy, easily washed state. Particularly, on replacing the water by alcohol, it is necessary to avoid the drying of part of the nickel on the sides of the vessel, which should be washed down with an alcohol wash-bottle.

In place of storage under a liquid, it may, for convenience in weighing out, (since it cannot be weighed in air without protection) be stored in a solid such as stearin, any trace of alcohol which adheres to the metal—which, of course, cannot be dried— being removed by passage of hydrogen through the stearin-nickel suspension at a temperature slightly above the melting point of stearin. The stearin is now allowed to solidify with vigorous mechanical stirring in an atmosphere of nitrogen or hydrogen, in order to ensure a uniform dispersion of nickel throughout the solidified mass. When cold, it can be cut into small pieces for weighing; but it is found to be inadvisable to powder the suspension, since in that case some diminution in activity occurred on storage. In its final form, the nickel can be stored for at least several weeks in a closed bottle without appreciable change in activity by oxidation; but it is convenient to seal up in an evacuated vessel any stock not required immediately. In opening stock sealed up in this way, nitrogen is admitted; but this precaution may not be necessary.

The special feature of alloy-skeleton catalysts is their abnormal activity at low temperatures. Thus Covert and Adkins (loc. cit.) state that, whereas acetone, in the presence of a supported nickel catalyst, could not be hydrogenated much below 100⁰, complete hydrogenation was obtained with alloy-skeleton nickel at 23⁰, at a hydrogen pressure of 2—3 atm.; and G. Dupont[2], who examined the reduction of a large number of substances with alloy-skeleton nickel at room temperature, obtained a hydrogen absorption which in some cases exceeded 100 c.c. per minute in a reaction system containing about 15 g. of the body to be hydrogenated and 10 g. of nickel suspended in 20 g. of absolute alcohol. Among the bodies hydrogenated were allyl alcohol, n-heptene, undecylenic acid, acrolein, phenyl ethylene, and a large number of terpenes. Ethylene itself was also hydrogenated readily at room temperature.

The high activity of this type of catalyst at low temperatures has been ascribed by F. Fischer and K. Meyer[3] to the presence of relatively large numbers of extralattice atoms; and G.-M. Schwab and H. Zorn[4] found, as the result of X-ray studies by G. Wagner, that the activity increased with the

[1] E. B. Maxted, R. A. Titt: J. Soc. chem. Ind. **57**, 197 (1938).
[2] Bull. Soc. chim. France (5) **3**, 1021, 1030 (1936).
[3] Ber. dtsch. chem. Ges. **67**, 253 (1934).
[4] Z. physik. Chem., Abt. B **32**, 169 (1936).

content of röntgenographically amorphous material in the catalyst, but that the most active preparations contained the largest nickel crystallites. This latter observation would seem to show that the activity due to crystallographically amorphous particles is sufficiently high to outweigh the activity of atoms in the normal lattice. In any case, activity due to extra-lattice atoms, or even to a highly-surfaced, sponge-like structure, such as would be expected in catalysts prepared by a leaching process, should be relatively easily destroyed on exposure to heat, in that labile extra-lattice material will tend to become rearranged in normal lattice form, and any sponge-like structure will tend to collapse. This relatively rapid loss of activity during use is observed even at 150°, whereas ordinary, and especially supported nickel catalysts continue to work even at higher temperatures without such diminution in effectiveness. Alloy-skeleton metals are thus essentially low-temperature catalysts although, as has already been stated, ordinary kieselguhr-supported nickel may also be prepared so as to be active at room temperature[1]. Alloy-skeleton catalysts are usually used in practice in relatively high proportions per unit weight of unsaturated body treated. They are especially useful in selective hydrogenation (q.v.) in which, according to G. DUPONT (loc. cit.), distributions of hydrogenation are obtainable which are impossible with, for instance, platinum black; and they will also, in some cases, very conveniently permit the arrest of an acetylenic hydrogenation at the ethylenic stage.

On account of the different optimum temperatures of use of alloy-skeleton and of ordinary supported nickel catalysts, it is difficult to compare the catalytic effectiveness, per unit weight of nickel, of typical catalysts of the two types; but, if 140—160° is taken as the temperature of maximum activity of supported nickel in liquid-phase hydrogenation and if 110—120° is regarded as the highest permissible temperature with alloy-skeleton nickel, on account of its collapse at higher temperatures, it was, in the case of the hydrogenation of an oil[2], found

that, as a very rough figure, an average kieselguhr-supported nickel has about twice the catalytic effectiveness, per unit weight of nickel, of the alloy-skeleton. The variation of the initial activity of alloy-skeleton nickel with the working temperature was also determined and compared with the activity of an equivalent weight of nickel in its ordinary supported form at 160°.

Table 21.

Temperature °C.	Relative initial activity of alloyskeleton nickel	Relative initial activity, compared with that of an equal weight of nickel in ordinary kieselguhr-supported form
45	1.0	0.03
67	2.4	0.075
86	4.65	0.15
113	7.3	0.23
150	10.8	0.34

The results are summarised in Table 21. On account of the solidification of the hardened oil on the catalyst, temperatures below 45° could not be employed. The alloy-skeleton catalyst, on account of its high surface factor was, moreover, found to be less easily poisoned than the supported nickel, which in turn is less susceptible to poisoning than reduced nickel in the absence of a support.

For the production of aluminium alloys containing *silicon*, G.-M. SCHWAB and H. ZORN[3] recommend heating granulated nickel with technical, large-grained silicon for 25 minutes at 1600°. The product is then powdered and added in small portions to a 30 per cent caustic soda solution cooled, as before, in ice and containing about three times the calculated quantity of soda. It is then refluxed with the soda for 20 hours and afterwards washed twice with fresh dilute soda and about six times with water.

---

[1] Compare, for instance, KELBER: Ber. dtsch. chem. Ges. **49**, 55 (1916).
[2] MAXTED, TITT: loc. cit.   [3] Z. physik. Chem., Abt. B **32**, 172 (1936).

The friability of the alloy and the activity of the nickel vary with the ratio of nickel to silicon. Schwab and Zorn give the following figures, in which the activity of nickel from the silicon alloy was also compared with that obtained with aluminium. It will be seen that the aluminium alloy, in this case at any rate, gave the more active catalyst; but the activities were compared at 150°, for the hydrogenation of ethylene.

Table 22.

Nickel catalyst from:	Nature of alloy	Relative catalytic activity at 150°
NiSi₂	Friable	3
NiSi	Difficult to powder	1
NiAl₂	Friable	6

Alloy-skeleton hydrogenation catalysts containing metals other than nickel have also been described. Thus, the corresponding *iron* alloy-skeleton catalysts have been prepared, in a very similar way to nickel, by R. Paul and G. Hilly[1] by treating an iron-aluminium alloy with alkalies; and copper and cobalt catalysts of this type have been studied by L. Foucounau[2]. *Copper* is most easily made from copper-zinc-aluminium alloys, since alloys of copper and aluminium alone are only slowly attacked by soda.

Thus, Devarda's alloy (50 per cent Al, 45 per cent Cu, 5 per cent Zn), which may be bought in finely powdered form, is added to a 30 per cent solution of sodium hydroxyde, cooled in ice as for nickel. When the first action is complete, for instance after 10—11 hours, the solution is heated gently until no more hydrogen is evolved. It is retreated with soda twice (i. e. three times in all), and washed and preserved under alcohol.

The resulting copper possesses an activity only approximately equal to that made by reduction in the ordinary way; and it can also be made by leaching the alloy with hydrochloric acid, in which case the catalyst is less active. Foucounau applied it to many of the standard reactions for which copper is specially suitable, e. g. for the dehydrogenation, at 170—270°, of ethyl alcohol to aldehyde and of benzyl alcohol to benzaldehyde, and for the reverse reaction, namely for the hydrogenation of aldehydes and ketones to alcohols at 125—150° at hydrogen pressures up to 100 atm. Aromatic rings were, however, not attacked. It will be noticed that in this work, the catalyst was used only at relatively high temperatures.

In the case of *cobalt*, cobalt-aluminium alloys were made aluminothermally (L. Foucounau, loc. cit.) by allowing 20 g. of aluminium to react with 150 g. of Co_3O_4. The ingot was powdered in a steel mortar and passed through a fine sieve. The method of preparation of the catalyst is, as with copper, very similar to that of nickel. It is added in small portions to well-cooled, 30 per cent sodium hydroxide, which, after about 12 hours, is heated not higher than 60° until hydrogen is no longer given off. The re-treatment (twice) with soda and subsequent washing are as for nickel; but there is a tendency for the alkaline liquid to become blue owing to the solution of part of the cobalt.

The cobalt prepared in this way was used by Foucounau, at 175—250°, for the dehydrogenation of ethyl and other alcohols and for various hydrogenation reactions under pressure, at 100—200°. Unlike copper, it readily hydrogenates the benzene nucleus; but a temperature of 175—200° is usually necessary for this. Its activity at, for instance, room temperature, which is of special interest from the standpoint of its similarity to alloy-skeleton nickel, does not, however, appear to have been studied.

---

[1] C. R. hebd. Séance Acad. Sci. **206**, 608 (1938).
[2] Bull. Soc. chim. France (5) **4**, 58, 63 (1937).

II. Hydrogenation Catalysts of Oxide and Sulphide Types.

Hydrogenation catalysts of this type, especially molybdenum oxide or sulphide or tungsten oxide or sulphide, differ from catalytically active metals firstly in being less susceptible to or even completely indifferent to the presence of ordinary catalyst poisons and, secondly, in being, in some cases, capable of carrying out reactions which cannot be smoothly accomplished by metals; indeed, outside those reactions for which they are specially adapted, their use is rather restricted, all the more since molybdenum or tungsten catalysts only become active at relatively high temperatures. Thus, while they very readily bring about the reduction of, for instance, a carbonyl group to an alcohol or the elimination of hydroxyl, their useful application for the simple hydrogenation of ethylenic or other unsaturated carbon—carbon linkages is by no means as wide as the metals, save in cases in which the oxide catalyst (e. g. nickel chromite or copper chromite) itself probably partly passes into metal in the presence of hydrogen at the temperature employed for the reaction. Oxide hydrogenation catalysts may be divided into two classes, namely, those of the chromium oxide or chromite type, including chromium oxide itself and other simple oxides, and into a second class of oxides, containing molybdenum oxide and tungsten oxide. Hydrogenation catalysts of the sulphide type may be divided somewhat similarly into classes represented, for instance, by nickel sulphide and by molybdenum sulphide.

1. Catalysts of the Chromite Type[1].

Most of these catalysts contain chromium oxide or its equivalent, in conjunction with a second component; but chromium oxide without such addition is active at, for instance, 400° both for the general hydrogenation of ethylenic and other bonds and for the dehydrogenation of cyclohexane[2]. It may be prepared by precipitating chromium nitrate with ammonium hydroxide at room temperature, a suitable strength of chromium nitrate solution being 0.04 molar. The precipitate is washed 5—10 times by decantation, dried at 110° and broken into granules of suitable size. The catalyst becomes active for catalytic hydrogenation at 350—370°. Chromium oxide may also be made by the very gentle ignition of ammonium bichromate in a vacuum; but Lazier and Vaughen report that the ignition of chromium nitrate or oxalate led to inactive catalysts. Amorphous chromium oxide, on being heated, in some cases suddenly glows and becomes transformed into a light green modification, this glowing being accompanied by the loss of its activity. A further method, which has been used by H. S. Taylor and L. M. Yeddanapalli[3] for preparing chromium oxide catalysts for the dehydrogenation of cyclohexane, consists in boiling a solution of chromic nitrate with ammonium acetate, then cooling, adding ammonia, and again boiling. After being washed, the precipitate is dried at 100—140° and heated to 400° in hydrogen. More usually, however, chromium oxide is employed in conjunction with *nickel, copper* or *zinc*. These catalysts may under the conditions of use, undergo partial reduction and may therefore be regarded as nickel or other metal catalysts containing chromium oxide as an internal support, the chromium oxide being thus somewhat analogous to alumina in alumina-iron ammonia catalysts, although, in the case of chromium-oxide supported metals or oxides, activated adsorption of hydrogen also takes place on the support; and, as with mixed catalysts, G.-M. Schwab and

[1] Compare: Ch. Grundmann: Angew. Chem. **54**, 469 (1941).
[2] W. A. Lazier, J. V. Vaughen: J. Amer. chem. Soc. **54**, 3080 (1932).
[3] Bull. Soc. chim. Belgique **47**, 162 (1938).

R. Staeger[1] have shown that abnormal mutual activation (or, in some cases, abnormal deactivation) only takes place in composite oxide systems in which X-ray examination gives evidence for some form of chemical combination or of inter-lattice penetration.

H. Adkins and R. Connor[2] give the following directions for the preparation of *copper chromite*:

Ammonium hydroxyde (about 150 c.c. in an exemple given) is added to a solution of 126 g. (0.5 g. mol.) of ammonium dichromate in 500 c.c. of water until the formation of ammonium chromate is complete, this being indicated by a change in colour from orange to yellow. After allowing the solution to cool, 241.6 g. (1 g. mol.) of cupric nitrate crystals $(+3H_2O)$ in 300 c.c. of water are added with stirring. The reddish brown precipitate is filtered off, dried at $100—110^0$, then finely powdered and decomposed by heating gently in a porcelain casserole over a bunsen flame. After the decomposition has begun, the heat of reaction is almost sufficient in itself to complete the decomposition; and, as soon as the spontaneous reaction is at an end, the casserole is heated further until fumes cease to be evolved and the contents are converted to a black powder which is so finely divided as to be almost like a liquid. The heating must be carried out cautiously, with movement of the flame and stirring, in order to avoid local over-heating. The product is allowed to cool, suspended in 200 c.c. of a 10 per cent solution of acetic acid, filtered, washed thoroughly with water, dried for 12 hours at $100—110^0$, and finely powdered. The yield of copper chromite from the above quantities of materials should be about 113 g. No special reduction before use is necessary since this occurs under the conditions in which the catalyst is used.

J. C. W. Frazer and C. B. Jackson[3] propose a slight modification in making an analogous *nickel* compound:

One g.mol. (290 g.) of nickel nitrate crystals $(+6H_2O)$ and one g.mol. (100 g.) of chromic acid are dissolved in 250 c.c. of water, and to the solution 3 g.mols. of ammonium hydroxide are added all at once with rapid stirring. The yellowish red precipitate is filtered off on an suction funnel and washed once with about 50 c.c. of water to remove the mother liquor. After drying at 110^0, a sample of the precipitate has the composition, $Ni_2O \cdot (NH_4)_2 \cdot (CrO_4)_2$. This is decomposed by heat in the manner described above for copper chromite. The decomposed material corresponds to $2NiO \cdot Cr_2O_3$.

The catalyst is reduced before use with hydrogen in the usual way. Frazer and Jackson recommend that the temperature should be raised at the rate of about 120^0 an hour until 350^0 is reached, this temperature being then maintained for at least 4 hours. The temperature is subsequently still further raised—at the rate of 90^0 per hour—to 540^0. After being maintained at this temperature for half an hour, the reduced pyrophoric catalyst is cooled in carbon dioxide or nitrogen and introduced into the liquid to be hydrogenated.

With catalysts prepared by the ignition of copper ammonium chromate, both the yield of catalyst and its activity are found to vary with the quantity of ammonium hydroxide used for its precipitation; and it is found advantageous to incorporate barium, calcium, or magnesium, which apparently stabilise the catalysts against excessive reduction and increase their activity[4].

Thus, 900 c.c. of a solution containing 261 g. of hydrated copper nitrate and 31.3 g. of barium nitrate at 80^0 were added to 900 c.c. of a solution containing 151.2 g. of ammonium dichromate and 225 c.c. of 28 per cent ammonium hydroxide at $25—30^0$ C. The precipitate was filtered, pressed with a spatula, and drained as far as possible. It was next dried overnight at $75—80^0$ and decomposed in three por-

---

[1] Z. physik. Chem., Abt. B **27**, 439 (1934).
[2] J. Amer. chem. Soc. **54**, 1092 (1931).   [3] J. Amer. chem. Soc. **58**, 950 (1936).
[4] R. Connor, K. Folkers, H. Adkins: J. Amer. chem. Soc. **54**, 1138 (1932).

tions, with stirring, in a casserole as above, using a free flame, which was removed when the decomposition had begun. After continuing the stirring, there was a sudden evolution of gas and the mass became black. The product was leached with 10 per cent acetic acid (600 c.c.) for 30 minutes, filtered, further washed with 600 c.c. of water in six portions, dried overnight at 125⁰ and powdered. The yield was 170 g.

Catalysts containing magnesium, calcium, or strontium may be prepared in the same way as that given in the preceding paragraph. In preparations on onethird the above scale, 10 g. of $MgNO_3 \cdot 6H_2O$, 6.6 g. of calcium nitrate or 8.5 g. of strontium nitrate was substituted for the barium nitrate, the yields being 34, 38, and 36 g. of catalyst respectively. The catalyst containing calcium was particularly active.

Mixed oxide catalysts of similar composition are also made by the decomposition of oxalates, nitrates, carbonates, or even by mechanically mixing copper oxide and chromium oxides. CONNOR, FOLKERS and ADKINS recommend the following procedure for the preparation of a catalyst from a mixture of carbonates:

5.4 g. of barium nitrate were dissolved in 50 c.c. of boiling water, 77.2 g. of hydrated chromium nitrate $[Cr_2(NO_3)_615H_2O]$, separately, in 450 c.c. of warm water, and 100 g. of hydrated copper nitrate $[Cu(NO_3)_23H_2O]$ in 150 c.c. of water. The three solutions were mixed at 35⁰, and 94.4 g. of ammonium carbonate $[(NH_4)_2CO_3 \cdot H_2O]$ in 535 c.c. of water were added, when a voluminous precipitate formed, accompanied by effervescence. The precipitate was filtered off on a suction funnel, washed twice with 50 c.c. portions of water, dried at 110—120⁰, powdered and decomposed, in two portions, by ignition, as before, at 190—230⁰. The product was suspended in 100 c.c. of 10 per cent acetic acid, filtered, washed twice each time with 75 c.c. of water, and dried at 110—120⁰. Yield, 57 g.

Zinc chromite is made by methods similar to those used for nickel on copper.

J. SAUER and H. ADKINS[1] recommend dissolving 250 g. (1 g. mol.) of ammonium dichromate in 600 c.c. of water, concentrated ammonium hydroxide being added until the colour of the liquid has changed from orange to yellow. This should require about 400 c.c. of ammonia. 379 g. (2 g. mols.) of zinc nitrate, dissolved in 800 c.c. of water are now added; and the yellow precipitate is filtered, washed and dried overnight in an oven at 85⁰. The zinc chromate thus produced may be decomposed to chromite by gentle heating, as before.

According to another method of preparation[2], 200 g. of zinc oxide were mixed with 22 g. of chromic acid and enough water added to form a thick paste. 100 g. of 4—8 mesh pumice was mixed with the paste and the mixture dried at 150⁰. It could, of course, also have been pelleted or extruded either alone or with a finely-divided support such as kieselguhr or clay.

Zinc chromite is of special interest in that it does not readily hydrogenate simple unsaturated carbon-carbon linkages but very easily reduces a carbonyl group or even a carboxyl group. It accordingly does not hydrogenate ethylene[3], but is a good catalyst for the reduction of acetone to isopropyl alcohol; and, with bodies containing both an unsaturated linkage and a carboxyl group (as such, or in the form of an ester), the latter may be reduced while the double bond remains unattached (J. SAUER and H. ADKINS, loc. cit.). In this it differs fundamentally from the metals such as nickel. Thus, with oleic acid:

Nickel

$\nearrow CH_3 \cdot (CH_2)_{16} \cdot COOH$

$CH_3 \cdot (CH_2)_7 \cdot CH : CH \cdot (CH_2)_7 \cdot COOH$

$\searrow CH_3 \cdot (CH_2)_7 \cdot CH : CH \cdot (CH_2)_7 \cdot CH_2OH$

Zinc chromite.

---

[1] J. Amer. chem. Soc. **59**, 1 (1937).
[2] H. H. STORCH: J. physik. Chem. **32**, 1744 (1928).
[3] VAUGHEN: J. Amer. chem. Soc. **53**, 3719 (1931).

Nickel chromite, on the other hand, has very nearly the same hydrogenating properties as metallic nickel, *copper chromite* occupying an intermediate position according to the temperature at which it is used. The action of these catalysts is discussed in greater detail later. They are employed at temperatures varying from about 250⁰ to 350⁰.

2. Molybdenum Oxide and Tungsten Oxide.

Catalysts of this type differ from the chromite class of hydrogenating catalysts in the temperature at which they become active and in the scope of their application. They usually require a working temperature of at least 350⁰, and in many cases are used at 450—500⁰. Accordingly, like their sulphur counterparts molybdenum sulphide or tungsten sulphide, their use is restricted to the hydrogenation (usually under pressure) of substances, such as naphthalene, which are stable at these high temperatures, or for the reverse process of dehydrogenation; and they are also good catalysts for the reduction of phenols to hydrocarbons. They are unaffected by the presence of sulphur: indeed, sulphur may raise the activity.

In their simplest form they need little special preparation. Porous granular supports such as bauxite or active charcoal may be impregnated with aqueous ammonium molybdate or tungstate, the molybdate solution being, for instance, evaporated to dryness in a porcelain dish in the presence of the support; and the granules, after being dried, are heated, preferably in the hydrogenation vessel itself and in a current of hydrogen, to remove ammonia by the conversion of the ammonium molybdate to molybdenum oxide. As an alternative, a paste made from ammonium molybdate or from molybdic acid, together with a finely divided carrier, is dried and pelleted in the usual way.

Molybdenum oxide catalysts have also been prepared[1] by adding powdered molybdic acid to colloidal silica, the paste being warmed and stirred until the silica coagulates and a uniform mixture is obtained which can be dried without any tendency to separate. It is then re-moistened to form a paste and extruded in threads from a press. The intermediate drying process was adopted to exclude the possibility of an increased silica concentration in the first part of the thread, which usually has a higher water content. China clay (4 : 1) may be mixed to the above catalyst as a filler; and alumina may be used in place of silica[2]. The extruded thread, which may for laboratory work conveniently have a diameter of about 0.1 inch, is dried in an oven and broken up into small lengths.

The ratio of support to catalyst was found to have a considerable influence on the activity, and the effect of the inclusion of various promoters was also investigated. Molybdenum oxide catalysts containing phosphorus, and made by heating ammonium phosphomolybdate, have been described by F. E. T. Kingman[3].

3. Sulphide Catalysts.

The principal catalytic use of sulphides such as *nickel sulphide* or *cobalt sulphide* is for the catalytic decomposition of organic sulphur compounds; but they may also be used as true hydrogenation catalysts,—for instance, in the case of nickel sulphide, for the hydrogenation of carbon disulphide to methyl thiol[4]. A suitable nickel sulphide may be made by the action of carbon disul-

---

[1] R. H. Griffith, J. H. G. Plant: Proc. Roy. Soc. [London], Ser. A **148**, 191 (1935). — H. Hollings, R. N. Bruce, R. H. Griffith: Ebenda 186.

[2] R. H. Griffith: Trans. Faraday Soc. **33**, 405 (1937).

[3] Trans. Faraday Soc. **33**, 784 (1937).

[4] Sabatier, Espil: Bull. Soc. chim. France (4) **15**, 228 (1914). — B. Crawley, R. H. Griffith: J. chem. Soc. [London] **1938**, 720. — R. H. Griffith, S. G. Hill: ibidem 717.

phide vapour, diluted with nitrogen, on an ordinary supported nickel catalyst at 350°. The probable composition of the active sulphide is stated to be Ni_3S_2.

The second type of sulphide catalyst, which is represented by *molybdenum sulphide* or *tungsten sulphide*, is used widely as a sulphur-tolerant hydrogenation catalyst for the hydrogenation of phenols to hydrocarbons, for the hydrogenation of aromatic hydrocarbons such as naphthalene without the necessity for the prior removal of impurities, and for the corresponding dehydrogenation process. They are, accordingly, important commercial catalysts for the treatment of tars as well as for the so-called hydrogenation-cracking of fuel products generally, especially where this treatment is carried out in the vapour phase.

They may be prepared by the action of hydrogen sulphide or carbon disulphide on molybdenum or tungsten sulphides; or they may be prepared directly by evaporating ammonium thiomolybdate or thiotungstate on to a granular support such as bauxite, pumice, or active carbon, the product being subsequently heated in a porcelain basin to remove the ammonia. The solution of ammonium thiomolybdate is conveniently made by passing hydrogen sulphide for several hours through a solution of ammonium molybdate. Alternatively, they may also be made in a pelleted or extruded form. Thus, F. E. T. KINGMAN (loc. cit.) precipitated molybdenum sulphide from aqueous ammonium thiomolybdate with sulphuric acid and compressed this into small pellets. A filler such as kieselguhr can, of course, be added; and KINGMAN found, as for molybdenum oxide, that the activity was markedly increased by the coprecipitation, with the molybdenum sulphide, of ammonium phosphomolybdate. The trisulphide, MoS_3, probably becomes converted to MoS_2 under the conditions of its use.

D. The applications of Hydrogenation.

The general plan followed in the present section, in which the application of catalytic hydrogenation is dealt with more systematically, is to group the bodies hydrogenated according to the nature of the unsaturated linkage and to consider in the first place principally parent substances, especially in the parts dealing with the hydrogenation of ring compounds.

The literature necessary for a systematic survey is still incomplete, since only certain substances possess sufficient representative or intrinsic interest for their hydrogenation to have been studied; but the existing gaps can, to a large degree, be filled up by analogy; and, in any case, the number of substances with regard to the hydrogenation of which published information exists, is now very great.

The unsaturated linkages which can be hydrogenated catalytically include, firstly, the three main types of carbon-carbon linkings, represented respectively by ethylenic, acetylenic, and benzenoid bonds; secondly, various chain or cyclic links in which one partner only is carbon—for instance, the carbon-nitrogen or carbon-oxygen linkings in rings such as pyrrol or furane, or ketonic, or nitrile groups—and, thirdly, unsaturated bonds not involving carbon at all, e.g. the azo, —N : N—, link.

In addition to reactions involving saturation only, catalytic reduction with hydrogen may result in the elimination of elements such as oxygen or a halogen—with consequent separation of water or of a halogen acid. This process frequently constitutes a more advanced stage: thus, aldehydes or ketones may pass, by saturation, to an alcohol and subsequently—by reduction—to a hydrocarbon. It is not possible, in many cases, to keep these two types of process separate; but the reactions dealt with first are mainly those in which the simple saturation of an unsaturated linkage occurs.

It may be noted that maximum catalytic activity is by no means always desirable, especially in cases in which it is desired to isolate an intermediate reduction product. Thus, in the reduction of bodies containing an ethylenic linkage in a side-chain attached to a benzene ring, the selective hydrogenation of the chain can often be carried out without appreciable hydrogenation of the nucleus by employing a catalyst of relatively low activity. Further, even when there is no question of selective attack, the use of a very active catalyst, especially in gas-phase hydrogenation at high temperatures, may lead to more extensive decomposition than with a catalyst of lower activity.

An interesting example of the raising of the yield of an intermediate product by adjusting the activity of a catalyst has been observed by Rosenmund and Zetsche[1] in connection with the liquid-phase hydrogenation of benzoyl and other acid chlorides, it being found possible to arrest the process:

$$R \cdot COCl \rightarrow R \cdot CHO \rightarrow R \cdot CH_2OH \rightarrow R \cdot CH_3$$

almost entirely at the aldehyde stage by partially poisoning the palladium catalyst used.

I. Hydrocarbons and Fundamental Cyclic Bodies.

1. Hydrogenation of Alkenes.

In the classical work of Sabatier and Senderens[2] ethylene and the other simple alkenes were hydrogenated by passage, together with hydrogen, over a layer of reduced **nickel, cobalt** or **copper** contained in a horizontal tube at a temperature of 100—160⁰ with nickel, or 180—250⁰ with copper. **Iron** and **platinum** were also used, but were observed to lose activity rapidly owing to carbon deposition.

The reaction is, however, more efficiently carried out in one of the vertical types of apparatus for gas phase hydrogenation illustrated in Chapter B (e.g. Fig. 12), and with a pelleted or supported granular catalyst, preferably employing an excess of hydrogen; and, if the catalyst is carefully prepared, reaction may occur even at low temperatures. Thus, R. N. Pease and L. Stewart[3], who used metals supported on small fragments of diatomite brick, found that nickel and cobalt caused the interaction

Table 23.

Catalyst	Temperature ⁰C.	Rate of flow of gas. C.cs. per g. of catalyst per min.	Percentage hydrogenation
Cu-silica	240	69	26.2
		26	43.8
		6	74.8
Pt-silica	60	171	72.1
		78	78.6
		49	83.4
		30	92.5
		16	97.2
Pd-silica	60	91	92.6
		57	94.5
		37	97.4
		14	99.8

of hydrogen and ethylene to take place fairly rapidly even at —20⁰, while iron became moderately active at 0⁰, copper at 50⁰, and **silver** at 100⁰. However, the reaction velocity, as has already been discussed, rises to a maximum, as the hydrogenation temperature is increased, and subsequently decreases. V. N. Morris and L. H. Reyerson[4] give 240⁰ as the temperature of maximum activity for a nickel catalyst supported on silica gel, the corresponding temperature for

[1] Ber. dtsch. chem. Ges. **54**, 425 (1921).

[2] C. R. hebd. Séances Acad. Sci. **124**, 616 (1897); **130**, 1761; **131**, 40 (1900); **134**, 1137 (1902).

[3] J. Amer. chem. Soc. **49**, 2783 (1927).   [4] J. physic. Chem. **31**, 1220 (1927).

palladium—and probably also for platinum—being of the order of 60⁰. These authors also give the following figures for the rate of conversion, at these optimum temperatures, with catalysts of this type, the gas mixture used containing two volumes of hydrogen to one of ethylene (Table 23).

The far higher activity of platinum and palladium, especially the latter, compared with that of copper, is well shown; but the corresponding relative rate of working of nickel, which is considerably more active than copper, is not included in MORRIS and REYERSON's figures. Some account of the working of a semi-industrial plant employing nickel has, however, been given by C. SPRENT[1]. Ethylene, which had been made by the dehydration of alcohol with alumina, was mixed with a slight excess of hydrogen and passed, at a pressure of 30 to 40 atm., over nickel on pumice at a temperature of 200⁰. When working in this way, it was found advisable—in order to avoid an undue rise of temperature, owing to the exothermic nature of the process—not to pass the undiluted ethylene-hydrogen mixture by itself over the catalyst but to employ a mixture containing 80 per cent of ethane, 10 per cent of ethylene and 10 per cent of hydrogen. This can readily be done by using a closed circulation system, in which the fresh hydrogen-ethylene mixture is added to the required proportion at a point in the circuit before the reaction chamber, while the ethane produced (except that required for re-cycling) is condensed as a liquid after the passage of the mixture through the catalyst. At the ordinary pressure, the reaction was far slower; and SPRENT considers the use of an increased pressure advisable if the process is to be operated on an industrial scale. It is stated that quite a small unit successfully made 25 kg. of liquid ethane a day and that it ran continuously, save for the occasional blowing off of the excess of hydrogen.

Before leaving the subject of the rate of working of various catalysts for ethylene hydrogenation, some figures, due to O. SCHMIDT[2], for the relative activity of nickel and other catalysts at low temperatures may be given. In SCHMIDT's measurements, an ethylene-hydrogen mixture was allowed to flow at atmospheric pressure through a small reaction vessel containing an unsupported metal catalyst, usually prepared by the reduction of the carbonate or hydroxide with hydrogen. The percentage conversion to ethane obtained at various temperatures and rates of flow are summarised in Table 24. ·

Table 24.

Catalyst	Wt. of catalyst taken g.	Gas rate, in c.c. per min.	Hydrogenation temperature ⁰C.	Percentage conversion to ethane
Nickel..........	0.34	3.0	20	100
		22.0	20	97.6
Cobalt	1.0	2.9	22	98
		17.0	22	94
Iron	1.1	3.4	21	1.9
		3.5	100	15.0
		0.6	100	57
Copper	1.0	3.4	20	4.8
		3.5	100	92
		13.5	100	77
Silver	1.0	3.6	20	2—3

The results emphasise the high activity both of nickel and cobalt at the ordinary temperature, and show well the degree of increase in the activity of copper as the reaction temperature is raised from 20⁰ to 100⁰. Other work on

---

[1] J. Soc. chem. Ind. **32**, 171 (1913).   [2] Z. physik. Chem. **118**, 193 (1925).

the hydrogenation of ethylene with copper at low temperatures (0—40⁰) has been carried out by H. S. Taylor and G. G. Joris[1]. In this case, a catalyst supported, by co-precipitation, on magnesia was employed. Other studies of the same reaction on copper have been made by G. Harker[2]; and the subject has also been investigated, principally, however, from the standpoint of reaction kinetics, by a large number of other workers, e. g. Constable and Palmer, to whom reference is made in another section.

The union of ethylene and hydrogen also takes place readily in the presence of a number of less common hydrogenation catalysts. Thus, O. Schmidt (loc. cit.) studied the activity of **zinc,** which he prepared· by the action of magnesium on an alcoholic solution of zinc chloride in the absence of air. Under the same conditions as in Table 24, i. e. with about 1 g. of catalyst, an ethylene conversion of 84 per cent was obtained at 80⁰ with a gas rate of 1.2 c.c. per minute, and 64 per cent conversion at 17⁰ with about the same rate of flow. Further, R. N. Pease and L. Stewart have measured at 25⁰ and at 100⁰ the rate of interaction of ethylene and hydrogen in the presence of **calcium.** The catalyst, which consisted of calcium turnings which had been washed with ether, was more active after it had previously been saturated with hydrogen; but the rate of interaction between calcium hydride and ethylene (as distinct from the catalytic action of calcium hydride on a mixture of ethylene and hydrogen) was too slow to make it probable that calcium hydride itself is formed as an intermediate product in the catalytic form of the reaction. The hydrogenation of ethylene may also be carried out with oxide catalysts, for instance, with **chromium oxide,** which has been successfully applied[3] also for ethylene homologues, e. g. for propylene and octylene.

The hydrogenation of these *higher olefines* takes place very similarly to that of ethylene. Thus[4], they may be hydrogenated in the vapour phase by Sabatier and Senderens' method or by any of the modifications of this already described under ethylene. C. Schuster[5] states that the rate of hydrogenation, in the presence of a **nickel** catalyst, decreases with an increase in chain length, in that butylene hydrogenates more slowly than propylene and this, in turn, than ethylene. Schuster gives the following figures for the half-life period, at room temperature, of various olefines adsorbed on his catalyst (nickel supported on active charcoal) and submitted in the adsorbed state to the action of hydrogen under comparable conditions.

Table 25.

Olefine	Half-life period Mins.
Ethylene	8
Propylene	104
α-Butylene	228
β-Butylene	485
iso-Butylene	1100

Olefines can, of course, also be hydrogenated in the liquid phase. Thus, Paal and Schwarz[6] hydrogenated ethylene by shaking a mixture of this gas and hydrogen with a solution containing **colloidal platinum;** and olefines higher than C_4 are themselves liquids at room temperature.

2. Hydrogenation of Acetylene.

The hydrogenation of acetylene and its derivatives is in many cases complicated by polymerisation. In general, they are, however, very easily hydro-

[1] Bull. Soc. chim. Belgique **46**, 241 (1937).   [2] J. Soc. chem. Ind **51**, 314 T (1932)
[3] W. A. Lazier, J. V. Vaughen: J. Amer. chem. Soc. **54**, 3080 (1932).
[4] C. R. hebd. Séances Acad. Sci. **134**, 1137 (1902).
[5] Trans. Faraday Soc. **28**, 406 (1932); Z. Elektrochem. angew. physik Chem. **38**, 614 (1932).   [6] Ber. dtsch. chem. Ges. **48**, 994 (1915).

genated; and it is usually possible, at any rate to some degree, to arrest the hydrogenation at a stage corresponding with the production of an ethylenic body. DE WILDE[1], as long ago as 1874, hydrogenated acetylene with **platinum black** and observed that, if hydrogen is present in sufficient excess, the reaction proceeds smoothly to ethane. **Nickel, copper, cobalt** and **iron** catalysts were used by SABATIER and SENDERENS[2], with various complications due both to partial polymerisation and to the deposition of carbon. With nickel, the reaction began in the cold; and side reactions could to a large degree be avoided by using a large excess of hydrogen. The reaction, with copper, was less energetic and began at 130—180⁰, according to the activity of the catalyst.

More recently, the hydrogenation of acetylene in the presence of **platinum, palladium** or **copper,** supported on silica gel, has been investigated by V. N. MORRIS and L. H. REYERSON[3], who found that a considerable proportion of ethylene was contained in the product (the main constituent of which was, of course, ethane), even when hydrogen is present in excess. The platinum catalyst worked well at 100⁰, palladium at 50⁰ or over, and copper at 200⁰; but polymerisation of the acetylene also occurred.

Acetylene is also very easily hydrogenated in the liquid phase. Thus, stepwise reduction, with production of ethylene as an intermediate product, has been carried out with colloidal platinum metals[4]. For instance, on circulating, at room temperature and in a closed system, a mixture of equal parts of acetylene and hydrogen through a solution containing **colloidal palladium** until the volume of the gas had been reduced to one half, PAAL and HOHENEGGER obtained a product containing 71 per cent of ethylene and 10 per cent of ethane, the remainder being unchanged acetylene and hydrogen. The use of palladium of relatively low activity was found to be conducive to good yields of the intermediate product. **Colloidal platinum** may be substituted for palladium[5]; and the prior conversion of acetylenic into ethylenic linkings before the latter are further attacked is apparently general, since it has also been observed with **palladium, copper,** alloy-skeleton **nickel,** and alloy-skeleton **iron**[6], both for acetylene itself and for its derivatives. The reasonably sharp separation of the intermediate stage is, as already mentioned, usually more easily obtained with relatively inactive catalysts: thus, it occurs more distinctly with copper than with nickel; indeed, in some cases, with catalysts of low activity such as iron, or even copper, the reaction may apparently come to a halt at the formation of the double linkage. This is illustrated in SABATIER and SENDERENS' work on the hydrogenation of *n-amylacetylene*[7] with nickel, which gave principally ethane, and with copper, with which the product was mainly ethylene; but the ease of stoppage can be changed, even with the same metal, by decreasing the activity of the catalyst.

Other homologues, and substituted acetylenes generally, can be reduced in a similar manner. Thus, C. KELBER and A. SCHWARZ[8], who worked with colloidal

[1] Ber. dtsch. chem. Ges. **7**, 353 (1874).

[2] C. R. hebd. Séances Acad. Sci. **124**, 616 (1897); **128**, 1173 (1899); **130**, 250, 1559, 1628; **131**, 187, 267 (1900).

[3] J. physic. Chem. **31**, 1337 (1927).

[4] C. PAAL, C. HOHENEGGER: Ber. dtsch. chem. Ges. **48**, 275 (1915).

[5] C. PAAL, A. SCHWARZ: Ber. dtsch. chem. Ges. **48**, 1202 (1915).

[6] M. BOURGUEL, R. COURTEL, V. GREDY: Bull. Soc. chim. France (4) **51**, 253 (1932). — G. DUPONT: Ebenda (5) **3**, 1030 (1936). — R. PAUL, G. HILLY: C. R. hebd. Séances Acad. Sci. **206**, 608 (1938).

[7] C. R. hebd. Séances Acad. Sci. **135**, 87 (1902).

[8] Ber. dtsch. chem. Ges. **45**, 1946 (1912).

palladium in acetic acid solution, were able to arrest the reduction of *phenyl acetylene* and of *tolane* (diphenyl acetylene) by interrupting the absorption of hydrogen at the appropriate stage, the intermediate products being styrene and stilbene respectively.

$$Ph \cdot C : CH \rightarrow Ph \cdot CH : CH_2 \rightarrow Ph \cdot CH_2 \cdot CH_3. \tag{1}$$
Phenyl acetylene.   Styrene.   Phenyl ethylene.

$$Ph \cdot C : C \cdot Ph \rightarrow Ph \cdot CH : CH \cdot Ph \rightarrow Ph \cdot CH_2 \cdot CH_2 \cdot Ph. \tag{2}$$
Tolane.   Stilbene.   Dibenzyl.

The hydrogenation of *diphenyl-di-acetylene* was also studied and found to proceed analogously, namely, to give the corresponding butadiene, which, on further reduction, passed into diphenyl-butane:

$$Ph \cdot C : C \cdot C : C \cdot Ph \rightarrow Ph \cdot CH : CH \cdot CH : CH \cdot Ph \rightarrow Ph \cdot CH_2 \cdot CH_2 \cdot CH_2 \cdot CH_2 \cdot Ph.$$
Diphenil diacetylene.   Diphenyl-butadiene.   Diphenyl butane.

3. Hydrogenation of Hydrocarbon Rings.

a) *General.*

While all unsaturated hydrocarbon rings can be hydrogenated by methods similar to those used for unsaturated linkages in chains, the hydrogenation of the benzene nucleus occupies a special position, not only on account of the importance of benzene derivatives generally, but also by reason of the reversibility of the reaction and because of the relatively slow rate at which the hydrogenation of benzenoid bonds occurs, compared with that of ethylenic linkings. The benzene nucleus is extremely difficult to reduce non-catalytically: it is, for instance, not attacked by nascent hydrogen; and, certainly, one of the most important results of Sabatier and Senderens' original work on the activity of nickel was the immediate possibility of preparing, in bulk and reasonably easily, both cyclohexane and a very large number of other hydro-aromatic bodies which had up to then only been obtainable with difficulty and in low yields by reduction of their parent bodies with, for instance, hydrogen iodide.

The special properties of the benzene ring, from the standpoint of hydrogenation, namely the reversibility and the relative slowness of the reaction, are shared by certain heterocyclic rings, e. g. by pyridine, but not by unsaturated carbocyclic rings other than benzene: indeed, these other carbocyclic rings may, in agreement with their general chemical properties, be regarded as cyclic olefines. Their hydrogenation, partly on account of their lesser importance and partly by reason of difficulties in the preparation of individual members, has been far less systematically studied than is the case with benzene derivatives; but it is possible, in most instances, to give some account of the hydrogenation of typical examples of each class; and in the following treatment, these cyclic bodies are arranged according to the number of carbon atoms contained in them.

It has been found convenient, for ease in writing, to retain the Kekulé double bond method of expressing benzenoid structure when giving the structural formulae of bodies containing aromatic rings, in place of employing a notation of the type:
which more accurately represents the modern conception of the structure of benzene.

b) Hydrogenation of 3-, 4- and 5-Carbon Rings.

The simplest unsaturated hydrocarbon of this series, *cyclopropene,*

$$\begin{array}{c}\text{CH} \\ \| \quad \text{CH}_2, \\ \text{CH}\end{array}$$

has been described by M. P. FREUNDLER[1]; but there appears to be some doubt as to its existence, and its hydrogenation has not been studied. The hydrogenation of *methyl cyclopropene* has, however, been carried out by B. K. MERESH-KOVSKI[2] in the presence either of **palladium,** at about 80°, or of **nickel,** at 180°. The product is methyl-cyclopropane which passes, by ring fissure, to isobutane.

$$\begin{array}{ccc}\text{CH} & \text{CH}_2 & \text{CH}_3 \\ | \quad \text{C}\cdot\text{CH}_3 \rightarrow & | \quad \text{CH}\cdot\text{CH}_3 \rightarrow & \text{CH}\cdot\text{CH}_3. \\ \text{CH}_2 & \text{CH}_2 & \text{CH}_3\end{array}$$

Of the two possible unsaturated 4-carbon rings:

$$\begin{array}{cc}\text{CH—CH} & \text{CH}_2\text{—CH} \\ \| \quad \| & | \quad \| \\ \text{CH—CH} & \text{CH}_2\text{—CH} \\ \text{Cyclo-butadiene.} & \text{Cyclobutene.}\end{array}$$

the hydrogenation of *cyclobutene* has been studied by R. WILLSTÄTTER and J. BRUCE[3], by passage with hydrogen over **nickel.** With simple rings of this type, the reaction is, as was seen with methyl cyclopropane, complicated by the tendency of the cyclomethylene produced to pass into a straight-chain hydrocarbon by ring fissure in such a way as to give n-butane in addition to cyclobutane.

$$\begin{array}{cc}\text{CH}_2\text{—CH} & \text{CH}_2\text{—CH}_2 \\ | \quad \| \rightarrow & | \quad | \rightarrow \text{CH}_3\cdot\text{CH}_2\cdot\text{CH}_2\cdot\text{CH}_3. \\ \text{CH}_2\text{—CH} & \text{CH}_2\text{—CH}_2\end{array}$$

The corresponding simple 3-carbon polymethylene, *trimethylene,* opens to form n-propane more readily than the above 4-membered ring[4]; but, in view of the lesser strain, no corresponding decyclisation is obtained with cylcopentane, cyclohexane, cycloheptane or cyclo-octane, although, as will be mentioned later, cyclic hydrocarbons containing more than six carbon atoms in the ring may re-arrange themselves in such a way as to form benzene derivatives.

Cyclopentene has been hydrogenated by M. GODCHOT and F. TABOURY[5] by passage, with hydrogen, over reduced **nickel** at 125°. The normal product, cyclopentane, was obtained.

$$\begin{array}{cc}\text{HC}=\text{CH} & \text{H}_2\text{C—CH}_2 \\ | \quad \text{CH}_2 \rightarrow & | \quad \text{CH}_2. \\ \text{H}_2\text{C—CH}_2 & \text{H}_2\text{C—CH}_2\end{array}$$

The corresponding diene, *cyclopentadiene,* also hydrogenates smoothly. The reaction was examined by J. F. EIJKMAN[6]; and as with cyclopentene, cyclopentane was produced on gas-phase hydrogenation with **nickel.**

$$\begin{array}{cc}\text{HC}=\text{CH} & \text{H}_2\text{C—CH}_2 \\ | \quad \text{CH}_2 \rightarrow & | \quad \text{CH}_2. \\ \text{HC}=\text{CH} & \text{H}_2\text{C—CH}_2\end{array}$$

[1] Bull. Soc. chim. France (3) **17,** 614 (1897).
[2] J. russ. physik.-chem. Soc. **46,** 97 (1914).
[3] Ber. dtsch. chem. Ges. **40,** 3979 (1907).
[4] WILLSTÄTTER, BRUCE: Ber. dtsch. chem. Ges. **40,** 1480 (1907).
[5] Ann. Chim. et Physique (8) **26,** 47 (1912).   [6] Chem. Weekbl. **1,** 7 (1903).

c) Hydrogenation of 6-Carbon Rings.

The hydrogenation of *cyclohexene* to cyclohexane occurs normally with **platinum** at room temperature.

$$
\begin{array}{ccc}
& \mathrm{CH} && \mathrm{CH_2} \\
\mathrm{HC} & \mathrm{CH_2} & \mathrm{H_2C} & \mathrm{CH_2} \\
\mathrm{H_2C} & \mathrm{CH_2} \rightarrow & \mathrm{H_2C} & \mathrm{CH_2} \\
& \mathrm{CH_2} && \mathrm{CH_2}
\end{array}
$$

At higher temperatures, apparent *dehydrogenation* to benzene also occurs. Thus, J. Böseken and K. H. A. Sillevio[1] obtained a product containing about 60 per cent of cyclohexane and 40 per cent of benzene, together with small quantities of unchanged cyclohexene, by passing cyclohexene, in a current of an inert gas, over finely-divided **nickel** at 180°; and a similar apparent dehydrogenation was observed by P. Sabatier and G. Gaudion[2] to occur at 350—360° even in the presence of hydrogen.

This dehydrogenation of cyclohexene, which from its structure, general properties and easy and rapid hydrogenation, contains an ethylenic rather than a benzenoid bond, is probably apparent only, since, if hydrogen is either originally present or if even traces of this are formed by decomposition, cyclohexane will be produced, which will pass, by loss of hydrogen, into benzene. Certainly, no cyclohexene or other intermediate product is isolated during the hydrogenation of benzene or the dehydrogenation of cyclohexane, or on bringing a mixture of benzene and cyclohexane into contact with nickel; and the apparent dehydrogenation of cyclohexene probably involves a reaction of the type:

$$
\begin{array}{ccccc}
\mathrm{CH} && \mathrm{CH_2} && \mathrm{CH} \\
\mathrm{HC}\ \ \mathrm{CH_2} & \text{rapid and} & \mathrm{H_2C}\ \ \mathrm{CH_2} & \text{slower and} & \mathrm{HC}\ \ \mathrm{CH} \\
\mathrm{H_2C}\ \ \mathrm{CH_2} & \xrightarrow{\text{irreversible}} & \mathrm{H_2C}\ \ \mathrm{CH_2} & \underset{\text{reversible}}{\overset{}{\rightleftarrows}} & \mathrm{HC}\ \ \mathrm{CH} \\
\mathrm{CH_2} && \mathrm{CH_2} && \mathrm{CH}
\end{array}
$$

Two possible *cyclohexadienes* exist, namely,

$$\text{cyclohexadiene-}(1:3) \qquad \text{and} \qquad [\text{cyclohexadiene-}(1:4)]$$

of which the first, 1 : 3, compound is best known[3]. In the presence of **platinum** at room temperature, this rapidly absorbs hydrogen and passes into cyclohexane[4]. At high temperatures, e. g. with **nickel** at 180°, even in the absence of hydrogen, passage into benzene and cyclohexane, according to the generation reaction:

$$3\,\mathrm{C_6H_8} \rightarrow \mathrm{C_6H_{12}} + 2\,\mathrm{C_6H_6}$$

has been observed by J. Böseken, M. de Groot and W. van Lookeren Campagne[5]; but, as with cyclohexene, this may not entail the direct dehydrogenation of cyclohexadiene.

[1] Proc. Kon. Akad. Wetensch. Amsterdam **16**, 499 (1913).

[2] C. R. hebd. Séances Acad. Sci. **168**, 670 (1919).

[3] A. v. Baeyer: Liebigs Ann. Chem. **278**, 108 (1893). — Crossley: J. chem. Soc. [London] **85**, 1403 (1904). — Zelinsky, Grisky: Ber. dtsch. chem. Ges. **41**, 2479 (1908). — C. Harries: Ebenda **45**, 809 (1912).

[4] R. Willstätter, D. Hatt: Ber. dtsch. chem. Ges. **45**, 1469 (1912).

[5] Recueil Trav. chim. Pays-Bas **37**, 255 (1918).

Of the alkyl-substituted cyclohexene hydrocarbons, special interest is, from the standpoint of terpene chemistry, attached to menthene and to corresponding bridged-ring derivates, such as pinene.

Menthene, on being hydrogenated either in the vapour phase over **nickel**[1] or, as a liquid, with **platinum** or with nickel, preferably under a slight hydrogen pressure, passes rapidly into menthane.

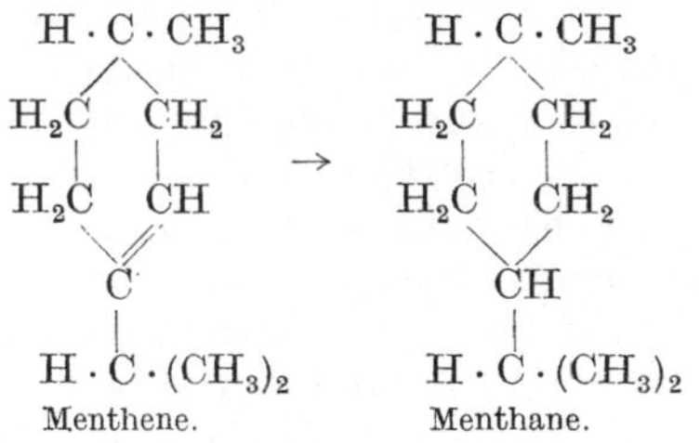

$H \cdot C \cdot CH_3$ $H \cdot C \cdot CH_3$

$H_2C \quad CH_2$ $H_2C \quad CH_2$

$H_2C \quad CH$ → $H_2C \quad CH_2$

C CH

$H \cdot C \cdot (CH_3)_2$ $H \cdot C \cdot (CH_3)_2$

Menthene.   Menthane.

Pinene reacts similarly, i. e.

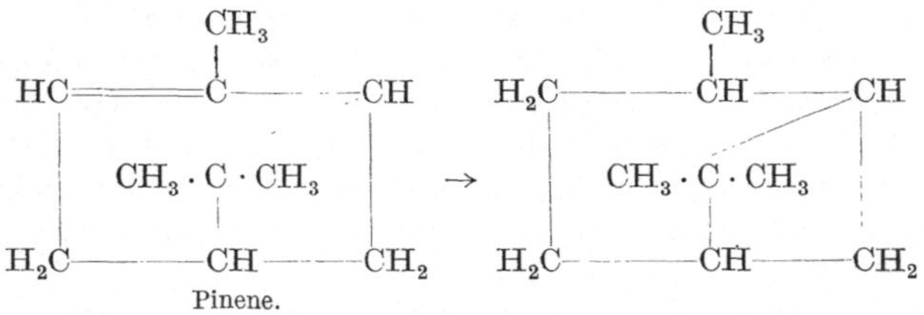

CH_3 CH_3

$HC = C - - CH$ $H_2C - CH - CH$

$CH_3 \cdot C \cdot CH_3$ → $CH_3 \cdot C \cdot CH_3$

$H_2C - CH - CH_2$ $H_2C - CH - CH_2$

Pinene.

Other substituted cyclohexenes also hydrogenate very easily to give normal reduction products. Thus, Murat[2] has hydrogenated *1,2-methyl-ethyl cyclohexene*. Bodies such as *phenyl cyclohexene*, which contain an easily reduced cyclohexene ring attached to an aromatic nucleus, pass quickly into phenyl cyclohexane[3], which is then more slowly transformed into cyclohexyl-cyclohexane.

The same ease of hydrogenation was, moreover, found by Willstätter and King[4] for the naphthalene analogue of phenyl-cyclohexene, *dihydronaphthalene*, which passes, in the presence of **platinum**, into tetrahydro-naphthalene at a speed comparable with that observed, for instance, in the hydrogenation of styrene: indeed, the hexene ring in this type of compound behaves almost as a closed ethylenic chain.

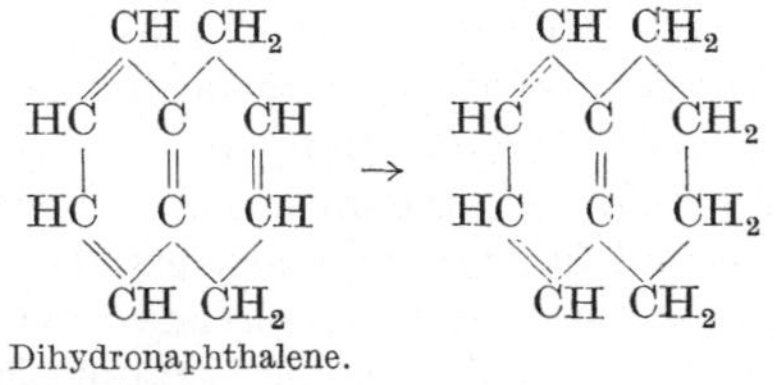

$CH \; CH_2$ $CH \; CH_2$

$HC \quad C \quad CH$ $HC \quad C \quad CH_2$

$HC \quad C \quad CH$ → $HC \quad C \quad CH_2$

$CH \; CH_2$ $CH \; CH_2$

Dihydronaphthalene.

The subsequent addition of hydrogen occurs, of course, at a far lower rate.

d) *The Hydrogenation of Benzene.*

Benzene was first hydrogenated catalytically by Sabatier and Senderens in 1901[5] by passing a mixture of benzene and hydrogen over a layer of reduced

---

[1] Sabatier, Senderens: C. R. hebd. Séances Acad. Sci. **132**, 1256 (1901).
[2] Bull. Soc. chim. France (4) **1**, 774 (1907).
[3] Sabatier, Murat: C. R. hebd. Séances Acad. Sci. **154**, 1390 (1912).
[4] Ber. dtsch. chem. Ges. **46**, 527 (1913).
[5] C. R. hebd. Séances Acad. Sci. **132**, 210, 566, 1254 (1901).

nickel in a heated glass tube in accordance with their standard vapourphase technique. Hydrogenation, in a similar manner, of homologues of benzene and of condensed ring bodies such as naphthalene followed; and, in view of the wide applicability of the method, this discovery by Sabatier and Senderens of the hydrogen-activating properties of nickel for the reduction of the benzene nucleus quickly paved the way to the easy preparation of hydro-aromatic bodies of the most varied nature. Sabatier and Senderens found that the reaction between benzene and hydrogen began, with nickel, at about 70⁰, a suitable working temperature being however about 180⁰. Other metals, e. g. cobalt or platinum, were stated to be less suitable; but this statement, especially in the case of the platinum metals, has had later to be revised, since Zelinsky and his co-workers have successfully used platinum metals both for the vapour-phase hydrogenation of benzene and for dehydrogenation: further, copper, which was found by Sabatier and Senderens to be inactive for benzene hydrogenation, has been shown by Pease and Purdum[1] to act also for this reaction; and most of the early ambiguities as to the activity of various metals for the hydrogenation of benzene are due to the relative slowness of the reaction compared with that of olefines—which renders necessary the use of active and well-prepared catalysts—as well as to the thiophene content of commercial benzene. As a rough guide to the permissible rate of passage, it may be mentioned that Sabatier and Senderens, who used a layer of unsupported nickel about 2 ft. in length in a heated combustion tube, were able to hydrogenate up to 10 c.c. of benzene an hour.

In practice, if vapour-phase hydrogenation is desired, this is conveniently carried out in an apparatus of the type illustrated in Fig. 12, using a granular or pelleted nickel or platinum-metal catalyst, i. e. nickel or a platinum metal supported on granular bauxite, pumice, silica gel etc., or these metals supported on, for instance, finely divided kieselgur and compressed into pellets, as already described. Nickel turnings, the surface of which has been activated by anodic oxidation (see the section dealing with the preparation of nickel catalysts) may also be used. With all forms of nickel a slight pressure—for instance, 5—10 atm.— is conducive to a higher speed of reaction, but is not necessary; and, if over-heating is guarded against, the reaction, even with nickel, proceeds without much carbon deposition or other side reactions and, if the benzene is reasonably pure, the activity of the catalyst persists for a considerable time, often under commercial conditions for several weeks. It should be remembered, especially when working on a larger scale, that the hydrogenation of benzene is an exo-thermic process and that lack of proper temperature control may lead to local overheating and decomposition, accompanied by deposition of carbon on the catalyst, and that an excess of hydrogen (which can be circulated) is desirable.

Zelinsky and M. Turowa-Pollak[2], as already mentioned, found that all the platinum metals could be used for the vapour-phase hydrogenation of benzene, the reaction being especially smooth with palladium or osmium, although probably platinum itself would give equally good results. They employed, for instance, osmium supported on asbestos, the catalyst—which contained one part of osmium to three parts of the support—being made by reducing asbestos, previously impregnated with aqueous osmic acid, by means of alkaline formaldehyde solution.

Catalysts such as nickel chromite also hydrogenate benzene; but the use of sulphur-tolerant catalysts of the molybdenum sulphide type—which is of special

[1] J. Amer. chem. Soc. 47, 1435 (1925).
[2] Ber. dtsch. chem. Ges. 58, 1298 (1925); 62, 2865 (1929).

interest in view of the thiophene content of ordinary benzene—is complicated, both from the standpoint of equilibrium and from that of decomposition, by the high temperature (400—450⁰) at which this class of catalyst becomes active; and, although some hydrogenation, especially under pressure, results, satisfactory yields of cyclohexane are not obtained. These catalysts have, however, been used extensively for the hydrogenation-cracking of technical products containing naphthalene or phenols.

As an alternative to vapour-phase treatment, benzene may be readily hydrogenated in the *liquid phase*, either as such or dissolved in a solvent. Thus, R. WILLSTÄTTER and D. HATT[1] found that cyclohexane was produced without side reactions on shaking a solution of benzene in acetic acid with hydrogen at room temperature. The reaction is not a rapid one, even when the benzene is previously carefully purified from sulphur and other poisons: for instance, in comparative measurements with other unsaturated bodies, it was found[2] that benzene, when hydrogenated in this way, with platinum black at 40⁰, absorbed hydrogen at about a quarter the rate of oleic acid or about one sixth the rate of crotonic acid. A reaction system containing about 1 g. of benzene, in 10 c.c. of acetic acid, and 0.04 g. of **platinum black,** absorbed hydrogen, at 40⁰, at an initial rate of 5—6 c.c. per minute, approximately the same rate being obtained on substituting benzoic acid for benzene.

Liquid-phase hydrogenation *under pressure*[3], if suitable apparatus is available, constitutes probably the most efficient method of making cyclohexane in bulk, since reaction temperatures at which nickel catalysts can be used can be attained with maintenance of the liquid phase, without the use of a solvent. Thus, G. F. SCHOOREL, A. J. TULLENERS and H. I. WATERMAN[4] used **nickel** supported on kieselgur at 190⁰, at an initial hydrogen pressure of 100 atm., and obtained with ease a substantially complete conversion of benzene into cyclohexane. The method has also been investigated by S. KOMATSU, K. SUGINO and M. HAGIWARA[5], who observed that hydrogenation even with copper became easier at high pressures. The influence of pressure on the rate of hydrogenation of benzene with nickel, in the liquid phase at 120⁰, has been followed quantitatively by H. ADKINS, H. I. CRAMER and R. CONNOR[6]. The pressure was, however, not maintained at a constant value throughout the run; but the figures of Table 26 summarise the main effect. The charge consisted of 0.16 g. mol. (12.5 g.) of benzene and 1 g. of catalyst. The times were taken from that corresponding with the attainment of the temperature and pressure required.

All ordinary catalysts require the use of carefully purified benzene. In addition to the methods of purification already described (see p. 649),

Table 26.

Time	Percentage hydrogenation at		
hrs.	30 ± 17 atm.	169 ± 19 atm.	323 ± 17 atm.
0	17	29	34
0.5	40	68	75
1.0	61	90	93
1.5	76	98	100
2.0	87	100	—
2.5	96	—	—
3.0	100	—	—

the last traces of impurity may be removed on a small scale, previous to hydrogenation, by treating the benzene at room temperature with platinum black—or with active nickel—the poisons being adsorbed by the metal, from which the

[1] Ber. dtsch. chem. Ges. **45**, 1471 (1912).
[2] MAXTED, STONE: J. chem. Soc. [London] **1934**, 672.
[3] For early work, see IPATIEW: Ber. dtsch. chem. Ges. **40**, 1281 (1907).
[4] J. Instn. Petrol. Technologists **18**, 179 (1932).
[5] Proc. Imp. Acad. [Tokyo] **6**, 194 (1930).
[6] J. Amer. chem. Soc. **53**, 1402 (1931).

purified benzene is preferably separated by decantation rather than by distillation. It appears advantageous, especially with nickel, to carry out also this preliminary purification process in a hydrogen atmosphere.

Of the naturally occurring poisons, sulphur, whether present as thiophene, as carbon disulphide or even the free element, is strongly toxic; and, as already mentioned, failure to hydrogenate benzene at a reasonable rate is usually due to the presence of difficultly removable sulphur compounds. Some figures for the observed effective toxicity of carbon disulphide in benzene hydrogenation, in a system containing about 1 g. of benzene, dissolved in 10 c.c. of acetic acid, and 0.0085 g. of platinum black, are given in Table 27[1]. The comparison was carried out at 40°, at atmospheric pressure.

Table 27.

Carbon disulphide content mg.	Rate of hydro-genation (c.c. H_2 per minute)
0	4.3
0.01	3.9
0.03	3.2
0.06	2.2
0.10	1.3
0.15	1.2

Thiophene, in a somewhat similar system, was found to have approximately the same effective toxicity towards platinum as carbon disulphide, their effective toxicities per g. atom of sulphur being in the ratio of 4.4 (thiophene) to 1.9 (carbon disulphide) on a toxicity scale in which the effective toxicity of hydrogen sulphide is taken as unity[2]. The difference between effective and real toxicity has already been dealt with in an earlier section (see pp. 640 to 646); and, in any case, the observed toxicity may vary widely with the fineness of division, i. e. the ratio of surface to mass, of the particular catalyst employed: thus, in some typical measurements, the sensitivity towards poisoning of a finely-divided nickel catalyst on a kieselguhr support was found to be only of the order of one-fiftieth that of a relatively coarse-grained platinum black.

The influence of a number of other possible inhibitants which may occur naturally in benzene hydrogenation has been studied by G. Dougherty and H. S. Taylor[3]. With a nickel catalyst, water vapour up to 2 per cent of the hydrogen used had only a slight retarding effect; but *carbon monoxide* was markedly poisonous, especially at reaction temperatures of 100° or less. As the reaction temperature was raised, the poisoning was less noticeable; but large quantities of carbon monoxide stopped the reaction even at 180°. Cyclohexane also has a depressing effect on the velocity at low temperatures, but this effect diappears at 180°. The temperature coefficient of the reaction between 80° and 90° C. was found to be approximately 1.65 for the 10° rise.

Little needs to be said with regard to the hydrogenation of the simpler *homologues* of benzene, since these undergo hydrogenation in a way very similar to benzene itself. Thus, R. Willstätter and D. Hatt[4] described the hydrogenation of *toluene, xylene* and *durene* with **platinum** in acetic acid solution; and the hydrogenation of these bodies with **nickel** in the vapour phase was studied by Sabatier and Senderens. Under the latter conditions, some decomposition of long side chains may occur.

Bodies such as *diphenyl, diphenyl methane, triphenyl methane,* or *dibenzyl* (s-diphenyl ethane) are also hydrogenated normally[5]; and it is, in most cases,

---

[1] Maxted, Stone: loc. cit.

[2] Maxted, Evans: J. chem. Soc. [London] **1937**, 603.

[3] J. physic. Chem. **27**, 533 (1923).

[4] Ber. dtsch. chem. Ges. **45**, 1464 (1912).

[5] Sabatier, Murat: C. R. hebd. Séances Acad. Sci. **154**, 1390 (1912). — J. F. Eijkman: Chem. Weekbl. **1**, 7 (1903). — M. Godchot: C. R. hebd. Séances Acad. Sci. **147**, 1057 (1908).

possible to obtain an intermediate reduction product in which one ring only has been reduced. Thus, with diphenyl:

$$C_6H_5 \cdot C_6H_5 \rightarrow C_6H_5 \cdot C_6H_{11} \rightarrow C_6H_{11} \cdot C_6H_{11}.$$

If the hydrogenation is carried out in the vapour phase at a high temperature, there is in many cases a tendency to some form of cyclic *re-arrangement*, for instance, with the formation—by ring closure—of a more stable system, as discussed in greater detail later. Diphenyl methane, in this way, gives fluorene, and dibenzyl passes into phenanthrene.

The possibility of hydrogenation *in stages* also exists with substances which contain benzene rings in addition to an unsaturated aliphatic chain. The most important compounds of this type are *styrene*, $C_6H_5 \cdot CH : CH_2$, *stilbene*, $C_6H_5 \cdot CH : CH \cdot C_6H_5$, *phenyl-acetylene*, $C_6H_5 \cdot C : CH$, and *tolane* (diphenyl acetylene), $C_6H_5 \cdot C : C \cdot C_6H_5$.

Styrene (phenyl-ethylene) is easily hydrogenated to ethyl benzene either in the vapour or liquid phase; but the ethyl benzene then undergoes further hydrogenation only slowly, and, by using a catalyst of low activity the process may be arrested at the intermediate stage. SABATIER and SENDERENS, when using a **copper** catalyst—or even a **nickel** catalyst of low activity—obtained ethyl benzene only[1], whereas, with more active conversion, the ethyl cyclohexane was produced. The rapid absorption of the first molecule of hydrogen compared with that of the succeeding three molecules was also noticed by R. WILLSTÄTTER and V. L. KING[2] during hydrogenation in the liquid phase in the presence of **platinum,** the final product being ethyl cyclohexane, as in SABATIER and SABATIER and SENDERENS' vapour phase method. *Stilbene* reacts very similarly.

With the *phenyl acetylenes* a further, also easily separated, stage occurs:

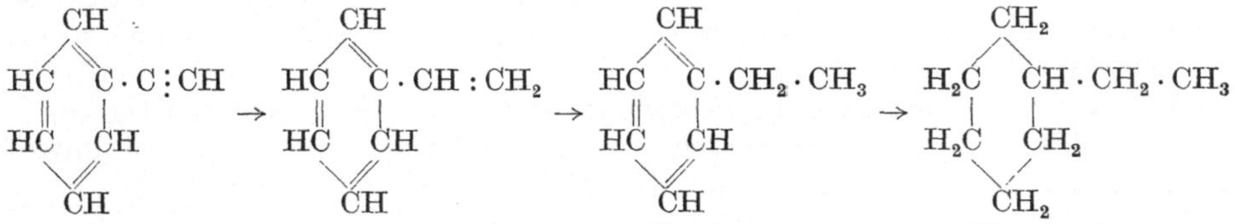

$$
\begin{array}{llll}
\text{Phenyl acetylene.} & \text{Styrene.} & \text{Ethyl benzene.} & \text{Ethyl cyclohexane.}
\end{array}
$$

This hydrogenation has been studied by KELBER and SCHWARZ[3] with **palladium,** and by SABATIER and SENDERENS for gas phase hydrogenation. In the latter case, a **copper** catalyst only reduced phenyl acetylene as far as ethyl benzene; but ethyl cyclohexane was obtained on using **nickel.** KELBER and SCHWARZ also observed a similar reduction in stages on hydrogenating the corresponding diphenyl acetylene, tolane.

e) *The Benzene-Cyclohexane Equilibrium.*

Where benzene is hydrogenated in the vapour phase at a high temperature, the degree of possible completeness of hydrogenation will depend on the conditions of equilibrium at the temperature and pressure used.

G. DOUGHERTY and H. S. TAYLOR[4] give in Table 28 the calculated values, on the basis of the NERNST approximation formula, for the equilibrium constant:

$$K = \frac{(C_6H_6) \times (H_2)^3}{(C_6H_{12})}$$

at temperatures up to 800^0 abs.

---

[1] C. R. hebd. Séances Acad. Sci. **132**, 1254 (1901).
[2] Ber. dtsch. chem. Ges. **46**, 535 (1913).
[3] Ber. dtsch. chem. Ges. **45**, 1946 (1912).   [4] J. physic. Chem. **27**, 533 (1923).

Experimental determinations were made by G. H. Burrows and C. Lucarini[1], using a **platinum** catalyst, which is more satisfactory than nickel on account of the relative absence of side reactions and decomposition. From this work, K_p is 0.183 at 266—267° C. and 0.617 at 280°. These experimental values agree fairly well with those calculated by the Nernst approximation:

$$\log_{10} K_p = -\frac{Q}{4.57\,T} + 3\,(1.75\log_{10} T) + 3\,(1.6),$$

if Q is taken as —51,600 cals.

Table 28.

Temperature °C.	$\log K_p$
0	—16.91
27	—13.85
200	— 1.21
227	— 0.03
527	8.17

The benzene-cyclohexane equilibrium has also been followed experimentally by N. D. Zelinsky and N. Pavlov[2] from the dehydrogenation side, using platinum metal catalysts. The observed equilibrium mixtures, i. e. the limit conversions possible with a stoichiometric mixture of benzene and hydrogen at a total absolute pressure of 1 atm., are summarised in Table 29, in which have also been inserted the values calculated as above on the basis of the Nernst equation. The value of Q, which is required for this calculation, cannot be derived from thermochemical data with great accuracy (see direct measurements of heats of hydrogenation) and has in this case been taken as —49,600 cals. It may be noted that the value of Q obtained by Kistiakowsky and his collaborators[3] is —49,800 cals.

Table 29. *Benzene-cyclohexane equilibrium* (Stoichiometric mixture at 1 atm. total pressure).

Temperature °C.	Limiting percentage conversion of benzene to cyclohexane	
	Observed (Zelinsky and Taylor)	Calculated
264	53.2	63
281	30.0	31
300	16.0	14.3
310	9.6	7.6
332	2.2	1.4
407	1.7	0.1

The agreement between the observed and the roughly calculated figures is fairly good, save at the higher temperatures, considering that the heat of hydrogenation was not accurately known. From the nature of the process:

$$C_6H_6 + 3\,H_2 = C_6H_{12},$$

the equilibrium can be displaced towards cyclohexane both by using an excess of hydrogen over the stoichiometric amount and by employing increased pressure: indeed, calculation shows that the reaction is very susceptible to displacement by pressure. Thus, at a temperature at which K_p has a value of 100 (probably just below 400° C), the influence of pressure on the limiting conversion, with a stoichiometric mixture of benzene and hydrogen, is given in Table 30.

In practice, however, at such high temperatures, very considerable decomposition occurs; and, while considerable quantities of, for instance, hydrogenated naphthalene are formed during the hydrogenation of naphthalene with high-temperature catalysts such as molybdenum sulphide, if the operation is carried out at a high pressure, the similar treatment of benzene does not, as already mentioned, lead to a good yield of cyclohexane.

Table 30.
Benzene-cyclohexane equilibrium $(K_p = 100)$

Pressure atm.	Limiting percentage conversion of benzene to cyclohexane
1	0.4
3	10.4
5	28.2
10	61.0
50	91.5
100	95.4
200	97.5

---

[1] J. Amer. chem. Soc. **49**, 1157 (1927).   [2] Ber. dtsch. chem. Ges. **56**, 1249 (1923).
[3] J. Amer. chem. Soc. **57**, 65, 876 (1935); **58**, 137, 146 (1936).

Dehydrogenation of Cyclohexane. The reversal of the benzene hydrogenation process at high temperatures was discovered by SABATIER and SENDERENS[1], in that cyclohexane, on being led over active **nickel,** was observed to become resolved into benzene and hydrogen according to the reversed process:

$$
\begin{array}{ccc}
\mathrm{CH_2} & & \mathrm{CH} \\
\mathrm{H_2C}\ \ \mathrm{CH_2} & \rightarrow & \mathrm{HC}\ \ \mathrm{CH} \\
\mathrm{H_2C}\ \ \mathrm{CH_2} & & \mathrm{HC}\ \ \mathrm{CH} \\
\mathrm{CH_2} & & \mathrm{CH}
\end{array}\ +\ 3\,\mathrm{H_2}\,.
$$

A suitable reaction temperature[2] was found to be about 280^0; but the degree of conversion will obviously depend on the equilibrium discussed in the preceding section; and under the conditions used, considerable decomposition with production of methane or of free carbon also occurred. It has been stated by ZELINSKY and KOMMAREWSKI[3] that dehydrogenation with less decomposition may be obtained if the nickel is used in conjunction with alumina, preferably in granular form on a clay support.

Dehydrogenation with still less by-product formation is obtainable by using the platinum metals, all of which are active for the reaction; and much of the work on dehydrogenation catalysts of this type is due to ZELINSKY and his collaborators. The reaction temperatures imposed by equilibrium conditions are necessarily high, although, if necessary, the equilibrium may be displaced towards the benzene side by working at a reduced pressure or by using an inert gas as a diluent. ZELINSKY[4] recommends, with **palladium,** a reaction temperature of about 300^0. As a rough guide to the reaction velocity, it may be mentioned that a 40 per cent conversion of cyclohexane to benzene was obtained on passing, at 300^0, cyclohexane at the rate of about 2.5 c.c. per hour per gram of palladium, whereas over 80 per cent conversion was observed with a rate of passage of cyclohexane of 0.3—0.5 c.c. per g. Pd. Cyclohexane may also be dehydrogenated by **oxides of chromium or of vanadium,** a suitable temperature being 385—400^0 [5]; and **molybdenum oxide** or **sulphide** has also been used.

As with cyclohexane, a suitable apparatus for carrying out the dehydrogenation is of the type illustrated in Fig. 12, in conjunction with a pelleted or granular palladium catalyst, e. g. palladium supported on granular bauxite. The dehydrogenation of methyl-cyclohexane and of other homologues of cyclohexane may be carried out in very much the same way as that of cyclohexane itself.

In general, the capacity for undergoing simple hydrogenation is—as far as carbocyclic rings are concerned—a property peculiar to true *hydro-aromatic* derivatives only. This may be shown, for instance, by the varying behaviour of the two di-substituted bodies:

$$
\begin{array}{ccc}
\mathrm{CH\cdot CH_3} & & \mathrm{C\cdot(CH_3)_2} \\
\mathrm{H_2C}\ \ \mathrm{CH\cdot CH_3} & & \mathrm{H_2C}\ \ \mathrm{CH_2} \\
\mathrm{H_2C}\ \ \mathrm{CH_2} & & \mathrm{H_2C}\ \ \mathrm{CH_2} \\
\mathrm{CH_2} & & \mathrm{CH_2}
\end{array}
$$

1, 2-Dimethyl-cyclohexane   1, 1-Dimethyl-cyclohexane
(Easily dehydrogenated).   (Not dehydrogenated).

---

[1] C. R. hebd. Séances Acad. Sci. **132**, 566 (1901).
[2] SABATIER, MAILHE: C. R. hebd. Séances Acad. Sci. **137**, 240 (1903).
[3] Ber. dtsch. chem. Ges. **57**, 667 (1924).
[4] Ber. dtsch. chem. Ges. **44**, 3121 (1911).
[5] H. S. TAYLOR, L. M. YEDDANAPALLI: Bull. Soc. chim. Belgique **47**, 162 (1938).

the first of which undergoes dehydrogenation normally to o-xylene in the presence of **platinum**, while the derivative having the two methyl groups at the same carbon atom is not susceptible to dehydrogenation, since it is not a true hydroaromatic body in that no corresponding benzene compound is possible[1]. Susceptibility to dehydrogenation is, further, not only peculiar to true 6-carbon hydro-aromatic bodies but is also common to all bodies which fall into this class. Accordingly, not only can all dimethyl cyclohexanes having the methyl groups attached to different carbon atoms be readily dehydrogenated, but also all poly-alkyl cyclohexanes of this type, in addition, for instance, to condensed rings such as are contained in hydrogenated naphthalenes.

However, while only 6-membered ring can, in general, be dehydrogenated, certain rare exceptions to this rule appear to exist. Thus, ZELINSKY has shown that the dehydrogenation of a pentamethylene ring attached to a 6-membered hydro-aromatic ring may involve the cyclopentane ring also, in that *cyclohexyl-cyclopentane* has been stated to undergo dehydrogenation in both rings,—while *phenyl-cyclopentane* or *cyclopentane* itself[2] cannot be dehydrogenated.

In many cases, ZELINSKY and his co-workers[3] have shown that dehydrogenation is accompanied by the formation of a more stable ring system. Two examples of this, in which the more stable system is formed by ring closure, are given by the dehydrogenation of *dicyclohexyl-methane* which, on passage over **platinum** at 300°, passes into fluorene:

$$\text{Dicyclohexyl-methane} \rightarrow \text{Fluorene} + 7\,H_2$$

and by *dicyclohexyl-ethane*, which gives phenanthrene:

$$\text{Dicyclohexyl-ethane.} \rightarrow \text{Phenanthrene.}$$

While the general dehydrogenation of heterocyclic bodies is treated more particularly in a later section, it may be mentioned that nitrogen-containing rings can be formed similarly to the above. Thus, *dicyclohexylamine* passes into carbazole:

$$\text{Dicyclohexylamine.} \rightarrow \text{Carbazole.}$$

---

[1] ZELINSKY, DELZOWA: Ber. dtsch. chem. Ges. **56**, 1716 (1923).

[2] ZELINSKY, LEVINA: Ber. dtsch. chem. Ges. **66**, 477 (1933).

[3] N. D. ZELINSKY, I. TITZ, L. FATEJEW: Ber. dtsch. chem. Ges. **59**, 2580 (1926). — ZELINSKY, TITZ, GAVERDOWSKAJA: ibidem 2590. — ZELINSKY, TITZ: ibidem **62**, 2869 1929).

Finally, an instance may be given of a case in which the dehydrogenation of a 5-membered ring is made possible by the formation of a more stable 6-carbon ring system. If *dicyclopentyl* is passed over **platinum** at 300°, dehydrogenation occurs very readily with production of naphthalene, according to the rearrangement:

$$\begin{array}{ccc}
\text{H}_2\text{C}\!-\!\!-\!\text{CH}_2 \quad \text{H}_2\text{C}\!-\!\!-\!\text{CH}_2 & & \\
\text{>CH}\!-\!\text{HC<} & \rightarrow & + 5\,\text{H}_2 . \\
\text{H}_2\text{C}\!-\!\!-\!\text{CH}_2 \quad \text{H}_2\text{C}\!-\!\!-\!\text{CH}_2 & &
\end{array}$$

Dicyclopentyl.   Naphthalene.

The dehydrogenation of condensed hydro-aromatic rings such as that in decahydronaphthalene is treated later in conjunction with the hydrogenation of the respective hydrocarbon.

f) Hydrogenation of 7- and 8-carbon Rings.

Cycloheptene, $\begin{array}{c}\text{CH}_2\!-\!\text{CH}_2\!-\!\text{CH}\\ \qquad\qquad\quad\text{>CH}\\ \text{CH}_2\!-\!\text{CH}_2\!-\!\text{CH}_2\end{array}$, may be hydrogenated with **nickel** to give

a normal product, cycloheptane[1] and probably this reaction would take place more smoothly with **platinum**-metal catalysts at room temperature, since R. WILLSTÄTTER and T. KAMETAKA[2] have shown that cycloheptane, at high temperatures, readily undergoes re-arrangement to methyl-cyclohexane, with formation of the more stable 6-carbon ring.

$$\begin{array}{ccc}
\text{CH}_2\!-\!\text{CH}_2\!-\!\text{CH}_2 & & \text{H}_2\text{C}\!-\!\text{CH}_2 \\
\qquad\qquad\quad\text{>CH}_2 & \rightarrow & \text{H}_2\text{C<}\quad\text{>CH}\cdot\text{CH}_3 . \\
\text{CH}_2\!-\!\text{CH}_2\!-\!\text{CH}_2 & & \text{H}_2\text{C}\!-\!\text{CH}_2
\end{array}$$

WILLSTÄTTER and KAMETAKA have also examined the hydrogenation of $\varDelta^{1,3}$-cycloheptadiene which, like cycloheptene, gives cycloheptane.

Much of the work in the field of 8-carbon rings is due to WILLSTÄTTER and his collaborators[3].

The hydrocarbons which have been investigated include:

Cyclo-octene. Cyclo-octadiene (1-4). Cyclo-octatriene (1-3-5). Cyclo-octatetraëne (1-3-5-7).

All these hydrocarbons are readily hydrogenated to cyclo-octane by **platinum** or other catalysts. The cyclooctatetraëne studied is of special interest, since it is the 8-carbon counterpart of benzene. It shows, however, olefinic rather than benzenoid properties. Thus, it adds eight hydrogen atoms quickly in the pre-

---

[1] N. A. ROSANOW: J. russ. physik.-chem. Soc. **48**, 309 (1916).

[2] Ber. dtsch. chem. Ges. **41**, 1480 (1908).

[3] R. WILLSTÄTTER, H. VERAGUTH: Ber. dtsch. chem. Ges. **38**, 1975 (1905); **40**, 957 (1907). — WILLSTÄTTER, T. KAMETAKA: Ebenda **41**, 1480 (1908). — WILLSTÄTTER, E. WASER: Ebenda **43**, 1176 (1910); **44**, 3423 (1911). — WILLSTÄTTER, M. HEIDELBERGER: Ebenda **46**, 517 (1913).

sence of platinum in contrast to the relatively slow addition of hydrogen to benzene: further, it is not readily nitrated, it adds bromine immediately and it reacts violently with potassium permanganate.

On treating *cyclo-octane* with **nickel** at a high temperature, no dehydrogenation occurs; but the hydrocarbon, as was the case with cycloheptane, undergoes a cyclic re-arrangement to form a 6-carbon ring, dimethyl-cyclohexane being produced:

$$C_8H_{16} \rightarrow C_6H_{10} \cdot (CH_3)_2.$$

g) *Hydrogenation of condensed carbocyclic rings.*

The hydrogenation of condensed benzene rings is very similar to that of benzene itself, in that these bodies are hydrogenated by the same general methods. The reaction, further, is reversible, the equilibrium between the hydrogenated bodies and their parent condensed aromatic hydrocarbon being analogous to that between cyclohexane and benzene. The chief point of difference lies in the frequently observed greater ease of reduction of one or more of the component rings compared with others. Thus, naphthalene is relatively easily and quickly reduced to the tetra-hydro derivate, in which one ring only becomes saturated. The reduction of the second ring then proceeds, if the hydrogenation is continued, considerably more slowly and with greater difficulty.

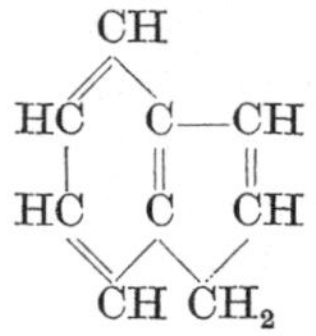

Indene, which is the simplest of the common condensed ring hydrocarbons, contains one aromatic and one five-membered ring, the latter being far more easily hydrogenated. Consequently, the most easily made reduction product is dihydroindene: indeed, reduction to this stage occurs with sufficient ease to be effected with nascent hydrogen; and in this the bond hydrogenated resembles a very reducible ethylenic linkage. J. v. Braun, Z. Arkuszewski and Z. Köhler[1] carried out the reduction catalytically, with **palladium** in methyl alcohol solution, and obtained a quantitative yield of dihydroindene (hydrindene) in place of the far lower yield usually obtained by reduction with nascent hydrogen, e. g. with sodium in absolute alcohol[2]. The bond hydrogenated is shown in the equation:

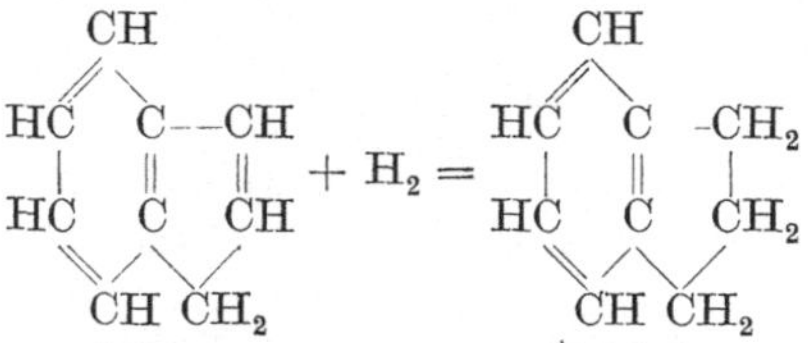

Indene.   Hydrindene.

Hydrindene is more readily made in large quantities by hydrogenation in a liquid state in the presence of **nickel.** J. v. Braun and G. Kirschbaum[3] employed an autoclave provided with a rotating agitator and, with a reaction temperature of 200°, were able to reduce 500 g. of indene to hydrindene in 2 hours with a hydrogen pressure of 10—15 atm.

[1] Ber. dtsch. chem. Ges. **51**, 282 (1918).
[2] Gattermann: Liebigs Ann. Chem. **347**, 382 (1906).
[3] Ber. dtsch. chem. Ges. **55**, 1680 (1922).

The hydrogenation to this stage is, of course, not reversible, since the benzene ring is not saturated; but complete reduction, involving also the benzene ring, has been obtained by J. F. EIJKMAN[1] by passage of hydrindene vapour and hydrogen over **nickel.**

Naphthalene is undoubtedly the most important hydrocarbon of the condensed class, both from the standpoint of its availability in relatively large quantities and from the very large amounts of tetrahydro- and decahydronaphthalene (tetralin and decalin) which are now made technically.

It may be hydrogenated in the vapour phase, in solution, or in a liquid state without a solvent, the first and last of these methods being the more important. In the early work of SABATIER and SENDERENS[2], naphthalene and hydrogen were passed over finely divided **nickel** at 175—200⁰, both tetrahydro- and decahydronaphthalene being produced according to the condition employed.

The hydrogenation of naphthalene by SABATIER and SENDERENS' method has also been studied by H. LEROUX, who led the mixture of naphthalene and hydrogen over pumice-supported nickel contained in a tube which was maintained at reaction temperature by insertion through a heated metal block[3]. The naphthalene-hydrogen mixture was obtained by bubbling hydrogen through a heated wash-bottle containing melted naphthalene. Reduction to tetrahydronaphthalene took place easily at a working temperature of 200⁰, a convenient temperature for the naphthalene wash-bottle being 150⁰; and the decahydro derivative could be obtained either from naphthalene or, more easily, from tetrahydronaphthalene by slow passage at 160⁰ over very active nickel, prepared by reduction at 250⁰. If the working temperature rose above 170⁰, LEROUX observed evidence of dehydrogenation.

An alternative procedure in vapour-phase hydrogenation involves the use, as the catalyst, of compact nickel turnings, the surface of which has been previously activated by anodic oxidation. E. J. LUSH[4], working with a catalyst of this type, found that substantially pure tetrahydronaphthalene could be obtained at 160—200⁰ with a moderate hydrogen pressure. Further conversion to the decahydro compound was only obtained to any degree if the conditions were changed so that naphthalene or tetrahydronaphthalene flowed over the nickel turnings in liquid form.

As with benzene, much of the early work on the hydrogenation of naphthalene with platinum metals was done in solution: for instance, WILLSTÄTTER and HATT[5] hydrogenated naphthalene in ether or acetic acid in the presence of **platinum,** the reaction taking place more rapidly in the latter solvent. The principal difficulty encountered in hydrogenating naphthalene under these conditions, in which a small and limited amount of catalyst is used, is to be found in the natural sulphur content of all ordinary specimens of naphthalene. These sulphur compounds, which are principally cyclic, are removed technically by special methods. They may, on a small scale, be removed by previous adsorption with platinum black or nickel as described for benzene. WILLSTÄTTER and HATT purified their naphthalene in some cases by recrystallisation from a solvent and in other cases by conversion into derivatives which could be separated from the sulphur compounds.

The reaction, as in high-temperature hydrogenation, usually went first of all to *tetrahydro-naphthalene,* and the occurrence in the hydrogenation of dissolved naphthalene with platinum at room temperature, in some cases, of tetrahydro-

[1] Chem. Weekbl. **1**, 7 (1903).   [2] C. R. hebd. Séances Acad. Sci. **132**, 1254 (1901).
[3] Ann. Chim. physique (8) **21**, 458 (1910).
[4] J. Soc. chem. Ind. **46**, 454 (1927).   [5] Ber. dtsch. chem. Ges. **45**, 1471 (1912).

naphthalene as a very definite intermediate product—whereas, in other cases, only *decahydronaphthalene*, together with unchanged naphthalene is obtained on interrupting the hydrogenation—has been studied by R. Willstätter and F. Seitz[1], who found that the presence or absence of *oxygen* in the platinum black influences the production either of the tetra- or of the decahydro body. In general, tetrahydronaphthalene was obtained with platinum blacks of relatively high or relatively low oxygen content, while decahydronaphthalene was produced in the presence of intermediate concentrations of oxygen. Willstätter and Seitz postulated two distinct reaction courses leading, on the one hand, to decahydronaphthalene by way of the tetrahydro compound and, on the other, to decahydronaphthalene, possibly by intermediate stages involving dihydro compounds, for details of which the original paper should be consulted.

The hydrogenation of *molten* naphthalene on a larger scale has been described by G. Schroeter[2], who employed an autoclave provided with rotating agitators at hydrogen pressures up to 40 atm. Provision was made for the removal of the hydrogenated product—by distilling off under diminshed pressure—or for the addition of fresh charges of naphthalene; and Schroeter states that many hydrogenations (e. g. 25—40) can in this way be carried out without opening the autoclave or renewing the catalyst. In order that this may be possible, the naphthalene used must, of course, previously be carefully freed from catalyst poisons, for instance, by treating the raw naphthalene, in a molten state, with finely-divided or easily fusible metals. In contradistinction to the behaviour of naphthalene in Willstätter's work with platinum at low temperatures, in which no very definite dividing line between the formation of tetralin and decalin was observed, the hydrogenation proceeds only very slowly after tetrahydronaphthalene has been formed.

Schroeter gives the following directions for the preparation of tetralin. 512 g. (4 g. mol.) of so-called "hot-pressed" naphthalene, which had been previously purified by treatment with metals, as above, was placed in a 4-litre autoclave together with 15—20 g. of the **nickel** catalyst. After the naphthalene had been melted, the cover of the autoclave, carrying the rotating agitator, valves, manometer etc. was placed in position and hydrogen at 12—15 atm. admitted, the temperature being raised, with agitation, to 180—200° by gas heating or in an oil bath. At this reaction temperature, the pressure usually fell about 1 atmosphere in 45—60 seconds, and it was the practice to raise this again to 12—15 atm. as soon as the pressure had fallen to 5—8 atm., the operation being continued until the calculated volume of hydrogen for conversion to tetralin (178 l. at 0° and 760 mm.) had been absorbed. Working in this way, it was found possible to complete the reduction in 1—1¼ hours. The tetralin obtained had a density of 0.974—0.976 at 20°, melted at —27 to —30°, and boiled at 206—208°.

The further conversion of tetralin to decalin could best be effected by transferring the tetralin to another autoclave in which it was re-hydrogenated in the presence of fresh nickel under similar conditions to those already given. A reaction time of about 4 hours, at 12—15 atm., was required.

While the most usual non-platinum catalyst is nickel, **copper chromite**[3] also catalyses the reaction satisfactorily at, for instance, 200° and at a pressure of 100—200 atm., tetralin being produced. Further hydrogenation of this to decalin was not observed under these conditions: however, S. Komatsu, K. Sugino, and M. Hagiwara[4] have reported the production both of decalin and of tetralin

[1] Ber. dtsch. chem. Ges. **56**, 1388 (1923).
[2] Liebigs Ann. Chem. **426**, 1 (1922).
[3] D. M. Musser, H. Adkins: J. Amer. chem. Soc. **60**, 664 (1938).
[4] Proc. Imp. Acad. [Tokyo] **6**, 194 (1930).

by the hydrogenation of naphthalene with **copper** at high temperatures and pressures. The use of copper for the hydrogenation of aromatic rings is thus apparently facilitated by a high pressure.

It may also be mentioned that increasing quantities of hydrogenated naphthalenes are being produced by pressure hydrogenation with catalysts of the **molybdenum sulphide** type. The special interest in the use of these sulphur-tolerant catalysts lies in the fact that crude naphthalene, or even naphthalene-containing oils, can be used without purification. The temperature usually employed is about 400⁰, or even slightly above this, the pressure being, for instance, 200 atm.

An entirely different method which has been described for the hydrogenation of naphthalene consists in employing, as the catalyst, **sodium hydride** under a high hydrogen pressure[1]. Naphthalene is treated, at 320⁰ and in the presence of, for instance, 1 g. mol. of sodium hydride to 3 g. mols. of naphthalene, with hydrogen at a pressure of 100—150 atm. in an autoclave provided with suitable agitators. The resulting product is substantially pure tetralin, and the catalyst may be used for further charges. In order to prepare the sodium hydride, sodium is agitated with hydrogen under pressure and at a temperature of 380⁰.

Reverting to the general hydrogenation of naphthalene in the presence of ordinary catalysts such as nickel or platinum, the process is, as with all true hydro-aromatic rings, *reversible* at high temperatures, naphthalene being obtained on distilling either tetrahydro- or decahydronaphthalene over nickel or a platinum metal at, for instance, 300⁰. There appears to be some ambiguity, however, as to whether tetrahydronaphthalene is produced as an intermediate product in the dehydrogenation of the decahydro compound; and probably the latter body first undergoes dehydrogenation to naphthalene which in the presence of the hydrogen produced, may, if the catalyst is a suitable one, then be hydrogenated to some extent to tetralin. Thus, ZELINSKY[2] led decahydronaphthalene over **palladium** at 300⁰ and obtained naphthalene exclusively, while SABATIER[3] states that, in the presence of **nickel** at 200⁰, dehydrogenation of the decahydro to the tetrahydro derivative occurs and that this tetrahydride then passes into naphthalene if the temperature is raised to 300⁰. The difference may, however, be due to the different catalysts, since ZELINSKY found that **platinum** hydrogenated naphthalene, apparently directly, to the decahydro derivative.

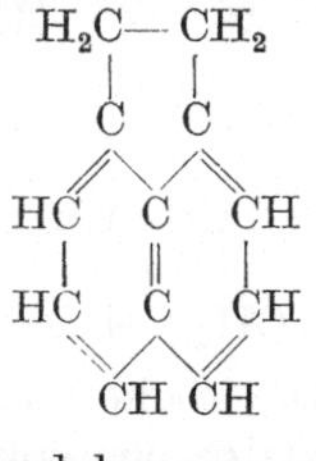

$$\text{H}_2\text{C}\!-\!\text{CH}_2$$

Acenaphthene contains two fused benzene rings joined to a pentamethylene residue and, from its structure greatly resembles naphthalene; indeed, it can be regarded as a closed ethyl naphthalene, in which each end of the ethyl chain has become joined to a benzene ring in the manner shown in the structural formula.

It is hydrogenated, like naphthalene, very easily to a tetrahydro derivate, in which one benzene ring still remains unattacked, and, more slowly, to deca-

[1] G. HUGEL, FRIESS: Bull. Soc. chim. France (4) **49**, 1042 (1931).

[2] Ber. dtsch. chem. Ges. **56**, 1723 (1923).

[3] Catalysis in Organic Chemistry, D. van Nostrand Co., p. 230. New York 1922.

hydroacenaphthene. This reaction was carried out with **nickel,** in the vapour phase at 200—250^0, by SABATIER and SENDERENS[1] and by M. GODCHOT[2].

Acenaphthene may also very conveniently be hydrogenated in a fused condition. It was reduced in this way with nickel under pressure, both to tetra- and to decahydro-acenaphthene by IPATIEW[3]; and J. v. BRAUN and G. KIRSCHBAUM[4] found that a quantitative yield of tetrahydroacenaphthene was obtained, also with nickel at a high pressure, by employing the general technique described by SCHROETER (loc. cit.) for the hydrogenation of naphthalene. According to v. BRAUN and KIRSCHBAUM, commercial acenaphthene may be sufficiently purified by one crystallisation from alcohol to be hydrogenated without difficulty. In addition to tetrahydro-acenaphthene, the completely hydrogenated decahydro-acenaphthane has been obtained by IPATIEW[5] by working with nickel at a higher pressure; but here again the tetrahydro body was formed as an intermediate product.

It may be noted that hydrogenated acenaphthenes may be *dehydrogenated* normally in spite of their containing a 5-carbon ring[6], since this latter ring is only partly involved:

$$
\begin{array}{ccccc}
\text{H}_2\text{C}-\text{CH}_2 & & \text{H}_2\text{C}\quad\text{CH}_2 & & \text{CH}\qquad\text{CH} \\
\text{HC}\quad\text{CH} & & \text{C}\quad\text{C} & & \\
\text{H}_2\text{C}\quad\text{CH}\ \text{CH}_2 & \rightarrow & \text{HC}\quad\text{C}\quad\text{CH} & & \text{HC}\quad\text{C}-\text{C}\quad\text{CH} \\
\text{H}_2\text{C}\quad\text{CH}\ \text{CH}_2 & & \text{HC}\quad\text{C}\quad\text{CH} & & \text{HC}\quad\text{C}\quad\text{C}\quad\text{CH} \\
\text{H}_2\text{C}\quad\text{CH}_2 & & \text{CH}\ \text{CH} & & \text{HC}\ \text{H}_2\text{C}\quad\text{CH}
\end{array}
$$

Fluorene resembles acenaphthene in containing two 6-carbon and one 5-carbon ring, the method of ring fusion being, however, different.

J. SCHMIDT and R. MEZGER[7] state that the hydrogenation of this body does not take place very easily; but, using SABATIER and SENDERENS' method, they report the production of a decahydro derivative, both benzene rings being hydrogenated simultaneously. The formation of decahydrofluorene was apparently confirmed by IPATIEW[8] by hydrogenating fluorene with **nickel** at 290^0 and 120 atm.; and by repeating the hydrogenation, the product was further converted into the completely saturated compound, dodecahydrofluorene:

$$
\begin{array}{ccc}
\text{CH}_2 & & \text{CH}_2 \\
\text{H}_2\text{C}\quad\text{CH}-\text{CH}\quad\text{CH}_2 & & \\
\text{H}_2\text{C}\quad\text{CH}\quad\text{CH}\quad\text{CH}_2 & & \\
\text{CH}_2\ \text{CH}_2\ \text{CH}_2 & &
\end{array}
$$

It may be noted that, while the above authors agree in reporting the intermediate production of the decahydro compound, this would probably not be expected, and further work on this point would be of interest. The formulation of this body, as an intermediate hydrogenation stage, presents difficulties. SCHMIDT and MEZGER propose the structure:

[1] C. R. hebd. Séances Acad. Sci. **132**, 1257 (1901).
[2] Bull. Soc. chim. France (4) **3**, 529 (1908).
[3] Ber. dtsch. chem. Ges. **42**, 2094 (1909).
[4] Ber. dtsch. chem. Ges. **55**, 1682 (1922).
[5] Ber. dtsch. chem. Ges. **42**, 2094 (1909).
[6] J. v. BRAUN, E. HAHN, J. SEEMANN: Ber. dtsch. chem. Ges. **55**, 1687 (1922).
[7] Ber. dtsch. chem. Ges. **40**, 4560 (1907).   [8] Ber. dtsch. chem. Ges. **42**, 2092 (1909).

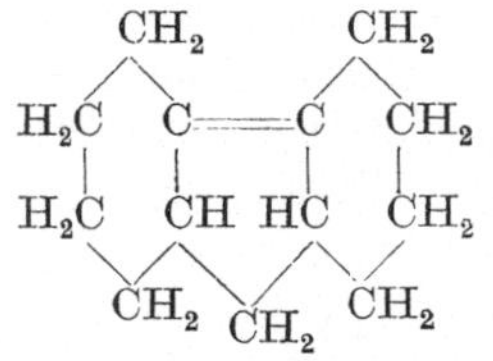

$$CH_2 \qquad CH_2$$
$$H_2C \quad C = C \quad CH_2$$
$$H_2C \quad CH \; HC \quad CH_2$$
$$CH_2 \; CH_2 \; CH_2$$

but a residual unsaturated bond of this type should be very readily hydrogenated, in place of remaining unattacked.

M. GODCHOT[1], who hydrogenated *anthracene* by SABATIER's method in the vapour phase with **nickel,** obtained three main products, namely a tetrahydro, an octahydro- and a fully hydrogenated tetradecahydro-anthracene. The first of these was stated to be the main product at a temperature of 260°: octahydro-anthracene was obtained by slow passage at 200—205°; and the saturated hydride was prepared by further hydrogenating the octahydride at 175—180° slowly and with very active nickel oxide. The hydrogenation of anthracene in stages has also been carried out by W. IPATIEW, W. JAKOLEW and L. RATIKIN[2], who observed the same three reduction products. The reaction was carried out with nickel at 260—270°, at a hydrogen pressure of 100—125 atm. Anthracene, from its structure, will obviously also be capable of hydrogenation in *solution* by means of **platinum** or **palladium.** Probably, however, the most suitable method consists in treating *molten* anthracene, in the presence of supported finely-divided nickel, with hydrogen under pressure in an autoclave provided with an agitating system, as in SCHROETER's work on hydrogenation of naphthalene.

The course followed in the progressive hydrogenation of anthracene is of considerable interest. As has been shown by G. SCHROETER[3], the first hydro-genation product is the meso-dihydro derivative identical with that obtained non-catalytically, e. g. by the action of sodium in alcoholic solution. On further hydrogenation, however, this undergoes a remarkable change involving the displacement to an outside ring of the hydrogen previously added to the meso ring, a tetrahydro-anthracene, of the structure given below, being formed. The structure of this body was confirmed by its synthesis in other ways, for instance, by its synthesis from tetrahydro-naphthalene (see also J. V. BRAUN and O. BAYER[4]). The next stage in the hydrogenation is the production of the symmetrical octa-hydro body which, finally, passes into the fully saturated tetradecahydro-anthracene. The successive stages are thus

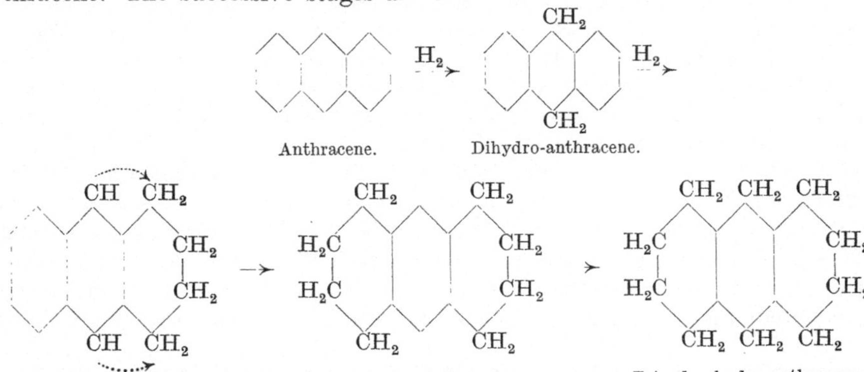

Anthracene.   Dihydro-anthracene.

Tetrahydro-anthracene.   Octahydro-anthracene.   Tetradecahydro-anthracene.

---

[1] C. R. hebd. Séances Acad. Sci. **139**, 604 (1904); Ann. Chim. et Physique (8) **12**, 468 (1907).   [2] Ber. dtsch. chem. Ges. **41**, 996 (1908).   [3] Ber. dtsch. chem. Ges. **57**, 2003 (1924).   [4] Ber. dtsch. chem. Ges. **58**, 2667 (1925).

The *de-hydrogenation* of hydrogenated anthracenes takes place normally on passing these over **palladium** at 300°. **Nickel** acts similarly but is apt to give decomposition products in addition to anthracene: further, with nickel, the product may also contain tetrahydro-anthracene.

Phenanthrene, from its structure,

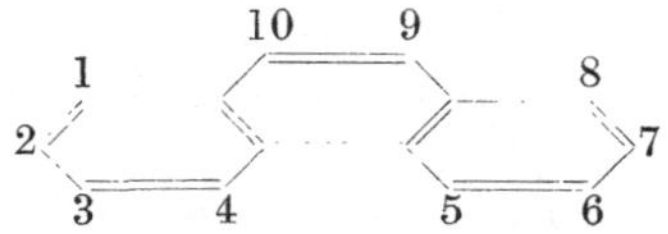

$$\underset{3 \quad 4 \qquad 5 \quad 6}{\overset{10 \quad 9}{\underset{2}{\overset{1}{}}\overset{8}{}7}}$$

presents the possibility of a large number of hydrogenated products.

Of these, 9,10-hydro-phenanthrene is easily made either by Sabatier and Senderens' method with **nickel**[1] or more conveniently by hydrogenation in the liquid phase in the presence of **platinum**[2]. According to Schmidt and Fischer's procedure, 5 g. of phenanthrene were dissolved in 100 c.c. of ether and 3 g. ol platinum black added. The mixture was boiled under a reflux condenser and a rapid current of hydrogen led through the boiling solution. The hydrogenation occupied 6—8 hours (during which additional ether was added to replace that lost in the gas stream) and led to pure 9,10-hydro-phenanthrene:

$$CH_2 \quad CH_2$$

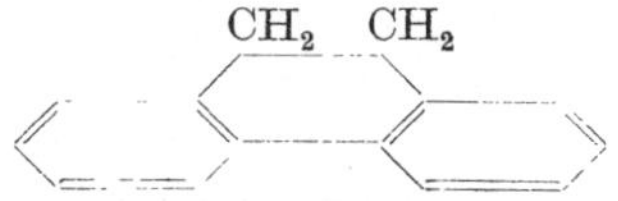

without the formation of higher hydrogenated products; indeed, both Schmidt and Mezger and Schmidt and Fischer were unable to obtain these by direct hydrogenation. Hydrogenation to the completely reduced hydrocarbon, $C_{10}H_{24}$, was, however, effected by W. Ipatiew, W. Jakolew and L. Ratikin[3] by repeated treatment under pressure in the presence of **nickel**, and intermediate hydrogenation stages were probably also obtained.

The ease of hydrogenation of the 9 : 10 bond is probably due, in spite of the completely cyclic structure of phenanthrene, to the almost purely ethylenic nature of this particular bond, since phenanthrene can be regarded as diphenylene ethylene, $\begin{vmatrix} C_6H_4-CH \\ C_6H_4-CH \end{vmatrix}$. From this standpoint, J. R. Durland and H. Adkins[4] have used **copper chromite**—which is characterised by a far greater activity towards ethylenic than towards benzenoid linkings—for the production of pure dihydrophenanthrene. If the temperature is too high, some octahydro-phenanthrene is also produced; and the conditions vary somewhat with the activity of the catalyst and with the purity of the phenanthrene. Thus, these authors recommend a temperature of 150° at a pressure of 150—200 atm., under which conditions an 87 per cent yield of the dihydro compound was obtained. At 220°, the main product was an octohydrophenanthrene in which the two outside rings had been saturated. On the other hand, Burger and Mosettig[5], using a less pure sample of phenanthrene, obtained at 200° principally the di-hydride. Alloy-skeleton **nickel** may also be used and is especially satisfactory for the production of higher hydrogenation products. Thus, on hydrogenating

---

[1] Ann. Chim. et Physique (4) 8, 319 (1905). — J. Schmidt, R. Mezger: Ber. dtsch. chem. Ges. **40**, 4240 (1907).

[2] J. Schmidt, Ernst Fischer: Ber. dtsch. chem. Ges. **41**, 4225 (1908).

[3] Ber. dtsch. chem. Ges. **41**, 996 (1908).   [4] J. Amer. chem. Soc. **59**, 135 (1937).

[5] J. Amer. chem. Soc. **57**, 2731 (1935); **58**, 1857 (1936).

phenanthrene or dihydrophenanthrene dissolved in methyl cyclohexane with this catalyst at 150⁰, octahydrophenanthrene was produced and, at about 200⁰, complete hydrogenation to tetradecahydrophenanthracene was obtained.

Of the derivates of phenanthrene, retene (1-methyl-4-isopropyl phenanthrene) has been hydrogenated by IPATIEW, the saturated derivate, $C_{18}H_{32}$, being ultimately produced.

4. Hydrogenation of Heterocyclic Rings.

a) *Hydrogenation of Rings Containing Nitrogen.*

Pyrrol, which is the simplest common substance of this type, has been hydrogenated normally, by SABATIER and SENDERENS' method[1] and by means of **platinum** metals at low temperatures[2], pyrrolidine being formed:

$$\begin{array}{ccc}
\text{HC—CH} & & \text{H}_2\text{C—CH}_2 \\
\text{HC\ \ CH} & \rightarrow & \text{H}_2\text{C\ \ CH}_2 \\
\text{NH} & & \text{NH} \\
\textit{Pyrrol.} & & \textit{Pyrrolidine.}
\end{array}$$

Experimental details of the reduction have been given by L. M. CRAIG and R. M. HIXON[3]. The mixture taken for hydrogenation consisted of 10 c.c. of pyrrol, a slight excess of hydrochloric acid (6 c.c.), 0.2 g. of **platinum oxide** catalyst and 100 c.c. of absolute alcohol. The reduction, which was carried out in a shaker at 4 atm., was complete in about 6 hours. The pyrrol should be re-distilled immediately before use.

Indol reacts similarly, save that there is here, as with naphthalene, the possibility of hydrogenation in stages; and, if the reaction is carried out in the vapour phase at a high temperature with **nickel,** much decomposition occurs[4].

The hydrogenation of indol in the *liquid phase* with nickel has been studied by J. v. BRAUN, O. BAYER and G. BLESSING[5]. The indol, which was hydrogenated in decalin solution at 225⁰, gave octahydro-indol, with dihydro-indol as the intermediate product:

$$\textit{Indol.} \quad \rightarrow \quad \textit{Dihydro-indol.} \quad \rightarrow \quad \textit{Octahydro-indol.}$$

The next higher condensed ring body of the pyrrol group is *carbazol*, which is produced by the addition of another benzene ring to indol. The hydrogenation of this body was examined by M. PADOA and C. CHIAVIS[6] by distillation over **nickel** at 200⁰ and at a pressure of 10 atm. Under these conditions considerable decomposition was observed with formation of indol derivatives. Hydrogenation

---

[1] M. PADOA: Atti R. Accad. Lincei (1) **15**, 29 (1906); Gazz. chim. ital. **36** (2), 317 (1906).

[2] WILLSTÄTTER, HATT: Ber. dtsch. chem. Ges. **45**, 1477 (1912).

[3] J. Amer. chem. Soc. **52**, 806 (1930).

[4] M. PADOA, O. CARRUSCO: Atti R. Accad. Lincei (1) **15**, 699 (1906).

[5] Ber. dtsch. chem. Ges. **57**, 392 (1924).

[6] Atti R. Accad. Lincei (5) **16** (2), 762 (1907).

in the *liquid phase* with nickel, also under pressure, was more successful[1]. Thus, N-methyl-carbazol gave a tetrahydro and an octahydro derivative. Reduction to the saturated dodecahydro-N-methyl carbazol was not obtained.

The hydrogenation of *pyridine*, which is the nitrogen analogue of benzene, is of considerable importance. Early work on this subject includes the conversion by Skita and Meyer[2] of pyridine to piperidine by hydrogenation with colloidal **platinum metals** and investigations by Sabatier and Mailhe[3] of the gas-phase hydrogenation of pyridine with **nickel,** in the course of which much decomposition was observed.

Later work has shown that pyridine may be hydrogenated by any of the ordinary hydrogenation methods, even in the vapour phase with nickel if care is taken to avoid overheating. The process is, however, rather slow even with pure pyridine.

Homologues of pyridine undergo hydrogenation similarly. Thus, the hydrogenation of α-picoline, α,γ-lutidine and 2,4,5-collidine in the liquid phase with platinum at a slight pressure (2—3 atm.) has been examined by A. Skita and W. Brunner[4], normal reaction products being obtained, e. g. with α-picoline:

$$
\begin{array}{ccc}
\text{CH} & & \text{CH}_2 \\
\text{HC}\quad\text{CH} & & \text{H}_2\text{C}\quad\text{CH}_2 \\
\text{HC}\quad\text{C}\cdot\text{CH}_3 & \rightarrow & \text{H}_2\text{C}\quad\text{CH}\cdot\text{CH}_3 \\
\text{N} & & \text{NH}
\end{array}
$$

A very suitable method of hydrogenation is with a kieselguhr-supported nickel catalyst in the *liquid phase* at a high hydrogen pressure in an autoclave fitted with suitable agitating gear or, on a smaller scale, in a high-pressure shaker. Thus, Adkins and Cramer[5], who used this type of technique, obtained substantially complete hydrogenation after about 10 hours treatment at 200°, with a hydrogen pressure of 25 to 175 atmospheres. Catalysts such as **nickel chromite** or **nickel molybdite** may also be used.

The process, like the hydrogenation of benzene, is reversible; and the *dehydrogenation* of piperidine in the presence of **platinum** and of **palladium** has been examined by N. Zelinsky and G. Pawlow[6]. These authors give figures for the percentage dehydrogenation obtained at various temperatures, but the equilibrium conditions were not measured. Palladium, as in other dehydrogenations, was a better catalyst than platinum.

Quinoline and *isoquinoline*

$$
\begin{array}{cc}
\text{CH CH} & \text{CH CH} \\
\text{HC}\quad\text{C}\quad\text{CH} & \text{HC}\quad\text{C}\quad\text{CH} \\
\text{HC}\quad\text{C}\quad\text{CH} & \text{HC}\quad\text{C}\quad\text{N} \\
\text{CH N} & \text{CH CH}
\end{array}
$$

Quinoline.   Isoquinoline.

are each very easily hydrogenated to the tetrahydro derivative and, far more slowly, to the fully saturated decahydro compound, the reduction being thus

[1] J. v. Braun, H. Ritter: Ber. dtsch. chem. Ges. **55**, 3792 (1922).
[2] Ber. dtsch. chem. Ges. **45**, 3579 (1912).
[3] C. R. hebd. Séances Acad. Sci. **144**, 784 (1907).
[4] Ber. dtsch. chem. Ges. **49**, 1597 (1916).
[5] J. Amer. chem. Soc. **52**, 4349 (1930).
[6] Ber. dtsch. chem. Ges. **57**, 669 (1924).

very similar to that of naphthalene. In this process the heterocyclic ring is reduced first.

In the case of quinoline, hydrogenation with **colloidal platinum** at room temperature has been described by A. Skita and W. A. Meyer[1]. In acetic acid solution, complete reduction to decahydroquinoline was obtained with a hydrogen pressure of 3 atm.; and the reaction could be stopped at the tetrahydro compound by interrupting the absorption after the required volume of hydrogen had been taken up. At atmospheric pressure, with a platinum catalyst, the reaction may stop at the tetrahydro stage. Quinoline was also hydrogenated by W. Ipatiew[2] with **nickel** at a high pressure, both the deca- and the tetra-hydride being obtained.

The hydrogenation of quinoline and its homologues in the liquid phase with nickel under pressure has, further, been studied in considerable detail by J. v. Braun, A. Petzold and J. Seemann[3]. As a method of purification, the quinoline was recrystallised from alcohol in the form of its difficultly soluble sulphate. It then hydrogenated at 200—215⁰, the reaction proceeding rapidly (in 60—70 mins.) to tetrahydro-quinoline at which stage the absorption of hydrogen suddenly stopped. The yield was quantitative; and homologues of quinoline—e. g. methyl, ethyl, phenyl and other quinolines—could be reduced to tetrahydro derivatives similarly. On raising the temperature to 250⁰, some decahydroquinoline was formed. W. S. Ssadikow and A. K. Michailow[4] have used an **osmium-ceria catalyst** for this reaction, tetra-and decahydroquinoline being obtained.

The hydrogenation of *isoquinoline* occurs very similarly. Tetrahydro-isoquinoline, in which the nitrogen ring is hydrogenated, was made by Skita[5] by liquid-phase hydrogenation with **platinum;** and the reduction, as with quinoline, could be pushed to completion by using a higher pressure, e. g. 3 atm.[6]

The reduction of isoquinoline has also been studied by J. Raneldo and A. Vidal[7] who, on hydrogenating with **platinum oxide,** obtained principally the tetrahydro compound if the reaction was carried out at room temperature and decahydroisoquinoline if the temperature was raised to 100⁰.

The hydrogenation process, both with quinoline and isoquinoline, is reversible, as would be expected from the nature of the rings involved. The *dehydrogenation* of tetrahydroquinoline in the presence of **nickel** at 190⁰ was investigated by M. Padoa and G. Scagliarini[8], who observed, however, considerable decomposition and the formation of skatol.

Acridine, 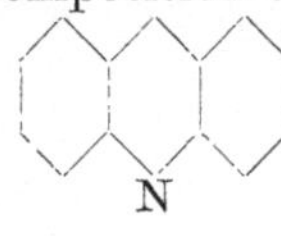 which is the nitrogen analogue of anthracene, should be capable of hydrogenation by stages in a smilar way. In the vapour phase, in the presence of **nickel** at 270⁰, decomposition to dimethyl quino- line was, however, obtained by Padoa and Fabris[9].

b) Hydrogenation of Rings Containing Oxygen.

The most important fundamental substance of this type if *furfurane,* the hydrogenation of which was studied by A. Bourgnignon[10] by passing a mixture

[1] Ber. dtsch. chem. Ges. **45**, 3593 (1912).
[2] Ber. dtsch. chem. Ges. **41**, 991 (1908).
[3] Ber. dtsch. chem. Ges. **55**, 3779 (1922).
[4] Ber. dtsch. chem. Ges. **61**, 1800 (1928).
[5] Chemiker-Ztg. **38**, 605 (1914).
[6] A. Skita: Ber. dtsch. chem. Ges. **57**, 1977 (1924).
[7] An. fisic. Quim. **28**, 76 (1930).   [8] Atti R. Accad. Lincei **17** (1), 728 (1908).
[9] Atti R. Accad. Lincei **16** (1), 921 (1907).
[10] Bull. Soc. chim. Belgique **22**, 87 (1908).

of hydrogen and furfurane over **nickel** at 170°, tetrahydrofurfurane being formed:

$$
\begin{array}{ccc}
\text{HC—CH} & & \text{H}_2\text{C}\quad\text{CH}_2 \\
\| \quad \| & & | \qquad | \\
\text{HC}\quad\text{CH} & \rightarrow & \text{H}_2\text{C}\quad\text{CH}_2 \\
\diagdown\;\diagup & & \diagdown\;\diagup \\
\text{O} & & \text{O}
\end{array}
$$

Under these conditions, however, decomposition products were also obtained.

Of furfurane derivatives, the aldehyde, furfural, is of special interest by reason of its availability on a large scale. Its hydrogenation will be dealt with in a later section.

The hydrogenation of *pyrones* may lead to at least two types of product, according to whether the ring alone, or the extra-cyclic oxygen atom, in addition to the nucleus, is attacked. Thus, from γ-pyrone, simple tetrahydropyrone or γ-hydroxytetrahydropyran are obtained.

$$
\begin{array}{ccccc}
\text{O} & & \text{O} & & \text{O} \\
\diagup\;\diagdown & & \diagup\;\diagdown & & \diagup\;\diagdown \\
\text{HC}\quad\text{CH} & & \text{H}_2\text{C}\quad\text{CH}_2 & & \text{H}_2\text{C}\quad\text{CH}_2 \\
\| \quad \| & \rightarrow & | \qquad | & \rightarrow & | \qquad | \\
\text{HC}\quad\text{CH} & & \text{H}_2\text{C}\quad\text{CH}_2 & & \text{H}_2\text{C}\quad\text{CH}_2 \\
\diagdown\;\diagup & & \diagdown\;\diagup & & \diagdown\;\diagup \\
\text{C} & & \text{C} & & \text{C} \\
\| & & \| & & \diagup\;\diagdown \\
\text{O} & & \text{O} & & \text{H}\quad\text{OH}
\end{array}
$$

γ-Pyrone.   Tetrahydropyrone.   γ-Hydroxytetra-
hydropyran.

R. Monzingo and H. Adkins[1] recommend, in order to obtain a relatively simple product, the carrying out of the reduction as quickly and at as low a temperature as is compatible with the catalyst employed. Thus, with **copper chromite** at 120—135°, a 50 per cent yield of the hydroxytetrahydropyran, together with 23 per cent of tetrahydropyrone, was obtained. The hydrogenation was, as is usual with copper chromite, carried out under pressure, the pyrone being dissolved in ethyl alcohol. **Raney nickel** may also be used at, of course, a lower temperature.

Similar alternative products are formed during the hydrogenation of other bodies of pyrone type, for instance, *chromones* or *flavones*:

$$
\begin{array}{cc}
\text{CH}\quad\text{O} & \qquad \text{CH}\quad\text{O} \\
\diagup\;\diagdown & \qquad \diagup\;\diagdown \\
\text{HC}\quad\text{C}\quad\text{C·Et} & \qquad \text{HC}\quad\text{C}\quad\text{C—Ph} \\
| \quad \| \quad \| & \qquad | \quad \| \quad \| \\
\text{HC}\quad\text{C}\quad\text{CH} & \qquad \text{HC}\quad\text{C}\quad\text{CH} \\
\diagdown\;\diagup & \qquad \diagdown\;\diagup \\
\text{CH}\quad\text{C} & \qquad \text{CH}\quad\text{C} \\
\| & \qquad \| \\
\text{O} & \qquad \text{O}
\end{array}
$$

2-Ethylchromone.   Flavone (2-Phenylchromone).

II. Various Derivatives.

In the first part of this systematic survey, particular attention has been paid to the hydrogenation of hydrocarbons and of fundamental ring systems generally. It is now proposed to deal with various derivatives of these basic structures, these derivatives being classified for convenience according to their chemical nature.

In some cases, the hydrogenation of a derivative differs little from that of its parent body: thus, the reduction of benzoic acid or of oleic acid, so long as only the ethylenic double bond or the benzene ring is hydrogenated, closely

---

[1] J. Amer. chem. Soc. **60**, 669 (1938).

resembles the reduction of the parent hydrocarbon. If, however, the special group contained in the particular class of derivates—in this instance, the carboxyl group—itself undergoes reduction, the reaction involved is fundamentally different. For example, oleic acid may be reduced to the corresponding unsaturated alcohol, to the saturated alcohol, or even to the hydrocarbon, the process being thus not merely one of simple saturation, in that the replacement of oxygen by hydrogen and the splitting off of water may occur.

It will be convenient to deal first of all with the reduction of alcohols and ketonic bodies, then with other oxygen-containing derivatives and, finally, with derivatives containing elements such as nitrogen or the halogens.

1. Hydrogenation of Alcohols and Phenols.

The hydrogenation of an unsaturated alcohol takes place in much the same way as the reduction of the corresponding hydrocarbon, save that, particularly if a high reaction temperature is employed, the process may also involve the elimination of the hydroxyl group and the formation of a hydrocarbon by the splitting off of water. Thus, with *allyl alcohol*:

$$CH_2 : CH \cdot CH_2OH \rightarrow CH_3 \cdot CH_2 \cdot CH_2 \cdot OH \rightarrow CH_3 \cdot CH_2 \cdot CH_3.$$
Allyl alcohol.   n-Propyl alcohol.   n-Propane.

Under ordinary conditions, only the first of these processes occurs. For instance, SABATIER[1] hydrogenated allyl alcohol by the vapour method over **nickel** at temperatures up to 170° and obtained propyl alcohol without appreciable production of propane. The easiest way of hydrogenating allyl alcohol is in the liquid phase in a shaker in the presence of **platinum** or **palladium.** The hydrogen is absorbed at a normal velocity for an ethylenic bond, some typical rates for which are given later in connection with the hydrogenation of ethylenic acids.

Higher ethylenic alcohols may be hydrogenated similarly. Many of these, which were previously not very accessible, have been made available by the reduction of the carboxyl group of the corresponding unsaturated acid or its esters without attacking the double bond. For instance, by hydrogenation in the presence of **zinc chromite,** oleic acid passes into *octadecenol*:

$$CH_3 \cdot (CH_2)_7 \cdot CH : CH \cdot (CH_2)_7 \cdot COOH \rightarrow CH_3 \cdot (CH_2)_7 \cdot CH : CH \cdot (CH_2)_7 \cdot CH_2OH.$$
Oleic acid.   Octadecenol.

which can, if required, be readily hydrogenated to the saturated alcohol by any of the standard methods. This easy hydrogenation also applies to bodies such as *cinnamyl alcohol*, which is conveniently hydrogenated with **platinum black** in a shaker, in acetic acid solution. The first, rapidly occurring stage is the saturation of the chain, followed far more slowly by that of the nucleus.

$$C_6H_5 \cdot CH : CH \cdot CH_2OH \rightarrow C_6H_5 \cdot CH_2 \cdot CH_2 \cdot CH_2OH \rightarrow C_6H_{11} \cdot CH_2 \cdot CH_2 \cdot CH_2OH$$

It may be noted that allyl alcohol, in addition to being hydrogenated, may, like all alcohols, also be *dehydrogenated.* Thus, on passage over **copper**[2], it

---

[1] C. R. hebd. Séances Acad. Sci. **144**, 879 (1907).

[2] SABATIER, SENDERENS: C. R. hebd. Séances Acad. Sci. **136**, 983 (1905). — F. H. CONSTABLE: Proc. Roy. Soc. [London], Ser. A **113**, 254 (1927).

passes into acrolein, which in virtue of its ethylenic nature takes up hydrogen with formation of *propionaldehyde.*

$$CH_2 : CH \cdot CH_2OH = CH_2 : CH \cdot CHO + H_2 = CH_3CH_2 \cdot CHO.$$

Allyl alcohol.   Acrolein.   Propionaldehyde.

Sabatier and Senderens obtained in this way a yield of over 50 per cent of propionaldehyde containing only a little acrolein; and Constable, who regards the production of propionaldehyde as an isomerisation alternative to rehydrogenation, has examined the relative velocity of these two processes on copper over the temperature range 245—280°. While the dehydrogenation of alcohols generally will be treated in connection with its reverse reaction (hydrogenation of aldehydes and ketones), it may be noted here that the rate of dehydrogenation of allyl alcohol over copper was found by Constable to be approximately equal to that of ethyl alcohol.

The hydrogenation of *phenol* was studied by Sabatier and Senderens[1] by passing this body with hydrogen over **nickel** at 200° or over. The temperature used by Sabatier is somewhat higher than that employed by later workers. Under these conditions cyclohexanol is formed by saturation of the nucleus. This latter body, particularly when passed by itself over a catalyst such as **nickel** or **copper** in the absence of hydrogen, is dehydrogenated to cyclohexanone, or, by loss of water, passes to cyclohexene; but the formation of cyclohexanone may also occur to some degree during hydrogenation. In addition, elimination of hydroxyl may occur with production of benzene or of cyclohexane. The following products are therefore possible:

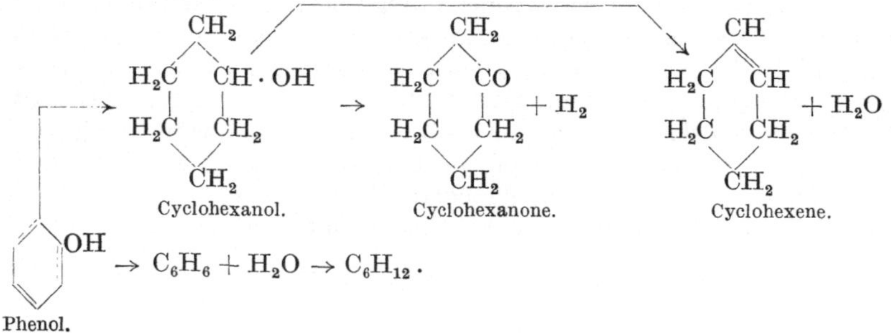

$$\to C_6H_6 + H_2O \to C_6H_{12}.$$

Phenol.   Cyclohexanol.   Cyclohexanone.   Cyclohexene.

The latter type of reaction, involving the removal of the hydroxyl group and passage of the phenol into hydrocarbon is usually carried out with a catalyst of the **molybdenum sulphide** type and will be dealt with in a later section.

The influence of various factors in the catalytic reduction of liquid phenol and its homologues to cyclohexanol and corresponding derivatives has been examined in considerable detail by A. Brochet[2] and by G. L. Juchnovski and I. I. Sorokin[3]. **Nickel,** prepared in the ordinary way from the carbonate, has an appreciable activity for the hydrogenation of phenol even at 50°; and this activity was found by Brochet to increase progressively with the temperature up to about 130°, at which it had a value about 10 times that at 55°. For reasonably rapid reaction, an increased pressure was necessary, for instance 10 to 15 atm. at 100—150°, under which conditions the product is stated to be free from cyclohexanone and cyclohexene. The time required for hydrogenation depends, of course, on the temperature and pressure and on the amount of

[1] C. R. hebd. Séances Acad. Sci. **137**, 1025 (1903).
[2] Bull. Soc. chim. France (4) **31**, 1270 (1922).
[3] Ukrainian chem. J. **6** (Tech.), 159 (1931); ex Brit. chem. Abstr., B **1932**, 493.

catalyst employed. Thus, BROCHET, using 200 g. of phenol with 20 g. of nickel, was able to complete the process in about one hour at 200⁰ at a pressure of 15—25 atm., whereas, in another run, 700 g. of phenol with 7 g. of catalyst were hydrogenated at 150—160⁰ in 20 hours or, with 40 g. of catalyst, 10 hours.

Ortho-, *meta-* and *para-cresol* were found to hydrogenate at about the same rate as phenol itself, the corresponding methylcyclohexanol being produced. In each case the nickel could be used for more than one operation, the average wastage of nickel being stated to be about 1 g. per 150 g. of phenol hydrogenated. JUCH-NOVSKI and SOROKIN's results were very similar and extended also to o-, m- and p-cresol.

Phenol can also be hydrogenated with the platinum metals either in the liquid or in the dissolved state. Thus, WILLSTÄTTER and HATT[1] reduced phenol in acetic acid solution with **platinum** and obtained both cyclohexanol and, by further reduction, cyclohexane.

The hydrogenation of phenol and of its simpler homologues—the cresols and xylenols—is of some technical interest, since the corresponding cyclohexanols, and to some extent the cyclohexanones which are obtained from these by dehydrogenation, are now made commercially for use as solvents and for other purposes.

Thymol (3-methyl-6-isopropyl-phenol) is a further homologue the hydrogenation of which is important technically, since, on reduction, it passes into menthol.

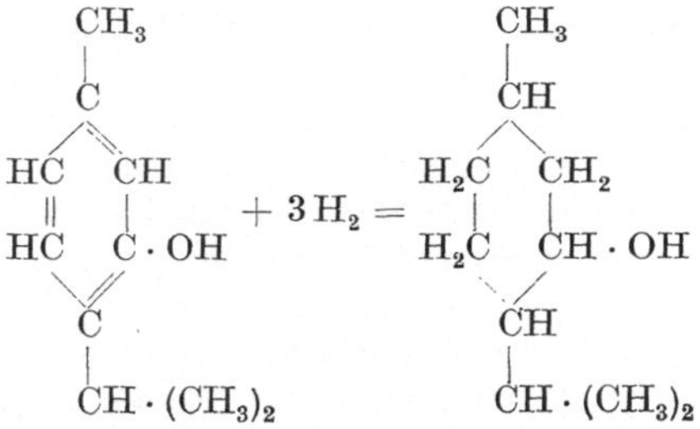

$$
\begin{array}{ccc}
\text{CH}_3 & & \text{CH}_3 \\
| & & | \\
\text{C} & & \text{CH} \\
\diagup\diagdown & & \diagup\diagdown \\
\text{HC}\quad\text{CH} & & \text{H}_2\text{C}\quad\text{CH}_2 \\
\|\quad\;| & +\,3\,\text{H}_2 = & |\quad\;| \\
\text{HC}\quad\text{C}\cdot\text{OH} & & \text{H}_2\text{C}\quad\text{CH}\cdot\text{OH} \\
\diagdown\diagup & & \diagdown\diagup \\
\text{C} & & \text{CH} \\
| & & | \\
\text{CH}\cdot(\text{CH}_3)_2 & & \text{CH}\cdot(\text{CH}_3)_2 \\
\text{Thymol.} & & \text{Menthol.}
\end{array}
$$

This reaction is usually carried out in practice by means of **nickel**, with liquid thymol and with a moderate hydrogen pressure, a suitable hydrogenation temperature being 100—150⁰. Saturation of the ring takes place at the normal rate for reactions of this type and, if the temperature is not too high, little form-ation of hydrocarbon occurs. Menthol exists in several stereoisomeric forms, which are not of equal physiological activity. The hydrogenation of thymol can, if required, be effected in the vapour phase; but, in this case, reduction to menthane also occurs to a considerable degree[2].

The reduction of certain di-phenols is of interest in view of the manner in which water is eliminated. Thus, J. v. BRAUN[3], on hydrogenating *o-diphenol* with **nickel** under pressure, obtained principally a semi-reduced diphenylene oxide:

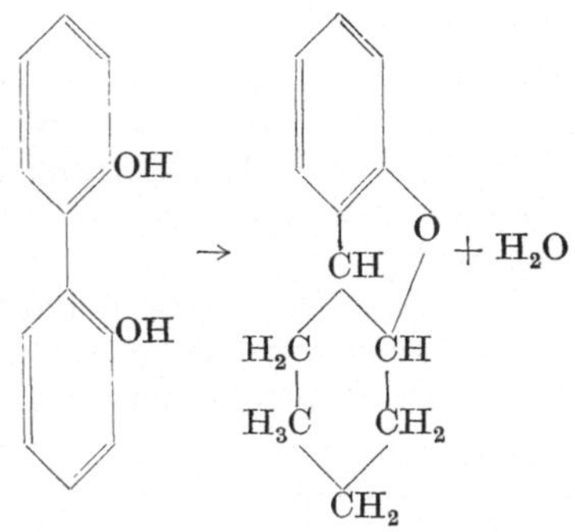

[1] Ber. dtsch. chem. Ges. **45**, 1475 (1912).
[2] M. DOMINIKIEWICZ: Roczniki Farmacji **2**, 28 (1924); ex Chem. Zbl. **1924 II**, 327.
[3] Ber. dtsch. chem. Ges. **55**, 3761 (1922).

With di- and tri-hydroxy phenols, reduction both of the hydroxyl groups and of the ring takes place. Sabatier and Senderens[1] examined the hydrogenation of *pyrocatechin, resorcinol* and *hydroquinone* in the vapour phase with **nickel** at 250°. The first product was phenol which, by loss of a further hydroxyl group, passed into benzene.

K. Packendorff[2] has *hydrogenated* these bodies with **platinum.** With, for instance, resorcinol, rapid reduction to cyclohexane and cyclohexanol occurred at room temperature. The hydroxyl group is not protected by alkylation.

Of trihydroxyphenols, *pyrogallol* has been reduced by Sabatier and Mailhe[3], the principal product with **nickel** at a relatively low temperature being hexahydropyrogallol in which the hydroxyl groups remain unreduced.

The naphthols are hydrogenated very similarly to the phenols. H. Leroux[4] hydrogenated both α- and *β-naphthol* in the gas phase with **nickel** and obtained the corresponding tetrahydro and, more slowly, the decahydronaphthol. A working temperature of 135° is recommended for the α-compound and 150° for β-naphthol.

The hydrogenation of the naphthols in the *liquid* state has been examined by A. Brochet and R. Cornubert[5]. In a typical run, 200 g. of α-naphthol, containing 20 g. of nickel, were hydrogenated at 130° and at a pressure of 15 atm. The absorption of hydrogen took place fairly rapidly (in two or three hours) to 95 per cent of the volume corresponding with the tetrahydro naphthol, after which the absorption became slow. The reduction of β-naphthol, also to the tetrahydro derivative, proceeded similarly; but the decahydro body could not be obtained easily.

According to G. Schroeter[6], while the reduction of β-naphthol in the liquid phase by hydrogen at moderate pressures, using a nickel catalyst at about 200°, gives a normal product consisting principally of tetrahydro-β-naphthol, the method is, however, not recommended for the preparation of the corresponding α-compound, since the hydrogenation of α-naphthol under these conditions led to a product containing only 25—30 per cent of tetrahydro-α-naphthol, the remainder being tetralin together with about 10 per cent of a ketone, α-keto-tetrahydronaphthalene:

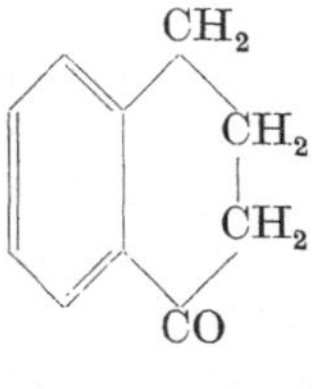

$$\text{CH}_2,\ \text{CH}_2,\ \text{CH}_2,\ \text{CO}$$

It is to be noted that these complications do not occur with the β-compound.

In the case of bodies such as the naphthols, a variety of intermediate products are possible according to whether prior hydrogenation of the oxygen-containing or of the non-substituted ring occurs, or whether oxygen is eliminated, the end-product being of course in every case decahydronaphthalene. The subject has been investigated in some detail by D. M. Musser and H. Adkins[7] with special reference to the difference in the effect produced with **Raney nickel** and with **copper chromite.**

[1] Ann. Chim. et Physique (8) **4**, 428 (1905).
[2] Ber. dtsch. chem. Ges. **68**, 1251 (1935).
[3] C. R. hebd. Séances Acad. Sci. **146**, 1193 (1908).
[4] C. R. hebd. Séances Acad. Sci. **141**, 953 (1905); Ann. chim. et Physique (8) **21**, 484 (1910).   [5] Bull. Soc. chim. France (4) **31**, 1280 (1922).
[6] Liebigs Ann. Chem. **426**, 88 (1922).   [7] J. Amer. chem. Soc. **60**, 664 (1938).

2. Hydrogenation of Aldehydes and Ketones.

The hydrogenation of aldehydic and ketonic groups does not, in general, take place as rapidly as would be expected from the ease with which the reaction can be carried out, even with catalysts of relatively low hydrogenating power, such as copper zinc chromite, or even non-catalytically with nascent hydrogen.

a) *Aliphatic aldehydes and ketones.*

The reduction process, which leads to a primary alcohol in the case of an aldehyde and to a secondary alcohol with ketones, is, moreover, reversible; and may, if the hydrogenation temperature is high, proceed further to the irreversible production of a hydrocarbon by the elimination of oxygen as water. Thus, in the typical cases of acetaldehyde and acetone:

$$CH_3 \cdot CHO \rightleftharpoons CH_3 \cdot CH_2OH \rightarrow CH_3 \cdot CH_3$$

$$\begin{matrix} CH_3 \\ {} \\ CH_3 \end{matrix}\!\!>\!\!CO \;\rightleftharpoons\; \begin{matrix} CH_3 \\ {} \\ CH_3 \end{matrix}\!\!>\!\!CHOH \;\rightarrow\; \begin{matrix} CH_3 \\ {} \\ CH_3 \end{matrix}\!\!>\!\!CH_2$$

In addition, unsaturated aldehydes or ketones will also undergo saturation of their ethylenic bond, e. g.

$$CH_2:CH \cdot CHO \;\begin{matrix}\nearrow \\ \searrow\end{matrix}\; \begin{matrix} CH_3 \cdot CH_2 \cdot CHO \\ \text{Propionaldehyde.} \\[4pt] CH_2:CH \cdot CH_2OH \\ \text{Allyl alcohol.}\end{matrix} \;\begin{matrix}\searrow \\ \nearrow\end{matrix}\; \begin{matrix} CH_3 \cdot CH_2 \cdot CH_2OH \\ \text{Propyl alcohol.}\end{matrix}$$

CH_2:CH · CHO — Acrolein.

The earlier work on the catalytic reduction of aldehydes and ketones generally was carried out by SABATIER and SENDERENS in the vapour phase: they are, however, sometimes more satisfactorily hydrogenated in the liquid state, for instance under pressure in the presence of **nickel,** or, especially if the bodies are volatile, with **platinum,** in which latter case, however, there may be a tendency for the reaction to proceed as far as the hydrocarbon.

The hydrogenation in the vapour phase of *formaldehyde, acetaldehyde* and some of the lower homologous aldehydes was studied by SABATIER and SENDERENS in 1903[1]. All gave the corresponding alcohol smoothly and without the formation of by-products when passed with hydrogen over **nickel** at 100 to 140°; and, with these low-boiling bodies, hydrogenation in the gas phase is probably the most suitable method. *Acetone* was reduced in a similar way to isopropyl alcohol without any formation of pinacone. *Methyl-ethyl-ketone, dimethyl-ketone* and higher ketones behaved similarly.

For the reverse reaction, namely, the production of aldehydes or ketones by the *dehydrogenation* of primary or secondary alcohols, SABATIER and SENDERENS[2] recommend **copper** in place of nickel, since the latter metal, at the high temperatures required for effective dehydrogenation, is apt to cause decomposition.

The hydrogenation of aldehydes and ketones in the liquid or dissolved state, in the presence of **platinum black,** was examined by G. VAVON[3]. The reaction is somewhat slow. Thus, 40 g. of *acetaldehyde,* diluted with 100 c.c. of water and containing 15 g. of platinum prepared by LOEW's method, absorbed 20 l. of hydrogen after 24 hours shaking at room temperature, the reduction to ethyl alcohol being complete. Other aldehydes hydrogenated by VAVON in the same

---

[1] C. R. hebd. Séances Acad. Sci. **137**, 301 (1903); Ann. Chim. et Physique (8) **4**, 395 (1905).   [2] C. R. hebd. Séances Acad. Sci. **136**, 738, 921, 983 (1903).
[3] Ann. Chimie (9) **1**, 167 (1914).

way include *isovaleric aldehyde*, $(CH_3)_2 \cdot CH \cdot CH_2 \cdot CHO$, *oenanthic aldehyde*, $CH_3 \cdot (CH_2)_5 \cdot CHO$, and the important terpenic aldehyde, *citral*. Aliphatic ketones were hydrogenated similarly; but, unless these were diluted with water, the reduction went to a large extent as far as the hydrocarbon. As with the aldehydes, the reaction is slow; for instance 60 g. of acetone, diluted with 60 c.c. of water, required to be shaken with 15 g. of platinum for 15 hours at room temperature before the reaction was complete; but the product consisted of substantially pure isopropyl alcohol containing no pinacone. It is to be noted that catalytic hydrogenation both of aldehydes and of ketones differs from reduction with nascent hydrogen (sodium amalgam etc.) not only in giving a resultant free from secondary condensation products but also in leading to a substantially quantitative yield, the yields with nascent hydrogen being often very low. Other simple ketones hydrogenated by Vavon were *methyl-ethyl-ketone* (18 g. of which, in 30 g. of acetic acid, with 10 g. of platinum, required 3 hours for complete reduction to methyl-ethly-carbinol), *diethyl ketone*, and *methyl-propyl-ketone*.

The carbonyl group is, further, easily reduced by catalysts other than those of the classical metallic type. Thus, acetone[1] was readily hydrogenated to isopropyl alcohol by a **zinc chromite** catalyst at 370^0, at a pressure of 150 atm., the use of the high pressure being necessitated by equilibrium conditions at the temperature employed. The zinc chromite was inactive for the hydrogenation of ethylenic bonds between carbon atoms.

Catalysts of the sulphide type have also been used. N. A. Orlov, S. A. Glinskich and N. A. Ignatovitsch[2] obtained an approximately 60 per cent yield of n-heptane by reducing *di-propyl ketone* in the presence of a **molybdenum-sulphide-cobalt-oxide** catalyst, at a temperature of 345^0 and with a hydrogen pressure of 100—120 atm. It will be seen that under these conditions the hydrocarbon rather than the alcohol is produced.

b) Aldehyde-alcohol and Ketone-alcohol Equilibria.

In the typical cases of acetaldehyde and acetone, the equilibria between these bodies and the corresponding alcohols have been studied quantitatively by E. K. Rideal[3].

The reaction heat, Q, in the equation:

$$CH_3CHO + H_2 = CH_3 \cdot CH_2OH + Q,$$

is too indefinite, when derived from heats of combustion to allow the accurate calculation of the equilibrium constant:

$$K_p = \frac{P_{H_2} \times P_{CH_3 \cdot CHO}}{P_{C_2H_5OH}}$$

by means of an expression of the usual type

$$\log_{10} K_p = - \frac{Q}{4.571\,T} + 1.75\,\Sigma\nu \log_{10} T - \frac{\beta\,T}{4.571} + \Sigma\nu\,C$$

or

$$\log_{10} K_p = - \frac{Q}{4.571\,T} + 1.75 \log_{10} T - 3.75 \times 10^{-4}\,T + 2.2$$

in which the chemical constants and the variation with temperature of the specific heats of the aldehyde and alcohol are assumed respectively to be equal

---

[1] J. V. Vaughen, W. A. Lazier: J. Amer. chem. Soc. **53**, 3719 (1931).
[2] J. Chim. appl. (russ.) **8**, 1170 (1935).
[3] Proc. Roy. Soc. [London], Ser. A **99**, 153 (1921).

and to compensate for one another, the chemical constant of hydrogen being taken as 2.2, and β, the temperature coefficient of the specific heat of hydrogen, as 0.001714. This indefiniteness is also true for acetone, for which RIDEAL points out that a discrepancy of 1 per cent in the determination of the heats of combustion would make Q in definite between the values 12,000 and 21,000 cals.

Experimental measurements were carried out by a static method in the presence of **copper.** The variation of the equilibrium with the temperature was very large, as would be expected on the basis of the calculated values. The percentage decomposition, for ethyl and for isopropyl alcohol observed at various temperatures, is summarised in Table 31.

Table 31.

Substance	Temperature °C	K_p	Percentage decomposition at 1 atm.
Ethyl alcohol	105	6.44×10^{-4}	2.5
	150	1.60×10^{-3}	3.9
	175	4.77×10^{-3}	6.7
	200	1.21×10^{-2}	10.6
	225	4.52×10^{-2}	19.5
	250	2.32×10^{-1}	38.0
	275	0.91	60.2
Isopropyl alcohol	105	2.82×10^{-3}	5.3
	150	2.04×10^{-2}	13.6
	175	0.177	29.0
	200	0.523	51.1
	225	1.35	66.9
	250	4.82	85.0
	275	12.0	92.8

c) Aromatic Aldehydes.

The reduction of the simple aromatic aldehydes by SABATIER and SENDERENS' method with **nickel** leads principally to the hydrocarbon[1]; but they are readily reduced to the corresponding alcohol by liquid phase hydrogenation and, in general, react more rapidly than aliphatic aldehydes: for instance, VAVON (loc. cit., p. 709), working as already described for aliphatic aldehydes, was able to reduce 106 g. of *benzaldehyde* to benzyl alcohol in $2^1/_2$ hours with 8 g. of **platinum black,** the aldehyde being diluted with an equal weight of ethyl alcohol as a solvent. *Salicylic aldehyde* passed equally rapidly into saligenin, the yield being quantitative:

Salicylic aldehyde. Saligenin.

Reduction in the liquid phase with platinum has also been applied to various other aromatic aldehydes; and the reaction is a general one, being also applicable to bodies such as *vanillin* and *piperonal.*

Vanillin. Piperonal.

It will be noted that in all the above hydrogenations, the aldehydic group is attacked before the benzene nucleus.

d) Hydrogenation of Furfural.

Of cyclic aldehydes other than aromatic aldehydes, furfural, in which the aldehydic group is attached to an oxygen-containing ring, is of special interest on account of its large-scale availability. The hydrogenation of furfural was

---

[1] C. R. hebd. Séances Acad. Sci. **137**, 301 (1903).

carried out by the vapour method, with **nickel**, by M. Padoa and U. Ponti[1]. The primary product was furfuryl alcohol, but nuclear hydrogenation also occurred and there was, subsequently, some ring fission with the production of methyl butyl alcohol and of methyl propyl ketone:

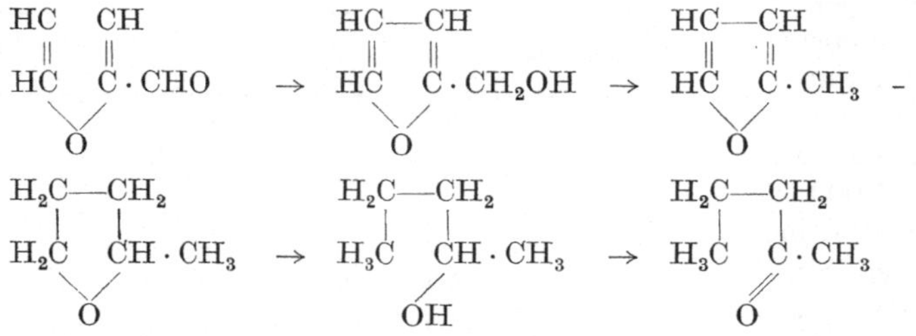

$$
\begin{array}{ccc}
\begin{array}{c}
\mathrm{HC}\!=\!\mathrm{CH} \\
| \qquad | \\
\mathrm{HC} \quad \mathrm{C\cdot CHO} \\
\diagdown\;\diagup \\
\mathrm{O}
\end{array}
& \rightarrow &
\begin{array}{c}
\mathrm{HC}\!-\!\mathrm{CH} \\
|| \qquad || \\
\mathrm{HC} \quad \mathrm{C\cdot CH_2OH} \\
\diagdown\;\diagup \\
\mathrm{O}
\end{array}
& \rightarrow &
\begin{array}{c}
\mathrm{HC}\!-\!\mathrm{CH} \\
|| \qquad || \\
\mathrm{HC} \quad \mathrm{C\cdot CH_3}\; - \\
\diagdown\;\diagup \\
\mathrm{O}
\end{array}
\\[3em]
\begin{array}{c}
\mathrm{H_2C}\!-\!\mathrm{CH_2} \\
| \qquad | \\
\mathrm{H_2C} \quad \mathrm{CH\cdot CH_3} \\
\diagdown\;\diagup \\
\mathrm{O}
\end{array}
& \rightarrow &
\begin{array}{c}
\mathrm{H_2C}\!-\!\mathrm{CH_2} \\
| \qquad | \\
\mathrm{H_3C} \quad \mathrm{CH\cdot CH_3} \\
\diagup \\
\mathrm{OH}
\end{array}
& \rightarrow &
\begin{array}{c}
\mathrm{H_2C}\!-\!\mathrm{CH_2} \\
| \qquad | \\
\mathrm{H_3C} \quad \mathrm{C\cdot CH_3} \\
\diagdown\!\diagdown \\
\mathrm{O}
\end{array}
\end{array}
$$

Some furane was also formed by the splitting off of the chain without ring fissure.

The hydrogenation of furfural takes place somewhat more smoothly at lower temperatures in the liquid phase; but, if hydrogenation is allowed to proceed to completion, some decomposition products appear always to be formed. Thus, furfural has been hydrogenated in the presence of **platinum**, which may be introduced as **platinum oxide**[2]. Reduction as far as furfuryl alcohol occurred quantitatively and without complication; but, on continuing the hydrogenation beyond this stage, tetrahydrofurfuryl alcohol, pentane-diol-1,2, pentane-diol-1,5 and n-amyl alcohol were produced. The reduction comes to a standstill unless the catalyst is periodically oxygenated; and the platinum was also found to be activated by small quantities of **ferrous chloride.** The best results were obtained by the use of 50 g. of furfural, 150 c.c. of alcohol, 1 g. of catalyst and 1.2 c.c. of 0.1 M ferrous chloride. In the shaker used by Kaufmann and Adams, and with a hydrogen pressure of 1—2 atmospheres, about four molecular equivalents of hydrogen were absorbed in four hours, during which period three activations with oxygen were necessary.

e) Aromatic Ketones.

The hydrogenation of aromatic ketones may be carried out by methods very similar to those already given for aliphatic ketones; but with **nickel** at high temperatures, there is a tendency towards the formation of hydrocarbon and even to the saturation of the nucleus. For instance, Sabatier and Murat[3] obtained, from *benzophenone*, diphenyl methane or dicyclohexyl methane according to the temperature and the activity of the nickel:

$$
\mathrm{C_6H_5\cdot CO\cdot C_6H_5} \rightarrow \mathrm{C_6H_5\cdot CH_2\cdot C_6H_5} \rightarrow \mathrm{C_6H_{11}\cdot CH_2\cdot C_6H_{11}}.
$$

Benzophenone.   Diphenyl methane.   Dicyclohexyl methane.

Analogous results, namely reduction to hydrocarbon, were also obtained with mixed aromatic-aliphatic ketones such as *acetophenone*, $\mathrm{C_6H_5\cdot CO\cdot CH_3}$, which was reduced to ethyl benzene. Hydrocarbons are also obtained at high temperatures in the vapour phase with **copper.**

The reduction of aromatic ketones to *alcohols* was carried out, with **platinum black** at room temperature, by Vavon (loc. cit., p. 709). The reduction of these bodies does not take place very quickly and requires the use of relatively active platinum. As an example, 18 g. of *benzophenone*, dissolved in 40 g. of ether,

<hr>

[1] Atti R. Accad. Lincei (5) **15** (2), 610 (1906); Gazz. chim. ital. **37** (2), 105 (1907).   [2] W. E. Kaufman, R. Adams: J. Amer. chem. Soc. **45**, 3029 (1923).
[3] Ann. Chim. et Physique (9) **4**, 264 (1915).

together with 8 g. of platinum black, required 3 hours' treatment in a shaker at room temperature for conversion into diphenyl carbinol.

$$C_6H_5 \cdot CO \cdot C_6H_5 \rightarrow C_6H_5 \cdot CH(OH) \cdot C_6H_5.$$

With *acetophenone* dissolved in acetic acid the most readily produced derivative, even with platinum at low temperatures, was the hydrocarbon, ethyl benzene; but some alcohol could be isolated from the product if the reaction was interrupted after the absorption of one g. mol. of hydrogen.

f) Hydrogenation of diketones.

Diketones, whether aliphatic or containing aromatic nuclei attached to a ketonic chain, are reduced in the vapour or liquid state by methods very similar to those used for the mono-ketones. Thus, SABATIER and SENDERENS[1] hydrogenated a number of typical α-, β-, and γ-diketones in the vapour phase with **nickel** at 140—150°. Normal products were obtained with the α- and γ-diketones examined, e. g.

$$CH_3 \cdot CO \cdot CO \cdot CH_3 \rightarrow CH_3 \cdot CHOH \cdot CO \cdot CH_3 \rightarrow CH_3 \cdot CHOH \cdot CHOH \cdot CH_3,$$

Di-acetyl.   Butanolone-2, 3.   Butanediol-2, 3.

but the β-diketone examined (acetyl acetone) underwent considerable decomposition under the conditions employed. With acetonyl acetone dehydration of the diol occurred:

$$CH_3 \cdot CO \cdot CH_2 \cdot CH_2 \cdot CO \cdot CH_3 \xrightarrow{H_2} CH_3 \cdot CHOH \cdot CH_2 \cdot CH_2 \cdot CHOH \cdot CH_3$$

Acetonyl acetone.   Dioxyhexane-2, 5.

$$\xrightarrow{-H_2O} CH_3 \cdot CH \cdot CH_2 \cdot CH_2 \cdot CH \cdot CH_3.$$

Diketones are also hydrogenated in the *liquid* phase, either with **platinum** or, preferably under pressure, with nickel. In this case the reaction proceeds smoothly, without the formation of by-products as at high temperatures.

g) Hydrogenation of Cyclic Ketones.

A further class of ketones exists in which the oxygen of the carbonyl group is actually attached to a ring. The most important of these is *cyclohexanone*, which is reversibly hydrogenated to cyclohexanol by **nickel.** SABATIER and

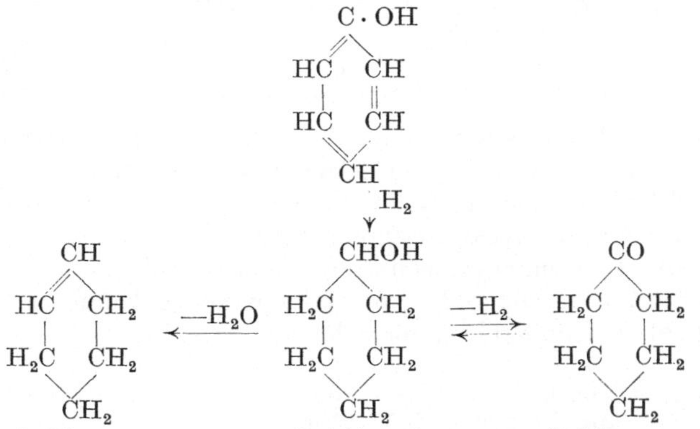

Cyclohexene.   Cyclohexanol.   Cyclohexanone.

---

[1] C. R. hebd. Séances Acad. Sci. **144**, 1086 (1907).

Senderens[1] recommend for the hydrogenation a temperature of 160—175⁰, with a large excess of hydrogen.

The reverse reaction, namely, the *dehydrogenation* of cyclohexanol, which is easily made by the hydrogenation of phenol, is of special interest. The principal product is cyclohexanone, but small quantities of cyclohexene and even of benzene are also obtained, the latter particularly if the dehydrogenation catalyst is nickel.

To prepare cyclohexanone from its alcohol, cyclohexanol, the latter may be passed, without hydrogen, over a **copper catalyst** at 300—330⁰, the cyclohexanone being obtained almost pure. Copper is not, however, as suitable as nickel for the reaction in the hydrogenation direction—namely, for the reduction of cyclohexanone to cyclohexanol—on account of its lower activity and consequent slowness of the reaction. On the other hand, nickel can also be used for the dehydrogenation, provided that the temperature and the activity of the catalyst are carefully controlled in order to avoid decomposition and nuclear dehydrogenation in addition to the loss of hydrogen by the alcoholic group.

The hydrogenation of cyclohexanone in the *liquid* phase with **platinum black** was studied by Vavon[2]. Reduction took place rapidly, substantially pure cyclohexanol being produced. As an index to the speed, 27 g. of cyclohexanone, dissolved in an equal weight of ether, with 8 g. of platinum black underwent complete hydrogenation in 75 minutes in a shaker et room temperature and pressure.

The three *methyl cyclohexanols*, prepared by the hydrogenation of o-, m- or p-cresol are *dehydrogenated*[3] to the corresponding methyl cyclohexanone—or, conversely, the methyl cyclohexanone may be hydrogenated to the methyl cyclohexanol—by·methods similar to those used for the parent bodies. Sabatier and Senderens, however, observed some nuclear dehydrogenation back to the cresol even in the presence of **copper.** Reasonably pure methyl cyclohexanone, accompanied by a little methyl-cyclohexene and a little cresol, was, however, obtained with this catalyst at 300⁰ [4].

A further cyclic ketone, the hydrogenation of which has been studied by Godchot and Taboury[5], is *cyclopentanone*. This, on hydrogenation over **nickel** in the vapour phase, gave, in addition to the normal products cyclopentanol and cyclopentane, considerable quantities (e. g. 40 per cent) of a condensation product, α-cyclopentyl-pentanone:

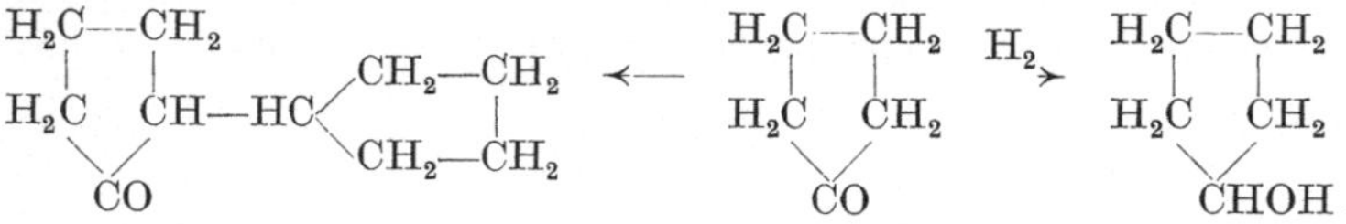

Cyclopentyl-pentanone.	Cyclopentanone.	Cyclopentanol.

The formation of this product, which is apparently produced by the hydrogenation of a condensation product a between two molecules of cyclopentanone, may be avoided by carrying out the hydrogenation at a low temperature. Vavon found, on hydrogenating cyclopentanone dissolved in ether, with **platinum** at room temperature, that only cyclopentanol was produced. 30 g. of the pentanone, in 100 g. of ether, were reduced completely on being shaken at room temperature with 8 g. of platinum black for 4 hours.

[1] Ann. Chim. et Physique (8) **4**, 401 (1905); C. R. hebd. Séances Acad. Sci. **137**, 1026 (1903).   [2] Ann. Chimie **1**, 187 (1914).

[3] Sabatier, Senderens: Ann. Chim. et Physique (8) **4**, 466 (1905).

[4] Sabatier, Senderens: C. R. hebd. Séances Acad. Sci. **140**, 350 (1905).

[5] Ann. Chim. et Physique (8) **25**, 41 (1911).

h) *Hydrogenation of Quinones.*

Quinones, which may be regarded as cyclic diketones, are usually very easily reduced. They were originally hydrogenated in the vapour phase by SABATIER and SENDERENS[1], who were able to obtain a substantially quantitative yield of hydroquinone by passing a mixture of *quinone* and hydrogen over **nickel** at 190⁰. At substantially higher temperatures, the mono-phenol and, subsequently, benzene are formed. The reaction was also successfully applied to *toluquinone, p-xyloquinone* and *thymoquinone,* the corresponding hydroquinone being formed if the temperature is not too high.

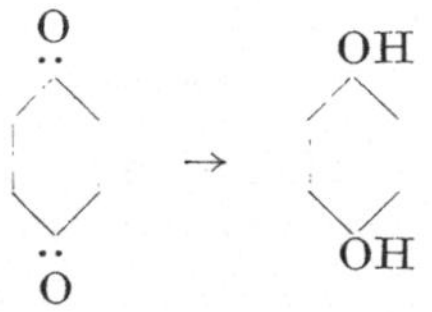

p-Benzoquinone. Hydroquinone.

Hydroquinone is also formed very easily and smoothly by hydrogenating quinone in solution at room temperature with, for instance, **platinum:** indeed, the reduction takes place sufficiently easily to be carried out effectively by reducing agents such as sulphurous acid in the absence of catalysts.

The catalytic hydrogenation of a number of condensed quinones, including anthraquinone and phenanthraquinone with nickel under pressure, has been examined by J. v. BRAUN and O. BAYER[2]. With, for instance, *anthraquinone,* alternative progressive hydrogenation of the ring system or the reduction of the oxygen atoms to hydroxyl is possible; further, the hydroxyl groups may themselves be reduced. Thus, the first stages of the hydrogenation under the conditions employed, i. e. with a reaction temperature of 160—170⁰ and a hydrogen pressure of 4 atm., involve the following steps:

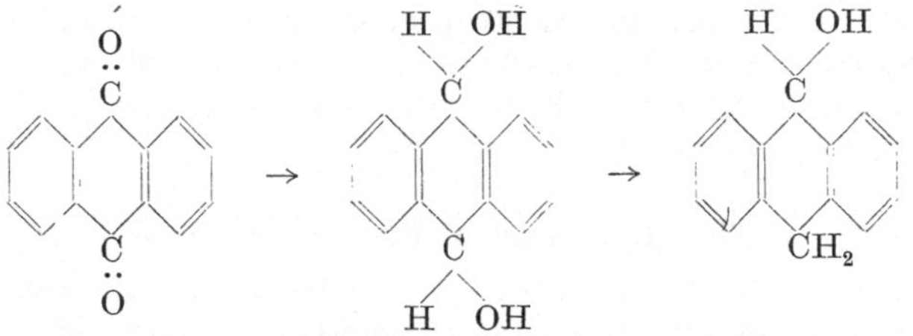

Anthraquinone.   Dihydro-anthrahydroquinone.   Dihydro-anthranol.

It will be noted that, in virtue of the rapid formation of the meso-dihydro body (see the hydrogenation of anthracene), the first product which could be isolated was the corresponding dihydro-anthrahydroquinone, although the formation of anthrahydroquinone might itself have been the first step in the hydrogenation. The reduction of the hydroxyl groups then begins, either before or together with the progressive hydrogenation of the rings. On the other hand, A. SKITA[3] who worked with **platinum** at a low temperature, observed under these conditions a rapid absorption of 5 molecules of hydrogen with production

---

[1] C. R. hebd. Séances Acad. Sci. **146**, 457 (1908).
[2] Ber. dtsch. chem. Ges. **58**, 2667 (1925).
[3] Ber. dtsch. chem. Ges. **58**, 2685 (1925).

of octahydroanthrahydroquinone, which may possibly be produced by way of a meso dihydro derivative.

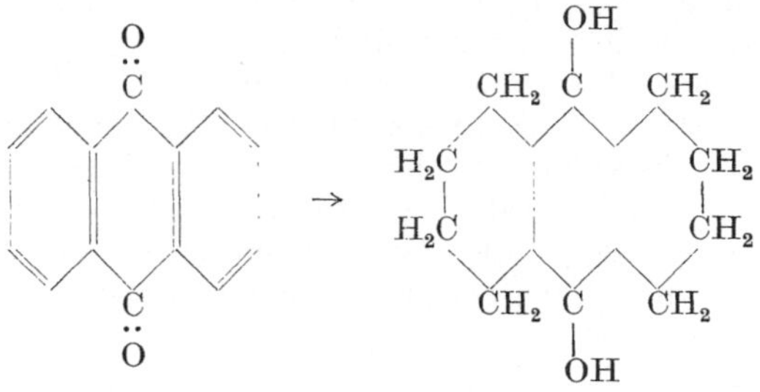

Anthraquinone.   s-Octahydro-anthrahydroquinone.

A very similar reaction was obtained with *phenanthraquinone*, but in this case a dihydro-dihydroxy body was isolated as an intermediate product.

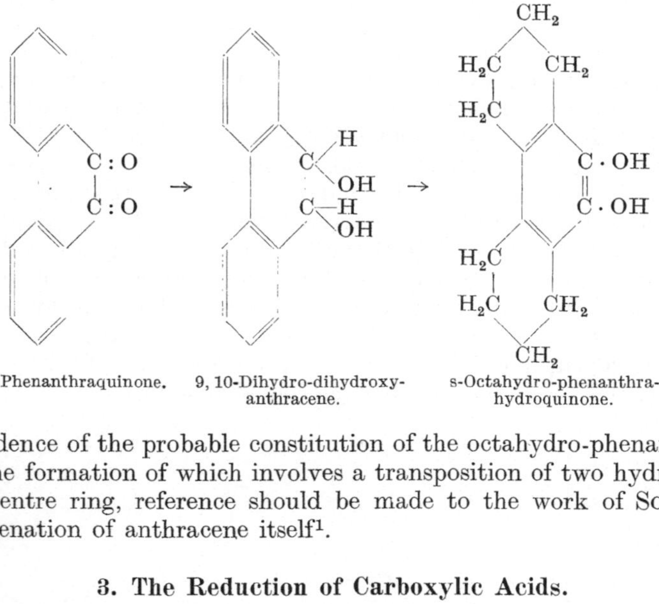

Phenanthraquinone.   9, 10-Dihydro-dihydroxy-   s-Octahydro-phenanthra-
                          anthracene.   hydroquinone.

For evidence of the probable constitution of the octahydro-phenanthrahydro-quinone, the formation of which involves a transposition of two hydrogen atoms from the centre ring, reference should be made to the work of Schroeter in the hydrogenation of anthracene itself[1].

3. The Reduction of Carboxylic Acids.

As already discussed, the reduction of a carboxylic acid or ester may involve two distinct types of process according to whether the point of attack is an unsaturated chain or ring attached to the carboxyl group or whether the reduction of this group itself takes place. Processes of the first of these types do not differ essentially from reactions which have been treated in earlier sections; but the catalytic hydrogenation of the higher ethylenic fatty acids, usually in the form of their glycerides, is of great technical importance in connection with the so-called *hardening of oils*, namely, the artificial production of solid fats from liquid glycerides.

a) Ethylenic Acids.

The lower ethylenic acids are relatively easily reduced, even by nascent hydrogen; but, as the chain length increases they are no longer attacked by nascent hydrogen and their catalytic hydrogenation also becomes slower. As a

---

[1] Ber. dtsch. chem. Ges. **57**, 2003 (1924).

class, however, they are more rapidly hydrogenated than, for instance, aromatic acids. Thus, the following experimental figures[1] may be taken as illustrative of the relative speeds of saturation under similar conditions of a short and of a relatively long chain olefinic acid compared with that of an aromatic acid. In this case, the hydrogenation was carried out with **platinum** at 40^0, the unsaturated acid being dissolved in acetic acid; but the same sequence will be followed also under other conditions (Table 32).

Table 32.

Substance hydrogenated	Relative rate of hydrogenation
Crotonic acid, $CH_3 \cdot CH : CH \cdot COOH$	1.0
Oleic acid, $CH_3 \cdot (CH_2)_7 \cdot CH : CH \cdot (CH_2)_7 \cdot COOH$	0.7
Benzoic acid, $C_6H_5 \cdot COOH$	0.05

The hydrogenation of these and other unsaturated acids, also of their esters where these are readily volatile, may be carried out in the vapour phase as well as in the liquid or dissolved state. For vapour treatment, **nickel** is probably the most suitable catalyst, and it is usually preferable to employ an ester rather than the acid itself since this may attack the metal catalyst. G. DARZENS[2] found that *ethyl acrylate* was rapidly hydrogenated to ethyl propionate on passage with hydrogen over nickel at 180^0.

$$CH_2 : CH \cdot COOEt + H_2 = CH_3 \cdot CH_2 \cdot COOEt.$$

Ethyl crotonate and esters of higher ethylenic acids are reduced similarly. Copper is by far not so active as nickel. The vapour-phase method can also be applied to esters of aromatic acids containing unsaturated side chains, such as *cinnamic acid*, in which case the aliphatic chain is hydrogenated far more rapidly than the nucleus; but their relatively low volatility renders them more readily reduced in a liquid state. This also applies to higher ethylenic acids such as *oleic acid*, all the more since a more suitable reaction temperature for all these acids for hydrogenation with nickel is somewhat lower than that used by DARZENS, for instance, $130—150^0$.

In practice, however, unsaturated acids are almost always hydrogenated either as liquids, either with or without a solvent. If **platinum** or **palladium** (or other metals of the same group) are used, the acids themselves can be taken; but with a **nickel** catalyst it is preferable, as in vapour-phase working, to use an ester. Hydrogenation is usually carried out in a shaker or similar apparatus, but it may, in the case of non-volatile acids or their esters, also be effected very simply by bubbling a brisk current of hydrogen through a suspension of the catalyst in the acid or ester, as described in a previous section.

As examples of the practical hydrogenation of small quantities of these acids under laboratory conditions, 1 g. of *crotonic acid*, dissolved for instance in 10 c.c. of acetic acid, should, in the presence of 0.05 to 0.1 g. of **platinum black,** absorb hydrogen at a rate between 10 and 25 c.c. per minute on being shaken with this gas at room temperature, the course of the reaction being almost linear until a stage approaching saturation is reached. A higher olefinic acid, under the same conditions, will absorb hydrogen somewhat more slowly and an aromatic acid much more slowly, in accordance with the typical relative rates already given. In general, the hydrogenation rate rises progressively with the temperature up to about 80^0 and subsequently decreases.

[1] MAXTED, STONE: J. chem. Soc. [London] **1934**, 28.
[2] C. R. hebd. Séances Acad. Sci. **144**, 328 (1907).

For hydrogenation with **nickel**, on a somewhat larger laboratory scale, 100 g. of an unsaturated ester, e. g. ethyl crotonate, ethyl oleate or a natural glyceride such as olive oil, may be mixed with, for instance, 1—2 g. of kieselguhr-supported nickel, and agitated in a shaker in a hydrogen atmosphere at 125 to 140°. The rate of the reaction depends on the activity of the catalyst and on the speed of shaking; and usually several hours will be required for substantially complete saturation, if the hydrogenation is carried out at atmospheric pressure. On a technical scale, a higher pressure is almost always employed; and the ratio of nickel to ester is considerably less. Further details are given in the section devoted to the technical hydrogenation of oils. The hydrogenation of an unsaturated ester may also be carried out, at relatively low temperatures by a catalyst of the alloy-skeleton type. Thus, 10 c.c. of olive oil was found[1] to absorb hydrogen in a shaker at an initial rate of about 11 c.c. per minute at 86° in the presence of 0.2 g. of **Raney nickel.**

Dibasic ethylenic acids, such as maleic or fumaric acids or their esters, readily undergo hydrogenation in solution in the presence of **platinum** or **palladium.** Thus, the author found that a system consisting of 0.6 g. of *maleic acid,* dissolved in 10 c.c. of acetic acid, and 0.05 g. of platinum black absorbed hydrogen in a shaker at room temperature, or slightly above, at a rate comparable with, but somewhat lower than, crotonic acid (see above). The hydrogenation of these acids and of the next higher group of isomers—*mesaconic, citraconic* and *itaconic* acids—was studied by S. Fokin[2]. Reduction takes place normally, e. g. succinic acid is formed from maleic acid:

$$\begin{array}{ccc} CH \cdot COOH & & CH_2 \cdot COOH \\ \parallel & \rightarrow & \mid \\ CH \cdot COOH & & CH_2 \cdot COOH \end{array}$$

b) *Reduction of Hydroxy-Olefinic Acids.*

The only common member of this class is *ricinoleic acid,*

$$CH_3 \cdot (CH_2)_5 \cdot CH(OH) \cdot CH_2 \cdot CH : CH \cdot (CH_2)_7 \cdot COOH,$$

which occurs in large quantities as a constituent of castor oil. When castor oil is hydrogenated technically with **nickel** at a high temperature, considerable reduction of the hydroxyl group of this acid, in addition to the saturation of its double bond, takes place, with production of stearic acid. It is, however, easily possible, either by using a low temperature with nickel or, better, by employing **platinum,** to saturate the ethylenic linkage without attacking the hydroxyl and thus to produce a hydroxystearic acid.

c) *Ethylenic Acids containing more than one Double Bond.*

The lower acids of this type, such as butadiene carboxylic acid, $CH_2 : CH \cdot CH : CH \cdot COOH$, are not of special interest from the standpoint of hydrogenation, save perhaps that they should add hydrogen in two stages. The next higher homologue, *sorbic acid,* has been hydrogenated by Fokin (loc. cit.) with **platinum,** the normal staturated product being obtained.

$$CH_3 \cdot CH : CH \cdot CH : CH \cdot COOH + 2H_2 = CH_3 \cdot (CH_2)_4 \cdot COOH.$$

Sorbic acid.Caproic acid.

Certain higher members of this class are, on the other hand, of very great importance in connection with the technical hydrogenation of oils, since they

---

[1] Maxted, Titt: J. Soc. chem. Ind. **57**, 197 (1938).
[2] J. russ. physik.-chem. Soc. **40**, 276 (1908).

occur in very large quantities as glyceryl esters in the natural glycerides. The most important of these poly-ethylenic long-chain fatty acids are *linoleic acid*, which is a C_{18} acid containing two double bonds, and the corresponding three double bond acid, *linolenic acid*. Both of these are 'widely distributed, linolenic acid being found in linseed oil. *Clupanodonic acid* is a third and equally important acid, which is characteristic of whale and fish oils and contains five ethylenic linkages; but, whereas linoleic and linolenic acids (like the hydroxy acid, ricinoleic acid, already discussed) are derived from oleic or stearic acid, clupanodonic acid is a C_{22} acid derived from behenic acid. The constitution of these bodies and their relationship to their parent acids are shown below.

Stearic acid, $CH_3 \cdot (CH_2)_{16} \cdot COOH$.

Oleic acid, $CH_3 \cdot (CH_2)_7 \cdot CH : CH \cdot (CH_2)_7 \cdot COOH$.

Linoleic acid, $CH_3 \cdot (CH_2)_4 \cdot CH : CH \cdot CH_2 \cdot CH : CH \cdot (CH_2)_7 \cdot COOH$.

Linolenic acid, $CH_3 \cdot CH_2 \cdot CH : CH \cdot CH_2 \cdot CH : CH \cdot CH_2 \cdot CH : CH \cdot (CH_2)_7 \cdot COOH$.

Behenic acid, $CH_3 \cdot (CH_2)_{20} \cdot COOH$.

Clupanodonic acid,
$CH_3 \cdot CH_2 \cdot (CH : CH \cdot CH_2 \cdot CH_2)_3 \cdot (CH : CH \cdot CH_2)_2 \cdot CH_2 \cdot COOH$.

or possibly
$CH_3 \cdot CH_2 \cdot (CH : CH \cdot CH_2 \cdot CH_2)_2 \cdot CH : CH \cdot CH_2 \cdot (CH : CH \cdot CH_2 \cdot CH_2)_2 \cdot COOH$.

In the course of the hydrogenation of these acids in the technical *hardening of oils*, step-wise saturation of the various double linkages occurs; and, since the order in which the double bonds are filled with hydrogen varies somewhat with the conditions under which the hydrogenation is carried out, a hardened fat which has been reduced to a given iodine value will not necessarily in every case possess the same melting point. This melting point and other physical properties will, of course, also vary with the nature of the oil, i. e. with the particular unsaturated acids and their distribution as mixed glycerides, even if the oil is, as before, reduced to a given iodine value. For further details, reference should be made to a work on oil hardening. It may be noted, however, that, in view of the indefinite melting point of mixed glycerides, it is usual technically to determine the melting point of the fatty acids, (the so-called titre), in place of the glycerides themselves.

d) *The Hydrogenation of Oils.*

The hydrogenation, or so-called hardening, of glyceride oils constitutes an industrial reaction which is of great importance as a method of transforming liquid oils into solid fats. Save for the scale on which it is applied, the reaction is in essence the same as the hydrogenation of the corresponding unsaturated fatty acids; but the process will be described in somewhat greater detail as a convenient example of procedure in large-scale hydrogenation.

The liquid oils which are usually hydrogenated consist of glycerides of various unsaturated acids, namely, of oleic, linoleic, linolenic and other acids, the constitution of which has already been given, the hardening operation consisting in the saturation with hydrogen of the ethylenic bonds in these acids, which are treated in the glyceride form. The commonly hydrogenated oils include whale oil, including fish and marine animal oils generally, cotton-seed, linseed and arachis oils, also castor oil (which contains an unsaturated hydroxy-acid, ricinoleic acid) and many others. The universally used catalyst is **nickel.**

All these oils, in their crude state, usually contain albuminoid and other impurities which, unless removed, tend to poison or cloak the catalyst and thus to make necessary the use of an unnecessarily large quantity of nickel. The first stage in the treatment accordingly consists in *refining* the crude oil. The nature and sequence of the refining operations vary with the oil treated; but, in almost all cases, these will include washing with soda, to remove free fatty acids, and treatment with fuller's earth to remove colouring matter and albuminoid impurities. The oil is subsequently dried in vacuum pans without exposure to an excessively high temperature. In addition, particularly with whale and fish oils, it may be necessary, before the above methods of refining, to wash with sulphuric acid, which helps to free the oil from entrained water and albuminoids, partly by coagulation and partly by charring. All these processes are normal operations in oil refining; and, for further details, reference should be made to any textbook dealing with the oil industry. In most cases, any good pale commercial oil can be hydrogenated without difficulty; but, for economic reasons, hydrogenation has frequently to be applied to low-grade fish and other oils. It is desirable that the oil, after refinement, shall be reasonably free from water, which causes frothing in the hydrogenation tanks and tends to split the oil into glycerine and free fatty acid, which may, in the presence of traces of oxygen in the hydrogen used, also attack the nickel catalyst and cause an unnecessary diminution in its activity.

The most commonly used form of nickel consists of the finely divided metal supported on kieselguhr. This is made by the general method already described in the chapter dealing with the preparation of catalysts.

Thus, 1 cwt. of nickel sulphate crystals and a slight excess of sodium carbonate (120—130 lbs. of soda crystals, since the nickel carbonate produced is basic) may be dissolved separately in two tanks, mounted over a third tank containing 96 lbs. of kieselguhr made into a smooth paste with water. These solutions are run simultaneously, at room temperature, into the kieselguhr tank, which is provided with a rotating agitator, by means of which the nickel carbonate formed is evenly precipitated on to the kieselguhr. After precipitation, the sludge is filtered through a filter press and washed thoroughly in the press in the ordinary way. The runnings from the press should be colourless from the start: if they are slightly green, too little soda has been used in the precipitation. For the washing, ordinary tap water is quite satisfactory, there being no necessity to use distilled water.

The next stage is the *drying* of the catalyst. This must be done without exposure to a high temperature, otherwise a bright green carbonate is formed which is less easy to reduce and gives a less active nickel. It will be noticed that, in the directions given in the preceding paragraph, the precipitation also was carried out in the cold rather than from boiling solutions. The most effective way of drying the filter cake in such a way as to obtain an easily reduced carbonate consists in stacking this on wooden or nickel gratings in a drying cabinet through which air at a temperature not higher than 50⁰ is passed (a cabinet containing a closed steam or hot water coil in its base and provided with adjustable ventilating doors is very suitable); or a continuous dryer may be used. In such a cabinet, the drying takes place slowly and may occupy several days; but, for an active catalyst, the drying operation should not be hurried. The dried cake, which may, especially if the heating is uneven, be blackened in places owing to formation of the black sesquioxide, should be friable enough to be powdered between the fingers without any suspicion of adhesion or clogging. It is then ground, for instance in a vertical rotary grinding mill, and charged into the reducer.

In its simplest form, this reducer consists of a rotating container mounted in a gasfired brickwork enclosure. This revolving type of reducer leads to a very even heat distribution and to thorough mixing of the catalyst during reduction; but a stationary vessel with internal agitating gear—or a continuous reducing plant, through which the catalyst is fed continuously, as an alternative to batch treatment—can, of course, be used. After charging, the temperature is slowly brought up to about 300⁰ usually, in the batch type of reducer, first of all without passing hydrogen. During this period which, with a moderate sized reducer, may last about two hours, carbon dioxide and some water vapour are evolved. As the evolution of these slackens, hydrogen is introduced, and reduction is carried out in a reasonably rapid stream of hydrogen until a stage is reached at which the whole of the charge possesses a uniform black colour, as seen by samples removed through a small sampling tube. If the reduction is pushed too far, a less active catalyst will result; and the optimum stage of reduction is (apart from measuring the water evolved) usually judged by experience. Under ordinary conditions of working, an average time of reduction will be about five hours, with a temperature of 300—350⁰ in the case of a kieselguhr supported-catalyst; but small charges reduce more quickly than this, and the temperature should be kept as low as is consistent with a not too slow reduction. The reduced metal is of course pyrophoric: however, samples for inspection of the progress of the reduction can usually be removed without trouble in a closed sampling tube which is cooled before being opened; and, after the reduction has been completed, the reducer, together with the charge, is allowed to become thoroughly cold, and the hydrogen replaced by an inert gas (carbon dioxide or nitrogen). With these precautions, the catalyst can be removed from the reducer safely and without loss of activity, and may be discharged into an open tank of cold oil, brought under the discharging door of the reducer, without the necessity for an air-tight seal. It is thoroughly mixed with the oil; and the concentrated mixture of oil and catalyst thus obtained is stored in an air-tight container and added, as a source of catalyst, to the main charges of oil to be hydrogenated.

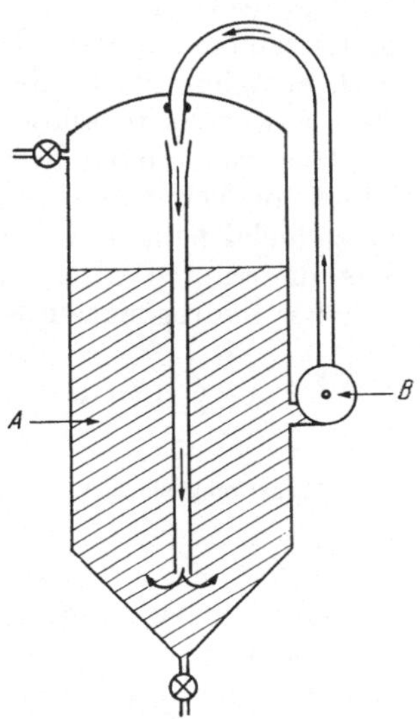

Fig. 21. Vessel for the hydrogenation of oils.

The hydrogenation operation itself is carried out in tall cylindrical reaction tanks heated to the required temperature (120—160⁰) by means of a closed steam coil or jacket or by a liquid-fed heating system. The speed of the reaction depends to a high degree on the intimacy of contact between the hydrogen and the oil, and, for this reason, apparatus of special design is often employed. Apart, however, from such special devices for dispersing the hydrogen through the oil, the general construction of a typical hydrogenation vessel is shown diagrammatically in Fig. 21, in which A is the vessel itself and B is a high-speed circulating pump, by means of which hydrogen is passed through the oil contained in the vessel, fresh hydrogen being added to the gas circuit to compensate for that absorbed by the oil. It is usual to preheat the oil and to dry this thoroughly by vacuum treatment before admitting the charge to the hydrogenation vessel; and this evacuation may also be repeated after adding the catalyst and before admitting hydrogen. The amount of nickel required varies greatly with the quality of the oil and with the general conditions. As a rough guide, this may, for instance, be 0.2 per cent of the oil treated; but lower concentrations are frequently used in modern practice. The hydrogenation is usually carried out at an increased pressure, which may for ordinary working conveniently be of the order of 10 atmospheres, with an initial temperature of 120—130⁰, which tends to rise as the hydrogenation proceeds, owing to the exothermic nature of the reaction, the temperature at the end being frequently 150—160⁰. As an alternative method of working, the operation may be started at 150—160⁰, which is approximately the temperature of maximum velocity, and the charge maintained at this temperature throughout by suitable cooling. The time required varies within wide limits, according to the amount of catalyst used and the general conditions; but, under ordinary conditions of working, the operation usually takes several hours. In the above description, no attempt has, for reasons of space, been made to describe particular types of hydro-genation vessels[1].

The progress of the hydrogenation is followed by measuring the volume of hydrogen adsorbed or by taking samples and observing the change in the refractive index of these, after filtration to remove the catalyst; or the hardness may be judged by allowing small samples to solidify. The hardened oil is usually subsequently graded in the ordinary way on the basis of its iodine value, but this test requires too long a time to be applied during the hydrogenation itself.

After hydrogenation is completed, the oil is discharged into a receiver, cooled somewhat, and filtered in filter presses to remove the catalyst, which may be suffi-ciently active for re-use. These hydrogenated oils are used in very large quantities in the soap and edible fat industries.

e) Hydrogenation of Acetylenic Acids.

The acetylenic acids are not very important. *Propiolic acid*, $CH : C \cdot COOH$, or its esters, are easily hydrogenated in the liquid phase; and, as was the case with acetylene itself, the reaction may be arrested at an intermediate stage in such a way as to allow the isolation of the corresponding ethylenic acid.

This was studied by C. Paal and W. Hartmann[2] with *phenyl propiolic acid* which, on being hydrogenated (as the sodium salt) in a shaker in the presence of **colloidal palladium,** gave a maleinoid form of cinnamic acid if the reduction was interrupted after the required volume of hydrogen had been absorbed. Further hydrogenation led to hydrocinnamic acid.

$$\bigcirc \cdot C : C \cdot COOH \quad \rightarrow \quad \bigcirc \cdot CH : CH \cdot COOH \quad \rightarrow \quad \bigcirc \cdot CH_2 \cdot CH_2 \cdot COOH$$

Phenyl propiolic acid.   Cinnamic acid.   Hydrocinnamic acid.

f) Hydrogenation of Aromatic Acids.

All ordinary aromatic acids may be hydrogenated in the nucleus by methods very similar to those used for the parent hydrocarbons; but the reaction does not, in general, go well in the vapour phase at high temperatures on account of decomposition. This decomposition is less if esters are hydrogenated in place of the acids: thus, Sabatier and Murat[3] obtained fair yields of methyl and other hexahydrobenzoates by hydrogenating the corresponding benzoic ester over **nickel** at relatively low temperatures.

Benzoic acid was hydrogenated in the liquid phase by Willstätter and Hatt[4]. For instance, 2 g. of benzoic acid in 20 c.c. of acetic acid, in the presence of 0.7 g. of platinum, absorbed in a shaker at 16^0 the theoretical volume of hydrogen for conversion into hexahydrobenzoic acid in 75 minutes, the operation being carried out at normal pressure.

Naphthoic acid and other condensed aromatic acids may be hydrogenated in the same way. The reaction is, as has already been stated, far slower than for aliphatic acids; and it is usually advantageous to use an increased pressure. As with benzoic acid itself, **nickel** may be used in place of platinum, save that it is usually desirable, with catalysts other than those of the platinum group, to

---

[1] For details of these, reference may be made to the author's book: "Catalysis and its Industrial Applications" (London: J. and A. Churchill 1933), or to Ellis: "Hydrogenation of Oils" (New York: Van Nostrand Co.).

[2] Ber. dtsch. chem. Ges. **42**, 3930 (1909).

[3] C. R. hebd. Séances Acad. Sci. **154**, 924 (1912).

[4] Ber. dtsch. chem. Ges. **45**, 1476 (1912).

employ an ester in place of an acid, which tends to attack a nickel catalyst. However, IPATIEW[1] was able to hydrogenate both α- and β-naphthoic acids with nickel at a high pressure, both tetrahydro and decahydro derivatives being obtained.

Dibasic acids like phthalic acid are reduced similarly[2]. This also applies to more complicated dicarboxylic acids such as phenylene-acetic-propionic acid, which was hydrogenated by L. HELFER[3] as a step towards the synthesis of hexahydro-isoquinoline:

$$\text{(ring)} \cdot CH_2 \cdot CH_2 \cdot COOH,\ \cdot CH_2 \cdot COOH \ \rightarrow \ \text{(ring)} \cdot CH_2 \cdot CH_2 \cdot COOH,\ \cdot CH_2 \cdot COOH$$

$$\rightarrow \ \text{(ring)} \cdot CH_2 \cdot CH_2 \cdot NH_2,\ \cdot CH_2 \cdot NH_2 \ \rightarrow \ \text{(hexahydro-isoquinoline)}$$

According to SKITA[4], the hydrogenation reaction is most easily carried out with **colloidal platinum** protected by gum arabic, in acetic acid solution, especially in the presence of hydrochloric acid.

Hydroxy acids, such as salicylic acid, are easily hydrogenated by **platinum black** in aqueous solution or suspension[5]; indeed, the use of water as a hydrogenation liquid gave in these cases better results than acetic acid. Hydrogenation with platinum at room temperature took place in the nucleus only, the hydroxyl group remaining intact.

g) Heterocyclic Acids.

Carboxylic acids containing an unsaturated heterocyclic ring undergo hydrogenation in much the same way as their parent bodies. Thus, pyromucic acid was reduced by H. WIENHAUS and H. SORGE[6] by hydrogenation in a shaker with **colloidal platinum**, protected by gum arabic, in aqueous solution.

$$
\begin{array}{ccc}
HC{=}CH & & H_2C{-}CH_2 \\
HC{=}C \cdot COOH & \rightarrow & H_2C{-}CH \cdot COOH \\
\diagdown O \diagup & & \diagdown O \diagup
\end{array}
$$

Pyromucic acid.   Tetrahydro pyromucic acid.

The same hydrogenation has also been carried out by KAUFMAN and ROGERS with ethyl pyromucate, using platinum derived from its oxide.

Other heterocyclic acids may also be reduced by standard hydrogenation methods. For instance, picolinic acid on hydrogenation in a solvent with

---

[1] Ber. dtsch. chem. Ges. **42**, 2100 (1909).
[2] IPATIEW, O. PHILIPOW: Ber. dtsch. chem. Ges. **41**, 1001 (1908).
[3] Helv. chim. Acta **6**, 785 (1923).
[4] Ber. dtsch. chem. Ges. **57**, 1977 (1924).
[5] J. HOUBEN, A. PFAU: Ber. dtsch. chem. Ges. **49**, 2294 (1916).
[6] Ber. dtsch. chem. Ges. **46**, 1927 (1913).

platinum, passes into the corresponding piperidine carboxylic acid; but the rate of reaction is slow.

$$\begin{array}{ccc} & CH & \\ & \diagup \diagdown & \\ HC & & CH \\ \parallel & & | \\ HC & & C \cdot COOH \\ & \diagdown \diagup & \\ & N & \end{array} \quad \rightarrow \quad \begin{array}{ccc} & CH_2 & \\ & \diagup \diagdown & \\ H_2C & & CH_2 \\ | & & | \\ H_2C & & CH \cdot COOH \\ & \diagdown \diagup & \\ & NH & \end{array}$$

4. Hydrogenation of the Carboxyl Group.

The catalytic hydrogenation of the carboxyl group of an organic acid, with production of an alcohol or of a hydrocarbon, according to the general course:

$$R \cdot COOH \rightarrow R \cdot CH_2OH \rightarrow R \cdot CH_3$$

does not take place very readily and requires treatment at temperatures somewhat higher than those normally employed in hydrogenation. For these reasons the possibility of reducing the group catalytically has only recently been recognised. It can, however, be carried out with most of the ordinary hydrogenation catalysts—such as metallic nickel or catalysts of the copper chromite, nickel chromite or zinc chromite type—provided that the temperature is sufficiently high; and, while a high pressure is usually used, this latter condition does not appear to be necessary. The production of an alcohol or of a hydrocarbon depends, as would be expected, partly on the catalyst and partly on the temperature and duration of the treatment; and esters may be employed in place of the acids themselves, in which case two alcohols, derived respectively by the regeneration of the ester alcohol and by the reduction of the acid, are produced, e. g.

$$R \cdot COOEt \rightarrow R \cdot CH_2OH + Et \cdot OH.$$

The process is thus a catalytic alternative to the non-catalytic reduction of esters introduced by BOUVEAULT and BLANC[1], but differs from this in giving relatively high yields and in freedom from side reactions.

The catalytic hydrogenation of a number of esters in the liquid phase to alcohols with **copper chromite** was studied by H. ADKINS and K. FOLKERS[2]. In general, a working temperature of 250° and a pressure of 220 atm. were used. Some typical results are summarised in Table 33.

Table 33.

Ester	Product	Yield
Ethyl valerate	n-Amyl alcohol	94
Ethyl laurate	Lauryl alcohol	97
Ethyl myristate	Myristyl alcohol	98
Ethyl cinnamate	Phenylpropyl alcohol	83
Ethyl trimethyl acetate	Tert.-Butyl carbinol	88
Ethyl succinate	Tetramethylene glycol	80

It will be seen that good yields of the corresponding alcohol are in each case obtained.

The reduction of some higher fatty acids and their esters both to alcohols and to hydrocarbons was investigated by W. SCHRAUTH, O. SCHENCK and K. STICKDORN[3]. Thus, 40 g. of stearic acid gave a yield of 31 g. of octadecyl

---

[1] Bull. Soc. chim. France (3) **31**, 666 (1904).
[2] J. Amer. chem. Soc. **53**, 1095 (1931).
[3] Ber. dtsch. chem. Ges. **64**, 1314 (1931).

alcohol when shaken with hydrogen, at 325° and 280 atm., in the presence of 4 g. of **zinc-copper-chromite.** Very similar results were, however, also obtained with an ordinary kieselguhr-supported **copper** catalyst: for instance, caprylic acid was reduced to octyl alcohol, and methyl caproate to decyl alcohol. The use of **nickel** tended to give a hydrocarbon. Methyl laurate, when hydrogenated with this catalyst at 390° and 280 atm., gave dodecane, which was also obtained from lauric acid with copper on kieselguhr. The time required for the reaction, even with copper, is relatively short. Thus, 40 g. of lauric acid, with 4 g. of a copper-kieselguhr catalyst, underwent reduction in 60 minutes in a high-pressure shaker at 270 atm. and at a temperature up to 390°. The production of alcohol or of hydrocarbon is, as already mentioned, partly a function of the catalyst and partly of the temperature and other conditions of hydrogenation; and it will be noted that the temperatures used by SCHRAUTH, SCHENCK and STICKDORN are considerably higher than those employed by ADKINS and FOLKERS. Other work on the reaction of esters to alcohols with nickel has been carried out by PALFRAY and SABATAY[1], who converted ethyl laurate into a mixture of the corresponding alcohol (dodecanol) and hydrocarbon (dodecane) by hydrogenation in the liquid phase at 260°, with a hydrogen pressure of 150 kg./cm.². With ethyl phenyl acetate—$C_6H_5 \cdot CH_2 \cdot COOEt$—the reaction product contained both $C_6H_5 \cdot CH_2 \cdot CH_2 \cdot OH$ and $C_6H_{11} \cdot CH_2 \cdot CH_2 \cdot OH$, in addition to the corresponding hydrocarbons.

The use of a high pressure appears not to be essential. O. SCHMIDT[2] was able to reduce esters such as ethyl oleate very simply by passing a mixture of the vapour of the ester and hydrogen through a **copper chromite** catalyst, supported on silica gel, at 270—280° and at atmospheric pressure. The product contained 80—90 per cent of octadecyl alcohol, which was obtained as a white crystalline deposit in the receiver.

In the case of an acid containing both an unsaturated linkage and a carboxyl group, it is possible to hydrogenate preferentially either the one position or the other according to the catalyst and conditions of hydrogenation chosen. Thus, while ordinary catalysts, especially at low temperatures, hydrogenate the double bond exclusively, catalysts containing zinc, such as **zinc chromite,** tend to attack the carboxyl group to the exclusion of the double bond, the alternative course of the reduction, for instance with oleic acid, being:

$$
\begin{array}{c}
\text{Ni} \\
\nearrow \quad CH_3 \cdot (CH_2)_{16} \cdot COOH \\
\text{Stearic acid.} \\
CH_3 \cdot (CH_2)_7 \cdot CH:CH \cdot (CH_2)_7 \cdot COOH \\
\searrow \quad CH_3 \cdot (CH_2)_7 \cdot CH:CH \cdot (CH_2)_7 \cdot CH_2 \cdot OH \\
\text{Zn} \qquad \text{Octadecenyl alcohol.} \\
\text{chromite}
\end{array}
$$

The method therefore allows the easy production of unsaturated alcohols, most of which are otherwise difficult of access. Work in this field has been carried out by J. SAUER and H. ADKINS[3], who used both zinc chromite and other related catalysts and reduced esters rather than the acids themselves. In the results tabulated below, it will be noticed that catalysts containing zinc did not attack the double bond, whereas those in which copper was present as a component gave a saturated acid or alcohol, rather than an unsaturated alcohol (Table 34).

[1] Bull. Soc. chim. France (5) **3**, 682 (1936).
[2] Ber. dtsch. chem. Ges. **64**, 2051 (1931).
[3] J. Amer. chem. Soc. **59**, 1 (1937).

Table 34.

Ester hydrogenated	Catalyst	Temperature °C	Product	Yield
Ethyl oleate	**Zinc chromite**	300	Octadecenol	50—60
Butyl oleate	**Zinc chromite**	300	Octadecenol	65
Butyl erucate	**Zinc chromite**	295	Docosenol	68
Butyl oleate	**Copper chromite**	250	Octadecanol	86
Ethyl oleate	**Copper molybdite**	250	Ethyl stearate	70

The catalytic preparation of these long-chain alcohols, both of the saturated and of the ethylenic class has become of considerable technical importance.

It may, further, be noted that the hydrogenation of optically active esters to alcohols gives a product which possesses the same type of optical activity as the starting material. Bowden and Adkins[1] hydrogenated a number of bodies of this class with **copper chromite,** the reduction being in general carried out in the liquid phase at 250° under a pressure of 150—200 atm.

5. Hydrogenation of Aromatic Amino Derivatives.

The hydrogenation of aniline and similar bodies does not differ greatly from the nuclear saturation of other aromatic bodies, save that the splitting off of ammonia, with formation of secondary and tertiary amines, may occur.

Sabatier and Senderens[2] found that, on passing a mixture of aniline and hydrogen over reduced **nickel** at 190°, cyclohexylamine was produced:

$$
\begin{array}{ccc}
C \cdot NH_2 & & CH \cdot NH_2 \\
HC \quad CH & & H_2C \quad CH_2 \\
HC \quad CH & + 3\,H_2 = & H_2C \quad CH_2 \\
CH & & CH_2
\end{array}
$$

At the same time, dicylohexylamine, $(C_6H_{11})_2 \cdot NH$, cyclohexylaniline, $C_6H_5 \cdot NH \cdot C_6H_{11}$, and other products were obtained. Substituted anilines, such as methyl or ethyl aniline, dimethyl aniline etc. behaved similarly; but, with benzylamine, ammonia was split off with formation of toluene:

$$C_6H_5 \cdot CH_2 \cdot NH_2 + H_2 = C_6H_5 \cdot CH_3 + NH_3.$$

Aniline was hydrogenated in the liquid phase by Willstätter and Hatt[3] with **platinum.** The product contained only a small percentage of the primary amine.

A. Skita and W. Berend[4] made the important observation that the percentage of primary amine in the product, in addition to being dependent on the temperature, could be changed by the addition of *hydrochloric acid*, in such a way as to give pure primary or pure secondary cyclohexylamine at will. These authors, who used **colloidal platinum**—in the presence of gum arabic as a protective colloid stable towards acids—give the following directions for the preparation of pure cyclohexylamine. The charge taken for hydrogenation consisted of 240 c.c. of the colloidal platinum solution (containing 110 c.c. of acetic acid and 1.5 g. of platinum), 10 c.c. of 36 per cent hydrochloric acid and 8.4 g. of aniline. This, on being shaken at 21° with hydrogen at a pressure of 3 atm., absorbed the theoretical quantity of hydrogen in $2^1/_2$ hours. Only

[1] J. Amer. chem. Soc. **56**, 689 (1934).
[2] C. R. hebd. Séances Acad. Sci. **138**, 457 (1904); Ann. Chim. et Physique (8) **4**, 376 (1905).   [3] Ber. dtsch. chem. Ges. **45**, 1476 (1912).
[4] Ber. dtsch. chem. Ges. **52**, 1519 (1919).

cyclohexylamine (yield, 8 g.) was found in the product. If, on the other hand, the hydrochloric acid was omitted, the product consisted of about 40 per cent or primary and 60 per cent of secondary amine.

For the preparation of almost pure secondary amine the reaction is carried out at 55—60⁰, in place of at room temperature, and the hydrochloric acid is not added. A typical product obtained under these conditions contained about 80 per cent of dicyclohexylamine and 20 per cent of cyclohexylamine. Very similar results were given by toluidine.

The hydrogenation of aryl-substituted aliphatic amines, such as benzyl-amine of β-phenyl-ethylamine, takes place only very slowly under ordinary conditions of liquid phase hydrogenation. It can, however, be effectively carried out by using colloidal platinum, particularly in the presence of acetic and hydrochloric acids in a similar way[1] to that described for aniline. With *benzylamine*, $C_6H_5 \cdot CH_2 \cdot NH_2$, the addition of hydrochloric acid is apparently unnecessary, since 10 g. of commercial benzylamine, in 30 c.c. of acetic acid, absorbed slightly more than the theoretical volume of hydrogen in 8 hours at 50—60⁰, with a hydrogen pressure at 3 atm., the catalyst consisting of about 1.5 g. of colloidal platinum prepared by SKITA's inoculation method in the presence of gum arabic.

With *β-phenyl-ethylamine*, $C_6H_5 \cdot CH_2 \cdot CH_2 \cdot NH_2$, however, hydrochloric acid was used. The charge hydrogenated (at 50—60⁰ and at 3 atm.) consisted of 10 g. of the amine in 35 c.c. of acetic acid, 10 c.c. of concentrated hydrochloric acid and 140 c.c. of a **colloidal platinum** solution containing 1 g. of platinum and 6 g. of gum arabic. The conversion was finished in $5^1/_2$ hours.

Amino-acids, such as *anthranilic acid* and *p-aminobenzoic acid* are stated not to hydrogenate well in acetic acid, but to react smoothly in the form of a water solution or suspension[2]. Thus, 1 g. of p-amino-benzoic acid together with 0.3 g. of **platinum black** absorbed approximately the required volume of hydrogen for the hydrogenation of the ring after shaking, with water, in a hydrogen atmosphere for $9^1/_2$ hours, whereas, in acetic acid, hydrogenation was incomplete.

6. The Reduction of Miscellaneous Linkages Containing Nitrogen.

The hydrogenation of certain cyclic nitrogen compounds, such as pyridine, has—by reason of the close similarity of the process to the reduction of purely carbocyclic rings—already been treated in a previous section immediately after the hydrogenation of benzene. With these exceptions, the remaining nitrogen-containing linkages are now, for covenience, considered together.

These groups involve in some cases a carbon-nitrogen linkage such as is present in the cyanides and isocyanides: in other classes, the unsaturated bond lies between nitrogen atoms only, e. g. in the azo, —N : N—, group; or the linkage may involve oxygen groupings of various types, as in the nitro compounds, in nitrous esters, or in bodies such as azoxybenzene. In the hydrogen-

<hr>

[1] A. SKITA: Ber. dtsch. chem. Ges. **57**, 1977 (1924).
[2] J. HOUBEN, A. PFAU: Ber. dtsch. chem. Ges. **49**, 2294 (1916).

ation of these latter groups, the reduction usually involves the elimination of oxygen as water.

Catalytic hydrogenation of the above bodies is, in many cases, only an alternative method of carrying out a reaction which can also be effected non-catalytically by means of nascent hydrogen. Catalytic reduction, however, frequently gives higher yields of the simple reduction product, and may, in addition, greatly simplify the manipulation required.

a) *Hydrogenation of Nitriles and Isonitriles.*

The catalytic hydrogenation of nitriles in the vapour phase was examined by Sabatier and Senderens[1]. In the typical case of methyl cyanide, this was led, together with hydrogen, over reduced **nickel** at 180—200°, the product being condensed by means of ice and salt. This product was found to consist of the three corresponding amines:

$$CH_3 \cdot CN \begin{cases} \nearrow CH_3 \cdot CH_2 \cdot NH_2 \text{ (Primary ethylamine)} \\ \rightarrow (CH_3 \cdot CH_2)_2 \cdot NH \text{ (Secundary ethylamine)} \\ \searrow (CH_3 \cdot CH_2)_3 N \text{ (Tertiary ethylamine)} \end{cases}$$

of which the secondary amine was the most abundant. Higher aliphatic cyanides reacted similarly: thus, ethyl cyanide gave mono-, di-, and tri-propylamine. Aromatic cyanides, under Sabatier and Senderens' conditions, split off ammonia. For instance, with phenyl cyanide:

$$C_6H_5CN + 3H_2 = C_6H_5 \cdot CH_3 + NH_3.$$

Isonitriles undergo hydrogenation similarly; but, as would be expected from their structure, give products differing from those obtained from the nitriles. Sabatier and Mailhe[2] hydrogenated methyl isocyanide with **nickel** in the vapour phase at 160—180° and obtained, as the principal product, dimethylamine. A small quantity of ethylamine was also produced, due probably to the isomerisation of part of the isonitrile to nitrile:

$$CH_3 \cdot NC + 2H_2 = CH_3 \cdot NH \cdot CH_3$$
Methyl isocyanide.

$$CH_3 \cdot CN + 2H_2 = CH_3 \cdot CH_2 \cdot NH_2.$$
Methyl cyanide.

Ethyl isocyanide behaved similarly, giving secondary methylethylamine, $C_2H_5 \cdot NH \cdot CH_3$, in place of propylamine as obtained from ethyl cyanide. **Copper** could be substituted for nickel but was far less active.

The hydrogenation of nitriles to amines is a reversible process, in that the *dehydrogenation* of an amine to a nitrile occurs readily on passage over a metallic catalyst at a high temperature, according to the general equation:

$$R \cdot CH_2 \cdot NH_2 = 2H_2 + R \cdot CN.$$

P. Sabatier and G. Gaudion[3] found that *benzylamine*, when passed over **nickel** at 300—350° in the absence of hydrogen, gave benzonitrile; but some splitting off of ammonia occurred, part of the nitrile being further reduced to toluene. Aliphatic amines react similarly: thus, isoamylamine gave isovaleric nitrile.

In the liquid phase, the reduction of nitriles to amines was carried out with **palladium** by Paal and Gerum[4], who obtained benzylamine from phenyl cyanide.

[1] Ann. physic. Chim. (8) **4**, 403 (1905); C. R. hebd. Séances Acad. Sci. **140**, 482 (1905).   [2] Bull. Soc. chim. France (4) **1**, 612 (1907).
[3] C. R. hebd. Séances Acad. Sci. **165**, 224 (1917).
[4] Ber. dtsch. chem. Ges. **42**, 1553 (1909).

The subject was investigated in greater detail by H. RUPE and K. GLENZ[1]. In this work, **nickel** was employed as the catalyst. Thus, 10 g. of amyl cyanide, dissolved in a mixed solvent containing 50 c.c. of alcohol, 50 c.c. of water and 40 c.c. of ethyl acetate, were shaken with hydrogen in the presence of 20 g. nickel catalyst at room temperature. The volume of hydrogen required for the conversion of the cyanide into an amine was absorbed in 24 hours. Benzyl cyanide, $C_6H_5 \cdot CH_2 \cdot CN$, and phenyl propyl cyanide, $C_6H_5 \cdot CH_2 \cdot CH_2 \cdot CN$, reacted similarly. The principal product is usually the secondary amine. The mechanism of the reaction was further studied by H. RUPE and E. HODEL[2]. It may be noted that whereas RUPE and his collaborators, when working in solutions containing aqueous alcohol, obtained secondary amines, K. W. ROSENMUND and E. PFANKUCH[3] obtained primary amines by working in acetic acid solution. Thus, with a **palladium** catalyst, both phenyl cyanide and benzyl cyanide gave good yields, respectively, of benzylamine and phenyl-ethylamine, $Ph \cdot CH_2 \cdot CH_2 \cdot NH_2$.

According to W. H. CAROTHERS and G. A. JONES[4], reduction in acetic anhydride solution, using a **platinum** catalyst, leads to the pure primary amine. Accordingly, benzonitrile (phenyl cyanide), benzyl cyanide, and o- and p-tolunitrile were smoothly reduced in this way, secondary amines being absent in the product. It was noted further that, while the reduction proceeded at a practicable rate in glacial acetic acid, acetic anhydride and alcohol, it took place only very slowly in ether. In solvents other than acetic anhydride, a mixture of primary and secondary amines was produced. On the whole, the production of a pure primary amine appears to depend on the fixation of this by employing an acid reduction medium: thus, W. H. HARTUNG[5] obtained the pure primary product in a solution of absolute alcohol containing hydrogen chloride. Further[6], it may be noted that primary amines are transformed into secondary amines on being heated in a neutral solvent (xylene) in the presence of platinum and hydrogen.

PAAL and GERUM[7] assume, in the reduction of nitriles, the intermediate formation of an aldimine, e. g. with benzonitrile:

$$C_6H_5 \cdot C \vdots N + H_2 = C_6H_5 \cdot CH : NH.$$
Benzaldimine.

These bodies have been prepared by V. GRIGNARD and R. ESCOURROU[8] by hydrogenating nitriles under reduced pressure with **nickel** or **platinum.** Aldimines are also produced in the vapour-phase reduction of nitriles with a **copper** catalyst at 150°[9], their production being favoured by a high rate of passage over the catalyst. No aldimine was obtained from aliphatic nitriles such as acetonitrile or iso-valeronitrile.

b) Reduction of Isocyanates.

SABATIER and SENDERENS[10] have studied the catalytic reduction of aliphatic and aromatic isocyanates by passing these in vapour form over **nickel** at 180

[1] Helv. chim. Acta **5**, 937 (1922).
[2] Helv. chim. Acta **6**, 865 (1923).
[3] Ber. dtsch. chem. Ges. **56**, 2258 (1923).
[4] J. Amer. chem. Soc. **47**, 3051 (1925).
[5] J. Amer. chem. Soc. **50**, 3370 (1928).
[6] K. W. ROSENMUND, G. JORDAN: Ber. dtsch. chem. Ges. **58**, 51 (1925).
[7] Loc. cit.; see also RUPE, HODEL: loc. cit.
[8] C. R. hebd. Séances Acad. Sci. **180**, 1883 (1925).
[9] S. KOMATSU, S. ISHIDA: Mem. Coll. Sci., Kyoto Imp. Univ. **1927**, 331.
[10] Bull. Soc. chim. France (4) **1**, 615 (1907).

to 190°. In general, the reduction takes place normally, with formation of amines and elimination of the oxygen as water:

$$C_2H_5 \cdot N : CO + 3H_2 = C_2H_5 \cdot NH \cdot CH_3 + H_2O$$
Ethyl isocyanate.   sec. ethylmethylamine.

$$C_6H_5 \cdot N : CO + 3H_2 = C_6H_5 \cdot NH \cdot CH_3 + H_2O$$
Phenyl isocyanate.   Phenyl methylethylamine.

but secondary reactions also occur. Thus, with phenyl isocyanate, the water produced reacts with unchanged isocyanate with production of diphenyl urea:

$$2C_6H_5 \cdot N : CO + H_2O = (C_6H_5NH)_2CO + CO_2.$$

c) Diazo, Triazo, and Allied Compounds.

The hydrogenation of many bodies of this class, even at low temperatures, is complicated by their instability and by the ease with which nitrogen is eliminated. Thus, *ethyl diazoacetate*, on being shaken with hydrogen in the presence of **palladium**[1] loses nitrogen and passes into ethyl acetate:

$$N_2 : CH \cdot COOEt + H_2 = CH_3 \cdot COOEt + N_2.$$

It may, however, be noted that *diazomalonic ester* was successfully hydrogenated without elimination of nitrogen, the product being the hydrazone of the oxomalonic ester:

$$N_2C(COOEt)_2 + H_2 = H_2N \cdot N : C(COOEt)_2.$$
Ethyl diazomalonate.   Hydrazone of ethyl oxomalonate.

A very similar reaction occurs with bodies of the type of *diphenyl diazomethane*, which is reduced principally to diphenyl methane together with a little benzophenone hydrazone. Staudinger postulates the intermediate formation of a di-imido reduction compound as a prior stage in the formation of diphenyl methane, the course of the reaction being thus:

$$(C_6H_5)_2 \cdot CH \cdot N : NH \rightarrow (C_6H_5)_2 \cdot CH_2 + N_2$$
Intermediate diimido body.   Diphenyl methane.

$$(C_6H_5)_2C : N \vdots N$$
Diphenyl diazomethane.

$$(C_6H_5)_2C : N \cdot NH_2.$$
Benzophenone hydrazone.

This course may be compared with the formation of hydrocarbons in the reduction of aromatic diazo bodies on reduction with, for instance, alkaline stannous salts:

$$C_6H_5 \cdot \underset{|}{N} : N \rightarrow C_6H_5 \cdot N : NH \rightarrow C_6H_6 + N_2 .$$
$$Cl$$

Triazo compounds also lose nitrogen on hydrogenation. Thus, *hydrazoic acid* on reduction passes into ammonia, together possibly with some hydrazine; and its salts, on being shaken in solution with **platinum** and hydrogen, give amides, which in the presence of water are hydrolysed to hydroxides.

$$Na \cdot N_3 + H_2 \ = NaNH_2 + N_2$$
$$NaNH_2 + H_2O = NaOH \ + NH_3.$$

In the case of organic azides, the reaction can be arrested at the amino stage. In this way[2], *triazo-methane* or *triazo-benzene* readily gives methylamine and

---

[1] H. Staudinger, A. Gaule, J. Siegwart: Ber. dtsch. chem. Ges. **49**, 1896 (1916); Helv. chim. Acta 4, 212 (1921). — H. Wienhaus, H. Ziehl: Ber. dtsch. chem. Ges. **65**, 1461 (1932).   [2] Wienhaus, Ziehl: loc. cit.

aniline, respectively, on being shaken with hydrogen in the presence of **palladium** at 0^0.

$$CH_3 \cdot N_3 + H_2 = CH_3NH_2 + N_2.$$

Triazo-methane.

d) *Reduction of Azobenzene.*

The hydrogenation of azobenzene with **colloidal palladium** was carried out by A. SKITA[1]. Reduction as far as hydrazobenzene took place relatively rapidly and this was followed by further reduction to aniline.

$$C_6H_5 \cdot N : N \cdot C_6H_5 + H_2 = C_6H_5 \cdot NH \cdot NH \cdot C_6H_5. \tag{1}$$

Azobenzene. Hydrazobenzene.

$$C_6H_5 \cdot NH \cdot NH \cdot C_6H_5 + H_2 = 2 C_6H_5 \cdot NH_2. \tag{2}$$

The first of these two stages, with a system consisting of 9 g. of azobenzene in 250 c.c. of alcohol and 0.03 g. of colloidal palladium protected by gum arabic, was complete in 5 minutes, using a shaker supplied with hydrogen at an excess pressure of 1 atm., whereas the conversion to aniline required over 4 hours.

Azobenzene was also reduced by SABATIER and SENDERENS[2] in the vapour phase with a **nickel** catalyst at 290^0, the product under these conditions being aniline containing a little cyclohexylamine.

e) *Hydrogenation of Oximes.*

Both aldoximes and ketoximes may readily be reduced catalytically to amines containing the same number of carbon atoms.

The hydrogenation of a number of oximes in the vapour phase, by means of **nickel** at $150-180^0$, was studied by MAILHE and MURAT[3]. From the oxime derived from acetaldehyde, ethylamine was obtained:

$$CH_3 \cdot CH : NOH \rightarrow CH_3 \cdot CH_2 \cdot NH_2.$$

The oxime of acetone gave isopropylamine:

$$\begin{array}{c} CH_3 \\ \diagdown \\ \diagup \\ CH_3 \end{array} C : NOH \rightarrow \begin{array}{c} CH_3 \\ \diagdown \\ \diagup \\ CH_3 \end{array} CH \cdot NH_2$$

the primary amine being accompanied by secondary and tertiary amines. Oximes of higher ketones, including those of mixed ketones, behaved similarly; and **copper** may be used as the catalyst in place of nickel.

Mixed aromatic and aliphatic oximes of the type: $\begin{array}{c} C_6H_5 \\ \diagdown \\ \diagup \\ CH_3 \end{array} C : NOH$, (derived from acetophenone), also benzophenone oxime, $(C_6H_5)_2 \cdot C : NOH$, and oximes of cyclic ketones such as cyclohexanone and menthone could be reduced to amines in the same way. The method accordingly forms an easy way of preparnig certain amines which are otherwise difficult of access.

Oximes may advantageously be reduced in the dissolved state. Thus, ROSENMUND and PFANKUCH[4] obtained a 91 per cent yield of benzylamine by hydrogenating benzaldoxime with **platinum** in acetic acid solution.

f) *Reduction of Amides.*

Acid amides are hydrogenated to amines according to the general course:

$$R \cdot CO \cdot NH_2 + 2 H_2 = R \cdot CH_2 \cdot NH_2 + H_2O.$$

[1] Ber. dtsch. chem. Ges. **45**, 3312 (1912).
[2] Bull. Soc. chim. France (3) **35**, 259 (1906).
[3] Bull. Soc. chim. France (3) **33**, 962 (1905); (4) **9**, 464 (1911). — AMOUROUX:
Ebenda 214.   [4] Ber. dtsch. chem. Ges. **56**, 2258 (1923).

MAILHE[1], who employed SABATIER and SENDERENS' method, found that acetamide was converted into ethylamine by passage over **nickel** at 230⁰, a similar reaction being obtained with propionamide. The secondary amine was formed in addition to the primary body. **Copper** could be employed in place of nickel.

The use of **copper chromite** catalysts for this reaction in the liquid phase has been investigated by WOJCIK and ADKINS[2]. The solvent employed was found to exert a considerable influence on the nature of the product. Thus, in ethyl alcohol, in place of the normal reaction, the principal product was an alcohol, presumably according to the course:

$$R \cdot CONH_2 + Et \cdot OH = R \cdot COOEt + NH_3 \qquad (a)$$
$$R \cdot COOEt + 2H_2 \quad = R \cdot CH_2OH + EtOH, \qquad (b)$$

and a suitable solvent for the simple hydrogenation to an amine is stated to be dioxane. In general, the reaction was carried out at 250⁰, under a hydrogen pressure of 200—300 atm., using 350—400 c.c. of dioxane as the solvent for each g. mol. of amide, or twice this quantity per g. mol. of diamides such as succinamide. Some typical results are contained in Table 35.

Table 35.

Amide hydrogenated	Percentage of copper chromite used, calc. on amide	Time of Hydrogenation Hrs.	Product
Heptamide	22	7.5	Heptylamine
Lauramide	20	0.8	Duodecylamine
Succinamide	27	5.5	Pyrrolidine

It will be seen that, under the conditions employed by WOJCIK and ADKINS, the reaction product may undergo ring closure with loss of a molecule of ammonia.

$$
\begin{array}{lll}
CH_2 \cdot CO \cdot NH_2 & CH_2 \cdot CH_2 \cdot NH_2 & CH_2 \cdot CH_2 \\
| & | & | \qquad\qquad \rangle NH. \\
CH_2 \cdot CO \cdot NH_2 & CH_2 \cdot CH_2 \cdot NH_2 & CH_2 \cdot CH_2 \\
\text{Succinamide.} & \text{1, 4-Butane diamine.} & \text{Pyrrolidine.}
\end{array}
$$

7. Reduction of Nitrogen-Oxygen-Compounds.

a) Oxides of nitrogen.

The reduction of oxides of nitrogen to ammonia was noticed by KUHLMANN in 1838[3], and was first examined systematically by SABATIER and SENDERENS, principally with **nickel** or **copper** catalysts.

Nitrous oxide differs from the remaining oxides in giving no ammonia. SABATIER and SENDERENS[4] found that reduced nickel exerted no decomposing action on nitrous oxide at room temperature; but, if hydrogen is present, reaction takes place with a spontaneous rise in temperature and the nitrous oxide is reduced to nitrogen:

$$N_2O + H_2 = N_2 + H_2O.$$

Copper did not catalyse the reaction at room temperature; but, above 180⁰, the process proceeds as with nickel. The replacement of hydrogen by an equal volume of nitrogen was also observed by H. WIENHAUS and H. ZIEHL[5] on

[1] Bull. Soc. chim. France (3) **35**, 614 (1906).
[2] J. Amer. chem. Soc. **56**, 2419 (1934).
[3] C. R. hebd. Séances Acad. Sci. **7**, 1107 (1838).
[4] Ann. Chim. et physique (8) **4**, 406 (1905).
[5] Ber. dtsch. chem. Ges. **65**, 1461 (1932).

hydrogenating nitrous oxide in a shaker with an aqueous suspension of colloidal palladium at room temperature. As at higher temperatures, no ammonia or hydrazine was obtained.

Nitric oxide and the higher oxides of nitrogen, on the other hand, all give ammonia on reduction. SABATIER and SENDERENS[1], on passing a mixture of nitric oxide and hydrogen over nickel or copper at temperatures above 180⁰, obtained a mixture of ammonia and nitrogen, the formation of nitrogen being, as would be expected, favoured by high temperatures.

With *nitrogen peroxide*, interesting addition compounds (nitro-nickel and nitro-copper) are formed[2] at low temperatures; but, at temperatures above about 180⁰, ammonia is produced. The reaction temperature may rise spontaneously in the latter case, both with nickel and copper; and, with ratios of nitrogen peroxide to hydrogen within the required limits, there may be danger of an explosion. Nitrogen pentoxide or nitric acid vapours are reduced similarly, with production of a mixture of ammonia and nitrogen.

b) *Reduction of Aliphatic Nitro Compounds.*

If a mixture of the vapour of *nitromethane* with an excess of hydrogen is passed over **nickel** at 150—180⁰, methylamine is produced[3]:

$$CH_3 \cdot NO_2 + 3H_2 = CH_3 \cdot NH_2 + 2H_2O,$$

but at high temperatures, the reaction leads to methane and ammonia. **Copper** may be substituted for nickel, but the reaction product is more complicated and contains an addition product of nitro-methane and methylamine, $CH_3 \cdot NO_2 \cdot NH_2 \cdot CH_3$, which was obtained in crystalline form.

Nitro-ethane was reduced by hydrogen in the presence of nickel at 200⁰, with formation of ethylamine, in a similar way to nitro-methane; and, even with copper, the reaction takes place without complication, save that the use of an excessively high temperature leads to the production of nitrogen.

c) *Aromatic Nitro Compounds.*

These bodies are very easily reduced by all hydrogenation catalysts both in the vapour phase and in a dissolved or liquid state.

Normally the reduction product consists of the corresponding amine, e. g. nitrobenzene is reduced substantially quantitatively to aniline:

$$C_6H_5 \cdot NO_2 + 3H_2 = C_6H_5 \cdot NH_2 + 2H_2O,$$

but, by working in alkaline solution[4] it is possible to pass through a series of intermediate products similar to those obtained also in the non-catalytic reduction of nitrobenzene in alkaline media, the reaction course under these conditions being:

$$2C_2H_5 \cdot NO_2 \rightarrow C_6H_5 \cdot N:N \cdot C_6H_5 \rightarrow C_6H_5 \cdot N:N \cdot C_6H_5$$

Nitrobenzene.   ↓   Azobenzene.

O

Azoxybenzene.

$$\rightarrow C_6H_5 \cdot NH \cdot NH \cdot C_6H_5 \rightarrow 2C_6H_5 \cdot NH_2.$$

Hydrazobenzene.   Aniline.

[1] C. R. hebd. Séances Acad. Sci. **135**, 278 (1902); Ann. Chim. et Physique: loc. cit., p. 407.

[2] SABATIER, SENDERENS: Ann. Chim. et Physique (7) **7**, 413 (1895).

[3] SABATIER, SENDERENS: Ann. Chim. et Physique (8) **4**, 410 (1905).

[4] A. BROCHET: Bull. Soc. chim. France (4) **15**, 554 (1914).

The vapour-phase hydrogenation of *nitrobenzene* to aniline was investigated by Sabatier and Senderens[1]. **Nickel,** especially if highly active, was found not to be so suitable as **copper,** in that hydrogenation of the benzene nucleus also occurred with production of cyclohexylamine; and these authors recommend the employment of a copper catalyst at 300—400⁰; but other hydrogenating metals, including **iron, cobalt** and **platinum** were also successfully used.

The reaction has been studied in considerable detail in a series of papers by O. W. Brown and C. O. Henke[2]. For gas-phase hydrogenation, these authors consider that nickel may be a better commercial catalyst than copper, on account of its rapid action, even though copper gives higher percentage yields. The obtaining of a nickel catalyst of suitable activity—by choosing a suitable temperature for its reduction from the oxide, and, if the oxide is prepared by the ignition of the nitrate, by carrying out also this stage at a suitable temperature—has a fundamental effect on the yield of aniline obtained. Brown and Henke recommend a temperature of 450⁰ for the ignition of the nickel nitrate to oxide, a temperature of 435—475⁰ for the reduction of this oxide with hydrogen, and an actual hydrogenation temperature of 192⁰. Under these conditions, a yield of over 90 per cent of aniline could be obtained, with nitrobenzene and hydrogen at the rate, respectively, of 3.7 g. and 17 l. per hour, in the presence of nickel derived from 16 g. of oxide. With copper, the best results were obtained by igniting the nitrate at 414⁰ and reducing the oxide at 314⁰. This catalyst gave yields of aniline up to 97.5 per cent on passing nitrobenzene and hydrogen, at 253⁰ and ·at the same rates as those given above for nickel, over copper derived from 29 g. of the oxide. The permissible rate of passage is thus lower with copper. As has been found in other reactions, however, copper prepared by reducing a precipitated oxide is preferable to that made by an ignition method; and the effectiveness is further increased by mounting it on an asbestos or other support[3].

By reason of the ease of the reduction, the reaction may also be catalysed by a large number of metals which are usually not sufficiently active to be effective for hydrogenation generally. Thus, **silver,** prepared by the reduction of the carbonate at 280⁰ gave yields of aniline up to over 98 per cent with similar rates of passage to those employed with copper and nickel, with a hydrogenation temperature of 300⁰ and with silver derived from 20 g. of the basic carbonate. Silver is thus an even better catalyst than copper, since it combines a high yield with a relatively high rate of possible passage of the mixture of nitrobenzene and hydrogen. **Gold** may also be used. This is stated to have a high initial activity, which subsequently decreases.

Many other catalysts have been employed, with varying degrees of success. **Lead,** obtained by the reduction of the oxide at 270⁰, gives, at 270—290⁰, fair yields of aniline, together with some azobenzene (80—90 per cent of aniline and 10—20 per cent of azobenzene under the optimum conditions studied)[4]. The use of **tin** may be noted, in view of the employment of this metal as a very effective catalyst also in the hydrogenation-cracking of coal. From nitrobenzene, yields of aniline up to 98—99 per cent were given, at 275—300⁰, by a catalyst made by reducing tin oxide or tin oxalate with hydrogen at 294⁰.[5] The catalytic

---

[1] Ann. Chim. et Physique (8) **4,** 414 (1905); C. R. hebd. Séances Acad. Sci. **135,** 226 (1902).

[2] J. physic. Chem. **26,** 161, 272, 715 (1922).

[3] O. W. Brown, C. O. Henke: J. physic. Chem. **26,** 715 (1922).

[4] C. O. Henke, O. W. Brown: J. physic. Chem. **26,** 324 (1922).

[5] O. W. Brown, C. O. Henke: J. physic. Chem. **27,** 52 (1923).

reduction of nitrobenzene may also be carried out with **bismuth, antimony, manganese** or **chromium.**

Thallium, made by reducing thallic oxide at about 250⁰, is of special interest in that it induces the formation of azobenzene almost to the exclusion of aniline. Thus, HENKE and BROWN found that, on passing, at 260⁰, nitrobenzene at the rate of 4 g. per hour and hydrogen at 1.7 l. per hour (13 per cent excess) over a catalyst derived by the reduction of 21 g. of thallic oxide, a yield of 90 per cent of azobenzene and 4 per cent of aniline was obtained.

Of oxide catalysts, the use of **manganous oxide** by SABATIER and P. FERNANDEZ[1] may be mentioned. These workers also used **zinc oxide;** but, under the conditions employed, this probably underwent reduction to the metal. In each case, however, the reaction product was complex: thus, on passing a mixture of nitrobenzene and hydrogen over manganous oxide at 300—600⁰, the product contained—in addition to aniline—di- and tri-phenylamine, benzene, ammonia and carbon dioxide. With **vanadium oxide**[2] yields of aniline up to 92 per cent were observed; but the product also contained a little diphenylamine. The best temperature with this catalyst was 403⁰, with a nitrobenzene feed of 4.9 g. per hour and a hydrogen flow of 14 l. per hour, in the presence of 15 g. of vanadium pentoxide.

Many *two-component catalysts* have also been proposed. Thus, DOYAL and BROWN obtained a 99 per cent yield of aniline with **copper chromite** at 310⁰; and GRIFFITHS and BROWN[3] report yields of the same order with **cobalt manganite** prepared by the reduction of cobalt permanganate. The optimum temperature in this latter case was 260⁰; but, with cobalt manganite, the yield is very sensitive to variations in temperature.

The hydrogenation of nitrobenzene in the vapour phase has been treated in considerable detail both on account of the extensive experimental details which are available in the published literature and by reason of the many, in some cases unusual, hydrogenation catalysts which have been employed. The reduction may, however, be equally well carried out in the liquid phase in which it possesses interest from the standpoint of its reaction velocity which would—in view of the ease of reduction—be expected to be high.

With **platinum,** or **palladium,** catalysts, the reduction, for instance, in alcoholic solution, takes place very easily[4], either at room temperature or at temperatures slightly above this. S. G. GREEN[5] states, however, that nitrobenzene is only slowly reduced in the liquid phase with nickel, but that the reaction velocity may be increased by introducing various long chain carbon compounds such as methyl palmitate, methyl oleate or a high-boiling paraffin. GREEN suggests that this action appears to be associated with some influence of the long-chain carbon compound on the state of dispersion of the nickel. However, commercial specimens of nitrobenzene may hydrogenate surprisingly slowly in the liquid phase even with platinum. In some work of the author and V. STONE[6] in which this slowness of hydrogenation was encountered, the reaction velocity for hydrogenation in the liquid phase with platinum was increased to a value no less than 150 times that given by the purest nitrobenzene which could be purchased, merely by careful purification from catalyst poisons. Since ordinary

[1] C. R. hebd. Séances Acad. Sci. **185,** 241 (1927).

[2] H. A. DOYAL, O. W. BROWN: J. physic. Chem. **36,** 1549 (1932).

[3] J. physic. Chem. **42,** 107 (1938).

[4] C. PAAL, C. AMBERGER: Ber. dtsch. chem. Ges. **38,** 1406 (1905). — PAAL. J. GERUM: Ebenda **40,** 2209 (1907). — A. SKITA, W. A. MEYER: Ebenda **45,** 3579 (1912).

[5] J. Soc. chem. Ind. **52,** 52 T, 172 T (1933).   [6] J. chem. Soc. [London] **1934,** 672.

nitrobenzene contains much of the thiophene and other sulphur compounds present in the benzene from which it is made—possibly as nitroderivatives—and may, in addition, contain traces of sulphonic acids derived from the mixture of nitric and sulphuric acids used in nitration, it is probable that some of the cases of slow hydrogenation in the liquid state in the presence of small and limited quantities of catalyst may be due to its poison content. This, however, does not explain the interesting observation of Green, quoted above, on the accelerative action of long-chain bodies.

Nitrobenzene has also been reduced with hydrogen *under pressure*. Thus the high-pressure liquid-phase reduction of nitrobenzene and other nitro compounds has been studied by O. W. Brown, G. Etzel, and C. O. Henke[1]. The reaction was carried out with a **nickel** catalyst at hydrogen pressures between 15 and $47^1/_2$ atmospheres. In a typical experiment, a quantitative yield of aniline was obtained, with nitrobenzene dissolved in benzene, at a hydrogenation temperature of 215^0. It is apparently necessary, particularly in the larger scale hydrogenation of nitro bodies, to exercise caution. Thus, T. S. Carswell[2] has reported that a *violent explosion*, following the rapid absorption of hydrogen, resulted during the hydrogenation of nitro-anisole in an autoclave at 250^0 in the presence of nickel.

Other aromatic nitro compounds react in a way very similar to nitrobenzene, and their hydrogenation consequently needs little special description. Thus, Sabatier and Senderens[3] hydrogenated o- or m-*nitrotoluene* in the vapour phase with **copper** at 300—400^0 or with **nickel** at 200—250^0, good yields of the corresponding toluidine being obtained. α-Nitronaphthalene was reduced similarly; and vapour-phase hydrogenation was also applied to dinitro bodies, e. g. dinitrobenzene or dinitrotoluene give a good yield of the corresponding diamine[4].

These reactions may, of course, also be carried out in the liquid phase. For reduction in this way in the presence of nickel, reference may be made to the work of O. W. Brown, G. Etzel and C. O. Henke[1].

d) Reduction of Esters of Nitrous Acid.

Nitrous esters may be regarded as differing from nitro compounds by an oxygen linking between the alkyl group and nitrogen. Their reduction to amines by a reaction of the type:

$$N\Big\langle{}^{O}_{OR} + 3H_2 = R\cdot NH_2 + 2H_2O \tag{1}$$

which is analogous to the corresponding reduction of a nitro compound:

$$R\cdot NO_2 + 3H_2 = R\cdot NH_2 + 2H_2O \tag{2}$$

cannot readily be carried out non-catalytically, for instance by zinc and acid or by sodium amalgam.

Reaction (1), however, occurs if a nitrite is passed, together with hydrogen, over **nickel**. Thus, G. Gaudion was able to hydrogenate methyl, ethyl, and higher alkyl nitrites by treatment with nickel at 180—200^0 or with copper at a somewhat higher temperature, the general technique being that of Sabatier

[1] J. physic. Chem. **32**, 631 (1928).
[2] J. Amer. chem. Soc. **53**, 2417 (1931).
[3] Ann. Chim. et Physique (8) **4**, 417 (1905).
[4] G. Mignonac: Bull. Soc. chim. France (4) **7**, 154, 823 (1910).

and SENDERENS. It is probable that prior isomerisation of the nitrite to a nitro-compound occurs, the course of the reaction being thus:

$$EtO \cdot NO \rightarrow Et \cdot NO_2 \rightarrow EtNH_2.$$

This isomerisation has been studied by P. NEOGI and T. CHOWDHURI[1], who found that the change occurred spontaneously on heating the alkyl nitrite to temperatures above 100^0.

e) Reduction of Nitrosamines.

The reduction of aromatic nitrosamines follows a different course according to whether the reaction is carried out non-catalytically, for instance by means of zinc and acetic acid[2], or by shaking with hydrogen in the presence of **palladium**[3]. In the former case, the reduction leads to di-aryl hydrazines: in the latter, to di-aryl amines, with evolution of nitrogen.

$$(C_6H_5)_2N \cdot NO + 2\,H_2 = (C_6H_5)_2N \cdot NH_2 + H_2O \qquad (1)$$

$$2\,(C_6H_5)_2N \cdot NO + 3\,H_2 = 2\,(C_6H_5)_2NH + N_2 + 2\,H_2O. \qquad (2)$$

III. The Hydrogenation of Oxides and Sulfides of Carbon.

The reaction between hydrogen and carbon monoxide has become of very great importance on account of the possibility of varying the reaction product, by changing the catalyst and general conditions of the hydrogenation, in such a way as to give not only methane but also various alcohols or higher hydrocarbons.

Thus, with normal metallic catalysts such as **nickel** at high temperatures, simple reduction to methane occurs:

$$CO + 3\,H_2 = CH_4 + H_2O.$$

Under suitable conditions, however, catalysts containing **nickel** or **cobalt** in conjunction with other constituents may be made to synthesise higher hydrocarbons from mixtures of carbon monoxide and hydrogen. This is the so-called benzine synthesis of FISCHER and TROPSCH.

Thirdly, by using mild hydrogenating catalysts such as **zinc chromite** at high pressures, methyl alcohol is synthesised:

$$CO + 2\,H_2 = CH_3 \cdot OH.$$

Finally, the interaction of carbon monoxide and hydrogen may lead to the production either of higher alcohols or to complex mixtures of various oxygenated derivatives. Each of these processes is of the greatest industrial importance. The FISCHER-TROPSCH synthesis provides a means of manufacturing liquid hydrocarbons of almost every nature—including artificial petrol, heavy oils and lubricating oils—directly from every sort of fuel: the synthesis of methyl alcohol and, to a lesser degree, of higher alcohols has already attained the rank of an industrial process of considerable magnitude; and the conversion of carbon monoxide to methane is of interest in the gas industry as a means of providing gas of relatively high calorific value.

1. Hydrogenation of Carbon Suboxide.

The first oxide of carbon, in order of the degree of oxidation, is carbon suboxide, C_3O_2, which was first prepared by O. DIELS.

[1] J. chem. Soc. [London] **109**, 701 (1916); **111**, 899 (1917).
[2] E. FISCHER: Liebigs Ann. Chem. **190**, 175 (1874).
[3] C. PAAL, W. N. YAO: Ber. dtsch. chem. Ges. **63**, 57 (1930).

The hydrogenation of carbon suboxide in the gas phase with **nickel** or **platinum** supported on silica gel was studied by K. A. Kobe and L. H. Reyerson[1]. Under the conditions used, the principal product, at 200—300°, was propylene:

$$CO : C : CO + 5H_2 = CH_3 \cdot CH : CH_2 + 2H_2O.$$

This body, or the saturated hydrocarbon, propane, would be expected from the constitution. No reaction was obtained on liquid-phase hydrogenation with platinum.

2. Reduction of Carbon Monoxide and Dioxide.

a) *Production of Methane.*

The reduction of carbon monoxide or dioxide to methane was observed by Sabatier and Senderens in 1902[2]. With **nickel,** these authors found that the reaction began at 180—200° and took place easily at 230—250°, with production of methane and water. Above 250° some deposition of carbon occurred, according to the reaction:

$$2CO = CO_2 + C.$$

Cobalt, at 300°, could also be used; but copper was stated by Sabatier and Senderens not to be active for the reduction of carbon monoxide.

Carbon dioxide was hydrogenated very similarly. With **nickel,** the reaction:

$$CO_2 + 4H_2 = CH_4 + 2H_2O$$

began at 230° and took place readily at 300°; and, at temperatures below 400°, no deposition of carbon on the catalyst was observed. **Cobalt** began to be active at 300° and acted similarly to nickel; but **copper** only reduced carbon dioxide as far as the monoxide, a suitable reaction temperature for this being 420—440°.

Many attempts have been made to utilise the catalytic reduction of oxides of carbon, and especially of carbon monoxide, as a means for manufacturing a gas of high calorific value from water gas, by the conversion of its carbon monoxide into methane. The principal difficulty encountered lies in the deposition of carbon on the catalyst. This may be minimised by using a gas containing a large excess of hydrogen. Thus, Erdmann[3] has described tests on a small works scale in which water gas, after removal of part of its carbon monoxide by a preliminary low-temperature treatment, was passed over a **nickel** catalyst at 280—300°. The preliminary treatment in general raised the hydrogen content of the gas to over 80 per cent and decreased the carbon monoxide to less than 20 per cent. With gas of this composition, little or no deposition of carbon was observed. An alternative method of raising the hydrogen-carbon monoxide ratio is obviously by reaction with steam.

As a variation to the normal reduction course, Armstrong and Hilditch[4] find that a reaction approximating to:

$$2CO + 2H_2 = CH_4 + CO_2 \tag{1}$$

takes place on passing a mixture of equal parts of carbon monoxide and hydrogen over nickel at temperatures below 300°. A suitable temperature at atmospheric pressure is 280°; and the reaction proceeds at increased pressures more or less the same as at atmospheric pressure, except that, with nickel, the minimum temperature of interaction rises with increasing pressure, namely with increasing

[1] J. physic. Chem. **35**, 3025 (1931).
[2] C. R. hebd. Séances Acad. Sci. **134**, 514, 680 (1902); Ann. Chim. et Physique (8) **4**, 418 (1905).   [3] J. Gasbeleucht. **54**, 737 (1911).
[4] Proc. Roy. Soc. [London], Ser. A **103**, 25 (1923).

stability of nickel carbonyl at any given temperature. With **cobalt,** the normal
hydrogenation

$$2\,CO + 3\,H_2 = CH_4 + H_2O \qquad (2)$$

preponderates and the decomposition of carbon monoxide to carbon and carbon
dioxide also takes place to a considerable extent. ARMSTRONG and HILDITCH
consider that reaction (1) is due to interaction of carbon monoxide with water
vapour (which is always present), with production of carbon dioxide and
hydrogen, which latter then reduces a second molecule of carbon monoxide. The
importance of the reaction lies in the possibility of using gas mixtures not
containing a large excess of hydrogen; but the process involves the ultimate
removal of carbon dioxide.

b) *Synthesis of Methanol.*

The equilibrium percentage of products in the reaction:

$$CO + 2\,H_2 = CH_3 \cdot OH$$
$$\text{1 vol.} \quad \text{2 vols.} \quad \text{1 vol.}$$

will obviously be influenced by pressure; and, by using mild hydrogenation
catalysts such as **zinc** or even **copper** at high pressures, it is found possible to
raise the production of methyl alcohol, compared with that of methane, until
the alcohol becomes the principal product. Early work on this synthesis was
done by PATART[1] and by AUDIBERT[2] the former of whom used **zinc oxide** as the
catalyst at 400—420° and at a pressure of 150—200 atm.

The calculation of the equilibrium constant:

$$K_p = \frac{p_{CH_3OH}}{p_{CO} \times p_{H_2}^2}$$

and, consequently, of the equilibrium percentage of methyl alcohol at various
temperatures and pressures is rendered difficult by the lack of sufficiently exact
thermochemical data; but calculations of this figure have been made by a
number of workers including KELLEY[3] and AUDIBERT and RAINEAU[4].

The equilibrium has been discussed critically by W. A. BONE[5], who emphasises
the figures of D. M. NEWITT, B. J. BYRNE and H. W. STRONG[6], which were obtained
experimentally both by static and flow methods in the presence of a reduced
$3\,ZnO \cdot Cr_2O_3$ catalyst to which 0.5 per cent of **copper nitrate** had been added.

As a guide to the equilibrium percentages obtained experimentally at various
temperatures between 280° and 338°, and at pressures of the order of 100 atm.,
some of NEWITT, BYRNE and STRONG's results are reproduced in Table 36.

Table 36.

Reaction temperature °C.	Reaction pressure Atm.	Partial pressure of methyl alcohol Atm.	K_p	Method of approach
280	84.6	16.9	5.0×10^{-4}	Decomposition
	91.9	16.3	4.0×10^{-4}	Synthesis
289	99.8	18.2	3.1×10^{-4}	Decomposition
	100.4	16.2	2.8×10^{-4}	Synthesis
306	98.4	10.2	1.4×10^{-4}	Decomposition
	95.8	7.2	1.2×10^{-4}	Synthesis
320	96.4	5.0	6.7×10^{-5}	Decomposition
	95.8	4.8	6.4×10^{-5}	Synthesis
338	99.1	3.8	4.3×10^{-5}	Decomposition
	88.4	2.6	4.6×10^{-5}	Synthesis

[1] Chim. et Ind. **13,** 179 (1925).   [2] Chim. et Ind. **13,** 186 (1925).
[3] Ind. Engng. Chem. **18,** 78 (1926); **21,** 53 (1929).
[4] Ind. Engng. Chem. **20,** 1105 (1928).
[5] Proc. Roy. Soc. [London], Ser. A **127,** 251 (1930).
[6] Proc. Roy. Soc. [London] **123.** 236 (1929).

On the whole, the free energy change could be represented, in close agreement with the experimental results, by the free energy equation:

$$\Delta F = 70.5\,T - 30{,}500.$$

This relationship enables the experimental results to be extrapolated over the entire temperature range at which it is practicable to utilise the reaction for the manufacture of methyl alcohol. The results of this extrapolation are summarised in Table 37.

Table 37.

Temperature ^{0}C.	K_p
260	1.2×10^{-3}
280	4.5×10^{-4}
300	1.6×10^{-4}
320	6.7×10^{-5}
340	2.9×10^{-5}
360	1.3×10^{-5}
380	6.3×10^{-6}

On this basis, the equilibrium mixture, at 327^0 and 200 atm., would contain about 18 per cent of methyl alcohol, 55 per cent of hydrogen and 27 per cent of carbon monoxide. These figures differ substantially from those calculated by Audibert and Raineau or those of Kelley, which, under the same conditions of temperature and pressure, correspond respectively with 41.5 and 84 per cent of methyl alcohol in the equilibrium mixture.

The original catalyst used by Patart was **zinc oxide**, at 400—420^0 and at a pressure of 150—250 atm.; but the activity of zinc oxide may be increased by the use of a second component such as **chromium oxide** or **copper oxide. Copper** itself may also be used; but its activity varies greatly with its method of preparation in such a way that some workers have found the activity of copper to be low, while others have reported a fair activity.

According to the results of Audibert and Raineau (loc. cit.), the activity of copper oxide is raised by the addition of small quantities of zinc oxide; but the catalyst is stated to be sensitive to deactivation by heat, and the most resistant catalysts were obtained by promoting copper with **beryllium oxide.** The effect of the addition of zinc oxide to copper oxide was followed quantitatively by P. K. Frolich, M. R. Fenske, P. S. Taylor, and C. A. Southwich[1], the effect of increasing quantities of zinc oxide under comparable conditions of operation being shown in Table 38. The temperature and pressure used were 320^0 and 204 atm.

Table 38.

Composition of catalyst in g. mols. per cent		Percentage of CO converted to CH_3OH
CuO	ZnO	
80	20	0.5
60	40	3.7
50	50	8.5
40	60	13.5
30	70	14.5
20	80	14.2
10	90	13.4
0	100	12.5

It is probable that the increased activity of many of these two-component catalysts is due to a high degree to internal support action, even if each component possesses individual activity. This, of course, also applies to catalysts containing more than two components. Metallic supports may also be used. Thus, W. K. Lewis and P. K. Frolich[2] worked with a catalyst which consisted, before reduction, of 36 per cent of **zinc oxide,** 44 per cent of **copper oxide** and 20 per cent of **aluminium oxide,** prepared by co-precipitation and supported on metallic copper, the ratio of catalyst to copper support being 1 to 3. The function of the copper is to give a catalyst of higher thermal conductivity and thus to bring about a more even heat distribution throughout the catalyst mass.

The promotion of zinc oxide with **chromium oxide** is of special interest, since catalysts of the zinc chromite type probably constitute the most suitable

[1] Ind. Engng. Chem. **20**, 1327 (1928).   [2] Ind. Engng. Chem. **20**, 285 (1928).

contact bodies for the synthesis, both on account of their high activity per unit of volume and of their resistance to deactivation by heat. R. L. BROWN and A. E. GALLOWAY[1] give the following figures for the rate of production of methyl alcohol in terms which make possible the derivation of the production per unit volume and per unit weight of zinc oxide and of reduced zinc chromate. It will be noted that although the yield per volume from reduced zinc chromate is higher than from zinc oxide alone, the yield per unit of weight—by reason of the greater density of reduced zinc chromate—is less. The tests were carried out at 400° and 180 atm (Table 39).

Table 39.

| Catalyst | Volume of catalyst | Weight of catalyst | Methyl alcohol produced | | | |
| | | | S.V. = 7500 | | S.V = 16.200 | |
	c.c.	Grams	g./hr.	%	g./hr.	%
Zinc oxide	250	60	68	8.2	87	4.5
Basic zinc chromate .	250	165	—	—	137.5	7.4
Normal zinc chromate	250	242	130	16.8	184	9.6

With lower space velocities, a higher percentage of methyl alcohol per passage was obtained; but, as is necessarily the case in such reactions, this corresponded with a lower space-time yield on account of the slowness of passage. Thus, under the above conditions, at a space velocity of 3000, the percentage of methyl alcohol rose to 19.5, but the production sank to 71 grams per hour for the 250 c.c. of normal zinc chromate used.

Further data relative to the performance of zinc-oxide/chromium-oxide catalysts of various compositions have been published by M. C. MOLSTAD and B. F. DODGE[2]. The percentage of methyl alcohol obtained at a pressure of 178 atm., with a space velocity of 25,000, (from which the space-time-yields can also be calculated if required), are given below. The composition of the catalyst is expressed in atomic percentages of the two metals (Table 40).

Table 40.

| Composition of catalyst | | Temperature | Per cent conversion | |
Zn	Cr	°C.	At beginning of test	At end of test
100 (Pure ZnO)	0	400	6.0	4.0
96	4	350	4.8	3.9
88	12	350	9.4	7.5
		375	11.5	10.6
75	25	375	14.0	13.7
58	42	350	10.8	16.2
		375	12.6	14.4
39	61	300	0.2	4.0
		325	3.3	10.2
		350	7.6	13.0
		375	8.6	12.6
		400	8.2	10.4
		425	6.3	7.1
0	100 (Pure Cr_2O_3)	400	6.5	6.8

It will be noted, firstly, that pure chromium oxide is somewhat more active than pure zinc oxide and, secondly, that, as the atomic percentage of chromium is increased above about 60, the activity of the catalyst, in place of decreasing with use, rose during the period of the test, for details of which reference should be made to the original paper. From curves connecting the composition with

---

[1] Ind. Engng. Chem. **20**, 960 (1928).   [2] Ind. Engng. Chem. **27**, 134 (1935).

742   E. B. MAXTED: Hydrierung mit molekularem Wasserstoff.

the performance, the most active catalysts after use for some time correspond with
equal atomic percentages of zinc and chromium in the mixture, although the highest
initial activity was given by catalysts containing 75 atomic per cent of zinc and
25 of chromium.

c) Formation of Higher Alcohols.

While, with normal catalysts of the above types under ordinary conditions
of use, the process—save possibly for slight methane formation—leads to the
production of almost pure methyl alcohol, the reaction may be modified either
by changing the conditions or, more effectively, by incorporating other components with the catalyst, in such a way that considerable quantities of higher
alcohols are formed. In general, a relatively high reaction temperature, or a
slow rate of passage, or catalysts containing an **alkali,** favour the formation
of these higher products.

The alcohols produced vary greatly with the conditions and with the catalyst.
P. K. FROLICH and W. K. LEWIS[1] give the following analysis of the liquid
product obtained with a **zinc chromite** catalyst containing **potash,** at a working
temperature of 460—490° and a pressure of 240 atm (Table 41).

Table 41.

Alcohol	Percentage in product
Methyl	17.8
Ethyl	2.3
Propyl (mixture of isomers)	33.4
Butyl (mixture of isomers) .	2.5
Amyl (mixture of isomers)	9.0
Higher alcohols	Trace
Water	35.6

It will be noted that the temperature employed is considerably higher
than that normally used for the synthesis of methyl alcohol.

G. T. MORGAN, D. V. N. HARDY and
R. A. PROCTER[2] found that, although
the alkalisation of **manganese chromite**
catalysts greatly increased the proportion of higher alcohols in the product,
the rate of formation of liquid products
as a whole was, in most cases, substantially decreased. **Rubidia,** however, acted
very effectively, without decreasing the liquid yield. Some results of these
workers with rubidium and potassium hydroxides under comparable conditions
are summarised in Table 42.

Table 42.

Impreg-nating metal	Percentage, by weight, of impreg-nating metal	Yield of liquid product g. per hr.	Methyl alcohol in product Per cent	Carbon present as compounds other than methyl alcohol Per cent
None	—	62.	80.5	13
Rubidia	2.3	61	75.5	23.1
	4.4	62	67.2	33.1
	9.8	53	49.7	46.0
Potash	1.5	47	81.8	16.4
	4.9	33	50.7	48.6
	8.4	24	52.2	43.4
	11.9	27	49.0	46.3

The mixture of higher alcohols contained, as in FROLICH and LEWIS' work,
only a relatively small percentage of ethyl alcohol; but G. T. MORGAN and
R. TAYLOR[3] were able to obtain a product containing appreciable quantities of
this alcohol by using a **cobalt-zinc-manganese** catalyst containing **potash.** Under
the conditions employed, however, considerable methane formation occurred.

In a further paper, R. TAYLOR gives the distribution of the individual alcohols
in products obtained with three catalysts of different constitution (Table 43).

[1] Ind. Engng. Chem. **20,** 354 (1928).   [2] J. Soc. chem. Ind. **51,** 1 T (1932).
[3] Proc. Roy. Soc. [London], Ser. A **131,** 533 (1931).

The products also contained aldehydes and acids, which were removed before the fractionation of the alcohols, and the product from the first of the catalysts given was hydrogenated with nickel before distillation, to remove unsaturated bodies.

TAYLOR points out that the first catalyst, which contained no alkali, gave a greater proportion of higher alcohols with straight chains than was the case with the second catalyst, which gave relatively large quantities of, for instance, isobutyl alcohol. The catalysts containing cobalt gave increased quantities of ethyl alcohol: indeed, it will be noticed that the copper-manganese oxide-cobalt sulphide catalyst led to a far greater production of this alcohol than the zinc-manganese-cobalt-potash catalyst previously used.

Table 43.

Alcohol	Wt. of alcohol (g.), per kg. of crude product		
	Catalyst **Cu-MnO-CoS**	Catalyst **Mn-Cr-Rb** (oxide)	Catalyst **Zn-Mn-Co-K** (oxide)
Methyl	220	420	198
Ethyl	200	12	86
n-Propyl	50	43	17
n-Butyl	16	—	4
iso-Butyl	3	69	11
n-Amyl	6	—	1
β-Methyl butyl ..	2	8	1.5
n-Hexyl	2	—	—
β-Methyl amyl ..	—	6.5	—
n-Heptyl	< 1	—	—
Residue	1	89	1.5

As already mentioned, aldehydes are always present in the reaction product, and the mechanism by which higher alcohols are formed may be one of successive aldolisation[1], i. e. by means of processes of the type:

$$R \cdot CHO + R' \cdot CH_2 \cdot CHO \longrightarrow R \cdot CHOH \cdot CHR' \cdot CHO \xrightarrow[-H_2O]{} R \cdot CH : CR' \cdot CHO$$

$$\xrightarrow[+H_2]{} R \cdot CH_2 \cdot CHR' \cdot CHO \xrightarrow[+H_2]{} R \cdot CH_2 \cdot CHR' \cdot CH_2OH ,$$

but F. FISCHER[2] has put forward a mechanism involving the direct addition of carbon monoxide to alcohols with production of acids, the course postulated being:

$$CH_3 \cdot OH + CO \longrightarrow CH_3 \cdot COOH \xrightarrow[H_2]{} CH_3 \cdot CHO \xrightarrow[H_2]{} CH_2 \cdot CH_2 \cdot OH$$

in addition to reactions such as:

$$2 CH_3 \cdot COOH = (CH_3)_2CO + CO_2 .$$

It may be noted that acids, aldehydes and ketones are found in varying quantities, according to the catalyst and conditions employed, in the reaction mixture: further, D. V. N. HARDY[3] has synthesised acetic acid in fair yields from methyl alcohol and carbon monoxide, although with a mixed dehydration catalyst **(copper phosphate)**.

A complicated mixture of alcohols and other organic bodies may also be made by **alkalised iron** or **cobalt** catalysts at high pressures. Considerable work on this type of process has been carried out with this type of catalyst by F. FISCHER and his co-workers, who have given the name synthol to the mixture produced. Suitable conditions, with a catalyst consisting of iron impregnated with alkali, are a temperature of 400—420⁰ and a working pressure of 150 atm.[2]; and, whereas impregnation of the iron catalyst with strong alkalis leads to insoluble oily products, the use of iron together with weak bases results in the

[1] G. T. MORGAN: Proc. Roy. Soc. [London], Ser. A **127**, 246 (1930).
[2] Ind. Engng. Chem. **17**, 576 (1925).
[3] J. chem. Soc. [London] **1934**, 1335; **1936**, 358.

formation of watersoluble bodies. It may be noted that, of the alkalis, **rubidia** was most effective, as was also found by Morgan, Hardy and Procter (loc. cit.) with catalysts of the mixed oxide type in the formation of higher alcohols.

E. Audibert and A. Raineau[1] lay weight on the prevention of the reduction of the iron from its oxide form during use and recommend the employment of **iron.phosphate** or **borate.** With these catalysts, the following yields per cub. m. of gas are reported:

	Grams		Grams
Organic liquids	118	Carbon dioxide	444
Gaseous hydrocarbons ..	97	Water vapour	48

The higher calorific value of the organic liquids was about 9000 calories per kilogram and that of the gaseous hydrocarbons 12,000 calories.

d) Synthesis of Hydrocarbons.

This fundamentally important modification of the hydrogen-carbon-monoxide reaction is based on the observation by F. Fischer and H. Tropsch that, as the reaction pressure is reduced, the formation of oxygenated condensation products is, in the presence of suitable catalysts, replaced by the production of condensed liquid hydrocarbons, the lighter fractions of which may be used as a substitute for natural petrol while the heavier fractions constitute a liquid fuel suitable for use, for instance, in engines of Diesel type. It has also been found possible to produce satisfactory lubricating oils in this way; and, accordingly, the process forms a highly important method of manufacturing hydrocarbon oil products of almost every nature, starting from coke or any form of carbonaceous fuel: indeed, from the standpoint of natural economics, in countries possessing no natural oil deposits, the Fischer-Tropsch process—together with the alternative method of hydrocarbon production by the hydrogenation of coal—is certainly of an order of importance comparable with that, for instance, of the synthesis of ammonia. Further, while the hydrogenation of coal, as such, is associated with the loss of its by-products, the conversion of coke to hydrocarbons utilises a normal residue of the gas industry and may be coupled with the hydrogenation of selected tar products which are not required for other purposes.

The literature of the synthesis is very large; but for details of many of the main results, reference may be made to a summary by Fischer[2], which contains a list of papers published up to 1934. An extensive summary has also been published in *Koppers Review*[3]; and reference may also be made to papers by Elvins and Nash[4], Aicher, Myddleton and Walker[5] and to extensive work by S. Kodama, K. Fujimura and others[6].

In early work[7] Fischer and Tropsch found finely-divided **cobalt** to be the most suitable catalyst either alone or in conjunction with **iron** or with oxides such as **chromium oxide, zinc oxide** or **beryllium oxide.** Thus, with a mixed iron-cobalt catalyst, a yield of liquid or easily liquefied hydrocarbons of the order of 100 g. per cub. m. of water gas was obtained. Solid hydrocarbons were also produced, especially on using an **alkalised iron-copper** catalyst.

In general, catalysts containing a **cobalt** or **nickel** base are used at about 200°, and those containing **iron** at about 250°. Promotion of these metals with

[1] Ind. Engng. Chem. **21**, 880 (1929).   [2] Brennstoff-Chem. **16**, 1 (1935).
[3] Koppers Rev. **2**, Nr. 3 (1937).
[4] J. Soc. chem. Ind. **45**, 876 (1926); **46**, 473 T (1927); Fuel Sci. Pract. **5**, 263 (1926).
[5] J. Soc. chem. Ind. **54**, 313 T (1935); **55**, 131 T (1936).
[6] For references to these, see Fischer's summary (loc. cit.).
[7] Ber. dtsch. chem. Ges. **59**, 830, 832, 923 (1925).

thoria and the incorporation of a porous carrier such as kieselguhr gives catalysts which are both highly active and resistant to decrease in activity during use, as is shown in the following table 44, which is taken from FISCHER's summary and represents the comparative performance of a number of catalysts of this class. The yields with iron and nickel are approximate only.

Table 44.

Base	Promoter	Support	Method of Preparation	Yield of product, in g. per cub. m. of gas	Number of days in use before reduction of activity to 80 per cent of original
Iron,	Cu-Mn $+ 0.4\,\%\ K_2CO_3$	Silicagel	Decomposition of nitrates	30—35	8
	Cu	Kieselguhr	Co-precipitation	28	8
Nickel,	Th	,,	,,	100	30
	Mn-Al	,.	,,	105	35
Cobalt,	Th	,,	,,	110	30
	Th	,,	Decomposition	105	25
	Th	,,	Co-precipitation	105	> 30
	Th-Cu	,,	,,	105	60
Co-Ni	....	—	Alloy-skeleton from silicon alloy	85	12

From the above it will be seen that a very satisfactory catalyst both from the standpoint of performance and endurance appears to be **cobalt-thoria,** which may be made by the co-precipitation of cobalt and thorium nitrates, in the ratio for instance of 5 to 1, by means of potassium carbonate, in the presence of kieselguhr, the washed and dried paste being pelleted in the usual way. It is necessary to wash the catalysts free from alkali, otherwise low yields of liquid products are obtained.

Production of Gas for the Synthesis.

The most suitable ratio of carbon monoxide to hydrogen in the gas used for the synthesis varies with the catalyst employed. With cobalt, the ratio recommended is 1 to 2, corresponding with the primary reaction:

$$CO + 2H_2 = (CH_2)_n + H_2O\,,$$

but, with other catalysts, a higher proportion of carbon monoxide, e. g. equal volumes of this gas and hydrogen, may be used, particularly since the synthesis, with iron, at the higher temperatures which are necessary with this metal, follows a course represented by:

$$2CO + H_2 = (CH_2)_n + CO_2.$$

Ordinary water gas contains about 50 per cent of hydrogen and 40 per cent of carbon monoxide; but if, as is normally the case, a gas containing two volumes of hydrogen to one of carbon monoxide is required, it is readily possible to produce this by operating the water-gas plant at a relatively low temperature with a larger excess of steam than is normally used, in such a way as to reduce the carbon monoxide content and to raise that of hydrogen by promoting the alternative water-gas reaction:

$$C + 2H_2O = 2H_2 + CO_2$$

simultaneously with the normal main reaction:

$$C + H_2O = H_2 + CO.$$

By working in this way, a gas containing two parts of carbon monoxide, four parts of hydrogen and one part by volume of carbon dioxide may readily be produced, the carbon dioxide acting during the synthesis as an inert gas.

The carbon monoxide content of water-gas can also be decreased by partial catalytic interaction with steam, as in the continuous process for making hydrogen:

$$CO + H_2O = CO_2 + H_2\,,$$

but in this case an additional converter becomes necessary.

Further, in place of starting with coke or other solid fuel, coke-oven gas or natural gas may be used as a raw material, the methane contained in these gases being converted catalytically to carbon monoxide and hydrogen by interaction either with steam or with carbon dioxide:

$$CH_4 + H_2O = CO + 3H_2$$
$$CH_4 + CO_2 = 2CO + 2H_2.$$

By whatever method a gas of suitable composition is made, it is necessary, before using this, to free it as far as possible from *catalyst poisons*, especially sulphur. Sulphur present as hydrogen sulphide may be removed by passage through iron-oxide purifiers in the ordinary way; and this is followed by the removal of organic sulphur by passage through a heated purifier tower in which this sulphur is retained, for instance by an alkalised iron contact mass at $200—300^0$. Alternatively, the organic sulphur may be removed catalytically by conversion into hydrogen sulphide which is then absorbed in purifier boxes of ordinary type, the temperature used for this preliminary catalytic conversion of sulphur compounds being dependent on the catalyst used. It has been stated that for successful industrial operation, the synthesis gas, after purification, should not contain more than 0.002 gram of sulphur per cubic metre.

General Operation of the Synthesis.

A diagrammatic sketch of the arrangement of the plant is shown in Fig. 22: After purification from sulphur in A, the gas passes to the catalyst chamber B

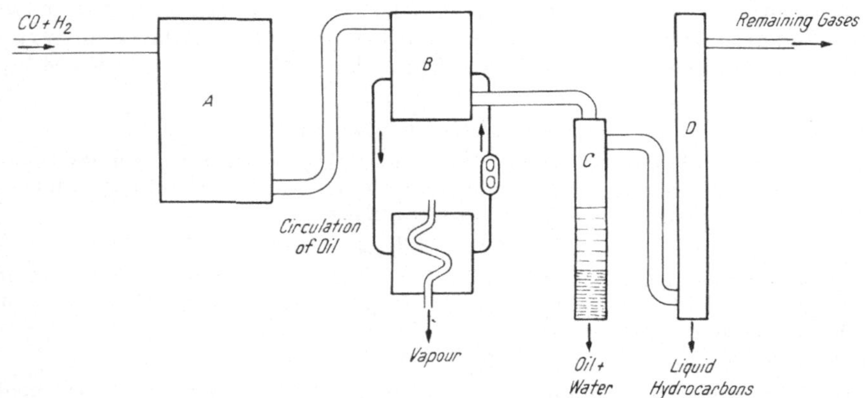

Fig. 22. Preparation of hydrocarbons from water gas.

which, with cobalt catalysts, is maintained at about 200^0. This chamber may, in practice, with fresh catalyst be started at about 185^0, the temperature being raised progressively as the activity of the catalyst falls; but the product is very sensitive to deviation from the experimentally determined optimum for the particular activity of the catalyst at any given time; and the correct working temperature should be maintained within 1^0.

For this reason, means must be provided for the absorption of the relatively large heat of reaction. Thus, if the primary process be written:

$$CO + 2H_2 = (CH_2)_n + H_2O + 48 \text{ kg.-cals.,}$$

about 600 kg.-cals. of reaction heat are developed during the conversion of each cubic metre of synthesis gas to hydrocarbon, an amount which, if uncontrolled, would suffice to raise the temperature of the gas by many hundred degrees. On account, however, of the relatively low reaction temperature, this control is not difficult and may very effectively be carried out by inserting thermal control tubes, through the catalyst mass. These tubes are fed either with heated oil or with high-pressure water at 185—215°; and, for effective control, no part of the catalyst should be more than about 1 cm. from a stabilising tube.

From the converter, the gas passes, usually by way of a wax trap, to a condensing system C and finally to active carbon scrubbers or oil washers D. In addition to volatile liquid hydrocarbons, some solid hydrocarbons are formed which, in view of their low volatility at the reaction temperature, remain on the catalyst and are removed periodically by washing with middle oil. This deposition can proceed to a considerable extent without greatly interfering with the activity of the catalyst.

Since the reaction involved consists in the conversion of permanent gases into liquid products, its course can conveniently be followed not only by the product which collects in the condenser but also by the gas contraction, namely by the ratio of permanent gases leaving the plant to the volume entering the converter. It is found possible to prevent methane formation almost entirely; and the contraction obtained may be up to 75 per cent, i. e. the exit gas may fall to one quarter of the volume of that entering.

The yield of liquid hydrocarbons is of the order of 100 to 130 g. per cub. metre of gas treated; and details of this yield, at a suitable gas rate, with a **cobalt-thoria** catalyst at 198°, in tests carried out by the staff of the *Fuel Research Station*, East Greenwich[1] are given in Table 45.

Table 45.

Space velocity of synthesis gas	166 c.c. per hr. per c.c. of catalyst (201 c.c. per hr· per g. of unreduced catalyst)
Yield of hydrocarbons	128.8 g. per hr. per cub.m. of gas (0.026 g per hr. per g. of catalyst)
Gas contraction	130 c.c. per hr. per g. of catalyst ($= 64.3$ per cent)

The yield of liquid hydrocarbons may be raised still further by carrying out the synthesis in stages[2] with partial or substantially complete removal of liquid hydrocarbons between these stages; and, by a suitable arrangement of the respective sizes of the successive converters it is possible to bring about this increase in the yield per cubic metre of gas without increasing the total quantity of catalyst used. Thus, with three successive converters, FISCHER and PICHLER were able to obtain up to 141 g. of hydrocarbons per cub.m. of gas, not counting the paraffin wax and hydrocarbons boiling below 30° (Gasol). If these are included the yield rose to over 150 g. per cub. m. of gas. The catalyst used was **cobalt-copper-thoria,** prepared by precipitation and supported on kieselguhr. As has already been stated, the initial activity of the catalyst falls slowly during use.

The synthesis of liquid hydrocarbons in stages has also been studied by AICHER, MYDDLETON and WALKER[3]. This work is of interest since ordinary water gas, containing about 48 per cent of hydrogen and 41 per cent of carbon monoxide, was used. In this case the catalyst employed contained a nickel base.

Composition of the Product.

The primary products of the FISCHER-TROPSCH process consist very largely of unsaturated hydrocarbons of olefinic type. The distribution of the various

---

[1] See Chem. and Ind. **57**, 759 (1938).

[2] F. FISCHER, H. PICHLER: Brennstoff-Chem. **17**, 24 (1936).

[3] J. Soc. chem. Ind. **54**, 313 T (1935); **55**, 121 T (1936).

classes of substance produced, arranged according to their volatility, is illustrated by Table 46, which represents a typical raw product[1] given by a cobalt catalyst.

Table 46.

Classification	Boiling Point	Percentage by weight, in product	Olefine content. Per cent by volume
Low boiling hydrocarbons (Gasol)	$< 30^0$	4	50
Benzine	$30—200^0$	62	30
Heavy oil	$> 200^0$	23	10
Solid paraffins	M.P. 50^0	7	—
Hard paraffins from catalyst chamber .	M.P. $>70^0$	4 .	—

The percentage of olefines decreases if the hydrogen-carbonmonoxide ratio is increased, or if nickel is used as a catalyst in place of cobalt; and, in general, as will be seen from the table, the higher-boiling fractions are less rich in olefines than those of lower boiling point. This is as would be expected, since polymerisation necessarily leads to a lesser degree of unsaturation.

It may be noted that, in addition to the direct production of benzine and diesel oil, lubricating oils of good quality may be made by subsequently still further polymerising the unsaturated constituents, for instance by treatment with about 5 per cent of aluminium chloride. This extension completes the series of oil products necessary both for internal combustion engines of every type and for mechanical use generally.

3. The Hydrogenation of Carbon Disulphide.

While it is not proposed to deal in the present section with the catalytic cracking of organic sulphur compounds in the presence of hydrogen, in such a way that the sulphur contained in these is converted into hydrogen sulphide, it will be convenient to include the simple hydrogenation of carbon disulphide from its similarity to carbon dioxide.

Sabatier and Espil[2] observed the formation of a body which they assumed to be methylene di-thiol, $CH_2(SH)_2$, on passing a mixture of carbon disulphide and hydrogen over **nickel** at 180^0; but later work shows that this body is the mono-thiol, $CH_3 \cdot SH$. According to R. H. Griffith and S. G. Hill[3], methyl thiol may conveniently be prepared by leading a mixture containing equal volumes of hydrogen and of carbon disulphide vapour over a **nickel sulphide** catalyst at $250—300^0$, a suitable gas rate being 200 c.c. per minute with 15 c.c. of catalyst. The product is freed from hydrogen sulphide, for instance by passage through iron oxide, and condensed by means of a freezing mixture such as solid carbon dioxide in acetone. Purification is subsequently carried out by fractionation. Methyl thiol boils at 6^0.

---

[1] Fischer: Brennstoff-Chem. **16**, 1 (1935).
[2] Bull. Soc. chim. France (4) **15**, 228 (1914).
[3] J. chem. Soc. [London] **1938**, 717. — See also B. Crawley, Griffith: ibidem 720.

Sterischer Verlauf der katalytischen Hydrierung.

Von

H. A. Weidlich, Berlin.

Inhaltsverzeichnis.

A. Katalytische Hydrierung isolierter Mehrfachbindungen.

1. Allgemeines.

Kaum eine andere Reaktion der organischen Chemie ist so sehr durch äußere Umstände beeinflußbar wie die katalytische Hydrierung. Überaus zahlreich sind die Beobachtungen über den Einfluß der Konstitution der zu hydrierenden Substanz, des Lösungsmittels, der Temperatur, des Katalysators und seiner Darstellungsweise, des Reaktionsmediums und so fort. Alle diese Faktoren können nicht nur die Geschwindigkeit und das Ausmaß der Hydrierung bestimmen, sie sind unter Umständen in der Lage, die Art des Ablaufes und damit der *Reaktionsprodukte* maßgeblich zu beeinflussen.

Die Leichtigkeit, mit der eine Substanz hydriert wird, ist in großem Umfang von ihrer Konstitution abhängig. Dabei zeigt es sich, daß ein Äthylen um so leichter hydriert wird, je weniger es substituiert ist (Lebedewsche Regel). Vavon und Mitarbeiter[1] verglichen homologe Reihen von *Äthylenen* und fanden eine fallende Linie mit stärkerer Verzweigung, z. B.:

$$C_6H_5 \cdot CH:CH \cdot COOH; \quad C_6H_5 \cdot \underset{\underset{CH_3}{|}}{C}:CH \cdot COOH; \quad C_6H_5 \cdot CH:\underset{\underset{CH_3}{|}}{C} \cdot COOH; \quad C_6H_5 \cdot \underset{\underset{CH_3}{|}}{C}=\underset{\underset{CH_3}{|}}{C} \cdot COOH.$$

---

[1] C. R. hebd. Séances Acad. Sci. **176**, 989; **177**, 401 (1923).

Eine ähnliche Reihe stellten Zartman und Adkins[1] auf:

$$C_6H_5 \cdot CH:CH_2; \quad C_6H_5 \cdot CH:CH \cdot C_6H_5; \quad (C_6H_5)_2 \cdot C:CH \cdot C_6H_5; \quad (C_6H_5)_2 \cdot C:C \cdot (C_6H_5)_2.$$

Hierbei gebraucht z. B. das Triphenyläthylen zehnmal länger zur Absättigung seiner Doppelbindung als Styrol, und das Tetraphenyläthylen ist erst bei 100° und 125 Atm. hydrierbar[2].

Auch für die sterische Beeinflussung der *Carbonylgruppe* wurden solche Belege beigebracht[3]. Die Leichtigkeit, mit der der entsprechende Alkohol gebildet wird, nimmt in folgender Reihe ab:

Diese Verringerung der Reaktionsleichtigkeit kann so weit gehen, daß einzelne Doppelbindungen der katalytischen Hydrierung unter den üblichen Bedingungen überhaupt nicht mehr zugänglich sind. Beispiele dieser Art finden sich u. a. in der Sterinchemie, z. B. beim *α-Ergostenol* (I)[4] oder beim *Fungisterin* (II)[5].

So ist es verständlich, daß im Gebiet der Darstellung *stereoisomerer Verbindungen* durch katalytische Hydrierung derartige äußere Beeinflussungen in noch weit größerem Umfange auftreten. Dennoch war es auch hier möglich, eine Anzahl Faktoren in ihrer Wirkung auf bestimmte Gruppierungen und deren katalytische Hydrierung zu erkennen und einige Regeln aufzustellen, deren Anwendung mit mehr oder minder großer Sicherheit Voraussagen über den sterischen Bau des Hydrierungsproduktes zuläßt. Auf diesem Gebiet stehen aber noch zahlreiche Fragen offen, so daß man zumeist doch auf den Versuch angewiesen ist; nur aus einer Zusammenstellung möglichst vieler Einzelergebnisse, die unter besonders klaren und gut reproduzierbaren Bedingungen gewonnen wurden, lassen sich dann Analogieschlüsse und vielleicht auch allgemeingültige Regeln und Gesetzmäßigkeiten ableiten.

Im folgenden sollen unsere Kenntnisse von der Entstehung stereoisomerer Produkte bei der katalytischen Hydrierung zusammengefaßt werden. Dabei soll eine Trennung in *isolierte* und *konjugierte* Doppelbindungen durchgeführt werden, um eine übersichtliche Darstellung zu ermöglichen. Auch erscheint eine solche Trennung wegen des unterschiedlichen Reaktionsablaufs gerechtfertigt.

<hr>

[1] J. Amer. chem. Soc. **54**, 1668 (1932).
[2] Siehe auch A. Lagerew c. s.: Chem. Zbl. **1937 II**, 3590; **1939 II**, 4211.
[3] G. Vavon, D. Iwanoff: C. R. hebd. Séances Acad. Sci. **177**, 453 (1923).
[4] F. Reindel, E. Walter: Liebigs Ann. Chem. **460**, 212 (1928).
[5] H. Wieland, G. Coutelle: Liebigs Ann. Chem. **548**, 270 (1941). Das Fungisterin wird wohl deswegen nicht hydriert, weil es sich unter der Einwirkung des Katalysators schnell zum α-Ergostenol isomerisiert (S. 761).

Theoretisch ist die Voraussetzung zur Bildung von Raumisomeren in verschiedenen Fällen gegeben. So führt z. B. die *Anlagerung von Wasserstoff an Acetylene* zu cis- oder trans-Äthylenderivaten:

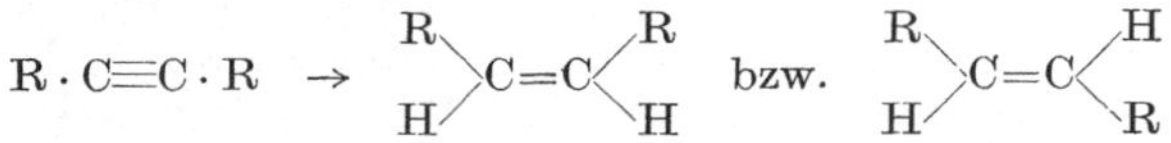

$$R \cdot C \equiv C \cdot R \;\rightarrow\; \overset{R}{\underset{H}{>}} C = C \overset{R}{\underset{H}{<}} \quad \text{bzw.} \quad \overset{R}{\underset{H}{>}} C = C \overset{H}{\underset{R}{<}}$$

cis   trans

Ebenfalls die *Hydrierung ungesättigter Ringsysteme* mit zwei oder mehr Substituenten führt zu verschiedenen möglichen räumlichen Anordnungen, z. B.

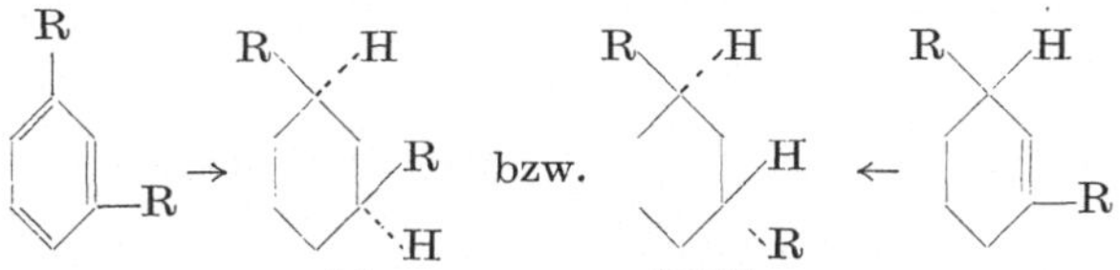

cis [1]   bzw.   trans [1]

Dabei kann es sich um die verschiedensten Körperklassen handeln; außer C—C- können auch C—O- und C—N-Mehrfachbindungen unter Bildung stereoisomerer Produkte hydriert werden. Auf Grund der Wahrscheinlichkeit könnte man in all diesen Fällen die Entstehung von Gemischen mit jeweils gleichen Teilen aller denkbaren Stereoisomeren erwarten; die Erfahrung hat aber gelehrt, daß das nur in den seltensten Fällen eintritt. Fast immer ist die Entstehung *einer* Form begünstigt, so daß sie die anderen Formen mengenmäßig überwiegt; in manchen Fällen ist sogar eine „auswählende Hydrierung" unter alleiniger Entstehung nur einer Form beobachtet, und es sind bestimmte Voraussetzungen gefunden, um hier nach Belieben ausschließlich die eine oder andere Form entstehen zu lassen.

Welches von den möglichen Stereoisomeren im Verlauf der katalytischen Hydrierung gebildet wird, ist abhängig von den energetischen Verhältnissen bei der Reaktion, also von allen Faktoren, die diese beeinflussen können. *Alle Regeln über den Ablauf gelenkter katalytischer Hydrierungen gelten, sofern sie konstitutionelle Faktoren benutzen, nur insoweit, als der Energieinhalt der entstehenden Substanzen diesen konstitutionellen Einflüssen parallel läuft.* Sie stellen also keine absolut sichere Voraussage dar, lassen sich aber wohl in den meisten Fällen mit Nutzen gebrauchen.

2. Bildung von cis-trans-isomeren Äthylenen aus Acetylenen.

Bei der katalytischen Hydrierung *isolierter* Doppelbindungen entsteht bevorzugt das Produkt mit dem höchsten Energieinhalt, im Gegensatz zur nichtkatalytischen Reduktion, z. B. mit Natriummetall, bei der die energieärmste Form gebildet wird. Da nun zumeist die cis-Form gegenüber der trans-Form den höheren Energieinhalt besitzt, so ist es verständlich, daß die katalytische Hydrierung von substituierten Acetylenen ausschließlich oder doch ganz überwiegend zu *cis-Äthylenen* führt. Dabei müssen alle Bedingungen, die eine Umlagerung („Stereomutation") während des Hydrierungsvorganges bewirken können, ausgeschlossen sein. Die Gegenwart des Katalysators erhöht während der Hydrierung die Reaktionsfähigkeit der Substanzen so, daß auch andere Reaktionen (Umlagerungen, Verseifung usw.) mit besonderer Leichtigkeit eintreten können. Dieser „reaktionsfähige Zustand" während der Hydrierung gibt zu den meisten Unstimmigkeiten zwischen den einzelnen Bearbeitern Anlaß.

---

[1] In den Formelbildern bedeuten die punktierten Linien, daß die so gekennzeichneten Substituenten auf der gleichen Seite der Ringebene stehen.

BOURGUEL[1] konnte zeigen, daß bei Einhaltung genau festgelegter Reaktionsbedingungen aus Acetylenen *ausschließlich* cis-Verbindungen entstehen, während andere Bearbeiter gelegentlich daneben auch trans-Äthylene in ganz geringer Menge isolieren. Als Beispiele seien genannt die Darstellung von *Isostilben* (I) aus Tolan[1, 2], von cis-*Zimtsäure* (II) aus Phenylpropiolsäure[1, 3], *Maleinsäure* (III) aus Acetylendicarbonsäure[1], *Isocrotonsäure* (IV) aus Tetrolsäure[1, 4], cis-*Zimtalkohol* (V) aus Phenyl-propargylalkohol[1].

$$C_6H_5 \cdot C \equiv C \cdot C_6H_5 \; \rightarrow \quad \underset{\text{I}}{\overset{C_6H_5}{\underset{H}{>}} C = C \overset{C_6H_5}{\underset{H}{<}}} \quad ; \quad C_6H_5 \cdot C \equiv C \cdot COOH \; \rightarrow \quad \underset{\text{II}}{\overset{C_6H_5}{\underset{H}{>}} C = C \overset{COOH}{\underset{H}{<}}}$$

$$HOOC \cdot C \equiv C \cdot COOH \rightarrow \quad \underset{\text{III}}{\overset{HOOC}{\underset{H}{>}} C = C \overset{COOH}{\underset{H}{<}}} \quad ; \quad CH_3 \cdot C \equiv C \cdot COOH \rightarrow \quad \underset{\text{IV}}{\overset{CH_3}{\underset{H}{>}} C \; C \overset{COOH}{\underset{H}{<}}}$$

$$C_6H_5 \cdot C \equiv C \cdot CH_2OH \quad \rightarrow \quad \underset{\text{V}}{\overset{C_6H_5}{\underset{H}{>}} C = C \overset{CH_2OH}{\underset{H}{<}}}$$

Dies Verfahren diente auch zur Gewinnung von Naturstoffen; STOLL[5] stellte mit seiner Hilfe den natürlichen Blätteralkohol (Hexen-3-ol-1) synthetisch dar:

$$CH_3 \cdot CH_2 \cdot C \equiv C - CH_2 \cdot CH_2OH \quad \rightarrow \quad \overset{CH_3 \cdot CH_2}{\underset{H}{>}} C = C \overset{CH_2 \cdot CH_2OH}{\underset{H}{<}}$$

Weitere Anwendung siehe z. B.[6]. Außer **Palladium**katalysatoren eignet sich für diese Halbhydrierung besonders ein **Eisen**katalysator, bei dessen Verwendung die Wasserstoffaufnahme bei der Äthylenstufe stehen bleibt[7].

Auf den starken Einfluß der Beschaffenheit des Katalysators auf die Einheitlichkeit des Hydrierungsproduktes wurde schon hingewiesen[8]; daß auch die Reaktions*temperatur* den Verlauf ausschlaggebend beeinflussen kann, berichtet TAKEI[9]: bei —18⁰ und +100⁰ erhält er bei der Hydrierung des *Hexinols* die beiden möglichen Isomeren jeweils in reiner Form. Auch, die Hydrierung der *Stearolsäure* ließ sich durch Temperaturunterschiede lenken: bei —20⁰ entsteht dabei Elaidinsäure (trans-Form) und bei 100⁰ Ölsäure (cis-Form) in guter Ausbeute[9]. Diese letzten beiden Beispiele zeigen, daß auch bei katalytischer Hydrierung einer isolierten Mehrfachbindung die energieärmere trans-Form erhalten werden kann; wieweit dies auf direktem Wege oder durch nachträgliche Umlagerung der primär gebildeten cis-Form entstanden angenommen werden kann, sei dahingestellt.

[1] Bull. Soc. chim. France (4) **45**, 1067 (1929).
[2] C. KELBER, A. SCHWARZ: Ber. dtsch. chem. Ges. **45**, 1946 (1912). — F. STRAUS: Liebigs Ann. Chem. **342**, 201 (1905). — E. OTT, R. SCHRÖTER: Ber. dtsch. chem. Ges. **60**, 624 (1927).
[3] C. PAAL, W. HARTMANN: Ber. dtsch. chem. Ges. **42**, 3930 (1909).
[4] A. GONZÁLEZ: Chem. Zbl. **1925 I**, 2547; **1926 II**, 183.
[5] M. STOLL, A. ROUVÉ: Helv. chim. Acta **21**, 1542 (1938).
[6] M. BOURGUEL: Bull. Soc. chim. France (4) **41**, 1475 (1927). — M. L. SHERILL c. s. J. Amer. chem. Soc. **59**, 2134 (1937); **60**, 2562 (1938). — E. FUNAKUBO: Ber. dtsch chem. Ges. **74**, 832 (1941).
[7] R. PAUL, G. HILLY: Bull. Soc. chim. France (5) **6**, 218 (1939). — A. F. THOMPSON jr., S. B. WYATT: J. Amer. chem. Soc. **62**, 2555 (1940).
[8] E. OTT, R. SCHRÖTER: Ber. dtsch. chem. Ges. **60**, 624 (1927).
[9] S. TAKEI, M. ŌNO, K. SINOSAKI: Ber. dtsch. chem. Ges. **73**, 950 (1940). — Siehe auch M. STOLL, A. ROUVÉ: Ebenda **73**, 1358 (1940).

3. Bildung von cis-trans-Isomeren aus cyclischen Äthylenverbindungen.

Prinzipiell die gleichen Verhältnisse wie bei Dreifachbindungen liegen vor bei Ringen mit isolierten *ditertiären* Doppelbindungen. Solche Substanzen ermöglichen bei der Hydrierung die Entstehung von cis-trans-Isomeren, je nachdem die beiden Wasserstoffatome von der gleichen oder von verschiedenen Seiten der Ringebene her addiert werden. Das Experiment zeigt, daß auch in diesem Falle die katalytische Hydrierung nur zu *cis*-Derivaten führt, und zwar weitgehend unabhängig von den Reaktionsbedingungen. So entsteht z. B. aus Diphenyl-cyclopentenon (I) cis-Diphenyl-cyclo-pentanon (II), gleichgültig ob in saurem oder alkalischem Medium gearbeitet wird[1].

Noch zahlreicher sind die theoretischen Möglichkeiten zur ·Entstehung von Isomeren in der Reihe des *Bicyclo[1,2,2]-heptens* (III). Außer einer trans-Form (IV) sind zwei cis-Formen möglich, je nachdem die beiden Substituenten aus dem durch das Molekül gebildeten Winkel heraus- [exo-Form (V)] oder in sie hineinragen (endo-Form [VI]):

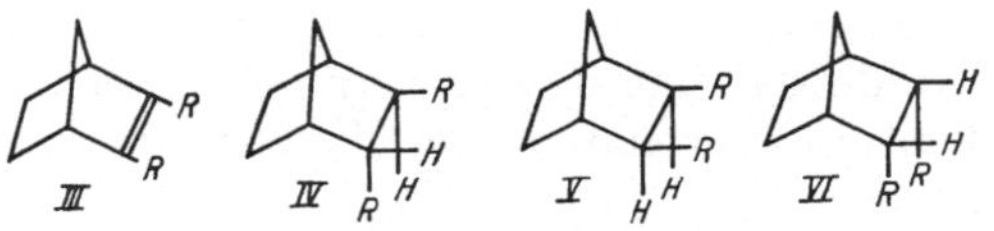

Die eingehende Untersuchung der katalytischen Hydrierung dieses Systems durch ALDER[2] ergab, daß sie zu cis-Derivaten und von diesen ausschließlich zu *endo-cis-Formen* führt; die Hydrierung erfolgt also nach dem Bilde einer *exo-Addition*, d. h. die beiden Wasserstoffatome treten von der Seite der Methylenbrücke an das Molekül. Als Beispiel sei genannt die katalytische Hydrierung der *3,6-endo-Methylen-Δ^1-tetrahydro-phthalsäure* (III, R = COOH)[2, 3], die auch unter den verschiedensten Bedingungen stets nur zur endo-cis-Säure (VI) führt; die trans-Säure (IV), soweit sie sich überhaupt unter den Reaktionsprodukten nachweisen läßt, bildet sich daneben nur in ganz untergeordneter Menge. Die exo-cis-Säure ist in keinem Fall aufgefunden worden. Ebenfalls die Hydrierung der *2,5-endo-Methylen-$\Delta^{1,3}$-dihydrobenzoesäure* (VII) verläuft völlig einheitlich im Sinne der exo-Addition des Wasserstoffs unter Bildung allein der endo-Säure; weder im sauren noch alkalischen Medium, weder mit kolloidalem **Palladium** noch **Platinoxyd,** weder in Methanol noch Eisessiglösung konnte daneben die Entstehung der exo-Säure (IX) beobachtet werden.

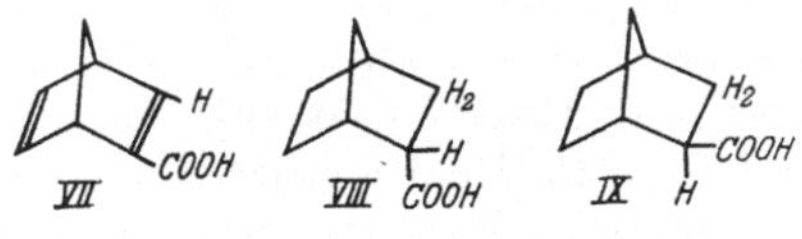

Die Regel der *exo-Addition* gilt auch für *semi-cyclische* Doppelbindungen (siehe unten); sie läßt auch Rückschlüsse auf Substanzen unbekannter Konfiguration zu. Ihre volle Gültigkeit besitzt sie jedoch nur für das Bicyclo-[1,2,2]-heptan-System[2, 4].

---

[1] H. BURTON, C. W. SHOPPEE: J. chem. Soc. [London] **1939**, 569. — H. A. WEIDLICH, M. MEYER-DELIUS: Ber. dtsch. chem. Ges. **74**, 1204 (1941).
[2] K. ALDER, G. STEIN: Liebigs Ann. Chem. **525**, 183 (1936).
[3] K. ALDER, G. STEIN: Liebigs Ann. Chem. **504**, 241 (1933).
[4] K. ALDER, H. HOLZRICHTER: Liebigs Ann. Chem. **524**, 145 (1936).

Genau entgegengesetzt sind die Verhältnisse bei den *Endoxo-Δ^1-tetrahydro-phthalsäure* (X), einem Ringsystem, das sich von dem vorigen lediglich durch den Ersatz des Brücken-Methylens durch Sauerstoff unterscheidet.

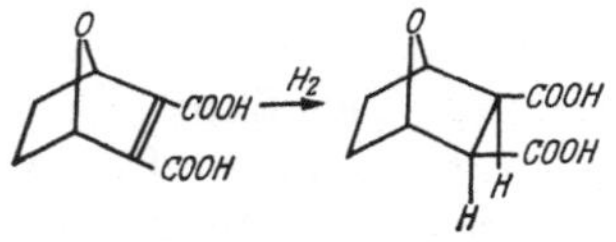

Zwar tritt auch hier, der allgemeinen Regel entsprechend, nur die Bildung von cis-Formen ein, jedoch erfolgt die Anlagerung des Wasserstoffs von der Innenseite des Moleküls her, also im Sinne einer *endo-Addition*[1].

4. Entstehung von racem- und meso-Formen bei der Hydrierung von Äthylenen.

Äthylenverbindungen, die an den doppelt gebundenen C-Atomen je zwei verschiedene Substituenten tragen, können ebenfalls durch Hydrierung theoretisch zwei Formen bilden; für den Sonderfall, daß beide Molekülhälften gleich sind, würde das die Bildung von meso- und racem-Formen bedeuten. Formal müßten durch cis-Addition des Wasserstoffs an eine cis-Äthylenverbindung eine meso-, durch trans-Addition eine racem-Verbindung entstehen. Umgekehrt entsteht dann aus der trans-Verbindung bei cis-Addition die racem-, bei trans-Addition die meso-Form.

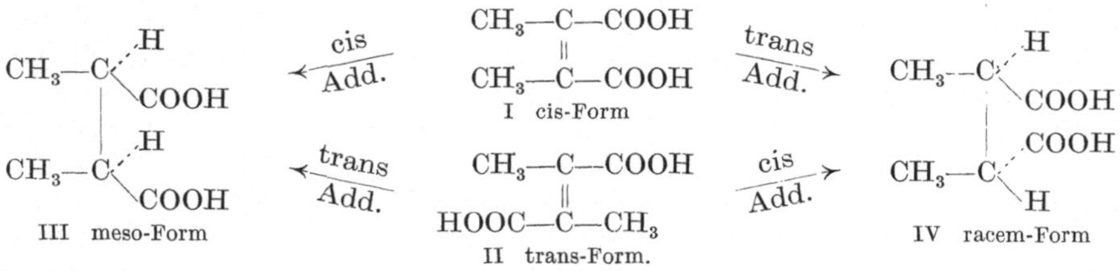

Die Untersuchung derartiger Substanzen verdanken wir vor allem OTT und in neuerer Zeit v. WESSELY. Die Hydrierung der *Dimethylmaleinsäure* (I)[2] als Natriumsalz mit **Palladium-Tierkohle** bzw. **Nickel-Tierkohle** ergab jedesmal 86% meso-Form (III) und 14% racem-Form der Dimethylbernsteinsäure (IV), d. h. eine bevorzugte Entstehung der energiereicheren Form. Die *Dimethylfumarsäure* (II) ergab bei der Hydrierung in **saurer** Lösung etwa 60% meso-Säure und 40% racem-Säure; in genau **neutraler** Lösung 30% meso- und 70% racem-Form. Mit **Nickelkatalysator** verlief die Reaktion außerordentlich langsam, wobei ausschließlich die racem-Form entstand. OTT zog daraus den Schluß, daß die Geschwindigkeit des Reaktionsablaufs für das Hydrierungsprodukt ausschlaggebend sei: je höher die Reaktionsgeschwindigkeit, desto mehr bildet sich die energiereiche, in diesem Fall also die meso-Form. Verzögerung der Reaktion führt zur energieärmeren racem-Form. Erfahrungsgemäß läßt sich eine katalytische Hydrierung nicht beliebig verzögern, ohne bei einer gewissen Grenze völlig zum Stillstand zu kommen. Im Falle der Dimethylmaleinsäure (I) wird diese Grenze schon früher erreicht, als zur bevorzugten Bildung der racem-Form (IV) nötig wäre, wodurch der geringe Prozentsatz an racem-Säure auch unter wechselnden Bedingungen erklärt wird.

---

[1] K. ALDER, K. H. BECKENDORF: Liebigs Ann. Chem. **535**, 113 (1938).
[2] E. OTT: Ber. dtsch. chem. Ges. **61**, 2126 (1928).

Es ist nicht ausgeschlossen, daß die Carboxylgruppen in diesem Beispiel in den Ablauf der Hydrierung eingreifen, so daß Verhältnisse ähnlich den α,β-ungesättigten Ketonen (S. 767) vorliegen würden. Deshalb erscheinen auch die Ergebnisse an Substanzen vom Typ der Dialkylstilbene übersichtlicher. In diesen Fällen ist wieder die ganz überwiegende Entstehung derjenigen Hydrierungsprodukte beobachtet worden, die durch eine cis-Addition des Wasserstoffs formuliert werden können. So ergab die Hydrierung mit **Palladiummohr** in Eisessig unter völlig vergleichbaren Bedingungen[1] ausgehend von

trans-α,β-Dimethylstilben $\qquad\to 98\,\%$ racem-Diphenylbutan

cis-α,β-Dimethylstilben $\qquad\to 99\,\%$ meso-Diphenylbutan

Diäthyl-stilboestrol (V) $\qquad\to 88\,\%$ racem-Dioxy-Diphenylhexan (VI)

Dimethyläther des Diäthylstilboestrols $\to 97\,\%$ racem-Dimethoxy-Diphenylhexan

$$HO \cdot C_6H_4 - \overset{\displaystyle \|}{\underset{\displaystyle C_2H_5 - C - C_6H_4OH}{C}} - C_2H_5 \quad \to$$

V trans-Form.

$$HO \cdot C_6H_4 - C \overset{\nearrow C_2H_5}{\underset{\searrow H}{}} \qquad HOC_6H_4 - C \overset{\nearrow H}{\underset{\searrow C_2H_5}{}}$$

VI racem-Form.

Ein weiteres Beispiel stellt die einheitliche Hydrierung der *cis-Dihydrodiphenylmuconsäure* zur meso-Form der Diphenyladipinsäure dar[2], während die trans-Säure unter diesen Bedingungen nicht hydriert wird.

$$C_6H_5 - \overset{\displaystyle \|}{\underset{\displaystyle C_6H_5 - C - CH_2 \cdot COOH}{C}} - CH_2 \cdot COOH \quad \to$$

$$C_6H_5 \cdot C \overset{\nearrow CH_2 \cdot COOH}{\underset{\searrow H}{}} \qquad C_6H_5 \cdot C \overset{\nearrow CH_2 \cdot COOH}{\underset{\searrow H}{}}$$

Während verschiedene Bearbeiter durch Änderung des Katalysators und der Reaktionsbedingungen statt der racem-Form die meso-Form erhielten[3, 4], konnte v. WESSELY dies nicht bestätigen. Es scheint danach auch im Falle der ditertiären Äthylenbindung die Hydrierung nach dem Bilde der *cis-Addition* des Wasserstoffs zu verlaufen, wobei dann unter Umständen sekundäre Umlagerungen zu uneinheitlichen Reaktionsprodukten führen können.

5. Die SKITASche Regel.

Nach dem bisher Gesagten mag die Regel von der cis-Addition des Wasserstoffs an isolierte Doppelbindungen bei der katalytischen Hydrierung allen praktischen Anforderungen genügend erscheinen. Sowohl aus Acetylenen wie aus Äthylenen mit ditertiärer Doppelbindung entstehen ganz überwiegend, wenn nicht ausschließlich Produkte, die sich sterisch durch eine cis-Addition ableiten lassen. Wesentlich zahlreicher jedoch sind die Fälle, bei denen durch die Annahme einer cis-Addition keine Aussage über die Konfiguration des Hydrierungsproduktes getroffen werden kann. Das ist dann stets der Fall, wenn bei der Hydrierung nicht an jedem Ende der Doppelbindung ein Asymmetriezentrum geschaffen wird, ein zweites Asymmetriezentrum jedoch an anderer Stelle schon vorhanden ist.

---

[1] F. v. WESSELY, H. WELLEBA: Ber. dtsch. chem. Ges. **74**, 778 (1941).

[2] E. BESCHKE, G. KÖHRES, L. STOLL: Liebigs Ann. Chem. **391**, 140 (1912).

[3] Siehe Anm. 2, S. 754.

[4] E. C. DODDS, L. GOLBERG, W. LAWSON, Sir R. ROBINSON: Proc. Roy. Soc. [London], Ser. B **127**, 140 (1939).

Der einfachste Fall dieser Art liegt bei cyclischen Verbindungen vor, die außer zumindest einem Substituenten eine semicyclische Doppelbindung besitzen, gleichgültig, ob dies eine C—C-, C—O- oder C—N-Doppelbindung ist. Charakteristisch ist hierbei die oft ganz eindeutige Lenkung des Additionsverlaufes durch das *Reaktionsmedium*, worauf besonders SKITA hinwies. So entstehen aus den drei isomeren Methylcyclohexanonen bei der katalytischen Reduktion in **saurer** Lösung die cis-, in **neutraler** bzw. **alkalischer** Lösung die trans-Formen der Carbinole[1].

$$\text{trans} \quad \xleftarrow[\text{neutral}]{H_2} \quad \xrightarrow[\text{sauer}]{H_2} \quad \text{cis}$$

Beim Vorliegen mehrerer Substituenten bezieht sich die Bezeichnung cis mit Sicherheit nur auf den dem neuen Asymmetriezentrum benachbarten. Die relative Konfiguration der übrigen ändert sich während der katalytischen Hydrierung nicht. So entsteht bei der Hydrierung des *Trimethyl-cyclohexanons* (II) in **Eisessig** ausschließlich das cis-Carbinol (I), bei der Reduktion mit Natrium und Alkohol dagegen das trans-Carbinol (III)[2].

$$\text{I} \quad \xleftarrow[\text{Eisessig}]{H_2} \quad \text{II} \quad \xrightarrow[\text{Alkohol}]{Na} \quad \text{III}$$

Ebenso tritt bei der Hydrierung des *cis-Trimethylcyclohexens* (IV) in **saurer** Lösung die dritte Methylgruppe auf die gleiche Seite wie die beiden anderen unter Bildung von $1^c 2^c 4^c$-Trimethylcyclohexan[3] (V).

$$\text{IV} \quad \rightarrow \quad \text{V}$$

Als ein weiteres Beispiel sei die katalytische Hydrierung des *trans-α-Dekalons* nach SKITA in saurem Medium[4] angeführt. Hierbei entsteht nur *ein* trans-Dekalol, dem die $1^c 9^c 10^t$-Konfiguration zugewiesen werden konnte; die Hydroxylgruppe steht also in cis zum benachbarten Substituenten.

---

[1] A. SKITA: Liebigs Ann. Chem. **431**, 1 (1923).

[2] A. SKITA: Ber. dtsch. chem. Ges. **53**, 1792 (1920).

[3] A. SKITA, A. SCHNECK: Ber. dtsch. chem. Ges. **55**, 144 (1922). — Um die verschiedenen stereoisomeren Formen kürzer bezeichnen zu können, wird einem Vorschlag von SKITA zufolge [Liebigs Ann. Chem. **427**, 267 (1922)] der Zahl, welche die Stellung des Substituenten bezeichnet, die Bezeichnung cis mit einem kleinen ᶜ und die Bezeichnung trans mit einem kleinen ᵗ hinzugefügt. Es ist dann nur nötig, einen Substituenten als Bezugssystem zu wählen.

[4] W. HÜCKEL, O. NEUNHOEFFER, A. GERCKE, E. FRANK: Liebigs Ann. Chem. **477**, 150 (1930).

trans-Dekalon. , trans-Dekalol 1c 9c 10t.

Ebenso entsteht bei der katalytischen Hydrierung von *cis-α-Dekalon* quantitativ ein cis-α-Dekalol der Konfiguration 1c 9c 10c. Aus dem gleichen cis-α-Dekalon entsteht dagegen bei der Reduktion mit Natrium in Alkohol unter Konfigurationsänderung ein trans-Dekalol (1c 9c 10t)[1].

cis-Dekalol 1c 9c 10c.   cis-Dekalon.   trans-Dekalol 1t 9c 10t.

Diese Befunde, vor allem gemeinsam mit den Beobachtungen bei der katalytischen Hydrierung von aromatischen Verbindungen (S. 765) führten zur Aufstellung der SKITAschen *Regel*[2], deren Anwendbarkeit sich oft bewiesen hat:

„*Besteht die Möglichkeit, einen ungesättigten cyclischen Stoff durch Hydrierung in stereoisomere Polymethylene umzuwandeln, so entstehen — falls nicht besonders labile Konfigurationen gebildet werden — bei der Reduktion in* **saurer** *Lösung vorwiegend die cis- und bei der Reduktion in* **neutralen** *und* **alkalischen** *Medien vorwiegend die trans-Modifikation der Polymethylene.*"

Diese Regel ist für aromatische wie hydroaromatische Verbindungen aufgestellt und geprüft worden. Zunächst betrachten wir sie nur in ihrer Anwendung aus Substanzen mit isolierten Doppelbindungen; die Besprechung der Aromaten erfolgt später (S. 765).

Um den Anwendungsbereich dieser Regel abzugrenzen, ist es nützlich, nochmals an die Regel von der cis-Addition des Wasserstoffs bei katalytischen Hydrierungen zu erinnern. Ein Fall, wie z. B. die Hydrierung des Diphenylcyclopentenons, die in saurem und alkalischem Medium ausschließlich zur cis-Form führt (S. 753), wäre mit der SKITAschen Regel nicht in Einklang zu bringen. Diese Schwierigkeiten treten aber nicht auf, wenn man diese Regel auf die Fälle begrenzt, bei der die Entstehung der cis- bzw. trans-Form jeweils durch cis-Addition des Wasserstoffs entstanden gedacht werden können; also beispielsweise auf die Reduktion semi-cyclischer Doppelbindungen, wie im Falle des Methylcyclohexanons (siehe oben). Die Regel würde danach eine Aussage darüber machen, von welcher Seite der Molekülebene aus die Addition des Wasserstoffs erfolgt. In **alkalischer** Lösung sollte dann der Wasserstoff von der Seite des schon aus der Molekülebene herausragenden Substituenten, in **saurer** Lösung von der entgegengesetzten Seite herantreten.

cis   R   trans

[1] W. HÜCKEL: Liebigs Ann. Chem. **441**, 29 (1925).
[2] A. SKITA: Liebigs Ann. Chem. **431**, 15 (1923).

Man hätte sich danach etwa vorzustellen, daß die durch das Reaktionsmedium induzierte Polarität des zu hydrierenden Moleküls für den Anlagerungssinn des Wasserstoffs entscheidend ist. Die Regel gewinnt dadurch nicht nur an Anschaulichkeit, sie befindet sich damit auch nicht mehr im Widerspruch zu irgendwelchen experimentellen Ergebnissen.

So betrachtet besitzt die SKITAsche Regel größte Anwendbarkeit. Sie gilt für die Mehrzahl der Fälle, bei denen eine Doppelbindung hydriert wird, die zur Bildung eines zweiten Asymmetriezentrums neben einem schon ursprünglich vorhandenen führt. Einige derartige Typen mit *semicyclischer* Doppelbindung seien hier angeführt[1].

$$\text{(Cyclohexanon-Typ)} \quad R \rightarrow R,H,OH \ ; \quad R \rightarrow R,H,CH_3 \ (\text{aus } CH_2) \ ; \quad R \rightarrow R,H,NH_2 \ (\text{aus } NOH)$$

Es ist hierbei nicht nötig, daß die beiden Substituenten orthoständig sind, auch entferntere folgen der Regel, die auch für *cyclische* Doppelbindungen, selbst in Fünfringen, Gültigkeit besitzt[2].

$$\underset{\text{trans}}{H{-}\overset{R\;\;H}{|}{-}R_1} \;\xleftarrow{\text{alkalisch}}\; \overset{R\diagdown\;\;H}{\diagup\!\!\diagup}R_1 \;\xrightarrow{\text{sauer}}\; \underset{\text{cis}}{R{-}\overset{H\;\;H}{|}{-}R_1}$$

Wir dürfen dabei annehmen, daß das saure bzw. alkalische Reaktionsmedium den polaren Charakter entscheidend und in entgegengesetztem Sinne beeinflußt. Die Wirkung des Reaktionsmediums wird in diesen Fällen um so deutlicher sein, je weniger das Ausgangsmaterial eine ausgesprochene Polarität besitzt. Ist jedoch eine solche in starkem Maße vorhanden, so wird diese den Anlagerungssinn bestimmen und der Einfluß des Reaktionsmediums nicht mehr zur Geltung kommen; die SKITAsche Regel wird dann keine Gültigkeit mehr besitzen. Das zeigen besonders klar die Verhältnisse in der von ALDER und STEIN untersuchten Bicyclo-[1,2,2]-hepten-Reihe. Durch genaue Konfigurationsermittlung gelang es hier nicht nur, die cis-Addition des Wasserstoffs zu beweisen, sondern darüber hinaus auch den Anlagerungssinn als ausschließliche *exo-Addition*, d. h. von der Außenseite des durch das Molekül gebildeten Winkels, unabhängig von den Reaktionsbedingungen[3]. So führte die katalytische Hydrierung des Enolacetats (I) zum endo-Alkohol (II), die der Ketosäure (III) zum Lacton (IV). Ein durch endo-Addition gebildeter Alkohol wäre zur Lactonbildung nicht befähigt gewesen:

$$I \;(\text{C-OCO-CH}_3,\,H) \;\xrightarrow{H_2}\; II \;(H,\,CH_2OH) \ ; \quad III \;(O,\,COOH,\,H) \;\xrightarrow{COOH}\; IV \;(O{-}CO,\,COOH,\,H)$$

Die gleiche Gesetzmäßigkeit gilt auch für die Hydrierung der *Oximgruppe*; die Polarität des Moleküls weist der Addition ihre Richtung an. Dadurch wird

[1] A. SKITA: Liebigs Ann. Chem. **427**, 255 (1922); **431**, 1 (1923); Ber. dtsch. chem. Ges. **53**, 1804 (1920); **56**, 1014, 2234 (1923); **64**, 2878 (1931).
[2] H. A. WEIDLICH, M. MEYER-DELIUS: Ber. dtsch. chem. Ges. **74**, 1195 (1941).
[3] K. ALDER, G. STEIN: Liebigs Ann. Chem. **525**, 183 (1936).

verständlich, warum bei der katalytischen Hydrierung in der Campherreihe statt eines Gemisches stets einheitliche Formen erhalten werden; als Beispiele seien genannt: Camphen → Isocamphan[1]; Fenchon → β-Fenchol[2]; d-Fenchonoxim → Fenchylamin[3]; Campher → Isoborneol[4]; epi-Campher → epi-Isoborneol[5].

Es wurde schon oben (S. 754) darauf hingewiesen, daß der Ersatz der Methylen- durch eine Sauerstoffbrücke den polaren Charakter und damit den Anlagerungssinn gerade ins Gegenteil verkehrt.

6. Stereoisomere Hydrierungsprodukte der Sterine.

Besonders eingehend untersucht sind die Konfigurationen von Hydrierungsprodukten in der Reihe der Sterine und ihrer Abbauprodukte. Auch bei diesen kompliziert gebauten Molekülen bestätigten sich die gleichen Regelmäßigkeiten, die wir an einfachen Modellen schon kennenlernten. Die Anwendung der SKITAschen Regel ist hierbei jedoch nur so weit berechtigt, als sie für verschiedene Reaktionsmedien verschiedene Stereoisomere voraussagt. Die Bezeichnung cis oder trans ist hierbei nur mit Bezugnahme auf einen bestimmten Substituenten möglich; man wählt allgemein hierzu die Methylgruppe am C_{10} des Sterinskelets[6]. Der richtende Einfluß auf den Anlagerungssinn wird jedoch nicht von dieser Gruppe, sondern vom gesamten kompliziert gebauten Molekül ausgehen. Nur so ist es verständlich, daß bei der Hydrierung des *Cholestanons* (I) (trans-Dekalin-Typus) in **saurer** Lösung das epi-Dihydrocholesterin (II) (OH : CH_3 in trans), in **neutraler** oder **alkalischer** Lösung Dihydrocholesterin (III) (OH : CH_3 in cis) entsteht. Beim *Koprostanon* (IV) (cis-Dekalintypus) jedoch sind die Verhältnisse umgekehrt: in saurer Lösung entsteht Koprosterin (V) (OH : CH_3 in cis), in neutraler oder alkalischer Lösung epi-Koprosterin (VI) (OH : CH_3 in trans)[7].

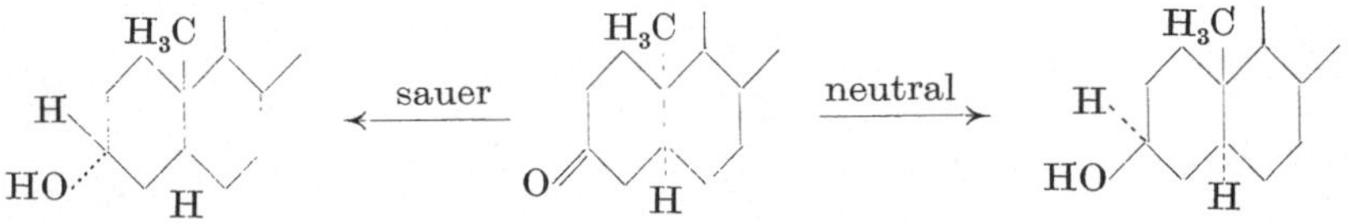

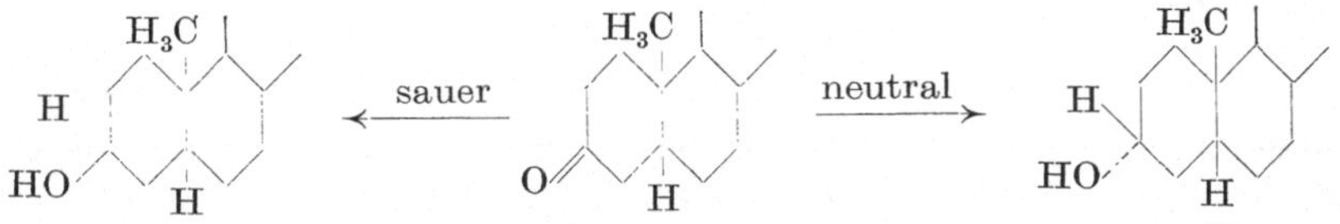

Ebenso entstehen bei der partiellen Hydrierung der *Dehydro-desoxycholsäure* je nach dem Reaktionsmedium zwei stereoisomere Carbinole, deren Bezeichnung als cis- bzw. trans-Form aus Gründen der Analogie zum Koprostanon, nicht aber auf Grund der SKITAschen Regel berechtigt ist[8].

---

[1] M. LIPP: Liebigs Ann. Chem. **382**, 283 (1911).

[2] H. SCHMIDT, F. SCHULZ: Chem. Zbl. **1936** I, 350.

[3] K. ALDER, G. STEIN: Liebigs Ann. Chem. **525**, 224 (1936).

[4] G. VAVON, P. PEIGNIER: Bull. Soc. chim. France (4) **39**, 924 (1926).

[5] M. LIPP, E. BUND: Ber. dtsch. chem. Ges. **68**, 249 (1935).

[6] S. SCHOENHEIMER, E. A. EVANS: J. biol. Chemistry **114**, 567 (1936).

[7] G. VAVON, B. JAKUBOWICZ: Bull. Soc. chim. France (4) **53**, 581 (1933). — H. GRASSHOF: Hoppe-Seyler's Z. physiol. Chem. **225**, 197 (1934). — L. RUZICKA, H. BRÜNGGER, E. EICHENBERGER, J. MEYER: Helv. chim. Acta **17**, 1407 (1934).

[8] K. KYOGOKU: Hoppe-Seyler's Z. physiol. Chem. **246**, 99 (1937).

Als Beispiel für die Tatsache, daß die cis-trans-Voraussage der Skitaschen Regel der größeren richtenden Kraft des Gesamtmoleküls gelegentlich weichen muß, sei ferner die Hydrierung der sogenannten Dielssäure (I) mit **Platin** in Eisessig angeführt, bei der ausschließlich die trans-Form (II) entsteht[1].

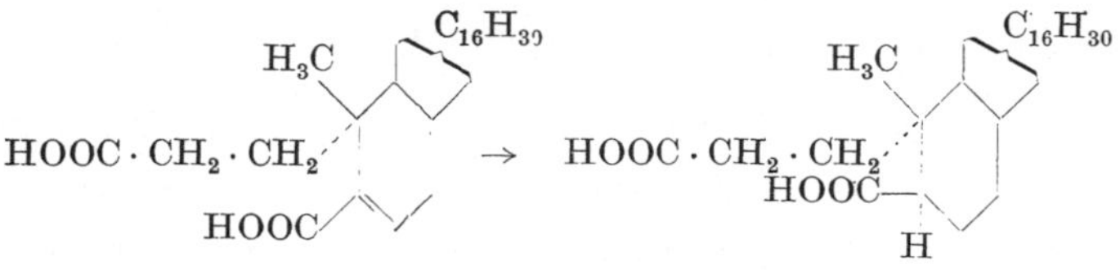

$$H_3C \quad C_{16}H_{30} \qquad\qquad H_3C \quad C_{16}H_{30}$$

$$HOOC \cdot CH_2 \cdot CH_2 \quad \rightarrow \quad HOOC \cdot CH_2 \cdot CH_2$$

$$HOOC \qquad\qquad HOOC \qquad H$$

$$\text{I} \qquad\qquad\qquad \text{II}$$

An die Stelle einer voraussagenden Deutung des Reaktionsproduktes muß in solchen Fällen allein die Empirie treten. Danach ergibt sich in der Reihe der Sterine in analogen Fällen die ausschließliche Bildung von trans-Säuren bei der katalytischen Hydrierung unter den angegebenen Bedingungen, also der trans-Dihydro-Dielssäure (II) aus Dielssäure[1] oder der Allo-Litho-bilian-säure aus *Lithobiliensäure*[2].

Eine Lenkung des sterischen Verlaufs durch das Reaktionsmedium ist, wie schon gesagt, um so leichter, je geringer die vom Molekül selbst ausgehenden richtenden Kräfte sind. Mit ihrer Zunahme wird es immer schwieriger, bestimmte stereoisomere Formen zu erzwingen. Es gelingt dies z. B. noch beim *Pseudo-Cholesten* (III), das bei der **sauren** Hydrierung Cholestan (IV), in **neutraler** Lösung dagegen Koprostan (V) bildet[1, 3]. Schon 1916 wies in diesem Zusammenhang Windaus auf die mögliche Rolle des Lösungsmittels, der Temperatur und der Art des Katalysators für den sterischen Verlauf der Reduktion hin[3]:

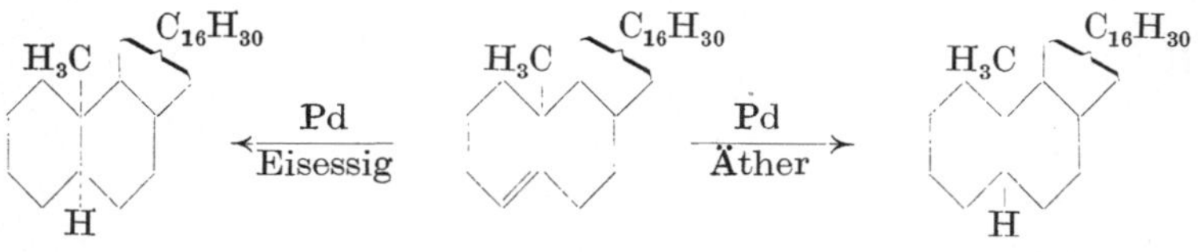

$$H_3C \quad C_{16}H_{30} \qquad H_3C \quad C_{16}H_{30} \qquad H_3C \quad C_{16}H_{30}$$

$$\xleftarrow[\text{Eisessig}]{\text{Pd}} \qquad\qquad \xrightarrow[\text{Äther}]{\text{Pd}}$$

$$H \qquad\qquad\qquad\qquad H$$

$$\text{IV} \qquad\qquad\qquad \text{III} \qquad\qquad\qquad \text{V}$$

In anderen Fällen führt die katalytische Hydrierung auch unter verschiedenen Reaktionsbedingungen nur zu *einer* bevorzugten Form. So ergaben Sterine, bei denen die Doppelbindung die gleiche Lage hat wie im Cholesten (Δ^5-Verbindungen), Derivate des *trans-Dekalins*; z. B. entsteht aus *Cholesterin* bei der Hydrierung in Äther und Essigsäure Cholestanol[4], aus *Acetoxy-bisnorcholensäure* unter den gleichen Bedingungen Acetoxy-bisnor-allo-cholansäure[5] oder aus *Pregnenolon* ein Gemisch der isomeren Allo-pregnandiole[6]. Der erste Fall, bei dem neben dem als Hauptprodukt anfallenden trans-Derivat auch geringere Mengen des cis-Produktes isoliert wurden, ist die Hydrierung des *Androstenolon-acetats* (VII) mit **Platinoxyd in Eisessig**[7].

[1] A. Windaus: Ber. dtsch. chem. Ges. **52**, 170 (1919).
[2] A. Windaus: Liebigs Ann. Chem. **447**, 255 (1926).
[3] A. Windaus: Ber. dtsch. chem. Ges. **49**, 1727 (1916).
[4] R. Willstätter, E. W. Mayer: Ber. dtsch. chem. Ges. **41**, 2199 (1908).
[5] E. Fernholz: Hoppe-Seyler's Z. physiol. Chem. **507**, 128 (1933).
[6] A. Butenandt, G. Fleischer: Ber. dtsch. chem. Ges. **68**, 2094 (1935).
[7] T. Reichstein, A. Lardon: Helv. chim. Acta **24**, 955 (1941).

Sterine, deren Doppelbindung die Lage wie im Pseudo-Cholesten einnimmt (Δ^4-Verbindungen), scheinen bei der Hydrierung bevorzugt *cis-Dekalin*derivate zu liefern. So entsteht aus *Allo-cholesterin* (VIII) Koprosterin (IX) bei der Hydrierung mit Platin in Amylalkohol[1]:

Die Tatsache, daß bei verschiedener Lage der Doppelbindung andere Hydrierungsprodukte bevorzugt entstehen, macht die Sicherheit einer Reaktionsdeutung von der Gewißheit abhängig, daß unter den Bedingungen der Reaktion, vor allem unter dem Einfluß des Katalysators, keine Verschiebung der Doppelbindung innerhalb des Moleküls eingetreten ist. Andernfalls wäre womöglich diese Anlaß zu andersartigen Hydrierungsprodukten. Solche Umlagerungen wurden mehrfach beobachtet und müssen eventuell auch hier in Rechnung gestellt werden.

Als Beispiel sei genannt die glatte Verschiebung der Doppelbindung im *β-Pinen* durch wasserstoffgesättigten **Palladiumkatalysator**, wobei α-Pinen entsteht[2],

oder die Verlagerung der Doppelbindung im *α-Zymostenol* unter der Einwirkung des **Platinkatalysators** zu α-Cholestenol[3]. Diese Wanderung der Doppelbindung läßt zwei Asymmetriezentren verschwinden und eines neu entstehen, es sind also tiefgreifende Veränderungen, die als Nebenreaktionen bei der katalytischen Hydrierung des Zymosterins ablaufen.

α-Zymostenol.   α-Cholestenol.

[1] S. Schoenheimer, E. A. Evans: J. biol. Chemistry **114**, 567 (1936).
[2] F. Richter, W. Wolff: Ber. dtsch. chem. Ges. **59**, 1733 (1926).
[3] H. Wieland, F. Rath, W. Benend: Liebigs Ann. Chem. **548**, 19 (1941).

Gleichartige Beobachtungen wurden am *Fungisterin* gemacht[1], das beim Schütteln mit **Platinoxyd** in Eisessig sich glatt in α-Ergostenol umlagert. Diese Reaktion tritt in Äther oder Essigester nicht ein. Auch *Cholesterin* kann sich unter dem Einfluß von **Nickelkatalysator** bei höherer Temperatur umlagern zu einem Gemisch von Cholestanon und Koprostanon. Hieraus erklärt sich das Entstehen aller vier möglichen isomeren gesättigten Carbinole bei der Hydrierung mit *Nickel* bei 180^0[2].

7. Auswählende Hydrierung von Benzoin und Analogen.

Wenn wir stets *stereochemische* Deutungen für den Reaktionsablauf benutzt haben, so geschah dies vor allem, um die Anschaulichkeit der Vorgänge bei der Hydrierung zu bewahren und damit eine praktische Anwendung der aufgestellten Regeln zu erleichtern und ihre Grenzen zu zeigen. Wie schon in der Einleitung betont, sind aber die Gesetzmäßigkeiten keine stereochemischen, sondern *energetische*[3]. Die Regeln sind also nur insoweit anwendbar, als energetische und stereochemische Eigenschaften im gleichen Sinne wirken. Allgemeingültigkeit kann man aber dem Grundsatz zumessen, wonach bei der katalytischen Hydrierung isolierter Doppelbindungen stets das Produkt mit dem höchsten, unter den Hydrierungsbedingungen beständigen Energieinhalt entsteht.

So ist es durchaus den Erwartungen entsprechend, wenn auch in Fällen, die von der SKITAschen Regel nicht erfaßt werden, bei denen aber weitgehend ähnliche Verhältnisse vorliegen, eine auswählende Hydrierung zu energiereichsten Formen eintritt. Dem S. 758 angeführten disubstituierten Cyclopenten entsprechen so z. B. das *Benzoin* (I), dessen katalytische Hydrierung ausschließlich zur Mesoform, dem Hydrobenzoin, führt (II)[4], und das Gemisch der beiden cis-trans-isomeren *Dimethoxy-diphenyl-hexylene* (III), die bei der Hydrierung mit **Palladiummohr** in Eisessig den Dimethyläther des meso-Dioxy-Diphenyl-hexans (IV) ergeben[5].

$$
\begin{array}{ccc}
\underset{\text{I}}{\underset{\displaystyle \overset{|}{\text{O}}\quad\overset{|}{\text{OH}}}{C_6H_5 \cdot \overset{\|}{C}\text{---}\overset{|}{CH} \cdot C_6H_5}} & \rightarrow & \underset{\text{II}\ \ \text{meso}}{\underset{\displaystyle \overset{|}{\text{OH}}\quad\overset{|}{\text{OH}}}{C_6H_5 \cdot \overset{|}{CH}\text{---}\overset{|}{CH}\text{---}C_6H_5}}
\end{array}
$$

$$
\begin{array}{ccc}
\underset{\text{III}}{C_6H_5 \cdot \overset{\|}{C}\text{---}\overset{|}{CH}\text{---}C_6H_5 \atop \displaystyle \overset{|}{CH}\quad \overset{|}{CH_2} \atop \displaystyle CH_3\quad CH_3} & & \underset{\text{IV}\ \ \text{meso}}{C_6H_5\text{---}\overset{|}{CH}\text{---}\overset{|}{CH}\text{---}C_6H_5 \atop \displaystyle \overset{|}{CH_2}\quad \overset{|}{CH_2} \atop \displaystyle CH_3\quad CH_3}
\end{array}
$$

B. Katalytische Hydrierung konjugierter Mehrfachbindungen.

1. Allgemeines.

Während Systeme konjugierter Kohlenstoff-Doppelbindungen bei der Verwendung von Amalgam ganz überwiegend an den beiden Enden der Konjugation reduziert werden[6,7,8], verläuft die katalytische Hydrierung anders. Nach

[1] H. WIELAND, G. COUTELLE: Liebigs Ann. Chem. **548**, 270 (1941).
[2] A WINDAUS: Ber. dtsch. chem. Ges. **49**, 1724 (1916).
[3] E. OTT, R. SCHRÖTER: Ber. dtsch. chem. Ges. **60**, 624 (1927).
[4] J. S. BUCK, S. S. JENKINS: J. Amer. chem. Soc. **51**, 2163 (1929).
[5] F. v. WESSELY, H. WELLEBA: Ber. dtsch. chem. Ges. **74**, 778 (1941).
[6] G. VAVON, M. JAKEŠ: Bull. Soc. chim. France (4) **41**, 81, 1598 (1927).
[7] R. KUHN, A. WINTERSTEIN: Helv. chim. Acta **11**, 126 (1928).
[8] R. WILLSTÄTTER, F. SEITZ, E. BUMM: Ber. dtsch. chem. Ges. **61**, 871 (1928).

den bisherigen Untersuchungen entstehen dabei, ohne daß Zwischenprodukte faßbar sind, die völlig gesättigten Substanzen; zur Deutung wird angenommen, daß entweder alle Doppelbindungen gleichzeitig abgesättigt werden oder daß die zunächst entstehenden partiell hydrierten Körper schneller weiter reagieren als das Ausgangsmaterial. Zum Beispiel wird nach Verbrauch von einem Mol Wasserstoff auf ein Mol einer Verbindung mit zwei konjugierten Doppelbindungen das Ausgangsmaterial zu 50 % unverändert zurückgewonnen, während die andere Hälfte schon völlig hydriert ist, ein Bild, wie man es auch von der Hydrierung des Benzols kennt, wobei es ebenfalls nicht gelingt, Di- oder Tetrahydroprodukte zu fassen[1, 2, 3].

Sind die konjugierten Doppelbindungen infolge verschiedenartiger Substitution nicht gleichwertig, so ergeben sich Unterschiede in der Absättigungsgeschwindigkeit, die es erlauben, erst *eine* Doppelbindung völlig zu hydrieren, bevor die nächste angegriffen wird. Hierbei zeigt es sich ganz eindeutig, daß jede einzelne Doppelbindung durch 1,2-Addition abgesättigt wird, und zwar eine solche, die außerdem mit einer Phenyl- oder einer Carboxylgruppe konjugiert ist, schwerer als andere. So gelingt z. B. die Hydrierung der *Vinylacrylsäure* zur α,β-ungesättigten Pentensäure[4]

$$CH_2{=}CH{-}CH{=}CH \cdot COOH \rightarrow CH_3 \cdot CH_2 \cdot CH{=}CH \cdot COOH$$

und der beiden cis-trans-isomeren Phenylbutadiene zum cis- bzw. trans-Phenylbuten[4]:

$$\begin{array}{cccc}
C_6H_5 \cdot CH & C_6H_5 \cdot CH & C_6H_5 \cdot CH & C_6H_5 \cdot CH \\
\| \quad \rightarrow & \| \quad ; & \| \quad \rightarrow & \| \\
CH_2 : CH \cdot CH & C_2H_5 \cdot CH & CH \cdot CH : CH_3 & CH \cdot C_2H_5 \\
\text{cis} & \text{cis} & \text{trans} & \text{trans}
\end{array}$$

Dieser letzte Versuch beweist auch, daß tatsächlich nur die eine Doppelbindung angegriffen wird und nicht etwa nach einer 1,4-Addition die Doppelbindung sich aus der Δ^2- in die begünstigte Δ^1-Stellung verlagert, da sonst aus beiden Isomeren das gleiche Endprodukt entstanden wäre.

Nicht in Übereinstimmung mit dem bisher Gesagten stehen Angaben, wonach auch bei völlig symmetrischen Molekülen eine stufenweise katalytische Hydrierung beobachtet wurde. So zeigt z. B. die Hydrierungskurve des *Diisocrotyls* nach Verbrauch von einem Mol Wasserstoff einen Knick, woraus auf eine 1,4-Addition geschlossen werden kann[5].

$$\begin{array}{cc}
CH_3{\diagdown} & CH_3{\diagup} \\
\quad C{=}CH \cdot CH{=}C & \rightarrow \\
CH_3{\diagup} & {\diagdown}CH_3 \\
\end{array}
\quad
\begin{array}{cc}
CH_3{\diagdown} & CH_3{\diagup} \\
\quad CH{-}CH{=}CH{-}CH & \\
CH_3{\diagup} & {\diagdown}CH_3 \\
\end{array}$$

Für einen unterschiedlichen Reaktionsablauf, der bald 1,2-, bald 1,4-Addition eintreten läßt, wird die *Alterung des Katalysators* verantwortlich gemacht[6]. Im allgemeinen werden Verbindungen mit konjugierten Doppelbindungen langsamer katalytisch hydriert als solche mit einfachen oder isolierten Doppelbindungen[7]. Ist eine Dreifachbindung mit einer Doppelbindung konjugiert, so wird erstere zunächst zur Doppelbindung abgesättigt; aus *Vinylacetylen* entsteht z. B. zuerst Butadien[8].

[1] Siehe Anm. 6 und 7, S. 762. [2] C. PAAL: Ber. dtsch. chem. Ges. **45**, 2221 (1912).
[3] C. COURTOT: Ann. Chimie (9) **5**, 85 (1916).
[4] I. E. MUSKAT, B. KNAPP: Ber. dtsch. chem. Ges. **64**, 779 (1931).
[5] S. LEBEDEW, A. JAKUBTSCHIK: J. chem. Soc. [London] **1928**, 823.
[6] E. H. FARMER, R. A. E. GALLEY: Nature **131**, 60 (1933).
[7] G. VAVON, M. JAKEŠ: C. R. hebd. Séances Acad. Sci. **183**, 299 (1926); Bull. Soc. chim. France (4) **41**, 81 (1927).
[8] S. LEBEDEW, A. I. GULJAJEWA, A. A. WASSILJEW: Chem. Zbl. **1936 II**, 1521.

Auch für die katalytische Hydrierung von α,β-*ungesättigten Ketonen* wurde von ADAMS[1] eine 1,2-Addition an die Kohlenstoffdoppelbindung bei Verwendung von **Platin**katalysator in **Eisessig**lösung nachgewiesen. Danach entsteht zuerst das gesättigte Keton, das bei weiterer Hydrierung in das Carbinol übergeht. Die experimentellen Befunde lassen sich hiermit nicht immer in Einklang bringen. Die Entstehung von Hydrierungsprodukten, bei denen außer der Doppelbindung auch die CO-Gruppe bis zur CH_2-Gruppe reduziert ist, neben dem gesättigten Keton, das unter den Reaktionsbedingungen selbst nicht angegriffen wurde[2], sowie die Tatsache, daß der Reaktionsverlauf weitgehend vom Reaktionsmedium abhängig ist, führten WEIDLICH[3] zur Aufstellung einer *Faustregel*, nach der sowohl 1,2-Addition an die C—C- oder C—O-Doppelbindung wie auch 1,4-Addition über das gesamte konjugierte System möglich ist. Die Regel lautet:

„*Die Reaktionsprodukte einer katalytischen Hydrierung α-β-ungesättigter Carbonylverbindungen im* **sauren** *Medium lassen sich durch 1,2-Addition an die CO- oder an die CC-Doppelbindung deuten, in* **alkalischem** *Medium dagegen durch eine 1,4-Addition über das konjugierte System.*"

Diese Regel ist imstande, die Reaktionsprodukte bei der Hydrierung in verschiedenen Medien voraussehen zu lassen; nach ihr ist im sauren Medium die Entstehung von gesättigten Kohlenwasserstoffen neben den gesättigten Ketonen zu deuten, ohne daß letzteres als Zwischenprodukt fungierte.

$$R_2C{=}CH{-}C{=}O \quad \xrightarrow{\text{1,2-Add.}} \quad R_2CH{-}CH_2{-}C{=}O$$
$$\qquad\quad\; | \qquad\qquad\qquad\qquad\qquad\qquad\qquad | $$
$$\qquad\quad\; R \qquad\qquad\qquad\qquad\qquad\qquad\qquad R$$
$$\text{1,2-}\;\big|\;\text{Add.}$$
$$\downarrow$$
$$R_2C{=}CH{-}CHOH \quad \xrightarrow{\qquad} \quad R_2CH{-}CH_2{-}CH_2{-}R$$
$$\qquad\quad\; | $$
$$\qquad\quad\; R$$

Die Annahme dieser zwei getrennten Reaktionswege macht verständlich, daß schon nach Verbrauch von einem Mol Wasserstoff ein Gemisch von Kohlenwasserstoff, gesättigtem Keton und unverändertem Ausgangsmaterial vorliegen kann und daß beim Stillstand der Wasserstoffaufnahme neben dem gesättigten Kohlenwasserstoff noch gesättigtes Keton vorhanden ist. In welchem Verhältnis beide Wege beschritten werden, bestimmt vor allem die Natur des Ausgangsmaterials.

Die Reaktionsprodukte in **alkalischer** Lösung deutet die Regel durch 1,4-Addition des Wasserstoffs; es entsteht zunächst ein Enol, das sich in das gesättigte Keton umlagert, womit die Reaktion zum Stillstand kommt. Die Entstehung von Produkten, bei denen auch die Carbonylgruppe reduziert ist, wird also vermieden:

$$R_2C{=}CH{-}C{=}O \quad \xrightarrow[\text{Add.}]{\text{1,4-}} \quad R_2CH{-}CH{=}C{-}OH \quad \rightleftharpoons \quad R_2CH{-}CH_2{-}C{=}O$$
$$\qquad\quad\; | \qquad\qquad\qquad\qquad\qquad\qquad | \qquad\qquad\qquad\qquad\qquad | $$
$$\qquad\quad\; R \qquad\qquad\qquad\qquad\qquad\qquad R \qquad\qquad\qquad\qquad\qquad R$$

Befunde bei der katalytischen Hydrierung von *Phenolen*, wobei neben gesättigten Carbinolen auch gesättigte Ketone und Kohlenwasserstoffe entstehen,

---

[1] J. W. KERN, R. L. SHRINER, R. ADAMS: J. Amer. chem. Soc. **47**, 1147 (1925).

[2] A. KAUFMANN, R. RADOSEWIČ: Ber. dtsch. chem. Ges. **49**, 680 (1916). — K. FREUDENBERG: Ebenda **53**, 1426 (1920); **56**, 2130 (1923). — F. STRAUS, H. GRINDEL: Liebigs Ann. Chem. **439**, 276 (1924).

[3] H. A. WEIDLICH, M. MEYER-DELIUS: Ber. dtsch. chem. Ges. **74**, 1195 (1941).

lassen trotz anderer Deutung[1] vermuten, daß hierbei ein gleichartiger Mechanismus vorliegt. Ihre Besprechung soll deshalb gemeinsam mit den ungesättigten Ketonen erfolgen. Durch geeignete Wahl der Reaktionsbedingungen kann also eine gewisse Bevorzugung bei der Entstehung bestimmter Produkte erreicht werden. Inwieweit solche Vorgänge auch an der Bildung von raumisomeren Verbindungen beteiligt sein können, soll später gezeigt werden.

Für die katalytische Hydrierung von *α-Diketonen* ist die Addition des Wasserstoffs in 1,4-Stellung bewiesen. Es entstehen *Endiole*, die gegen weitere Hydrierung beständig sind, sich aber meist leicht in α-Oxyketone umlagern; ihre intermediäre Bildung ist durch die Isolierung der Diacetate bei der Hydrierung in Gegenwart von Essigsäureanhydrid bewiesen. Haften am Diketon große Reste, so nimmt die Stabilität der Endiole so stark zu, daß sie leicht zu isolieren sind[2].

$$R \cdot \underset{\underset{O}{\|}}{C} - \underset{\underset{O}{\|}}{C} - R \quad \xrightarrow{H_2} \quad R \cdot \underset{\underset{OH}{|}}{C} = \underset{\underset{OH}{|}}{C} - R \quad \longrightarrow \quad R \cdot \underset{\underset{O}{\|}}{C} - \underset{\underset{OH}{|}}{CH} - R$$

2. Entstehung von Raumisomeren bei der Hydrierung von konjugierten CC-Doppelbindungen und aromatischen Kohlenwasserstoffen und Aminen.

Die Entstehung von *Raumisomeren* bei der Hydrierung von konjugierten CC-Doppelbindungen ist in manchen Fällen möglich und gelegentlich auch beschrieben. Ein einheitlich auswählender Reaktionsablauf wurde dabei, wohl wegen der Möglichkeit verschiedener Additionsweisen nebeneinander, nicht beobachtet. So entsteht z. B. aus Diphenylmuconsaurem Natrium bei der katalytischen Hydrierung mit **Palladium**kolloid ein Gemisch von je etwa 50% meso- und racem-Form der *Diphenyladipinsäure*[3]:

$$\underset{\text{HOOC}\cdot\text{CH} : \underset{|}{\overset{|}{C}}\!-\!\!-\!\underset{|}{\overset{|}{C}} : \text{CH}-\text{COOH}}{\overset{C_6H_5 \ C_6H_5}{}} \quad \rightarrow \quad \underset{\text{HOOC}\cdot\text{CH}_2\cdot \underset{|}{\overset{|}{CH}}\!-\!\underset{|}{\overset{|}{CH}}\cdot\text{CH}_2\cdot\text{COOH}}{\overset{C_6H_5 \ C_6H_5}{}}$$

Auch in der Reihe der substituierten *Benzole* ist eine völlig einheitliche Lenkung nicht erreicht worden, wohl aber je nach den Reaktionsbedingungen eine Beeinflussung der relativen Mengenverhältnisse an cis- bzw. trans-Formen. So entstehen aus den isomeren *Xylolen* jeweils Gemische von cis- und trans-Dimethylcyclohexanen; in mineralsaurer Lösung nimmt der Anteil der cis-Form zu. Beim Cymol wie beim Pseudocumol entsteht bevorzugt die cis-Form[4]. Auch bei substituierten *Anilinen* kann man die gleiche Beobachtung machen; aus den isomeren Xylidinen entstehen Isomerengemische, in denen bei Verwendung **mineralsaurer** Lösungen die cis-Form überwiegt[5]. Dagegen scheint die Verwendung von acetylierten Aminen eine einheitliche Lenkung zuzulassen; aus den Acettoluidinen entsteht bei der Hydrierung in mineralsaurem Medium ausschließlich die cis-Modifikation, in neutraler wässeriger Lösung dagegen die trans-Form[6].

---

[1] A. Skita: Ber. dtsch. chem. Ges. **53**, 1792 (1920); **56**, 2234 (1934); Liebigs Ann. Chem. **431**, 1 (1923).

[2] R. B. Thompson: J. Amer. chem. Soc. **61**, 1281 (1939). — R. C. Fuson, J. Corse, C. H. McKeever: J. Amer. chem. Soc. **61**, 2010 (1939). — Vgl. auch H. Rupe, F. Müller: Helv. chim. Acta **24**, 1093 (1941).

[3] E. Beschke, G. Köhres, L. Stoll: Liebigs Ann. Chem. **391**, 140 (1912).

[4] A. Skita, A. Schneck: Ber. dtsch. chem. Ges. **55**, 144 (1922).

[5] A. Skita: Liebigs Ann. Chem. **427**, 255 (1922); Ber. dtsch. chem. Ges. **53**, 1792 (1920); **56**, 2234 (1923).

[6] A. Skita: Ber. dtsch. chem. Ges. **56**, 1014 (1923).

SKITA, dem wir die gründliche Untersuchung der katalytischen Hydrierung von cyclischen Verbindungen zu raumisomeren Formen verdanken, sagt hierzu[1]: „Während bei der Hydrierung der aromatischen Kohlenwasserstoffe und der Aniline selbst in stark saurer Lösung bei 70° und 3 Atm. Wasserstoff Überdruck noch so viel trans-Form gebildet wird, daß letztere neben der cis-Form leicht rein erhalten werden kann, verlief unter diesen Bedingungen die Hydrierung bei anderen Körperklassen, zu denen auch die Kresole und Methylcyclohexanone gehören, derart, daß oft nur die cis-Modifikationen in reiner Form abgetrennt werden konnten."

Die Perhydrierung des *Naphthalins* kann zu zwei isomeren Dekalinen führen; hierbei entsteht zunächst das energiereichere cis-Dekalin, das bei der Verwendung von **Platinmohr** nach WILLSTÄTTER das einzige Reaktionsprodukt ist[2]. Auch mit **Osmium**-Katalysator bei 90—100°[3] oder bei der Druckhydrierung des *Tetralins* bei 91 at und 80—160°[4] entsteht bevorzugt die cis-Form. Bei noch höheren Temperaturen jedoch nimmt die Menge der trans-Modifikation immer mehr zu; der Grund liegt in der sekundären Umlagerung des cis-Dekalins in Gegenwart des Katalysators[5]; in Gegenwart von **MoS$_3$** z. B. ist die Umwandlung bei 360—370° vollkommen, während reines cis-Dekalin allein auch bei dieser Temperatur sich nicht verändert[6].

3. Bildung von Raumisomeren aus Phenolen.

Über die katalytische Hydrierung der substituierten Cyclohexanone und die Anwendung der SKITAschen Regel hierauf ist schon früher (S. 757) gesprochen worden. Auch für die substituierten *Phenole* hat sie Gültigkeit; auch hier entstehen bei der Hydrierung in **saurer** Lösung die cis- und in **neutralem** und **alkalischem** Medium die trans-Modifikationen bevorzugt. So werden bei der Hydrierung der isomeren *Kresole* mit kolloidalem **Platin** in saurer Lösung bei 70° ausschließlich die cis-Cyclohexanole, in kalter neutraler Lösung dagegen die drei trans-Verbindungen gebildet. Bei Bedingungen, die zwischen diesen Extremen liegen, entstehen Gemische von cis- und trans-Isomeren neben geringen Mengen von Hexahydrotoluol[7].

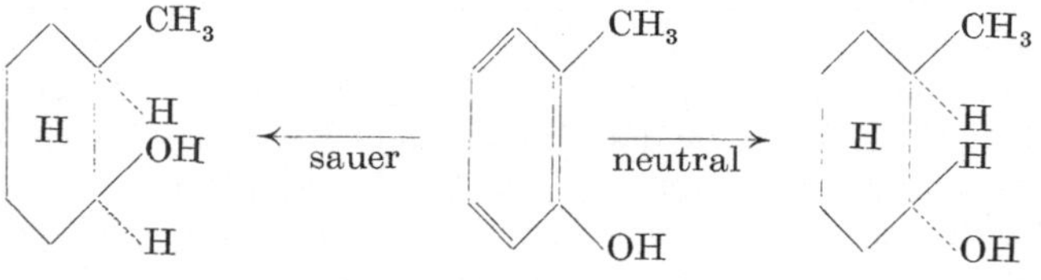

In gleicher Weise entsteht aus isomeren *Xylenolen* und aus asymmetrischem *Pseudocumenol* in **saurer** Lösung stets das entsprechende cis-Carbinol (cis bezogen auf den der OH-Gruppe nächsten Substituenten), daneben aber noch 20—40% des entsprechenden gesättigten Kohlenwasserstoffs[8].

---

[1] A. SKITA, W. FAUST: Ber. dtsch. chem. Ges. **64**, 2878 (1931).
[2] R. WILLSTÄTTER, F. SEITZ: Ber. dtsch. chem. Ges. **57**, 683 (1924).
[3] N. D. ZELINSKY, M. B. TUROWA-POLLAK: Ber. dtsch. chem. Ges. **62**, 2865 (1929).
[4] J. KAGEHIRA: Chem. Zbl. **1932** I, 1358.
[5] H. J. WATERMAN, J. F. CLAUSEN, A. J. TULLENERS: Recueil Trav. chim. Pays-Bas **53**, 821 (1934).
[6] E. I. PROKOPETZ: Chem. Zbl. **1935** I, 1642.
[7] A. SKITA: Liebigs Ann. Chem. **431**, 1 (1923).
[8] A. SKITA: Liebigs Ann. Chem. **427**, 255 (1922); Ber. dtsch. chem. Ges. **53**, 1792 (1920); **56**, 2234 (1923).

Bei der Hydrierung *mehrkerniger Phenole* ergeben sich weitere Isomeriemöglichkeiten; so sind z. B. aus ar. α-Tetralol vier Stereoisomere denkbar, die alle bekannt sind:

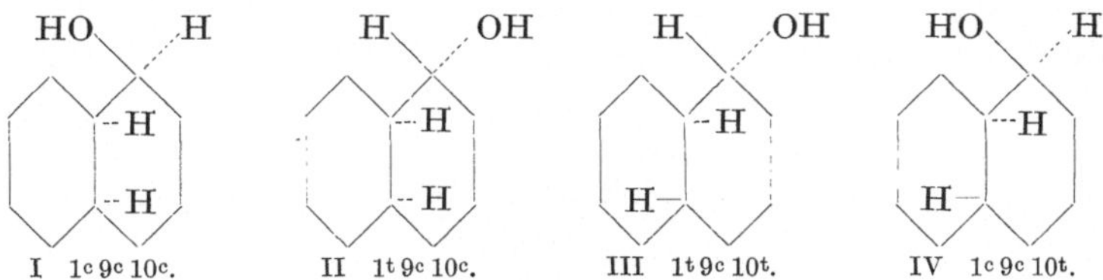

Die Hydrierung des ar. α-Tetralols mit **Platinmohr** in **Eisessig** führt praktisch völlig zur Modifikation I (1c 9c 10c)[1]. Auch mit *kolloidalem* Platin entsteht größtenteils die gleiche Verbindung[2]. Geht man bei der Hydrierung vom α-Naphthol aus und führt die Reduktion im Rührautoklaven bei 180—210° und 60—80 at durch, so erhält man ein Gemisch der beiden trans-Dekalole III und IV mit α-Dekalon, etwas ar. α-Tetralol, Dekalin und Tetralin; die Kohlenwasserstoffe machen dabei über die Hälfte des Gemisches aus. Die Zusammensetzung der Reaktionsprodukte wird also nicht unerheblich beeinflußt vom Wasserstoffdruck, der Temperatur und der Katalysatormenge, eine Beobachtung, die auch Skita[3] machte und die ihn zur Aufstellung eines zweiten Satzes führte, der die gleichen Folgerungen enthält, die Ott[4] bei der Hydrierung der Äthylene(S. 754) zog:

„Besteht die Möglichkeit, einen ungesättigten cyclischen Stoff durch Wasserstoffanlagerung in raumisomere Verbindungen umzuwandeln, so entsteht im allgemeinen von der energiereicheren Modifikation um so mehr, je größer die Hydrierungsgeschwindigkeit ist."

4. Bildung von Raumisomeren aus α,β-ungesättigten Carbonylverbindungen.

Diese Befunde, zusammen mit der interessanten Beobachtung, daß bei der katalytischen Hydrierung von Kresolen in **neutraler** Lösung bei 80° die Wasserstoffaufnahme bei 2 Mol zum Stillstand kommt, wobei neben etwas trans-Methylcyclohexanol 80 % Methylcyclohexanon entsteht[5], zeigen so viele Parallelen zu den α,β-ungesättigten Ketonen (S. 764), daß analoge Deutungen wie dort nahe liegen. Nach den Anschauungen von Weidlich[6] sollen dabei verschiedene Reaktionsabläufe möglich sein, die jeweils in saurer oder alkalischer Lösung bevorzugt sind. Der Zusatz von **Alkali** verlangsamt im allgemeinen die Wasserstoffaufnahme stark, während durch **Säuren** die Geschwindigkeit gesteigert wird. Während in saurer Lösung neben den gesättigten Ketonen auch gesättigte Kohlenwasserstoffe entstehen, was auch für die substituierten Phenole beobachtet wurde (siehe oben), kommt bei Ausschluß von H-Ionen die Wasserstoffaufnahme nach der Bildung des gesättigten Ketons praktisch zum Stillstand, da dieses wesentlich langsamer weiter hydriert wird, ebenfalls in Übereinstimmung mit Beobachtungen am Kresol.

Über diese Parallelen hinaus will aber die Weidlichsche Faustregel (S. 764) auch Aussagen über den sterischen Ablauf der Wasserstoffanlagerung an ditertiäre

[1] W. Hückel: Liebigs Ann. Chem. **441**, 28 (1925).

[2] W. Hückel, R. Danneel, A. Gross, H. Naab: Liebigs Ann. Chem. **502**, 99 (1933).

[3] A. Skita, W. Faust: Ber. dtsch. chem. Ges. **64**, 2878 (1931).

[4] Ber. dtsch. chem. Ges. **60**, 624 (1927).

[5] Siehe Anm. 7, S. 766.

[6] H. A. Weidlich, M. Meyer-Delius: Ber. dtsch. chem. Ges. **74**, 1195 (1941).

Doppelbindungen von α,β-ungesättigten Carbonylverbindungen treffen. Wie schon auf S. 753 gezeigt, entstehen bei der Hydrierung *isolierter* Doppelbindungen cis-Verbindungen; das gleiche gilt entsprechend für jede 1,2-Addition, wie sie ja in *saurer Lösung* auch bei α,β-ungesättigten Ketonen angenommen wird. Das dabei entstehende gesättigte Keton muß also die cis-Konfiguration besitzen:

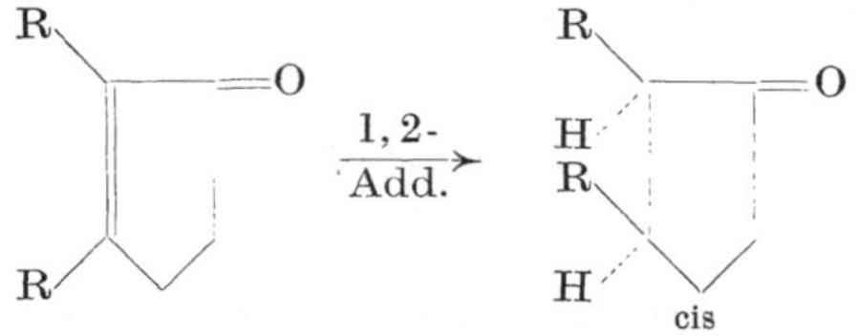

Auch dem daneben möglichen Kohlenwasserstoff muß cis-Konfiguration zukommen, da ja die Absättigung durch 1,2-Addition des Wasserstoffs an die ditertiäre Doppelbindung erfolgt:

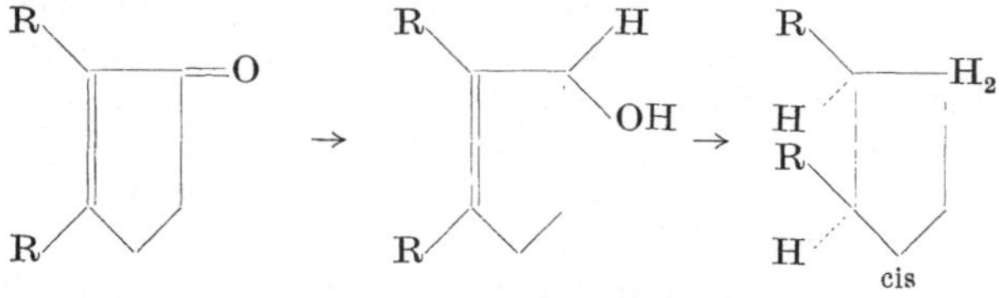

Anders im Falle einer Hydrierung in **neutralem** oder besser in **alkalischem** Medium: Hierbei entsteht unter 1,4-Addition des Wasserstoffs ein Enol, das sich zum Keton tautomerisiert und erst bei dieser Umlagerung eine sterische Wahl trifft, die dann zugunsten der energieärmeren, also der trans-Form, fällt:

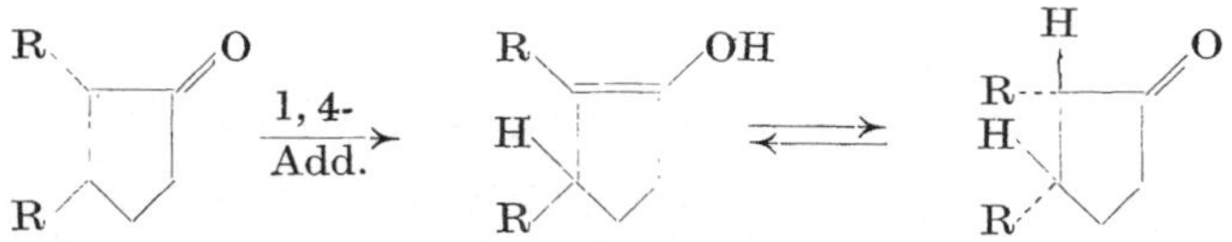

Als Beispiele hierfür seien die Hydrierung des Methyl-methoxynaphthyl-cyclopentenons und anderer Cyclopentenonderivate genannt[1]:

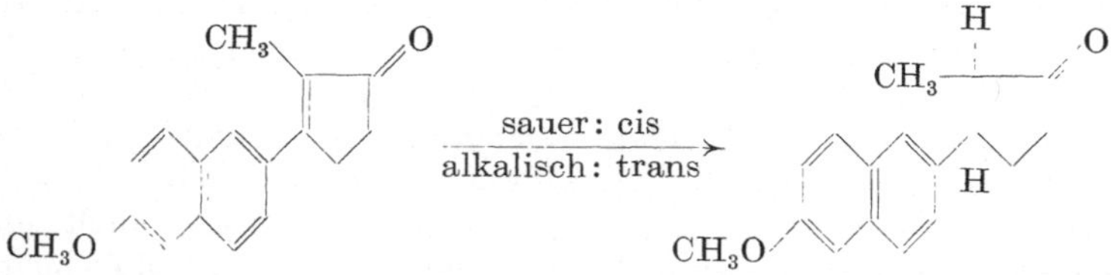

$$\text{sauer: cis} \quad \overline{\text{alkalisch: trans}} \rightarrow$$

Die Faustregel gilt nur für den Fall einer beiderseits substituierten Doppelbindung; wie anfangs gezeigt, sind solche Doppelbindungen nur schwer, gelegentlich überhaupt nicht katalytisch abzusättigen, wenn sie isoliert sind, d. h. eine 1,2-Addition des Wasserstoffs an sie ist sehr erschwert. (In Konjugation mit einer Carbonylgruppe lassen sie sich glatt hydrieren, ein Beweis dafür, daß die CO-Gruppe an der Reaktion teilhat.) Die in saurem Medium geforderte 1,2-Addition bei α,β-ungesättigten Carbonylverbindungen unter Bildung des cis-Ketons kann daher gelegentlich ebenfalls so gehemmt sein, daß die Reaktion einen anderen Weg nehmen muß; das ist z. B. der Fall, wenn die Doppelbindung sich zwischen zwei Phenylen befindet[2]. Hierbei ist die Addition an die Carbonylgruppe

---

[1] Siehe Anm. 6, S. 767.
[2] H. A. Weidlich, M. Meyer-Delius: Ber. dtsch. chem. Ges. **74**, 1213 (1941).

begünstigt; man kann in gewissem Umfang die gewünschte Reaktion erzwingen, indem man die Carbonylgruppe reversibel blockiert, z. B. durch Acetalisierung:

$$C_6H_5 \text{—} {=}O \;\rightarrow\; C_6H_5 \text{—} \langle^{OC_2H_5}_{OC_2H_5} \;\rightarrow\; C_6H_5 \text{—} \langle^{OC_2H_5}_{OC_2H_5} \text{ (cis)} \;\rightarrow\; C_6H_5 \text{—} {=}O \text{ (cis)}$$

Neben den Fällen, für die die die Regel von SKITA oder von WEIDLICH Aussagen machen können, gibt es kompliziertere Fälle bei der Hydrierung α,β-ungesättigter Ketone, bei denen raumisomere Produkte entstehen, über die sich keine Voraussagen machen lassen. Beispiele hierfür bietet vor allem das Gebiet der Sterinketone. So liefert die Hydrierung des *Cholestenons* (I) mit **Palladium** in Äther glatt Koprostanon (II), also ein Derivat des *cis-Dekalins*[1].

$$\text{I} \;\rightarrow\; \text{II}$$

Ebenso entsteht aus *Diketo-cholensäure* mit Palladium in Methanol in der Hauptsache die cis-Form der Diketo-cholansäure[2].

In einer Zahl von Beispielen wurde jedoch gezeigt, daß bei anderen ungesättigten Sterinketonen keine so eindeutig auswählende Hydrierung stattfindet. Es entstehen dann Gemische von cis- und trans-Formen, wobei bald die eine, bald die andere überwiegt. Als Beispiele seien genannt die katalytische Hydrierung der *Oxo-bisnorcholensäure* (cis : trans = 2 : 1)[3], des *Progesterons* (cis : trans = 1 : 2,5)[4] und des *Corticosteronacetats* (cis : trans = 3 : 1)[5].

Schließlich wurden aber auch eine Anzahl von Fällen bekannt, bei denen nur die *trans-Modifikation* bei der katalytischen Hydrierung isoliert werden konnte. So bei der Hydrierung des *Testosterons* (III) zum Androstanolon (IV)[6]:

$$\text{III} \;\rightarrow\; \text{IV}$$

ferner bei der Hydrierung des *Androstendions*[6], des *Adrenosterons*[7], des *Corticosterons*[8], der *Diketo-ätiocholansäure*[9] oder des *Cholestendions* unter verschiedenen Bedingungen[10]. Diese verschiedenartigen Ergebnisse bei der Reduktion weit-

---

[1] H. GRASSHOF: Hoppe-Seyler's Z. physiol. Chem. **223**, 250 (1934). — L. RUZICKA, H. BRÜNGGER, E. EICHENBERGER, J. MEYER: Helv. chim. Acta **17**, 1407 (1934).

[2] J. SAWLEWICZ, T. REICHSTEIN: Helv. chim. Acta **20**, 992 (1937).

[3] A. BUTENANDT, L. MAMOLI: Ber. dtsch. chem. Ges. **68**, 1854 (1935).

[4] A. BUTENANDT, G. FLEISCHER: Ber. dtsch. chem. Ges. **68**, 2094 (1935).

[5] A. WETTSTEIN, F. HUNZIKER: Helv. chim. Acta **23**, 764 (1940).

[6] A. BUTENANDT, K. TSCHERNING, G. HANISCH: Ber. dtsch. chem. Ges. **68**, 2097 (1935).

[7] M. STEIGER, T. REICHSTEIN: Helv. chim. Acta **20**, 817 (1937).

[8] M. STEIGER, T. REICHSTEIN: Helv. chim. Acta **21**, 161 (1938).

[9] H. L. MASON, W. M. HOEHN, B. F. McKENZIE, E. C. KENDALL: J. biol. Chemistry **120**, 719 (1937). — M. STEIGER, T. REICHSTEIN: Helv. chim. Acta **21**, 828 (1938).

[10] H. BRETSCHNEIDER: Ber. dtsch. chem. Ges. **74**, 1361 (1941).

gehend ähnlich gebauter Substanzen läßt also keinerlei sichere Voraussagen über die sterische Zuordnung der Hydrierungsprodukte treffen, die jeweils erst experimentell festgelegt werden muß.

5. Bildung von Raumisomeren aus α,β-Diketonen.

Schließlich besteht auch bei der Hydrierung von zwei miteinander konjugierten Carbonylgruppen die Möglichkeit zur Bildung von Raumisomeren. So erhält man aus substituierten *Benzilen* die entsprechenden *Stilbendiole*, die bei Verwendung von **Platinoxyd**katalysator im Alkohol und Eisessig bei rascher Reaktion in der cis-Form, ohne Säurezusatz dagegen bei langsamer Hydrierung in der trans-Form erhalten werden. Diese stereoisomeren Endiole sind nur bei größeren Resten beständig, sonst lagern sie sich bald in die entsprechenden Acyloine um (S. 765)[1].

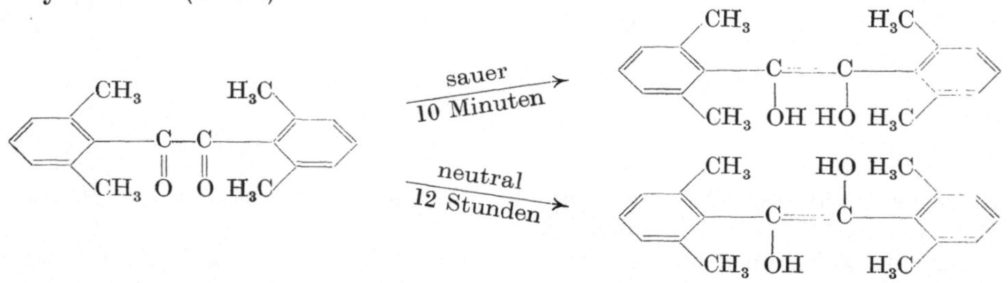

Dieses Beispiel lehrt wieder die Gültigkeit der Regel, wonach bei rasch ablaufenden katalytischen Hydrierungen stets das energiereichste, unter den gegebenen Bedingungen beständige Raumisomere besteht, während die energieärmeren Formen ihre Bildung einer langsamer ablaufenden Reaktion verdanken.

----

[1] R. C. Fuson c. s.: J. Amer. chem. Soc. **62**, 600, 2091 (1940); **63**, 1500 (1941).

Sonstige Reduktionen.

Von

O. Neunhoeffer, Breslau.

Inhaltsverzeichnis.

I. Einleitung.

Katalytische Reduktionen ohne Zuhilfenahme von molekularem Wasserstoff lassen sich in zwei Gruppen einteilen; erstens in solche, bei denen der Wasserstoff von einer wasserstoffliefernden Substanz auf die wasserstoffaufnehmende mit Hilfe eines Katalysators übertragen wird, der mit dem Wasserstoff keine Verbindung in molekularen Verhältnissen eingeht und zweitens in solche, bei denen der Katalysator eine Wasserstoffverbindung ist, die reduzierend wirkt und deren Dehydrierungsprodukt von einem anderen Reduktionsmittel wieder hydriert wird. Die Abtrennung der Reaktionen der ersten Gruppe gegenüber den im Kapitel intramolekulare Oxydoreduktionen besprochenen ist nicht mit völliger Eindeutigkeit durchzuführen. Im wesentlichen werden in diesem Kapitel diejenigen Reduktionen behandelt, bei denen der Wasserstoffdonator anorganischer Natur ist. Jedoch sind die Reduktionen mit Ameisensäure und einem Katalysator in dieses Kapitel aufgenommen worden, da sie in einem ursächlichen Zusammenhang mit Reduktionen stehen, die nur in diesem Kapitel Aufnahme finden konnten.

Bei Reduktionen unter dem Einfluß von Metallkatalysatoren hat es sich gezeigt, daß nur in wenigen Fällen ein Ersatz des üblicherweise verwendeten molekularen Wasserstoffs durch einen Wasserstoffdonator von Vorteil ist.

II. Katalytische Hydrierungen mit Hydrazinhydrat als Wasserstoffdonator.

M. Busch[1] stellte fest, daß bei der katalytischen Enthalogenierung organischer Substanzen nach dem Reaktionsschema:

$$R\text{---}Hlg + H_2 = R\text{---}H + H\text{---}Hlg$$

der ursprünglich von M. Busch und H. Stöve[2] angewandte molekulare Wasserstoff mit Vorteil durch Hydrazinhydrat ersetzt werden kann. Durch die An-

---

[1] Z. angew. Chem. **31** I, 232 (1918); **38**, 519 (1925).
[2] Ber. dtsch. chem. Ges. **49**, 1063 (1916).

wendung von Hydrazin wird ein zuverlässigeres und rascheres Arbeiten des verwendeten Katalysators erzielt, der bei diesen Reaktionen gegenüber molekularem Wasserstoff bisweilen aus ungeklärten Gründen seine Wirksamkeit einbüßt. Ursprünglich wurde die katalytische Enthalogenierung mit Hydrazinhydrat nur für analytische Zwecke ausgearbeitet; später hat sie auch in präparativer Hinsicht in der Hand von M. Busch und W. Schmidt[1] zu beachtlichen Resultaten geführt. Bei der Entwicklung der Methode durch M. Busch und W. Weber[2] haben sich aufschlußreiche Einzelheiten über das Wesen katalytischer Reduktionen ergeben.

Ebenso wie beim Arbeiten mit molekularem Wasserstoff sind auch bei der Anwendung von Hydrazinhydrat nur **Palladium** und **Nickel** als Katalysatormetalle geeignet, nicht dagegen Platin, Osmium, Ruthenium und Rhodium. Das Hydrazinhydrat soll möglichst ohne Entwicklung von Ammoniak im Sinne der Gleichung

$$N_2H_4 = N_2 + 2H_2$$

reagieren, was sich durch die Anwesenheit von freiem Alkali in der Reaktionslösung erreichen läßt; in neutraler Lösung wird dagegen auch Ammoniak gebildet. Hierdurch werden nicht nur Wasserstoffverluste bedingt, sondern auch der Ablauf der Gesamtreaktion wird erheblich gestört.

Eine weitere nicht unwesentliche Rolle spielt das Lösungsmittel. Besonders geeignet sind Alkohole, denn sie sind in der Lage, neben dem Hydrazinhydrat die Rolle des Wasserstoffdonators zu übernehmen. Methylalkohol kann bei der katalytischen Enthalogenierung sogar als selbständiger Wasserstoffdonator verwendet werden, wobei er zu Formaldehyd dehydriert wird. Äthylalkohol allein ist schlecht anwendbar, da der aus demselben gebildete Acetaldehyd in alkalischer Lösung verharzt und den Katalysator unwirksam macht. Diese nachteilige Wirkung tritt in Gegenwart von Hydrazinhydrat nicht auf, da der Acetaldehyd, falls er nicht sofort wieder hydriert wird, als Hydrazon und Azin abgefangen wird. Unter diesen Umständen erweist sich für das analytische Arbeiten sogar der Äthylalkohol dem Methylalkohol überlegen, da er infolge seiner leichteren Dehydrierbarkeit ein energischerer Wasserstoffdonator ist als der Methylalkohol. Beim präparativen Arbeiten läßt sich durch Verwendung verschieden leicht dehydrierbarer Alkohole das Mengenverhältnis nebeneinander auftretender Reaktionsprodukte maßgeblich beeinflussen.

Als Katalysator verwendete Busch immer einen Palladiumträger-Katalysator von sehr niedrigem Palladiumgehalt. Die Art der Trägersubstanz ist für den Reaktionsablauf ziemlich belanglos. Da immer in alkalischer Lösung gearbeitet wird, ist die Anwendung von Calciumcarbonat besonders günstig, da hierbei die Aufarbeitung schwer löslicher Reaktionsprodukte und des gebrauchten Katalysators durch Auflösen des Carbonats in Säure sehr einfach gestaltet werden kann.

Am leichtesten gelingt bei sonst übereinstimmenden Halogenverbindungen die Ablösung des Jods, etwas träger reagieren Bromverbindungen, am trägsten Chlorverbindungen. Wegen weiterer Ergebnisse über den Einfluß bestimmter Substituenten auf die Ablösungsgeschwindigkeit des Halogens muß auf die Originalarbeiten verwiesen werden.

Für die Durchführung einer quantitativen Halogenbestimmung nach dieser Methode gibt Busch folgende Vorschrift: 0,1—0,2 g Substanz werden in einem Kochkolben von 150 ccm Inhalt in 30—50 ccm Alkohol gelöst, 10 ccm eines 10proz.

[1] Ber. dtsch. chem. Ges. **62**, 2612 (1929).
[2] J. prakt. Chem. (2) **146**, 1 (1936).

reinen, farblosen, alkoholischen Kalis hinzugegeben und 3 g palladiniertes Calciumcarbonat (1proz.) eingetragen; dann fügt man 10 Tropfen Hydrazinhydrat hinzu und erhitzt die Flüssigkeit am Rückflußkühler auf dem Wasserbad 30 Minuten zum Sieden. Nunmehr filtriert man den Katalysator ab, wäscht ihn mit etwas Alkohol, dann mit Wasser bis zum Verschwinden der Halogenreaktion aus und dampft aus dem Filtrat den Alkohol zum größten Teil ab. Ist das Reduktionsprodukt der angewandten Halogenverbindung in Wasser unlöslich, so kommt es jetzt zur Abscheidung und kann entfernt werden. Die verdünnte Lösung wird mit Salpetersäure stark angesäuert und das Halogen in bekannter Weise bestimmt.

Das bemerkenswerteste Resultat bei der präparativen katalytischen Enthalogenierung ist die Tatsache, daß die Abspaltung des Halogens häufig nicht in der Weise erfolgt, daß seine Stelle von einem Wasserstoffatom besetzt wird, sondern zwei organische Reste treten nach der WURTZ-FITTIGschen Synthese zusammen nach dem Reaktionsschema:

$$2\,R\!-\!Hlg + H_2 = R\!-\!R + 2\,H\!-\!Hlg.$$

Man kann durch geeignete Wahl der Versuchsbedingungen entweder den Ersatz des Halogenatoms durch Wasserstoff oder die oben angegebene Synthese weitgehend begünstigen. Hierbei ist der Druck des für die Reaktion disponiblen Wasserstoffs ausschlaggebend. Hohe Hydrazinkonzentration begünstigt den Ersatz des Halogens durch Wasserstoff; das gleiche wird durch die Anwendung leicht dehydrierbarer Alkohole als Lösungsmittel erreicht. In isopropylalkoholischer Lösung ist eine Kohlenstoffsynthese kaum zu erreichen, in Äthylalkohol tritt sie nur in untergeordnetem Maße auf, dagegen ist in Methylalkohol meist eine präparativ durchaus befriedigende Ausbeute zu erreichen. Temperaturerhöhung begünstigt die Synthese. Da bei Halogeniden, die in siedendem Methanol schwer löslich sind, die Reaktion unter Umständen recht langsam verläuft, empfiehlt sich ein Arbeiten im Autoklaven unter Überdruck bei höherer Temperatur.

Als Beispiel sei die Darstellung von Diphenyl gegeben: Ein Rührautoklav wird mit 10 g Brombenzol, 100 ccm 5proz. methylalkoholischer Kalilauge, 10 ccm Wasser, 1,2 g Hydrazinhydrat und 5 g Palladiumkatalysator (1proz.) beschickt. Man hält nun etwa 1 Stunde bei einer Temperatur von 135°. Beim Aufarbeiten werden 3,75 g Diphenyl = 75 % d. Th., neben wenig Terphenyl erhalten.

Das Terphenyl verdankt seine Bildung nicht einer Verunreinigung des Brombenzols. Vermutlich hat ein Phenylrest, der während der Reaktion über stark aufgelockerte Wasserstoffatome verfügt, als Wasserstoffdonator gewirkt und so Anlaß zu der weitergehenden Kondensation gegeben hat.

Bei der Verwendung von Dihalogenverbindungen, z. B. m- und p-Dibrombenzol, werden neben Diphenyl Terphenyl, Quaterphenyl und noch höhere Polymerisationsprodukte bis zum Sesdeci-phenyl gebildet. o-Substituierte aromatische Dihalogenverbindungen zeigen keine Neigung zu derartigen Synthesen.

III. Katalytische Hydrierungen mit CO und H_2O.

O. NEUNHOEFFER und W. PELZ[1] verwendeten bei katalytischen Reduktionen als wasserstofflieferte Substanz Kohlenoxyd und Wasser bzw. n/1 Salzsäure bei Zimmertemperatur. Wenn die erzielten Resultate auch keine präparative Bedeutung haben, so sind sie doch von großem Interesse für den Mechanismus katalytischer Reduktionen. Auch hier erwies sich **Palladium** als das einzig praktisch brauchbare Katalysatormetall. Katalysatoren, die in alka-

<hr>

[1] Ber. dtsch. chem. Ges. **72**, 433 (1939).

lischer Lösung dargestellt waren, zeigten in manchen Fällen eine etwas andere Wirksamkeit als solche, die aus sauren Lösungen abgeschieden waren. Jedoch beschränkt sich der Unterschied auf diejenigen Fälle, in denen eine Eigenschaft des aus alkalischer Lösung gefällten Palladiums von Wesentlichkeit ist, nämlich die Bildung bzw. den Zerfall der Ameisensäure aus Kohlenoxyd und Wasser zu katalysieren, die dem aus saurer Lösung gefällten Palladium vollständig abgeht.

Die Hydrierung mit Kohlenoxyd kann durchaus nicht auf sämtliche mit Wasserstoff und Palladium hydrierbaren Substanzen übertragen werden. p-Nitrobenzoesäure wird, wenn auch sehr langsam, zur p-Aminobenzoesäure reduziert, beim Nitrobenzol dagegen versagt die Hydrierung mit Kohlenoxyd. Auch Cyclohexen konnte bei Anwendung von Kohlenoxyd nicht hydriert werden. Dagegen gelang es, in den Chinonen sehr geeignete Wasserstoffacceptoren für die Hydrierung mit Kohlenoxyd zu finden. Am raschesten wird Benzochinon hydriert. Es folgen dann mit abnehmender Geschwindigkeit Toluchinon, Thymochinon, Phenanthrenchinon und 2,5-Dioxychinon. Antrachinon gibt keine verwertbaren Ergebnisse mehr, während 2-Oxy-naphthochinon überhaupt nicht angegriffen wird.

Bei dem Versuch, die Hydrierungsgeschwindigkeiten bei der Anwendung von Kohlenoxyd einerseits und von Wasserstoff andererseits zu vergleichen, wurde das ganz unerwartete Ergebnis erhalten, daß Palladiumkatalysatoren nicht in der Lage sind, molekularen Wasserstoff auf Benzochinon zu übertragen. Wenn bei einem derartigen Ansatz daraufhin der Wasserstoff aus dem Versuchsgefäß abgepumpt und ohne irgendeine anderweitige Änderung durch Kohlenoxyd ersetzt wurde, konnte in jedem Fall die Hydrierung glatt zu Ende geführt werden. Aus einem Gemisch von Kohlenoxyd und Wasserstoff wurde daher zur Hydrierung von Chinon nur das Kohlenoxyd verbraucht.

Ebenso wie beim Benzochinon gelang es nicht, Toluchinon mit Wasserstoff und Palladiumkatalysatoren in Toluhydrochinon überzuführen. Thymochinon nahm sehr langsam und unvollständig Wasserstoff auf, besser 2,5-Dioxychinon, Anthrachinon und Phenanthrenchinon, so daß sich bei der Wasserstoffhydrierung ziemlich genau die umgekehrte Reihenfolge der Hydrierbarkeit ergibt wie bei der Kohlenoxydhydrierung.

Die Ergebnisse lassen sich unter folgendem Gesichtspunkt zusammenfassen: Die Hydrierung der Chinone betrifft ein ideal-reversibles System. Nitroverbindungen setzen sich nach Conant[1] mit einer Reihe von reduzierten Phasen reversibler Systeme um und ergeben so ein „scheinbares" Potential. Man kann ihnen eine Zwischenstellung zwischen ideal reversiblen und völlig irreversiblen Systemen einräumen. Die Hydrierung einfach ungesättigter Kohlenwasserstoffe ist zweifellos völlig irreversibel.

Es ist nun offensichtlich, daß die Kohlenoxydhydrierung die reversiblen Systeme bevorzugt, die Wasserstoffhydrierung dagegen die irreversiblen. Auch die Abstufung der Hydrierbarkeit bei den Chinonen könnte einer Abstufung der Reversibilität entsprechen, die bei den üblichen Meßmethoden nicht zum Ausdruck kommt.

Die Tatsache, daß die reversiblen Systeme mit Wasserstoff und Palladium nicht hydrierbar sind, läßt sich durch die Annahme erklären, daß der Wasserstoff am Katalysator aus einer inaktiven und einer aktiven Komponente besteht, die im Gleichgewicht stehen; der „aktive Wasserstoff" soll diejenige Substanz sein, die bei der Hydrierung in irgendeiner Weise angelagert wird. Sein Druck im Katalysator muß — da eine Hydrierung nicht stattfindet — kleiner sein,

---

[1] J. Amer. chem. Soc. **45**, 1047 (1923); **46**, 1254 (1924).

als dem Hydrierungs-Dehydrierungs-Gleichgewicht des Systems Hydrochinon-Chinon entspricht. Obwohl dieser Druck nach den Berechnungen von GIL-LESPIE[1] außerordentlich klein ist, sind irreversible Systeme dennoch in der Lage, dem Katalysator diese kleinen Mengen aktiven Wasserstoffs zu entziehen.

Da bei der Kohlenoxydhydrierung die reversiblen Systeme angegriffen werden, muß man annehmen, daß die Konzentration des aktiven Wasserstoffs durch diejenigen Prozesse, die die Bildung des Wasserstoffs aus dem Kohlenoxyd bedingen, so hoch wird, daß der aus der Dehydrierung des Hydrochinons stammende Wasserstoffdruck überwunden wird. Die Tatsache dagegen, daß die irreversiblen Systeme mit Kohlenoxyd nicht hydrierbar sind, läßt sich so erklären, daß die vorgelagerten Prozesse, deren einfachster Ausdruck die Gleichung

$$CO + H_2O = CO_2 + H_2$$

ist, von einem gewissen Wasserstoffgehalt des Katalysators abhängig sind, der sich in Gegenwart eines irreversiblen Acceptors nicht aufrechterhalten läßt.

Die Kohlenoxydhydrierung reversibler Systeme könnte nun nicht gelingen, wenn die Einstellung des Gleichgewichtes zwischen „aktivem" Wasserstoff und molekularem Wasserstoff sehr rasch erfolgen würde. Denn dann würde die aus den vorgelagerten Prozessen stammende hohe Konzentration an aktivem Wasserstoff sich so rasch vermindern müssen, daß Hydrierungen ebensowenig wie bei der direkten Zufuhr von Wasserstoff möglich wären. Wenn aber diese Gleichgewichtseinstellung langsam verläuft, so können Hydrierungen mit molekularem Wasserstoff nicht so zustande kommen, daß der Acceptor nur „aktiven Wasserstoff" verbraucht, der immer wieder durch Gleichgewichtseinstellung nachgeliefert werden muß; denn dies würde mit den häufig recht hohen Hydrierungsgeschwindigkeiten nicht in Einklang zu bringen sein.

Die Verfasser kommen auf Grund dieser Tatsachen zu folgender Erklärung des Ablaufs einer Hydrierung mit molekularem Wasserstoff: Der aktive Wasserstoff ist einatomig; er addiert sich als solcher, und zwar nur ein Atom an ein Molekül des Acceptors. Dieses nimmt hierdurch radikalartige Natur an. Auf dieses Radikal wirkt ein Molekül Wasserstoff in der Weise ein, daß sich ein Atom an das Radikal addiert. Das zweite Atom kann sich als „aktiver Wasserstoff" an den Katalysator addieren, wodurch dieser in den ursprünglichen Zustand zurückversetzt wird, oder vielleicht auch durch Addition an ein Molekül des Acceptors eine selbständige Reaktionskette auslösen.

E. W. ROSENBLATT stellte fest, daß Chinon in Abwesenheit von Säuren auch mit Palladiumkatalysatoren hydrierbar ist[2].

In der Technik wird bisweilen das Gemisch von CO und H_2, wie es im Wassergas vorliegt, zur katalytischen Reduktion aromatischer Nitroverbindungen in der Gasphase ausgenutzt. Ein genaueres Eingehen hierauf würde jedoch den Rahmen dieses Buches überschreiten.

IV. Katalytische Hydrierungen mit Ameisensäure als Wasserstoffdonator.

H. WIELAND[3] ließ Kohlenoxyd unter völligem Ausschluß von Sauerstoff in Gegenwart von Wasser auf Palladiumschwarz einwirken und fand bis zu einer gewissen Sättigung des Palladiums eine Umwandlung in Kohlendioxyd und Wasserstoff. Dabei wurde als Zwischenprodukt Ameisensäure festgestellt, die

---

[1] J. Amer. chem. Soc. **53**, 3969 (1931).
[2] J. Amer. chem. Soc. **62**, 1092 (1940).
[3] Ber. dtsch. chem. Ges **45**, 679 (1912).

durch das Palladium im Kohlendioxyd und Wasserstoff zerlegt werden soll. Es lag nahe, diese Erkenntnis zu einer katalytischen Hydrierung mittels Ameisensäure auszunützen. Denn selbst für den Fall, daß Bildung und Zerfall der Ameisensäure durch eine entsprechende Wasserstoffbeladung des Katalysators zum Stillstand kommen sollte, so müßte sie doch in Gegenwart eines Wasserstoffacceptors bis zu dessen völliger Hydrierung weitergehen. Ein derartiges Verfahren ist auch tatsächlich in einer Patentschrift beschrieben[1]. Als Katalysator dient hierbei nach der WIELANDschen Vorschrift hergestelltes **Palladiummohr** und ein in seiner Herstellung nicht näher bezeichnetes Kolloid. Als Wasserstoffacceptoren sind beschrieben Chininbisulfat und Zimtsäure. NEUNHOEFFER und PELZ[2] stellten nun fest, daß das Gelingen der Reaktion an die Verwendung eines Katalysators gebunden ist, der nach der Vorschrift von WIELAND hergestellt ist. Nitrobenzol und Ameisensäure setzen sich mit diesem in heftiger Reaktion in Anilin und CO_2 um, während ein sonst sehr aktiver Katalysator anderer Herstellung vollständig wirkungslos bleibt. Ebenso zerlegt der letztere Ameisensäure allein nicht, während der Katalysator nach WIELAND Ameisensäure langsam zersetzt, wenn diese Reaktion auch meist nach einiger Zeit zum Stillstand kommt. Der Unterschied der beiden Katalysatoren liegt darin, daß WIELAND seinen Katalysator aus alkalischer Lösung fällt, während NEUNHOEFFER und PELZ das Palladium ihres Katalysators aus saurer Lösung zur Abscheidung brachten. Es dürfte daher in dem Katalysator nach WIELAND Alkali in irgendeiner Weise sehr fest eingebaut sein, so daß man es mit einem Mischkatalysator zu tun hat, der speziell die Ameisensäurebildung und Zerlegung katalysiert.

Unter dem Einfluß von **Kupferspänen**[3] und **Kupferpulver**[4] wirkt Ameisensäure reduzierend auf Diazoniumsalze unter Ersatz der Diazoniumgruppe durch Wasserstoff. Es kann hierbei auch eine Kohlenwasserstoffsynthese stattfinden, die beim Phenyldiazoniumformiat außer Diphenyl auch Terphenyl und Quaterphenyl[4] ergeben hat.

Auch unter dem Einfluß von **Zinkchlorid** kann Ameisensäure als Reduktionsmittel für organische Verbindungen wirken. E. VOTOČEK und C. KRAUZ[5] stellten fest, daß Ameisensäure in Gegenwart von Zinkchlorid Tetramethyldiaminobenzhydrol zum Tetramethyldiamino-diphenylmethan reduziert, während H. KAUFMANN und P. PANNWITZ[6] und A. GUYOT und A. KOVACHE[7] fanden, daß Triphenylcarbinol und eine Anzahl seiner Substitutionsprodukte auch von Ameisensäure ohne Katalysator zu den entsprechenden Triphenylmethanen reduziert werden.

V. Reduktionen mit Jodwasserstoffsäure als Katalysator.

Jodwasserstoffsäure dient häufig als Katalysator bei der Reduktion organischer Verbindungen. Zwar können die meisten hierbei in Frage kommenden Reduktionen auch mit Jodwasserstoffsäure allein ohne Anwendung irgendeiner anderen reduzierenden Substanz durchgeführt werden, jedoch ist die Anwendung der hierzu notwendigen Mengen hochkonzentrierter Jodwasserstoffsäure meist lästig und immer sehr kostspielig; zudem kann das bei der Reaktion ausge-

[1] DRP. 267366, Friedlaender **11**, 981.
[2] Ber. dtsch. chem. Ges. **72**, 433 (1939).
[3] G. TOBIAS: Ber. dtsch. chem. Ges. **23**, 1631 (1890).
[4] O. GERNGROSS, M. DUNKEL: Ber. dtsch. chem. Ges. **57**, 739 (1924).
[5] Ber. dtsch. chem. Ges. **42**, 1604 (1909).
[6] Ber. dtsch. chem. Ges. **45**, 767 (1912).
[7] C. R. hebd. Séances Acad. Sci. **154**, 121 (1912); **155**, 838 (1912); **156**, 1324 (1913).

schiedene Jod einem weiteren Fortschreiten der Reaktion entgegenwirken. Es lag daher nahe, zur Reaktion ein weiteres Reduktionsmittel zuzusetzen, das — meist in Gegenwart von Wasser — mit dem Jod wieder Jodwasserstoff bildet. Als besonders geeignet hat sich roter *Phosphor* erwiesen, der mit dem Jod glatt Phosphorjodide bildet, die durch Wasser unter Bildung von Jodwasserstoff gespalten werden. Der rote Phosphor selbst zeigt eine sehr geringe Neigung, mit organischen Substanzen in unerwünschter Weise in Reaktion zu treten, während das von den Hydrolysenprodukten der Phosphorjodide nicht in jedem Fall mit Sicherheit gesagt werden kann. Allerdings ist bei den meisten dieser Reaktionen die Menge des angewendeten Jodwasserstoffs so hoch, daß derselbe nicht ausschließlich als Katalysator wirkt. Da jedoch die Reaktionen in den meisten Fällen mit einer so geringen Menge Jodwasserstoff durchgeführt werden könnten, daß derselbe wirklich als Katalysator anzusprechen wäre, sollen sie an dieser Stelle kurz behandelt werden.

Als weiteres Reduktionsmittel für das bei Reduktionen mit Jodwasserstoffsäure gebildete Jod wird *schweflige Säure* angewendet. Da jedoch viele dieser Umsetzungen mit Jodwasserstoffsäure zu ihrer Durchführung Temperaturen benötigen, die sich nur im Druckgefäß erzielen lassen, ist die Anwendung der schwefligen Säure auf wenige leicht verlaufende Reaktionen beschränkt geblieben.

Während in der Hand früherer Chemiker die Reduktion mit Phosphor und Jodwasserstoff ein vielseitiges und unentbehrliches Verfahren war, wird sie heute kaum mehr angewendet. Einerseits ist in vielen Fällen die katalytische Hydrierung an ihre Stelle getreten, andererseits wurden bei verschiedenen Reduktionen mit Jodwasserstoff und Phosphor unerwünschte Isomerisationen im Kohlenstoffgerüst der reduzierten Verbindungen beobachtet; jedoch besteht die Möglichkeit hierzu nicht in jedem Fall. An Hand einer Reihe von Beispielen soll die Methode weiter erläutert werden.

C. Gräbe[1] erhielt bei der Reduktion von Benzylalkohol und Benzaldehyd Toluol; die Temperatur betrug hierbei etwa 140°. Weiterhin[2] reduzierte er Benzophenon zu Diphenylmethan; hierbei stellte er fest, daß der Phosphorverbrauch der Bildung von phosphoriger Säure entspricht; nebenbei bildet sich eine kleine Menge Phosphoniumjodid. Beim Acetophenon wird die Reduktion von einer Kondensation begleitet. A. Klaus[3] konnte die Homologen des Benzophenons durch Erhitzen mit Jodwasserstoffsäure und Phosphor am Rückflußkühler zu den entsprechenden Kohlenwasserstoffen reduzieren. C. Gräbe und F. Trümpy[4] konnten unter denselben Versuchsbedingungen Phthalonsäure glatt zur Homophthalsäure reduzieren. Hierbei kann jedoch nach W. Diekmann und W. Meiser[5] Phthalidcarbonsäure als Zwischenprodukt isoliert werden. H. Vosswinkel[6] beschreibt die Reduktion des ω-Dimethylamino-p-oxyacetophenons mit Jodwasserstoffsäure und Phosphor zum Hordenin.

Auch in *α-Oxysäuren* läßt sich die Hydroxylgruppe unter dem Einfluß von Jodwasserstoffsäure und Phosphor leicht durch Wasserstoff substituieren. E. Lautemann[7] reduzierte Milchsäure zur Propionsäure. Noch leichter verläuft nach F. Klingemann[8] die Reduktion der Benzilsäure zur Diphenylessigsäure. Hierbei kann an Stelle überschüssiger Jodwasserstoffsäure als Lösungsmittel

[1] Ber. dtsch. chem. Ges. **8**, 1054 (1875).
[2] Ber. dtsch. chem. Ges. **7**, 1623 (1874).
[3] J. prakt. Chem. **45**, 379 (1892); **46**, 490 (1892).
[4] Ber. dtsch. chem. Ges. **31**, 375 (1898).
[5] Ber. dtsch. chem. Ges. **41**, 3258 Anm. 1 (1908).
[6] DRP. 248385, Friedlaender **11**, 1009.
[7] Liebigs Ann. Chem. **113**, 217 (1860).
[8] Liebigs Ann. Chem. **275**, 84 (1893).

Eisessig verwendet werden. Die Jodwasserstoffsäure kann auch durch Jod ersetzt werden, dessen Menge so gering bemessen werden kann, daß eine katalytische Wirkung ohne weiteres ersichtlich ist.

Bildet die Oxysäure ein Lacton, so ist die Reduktion nicht so leicht durchführbar. R. Fittig und M. Rühlmann[1] stellten fest, daß Valerolacton und Isocaprolacton durch Jodwasserstoff und roten Phosphor erst bei 220—250° reduziert werden unter Bildung von Valeriansäure und Iso-capronsäure. H. Kiliani und S. Kleemann[2] konnten Gluconsäure stufenweise reduzieren; beim Erhitzen am Rückflußkühler bildet sich Caprolacton, das bei höherer Temperatur im Bombenrohr in Capronsäure übergeht. Weiter reduzierte Kiliani[3] die bei der Verseifung des Fructose-cyanhydrins entstehende Carbonsäure durch Erhitzen mit Jodwasserstofsäure und rotem Phosphor am Rückflußkühler zum Isoheptonsäurelacton, das wiederum im Bombenrohr zur Isoheptonsäure reduziert wurde.

E. Fischer und F. Tiemann[4] reduzierten Glucosaminsäure bei 100° zu einer Mono-oxy-aminosäure, die von C. Neunberg[5] bei 140° zur α-Amino-capronsäure reduziert wurde. Ungesättigte Kohlenwasserstoffe lassen sich durch Reduktion mit Jodwasserstoffsäure und Phosphor in gesättigte überführen. F. Kraft[6] reduzierte beispielsweise Decen zum Decan. Schwieriger und häufig nur unvollständig gelingt die Reduktion aromatischer Kohlenwasserstoffe. Unter den hierzu notwendigen energischen Versuchsbedingungen können Isomerisationen eintreten. Kischner[7] beobachtet bei der Einwirkung von Jodwasserstoffsäure und Phosphor auf Benzol die Bildung von Methyl-cyclopentan.

Auch die Reduktion von Fettsäuren zu Paraffinkohlenwasserstoffen läßt sich nach E. Krafft[8] mit Jodwasserstoffsäure und Phosphor durchführen. Aromatische Sulfonsäureamide werden nach E. Fischer[9] zu Disulfiden und Mercaptanen reduziert.

Zur Untersuchung des Reaktionsmechanismusses der Reduktion mit Jodwasserstoffsäure und Phosphor ließ A. v. Baeyer[10] Phosphoniumjodid in Abwesenheit von Wasser auf aromatische Kohlenwasserstoffe einwirken. Er stellte dabei fest, daß diese Verbindung wesentlich langsamer hydrierend wirkt als das sonst angewendete Gemisch von wässeriger Jodwasserstoffsäure und Phosphor, so daß sie vermutlich nicht an der Reaktion beteiligt ist. Eine sehr wesentliche Verbesserung des Verfahrens geben K. Miescher und J. R. Billeter[11] an. Sie führen die Reduktionen in siedender Phosphorsäure geeigneter Konzentration als Lösungsmittel durch. Dadurch läßt sich der Zusatz von Jodwasserstoffsäure so weit herabsetzen, daß ihre Wirkung mit Sicherheit als katalytisch bezeichnet werden muß. Der Phosphor wird hierbei bis zur Phosphorsäure oxydiert. Viele der oben angegebenen Reduktionen ließen sich auf diese Weise mit gutem Erfolg durchführen. Infolge der einfachen Anwendung und Billigkeit können derartige Reduktionen auch in technischem Maßstab durchgeführt werden.

Wenn Reduktionen mit Jodwasserstoffsäure schon in der Kälte verlaufen, läßt sich der Phosphor mit Vorteil durch schweflige Säure ersetzen. M. Boden-

<hr>

[1] Liebigs Ann. Chem. **226**, 346 (1884).
[2] Ber. dtsch. chem. Ges. **17**, 1300 (1884).
[3] Ber. dtsch. chem. Ges. **18**, 3070 (1885).
[4] Ber. dtsch. chem. Ges. **27**, 144 (1894).
[5] Ber. dtsch. chem. Ges. **35**, 4014 (1902).
[6] Ber. dtsch. chem. Ges. **16**, 1718 (1883).
[7] Chem. Zbl. **1897 II**, 345.
[8] Ber. dtsch. chem. Ges. **15**, 1689 (1882).
[9] Ber. dtsch. chem. Ges. **48**, 93 (1915).
[10] Liebigs Ann. Chem. **155**, 266 (1870).
[11] Helv. chim. Acta **22**, 601 (1939).

STEIN[1] beschreibt die Reduktion von Azobenzol zu Benzidin in stark salzsaurer Lösung durch SO_2 unter dem Einfluß einer geringen, katalytisch wirkenden Menge Jodwasserstoff. BART[2] gibt an, daß sich aromatische Arsonsäuren in schwefelsaurer Lösung durch schweflige Säure in Gegenwart einer geringen Menge Jodwasserstoffsäure zu Arsinoxyden reduzieren lassen.

VI. Amalgamreduktionen.

Bei der Verwendung von amalgamierten Metallen und Metallpaaren oder Legierungen, zu Reduktionen kann jeweils der einen Komponente eine katalytische Wirkung zugeschrieben werden. Bei der Verwendung von Alkaliamalgamen und auch bei anderen amalgamierten Metallen nutzt man die hohe Überspannung des Wasserstoffs an der Quecksilberoberfläche aus. Die negative Katalyse, die die Entwicklung gasförmigen Wasserstoffs behindert, wird zur positiven Katalyse in Beziehung auf die Hydrierung eines Wasserstoffacceptors. Bei amalgamiertem Magnesium und Aluminium besteht die Wirkung des Quecksilbers außerdem in einer dauernden Freilegung der durch eine widerstandsfähige Oxydschicht geschützten Oberfläche. Ob man eine derartige mechanische Einwirkung noch als katalytisch bezeichnen kann, ist fraglich. Auch bei der Verwendung von verkupfertem Zink zu Reduktionen dürfte sich ein elektrochemischer Prozeß und die Beeinflussung der Zinkoberfläche überlagern. Ein näheres Eingehen auf Einzelbeispiele würde über den Rahmen dieses Buches hinausgehen.

[1] DRP. 172569, Friedlaender 8, 118.
[2] Liebigs Ann. Chem. **429**, 100 (1922).

Oxydoreduktion.

Von

O. NEUNHOEFFER, Breslau.

Inhaltsverzeichnis.

I. Einleitung.

Unter einer inter- bzw. intramolekularen Oxydoreduktion versteht man in der organischen Chemie eine Reaktion, bei der eine oxydierende und eine reduzierende Gruppe eines organischen Moleküls in der Weise in Reaktion treten, daß die oxydierende Komponente reduziert und die reduzierende oxydiert wird. Befinden sich die beiden Gruppen an verschiedenen Molekülen, so spricht man von einer intermolekularen, befinden sie sich am gleichen Molekül, von einer intramolekularen Oxydoreduktion. Wenn die oxydierende und die reduzierende Komponente die gleiche in Reaktion tretende funktionelle Gruppe haben, so spricht man von einer Disproportionierung.

In der organischen Chemie sind diejenigen Fälle, in denen eine gegenseitige Einwirkung einer oxydierenden und einer reduzierenden Komponente ohne Einfluß eines Katalysators stattfindet, verhältnismäßig selten. Dennoch sind diese Reaktionen für das Verständnis derjenigen Umsetzungen, die nur unter dem Einfluß eines Katalysators vor sich gehen, von einiger Wichtigkeit, so daß sie kurz behandelt werden müssen.

Ohne Katalysator finden Umsetzungen zwischen organischen Molekülen meist nur dann statt, wenn mindestens die eine Komponente, meistens beide, einem reversiblen Oxydations-Reduktions-System angehören. Zur letzteren Gruppe gehören beispielsweise die von DIMROTH[1] untersuchten Umsetzungen zwischen Chinonen und Hydrochinonen nach dem Schema:

$$\text{Chinon } A + \text{Hydrochinon } B = \text{Hydrochinon } A + \text{Chinon } B.$$

Eine der beiden Ausgangskomponenten läßt sich durch die eine Komponente eines anderen reversiblen organischen Redoxsystems ersetzen, z. B. das Azo-Hydrazo-System. Bei diesen Umsetzungen besteht ein gewisser Zusammen-

---

[1] Z. angew. Chem. **46**, 571 (1933).

hang zwischen dem Abfall der freien Energie und der Reaktionsgeschwindigkeit, wenn die reagierenden Gruppen in konstitutiver Hinsicht Übereinstimmung zeigen. Ist dies jedoch nicht der Fall, so besteht auch kein derartiger Zusammenhang mehr[1].

Auch in der Technik hat man schon von derartigen Umsetzungen Gebrauch gemacht, und zwar bei der Verküpung von Indigo. Die Reduktion von Indigo zu Leukoindigo und umgekehrt dessen Oxydation können als reversibles organisches Redoxsystem betrachtet werden. Während nun die meisten Reduktionsmittel auf Indigo — wenn man eine rasche Reduktion erzielen will — so energisch einwirken, daß neben der Bildung von Dihydroindigo auch solche Reduktionsprodukte gebildet werden, die sich nicht mehr ohne weiteres in Indigo zurückverwandeln lassen, reagieren unter geeigneten Umständen reduzierte Phasen reversibler organischer Redoxsysteme sehr rasch und ohne Bildung von Nebenprodukten mit Indigo. Beschrieben ist diese Einwirkung für das Reduktionsprodukt von Indulinscharlach[2], ein Dihydrophenazinderivat, Anthrahydrochinon und seine Derivate[3], Naphthohydrochinon, Benzohydrochinon und deren Derivate[4] und andere mehr. In den meisten Fällen handelt es sich um Substanzen, die ein bekanntes reversibles Oxydations-Reduktions-System im Molekül enthalten. Bei geeigneter Versuchsanordnung lassen sich diese Substanzen als Katalysatoren verwenden.

Wie erwähnt, bedürfen die Umsetzungen zwischen reversiblen organischen Redoxsystemen keines Katalysators, jedoch ist eine katalytische Beschleunigung derselben durchaus möglich. DIMROTH mußte bei seinen Umsetzungen besondere Vorsichtsmaßnahmen in Beziehung auf die Reinheit der Substanzen treffen, da es sich herausgestellt hatte, daß Spuren von **Kupferverbindungen** die Umsetzungen außerordentlich stark katalytisch beschleunigen. Eine derartige katalytische Beschleunigung liegt möglicherweise auch bei den erwähnten Umsetzungen des Indigos vor. Ähnliche Vorgänge dürften weiterhin bei Umsetzungen im lebenden Organismus eine erhebliche Rolle spielen. Als Beispiel sei die Dehydrierung der Bernsteinsäure zu Fumarsäure mit Methylenblau unter dem Einfluß eines Inhaltsstoffs des Muskelgewebes genannt. Diese Vorgänge können jedoch hier nicht eingehender behandelt werden.

Ebenso wie reversible Redoxsysteme in der organischen Chemie nur in verhältnismäßig geringer Anzahl vorhanden sind, kennt man auch nur eine kleine Anzahl von Gruppierungen, die unter dem Einfluß eines Katalysators sich als Oxydationsmittel, bzw. als Reduktionsmittel betätigen können. Hierbei wirkt meist die reduzierte Form einer oxydierenden Gruppe nicht als Reduktionsmittel und die oxydierte Form einer reduzierenden Gruppe nicht als Oxydationsmittel, vielmehr ist hierbei die Spezifität viel größer als bei den reversiblen Systemen.

Falls man vereinfachend den Vorgang der Oxydation bzw. der Reduktion ganz allgemein als eine Wegnahme bzw. Zuführung von Wasserstoff bezeichnet, benötigt man zur Durchführung einer inter- oder intramolekularen Oxydoreduktion eines Wasserstoffacceptors und eines Wasserstoffdonators. Man kann nun entweder sowohl beim Wasserstoffacceptor wie beim Wasserstoffdonator eine Gruppe haben, die in ihrer Wirksamkeit katalytisch aktivierbar ist, oder es kann nur in der einen Komponente eine katalytisch aktivierbare Gruppe vorhanden sein, während die andere in ihrer Wirksamkeit durch Katalysatoren nicht nachweisbar beeinflußt wird.

---

[1] Siehe hierzu auch HOLST: Z. physik. Chem., Abt. A **178**, 282 (1937); Abt. A **180**, 161 (1937).   [2] DRP. 243743, Friedlaender **10**, 423.

[3] DRP. 240266, Friedlaender **10**, 424.

[4] DRP. 248037, Friedlaender **10**, 425.

Als Beispiel einer katalytisch aktivierbaren oxydierenden Gruppe sei die Nitrogruppe genannt, als Beispiel für eine reduzierende die alkoholische Hydroxylgruppe. Beispiele für Gruppierungen, die sowohl oxydierend wie reduzierend wirken können, sind die Nitrosogruppe und die Aldehydgruppe, wobei die erstere jedoch vorwiegend oxydierend, die letztere vorwiegend reduzierend wirkt.

II. Nitrogruppen als katalytisch aktivierbare oxydierende Gruppen.

Wohl die erste näher untersuchte Umsetzung zwischen zwei organischen Substanzen, von denen die eine eine katalytisch aktivierbare oxydierende Gruppe und die andere eine katalytisch aktivierbare reduzierende Gruppe enthält, ist die Einwirkung von äthylalkoholischer Kalilauge auf Nitrobenzol, die nach ZININ[1] zum Azoxybenzol führt. Hierbei wirkt das Nitrobenzol als Wasserstoffacceptor, der Alkohol als Wasserstoffdonator und das **Kaliumhydroxyd** als Katalysator. Der im Überschuß angewendete Alkohol dient gleichzeitig als Lösungsmittel. Da in diesem Fall die Dehydrierungsprodukte des Alkohols unbekannt und vermutlich auch nicht einheitlich sind, soll die Reaktion nur abgekürzt formuliert werden:

$$2 \; C_6H_5NO_2 + 3\,H_2 \rightarrow C_6H_5{-}N{=}N(O){-}C_6H_5 + 3\,H_2O\,.$$

Bei einer Reaktion, die unter der Einwirkung von Alkali verläuft, besteht die Möglichkeit, daß sich an einer der Reaktionskomponenten im Verlauf der Reaktion eine Gruppe ausbildet, die als Säure reagiert, so daß zu ihrer Neutralisation Alkali verbraucht wird. Hierdurch kann unter Umständen die Entscheidung erschwert werden, ob das Alkali eine katalytische Wirkung ausübt, oder ob es, falls eine Gleichgewichtsreaktion vorliegt, durch Bindung einer Reaktionskomponente die Lage des Gleichgewichts beeinflußt. Durch geeignete Variation der Versuchsbedingungen ist es jedoch in den allermeisten Fällen möglich, eine Zuordnung der Reaktion vorzunehmen.

Auch Sekundärreaktionen können unter Umständen die Aufklärung des Reaktionsmechanismusses erschweren. Bei der Umsetzung des Nitrobenzols mit äthylalkoholischer Kalilauge hatte schon ZININ festgestellt, daß das Azoxybenzol nicht das einzige Reduktionsprodukt des Nitrobenzols war, vielmehr entsteht fast ebensoviel Anilin wie Azoxybenzol. Man kann annehmen, daß das Azoxybenzol seine Entstehung einer Kondensation zweier partiell reduzierter Nitrobenzolmoleküle verdankt. Ein Teil dieser Zwischenprodukte der Nitrobenzolreduktion sind offensichtlich nicht in Form des schwer reduzierbaren Azoxybenzols abgefangen worden, sondern haben ihrerseits wiederum als Wasserstoffacceptoren gedient und sind in Anilin übergegangen. Da es sich bei diesen Zwischenprodukten um Nitrosobenzol und Phenylhydroxylamin handelt, müssen auch diese durch Alkali aktivierbare oxydierende Gruppen enthalten. Inwieweit dieses der Fall ist, wird weiter unten gezeigt werden.

RASENACK[2] ersetzte das Kaliumhydroxyd durch **Natriumhydroxyd**, ohne das Verfahren weiter zu vervollkommnen. G. SCHULTZ und H. SCHMIDT[3] verwendeten wiederum Äthylalkohol und Kaliumhydroxyd. Ihre Resultate stimmen mit denjenigen ZININs überein. Jedoch gelang es ihnen, ein Oxydationsprodukt des Alkohols, nämlich Oxalsäure, zu isolieren, die allerdings sicher nicht das

---

[1] J. prakt. Chem. (1) **36**, 98 (1845).   [2] Ber. dtsch. chem. Ges. **5**, 365 (1872).
[3] Liebigs Ann. Chem. **207**, 328 (1881).

einzige Oxydationsprodukt war. Ihr Auftreten ist jedoch ein Beweis dafür, daß die Oxydation des Äthylalkohols über die Stufe des Acetaldehyds und der Essigsäure hinausgehen kann.

H. KLINGER[1] verglich die Ergebnisse der Nitrobenzolreduktion bei der Anwendung von Äthylalkohol bzw. Methylalkohol als Reduktionsmittel. Als Katalysator verwendete er nicht Alkalihydroxyde, sondern die betreffenden Natriumalkoholate. Bei der Verwendung von Äthylalkohol schreibt er: „Der ungünstige Verlauf dieser Versuche schien mir daher zu rühren, daß sich die Oxydationsprodukte des Äthylalkohols komplizierend an der Reaktion beteiligen." Die Umsetzung mit Methylalkohol und Natriummethylat erfolgte dagegen ohne Bildung von Nebenprodukten und gab in fast quantitativer Ausbeute Azoxybenzol. Während die Reaktion bei der Anwendung von Äthylalkohol unter lebhafter Selbsterwärmung äußerst stürmisch verläuft, ist bei der Verwendung von Methylalkohol äußere Wärmezufuhr notwendig. Dagegen verläuft die Umsetzung mit Amylalkohol und Natriumamylat ganz außerordentlich heftig.

Das Oxydationsprodukt des Methylalkohols ist Ameisensäure. Die Umsetzung verläuft daher nach folgender Gleichung:

$$4\,C_6H_5NO_2 + 3\,H_3CONa = 2\,C_6H_5NONC_6H_5 + 3\,HCOONa + 3\,H_2O\ [2].$$

Die Bildung der Ameisensäure ist, wie später gezeigt wird, vermutlich nicht auf eine Oxydation von primär gebildetem Formaldehyd zurückzuführen, vielmehr auf dessen Disproportionierung, die in Gegenwart von Alkalihydroxyden rasch verläuft.

$$2\,H_2CO + NaOH = H_3COH + HCOONa.$$

J. W. BRÜHL[3] verwendete als Reduktionsmittel für Nitrobenzol alkoholfreies Natriummethylat, wobei siedendes Xylol als Lösungsmittel diente. Die Ausbeute an Azoxybenzol ist quantitativ. Die Reaktion verläuft auch hier nach der von KLINGER angegebenen Gleichung.

Eingehende und aufschlußreiche Untersuchungen über die Bildung von Azoxybenzol stammen von ROTARSKI[4]. Er stellte fest, daß sich bei der Verwendung von Alkoholaten bessere Ausbeuten erzielen lassen als bei der Anwendung einer alkoholischen Lösung eines Alkalihydroxyds. Dagegen läßt sich bei der Verwendung von Alkoholat der als Lösungsmittel dienende überschüssige Alkohol ohne weiteres durch Benzol ersetzen. Natrium- bzw. Kaliumhydroxyd lassen sich durch **Bariumhydroxyd**, nicht aber durch die Hydroxyde des Calciums, Magnesiums oder Aluminiums, ersetzen. Diese Tatsache spricht dafür, daß es sich nicht um eine reine Hydroxylionen-Katalyse handelt, sondern daß vielmehr auch die Kationen eine gewisse Rolle spielen. Die Mengenverhältnisse, in denen die einzelnen Reduktionsprodukte entstehen, sind stark von der Umsetzungstemperatur abhängig. Bei höherer Temperatur entsteht die reine Azoxyverbindung, bei niedrigerer bildet sich daneben auch das entsprechende Amin. Da das Azoxybenzol wahrscheinlich durch Kondensation je eines Moleküls Nitrosobenzol und Phenylhydroxylamin gebildet wird (über einen anderen Bildungsmechanismus siehe weiter unten), scheint die zum Azoxybenzol führende Kondensation eine besonders starke Temperaturabhängigkeit zu haben, die jedenfalls diejenige der Reduktion des Nitrosobenzols bzw. Phenylhydroxylamins durch alkoholische Lauge oder Alkoholat weit übertrifft.

---

[1] Ber. dtsch. chem. Ges. **15**, 866 (1882).
[2] Zur Darstellung von Azoxybenzol nach diesem Verfahren im Laboratorium siehe L. GATTERMANN: Die Praxis des organischen Chemikers, 18. Aufl., S. 211. 1923.
[3] Ber. dtsch. chem. Ges. **37**, 2076 (1904).   [4] Chem. Zbl. **1905 II**, 894.

Das primäre Oxydationsprodukt des Äthylalkohols ist nach Rotarski der Acetaldehyd. Dieser vermag seinerseits jedoch in Gegenwart von Natriumäthylat als Katalysator Nitrobenzol nicht zu reduzieren. Wenn dennoch Produkte einer weitergehenden Oxydation des Äthylalkohols isoliert wurden, so verdanken sie ihre Herkunft zweifellos irgendwelchen Umwandlungsprodukten des Acetaldehyds. Die Bildung von Oxalsäure, die Schultz und Schmidt bei der Verwendung von alkoholischer Kalilauge festgestellt hatten, könnte beispielsweise durch oxydativen Abbau eines Kondensationsproduktes, z. B. des Crotonaldehyds, bedingt sein. Bei der starken Neigung des Acetaldehyds und seiner Kondensationsprodukte zu weiteren Kondensationen ist anzunehmen, daß sich dieselben auch mit den Reduktionsprodukten des Nitrobenzols unter Bildung unerwünschter Nebenprodukte umsetzen. Daher ist die Ausbeute an Azoxybenzol bei der Verwendung von Äthylalkohol im besten Fall 40 % d. Th. Formaldehyd dagegen, der durch Oxydation des Methylalkohols entsteht, wird durch das anwesende Alkali außerordentlich rasch disproportioniert und kann daher nicht der Anlaß zur Bildung unerwünschter Nebenprodukte werden.

Quantitative Untersuchungen über die Umsetzung von Nitrobenzol mit methylalkoholischer Natriummethylatlösung bzw. methylylalkoholischer Natronlauge mit verschieden großen Wasserzusätzen stammen von H. Shipley Fry und J. L. Cameron[1]. Die Autoren stellen fest, daß die von Klinger aufgestellte Gleichung mit den Versuchsergebnissen außerordentlich exakt übereinstimmt. Um sicher reproduzierbare Resultate zu erhalten, wurde eine „Standard-Methode" ausgearbeitet, die gute Ausbeuten an Azoxybenzol liefert. Zur Anwendung kam jeweils $^1/_5$ Mol Nitrobenzol und die 5fache theoretische Menge Natriummethylat, das sind 0,75 Mol, wobei die Reaktionsgleichung Klingers zugrunde gelegt wurde. Die Menge des als Lösungsmittel dienenden Methylalkohols wurde so bemessen, daß sich ein Gesamtvolumen von 250 ccm ergab. Die Umsetzung wurde durch 3stündiges Erhitzen auf dem Wasserbade durchgeführt. Im Mittel von 4 Bestimmungen wurde eine Ausbeute von 86,73 % d. Th. an Azoxybenzol erhalten, während die Ausbeute an Ameisensäure 86,31 % betrug. Die Verfasser stellen fest, daß entgegen den Angaben von Lachmann[2] ein Wasserzusatz zur Reaktion die Ausbeute erheblich vermindert. Steigende Wasserzusätze zur „Standard-Reaktion" mit einem Gehalt von 0,75 Mol Natriummethylat ergaben folgende Ausbeuten an Azoxybenzol:

0,125 Mol	71,42 %	1,5 Mol	43,10 %
0,25 „	63,84 %	2,0 „	30,11 %
0,5 „	60,91 %	2,0 „	23,26 %
1,0 „	54,81 %	3,0 „	19,14 %

Weiter haben die Verfasser die Einwirkung eines Pyridinzusatzes zur „Standard-Reaktion" untersucht. Durch das **Pyridin** wird die Reduktionswirkung des Methylats oder vielleicht auch eine Oxydationswirkung des Azoxybenzols aktiviert, denn man findet auf diese Weise im Reaktionsprodukt neben Azoxybenzol auch Azobenzol. Daß es sich nicht um einen Angriff auf Zwischenprodukte der Reaktion handeln kann, sondern daß das Azoxybenzol als solches in Reaktion tritt, geht aus einem Versuch mit reinem Azoxybenzol hervor, das von Methylat bei Pyridinzusatz langsam zu Azobenzol reduziert wird. Das Methylat geht auch hierbei in Formiat über.

R. E. Lyons und L. T. Smith[3] untersuchten die Reduktion von Nitrobenzol durch *Benzylalkohol* und Alkali. Die Reduktion führt hier in der Haupt-

[1] J. Amer. chem. Soc. **49**, 864 (1927).
[2] J. Amer. chem. Soc. **24**, 1180 (1902).   [3] J. Amer. chem. Soc. **48**, 3165 (1926).

sache zum Azobenzol, nebenbei bildet sich Anilin; der Benzylalkohol geht in Benzoesäure über. Die Ausbeuten sind stark abhängig von der Menge des zugesetzten Natriumhydroxyds und Wasser. Ein Ansatz enthielt jeweils 10 g Benzylalkohol und 12 g Nitrobenzol. Die Umsetzung wurde durch 4stündiges Erhitzen im Autoklaven auf 138—140° durchgeführt, die Zusätze an Ätznatron und Wasser wurden variiert. Dabei wurden folgende Resultate erhalten:

NaOH	H_2O	Azobenzol	Benzoesäure
10 g	—	9,5 g	9,8 g
10 g	10 g	7,0 g	7,44 g
3 g	—	8,5 g	10,5 g

Anilin entsteht als Nebenprodukt immer in geringer Menge, auch wenn der Benzylalkohol nicht in einer zur vollständigen Reduktion ausreichenden Menge vorhanden ist. Benzaldehyd konnte erwartungsgemäß nicht isoliert werden, da er unter den Bedingungen der Reaktion sicher zu Benzoesäure und Benzylalkohol disproportioniert worden wäre. Dagegen tritt er als Zwischenprodukt sicher auf, und es ist in hohem Grade wahrscheinlich, daß die Benzoesäure ihre Entstehung seiner Disproportionierung und nicht seiner Oxydation verdankt. Wasserzusatz ist offensichtlich für die Bildung der eigentlichen Reaktionsprodukte nachteilig. Toluol ließ sich als Reduktionsmittel für Nitrobenzol an Stelle von Benzylalkohol unter den angegebenen Bedingungen nicht verwenden.

R. E. LYONS und M. E. PLEASANT[1] untersuchten die Einwirkung von *Isopropylalkohol* und Natriumhydroxyd auf Nitrobenzol. Hierbei entsteht Azoxybenzol nur in untergeordneter Menge, die Hauptreaktion führt zum Anilin, das in einer Ausbeute von 66,6% d. Th. erhalten werden kann. Als Oxydationsprodukt des Isopropylalkohols entsteht Aceton, jedoch wurde dieses niemals in größerer Ausbeute als 14% d. Th. erhalten, da es sich seinerseits wieder an der Reaktion beteiligt unter Bildung von Oxalsäure und Ameisensäure. Das Azoxybenzol kann nicht als Zwischenprodukt der Reaktion formuliert werden, da es unter den Versuchsbedingungen weder von Isopropylalkohol noch von Aceton reduziert wird.

Weiter haben die Verfasser die Einwirkung von *Benzoin* auf Nitrobenzol unter der Einwirkung von Natriumhydroxyd als Katalysator untersucht. Hierbei bildet sich in fast quantitativer Ausbeute Azoxybenzol und Benzoesäure nach der Gleichung:

$$3C_6H_5—CH(OH)—CO—C_6H_5 + 4C_6H_5NO_2 \rightarrow 6C_6H_5—COOH + 2C_5H_5—N=NO—C_6H_5.$$

Die oxydative Aufsprengung verläuft hier außerordentlich glatt.

Auch *primäre aromatische Amine* können in Gegenwart von Alkalien reduzierend auf aromatische Nitroverbindungen wirken. Hierbei beteiligen sich jedoch die Amine im allgemeinen an Kondensationsreaktionen, so daß man über den eigentlichen Reaktionsablauf meist keine Aussagen machen kann. Dagegen werden die Reaktionsprodukte unter Umständen in einer durchaus zufriedenstellenden Ausbeute erhalten.

Bei der Umsetzung von o-Toluidin mit Nitrobenzol und Natriumhydroxyd erhält man ein Gemisch von o-Methylazoxybenzol und o-Methylazobenzol[2]. Während die Azoxyverbindung als Kondensationsprodukt je eines Moleküls der Nitro- und Aminoverbindung aufgefaßt werden kann, muß bei der Bildung der Azoverbindung eine intramolekulare Oxydoreduktion beteiligt sein. Eingehende Angaben über diese Umsetzung finden sich bei P. JACOBSON[3], der als Hauptprodukt o-Methylazobenzol isolierte. In analoger Weise wurden von ihm

---

[1] Ber. dtsch. chem. Ges. **62**, 1723 (1929).
[2] DRP. 52 839, Friedlaender **2**, 422.   [3] Ber. dtsch. chem. Ges. **28**, 2543 (1895).

auch m-Toluidin und asymmetrisches m-Xylidin mit Nitrobenzol unter Bildung der entsprechenden Azoverbindungen umgesetzt.

Einen anderen Verlauf nimmt die Umsetzung von Anilin mit Nitrobenzol in Gegenwart von Alkali, bei der, wenn auch in mäßiger Ausbeute, Phenazin erhalten wird. Wohl[1] nimmt an, daß sich hierbei das Nitrobenzol erst zum Nitrosophenol isomerisiert (I), das sich mit Anilin zu Dihydro-N-oxy-phenazin kondensiert (II). Dieses spaltet entweder Wasser ab und geht dabei in Phenazin (III) über, oder es wird durch überschüssiges Nitrobenzol dehydriert unter Bildung von Phenazin-N-oxyd(IV),das sich unter geeigneten Versuchsbedingungen ebenfalls aus den Reaktionsprodukten isolieren läßt.

Während meist angenommen wird, daß das Azoxybenzol durch Kondensation eines Moleküls Nitrosobenzol und eines Moleküls Phenylhydroxylamin gebildet wird, kommt Meisenheimer[2] am Beispiel der Umsetzung von m-Dinitrobenzol mit Phenylhydroxylamin und methylalkoholischer Kalilauge zu einer anderen Erklärung: Unter dem Einfluß des Alkalis addiert sich Phenylhydroxylamin an die eine Nitrogruppe, und dieses Additionsprodukt wird nun weiterhin durch den Methylalkohol in Gegenwart von Lauge reduziert. Hierbei entstehen die beiden möglichen isomeren Azoxyverbindungen:

während man nur eine erwarten könnte, wenn die Nitrokomponente vor der Kondensation zur Nitrosoverbindung reduziert worden wäre. Ob sich diese Erklärung der Bildung von Azoxyverbindungen verallgemeinern läßt, ist nicht sicher. Außerdem können die Schlußfolgerungen Meisenheimers nach neueren Anschauungen nicht mehr als absolut beweiskräftig gelten. Denn nach Neunhoeffer und Winkler[3] besteht zwischen Nitroso- und Hydroxylaminverbindung ein reversibles Gleichgewicht. Hierdurch kann es in einer Lösung, die eine substituierte Nitrosoverbindung und nicht substituiertes Phenylhydroxylamin enthält, leicht zu einem Austausch der Oxydationsstufe kommen. Hierdurch läßt sich die Bildung der beiden Azoxyverbindungen in dem Beispiel

[1] Ber. dtsch. chem. Ges. **34**, 2444 (1901).
[2] Ber. dtsch. chem. Ges. **53**, 358 (1920).
[3] H. Winkler: Diplomarbeit, Breslau 1939.

von MEISENHEIMER auch dann zwanglos erklären, wenn dieselben durch Kondensation von Nitroso- und Hydroxylaminverbindung gebildet sind.

Außer durch die angegebenen Verbindungen bekannter Konstitution läßt sich Nitrobenzol in Gegenwart von Alkali auch noch durch organische Substanzen mit unbekannter oder nur teilweise bekannter Konstitution in Azoxybenzol überführen. In Patentschriften ist hierfür die Verwendung von Steinkohle, Holzkohle und Ruß[1], Cellulose oder Sägemehl[2] und Melasse[3] beschrieben. Die Oxydation dieser Produkte muß eine ziemlich weitgehende sein, da nur die gleiche bis doppelte Gewichtsmenge vom angewandten Nitrobenzol zur Reduktion notwendig ist. Die Ausbeuten sind teilweise sehr gut.

In neuerer Zeit ist Eisenpentacarbonyl und Lauge zur Reduktion von Nitroverbindungen vorgeschlagen worden[4]. Daß dabei außer dem anorganischen Bestandteil desselben auch das Kohlenoxyd an der Reduktionswirkung beteiligt ist, geht aus der Tatsache hervor, daß man unter geeigneten Versuchsbedingungen bei der Reduktion von Nitrobenzol Diphenylharnstoff, ein Derivat der Kohlensäure, erhalten kann.

Auch aromatische *Nitrosoverbindungen* können unter dem Einfluß von Alkali stark oxydierend wirken. Unter dem Einfluß von Äthylalkohol und Kalilauge ergibt Nitrosobenzol nach BAMBERGER[5] als Hauptprodukt ebenso wie Nitrobenzol Azoxybenzol, das in diesem Falle sicher durch Kondensation von Nitroso- und Hydroxylaminverbindung entstanden sein muß. Als Nebenprodukt, das jedoch in nicht unerheblicher Menge entsteht, wurde Formylphenylhydroxylamin isoliert:

$$C_6H_5-N{\Large<}^{OH}_{CH=O}.$$

Da eine Bildung desselben aus Ameisensäure und Phenylhydroxylamin in der alkalischen Lösung nicht denkbar ist, muß eine Kondensation mit einem anderen Oxydationsprodukt des Äthylalkohols stattgefunden haben, das noch nicht einem Abbau desselben bis zur Ameisensäure entsprach. BAMBERGER nimmt an, daß eine Kondensation zwischen Nitrosobenzol und Formaldehyd vorliegt.

A. HANTZSCH und M. LEHMANN[6] beschreiben die Einwirkung von ätherischer Kaliumäthylatlösung auf aromatische Nitrosoverbindungen. Die Reaktion verläuft auch unter Null Grad fast momentan unter Bildung von Azoxyverbindungen. Als Oxydationsprodukt wurde Kaliumacetat isoliert.

Da die aromatischen Nitrosoverbindungen wesentlich reaktionsfähigere Oxydationsmittel sind als die Nitroverbindungen, lassen sich mit ihnen Umsetzungen unter weit milderen Bedingungen durchführen als mit den Nitroverbindungen. Bei der Umsetzung von Nitrosoverbindungen mit Äthylalkohol und Natriumhydroxyd unter schonendsten Versuchsbedingungen gelang es A. REISSERT[7], die labilen Isoazoxyverbindungen zu fassen.

L. SPIEGEL und H. KAUFMANN[8] geben an, daß Nitrosobenzol auch auf Piperidin oxydierend einwirkt. Bei niederer Temperatur bildet sich Azoxybenzol, bei höherer Azobenzol. Bei dem gänzlichen Fehlen weiterer Angaben läßt es sich jedoch nicht sicher entscheiden, ob das Piperidin tatsächlich als Reduktionsmittel gewirkt hat oder ob es vielleicht die Disproportionierung des Nitrosobenzols in ähnlicher Weise katalysiert wie wässerige Lauge.

---

[1] DRP. 210806, Friedlaender **9**, 115.   [2] DRP. 225245, Friedlaender **9**, 1180.
[3] DRP. 228722, Friedlaender **10**, 124.   [4] DRP. 441179, Friedlaender **15**, 351.
[5] Ber. dtsch. chem. Ges. **35**, 732 (1902).
[6] Ber. dtsch. chem. Ges. **35**, 905 (1902).
[7] Ber. dtsch. chem. Ges. **42**, 1364 (1909).
[8] Ber. dtsch. chem. Ges. **41**, 680 (1908).

Bamberger[1] stellte fest, daß Nitrosobenzol unter dem Einfluß von wässerigem Alkali eine Disproportionierung erleidet, bei der als Hauptprodukt durch Reduktion und nachfolgende Kondensation Azoxybenzol und durch Oxydation Nitrobenzol entsteht. Als weitere Reduktionsprodukte entstehen das dem Azoxybenzol isomere o-Oxyazobenzol, weiterhin in sehr geringer Menge o- und p-Aminophenol und Anilin. Als weiteres Oxydationsprodukt ist das p-Nitrosophenol bemerkenswert; sowohl bei der Bildung des o-Oxyazobenzols wie auch bei der Bildung des Nitrosophenols hat ein oxydativer Angriff auf ein aromatisch gebundenes Wasserstoffatom stattgefunden, an dessen Stelle eine Hydroxylgruppe getreten ist.

Auch auf Phenylhydroxylamin wirkt nach Bamberger und Brady[2] wässerige Lauge unter Disproportionierung ein. Die Umsetzung erfolgt bei Ausschluß von Sauerstoff fast quantitativ im Sinne der Gleichung:

$$3\,C_6H_5NHOH \rightarrow C_6H_5\!\!-\!\!\underset{\underset{O}{\downarrow}}{N}\!\!=\!\!N\!\!-\!\!C_6H_5 + C_6H_5\!\!-\!\!NH_2 + 2\,H_2O\,.$$

Aus 6 g Phenylhydroxylamin wurden nach halbjährigem Stehen mit 5 proz. wässeriger Natronlauge 3,5 g Azoxybenzol und 1,5 g Anilin erhalten, statt der berechneten 3,63 g und 1,7 g. Mit 25 proz. Lauge ist die Umsetzung schon nach 3 Wochen beendet, was als deutlicher Beweis für die katalytische Wirkung des Alkalis angesehen werden muß.

Während die Wasserstoffatome der Methylgruppe des unsubstituierten Toluols auf aromatische Nitroverbindungen nicht reduzierend wirken, werden sie durch Einführung von o- und p-ständigen Nitrogruppen in den Benzolkern derart aktiviert, daß durch sie eine Reduktion gerade dieser Nitrogruppen stattfinden kann. In der Literatur sind diese Umsetzungen, bei denen die Nitrogruppe und die Methylgruppe des Nitrotoluols gleichzeitig in Reaktion treten, meist als *intra*molekulare Oxydoreduktionen formuliert. Für diese Auffassung beweisende experimentelle Resultate gibt es allerdings bisher nicht, vielmehr lassen sich fast sämtliche Reaktionen auch ebensogut unter der Annahme eines *inter*molekularen Verlaufs formulieren. Daher erscheint eine Trennung der hier aufgeführten Arbeiten nach diesem Gesichtspunkte nicht zweckmäßig.

Klinger[3] reduzierte p-Nitrotoluol unter Versuchsbedingungen, die sonst zur Bildung einer Azoxyverbindung führen, nämlich mit Methylat in methylalkoholischer Lösung. Er erhielt dabei jedoch nicht Azoxytoluol, sondern ein amorphes Produkt, das bei weiterer Reduktion neben p-Toluidin eine Base mit 14 Kohlenstoffatomen und 2 Stickstoffatomen ergab. Bender und Schulz[4] untersuchten den Verlauf der Reduktion von p-Nitrotoluol-o-sulfonsäure (I) mit Zinkstaub und wässeriger Lauge. Neben dem erwarteten Reduktionsprodukt, der Azotoluoldisulfonsäure, wurde ein amorphes, gelbes Produkt erhalten, dessen Menge mit steigender Temperatur zunahm. Ausschließlich wurde dasselbe erhalten, wenn erst die Lauge allein zur Einwirkung kam, wodurch ein schwerlösliches braunrotes Kondensationsprodukt gebildet wird, und dann erst der Zinkstaub, der unter Reduktion des Alkalikondensationsproduktes das oben beschriebene Produkt bildet. Die Konstitution desselben wurde in folgender Weise aufgeklärt: Durch energische Reduktion wurde eine Aminosulfonsäure erhalten, aus der die Amino- und Sulfonsäuregruppen unter gleichzeitiger Reduktion nach den hierfür üblichen Verfahren eliminiert werden. Der so erhaltene Kohlen-

[1] Ber. dtsch. chem. Ges. **33**, 1939 (1900).
[2] Ber. dtsch. chem. Ges. **33**, 272 (1900).
[3] Ber. dtsch. chem. Ges. **16**, 943 (1883).
[4] Ber. dtsch. chem. Ges. **19**, 3237 (1886).

wasserstoff erwies sich als Stilben; die bei der energischen Reduktion isolierte Aminosulfonsäure hatte daher die Konstitution einer Diaminostilben-disulfonsäure (II):

In analoger Weise wurde das Einwirkungsprodukt von alkoholischer Natronlauge auf p-Nitrotoluol zum Stilben abgebaut.

Da die durch die Analyse ermittelte Elementarzusammensetzung der Kondensationsprodukte von p-Nitrotoluol oder dessen Sulfonsäure im allgemeinen mit den Werten für Azoxystilben übereinstimmen, hat man dieselben in dieser Weise formuliert. Diese Formulierung ist auch noch in neuere Handbücher übernommen worden; aus sterischen Gründen ist dieselbe jedoch abzulehnen. Es handelt sich offensichtlich um mehr oder weniger polymerisierte Produkte, bei denen die Benzolkerne abwechselnd durch Äthylenreste und durch Azoxygruppen verknüpft sind. Je nach den Versuchsbedingungen bildet sich eine längere oder kürzere Kette aus; als Endgruppe kann entweder eine unversehrte Methylgruppe oder eine unversehrte Nitrogruppe oder eine durch Reduktion entstandene Aminogruppe vorliegen. Da unter wenig geänderten Reduktionsbedingungen die Azoxygruppen in Azogruppen übergehen können, ergibt sich eine außerordentliche Variationsfähigkeit bei der Darstellung dieser Kondensationsprodukte. Man hat davon Gebrauch gemacht zur Herstellung einer Reihe von direkt ziehenden Farbstoffen, die hauptsächlich unter dem Namen Sonnengelb und Mikadoorange in den Handel kamen. Die diesbezüglichen Patentschriften[1] interessieren nicht nur durch die Angabe, daß sich aus p-Nitrotoluol o-Sulfonsäure, je nach den Versuchsbedingungen, gelbe, orange oder braune Farbstoffe herstellen lassen, sondern auch durch die außerordentlich große Anzahl organischer Substanzen, die zur Reduktion des Nitrotoluols in alkalischer Lösung herangezogen werden können. Es sind erwähnt: Methylalkohol, Äthylalkohol, Glycerin, Resorcin, Hydrochinon, Orcin, Naphthol, Dioxynaphthalin, Pyrogallol, Resorcylsäure, Oxynaphthosäure, Gallussäure, Tannin und gerbstoffhaltige Substanzen, Oxychinolincarbonsäure, Dioxynaphthalinsulfonsäure und in einem Zusatzpatent: Lävulinsäure, xanthogensaure Salze, Aminophenol, Oxydiphenylamin, Oxynaphthylamin und Kohlehydrate, z. B. Stärke, Zucker und Dextrin. Durch größeren oder geringeren Zusatz der oxydierbaren Substanzen lassen sich die Farbstoffe vielfach nuancieren.

Daß die Reaktion tatsächlich nicht intramolekular, sondern *intermolekular* verläuft, geht aus der Tatsache hervor, daß man nach O. FISCHER und E. HEPP[2] als Zwischenprodukte der Einwirkung von methylalkoholischer Natronlauge auf p-Nitrotoluol Dinitrodiphenyläthan (I) und Dinitrostilben (II) fassen kann.

Das so erhaltene Dinitrostilben reagiert mit Methylat unter Bildung der üblichen Kondensationsprodukte weiter. Auch aus p-Nitrotoluol-o-sulfonsäure läßt sich

---

[1] DRP. 46252, Friedlaender **2**, 373; DRP. 48528, Friedlaender **2**, 374.
[2] Ber. dtsch. chem. Ges. **26**, 2231 (1893).

Dinitrostilben-disulfonsäure[1] darstellen, wenn man mit viel konz. Natronlauge bei möglichst tiefer Temperatur arbeitet.

In ganz anderer Weise läßt sich p-Nitrotoluol in alkalischer Lösung umsetzen, wenn man als Reduktionsmittel Schwefel verwendet[2]. Die Methylgruppe wird ebenfalls unter Oxydation angegriffen, jedoch bildet sich kein dimolekulares Produkt, sondern p-Aminobenzaldehyd; daneben in geringer Menge p-Toluidin. Derivate des p-Nitrotoluols reagieren in derselben Weise. Bei der p-Nitrotoluol-sulfonsäure läßt sich diese Reaktion auch unter dem Einfluß konz. Schwefelsäure mit Schwefel als Reduktionsmittel durchführen.

Zur Erklärung dieser und weiterer damit im Zusammenhang stehender Vorgänge läßt sich folgende Formulierung geben: Das Nitrotoluol reagiert mit der Lauge bzw. dem Alkoholat in der Weise, daß sich unter Übergang der Nitrogruppe in die Aciform ein chinoides System ausbildet (I). Die so erhaltene Verbindung hat salzartigen Charakter. Das Anion dieser Verbindung unterliegt nun der Oxydation. Da man den Vorgang der Oxydation außer in der früher angegebenen Weise auch als Wegnahme negativer Ladungen definieren kann, würde bei der Oxydation des oben beschriebenen Anions ein Radikal (II) entstehen, das sich leicht dimerisiert und dabei in Dinitrodiphenyläthan (III) übergeht. Dieses kann nach einem analogen Reaktionsmechanismus in Dinitrostilben übergehen. Ist Schwefel zugegen, so wird dieser in irgendeiner Weise mit dem Radikal in Reaktion treten und so dessen direkte Dimerisierung verhindern. Der Abbau dieses Einwirkungsproduktes zum Aminobenzaldehyd erfolgt dann über eine Thioverbindung, die in Gegenwart des starken Alkalis Hydrolyse erleidet.

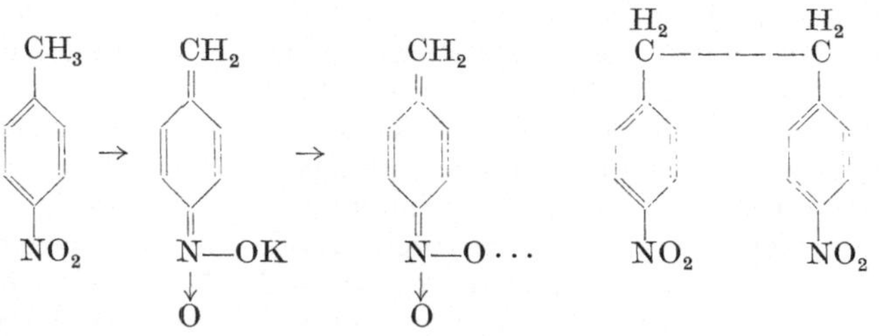

$$
\begin{array}{ccccc}
CH_3 & CH_2 & CH_2 & \overset{H_2}{C} \!\!-\!\!-\!\!-\!\! \overset{H_2}{C} \\[2mm]
\bigcirc \rightarrow \bigcirc \rightarrow \bigcirc & & & \bigcirc \qquad \bigcirc \\[2mm]
NO_2 & N{-}OK & N{-}O\cdots & NO_2 \qquad NO_2 \\
& \downarrow & \downarrow \\
& O & O \\
\text{I} & & \text{II} & \text{III}
\end{array}
$$

Die Bildung salzartiger Verbindungen mit chinoider Struktur kann außer beim p-Nitrotouol auch noch bei der o-Verbindung, nicht dagegen in der m-Reihe erfolgen. In Übereinstimmung damit ist die Tatsache, daß das m-Nitrotoluol Oxydoreduktionen, bei denen die Methylgruppe in Mitleidenschaft gezogen wird, nicht erleidet. Die Umsetzung der o-Nitroverbindungen führt zwar zu Produkten, die sich in ihrem Aufbau von denjenigen der p-Reihe unterscheiden, jedoch liegt ihrer Bildung ein prinzipiell gleicher Reaktionsmechanismus zugrunde.

Auch Derivate des p-Nitrotoluols, die in der Methylgruppe substituiert sind, können in ähnlicher Weise Oxydoreduktionen unterworfen werden wie das Nitrotoluol selbst. So geht Nitrobenzylanilin unter der Einwirkung von Schwefelalkalien in Aminobenzylidenanilin über[3]. In gleicher Weise erleiden die Ester und Aryläther des Nitrobenzylalkohols unter dem katalytischen Einfluß von Alkali in Gegenwart von Schwefel eine Oxydoreduktion unter Bildung des entsprechenden freien Aminobenzaldehyds[4].

---

[1] DRP. 79241, Friedlaender **3**, 809.
[2] DRP. 86847, Friedlaender **4**, 136.
[3] DRP. 99542, Friedlaender **5**, 112.
[4] DRP. 106509, Friedlaender **5**, 114.

Wenn man *o-Nitrotoluol* mit Lauge ohne Anwesenheit eines Reduktionsmittels behandelt, so entsteht nicht, wie bei der entsprechenden p-Verbindung, ein Kondensationsprodukt, sondern Anthranilsäure[1].

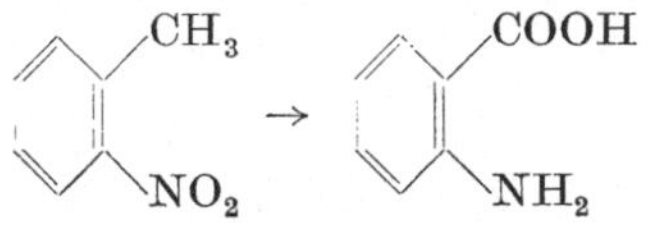

Jedoch ist diese Umsetzung an gewisse Versuchsbedingungen gebunden, da Alkali in fester Form oder konzentriert wässeriger Lösung in äußerst stürmischer Weise unter Bildung von Nebenprodukten einwirkt, während mit stark verdünnten Alkalilösungen eine Umsetzung kaum zu erzielen ist. Auch bei der Anwendung alkoholischer Lauge entsteht außer o-Azoxytoluol Anthranilsäure, um so mehr, je konzentrierter das Alkali ist. Als Nebenprodukte werden hierbei Azoxy- und Azobenzoesäure erhalten. Unter geeigneten Versuchsbedingungen kann man bei Umsetzung von o-Nitrotoluol mit wässeriger Lauge als Zwischenprodukt der zur Anthranilsäure führenden Reaktion o-Nitrosobenzylalkohol (I) und Anthranil (II) isolieren[2].

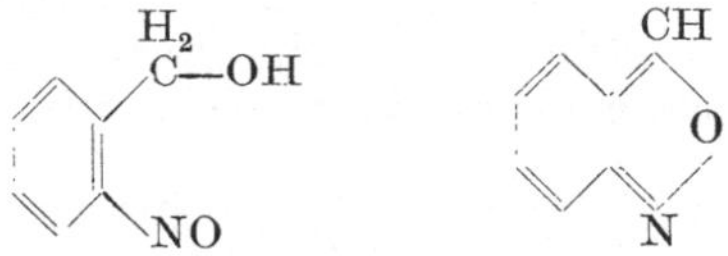

Die Bildung des letzteren dürfte ein Beweis dafür sein, daß bei der Umwandlung des Nitrotoluols in Anthranilsäure Zwischenprodukte von chinoider Struktur beteiligt sind[3].

Wesentlich komplizierter verläuft die Umsetzung von Nitrobenzylalkohol mit wässeriger Lauge ohne Zusatz eines Reduktionsmittels, die M. P. CARRÉ[4] untersucht hat. Neben wenig o-Nitro- und o-Aminobenzaldehyd und anderen Nebenprodukten entstehen als Hauptprodukte Anthranilsäure und Azobenzoesäure.

, Die Umsetzung der *Nitrobenzaldehyde* mit wässeriger Lauge, die J. MAIER[5] untersucht hat, verläuft in einer Weise, die für den Mechanismus intermolekularer Oxydoreduktionen sehr charakteristisch ist. Mit verdünnter Lauge reagieren dieselben unter Disproportionierung, indem Nitrobenzylalkohol und Nitrobenzoesäure gebildet wird. Verwendet man stärkere Lauge, so tritt zuerst ebenfalls Disproportionierung ein, jedoch wirkt dann die primäre Alkoholgruppe des Nitrobenzylalkohols als Reduktionsmittel für die Nitrogruppe, wobei sich Azobenzoesäure bildet. Die beiden nacheinander ablaufenden Reaktionen lassen sich hierbei gut beobachten.

Beim Übergießen von o-Nitrobenzaldehyd mit der doppelten Menge 35proz. Natronlauge erstarrt das Gemisch unter schwacher Erwärmung bald zu einem Brei unter Bildung von o-nitrobenzoesaurem Natrium und o-Nitrobenzylalkohol. Nach einigen Minuten beginnt dann eine überaus heftige Reaktion, wobei die Temperatur auf etwa 125° steigt, die nach 1—2 Minuten beendet ist.

Man erhält also bei der Umsetzung der Nitrobenzaldehyde mit starker wässeriger Lauge Nitrobenzoesäure neben Azobenzoesäure. Bei dieser Umsetzung nimmt die m-Verbindung keine Ausnahmestellung ein. Es handelt sich bei der Bildung der Azobenzoesäure nicht um eine intramolekulare Oxydo-

---

[1] DRP. 114893, Friedlaender **6**, 149.   [2] DRP. 194811, Friedlaender **9**, 165.
[3] Vgl. ferner G. LOCK: Ber. dtsch. chem. Ges. **73**, 1377 (1940).
[4] C. R. hebd. Séances Acad. Sci. **140**, 663 (1905).
[5] Ber. dtsch. chem. Ges. **34**, 4132 (1901).

reduktion, vielmehr verläuft die Umsetzung intermolekular; denn Nitrobenzoesäure setzt auch sich mit nichtnitriertem Benzylalkohol unter Bildung von Azobenzoesäure und Benzoesäure um.

Beim o-Nitrotoluol löst bemerkenswerterweise auch die Einwirkung von
Brom eine inter- bzw. intramolekulare Oxydoreduktion aus. C. Wachendorf[1]
behandelte o-Nitrotoluol mit *Brom* unter Bedingungen, unter denen sich aus
p- und m-Nitrotoluol die Nitrobenzalbromide darstellen ließen. Er fand hierbei,
daß Substitution der Wasserstoffatome im Benzolkern unter Bildung einer
alkalilöslichen Verbindung erfolgt. Jedoch erkannte erst Greiff[2], daß sich
hierbei Dibrom-anthranilsäure bildet, deren Konstitution dann Friedlaender[3]
endgültig sicherstellte.

Unter dem Einfluß von konz. **Schwefelsäure** kann auch die sonst reaktionsträge Azoxygruppe zum Oxydationsmittel werden. So geht nach A. Heumann
und H. Weil[4] p- und m-Azoxybenzaldehyd unter der Einwirkung von
konz. Schwefelsäure in die entsprechende Azobenzoesäure über. Auch aromatisch gebundene Wasserstoffatome können, wenn sie durch die Einführung
irgendwelcher Substituenten genügend reaktionsfähig geworden sind, unter dem
Einfluß von Azoxygruppen in Gegenwart von konz. Schwefelsäure durch
Hydroxylgruppen substituiert werden. Nach H. Brand und K. Zöllner[5] bildet
sich aus m-Dinitrodimethyl-azoxybenzol unter dem Einfluß von konz. Schwefelsäure schon bei Wasserbadtemperatur m-Dinitro-o-dimethyl-p-oxyazobenzol.

Die Einführung einer Hydroxylgruppe an Stelle eines aromatisch gebundenen
Wasserstoffatoms kann auch durch Nitrogruppen unter dem katalytischen Einfluß von **Alkalihydroxyden** bewirkt werden. Nach A. Wohl[6] entstehen aus
aromatischen Nitroverbindungen unter dem Einfluß von Kalium- bzw. Natriumhydroxyd unter völligem Feuchtigkeitsausschluß Nitrophenole, in denen

[1] Liebigs Ann. Chem. **185**, 281 (1877).   [2] Ber. dtsch. chem. Ges. **13**, 288 (1880).
[3] Mh. Chem. **28**, 987 (1907).   [4] Ber. dtsch. chem. Ges. **36**, 3469 (1903).
[5] Ber. dtsch. chem. Ges. **40**, 3325 (1907).
[6] Ber. dtsch. chem. Ges. **32**, 3486 (1899); **34**, 2444 Anm. 2 (1901); DRP. 116790,
Friedlaender **6**, 113.

sich die Hydroxylgruppe in o-Stellung zur Nitrogruppe befindet. Ein Teil der Nitroverbindung wird zur Azoxyverbindung reduziert; beispielsweise wurden aus 5 Mol Nitrobenzol 3 Mol o-Nitrophenol und 1 Mol Azoxybenzol erhalten:

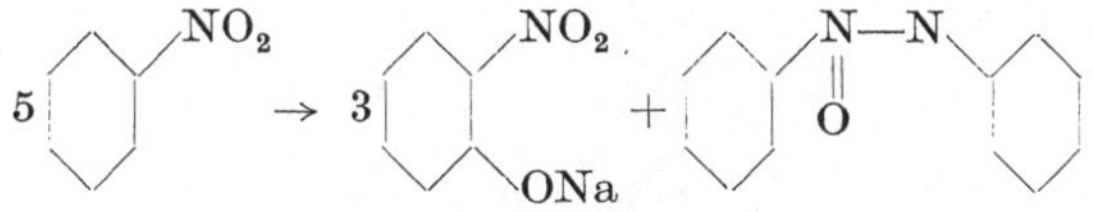

Vermutlich lagert sich der Nitrokohlenwasserstoff primär zum Nitrosophenol um, das dann durch die überschüssige Nitroverbindung zum Nitrophenol oxydiert wird, wobei diese in Azoxyverbindung übergeht.

Bei einigen aromatischen Nitroverbindungen gelingt es die Umlagerung zu den entsprechenden Nitrosophenolen auch mit Lösungen von Alkalihydroxyden unter Bedingungen durchzuführen, bei denen die Nitrosophenole bzw. die Chinonoxime nicht weiter verändert werden. FRIEDLAENDER[1] stellte fest, daß sich die 1-Nitronaphthalin-3,8-disulfonsäure unter dem Einfluß kochender konz. Natronlauge in 1-Nitroso-4-naphthol-3,8-disulfonsäure umlagert.

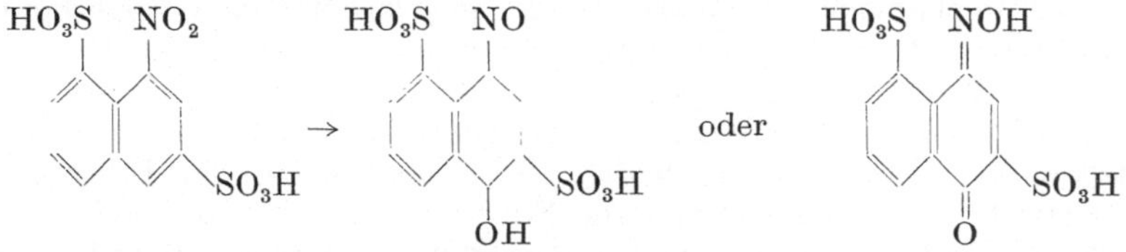

Mit anderen Nitronaphthalin-di-sulfonsäuren konnte jedoch eine derartige Umlagerung nicht durchgeführt werden.

Dagegen lassen sich 1,5- und 1,8-Dinitronaphthalin nach C. GRAEBE[2] unter dem Einfluß von rauchender Schwefelsäure in die entsprechenden Nitronitrosonaphthole bzw. Nitronaphthochinonoxime umlagern.

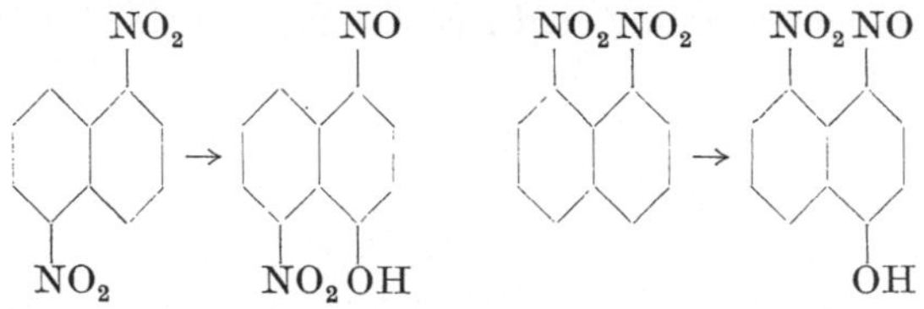

Diese Umlagerungen haben bei der Darstellung von Naphthazarin technisches Interesse.

Der Mechanismus derartiger Umlagerungen ist eingehend von J. MEISENHEIMER[3] untersucht worden. Er fand, daß sich 9-Nitroanthracen unter dem Einfluß alkoholischer Kalilauge in Anthrachinonoxim umlagert. Es gelang ihm, bei dieser Umlagerung eine Reihe von Zwischenprodukten zu isolieren, wodurch der Reaktionsmechanismus vollständig aufgeklärt wurde. In der ersten Phase der Reaktion addiert sich ein Molekül Alkalialkoholat an das Nitroanthracen (I). Dieses Additionsprodukt spaltet ein Molekül Alkalihydroxyd ab und geht dabei in 9-Nitroso-10-alkoxyanthracen über (II). Obwohl dasselbe nicht isoliert werden konnte, kann seine Bildung als sichergestellt gelten, da bei der analogen Umsetzung des α-Nitronaphthalins 1-Nitroso-4-alkoxynaphthalin isoliert werden konnte[4]. Die Nitrosoalkoxyverbindung lagert nun wiederum ein Molekül Alkoholat an unter Bildung eines Chinonoxim-acetals (III). Dieses wird unter dem

<hr>

[1] Ber. dtsch. chem. Ges. **28**, 1535 (1895).
[2] Ber. dtsch. chem. Ges. **32**, 2876 (1899).
[3] Liebigs Ann. Chem. **323**, 205 (1902).   [4] Liebigs Ann. Chem. **355**, 249 (1907).

Einfluß von Säuren zum Chinonoxim gespalten. Wenn die p-Stellung zur Nitrogruppe besetzt ist, kann die Umlagerung auch unter Bildung eines o-Nitrosophenols bzw. o-Chinonoxims erfolgen, beispielsweise beim β-Nitronaphthalin[1] und 9-Nitrophenanthren.

Aromatische Hydroxylaminverbindungen lassen sich unter dem Einfluß von Säuren in Aminophenole umlagern. Diese Reaktion kann auch als intramolekulare Oxydoreduktion aufgefaßt werden. Im Rahmen dieses Handbuches wird sie im Kapitel „Umlagerungen" behandelt.

Bei denjenigen *Indigosynthesen*, die sich auf dem o-Nitrobenzaldehyd aufbauen, ist der Mechanismus der Oxydoreduktion aromatischer Nitroverbindungen sehr eingehend untersucht. Die erste wichtige diesbezügliche Beobachtung betraf die o-Nitrophenylpropiolsäure. Baeyer[2] stellte fest, daß sich in einer Lösung derselben in überschüssiger wässeriger Lauge beim Erhitzen Isatin in einer Menge bis zu 86% d. Th. bildet. Setzt man bei dieser Umsetzung ein Reduktionsmittel, z. B. eine organische Substanz, wie Traubenzucker, zu, die in Gegenwart von Lauge reduzierend wirken kann, so bildet sich Indigo in einer Ausbeute von 60% d. Th.

Durch Isolierung einer Reihe von Zwischenprodukten ist der Mechanismus dieser Reaktion weitgehend aufgeklärt. Zur Darstellung dieser Zwischenprodukte bedient man sich mit Vorteil des Esters der Nitrophenyl-propiolsäure (I). Dieser läßt sich mit Hilfe von konz. **Schwefelsäure** in Isatogensäure-ester (II) umwandeln[3], der bei seiner Verseifung und Decarboxylierung in Isatin (III) übergeht.

Durch Reduktionsmittel wird er in Indoxanthinsäure-ester (IV) und weiter in Indoxylsäure-ester (V) übergeführt[4]:

[1] Ber. dtsch. chem. Ges. **36**, 4164 (1903).
[2] Ber. dtsch. chem. Ges. **13**, 2254 (1880); DRP. 11857, Friedlaender **1**, 127; DRP. 15516, Friedlaender **1**, 133.
[3] Ber. dtsch. chem. Ges. **14**, 1741 (1881); DRP. 17656, Friedlaender **1**, 134.
[4] Ber. dtsch. chem. Ges. **15**, 780 (1882).

Aus dem Indoxanthinsäure-ester kann durch Verseifung Decarboxylierung und Kondensation direkt Indigo entstehen; auch aus einem Molekül Indoxylsäure-ester und einem Mol Isatogensäure-ester kann sich auf dieselbe Weise Indigo neben Indirubin bilden. Auch aus Dinitrodiphenyl-diacetylen bildet sich unter dem Einfluß von konz. Schwefelsäure Diisatogen, das durch Reduktionsmittel in Indigo übergeführt wird[1].

Es ist wahrscheinlich, daß die Bildung des Isatogensäure-esters nicht durch direkte Addition der Nitrogruppe an die dreifache Bindung erfolgt. Vielmehr dürfte sich zuerst Wasser addieren unter Bildung von o-Nitrobenzoyl-essig-ester (VI), der dann unter Wasserabspaltung in Isatogensäure-ester übergeht. Die Bildung des ersteren aus Nitrophenylpropiolsäure-ester erfolgt nicht nur unter dem Einfluß von konz. Schwefelsäure, sondern nach P. Pfeiffer[2] auch durch die katalytische Einwirkung von **Pyridin.** Auch hierbei muß man als Zwischenprodukt o-Nitrobenzoyl-essigester annehmen, da der Ringschluß zum Indolderivat ausbleibt. wenn man durch geeignete Substitution die Anlagerung von Wasser erschwert.

Einen etwas anderen Verlauf der intramolekularen Oxydoreduktion nimmt diejenige Indigosynthese, die vom sogenannten o-Nitrophenyl-milchsäure-keton, dem 1-Nitrophenyl-1-oxy-3-keto-butan (VII), ausgeht[3]. Obwohl sich Zwischenprodukte bisher nicht isolieren ließen, darf man wohl mit Recht annehmen, daß der Reaktionsablauf der folgende ist: Unter dem katalytischen Einfluß von **Alkalien** wird die Hydroxylgruppe des o-Nitrophenylmilchsäure-ketons zur Ketogruppe oxydiert, während die Nitrogruppe zur Nitrosogruppe reduziert wird (VIII). Darauf spaltet sich zwischen der reaktionsfähigen Methylengruppe des so gebildeten Diketons und der Nitrosogruppe Wasser ab; gleichzeitig wird ein Molekül Essigsäure abgespalten. Das dabei entstehende Produkt dimerisiert sich zum Indigo:

VII   →   VIII

In ähnlicher Weise verläuft die Reaktion, wenn man von der o-Nitrocinnamoyl-ameisensäure ausgeht[4]. Hier besteht jedoch die erste Stufe der Reaktion in einer Addition von Wasser an die Doppelbindung. Die dabei gebildete Hydroxylgruppe wird dann durch die oxydierende Wirkung der Nitrogruppe zur Ketogruppe oxydiert. Der weitere Verlauf der Reaktion ist analog dem beim o-Nitrophenylmilchsäureketon besprochenen, wobei sich an Stelle von Essigsäure Oxalsäure abspaltet. Während im Falle der o-Nitrocinnamoyl-ameisensäure die Wasseranlagerung leicht gelingt, ist sie beim o-Nitrozimtaldehyd und dem o-Nitrobenzal-aceton nur schwierig durchzuführen. Dementsprechend sind diese Verbindungen zur Indigosynthese auch nicht geeignet, da offensichtlich der oxydative Angriff der Nitrogruppe auf die Kohlenstoffdoppelbindung nicht so leicht erfolgt, wie auf die alkoholische Hydroxylgruppe.

---

[1] Ber. dtsch. chem. Ges. **15**, 50 (1882); DRP. 19266, Friedlaender **1**, 136.
[2] Liebigs Ann. Chem. **411**, 87, 99 (1926).
[3] Ber. dtsch. chem. Ges. **15**, 2856 (1882); DRP. 19768, Friedlaender **1**, 140.
[4] Ber. dtsch. chem. Ges. **15**, 2856 (1882).

Während bei den bisher beschriebenen Reaktionen, soweit sich die oxydierende und die reduzierende Komponente in verschiedenen Molekülen befanden, meist die Umwandlungsprodukte der Nitroverbindungen das beabsichtigte Reaktionsprodukt darstellten und die Oxydationsprodukte der als Reduktionsmittel zugesetzten organischen Substanzen wenig Beachtung fanden, haben sich in neuerer Zeit Verfahren entwickeln lassen, bei denen aromatische Nitroverbindungen als wertvolle Oxydationsmittel von charakteristischer Spezifität dienen. Hierbei bildet also das Oxydationsprodukt das Hauptprodukt der Reaktion, während die Reduktionsprodukte der Nitroverbindungen wenig untersucht, häufig gar nicht bekannt sind.

Eine der bekanntesten dieser Oxydationen ist die Darstellung von *Vanillin* aus Isoeugenol mit Hilfe von Nitrobenzol und **Alkali** als Katalysator.

Die Reaktion ist schon vor ziemlich langer Zeit entdeckt, jedoch erst verhältnismäßig spät bekannt geworden. A. Ellmer und Mitarbeiter[1] schreiben darüber:

„Von großer technischer Bedeutung wurde ein Verfahren, das 1901 von A. Bischler in der Ciba aufgefunden wurde. Es beruht auf der sehr interessanten Beobachtung, daß eine alkalische Lösung von Isoeugenol durch Nitrobenzol oder andere Nitrokörper zu Vanillin oxydiert wird, wobei Essigsäure und Anilin entsteht. Die technische Durchführung erfolgt derart, daß Eugenol in verdünnter Natronlauge gelöst und unter Druck auf 160⁰ erhitzt wird. Zu der so erhaltenen Lösung von Isoeugenol-Natrium läßt man unter Druck 1 Mol Nitrobenzol langsam zufließen. Nach erfolgter Umsetzung wird das gebildete Anilin und Spuren von Azobenzol abgeblasen und aus der alkalischen Lösung das Vanillin mit Säuren abgeschieden. Die Ausbeute beträgt über 80% d. Th. Das Verfahren wurde lange Jahre als Geheimverfahren in großem Maßstab durchgeführt und dann durch Indiskretion in weiteren Kreisen bekannt."

Im Anschluß an dieses so bekannt gewordene Verfahren entwickelte sich dann eine umfangreiche Patentliteratur. Ein Teil der Patente bringt nichts, was der Erwähnung wert wäre, während in anderen versucht wird, die Bedingungen der Temperatur und Konzentration zu variieren hauptsächlich zu dem Zweck, die Druckapparatur zu umgehen. Da sich jedoch die Reaktionstemperatur nicht ohne weiteres herabsetzen läßt, muß man sehr hohe Alkalikonzentrationen anwenden, um ohne Anwendung von Druck die notwendige Temperatur zu erreichen. Da man aber die Alkalimenge infolge der damit verbundenen Kosten nicht ohne weiteres heraufsetzen kann, ist das Reaktionsgemisch infolge der zu geringen Lösungsmittelmenge nicht mehr in der Lage, den notwendigen Temperaturausgleich für die frei werdende Reaktionswärme zu schaffen. Dies hat zur Folge, daß die Umsetzung in äußerst stürmischer Weise verlaufen kann. In einer Reihe von Patentschriften werden Versuche beschrieben, die Reaktion durch irgendwelche Zusätze zu mildern. Zum Beispiel wird ein Zusatz von Anilin oder o-Toluidin empfohlen[2]; weiter wird der eigentlichen Nitrobenzol-Oxydation, bei der man mit einem Überschuß von Nitrobenzol arbeiten soll, eine Oxydation mit Azobenzol vorangeschickt[3]. Auch Ersatz des Nitrobenzols durch seine Homologen wird verschiedentlich empfohlen; weiter werden zu der sehr konzentriert alkalischen Lösung feste Zusätze, wie Natriumcarbonat, Natriumsulfat und Talkum, empfohlen[4]. Die Reaktion soll auch in der Weise durchführbar sein, daß man die Konzentration der wässerig alkalischen Lösung während der Reak-

---

[1] Ullmann: Enzyklopädie der technischen Chemie, 2. Aufl., Bd. 8, S. 817.
[2] Chem. Zbl. **1928 I**, 2208; ebenda **1929 I**, 3036; F. P. 626686.
[3] Chem. Zbl. **1935 I**, 2088; E. P. 417072.
[4] Chem. Zbl. **1935 II**, 1963; Schwed. P. 82886.

tion durch Verdampfen von Wasser steigert, wodurch eine entsprechende Temperaturerhöhung eintritt[1].

Ein wichtiger und interessanter weiterer Gesichtspunkt ergab sich bei den zum Vanillin führenden Oxydationsverfahren, als man Isosafrol (I) als Ausgangsmaterial verwendete. Das Verfahren arbeitet in der Weise, daß der Acetalring durch Einwirkung von Alkoholat gesprengt wird, wobei eine phenolische Hydroxylgruppe entsteht, während die halbseitig in Freiheit gesetzte Aldehydgruppe mit dem Alkohol unter Bildung eines gemischten Acetals reagiert. Hierbei entstehen die beiden möglichen Reaktionsprodukte nebeneinander (II, III).

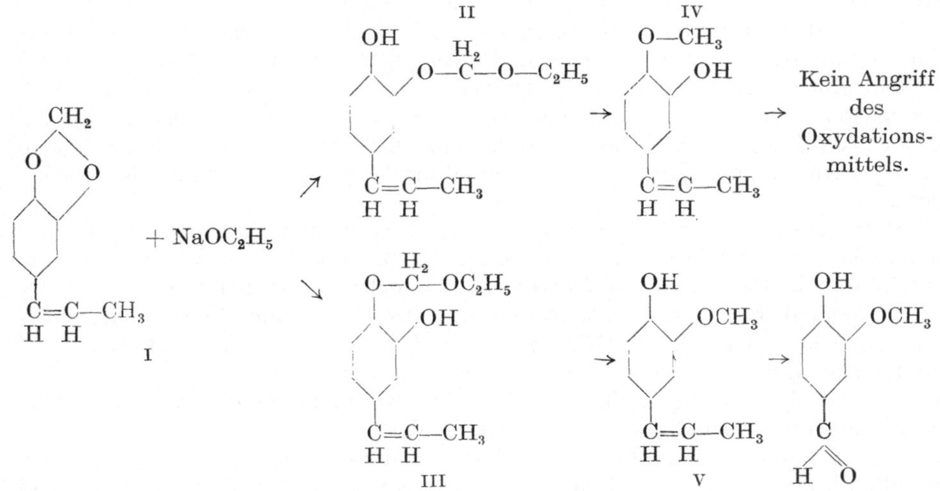

$$
\begin{array}{ccccc}
 & & \text{II} & & \text{IV} \\
 & & \text{OH} & & \text{O—CH}_3 \\
\text{CH}_2 & & \overset{\text{H}_2}{\text{O—C—O—C}_2\text{H}_5} & & \text{OH} & \text{Kein Angriff} \\
\text{O} \quad \text{O} & & & \rightarrow & & \rightarrow \quad \text{des} \\
 & +\ \text{NaOC}_2\text{H}_5 \nearrow & \text{C=C—CH}_3 & & \text{C=C—CH}_3 & \text{Oxydationsmittels.} \\
 & & \text{H H} & & \text{H H} \\
\text{C=C—CH}_3 & & & & & \\
\text{H H} & \searrow & \overset{\text{H}_2}{\text{O—C—OC}_2\text{H}_5} & & \text{OH} & \text{OH} \\
\text{I} & & \text{OH} & & \text{OCH}_3 & \text{OCH}_3 \\
 & & & \rightarrow & & \rightarrow \\
 & & \text{C=C—CH}_3 & & \text{C=C—CH}_3 & \text{C} \\
 & & \text{H H} & & \text{H H} & \text{H O} \\
 & & \text{III} & & \text{V} &
\end{array}
$$

Hierauf wird methyliert und die Acetalgruppe abgespalten. Dabei entstehen nebeneinander Isoeugenol (V) und Isochavibetol (IV), falls man die beiden strukturisomeren Verbindungen nicht schon früher getrennt hat. Anfänglich wurden dieselben nach irgendeinem Krystallisationsverfahren getrennt. Es wurde jedoch bald die wichtige Beobachtung gemacht, daß sich aromatische Verbindungen mit einer freien phenolischen Hydroxylgruppe, die eine Propenylgruppe in m-Stellung zu derselben enthalten, mit Hilfe aromatischer Nitroverbindungen nur bei höheren Temperaturen zu den entsprechenden Aldehyden oxydieren lassen als diejenigen, die die Propenylgruppe in p-Stellung haben[2]. Mit anderen Worten: Man kann ein Gemisch von Isoeugenol und Isochavibetol in alkalischer Lösung mit Hilfe aromatischer Nitroverbindungen in der Weise oxydieren, daß nur Isoeugenol unter Vanillinbildung angegriffen wird, während das Isochavibetol unverändert aus der Reaktion hervorgeht. Das Vanillin läßt sich aus dem Reaktionsgemisch als Bisulfitverbindung leicht abtrennen.

Man kann dieses selektive Oxydationsverfahren auch auf das Gemisch der beiden (Äthoxy-methoxy)-oxy-propenylbenzole anwenden, das man bei der Behandlung des Safrols mit Äthylat erhält[3], wobei wiederum nur diejenige Verbindung angegriffen wird, die in p-Stellung eine freie Hydroxylgruppe hat. Da dies jedoch diejenige Verbindung ist, aus der sich Vanillin nicht ohne weiteres

[1] Chem. Zbl. **1936 I**, 180; Schweiz. P. 175 671.
[2] Chem. Zbl. **1930 II**, 2305; Engl. P. 290 649. — Chem. Zbl. **1931 II**, 1349; Amer. P. 1 792 717.
[3] Chem. Zbl. **1931 II**, 1349; Amer. P. 1 792 716.

darstellen läßt, dürfte diesem Verfahren eine praktische Bedeutung nicht zukommen.

Wenn bei allen diesen Verfahren trotz der energischen Reaktionsbedingungen die Oxydation der Propenylgruppe nicht über die Aldehydstufe hinausgeht, so muß das als ein weiterer Beweis dafür angesehen werden, daß die Oxydation mit aromatischen Nitroverbindungen bei der Aldehydstufe halt macht. Wenn bei der Oxydation des Benzylalkohols doch Benzoesäure gebildet wird, so ist dies auf eine Disproportionierung des primär entstandenen Benzaldehyds zurückzuführen. Da aromatische Oxyaldehyde, wie z. B. das Vanillin, keine Disproportionierung erleiden, werden sie als solche isoliert.

Neben den Verfahren, die geeignet vorbehandelte Naturprodukte der Oxydation mit aromatischen Nitroverbindungen unterwerfen, um Vanillin darzustellen, gibt es auch einige Verfahren, nach denen durch eine ähnlich geleitete Oxydation synthetischer Produkte Vanillin erhalten wird. Nach Henry O. Mottern[1] wird Oxymethoxyacetophenon durch Oxydation mit Nitrobenzol in Oxymethoxy-phenylglyoxylsäure übergeführt, die sich zu Vanillin decarboxylieren läßt.

P. P. Schorygin und K. J. Bogatschewa[2] bestreiten allerdings die Durchführbarkeit der Oxydation nach den Angaben Motterns. Ein weiteres Patent[3] beschreibt die Darstellung aromatischer Oxyaldehyde durch die Oxydation der leicht zugänglichen Kondensationsprodukte aus Phenol und Chloral, der Oxyphenyl-trichloräthanole, mit Nitrobenzol und wässeriger Lauge. Hierbei wird die Hydroxylgruppe zur Ketogruppe oxydiert, während gleichzeitig die drei Chloratome hydrolytisch abgespalten werden. Die so entstandene α-Ketosäure verliert Kohlendioxyd und geht dabei in den Aldehyd über.

In verschiedenen Patenten ist ein Zusatz von katalytisch wirkenden Schwermetallhydroxyden zu dem Gemisch von aromatischen Nitroverbindungen und wässeriger Lauge beschrieben, z. B. ein Zusatz von **Eisen-** und **Kupfersulfat**[4], **Kupfer** und **Nickel** oder deren Verbindungen[5].

Zur Oxydation der verhältnismäßig leicht oxydierbaren Oxybenzylalkohole und ihrer Homologen und Substitutionsprodukte läßt sich das Verfahren in einer Weise variieren, die einen wesentlichen Fortschritt darstellt. Es werden nämlich als Oxydationsmittel an Stelle der in Wasser unlöslichen Nitrokohlenwasserstoffe die wasserlöslichen Salze aromatischer Nitrosulfonsäuren und Nitrocarbonsäuren verwendet[6]. Man kann hierbei in verhältnismäßig verdünnter alkalischer Lösung und bei verhältnismäßig niedriger Temperatur arbeiten, wodurch sich eine unerwünschte Steigerung der Reaktionsgeschwindigkeit leicht vermeiden läßt. Da die Oxybenzylalkohole durch Kondensation von Phenolen und Formaldehyd leicht zugänglich sind, kommt diesem Verfahren eine erhebliche Bedeutung zu. Ältere diesbezügliche Oxydationsverfahren, bei denen Phenylhydroxylaminsulfonsäure oder Nitrosodimethylanilin als Oxydationsmittel verwendet wurden, können an dieser Stelle nur erwähnt werden.

Auch das bei der Holzverzuckerung anfallende *Lignin* läßt sich mit Hilfe aromatischer Nitroverbindungen oxydativ abbauen, wobei beträchtliche Mengen Vanillin erhalten werden können[7].

---

[1] J. Amer. chem. Soc. **56**, 2107 (1934).
[2] Chem. Zbl. **1937 I**, 1931.
[3] Chem. Zbl. **1938 I**, 2445; Holl. P. 24 044.
[4] Schwed. P. 82 886; Chem. Zbl. **1935 II**, 1963.
[5] Chem. Zbl **1938 II**, 2445; Holl. P. 24 044.
[6] Chem. Zbl. **1933 I**, 3788; F. P. 741 458; Chem. Zbl. **1933 II**, 1762; DRP. 578 037, 580 981; Friedlaender **20**, 533, 534; Chem. Zbl. **1934 I**, 127; E. P. 399 723.
[7] Ber. dtsch. chem. Ges. **73**, 167 (1940).

III. Reduktionen mit Alkohol und Alkoholat.

Während in den vorhergehenden Abschnitten die reduzierende Wirkung der Alkohole nur gegenüber einer verhältnismäßig engen Gruppe oxydierender Substanzen, nämlich der Nitro- und Nitrosoverbindungen, besprochen wurde, soll hier gezeigt werden, daß sich Alkohole unter dem Einfluß geeigneter Katalysatoren als sehr vielseitige Reduktionsmittel verwenden lassen. Gelegentliche Beobachtungen in dieser Richtung sind schon verhältnismäßig frühzeitig erfolgt. A. SAGUMENI[1] stellte fest, daß Benzophenon durch alkoholische Kalilauge im zugeschmolzenen Rohr bei 160⁰ in Benzhydrol übergeführt wird. Angaben, auf welche Weise die Reduktion erfolgt, hat er nicht gemacht.

Dagegen hat A. HALLER[2], der Campher mit **Natriumäthylat** in äthylalkoholischer Lösung bei 200⁰ umsetzte, und dabei Borneol erhielt, richtig erkannt, daß bei dieser Reaktion der Alkohol als Reduktionsmittel wirkt. Er gibt an, daß er als Oxydationsprodukt des Alkohols Essigsäure erhalten hat. Daneben wurde der Alkohol auch unter Entwicklung elementaren Wasserstoffs dehydriert. Bei der Verwendung von **Natriumpropylat, Natriumisobutylat** und **Natriumamylat,** jeweils in den entsprechenden Alkoholen gelöst, sank die Ausbeute an Borneol mit steigendem Molekulargewicht der Alkohole, da als Nebenreaktion Alkylierung des Camphers durch die Reste der Alkohole eintrat. Man wird wohl mit Recht annehmen, daß die Alkylierung in der Weise erfolgte, daß ein Mol Aldehyd, das aus dem Alkohol durch Dehydrierung gebildet wurde, mit dem Campher unter Aldolkondensation und Wasserabspaltung reagiert hat; dieses Reaktionsprodukt wurde dann durch den Alkohol und das Alkoholat zum gesättigten Alkylierungsprodukt des Camphers bzw. Borneols reduziert.

Im weiteren Verfolg dieser Beobachtungen reduzierten A. HALLER und J. MINGUIN[3] noch eine Anzahl weiterer Substanzen, die Carbonylgruppen im Molekül enthalten. Sie erhitzten dieselben mit einer absolut alkoholischen Lösung von Natriumäthylat in zugeschmolzenen Röhren 24 Stunden auf 200⁰. Auch bei diesen Umsetzungen wurde reichlich elementarer Wasserstoff gebildet. Benzophenon wurde zum Benzhydrol reduziert, Acetophenon zum Phenylmethylcarbinol. Aus Desoxybenzoin bildete sich Stilben; vermutlich wurde die Ketogruppe zur Hydroxylgruppe reduziert, worauf Wasserabspaltung eintrat. Schwieriger gelang die Reduktion des Anthrachinons, bei der neben unverändertem Ausgangsmaterial Anthracen erhalten wurde. Beim Ersatz des Äthylalkohols durch Butylalkohol und Amylalkohol und die entsprechenden Alkoholate wurde ebenfalls Anthracen erhalten; bei der Verwendung des Amylalkohols bildete sich jedoch noch eine Verbindung, bei der der Amylrest in das Molekül eines teilweise reduzierten Anthrachinons eingetreten ist.

F. TIEMANN[4] stellte fest, daß Methylheptenon unter dem Einfluß alkoholischer Kalilauge in Methylheptenol übergeht; jedoch macht er keinerlei Angaben über den Reaktionsmechanismus.

W. KERP[5] untersuchte die reduzierende Wirkung von Alkohol auf Carbonylverbindungen ohne Zusatz eines Katalysators. Er erreichte eine Umsetzung jedoch erst bei 300—320⁰. Hierbei wird Benzophenon zum Benzhydrol und Fluorenon zum 9-Oxyfluoren reduziert; dagegen wird Benzaldehyd nicht angegriffen. Amylalkohol reagiert in derselben Weise wie Äthylalkohol, während

[1] Ber. dtsch. chem. Ges. **9,** 276 (1876).
[2] C. R. hebd. Séances Acad. Sci. **112,** 1491 (1891).
[3] C. R. hebd. Séances Acad. Sci. **120,** 1105 (1895).
[4] Ber. dtsch. chem. Ges. **31,** 2991 (1898).
[5] Ber. dtsch. chem. Ges. **28,** 1476 (1895).

Methylalkohol unter den angewandten Versuchsbedingungen nicht reduzierend wirkte. Ob es sich bei diesen Reaktionen tatsächlich um eine Einwirkung des Alkohols ohne Einfluß von Katalysatoren handelt oder ob das Alkali des Glases die Rolle des Katalysators übernahm, läßt sich nach den vorhandenen Angaben nicht entscheiden.

Auf breiterer Basis haben DIELS und RHODIUS[1] Reduktionen mit Natriumamylat und Amylalkohol untersucht. Benzophenon kann hierdurch schon bei 90° in Benzhydrol verwandelt werden. In der Siedehitze werden auch Anthrachinon und Indigo reduziert. Auch auf SCHIFFsche Basen, die sich von den Carbonylverbindungen ableiten, läßt sich auf diese Weise Wasserstoff übertragen. Benzalanilin geht in Benzylanilin über. Bei der Reduktion von Azobenzol mit Amylalkohol und Natriumamylat entsteht nach kurzer Einwirkungsdauer Hydrazobenzol; läßt man das Reduktionsmittel längere Zeit einwirken, so erhält man Amylanilin. Dessen Bildung hat man sich so vorzustellen, daß das Hydrazobenzol zum Anilin reduziert wird, dieses kondensiert sich mit dem durch Dehydrierung des Amylalkohols gebildeten Valeraldehyd zur SCHIFFschen Base, die dann zum Amyl-anilin reduziert wird.

Der Mechanismus dieser Reduktionen steht in engem Zusammenhang mit einer Reaktion, die von M. GUERBET[2] beobachtet wurde. Dieser stellte fest, daß eine Lösung von metallischem Natrium in siedendem Amylalkohol auch nach vollständiger Auflösung des Natriums noch Wasserstoff entwickelt. Der Amylalkohol wird unter diesen Bedingungen zum Valeraldehyd dehydriert. Eine Lösung von Natriumäthylat bzw. Natriumbutylat in siedendem Äthyl- bzw. Butylalkohol entwickelt keinen Wasserstoff; jedoch findet auch hier eine lebhafte Wasserstoffentwicklung statt, wenn man im geschlossenen Gefäß auf höhere Temperaturen erhitzt. Benzhydrol entwickelt nach KNOEVENAGEL und HECKEL[3] beim Erhitzen auf 280—295° auch ohne Zusatz eines Katalysators Wasserstoff.

Die in vielen Fällen günstigere Reduktionswirkung des Amylalkohols gegenüber der des Äthylalkohols unter dem Einfluß der Alkoholate dürfte mit der Tatsache im Zusammenhang stehen, daß sich die Alkoholate von Alkoholen mit mehr als drei Kohlenstoffatomen in einfacher Weise darstellen lassen, indem man aus der Lösung von Metallhydroxyden in denselben so lange Alkohol abdestilliert, bis mit dem abdestillierenden Alkohol kein Wasser mehr mit übergeht[4]. Schon bei der Umsetzung von Nitrobenzol mit Methylalkohol und Natriummethylat hatten wir den schädlichen Einfluß des Wassers auf den Reduktionsvorgang kennengelernt[5], der zweifellos von der Hydrolyse des katalytisch wirkenden Alkoholates herrührt. Diese läßt sich nun bei der Verwendung von Alkoholen mit mehr als drei Kohlenstoffatomen leicht vermeiden.

SABATIER und MURAT[6] stellten fest, daß man beim Arbeiten in der Gasphase die Reduktionen mit Alkoholen auch mit **Thoriumverbindungen** als Katalysatoren durchführen kann. Bei 420° wird Benzhydrol ohne Alkoholzusatz zu einem Gemisch von Diphenylmethan, Benzophenon und Tetraphenyläthan disproportioniert. Im Gemisch mit Methanol erhält man reines Diphenylmethan. Äthylalkohol bewirkt ebenfalls die Bildung von Diphenylmethan, jedoch entstehen nebenbei noch kleine Mengen von Benzophenon und Tetraphenyläthan. Der Äthylalkohol geht in Acetaldehyd über. C. H. MILLIGAN und E. E. REID[7]

---

[1] Ber. dtsch. chem. Ges. **42**, 1072 (1909).
[2] C. R. hebd. Séances Acad. Sci. **128**, 511, 1002 (1899).
[3] Ber. dtsch. chem. Ges. **36**, 2816 (1903).
[4] Chem. Zbl. **1929 I**, 3036; F. P. 653818.   [5] Siehe S. 784.
[6] C. R. hebd. Séances Acad. Sci. **157**, 1499 (1913).
[7] J. Amer. chem. Soc. **44**, 202 (1922).

leiteten ein Gemisch der Dämpfe von Äthylalkohol und eines Aldehyds über einen besonders präparierten **Cerkatalysator** bei 300—380°. Sie erhielten dabei durch Dehydrierung des Äthylalkohols in reichlicher Menge Acetaldehyd, jedoch wurde der zugesetzte Aldehyd nur in einem verhältnismäßig geringen Prozentsatz reduziert.

Nachdem es zwar in den bisher beschriebenen Arbeiten geglückt war, die grundsätzliche Möglichkeit von Reduktionen mit Alkohol sicherzustellen, war es doch nicht möglich gewesen, Versuchsbedingungen aufzufinden, unter denen diese Reduktion allgemein und unter Ausscheidung von Nebenreaktionen durchführbar gewesen wäre. Fast gleichzeitig gelang die Lösung dieses Problems drei Autoren, und zwar in einer Weise, die es erlaubt, die Reduktionen mit Alkohol und Alkoholat zu den vollkommensten präparativen Umsetzungen zu zählen, die man in der organischen Chemie kennt. Auf die Frage der Priorität kann an dieser Stelle nicht eingegangen werden. Vielmehr sei zu deren Studium auf die Originalliteratur verwiesen.

Wir folgen zuerst weitgehend den Ausführungen von H. MEERWEIN und R. SCHMIDT[1], die in Beziehung auf die reduzierten Verbindungen das umfangreichste experimentelle Material zusammengestellt haben. Sie fassen die Ergebnisse der bisherigen Arbeiten wie folgt zusammen: Eine energischere Reduktionswirkung als die Alkohole selbst besitzen die alkoholischen Lösungen der Alkalialkoholate, jedoch sind in diesem Fall die eintretenden Reduktionen meist von sekundären Reaktionen, wie Polymerisationen, Aldolisierungen und Kondensationen begleitet, so daß dieser Methodik keine präparative Bedeutung zukommt. Durch Ersatz der Alkalialkoholate durch die **Aluminium-Alkoholate** können alle diese Nebenreaktionen ausgeschaltet werden, und man gelangt so zu einem überaus einfachen und glatt verlaufenden Reduktionsverfahren für Aldehyde und in beschränktem Maße auch für Ketone.

Den *Mechanismus* der Reaktion formulieren MEERWEIN und SCHMIDT in der folgenden Weise[2]: Zunächst vereinigt sich der zu reduzierende Aldehyd mit dem Alkohol zu einem Aldehyd-alkoholat. Der Aufbau desselben ist so, daß sich der Aldehyd mit dem Alkohol zu einem Halbacetal vereinigt; das Wasserstoffatom der dabei gebildeten Hydroxylgruppe ist durch ein Metallatom ersetzt. Das Eintreten dieser ersten Reaktionsphase läßt sich bei einzelnen Aldehyden und Ketonen an dem Auftreten eines Niederschlags, in anderen Fällen daran erkennen, daß die Reaktion der alkoholischen Aluminium-äthylatlösung durch den Aldehydzusatz eine beträchtliche Verschiebung nach der sauren Seite hin erfährt. Die ursprünglich gegen Phenolphthalein schwach alkalisch reagierende Äthylatlösung zeigt nach Zugabe des Aldehyds eine Übergangsfarbe erst mit Methylrot. Dies erscheint besonders bemerkenswert, weil daraus hervorgeht, daß durch die Bildung des Aldehydalkoholates irgendein Wasserstoffatom im Molekül dissoziationsfähig geworden ist.

In der zweiten Phase der Reaktion zerfällt das Aldehydalkoholat in anderer Richtung wieder. Diese Phase entspricht der bekannten Hitzezersetzung der Äther in Aldehyde und Kohlenwasserstoffe.

$$R-C{\overset{H}{\underset{O}{\big\langle}}} \;+\; Me-O-\overset{H}{\underset{H}{\overset{|}{\underset{|}{C}}}}-R' \;\rightarrow\; R-C{\overset{\displaystyle H\diagdown}{\underset{\diagdown O-Me}{\Big\langle}}}\;\overset{H}{\underset{O\diagup H}{\overset{|}{C}-R'}}$$

In einer späteren Abhandlung[3] formuliert MEERWEIN den Ablauf der Reaktion in einer etwas anderen Weise. In der ersten Phase soll sich eine Molekülverbindung aus Metallalkoholat und Carbonylverbindung bilden, in der das Metallatom des Alko-

---

[1] Liebigs Ann. Chem. **444**, 221 (1925).
[2] Vgl. auch Abschnitt HESSE, S. 68.   [3] J. prakt. Chem. **147**, 211 (1937).

holats durch Nebenvalenz mit dem Sauerstoffatom der Carbonylgruppe verknüpft ist. In der zweiten Phase zerfällt diese Molekülverbindung unter Wanderung eines Wasserstoffatoms und Abspaltung eines Moleküls Carbonylverbindung aus dem Alkoholat.

$$R-C=O \cdots Al(OCH_2R')_3 \rightarrow RC\overset{H}{\underset{H}{-}}O-Al(OCH_2R')_2 + R'C=O.$$

Im wesentlichen ist also das Aldehydalkoholat durch eine Molekülverbindung ersetzt. Die Hauptstütze findet diese Annahme durch die Bestimmung der unterschiedlichen reduzierenden Wirkung von Metallalkoholaten mit verschiedener metallischer Komponente.

Die in diesem Schema wiedergegebenen Reaktionen können natürlich nur zu einem Gleichgewichtszustand führen. Es muß also bei der Verwendung von Aluminiumäthylat und Äthylalkohol als Reduktionsmittel der entstehende Acetaldehyd in irgendeiner Weise aus dem Gleichgewicht entfernt werden. Eine mechanische Entfernung desselben ist im allgemeinen überflüssig, da derselbe aus dem Gleichgewicht selbsttätig ausscheidet, in dem er durch das Aluminiumäthylat unter Disproportionierung in Essigester verwandelt wird.

Diese Disproportionierung zweier Aldehydmoleküle zum Ester, unter dem Einfluß von Aluminiumäthylat ist eine Reaktion von allgemeiner Gültigkeit; sie wird an einer anderen Stelle dieses Kapitels eingehend behandelt werden. An dieser Stelle sei nur darauf hingewiesen, daß die Geschwindigkeit dieser Esterbildung mit steigendem Molekulargewicht stark abnimmt; aromatische Aldehyde reagieren weit langsamer als aliphatische. Da der zu reduzierende Aldehyd meist ein höheres Molekulargewicht hat als der aus dem reduzierenden Alkohol gebildete, unterliegt er der Disproportionierung so wenig, daß eine beträchtliche Verminderung der Ausbeute nicht stattfindet.

Die Reaktionen verlaufen in den meisten Fällen bei Zimmertemperatur. Das Verfahren ist für gesättigte und ungesättigte Aldehyde gleich gut anwendbar, außerdem auch für solche Aldehyde, die durch Halogen- oder Nitrogruppen substituiert sind. Schwieriger verläuft die Reduktion der Aminoaldehyde und der Oxyaldehyde mit alkoholischer Hydroxylgruppe. Phenolaldehyde nach diesem Verfahren zu reduzieren, ist bisher nicht geglückt, weil das saure Phenolhydroxyl das Aluminiumäthylat zersetzt.

Eine gewisse Abweichung vom allgemeinen Reaktionsverlauf zeigt sich bei der Reduktion halogenierter aliphatischer Aldehyde, deren Alkoholatadditionsprodukte ausgesprochen sauren Charakter besitzen. Unter diesem Einfluß geht der Acetaldehyd hauptsächlich durch den überschüssigen Alkohol in Acetal und Paraldehyd über. Beide Vorgänge sind im Gegensatz zur Essigesterbildung reversibel, so daß der Acetaldehyd nicht vollkommen aus dem Gleichgewicht ausscheidet. Das bei der Acetalbildung entstehende Wasser zersetzt außerdem das Aluminiumäthylat.

Bei schwieriger reduzierbaren Verbindungen ist es unter Umständen notwendig, die alkoholische Lösung zum Sieden zu erhitzen, oder wenn auch dies nicht zum Ziele führt, kann man mit der äquivalenten Menge Alkoholat in einem indifferenten hochsiedenden Lösungsmittel arbeiten.

An Stelle des Äthylalkohols können mit ähnlichem Erfolg andere primäre Alkohole, wie Amylalkohol und Benzylalkohol, verwendet werden. Ungleich schwieriger als Aldehyde reduzieren sich im allgemeinen Ketone, was mit der geringen Neigung der Ketone zur Alkoholatbildung zusammenhängt. Leicht erfolgt die Alkoholatbildung nur bei solchen Ketonen, bei denen die $C=O$-Gruppe durch die Nachbarschaft von Halogenatomen und sauerstoffhaltigen

Gruppen eine größere Additionsfähigkeit erlangt hat, so beim Trichloraceton, Trichloracetophenon, α-Oxyketonen, α-Diketonen, α-Ketosäure-estern.

Das Aluminiumäthylat läßt sich unter Umständen durch andere Alkoholate ersetzen. **Magnesiumäthylat** besitzt nur eine geringe, Calciumäthylat gar keine reduzierende Wirkung. Dagegen erwiesen sich **Magnesiumhalogen-alkoholate** als vorzügliche Katalysatoren; allerdings verlaufen die Reduktionen nur in der Siedehitze. Die Magnesiumalkoholate verwandeln den Acetaldehyd nicht in Essigester, derselbe muß daher durch Abdestillieren oder Wegführen durch Durchleiten eines indifferenten Gasstromes entfernt werden. Die Aldolkondensation tritt bei den Magnesiumchloralkoholaten etwas stärker hervor. So wurden bei der Reduktion des Benzaldehyds neben Benzylalkohol 20 % Zimtalkohol erhalten, der in der Weise entstanden ist, daß sich Benzaldehyd mit Acetaldehyd zum Zimtaldehyd kondensiert hat, der dann reduziert wurde.

A. VERLEY[1] ging von ähnlichen Überlegungen aus wie MEERWEIN und SCHMIDT. Er erkannte jedoch nicht, daß sich der bei den Reduktionen mit Äthylalkohol und **Aluminiumäthylat** gebildete Acetaldehyd außerordentlich leicht in Essigester umwandelt und so aus dem Reaktionsgleichgewicht verschwindet, sondern entfernte denselben von vorneherein durch Destillation. Er beschreibt eine Reduktion von Citronellal nach diesem Verfahren. Dabei ließ er dieses in ein Reaktionsgefäß eintropfen, in dem sich eine Lösung von Aluminiumäthylat in siedendem Äthylalkohol befindet, das mit einem absteigenden Kühler verbunden ist. Der abdestillierende Alkohol muß von Zeit zu Zeit ergänzt werden. Bei der Anwendung anderer Alkohole ist es möglich, daß deren Dehydrierungsprodukte einen Siedepunkt haben, der von dem des angewandten Alkohols nicht sehr verschieden ist; dann kann die Wirksamkeit der Apparatur durch Zuhilfenahme einer Fraktionierkolonne noch wesentlich gesteigert werden. Obwohl die Ausbeuten nach diesem Verfahren diejenigen, die nach MEERWEIN und SCHMIDT beim Arbeiten in der Kälte erzielt werden, wegen der Begünstigung von Nebenreaktionen bei der erhöhten Temperatur nicht völlig erreichen, wird diese Anordnung dennoch heute am häufigsten gebraucht. Die Gründe hierfür liegen, wie weiter unten gezeigt wird, in der weiteren Entwickelung des Reduktionsverfahrens begründet.

VERLEY versuchte umgekehrt auch einen Alkohol von höherem Molekulargewicht durch einen Aldehyd von niedrigerem zu *dehydrieren*. Er setzte Geraniol mit Butyraldehyd in Gegenwart von Aluminiumäthylat um. Hierbei schieben sich jedoch die Nebenreaktionen so in den Vordergrund, daß es nur gelang, die Disproportionierungsprodukte des gebildeten Aldehyds zu isolieren. Dennoch muß das Auftreten von Geraniumsäure als ein sicherer Beweis dafür angesehen werden, daß die erwartete Umsetzung stattgefunden hat.

Derartige Oxydationen wurden später insbesondere von OPPENAUER[2] bearbeitet. Als Katalysator wird hierbei ein Alkoholat verwendet, dessen alkoholische Komponente nicht oxydierbar ist, in den meisten Fällen **Aluminium-tert.-butylat.** Als oxydierende Komponenten werden wegen des Wegfallens störender Nebenreaktionen fast ausschließlich Ketone, Aceton oder Cyclohexanon verwendet. Das Oxydationsverfahren zeigt eine unübertreffliche Selektivität. Es hat sich hauptsächlich bei Naturstoffen, insbesondere der Sterinreihe, bewährt[3].

VERLEY kommt an Hand seiner Versuche zu der Feststellung, daß man beim Ersatz des Aluminiumäthylates durch **Magnesiumäthylat** zu denselben Ergeb-

[1] Bull. Soc. chim. France (4) **37**, 537 (1925).
[2] Recueil Trav. chim. Pays-Bas **56**, 137 (1937).
[3] BERSIN: Z. angew. Chem. **53**, 266 (1940).

nissen gelangt. Wenn seine Auffassung hier von derjenigen Meerweins abweicht, so kommt dies zweifellos daher, daß von den beiden Autoren nicht dieselben Aldehyde der Reduktion unterworfen wurden. Offensichtlich wirkt das als Katalysator angewendete Alkoholat ziemlich spezifisch auf die verschiedenen Aldehyde.

Die theoretischen Vorstellungen hat Verley weiter ausgebaut als Meerwein, ohne daß die Ansicht der beiden Autoren in Widerspruch zueinander stünden. Als erste Phase nimmt Verley ebenfalls eine Addition des Alkoholates an den Aldehyd an. Während Meerwein jedoch ganz einfach sagt: Dieses Additionsprodukt zerfällt wieder in anderer Richtung, nimmt Verley an, daß ein Platzwechsel zwischen einem Wasserstoffatom des Alkohols und dem Me-O-Rest stattfindet. Dieses neu gebildete Produkt ist ebenfalls ein Additionsprodukt eines Aldehyds und eines Alkoholates und kann bis zu einem gewissen Gleichgewicht in seine beiden Komponenten zerfallen. Wenn man nun noch annimmt, daß aus dem so gebildeten Alkoholat der neugebildete Alkohol durch den im Überschuß zugesetzten Alkohol verdrängt wird, so ist eine Reduktion des zugesetzten Aldehyds unter Regenerierung des ursprünglichen Katalysators herbeigeführt.

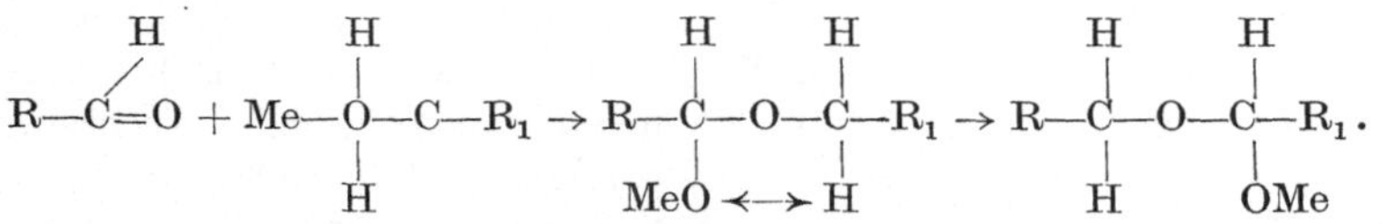

$$\begin{array}{ccc}
\overset{\displaystyle H}{\underset{\displaystyle H}{R-C=O}} + \overset{\displaystyle H}{\underset{\displaystyle H}{Me-O-C-R_1}} \rightarrow \overset{\displaystyle H}{\underset{\displaystyle MeO \leftrightarrow H}{R-C-O-C-R_1}} \overset{\displaystyle H}{\rightarrow} \overset{\displaystyle H \quad H}{\underset{\displaystyle H \quad OMe}{R-C-O-C-R_1}} \, .
\end{array}$$

Der hier geforderte Platzwechsel stellt insofern eine bisher in der organischen Chemie nicht bekannte Reaktion dar, als die beiden Kohlenstoffatome, an denen er erfolgt, durch ein Sauerstoffatom getrennt sind.

Im weiteren Verfolg[1] seiner experimentellen Untersuchungen stellte auch Verley fest, daß Ketone mit Äthylalkohol und Aluminiumäthylat schwer oder gar nicht reduzierbar sind. Er versuchte diese Tatsache mit Hilfe seiner theoretischen Vorstellungen in der Weise zu erklären, daß der Platzwechsel des Wasserstoffatoms und des Me-O-Restes nicht erfolgen kann, weil der Bindungszustand der für den Platzwechsel in Frage kommenden Kohlenstoffatome des Ketons einerseits und des primären Alkohols andererseits ein verschiedener ist (I).

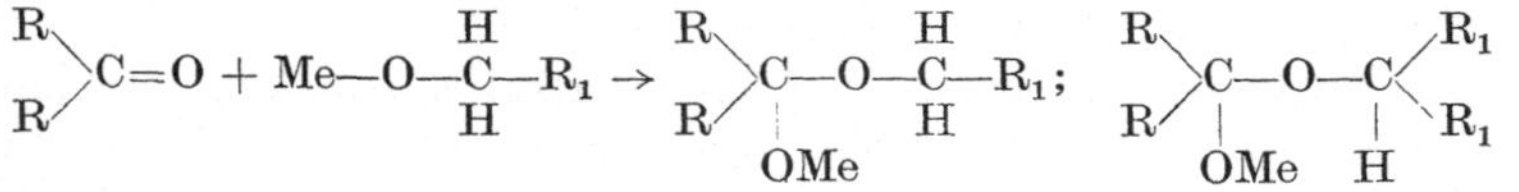

$$\begin{array}{R}
{R \atop R} C=O + Me-O-\overset{H}{\underset{H}{C}}-R_1 \rightarrow {R \atop R} C-O-\overset{H}{\underset{H}{C}}-R_1 \, ; \qquad {R \atop R} C-O-C{R_1 \atop R_1}
\end{array}$$

$$\hspace{9em} \underset{\text{OMe}}{} \hspace{8em} \underset{\text{OMe} \quad \text{H}}{}$$

$$\hspace{6em} \text{I} \hspace{13em} \text{II}$$

Obwohl es für diese Erklärung weder Analogiegründe noch Beweise gibt und sie daher nicht als wirklich zutreffend angesehen werden kann, führte sie Verley zu einem experimentellen Verfahren, das es erlaubt, auch Ketone ohne Schwierigkeiten zu den entsprechenden sekundären Alkoholen zu reduzieren. Zur Angleichung des Bindungszustandes der beiden am Platzwechsel beteiligten Kohlenstoffatome ersetzte er nämlich den Äthylalkohol und das Aluminiumäthylat durch Isopropylalkohol und **Aluminiumisopropylat** (II). Die Ursachen des Erfolgs dieser Methode dürften allerdings weitgehend in einer gegenüber dem Äthylalkohol stärkeren Reduktionswirkung des Isopropylalkohols begründet sein.

Außer der stärkeren Reduktionswirkung bringt die Verwendung von Isopropylalkohol auch noch andere Vorteile. Das bei seiner Dehydrierung entstehende Aceton beteiligt sich viel weniger leicht an Aldolisierungen als ein Aldehyd. Allerdings kann es auch nicht durch Disproportionierung aus dem Reaktionsgleichgewicht ausgeschieden werden, sondern muß immer in anderer Weise abgetrennt werden. Die geringe Neigung zu Aldolisierungen erlaubt jedoch bei

---

[1] Bull. Soc. chim. France (4) **37**, 837 (1925).

der Verwendung von Isopropylalkohol zur Reduktion von Ketonen in einer Reihe von Fällen, das Aluminiumisopropylat ohne Nachteil durch **Natriumisopropylat** zu ersetzen, wodurch die Reaktionsgeschwindigkeit erheblich gesteigert werden kann. VERLEY beschreibt eine derartige Umsetzung beim Methylnonylketon. Jedoch ist die Menge des notwendigen Natriums von Fall zu Fall zu bestimmen, da ein Überschuß schädlich wirken kann. Nicht gelungen ist VERLEY die Reduktion alicyclischer Ketone, z. B. des Camphers, Pulegons, Thujons und Menthons.

In einer späteren Arbeit[1] beschreibt VERLEY die Reindarstellung der Alkoholat-Additionsprodukte von Aldehyden und Ketonen. Außer von denjenigen Aldehyden und Ketonen, die er durch Alkohol und Alkoholat reduzieren konnte, erhielt er auch Additionsprodukte von denjenigen, die ihm nicht reduzierbar erschienen. Die naheliegende Annahme, daß diese Ketone nicht reduzierbar seien, weil sie keine Alkoholat-Additionsprodukte geben, schien damit hinfällig. Von anderer Seite[2] ist jedoch inzwischen festgestellt worden, daß auch die alicyclischen Ketone unter geeigneten Bedingungen reduzierbar sind, so daß man durchaus zu der Annahme berechtigt ist, die sich aus den theoretischen Vorstellungen ergibt und auch von allen Autoren gefordert wird, daß ein Zusammenhang zwischen der Reduzierbarkeit der Carbonylverbindungen und ihrer Neigung, Additionsprodukte mit Alkoholaten zu geben, besteht.

Viel allgemeiner als MEERWEIN und VERLEY formuliert W. PONNDORF[2] die Reduktion von Carbonylverbindungen mit Alkoholen unter dem Einfluß von Alkoholaten. Er stellte ausdrücklich fest, daß eine katalytische Wirkung nicht nur den Aluminium- oder Magnesiumalkoholaten zukommt, sondern daß sie eine Eigenschaft der meisten Alkoholate ist. Auch Einschränkungen in Beziehung auf die reduzierbaren Carbonylverbindungen lehnt er ab, so daß der Geltungsbereich der Reaktion folgendermaßen formuliert wird: Außer primären Alkoholen und Aldehyden können auch Ketone und sekundäre Alkohole und diese wieder kreuzweise gegeneinander durch Alkoholate zum Austausch der Oxydationsstufen veranlaßt werden. Weiter stellt PONNDORF fest, daß eine spezifische Neigung der einzelnen Substanzen zur höheren oder niedrigeren Oxydationsstufe besteht, so daß bei geeigneter Auswahl der Reaktionskomponenten die Umsetzungen in jedem Fall so geleitet werden können, daß sie mit guter Ausbeute verlaufen.

Auch in den theoretischen Vorstellungen weicht PONNDORF von denjenigen MEERWEINS und VERLEYS ab. Er geht davon aus, daß es bekannt ist, daß Alkohole die Neigung besitzen, bei erhöhter Temperatur in Wasserstoff und Oxoverbindungen zu zerfallen und daß Alkoholate die zu dieser Dissoziation notwendige Temperatur herabsetzen. Daher scheint es PONNDORF nicht unwahrscheinlich, daß sich infolge der vorhandenen Neigung zur Abgabe von am Kohlenstoff gebundenen Wasserstoff und aus der Alkoholgruppe und infolge der Aufnahmefähigkeit der Sauerstoff-Doppelbindung in der Oxoverbindung, eine Addition von Alkoholat bzw. Alkohol und Aldehyd in der folgenden Weise abspielt:

$$\mathrm{R{-}C}\!\!\underset{\displaystyle H}{\overset{\displaystyle O}{\diagup}}\;+\;\mathrm{H{-}\underset{\displaystyle H}{\overset{\displaystyle OMe}{C}}{-}R_1}\;\rightarrow\;\mathrm{R{-}\underset{\displaystyle H}{\overset{\displaystyle H}{C}}{-}O{-}\underset{\displaystyle H}{\overset{\displaystyle OMe}{C}}{-}R_1}\,.$$

Dabei läßt er die Frage offen, ob nicht etwa die Wasserstoffabspaltung und Anlagerung erst in dem Additionsprodukt aus Aldehyd und Alkoholat eintritt, wodurch dann allerdings wieder eine starke Annäherung an die Annahme VERLEYS gegeben

---

[1] Bull. Soc. chim. France (4) **41**, 788 (1927).
[2] Z. angew. Chem. **39**, 138 (1926).

wäre. Als Folge seiner Theorie glaubt Ponndorf fordern zu müssen, daß bei genügend hoher Temperatur eine Umsetzung zwischen einem Alkohol und einer Carbonylverbindung auch ohne Katalysator möglich sein muß. Tatsächlich gelang es ihm auch, einen Austausch der Oxydationsstufen zwischen Benzylalkohol und Anisaldehyd ohne Zuhilfenahme eines Katalysators festzustellen. Durch Zusatz von **Natriumacetat** läßt sich die Geschwindigkeit dieser Umsetzung um das 20—30fache erhöhen.

In Zusammenfassung der Resultate seiner experimentellen Untersuchungen kommt er zu folgender Feststellung: Für das Eintreten der Oxydoreduktion sind folgende drei Faktoren maßgebend: 1. die Leichtigkeit der Wasserstoffabspaltung der Alkohole, 2. die Neigung zur Aufnahme von Wasserstoff durch die Oxoverbindungen, 3. die Neigung der Alkohole zur Alkoholatbildung.

Ausführlich sind diese Anschauungen auch in einer Patentschrift der *Firma Schimmel & W. Ponndorf*[1] zusammengestellt. Als weiterer wesentlicher Gesichtspunkt ist hier noch erwähnt, daß das Gleichgewicht schon im ursprünglichen Reaktionsgemisch kein vollkommenes ist, sondern in dem Sinn verschoben, daß primäre Alkohole hauptsächlich in der niedrigen Oxydationsstufe vorhanden sind. Es sind dem entsprechend Aldehyde leicht zu reduzieren, Ketone dagegen schwerer, primäre Alkohole meist schwer zu dehydrieren, sekundäre Alkohole dagegen leichter.

Die Beispiele, die in der zitierten Arbeit und in der Patentschrift angegeben sind, sind außerordentlich vielseitig. Es ist angegeben die Darstellung von: Nerol und Geraniol aus Citral mit Aluminiumisopropylat, von Menthol aus Menthon mit Natriumamylat; hierbei disproportioniert sich der Valeraldehyd und scheidet so aus dem Gleichgewicht aus. Carveol aus Carvon mit Aluminiumisopropylat; hierbei bleibt die Reduktion unvollständig. Von Zimtalkohol aus Zimtaldehyd mit Menthol und Aluminiumisopropylat. Von Methylphenylcarbinol aus Acetophenon mit Aluminiumisopropylat. Von Geraniol aus Citral und Carveol aus Carvon mit Magnesiumäthylat und Isopropylalkohol. Von Borneol aus Campher mit Natriumisopropylat. Von Benzylalkohol aus Benzaldehyd und von Zimtalkohol aus Zimtaldehyd mit Aluminiumisopropylat. Als Lösungsmittel diente, wenn nicht anders angegeben, der dem Alkoholat entsprechende Alkohol.

In der Folgezeit ist die Reduktion mit Isopropylalkohol und Aluminiumisopropylat am häufigsten angewendet worden. Man wird, wenn man die Methode der Reduktion mit Alkohol und Alkoholat auf eine neue Substanz anwenden will, fast immer zuerst zu diesen Reagenzien greifen, da trotz starker Reduktionswirkung Nebenreaktionen fast völlig ausscheiden. Will man jedoch eine spezielle Reduktion häufiger ausführen, so wird man untersuchen müssen, ob man nicht ein anderes für den betreffenden Fall in spezifischer Weise günstiges Alkoholat finden kann. Eine Aufzählung der weiteren nach dieser Methode ausgeführten Reduktionen erübrigt sich bei der Vollständigkeit, mit der dieses Gebiet von den drei zitierten Autoren bearbeitet ist.

IV. Reduktionen mit Alkohol unter dem katalytischen Einfluß von Säuren.

In einigen Fällen kann Alkohol auch unter der katalytischen Einwirkung von Säuren reduzierend wirken. H. Kauffmann und A. Grombach[2] stellten fest, daß das 2,5-Dimethoxytriphenylcarbinol in siedender alkoholischer Lösung beim Einleiten von **Salzsäuregas** zum 2,5-Trimethoxy-triphenylmethan reduziert wird. Dieselbe Reduktion kann man erreichen, wenn man an Stelle des Salzsäuregases **Zinkchlorid** als Katalysator anwendet. Das 2,5-Dimethoxy-triphenylchlor-

---

[1] DRP. 535954; Chem. Zbl. **1932 II**, 2371; Friedlaender **17**, 579 (1930).
[2] Ber. dtsch. chem. Ges. **38**, 2702 (1905).

methan wird durch Kochen mit Alkohol allein reduziert. Vermutlich verläuft die Reaktion in der Weise, daß sich bei diesen Umsetzungen erst der 2,5-Dimethoxytriphenylcarbinol-äthyläther bildet, der dann unter dem Einfluß der Säure in Kohlenwasserstoff und Aldehyd zerfällt.

Im Verfolg dieser Beobachtungen stellte H. KAUFFMANN[1] weiter fest, daß auch diejenigen Triphenylcarbinole, die in zwei oder drei Benzolkernen Methoxygruppen in 2,5-Stellung enthalten, durch Alkohol und Salzsäure reduzierbar sind. Auch hierbei wird der Alkohol zum Aldehyd oxydiert.

J. SCHMIDLIN und A. GRACIA-BANÙS[2] ließen Alkohol und **konz. Schwefelsäure** bei Wasserbadtemperatur auf Triphenylcarbinol einwirken, das hierbei zu Triphenylmethan reduziert wird. Unter denselben Bedingungen läßt sich Tribiphenylcarbinol und Diphenylcarbinol zu den entsprechenden Kohlenwasserstoffen reduzieren. Nicht reduzierbar sind dagegen Carbinole vom Aufbau des Triphenylcarbinols, in denen Phenylreste durch Naphthylreste ersetzt sind. Auch Ketone lassen sich mit Alkohol und Schwefelsäure nicht reduzieren.

F. KEHRMANN und O. NOSSENKO[3] stellten fest, daß sich Nitrodihydrothiazin-S-oxyd durch Alkohol und 30proz. Schwefelsäure unter Reduktion der Sulfoxydgruppe ohne Angriff auf die Nitrogruppe im Nitrodihydro-thiazin überführen läßt.

V. Reduktionen mit Zucker und Alkali.

Schon an verschiedenen Stellen dieses Kapitels wurde erwähnt, daß Zucker, insbesondere Glucose, in Gegenwart von **Alkalien** ein brauchbares Reduktionsmittel für gewisse organische Verbindungen sind. Außer in den erwähnten Fällen lassen sich Reduktionen mit Glucose und Alkali auch noch auf eine Reihe weiterer organischer Verbindungsklassen anwenden. L. WACKER[4] gelang es, 1-Nitroanthrachinon-2-sulfonsaures Natrium mit Glucose und verdünnter Natronlauge zur entsprechenden Hydroxylaminverbindung zu reduzieren. CLAASZ[5] gibt an, daß Glucose in wässerig-alkalischer Lösung aromatische Disulfide glatt in die entsprechenden Mercaptane überführt. Enthalten die Disulfide Nitrogruppen, so werden dieselben nicht angegriffen. H. BAUER[6] beschreibt am Beispiel des o,o′-Diaminodiselenids die Reduktion aromatischer Diselenide mit Glucose in alkalischer Lösung.

Der Reaktionsmechanismus ist bei der Reduktion mit Zuckern in alkalischer Lösung nicht einheitlich, da die Zucker, die selbst nur schwach reduzierend sind, unter dem Einfluß von Alkalien verschiedene Abbauprodukte von starkem Reduktionsvermögen geben. Jedoch kann an dieser Stelle nicht auf alle Abbaureaktionen eingegangen werden, bei denen sich derartige Produkte bilden. Vielmehr soll nur an Hand des von H. v. EULER entdeckten „Reduktons" gezeigt

[1] Ber. dtsch. chem. Ges. **41**, 4423 (1908).
[2] Ber. dtsch. chem. Ges. **45**, 3188 (1912).
[3] Ber. dtsch. chem. Ges. **46**, 2810 (1913).
[4] Ber. dtsch. chem. Ges. **35**, 667 (1902).
[5] Ber. dtsch. chem. Ges. **45**, 2427 (1912).   [6] Ber. dtsch. chem. Ges. **46**, 97 (1913).

werden, in welcher Weise derartige reduzierende Substanzen gebildet werden und wie sie aufgesucht werden können.

Euler[1] kommt auf Grund anderweitiger Untersuchungen zu dem Schluß, daß Zucker in alkalischer Lösung ein- und zweiwertige Anionen bilden, von denen insbesondere die letzteren gegenüber dem Zucker selbst sehr viel reaktionsfähiger sind. Diese Ionen sind bei Spaltungen und Isomerisationen reaktionsvermittelnd. Während in schwach alkalischen Lösungen die Isomerisationen des Zuckermoleküls vorherrschen, treten bei stärker alkalischer Reaktion und bei erhöhter Temperatur die Spaltungen in den Vordergrund. Hauptsächlich interessieren hierbei diejenigen Spaltungen, bei denen das Hexosemolekül in zwei Bruchstücke mit drei Kohlenstoffatomen gespalten wird.

Während man zunächst annahm, daß die hauptsächlichsten Träger der Reduktionswirkung der Zucker der hierbei entstehende Glycerinaldehyd bzw. das Dioxyaceton seien, gelangte Euler auf Grund seiner Beobachtungen[2] über die Reduktionswirkung alkalischer Zuckerlösungen gegenüber Farbstoffen zu der Auffassung, daß diese Produkte allein nicht für die Reduktionswirkung verantwortlich gemacht werden können. Er stellte nämlich fest, daß alkalibehandelte Glucose Methylenblau bei 37^0 in kurzer Zeit reduziert, während Glucose, die nicht mit Alkali vorbehandelt ist, unter denselben Versuchsbedingungen gegen Methylenblau indifferent ist; Maltose und Arabinose zeigen annähernd die gleiche Wirkung, alkalibehandeltes Dioxyaceton eine um 100% höhere.

Da diese Reduktionswirkung weitgehend mit derjenigen des Vitamins C, der Ascorbinsäure, übereinstimmt, mußte man annehmen, daß gewisse übereinstimmende Gruppierungen in beiden Molekülen vorhanden sind. Die unbekannte neue Substanz nannte Euler „Redukton". Da das „Redukton" aus Dioxyaceton sehr leicht und schon in der Kälte gebildet wird, dieses sich jedoch unter den Spaltprodukten der Zucker findet, darf man annehmen, daß bei der Bildung des Reduktons aus Zuckern das Dioxyaceton Zwischenprodukt ist. Es ließ sich aus Zuckerlösungen, die unter Luftabschluß mit Alkali erhitzt waren, als Bleisalz fällen. Die Analyse ergab die Formel $C_3H_4O_3$. Trotz stark saurer Eigenschaften konnte die Substanz keine Carboxylgruppe enthalten, denn die einzigen bei der Analysenformel in Frage kommenden Verbindungen mit einer Carboxylgruppe wären Brenztraubensäure und Formylessigsäure gewesen; diese haben jedoch wesentlich andere Eigenschaften. Die Acidität muß daher von einer enolischen Hydroxylgruppe herrühren. Es ergab sich daher die Formulierung eines Enols, des Oxymalonsäure-dialdehyds (I), die auch mit dem Reduktionsvermögen in bester Übereinstimmung steht. Weiter gelang es, das Dehydrierungsprodukt des „Reduktons" als den bekannten Mesoxalsäuredialdehyd (II) zu identifizieren.

$$\begin{array}{cc}
\overset{O}{\underset{H}{>}}C-\underset{\underset{OH}{|}}{C}=C\overset{H}{\underset{OH}{<}} & \overset{O}{\underset{H}{>}}C-\underset{\underset{O}{||}}{C}-C\overset{O}{\underset{H}{<}} \\
\text{I} & \text{II}
\end{array}$$

VI. Disproportionierung der Aldehyde.

Schon an verschiedenen Stellen dieses Kapitels wurde darauf hingewiesen, daß sich Aldehyde unter dem Einfluß von Lösungen von Alkalihydroxyden disproportionieren können nach dem Reaktionsschema:

$$2\,R-C\overset{O}{\underset{H}{<}} + KOH \rightarrow R-C\overset{O}{\underset{OK}{<}} + R-C\overset{H}{\underset{H}{<}}OH .$$

<hr>

[1] Liebigs Ann. Chem. **505**, 73 (1933).   [2] Chem. Zbl. **1933 I**, 3328.

Die Entdeckung dieser Reaktion geht in ihren Anfängen auf WÖHLER und LIEBIG[1] zurück, die folgende Feststellung machten: Bringt man Benzaldehyd in eine Auflösung von Kalihydrat in Alkohol, so entsteht auch bei vollkommen abgehaltener Luft ein benzoesaures Salz und eine flüssige Substanz, die kein Benzaldehyd mehr ist. CANNIZZARO[2] erkannte, daß diese flüssige Substanz der der Benzoesäure entsprechende Alkohol, der Benzylalkohol, ist. Da durch diese Feststellung der gesamte Ablauf der Umsetzung aufgeklärt war, wird die Disproportionierung[3] der Aldehyde heute allgemein als „CANNIZZAROsche *Reaktion*" bezeichnet.

Es gibt nur wenige Reaktionen in der organischen Chemie, die das Interesse in so weitgehendem Maße hervorgerufen haben, wie die CANNIZZAROsche Reaktion. Daher ist die Literatur hierüber sowohl was die experimentelle Anwendung betrifft als auch in Beziehung auf den Reaktionsmechanismus so umfangreich, daß sie im Rahmen dieses Handbuches noch nicht einmal vollständig aufgezählt, viel weniger in jeder Einzelheit besprochen werden kann. Es sollen daher neben den grundsätzlichen experimentellen Resultaten nur die neueren theoretischen Anschauungen besprochen werden.

Eine Ausdehnung der Reaktion auf aliphatische Aldehyde mit Ausnahme des Formaldehyds gelang vorläufig nicht, da dieselben unter dem Einfluß des starken Alkalis so rasch Kondensationen und Aldolisierungen erleiden, daß die Disproportionierung vollständig in den Hintergrund tritt. Dagegen ist anzunehmen, daß im lebenden Organismus auch aliphatische Aldehyde glatt disproportioniert werden können.

Die Anwendung der Reaktion auf Dialdehyde ergab einige Anhaltspunkte über den Reaktionsmechanismus. W. Löw[4] untersuchte die Einwirkung von Alkalien auf Terephthalsäuredialdehyd (I). Er erhielt hierbei Terephthalsäure (II), p-Oxymethylbenzoesäure (III) und Xylylenglykol (IV). Die Reaktion verläuft also in diesem Fall sicher nicht intramolekular, da sonst ausschließlich p-Oxymethylbenzoesäure gebildet worden wäre. Dagegen wird aus o-Phthalsäure-dialdehyd (V) nach J. THIELE und O. GÜNTHER[5] nur Phthalid (VI) gebildet, so daß man hier eine intramolekulare Oxydoreduktion wohl mit Sicherheit annehmen darf.

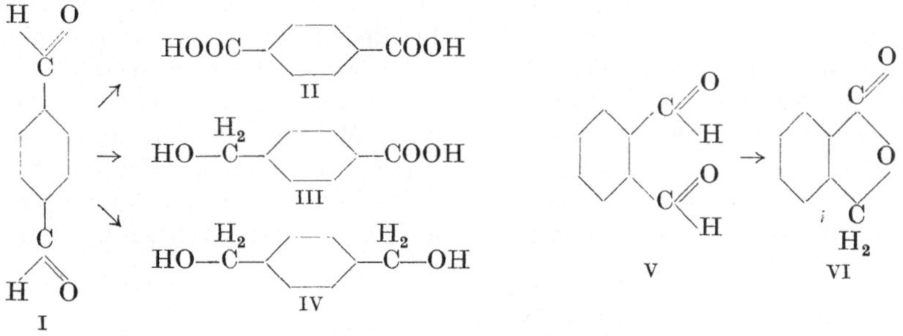

Auch Glyoxal und seine Monosubstitutionsprodukte, die α-Ketoaldehyde, erleiden außerordentlich leicht die CANNIZZAROsche Reaktion, wobei sich ausschließlich eine Oxysäure bildet. Der Reaktionsmechanismus ist jedoch hierbei ver-

[1] Liebigs Ann. Chem. **3**, 253 (1832).
[2] Liebigs Ann. Chem. **88**, 129 (1853).
[3] Bei der Umsetzung der Aldehyde wird bisweilen in der Literatur statt Disproportionierung auch der Ausdruck „Dismutierung" gebraucht.
[4] Liebigs Ann. Chem. **231**, 373 (1885).
[5] Liebigs Ann. Chem. **347**, 108 (1906).

wickelter als beim Phthalaldehyd, wie weiter unten gezeigt wird. Debus[1] setzte Glyoxal mit wässerigen Alkalien und mit **Kalkmilch** um und erhielt Glykolsäure. Müller und v. Pechmann[2] stellten fest, daß Phenylglyoxal unter denselben Bedingungen in Mandelsäure umgewandelt wird. Evans[3] fand, daß man diese Umsetzung auch durch Kochen mit wässeriger **Kupferacetat**lösung bewirken kann. Nach Denis[4] wird Methylglyoxal sogar schon beim Erhitzen seiner wässerigen Lösung in Milchsäure verwandelt. Dieselbe Umwandlung wird durch Hefenextrakte oder Organbrei schon bei gewöhnlicher Temperatur hervorgerufen.

Schon Cannizzaro[5] hatte festgestellt, daß o-Oxybenzaldehyd, der Salicylaldehyd, durch Alkalien nicht disproportioniert wird. In der Folgezeit war man zu der Annahme gekommen, daß sämtliche aromatischen Oxyaldehyde die Cannizzarosche Reaktion nicht geben. G. Lock[6] stellte jedoch fest, daß m-Oxybenzaldehyd ohne Schwierigkeiten disproportionierbar ist. Beim o- und p-Oxybenzaldehyd dagegen gelingt es auch nicht, die Reaktion durch Anwendung höherer Temperatur zu erzwingen, da diese Aldehyde nach Lock[7] durch Alkalien bei auffällig niedriger Temperatur dehydriert werden. Weiterhin stellte Lock[8] ausgedehnte Untersuchungen über den Einfluß von Substituenten auf die Disproportionierungsgeschwindigkeit aromatischer Aldehyde an.

Wenn man ein *Gemisch* zweier Aldehyde mit Alkalien behandelt, so kann unter Umständen die Disproportionierung so verlaufen, daß der eine Aldehyd fast ausschließlich in die Säure, der andere dagegen in den Alkohol verwandelt wird. Auf eine derartige Beobachtung gründen D. Davidson und M. T. Bogert[9] ein Reduktionsverfahren für aromatische Aldehyde; dieselben werden im Gemisch mit Formaldehyd fast ausschließlich in die entsprechenden Alkohole verwandelt.

Eine wesentliche Erweiterung der Cannizzaroschen Reaktion gelang M. Delépine und A. Horeau[10]. Nach ihren Untersuchungen wird die Umsetzungsgeschwindigkeit bei der Cannizzaroschen Reaktion in vielen Fällen durch Zusatz von **Nickel**-Katalysatoren außerordentlich erhöht. Dadurch hat man die Möglichkeit, in sehr schwach alkalischen Lösungen zu arbeiten, in denen sonst eine Umsetzung nicht mehr zu erzielen ist. Unter diesen Bedingungen läßt sich die Cannizzarosche Reaktion sogar auf Zucker übertragen, z. B. wurde Galactose in Dulcit und Galactonsäure verwandelt. **Platin**-Katalysatoren sind weniger geeignet, da sie eine einfache Dehydrierung der Aldehyde begünstigen[11].

Bei einer Variation der Cannizzaroschen Reaktion, die von Claisen zuerst angewandt wurde, treten an Stelle der Alkalien Metallalkoholate; hierbei arbeitet man entweder in einem wasserfreien Lösungsmittel oder verzichtet überhaupt auf die Anwendung eines solchen. Bei der Einwirkung von **Natriummethylat** auf Benzaldehyd in absolut-methylalkoholischer Lösung erhielt Claisen[12] ein

[1] Liebigs Ann. Chem. **102**, 26 (1857).
[2] Ber. dtsch. chem. Ges. **22**, 2558 (1889).
[3] Amer. chem. J. **35**, 122 (1906).
[4] Amer. chem. J. **38**, 584 (1907).
[5] Liebigs Ann. Chem. **98**, 188 (1856).
[6] Ber. dtsch. chem. Ges. **62**, 1177 (1929).
[7] Ber. dtsch. chem. Ges. **61**, 2334 (1928).
[8] Mh. Chem. **55**, 307 (1930); **62**, 178 (1933); **64**, 341 (1934); **67**, 320 (1936); **68**, 51 (1936).
[9] J. Amer. chem. Soc. **57**, 905 (1935).
[10] Bull. Soc. chim. France (5) **4**, 1524 (1937).
[11] Beschleunigende Wirkung von **Ketonen** auf die Dismutierung von Formaldehyd: Tschelinzew, Tilitschenko: Chem. Zbl. **1935 II**, 2209. — Tilitschenko: Ebenda **1938 II**, 1027; **1940 II**, 3013.   [12] Ber. dtsch. chem. Ges. **20**, 646 (1887).

Gemisch von Benzoesäure-benzylester, Benzoesäure-methylester und Benzyl-alkohol. Bei der Anwendung von **Natriumbenzylat** wurde reiner Benzoesäure-benzylester neben wenig Benzylalkohol erhalten. Benzoesäure-benzylester ließ sich unter dem katalytischen Einfluß von Natriummethylat mit Methylalkohol ohne Schwierigkeiten teilweise umestern, ebenso der Methylester mit Natrium-benzylat. CLAISEN kommt auf Grund dieser Tatsachen zu dem Schluß, daß sich aus dem Ester und dem Alkoholat ein Additionsprodukt bildet, und zwar wird dieselbe Verbindung von beiden Estern ausgehend erhalten. CLAISEN nimmt an, daß sich dasselbe Additionsprodukt auch aus zwei Molekülen Aldehyd und einem Molekül Alkoholat bildet.

W. TISCHTSCHENKO[1] ersetzte bei der Reaktion nach CLAISEN das Natrium-alkoholat durch **Aluminiumalkoholat.** Hierdurch wurde es möglich, die Reaktion auch auf aliphatische Aldehyde zu übertragen, da die Aluminiumalkoholate Aldolisierungen und Kondensationen nur sehr wenig katalysieren. Durch Ein-wirkung von Aluminiummethylat auf Trioxymethylen wurde in fast quantita-tiver Ausbeute Ameisensäure-methylester erhalten. Aus Benzaldehyd bildet sich unter dem Einfluß von Aluminiumäthylat Benzoesäure-benzylester, daneben wenig Benzoesäureäthylester und Benzylalkohol. Acetaldehyd und Aluminium-äthylat ergab Essigsäure-äthylester, daneben Aldol und Crotonaldehyd, die sich wiederum in den verschiedensten Weisen an Disproportionierungen beteiligten. Die Untersuchungen wurden noch auf Propionaldehyd, Isobutyraldehyd, Iso-valeraldehyd, Oenanthol, Chloral, Bromal, Bromisobutyraldehyd und Dinitro-benzaldehyde ausgedehnt[2], die alle in ähnlicher Weise in die entsprechenden Ester verwandelt wurden. CHILD und ADKINS[3] untersuchten die Reaktionsge-schwindigkeit derartiger Esterbildungen unter weitgehender Variation der Ver-suchsbedingungen. Ausgedehnte Untersuchungen wurden auch der Umsetzung von Aldehydgemischen mit Aluminiumalkoholat gewidmet[4].

Die weitere Entwicklung dieser Disproportionierung mit Alkoholat führten MEERWEIN, VERLEY und PONNDORF zu dem Reduktionsverfahren für Carbonyl-verbindungen mit Alkohol und Alkoholat. Der enge Zusammenhang der beiden Verfahren kommt auch in einer Übereinstimmung der Formulierung des Reak-tionsmechanismusses zum Ausdruck; es sei hierbei auf das Studium der Original-literatur hingewiesen[5].

H. WIELAND[6] glaubt, daß der Reaktionsmechanismus der CANNIZZAROschen Reaktion und der Esterbildung nach CLAISEN-TISCHTSCHENKO zusammengefaßt werden kann. Er sagt: „Die wahre CANNIZZAROsche Reaktion (mit starkem Alkali) denke ich mir so verlaufend, daß als erstes Reaktionsprodukt der Ester gebildet wird, der dann weiter verseift wird." F. HABER und R. WILLSTÄTTER[7] nahmen in Analogie mit dem Mechanismus der Autoxydation der Aldehyde an, daß bei der CANNIZZAROschen Reaktion eine Kettenreaktion vorliege. Diese An-sicht hat sich jedoch nicht halten lassen.

C. POMMERANZ[8] bestimmte die Reaktionsgeschwindigkeitskonstante der Dis-proportionierung des Benzaldehyds. Da er jedoch in alkoholischer Lösung

---

[1] Chem. Zbl. **1906 II**, 1309.

[2] Chem. Zbl. **1906 II**, 1552.

[3] J. Amer. chem. Soc. **47**, 798 (1925).

[4] F. F. NORD: Biochem. Z. **106**, 275 (1920). — N. A. ORLOFF: Bull. Soc. chim. France (4) **35**, 360 (1924). — C. ENDOCH: Recueil Trav. chim. Pays-Bas **44**, 866 (1925). — R. NAKAI: Biochem. Z. **152**, 258 (1924). — Verstärkende Wirkung von $ZnCl_2$ auf das Al-alkoholat vgl. Wacker AG., F. P. 742 924 (Chem. Zbl. **1933 II**, 279).

[5] Siehe S. 801.

[6] Ber. dtsch. chem. Ges. **47**, 2089 Anm. 4 (1914).

[7] Ber. dtsch. chem. Ges. **64**, 2851 (1931).   [8] Mh. Chem. **21**, 391 (1900).

arbeitete, ist bei der Auswertung der Resultate Vorsicht angebracht, da Alkohol verzögernd auf die Umsetzung einwirkt. Pommeranz glaubt auf Grund seiner Ergebnisse aussagen zu können, daß sich primär ein Additionsprodukt von zwei Molekülen Aldehyd und einem Molekül Kaliumhydroxyd bildet. K. H. Geib[1] untersuchte die Disproportionierung des Furfurols, dessen Löslichkeit in Wasser genügend groß ist, um im homogenen System arbeiten zu können. Er bestimmte die Reaktionsgeschwindigkeit in Abhängigkeit von der Laugen- und Aldehydkonzentration und der Temperatur. Die Reaktionsgeschwindigkeit bei der Anwendung von **Natriumhydroxyd** und **Kaliumhydroxyd** ist praktisch gleich; **Bariumhydroxyd** zeigt diese Übereinstimmung nicht. In 60proz. alkoholischer Lösung beträgt die Reaktionsgeschwindigkeit nur ein Fünftel. Die umgesetzte Aldehydmenge ist eine quadratische Funktion sowohl der Aldehyd- wie der Laugenkonzentration. Auf Grund dieser Ergebnisse kommt der Verfasser zu folgender Vorstellung vom Reaktionsmechanismus: 1. Es sind nur die OH-Ionen an der Reaktion beteiligt, 2. in einer zu einem vorgelagerten Gleichgewicht führenden sehr schnellen Reaktion lagern sich die OH-Ionen an den Aldehyd an unter Bildung eines Aldehydhydrat-Anions, 3. ein Zusammenstoß zweier solcher Anlagerungsprodukte führt die Reaktion herbei.

Einen ganz neuen Weg zur Feststellung des Reaktionsmechanismusses der Cannizzaroschen Reaktion gingen H. Fredenhagen und K. F. Bonhoeffer[2]. Sie nahmen die Disproportionierung von Benzaldehyd, Formaldehyd und Glyoxal in *schwerem Wasser* vor. Die Ergebnisse dieser Untersuchungen basieren auf der Erkenntnis, daß alle organischen Verbindungen diejenigen Wasserstoffatome, die an Sauerstoff oder Stickstoff gebunden sind, mit außerordentlich großer Geschwindigkeit gegen die Wasserstoffatome des als Lösungsmittel dienenden Wassers austauschen, die am Kohlenstoff gebundenen Wasserstoffatome jedoch nicht. Die Feststellung eines Einbaues von Deuterium geschieht durch Verbrennung der Substanz und Bestimmung des Deuterium-Gehaltes des hierbei gebildeten Wassers. Es wurde gefunden, daß die am Kohlenstoff gebundenen Wasserstoffatome der bei der Reaktion gebildeten Alkohole in keinem Fall aus Deuterium bestehen, d. h. daß die Übertragung der Wasserstoffatome direkt zwischen den zwei Aldehydmolekülen und nicht durch Vermittlung des Lösungsmittels erfolgt.

Diese Resultate lassen sich am besten durch das von Meerwein und Schmidt[3] gegebene Reaktionsschema der Halbacetalspaltung wiedergeben. Auch die Ergebnisse von Geib lassen sich hiermit in Übereinstimmung bringen.

$$R-C\!\!\begin{array}{c}H\\O\end{array} + \begin{array}{c}HO\\HO\end{array}\!\!C-R_1 \rightarrow R-C\!\!\begin{array}{c}H\\OH\\O-C-R_1\\H\end{array} \rightarrow R-C(H)(OH)-OH + \begin{array}{c}HO\\O\end{array}\!\!C-R_1 .$$

Bei der Disproportionierung des *Glyoxals* muß man von der Annahme einer intramolekularen Oxydoreduktion abgehen, da hierbei die Mitwirkung der Lösungsmittelmoleküle unvermeidlich wäre. Da jedoch als einziges Reaktionsprodukt Glykolsäure entsteht, muß der Mechanismus der intermolekularen Oxydoreduktion irgendeiner Einschränkung unterworfen sein. Die Verfasser nehmen daher die Bildung eines dimolekularen cyclischen Zwischenproduktes an.

---

[1] Z. physik. Chem., Abt. A **169**, 41 (1934).
[2] Z. physik. Chem., Abt. A **181**, 379 (1938).
[3] Liebigs Ann. Chem. **444**, 230 (1925).

VII. Benzilsäure-Umlagerung.

Wenn man im Glyoxal beide Wasserstoffatome durch Substituenten ersetzt, wobei man zu den α-Diketonen kommt, so ist eine Disproportionierung nach Art der CANNIZZAROschen Reaktion unmöglich geworden. Dennoch findet bei derartigen Substanzen eine intramolekulare Oxydoreduktion statt; diese hat allerdings eine Umlagerung des Kohlenstoffgerüstes zur Folge. Diese Umlagerung wird nach dem zuerst aufgefundenen Beispiel Benzilsäure-Umlagerung genannt. Ihr Anwendungsbereich erstreckt sich auf fast alle o-Diketone; auch hier kann nur eine Anzahl charakteristischer Beispiele gegeben werden.

J. v. LIEBIG[1] stellte fest, daß sich Benzil (I) beim Erwärmen mit **alkoholischem Kali** in Benzilsäure (II) umlagert.

A. v. BAEYER[2] untersuchte die Umlagerung des Phenanthrenchinons:

Phenanthrenchinon.

9-Oxyfluoren-9-carbonsäure.

Auch hydroaromatische α-Diketone erleiden die Benzilsäure-Umlagerung, obwohl man sie nach WALLACH[3] als Mono-enole formulieren muß.

Polyoxoverbindungen können ebenfalls der Benzilsäure-Umlagerung unterworfen werden:

Rhodizonsäure.

Krokonsäure.

Man kann bei der Umlagerung der Rhodizonsäure die entsprechende Oxycarbonsäure nicht fassen, da sie sofort Kohlendioxyd abspaltet; das dabei entstehende Produkt oxydiert sich außerordentlich leicht zur Krokonsäure.

Auch heterocyclische α-Diketone, bei denen ein Heteroatom mit einem Kohlenstoffatom einer Carbonylgruppe verknüpft ist, erleiden Benzilsäure-Umlagerung, wie H. BILTZ, M. HEYN und M. BERGIUS[4] am Beispiel des Alloxans

---

[1] Liebigs Ann. Chem. **25**, 27 (1838).
[2] Ber. dtsch. chem. Ges. **10**, 125 (1877).
[3] Liebigs Ann. Chem. **414**, 296 (1918); **437**, 148 (1924).
[4] Liebigs Ann. Chem. **413**, 68 (1916).

gezeigt haben. Die Tatsache, daß eine Ketogruppe in der Hydratform vorliegt, beeinträchtigt die Reaktion nicht.

$$
\begin{array}{ccc}
\underset{\displaystyle \text{HN}-\underset{|}{\text{C}}}{\overset{\displaystyle \overset{\text{O}}{\|}}{\text{C}}}\!\!\begin{array}{c}\text{OH}\\ \\ \text{OH}\end{array} & \text{HN}-\text{C}\!\!\begin{array}{c}\text{OH}\\ \text{COOH}\end{array} & \text{HN}-\text{C}\!=\!\text{O}
\end{array}
$$

Auch im Organismus dürfte die Benzilsäure-Umlagerung in manchen Fällen eine Rolle spielen. Nachdem Fr. Knoop und A. Windaus die Anschauung geäußert hatten, daß die Citronensäure in der Natur durch Benzilsäure-Umlagerung eines Zuckerabbauproduktes gebildet wird, gelang es H. Franzen und F. Schmitt[1], folgende zur Citronensäure führende Reaktion experimentell durchzuführen.

$$
\begin{array}{ccc}
\text{H}_2\text{C}-\text{COOH} & & \text{H}_2\text{C}-\text{COOH} \\
| & & |\quad\,\text{COOH} \\
\text{C}=\text{O} & \rightarrow & \text{C} \\
| & & |\quad\,\text{OH} \\
\text{C}=\text{O} & & \text{H}_2\text{C}-\text{COOH} \\
| & & \\
\text{H}_2\text{C}-\text{COOH} & &
\end{array}
$$

A. Scheuing[2] hat zur Aufklärung des Reaktionsmechanismusses der Benzilsäure-Umlagerung viel beigetragen. Es gelang ihm, ein Anlagerungsprodukt aus einem Molekül Benzil und einem Molekül Kaliumhydroxyd darzustellen. Aus der Tatsache, daß sich dieses Anlagerungsprodukt langsam schon bei 0^0 in einigen Stunden bei gewöhnlicher Temperatur und fast augenblicklich bei 80^0 in benzilsaures Kalium umlagert, geht hervor, daß es ein Zwischenprodukt der Umlagerung von Benzil in Benzilsäure darstellt.

α-Oxyaldehyde bzw. ihre Halogenwasserstoffsäureester gehen nach N. F. Danilow und E. Venus-Danilowa unter geeigneten Versuchsbedingungen in Carbonsäuren über. Dicyclohexyl-bromacetaldehyd[3] gibt beim Behandeln mit **Silberoxyd** in wässeriger Suspension Dicyclohexyl-essigsäure. *α*-Brom-*β*-phenylpropionaldehyd[4] geht bei der Behandlung mit Silberoxyd oder **Bleioxyd** in Phenylpropionsäure und den entsprechenden Glykolaldehyd über. *α*-Oxyisobutyraldehyd[5] gibt beim Behandeln mit Bleioxyd Isobuttersäure in einer Ausbeute von 40—45 % d. Th. neben anderen Umlagerungsprodukten. 2-Halogen-glucose[6] geht bei der Behandlung mit Bleioxyd in Glucodesonsäure über.

VIII. Oxydationen mit Metallkatalysatoren.

Auch unter dem Einfluß von Metallkatalysatoren können organische Substanzen Oxydoreduktionen erleiden. Hauptsächlich treten hierbei Dihydro- und Tetrahydroderivate aromatischer Verbindungen in Reaktion. Man muß allerdings bei derartigen Reaktionen immer im Auge behalten, daß unter Umständen der Eindruck entsteht, daß eine Oxydoreduktion vorliegt, auch wenn die Gesamt-

[1] Ber. dtsch. chem. Ges. **58**, 222 (1925).
[2] Ber. dtsch. chem. Ges. **56**, 252 (1923).
[3] Ber. dtsch. chem. Ges. **62**, 2653 (1929).
[4] Ber. dtsch. chem. Ges. **63**, 2765 (1930).
[5] Ber. dtsch. chem. Ges. **67**, 24 (1934).
[6] S. N. Danilow, A. M. Hachokidse: Ber. dtsch. chem. Ges. **69**, 2130 (1936).

reaktion aus einer Dehydrierung und einer vollständig unabhängig davon verlaufenden Hydrierung besteh . Das Vorliegen einer Oxydoreduktion kann nur dann als sichergestellt gelten, wenn unter Versuchsbedingungen gearbeitet wurde, bei denen die Dehydrierung oder die Hydrierung allein nicht verlaufen würde.

N. Zelinsky und N. Glinka[1] fanden, daß sich im Verlauf der Hydrierung von Δ_1-Tetrahydroterephthalsäure-dimethylester mit **Palladiumschwarz** in ätherischer Lösung neben Hexahydroterephthalsäure-ester Terephthalsäure-ester bildet. Diese Disproportionierung scheint an den Vorgang der Hydrierung gebunden zu sein, denn beim Schütteln der ätherischen Lösung des Tetrahydroesters mit dem Katalysator ohne Wasserstoffzufuhr findet diese Disproportionierung nicht statt. Dagegen fand H. Wieland[2], daß eine Benzollösung von Dihydronaphthalin beim Schütteln mit Palladiumschwarz schon in einigen Stunden vollständig in Naphthalin und Tetralin disproportioniert ist. Nach J. Böeseken[3] wird Cyclohexen durch Palladiumschwarz ebenfalls bei gewöhnlicher Temperatur in ein Gemisch von Cyclohexan und Benzol verwandelt. Dieselbe Umsetzung erzielt man mit **Nickelkatalysator** bei 180°. Da jedoch bei dieser Temperatur die Dehydrierung hydroaromatischer Kohlenwasserstoffe schon ziemlich rasch verläuft, könnte der Umsetzung in diesem Fall auch eine unabhängig voneinander verlaufende Dehydrierung und Hydrierung zugrunde liegen. E. F. Armstrong und Th. P. Hilditch[4] behandeln ein Gemisch von Cyclohexanol und Zimtsäuremethylester mit Nickelkatalysator bei 180°. Eine Umsetzung erfolgte nur, wenn die Komponenten flüssig waren. Es wurden 10 % der Ausgangssubstanz in Phenylpropionsäure-methylester und Cyclohexanon umgewandelt.

E. Müller[5] fand, daß Formaldehyd in wässeriger Lösung durch **Osmium** in Methylalkohol und Kohlendioxyd übergeführt wird nach der Gleichung:

$$3\,H_2CO + H_2O = CO_2 + 2\,H_3COH.$$

Nach Levene und Christman[6] wird Glucosamin bei Gegenwart von **Platin** und Wasserstoff in ein äquimolekulares Gemisch von Aminosorbit und Aminogluconsäure verwandelt.

---

[1] Ber. dtsch. chem. Ges. **44**, 2305 (1911).
[2] Ber. dtsch. chem. Ges. **45**, 486 (1912).
[3] Recueil Trav. chim. Pays-Bas **37**, 255 (1918).
[4] Proc. Roy. Soc. [London], Ser. A **96**, 322 (1919).
[5] Ber. dtsch. chem. Ges. **54**, 3214 (1921).
[6] J. biol. Chemistry **120**, 575 (1937); Chem. Zbl. **1938 II**, 528.